石油工程手册

（下　册）

油　藏　工　程

[美] H.B.布雷德利　主编

童宪章　沈平平　胡乃人　李希文　等译

王福松　校

石油工业出版社

内 容 提 要

《石油工程手册》译本分上、下两册出版，即《采油工程》和《油藏工程》。删去了原版石油工程手册中的一般数学计算方法和表格、单位制介绍和单位换算。原版石油工程手册是在1962年版石油生产手册的基础上，由美国石油工程各专业方面公认的专家修订和补充编写的，吸收了近二十年来在各个专业方面出现和发展的新技术。

《石油工程手册》下册即《油藏工程》分册，共包括35章，主要介绍油气水物理性质和相态，油层物理性质，油藏圈闭类型，油气井测压、测温、试井和动态分析技术，溶解气驱油藏，水驱油藏，凝析气藏，油气储量计算和评价，注水、注气技术，混相驱技术，热采技术，化学驱技术，油藏模拟技术以及电测井、核测井、声波测井、泥浆录井和其它测井技术等。

本手册的上册"采油工程"已由本社于1992年8月出版，为与上册统一，下册"油藏工程"中的物理量单位符号仍沿用与上册一致的中文符号。

本手册可供油田开发和采油专业现场科技人员、有关研究院所的科研人员及有关院校师生参考。

图书在版编目(CIP)数据

石油工程手册　下册：油藏工程／布雷德利(Bradley, H.B.)　主编.
北京：石油工业出版社，1996.8
书名原文：Petroleum Engineering Handbook
ISBN 7-5021-1353-3
Ⅰ.石…
Ⅱ.布…
Ⅲ.①石油工程-手册②油田开发
Ⅳ.TE-62

中国版本图书馆CIP数据核字(94)第12465号

石油工业出版社出版
(100011 北京安定门外安华里2区1号楼)
石油工业出版社印刷厂排版印刷
新华书店北京发行所发行
*
787×1092毫米 16开 84印张 2123千字 印1-3000
1996年8月北京第1版 1996年8月北京第1次印刷
ISBN7-5021-1353-3／TE · 1021
定价：98.00元

目　录

第二十三章　天然气性质及其关连式

Robert S. Metcalfe, Amoco Production Co.[1]　　陆庆邦　译

一、分　子　量

某一特定的化学物质的分子是由若干原子按照一定的公式化合而成。这个化学式和国际原子量表提供一种尺度，用以确定任何一个分子中所结合的全部原子的重量比例。一个分子的分子量 M 就是其组成原子的所有原子量之和。由此可见，某一物质给定质量中分子的数目与其分子量成反比。因此，不同物质的质量之比要是与其分子量之比相同，其中所含有的分子数目也相同。例如，2 磅（质量）的氢含有的分子数目和 16 磅（质量）的甲烷相同。因此，可以方便地将"磅（质量）摩尔"定义为该物质相等于其分子量的质量磅数。(同样"克摩尔"是分子量的克数)。因此，任何化合物的一个磅（质量）摩尔代表一定数目的分子。

二、理 想 气 体

气体运动理论假设气体是由大量非常微小的分离颗粒所组成。可以证明，这些颗粒就是分子。对于一种理想气体而言，这些颗粒的体积假设十分微小，与气体所占的全部体积相比可以忽略不计。还假设这些颗粒或分子之间不存在吸力或斥力。颗粒或分子的平均能量可以证明仅是温度的函数。因此，动能 E_k 和分子的类型或大小无关。因为动能与质量和速度的关系是

$$E_k = 1/2mv^2$$

由此可见，在相同温度下小分子（质量较小）必定比大分子（质量较大）运动得快些。由于分子之间以及分子与容器壁面之间发生频繁碰撞，因而认为分子是以无规则状态向所有方向运动。和壁面的碰撞造成气体所施加的压力。于是，随着气体所占据的体积被减小，气体颗粒对壁面的碰撞便变得更加频繁，结果压力升高。波意耳定律表述为压力升高与容积的改变成反比，此时温度保持不变

$$\frac{V_1}{V_2} = \frac{p_2}{p_1}$$

式中 p 为绝对压力，而 V 为容积。

此外，如将温度升高，则分子的速度和分子碰撞击容器壁面的能量也将升高，结果将使

[1] 1962年版本作者是Charles F. Weinaug。

压力升高。当加热一个气体而又要保持压力不变时，其容积必然随绝对温度的改变而成正比增加。这就是查理定律的一种表述。

$$\frac{V_1}{V_2}=\frac{T_1}{T_2}$$

式中 T 为绝对温度，而 p 为常数。

从历史的观点来看，值得注意的是，波意耳和查理的观察结果在很大程度上导致了气体运动理论的建立，而不是相反。

从这个讨论可以得知，在绝对温度为零度时，理想气体的功能，以及其体积和压力都将是零。这和绝对零度的定义即所有分子动能为零的温度是一致的。

因为分子的动能仅取决于其温度而不是分子的大小或类型，分子数目相同的不同气体在相同的压力和温度下将占据相等的容积。因此，一个理想气体占据的容积取决于三项：温度、压力和存在的分子（摩尔）数目。它不取决于存在的分子的类型，理想气体定律，实际上是波义耳定律和查尔斯定律的结合，即这一事实的说明表述：

$$pV=nRT \tag{1}$$

式中 p——压力；

V——体积；

n——摩尔数；

R——气体定律常数；

T——绝对温度。

气体定律常数 R 是比例常数，只和 p、V、n 和 T 的单位有关。表 23.1 给出这些参数的单位不同时 R 的不同数值。

表 23.1　气体常数 R 的数值

（对于 1 摩尔理想气体 $pV=RT$）

温度单位	压力单位	体积单位	能量单位	R/克摩尔
K	—	—	卡	1.9872
K	—	—	绝对焦耳	8.3144
K	—	—	国际焦耳	8.3130
K	大气压	厘米^3	—	82.057
K	大气压	升	—	0.082054
K	毫米汞柱	升	—	62.361
K	巴	升	—	0.08314
K	千克/厘米^2	升	—	0.08478
				R/磅质量摩尔
R	—	—	Btu(IT)	1.986

温度单位	压力单位	体积单位	能量单位	R/克摩尔
R	—	—	马力·小时	0.0007805
R	—	—	千瓦·小时	0.0005819
R	大气压	英尺^3	—	0.7302
R	英寸汞柱	英尺^3	—	21.85
R	毫米汞柱	英尺^3	—	555.0
R	磅质量/英寸^2(绝对)	英尺^3	—	10.73
R	磅质量/英尺^2(绝对)	英尺^3	英尺·磅质量	1545.0
K	大气压	英尺^3	—	1.314
K	毫米汞柱	英尺^3	—	998.9
K	—	—	—	1.986

三、临界温度和压力

一个纯组分流体的典型 PVT 关系示于图 23.1。曲线线段 B—C—D 确定气液共存的范围，B—C 是液相的泡点曲线，而 C—D 是气相的露点曲线。在这个线段以上的任何温度、压力和容积组合都表明该流体以单一相态存在。在低的温度和压力下，处于平衡的气体和液体的性质是极其不同的，例如气相密度较低，而液相密度较高。随着压力和温度沿着气液共存曲线的增加，液相的密度、粘度等一般减小，而气相的密度、粘度等一般增大。因此，共存的气相和液相的物理性质差别减小。这种变化随着温度和压力的升高而继续，直到平衡的气液两相的性质变为相等为止。在这一点的温度、压力和体积称为这个流体的临界值。图 23.1 上的 C 点即为临界点。每一种物质的临界温度和压力都是特定的数值，并且在相关物理性质中十分有用。常见的烃类和天然气中其它组分的临界常数可从表 23.2 查出。

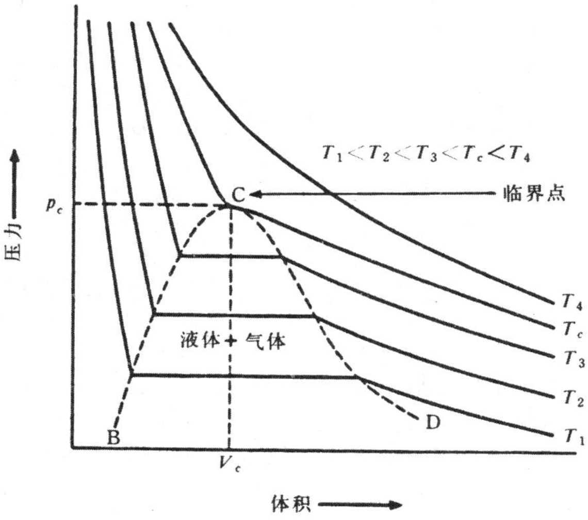

图 23.1 纯组分的典型压力体积关系图

表 23.2 烃类的若干物理常数

序号	化合物	公式	分子量	蒸汽压（100 ° F,磅／英寸²(绝对))	临界常数 压力（磅／英寸²(绝对))	临界常数（温度 ° F)	临界常数 容积 英尺³／磅质量	天然气密度磅／英寸²(绝对)[60 ° F,14.696 磅／英寸²(绝对)]按理想气体计算[1] 英尺³气体／加仑液体
1	甲烷	CH_4	16.043	(5000)	667.8	−116.68	0.0988	59.1
2	乙烷	C_2H_6	30.070	(800)	707.8	90.1	0.0788	37.48
3	丙烷	C_3H_8	44.097	188.0	616.3	206.01	0.0737	36.49
4	正丁烷	C_3H_{10}	58.124	51.54	550.7	305.62	0.0703	31.80
5	异丁烷	C_4H_{10}	58.124	72.39	529.1	274.96	0.0724	30.65
6	正戊烷	C_5H_{12}	72.151	15.575	488.6	385.6	0.0674	27.67
7	异戊烷	C_5H_{12}	72.151	20.4444	490.4	369.03	0.0679	27.38
8	新戊烷	C_5H_{12}	72.151	36.66	464.0	321.08	0.0673	26.16
9	正己烷	C_6H_{14}	86.178	4.960	436.9	453.6	0.06887	24.38
10	2−甲基戊烷	C_6H_{14}	86.178	6.767	436.6	435.74	0.0682	24.16
11	3−甲基戊烷	C_6H_{14}	86.178	6.103	453.1	448.2	0.0682	24.56
12	新己烷	C_6H_{14}	86.178	9.859	446.9	420.04	0.0668	24.02
13	2,3−2 甲基丁烷	C_6H_{14}	86.178	7.406	453.5	440.0	0.0665	24.47
14	正庚烷	C_7H_{16}	100.205	1.620	396.8	512.7	0.0690	21.73
15	2−甲基己烷	C_7H_{16}	100.205	2.2719	396.5	494.89	0.0673	21.56
16	3−甲基己烷	C_7H_{16}	100.205	2.131	408.1	503.67	0.0646	21.84
17	3−乙基戊烷	C_7H_{16}	100.205	2.013	419.3	513.36	0.0665	22.19
18	2,2 二甲基戊烷	C_7H_{16}	100.205	3.494	402.2	477.12	0.0665	21.41
19	2,4 二甲基戊烷	C_7H_{16}	100.205	3.293	397.0	475.84	0.0668	21.39
20	3,3 二甲基戊烷	C_7H_{16}	100.205	2.774	427.1	505.74	0.0662	22.03
21	三甲基丁烷	C_7H_{16}	100.205	3.375	428.4	496.33	0.0636	21.93
22	正辛烷	C_8H_{18}	114.232	0.537	360.6	564.10	0.0690	19.58
23	二异丁基	C_8H_{18}	114.232	1.1017	360.6	530.31	0.0676	19.33
24	异辛烷	C_8H_{18}	114.232	1.709	372.5	519.33	0.0657	19.28
25	正壬烷	C_9H_{20}	128.259	0.1796	331.8	610.54	0.0684	17.81
26	正癸烷	$C_{10}H_{22}$	142.286	0.0609	304.4	651.6	0.0679	16.32
27	环戊烷	C_5H_{10}	70.135	9.914	653.0	461.6	0.0594	33.85
28	甲基环戊烷	C_6H_{12}	84.162	4.503	549.0	499.24	0.0607	28.33
29	环己烷	C_6H_{12}	84.162	3.266	590.9	536.6	0.0589	29.45
30	甲基环己烷	C_7H_{14}	98.189	1.6093	503.6	570.15	0.0601	24.92
31	乙烯	C_2H_4	28.054	—	731.1	48.56	0.0748	—
32	丙烯	C_3H_6	42.081	227.6	667.2	197.06	0.0689	39.25[2]
33	1−丁烯	C_4H_8	56.108	62.10	583.5	295.48	0.0686	33.91[2]
34	顺−2−丁烯	C_4H_8	56.108	45.95	612.1	324.37	0.0668	35.36[2]
35	反−2−丁烯	C_4H_8	56.108	49.94	587.1	311.86	0.0679	34.40[2]
36	异丁烯	C_4H_8	56.108	63.64	580.0	292.55	0.0682	33.86[2]
37	1−戊烷	C_5H_{10}	70.135	19.117	591.8	376.93	0.0676	29.13[2]
38	1,2 丁二烯	C_4H_6	54.092	36.5	(653.0)	(340.3)	(0.0649)	38.4[2]
39	1,3 丁二烯	C_4H_6	54.092	59.4	628.0	305.0	0.0655	36.69[2]
40	异戊二烯	C_5H_8	68.119	16.68	(558.4)	(412.0)	(0.0650)	31.87

续表

序号	化合物	公式	分子量	蒸汽压（100°F,磅/英寸^2(绝对))	压力（磅/英寸^2(绝对))	临界常数（温度°F)	容积英尺^3/磅质量	天然气密度磅/英寸^2(绝对)[60°F,14.696磅/英寸^2(绝对)]按理想气体计算①英尺^{3}气体/加仑液体
41	乙炔	C_2H_2	26.038	—	890.4	95.32	0.0695	—
42	苯	C_6H_6	78.114	3.225	710.4	552.22	0.0525	35.82
43	甲苯	C_7H_8	92.141	1.033	595.5	605.57	0.0549	29.94
44	乙苯	C_8H_{10}	106.168	0.376	523.4	651.29	0.0565	25.97
45	邻二甲苯	C_8H_{10}	106.168	0.263	541.6	674.92	0.0557	26.36
46	间二甲苯	C_8H_{10}	106.168	0.325	512.9	651.02	0.0567	25.88
47	对二甲苯	C_8H_{10}	106.168	0.3424	509.2	649.54	0.0570	25.80
48	苯乙烯	C_8H_8	104.152	0.238	580.0	706.0	0.0541	27.68
49	异丙苯	C_9H_{12}	120.195	0.188	465.4	676.3	0.0572	22.80
50	甲醇	CH_4O	32.042	4.63	1174.4	463.08	0.0589	78.61
51	乙醇	C_2H_6O	46.069	2.125	925.3	465.39	0.0580	54.36
52	一氧化碳	CO	28.010	—	507.5	−220.4	0.0532	—
53	二氧化碳	CO_2	44.010	—	1071.0	87.87	0.0342	59.78②
54	硫化氢	H_2S	34.076	387.1	1306.0	212.6	0.046	73.07
55	二氧化硫	SO_2	64.059	85.46	1145.0	315.8	0.0306	69.01
56	氨	NH_3	17.031	211.9	1636.0	270.4	0.0681	114.71
57	空气	N_2O_2	28.964	—	546.9	−221.4	0.0517	—
58	氢	H_2	2.016	—	188.1	−399.9	0.5164	—
59	氧	O_2	31.999	—	736.9	−181.2	0.0367	—
60	氮	N_2	28.013	—	493.0	−232.7	0.0516	—
61	氯	Cl_2	70.906	154.9	1118.4	291.0	0.0280	63.53
62	水	H_2O	18.015	0.9495	3207.9	705.5	0.0509	175.6
63	氦	He	4.003	—	32.95	−450.308	0.230	—
64	氯化氢	HCl	36.461	906.3	205.1	124.8	0.0356	74.88

①60°F表观值；
②60°F饱和压力。

四、相对密度

气体的相对密度γ是一定压力和温度下该气体的密度和相同压力和温度下空气密度之比。可以用理想气体定律证明相对密度之比也等于分子量之比。当理想气体假设不适用时(在高压下或对大多数真实气体而言)，这个关系就不总是对的。按照常规，任何压力下任何气体的相对密度定义为该气体的分子量和空气分子量（28.966）之比。

五、气体混合物的摩尔数和视分子量

气体混合物的分析结果可以表示为每个组分的摩尔数 y_i，即该组分的摩尔数和混合物中总摩尔数之比。分析结果也可以表示为存在的每个组分的容积、重量或压力分数。在有限的几组条件下，气体混合物相当符合理想气体定律，摩尔分数可以被证明等于容积分数，但并不等于重量分数。气体混合物的视分子量等于每个组分的摩尔分数乘以分子量的总和。

六、气体混合物的相对密度

气体混合物的相对密度 γ_g 是该气体混合物的密度和空气密度之比。在现场井口可以很容易测出气体相对密度，因而用来表示气体的组成。如上所述，要是相对密度是在气体动态接近理想状况的低压下测定的话，气体的相对密度与其分子量 $\overline{M}_g$ 成正比。同样，按照常规，气体混合物的相对密度定义为其视分子量除以 28.966。相对密度也已被用来相关天然气的其它物理性质。进行相关时，必须假设天然气相对密度发生变化，其组成也相应地有规则地变化。由于这一假设只是一种近似假设，而且对于非烃组分含量较高的气体来说误差较大，因而只有在没有全组分分析结果时或者没有根据气体全组分分析做出的相关数据时才应用相对密度来相关物理性质。

七、道尔顿定律

气体混合物中某一气体的分压定义为这一气体在与混合物相同的温度和容积下单独存在时所施加的压力。道尔顿定律说明，混合物中各个气体的分压之和等于混合物的总压。如果理想气体定律适用，这个定律可以被证明是正确的。

八、阿马加特定律

气体混合物中某一气体的分容定义为这一气体在与混合物相同的温度和压力下单独存在时所占据的容积。如果理想气体定律适用，则阿马加特定律，即混合物中各个气体的分容之和等于其总容积，也必定是正确的。

九、真 实 气 体

在低的压力和比较高的温度下，大多数气体的容积很大，可以忽略分子本身的容积。同样，分子之间的距离也很大，因而即便有相当强的吸力或斥力，也不足以影响气体状况下的动态。然而，随着压力的升高，气体所占据的总容积变小，当变小到一定程度时，分子本身的容积已相当可观，因而必须加以考虑。并且，在以上条件下，当分子之间的距离减小到一定程度时分子间的吸力或斥力也变得重要了。这种状况使理想气体动态所要求的假设不复成立，如将实验测出的容积与用理想气体定律计算得出的容积比较，将会发现严重的误差。因此，提出了一个真实气体定律（作为对理想气体定律的校正），其中有一比例项称作压缩系

数 z。因而真实气体定律为

$$pV = znRT \tag{2}$$

对于大多数纯气体，其压缩系数 z 列成表格，表示为温度和压力的函数。混合物（或未知的纯化合物）的压缩系数可以在一个 Burnett [1] 仪器中或者一个变体积的 PVT 平衡容器中测定。还有很好的相关关系可用以计算压缩系数，这在后面状态方程的部分中将有讨论。由于这个理由，对于干的气体混合物或者大多数比较贫的湿气，不再常规测定压缩系数。富的凝析气体系需要做另外的平衡研究，压缩系数可从这些平衡数据中常规求得。压缩系数已知时，其密度 ρ 也可从下式求得：

$$\rho = \frac{pM}{zRT}$$

因为 $V=(nM)/\rho$，式中 M 为分子量。

在很多场合下，报告压缩系数比密度更加方便，因为 z 的变化范围通常不大，一般在 0.3 与 2.0 之间。

十、对应状态原理

对应状态原理在相关气体性质中十分有用。最初提出这个原理，是因为观察者发现，即便 P 和 v 的数值本身非常不同，但纯气体的动态在互相比较（例如 P−v 图）时在性质上彼此是十分相似的。于是提出一种想法，即如果物质的性质以其 T 和 p 的对应值（T 和 p 很容易找到一个参比值）来比较，则这些性质应能相关起来。将对应状态原理应用于一个单组分气体，则取该气体的临界状态作为参比点。采用以下术语，即

$$p_r = \frac{p}{p_c}，\ T_r = \frac{T}{T_c} \text{和} V_r = \frac{V}{V_c}$$

式中 p_r——对比压力；
T_r——对比温度；
V_r——对比容积；
p_c——临界压力；
T_c——临界温度；
V_c——临界容积。

许多纯化合物的压缩系数（以压力的函数表示）可在大多数关于气体性质的手册（例如 Katz 等的著作 [25]）中查出。尽管对应状态原理不完全严格，但它已广泛地在工程计算中用于确定气体的容积。它还用于估算气体的粘度。

将对应状态原理应用于气体混合物时，不能用这些气体的真正临界温度和压力，因为石蜡族烃并不严格遵循上述原理。定义“拟临界”温度和压力，用来代替真正的临界温度和压力，确定混合物的压缩系数。拟临界温度和拟临界压力通常定义为混合物各组分的摩尔平均

临界温度和压力。因此，

$$p_{pc}=\sum y_i\cdot p_{ci}$$

和

$$T_{pc}=\sum y_i\cdot T_{ci}$$

式中 p_{pc}——气体混合物的拟临界压力；

T_{pc}——气体混合物的拟临界温度；

p_{ci}——气体混合物中组分 i 的临界压力；

T_{ci}——气体混合物中组分 i 的临界温度；

y_i——气体混合物中组分 i 的摩尔系数。

这些关系式称作“Kay 法则”，是以首先建议使用者 W. B. Kay 命名的。

然后用拟临界压力和温度确定假对比条件，即：

$$p_{pr}=\frac{p}{p_{pc}}$$

式中p_{pr}为拟对比压力，和

$$T_{pr}=\frac{T}{T_{pc}}$$

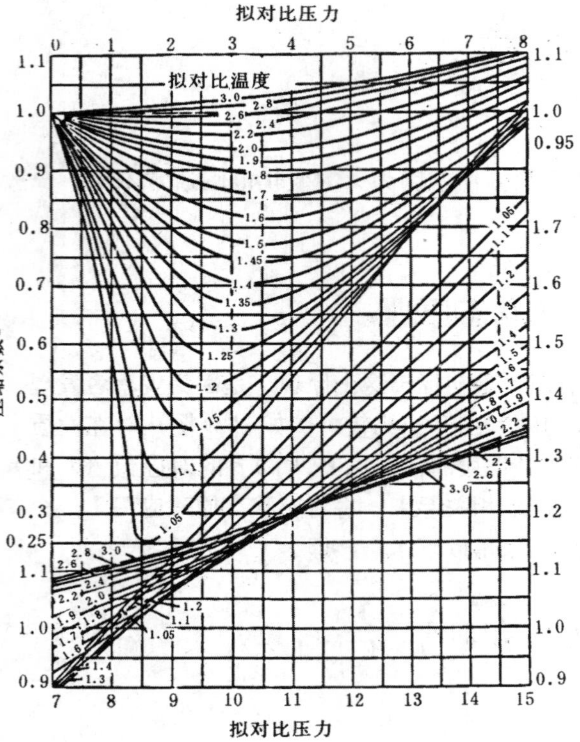

图 23.2　天然气压缩系数

式中 T_{pr} 为拟对比温度。这些对比条件用于从图 23.2 中确定压缩系数 z。该图是由 Standing 和 Katz[3] 根据所收集的甲烷和若干种天然气的数据而绘制的。用来绘制图 23.2 的数据范围高达 8200 磅／英寸^2（绝对）和 250°F。高压天然气[10000 至 20000 磅／英寸^2（绝对）]的压缩系数可从图 23.2A 查得，该图是由 Katz 等[2] 绘制的。图 23.2B 和 23.2C 可用于低压场合，其绘制者为 Brown 等[4]。

图 23.3 为 Brown 等[4] 提出的天然存在体系的拟临界温度和拟临界压力与其相对密度之间的相关关系。从该图查出的拟临界参数值可以用来确定全组分分析为未知的气体的压缩

系数，但应用时需加小心，因为组成不同的气体其相对密度可以相近。并且，只有当非烃组分含量较小时才能使用。

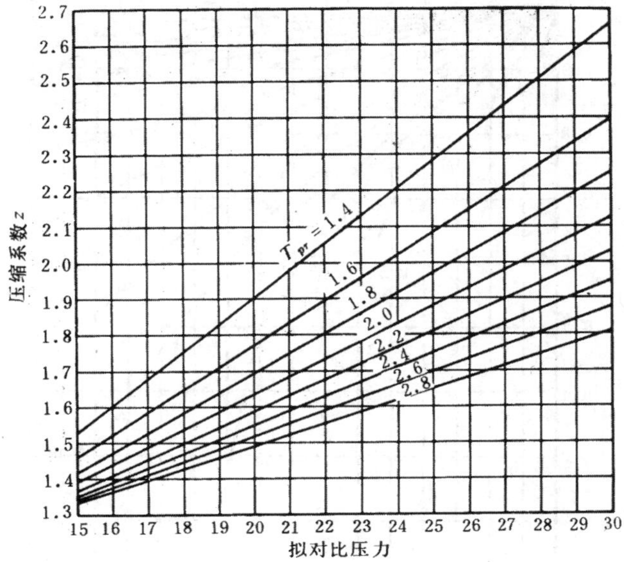

图 23.2A　天然气压缩系数

[压力 10000 至 20000 磅／英寸^2(绝对)]

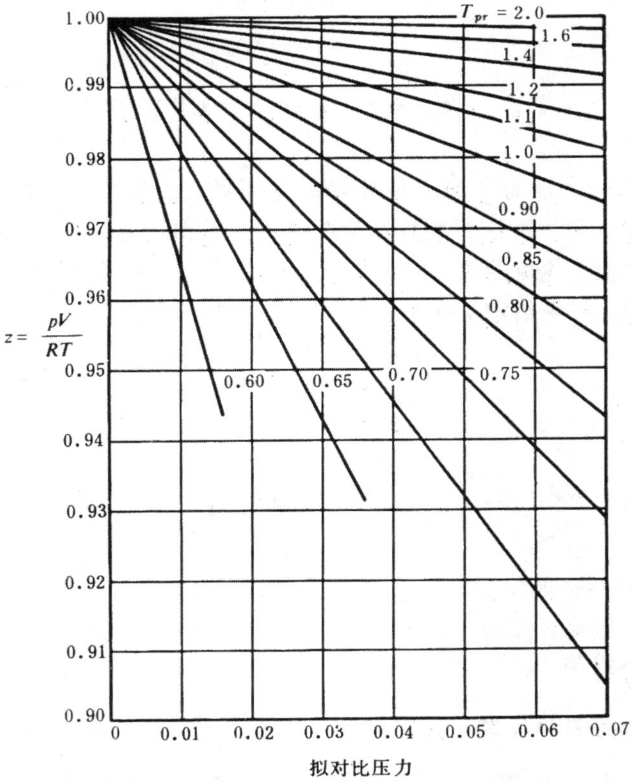

图 23.2B　天然气压缩系数(接近大气压力)

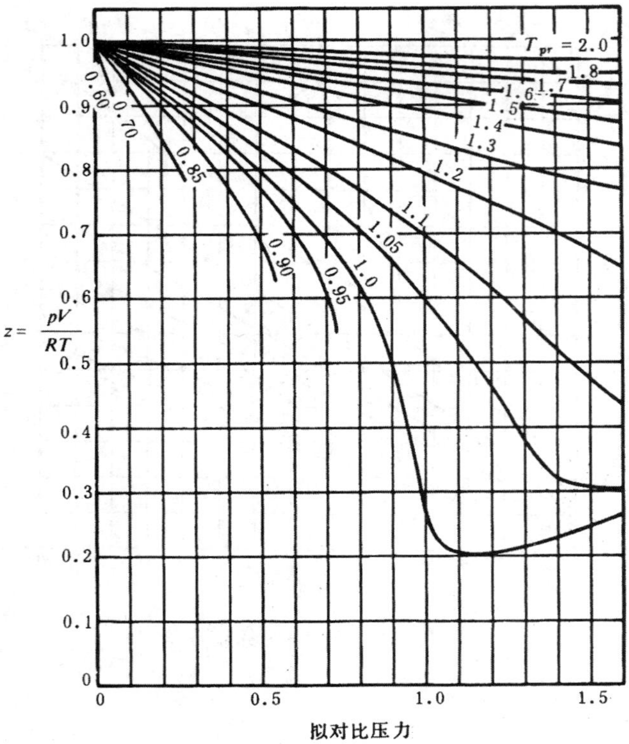

图 23.2C　天然气压缩系数(低对比压力)

图 23.2A 至图 23.2C 没有考虑大量非烃组分如氮、二氧化碳和硫化氢的存在。然而，已经证明，氮的存在对于计算压缩系数不会造成什么问题，而且 Wichert 和 Aziz[5] 对于含有相当数量二氧化碳和硫化氢的天然气还提出了拟临界常数的校正。他们的做法是计算混合物校正的拟临界常数。校正值定义如下。

$$T_{pc} = T_{pc} - \epsilon \tag{3}$$

和

$$\epsilon = 120\left[(y_{CO_2} + y_{H_2S})^{0.9} - (y_{CO_2} + y_{H_2S})^{1.6} \right] + 15(y_{H_2S}{}^{0.5} - y_{H_2S})^{4.0} \tag{4}$$

式中　T'_{pc}——校正的拟临界温度；

p'_{pc}——校正的拟临界压力；

y_{CO_2}——混合物中 CO_2 摩尔分数；

y_{H_2S}——混合物中 H_2S 摩尔分数。

为方便起见，将校正系数ϵ对硫化氢和二氧化碳的浓度绘成如图 23.4 所示的关系曲线。据报告，进行这样校正后求得的压缩系数误差小于 1%。

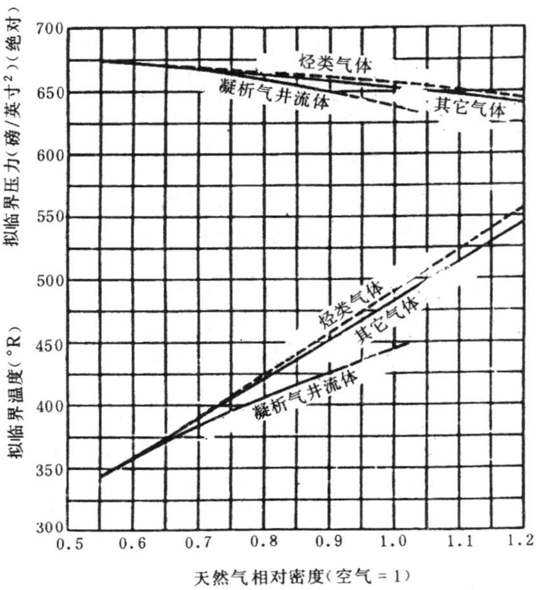

图 23.3　天然气的拟临界性质

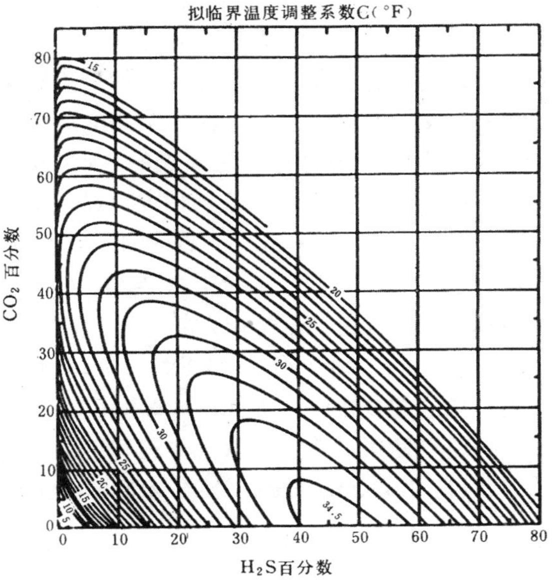

图 23.4　拟临界温度校正系数∈(°R)

十一、状 态 方 程

状态方程是以数学方式描述流体的具体 PVT 关系。有成百个状态方程，从适用于某个特定纯化合物的特殊状态方程到声称能相关多组分混合物性质的通用状态方程。自然，从简单的理想气体定律到含有 15 个或更多个通用常数再加上可调节参数的现代方程，其复杂性的变化范围是很大的。从历史上来看，这些复杂的方程局限于拥有大型计算机的研究人员使用。然而，近年来给操作工程师已经配备了过去只限于研究人员和特殊项目才能使用的同样的计算工具。因而状态方程的使用就变得比较普通了。有些应用，如计算压缩系数，可以在便携式可编程序计算器上来做。一个现代工程师在需要计算或估算流体性质时不应忘记应用状态方程。

十二、范德华方程

范德华[6]在理想气体定律中增加两项考虑分子间力和分子本身的容积，其方程为

$$\left(p+\frac{a}{V_M^2}\right)(V_M-b)=RT \tag{5}$$

式中 V_M 为摩尔容积，a 和 b 为常数，视该气体而定。

项 b 是一常数，校正分子本身所占据的容积。项 a/V_M^2 是一校正系数，考虑分子间的吸力，将其当作分子间平均距离（和摩尔容积有关）的一个函数。当将一个如同范德华方程的状态方程用于气体混合物时，必须对每一个混合物提出具体的 a 和 b 常数，或者在方程中列入混合物中每一种气体的 a，b 常数，同时还必须对不相同气体之间的相互作用加以调整。后一种做法更为普通。

范德华定律将描述气体动态的压力和温度的范围扩展到理想气体定律以外。然而，在实际应用中它有两个缺点。在非常高的压力下，这些校正系数就不合用，而且混合物系数和相互作用常数并不总是容易求得的。此外，这种二参数公式并不能真正正确地处理吸力和斥力。尽管有这些批评，范德华方程经过不同修正已在工业中成功地应用许多年。

Redlich 和 Kwong [7] 首先对二参数状态方程作了主要发展。他们提出了自己的方程形式并且说明如何把 a 和 b 项与 R，p_c 和 T_c 相关起来。此后，其他的研究人员又对原 Redlich–Kwong 方程加以修正，进一步提高其准确性和通用性。最值得注意的修正式有 Soave [8]，Zudkevitch 和 Joffe [9]，Peng 和 Robinson [10] 等，提出的修正式。某些公司还有自己的修正式，如 Yarborough 所公布的 [11] 就是其中一种。

现在使用最普遍的状态方程和可供使用的计算机程序如下。

(1) Starling–Hon [12] 所发展的 Benedict–Webb–Rubin 状态方程 [13]：

$$p = RT_{\rho M} + \left(B_o RT - A_o - \frac{C}{T^2} + \frac{D_o}{T^3} - \frac{E_o}{T^4}\right)\rho_M^2 + \left(bRT - a - \frac{d}{T}\right)\rho_M^3$$

$$+ \alpha(a+d)\rho_M^6 + \left(\frac{c\rho_M^2}{T^2}\right)\left(1+\gamma\rho_M^2\right)\ \exp\left(-\gamma\rho_M^2\right) \tag{6}$$

式中，A_o、B_o、C、D_o、E_o、a、b、c、d、α 和 γ 为经验常数，ρ_M 等于 n/V_M（下标指摩尔数值)。这个方程通常称为 BWRS 方程，Exxon 公司提供计算机程序。

(2) Peng–Robinson [10] 状态方程:

$$p = \frac{RT}{V_M - b} - \frac{a(T)}{V_M(V_M+b)+b(V_M-b)} \tag{7}$$

式中 a 和 b 为常数，视该流体而定，$a(T)$为一函数关系，V_M 为摩尔体积。计算机程序可从 Gas Processors Suppliers Assn (GPSA)得到。

(3) Redlich–Kwong [7] 状态方程的 Soave [8] 修正式:

$$p = \frac{RT}{V_M - b} - \frac{a(T)}{V_M(V_M+b)} \tag{8}$$

式中 $a(T)$为一函数关系。其程序也可从 GPSA 得到。

第一个方程，BWRS 方程，是应用 11 个常数的经验方程。这些常数值是从许多不同流体测得的性质中确定的。它用于预测大多数热力学性质是极为准确的。方程（7）和方程（8）是范德华提出的原始方程的变型，这种形式在计算纯组分的性质或者轻烃混合物的性质方面不如 BWRS 方程准确。Peng-Robinson 方程和 Soave RK 方程用于相平衡计算或者凝析气体系性质的计算则更加可靠。这些方程的准确程度不能直接评价，因为它决定于方程的常数能否充分代表这些具体的组分。

Redlich-Kwong 状态方程及其发展是压缩系数的三次式。J. J. Martin [14] 提出一个通用三次方程，经过适当调整参数可以得出任何其它的三次方程，包括他的工作发表以后提出的三次方程。所有的三次方程在代表接近临界条件下的气体动态方面能力是有限的。这些方程用于预测临界压缩系数和／或临界等温线的形状是不正确的。可以在方程中增加几项来解决这个问题，但是在压力-温度-组成的空间的其它区域中又出现误差。不过一般来说，状态方程可以作为一种常规手段，使用计算烃类和非烃类体系及其混合物的气体性质。

状态方程在气体性质估算中特别有用的一项用途是直接计算压缩系数 z。如前所述，对应状态原理可以用来获得压缩系数，而且相当准确。然而，求解状态方程直接求 z，相当方便。对于典型的天然气来说，最可靠的方法是 Robinson 和 Jacoby [15] 以及 Hall 和 Yarborough [16] 的方法。Robinson 和 Jacoby 提出了下面的方程:

$$p=\frac{RT}{V_M-b}-\frac{a}{\sqrt{T}V_M(V_M+b)} \tag{9}$$

$$a_i=\alpha_i+\beta_i T \tag{10}$$

和

$$b_i=\gamma_i+\delta_i T \tag{11}$$

式中α、β、γ和δ对于物质i为常数，对于混合物

$$a_{ij}=1/2[K_{ij}a_i+(1-K_{ij})a_j],$$

$$a_m=\sum_i\sum_j y_j y_i a_{ij},$$

和

$$b_m=\sum_i y_i b_i,$$

式中　k_{ij} 在用于混合物时对于每个二元对是一个常数。

这些方程是 Redlich-Kwong 方程的另一种修正式，是专门为 70 至 250°F 温度和 1500

磅／英寸^2（绝对）以下压力的区域设计的。对于含大量C_{4+}烃类的气体混合物未作过验证。在以上所述界限之内，预计压缩系数计算的误差小于2%。

Hall−Yarborough 方程为：

$$z=\frac{(1+x+x^{2}-x^{3})-Ax+Bx^{C}}{(1-x)^{3}} \tag{12}$$

式中 z——压缩系数；

A——$(14.76t-9.76t^2+4.58t^3)$；

B——$(90.7t-242.2t^2+42.4t^3)$；

C——$1.18+2.82t$；

x_i——$b\rho_M/4$；

b——$0.245(RT_c/p_c)\exp[-1.2(1-t)^2]$；

t——T_c/T。

这个方程是专门设计用来拟合图23.2Standing−Katz曲线的，对于多组分体系可以得到极好的结果。Hall和Yarborough还将Wichert和Aziz对于含高浓度的非烃组分的体系的提出的校正系数包括在内。该方法已由Ajitsaria[17]编成便携式计算器程序。应该注意到，方程中有z和ρ_M两项，求解需要用试差法，没有计算机或计算器程序是不方便使用的。

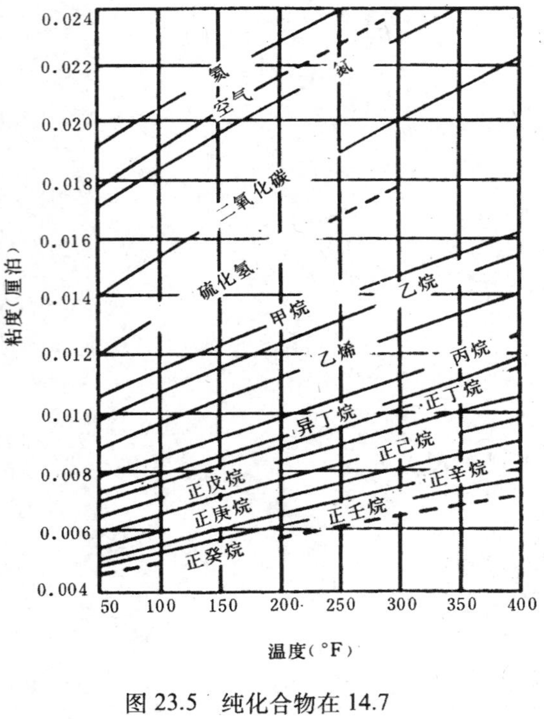

图23.5 纯化合物在14.7磅／英寸^2(绝对)下的粘度

十三、粘 度

粘度是天然气生产和销售中用于流动阻力计算的一个重要性质。一般来说，天然气的粘度随压力的升高而增加；只有当压力非常低下时，气体粘度才变得基本上与压力无关。在低压下，气体粘度与液体粘度不同，它是随温度的升高而增加。这是由于气体分子随着温度的升高而变得更加活跃的关系。流体的粘度可以通过测定剪切两块距离和速度差一定的平行平面所需要的单位面积上的力而求得。粘度的标准单位是泊，其定义为1达因·秒／厘米^2[6.9磅力·秒／英寸^2]。不过常用的单位是厘泊（0.01泊）。Carr等[18]利用许多研究人员的数据绘制了图23.5，将粘度表示为大气压下温度的函数，适用于若干种纯化合物。

十四、粘度相关关系

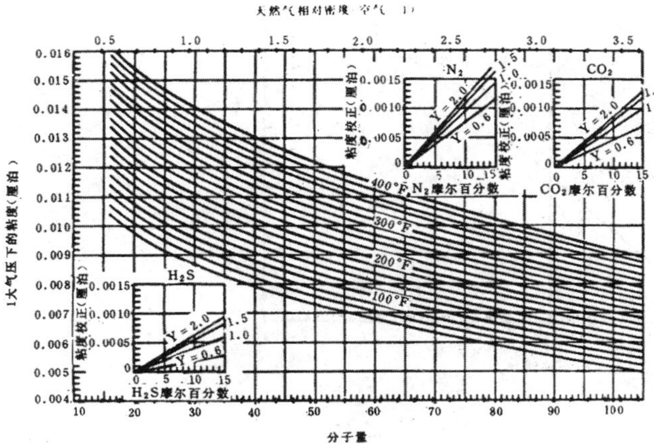

图 23.6 气体在 14.7 磅/英寸^2(绝对)下的粘度

估算粘度可以用对应状态原理，也可以用以对比密度为基础的剩余粘度函数。Carr 等[18] 利用输运过程理论将纯气体和气体混合物的粘度与分子量和温度相关起来。图 23.6 为他们所做的常压下粘度的相关关系曲线。图 23.7 为利用对应状态方法估算气体粘度的压力校正值。在某个升高的压力下的粘度值和从图 23.6 查出的粘度值的比值相对于拟对比温度和压力绘制曲线。由这一相关关系曲线算出的粘度，其误差预计应小于 2%。

剩余粘度函数（$\mu-\mu^*$）也已被用于相关气体粘度，其效果甚至比前述对应状态方法更好（μ^* 是常压下气体粘度，ξ 是一个相关参数，$\mu^*\xi$ 可从图 23.8 查得）❶。Thodos 等[19, 20] 证明，剩余粘度函数可以很好地与密度相关，从而成为求取气体和液体粘度的一个有用工具。Thodos 方法和 Carr 等的方法一样分两步进行。首先估算 μ^*，然后从另一个相关关系曲线计算出压力的影响。$\mu^*\xi$ 的相关关系曲线见图 23.8，压力的影响则由图 23.9 估算。利用 Thodos 等的相关关系曲线所计算的粘度，其准确程度为 3%。

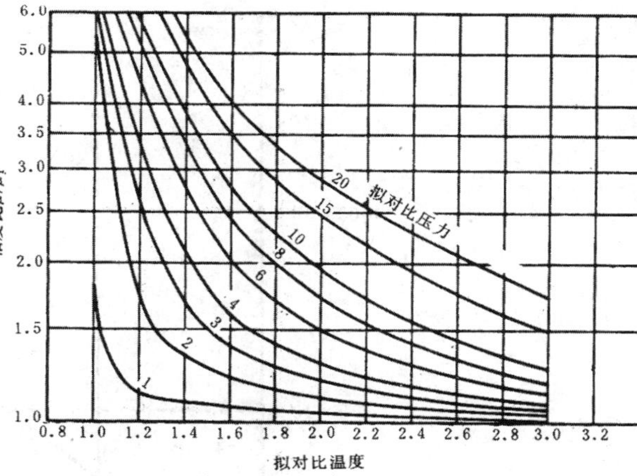

图 23.7 粘度比与拟对比温度的关系曲线

为了应用图 23.8 和图 23.9，必须首先计算混合物的平均分子量，即 $\overline{M}_g=\sum y_iM_i$，然后利用 Kay 法则计算拟临界温度、压力和容积（T_c 单位为 K，V_c 单位为厘米^3/克摩尔），如 C_{7+}的浓度较小，则用图 23.3。另一种方法是用 Matthews 等[21]（图 23.10）的相关关系曲线来查取 C_{7+}组分的 T_c 和 p_c。下法可用来求得 C_{7+}组分的 V_c。

❶原文有误，按原参考文献已作改正。

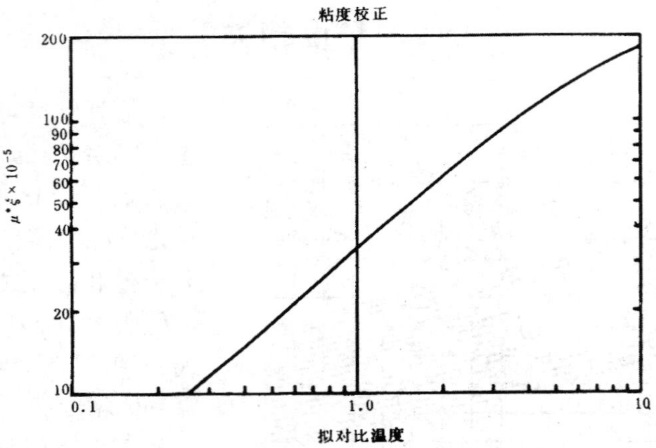

图 23.8　Thodos 粘度相关关系曲线

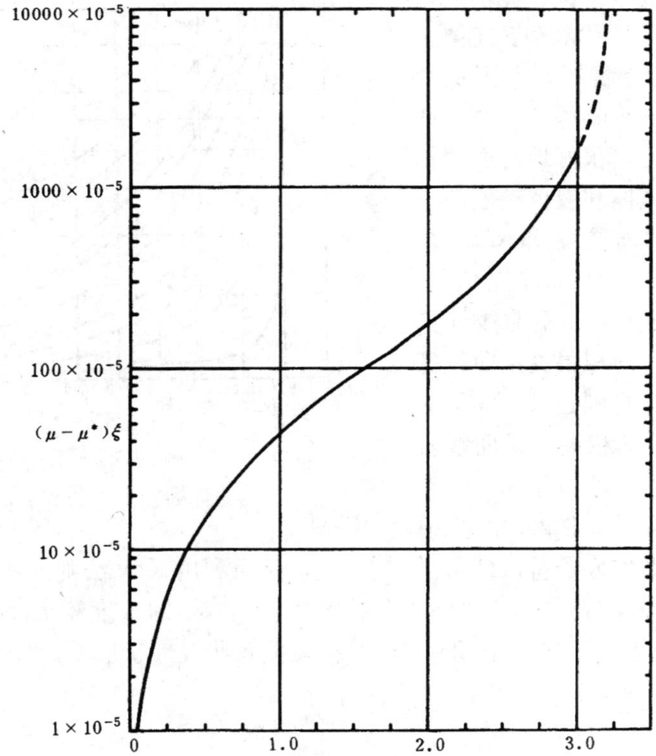

图 23.9　Thodos 粘度相关关系曲线——压力校正

$$(V_c)_{C_{7+}} = 1.561(M_{C_{7+}} / \rho_R)^{1.15}$$

式中$M_{C_{7+}}$是C_{7+}组分的分子量，而ρ_R为C_{7+}组分的相对密度。

计算拟临界密度ρ_{pc}和粘度参数ξ如下式：

$$\rho_{pc} = \overline{M}_g / V_{pc} \tag{13}$$

和

$$\xi = \frac{(T_{pc})^{1/6}}{(\overline{M}_g)^{1/2}(p_{pc})^{2/3}} \tag{14}$$

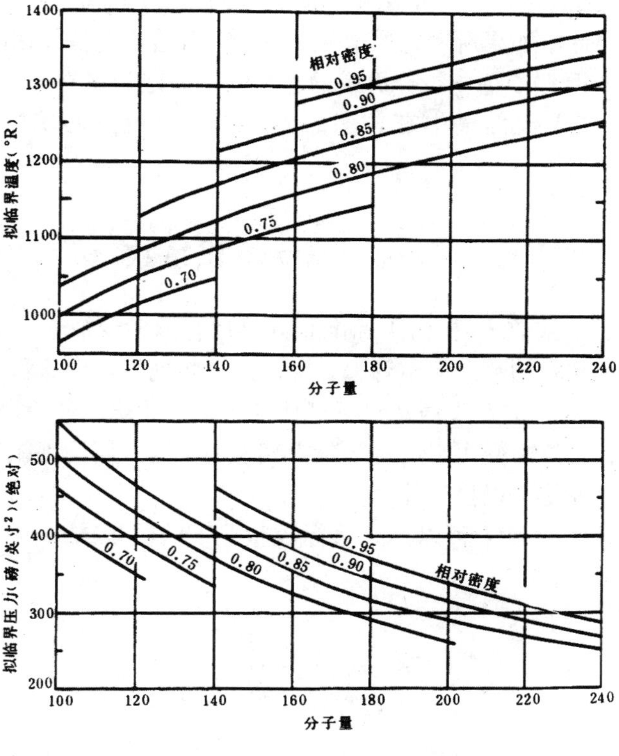

图 23.10　C_{7+}组分的拟临界性质

式中 T_{pc} 为拟临界温度，单位为 K，而 p_{pc} 为拟临界压力，单位为大气压。注意：这是一个关系式，式中各项不应该变换为互相一致的单位。

为了进行快速估算，Katz 的手册[2]载有对相对密度为 0.6～1.0 的气体粘度对温度（°F）和压力（磅／英寸^2（绝对））的曲线图。其误差估计为 4 至 5%。

如果气体密度为未知，可由压缩系数根据方程 $\rho_g=\overline{M}_g p/(z_g RT)$求得。压缩系数则可用前面讨论的方法求得。然后可计算对比条件参数，使 ρ 和 ρ_{pc} 的单位相同。也可以利用图 23.8 查得 $\mu^*\xi$，然后由 $\mu^*=(\mu^*\xi)/\xi$ 求得 μ^* ❶ 最后一步是由图 23.9 查得$(\mu-\mu^*)\xi$，然后从 $\mu=\mu^*+[(\mu-\mu^*)\xi]/\xi$ 求解 μ。

在各种相关关系曲线的限制范围以内，Carr 等的方法可能略好一些。Thodos 等的方法最为通用的关系，并且可以用于气体和液柱，因而是相平衡计算或近临界区域计算更好的一种方法。

十五、天然气中天然汽油的含量

在天然气的运输、贮存和评价当中，测定其中天然汽油或可液化成分的含量是很重要的。这是可以做得到的，因为天然汽油中较重组分的液体体积基本上是可加的。需要多少立方英尺天然气通过凝缩而形成 1 加仑的不同组分，列在表 23.2 最后一栏即“英尺^3 气体／加仑液体”栏。每一组分的摩尔系数，或每一立方英尺混合物中每一组分的立方英尺数，除以查出的英尺^3 气体／加仑液体，即得出每一组分能向天然汽油提供的液体量，以每立方英尺气体混合物的加仑数计，如果所考虑的组分只有一部分被作为液体回收，则必须做适当的校正。应用体积可加的原理，每一组分贡献的总和即可假定为每立方英尺可回收的汽油含量。采用以上步骤时，如果天然气中有较多的芳香族和（或）环烷族化合物，误差大约为 10%。

十六、地层体积系数

天然气的地层体积系数 B_g 指为 1 标准立方英尺容纳多少桶地下天然气。这个术语有时被错误地当作这个定义的倒数。但不管怎么说，这是将地下压力体积关系与采出地面的体积相关起来的一种方法。B_g 的定义假定地下气体处于标准状况（60°F 和 1 大气压，或 288K 和 100 千帕）时没有液体冷凝出来。对于凝析气来说，这一假设可能是不成立的，但对大多数湿天然气来说这或许是可以接受的。

真实气体定律 $pV=znRT$ 可以用来将标准状况下的测量结果换为储层状况。如果上述假设成立，则:

$$\frac{p_{rc}V_{rc}}{z_{rc}T_{rc}}=\frac{p_{sc}V_{sc}}{z_{sc}T_{sc}} \tag{15}$$

式中下标rc指储层状况，而sc指标准状况。因为根据其定义:

❶原文有误，已按原参考文献改正——译者注。

$$B_g = \frac{\frac{V_{rc}}{5.61458}}{V_{sc}}$$

由此得到:

$$B_g = 0.005035 \frac{T_{rc} z_{rc}}{p_{rc} z_{sc}} \tag{16}$$

式中T的单位为°R，p的单位为磅／英寸^2（绝对）或者

$$B_g = 0.34722 \frac{T_{rc} z_{rc}}{p_{rc} z_{sc}}$$

式中 T 的单位为K，p 的单位为千帕。

在许多场合假设 $z_{sc}=1.0$，但这不一定是正确的。如果要求更高的精度，可以用图23.2B或图23.2C来确定标准状况下天然气的压缩系数。为进行粗略的工程计算，或许不需要更高的精度。

十七、等温压缩系数

涉及整个体系压缩性的油藏工程方程需要一个天然气压缩性项。这不是天然气的压缩系数 z，而是等温压缩系数 C_g。它定义为在等温条件下容积随压力的变化率除以实际容积。以微分形式可以写成

$$c_g = \frac{1}{V}\left(\frac{\partial V}{\partial P}\right)_T$$

如果气体是理想的，可以容易地证明 $C_g=1/p$。然而，正如同我们已经讨论过的，地下天然气和大多数地面天然气并不遵循理想气体定律。因此，这样求得的结果只能认为是一个数量级的近似值。

如将真实气体定律 $pV=znRT$ 微分来计算 C_g，则得:

$$c_g = \frac{1}{p} - \frac{1}{z}\left(\frac{\partial z}{\partial p}\right)_T \tag{17}$$

如果z已知为压力的函数，则可以在一个小的范围内求值:

$$c_g = \frac{1}{p} - \frac{1}{z}\left(\frac{\Delta z}{\Delta p}\right)$$

为了避免进行这一些计算，Trube[22] 绘制了拟对比压缩性与拟对比压力相关关系曲线。他将拟对比压缩性定义为

$$c_{pr} = c_g \times p_{pc} \tag{18}$$

这是一个无因次项。Trube 的相关关系曲线示于图 23.11 和图 23.12。知道拟对比温度和拟对比压力，就可以求得拟对比压缩性。然后可直接由这一关系式算出等温压缩系数。Trube 并没有给出他的相关关系曲线的准确程度，但以拟对比性质为基础的方法应该至少和以压缩系数为基础的相关方法同样准确，因为等温压缩系数本身是曲线的斜率而不是一个绝对数值。

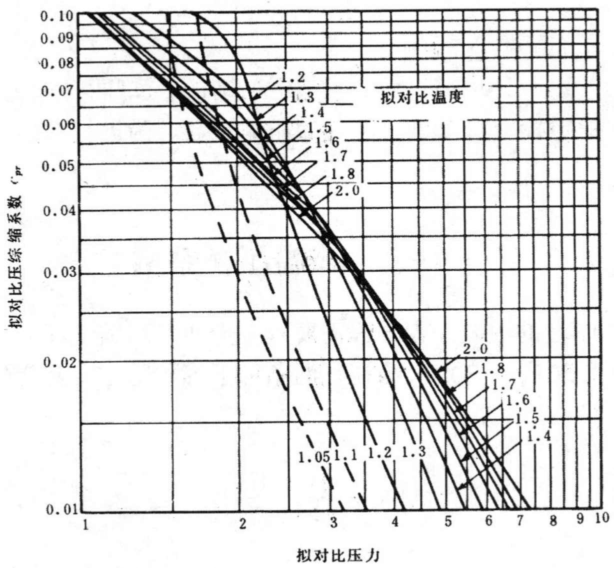

图 23.11 拟对比压缩系数与拟对比压力(低值)和固定的拟对比温度的关系曲线

十八、蒸 气 压

在一个给定的温度下，纯化合物的蒸气压是气液两相平衡共存的压力。"蒸气压"这个术语应只用于纯化合物，并且通常看作是液体的而不是气体的一种性质。对于一个纯化合物来讲，在任何温度下只有一个蒸气压。正丁烷在不同温度下的蒸气压曲线如图 23.13 所示。蒸气压等于 1 大气压（14.696 磅／英寸^2（绝对）或 101.32 千帕）时的温度即为其正常沸点。

Clapeyron 方程给出了蒸气压和温度之间的严格的定量关系：

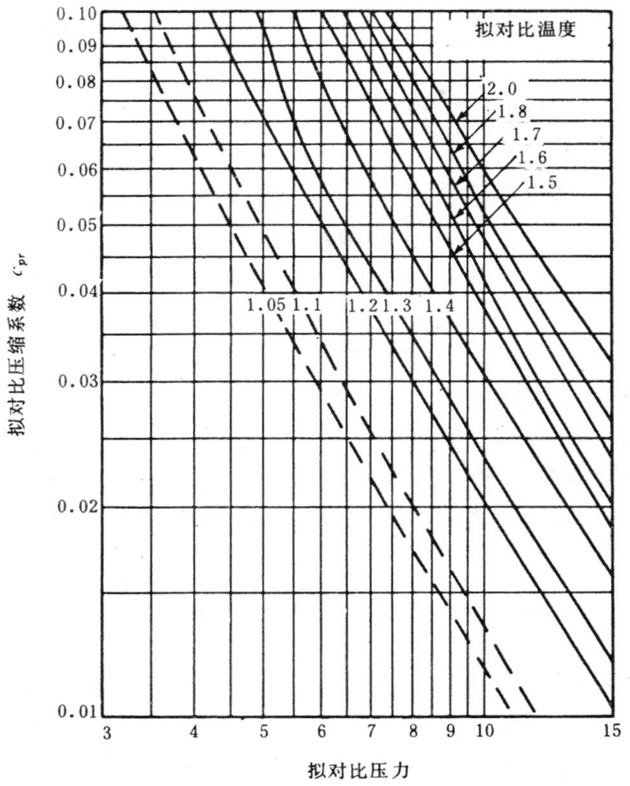

图 23.12　拟对比压缩系数与拟对比压力(中等值)和固定的拟对比温度的关系曲线

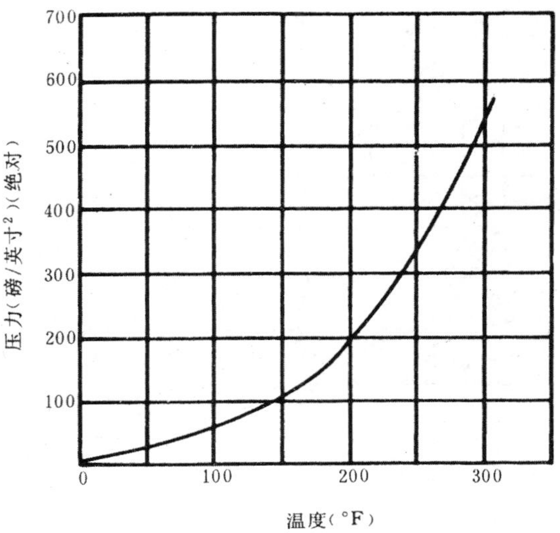

图 23.13　正丁烷的蒸气压

$$\frac{dp_v}{dT}=\frac{L_v}{T\Delta V} \tag{19}$$

式中 p_v——蒸气压；

T——绝对温度；

ΔV——1 摩尔气化所增加的容积；

L_v——气化摩尔潜热。

假定蒸气为理想气体并且忽略液体体积，Clapeyron 方程可以在一个小的温度范围内简化得出以下近似式

$$\frac{\mathrm{d}\ln p_v}{\mathrm{d}T}=\frac{L_v}{RT^2}$$

此即 Clausius−Clapeyron 方程。

这个方程表明，将蒸气压的自然对数对绝对温度的倒数绘图，将得出一条近似直线，可用于小范围内的内插和外推数据。然而对于真实物质这种关系不是一根直线而是 S 形曲线。因此只要有其它方法可用，建议不要用 Clausius−Clapeyron 方程。

十九、Cox 图

Cox[23] 进一步改进于估算蒸气压的方法，将蒸气压的对数对一个任意的温度标尺绘图。把蒸气压对温度绘图，可得出一条直线，至少对于参考化合物是如此，而且对于大多数和参考化合物有关的物质通常也是如此。这对于石油烃类来讲尤为正确。一幅用水为参考化合物的 Cox 图示于图 23.14。除了形成接近于直线外，同一族的化合物 Cox 线还会聚在一

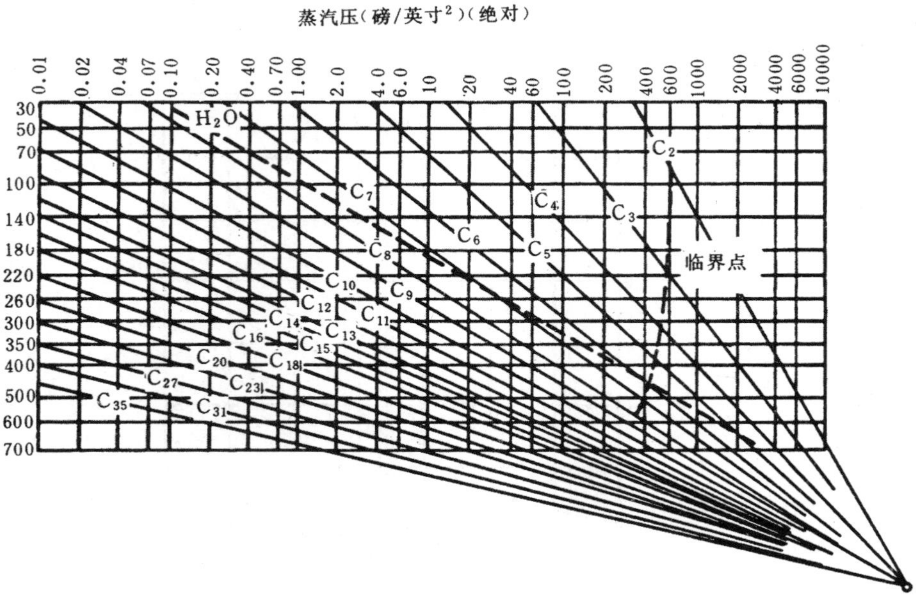

图 23.14　正构石蜡烃的 Cox 图

点。因此只要知道一个温度下的蒸气压，即可估计出蒸气压线的位置。这个方法非常方便并且比前面的方法效果好得多。其准确度在很大程度取决于图的清晰程度。

二十、Calingeart 和 Davis 方程

Calingeart 和 Davis [24] 用一个三参数函数对 Cox 图进行拟合。其方程为

$$\ln p_v = A - \frac{B}{T - C} \tag{20}$$

式中 A 和 B 为经验常数，对于沸点在 32 和 212 °F 之间的化合物，如 T 的单位为 K，C 为一常数 43，如 T 的单位为 °R，C 为一常数 77.4。

这个方程通常称作 Antoine [25] 方程，因为 Antoine 更早提出了一个十分相似的方程，其常数 C 取为 13K。已知两个温度的蒸气压，可确定 A 和 B，其它温度的蒸气压也就可以近似求得。一般来说，Antoine 方法的误差预计为小于 2%。如果蒸气压预计小于 1500 毫米汞柱（200 千帕）并且这些常数是现成的，则 Antoine 方法应当是优先选用的方法。

二十一、Lee–Kesler 方程

蒸气压也可以由对应状况原理计算。Clapeyron 方程最普通的扩展是二参数表达式。Pitzer 将其发展成三参数表达式:

$$\ln p_{vr} = f^0(T_r) + \omega f^1(T_r) \tag{21}$$

式中 p_{vr} 为对比蒸气压（蒸气压除以临界压力），f^0 和 f^1 为对比温度的函数，而 ω 为偏心因子。

Lee 和 Kesler [26] 将 f^0 和 f^1 表示为解析形式:

$$f^0 = 5.92714 - (6.09648 / T_r)$$

$$- 1.28862\ln T_r + 0.169347(T_r)^6 \tag{22}$$

和

$$f^1 = 15.2518 - (15.6875 / T_r) - 13.4721\ln T_r + 0.43577(T_r)^6 \tag{23}$$

用高速计算机或便携式计算器很容易求解。Lee–Kesler 方法是较好的计算方法，但仅适用于非极性液体。

计算机和计算器的出现使得近似计算和图解法比起在 60 年代时的应用大为逊色。偏心

因子的数值可自文献[27]查得，其中还有其它可供使用的蒸气压关系和计算方法，并讨论了它们的优点和限制。

二十二、例　题

例题 1　计算下述天然气的相对密度。所有组成用摩尔百分数表示:

C_1	83.19	iC_5	0.57
C_2	8.48	nC_5	0.32
C_3	4.37	C_6	0.63
iC_4	0.76	合计	100.00
nC_4	1.68		

表 23.3　例题 1 的数据

i	y_i	M_i①	y_iM_i
C_1	0.8319	16.04	13.344
C_2	0.0848	30.07	2.550
C_3	0.0437	44.10	1.927
iC_4	0.0076	58.12	0.442
nC_4	0.0168	58.12	0.976
iC_5	0.0057	72.15	0.411
nC_5	0.0032	72.15	0.231
C_6	0.0063	86.18	0.543
合　计	1.0000		20.424

①取自表 23.2。

求解：首先由表 23.3 的数据计算摩尔重量

$$\overline{M}_g = \sum y_i M_i = 20.424$$

于是

$$\begin{aligned}\gamma_g &= \overline{M}_g / M_a = \sum y_i M_i / 28.966 \\ &= 20.424 / 28.966 \\ &= 0.705\end{aligned}$$

其中M_a为空气的分子量 = 28.966

例题2　计算上述天然气在1525磅／英寸^2（绝对）和75 °F的实际密度。

求解:

$$\rho_g = \frac{p\overline{M}_g}{Z_g RT}$$

$$p = 1525\text{磅/英寸}^2\text{(绝对)}$$

$$\overline{M}_g = 20.424$$

$$R = 10.73\frac{\text{磅/英寸}^2\text{(绝对)} \times \text{英尺}^3}{{}^\circ\text{R} \times \text{磅(质量)摩尔}}\text{(由表23.1)}$$

$$T = 75\,^\circ\text{F} + 460 = 535\,^\circ\text{R}$$

Z_g应由图23.2查出

从表 23.4 所列各组分临界参数和摩尔分数计算 T_{pc} 和 p_{pc} ❶。根据已知的气体组成可得

$$T_{pc} = \sum y_i T_{ci} = 393.8\,^\circ\text{R}$$

$$T_{pr} = \frac{535}{393.8} = 1.36$$

表 23.4　例题 2 的数据

	摩尔分数	T_c (°R)	p_c① (磅/英寸²(绝对))	M_i
甲　烷	0.8319	343	668	16.04
乙　烷	0.0848	550	708	30.07
丙　烷	0.0437	666	616	44.09
异丁烷	0.0076	735	529	58.12
正丁烷	0.0168	766	551	58.12
异戊烷	0.0057	829	490	72.15
正戊烷	0.0032	846	489	72.15
己　烷	0.0063	914	437	86.17
合　计	1.0000			

①引自表 23.2。

$$p_{pc} = \sum y_i p_{ci} = 662.6\text{磅/英寸}^2\text{(绝对)}$$

❶原文为Z_g有误。——译者注

$$p_{pr}=\frac{1525}{662.6}=2.30$$

则 $$Z_g=0.712$$

还可从天然气相对密度根据图23.3查出临界参数。

$$\overline{M}_g=\sum y_i M_i=20.424$$

和

$$\gamma_g=\frac{\overline{M}_g}{M_a}=\frac{20.424}{28.966}=0.705$$

根据图23.3可得

$$T_{pc}=392\ ^\circ\mathrm{R}$$

$$T_{pr}=\frac{535}{392}=1.36$$

$$p_{pc}=663\text{磅/英寸}^2\text{(绝对)}$$

$$p_{pr}=\frac{1525}{663}=2.30$$

则 $$Z_g=0.712$$

结论：组成和比重两种方法的结果相同，适用于天然气在地面加工的条件。于是

$$\rho_g=\frac{1.525\times 20.424}{0.712\times 10.73\times 535}$$

$$=7.62\text{磅(质量)/英尺}^3$$

$$=0.122\text{克/厘米}^3$$

例题 3 计算表 23.5 中地下流体在 307 °F 和 6098 磅/英寸^2（绝对）下的压缩系数 z。C_{7+}组分的 $\gamma=0.825(40\ ^\circ\mathrm{API})$，$\overline{M}_g=119$。实验测得 $z_g=0.998$。

求解：由已知气体组成查图 23.2 得到

$$T_{pc}=\sum y_i T_{ci}=487^\circ R$$

$$T_{pr}=\frac{767}{487}=1.58$$

$$p_{pc}=\sum y_i p_{ci}=822\text{磅}/\text{英寸}^2(\text{绝对})$$

$$p_{pr}=\frac{6098}{822}=7.42$$

则 $$z_g=0.962(\text{误差}-4\%)$$

表 23.5 例题 3 数据

	摩尔分数	T_c (°R)	p_c (磅/英寸²(绝对))	M_i
氮	0.1186	228	493	28.02
甲 烷	0.3836	343	668	16.04
二氧化碳	0.0849	548	1071	44.01
乙 烷	0.0629	550	708	30.07
硫化氢	0.2419	673	1306	34.08
丙 烷	0.0261	666	616	44.09
异丁烷	0.0123	735	529	58.12
正丁烷	0.0154	766	551	58.12
异戊烷	0.0051	829	490	72.15
正戊烷	0.0052	846	489	72.15
己 烷	0.0067	914	437	86.17
庚烷以上	0.0373	1116①	453①	119.00
合 计	1.0000			

①自图 23.10 求得。

由气体比重查图 23.3 可得

$$\overline{M}_g=\sum y_i M_i=31.87$$

$$\gamma_g=\overline{M}_g/M_a=\frac{31.87}{28.966}=1.100$$

$$T_{pc}=524^\circ R$$

$$T_{pr}=\frac{767}{524}=1.464$$

$$p_{pc}=652\text{磅/英寸}^2\text{(绝对)}$$

$$p_{pr}=\frac{6098}{652}=9.35$$

则 $$z_g=1.087\text{(误差9\%)}$$

应用Wichert和Aziz（图23.4）查出计算的假临界参数校正值。

$$\epsilon=31.2$$

$$T_{pc}=487-31=456\,°\text{R}$$

$$p_{pc}=(822)(458)/[487+(0.2419)(1-0.2419)(31.2)]$$

$$=762\text{磅/英寸}^2\text{(绝对)}$$

$$T_{pr}=\frac{767}{456}=1.68$$

$$p_{pr}=\frac{6098}{762}=8.00$$

则 $$z_g=1.010\text{(误差1\%)}$$

例题 4 计算组成如表 23.6 的天然气在 150 °F 和 2012 磅/英寸^2（绝对）的粘度。

表 23.6 例题 4 的数据

	摩尔分数	M_i 分子量	T_c (°R)	p_c (磅/英寸^2(绝对))
氮	0.158	28.02	228	492
甲 烷	0.739	16.04	343	668
乙 烷	0.061	30.07	550	708
丙 烷	0.034	44.09	666	616
异丁烷	0.002	58.12	735	529
正丁烷	0.006	58.12	765	551
合 计	1.000			

用 Carr–Kobayashi–Burrows 法求解:

$$T_{pc}=\sum y_iT_{ci}=350\ ^\circ\mathrm{R}$$

$$T_{pr}=\frac{460+150}{350}=1.74$$

$$p_{pc}=\sum y_ip_{ci}=639\text{磅}/\text{英寸}^2(\text{绝对})$$

$$p_{pr}=\frac{2012}{639}=3.15$$

$$\overline{M}_g=\sum y_iM_i=19.98$$

$$\gamma_g=\frac{19.98}{28.966}=0.690$$

在 150 ° F，1 大气压下的粘度(由图 23.6)＝0.016 厘泊
对 N_2 校正(由图 23.6) ＝+0.0013 厘泊
粘度 μ_1 ＝0.0129 厘泊
粘度比，μ/μ_1(由图 23.7) 1.32
粘度 μ＝(1.32)(0.0129) ＝0.0170 厘泊
用 Thodos 法求解

$$V_{pc}=\sum y_iV_{ci}=104.5\text{厘米}^3/\text{克摩尔}$$

粘度参数

$$\xi=\frac{(T_{pc})^{1/6}}{(\overline{M}_g)^{1/2}(p_{pc})^{2/3}}$$

$$=\frac{(350/1.8)^{1/6}}{(19.98)^{1/2}(639/14.7)^{2/3}}=0.0435$$

拟临界密度

$$\rho_{pc}=\frac{\overline{M}_g}{V_{pc}}=\frac{19.98}{104.5}=0.1912\text{克}/\text{厘米}^3$$

粘度系数$\mu^{*}\xi$由图23.8查得为55×10^{-5}

$\mu^{*}=55\times10^{-5}/0.0435=0.0126$厘泊

求密度

$z_g=0.876$(由图20.2)

$$\rho_g=\frac{\overline{M}_g p}{z_g RT}=\frac{(19.98)(2012)}{(0.876)(10.73)(610)}=7.017\text{磅(质量)/英尺}^3$$

$$=0.112\text{克/厘米}^3$$

$\rho_{pr}=0.112/0.1912=0.58$

粘度系数$(\mu-\mu^{*})\xi=18.9\times10^{-5}$(由图23.9)

粘度$\mu=\mu^{*}+(\mu-\mu^{*})\xi/\xi$

$=0.0126+18.9\times10^{-5}/0.0435$

$=0.0169$厘泊

结果：Carr 等方法为 0.0170 厘泊，Thodos 方法为 0.0169 厘泊，而实验值为 0.0172 厘泊。

结论：这两种相关关系法均能对天然气的粘度给出极好的结果。

例题 5 在下 Tuscaloosa 地层新发现的气层产出天然气含 96%甲烷和 4%乙烷。在地面没有液体出现。地层条件压力为 6000 磅/英寸^2（绝对），温度为 245°F。计算天然气的地层体积系数和等温压缩系数。

解：甲烷与乙烷混合物的拟临界压力和温度为：

$$T_{pc}=0.96\times343=329.3$$
$$+0.04\times550=\underline{22.0}$$
$$=351.3\ ^{\circ}\mathrm{R}$$

$$p_{pc}=0.96\times668=641.3$$
$$+0.04\times708=\underline{28.3}$$
$$=669.6\text{磅/英寸}^2\text{(绝对)}$$

地层(下标rc)和地面(下标sc)条件下的对比参数为

$$(T_{pr})_{rc}=\frac{245+459.6}{351.3}=\frac{704.6}{351.3}=2.00$$

$$(T_{pr})_{sc}=\frac{60+459.6}{351.3}=1.48$$

$$(p_{pr})_{rc} = \frac{6000}{669.6} = 8.96$$

和

$$(p_{pr})_{sc} = \frac{14.7}{669.6} = 0.022$$

由图23.2，$z_{rc} = 1.095$，$z_{sc} = 0.998$(可假设为1)

$$B_g = 0.005035\frac{T_{rc}z_{rc}}{p_{rc}z_{sc}} = \frac{0.005035 \times 704.6 \times 1.095}{6000 \times 0.998}$$

$$= 0.00065\text{地下桶／标准英尺}^3$$

由图23.11，已知$T_{pr} = 2.00$和$p_{pr} = 8.96$，可得

$$c_{pr} = 0.074$$

$$c_{pr} = c_g \times p_{pc}$$

故

$$c_g = \frac{c_{pr}}{p_{pc}} = \frac{0.074}{669.6} = 0.0001105$$

$$= 110.5 \times 10^{-6}(\text{磅／英寸}^2)^{-1}$$

用计算机将z对压力数值求导，得到

$$c_g = 107.4 \times 10^{-6}(\text{磅／英寸}^2)^{-1}$$

由 Trube 相关关系得出的结果，误差约为 3%。

例题 6 纯己烷的蒸气压作为温度的函数在 50℃时为 54.04 千帕，在 70℃时为 188.76 千帕❶ 用本章中所列所有方法估算己烷在 100℃下的蒸气压。

解:

用 Clausius–Clapeyron 方法求解:

---

❶下面的计算用的是105.37千帕。——译者注

Clausius−Clapeyron 方程可以将蒸气压的对数对绝对温度的倒数作图然后外推，用图解法求解。也可计算斜率求解。

$$T_1 = 50℃\,(581.67\,°\mathrm{R})$$

$$1/T_1 = 0.001719$$

$$T_2 = 90℃\,(617.67\,°\mathrm{R})$$

$$1/T_2 = 0.001619$$

T_1下的$p_v = 54.04$千帕$= 7.8374$磅/英寸^2(绝对)

$$\log p_v = 1.18420$$

$$\Delta\log p_v = -0.29003$$

$$1/T_1 - 1/T_2 = 0.0001$$

故

$$斜率 = \Delta\log p_v \Big/ \left(\frac{1}{T_1} - \frac{1}{T_2}\right) = \frac{-0.29003}{0.0001}$$

$$= -2900.3$$

解出 $\log p_v = -2900.3(1/T) + b$ 得到

$$b = 5.87977$$

$$T_3 = 100℃ = 671.67\,°\mathrm{R}$$

$$1/T_3 = 0.001489$$

求100℃下的p_v

$$\log p_v = -2900.3(0.001489) + 5.87977$$

$$= 1.56122$$

则 $p_v = 36.4102$磅/英寸^2(绝对)

$= 251.04$千帕

如果还知道 70℃的蒸气压为 105.37 千帕，可以用 70 到 90℃的温度差来计算斜率，最后得到 $p_v = 35.81$ 磅/英寸^2(绝对)$= 246.7$ 千帕。

用 Cox 图[28]求解:

自图 23.14，100℃的蒸气压可近似取为 35 和 36 磅/英寸^2（绝对）之间的值。如需要求得更为精确的读数，则要用一幅更大的图。

用 Calingeart 和 Davis 或 Antoine 方程求解:

采用这个方程，先从 Reid 等的文献[27]查出 Antoine 常数。对己烷，温度单位为 K，常数 $A=15.8366$，$B=2697.55$，$C=-48.78$。于是

$$\ln p_v = A - \frac{B}{T+C}$$

$$= 15.8366 - \frac{2697.55}{373-48.78} = 3.60223$$

则 $p_v = 36.68$磅/英寸^2(绝对)

$= 252.73$千帕

用Lee－Kesler方法求解：

采用Lee－Kesler方程需要己烷的p_c，T_c和ω。可从表23.2查得。

$p_c = 436.9$磅/英寸^2(绝对)(29.7大气压)

$T_c = 453.7\ ^\circ$F或$913.3\ ^\circ$R或507.4K

$\omega = 0.3007$

对温度100℃

$T_r = 0.7351$

$(T_r)^6 = 0.15782$

$\ln T_r = -0.30775$

$$f^0 = 5.92714-(6.09648/0.7351)+1.28862(0.30775)+0.169347(0.15782)$$

和

$$f^1 = 15.2518-(15.6875/0.7351)+13.4721(0.30775)+0.43577(0.15782)$$

故

$$f^0 = 5.92714-8.29340+0.39657+0.02673 = -1.94296$$

$$f^1 = 15.2518-21.34063+4.14604+0.06877 = -1.87402$$

$$\ln p_{vr} = -1.94296+0.3007(-1.87402) = -2.50648$$

$$p_{vr} = \frac{p_v}{p_c} = 0.0816$$

和

$p_v = 0.0816\times 29.7 = 2.4235$大气压$= 35.62$磅/英寸^2(绝对)

$= 245.59$千帕

实验值为：35.69磅/英寸^2(绝对)$= 245.90$千帕

结论： Lee–Kesler 的方法给出最佳结果， 但是只要外推的范围较短，

Clausius−Clapeyron 方法可以更加准确。

符 号 说 明

a——流体特征常数；

a_i——物质 i 的常数；

a_{ij}——混合物中二元对常数；

a_m——混合物的特征参数 a；

$a(T)$——函数关系；

A——经验常数；

A_o——经验常数；

b——流体特征常数；

b_i——物质 i 的特征常数；

b_m——混合物的参数 b；

B——经验常数；

B_g——天然气的地层体积系数；

B_o——经验常数；

c——经验常数；

c_g——等温压缩系数；

C——Cox 图中常数，温度单位为 K 时，$C=43$，温度单位 °R 时，$C=77.4$；

d——经验常数；

D_o——经验常数；

E_k——动能；

E_o——经验常数；

f^0，f^1——对比温度的函数；

K_{ij}——混合物中二元对的常数；

L_v——气化摩尔潜热；

m——质量；

M——分子量；

M_a——空气分子量；

M_{C7+}——C_{7+}组分分子量；

$\overline{M}_g$——气体混合物的平均分子量；

p——绝对压力；

p_c——临界压力；

p_{ci}——气体混合物中组分 i 的临界压力；

p_{pc}——气体混合物的拟临界压力；

p_{pc}'——校正的拟临界压力；

p_r——对比压力；

p_{rc}——地层状况下压力；

p_{sc}——标准状况下压力；

p_v——蒸气压；

p_{vr}——对比蒸气压（蒸气压／临界压力）；

R——绝对温度；

t——临界温度与绝对温度之比；

T_c——临界温度；

T_{ci}——气体混合物中组分 i 的临界温度；

T_{pc}——拟临界温度；

T_{pc}'——校正的拟临界温度；

T_r——对比温度；

T_{rc}——地层状况下温度；

T_{sc}——标准状况下温度；

V——速度；

V_c——临界容积；

$(v_c)_{C7+}$——C_{7+}组分的临界容积；

V_m——摩尔容积；

V_r——对比容积；

V_{rc}——地层状况下体积；

V_{sc}——标准状况下体积；

ΔV——摩尔气化时所增加的容积；

x_i——液体中组分 i 的摩尔分数；

y_{CO2}——气体混合物中 CO_2 的摩尔分数；

y_{H2S}——气体混合物中 H_2S 的摩尔分数；

y_i——气体混合物中组分 i 的摩尔分数；

z——压缩系数；

z_{rc}——地层状况下压缩系数；

z_{sc}——标准状况下压缩性系数；

α_i——物质 i 的经验常数；

β_i——物质 i 的经验常数；

γ_g——天然气相对密度；

γ_i——物质 i 的经验常数；

δ_i——物质 i 的经验常数；

ϵ——校正系数；

μ——粘度；

μ^*——常压下气体粘度❶；

ξ——粘度相关参数；

ρ_M——摩尔密度；

ρ_{pc}——拟临界密度；

ρ_R——C_{7+}组分的相对密度；

ω——偏心因子。

---

❶原文为关连参数，有误。——译者注

参考文献

1. Burnett, E.S.: "Compressibility Determinations Without Volume Measurements," *J. Applied Mechanics*(1936) 3, A 136–40.
2. Katz. D.L. *et al.: Handbook of Natural Gas Engineering*,McGraw–Hill Book Co. Inc., New York City (1959).
3. Standing, M.B. and Katz, D.L.: "Density of Natural Gases," *Trans.*, AIME (1942) **146**, 140–44.
4. Brown, G.G. *et al.:*" Natural Gasoline and the Volatile Hydrocarbons," Natural Gas Assn. of America, Tulsa (1948).
5. Wichert, E. and Aziz, K.: " Compressibility Factor for Sour Natural Gases," *Cdn. J. Chem. Eng*.(1972) **49**, 269–75.
6. van der Waals, J.D.: *Proc.*,Acad. Sci. Amsterdam (1901) **3,** 515.
7. Redlich, O. and Kwong, J.N.S.: "On the Thermodynamics of Solutions. V—An Equation of State. Fugacities of Gaseous Solutions," *Chem. Reviews*(1949) **44,** 233–44.
8. Soave, G.: "Equilibrium Constants from a Modified Redlich–Kwong Equation of State," *Chem. Eng. Sci.*(1972) **27,** 1197–1203.
9. Zudkevitch, D. and Joffe, J.: "Correlations and Predictions of Vapor–Liquid Equilibrium with the Redlich–Kwong Equation of State," *AIChE J.* (1970) **16,** 112–19.
10. Peng, O.Y. and Robinson, D.B.: "A New Two–Constant Equation of State," *Ind. and Eng. Chem. Fundamentals*(1976) **15**, No. 1, 59–64.
11. Yarborough, L.:"Application of a Generalized Equation of State to Petroleum Reservoir Fluids," *Equations of State in Engineering and Research*.K.C. Chao and R.L. Robinson (eds.), Advances in Chemistry Series No. 182. ACS, Washington, DC (1979) 385–439.
12. Starling, K.E. and Hon, M.S.: "Thermo Data Refined for LPG," *Hydrocarbon Processing*(May 1972) 129–33.
13. Benedict, M., Webb, G.B., and Rubin, L.C.: "An Empirical Equation for Thermodynamic Properties of Light Hydrocarbons and Their Mixtures," *Chem. Eng. Prog.*(1951) **47**, 419; and *J. Chem. Phys.*(1940) **8,**334; (1942) **10,**747.
14. Martin. J.J.: "Cubic Equations of State–Which?" *Ind. Eng. Chem. Fundamentals*(May 1979), **18,**No. 2, 81–97.
15. Robinson, R.L. Jr. and Jacoby, R.H.: " Better Compressibility Factors," *Hydrocarbon Processing*(April 1965) 141–45.
16. Hall, K.R. and Yarborough, L.: "A New Equation of State for Z–Factor Calculations," *Oil and Gas J.*(June 18. 1971) **71,** 82–91.
17. Ajitsaria, N.K.: "Hand Held Calculator Programs Determine Natural Gas Physical Properties," *Oil and Gas J.*(June 6, 1983) **81,**69–72.
18. Carr, N.L., Kobayashi, R., and Burrows, D.B.: "Viscosity of Hydrocarbon Gases Under Pressure," *Trans.*, AIME (1954) **201,** 264–78.
19. Stiel, L.I. and Thodos, G.: "The Viscosity of Non–Polar Gases at Normal Pressures," *AIChE J.* (1961) **7,** 611–20.
20. Jossi, J.A., Stiel, L.I., and Thodos, G.: "The Viscosity of Pure Substances in the Dense Gaseous and Liquid Phases," *AIChE J.* (1962) **8,**59–70.
21. Matthews, T.A., Roland, C.H., and Katz, D.L.: "High Pressure Gas Measurement," *Proc.*, Natural Gas Assn. of America (1942) 41–51.
22. Trube, A.S.: "Compressibility of Natural Gases," *Trans.*,AIME (1957) **210,**355–57.
23. Cox, E.R.: " Pressure Temperature Chart for Hydrocarbon Vapors," *Ind. Eng. Chem.* (1923)

15,592–98.

24. Calingeart, G. and Davis, D.S.: "Pressure Temperature Charts Extended Ranges," *Ind. Eng. Chem.* (1925) **17**,1287–1300.
25. Antoine, C.: *Chem. Reviews* (1888) **107**,836–50.
26. Lee, B.I. and Kesler, M.G.: "A Generalized Thermodynamic Correlation Based on Three–Parameter Corresponding States," *AIChE J.* (May 1975) **21**, 510–27.
27. Reid, R.C., Prausnitz, J.M., and Sherwood, T.K.: *The Properties of Gases and Liquids.* 3rd ed ., McGraw–Hill Book Co. Inc., New York City (1977).
28. Perry, J.H. and Chilton, C.H.: *Chemical Engineer's Handbook*,fifth edition. McGraw–Hill Book Co. Inc., New York City (1975).
29. *GPSA Engineering Databook*,ninth edition, fifth revision, Gas Processors Suppliers Assn., Tulsa (1981).

第二十四章　原油性质、凝析油性质和相关关系

Paul Buthod, U. of Tulsa❶　　　　陈振树　译

一、引　　言

全部原油主要由烃类组成，这是元素碳和氢的化合物。此外，大多数原油含有硫化合物和痕量的氧、氮和重金属。各种原油的差异是由于组成原油的烃类的类型和分子量不同以及硫化合物含量不同造成的。

原油中烃类的大小变化范围可从最小的分子甲烷，只含有 1 个碳原子，到最大的分子，含有近 100 个碳原子。原油中烃类化合物的类型有烷烃、环烷烃和芳香烃，而在热加工后的炼制产品中有时可发现烯烃和二烯烃。因为在任何原油中将含有数千种不同的化合物，到现在为止还不可能对实际存在的化合物进行精密的分析。报告分析结果现有三种方法——元素分析、化学分析和评价分析。

元素分析按百分率列出碳、氢、氮、氧和硫元素的组成。这对原油的物理性质或存在的化合物类型说明甚少，但对确定必须脱除的硫含量是有用的。表 24.1 列出几种原油的元素分析。

表 24.1　石油的元素化学分析

石　　油	相对密度 γ	温度 (℃)	组分 (%) C	H	N	O	S	基
Pennsyl vania 管道	0.862	15	85.5	14.2				石蜡
Mecook，西弗吉尼亚	0.897	0	83.6	12.9		3.6		石蜡
Humbolt，堪萨斯	0.912		85.6	12.4			0.37	混合
Healdton，俄克拉何马			85.0	12.9			0.76	混合
Coalinga，加利福尼亚	0.951	15	86.4	11.7	1.14		0.60	环烷
Beaumont，得克萨斯	0.91		85.7	11.0	2.61①		0.70	环烷
墨西哥	0.97	15	83.0	11.0	1.7①		4.30	环烷
巴库，苏联	0.897		86.5	12.0		1.5		
哥伦比亚，南美	0.948	20	86.62	11.91				

①包括氮和氧。

化学分析给出原油中存在的烷烃、环烷烃和芳香烃化合物的百分率组成。这种分析通过化学反应和溶解能力试验能获得相当正确的结果。这类分析能给出有关炼制产品用途的概念，但是不能提供预测各种炼制产品数量的方法。表 24.2 列出 4 种原油中几个馏分的化学分析。

原油评价主要是原油的分馏，接着对蒸馏产品进行物理性质试验（获得参数如重度、粘度和倾点）。因为在炼油厂中分离产品的主要方法是分馏，这种评价分析能预测炼制产品的

❶这位作者也是1962版本章的作者。

产率及所研究的物理性质。评价曲线示于图 24.1，可用于预测炼制产品的物理性质。作为评价曲线的使用例子，表 24.3 列出炼油厂按最大汽油产率操作时所得到的产品产率和性质，而表 24.4 列出目的是生产润滑油和柴油机燃料时所得到的产品产率和性质。

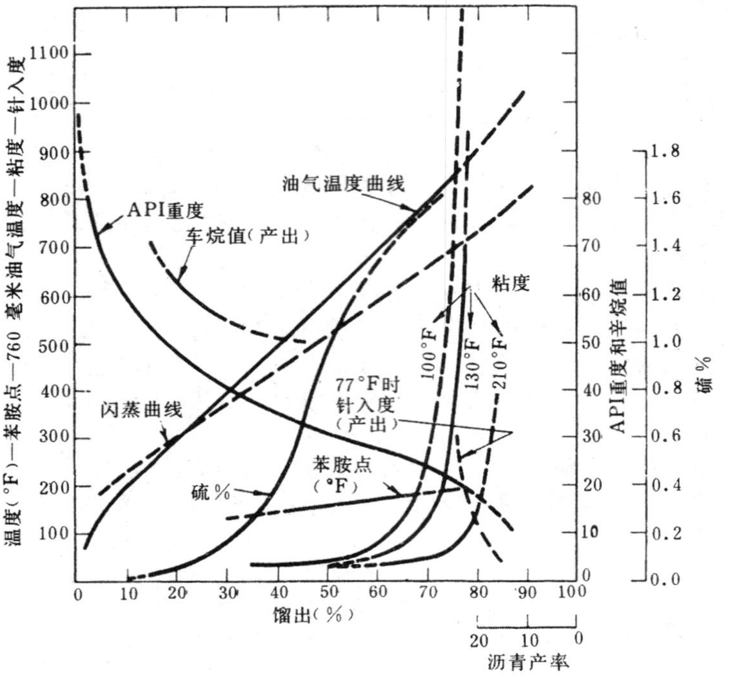

图 24.1 特性因数为 11.65，32.0°API 中间基原油的评价曲线

表 24.2 石油的化学分析(%)

馏 分 (°F)	格罗兹尼 (“高石蜡”) 45.3%，在 572°F			格罗兹尼 (“较高沸程无石蜡”) 40.9%，在 527°F			俄克拉何马 (Daven 港) 64%在 527°F			加利福尼亚 (Huntington 海滨) 34.2%，在 527°F		
	芳香	环烷	石蜡	芳香	环烷	石蜡	芳香	环烷	石蜡	芳香	环烷	石蜡
140 至 203	3	25	72	4	31	65	5	21	73	4	31	65
203 至 252	5	30	65	8	40	52	7	28	65	6	48	46
252 至 302	9	35	56	13	52	35	12	33	55	11	64	25
302 至 392	14	29	57	21	55	24	16	29	55	17	61	22
392 至 482	18	23	59	26	63	11	17	31	52	25	45	30
482 至 572	17	22	61	35	57	8	17	32	51	29	40	31

从 70 年代初开始，对使用气体色谱法产生模拟蒸馏已进行了许多研究。其优点是只需要很少量原油样品和在大约 1 小时期间内便可得到原油评价曲线，而原来分析用的分馏塔需要大约 1 加仑原油和大约 2 天时间。这种模拟蒸馏称为 ASTM 试验方法 D2887 [1]。

表 24.3 主要生产汽油的评价①

物料	基准	馏出百分数			重度(°API)	其它性质
		范围	中点	产率		
气体损失		0～1.3		1.3		
直馏汽油(未处理)	辛烷值 54.5	1.3～32	16.6	30.7	56②	ASTM 终馏点 390°F③
催化裂化进料	900°F 切割	32～80.5	56.2	48.5	28.8	苯胺点 165°F 或柴油指数 47.5
减粘裂化进料或沥青	其余	80.5～100		19.5	6.4④	针入度 110
原油				100.0	32.0	特性因数 11.65

①拔头后接着进行减压闪蒸以生产瓦斯油用于催化裂化。催化裂化的循环油与沥青或减粘裂化进料一起进行热裂解；

②从 API 重度的瞬时曲线得出的平均重度；

③在 400°F 终馏点左右，实沸点切割点比 ASTM 终馏点高约 22°F；

④根据物料平衡。

表 24.4 主要生产润滑油原料的评价①

物料	基准	馏出百分数			API 重度	赛氏通用粘度	其它性质
		范围	中点	产率			
气体损失		0～1.3		1.3			
轻汽油(未处理)	终馏点 300°F②	1.3～21.0	10.5	19.7	61.2③		辛烷值 63.8④
重整石脑油	终馏点 445°F②	21.0～38.5	29.7	17.5	41.3⑤		含硫 0.16%
柴油机燃料	苯胺点 156°F	38.5～56.5	47.5	18.0	32.1	41(估算)	柴油指数 50;含硫 0.82%
轻润滑油或裂化原料	其余	56.5～74.9	65.7	18.4	25.9	145,在 100°F	含硫 1.49%⑥
润滑油料(未处理)	SU 粘度 100 在 210°F	74.9～80.9	77.9	6.0	19.1	100,在 210°F	
沥青	针入度 100	80.9～100.0		19.1			77°F 针入度 100⑦
原油				100.0	32.0		

①拔头后接着进行减压蒸馏。需要时轻润滑油原料可用于热裂化或催化裂化；

②在 300°F 终馏点左右，实沸点切割点与 ASTM 终馏点大致相同。终馏点 445°F 时，温度差约为 20°F；

③从 1.3%～21%的平均重度；

④从辛烷值-产率曲线的 19.7 读出；

⑤从瞬时重度曲线的中点读出；

⑥从绘制的曲线读出粘度指数绝不会十分准确；

⑦从针入度-产率曲线的 19.1(馏出 80.9%)读出。

二、原油的基

美国从石油工业初始期起，为方便起见将原油划分为三个大类或基。这就是石蜡基、中间基和环烷基。作为一般分类这是有用的，但在许多情况下有点含糊。由于原油的轻组分可能呈现一组特性，而重润滑油组分又呈现另一组特性，美国矿务局（USBM）已对原油分类研究出更有用的方法。

用标准的 Hempel 蒸馏程序可获得两个组分（称为“关键组分”）。关键组分 1 在常压下的沸程为 482～527°F。关键组分 2 在 40 毫米绝对压力下的沸程为 527°～572°F。两个组分都测定 API 重度，关键组分 2 还测定浊点。对石油类型命名时，轻组分（关键组分 1）的基首先命名,重组分(关键组分 2)的基第二个命名。如果关键组分 2 的浊点高于 5°F,

应附加术语“有蜡”。如果其倾点低于 5°F，则附加术语“无蜡”。

因此，“石蜡-中间-无蜡”是指原油的汽油部分具有石蜡基特性，润滑油部分具有中间基特性，含蜡很少。表 24.5 列出 USBM 方法用于判定原油基的准则。

表 24.5 原油的基①

低沸点部分	高沸点部分	60°F时API重度		大致的UOP②特性因数	
		关键组分 1	关键组分 2	低沸点	高沸点
石蜡	石蜡	40+	30+	12.2+	12.2+
石蜡	中间	40+	20～30	12.2+	11.4～12.0
石蜡	环烷	40+	20−	12.2+	11.4−
中间	石蜡	33～40	30+	11.5～12.0	12.2+
中间	中间	33～40	20～30	11.4～12.1	11.4～12.1
中间	环烷	33～40	20−	11.4～12.1	11.4−
环烷	中间	33−	20～30	11.5−	11.4～12.1
环烷	石蜡	33−	30+	11.5−	12.2+
环烷	环烷	33−	20−	11.4−	11.4−

①USBM，报告 3279(1935 年 9 月)；

②通用石油产品公司，芝加哥。

曾经提出几种方法建立数字相关指数，用于判定原油的基。其中最常用的是特性因数 *K*，其来源见参考文献[2]:

$$K=\frac{\sqrt[3]{\overline{T}_B}}{\gamma}$$

式中 $\overline{T}_B$ 是摩尔平均沸点（°R），γ 是 60°F 时的相对密度。这个因数不仅已经成功地用于相关原油，也用于相关炼制产品，包括裂化和直馏。几种典型的特性因数数值列于表 24.6。

除了以上所述特性因数与相对密度及沸点的关系外，还有一些其它物理性质表明也与特性因数有关。这些性质中有粘度、分子量、临界温度和压力、比热以及含氢百分数。

表 24.7 表明，全世界一些原油、产品和典型烃类化合物与上述石油具有相同的特性因数。

表 24.6 典型的特性因数数值

产品	特性因数
宾夕法尼亚油料(石蜡基)	12.1～12.5
中大陆油料(中间基)	11.8～12.0
海湾油料(环烷基)	11.0～11.8
裂化汽油	11.5～11.8
裂化装置混合进料	10.5～11.5
循环油料	10.0～11.0
裂化残油	9.8～11.0

表 24.7 几种烃类、石油和典型油料的特性因数

特性因数	烃 类	典 型 石 油	各 种 油 品
14.7	丙烷		
14.2	丙烯		
13.85	异丁烷		
13.5～13.6	丁烷		94.5API 的吸附汽油
13.0～13.2	丁烷-1 和异戊烷		4 种委内瑞拉石蜡
12.8	己烷和十四烯-7		石蜡[①]；中大陆 82.2API 天然汽油
12.7	2-甲基庚烷和十四烷		加州 81.9API 天然汽油
12.6	戊烯-1，己烯-1 和十六烯		
12.55	2，2，4-三甲基戊烷	Cotton Valley(路易斯安那)润滑油	脱丁烷的东得克萨斯天然汽油
12.5	己烯-2 和 1，3-丁二烯		San Joaquin(委内瑞拉)含蜡馏分
12.1～12.5	2，2，3，3-四甲基丁烷	宾夕法尼亚-Rodessa(路易斯安那)	Panhandle(得克萨斯)润滑油
12.2～12.44	2，11-2 甲基十二二烯	大湖(得克萨斯)	6 种委内瑞拉含蜡馏分
12.0～12.2		Lance Creek(怀俄明)	石蜡基汽油
11.9～12.2		中大陆	中东轻质油品
		俄克拉何马城	石蜡烃进料的裂化汽油，东得克萨斯瓦斯油和润滑油
11.9	己基环己烷		中大陆进料的矾土催化裂化轻汽油
11.8～12.1		Fullerton(西得克萨斯)	中东瓦斯油和润滑油
11.85		伊利诺斯；Midway(亚利桑那)	中间基进料的裂化汽油
11.7～12		西得克萨斯；Jusepin(委内瑞拉)	东得克萨斯和路易斯安那的白色产品
11.75		Cowden(西得克萨斯)	石蜡基进料的裂化瓦斯油
11.7	丁基环己烷	Santa Fe Springs(加利福尼亚)	石蜡基进料的催化循环油料
11.6	辛基或二戊基苯	Slaughter(西得克萨斯):Hobbs(新墨西哥)	环烷烃进料的裂化汽油
11.5～11.8		哥伦比亚	Tia Juana(委内瑞拉)瓦斯油和润滑油
11.5		Hendrick 和 Yates(西得克萨斯)	环烷基汽油；催化裂化汽油
		Elk Basin，重质(怀俄明)	中大陆进料的催化循环油料
11.45	乙基环己烷和 9-己基-11-甲基庚二烯	Kettleman 高地(加利福尼亚)	高度环烷基进料的裂化汽油
11.4	甲基环己烷	Smackover(亚利桑那)	石蜡基进料的高转化率催化循环油料
11.3～11.6		Lagunillas(委内瑞拉)	典型催化循环油料
11.3	环丁烷和 2，6，10，14-四甲基己二烯	海湾轻馏分油	典型的催化循环油料 轻油炉管热进料 进料特性因数为 11.7 的催化循环油料 催化重整的汽油

①12.88(范围为 12.1～13.65)是根据粗润滑油料和脱蜡润滑油料的特性因数计算而得。

三、物 理 性 质

图 24.2 表示碳−氢比、平均分子量和中平均沸点作为 API 重度和特性因数函数的关系。API 技术数据手册[3] 已公布一系列石油物理性质的相互关系。需要最正确的数据时，应查阅这本参考书。

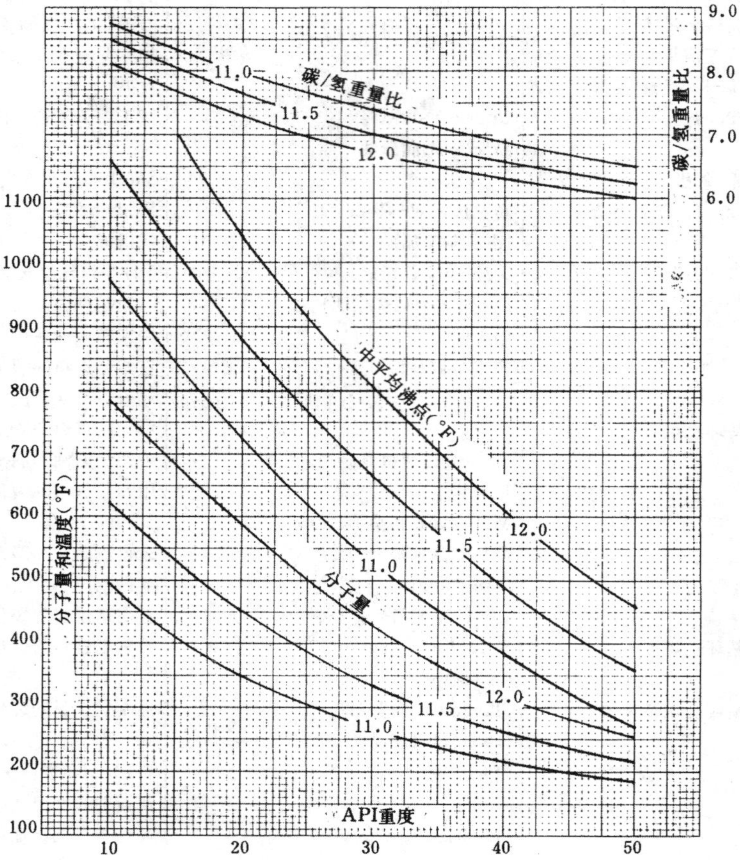

图 24.2　石油性质作为 API 重度和特性因数的函数。注：曲线中参数是指特性因数

当石油在加工过程中被加热或被冷却时，所要求的热量最好利用比热求得。图 24.3 表示液体石油的比热是 API 重度和温度的函数。这个图以特性因数 11.8 为基准，如果与使用的石油不同，在图的右下角有校正因数。从图中查得的比热数值应乘以这个校正因数。一些烷烃示于图中。这些烃类不需要校正。

如果在加工过程中发生汽化或冷凝，所要求的热量利用总热焓求得。图 24.4 给出石油液体和蒸气的热焓，以液体在 0 ° F 作为参比点或零点。这样可以不需要选择潜热、油气和液体的比热，以及决定在什么温度下使用潜热。但对不同的特性因数和压力必须进行某些校正。

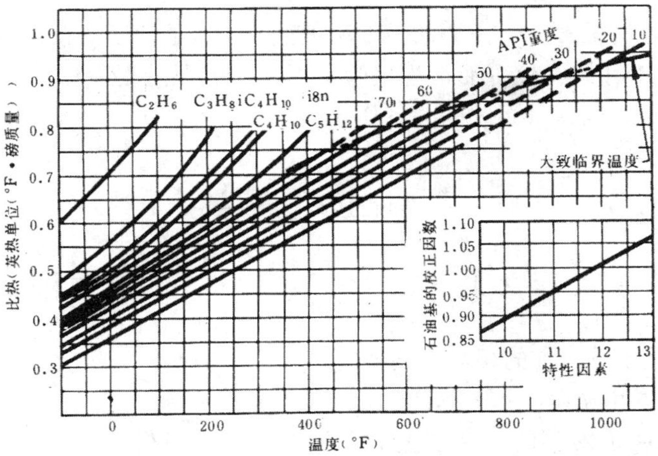

图 24.3　中大陆液体石油的比热，对其它石油基采用校正因数

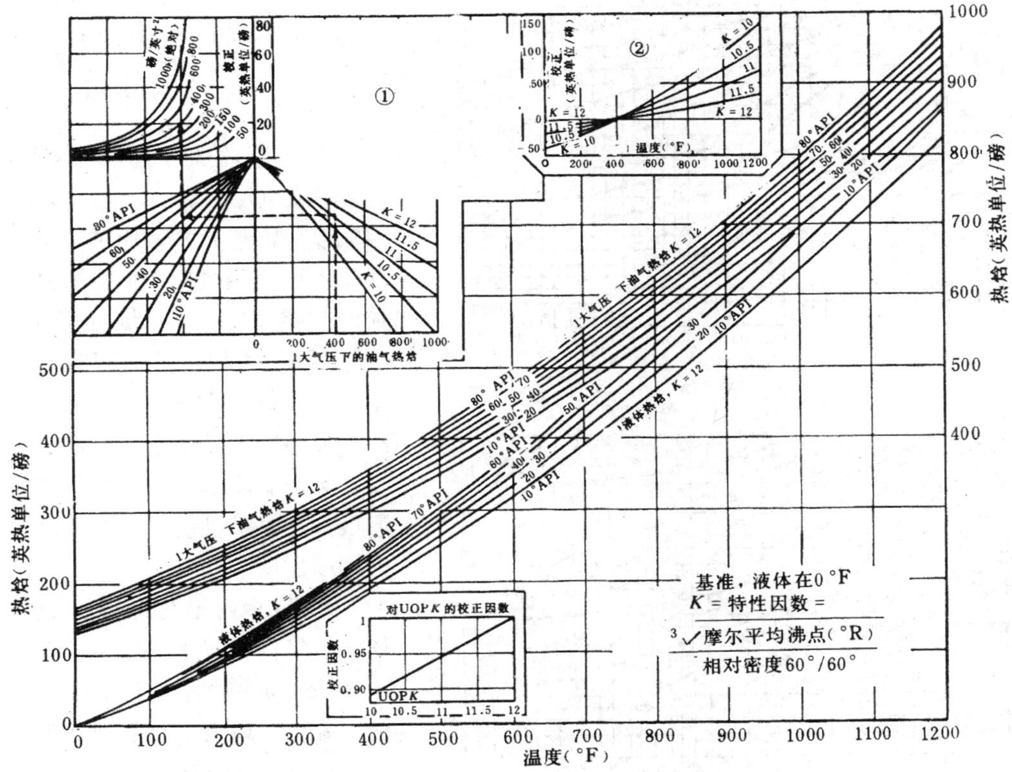

图 24.4　石油组分的热焓，包括压力的影响

①—压力校正，从 1 大气压的热焓减去校正值。举例：油气的给定条件如下，查其热焓。

重度＝50 ° API，温度＝600 ° F，压力 400 磅 / 英寸^2(绝对)，K＝11。

从主图上查得 600 ° F、50 ° API、K＝12、1 大气压的油气热焓＝455 英热单位 / 磅。

K＝11 的校正因数为−13，600 ° F、1 大气压、50 ° API、K＝11，热焓为 442。

压力校正因数按虚线指示为−20，按给定条件的油气热焓为 422 英热单位 / 磅；

②−UOPK 的校正因数,从 1 大气压、K＝12 查得的油气热焓减去校正值,可得到在其它 K 值和 1 大气压的油气热焓

在研究流动特性时需要一个重要的石油物理性质，就是粘度。石油的粘度通常用赛氏通用秒（SUS）表示，可从一种石油常规试验中得到。但在工程计算中，粘度单位应采用厘泊。按照美国标准局，这两种系统的关系如下：

$$\frac{\mu_o}{\gamma_o}=0.219t_{SU}-\frac{149.7}{t_{SU}}$$

式中 μ_o——粘度，厘泊；

γ_o——测定温度下石油的相对密度；

t_{SU}——赛氏通用粘度，秒。

准确地相关粘度是困难的，特别是对粘稠的石油，但根据图 24.5 可以进行粘度的估算。图中给出 4 种特性因数，对其它特性因数必须采取内插法。

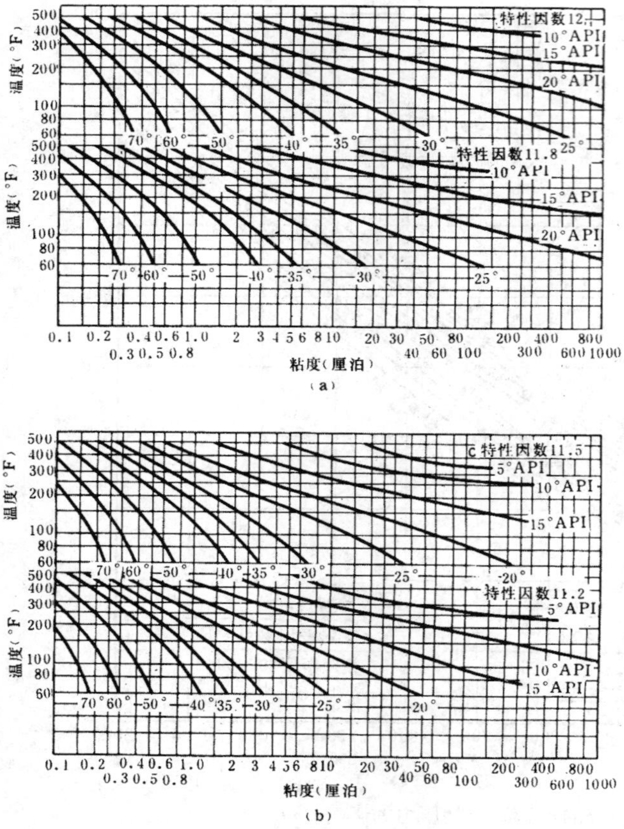

图 24.5 粘度、温度及特性因数之间的近似关系

四、原油的实沸点分析

一些原油的实沸点分析列于表 24.8。除重度、粘度、硫含量和特性因数以外，还有每种原油典型产品的性质。这个表可用于估算所列产品的数值，或者绘制和评价所获得的任何产品（图 24.1）。这个表首先按州分行，在每行内再按重度列出。

表中的产品质量标明好或优，不仅表示产品质量良好，而且指按正常数量生产时是可供销售的产品，无需进一步处理。

表 24.9 列出几种凝析油经分段分离后气相和液相的分析数据。

Nelson[4] 收集 164 种原油的数据汇编，并列出每种原油的重度、特性因数、硫含量和粘度。这些表包括典型炼制产品的产率，以及它们的物理性质和质量。将这些产品的终馏点对应累计的产率体积百分率，可绘制实沸点曲线。如在同一图上绘出特性因数，则任何瞬时沸点的特性因数都

表 24.8　原油的实沸点分析

	地区					
	Smack-over, 亚利桑那	Atlanta, 亚利桑那(石灰岩)	Kern 河, 加利福尼亚	Santa Maria, 加利福尼亚	Coalin-ga(东), 加利福尼亚	Coalinga, 加利福尼亚
重度，°API	20.5	44.5	10.7	15.4	20.7	31.1
硫(%)	2.30	0.48[3]	1.23	4.63	0.51	0.31
粘度，赛氏通用秒在100°F	270	35	6000+	368	178	48
日期	4/3/39			8/2/54		
特性因数						
在 250°F	11.62	11.82		11.90		11.5
在 450°F	11.48	12.05	11.13	11.42	11.28	11.53
在 550°F	11.47	12.08	11.15	11.29	11.20	11.59
在 750°F	11.55	12.25	11.15	11.11	11.23	11.72
平均	11.53	12.05		11.48		11.58
基	中间	中间,石蜡	环烷	中间,环烷	环烷	中间
损失(%)	0	1.5	0	0	3.0	1.1
汽油						
在 300°F 的%	6.0	25.2[1]	0	7.0	1.2[1]	21.6[1]
辛烷值，未加铅	73.2[1]					72.0[2]
辛烷值，3毫升四乙铅	89.0[1]					
至 400°F 的%	11.0	39.2[4]	1.2[4]	13.2	9.6[4]	31.6[4]
辛烷值，未加铅	66.0[2]	48.5[2]		59.8[5]	67.0[2]	66.7[2]
辛烷值，3毫升四乙铅				70.3[5]		
至 450°F 的%	14.4	45.3[4]	2.2[4]	17.0	15.6[4]	35.6[4]
质量	好[2]				好[2]	优[2]
喷气油料						
至 550°F 的%	24.1	56.3[1]	6.1[4]	25.0	29.3[1]	46.2[4]
API 重度	41.9	57.4	29.5[2]	43.0	36.9	46.0[4]
质量	好			好		好
煤油馏分						
375～500°F 的%	9.5	15.0[4]	2.7[4]	8.5	16.0[1]	11.0[4]
API 重度	38.0	46.0	32.5[4]	34.5	34.0[4]	37.8
烟点	16.0[2]	27.0[2]	13.0[2]		14.5[2]	17.0[2]
硫(%)	0.29[2]	0.06[2]	0.38[2]	1.8[1]	0.14[2]	0.06[2]
质量		优				
馏分油或柴油机燃料						
400～700°F 的%	29.2	35.0[4]	19.7[4]	23.8	38.4[4]	28.0[4]
柴油指数	43.0[2]	76.0[4]	30.0[2]	33.0	33.0[2]	48.5[2]
倾点	0[2]	高	−30.0[2]	−3.0	−25.0[2]	20.0[2]
硫(%)	0.82[2]	0.15[2]	0.8[2]	2.5[4]	0.35[2]	0.27[2]
质量						
裂化油料(馏出)						
400 至 900°F 的%	48.2	51.4[4]	41.8[4]	39.8	59.4[4]	45.6[4]
辛烷值(热)	71.4[2]	64.5[2]	75.6[2]	75.6[1]		70.4[1]

续表

	地区					
	Smack-over，亚利桑那	Atlanta，亚利桑那(石灰岩)	Kern 河，加利福尼亚	Santa Maria，加利福尼亚	Coalin-ga(东)，加利福尼亚	Coalinga，加利福尼亚
API 重度	25.7	35.5	20.0	22.8	22.3	28.0
质量			好		优	好
裂化油料(渣油)						
高于 550°F 的%	75.9	42.2④	93.9④	75.0	67.7④	52.7④
API 重度	14.7	27.1	9.1	8.0	11.0	18.2
API 裂化燃料	4.8	9.6		8.0	4.2	5.0
汽油%(占油料)	35.5	54.9		15.0	27.5	42.2
汽油%(占原油)	27.0	23.2		11.0	18.6	22.2
润滑油馏分(未脱蜡)						
700 至 900°F③的%	19.0	16.4	22.2	16.0	13.0④	17.6④
倾点						
粘度指数	37.0②	113.0②				58.0②
硫(%)	2.45②	0.8②	1.5②		0.67②	0.43②
质量		优				
渣油，高于 900°F 的%	40.8	7.9①	57.0④	47.0	28.0④	21.7④
沥青质量	好		优	优	优	好

①只是航空汽油，切割点不一定是 300°F；

②按一般相关关系估算；

③含硫油(含有大于 0.5 英尺^3 硫化氢／100 加仑稳定前的油)；

④相同油品其它组分的大致数值；

⑤研究法辛烷值。

可计算出来。如已知不同百分率的瞬时温度和特性因数，则可估算相对密度、API 重度和粘度曲线。这样，对任何 164 种原油可绘出如同图 24.1 的评价曲线。这些数据的代表性部分列于表 24.8。

最近，美国以外原油的一系列评价已经出版[5]。其格式与 Nelson 汇编[4]相似，但物理性质方面一般更完全。这种系列的一个分析实例列于表 24.10。

USBM（在俄克拉何马州 Bartlesville）在 1920 年前就开始进行蒸馏分析。这个试验室（美国能源部 Bartlesville 能源技术中心，缩写为 BETC）继续评价石油直到现在，并有两种出版物[6, 7]，列出蒸馏数据以及各蒸馏组分的重度和粘度。其中还用石蜡烃、环烷烃和芳香烃表明各组分的组成百分数。这些表格使用相关指数而不是用特性因数来关联数据。一般来说，低相关指数（I_c）表示是高度石蜡烃（对纯石蜡烃，$I_c=0$）。高相关指数表示是高芳香性（苯的 $I_c=100$）。相关指数定义如下：

$$I_c = 473.7\gamma - 456.8 + 87552 / \overline{T}_B$$

表 24.9　所选择的得克萨斯州含油气层的凝析油和油气分析

	Chapel Hill Palusy 层	Carthage Upper Pettite 层	Carthage Lower Pettite 层	Old Ocean Chenault 层	Old Ocean Larson 层	Seeligson 21D 层	Seeligson 21A 层	Saxet
取样压力	645	607	632	752	702	810	410	1087
取样温度	82	70	67	85	85	80	85	88
全部流体分子量	25.03	19.62	20.19	20.76	20.51	20.64	20.63	21.34
液／气比								
桶／百万标准英尺^3	88.74	16.23	29.28	29.33	28.71	29.88	24.48	41.33
气体分子量	20.16	18.25	18.25	18.70	18.17	18.42	18.69	18.89
气体分析(摩尔%)								
二氧化碳	0.794	0.695	0.646	0.448	0.468	0.130	0.200	0.299
氮	1.375	1.480	1.967	0.370	0.414	0.075	0.253	0.281
甲烷	76.432	89.045	88.799	87.584	90.162	89.498	88.731	86.733
乙烷	7.923	4.691	3.363	5.312	4.067	4.555	5.224	4.816
丙烷	4.301	1.393	1.536	2.302	1.616	1.909	1.795	2.673
异丁烷	1.198	0.401	0.335	0.584	0.464	0.465	0.486	0.836
正丁烷	1.862	0.394	0.583	0.630	0.390	0.493	0.452	0.788
异戊烷	0.937	0.283	0.302	0.416	0.274	0.266	0.172	0.583
正戊烷	0.781	0.191	0.254	0.207	0.123	0.209	0.241	0.256
己烷	1.415	0.379	0.574	0.505	0.418	0.385	0.414	0.633
庚烷及以上	2.992	1.098	1.641	1.642	1.604	2.015	2.032	2.102
合计	100.00	100.00	100.00	100.00	100.00	100.00	100.00	100.00
液体重度(°API)	71.8	61.0	64.8	54.0	47.6	52.7	52.1	60.0
液体分子量	68.64	91.51	81.55	85.93	110.07	94.49	103.22	68.73

液体分析	%(体积)	°API	%(体积)	°API	%(体积)	°API	%(体积)	°API	%(体积)	°API	%(体积)	°API	%(体积)	°API	%(体积)	°API
轻汽油	55.1	82.9	29.1	74.8	40.7	76.6	21.2	71.2	14.7	70.9	22.6	70.1	20.7	68.4	35.7	73.6
石脑油	37.2	60.5	48.4	59.2	47.0	59.3	55.3	52.9	36.9	52.2	47.7	53.4	49.5	53.1	47.6	55.9
煤油馏分	21.1	50.6	18.2	48.1	7.9	47.6	15.0	42.6	17.4	42.1	15.9	43.6	16.1	43.0	10.0	44.9
瓦斯油							3.8	37.8	21.3	36.6	7.3	37.4	7.2	37.0	2.4	38.2
低粘度润滑油									7.4	29.8						
残油和损失	5.6		4.3		4.4		4.7		2.3		6.5		6.5		4.3	

表 24.10　挪威 Ekofisk 典型原油的评价

原油	
重度(°API)	36.3
底部沉积物和水(%)(体积)	1.0
硫(%)(重量)	0.21
倾点试验(℃)	+20
100°F 下的粘度(SUS)	42.48
100°F 下的雷德蒸气压(磅/英寸^2)	5.1
盐分(磅质量/1000 桶)	14.5
氮化合物及较轻物质(%)(体积)	1.0
汽油	
沸程(°F)	60～200
产率(%)(体积)	10.7
重度(°API)	77.2
硫(%)(重量)	0.003
研究法辛烷值，未加铅	74.4
研究法辛烷值(+3 毫升四乙铅/加仑)	90.0
汽油	
沸程(°F)	60～400
产率(%)(体积)	31.0
重度(°API)	60.0
石蜡烃(%)(体积)	56.52
环烷烃(%)(体积)	29.52
芳香烃(%)(体积)(O+A)	13.96
硫(%)(重量)	0.0024
研究法辛烷值，未加铅	52.0
研究法辛烷值(+3 毫升四乙铅/加仑)	76.0
煤油	
沸程(°F)	400～500
产率(%)(体积)	13.5
重度(°API)	40.2
100°F 下的粘度(SUS)	32.33
冰点(°F)	−38
芳香烃(%)(体积)(O+A)	13.1
硫(%)(重量)	<0.05
苯胺点(°F)	146.2
烟点(毫米)	21
轻瓦斯油	
沸程(°F)	500～650
产率(%)(体积)	15.7
重度(°API)	33.7
100°F 下的粘度(SUS)	43.83
倾点(°F)	−25
硫(%)(重量)	0.11
苯胺点(°F)	164.3
兰氏残炭(%)(重量)	0.08
十六烷指数	56.5
拔顶原油	
沸点(°F)	650+
产率(%)(体积)	38.8
重度(°API)	21.5
122°F 下的粘度(SUS)	80.25
倾点(°F)	−85
硫(%)(重量)	0.39
兰氏残炭(%)(重量)	4.0
镍、钒(ppm)	5.04,1.95

式中 γ 是组分在 60 ° F 的相对密度；$\overline{T}_B$ 是平均常压沸点，单位为 ° R。

全部美国能源部的分析数据已建成 BETC 原油分析数据库[8]。数据检索系统名称是“原油分析系统（COASYS)”，通过电话联系即可使用，用户可从文件中寻找、分类和检索分析结果。检索关键词有三十多个，例如 YEAR、APIG、LOC、GEOL、SULF 分别用于检索分析年份、API 重度、位置（国家和州)、地质层系和石油含硫百分数。表 24.11 列出计算机检索 COASYS 所得典型分析的信息格式。

表 24.11　应用 BETC 计算机检索打印输出原油分析：BETC 油样—B75008

标志

Webb　W　油田，Grant 县，俄克拉何马州

Red Fork，Des Moines，中宾夕法尼亚—4464～4482 英尺

一般特性

相对密度[重度，° API]	0.820[41.1]
硫(%)(重量)	0.24
粘度，赛氏通用秒	
在 77 ° F	42
在 100 ° F	39
倾点(° F)	<5
氮(%)(重量)	0.054
色泽	棕黑色

蒸馏，USBM 法(初馏点 79 ° F)

1 段——常压蒸馏，在 746 毫米 Hg

组分号	切割(° F)	%(体积)	累计(%)(体积)	重度 60 ° F 相对密度	重度 60 ° F API	相关指数	折射率 20 ° F	比分散	粘度 100 ° F (赛氏通用秒)	浊点(° F)	(%)(重量) 渣油	(%)(重量) 原油
1	122	1.5	1.5	0.639	89.9							
2	167	2.2	3.7	0.670	79.7	7	1.38560	126.3				
3	212	5.5	9.2	0.712	67.2	17	1.39755	131.1				
4	257	7.4	16.6	0.738	60.2	21	1.41082	133.0				
5	302	5.8	22.4	0.750	55.4	22	1.42186	134.0				
6	347	6.7	29.1	0.773	51.6	23	1.43039	134.7				
7	392	6.0	35.1	0.785	48.8	22	1.43770	135.2				
8	437	5.9	41.0	0.798	45.8	23	1.44415	135.5				
9	482	6.8	47.8	0.812	42.8	24	1.45102	137.6				
10	527	5.1	52.9	0.823	40.4	25	1.45771	138.0				

2 段——继续蒸馏，在 40 毫米 Hg

续表

1	392	7.2	60.1	0.842	36.6	30	1.46481	141.2	40	14		
2	437	6.2	66.3	0.851	34.8	30	1.47017	145.6	47	34		
3	482	5.8	72.1	0.863	32.5	33	1.47736	148.4	61	60		
4	527	4.8	76.9	0.874	30.4	35			96	76		
5	572	5.1	82.0	0.887	28.0	38			179	98		
渣油		17.0	99.0	0.934	20.0							
C											7.1	1.4
S											0.67	
N											0.235	

近似摘要

轻汽油	9.2		0.690	73.6			
汽油+石脑油	35.1		0.743	58.9			
煤油	17.8		0.311	43.1			
瓦斯油	11.6		0.845	35.9			
低粘度润滑油	10.3		0.845～0.875	34.3～30.3		50～100	
中粘度润滑油	6.0		0.875～0.890	30.3～27.4		100～200	
粘性润滑油	1.3		0.890～0.894	27.4～26.8		>200	
渣油	17.0		0.934	20.0			
损失	1.0						

烃的类型分析，原油分析 B75008

组分号	原油的%(体积)	相对密度	相关指数	芳香烃(占组分的体积%)	P—N*(占组分的体积%)	P—N 的相关指数	P—N 的相对密度
1	1.5	0.639	—	0.0	100.0	—	0.639
2	2.2	0.670	7	2.4	97.6	5	0.665
3	5.5	0.712	17	5.9	94.1	13	0.702
4	7.4	0.738	21	7.5	92.5	16	0.727
5	5.8	0.757	22	9.1	90.9	17	0.746
6	6.7	0.773	23	10.2	89.8	17	0.761
7	6.0	0.785	22	10.6	89.4	16	0.772
8	5.9	0.798	23	10.7	89.3	16	0.784
9	6.8	0.812	24	11.5	88.5	17	0.796
10	5.1	0.823	25	10.4	89.6	18	0.809
11	7.2	0.842	30	13.0	87.0	22	0.825
12	6.2	0.851	30	16.2	83.8	21	0.831

续表

石脑油组分的分析

组分号	P-N[①]的体积%		组分的体积%		组分号	总数	芳香烃环	每摩尔的环烷烃
	环烷烃	石蜡烃	环烷烃	石蜡烃				
2	7.1	92.9	6.9	90.7	12	1.4	0.3	1.1
3	23.7	76.3	22.3	71.8	14	1.7	0.6	1.1
4	38.6	61.4	35.7	56.8				
5	44.0	56.0	40.0	50.9				
6	43.6	56.4	39.2	50.7				
7	43.6	56.4	39.0	50.4				

调合油的数据摘要

	石脑油调合油（组分 1 至 7）	瓦斯油调合油（组分 8 至 12）
调合油占原油的体积%	35.1	31.2
芳香烃，占调合油的体积%	7.9	12.5
P-N，占调合油的体积%	92.1	87.5
环烷烃，占调合油的体积%	32.6	
石蜡烃，占调合油的体积%	59.5	
环烷烃，占调合油中 P-N 的体积%	35.3	
石蜡烃，占调合油中 P-N 的体积%	64.7	
环烷烃环，占调合油中 P-N 的重量%	20.0	28.3
石蜡烃+侧链，占调合油中 P-N 的重量%	80.0	71.7

①P-N 指石蜡烃-环烷烃。

五、泡点压力的相关关系❶

在研究油藏的渗流特性时，很重要一点是应该知道油藏中的流体是呈液相、气相或两相状态。原油可能为低温液体，但含有某些溶解气。当油藏压力降低到气体开始从溶液中逸出时，此时的压力称作“泡点压力”。在这一压力下渗流性质发生变化。在这一领域中某些最早期的研究工作是由 Lacey、Sage 和 Kircher 完成的[9]。

曾提出了几种经验相关关系，用于预测泡点压力，其中某些相关关系将在下面介绍。

六、露点-压力的相关关系

露点与泡点一样，其特征为大量的一相与极微量的另一相呈平衡状态。在露点时，液相是极微量的。一般来说，在油藏条件下包括露点状态的油藏体系的特点是：(1) 在大多数情况下地面气／油比（GOR）大于 6000 英尺^3／桶；(2) 地面原油颜色淡，一般为草黄色，

❶本章其余部分是M.B.Standing在1962年版撰写的。

对 3000 至 5000 磅／英寸^2 的油藏体系变为淡桔黄色，但对 7000 磅／英寸^2 和更高的油藏体系则逐渐变成棕色；(3) 地面原油的重度一般大于 45°API；(4) 甲烷含量一般大于 65%(摩尔)。

油藏体系的露点-压力相关关系公布很少。Sage 和 Olds〔10〕发表了加利福尼亚州 San Joaquin Valley 几个油藏体系的通用相关关系。对 Organick 和 Golding〔11〕提出的相关关系将作详细讨论。根据组成和平衡比计算露点压力将在第二十六章讨论。

七、Sage 和 Olds 相关关系

对 San Joaquin Valley 五种体系进行试验室研究得出的相关关系列于表 24.12。表中 160°F 的基本数据示于图 24.6。虽然这五种体系在它们内部是相关的，但不知道这种相关关系对其他油田的体系有多大代表性。这里介绍这些数据主要为了说明露点-压力的动态，而不是用于计算精确的露点数值。

表 24.12　加利福尼亚凝析油体系的露点压力关系

地面油重度(°API)	气油比(英尺^3／桶)					
	15000	20000	25000	30000	35000	40000
100°F						
52	4440	4140	3880	3680	3530	3420
54	4190	3920	3710	3540	3410	3310
56	3970	3730	3540	3390	3280	3180
58	3720	3540	3380	3250	3140	3060
60	3460	3340	3220	3100	3010	2930
62	3290	3190	3070	2970	2880	2800
64	3080	3010	2920	2840	2770	2700
160°F						
52	4760	4530	4270	4060	3890	3650
54	4400	4170	3950	3760	3610	3490
56	4090	3890	3690	3520	3380	3270
58	3840	3650	3470	3320	3200	3110
60	3610	3430	3280	3150	3040	2960
62	3390	3240	3100	2990	2890	2810
64	3190	3060	2930	2820	2740	2670
220°F						
54	4410	4230	4050	3890	3750	3620
56	3990	3780	3600	3440	3300	3180
58	3700	3480	3280	3110	2970	2850
60	3430	3210	3030	2880	2760	2660
62	3150	2970	2800	2670	2570	2480
64	2900	2740	2590	2470	2380	2300

1. Organick 和 Golding 相关关系

这种相关关系使用两个通用的组成特性，即$\overline{T}_B$和$\overline{W}_m$，前者为摩尔平均沸点，后者为修正的重量平均当量分子量，将体系的饱和压力直接与其化学组成联系起来。饱和压力可以是泡点压力、露点压力，或者在极特殊情况下是临界压力。15 张工作图（图 24.7 至 24.21）覆盖了有关露点的主要条件，并将在这一范围内讨论露点。然而读者应该知道，这些图还可用于估算较挥发体系的临界压力和温度。这种相关关系主要由于包括了高挥发性体系，因而限于用作泡点-压力的相关关系。简化方法适用于大多数计算。

$\overline{T}_B$的计算　体系的摩尔平均沸点定义如下：

$$\overline{T}_B = \sum y \times \overline{T}_a \tag{1}$$

式中y是摩尔分率，$\overline{T}_a$是常压沸点。

纯化合物（甲烷、乙烷、氮、二氧化碳等）的沸点列在第二十三章。C_{7+}组分的沸点按 Smith 和 Watson [12] 法取中平均沸点（MABP）。MABP 可利用 ASTM 蒸馏曲线进行计算，其程序是首先计算 ASTM 体积平均沸点（VABP，°F），然后利用校正因数求得 MABP。VABP 是温度的平均值，在此温度下馏出油加损失等于 ASTM 进料的 10、30、50、70 和 90%（体积），算式如下：

$$\overline{T}_V = \frac{T_{10\%} + T_{30\%} + T_{50\%} + T_{70\%} + T_{90\%}}{5} \tag{2}$$

式中$\overline{T}_V$是ASTM体积平均沸点。

校正值加$\overline{T}_V$即为中平均沸点，校正值是$\overline{T}_V$和 ASTM 曲线 10%至 90%馏出点斜率的函数，列于表 24.13。校正时，$\overline{T}_V$用°R，即°F+460。

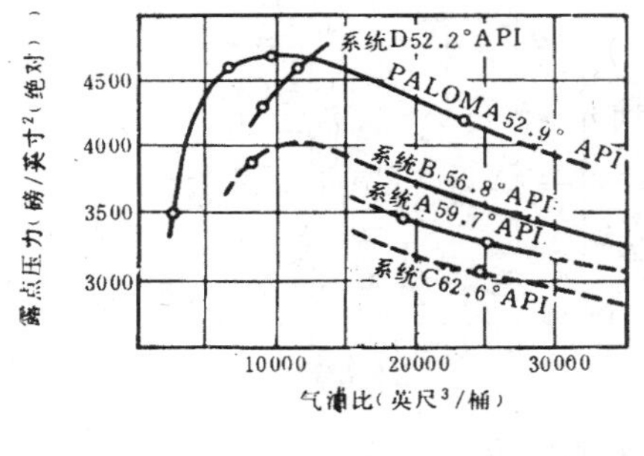

图 24.6　160°F 时气油比和地面原油重度对反转露点压力的影响

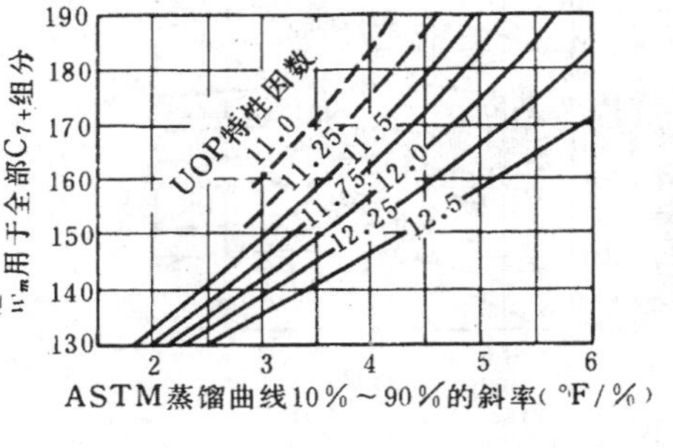

图 24.7　C_{7+}组分的当量分子量，用于 Organick 和 Golding 露点／压力相关关系

表 24.13　校正值加 ASTM 体积平均沸点即为中平均沸点

ASTM 曲线 10%～90%点的斜率(°F / %)	ASTM VABP (°F)			
	200	300	400	500
2.0	−13	−11.5	−10.5	−9.5
2.5	−17	−15.5	−14	−13
3.0	−22	−20	−18.5	−17
3.5	−27	−25	−23	−21.5
4.0	−33	−30.5	−28.5	−26.5
4.5	—	—	−34.5	−32.5

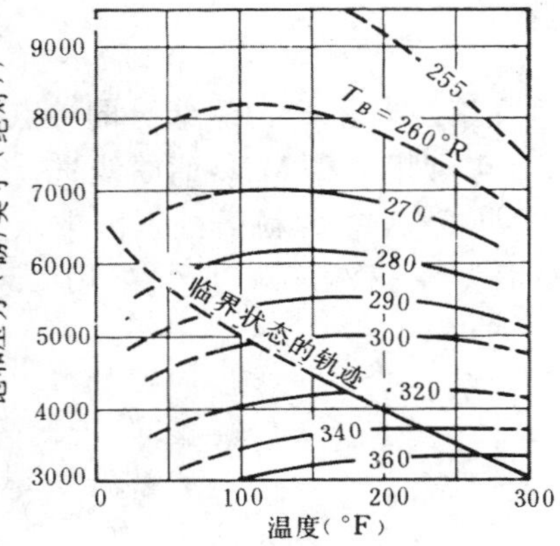

图24.8　$\overline{W}_m$ = 100时饱和压力与温度的关系，参数为$\overline{T}_B$

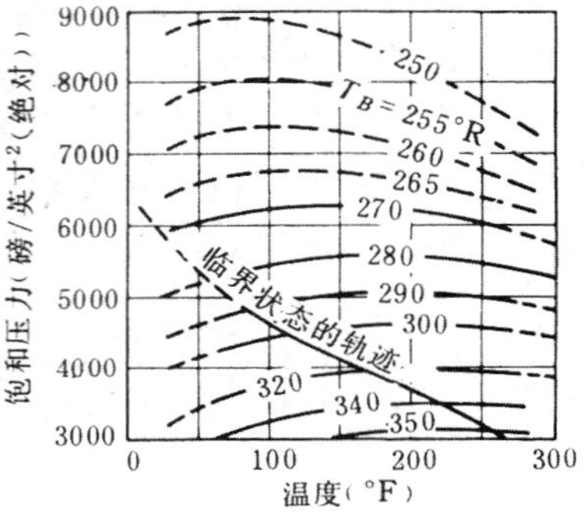

图24.9　$\overline{W}_m$ = 90时饱和压力与温度的关系，参数为$\overline{T}_B$

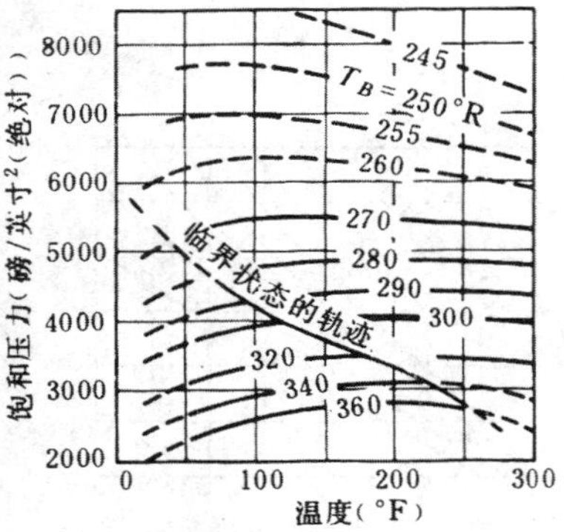

图24.10　$\overline{W}_m$ = 80时饱和压力与温度的关系，参数为$\overline{T}_B$

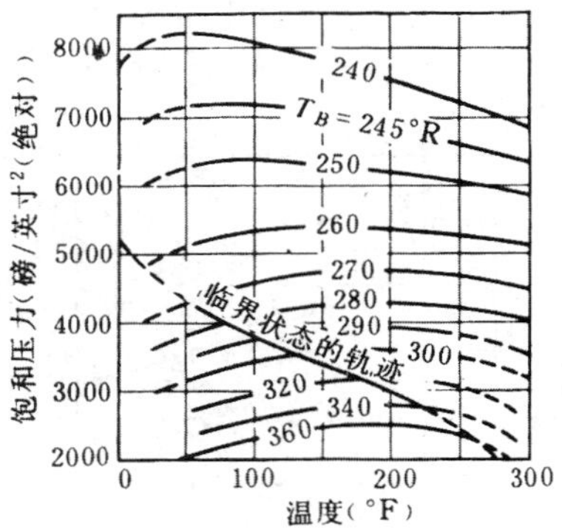

图24.11　$\overline{W}_m$ = 70时饱和压力与温度的关系，参数为$\overline{T}_B$

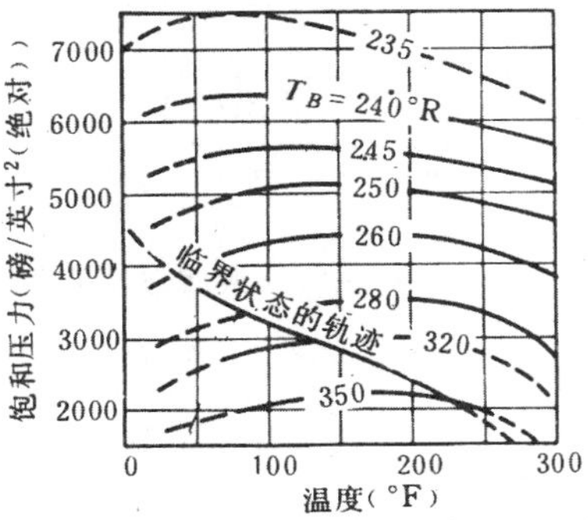

图24.12 $\overline{W}_m = 60$时饱和压力与温度的关系，参数为$\overline{T}_B$

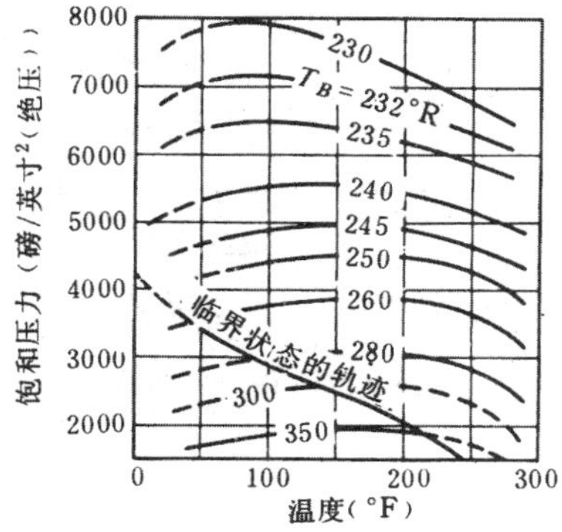

图24.13 $\overline{W}_m = 55$时饱和压力与温度的关系，参数为$\overline{T}_B$

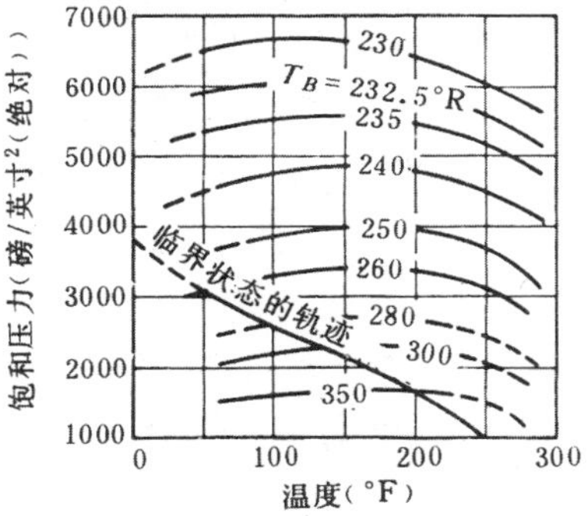

图24.14 $\overline{W}_m = 50$时饱和压力与温度的关系，参数为$\overline{T}_B$

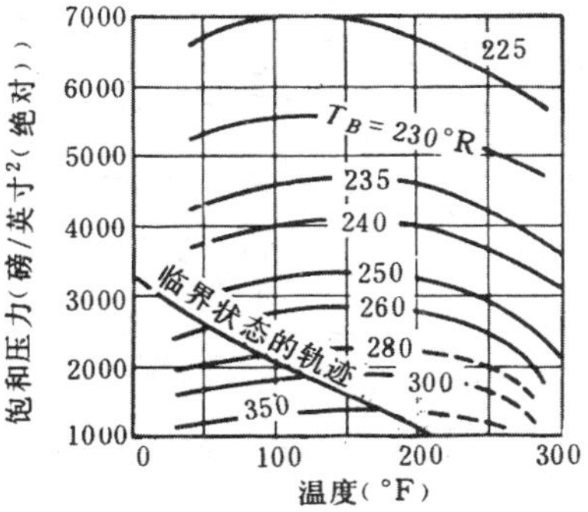

图24.15 $\overline{W}_m = 45$时饱和压力与温度的关系，参数为$\overline{T}_B$

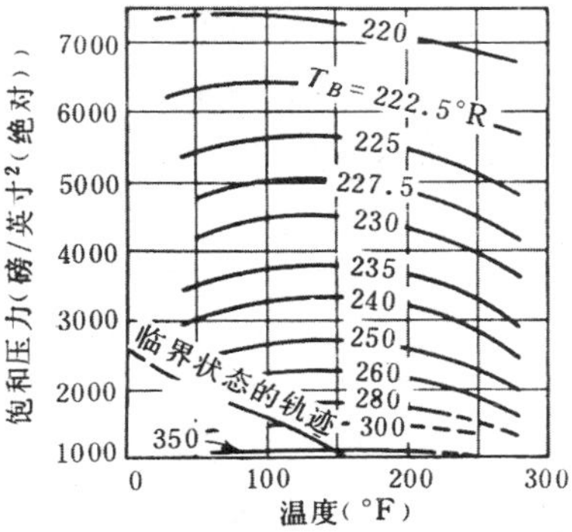

图24.16 $\overline{W}_m = 40$时饱和压力与温度的关系，参数为$\overline{T}_B$

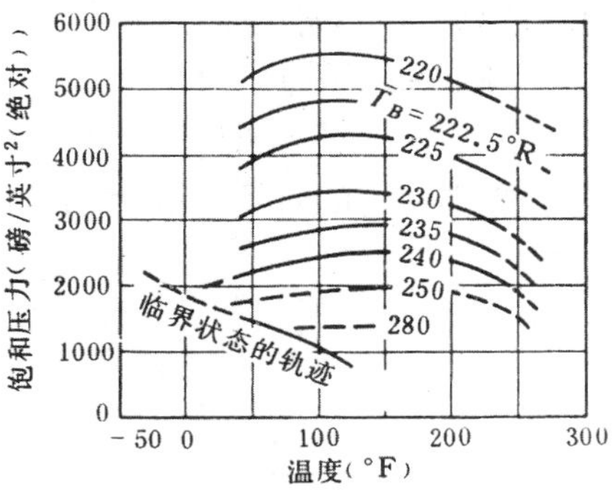

图24.17 $\overline{W}_m = 35$时饱和压力与温度的关系，参数为$\overline{T}_B$

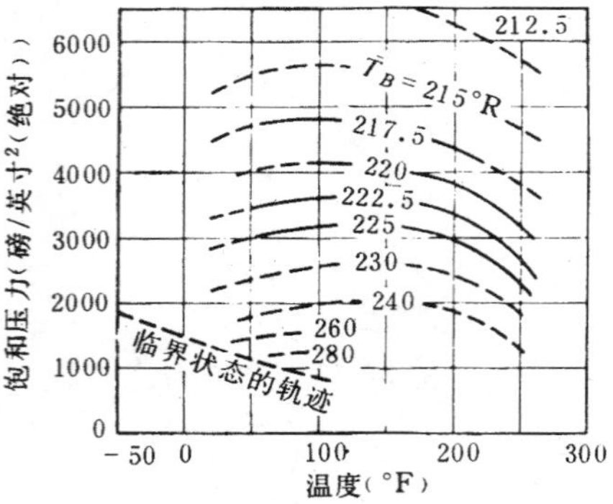

图24.18 $\overline{W}_m$ = 32.5时饱和压力与温度的关系，参数为$\overline{T}_B$

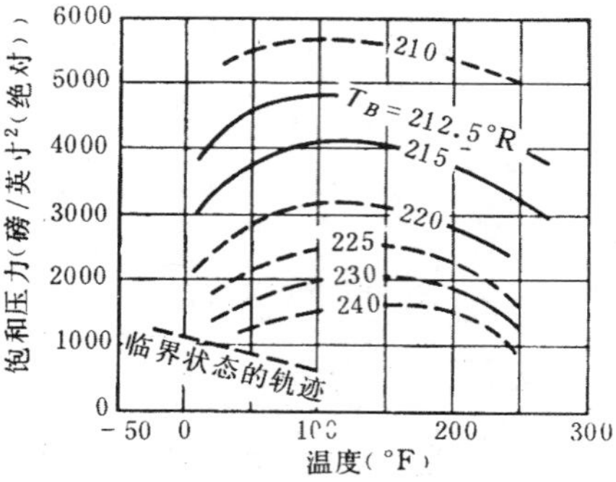

图24.19 $\overline{W}_m$ = 30时饱和压力与温度的关系，参数为$\overline{T}_B$

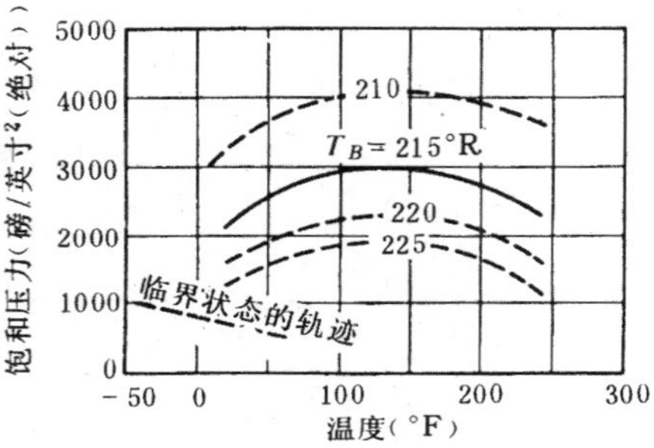

图24.20 $\overline{W}_m$ = 27.5时饱和压力与温度的关系，参数为$\overline{T}_B$

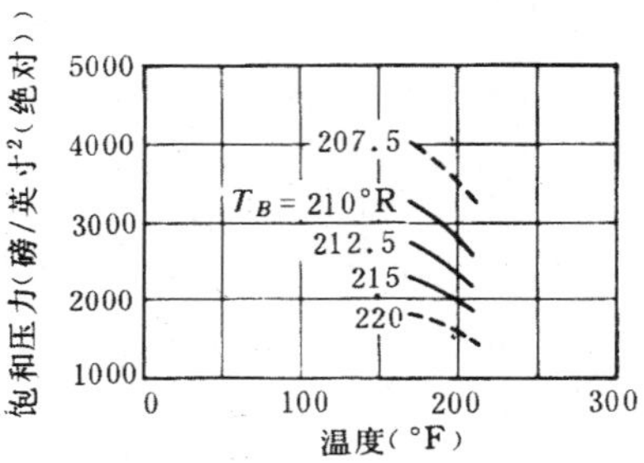

图24.21 $\overline{W}_m$ = 25时饱和压力与温度的关系，参数为$\overline{T}_B$

$\overline{W}_m$ 的计算　修正的重量平均当量分子量$\overline{W}_m$，是比较复杂的函数。它的定义是当量分子量乘以重量分率的总和。石蜡烃化合物的当量分子量是它们的真实分子量。除了直链石蜡烃化合物以外（异构石蜡烃和烯烃），当量分子量定义为正构石蜡烃的分子量，其沸点应与上述异构石蜡烃或烯烃相同。天然气组分的当量分子量列于表 24.14。

C_{7+}组分的当量分子量应通过计算 Watson 特性因数 K_W 和使用图 24.7 确定。利用特性因数就可以适当考虑重质尾部油料的石蜡性。

$$K_W = \frac{\sqrt[3]{\overline{T}_C}}{\gamma_g} \tag{3}$$

式中$\overline{T}_C$是立方平均沸点，°R。将表 24.15 查到的校正值加 ASTM$\overline{T}_V$（°F），即得到立方平均沸点。

表 24.14　天然气组分的当量分子量

甲烷	16.0	正戊烷	72.2
乙烷	30.1	己烷	85
丙烷	44.1	乙烯	26.2
异丁烷	54.5	氮	28.0
正丁烷	58.1	二氧化碳	44.0
异戊烷	69.0	硫化氢	34.1

表 24.15　校正值加 ASTM 体积平均沸点得到立方平均沸点

ASTM 曲线 10%～90%点的斜率(°F / %)	ASTM 体积平均沸点(°F)		
	200	400	600
2.0	−5.0	−4.0	−3.5
2.5	−6.5	−5.5	−4.5
3.0	−8.0	−7.0	−5.5
3.5	−10.0	−8.5	−7.0
4.0	−12.5	−10.0	−8.5
4.5	−15.0	−12.5	−10.0

例题 1　油井流出物的组成列于表 24.16，对其 200°F 时的露点压力预测如下。

(1) 首先计算分离器液体 C_{7+}的性质，得

$$\overline{T}_V=\frac{232+260+313+383+497}{5}=337\ ^\circ\mathrm{F}$$

和10%～90%斜率 $=\dfrac{497-232}{80}=3.31$

从表24.13，MABP为337 − 22.5 = 315°F或775°R

从表24.15，CABP为337 − 8.3 = 329°F或789°R

得　$K_W=\sqrt[3]{789}/0.7535=12.3$

从图24.7，分离器液体中C_{7+}组分的$\overline{W}_m$估算为142。

分离器气体中C_{7+}组分的性质假设相当于正辛烷（即$\overline{T}_B=718\ ^\circ\mathrm{R}$，$W_m=114$）。

(2)计算油井流出物的$\overline{T}_B$和$\overline{W}_m$值，所得结果列于表24.17。

(3) 计算油井流出物的$\overline{T}_B$ 和$\overline{W}_m$后，现在可以通过在图 24.14 和 24.15 之间内插，确定 200°F 时的露点压力。在$\overline{T}_B=240\ ^\circ\mathrm{F}$ 下，露点压力为

$\overline{W}_m=50$	$\overline{W}_m=45$
4850	4000

计算求得露点压力（$\overline{W}_m=49$）为 4680 磅/英寸^2（绝对）。

应该注意，在 4680 磅/英寸^2（绝对）和 200°F 时，组分比体系的临界温度和压力约高 200°F 和 900 磅/英寸^2。（从图 24.14 和 24.15，临界状态的轨迹给出 $T_C=0$°F，$p_c=3800$ 磅/英寸^2 绝对）。

Organick–Golding 相关关系的准确性　作为相关关系基准的 214 点中，大约 50%的误差小于 5%，82%的误差小于 10%。全部点的标准偏差约为 7.0%。

表 24.16　油井流出物的组成

组　　分	摩　尔　分　率		
	分离器气体	分离器液体	油井流出物③
CO_2	0.0060	—	0.0056
N_2	0.0217	—	0.0204
C_1	0.8986	0.0988	0.8498
C_2	0.0461	0.0350	0.0454
C_3	0.0131	0.0381	0.0146
异 C_4	0.0043	0.0201	0.0053
正 C_4	0.0043	0.0382	0.0064
异 C_5	0.0019	0.0495	0.0048
正 C_5	0.0017	0.0313	0.0035
C_6	0.0019	0.1284	0.0096
$C_7^{①+}$	0.0004	—	0.0004
$C_7^{②+}$	—	0.5606	0.0342
合计	1.0000	1.0000	1.0000

C_7^+ 的性质:

①分离器气体 C_{7+}分子量＝114;

②分离器液体 C_{7+}

分子量＝139

密度＝0.7535 克/毫升＝56.3°API

ASTM 蒸馏

初馏点(%)	216°F	初馏点(%)	216°F
10	232	60	349
20	245	70	383
30	260	80	416
40	289	90	497
50	313	95	
		终馏点	

③流出物组成计算以分离器液/气比为 3.0 加仑/千英尺^3 为基准。

表 24.17 $\overline{T}_B$ 和$\overline{W}_m$ 的计算值

组 分	摩尔分率	沸点(°R)	摩尔分率×沸点(°R)	重量分率	当量分子量	重量分率×当量分子量
CO_2	0.0056	350	2.0	0.0107	44	0.47
N_2	0.0204	139	2.8	0.0244	28	0.68
C_1	0.8498	201	170.8	0.5831	16.0	9.33
C_2	0.0454	332	15.1	0.0586	30.1	1.76
C_3	0.0146	416	6.1	0.0274	44.1	1.21
异 C_4	0.0053	471	2.5	0.0133	54.5	0.72
正 C_4	0.0064	491	3.1	0.0158	58.1	0.92
异 C_5	0.0048	542	2.6	0.0150	69.0	1.03
正 C_5	0.0035	557	1.9	0.0107	72.2	0.77
C_6	0.0098	600	5.8	0.0356	85	3.03
C_{7+}分离器气体	0.0004	718	0.3	0.0019	114	0.22
C_{7+}分离器液体	0.0342	788	26.9	0.2035	142	28.90
	1.0000		$\overline{T}_B = 239.9$	1.0000		$\overline{W}_m = 49.04$

八、总地层体积的相关关系

总地层体积系数(FVF)定义为体系的总体积,而不管体系内出现的相数。Vink 等[13]证明当体系中含有一个非常大量的组分时，有两个以上的烃相呈平衡状态也是可能的。自然产生的体系一般存在一相或两相。因此，术语“两相地层体积”与总地层体积已成为同义词。

比容和密度与总地层体积的关系是相同的，这在前面含油地层体积部分已经得到证明。

1. 天然气–凝析油体系的总地层体积系数

天然气–凝析油体系的总地层体积系数、比容和密度，可假设液相在体系体积中占的百分比不大，应用理想气体定律方程和适当的压缩系数进行计算。通常，在地层压力和温度下，对于地面气油比大于 10000 英尺^3/桶的组成体系来说，如果液相的体积占 10%，那么把两相混合物的密度当作仅以单相存在的混合物进行计算时，造成的误差将不含大于 2%或 3%。产生这种情况的原因是液相中组分的分体积与气相中同一组分的分体积基本相同。

从凝析油体系的组成进行计算　如前面所述，地层体积（总的或单相的）可按以下关系计算:

$$B = \frac{M_{ro} V_{ro}}{L M_{st} V_{st}} \tag{4}$$

式中 M_{ro}——地下体系的分子量;

V_{ro}——地下体系的比容;

M_{st}——地面油的分子量;

V_{st}——地面的比容；

L——地面油的摩尔数／1摩尔地下系统。

L 可应用第二十六章说明的平衡比和方法进行计算。

为了应用拟对比温度／拟对比压力／压缩系数图计算 V_{ro}，需要对庚烷及更重组分确定合适的拟临界温度和压力值。这些数值可从图 24.22 查得。下面的例题说明 M_{ro} 和 V_{ro} 的计算。

表 24.18　天然气-凝析油系统的比容计算

组　分	摩　尔 分　率 y	分子量 M	重　量 y_M(磅质量)	组分的 临界温度 T_c(°R)	yT_c (°R)	组分的临界 压力 p_c (磅／英寸^{2}绝对)	yp_c
CO_2	0.0059	44.0	0.26	548	3.2	1072	6.3
N_2	0.0218	28.0	0.61	227	4.9	492	10.7
C_1	0.8860	16.0	14.18	344	304.8	673	596.3
C_2	0.0460	30.1	1.39	550	25.3	709	32.6
C_3	0.0134	44.1	0.59	666	8.9	618	8.3
异 C_4	0.0045	58.1	0.26	733	3.3	530	2.4
正 C_4	0.0048	58.1	0.28	766	3.7	551	2.6
异 C_5	0.0026	72.1	0.19	830	2.2	482	1.3
正 C_5	0.0021	72.1	0.15	847	1.8	485	1.0
C_6	0.0037	86.2	0.32	915	3.4	434	1.6
C_7^+	0.0084	138	1.16	1090②	9.2	343②	2.9
	1.0000		19.39		370.7		666.0

①地层压力＝2500 磅／英寸^2(绝对)，
地层温度＝199 °F，
C_{7+}分子量＝138；
C_{7+}相对密度＝0.7535，
②拟临界值从图 24.22 查得。

例题 2　已知体系的摩尔分析如表 24.18 所示，假设以 1 磅摩尔体系为基准，可计算地层条件下的天然气-凝析体系的比容如下：

$$T_{pr} = \frac{460 + 199}{370.7} = 1.78$$

$$P_{pr} = \frac{2500}{666.0} = 3.75$$

$$z = 0.885(\text{查图}23.2)$$

在2500磅／英寸^2（绝对）和199 °F条件下

$$v_{ro}=\frac{zRT}{MP}=\frac{0.885\times 10.73\times 659}{19.39\times 2500}=0.129$$

式中 T_{pr} 是拟对比温度，p_{pr} 是拟对比压力，z 是压缩系数，v_{ro} 是地层条件下的比容（英尺^3／磅质量）。

在上述解中，在 2500 磅／英寸^2（绝对）下存在两相，因为按 Organick 和 Golding 方法计算的露点压力在 199°F 下为 2690 磅／英寸^2（绝对）。虽然可以应用合适的平衡比和密度数据计算液体的数量，但可能并不存在能直接求得低于露点压力时液体数量的相关关系。

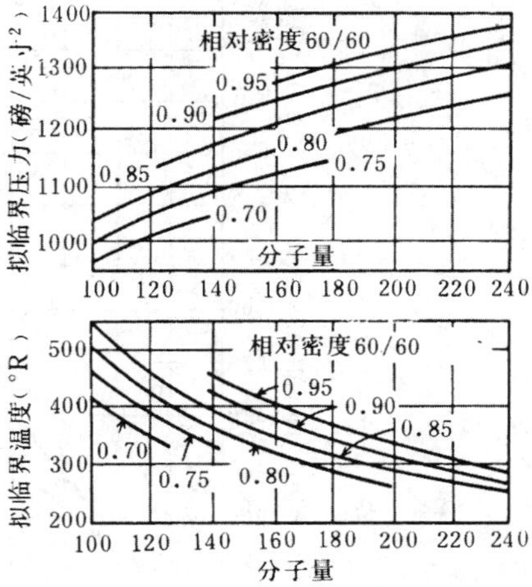

图 24.22　庚烷及更重烃的拟临界温度和压力

从油气比和产出流体的性质进行计算　以气体定律方程为基准，计算比容或地层体积的第二种方法是 Standing[14] 提出来的。这种方法是应用相关关系（图 24.23）从地面产品的凝析液／气比、气体比重和地面油重度求油井流出物（或地下系统）的比重。然后再用流出物比度求拟临界温度和压力值，并用这些值计算全部流出物的压缩系数。应用这一方法时应使用图 24.24 的凝析油曲线。

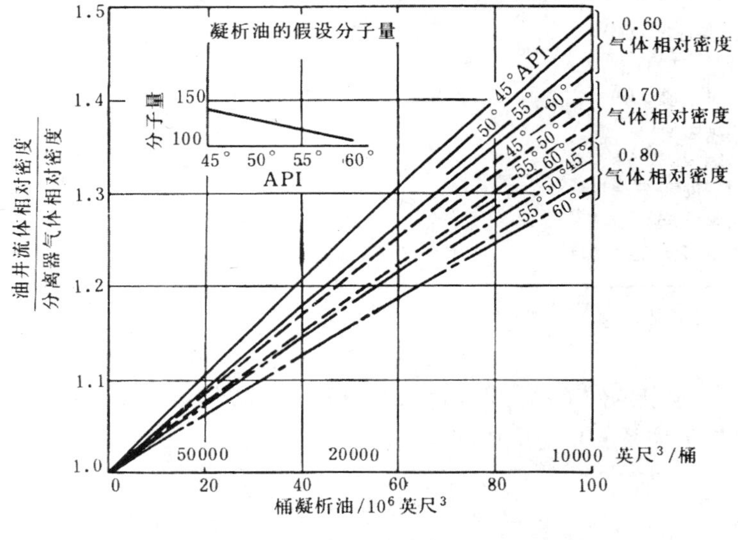

图 24.23　凝析油体积对地面气体比重与油井流体重度比的影响

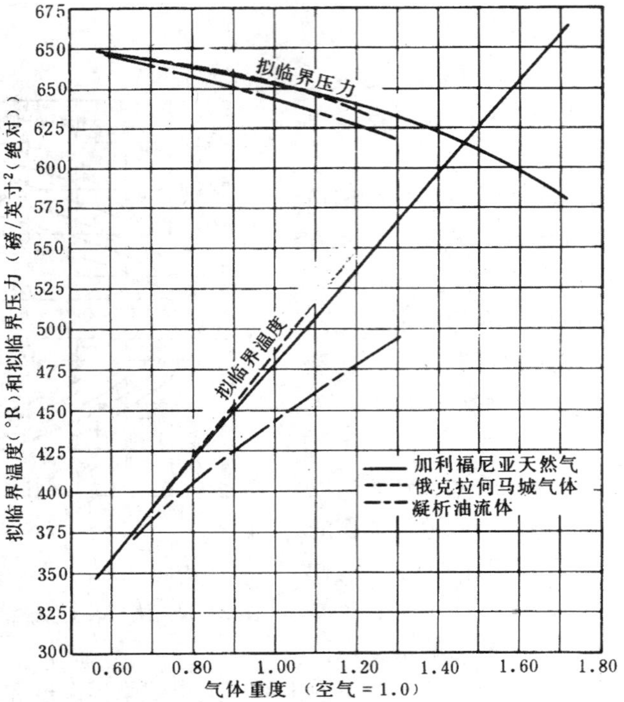

图 24.24　气体和凝析油井流体的拟临界性质

表 24.19　计算天然气–凝析油体系的总地层体积的数据①

地层压力(磅／英寸²(绝对))	3000
地层温度(°F)	250
地面凝析油产量，桶／日	325
地面凝析油重度(°API)	45
油罐气体流量(千英尺³／日)	170
油罐气体相对密度(空气＝1)	1.20
分离器气体流量(千英尺³／日)	3700
分离器气体相对密度(空气＝1)	0.65

①基准：1 桶地面凝析油。

例题 3　已知地层条件下的参数如表 24.19 所示，并假设以 1 桶地面凝析油为基准，可计算天然气–凝析油体系的总地层体积如下：

$$\gamma_g = \frac{3700 \times 0.65 + 170 \times 1.20}{3700 + 170} = 0.675$$

1 桶凝析油／百万英尺³ 是

$$\frac{325}{3.70+0.17}=84$$

式中γ_g是总地面气体的相对密度。

查图24.23，45°API时

$$\gamma_{lw}/\gamma_{gt}=1.367$$

和 $\gamma_{lwr}=1.367\times0.675=0.923$

式中 γ_{lw}——油井流体相对密度；

γ_{gt}——分离器气体相对密度；

γ_{lwr}——油井流体的地下相对密度。

查图24.24

$$T_{pc}=432$$

和 $P_{pc}=647$

在地层条件3000磅/英寸^2(绝对)和250°F下，

$$T_{pr}=\frac{460+250}{432}=1.64$$

$$p_{pr}=\frac{3000}{647}=4.64$$

查图23.2

$$z=0.845$$

对水采用350磅质量/桶，每桶地面凝析油的重量是

$$\frac{350\times141.1}{131.5+{}^\circ\text{API}}=281$$

查图24.23，地面凝析油的分子量Mc是140，每桶地面凝析油的摩尔数是

$$281/140=2.0$$

每桶地面凝析油的地面气体摩尔数是

$$\frac{1}{325}\times3870\times10^3\times\frac{1}{379}=31.4$$

每桶地面凝析油的总摩尔数是

$$2.0+31.4=33.4$$

据气体定律

$$V=\frac{nzRT}{p}=\frac{33.4\times0.845\times10.73\times710}{3000}=71.7$$

和

$$V=71.7/5.615=12.8$$

上式第 1 个 V 的单位是英尺^3，第 2 个 V 的单位是桶，得出地层体积 B_t 是 12.8 桶地面凝析油。

2. 溶解气体体系的总地层体积系数

Standing[15] 提出了一个合适的相关关系，可求得溶解气和天然气−凝析油体系二者的总地层体积系数。这一相关关系示于图 24.25。为简化使用这一相关关系的图解示于图 24.26。这一相关关系包含 387 个试验点，其中 92%的相关误差在 5%以内。形成相关关系的数据变化范围列于表 24.20。

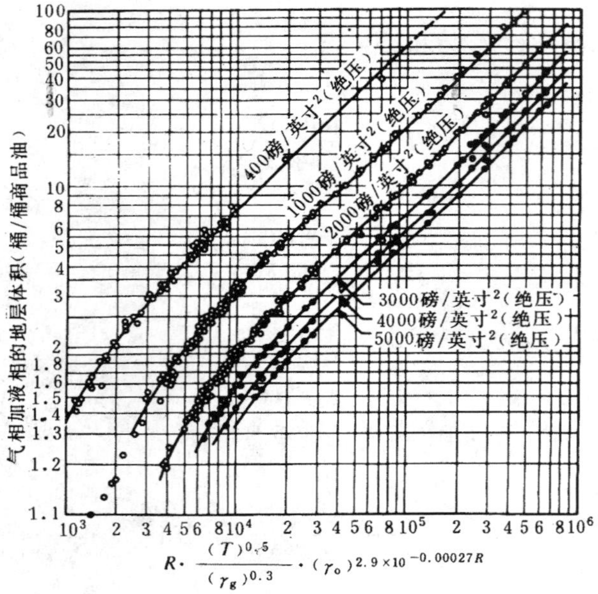

图 24.25　从气油比、总的气体相对密度、地面油重度、温度和压力确定气相加液相的地层体积

表 24.20　图 24.25 所示溶解气和天然气凝析油体系的总地层体积系数的相关关系数据

压力(磅／英寸^2(绝对))	400～5000
油气比(英尺^3／桶)	75～37000
温度(°F)	100～258
气体相对密度	0.59～0.95
地面油重度(°API)	16.5～63.8

表 24.21　计算例题 4 所述天然气–凝析油体系总地层的数据

地层压力(磅／英寸^2(绝对))	3000
地层温度(°F)	250
油气比(全部凝析油)(英尺^3／桶)	11900
气体相对密度(全部)	0.675
地面油的重度(°API)	45

例题 4　计算例题 3 所述天然气–凝析油体系的总地层体积。已知数据列于表 24.21。计算如下:

$$\gamma_o = \frac{141.5}{131.5 + 45} = 0.802$$

和

$$\frac{R(T)^{0.5}}{(\gamma_g)^{0.3}} \times (\gamma_o)^{2.9 \times 10^{-0.00027R}}$$

$$= 11900\frac{(250)^{0.5}}{(0.675)^{0.3}} \times (0.802)^{2.9 \times 10^{-0.00027 \times 1190}}$$

$$= 11900 \times \frac{15.8}{0.877} \times (0.802)^{1.0}$$

$$= 1.72 \times 10^5$$

式中 γ_o 是地面油的比重

查图 24.25，$B_t = 13+$桶／地面油桶

查图 24.26，$B_t = 13.7$ 桶／地面油桶

例题 5　已知数据列于表 24.22。计算油井产量在地层条件下的总地层体积如下。

表 24.22　计算例题 5 总地层体积所用的数据

地层压力(磅／英寸^2(绝对))	1329
地层温度(°F)	145
油气比(英尺^3／桶)	
分离器	566
罐	37
全部	603
气体相对密度	0.674
地面油重度(°API)	36.4

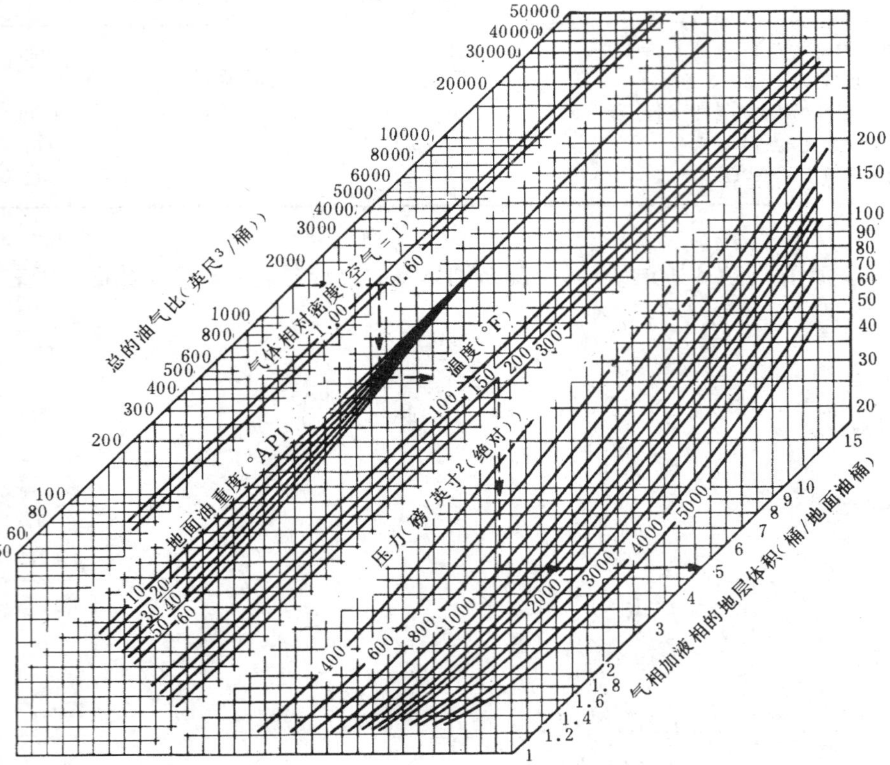

图 24.26 用 Standing 相关关系计算总地层体积的图解

求:

1500 英尺^3/桶气相加液相混合物在 200°F 和 1000 磅/英寸^2(绝对)压力下的地层体积。已知气体相对密度=0.80，地面油重度=40°API。

步骤:

从图的左侧开始，沿 1500 英尺^3/桶线水平向前，到 0.80 气体相对密度线。从这一点垂直向下到达 40°API 线，水平向前到 200°F，再从这一点向下到 1000 磅/英寸^2 压力线。找到所求的地层体积是 5.0 桶/地面油桶。

查图 24.26，B_t=1.72 桶/地面油桶。从高压物性试验结果计算的试验值是 1.745 桶/地面油桶。

符 号 说 明

B——地层体积，米^3 (桶);

I_c——相关指数;

K——特性因数;

L_c——地面凝析油的摩尔数/桶;

L_c——罐存石油的摩尔数/1 摩尔地下体系，千摩尔/米^3 (磅质量摩尔/加仑);

M——分子量;

M_{ro}——地下系统的分子量;

M_{st}——地面油的分子量;

n——总的摩尔数;

p_c——临界压力，磅/英寸^2 (绝对);

p_{pr}——拟对比压力;

R——通用气体常数;

t_{SU}——通用赛氏粘度，秒;

T——温度，°F;

T_c——临界温度，℃(°F);

T_{pr}——拟对比温度；
$\overline{T}_a$——常压沸点，K(°R)；
$\overline{T}_B$——重量摩尔平均沸点，K(°R)；
$\overline{T}_c$——立方平均沸点，K(°R)；
$\overline{T}_m$——中平均沸点，K(°R)；
$\overline{T}_{Tv}$——体积平均沸点，°F；
v_{ro}——地下体系的比容；
v_{st}——地面油的比容；
$\overline{W}_m$——修正的重量平均当量分子量；
y——摩尔分率；
z——压缩因数；
γ_g——气体相对密度；
γ_{gt}——分离器气体相对密度；
γ_{lw}——井产出流体的相对密度；
γ_{lwr}——井产出流体的地下相对密度；
γ_o——地面油相对密度；
μ——粘度，帕·秒（厘泊）。

参考文献

1. *ASTM Standards on Petroleum Products and Lubricants*, Part 24, ASTM, Philadelphia (1975) 796.
2. Watson, K.M., Nelson, E.F., and Murphy, G.B.: "Characterization of Petroleum Factions," *Ind. and Eng. Chem.* (Dec. 1935) 1460–64.
3. *Technical Data Book—Petroleum Refining*, API, Washington, D.C. (1970) 2–11.
4. Nelson, W.L.: *Petroleum Refinery Engineering*, fourth edition, McGraw–Hill Book Co. Inc., New York City (1958), 910–37.
5. "A Guide to World Export Crudes," *Oil and Gas J.*(1976).
6. Ferrero, E.P. and Nichols, D.T.: "Analyses of 169 Crude Oils from 122 Foreign Oil Fields," U.S. Dept. of the Interior, Bureau of Mines, Bartlesville, OK (1972).
7. Coleman, H.J. *et al.*: "Analyses of 800 Crude Oils from United States Oil Fields," U.S. DOE, Bartlesville, OK (1978).
8. Woodward, P.J.: Crude Oil Analysis Data Bank, Bartlesville Energy Technology Center, U.S. DOE, Bartlesville, OK (Oct. 1980) 1–29.
9. Lacey, W.N., Sage, B.H., and Kircher, C.E. Jr.: "Phase Equilibria in Hydrocarbon Systems III, Solubility of a Dry Natural Gas in Crude Oil," *Ind. and Eng. Chem.* (June 1934) 652–54.
10. Sage, B.H. and Olds, R.H.: "Volumetric Behavior of Oil and Gas from Several San Joaquin Valley Fields," *Trans.*,AIME (1947) **170**, 156–62.
11. Organick, E.I. and Golding, B.H.: "Prediction of Saturation Pressures for Condensate–gas and Volatile–oil Mixtures," *Trans.*,AIME (1952), **195**, 135–48.
12. Smith, R.L. and Watson, K.M.: "Boiling Points and Critical Properties of Hydrocarbon Mixtures," *Ind. and Eng. Chem.* (1937) 1408.
13. Vink, D.J. *et al.*: "Multiple–phase Hydrocarbon Systems," *Oil and Gas J.*(Nov. 1940) 34–38.
14. Standing, M.B.: *Volumetric and Phase Behavior of Oil Field Hydrocarbon Systems*,Reinhold Publishing Corp., New York City (1952).
15. Standing, M.B.: "A Pressure–Volume–Temperature Correlation for Mixtures of California Oils and Gases," *Drill. and Prod. Prac.*,API (1947), 275.

第二十五章　原油体系的物性方程和关系曲线

H. Dale Beggs, Petroleum Consultant❶　　王建华　译

一、引　　言

石油工程师为了进行油藏和生产系统计算，必须知道原油的物性。原油的这些物理性质，如果为了进行油藏动态研究，必须在油藏温度和各种压力下进行估算，如果为了进行井筒水力学计算，则必须在变化的压力和温度条件下进行估算。

如果有油藏流体样品可供利用，那么可以应用压力-体积-温度（PVT）即高压物性分析测定这些物理性质。然而，这些分析通常只是在油藏温度下进行的，不能为生产系统计算提供这些性质随温度的变化情况。另外，在许多情况下，在油藏开发的早期阶段没有 PVT 分析数据，并且可能由于经济上的原因永远不会有这些数据。为了克服这些障碍，开发了经验关系式和关系曲线，可以从有限的数据预测各种原油的物理性质。本章介绍某些经验关系式或关系曲线的开发和应用，介绍根据压力、温度、地面原油重度和分离器气体比重估算饱和原油和欠饱和原油物性的各种方法。

本章只介绍在知道和不知道流体组成两种情况下计算原油物性的方法。有关气体-凝析油系统物性的计算方法，在第二十四、二十六和三十三章中介绍。因此，这里没有介绍露点压力的关系式或关系曲线。如果已知流体组成，可应用第二十四章介绍的工作步骤计算露点压力。

许多老的相关关系仅用图的形式表示，因而不适合用于计算机或程序计算器。如有可能，本章都把这些关系曲线图转换为公式形式。

与本章有关的流体物性的公认定义如下❷:

原油密度 ρ_o　是原油加其中溶解气的质量与原油单位体积的比。原油密度随温度和压力而变。

泡点压力 p_b　是原油所受压力减小时初次逸出气泡的压力。也常常称作“饱和压力”，因为低于这一压力原油将不再吸收更多的气体。对于一个具体原油体系来讲，泡点压力随温度而变。

溶解油气比$(GOR)R_s$　当压力从某一更高水平降低到大气压时从原油中逸出的气体总量。通常用标准英尺^3／地面桶单位表示。这种气体常称作“溶解气”。

原油地层体积系数$(FVF)B_o$　为一桶地面原油加上其中的溶解气在某一高压和高温下所占的体积。通常用“桶／地面桶”单位表示。用来测定原油进入储罐条件时的收缩率。

总的原油地层体积系数 B_t　指一地面桶原油加上其中剩余的溶解气，再加上从中逸出

---

❶1962年版本章作者是Marshall B. Standing。

❷一般项目的定义见本章末尾术语说明。

的游离气($R_{si}-R_s$)，在某一高压高温下所占的体积。也用桶／地面桶表示。

原油粘度 μ_o 用来测定原油的流动阻力，定义为剪切应力与这一应力在原油中引发的剪切速率的比。通常用“厘泊”计量。油藏和管线系统计算都需要知道原油粘度。

界面张力(IFT)σ_o 是指两种不混相流体间界面上存在的单位长度上的力。大部分油藏计算不需要这一性质，但在某些管线系统计算关系式中都是一个必需的参数。通常用“达因／厘米”单位表示。

二、原油密度的确定

油藏工程计算需要油藏温度和各种压力下的原油密度。对于生产系统设计计算来讲，则必须计算原油密度随温度的变化。原油密度方程如下:

$$\rho_o = \frac{350\gamma_o + 0.0764\gamma_g R_s}{5.615B_o} \tag{1}$$

式中 ρ_o——原油密度，磅／英尺^3;

γ_o——原油相对密度;

γ_g——气体相对密度;

R_s——溶解气量，标准英尺^3／地面桶;

B_o——原油地层体积系数，桶／地面桶;

350——标准条件下水的密度，磅／地面桶;

0.0764——标准条件下空气的密度，磅／标准英尺^3;

5.615——换算系数，英尺^3／桶。

如果压力和温度条件能够使所有的气体处于溶解状态，也就是说压力高于所考虑温度下的泡点压力，那么增加的压力将仅压缩液体并增加其密度。对于$p>p_b$的情况来讲，原油密度由下式计算:

$$\rho_o = \rho_{ob}\ \exp[c_o(p-p_b)] \tag{2}$$

式中 ρ_o——压力p和T下的原油密度;

ρ_{ob}——压力p_b和T下的原油密度;

p——压力，磅／英寸^2（绝对）;

p_b——温度T下的泡点压力，磅／英寸^2（绝对）;

c_o——温度T下的原油等温压缩系数，(磅／英寸^2)$^{-1}$。

计算各种条件下R_s、B_o、c_o和p_b的关系式在后面介绍。

在石油工业中，通常用原油API重度表示比重，或者说:

$$\gamma_o = \frac{141.5}{131.5 + \gamma_{API}} \tag{3}$$

式中 γ_o 为原油比重，γ_{API} 为原油重度，°API。

1. 由理想溶液原理确定密度——已知流体组成

理想溶液原理是说总溶液的体积等于各组分体积的总和。这一原理适用于大气压下各组分在化学上相近的流体如原油。如果流体的组成已知，则可以由下式计算标准条件下[14.7 磅／英寸^2（绝对）和 60 °F]的密度：

$$\rho_{sc}=\frac{\sum_{i=1}^{c} m_i}{\sum_{i=1}^{c} V_i}=\frac{\sum m_i}{\sum m_i/\rho_i} \tag{4}$$

式中 m_i——第 i 组分的质量；

V_i——第 i 组分的体积；

ρ_i——标准条件下第 i 组分的密度；

C——组分数。

一旦算出标准条件下的密度，如果需要其它条件下的密度，则必须进行压缩和热膨胀校正。这可以用 Standing 提供的曲线图[1]来完成。

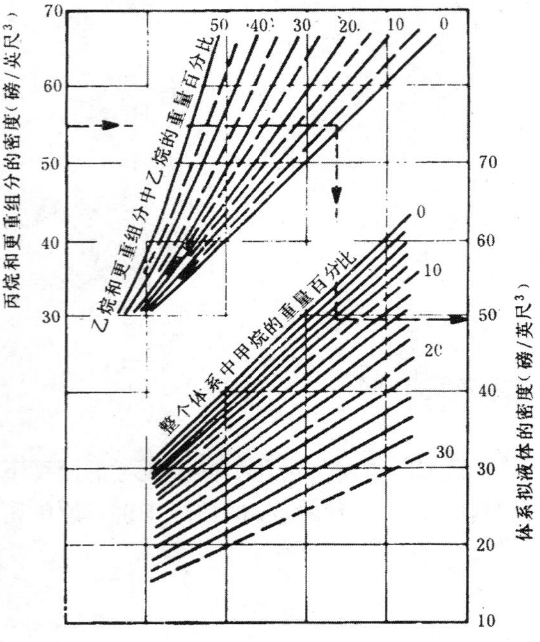

图 25.1 含甲烷和乙烷体系的拟液体密度

当把理想溶液原理用于含有大量溶解气的油藏原油时，显然不可能把这一流体转换到标准或储罐条件而仍然保持为液相。可以通过计算拟液体的密度克服这一限制。拟液体的密度值取决于甲烷和乙烷在流体中所占的质量或重量百分比。拟液体密度的关系曲线图是由 Standing[1] 提出的，并示于图 25.1。

当流体组成已知时，计算任意压力和温度下原油密度的步骤如下：

(1) 计算混合物中乙烷和更重组分的质量或重量；

(2) 用方程 (4) 计算丙烷和更重组分的密度；

(3) 计算乙烷和更重组分混合物中乙烷的重量或质量百分比；

(4) 计算总混合物中甲烷重量的百分比；

(5) 由图 25.1 确定拟液体的密度；

(6) 用图 25.2 进行压缩校正；

(7) 用图 25.3 进行热膨胀校正。

例题 1 应用油藏流体的已知组成，如表 25.1 所示，计算 3280 磅／英寸^2 泡点压力和 218 °F 温度下的密度。

解：

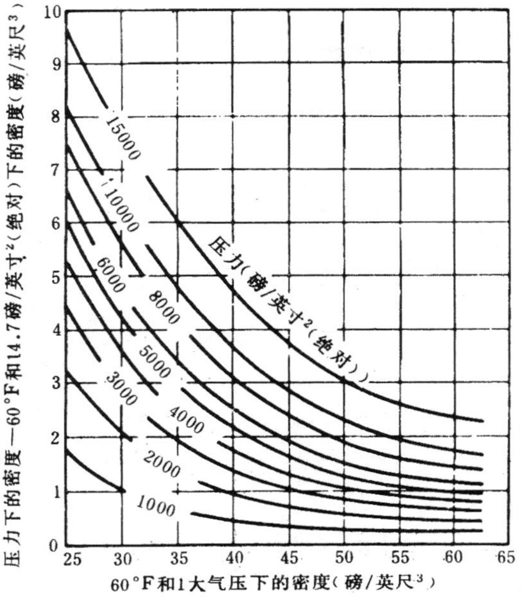

图 25.2 烃液密度的压缩校正曲线

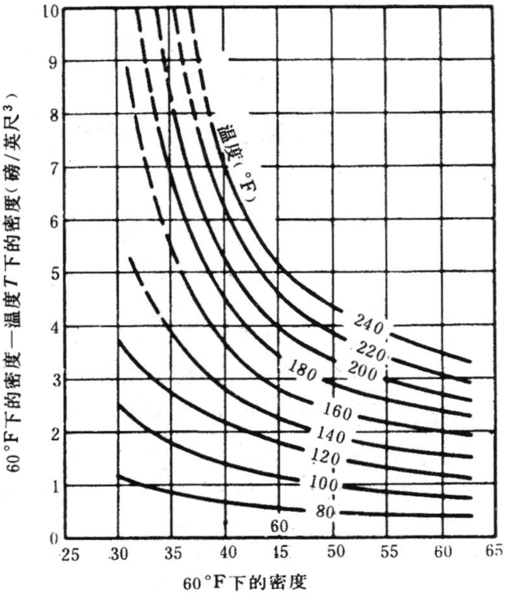

图 25.3 烃液密度的热膨胀校正曲线

(1) 乙烷和更重组分的重量 = 130.69−7.046 = 123.46 磅;

(2) 丙烷和更重组分的密度等于丙烷和更重组分的重量除以丙烷和更重组分的体积，即

$$\frac{130.69 - 7.046 - 1.296}{2.227} = 54.94\text{磅/英尺}^3$$

表 25.1 例 1 用的溶液

组 分	摩尔分数 y_i	各组分的摩尔重量 M_i	各组分的重量 $m_i = y_i M_i$ (磅)	各组分的液体密度① ρ_i	各组分的液体体积① $v_i = m_i / \rho_i$ (英尺³)
C_1	0.4404	16.0	7.046		
C_2	0.0432	30.1	1.296		
C_3	0.0405	44.1	1.786	31.66	0.0564
C_4	0.0284	58.1	1.650	35.77②	0.0461
C_5	0.0174	72.2	1.256	39.16②	0.0321
C_6	0.0290	86.2	2.500	41.43	0.0603
C_{7+}	0.4011	287	115.1	56.6	2.032
总 计	1.0000		130.69		2.227

①60°F 和 14.7 磅/英寸²(绝对)条件下;

②异构和正构值的算术平均值。

(3) 计算乙烷和更重组分中乙烷的重量百分比

$$\frac{1.296(100)}{130.69}=1.05$$

(4) 计算甲烷和更重组分中甲烷的重量百分比

$$\frac{7.046(100)}{130.69}=5.39$$

(5) 由图 25.1 得 60 °F 和 14.7 磅/英寸^2（绝对）条件下的 $\rho_{sc}=50.8$ 磅/英尺^3。

(6) 由图 25.2 得压力校正值为 0.89 磅/英寸^3。

因此，3280 磅/英寸^2（绝对）和 60 °F 条件下的密度为 50.8+0.89＝51.7 磅/英尺^3。

(7) 由图 25.3 得温度校正值为−3.57 磅/英尺^3。因此，3280 磅/英寸^2（绝对）和 218 °F 条件下的密度为 51.7−3.57＝48.1 磅/英尺^3。

2. 由理想溶液原理确定密度——不知流体组成

上节中介绍的估算原油密度的方法利用了确定视气体密度的曲线图，需要知道整个流体的组成。Katz [2] 扩展了视密度概念，使之通用于天然气，从而提出了一个能在知道溶解油气比、地面原油重度和气体比重时应用的方法，而不需要知道流体的组成。溶解气的视密度与原油重度和气体比重的函数关系曲线如图 25.4 所示。产出气的比重按分离器和储罐逸出的气体的体积加权平均值计算。

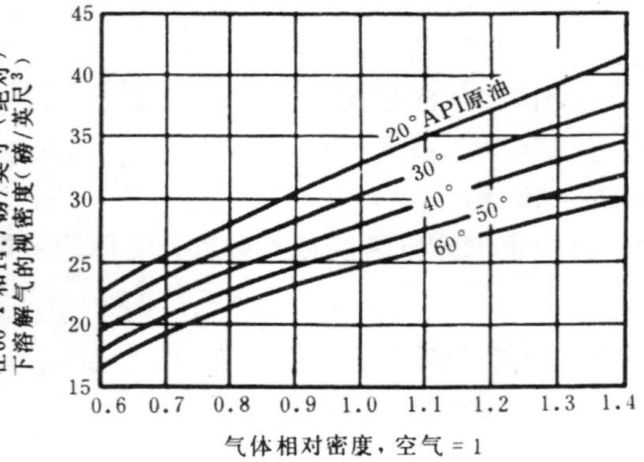

图 25.4 天然气的视液体密度

图 25.4 在由有限数据估算原油密度中的应用由例题 2 说明。在这一例题中，流体自井口到储罐通过两个分离器。

例题 2 计算泡点压 p_b＝3280 磅/英寸^2（绝对）和 T＝218 °F 条件下原油体系的密度和比容。地面原油的重度为 27.4 °API，产出气的数量和相对密度列在表 25.2 中。

表 25.2 产出气体的特性

	R (标准英尺^3/地面桶)	γ_g
一级分离器	414	0.640
二级分离器	90	0.897
储　罐	25	1.540
总　计	529	

解：

(1) 平均气体相对密度$\bar{\gamma}_g=\sum R_i\gamma_{gi}/\sum R_i$，

$$\bar{\gamma}_g=\frac{(414)(0.640)+90(0.897)+25(1.540)}{414+90+25}=0.726$$

和

$$\gamma_g=\frac{141.5}{131.5+27.4}=0.89$$

(2) 产出气体的分子量$M_g=\gamma_g(M_{空气})$

$$M_g=0.726(28.97)=21.03\text{磅/摩尔}$$

(3) 溶解气的质量m_g由下式计算：

$$\frac{529\text{标准英尺}^3/\text{地面桶}}{379.5\text{标准英尺}^3/\text{摩尔}}(21.03\text{磅/摩尔})=29.32\text{磅/地面桶}$$

(4) 地面原油的质量m_o由下式计算：

$$350\text{磅/地面桶}(0.89)=311.50\text{磅/地面桶}$$

图 25.4 表明，溶解气的视液体密度在 60°F 和 14.7 磅/英寸^2（绝对）下约为 24.9 磅/英尺^3。这可用于计算溶解气的体积。

(5) 溶解气的体积 V_g 用下式计算：

$$\frac{m_g}{\rho_g}=\frac{29.32\text{磅/地面桶}}{24.9\text{磅/英尺}^3}=1.178\text{英尺}^3/\text{地面桶}$$

(6) 地面原油的体积V_o给出为

$$5.615\text{英尺}^3/\text{地面桶}$$

(7) 拟液体密度ρ_{sL}为：

$$\rho_{sL}=\frac{m_o+m_g}{V_o-V_g}$$

$$=\frac{311.50\text{磅/地面桶}+29.32\text{磅/地面桶}}{5.615\text{英尺}^3\text{/地面桶}+1.178\text{英尺}^3\text{/地面桶}}$$

$$=50.17\text{磅/英尺}^3$$

用图25.2和25.3对密度进行压缩和热膨胀校正。

图25.2表明，3280磅/英寸^2（绝对）的压力校正值为0.90磅/英尺^3。因此

$$\rho_{3280,60}=50.17+0.90=51.07\text{磅/英尺}^3$$

图25.3表明218°F的温度校正值为－3.63磅/英尺^3。因此

$$\rho_{3280,218}=51.07-3.63=47.44\text{磅/英尺}^3$$

原油比容定义为密度的倒数。所以

$$V_o=\frac{1}{\rho_o}=\frac{1}{47.44}=0.021\text{英尺}^3\text{/磅}$$

三、泡点压力关系式

油藏动态计算需要知道油藏的泡点压力。这可以通过油藏流体样品的 PVT 分析确定，或者通过闪蒸计算法计算，如果已知油藏流体组成的话。然而，由于常常没有这项资料可用，因而开发了由有限数据估算 p_b 的经验关系式。这些关系式可以用来估算泡点压力或饱和压力随油藏温度、地面原油重度、溶解气比重和油藏原始压力下溶解气油比的变化。即

$$p_b=f(T_R,\ \gamma_{API},\ \gamma_g,\ R_{sb})$$

如果油藏压力高于 p_b，则 $R_{sb}=R_{si}$，其值可以根据原始溶解油气比（生产气油比）求得。在这里 R_{sb} 是泡点压力下的溶解气油比，R_{si} 是油藏原始压力下的溶解气油比。

提出了三种估算泡点压力的方法。这些关系式是应用油藏流体样品进行 PVT 分析，通过试验测定泡点压力提出来的。其它的关系式是针对具体油藏的应用开发的，但这些方法（这里介绍的）仍能对宽范围的原油体系给出好的结果。

1. Standing 关系式

Standing[3] 提出了一个估算 1000 磅／英寸^2（绝对）以上泡点压力的方程和诺模图。这一关系式是通过 105 次试验确定加利福尼亚原油体系的泡点压力提出来的。当应用于提出这一方法所用的资料时，这一关系式的平均误差为 4.8%和 106 磅／英寸^2。提出这一方法所用的数据变化范围列在表 25.3 中。

表 25.3　所用数据参数及其变化范围

p_b(磅／英寸^2(绝对))	130～7000
T_R(°F)	100～258
R_{sb}(标准英尺^3／地面桶)	20～1425
γ_{API}(°API)	16.5～63.8
γ_g(空气＝1)	0.59～0.95

从用于开发这一关系式的原油体系中逸出的气体，基本上不含氮或硫化氢。某些气体含有 CO_2，但数量不到 1 摩尔%。地面原油重度除用 API 重度表示外，没有考虑其它表示方式。气体相对密度值应用各级分离器气体的体积加权平均值。这一关系式应当用于气体和原油组成与开发这一方法所用体系相似的其它原油体系。

估算泡点压力的方程如下:

$$p_b = 18\left(\frac{R_{sb}}{\gamma_g}\right)^{0.83} \times 10y_g \tag{5}$$

式中 y_g——摩尔分数气体＝$0.00091(T_R)-0.0125\gamma_{API}$;

p_b——泡点压力，磅／英寸^2（绝对）;

R_{sb}——在 $p \geqslant p_b$ 下的溶解油气比，标准英尺^3／地面桶;

γ_g——气体相对密度（空气＝1.0）;

T_R——油藏温度，°F;

γ_{API}——地面原油重度，°API。

由方程（5）绘制的诺模图见图 25.5。这一诺模图上确定泡点压力的实例，在下面的例题中用方程（5）进行计算。

例题 3　已知 R_{sb}＝350 标准英尺^3／地面桶，T_R＝200°F，γ_g＝0.75，γ_{API}＝30°API，估算 p_b。

解:

$$y_g = 0.00091(200) - 0.0125(30) = -0.193$$

$$p_b = 18\left(\frac{350}{0.75}\right)^{0.83} \times 10^{-0.193} = 1895 \text{磅／英寸}^2\ (\text{绝对})$$

2. Lasater 关系曲线

Lasater[4] 于 1958 年应用 158 个试验数据点开发了这一相关关系，其变量的变化范围列在表 25.4 中。

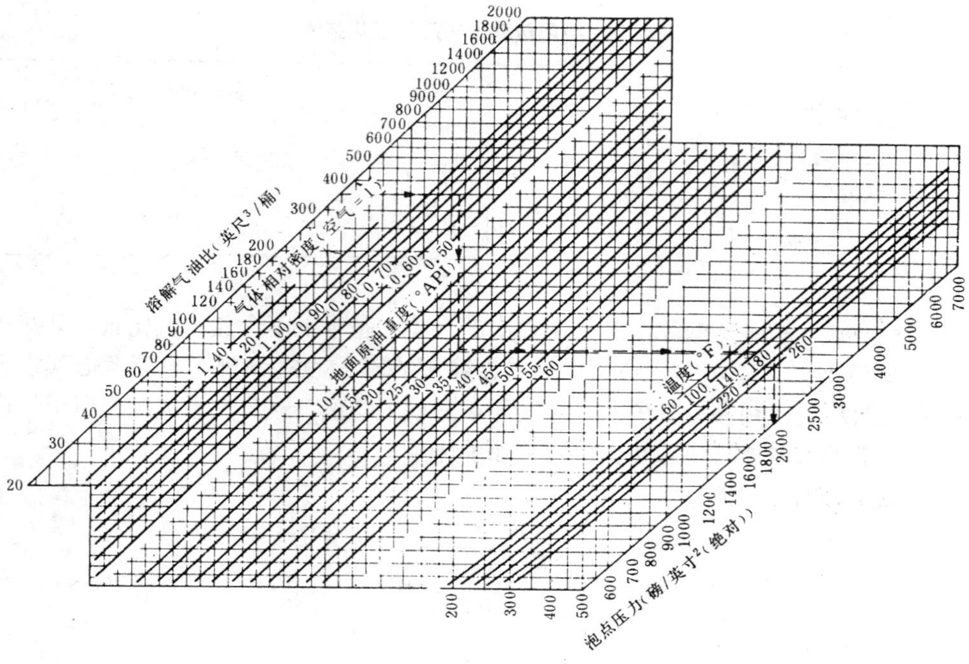

图 25.5 Standing 关系式计算泡点压力的诺模图

实例

问题：

液体的气油比为 350 英尺³／桶，气体相对密度为 0.75，地面原油重度为 30° API，求这一液体在 200° F 下的泡点压力。

求解：

自图的左边从 350 英尺³／桶引一水平线至气体相对密度 0.75，由此交点向下引一垂线 30° API，再由此点引一水平线至 200° F，求得压力为 1930 磅／英寸²(绝对)。

这一相关关系用二个曲线图的形式表示。提出了拟合这些关系曲线的方程，以便能在计算机或计算器上应用这一方法。这些关系曲线示于图 25.6 和图 25.7。

表 25.4 变量的变化范围

p_b(磅／英寸²(绝对))	48～5780
T_R(° F)	82～272
γ_{API}(° API)	17.9～51.1
γ_g	0.574～1.223
R_{sb}(标准英尺³／地面桶)	3～2905

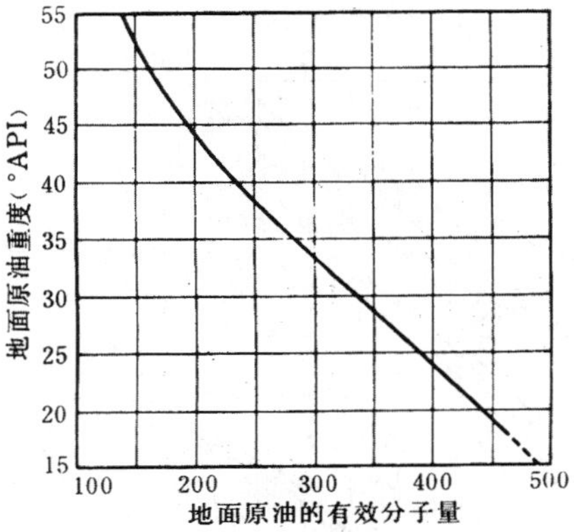

图 25.6　地面原油有效分子量与重度的关系曲线

应用图 25.6 和 25.7 估算 p_b 的步骤如下:

(1) 应用图 25.6 由地面原油的 API 重度求地面原油的有效分子量。

(2) 用下式由原油体系计算气体摩尔分数:

$$y_g = \frac{R_{sb} / 379.3}{R_{sb} / 379.3 + 350\gamma_o / M_o} \tag{6}$$

(3) 由图25.7求泡点压力系数 $p_b \gamma_g / T_R$。

(4) 计算泡点压力

$$p_b = [(p_b \gamma_g) / T] \cdot T_R / \gamma_g$$

T_R用°R表示。

可用下面的方程取代图25.6和图25.7。

图25.6方程:

对于API≤40来讲

$$M_o = 630 - 10\gamma_{API} \tag{7}$$

对于API>40来讲

$$M_o = 73110(\gamma_{API})^{-1.562} \tag{8}$$

图25.7的方程:

对于 $y_g \leqslant 60$ 来讲

$$\frac{p_b \gamma_g}{T_R} = 0.679\exp(2.786 y_g) - 0.323 \tag{9}$$

对于 $y_g > 60$ 来讲

$$\frac{p_b \gamma_g}{T_R} = 8.26 y_g^{3.56} + 1.95 \tag{10}$$

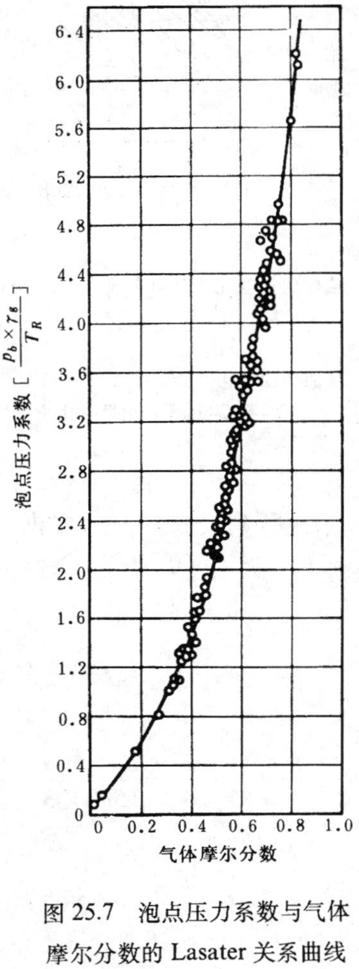

图 25.7　泡点压力系数与气体摩尔分数的 Lasater 关系曲线

结合应用图 25.6 和图 25.7 的诺模图示于图 25.8。图 25.8 上的应用实例在下面的例题中用方程计算。

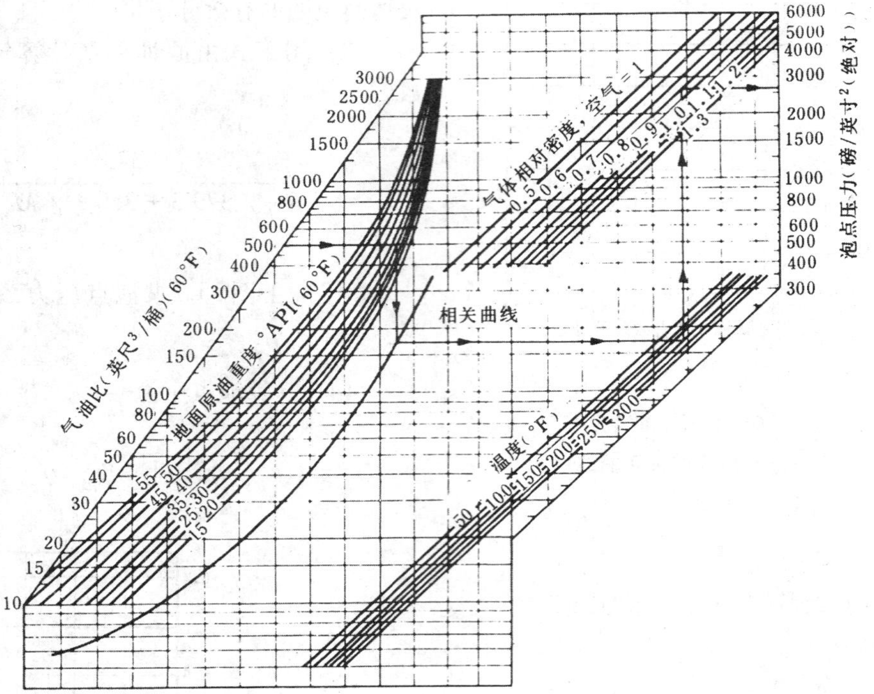

图 25.8 计算泡点压力的 Lasater 关系曲线图

应用实例

问题:

液体的油气比为 500 英尺^3/桶，地面原油重度为 30°API，气体相对密度为 0.8，求这一液体的泡点压力。

求解:

从曲线的左边开始，沿 500 英尺^3/桶引一水平线至原油重度 30°API，再向下引一垂线至相关曲线，然后再引水平线至 200°F，由此向上引垂线至气体相对密度 0.8，从右面坐标即可读出所求泡点压力 2625 磅/英寸^2(绝对)。

例题 4 已知下列数据，用 Lasater 法估算 p_b: $R_{sb}=500$ 标准英尺^3/地面桶，$T_R=200°F=660°R$，$\gamma_g=0.80$，$\gamma_{API}=30$，$\gamma_g=0.876$。

解:

$$M_o=630-10(30)=330$$

$$y_g=\frac{500/379.3}{500/379.3+350(0.876)/330}=0.587$$

$$\frac{p_b\gamma_g}{T_R}=0.679\exp[2.786(0.587)]-0.323$$

$$\frac{p_b\gamma_g}{T_R}=3.161$$

$$p_b=\frac{3.161(660)}{0.80}=2608 \quad 磅/英寸^2(绝对)$$

3. Vasquez 和 Beggs 关系式

Vasquez 和 Beggs [5] 应用 600 多个原油体系的试验结果，提出了数个原油物性包括泡点压力在内的经验关系式。这些数据覆盖了变化范围很宽的压力、温度、原油重度和气体相对密度，并包括了近 6000 个不同压力和温度下 R_s–B_o 和 μ_o 的实测数据点。有关参数的变化范围列在表 25.5 中。

发现气体相对密度是一个强相关参数，但很遗憾，它通常也是精确度最有问题的变数之一。逸出的气体的相对密度取决于分离器的压力和温度，而这两项参数在许多情况下可能是不知道的。Vasquez 和 Beggs 开发所有关系式所用的气体相对密度，是从二级分离得出的气体相对密度。第一级分离压力选用 100 磅/英寸^2（表压），第二级分离是储罐。如果已知第一级分离压力不是 100 磅/英寸^2（表压）情况下的气体相对密度，则可由方程（11）求出用于关系式的校正气体相对密度。如果不知道分离器条件，在 p_b、R_s、B_o 和 c_o 等关系式中可以应用未校正的气体相对密度。

表 25.5　变数的变化范围

p_b(磅/英寸^2(绝对))	50～5250
T_K(°F)	70～295
R_{sb}(标准英尺^3/地面桶)	20～2070
γ_{API}(°API)	16～58
γ_g	0.56～1.18

$$\gamma_{gc}=\gamma_g\left[1.0+5.912\times10^{-5}\gamma_{API}T_s\log(p_s/114.7)\right] \tag{11}$$

式中　γ_{gc}——校正的气体相对密度；

γ_g——在 p_s 和 T_s 下分离时求得的气体相对密度；

T_s——分离器温度，°F；

p_s——分离器压力，磅/英寸^2（绝对）；

γ_{API}——原油重度，°API；

这些相关关系仅以公式的形式给出。泡点压力由下式计算：

$$p_b=\left\{\frac{R_{sb}}{C_1\gamma_g\exp[C_3\gamma_{API}/(T_R+460)]}\right\}^{1/C_2} \tag{12}$$

式中　p_b——泡点压力，磅/英寸^2（绝对）；

R_{sb}——溶解油气比（p_b 压力下），标准英尺^3／地面桶；

γ_g——气体相对密度；

γ_{API}——原油重度，°API；

T_R——温度，°F。

如果将原油 API 重度按范围划分，则关系式可以达到比较高的精确度。选用 30°API 作为划分点。方程（12）中的常数值取决于地面原油的 API 重度，见表 25.6。

表 25.6　泡点压力方程的常数值

常数	°API≤30	°API＞30
C_1	0.0362	0.0178
C_2	1.0937	1.1870
C_3	25.7240	23.9310

例题 5　应用 Vasquez 和 Beggs 关系式计算例题 4 中原油体系的泡点压力。应用未经校正的气体相对密度。已知数据如下：$R_{sb}=500$ 标准英尺^3／地面桶，$T_R=220$°F，$\gamma_g=0.80$，$\gamma_{API}=30$°API。

解：

应用方程（12）和表 25.1 中的各 C 值得

$$p_b=\left[\frac{500}{0.0362(0.80)\exp[25.724(30)/680]}\right]^{\frac{1}{1.0937}}$$

$p_b=2562$ 磅／英寸^2(绝对)。

这与例题 4 中应用 Lasater 关系式的求得值 2608 磅／英寸^2（绝对）有很好的可比性。而应用 Standing 关系式（5）求得的值为 2415 磅／英寸^2（绝对）。

4. 泡点压力关系式的精确度

根据每个关系式所用的实测泡点压力与最后得出的关系式确定的值相吻合的情况进行精确度对比，结果表明，Vasquez 和 Beggs 关系式精确度最高，其次是 Lasater 关系式，最后是 Standing 关系式，见表 25.7。

表 25.7　泡点压力关系式的精确度对比

	Standing	Lasater	Vasquez–Beggs
关系式的数据点数	105	158	5008
关系式 10%以内的数据点(%)	87	87	85
误差大于 200 磅／英寸^{2}的数据点(%)	27		
平均误差(%)	4.8	3.8	−0.7

四、饱和原油的溶解油气比

当原油体系的压力低于泡点压力时，油藏工程计算和生产工程计算都需要估算原油中剩余的溶解气量。而游离气量，即压力降到泡点压力 p_b 以下时从一地面桶原油中逸出的气量，等于 $R_{sb}-R_s$，式中 R_s 为感兴趣压力下原油中剩余的溶解气。实际上，低于原始泡点压力的任何压力，也是一个泡点压力，因为在这一压力下原油是饱和气体的。因此，解以上各节介绍的关系式求溶解油气比，即可求得油藏泡点压力 p_b 以下任何一个压力下的 R_s 值。也就是说 $R_s=f(p,\ T,\ \gamma_{API},\ \gamma_g)$。

图 25.5 和图 25.8 上的诺模图可用来确定 R_s。为此，在泡点压力坐标轴上从感兴趣的压力开始，通过曲线图"反向"求解，即可确定 R_s。

1. Standing 关系式

$$R_s=\gamma_g\left(\frac{p}{18\times 10y_g}\right)^{1.204} \tag{13}$$

式中 y_g——$0.00091(T)-0.0125(\gamma_{API})$;

R_s——溶解油气比，标准英尺 R^3 / 地面桶；

p——压力，磅 / 英寸^2（绝对）;

γ_g——气体相对密度；

γ_{API}——原油重度，° API;

T——感兴趣的温度，° F。

2. Lasater 关系式

$$R_s=\frac{132755\gamma_o y_g}{M_o(1-y_g)} \tag{14}$$

式中 M_o 是由方程（7）或（8）求得，y_g 由方程（9）或（10）求得，这要根据压力系数是小于还是大于 3.29 来定。

对 $\dfrac{p\gamma_g}{T}<3.29$ 来讲

$$y_g=0.359\ln\left(\frac{1.473p\gamma_g}{T}+0.476\right) \tag{15}$$

对 $\dfrac{p\gamma_g}{T}\geqslant 3.29$ 来讲

$$y_g = \left(\frac{0.121p\gamma_g}{T} - 0.236\right)^{0.281} \tag{16}$$

式中 T 用 °R 表示。

3. Vasquez 和 Beggs 关系式

$$R_s = C_1 \gamma_g p^{C_2} \exp\left(\frac{C_3 \gamma_{API}}{T + 460}\right) \tag{17}$$

式中 R_s——在 p 和 T 下的溶解气量，标准英尺^3／地面桶；

γ_g——气体相对密度；

p——感兴趣的压力，磅／英寸^2（绝对）；

γ_{API}——地面原油重度，°API；

T——感兴趣的温度，°F；

C_1，C_2，C_3——常数，自表 25.6 选用。

例题 6 应用 Standing、Lasater、Vasquez 和 Beggs 关系式估算一种原油体系的溶解油气比。已知有关这一原油体系的数据如下：p=765 磅／英寸^2（绝对），T=137 °F，γ_{API}=22 °API，γ_g=0.65。

解:

用 Standing 关系式

$$y_g = 0.00091(137) - 0.0125(22) = -0.15$$

$$R_s = 0.65\left[\frac{765}{18 \times 10^{-0.15}}\right]^{1.204} = 90 \text{标准英尺}^3\text{／地面桶}$$

用Lasater关系式

$$\frac{p\gamma_g}{T} = \frac{765(0.65)}{137 + 460} = 0.833$$

$$y_g = 0.359\ln[1.473(0.833) + 0.476] = 0.191[\text{方程}(15)]$$

$$M_o = 630 - 10(22) = 410[\text{方程}(7)]$$

$$\gamma_o = \frac{141.5}{131.5 + 22} = 0.922$$

$$R_s = \frac{132755(0.922)(0.191)}{410(1-0.191)} = 70\text{标准英尺}^3/\text{地面桶}[\text{方程}(14)]$$

如果 y_g 是由图 25.7 求得，而不是用方程（15）计算，则求得值约为 0.25。由此得出 $R_s = 100$ 标准英尺^3／地面桶。在这一实例中，用图求得的值更接近另外两个关系式计算得出的值。R_s 值越高，Lasater 关系式的精确度也越高。

用 Vasquez 和 Beggs 关系式

$$R_s = 0.0362(0.65)(765)^{1.0937}\exp\left[\frac{25.724(22)}{137+460}\right]$$

$$R_s = 87\text{标准英尺}^3/\text{地面桶}$$

五、原油地层体积系数的关系式和关系曲线

油藏和生产系统计算都需要原油地层体积系数。油藏工程师必须能够把原油的地面体积换算成油藏温度和各种油藏压力下的地下体积。在流体自油藏到地面的生产过程中，压力和温度一直在变化。在生产工程计算中，需要把地面测量的体积流量换算成各种压力和不同温度下的流量。

正如前面所定义的，原油地层体积系数是指一地面桶原油在某一压力和温度下再加上在这一压力和温度下溶解的气体在地下所占据的体积。它是原油体系的组成和气液分离条件等的函数。

油藏温度和各种压力下的原油地层体积系数值，可以用油藏流体样品进行 PVT 分析求得。然而，常常没有这种分析数据可用，因而工程师不得不利用仅需要有限数据的经验关系式或关系曲线图。本节将介绍适用于饱和原油体系的两种关系式。这两种关系式都需要溶解油气比 R_s。这一参数值可以用上节介绍的方法求得。

当油藏压力高于泡点压力时，原油是欠饱和的，液体随压力的降低而膨胀。因此，原油地层体积系数的计算需要用原油压缩系数值。本节将介绍两种关系式，用于估算欠饱和原油体系的压缩系数。

1. 饱和的原油体系

如果在给定的压力和温度条件下原油体系是被气体饱和的，那么溶解气将随着压力的降低而逸出，从而使原油的体积收缩。液体的体积也受温度的影响。溶解气随着温度的降低而增加，但液体的体积随原油的冷却而减小。本节介绍的关系式可表示如下:

$$B_o = f(R_s,\ \gamma_{API},\ \gamma_g,\ T)$$

Standing 关系式　Standing 应用泡点压力关系式一节中描述的相同原油体系，提出了一个在压力低于泡点压力 p_b 下求 B_o 的相关关系。这一方法是以关系式和诺模图两种形式提出的。其关系式如下:

$$B_o = 0.972 + 0.000147F^{1.175} \tag{18}$$

式中F是相关函数，并由下式确定：

$$F = R_s(\gamma_g / \gamma_o)^{0.5} + 1.25T$$

以上两式中

B_o——原油地层体积系数，桶／地面桶；

R_s——溶解气油比，标准英尺^3／地面桶；

γ_g——气体相对密度；

γ_o——原油相对密度＝141.5／(131.5+γ_{API})；

T——感兴趣的温度，°F。

以图的方式解方程（18）的诺模图示于图25.9。

例题7 用Standing关系式和诺模图估算原油体系的原油地层体积系数，已知其数据如下：T＝200°F，R_s＝350标准英尺^3／地面桶，γ_g＝0.75，γ_{API}＝30°API。

解：

$$\gamma_o = 141.5/(131.5+30) = 0.876$$

$$F = 350(0.75/0.876)^{0.5}+1.25(200) = 574$$

$$B_o = 0.972+0.000147(574)^{1.175}$$

B_o＝1.228桶／地面桶

由图25.9的诺模图求得原油地层体积系数值为1.22桶／地面桶。

Vasquez和Beggs关系式　Vasquez和Beggs[5]结合泡点压力和溶解油气比关系式的开发，还提出了求饱和原油地层体积系数的方程。为了提高这一关系式的精确度，把600个原油体系按API重度划分为两组，即API重度≤30的为一组，API重度＞30的为另一组（表25.8）。方程中应用的气体相对密度应是校正的气体相对密度，如果已知分离器的压力，可由方程（11）计算。如果不知道分离器条件，可以应用未经校正的气体相对密度。求原油地层体积系数的方程如下：

$$B_o = 1 + C_1R_s + C_2(T-60)(\gamma_{API}/\gamma_{gc}) + C_3R_s(T-60)(\gamma_{API}/\gamma_{gc}) \tag{19}$$

式中 B_o——压力p和温度T下的原油地层体积系数，桶／地面桶；

R_s——压力p和温度T下的溶解油气比，标准英尺^3／地面桶；

T——感兴趣的温度，°F；

p——感兴趣的压力，磅／英寸^2（绝对）；

γ_{API}——地面原油重度，°API；

γ_{gc}——校正过的气体相对密度，空气＝1。

方程中的常数从表 25.8 中确定。

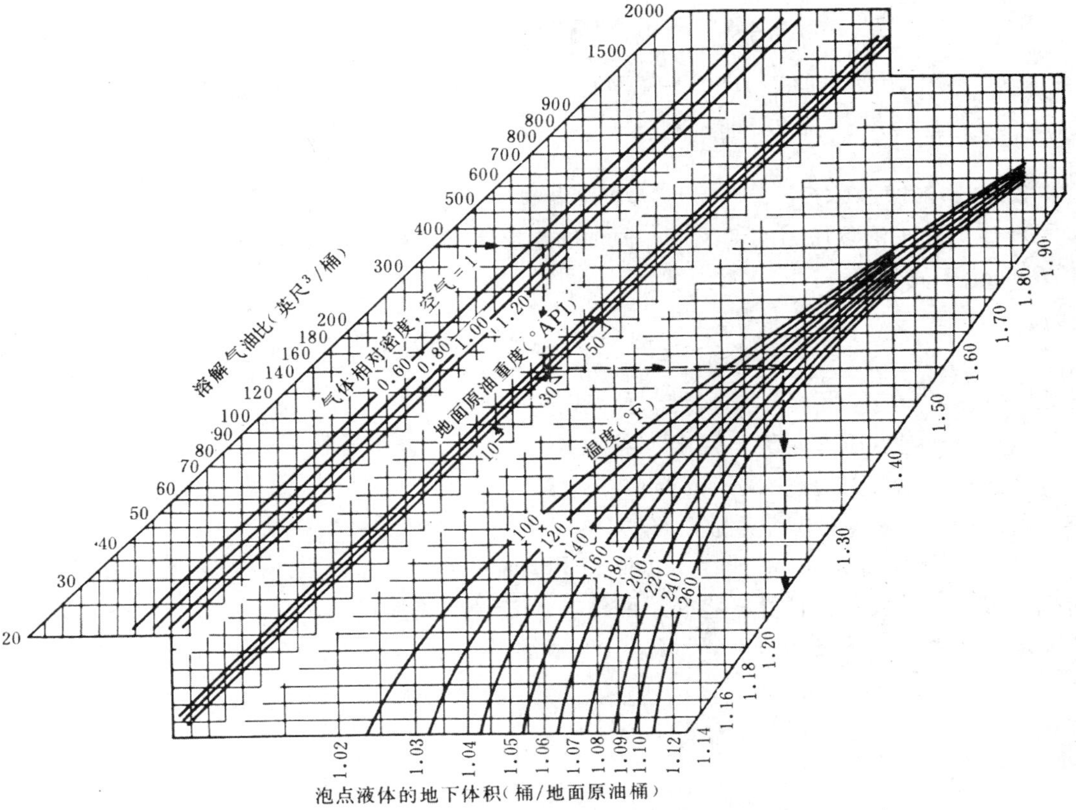

图 25.9 计算原油地层体积系数的 Standing 诺模图

实例

问题:

泡点液体的油气比为 350 英尺³/桶,气体相对密度为 0.75,地面原油重度为 30°API,求这一液体在 200°F 下的地层体积。

求解:

自曲线图的左边开始,沿 350 英尺³/桶引一水平线与气体相对密度 0.75 相交,再由此交点引一垂线至 30°API。然后再引一水平线与 200°F 线相交,即求得地层体积为 1.22 桶/地面原油桶。

表 25.8 计算原油地层体积系数用的常数

	°API≤30	°API>30
C_1	4.677×10^{-4}	4.670×10^{-4}
C_2	1.751×10^{-5}	1.100×10^{-5}
C_3	-1.811×10^{-8}	1.337×10^{-9}

例题 8 应用 Vasques 和 Beggs 关系式确定原油体系泡点压力下的原油地层体积系数。

已知数据如下：$p_b=2652$ 磅／英寸^2（绝对），$R_{sb}=500$ 标准英尺^3／地面桶，$\gamma_{gc}=0.80$，$\gamma_{API}=30°$ API，$T=220°$ F。

解：

$$B_{ob}=1+4.677\times10^{-4}(500)+1.751\times10^{-5}(160)$$

$$\cdot(30/0.80)-1.811\times10^{-8}(500)(160)\cdot(30/0.80)$$

$$B_{ob}=1.285\text{桶／地面桶}$$

2. 欠饱和原油体系

在压力高于泡点压力的情况下，原油的地层体积系数随压力的增加而减小。在这种情况下 B_o 可由下式计算

$$B_o=B_{ob}\exp[c_o(p_b-p)] \tag{20}$$

式中 B_{ob}——在压力 p_b 下的原油地层体积系数；

p_b——泡点压力，磅／英寸^2（绝对）；

p——感兴趣的压力，磅／英寸^2（绝对）；

c_o——原油等温压缩系数，(磅／英寸^2)$^{-1}$。

B_{ob} 值可以用 Standing 或 Vasquez 和 Beggs 关系式计算。原油压缩系数可根据 PVT 分析确定或由经验关系式估算。将介绍两种求 c_o 的经验关系式。

原油等温压缩系数——Trube 法　Trube 法[6]　应用下面的关系式

$$c_{pr}=c_o p_{pc}$$

$$p_{pr}=\frac{p}{p_{pc}}$$

和

$$T_{pr}=\frac{T}{T_{pc}}.$$

式中 c_{pr}——拟折比压缩系数；

c_o——原油等温压缩系数；

p_{pc}——拟临界压力；

T_{pc}——拟临界温度；

p_{pr}——拟折比压力；

T_{pr}——拟折比温度；

p——感兴趣的压力；

T——感兴趣的温度。

拟折比压缩系数是 p_{pr} 和 T_{pr} 的函数。一旦求得 c_{pr}，c_o 可由下式计算：

$$c_o = c_{pr} / p_{pc} \tag{21}$$

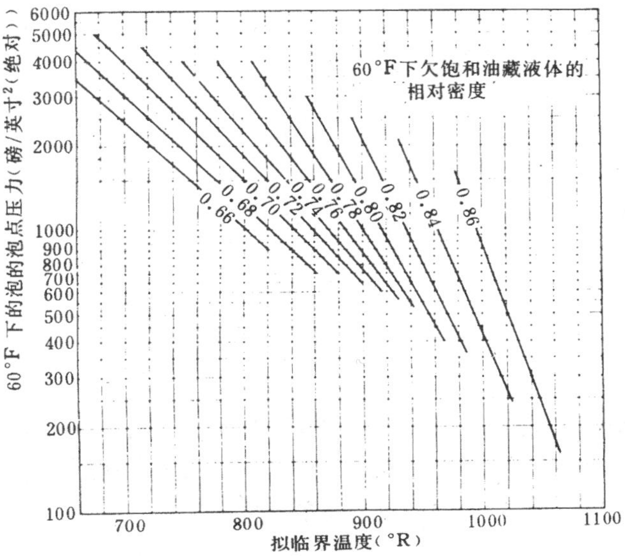

图 25.10　油藏原油拟临界温度随60 ° F 泡点压力的变化；Trube 关系式

为了求得必要的参数以便计算 c_o，需要三种曲线图。拟临界温度 T_{pc} 作为泡点压力和 60 ° F 下欠饱和液体比重的函数，可从图 25.10 求得。拟临界温度还是 60 ° F 下原油泡点压力的函数。这些参数值可以应用前面介绍的密度和泡点压力关系式估算。

应用 60 ° F 下的液体相对密度可由图 25.11 求得 p_{pc} 值，并由图 25.10 求得 T_{pc} 值。一旦知道了 p_{pc} 和 T_{pc} 值，就可以计算感兴趣压力和温度下的 p_{pr} 和 T_{pr}。应用 p_{pr} 和 T_{pr} 由图 25.12 可求得 c_{pr} 值。然后就可应用方程（21）计算 c。

为了在计算机或计算器上应用 Trube 法，需要将图 25.10、25.11 和 25.12 数字化。

由于这一方法比较复杂，将不举例说明这一方法的应用。在参考文献[6]中可以找到应用实例。

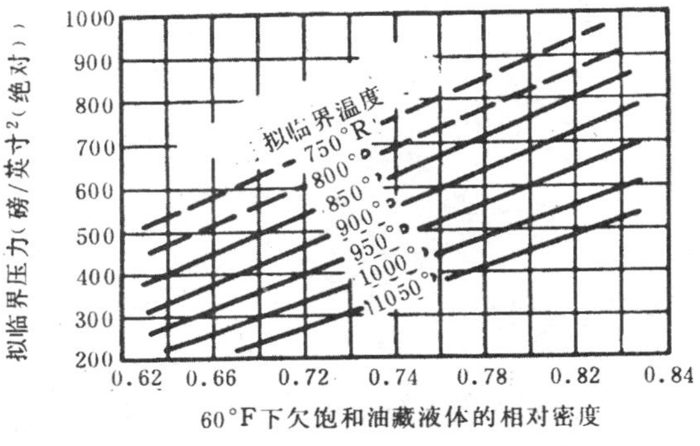

图 25.11　拟临界压力随拟临界温度和 60 ° F 油藏原油相对密度的变化；Trube 关系式

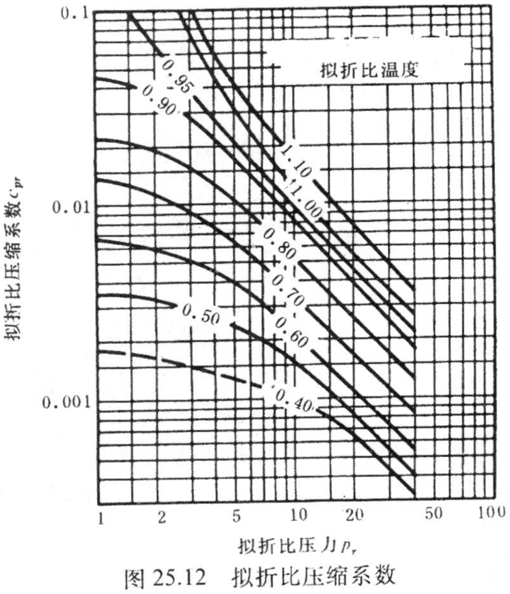

图 25.12　拟折比压缩系数随拟折比压力和温度的变化

原油等温压缩系数——Vasquez 和 Beggs 法　Vasquez 和 Beggs[5] 应用 600 多个原油

体系试验测定了近 2000 个 c_o 值，在此基础上提出了 c_o 与 R_{sb}、T、γ_g、γ_{API} 和 p 的函数关系式。这一方法要比 Trube 法简单得多，并且当用来预测开发此关系式的 2000 个实测 c_o 值时精确度也高。没有应用单独的数据对这两种方法进行对比。该法求 c_o 的方程如下

$$c_o = \frac{5R_{sb} + 17.2T - 1180\gamma_g + 12.61\gamma_{API} - 1433}{p \times 10^5} \tag{22}$$

式中 c_o——原油等温压缩系数，(磅／英寸^2) $^{-1}$；

R_{sb}——溶解气油比，标准英尺^3／地面桶；

T——感兴趣的温度，°F；

p——感兴趣的压力，磅／英寸^2（绝对）；

γ_g——气体相对密度；

γ_{API}——地面原油重度，°API。

例题 9 计算例题 8 原油体系在 3000 磅／英寸^2（绝对）压力下的原油地层体积系数。用方程（22）确定 c_o 值。已知数据如下：$p_b = 2652$ 磅／英寸^2（绝对），$R_{sb} = 500$ 标准英尺^3／地面桶，$\gamma_g = 0.80$，$\gamma_{API} = 30$ °API，$T = 220$ °F，$B_{ob} = 1.285$ 桶／地面桶。

解：

$$c_o = \frac{5(500) + 17.2(200) - 1180(0.80) + 12.61(30) - 1433}{3000 \times 10^5}$$

$$c_o = 1.43 \times 10^{-5}(\text{磅／英寸}^2)^{-1}$$

由方程(20)得：

$$B_o = 1.285\exp[1.43 \times 10^{-5}(2652 - 3000)]$$

$$B_o = 1.285(0.995) = 1.279\text{桶／地面桶}$$

六、总地层体积系数

当为油藏工程进行物质平衡计算时，计算与 1 地面桶原油有关的物质在油藏条件下所占的体积，即饱和原油的体积加上逸出气或释放气的体积，常常是很方便的。这可表示为总的地层体积系数 B_t。

如果已知 B_o 和释放气量，就可以计算总地层体积系数。也就是说，B_t 等于原油加每 1 地面桶油溶解气的体积，再加上每 1 地面桶油释放气的体积。

其方程形式为：

$$B_t = B_o + B_g(R_{sb} - R_s) \tag{23}$$

式中 B_t——总地层体积系数，桶／地面桶；

B_o——原油地质体积系数，桶／地面桶；

R_{sb}——压力 p_b 下的溶解油气比，标准英尺^3／地面桶；

R_s——在感兴趣压力下的溶解油气比，标准英尺^3／地面桶；

B_g——感兴趣压力和温度下气体的地层体积系数，桶／标准英尺^3。

计算气体地层体积系数，需要气体压缩系数或 z_g 系数值，这可由上册第十七章求得。

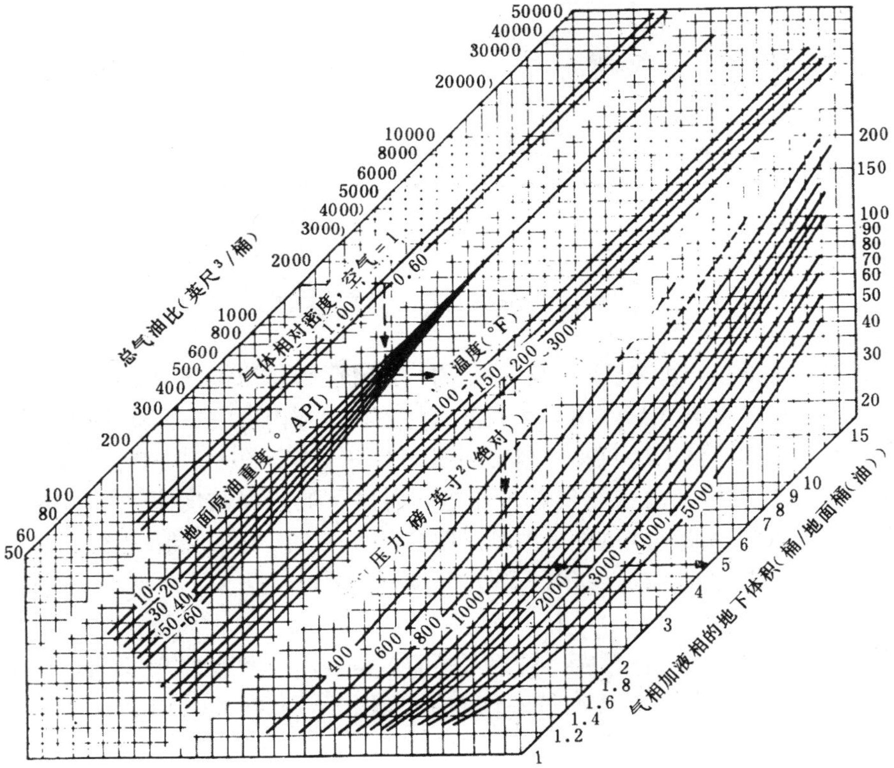

图 25.13 计算总地层体积系数的 Standing 诺模图

实例

问题：

气相加液相的总油气比为 1500 英尺^3／桶，气体相对密度为 0.80，地面原油重度为 40°API，求其在 200°F 和 1000 磅／英寸^2(绝对)下的地下体积。

求解：

自曲线图的左边开始，自 1500 英尺^3／桶引一水平线至气体相对密度 0.80，由交点向下引一垂线至 40°API，然后引水平线至 200°F，再向下引一垂线至 1000 磅／英寸^2(绝对)，即可求得地下体积为 5.0 桶／地面桶(油)。

$$B_g = \frac{0.00504 z_g T}{p} \tag{24}$$

式中　B_g——气体的地层体积系数，桶／标准英尺^3；

z_g——压力 p 和温度 T 下的气体压缩系数；

p——感兴趣的压力，磅／英寸^2（绝对）；

T——感兴趣的温度，°R。

Standing[3] 给出了一个估算总地层体积系数的诺模图。这一关系曲线图是根据 387 个试验数据点绘制的，所包括的数据变化范围列在表 25.9 中。

带有实例计算的诺模图如图 25.13 所示。

表 25.9　Standing 关系曲线图的数据变化范围

压力(磅／英寸^2(绝对))	400～5000
油气比(标准英尺^3／地面桶)	75～37000
温度(°F)	100～258
气体相对密度	0.59～0.95
原油重度(°API)	16.5～63.8

七、原油粘度关系式

流体的绝对粘度用来度量流体的流动阻力。流动阻力是流体分子受到剪切时产生的内摩阻造成的。粘度可定量为在具体压力和温度条件下在流体内引发一个具体剪切速率所要求的剪切应力比率。牛顿流体的绝对粘度与剪切速率无关。本节仅考虑牛顿流体。

在油藏和生产工程计算中需要各种压力和温度下的原油粘度值。如果进行过 PVT 分析，则所报告的实测原油粘度值将是油藏温度和各种压力下的粘度值。然而，当流体在生产系统中流动时温度也是变化的。这就需要对粘度进行温度变化校正。这项工作常常用经验关系式来完成。

绝对粘度，常简单地称作粘度，可用不同的单位表示。所谓的“油田现场单位”，是厘泊或泊。不同单位制之间的关系式如下：1 厘泊＝0.01 泊＝0.001 帕·秒＝6.72×10^{-4} 磅／(英尺·秒)。

流体的运动粘度等于绝对粘度除以密度，即

$$v=\frac{\mu}{\rho}$$

运动粘度最通用的单位是厘沲（cSt），换算为国际米制单位时 1 厘沲＝10^{-6} 米^2／秒。

除绝对和运动粘度单位外，还常用赛氏秒通用（SSU）粘度单位和赛氏秒重油（SSF）粘度单位。可用下面的方程在厘沲和时间单位之间进行近似的换算：

$$v=0.220t_{SU}-180/t_{SU}$$

和

$$v = 2.12t_{SF} - 139 / t_{SF} \tag{25}$$

式中 v——运动粘度，厘沲；

t_{SU}——赛氏秒通用粘度单位；

t_{SF}——赛氏秒重油粘度单位。

1. 影响原油粘度的因素

石油工程师感兴趣的影响粘度的主要因素是组成、温度、溶解气和压力。原油粘度随API重度的减小而增加，还随温度的减小而增加。

溶解气的影响是使原油变轻，从而使其粘度降低，而增加欠饱和原油所受的压力，由于原油被压缩，从而使其粘度增加。

2. 原油粘度的关系式——饱和体系

求含溶解气原油粘度最通用的方法，是首先估算不含气或脱气原油的粘度，然后再针对溶解气校正粘度值。脱气原油的粘度取决于地面原油的API重度和感兴趣的温度。

脱气原油的粘度可由经验关系式求得，或者，如果有两种温度下测得的粘度值，则可由下式求得任何其它一种温度下的粘度

$$\log[\log(v+0.8)] = A + B\log T \tag{26}$$

式中 v——T温度下的运动粘度；

T——感兴趣的温度；

A，B——具体原油的常数，如果有两个测得的v值和T值，就可以确定这些常数。

用于脱气原油的Beal关系曲线 Beal[7]绘制了一个关系曲线图，说明原油重度和温度对脱气原油粘度的影响。这一关系曲线图是利用655个原油样品的测量数据绘制的。粘度、API重度和温度之间的关系曲线示于图25.14。

溶解气的影响——Chew和Connally法 脱气原油的粘度随着溶解气量的增加而降低，这可用图25.15估算出来。该图是Chew和Connally[8]于1959年发表的。图上标有应用实例和应用曲线图的求解步骤。他们还提出了溶解气校正方程：

$$\mu_{os} = a\mu_{od}^{b} \tag{27}$$

式中 μ_{os}——饱和原油的粘度；

μ_{od}——脱气原油的粘度；

a，b——R_s的函数，见图25.16。

Beggs和Robinson关系式 Beggs和Robinson[9]于1975年提出了一种计算脱气原油和气体饱和原油粘度的方法。这一关系式是应用600个原油体系的2000多个实测数据点开发出来的。数据的变化范围列在表25.10中。

他们开发的这一方程重现实测数据的平均误差为−1.83%，标准偏差为27%。

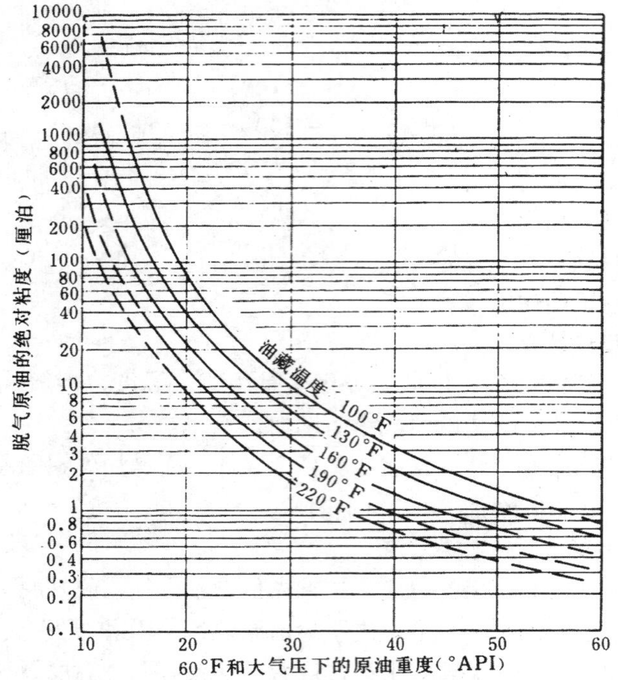

图 25.14　脱气原油的粘度与油藏温度和地面原油比重的函数关系

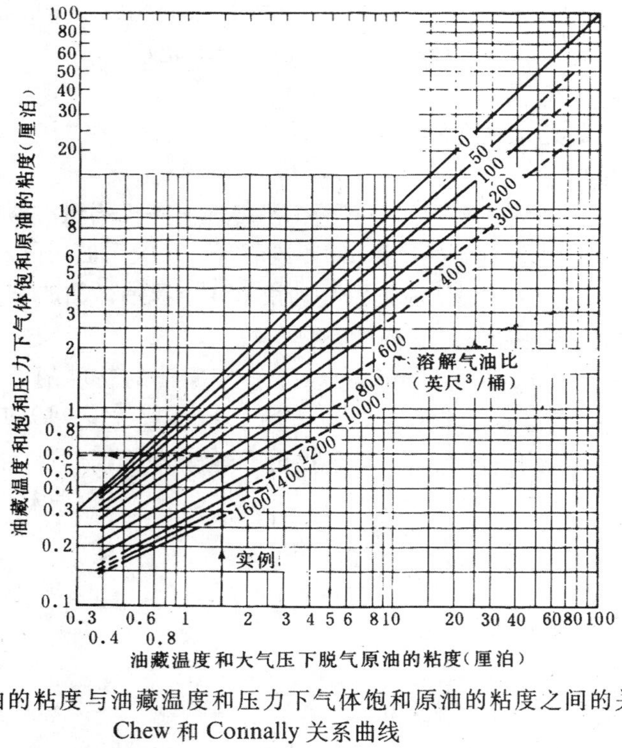

图 25.15　脱气原油的粘度与油藏温度和压力下气体饱和原油的粘度之间的关系曲线——Chew 和 Connally 关系曲线

实例

问题:

溶解油气比 600 英尺^3／桶，脱气原油粘度 1.5 厘泊，温度不变，求饱和原油粘度。

求解:

自脱气原油粘度 1.5 厘泊向上引一垂线至油气比 600，再引一水平线至纵坐标，得 0.58 厘泊。

表 25.10 Beggs 和 Robinson 关系式数据

R_s(标准英尺^3／地面桶)	20～2070
γ_{API}(°API)	16～58
p(磅／英寸^2(表压))	0～5250
T(°F)	70～295

脱气原油粘度的方程为:

$$\mu_{od} = 10^{x} - 1.0 \tag{28}$$

式中 $x = T^{-1.163}\exp(6.9824 - 0.04658\gamma_{API})$

μ_{od}——脱气原油的粘度，厘泊；

T——感兴趣的温度，°F；

γ_{API}——地面原油重度，°API。

为了进行溶解气影响的校正，提出了类似方程（27）的方程:

$$\mu_{os} = A\mu_{od}^{B} \tag{29}$$

式中 μ_{os}——饱和原油的粘度；

μ_{od}——脱气原油的粘度；

A，B——R_s的函数，

$$A = 10.715(R_s + 100)^{-0.515} \tag{30}$$

和

$$B = 5.44(R_s + 150)^{-0.338} \tag{31}$$

式中 R_s 为溶解气油比，标准英尺^3／地面桶。应用这一方法不需要曲线图。

例题 10 应用 Beal、Chew 和 Connally 关系曲线，以及 Beggs 和 Robinson 关系式，计算饱和原油体系的粘度。已知这一原油体系的数据如下：T=137°F，γ_{API}=22°API，R_s=90 标准英尺^3／地面桶。

解:

用 Beal 与 Chew 和 Connally 关系曲线:

由图 25.14 得 μ_{od}=20 厘泊。由图 25.16 得 a=0.82，b=0.9。因此 μ_{os}=0.82(20)$^{0.9}$=12.15 厘泊。

为求得 μ_{od}，a 和 b 值，图 25.14 和图 25.16 需进行内插。用图 25.15 校正 R_s，得 μ_{os} 值

约为 12 厘泊。

用 Beggs 和 Robinson 关系式:

$$x=(137)^{-1.163}\exp[6.9824-0.04658(22)]$$

$$x=1.2658$$

$$\mu_{od}=10^{1.2658}-1.0=17.44 \text{ 厘泊}$$

$$A=10.715(90+100)^{-0.515}=0.719$$

$$B=5.44(90+150)^{-0.338}=0.853$$

$$\mu_{os}=0.719(17.44)^{0.853}=8.24 \text{ 厘泊}$$

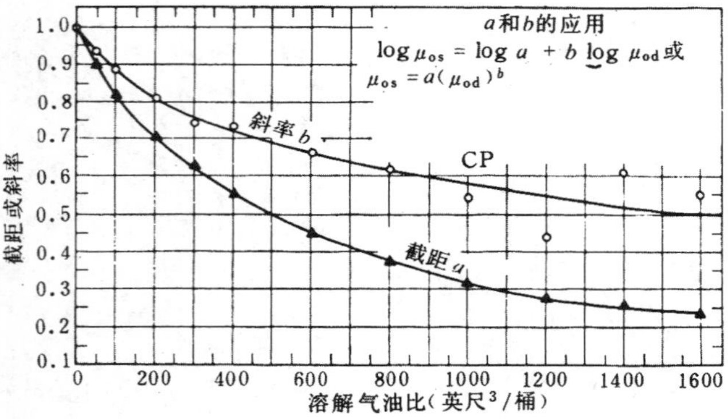

图 25.16 用于 Chew 和 Connally 粘度关系式的系数 a 和 b

a 和 b 的应用

$\log\mu_{os}=\log a+b\log\mu_{od}$

或 $\mu_{os}=a(\mu_{od})^b$

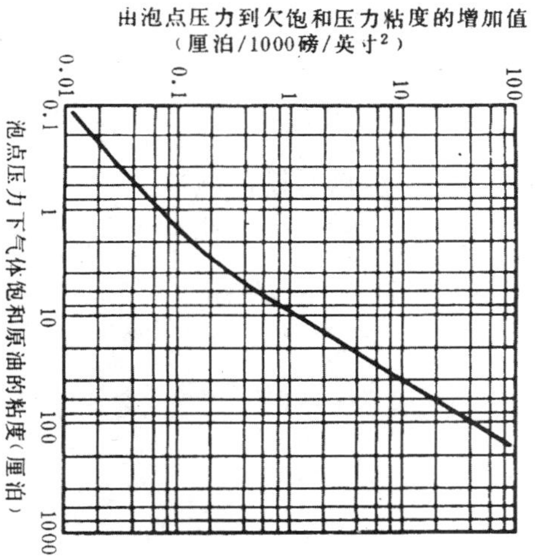

图 25.17 压力对气体饱和原油粘度的影响；Beal 关系曲线图

3. 原油粘度关系式——欠饱和体系

将原油体系的压力增加到泡点压力以上的影响，是压缩液体，从而增加其粘度。Beal 测量了这一影响，并给出如图 25.17 所示的曲线图。该曲线图表示在泡点压力 p_b 以上每增加 1000 磅／英寸^2 压力的粘度增加值（厘泊）与饱和原油或泡点原油粘度 μ_{ob} 的函数关系。

Vasquez 和 Beggs [5] 扩展了 Beggs 和 Robinson 欠饱和原油的关系式。其方程如下:

$$\mu_o=\mu_{ob}(p/p_b)^m \tag{32}$$

式中　μ_o——$p>p_b$ 下的粘度；
　　μ_{ob}——p_b 下的粘度；
　　p——感兴趣的压力；
　　p_b——泡点压力。

指数 m 是压力的函数，并用下式计算：

$$m = C_1 p^{C_2} \exp(C_3 + C_4 p) \tag{33}$$

式中　p——感兴趣的压力，磅／英寸^2（绝对）；
　　C_1——2.6；
　　C_2——1.187；
　　C_3——11.513；
　　C_4——8.98×10^{-5}。

例题 11　计算压力 4750 磅／英寸^2 下的原油体系的粘度。已知 $T=240°F$，$\gamma_{API}=31°API$，$\gamma_g=0.745$，$R_{sb}=532$ 标准英尺^3／地面桶。

解：

由方程（12）得：

$$p_b = \left[\frac{532}{0.0178(0.745)\exp 23.931(31)/(240+460)}\right]^{1/1.187}$$

$$p_b = 3.093 \text{磅／英寸}^2 \text{（绝对）}$$

由方程（28）得：

$$x = (240)^{-1.163} \exp[6.9824 - 0.04658(31)]$$

$$x = 0.4336$$

$$\mu_{od} = 10^{0.4336} - 1.0 = 1.71 \text{厘泊}$$

由方程（29）、（30）和（31）得：

$$A = 10.715(532+100)^{-0.515} = 0.387$$

$$B = 5.44(532+150)^{-0.338} = 0.599$$

和

$$\mu_{ob}=0.387(1.71)^{0.599}=0.53\text{厘泊}$$

由方程（32）和（33）得：

$$m=2.6(4.750)^{1.187}\cdot\exp[-11.513-4.750(8.98\times10^{-5})]$$

$$m=0.393$$

$$\mu_o=0.53(4750/3093)^{0.393}=0.63\text{厘泊}$$

八、气油界面张力

在油藏工程中，估算毛管压力时需要液体和气体之间的界面张力或表面张力。在井筒水力学计算应用的某些关系式，界面张力也是需要的一个参数。天然气与原油之间的表面张力变化于零到大约 35 达因／厘米之间。它是压力、温度和各相组成的函数。

如果已知烃混合物在感兴趣压力和温度下的组成，就能够计算这一烃混合物的表面张力。另外，还必须知道每一组分的等张比容。等张比容等于液体的分子量乘其表面张力的四次方根，再除以液体的密度和与液体平衡的气相密度之差。它在很宽的温度范围内基本上是常数。估算表面张力的方程如下：

$$\sigma^{0.25}=\sum_{i=1}^{C}P_{chi}\left(\frac{x_i\rho L}{M_L}+\frac{y_i\rho_v}{M_v}\right)\tag{34}$$

式中 σ——表面张力，达因／厘米；

p_{chi}——第 i 组分的等张比容；

x_i——液相中第 i 组分的摩尔分数；

y_i——气相中第 i 组分的摩尔分数；

ρ_L——液相的密度，克／厘米^3；

ρ_v——气相的密度，克／厘米^3；

M_L——液相的分子量；

M_v——气相的分子量；

C——组分数。

某些烃及氮和二氧化碳的等张比容列在表 25.11 中。等张比容与分子量的关系曲线是由 Katz[10] 提出的，并示于图 25.18。

以曲线形式表示的经验相关关系图是由 Baker 和 Swerdloff[11] 提出的，表示表面张力与温度、API 重度和压力的关系。这些关系曲线示于图 25.19 和 25.20。这两个图的近似方

程如下:

表 25.11　纯物质的等张比容

甲　烷	77.0	正戊烷	232
乙　烷	108.0	正己烷	271
丙　烷	150.3	正庚烷	311
异丁烷	181.5	正辛烷	352
正丁烷	190.0	氮(在正庚烷中)	41.0
异戊烷	225	二氧化碳	78

$$\sigma_{68}=39-0.2571\gamma_{API} \tag{35}$$

和

$$\sigma_{100}=37.5-0.2571\gamma_{API} \tag{36}$$

式中　σ_{68}——68 °F 下的界面张力，达因/厘米；

σ_{100}——100 °F 下的界面张力，达因/厘米；

γ_{API}——地面原油的重度，°API。

已经证明，如果温度大于 100 °F，则应当应用 100 °F 下的值。同样，如果温度小于 68 °F，则应用 68 °F 下的计算值。对于中间的各温度来讲，可在 68 °F 和 100 °F 下求得值之间进行线性内插。即

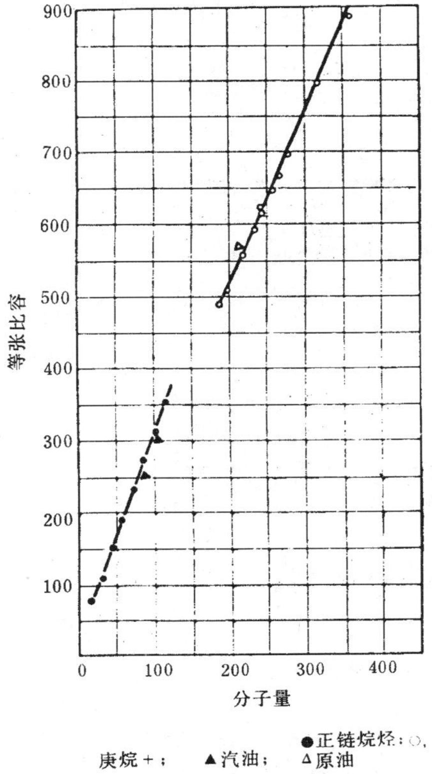

图 25.18　某些烃的等张比容

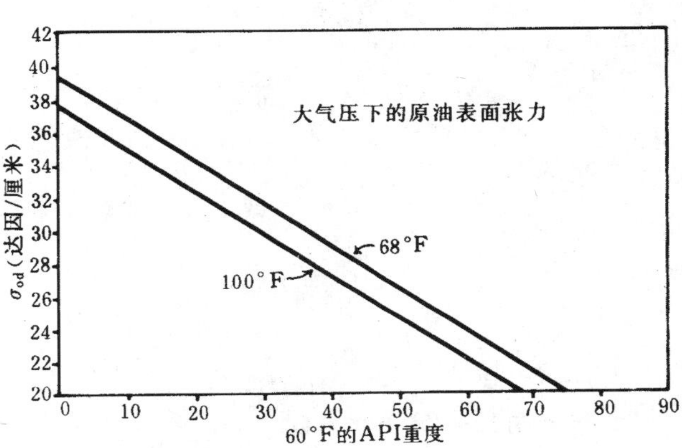

图 25.19　大气压下原油的表面张力

$$\sigma_T = \sigma_{68} - \frac{(T - 68\ ^\circ \mathrm{F})(\sigma_{68} - \sigma_{100})}{32} \tag{37}$$

式中　σ_T——68 °F < T < 100 °F 下的界面张力。

随着油气混合物压力的增加，溶解气是将增加，从而降低界面张力。脱气原油的界面张力可用下面的校正系数乘其界面张力进行校正:

$$F_c = 1.0 - 0.024 p^{0.45} \tag{38}$$

式中　p 用磅/英寸^2（绝对）表示。

这样就可以由下式求得任一压力下的界面张力:

$$\sigma_o = F_c \sigma_T \tag{39}$$

在混相压力下界面张力将变为零，对大多数原油体系来讲，这将发生在大约 5000 磅/英寸^2（绝对）以上的某一压力下。

本章介绍的大部分关系式都包括在 HP-41C 型计算器的程序中。该程序可由 Hewlett-Packard [12] 公司获得。

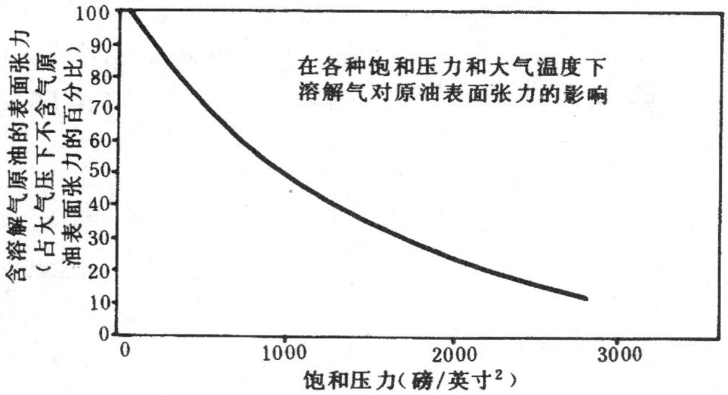

图 25.20　溶解气对原油表面张力的影响

符　号　说　明

a——方程（27）中 R_s 的函数；

A——方程（26）中的常数；

b——方程（27）中 R_s 的函数；

B_g——气体的地层体积系数；

B_o——原油的地层体积系数；

c_o——原油的等温压缩系数；

c_{pr}——拟折比压缩系数；

C——组分数；

C_1，C_2，C_3，C_4——不同的常数；

F——方程（18）中的相关函数；

F_c——脱气原油界面张力的校正系数，方程(38)；

m——方程（32）中取决压力的指数；

m_i——第 i 组分的质量；

M_o——地面原油的分子量；

p——感兴趣的压力；

p_b——泡点压力；

p_{pc}——拟临界压力；

p_{pr}——拟折比压力；

P_{chi}——第 i 组分的等张比容；

R_F——游离气油比；

R_s——溶解油气比；

R_{sb}——泡点压力下的溶解油气比；

t_{SU}——赛氏积通用粘度；

t_{SF}——赛氏秒重油粘度；

T——感兴趣的温度；

T_{pc}——拟临界温度；

T_{pr}——拟折比温度；

T_R——油藏温度；

v——比容；

V_i——第 i 组分的体积；

x——不同项组的符号，方程（28)；

y_g——不同项组的符号，方程（5)、(6)、(9)、(10）和（13–16)；

z_g——气体压缩系数；

v——流体相对密度；

γ_{API}——原油 API 重度；

γ_{gc}——校正的气体相对密度；

γ_o——原油相对密度；

μ——流体粘度；

μ_{ob}——泡点压力下的原油粘度；

μ_{od}——脱气原油的粘度；

μ_{os}——饱和原油的粘度；

γ——运动粘度；

ρ——流体密度；

σ——表面张力，界面张力。

用国际米制单位表示的主要方程

$$\rho_o = \frac{1000\gamma_o + 1.224\gamma_g R_s}{B_o} \tag{1}$$

$$p_b = 519.7\left(\frac{R_{sb}}{\gamma_g}\right)^{0.83} \times 10y_g \tag{5}$$

式中 y_g——气体的摩尔分数

$$= 1.225 + 0.00164T_R - 1.769/\gamma_o$$

$$y_g = \frac{0.0148R_{sb}}{0.0148R_{sb} + 350\gamma_o/M_o} \tag{6}$$

对于$\gamma_o \leqslant 0.825$:

$$M_o = 1945 - 1415/\gamma_o \tag{7}$$

对于$\gamma_o > 0.825$:

$$M_o = \left(\frac{0.109}{\gamma_o} - 0.101\right)^{-1.562} \tag{8}$$

对于$y_g \leqslant 0.60$:

$$\frac{p_b \gamma_g}{T_R} = 8.427\exp(2.78 y_g) - 4.01 \tag{9}$$

对于$y_g > 0.60$:

$$\frac{p_b \gamma_g}{T_R} = 102.51 y_g^{3.56} + 24.20 \tag{10}$$

$$\gamma_{gc} = \gamma_g \left[1.0 + \left(\frac{0.0151 T_s}{\gamma_o} - \frac{3.848}{\gamma_o} - 0.014 T_{st} 3.576\right)\log\left(\frac{p_s}{790}\right)\right] \tag{11}$$

$$p_b = \left[\frac{R_{sb}}{C_1 \gamma_g \exp\left(\frac{C_3}{\gamma_o T} - \frac{C_4}{T}\right)}\right]^{C_2} \tag{12}$$

式中应用下列常数:

	$\gamma_o < 0.876$	$\gamma_o \geqslant 0.876$
C_1	3.204×10^{-4}	7.803×10^{-4}
C_2	0.8425	0.9143
C_3	1881.24	2022.19
C_4	1748.29	1879.28

$$R_s = \gamma_g \left(\frac{p}{519.7 \times 10 y_g}\right)^{1.204} \tag{13}$$

式中

$$y_g = 1.225 + 0.00164T - 1.769 / \gamma_o$$

$$R_s = \frac{23643\gamma_o y_g}{M_o(1-y_g)} \tag{14}$$

对于$\frac{p\gamma_g}{T} < 40.7$:

$$y_g = 0.359\ln\left(\frac{0.1187p\gamma_g}{T} + 0.476\right) \tag{15}$$

对于$\frac{p\gamma_g}{T} \geqslant 40.7$:

$$y_g = \left(\frac{0.0098p\gamma_g}{T} - 0.236\right)^{0.281} \tag{16}$$

$$R_s = C_1\gamma_g^{C_2}\exp\left(\frac{C_3}{\gamma_o T} - \frac{C_4}{T}\right) \tag{17}$$

式中应用下列常数:

	$\gamma_o < 0.876$	$\gamma_o \geqslant 0.876$
C_1	3.204×10^{-4}	7.803×10^{-4}
C_2	1.1870	1.0937
C_3	1881.24	2022.19
C_4	1748.29	1879.28

$$B_o = 0.972 - 0.000147F^{1.175} \tag{18}$$

式中

$$F = 5.615R_s\left(\frac{\gamma_g}{\gamma_o}\right)^{0.5} + 2.25T - 5.75$$

$$B_o = 1 + C_1R_s + F(C_2 + C_3R_s) \tag{19}$$

式中

$$F=\frac{254.7T}{\gamma_o}-236.7T-\frac{73580}{\gamma_o}+68380$$

并应用下列常数:

	$\gamma_o<0.876$	$\gamma_o\geqslant 0.876$
C_1	2.622×10^{-3}	2.626×10^{-3}
C_2	1.100×10^{-5}	1.751×10^{-5}
C_3	1.337×10^{-9}	-1.811×10^{-8}

$$C_o=\frac{28.1R_s+30.6T-1180\gamma_g+\dfrac{1784}{\gamma_o}-10910}{p\times10^5} \tag{22}$$

$$\mu_o=10^{(x-3)}-0.001 \tag{28}$$

式中

$$x=(1.8T-460)^{-1.163}\exp(13.108-6.591/\gamma_o)$$

$$A=10.715(5.615R_s+100)^{-0.515} \tag{30}$$

$$B=5.44(5.615R_s+150)^{-0.338} \tag{31}$$

$$m=0.263p^{1.187}\exp(-11.513-1.302\times10^{-5}p) \tag{33}$$

以上方程中:

B_o的单位为米^3/米^3;

C_o的单位为千帕$^{-1}$;

M_o的单位为公斤/公斤－摩尔;

p的单位为千帕;

R_s的单位为米^3/米^3;

T以K表示;

ρ_o的单位为公斤／米^3；

μ_o的单位为帕·秒。

术 语 说 明

下面是油藏工程相态研究常用的术语的公认定义。

视液体密度 气体溶解在液体中时的质量与体积比，通常按14.7磅／英寸^2（绝对）和60°F条件计算：将所测体系的密度校正到这一标准状态，然后减去该体系液体组成部分的质量和体积。

泡点 一个体系的泡点系指这一体系的一种状态，其特点是大量的液相和极少量的气相成平衡状态共同存在。

压缩系数（气体偏差系数，超压缩系数） 压缩系数是引入理想气体定律中的一个乘数，考虑实际气体与理想动态的偏差（$pV=nzRT$；z是压缩系数）。

凝析（蒸馏）液 蒸气或气体凝析形成的液体，通常为浅色液体，重度一般为50°API或更高，是从气藏中以气相存在的体系中得到的。

临界状态 用来说明压力、温度和组成的独特条件，在这种条件下共存的蒸气和液体的所有性质变为相同的。

临界温度T_c和压力p_c 是指临界状态的温度和压力。

露点 一个体系的露点类似于泡点，但系指大量的气体与极少量的液体成平衡状态共同存在。

露点压力p_d 系指处于露点状态的体系中的气体压力。

差压脱气 说明随着泡点条件下气体的形成，从该体系涂去气相。一般认为在大部分开发时间内差压脱气过程在溶解气驱油藏中是起控制作用的过程。

差压过程 主要用于高压物性分析，表明使一个体系通过泡点或露点，从而形成两相时，除去次要相，使之不再与主要相接触。因此，在差压过程期间，"体系"在数量和组成上是连续变化的。

溶解气 系指在大气条件下原为气态的物质，但它在高压和高温下变为液相的一部分。

溶解气驱 是一种一次采油过程，在这一过程中液体（石油）靠原来溶解在液体中的气体组分的膨胀能量被从油藏岩石中驱替出来。

闪蒸脱气 系指在同时保持体系总组成相同的条件下（一般是在压力降低时）自液体中形成气体。闪蒸脱气的一个实例发生在油气稳态流过油气分离器的时候。

闪蒸过程 是指体系组成保持不变，但组成该体系的气相和液相的比例随压力或某些其它自变量的变化而变的过程。例如，油藏流体样品压力–体积关系的确定就包括闪蒸过程。

地层体积系数 表示一个体系的体积关系。1地面桶原油在地层压力和温度下形成的流体体积，定义为地层体积系数B_o。如果这一体系在地层中是单一的相态，则使用原油地层体积系数B_o。如果呈两相存在，则用总地层体积系数B_t或两相地层体积系数B_t。原油地层体积系数一般在1.1和2.0之间。总地层体积系数可能最高达到200，要视体系的组成和压力而定。气体的地层体积系数Bg系指地面1000标准英尺^{3}气体在油气藏中所占的体积（通常用桶表示）。水的地层体积系数B_w系指1地面桶水及其溶解气在地层中所占的体积。水的地层体积系数一般在0.99～1.07之间。在所有上述情况下，除非特别加以说明，标准状态一般是指地面标准条件即14.7磅／英寸^2（绝对）和60°F。

气体相对密度 是表示气体分子量的一种简单方法。气体相对密度的单位是干空气的分子量28.97。因此，甲烷（分子量＝16.04）气的相对密度为16.04／28.97＝0.55。

油气比 是体系组成的粗略表示方法。通常，所用单位为英尺^3（气）／桶（油），二者均在14.7磅／英寸^2（绝对）和60°F条件下测量。然而，在某些情况下，局部的应用要求在有别于14.7磅／英寸^2（绝对）的某种压力下测量气体。而且桶（油）也可能指某一压力下的，而不是常用的地面（储罐）油。在高压物性分析工作中还常常遇到地下原油和剩余油的单位。最后，在油藏工程中常用几种类型的油气比，如溶解油气比 R_s，生产油气比 R，和累计油气比 R_p。所用分离压力和温度以及分离级数也影响对某一给定体系取得的油气比值。

摩尔 是任何一种物质的一个分子量单位。例如，16.04磅甲烷就是1磅－摩尔。同样，16.04克甲烷组成1克摩尔。磅－摩尔常用于石油工程研究工作。1磅－摩尔气体（理想的）在14.7磅／英寸^2（绝对）和60°F条件下占据379.4英尺^3。

性质、广延的和张度的 与组成该体系的物质的量成正比的性质，称作广延性。例如面积、质量、惯性和体积。强度性质是与物质的量无关的性质。密度、压力、温度、粘度和表面张力是强度性质。能量是强度性质与广延性质的乘积，例如压力乘体积为机械能。

相 相是一个体系的一部分，它在强度性质上与体系毗邻部分不同。相间界面的存在就是由于这一性质上的差别造成的。石油生产中包括的体系一般不超过两相，即气相和液相。偶而，非一般的烃体系产生二个液相或一个固相。

拟临界和拟对比性质（温度，压力） 纯烃的性质，尚用其对比性质表示时，常常是相同的。如果应用“拟”临界温度和压力，而不是用该体系实际的临界参数，则相同的对比状态关系式常可用于多组分体系。由体系的组成计算拟临界值的方法视所用关系式而异。性质与拟临界性质的比称作拟对比性质，例如拟对比压力 $p_{pr}=p/p_{pc}$。

对比性质（温度，压力，体积） 是性质与临界性质的比，例如对比压力 $p_r=p/p_c$。

相对原油体积 类似于地层体积，但参照状态不是标准地面条件下的状态，原油也不是地面原油。例如该项参数常用1桶泡点油或饱和油作为参照体积。相对原油体积必须说明压力、温度和某些组成参数，例如，相对原油体积＝0.7（2520磅／英寸^{2}绝对，185°F，泡点油＝1）。

剩余油 是高压物性分析工作中常用的一项参数，说明在油藏温度或接近油藏温度下完成差压过程时在高压物性分析容器中剩余的液体。同样，它也指衰竭驱油藏中剩余的液体。通常，在高压物性分析工作中报告在60°F和14.7磅／英寸^2（绝对）条件下的剩余油体积和重度。对于差压脱气过程来说，剩余油是地面原油，而对于闪蒸脱气过程来说，是端部的液体产品。

饱和液体 是指在饱和压力下液体与蒸气处于平衡状态。同样，饱和蒸气是指与液体的平衡。这些术语常与泡点（露点）压力下的“泡点（露点）液体”作同义语用。但需指出，术语“泡点”和“露点”是指次要相仅以极少的数量出现的特殊情况，而术语“饱和液体”不考虑各相的相对数量。

收缩率 系指液体释放出溶解气和（或）液体冷缩而造成的液相体积的减少。收缩率可以用二种方式表示：(1) 最后形成的地面油的百分数；(2) 液体原体积的百分数。收缩系数是地层体积系数的倒数，用地面桶油／地下桶油表示。如果由 1 桶地下油得到 0.75 桶地面油，则这一地下油的收缩率按第一种方式表示应为 0.25／0.75＝33%，而用第二种方式表示应为 0.25／1.00＝25%。收缩系数为 0.75，则地层体积系数为 1.00／0.75＝1.33。

溶解油气比 R_s 表示溶解在液体中的气量。对比的油可以是地面油或剩余油。偶而用地下饱和油作对比对象。

标准条件（地面） 是 14.7 磅／英寸^2（绝对）和 60°F。气体体积偶而也可以规定是在少量偏离 14.7 磅／英寸^2（绝对）的压力下的体积。

地面原油（储罐油） 是油藏产出物通过地面油气分离装置，分离出气态组分后面得到的液体。改变气液分离条件，会使储罐油在组成和性质上有所改变。储罐油一般按 60°F 和 14.7 磅／英寸^2（绝对）报告，但也可以在其它条件下计量，然后校正到标准条件。

体系 指一物体或物质组成，代表所考虑的物质。术语"体系"可以进一步定义为均质体系或非均质体系。在均质体系中，就其范围而言，强度性质仅以连续方式变化。非均质体系由一些均质部分组成，在各均质部分的界面上强度性质发生突然变化。

欠饱和流体（液体或蒸气） 指在规定状态下尚能进一步溶解气态或液态组分的物质。

参 考 文 献

1. Standing, M.B.: *Volumetric and Phase Behavior of Oil Field Hydrocarbon Systems*. Reinhold Publishing Corp. New York City (1952).
2. Katz. D.L.: "Prediction of the Shrinkage of Crude Oils." *Drill. and Prod. Prac.*, API (1942).
3. Standing, M.B.: "A Pressure –Volume–Temperature Correlation for Mixtures of California Oils and Gases." *Drill. and Prod. Prac.*, API (1947).
4. Lasater. J.A.: "Bubble Point Pressure Correlation. " *Trans*. AIME (1958) **213**.379–81.
5. Vasquez. M. and Beggs. H.D.: "Correlations for Fluid Physical Property Prediction." *J. Pet. Tech.* (June 1980) 968–70.
6. Trube. A.S.: "Compressibility of Undersaturated Hydrocarbon Reservoir Fluids." *Trans*. AIME (1957) **210**, 355–57.
7. Beal. C.: "The Viscosity of Air. Water, Natural Gas. Crude Oil and Its Associated Gases at Oil Field Temperatures and Pressures." *Trans.*, AIME (1946) **165**.94–115.
8. Chew. J. and Connally, C.A.: "A Viscosity Correlation for Gas–Saturated Crude Oils," *Trans.*, AIME (1959) **216**, 23–25.
9. Beggs, H.D. and Robinson, J.R.: "Estimating the Viscosity of Crude Oil Systems," *J. Pet. Tech.* (Sept. 1975) 1140–41.
10. Katz. D.L., Monroe, R.R., and Trainer, R.R.: "Surface Tension of Crude Oils Containing Dissolved Gases." *Pet, Tech.* (Sept. 1943) 1–10.
11. Baker. O. and Swerdloff, W.: "Finding Surface Tension of Hydrocarbon Liquids, " *Oil and Gas J.* (Jan. 2, 1956).
12. HP–41C Petroleum Fluids Pac, Hewlett–Packard, 1000 N.E. Circle Blvd., Corvallis, OR 97330.

一般参考文献

Borden. G. Jr. and Rzasa, M.J.: "Correlation of Bottom Hole Sample Data," *Trans.*, AIME (1950) **189,** 345–48.

Dodson, C.R., Goodwill, D., and Mayer, E.H.: "Application of Laboratory PVT Data to Reservoir Engineering Problems," *Trans.*, AIME (1953) **198**.287–98.

Gosline, J.E. and Dodson, C.R.: "Solubility Relations and Volumetric Behavior of Three Gravities of Crudes and Associated Gases," *Drill. and Prod. Prac.*,API (1942) **137.**

Herschel, W.H.: "The Change in Viscosity of Oils with Temperature," *Ind. and Engr. Chem.* (1922) **14.** 715.

Lacey, W.N., Sage. B.H., and Kircher, C.E. Jr.: "Phase Equilibria in Hydrocarbon Systems: Ⅲ — Solubility of a Dry Natural Gas in Crude Oil," *Ind. and Eng. Chem.* (1934) **26,** 652.

Lewis, W.K. and Squires, L.: "Mechanism of Oil Viscosity," *Oil and Gas J.* (1934) **33,** No. 26,92.

Nelson, W.L.: "How to Handle Viscous Crude Oil," *Oil and Gas J.*(1954) **53,** No. 28, 269.

Norton, A.E.: *Lubrication.* McGraw–Hill Book Co. Inc., New York City (1942).

Perry, J.H.: *Chemical Engineer's Handbook,* McGraw–Hill Book Co. Inc., New York City (1950).

Schilthuis, R.I.: "Active Oil and Reservoir Energy," *Trans.* AIME (1936) **118.** 33–52.

Standing, M.B. and Katz, D.L.: "Density of Crude Oils Saturated With Natural Gas," *Trans.*,AIME (1942) **146.**159–65.

van Wijk, W.R., deVries, D.A., and Thijssen, H.A.C.: "Study of PVT Relations of Reservoir Fluids," *Proc.,* Fourth World Petroleum Congress. Ⅱ, 313.

Vink, D.J. *et al.*: "Multiple–Phase Hydrocarbon Systems," *Oil and Gas J.* (1940) **39.**No. 28, 34.

Wiggins, W.R.: "Viscosity–Temperature Characteristics of Petroleum Products," *Science of Petroleum,* **2,** 1071.

第二十六章 相　　图

F.M. Orr Jr., New Mexico Inst. of Mining and Technology
J.J. Taber, New Mexico Inst. of Mining and Technology❶　　　　胡乃人 译

一、引　　言

油藏流体是含有多种烃类组分的复杂混合物，其分子大小的变化范围从诸如甲烷、乙烷等轻质气体，直至含有 40 个或更多个碳原子的很大的烃分子。这可能含有非烃组分，如氮、硫化氢（H_2S）或 CO_2。当然，在所有的油气藏内，水通常是大量存在的。在给定的温度和压力下，只要存在固、液、汽相，就有组分之间的分布问题。相可以定义为系统的一个部分，该部分是均质的，以一个面为界，并能在物理上与存在的其它相隔开、相平衡面可对各种相组合共存的温度、压力和组成的变化作出简明的描述。在各种油藏工程应用中，从压力保持至分离器设计，直到提高采收率工程，相态起着重要作用。本章介绍在这些工程应用中所用的相面的基本原理。

二、单组分相图

面 26.1 汇总表示单组分的相态。图 26.1 所示饱和曲线表明发生相变化的温度和压力。当温度低于三相点时，如压力低于升华曲线所示的压力，该组分为气相，并在压力高于该曲线时形成固相。当压力和温度位于升华曲线上时，固相和气相能够共存；而在位于熔化曲线上时，固相和液相处于平衡状态。在更高的温度下，液相和气相能汽化或蒸汽压力曲线共存。如压力大于蒸汽压力，则形成液相；如小于蒸汽压力，则形成气相。蒸汽压力曲线在临界点结束。当温度高于临界温度 T_c 时，在整个压力变化范围内形成单相。这样，就组分而言，临界温度是两相能够存在的最高温度。烃类的临界温度变化范围广。小的烃分子具有低的临界温度，而大的烃分子则具有低的临界温度，而大的烃分子则具有高得多的临界温度。临界压力通常随分子半径的增大而减小。例如，甲烷的临界温度和压力分别为−117°F 和 668 磅／英寸^2（绝对），而癸烷的相应数值则为 652°F 和 304 磅／英寸^2（绝对）。（图 26.9 表明几种其它轻烃分子的附加蒸汽压力曲线和临界点）。

尽管各种液−液平衡在某些提高原油采收率工程中是重要的，但就许多油气藏工程应用而言，液−气平衡最为重要。固−液相变化，诸如沥青烯或石蜡的析出，在石油生产作业中有时会发生。图 26.2 表明单组分在靠近蒸汽−压力曲线的温度和压力范围内的体积动态。如所考虑的物质处于一个压力室中，温度为恒温 T_1，低于 T_c，压力也低（例如在点 A 处），它形成大体积的气相（低密度）。如样品的体积减小，温度恒定，则压力升高。当压力达到

❶在1962年版本中本章由Murray F. Hawkins 编写。

$P_v(T_1)$时，该样品开始凝结。直到样品体积由饱和气相体积（V_v）减为饱和液相体积（V_L）为止，压力在蒸汽压力处一直保持恒定。当体积进一步减小时，由于液相受压缩，压力再次升高。值得注意的是，由于液体的压缩系数小，略微减小体积，就会使液相中的压力大幅度增大。在高于临界温度的温度 T_2 处，没有观察到相的改变。实际上，该样品能从大体积（低密度）和低压，压缩成小体积（高密度）和高压，并且仅呈单相存在。

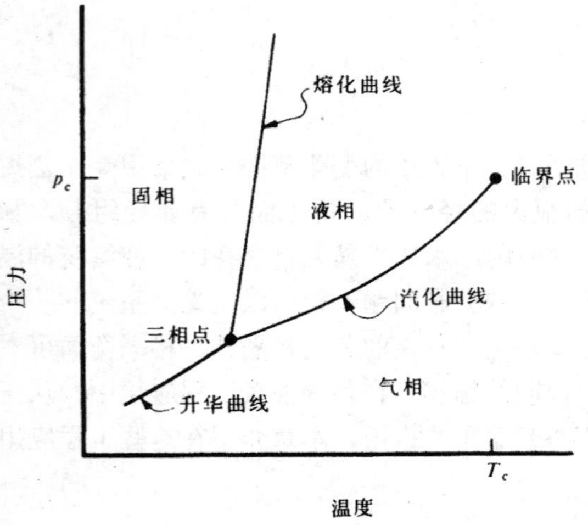

图 26.1　单一纯组分的相态

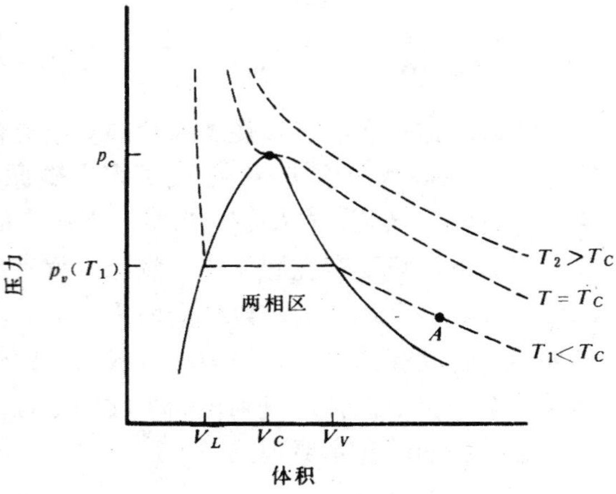

图 26.2　单一纯组分在液—气区内的体积

三、相　　律

在固定的温度和压力下能够共存的最大相数是由存在的组分决定的。相律说明

$$F=2+C-P-n_C \tag{1}$$

式中 F 为自由度数，C 为组分数，P 为相数，n_C 为限制数。对单组分系统来说，当不存在限制数（$n_C=0$）和自由度（$F=0$）时，出现最大的相数。这样，可能出现的最大相数为 3。因此，如三相平衡共存（仅在三相点上有可能），则压力和温度都应固定不变。如单一纯组分仅出现两相，则既可以选定温度，也可以选定压力。一旦选定其中之一，另一项即可确定。例如，如两相为气相和液相，则选定温度就可确定出压力为在该温度点上的蒸汽压。这些容许的压力—温度值都取决于图 26.1 中的蒸汽压力曲线。

在二元系统中，两相能在温度和压力的一个变化范围内存在。自由度数为:

$$F=2-n_C \tag{2}$$

由此，对温度和压力均可作出选择，虽然并不能保证在具体选择的 T 和 p 条件下将出现两相。对多组分系统来说，由于相数通常远少于能够出现的最大相数，相律起的指导作用较小。因此，随着组分数的增多，必须知道更多的组分浓度，以便确定这一系统的相态。

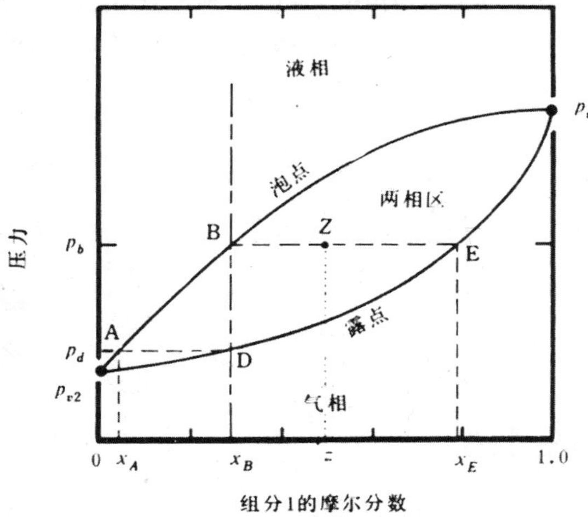

图 26.3　温度同时低于两个组分的临界温度时二元混合物的压力–组成相态图

四、相图的类型

1. 二元相图

图 26.3 所示是固定温度低于两种组分的临界温度时一个二元系统的典型气相–液相图。这称图称为压力–组成相图。当压力低于组分 2 的蒸汽压力 p_{v2} 时，两种组分的任何混合物都形成单一的气相。当压力处在 p_{v1} 和 p_{v2} 之间时，对某些组成来讲两相能够共存。例如,如组分 1 的摩尔分数处于 x_B 和 x_E 之间时，则在压力 p_b 时将产生两相。如该混合组成为 x_B，则将全部为液相；如为 x_E，则全部为气相。对于 x_B 和 x_E 之间的总组成为 z 的 1 摩尔混合物而言，液相的摩尔数为：

$$L=\frac{x_E-z}{x_E-x_B} \tag{3}$$

方程 (3) 称为反杠杆定则，因为它相当于在说明连结线上从总组成到液相组成和气相组成这两段距离之间的关系；$L=ZE/BE$，其中 ZE 和 BE 为图 26.3 中所示连结线上的长度。因此，液相的数量正比于由总组成到气相组成的距离除以连结线的长度。连结处于平衡的两相组成的线称为连结线。在如图 26.3 这种二元相图中，连结线通常都是水平的。

如图 26.3 这种相图，可以通过把总组成固定的混合物放在高压容器中进行试验，测量两相出现和消失时的压力值来确定。例如，组成为 x_B 的混合物将表现出图 26.4 定性表明的特性。当压力小于 p_d 时（图 26.3），该混合物为气相。如把汞注入容器，使混合物受到压缩，那么将在露点压力 p_d 时首先出现组成为 x_A 的液相。随着压力的进一步增加，由于有越来越多的气相凝结，液相体积增加。当压力达到泡点压力 p_b 时组成为 x_E 的最后一部分气相。

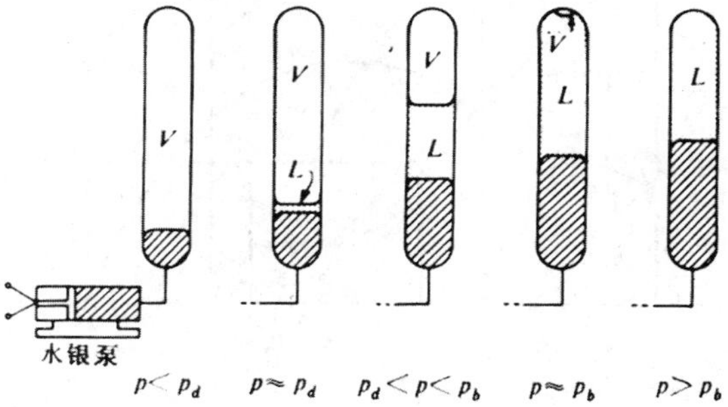

图 26.4　恒温时二元混合物的体积特性

如系统的温度高于其中的一个组分的临界温度，则其相图与图 26.5 所示相似（这类相图的其它实例见图 26.13）。在较高的温度下，两相区不再向相图中纯组分 1–边扩展。代替这种情况的是有一个临界点 C，在这一点上，液相和气相等同。该临界点发生在两相区的压力最高处。比临界混合物所含组分 1 少的那些混合物的体积动态如图 26.4 所示。图 26.6 表明含有较多的组分 1 的混合物的体积动态。压缩组成为 x_2 的混合物（图 26.5），当压力达到 p_{D1} 压力时，导致出现组成为 x_1 的液相。随着压力的增高，液相体积先增大后减小。当压力达到 p_{D2} 时，液相再次消失。这样的特性称为“反汽化”（如压力下降则称为“反凝析”）。

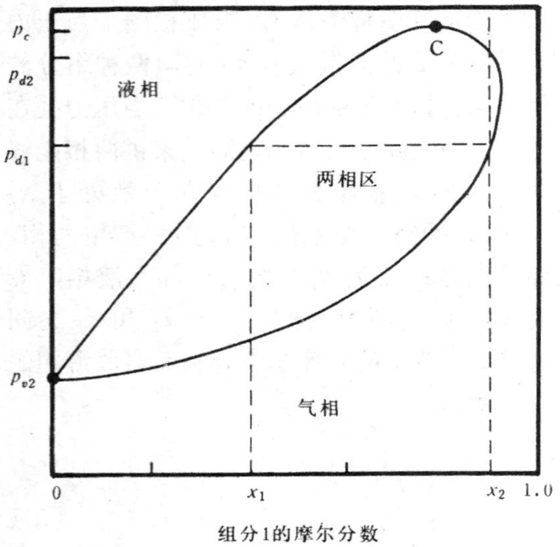

图 26.5　温度高于组成 1 的临界温度时二元混合物的压力–组成相图

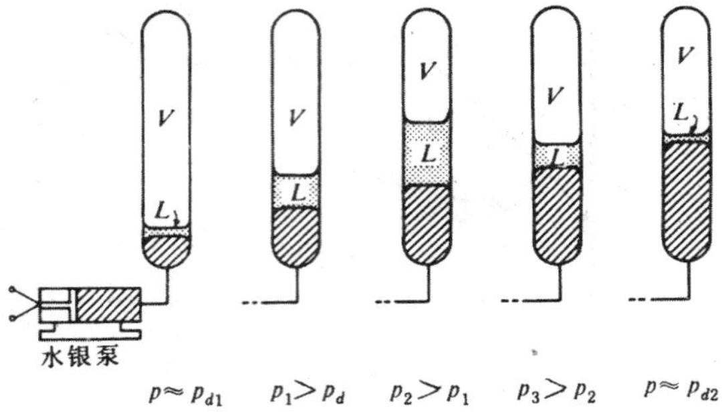

图 26.6　温度恒定时，表明反汽化的二元混合物的体积动态

如该系统的温度恰好等于组分 1 的临界温度，则二元压力–组成相图上的临界点位于组分 1 的摩尔分数为 1.0 处。图 26.7 表明温度上升时的两相区的动态。随着温度的上升，临界点向组分 1 含量较低处移动。随着接近组分 2 的临界温度，两相区缩小，并在达到这一临界温度时完全消失。图 26.8 所示为一对烃组

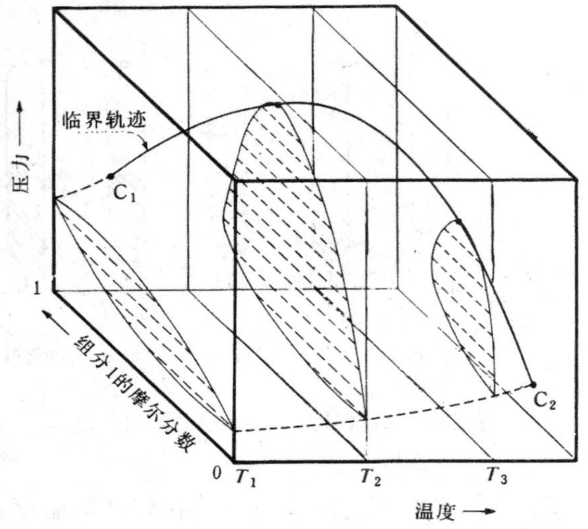

图 26.7　二元液–气相系统中发生两相的温度、压力和组成区

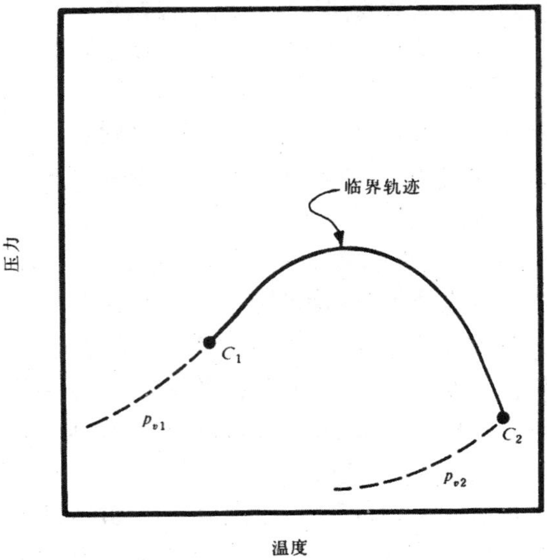

图 26.8　二元混合物的蒸汽压力曲线（p_{v1} 和 p_{v2}）和临界点轨迹的投影。C_1 和 C_2 点为纯组分的临界点

分的临界温度和压力的典型轨迹。图26.8所示的轨迹是图26.7中的临界曲线在 $p-T$ 平面上的投影。因此，尽管在该图上并未示出组成数据，但临界位置上的每个点都代表一种具有不同组成的临界混合物。对于组分1和组分2临界温度之间的各个温度值来讲，各混合物的临界压力都大大高于其中任一组分的临界压力。因此，两相共存的压力，要远高于其中任一组分的临界压力。如两种组分之间的分子量差异大，则临界轨迹会达到很高的压力。图26.9给出了几对烃组分的临界轨迹[1]。

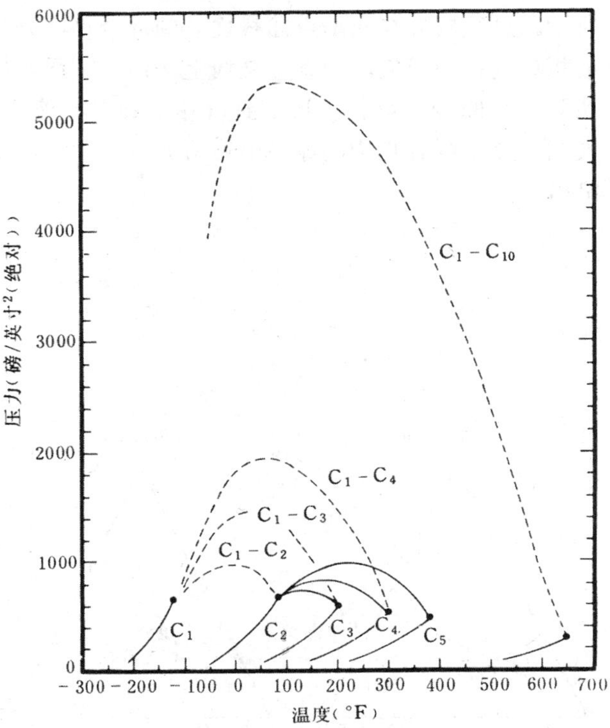

图26.9 轻烃组分的蒸汽压力曲线和所选几对烃组分的临界轨迹

此处所讨论的二元相图都是最常见的。然而，还有更复杂的相面发生，其中包括很低温度下在烃类系统（已超出了油气藏和地面分离器中常见的条件变化范围）中产生的和在温度低于约50℃时在 CO_2—原油系统中产生的液–液和液–液–气相平衡。相关这些相态的讨论见参考文献[2]和[3]。

2. 三元相图

三组分混合物的相态用如图26.10a所示的三角形相图表示比较方便。这种相图的基础是等边三角形的特性，即从任意点到相图的每个边的垂直距离之和为一常数，并等于每条边的长度。这样，三角形内部的一个点的组成为：

$$x_1=\frac{L_1}{L_T};\ x_2=\frac{L_2}{L_T};\ x_3=\frac{L_3}{L_T}$$

式中

$$L_T=L_1+L_2+L_3 \tag{4}$$

三角形图的其它几项有用的特性也是出自这一事实。对于在与图一边平行的任何一条线上的混合物来讲，与该边相对一角的组分的分数为常数（图26.10b）。此外，在任何一条连结顶角及其对边的线上，混合物所含该边两端组分的比例是恒定的（图26.10c）。最后，任何两种组成的混合物，如图26.10d中的A和B，都位于三元相图上连结这二个点的直线上。三元相图上所代表的组成，可用体积、质量或摩尔分数表示。就气–液平衡图而言，最常用的是摩尔分数。

对于在固定温度和压力下形成液相和气相的系统来讲，三元相图的典型特征如图 25.11 所示。总组成处在双结点曲线之内的混合物将分为液相和气相。连结线连结处于平衡状态的液相和气相的组成。一条连结线上任何一种混合物都给出相同的液相的气相组成。当总组成从双结点曲线的液相一边变到气相一边时，液相和气相的量才发生变化。如组分 i 在液相、气相和整个混合物中的摩尔分数分别为 x_i，y_i 和 z_i，则液相中混合物的总摩尔分数可由下式给出：

$$L=\frac{y_i-z_i}{y_i-x_i} \tag{5}$$

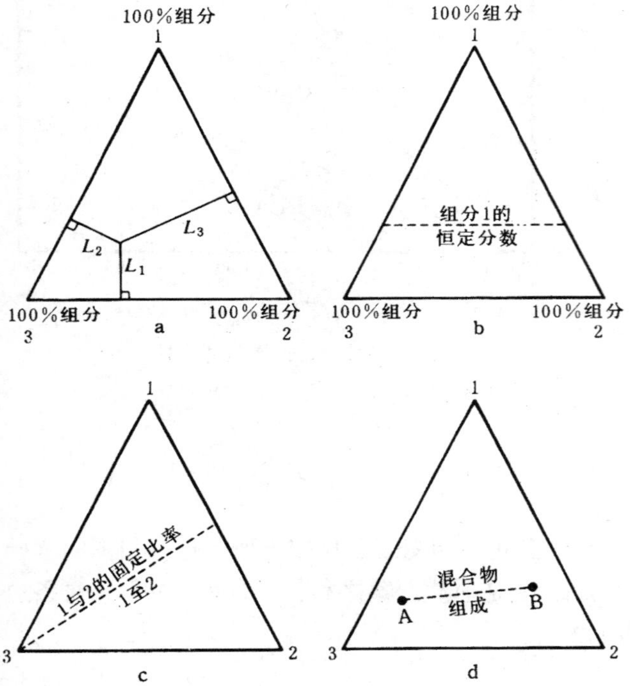

图 26.10　三元相图的特性

方程（5）是另一个反杠杆定则，它与二元相图所描述的反杠杆定则相似。双结点曲线的液相和气相部分在褶点相遇。这是一个临界点，在这一点上液相和气相等同。因此，褶点混合物具有与绘图条件相等的临界温度和压力。褶点会不会出现。于压力−温度和组分。

任何一个三元相图都是为固定的温度和压力给出的。随着温度或压力的变化，双结点曲线的位置和连结线的斜率都会改变。图 26.12 表明压力增高对甲烷(C_1)、丁烷（C_4）和癸烷（C_{10}）混合物 160°F 三元相图的影响[4, 5]。三元相图的每边都代表一个二元系统，所以三元相图包括该图温度和压力下所有的二元连结线。图 26.13 表明 C_1−C_4 和 C_1−C_{10} 两对组分相应的二元相图。C_4−C_{10} 这对组分没有示出，因为它在 160°F 时只有在低于 C_4 的蒸汽压力即约 120 磅／英寸^2（绝对）下才形成两相（见图 26.9）。

如图 26.12 所示，在 1000 磅／英寸^2（绝对）压力下，两相区为一从相图上的 C_1−C_{10} 边向 C_1−C_4 一边的连接线展开的条带。如压力增为大于 1000 磅／英寸^2，液相组成线向更高的甲烷含量处移动;在更高的压力下,甲烷更易溶于 C_4 和 C_{10}（见图 26.13）。在 C_1−C_4 这对组分的临界压力（约 1800 磅／英寸^2（绝对））下，两相区离开相图上的 C_1−C_4 一边。随着压力增大到大于这一临界压力，褶点向相图内部移动（见图 26.12 中的下部相图）。随着压力的继续增大，两相区继续收缩。如压力在 160°F 下达到 C_1−C_{10} 系统的临界压力，则两相区将从相图中完全消失。

3. 油气藏流体系统

真实的油气藏流体所含的组分远多于二至三种，所以相组成数据无法用二个或三个坐标轴表示。只好应用只能给出更有限信息的相同代替。图 26.14 所示即为一个多组分混合物的这种相图。图 26.14 给出了该混合物形成两相的温度和压力区。与图 26.14 相似的二元系统图，可以通过从图 26.7 相图中取组分 1 的摩尔分数为常数的切片得出。还可以给出液相体积百分数等值线，这些等值线表明在样品总体积中液相所占据的百分数。但图 26.14 并不能给出任何有关组成的数据。通常，在每一温度和压力下共存液相和气相的组成将是不同的。

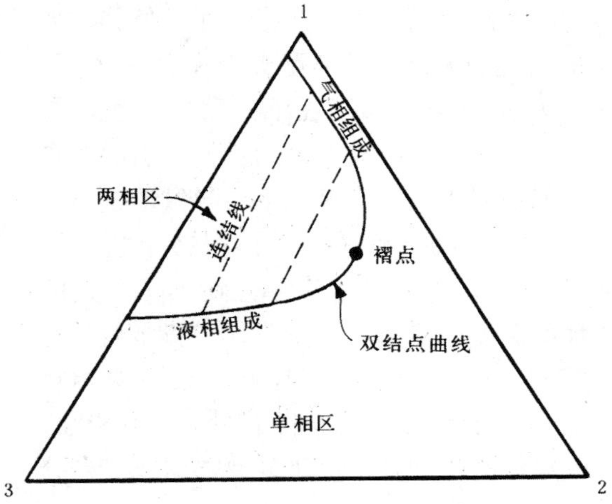

图 26.11 形成液相和气相的系统在恒温和恒压下的三元相图

在温度低于临界温度（点 C）下，当压力由较高的水平下降时，图 26.14 中所描述的混合物样品在泡点压力下分为两相（图 26.4）。在温度高于临界温度下，可以观察到露点（图 26.6）。在这种多组分系统中，临界温度不再是两相能够共存的最高温度。取而代之的是一个临界点，它是相组成和所有各相性质等同的温度和压力点。

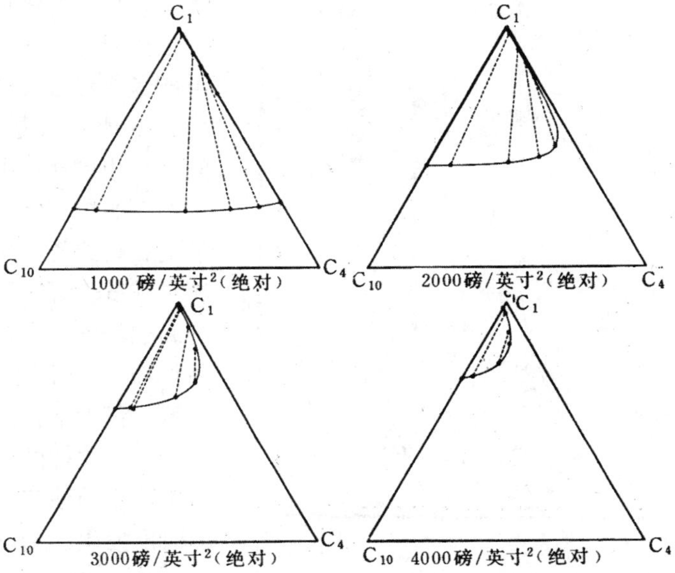

图 26.12 160 ° F[71℃]下甲烷–丁烷–癸烷系统的三元相图

图 26.14 中所示的泡点、露点和单相区有时用来对油气藏进行分类。当温度高于形成两相的最高温度即临界凝析温度时，在任何压力下只产生一相。例如，如果图 26.14 中的烃类混合物在温度 T_A 和压力 p_A（点 A）下在油气藏中产生，那么由于从该油气藏中采出流体而引起的在近似恒温下的压力递减不会导致形成第二相。在该油气藏中的流体保持单相的同时，产出气气体随着它达到点 A′ 处的地面温度和压力，发生冷却和膨胀而分为两相。因此，即使在地层中仅有单相存在，但在地面仍然能收集到一些凝析油。收集的凝析油量取决于分离器（或多台分离器）的操作条件。在给定的压力下，温度越低，收集的凝析油就越多（图 26.14)。

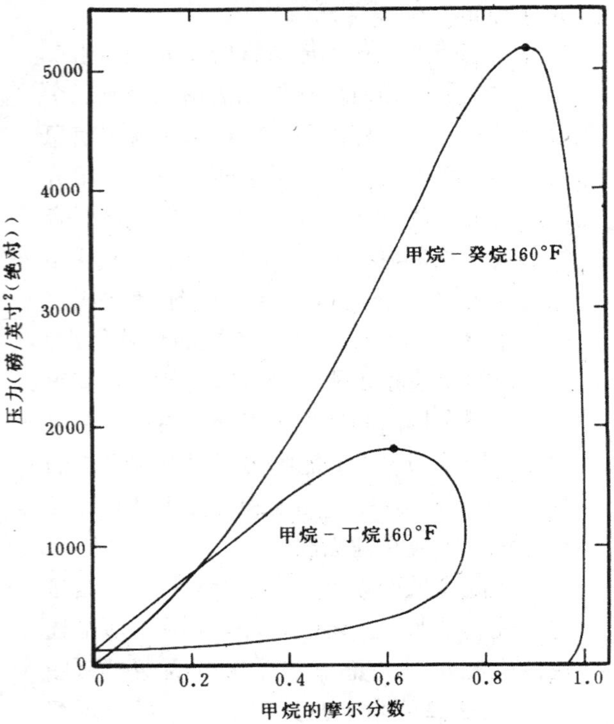

图 26.13　160 ° F[71℃]甲烷－丁烷和甲烷－癸烷二元系统的压力－组成相图

露点气藏是指那些地层温度介于地层流体临界温度和临界凝析温度之间的气藏。从图 26.14 中的 B 点开始从气藏中生产流体，当达到露点时，引起该气藏中出现流体，而且，随着压力的进一步降低，由于反凝析作用而使液体饱和度增大。由于液体饱和度低，因而只有气相流入生产井。这样，气藏中的总组成是持续变化的。然而，图 26.14 所示的相图仅是针对初始组成绘制的。气相中轻烃组分的优先采出，将产生新的烃类混合物，新的混合物中较重烃类的百分比比较高。可以用差压脱气试验研究压力降低对气相组成的影响程度。在这种试验中，流体样品按照一个压力递减序列进行膨胀，在每一压力下，分出一部分气相并进行分析。这样的试验，可以模拟随着压力降低而使气藏中凝析油滞留在后面时所发生的情况。随着气藏流体变重，如图 26.14 所示相图中的两相区边界向更高的温度漂移。这样，组成的变化同样驱使该系统具有更高的

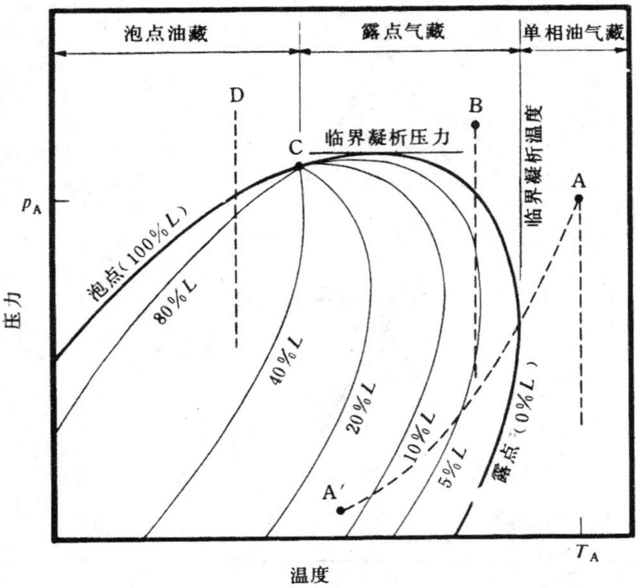

图 26.14　固定组成的混合物的压力－温度相图

液体凝析作用。对于这样的气藏，可以注入贫气保持压力，以限制反凝析作用造成的凝析油损失，或循环注气，汽化和回收某些液态烃。

泡点油藏是指那些温度低于地层流体临界温度（图 26.14 中的 D 点）的油藏。这些油藏有时称为“欠饱和油藏”，因为在该温度和压力下，气不足以形成气相。等温减压导致在泡点压力出现气相。由于液相的压缩系数远小于气相的压缩系数，在单相区生产过程中油藏压力下降迅速。容易压缩得多的气相的出现，可降低压力的下降速度。随着油藏压力降至泡点以下，油藏中的气相体积迅速增长。由于气相的粘度大大低于液体的粘度，而且随着含气饱和度的不断增高气体相对渗透率明显增大，因而气相更易于流动。所以，生产油气比迅速上升。对于这种油藏来讲，利用天然水驱或注水和注气保持压力，可极大地提高石油采收率。这种溶解气驱油藏进行降压开采的采收率一般为 10%～20%。像露点气藏中一样，一旦达到了两相区，油藏流体的组成就连续地发生变化。

当然，至此我们还没有解释为什么油气藏的原始温度和压力不能位于两相区。具有气顶的油藏和含有一些液体的气藏都是常见的。油气藏流体的原始组成也有相当大变化。关于单相气藏、露点气藏和泡点油藏的讨论是基于一种流体组成的相图作出的。即使对一种流体来讲，在一定的温度变化范围内，也会发生各种类型的动态。在实际的油气藏沉积环境中，油气藏流体的组成与深度和温度有关。较深的油藏通常含有较轻的原油[6]。图 26.15 说明二个盆地中的原油重度与深度的关系。较深的油气藏所具有的较高温度使原始的烃类混合物改变，在整个地质时代中产生了较轻的烃类[6]。低的原油 API 重度、低温度和少量的溶解气，这些因素综合作用的结果产生了泡点油藏。高的原油 API 重度、高温度和高的油气比，形成了露点气藏或凝析气藏。

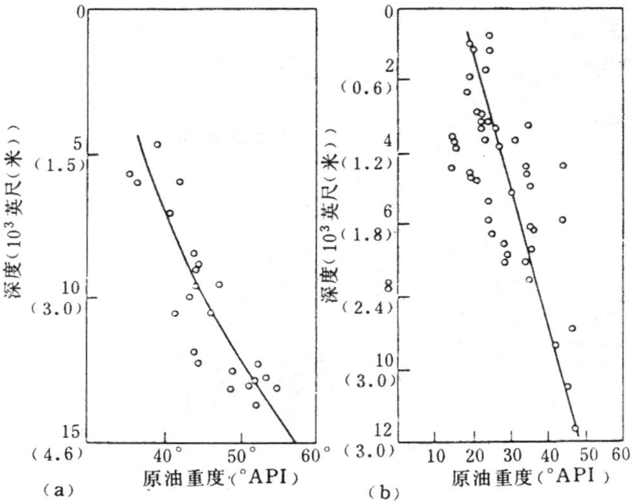

图 26.15 API 重度随深度增大：

(a)特拉华州 Val Verde 盆地

奥陶纪 Ellenberger 油藏；

(b)怀俄明州宾夕法尼亚

世 Tensleep 油藏

4. 用于提高采收率过程的相图

相态在各种提高原油采收率过程中起重要作用。这些过程都是设计为通过某一途径克服在注水开发过程中起捕集油作用的毛管力。在表面活性剂和聚合物驱过程中，毛管力的影响因注入表面活性剂溶液而减小。表面活性剂溶液含有一部分油溶或水溶性分子。这种分子移动到油—水界面并减小界面张力，从而减小阻挡被捕集油移动的毛管力。混相驱过程设计为消除油和驱替相之间的界面张力，从而消除注入流体和油之间的毛管力影响。遗憾的是，应用与油确定混相的流体一般都太昂贵。作用一种代用品，注入的是诸如甲烷或富含中间烃的甲烷，或 CO_2 或氮气，通过注入流体与油藏中的油相混合而获得所需要的混相驱替流体。

用于解释表面活性剂系统特性的典型相图示于图 26.16[7]。在这些三元相图中，所示组分都不再是真正的热动力学组分，因为它们都是混合物。原油中含有几百种组分，而盐水和表面活性剂这两种拟组分也都可能是复杂的混合物。但是，这种简化的表示方法对于描述相态来讲具有明显的优越性，而且只要每一拟组分在每一相中具有大致相同的组成，就可以达到合理的精确性。例如，在图 26.16a 中，“油”拟组分就能出现在一个富含油的相中，或出现在一个主要含有表面活性剂或盐水的相中。如果溶入表面活性剂-盐水相中的油几乎为与原始“油”相同的烃类混合物，则用拟组分的形式来表示就是合理的。图 26.16 中所示的组成都是用体积分数表示。如图 26.16 所示，与方程（3）或（5）相似的反杠杆定则会对一个给定的总组成给出两相体积之间的关系式。

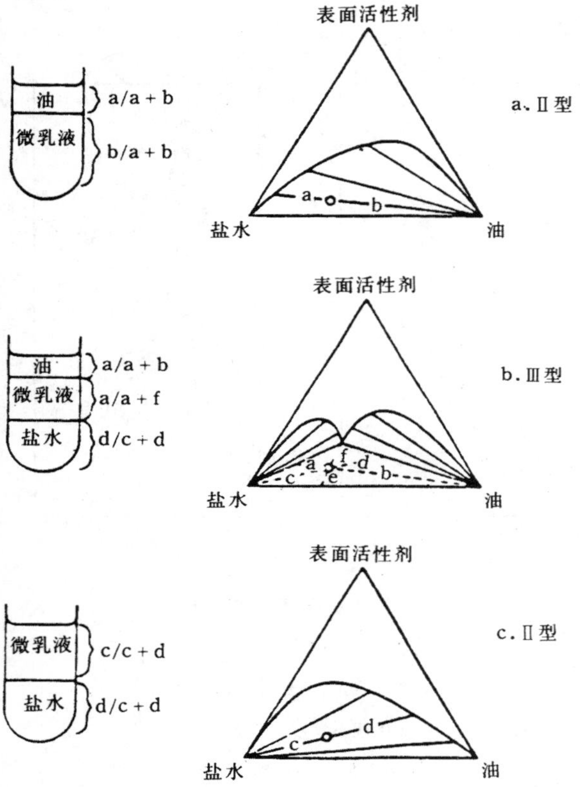

图 26.16　相图的三元表示方法

图 26.16a 为液-液相平衡相图，是低含盐量盐水与油的混合物的典型情况。如果不存在表面活性剂，油和盐水是不相混的；按照相图，混合物组成基本上分为处于平衡状态“纯”盐水和“纯”油。加入表面活性剂后，一些油溶入富含盐水的微乳液中。该相与另一个几乎含纯油的相处于平衡状态。这样，在低含盐量盐水情况下，表面活性剂分离进入盐水，溶解某些油。在图 26.16a 中褶点靠近相图油的一角。由于只有两相发生，而且所有连结线的斜率均为负值，这样的相通常称为“Ⅱ型(-)”。

高含盐量盐水的相图通常与图 26.16C 相似。在高含盐量系统中，表面活性剂分离进入油相，并把水溶入外包油的微孔液中。在此情况下，在三元相图中褶点靠近盐水一角。在中等含盐量的情况下，如图 26.16b 所示，相态可能较为复杂。按照相律，如温度和压力不变，则三组分能达到三相共存，如出现三相，则各相的组成在给定的温度和压力都是固定不变的。三元相图中的三相区以一个三角形表示（图 26.16b）。位于三相区内的任何一种总组成，将分成相同的三相。在三相区内，随着总组成的改变，仅改变各相的量。三相区的边线是相应两相区的连结线。因此，在三相三角形的每一边各有一个与之毗邻的两相区。在图 26.16b 中，如果表面活性浓度低，两相区就会很小，以至于无法在相图上示出来。但它必然会有，因为当不存在表图活性剂时，油和盐水仅形成两相。

CO_2-原油系统的相态通常汇总成压力-组成相图（p-x），如图 26.17 所示。图 26.18 为 CO_2（含有小量甲烷污染物）与 Rangely 油田[8]原油混合物的 p-x 相图实例。在这些相图中，CO_2 与一种具体原油的二元混合物的相态是针对某一固定不变的温度绘制的。因此，在这样的相图中，原油是作为一种单一的拟组分表示的。这样的相图标明有泡点和露点压力，存在两相和多相的压力和组成区，以及有关各相的体积分数的数据。但是，这些相图并不提供有关处于平衡状态的各相组成的数据。没有组成数据的原因在图 26.19[3] 中说明。该图给出了由 Metcalfe 和 Yarborough[9] 报道的 CO_2、C_4 和 C_{10} 三元系统的数据。CO_2–C_4（参考文献 [10]）和 CO_2–C_{10}（参考文献 [11]）系统的二元相数据也包括在内。图 26.19 是一个三角形立体图，其中包括了 CO_2–C_4–C_{10} 混合物在压力为 400 至 2000 磅／英寸^2(绝对)之间所有可能的组成（摩尔分数）。两相区以一个面为界，该面连结 CO_2–C_{10} 二元对的二元相包络线及相图 CO_2–C_4 一边上的包络线。该面分成两部分–液相组成和气相组成。连结线（图 26.19 中的加重虚线）连结在固定压力下处于平衡状态的液相和气相的组成。因此，任意压力下的 CO_2–C_4–C_{10} 混合物的三元相图，正好是通过三角形棱柱的一个恒压（水平）切片。在图 26.19 中示出了几个不同压力下的这种切片。压力低于 CO_2–C_4 混合物的临界压力(1184 磅／英寸^2,绝对）时,CO_2–C_{10} 和 CO_2–C_4 这两种混合物对某一个 CO_2 浓度范围来讲都形成两相。在 400 和 800 磅／英寸^2（绝对）时，两相区为一个穿过相图的条带。高于 CO_2–C_4 混合物的临界压力时，CO_2 与 C_4 混相，而且更高压力下的三相切片表示为一条连续的双结点曲线，在这条曲线上液相组成的轨迹与气相组成的轨迹在一褶点上相遇。各褶点的轨迹（在图 26.19 中标为“P”）连接两个二元对的各临界点。

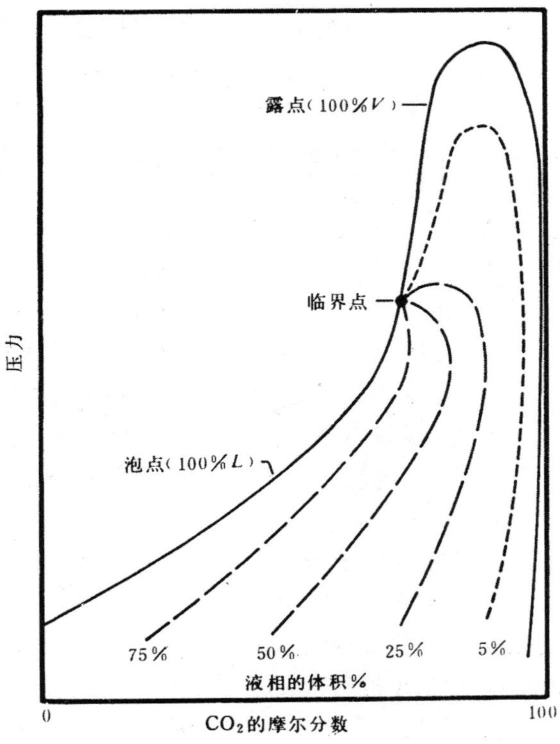

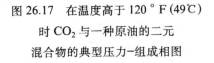

图 26.17　在温度高于 120°F(49℃)
时 CO_2 与一种原油的二元
混合物的典型压力–组成相图

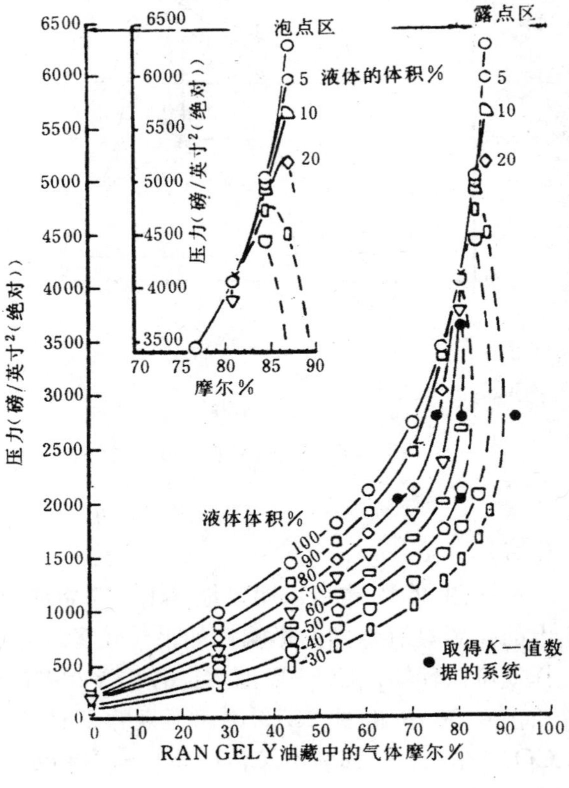

图 26.18　用于 Rangely 原油的 1 号
气体系统：95%CO_2 和 5%甲烷气系统，
在 160°F [71℃]时的压力–组成相图

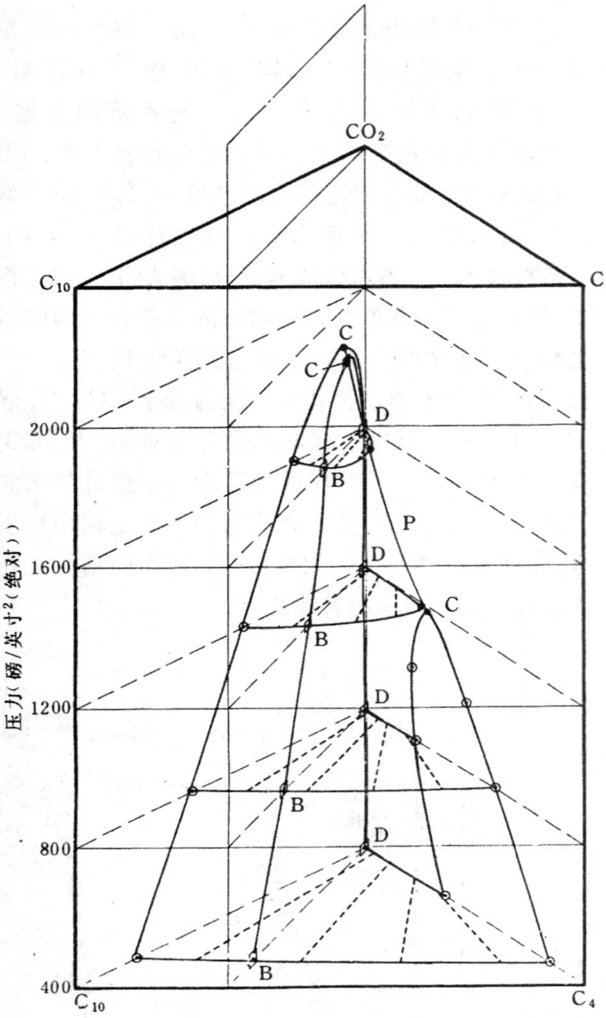

图 26.19　160 ° F [71℃]时 CO_2–C_4–C_{10} 混合物的相态

为了了解在拟二元相图上表示三元系统相态的效果，为一种由 70 摩尔%C_{10} 和 30 摩尔%C_4 组成的“油”考虑了一个 p–x 相图。在任何固定压力下，要试验确定 p–x 相图的 CO_2 和油的各混合物均处在一条直线（稀释线）上，该直线连结初始的油组分与 CO_2 顶点。因此，这一系统的 p–x 相图是通过图 26.19 中所示三角形棱柱的一个垂直切片。p–x 相图上的饱和压力是稀释面和两相区限制面相交处的压力值。泡点压力(B)发生在稀释面与两相面液相组成一边的交点上，而露点压力(D)则发生在与气相组成的交点上。把得出的 p–x 相图上的相包络线与二元相图作比较，得出以下观察结果：

(1) 通常，连结线并不处在稀释面上，而是穿透这个面。这意味着，在 p–x 相图上与一泡点混合物处于平衡状态的气相组成与在同样压力下与露点混合物处于平衡状态的气相组成并不相同。

(2) p–x 相图上的临界点发生在褶点的轨迹穿透稀释平面处。它通常并不是在 p–x 相图上的最大饱和压力处。最大饱和压力发生在双结点曲线与稀释平面相切处。p–x 相图上的临界点可能处在最大压力的任何一边，这取决于两相平面上褶点轨迹的位置。

从图 26.19 中可以明显地看出，初始油的组成对饱和曲线的形状以及临界点在 p–x 相图上的位置具有强烈的影响。如果油较多地含有 C_4，则临界压力和最大压力都会比较低。这样就可以预知，CO_2–原油系统的 p–x 相图的图象应当取决于油的组成。

图 26.18 和图 26.20 说明所观察到的 CO_2–原油系统的相态的复杂性。图 26.18 给出 CO_2（带有约 5%的甲烷污染物）与 Rangely 原油的混合物在 160 ° F 时的相态。原油本身所具有的泡点压力约为 350 磅／英寸^2（绝对）。含有高达约 80 摩尔%$CO_2(+C_1)$的混合物表明泡点，而那些具有更多 CO_2 的混合物则表明露点。在 Rangely 油田比较高的温度下，仅形成两相，即液相和气相。在比较低的温度下，可能会发生更为复杂的相态。图 26.20 的 a、b、c 三个图表明 Wasson 油田的脱气原油与 CO_2 的混合物的相态。在 90 ° F 和 105 ° F

时，在低压下这些混合物形成一个液相和一个气相，在高压和高 CO_2 浓度下形成两个液相，在高 CO_2 浓度和一个小的压力变化范围内形成三相，即两个液相和一个气相。如温度足够高，则液–液和液–气相态消失。在 120 ° F 下（图 26.20c）三相区已经消失。对至今已研究过的系统来讲，120 ° F 看来似乎是液–液–气分离比较合理的最高温度估计数。关于这些相态的详细讨论，请见参考文献[2]和[3]。

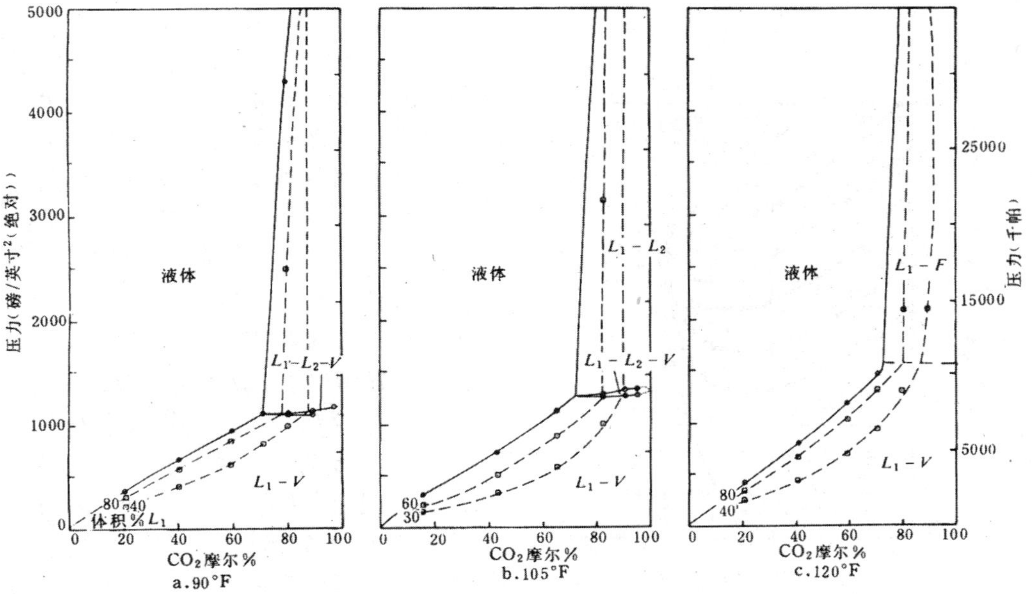

图 26.20　CO_2 与 Wasson 原油混合物的 $p–x$ 相图，其中 L_1 为液相 1(富含油相)，L_2 为液相 2(富含 CO_2 相)，V 为蒸汽相。虚相表明 L_1 相的恒体积分数

五、相组成的计算

计算多组分混合物产生的各相的组成，对地面分离器设计以及高压注气、凝析气驱和 CO_2 驱等提高原油采收率过程来讲都是重要的。广泛用于这种计算的方法有两种：*K* 值相关式和状态方程。

K 值也称“平衡比”或“平衡常数”，它的应用是以气体混合物在相对低的压力和温度下的动态为基础的。按照 Raoult 定律，液体混合物中组分 i 的蒸汽分压力 p_{vi}' 等于液体中组分 i 的摩尔分数与其纯组分蒸汽压力的乘积:

$$p_{vi} = x_i p_{vi} \tag{6}$$

此外，Dalton定律规定，气相中组分i的分压力为:

$$p_{vi} = y_i p_t \tag{7}$$

式中，y_i 为组分 i 气相中的摩尔分数，p_t 为总压力。重新整理方程（6）和方程（7），给出理想（低压）系统的 K 值的定义如下:

$$K_i = \frac{y_i}{x_i} = \frac{p_{vi}}{p_t} \tag{8}$$

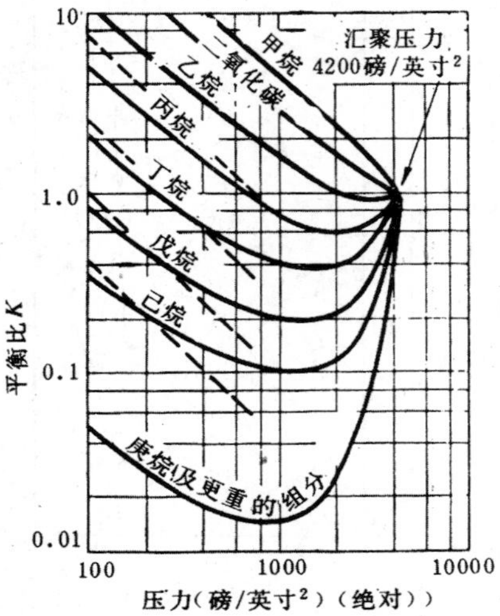

图 26.21　220°F(104℃)下的典型平衡比(虚线为理想平衡比)

因此，对于一个在低压下的多组分混合物来讲，其平衡值可用蒸汽压力（仅为温度的函数）和总压力来估算。Raoult 和 Dalton 定律中关于理想气体的假设只有当压力低于约 50～100 磅／英寸^2（绝对）时才是合理的[12]。在更高的压力下，平衡比是压力、温度和组成的函数。图 26.21 表明一个含有某些 CO_2 的烃类系统在 220°F 时的一组标准平衡比[13]。还示出了（虚线）理想的平衡比。在高压下，乙烷和较重烃类的 K 值通过一个最低点，并向数值 1 汇聚，在本情况下汇聚在 4200 磅／英寸^2（绝对）一点上。这项观察结果是一项广泛应用的 K 值经验关系式的基础。用于各种汇聚压力的 K 值图及推荐的估算汇聚压力的方法，见在 GPSA 的工程数据手册[1]。

如各项 K 值为已知或可作估算，则液相和气相数量及各相的组成可以很容易地计算出来。考虑 1 摩尔的混合物，其中 i 组分的总摩尔分数为 z_i。如 i 组分在液相和气相中的摩尔分数分别为 x_i 和 y_i，而且混合物为液相，其摩尔分数为 L，则由物质平衡得出:

$$z_i = x_i L + y_i (1 - L) \tag{9}$$

把$k_i = y_i / x_i$代入方程（9）并重新整理后得出:

$$x_i = \frac{z_i}{K_i + (1 - K_i) L} \tag{10}$$

同样，解方程（9）求出，得:

$$y_i = \frac{K_i z_i}{K_i + (1 - K_i)L} \tag{11}$$

按定义，$\sum x_i = \sum y_i = 1$，所以$\sum x_i - \sum y_i = 0$，它给出非线性函数$f(L)$：

$$f(L) = \sum_i \frac{z_i(K_i - 1)}{K_i + (1 - K_i)L} = 0 \tag{12}$$

可应用 Newton−Raphson 迭代解方程（22）求 L。如 L_k 为该解的第 k 个估算值，则一项改进的估算值可由下式给出：

$$L_{k+1} = L_k - \frac{f(L_k)}{\left|\frac{\mathrm{d}f}{\mathrm{d}L}\right|_{L_k}} \tag{13}$$

式中

$$\frac{\mathrm{d}f}{\mathrm{d}L} = \sum_i \frac{z_i(1 - K_i)^2}{[K_i + (1 - K_i)L]^2} \tag{14}$$

当由式（12）给出的$f(L)$和 $\Delta L = L_{k+1} - L_k$ 两者都小于某个预设的容许误差时；迭代计算就完成了。液相的摩尔分数一经确定，即可从方程（10）和方程（11）中得出 x_i 和 y_i。

如该混合物处于具有泡点压力处，则 $L = 1$ 和$\sum z_i = 1$，则方程（12）可简化为

$$\sum(z_i K_i) = 1 \tag{15}$$

因此，如果作为压力函数的各 K_i 值为已知，则泡点压力即可作为满足方程（15）的压力而求出。通常，泡点压力对最轻组分的 K 值最为敏感，而最轻组分都具有最大的 K 值。如该混合物处于其露点压力处，则 $L = 0$，$\sum z_i = 1$，且

$$\sum\left(\frac{z_i}{K_i}\right) = 1 \tag{16}$$

露点压力对那些重组分的最小 K 值最为敏感。而这些重组分常常知道得最不精确。因此，在计算的露点压力值中通常就具有更大的不确定性。方程（15）和（16）的累计数对于确定混合物是形成一相还是两相也是有用的。如$\sum(K_i z_i) < 1$，则该混合物全为液相。如$\sum(z_i / K_i) < 1$，则该混合物全为气相。如同时达到$\sum(K_i z_i) > 1$ 和$\sum(z_i / K_i) > 1$，则该混合物形成两相。

近几年来，状态方程也一直广泛用于相平衡计算。绝大部分广泛使用状态方程，而是对 Van der Waals 提出的下列方程作了改进：

$$p = \frac{RT}{V-b} - \frac{a}{V^2} \tag{17}$$

式中，p 为压力，R 为气体常数，T 为温度，V 为摩尔体积。可以根据临界点处的热动力学限制条件确定具体组分的常数 a 和 b。临界点要求

$$(\partial p / \partial V)_{T_c} = (\partial p^2 / \partial V^2)_{T_c} = 0$$

由此给出

$$a = \frac{27}{64}\ \frac{R^2 T_c^2}{p_c}$$

及

$$b = \frac{RT_c}{8p_c} \tag{18}$$

式中 T_c 为临界温度；p_c 为临界压力。

如摩尔体积大（低压），Van der Waals 方程简化为理想气体定律。如摩尔体积小到足以接近常数 b，则压力随体积的减小而迅速增大。这样，在压力高时，状态方程与液相动态定性地相一致。

相组成计算的根据是：在达到热动力学平衡时，各相中每一组分的逸度必须相同。在一个相中，如其体积相态为已知，就可算出其一个组分的逸度。可以证明[14]，在一个相中，组分 i 的逸度可由下式给出：

$$RT\ln f_i = \int_{V_t}^{\infty} \left[\left(\frac{\partial p}{\partial n_i} \right)_{T,V_t,n_j} - \frac{RT}{V_t} \right] dV_t - RT\ln\frac{V_t}{n_i RT} \tag{19}$$

式中 T 为温度，p 为压力，V_t 为总体积，n_i 为组分 i 的摩尔数，R 为气体常数。如由状态方程已知压力、组成和总体积之间的关系则可求得$(\partial p / \partial n_i)_{T,\ V_t,\ nj}$，并计算其组分。对烃类混合物至今已提出了多项状态方程。例如，原 Redlich−Kwong 方程具有以下形式：

$$p = \frac{n_t RT}{V_t - n_t b_m} - \frac{n_t^2 a_m}{T^{1/2} V_t (V_t + nb_m)} \tag{20}$$

式中$n_t = \sum n_i$为总摩尔数，a_m与b_m取决于如下的混合物组成和各组分的临界性质：

$$a_m = \frac{\left(\sum y_i A_i^{1/2}\right)^2 R^2 T^{5/2}}{p} \tag{21}$$

式中

$$A_i = \frac{\Omega_a (p / p_{ci})}{(T / T_{ci})^{5/2}} \tag{22}$$

而

$$\Omega_a \doteq \frac{1}{9(2^{1/3} - 1)} = 0.4275 \tag{23}$$

$$b_m = \frac{(\sum y_i B_i) RT}{p} \tag{24}$$

式中

$$B_i = \frac{\Omega_b (p / p_{ci})}{(T / T_{ci})} \tag{25}$$

而

$$\Omega_b \doteq \frac{2^{1/3} - 1}{3} = 0.08664 \tag{26}$$

在式（21）至（26）中，y_i为混合物中组分 i 的摩尔分数，而 p_{ci} 和 T_{ci} 分别为组分 i 的临界压力和温度。常数 Ω_a 和 Ω_b 都是由在临界点处的热动力学约束条件$(\partial p / \partial V)T_c = (\partial^2 p / \partial V^2)T_c = 0$ 引起的。从式（19）至式（26）可得出一个相中每一组分的逸度的表达式。为了计算相组成，采用了以下步骤:

(1) 估算液相和气相的组成。

(2) 计算各相中每一组分的逸度。

(3) 如$f_{iv} = f_{iL}$，即可停止。否则得出改进的相组成，并回到第二步。

可对液–液甚至液–液–气相系统完成类似的计算。由于逸度方程是复杂和非线性的，需要用计算机完成迭代运算求出相的组成。

此处给出 Redlich–Kwong 状态方程，只是作为一个例子决不是说这是唯一有效的方程。至今已对 Redlich–Kwong 方程作出了许多改进，以提高其预测相组成的精确度，而且这些具有不同解析形式的方程也都在使用。经 Soave 改进的 Redlich–Kwong 方程以及

Peng−Robinson 方程，都属于最广泛使用的方程。参考文献[14]给出了各种状态方程的细节，而参考文献[15]则全面汇总了有关烃类系统相平衡计算的论文。现在已有进行这种计算机程序可供采用。

目前应用的状态方程用于轻烃混合物时都是相当精确的。就这些轻烃而言，临界性质都是已知的，并有大量的相态数据可供使用。例如，图 26.22 表明 1250 磅／英寸^2（绝对）和 160°F 下用 Peng−Robinson 状态方程计算的 CO_2、C_1 和 C_{10} 混合物的相组成与其量测值的比较。就这一个已很好知其特性的系统而言，计算值与测量的组成吻合良好。对原油系统来讲相态预测的可靠性要差一些，因为重组分的特性化尚不确切。这样的系统需要有一些试验数据，以便调整状态方程，代表一个具体的烃类系统。改进状态方程对复杂烃类系统的预测能力，是目前正在积极进行研究的一个领域。

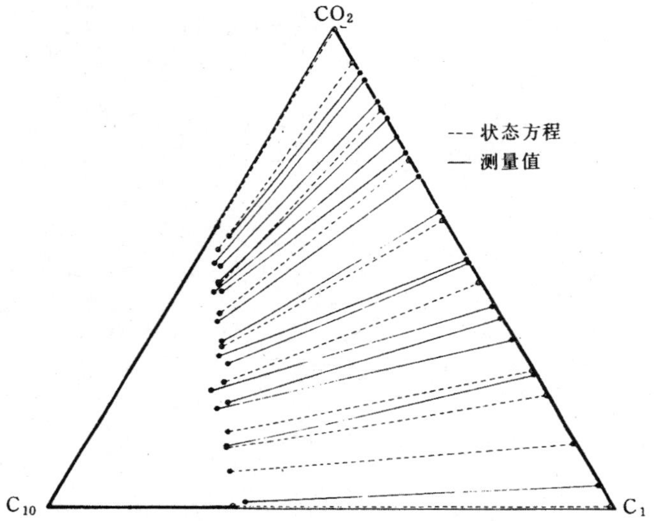

图 26.22　在 160°F(71℃)和 1250 磅／英寸^2(绝对)下，CO_2、甲烷(C_1)和癸烷(C_{10})三元混合物计算和测量的相组成比较

符 号 说 明

a_m——由方程（21）定义；

A_i——由方程（22）定义；

b_m——由方程（24）定义；

B_i——由方程（25）定义；

C——液相和汽相等同时的临界点；

f_{iL}——组分 i 的液相逸度；

f_{iV}——组分 i 的气相逸度；

K_i——组分 i 的 K 值；

L——混合物中液相的总摩尔分数；

L_k——用 Newton−Raphson 迭代得出的 L 的第 K 个估算值；

n_c——约束条件数；

p——压力；

p_b——泡点压力；

p_d——露点压力；

p_t——总压力；

p_v——蒸汽压力；

p_{vi}——在液相混合物中组分 i 的蒸汽压力；

p'_{vi}——在液相混合物中组分 i 的蒸汽分压力；

p_{vz}——任何形成单一气相的两种组分的混合物；

p_{vl}——压力，低于可形成单一气相的组分 z 的蒸汽压力；

p_{v2}——压力，高于可形成单一气相的组分 z 蒸汽压力；

T_c——临界温度；

T_1——低于 T_c 的恒定温度；

T_2——高于 T_c 的恒定温度；

V_L——饱和液相体积；

V_v——饱和气相体积；

Z_i——组分 i 的总摩尔分数；

Ω_a——由方程（23）定义；

Ω_b——由方程（26）定义；

脚注

C——组分数；

F——自由度数；

P——相数。

参 考 文 献

1. *Engineering Data Book,* Gas Processors Suppliers Assn., ninth edition, Tulsa (1972).
2. Stalkup, F.I. Jr.: *Miscible Displacement,* Monograph Series, SPE, Dallas (1983) **8.**
3. Orr, F.M. Jr. and Jensen, C.M.: "Interpretation of Pressure–Composition Phase Diagrams for CO_2–Crude Oil Systems," *Soc. Pet. Eng. J.* (Oct. 1984) 485–97.
4. Reamer, H.H., Fiskin, J.M., and Sage, B.H.: "Phase Equilibria in Hydrocarbon Systems," *Ind. Eng. Chem.* **41** (Dec. 1949) 2871.
5. Sage, B.H. and Lacey, W.N.: *Thermodynamic Properties of the Lighter Paraffin Hydrocarbons and Nitrogen,* Monograph on API Research Project 37, American Petroleum Inst., New York City (1950).
6. Hunt, J.M.: *Petroleum Geochemistry and Geology,* W.H. Freeman and Co., San Francisco (1979).
7. Nelson, R.C. and Pope, G.A.: "Phase Relationships in Chemical Flooding," *Soc. Pet. Eng. J.* (Oct. 1978) 325–38.
8. Graue, D.J. and Zana, E.T.: "Study of a Possible CO_2 Flood in the Rangely Field, Colorado," *J. Pet. Tech.*(July 1981) 1312–18.
9. Metcalfe, R.S. and Yarborough, L.: "The Effect of Phase Equilibria on the CO_2 Displacement Mechanism," *Soc. Pet. Eng. J.* (Aug. 1979) 242–52; *Trans., AIME,* **267.**
10. Olds, R.H. *et al.*: "Phase Equilibria in Hydrocarbon Systems," *Ind. Eng. Chem.* **41**(March 1949) 475–82.
11. Reamer, H.H. and Sage, B.H.: "Phase Equilibria in Hydrocarbon Systems. Volumetric and Phase Behavior of the n–Decane–CO_2 System," *J. Chem. Eng. Data* **8,** No. 4 (1963) 508–13.
12. Standing, M.B.: *Volumetric and Phase Behavior of Oil Field Hydrocarbon Systems,* SPE, Dallas (1977).
13. Allen, F.H. and Roe, R.P.: "Performance Characteristics of a Volumetric Condensate Reservoir," *Trans.,* AIME (1950) **189,** 83–90.
14. Reid, R.C., Prausnitz, J.M., and Sherwood, T.K.: *The Properties of Gases and Liquids,* third edition, McGraw–Hill Book Co. Inc., New York City (1977).
15. *Phase Behavior,* Reprint Series, SPE, Dallas (1981) **15.**

第二十七章　采出水的性质

A.Gene Collins❶，U.S.DOE Bartlesville Energy Technology Center❷　　　　　陆庆邦　译

一、引言和历史

早年美国村落通常都靠近盐渍地，由其提供食盐。这些盐水泉常常被石油污染，并且早期钻井取盐，常常随同盐水找到并不需要但数量不断增加的油和气。在阿巴拉契亚山脉许多盐水泉位于背斜的顶部[1]。

1855年，人们发现将石油蒸馏可得到一种轻油，它和煤焦油相似并且作为照明用油胜于鲸油[2]。这种认识推动了寻找含油的盐水。Edward Drake上校采用盐工的方法于1859年在宾夕法尼亚州靠近Titusville的Oil Creek打了一口井。他在70英尺深打出了石油，这第一口油井每天产油35桶[3]。

早年的采油业主并未认识到油和盐水共存的意义。事实上，直到1938年油藏中有隙间水存在才被人普遍认识[4]。早在1928年，Torrey[5]就相信油藏中有分散的隙间水存在，但是他的看法没被他的同事们接受，因为大多数油井完井之后并不出水。油气和水混合为油和水有明显的分界，而在油井钻开储集层之前砂层中并不存在油气和水的混合物。

直到1928年才建立第一所营业性的岩心分析实验室，分析的第一个岩心来自宾夕法尼亚州Mckean县Bradford油田的Bradford第三砂层。将该岩心的饱和度百分数和孔隙度百分数对地层深度作图，绘制了含油水饱和度曲线图。从岩心中萃取出可溶性矿物盐，使Torrey猜想水是产油砂层中固有的。此后不久，在宾夕法尼亚州Custer市附近钻了一口试验井，钻遇了比Bradford砂岩下部的平均值还高的含油饱和度。这个高的含油饱和度来源于没被想到的水驱作用，当这口试验井定井位的时候并不知道存在水驱。这一段砂岩的上部没有取心。在用绳索取心筒切割第一个岩心快要结束时，油便开始涌入井筒，由于油涌入的速度很快，因而在切割第二段岩心时就不再需要加水。因此Bradford砂层的底部3英尺岩心是在井筒中没有水而用油切割出来的。从这个层段取出的两段岩心样品保存在密闭容器中来做饱和度分析。经分析这两块岩心含水量都达到大约20%孔隙体积。这口井用硝酸甘油爆炸处理日产油大约10桶，但并不出水。因此，岩心分析和完井后的产能测试所提供的证据充分表明，在Bradford砂层油藏中存在着束缚水，这是油藏中固有的水，束缚在孔隙体系之中，并且常规的抽油方法无法将其采出[5]。

Fettke[7]首先报告在一个产油砂层中有水，并认为这可能是在钻井过程中带入的。

Munn[8]认识到移动着的地下水可能是油气运移和聚集的主要原因。然而这一理论并没有实验数据的支持，直到后来，Mills[9]进行了一些实验室试验，研究了移动着的水和气

---

❶现在的工作单位是Natl.Inst.of Petroleum and Energy Research，Bartlesvill，ok。

❷1962年版本章作者是J.Wade Watting。

对于水／油／气／砂层和水／油／砂层体系的影响。Mills 的结论是，"油和气在水中浮力的推动下沿倾斜向上运移，以及油田落差流沿倾斜向上或向下运移，是影响油气聚集和开采的主要因素。"这个理论当时被大多数他的同时代人所诘难并拒绝。

Rich[10] 假设"落差流，而不是浮力，才能有效地造成油的聚集或保存"。他不认为因水力作用而造成油的聚集和冲刷要求水作快速移动，而是认为，油是岩石中各种流体的一个组成部分，并且不管移动非常慢或者比较快，油都能够和岩石流体一道移动。

在宾夕法尼亚石油工业的早期，并未认识到石油开采过程中水驱替油的作用。因而，通过了法律，禁止石油作业者通过未被封堵的井将水注入储油砂层。尽管有这些法律，Bradford 的一些石油作业者还是秘密地打开套管，将浅层地下水放入含油砂层开始注水。人工注水于 1907 年在 Bradford 油田见效，而在大约五年以后，在邻近的纽约州油田取得了显著的注水效果[11]。在这些注水作业的工程研究中对储油层所作的容积计算表明，含油砂层中普遍存在隙间水。Garrison[12] 和 Schilthuis[4] 提供关于水和油在多孔岩石中分布的详尽资料，还提供了关于"原生"水的来源和分布，以及有关含水饱和度和地层渗透率之间关系的资料。

"原生"这个词是首先由 Lane 和 Gordon[13] 提出的，用来说明和沉积物一起沉积下来的隙间水。岩石压实和矿物成岩过程导致大量的水从沉积物中被逐出，并且通过渗透性更好的岩石运移出去。因此，要说现在任何孔隙中的水就是包围着它的颗粒沉积时存在那里的水是根本不可能的。White[14] 重新定义原生水为"化石"水，因为它在一个地质时期的大部分时间内和大气没有接触。因此，原生水有别于"大气"降水，后者是地质上较年轻时期进入岩石的，还有别于"初生水"，后者来自地壳深处，并且从未和大气接触过。

与此同时，石油工程师和地质师已经能够根据化学特性鉴别与石油伴生的水来自哪个储集层。通常，不同地层的水溶解的化学组分有很大差别，因而很容易鉴别水来自哪个地层。然而，在某些地区，不同地层的水溶解的各种组分的浓度差别不大，要鉴别这样的水就困难了，甚至是不可能的。

随同原油采出的水常常随原油产量的下降而增多。如果这是边水，那末，人们是无能为力的。如果是底水，可把这口井封堵起来。但也常常因套管破损或完井失误水自浅砂层侵入井中，对这种水侵是可以补救的。

在某些油田中，随同原油采出大量的水，必须将原油和水分离开。大部分原油可以靠沉降分离出来。但也常常形成水包油乳化液，要破除这种乳化液是十分困难的。在这种情况下，需要将原油加热并添加各种表面活性剂促使分离。

在早期的原油开采中，分离出的污水排向地面，再渗入地下。大约 1930 年以前，油田水排入当地水系，经常造成鱼类死亡和地表植毁灭。1930 年以后，通常的做法是污水在坑内蒸发，或者回注到产油层或者深部含水层。这种处理方法的关键是消除污水中的油和沉底污物，然后再泵入注水井，以避免堵塞接受污水地层的孔隙空间。污水和接受含水层的水也应保证在化学上是配伍的。

随同原油采出的水越来越重要。以往这些水是废物，只得以某种方式舍弃。现在是将污水注入储油层，其目的有三：增产更多的原油（二次采油）；利用了一种有可能造成污染的物质；在某些地区控制地面下沉。

在美国，随同原油采出的水是大量的。1981 年美国国内原油产量约为 8.6×10^6 桶／日，产出水的量是产油量的 4 至 5 倍。如果假定为 4.5 倍，则采出的水为 38.7×10^6 桶／日。

采用注水的二次采油和三次采油过程通常导致随同原油采出更多的水。将污水回注储层，必须从污水中清除悬浮颗粒和油，以免堵塞多孔地层。注水系统需要有分离器、过滤器，在某些地区还要有化学或物理作用的脱氧和控制细菌的设备，以尽量减少注水系统的腐蚀和堵塞。

对大多数油藏进行注水开采时，采出的水量不足以有效地进行二次采油增加产量。因此还需要补充注入水。采用来自其它水源的水，要求采出水和补充水混合之后在化学上是稳定的，不会形成堵塞性的固体颗粒。例如，一种采出水含相当数量的钙，便不能和含相当数量碳酸根的水相混合，否则会形成碳酸钙沉淀而使注水无法进行。二次或三次采油作业的设计和顺利进行，需要充分了解所采用水的成分。

对随同原油采出的水进行化学分析，对解决采油作业中的问题是十分有用的，例如可以鉴别侵入水的来源，有助于一次、二次和三次采油以及防止腐蚀的处理项目等。电法测井的解释需要知道隙间水的溶解固体浓度组成，这些资料还可用于地层对比和含水层对比，以及地下水运移的研究。如果不了解各种采出水的性质，便不可能认识石油或其它矿产聚集的过程。

二、取　　样

地下水的组成通常随其深度而改变，在同一含水层中在横向上也有变化。造成这些变化，可能是由于其它水的侵入，从含水层向外排水，或向含水层补给水。因此，难以从一个给定的地下水体中取出一个有代表性的水样。任何一个水样只是总体中的一个极小部分，而总体在组成上会有很大变化，因此，通常要采集和分析许多水样。另外，这些水样还会由于气体从溶解状态逸出而随时间发生变化，由过饱和溶液接近饱和溶液。

采样点的选定应尽可能遍布整个产油盆地，形成一个全面的采样点网。

某些油田水随着油藏的开采而趋于变得更加稀释。这种变化可能是由于地层压力随原油和盐水的不断采出而下降，邻近被压实粘土层中更稀释的水流入储油层造成的[15]。

在油田水存在的地质构造中，其组成还随其所在位置而变化。在某些场合下，水的矿化度将沿构造向上增加，在油／水界面处达到最高。

钻杆测试所采集的水样，很少能真正代表地层水。钻井过程中，井筒中的压力有意地保持高于地层压力。泥浆滤液便渗入渗透性地层，钻杆测试时首先进入测试仪的就是这些滤液。

在油井开采一段时间，把井筒附近的所有外来流体都冲洗掉以后，一般能取到真正最有代表性的地层水水样。完井之后立即取样，水样就会被泥浆或完井液污染，如水泥浆滤液、示踪流体和酸类等，其中会有许多不同的化学物质。

有关采样方法的讨论见美国石油学会（API）[16]、美国材料试验学会（ASTM）[17]和全国腐蚀工程师协会（NACE）[18]的出版物。

1.钻杆测试

钻杆测试，要是做得合适的话，能够提供地层水的可靠样品，最好在每一根立根卸掉后采集水样。通常总溶解固体含量是沿深度而增加，并且当采集到纯地层水时该含量为常数。喷水测试，将有更大的把握取到未被污染的水样。如果只取一个钻杆测试水样做分析，应该正好在测试仪的上面采样，因为这是最后进入测试仪的水，并且最不可能被污染。

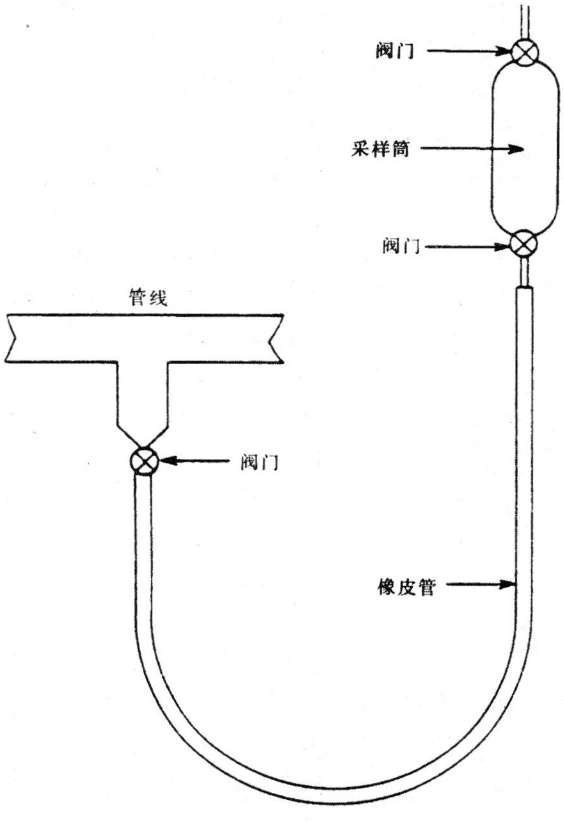

图 27.1　出油管线采样

在美国得克萨斯州 Rains 县的 Smackover 灰岩中用钻杆测试采集水样进行的分析，说明了钻杆测试采样不当造成误差的原因。在采出的 50 英尺高的水柱中取顶部、中部和底部三份水样进行分析，表明水的矿化度随着在钻杆中的深度而增加，证明最先采集的水样被泥浆滤液所污染[19]。因此，底部水样应是 Smackover 地层水最有代表性的样品。

2.取样程序

没有一种程序可以普遍适用于采集油田水样品。例如，需要知道水中溶解的气体或烃类，或者需要知道水中有没有还原状态的物质如亚铁或亚锰化合物等，必须根据所需要的资料采用合适的采样程序。

下面介绍一些特殊资料和采样位置实例，同时介绍有关恰当取样的程序或参考文献。

含溶解气体的样品　了解水中溶解的某些烃类气体可用于油气勘探[20, 21]。

出油管线取样　采集水样分析溶解气体的另一种方法是在出油管线上装设采样品，见图 27.1。采样器连到出油管线上，水可流进并通过一个采样筒，采样筒装在出油管线的上方，等到至少十倍于采样筒体积的水通过后，将采样筒底部阀门关上，拆去采样筒。如水样中有气泡，则舍弃此水样重新再采集一次。

井口取样　石油工业中通常的做法是在井口的取样阀采集地层水样。可以用一根塑料管或橡皮管将水样从取样阀接到取样筒(通常是塑料的)。管子和取样筒在采样前要冲洗干净除去任何异物。冲洗采样系统之后，管子的末端通向取样筒的底部，只要放掉几倍体积的水，然后将管子慢慢从采样筒取出，将取样筒密封。图 27.2 说明一种井口取样的方法。此法的另一种改进是把取样筒放入一个大些的容器之中，将管子插入取样筒的底部，使盐水从取样筒和筒外容器溢出，抽出管子、然后在水中将盖子盖好。

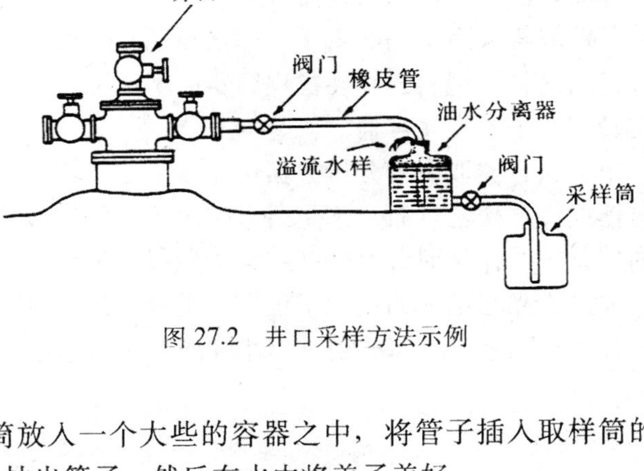

图 27.2　井口采样方法示例

在抽油井口，盐水会一股股涌出并且和油混在一起。在这种情况下，可以用一个底部有阀的大些的容器作为缓冲罐或油水分离器，或者兼有两种用途。采用这种装置时把采样管放到缓冲罐的底部，打开井口阀，用井内流体冲洗缓冲罐，将其充满，然后从罐底阀取水样。这个方法采集到的水样相对来说是无油的。矿场经过过滤的水样。

在某些研究中需要采集在矿场上经过过滤的水样。所设计的过滤系统见图 27.3，已成功地用于不同场合。

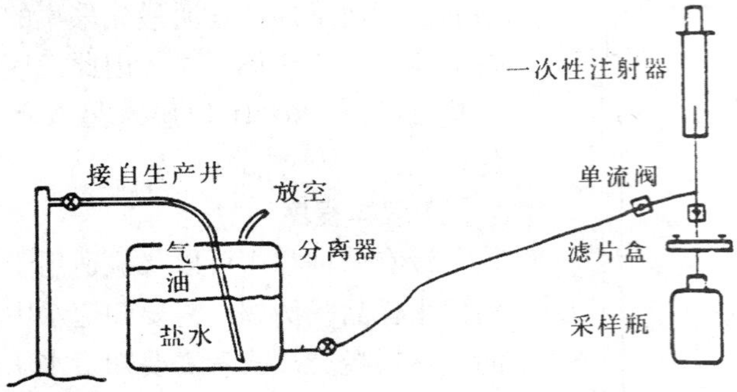

图 27.3　矿场过滤设备示例

这一过滤系统简单而且经济。它由一个 50 毫升一次性注射器、两个单流阀和一个串接滤片盒构成。滤片盒装有 47 毫米直径和 0.45 微米孔径的过滤片，还可根据需要配置一个预过滤片的二次预过滤片。

油田盐水从原油中分离之后，将盐水从分离器抽进注射器。再用注射器将盐水推出，经过滤片盒进入接受瓶。单流阀使注射器可用作泵来灌注接受瓶。如果滤片被堵住，可以在几分钟内更换。只要约 2 分钟即可采集 250 毫升的样品。通常取两个水样，其中一个用浓盐酸或硝酸酸化到 pH 值为了或者更小。该系统易于清洗，或者可用盐水冲洗以防污染。

稳定同位素分析用的水样　稳定同位素已在某些研究工作中使用，测定油田盐水的来源[22~24]。

测定不稳定性或不稳定或分用的水样　设计出一种活动的分析仪，用来在井口测定油田水的 pH 值、氧化还原电位、Q_2、电阻率、S^2、HCO_3^-、CO_3^{2-} 和 CO_2。当油田盐水样品在矿场采集，然后运到实验室化验时，许多不稳定成分的浓度会发生变化。变化的大小取决于采样方法、样品的保管、周围条件和原始样品中不稳定成分的含量。因此需要在井口化验盐水，以获取可靠的数据[25]。

样品容器　所使用的样品容器有聚乙烯的、其它塑料的、硬橡皮的、金属的和硼硅酸玻璃的。玻璃会吸附不同的离子，如铁和锰，并且会将硼和硅带入水样。如果水样用来分析确定有机物含量，塑料的和硬橡皮容器便不适用。如果水样用来分析诸如苯之类的溶解烃，有些实验室常采用金属容器。

用什么容器取决于分析数据作什么用途。如果水样在分析之前要放置一段时间，最合适的容器或许是聚乙烯瓶。不是所有的聚乙烯瓶都合适，因为在制造过程中有的聚乙烯由于所用的催化剂的作用而含有较高数量的金属。塑料中金属含量可以近似地用定性发射光谱法测定。如果样品在结冰的温度下运送，塑料容器比起玻璃容器不容易破裂。

样本说明表格　每一份油田水样应按表 27.1 给以说明。

表 27.1　油田水样说明

样品号____________　油田______
矿区名称__________井号__________位置__________
乡__________镇__________区__________
县__________州__________作业者__________
作业者地址（总部）__________
采样人__________日期__________
地址__________代理人__________
何处采样（出油管线或单独沉降罐等）__________
油井完井日期__________
采样地层名称__________
砂岩__________泥岩__________灰岩__________其它__________
产层名称__________油井穿过地层名称__________
深度：地层顶部__________地层底部__________
　　　产层顶部__________产层底部__________
　　　钻至深度__________目前深度__________
井底压力和测压日期__________
井底温度__________
上次修井日期__________是否加过化学剂__________如是，名称__________
油井产量

	初始	目前	套管修理记录
油，桶／日	______	______	______
水，桶／日	______	______	______
气，英尺^3／日	______	______	______

开采方法（一次、二次或三次）

注：如套管破损，同一井内、矿区或油田与其它产层连通情况等。

三、油田水分析方法

化验油田水的分析方法在精度、准确性和速度方面正在不断改进。近二十年来至少有两个团体一直去努力使油田水的分析方法标准化。它们是美国石油学会和美国材料试验学会。美国石油学会出版了油田水分析的推荐做法 RP45[16]。

美国材料试验学会 D−19 委员会将油田盐水的分析方法作了标准化。由几家实验室严格地不分先后依次测试，随后经过 ASTM 投票表决而标准化的方法见文献〔17〕。

表 27.2 说明化验油田水不同性质或成分的分析项目。测定其中大多数项目的方法可在文献〔16，17〕和〔25〕至〔30〕中查到。

表 27.2　油田水的地球化学分析

	采出水	注入水	发生蒸汽用水	排放水
pH	×	×	×	×
Eh	○	×		○
比电阻率	×			
相对密度	×	×	×	×
细菌	○	×		○
钡	×	×		×

续表

	采出水	注入水	发生蒸汽用水	排放水
碳酸氢根	×	×	×	×
硼	○			
溴	○			
钙	×	×	×	×
碳酸根	×	×	×	×
二氧化碳	○	×	×	○
氯	×	×	×	×
硫化氢	○	×		○
碘	○			
铁	×	×	×	○
镁	×	×	×	×
锰	○	○	○	○
氧	○	×	○	○
钾	○			
残存烃		×		○
钠	×	○	○	○
二氧化硅	○	×	×	○
锶	○	×	○	○
硫酸根	×	×	×	×
悬浮颗粒		×		×
总溶解固体量	×	×	×	×

×＝通常要做的；○＝有时要做的。

四、油田水的化学性质

需要化验分析油田水不同的化学和物理性质。大多数油田水含有许多不同的溶解的无机和有机化合物。不过采油业主通常只对其中一小部分宏观性质感兴趣。这是可以理解的，因为采油业主希望花钱越少越好。因此，他们只想知道在评价油田水回注（增产原油）或排放处理方面所必需的哪些性质。

1.油田水的组成

油田水的组成多种多样，从比较稀释的水到很重的盐水不等。在计算机档案中存有几千种油田水的分析结果[31]。表 27.3 至表 27.14 给出采出水的特性，本章文字大部分引自本书的 1962 年版[32]。

下面列举的水化验报告表，以美国、加拿大、委内瑞拉的一般产油地区划分，而不是细分为盆地、地质带或地向斜，并以字母次序排列。一个例外是伊利诺伊盆地，这是一大片地区，不这么做一般无法划分。这种划分带有随意性，是为了方便，也是由于没有统一的体系可以遵循，我们无意将它作为任何分类体系的一个先例。如果有的州或者省已经有现成的可靠分析数据，则在每个地区表格底下以字母为序分别列出。

如需要更为完整的资料，读者可参阅分析数据的原始出处。

表 27.3　阿巴拉契亚油田某些采出水的特性

化验次数	系统	地层	地下深度(英尺)	成分(毫克/升) Ca	Mg	Na	K	Ba	Sr	HCO_3	SO_4	Cl	I	Br	相对密度 60°/60°	TDS (毫克/升)
肯塔基[23,24]																
4	泥盆系—志留系	Corniferous	400～1506	1520	670	9520	120	—	0	20	10	19600	痕量	120	1.022	31600
				12160	3350	44740	1290	—	630	680	690	93900	10	820	1.120	158330
8	密西西比统	McClosky	1390～2618	1700	990	15700	ND②	—	ND	60	910	31700	ND	ND	1.036	51060
				3400	2180	33600	ND	—	ND	230	3320	61000	ND	ND	1.070	103730
5	—	Jett	939～1534	370	130	1860	ND	—	ND	120	50	14000	ND	ND	1.020	16530
				830	320	15500	ND	—	ND	250	3200	26000	ND	ND	1.039	46100
俄亥俄[35,36]																
8	密西西比统	Blue Lick	1843～3263	1390	650	10500	150	—	痕量	110	30	18200	0	0	1.025	31030
				9230	2900	33600	1510	—	315	380	380	77600	10	570	1.089	125180
7	奥陶系	Sub Trenton	3820～5815	11000	2700	39500	0	—	0	20	150	113500	10	150	1.150	167030
				44000	6600	58600	2890	—	900	510	490	189400	30	600	1.224	304020
8	密西西比统	Second Water Big Lime	2175～3270	32300	5180	36000	1950	—	0	60	30	113000	ND	580	1.151	189100
				51200	10200	60700	2330	—	1240	140	100	216300	ND	1900	1.240	344110
10	上泥盆系	First Water Big Lime	5175～5300	25900	4100	21600	270	—	痕量	30	210	114200	ND	1230	1.125	167540
				29600	10000	86400	2370	—	痕量	230	550	193100	ND	2100	1.211	324350
12	密西西比统	Berea	401～1592	4600	1500	25000	120	—	0	20	0	52700	ND	320	1.063	84260
				11900	3000	43900	220	—	1800	20	60	93400	ND	520	1.115	154820
宾夕法尼亚[37,38]																
10	泥盆系	Bradford	—	40	30	1600	～	—	—	30	30	1100	—	—	—	2790
				32400	1940	39500	～	—	—	560	1080	83200	—	—	—	158680
7	泥盆系—密西西比统	Venango	—	7000	70	3600	～	—	—	0	260	30900	—	—	—	41830
				82000	2020	16000	～	—	—	0	1270	75300	—	—	—	176590
12	泥盆系	Bradford lll	—	420	40	300	～	—	—	0	0	490	—	—	—	1260
				16900	2530	39200	～	—	—	40	1080	97600	—	—	—	157350
西弗吉尼亚[39]																
29	密西西比统	Big Injun	1390～3215	30	300	50	10	痕量	10	10	5	70	痕量	痕量	1.001	475
				1730	3910	52200	750	300	830	70	320	121000	20	1750	1.149	191580
6	密西西比统	Squaw	1908～2019	630	200	6300	290	0	0	0	0	11330	2	80	1.010	18832
				8920	2250	38100	340	540	70	40	10	81130	10	700	1.101	132110
21	密西西比统	Maxton	1287～3259	100	40	3800	30	10	5	10	20	5830	痕量	痕量	1.007	9825
				15300	2740	35100	660	1500	220	1680	530	89900	10	500	1.115	148090
44	宾夕法尼亚	Salt Sand	450～1960	400	340	2500	60	10	30	10	5	2500	痕量	5	1.004	5810
				20600	2650	50900	3680	870	210	1330	400	125000	10	780	1.159	206430
43	泥盆系	Oriskany	3036～8089	2500	480	34000	200	20	痕量	痕量	10	44300	2	40	1.059	51552
				33600	3800	98300	6900	760	1570	270	900	170000	30	2500	1.219	318630

①每一栏中上面的数字是所示化验次数中的最小值，下面的数字是最大值；
②未测定。

阿巴拉契亚地区 阿巴拉契亚地区是美国首先进行商业性采油的地区，也是对北美地质特性研究最多了解最深的地区之一。表 27.3 给出从阿巴拉契亚各油田采出的某些油田水的特性[33～39]。

原油和伴生水从寒武系至二叠系 50 多个地层中采出。大多数产层是砂岩，虽然某些灰岩也产油。砂岩中有许多是非均质和不连续的，虽然 Big Injun 和 Berea 矿岩在广泛地区中均可见到。在阿巴拉契亚地区，有化验结果的产油州是肯塔基、俄亥俄、宾夕法尼亚和西弗吉尼亚。和原油一道采出的水中溶解盐类的浓度自几百到三十多万毫克／升。

加利福尼亚 在加利福尼亚的不同油田中，原油产自许多储集层，其年代自白垩纪至更新世不等。砂岩和砂层是主要的产油岩。许多地层是块状厚油层，有许多褶皱和断层。一般，加利福尼亚油藏随同原油采出的盐水的矿化度远低于其它地区（尤其是中大陆）油藏采出盐水的矿化度。表 27.4 给出加利福尼亚油田采出的某些水的特性。

表 27.4 加利福尼亚油田中某些采出水的特性

化验次数①	系(统)	地层	地下深度(英尺)	成分(毫克／升)							总溶解固体(毫克／升)
				Ca	Mg	Na	CO_3	HCO_3	SO_4	Cl	
17	第三系	Coalinga	1104～1916	20	10	40	50	180	190	90	580
				390	340	3290	480	360	7260	2520	14640
10	第三系	Midway	1495～3250	20	10	910	0	180	10	1010	2140
				2890	690	13250	360	360	1380	23550	42120
5	第三系	Sunset	2270～3550	60	20	3650	0	50	5	4360	8145
				1280	570	11650	90	4270	40	21420	39320
4	第三系	Kern River	400～3000	10	10	50	0	0	0	10	80
				20	20	1550	390	70	20	60	2130
2	第三系	Lost Hills	—	200	140	4770	150	0	20	7740	13020
				220	230	7640	460	0	630	11950	21120
26	第三系	Maricopa	—	200	10	1300	0	4	2	1170	2686
				2900	1300	15015	510	1020	110	27100	47995
18	第三系	Zone A	—	10	3	2050	0	1700	1	1300	5064
				80	140	7090	340	3900	90	9560	21200

①每一栏中上面的数字是所示化验次数中的最小值，下的数字是最大值[40, 41]。

美国墨西哥海湾沿岸 自从 Spindletop 穹丘于 1901 年被发现之后，多年内，在巨大盐丘（通常认为实质上是侵入性盐丘）的两翼、盖层和盖层以上的构造中从第三系和第四系地层中采出了大量的原油。近年来，近海钻探集中在路易斯安那和得克萨斯沿岸海域。墨西哥湾沿岸油田中采出的某些水矿化度相当低；其它的则有溶解盐类浓度高达 170000 毫克／升的（表 27.5）[42～44]。

伊利诺伊盆地 伊利诺伊盆地由 Lasalle 背斜大致一分为二，包括伊利诺伊的大部和西南印第安纳。这里许多油田主要从宾夕法尼亚和密西西比砂岩中，其次从灰岩中产出石油。采出水中总溶解固体量为 1000 至 160000 毫克／升以上（表 27.6）[45]。

表 27.5　墨西哥湾沿岸(得克萨斯)油田某些采出水的特性

化验次数①	系(统)	地层	地下深度(英尺)	成分(毫克／升)						总溶解固体(毫克／升)
				Ca	Mg	Na	HCO_3	SO_4	Cl	
42	第三系	Frio	2579～11400	200	50	2240	30	0	3180	5700
				5100	1000	40600	990	110	69100	116900
5	—	Norm Coastal	406～1100	30	10	60	230	3	20	353
				80	30	1330	770	160	2130	4500
6	渐新统	Goose Creek	1305～3296	450	120	3800	70	120	6300	10860
				1430	540	18200	400	210	33700	54480
6	上始新统	Humble	775～3200	380	100	3600	290	痕量	6100	10470
				2200	750	61000	600	1750	105000	171300
5	渐新统	Damon Mound	250～3470	530	70	6700	70	270	11300	18900
				2100	400	40800	280	3010	63400	109990
4	上新统—中新统	Barber Hill Dome	—	40	10	340	70	16	110	570
				200	90	30	550	230	610	1710
6	—	Powell-Mexia	—	90	200	4460	30	10	6700	11490
				920	700	12730	240	210	21600	36400

①每一栏中上面的数字是所示化验次数中的最小值，下面的数字最大值[42~44]。

表 27.6　伊利诺伊盆地油田某些采出水的特性

化验次数①	系(统)	地层或油田	地下深度(英尺)	成分(毫克／升)						总溶解固体(毫克／升)
				Ca	Mg	Na	HCO_3	SO_4	Cl	
12	密西西比统	Waltersburg	1994	1200	640	22660	30	0	38300	62830
			2437	2970	1020	32220	390	1620	56700	93920
18	密西西比统	Tar Springs	1125	960	10	240	20	0	700	62930
			2596	6.020	1730	42810	1050	980	76000	128590
57	密西西比统	Cypress	1045	840	510	3970	10	10	25800	31140
			2960	6600	1680	47900	1660	3840	83200	143940
17	奥陶系	Trenton	672～4000	50	40	340	20	30	200	680
				7500	1830	41830	960	1350	82400	135870
134	密西西比统	St Genevieve	1104～3519	1900	910	8740	20	30	14000	25600
				18430	3460	47660	1470	2990	95400	167940

①每一栏中上面的数字是所示化验次数中的最小值，下面的数字是最大值[45]。

中大陆地区　中大陆产油地区是美国所有产油地区中地理面积最大的。在本节的划分中，它包括阿肯色、堪萨斯、北路易斯安那、密苏里、内布拉斯加、俄克拉何马和除墨西哥湾沿岸油区以外的得克萨斯全部。

原油和伴生盐水从许多砂岩和灰岩以及其它类型的地层中采出，其地质年代从寒武系到上白垩系不等。从中大陆油田随同原油采出的水，溶解盐类的浓度范围变化很广，从稍大于1000 到 350000 毫克／升以上。表 27.7 至表 27.9 给出堪萨斯、俄克拉何马和得克萨斯中大陆油田采出的一些水的特性。

表 27.7　中大陆油田(堪萨斯)一些采出水的特性

化验次数①	系(统)	地层	地下深度(英尺)	成分(毫克／升)									相对密度(60°／60°)	总溶解固体(毫克／升)
				Ca	Mg	Na	Ba	HCO_3	SO_4	Cl	I	Br		
87	宾夕法尼亚统	Kansas City Lansing	1228～3409	2040	840	16940	4	5	0	34100	2	30	1040	53959
				16000	3950	77000	70	450	2160	156800	15	400	1159	256830
8	奥陶系	Wilcox	3500～3600	790	5560	10800	0	20	80	10870	痕量	80	1015	28120
				14400	68500	142500	0	530	300	142600	3	350	1140	369180
123	奥陶系	Arbuckle	2750～3770	700	240	6820	0	50	0	12300	0	痕量	1014	20180
				19800	10900	34450	0	640	2700	79200	痕量	60	1091	145060
76	奥陶系	Viola	2091～4141	620	230	5240	0	10	20	330	0	5	1012	6455
				11000	3110	52000	0	650	1180	112700	10	90	1116	180740
27	宾夕法尼亚统	Bartlesvlle	625～3200	420	180	7550	0	10	1	12600	2	20	1016	20782
				12100	3480	69600	10	520	750	141200	10	200	1141	224870
20	密西西比统	Mississippian	1010～4679	560	220	9150	0	30	0	14400	1	2	1017	24363
				129000	2660	59300	20	670	3540	122000	60	3	1140	201153
8	宾夕法尼亚统底部	Conglomerate	3320～3469	1000	360	11600	0	0	0	20700	0	200	1023	33850
				8480	2000	47000	0	180	700	58300	痕量	400	1105	116660
24	宾夕法尼亚统	Chat	2697～3365	3120	640	24400	0	30	0	42700	2	10	1068	70902
				13480	1950	66500	0	130	2200	137700	3	420	1143	222383
12	志留系	Hunton	2390～2893	230	90	3610	0	70	100	5300	0	10	1007	9410
				5220	1460	36600	3	480	1230	68400	2	70	1075	113460
10	宾夕法尼亚统底部	Gorham	3300～3854	920	280	6560	0	160	40	11300	0	5	1019	19265
				3960	1030	17100	10	840	3010	36000	0	10	1045	58940
9	宾夕法尼亚统	Prue	1032～2400	2310	720	14300	0	20	0	28000	0	0	1033	45350
				11300	2610	68700	10	330	50	138900	0	0	1139	221900
12	寒武系	Reagan	3175～3609	1390	310	9300	0	80	30	14700	ND	ND	1021	26810
				5250	1370	43000	0	410	2570	76900	ND	ND	1088	126930

①每一栏中上面的数字是所示化验次数中的最小值，下面的数字是最大值[46, 47]。

表 27.8 中大陆油田(俄克拉何马)一些采出水的特性

化验次数①	系(统)	地层	地下深度(英尺)	成分(毫克／升) Ca	Mg	Na	Ba	HCO_3	SO_4	Cl	相对密度(60°／60°)	总溶解固体(毫克／升)
75	宾夕法尼亚统	Bartlesville	4489～5524	1900	910	12100	0	0	0	24100	1031	39010
				19000	2740	83800	730	300	890	144000	1175	251460
94	奥陶系	Wilcox	3436～7233	6800	1400	48300	0	20	0	91300	1103	147820
				18500	3300	80200	130	160	720	163000	1178	266010
25	宾夕法尼亚统	Layton	1240～4800	5300	1800	31300	0	10	0	34900	1075	73310
				18900	4300	79000	380	80	510	160000	1179	263170
28	奥陶系	Arbuckle	542～6094	2200	900	14000	0	0	0	33000	1034	50100
				18800	2700	63800	110	850	1880	127000	1147	214140
19	宾夕法尼亚统	Cromwell	1480～5430	4600	1400	34600	1	0	0	65000	1073	105701
				11900	4300	51500	20	310	1130	113500	1130	182660
12	宾夕法尼亚统	Burgess	1800～2490	5900	2000	42500	1	15	0	81600	1091	132016
				13300	2600	57700	200	120	200	115000	1129	189120
22	密西西比统	Mississippi	1837～4872	6400	2000	43600	2	10	24	84200	1095	136212
				224000	2500	72000	30	80	430	157000	1173	254440
18	密西西比统	Misener	3927～5977	4600	1100	29500	0	30	60	55400	1066	90690
				18400	3200	76000	10	110	1920	156000	1173	250640
17	宾夕法尼亚统	Pennsylvanian	1258～6025	1700	600	17600	10	20	0	29800	1039	49730
				15800	3100	61300	280	90	2750	121000	1134	204320
10	奥陶系	Simpson	1213～6495	5600	1200	24400	0	0	0	50900	1059	82100
				17600	3000	71900	2	110	440	140000	1159	233042
22	宾夕法尼亚统	Skinner	1030～4567	6200	1500	31700	0	10	30	64100	1075	103540
				18700	3200	67400	10	130	450	139000	1157	228890
22	宾夕法尼亚统	Booch	1876～2300	6600	1500	42500	0	5	0	90000	1103	141050
				12700	2500	56500	240	140	680	117000	1131	189760
22	志留系—泥盆系	Hunton	3197～5021	300	80	4000	0	15	0	8200	1012	11995
				28900	4300	75900	170	660	7010	142000	1155	258948
27	宾夕法尼亚统	Red Fork	2403～4650	9700	1700	42800	5	3	0	101000	1115	155208
				19600	2600	71700	220	170	370	149000	1164	243660
12	奥陶系	Viola	3458～5004	200	60	2900	0	40	0	4400	1005	7600
				16000	2400	62000	10	940	980	122000	1137	204330
20	宾夕法尼亚统	Prue	2267～3587	8500	1300	43400	5	50	30	86300	1110	139885
				11700	3100	72900	20	120	480	142000	1158	230320
13	宾夕法尼亚统	Healdton	982～3163	740	230	10800	0	20	2	18600	1022	30392
				7300	2900	27900	50	380	40	63600	1076	102170
15	宾夕法尼亚统	Tonkawa	2417～3254	14000	2200	23800	0	0	130	132800	1160	172930
				17400	3100	76400	5	50	370	156300	1171	253525
24	宾夕法尼亚统	Burbank	790～5000	10900	1800	43200	2	20	15	99300	1109	155235
				20000	3500	69000	40	130	260	149000	1163	241930
15	宾夕法尼亚统	Dutcher	1882～3218	5500	900	32000	0	50	40	45500	1073	86900
				13900	2000	54700	10	130	760	108000	1122	179500
14	奥陶系	Bromide	2173～7569	700	400	11500	10	0	0	19500	1024	32110
				22400	3500	80500	450	500	920	167000	1183	275270

①每一栏中上面的数字是所示化验次数中的最小值，下面的数字是最大值[48, 49]。

表 27.9　中大陆油田(得克萨斯)—些采出水的特性

化验次数①	系(统)	地层	地下深度(英尺)	成分(毫克／升)						相对密度(60°／60°)	总溶解固体(毫克／升)
				Ca	Mg	Na	HCO_3	SO_4	Cl		
北—中部得克萨斯[50~52]											
33	上宾夕法尼亚统	Gose	—	20	5	530	1	1	460	ND②	1017
				10700	2450	48200	610	690	97900	ND	160550
8	上宾夕法尼亚统	Dyson	1884～2081	14400	2440	58300	0	300	122200	ND	197640
				16700	2860	66800	0	520	139800	ND	226680
7	上宾夕法尼亚统	Landreth	2540～2668	10200	2030	52500	0	630	106000	ND	171360
				13800	2440	61000	10	740	119000	ND	196990
13	上白垩系	Woodbine	3844～4446	3100	370	32100	130	250	57500	ND	93450
				7900	600	62900	410	370	112500	ND	184680
北和西得克萨斯[53,54]											
21	宾夕法尼亚统	Cisco	700～1950	500	160	6030	0	10	10000	1015	16700
				23100	3000	60400	180	400	134000	1157	221080
35	宾夕法尼亚统	Canyon	2200～7000	2200	640	15700	10	40	31400	1044	50010
				14000	2300	57100	650	4840	109500	1145	188390
47	寒武系—奥陶系	Ellenberger	3800～8370	1700	350	12000	4	20	25300	1035	39374
				22300	2850	55700	1840	2140	130500	1173	214330
56	宾夕法尼亚统	Strawn	1700～6900	3200	810	25500	2	2	82900	1105	112414
				21300	3500	74300	710	710	161800	1212	262320
50	二叠系	San Andres	—	740	310	4400	210	350	19000	1033	25010
				19800	7900	67000	1840	4900	140500	1154	241940
42	二叠系	Big Lime	—	250	200	210	0	160	890	ND	1710
				9800	3700	122500	0	8600	212000	ND	356600

①每一栏中上面的数字是所示化验次数中的最小值，下面的数字是最大值。

②未测定。

落基山地区　落基山地区在科罗拉多、蒙大拿、新墨西哥、犹他和怀俄明州的许多油田产油。原油主要产自白垩系岩层，虽然原油和伴生水也产自侏罗系、二叠系、宾夕法尼亚统和密西西比统岩层。落基山地区油田采出的水，溶解盐类的浓度较低，常常其中含较高浓度的碳酸氢根。表 27.10 和表 27.11 给出落基山地区科罗拉多州和蒙大拿州以及怀俄明州油田采出水的特性[55~59]。

表 27.10 落基山地区油田(科罗拉多州和蒙大拿州)一些采出水的特性

化验次数①	系(统)	地层	地下深度(英尺)	成分(毫克/升)							总溶解固体(毫克/升)
				Ca	Mg	Na	CO_3	HCO_3	SO_4	Cl	
科罗拉多[55,56]											
7	白垩系	Dakota	2819～5830	0	0	310	0	210	40	40	560
				1180	290	13000	160	3600	890	22100	41220
6	白垩系	Frontier	1230～3464	0	0	820	0	340	0	820	1980
				190	70	5200	240	4900	90	12800	26490
6	始新统	Wasatch	2230～5283	30	40	1800	0	120	20	2000	3990
				900	410	10600	150	2000	870	18900	33830
4	侏罗系	Morrison	3020～4395	0	0	1400	0	540	160	260	2360
				80	30	3600	120	3350	980	5000	13160
3	侏罗系	Sundance	4564～6263	0	0	1070	0	200	0	260	1530
				380	80	5250	0	3030	1040	8060	17840
蒙大拿[55,57]											
9	侏罗系	Montana	—	0	0	3900	0	140	0	10	4050
				100	70	220	0	2000	1850	5530	9770
10	上白垩系	Colorado	—	0	0	710	0	260	0	280	1250
				130	120	6200	0	1400	250	8800	16900
11	下白垩系	Kootenai	—	0	0	280	0	500	0	10	790
				90	60	4670	0	4900	290	6000	16010
55	上侏罗系	Ellis	—	trace	0	1110	0	1670	0	370	3150
				90	80	3140	0	4040	820	2890	11060
22	宾夕法尼亚统	Quadrant	—	60	trace	30	0	150	1310	10	1560
	上密西西比统	Tensleep		680	700	1390	0	400	5540	440	8470
25	下密西西比统	Madison	—	0	0	20	0	220	trace	10	250
				500	430	2330	0	4830	2110	2790	12990

①每一栏中上面的数字是所示化验次数中的最小值，下面的数字是最大值。

表 27.11 落基山地区油田(怀俄明州)一些采出水的特性

化验次数①	系(统)	地层	地下地层深度(英尺)	成分(毫克/升)							总溶解固体(毫克/升)
				Ca	Mg	Na	CO_3	HCO_3	SO_4	Cl	
24	白垩系	Shannon	900～1300	10	10	410	痕量	280	0	20	730
				250	330	5560	230	1900	3710	7670	19650
35	白垩系	Frontier	1000～3080	痕量	痕量	550	痕量	1270	痕量	70	1890
				220	130	20000	1050	7800	240	27900	57340
45	白垩系	First Wall Creek	—	痕量	痕量	200	痕量	1000	痕量	220	1420
				30	100	5320	320	5460	60	5940	17230
50	白垩系	Second Wall Creek	—	痕量	痕量	1740	痕量	890	痕量	1170	3800
				40	10	7000	590	6950	880	6600	22070
14	侏罗系	Cloverly	1400～1500	痕量	痕量	1040	痕量	110	0	150	1300
				110	20	6210	300	2290	110	7590	16630
22	侏罗系	Dakota	4050～4505	痕量	痕量	180	痕量	230	20	20	450

续表

化验次数①	系(统)	地层	地下地层深度(英尺)	成分(毫克/升)							总溶解固体(毫克/升)
				Ca	Mg	Na	CO_3	HCO_3	SO_4	Cl	
24	侏罗系	Dakota	4353～8500	230	160	13000	280	6900	980	19200	40750
				痕量	痕量	630	痕量	1000	痕量	110	1740
5	侏罗系	Greybull	—	60	60	5560	380	3680	60	1930	11730
				痕量	痕量	180	0	480	60	40	760
60	侏罗系	Sundance	—	40	痕量	430	60	980	820	90	2420
				0	0	520	0	410	40	140	1110
20	二叠系	Embar	—	400	60	6800	330	6850	5880	7700	28020
				140	30	140	0	210	190	10	620
50	宾夕法尼亚统	Tensleep	—	630	220	5170	0	1690	5790	3930	17430
				40	10	5	0	30	10	3	98
19	密西西比统	Madison	—	720	250	790	10	1000	2500	1080	6350
				20	痕量	20	痕量	20	50	4	114
20	三叠系	Minnelusa	—	870	180	580	20	1080	1940	1070	5740
				250	50	630	0	190	1930	250	3300
				450	60	1670	0	550	3870	610	7210

①每一栏中上面的数字是所示化验次数中的最小值，下面的数字是最大值[55, 56, 58, 59]。

加拿大 加拿大的主要产油区是下安大略半岛，该处石油从奥陶系至泥盆系岩层中采出产地是西部省分，主要是阿尔伯达，萨斯喀彻温和西北地方。西部加拿大储集岩的年代为泥盆纪至白垩纪。虽然随同石油采出的水中，许多水含相当低浓度的溶解盐类，其它的水则浓度相当高。表27.12和表27.13给出阿尔伯达、曼尼托巴和萨斯喀彻温等油田中采出水的特性。

委内瑞拉 委内瑞拉的主要产油地层第三系砂岩和白垩系灰岩。一般来说，随同石油产出的各种不同的水含浓度低的溶解盐类（表27.14）[66～69]。

2.无机成分

石油公司经常化验油田水来测定其中溶解的主要无机成分。主要成分通常是钠、钙、镁、氯离子、碳酸氢根和硫酸根。化验数据用于各种研究，如水的鉴定、测井评价、水的处理、环境影响、地球化学勘探和有价值矿物的回收[26]。

阳离子 油田水中存在不同的阳离子和阴离子能使溶解度、酸度和氧化还原电位（Eh）改变，以及某些成分的沉淀和吸附。大多数油田水中的主要阳离子是钠、钙和镁。这些离子的浓度范围为钠离子低于10000毫克/升，钙离子和（或）镁离子由不到1000毫克/升至30000毫克/升以上。

在油田水中浓度高于10毫克/升的其它常见阳离子是钾、锶、锂和钡。有些油田水含铝、铵、铁、铅、锰、硅和锌离子，浓度在10毫克/升以上[26, 70, 71]。

阴离子 大多数油田水中的主要阴离子是氯离子。氯离子的浓度范围从低于10000至高于200000毫克/升。也有例外，如委内瑞拉油田水中碳酸氢根比氯离子多[72]。

表 27.12　加拿大油田一些采出水的特性

化验次数①	系(统)	地层	地下深度(英尺)	成分(毫克／升) Ca	Mg	Na	CO_3	HCO_3	SO_4	Cl	I	Br	相对密度(60°／60°)	总溶解固体(毫克／升)
阿尔伯达省[60~63]														
4	—	Milk River	215～1890	10	10	660	0	320	5	200	ND	ND	ND②	1205
				50	10	3000	80	790	600	4500	ND	ND	ND	9030
3	白垩系	Viking	1670～2072	70	20	6400	0	580	20	6400	10	10	1010	13510
				620	230	19000	60	840	40	29200	40	620	1060	64160
4	密西西比统	Banff	2708～2744	5	60	1030	0	180	0	870	ND	ND	1006	2145
				1250	190	9100	410	1250	2500	11000	ND	ND	1032	25700
6	白垩系	Basal Quartz	—	—	—	—	—	—	—	—	0	10	—	—
				—	—	—	—	—	—	—	20	460	—	—
6	侏罗系	Rundle	—	—	—	—	—	—	—	—	2	20	—	—
				—	—	—	—	—	—	—	20	220	—	—
6	泥盆系	Wabamun	—	—	—	—	—	—	—	—	3	90	—	—
				—	—	—	—	—	—	—	10	110	—	—
6	泥盆系	Leduc	—	—	—	—	—	—	—	—	2	200	—	—
				—	—	—	—	—	—	—	20	1500	—	—
曼尼托巴省[64]														
86	密西西比统	Lodgepole	1570～3323	160	980	850	0	100	1000	850	—	—	1010	3940
				3260	67340	44900	40	2140	4800	94900	—	—	1089	150380
35	泥盆系	Nisku	2200～2942	1000	240	4900	0	110	900	7000	—	—	1016	14150
				10700	2000	81400	30	360	4900	149600	—	—	1157	248990
47	侏罗系	Mission Canyon	3000～3422	2200	550	21300	0	80	3900	34900	—	—	1031	62930
				3900	1400	72800	80	780	4300	120700	—	—	1136	203880
22	—	Ashville	870～2060	280	30	1900	0	0	200	740	—	—	1004	3150
				1200	570	19300	30	380	4000	31200	—	—	1033	25680
21	侏罗系	Swan River	1322～2553	10	0	850	40	210	200	530	—	—	1002	1840
				850	330	11700	870	1100	3000	8800	—	—	1025	25780
11	—	Souris River	2516～4604	1040	150	5300	0	80	1750	7800	—	—	1025	16120
				5500	1300	104600	0	470	4700	173500	—	—	1180	290070
14	泥盆系	Duperow	1698～3717	1100	470	7800	0	90	3100	14300	—	—	1026	26760
				10500	2400	89900	0	600	6100	154900	—	—	1178	264300

①每一栏中上面的数字是所示化验次数中的最小值，下面的数字是最大值。

②未测定。

表 27.13 加拿大油田(萨斯喀彻温省)一些采出水的特性

化验次数[①]	系(统)	地层	地下深度(英尺)	成分(毫克/升)							相对密度(60°/60°)	总溶解固体(毫克/升)
				Ca	Mg	Na	CO_3	HCO_3	SO_4	Cl		
27	白垩系	Blairmore	998～3713	痕量	痕量	2200	—	190	—	2800	1.000	6190
				2300	870	20300	80	1300	3500	38900	1.048	67250
5	—	Shaunavon	3205～3413	170	100	8800	—	190	2100	890	1.007	12250
				1850	230	12400	—	300	3100	13800	1.014	31580
5	—	Gravelbourg	3290～4175	470	220	11700	—	140	270	14500	1.022	27300
				620	370	12900	—	350	2100	20100	1.026	36440
25	—	Mission Canyon	3700～5785	100	130	760	—	60	—	280	1.001	1330
				7100	3100	73700	—	440	3200	155000	1.093	242540
12	泥盆系	Nisku	4682～6927	740	190	1000	—	200	痕量	640	1.002	2770
				14100	7150	73000	—	2350	2500	142800	1.186	242600
9	泥盆系	Duperow	2253～4024	680	170	940	—	100	2200	700	1.002	4790
				9000	900	17700	—	860	5000	31100	1.040	64560
11	密西西比统	Mississippian	4487～5665	痕量	痕量	4300	—	120	340	5700	1.004	10460
				5600	1600	71000	110	850	3900	123800	1.150	206860
4	密西西比统	Lodgepole	2305～4470	730	90	1400	—	480	3400	580	1.004	6680
				2800	610	27000	—	600	3900	45700	1.061	80610
11	下白垩系	Viking	2395～3026	痕量	痕量	1100	—	70	0	2100	1.002	3270
				190	100	9300	—	2600	790	12700	1.014	25680
8	泥盆系	Devonian	3356～6605	0	0	0	—	40	190	4800	1.012	5030
				1100	1200	69100	—	1580	2400	111000	1.160	185380
8	侏罗系	Jurassic shale	3105～4325	痕量	痕量	4300	—	290	0	2800	1.002	7390
				8100	160	10900	—	1320	3600	15400	1.029	39480

①每一栏中上面的数字是所示化验次数中的最小值，下面的数字是最大值。

表 27.14 委内瑞拉油田一些采出水的特性

化验次数[①]	系(统)	地层或油田	成分(毫克/升)							总溶解固体(毫克/升)
			Ca	Mg	Na	CO_3	HCO_3	SO_4	Cl	
5	第三系	Zeta(Quiriquire)	170	100	1750	0	3050	4	1910	7190
			330	270	5150	0	5400	10	5420	16260
7	第三系	Eta(Quiriquire)	70	50	2040	0	3050	5	710	6900
			400	300	12360	0	7410	30	11170	36500
6	第三系	Cabimas 油田 La Rosa 地层	60	60	1740	0	2010	0	1780	5643
7	白垩系	Lagunillas 油田 lceota 地层	10	60	2000	120	5260	0	90	5260
8	第三系	Bachaquero 油田 Pueblo Viejo 主要砂层	40	60	4610	0	6250	5	3700	14657
8	第三系	Mene Grande 油田 Pauji and Mason-Trujillo range	30	20	1800	100	3570	0	690	6210
7	第三系	La Concepcioh 油田 Punta Gorda 砂岩和深层砂岩	50	20	4700	1900	30	0	6250	12955

续表

化验次数①	系(统)	地层或油田	成分(毫克／升)							总溶解固体(毫克／升)
			Ca	Mg	Na	CO_3	HCO_3	SO_4	Cl	
8	白垩系	La Paz 油田	30	20	6000	80	1230	0	8550	15911
		Guasare 地层								
			30	50	2660	0	1130	0	3450	7320
10	白垩系	S. El Mene 油田	30	40	3000	0	1130	0	1260	5460
		El Salto 地层	150	50	9000	0	2440	0	9000	20640
11	第三系	Oficina and W. Guara 油田								
		OF_7 砂层	50	20	1260	0	2330	140	640	4424
		AB_3 砂层	40	30	1360	0	2780	60	560	4830
		D_4 砂层	40	30	3080	0	1100	130	4230	8520
		Du and Eu 砂层	40	60	4000	0	1430	0	5500	11030
		F_7 砂层	140	70	7900	0	3500	150	10500	22260
		H 砂层	70	70	8400	0	2050	10	12090	22690
		L 砂层	160	100	7300	0	4420	痕量	9260	21240
		M 砂层	110	30	7700	0	2100	20	10900	20860
		P 砂层	140	80	7800	0	970	0	11600	20590
		S 砂层	330	80	8600	0	1700	100	13050	23860
		U 砂层	940	180	11800	0	1100	0	19800	33820

①每一栏中上面的数字是所示化验次数中的最小值，下面的数字最大值[66~69]。

大多数油田水含溴离子和碘离子。这些阴离子的浓度范围从低于 50 至高于 6000 毫克／升的溴离子和从低于 10 至高于 1400 毫克／升的碘离子[26]。溴离子浓度是判定油田盐水来源的重要指标并且是一重要地球化学标记物成分[73]。许多油田水有碳酸氢根和硫酸根。其浓度范围自零至几千毫克／升。

油田水中其它阴离子包括砷酸根、硼酸根、碳酸根、氟离子、羟离子、有机酸根和磷酸根。硼的浓度超过 100 毫克／升能够影响电测井的偏移[26]。

五、油田水的物理性质❶

1.压缩系数

地层水在泡点压力以上的压缩系数，定义为压力每改变 1 磅／英寸$^{-2}$ 每单位水体积所发生的体积变化：

$$c_w = -\frac{1}{V}\left(\frac{\partial V}{\partial p}\right)T \tag{1a}$$

或

$$\vec{c}_w = \frac{1}{V}\left(\frac{V_2 - V_1}{p_1 - p_2}\right) \tag{1b}$$

❶本节内容，pH和Eh除外，是由Howard B.Bradley撰写的——原书注。

或

$$\bar{c}_w = \frac{B_{w2} - B_{w1}}{\overline{B}_w \ (p_1 - p_2)} \tag{1c}$$

式中 c_w——在给定压力和温度下水的压缩系数，桶／桶·磅／英寸^2；

$\bar{c}_w$——在给定压力和温度范围下水的平均压缩系数，桶／桶·磅／英寸^2；

V——在给定压力和温度下水的体积，桶；

$\overline{V}$——在 p 和 T 范围内水的平均体积，桶；

p_1 和 p_2——条件 1 和 2 的压力（$p_1 > p_2$），磅／英寸^2（绝对）；

B_{w1} 和 B_{w2}——在 p_1 和 p_2 下水的地层体积系数，桶／桶；

$\overline{B}_w$——和 $\overline{V}$ 对应的水的平均地层体积系数，桶／桶。

在一个油藏中，水的压缩系数还取于其矿化度。和文献报导不同，Osif[74] 的实验室测定表明溶解的气体对于 NaCl 浓度高达 200 克／厘米^3 的水压缩系数的影响基本上可以忽略不计。Osif 的结果表明气水比（GWR）为 13 标准英尺^3／桶时没有影响，GWR 为 35 标准英尺^3／桶时可能也没有影响，即使有，盐水的压缩系数的增加肯定会超过 5%。

根据实验室测定的水的压缩系数[74] 绘制压缩系数倒数与压力的关系曲线得出的直线。$1/c_w$ 对 p 直线的斜率为 m，其截距与矿化度和温度为线性关系。测试无溶解气油田水体系所得的数据点可由式（2）表示。

$$1/c_w = m_1 p + m_2 C + m_3 T + m_4 \tag{2}$$

式中 c_w——水的压缩系数，（磅／英寸^2）$^{-1}$；

C——矿化度，克／升溶液；

p——压力，磅／英寸^2；

T——温度，°F；

m_1——7.033；

m_2——54.13；

m_3——537；

m_4——403.3×10^3。

式（2）的适用范围为压力自 1000 至 20000 磅／英寸^2，矿化度自 0 至 200 克 NaCl／升，和温度自 200 至 270 °F。压缩系数与溶解气无关。

当条件相重合时，式（2）和 Dorsey[75]，Dotson 和 Standing[76] 报告的结果十分一致。和 Rowe 和 Chou[77] 的结果比较，式（2）在压力低于 5000 磅／英寸^2（其压力上限）时是一致的，但当压力增高时则有较大偏差。几乎在所有情况下，Rowe 和 Chou 的压缩系数都小于式（2）所计算的。

2.密度

地层水的密度是压力、温度和溶解成分的函数。可取一份有代表性的地层水试样在实验室精确测定[17]。地层水的密度定义为单位体积地层水的质量。用于工程目的时，以米制单位表示的密度（克／厘米^3）可当作与比重相等。因此在大多数工程计算中，密度和比重可以互换[16]。

如果没有现成的实验室数据，在储层状况下地层水的密度可从相关关系曲线（图 27.4 至图 27.6）估算（误差在 ± 10% 以内）。所需的唯一现场数据是标准状况下的密度，它可以用图 27.4 由其含盐量查得。含盐量则可由地层电阻率（电测井测得）用图 52.3（见第五十二章）查得。储层状况下地层水的密度可分四步来计算。

(1) 用温度和大气压下的密度，从图 27.5 查出 NaCl 的当量重量百分数。

(2) 假定 NaCl 的当量重量百分数不变，沿重量百分数线外推到储层温度，读出新的密度。

(3) 已知在大气压和储层温度下的密度，用图 27.6 查出当压力增高到储层压力时所增加的比重（密度）。注意，低于泡点压力的油藏用“被气体饱和”的曲线，不含溶解气的地层水则用“无溶解气”的曲线。这些曲线由 Ashby 和 Hawkins[78] 的数据计算而得。

(4) 储层状况下地层水的密度基数为 1 克／厘米^3。米制单位乘以 62.37 即得习惯用的英制单位〔1 磅（质量）／英尺^3〕。

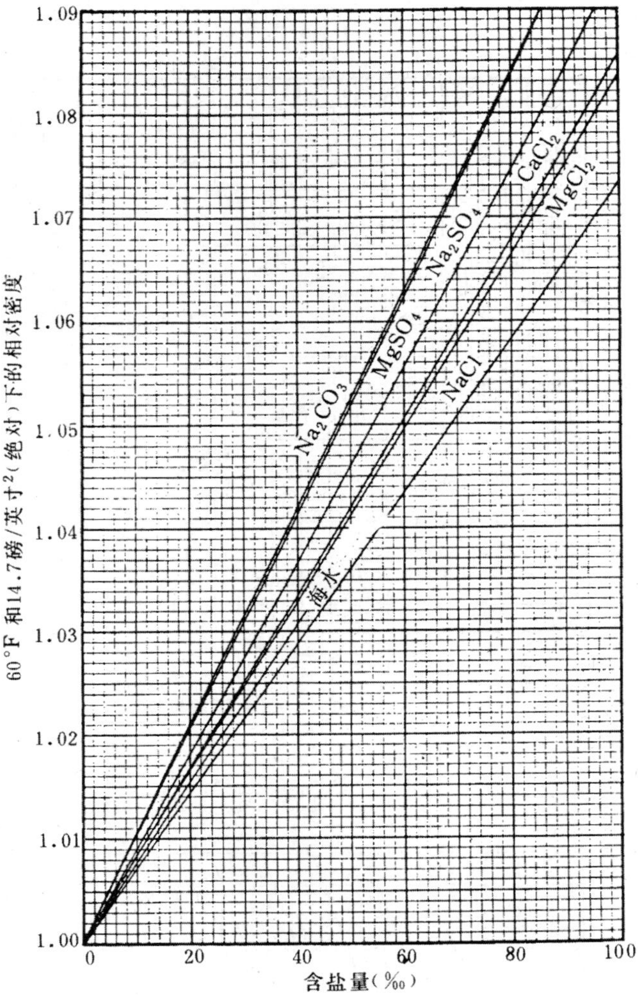

图 27.4　盐溶液在 60 ° F 和 14.7 磅／英寸^2（绝对）下的比重

如果溶解固体含量已知，还可用下式估算地层水的比重。

$$\gamma_w = 1 + C_{sd} \times 0.695 \times 10^{-6} \tag{3}$$

式中 C_{sd} 为溶解固体浓度（毫克／升）。

如要进行精确而非常详细的计算，读者可参阅 Rogers 和 Pitzer[79] 近几年发表的一篇论文。他们以表格的方式列出了大量的压缩系数、膨胀系数和比容值与摩尔浓度、温度和压力的关系。同样类型的一个半经验方程发现在描述 NaCl 溶液（0.1 至 5 摩尔浓度）的热性质方面是有效的，用来求出了 0 至 300℃ 和 1 至 1000 巴的体积数据。

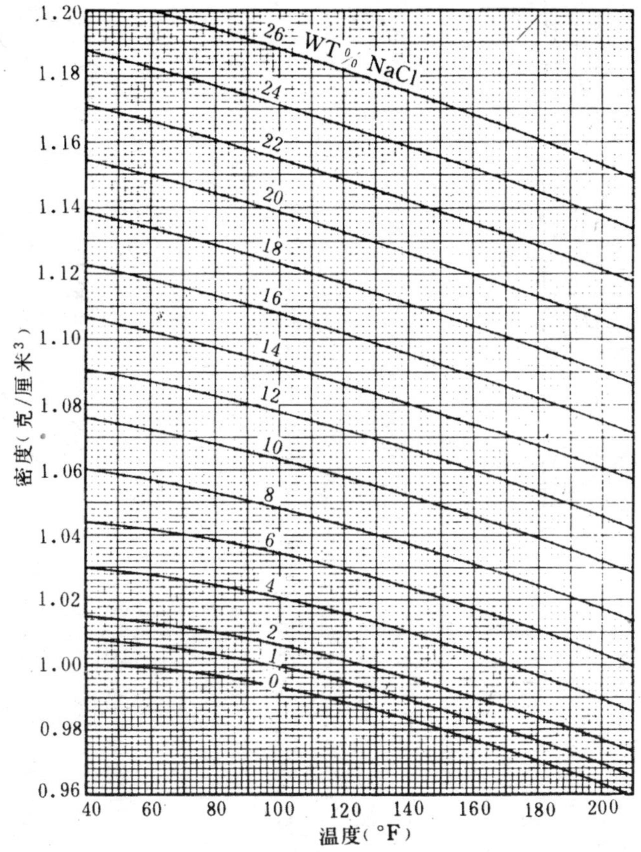

图 27.5 NaCl 溶液在 14.7 磅／英寸^2（绝对）下的密度与温度的关系曲线

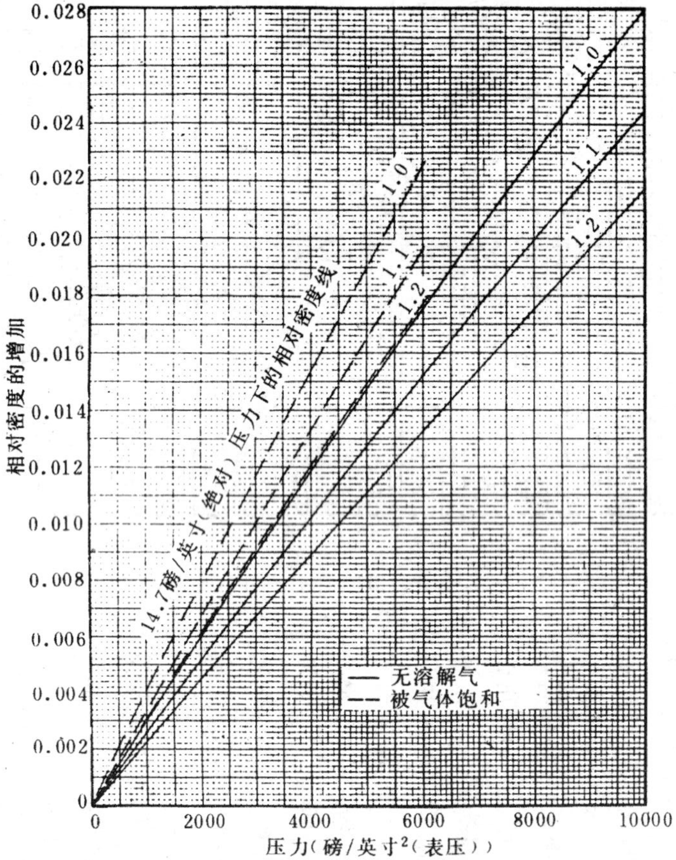

图 27.6 盐水相对密度随压力而增加

3.地层体积系数

水的地层体积系数 B_w 定义为 1 地面桶的地层水加上溶解于其中的气体在储层状况下所占的体积。它代表地层水从储层状况变到地面状况时体积的变化。这里涉及三种效应：压力降低时水从中释放出气，压力降低时水的膨胀，和温度降低时水的收缩。

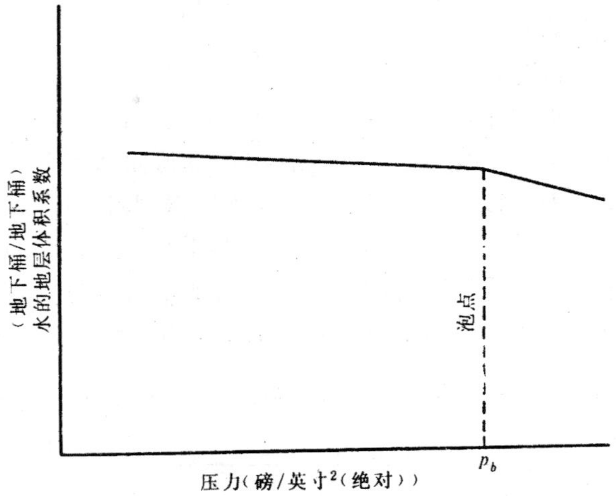

图 27.7　水的地层体积系数与压力的典型关系曲线

水的地层体积系数还取决于压力。图 27.7 是水的地层体系数作为压力函数的一条曲型曲线。压力降低到泡点压力 p_b 时，由于液体的膨胀地层体积系数增加。在低于泡点压力时，气体被释放出来，但在大多数情况下由于释放气体而造成的水的收缩不足以抵销液体的膨胀，因而地层体积系数仍将继续增加。这是由于天然气在水中溶解度很小的缘故。

获取地层体积系数最准确的方法是实验室测定。如果能充分考虑溶解气的效应，也可以用密度相关关系式来计算。如果溶解气已包括在 ρ_{rc} 的实验室测定或相关关系之中，则可用下式估算 B_w。

$$B_w = \frac{V_{rc}}{V_{sc}} \times \frac{\rho_{sc}}{\rho_{rc}} \tag{4}$$

式中　V_{rc}——单位质量的水在储层状况下所占的体积（溶于水中气体重量在储层状况或标准状况都可忽略不计），英尺^3；

V_{sc}——单位质量的水在标准状况下所占的体积，英尺^3；

ρ_{sc}——标准状况下水的密度，磅（质量）／英尺^3；

ρ_{rc}——储层状况下水的密度，磅（质量）／英尺^3。

密度的相关关系和估算 ρ_{sc} 和 ρ_{rc} 的方法前面已作过介绍。

如果溶解气造成的体积增加不足以抵销因压力增高造成的体积减小，则水的地层体积系数可能小于 1。地层体积系数很少高于 1.06。

4.电阻率

地层水的电阻率是水对电流的电阻。它可以直接测定，也可计算[16]。直接测定方法实际上就是测定通过截面为 1 米^2 的 1 米^3 地层水的电阻。地层水电阻率 R_{wg} 以欧-米单位表示。地层水的电阻率用于电测解释，使用时电阻率要调整到地层温度[80]（详见第 49 章）。

5.表面（界面）张力

表面张力是在两相界面上作用的吸引力。如果相界面是液体和气体或者液体和固体，界面上的吸引力通常称为表面张力，然而在两个液体之间的界面上的吸引力则称为界面张力。界面张力是提高采收率过程中的重要因素（见第 47 章化学驱，胶束／聚合物驱一节中有关“低界面张力过程”和“相态特性和界面张力”部分。

表面张力可在实验室用张力仪、悬滴法或其它方法来测定。有关这些方法的描述见物理化学教科书。

6.粘度

地层水的粘度 μ_w 是压力、温度和溶解固体含量的函数。一般来说，盐水的粘度随压力的增高、矿化度的增高和温度的降低而增高[81]。储层状况下地层水中溶解的气体粘度的影响一般可以忽略不计。关于溶解气对水的粘度实际上有多大影响还没有什么资料。

气体溶于水的特性和气体溶于烃类有很大的差别❶。气体在水中实际上使得小分子之间相互作用变得更加强烈，因而增加水的结构性和粘度。然而这种影响非常小，迄今为止还没有被测出。物理化学文献中有大量间接证据支持这一概念。

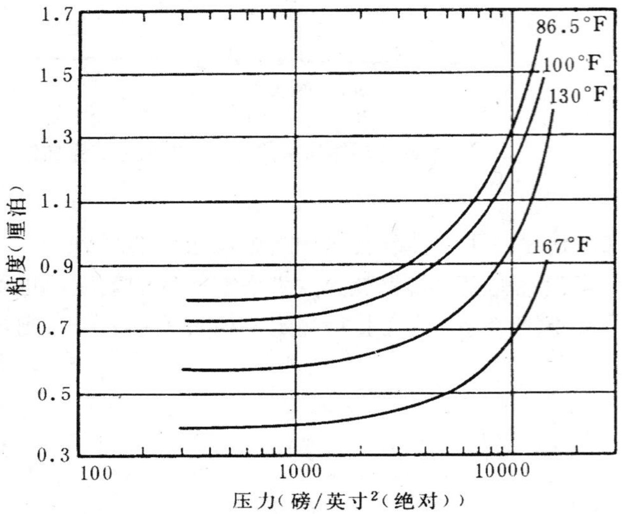

图 27.8　压力对水的粘度的影响

为了取得水粘度的最佳估算值，读者可以参阅 Kestin 等[82]的论文。他们的相关方程有 32 个参数，可以计算压力、温度和 NaCl 水溶液的浓度对水的动力粘度和运动粘度的影响。用这些相方程产生了 28 个表格，包括的温度范围自 20 至 150℃，压力范围自 0.1 至 35 千帕和浓度范围自 0 至 6 摩尔。

图 27.8 至图 27.10 可用于工程目的，近似估算水的粘度。这些曲线给出压力、温度和 NaCl 含量对于水的粘度的影响。它们可以用于主要污染成分是氯化钠的情况。

有些工程师假定储层盐水粘度等于大气压和储层温度下蒸馏水的粘度。在这种情况下，假定盐水的粘度基本上和压力无关(在通常遇到的压力范围内这个前提是成立的)。

7.pH 值

油田水的 pH 值通常受到 CO_2／碳酸氢根体系的控制。因为 CO_2 的溶解度与温度与压力成正比，如果要求数据尽可能接近天然状况，则应在矿场上做 pH 值测定。水的 pH 值并不用来做水的鉴别或用于形成相关关系，但它确可以指出有无可能生成水垢或者有无腐蚀倾向。pH 值还可表明水中无泥浆滤液或处理剂。

浓盐水的 pH 值通常小于 7.0，在实验室放置期间其 pH 值会上升，表明储层中水的 pH 值或许要比许多公布的数值要低得多。碳酸氢根离子加入氯化钠溶液会升高 pH 值。如果有钙离子，则碳酸钙会沉淀下来。大多数油田水的 pH 值随着在实验室中放置一段时间会上升，是因为碳酸氢盐分解生成碳酸根离子。

8.氧化还原电位（Eh）

氧化还原常常缩写为 Eh，或许还可称为氧化电位或 pE。它的单位为“伏”，在平衡条

❶J.C.Melrose的私人通信（1985年9月25日）和（Mobil R & D Dallas）——原书注。

件下它和存在的氧化态和还原态物质的比例有关。化学热力学的标准方程说明这种关系。

掌握氧化还原电位对于研究铀、铁、硫和其它矿物如何在水相体系中输运是十分有用的。某些元素和化合物的溶解度取决于其环境的氧化还原电位和 pH 值。

某些和石油伴生的水是隙间水（原生水），其氧化还原电位是负值；这已为许多不同的矿场研究所证实。知道氧化还原电位对于确定污水回注之前如何进行处理是十分有用的。例如，如果污水敞向大气，其氧化还原电位将是氧化性的；但是如果污水在采油作业中处在密闭系统中，当它被采出地面随后回注地层时，其 Eh 值改变不大。在这种情况下，Eh 值对于确定多少铁会存在溶液中而不会在井筒中沉淀出来是有用的。

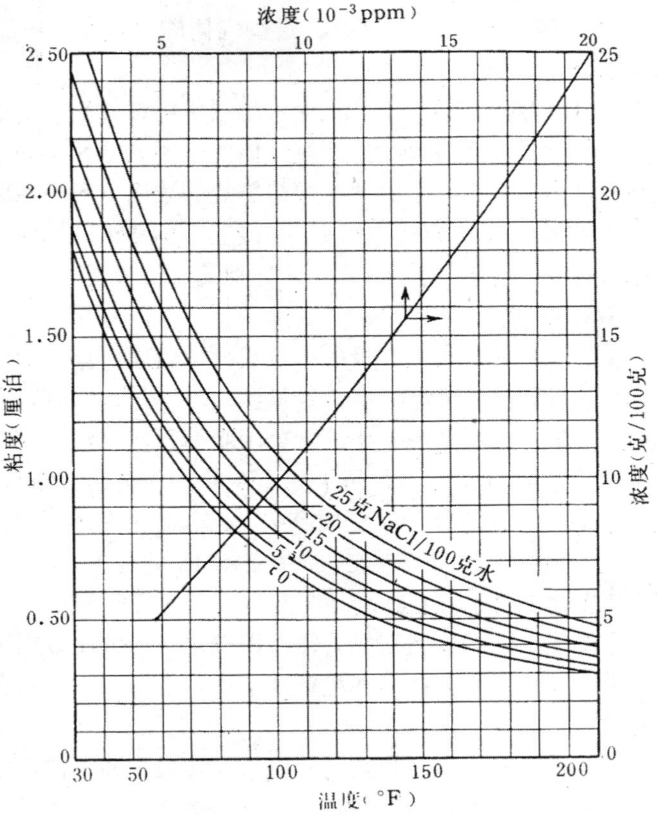

图 27.9 氯化钠溶液粘度与温度和浓度的函数关系曲线，压力为 14.7 磅/英寸^2（绝对）

消耗氧的微生物会降低 Eh。在埋藏的沉积物中，就是喜氧细菌在吞噬有机成分，它还从隙间水中消耗游离氧。在海滨环境下沉积下来的沉积物，和在深水环境下沉积下来的相比，其氧化程度有所不同。例如，海滨沉积物的 Eh 范围从−50 到 0 毫伏，但深水沉积物则从−150 到−100 毫伏。

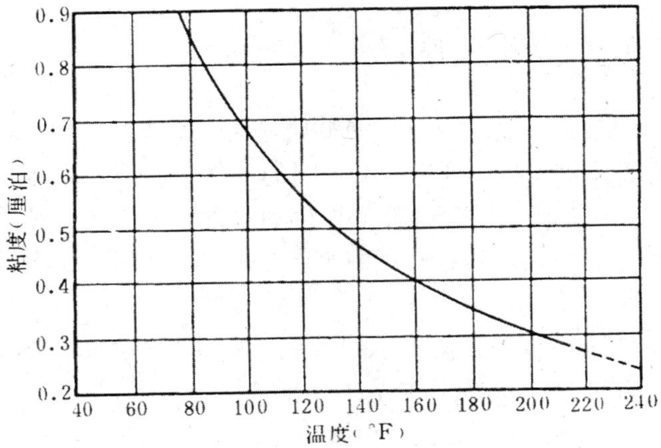

图 27.10 温度对水的粘度的影响

游离氧消耗完之后，喜氧细菌便死亡，厌氧细菌吞噬海水中重要性居于第二位的阴离子，即硫酸根离子。在其作用当中，碳酸根还原为亚硫酸根离子，然后还原为硫化物离子；Eh 则降低到−600 毫伏，释放出 H_2S，当 pH 上升到 8.5 以上时 $CaCO_3$ 沉淀下来。

9.溶解气体

油田盐水中含有大量的溶解气体。这些气体当中的大多数是烃类；不过其它气体，如CO_2、N_2和H_2S也常常存在。这些气体的溶解度一般随水的矿化度增加而减小，并随压力增高而增大。

美国墨西哥湾沿岸地区从含水地层中用钻杆测试采集了数百个盐水试样，经过化验测定其中烃的种类和含量[20]。溶解气体的主要成分通常是甲烷，还测出有一定数量的乙烷、丙烷和丁烷。在一个给定的地层中溶解烃的浓度一般随深度而增高，并且随着区域性和局部性变异还向着盆地的方向而增高。在接近某些油田的地区，水中富含溶解烃，在某些地方观察到每桶水中的溶解气含量高达14标准英尺^3。关于这个题目更为详细的讨论见第22章。

10.有机成分

除了简单的烃类，大量的有机成分以胶体、离子和分子形态存在于油田盐水中。近年来这一类有机成分中已有一些被定量测定。不过，尚有许多有机成分还没有在一些油田盐水中被测定出来，主要是由于化验十分困难而且费时间。

知道溶解的有机成分是十分重要的，因为这些成分与原油聚集的来源和（或）运移有关，也还与原油的分解或变质有关。油田盐水中有机成分浓度的变化范围很广。一般来说，水的碱性越大，其中所含有机成分的浓度就越高。有机物的主体是有机酸的阴离子和盐类；不过其它化合物也存在。

有关苯、甲苯和其它成分在油田盐水中的浓度数据可用于油气勘探。在这一类化合物中已经测定了某些化合物在环境条件下在水中的溶解度和在升高的温度和压力下在盐水中的溶解度[83, 84]。

然而，这些化合物和其它有机成分在地下油田盐水中的实际浓度是另一回事。通过实验已经证明，如果保持系统的压力，原油中某些有机化合物的溶解度将随温度和压力而增高。温度超过150℃时，溶解度的增高便变得可观。水的矿化度增高，则溶解度降低。和石蜡基原油伴生的水有可能含脂肪酸，而和沥青基原油伴生的水则有可能含环烷酸。

从油田盐水中定量回收有机成分是困难的。温度和压力的变化、细菌的作用、吸附作用以及在大多数油田盐水中无机成分多于有机成分，是为什么定量回收困难的一些原因。

六、化学分析的解释

油田水包括油田中所发现的所有的水或盐水。这种水有一些明显的化学特征。

大约世界石油储量的70%与溶解固体含量达100克／升以上的水伴生。溶解固体含量超过100克／升的水可以划分为盐水。与其余30%石油储量伴生的水含溶解固体含量低于100克／升。这一类水中某些几乎是淡水。然而，这些较淡的水通常是在石油聚集在圈闭构造中之后侵入的。

某些矿化度水例子可以在落基山地区怀俄明州的油田中找到，如Enos creek，South Sunshine和Cottonwood Creek。突尼斯的Douleb油田是另一个例子。

油田水中溶解固体的组成取决于几个因素。其中某些因素如下：沉积岩沉积环境中水的组成；沉积物压实过程中由于岩石／水的相互作用而带来的变化；水运移过程（要是发生的话）中岩石／水的相互作用带来的变化，以及和其它水（包括渗入如大气降水那种较为年轻的水）相混合带来的变化。以下是某些类型油田水的定义。

1.水的类型

大气降水　这是近些年来发生在大气循环中的水，而且“大气降水的年代与包围它的岩石的年代相比是微不足道的，仅仅是一个地质年代的一小部分”[14]。

海水　海水的组成稍有变化，但一般将具有以下相对组成（毫克／升）：氯离子19.375，溴离子67，硫酸根2712，钾387，钠10760，镁1294，钙413，锶8。

隙间水　隙间水是包含在岩石微粒之间的微小孔隙或空间之中的水。隙间水是同生的(和包围的岩石同时形成)，或是后生的（其起源是随后渗入岩石)。

原生水　原生这个名称表示一起生成的或者同源的。因此原生水或许应看作起源是同生的隙间水。这种定义的原生水是已知大气至少有一个地质年代的大部分时间没有发生接触的化石水。要是把原生水只当作和包围的岩石“一起生成”的，那便是一种不合适的限制[14]。

成岩水　成岩水是在沉积物固结成岩之前、当中和之后在化学上和物理上已发生变化的水。在成岩水中或在成岩水上发生的一些反应包括细菌作用、离子交换、交代作用（白云岩化）、渗滤作用和膜过滤作用。

地层水　地层水定义为岩石中天然存在并且就在钻入之前存在于岩之中的水。

初生水　初生水是原始岩浆中的或来自原始岩浆的水[14]。

凝结水　和天然气伴生的水有时呈水蒸汽被带到井筒表面，由于温度和压力变化而冷凝并分出。这种水大多数出现在冬季和天气较为寒冷的时候，并且只发生在气井。这种水很容易识别，因为其中溶解固体含量较低，并且大多是与气井套管或采气管内或其上面的化学物反应而生成的。

水的化验可用来鉴定水的来源。在油田上水化验的主要用途之一是确定油井中外来水的来源，以便下套管并固井防止外来侵入生产层。在某些油气井中，套管或水泥环可能破损，水的化验可用来鉴别含水层，以便补偿破损处。由于当前强调防止水的污染，找出污染盐水的来源，采取补救措施，是十分重要的。

水化验数据的对比是十分繁琐和费时间的；因此通常采用图解法以便作出肯定、快速的鉴别。已编制出一些图解方法，它们都有某些优点。

2.作图

将各种离子的反应值标绘作图可以说明所存在的每一种基团的相对数量。图解方法是一种辅助手段，可快速将水鉴别并分类。已编制出一些图解方法。

Tickell图　Tickell图是采用一种六轴线系统或星形图制成的[85]。各种离子反应的百分数在轴线上标绘。反应值百分数的计算是先将所有的离子的当量质子质量（EPM）相加，将某个离子的EPM除以所有EPM之和，再乘上100。

不取反应值百分数，而标绘总反应值，在水的鉴别中常常更为有用，因为反应值百分数并没考虑实际离子浓度。只在溶解成分的浓度上有所差别的水是无法区分的。

Reisetle图　Reisetle用离子浓度将水的化验结果作图[86]。数据标绘在一张垂直图形上，中间是零线，阳离子标在零线以上，阴离子在零线以下。这种图形常常用于区域对比研究某个地层中水的横向变化，因为数次化验结果可以标在一大张纸上。

Stiff图　Stiff将各种离子的反应值标绘在直角座标上[87]。阳离子标绘在垂直零线之左边，阴离子在其右边。然后将端点连成直线，形成一个封闭图，有时称为“蝴蝶图”。在要突出一个或许是解释的关键的成分时，可以把离子分数的分母改变，通常乘以10的倍数，来改变刻度。不过，要是考查一组水样，这一组水样必须在相同刻度上标绘。

许多研究人员相信这是对比油田水化验结果的最好方法。这个方法简单，非技术人员也容易培训作图。

其它方法 还编制出了其它一些水的鉴别图，主要用于淡水，此处不作讨论。Stiff 图和 Piper 图[87, 88]已由 Morgan 等[89]以及 Morgan 和 McNellis[90]用于自动数据处理。Piper 图用一种多元三线性曲线图描绘水的化验结果。这种四元图以阳离子和阴离子表示水的化学组成[88]。Angino 和 Morgan 已将自动化 Stiff 图和 Piper 图用于若干油田盐水，并取得了好的结果[91]。

七、油田水的分布、起源和演化

现在由层状沉积物组成的沉积岩原先是在洋、海、湖、河中作为沉积物沉积下来的。自然，这些沉积物是饱含看水的。这种水仍存在于层状沉积物中，百万年后可被看作其正的原生水。

许多大型的沉积地层原来是与海洋伴生的。因此原来的伴生水在这种沉积物中是海水。由湖河形成的沉积物在其最初沉积时间不含海水。然而，随着时间迁移和构造运动，加上海进和海退，即便这些沉积物也可能因渗滤作用而进入海水。

不管怎样，由随着沉积物沉淀下来的有机物生成的石油，从通常所谓的“生油岩”运移到了孔隙性和渗透性更高的沉积岩中。石油，即油气，比水轻；因而趋向于浮在水体的上面，不管水是在地上还是在地下。

因此，在地下储层中与石油伴生的水称为油田水。根据这个定义，任何与石油矿产伴生的水都是油田水。

油田盐水来自何处这个问题很难以一种通用的方式回答。形成盐水的水和溶于其中的成分可能有不同的历史。那里有地下水，或者是因为它本来就在那里，或者是因为它从地表渗滤到地下。如果它本来就在那里，它是内生水。而如果它从地表渗入地下和（或）随着沉积物的聚集而进入的，它便是外生水。

显然，这两类水在地下相遇而混合，于是混合而成的水来自不同来源。如果涉及不止一种外生水，问题便会更加复杂。

油田盐水的化学组成是若干变量的最终结果。这些变量包括（1）溶解的离子、盐、气体和有机物；（2）这些溶解成分之间的反应；和（3）盐水和周围岩石、石油等之间的反应等等。有一些有关的反应能使地下油田盐水的组成改变，如岩石的淋溶，水和岩石之间的离子交换，氧化还原作用，矿物的水化，矿物的形成和（或）溶解，离子扩散，离子的重力分离，膜过滤或其它渗透作用等。

很难将这些因素排队，说明哪一个因素在一般考察中更为重要。不过，较为重要的因素中有两个，它们可能是水的原始组成和水与岩石的相互作用。如果假定原始的水是海水并且伴生的沉积物（随后是沉积岩）是海相的，那么海水的原始组成便是一个重要因素。

然而，即使不同海洋的含盐度也不是恒定不变的。例如几大洋的含盐度是从 33000 到 38000 毫克／升，地中海大约为 40000 毫克／升，红海高达 70000 毫克／升，黑海大约 18000 到 22000 毫克／升，波罗的海只有大约 1000 毫克／升。有些陆围海，如死海，大盐湖等其中的水几乎为溶解固体所饱和。

对西部加拿大沉积盆地中地层水的研究表明，地层的 85%是在海相条件下沉积的，而 15%是在半咸水并且可能是淡水条件下沉积的[92]。这些研究者估计阿尔伯达省所有沉积地层的 80%是在海相条件下沉积的。这就可以得出结论，即可以假定所有的沉积地层原先含有海水，这样假定不会有大的误差。

此外，该研究还表明，有几个地层单元中蒸发盐在体积上占很大一部分。有一些地层单元可能在岩盐沉淀之后但在钾盐沉淀之前含有卤水。他们计算了地层水的平均含盐度，总溶解固体含量大约为 46000 毫克／升，说明溶解的盐类有所增加。全部主要成分和一些次要成分，除 Mg 和 SO_4 外，都有所增加。

析因分析用来解释化验结果，认为是起控制作用的因素有：原始海水的组成、淡水补给的稀释、膜过滤、岩盐溶解、白云岩化、硫酸根的细菌还原、绿泥石的形成、粘土上的阳离子交换、有机物的作用以及溶解度关系等。

研究做出的结论是：(1) 西部加拿大的地层水是古海水，其氘浓度由于和渗入淡水混合而改变；(2) 氧−18 和岩石中的碳酸盐发生交换；和 (3) 溶解的盐类在因膜过滤发生重新分布和（或）淡水补给的稀释作用之后和岩石基质处于平衡状态。达到平衡是由于以下过程的作用，如蒸发盐的溶解，新矿物的形成，粘土上阳离子的交换，离子从粘土和有机物脱附，以及矿物的溶解度。

在发表的研究报告中，绝大多数看来都同意，在建立油田盐水的组成中涉及到所有这些控制因素和（或）反应。此外，大多数研究者还同意这一假设，即海水通常是地层水由其演化而来的原始物质的一部分。不过关于地层水如何演化，意见并不一致。主要的分歧涉及膜过滤理论和浓缩溶解固体的其它方式，如海水蒸发作用。

有可能重新建立某些油田盐水在沉积盆地中的演化过程，如果认为它的成因是和蒸发盐有关的话。例如，对某些非常浓缩的盐水的地球化学和地质研究表明，在深部宁静水体中，浓卤水能在一层接近正常海水之下保持相当长的时间。结果，碳酸盐会从较淡的盐水中沉淀出来，并且落到底部的卤水中，并且随着压实过程的进行，孔隙空间仍继续充满卤水。有些化石盐水一旦被圈闭，就不会移动很远或者很快。

可以建立一个地球化学模型来代表这种盐水的起源和演化，所采用的是较为简单的操作和过程。(1) 蒸发；(2) 沉淀；(3) 硫酸根还原；(4) 矿物形成和成岩；(5) 离子交换；(6) 淋溶；(7) 压实过程中隙间流体从蒸发盐中被逐出。

实验工作表明海水中大约 14%的溴化物在海水蒸发时随同岩盐而沉淀下来。Smackover 盐水中溴化物的平均浓度是 3100 毫克／升。因此，这些盐水的平均浓度是海水的 $3100 \div 65 = 48$ 倍。假定海水被浓缩 50 倍，就可以计算出盐水的大致组成[26]。

1.泥岩压实和膜过滤

有些研究者认为油田水矿化度的变异是水通过泥岩过滤的结果[93]。De Sitter[94]首先提出膜过滤理论。实验室实验表明，天然泥岩能起到半渗透膜的作用[95, 96]。在天然存在的这种体系中能使得水在泥岩膜的一侧变得矿化度较高，而在另一侧变得矿化度较低，甚至几乎成淡水。这种现象是由于泥岩膜能在上游侧将溶解的离子过滤掉，使得下游侧的水含很少甚至没有溶解的离子。

2.采出水的数量

对在 14 个州中随同原油采出的水的大致数量做了分析。以下列出各州的名称和其在 1981 年美国全国原油产量中占有的百分比：亚拉巴马 0.3%，阿拉斯加 19.9%，加利福尼亚 11.7%，科罗拉多 1.0%，佛罗里达 1.4%，路易斯安那 13.4%，蒙大拿 1.0%，密西西比 1.2%，内尼布拉斯加 0.2%，新墨西哥 2.3%，北达科他 1.4%得克萨斯 31.2%，犹他 0.8%

和怀俄明 4.2%。

图 27.11 表明从 14 个州的油井中采出的油和水量。图 27.12 是除阿拉斯加以外另 13 个州的类似的一幅图。这个图表明采出量之比约为 5.2 桶水／桶油。此外，还可看出随着累计石油产量的增加油井采出了更多的水。换言之，油井越老，水油比越高。

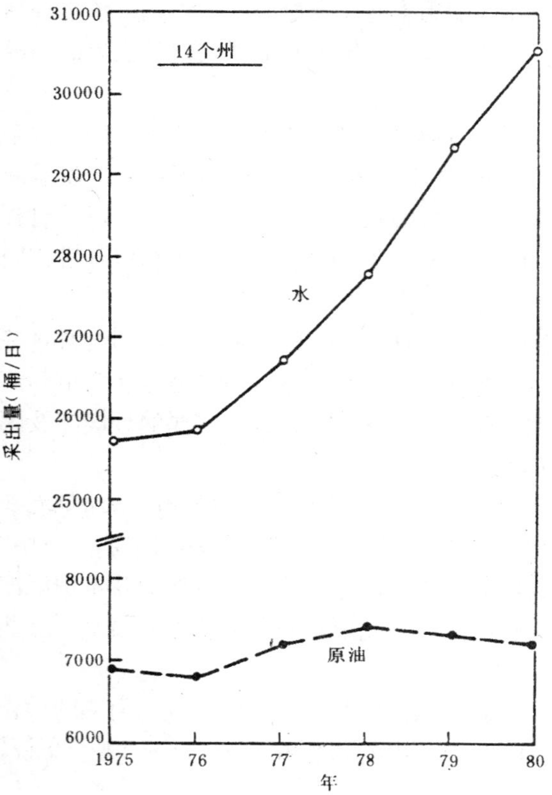

图 27.11 从包括阿拉斯加在内的 14 个州油井中采出的油和水（×1000 桶／日）

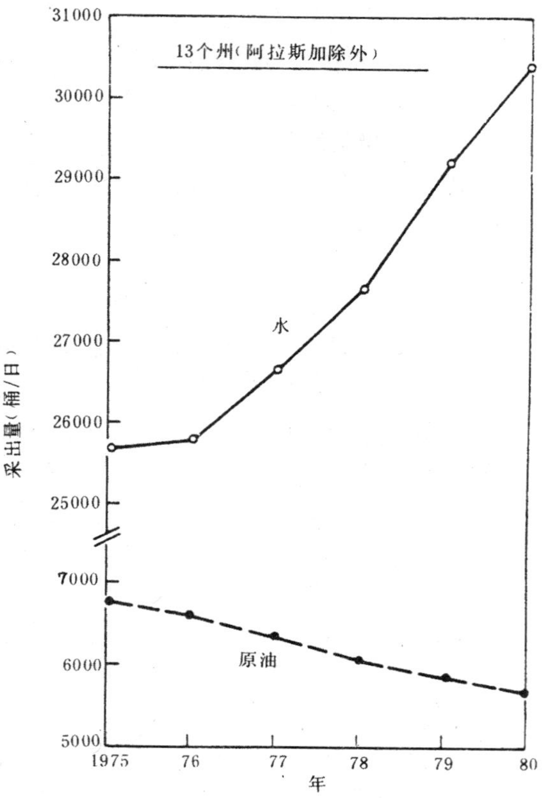

图 27.12 阿拉斯加以外的 13 个州油井中采出的油和水（×1000 桶／日）

八、从盐水中回收矿物

从油田盐水中提取矿物在开采设计时即予考虑，其目的是：(1) 回收勘探开发费用；(2) 防止盐水造成环境损害；(3) 生产饮用水；(4) 保护所有有价值的矿物和能源。

沉淀法是将矿物从任一种盐水中分离出来的最常见的分离方法。从美国盐水中回收的矿物包括碘、溴、氯、钠、锂、钾、镁和钙等的化合物。

将盐水蒸发会使碳酸钙、硫酸钙、氯化钠、硫酸镁、氯化钾和氯化镁沉淀出来。这些是大多数盐水中的主要化合物，以上是这些化合物沉淀的先后次序。单单沉淀还不能从盐水中产生水非常纯的化合物，因此还要用其它的化学或物理方法。

例如，以碘化物形态在盐水中存在的碘是由以下步骤回收的：(1) 将碘化物氧化成碘；

(2) 从盐水中将碘汽提出来；(3) 将碘再还原成碘化物；(4) 再将碘化物氧化成碘；(5) 将碘结晶并过滤；和 (6) 进一步提纯碘结晶。

溴是由一个类似的当然并不相同的过程回收的。溴在盐水中是作为溴化物存在。美国矿务局年鉴[97]中载有关于一般回收工艺、国内的生产、消费和使用、价格、库存等资料，包括从盐水中回收的矿物和从其它来源回收的矿物。

四十多年来主要是为了从盐水中生产碘而建造的第一家工厂在1977年在俄克拉何马州Woodward附近投产。其设计能力为二百万磅质量碘／年，大约美国全年需求量的30%。一些规模较小的回收碘的操作于1982年在俄克拉何马州Kingfisher附近开始。

有几家工厂在亚利桑那州El Dorado附近从盐水中回收溴和其它成分。盐水是从Smackover地层采出的。

镁和其它化合物是在犹他州Ogden附近、密苏里州Ludington，得克萨斯州Freeport和佛罗里达州Port St.Joe的几家工厂从盐湖水、井盐水和海水中回收。锂是在内华达州Clayton Valley附近的工厂中从盐水中回收[98]。

经济评价　市场需求确实随供应而波动；因此任何公司若要打算从盐水中回收矿物应对当前和未来的经济作深入研究。必须确定的一些因素有：(1) 盐水中有价值矿物的浓度；(2) 能被利用的盐水数量；(3) 收集盐水的费用；(4) 从盐水中回收矿物的费用；(5) 当前和未来对回收矿物的市场需求；和 (6) 将矿物送往市场的费用[26]。

参 考 文 献

1. Rogers, W. B. and Rogers. H. D.: "On the Connection of Thermal Springs in Virginias with Anticlinal Axes and Faults," *Am. Geol. Rep.* (1843)323–47.
2. Howell, J. V.: "Historical Development of the Structural Theory of Accumulation of Oil and Gas." W. E. Wrather and F. H. Lahee (eds.). AAPG.: Tulsa (1934)1–23.
3. Dickey, P. A.: "The First Oil Well," *J. Pet. Tech.* (Jan. 1959)14–26.
4. Schilthuis, R. J.: "Connate Water in Oil and Gas Sands," *Trans.*, AIME (1938) **127,**199–214.
5. Torrey, P. D.: "The Discovery of Interstitial Water." *Prod. Monthly* (1966) **30,**8–12.
6. Griswold, W. T. and Munn, M. J.: "Geology of Oil and Gas Fields in Steubenville, Burgettstown and Claysville Quadrangles, Ohio, West Virginia and Pennsylvania," *Bull.*, USGS (1907) No. 318, 196.
7. Fettke, C. R.: " Bradford Oil Field, Pennsylvania, and New York," *Bull.* Pennsylvania Geologic Survey, Fourth Ser. (1938) **M21,** 1–454.
8. Munn, M. J.: "The Anticlinal and Hydraulic Theories of Oil and Gas Accumulation," *Econ. Geol.* (1920) **4,** 509–29.

第二十八章　水–烃体系的相态

Riki Kobayashi，Rice U.❶　　　　胡乃人　译
Kyoo Y.Song，Rice U.
E.Dendy Sloan，Colorado School of Mines

一、引　　言

水与烃两者在油气藏中和在产出状态下同时存在是一种正常现象。即使饱含水的油气流进入油管，通常在降温后也会使低互溶的各相分离。然而，水和烃的互溶性在产出流体的处理过程中是极其重要的。在油气藏中，它们之间的互溶性随温度的升高而增大。温度的升高可能是由于油气藏深度的增加，也可能是蒸汽驱作业中由于外加热的结果。因此，确定平衡各相中饱和水的含量是本章的主题。尽管共存的各相很少是纯的，但这些共存相有可能是气 G，富含烃的液体 L–[HC]，富含水的液体 L_w 或水合物 H。在使用 CO_2 提高原油采收率过程中会出现富含 CO_2 的液相，并把它定为 L_{CO_2}。

二、烃–水的一般相图和平衡数据源

对给定的油、水、气混合物确定在任何给定的压力和温度下处于平衡状态的各相，对油藏工程师具有重要意义。预测处于平衡的各相的范围、组成和其它平衡特性是热动力学计算的课题。如果已知混合物中的组成数和共存的相数，应用 Gibbs 相律就可以得出[1]为描述该体系（从热动力学上）所必须说明的自变量数。该相律规定，确定该体系所需的“自由度”数或自变量数 F 等于组成数 C，减去相数 P 再加 2，或 $F=C-P+2$。给出这一重要关系式的几个实例汇总列于表 28.1。

表 28.1　自由度汇总及其意义

组分数	平衡相数	表示状态各轨迹所需的自变量数
1	1	2
1	2	1
1	3	0
2	2	2
2	3	1
2	4	0
3	3	2
4	4	1

❶1962年版本章的作者是John J.Mcketta和Albert H.Wehe。

相律基本上为用于各平衡方程的一个“代数律”，因而并不说明哪些相处于平衡或这些相的平衡含量。然而它在有关平衡各相及其关系式的知识结构中具有重要价值，并且应当经常遵守和应用。

二元烃-水体系的单变量共存线的压力—温度投影是汇总表示该体系相态的唯一方法。甲烷—水体系是一个气体临界点远落在冰点以下的体系。在高压下，即使处在中等温度，也形成固体水合物。该体系的压力-温度投影由图 28.1 给出[2]。对油气生产工程师具有特殊意义的是 L_w-H-G 线的精确位置或形成水合物的初始条件。由于天然气的组成是变化的，L_w-H-G 线通常取决于组成。

图 28.2 表明在高于甲烷临界压力的恒压下，甲烷—水二元体系的饱和条件的恒压轨迹。该相图的主要特征有：富含水的液相中的溶解气含量（亦即，在第 4 点处），平衡露点轨迹，沾水平线 7—2—5—6 的形成水合物的初始温度，以及低于形成水合物初始温度并低于稳定露点线的平衡和准稳定露点轨迹（线 7—8）。甲烷平衡露点水含量的定义已由 Olds 等人[3]确定，而水合物初始形成条件的定义则已由 Villard[4]、Deaton 和 Frost[5]、Kobayashi 和 Katz[2]以及 Marshall 等人[6]确定。

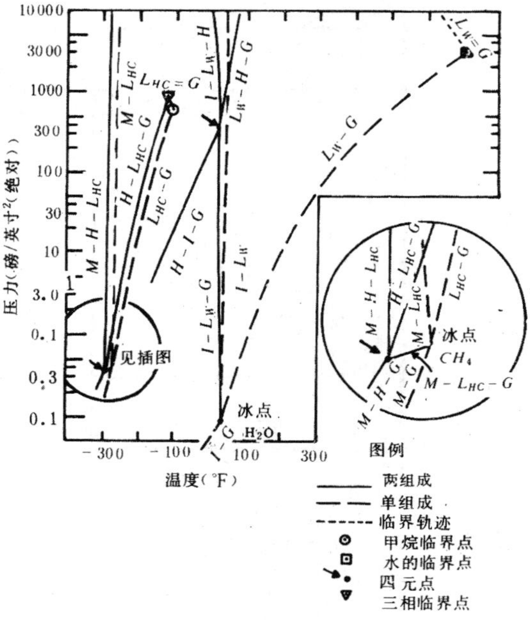

图 28.1 甲烷-水体系中单变量多相平衡的压力-温度投影

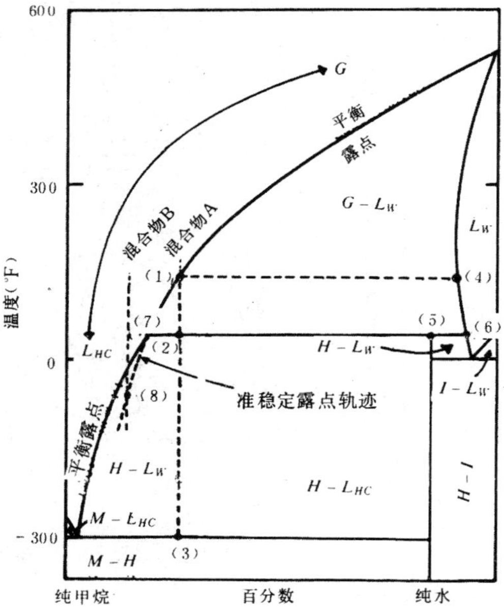

图 28.2 压力大于甲烷的临界压力时甲烷—水体系的恒压轨迹

气体-水合物平衡轨迹的定义，与大部分露点图中所错误报道的准稳定平衡轨迹不同，已由 Sloan 等人作了报道[7]。气体水合物组成或甲烷的水合物数已由 Galloway 等人[8]顺利地进行了测定，Satio 等人[200]及 Parrish 和 Praunitz[10]以及其他后继的工作者应用了测定结果，发现与 Vander Walls 和 Platteuw[9]的统计力学理论基本一致。

所提出的第二类压力-温度投影是用于丙烷-水体系，在该体系中烃的临界温度高于冰点。由于水相和富含烃相都具有低的互溶性，因而在诸如丙烷那样的可凝烃类的蒸汽压力附

近发生三相 $H-L_w-G$ 条件。

图 28.4 介绍压力低于丙烷临界压力时图 28.3 的恒压轨迹（Kobayashi[11]）图 28.2 和图 28.4 之间主要的质的差别在于在后一图中存在一个 $L_{HC}-G$ 区，而在前一图中，至少在中等温度下，该区不存在。需要指出的是，在图 28.4 的 $L_{HG}—G$ 区中，气相的水台量比在同样温度下平衡液相中的水含量大。相反，在 $G-L_w$ 区中，饱和气中的水含量甚至比富含平衡水的液相中的水含量还要少。

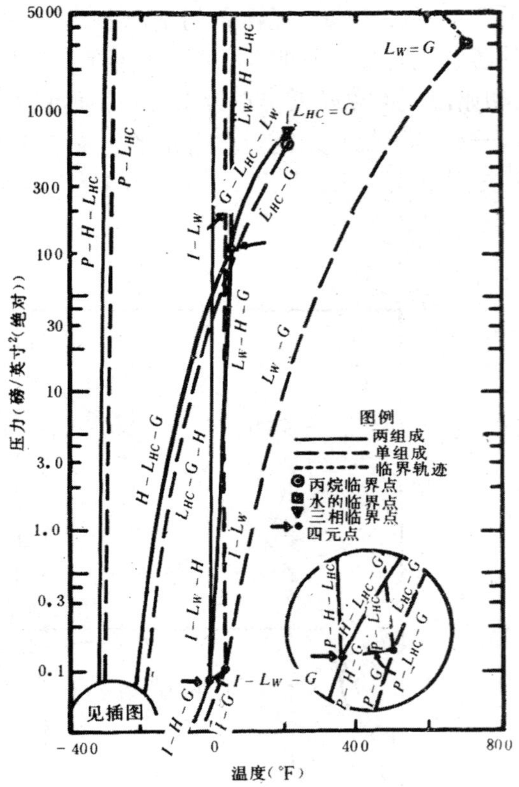

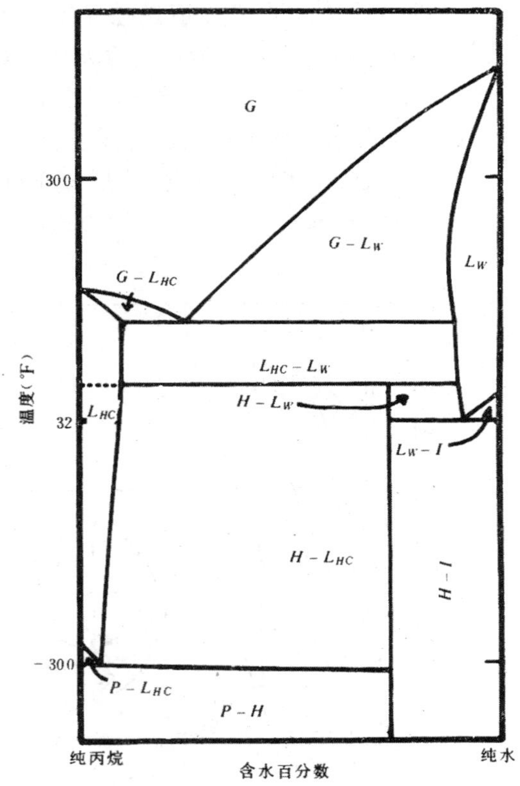

图 28.3 丙烷-水体系中单变量多相平衡的压力-温度投影

图 28.4 压力小于丙烷临界压力时丙烷-水体系的恒压轨迹

由于甲烷和丙烷分子大小之间有差别，甲烷水合物（结构 Ⅰ）和丙烷水合物（结构 Ⅱ）的水合结构很不相同。

应用诸如图 25.2 和图 25.4 这样的相图，有可能画出该体系温度降低时会遇到的各种不同组成混合物的相变轨迹。需要着重指出的是，水合物会直接从流体烃相（即在低含水组成中不存在游离水液时）中直接形成，如 Cady[12] 所示，其条件是：温度要足够低，存在湍流或平衡时间长。图 28.2（线 7—8）所示的准稳定露点线可能是在某些情况下达到给出平衡的伪象或准稳定指标，而不是真正的平衡状态（Kobayashi 和 Katz[13]）。

有关油气生产的水-挥发性气体系的文献列于本章末的参考文献中。这些文献分别属于甲烷-水体系（参考文献〔3〕和〔14〕～〔44〕），天然气-水体系（参考文献〔13〕和

〔45〕～〔52〕)，CO_2–水体系（参考文献〔31〕、〔44〕和〔53〕～〔96〕）和氮–水体系(参考文献〔24〕、〔31〕、〔33〕～〔36〕、〔62〕和〔97〕～〔120〕)。有关其它的二元和三元烃–水体系的参考文献列在一般参考文献中。

有关水合物–挥发性气体系的文献分别属于甲烷–水体系（参考文献〔2〕、〔4〕、〔6〕～〔8〕及〔121〕～〔129〕)、天然气–水体系（参考文献〔126〕和〔130〕～〔135〕）CO_2–水体系（参考文献〔5〕和〔136〕〔139〕）以及氮–水体系（参考文献〔6〕、〔140〕和〔201〕)。有关其它的二元和三元烃–水合物体系的文献列在一般参考文献中。

正如用于甲烷—水体系和丙烷—水体系的图 28.1 至图 28.4 所示，这些体系的相态因存在多相平衡，包括存在诸如水合物和冰那样的固态而复杂化了。在油气生产中，水合物特别令人讨厌，因为它会在温度高于冰点和体系中水含量相当低的情况下形成固态的水合物。图 28.5 示出不同的二元烃–水体系的单变量三相轨迹，并表明这些体系的临界水合物形成轨迹(实线)。

可凝体系富含烃相水含量的可变性可能最好用图 28.6 来说明。该图表明丙烷—水体系中富含丙烷相中的水含量。在低压气区，水含量主要是由水的蒸汽压力决定的，而在冷凝丙烷区内，水在富含丙烷液相中的可溶性则是由烃对水的强烈排斥决定的，这种排斥作用是冷凝烃相氢键的彻底破裂能力引起的。这一现象可进一步用图 28.7 来说明。图 28.7 为在烃分子的中等压力下水的活度系数与温度的综合图。烃分子的变化范围为从丙烷到重至石脑油和 SAE（美国汽车工程师学会）20 号润滑油的液体[141]。图 25.7 还表明，在较高的温度下，水开始增大与烃类的混相，并对中等分子量变化范围的烃类报道了全部混相的条件。与高压蒸汽驱有关的这一现象如图 28.8 所示。该图给出了它们的三相混相条件[142]。

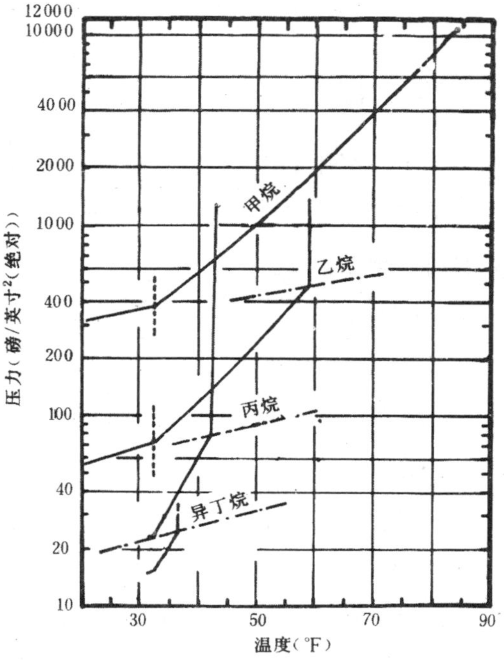

图 28.5 石蜡族烃的水合物形成条件

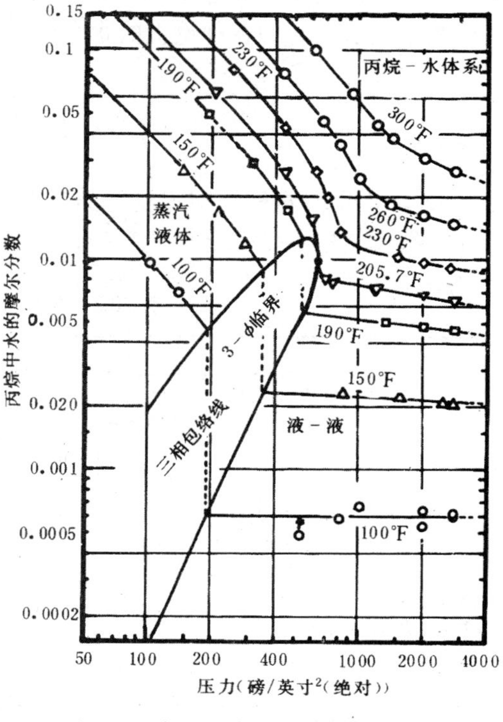

图 28.6 在两相或三相区内富含丙烷的流体相中的水含量

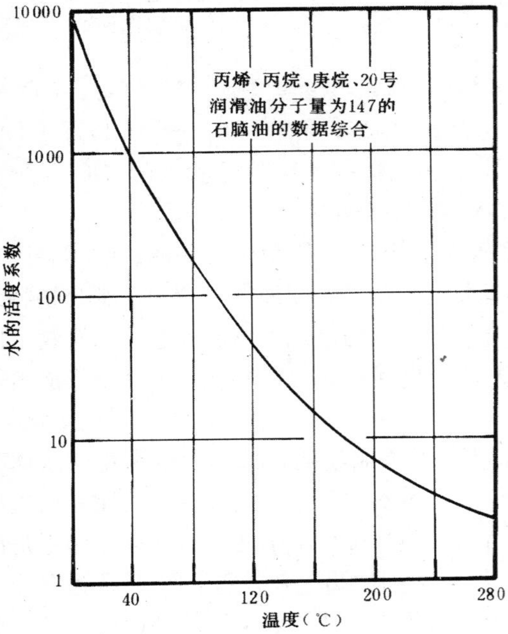

图 28.7　烃体系中水的活度系数综合图

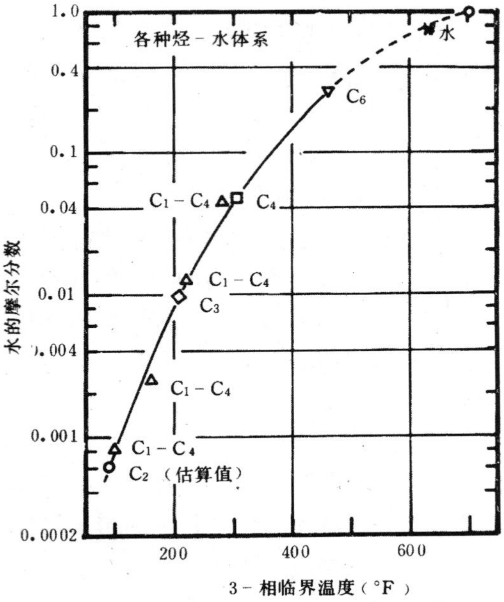

图 28.8　三相临界条件下富含烃相的组成

除流体冷凝相外，随着温度的升高和压力的下降，非极性分子和分子大小适宜的弱离子化分子形成固态的气体水合物。Davidson[143]提出了水合物各种形成物大致的分子直径和结构类型，以及它们在理论上的水合化学方程。

三、水合物的稳定性条件

表 28.2 介绍两种已知水合物晶格的物理数据，它们是金刚石型或结构Ⅱ型水合物及体心立方型或结构Ⅰ型水合物。有些分子，例如环丙烷，由于其临界尺寸，可在较高的温度下

表 28.2　两种已知水合物晶格的物理数据

	结构Ⅰ型	结构Ⅱ型
单位晶格的水分子数	46	136
单位晶格的空穴数		
小	2	16
大	6	8
空穴半径，r_c		
小	3.97	3.91
大	4.30	4.73
这一结构的每一空穴中形成的典型气体	甲烷① 乙烷①	丙烷② 异丁烷② 正丁烷② 新戊烷②

①小；

②大。

使Ⅰ型和Ⅱ型两种水合物结构保持稳定，但仅能在较低的温度下使结构Ⅱ型保持稳定，其相变温度处在这两种温度之间（见 Sloan[144]）。

1.估算初始的水合物形成

当存在液态水时，水合物稳定性条件的估算，L_w–H–G 平衡轨迹，能用不同的方法估算。

不含硫天然气体系法 对不含硫天然气体系、初始的水合物形成条件可用压力、温度和气体比重作为参数进行计算（见 Katz[145, 146]），如图 28.9 和图 25.10 所示。应用这些图的天然气混合物应当与绘制这些图所用的天然气混合物类似。绘制这些图所用的数据取自以下作者的论文，即 Deaton 和 Frost[5]、Wilcox 等人[135]、Kobayashi 和 Katz[2] 以及 Katz[145]。相当于图 25.9 中气体比重的天然气组成列在表 28.3 中。应当指出，应用这些相关曲线时不容许气体中有 H_2S 或 CO_2 含量。

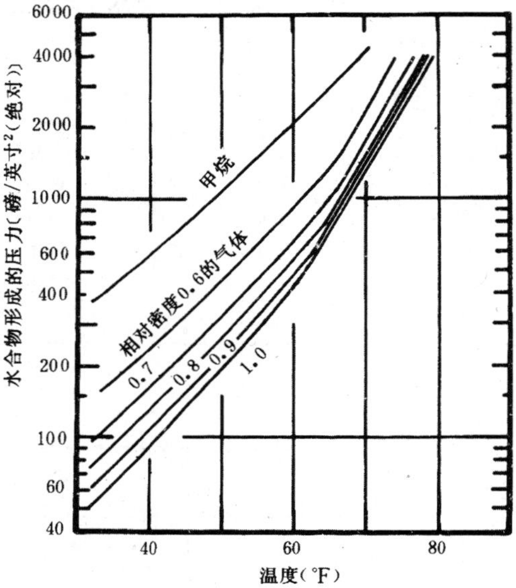

图 28.9 天然气初始形成水合物的条件与气体比重变化的关系

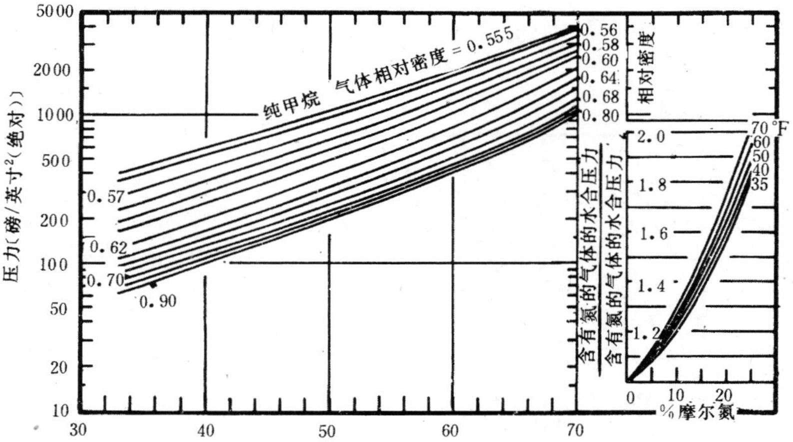

图 28.10 初始的水合物形成条件

蒸汽固体平衡比法 第二种方法涉及用于气–液–水合物平衡的蒸汽–固体平衡比的推导和应用（Carson 和 Katz[147]，Unruh 和 Katz[139]，Noaker 和 Katz[148]，Robinson[149]，以及 Robinson 和 Ng[150]），如图 28.11～图 28.16 所示。蒸汽–固体 K–值的推导包括甲烷与其它气体混合物的实验水合物形成条件并假设水合物可作为固态溶液处理。事后认识到这是一项卓越的假设。蒸汽–固体 $K_{i\ (v-s)}$ 值可用于计算水合物的霜冻点，以直接模拟露点计算:

表 28.3　图 28.9 中的天然气典型组成和相应的气体比重

	摩　尔　分　数				
CH_4	0.9267	0.8605	0.7350	0.6198	0.5471
C_2H_6	0.0529	0.0606	0.1340	0.1777	0.1745
C_3H_8	0.0138	0.0339	0.0690	0.1118	0.1330
$i\text{-}C_4H_{10}$	0.00182	0.0084	0.0080	0.0150	0.0210
$n\text{-}C_4H_{10}$	0.00338	0.0136	0.0240	0.0414	0.0640
$C_5H_{12}^+$	0.0014	0.0230	0.0300	0.0343	0.0604
比重计算	0.603	0.704	0.803	0.906	1.023

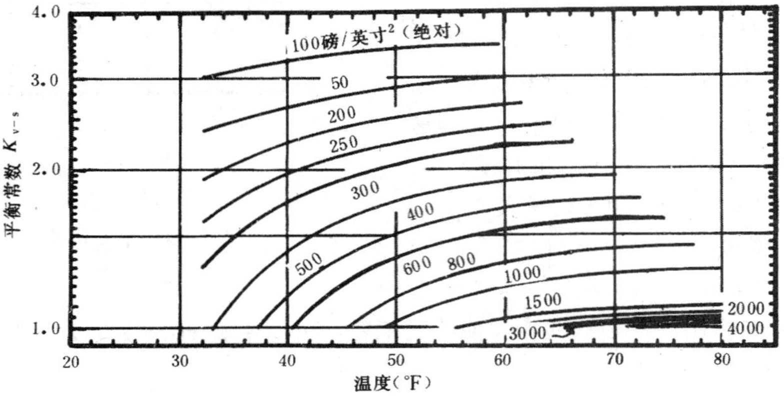

图 28.11　甲烷的蒸汽–固体平衡常数

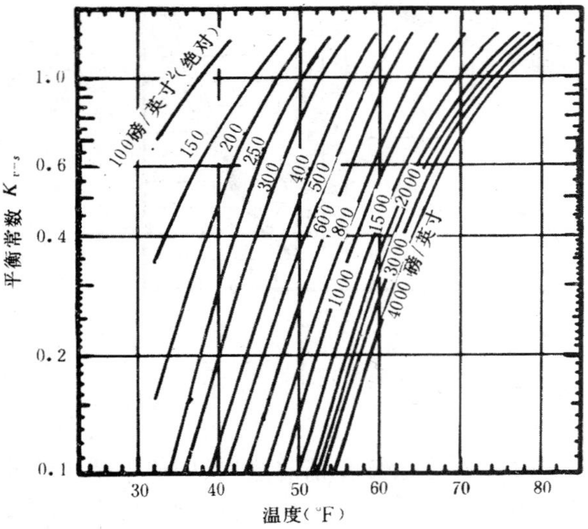

图 28.12　乙烷的蒸汽–固体平衡常数

$$K_{i\,(v-s)} \equiv \frac{y_i}{x_i}$$

式中 $K_{i\,(v-s)}$ 为组分 i 的蒸汽–固体平衡值，y_i 为组分 i 在蒸汽相中的摩尔分数，而 x_i 为组分 i 在固相中的摩尔分数，所以

$$\sum_{i=1}^{n} y_i / K_{i\,(v-s)} = 1.0 \qquad (1)$$

一个复杂混合物的实例计算示于表 28.4[144]。正如所建议的那样，正丁烷的 K–值在数值上可取乙烷的值。

吸附统计力学法　第三种估算初始水合物形成的方法包括把统计力学应用 (Van der Waals 和 Platteeuw[5]) 于明确定义的水合物晶架。这种水合物晶架的定义是由 Stackeberg 和 Muller[152, 153] 以及其

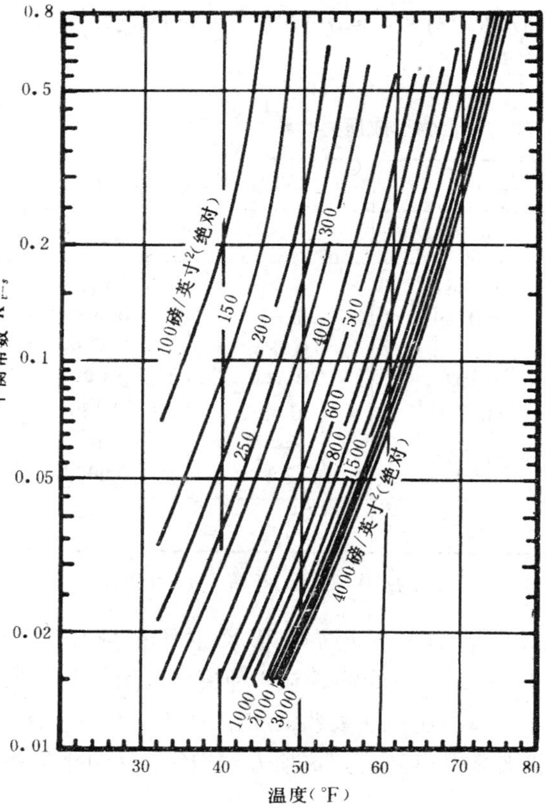

图 28.13 丙烷的蒸汽-固体平衡常数

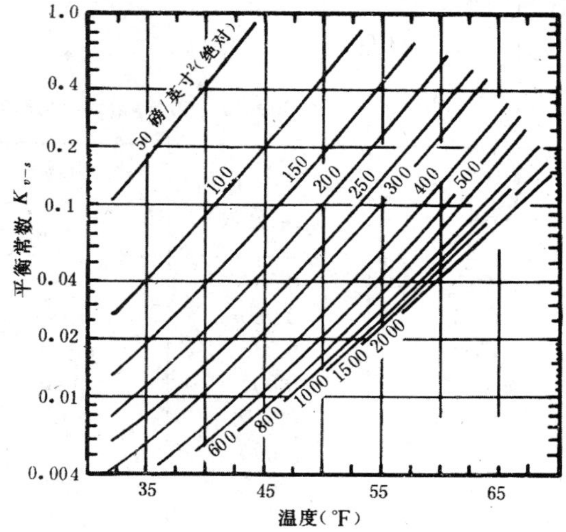

图 28.14 异丁烷的蒸汽-固体平衡常数

他人用 X-射线结晶学确定的。Marshall 等人[6]曾把 Van der Waals 和 Platteeuw 的理论用于预测温度高于冰点时各种纯气体的初始水合物形成，以后又由 Satio 和 Kobayashi[154]把该理论用于二元混合物。Nagata 和 Kobayashi[155]根据 Mckoy 和 Sinanoglu[156]早先的工作，曾用 Kihara

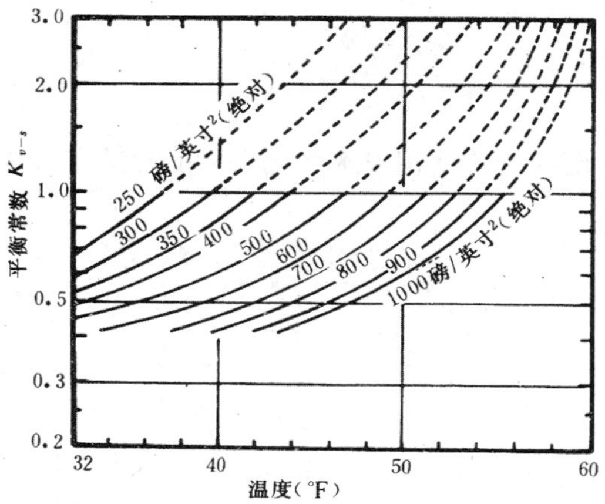

图 28.15 CO_2 的蒸汽-固体平衡常数

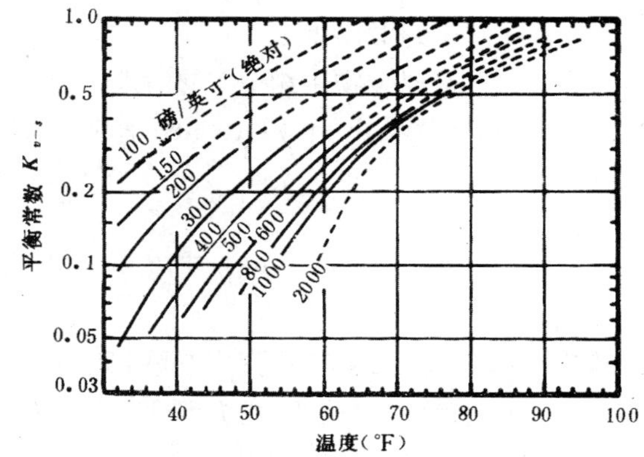

图 28.16 硫化氢的蒸汽-固体平衡常数

势能计算水合物的离解压力。一项更为简便的水合物分解条件的估算方法是由 Parrish 和 Praunitz[10]提出的他们应用了 Kihara 势能和 Van der Waals 和 Platteeuw[9]的方法。

用于水合物离解预测的计算机方法 Parrish 和 Prausnitz 的改进。[10] Van der Waals 和

Platteeuw 的方法由 Parrish 和 Prausnitz 作了改进后，比前一种方法略为复杂一些，但它具有两项重大优点：(1) 这些方程都和微观的水合物结构有关；(2) 模型的理论性质容许它扩展到 $G-L_w-H$ 区以外。

表 28.4　50°F 时一种复杂混合物的水合物形成压力计算①

	在气体中所占摩尔分数	300 磅／英寸^2（绝对）		350 磅／英寸^2（绝对）	
		K	y/K	K	y/K
CH_4	0.784	2.04	0.3841	1.90	0.4126
C_2H_6	0.060	0.79	0.0759	0.63	0.0952
C_3H_8	0.036	0.113	0.3186	0.085	0.4234
$i-C_4H_{10}$	0.005	0.046	0.1087	0.034	0.1471
$n-C_4H_{10}$	0.019	0.79	0.024	0.63	0.030
N_2	0.094	∞	0	∞	0
CO_2	0.002	3.0	0.0007	2.3	0.0008
总计	1.000		0.912		1.10

①线性内插的答案是 322 磅／英寸^2（绝对），试验观察到 50°F 时水合物形成压力为 325 磅／英寸^2（绝对）。

在 40 年代后期和 50 年代早期，对表 28.2 所示的分子结构用 X 射线衍射作了研究[152, 153]。结构的确定使 Van der Waals 和 Platteeuw[9] 能够研制一种模型，用于预测水合物在任何温度下的离解压力。他们所用的基础方程，在被认为非常相似于组分 1 和组分 2 混合物中组分 1 的化学势能基础方程之前，看起来显得很复杂。这项方程把组分 i 的化学势能 μ_{+i} 与组分 i 的活性相关起来，即：

$$\mu_i = \mu_i^0 + RT\ln a_i \tag{2}$$

式中　μ_i^0——纯组分 i 的化学势能；

R——通常的气体常数；

T——绝对温度；

a_i——混合物中组分 i 的活性。

Van der Waals 和 Platteeuw 曾应用理论推导出水合物结构中水的化学势能的类似方程如下：

$$\mu_{wH} = \mu_{wMT} + RT\sum_i n_{ci}\ln\left(1-\sum_j y_{ji}\right) \tag{3}$$

式中　μ_{wH}——充填水合物中水的化学势能；

μ_{wMT}——空的水合物中水的化学势能；

n_{ci}——基础晶格中每一水分子的 i 型空穴数。

y_{ji}——j 型分子对 i 型空穴的占有率。

右边的第二项解释该晶格的充填烃。y_{ji} 项用下式给出：

$$y_{ji} = \frac{C_{ji}f_j}{1+\sum_k C_{ki}f_k} \tag{4}$$

式中 C_{ji} 为每一尺寸的空穴中每一客体分子所独有的温度函数；f_j 和 f_k 分别为气相中 j 和 k 的逸度、k 的序列为从 1 到组分的数目。

逸度项用状态方程（EOS）如 Peng-Robinson 等状态方程（PREOS）[157] 确定。C_{ji} 函数可以用 Lennard-Jones-Devonshire 球形单元模型计算。客体分子与代表晶格的均匀球面之间的相互作用通常用 Kihara 势能函数描述。这一方法已由 Parrish 和 Praunitz [10] 作介绍。Kihara 参数可用单一或二元气体离解条件确定，然后可用于预测多组分气体的离解条件。适用于常用气体的 C_{ji} 由表 28.5 给出。

为了预测由液态水和气形成水合物的条件，必须满足以下条件：

$$\mu_{wL} = \mu_{wH} = \mu_{wg} \tag{5a}$$

$$T_L = T_H = T_g \tag{5b}$$

和

$$p_L = p_H = p_g \tag{5c}$$

式中 p 为绝对压力，而脚注 L、H 和 g 分别为液体水、水合物和气体。

方程（5a）可与方程（3）和（2）组合以得出

$$\Delta\mu_w = \mu_{wMT} - \mu_{wL} = -RT\sum_i n_{ci}\ln\left(1-\sum_j y_{ji}\right) + RT\ln a_i \tag{6}$$

表 28.5　用于水合物离解模型的参数

	结构Ⅰ型①	结构Ⅱ型②
$\Delta\mu_w$（T_o,p_o）（焦耳／摩尔）	1297	874
Δh_w（T_o）（焦耳／摩尔）	1389	1624.6
Δv_w（厘米^3／摩尔）	3.0	3.4

用于计算 260K 和 300K 之间的 Langmuir 常数的参数

$C_\mu = A/T\exp(B/T)$ 大气压$^{-1}$

	结构Ⅰ型 小空穴		结构Ⅰ型 大空穴		结构Ⅱ型 小空穴		结构Ⅱ型 大空穴	
	$A\times10^3$	B	$A\times10^2$	B	$A\times10^2$	B	$A\times10^2$	B
CH_4	2.7711	2752.8047	1.4865	2878.0682	2.1778	2713.4259	6.6777	2310.0682
C_2H_6	0.0	0.0	0.4071	3820.7119	0.0	0.0	2.9157	3277.9254
C_3H_8	0.0	0.0	0.0	0.0	0.0	0.0	1.3212	4506.9810
n-C_4H_{10}	0.0	0.0	0.0	0.0	0.0	0.0	0.0404	2687.9744
i-C_4H_{10}	0.0	0.0	0.0	0.0	0.0	0.0	0.0788	3083.9044
N_2	17.7986	1931.5130	5.7883	1669.2292	14.8724	2002.6644	15.6182	1319.4734
CO_2	1.5227	2943.9948	1.0242	3172.6655	1.1620	2837.3018	5.3986	2478.0545
H_2S	2.3458	3701.3170	1.3532	3739.3355	1.8306	3671.9126	6.4567	2976.4243

①Dharmawardnana [158]；

②Weiler [159]。

式中 $\Delta\mu_w$ 为纯水的化学势能差，而 a_i 则说明在正常情况下客体气体在水相中较小的可溶性。现在给定 T、p 和 f_i，即可用方程（3）和 Kihara 势能计算方程（6）中的 $\Delta\mu_w$。但是得出的 $\Delta\mu_w$ 值直到能与用下式得出的 $\Delta\mu_w$ 相拟合前是无用的。

$$\frac{\Delta\mu_w(T,\ p)}{RT}=\frac{\Delta\mu_w(T_o,\ p_o)}{RT}-\int_{T_o}^{T}\frac{\Delta h_w}{RT^2}\mathrm{d}T+\int_{p_o}^{p}\frac{\Delta V_w}{RT}\mathrm{d}p \tag{7}$$

式中　T_o——基准温度；

p_o——基准压力；

Δh_w——比焓差；

ΔV_w——比容差。

方程（7）对有关水合物的温度和压力变化校正标准的 T_o（℃）和 p_o（0 大气压）条件下的化学势能差即 $\Delta\mu_w(T_o、p_o)$。由 Dharmawardhana[158] 和 Weiler[159] 最近测得的 $\Delta\mu_w(T_o、p_o)$ 和 $\Delta h_w(T_o)$ 常数，以及用于 Langmuir 常数的参数均列在表 25.5 中。

2.确定水合物形成压力的步骤

确定给定温度下给定气体的水合物形成压力的步骤如下：

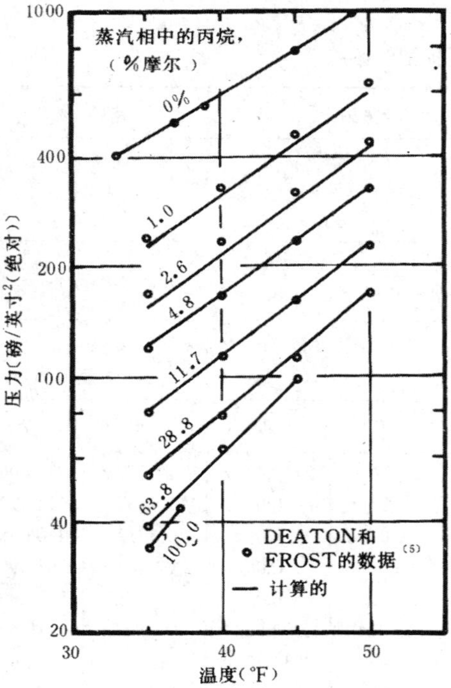

图 28.17　用于甲烷—丙烷—水体系的水合物形成条件

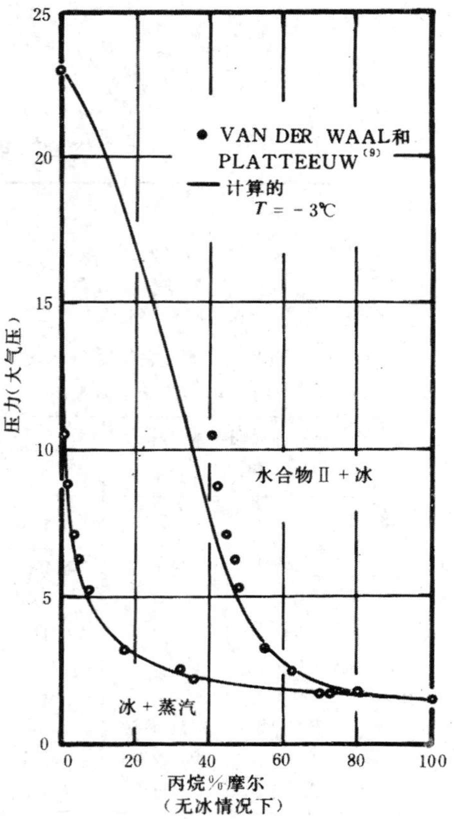

图 28.18　用于甲烷-丙烷-水体系的压力—组成图

(1) 估算一项压力 p。

(2) 在该估算压力下，对给定的温度及组分 j 的气体摩尔分数，用一项状态方程如 PREOS [157] 确定了的逸度。

(3) 用 Kihara 热能的 C_{ji} 值和方程（4）的 y_{ji} 值，确定方程（3）中的 $\Delta\mu_w$。

(4) 用表 28.5 的常数由方程（7）计算给定温度和估算压力下的 $\Delta\mu_w$。

(5) 如方程（6）和方程（7）中的 $\Delta\mu_w$ 值相等，则 p 值对水合物的形成是正确的。反之，则要估算一个新的 p 值并回到步骤 2。

执行以上步骤的计算机程序已由 Ng 和 Robinson 编写出来，并由天然气加工者协会（GPA）作商业性供应。由科罗拉多矿业学院 Erickson 和 Sloan [160] 编写的第二个水合物程序也由 GPA 供应。

图 28.17 说明，用于甲烷-丙烷体系时，该模型可以精确地预测三相数据。离解压力因增加 1%丙烷而急剧降低证明，如前所述，水合物已改变结构（从Ⅰ型变为Ⅱ型）。换言之，由于增加了少量的丙烷，在恒压下水合物的形成需要较高的温度。

图 28.18 同样证明模型在表明水合物剥夺丙烷气时的精确性。在 5 大气压下，当气相具有约 8%的丙烷时，因相具有 50%的丙烷。从图 28.17、图 28.18 以及典型的地温梯度出发，Davidson [161] 提出了以下的地下水合物条件。

向地层深部，会在相对浅的深度上遇到结构Ⅱ型水合物，直到水合物剥夺丙烷气的那个点为止。在取得结构Ⅰ型稳定性条件以前，不再会遇到水合物。从结构Ⅰ型区继续向下，遇不一水合物。最后，认为结构Ⅱ型区为富含丙烷的气体。

四、确定与水合物处于平衡时气体（或富含烃的液体）中的水含量

图 28.2 和 28.4 中 $G-H$ 和 $L_{HC}-H$ 线的位置确定了烃必须干燥以防止从气相中形成水合物的范围。在该区中水含量相对较小并难以测定。直到最近，气液区中的直线（水含量的对数与 $1/T$ 的关系）外推到气-水合物区还只有有限的试验证实是合理的。然而，正如 Kobayashi 和 Katz [13] 所证明的，热动力学告诉我们，这样的外推穿过了各个相边界，会得出严重的误差。这一观察结果，即直线外推到气—水合物区代表气与准稳定液态水的平衡，可以解释 Records 和 Seely [162] 所观察到的现场数据异常。实验室确认，与水合物处于平衡的气中的水含量应当大大不同于其外推值。关于这项确认，Sloan 等人 [7] 对甲烷水合物，Song 和 Kobayashi [163] 对甲烷-丙烷水合物已经作了证明。

在预测单一流体相，如与水合物处于平衡的一种流体的水含量时，其基础方程如下：

$$f_{wf} = f_{wH} \tag{8}$$

式中 f_{wf} 为流体相中的水的逸度，而 f_{wH} 为水合物相中水的逸度。

在此方程中，流体相中水的逸度用下式确定：

$$f_{wf} = y_w K_{wf} p \tag{9}$$

式中 K_{wf} 为水的逸度系数（由状态方程确定，在以前的一些出版物中，曾把 ϕ 用作逸度系数的符号），而 y_w 则为烃中水的摩尔分数。

y_w 值是这一问题的解，并规定为：给定自喷的烃处在 T 和 p 下，确定为防止水合物形成流体需要在多大程度上予以干燥。

方程（8）中 f_{wH} 的量由下式确定：

$$f_{wH} = f_{wMT} \exp\left(-\Delta\mu_w / RT\right) \tag{10}$$

式中 f_{wMT} 为空的水合物中水的逸度。

Ng 和 Robinson[164] 通过拟合 Kobayashi 等人[7, 121, 165] 的蒸汽-水合物数据，得出了两个结构的 f_{wH} 表达式。[7, 121, 165] 因此，可以把他们的方法看作是现有的两相（蒸汽-水合物）数据的关系式。

在三相数据中，通过把水合物的逸度与冰等同，Dharmawardhana[158] 证明，方程（10）中的 f_{wMT} 可作为空的水合物的蒸汽压，用下式表述：

$$p_{vI} K_{fI} \exp\frac{V_I\,(p - p_I)}{RT} = p_{vMT} K_{fMT} \exp\left(\Delta\mu / RT\right) \tag{11}$$

式中 p_{vI}——冰的蒸汽压；

K_{fI}——冰的逸度系数；

V_I——冰的体积；

p_I——冰的蒸汽压；

p_{vMT}——空的水合物的蒸汽压；

K_{fMT}——空的水合物的逸度系数。

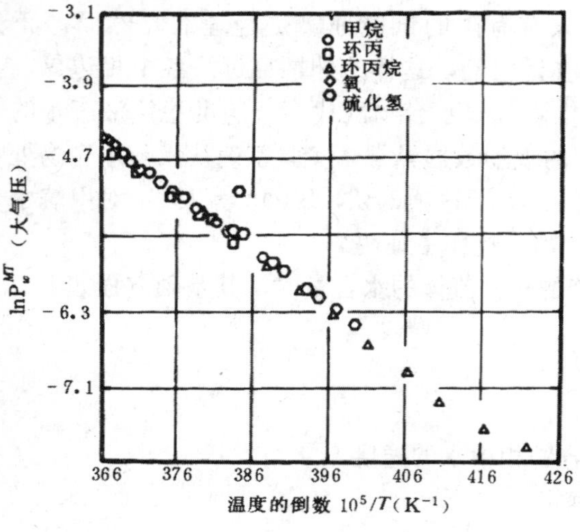

图 28.19 作为温度倒数函数的结构Ⅰ型空的水合物的蒸汽压

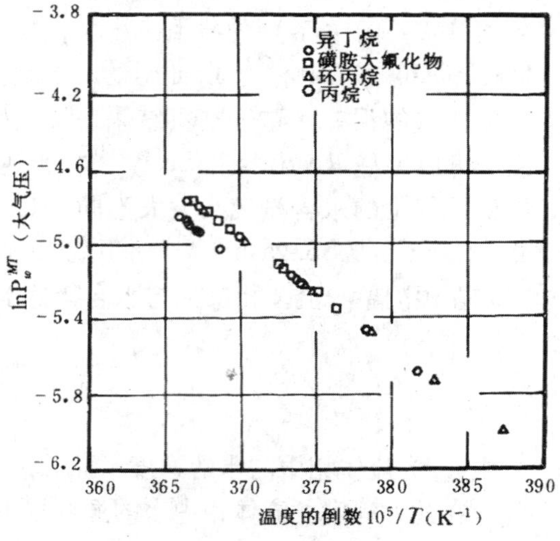

图 28.20 作为温度倒数函数的结构Ⅱ型空的水合物的蒸汽压

在这项方程中，所有冰的特性都是已知的，$\Delta\mu$ 从拟合方程（3）和（4）的三相数据中得出；唯一的未知数为 p_{vMT}，它与一批水合物低于 273°K 的三相数据相拟合，并发现是温度的单一函数；图 28.9 和图 28.10 表明用一批水合物确定的空的水合物的蒸汽压值。科罗拉多矿业学院最近所做的工作表明，方程（9）和（10）以及图 28.19 和图 28.20 所说明的方法精确地表达了水在液态烃–水合物中的平衡。

气体膨胀时水合物的形成:

同时求解天然气的等焓（节流）膨胀及水合物的形成条件，图 28.9 给出了允许膨胀的近似预测值。Katz[145] 为各种天然气比重提出了一幅有用的图件。

五、确定与水相处于平衡的天然气中的饱和水含量

与水相处于平衡的天然气中的饱和水含量，通常是在众所周知的露点图中示出的。图 28.21 所示为用几种来源的数据汇总的富含甲烷气的露点图。图 28.21 中给出的露点图的上限是由蒸汽特性确定的。图 28.22 所示为对图 28.21 所作的校正，这是由甲烷气及甲烷与丙烷气的混合物形成水合物引起的。温度高于水合物稳定条件直至 10000 磅/英寸^2 的水含量，主要是以 Olds 等人[3] 的数据为依据的。温度低于初始水合物形成条件的数据，主要是 Skinner[166] 测得的数据。然而，低于初始水合物形成条件时，正如 Records 和 Seely[162] 早先所观察到的，图 28.21 示出了准稳定值。应用以上讨论的水合物理论以及最近对两种气体（一种为甲烷—5.31%摩尔丙烷，另

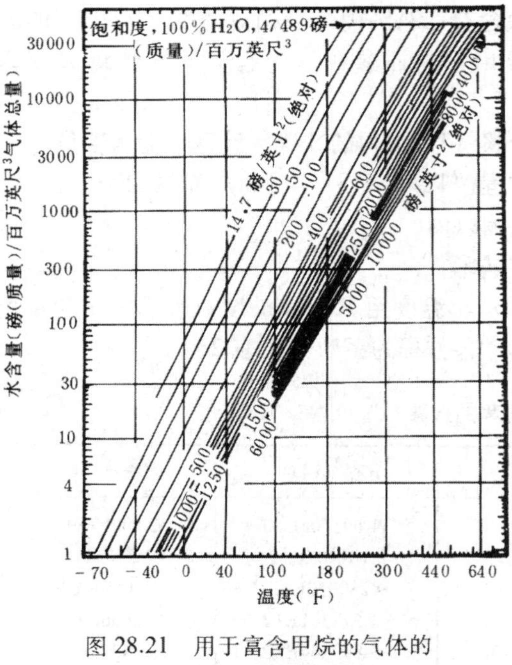

图 28.21　用于富含甲烷的气体的露点水含量图

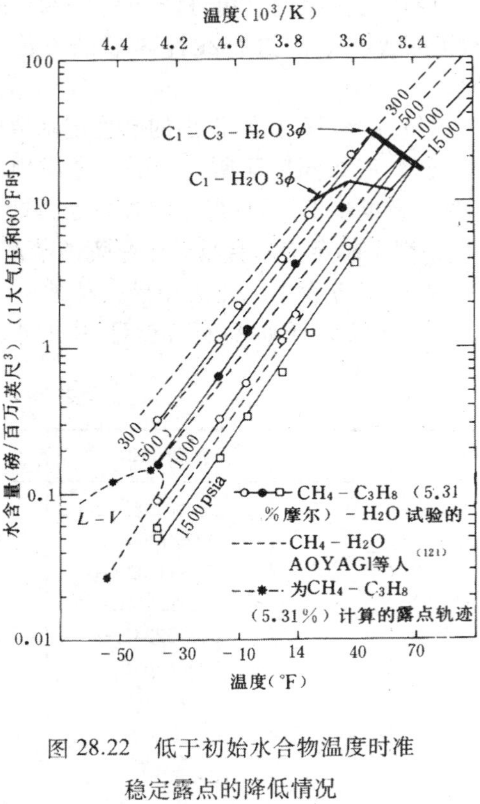

图 28.22　低于初始水合物温度时准稳定露点的降低情况

一种为与水合物平衡并处于气态的纯甲烷）所作的水含量测定，对图 25.21 气—水合物区提出了一个校正关系图。

图 28.22 所示为一个典型的替代图。[163] 在该图中，高温蒸汽-液态水区与低温蒸汽-水合物区用一条代表三相（蒸汽-液态水-水合物）边界的线隔开。蒸汽-水合物区中的等压数据在对温度的倒数绘图时，遵循半对数直线，但这些直线的斜率与蒸汽-液态水区中直线的斜率不同。此外，这些三相线表明为气体组成的函数，因此汽-液区等压线的斜率变化是在不同的温度下发生由于以上的复杂性，绘制用于不同组成的各种气体的综合水含量图（或系列图）将是麻烦的。作为替代办法，采用了一种确定蒸汽-水合物区中气体水含量的数学方法。

1.用于确定与水合物平衡的蒸汽水含量的步骤

在给定的温度和压力下，确定与水合物处于平衡的蒸汽水含量的方法由六步组成。

(1) 用方程（12）计算在有关温度和压力下的准稳定水含量。

(2) 用方程（13）计算在有关压力和气体比重下的三相温度。从计算的三相温度中减去有关温度，得出温度差（ΔT）。

(3) 用方程（14a）为甲烷，方程（14b）为 94.69%摩尔甲烷—5.31%摩尔丙烷的混合物，计算在上述 ΔT 及有关压力下与准稳定水含量的差（ΔW）。

(4) 用在甲烷（相对密度＝0.552）的 ΔW 和含有 5.31%丙烷（相对密度＝0.603）的混合物的 ΔW 之间进行线性内插的方法，把比重用作内插参数，为有关的气体组成计算 ΔW。

(5) 由步骤（1）得出的准稳定水值中减去步骤（4）求得的 ΔW，计算平衡水含量。

(6) 正如同后面所讨论的，考虑用于拟合方程（12）、（13）、（14a）和（14b）的数据范围，确定步骤（5）得出的答案是否处在相关范围以内。

2.用于确定与水合物处于平衡的蒸汽水含量的方程

在以下方程中，压力用磅／英寸^2（绝对）表示，温度用 Rankine 度数表示，水含量用 1 大气压和 60 °F 时每百万英尺^3 中的水磅数表示。各方程的系数列于表 28.6。

表 28.6 用于各方程的系数

	方程（12）	方程（13）	方程（14a）	方程（14b）
C_1	2.8910758E+1	2.7707715E−3	−1.605505E+3	2.59097E+3
C_2	−9.6681464E+3	−2.782238E−3	8.181485E+2	−1.51351E+3
C_3	−1.6633582E+0	−5.649288E−4	9.289352E+2	−1.16506E+2
C_4	−1.3082354E+5	−1.298593E−3	−1.578381E+2	3.26066E+2
C_5	2.0353234E+2	1.407119E−3	−3.899544E+2	6.65280E+1
C_6	3.8508508E−2	1.785744E−4	−2.009926E+1	−1.17697E+1
C_7		1.130284E−3	1.368723E+1	−3.05990E+1
C_8		5.9728235E−4	5.500387E+1	−1.20352E+1
C_9		−2.3279181E−4	4.088990E+0	2.94244E+0
C_{10}		−2.6840758E−5	1.517650E+0	7.83747E−1
C_{11}		4.6610555E−3	−4.524342E−1	1.04913E+0
C_{12}		5.5542412E−4	−2.590273E+0	7.23943E−1
C_{13}		−1.4727765E−5	−2.46599E−1	−2.94560E−1
C_{14}		1.3938082E−5	−7.543630E−2	7.08799E−2
C_{15}		1.4885010E−6	1.034443E−1	−1.24938E−1

对富含甲烷的气体的拟合（图 28.21） 下列方程是对图 28.21 所作的拟合。该方程用于确定作为温度 T 和压力 p 的函数的准稳定水含量 W_{ms}，其压力变化范围为 200～2000 磅／英寸^2（绝对），温度变化范围为−40 至 120°F:

$$W_{ms} = \exp\left[C_1 + C_2/T + C_3(\ln p) + C_4/T^2 + C_5(\ln p)/T + C_6(\ln p)^2\right] \tag{12}$$

式中 C_1 至 C_6 取自表 28.6。

对三相（蒸汽−液体−水合物）形成条件的拟合 三相条件是在 34 至 62°F 的温度变化范围内以及从 0.552 至 0.9 的气体相对密度 γ 的变化范围内拟合的。仅专门用于烃的拟合，含有 CO_2 及硫化氢的气体除外。

$$\begin{aligned} T = 1/\big[&C_1 + C_2(\ln p) + C_3(\ln\gamma) + C_4(\ln p)^2 \\ &+ C_5(\ln p)(\ln\gamma) + C_6(\ln\gamma)^2 \\ &+ C_7(\ln p)^3 + C_8(\ln p)^2(\ln\gamma) \\ &+ C_9(\ln p)(\ln\gamma)^2 + C_{10}(\ln\gamma)^3 \\ &+ C_{11}(\ln p)^4 + C_{12}(\ln p)^3(\ln\gamma) \\ &+ C_{13}(\ln p)^2(\ln\gamma)^2 + C_{14}(\ln p)(\ln\gamma)^3 \\ &+ C_{15}(\ln\gamma)^4\big] \end{aligned} \tag{13}$$

式中 $C_1 \cdots\cdots C_{15}$ 取自表 28.6。

对水含量的抑制量的拟合 对甲烷及含有 5.31%摩尔丙烷的混合物这两种气体来讲，准稳定区中水含量的抑制量，是作为压力和三相条件中温度差 ΔT 的函数拟合的。对甲烷的拟合是在 500 至 1500 磅／英寸^2（绝对）的压力变化范围内和在−28 至 26°F 的温度变化范围内进行的；在以下方程中用于甲烷的各系数列在表 25.6 标有方程（14a）的栏内。对混合物的拟合是在 500 至 1500 磅／英寸^2（绝对）的压力变化范围内和−38 至 40°F 的温度变化范围内进行的，用于混合物的各系数列在表 25.6 标有方程（14b）的栏内。这两种气体的通用回归方程为：

$$\begin{aligned} \Delta W = \exp\big[&C_1 + C_2(\ln p) + C_3(\ln\Delta T) + C_4(\ln p)^2 \\ &+ C_5(\ln p)(\ln\Delta T) \\ &+ C_6(\ln\Delta T)^2 + C_7(\ln p)^3 \\ &+ C_8(\ln p)^2(\ln\Delta T) \\ &+ C_9(\ln p)(\ln\Delta T)^2 + C_{10}(\ln\Delta T)^3 + C_{11}(\ln p)^4 \end{aligned}$$

$$+C_{12}(\ln p)^{3}(\ln\Delta T)+C_{13}(\ln p)^{2}(\ln\Delta T)^{2}$$

$$+C_{14}(\ln p)(\ln\Delta T)^{3}+C_{15}(\ln\Delta T)^{4}] \quad (14)$$

蒸汽-水合物区中蒸汽水含量的计算实例　确定在1000磅/英寸^2（绝对）和8.4°F下与水合物处于平衡状态的相对密度为0.575的气体的水含量。

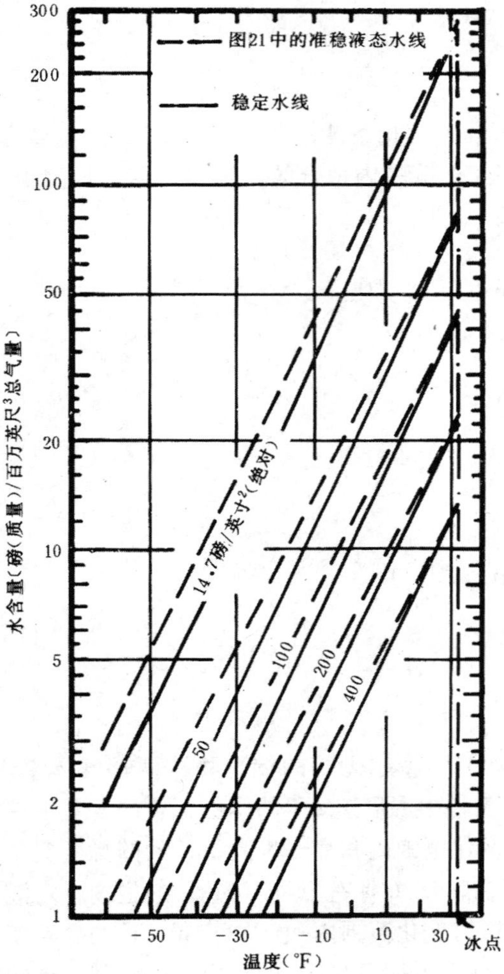

图28.23　冰点温度以下准稳定露点的降低

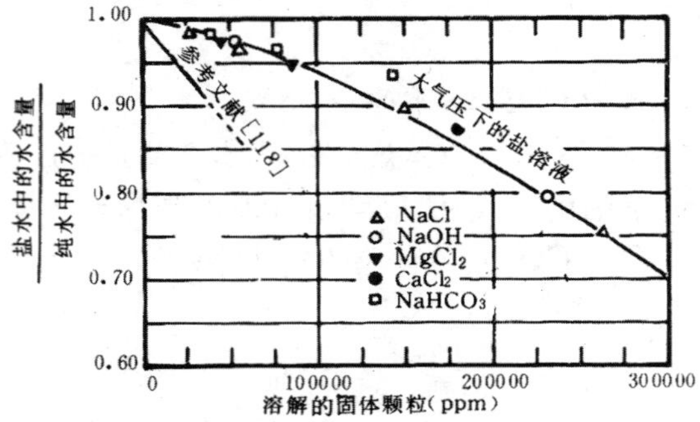

图28.24　对处于与盐水平衡的天然气的水含量所作的校正

(1) 用方程（12）算出在1000磅/英寸^2（绝对）和8.4°F下该气体的准稳定水含量为2.745磅（质量）/10^6标准英尺^3。

(2) 用方程（13）算出在1000磅/英寸^2（绝对）下的三相温度为60.35°F。ΔT值为51.95°F。

(3) 用方程（14a）对甲烷算出与准稳定条件的差为0.653磅（质量）/10^6标准英尺^3。用方程（14b）对含有5.31%摩尔丙烷的混合物算出与准稳定条件的差为1.55磅（质量）/10^6标准英尺^3。

(4) 在第3步中得出的数值之间（根据气体比重）进行内插，确定相对密度为0.575的气体的差值。得出的差值为1.0575磅（质量）/10^6标准英尺^3。

(5) 从第1步的准稳定值中减去第4步的差值，得出1.687磅（质量）/10^6英尺^{3}的水含量。为防止在1000磅/英寸^2（绝对）和8.4°F下形成水合物，比重为0.575的气体必须干燥到少于1.687磅（质量）/10^6英尺^{3}的水含量。

(6) 对方程（12）至（14）的回归条件所作的检验表明，这一相关关系应当适用于该实例中的条件。

图28.23所示为低于冰—气区的校正的相关关系。图28.24给出由于水相含盐量而对图

28.21 所作的校正。Deaton 和 Frost [5] 所做的研究表明，与液态水平衡的气体的含水量依次为:

$$y_{He} < y_{Air} < y_{CH_4} < y_{NG} < y_{CO_2}$$

其中 y 为相同压力和温度下各脚注气体中水的摩尔分数，见图 28.25。Rigby 和 Praunitz [34] 报道过直至中等压力时氮气中的水含量。但是还没有报道过与水合物平衡的氮气的水含量数据。

在发展提高原油采收率的工艺中，与水合物平衡的液态和气态 CO_2 的水含量已变得越来越重要。

图 28.26 所示为 CO_2–水体系单变量轨迹的压力–温度投影。它确定了目前正在研究的单变量区和两相区，以及二元平衡不同组合存在区。像丙烷一样，相对于 $H\text{–}L_w\text{–}G$ 线的 CO_2 临界点的位置导致一个不变的 $H\text{–}L_w\text{–}L_{CO_2}\text{–}G$ 共存的四相点，即另外四条单变量三相线幅射中心点。

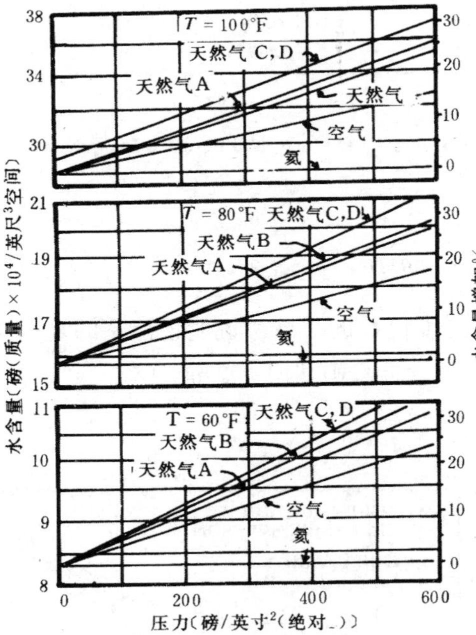

图 28.25　在体系压力和温度下各种气体所占体积的每英尺^{3}水含量

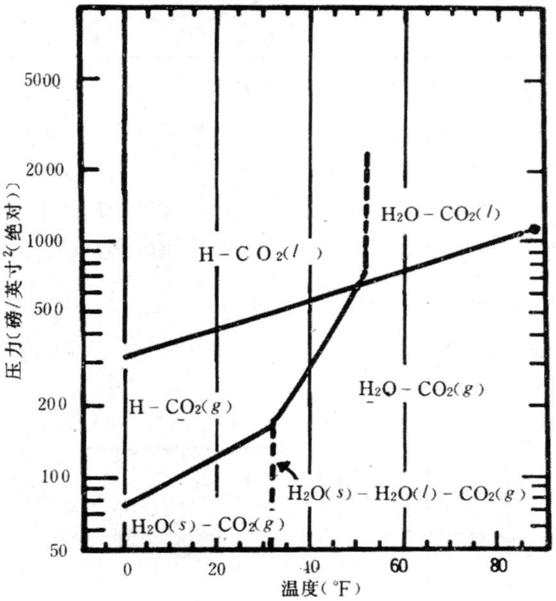

图 28.26　CO_2–水体系单变量轨迹的压力—温度投影

包括 $H\text{–}I\text{–}L_w\text{–}G$ 的第二个四相点位于冰点附近较低压力处。

Weibe 和 Gaddy 所作的开拓性工作提供了有关 CO_2 在水中的可溶性 [90, 91] 以及 CO_2–水混合物的蒸汽相组成 [92] 这两方面的大量资料。他们测定的温度范围超过了初始水合物形成的条件。与水合物平衡的气体和液体的水含量测定工作目前正在由 Song 和 Kobayashi [137, 138] 继续进行。应用表 25.7 给出的水或准稳定液态水的蒸汽压，示出了几种来源的试验数据表明由于 CO_2 压力对该体系的作用而引起的蒸汽压的提高（见面 25.27）。在图 25.27 中，p 为总压力，p_w^0 为水的饱和压力，而 $1/W$ 为水的摩尔分数。沿三相区共存的富含 CO_2 的液体和气体中的水含量作为一条闭合线示出。该闭合线在 CO_2 临界温度附近的三相临界点终止。图 28.27 表明，较低的温度和高的压力有利于提高水的蒸汽压，这两项变量同样也有利于流体 CO_2 密度的大幅度提高。需要指出的是，在同样的压力和温度下，水在液态 CO_2 中的溶解度要比在气态 CO_2 中大，这与液态和气态烃的溶解序列正好相反。这一现象与蒸馏塔中部水的过分集中有关，在这里把富含 CO_2 的进料与其伴随的液化石油气组分分离开。

表 28.7 计算富含 CO_2 流体相中水含量增大所用的水的蒸汽压

T（°F）	p_w（磅／英寸^2，绝对）
0	0.02215①
15	0.04352②
30	0.08162②
45	0.1487③
65	0.3089③
77	0.4641③
87.8	0.6518④
122	1.789④

①从②的高温外推到较低的温度；

②数据取自 Perry，R.H.和 Chilton，C.H.的《化学工程手册》，第五版，Mc Graw-Hill Book Co.Inc.，New York City（1973），表 3～4；

③数据取自《气体的热学性质表》，美国商业部，Washington D.C.（1955），564 号通报，表 9～9／a；

④数据取自《气体的热学性质表》，美国商业部，Washington D.C.（1955），564 号通报，表 3～5。

图 28.28 所示是 CO_2 的水含量与等压线上绝对温度倒数的关系，说明该体系的复杂性这些曲线表明，由于甲烷和天然气，在初始水合物形成条件处出现向下断裂。

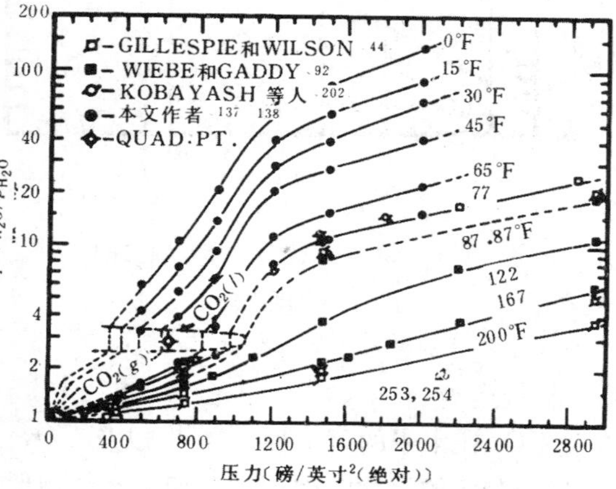

图 28.27 在不同温度下由 CO_2 总压力造成的水的蒸汽压的提高

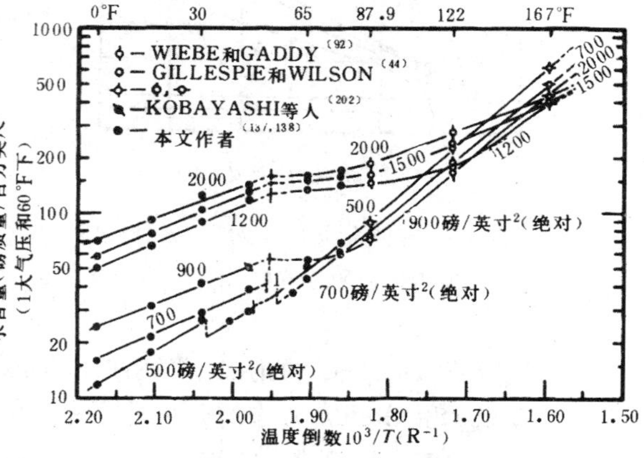

图 28.28 CO_2 的水含量与沿等压线绝对温度倒数的关系

六、轻烃体系中水含量的定量预测

Me Ketta 和 Katz[52, 167] 系统研究了分子量对蒸汽相水含量的影响，他们的研究结果如图 28.29 所示。看来，在他们研究的最高温度即 280 °F 下分子量的影响最为明显。

在各种液态烃的蒸汽压下水在其中的溶解度如图 28.30 所示。

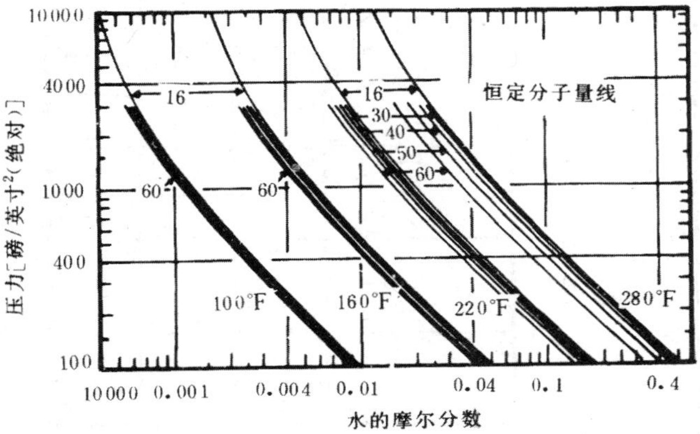

图 28.29 分子量对蒸汽相中水含量的影响

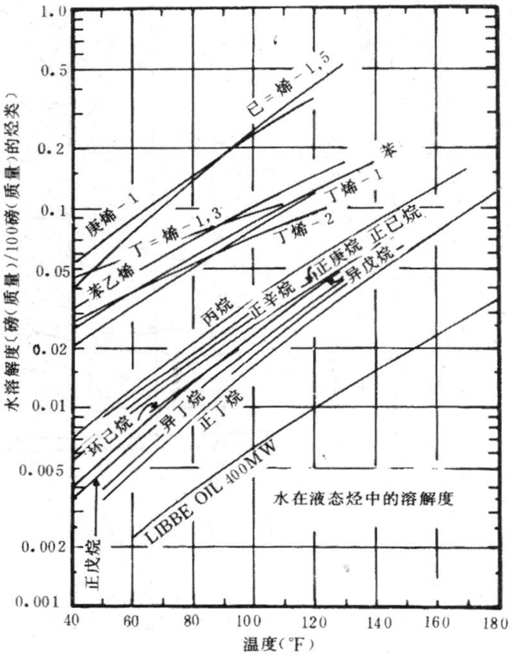

图 28.30 在各种液态烃的蒸汽压下水在其中的溶解度

近些年来 Peng 和 Robinson[168]、Baumgaertner 等人[169] 以及 Moshfeghian 等人[170] 同时对两相和三相区中非水相和水相中的水量成功地作了估算。在这些运算中，应用了各种不同的状态方程：PREOS（Peng–Robinson 状态方程）[157]、Schmidt–Wenzel 的状态方程[169] 以及 PEGC–MES（Moshfeghian、Erbar、Shoriot 的群作用参数）状态方程[170]。从总体来说，这些相关关系方程能够描述多种体系中的汽—液平衡，如：CH_4—H_2O、C_2H_6—H_2O 至 n—C_8H_{18}—H_2O、N_2—H_2O、CO_2—H_2O、CO—H_2O、O_2—H_2O、H_2—H_2O、C_6H_6—H_2O、空气—H_2O、H_2S—H_2O 和 NH_3—H_2O 等体系。PREOS 和 PFGC—MES 这两个状态方程都要求随温度而变的相互作用参数，而 Baumgaertner 等人[169] 的方法则是用水在液体中的骤合程度作为温度的函数描述水的结构。还报道了 Moshfeghian 等人[170] 成功地把计算方法用于多组分体系的实例。

七、水相中溶质含量的定量预测

除其它各类有关水体系的资料外，列出了有关水中不同气体溶解度的一般参考文献，其中包括高低压方面的参考文献，因为这些文献对含硫水体系的计算方法有用。

图 28.31 所示是由 Culberson 和 Mc Ketta[17] 测得的至 10000 磅／英寸^2（绝对）为止的甲烷在水中的体积溶解度。甲烷的溶解度随压力单调地增大，至于温度则像亨利定律常数

的作用那样[142]，显示出一个相对的最小值。另一方面，Dodson 和 Standing[45] 提出了典型天然气在水中的溶解度并给出了由于盐水的含盐量而对溶解度作出的校正，见图 28.32。气体在盐水中的相对溶解度，即相对于它在纯水中的溶解度，由图 28.32 给出。

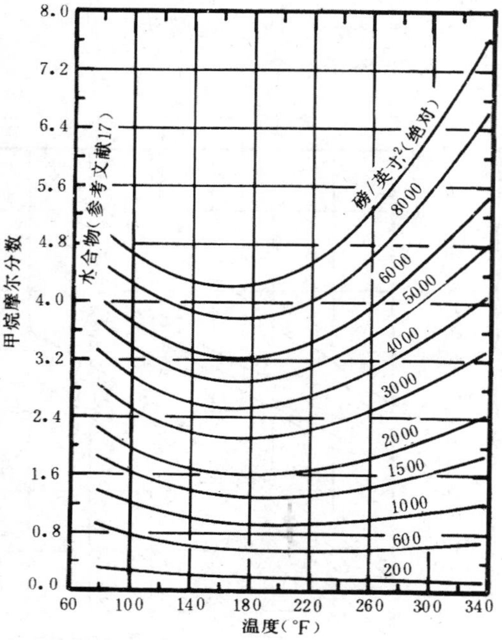

图 28.31　甲烷在水中的溶解度

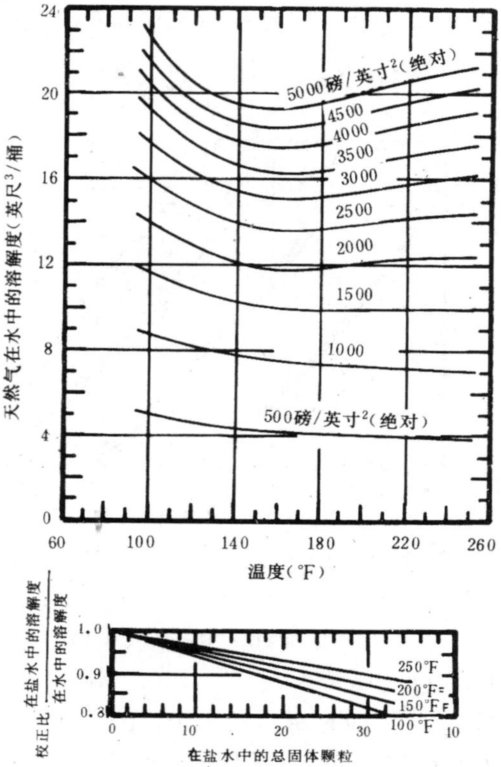

图 28.32　天然气在水中的溶解度及对盐水含盐量所作的校正

对非极性或低极性溶质在水中的溶解度作解析预测，可以应用由 Krichevskii 和 Kasarnovskii[171] 及 Wiebe 和 Gaddy[90] 提出的关系式。这些关系式后来又由 Kobayashi 和 Katz[142] 以及 Leland 等人[172] 用于凝析轻烃体系。

所用关系式如下:

$$\ln\left(\frac{\hat{f}_1}{x_1}\right)-\ln K_H=\frac{\hat{V}_{M1}}{RT}p_t p_{vs} \tag{15}$$

式中 $\hat{f}_1$——在 T 和 p_t 时水中溶质的分逸度;

K_H——经验常数，它是温度的函数，但在数值上等于用于不可凝气体的亨利定律常数，并是用于可凝气体的推测的亨利定律常数;

x_1——溶解的溶质的摩尔分数;

R——每一摩尔的气体常数;

$\hat{V}_1$——溶液中各组分的分摩尔体积;

T——绝对温度;

p_t——总压力;

p_{vs}——用于不可凝气体的溶质的蒸汽压，但等于略高于用实验数据确定的三相压力的某一恒压。

通常由于缺少溶质的分体积值 $\hat{V}_m$ 而排除了方程（15）的应用。但在给出一组中等压力的实验数据以后，方程（15）是把溶解度数据扩展到更高压力的一种好方法，特别是溶质在较高压力下能基本保持其纯度时所得结果更佳。　图 28.33 是方程（15）用于丙烷-水体系中的水相得出的结果[142]。

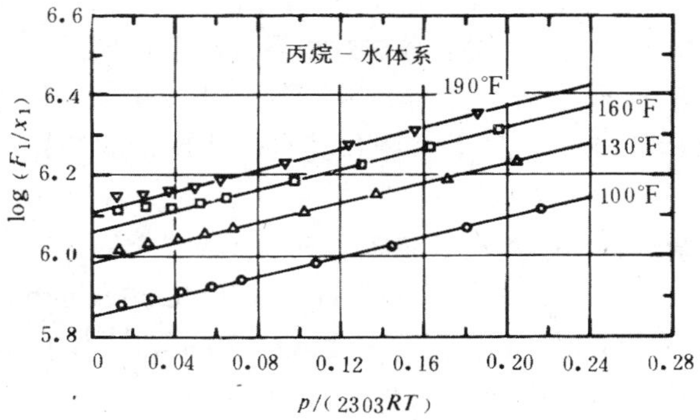

图 28.33　丙烷在水中的溶解度；用以确定分摩尔体积和亨利定律常数

图 28.34 至图 28.36 所示为甲烷-水[38-40]、乙烷-水[173-174]和丙烷-水[142]体系水组成实验和预测值一致性实例，是由 Peng 和 Robinson[168] 提供的。

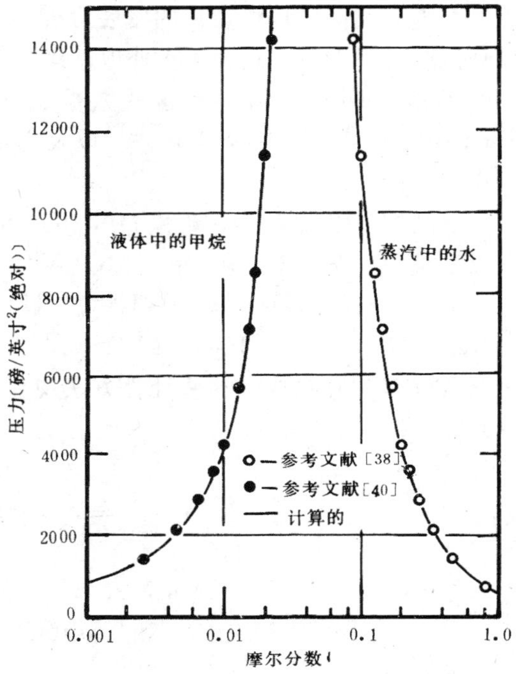

图 28.34　250℃时用于甲烷-水系统的实验的和预测的蒸汽相和液体相组成

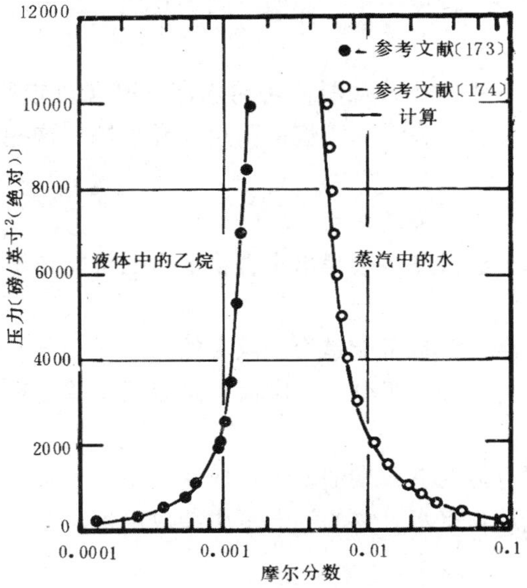

图 28.35　220°F 下乙烷—水体系蒸汽相和液体相组成的实验和预测值

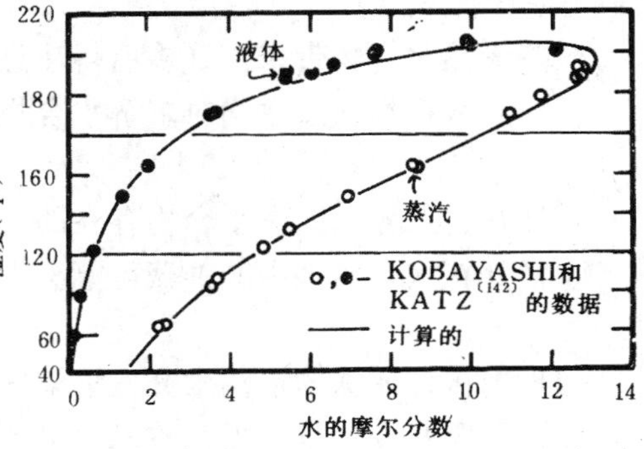

图 28.36　沿三相轨迹线丙烷液体和蒸汽相水含量的实验和预测值

Peng-Robinson[168]法和 Baumgaertner 等人[169]的方法对水相和非水相中的溶质含量都作出了成功的预测。

八、含硫水处理的相关关系

随着共同的环境意识的发展，废料处理已成为油气生产和加工的不可分割的一个部分。从试验的观点看，在含硫水处理过程[175~178]中经常遇到的试验数据的积累推动了这项工作的发展。同时，为解释这些数据也开展了基础理论研究工作[179~182]。Friedman 和 Krishman[179]、Newman[183]以及 Knapp 和 Sandler[184]对这些和其它一些理论的解释作了评论。

结果，提出了一些预测方法，用以估算复杂混合物的蒸汽—液体平衡。这些混合物含有以下组成，如 NH_3—CO_2—H_2S（Wilson[175]）、N_2—CO_2—H_2S—CH_4OH（Moshfeghian 等人[170]）、NH_3—H_2S—H_2O、NH_3—SO_2—H_2O 和 NH_3—CO_2—H_2O（Renon[185]）、NH_3—CO_2—H_2S—H_2O（Mauerer[186]）、CO_2—NaCl—KCl—H_2O（Chen 等人[187]），以及许多其它组成。这些计算方法现在能够估算从纯水直至强电解质溶液的物理和化学平衡。

九、气—水合物区存在的油气藏

根据 Katz[188]、Stoll 等人[189]、Makogon 等人[190]、Bily 和 Dick[191]、Verma 等人[191]、Holder 等人[193]和 Trofimuk 等人[194]的著作，近年来发现的处于水合状态的油气藏在不断增加。实际上在中美洲以外的中美洲海沟的海底以下已经取到了水合物岩心。[195] Kvenvolden 和 Mc Menamin[196]对水合物的地质产状作了评论。

1982 年 2 月，由深海钻井工程在危地马拉外海从 1718 米水深的中美洲海沟中取得了水合物岩心。迄今为止的所有的迹象表明，这些水合物都属于生物起源，因为它们主要由厌氧化污的产品组成。这些水合物都是结构Ⅰ型的。

1983 年 5 月，第二筒岩心由 Getty 公司的钻井作业队从墨西哥湾水深 530 米处取得。这些水合物都是热起源的，可能早于生物起源，并且有大量的乙烷、丙烷和异丁烷。这些水合物都属于结构Ⅰ型。

这些天然水合物带来了许多值得注意的推断，现仅强调几点：

(1) 对水合物的发生同时求解水合物形成和地温梯度，会得出水合物发生的可能环境条件。

(2) 在自然界以固态水合物存在的天然气的潜在储量可能是十分巨大的。

(3) 处在水合物区中的油藏可能会失去大量的较轻的组分，并因而不足以用气驱机理生产。

(4) 用接近冰冻的水注水开发溶解气驱油藏可能会造成在油藏中形成水合物。

(5) 需要开发大量的工艺技术，以便把油气从含有水合物的油气藏中释放出来。

十、水合物的抑制

尽管各种原油本身不会抑制水合物形成，但含有溶解气的原油在很大程度上影响初始水合物的形成，如图 28.37 [197] 所示。

在某些情况下，抑制水合物形成可能比油气流脱水有利。尽管有许多离子和氢键物质抑制水合物的形成，但最经常地用于水合物抑制的两种化合物为甲醇和乙二醇。天然盐水仅在很小程度上造成水合减弱 [134]。图 28.38 至图 28.40 所示为乙二醇水溶液的冰点，表明当不存在气体时它们的低共熔点。[198] 图 28.41 示出三甘醇—乙二醇—水溶液的冰点降低 [197]。

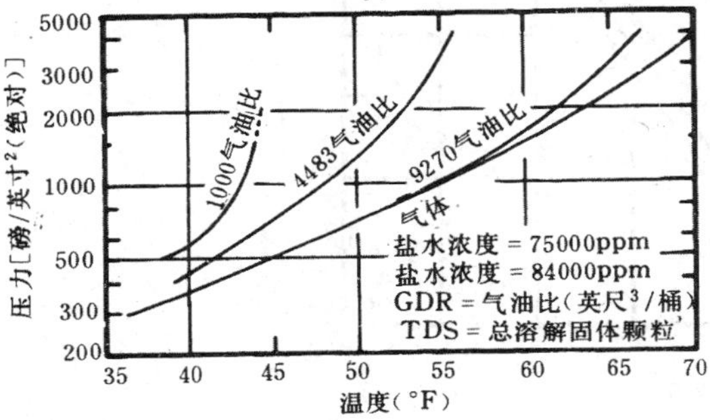

图 28.37 存在过多的盐水时，油气比对 46.8°API 原油的水合物形成条件的影响

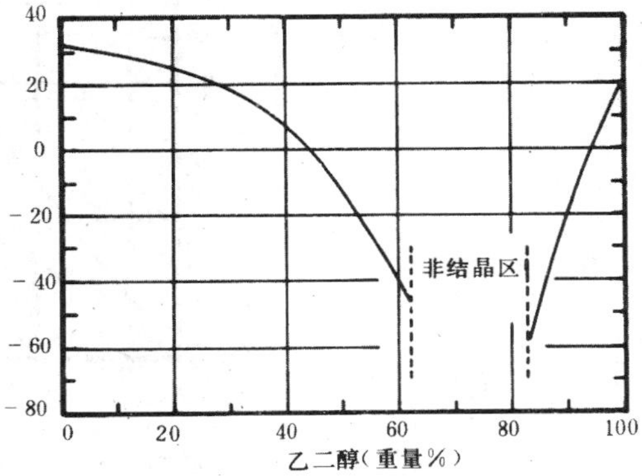

图 28.38 乙二醇水溶液的结晶温度

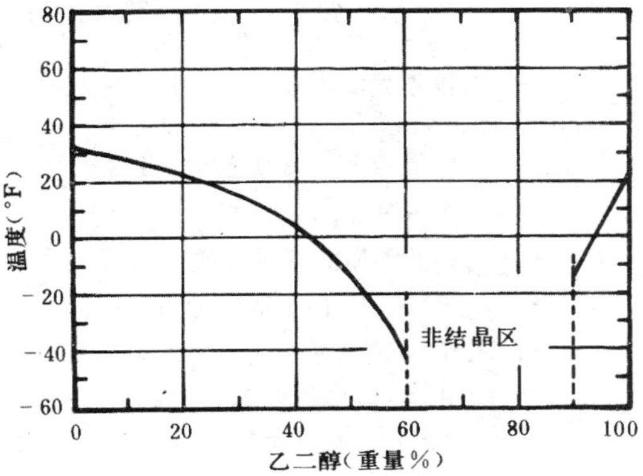

图 28.39 二甘醇水溶液的结晶温度

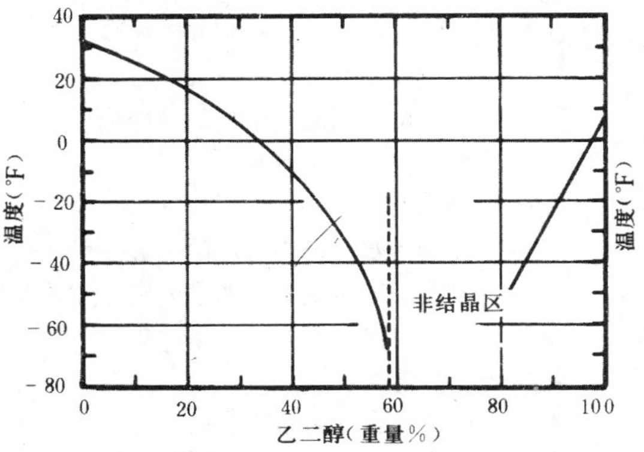

图 28.40 三甘醇水溶液的结晶温度

目前在 Rice 大学正在研究甲醇和乙二醇对甲烷−12%摩尔丙烷混合物水合物形成条件的抑制影响。最近，Ng 和 Robinson [199] 报道了甲烷、乙烷、丙烷、CO_2、硫化氢、甲烷−10.49%摩尔乙烷、90.09%摩尔甲烷—9.91%摩尔 CO_2、95.01%摩尔甲烷—4.99%摩尔

丙烷、一种合成天然气混合物和一种含有 CO_2 的合成天然气混合物，在 10%—20% 浓度（重量比）甲醇水溶液中的水合物形成条件。随着油气在脱水前沿海底的运输量不断增加，这些数据的用途将日益扩大。

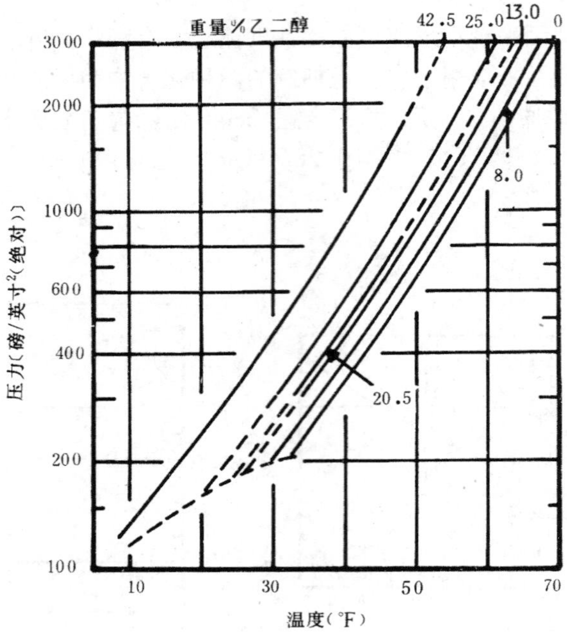

图 28.41 乙二醇对水合物形成条件的影响

符号说明

a_i——混合物中组分 i 的活性；

c_{ji}——每一尺寸的空穴中每一客体分子所独有的温度函数；

f_j——气相中 j 的逸度；

$\hat{f}_1$ ——T 和 p_t 时水中溶质的分逸度；

f_{wf}——流体相中水的逸度；

Δh_w——焓差；

K_1——经验常数，仅为温度的函数，但在数值上等于不可凝气体的亨利定律常数及可凝气体推测的亨利定律常数；

k_{fi}——冰的逸度系数；

K_{fMT}——空水合物的逸度系数；

$K_{i\ (v\text{-}s)}$ ——组分 i 的蒸汽—固体平衡值；

K_{sf}——水的逸度系数；

n_{ci}——基础晶格中每一水分子的 i 型空穴数；

p_o——基准压力；

p_{vf}——冰的蒸汽压；

p_{vMT}——空的水合物的蒸汽压；

p_{vs}——用于不可凝气体的溶质的蒸汽压，但等于某些略高于用实验数据确定的三相压力的某一恒压。

T_o——基准温度；

Δv_w——比容差；

$\hat{V}_{M1}$ ——溶液中各组分的分摩尔体积；

W_{ms}——准稳定水含量；

x_1——溶解的溶质的摩尔分数；

y_{ji}——j 型分子对 i 型空穴的分占有率；

μ_i——组分 i 的化学势能；

μ_i——纯组分 i 的化学势能；

$\Delta\mu_w$——水的化学势能差；

μ_{wH}——充填的水合物中水的化学势能；

μ_{wMT}——空的水合物中水的化学势能。

脚注：

L——液态水；

H——水合物；

g——气体。

参 考 文 献

1. Gibbs, J. W.: *The Collected Works of . J. Willard Gibbs, Volume I, Thermodynamics,* Yale U. Press, New Haven, CN (1948).
2. Kobayashi, R. and Katz, D. L.: "Methane Hydrate at High Pressure," *Trans.,* AIME (1949) **186,**66–70.
3. Olds, R. H., Sage, B. H., and Lacey, W. N.: "Composition of Dew Point Gas Methane–Water System," *Ind. Eng. Chem.* (1942) **34,** 1223–27.
4. Villard, P.: "On Some Hydrates," *Compt. Rend.* (1888) **106,** 1602–03; (1888) **107,** 395–97.
5. Deaton, W. M. and Frost, E. M.: *Gas Hydrates and Their Relation to the Operation of Natural Gas Pipe Lines,* Monograph 8, USBM, Washington D. C. (1946).
6. Marshall, D. R., Saito, S., and Kobayashi, R.: "Hydrates at High Pressures: Part I. Methane–Water, Argon–Water, and Nitrogen–Water Systems," *AIChE J.* (1964) 10, No. 2,202–05.
7. Sloan, E. D., Khoury, F., and Kobayashi, R.: "Water Content of Methane Gas in Equilibrium with Hydrates," *Ind. Eng. Chem. Fund.* (1976) **15,** No. 4, 318–22.
8. Galloway, T. J. *et al.:* "Experimental Measurement of Hydrate Numbers for Methane and Ethane and Comparison with Theoretical Values," *Ind. Eng. Chem. Fund.* (1970) **9,** No. 2, 237–43.
9. van der Waals, J. H. and Platteeuw, J. C.: "Clathrate Solutions," *Adv. in Chemical Physics,* Vol. II, I. Prigogine (ed.), Interscience Publishers Inc., New York City (1959) 1–58.
10. Parrish, W. R. and Prausnitz, J. M.: "Dissociation Pressures of Gas Hydrates," *Ind. Eng. Chem. Proc. Des. Dev.* (1972) **11,** No. 1, 26–35.
11. Kobayashi, R.: "Vapor–Liquid Equilibria in Binary Hydrocarbon–Water Systems," PhD dissertation, U. of Michigan, Ann Arbor (1951).
12. Cady, G. H.: "Compositions of Clathrate Gas Hydrates of CHClF, CCl_3, Cl_2, ClO_3, F, H_2S, and SF_6," *J. Phys. Chem.* (1981) **85,** No. 22, 3225–30.
13. Kobayashi, R. and Katz, D. L.: "Metastable Equilibrium in the Dew Point Determination of Natural Gases in the Hydrate Region," *Trans.,* AIME (1955) **204,** 262–63.
14. Ben–Naim, A., Wilf, J., and Yaacobi, M.: "Hydrophobic Interaction in Light and Heavy–Water." *J. Phys. Chem.* (1973) **77.** No. 1, 95–102.
15. Claussen, W. F. and Polglase, M. F.: "Solubilities and Structures in Aqueous Aliphatic Hydrocarbon Solutions," *J. Am. Chem. Soc.* (1952) **74,** 4817–19.
16. Culberson, O. L. and McKetta, J. J.: "Phase Equilibria in Hydrocarbon–Water Systems, IV, Vapor–Liquid Equilibrium Constants in the Methane–Water and Ethane–Water Systems," *Trans.,* AIME (1951) **192,** 297–300.
17. Culberson, O. L. and McKetta, J. J.: "Phase Equilibria in Hydrocarbon–Water Systems, III. Solubility of Methane in Water at Pressures up to 10,000 psia," *Trans.,* AIME (1951) **192,** 223–26.
18. Culberson, O. L., Horn. A. B. and McKetta, J. J.: "Phase Equilibria in Hydrocarbon–Water Systems, The Solubility of Ethane in Water at Pressures to 1,200 psi," *Trans.,* AIME (1950) **189,** 1–6.
19. Davis, J. E. and McKetta, J. J.: "Solubility of Methane in Water," *Pet. Refiner* (1960) **39,** No. 3, 205–6.

20. Duffy, J. R., Smith, N. A., and Nagy, B.: "Solubility of Natural Gases in Aqueous Salt Solutions. I. Liquid Surfaces in the System CH_4–H_2O–NaCl–$CaCl_2$at Room Temperatures and Pressures below 1000 Lb. Sq. in. abs.," *Geochim. Cosmochim. Acta* (1961) **24,** 23–31.

21. Eucken, A, and Hertzberg, G.: "Salting Out Effects and Ion Hydration," Z. *Physik Chem.* (1950) **195,** 1–23.

22. Feillolay, A. and Lucas. M.: " The Solubility of Helium and Methane in Aqueous Tetrabutyl Ammonium Bromide Solutions at 25 and 35 ° ," *J. Phys, Chem.* (1972) **76,** 3068–72.

23. Fischer, F. and Zerbe, C.: " The Solubility of Methane in Water and Organic Solvents under Pressure," *Brennstoff–Chem.* (1923) **4,** 17–19.

24. Frolich, P. K. *et al.*: "Solubilities of Gases in Liquids at High Pressure," *Ind. Eng. Chem.* (1931) **23,** 548–50.

25. Greco, G., Casale, Cand Negri, G.: "Liquid–Vapor Equilibrium at Elevated Pressures of One Component in the Presences of Noncondensable Components," *Industrie Chim. Belge* (1955) **20,** Spec. No. 251–57.

26. Harder, A. H. and Holden, W. R.: "Measurement of [Methane] Gas in Ground Water," *Water Resources Research* (1965) **1,** No. 1, 75–82.

27. Lannung, A. and Gjaldbaek. J. C.: "The Solubility of Methane in Hydrocarbons, Alcohols, Water and Other Solvents," *Acta Chem. Scand.* (1960) **14,** 1124–28.

28. McAuliffe. C.: "Solubility in Water of C_1–C_9Hydrocarbons," *Nature* (1963) **200,** 1092–93.

29. Michels, A., Grever. J., and Bijl, A.: "The Influence of Pressure on the Solubilities of Gases," *Physica* (1936) **3,** 797–808.

30. Moore, J. C. *et al.*:" Partial Molar Volumes of 'Gas' at Infinite Dilution in Water at 298. 15K," *J. Chem. Eng. Data* (1982) **27** 22–24.

31. Morrison, T. J. and Billett, F.: "The Salting Out of Nonelectrolytes. Part II. The Effect of Variation in Non–electrolyte," *J. Chem. Soc.* (1952) 3819–22.

32. Navone. R. and Fenninger, W. D.: "Determination of CH_4in Water by Gas Chromatography," *J. Am. Water Works Assoc.* (1967) **59,** No. 6. 757–59.

33. O'Sullivan. T. D. and Smith. N. O.: "Solubility and Partial Molar Volume of Nitrogen and Methane in Water in Aqueous Sodium Chloride from 50 to 125 deg and 100 to 600 atm," *J. Phys. Chem.* (1970) **74,** No. 7, 1460–66.

34. Rigby, M. and Prausnitz, J. M.:" Solubility of Water in Compressed Nitrogen, Argon, and Methane," *J. Phys. Chem.* (1968) **72,** No. 1,330–34.

35. Schroeder, W.: "Gas Solubility in Water," *Naturwissenschaften* (1968) **55,** No. 11,542.

36. Schroeder, W.: "Observations on Solutions of Gases in Liquids," *Z. Naturforschung* (1969) B24, 500–08.

37. Shoor, S. K., Walker, R. D., and Gubbins, K. E.: "Salting Out of Nonpolar Gases in Aqueous Potassium Hydroxide Solutions," *J. Phys. Chem.* (1969) **73,** 312–17.

38. Sultanov, R. G., Skripka, V. G., and Namiot, A. Y.: "Moisture Content of Methane at High Temperatures and Pressures," *Gazov. Prom.* (1971) **16,** No. 4, 6–8.

39. Sultanov, R. G., Skripka, V. G., and Namiot, A. Y.: "Phase Equilibriums and Critical Phenomena in

the Water–Methane System at Increased Temperatures and Pressures," *Zh. Fiz. Khim.* (1972) **46,** No. 8,2160.

40. Sultanov, R. G., Skripka, V. G., and Namiot, A. Y.: "Solubility of Methane in Water at High Temperatures and Pressures," *Gazov. Prom.* (1972) **17,** No. 5, 6–7.

41. Wen, W. –Y. and Hung, J. H.: " Thermodynamics of Hydrocarbon Gases in Aqueous Tetraalkylammonium Salt Solutions," *J. Phys. Chem.* (1970) **74,** 170.

42. Winkler, L. W.: "The Solubility of Gases in Water," *Ber. Deut. Chem. Ges.* (1901) **34,** 1408–22.

43. Yamamoto, S., Alcauskas, J. B., and Crozier, T. E.: "Solubility of Methane in Distilled Water and Sea Water," *J. Chem. Eng. Data* (1976) **21,** No. 1, 78–80.

44. Gillespie, P. C. and Wilson, G. M: "Vapor–Liquid and Liquid–Liquid Equilibria," Research Report RR–48, GPA, Tulsa (April 1982).

45. Dodson, C. R. and Standing, M. B.: "Pressure–Volume–Temperature and Solubility Relations for Natural Gas–Water Mixtures," *Drill. and Prod. Prac.*, API, Dallas (1944) 173–79.

46. Hall, K. R., Eubank, P. T., and Holste, J. C.: " Experimental Densities and Enthalpies for Water–Natural Gas Systems," *Proc.*, Gas Processors Assoc. Annual Conv., Denver (1979) **58,** ,1–2.

47. Laulhere, B. M. and Briscoe, C. F.: "The Partial Dehydration of High–Pressure Natural Gas," *Gas* (1939) **15,** No. 9, 21–24.

48. McCarty, E. L., Boyd, W. S., and Reid, L.S.: "Water–Vapor Content of Essentially Nitrogen–free Natural Gas Saturated with Water at Various Conditions of Temperature and Pressure," *Oil and Gas J.* (1950) **48,** No, 35,59.

49. McKetta, J. J. and Wehe, A. H.: "How to Determine the Water Content of Natural Gases," *World Oil* (1958) **147,** No. 1,122.

50. Russell, G. B. *et al.*: "Experimental Determination of Water Vapor Content of a Natural Gas up to 2000 Pounds Pressure," *Trans.*, AIME (1945) **160,** 150–56.

51. Tsaturyants, A. B., Rachinskii, M. A., and Izabakarov, M.: "Solubility of Water in Natural Gas," *Gazov. Delo* (1967) 6–10.

52. McKetta, J. J. and Katz, D. L.: "Methane–n–Butane–Water System in Two and Three–Phase Regions," *Ind. Eng. Chem.* (1948) **40,** 853–63.

53. Coan, C. R.: "Solubility of Water in Compressed Carbon Dioxide, Nitrous Oxide, and Ethane. Evidence for Hydration of Carbon Dioxide and Nitrous Oxide in the Gas Phase," PhD dissertation, U. of Georgia, Athens (1971).

54. Coan, C. R. and King, A. D. Jr.: "Solubility of Water in Compressed Carbon Dioxide, Nitrous Oxide, and Ethane, Evidence for Hydration of Carbon Dioxide and Nitrous Oxide in the Gas Phase," *J. Am. Chem. Soc.* (1971) **93,** No. 8, 1857–62.

55. Bartholome, E. and Friz, H.: "Solubility of Carbon Dioxide in Water at High Pressures," *Chem. Ing. Tech.* (1956) **28,** 706–08.

56. Barton, J. R. and Hsu, C.C.: "Solubility of Cyclobutane in Alkyl Carboxylic Acids," *J. Chem. Eng. Data* (1971) **16,** No. 1,93–95.

57. Bohr, C.: "Method of Determination of Solubility Coefficients for Gases in Liquids: Carbon Dioxide in Water and Sodium Chloride Solutions," *Ann. Physik. Chem.* (1899) **68,** 500–25.

58. DeKiss, A. V., Lajtai, I., and Thury, G.: "Solubility of Gases in Nonelectrolyte Water Mixtures," *Z. Anorg. Allg. Chem.* (1937) **233,** 346–52.

59. Dodds, W. S., Stutzman, L. F., and Sollami, B. J.: "Carbon Dioxide Solubility in Water," *Ind. Eng. Chem.* (1956) **1,** 92–95.

60. Ellis, A. J.: "The Solubility of Carbon Dioxide in Water at High Temperatures," *Am. J. Sci.* (1959) **257,** 217–34.

61. Ellis, A. J. and Golding, R. M.: "The Solubility of Carbon Dioxide above 100℃ in Water and in Sodium Chloride Solutions," *Am. J. Sci.* (1963) **261,** 47–60.

62. Enns, T., Scholander, P. F., and Bradstreet, E. B.: "Effect of Hydrostatic Pressure on Gases Dissolved in Water," *J. Phys. Chem.* (1965) **69,** 389–91.

63. Franck, E. U. and Todheide, K.: "Thermal Properties of Supercritical Mixtures of Carbon Dioxide and Water up to 750 ° and 2000 atms," *Z. Physik. Chem.* (1959) **22,** 232–45.

64. Haehnel, O.: "The Strength of Carbonic Acid at Higher Pressures," *Centr. Min. Geol.* (1920) 25–32.

65. Hayduk, W. and Malik, V. K.: "Density, Viscosity, and Carbon Dioxide Solubility and Diffusivity in Aqueous Ethylene Glycol Solutions," *J. Chem .Eng. Data* (1971) **16,** No. 2, 143–46.

66. Houghton, G., McLean, A. M., and Ritchie, P. D.: "Compressibility, Fugacity ,and Water Solubility of Carbon Dioxide in the Region 0–36 atm., 0–100 ° ," *Chem. Eng. Sci.* (1957) **6,** 132–37.

67. Khitarov, N. I. and Malinin, S. D.: " Experimental Characteristics of a Part of the System H_2O–CO_2," *Geokhimiya* (1956) **3,** 18–27.

68. Khitarov, N. I. and Malinin, S. D.: " Phase Equilibrium Relation in the System H_2O–CO_2," *Geokhimiya* (1958) **7,** 678–79.

69. Krichevskii, J. I., Zhavoronkov, N. M., and Aepelbaum, V. A.: "Measured Solubilities of Gases in Liquids under Pressure. I. Solutions of Carbon Dioxide in Water and Mixtures with Hydrogen at 20, and 30℃ and Pressures to 30 kg / cm^2," *Z. Phys. Chem.* (1936) A175, 232–38.

70. Kunerth, W.: "Solubility of $CO_2$and H_2O in Certain Solvents," *Phys. Rev.* (1922) **19,** 512–24.

71. Loprest, F. J.: "A Method for the Rapid Determination of the Solubility of Gases in Liquids at Various Temperatures," *J. Phys., Chem.(1957)* 61,1128–30.

72. Maas, O. and Mennie, J. H.: "Aberrations from the Ideal Gas Laws in Systems of One and Two Components," *Proc.,* Roy. Soc., London (1926) A110, 198–232.

73. Malinin, S. D. and Savel'eva, N. I.: "Carbon Dioxide Solubility in Sodium Chloride and Calcium Chloride Solutions at Temperatures of 25, 50, and 75 deg. and Elevated Carbon Dioxide Pressure," *Geokhimiya* (1972)**6,** 643–53.

74. Malinin, S. D.: " The System Water–Carbon Dioxide at High Temperatures and Pressures," *Geokhimiya* (1959) **3,** 235–45.

75. Malinin, S. D.: "Solubility of Carbon Dioxide in Water at Low Partial Pressures at High Temperatures," *Trans., Soveshch. Eksp. Tekh. Mineral. Petrogr.* (1971) **8,** 229–34.

76. Markham, A. E. and Kobe, K. A.: "Solubility of Carbon Dioxide and Nitrous Oxide in Aqueous Salt Solutions," *J. Am. Chem. Soc.* (1941) **63,** 449–54.

77. Matous, J. *et al.:* "Solubility of Carbon Dioxide in Water at Pressures up to 40 atm.," *Collect. Czech. Chem. Commun.*(1969) **34,** No. 12, 3982–85.

78. McCay, R. C., Seely, D. H. Jr., and Gardner, F.H.: "Distribution of Gaseous Solutes between Aqueous and Liquid–Hydrocarbon Phases. Carbon Dioxide," *Ind. Eng. Chem.* (1949) **41,** 1377–80.

79. Murray, C. N. and Riley, J. P.: "Solubility of Gases in Distilled Water and Sea Water. IV. Carbon Dioxide," *Deep–Sea Res. Oceanogr. Abstr.* (1971) **18,** No. 5, 533–41.

80. Nezdoiminoga, N. A.: "Solubility of Carbon Dioxide in Water," *Izy, Akad Nauk Arm. SSSR, Ser. Tekh. Nauk* (1968) **21,** No. 3, 11–17.

81. Pollitzer, F. and Strebel, E.: "The Influence of an Indifferent Gas on the Saturation Vapor Concentration of a Liquid," *Z. Physik. Chem.* (1924) **110,** 768–85.

82. Sander, W.: "The Solubility of CO_2in Water and Other Solutions at Higher Pressures," *Z. Physik. Chem.* (1912) **78,** 513–49.

83. Stewart, P. B. and Munjal, P. K.: "Solubility of Carbon Dioxide in Distilled Water, Synthetic Sea Water, and Synthetic Sea–Water Concentrates," U. of Calif., *Sea Water Convers.* (1969) **69,** No. 2, 44.

84. Stewart. P. B. and Munjal, P. K.: "Solubility of Carbon Dioxide in Pure Water, Synthetic Sea Water Concentrates at –5 deg. to 25 deg. and 10–to 45–atm. Pressure," *J. Chem. Eng. Data* (1970) **15,** No. 1, 67–71.

85. Takenouchi, S. and Kennedy, G.C.: "The Binary System H_2O–CO_2 at High Temperatures and Pressures," *Am. J. Sci.* (1964) **262,** 1055–74.

86. Todheide, K. and Franck, E. U.: "Two Phase Range and the Critical Curve in the System Carbon Dioxide–Water up to 3500 bar." *Z. Physik. Chem.* (1963) NF37, 387–401.

87. Vanderzee, C. E. and Haas, N. C.: "Second Virial Coefficients $B_{12}$for the Gas Mixture (Carbon Dioxide+Water) from 300 to 1000K," *J. Chem. Thermodynamics* (1981) **13,** No, 3, 203–11.

88. Vilcu. R. and Cainar, I.:"Solubility of Cases in liquid Under Pressure. I. Carbon Dioxide–Water Systen,"*Rev Roum. Chim.*(1967), 12 No.2, 1819.

89. Weiss, R. F.: "Carbon Dioxide in Water and Sea Water," *Marine Chem.* (1974) **2,** No. 3, 203–15.

90. Wiebe. R. and Gaddy, V.L.: "The Solubility in Water of Carbon Dioxide at 50, 75 and 100 ° at Pressures to 700 Atmospheres," *J. Am. Chem. Soc* (1939) **61, 315–18.**

91. Wiebe, R. and Gaddy, V.L.: "The Solubility of Carbon Dioxide in Water at Various Temperatures from 12 to 40 ° and at Pressures to 500 Atmospheres. Critical Phenomena," *J. Am. Chem, Soc.* (1940) **62,** 815–17.

92. Wiebe, R. and Gaddy, V. L.: "Vapor Phase Composition of Carbon Dioxide–Water Mixtures at Various Temperatures and at Pressures to 700 Atmospheres," *J. Amer. Chem. Soc.* (1943) **63,** 475–77.

93. Wroblewski, S.: "Investigation of the Absorption of Gases in Liquids at High Pressure. I. Carbon Dioxide in Water," *Ann. Physik. Chem.* (1882) **17,** 103–28.

94. Yeh, S. –Y. and Peterson, R. E.: "Solubility of Carbon Dioxide, Krypton, and Xenon in Aqueous Solution," *J. Pharm. Sci.* (1964) **53,** No, 7, 822–24.

95. Zawisza, A. and Malesinska, B.: "Solubility of Carbon Dioxide in Liquid Water and of Water in Gaseous Carbon Dioxide in the Range of 0.2 to 5 MPa and at Temperature up to 473 K," *J. Chem. Eng. Data* (1981) **26,** No. 4, 388–91.

96. Zel'evskii, Y. D.: "The Solubility of Carbon Dioxide under Pressure," *J. Chem. Ing.* (USSR) (1973)

14, 1250–57.

97. Paratella, A. A., and Sagramora, G.: "Solubilities of Liquids in Cases," *Ricerca Sci.* (1959) **29,** 2605–13.

98. Adeney, W. E. and Becker, H. G.: "The Determination of the Rate of Solution of Atmospheric Nitrogen and Oxygen in Water," *Sci. Proc. Roy. Dublin Soc.* (1919) **15,** 609–28.

99. Bartlett, E. P.: "The Concentration of Water Vapor in Compressed Hydrogen Nitrogen and a Mixture of These Gases in the Presence of Condensed Water," *J. Am. Chem. Soc.* (1927) **49,** 65–78.

100. Basset, J. and Dode, M.: "Solubility of Nitrogen in Water at High Pressures to 4500 kg / cm^2," *Compt. Rend.* (1936) **203,** 775–77.

101. Benson, B. B. and Krause, D. J.: "Empirical Laws for Dilute Aqueous Solutions of Nonpolar Gases," *J. Chem. Phys.* (1976) **64,** 689–709.

102. Benson, B. B. and Parker, P. D. M.: "Relations among the Solubilities of Nitrogen, Argon, and Oxygen in Distilled Water and Sea Water," *J. Phys. Chem.* (1961) **65,** 1489–96.

103. Douglas, E.: "Solubilities of Oxygen, Argon and Nitrogen in Distilled Water," *J. Phys. Chem.* (1964) **68,** 169–74.

104. Farhi, L. E., Edwards, A. T. W., and Homma, T.: "Determination of Dissolved N_2in Blood by Gas Chromatography and (a–A) N_2Difference," *J. Appl. Physiol.* (1963) **18,** 97–106.

105. Fox, C. J. J.: "On the Coefficients of Absorption of Nitrogen and Oxygen in Distilled Water and Sea–Water, and of Atmospheric Carbonic Acid in Sea–Water," *Trans.,* Faraday Soc. (1909) **5,** 68–87.

106. Goodman, J. B. and Krase, N. W.: "Solubility of Nitrogen in Water at High Pressures and Temperatures," *Ind. Eng. Chem.* (1931) **23,** 401–4.

107. Klots, C. E. and Benson, B. B.: "Solubilities of Nitrogen, Oxygen, and Argon in Distilled Water," *J. Marine Res.* (1963)21, 48–57.

108. Maslennikova, V. Y.: "Solubility of Nitrogen in Water," *Tr. Gas. Nauch. –Issled. Proekt. Inst. Azotn. Prom. Prod. Org. Sin.* (1971) **12,** 82–87.

109. Maslennikova, V. Y., Vdovina, N. A., and Tsiklis, D. S.: "Solubility of Water in Compressed Nitrogen," *Zh. Fiz. Khim.* (1971) **45,** No. 9, 2384.

110. Murray, C. N. and Riley, J. P.: "Solubility of Gases in Distilled Water and Sea Water. II. Oxygen," *Deep–Sea Res. Oceanography Abstr.* (1969) **3,** 311–20.

111. Pray, H. A., Schweickent, C. E., and Minnich, B. H.: "Solubility of Hydrogen, Oxygen Nitrogen, and Helium in Water," *Ind. Eng. Chem.* (1952) **44,** 1146–51.

112. Saddington, A. W. and Krase, N. W.: "Vapor–Liquid Equilibria in the System Nitrogen–Water," *J. Am. Chem. Soc* (1934) **56,** 353–61.

113. Smith, N. O., Keleman, S., and Nagy, B.: "Solubility of Natural Gases in Aqueous Salt Solutions. II. Nitrogen in Aqueous NaCl, $CaCl_2$, $Na_2SO_4$and $MgSO_4$at Room Temperatures and at Pressures below 1000 lb / sq. in. abs.," *Geochim. Cosmochim. Acta* (1962) **26,** 921–26.

114. Suciu, S. N. and Sibbitt, W. L." Study of the Nitrogen and Water and Hydrogen and Water Systems at Elevated Temperatures and Pressures," U. S. Atomic Energy Commission Washington, ANL (1951) **2,** 4603.

115. Tsiklis D. S. and Maslennikova, V. Y.: "Limited Mutual Solubility of Gases in the Water–Nitrogen System," *Dokl. Akad. Nauk SSSR* (1965) **161,** 645–47.

116. Wiebe, R., Gaddy, V. L., and Heins, C.: "Solubility of Nitrogen in Water at 25℃ from 25 to 1000 Atmospheres," *Ind. Eng Chem.* (1932) **24,** 927.

117. Wiebe, R., Gaddy, V. L., and Heins. C.: "The Solubility of Nitrogen in Water at 50, 75 and 100 ° from 25 to 1000 Atmospheres," *J. Am. Chem. Soc.* (1933) **55,** 947–55.

118. Wilcock, R. J. and Battino, R.: " Solubility of Oxygen–Nitrogen Mixture in Water," *Nature,* London (1974) **252,** No. 5484. 614–15.

119. Winkler, L. W.: "The Solubility of Gases in Water," *Ber. Deut. Chem. Ges.* (1891) **24,** 3602–10; 89–101.

120. Winkler, L. W.: "Measurements of the Absorption of Gases in Liquids," *Z. Physik. Chem.* (1892) **9,** 171–75.

121. Aoyagi, K., *et al.:* "Improved Measurements and Correlation of the Water Content of Methane Gas in Equilibrium with Hydrate," paper presented at the 1979GPA Annual Conference, Denver.

122. Byk, S. S., and Fomina, V. I.: "Water Content of Hydrates of Cases at Different Tempetqture," *Zh Fiz Khim.* (1978) 52, No, 5, 1306–08.

123. Falabella, B. J. and Vanpee. M.: "Experimental Determination of Gas Hydrate Equilibrium beolow the Ice Poiut", Ind tug. chem Fund. (1974) 13. No. 3, 228–31.

124. Frost, E. M. and Deaton, W. M.: "Gas Hydrate Composition and Equilibrium Data," *Oil and Gas J.* (1946) **45,** No. 12, 170–78.

125. Glew, D. N.: " Aqueous Solubility and the Gas Hydrates The Me thane Water Systtm" ,J. Phys Chem. (1962) **66,** 605–09.

126. Hammerschmidt, E. G.: " Formation of Gas Hydrates in Natural Gas Transmission Lines," *Ind. Eng. Chem.* (1934) **26,** No. 8, 851–55.

127. McLeod, H. D. Jr. and Campbell, J. M.: "Natural Gas Hydrates at Pressures to 10,000 psia,*J. Pet. Tech.* (1961) **13,** 590–94.

128. Roberts, O. L., Brownscombe, E. R., and Howe, L. S.: "Constitution Diagrams and Composition of Methane and Ethane Hydrates," *Oil and Gas J.* (1940) **39,** No. 30, 37–40.

129. Snell, L. E., Otto, F. D., and Robinson, D. G.: " Hydrates in Systems Containing Methane, Ethylene. Propylene, and Water," *AIChE J.* (1961) **7,** No. 3, 482–85.

130. Ballard, D.: "How to Operate a Glycol Plant," *Hydrocarbon Process. Pet. Refiner* (1966) **45,** No. 6, 171–80.

131. Deaton, W. M. and Frost, E M.: "Gas Hydrates in Natural Gas Pipe Lines," *Oil and Gas J.* (1937) **36,** No. 1, 75–81.

132. Hammerschmidt, E. G.: " Preventing and Removing Hydrates in Natural Gas Pipe Lines," *Gas* (1939) **15,** No. 5, 30–40.

133. Trebin, F. A. and Makogan, Y. I.: "Process of Hydrate Formation in Natural Gas. Conditions of Formation and Decomposition of Hydrates," *Tr. Mosk. Inst. Neftekhim. i Gaz. Prom.* (1963) **42,** 196–208.

134. Kobayashi, R., *et al.:* "Gas Hydrate Formation with Brine and Ethanol Solutions," *Proc.,* Nat. Gas

Assoc. Am. (1951) 27–31.

135. Wilcox, W. I., Carson, D. B., and Katz, D. L.: "Natural Gas Hydrates," *Ind. Eng. Chem.* (1941) **33,** 662–65.

136. Larson, S.: "Phase Studies of the Two–Component Carbon Dioxide–Water System Involving the Carbon Dioxide Hydrate," PhD thesis, U. of Illinois, Urbana (1955).

137. Song, K. Y. and Kobayashi, R.: "The Water Content of CO_2–Rich Fluids in Equilibrium with Liquid Water and / or Hydrate," Research Report, GPA, Tulsa (Sept. 1983).

138. Takahashi, S., Song, K. Y., and Kobayashi, R.: "Availability and Deficiencies. in Thermodynamic Data Needed for the Design of Glycol Dehydrators for CO_2–Rich Fluids," paper 67e presented at the 1983 AIChE Summer National Meeting, Denver, Aug. 28–31.

139. Unruh, C. H. and Katz, D. L.: "Gas Hydrates of Carbon Dioxide–Methane Mixtures," *Trans.*, AIME (1949) **186,** 83–86.

140. van Cleeff, A., *et al.*: "Studies of the Ternary System Ethylene–Ethanol–Water. II. Formation of Ethylene Hydrate," *Brennstoff–Chem.* (1960) **41,** 55–57.

141. Alder, S. B. and Spencer, C. F.: "Case Studies of Industrial Problems, Phase Equilibria and Fluid Properties in the Chemical Industry," *Proc.*, Equilibrium Fluid Properties in the Chemical Industry (1980) 465–95.

142. Kobayashi, R. and Katz, D. L.: " Vapor–Liquid Equilibria for Binary Hydrocarbon–Water Systems." *Ind. Eng. Chem.* (1953) **45,** 440–51.

143. Davidson, D. W.: " Cathrate Hydrates," *Water–A Comprehensive Treatise, Vol. 2, Water in Crystalline Hydrates–Aqueous Solutions of Simple Nonelectrolytes,* F. Franks (ed.), Plenum Press. New York City (1973) 115–234.

144. Sloan, E. D.: "Phase Equilibria of Natural Gas Hydrates," paper 67f presented at the 1983 AIchE Summer Natl Meeting, Denver, Aug. 28–31.

145. Katz, D. L.: "Prediction of Conditions for Hydrate Formation in Natural Gases," *Trans.*, AIME (1945) **160,** 140–49.

146. Katz, D. L. *et al.*: " Water–Hydrocarbon Systems," *Handbook of Natural Gas Engineering,* McGraw–Hill Book Co. Inc., New York City (1959) 189–221.

147. Carson, D. B. and Katz, D. L: "Natural Gas Hydrates," *Trans.*, AIME (1942) **146,** 150–59.

148. Noaker, L. J. and Katz, D. L.: "Gas Hydrates of Hydrogen Sulphide–Methane Mixtures," *Trans.*, AIME (1954) **201,** 237–39.

149. Wu, B. –J., Robinson, D. B., and Ng, H. –J.: "Three–and Four–Phase Hydrate Forming Conditions in Methane–Isobutane–Water," *J. Chem. Thermodynamics* (1976) **8,** 461–69.

150. Robinson, D. B. and Ng, H. –J.: " Improve Hydrate Predictions," Hydrocarbon Proc. (Dec.1975)54,No. 12, 95–98.

151. Platteeuw, J. C. and van der Waals, J. H.: "Thermodynamic Properties of Gas Hydrates. II. Phase Equilibrium in the System," *Rec. Trav. Chim.* (1959) **78,** 126–33.

152. von Stackelberg, M. : "Solid Gas Hydrates," *Naturwissenschaften* (1949) **36,** 327–33, 359–62.

153. von Stackelberg, M. and Muller, H. G.: "On the Structure of Gas Hydrates," *J. Chem. Phys.* (1951) **19,** 1319–20.

154. Saito, S. and Kobayashi, R.: " Hydrates at High Pressures: Part III. Methane–Argon–Water, Argon–Nitrogen–Water Systems," *AIChE J.* (1965) **11,** No. 1,96–99.

155. Nagata, I. and Kobayashi, R.: "Calculation of Dissociation Pressures of Gas Hydrates Using the Kihara Model," *Ind. Eng. Chem. Fund.* (1966) **5,** 344–48.

156. McKoy, V. and Sinanoglu, O.: "Theory of Dissociation Pressures of Some Gas Hydrates," *J. Chem. Phys.* (1963) **38.** No. 12, 2946–56.

157. Peng, D. –Y. and Robinson, D. B.: "A New Two–Constant Equation of State," *Ind. Eng. Chem.* (1976) **15,** 59–64.

158. Dharmawardhana, P. B.: "The Measurement of the Thermodynamic Parameters of the Hydrate Structure and Application of Them in the Prediction of Natural Gas Hydrates," PhD dissertation, Colorado School of Mines, Golden (1980).

159. Weiler, B. E.: " Experimental Determination of the Thermodynamic Parameters of Structure II Hydrate Using Propane," MS thesis, Colorado School of Mines, Golden (1982).

160. Erickson, D. D.: "Development of a Natural Gas Hydrate Prediction Computer Program," MS thesis, Colorado School of Mines, Golden (1982).

161. Davidson, D. W.: "Thermodynamic Aspects of Natural Gas Hydrates," paperpresented at the CIC Conference, Ottawa (June 1980).

162. Records, J. R. and Seely, D. H. Jr.: "Low Temperature Dehydration of Natural Gas," *Trans.* AIME (1951) **192,** 61–68.

163. Song, K. Y. and Kobayashi, R.: " Measurement and Interpretation of the Water Content of a Methane–Propane Mixture in the Gaseous State in Equilibrium with Hydrate," *Ind. Eng. Chem. Fund.* (1982) **21,** No. 4, 391–95.

164. Ng, H. –J. and Robinson, D. B.: "A Method for Predicting the Equilibrium Gas Phase Water Content in Gas–Hydrate Equilibrium," *Ind. Eng. Chem. Fund.* (1980) **19,** No. 1, 33–36.

165. Aoyagi, K. and Kobayashi, R.: " Report on the Water Content Measurement of High Carbon Dioxide Content Simulated Prudhoe Bay Gas in Equilibrium with Hydrates," *Proc.*, 50th Annual GPA Convention, New Orleans (1978).

166. Skinner, W. Jr.: "The Water Content of Natural Gas at Low Temperatures," MS thesis, U. of Oklahoma, Norman (1948).

167. McKetta, J. J. and Katz, D. L.: "Phase Relationships of Hydrocarbon–Water Systems," *Trans.*, AIME (1947) **170,** 34–43.

168. Peng, D. –Y. and Robinson, D. B.: "Two– and Three–Phase Equilibrium Calculations for Coal Gasification and Related Process," *Thermodynamics of Aqueous Systems with Industrial Applications*, S. A. Newman (ed.) Symposium Series 133, ACS (1980) 393–414.

169. Baumgaertner, M., Moorwood, R. A. S., and Wenzel, H.: " Phase Equilibrium Calculations by Equation of State for.

第二十九章　油藏岩石的基本性质

Daniel M.Bass Jr.，Colorado School of Mines❶　　　　沈平平　译

一、引　　言

本章讨论油藏岩石的基本性质。所要讨论的性质是：(1) 孔隙度——岩石内孔隙空间的度量；(2) 渗透率——岩石中流体传导系数的度量；(3) 流体饱和度——被一种流体所占据的总孔隙空间的度量；(4) 主管压力关系——存在于岩石和所含流体之间的表面力的度量；(5) 饱和流体的岩石的电导率——岩石和所含流体对电流的传导率的度量。这些性质构成了能用来定量地描述岩石的一组基本参数。

典型的岩心分析数据用这些基本性质来描述孔隙介质。

二、孔　隙　度

孔隙度被定义为岩石中孔隙空间与岩石总体积（BV）之比乘以100，用百分数表示。孔隙度可按其生成的模式分为原生孔隙和次生孔隙两类。最初的孔隙是在物质沉积过程中形成的，并在后来的压实和胶结过程中减小，成为原生孔隙。次生孔隙是在岩石沉积以后的某些地质过程中形成的。典型的原生孔隙是砂岩的粒间孔隙和某些石灰岩的晶间孔隙和鲕状孔隙。典型的次生孔隙是在一些页岩和石灰岩中发现的裂缝和通常在石灰岩中能找到的孔洞和溶洞。含有原生孔隙的岩石的性质比大部分孔隙为次生孔隙的岩石均匀。为了能直接做孔隙度的测定，必须依靠由取心得到的地层样品。

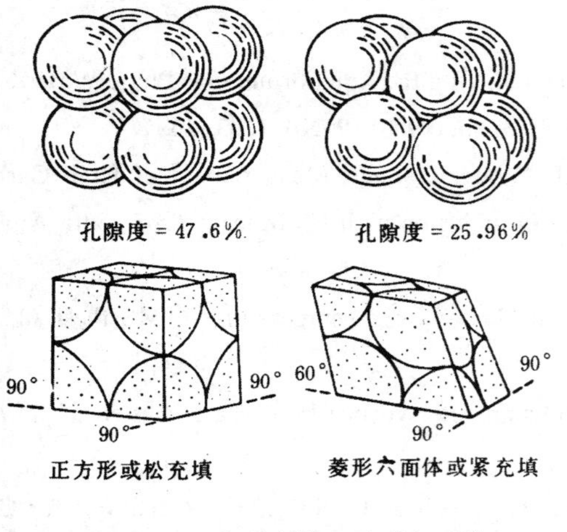

图29.1　正方形充填和菱形六面体充填的单元体和均匀球体集合

图29.1表示按两种规则充填均匀球体所得到的单元体。正方形充填（最松排列）的孔隙度是47.6%，而菱形六面体充填（最紧密排列）的孔隙度是25.96%[1]。考虑立方体充填，其孔隙度可以计算如下。单元体是一个边长为$2r$的立方体，r为球的半径。因此，$V_b=(2r)^3=8r^3$，这里V_b为总体积。因为在这一单元体中有$8\times\frac{1}{8}$个球，砂粒体积V_s由下式给定：

❶1962年版本章是由这位作者与James W.Amyx（已去世）合作编写的。

$$V_s = \frac{4\pi r^3}{3}$$

因此，孔隙度ϕ可由下式求得:

$$\phi = \frac{V_p}{V_b} \times 100 = \frac{V_b - V_s}{V_b} \times 100$$

这里的 V_p 是孔隙体积 PV。因此:

$$\phi = \frac{8r^3 - \frac{4}{3}\pi r^3}{8r^3} \times 100 = \left(1 - \frac{\pi}{2 \times 3}\right) \times 100 = 47.6\%$$

最令人感兴趣的是半径在式中消去了，均匀球充填的孔隙度只是充填方式的函数。

Tickell 等人[2]给出的实验数据说明，用 Ottawa 砂子充填时，孔隙度是颗粒尺寸分布偏斜度的函数（见图 29.2)。偏斜度是一组测量值分布均匀性的一种统计度量。其他研究人员已测定了分布、颗粒尺寸和颗粒形状的影响。一般地说，颗粒棱角增加趋向于孔隙度增加，而颗粒尺寸范围增大趋向于孔隙度减小。

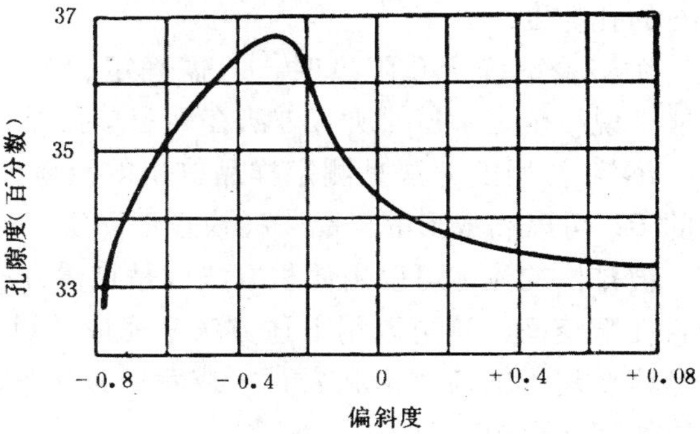

图 29.2　孔隙度随颗粒尺寸分布的偏斜度变化

在处理油藏岩石（通常是胶结的沉积物）时，必须定义总孔隙度和有效孔隙度，因为胶结物可能封闭部分孔隙体积。总孔隙度是岩石中总孔隙空间与岩石总体积之比，有效孔隙度是岩石中互相连通的孔隙空间与岩石总体积之比，两者都用百分数表示。从油藏工程的观点出发，所需要的是有效孔隙度，因为它表示了可流动流体占据的空间。对粒间孔隙介质，在差到中等程度的胶结情况下，总孔隙度近似等于有效孔隙度。对高度胶结的介质和石灰岩，总孔隙度和有效孔隙度的值可能出现大的差别。

图 29.3 是油井岩心照片。可以看出，砂岩的孔隙结构是复杂的，但孔隙分布是相对均匀的。复杂的孔隙结构是在地质沉积环境中多种因素相互作用产生的。这些因素包括骨架部分的充填和颗粒尺寸分布，粒间孔隙介质的类型以及胶结的类型和程度。这些不同因素的影响可以作为统计趋势来评价。

含有次生孔隙的介质，例如图 29.3 中所示的碳酸盐岩，有更为复杂的孔隙结构。实际上，在这种岩石中可能出现两种以上孔洞类型。基本岩石介质通常是细的结晶体，被称为基质。基质中包含均匀的小孔洞，组成一种孔隙类型。由于淋滤作用、断裂或原生岩石的白云岩化，在碳酸盐岩中通常出现一种或多种大的孔洞。孔穴孔常有普通铅笔那样大，通常是由于沉积后岩石淋滤作用产生的。裂缝也可能是很大的，并构成岩石中孔隙空间的主要部分。

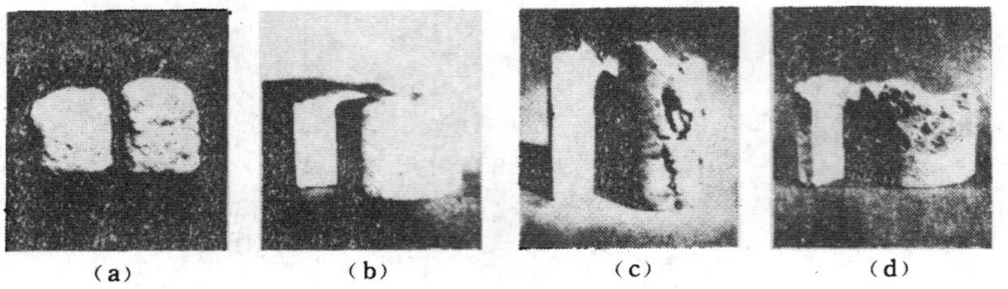

图 29.3 油井岩心。胶结砂岩：(a) 电缆取出的岩心，下 Frio 层；(b) 全岩心，Seven Rivers。孔洞、溶洞和结晶的灰岩和白云岩，(c) 全岩心，Devonian；(d) 全岩心 Hermosa

孔隙度的实验室测定：

已经有多种方法确定含有粒间孔隙的胶结岩石的孔隙度。其中大多数方法是对小样品(大致有一个胡桃大小）设计的。因为粒间孔隙非常小，确定这一样品的孔隙度包含测定数4个孔隙的体积。从统计学的角度看，由多个小尺寸样品得到的结果可以很好地代表大部分岩石的孔隙度。

在实验室确定孔隙度时，只需确定三个基本参数（*BV*，*PV* 和颗粒体积）中的二个。一般来说，确定 *BV* 的所有方法在确定总孔隙度和有效孔隙度时都可使用。

BV 常用的方法是测定样品排出的流体体积。这种方法特别好用。因为特殊形状的样品的 *BV* 可以和成形的样品一样快速地测定。

被排出的流体可以用体积方法或是重量方法测定。不论用那种方法，必须防止流体渗入岩石孔隙空间。这可以用下述方法来完成：(1) 用石蜡或类似的物质把岩心封起来 (2) 用样品将要浸入的流体饱和岩石；或者 (3) 用汞，它的表面张力和润湿特征使它没有进入大多数粒间孔隙的趋势。

BV 的重量测定方法可以根据待测定样品浸入流体时的重量损失来完成。或者是用一种流体充满比重瓶和用该流体和岩心充满比重瓶时的重量差来确定。*BV* 重力测定方法的细节在例题 1 到例题 3 中作了最好的说明。

例题 1——浸在水中的密封样品

已知：在空气中干样品的重量，$A=20.0$ 克，

用石蜡密封的干样品重量，$B=20.9$ 克（石蜡密度$=0.9$ 克／厘米^3），

密封的干样品浸没在 40°F 水中的重量，$C=10.0$ 克（水的密度$=1.00$ 克／厘米^3），

于是我们能计算

石蜡重量$=B-A=20.9-20.0=0.9$ 克，

石蜡的体积$=\dfrac{0.9}{0.9}=1$厘米^3，

被排出的水的重量$=B-C=20.9-10.0=10.9$ 克，

被排出的水的体积$=\dfrac{10.9}{1.0}=10.9$厘米^3，

被排出的水的体积—石蜡体积$=10.9-1.0=9.9$ 厘米^3，

岩石的 *BV*，即 $V_b=9.9$ 厘米^3。

例题 2——浸入在水中的饱和水的样品

已知：饱和样品在空气中的重量，$D=22.5$ 克，

饱和样品在 40°F 水中的重量，$E=12.6$ 克，我们能计算

被排出的水的重量 $=D-E=22.5-12.6=9.9$ 克，

被排出的水的体积 $=\dfrac{9.9}{1.0}=9.9$厘米^3，

因此，

岩石的 BV，即 $V_b=9.9$ 厘米^3。

例题 3——浸入在汞相对密度计中的干样品

已知例题 1 中的 A 值和下列值：

在 20℃时用汞充满的相对密度计的重量，$F=350.0$ 克，

在 20℃时用汞和样品充满的相对密度计的重量，

$G=235.9$ 克（汞的密度 $=13.546$ 克／厘米^3），我们能计算

样品的重量+用汞充满的相对密度计的重量 $=A+F=20+350=370$ 克，

被排出的汞的重量 $=A+F-G=370-235.9=134.1$ 克

被排出的汞的体积 $=\dfrac{134.1}{13.546}=9.9$厘米^3

因此，

岩石的 $BV=9.9$ 厘米^3。

用体积方法确定 BV 使用了多种特殊结构的相对密度计和体积计，图 29.4 显示了一种能直接读出 BV 的电子相对密度计。样品被浸没在岩心室中，结果使相连的 U 形管液面上升。汞液面的变化用连结在一个低压电路上的测微器螺杆测定。只要测量点与汞接触，电路就一直闭合。将测量点的间隔标定为体积单位，因此在岩心室中有和没有样品时开路读数之差即代表样品的 BV。在这一装置中，干的或饱和的样品都可以用。

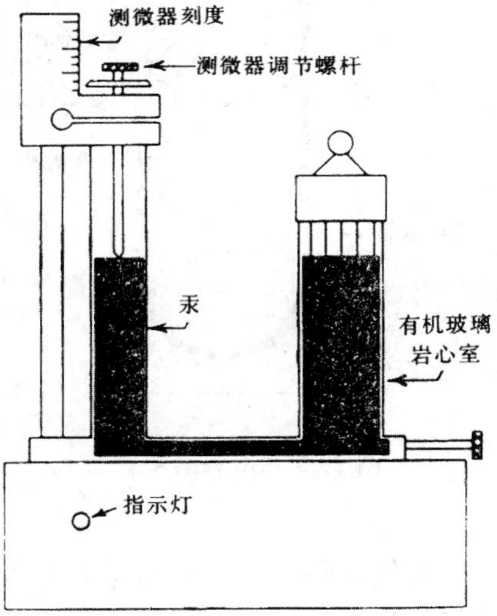

图 29.4　电子相对密度

砂粒体积（GV）　不同的孔隙度测定方法通常是用确定 GV 或 PV 来区别的。有几种最古老的测定孔隙度的方法是以 GV 的测定为基础的。

GV 可以由样品的干重和砂粒密度来确定。在很多应用项目中，用石英密度（2.65 克／厘米^3）作为砂粒密度可以得到足够精确的结果。

为作更严格的测定，可用 A.F.Melcher−Nutting 方法〔4〕或 Russell 方法〔5〕。测定了一个样品的 BV 之后，可以将该样品或是相邻的样品碾成颗粒尺寸，即可测定 GV。在 Melcher−Nutting 技术中，所有的测量都是根据浮力原理用重量法确定的（例题 2）。Russell 方法用了一个专门设计的体积计，BV 和 GV 是用体积法确定的。所确定的孔隙度是总孔隙度 ϕ_t。因此：

$$\phi_t=\frac{V_b-V_s}{V_b}\times 100$$

根据例题 2 的数据，颗粒密度用 2.65 克／厘米^3,❶

$$V_b = 9.9\text{厘米}^3$$

$$V_s{}^{❶} = \frac{20}{2.65} = 7.55\text{厘米}^3$$

于是

$$\phi_t = \frac{9.9 - 7.55}{9.9} \times 100 = 23.8\%$$

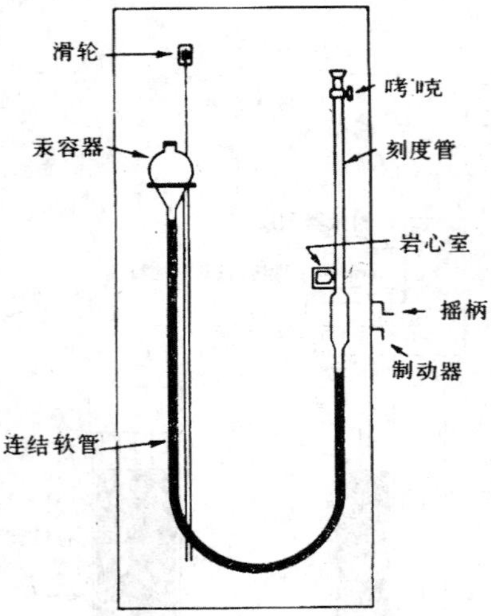

图 29.5　Stevens 孔隙度仪

Stevens[6] 孔隙度仪是一种测定“有效”GV 的方法。组成该孔隙度仪（图 29.5）的岩心室可以与大气压不连通，并用一个针型阀与孔隙度仪的其它部分接通。岩心室的精确体积是已知的。在操作时，一块岩心被放入岩心室；操纵汞容器使系统造成真空；岩心室里的空气不断膨胀进入已被抽真空的系统，并在刻度管中测定（在大气压条件下）。Stevens 方法是对 Washburn–Bunting 方法的改进，它将在测定 PV 时讨论。

例题 4——用气体膨胀确定颗粒体积（Stevens 孔隙度仪）

已知：岩心室的体积，H＝15 厘米^3,

总读数，I＝7.00 厘米^3,

其中

空气体积（第一个读数）＝6.970,

空气体积（第二个读数）＝0.03,

空气体积（第三个读数）＝0

我们能计算

有效颗粒体积＝$H-I$＝8 厘米^3,

样品的总体积（从相对密度瓶得到）＝10 厘米^3，因此，有效孔隙度，即 ϕ_e＝〔(10−8)／10〕×100＝20%。

PV　所有测定 *PV* 的方法都产生“有效”孔隙度。这些方法基于从岩心中抽提一种流体或是把流体引入岩石的孔隙空间。

Washburn–Bunting 孔隙度仪所用的方法是用操纵相连的汞容器造成孔隙度仪的部分真空，从而测定从孔隙空间中抽提出来的空气的体积。在此过程中，岩心暴露在汞里面而被污染，因此不适合追加试验。前述的 Stevens 方法是 Washburn–Bunting 方法的修正，专门设

---

❶原文为 V_g。——译者注。

计来防止样品被汞污染。

为测定 PV，还设计了多种方法，其中包括 Kobe 孔隙度仪，Oilwell Research 的孔隙度仪和汞一泵孔隙度仪。Kobe 和 Oilwell Research 的孔隙度仪是 Boyle 定律类型的孔隙度仪，设计使用氮或氦，在室温下氮和氦在岩石表面的吸收可以忽略。设计的汞—泵孔隙度仪既可得到 PV，也可得到 BV。

用饱和方法确定孔隙度是用一种已知其密度的流体饱和一块清洁的干岩心样品，并根据样品重量的增加确定 PV。样品通常被放在真空瓶中抽空，饱和流体可从另外的分开的漏斗进入此瓶中。如果小心做实验，达到完全饱和，那末对粒间孔隙介质来讲这一方法可以认为是可采用的最好技术之一。例题 5 说明测定 PV 的饱和方法。

例题 5——用饱和方法测定有效孔隙度

根据例题 1 和例题 2 的数据，可以计算

在孔隙空间中水的重量 $= D-A = 22.5-20 = 2.5$ 克，

在孔隙空间中水的体积 $= \dfrac{2.5\text{克}}{1\text{克}/\text{厘米}^3} = 2.5\text{厘米}^3$，

有效 $PV = 2.5$ 厘米^3，而

BV（例题 2）$= 9.9$ 厘米^3，

因此，

$$\phi_e = \frac{2.5}{9.9} \times 100 = 25.3\%$$

表 29.1　给出有效孔隙度几种测定的方法的对比。

表 29.1　确定孔隙度的方法

有效孔隙度方法				
	Washburn–Bunting 孔隙度仪	Stevens 孔隙度仪	Kobe 孔隙度仪	Boyle's 定律孔隙度仪
样品类型	每段一块至几块岩心（通常是一块）	每段一块至几块岩心（通常是一块）	每段一块至几块岩心（通常是一块）	每段一块至几块岩心（通常是一块）
准备工作	溶剂抽提并用炉子烘干。有时也用蒸馏样品	溶剂抽提,并用炉子烘干。有时也用蒸馏样品	溶剂抽提,并用炉子烘干。有时也用蒸馏样品	溶剂抽提,并且炉了烘干。有时也用蒸馏样品
测定项目	PV 和 BV	砂粒体积和未胶结的 PV 和 BV	砂粒体积和未胶结的 PV 和 BV	砂粒体积和未胶结的 PV 和 BV
测定方法	降低样品的压力,测定脱出空气量。BV 用汞比重计	空的和装有岩心的等体积的岩心室中脱出的空气体积之差。BV 用 Russell 管	同左	同左
误差	自污汞排出空气；系统可能有泄漏；由于快速操作或岩心致密产生的不完全放空	汞甚至未变污。系统可能有泄漏；由于快速操作或岩心致密产生的不完全放空	同左	同左

续表

有效孔隙度方法			总孔隙度方法
饱和度[①]	岩心实验室 湿样品	岩心实验室 干样品	砂子密度
每段一块至几块岩心（通常是一块）	几块样品用于蒸馏；一块样品用于压汞	每段一块至几块样品（通常是一块）	每段几块样品
溶剂抽提并用炉子烘干。有时用蒸馏样品	没有	溶剂抽提并用炉子烘干。有时用蒸馏样品	溶剂抽提；然后执行第二步，把样品碾成颗粒尺寸
PV 和 *BV*	气体空间,油和水的体积。*BV*	砂粒体积和未胶结的 *PV* 和 *BV*	样品的 *BV* 和砂粒体积
干样品的重量；在空气中的饱和样品的重量；浸在饱和流体中的饱和样品的重量	蒸馏样品的重量；从蒸馏样品中得到的油和水的体积；压汞样品的气体体积和 *BV*	空的和装有岩心的等体积岩心室中脱出的空气体积之差	干样品的重量；浸没的饱和样品的重量；砂粒的重量和体积
可能不完全饱和	从页岩中得过量的水。通过凝析器漏失蒸汽	系统可能泄漏；由于快速操作或岩心致密产生的不完全放空	在碾碎过程中可能出现砂粒损失。所得结果多次精确重复

①最好的方法。

孔隙度测定的精度　一些大公司的实验室做了一系列试验来确定多种孔隙度测定方法的精度[9]。所用的方法是气体膨胀或是饱和技术。表 29.2 总结了这些试验的结果。注意，气体膨胀方法总是高于饱和方法。这一结果是毫无疑问的，因为两种方法的误差趋于相反的方向。对气体膨胀方法来讲，由于气体吸收产生的误差导致高值，而对饱和技术来讲，样品的不完全饱和导致低值。用两种方法求得的平均值的差别约为 0.8%孔隙度，这对于一块孔隙度为 16%的样品来讲，大约是 5%的误差。然而，给人们的感觉是，如果小心地操作，所有常用的确定有效孔隙度的方法得到的结果都能满足精度要求。

表 29.2　用在孔隙度测定对比中的样品特征

样品号	矿物类型	近似气体渗透率（毫达西）	孔隙度（%）				
			平均	用气体方法得到的平均值	用饱和方法得到的平均值	见到的高值[①]	见到的低值[②]
1	灰岩	1	17.47	17.81	16.96	18.50	16.72
2	烧结玻璃	2	28.40	28.68	27.97	29.30	27.56
3	砂岩	20	14.00	14.21	13.70	15.15	13.50
4	砂岩	1000	30.29	31.06	29.13	31.8	26.8
BZE	半石英岩质砂岩	0.2	3.95	4.15	3.66	4.60	3.50
BZG	半石英岩质砂岩	0.8	3.94	4.10	3.71	4.55	3.48
61−A	刚铝石	1000	28.47	28.78	28.00	29.4	27.8
722	刚铝石	3	16.47	16.73	16.08	17.80	16.00
1123	白垩	1.6	32.67	33.10	32.03	33.8	31.7
1141−A	砂岩	45	19.46	19.68	19.12	20.2	18.8

①该样品的最高报告值；②该样品最低报告值。

碳酸盐岩　用已经讨论过的常规技术中使用的那种小样品得到的孔隙度数据不包括空穴和溶洞效应。用饱和方法确定 *PV* 和 *BV* 是不令人满意的，因为较大的孔隙空间将出现排驱现象。因此需要用较大的岩心样品，并且用测定岩心尺寸的办法或在样品密封后确定 *BV*。有效颗粒体积用图 29.6 所示类型的大型气体孔隙度计求得。这一孔隙度计是以 Bogle 定律为基础的，其中高压气体在两个室之间是平衡的。从测得的压力，每个室的体积和岩样总体积用 Boyle 定律可计算出孔隙度。

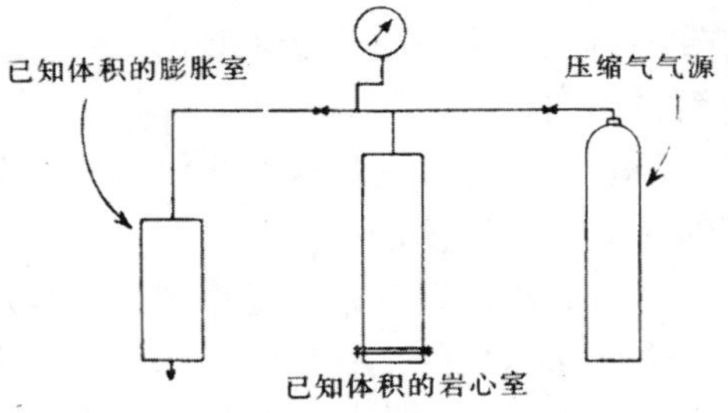

图 29.6　用于大岩心的气体膨胀孔隙度计

Kelton[10] 给出了全岩心分析结果（该方法利用大段的全直径岩心）。下表中的基质和全岩心资料是 Kelton 一部分工作的总结[10]。

	组			
	1	2	3	4
基质孔隙度（总体积%）	1.98	1.58	2.56	7.92
总孔隙度（总体积%）	2.21	2.62	3.17	8.40

基质孔隙度是从小岩样中测定的，而总孔隙度是用全岩心测定的。利用全岩心分析能可靠地评价大多数碳酸盐岩。但是，对于裂缝广泛延伸的介质还没有一种令人满意的技术可以利用，因为不可能把这些样品放在一起恢复到它们的原始状态。

孔隙性岩石的压实性和压缩系数

Krumbein 和 Sloss[11] 指出沉积岩的孔隙度是该岩石压实程度的函数。压实力是该岩石最大埋藏深度的函数。图 29.7 表示自然的压实作用对孔隙度的影响。从原理上讲，这一影响是由于压实导致紧排列而产生的。因此埋藏深的沉积岩（即使后来上升了）所具有的孔隙度要比小于此埋藏深度的沉积岩小。

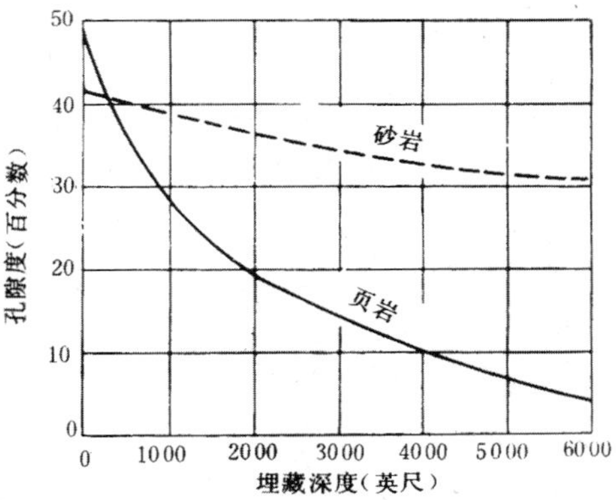

图 29.7　自然压实对孔隙度的影响

Geertsma[12] 指出必须区分岩石中三种类型的压缩系数：(1) 岩石基质压缩系数；(2) 岩石总压缩系数，(3) 孔隙压缩系数。岩石总压缩系数是孔隙和岩石基质压缩系数的组合。

岩石基质压缩系数是在单位压力变化下用分数表示的固体岩石物质（颗粒）体积的变化。孔隙压缩系数是在单位压力变化下用分数表示的岩石孔隙体积（*PV*）的变化。

由于流体从油藏岩石的孔隙空间中采出，造成了岩石内部应力的变化，这样就使岩石处于不同的合成应力作用之下。应力的这种变化引起了岩石的 *GV*，*PV* 和 *BV* 的变化，油藏工程师主要感兴趣的是岩石的 *PV* 的变化。岩石总压缩系数的变化在地表下陷会引起明显危害的地区是重要的。

Hall[13] 给出了作为孔隙度函数的 *PV* 压缩系数。图 29.8 汇总了这些资料。在图 29.8 中有效岩石压缩系数是由于颗粒膨胀和由于基质压实使孔隙空间减小二种作用产生的孔隙度变化而得出的。

Fatt[14] 指出孔隙压缩系数是孔隙度的函数。在他的资料范围内，他没能找到一个孔隙压缩系数与孔隙度的关系。

随着原油在更深的地层中和新的地质区域中发现，需要更好地了解孔隙度随油藏流体压力的降低而发生的变化。

Hammerlindl[15] 根据所测定的数据导出了一个关系，说明非胶结砂层埋藏深度的变化引起的孔隙压缩系数的变化（图 29.9）。在一些技术文献中，其他作者也给出了类似的关系。

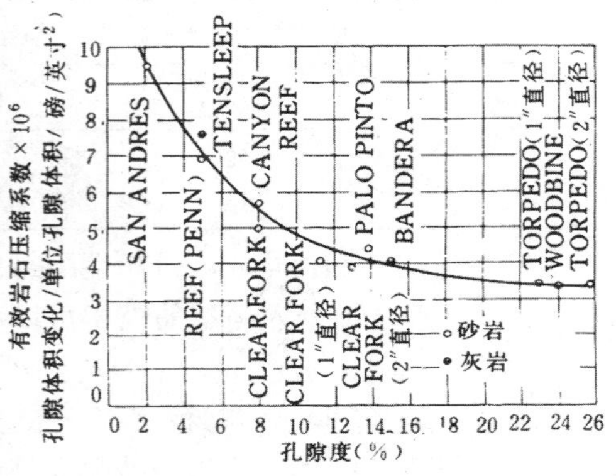

图 29.8　有效油藏岩石压缩系数

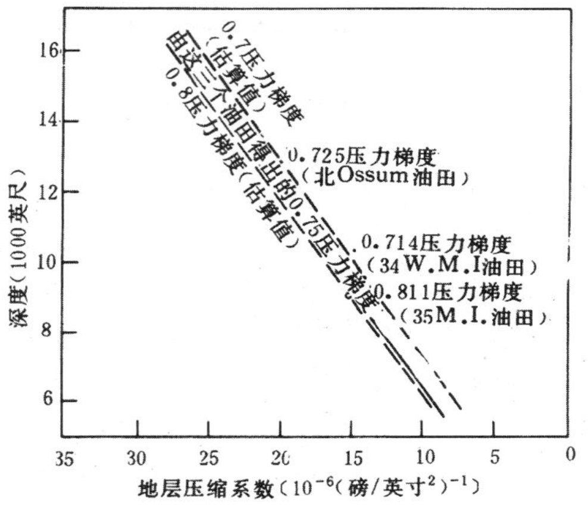

图 29.9　在一个异常压力油藏的异常压力段中的深度与地层压缩系数的关系

最近做了大量的实验室工作，试图更好地理解地层压实对孔隙度的影响。Newman[16] 测定了灰岩样品以及胶结的、易碎的和非胶结的砂岩样品。他把他的结果和 Hell[13]，van der Knaap[17] 的结果进行了比较，见图 29.10 至 19.13。正如他的资料中所提到的，对灰岩和胶结砂岩，*PV* 压缩系数和孔隙度之间可能存在一个近似关系，对易碎的和非胶结的砂岩，*PV* 的压缩系数和孔隙度之间几乎没有关系。Newman 在孔隙度 5%范围内对 *PV* 压缩系数求平均，想对四种类型的介质求出相关关系。这一平均技术的结果表示在图 29.14 中。

下面来讨论测定 *PV* 压缩系数的方法。*PV* 压缩系数能在实验室中用静水柱压力（在三个方向上压力都相同）或三轴压力（z 方向压力与 x、y 方向不同）技术来测定。试验样品也可以周期性地加压，直到由于所提供的压力而引起的变形不再变化为止，或者样品被置于压力之下测量其形变，以计算 *PV* 压缩系数。

Krag[18] 和 Graves[19] 用实例说明，当一块地层样品被周期性加压直至达到稳定的变形条件时，样品会给出可重复的 *PV* 压缩系数值，甚至在样品被移至非加压条件 30 天或 30 天以上时也会如此。Newman 报告的数据是用一些非周期性加压的样品得到的。

Lachance[20] 比较了用静水柱压力和三轴压力方法得到的 *PV* 压缩系数。他的报告结果

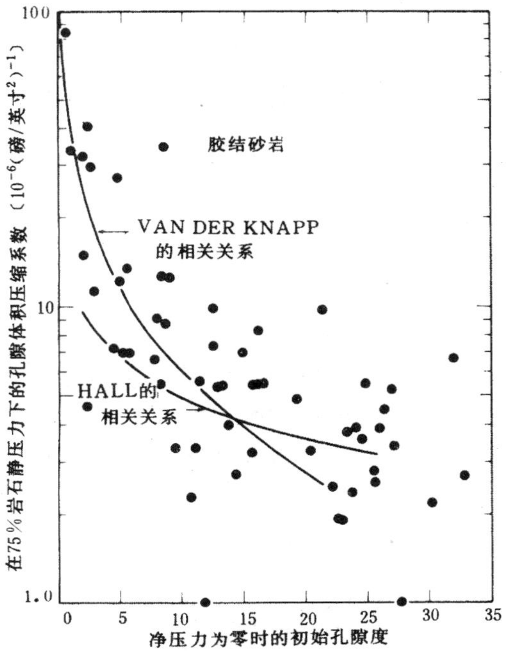

图 29.10　灰岩在 75%岩石静压力下的 *PV* 压缩系数与初始样品孔隙度的关系

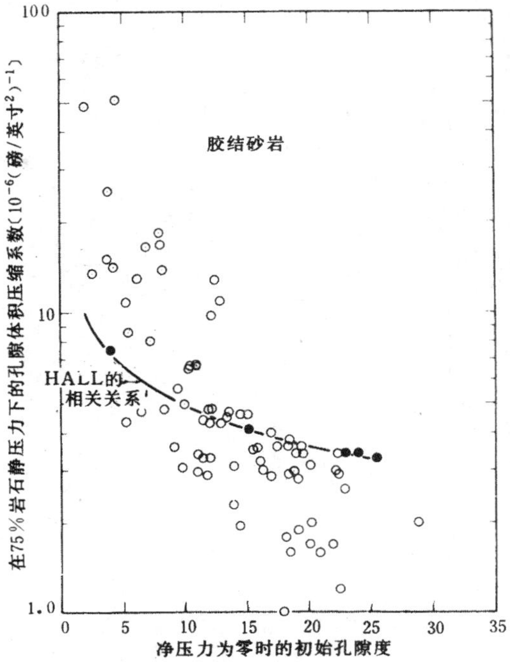

图 29.11　胶结砂岩在 75%岩石静压力下的 *PV* 压缩系数与初始样品孔隙度的关系

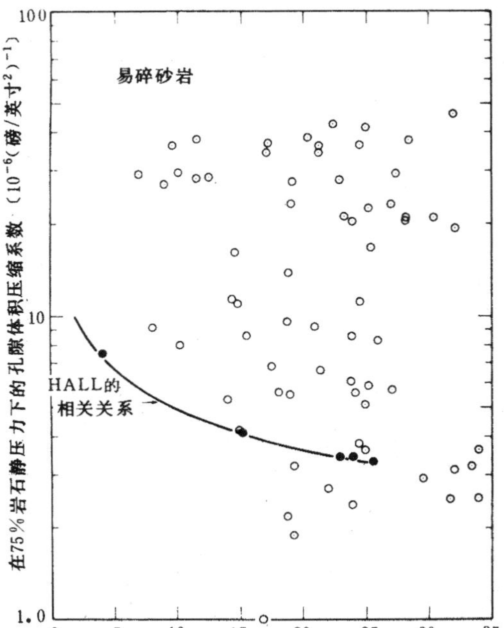

图 29.12　易碎砂岩在 75%静岩石压力下的 *PV* 压缩系数与初始样品孔隙度的关系

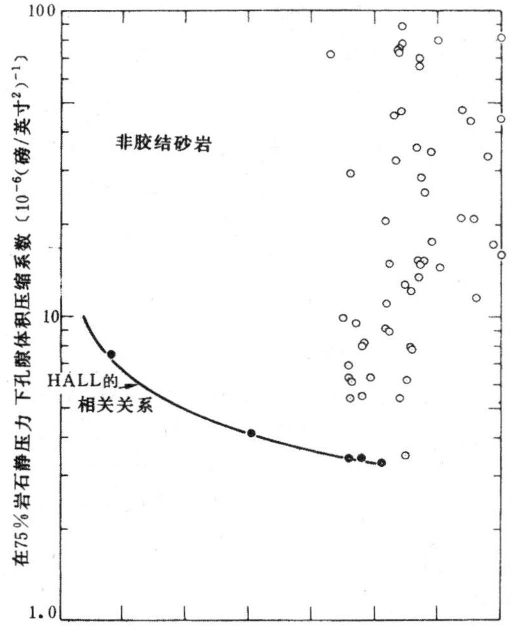

图 29.13　非胶结砂岩在 75%静岩石压力下的 *PV* 压缩系数与初始样品孔隙度的关系

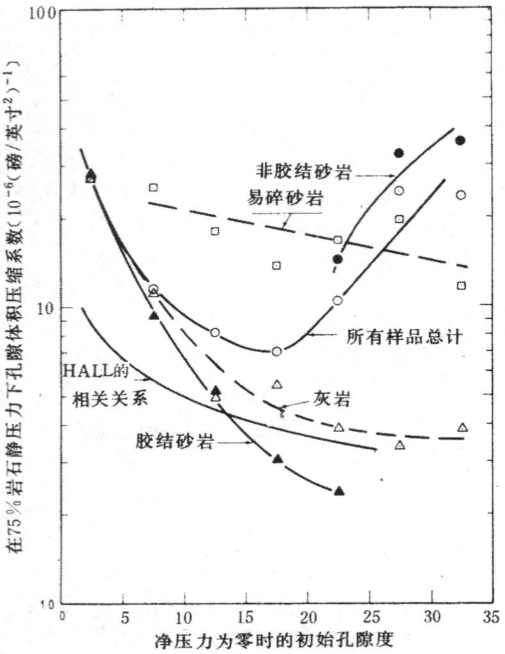

图 29.14 *PV* 压缩系数的分类平均值与初始样品孔隙度的关系

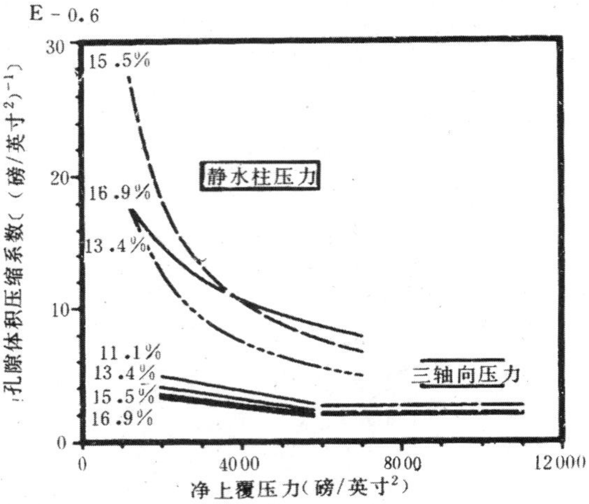

图 29.15 计算的 *PV* 压缩系数
(孔隙度≥8%)

(图 29.15) 指出用两种方法得到的 *PV* 压缩系数有大的差别。三轴压力数据表明 *PV* 压缩系数基本上不依赖于样品的孔隙度。Newman[16] 的数据是用静水柱压力方法得到的，而 Krag[18] 和 Graves[19] 的数据是用三轴压力得到的。

综上所述，岩石压缩系数是油藏评价中的一个重要因素。初始压力高、流体泡点压力低的油藏对 *PV* 压缩系数的实际值是敏感的。初始地层压力超过 6000 磅／英寸^2 的气藏对 *PV* 压缩系数的值也是敏感的。Newman[16]，Krug[18] 和 Graves[19] 都建议，当 *PV* 压缩系数对油（气）藏评价很重要时，应当用这一油（气）藏样品来测定 *PV* 压缩系数。

三、渗　透　率

1.理论基础

本节的目的是讨论地层传导流体的能力。在 APICode27[21] 前言中，说明了渗透率是孔隙介质的一种性质，是该介质传输流体的能力的度量。因此，渗透率的测定就是特定介质流体传导率的测定。与电导率相类似，渗透率代表孔隙介质对流体流动的阻力的倒数。

下面是著名的流体在圆形管道中流动的流动方程。

粘性流体的 Poiseuille 方程:

$$v=\frac{d^2\Delta p}{32\mu L} \tag{1}$$

粘性紊流的 Fanning 方程:

$$v^2 = \frac{2d\Delta p}{f\rho L} \tag{2}$$

式中　γ——流速，厘米／秒；

d——管子直径，厘米；

Δp——在长度 L 上的压力损失，达因／厘米^2；

L——测定压力损失的长度，厘米；

μ——流体粘度，帕·秒；

ρ——流体密度，克／厘米^3；

f——摩擦系数，无量纲。

Poiseuill 方程的更方便的形式为：

$$q = \frac{\pi r^4 \Delta p}{8\mu L} \tag{3}$$

式中 r　为管子的半径，厘米，q 是体积流量，厘米^3／秒，其它项的定义与前式中的相同。

如果孔隙介质被想像为一束毛管，通过介质的流量 q_t 是通过单个管子的流量之和，则

$$q_t = \frac{\pi \Delta p}{8\mu L}\sum_{j=1}^{k} n_j r_j^4 \tag{4}$$

式中 n_j 为半径为 r_j 的毛管的数目。如果

$$(\pi / 8)\sum_{j=1}^{k} n_j r_j^4$$

被看作这一组管子的流动系数，则方程简化为：

$$q_t = C\frac{\Delta p}{\mu L} \tag{5}$$

式中　$C = \frac{\pi}{8}\sum_{j=1}^{k} n_j r_j^4$　(6)

岩石的孔隙结构不允许将流动通道简单地分类。因此，在大多数情况下需要经验数据。

1856 年，达西研究了水通过为净化水的砂子滤器时的流动。他的实验装置如图 29.16[22] 所示。达西解释了他的观测数据，得出基本上如方程（7）所示的结果：

$$q = KA\frac{h_1 - h_2}{L} \tag{7}$$

q 代表水向下通过横截面积为 A、长度为 L 的圆柱形砂柱时的体积流量。h_1 和 h_2 是入

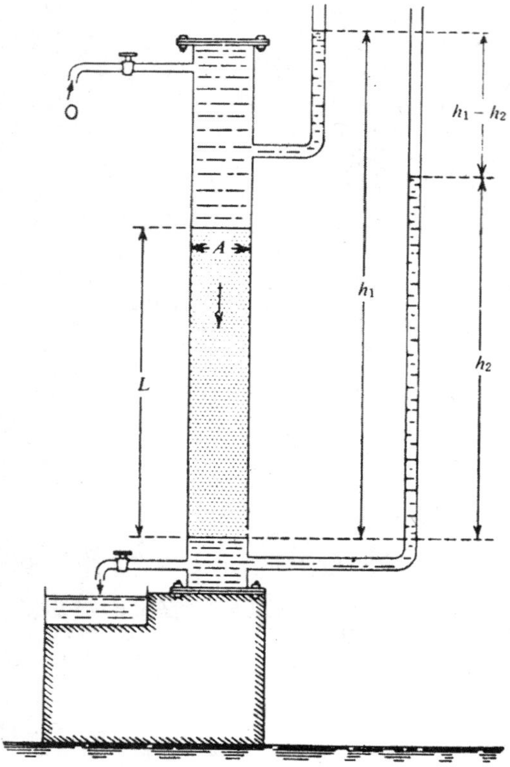

图 29.16　Henry Darcy 使水流经砂子的实验的流程

口和出口面在基准面以上的高度，它代表点 1 和 2 的静水头。K 是一个比例常数，它代表砂柱的特性。Darcy 的研究限于水通过砂柱的流动，砂柱 100%被水饱和。

后来的研究发现达西定律能被扩展到不同于水的其它流体，比例常数 K 被写为 K/μ，这里 μ 为流体粘度，K 是该岩石的比例常数。在 API Code27 中，达西定律的通用形式为：

$$u_s=-\frac{k}{\mu}\left(\frac{\mathrm{d}p}{\mathrm{d}s}-g\rho\frac{\mathrm{d}z}{\mathrm{d}s}\right) \qquad (8)$$

式中　s——沿流动方向的距离，总是正的；

u_s——沿流动路径 s 在单位时间内通过单位面积孔隙介质的体积流速；

z——垂向坐标，向下为正，厘米；

ρ——流体密度；

g——重力加速度；

$\frac{\mathrm{d}p}{\mathrm{d}s}$——在 μ 点沿 s 的压力梯度；

μ——流体粘度；

k——介质的渗透率；

$\frac{\mathrm{d}z}{\mathrm{d}s}$——$\sin\theta$ 这里 θ 是 s 和水平方向之间的夹角。

u_s 可以进一步定义为 q/A，这里 q 是体积流量，A 是垂直于流线方向的平均横截面积。

在方程（8）中括号内的部分可以被解释为总的压力梯度减去由于流体压头而产生的压力梯度。因此，如果系统处于静水柱平衡状态，将没有流动，括号内的量为 0。方程（8）可改写为：

$$u_s=\frac{k}{\mu}\frac{\mathrm{d}}{\mathrm{d}s}(\rho gz-p) \qquad (9)$$

d（$\rho gz-p$）/ ds 可以被看作势函数 Φ 的梯度的负数，这里

$$\Phi=p-\rho gz \qquad (10)$$

这样定义的势函数使流动方向从势高的点到势低的点。

分析方程（8）可以建立渗透率的量纲为 $K=L^2$。在 cgs（厘米克秒）单位制下，渗透率的单位是厘米^2，这一单位在通常使用时太大了，因此，石油工业采用达西作为渗透率的

标准单位，它的定义如下。

一种粘度为 1 厘泊的单相流体充满一种多孔介质的孔隙空间，若该流体在粘滞流条件下，在每厘米一个大气压力或等效于一个大气压的水动力梯度下以每平方厘米横截面积上每秒一立方厘米的流速流经该多孔介质，则该多孔介质的渗透率为 1 达西。

粘滞流动条件的意思是流速足够低，以至于与势的梯度成正比。正如定义中所述，达西定律是适用于粘滞流动条件。而且，因为渗透率是孔隙介质的一个比例常数，在测定渗透率时该介质必须 100%被流动的流体所饱和。再者，流体和孔隙介质之间必须不发生反应。也就是说不发生化学反应、吸附或吸收。如果一种会发生反应的流体流经孔隙介质，它将使孔隙介质发生变化，因此将改变后续流动中介质的渗透率。

2.简单几何形态的流动系统

水平流动　通常用水平直线稳态流动测定渗透率。如果岩石是水平的，并且 100%被一种不可压缩的流体饱和（图 29.17），则 $dz/ds=0$，$dp/ds=dp/dx$，方程（8）被简化为：

$$u_x=\frac{q}{A}=\frac{-k}{\mu}\frac{dp}{dx}$$

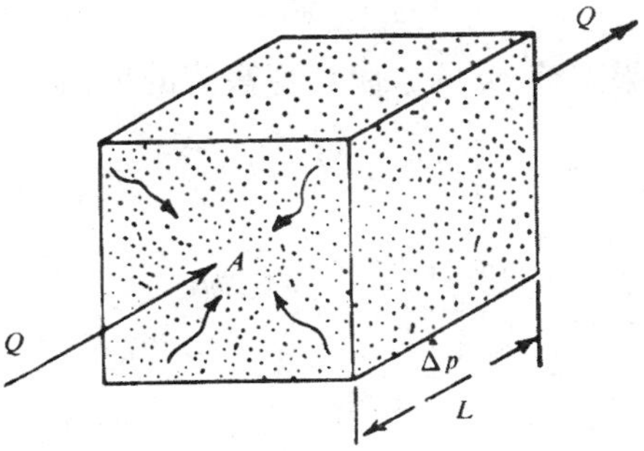

图 29.17　用于流体直线流动的砂子模型

积分上式，得到

$$q=\frac{kA\ (p_1-p_2)}{\mu L} \tag{11}$$

式中 K 是绝对渗透率

如果一种可压缩流体流经孔隙介质，方程（8）所表述的达西定律仍然有效。然而，对稳态流来讲，通过该系统的流速常数是质量流速而不是体积流速。因此，方程的积分形式是不同的。考虑到可压缩流体的稳态直线流，方程（8）变为

$$\rho u_x=-\frac{k\rho}{\mu}\frac{dp}{dx} \tag{12}$$

或者，对稳态流动来讲

$$\rho u_x=\rho\frac{q}{A}=\text{常数}$$

一个微可压缩流体在绝热条件下的密度——压力关系可以被表示为

$$\rho=\rho_o e^{cp}$$

和　$$\partial p=\frac{\partial p}{cp} \tag{13}$$

式中 c 是流体压缩系数。因此，

$$\frac{\rho_o q_o}{A}=\frac{-k\rho}{\mu}\frac{\mathrm{d}p}{\mathrm{d}x}=\frac{-k}{\mu c}\frac{\mathrm{d}\rho}{\mathrm{d}x}$$

这里 q_o 是密度为 ρ_o 的流体的体积流量。

积分得：

$$\rho_o q_o=\frac{kA\ (\rho_1-\rho_2)}{\mu cL} \tag{14}$$

如果忽略 cp 的二阶和更高阶的项，密度可表示为

$$\rho=\rho_o\ (1+cp)$$

因此，方程（14）可简化为

$$q_o=\frac{kA\ (p_1-p_2)}{\mu L}$$

理想气体在绝热条件下的密度——压力关系可以被表示为：

$$\frac{p}{p_b}=\frac{\rho}{\rho_b}\quad \text{或者}\quad \rho=\frac{p\rho_b}{p_b} \tag{15}$$

于是

$$\frac{\rho_b q_b}{A}=-\frac{k\rho}{\mu}\frac{\mathrm{d}p}{\mathrm{d}x}$$

式中 ρ_b 和 q_b 分别为在基准压力 p_b 下的密度和体积流量。

将 ρ 的表达式代入：

$$\frac{p_b q_b}{A}=-\frac{k}{\mu}p\frac{\mathrm{d}p}{\mathrm{d}x} \tag{16}$$

积分后得

$$q_b=\frac{kA}{2\mu L}\frac{p_1^2-p_2^2}{p_b} \tag{17}$$

定义 $\bar{p}$ 为（p_1+p_2）/ 2，q_p 是在 $\bar{p}$ 下的体积流量，$\bar{p}q_p=p_b q_b$，于是

$$q_p=\frac{kA\ (p_1-p_2)}{\mu L} \tag{18}$$

因此，当体积流量在平均压力下定义时，理想气体的流量可以由不可压缩流体方程计算。

垂向流动　图 29.18 所示是 3 个砂柱，其中的线性流是垂直方向的。

首先考虑第一种情况（图 29.18），即入口和出口压力相同（自由流动），只有重力驱动流体。给定

$$s=z,\ \frac{\mathrm{d}z}{\mathrm{d}s}=1,\ 以及\frac{\mathrm{d}p}{\mathrm{d}s}=0$$

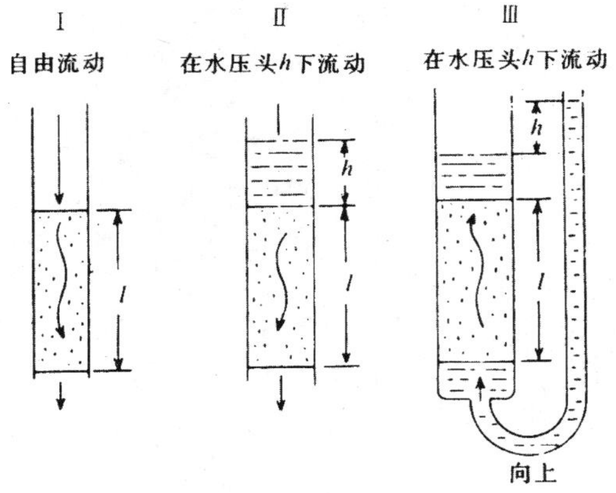

图 29.18　垂直流动的砂柱模型

则流量可用下式定义:

$$q=\frac{kA}{\mu}\rho g \tag{19}$$

接下来考虑第二种情况——驱动水压头（入口和出口水压头之差）为 h 时的向下流动 (图 29.18)。我们知道

$$\frac{\mathrm{d}z}{\mathrm{d}s}=1\quad 以及\frac{\mathrm{d}p}{\mathrm{d}s}=\frac{-\rho gh}{L}$$

因此，从（8）式可以得到

$$q=\frac{kA}{\mu}\rho g\ \left(\frac{h}{L}+1\right) \tag{20}$$

当流动是向上的，驱动水压头为 h（图 29.18 中的第三种情况），并定义 z 方向向下为正时，

$$\frac{\mathrm{d}z}{\mathrm{d}s}=-1,\ \frac{\mathrm{d}p}{\mathrm{d}s}=-\frac{\mathrm{d}p}{\mathrm{d}z}=\ \left(-\frac{\rho gh}{L}-\rho g\right)$$

并且，　　　$u=+\frac{k}{\mu}\ \left(+\frac{\rho gh}{L}+\rho g-\rho g\right)$

因此，

$$q=\frac{kA\rho gh}{\mu L} \tag{21}$$

径向流动　图 29.19 是一个理想化的径向流系统（类似于流入井筒）。如果考虑流动只

出现在水平面上，那末，在稳态条件下，从达西定律可导出流动方程:

$$q=\frac{2\pi kh\ (p_e-p_w)}{\mu\ln r_e/r_w} \tag{22}$$

式中 r_e 是外边界半径，在外边界处压力为 p_e，r_w 是井筒半径，井筒压力为 p_w。所有其它项的定义与线性流相同。

对方程（22）作适当的修改可用于可压缩流体的流动。这里略去修改这一方程的详细步骤，因为它基本上与水平直线流系统相同。

在对流动体积随变化的压力而变化的情况作了修改以后，对微可压缩流体来讲，方程（22）变为:

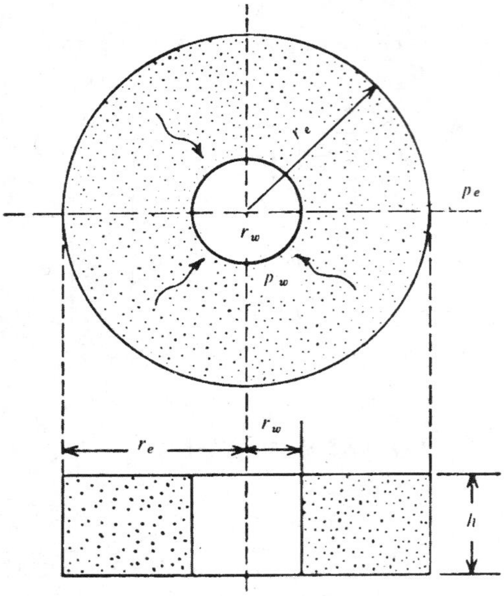

图 29.19　流体流向中心井筒的径向流砂子模型

$$w=\frac{2\pi kh\ (\rho_e-\rho_w)}{c\mu\ln r_e/r_w} \tag{23}$$

式中 w 是质量流量，克／秒，或者

$$q_o=\frac{2\pi kh\ (p_e-p_w)}{\pi\rho_o\ln r_e/r_w}$$

式中 q_o 是在压力 p_o（这时密度为 ρ_o）下定义的。

对理想气体，方程（22）变为

$$q_b=\frac{\pi kh\ (p_e^2-p_w^2)}{\mu p_b\ln r_e/r_w} \tag{24}$$

或者

$$q_p=\frac{2\pi kh\ (p_e-p_w)}{\mu\ln r_e/r_w} \tag{25}$$

式中 q_p 是在平均压力（p_e+p_w）／2 之下的体积流量。

3.达西定律中的单位转换

引入油田常用单位，对达西定律的许多用途是方便的。下面是更为通用的方程的总结，方程中带有为转换为油田单位的转换系数。

液体（或是用平均压力下的体积的气体）的线性流　流量单位用桶／日时为:

$$q=1.1271\frac{kA\ (p_1-p_2)}{\mu L} \tag{26}$$

流量单位为英尺^3／日时，

$$q = 6.3230\frac{kA\ (p_1 - p_2)}{\mu L} \tag{27}$$

流体（或是用平均压力下的体积的气体）的径向流　流量单位用升／日时，

$$q = 92.349 \times 10^3\frac{kh\ (p_e - p_w)}{\mu \ln r_e / r_w} \tag{28}$$

流量单位用英尺^3／日时，

$$q = 92.349 \times 10^3\frac{kh\ (p_e - p_w)}{\mu \ln r_e / r_w} \tag{29}$$

在基准压力 p_b 和平均流动温度$\overline{T}_f$下的气体线性流流量单位取英尺^3／日时

$$q_b = \frac{3.1615 T_b kA\ (p_1^2 - p_2^2)}{\overline{T}_f z \mu_g L p_b} \tag{30}$$

径向流，流量单位用英尺^3／日时❶

$$q_b = \frac{19.88 T_b kh\ (p_e^2 - p_w^2)}{\overline{T}_f z \mu_g p_b \ln r_e / r_w} \tag{31}$$

式中 k 的单位是达西；A 是英尺^2；h 是英尺；p_1，p_2，p_e，p_w 和 p_b 是磅／英寸^2（绝对）；μ 是厘泊，L 是英尺，r_e 和 r_{rw} 的单位相同。

因为前述方程是描述介质中流动的方程，因此必须引入适当的体积系数，以便考虑介质压力和温度降低至标准或地面条件时所引起的流体的变化。

渗透率转换系数　下面是将达西单位转换为其它单位制的各种单位换算式

$$k = \frac{q\mu}{A\ (p / L)}$$

1达西＝1000毫达西

$$= \frac{(\text{厘米}^3 / \text{秒})\ \text{厘泊}}{\text{厘米}^2\ (\text{大气压} / \text{厘米})}$$

---

❶因为在油藏中通常是拟稳态条件而不是稳态条件，一般用平均油藏压力代替外边界压力。因此，$\ln r_e / r_w$项变为$\ln (r_e / r_w) - 0.75$。进一步的讨论见第三十五章和第三十八章。另外，如果基准温度和流动温度之间存在大的温度差别，则应当应用这两个条件下的 z 因子。

$$= 9.869 \times 10^{-7} \frac{(\text{厘米}^3/\text{秒})\ \text{厘泊}}{\text{厘米}^2 \left(\dfrac{\text{达因}/\text{厘米}^2}{\text{厘米}}\right)}$$

$$= 9.869 \times 10^{-9}\ \text{厘米}^2$$

$$= 1.062 \times 10^{-11}\ \text{英尺}^2$$

$$= 7.324 \times 10^{-5} \frac{(\text{英尺}^3/\text{秒})\ \text{厘泊}}{\text{英尺}^2\ (\text{磅}/\text{英寸}^2/\text{英尺})}$$

$$= 9.697 \times 10^{-4} \frac{(\text{英尺}^3/\text{秒})\ \text{厘泊}}{\text{厘米}^2\ (\text{厘米水柱}/\text{厘米})}$$

$$= 1.127 \frac{(\text{桶}/\text{日})\ \text{厘泊}}{\text{英尺}^2\ (\text{磅}/\text{英寸}^2/\text{英尺})}$$

$$= 1.424 \times 10^{-2} \frac{(\text{加仑}/\text{分})\ \text{厘泊}}{\text{英尺}^2\ (\text{英尺水柱}/\text{英尺})}$$

4.组合油层流动系统

考虑的流动系统是由无限薄不渗透隔层互相隔开的多个孔隙岩层所组成的流动系统（图 29.20）。系统的平均渗透率 k 可以用下式估算:

$$\overline{k} = \frac{\sum_{j=1}^{n} k_j h_j}{\sum_{j=1}^{n} h_j} \tag{32}$$

图 29.21 表示在径向流系统中出现的与线性流系统同样的项。两个系统仅有的差别是表达出现压降的长度的方式不同。因为在相互平行的各层中所有这些项都是相同的，对平行径向系统的评价产生与线性系统同样的结果。

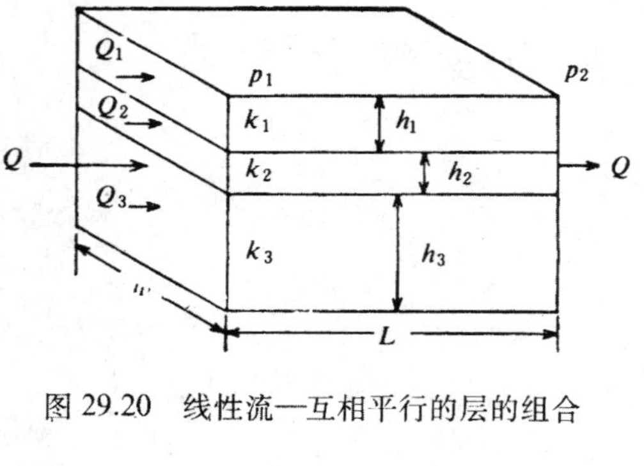

图 29.20　线性流—互相平行的层的组合

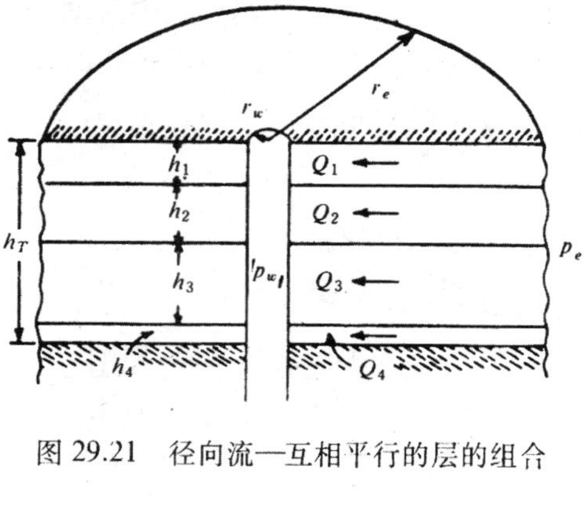

图 29.21　径向流—互相平行的层的组合

例题 6——平行油层的平均渗透率　在下列条件下 4 个宽度和长度相同的平行油层的等效线性渗透率是多少?

油层	有效厚度（英尺）	水平渗透率（毫达西）
1	20	100
2	15	200
3	10	300
4	5	400

$$\bar{k}=\sum_{j=1}^{n}k_j h_j / \sum_{j=1}^{n}h_j$$

$$k=\frac{(100\times 20)\ +\ (200\times 15)\ +\ (300\times 10)\ +\ (400\times 5)}{20+15+10+5}=200\text{毫达西}$$

流动系统的另一种可能的组合是有不同渗透率的油层串联排列（见图 29.22）在线性流情况下，平均串联渗透率可由下式计算：

$$\bar{k}=\frac{L}{\sum_{j=1}^{n}L_i / k_j} \tag{33}$$

根据同样的道理可计算径向系统（图 29.23）的平均渗透率：

$$\bar{k}=\frac{\ln r_e / r_w}{\sum_{j=1}^{n}\frac{\ln r_j / r_{j-1}}{k_j}}=\frac{\log r_e / r_w}{\sum_{j=1}^{n}\frac{\log r_j / r_{j-1}}{k_j}} \tag{34}$$

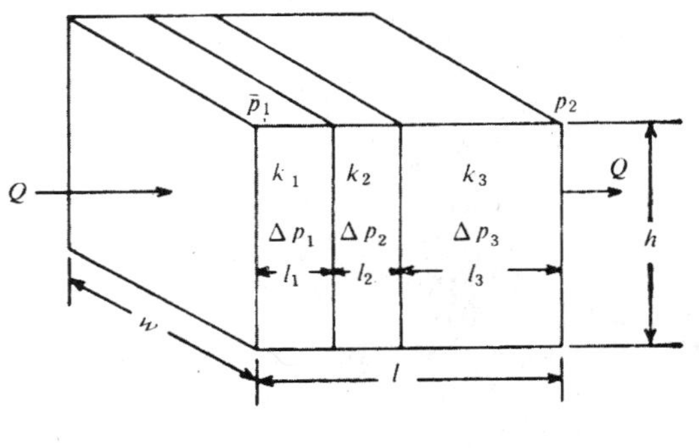

图 29.22 线性流—油层的串联组合

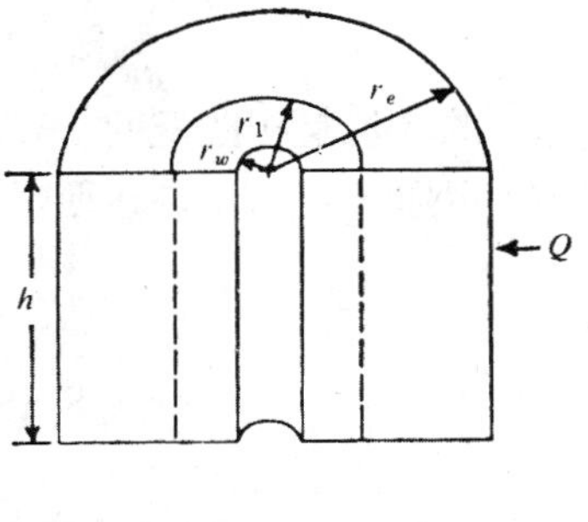

图 29.23 径向流—油层的串联组合

例题 7——串联油层的平均渗透率 在下列条件下 4 个具有相同厚度的串联地层的平均渗透率是多少？

假定（1）对线性系统和（2）对径向系统 1 油层均与井相邻，钻开眼的半径为 6 英寸，有效泄油半径为 2000 英尺。

油层	油层长度（英尺）	水平渗透率（毫达西）
1	250	25
2	250	50
3	500	100
4	1000	200

对线性系统，

$$\bar{k}=\frac{L}{\sum_{j=1}^{n} L_j / k_j}$$

因此，$$\bar{k}=\frac{250+250+500+1000}{\frac{250}{25}+\frac{250}{50}+\frac{500}{100}+\frac{1000}{200}}=80\text{毫达西}$$

对径向系统，

$$\bar{k}=\frac{\log 2000/0.5}{\frac{\log 250/0.5}{25}+\frac{\log 500/250}{50}+\frac{\log 1000/500}{100}+\frac{\log 2000/1000}{200}}$$
$$=30.4\text{毫达西}$$

5.通道和裂缝的渗透率

到目前为止只讨论了基质的渗透率。在某些砂岩和碳酸盐岩油藏中，地层中经常包含溶蚀的通道和天然的或人工的裂缝。这些通道和裂缝没有改变基质的渗透率，但改变了流动系统的有效渗透率。

圆柱形通道　根据达西定律和 Poiseuille 的管道流动方程，渗透率可表示为管径的函数

$$k=\frac{r^2}{8} \tag{35}$$

式中 k 和 r 的单位是相匹配的。

如果 r 用厘米，则 k 取达西，并由下式给出：

$$k=\frac{r^2}{8\ (9.869\times 10^{-9})}\cong 12.50\times 10^6 r^2$$

式中 9.869×10^{-9} 是从前式中得到的换算系数。如果 r 以英寸为单位，则

$$k=12.50\times 10^6\ (2.54)^2 r^2$$
$$=80\times 10^6 r^2=20\times 10^6 d^2$$

式中 d 是开启通道的直径，单位为英寸。

因此，半径为 0.005 英寸的圆柱形开启通道的渗透率是 2000000 毫达西。

裂缝　对通过微细间隙和单位宽度的割缝的流动，Buckingham 提出

$$\Delta p = \frac{12\mu\gamma L}{h^2}$$

可使割缝的渗透率由下式给定

$$k = \frac{h^2}{12} \tag{36}$$

如果 h 单位用厘米，k 用达西，则割缝的渗透率由下式给出

$$k = \frac{h^2}{12\ (9.869 \times 10^{-9})} = 84.4 \times 10^5 h^2$$

若 h 用英寸，k 用达西，渗透率则为

$$k = 54.4 \times 10^6 h^2$$

因此，厚度为 0.01 英寸的裂缝的渗透率是 5440 达西或者 5440000 毫达西。

6.达西定律的物理相似性

欧姆定律通常写为

$$I = \frac{E}{r}$$

式中 I——电流，安培；

E——电压降，伏特；

r——电阻，欧姆。

而

$$r = \rho\frac{L}{A} \text{或} r = \frac{L}{\sigma A}$$

式中 ρ——电阻率，欧姆 · 厘米；

σ——$1/\rho$ = 电导率；

L——流动路径长，厘米；

A——导体的横截面积，厘米^2。

因此，

$$I = \frac{AE}{\rho L}$$

这可与线性系统的达西定律对比，

$$\dot{q} = \frac{k}{\mu}A\frac{\Delta p}{L}$$

注意，$q \approx I$

$$\frac{k}{\mu} \simeq \frac{1}{\rho}$$

$$\frac{\Delta p}{L} \simeq \frac{E}{L}$$

Fourier 热传导方程为:

$$\dot{Q} = k_h A \frac{\Delta T}{L}$$

式中 Q——热流量，英热单位／小时；

A——横截面积，英尺^2；

ΔT——温差，°F；

L——导体长度，英尺；

k_h——热传导系数，英热单位／（英尺·小时·°F）。

与达西定律对比，说明

$$q \approx \dot{Q}$$

$$\frac{k}{\mu} \approx kh$$

$$\frac{\Delta p}{L} \approx \frac{\Delta T}{L}$$

基于这些相似性，岩石和井系统的电模型和热力学模型常被用来解决包含复杂几何形态的流体流动问题。

7.渗透率的测定

孔隙介质的渗透率可以用从地层中取的样品来测定，也可以用现场测试方法求得。这一节只讨论在所取介质的小的岩心样品上测定渗透率的方法。

有两种方法被用于估计岩心的渗透率。对清洁的、相当均质的地层，最常用的方法是用一块小的被称为渗透率岩柱的圆柱形样品（直径约 3／4 英寸，长度约 1 英寸）。第二种方法是用长度为 1 至$1\frac{1}{2}$英尺的全直径岩心。两种测定方法所用的流体可以是气体也可以是任何一种不起反应的液体。

渗透率岩柱法 因为岩心样品通常含有残余的油、水和气，在测定渗透率前必须对样品作预处理。抽提残余的流体通常用干馏法或溶剂抽提法。在测定渗透率之前要将岩心烘干。测定渗透率时通常用空气作为流体。测渗透率所要求的粘滞流条件可用测几个不同流速下的数据，并依据方程（17）或（18）将结果作成曲线（见图 29.24）。在粘滞流条件下，所得数据应是一条通过原点的直线。所标绘的各点成曲线，说明有紊流。该曲线直线部分的斜率等于 k/μ，由此可计算出渗透率。为了得到以达西为单位的 k 值，q 的单位必须是厘米^3／秒，A 是厘米^2，p_1 和 p_2 是大气压，L 是厘米，μ 是厘泊。

为确定岩石对气体或液体的渗透率而设计的渗透率测定仪如图 29.25 所示。从这一装置中通常只取得在一个流速下的数据。为了保证粘滞流条件，常使用能够被精确测量的最低的流速。

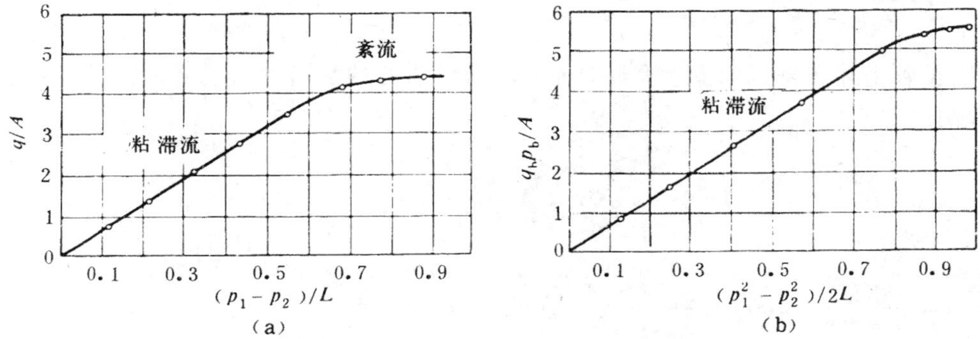

图 29.24　实验结果曲线用于计算渗透率—(a) 由 $k/\mu=qL/[A(p_1-p_2)]$ 计算；(b) 由 $k/\mu=2q_bp_bL/[A(p_1^2-p_2^2)]$ 计算

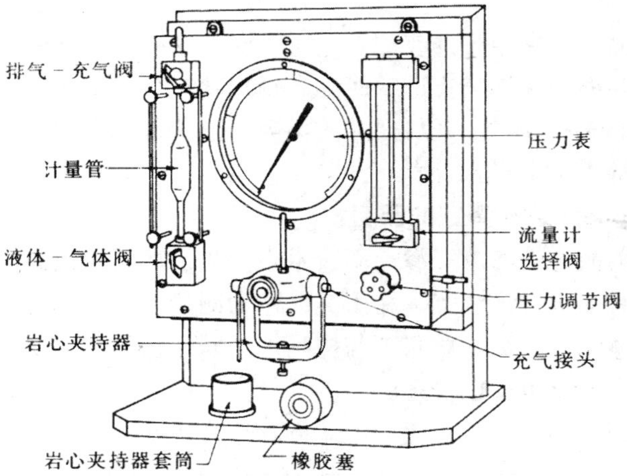

图 29.25　Ruska 通用渗透率测定仪

例题 8——渗透率的测定　在常规渗透率测定中得到了下列数据，计算该岩心的渗透率。

(1) 流量＝在一个绝对大气压，70°F 条件下，在 500 秒内空气流量为 1000 厘米^3；

(2) 岩心下游一边的压力＝1 绝对大气压，流动温度 70°F；

(3) 在试验温度下空气的粘度＝0.02 厘泊；

(4) 岩心的横截面积＝2.0 厘米^2；

(5) 岩心长度＝2 厘米；

(6) 岩心上游一边的压力＝1.45 绝对大气压；

$$p_1V_1+p_2V_2=\bar{p}\bar{V}$$

式中 1 是上游条件，2 是下游条件，并且

$$\bar{p}=\frac{p_1+p_2}{2}=1.225$$

和　　$$1\times1000=1.225\bar{V}$$

$$\bar{V}=816厘米^3$$

$$\bar{q}=\frac{\bar{V}}{t}=\frac{816}{500}=1.63$$

$$k=\frac{\bar{q}}{A}\frac{L}{\Delta p}\mu\times 1000=\frac{1.63\times 2\times 0.02}{2\times 0.45}\times 1000=72.5\text{毫达西}$$

假定已得到上述数据，但流动介质是水，计算该岩心的渗透率。在试验温度下水的粘度是1.0厘泊。

$$\bar{q}=\frac{\bar{V}}{t}=\frac{1000}{500}=2.0$$

和 $$k=\frac{\bar{q}\mu L}{A\cdot\Delta p}\times 1000=\frac{2\times 1\times 2}{2\times 0.45}\times 1000=4450\text{毫达西}$$

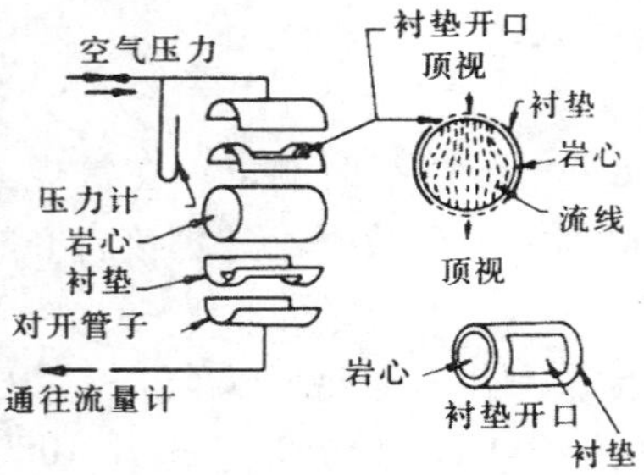

图 29.26 用于大岩心的岩心夹型渗透率测定仪

全岩心测定 岩心必须用与渗透率岩柱相同的方式处理。然后将岩心安置在专门的夹持器中（如图29.26）。测定的要求和渗透率岩柱相同，但计算稍有不同。

在用岩心夹型渗透率测定仪时，流动路径的几何形态是复杂的，在计算渗透率时必须用形状系数。形状系数是岩心直径和衬垫开口尺寸的函数。形状因子影响到前述方程中 L/A 的量值。

8.影响渗透率测定的因素

在前面讨论的测定渗透率技术中，为了得到正确的结果，有几点必须注意。在用气体作为测量流体时，必须对气体滑脱作校正。在用液体作为测试流体时，必须注意它不与样品中的固体物质发生反应。另外，由于样品围压降低而引起的渗透率变化也要作校正。

9.气体滑脱对渗透率的影响

Klinkenbeig[24] 报告了用气体作为流动流体所测定的渗透率与用不发生反应的液体所测定的渗透率的差异。这种差异的原因是滑脱效应，这是研究气体在毛管中流动时的一种众所周知的现象。这种气体体滑脱现象在毛管开口直径接近气体的平均自由通路时发生。

图 29.27 是在不同的平均压力下用氢、氮和二氧化碳作为流动流体时测定的孔隙介质的渗透率曲线。注意，当把所测得的渗透率作为测试平均压力的倒数的函数时，对每种气体都可以得到一条直线。

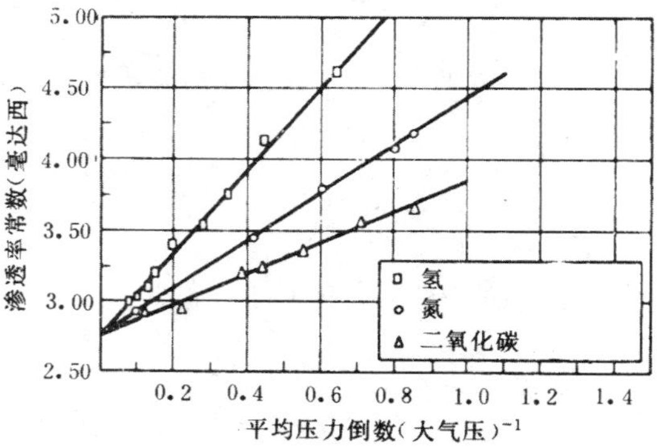

图 29.27 在不同压力下岩心样品 L 对氢、氮和 CO_2 的渗透率常数（异辛烷的渗透率常数为 2.55 毫达西）

用分子量最低的气体测得的数据绘出的直线斜率最大，说明其滑脱效应最严重，将直线外推到平均压力无限大（$1/\bar{p}=0$）时，所有直线都相交于一点。这一点被认为是等价液体的渗透率 k_L。Klinkenberg 和其他作者证实孔隙介质对不起反应的均质单相液体的渗透率等于这一等价液体的渗透率。

测得的渗透率与平均压力倒数的关系可表示如下：

$$k_L = \frac{k_g}{1 + b\sqrt{p}} = k_g - m\frac{1}{p} \tag{37}$$

式中 k_L——介质对完全充满介质孔隙空间的单一液相的渗透率；

k_g——介质对完全充满介质孔隙空间的单一气相的渗透率；

$\bar{p}$——测得 k_g 的平均气体流动压力；

b——在一种给定的介质中一种给定气体的常数；

m——曲线的斜率。

发生反应的流体　在通常意义上讲，水一般被认为是不起反应的液体但在很多油藏岩石中出现的粘土膨胀使水成为渗透率测定中最容易发生反应的液体。发生反应的液体会改变孔隙介质内部的几何形态。这种现象并不会使达西定律无效，而是会造成一种新的孔隙介质，它的渗透率由新的内部几何形态决定。

由于水化作用，淡水会引起岩心中的胶结物质膨胀，这是一个可逆的过程。高矿化度的水流经岩心，会使渗透率回复到它原来的值。水的矿化度对渗透率的影响见表 29.3 [25]。

将实验室的渗透率值校正到用矿化度与地层水相当的水求得的渗透率值，必须谨慎进行。

上覆压力　岩心自地层中取出以后，所有的围压消失。岩石骨架会在各个方向上膨胀，局部改变岩心内部流体流动路径的形状。

从图 29.28 中可以看出，由于上覆压力压实岩心，会使不同地层的渗透率降低，最多可达 25%。注意，某些地层比其它地层更容易压缩，因此，要得到一个能将地面渗透率校正到上覆压力条件下的经验关系，需要较多的资料。

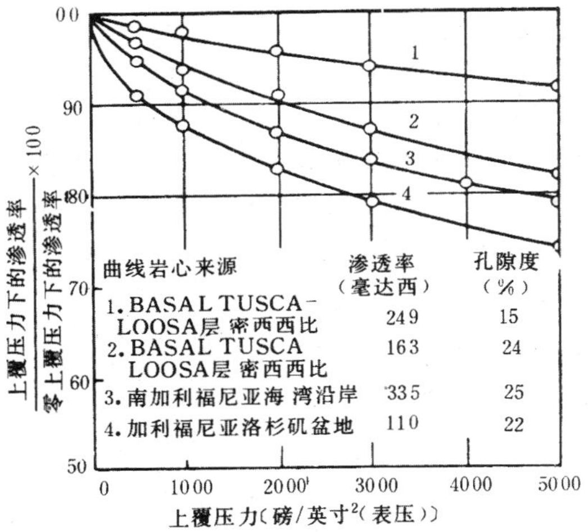

图 29.28　渗透率随上覆压力的变化

10.其它参数在评价地层渗透率中的作用

正如孔隙度一样，渗透率是可以对每块岩心样品测定的变量。为有助于理解流体在岩石中的流动，并尽可能地减少需要在岩心样品上测定的次数，建立了孔隙度、渗透率、表面积、孔隙尺寸和其它变量的相关关系。这里提出的孔隙度、渗透率和表面积之间的一些关系的理论是为了使读者能对岩石的各种物理性质之间的相互关系有一定的理解。虽然这些关系不是定量的，但它们可表明岩石特性的相互依赖关系。

流动网络中毛管的应用　从达西定律和 Poiseuille 方程中导出的毛管的渗透率为

$$k = \frac{r^2}{8}$$

表 29.3 水的含盐度对天然岩心渗透率的影响（格令 / 加仑氯离子①）

油田	层	k_a	k_{1000}	k_{500}	k_{300}	k_{200}	k_{100}	k_w
S	34	4080	1445	1380	1290	1190	885	17.2
S	34	24800	11800	10600	10000	9000	7400	147
S	34	40100	23000	18600	15300	13800	8200	270
S	34	39700	20400	17600	17300	17100	14300	1680
S	34	12000	5450	4550	4600	4510	3280	167
S	34	4850	1910	1430	925	736	326	5.0
S	34	22800	13600	6150	4010	3490	1970	19.5
S	34	34800	23600	7800	5460	5220	3860	9.9
S	34	27000	21000	15400	13100	12900	10900	1030
S	34	12500	4750	2800	1680	973	157	2.4
S	34	13600	5160	4640	4200	4150	2790	197
S	34	7640	1788	1840	2010	2540	2020	119
S	34	11100	4250	2520	1500	866	180	6.2
S	34	6500	2380	2080	1585	1230	794	4.1
T	36	2630	2180	2140	2080	2150	2010	1960
T	36	3340	2820	2730	2700	2690	2490	2460
T	36	2640	2040	1920	1860	1860	1860	1550
T	36	3360	2500	2400	2340	2340	2280	2060
T	36	4020	3180	2900	2860	2820	2650	2460
T	36	3090	2080	1900	1750	1630	1490	1040

①举例来说，k_a 表示对空气的渗透率；k_{500} 表示对 500—格令加仑氯化物溶液的渗透率，k_w 表示对淡水的渗透率。

如果孔隙系统被想像为一束毛管，那末可以证明该介质的渗透率依赖于孔隙尺寸的分布和孔隙度。流动管网类似多个不同渗透率的平行层，因而可将方程（32）改写为下式进行计算其平均渗透率：

$$\bar{k}=\frac{\sum_{j=1}^{m} k_j A_j}{\sum_{j=1}^{m} A_j} \tag{38}$$

式中 k_j 是一根毛管的渗透率，A_j 是一束渗透率为 k_j 毛管的流动面积。

k_j 和 A_j 的量可用毛管半径来定义：

$$A_j=\pi n_j r_j^2$$

和 $$k_j=\frac{r_j^2}{8}$$

式中 n_j 是半径为 r_j 的毛管的数目。

$$\sum_{j=1}^{m} A_j=\phi A_p$$

式中ϕ是流动管网的孔隙度，A_t是流动管网的总的流动面积。代入（38）式，得：

$$\bar{k}=\frac{\phi\sum_{j=1}^{m}n_jr_j^4}{8\sum_{j=1}^{m}n_jr_j^2} \tag{39}$$

式中$\bar{k}$是毛管束的平均渗透率。

注意，一束毛管的渗透率不仅是孔隙尺寸，而且也是孔隙排列的函数，也就是系统的孔隙度的函数。

考虑由半径和长度都相同的一束毛管组成的系统，根据（39）式，渗透率k可以表示为

$$k=\frac{\phi r^2}{8} \tag{40}$$

单位孔隙体积的内表面A_s可以用毛管的半径来定义：

$$A_s=\frac{2}{r} \tag{41}$$

联立解方程（40）和（41），可给出作为孔隙度利内表面积函数的渗透率的。这一函数式是

$$k=\frac{4\phi}{8A_s^2}=\frac{\phi}{2A_s^2}$$

如果用$1/K_z$代替常数1/2，所得到的表达式即为Kozeny方程，其中k_z被定义为Kozeny常数。

$$k=\frac{\phi}{k_zA_s^2} \tag{42}$$

Wyllie[27]用一个特定的流动网络从Poiseuille定律导出了Kozeny方程。该流动网络的渗透率由下式给出：

$$k=\frac{\phi}{F_sA_s^2}\left(\frac{L}{L_a}\right)^2 \tag{43}$$

式中 k——孔隙介质的渗透率；

F_s——形状因子；

L——样品长度；

L_a——流动路径的实际长度。

如果

$$\left(\frac{L_a}{L}\right)^2=\tau=\text{孔隙介质的遇曲度}$$

并且，$k_z=F_S\tau=$Kozeny 常数，那末 Wyllie 方程将简化为方程（42）的形式。

四、流体饱和度

在本章的前几节中，讨论了孔隙性岩石的储存和传导能力。对于工程师来说，还有一个重要的因素要确定——即岩石中各种流体的含量。人们认为，在大多数含油地层中，在石油浸入岩石之前，岩石完全被水饱和。原油并不能驱替出孔隙空间中所有的水。因此，为确定孔隙性岩石地层中聚集的烃量，必须确定岩石中流体（油、水、气）的饱和度。

确定油藏中流体饱和度有两种方法。直接的方法是在实验室中测定从原地层中取出的，经过选择的样品的饱和度。间接方法是用测得的岩石的某些相关物理性质确定流体饱和度。

1.影响岩心流体饱和度的因素

送到实验室测定流体饱和度的岩心样品是在现场用旋转钻井取心，井壁取心或顿钻钻井取心等方法得到的。在所有这些情况下，样品中的流体含量由于下述两个过程而被改变了。首先，在旋转钻井情况下，泥浆柱加在井筒地层面上的压力大于地层中的流体压力。泥浆柱与地层流体间的压差使泥浆和泥浆滤液侵入地层，因此地层被泥浆和泥浆滤液冲洗。泥浆滤液驱替走地层中一部分原有的流体。这一驱替过程改变了地层岩石中原有流体的含量。其次，当样品被取到地面时，流体柱的围压不断降低。压力的降低使其中的水、油和气膨胀，膨胀系数较大的气体从岩心中驱出油和水。因此地面上岩心中流体的含量已与它在地层中的情况不同了。由于滤液的侵入发生在取心钻头之前，应用保压岩心筒要取得到未受扰动的岩样是不可能的。

用顿钻钻取的岩屑或岩心也经历了一定的物理变化。如果井筒中没有或几乎没有保持流体，那末与井壁相邻的地层将由于压力的降低而亏空。当岩屑在井里形成时，它们可能被侵入也可能不被侵入，这取决于井筒中的流体和岩石的物理性质。在大多数情况下，流体将渗入亏空的样品，使样品受到冲洗。因此即使顿钻钻取的岩心也经历了与旋转钻井钻取的岩心同样的 2 个过程，虽然其次序相反。

从旋转钻井或顿钻钻井钻成的井眼中进行井壁取心取出的岩心也要经历相同的过程。

为了更好地理解由于冲洗和流体侵入在岩心中发生的这些物理变化的总的影响，Kennecdy[28] 等人做了模拟旋转钻井取心技术的研究。测定了侵入和由于压降而引起的膨胀的影响。

当使用油基泥浆和水基泥浆时，上述两个过程所造成的饱和度变化如图 29.29 所示。当使用水基泥浆时，水滤液的驱替作用使油饱和度减少近 14%。膨胀到地面压力驱替出水和附加的油。最终的水饱和度大于取心前的水饱和度。用油基泥浆时，滤液是油，驱替过程并不改变原来的水的饱和度，但有约 20%原来的油被替换。在压力降低时，有少部分的水被排出，使水的饱和度从 49.1%降至 47.7%。由于这两个过程的作用，原油饱和度从 50.9%降低至 26.7%。因此，即使在水饱和度高的情况下（接近 50%），可以认为用油基泥浆得到的水饱和度值对油藏中原始水饱和度是有代表性的。所以，用油基泥浆可以得到有相当代表性的地层水饱和度值。

曾尝试过在钻井液中加入示踪剂以确定由于泥浆滤液的侵入而进入岩心的水量。其理论是泥浆滤液只驱油。应用取到地面的岩心，可以确定岩心中水的含盐度。如果地层水的含盐度和钻井液的示踪剂浓度是已知的，则应能计算岩心中滤液的量和地层水的量。但由于大部分原来的地层水可能被侵入的滤液驱替出来，因而示踪剂法会得出不正确的地层水饱和度值。

为了得到可靠的流体饱和度值，必须选择适当的钻井液或是用间接方法确定饱和度。

2.用岩石样品确定流体饱和度

确定岩心中流体饱和度最通用的方法之一是干馏方法。该方法是取一块小的岩心样品，将该样品加热使水和原油蒸发，蒸发的水和原油被冷凝并收集在一个小的接收容器中。从商业角度来讲，干馏法有几个不利的因素。岩心里的结晶水会被驱出，从而使取得的水值太高。干馏样品产生的第二个误差是加热至高温时油有产生裂化和碳化的倾向。烃类分子的这种改变会减小液体的体积。由于前面这两个因素，在干馏过程中样品表面的流体润湿性特征可能发生改变。在使用干馏方法之前，要准备好对水和对各种不同比重原油的校正曲线以校正损失和其它误差。这些曲线可以用“空白”实验来得到(干馏已知量的已知性质的流体)。干馏是一种测定流体饱和度的快速方法，如果做了校正，能得到满意的结果。它同时给出水和油的体积，因此油、水饱和度可由下式计算。

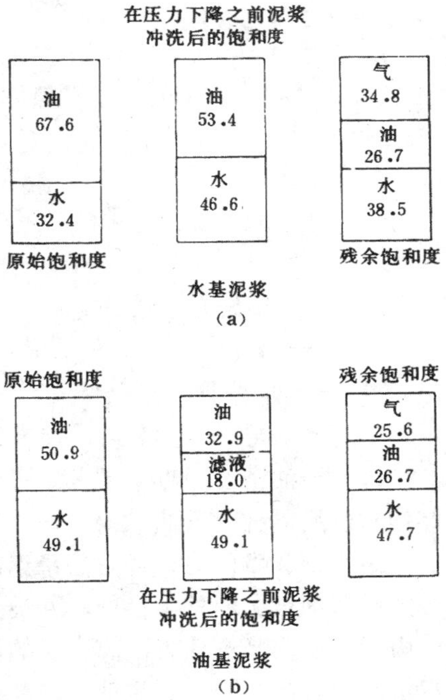

图 29.29　用水基泥浆和油基泥浆冲洗岩心后饱和度的典型变化

$$S_w = \frac{V_w}{V_p}$$

$$S_o = \frac{V_o}{V_p}$$

和　$S_g = 1 - S_w - S_o$。

式中　S_w——水饱和度；

S_o——油饱和度；

S_g——气饱和度；

V_w——水体积，厘米^3；

V_p——孔隙体积，厘米^3；

V_o——原油体积，厘米^3。

确定流体饱和度的其它方法是用溶剂抽提。抽提可用改进的 ASTM 蒸馏法或是离心法完成。在标准的蒸馏试验中，岩心的放置要使甲苯、戊烷、辛烷或挥发油的蒸汽上升通过岩心。这一过程带出岩心中的油和水。水和抽提流体被冷凝并收集在带有刻度的接收管中。由于水的比重大，水沉在接收管的底部，超过岩心高度的抽提流体回流，并进入主加热器。继续这一过程，直到在接收管中不再收集到更多的水。水饱和度可直接由下式确定

$$S_w = \frac{V_w}{V_p}$$

原油饱和度是间接确定的。以孔隙体积分数表示的原油饱和度可由下式确定:❶

$$S_o = \frac{W_{cw} - W_{cd} - W_w}{V_p \cdot \rho_o}❶$$

式中 W_{cw}——湿岩心重量，克;

W_{cd}——干岩心重量，克;

W_w——水重量，克;

V_p——孔隙体积 (PV)，厘米^3;

ρ_o——油密度，克/厘米^3。

气体饱和度用同样的方法求得。

确定水饱和度的另一种方法是用离心机。溶剂在刚偏开中心的一点被注入离心机。由于离心力，溶剂被抛向外半径处，并被迫强制通过岩样。收集流出的流体，并测定岩心中的水量。由于可使用高驱动力，离心机的使用提供了一种快速方法。在这两种抽提方法中，在测定水量的同时，岩心也被清洁了，准备用于其它测它（比如孔隙度、渗透率）。

还有另一种确定饱和度的方法，它是与任何一种抽提方法结合应用。把从井中获取的岩心放入改型水银孔隙度仪中，测定 *BV* 和气体体积。水的体积用两种抽提方法中的一种确定。利用这些资料，可计算流体饱和度。

所有确定流体含量的方法都必须确定 *PV*，以便流体的饱和度能用 *PV* 的百分数表示。为此可以使用前面介绍的任何一种测定孔隙度的方法。另外，用汞孔隙度仪确定的 BV 和气体体积可以与用干馏法得到的油、水体积结合应用，计算 *PV*，孔隙度和流体饱和度。

孔隙度、渗透率和流体饱和度的测定通常是常规岩心分析中报告的测定项目。做这些测定的实验室装备如图 29.30 所示。

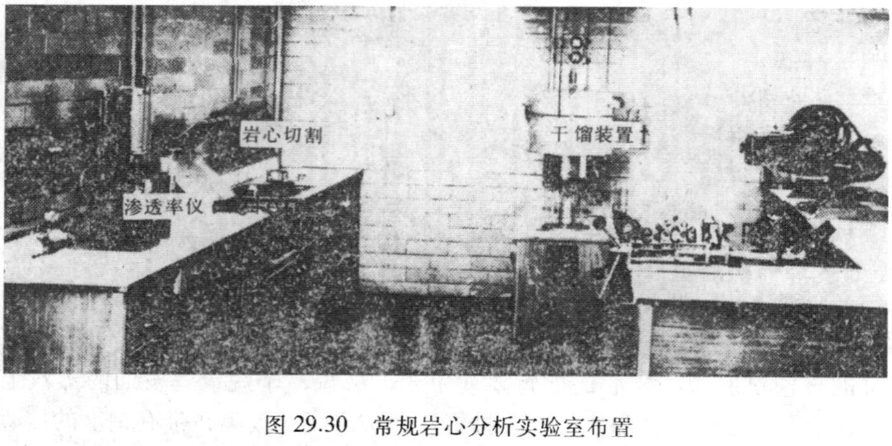

图 29.30 常规岩心分析实验室布置

❶原文为$V_p - \rho_o$，有错。——译者注。

3.隙间水饱和度

油藏工程师有三种方法可用于确定隙间水饱和度。这些方法是（1）用油基泥浆取心确定；（2）由毛管压力数据确定；（3）由电测分析计算（见第五十二章）。

油基泥浆　关于用油基泥浆取心确定水饱和度的问题在前面已经讨论过了。用油基泥浆取心确定的水饱和度和空气渗透率之间的关系如图 29.31 所示[29]。可以看出随渗透率减少水饱和度增加的总的趋势。现场和实验资料证明用油基泥浆取心确定的水的含量可以相当可靠地反映油藏中存在的水饱和度；但过渡带的情况例外。在过渡带一部分隙间水会被滤液所取代或是因气体膨胀而被驱出。

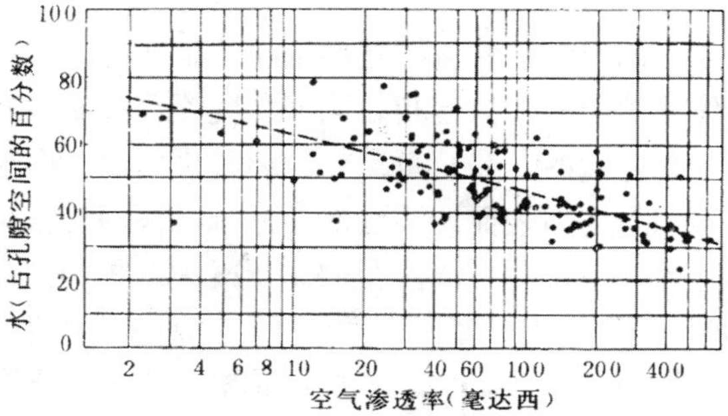

图 29.31　South Coles Levee 岩心空气渗透率和水含量的关系

图 29.32 是文献中报告的一些油田和地区（图中用数字表示）的渗透率／隙间水的关系。没有适用于所有油田的通用关系。但对每一单个油田来讲，隙间水和渗透率对数之间存在一个近似的线性关系。这一关系的总趋势是随着渗透率的增加隙间水减少。

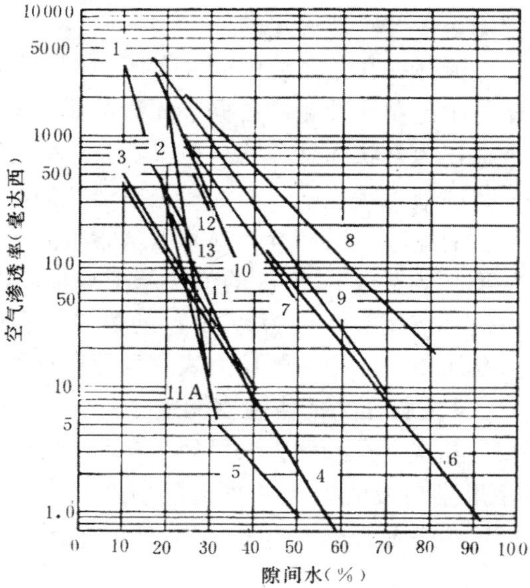

图 29.32　隙间水和渗透率的关系

毛管压力　毛管压力可以被看作为在每一单位面积上由于表面力和存在这些表面力的介质的几何形态互相作用所造成的力。一根毛管的毛管压力可以用流体间的界面张力 σ，两种流体的界面和毛管的接触角 θ_c，以及毛管半径 r_t 来定义。

这一关系可以用（44）式表示：

$$P_c = \frac{2\sigma\cos\theta_c}{r_t} \tag{44}$$

式中的角度 θ_c 是通过较致密的流体来测量的。

在球体充填中，毛管压力用曲率的任意两个互相垂直的半径（这两个半径只在一点上接触）r_1 和 r_2，以及流体的界面张力来表示。这一关系由（45）式表示：

$$P_c = \sigma\left(\frac{1}{r_1} + \frac{1}{r_2}\right) \tag{45}$$

将方程（45）与用毛管方法确定的毛管压力方程相比较，发现平均半径$\bar{r}$可定义如下式

$$\frac{1}{\bar{r}}=\frac{1}{r_1}+\frac{1}{r_2}=\frac{2\cos\theta_c}{r_t}$$

$$\bar{r}=\frac{r_1 r_2}{r_1+r_2}=\frac{r_t}{2\cos\theta_c} \tag{46}$$

测定r_1和r_2的值实际上是不可能的，因此通常都用平均曲率半径，并且是从孔隙介质的其它测定中经验地确定的。

液体在孔隙系统中的分布依赖于润湿性特征。确定哪一种流体是润湿流体是必要的，以便于确定哪一种流体占据小孔隙空间，根据球体充填介质，润湿相在孔隙系统中分布的性质可描述为索状和悬环状。在索状分布中，润湿相是连续的，完全覆盖在固体的表面上。在悬环状的饱和状态中，润湿相是不连续的，非润湿相与固体表面的某些部分接触，润湿相占据更小的孔隙。当润湿相饱和度从索状分布变为悬环状分布时，润湿相的体积减小，平均曲率半径，或者说r_1和r_2的值，趋于减小。从（46）式可看出，如果r_1和r_2尺寸减小，毛管压力值必定增加。因为r_1和r_2的值与润湿相饱和度有关，因此，在两种非混相流体存在于孔隙介质中时，把毛管压力表示为流体饱和度的函数是可能的。

4.主管压力的实验室测定

基本上有五种方法可用于在小岩心上测定毛管压力。这些方法是：（1）通过孔隙隔板或者孔隙圆板的减饱和度或驱替法（Welge 恢复状态法[10]）；（2）压汞法；（3）离心法；（4）动态毛管压力方法；（5）蒸发法❶。

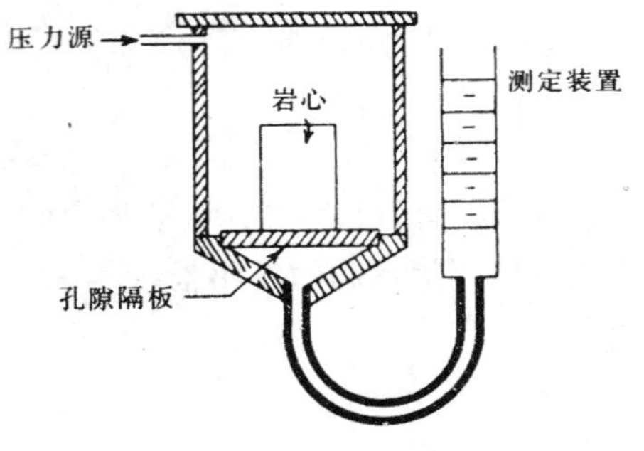

图 29.33　测定毛管压力的孔隙隔板法示意图

孔隙隔板法　上述方法中的第一种方法即驱替法或隔板法，如图 29.33 所示。隔板法最基本的设备是一个孔隙大小分布均匀的可渗透圆板。隔板孔隙大小的设计要保证当加到驱替相上的压力低于所选择的某一最高研究压力时，驱替液将不能穿过此隔板。包括烧结玻璃、陶瓷、和赛珞玢在内的多种物质均是制造隔板的很好材料。加到该装置上的压力以小间隔增加。在每一压力阶段，使岩心趋于静平衡状态。在确定毛管压力曲线的每个点上计算岩心的饱和度。气、油和（或）水的任何组合均可作为实验流体。虽然用隔板法测定毛管压力多数是排驱试验，但在作适当的修正后，可以得到类似于 Leverett 的渗吸曲线。

压汞法　为了加快毛管压力／饱和度关系的测定开发了汞毛管压力仪。汞通常是非润湿相流体。岩心样品浸没在汞容器里并被抽空。汞在压力作用下进入岩心。在每一压力下进入

---

❶因为这种方法目前很少用，这里将不再讨论。这种方法是蒸发一个先用润湿流体100%饱和的岩心样品，连续地监测由于蒸发作用而引起的岩心样品重量的减少，参见 Messner，E.S: “Interstitial Water Determination By An Evaporation Method”，Trans.AIME （1951） 192，269～74。

的汞的体积确定非润湿相的饱和度。该过程一直进行到岩样被汞充满或者注入压力达到某一预先规定的值为止。用这一方法有两个主要优点：(1) 测定时间减少到几分钟；(2) 因为没有隔板法特性的限制，所研究的压力范围增大。缺点是润湿性不同以及岩样不能再用。

离心法 决定地层岩石主管性质的第三种方法是离心法。离心过程中高的加速度增加了作用于流体的力场，这实际上是使岩受到了增大的重力作用。样品在不同的常速下旋转，就可以取得完整的主管压力曲线。操作人员将旋转速度转换成岩样中心所受的力的单位，就可直观地读出流体饱和度。此方法的优点是取得资料的速度快，在几小时内即可得到一条完整的曲线，而隔板法则需要几天。

动态方法 Brown[32] 报告了用动态方法确定主管压力／饱和度曲线的结果。在岩心中同时建立两种流体的稳态流动。用一种特殊的润湿盘，仅测量所选择流体相的液压传递，测得的岩心中两相流体的压力差就是毛管压力。调整每种流体进入岩心的量，改变饱和度。因此，可能得到一条完全的毛管压力曲线。

5.各种测定方法的比较

直观看，隔板法（恢复状态法）似乎优于其它方法，因为使用油和水，它更接近于实际的润湿条件。因此把隔板法用作标准方法，所有其它方法与之进行对比。压汞法与恢复状态法对比之前必须对润湿条件作校正。如果假定岩石中界面的平均曲率仅是流体饱和度的函数，那末汞水毛管压力数据比可给定为

$$\frac{P_{cm}}{P_{cw}}=\frac{\sigma_m}{\sigma_w}=\frac{480}{70}=6.57 \tag{47}$$

式中 σ_m 是汞的表面张力，σ_w 是水的表面张力。实验表明这一比值在 5.8（灰岩的）和 7.5（砂岩的）之间变化。因此不能定义一个可用于所有岩石的转换系数。

据 Slobod 报告[31]，离心法数据与隔板法数据符合得很好。与压汞法不同，它不需要用转换系数对润湿性作校正。离心法和隔板法使用的是同样的流体。

Brown[32] 得出了隔板法和动态法之间非常好的关系。动态数据是在预先给定的流体间的压差水平上同时建立油和气通过多孔介质样品的稳态流获得的。进行试验时除了要准确符合，所存在的排驱条件外，还要谨慎保持整个岩心中饱和度的均匀性。

如果毛管压力数据是用于确定流体的饱和度，所得到的值应于其它方法得到的值具有可比性。用电测资料和用毛管压力资料得到的水的分布通常符合良好。这些方法的对比情况如图 29.34[33] 所示。图中还示出了从其它试验数据得到的近似的气／油界面位置。在地层含气的部分，水饱和度没有因深度或测定方法的改变而有明显变化。然而在薄的油带，正如图 29.34 所示，水饱和度随深度发生明显变化。必须考虑水饱和度在油带中随深度的变化，以便精确地确定平均的油藏隙间水饱和度。

由毛管压力数据确定水饱和度 用油田单位，毛管压力可表示为

$$P_c=\frac{h}{144}\left(\rho_1-\rho_2\right) \tag{48}$$

式中 h 的单位为英尺，ρ_1、ρ_2 分别为在毛管压力条件下流体 1 和 2 的密度，单位为磅（质

量）／英尺³。

实验室数据的转换 为了使用实验室毛管压力资料，必须将它们转换到油藏条件。实验数据是用气／水或油／水体系得到的，但其物理性质通常与油藏的水、油、气的性质不同。

基本上有两种技术（它们只是在初始假设条件方面不同）可用于把实验室毛管压力数据校正到油藏条件。

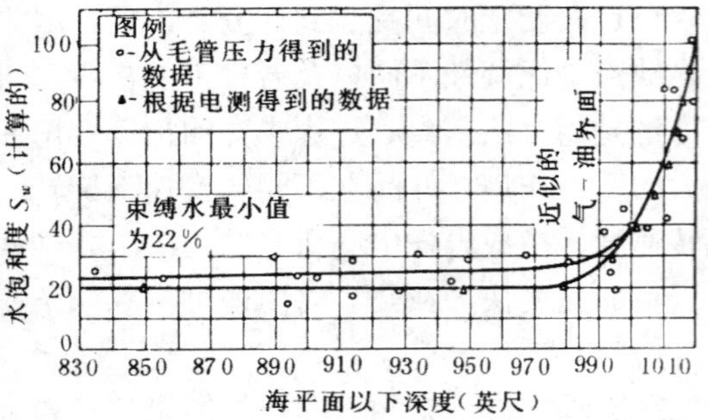

图 29.34 从毛管压力和电测得到的水饱和度的对比

$$P_{c,R}=\frac{\sigma_{wo}\cos\theta_{cwo}}{\sigma_{wg}\cos\theta_{cwg}}=P_{c,L}$$

或

$$P_{c,R}=\frac{\sigma_R}{\sigma_L}P_{c,L} \tag{49}$$

式中 σ_{wo}——水／油界面张力；

σ_{wg}——水／气界面张力；

θ_{cwo}——水／油接触角；

θ_{cwg}——水／气接触角。

下标 R——油藏条件；

下标 L——实验室条件。

因为界面张力是以比值的形式出现的，所以任何相一致的压力单位均可以与以达因／厘米表示的界面张力一起使用。

平均毛管压力数据 有两种方法可以把类似的地质层的毛管压力关联起来。第一个关联方法是岩石和饱和流体的无量纲物理性质组合。这个函数被称为 J 函数，表示为

$$J(S_w)=\frac{P_c}{\sigma}\left(\frac{k}{\phi}\right)^{1/2} \tag{50}$$

式中 S_w——水饱和度，PV 的分数；

P_c——毛管压力，达因／厘米²；

σ——界面张力，达因／厘米；

k——渗透率，厘米²；

ϕ——以分数表示的孔隙度。

一些作者对上式作了修改，把 $\cos\theta_c$（θ_c 是接触角）包括在式子中：

$$J(S_w)=\frac{P_c}{\sigma\cos\theta_c}\left(\frac{k}{\phi}\right)^{1/2}$$

J 函数原来是作为一种方法提出来的，以便将所有的毛管压力数据转换为一条通用曲线。但

不同地层的 J 函数与水饱和度的关系有大的差别，无法获得一条通用的关系曲线。但 J 函数可用来相关由同一个地层得到的数据。

评价毛管压力数据的第二种方法一是分析许多有代表性的样品，并对这些资料进行统计处理，导出相关关系，并与孔隙度和渗透率的分布相结合，用来计算油田的隙间水饱和度。毛管压力数据关系的第一次近似处理是对不变的毛管压力值作出水饱和度与渗透率对数的关系曲线。对每一个毛管压力值数据可用一条直线来拟合，而平均的毛管压力曲线可以从该油田的渗透率分布进行计算。所得到的直线方程的一般形式为：

$$S_w = m\log k + b \tag{51}$$

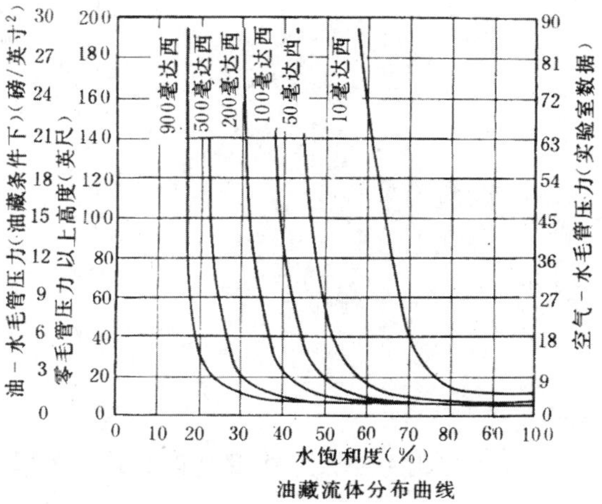

图 29.35　作为渗透率函数的毛管压力曲线序列

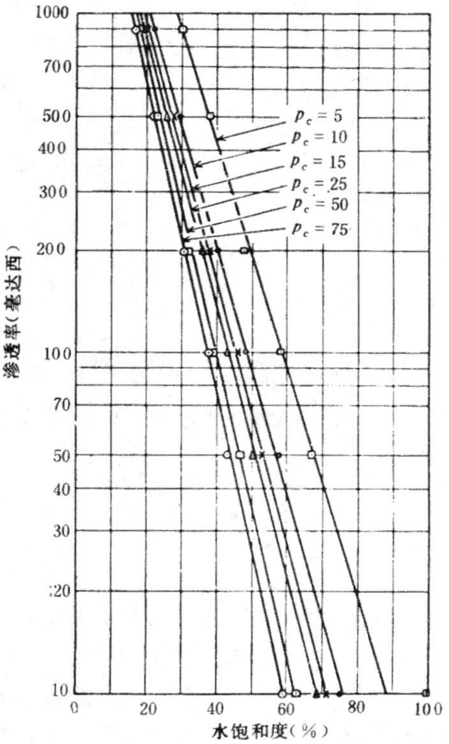

图 29.36　在各种主管压力下水饱和度与渗透率的关系曲线

在图 29.35 中给出了范围从 10 到 900 毫达西的若干渗透率值的流体分布曲线[35]。这些资料也可以认为是毛管压力曲线。右边的纵坐标表示在实验室中用空气驱水所得到的毛管压力。左边的纵坐标包括油藏条件下存在的相应的油／水毛管压力和自由水面以上流体随高度的分布。

将前面所讨论的统计关系用于图 29.35 中给出的毛管压力资料所得到的结果如图 29.36 所示。读者应该注意每一毛管压力值曲线的线性性质以及所有毛管压力曲线在渗透率值高时趋于收敛。这是在正常情况下所预期的状态，因为较大的毛管是与高渗透率相联系的。

为了将毛管压力饱和度数据转换为高度的饱和度数据，只需将（48）式的各项重新整理，以便求解高度而不是毛管压力即可，也就是说

$$h_{fw} = \frac{P_c \times 144}{\rho_w - \rho_o} \tag{52}$$

式中　h_{fw}——自由水面以上的高度，英尺；

ρ_w——在油藏条件下水的密度，磅（质量）／英尺^3；

ρ_o——在油藏条件下油的密度，磅（质量）／英尺^3；

P_c——在油藏条件下对某一特定饱和度的毛管压力（它必须事先根据实验室数据转换，磅／英寸^2）。

例题 9——从实验室毛管压力数据计算饱和度

假定

$P_{c,L}=18$ 磅／英寸^2（相对于 $S_w=0.35$），

$\sigma_{wo}=24$ 达因，

$\rho_w=68$ 磅（质量）／英尺^3，

$\sigma_{wg}=72$ 达因，

$\rho_o=53$ 磅（质量）／英尺^3，

则从（49）式得到：

$$P_{c,R}=18\ (24/72)\ =18/3=6\text{磅／英寸}^2$$

和

$$h=\frac{P_{c,R}\times 144}{\rho_w-\rho_o}=\frac{6\times 144}{68-53}=58\text{英尺}$$

所以，35%水饱和度的高度在自由水面以上 58 英尺处。

为了计算气带中的流体饱和度，必须考虑油、水、气三相。如果三相都是连续的，可以表示为

$$P_{c,wg}=P_{c,wo}+P_{c,og}$$

式中　$P_{c,wg}$——用水和气确定的在自由水面以上某一给定高度的毛管压力；

$P_{c,wo}$——用水和油确定的在自由水面以上某一给定高度的毛管压力；

$P_{c,og}$——用油和气确定的自由油面以上某一给定高度的毛管压力。

如果润湿相变为不连续的，那么润湿相饱和度要取一最小值，并且在此不连续点以上的所有高度，润湿相饱和度都不能够小于这一最小值。这样就有可能用下面的关系计算自由油面以上的流体饱和度。

(1) 用油和水作为连续相，计算 h 处的 S_w；

(2) 用油和气作为连续相，高度以自由油面表示，计算 h 处的 S_L；

(3) $S_g=1-S_L$ 和 $S_o=S_L-S_w$。

这里的 S_L 是总的液相（油加水）饱和度，以分数表示。

例题 10——用毛管压力资料计算气带中水和油的饱和度　设油带厚度 h_o 等于 70 英尺，以及

$\sigma_{wg}=72$ 达因，

$\sigma_{og}=50$ 达因，

$\sigma_{wo}=25$ 达因，

$\rho_w = 68$ 磅（质量）／英尺^3，

$\rho_g = 7$ 磅（质量）／英尺^3，

$\rho_o = 53$ 磅（质量）／英尺^3。

从图 29.35❶，对一个 900 毫达西的样品，设

$P_{c,\ L} = 54$ 磅／英寸^2（用例 9 说明的方法求得），

$P_{c,\ R} = 18$ 磅／英寸^2，

$h_{fw} =$ 自由水面以上高度 $= 120$ 英尺，

$S_w =$ 在高度 70 英尺或更高为 16%（从曲线上读出）。因为油带只有 70 英尺厚，自由水面以上 120 英尺的高度至少进入气带 50 英尺。第一步是用气和油作为连续相计算总的液体饱和度。

$h_{fo} = h_{fw} - h_o = 120 - 70 = 50$ 英尺

$$P_{c,\ R} = \frac{h_{fo}}{144}\ (\rho_o - \rho_g)$$

式中　h_{fo} 是自由油面以上高度，英尺。

$P_{c,\ R} = 50/144 \times (53-7) = 50/144 \times 46$

$P_{c,\ R} = 15.97$

和　$$P_{c,\ L} = P_{c,\ R}\frac{\sigma_{wg}}{\sigma_{og}} = 15.97 \times 72/50 = 23\text{磅}/\text{英寸}^2$$

根据图 29.35，对实验室毛管压力 23 磅／英寸^2，渗透率 900 毫达西，总的润湿相饱和度 S_L 等于 18%。因此，

$$S_o = S_L - S_w = 18 - 16 = 2\%$$

和　$$S_g = 100 - S_L = 100 - 18 = 82\%$$

应该认识到，用于例题 10 计算气带流体饱和度的关系是以所有这三相都是连续相为基础的。由于这不是正常的情况，可以预料饱和度与计算的有某些差别。由于不连续相的毛管压力应随孔隙而变化，因而不可能判断应该存在的精确的关系。因此，上述计算流体分布的方法不是精确的，但是通常与进行该计算可用的资料的精度相当。

五、饱和流体岩石的电导率

孔隙岩石是矿物质、岩石碎片和孔隙空间组成的集合体。固体物质，除某些粘土矿物外，是不导电的。岩石的电性质依赖于孔隙的几何形态和充满孔隙的流体。在油藏中，流体是油、气和水。油和气是非导体。水在含有溶解盐时是导体。电流在水中是通过离子运动传导的，因此可以称为电解传导。一种物质的电阻率是电导率的倒数，通常被用来定义一种物质传导电流的能力。一种物质的电阻率是由下式定义的

$$\rho = \frac{rA}{L} \tag{53}$$

---

❶原文为29.28，错误。——译者注。

式中　ρ——电阻率；

r——电阻；

A——导体的横截面积；

L——导体的长度。

对电解溶液来讲，ρ 通常用欧姆 · 厘米为单位，而 r 用欧姆表示，A 用厘米^2，L 用厘米。在土壤和岩石的电阻率研究中，用欧姆 · 米表示更方便。为把欧姆 · 厘米转换成欧姆 · 米，要将用欧姆 · 厘米表示的电阻率除以 100。在油田实践中，用欧姆 · 米表示的电阻率通常用 R 加上适当的下标来表示，下标是定义 R 使用条件的。

1.基本概念

导电地层电阻率因子的定义可能是考虑岩石电性中的最基本的概念。由 Archie 定义的地层电阻率因子为

$$F_R = \frac{R_o}{R_w} \tag{54}$$

式中 R_o 是岩心被电阻率为 R_w 的水饱和时的电阻率。

孔隙岩石电性的第二个基本符号是电阻率指数，I_R，它的定义为:

$$I_R = \frac{R_t}{R_o} \tag{55}$$

式中 R_t 是在某一特定的水饱和度值下的岩石真电阻率，R_o 的定义如前所述。

在文献中已引入三个理想的表达式，将地层电阻率系数 F_R 和电阻率指数 I_R 与孔隙度 ϕ 和岩石迂曲度 τ 联系起来。

根据 Wyllie [27] 的分析，关系式为

$$F_R = \tau\frac{1}{\phi}$$

和

$$I_R = \tau_e\frac{1}{S_w}$$

式中 τ_e 是某个水饱和度下的有效岩石迂曲度。

Cornell 和 Katz [36] 分析了一个稍微不同的模型。他们所提出的关系式如下

$$F_R = \sqrt{\tau}\frac{1}{\phi}$$

和

$$I_R = \sqrt{\tau_e}\frac{1}{S_w}$$

Wyllie 和 Gradner [37] 后来提出一个以概率理论为基础的分析，由此得到如下关系式:

$$F_R = \frac{1}{\phi^2}$$

和 $$I_R=\frac{1}{S_w^2}$$

根据上述理想化的孔隙模型的电性分析，可以推导出岩石的电性和其它物理性质之间的一般的关系。地层电阻率因子已证明为岩石系统的孔隙度及其内部几何形态的某种函数。特别是，地层电阻力因子可用如下形式表示：

$$F_R=K\phi^{-m} \tag{56}$$

式中 K 是迂曲度的某种函数，m 是连通孔隙大小减少数或封闭通道数的函数。建议 K 应该等于或大于 1，而 m 理论值的范围是 1 到 2。

地层电阻率因子 F_R 和电阻率指数 I_R 都依赖于路径长度之比或迂曲度。因此，为了用模型导出的关系计算地层电阻率系数，或电阻率指数，必须确定电迂曲度。因为直接测量路径长度是不可能的，只能依赖以实验室测定为基础的经验关系。Winsauer 等人[38]设计了一种用在一定势差下离子流经岩石的传递时间来确定迂曲度的方法。将所得到的数据与 $F_R\phi$ 乘积相关。结果得到由（57）式给出的地层电阻率因子、孔隙度和迂曲度的关系：

$$\left(\frac{L_a}{L}\right)^{1.67}=F_R\phi$$

式中 L_a 是流动路径的实际长度，L 是样品长度，上式也可写为

$$\tau^{1.67/2}=F_R\phi \tag{57}$$

与理论值的偏差认为是真实孔隙系统比理论模型更复杂的标志。

Archie 建议地层电阻率因子与孔隙度相关起来，其形式为

$$F_R=\phi^{-m} \tag{58}$$

式中 ϕ 是以分数表示的孔隙度，m 是胶结指数。Archie 进一步指出，胶结砂岩的胶结指数的范围可能是从 1.8 到 2.0，非胶结干净砂岩的大约是 1.3。

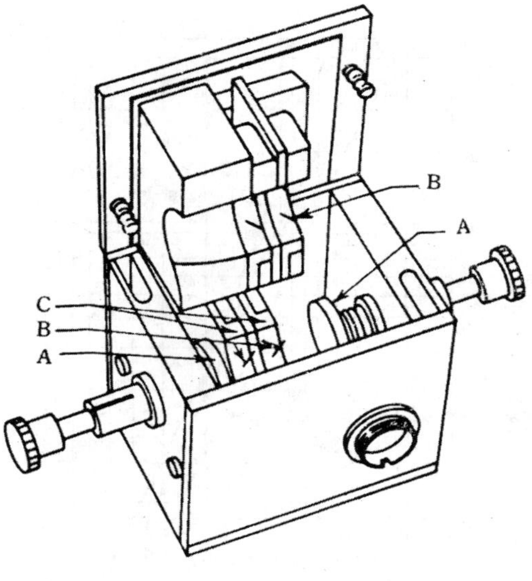

图 29.37 岩石样品电阻率测量装置

2.岩石电阻率的测量

实验室应用多种装置测定岩石的电性质。做这些测定需要知道岩石的几何形状，岩石的流体饱和度，岩石中所含水的电阻率，还要有适合测量样品电阻率的装置。一种简单的电阻率测定装置如图 29.37 所示。切割或合适尺寸的样品放入装置中，并夹在电极 A 之间。使电

流通过样品，并观测电压降。样品的电阻用欧姆定律计算

$$r=\frac{E}{I}$$

而 R（电阻率）由下式计算

$$R=\frac{rA}{L}$$

式中 A 是样品的横截面积，L 是样品的长度，试验的饱和条件可以在测定前根据已知量建立，或在测定后用抽提法确定。

六、电性质的经验关系

如前所述，Archie 提出了将实验室测定的地层因子与孔隙度相联系所得到的结果。他用 $F_R=\phi^{-m}$ 表示他的结果。

Winsauer 等人[38]给出了一个类似的关系式，这一关系式是以大量的砂岩岩心资料的相关关系为基础的。通常被称为 Humble 关系式的方程为：

$$F_R=0.62\phi^{-2.15} \tag{59}$$

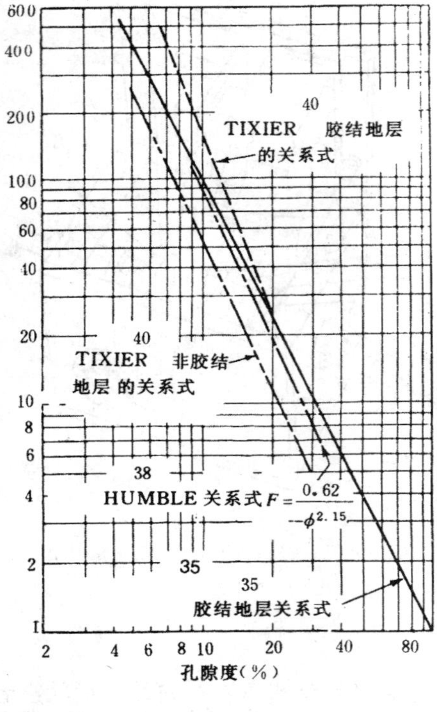

图 29.38　各种地层电阻率因子关系的比较

在讨论地层电阻率因子时，已说明 K 应该大于 1，而 m 应等于 2 或小于 2。这时，理论和实验之间的不相符合必定是由于传导固体的作用。

应该考虑将其它参数，例如渗透率，作为关系式中的变量来改善这一关系。

上面所提到的孔隙度和地层电阻率因子之间的关系的比较示于图 29.38 中。

1.传导固体的影响

Wyllie[41]的调查指出，当岩石被一种低传导率的水所饱和时，岩石的传导性主要依赖于粘土。对含有粘土矿物的砂岩，水的电阻率对地层电阻率因子的影响示于图 29.39。对相当清洁的砂岩（不含泥岩）来讲，地层电阻率因子是常数。粘土化砂岩的电阻率因子随水电阻率的减小而增加，并在水电阻率大约为 0.1 欧姆米时接近一个常数。Wyllie 认为所观察到的粘土矿物的影响

类似于有两个并连的电路——传导的粘土矿物和充满水的孔隙。因此

$$F_{Ra}=\frac{R_{0sh}}{R_w}\text{和}\frac{1}{R_{0sh}}=\frac{1}{R_{cl}}+\frac{1}{F_R R_w} \tag{60}$$

式中 F_{Ra}——视地层电阻率因子；

R_{0sh}——用电阻率为 R_w 的水 100%饱和时粘土化砂岩的电阻率；

R_{cl}——由粘土矿物引起的电阻率；

R_w——分布的水引起的电阻率；

F_R——岩石的真地层电阻率因子（即岩石含低电阻水时地层因子趋于的常数值）。

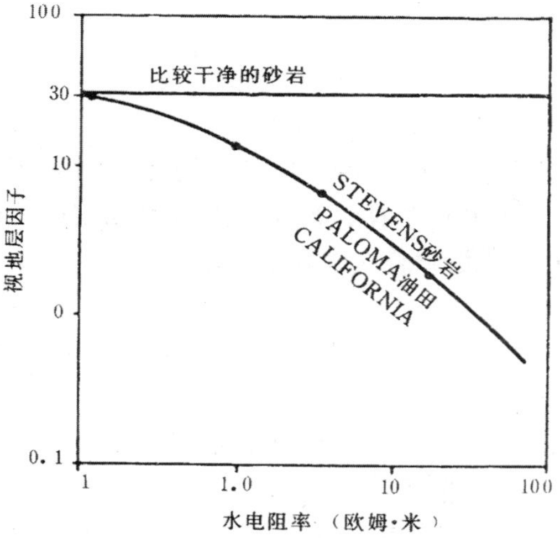

图 29.39 隙间粘土对地层电阻率因子的影响

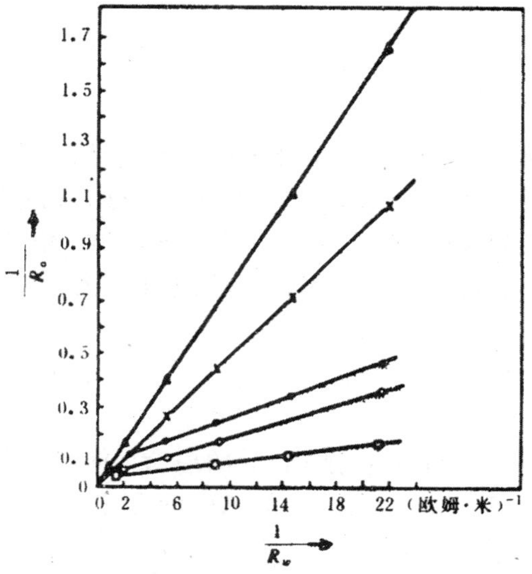

图 29.40 饱和水的岩石电阻率与水电阻率关系图。(△) Suite1，40 号岩样；(×) Suite1，21 号岩样；(●) Suite1，4 号岩样，(○) Suite2，13 号岩样；(□) Suite6，2 号岩样

图 29.40 所示的数据用图的形式肯定了方程（60）所表达的关系。图中曲线是 dewitte [42] 根据 Hill 和 Milburn [43] 提供的数据绘制的。这些曲线是线性的，其通式为:

$$\frac{1}{R_{0sh}}=m\frac{1}{R_w}+b \tag{61}$$

式中 m 是直线的斜率，b 是截距。对比方程（60）和（61）可以看出，$m=1/F_R$ 和 $b=1/R_{cl}$。Suite1，40 号是清洁砂岩，这条线通过原点，因此截距为 0，即 $b=1/R_{cl}=0$。由此，$1/R_{0sh}=m\ (1/R_w)\ =\ (1/F_R R_w)$，或 $R_o=F_R R_w$。其余的样品是含页岩的砂岩，正如这些直线的截距所表示的，其中含有有限传导率的粘土矿物。图中所表示的线性性质表明 $1/R_{cl}$ 是一个与 R_w 无关的常数。这种现象可用离子吸附在粘土上来解释。当粘土水化时，吸附的离子紧靠粘土形成一个离子传导通路。吸收的离子数目几乎不随隙间水中盐的浓

度而改变。

方程（60）可以重新整理，以用 R_{cl} 和 $F_R R_w$ 表示地层视电阻率：

$$R_{0sh}=\frac{R_{cl}R_w}{R_w+R_{cl}/F_R}$$

和

$$F_{Ra}=\frac{R_{cl}}{R_w+(R_{cl}/F_R)}$$

当 $R_w \to 0$，

$$\lim F_{Ra}=\frac{R_{cl}}{R_{cl}/F_R}=F_P$$

因此，F_R 为 R_w 变小时 F_{Ra} 趋于的极限。这种状况可以从图 29.39 中观察到。

Hill 和 Milburn[43] 对 450 块砂岩和灰岩样品作了评价。地层电阻率因子在水电阻率为 0.01 欧姆米条件下确定，在此水电阻率值下，地层视电阻率因子 F_{Ra}，趋向于地层电阻率因子 F_R。他们 $F_{R,\ 0.01}$ 表示地层电阻率因子。用最小二乘法拟合这些数据，得到

$$F_{R,\ 0.01}=1.4\phi^{-1.78} \tag{62}$$

这一方程证实了前面讨论的理论。他们还将（56）式中的 K 取为 1 来拟合这些数据。结果得到 $F_{R,\ 0.01}=\phi^{-1.93}$，与 Archie 原表达式 $F=\phi^{-2}$ 很相近。

总之，方程（58）（$m=2.0$）和方程（59）已广泛用来表示地层电阻率因子和孔隙度的关系。在大多数工程应用中，这两个方程都能得到满意的结果。但是，我们认为方程（62）更有效，因为所取的数据已尽可能减小了粘土的影响。关于具体关系式的选择，应以一个给定的地质区域内的地层或感兴趣地层的独立观察为依据。

2.部分水饱和岩石的电阻率

含有水和烃类的岩石的电阻率比完全用水饱和的岩石高。部分被水饱和的岩石的电阻率是水饱和度 S_w 的函数。根据理论推导，可得出如下公式：

$$I_R=K'S_w^{-n} \tag{63}$$

式中 $I_R=R_t/R_o$，电阻率指数；K' 是迂曲度的某种函数；n 是饱和度指数。

Archie 对不同来源的实验数据作了整理和相关，由此他认为可用下式代表这些资料

$$I_R=S_w^{-2} \tag{64}$$

Wyllie 对清洁砂岩证实了 Archie 所建议的关系，但他发现粘土（可导固体）的存在改变了这一关系。图 29.41 给出了 Archie 关系和含有可导固体岩心的相同关系的比较。这一

关系的变化依赖于粘土的含量和水的电阻率。因此对于含可导固体的砂岩来讲，没有一个通用的关系可供使用；虽然dewitte已经提出了一种方法，可以应用方程（64）评价含页岩的砂岩。

3.在表示孔隙介质特性中电性参数的使用

在渗透率一节中已经提出了Kozeny方程如下：

$$k=\frac{\phi}{F_sA_s^2\tau} \tag{65}$$

式中 K——渗透率；

ϕ——孔隙度，分数；

F_s——形状因子；

A_s——单位孔隙体积的内表面积；

τ——Kozeny遇曲度。

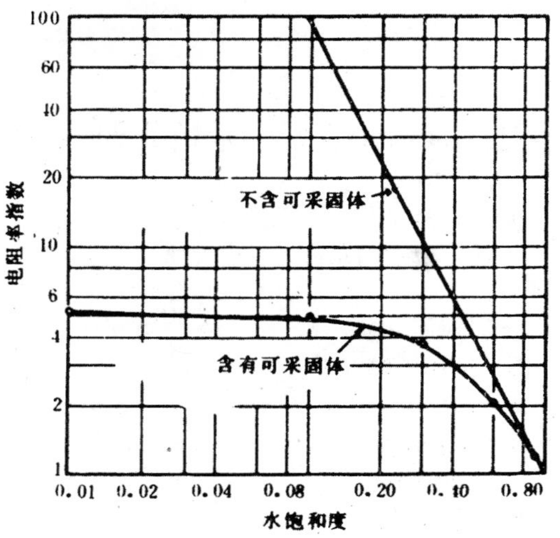

图29.41 在Stevens砂岩岩心中可导固体对电阻率指数与饱和度关系的影响

τ已经证明为$F_R\phi$的函数，即$\tau=(F_R\phi)^x$，这里x的范围在1和2之间。如果内表面积用平均水力半径$\bar{r}_H$表示，即：

$$A_s=\frac{1}{\bar{r}_H} \tag{66}$$

则该关系的一般形式为：

$$k=\frac{\phi(\bar{r}_H)^2}{F_s(F_R\phi)^x}$$

或

$$\frac{(\bar{r}_H)^2}{k}=F_s\frac{(F_R)^x}{\phi} \tag{67}$$

方程（67）可能为改善孔隙介质物理性质数据与地层电阻率因子之间的相关关系提供一个基础。

正如以上各节所讨论的；孔隙岩石的电性质形成了电测记录定量评价的基础。尤其是Humble关系式〔方程（59）〕已被各服务公司广泛地用于根据“接触”电阻率设备（例如微电阻率测井）做的测量来估计孔隙度。方程（64）形成了根据深穿透电阻率设备（例如标准测井的传统电阻率曲线）或各种“聚焦”电阻率设备所得的资料解释水饱和度的基础。

符 号 说 明

A——横截面积；

A_j——由渗透率为K_j的一束管子代表的流动面积；

A_s——单位孔隙体积的内表面积；

b——在一个给定的介质中一种给定气体的常数；

c——流体压缩系数；

C——流动系数；

d——直径；

E——电压降；

f——摩擦系数；

F_s——形状因子；

F_R——地层电阻率因子；

F_{Ra}——视地层电阻率因子；

g——重力加速度；

h——驱动头；

h_{fo}——自由油面以上的高度；

h_{fw}——自由水面以上的高度；

h_j——第j层的厚度；

I——电流；

I_R——电阻率指数；

J——J函数，方程（48）；

k——介质的渗透率；

k_a——空气渗透率；

k_g——介质对完全充满介质孔隙的气体的渗透率；

k_h——热传导系数；

k_j——一根毛管的渗透率；

k_L——介质对完全充满介质孔隙的单一液相的渗透率；

k_w——淡水的渗透率；

k_{500}——对500格令／加仑氯化物溶液的渗透率；

k——比例常数，方程（7）；

K'——调曲度的某种函数，方程（63）；

K_z——Kozeny常数；

L——流动路径的长度或样品的长度；

L_a——流动路径的实际长度；

L_j——第j层长度；

m——曲线的斜率或胶结指数；

n_j——半径为r_j的管子的数目；

$\bar{p}$——平均流动压力；

Δp——长度L上的压力损失；

p_b——基准压力；

p_e——外边界上的压力；

p_w——井筒处压力；

p_c——毛管压力；

$p_{c,L}$——实验室条件下毛管压力；

p_{cm}——泵毛管压力；

$p_{c,og}$——用油和气确定的在自由水面以上某一高度的毛管压力；

$p_{c,R}$——油藏条件下的毛管压力；

p_{cw}——水的毛管压力；

$p_{c,wg}$——用水和气确定的在自由水面以上某一高度的毛管压力；

$p_{c,wo}$——用水和油确定的在自由水面以上某一高度的主管压力；

q_b——基准压力下的体积流量；

q_o——油的体积流量；

q_p——在代数平均压力（p_e+p_w）／2下的体积流量；

q_t——总流量；

Q——热流量；

r——半径或阻力；

$\bar{r}$——平均半径；

r_e——外边界半径；

r_H——水力半径；

r_w——半筒半径；

R_{cl}——由于粘土矿物产生的电阻率；

R_o——用电阻率为R_w的水饱和的岩石的电阻率；

R_{osh}——用电阻率为R_w，的次100%饱和的粘土化砂岩的电阻率；

S——流动方向的距离，总是正的；

S_g——气饱和度；

S_L——总的润湿相饱和度；

S_o——原油饱和度；

S_w——水饱和度；

$\bar{T}_f$——平均流动温度；

ΔT——温度降；

u_s——沿流动路径s在单位时间内通过单位面积孔隙介质的体积通量；

u_x——沿流动路径x在单位时间内通过单位面积孔隙介质的体积通量；

v——液体流速；

V_b——BV＝总体积；

V_o——原油体积；

V_p——PV＝孔隙体积；

V_s——砂粒体积；
V_w——水体积；
w——质量流速；
W_{cd}——干岩心的重量；
W_{cw}——湿岩心的重量；
W_w——水重量；
z——垂直方向坐标，向下为正；
θ——s与水平方向的夹角；
θ_c——两种流体的界面与毛管的接触角；
θ_{cwg}——水／气接触角；
θ_{cwo}——水／油接触角；
μ——流体粘度；
ρ——流体密度或电阻率；
ρ_b——基准压力下的流体密度；
ρ_o——原油密度；
σ——界面张力或电导率；
σ_m——汞的表面张力；
σ_w——水的表面张力；
σ_{wg}——水／气界面张力；
σ_{wo}——水／油界面张力；
τ——Kozeny迂曲度；
τ_e——岩石的有效迂曲度；
ϕ——用分数表示的孔隙度；
ϕ_e——有效孔隙度；
Φ——势函数。

国际米制单位表示的关键方程

$$q = 14.696 \times 10^3 \frac{kA\ (p_1 - p_2)}{\mu L} \tag{26}$$

$$q = 92.349 \times 10^3 \frac{kh\ (p_e - p_w)}{\mu \ln r_e / r_w} \tag{28}$$

$$q_b = 23.1454 \times 10^4 \frac{T_b kA\ (p_1^2 - p_2^2)}{\overline{T}_f z \mu_g L p_b} \tag{30}$$

$$q_b = 1.4554 \times 10^6 \frac{T_b kh\ (p_e^2 - p_w^2)}{\overline{T}_f z \mu_g p_b \ln r_e / r_w} \tag{31}$$

式中　q 的单位是米^3／天；
k 的单位是微米^2；
A 的单位是米^2；
p 的单位是千帕；
μ 的单位是泊 · 秒；
L 的单位是米；
h 的单位是米；
r 的单位是米；
T 的单位是℃。

参 考 文 献

1. Fraser, H. J. and Graton, L. C.: "Systematic Packing of Spheres—With Particular Relation to Porosity and Permeability," *J. Geol.* (Nov. —Dec. 1935) 785—909.

2. Tickell, F. G., Mechem, O. E. and McCurdy, R. C.: "Some Studies on the Porosity and Permeability of Rocks," *Trans.*, AIME (1933) **103,** 250—60.

3. Core Laboratories Inc., Dallas, TX.

4. Nutting, P. G.: "Physical Analysis of Oil Sands," *Bull.*, AAPG, (1930) **14,** 1337—49.

5. Russell, W. L.: "A Quick Method for Determining Porosity," *Bull.*, AAPG (1926) **10,** 931—38.

6. Stevens, A. B.: *A Laboratory Manual for Petroleum Engineering* **308,** Texas A&M U., College Station, TX (1954).

7. Washbum, E. W. and Bunting, E. N.: "Determination of Porosity by the Method of Gas Expansion," *J. Am. Ceram. Soc.*, **5,** 48.

8. Beeson, C. M.: "The Kobe Porosimeter and Oilwell Research Porosimeter," *Trans.*, AIME (1950) **189,** 313—18.

9. Dotson, B. J. *et al.*: "Porosity Measurement Comparison by Five Laboratories," *Trans.*, AIMA (1951) **192,** 341—46.

10. Kelton, F. C.: "Analysis of Fractured Limestone Cores," *Trans.*, AIME (1950) **189,** 225—34.

11. Krumbein, W. C. and Sloss, L. L.: *Stratigraphy and Sedimentation,* Appleton—Century—Crofts Inc., New York City (1951) 218.

12. Geertsma, J. : "Effect of Fluid Pressure Decline on Volumetric Changes of Porous Rocks," *Trans.*, AIME (1957) **210,** 331 and 339.

13. Hall, H. N.: "Compressibility of Reservoir Rocks," *Trans.*, AIME (1953) **198,** 309.

14. Fatt, I.: "Pore Volume Compressibilities of Sandstone Reservoir Rocks," *Trans.*, AIME (1958) **213,** 362—64.

15. Hammerlindl, D. J.: "Predicting Gas Reservoirs in Abnormally Pressured Reservoirs," paper SPE 3479 presented at the 1971 SPE Annual Meeting, New Orleans, Oct. 3—6.

16. Newman. G. H.: "Pore—Volume Compressibility of Consolidated. Friable, and Unconsolidated Reservoir Rocks Under Hydrostatic Loading," *J. Pet. Tech.* (Feb. 1973) 129—34.

17. Van der Knaap, W.: "Nonlinear Behavior of Elastic Porous Media," *Trans.*, AIME (1959) **216,** 179—87.

18. Krug, J. A.: "The Effect of Stress on the Petrophysical Properties of Some Sandstones," PhD dissertation (T—1964), Colorado School of Mines, Golden. CO (1977).

19. Graves, R. M.: "Biaxial Acoustic and Static Measurement of Rock Elastic Properties." PhD dissertation (T—2596). Colorado School of Mines, Golden CO (1982).

20. Lachance, D. P. and Anderson, M. A.: "Comparison of Uniaxial Strain and Hydrostatic Stress Pore—Volume Compressibilities in the Nugget Sandstone," paper SPE 11971 presented at the 1983 SPE Annual Technical Conference and Exhibition, San Francisco. Oct. 5—8.

21. *API Code 27—Recommended Practice for Determining Permeability of Porous Media.* Div. of Production, API. Dallas (Sept. 1952).

22. Hubbert. M. K.: "Fntrapment of Petroleum Under Hydrodynamic Conditions," *Bull.*, AAPG (Aug. 1953) 1954–2026.

23. Croft, H. O.: *Thermodynamics, Fluid Flow and Heat Transmission,* McGraw–Hill Book Company Inc., New York City (1938) 129.

24. Klinkenberg, L. J.: "The Permeability of Porous Media to Liquids and Gases," *Drill. and Prod. Prac.*, API. Dallas (1941) 200–13.

25. Johnston, N. and Beeson. C. M.: "Water Permeability of Reservoir Sands," *Trans.*, AIME (1945) **160,** 43–55.

26. Fatt. I. and Davis, D.H.: "Reduction in Permeability with Overburden Pressure," *Trans.*, AIME (1952) **195,** 329.

27. Wyllie, M. R. J. and Spangler, M. B.: "Application of Electrical Resistivity Measurements to Problem of Fluid Flow in Porous Media," *Bull.* AAPG (Feb. 1952) 359–403.

28. Kennedy. H. T., VanMeter, O. E., and Jones. R. G.: "Saturation Determination of Rotary Cores." *Pet. Engr.* (Jan. 1954) B. 52–B. 64.

29. Gates, G. L., Morris, F. C., and Caraway, W. H.: *Effect of Oil–Base Drilling Fluid Filtrate on Analysis of Cores from South Coles Levee, California and Rangely, Colorado Field.* technical report. Contract No. RI 4716. USBM (Aug. 1950).

30. Welge, H. J. and Bruce, W. A.: "The Restored–state Method for Determination of Oil in Place and Connate Water," *Drill. and Prod. Prac.*, API, Dallas (1947) 166–74.

31. Slobod, R. L., Chambers, A., and Prehn, W. L. Jr.: "Use of Centrifuge for Determining Connate Water. Residual Oil. and Capillary Pressure Curves of Small Core Samples," *Trans.*, AIME (1951) **192,** 127–34.

32. Brown. H. W.: "Capillary Pressure Investigations," *Trans.*, AIME (1951) **192,** 67–74.

33. Owen, J. D.: "Well Logging Study—Quinduno Field. Roberts County, Texas," paper 593–G presented at the 1955 AIME Formation Evaluation Symposium, Houston, Oct, 27–28.

34. Leverett, M. C.: "Capillary Behavior in Porous Solids," *Trans.*, AIME (1941) **142,** 152–68.

35. Wright, H. T. Jr. and Wooddy, L. D. Jr.: "Formation Evaluation of the Borregas and Seeligson Fields, Brooks and Jim Wells Counties, Texas," paper 591–G presented at the 1955 AIME Formation Evaluation Symposium, Houston, Oct. 27–28.

36. Cornell, D. and Katz, D. L.: "Flow of Gases Through Consolidated Porous Media," *Ind. and Engr. Chem.* (Oct. 1953) **45.**

37. Wyllie, M. R. J. and Gardner, G. H. F.: "The Generalized Kozeny Carman Equation," *World Oil* (March and April 1958).

38. Winsauer, W. O. *et al.*: "Resistivity of Brine–Saturated Sands in Relation to Pore Geometry," *Bull.*, AAPG (Feb. 1952) 253–77.

39. Rust, C. F.: "Electrical Resistivity Measurements on Reservoir Rock Samples by the Two–Electrode and Four–Electrode Methods," *Trans.*, AIME (1952) **195,** 217–24.

40. Tixier, M. P.: "Porosity Index in Limestone from Electrical Logs–Part 1," *Oil and Gas J.* (Nov. 15, 1951) 140.

41. Wyllie, M. R. J. and Gregory, A. R.: "Formation Factors of Unconsolidated Porous Media: Influ-

ence of Particle Shape and Effect of Cementation," *Trans.*, AIME (1953) **198,** 103–09.

42. de Witte, A. J.: "Saturation and Porosity from Electrical Logs in Shaly Sands–Part 1," *Oil and Gas J.* (March 4, 1957) 89.
43. Hill, H. J. and Milburn, J. D.: "Effect of Clay and Water Salinity on Electrochemical Behavior of Reservoir Rocks," *Trans.*, AIME (1956) **207,** 65–72.

第三十章　不同地层的典型岩心分析

R.E.Jenkins，Core Laboratories Inc.[1]　　沈平平　译

一、引　言

早期岩心分析在很大程度上是一种艺术，靠对岩心闻气味、尝味道和肉眼观察进行定性分析。岩心分析科学就是从这类早期方法的基础上发展起来的，同时也依赖于物理化学分析仪器的进步。电子显微镜、质谱、气相色谱、高频相分析、声波系列分析和核磁弛豫分析是当今日益复杂的岩心测试方法中的几种。

虽然地质学家和石油工程师有许多其他技术能用于完井、油气藏的评价和开发，但是岩心分析仍然是获得被钻穿岩石的可靠资料的基本手段。对含油气地层的典型岩心样品进行分析研究是直接测定地层许多重要性质的唯一手段。

在岩心上所做的最基本的测定一般包括无围压下的孔隙度测定，低围压下的渗透率测定，以及残余油饱和度的测定。此外，经常做的多种辅助性常规分析，例如氯化物、原油比重、定向渗透率，颗粒密度和颗粒尺寸等的测定，也有助于地层的解释和评价。本章将介绍这些数据。

二、孔　隙　度

孔隙度是油层孔隙空间或者贮存能力的度量。通常，它用总体积的百分数来表示(%BV)。孔隙度可以用测定三个量——颗粒体积、孔隙体积和总体积——中的任意二个来确定。多种公认的测定孔隙度的方法和技术被不同的实验室所采用。孔隙体积可以在一块事先清洗并烘干的样品上根据抽提的天然气或空气的量，或者用液体饱和的方法确定，也可以根据样品孔隙空间中气体的压缩和膨胀由Boyle定律计算确定。另一种广泛使用的方法是分别测定样品中气、油和水的含量，将这些值求和，以得到孔隙体积。

在本章的表中所报告的大部分孔隙度数据是用“流体之和”方法测定的。对从几千英尺的岩心中取的样品，用两种方法(“流体之和”方法和Boyle定律方法）测定了孔隙度值，其对比结果表明两者是一致的，通常相差0.1%到0.5%孔隙度。对用盐水重新饱和确定的孔隙度值进行了广泛检验，表明所得值比其它方法略微偏低，证明重新饱和达到了90%到99%。

[1] 1962年版本章的作者是E.H.Koepf。

三、渗 透 率

地层样品的渗透率是它传导流体能力的度量。渗透率的测定包括测定一种已知粘度流体在测量压差下通过一定形状的样品的流速。通常用的流体是空气，这是因为取用空气方便，以及空气对岩石物质不起反应。多年来，测定的空气渗透率都用著名的 Klinkenberg 关系校正为“等效的”液相渗透率。表 30.1 到 30.11 所列的渗透率值，除了下一段中注明的外，已被校正为“等效的”液相渗透率值。

在全岩心或大直径岩心分析中，通常在两个水平方向测定渗透率。一个是沿主断裂面方向测的，记为 k。这一值表明裂缝作为流动通道的效果。然后把岩心样品旋转 90°，在与第一次测量方向垂直的流动方向上做第二次测量。第二次测量的值通常记为 k_{90}，它一般代表基质渗透率。对做了全岩心或大直径岩心分析的地层，下面的表中列出了 k_{90} 的值。这些值没有被校正到“等效的”液体渗透率值。

四、液体饱和度

在取心过程中，岩心在高于地层压力的压力下暴露在钻井液中。如果岩心中含有油或气，其中的一部分将被泥浆滤液冲洗出来并取代。当岩心被取到地面，外部压力降低时，自由气或溶解气的膨胀把油和水从岩心中排出。因此，取到地面的岩心的孔隙空间中包含有自由气、水和油（如果油在地下是存在的）。所含的油和水通常被称为“残余液体”。

岩心样品中残余油和水的含量通常用干馏，真空蒸馏，或者溶剂抽提和蒸馏的方法确定。油和水的含量被转换为以孔隙体积的百分数表示的油和水的饱和度。在本章表中列出的油和水的饱和度值代表用干馏或真空蒸馏方法得到的数据。

从岩心中回收的水的含量通常被称为“总水量”，它可能包括某些钻井液滤液或者侵入水。实际存在于一个油藏的一个给定层段中的水饱和度可以被称为束缚水或隙间水。在表中列出的隙间水饱和度值，一部分是将经验关系系数用于总水量值得到的，一部分是应用特定油藏的毛管压力资料得到的。

所报告的 API 原油重度值通常是用干馏或者真空蒸馏方法回收的原油测定的。用从岩心中回收的原油得到的重度值与用生产出来的或随钻测试得到的原油所测得的值比较，符合率一般在 ±2°API 之内。

表中所列的液体饱和度取自解释为烃类产层的地层。在某些情况下，能区分产气层、产凝析气层和产油层的特征。表 30.9 给出了确定为“过渡带”的层段的岩心分析数据，它表示在油田生产过程中明显含水的层段和层带。这样的过渡带在其它很多地区和油田中存在，但并不能根据现有的资料作出类似的划分。应该指出，所报告的凝析气带、油带和过渡带的相对平均深度与气在油之上、油在水之上的基本前提是不矛盾的。在美国海湾地区主要地层中，正如表 30.6 和 30.7 所示，凝析气产层的深度往往大于同地层油层的深度。与此类似，从表 30.9 所示的俄克拉何马—堪萨斯地区多个地质层组的资料中可以看出，该地区不同部分的气、油和过渡带的地下深度是不同的。

表 30.1　阿肯色

地层	生产流体	产层深度范围(英尺)	平均产层深度(英尺)	产层厚度范围(英尺)	平均产层厚度(英尺)	渗透率范围(毫达西)	平均渗透率(毫达西)	孔隙度范围(%)	平均孔隙度(%)	油饱和度范围(%)	平均原油饱和度(%)	计算的隙间水饱和度范围(%)	计算的平均隙间水饱和度(%)
Blossom	C/O①	2190～2655	2422	3～28	15	1.6～8900	1685	15.3～40	32.4	1.2～36	20.1	24～55	32
Cotton Valley	C/O	5530～8020	6774	4～79	20	0.6～4820	333	11.3～34	20.3	0.9～37	13.1	21～43	35
Glen Rose	O	2470～3835	3052	5～15	10	1.6～5550	732	17.3～38	23.4	4.0～52	21.0	28～50	38
Graves	C/O	2400～2725	2564	2～26	11	1.2～4645	1380	9.8～40	34.9	0.3～29	16.8	19～34	30
Hogg	O	3145～3245	3195	12～33	17	6.5～5730	1975	14.4～41	30.9	2.6～56	19.9	26～34	27
Meakin	G/C/O②	2270～2605	2485	2～20	11	3.0～6525	1150	17.1～40	31.8	0.6～43	12.9	24～63	43
Nacatoch	C/O	1610～2392	2000	6～45	20	0.7～6930	142	9.9～41	30.5	0.2～52	4.9	41～70	54
Paluxy	O	2850～4890	3868	6～17	12	5～13700	1213	15.1～32	26.9	7.5～49	21.2	28～43	35
Pettit	O	4010～5855	4933	4～19	11	0.1～698	61	6.2～28	15.4	9.1～29	12.7	25～44	30
Rodessa③	O	5990～6120	6050	8～52	16	0.1～980	135	5.1～28	16.5	0.7～26	14.8	25～38	31
Smackover④	G/C/O	6340～9330	8260	2～74	18	0.1～12600	850	1.1～34	14.2	0.7～41	12.8	21～50	31
Tokio	C/O	2324～2955	2640	2～19	13	0.5～11500	2100	13.6～42	32.1	0.9～57	25.6	17～43	27
Travis Peak	C/O	2695～5185	3275	3～25	10	0.4～6040	460	9.4～36	24.3	0.5～36	14.3	16～48	36
Tuscaloosa	C/O	3020～3140	3080	4～25	15	0.4～3760	506	15.6～39	27.3	0.3～53	14.0	31～63	45

①指明所生产的流体：G＝气；C＝凝析气；O＝原油；

②局部地区尚未查明的层；

③包括 Mitchell 和 Gloyd 层的数据；

④包括 Smackover 灰岩和 Reynolds 层的数据。

表 30.2 东得克萨斯地区

地层	生产流体	产层深度范围(英尺)	平均产层深度(英尺)	产层厚度范围(英尺)	平均产层厚度(英尺)	渗透率范围(毫达西)	平均渗透率(毫达西)	孔隙度范围(%)	平均孔隙度(%)	油饱和度范围(%)	平均原油饱和度(%)	计算的隙间水饱和度范围(%)	计算的平均隙间水饱和度(%)
Bacon	C/O	6685~7961	7138	3~24	11	0.1~2040	113	1.5~24.3	15.2	2.7~20.6	8.6	9~22	16
Cotton Valley	C	8448~8647	8458	7~59	33	0.1~352	39	6.9~17.7	11.7	1.1~11.6	2.5	13~32	25
Fredericksburg	O	2330~2374	2356	5~8	7	0.1~4.6	1.2	11.9~32.8	23.1	3.3~39.0	20.8	35~43	41
Gloyd	C/O	4812~6971	5897	3~35	19	0.1~560	21	8.0~24.0	14.9	痕量~24.3	8.2	16~45	31
Henderson	G/C/O	5976~6082	6020	3~52	12	0.1~490	19	7.0~26.2	15.2	0.8~23.3	10.6	21~44	27
Hill	C/O	4799~7668	5928	3~16	9	0.1~467	70	6.4~32.2	15.6	0.9~26.7	12.2	23~47	33
Mitchell	O	5941~6095	6010	3~43	21	0.1~487	33	7.2~29.0	15.5	1.8~25.9	12.5	15~47	29
Mooringsport	O	3742~3859	3801	4~12	8	0.4~55	5	5.3~19.6	14.6	2.8~26.6	13.8	29~48	40
Nacatocr①	O	479~1091	743	2~21	12	1.9~4270	467	13.4~40.9	27.1	0.6~37.4	14.5	24~55	41
Paluxy	O	4159~7867	5413	7~46	27	0.1~9600	732	6.3~31.1	21.6	2.2~48.7	24.1	22~47	30
Pecan Gap	O	1233~1636	1434	5~20	13	0.5~55	6	16.3~38.1	26.6	3.5~49.8	12.9	30~56	46
Pettit②	G/C/O	5967~8379	7173	2~23	11	0.1~3670	65	4.5~25.8	14.7	0.9~31.6	9.8	10~35	23
Rodessa	C/O	4790~8756	6765	4~42	17	0.1~1.180	51	2.3~29.0	14.5	痕量~25.3	5.3	6~42	23
Sub-Clarksville③	O	3940~5844	4892	3~25	12	0.1~9460	599	8.2~38.0	24.8	1.4~34.6	17.9	12~60	33
Travis Peak④	C/O	5909~8292	6551	2~30	11	0.1~180	42	5.6~25.8	15.0	0.1~42.8	12.5	17~38	28
Wolfe City	O	981~2054	1517	6~22	13	0.3~470	32	17.1~38.4	27.9	1.5~37.4	15.6	23~68	46
Woodbine	C/O	2753~5993	4373	2~45	14	0.1~13840	1185	9.7~38.2	25.5	0.7~35.7	14.5	14~65	35
Young	C	5446~7075	6261	4~33	17	0.1~610	112	4.4~29.8	19.7	痕量~4.5	0.8	13~27	21

①少量 Navarro 资料与 Nacatoch 资料的综合；

②Pettit 资料和 Pittsburg，Potter 和上 Pettit 资料的综合；

③少量 Eagleford 资料与 Sub-Clarksville 资料的综合；

④Page 资料与 Travis Peak 资料的综合。

表 30.3 北路易斯安那地区

地层	生产流体	产层深度范围（英尺）	平均产层深度（英尺）	产层厚度范围（英尺）	平均产层厚度（英尺）	渗透率范围（毫达西）	平均渗透率（毫达西）	孔隙度范围（%）	平均孔隙度（%）	油饱和度范围（%）	平均原油饱和度（%）	计算的隙间水饱和度范围（%）	计算的平均隙间水饱和度（%）
Annona Chalk	O	1362～1594	1480	15～69	42	0.1～2.5	0.7	14.3～36.4	26.8	6.0～40	22.0	24～40	37
Buckrange	C / O	1908～2877	2393	2～24	13	0.1～2430	305	13.4～41	31.4	0.7～51	22.6	29～47	35
Cotton Valley[a]	G / C / O	3650～9450	7450	4～37	20	0.1～7350	135	3.5～34	13.1	0.0～14	3.1	11～40	24
Eagleford[b]	C	8376～8417	8397	9～11	10	3.5～3040	595	12.8～28	22.9	1.6～28	4.3	—	36
Fredericksburg	G / C	6610～9880	8220	6～8	7	1.6～163	90	12.8～23.1	19.9	1.7～4.3	2.7	35～49	41
Haynesville	C	10380～10530	10420	22～59	40	0.1～235	32	5.5～23.1	13.4	1.1～14.5	5.1	31～41	38
Hosston	C / O	5420～7565	6480	5～15	12	0.4～1500	140	8.8～29	18.6	0.0～35	8.8	18～37	28
Nacatoch	O	1223～2176	1700	6～12	8	27～5900	447	25.8～40	31.4	2.5～33	19.5	45～54	47
Paluxy	C / O	2195～3240	2717	2～28	16	0.2～3060	490	9.6～39	27.2	0.1～48	11.8	23～55	35
Pettit[c]	C / O	3995～7070	5690	3～30	14	0.1～587	26	4.5～27	14.3	0.1～59	15.6	10—43	29
Pine Island[d]	O	4960～5060	5010	5～13	9	0.2～1100	285	8.5～27	20.6	13.3～37	24.1	16～30	22
Rodessa[e]	G / C / O	3625～5650	4860	6～52	18	0.1～2190	265	5.1～34	19.1	0.0～31	2.9	21～38	30
Schuler[f]	G / C / O	5500～9190	8450	4～51	19	0.1～3180	104	3.6～27.4	15.0	0.0～24	4.8	8～51	25
Sligo[g]	C / O	2685～5400	4500	3～21	7	0.1～1810	158	7.3～35	21.1	0.6～27	9.8	12～47	31
Smackover	C / O	9960～10790	10360	6～55	24	0.1～6190	220	3.4～23	12.9	1.1～22	7.2	9～47	25
Travis Peak[h]	C / O	5890～7900	6895	7～35	18	0.1～2920	357	7.0～27	19.4	0.1～35	8.6	26～38	31
Tuscaloosa	G / C / O	2645～9680	5164	4～44	24	0.1～5750	706	10.7～36	27.6	0.0～37	8.5	31～61	43

a. Cotton Valley 地层组中的一些地层至今尚不易查明；
b. 在某些地区这些数据被作为 Eutaw 层的数据报道。
c. 包括 Pettit，上 Pettit 和中 Pettit 的数据，有时认为与 Sligo 的数据相同；
d. 有时指 Woodruff 的数据；
e. 包括当地报告的 Jeter，Hill，Kilpatrick，和 Fowler 层的数据；
f. 包括当地报告的 Bodcaw，Vaughn，Doris，McFerrin 和 Justiss 层的数据；
g. 包括 Birdsong–Owens 的数据；
h. 通常认为与 Hosston 相同。

表 30.4 加利福尼亚

地层	地区	生产流体	产层深度范围(英尺)	平均产层深度(英尺)	产层厚度范围(英尺)	平均产层厚度(英尺)	渗透率(毫达西)	平均渗透率(毫达西)
下始新统	San Joaquin Valley[a]	O	6820~8263	7940	—	—	35~2000	518
中新统	Los Angeles 盆地和海湾沿岸[b]	O	2870~9530	5300	60~450	165	10~4000	300
上中新统	San Joaquin Valley[c]		1940~7340	4210	10~1200	245	4~7500	1000
	Los Angeles 盆地和海湾沿岸[d]	O	2520~6860	4100	5~1040	130	86~5000	1110
下中新统	San Joaquin Valley[e]	O	2770~7590	5300	30~154	76	15~4000	700
	Los Angeles 盆地和海湾沿岸[f]	O	3604~5610	4430	20~380	134	256~1460	842
渐新统	San Joaquin Valley[g]	O	4589~4717	4639	—	—	10~2000	528
	海湾沿岸[h]	O	5836~6170	6090	—	—	20~400	107
上新统	San Joaquin Valley[i]	O	2456~3372	2730	5~80	33	279~9400	1250
	Los Angeles 盆地和海湾沿岸[j]	O	2050~3450	2680	—	100	25~4500	1410

地层	孔隙度范围(%)	平均孔隙度(%)	原油饱和度范围(%)	平均油饱和度(%)	总的水饱和度范围(%)	平均总水饱和度(%)	计算的隙间水饱和度范围(%)	计算的平均隙间水饱和度范围(%)	原油重度范围(API°)	原油平均重度(API°)
下始新统	14~26	20.7	8~23	14.1	16~51	35	15~49	35	28~34	31
中新统	15~40	28.5	6~65	18.8	25~77	50	15~72	36	15~32	26
上中新统	17~40	28.2	9~72	32[k]	20~68[k]	50[k]	12~62	30	13~34	23
	19.5~39	30.8	10~55	25	22~72	44	12~61	30	11~33	21
下中新统	20~38	28.4	4~40	19	25~80	51	14~67	36	15~40	34
	21~29	24.3	13~20	15.8	32~67	53	27~60	37	34~36	35
渐新统	19~34	26.3	12~40	22	2~60	43	3~45	30	37~38	38
	15~22	19.5	6~17	11.8	19~56	46	15~52	42	—	25
上新统	30~38	34.8	7~43[l]	24.1[l]	33~84	54	10~61	34	18~44	24
	24~41	35.6	15~80	45	19~54	38	10~40	21	12~23	15

a. 主要是 Gatchell 层的数据；b. 包括上、下 Terminal, Union Pacific, Ford, 237 和 Sesnon 层；c. 包括 Keruco, Republic 和 26R 层；d. 包括 Jones 和 Main 层；e. 包括 JV. Olcese 和 Phacoides 层；f. 主要是 Vaqueros 层的数据；g. 主要是 Oceanic 层的数据；h. 主要是 Sespe 层的数据；i. 包括 Sub Malinia 和 Sub Scalez No1 和 No2 层；j. 包括 Ranger 和 Tar 层；k. 油基泥浆资料表明高的油饱和度（平均 61%）和低的水饱和度（3%~54%,平均 15%）；l. 范围为 27.6 到 52.4,平均值为 42.3%的油基泥浆数据没有包括在上述油饱和度数据中。

表 30.5　得克萨斯海湾沿岸—CORPUS CHRISTI 地区①

地层	产出流体	产层深度范围（英尺）	平均产层深度（英尺）	产层厚度范围（英尺）	平均产层厚度（英尺）	渗透率范围（毫达西）	平均渗透率（毫达西）
Catahoula	O	3600～4800	3900	1～18	8	45～2500	670
Frito	C／O	1400～9000	6100	3～57	13	5～9000	460
Jackson	O	600～5000	3100	2～23	9	5～2900	350
Marginulina	C	6500～7300	7000	5～10	7	7～300	75
Oakville	O	2400～3100	2750	5～35	22	25～1800	700
Vicksburg	C／O	3000～9000	6200	4～38	12	4～2900	220
Wilcox	C	6000～8000	7200	30～120	60	1～380	50
Yegua	O	1800～4000	3000	3～21	7	6～1900	390

地层	孔隙度范围（%）	平均孔隙度（%）	油饱和度范围（%）	平均油饱和度（%）	计算的隙间水饱和度范围（%）	计算的平均隙间水饱和度（%）	重度范围（API°）	平均重度（API°）
Catahoula	17～36	30	1～30	14	30～44	36	23～30	29
Frito	11～37	27	2～38	13	20～59	34	23～48	41
Jackson	16～38	27	3～32	15	21～70	45	22～48	37
Marginulina	14～30	24	1～4	2	20～48	34	55～68	60
Oakville	21～35	28	9～30	18	32～48	44	23～26	25
Vicksburg	14～32	24	1～17	7	26～54	38	37～65	48
Wilcox	15～25	19	0～10	1	22～65	37	53～63	58
Yegua	22～38	29	4～40	17	14～48	36	20～40	32

①包括得克萨斯铁路委员会 4 区的县:Jim Wells, San Patricio, Webb, Brooks, Nueces, Jim Hogg, Hidalgo 和 Willacy。

表 30.6　得克萨斯海湾沿岸—HOUSTON 地区

地层	生产流体	产层深度范围（英尺）	平均产层深度（英尺）	产层厚度范围（英尺）	平均产层厚度（英尺）	渗透率范围（毫达西）	平均渗透率（毫达西）
Frio	C	4000～11500	8400	2～50	12.3	18～9200	810
	O	4600～11200	7800	2～34	10.4	33～9900	1100
Marginulina	C	7100～8300	7800	4～28	17.5	308～3870	2340
	O	4700～6000	5400	4～10	5.7	355～1210	490
中新统	C	2900～6000	4000	3～8	5.5	124～13100	2970
	O	2400～8500	3700	2～18	7.2	71～7660	2140
Vicksburg	C	7400～8500	8100	1～6	2.0	50～105	86
	O	6900～8200	7400	3～18	9.3	190～1510	626
Wilcox	C	5800～11500	9100	5～94	19.1	3.0～1880	96
	O	2300～10200	7900	3～29	10.0	9.0～2460	195
Woodbine	O	4100～4400	4300	6～13	8.2	14～680	368
Yegua	G／C	4400～8700	6800	3～63	11.0	24～5040	750
	O	3700～9700	6600	2～59	8.5	23～4890	903

续表

地层	孔隙度范围(%)	平均孔隙度(%)	油饱和度范围(%)	平均油饱和度(%)	总的水饱和度范围(%)	平均总水饱和度(%)	计算的隙间水饱和度范围(%)	计算的平均隙间水饱和度(%)	重度范围(API°)	平均重度(API°)
Frio	18.3～38.4	28.6	0.1～6.0	1.0	34～72	54	20～63	34		
	21.8～37.1	29.8	4.6～41.2	13.5	24～79	52	12～61	33	25～42	36
Marginulina	35.0～37.0	35.9	0.2～0.8	0.5	33～61	46	14～31	21		
	28.5～37.3	32.6	8.1～21.8	15.3	48～68	59	25～47	36	25～30	28
中新统	28.6～37.6	33.2	0.2～1.5	0.5	55～73	66	23～53	38		
	23.5～38.1	35.2	11.0～29.0	16.6	45～69	58	21～55	34	21～34	25
Vicksburg	26.5～31.0	27.1	0.0～1.5	0.2	66～78	74	53～61	56		
	29.5～31.8	30.4	14.4～20.3	15.3	45～55	53	26～36	35	22～37	35
Wilcox	14.5～27.4	19.6	0.2～10.0	1.5	27～62	46	20～54	38		
	16.2～34.0	21.9	4.6～20.5	9.7	32～72	47	20～50	37	19～42	34
Woodbine	23.5～28.7	25.5	10.7～27.4	20.1	34.4～72.7	46	24～59	36	26～28	27
Yegua	23.4～37.8	30.7	0.1～15.5	1.2	26～74	57	17～59	33		
	22.9～38.5	31.6	3.5～21.8	11.4	31～73	57	17～53	34	30～46	37

表 30.7　路易斯安那海湾沿岸

地层	生产流体	生产层深度范围(英尺)	平均生产层深度(英尺)	生产层厚度范围(英尺)	平均生产层厚度(英尺)	渗透率范围(毫达西)	平均渗透率(毫达西)
中新统	C	5200～14900	11200	3～98	20.2	36～6180	1010
	O	2700～12700	9000	3～32	11.0	45～9470	1630
	C	7300～14600	9800	2～80	14.6	18～5730	920
渐新统	O	6700～12000	9400	2～39	8.3	64～5410	1410
Tuscaloosa	G/C	17533～18906	17742	15～94	61	1～2000	139

地层	孔隙度范围(%)	平均孔隙度(%)	油饱和度范围(%)	平均油饱和度(%)	总的水饱和度的范围(%)	平均总的水饱和度(%)	计算的隙间水饱和度范围(%)	计算的平均隙间水饱和度(%)	重度范围(API°)	平均重度(API°)
中新统	15.7～37.6	27.3	0.1～4.7	1.5	37～79	53	20～74	35	—	—
	18.3～39.0	30.0	6.5～26.9	14.3	30～72	51	18～50	32	25～42	36
	16.7～37.6	27.7	0.5～8.9	2.3	33～71	51	19～57	32	—	—
渐新统	22.1～36.2	29.0	5.2～20.0	11.1	34～70	54	23～60	35	29～44	38
Tuscaloosa	5～29	18	26①～44①	—	38～60	40①	55	—	40～53	47

①水饱和度数据从测井得到。

五、冲击式井壁取心资料

冲击式井壁取心广泛用于美国海湾地区以及在较软地层中钻遇生产层和对这种类型取心满意的其它地区。由于单个样品的尺寸有限，必须提出一种新的方法来处理和测定这些样品的性质及其所含的流体。冲击式取心技术取心深度有限，常会使井壁取心分析数据与常规绳索取心或金刚石钻头取心分析数据的对比产生一定的问题。表 30.8 汇总了 5000 多个样品的岩心分析结果，其中约一半是用冲击式井壁取心得到的，另一半是用常规的取心方法得到的。

表 30.8　数据对比——井壁(S. W.)和常规(CONV.)分析，得克萨斯和路易斯安那海湾沿岸地区

地层	地区	产出流体	分析类型	平均深度(英尺)	平均渗透率(毫达西)	平均孔隙度(%)	平均原油饱和度(孔隙体积%)	平均总的水饱和度(孔隙体积%)
Frio	Houston	C	S. W.	8945	62	27.5	0.7	64
			Conv.	9037	813	26.7	0.7	49
		O	S. W.	7174	317	30.8	14.6	56
			Conv.	8622	1895	27.7	14.6	47
	Corpus Christi	C	S. W.	4902	238	27.2	0.8	64
			Conv.	6789	1496	28.5	1.1	53
		O	S. W.	5456	681	29.5	19.5	53
			Conv.	6399	641	28.5	16.3	51
Yegua (包括 Cockfield)	Louisiana	C	S. W.	8148	75	27.3	4.2	69
			Conv.	8826	235	26.8	1.9	60
		O	S. W.	8276	176	27.1	10.0	63
			Conv.	8415	791	28.7	7.9	56
	Houston	C	S. W.	7240	147	27.9	0.2	62
			Conv.	7693	277	29.7	0.7	55
		O	S. W.	7369	302	29.9	10.5	59
			Conv.	7099	603	31.6	11.7	58
	Corpus Christi	C	S. W.	3861	119	26.8	3.2	68
			Conv.	4194	558	31.8	1.7	65
		O	S. W.	2824	634	33.3	20.9	53
			Conv.	3625	576	31.8	19.9	57
中新统 (包括 Catahoula)	Louisiana	C	S. W.	10664	312	28.2	2.5	63
			Conv.	11500	748	27.4	2.1	52
		O	S. W.	8996	327	28.2	10.1	62
			Conv.	10171	1300	26.6	14.8	49
	Corpus Christi	C	S. W.	4286	180	28.5	0.5	69
			Conv.	4040	578	29.0	0.7	61
		O	S. W.	4504	346	30.4	17.7	60
			Conv.	4383	867	29.8	20.0	53

表 30.9 俄克拉何马-

地层	产出流体	生产层深度范围（英尺）	平均产层深度（英尺）	产层厚度范围（英尺）	平均产层厚度（英尺）	渗透率范围（毫达西）	平均渗透率（毫达西）	渗透率 k_{90} 范围（毫达西）
Arbuckle	G	2700～5900	4500	5.0～37	18.3	3.2～544	131	—
	O	500～6900	3500	1.0～65.5	11.8	0.2～1530	140	0.1～1270
	T[b]	800～11600	3600	2.0～33	14.3	0.1～354	57	0.1～135
Atoka[c]	G	3700～3800	3700	1.0～9.0	4.0	1.3～609	174	—
	O	500～4500	2600	3.0～16	7.8	0.3～920	144	0.6～2.8
	T	300～3700	2100	2.0～10	6.5	9～166	67.3	—
Bartlesville	G	700～7400	2600	1.5～42	11.4	0.2～36	10.4	5.5
	O	200～5700	1500	1.0～72	14.0	0.2～537	32.7	1.5
	T	500～2600	1200	4～40	14.5	0.1～83	18.2	0.07
Bois D'Arc	G	4800～5100	5000	4～48	19.0	0.1～43	24.4	—
	O	3700～7800	6500	2.3～50	12.5	0.3～664	36.0	0.1～2.2
Booch	G	2600～3200	2900	5～8	6.5	1.4～6.6	4.0	—
	O	1000～3800	2600	2～26.5	8.8	0.3～160	19.3	—
	T	2700～3300	3000	4～5	4.5	3.1～13	8.0	—
Burgess	G	—	1600	—	20	—	142	—
	O	300～2800	1800	2.5～9	5.8	0.2～104	19	22
First Bromide[d]	G	6800～7600	7200	3.0～19.5	11.3	0.6～62	31.3	0.4
	O	3700～13800	8600	2.0～82	18.7	0.1～2280	175	0.2～7.4
	T	6000～13200	11500	15～161.3	65.1	0.9～40	18.3	1.40
Second Bromide[e]	G	6900～16200	12800	20～53.6	37.9	3.4～72	21.4	0.3～0.9
	O	4500～11200	9000	3.0～69	16.2	2.0～585	118	—
	T	4400～13300	9700	5～44.5	18.4	0.8～42	12.9	—
Burbank	O	1300～4500	2800	3～48	17.3	0.1～226	8.64	—
	T	2800～3700	3000	3～19	9.1	0.1～4.8	1.53	0.9～3.5
Chester	G	4200～6700	5700	2～45	10.9	0.1～269	33.0	0～0.5
	O	4700～6700	5700	2～23	8.6	0.1～61	9.11	0.1～5.0
	T	4800～6100	5700	4～20.5	10.0	0.1～13	2.38	—
Cleveland[l]	G	2200～5700	3500	2～17	9.0	2.5～338	50.6	1.4～2.3
	O	300～6400	3200	1～70	13.4	0.1～135	15.4	—
	T	1900～3900	3100	3～22	7.7	0.1～112	12.9	0.80
Deese[g]	G	4300～11800	6500	5～55	19.3	7.8～232	94.1	1.10
	O	600～10000	5200	2～60.3	11.7	0.4～694	62.8	—
Hoover	G	2200～6800	4000	4～49	16.6	1.9～200	61.8	—
	O	1800～2100	2000	3～37	11.9	1.3～974	288	—
	T	1900～2000	2000	2～17	8.4	55～766	372	—
Hoxbar	G	3800～8800	6300	9～11	10.0	6.4～61	33.7	—
	O	1000～10300	4200	2～63	14.4	0.1～1.620	277	—
	T	2900～3000	3000	3～13	9.3	0.5～31	14.4	0～77.0
Hunton	O	1800～9600	4600	2～77.3	14.0	0.1～678	34.5	0.1～7.9
	T	2500～8700	4900	2～73	14.7	0.1～48	5.3	0.3～162
Lansing	O	1900～5800	3800	3～16.2	6.5	0.3～390	101	—
	T	—	3300	—	22.0	—	14	—
Layton	G	700～6100	3900	4～18	9.3	0.2～210	26.3	0.5～162
	O	500～6300	2900	1～57	10.3	0.3～280	54.1	—
	T	1800～5700	3200	3～15.5	7.4	1.1～143	23.8	0.20
Marmaton	O	4300～4600	4400	1.5～7.5	4.7	24～105	46.4	—
Misner	G	8100	8100	3～14	8.5	37～171	104	0～2.1
	O	2600～6500	4300	2～56.5	10.6	0.1～803	89.7	—
	T	4900～6200	6000	8～21	15.8	0.1～120	41.8	0.2～74
Mississippi Chat	G	1800～5100	4000	2～34.4	16.1	0.4～516	33.5	0～216
	O	800～5200	3100	2～48.1	12.2	0.1～361	21.9	0～163
	T	1200～5200	3900	1～43	10.9	0.2～229	21.3	0.1～89
Mississippi Lime	G	900～8800	4600	3～27.1	13.3	0.1～129	22.2	0.1～185
	O	600～6600	4100	1.5～95.3	12.0	0.1～1210	43.5	0.1～36
	T	400～7200	4000	4～70.1	17.4	0.1～135	7.5	—
McLish	G	3600～17000	10100	14～58	35.3	12～98	48.0	—
	O	1600～11200	8100	3～42	12.2	0.7～157	39.0	6.2～8.8

堪萨斯地区[a]

平均渗透率 k_{90}（毫达西）	孔隙度范围（%）	平均孔隙度（%）	油饱和度范围（%）	平均油饱和度（%）	总的水饱和度范围（%）	平均总的水饱和度（%）	计算的隙间水饱和度范围（%）	计算的平均隙间水饱和度（%）	重度范围（°API）	平均重度（°API）
—	9.0～20.9	14.4	0.7～9.4	3.7	34.5～62.7	43.1	28～62	40	—	—
67.8	2.1～24.3	12.0	5.2～42.3	17.1	20.6～79.3	52.4	20～79	47	29～44	37
21.8	3.7～23.1	9.2	0～23.8	7.1	37.2～91.9	69.2	37～91	52	42	42
—	8.5～17.3	12.9	0～8.1	2.0	36.4～65.2	47.2	32～65	45	—	—
1.7	5.9～28.6	14.5	5.1～35.1	20.7	16.4～61.5	38.7	19～61	37	31～42	38
—	11.9～18.6	14.9	5.8～21.1	12.1	42.7～55.4	47.0	40	40	—	—
5.5	8.4～21.1	15.6	0～11.1	4.7	23.4～70.0	54.1	23～68	48	—	—
1.5	8.5～25.8	17.8	3.3～60.6	18.2	17.4～85.2	44.4	17～72	40	28～42	34
0.07	8.5～20.1	14.6	0.9～35.7	12.2	43.9～88.0	63.5	43～67	54	35	35
—	3.8～19.8	12.2	0～8.7	4.3	32.9～62.4	42.8	26～62	40	—	—
0.45	1.2～19.3	7.2	3.3～25.8	15.0	14.6～58.5	32.4	15～59	32	32～42	40
—	11.9～14.8	13.4	4.6～8.8	6.7	50.0～51.3	50.7	50	50	—	—
—	8.3～21.4	15.6	4.8～49.7	21.5	15.3～60.0	40.0	15～59	37	29～42	35
—	16.9～18.1	17.5	7.4～7.8	7.6	47.3～55.2	51.3	44	44	—	—
—	—	14.2	—	6.3	—	37.3	—	35	—	—
22	8.1～22.8	13.2	16.2～33	21.5	19.3～65.4	42.2	19～58	40	31～38	36
0.40	1.5～6.5	4.0	0～7.6	3.8	35.7～71.8	53.8	36～72	54	—	—
2.23	1.4～15.7	9.8	3.1～24	11	12.8～67.2	35.4	12～67	34	31～42	40
1.40	1.5～10.9	6.5	0.4～6.8	2.2	29.5～78.8	48.3	—	—	—	—
0.60	3.5～14.5	6.8	0～6.9	4.0	28.2～45.7	37.9	28～45	32	42	42
—	5.6～11.7	9.3	2.4～24.2	11.5	8.9～44.9	25.1	8～44	25	37～42	41
—	5.8～11.4	7.4	0～13.6	4.8	21.1～57.6	43.5	40	—	—	—
—	8.4～21.6	15.7	9.3～26.6	15.3	31.5～73.4	47.2	31～73	43	35～41	39
—	7.1～17.0	13.7	2.0～15.7	11.2	45.7～80.7	57.8	45～81	51	—	—
1.87	2.6～20.7	12.2	0～7.5	1.1	20.9～80.7	46.8	19～81	43	—	—
0.21	2.3～16.0	10.1	7.2～35.9	19.1	17.7～80.8	42.1	17～81	33	38～42	40
1.18	3.2～17.8	7.7	0～11.1	1.2	40.9～89.2	61.7	40～89	61	—	—
—	9.8～23.5	16.9	0～7.1	4.1	40.0～64.4	48.9	30～64	42	—	—
1.85	7.4～24.6	15.2	5.8～35.5	13.1	10.2～74.0	46.7	10～74	44	27～56	42
—	11.0～20.4	15.6	0～21.1	7.8	32.9～77.2	55.3	32～77	49	—	—
0.80	9.8～22.6	16.7	2.2～6.3	3.8	19.1～54.9	42.1	19～49	37	—	—
1.10	4.7～26.4	17.4	5.9～46.4	20.4	14.0～56.6	37.8	13～57	33	17～42	32
—	11.7～23.4	18.3	0～7.0	0.8	41.1～77.1	53.8	19～76	45	—	—
—	12.7～24.1	19.7	12.6～23.1	16.0	14.6～48.5	40.2	14～47	35	36～42	42
—	16.7～22.5	20.5	6.6～17.1	14.5	34.8～50.7	42.9	31～42	35	42	42
—	13.9～18.2	16.1	0.7～4.4	2.6	40.1～40.6	40.4	34～39	37	—	—
—	3.1～29.7	18.5	3.2～48.7	21.4	13.8～68.5	45.1	13～68	39	29～42	34
—	14.3～22.7	18.5	3.3～11.4	6.6	50.5～69.8	57.9	—	—	—	—
5.24	1.6～33.8	10.9	1.6～34.5	15.3	16.7～93.4	48.6	17～93	46	24～42	38
2.04	1.1～19.5	7.3	0～61.1	10.6	16.0～88.7	54.5	16～89	48	—	—
52.3	8.4～16.0	12.2	6.5～28.9	18.1	37.4～68.6	51.9	28～69	49	31～39	37
6.7	—	7.2	—	12.8	—	75.5	—	—	—	—
—	5.1～25.9	14.5	0～7.8	2.4	38.2～83.7	54.1	34～83	47	—	—
23.3	4.6～27.2	17.8	1.6～37.3	15.3	28.0～76.3	45.5	23～76	41	30～42	37
—	14.2～21.3	17.1	0～14.3	6.9	33.2～69.4	45.9	31～69	43	—	—
0.20	1.8～21.4	14.0	6.4～16.1	11.7	42.8～66.4	55.5	42～66	53	36～42	40
—	11.0～12.1	11.6	2.1～2.3	2.2	19.8～22.9	21.4	18～22	20	—	—
0.62	2.1～20.9	11.9	4.1～41.6	14.8	16.9～86.7	41.5	14～87	38	36～48	42
—	1.9～11.3	8.1	0～8.2	4.7	21.4～51.7	33.0	20～51	32	—	—
13.9	6.5～37.8	21.0	0～6.8	2.4	60.3～93.4	76.7	60～93	77	—	—
13.7	5.7～39.3	22.3	1.4～30.0	12.9	27.1～94.8	64.0	27～95	58	22～42	35
14.2	1.5～38.0	18.7	1.1～18.3	7.6	47.4～84.9	71.5	43～85	63	—	—
13.2	1.5～23.6	10.3	0～9.3	2.8	22.6～93.5	63.2	22～93	53	—	—
9.44	1.3～34.1	13.4	2.1～56.5	15.0	16.9～85.3	50.7	16～85	46	22～45	39
4.23	1.1～26.1	9.3	0～41.2	6.9	32.9～94.0	67.6	32～94	61	—	—
—	2.8～9.6	6.7	4.0～14.7	7.8	19.3～76.5	43.9	19～77	44	—	—
—	5.5～16.5	11.0	5.1～27.7	13.2	14.8～52.2	32.1	14～52	31	35～48	38

地层	产出流体	产层深度范围（英尺）	平均产层深度（英尺）	产层厚度范围（英尺）	平均产层厚度（英尺）	渗透率范围（毫达西）	平均渗透率（毫达西）	渗透率 k_{90} 范围（毫达西）
Morrow	G	4300～9700	6100	2～64	11.0	0.1～1450	115	0.3～55
	O	4100～7500	5700	2～37	9.8	0.2～1840	117	0.1～48
	T	5500～6900	6100	3～30	9.5	0.1～410	34.4	—
Oil Creek	G	7100～14000	10900	14～149	46.3	0.1～132	32.0	0.2～230
	O	5100～11700	8300	3～71	12.6	0.1～615	131	—
	T	8400～13700	12300	8～27	15.0	0.1～87	22.1	—
Oswego	G	4500～4600	4600	8～9	8.5	2.4～151	76.7	0.1～66
	O	300～6300	3800	3.6～34.1	12.3	0.2～296	27.3	0～41
	T	1200～5800	3300	2～21	10.6	0.1～117	27.0	—
Peru	G	1200～5300	3100	4～17	9.8	3.1～42	15.0	—
	O	200～3200	1200	2～42	12.4	0.2～284	20.8	—
	T	700～2500	1500	4～21	10.3	1.7～804	205	—
Prue	G	300～6600	4000	5～22	13.8	0.7～42	18.3	—
	O	600～6700	3100	2～81	14.6	0.1～254	22.6	—
	T	3000～5400	3700	3～18	11.7	0.5～133	42.8	—
Purdy	O	4200～7400	4500	3～30	14.8	7.4～500	182	51～266
	T	—	4200	—	4.8	—	195	—
Reagan	G	3500～3600	3600	2～13	7.4	1.1～173	39.3	—
	O	2100～3700	3600	1～32	11.0	0.2～2740	255	—
	T	3600	3600	5～7	6.0	19.0～37	38.0	—
Redfork	G	2300～7400	4300	4～19	7.9	0.1～160	23.4	—
	O	300～7600	3100	1～63	10.5	0.1～668	14.2	—
	T	1200～3800	3100	2～9	5.3	0～23	6.3	—
Skinner	G	1000～5300	3700	4～29	11.8	0.1～127	27.7	—
	O	1000～5800	3200	1～42.5	9.2	0.1～255	20.6	2～6.6
	T	2400～4600	3400	6～35.9	11.5	0.3～16	6.0	2.40
Strawn	G	—	1100	—	12.0	—	71.0	—
	O	1000～7400	3500	2～40.5	12.4	0.1～599	58.1	—
Sycamore	O	2600～6700	4600	2～84	26.4	0.1～3.1	0.67	0～1.3
Tonkawa	G	5000～7100	5600	2～27.5	9.8	0.3～283	46.7	—
	O	2400～5700	4800	2～28.5	8.7	1.4～278	98.6	8～22
	T	2300～3100	2700	4～9	7.0	1.3～406	106	—
Tucker	O	1300～2900	2200	2～14	7.6	2.1～123	36	—
	T	2700～2900	2800	8.9～16	12.5	4.3～252	128	53
Tulip Creek	G	7200～16700	13400	21～268.4	78.1	0.9～24	7.63	0.5～1.0
	O	700～16800	8000	2～136	15.3	0.1～1470	154.0	0.2～1.8
	T	1400～12900	8600	3～86.5	20.0	2.0～143	44.6	0.40
Viola	G	4300～7300	5400	3～73	39.1	3.6～23	10.8	3.40
	O	2100～11100	4900	2～111.7	17.2	0.1～1150	52.3	0.2～186
	T	2600～10300	4600	2～117	19.6	0.1～997	45.1	0.03～49
Wayside	O	300～2800	800	3.1～34	10.8	0.2～133	22.2	—
First Wilcox	G	2800～5400	4300	2～35	11.3	0.7～145	72.1	—
	O	2800～7400	4900	2～28	10.0	0.2～445	91.3	—
	T	3200～6100	3900	1.9～29	7.7	0.3～418	84.1	0.80
Second Wilcox	G	5000～10000	6700	5～28	13.4	0.2～154	76.2	—
	O	3700～8400	6500	1.3～32	11.3	0.4～2960	214.0	—
	T	4700～7500	6000	1.5～5	4.4	0.4～756	246.0	—
Woodford	O	4100～5000	4600	2.6～30.4	16.2	1.4～250	87.1	2.4～156

a—在俄克拉何马—堪萨斯地区不同地点取的综合地质剖面表明，很多重要的油和（或）气产层、层段和地质层组不仅在性质上有某些差别，而且在产状、相对深度和数量上也有明显的变化。这些生产层段的岩心样品的综合鉴定明显地反映出局部地质条件和活动。在求平均值时，曾试图把原来用局部地区命名的地层名称报告的数据结合到更普遍承认的地层或地质层组之中。在某些情况下（例如 Deese，Cherokee），报告的数据既是大的地质层组的数据，也是其中个别层的数据。按大的地质层组名称给出的数据代表某些区域的综合特征，能识别出地质层组，但不能识别其数量。而在其它地区，层组的数量和各个层已经查明。在某些情况下，数据是和局部的（而不是区域的）地质名称结合在一起使用的，用脚注作了解释；

续表

平均渗透率 k_{90}（毫达西）	孔隙度范围（%）	平均孔隙度（%）	油饱和度范围（%）	平均油饱和度（%）	总的水饱和度范围（%）	平均总的水饱和度（%）	计算的隙间水饱和度范围（%）	计算的平均隙间水饱和度（%）	重度范围（°API）	平均重度（°API）
7.5	4.2～24.4	14.8	0～33.0	4.3	29.0～77.0	46.5	16～77	36	—	—
23.1	5.7～23.2	14.6	0.7～44.5	15.1	23.9～75.5	42.1	16～54	35	33～43	40
28.0	5.5～16.2	11.3	0～15.2	5.0	31.1～90.1	57.2	31～90	38	—	—
—	6.1～13.5	9.0	0～6.5	1.6	12.5～40.6	25.2	12～40	24	—	—
75.6	1.8～23.9	13.1	1.3～29.5	13.0	14.2～76.4	39.1	14～76	34	29～42	36
—	5.2～16.1	10.9	0～5.8	2.6	21.7～74.9	46.6	21～74	—	—	—
—	12.0～17.3	14.7	5.1～6.4	5.8	39.8～55.5	47.7	34～55	45	—	—
9.24	2.6～21.6	10.1	0～27.1	15.0	16.2～73.4	41.5	15～73	37	35～48	44
11.5	4.7～20.9	8.7	0～14.5	5.8	41.7～89.7	63.4	42～89	57	—	—
—	12.3～17.5	15.6	0.1～7.9	4.1	44.3～59.4	52.5	44～56	51	—	—
—	12.7～33.8	18.7	6.7～36.8	14.7	34.4～73.1	50.6	28～73	44	25～43	36
—	13.6～24.4	19.2	2.8～25.5	12.0	38.0～60.4	50.7	36～56	51	—	—
—	13.8～22.4	17.8	2.3～9.1	5.5	31.4～53.4	42.2	25～49	37	—	—
—	7.6～23.8	17.0	4.7～34.1	16.9	24.4～73.1	41.6	20～72	38	34～46	42
—	9.8～23.4	17.5	3.7～34.3	19.0	40.7～60.9	47.1	32～60	36	—	—
179	12.3～18.8	16.7	10.1～27.2	20.0	31.4～58.1	41.5	16～50	29	39～44	41
166	—	17.8	—	13.6	—	56.2	—	—	—	—
—	9.3～12.7	10.8	1.1～7.9	4.2	28.4～68.4	44.4	28～68	40	41	41
—	6.9～21.5	13.3	3.0～42.0	14.2	17.5～72.9	32.9	12～72	31	24～43	38
—	10.6～12.8	11.7	1.8～10.5	6.2	33.3～46.7	40.0	29～45	29	—	—
—	3.8～21.2	14.5	0～21.7	4.7	16.2～63.6	45.8	16～63	39	—	—
—	6.6～26.1	16.2	5.4～30.8	16.9	29.5～57.7	43.7	27～55	41	32～48	37
—	10.1～18.6	15.3	0.3～36.3	9.9	41.4～69.7	52.6	41～6.9	49	—	—
—	13.3～19.8	15.7	0～9.9	4.2	30.6～48	40.8	26～47	38	—	—
3.30	7.4～21.7	15.3	2.5～39.7	20.1	14.3～78.7	40.3	14～78	38	30～46	36
2.40	11.7～19.0	15.5	4.9～18.2	8.5	39.9～71.1	52.4	39～71	39	—	—
—	—	21.3	—	9.9	—	61.8	—	38	—	—
—	8.2～23.5	16.8	5.7～31.1	15.1	28.5～61.5	45.6	22～56	41	31～44	40
0.50	7.2～18.4	13.3	9.2～33.5	21.1	36.0～61.6	45.5	32～62	43	33～36	35
—	11.7～21.4	16.4	0～8.1	2.0	31.6～56.3	44.5	27～56	41	—	—
15.0	13.2～22.9	18.4	7.5～16.5	12.5	36.1～78.0	45.0	31～78	38	40～45	43
—	15.4～18.9	17.1	6.9～17.3	11.4	45.1～52.6	49.0	44～52	45	—	—
—	12.4～20.3	15.6	7.3～29.8	16.0	35.6～50.1	40.7	33～43	38	29～40	36
53	11.8～19.5	15.7	7.1～10.9	9.0	58.0～64.3	61.2	52～62	52	—	—
0.40	2.0～11.9	6.1	0～6.6	4.1	23.7～54.8	33.2	23～55	34	49.5	49.5
0.80	2.5～25.0	11.6	3.0～44.5	12.2	10.0～63.0	34.9	9～63	33	32～50	40
0.40	0.7～26.0	11.0	0.7～7.7	2.6	15.9～82.8	45.7	15～82	46	—	—
3.40	8.1～10.1	9.3	1.7～9.4	5.0	19.7～37.2	30.7	19～37	30	—	—
18.3	1.0～16.1	8.4	3.2～41.0	15.5	24.1～85.5	54.4	24～86	51	28～48	37
4.38	0.6～18.8	7.1	0～33.7	8.6	39.0～90.8	65.7	39～90	58	—	—
—	13.2～24.9	18.6	8.1～33.8	18.6	29.4～68.0	51.3	28～67	47	29～42	35
—	5.2～15.6	10.8	0.7～8.3	3.6	29.7～60.5	43.9	29～60	44	—	—
—	5.4～20.5	12.0	3.6～40.5	11.7	15.0～58.2	32.0	14～58	31	33～50	42
0.80	6.8～17.7	10.9	0～16.9	7.9	24.8～63.6	41.7	—	—	—	—
—	5.0～15.1	11.2	0～3.8	1.5	17.7～45.8	30.9	17～43	29	—	—
—	4.2～20.6	12.4	2.9～19.2	10.2	19.0～56.3	36.9	18～56	34	34～42	40
—	1.9～20.4	12.9	0～8.4	6.1	41.4～60.5	42.5	40～60	43	—	—
79.2	1.9～6.6	4.4	8.3～16.7	11.8	43.0～87.9	60.1	43～87	60	41	41

b—T 表示过渡带，即既产水也产油或气的地带；

c—包括按 Dornick Hills 和 Datcher 报告的数据。

d—包括 Bromide first 和 Second 的数据，与 McClair 县地区报告的数据相同；

e—当地按 Bromide third，Bromide upper third 和 Bromide lower 报告的数据一直认为是 Tulip Creek 的一部分；

f—包括按 Cleveland sand，Cleveland lower 和 Cleveland upper 报告的数据；

g—包括许多层（D–eese first，Second，third，fourth，fifth，Zone A，Zone B，Zone C 和 Zone1）的数据，这些层在当地是作为 Anadarko，Ardmore 和 Marietta 盆地地区的层报告的。在俄克拉何马西北部，这些不同的层通常被称为 Cherokee。在其它地区，这些层常常易于识别，并按 Redfork，Bartlesville 等报告其特性。

表 30.10 落矶山

地层	产出流体	产层深度范围（英尺）	平均产层深度（英尺）	产层厚度范围（英尺）	平均产层厚度（英尺）	渗透率范围（毫达西）	平均渗透率（毫达西）	渗透率 k_{90} 范围（毫达西）
Aneth	O	5100～5300	5200	3.8～23.1	14.0	0.7～34	9.35	0.2～23
Boundary Butte	G	5500～5600	5600	8～27	17.5	0.1～2.0	1.05	—
	O	5400～5900	5600	2～68	16.2	0.1～114	13.3	0.2～23
Cliffhouse	G	3600～5800	4800	2～56	13.7	0.1～3.7	0.94	—
D Sand	O	4350～5050	5800	7～33	15.0	0～900	192	—
Dakota	G	500～7100	5700	2～75	32.0	0.1～915	106	—
	O	653～7293	5600	13～75	32.0	0.1～915	106	—
Desert	O	5400～5500		11.6～18.3	14.9	1.0～11	4.4	0.4～2.4
Entrada	G	3600～3700	3640	4～10	6.0	5～300	100	—
Frontier Sands	O	265～8295	2950	8～100	46.0	0～534	105	—
Gallop	G	1500～6900	5000	5～25	11.6	0.1～324	26.5	0.3～20
	O	500～6400	4600	2～43	12.4	0.1～2470	48.2	0.1～3.2
Hermosa	G	4900～7700	5600	5～30	14.1	0.1～91	18.6	45.0
	O	5300～6000	5600	3～38.2	15.1	0.1～37	7.32	0～26
Hospa	G	4800～7100	5500	3～17	10.5	0.1～70	18.2	—
	O	4600～5100	4800	6～18	13.3	0.7～25	8.63	—
Ismay	O	5544～5887	5707	10～90	36.4	0.1～142	10.4	—
J Sand	O	4470～5460	4900	15～62	25.0	0～1795	330	—
	G	6970～8040	7500	20～76	45.0	0.01～0.50	0.20	—
Leadville	G	9950～10100	9950		15.0	0～21	3.0	—
McCracken	O	8264～9466	8820	2～142	56.4	0.01～272	5.8	—
Madison②	O	3400～6200	4900	41～450	186.0	0～1460	13	—
Menefee	G	5200～5700	5400	7～25	12.7	0.1～20	5.04	—
Mesaverde	O	1500～6100	4700	2～22	10.0	0.1～17	3.57	—
	O	1	300	—	4.0	—	60	—
Morrison	O	1600～6900	4500	24～54	40.0	0～1250	43	—
Muddy	O	930～8747	1845	7～75	20.0	0～2150	173	—
Nugget	G	9900～10300	10100	60～700	385.0	0.8～65	40	—
	O	9500～10800	10375	250～700	475.0	0.5～85	20	—
Paradox	G	5100～9500	6900	4～44.2	12.2	10.2～42	11.6	0.1～28
	O	5300～6100	5700	2～66	14.8	0.1～119	10.4	0～57
Phosphoria（原 Embar）	O	700～10500	4600	5～100	64.0	0～126	3.7	—
Pictured Cliffs	G	1200～5800	3400	3.0～72.0	17.0	0.01～135	7.7	
	O	1	2900		23.0		0.5	—
Point Lookout	G	4300～6500	5500	2～101	22.9	0.1～16	1.74	—
	O	1	4700	—	7.0	—	2.90	—
Shannon	O	4700～5500	4900	10～20	15.0	0.05～5.0	0.8	—
Sundance	O	1100～6860	3100	5～100	44.0	0～1250	100	—
Sussex	O	4300～5100	4500	10～30	20.0	0.05～20	1.0	—
Tensleep	O	600～11800	4700	10～200	118.0	0～2950	120	—
Tocito	G	1	7900	—	7.0	—	230	—
	O	1400～5100	4600	4～58	17.3	0～31	3.36	—

①没有足够的井来说明变化的范围；

②限于 Bighorn 盆地的数据。

地区

平均渗透率 k_{90}（毫达西）	孔隙度范围（%）	平均孔隙度（%）	油饱和度范围（%）	平均油饱和度（%）	总的水饱和度范围（%）	平均总的水饱和度（%）	计算的隙间水饱和度范围（%）	计算的平均隙间水饱和度（%）	重度范围（°API）	平均重度（°API）
6.10	4.4～10.5	8.1	14.5～35.9	25.0	12.5～30.5	23.6	13～31	24	41	41
—	4.3～6.5	4.7	4.7	4.7	23.8～35.0	29.4	23～35	29		
12.5	5.4～21.6	11.0	4.8～26.7	12.5	9.3～48.8	28.3	7～45	27	40～41	41.1
—	7.0～16.2	11.3	0～19.8	4.5	10.2～60.3	36.9	10～59	36		
—	8.6～29.5	21.6	8.4～39.5	13.2	—	—	9～48	23	36～42	38
—	4.5～21.6	14.8	0.0～7.8	3.5	14.8～55.3	40.6	—	—	—	—
—	5.0～23.3	11.2	13.8～54.5	24.4	11.6～44.3	31.0	—	—	38～43	40
1.13	11.9～13.8	12.7	13.4～16.8	15.2	14.8～24.7	19.2	14～22	18		41
—	12.0～27.0	25.0	痕量～6.0	3.0	—	—	—	—	—	—
—	6.3～29.8	20.0	7.6～37.6	14.9	—	—	28～45	33	31～50	41
10.2	8.5～20.8	13.3	0～25.6	5.7	20.7～59.2	40.0	20～54	37	39	39
0.7	6.9～23.1	12.5	8.5～43.7	25.3	17.2～76.9	35.7	14～77	34	36～42	39
45.0	5.5～16.5	10.2	0～6.5	3.0	14.2～45.3	32.7	12～45	32	—	—
4.26	2.7～17.9	8.3	3.9～29.1	10.8	11.6～60.0	35.6	12～60	35	41～42	40
—	7.4～11.9	10.5	0.5～23.8	7.5	8.7～49.7	38.1	8～49	37	—	—
—	6.6～14.8	11.3	20.4～29.8	25.0	32.3～44.8	36.0	31～45	35	40	40
—	0.5～22.2	7.6	1.6～26.4	8.4	—	—	—	—	—	39
—	8.9～32.7	19.6	8.8～46.5	13.9	—	—	6～42	20	36～42	38
—	3.0～20.0	10.0	0.0～22.2	2.0	10.0～65.0	35.0	—	—	—	—
—	2.0～16.0	3.0	痕量～6.0	7.5	—	—	—	—	—	—
—	0.5～15.1	6.5	0.0～50.1	14.4	—	—	—	—	45～46	45.5
—	1.8～26.4	11.9	6.0～43.5	17.4	—	—	22～33	27	21.6～30	26
—	8.7～13.5	11.2	0.3～5.3	1.6	14.5～45.1	27.5	15～43	27	—	—
—	10.0～19.8	14.6	0～6.8	3.3	14.5～68.4	42.0	15～64	40	—	—
—	—	26.2	—	8.3	—	61.0	—	44	—	—
—	9.9～25.5	17.5	5.0～26.0	13.1	—	—	15～41	35	29～56	42
—	2.3～32.9	22.3	7.6～48.5	30.8	—	—	5～47	19	26～42	38
—	10.0～18.0	13.7	0.0～5.0	3.6	20.0～60.0	28.0	20～56	26	—	—
—	10.0～18.0	13.4	5.0～10.0	6.4	20.0～50.0	32.5	18～40	26	—	48
4.43	1.4～19.4	7.4	0～10.1	3.1	9.9～57.9	34.7	10～58	34	—	—
4.57	3.3～21.8	10.5	3.6～38.7	12.4	10.8～60.5	33.6	10～61	33	40～43	41
	2.0～25.0	8.9	3.0～40.0	22.5	—	—	5～30	21	15～42.3	25.4
①	3.1～31.0	17.5	0.0～21.1	2.6	16.0～88.0	47.0	—	—		55
—	—	11.4	—	23.2	—	40.9	—	—	—	39
—	5.6～21.6	10.9	0～9.1	2.9	11.9～55.6	36.7	12～55	36	—	—
2.40	—	13.3	—	23.8	40	40.9	—	41	—	39
—	6.0～15.0	12.0	3.0～22.0	16.0	30.0～60.0	45.0	—	—	—	44
—	15.0～25.0	19.0	8.0～25.0	17.0	—	—	20～49	35	22～63	39
—	8.0～20.0	13.0	5.0～20.0	11.0	35.0～60.0	45.0	—	—	40～43	42
—	5.0～27.0	13.6	6.0～30.0	23.3	7.0～59	25.7	5～50	19	17～58.5	26.2
—	—	20.2	—	4.0	—	51.8	—	43	—	—
—	12.8～17.8	14.7	11.9～26.6	21.3	40.8～55	46.3	40～55	46	36～40	36

表 30.11 西得克萨斯-

地层	分组	地区	产出流体	产层深度范围（英尺）	平均产层深度（英尺）	产层厚度范围（英尺）	平均产层厚度（英尺）	渗透率范围（毫达西）	平均渗透率（毫达西）
Bend Conglomerate	1	1,2,4	O	6000～6100	6000	3～22	13.2	4～311	150
		5,6,8		1					
	2	3	O	10300～10500	10400	10～28	20.0	1.6～11	5.7
Blinebry	—	8	G	5383～5575	5480	23～50	36	1.6～3.8	2.4
			O	5262～5950	5610	4～95	43	0.1～5.3	1.8
Cambrian	—	3	O	5500～6300	5900	2.0～95	30.3	0.8～1130	173
Canyon reef	—	2,3,4	O	4200～10400	7100	4.0～222	36.8	0.6～746	42
		5,6,7							
Canyon sand	—	2,3,4,7	G	—	5000	—	8.0	—	1.7
			O	3000～10000	5500	3.0～57	16.9	0.1～477	38
Clearfork	1	3,4,7	G	—	2400	—	95	—	11
		2(部分)	O	1500～6800	4400	4.0～180	41	0.1～43	4.6
	2	5,6	O	5400～8300	6600	3.0～259	3.3	<0.1～136	5.8
		2(部分)							
Dean	—	2,4,7	O	7700～9100	8200	6.0～68	26.2	<0.1～0.3	0.12
Delaware	—	1[c]	G	4700～5000	4800	5.2～39	18.6	1.1～33	12.9
	—		O	3500～5100	4200	3.0～52	14.5	0.6～84	24.5
Devonian	1	2,5[d]	G	11200～11600	11400	14～117	54	0.5～36	10.5
			O	11300～12300	11800	8～299	99	0.2～23	4.0
	2	2,5[e]	G	—	9200	—	17	—	0.4
			O	5500～9900	7700	8～113	34	2.5～50	14.9
	3	2,3,4,5	C	11000～11200	11100	19～34	27	<0.1～2.2	1.1
		6,7,8[f]	O	7800～12800	11200	6.5～954	69	1.0～2840	177
Ellenburger	—	全部	C	4100～10600	7400	11～18	14.3	203～246	225
			O	5500～16600	10100	3.0～347	55	0.1～2250	75
Fusselman	—	全部	C	8700～12700	10300	18～51	34	1.2～26	8.4
			O	9500～12500	12000	8～49	32	0.5～25	10.3
Glorietta	—	全部	G	2200～2600	2400	3～44	16.3	4.6～12	5.6
(Paddock)[g]			O	2300～6000	4300	3～103	22.3	0.4～223	11.5
Granite wash	—	3,4,6,7	G	3000～8600	4700	4～8	5.1	11～2890	477
			O	2300～3400	3000	2～81	15.6	5～3290	609
Grayburg	1	8	G	3600～4200	3800	3.0～5.0	4.2	1.6～9.3	6.5
			O	2400～4500	4100	3.0～123	27.4	0.5～159	13.7
	2	4,5,6,7	G	4400	4400	12～26	20.8	0.6～3.7	2.5
			O	3000～4800	4400	6～259	45	0.2～118	5.5
	3	1,2,3	O	1300～3900	2700	4.5～182	50	0.3～1430	37.7
Pennsylvania sand	—	2,3,4	O	4100～11400	9100	1.7～77	22.3	0.3～462	34.9
(Morrow)[g]				—					
Queen (Penrose)[g]	—	全部	G	3000～3200	3100	4.0～29	9.9	10～318	64
			O	800～4900	3500	1.5～38	10.2	0.2～4190	123
San Andres	1	8	O	3900～4700	4500	6～39	18.6	0.3～461	61
	2	5,6	O	4100～5300	4500	4.7～124	40.1	0.3～295	6.9
	3	1,2,3	O	1500～5100	3300	3.0～197	30.2	0.2～593	9.7
		4,7							
Seven Rivers	—	1,2,5,8	G	3600～4100	3900	3.0～8.0	5.6	0.6～23	12.2
			O	800～4000	2600	4.0～136	18.5	0.4～428	51.4
Sprayberry	1	4,7	O	4800～8500	7100	2.0～59	21.7	0.2～71	6.3
	2	2	O	5000～9200	6900	2.0～120	18.5	0.1～124	4.8
Strawn lime	—	全部	G	—	5600	11～57	34.4	4.5～310	179
			O	5200～6700	5900	2.0～101	36.7	1.9～196	43
Strawn sand	—	2,3,4,7	G	3800～10500	7800	3.0～39	16.8	0.3～42	11.4
			O	1100～11300	5200	2.0～76	15.1	0.2～718	47
	—	其它	O	915～7366	3938	6～21	14	1.0～400	45
Tubb	—	1,2,5,8	O	6100～7300	6500	15～43	33.5	0.2～135	27.6
Wolfcamp(Abo)[g]	1	2	O	—	9800	—	10.6	—	2.3
	2	4,5,6,7	O	8400～9200	8800	13～129	41.7	2.3～9.410	419
	3	3(部分)	G	2500～4100	3600	4.0～119	22.5	0.1～1380	57
			O	2400～4100	3500	2.0～114	28.0	1.0～1270	60
	4	8	O	9000～10600	9700	4.5～204	59	0.2～147	20.4
Yates	—	1,2,5,8	G	1400～3500	2800	3.0～53	10.8	0.2～145	19.3
			O	1400～4000	2300	3.0～66	16.6	1.0～4000	42.7

a 多于一组的情况指在不同地区发现的地层有重要的差别；b 地区号参见图 30.1；c 加上 Ward 县，Pecos 县和 Lea 县的西南部；d 只是 Midland 和 Eotor 县；

东南新墨西哥地区

渗透率 k_{90} 范围（毫达西）	平均渗透率 k_{90}（毫达西）	孔隙度范围（%）	平均孔隙度（%）	油饱和度范围（%）	平均油饱和度（%）	总的水饱和度范围（%）	平均总的水饱和度（%）	计算的隙间水饱和度范围（%）	计算的平均隙间水饱和度（%）	重度范围（°API）	平均重度（°API）
—	—	13.8～16.9	15.0	8.1～8.6	8.3	43～64	52	42～62	50	40～42	14
0.9～5.1	2.2	4.0～15.7	10.9	9.5～16.1	11.5	21～41	33	21～39	32	41～45	43
—	—	10.7～14.8	12.7	2.1～9.1	4.9	34～40	36	31～33	33	—	
0.2～4.2	1.4	3.1～12.5	7.8	9.6～19.3	12.8	29～57	40	27～56	39	39～42	40
—	—	4.1～16.8	12.0	6.9～21.2	11.8	22～71	39	22～71	38	44～51	48
0.3～249	17	3.0～21.5	8.9	3.6～39.2	11.6	18.3～73	44	18～73	43	30～47	42
—	—	—	15.1	—	5.8	—	46	—	44	—	
—	—	5.5～22.1	14.3	4.8～27.7	13.7	21～72	43	21～72	41	37～43	40
—	7.8	—	13.5	—	5.7	—	50	—	50	—	
<0.1～24	2.5	4.1～20.6	9.2	7.5～31.4	15.6	18～84	54	18～84	53	23～42	28
<0.1～109	3.1	1.9～19.4	5.8	5.6～27.1	16.5	22～69	47	21～69	47	28～40	32
—	—	7.5～12.7	10.3	22～44	33.7	20～52	34	19～51	33	37～40	39
—	—	13.8～21.8	17.9	2.0～10.3	6.0	45～66	53	36～63	49	—	
—	—	15.2～25.4	21.0	3.9～15.6	11.2	33～65	49	31～64	42	35～42	40
0.1～1.3	0.5	1.7～5.3	3.3	2.1～6.6	3.7	37～68	53	37～68	53	—	
0.1～5.8	0.8	1.3～6.8	4.3	3.3～16.7	9.2	19～53	33	19～53	33	48～52	49
—	—	—	6.7	—	5.7	—	62	—	61	—	
0.2～18	7.0	5.5～27.7	15.2	6.8～22.9	11.0	41～76	51	41～76	51	35～46	42
<0.1～0.9	0.5	2.2～7.7	5.0	3.1～4.8	4.0	45～69	57	45～69	57	—	
0.3～1020	37	1.8～25.2	6.0	5.3～24.6	12.9	22～65	46	22～65	46	36～49	42
1.4～54	27.7	3.7～4.6	4.2	0.8～7.6	4.2	47～67	57	47～67	57	—	
<0.1～396	22.9	1.3～13.8	3.8	1.0～19.2	8.4	40～84	61	40～84	60	37～52	47
0.3～1.3	0.9	2.6～3.7	3.3	0.2～3.9	1.7	32～47	40	32～47	40	—	
0.2～17	3.9	1.4～10.7	3.3	5.2～16	10.4	25～65	42	24～64	38	47～50	48
—	9.3	14～18.2	15.0	3.9～4.4	3.7	39～60	51	37～60	50	—	
0.2～126	8.1	5.2～20.9	13.6	3.1～22.1	15.4	24～72	48	24～71	47	28～40	33
—	53	12.1～20.4	14.4	2.9～8.7	5.2	39～66	55	39～66	53	—	
—	30	3.5～26.1	17.7	4.8～22.5	14.7	42～71	54	35～66	49	40～45	42
—	—	11.1～14.3	12.4	7.1～42	18.6	22～53	39	22～52	38	—	
0.2～48	5.2	7.0～20.0	11.3	6.2～37.9	17.6	26～56	36	25～55	35	31～41	36
0.3～2.1	1.3	6.3～6.6	6.4	2.4～7.1	4.7	55～68	60	55～68	60	—	
0.1～110	2.7	2.7～16.2	7.9	4.8～22.1	13.9	32～84	55	32～84	55	23～40	32
0.1～228	14.3	5.3～24.3	11.9	8.3～34	18.2	31～78	58	31～78	56	28～35	31
0.1～168	14.7	2.7～13.9	7.7	4.7～18.8	9.7	28～58	42	28～58	41	38～47	41
—	—	10.7～22.2	16.6	2.6～7.6	7.4	36～62	48	35～58	45	—	
—	1.0	5.7～27.0	17.2	4.2～34.7	15.6	32～68	49	30～66	45	30～42	33
0.1～482	53	3.2～14.0	8.5	8.9～33.9	18.7	21～49	36	19～49	36	34～38	37
0.1～208	3.8	3.1～12.8	7.1	4.9～30.6	14.7	26～69	52	25～69	51	30～37	33
0.2～510	8.4	3.3～25.1	15.5	3.5～24.2	13.2	39～74	58	37～74	56	26～37	32
—	0.3	15.5～16.6	16.0	3.4～9.5	6.4	51～66	56	46～65	54	—	
—	8.0	5.9～28.9	16.5	4.2～41.7	16.2	38～70	54	38～61	50	28～38	32
—	4.0	10.1～23.3	15.8	7.0～24.5	15.3	32～68	45	30～67	43	36～42	39
—	—	4.4～20.6	11.7	7.0～30	15.5	25～72	43	25～72	42	36～43	38
27～189	108	10.9～14.8	12.9	5.5～6.3	5.9	38～39	39	38～39	38	—	
0.6～148	19.1	3.1～12.6	7.2	4.9～26.3	11.2	15～66	44	15～66	43	39～47	41
0.1～0.4	0.2	2.1～14.2	6.9	1.7～5.2	3.0	48～60	52	48～60	52	—	
0.1～138	11.7	1.0～20.3	12.6	2.7～27.9	12.2	23～77	43	23～77	41	29～48	42
—	—	6.0～27	16.2	5.0～27	14.1	25～60	43	23～59	41	—	
0.1～1.1	0.5	2.5～7.1	4.9	8.5～25.3	12.9	37～64	54	37～64	54	38	38
—	0.4	—	4.3	—	19.6	—	25	—	25	42	42
1.5～6210	274	4.9～18.5	9.9	6.6～16.8	9.7	32～56	44	31～56	44	36～45	40
—	3.4	7.2～24.5	15.3	0.5～16.1	4.6	30～64	48	26～64	45	—	
—	4.3	5.4～26.3	15.5	1.6～26.8	14.3	32～65	46	29～64	44	40～50	48
0.2～36	5.4	2.6～12.8	8.1	5.3～23.6	14.4	28～56	39	28～56	39	40～44	42
—	—	12.1～27.4	17.9	1.3～17.0	5.6	48～79	59	36～78	53	—	
—	27.8	2.4～27.0	18.8	3.7～37.3	16.0	31～75	53	31～75	47	27～41	32

e 只是 Crane，Ward，Winkler 和 Pecos 县；f 除去在 4 和 5 上的县；g 括号中的名字通常是在新墨西哥 8 号地区使用的；h Archer，Baylor，Clay，Jack，Montague，Wichita，Wise 和 Young 县。

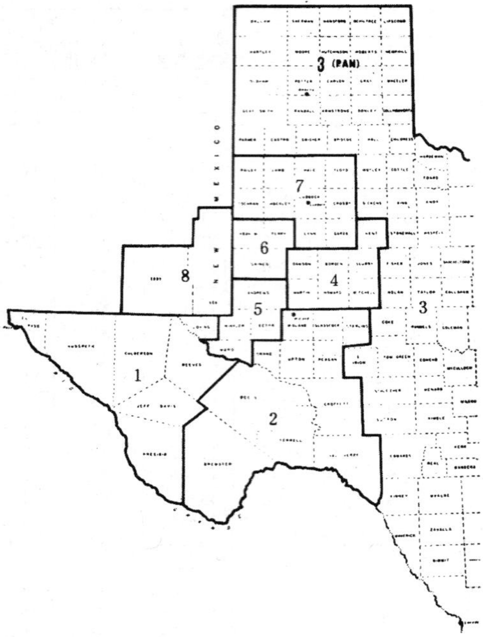

图 30.1　用于表 30.11 的地区图

表 30.12　阿拉斯加

地层	产出流体	产层深度范围（英尺）	平均产层深度（英尺）	产层厚度范围（英尺）	平均产层厚度（英尺）	渗透率范围（毫达西）	平均渗透率（毫达西）
Beluga	G	4500～8100	5640	40～106	82	100～300	125
Hemlock	O	6100～10800	8600	20～1300	420	1～35	10
Kuparek①	O	6200～6700	6200	30～80	—	3～200	—
Sadlerochit①	O	8300～8800	8600	350～630	—	—	265
Sterling	G	2850～7500	6230	22～130	82	20～4400	480
Tyonek	G	6950～7800	7200	36～92	60	3.5～1600	—
Tyonek	O	4400～14800	6150	90～1000	265	10～350	43

地层	孔隙度范围（%）	平均孔隙度（%）	油饱和度范围（%）	平均油饱和度（%）	计算的隙间水饱和度范围（%）	平均计算的隙间水饱和度（%）	重度范围（°API）	平均重度（°API）
Beluga	19.8～28.0	23.0	0.0～0.1	0.1	35～50	40	30～38	37
Hemlock	11.2～18.0	14.6	—	10.0	35～46	39	—	23
Kuparek①	—	23.0	—	—	—	—	—	28
Sadlerochit①	—	22.0	—	—	—	—	—	—
Sterling	28.0～34.0	30.0	—	—	—	—	—	—
Tyonek	11.0～21.0	16.0	—	—	—	—	—	—
Tyonek	14.0～26.0	16.0	10～18	15.0	—	—	35～44	40

①资料来自于报告。

六、美国各地区的资料

美国各地区（包括阿拉斯加）的资料列在表 30.1 至表 30.12 中，在选择地层和区域名称时，尽量采用在一个大的区域内普遍承认的命名法，而不用局部名称。某些重要的产层没有包括在内是因为目前缺乏足够的资料或是因为其专有性。

七、美国以外地区的资料

因为通用地层评价惯例的不同，美国以外地区的资料一般缺少液体饱和度值。数据量少是资料发布方面的问题引起的，来自澳大利亚的资料列在表 30.13 中。加拿大的资料大部分是由艾伯塔能源保护委员会（Energy Resources Conservation Board of Alberta）提供的。中东的数据列在表 30.15 中。北海的数据（表 30.16）发表在欧洲大陆架指南中。表 30.17 中列出的委内瑞拉的资料是由 Petroleum de Venezuela S.A.公司提供的。

表 30.13　澳大利亚(GIPPSLAND 盆地)

地层（油藏）	生产层	产出流体	产层深度范围（英尺）	平均产层深度（英尺）	渗透率范围（毫达西）	平均渗透率（毫达西）	平均孔隙度（%）	平均油饱和度（%）	计算的平均隙间水饱和度（%）
L−1	Mackerel	O	2299～2396	88.4	600～3000	—	22	—	21
L−1	Tuna	O	1650～1950	6.0	800～3000	—	21	—	25
M−1	Marlin	G	1521～1556	7.5	—	2000	25	0	25
M−1	Tuna	G	1299～1377	58.1	—	3000	21	0	10
M−1	Barracuda	O	1018～1151	37.2	—	5000	27	—	26
M−1	Cobia	O	2352～2396	40.0	500～5000	—	22	—	24
N−1	Snapper	G	1186～1383	99.0	—	1000	27	0	16
N−4	Barracuda	O	1330～1339	2.7	—	1000	25	—	40

表 30.14　加拿大艾伯塔

地层	油田	产出流体	平均产层深度（英尺）	平均渗透率（毫达西）	平均孔隙度（%）	平均油饱和度（%）	计算的平均隙间水饱和度（%）
Cardium A	Barrington	O	6634	3.7	10.1	37.9	22.9
Cardium A	Willesden Green	O	6225	7.4	15.1	30.3	23.3
Beaver Hill Lake A&B	Swan Hills	O	8345	32.2	7.9	13.3	21.9
Falher (conglomerate)	Elmworth	G	6500	1.0	10.0	0	23.0
Falher (sandstone)	Elmworth	G	6500	40.1	9.0	0	35.0
Gilwood	Nipisi	O	5651	208.0	12.9	9.3	42.5
Keg River	Rainbow	G	6082	95.0	4.4	0	14.0
Keg River	Rainbow	O	6381	187.0	10.0	16.1	19.9
Leduc 03	Red Water	O	3208	302.0	6.3	19.4	25.6
Leduc 03A	Bonnie Glen	O	6000	682.0	9.4	4.7	24.2
Taber	Taber	O	3500	1000.0	26.0	20.0	25.0
Viking	Viking Kimsella	G	2400	14.0	18.0	0	35.0
Viking A	Gilbey	O	6401	238.0	10.6	13.0	35.6

表 30.15 中东

地层	位置	生产流体	产层深度范围（英尺）	渗透率范围（毫达西）	平均渗透率（毫达西）	孔隙度范围（%）	平均孔隙度（%）	地层水饱和度范围（%）	平均地层水饱和度（%）
Arab IV	卡塔尔	0	7400～7980	0.3～6000	300	5～34	21	9～100	25
Shubalba / Wasai	阿曼	0	4125～4422	2.0～10	8	27～37	33	8～16	10
Buhasa	阿布扎比	0	10000～12000	0.5～1000	20	15～22	18	15～40	25
Umm Shaiff	阿布扎比	0	10000～12000	0.2～500	8	10～20	15	25～45	35
Asab	阿布扎比	0	10000～12000	0.5～1500	25	15～30	20	15～35	20

表 30.16 北海

地层	油田	生产流体	深度（英尺）	产层厚度（英尺）	渗透率范围（毫达西）	平均渗透率（毫达西）	孔隙度范围（%）	平均孔隙度（%）	平均地层水饱和度（%）
(Paleocene)	Forties	O	7200	509	400～3900	—	25～30	27	23
Brent	Brent	G 和 O	—	740	10～8000	—	7～37	—	—
Brent	Statfjord	O	7700	778	—	3000	—	28	—
Statfjord	Brent	G 和 O	—	900	100～5500	—	10～26	—	—
Statfjord	Statfjord	O	8900	800	10～2000	—	—	23	—
(Upper Cretaceous) to Danian	Ekofisk	O	10400	700	—	12	—	30	20

表 30.17 委内瑞拉

地层	生产流体	产层深度范围（英尺）	平均产层深度（英尺）	产层厚度范围（英尺）	平均生产层厚度（英尺）	渗透率范围（毫达西）	平均渗透率（毫达西）	孔隙度范围（%）	平均孔隙度（%）
Upper Laguna	O	7200～10900	9500	20～170	88	100～470	270	18～35	30.3
Upper Lagunillas inferior	O	8100～11400	10000	20～220	142	200～3000	1500	20～32	28.7
Bachaquero inferior	O	9000～11000	10000	20～150	83	100～700	450	17～28	21.8

参 考 文 献

1. *European Continental Shelf Guide*, Oilfield Publications Ltd., Ledbury, Herefordshire, England (1982).

第三十一章　相对渗透率

Walter Rose，Consultant❶　　　　沈平平　译

一、引　　言

本章是作为相渗透率概论来编写的，给出基本概念，追溯其发展过程。同时介绍实验室测定的某些细节，并对求解问题过程中相对渗透率资料的应用作了说明。尽管描述前人关于这复杂课题的思路的文献十分丰富，但仍旧存在很多未解决的问题。

流体流动是从地下油气层中采出油、气和伴生地层水的主要传导过程。因此为了解、预测、管理和控制生产作业需要对这一过程进行描述。相对渗透率是经常应用的概念，是描述不互溶流体通过孔隙性沉积岩的二相或三相流动的基础。

渗透率一词历来用作孔隙性岩石传导流体能力的度量。如果在孔隙中只有一种流体存在，则这一传导系数被称为绝对渗透率，否则，必须给出连通孔隙空间中每一种不混相流体的有效渗透率。按照惯例，相对渗透率是有效渗透率对绝对渗透率之比。

在传导理论中，要论及流量、力和把这些变量相互联系起来的系数。对各种具体情况而言，一旦建立力与流量的关系，就可以将这些关系按以下方式写出来，即各种渗透率函数将以显式形式出现。换句话说，正如绝对渗透率在单相流达西方程中作为传导系数出现的作用一样，也可以同样认为有效渗透率和相应的相对渗透率函数是最佳描述多相流过程的重要传导系数。

相对渗透率概念的核心问题是求出实质作用的参数。这些参数是不能仅根据理论推导出来的，而是相反，常常需要进行实验室测定，并且在进行所有这些测定时必须考虑如何恰当地定义和以后使用这些实验求得的变量。

为了简化讨论起见，假设我们处理的是宏观上沿水平方向运动的不可压缩流体的稳定流动，这样，我们就会得出：

$$q=\frac{kA\Delta p}{\mu L} \tag{1}$$

式中　Δp——穿过长度为 L、横截面积为 A 的样品的压降；

q——粘度为 μ 的流动流体流出的体积流量。

方程（1）提出了一种实验室测定方法，用这一方法可以明确地确定 k 值。

可以看出，在某些限制条件基本得到满足时，$q\sim\Delta p$ 关系曲线应该是一条直线，其斜率正比于绝对渗透率 k。这些条件是：（1）流体是均质的；（2）温度不变；（3）传导过程不存在电动效应（正如某种稀释电解液通过不导电的介质运动时产生的），不存在薄膜面流动

---

❶1962年版，本章的作者是M.R.J.Wyllie。

(正如气体在非常低的平均压力下移动，以致在隙间表面边界上分子碰撞的频率变为重要时出现的)；(4) 孔隙岩石是足够刚性的和惰性，孔隙几何形态没有快速变化。

据此，正如下面介绍的，我们将采用这样观点：即如果说达西定律能恰当地描述单相流动，那么我们可以假设与达西定律相类似的方程也可以同样有效地描述多相流动现象。

二、历史背景

关于相对渗透率的意义和测定方法的一系列想法首次出现在本世纪 30 年代和 40 年代。E要的作者是 Muskah。Botset，Hasslar，Leverett，也许还有十多位作者，在权威性的参考文献〔1、2〕中把他们的名字列为里程碑。这些人都是在某一方面与美国早期的石油工业有突出的联系，那时从地下沉积环境中开采烃类流体的定量研究尚处于萌芽阶段。这些早期的研究者，考虑到对孔隙介质中的单相流动已经有了充分的理解，如果将其推广，有可能得到对多相流动情况的可信描述，因而把研究的重点放在了共存的隙间流体的性质和数目如何影响地下的流场上。当 L.A.Riehatds 于 1931 年发表他关于未饱和土壤中毛管束水汽流动的经典著作[3]时，达西首创的研究工作已经过了四分之三世纪的推敲，使用，并被各类技术专家（包括石油、化学、土木工程和地下水专家）所推广。

三、基本概念

可以类似于方程 (1) 写出一组独立方程，描述某些限制条件下的多相流现象，其中每一种不可压缩和不混相流体的稳定流动不受重力的影响，即

$$q_j = (k_j A)\ (\Delta p_j)\ /\ (\mu_j L) = (k k_{rj} A)\ (\Delta p_j)\ /\ (\mu_j L) \tag{2}$$

式中　下标 j——第 j 种流体相（油、气、水）；

k_j——有效渗透率；

k_{rj}——相对渗透率；

p_j——被界面分开的各个流体相中的局部测定压力值。

其中 k_j 和 k_{rj} 认为是孔隙介质被不混相流体以某种特定方式饱和对所提供的流体传导能力的度量。正如将要看到的，无论是对流体饱和度的结构和分布，还是对流体饱和度的高低，都必须给出一个对比的基础。例如，就象孔隙度的概念一样，ϕ 是孔隙体积与总体积的比值，第 j 种流体的饱和度 S_j 定义为

$$S_j = \frac{V_{fj}}{V_{pt}} \tag{3}$$

式中　V_{fi}——流体 j 的体积；

V_{pt}——总孔隙体积；

ϕS_i——被第 $j\phi$ 中流体相占据的那一部分孔隙空间的有效孔隙度。

由此可见，即使饱和度随时间和位置而变化，但在岩石系统的任何一个有代表性的体积

单元中，$\sum S_j = 1$。显然在任何情况下，相对渗透率 k_{rj} 首先取决于饱和度 S_j 的高低。但这只是其中的依赖关系之一，因为对于一个饱和度值来讲可能有多种隙间流体相分布。另外，在有几种流体饱和的孔隙空间中，每一种流体所占据的孔隙空间不一定在任何地方都以隙间表面即固体孔隙壁为边界，因此可能还要考虑普遍存在的流体／流体交界面的影响。因此

$$对0 < S_j < 1来讲，0 < k_{ij} < 1 \tag{4}$$

这一方面通常是真实的，但另一方面又没有考虑下述事实：即使 S_j 是有限值时，k_{rj} 也可以为 0，并且即使对 S_j 小于 1 来讲，k_{rj} 也可以大于 1[4, 5]。况且（4）式过于粗糙，不可能以显式表明对每一个 S_j 值可以有多于一个的 k_{rj} 值（例如由于滞后现象）。

1.滞后

从热力学观点来看，所考虑的流体流动过程是不可逆的（即非平衡的），因此它们依赖于流动的"路径"。其结果是在方向上达到的平衡状态，可能有别于在另一个方向上达到的平衡状态。这一现象被称为滞后，并且并不难对其作出解释。例如，绝对渗透率主要取决于隙间孔隙的几何形态，而有效渗透率（因而还有相对渗透率）还取决于流体饱和度的几何形态。通常，孔隙空间的一个给定部分可以有多于一种的方式被每一感兴趣的流体相所占据。其结果是相对渗透率数据给出的值不仅是流体饱和度高低的函数，而且还是先前的饱和度变化的过程和次序的函数。

正如将在本章后面看到的，几乎没有发表过实验室研究成果证实方程（2）确实可以描述多相流动现象。虽然在很多情况下已用实验方法肯定了方程（1）在描述单相流特征方面是有效的，但并不能从这一事实中作出进一步的保证，这是因为在解决石油开采问题时最感兴趣的是非稳态流，而达西模型并不考虑这一问题。

换句话说，方程（2）本身并不可能考虑和预测生产过程中驱动前缘通油藏空间时出现的饱和度变化。而且在要模拟的实际过程中，各流体相可能是在不同方向上而不是在同一方向上流动。然而方程（2）的最大限制是它没有对如何避免实验工作中的末端效应（在毛管不连续面，例如在岩心端面，润湿相流体饱和度增大）作出明确的指示。

2.不混相润湿和非润湿孔隙流体

不混相的润湿相和非润湿相流体总是竟相占据同一孔隙空间，因此，很明显，在多相流过程中在所谓的毛管间断的入口和出口流面上润湿相流体的饱和度有增大的趋势。这一点早就被人们所认识[3、6]。其中的想法是在连续毛管孔隙空间中共同存在的。不混相流体将被弯曲的界面分开，而不是被自流动体系外部产生的无应力平界面分开。

实际上，交界面的弯曲边界在静态情况下反映毛管力和重力之间的平衡，而在动态情况下反映毛管力、重力、粘滞力之间的平衡。这意味着在不混相流体之间一般存在着局部压力差。这种压力差通常称作毛管压力 p_c，习惯上定义为 p_n 和 p_w 之间的局部压力差（这里下标 n 和 w 分别指非润湿相和润湿相流体）。

在平衡系统中，不混相流体的分布趋向于使系统的自由表面能最小，其受制条件是随着平衡状态的逐次建立而随后形成的 S_j 值的水平和饱和度变化的滞后情况。这意味着润湿相流体一般将占据较小的孔隙空间而流体接触界面将凹向非润湿相流体（因此 p_c 将有正值）。事实上，像 k_j 和 k_{rj} 一样，通常假设毛管压力主要依赖于饱和度，但在同一饱和度水平时，它也依赖于流体／流体的隙间布局。

在描述不可压缩流体一维（水平）两相驱替过程时，Buekley-leverett 方程取下述特殊形式。设密度 ρ_j= 常数，$\partial q_j / \partial x=0$，则有：

$$\phi\ (\partial S_w / \partial t)\ +\partial\{[\ (q_w+q_n)\ M_w]\ /\ [\ (M_w+M_n)\ A_f]\}/\partial L_h$$

$$+\partial\ [\ (M_n M_w)\ \ (\mathrm{d}P_c / \mathrm{d}S_w)\ \ (\partial S_w / \partial L_h)\ /\ (M_w+M_n)\ ]\ / \partial L_h=0 \qquad (5)$$

式中 ϕ——与时间无关的局部孔隙度；

A_f——流道的横截面积；

p_c——毛管压力；

L_h——水平距离参数；

t——时间；

M_n，M_w——分别为非润湿相和润湿相的流度（$M_j=k_j / u_j$）。

正如从参考文献〔1〕、〔2〕和〔6〕对方程（5）的导数中可以看到的，饱和度随位置和时间变化的方式依赖于 p_c 随 S_w 的变化，饱和度梯度，相对渗透率，问题的初始条件和边界条件〔也包括某些可以控制和处理的变量，例如孔隙度，流体粘度，绝对渗透率和由（q_w+q_n）给定的总的流量〕。

实际上相对渗透率信息的重要性在于它使得使用诸如方程（5）给定的描述过程模拟的油藏工程问题的求解成为可能。然而，由 Rose[7] 描述的含有传导项和相互作用系数的更精细的模拟技术，需要比简单的相对渗透率数据更多的资料。正因为如此，Buckley-Leverett[6] 和 Rose[7] 方程所要求的实验并不容易实现。如果要考虑非稳态（即 S_j 随时间和空间位置的变化），则实验的难度将明显加倍增大。这就是只在这里介绍现代方法的原因。然而，仍然需要开发和完善测量方法，这些方法所依据的模拟要比方程（2）描述的简单达西定律更为复杂，显然这是未来的研究工作者将继续面临的挑战。

四、测 量 方 法

在文献中介绍了许多种测量方法。除报道了某些资料以外，还在一定范围内对这些测量方法作了分类和说明。常常争论两个问题是：（1）不同的方法是否会得到相同的资料；（2）如果不是，哪一种方法是最值得信赖的？

确定相对渗透率的实验测定技术有两类。在所谓的稳态方法中，作为饱和度函数的有效渗透率是根据流动数据计算的，而流动数据是根据方程（2）在形式上是正确的假设求得的。其方法在按测量这一理论所要求的参数，例如体积流量、压降和流体饱和度水平等。其中的一种方法即 Hassler[8] 法的改进是控制和测量局部的毛管压力值，以避免会引起麻烦的末端效应。

所谓的非稳态方法是依据于把方程（5）的积分作为流动过程的模型。其思路是观测受控制的多相驱替实验的结果（例如，以累计产量项表示的流出量），然后反算出与这些流量相一致的相对渗透率值，并用于解释这些流出量。还要处理累计产量数据，为计算与这些相对渗透值相对应的平均饱和度提供基础。

正如下面将要看到的，稳态方法将比非稳态方法更费时间；而且用这些方法得到的数据至少与它们所依据的、看来是正确的模型〔方程（2)〕具有相同的可信度，特别是采取可靠的方法尽量减小前面提及的毛管末端效应时更是如此。另一方面，相比较而言，非稳态方法能快速地得到所需要的资料，而且费用较低。对这一优越性可能有争议的只是需要补偿这类测定的间接性质所固有的在资料解释方面的某些不确定性问题。为了说明选择这种方法而不选择另一种方法的理由，下面回顾一下近期一些作者的思路。

1.稳态 k_r 方法

实验方法 Blackwell 和 Braun[9] 综合评论了根据 80 年代初的认识和设备某些人认为应该如何实施稳态相对渗透率方法。图 31.1 是可以应用的实验系统的示意图。容积式或者其他类型的恒速泵（每种流体一个）输出固定比例的混合物进入岩心样品。不管岩心样品内的初始饱和状况如何，最终流出的流体混合物的组成将与泵入口端的流体组成相同，在这一稳态条件下，由于油水的排量（q_o 和 q_w）是已知的并且通过岩心样品的压降可以近似地用作每种流体的驱动力，因而可以计算不混相流体的有效渗透率。

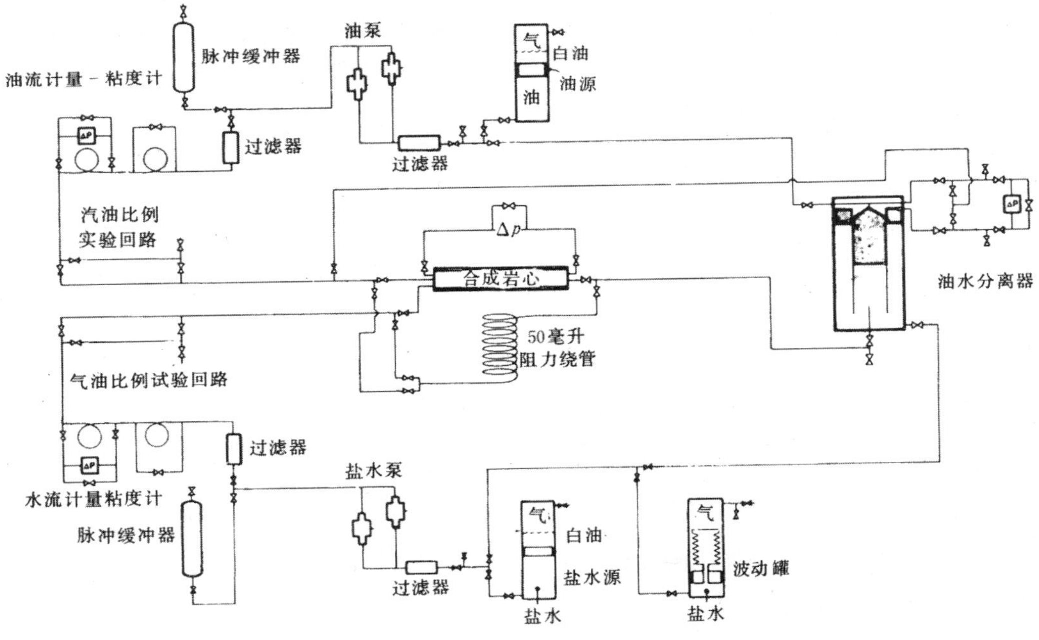

图 31.1 稳态相对渗透率装置详图

例如，假定所考虑的油藏开采过程包括边水侵入一个均匀砂体，该砂体有一定的隙间水饱和度，孔隙空间的其余部分为欠饱和的原油所充满。在这样的假设条件下可以选择一块有代表性的岩心样品，清洗后用所谓的恢复状态毛管压力技术建立相应的水油饱和度初始条件；另外一种方法是（也许是理想的）用保压取心技术，把保持所需要的初始饱和度条件的“新鲜”岩心样品送到实验室；或者用另一种方法制备一种可以接收岩心，为此要用模拟地层水驱替泥浆滤液。然后把“活油”注入岩样，驱替到隙间水饱和度水平。也就是说，要用这种或那种方式，使实验从合适流体饱和度和饱和度分布的初始条件开始实施，求得渗吸水／油相对渗透率数据。如果在做实验准备工作时油藏条件下的润湿性在一定程度上被保存或是恢复了，并且接着进行的驱替过程是在类似于油藏的覆盖压力、孔隙流体压力和（或）温度下实施的，那么实验结果就会好得多。但仍然需要测定在稳态条件下的最终保和度。有几种方法可用来求得这些数据。

饱和度测定　Blackwell 和 Bravn[9] 测定法有一个下游水／油分离器（见图 31.1），将流出的每一相流体都直接返回到各相应泵的入流端，但当每一相的流入量流出量有差别时，要将相差别的部分加以收集并用重量法或体积法测定。在其他的方法中，是在一种或多种流体中加入 X 射线吸收剂或者放射性示踪剂，用外部检测装置检测岩心取得数据，通过换算求得岩心饱和度。更为简单的方法是，达到稳态条件时，把岩心洋品从岩心夹持器中拿出来，然后称重，根据流体密度和岩心样品的孔隙体积算出饱和度值。

关于稳态方法更详细的讨论可参看参考文献。只要遵循意义明确的吸入或驱替路线，从一个稳定状态到下一个稳定状态一步一步地做下去，就会得到相对渗透率与饱和度关系的整条油线。例如，在所讨论的注水实验中，将泵送的 q_w / q_o 比依次增高，同时从一个稳定状态进行到下一个稳定状态，直到最后高的生产水油比证明达到残余油饱和度状态为止。

前面的讨论提出了稳态相对渗透率测定程序的一个简单描述，这种程序是在没有做特殊的努力来控制末端效应时使用的（末端效应是指在岩心末端毛管间断面上润湿相流体饱和度的增大）。应用有同样效果的稳态方法求得的早期资料可在 Muskat[10] 的经典著作中找到。显然，与初期资料相比，近期得到的资料至少从性质上看没有能取得更多的认识。

例如，从实验室观测中可以得出的一个一致性结论是，前面给定的如方程 (4) 所示的不等式可以更精确地写为：

$$\text{对} S_{ij} < S_j < 1 \text{来讲，} 0 < k_{rj} < 1 \tag{6}$$

式中 S_{ij} 是第 j 相流体在孔隙空间内的敏感距离上不再有相连续时的 S_j 的最小残余值。另一方面，在饱和度小于 1 时相对渗透率能大于 1 的想法已提出来了[4、5]，并被解释为是一种流体滑过相邻的不混相的另一种流体而产生的“润滑作用”的反应。

另一方面，某些研究工作者在指出必须注意末端效应的同时，提出应当使用长岩心，以便把测量能限制在岩心内部[11]。然而即使在这种所谓的宾夕法尼亚州测量布局中，仍不能分别测定方程 (2) 中每一种不混相流体的压降项，因而这也是为什么重新对几乎被遗忘的 Hassler 的研究成果感兴的原因。

Hassler 的测定相对渗透率方法曾有一段不寻常的历史。该项技术于 1944 年[8]获得专利，虽然它有时也被引证，但却被大多数想要发展简单的现代方法的研究工作者所忽略。Scheiclegger[2] 认为这种方法很好，但应用困难并且费时间。Rose[12] 从某一方面对该方法在某些应用中为什么操作起来很困难作了分析。然而后来又出现了一个专利。阐述怎样把 Hassler 的思路简化为一个实际操作过程[13]。不管这些看法最终是否会被事实所证实，但确有必要对 Hassler 的测定相对渗透率方法的某些细节进行检验。因此，可以建立一个参考骨架，以便能与其它稳态相对渗透率法作比较。

图 31.2 是一个夹层布局的示意图，其中润湿相流体（用 W 表示）先通过入口处的毛管屏障，然后进入岩心样品，在出口处，也通过一个类似的下游屏障。非润湿相流体（NW 表示）与润湿相平行地流入岩心样品，但并不进入屏障的孔隙空间。为作到这一点，使用了

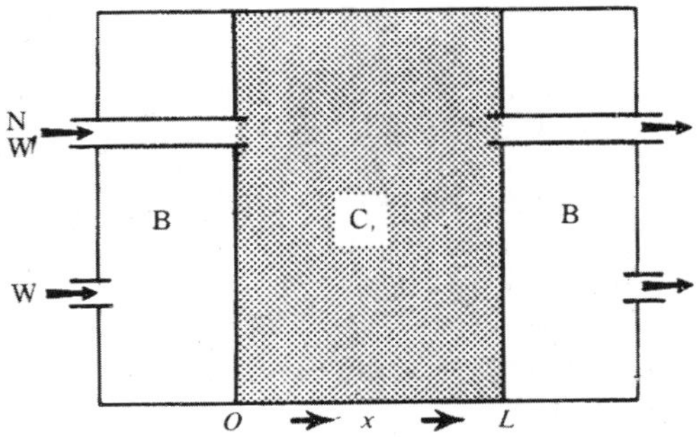

图 31.2 Hassler"夹层"

C—长度为 L 的岩样，B—进口端和出口端的毛管屏障；NW、W—表明非润湿相流体和润湿相流体通过的通道，流动方向为箭头所示的直线方向

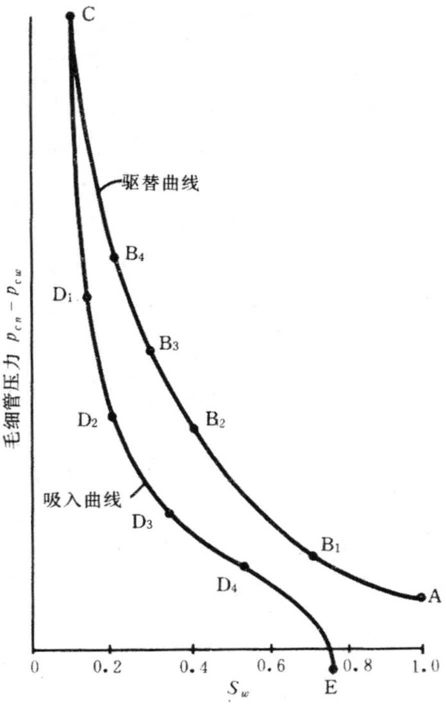

图 31.3 毛管压力曲线示意图

下述方法：使非润湿相的压力不超过屏障的门槛压力，因此在实验过程中末端流动屏障始终保持 100%的润湿相流体饱和度。

图 31.3 是准备用来做相对渗透率的油藏岩样的有代表性的驱替和吸入毛管压力曲线。作为初始条件，假设岩心（也包括与它在一起的末端屏障）100%被水模拟的油田盐水所饱和，设岩样的门槛压力是 p_{CA}，屏障的门槛压力大于 p_{CC}❶。在这里门槛压力被定义为非润湿相流体进入被润湿相流体饱和的孔隙介质时的最低毛管压力（p_{cn}—p_{cw}）。因为毛管端部的屏障是用渗透率比岩心样品渗透率低得多的物质组成的，所以 $p_cC \gg p_{aA}$。

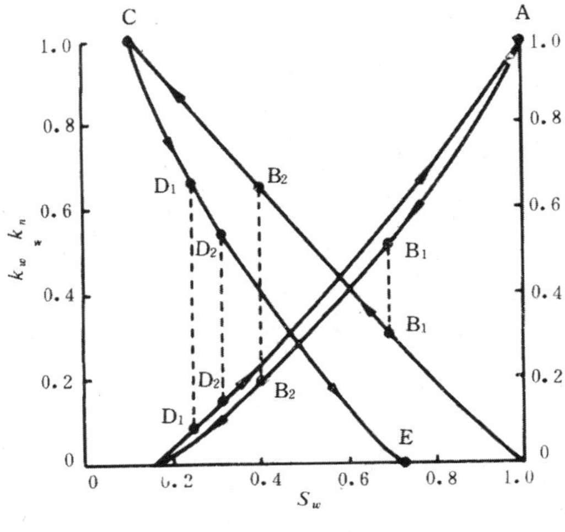

图 31.4 相对渗透率曲线示意图

用 Hasslar 方法做相对渗透率实验要在一系列毛管压力条件（例如 p_A，p_{B1}，p_{B2}⋯ p_{C1}，p_{D1}，p_{D2}⋯p_E）下用方程（2）测定每一相的有效渗透率。其结果是得出一系列的饱和度（S_{A1}，S_{B1}，S_{B2}，⋯ S_{C1}，S_{D1}，S_{D2}，⋯S_E）。从 A 到 C 是驱替曲线（图 31.3），在此过程中润湿相饱和度一直减 n；而从 C 到 E 是吸入曲线，在此过程中，润湿相饱和度一直增加。注意，在 A 点润湿相饱和度 S_A 是 1.0，在 C 点，润湿相饱和度接近于隙间水的值 S_{iw}，在 E 点，润湿相饱和度是（1—S_{rn}），其中 S_{rn} 表示残余（不可采出

❶p_{CC}是实验中取得最低S_w值时的最高毛管压力值。

的）非润湿相流体饱和度。

图 31.4 是用 Hassler 方法得到的相对渗透率曲线，其饱和度点与图 31.4 所示的驱替和吸入过程中测定的毛管压力的饱和度点是对应的。在这些点之间作一比较是有益的。毛管压力以及相对渗透率函数都依赖于饱和度。在 Buckley–Leverett 多相流驱替过程的描述〔方程（5)〕中，它们都作为参数出现。这两个函数都是孔隙空间网状结构（尺寸、形状、方向、分支模式、迂曲度等）的直接反映。这些就是早期研究工作者很快寻求毛管压力和相对渗透率〔14〕之间直接依赖关系的原因，也是 Hassler 通过如此深入了解强调它们之间相互联系的原因（Leveratt〔15〕和 Richards〔5〕认识到这种联系的时间还要更早)。

所讨论的过程是复杂的，若不包括许多细节不容易描述。由于在早期的文献〔1、2〕中对这些已经有了充分的阐述，在这里说明一下至少有 2 种途径实现 Hassler 方法即可结束这一讨论。一种途径是固定上游和下游的压力作为边界条件，然后观测计算渗透率数据所需要的流量〔8〕。另一种途径〔13〕是以一个恒定的流量作为上游边界条件，同时保持常压作为下游边界条件。这样做就可以防止为避免在边界条件仅按上、下游压力来设定时碰到的末端效应而产生的实际困难。

2.非稳态 k_r 方法

与本节要介绍的非稳态方法相比，稳态方法是比较简单的，而且很少有不确定性。下面的分析将说明为什么会如此。

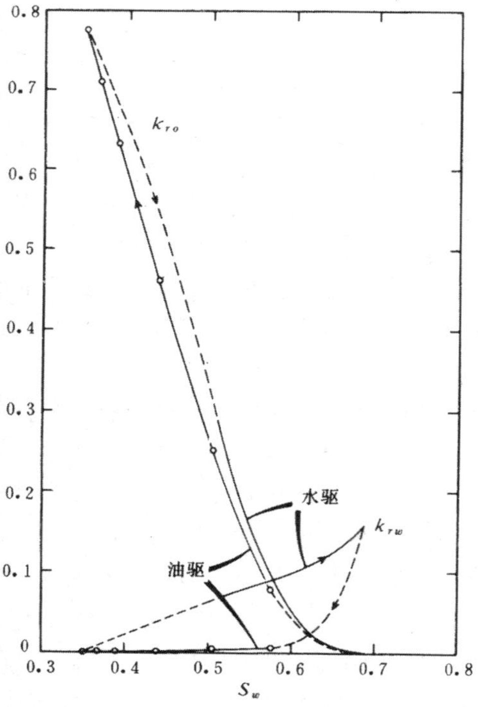

图 31.5 水驱和油驱相对渗透率曲线中的滞后现象

实验过程　在所谓的非稳态方法中，记录驱替过程中由岩心样品流出的产量，并根据认为与所观测的过程相一致的过程的数学模型产生相对渗透率函数。实际上，通常选用的数学模型是 Buckley–Leverett 方程（5）积分的简化形式。用舍去毛管压力（末端效应）项作残性化，就有可能反算相对渗透率函数。

因为目的是为了得到更多的解，以便计算相对相渗透率的中间值以及与之相应的饱和度值，因此需把出口端的产量数据展开。然而，当选用一个非常不利的流度比，延长驱替相完全通过前的过渡期时，可以折衷解决这一问题。为了得到更多的信息，读者可以参考这种情况的一个分析实例〔7〕。

计算方法　法国石油研究院方法读者还可以参考法国石油研究院一些作者写的详细阐述怎样用非稳态方法测定相对渗透率的权威性的文章〔16〕。这篇文章介绍了定产和定压流程方案，提出了需要注意的问题，并给出了计算过程。图 31.5 取自另一篇文章〔17〕，通过一个代表性实例说明如何取得有代表性的数据和相应的相对渗透率曲线。

自动化离心技术　为了结束各种非稳态方法的讨论，引证一下 O′ Meara 和

Lease[18]的论文是有益的。他们给出了用自动离心技术得到的三相数据。在一个已知其强度的离心场中旋转岩心样品，并观察流出体积随时间的变化，然后反算出相对渗透率（这充其量是定性的值，因为在数学模型用了限制性假设）。

对离心技术要作的说明是：（1）它与常规的非稳态方法不同，不受粘性指进的影响；(2) 这一方法的速度比稳态方法快。但它仍然存在毛管末端效应问题。另一个缺点是在任何一次实验中所得到的信息仅适用于侵入相的相对渗透率。因为常规的非稳态方法在给出驱替流体（侵入相）的相对渗透率的同时，还能给出被驱替流体的相对渗透率，并且因为常规的非稳态方法处理的岩心样品要比离心法能够处理的大，因此认为常规方法是具有现代水平的方法。事实上，人们对离心法感兴趣是因为它适合于自动化操作，以及它能产生三相数据。图 31.6 是一个实例，说明已发表的某些数据。

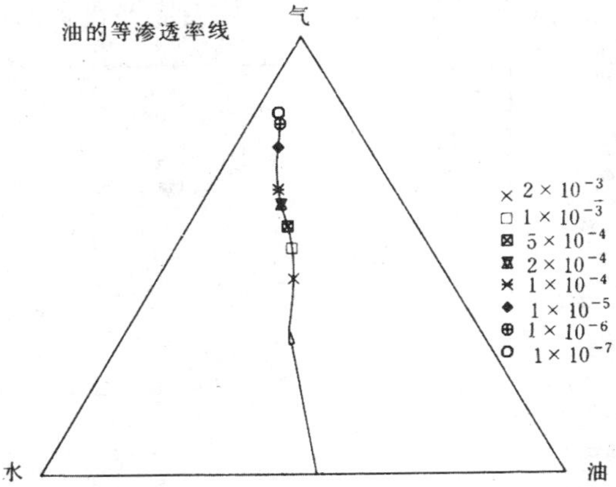

图 31.6 三相饱和度轨迹和油的等渗透率线

其范围为 1×10^{-7} 到 2×10^{-3}

3.方法评论

为了总结关于相对渗透率测定方法的报道，在这里我们完全同意最初由 Scheiclegger[2] 给出、后来又被 O′Meara[18] 等肯定了的评论。他们一致认为，稳态方法，特别是 Hassler 方法，会给出最可靠的结果，因为它们是以相对渗透率的合理定义（如方程〔2〕所示）为基础的。从实验室操作观点来看，非稳态方法做起来较快，而且容易，但在解释方面存在许多困难。其主要原因是它是根据 Buckley–Leverett 方程〔5〕的近似积分推导出来的。正如前面提到的，方程〔5〕充其量是所研究的流动过程的一个不完善的模型[7]。

4.其他 k_r 方法

为了完整起见，这里再引证另外一些取得相对渗透率数据的方法。例如，有所谓静态流体方法[19]，以及与 Corey[20] 等人和 Stone[21] 有关的以毛管压力和驱替实验端点数据为基础的计算方法。图 31.7 和 31.8 是这些研究工作者给出一些结果。

在静态流体方法中，其中一相的有效渗透率是在这样一种流动条件下测定，即该相流体是在压力梯度很低的条件下流动，以至于相邻的不混相流体仍留在原地不受影响（希望是这样）。很清楚，当静态流体饱和度接近它的最小值（不可减少值），即对静态流体来讲，$S_j \to S_{ij}$ 时，该方法最可信。否则用这一方法得到的数据将由于末端效应的存在而失真，这一结论也是成立的。此外，这一方法便于应用，除其它参数外，所得数据给出的水饱和度 S_{iw}（不可动水饱和度）时的油相渗透率 k_o 和油饱和度为 S_{io}（不可动水饱和度）时的相对渗透率 k_w，均是用 Corey 等的方法和 Stone 方法计算相对渗透值时需要的。在任何一种情况下，S_{iw} 下的 k_o 将表明仅被原油和隙间水饱和的那些油层的油井初始产能。同样，S_{oi} 下的 k_w 值可用来表明水驱采油达到残余油饱和度条件时的有效水／盐水的渗透率的水平。

为了更好地理解应用相对渗透率计算方法的合理性，需要参考最初提出这些方法的早期参考文献〔14、22〕。这些方法的思路始终认为油层物理性质（例如相对渗透率和毛管压力的关系，比表面，电阻率参数等等）是以这种或那种方式依赖于孔隙结构的性质，依赖于各典型情况下相邻非混相流体之间是如何分布的。在前面列举的孔隙结构性质中，相对渗透率是最难实验测定的参数。这个思路愿望的出发点源是如果相对渗透率曲线能设法从更容易得到的数据中提取（用计算方法），则将能预期得到一种节省费用的方法，Wyllie[23]是这些想法最早的倡导者，他建议当需要更多的数据时使用这些方法。

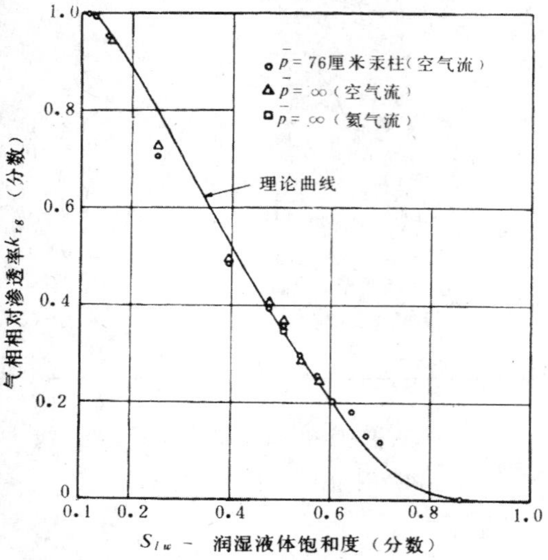

图 31.7　气相渗透率与总润湿液体饱和度的关系曲线

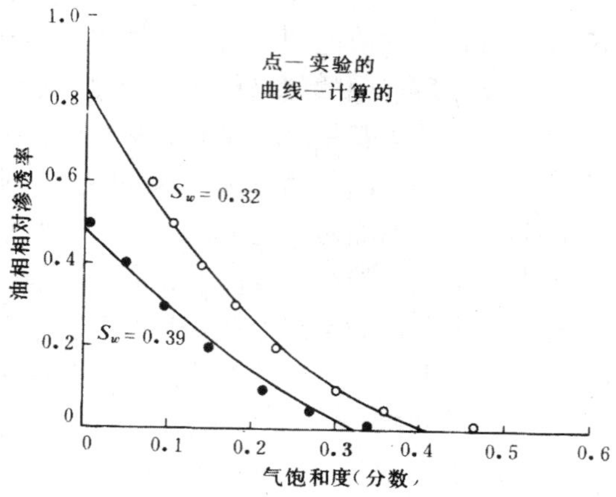

图 31.8　Corey 等人拟合的 Berea 砂岩数据

方程（7a）和（7b）是 Corey[20]等人给出的在三相饱和度条件下计算 k_{ro} 的公式方程，方程（8）是 Stone[21]提出的方程。对 $S_L > S_{Lr}$ 来说，

$$k_{ro} = (1-S_g-S_w)^3 (1-S_g+S_w-2S_{Lr}) / (1-S_{Lr})^4 \tag{7a}$$

对 $S_L \leqq S_{Lr}$ 来说

$$k_{ro} = (1-S_g-S_w) / (1-S_{Lr})^4 \tag{7b}$$

另外

$$k_{ro} = (k_{row}+k_{rw})(k_{rog}+k_{rg}) - (k_{rw}+k_{rg}) \tag{8}$$

式中 S_L——总的液相饱和度，分数；

S_{Lr}——留在孔隙空间中的残余液相饱和度，分数；

k_{row}——在无气系统中油的相对渗透率；

k_{rog}——在无水系统中油的相对渗透率。

建议用方程（7）和（8）求三相条件下很难测定的 k_{ro} 的计算值，只是为了需要更易取得二相数据。检验将表明，虽然这样的方程会给出似乎合理的结果〔例如，可与方程（6）的结果相对比，但这些结果并不比需要测量的相对渗透率值而又没有这些数据可用时所作的模拟假设更为可靠。

评论　从以上分析可得出的一个结论是，只有当效益超过风险时取用岩样才有优点可言。本章的大多数读者将不会到实验室去做相对渗透率实验，但他们必须认识到，某人某天要有把握地使用某一种计算方法，就必须做这种实验。认识这一点十分重要。换言之，从总体上来讲，计算机和推测运算并不能代替实验工作。这是因为要可靠预测本身依赖诸如相对渗透率这样的物质特性参数的过程，进行直接观测总是需要的。

五、近 期 文 献

从本章作者最早一次到最近一次写关于相对渗透率测定问题的文章[24, 25]，已经过了30多年。正如所预料的有些问题仍没有解决或不好解决，而另一些棘手的问题已在一定程度上得到解决。正如本章所评论的，在许多方面研究工作仍在继续。注意，本章参考的所有文章都是在 Wyllie 写本手册第一版（1962年）《相对渗率》一章以后出现的，他参考了直到50年代的文献〔23〕。

六、对近期研究工作的评论

Loomis 和 Crowell[26] 在早期广泛地对比了用各种不同方法得到的和用各种数学模拟程序计算的数据。他们所报告的高一致性令人对其研究工作的客观性产生怀疑。另一方面，这些作者很快指出，在他们的研究工作中润湿性是一个无法控制的实验变量。这一令人不安的论点与同一时期其他作者没有作出解释的使人惊奇的结果是一致的，即非胶结和胶结岩心样品的滞后效应是不同的[27]，图 31.9 说明这一观察到的趋势。

Sarem[28] 的文章是描述用非稳态方法作三相测定的若干篇文章中的一篇。这篇文章的一个观察结果（见图 31.10）是初始饱和度条件起重要作用。在差不多同一时期，Saref 和 Fatt[29] 报道用核磁共振技术测定流体饱和度取得成功。而且，这些作者证实了长期保持的观点，即在三相系统中气相渗透率在很大程度上依赖于总的液相饱和度。图 31.11 显示的资料支持这一结论。

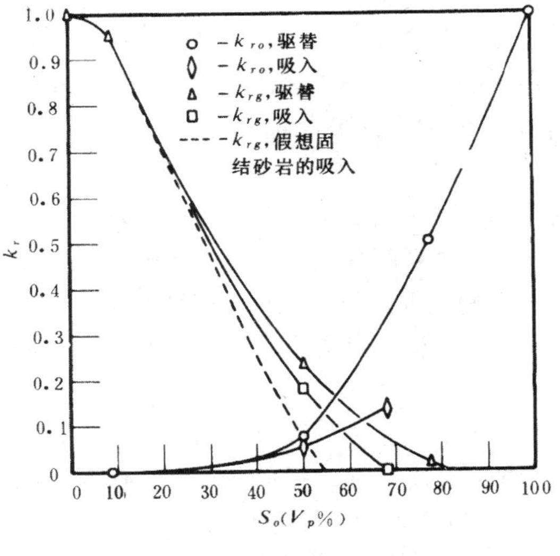

图 31.9 弱胶结砂岩的气油相对渗透率

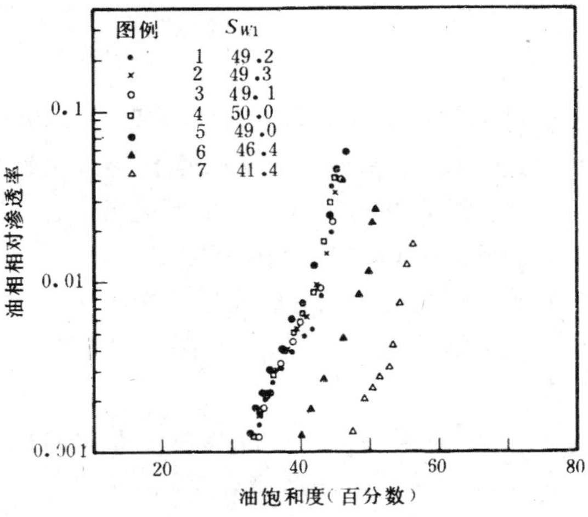

图 31.10 非稳定流三相相对流度（油相相对渗透率，Berea 砂岩）

在 70 年代初期出现了两篇文章[30、31]，证明如果有 CO_2 存在，油相相对渗透率明显增加。(见图 31.12) 在同一时期，Lefebvre du Prey[32] 研究了界面张力对相对渗透率的影响问题，而 Schneider 和 Owens[33] 以及 Owens 和 Archer[34] 得出结论说，由于润湿性的影响，建议实验者用所谓的天然状态岩样。Bardon 和 Longeron[35] 的著作也讨论了这课题。稍晚些时候，Sigmund 和 Mac Caffery[36] 尝试了区分油藏岩石非均质性对相对渗透率特性的影响。这些作者提供的一些资料示于图 31.13，31.14 和 31.15 中。

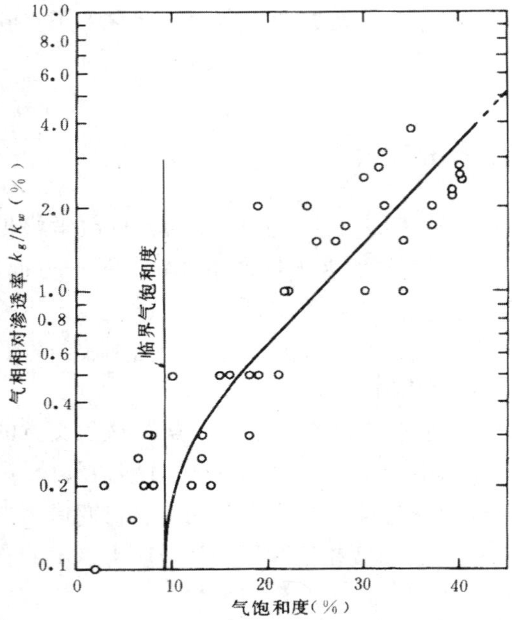

图 31.11　三相流气相相对渗透率与气饱和度的函数关系

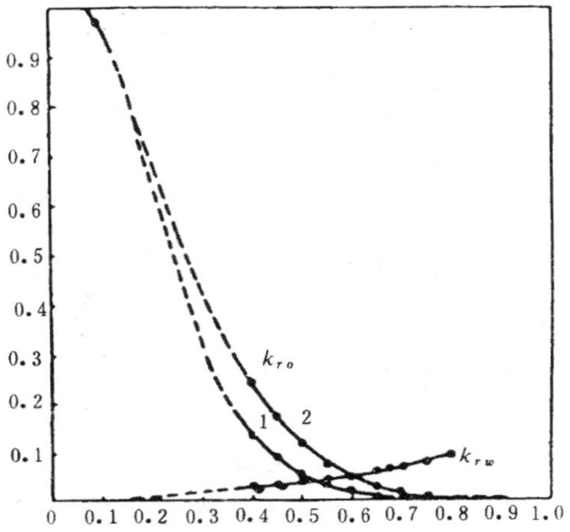

图 31.12　水和油的相对渗透率，表明水驱（曲线 1）和二氧化碳水驱（曲线 2）的影响

在 80 年代，大量有关相对渗透率的文章不断出现，似乎人们对这一老课题又有了兴趣。值得注意的是 Hagoort[37] 的文章，他用离心技术说明了在亲水岩心中重力驱亲油过程的高效率。Bogdanov 和 Markhasin[38] 介绍了人们不太熟悉的课题，即粘度变化(由于与岩石基质的分子表面作用) 会使相对渗透率资料失真。在同一时期，Ashford[39] 在一篇综合性的文章中，重新提出了怎样能把相对渗透率和毛管压力直接联系起来这一不可疑的问题。(正如上面所指出的，有一个概念性的理论可用来解释相对渗透率影响的愿望是好的，但要避开细心的实验工作而应用计算方法则是一种主观愿望，只有在油藏模拟急需定性输入数据时方可采用)。图 31.16 是 Ashford 报告的计算和测定值之间有代表性的拟合情况。

Delshad 等人[40] 最近阐述了一个有兴趣的问题，即低界张力的胶束溶液的传导是否会明显改变典型的相对渗透率趋势。它们证明，当界面张力减少时，残余（端点）饱和度减少，相对渗透率增加。图 31.17 所示是为一种实例预测的近似 43° 的相对渗透率曲线。Yokoyama[41] 介绍处理了一个同样复杂的问题，即在层状介质驱替过程中如何考虑横向和

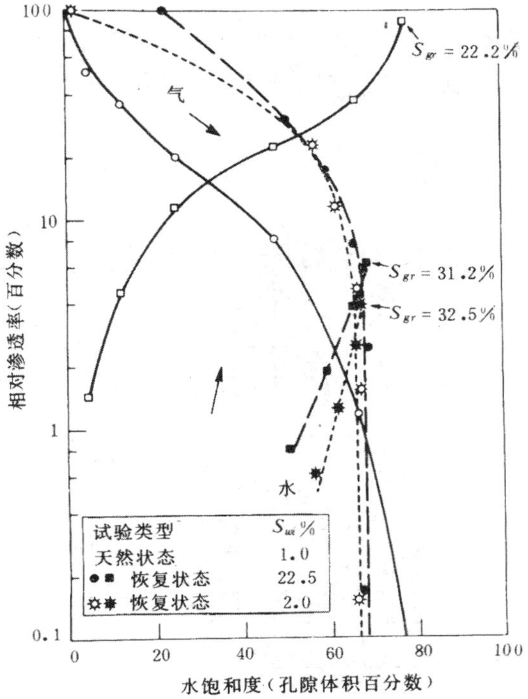

图 31.13　恢复状态和天然状态条件下的水／气相对渗透率数据对比

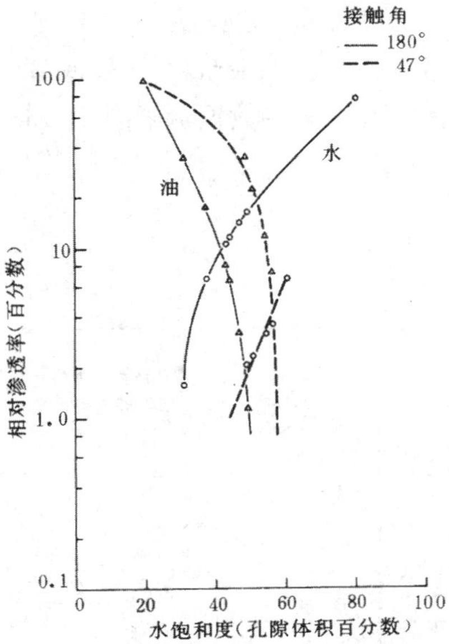

图 31.14　二种润湿条件下的吸入相对渗透率曲线 Torpedo 砂岩

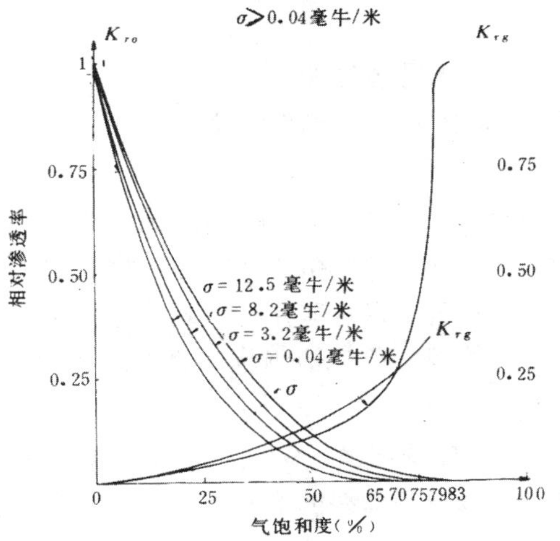

图 31.15　用实验的生产数据计算的气／油相对渗透率

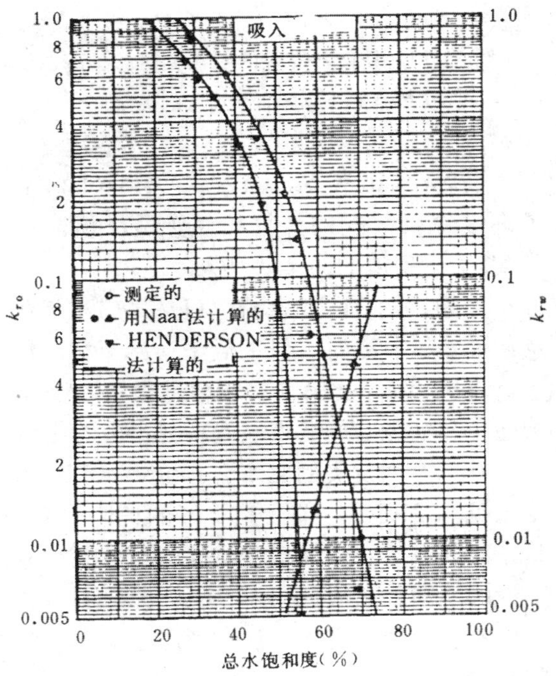

图 31.16　吸入和驱替实验求得的相对渗透率与用 Naar 等方法计算的相对渗透率

纵向毛管渗吸的问题。

另一方面，Carlsan[42] 扩展了 Land[43] 早些时候有关根据独立测定的岩石性质计算的流量的规定。Chiericl[44] 根据 Brooks 和 Corey[45] 以前描述过的“毛管束”模型做了同样的事情。其中某些数据示于图 31.18。

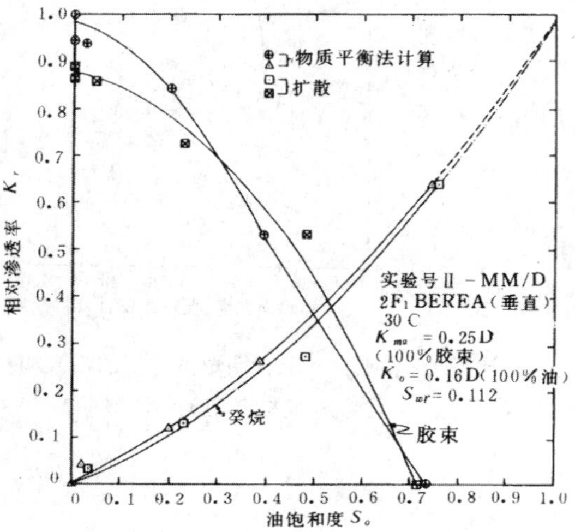

图 31.17 胶束和癸烷的吸入相对渗透率曲线与 Berea 砂岩含油饱和度的关系

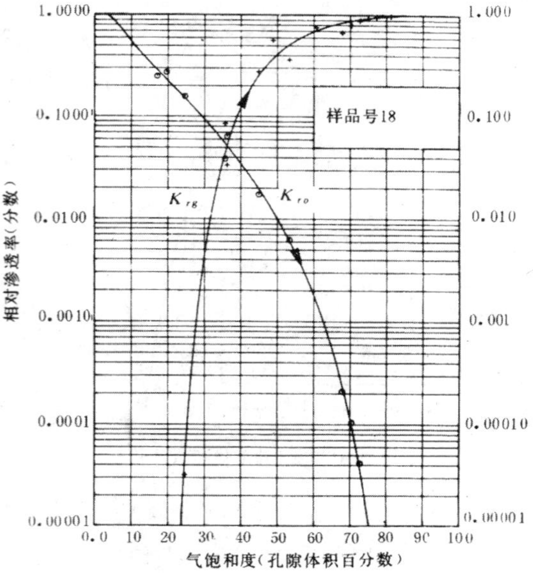

图 31.18 驱替 k_{ro} 和 k_{rg} 曲线

最后，Lin 和 Slattery[46] 及 Mohanty 和 Salter[47] 用孔隙结构（网络模型为基础求得了高度复杂情况的计算相对渗透率值。这几位作者提供了广泛的参考文献。图 31.19 和 31.20 给出了他们的某些结果。

例如，图 31.20 表明：(1) 第二次渗吸（SI）和渗吸（IM）过程的非润湿相的相对渗透率 k_{rw} 基本相同，但是低于初始驱替（PD）条件下的值；(2) 在初始驱替过程润湿相的相对渗透率 k_{rw} 比第二次驱替过程和渗吸过程的都低。换言之，这些作者的结论是传导率或者凹角和缝隙对总喉道这些特征参数的比值只在低饱和度时影响润湿相流体的渗透率。

其他近期发表的文章有 Salter 和 Moharty[48] 的文章，以及 Maini 和 Batycky[49] 的文章（见图 31.21)，前一篇文章的证明，假想每一相为树枝状和弧立结构流动的多相流模拟是正确的。后一篇文章证明温度影响端点饱和度和相对渗透率曲线的形状。关于温度影响重要性的不同观点，Sufi[50] 等人早些时候已经作过说明。

在前面介绍用离心技术确定非稳态三相相对渗透率时已经引证了 O′Meara 和 Lease[18] 的文章。这篇文章和 Maini 和 Batycky[49] 的文章只是 1983 年 10 月 5 日至 8 日在旧金山召开的石油工程师学会技术年会和展览会上发表的关于相对渗透率的 9 篇文章中的两篇。把这些文章列出来，是为了说明这一课题目前研究的深度和广度。其中 Kortekass[51] 描述了在交叉层理油藏中的驱替过程。Meads 和 Bassiouni[52] 论述把生产历史和油层物理关系结合

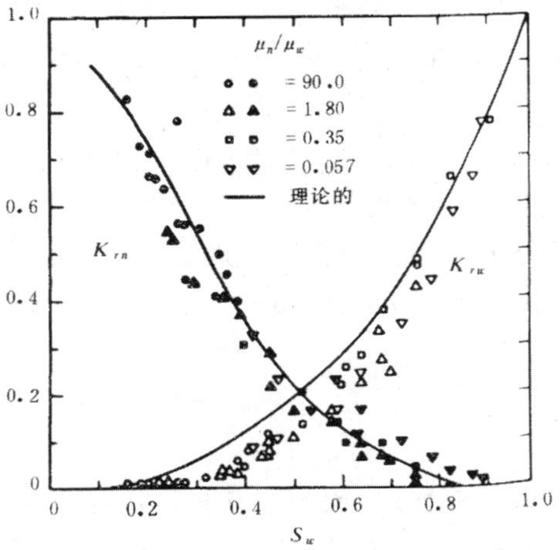

图 31.19　用随机网络模型计算的驱替相对渗透率与 100 到 200 目砂岩实验数据的对比

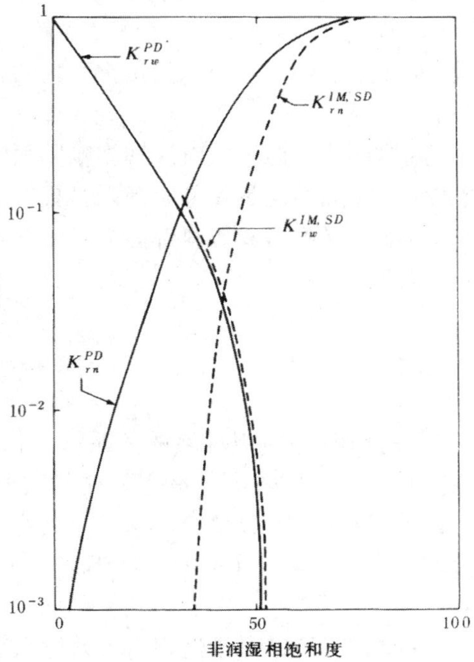

图 31.20　相对渗透率曲线

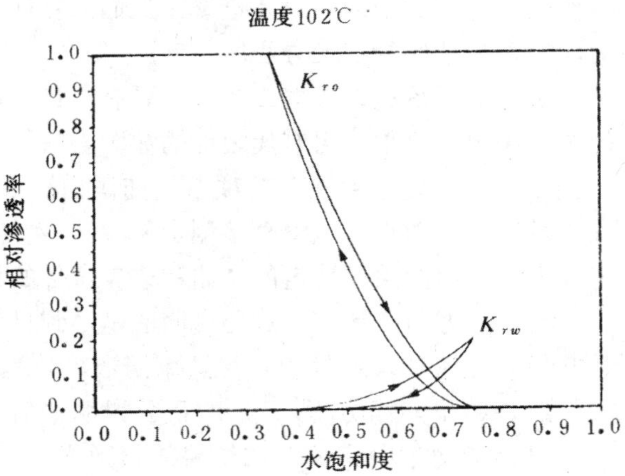

图 31.21　油和水的高温相对渗透率曲线

起来，以提高相对渗透率资料的代表性。Miller 和 Ramey[53] 进一步研究了温度对油水系统的影响。Mohanty 和 Saltar[54] 扩展了他们关于油的流动性、横向弥散和润湿性影响的研究。Falcher[55] 和 Harbert[56] 进一步研究了低界面的张力系统。Heiba[57] 论述了润湿性问题。在参考文章中，Heaciside[58] 等人研究了有关相对渗透率现象的实验和理论的各个方面。这些就是目前正在广泛讨论的问题。

七、需要注意的问题

总之，读者研究了这里引证的有代表性的文献以及广泛分散的更大量的文献之后，将会得出结论，关于这一个复杂的课题本章还不能作出最后的定论。需要进一步注意研究的问题中包括对以下效应的研究：(1) 相的变化，比如在多相流过程中气体的释放；(2) 不同密度的不混相流体之间在重力场内的非同直线流动和反向渗吸；(3) 油藏岩石的各向异性和非均质性，取样大小和取样频率的要求要根据这些特性而定；(4)“微粒”的运移；(5) 覆盖压力模拟和有关应力释放和塑性压实现象；(6) 在非混相接触流体之间的隙间界面上的粘滞阻力；(7) 化学物质的沉淀和溶解现象；(8) 化学反应；(9) 高雷诺数条件（非线性层流和紊流方式）；

(10) Klinkenberg 气体滑脱效应；(11) 浓度和热梯度对主要由机械能梯度引起的流场的影响；(12) 非牛顿流变学；(13) 具有一种以上孔隙空间类型的系统；(14) 流体／固体之间的相互作用，例如，与隙间粘土矿物的相互作用；(15) 粘性指进；(16) 与润湿性变化有关的滞后现象。

虽然理论考虑可以对这些影响因素的某些性质作出定性预测，但在最终分析中，如果可能的话，实际的定量评价应当以直接的实验工作为基础。这并不是说，在任何情况下，从一个小范围内得到实验资料都能揭示大的复杂的油藏的所有问题，而是说观察一般总比盲目猜测更可靠。

八、结　　论

无论何时提到相对渗透率课题，总会有一些问题在脑海中出现：它是怎样定义的?从哪里能得到这些数据?为什么需要这些数据?谁需要这些数据?怎样恰当应用这些数据?本章仅其中某些问题作了部分解答。这是因为这一课题太大，不可能在有限的篇幅中充分展开，同时还因为没有包括在其中的一些细节对于一般读者来讲是太专了。一般读者仅关心一般性应用。

本文介绍了绝对渗透率、有效渗透率和相对渗透率在描述油藏中流体流动微分方程中的定义，方程 (1) 和方程 (5) 是在特殊情况下应用的例子（分别用于稳态单相流和不混相流体的非稳态多相流）。显然，对于更一般的流体流动情况，例如带有化学扩散和或热传导过程的流动情况来讲，微分方程将有不同的形式。这也就是说，根据所考虑过程的性质，可能需要处理不同类型的相对渗透率。然而，在任何一种情况下都必须首先建立一个与非平衡热力学原理相适应的定义方程。

求得相对渗透率数据的方法主要有二种。较好的方法是按照定义的微分方程的合适积分形式所确定的过程，用有代表性的油藏岩石样品做实验。方程 (1) 和方程 (2) 是积分方程的例子，其中包括要测定的项（例如体积流量和样品表面边界上的压力 p_i)。因为原微分方程本身含有不能在实验室直接测定的项，(例如速度和机械能梯度)，因此要对每一种特定情况导出并使用能用于特定的初始和边界条件的积分形式的方程。

在这些方面，还有一点要说明的是，到目前为止，用不同的方法（例如前面提到的稳态和非稳态方法）求得的相对渗透率函数等效程度如何尚没有完全解决。方程 (2) 说明如何求得稳态结果，而方程 (5) 的积分说明如何求得非稳态结果，即使做了明确的实验工作，并且研究了文献中有关对比结果的报道之后，相对渗透率数据的用户今天在使用这些数据时，仍然不清楚哪一种方法最可信。

至于一般性应用，油藏工程师在解释和评价油藏开发效果和可能采用的提高采收率新方法的效果时都要应用相对渗透率数据。有关这些方面的应用，可参考本手册的其它各章（例如油藏模拟和试井分析等），这里不再进一步讨论。仅需指出，随后用于动态分析的方程必须与定义相对渗透率的流动方程和它们的积分形式相同。只要进行分析研究，就需要相对渗透率作为输入数据。其中需要说明的一点是，应避免将驱替相对渗透率曲线用于吸入过程（例如注水)。

取得相对渗透率数据的第二种方法是对所考虑的过程开发一种适合用于计算的模型。方程 (7) 和 (8) 就是这样的例子。用这些方程时所需要的实验室资料比相对渗透率函数本身更容易求得。例如，为了用方程（7）计算作为含油饱和度函数的三相原油相渗透率（这里 $S_o=1-S_w-S_g$），事先要知道的只是隙间水饱和度。当然，这种计算方法不能盲目使用，除非已经证实计算的和实验的结果是等效的。换言之，即使是最仔细导出的计算方法也不能取代已经开发和可供应用的实验室测定方法。

但计算方法通常包含解析函数，这些函数能直接进入用于定性经济预测的计算机软件。同样求相对渗透率的一种相关方法，即通过拟合所观察到的油田历史数据推断相对渗透率的方法，也在应用油藏模拟方法进行定性评价时使用。

这里提出的论点是敏感的，也是不言而喻的。目的是要把一些有用的观点传达给相对渗透率数据的用户，例如：（1）虽然数百位研究工作者在专门的实验室中工作了半个多世纪，相对渗透率方法仍然处在发展阶段；（2）相对渗透率数据的用户必须把论证的责任交给数据提供者，由他们证明所用的方法是可信的。

符号说明

A——横截面积；
A_f——沿流动路径的横截面积；
k——绝对渗透率；
k_j——流体 j（气、油或水）的有效渗透率；
k_{rj}——流体 j（气、油或水）的相对渗透率；
k_{rog}——在不含水的系统中油的相对渗透率；
k_{row}——在不含气的系统中油的相对渗透率；
k_{rw}——润湿相流体的相对渗透率；
k_{me}——微乳液扩散系数；
L——长度；
L_h——水平距离；
M_n——非润湿相流度；
M_w——润湿相流度；
p_j——流体 j 的压力；
Δp——压降；
p_c——毛管压力；
q——体积流量；
S_{gr}——残余气饱和度；
S_{ij}——S_j 的残余（最小）值；
S_{iw}——残余（隙间）的水饱和度；
S_j——第 j 种流体的分数饱和度；
S_L——总的液体饱和度；
S_{Lr}——残余液体饱和度；
S_{Lw}——润湿液体饱和度；
S_{rn}——残余的（不可采出的）非润湿流体饱和度；
S_w——水饱和度；
S_{wr}——残余水饱和度；
t——时间；
V_{fj}——流体 j 的体积；
V_{pt}——总的 PV(孔隙体积)；
Δp——压降；
μ——流体粘度；
σ——界面张力；
ϕ——孔隙度。

下标：
g——气体；
j——第 j 种流体（气、油或水）；
n——非润湿；
o——油；
w——水或者润湿相。

参 考 文 献

1. Bear, J.: *Dynamics of Fluids in Porous Media,* Elsevier Scientific Publishing Co. Inc., New York City (1972).
2. Scheidegger, A. E.: *Physics of Flow Through Porous Media,* third edition, U. of Toronto Press, Toronto, Canada (1974).
3. Richards, L. A.: "Capillary Conduction of Liquids Through Porous Mediums," *Physics* (1931) **1,** 318–33.
4. Odeh, A. S.: "Effect of Viscosity Ratio on Relative Permeability," *Trans.,* AIME (1959) **216,** 346–52.

5. Yuster, S. T.: "Theoretical Consideration of Multiphase Flow in Idealized Capillary Systems," *Proc.*, Third World Pet. Cong., The Hague (1951) 436–45.

6. Buckley, S. E. and Leverett, M. C.: "Mechanism of Fluid Displacement in Sands," *Trans.*, AIME (1942) **146,** 107–16.

7. Rose, W.: "Some Problems Connected With the Use of Classical Descriptions of Fluid / Fluid Displacement Processes," *Fundamentals of Transport Processes in Porous Media,* Elsevier Scientific Publishing Co. Inc., Amsterdam (1972) 229–40.

8. Hassler, G. L.: U. S. Patent No. 2, 345, 935 (1944).

9. Braun, E. M. and Blackwell, R. J.: "A Steady–State Technique for Measuring Oil–Water Relative Permeability Curves at Reservoir Conditions," paper SPE 10155 presented at the 1981 Annual Technical Conference and Exhibition. San Antonio, Oct. 4–7.

10. Muskat, M.: *Physical Principles of Oil Production,* McGraw–Hill Book Co. Inc., New York City (1949).

11. Osoba, J. S. *et al.*: "Laboratory Measurements of Relative Permeability," Trans AIME (1951) **192,** 47–56.

12. Rose. W.: "Some Problems in Applying the Hassler Relative Permeability Method," *J. Pet. Tech.* (July 1980) 1161–63.

13. Rose, W.: U. S. Patent No. 4, 506, 542 (1958).

14. Rose, W. and Bruce, W, A.: "Evaluation of Capillary Character in Reservoir Rock," *Trans.*, AIME (1949) **186,** 127–42.

15. Leverett, M. C.: "Capillary Behavior in Porous Solids," *Trans.*, AIME (1940) **142,** 152–69.

16. "Measurement of Relative Permeabilities by the Welge Method (Investigation)." *Revue de l' Institut Francais du Petrole* (1973) **28,** No, 5, 695–714.

17. Jones, S. C. and Roszelle, W. O.: "Graphical Techniques for Determining Relative Permeability From Displacement Experiments," *J. Pet. Tech.* (May 1978) 807–17; *Trans.*, AIME, **265.**

18. O' Meara, D. J. Jr. and Lease. W. O.: "Multiphase Relative Permeability Measurements Using an Automated Centrifuge," paper SPE 12128 presented at the 1983 SPE Annual Technical Conference and Exhibition, San Francisco. Oct. 5–8.

19. Rose, W.: "Permeability and Gas Slippage Phenomena," *Drill. and Prod. Prac.*, API, Dallas (1948) 127–35.

20. Corey, A. T. *et al.*: "Three–Phase Relative Permeability," *J. Pet. Tech.* (Nov. 1956) 63–65; *Trans.*, AIME **207.**

21. Stone, H. L.: "Probability Model for Estimating Three–Phase Relative Permeability," *J. Cdn. Pet. Tech.* (Oct. 1973) 53–59.

22. Rose, W.: "Theoretical Generalizations Leading to the Evaluation of Relative Permeability," *Trans.*, AIME (1949) **186,** 111–26.

23. Wyllie, M. R. J.: "Relative Permeability," *Petroleum Production Handbook,* SPE. Richardson, TX (1962) **2,** 1–14.

24. Rose, W.: "Some Problems of Relative Permeability Measurement," *Proc.*, Third World Pet. Cong. (1951) Sec. 2, 446–59.

25. Rose, W.: "Formation Evaluation by Reservoir Rock and Fluid Sample Analyses," paper SPE 11858 presented at the 1983 SPE Rocky Mountain Regional Meeting, Salt Lake City, May 22–25.

26. Loomis, A. G. and Crowell. D. C.: "Report of Investigations," *Bull.* 599, U. S. Bureau of Mines (1962).

27. Noar. J et al.: "Imbibition Relative Permeability in Uncon–solidated Porous Media," Soc Pet Eng. J.(March 1962)13–17; Trans., AIME,**225.**

28. Sarem, A.M.: "Three–Phase Relative Permeability Measurements by Unsteaby–State Method," *Soc. Pet. Eng. J.* (Sept. 1966) 199–205; *Trans.,* AIME, **237.**

29. Saraf, D. N. and Fatt, I.: "Three–Phase Relative Permeability Measurement Using a Nuclear Magnetic Resonance Technique for Estimating Fluid Saturation," *Soc. Pet. Eng. J.* (Sept. 1967) 235–42; Trans., AIME, **240.**

30. Balint, V. *et al.:* "Relative Permeability Curves for Oil Displacement by Carbon Dioxide," *Koolag es Foldgaz* (1971) **4,** 140–44.

31. Panteleev, V.G. *et al.:* " Influence of Carbon Dioxide on Three Phase Permeability by Oil and Water," Neftepromyslovoe delo (1973) No. 6, 11–13.

32. Lefebvre du Prey, E. J.: "Factors Affecting Liquid–Liquid Relative Permeabilities of a Consolidated Porous Medium," *Soc. Pet. Eng. J.* (Feb. 1973) 39–47.

33. Schneider, F. N. and Owens, W. W.: "Relative Permeability Studies of Gas–Water Flow Following Solvent Injection in Carbonate Rocks," *Soc. Pet. Eng. J.* (Feb. 1976) 23–30; *Trans.,* AIME, **261.**

34. Owens, W. W. and Archer, D. L.: " The Effect of Rock Wettability on Oil–Water Relative Permeability Relationships," *J. Pet. Tech.* (July 1971) 873–78; *Trans.,* AIME, **251.**

35. Bardon, C. and Longeron, D. G.: " Influence of Very Low Interfacial Tensions on Relative Permeability," *Soc. Pet. Eng. J.* (Oct. 1980) 391–401.

36. Sigmund, P. M. and McCaffery, F. G.: "An Improved Unsteady–State Procedure for Determining Relative–Permeability Characteristics of Heterogeneous Porous Media," *Soc. Pet. Eng. J.* (Feb. 1979) 15–28.

37. Hagoort, J.: "Oil Recovery by Gravity Drainage," *Soc. Pet. Eng. J.* (June 1980) 139–50.

38. Bogdanov, V. S. and Markhasin, I. L.: "Determination of Relative Permeability to Oil With Allowance for the Change in its Viscosity Due to Molecular Surface Interaction with Rock." *Izv. Vyssh. Ucheb. Zaved. Neft' i Gaz* (Oct. 1980) No. 10, 57–60.

39. Ashford, F. E.: "Determination of Two Phase and Multiphase Relative Permeability for Drainage and Imbibition Cycles Based on Capillary Pressure Measurement." Revistu Teenica Intevep (1981)1. 77–94

40. Delshad, M. *et al.:* "Multiphase Dispersion and Relative Permeability Experiments," *Soc. Pet. Eng. J.* (Aug. 1985) 524–34.

41. Yokoyama. Y. and Lake, L. W.: "The Effects of Capillary Pressure on Immiscible Displacements in Stratified Porous Media," paper SPE 10109 presented at the 1981 SPE Annual Technical Conference and Exhibition. San Antonio, Oct. 4–7.

42. Carlson, F. M.: "Simulation of Relative Permeability Hysteresis to the Nonwetting Phase." paper SPE 10157 presented at the 1981 SPE Annual Technical Conference and Exhibition, San Antonio,

Sept. 4–7.

43. Land, C. S.: "Calculation of Imbibition Relative Permeability for Two– and Three–Phase Flow from Rock Properties," *Soc. Pet. Eng. J.* (June 1968) 149–56: *Trans.*, AIME, **243.**

44. Chierici, G. L.: "Novel Relations for Drainage and Imbibition Relative Permeabilities," *Soc. Pet. Eng. J.* (June 1984) 275–76.

45. Brooks, R. H. and Corey, A. T.: Hydraulic Paper No. 3, Colorado State U. (1964).

46. Lin, C. and Slattery, J. C.: "Three–Dimensional, Randomized, Network Model for Two–Phase Flow Through Porous Media," *AIChE J.*, **28,** (1982) No. 2, 311–24.

47. Mohanty, K. K. and Salter, S. J.: "Multiphase Flow in Porous Media: II. Pore–Level Modeling," paper SPE 11018 presented at the 1982 SPE Annual Technical Conference and Exhibition, New Orleans, Sept, 26–29.

48. Salter, S.J. and Mohanty, K. K.: "Multiphase Flow in Porous Media: I. Macroscopic Observations and Modeling," paper SPE 11017 presented at the 1982 SPE Annual Technical Conference and Exhibition, New Orleans, Sept. 26–29.

49. Maini, B. B. and Batycky, J. P.: " Effect of Temperature on Heavy–Oil / Water Relative Permeabilities in Horizontally and Vertically Drilled Core Plugs," *J. Pet. Tech.* (Aug. 1985) 1500–10.

50. Sufi, A. H. *et al.*: "Temperature Effects on Relative Permeabilities of Oil–Water Systems," paper SPE 11071 presenteel at the 1982 SPE Annual Technical Conference and Exhibition, New Orleans, Sept. 26–29.

51. Kortekaas, T. F. M: "Water / Oil Displacement Characteristics in Crossbedded Reservoir Zones," *Soc. Pet. Eng. J.* (Dec. 1985) 917–26.

52. Meads, R. and Bassiouni, Z.: "Combining Production History and Petrophysical Correlations to Obtain More Representative Relative Permeability Data," paper SPE 12113 presented at the 1983 SPE Annual Technical Conference and Exhibition, San Francisco, Oct. 5–8.

53. Miller, M. A. and Ramey, H. J. Jr.: " Effect of Temperature on Heavy–Oil / Water Relative Permeabilities of Unconsolidated and Consolidated Sands," *Soc. Pet. Eng. J.* (Dec. 1985) 945–54.

54. Mohanty, K. K. and Salter, S. J.: "Multiphase Flow in Porous Media: Part 3–Oil Mobilization, Transverse Dispersion, and Wettability." paper SPE 12127 presented at the 1983 SPE Annual Technical Conference and Exhibition, San Francisco, Oct. 5–8.

55. Fulcher, R. A. *et al.*: "Effect of Capillary Number and Its Constituents on Two–Phase Relative Permeability Curves," *J. Pet. Tech.* (Feb. 1985) 249–60.

56. Harbert, L. W.: "Low–Interfacial–Tension Relative Permeability." paper SPE 12171 presented at the 1983 SPE Annual Technical Conference and Exhibition, San Francisco, Oct. 5–8.

57. Heiba, A. A. *et al.*: "Effect of Wettability on Two–Phase Relative Permeabilities and Capillary Pressures," paper SPE 12172 presented at the 1983 SPE Annual Technical Conference and Exhibition, San Francisco, Oct. 5–8.

58. Heaviside, J., Black, C. J. J., and Berry, J. F.: "Fundamentals of Relative Permeability: Experimental and Theoretical Considerations," paper SPE 12173 presented at the 1983 SPE Annual Technical Conference and Exhibition. San Francisco, Oct. 5–8.

第三十二章　油藏圈闭

Raymond T.Skirvin，J.R.Butler and Co.
Brian E.Ausburn，J.R.Butler and Co.[1]　　林晓　译

一、引　　言

油藏圈闭是一些自然条件的组合体，这些自然条件能使烃类液体和（或）气体及水聚集在孔隙性和渗透性岩石中，并能防止它们由于相对密度、压力、液体或气体性质和（或）岩性等方面的差异而发生垂向或横向散逸。圈闭具有收容、保留和产出烃类流体和水的能力。

含有石油和（或）天然气聚集的圈闭部分叫做油藏。油藏一般只占据圈闭的有限容积，其余部分则为地层水所占据，地层水分布在石油聚集的下面并分散在石油聚集中。

圈闭是由各种各样构造和地层条件的岩层与储集岩中各种流体之间的压力差异相结合而形成的。一个圈闭由一个孔隙性、渗透性岩层和一个覆盖在其上面的不渗透的盖层组成。储集层中的压力梯度和流体流动可以形成一些不具有构造闭合度的圈闭。当存在这些压力梯度时，油、水之间或气、水之间的界面不一定是平的或水平的。但是一般说来，圈闭都具有构造闭合度，并且当我们从下向上看时，不渗透的盖层是个凹面，如果有油气存在，可以防止油气发生垂向和横向散逸。油、气下面的水对油水界面或接触面施加浮力，使油、气上升并保留在构造顶部或具最小静水压力的地带内。

二、圈 闭 分 类

从逻辑上说，圈闭可以概括性地划分为三大类：1）构造的；2）地层的；3）复合的。地质家们为了想把对油藏起作用的所有因素和条件都包罗进来，还做了更为详细的分类。有许多油藏具有独特的性质，使油聚集在某一个特定的位置。本章的目的是阐述一些形成圈闭的较普遍的地质条件，并指出哪些有助于在原地形成和保留石油聚集的无数小变化中的少数变化。

1.构造圈闭

构造指岩石变形的某些形式，通常用正向隆起表示，这种隆起可形成四面倾斜的闭合。如果地层条件适当，就会形成构造圈闭。穹隆、背斜和褶皱都是常见的构造。与断层有关的构造在具有闭合度时也可划入构造圈闭范围。构造圈闭最容易通过地面地质、地下地质和地球物理工作来确定，也是圈闭中数量最多的一种，在寻找石油的工作中，构造圈闭比其它类型的圈闭得到更多的重视。在新探区中，重点寻找的是有潜力的储集岩、生油岩和构造变动。这种构造变动为好几种构造圈闭的形成提供机会。

---

[1] 1962年版本章作者是Fred L.Oliver。

穹隆、背斜和褶皱　穹隆、背斜和褶皱一般必须具有构造闭合度才能形成有效圈闭。储集岩必须从构造顶部向四周方向倾没。如果没有从构造顶部向四周方向倾没，但却有烃类存在，则必然有其它自然条件来协助完善这个圈闭。

对于由沉积岩的构造变动而形成的穹隆、背斜和褶皱来说，由于变动在垂向上可贯穿一些潜在的储集层，往往会形成许多有潜力的圈闭。因此，如果在一个穹隆构造顶部进行钻探，一口井就可能揭示许多可能的产层。

图 32.1，32.2 和 32.3 是加利福尼亚州的 Kettleman Hills、Midway 和 Santa Fe Springs 油田的横剖面图。这些都是简单褶皱形成许多分隔开的油气聚集的例子。在每个例子中，各种油藏之间的分隔情况用大部分油藏的不同的油、水和气、水界面表示出来。Midway 油田的剖面还给出了在背斜褶皱翼部形成的地层圈闭。

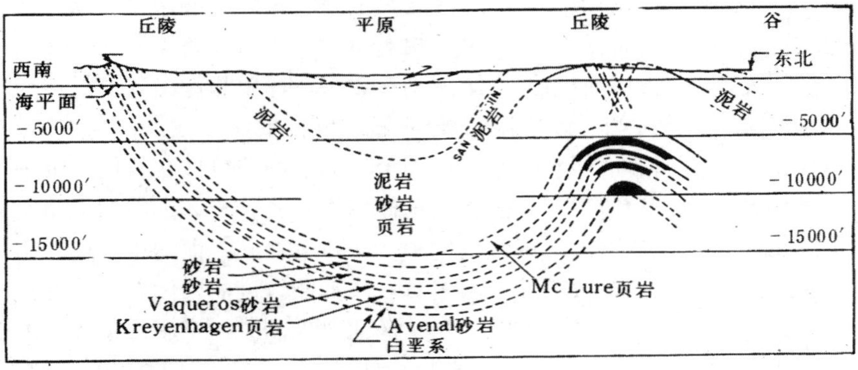

图 32.1　背斜褶皱形成构造圈闭的例子——Kettleman Hills 油田

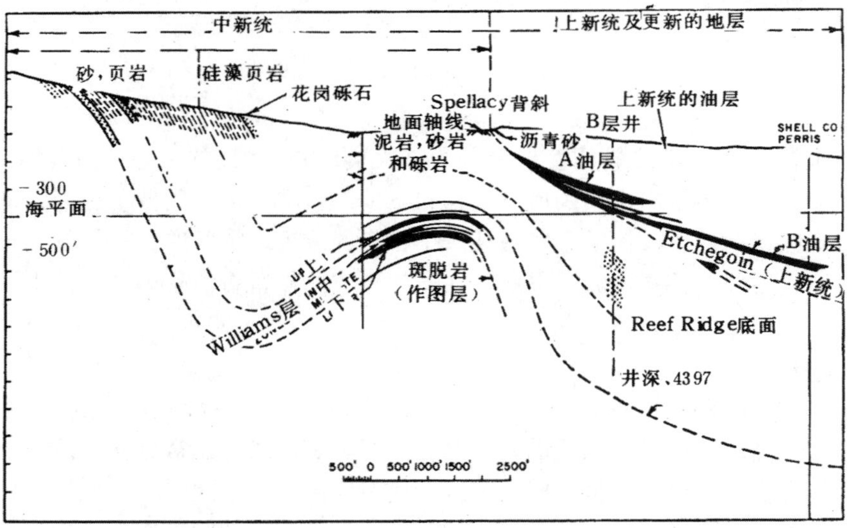

图 32.2　背斜褶皱形成构造和地层圈闭的例子——Midway 油田

褶皱、背斜和穹隆构造是地下研究工作中最容易解释的构造。其规模可从数英亩到数千英亩。褶皱和背斜是由地壳挤压力或拉张力或沉积物的差异压实造成的。不对称背斜、倒转背斜、逆冲断层和断裂一般出现在挤压区。对称褶皱和背斜、低角度正断层、单斜、均斜及

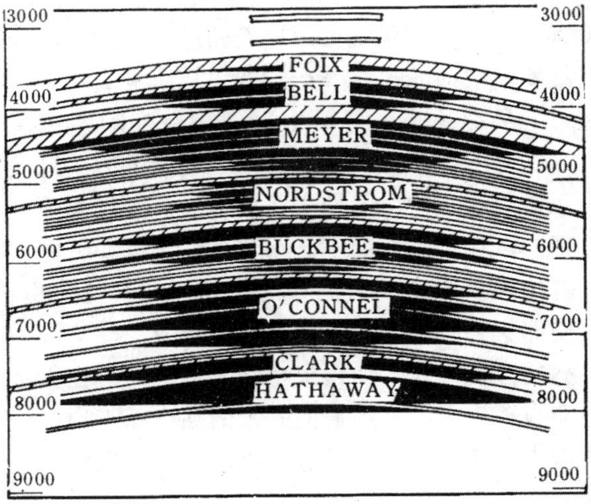

图 32.3 背斜褶皱形成许多分隔的油藏实例——Santa Fe Springs 油田

低幅度穹隆构造一般出现在张力区或压实区。

山区通常是挤压力造成的。扭力和剪切力常造成局部性的复杂构造，但一般这些力是由更为区域性的地壳挤压力引起的。

稳定区或沉降区是造山挤压区的对应物。这些区的构造有的是由差异下沉造成的，如美国中大陆地区，有的是由于地壳的拉长造成的，如得克萨斯及路易斯安那州的墨西哥湾沿岸地区。这种拉长运动引起区域性水平张力，形成一些简单的和比较容易预测的局部构造。平行于现今美国海湾岸线的许多富含油气的构造和地层含油带就是区域性下沉和张性力的结果。

断层圈闭 断层圈闭划归为构造圈闭，这种圈闭的闭合情况在一个或更多方向上受到断层影响，或者断层使油藏形态产生一定变化（如沿走向滑移的断层）。有许多构造是断层发育，但不受断层的限制或油藏形态也不因有断层而改变。断层圈闭既可出现在上升断块，也可出现在下降断块。挨着断层的闭合可以是由于断层走向横切区域倾斜地层或横切背斜或穹隆而形成。地垒和地堑及其他封闭性断块可形成相对不太闭合的圈闭。

正断层或重力断层 （图 32.4）是张力或重力作用的结果。断层面相对于水平面的角度一般为 25°到 60°。正断层牵涉到地壳的水平拉长，在地下可根据钻过断层面的井下地层的缺失来辩认。在地球物理资料中，可根据反射界面连续性的中断来辩认正断层。

两种常见的与正断层有关的圈闭是：1）断层圈闭；2）滚动断层圈闭。任何被断层垂直切割的鼻状构造都能形成圈闭。断层向哪一个方向断落并不重要，但断层造成的圈闭却很重要。例如：一个被断层垂直切割的向南倾没的鼻状构造将形成一个有潜力的圈闭，断落方向可以是任意的。当断层起封闭作用或潜在储集层与断层另一面的页岩或其它不渗透地层相接时，都能形成圈闭。

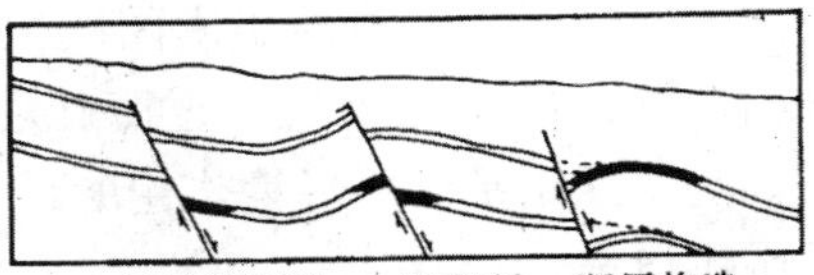

图 32.4 断层圈闭实例——正断层或重力断层

重力型断层由于涉及应力的类型，通常出现在张性区和穹隆及背斜的顶部。在这种环境中断层圈闭很普遍，烃类聚集可出现在上升断块或下降断块、地垒及（或）地堑中。

滚动断层闭合往往出现在接受大量沉积物的沉积盆地中。闭合是由于沉积和断层的同期运动而在下降盘上形成的。这种相互作用，使活动断层面附近产生更强的沉积作用，造成沉积物向着断层面“下弯”，这种“下弯”引起倾向的反转，产生闭合。这种类型的圈闭在美国墨西哥湾沿岸的新生代地层中极为普遍。

逆断层或冲断层 （图 32.5）是由挤压力造成的并与地壳的水平缩短有关。断层面与

水平面的夹角可从几度到 90°。在地下，可通过钻穿断层面的井中的地层剖面的重复来辩认这种断层。这种性质的构造圈闭在北美东、西海岸都很常见。挨着断层的圈闭情况与断层面对孔隙性储集岩的封闭情况及对穿过或沿着断层面的运移所产生的阻挡程度有关。

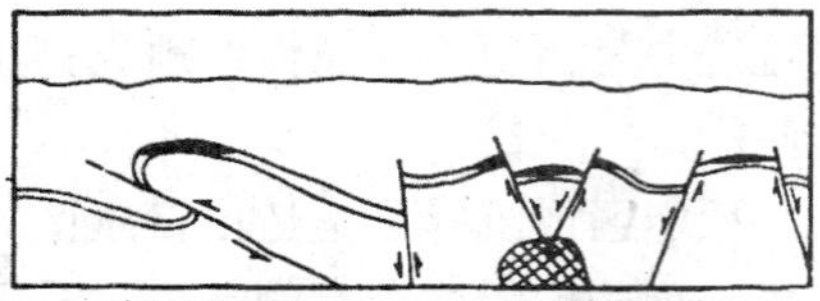

图 32.5　断层圈闭例子——逆断层或冲断层

裂缝地层　通常由局部构造变动、断裂和褶皱、能引起下伏地层扩张的上覆层的减少以及差异压实等造成的。脆性岩石由于没有弹性而更容易受影响。在许多情况下，小节理、裂缝和缝隙常为溶解作用所改造，并与初次孔隙和二次孔隙相结合，使储集孔隙和渗透率变得更为有效。储集层中的裂缝使井径加大，使很致密和非渗透区能在大范围内向裂缝渗流，并与通向井眼的通道相连通。

由于断裂的作用，有时火山岩和变质岩也能产出油气。裂缝提供了储集空间和能使油气在储集层中运移，聚集和产出的渗透性。

裂缝地层中出现的圈闭必须有更具塑性的或不易碎裂的、且没有由于构造变动而产生裂缝的岩石所覆盖。否则，运移作用会通过裂缝发生而不能形成圈闭。

当断层作用产生断裂时，油气的产出被限制在沿着断层的一个窄带中。当褶皱或其它构造变动引起断裂时，则油藏的形态会变得非常复杂，其生产动态也变得很难预测。一般说来，构造变动最厉害的地区，裂缝数量也就最多，井的生产动态也会更好，并可采出更多的油气。

2.地层圈闭

地层变化造成的圈闭具有与构造圈闭相同的物理要求。这是储集岩在上倾方向受到限制或尖灭，从而形成一个流体动力能量最小的地带或一个凹形闭合。在构造限制情况下，这是由于储集层产生断层或倒转而产生的。在地层圈闭中，这种限制作用是由孔隙性和渗透性的变化而产生的。沉积环境变化、地层截断和差异压实会引起无沉积作用、剥蚀和超复、岩相和岩性变化，从而造成孔隙性和渗透性的变化。

地层圈闭可分成原生圈闭次生圈闭两种。原生圈闭是在沉积作用期间形成的。透镜体、岩相变化、鞋带状砂层、近海砂坝、礁和碎屑灰岩或白云岩油藏等都可划归为原生地层圈闭。次生圈闭是一些后期作用的结果，如：溶解作用、胶结作用、剥蚀、断裂和化学蚀变或置换作用等。

原生地层圈闭　这类圈闭是碎屑或化学物质沉积作用形成的。鞋带状砂层、透镜体、点状砂、砂坝、河道充填、岩相变化、海滨线（岸线）沉积、介壳灰岩及风化过或重新沉积的火山物质都划归为碎屑沉积物，并能形成地层圈闭。图 32.6 是得克萨斯州 Live Oak 县 Atkinson 油田西北一个构造—地层圈闭的解释剖面[2]。一条被砂子充填的古曲流河道切入到较老的向南倾斜的页岩中，形成了一个很完整的地层圈闭。图 32.7 是得克萨斯州 Lavaca 县 Yoakum 河道的一个横切面[3]，这是一个充填了页岩的河道的例子。这个插塞状页岩为向西倾没的构造鼻状的油藏提供了封闭作用，烃类被捕集在储集层上倾被截断的部分。

有机礁体或生物礁和生物滩是原生化学地层圈闭，由有机质建造而成，对于周围沉积物来说，他们是外来体。得克萨斯州 Scurry 县 Scurry 油田的横剖面（图 32.8）是原生化学地层圈闭的实例[4]。Strawn 和 Cisco Canyon 群是灰岩礁，较新的沉积物沉积在其翼部并最终覆盖了礁体顶部。这些页岩起盖层作用。沉积在礁翼部的较厚的页岩与沉积在礁顶部的较

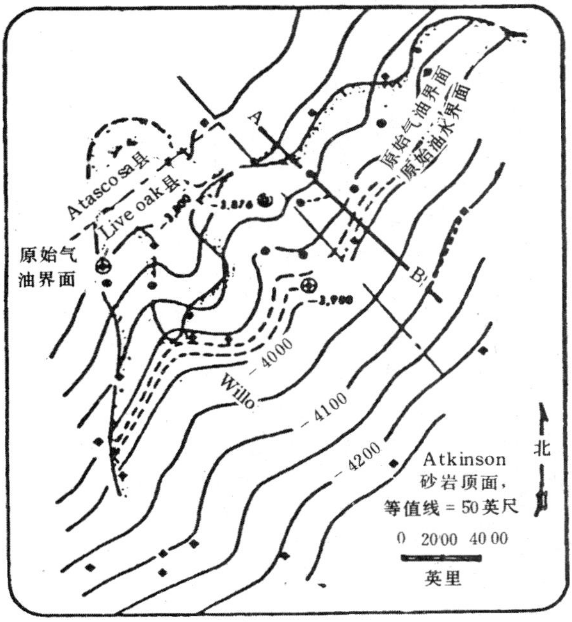

图 32.6 得克萨斯州 Atkinson 油田西北构造—地层解释剖面

薄的页岩所引起的差异压实使较新的上覆地层中产生构造圈闭。这种差异压实的结果使烃类聚集在 Cisco 和 Fuller 层中。其他储集层中的圈闭是渗透性和孔隙性在上倾方向出现变化产生阻挡作用而形成的，既是原生的又是次生的地层圈闭。

次生地层圈闭　这种类型的圈闭是在储集层沉积以后，其中一部分由于溶解作用或化学置换引起剥蚀和（或）蚀变而形成的。

次生圈闭实际上应划入复合圈闭中，因为这种圈闭大部分与储集岩孔隙和渗透性发育或限制作用某一阶段的构造起伏有关或是其结果。但是，许多所谓的典型“地层圈闭”都划入这个范畴，而且人们感到要想改变这个名词的历史用法是不可能的。因此，本文中定义次生地层圈闭为沉积以后形成的圈闭，并且具有因岩性变化而造成的限制作用。

剥蚀作用能截断储集层，形成大量次生地层圈闭。上超沉积（当水体向陆地方向侵入时）、退伏沉积（当水体退出时）和灰岩的化学蚀变作用能形成许多次生地层圈闭。

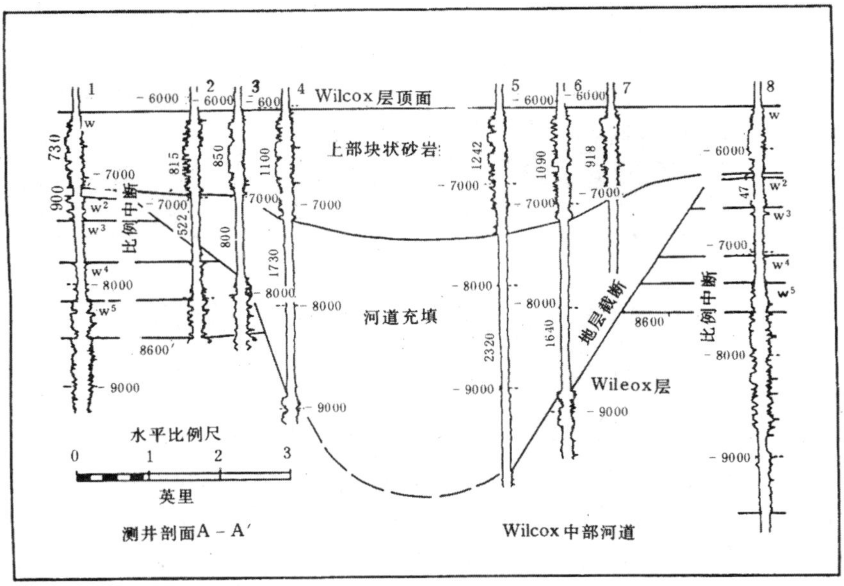

图 32.7 Wil cox Yaakum 上部河道地层剖面图

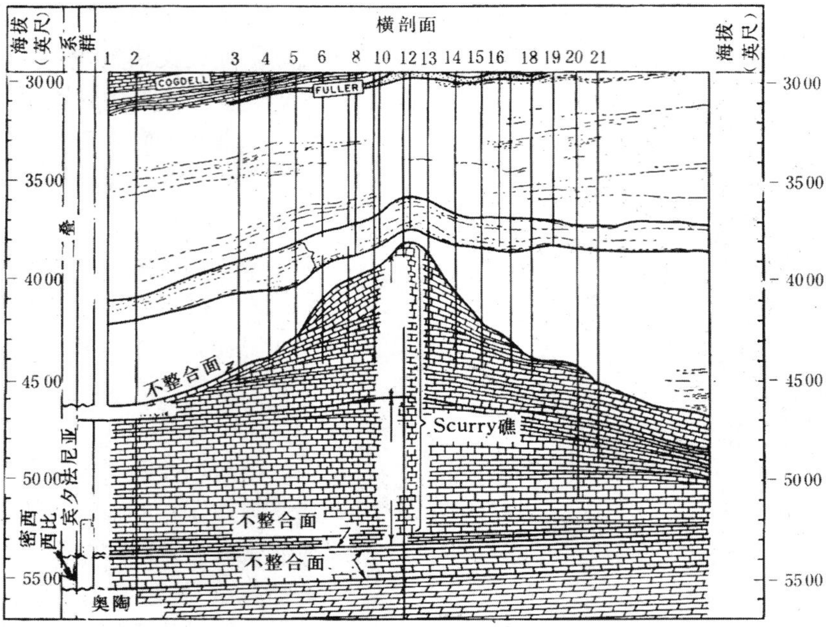

图 32.8 礁块地层圈闭实例——Scurry 油田构造和剖面

East Texas 油田可能是最著名的次生地层圈闭油田（图 32.9 和 32.10），这是 Woodbine 地层在 Sabine 区域性隆起附近被截断而形成的[5]。不整合面上的水对胶结物产生一定程度的淋滤作用，使油田部位上的 Woodbine 砂层的孔隙度和渗透率比在得克萨斯盆地更深部位的要高。

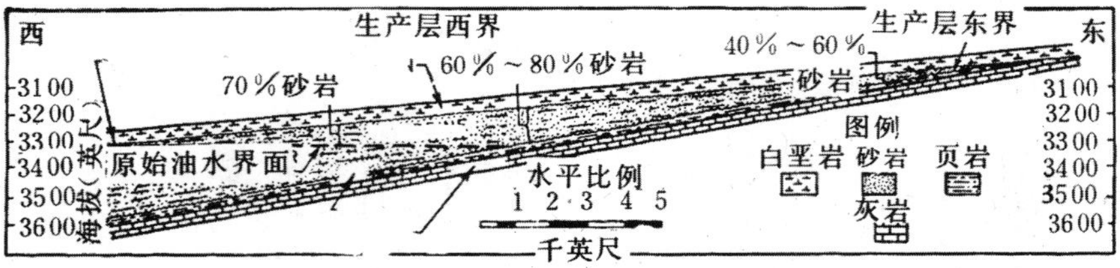

图 32.9 次生地层圈闭实例——East Texas 油田的构造和剖面

3.复合圈闭

复合圈闭是储集岩只覆盖部分构造的构造闭合或构造变动。构造变动和地层变化对这种类型构造的形成都起重要作用。这种性质的圈闭要依赖地层的变化对渗透性和构造的限制作用来形成闭合并完善圈闭。在背斜、穹隆或其他能使储集岩发生倾斜的构造上，上倾部位的泥岩封闭、海滨线和岩相变化可形成许多复合圈闭。不整合面、孔隙性岩石的超覆和截断在形成复合圈闭方面具有同等重要的作用。断层也是许多这种圈闭的一个控制因素。沥青封堵和其他次生封堵物也有助于形成这种圈闭。

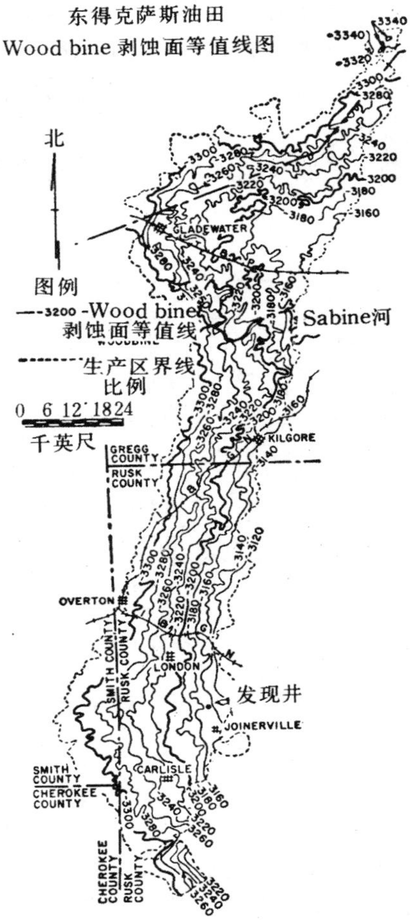

图 32.10　次生地层圈闭实例——East Texas 油田构造和剖面

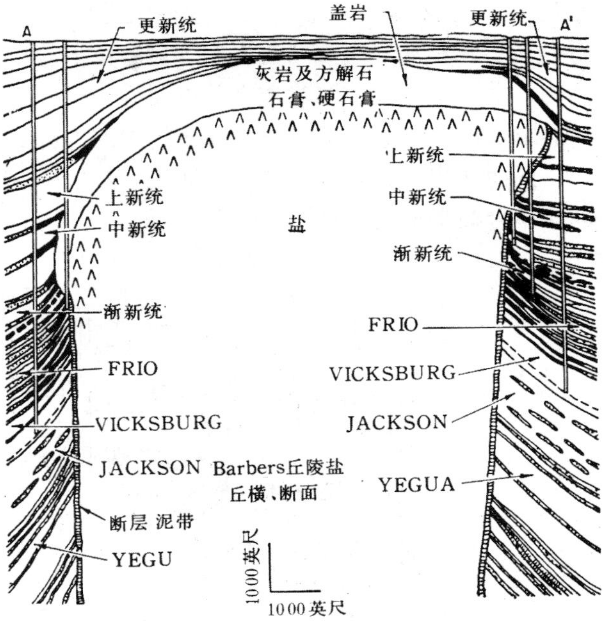

图 32.11　刺穿型盐丘的例子，可以看到砂层在盐柱翌部被截断而形成油藏圈闭

盐丘　这种构造的重要性足以进行单独划类，但是他们有时难以辩认，而且许多这种圈闭是由地层变化和构造变动一起造成的。

岩石向上覆沉积物的侵入可以形成许多不同类型的圈闭。虽然某些岩浆侵入活动也能形成油气圈闭，但盐的侵入与烃类圈闭的伴生关系更为普遍。

盐丘可分为刺穿的、中深的及深部的盐丘。盐栓或盐体从深部向上运动穿透上覆沉积物，在没有被盐丘所穿过的沉积物中形成圈闭。大部分盐丘的侵入要经历很长的地质时间才能达到它们目前在地壳上的位置。有些盐丘至今还在生长。所有的盐丘显然是断断续续生长的，因而使砂层在某些时候沉积在构造的顶部，而在另外一些时候仅沉积在构造的翌部。盐体向上穿越围岩的运动可形成许多复杂的构造和沉积变化。径向的和周边的断层为盐丘向上覆沉积岩的穿越提供了通道。有时，上覆地层的压实程度足以使盐柱的生长停止或受到阻滞。而在另外的时间，盐丘明显地随沉积作用持续地同时生长。某些盐丘的盐体往往穿达地表或接近地表，这时地下水对侵入的盐体会产生作用。有些盐丘非常接近地面，有些已经到达地表，形成现代的盐丘突起。在降雨量非常少的地区，如伊朗西南部，盐体已高出周围地面达 5000 英尺。

深层盐丘一般指位于目前钻井还不能钻到的比较深的盐丘。这些盐丘可根据上覆的具有特征的构造或地球物理资料来识别。这些资料可证实在 12000 英尺及更深部位的盐层的存在，并认为这些盐丘已造成上覆的复杂构造。中深层盐丘可暂时定义为深度超过 2500 英尺的盐丘，但目前已经钻穿的盐丘深度小于 12000 英尺。

圈闭一般出现在盐丘翌部。砂层在盐体边上发生断裂、变动或截断，而且由于伴生的隆起运动，还会发生岩相变化。这种情况可以从图 32.11 中看到[6]。圈闭还出现在由方解石、硬石膏和灰岩组成的盖岩中。盖岩位于盐柱顶部，是盐柱顶部盐层溶解后形成的不溶残余物。盖岩中的孔隙和渗透性是由裂缝作用、溶触作用、化学蚀变作用或这些作用的综合作用而形成的，并且一般只出现在盖岩中的方解石或灰岩部位。

圈闭还出现在盐体上方，可能完全是由构造圈闭、断层、差异压实或地层变化与构造变动相结合而形成的，如图 32.12[7] 所示。

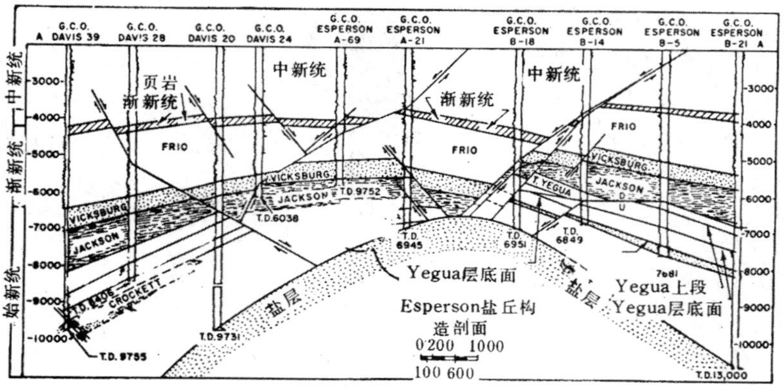

图 32.12　在侵入的盐体上方出现的由构造、地层变化和复杂断层的综合作用而形成的圈闭

三、储集岩特性

油藏的分类❶可根据所包含的岩石的结构、成分和来源做出，或根据油藏圈闭的几何形态划分。根据岩石结构和成分来划分油藏有助于预测油藏动态。储集岩矿物学方面的变化对油藏动态所起的重要作用不亚于储集岩的构造形态或面积分布的作用。

沉积型储集岩可分为两类：化学型和碎屑型。沉积的岩石是由来自较老的岩石的物质经风化、分解、剥蚀和沉积而形成的。碎屑或岩屑岩石是由一些被风或水搬运来的碎片形成的，当这些碎片的重量超过搬运介质（风或水）的携带能力时，就从悬浮状态沉积下来。化学岩是由水溶液中的物质在有机物的生长和沉积作用或由封闭盆地中海水的蒸发作用沉淀出来而形成的；海水的蒸发作用能使盐和其他蒸发岩沉淀下来。表 32.1 是储集岩分类表。

表 32.1　储集岩

碎屑和岩屑孔隙
(1) 砂岩、砾状砂岩和砾岩（纯净的、含泥质的、粉砂质的、含煤的等）
(2) 孔隙性钙质砂岩和硅质砂岩（胶结作用不完全）
(3) 长石质砂岩，长石砂岩，长石质砾岩（花岗岩冲积物）
(4) 碎屑灰岩和白云岩、鲕状和豆状灰岩、贝壳灰岩和具壳角砾岩。

❶详见参考文献〔8和9〕。

续表

裂缝孔隙
(1) 裂缝砂岩和砾岩
(2) 裂缝灰岩、页岩和燧石
结晶孔隙
(1) 结晶灰岩和白云岩
(2) 砂糖状、白云岩“砂糖状”孔隙
溶解孔隙
(1) 结晶灰岩和白云岩
(2) 洞穴状灰岩和白云岩
(3) 孔隙性盖岩
(4) 蜂窝状硬石膏
(5) 鲕碎屑灰岩

1.碎屑储集岩

碎屑或岩屑粒状储集岩 可根据与物源、搬运距离和沉积环境的变化有关的岩石类型来分类。

石英质类型 石英质类型的沉积岩在地质上的宁静时期出现在由浅海包围的相对平坦的海岸平原上。在这种条件下风化作用和化学分解作用最强，剥蚀作用最弱。只有最稳定的矿物能保留下来，而且分选得很好，在结构和成分上往往很均一。最常见的是分布很广的席状砂和页岩，而且砂岩的垂向和横向渗透率都很高。这种油藏驱油机理一般是水驱，而且由于储集岩均匀，一般规律是采用一次采油方法就可以达到高的采收率。得克萨斯至佛罗里达州的墨西哥湾沿岸的海岸平原、海湾和大陆架具有这种类型沉积所需要的典型的自然条件。

硬砂质沉积物 这些沉积岩出现在地质活动性中等的时期。海岸区具中等程度的隆起，沉积盆地变深，大陆架变窄。剥蚀作用加强和运移距离变短，使沉积物的风化和化学分解都不完全，并且一些较不稳定的矿物也能保存下来。陆地和邻近盆地的地区都不稳定，不时发生小规模的地壳均衡调整活动，使正在沉积的沉积物发生一些突然变化。这就造成分选差、透镜状、孔隙和渗透性变化不规则和不均质的沉积。垂向渗透性差，水驱作用和重力泄油作用有限。开发方式一般是溶解气驱，进行二次采油很有效。新英格兰海岸具有形成这种类型沉积物所需要的典型环境。

长石质沉积物 长石质沉积物形成于强烈造山活动期中。一些陆上地区由于强烈上升而高出其他陆上地区和（或）海岸带。断裂和大型地壳均恒调整活动频繁出现。大陆架很窄或消失。由于最强烈的剥蚀作用和搬运距离短，使化学分解和风化作用几乎不能发生。沉积物还来不及发生分选和风化作用就已沉积下来并为新的沉积物所覆盖。这种厚层不均质沉积物中含有不稳定矿物。透镜体、尖灭和不整合面可以发育形成高孔隙性地层圈闭。这样形成的油藏一般是溶解气驱的，而且采收率低。加利福尼亚海岸大部分地区具有形成长石质沉积物的典型沉积环境。

2.化学型储集岩

灰岩和白云岩 灰岩和白云岩也在宁静的地质环境中沉积的。灰质沉积物的沉积作用出现于佛罗里达西海岸一带及巴哈马群岛部分地区，而附近其它局部地区沉积碎屑沉积岩。

碳酸盐岩储集岩 碳酸盐岩储集岩包括礁、碎屑灰岩、化学灰岩以及白云岩。孔隙可能

是晶间的、粒间的、鲕或鲕碎屑的、裂开晶洞的、化石（遗体）的、孔洞的或砂糖状结构的。碳酸盐储集岩的生产特性变化很大，几乎完全取决于孔隙和裂缝发育的情况及由此而形成的渗透性。

其它类型的储集岩在表 32.2 中列出。

表 32.2 储集岩类型

页岩储集岩
有时出现在脆性、硅质裂缝性页岩中
硬石膏型蒸发岩
其孔隙由循环水的淋滤而产生
火山岩或变质岩
(1) 很不普及
(2) 当裂缝或风化作用形成次生孔隙时，有时含油
(3) 最有名的火山岩油藏是得克萨斯州 Bastrop 县和 Caldwell 县的蛇纹岩柱

四、术语汇编

生物礁 一种由固定附着生物（如珊瑚、藻、有孔虫、软体动物、腹足动物）建造的山丘形、圆丘形、透镜形或礁状岩体。这种岩体几乎无一例外地由这些生物的钙质残体组成，并为其它不同岩性的岩石所封闭或包围。

生物滩 一种明显成层状、分布广阔的透镜状席状岩体，主要由固定附着生物的残体建造和建成，但不外凸形成土丘形或透镜形。这种生物层有贝壳层、海百合层、珊瑚层或目前还在形成过程中的现代礁。

角砾岩 由棱角状破碎的碎屑组成的粗粒碎屑岩，其碎屑由矿物胶结物或细粒基质固结在一起。

闭合度 地下褶皱、穹窿或其它构造圈闭中，构造最高点和最低闭合构造等高线之间的垂直距离。四面倾斜的情况由能够表示出从闭合顶部向四个方向倾斜的、正交的轴向测线和横测线来控制。

贝壳灰岩 一种完全或主要由经机械分选的化石碎屑组成的碎屑灰岩。这种碎屑在到达沉积地之前经过磨蚀和搬运，胶结程度差到中等，但还不完全固结。

碎屑 与岩石、矿物和沉积岩碎片有关或由它们形成。这个名词可以表示物源是沉积盆地内的还是盆地外的。

相 一个岩石单位的形态、产状和特点，通常反映其来源条件，尤其是能把岩石单位与邻近的或伴生的单位区分开来。

地堑 一种长条状、相对下沉的地壳单位或地块，沿其长边为断层所限。

地垒 一种长条状，相对隆起的地壳单位或地块，沿其长边为断层所限。

最小流体动能：本文所指的是一种由于储集岩的非渗透性而形成的地质部位或条件，在这里流动动力活动停止。

局部地壳均衡调整：地球岩石圈的局部调整，以保持不同质量和密度的单元之间的均衡；上面的过剩质量由下面的密度不足来平衡，反之亦然。

正断层 上盘相对于下盘向下运动的断层。断层角度一般45°到90°。低角度正断层指断层角度小于45°的正断层。

退覆沉积 在一个整合岩层层序中，沉积单元的上倾终止点呈不断向海后退的形式。连续沉积的更新的地层单元总是留下其下伏的老地层的一部分出露于外。这种地层横向延伸方面的持续收缩（从向上的层序所看到的）是由于沉积物沉积于收缩海或上升陆块边缘的结果。

超覆沉积作用 在一个整合岩层层序中，沉积单元有规律地、不断地向沉积盆地边缘或海岸方向尖灭，每个单元的边界都为下一个上覆单元的边界所超过，反过来说，每个单元的终止点都超出参考点。

空鲕粒 鲕状岩中见到的一种小的半球状孔穴，是鲕石在基质不受到破坏情况下发生选择性溶解作用而形成的。

空鲕粒孔隙 在鲕状岩中由于鲕石的分解和空鲕粒的形成而产生的孔隙。

鲕石 一种在沉积岩中类似于鱼卵的小的圆形的或椭圆形的生长体，一般由碳酸钙组成，直径0.25～2毫米。

豆石 沉积岩中一种小的圆形或椭圆形的生长体，大小和形状类似一颗豌豆，是组成豆状岩的一种颗粒，往往由碳酸钙组成，有些则可能是生物化学藻壳化作用的产物。豆石比鲕石大，形状不如鲕石规则。

豆状的 与豆状岩或由豆石或豌豆状颗粒组成的岩石结构有关的。

豆状灰岩 具豆状结构的灰岩。

砂糖状的 类似于糖的颗粒状或结晶结构。

贝壳角砾岩 由呈棱角状破碎的贝壳碎屑组成的角砾岩。

鞋带状砂层 鞋带状砂或砂岩往往埋藏在泥岩或页岩中，如埋藏砂坝或河道充填。

海滨线 静止水体与陆地相接的短暂的线或水平线。岸线，特别是古岸线现在已上升到目前水准线以上。

走向平移断层 一种运动方向平行于断层走向的断层。

扭力 由作用在不同的、但相互平行的平面上以共同轴进行相对运动的两个力偶产生的应力状态。扭断层是扭切断层或横断层，其断层面或多或少是垂直的。

截断 使地质构造或地形的顶端或终端发生切失或断失的作用或情况，如剥蚀所造成的情况。

不整合 地质记录的重要中断或缺失。在这种情况下，一个岩石单位为另一个在地层层序上不相邻的岩石单位所覆盖，如沉积岩沉积层序在连续性方面的突然中断，或被剥削的火山岩和更新的沉积地层之间的间断。不整合是由引起沉积在相当长的时期内停止活动的变动形成的，它一般意味着隆起和剥蚀作用，使原先形成的地质记录消失。

参考文献

1. Galloway, T. J.: Bull. 118, Californa Division of Mines, Sacramento (Aug. 1957).

2. Sams, H.: "Atkinson Field; Good Example of "Subtle Stratigraphic Trap," *Oil and Gas J.* (Aug. 12, 1974), 145–63.

3. Hoyt, W. V.: "Erosional Channel in the Middle Wilcox Near Yoakum, Lavaca County, Texas,"

Trans., Gulf Coast Assn. of Geological Societies (Nov. 1959) **9,** 41–50.

4. "Occurrence of Oil and Gas in West Texas," F. A. Herald (ed.) Bureau of Economic Geology and West Texas Geological Soc. (Aug. 1957).
5. "Occurrence of Oil and Gas in Northeast Texas," F. A. Herald (ed.) Bureau of Economic Geology and East Texas Geological Soc. (April 1951).
6. *An Introduction to Gulf Coast Oil Fields*, Houston Geological Soc. (1941).
7. *A Guide Book*, Houston Geological Soc. (1953).
8. Pirson, S. J.: *Oil Reservoir Engineering*, second edition, McGraw–Hill Book Co. Inc., New York City (1958).
9. Krynine, P. D.: "The Megascopic Study and Field Classification of Sedimentary Rocks," *J. Geol.*, **56,** No. 2.

第三十三章 井 底 压 力

G. J. Plisga，Sohio Alaska Petroleum Co.[1]

童宪章 译

一、引　　言

大约在1930年左右，开始应用井底压力（BHP）来改善采油工作并解决油藏工程问题。最先根据井内液面计算油井内的压力，以后则向油管内注入气体直到压力不变为止。最早的井底压力测量则是应用测压筒和最高压力指示（或记录）的井下压力计来进行工作的，这一类的压力计在精度、可靠性和耐用程度上都达不到现在所要求的水平。这种早期的压力测量是不定期的，或是点测试的，而不是一种系统工程监测方法。

二、井底压力测量仪器

由于研制成功了小直径的，可以下入油管的，能作出精确记录的井下压力计，这才有可能获得足够数量的井底压力测量结果，把压力测量发展成为油藏工程不可缺少的一门科学。现在，一般使用连续记录的井下压力计来测量井底压力，它们是一种本身配套的或是地面记录式的压力计。

1. 本身配套的井下压力计

到处通用的是一种机械式本身配套的井下压力计。这种压力计的压感元件和记录部分，除了一个传递压力的小孔而外，其余全部都是对外部压力密封的。使用时把整个仪器下到要测定压力的深度，等待温度稳定，然后把它起出地面，从记录卡片上读出压力。在新式的测压系统中包括有压力聚合装置，通过它把动能转换为一种物理的位移或形变。这种压力聚合装置有多种形式，图33.1示出其中三种形式。虽然有多种机械式本身配套的井下压力计（见表33.1），但本章只对最普遍应用的连续记录式的井下压力计进行充分的讨论。不管是压力计中装备的压力聚合系统是物理位移式的（活塞式元件）或是形变式的（封包或波登管），所产生的压力都是和记录部分耦合而发生作用的。

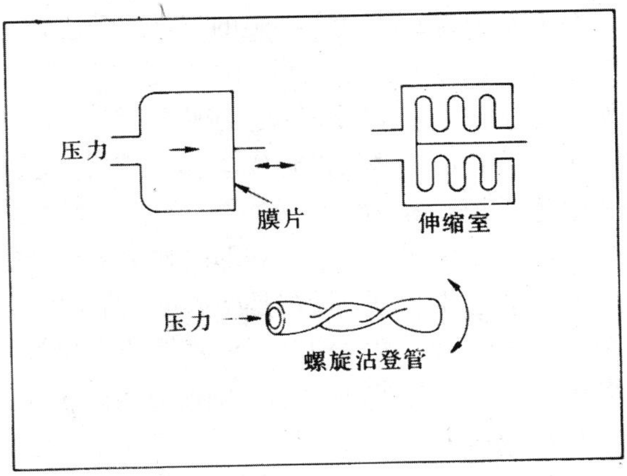

图33.1　压力聚合装置

Amerada井下压力计具有一个螺旋形的波登管作为压力传感器，它具有足够的长度带

[1] 1962年版本章由C.V.Millikan编写。

动笔尖在圆筒状的卡片夹持筒内部旋转一周而不会重复。有一个时钟装置使卡片作纵向移动。制成的压力计的外径有 $1\ ^{1}/_{4}$ 和 1 英寸的，长度为 74 英寸。有一个蒸汽压式的记录式温度计可以和压力计组合使用，获得连续记录的温度来校正压力读数。用它也可以证实温度已经达到稳定状态。

表 33.1 机械式记录井下压力计

	Amerada			Kuster				Leutert	Johnston J–200
	RPG–3	RPG–4	RPG–5	KPG	AK–1	K–2	K–3		
外径（英寸）	1.25	1	1.5	1.25	2.25	1	1.25	1.42	2.88
长度（英寸）	77	76	20	73	36	41	43	139	54
感压件类型①	B	B	B	B	B	B	B	RP	P
最大工作压力（磅／英寸^{2}②）	25000	25000	20000	30000	30000	20000	20000	10000	20000
精度（%FS）③	±0.2	±0.2	±0.25	±0.2	±0.25	±0.25	±0.25	±0.025	±0.25
分辨率（%FS）	±0.05	±0.056	±0.05	±0.05	±0.025	±0.05	±0.04	±0.005	NS
最大工作温度，（°F）	500	500	450	700	350	700	700	300	400
时钟最长时间（小时）	360	144	120	360	120	120	120	360	192

①B—波登管；RP—旋转活塞，P—活塞；

②一般，感压元件有几种规格；

③FS—最大量程，NS—不详。

Humble 井下压力计则带有一个活塞作为压感元件，它顶着一个处于张力状态的螺旋形弹簧通过一个盘根盒来回移动。在活塞的内端联接一个笔尖，它在卡片筒内部的卡片上作出纵向的记录，而卡片筒则由一个时钟带动旋转。这种压力计有两种直径尺寸（$1\ ^{1}/_{4}$ 和 15／16 英寸），长度约为 60 英寸。两种尺寸的压力计都可安装温度计。

在文献中曾经对其它种类的记录式压力计进行描述，其中有两种是连续记录式的，但它们在市场上已不再供应。Gulf 井下压力计有一个金属伸缩室，它由一个处于张力状态的双螺旋形弹簧制约。它的记录系统由一个被时钟带动的圆柱形卡片筒构成。还有一种 USBM 井下压力计有一个多层的伸缩室作为压力传感元件，它的活动范围约为 0.6 英寸，由一组齿轮和轨道系统扩大为大约 $5\ ^{1}/_{2}$ 英寸的笔尖运动。笔尖在一个圆筒状的卡片上作出纵向的记录，而卡片筒则由一个螺旋形的弹簧带动旋转，但同时受时钟的控制。

虽然这些井下压力计都是坚固的，能够在严峻的条件下工作，但必须把它们看作是一些精密的仪器。为了要得到一致可靠而精确的压力测量结果，必须适当注意它们的调整、校对和操作。表 33.1 中列出了几种普遍应用的机械式连续记录井下压力计的资料以之对比。

2. 记录卡片

在井下压力计中应用的记录卡片是由纸或金属制成的。纸做的卡片上有磨料涂层，由黄铜或金的笔尖刻划记录。金属的卡片则是由黄铜、紫铜或者铝制成的为好，因为它们不受湿度影响。表面光滑的金属卡片需要用尖锐的笔尖。比较好的是带有涂层的金属卡片，因为它们对笔尖产生的摩擦力比较小些。带有黑色涂层的卡片用钢制的或有钻石的笔尖来划出刻纹。带有白色涂层的卡片则使用的是黄铜的或是金的笔尖。在黑色的卡片上可以划出比较细的刻纹，但读的时候比较困难。在纸的或金属卡片上带白色涂层时，所用的黄铜或是金的笔尖都必须经常磨尖。

为了阅读静压数值（在一张卡片上只读一两个点），读卡时常用一个放大镜和一个刻度为 0.01 英寸的钢尺。如果要从一张卡片上读好多数值，则选用一种读卡仪比较方便。有一些工程人员所用的读卡仪能读出 0.0001 英寸，但即使在最小心使用的情况下，感压系统本身的误差也会大于这种读卡仪的精度。应用新式的电子读卡仪能够提高机械式压力计的读卡精度。

3. 仪器的校正

和所有的用于高精度工作的压力计一样，本身配套的井下压力计必须定期地使用静重压力计进行校正。为了获得最大的精度，在每次使用前根据预期的井底温度进行校正。在测压以后应用校正的压力曲线来阅读卡片。对于一个新的感压元件，必须经过多次校正，使它和工作环境相适应并有保持校正精度的能力。在进行校正以前，要把压力加到最大量程再放到低点，如此重复数次。对于一个新的感压元件校正点要多一些，必须作出两条或更多一些校正曲线以之核对。还应当在测压的油藏温度条件下校正感应元件，或者确定一个温度校正因子，校正在校正温度范围以外所测的压力数据（图 33.2）。在校正期间，应当轻轻拍打压力计，释放掉感压元件活动部件中的剩余摩阻。在正常作业条件下，井内测压的精度应当在感压元件最大量程的 0.2%以内。当在井底条件下作业时，感应元件的工作量程应选在全量程上部 2／3 以内。仔细校正和使用已适应工作环境的压力计，可以达到更高的测压精度。只有当必须取得精确压力时，才考虑对压力计因温度升高而增加的压力进行校正。

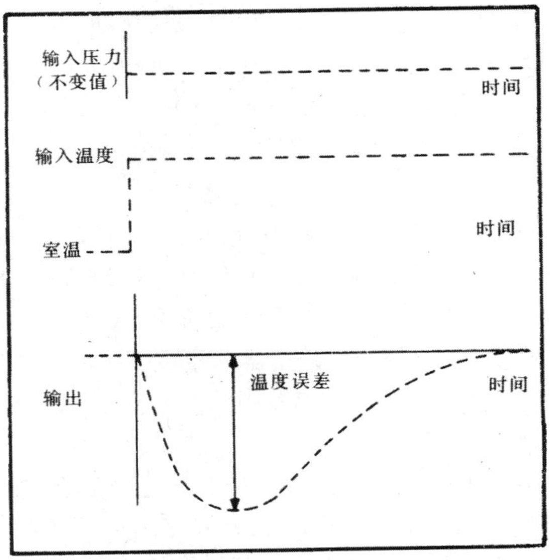

图 33.2　温度对压力计的影响

4. 温度影响

虽然温度对某些合金的性质影响很小，但温度影响是金属的固有特性，在所有的压力计都是存在的。所以，除这些合金外，在测压中必须考虑温度的变化。最好的办法是在测压的油藏温度条件下对感压元件进行校正。实际上很多感压元件的校正曲线都是一条直线，因而对一个感压元件可以测定出一个温度校正系数，用来校正在校正温度范围以外的测压数值。最好是在相当于感压元件最大压力的 3／4 左右测定出压力随温度的变化值。对于同一压力，最好测定出温度高出 100°F 的压力变化值。这样就可得出：

$$C_T = \frac{d_2 - d_1}{d_1\ (T_2 - T_1)} \tag{1}$$

式中　C_T——温度校正系数；

T_1——低温度值；

T_2——高温度值；

d_1——对给定压力在 T_1 时的读数；

d_2——对同一压力在 T_2 时的读数。

经过校正的读数可用下式算出：

$$d_C = \frac{d_0}{1 + C_T (T_O - T_C)} \tag{2}$$

式中 d_C——在校正温度下的读数；

d_0——实际观察的读数；

T_C——校正温度；

T_O——实际观察的温度。

如果更方便的话，在方程（2）中可以用压力读数代替仪器读数。带有钢制感压元件的压力计一般具有的温度校正系数约为 0.0002／°F。

压力计下入井内到达测压深度以后，必须停留足够长的时间以达到温度稳定，一般需要 15 到 20 分钟。如果仪器不能够停留足够长的时间达到温度平衡，那么把一个最高值指示温度计装在一个密封容器中，作为压力计的一部分下入井内，将可以给出一个满意的读数，作为温度校正之用。

有许多井下压力计带有一种由合金制造的感压元件，例如由 Ni-Span C 型合金制成的，它的温度校正系数很小，在 200°F 以下可以忽略不计，除非要求特别精确的测压结果才需要给予特殊考虑。在温度超过 200°F 时，大多数感压元件需要一个变化的校正系数，必须通过实际的校正才能确定。

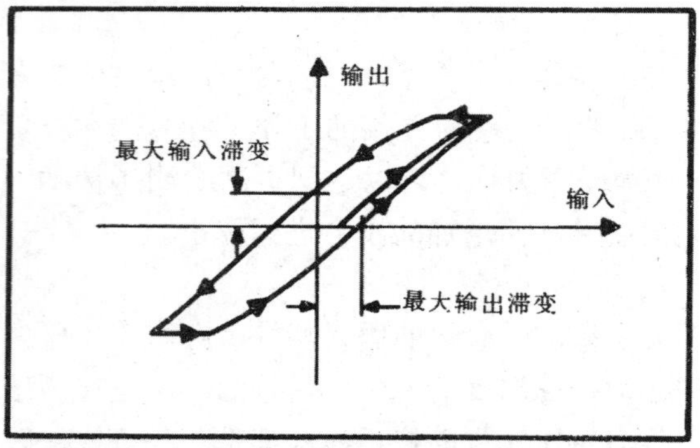

图 33.3　滞变曲线

5. 滞变现象（Hysteresis）

滞变现象是在金属受力情况下所表现的一种特征，对压力计来说必须加以考虑。由于滞变现象的存在，当校正压力计时，在升压过程中所得结果和降压过程中所得到的会有少量差异（参看图 33.3）。如果所要测试的只是井下静止压力数值，只要进行升压过程校正就可以得到满意的结果。如果要从静压状态下开始测试井下流动压力，则滞变效应有可能达到需要考虑的程度。为了测定滞变效应，必须在进行校正工作以前，先把它加压到超过预计最高的井底压力，然后再把压力放掉，如此重复几次以后，先进行升压校正，以后再进行降压校正。把感压元件压放几次以后可以显著地减小滞变效应，并应在每次即将把压力计下井以前进行。

6. 试井作业装备

在试井作业时把一个本身全备的井下压力计用钢丝下入井内，下入的钢丝绕过一个经过校正的计量轮来测定下入深度，轮子上装有转数表。最常用的计量轮校正值为每圈 2 英尺。当钢丝与计量轮成切线式接触时，轮子的直径为 $24/\pi$ 英寸；当钢丝与轮子成弧形接触时，轮子的直径为 $D=(24/\pi)-d$，d 为钢丝的直径。这一种情况适用于在轮子边缘的接触圆弧的最大弦长大于钢丝直径的时候。计量轮的直径必须在合理的时间内定期检查以保证深度计量的精确性。由于磨损或长期高强度拉力所造成的钢丝直径变细也会造成深度计量误差。

最常用的钢丝直径有多种，它们是 0.066，0.072，0.082 及 0.092 英寸。在某些地区井内液体为非腐蚀性的，用高强度钢的钢丝大多能满足要求，在有腐蚀性的情况下，就要用不锈钢和孟耐尔合金制成的钢丝。高强度钢和不锈钢都受到氢脆变影响，但在测试静压一类的短期下井情况下，只要条件不太严峻，可以满意地应用。如果在作业中需要钢丝在有腐蚀性的井下停留几个小时以上，则需要使用孟耐尔合金的钢丝。在表 33.2 中列出各种钢丝的标定拉力强度和它们的重量。

表 33.2　钢丝的拉力强度和重量表

	标定拉力强度（磅）				
	拉力强度（磅／英寸^2）	钢丝拉力强度（英寸）			
		0.066	0.072	0.082	0.092
高强度钢	232000	794	945	1225	1542
不锈钢	170000	582	692	898	1130
孟耐尔合金	150000	513	611	792	997
		每 1000 英尺钢丝标定重量（磅）			
高强度钢		11.4	14.0	18.0	22.6
不锈钢		11.8	14.1	18.3	23.0
孟耐尔合金		13.1	15.6	20.2	25.4

应用钢丝试井的装备式样很多。最常用的是一种装在拖车上的，用一台 2～4 马力的空气冷却汽油机带动的滚筒。把动力传送到滚筒是通过三角皮带、碟式接合器或水力接合器完成的。在小型的装备上，使用一个惰性轮也可以把三角皮带作为结合器使用。起到刹车作用的可以是摩擦片、刹车带或是水力泵等。当这一装备用于一个连续性作业程度时，它可能装在一个带有蓬罩的小型卡车上以防风雨。

7. 井下测压筒（Pressure Bombs）

在能够获得小直径的，能下入井内的记录式井下压力计以前，在一定广泛的程度下曾使用过一种井下测压筒。它一般是用 1 $^1/_2$ 英寸直径的管子制成的，上端装一个小的针形阀，下端则有一个球座凡尔，以承受井下的最高压力。把测压筒从井中起出后，在针形阀上联结一个压力表以测出压力。测压筒必须具有足够的长度，使它在顶部能保留一定体积的天然气（或空气），以减少由于充填压力表的波登管而造成的误差。除非在读出压力以前把测压筒的温度上升到井底温度，不然对读数要作相当大的校正。有时也用普通的最高压力指示计，把它装在一个密封容器中，在某些情况下还加装一个记录装置和钟表，下到井中测压。这种设备的直径为 3 英寸或更大一些，因而它们只限于在未下入油管的井中使用。

8. 地面记录的井下压力计

地面记录的井下压力计可以永久性地装在井下，也可以用电缆起下。所有这类压力计都要用一根单芯铠装电缆下入井内，通过电缆把直流电从地面传送到井底的传感器。通过同一电路，传感器把振荡电流返回到地面仪表，然后读出并记录它的频率。传感器是把能量从某种型式变为另外一种型式的任何一种装置。有多种的传感器都能把非电性的变化转化为电性

表 33.3　地面记录井下压力计

测压系统	Amerad EMR−502 和 EPG−512 压力温度计	Lynes DMR−312 PTS−5K	Lynes DMR−314 PTX−5K	Sperry sun	半导体井下压力计	电子井下压力计	压力温度计	Lynes 单芯电缆井下压力计	石英压力计	压力计
尺寸和重量: 外径（英寸） 长度（英寸） 重量（磅）	1.25 85 3	1.25 50.5 8.5	1.65 60.75 10	1.7 108 NS	1.7 150 46.75(带电池)	3 76 117(带电池)	1.25 15 3	1.65 28.5 9.5	1.44 39.38 11	1.5 44 12
测压部分: 传感器类型	电容式	拉力式压力计	石英晶体	波登管	镀膜压力计	镀膜压力计	电容式	石英晶体	石英晶体	镀膜压力计
校正压力范围，磅/英寸^2	0～2500 0～5000 0～10000	0～5000 0～10000	0～5000 0～10000	0～15000	0～10000	0～10000	0～2500 0～5000 0～10000	0～5000 0～10000	200～11000	0～10000
工作范围(磅/英寸^2) 精度（%FS) 灵敏度（%FS) 重复性	NS ±0.09 ±0.0004	2×FS ±0.25 ±0.025	1.1×FS ±0.05 ±0.006	NS ±0.05 ±0.005	1.5×FS ±0.04 ±0.0002	1.5×FS ±0.04 ±0.0002	NS ±0.09 ±0.0004 ±0.09%FS	NS ±0.05 ±0.001 NS	1.1×FS 注① ±0.00009 ±0.4 磅/英寸^2	1.5×FS ±0.04 ±0.0002 NS
测温部分: 范围（°F) 精度 灵敏度，（°F)	0～302 ±0.1°F ±0.01	32～257 读数的±0.33% ±0.06	32～257 读数的 0.33% ±0.25	无测温部分	32～302 ±0.5°F ±0.10	32～302 ±0.5°F ±0.05	0～302 ±0.1°F ±0.01		无测温部分	32～302 ±0.5°F ±0.02
电源及信号处理器							GSC−501 压力计信号转换器	DSR−300 数字地面计录器	Hewlett Packard 2816A 压力信号处理器	Spro 测试系统
工作环境: 摆　动 震　动	NS NS	NS NS	NS NS	NS NS	NS NS	±10G 10～60 赫 11 毫秒为 200G (半正弦波)				

FS—全部量程；NS—厂家未说明或不详；HP28138 型工作温度低于 1.8°F 时，测压精度为±0.5 磅/英寸^{2}或±0.025%读数（以较大者为准)；温度在 1.8～18°F 时，则为±1.0 磅/英寸^{2}或±0.1%读数（以较大者为准)；温度在 18～36°F 时，则为±5 磅/英寸^{2}或 0.025%读数（以较大者为准)。

变化，如电阻、电流、电压和电容量等等。可举的例子有拉力计、电热计和麦克风等。根据选定的周期（1 秒到 30 分或更长一些）读出数值。然后通过校正曲线把读出的以周期／秒为单位的频率换算为磅／英寸^{2}的压力数值。在表 33.3 中列出了通常应用的各种地面记录井下压力计的各项规格以之比较。

当使用一种长期固定式的地面记录压力计时，就需要有一个压力计载体或接受器，及一根单芯电线或 0.092 英寸外径的细管，捆绑在油管外面。压力计可以随油管下入，也可以用丢手式钢丝工具送入井下，使其坐在一个气举短节或其它装置上以连通电路。地面仪表可以长期连接，也可以用一套装置监测几口井。

新式的高精度测压系统配有聚合压力的装置，使进入的气体和液体产生物理的变位或变形。在下面各节中将讨论各种压力传感器（表 33.4）技术。

三、压力传感器技术

1. 电容式压力传感器

在一个电容式的压力传感器中，在电容片之间等距地安装一个膜片。井下压力推动膜片造成电容变化。电容式传感器的优点在于灵敏的频率反应，低的滞变性，良好的线性关系，高度稳定性，以及好的重复性。它的缺点则是对于温度的变化和振动具有高度的敏感性。

2. 可变电感传感器

在一个可变电感传感器内部，有一个磁通量联结棒和一个螺旋形的波登管（或是一个膜片，一个伸缩室）联结起来（参看图 33.1）。这一个磁通量联结棒装在 E 状铁芯变压器的磁力线路上（参看图 33.4）。当压力的变化推动了磁通量联结棒，因而改变了 E 状铁芯的磁力线密度时，其结果就会产生一个和所施加的压力成正比的变压器输出。它的优点是具有中等电平的输出和结实的结构。而它的缺点则是需要用交流电起动，线性规律不好，而且对残余磁场易受影响。

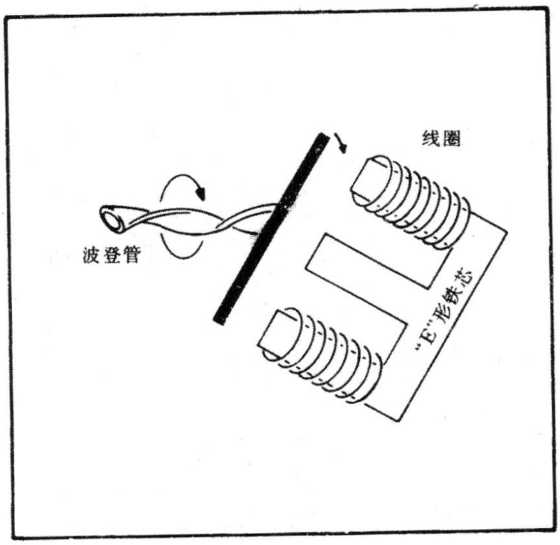

图 33.4 "E"形铁芯变压器

3. 压电式的传感器

压电效应是某种晶体的一种特性，这种晶体在受压时会产生电压（参看图 33.5）。当一个应力作用于某种不对称型结晶物质如钡、榍石、石英或罗谢尔盐时，就会产生电荷。如果把一种压电晶体和一个膜片，一个伸缩室或波登管联在一起时，所产生的电荷就和所施加的压力成正比。它的优点是频率反应值很高（250 千赫），体积小，结构坚实，而且能承受很大的超荷压力而不致损坏。其缺点则是对温度很敏感，不能作静止测量，而且需要特种的电子系统。

4. 电位计式传感器

这一种电位计式传感器的结构是把一个多圈道的电位计，经过一组机械放大联结体，和

表 33.4 传感器规范汇总表

传感器	动力	输出电瓶	精度(%)	压力量程(磅/英寸)^2	频率反应(赫)	温度量程及影响(°F)	对震动和摆动的敏感性	稳定性(%/年)	寿命或使用期校正偏差①
电容式	交流—直流特型	高电瓶（5伏）调频/桥式	0.02	0.01～5000	0～>100	0～+165	劣～优	0.05	>10^7周期校正偏差<0.05%
极差变压器	交流特型	高电瓶（5伏）相位解调/桥式	0.5	30～10000	>100	0～+165	劣	0.5	寿命>10^6周期
力衡式	交流线路电源	高电瓶（5伏）带伺服机	0.01	1～5000	0～<5	40～+165 (0.01%/°F)	劣	0.05%/月	>10^7周期校正偏差小于0.5%
压电式	直流放大及自产交流电源	中电瓶带扩大	1	0.1～40000	1～100000	−450～+400 (0.01%/°F)	特优	1	无法测定使用影响
电位计式	交流—直流调节式	高电瓶	1	5～10000	0～>50	−65～+300 (0.01%/°F)	劣	0.5	寿命<10^6周期
拉力式压力计	交流—直流调节式								
无包层	10伏交流～直流	低电瓶 4毫伏/伏	0.25	0.5～40000	0～>2000	−320～+600 (0.005%/°F,在有限补偿范围内)	优	0.5	大于10^6周期后校正值偏移
包箔式	10伏交流～直流	低电瓶 3毫伏/伏	0.5	5～10000	0～>1000	−65～+250 (0.01%/°F,在有限补偿范围内)	甚优	0.5	大于10^6周期
薄膜式	10伏交流～直流	3毫伏/伏	0.25	15～10000	0～>1000	−320～+525 (0.005%/°F,在有限补偿范围内)	甚优	0.05	大于10^6周期后校正偏移小于0.25%
扩散半导体式	10～28伏直流	中电瓶 3毫伏/伏～20毫伏/伏	0.25	15～5000	0～>1000	−65～+250 (0.005%/°F,在有限补偿范围内)	甚优	0.5	大于10^6周期后校正偏移小于0.25%
镀层棒半导体	10伏交流～直流	中电伏 3毫伏/伏～20毫伏/伏	0.25	5～10000	0～>1000	−65～+250 (0.01%/°F,在有限补偿范围内)	甚优	0.5	大于10^6周期后校正偏移小于0.5%
可变电抗式	交流特型	40毫伏/伏	0.5	0.04～10000	0～>1000	−320～+600 (0.02%/°F,在有限补偿范围内)	甚优	0.5	寿命>10^6周期
震荡及管式	交流特型	高电瓶及高频	0.02	1～100	0～>100	−65～+200 要求温度控制	劣	0.01	寿命>10^6周期
振荡石英式	交流特型	高电瓶及高频	0.01	1～10000	0～>100	0～+302	优	0.005	寿命>10^6周期

①稳定性和校正偏移应当一块考虑。

一个膜片，伸缩室或一个波登管彼此相接而成。它的优点是便宜、高电平输出，而且电子线路简单。其缺点则是寿命有限，灵敏度低，滞变影响大，频率反应过低。

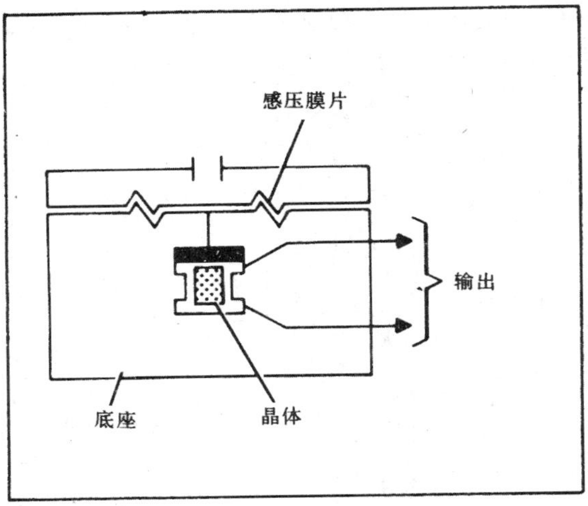

图 33.5　压电式传感器

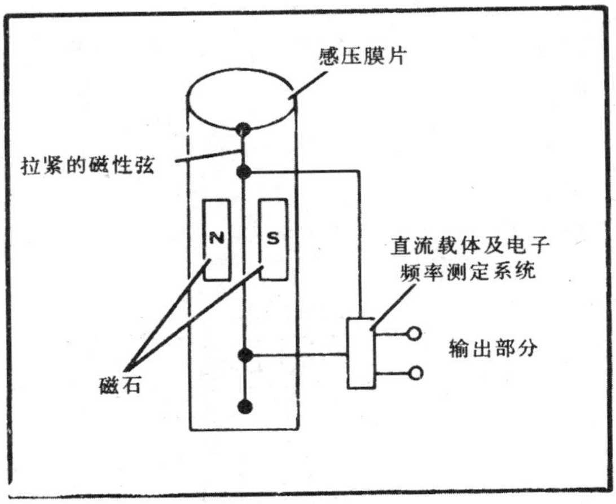

图 33.6　振弦式传感器

5. 振弦式传感器

把一根拉紧的细弦和一个膜片，一个伸缩室或一个波登管联结在一起，在受到磁场的影响下发生振荡（参看图 33.6）。这根弦的振荡频率和它所受的拉力有直接关系。这一系统的优点是具有很高的精度，较低的滞变影响和特别的长期稳定性。其缺点则是对振动和温度敏感度大，而且有较多电子线路。

6. 拉力式压力计传感器

一个拉力式压力计传感器是把一个对拉力敏感的电阻器安装在一个膜片，一个伸缩室，或是一个波登管上面。当施加压力时，电阻器改变物理长度，因而导致电阻的改变。这一效应可用下式表示：

$$F_g = \frac{\Delta r / r}{\Delta L / L} \tag{3}$$

式中　F_g——压力计因子；

Δr——电阻变化值；

r——未受拉力的电阻值；

ΔL——长度变化值；

L——未受拉力的长度值。

拉力式压力计传感器有四种基本类型，它们是：无镀层的金属丝，有镀层的金属箔，薄膜和半导体。对于拉力式压力计传感器说来，一般的规律是：压力计因子越大，则系统的输出也越大。对于无镀层的金属丝而言，它的压力计因子为 4。有镀层的金属箔和薄膜（参看图 33.7）的因子为 2。对半导体传感器而言，它们的因子则介于 80 和 150 之间。

7. 振荡晶体式传感器

在一种振荡晶体式传感器系统内，一个晶体和一个膜片，伸缩室或一个波登管机械地联成一体；当外力通过后者施加于晶体时，晶体就会由于外部电路的激动以它的自然频率发生振荡现象。这一晶体的自然频率的偏移与所受力成正比关系。至少有一种这种类型的传感器，压力直接施加于晶体本身。一般情况下，振荡的晶体是用石英制成的，这是因为它具有特殊优良的弹性性质，长期的稳定特征，而且容易发生振荡激动。在图 33.8 中示出几种不同的石英晶体的振动模式。它们的优点是特高的精度、灵敏度和长期稳定性，而缺点则是对温度的敏感和很昂贵的价格。

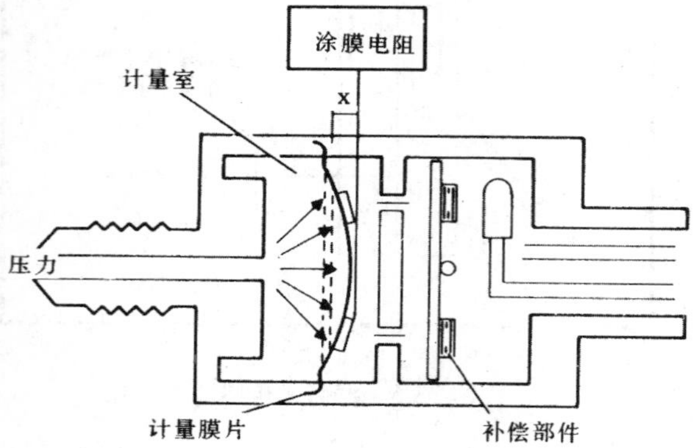

图 33.7　薄膜拉力式压力计传感器

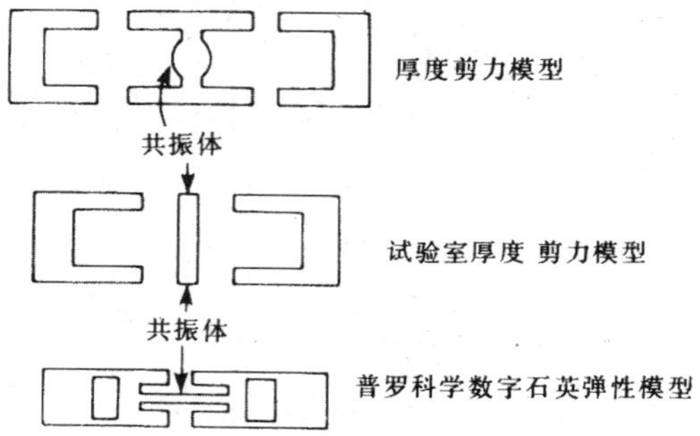

图 33.8　表现不同模型的石英晶体振动截面图

随着新技术的发展，不断地生产出新一代的地面记录井下压力计，它们将对石油工程师和石油工程问题的解决越来越起到有益的作用。

四、用计算法得出的井底压力

利用井口压力和井下液面深度算出的井底压力虽然比直接测得的数值准确性要差一些，但足以满足很多实际应用的情况。在一个敞口的井或一个敞口的油管的情况下，用一根测深钢丝和一个浮筒就可以测出井下液面深度。

在抽油井的情况下，井下液面深度可用声波反射法测出。现有四种商品性的这类仪器可供采用。它们是：测深仪，回声仪，声纳测深器和声波测井仪。这些仪器记录声波反射的方法都是从井口用枪或手枪发射一颗空壳子弹或者向一个与套管头联接的空室内放压以产生激动。在井口接收并记录下从井下每一个油管接箍对声波的反响。根据油管接箍反响的次数和已知的井下油管记录便能算出井下液面深度。在深井的情况下，井下油管接箍反响的减弱会给准确的记数造成困难。在某些油井中，常有一些天然气形成泡沫，使得液面难以测定，有时使测定的液面比实际的要高得多。在有泡沫存在的情况下常会发现在很短时间内，测试的液面可能出现好几英尺的变化。液面的深度也可以根据声波反射到井口所经历的时间计算出来，但是由于声波在不同组分气体中传播速度的不同，以及温度的影响，使得计算方法复杂化，而不如记录油管接箍回响次数来得简单。

当计算井内液柱所形成的压力时，必须考虑到油中所含的溶解气，它使得油的比重比在油罐内所量的要轻一些。在溶解气的含量很大时，压力梯度的减小值可能超过每 100 英尺 5 磅／英寸^2。在产油含水的井内，一般习惯根据该井的正常生产含水率来计算井下液柱的压力。但是在套压很高的低产井或是井下抽油泵的位置比生产层高出几百英尺时，这种计算方法就不大可靠。如果井口压力比较低，则井内气柱的重量很小，不值得考虑，但在高井口压力情况下，在计算压力时需要把静压头的数值加上气的重量。所用公式和计算产气井的公式一样，而式中的 D 所代表的是井下液面的深度。

在实际操作中，为了把一口抽油井的生产压力算得相当准确，可以关闭套管出口，一直等到井内气体的压力把液柱下压到泵口，此时井就停止产液。把井口套管压力加上井下气柱压头，再加上由泵口到生产层这一段液柱的压头就等于井底生产压力。为了要验证这一数值，可以把井口压力放低一些，把它控制到比最高值略低几磅／英寸^2，并计量此情况下的产量。

计算一口气井的井底压力可应用由 Pierce 和 Rawlins[4] 二人所推出的公式如下:

$$p_{ws} = (p_{wh})^{e^{0.0000347\gamma_g D}} \tag{4}$$

式中 p_{ws}——井底静压，磅／英寸^2（绝对）;

p_{wh}——井口压力，磅／英寸^2（绝对）;

e——自然对数底值;

γ_g——气体比重（空气为 1）;

D——井深，英尺。

上式是依据气柱的平均温度为 60°F 的基本情况下推出的。虽然在一口生产井内温度梯度很少是一条直线，但应用井下不受季节影响深度（20 到 30 英尺）和测压深度的温度平均值求得平均温度就够准确了。这一来就可以把公式[5] 写作下式:

$$p_{ws} = (p_{wh})^{e^{\gamma_g D/(53.34\overline{T})}}$$

或

$$\log p_{ws} = \log p_{wh} + \frac{\gamma_g D}{122.82\overline{T}} \tag{5}$$

式中 $\overline{T}$（°F+460）——井筒内的平均温度。

只有在高压的深井情况下，气体波义尔定律的偏差才大到值得考虑的程度。在 USBM 专门文献 7 中提出下列方程[5]：

$$\frac{p_{wh}}{1+p_{ws}Z} = \left(\frac{p_{wh}}{1+p_{wh}Z}\right)^{e^{\gamma_g D/(53.34\overline{T})}} \tag{6}$$

上式中的 Z 是偏离系数，它是以小数表示的每磅／英寸^2 的偏离程度。

五、井底压力的应用

为了事先预测和强化油、气生产井的产状，压力分析具有高度的重要性，因而也就强调需要精确的测压系统。现代的石油工程师必须拥有足够的油藏信息，才能够充分地分析当前的生产状况并预测和优化未来的产状。在更具体的方面，例如油藏动态计算，压力平衡分析，以及为了确定井距和开采速度而进行的井间干扰试验，还有完井、大修或小修井作业期间的污染状况分析，井下结盐和杂物沉积或其它井筒堵塞的显示等等，这些工作都需要以压力作为研究基础。在其它应用方面还涉及到机械采油的井下设备设计和功效分析以及钻井中途测试（DST）资料的解释评价等等。

1. 静止压力

井底压力测试最频繁的是静止压力。大多数这种测试是作为一次油藏压力的测定而进行的。每次测试通常都是由作业者提出来的，由油藏作业者们的协作或按照资源保护部门的命令，全部井在一段较短的时间内普遍测定压力。压力测量要在基本一致的条件下进行，所有井都要按照规定时间关井后测压，关井时间为 24 或 48 小时，如压力恢复缓慢，关井时间还要更长一些。所有压力都要在统一基准面测定或者校正到同一基准面。在很多油藏中，压力并不能在规定关井时间内达到平衡。但是，如果几次测压数值都是相同条件下测定的，那么所表现出来的油藏压力递减率还是相当可靠的。在一些有代表性的而且关井时间达到平衡的一些井中所测得的压力，可以说明所测压力和实际油藏压力之间的关系。在停产井中所测压力可以用来验证实际压力或压力的递减率。

2. 平均油藏压力

一个油藏的平均压力可以根据所有井的压力算术平均值来确定。在某些油藏中，较好的方法是按照每个测压点位置的产层厚度加权确定加权平均压力。由于某种原因不能测得大部分井的压力，或者井的分布很不规则时，测定平均油藏压力的较好方法是把实测的或经过加权的压力在井位图上绘成等压线，然后用求积仪、网格系统或其它方法求出平均压力数值。

3. 从短期压力恢复曲线求静压

有很多低渗透率的油藏，需要很长关井时间才能达到静止的或平衡状态的压力。曾经推出好几种从短期压力恢复曲线计算静压的方法。Muskat[6] 提出的方法是绘制 log（$p_{ws}-p_t$）随时间变化的曲线，图中的 p_{ws} 是估计的井底静压，而 p_t 则是在不同时间测出的井底压力值（p_{t_1}，p_{t_2}，p_{t_3} …）。在半对数坐标纸上以对数坐标表示压力绘制曲线时，当所选定的压力能使曲线表现为直线时，这一压力即为静压。

Arps 和 Smith 二人[7] 所提出的方法则是在直角坐标纸上绘制在同一时间段内压力增值和所测压力的相关曲线图，把曲线延长到压力增值为零时，相应的压力即为静压。Arps，Smith 二人和 Muskat 的方法常用于压力恢复较快的情况下。

Miller 等人[8] 提出根据短期压力恢复曲线计算井底静压的方程如下：

$$p_{ws}=p^{*}+\frac{(p_{sd}-\Delta\overline{p})\ q\mu B}{0.00708kh} \tag{7}$$

式中 p_{ws}——井底静压，磅／英寸^2；

p^*——压力恢复曲线上最后的压力，磅／英寸^2；

p_{sd}——log（r_d/r_w），当供油半径处为恒定压力时，或者log（r_d/r_w）−0.75，当外边界无液流通过时；

q——关井前瞬时产量，桶／日；

μ——油藏流体粘度，厘泊；

B——全部产出流体的地层体积系数，地下桶／地面桶；

k——油藏渗透率，毫达西；

h——油藏有效厚度，英尺；

$\Delta\bar{p}$——曲线中无量纲压力变数（参看图 33.9）；

Δp——$p_{wf}-p_{Ns}$；

p_{wf}——压力恢复过程中的井底压力，磅／英寸^2；

p_{Ns}——关井前瞬时井底压力，磅／英寸^2；

t——关井时间，小时。

在半对数坐标纸上绘制压力随时间恢复的曲线以求得 p^* 值，在图中时间以半对数坐标表示。在关井后续流段结束后，所有点子将落在一根直线上，而 p^* 将为这一直线上所测得的最高压力点。这根直线的斜率 m 也就是上述作者用来在压力恢复曲线方程中用来计算渗透率的斜率数值，这一点将在下面专题中进一步讨论。

用来确定斜率值 m 的直线段取自 Horner 法曲线的中部时间阶段。续流影响缩短了这一中间段的发展（当续流段很长时），边界影响的早期出现以及一些假的直线段都可能误认为中间阶段。这些都使得压力恢复试井的分析人员难于辨认中间阶段。对于 Horner 曲线法说来，为了成功地作好压力恢复分析，正确地辨认出中间阶段是重点问题。必须要找出这一线段才能算出油藏渗透率，计算井壁阻力因子和估算供油面积的压力。

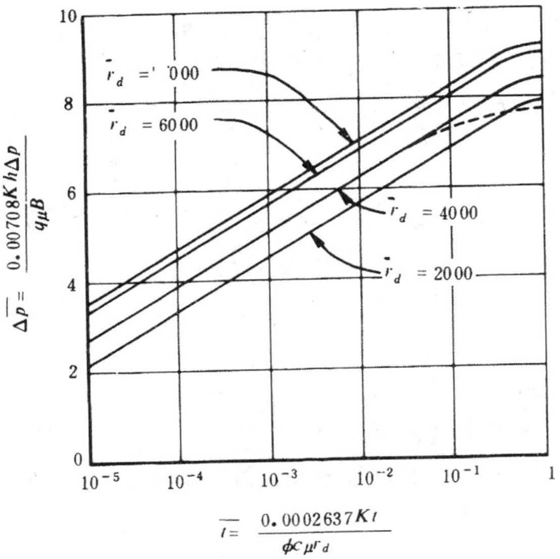

图 33.9 应用 Miller 等人压力恢复曲线计算静压公式求$\Delta\bar{p}$时所作的曲线，实线假设在 r_d 处有流体进入，虚线假设在 r_d 处无流体进入的曲线走向

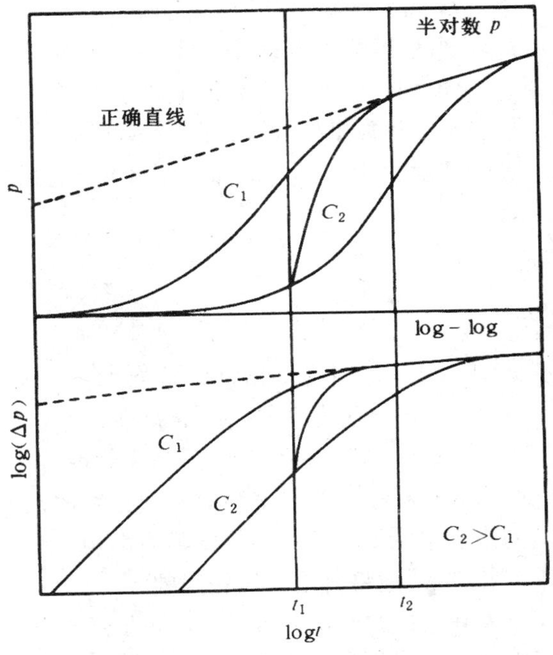

图 33.10 双对数曲线图

在压力恢复试井中，绘制压力变化值 $p_{ws}-p_{wf}$（Δp）随关井时间 t 改变的双对数曲线，

可以对直线段（中期阶段）的初始点作出良好的估计（参看图 33.10）[9]。压力变化值 $p_{ws}-p_{wf}$ 随 Δt [16] 改变的双对数曲线图对续流影响的结束是一个更好的指示图。在图 33.11 中表示的是理论的压力恢复试井半对数曲线。样板曲线的应用对辨认井筒储存影响消失后压力恢复曲线的直线段起到很大的改进作用。

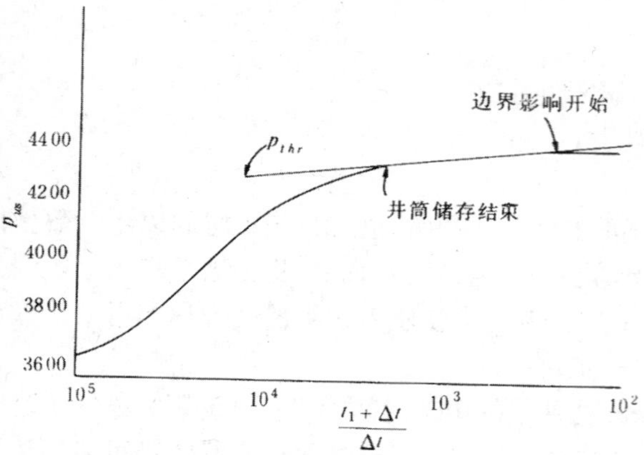

图 33.11　典型有续流的压力恢复曲线

Horner [10] 在半对数坐标纸上绘制恢复期间压力随（$t+\Delta t$）／Δt 改变的曲线，把（$t+\Delta t$）／Δt 的值绘在对数坐标轴上，图中的 t 是以小时表示的完井后的全部生产时间；Δt 则是以小时表示的关井时间。把曲线延伸到（$t+\Delta t$）／$t=1$ 时即得到井底静止压力的近似值。

计算上述 t 值的方法是把这口井的累计产量除以关井前的每小时产量得出的商值。t 值的不可靠性随着井的产龄增大。经验表明，应用在进行压力恢复试井关井前的产油时间常比应用完井后全部时间要可靠一些，只要保证在开井和关井时井都达到完全稳定状态。

Thomas [11] 应用 Horner 的基本方程时，他喜欢应用（$t+\Delta t$）／Δt 的倒数，因而他在半对数纸上绘制的是压力随 Δt（$t+\Delta t$）改变的曲线，把 Δt（$t+\Delta t$）值绘在对数坐标轴上，然后把曲线延伸到 Δt（$t+\Delta t$）$=1$ 以求得近似的油藏压力值。

Hurst [12] 在半对数纸上绘制恢复压力随关井时间（分）改变的曲线，时间以小时为单位表示在对数坐标轴上。通过各点作一直线并把它延伸到时间值为 1 的位置。直线的斜率就是一个对数周期之间的压力变化值。如把它的方程用英制单位表示出来，则可计算静压如下:

$$p_{ws}=b+m\log 625\text{m} \tag{8}$$

式中　p_{ws}——井底静压，磅／英寸^2;

m——压力恢复曲线的斜率;

b——斜率直线在时间为 1 分钟时的截点值。

在解释压力恢复资料时必须正确地判定压力恢复曲线的直线段。直线段常被一个或更多的因素蒙混不清，例如井壁阻力影响，续流以及边界影响的过早出现等等。在第 38 章“井的产状方程”中将讨论到这些问题。

在一次生产试井过程中，可以通过井底生产压降估算出一口井的生产能力。对产气井说来，可以采用参考文献〔5〕中所提出的程序来算出井的畅流量，不同之点在于，式中的静压和流压都是用井下压力计测出的。关于高产和高压的产油井的畅流量没有什么意义，因而有关它的测定问题很少见到报导。从理论上说来，在保持单相流动的情况下，产量应该和生产压差成正比。但是由于若干因素，例如溶解气在低于饱和压力下的脱出，紊流现象和井筒的阻力作用等等的影响，流动的条件常发生变化而不能保持上述的正比关系。对一些低压井说来，产量一般都会随压差增大而不断增加，直到井底流压接近大气压力为止。

4. 采油指数

采油指数（PI）的定义为井底生产压差为1磅／英寸^{2}时每天的产油桶数。为了测定PI的数值，需要先把井关闭直到井底压力达到静止的地层压力为止。然后开井生产直到井底压力和产量达到稳定状态。因为井口压力的稳定不一定说明井底压力稳定，所以从开井时起，就要求连续地测出井底压力数值。计算PI值的方程如下：

$$J=\frac{q_o}{p_{ws}-p_{wf}} \tag{9}$$

式中 J——PI，桶／日，磅／英寸^2；

q_o——产油量，桶／日；

p_{ws}——井底静压，磅／英寸^2；

p_{wf}——井底流压，磅／英寸^2。

“比采油指数”的定义是每一英尺有效油层厚度在井底生产压差为1磅／英寸^{2}条件下的产油桶数，它的计算式表示如下：

$$J_s=\frac{q_o}{(p_{ws}-p_{wf})\ h} \tag{10}$$

式中 J_s——比采油指数；

h——有效油层厚度，单位为英尺。

在一次试井过程中，为使井底压力和产量达到稳定的时间，即过渡时间，可能要好几天，有时甚至要几个星期。过渡阶段的长度和压力的递减速度以及在此阶段中采油指数的递减情况，都表现出油藏的质量。短的过渡阶段表示的是高质量的油藏，而长的阶段则表现的是低质量的油藏，后一种油藏可能采出的地下储量一般比较低。油藏的质量与采油指数的数值大小无关。这一过渡阶段的性质最方便的表现方法是在双对数坐标纸上绘出采油指数每小时的变化曲线。

在图33.12直到33.15中所表示的是几个典型的试井数据图。在图33.12中过渡期短到可以忽略不计，它表现的是一个高质量的油藏，它的采收率可以希望达到很高。在图33.13中，试井期间具有一个较短的过渡阶段，它的地下油量采收率也比较高。在图33.14中，过渡阶段相当长，但最后采油指数的变化斜率连续平缓的趋势也说明已达到最终的稳定阶段。图33.15表现

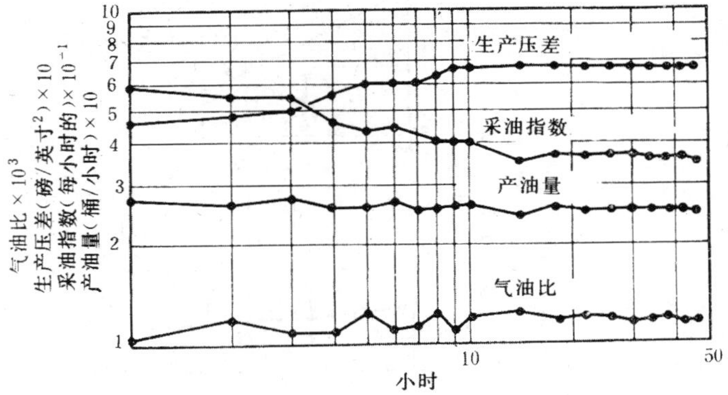

图33.12 代表一口具有很短稳定过渡段的井的试井数据图

的是一口压力、产量和采油指数持续递减的井，它的流动状态不会出现稳定阶段，因而它的最终采收率比一般根据油层及其表面产能所估计的结果要低一些。

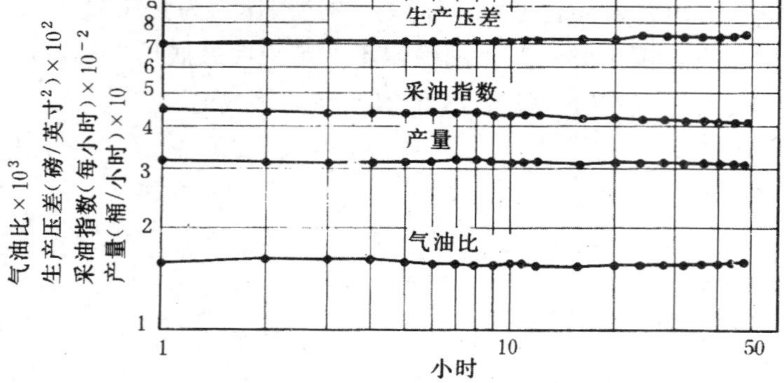

图 33.13　具有短过渡阶段的一口井的流量测试曲线

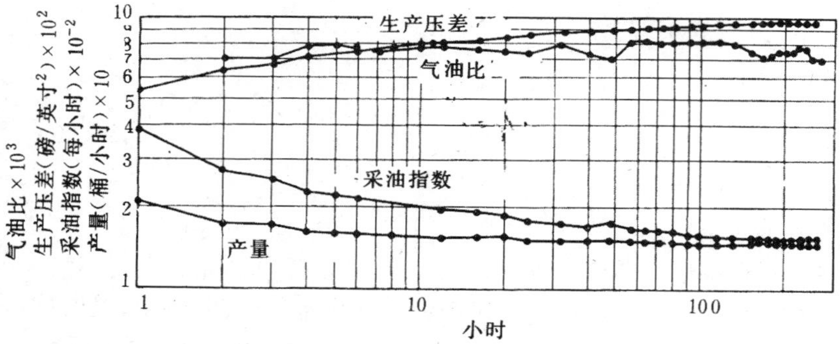

图 33.14　具有较长但有限过渡段的一口井的流量测试曲线

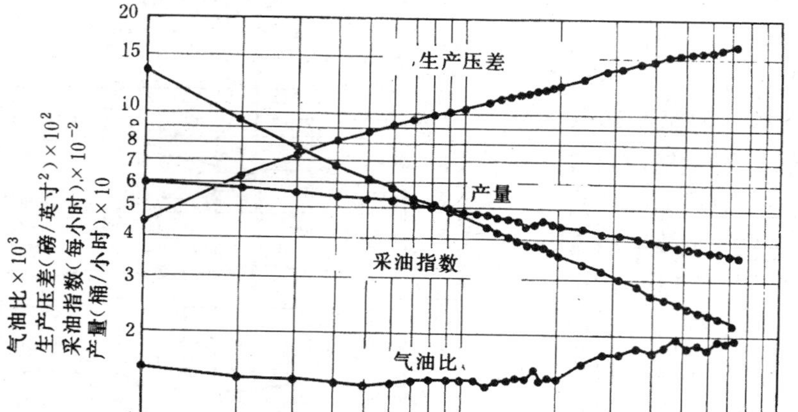

图 33.15　具有很长过渡段的一口井的流量测试曲线

流量测试和采油指数测试则另用它种程序进行。有人喜欢用两种或更多种不同的产量来进行测试。一般说来，在不同产量情况下，采油指数常会有一定差异，这一差异常比考虑到由压力和产量计量精确度本身限制所造成的要大。由于油气比和水油比的变化会影响到相对渗透率，因而也就会对采油指数起到影响。在某些油藏内，计算采油指数时以全部流体质量为基础来取代液体产量，常会得到比较一致的结果。

5. 渗透率的计算

可以通过采油指数来计算油藏岩石的渗透率。Wycoff 等人[13]所用计算公式如下:

$$k=\frac{q\mu B\log\ (r_d/r_w)}{0.003076h\ (p_{ws}-p_{wf})}$$

$$=325J_s\mu B\log\frac{r_d}{r_w} \tag{11}$$

式中 k——渗透率，毫达西；

r_d——泄油面积的半径，英尺；

r_w——井筒半径，英尺；

q——产量，桶／日；

μ——产出流体粘度，厘泊；

B——地层体积系数，地下桶／地面桶；

h——有效产层厚度，英尺；

p_{ws}——井底静止压力，磅／英寸^2；

p_{wf}——井底流动压力，磅／英寸^2；

J_s——单位厚度采油指数。

在进行流量测试后关井测试压力恢复曲线，由此曲线可以算出渗透率的数值。Muskat 在 1937 年对此进行过讨论并在 1949 年[14]提出一个方程。这一方程应用通用单位表示如下:

$$k=\frac{40.37md^2\mu B\log\ (r_d/r_w)}{h\gamma} \tag{12}$$

式中 $m=\log\ (p_{ws}-p_{wf})$ 与 t 关系曲线的斜率；

d——油管直径，英寸；

t——时间，小时。

从开始关井计算；其它参数与前面所用定义相同。

上面的方程有一定的局限性，但在地层严重污染的情况下（例如解释中途测试压力恢复曲线时）还是有用的。

Miller 等人[8]从井底压力恢复曲线计算渗透率所用的公式如下:

$$k_o=\frac{162.5q_o\mu_oB_o}{hm} \tag{13}$$

式中 k_o——有效油渗透率，毫达西；

k——渗透率，毫达西；

q_o——产油量，桶／日；

μ_o——地层原油粘度，厘泊；

B_o——油的地层体积系数，地下桶／地面桶；

h——有效油层厚度，英尺；

m——压力恢复曲线斜率。

确定斜率 m 值最方便的方法是在半对数坐标纸上绘制井底压力随时间（小时）变化的曲线，时间用对数坐标表示。曲线的初始部分会受到进入井筒续流量的影响，而曲线的后一部分则会变得平缓而不可靠，它是由于泄油面积或油藏边界的干扰影响。为了计算简单化，可把压力恢复曲线的直线段延长使它占据一个完全的对数周期。量出这一周期从头到尾的压力差值就得到斜率的数值。

压力恢复曲线中代表斜率的部分常能明显看出，但也有时由于油藏中的干扰或不规则状况而使斜率值不能肯定。我们认为，如果

$$m=\frac{0.0002637kt}{\phi C_L r_d^2 \mu} \tag{14}$$

这一数值介于 10^{-1} 到 10^{-2} 之间的话，则斜率 m 值是正确的，而所计算的 k 值也是可靠的。

式中 k——渗透率，毫达西；

t——从关井到直线段末端的时间，小时；

ϕ——孔隙率，小数；

C_L——液体压缩系数，（磅／英寸^2）$^{-1}$；

μ——粘度，厘泊；

r_d——泄油半径，英尺。

应用上式需要假设各项因素都是已知而且当时存在符合于推导方程的条件。要想从压力恢复曲线算出可靠的渗透率就需要在关井时压力和产量都达到稳定状况。

这些计算渗透率的方程都建立在单相液体流动的基础上。当有小量的游离气体随液体产出时，对结果进行相对渗透率的校正可以获得可以接受的答案。当地层产出的是单纯气体时则计算渗透率所用的方程如下:

径向流动方程:

$$k=\frac{q_g \mu_g T_R Z\log\left(r_d / r_w\right)}{0.00306h\left(p_{ws}^2-p_{wf}^2\right)} \tag{15}$$

压力恢复方程[15]：

$$k=\frac{1.637 q_g \mu_g T_R Z}{h m_g} \tag{16}$$

式中 k——渗透率，毫达西；

q_g——产气量，千英尺^3／日，在 14.7 磅／英寸^2 和 60 °F 条件下；

μ_g——地层气体粘度，厘泊；

T_R——地层温度，°F+460；

Z——气体偏差因子（地层条件下）；

h——有效产层厚度，英尺；

p_{ws}——井底静止压力，磅／英寸^2（绝对）；

p_{wf}——井底流动压力，磅／英寸^2（绝对）；

r_d——泄油半径；

r_w——井筒半径；

m_g——p_w^2随$\log t$变化的压力恢复曲线的斜率，t为关井时间，小时，p_w为在时间为t时的井底压力。

6. 渗透率受污染影响

井壁附近地层渗透率常由于钻井泥浆的侵入，钻井滤液或外来流体造成的水封，粘土颗粒的膨胀或结盐和结蜡而被减小。筛管和射孔部分的不通或部分堵塞，也能产生同样的影响。当井底液流遭到严重障碍时，从井底压力卡片上可以看出，压力变化曲线和正常的指数型曲线不一致，它表现为直线恢复状态，直到接近最高压力值为止。在另一种情况下，井底邻近的渗透率也会由于酸化、压裂或井下爆炸而有所增大。

为了要确定井底邻近地带渗透率的损失或改善的大小程度，可以把由产能试井所算出的渗透率值和用压力恢复法所求得的结果进行对比，其结果可用产能比表示如下：

$$F_p = \frac{K_j}{K_b} \tag{17}$$

式中　F_p——产能比；

K_j——从采油指数算出的渗透率值；

K_b——从压力恢复算出的渗透率值。

把 K_j 和 K_b 的对等表值代入上式并加以简化后得到下式：

$$F_p = \frac{2m\log\ (r_d / r_w)}{p_{ws} - p_{wf}} \tag{18}$$

当 F_p 小于 1 时，说明井底液流受阻；如大于 1 时则说明井底地带渗透率有所改善，后者一般是由于增产措施所造成的。

Dolan 等人[16]曾经提出一个计算“污染因子”的经验公式，在公式中不涉及产量的应用。它对于中途测试的卡片解释特别有用，因为在这种情况下，从卡片能读出可用的压力恢复数值，但产出的流体量常很微弱。它的公式可用产能比的方式表示如下：

$$F_p = \frac{\Delta p}{0.183\ (p_{ws} - p_{wf})} \tag{19}$$

式中　F_p——产能比；

p_{ws}——井底静压；

p_{wf}——井底流压；

Δp——在p随log（$t+\Delta t / \Delta t$）变化曲线中的直线段斜率，t为开井生产时间，分；Δt为关井时间，分；p为在时间为$t+\Delta t$时的井底压力。

Hurst〔12〕曾经推出一个计算液流在油藏井底地带受阻的公式，他把算出的结果称为“表皮影响”。这一公式用油田单位表示如下：在产油情况下：

$$p_s = m\left[\frac{(p_t - p_{wf})}{m} - \log\left(\frac{q_o B_o}{10.4mh\phi c_o r_w^2}\right)\right] \tag{20}$$

在产气情况下：

$$p_s = m_g\left[\frac{(p_t - p_{wf})}{m_g} - \log\left(\frac{q_g Z T_R}{2.063\phi h m_g c_g \bar{p} r_w^2}\right)\right] \tag{21}$$

式中 p_s——由于表皮影响产生的压力损失磅／英寸^2；

p_{ws}——井底静压，磅／英寸^2；

p_{wf}——井底流压，磅／英寸^2；

p_1——在斜率线段上关井1小时压力，磅／英寸^2；

q_o——油产量，桶／日；

q_g——气产量，千英尺^3／日，在14.7磅／英寸^2（绝对）及60°F条件下；

B_o——油的地层体积系数；

Z——压缩因子（气体偏差因子）；

h——有效产层厚度，英尺；

T_R——产层温度，°F+460；

ϕ——产层岩石孔隙率，小数；

C_o——地层原油压缩系数，磅／（英寸^2）$^{-1}$；

r_w——井眼半径，英尺；

m——p_t随log$t$变化直线段斜率；

m_g——p_t^2随log$t$变化直线段斜率，（p_t为时间t时的井底压力，而t则是关井时间，小时）。

p_s为正值时，说明井壁附近渗透率有所降低；p_s为负值时则说明有所改善，它们都是应用由表皮影响所产生的压力损失表示。

要想仅根据试井结果来弄清楚地层不均质变化情况一般是有困难的，这是因为不同的不均质情况可能表现为相同的或相似的试井反应现象。只有当试井解释结果能够得到地质和地球物理所判断的不均质状况验证时，才能得到高度的可信性。

直线性的地层性质变化、断层和边界都会影响压力恢复的表现，它们都显示为一个第二直线段，其斜率为第一直线段的二倍。对一口靠近直线断层的井而言，只要是井筒储存影响没有遮盖最初直线段，就可以用压降试井法，通过一般常用的方式来估算出地层的渗透率和表皮因子。如果这口井离断层非常接近，则最初的直线段有可能很快结束，因而被井筒储存影响遮盖得看不出了。

在降压试井过程中，当生产井的压力降到初始半对数直线段以下时，下面的方程将表明，在 p_{wf} 随 $\log t$ 变化曲线上将出现一条第二直线段，它的斜率为初始直线段斜率的二倍：

$$p_{wf}=2\ (m\log t+p_{1hr})+p_i+m\left[0.86859S+\log\left(\frac{4L^2}{r_w^2}\right)\right] \tag{22}$$

式中 $m=\dfrac{-162.5q_o\mu_oB_o}{kh}$

p_{1hr}——在半对数图中直线段上不稳定试井开始一小时后的井底压力磅／英寸^2；

p_i——初始地层压力，磅／英寸^2；

S——表皮系数；

L——井到线性岩性变化处的距离，英尺。

但是，仅是在不稳定试井时出现一个两倍的斜率这一事实并不能保证在井的附近存在着一个线性的边界。

为了估算井到线性岩性变化的距离，我们需要利用压降试井曲线两个直线段的交点时间 t_x。下面的方程适用于计算压降试井的结果[17]：

$$L=0.01217\sqrt{\frac{k_ot_x}{\phi c_t\mu_o}} \tag{23}$$

式中 c_t——全部系统的压缩系数（磅／英寸^2）$^{-1}$，有关地层不均质的影响和判断方法在第二十九章中加以讨论。

7. 人工机械采油设备

为了工程师们确定在井下安装人工采油设备的规格和类型，并且监视它们的工作效率，井底压力的测试工作具有很大的价值。

在有关气举井的各项因素中，注气的效率决定于注气深度的压力。对于一个给定的产油量，这一压力可以根据井底流压或采油指数计算出来。在气举施工开始后，根据已知的采油指数，可以从产量算出生产效率。在一口进行气举的井中，可以根据压力梯度变化来决定气体进入油管的深度点。这一位置正是所要知道的多相流动开始和安装启动阀的地方。

一般应用采油指数来计算从一口抽油井中可以获得的产油量，因而也就可以算出所需泵的尺寸和泵的下入深度。一口抽油井生产一段时间并且出现产量递减现象以后，就会提出这样的问题：究竟是井的产能下降还是抽油设备的工作效率降低。可以用测量井底静压和流压的方法来判断正确的情况，既可以使用深井压力计，也可以根据以前介绍的用声波反射计算液面的方法求得这些压力。如果已知在某一油藏液面测量结果是不可靠的，或者在某一口井发现几次测量的液面不一致的话，则必须下入深井压力计。有一些试井人员曾经在油管和套管的环形空间中成功地下入深井压力计。在这种操作中有时钢丝会绕在油管上，或者出现压力计被油管和套管卡住的情况，一般在这种情况下开动抽油机就可解卡，但有时则需用修井机起出油管解卡。很多施工人员采用偏心的油管头，使油管位于套管的一侧，这样可以减少压力计在环形空间被卡住的危险。在很多的井中深井压力计可以用抽油杆下入井内，而且最好把它和固定几个刚性地连接在一起。在这些情况下压力计会由于抽油机的振动和抽油液面所产生的“水锤”现象而受到剧烈的振动。

8. 中途测试

在一口正在钻进的井中，深井压力计最普遍的用途是为“中途测试”作出评价。最初使用深井压力计来判断测试凡尔工作是否正常，在进行测试时是否打井。以后才把压力信息看作是重要的结果。在一次中途测试中，详细的压力信息可以用来计算采油指数，因而确定地层的产能，前者是根据测验过程中产出的流体数量和静压及流压算出的。最新的一项用途是用它来核对在测试凡尔关闭后所测压力恢复曲线所显示的产能。常常会碰到的情况是产出的流体很少，但却测得一条很好的压力恢复曲线，这种情况只有在地层产能比产出流体数量所显示的结果好得多的时候才可能出现。可以从压力恢复曲线算出渗透率。但是由于试井时间短促，而且一般常在井壁附近有严重的地层污染现象，因而误差可能较大，不过所得结果足以说明是否应该进一步进行测试。

9. 泥浆的相对密度

在进行中途测试时，当坐住封隔器以前以及测试结束并松开封隔器以后，所测得测试深度的压力可以用来计算井内的平均泥浆相对密度，和用来核对日常测定的泥浆相对密度。

符 号 说 明

b——当时间为 1 分钟时曲线的截距；
B——全部产出流体的地层体积系数；
B_o——油的地层体积系数；
c_L——液体的压缩系数；
c_o——地下原油的压缩系数；
c_t——整个系统的压缩系数；
c_g——气体压缩系数；
c_T——温度变化系数；
d——流出管道的直径；
d_c——校正温度的偏移；
d_o——观察到的偏移；
d_1——在给定压力下在 T_1 时的偏差；
d_2——在相同压力下在 T_2 时的偏差；
D——井深；
e——自然对数的底值；
F_g——仪表因子；
F_p——产能比；
h——地层有效厚度；
J——采油指数；
J_s——比采油指数；
k——地层渗透率；
k_b——从压力恢复曲线算出的渗透率；
k_j——从采油指数算出的渗透率；
k_o——油的有效渗透率；
L——从井到一个无限长线性不连续带的距离；
ΔL——长度的变化；
m——压力恢复曲线（p_t随$\log t$变化）的斜率或是 $\log(p_{ws}-p_{wf})$随 t 变化曲线的斜率；
m_g——压力恢复曲线（p_w^2随$\log t$变化）的斜率；
p——当时间为（$t+\Delta t$）时的压力；
Δp——p与 $\log t+\Delta t/\Delta t$曲线的斜率，或 $\Delta p=p_{wf}-p_{ws}$；
$\tilde{\Delta} p$——曲线的无量纲因子（参看图33.9）；
p^*——压力恢复曲线的最终压力；
p_i——原始地层压力；
p_s——由于表皮效应所造成的压力损失；
p_{sd}——$\log_e r_d/r_w$（当供给半径处为恒压时）或 $\log_e(r_d/r_w)-0.75$（当边界无流体进入时）；
p_t——关井一小时后直线段上井底压力；
p_w——时间为 t 时的井底压力；
p_{wf}——井底流压；
p_{wh}——井口压力；
p_{ws}——井底静压；
p_{1hr}——不稳定试井开始后一小时在半对数曲线直线段上的压力值；

q——关井前的产量；
q_g——产气量；
q_o——产油量；
r——未受力情况下阻力；
Δr——阻力的变化；
r_d——泄油半径；
r_w——井眼半径；
S——表皮系数；
t——时间；
t——从关井到压力恢复曲线直线段末端的时间；
Δt——关井后经历的时间；
t_x——压降曲线上两直线段交会的时间；
$\overline{T}$——井眼平均温度；
T_c——校正温度；
T_o——观测温度；
T_R——地层温度；
T_1——低温度值；
T_2——高温度值；
Z——压缩因子（气体偏差因子）；
r_g——气体比重（空气＝1）；
μ——产出流体粘度；
μ_g——地层气体粘度；
μ_o——地层原油粘度；
ϕ——地层岩石孔隙度。

以国际米制单位表示的主要方程

$$p_{ws}=p_{wh}\exp\left(1.139\times10^{-4}\gamma_g D\right) \tag{4}$$

$$\log p_{ws}=\log p_{wh}+\frac{\gamma_g D}{67.37\overline{T}} \tag{5}$$

$$\frac{p_{ws}}{1+p_{ws}Z}=\frac{p_{wh}}{1+p_{wh}Z}\exp\left(\frac{\gamma_g D}{29.26\overline{T}}\right) \tag{6}$$

$$p_{ws}=p^{*}+\frac{\left(p_{sd}-\Delta\overline{p}\right)q\mu B}{2\pi hk} \tag{7}$$

$$k=\frac{q\mu B\log\left(\frac{r_d}{r_w}\right)}{2\pi h\left(p_{ws}-p_{wf}\right)}=\frac{J_s\mu B\log\left(\frac{r_d}{r_w}\right)}{2\pi} \tag{11}$$

$$k=\frac{44.330md^2\mu B\log\left(\frac{r_d}{r_w}\right)}{h\gamma} \tag{12}$$

$$k_o=\frac{q_o\mu_o B_o}{5.4575hm} \tag{13}$$

$$m=\frac{kt}{\phi c_L r_d^2\mu} \tag{14}$$

$$k = \frac{254.359 q_g \mu_g T_R Z \log\left(\frac{r_d}{r_w}\right)}{h \ (p_{ws}^2 - p_{wf}^2)} \tag{15}$$

$$k = \frac{127.2 q_g \mu_g T_R Z}{h m_g} \tag{16}$$

$$p_s = m\left[\frac{p_t - p_{wf}}{m} - \log\left(\frac{0.412 q_o B_o}{\phi m h c_o r_w^2}\right)\right] \tag{20}$$

$$p_s = m_g\left[\frac{p_t - p_{wf}}{m_g} - \log\left(\frac{142.817 q_g Z T_R}{\phi h m_g c_g r_w^2 \bar{p}}\right)\right] \tag{21}$$

$$L = \sqrt{\frac{k t_A}{1.781 \phi c_t \mu_o}} \tag{23}$$

在以上各式中:

p 的单位为帕，D 的单位为米，γ_g 的单位为公斤／米^3，T 的单位为 K，μ 的单位为帕·秒，h 的单位为米，K 的单位为米^2，q 的单位为米^3／秒，r 的单位为米，t_A 的单位为秒，C 的单位为米^3／米^3。

参 考 文 献

1. Millikan. C. V.: "Bottom–Hole Pressures," *Petroleum Production Handbook*(1962) 2. 27–1–27–14.
2. Brownscombe. E. R. and Conlon. D. R.: "Precision in Bottom–Hole Pressure Measurement," *Trans.*, AIME (1946) 165, 159–74.
3. Bergman. J. C., Guimard. A., and Hageman, P. S.: "High Performance Pressure Measurement Systems," Johnston–Macco (1980) 10.
4. Pierce. H. R. and Rawlins. E. L.: "The Study of Fundamental Basis for Controlling and Gauging Natural Gas Wells. Part 1," R12929, USBM (1929).
5. *Back–Pressure Data on Natural Gas Wells and Their Application to Production Practices.* USBM Monograph 7(1935) 168.
6. Muskat, M.: "Use of Data in the Build–Up of Bottomhole Pressures," *Trans.*, AIME (1937) 123. 44–48.
7. Arps, J. J. and Smith. A. E.: "Practical Use of Bottom–Hole Pressure Build–Up Curves," *Drill. and Prod. Prac.*, API (1949) 155.
8. Miller, C. C., Dyes, A. B., and Hutchinson, C. A. Jr.: "Estimation of Permeability and Reservoir Pressure from Bottomhole Pressure Build–Up Characteristics," *Trans.*, AIME (1950) 189. 91–104.
9. Earlougher, R. C. Jr., Kersch, K. M., and Ramey, H. J. Jr.: "Wellbore Effects in Injection Well Testing," *J. Pet. Tech.* (Nov. 1973)1244–50.
10. Horner, D. R.: "Pressure Build–Up in Wells," *Proc.*, Third World Pet. Cong. (1951).

11. Thomas, G. B.: "Analysis of Pressure Build–Up Data," *J. Pet. Tech.* (April 1953) 125–28; *Trans.*, AIME, 198.
12. Hurst, W.: "Establishment of the Skin Effect and Its Impediment to Fluid Flow into a Wellbore," *Pet. Eng.* (1953) 25, No. 11, B–6.
13. Wycoff, R. D. *et al.*: "Measurement of Permeability of Porous Media," *Bull.* AAPG (1934) 18. 161.
14. Muskat, M.: *Physical Properties of Oil Production*, McGraw–Hill Book Co. Inc., New York City (1949).
15. Tracy, G. W.: "Why Gas Wells Have Low Productivity," *Oil and Gas J.* (Aug. 6, 1955) 54, No. 66, 84.
16. Dolan, J. P., Einarsen, C. A., and Hill, G. A.: "Special Applications of Drill Stem Test Pressure Data," *J. Pet Tech.* (Nov. 1957) 318–24; *Trans.*, AIME, 210.
17. Gray, K. E.: "Approximating Well–to–Fault Distance from Pressure Build–Up Tests," *J. Pet. Tech.* (July 1965) 761–67.

第三十四章　井　　温

G. J. Plisga，Sohio Alaska Petroleum Co[1]　　　　赵　钢　译

一、引　　言

在打野猫探井或加深老油井至不太清楚的更深层位时，常常需要知道预定深度的地下温度。在20年代，API研究项目25研究了地温梯度与油田地质构造的关系[1]。起初，对油田地下温度的兴趣，主要集中在深井的高温上，因为这种高温会使水泥浆在替到套管外面以前就开始凝固。后来，为保护北部边远地区的永冻土层段，发展了低水合热水泥。常用温度测井确定套管外水泥的上返高度[2]。由于温度测井装置的不断发展，提高了温度测井的可靠性、精确性和速度，因而开辟了温度测井应用的新领域。现在，常用温度测井测生产剖面，识别套管外窜槽，测油套管漏失，了解水力压裂裂缝的扩展范围，监测注水剖面，等等。

二、温　度　计

1. 本身配套的记录温度计

油田应用的本身配套记录温度计，应用与井下压力计相同的记录机构，只是用感温元件代替感压元件。对某些市场上销售的井下压力计制造有感温元件。

Humble压力计的感温元件 Humble压力计的感温元件是一个装满水银的容器，随着温度的增加，水银膨胀进入活塞一端的一个小直径缸套中，活塞顶着一个处于张力状态的螺旋形弹簧，通过一个密封套移动。固定在活塞另一端上的记录笔臂伸进记录机构的卡片夹持筒内进行温度变化记录。通过改变缸套和活塞的直径可以改变温度量程。为了防止井中压力影响感温元件，水银容器密封在一根外管中，外管内也充满水银以减小热效应滞后。只要谨慎地校正和作业，温度读数的精度可达到2°F，可读出0.5°F的温差。

Amerada压力计的感温元件　Amerada压力计的感温元件是带有一个球管的感压元件。球管接在螺旋形波登管的压力端，但与压力计是绝热的，以减小热效应滞后。球管中装有一种液体，它在感兴趣的温度量程内有可靠的蒸汽压。对于不同的温度量程，要选用不同的液体和不同的螺旋形波登管量程，其组合最好能使最大温度量程接近液体的临界温度，从而能对温度的度数变化给出最大的偏移。最常用的量程大约为120和200°F，一般要求一个最低或最高温度。为保证记录卡片的最大可读性，最低和最高温度之间的跨距不应大于200°F。原校正的量程为120—200°F的温度计，灵敏度大约为0.5°F，可测出0.1°F的温度变化。Amerada温度计的绝对精度为±2°F。热平衡需要的时间为20分钟。但仪器浸在液体中时，在30～45秒钟内将记录大约70%的温度变化。一个快速响应的温度计设计，

[1] 1962年版本章的作者是C. V. Millikan。

增加温感面积，减少受热质量，在 8～10 分钟内可达到热平衡。液体–蒸汽元件的响应不是直线关系，所以元件的精度和灵敏度取决于要测量的温度。

时间响应　温度计对温度变化的时间响应，直接与温度计通过流体的移动速度或流体流过温度计的速度有直接关系。当测一个长井段的可能异常时，温度计的下井速度可达到每分钟 50～100 英尺，然后根据第一次测量，选定感兴趣井段，以每分钟 2～5 英尺的速度通过这些井段。

温度计在气体中　气体的热传导能力要比液体低很多。因此温度计在气体中对一定的温度变化有更大的热效应滞后。然而，在温度计通过气体的大部分井中，任何一种异常都是气体膨胀引起的，它所造成的温度变化一般要比液体运移引起异常时造成的温度变化大得多。由于温度变化大，气体中存在的异常可以和液体中一样快地记录下来。如果井筒在感兴趣井段为气体，并在诸如探测管外流体窜槽时未出现气体膨胀，那么最好在井内灌注液体。如果这样做不可行，那么温度计的测井速度必须比在液体中的正常速度小得多（1／5～1／10)。

2. 地面记录的电温度计

地面记录的电温度计有一个热电偶、电阻丝或热敏元件作为感温元件。用于油井的经过正常校正的地面记录电温计，灵敏度为 0.5°F，热效应滞后仅几秒钟。它们用绝缘的铠装电缆下井，计量轮通过齿轮驱动卡片记录仪、照相机或计算机按深度记录温度。

已经研制出了各种微差温度计，可以记录非常小的温度变化，0.1°F 或更小，以 100～150 英尺／分的测井速度可以发现一个长井段中的异常。一旦记录到异常，可以放慢温度计的测井速度，以便全面确定这一异常。微差温度计常与电温度计组合一起下井，在测量绝对温度的同时测量温差。

当应用地面记录电温度计时，如发现任何温度变化，可以再次下放仪器进行检验测井，而不必把仪器起出地面。静态条件下的极小异常，会受到仪器移动的干扰，所以进行这种条件检验测井时，要使仪器停留足够长的时间，以便重新建立井眼中的温度平衡。

3. 优点和缺点

本身配套的温度计和地面记录电温度计各有优缺点。本身配套的温度计有携带方便和造价低的优点。缺点是热效应滞后大和要把仪器起出地面并阅读卡片后才能知道结果。地面记录电温度计的优点是对温度变化反应快，因而测井速度比较快，可以边测井边绘制温度与深度的关系曲线，并且不需要把仪器起出油井，就可以对任何温度异常进行检验。缺点是造价高，设备大些和重些，并且要求精心作业。

三、温 度 测 量

1. 引言

油田上应用的温度测量有两种类型。一种是确定感兴趣深度的实际温度，另一种是确定温度变化的井段。一般应用最大温度记录温度计测量实际温度。但现在越来越广泛地应用地面记录的电温度计测量实际温度。确定温度变化井段时，除感兴趣的井段外，还需要在其上下连续记录一段距离。在这种情况下，如使用微差温度计，将显示出存在一温度变化，而不是实际温度或实际的变化幅度。

2. 实际温度

不同沉积盆地的地温梯度是极不相同的，但在一个盆地的内部由这部分到另一部分其变化是逐渐的[3, 4]。在大部分产油区，地温梯度的变化范围通常是每 100 英尺深度增加 1—2°F。受季节温度影响深度以下的温度（一般是地面以下 30 英尺），如美国气象局气象资料所示（见图 34.1），比年平均温度等温线高约 1.5°F。但在存在连续永冻土带的北纬地区例外。由这样的地表温度和产层温度确定的地温梯度，对于大部分实用目的来说是相当精确的（图 34.2）。在某些地区，随着深度的增加，特别是在 10000 英尺以下深度，温度的增加速率更高，据报道，在 18000 英尺以下温度增加明显。当需要确定精确的地温梯度时，所选用的井必须数月不受干扰。但在任何情况下，都必须在井作业时测井，因为温度计通过井筒时将改变静梯度。

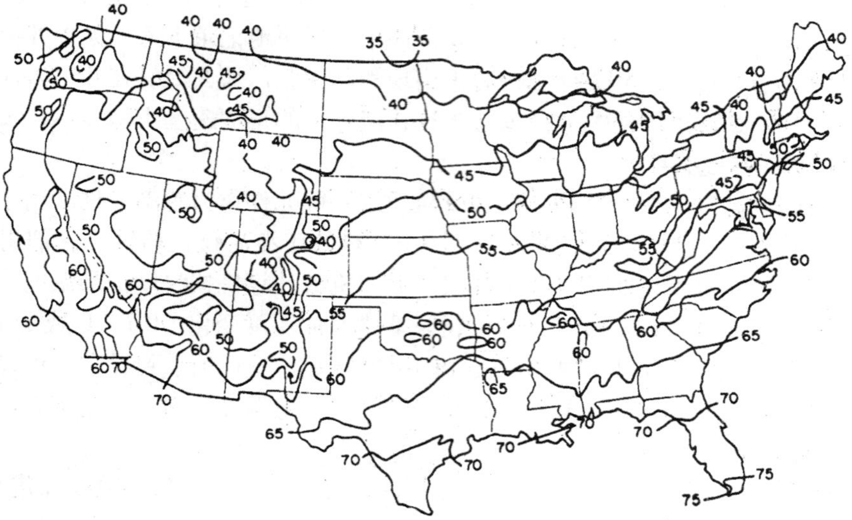

图 34.1 1899—1938 年阶段的年平均温度。等温线是通过大体等值点绘出的

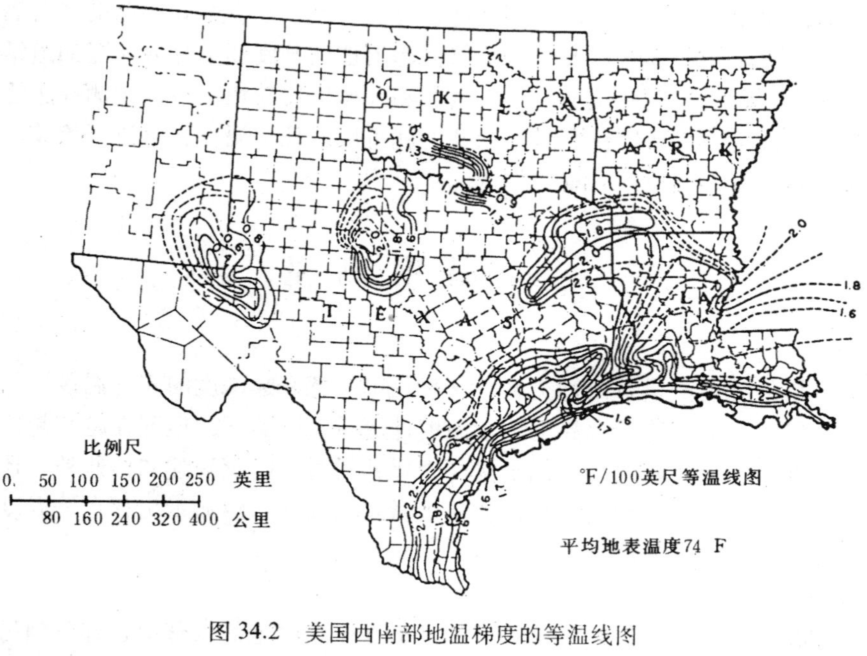

图 34.2 美国西南部地温梯度的等温线图

地质岩层的热传导率是不同的。普通沉积的平均热传导率大体如表 34.1 中的数字所示[4]。

表 34.1 普通沉积的平均热传导率（英制热单位／小时—英尺^2—°F）

岩　盐	36
硬石膏	32
致密灰岩	20
砂　岩	16
页　岩	12

当流体在井筒中连续流动一段时间时，就像在钻井作业和生产井中那样，温度对每一层的影响将是不同的。温度对一定地层的影响，将取决于这一地层的热传导率、流动流体与这一地层之间的温度差和流体连续流动持续时间的长短。当流体停止流动时，温度开始趋于平衡，但要接近温度平衡则需要相当长的时间，一般要数个月。在温度测井中，这种温度的不规则性可能会与某些作业条件引起的异常相混淆。然而，一般来说，由于正常作业条件造成的梯度不规则性是比较小的，而所研究的异常条件，例如套管上的孔眼、套管外流体窜槽，或者水泥返高等等，在其规模或特性上都是不会令人置疑的。

深度上的实际温度在解决有关钻井、生产和油藏工程的许多问题中起着重要作用。钻井泥浆常受到高温的不利影响。水泥和添加剂的类型要根据下套管深度或目的层的温度决定。在油藏中，溶解气量、泡点压力和粘度等，就象形成的凝析油量和仍保持润湿储层岩石的液体数量一样，都与温度有关系。单位储层岩石的气体体积和气体的超压储性也都与实际温度有关系。

3. 温度测井

测量井温用二种作业方式：以低速连续下入温度计，或者每测一段作短暂停留。测量一个长井段时常常是连续下入温度计，而测量一个短井段时常常多次停留，每次停留 1～2 分钟。下温度计和起温度计都要从感兴趣井段取温度读数。起下温度计的速度要相同，停留点要相同，以便更精确地确定任何一个异常。当仪器的速度太低如 2～5 英尺／分时，实际热效应滞后会太小，不足以保证反向测量的质量。当以某一速度开始测量时，不要在测量期间改变这一速度，否则就会在记录卡片上造成梯度变化或异常，从而掩盖井中的实际异常或梯度变化。因为在完成测量并从中起出温度计之后才能得到温度记录卡片，因此必须有仪器的记录时间和深度，以便作出温度和深度的关系曲线。

在大多数情况下，井温测量曲线上温度变化的位置要比实际温度或温度变化量明显得多。一般说来，一口井的温度梯度是相当均匀的，任何一个偏差都表示那一深度上的异常条件。这一偏差也可能是原本不均匀梯度中的不规则性或异常，或者说仅仅是梯度的变化。一个井筒中温度变化的主要原因是气体膨胀、水泥的水合作用和流体窜槽。生产井中的液体膨胀以及溶解和化学反应热是经常出现的，特别是在钻井过程中更是如此，但所有这些对井筒中温度的影响一般是很小的，无法识别出来。气体膨胀将在温度梯度上引起异常，流体窜槽将引起梯度的变化。

气体自储层进入井筒时发生膨胀，产生冷却作用，这里的温度要比相邻地层低得多，所以通过井温测量可以识别进气的具体井段（图 34.3a）。通过井温测量也可以测出产气甚少或不出气生产井的典型井温曲线（图 34.3b）。如果在井生产时使温度计通过裸眼或射孔段，则将会记录到更为详细的情况，当油管下端位于生产井段以下时，产出的气体将向下流动到油管的底部，与进入井筒的其它流体混合，折转向上进入油管，通过温度计，这将会掩盖生产井段存在的异常。对用这种方式完成的生产井，必须关闭油管，让井通过环空进行生产，而在油管中下入温度计。如果坐有封隔器或由于其它原因井不能通过环空生产时，可关井后进行井温测量。关闭井的井温测量主要靠气体膨胀的冷却作用，这种冷却作用会将地层出气层段的温度降到地层不出气层段的温度以下。需要有一定的时间让温度趋于平衡，并且关井后测井温的时间也要相当长，要测到续流结束为止，这样将会记录到主要出气层段的低温。根据出气层段测井温的先后顺序将可作出更可靠的井温测井解释。

通过井温测量可以识别出最下部的出气层段。这是因为通过出气层段测井温时由于气体膨胀的冷却作用温度下降，而测到出气层段以下时温度又回升到正常的梯度温度。而出水层段只有当和油一起产出足量的游离气，从而使最下部出油层段产生温度梯度变化时，才能够识别出来。

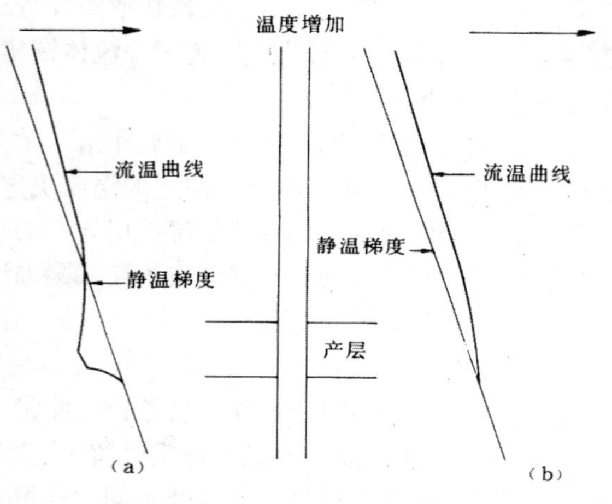

图 34.3 (a) 出气温度梯度实例；
(b) 生产液体的温度梯度实例

通过井温测井一般可以发现套管上流体窜槽的孔眼。当已知或推测存在孔眼时，除套管上孔眼的深度外，还必须确定窜槽流体产出层位的深度和该流体进入层位的深度。

通过井温测量可以确定注水井的渗透率剖面或吸水剖面。均质地层注水的典型井温测井会显示出注水层段的冷却效应（图 34.4）。注水井的井温测量常用两种方式进行：注水一段时间以后停注进行测量；注水几小时以后进行测量。为了得到更可靠的测井温结果，最好每隔几小时就测一次，进行系统测量。连续注水数目之久，会使整个地层冷却，从而难以识别地层不同部分的相对吸水能力。在某些情况下、可以采用另外一种方法，即停注一天或更长一些时间，然后以低速如 1—5 桶／小时的排量注水，同时进行井温测量，这样可取得更详细的测井资料。由于存在正常注水作业的残余温度变化，建议在注水前进行一次测井以便进行对比。

如果水是自下面窜槽，井温测量会在生产层背景上出现一个偏正的异常（图 34.5）。图 34.6 所示是通过套管上一个孔眼流体各种窜槽情况的理想井温曲线。在绘制这些理想井温曲线时曾作了某些假设。如为气体窜槽，假设气体离开地层时有某种程度的膨胀，因而产生冷却作用。另外，假设在套管孔眼深度上将产生一个压力降，从而也发生膨胀和冷却作用。如果在任何一个点上均无膨胀，则气体的井温曲线在外观上将会与液体的井温曲线相同。在有二个地层的情况下，不管它们位于套管孔眼以上还是以下，流体自套管孔眼向更远层的窜流将会掩盖孔眼与最近地层之间的温度梯度。

还会出现窜槽流体量不足以影响温度的情况。通过套管上一个小孔眼产生的气体漏失，将会造成一个尖峰温降，但其漏失量可能很小，因而不会影响温度梯度。套管外流体窜槽所造成的温度变化速率将比正常的梯度要低。如果流体向上窜流，梯度的温度将高于正常梯度；如果向下窜流，梯度温度将偏低。

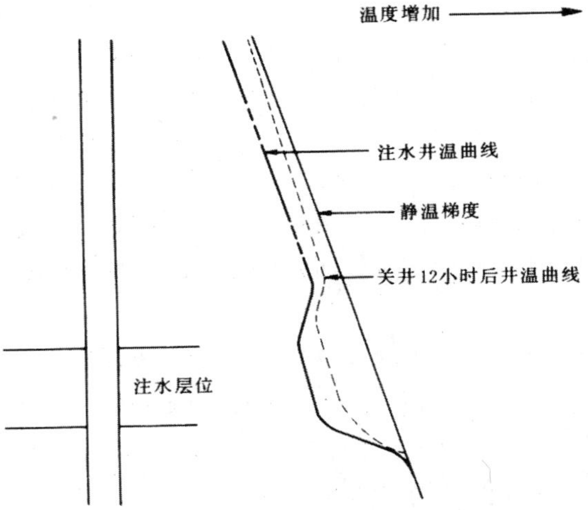

图 34.4 注水井的温度梯度

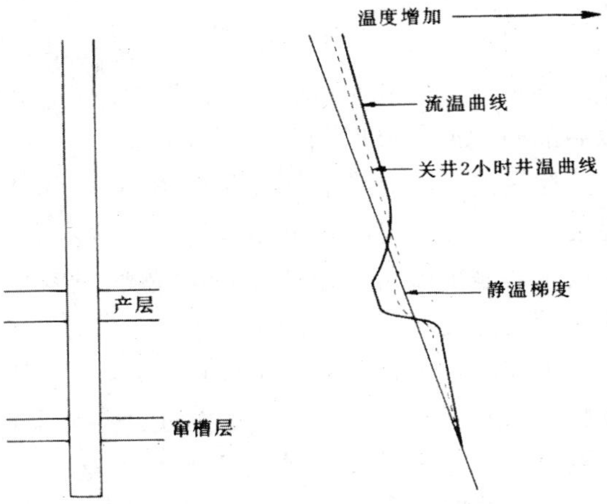

图 34.5 流体窜槽温度梯度

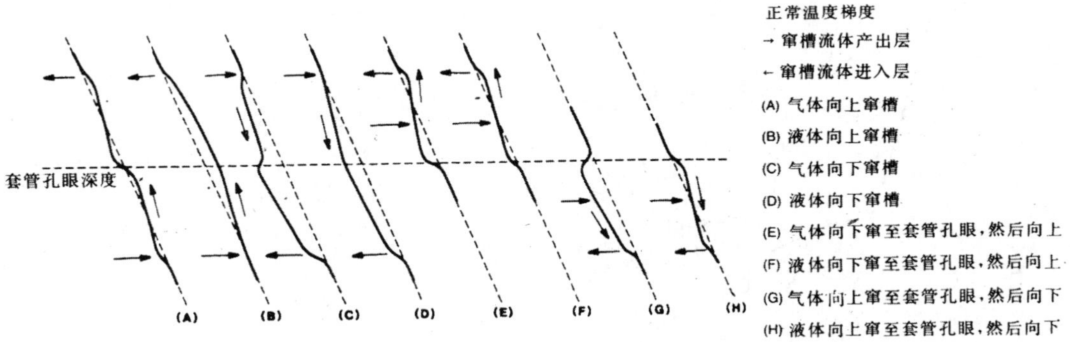

图 34.6 流体通过套管孔眼窜槽的理想井温曲线

井的准备工作是成功和可靠解释井温测量结果的重要环节。一般来说，最大的异常大约为 2°F，在不太有利的条件下异常可能很小或受到掩盖，无法作出可靠的解释。在这些情况下，取得成功井温测量的唯一方法可能是应用地面记录微差电温度计。

套管漏失和窜槽流体的井温测量是在关井情况下进行的。关井时间必须足够长，以便使整个井筒接近均匀的温度梯度。最少应当允许关井 24 小时。然而，所要求的关井时间应当根据过去的经验、要查明的问题的类型和位置而定。出气和出水层段可使井以最高实际可行产量自喷生产测定。如果在井自喷生产的同时不能进行温度测井，那么关井和下仪器测井之间的时间间隔可能至关重要。在所有情况下，关井必须持续到井中的续流完全停止，但又不能太长，使井温接近正常梯度，否则就会掩盖井中存在的任何温度异常。

4. 钻井中的应用

在钻深井或高温井（特别是温度超过 250°F 的井）的工作中，需要有代表性的井底温度，以便选择合适的泥浆程序，选择合适的水泥和添加剂，保证套管的固井质量。在开发钻井的工作中，可以应用邻井的温度资料估算新井的井底温度。在勘探钻井工作中，要应用所有可供应用的资料，估算井底温度。如果没有邻近的资料可用，就必须假设一个地温梯度，估算井底温度。

一种估算静井底温度的技术，是在半对数坐标纸上绘制 T_{ws} 与 $(t_k+\Delta t)/\Delta t$ 的关系曲线，式中 T_{ws} 是在 Δt 时测量的关井井底温度，°F；t_k 是循环时间，小时；Δt 是循环停止以后的时间或关井时间，小时。

绘制这一关系曲线图需要的资料，一般根据连续裸眼测井求得，并由此可以估算静井底温度[5]。虽然假设的循环时间短时这一 Horner 式的分析从数学上讲并不那么正确，但这项技术还是能够可靠地估算静止温度。这项技术最适合用于高地温梯度地区，在这些地区测井记录的温度明显低于静止温度。

水泥的水合作用是一个放热反应，会产生很大的热量，甚至在固井以后数天仍能通过温度测井确定套管柱外面水泥的存在。在一个具体的油田中，上返水泥顶部异常的特性是相当一致的，但在不同流体中变化很大。这一异常可能很大，并且表现为温度急剧增加（见图 34.7A），有时达 35～45°F，但也可能表现为梯度的轻微增加（图 34.7B）。

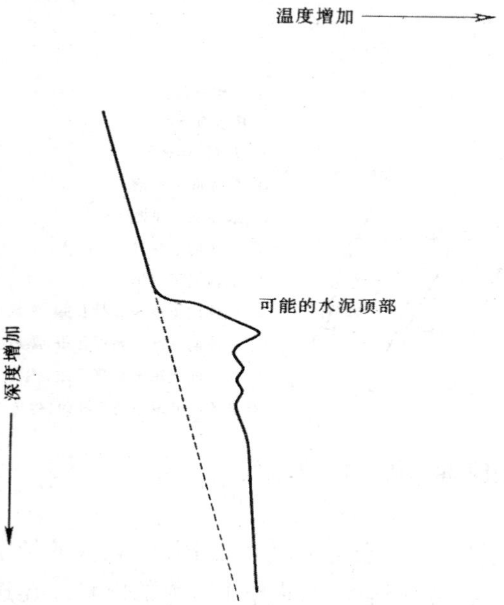

图 34.7A　套管外水泥对温度梯度的影响

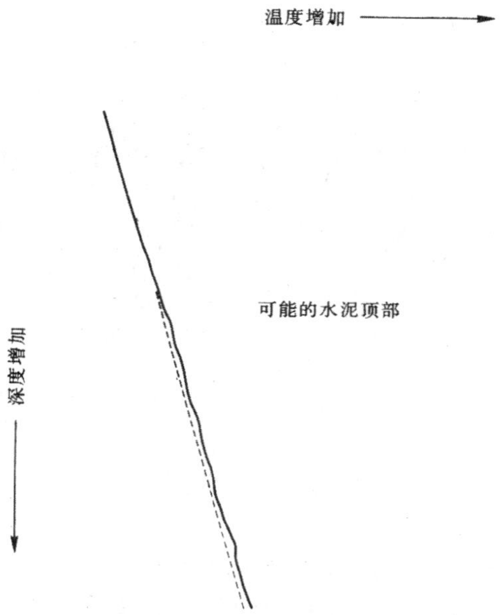

图 34.7B　套管外水泥对温度梯度的影响

影响井温测量的主要因素是挤水泥与进行测井之间所经过的时间。其它影响因素包括水泥的粒度、化学组成、水合速率、套管外各段的水泥量和相邻地层的热传导系数。通常挤水泥后 4～9 小时产生的温度最高，但在大多数地区在 48 小时后仍能测得可靠的数据。水合速率要比释放的总热量对温度的变化影响更大。虽然水合作用会持续很长时间，但其速率会很快从其峰值递减下来。冲蚀井段会出现温度的大量的急剧增加，从而会显示出一个假的水泥顶部。而在环空面积小或水泥被泥浆稀释的井段，会使温度变化小或梯度轻微变化。所有这些因素都影响一口井水泥顶部温度异常的大小，并且它们影响的范围也是变化很大的。然而，即使在最不利的综合影响条件下，由于放出的热量足够大，因而还是能够测出水泥顶部的。

一种新的套管测井方法可以检测套管外由于缺水泥而出现的垂向流。这是一种径向微差温度测井，可以测量套管内一个套管半径平面上的温度变化[6]。一般用相隔 180° 配置的两个传感器。一个传感器可以贴在套管壁上，而另一传感器装在测井工具体内。测井工具的顶部有一个锚簧，可以防止整个工具在传感器旋转时转动。测井工具由马达旋转，旋转速度为每 4 分钟转一圈。这种径向微差测井工具的设计允许接上射孔枪，将射孔枪调整定位，向推测的窜槽或测井定位的异常段射孔。

如果推测一口射孔完成的井中有窜槽，应当开井生产足够长的时间，以保证在进行径向微差温度测井前窜槽流体正在产出。将径向微差温度测井的探头置于推测有窜槽的井深上。张开支撑臂，将工具旋转一次或二次。在移向另一深度前收回支撑臂。像许多测量要求的那样，一次下井就能够确定窜槽的位置。在某些情况下，自地面注入流体冷却窜槽，可以取得更好的结果。

在已知钻井深度以上地层漏失泥浆的地区，可以用温度测井确定循环失灵的深度。温度测井曲线将显示紧挨漏失点以下温度急剧增加。如在测井时仍在发生缓慢漏失，将会测出极大的温度变化。当认为井眼条件很危险时，可通过下端敞口的钻杆将仪器下到推测井段进行测井。

四、结　论

温度测井是确定有问题井情况的廉价方法。温度测井取得的资料常常是唯一可供利用的资料，并且这些资料一般是精确的，可靠的。当产生异常时，必然存在以下情况中的一种情况，即：(1) 气体膨胀；(2) 流体窜槽；(3) 某种类型的化学反应。除测量井中一个点的实际温度外，温度测井是高度定性的。在大多数测井中，要依靠作业方法的一致性、过去的经验和工程技术人员的才智收集到可靠的资料，并做出唯一性的解释。因为不存在覆盖所有地区和沉积盆地的温度与深度之间的定量关系，因此假设 1～2°F／100ft 的梯度是合适的。

参 考 文 献

1. Heald, K. C.: "Study of Earth Temperatures in Oil Fields on Anticlinal Structures," *Bull.* 205 API, Dallas (1930) 1.
2. Leonardon. E. G.: "The Economic Utility of Thermometric Measurements in Drill Holes in Connection with Drilling and Cementing Problems," *Geophysics* (1936) 1, 115.
3. Van Orstrand, C. E.: "Normal Geothermal Gradient in the United States," *Bull.*, AAPG (1935) 19. 79.
4. Nichols, E. A.: "Geothermal Gradients in Midcontinent and Gulf Coast Oil Fields," *Trans.* AIME (1947) 170. 44–50.
5. Dowdle. W. L. and Cobb, W. M.: "Static Formation Temperature From Well Logs—An Empirical Method," *J. Pet. Tech.* (Nov. 1975) 1326–30.
6. Cooke, C. E. Jr.: "Radial Differential Temperature (RDT) Logging—A New Tool for Detecting and Treating Flow Behind Gasing," *J. Pet. Tech.* (June 1979) 676–82.

一般参考文献

Romero–Juarez. A.: "A Simplified Method for Calculating Temperature Changes in Deep Wells," *J.*

Pet. Tech. (June 1979) 763–68; *Trans.*, AIME. 267.

Smith, R. C. and Steffensen, R. J.: "Interpretation of Temperature Profiles in Water–Injection Wells," *J. Pet. Tech.* (June 1975) 777–84; *Trans.*, AIME. 259.

Wooley, G. R.: "Computing Downhole Temperature in Circulation. Injection, and Production Wells," *J. Pet. Tech.* (Sept. 1980) 1509–22.

第三十五章　油井的产能测试

J. D. Kimmel，Oilcovery Inc.[1]
Richard N. Dalati，Cockrell Oil Corp.

赵　纲　译

油井的产能测试是稳流条件下的一种简单生产测试，是为了确定一口井的产能。产能或生产测试常用来确定油井通过某种直径油嘴的产量。然后用这种产量和气油比确定这口井是否能够生产配给的允许日产量。

在一口井上进行产量测试，是为了确定这口井的产能并记录其保持产能的时间。常用这些测试结果诊断和评价一口生产井。因为在每一阶段的油藏分析和设备分析中必须了解油藏的产能，应用生产测试结果，因此不管如何强调生产测试的重要性都不为过。生产测试结果有助于确定表 35.1 中所列的参数。

表 35.1　由产能测试确定的参数

1）最优或最高有效产量
2）各产层的相互关系和鉴别结果
3）各种采油方法的效果
4）油气可采储量的估算结果，例如根据实测的产量递减与时间关系曲线估算的结果
5）生产油藏产能的递减趋势和生产动态
6）油气和（或）油水界面的定性确定结果
7）确定由于采油生产而在井筒和油藏中出现的问题，如气或水的锥进，出砂或砂堵，结蜡等等
8）完井方法和设备的分析与对比
9）井下设备的工作特性及其对比，以及安装原则
10）人工举升方法和设备的分析与对比
11）确定采取修井措施的必要性及其效果评价

生产测试一般认为是油田常规作业的一部分。由于生产测试要在各种生产井上进行，因而不能事先详细确定适用于每口井的标准方法。在许多情况下，要靠工程师的创造性和判断能力即他们的聪明才智，制定能取得预期结果的测试方法和作业步骤。

在每次进行生产测试时，先了解所用的设备和完井方法，生产油藏的总情况，以及该井和可对比井以往的测试结果，将会极大地简化测试作业程序并有助于取得预期的结果。

按照美国大部分州的管理机构，如得克萨斯州铁路委员会和路易斯安那州资源保护部等的要求，一般要对油井定期进行产能或产量测试。各州授权州管理机构确定每口井可以生产的允许日产量或最大日产量，控制油气生产。在确定这一最大日产量时考虑油井和油藏的情况。在确定允许日产量中一般还要考虑产出的或加工的油气的储存能力或市场销售量。这些管理机构定期开会，确定一定阶段最多的生产天数。允许产量用两种公式加以规定：每天能够生产的最高产油量；在每一个规定的阶段（通常为 1 个月）最多能够按这一最高允许日产

[1] 这位作者也是本书1962年版这一章的作者。

量生产的天数。

这是负责制定和监督所有生产井要进行恰当测试的工程师或人的责任。当生产由州管理机构控制时，这也是负责执行这些管理机构所定要求的工程师或人的责任。这些要求是针对生产井要进行合适的测试，并对测试结果作恰当的报告提出的。不能忽视按州管理机构要求进行测试和提供资料的重要性。

按油井的产层确定油井的日允许产量，是得克萨斯州和路易斯安那州的通用规定，但这一规定也有例外。在确定油井允许产量以前要考虑油藏的特性，油藏以前的生产动态和完井方法。在得克萨斯州一般执行1947年制定的深度允许产量定额。这些允许产量定额是对已探明地区的已知油藏完成的油井制定的。

一、得克萨斯州允许产量的规定

1947年和1965年得克萨斯州允许产量的规定是根据产层深度和井距制定的，通常称作允许产量“标准”。1966年又为海上制定了另外一个标准（表35.2）。

表35.2 允许产量定额“标准”表

深度（英尺）	1947年标准			1965年标准①					1966年海上标准②		
	10	20	40	10	20	40	80	160	40	80	160
0～1000	18	28	—	21	39	74	129	238	200	330	590
1000～1500	27	37	57	21	39	74	129	238	200	330	590
1500～2000	36	46	66	21	39	74	129	238	200	330	590
2000～3000	45	55	75	22	41	78	135	249	245	360	640
3000～4000	54	64	84	23	44	84	144	265	245	400	705
4000～5000	63	73	93	24	48	93	158	288	275	445	785
5000～6000	72	82	102	26	52	102	171	310	305	490	865
6000～7000	81	91	111	28	57	111	184	331	340	545	950
7000～8000	91	101	121	31	62	121	198	353	380	605	1050
8000～8500	103	113	133	34	68	133	215	380	420	665	1150
8500～9000	112	122	142	36	74	142	229	402	420	665	1150
9000～9500	127	137	157	40	81	157	250	435	465	730	1260
9500～10000	152	162	182	43	88	172	272	471	465	730	1260
10000～10500	190	210	230	48	96	192	300	515	515	800	1380
10500～11000	—	225	245	—	106	212	329	562	515	800	1380
11000～11500	—	225	275	—	119	237	365	621	565	875	1500
11500～12000	—	290	310	—	131	262	401	679	565	875	1500
12000～12500	—	330	350	—	144	287	436	735	620	950	1625
12500～13000	—	375	395	—	156	312	471	789	620	950	1625
13000～13500	—	425	445	—	169	337	506	843	675	1030	1750
13500～14000	—	480	500	—	181	362	543	905	675	1030	1750
14000～14500	—	540	560	—	200	400	600	1000	735	1115	1880
14500～15000	—	—	—	—	—	—	—	—	735	1115	1880

①1965年标准对1965年元月1日以后发现的油田有效；

②1966年海上标准自1966年元月1日生效。

为新油田或新油藏完成井确定的允许产量定额，称作“新发现允许产量定额”。它一般是根据产层深度确定。这种允许产量定额适用于一定的时间阶段，或者到油藏完成一定的井数为止。例如，在得克萨斯州，陆上新发现允许产量定额可以执行 24 个月，或者到油藏完成 11 口井为止。海上新发现允许产量定额可以执行 18 个月，或者到油藏完成 6 口井为止。得克萨斯州制定的新发现允许产量定额如表 35.3 所示。

表 35.3　新发现油田的允许产量定额

深度范围（英尺）	单井日允许产量定额（桶）	深度范围（英尺）	单井日允许产量定额（桶）
0～1000	20	10000～10500	210
1000～2000	40	10500～11000	225
2000～3000	60	11000～11500	255
3000～4000	80	11500～12000	290
4000～5000	100	12000～12500	330
5000～6000	120	12500～13000	375
6000～7000	140	13000～13500	425
7000～8000	160	13500～14000	480
8000～9000	180	14000～14500	540
9000～10000	200		

各州管理机构确定的允许产量定额并不一定是生产井的合适产量。生产作业者应当与油藏工程师和地质师密切合作，应用测试资料以及其它所有可供利用的资料，确定油井或油藏的最有效产量。

当几家公司开采同一个油藏时，一般做法是综合分析它们对油藏的认识，确定一个最高有效产量（MER）。

允许公司提出改变允许产量定额，以便更符合公司工程师们确定的最高有效产量。在管理机构作出改变允许产量定额的决定之前，要召开所有参与开采这一油藏的公司的听证会。在会上评价所有可供利用的资料，确定新的不同的允许产量定额是否有充分的依据。这种新的允许产量定额（更符合最高有效产量）一般包括降低管理机构确定的标准允许产量定额。

二、采 油 指 数

都希望为生产井确定一个它能够生产的产量。从前的一般做法是畅开油井生产并测量在畅喷条件下的产量。后来认识到油井或气井畅喷生产对其将来的状况可能是极其有害的。畅喷生产会造成水或气的锥进，引起出砂，挤坏油管或套管，或造成其它许多有害的结果。

井的产能一般应用采油指数确定。Moore 于 1930 年首次提到应用采油指数[1]。1936 年，M. L. Harder 的文章报道说，井的相对产能证明了应用采油指数的优越性。

API 在确定采油指数试行规程[3]中指出，由实测产量和井下压力计算采油指数。关于采油指数的具体应用和修正，一般由用户决定，以便符合各项具体要求和条件。下面对采油指数的讨论并不是覆盖采油指数的所有用途，而只是说明采油指数如何应用。

按照定义，采油指数等于井中油层部位压力与静止油藏压力之间每一磅／英寸^{2}压力差的日产油地面桶数。油藏静止压力系指油井泄油面积的平均压力。所以，采油指数用每天每磅／英寸^{2}压力降（即油井泄油面积的平均压力与井底流压之间的压力差）的产油桶数表示。根据公认的流动概念，一个单相流体系统在稳态条件下的流量应当与压力差成正比。应用这一概念，采油指数应当是流量与压力差关系曲线的斜率。在这样一条曲线上，畅喷流量或井的潜在产能应当在尽可高的压力差下计算。这样一种情况称作“理想采油指数”。产量实测值与压力差的关系曲线并不是直线。非自喷井的采油指数数据，通常比自喷井的数据更具有直线的性质。经验说明这一关系线将是曲线。这是因为采油指数是按稳态或拟稳态的流动条件定义的。如果液流是单相，并且（或者）在井眼周围地带有气体逸出或存在底水锥进，即存在相对渗透率的影响，那么，由于 μB 不是常数，就必然出现曲线。如果在出现拟稳态流之前进行计算，这种计算就是错误的，此时采油指数会高于理论值。除非井的泄油半径是稳定的，即建立了拟稳态流，否则采油指数就是毫无意义的。严格地讲，只有在泄油面积稳定之后，可压缩流体（油和水）向井眼中的流动才能用拟稳态流方程描述。然而，某些石油工程技术人员用达西型方程描述这种流动。这一方程描述的是稳态流。由这两种方程确定的流量，差别很小。我们将通过应用稳态流和拟稳态流这两种方程讨论采油指数。

1. 稳态流

对于稳态流的径向系统来讲，给出流量的方程如下：

$$q_o=\frac{7.08\times10^{-3}kh\ (p_e-p_{wf})}{\mu_o B_o\ [\ln\ (r_e/r_w)\ +s]} \tag{1}$$

式中 q_o——原油产量，地面桶／日；

k——地层的渗透率，毫达西；

h——地层厚度，英尺；

p_e——有效泄油半径 r_e 处的压力，一般可近似地用 $\bar{p}_R$ 代表；

$\bar{p}_R$——泄油面积内的平均油藏压力，磅／英寸^2；

p_{wf}——井底流压，磅／英寸^2；

μ_o——原油粘度，厘泊；

B_o——原油的地层体积系数，地下桶／地面桶；

r_e——有效泄油半径，英尺；

r_w——井眼半径，英尺；

s——表皮效应（渗透率降低或改善带），无因次。

相应地，采油指数表示为

$$J=\frac{q_o}{\Delta p}=\frac{7.08\times10^{-3}kh}{\mu_o B_o\ [\ln\ (r_e/r_w)\ +s]} \tag{2}$$

式中 J——采油指数，地面桶／（日·磅／英寸^2）；

Δp——p_e 与 p_{wf} 之间的压力差，磅／英寸^2。

通过分析采油指数可以发现，它是地层特性 k 和 h，流体的特性 μ_o 和 B_o，以及系统的特性 h、r_e、r_w 和 s 的函数。

2. 比采油指数

常常使用比采油指数，它一般指产层每一英尺的采油指数。应用比采油指数时，必须说明为什么。可以相对于方程（2）中的任何一个其它变量求得比采油指数。

油井系统在任何时候都不可能在稳态条件下生产，但却可以在拟稳态条件下生产。原油、水和气都是可压缩流体，所以仅会产生拟稳态。因此，我们不可能期望方程（2）能给出精确的关系。曾经探索过的一种主要关系是与渗透率的关系，以便能从岩心分析中预测采油指数。早期的一个关系实例如图 35.1 所示[4]。

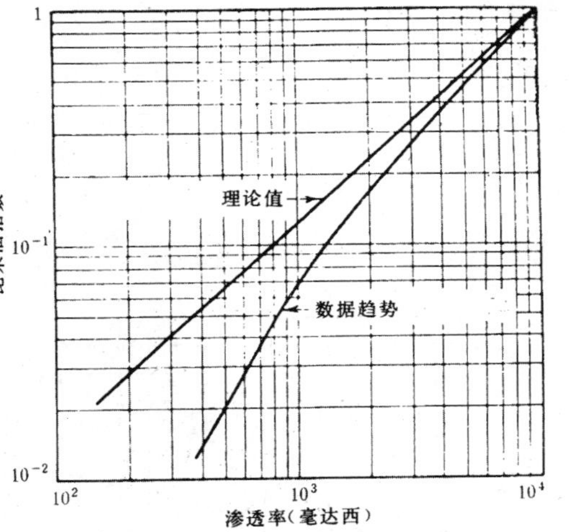

图 35.1 采油指数与渗透率的关系曲线

与试验室确定的均匀流体值相比，进入井眼的油流实际上总好像是从更低渗透性地层进入井眼的。在许多情况下，束缚水饱和度下的原油相对渗透率为 1。而实际发生的情况是由于室内分析用的围压低于油藏中的围压，因而室内测出的渗透率过高。

Muskat[5] 认为，不能通过用感兴趣的压差乘采油指数这种简单的方式，利用采油指数预测高压差的产量。他认为，计算的产能测试结果与实际测试结果一致是可疑的。相对的比较应能相当近似地反映可对比的产能。采油指数乘油藏压力等于畅喷产能。

Muskat 还认为，采油指数是确定油井问题的有效手段，例如：

（1）对比油井处理前后的采油指数，可以评价处理效果。J 应当增加。

（2）油气比 R 稳定，J 减小，说明井眼堵塞。

（3）R 明显增加，而 J 未减小，说明有外来气侵入。如果 R 随不同产量而变，J 保持常数，应说明出现了相同情况。

（4）出水量快速增加，如果水出自产油层，J 应当减小；如果 J 保持不变，应表明水不是来自产油层。

（5）油藏正常递减，同时油气比或水油比正常上升，在此期间 J 应出现递减；否则，应考虑是井眼堵塞。

这些都可以指导进一步的研究。

3. 理论采油指数

Muskat 和 Evinger[6] 第一次证明，应用稳态方程可以为径向系统油气流得出理论采油指数。对于这样一个系统可以证明，一个给定的井系统的 J 可以用三项参数表示，即：（1）生产油气比；（2）井系统中的压力梯度；（3）绝对油藏压力。

可以证明，对于径向系统中的油气稳态流来讲，可用下面的方程表示油的流量：

$$q_o = \frac{7.08 \times 10^{-3} kh}{\ln r_e / r_w + s} \int_{p_{wf}}^{\bar{p}_R} \frac{k_o / k}{\mu_o B_o} dp \tag{3}$$

式中　k_o——油的有效渗透率。

积分项:

$$\int_{p_{wf}}^{\bar{p}_R} \frac{k_o/k}{\mu_o B_o} dp$$

可用图 35.2 估算。

所以，采油指数为:

$$\dot{J} = \frac{q_o}{p_e - p_{wf}} = \frac{7.08 \times 10^{-3} kkA_c}{(p_e - p_{wf}) \left[\ln(r_e/r_w) + s\right]} \tag{4}$$

式中 A_c——曲线下面的面积。

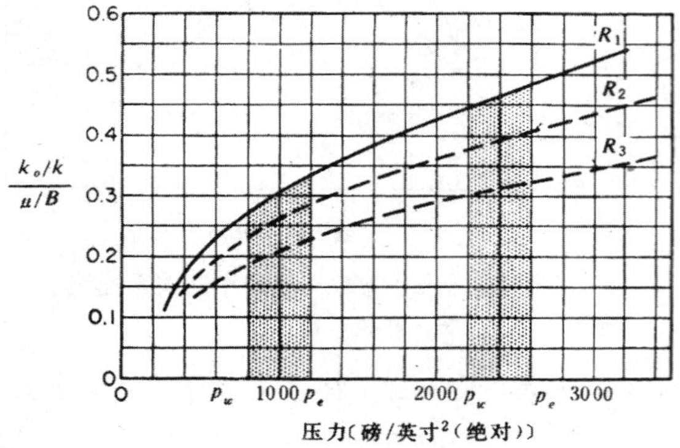

图 35.2　对不同油气比确定采油指数的曲线图

由应用图 35.2 和采油指数定义可以看出，如果 (p_e-p_{wf}) 增加一倍的话，J 将不会增加一倍，因为曲线下面的面积将不会增加一倍。另外，p_e 由油藏条件决定，并且不能变化。注意，对于在高绝对压力下取的 (p_e-p_{wf}) 有限值来讲，由于曲线下面的面积大，J 将大于低压下取的 (p_e-p_{wf}) 相同值的 J 值。

虽然不太明显，但可以证明，J 取决于生产油气比 R。一个简单的解释是 R 增加说明含油饱和度低，因而 k_o 比较小。在图 35.2 中，标准 R_1，R_2，R_3 的曲线是适用于不同油气比的曲线，其中 $R_1 > R_2 > R_3$。

4. 拟稳态流

经常使用稳态流方程；然而这一方程仅适用于外半径上压力保持不变的情况，而这种情况只有当完全保持地层压力时才可能产生。如果一口井具有一个封闭边界或有一个稳定的泄油半径，则将产生拟稳态流。拟稳态流方程如下:

对于一个圆形泄油面积来讲:

$$q_o = \frac{7.08 \times 10^{-3} kh\ (\bar{p}_R - p_{wf})}{\mu_o B_o \left[\ln(r_e/r_w) - 0.75 + s\right]} \tag{5}$$

对一个非圆形泄油面积来讲:

$$q_o = \frac{7.08 \times 10^{-3} kh\ (\bar{p}_R - p_{wf})}{\mu_o B_o\ (\ln x - 0.75 + s)} \tag{6}$$

由方程 (6) 得实际采油指数如下:

$$J = \frac{7.08 \times 10^{-3} kh}{\mu_o B_o\ (\ln x - 0.75 + s)}$$

式中 x——非圆形泄油面和井位的系数。

大部分油藏工程用的流量方程都假设径向几何形态，其中井的泄油面积为圆形，井位于其中心。经验证明，在许多情况下，井的泄油面积为矩形，三角形或其它形状。正如前面指出的，采油指数 J 是用于计算采油指数的系统特性的函数。形状函数可用油藏边界测试确定[8]。

Van Everdingen 最早把表皮效应定义为钻井和完井造成的井眼周围同心圆附加阻力[9]。表皮效应会明显降低油井产能。近些年来，表皮效应也用来说明由于酸化和（或）压裂井眼周围渗透率的改善情况。表皮效应可定义为：

$$s = \ln\frac{r_s}{r_w}\left(\frac{k-k_s}{k_s}\right) \tag{7}$$

式中 r_s——井眼周围受表皮效应影响地带的半径，英尺；

k——地层渗透率，毫达西；

k_s——井眼周围受表皮效应影响地带的渗透率，毫达西。

表皮效应 s 一般通过不稳定压力试井分析确定。读者要详细了解表皮效应，请参考第三十八章油井产状方程。

生产工程师的目标是使采油指数尽可能地高些。求 J 的方程表明，这可以通过以下几种途径做到[10]，即

(1) 通过酸处理消除表皮效应，或者根据地层情况应用不同的完井液或钻井液。

(2) 通过压裂或加砂压裂提高有效渗透率。

(3) 通过对地层加热，降低粘度。

(4) 通过生产技术和地面分离系统，降低地层体积系统 B_o。

(5) 通过在整个生产层段完井，提高井的穿透深度 h。谨慎作业，既不要在出气层位也不要在出水层位完井。

(6) 降低 r_e/r_w 比率。因为它是一个带对数的项，因而其影响很小。一般很少把扩眼作为一种增产措施。

上述方程表明，确定和分析任何一口井特别是自喷井的动态时，最重要的一步是确定给定井底流压下的油井产量。

现在已经很清楚，为了对比一口井的采油指数，必须知道在对比什么。这包括渗透率、砂层厚度、井的半径、泄油半径、流体特性和流动关系等。对比还应当根据油藏压力和相同油气比的压降进行。

进行采油指数测试的标准步骤，主要遵循前面在测试静止和流动油藏压力及产量的步骤中确定的指导原则。最常用的钢丝起下的压力计是 Amerada 记录压力计。

在某些情况下，所应用的举升设备妨碍井下压力计通过，因而必须应用其它方法确定这些压力。可以应用测声装置即回声仪或声波测井，确定液面。知道了液面深度，通过梯度和深度计算，可以近似地确定静压或流压。

在确定静压和流压时要谨慎从事，以便保证这些压力是平衡压力。如果对平衡条件有任何怀疑，应隔几小时取两个或更多个压力读数，以保证这些数据相同。某些地层有一个小时就可以达到稳定，但大多数地层需要 4～24 小时才能达到稳定。致密地层可能需要好几天。在确定实际采油指数的工作中，流量的变化范围要大些，以便补偿任何测量误差。

当应用人工举升设备时，确定采油指数的生产测试的流量，必须低于举升设备的极限产

量。

确定产量的方法有：(1) 储罐计量；(2) 移动式油井测试装置，包括批量计量型流量计、容积式流量计、涡轮流量计和标准流量计；(3) 固定式测试设备。

三、储 罐 计 量

确定油井或气井产液量最老和应用最广的方法，是储罐人工量油。单井产量进单井选油站不存在测试问题，因为测试过程简单，只需要每次测试开始时量一次储罐中的液量，测试结束时再测一次储罐中的液量。而大部分选油站是多井选油站，在其它井生产的同时，可以对一口井进行测试。当然，这就要求除生产分离器外，还要有一台测试分离器，而且总的储罐容量要大，测试井的产量可以不与其它井混合。还需要有分离气体的管路和流量计，以便在井测试时计量产出的气体。如果没有气体计量系统，则需要应用带孔板流量计的油井测试装置。

如果在矿区没有测试设备，就必须使整个矿区停产，以便单井产量进站进行测试。在这种情况下，最好使用移动式测试设备计量产量。

如果用储罐作为计量手段，那么，除了在测试开始时测量罐中液面外，还必须在生产测试开始前测量罐底的沉积物和水量。如果可能，应当清罐，因为测量罐底沉积物和水量会引入误差。脏罐还会使储罐计量表出现误差。如果可能，产出水应进单罐单独计量。

在计量测试储罐或油水分离罐之后，通常要检验并记录分离器的操作压力，如果测试井的产能低，而分离器的容量大，还要记录分离器中的液面。应当谨慎地确定井口油嘴的直径，如有问题，应对油嘴进行检查并标定。

如果应用处理器或加热器，则应当记录其操作动态特性参数，以便在计量产量的生产测试中能够考虑出现的任何不正常情况。所有的测试应当在生产稳定之后并且在其它条件尽可能正常的情况下进行。不应当在测试期间改变井口生产条件或倒罐。

标准的生产测试根据油井和油藏特性的不同，要进行 24 小时到 168 小时。应当测量和记录所有的数据。测量不要太频繁。两次测量之间的时间间隔将根据测试时间的长短而变。在需要进行短期测试（6～8 小时）的情况下，可以每隔一小时测量和记录数据一次。

生产测试要进行长达 24 到 168 小时的时间，是为了可以考虑大气温度变化和间歇生产趋势造成的油气比变化，从而使测试结果具有平均的性质。测得 40～50°F 的昼夜温度变化和测得 10～20%的油气比变化，这种情况并不少见。了解了这些事实，就知道测量分离器液段或气段的温度是必要的了。

测量温度的最佳位置是在分离器的入口管线上。这里的温度能够最近似地反映实际液相闪蒸脱气前的温度。

在生产测试期间，每次记录测量数据都要取样。如果随着水的产出必须不断放水，这样间隔性的取样是十分必要的。关于取样问题请参看上册第十七章。高水油比生产井应当经常长时间测试，因为其产油量一般不稳定。

根据分离压力和原油的收缩特性，应对产出气量的确定作某种考虑，这里是指储罐放空的气量，而不是气体流量计计量的气量。

为保证储罐量油的精度，要注意检查以下几点：

(1) 计量罐要应用正确的和精确的量油标尺。

(2) 自做成量油标尺以来储罐未出现过凹陷或未受到过损伤。

(3) 储罐干净，壁上无结垢。

(4) 如果生产的是起泡原油、使用量油卷尺几乎不可能测准液面。要加化学剂或延长沉降时间以减少泡沫。

(5) 测试前后要尽可能测准罐底的沉积物和水量。

(6) 量油卷尺不能打结，要谨慎地使测锤接触罐底。

(7) 必须考虑储罐中的油温。

(8) 油面必须稳定，取测量读数时不能受到扰动。

四、移动式油井测试装置

现在的发展趋势是集中利用储罐，这样就可以不增装价格昂贵的储罐和测试分离器，但确需要增加测产量的手段。应用油井测试装置可以满足这一要求。

油井测试装置是油气水分离和计量的组合装置。油井测试装置可能是两相或三相的，可以用作固定装置，也可以装在橇架或拖车上巡回作业（参看图 35.3～35.7)。这种油井测试装置可以应用几种流量计计量液体和气体。注意，两相测试装置（图 35.4～35.7）没有装液面控制器（LLC)，但留有空位，可在现场加装液面控制器进行三相测试。

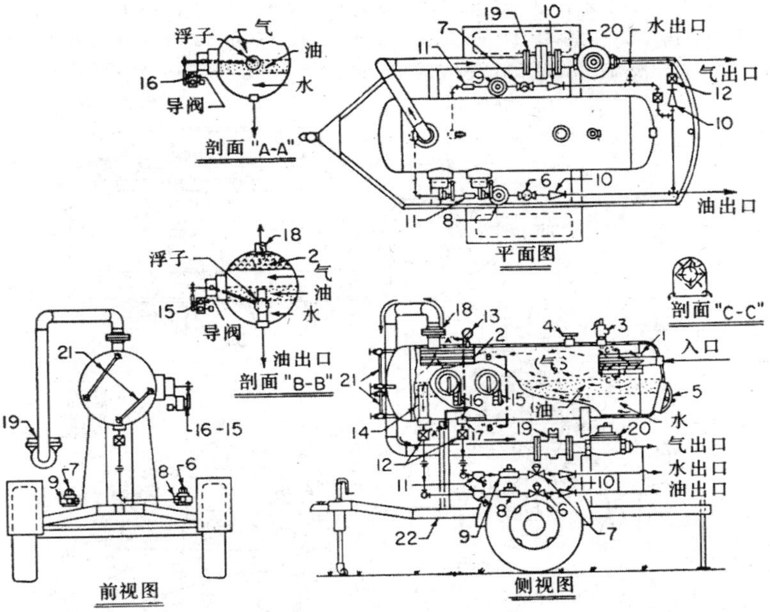

图 35.3 带容积式流量计的拖车三相油井测试装置

1—脱气元件；2—除油雾器（叶片型）；3—减压阀；4—安全头（任选)；5—椭圆入孔；6—放油阀；7—放水阀；8—油流量计；9—水流量计；10—单流阀；11—筛管（任选)；12—塞阀；13—压力表；14—油出口溢油短节；15—界面控制器导阀；16—油面控制器导阀；17—水出口（自分离器)；18—气出口（自分离器)；19—接孔板流量计（自选)；20—气体回压阀；21—液位玻璃管；22—拖车总成

今天，每一种定型的计量设备能够在石油工业中继续使用并不断改进，是因为它符合计量领域的一定需要。每一种计量设备由于它能够比其它任何一种设备更好地满足某种用途的

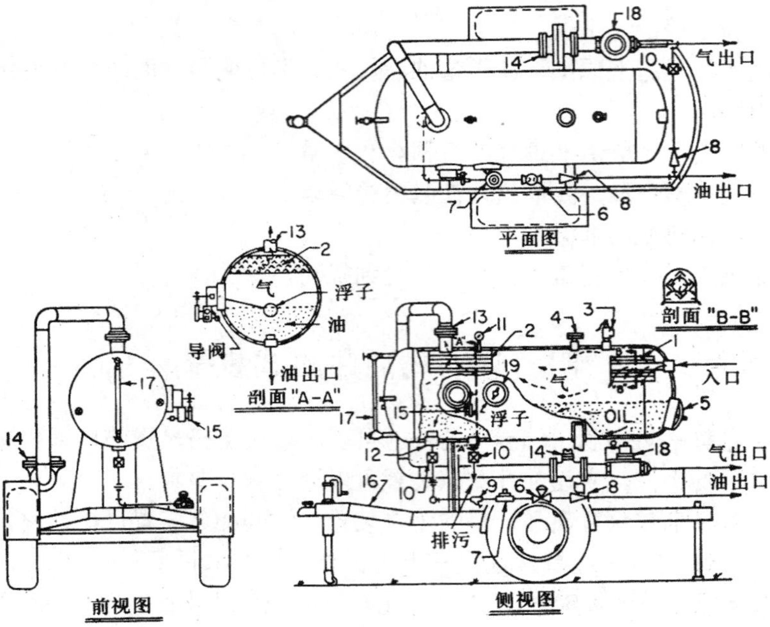

图 35.4　带容积式流量计的拖车两相油井测试装置

1—脱气元件；2—除油雾器（叶片型）；3—减压阀；4—安全头（自选）；5—椭圆入口；6—放油阀；7—油流量计；8—单流阀；9—筛管（自选）；10—塞阀；11—压力表；12—油出口（自分离器）；13—气出口（自分离器）；14—接孔板流量计（自选）；15—液面控制器导阀；16—拖车总成；17—液位玻璃管；18—气体回压阀；19—辅助浮子

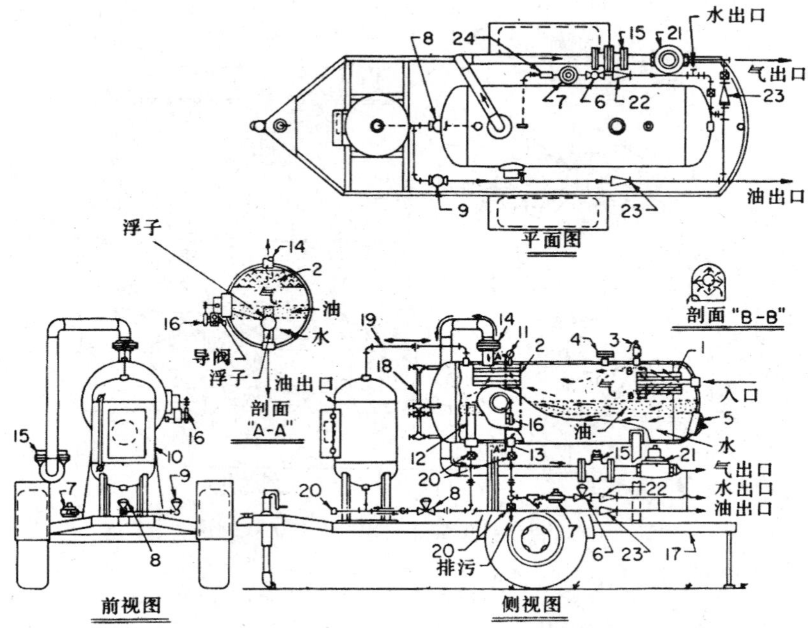

图 35.5　带原油体积流量计和容积式流量计的拖车三相油井测试装置

1—脱气元件；2—除油雾器（叶片型）；3—减压阀；4—安全头（自选）；5—椭圆入孔；6—放水阀；7—水流量计；8—油入口马达阀；9—油出口马达阀；10—油流量计；11—压力表；12—油出口溢流短节；13—水出口（自分离器）；14—气出口（自分离器）；15—接孔板流量计（自选）；16—界面控制器导阀；17—拖车总成；18—液位玻璃管；19—气平衡管线；20—塞阀；21—气体回压阀；22、23—单流阀；24—筛管（自选）

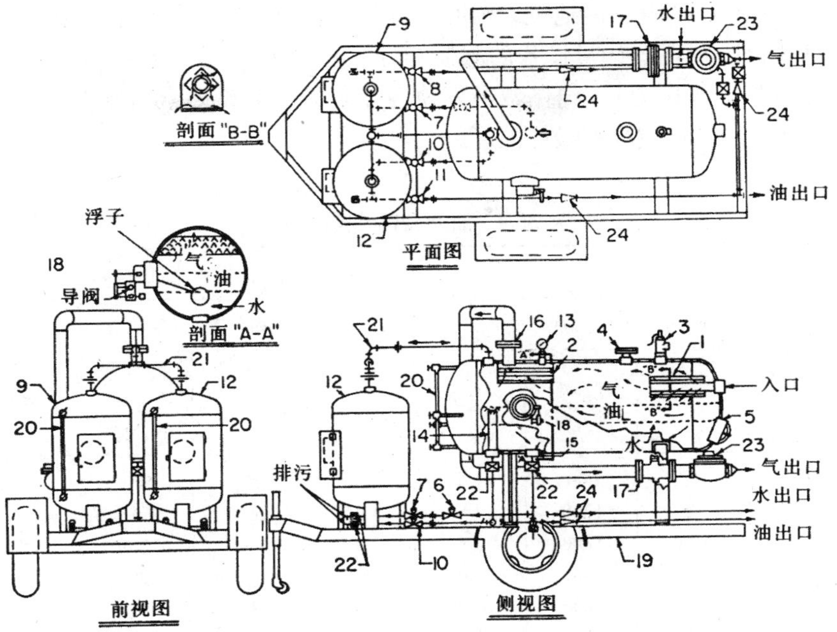

图 35.6　带批量计量型流量计的拖车三相油井测试装置

1—脱气元件；2—除油雾器（叶片型）；3—减压阀；4—安全头（自选）；5—椭圆入孔；6—放水阀；7—水入口马达阀；8—水出口马达阀；9—水流量计；10—油入口马达阀；11—油出口马达阀；12—油流量计；13—压力表；14—油出口溢流短节；15—水出口（自分离器）；16—气出口（自分离器）；17—接孔板流量计（自选）；18—界面控制器导阀；19—拖车总成；20—液位玻璃管；21—气体平衡管线；22—塞阀；23—气体回压阀；24—单流阀（自选）

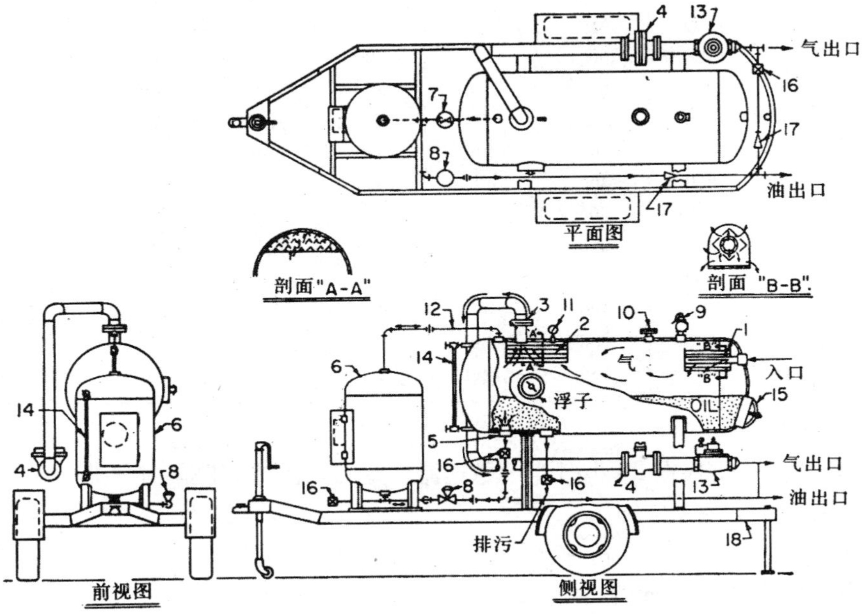

图 35.7　带体积流量计的拖车两相油井测试装置

1—脱气元件；2—除油雾器（叶片型）；3—气出口（自分离器）；4—接孔板流量计（自选）；5—油出口（自分离器）；6—油流量计；7—油入口马达阀；8—油出口马达阀；9—减压阀；10—安全头（自选）；11—压力表；12—气体平衡管线；13—气体回压阀；14—液位玻璃管；15—椭圆入孔；16—塞阀；17—单流阀（自选）；18—拖车总成

要求而在石油工业中赢得自己的地位。油井测试装置用的计量设备类型，由用户根据油井测试装置的应用场合以及现有计量设备的限制和计量能力确定（参看表 35.4 中标准油井测试装置的不同规格和工作压力）。记住，最好使用规范符合测试要求（压力和流量）的装置，这样就可以把测试的修正减小到最低限度。

表 35.4 油井测试装置的规范

分离器尺寸		最高工作压力（磅／英寸²）	额定分离器处理量						近似重量（磅）
			两相分离		三相分离				
壳体外径（英寸）	壳体长度（接口到接口）（英尺）		油加水（桶／日）	气（10^6 英尺³／日）	油（桶／日）	水（桶／日）	总液量油＋水（桶／日）	气（10^6 英尺³／日）	
16	6	125	500	1.6	500	250	500	1.0	1200
24	6	125	1200	3.6	1200	600	1200	2.2	1500
30	6	125	1800	5.5	1800	900	1800	3.5	1700
36	7	125	2800	8.0	2800	1400	2800	5.1	2300
48	7	125	4800	14.0	4800	2400	4800	8.7	4600
16	6	300	500	3.5	500	250	500	2.1	1900
24	6	300	1200	7.7	1200	600	1200	4.9	2200
30	6	300	1800	12.5	1800	900	1800	7.5	2400
36	7	300	2800	17.0	2800	1400	2800	11.0	2800
16	7	600	500	5.5	500	250	500	3.3	2600
20	7	600	850	8.3	850	425	850	5.0	2800
24	7	600	1200	12.5	1200	600	1200	7.5	3000
30	7	600	1800	19.0	1800	900	1800	12.0	3200
14	7	1200	400	6.1	400	200	400	3.8	2900
16	7	1200	500	7.7	500	250	500	5.0	3100
20	7	1200	850	11.4	850	425	850	6.5	3400
24	7	1200	1200	16.5	1200	600	1200	9.1	3600
12	7	1800	300	5.5	300	150	300	3.5	3000
14	7	1800	400	6.8	400	200	400	4.3	3400
16	7	1800	500	8.0	500	250	500	5.5	3800
20	7	1800	850	12.2	850	425	850	7.0	4100
12	7	2400	300	5.3	300	150	300	3.4	3500
14	7	2400	400	6.5	400	200	400	4.2	4000
16	7	2400	500	8.0	500	250	500	5.3	4500
20	7	2400	850	12.4	850	425	850	7.0	4800

装置的处理能力是根据 24 小时连续稳定流标定的。流体的停留时间如下：

0～600 磅／英寸²＝1 分钟

600～1000 磅／英寸²＝50 秒钟

高于 1000 磅／英寸²＝30 秒钟

在确定停留时间时必须考虑测试流体的类型。如果原油起泡沫，为使气体从油中分离出来，必要的停留时间可能长达 5 分钟或更长。对三相分离来讲，视产出乳化液类型的不同，为使油水分离可能需要增加停留时间。在许多情况下，为进行合格的油水或油气分离，需要加热和（或）加化学剂。有的低工作压力油井测试装置应用电热器或烧气加热炉加热油井流体，改善分离过程。所用的计量设备必须有足够大的计量能力，以免限制油井测试装置的处理能力。可提供应用的油井测试装置，工作压力最高可达4000磅／英寸^2。

表35.4列出的标准油井测试装置的尺寸和处理能力并不完全，但可以用来指导确定油井测试装置的近似尺寸和处理量，满足你的具体测井要求。

可供油井测试装置使用的计量设备类型有：(1) 批量计量型流量计；(2) 容积式流量计；(3) 流动流量计，包括标准的和质量流量计。

1. 批量计量型流量计

批量计量型流量计是按预定体积储积、隔离和排放的周期循环方式进行计量。每次排放的体积由计数器记录，将记数器读数乘以排放体积，即可确定总的计量的体积。

当应用计量容器如批量计量型流量计计量液态烃时，必须求得和保持四项因素。

(1) 计量容器的容积不变，并且必须保持一致。这就是说，容器中不能有外来沉积物，并且容器本身不能改变形状和尺寸。

(2) 必须确定和保持计量容器中精确的上下排放水平面。这些排放水平面在每一循周期必须保持相同。

(3) 必须保持阀门的合理布局，以免未计量的液体通过容器漏走。阀门或各阀门的布局应保证在每一循环周期的开始和结束有一段时间，在此期间计量容器的入口和出口同时处于关闭状态。这样就可以保证将不会有未计量的流体通过计量容器漏走。

(4) 必须应用一个恰如其分的精确的"流量计系数"，以便补偿液体的温度变化，压力降低引起的液体体积收缩，计量容器的机械计量误差，以及液体中所含的沉积物和水量。

这些不同的因素一般组合成一个系数，称之为"流量计系数"或"流量计乘子"。它一般小于1。换句话说，就是流量计的读数一般高于储罐的净容积。

2. 批量计量型流量计的优缺点

(1) 计量容器可以检查结垢，作业期间可以测量排放水平面，并且可以检验阀门漏失，因而可以用作一种特殊的流量计标定计量罐。

(2) 计量容器与容积式流量计相比，可以计量含更多砂子和其它外来物质的流体，而不会发生故障。

(3) 计量容器可以以相同的精度计量变化范围大的流量：由零流量到最高额定流量。

(4) 可以利用称重型（静压头）计量控制装置计量起泡原油。

(5) 计量容器可以边操作边调整。

(6) 即使控制装置失效，也不会把气体记成液体。

(7) 初期投资和安装费用略高于容积式流量计。

(8) 这种流量计是间歇排放液体。

(9) 需要用气体自容器中清除液体。

(10) 容器壁上结蜡会造成计量不准。

(11) 这种流量计与容积式流量计相比，占的地方大些，份量重些。

(12) 计量重稠原油时，在分离器与计量容器之间的管线或压差需要大些，以便保持额定的计量能力。

表35.5给出了在正常油田条件下各种尺寸体积型排放流量计的名义额定计量能力。额定压力可以高达3000磅／英寸^2。体积流量计不能用于气体计量。

表 35.5 体积型排放流量计的名义额定计量能力

每次排放桶数	0.25	0.5	1.0	2.0	5.0	10.0	20.0	30.0
计量能力（桶／24 小时）	300	500	720	1440	2000	4000	8000	15000

3. 容积式流量计

容积式流量计是定量计量仪表。它们称之为“容积式”是因为某些感压元件是通过所受的流体液压作用被迫运动，通过一个计量循环周期。对于一个完整的计量周期来讲，感压元件排出的液体量是已知的。需要记录周期数，把它乘以排量，即得通过流量计的总液量。这后一功能由流量计的齿轮系统和记录仪完成。

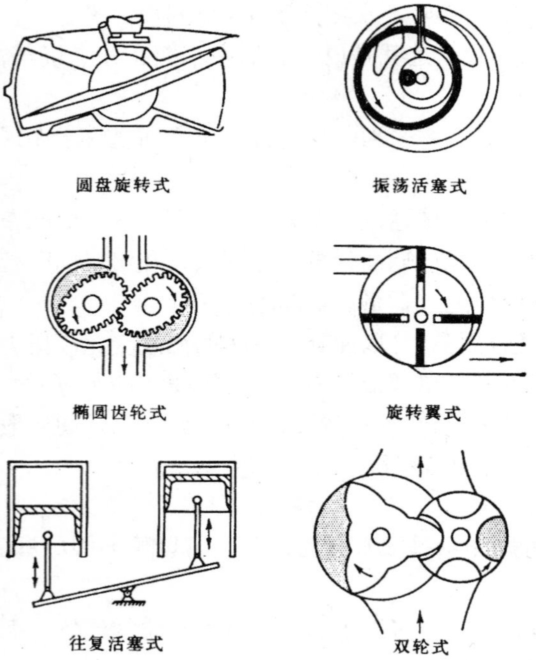

图 35.8 容积式流量计的基本类型

图 35.8 所示为几种基本类型的容积式流量计：圆盘旋转流量计；振荡活塞流量计；椭圆齿轮流量计；旋转翼流量计；往复活塞流量计；双轮流量计。

在现在应用的所有容积式流量计中，可能有 80%～90%为圆盘旋转型的。这种流量计应用最广泛是由于它的结构比较简单，结实耐用，在一个宽量程范围内具有精确性，并且成本低。但圆盘旋转流量计的精度不如其它类型的容积式流量计那么高。

4. 容积式流量计的优缺点

(1) 计量液体的排出是连续的。

(2) 容积式流量计可用来计量很粘的液体。

(3) 容积式流量计不需要用气体排驱液体通过流量计。

(4) 初期投资和安装费用比较低。

(5) 温度补偿可用于某些类型的容积式流量计，成本比批量计量型流量计低。

(6) 蜡不会降低计量精度。

(7) 计量的液体不能有气体，因为气体段塞会损坏流量计。气体通过容积式流量计时将被记录为液体。

(8) 砂子、泥浆、盐类或其它外来固体颗粒会磨损容积式流量计，使流量计的读数不准。

(9) 需要某种类型的计量标定方法，对容积式流量计定期进行标定。在许多情况下用实际的储罐计量来确定流量计的精度。

(10) 流量计必须在具体规定的最低和最高流量范围内作业，流量过低或过高都会影响容积式流量计的精度。

可供利用的容积式流量计额定压力可高达 5000 磅／英寸^2。容积式流量计的计量能力取决于流量计的尺寸和类型。如果可能，应向容积式流量计制造厂家要求提供关于计量能力的数据。

圆盘旋转型容积式流量计的平均计量能力表 35.6 中列出的平均计量流量是把原油作为计量流体确定的。制造厂家应当提供关于推荐计量流量的信息。当容积式流量计用在并不连续放油的分离器或容器的下游时，必须根据容器排油时的最高排油量选定流量计的尺寸。

表 35.6 圆盘旋转型容积式流量计的平均计量流量

尺寸（英寸）	计量流量（桶／日）	
	最低	最高
5／8～3／4	68	340
3／4	102	510
1	170	850
1 1／2	342	1710
2	548	2740

容积式流量计在某些情况下也用于气体计量。所用的流量计类型为封包式和双轮式。由于成本高和需要的尺寸大，容积式流量计用于气体计量的一直很少。

5. 涡轮流量计

现在，大部分液体计量是使用涡轮流量计进行。涡轮流量计是流速计量装置，它有一个旋转元件感受液体的流速[12]。流动的液体使旋转装置以正比于体积流量的速度旋转。旋转装置的运动用机械或电流方式传感，并记录下来。然后把实际体积与记录的读数对比，确定一个流量计或记录器系数（参看图 35.9 和 35.10）。

应用涡轮流量计是由于它的结构简单和成本低。不同的应用场合将要求不同的流量计或记录器系数。

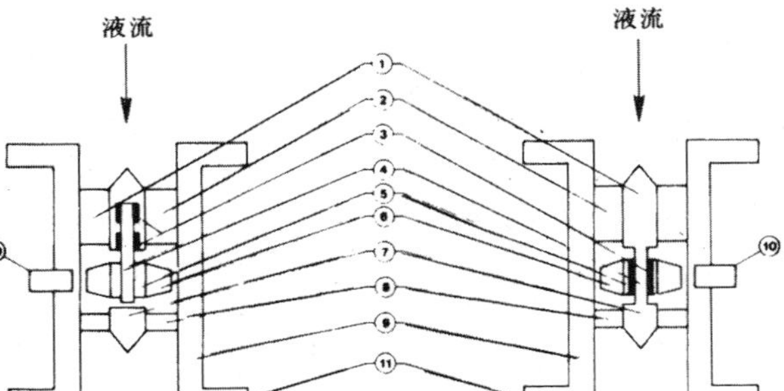

图 35.9 典型涡轮流量计部件的名称

1—上游定子；2—上游定子支架；3—轴承；4—轴；5—转子毂；6—转子叶片；7—下游定子；8—下游定子支架；9—流量计外壳；10—提手；11—端部连接

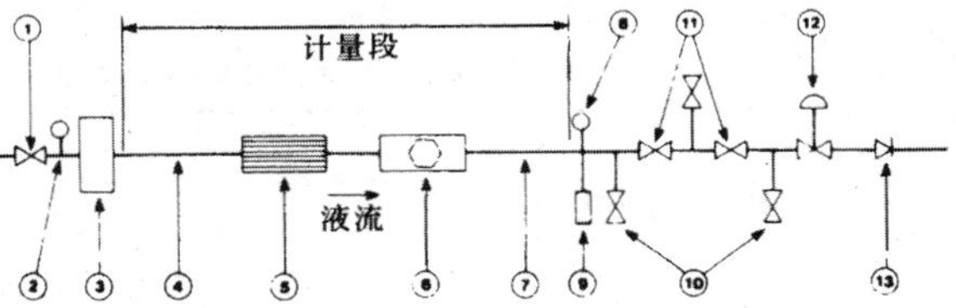

图 35.10 涡轮流量计系统示意图

1—截断阀；2—压力表（自选）；3—滤网、除气器或筛网（按要求使用）；4—直管段；5—整流叶片（按要求使用）；6—涡轮流量计；7—直管段（按要求与整流叶片一起用）；8—压力表；9—温度表；10—连接标定装置（应在流量计下游）；11—双隔断双排放阀或信号排放阀；12—控制阀（按要求使用）；13—单流阀（按要求使用）

选择涡轮流量计要考虑的因素包括：（1）计量液体的特性，即粘度、密度、蒸汽压、腐蚀性和润滑能力；(2) 作业条件，包括压力、流量、连续还是间歇排油、温度（某些流量计带有温度补偿器)、流体中冲蚀性颗粒含量和大小；(3) 空间条件（参看图 35.11)。一般影响流量计系数的项目和条件列在表 35.7 中。涡轮流量计和容积式流量计都应当定期与标定装置连接，以便确定流量计系数。

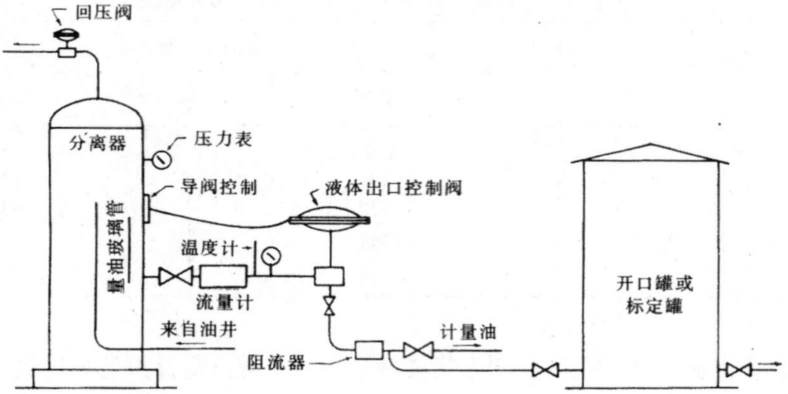

图 35.11　带储罐或开口标定罐的油井产量计量装置流程示意图

表 35.7　影响流量计系数的条件

(1) 流量计公差力学
(2) 由于磨损或损伤而造成的间隙变化
(3) 流量和流动方式的变化
(4) 液体的温度
(5) 液体的粘度
(6) 液体的压力
(7) 通过流量计的摩阻压降
(8) 流量计或连接管线中沉积或停留的外来物质
(9) 入口条件的变化，如流量计入口有变化，从而改变流动流体的剖面
(10) 液体的润滑性能
(11) 计量标定系统或流量计系数检验的精度和条件

6. 流动流量计

标准型流量计有孔板式、Venturi 管式、喷嘴式、Pitot 管式、阻力体式和升举面式等多种。这些流量计或装置用来造成一种流动压差，用量得的压差求解流量方程，求得流量。

孔板式、Venturi 管式、喷嘴式和 Pitot 管式是常用的几种流量计。阻力体式和升举面式可能不太熟悉。这些流量计是测量电压差引起的净力。这一压差用来解流量方程。如果该力平行于流动方向，就称作“阻力体”。如果该力垂直于流动方程，则称之为“升举面”。

除压差外，为确定一个基本流量，在积分中还必须考虑和包括其它六项因素，即 (1) 静压；(2) 流动温度；(3) 流动流体的比重；(4) 孔板计量段直径；(5) 孔板直径（如果用孔板造成压差的话)；(6) 超压缩系数（如果适合的话)。

这些因素可通过解流量方程考虑，也可以把它们用作适合用于流量计读数的倍乘因子。

质量流量计　大约在 1942 年，荷兰人 W. J. D. VanDijik 制造和评价了第一台质量流量计。质量流量计计量通过流量计的质量流量。这种质量与所有周围条件无关，而前面讨论的体积型流量计就不是如此。如果上述任何一种类型的流量计以任何一种方式（电的、机械的、或这二种方式结合的）对流体密度进行补偿，那么它就是一种质量流量计。早在1930年，压力和温度补偿器就已用于标准孔板流量计。虽然当时并没有把它们叫做质量流量计，但它们已经是质量流量计了，确实计量的是质量流量。

在油井测试装置上，以及为了计量产出的水、油和气，最经常地用涡轮流量计、容积式流量计和批量计量型流量计计量液体，而用标准孔板流量计计量气体。质量流量计既可用于计量液体，也可用于计量气体。但由于这种流量计成本较高，对操作和维护这种流量计的技术人员有专门要求，因而在现场作业中很少使用。

应用油井测试装置时，其自动化和遥控记录读数的要求可以按与矿场自动监测转输装置相同的方式完成。液体计量可通过气压或电脉冲转换给传送机。这些脉冲可以激发中心站上某种类型的记录装置工作。气体计量需要某种类型的压力传感器，将压差转换为一种电信号。但更为经常的做法是，当需要遥控记录气体流量时，使用一台组合式流量计，传送出的信号将以体积单位读出。

图 35.12 所示是安装在选油站上的一台油井测试装置，用于进行永久性的测试或矿场自动化。

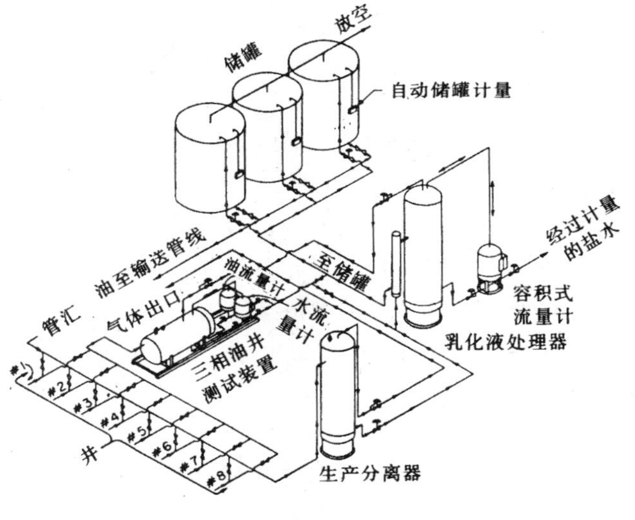

图 35.12　联合或自动化选油站

7. 固定式计量装置

固定式计量装置包括计量分离器，计量处理器，以及与测试分离器和乳化液处理器联合应用的任何一种类型的流量计。这些装置是选油站的一个组成部分。

计量分离器兼有两种功能：产出流体的分离和计量。计量分离器分为不同的组成部分：一部分用于分离液体和气体；另一部分或两部分用于计量油和水。可用容积式流量计计量所有的产出流体。

计量分离器的额定压力可高达 3000 磅／英寸^2。处理量与第十五章的标准油气分离器相同。计量能力将与所用的流量计类型相同。

五、气　油　比

气油比可以定义为气体产量除以原油产量，通常用标准英尺^{3}气／地面桶油表示，是按24小时稳定自喷生产的产量计算的。

“英尺^{3}气”或“标准英尺^{3}气”是指标准压力和标准温度下 1 英尺^{3}空间中的气体体积。标准压力和标准温度通常是 14.65 磅／英寸^2（绝对）和 60°F。为孔板式油井测试装置、Pitot 管流量计、流量标定装置和其它气体测量装置出版的大部分计算表，都是按 14.65 磅／英寸^2（绝对）标准压力和 60°F 标准温度编制的。如果压力和温度条件有变化，可以用真实气体定律换算到标准条件下。

所用的气体体积应当是通过套管或油管从油藏中生产出来的总气量。为了人工升举目的如气举而回注油藏的任何气体，应当从产出的总气量中减去。

产出的原油体积应当用本章前面讨论的任何一种计量手段确定。

1. 油井测试方法

自喷井 在进行测试前 24 小时一段时间内油井原油生产应当稳定。稳定产量应当非常接近配给的允许产量定额或日产量。如果测试井是一口发现井，则产量应当尽可能接近配给的新发现允许产量定额。任何调整应当在稳定阶段前 12 个小时进行，而在后 12 个小时或在油井测试期间不能进行任何调整。从油藏采出的所有气体都必须包括在产出气体内。如果原油进入储罐后收缩量大，必须采取某种措施计量自储罐原油中分离出的气体。用作设备燃料或任何其它目的气体都应算作产出气。测试应进行 24～168 小时，以考虑任何不稳定流。

间歇自喷井 （*间歇停喷井*） 除关井套压和油压应当大体上等于测试开始时记录的压力以外，测试方法应当与自喷井相同。得克萨斯州铁路委员会指出，“24 小时测试阶段结束时的关井套压，不应当超出测试开始时关井套压 0.6 磅／英寸^2／桶油（测试期间产出的）以上。”这一规定也适用于自喷井。由于某些井在关井期间的“蹩压”特点，这样的规定是符合实际情况的。要进行精确的测试，在测试前生产必须稳定，而从蹩压的环空或油管中生产，是不可能出现稳定的。

气举井 所用的气体体积应当是纯产出气或地层产出的气。地层产出气将等于总产出气减去注入气。

抽油井 在计算抽油井的油气比时，必须使用 24 小时测试直到测试结束关井所生产的总气量和为达到日允许产量定额所生产的总油量，而不考虑 24 小时测试期间的实际抽油时间。如果产出的气量不足以精确计量，则应当在测试报告中注明“产气量太小，无法计量”。

如果在进行油气比测试期间油井日产量达不到允许产量定额，某些州的管理机构将降低这口井的规定允许产量定额。

2. 平均气油比

为了取得一个油田几口井或所有井的平均油气比，不能使用油气比的算术平均值。例如，气油比分别为 2000 和 4000 的两口井，其平均气油比未必是 3000。平均气油比如为 3000，这两口井就必须生产相同的油量。数口井的平均气油比必须被所有井的总产气量去除来求得。例如，气油比为 2000 的井日产原油 50 桶，气油比为 4000 的井日产原油 200 桶，则这两口井的平均气油比应为

$$\overline{R}=\frac{(2000\times 50)+(4000\times 200)}{50+200}=3600\text{英尺}^3/\text{桶}$$

如油井数量大，则可用下式求气油比：

$$\overline{R}=\frac{\sum(R_{iw}\times q_{iw})}{\sum q_{iw}} \tag{8}$$

式中 $\overline{R}$——平均气油比，英尺^3／桶；

R_{iw}——单井气油比，英尺^3／桶；

q_{iw}——单井日产量，地面桶／日。

3. 累计气油比

累计气油比定义为至某一时间自地层产出的总气量除以至相同时间产出的累计油量。所以

$$R_p = \frac{G_p - G}{N_p} \tag{9}$$

式中 R_p——累计气油比，英尺^3／桶；

G_p——总产气量，英尺^3；

G——回注气量，英尺^3；

N_p——总产油量，桶。

六、气油比——油藏动态的一项重要指标

生产气油比常用作一口生产井的效率指标，并把气油比增加看作油藏动态控制中的危险信号。气油比应当尽可能地保持在低水平（参看图 35.13）。地面气油比曲线下面的面积是总产气量。这就是前面定义的气油比。这表明，尽可能保持低气油比，在产出相同总气量的情况下，将增加累计产油量。

我们考虑一个溶解气驱油藏。随着原油自油藏中产出，空间被气体占据。在油藏内出现气体，将降低原油的流动能力，提高气体的流动能力。在超过某一最低气体饱和度之后，气体的易流动性将增加到与原油同时流动的程度。这一过程继续进行，直到最后几乎只有气体流动。这就失去了油藏能量，从而使油藏不再能依靠天然能量出油。图 35.13 说明，油藏是如何随着地下气油比的增加而丧失出油能力，从而使累计产量几乎不能再增加的。

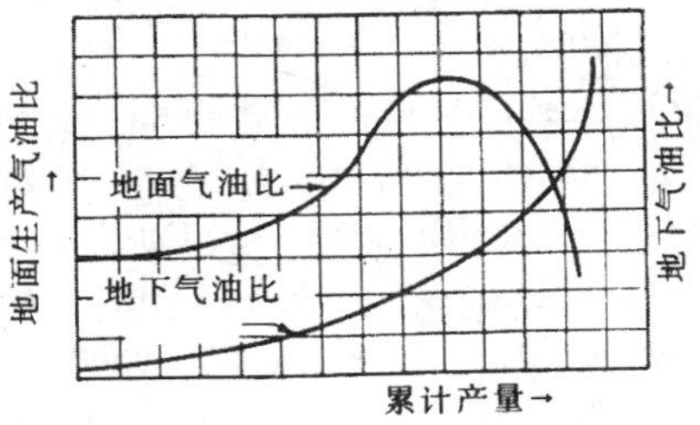

图 35.13 溶解气把油藏的典型动态曲线

用国际米制单位表示的主要方程

$$q_o = \frac{5.427 \times 10^{-4} kh \,(p_e - p_{wf})}{\mu_o B_o \,[\ln(r_e / r_w) + s]} \tag{1}$$

$$J = \frac{q_o}{\Delta p} = \frac{5.427 \times 10^{-4} kh}{\mu_o B_o \,[\ln(r_e / r_w) + s]} \tag{2}$$

式中 q_o——原油产量，米^3／日；

k——地层渗透率，米^3；

h——地层厚度，米；

p_e——有效泄油半径 r_e 上的压力，通常可近似用 p_R 表示，千帕；

p_{wf}——井底流压，千帕；

μ_o——原油粘度，帕·秒；

B_o——原油地层体积系数，地下米^3／地面米^3；

r_e——有效泄油半径，米；

r_w——井眼半径，米；

s——表皮效应（渗透率降低或改善带），无因次；

J——采油指数，米^3／（日·千帕）。

参 考 文 献

1. Moore, T. V.: "Definitions of Potential Productions of Wells Without Open Flow Tests," *Bull.*, API, Dallas (1930) 205.
2. Harder, M. L.: "Productivity Index," API, Dallas (May 1936).
3. *API Recommended Practice for Determining Productivity Indices.* API RP 36, first edition, API, Dallas (June 1958).
4. Calhoun, J. C. Jr.: *Fundamentals of Reservoir Engineering*, revised edition, U. of Oklahoma Press, Norman (1953).
5. Muskat, M.: "Physical Principles of Oil Production," Intl. Human Resources Development Corp. Boston (1981).
6. Muskat, M. and Evinger, H. H.: "Calculation of Theoretical Productivity Factor," *Trans.*, AIME (1942) 146, 126–39.
7. Odeh, A. S.: " Pseudosteady–State Flow Equation and Productivity Index for a Well With Noncircular Drainage Area," *J. Pet. Tech.* (Nov, 1978) 1630–32.
8. Earlougher, R. C. Jr.: "Estimating Drainage Shapes From Reservoir Limit Tests," *J. Pet. Tech.* (Oct. 1971) 1266–75; *Trans.*, AIME, 251.
9. Van Everdingen, A. F.: "The Skin Effect and Its Influence on the Productive Capacity of a Well," *J. Pet. Tech.* (June 1953) 171–76; *Trans.*, AIME. 198.
10. Dake, L. P.: *Fundamentals of Reservoir Engineering*, Elsevier Scientific Publishing Co., New York City (1978).
11. *Measurement of Petroleum Liquid Hydrocarbons by Positive Displacement Meter*, API Standard 1101, first edition. API, Dallas (Aug. 1960).
12. *Manual of Petroleum Measurement Standards*, API, Dallas (1961) Chap. 5.

第三十六章　气井的畅流量

R. V. Smith，Petroleum Consultant❶　　　　童宪章　译

一、引　　言

气井的测试起源于对一口井生产能力计量的需要。为了满足这一要求，最早的方法是把井放空并计量它的流量。但是不久就发现，这种方法会造成气的浪费，对人和设备不安全，并且常会对气藏造成损害。此外，这种测试方法对于估算进入输气管道的产量只能提供很有限的信息。因此，这种放空测试气井产量的方法逐渐地很少采用，现在几乎完全只限用于一些压力很低而且产量很小的低产气区。

二、用皮托管量气法测试低压气井

皮托管是一种计量气体流量的最简单的仪表，因而常广泛用于粗略地计量一些低压气井的畅喷流量。测试时通过一根短管把井向大气放空，并用皮托管计量流量。气体的产量大小受流动气柱的静压头和流动气体与管壁之间摩擦力的影响。因此，这种量出的放空大气的流量可能非常接近一些浅的低产气藏进入井筒的供气能力。特别是当采用小口径产气管生产时更为接近。

从历史上看，用皮托管计量气井产量的方法曾对一些低压气井的钻井和完井起了作用。当年在的堪萨斯、俄克拉荷马和得克萨斯州的 Hogoton 气田钻了很多气井，经常采用的方法是在每次提捞作业后或每钻五英尺地层后就进行一次皮托管计量。这样一来，在完井时就有了可以绘制一份表示气体流量和井深关系的图表的资料。这一图表对于确定主要产气层深度是有用的。这些资料对于这口井在采气过程中作修井设计也是有价值的。当气井每次酸化处理确定增产效果时，皮托管计量方法也是有用的。在很多情况下，在气井酸处理后进行皮托管计量所提供的数据，可以用来选择回压试井需要使用的流量。

在图 36.1 中所表示的是适用于气流量计量的皮托管和放喷短管的装置。皮托管必须用内径为 1／8 英寸的管子制成，要把它加工成能测量出放喷管出口平面中心位置的冲击压力。放喷短管的长度最小要为管子直径的 8 倍，不能有毛刺或其他阻挡部分，而且必须是圆的。根据所要计量的压力大小，计量压力可以使用水或水银的弯管压力计，也可以用一个压力表。

为了把计量的冲击压力换算为气流量，可以应用由 Reid [1] 所发表的适当的方程或换算表。后来由美国矿业局（USBM）所作的试验工作和 Reid 的数据也基本一致。Reid 所发表的方程曾用 Binckley 加以研究，他的结论认为这些方程是建立在可靠的理论原理之上的。为了本书的目的，已经把 Reid 的方程和表中的压力基值调整为 14.65 磅／英尺^2（绝对）。

---

❶本作者也是1962年版本章的作者。

对于冲击压力低于15磅／英寸^2（表压）的情况下，经过调整的各项方程如下：

$$q_g = 34.81 d_i^2 \sqrt{h_w} \tag{1}$$

$$q_g = 128.4 d_i^2 \sqrt{h_m} \tag{2}$$

和

$$q_g = 183.2 d_i^2 \sqrt{p_i} \tag{3}$$

式中 q_g——产气量，千英尺^3／日〔14.65磅／英寸^2（绝对）和60°F〕；

d_i——放喷短管的内径，英寸；

h_w——水柱高度（压力计读数），英寸；

h_m——水银柱高度（压力计读数），英寸；

p_i——冲击压力，磅／英寸^2（表压）。

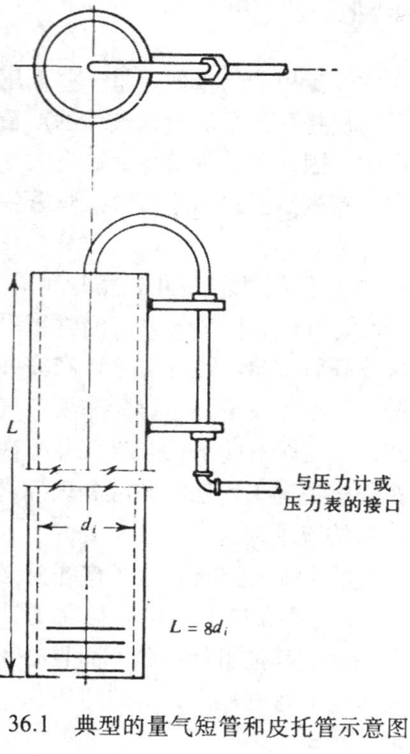

图36.1 典型的量气短管和皮托管示意图

当冲击压力高于15磅／英寸^2（表压）时，经过调整的Reid方程如下：

$$q_g = 23.89 d_i^2 p_1 \tag{4}$$

式中 p_l——冲击压力，磅／英寸^2（绝对）。

在表36.1中列出的是和不同冲击压力值相对应的产量数值，此表适用于内径为1.000英寸的放喷短管。表36.1中的产量数值是由方程（1），（2）和（3）算出的。表中冲击压力的变化范围为0.1英寸水柱到15磅／英寸^2（表压）。在表36.2中的流量值是用方程（4）为15到200磅／英寸^2（表压）的冲击压力计算出来的，放喷短管内径也是1.000英寸。使用更大的放喷短管时，可以把表中相当冲击压力的产量值乘以大放喷管的内径（英寸）的平方值来算出气产量。

从表36.1和表36.2查得的或是用方程（1），（2），（3）和（4）算出的产量适用的条件是气的相对密度为0.600（空气＝1.000），流动温度为60°F，出口大气压力为14.65磅／英寸^2（绝对）。在需要时可以把从方程或表中所得的数值乘以下列各种因子：

$$F_g = \sqrt{\frac{0.600}{r_g}}$$

和
$$F_T=\sqrt{\frac{520}{(460+T_f)}}$$

式中 F_g——相对密度校正因子；

r_g——所计量气体的相对密度（空气＝1.000）；

F_T——流动温度校正因子；

T_f——气体流动温度，°F。

表 36.1 使用皮托管量气法的流量计算表

〔冲击压力小于 15 磅／英寸^2（表压），短管内径＝1.000 英寸[①]〕

冲击压力			q_g (10^3 英尺^3／日)	冲击压力			q_g (10^3 英尺^3／日)
水（英寸）	水银（英寸）	磅／英寸^2（表压）	(14.65 磅／英寸^2 绝对和 60°F)	水（英寸）	水银（英寸）	磅／英寸^2（表压）	(14.65 磅／英寸^2 绝对和 60°F)
0.1	—	—	11.0	10.9	0.80	—	115
0.2	—	—	15.6	12.0	0.88	—	121
0.3	—	—	19.1	12.2	0.90	—	122
0.4	—	—	22.0	13.9	1.02	0.5	130
0.5	—	—	24.6	15.0	1.1	—	135
0.6	—	—	27.0	16.3	1.2	—	140
0.7	—	—	29.1	17.7	1.3	—	146
0.8	—	—	31.1	19.0	1.4	—	152
0.9	—	—	33.0	20.4	1.5	—	157
1.0	—	—	34.8	21.8	1.6	—	162
1.25	—	—	38.9	24.5	1.8	—	172
1.36	0.10	—	40.6	27.2	2.0	1.0	182
1.6	0.12	—	44.0	29.9	2.2	—	190
1.8	0.13	—	46.7	32.6	2.4	—	199
2.0	0.15	—	49.2	—	2.6	—	207
2.2	0.16	—	51.6	—	2.8	—	215
2.4	0.18	—	53.9	—	3.0	1.5	222
2.7	0.20	—	57.2	—	3.2	—	230
3.0	0.22	—	60.3	—	3.4	—	237
3.5	0.26	—	65.1	—	3.6	—	244
4.1	0.30	—	70.5	—	3.8	—	250
4.5	0.33	—	73.8	—	4.0	2.0	257
5.0	0.37	—	77.8	—	4.2	—	263
5.4	0.40	—	80.9	—	4.4	—	269
6.0	0.44	—	85.2	—	4.6	—	275
6.8	0.50	—	90.8	—	4.8	—	281
8.2	0.60	—	99.7	—	5.0	2.5	287
9.0	0.66	—	104.4	—	5.2	—	293
9.5	0.70	—	107.3	—	5.4	—	298
10.0	0.74	—	110.1	—	5.6	—	304

续表

冲击压力			q_g (10^3 英尺^3 / 日)	冲击压力			q_g (10^3 英尺^3 / 日)
水 (英寸)	水银 (英寸)	磅 / 英寸^2 (表压)	(14.65 磅 / 英寸^2 绝对和 60 ° F)	水 (英寸)	水银 (英寸)	磅 / 英寸^2 (表压)	(14.65 磅 / 英寸^2 绝对和 60 ° F)
	5.8	—	309	—	15.3	7.5	502
	6.0	3.0	314	—	16.3	8.0	518
	6.5	—	327	—	17.3	8.5	522
	7.0	3.5	340	—	18.3	9.0	549
	7.5	—	352	—	19.3	9.5	564
	8.0	4.0	363	—	20.4	10	580
	8.5	—	374	—	22.4	11	608
	9.0	4.5	385	—	24.4	12	634
	9.5	—	396	—	26.5	13	661
	10.0	—	406	—	28.5	14	677
	10.2	5.0	410	—	30.5	15	710
	11.2	5.5	430				
	12.2	6.0	448				
	13.2	6.5	466				
	14.3	7.0	486				

①当短管内径大于 1.000 英寸时表中流量乘以短管直径的平方。

对于从表 36.1 和方程（1），（2），（3）所得数值所需用的大气压力校正因子如下:

$$F_{\text{bar}} = \sqrt{\frac{p_a}{14.65}}$$

式中　F_{bar}——大气压校正因子;

p_a——大气压，磅 / 英寸^2（绝对）。

在方程（4）中所用 p_e 的压力值为绝对压力，它等于表压加上大气压力的数值。适用于表 36.2 的大气压力校正因子为:

$$F_{\text{bar}} = \frac{p_i + p_a}{p_i + 14.65}$$

在一般性应用的情况下，可以直接从皮托管计量或方程计算获得流量数值而无需校正。

例题 1　量气放喷短管的内径为 2.441 英寸，给定的冲击压力值为 27.2 英寸水柱，要求算出气的产量。

从表 36.1 查得，当放喷管内径为 1.000 英寸时，气产量为 182×10^3 英尺^3 / 日。

换算到放喷管内径为 2.441 英寸的产量为:

$q_g = 182\ (2.441)^2 = 182\times5.958 = 1080\times10^3$ 英尺^3 / 日或者用方程（1）算出产量如下:

$$q_g = 34.81\ (2.441)^2 \sqrt{27.2}$$
$$= (34.8)\ (5.958)\ (5.215) = 1080 \times 10^3 英尺^3/日。$$

例题 2 所用放喷短管的内径为 4.082 英寸，放空大气压力为 13.2 磅/英寸^2（绝对），给定的冲击压力为 65 磅/英寸^2（表压）时，要求算出气的产量。

从表 36.2 中查得，当放喷管内径为 1.000 英寸，放喷大气压为 14.65 磅/英寸^2（绝对）时，气的产量应为 1904×10^3 英尺^3/日。

表 36.2 使用皮托管量气法的流量计算表

〔冲击压力为 15～200 磅/英寸^2（表压），量气短管内径 = 1.000 英寸①〕

冲击压力（磅/英寸^2 表压）	q_g（10^3 英尺^3/日）（14.65 磅/英寸^2 绝对和 60°F）	冲击压力（磅/英寸^2 表压）	q_g（10^3 英尺^3/日）（14.65 磅/英寸^2 绝对和 60°F）
15	710	40	1307
16	733	45	1426
17	757	50	1546
18	781	55	1665
19	805	60	1785
20	829	65	1904
21	853	70	2023
22	877	75	2143
23	901	80	2262
24	925	90	2501
25	948	100	2740
26	972	110	2979
27	996	120	3218
28	1020	130	3457
29	1044	140	3697
30	1068	150	3935
32	1116	160	4174
34	1163	170	4412
36	1211	180	4651
38	1259	190	4890
		200	5129

①当短管内径大于 1.000 英寸时流量乘以短管直径的平方。

换算到放喷管内径为 4.082 英寸和大气压力为 13.2 磅/英寸^2（绝对）时，算出气产量如下：

$$q_g = 1904\ (4.082)^2\ (65+13.2)\ /\ (65+14.7)$$
$$= (1904)\ (16.663)\ (0.9812)$$
$$= 31100 \times 10^3 英尺^3/日$$

或者用方程（4）计算如下：

$$q_g = 23.89\ (4.082)^2\ (65 + 13.2)$$
$$= 31100 \times 10^3 英尺^3 / 日$$

三、回 压 试 井

在发展用回压法测试气井以前，一直使用实际“畅喷”的试井法测试气井的畅喷产能。这种用畅流量开井放喷的方法不仅造成浪费并且可能对井造成伤害。此外，这种畅喷测试方法对于一口井可能向一条输气管线系统供气的能力只能提供很少的信息。

应用回压法测试气井是由 Rawlins 和 Schellhardl [2] 二人发展起来的。通过他们对 582 口井的研究报告以及其他很多井的测试结果表明，如果用对数坐标绘制一口气井的产量与其相应的（$\overline{p}_R^2 - p_{wf}^2$）值（即关井压力$\overline{p}_R$和井底砂面流动压力的平方差）的关系曲线时，经验证明它们将表现为一条直线。

回压试井法要求，在稳定条件下或者按某一固定的时间间隔测量气井的一系列产量和相对应的压力值。这种在稳定压力和产量条件下或按某一固定时间间隔试井的方法一直被称为多点做或“连续开井”的回压试井法。

自从这种原始式的回压法或多点法开始广泛被使用以来，事实证明，这种测试方法对于一些在较短时间内能达到稳定生产条件的井是适用的。但是，对于另一些必须经过相当长的时间才能缓慢地达到稳定生产条件的井，用这种方法不能测定出它们的产状特征。一般来说，这种缓慢稳定的特征常代表的是由低渗透率气藏生产的一些气井，其结果就发展了由 Cullender [4] 所创始的等时回压试井法。

为了进行一次等时试井而取得必要的气井产状数据，常采用的工序如下：从关井的状态开井，使井以不变的产量生产一特定的时间，在这段特定的生产时间内不得机械地调整节流器或阀门干扰气井的流量；然后关井，使关井压力恢复到接近开井前的水平，再次开井以另一种产量生产。在等时试井过程中，每一次产量测试都从相差不多的关井状态下开始，这样做是为了在试井过程中，使这口井在供气面积内保持单一的压力梯度。这种等时试井法特别适用于测定低渗透率气藏生产井的产状特征。

1. 高压气井和凝析气井

本章所有的试井规程都适用于进入井筒的为单相气体的产气井，或者是主要产气，而在气藏内部流体以高的地下气／液比（GLR）流动的井。虽然如此，这些气井测试方法也曾被用于高气油比的产油井，并获得了一定程度的成功。

对于高压气井和凝析气井以及低压井来说，测试方法的主要差别在于取资料时的注意事项和计算测试结果所用的方法。液体的影响一般在高压井中比在低压井中更为显著。因此，在高压井中，计量 GLR 时要特别加以注意。在进行一次回压试井的过程中，常常需要对每一个产量求得 GLR 数值。如果在测试过程中这一比值不是一个常数，那么这口井很可能在测试或放喷过程中井筒内有积存液体。不管是那一种情况，测试结果都不能应用，必须用高的产量把井喷净，然后再用足够高的产量重行测试，以保证井筒内没有积存液体。

在测试高压气井的过程中，温度的影响可能会给试井结果的解释带来麻烦。在图 36.2 中所表示的 B 井在井口温度为 117°F 时，井口关井压力为 4173 磅／英寸^2（绝对）。在关井 3 分钟后观测到最高的井口压力。如果延长一段时间再观测井口压力的话，井口压力将会下降到接近 4140 磅／英寸^2（绝对）。井口压力的下降是由于井内气体冷却所造成的。一般情况下，对于这一类具有高产能的气井，如果在试井以前有一段预先产气的阶段，可以获得较好的测试结果。这一预产阶段必须延长到能使井口温度达到一个正常生产的温度范围以内。在试井过程中，必须定期地记录井口温度。这样才能在进行井底压力计算时用上实际测得的温度数值。所用计算方法在关于井底压力计算方法一节的例题（3）中介绍。

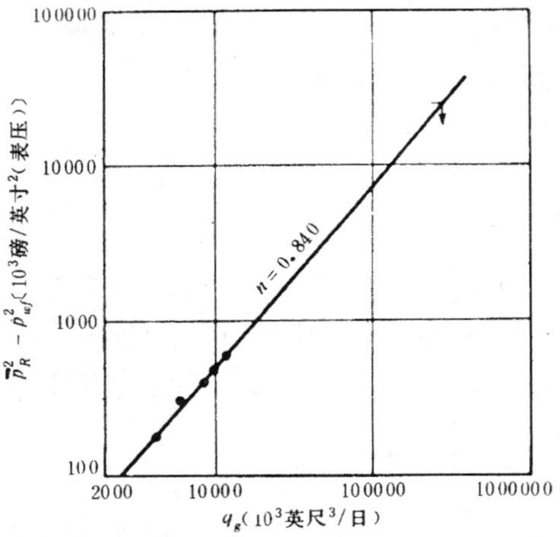

图 36.2　B 井多点试井产状图

2. 管理机构试井

政府管理机构进行气井测试，一般采用短时间的多点试井。除了多点测试而外，在某些情况下还要求开井用单一产量生产 24～72 小时。试井人员需要参照美国各州的，加拿大各省的，或是相应国家所颁布的试井规程来执行具体的试井程序。本书不准备列出这些管理机构规定的测试章程。

3. 回压试井方程

不管是多点的还是等时的回压试井，在处理数据时都是在对数坐标系中绘出产量和相应的平均地层（气藏）压力$\bar{p}_R$和砂面压力（井底流压）p_{wf}的平方差的相关点，并通过这些点子作一直线。代表这一方程的关系式如下：

$$q_g = C\left(\bar{p}_R^2 - p_{wf}^2\right)^n \tag{5}$$

式中　C——产状系数；

n——回压曲线指数。

试井界在一般的应用中把 n 称作回压曲线“斜率”，虽然它实际上是这根直线数学斜率的倒数。方程（5）是根据大量试井研究结果得出的、同时适用于多点和等时试井的经验关系式。对每一口井而言，指数的变化范围为 0.5 到 1.0。试井结果如得出小于 0.5 或大于 1.0 的指数，则必须重新测试。在多点试井情况下，指数小于 0.5 可能是由于气藏稳定过程的缓慢特征或井筒内聚集液体造成的。指数大于 1.0 则可能是由于试井过程中从井内排出液体或是从周围地层中清除诸如钻井泥浆或增产措施液体等造成的。此外，采用由大到小的产量系列进行多点试井时，在稳定过程缓慢地层中的气井可能有指数大于 1.0 的情况。在等时试井中，造成指数不正常的原因不是由于井内液体集聚就是由于从井周围清除液体造成的。在多点或等时试井时所得出的一些点子有时排列不规则，其原因一般是由于试井过程中井的产能有所变化。造成这种变化的原因也是由于井内液体的积聚或者排出液体造成的。Rawlins 和

Schellhardt[2] 二人曾经详细地叙述了井筒内液体对多点试井所产生的影响。

方程（5）表示一口气井向井筒供气的产能，它在分析气藏状况时特别有用。一口气井在井口的供气产能可用下式表示：

$$q_g = C\left(p_{ts}^2 - p_{tf}^2\right)^n \tag{6}$$

上式中的 C（产状系数）和 n（指数）对一口给定的井而言，都和方程（5）中的有所不同。式中的 p_{ts} 和 p_{tf} 分别代表的是流动气柱在井口的关井压力（井口静压）和工作压力（井口流压）。在估计一口井在特定条件下向一条输气管道所能提供的产能时，方程（6）特别有用。

四、在准稳定状态下气井的流入方程

多年来油藏工程师认识到，应用方程（5）对多点和等时试井所作出的解释不能得到有关气藏或气体性质对进入井内气量的影响的内部联系。因此，事实证明方程（5）无法满足油藏工程师的目的。在一些文献[5~8]中把气体流入井内的准稳定状态描述为以下方程：

$$q_g = \frac{703\times10^{-6}k_g h\left(\bar{p}_R^2 - p_{wf}^2\right)}{\mu_g T_R z\left(\ln r_e/r_w - 0.75 + s + F_{nD}q_g\right)} \tag{7}$$

式中 q_g——气产量，10^3 英尺^3／日；

k_g——渗透率，气体有效值，毫达西；

h——地层厚度，英尺；

$\bar{p}_R$——平均气藏压力，磅／英寸^2（绝对）；

p_{wf}——井底流动压力，磅／英寸^2（绝对）；

μ_g——气体粘度，厘泊；

T_R——气藏温度，°R；

Z——气体压缩系数；

r_e——有效供给半径，英尺；

r_w——井筒半径，英尺；

s——表皮因子；

F_{nD}——非达西流动因子。

如果设：

$$\frac{703\times10^{-6}k_g h\left(\bar{p}_R^2 - p_{wf}^2\right)}{\mu_g Tz} = C_1$$

和

$$\ln r_e/r_w - 0.75 + s = C_2$$

则方程（7）可改写成下式:

$$q_g = \frac{C_1}{C_2 + F_{nD} q_g}$$

或

$$F_{nD} q_g^2 + C_2 q_g - C_1 = 0$$

从上式可得:

$$q_g = \frac{-C_2 + \sqrt{C_2^2 + 4F_{nD} C_1}}{2F_{nD}} \tag{8}$$

当 C_1 值达到最大时，上式即给出最大的产气量〔畅流量（OFP)〕，此时 $p_{wf}=0$。在方程（7）中结合了气藏和天然气的性质，并且能延伸用于非圆形的供给面积，如参考资料〔5〕所述。

1. 绝对无阻流量（AOF）的确定

所谓“计算的无阻流量”（CAOF）和 OFP 的定义是：一口气井在井底生产层砂面部位压力为零时，在 24 小时内所产出的、以千立方英尺表示的气量。OFP 数值通常通过绘制产量 q_g 与相应（$\bar{p}_R^2 - p_{wf}^2$）的关系曲线图来确定。把 q_g 和（$\bar{p}_R^2 - p_{wf}^2$）的关系直线段延长，就可读出和 $\bar{p}_R^2$ 相应的 q_g 值。这个 q_g 值就是这口井以立方英尺表示的 24 小时的 AOFP 值。AOF 值可以用方程（5）算出，也可以直接从绘制的关系曲线读出。

对于从低渗透率气藏采气的井来说，所报告的 AOF 值必须进一步通过试井所经历的时间和试井方式来加以验证。举例而言，对这样的一口井用 3 小时多点试井法（用每一产量生产 3 小时）所得的 OFP 值就会比用 2 小时多点试井法要小一些。用 3 小时等时试井法所测定的畅流量和用多点试井法所求得的结果也不相同。Cullender〔4〕曾用一个很好的实例说明了 AOF 值和不同试井方式的关系。对于低渗透率气藏的产气井说来，如果不说明所用的试井方式，则所报告的 OFP 值几乎是没有什么意义的。

2. 指数 n 的确定

指数 n 的计算是以方程（5）为依据的，其关系式如下:

$$n = \frac{\log q_{g2} - \log q_{g1}}{\log\left(\bar{p}_R^2 - p_{wf}^2\right)_2 - \log\left(\bar{p}_R^2 - p_{wf}^2\right)_1} \tag{9}$$

代入方程（9）中的 q_g 值和相应的（$\bar{p}_R^2 - p_{wf}^2$）值可以是实际的试验点数值，也可以是从关系直线上读出的数值。一般情况下，所有数据点并不能严格地排列成一条直线，因而最好的方法是直接从直线上读出 q_g 和（$\bar{p}_R^2 - p_{wf}^2$）的数值。

3. 产状系数 C 值的确定

在确定了指数 n 的数值以后，把一组对应的 q_g 值和（$\bar{p}_R^2-p_{wf}^2$）值以及 n 值代入方程(5)，就可以确定出产状系数 C 值。C 值是通过对上述的方程求解而得出的。如果使用图解法，可以把关系直线段延长到$\bar{p}_R^2-p_{wf}^2=1$的地方，读出相应的 q_g 值，就可得到 C 值。当$\bar{p}_R^2-p_{wf}^2$的值为 1 时，C 值就和 q_g 的数值相等。在实际工作中，进行回压试井的日常分析时，一般很少要求确定 C 的数值。

4. 试井的准备工作

必须使井以大的排量进入管线生产 24 小时以清除井筒内积存的液体。如果这口井没有和管线联接，可以短时间放空，只要这样做是安全的就行。对一些新钻成的井特别要注意把井筒内积存的钻井泥浆、固体和增产措施液体排除干净。然后必须把井关闭 24 小时或更长一些时间以使井底附近气藏压力达到平衡。具有压力恢复缓慢特征的井，如果可能的话，应该把井关闭 48 到 72 小时。

在关井阶段，就要将量气设备装好使用。如果准备用孔板流量计计量气量，则需要把流量计进行校正，检查孔板的直径和应用条件，此外还要按照正确的规程把指示压差的记录笔对好零的位置。如果使用临界流量计（参看后面有关量气部分），则必须把它在井口或在分离器下游位置保持垂直方向。使产出气向上流出，然后喷向井场外部。在使用分离器的情况下，如果用孔板流量计量气，则需要用生产节流器控制流量并使用一个临界流量计或回压调节器保持分离器的压力。在不用分离器的情况下，则需要在井口安装一个临界流量计控制流量和压力。在任何情况下，都要在井口和量气设备附近装有温度计的插孔，保证能使用温度计或其他经过校正的装置来测定温度。在测温孔内必须充满水或油以取得准确的测温结果。

5. 关井压力

所有的关井压力或流动压力都必须使用一种静重（活塞式）压力仪来测定，因为一般弹簧式压力计对回压试井法来说都不够精确。在关井阶段的末尾测定并记录压力，准备好试井工作，再复测一次关井压力以核对第一次测试结果，并取得压力恢复的速度。在第二次测定压力以后，即可开始进行等时的或多点的试井作业。

气井的井底压力可以直接用井下压力计测出或由井口压力算出。在关井过程中如井筒内有液体积聚，则井下压力计是非常适用的。但是，在进行回压试井的过程中，使用井下压力计会限制气的流量，气体在产气管中的流速不得向上升举压力计。在使用 $2\,^3/_8$ 英寸外径的产气管时，井下压力计仅限于在低产量情况下使用，但在用 7 英寸外径套管产气时，它的使用则不受限制。在采用双管完井法的环形空间中使用井下压力计实际上是不可能的。在对大产能气井进行试井时，必须针对压力计读数的滞后影响进行较正，或者在每一个产量条件下，单独下一次压力计来测量井底压力。

造成错误的井底压力计算结果的最严重的原因可能是井筒内液体聚集的影响。其他产生错误的原因还有井筒内温度梯度和流体相对密度的不可靠性。在进行一次回压试井以前，必须特别注意，用足够大的产量把井内液体放喷干净。如果可能的话，在回压试井过程中所用的每一次产量，都要求能把陆续流入井内的液体喷出井外。对一个新区，只有依靠实际测量，才能建立温度梯度资料。一般情况下，为了估计流动井温梯度，可以在井口流动温度和井底温度之间假定一条直线式的梯度关系。为了在很大程度上消灭流入井内流体相对密度的不可靠性，可以通过仔细测量气／烃液的比值，并且测定分离器分出气体的相对密度、分出液体的相对密度和储罐中液体的相对密度来解决。

五、多点试井和实例

在一般情况下，为了成功地建立一口井的产状，常使用四个测点的多点试井法，产量按递增顺序增加，每一个产量都以相等的时间生产。在高液体比值井或高流动温度的条件下，如果用产量递增顺序试井法所得的点子排列不齐，则可以采用产量递减顺序试井法。在高液体比值的井中，使用低的流量常不能排出井筒内在生产过程中积累的液体。在井的流动温度特别高的情况下，可能需要用最大的流量开始试井，而不要从低流量开始，这样可以达到在试井过程中保持井口温度接近一致的结果。但是，除非是已知产量递增系统试井法效果不好，一般不要使用产量递减的系统试井方法。

在测试的产量范围内四个流量应该均匀分布。对于中低产能的气井而言，第一个产量应该使井口压力降低5%，而第四个产量则应造成25%的压降。可以从关井前放喷清井时求得的压力读数中大致知道需要把井口流压降低5%所需要的第一个测试产量。以上推荐使用的压降数值对于具有大口径产气管的高产气井来说可能无法使用。

开井以后第一个流量的测试时间要连续三个小时以上，但不要超过四个小时。以后，每一个顺序的流量都要测试相同的时间。在测试每一个流量阶段，井口的生产压力和温度，流量计或流量校准计的压力和压差，以及温度都要在每一个十五分钟的末尾记录一次。如果在试井过程中使用分离器和储罐则所有累计产出的液体，包括烃类和水在内，都要记录下来。如果只单独使用一台临界流量计，则必须说明并记录气流中有无液体。从油气分离器中分出的或是从临界流量计流出的气体的相对密度都要测定并记录下来，也可以取得气样后进行分析并算出相对密度。至少在井生产了一小时以后才有可能取得更有代表性的气体相对密度数值。

表36.3是现场进行多点回压试井的实际记录表[1]它是为美国Guymon Hugoton气田(位于俄克拉荷马州Texas县）的A井编制的。这一种记录表的格式曾被证明便于用作试井数据记录。在表中每一次换挡板的时间和每一个流量的开井时间都详细地记录下来。在“备注”一栏中说明气体相对密度的测定结果，还说明了有关是否产水的一类生产情况。为了准确地分析试井结果，表36.3中每一项观察记录都是有用的。

一口气井进行回压试井结果的计算包括以下几个步骤:

(1) 从井口观察到的压力和产量推算出井底砂层部位的产量和压力数值。

(2) 算出 $(p_{ts}^2-p_{tf}^2)$ 和 $(\bar{p}_R^2-p_{wf}^2)$ 的数值以及和这两个压力因子相应的流量。然后，对于井内没有下油管的井算出井下砂层中部的 p_R 和$\bar{p}_{wf}$值。如果井内下有油管的话，只要砂层中部深度距油管口不超过100英尺，就算出油管口位置的 p_R 和$\bar{p}_{wf}$值。

(3) 在对数坐标系中绘制 q_g 和相应的 $(\bar{p}_R^2-p_{wf}^2)$ 和 $(p_{ts}^2-p_{tf}^2)$ 的关系曲线。

(4) 确定以下两个流动方程中的指数 n 值和产状系数 C 值:

---

[1]本手册1962年版应用这一测试是很多年以前进行的，但在今天它仍然是一个典型的多点测试实例。

表 36.3　多点试井现场数据表（A 井）

公司＿＿＿＿＿＿ 矿区＿＿＿＿＿＿ 井号＿＿＿＿＿＿

井位＿＿＿＿＿＿＿＿＿＿＿＿＿＿＿＿＿＿＿＿＿

＿2 英寸　临界流量计＿＿ZZ＿＿英寸量气表＿＿ZZ＿＿管口

日期		井口工作压力				量气表或临界流量计				备　注
6–17–47										
时间	小时	油压（磅／英寸^2（表压））	套压（磅／英寸^2（表压））	环空压力（磅／英寸^2（表压））	温度（°F）	（表压）磅／英寸^2	压差	温度（°F）	孔板	
		关井 20 天								
4：30a		—	435.3	—						关井压力
		井口装 2 英寸临界流量计								无油管
5：00a	0	—	435.3			430.9			3／4	关井压力
5：30	5	—	418.9			414.5		66		干气
6：00	1.0	—	415.8			411.4		68		
6：30	1.5	—	413.9			409.5		68		
7：00	2.0	—	412.6			408.2		69		干气
7：30	2.5	—	411.4			407.0		69		气体相对密度 0.719
8：00	3.0	—	410.5			406.1		70		第一点
		换孔板，8.03 开井								
8：33	.5	—	402.8			399.4		70	718	
9：03	1.0	—	401.1			392.7		71		干气
9：33	1.5	—	399.7			391.3		71		
10：03	2.0	—	398.7			390.3		71		干气
10：33	2.5	—	397.9			389.5		72		
11：03	3.0	—	397.3			388.9		72		第二点
		换孔板，11.06 开井								
11：36	.5	—	387.2			374.1		73	1	湿气
12：06p	1.0	—	385.6			372.5		73		
12：36	1.5	—	384.2			371.1		73		
1：06	2.0	—	383.3			370.2		73		
1：36	25	—	382.4			369.3		73		干气
2：06	3.0	—	381.5			368.4		73		
		换孔板，2.09 开井						73		第三点
2：39	.5	—	370.4			350.2		73	1 $^1/_8$	
3：09	1.0	—	368.5			348.3		73		干气
3：39	1.5	—	367.2			347.0		73		
4：09	2.0	—	366.2			346.0		73		干气
4：39	2.5	—	365.2			345.0		73		
5：09	3.0	—	364.3			344.1		73		第四点

第 1 页　共 1 页　报告人 J.RJ

$$q_g = C\ (\overline{p}_R^2 - p_{wf}^2)^n$$

和

$$q_g = C\ (p_{ts}^2 - p_{tf}^2)^n$$

对于大多数经常性的回压试井分析来说，不需要确定 C 值。

(5) 确定井的绝对畅流量（AOF）。如何计算生产层部位的流量和压力将分别在各节中加以说明。

表 36.4 中所表示的是一种便于使用的表格，它表现的是表 36.3 中所报导的 A 井的一次多点试井结果。表 36.4 列出了井的一般信息，试井数据的汇总，流量的计算，计算压缩系数所需要的数据。以及在井口和井底条件下的压力平方差值。在图 36.3 的对数坐标系中，以流量作纵坐标，以 $(\overline{p}_R^2 - p_{wf}^2) \times 10^3$ 为横坐标，算出的畅流量（OFP）为 25000×10^3 英尺^3／日。把图中的数据点联成一条直线并延伸到 p_{wf}^2 为零的位置，读出 $(\overline{p}_R^2 - p_{wf}^2)$ 的数值，在此条件下，$p_R^2 = 230.9 \times 10^3$。与其相应的流量为 25000×10^3 英尺^3／日。对 A 井说来，25000×10^3 英尺^3／日的绝对畅流量是三小时四点测试结果。如果用更短时间的四点法测试，则所得的结果将会大于 25000×10^3 英尺^3／日。

为了计算指数 n 的数值，在图 36.3 的直线段取几组 q_g 和 $(\overline{p}_R^2 - p_{wf}^2)$ 的数值并用 (7) 式计算如下：

q_g（10^3 英尺^3／日）	$p_R^2 - p_{wf}^2$（以千计）
20000	168
4000	16.8

$$n = \frac{\log 20000 - \log 4000}{\log 168 - \log 16.8} = \frac{\log 5.00}{\log 10.0} = \frac{0.699}{1.000} = 0.699$$

应用指数 $n = 0.699$ 和一组对应的 q_g 数值和 $(\overline{p}_R^2 - p_{wf}^2)$ 值，代入 (5) 式求出产状系数 C 值如下：

$$20000 = C\ (168)^{0.699}$$
$$C = 20000 / (168)^{0.699}$$
$$\log C = \log 20000 - 0.699 \log 168$$
$$\log C = 4.3010 - 1.5555$$
$$C = 557$$

为了检验 557 这一数值，. 可以把图 36.3 中的直线延伸到 $\overline{p}_R^2 - p_{wf}^2 = 1$ 的位置，并读出相应的 q_g 数值。要注意 q_g 的单位为 10^3 英尺^3／日，而 $(\overline{p}_R^2 - p_{wf}^2)$ 的单位以千计，故而 C 的数值为 557。

表 36.4　多点回压试井成果表（A井）

公司 ______ 矿区 ______ 井号 ______

地址 ______ 日期 6－17　1947

地区 ______ 气田 ______ 气藏 ______

井点位置 俄克拉荷马州 Texas 郡

套管尺寸 5 1/2 英寸　重量级别 14 磅　内径 5.012　下入深度 2630　射孔段 2465～2620

油管尺寸 ______ 重量级别 ______ 内径 ______ 下入深度 ______ 射孔段 ______

产量从 2465 到 2620 H 2542 井底温度 90 2540

海拔高度 － 完井日期 － 产气管柱 油管 ______ 套管 ×

F_1 0.0016105　气压计 13.2 磅/英寸^2　英亩 －

备注：

产气记录					油管记录		套管记录		生产时间
序号	量气表管线尺寸 人孔板尺寸	压力（磅/英寸^2）	压差 h_w	温度（°F）	压力（磅/英寸^2）	温度（°F）	压力（磅/英寸^2）	温度（°F）	
关井					－	－	435.3	66	
1	2″　3/4	406.1	－	70	－	－	410.5	70	3
2	7/8	388.9	－	72	－	－	397.3	72	3
3	1	368.4	－	73	－	－	381.5	73	3
4	1 1/8	344.1	－	73	－	－	364.3	73	3
5									

序号	系数（24 小时）	$\sqrt{h_w p}$	压力 p	流动温度因子 F_T	相对密度因子 F_g	压缩系数因子 F_{pv}	流量 q_g（10^3 英尺^3/日）
1	9.694		419.3	0.9905	1.179	1.038	4928
2	13.33		402.1	0.9887	1.179	1.037	6479
3	17.53		381.6	0.9887	1.179	1.035	8062
4	22.45		357.3	0.9887	1.179	1.032	9640
5							

序号	p_t	温度（R）	T_r
1	0.65	530	1.46
2	0.62	532	1.46
3	0.59	533	1.46
4	0.55	533	1.46
5			

气液烃比 ______ 千英尺^3/桶

液烃相对密度 ______ 度

分离器气相对密度 ______

产出流体的相对密度 0.719

临界压力 668－21＝647 磅/英寸^2

临界温度 398－34＝364 °R

H_2S ____ %　CO_2 0.1 %　N_2 12.0 % ____

P_R 448.5 磅/英寸^2　P_R^2 201.15 $\times 10^3$　　　　P_R 480.5　P_R^2 230.92 $\times 10^3$

序号	p_{tf}	p_{tf}^2	Δp^2				p_{wf}	p_{wf}^2	Δp^2
1	423.7	179.52	21.63				456.3	208.23	22.69
2	410.5	168.51	32.64				444.0	197.15	33.77
3	394.7	155.79	45.36				429.7	184.64	46.28
4	377.5	142.51	58.64				414.9	172.15	58.77
5									

产能 25,000 10^3 英尺^3/日

n 0.699

管委会 ______

公司 ______

其他 ______

根据表 36.4 中列出的，并在图 36.3 中显示的 A 井多点试井结果所得出的回压试井方程为以下形式：

$$q_g = 557\ (\bar{p}_R^2 - p_{wf}^2)^{0.699}$$

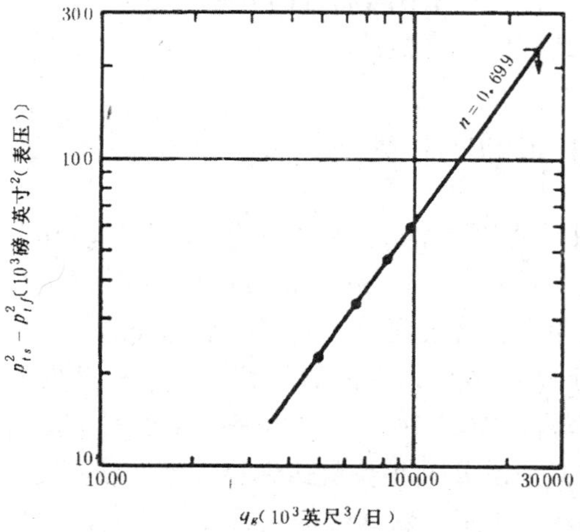

图 36.3　A 井多点试井法井底产状图

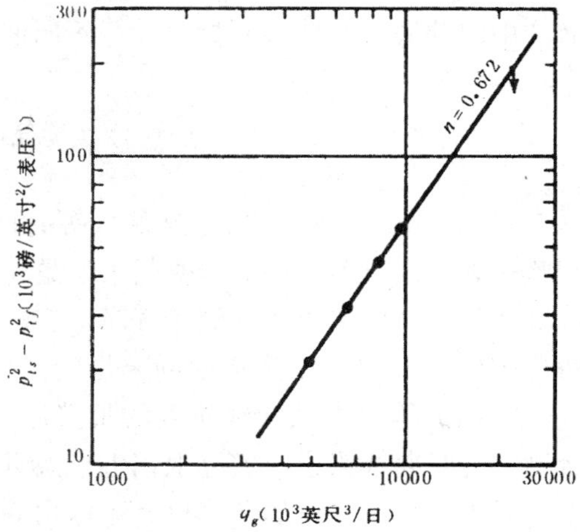

图 36.4　A 井多点试井法井口产状图

根据表 36.4 中所列出的试井结果所得到的 A 井的井口产状在图 36.4 中显示出来，其中 q_g 数值和相应的（p_{ts}^2−p_{tf}^2）值是以对数坐标绘出的。把这条直线延伸后显示出井口畅流量（OFP）的数值为 22000×10³ 英尺³／日。指数的数值为 0.672，C 值为 627。与（6）式相应的回压关系方程则为：

$$q_g = 627\ (p_{ts}^2 - p_{tf}^2)^{0.672}$$

图 36.4 说明的 A 井井口产能的方程正如表 36.4 中多点试井结果所指出的，表示 A 井通过 5 ¹/₂ 英寸套管生产的井口供气能力。这一关系受到产气管管道尺寸、井内气柱静压头以及井本身生产能力的影响。

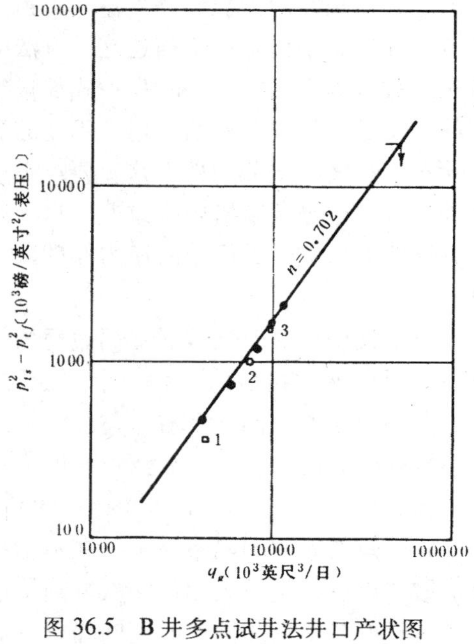

图 36.5　B 井多点试井法井口产状图

图 36.2 中所举的一个井下产状例子代表的是一口产能极大的井的多点测试结果。这口 B 井（见图 36.2）在井深 10658 英尺处的关井压力为 5169 磅／英寸²（绝对），井口压力为 4173 磅／英寸²（绝对）。算出的畅流量的数值为 280000×10³ 英尺³／日。与此相应的，B 井通过 2 ⁷/₈ 英寸外径、6.5 磅／英尺油管生产的相应井口产状曲线如图 36.5 所示，在图中代表试井结果的点子用圆圈表示。

图 36.5 中用方块形状表示的数据点代表的是生产时间为几天的流量测试结果，其中第 1 点是在投产不久以后测的，而第 3 点则是在生产一年以后测出的。从图 36.5 中各点的位置看出，在井投产以后产状有所改善，这可能是井壁附近地区的钻井液被排出的结果。

这口 B 井的井口畅流量为 41000×10^3 英尺^3／日，接近所用油管的最大通量。如果改换 B 井的油管则会得出不同的井口产状曲线。为了计算使用不同油管的井口产状，可以从图 36.2 中的井底产状曲线开始，计算不同油管柱所造成的压差数值。

六、等时试井和实例

正如 Cullender[4] 所定义的，等时回压试井法考虑方程（5）和（6）中的 C 值在井的产状达到稳定以前，相对于时间来说是一个变数，只是在一定的时间才是一个常数。因而当一口井从一个低渗透率气藏产气时，它的回压试井产状将表现为一系列的平行线。每一条线所代表的是一个给定生产时间末尾的产状。对于从渗透率相当高的气藏生产的一些气井来说，它们的等时产状曲线排列的很接近。举例而言，对 B 井（见图 36.5）在不同生产时间所测的等时曲线来说，实际上接近一条直线，这就是说 B 井很快就达到稳定生产状态。

对于给定的一口气井来讲，可以用等时试井法来求得产状曲线的指数 n 值。所以能做到这一点是因为在试井阶段在生产井周围形成一个简单的压力梯度，这样就可以防止产状系数随时间的变化扰乱指数的真实数值。在确定了产状系数随时间的变化以后，就可以估算出一口给定井在长时间内能够进入输气管道的流量。

“等时”这个词是用来描述这一方法的，因为只有产气时间不变的单一扰动所造成的那些状态才被认为象（5）式和（6）式那样彼此之间是相关的。所谓“时间不变的单一扰动”其特定的含义是指从关井开始，用一不变的流量生产一段规定的时间所造成的井壁四周存在的那些状态。在实际试井条件下这一要求很少能得到满足。但是可以在井开始生产后不要进一步从外部或用机械调节措施来改变流量，这样就能够近似地满足上述条件。这样一来，就可以在井壁四周形成一种简单的压力梯度，而不会产生由于多点回压试井所形成的复杂的压力梯度。

在上文中把等时试井的数据表现为一系列的平行曲线，在一定的生产时间条件下，曲线具有一个不变的指数值 n 和一个不变的产状系数 C 值，这种方式包括了某些假设。它把一口气井的产状曲线的指数看作与井的供给面积无关，而且认为它在开井后立即形成。认为产状系数随时间的变化与简单压力梯度下的流量和压力水平没有关系。

为了取得一次等时试井所必需的数据而进行的操作程序是：从关井的状态开始把井打开，在一定的时间间隔条件下，在不干扰井的流动情况下取得流量和压力的数据。在获得足够的数据以后，把井关闭使它恢复到接近第一次开井时的状态。然后再次开井用不同的流量生产，按照与前面相同的时间间隔取得数据。这个程序可以根据希望得到的数据点数重复多次。

除了每次改变流量都必须从关井状态开始外，等时试井的操作程序和多点试井是一样的。在要求必须把井喷净，校正量气设备和准确地测定压力和温度这些方面也都是完全一样的。至少要使用四个不同流量：最低的流量应该使井口压力降低 5%，而最大的流量则应把它降低 25%。

对等时试井结果的计算方法和多点试井是一样的。如图 36.6 和图 36.7 所示，把数据点绘在对数坐标系中。绘制等时曲线时按照相同时间把代表不同流量的点连成一条直线。例如，在图 36.6 中，在标明为“时间，3 小时”那条线上的所有点代表的是 A 井在不同流量情况下从关井条件开始生产三个小时的产状。

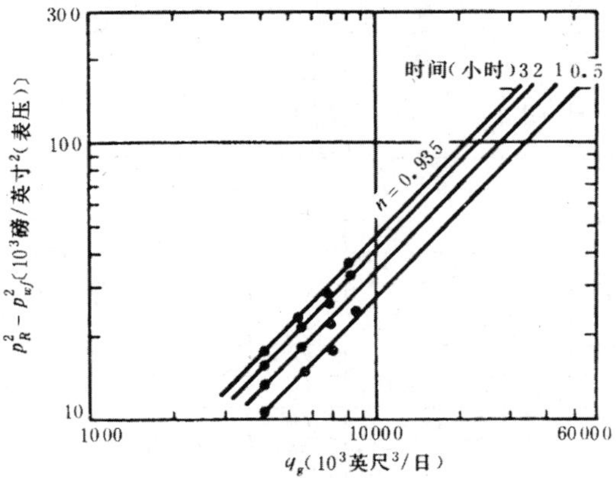

图 36.6　A 井等时试井法井底产状图

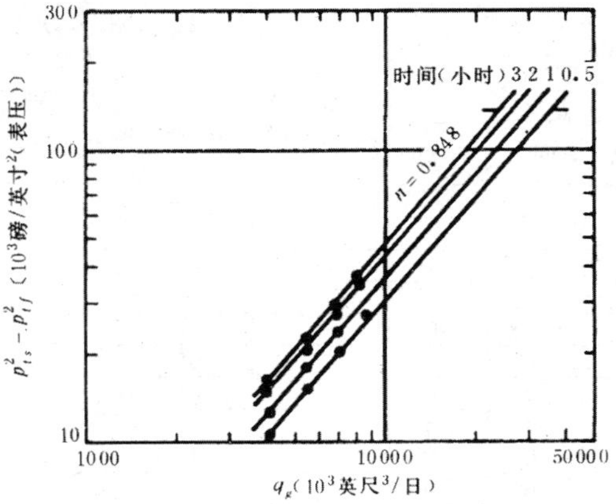

图 36.7　A 井等时试井法井口产状图

关于等时试井的分析工作有两种途径。一种途径是应用方程（7）和（8）以及气体的性质来求得气藏的性质和表皮因子。第二种途径是应用这一结果作为一个基础来对比这口井在试井当时的产状和前一次测试的变状，也可以是为了定出一个对比未来产状的基准。

在图 36.6 中所绘出的等时方式曲线可以用来估算假设采用不变流量开井测试时可能测得的压力数值。对于这一目的而言，更希望获得比图 36.6 中那一条生产时间为三小时更长一些的试井时间的结果。根据这一信息，在后面第三十八章中说明如何计算气藏的 K_gh 值和综合表皮系数（$S_t = S + F_{nD}q_g$）。从这一结果得出不同的综合表皮系数值，它们都是流量 q_g 的函数，根据 S_t 值又可以利用方程（7）[6] 算出 S 和 F_{nD} 值。通过对多点试井进行分析可以获得 k_gh' S 和 F_{nD} 值，如参考文献（7）中所述。在下面将对气井产状对比方法进行讨论。

在表 36.5 中所列出的是一个现场实际资料的副本、它代表 A 井的等时试井结果❶ 这口井和前面和举的一个多点试井的例子是同一口井。在测试时采用了四种流量，生产时间为三小时，每次流量都从关井状态开始测试。在 48 小时后报告中的关井压力已从 359.6 磅／英寸^2（表压）（第一流量）变到 357.6 磅／英寸^2（表压）（正在开始第四流量以前）。在表 36.6 中汇总了等时试井的结果。在图 36.6 和 36.7 中分别绘制了井底和井口的产状曲线。

A 井的等时试井结果（图 36.6）表明：对应试井阶段为 0.5，1.0、2.0 和 3.0 小时末尾的计算畅流量，当井底压力为 399.1 磅／英寸^2（绝对）时，分别为 51500，41500，35000 和 31500×10^3 英尺^3／日。计算出的三小时后的畅流量只相当于 0.5 小时畅流量的 61%。对于 A 井的井口产状（图 36.7）也得到相近的数值为 66%。如果 A 井开井后保持压力不变，把气体输入管道的话，则在三小时后其流量将为 0.5 小时流量的 66%。未在这里发表的实验资料证明，在生产 72 小时的末期产量将降为 0.5 小时产量的 48%。在这些图中表现出产

❶在本手册1962年版中应用的这一测试是很多年前进行的，但至今它仍然是一个典型的等时试井实例。

表 36.5 等时试井现场记录表格（A 井）

公司＿＿＿＿＿＿ 矿区＿＿＿＿＿＿ 井号＿＿＿＿＿＿

井位 俄克拉何马州人 Texas 郡

2 英寸临界流量计 XX 英寸量气表 XX 管口

日期		井口工作压力				量气表或临界流量计				备 注
时间	小时	油压（磅/英寸^2）	套压（磅/英寸^2）	环空压力（磅/英寸^2）	温度 °F	磅/英寸^2（表压）	压差	温度（°F）	孔板	
			关井 48 小时							
12−17−51										
12：20p	0	—	359.6	—		—				关井压力
12：50	.5		345.1			341.4		67	3/4	
1：20	1.0		342.0			338.4		68		干气
1：50	1.5		341.2			336.6		68		
2：20	2.0		338.8			335.2		69		干气
2：50	2.5		337.7			334.2		70		
3：20	3.0		336.7			333.2		70		干气
12−18−51										
12：05p	0	—	358.8	—		—				关井压力
12：35	.5		337.8			331.4		67	7/8	
1：05	1.0		333.8			327.6		68		湿气
1：35	1.5		331.5			325.0		70		
2：05	2.0		329.6			323.5		70		湿气
2：35	2.5		328.3			322.3		70		
3：05	3.0		327.1			321.1		70		湿气
12−19−51										
11：59a	0	—	358.8	—		—				关井压力
12：29p	.5		330.0			318.7		68	1	潮气
12：59	1.0		324.8			313.8		69		湿气潮气
1：29	1.5		321.6			310.8		70		
1：59	2.0		319.4			308.7		71		潮气
2：29	2.5		317.7			307.1		72		
2：59	3.0		316.3			305.7		72		潮气
12−20−51										
8：22a	0	—	357.6	—		—			1 1/8	关井压力
8：52	.5		317.8			301.3		67		湿气
9：22	1.0		312.6			—		69		管道接头冻结
9：52	1.5		309.2			292.4		70		
10：22	2.0		306.6			289.6		70		湿气
10：52	2.5		304.6			287.7		71		
11：22	3.0		302.8			286.0		71		湿气

第 1 页 共 1 页 记录人 J.RJ

状随时间变化的特征，这一事实说明为了估计一口给定气井向管道供气的能力，必须要应用等时试井的数据。如果没有等时试井的数据，要想准确地估算出一口从低渗透率气藏向管道供气能力实际上是不可能的。

对表 36.5“备注”一栏中现场记事加以审视可以看出，A 井在 1951 年 12 月 20 日进行产量测试时开始产水，而这一次的产量是最大的。在图 36.6 和 36.7 中，产水对气井产状的影响可以从相应数据的不规律性表现出来。由于产水和井筒内水或液体的积聚使得井的产状特征变差。

在图 36.5 中用方块表现出的数据是 B 井在生产了五到十天以后的等时测点。这些资料和从多点试井所得数据的高度一致性说明，B 井的产状随时间变化不大。B 井是从一个高渗透率气藏生产的，·在开井生产后很快就形成了井的供给半径。

七、多点试井和等时试井方法对比

对于高渗透率气藏来说，多点试井和等时试井方法都是适用的。等时试井法对于低渗透率气藏的试井工作特别适合。但是，对于一些从极低渗透率气藏产气的一些井来说，不稳定流动状态的影响会延长到若干天，甚至到几个星期，从经济上考虑，可能使试井工作被限制到只能取得一个等时方式的点（从关井状态开始生产）。多点试井法应该限于在一些不稳定流态非常短的气藏应用。不然的话，多点试井的结果就难于进行分析。

把 A 井的三小时多点试井和三小时等时试井的结果（表 36.6），以井口产状曲线的方式一起示于图 36.8。多点试井的指数值（0.672）比等时试井的指数值（0.848）要小一些。一般情况下，以产量递增顺序执行的多点试井曲线的指数值比同一口井用等时试井法测出的指数值要小一些。多点试井的第一个数据点（$q_g=4.928\times10^3$ 英尺^3／日）就在等时试井的曲线上面（见图 36.8），这是由于多点试井的第一流量是从关井状态开始的。在这以后，多点试井的每一个后继点的位置不但受到产量的影响，同时还受到它前面一个点的影响。

从低渗透率气藏生产的一些井，它们每一次多点试井的初始点都代表地层的特征，而其他的点所代表的则是几乎无法解释的复杂状况。对这些反映复杂状况的点而言，等时试井曲线的特征指数仍然适用，唯一的产状差别在于产状系数 C。如果把 0.848 这一指数用于多点试井（图 36.8）的一些复杂状态点，则可以看出，在每种情况下所得出的系数可以认为是某一“有效”时间的结果。这样的时间没有一个固定的意义，因为这一时间既不等于所经历的时间，也不等于最后一次改变流量后所经历的时间。

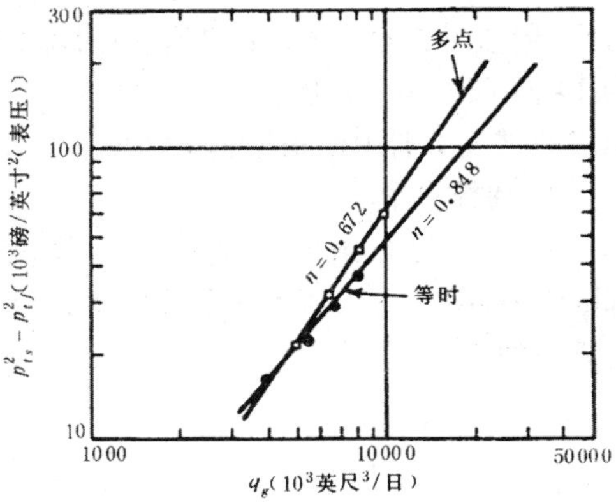

图 36.8　A 井的多点试井和等时试井对比

对图 36.5 中所表现的 B 井的多点试井和等时试井数据进行审定后可以看出，有一些气井很快就能达到稳定状态，没有必要取得等时性产状数据。随着达到稳定所需要的时间的增长，用等时试井和多点试井所得到的数据的差异也有所增大。

表 36.6　A 井等时试井成果表

日期	p_{ts} 磅／英寸^{2}绝对	生产时间（小时）	q_g（千英尺^3／日）	$\bar{p}_R^2-p_{wf}^2$	$p_{ts}^2-p_{tf}^2$
12 月 17 1951	372.8	0.5	4159	10.60	10.60
		1.0	4120	13.19	12.82
		2.0	4078	15.79	15.08
		3.0	4047	17.63	16.55
12 月 18 1951	372.0	0.5	5552	14.85	15.18
		1.0	5485	18.10	17.97
		2.0	5461	21.58	20.87
		3.0	5423	23.56	22.58
12 月 19 1951	372.0	0.5	7019	17.93	20.59
		1.0	6982	22.17	24.14
		2.0	6847	26.48	27.76
		3.0	6777	28.88	29.81
12 月 20 1951	370.8	0.5	8599	24.96	27.93
		1.0			
		2.0	8153	34.10	35.22
		3.0	8048	37.00	37.63

八、气体的计量

1. 孔板流量计

推荐使用的有关孔板流量计和流量计算方法的规定说明，都截于美国天然气协会所出版的文件中〔9〕。必须注意的是，其中基准孔板因子的压力基准值为 14.73 磅／英寸^2（绝对）。周参考文献〔9〕中的基准孔板因子乘以 1.0055 就可以把气体体积的压力基准值转换为 14.65 磅／英寸^2（绝对）。在堪萨斯州联合管委会〔10〕和州际石油协约管委会〔11〕所出版的试气手册中都采用了 14.65 磅／英寸^2（绝对）作为基准孔板因子的基准压力值。

2. 临界流量

在下面所介绍的，适用于临界流量计的流量计量和计算的方法是对 Rawlins 和 Schellhardt〔2〕二人所发表的方法加以修正的结果。使用一台临界流量计时，用来计算流量的方程如下：

$$q_g = p_s F_p F_g F_T F_{pv} \tag{10}$$

式中　q——临界流量计的静压，磅／英寸^2（绝对）；

F_p——适用于 2 和 4 英寸临界流量计的基准孔板因子。

它们的数值在表 36.7 中列出。这些因子适用于按照美国矿业局规定所设计的孔板。

表 36.7　临界流量计基准孔板因子表

(USBM 孔板设计)	F_p（千英尺^3／日）
基准温度（°F）	60
基准压力（磅／英寸）	14.65
流动温度（°F）	60
相对密度	1.000
2 英寸临界流量计	4 英寸临界流量计

孔板直径（英寸）	因子 F_p	孔板直径（英寸）	因子 F_p
1／16	0.06569	1／4	1.074
3／32	0.1446	3／8	2.414
1／8	0.2716	1／2	4.319
3／16	0.6237	5／8	6.729
7／32	0.8608	3／4	9.643
1／4	1.115	7／8	13.11
5／16	1.714	1	17.08
3／8	2.439	1 1/8	21.52
1／16	3.495	1 1/4	26.57
1／2	4.388	1 3/8	31.99
5／8	6.638	1 1/2	38.12
3／4	9.694	1 3/4	52.07
7／8	13.33	2	68.80
1	17.53	2 1/4	88.19
1 1/8	22.45	2 1/2	110.6
1 1/4	28.34	2 3/4	136.9
1 3/8	34.82	3	168.3
1 1/2	43.19		

通过临界流量计的气体相对密度的原设值为 1.000，为了得到一个适合于实测气体相对密度值的校正因子（见表 36.8），可用下式计算：

$$F_g = \sqrt{\frac{1}{\gamma_g}} \tag{11}$$

上式中的 γ_g 是产出气体的相对密度，假设空气的相对密度为 1.000。

为了把原设的 60°F 的流动温度校正到实际量气点的温度，在表 36.9 中列出了校正因子。这些校正因子也可以用下式计算：

$$F_T = \sqrt{\frac{520}{T_f}} \tag{12}$$

式中　T_f——实际气体的流动温度（°F+460）。

表 36.8　气体相对密度校正因子表

$$F_g = \sqrt{\frac{1}{\gamma_g}}$$

相对密度	0.000	0.001	0.002	0.003	0.004	0.005	0.006	0.007	0.008	0.009
0.550	1.348	1.347	1.346	1.345	1.344	1.342	1.341	1.340	1.339	1.338
0.560	1.336	1.335	1.334	1.333	1.332	1.330	1.329	1.328	1.327	1.326
0.570	1.325	1.323	1.322	1.321	1.320	1.319	1.318	1.316	1.315	1.314
0.580	1.313	1.312	1.311	1.310	1.309	1.307	1.306	1.305	1.304	1.303
0.590	1.302	1.301	1.300	1.299	1.298	1.296	1.295	1.294	1.293	1.292
0.600	1.291	1.290	1.289	1.288	1.287	1.286	1.285	1.284	1.282	1.281
0.610	1.280	1.279	1.278	1.277	1.276	1.275	1.274	1.273	1.272	1.271
0.620	1.270	1.269	1.268	1.267	1.266	1.265	1.264	1.263	1.262	1.261
0.630	1.260	1.259	1.258	1.257	1.256	1.255	1.254	1.253	1.252	1.251
0.640	1.250	1.249	1.248	1.247	1.246	1.245	1.244	1.243	1.242	1.241
0.650	1.240	1.239	1.238	1.237	1.237	1.236	1.235	1.234	1.233	1.232
0.660	1.231	1.230	1.229	1.228	1.227	1.226	1.225	1.224	1.224	1.223
0.670	1.222	1.221	1.220	1.219	1.218	1.217	1.216	1.215	1.214	1.214
0.680	1.213	1.212	1.211	1.210	1.209	1.208	1.207	1.206	1.206	1.205
0.690	1.204	1.203	1.202	1.201	1.200	1.200	1.199	1.198	1.197	1.196
0.700	1.195	1.194	1.194	1.193	1.192	1.191	1.190	1.189	1.188	1.188
0.710	1.187	1.186	1.185	1.184	1.183	1.183	1.182	1.181	1.180	1.179
0.720	1.179	1.178	1.177	1.176	1.175	1.174	1.174	1.173	1.172	1.171
0.730	1.170	1.170	1.169	1.168	1.167	1.166	1.166	1.165	1.164	1.163
0.740	1.162	1.162	1.161	1.160	1.159	1.159	1.158	1.157	1.156	1.155
0.750	1.155	1.154	1.153	1.152	1.152	1.151	1.150	1.149	1.149	1.148
0.760	1.147	1.146	1.146	1.145	1.144	1.143	1.143	1.142	1.141	1.140
0.770	1.140	1.139	1.138	1.137	1.137	1.136	1.135	1.134	1.134	1.133
0.780	1.132	1.132	1.131	1.130	1.129	1.129	1.128	1.127	1.127	1.126
0.790	1.125	1.124	1.124	1.123	1.122	1.122	1.121	1.120	1.119	1.119
0.800	1.118	1.117	1.117	1.116	1.115	1.115	1.114	1.113	1.112	1.112
0.810	1.111	1.110	1.110	1.109	1.108	1.108	1.107	1.106	1.106	1.105
0.820	1.104	1.104	1.103	1.102	1.102	1.101	1.100	1.100	1.099	1.098
0.830	1.098	1.097	1.096	1.096	1.095	1.094	1.094	1.093	1.092	1.092
0.840	1.091	1.090	1.090	1.089	1.089	0.088	1.087	1.087	1.086	1.085
0.850	1.085	1.084	1.083	1.083	1.082	1.081	1.081	1.080	1.080	1.079
0.860	1.078	1.078	1.077	1.076	1.076	1.075	1.075	1.074	1.073	1.073
0.870	1.072	1.072	1.071	1.070	1.070	1.069	1.068	1.068	1.067	1.067
0.880	1.066	1.065	1.065	1.064	1.064	1.063	1.062	1.062	1.061	1.061
0.890	1.060	1.059	1.059	1.058	1.058	1.057	1.056	1.056	1.055	1.055
0.900	1.054	1.054	1.053	1.052	1.052	1.051	1.051	1.050	1.049	1.049
0.910	1.048	1.048	1.047	1.047	1.046	1.045	1.045	1.044	1.044	1.043
0.920	1.043	1.042	1.041	1.041	1.040	1.040	1.039	1.039	1.038	1.038
0.930	1.037	1.036	1.036	1.035	1.035	1.034	1.034	1.033	1.033	1.032
0.940	10.31	1.031	1.030	1.030	1.029	1.029	1.028	1.028	1.027	1.027
0.950	1.026	1.025	1.025	1.024	1.024	1.023	1.023	1.022	1.022	1.021
0.960	1.021	1.020	1.020	1.019	1.019	1.018	1.017	1.017	1.016	1.061
0.970	1.015	1.015	1.014	1.014	1.013	1.013	1.012	1.012	1.011	1.011
0.980	1.010	1.010	1.009	1.009	1.008	1.008	1.007	1.007	1.006	1.006
0.990	1.005	1.005	1.004	1.004	1.003	1.003	1.002	1.002	1.001	1.001

表 36.9 流动温度校正因子表

$$F_T=\sqrt{\frac{520}{T_f}}$$

观察温度(°F)	0	1	2	3	4	5	6	7	8	9
0	1.063	1.062	1.061	1.060	1.059	1.057	1.056	1.055	1.054	1.053
10	1.052	1.051	1.050	1.049	1.047	1.046	1.045	1.044	1.043	1.042
20	1.041	1.040	1.039	1.038	1.037	1.035	1.034	1.033	1.032	1.031
30	1.030	1.029	1.028	1.027	1.026	1.025	1.024	1.023	1.022	1.021
40	1.020	1.019	1.018	1.017	1.016	1.015	1.014	1.013	1.012	1.011
50	1.010	1.009	1.008	1.007	1.006	1.005	1.004	1.003	1.002	1.001
60	1.000	0.9990	0.9981	0.9971	0.9962	0.9952	0.9943	0.9933	0.9924	0.9915
70	0.9905	0.9896	0.9887	0.9877	0.9868	0.9859	0.9850	0.9840	0.9831	0.9822
80	0.9813	0.9804	0.9795	0.9786	0.9777	0.9768	0.9759	0.9750	0.9741	0.9732
90	0.9723	0.9715	0.9706	0.9697	0.9688	0.9680	0.9671	0.9662	0.9653	0.9645
100	0.9636	0.9628	0.9619	0.9610	0.9602	0.9594	0.9585	0.9577	0.9568	0.9560
110	0.9551	0.9543	0.9535	0.9526	0.9518	0.9510	0.9501	0.9493	0.9485	0.9477
120	0.9469	0.9460	0.9452	0.9444	0.9436	0.9428	0.9420	0.9412	0.9404	0.9396
130	0.9388	0.9380	0.9372	0.9364	0.9356	0.9349	0.9341	0.9333	0.9325	0.9317
140	0.9309	0.9302	0.9294	0.9286	0.9279	0.9271	0.9263	0.9256	0.9248	0.9240
150	0.9233	0.9225	0.9217	0.9210	0.9202	0.9195	0.9187	0.9180	0.9173	0.9165
160	0.9158	0.9150	0.9143	0.9135	0.9128	0.9121	0.9112	0.9106	0.9099	0.9092
170	0.9085	0.9077	0.9069	0.9063	0.9055	0.9048	0.9042	0.9035	0.9028	0.9020
180	0.9014	0.9007	0.9000	0.8992	0.8985	0.8979	0.8972	0.8965	0.8958	0.8951
190	0.8944	0.8937	0.8931	0.8923	0.8916	0.8910	0.8903	0.8896	0.8889	0.8882
200	0.8876	0.8870	0.8863	0.8856	0.8849	0.8843	0.8836	0.8830	0.8823	0.8816
210	0.8810	0.8803	0.8797	0.8790	0.8784	0.8777	0.8770	0.8764	0.8758	0.8751
220	0.8745	0.8738	0.8732	0.8725	0.8719	0.8713	0.8706	0.8700	0.8694	0.8687
230	0.8681	0.8675	0.8668	0.8662	0.8656	0.8650	0.8644	0.8637	0.8631	0.8625
240	0.8619	0.8613	0.8606	0.8600	0.8594	0.8588	0.8582	0.8576	0.8570	0.8564

校正气体压缩性影响的超压缩系数，可以用下式由压缩系数计算：

$$F_{PV}=\sqrt{\frac{1}{Z}} \tag{13}$$

式中 Z——量气点的压力 p_s 和温度 T_f 条件下气体的压缩系数。

估算气体压缩系数的方法在第 23 章中介绍过。

九、井下压力的计算

1. 产出流体的相对密度

对一口气井来说，不论是计算井底关井压力还是流动压力都需要知道井筒内流体的相对密度在一口凝析气井情况下，对分离器的气体相对密度和贮罐中液体的相对密度都要进行计量，并且一般还需要计算井筒内流动流体的相对密度值。介于分离器和贮罐之间的液体的体积收缩一般是不知道的，并且显然可以忽略不计。计算井中流动流体相对密度 γ_{ff} 的方程如下:

$$\gamma_{ff}=\frac{R_{gL}\gamma_{g}+4603\gamma_{L}}{R_{gL}+V_{L}} \tag{14a}$$

式中 R_{gL}——气对烃类液体的比值，英尺³／桶；

γ_L——烃类液体以水为准的相对密度；

V_L——相当于 1 桶（60°F）烃类液体的蒸气体积。

相对密度和烃类液体的近似蒸气体积，可以由 API 重度用下式算出:

$$\gamma_{L}=\frac{141.5}{131.5+\gamma_{\mathrm{API}}} \tag{14b}$$

和

$$V_{L}=369+5\gamma_{\mathrm{API}}+0.04\ (\gamma_{\mathrm{API}})^{2} \tag{14c}$$

式中 γ_{API}——地面原油的 API 重度。方程（14a）和（14c）是由 Smith[12] 推导出来的。

2. 计算井底压力的方程

产气井井底砂层部位的，或是油管进口处的压力，不管是关井的还是流动状态的，都可以用井下压力计测量或是由井口压力算出。然而，在气井情况下大部分井底压力都是用方程计算出来的。Cullender 和 Smith 二人[13] 所推出的方程是目前已有的最有用和最可靠的方程，在某些气田中采用这些方程的有堪萨斯联合管委会，州际石油协约管委会，新墨西哥节约管委会以及得克萨斯铁路管委会。这些方程最近已作了修正[12]，以便可以使用带程序的计算机和小型计算器进行计算。

经过修正的气井流动方程具有以下形式:

$$\frac{1000\gamma_{gL}}{53.356}=\int_{p_2}^{p_1}\frac{\left(p/Tz-2.082\dfrac{\gamma_{g}q_{g}^{2}}{d_{i}^{4}p}\right)\mathrm{d}p}{F^{2}+\dfrac{H}{L}\dfrac{(p/Tz)^{2}}{1000}} \tag{15}$$

式中 L——和 H 值相应的井下产气管柱长度，英尺；

H——井内管柱垂直深度，英尺；

q_g——产气量 14.65 磅／英寸²（绝对），10^6 标准英尺³／日。

$$F^{2}=\frac{2.6665fq_{g}^{2}}{d_{i}^{5}}=(F_{r}q_{g})^{2} \tag{16a}$$

和 $$\sqrt{\frac{1}{f}}=\frac{4\log 7.4r_i}{K} \tag{16b}$$

式中 f——摩擦系数（摩擦因子）;

r_i——管子内径，英寸;

K——绝对粗糙特征值＝0.0006 英寸;

r/K——相对粗糙度。

欲知方程（15），（16a）和（16b）的背景可参看参考文献〔12〕。方程（15）右侧分子的第二项代表的是动能，以前因为用人工手算把它假设为零。虽然在大多数情况下，动能这一项可以忽略不计而不会造成明显误差，但是在使用带程序的计算机和计算器时却不需要这样做。应用方程（15）的假设条件是，流动完全是湍流状态，摩擦系数 f 为一常数，气体在基准压力和温度条件下〔14.65 磅／英寸^2（绝对）和 60°F〕的压缩系数为 1.000，此外只有单一的气相在流动。

方程（15）有一个微妙的但很重要的概念是，在井口部位的 H/L 这一项中，H 和 L 都是零。对于一口垂直的井，$H=L$，而且

$$H/L=\lim_{H和L\to 0}(H/L)=1.000$$

对于一口斜井而言，H 小于 L，对一条水平管线而言，$H=0$，因而在方程（15）中气柱的压头这一项就取消了。为了弄清 H 和 L 这两项在代数方面的惯用准则，可以参看参考文献〔12〕。

在没有对 T 和 Z 值作出假设时，对方程（15）就无法进行数学积分，但是在一定范围内可以用梯形法则进行积分。

如果让:

$$\int_{p_1}^{p_n}\frac{\left[p/Tz-2.082\frac{\gamma_g q_g^2}{d_i^4 p}\right]\mathrm{d}p}{F^2+\frac{H}{L}\frac{(p/Tz)^2}{1000}}=\int_{p_1}^{p_n} I\mathrm{d}p=\frac{1000\gamma_g L}{53.356}$$

$$=1/2\left[(p_2-p_1)(I_2+I_1)+(p_3-p_2)(I_3+I_2)+\cdots+(p_n-p_{n-1})(I_n+I_{n-1})\right] \tag{17}$$

那么就可得到:

$$37.484\gamma_g L=\left[(p_2-p_1)(I_2+I_1)+(p_3-p_2)(I_3+I_2)+\cdots+(p_n-p_{n-1})(I_n+I_{n-1})\right] \tag{18}$$

上式中的 I_1、I_2，$I_3\cdots I_n$ 是和各个压力值相对应的梯形法则分段值。如果我们假设动能这一项为零，或者温度 T 和气体压缩系数都是常数的话，则本书中第三十三章中所给出的方程

表 36.10 各种尺寸产气管的 F_r 值表($k=0.0006$ 英寸)

公称尺寸(英寸)	d_o(英寸)	(磅/英尺)	d_i(英寸)	最小值 N_{Re}	F_f
油管					
1	1.315	1.80	1.049	139000	0.09505
1 1/4	1.660	2.40	1.380	189000	0.04643
1 1/2	1.990	2.75	1.610	224000	0.03105
2	2.375	4.70	1.995	284000	0.01776
2 1/2	2.875	6.50	2.441	355000	0.01050
3	3.500	9.30	2.992	445000	0.006180
3 1/2	4.000	11.00	3.476	525000	0.004184
4	4.500	12.70	3.958	605000	0.002985
4 1/2	4.750	16.25	4.082	626000	0.002755
	4.750	18.00	4.000	612000	0.002905
4 3/4	5.000	18.00	4.276	659000	0.002442
	5.000	21.00	4.154	638000	0.002633

公称尺寸(英寸)	d_o(英寸)	(磅/英尺)	d_i(英寸)	最小值 N_{Re}	F_r	公称尺寸(英寸)	d_o(英寸)	(磅/英尺)	d_i(英寸)	最小值 N_{Re}	F_r
套管	5.000	13.00	4.494	696000	0.02146	套管	7.625	45.00	6.445	1033000	0.0008417
	5.000	15.00	4.408	681000	0.002257		8.000	26.00	7.386	1199000	0.0005911
	5.500	14.00	5.012	784000	0.001617	7 5/8	8.125	28.00	7.485	1216000	0.0005710
5 3/16							8.125	32.00	7.385	1199000	0.0005913
	5.500	15.00	4.976	778000	0.001647		8.125	35.50	7.285	1181000	0.0006126
	5.500	15.50	4.950	773000	0.001670						
	5.500	17.00	4.892	764000	0.001722		8.125	39.50	7.185	1163000	0.0006349
	5.500	20.00	4.778	744000	0.001830	8 1/4	8.625	17.50	8.249	1353000	0.0004438
	5.500	23.00	4.670	726000	0.001942		8.625	20.00	8.191	1342000	0.0004520
							8.625	24.00	8.097	1326000	0.0004658
	5.500	25.00	4.580	710000	0.002043		8.625	28.00	8.003	1309000	0.0004801
	6.000	15.00	5.524	872000	0.001256						
$5\frac{5}{8}$	6.000	17.00	5.450	860000	0.001301		8.625	32.00	7.907	1292000	0.0004953
	6.000	20.00	5.352	943000	0.001363		8.625	36.00	7.825	1277000	0.0005089
	6.000	23.00	5.240	823000	0.001440		8.625	38.00	7.775	1268000	0.0005174
							8.625	43.00	7.651	1246000	0.0005394
	6.000	26.00	5.140	806000	0.001514						
	6.625	20.00	6.049	964000	0.0009922	8 5/8	9.000	34.00	8.290	1360000	0.0004382
6 1/4	6.625	22.00	5.989	953000	0.001018		9.000	38.00	8.196	1343000	0.0004513
	6.625	24.00	5.921	941000	0.001049		9.000	40.00	8.150	1335000	0.0004579
	6.625	26.00	5.855	930000	0.001080		9.000	45.00	8.032	1314000	0.0004756
	6.625	28.00	5.791	919000	0.001111	9	9.625	36.00	8.921	1473000	0.0003623
	6.625	31.80	5.675	899000	0.001171		9.625	40.00	8.835	1458000	0.0003715
	6.625	34.00	5.595	885000	0.001215		9.625	43.50	8.755	1444000	0.0003804
	7.000	20.00	6.456	1035000	0.0008380		9.625	47.00	8.681	1430000	0.0003888
6 5/8	7.000	22.00	6.398	1025000	0.0008579		9.625	53.50	8.535	1404000	0.0004063
	7.000	23.00	6.366	1019000	0.0008691		9.625	58.00	8.435	1386000	0.0004189
	7.000	24.00	6.336	1014000	0.0008798						
	7.000	26.00	6.276	1003000	0.0009018	9 5/8	10.000	33.00	9.384	1557000	0.0003178
	7.000	28.00	6.214	992000	0.0009253		10.000	55.50	8.908	1471000	0.0003637
	7.000	30.00	6.154	982000	0.0009489		10.000	61.20	8.790	1450000	0.0003764
	7.000	40.00	5.836	926000	0.001089	10	10.750	32.75	10.192	1704000	0.0002566
7 1/4	7.626	26.40	6.969	1125000	0.0006872		10.750	35.75	10.136	1694000	0.0002602
	7.625	29.70	6.875	1108000	0.0007119		10.750	40.00	10.050	1678000	0.0002660
	7.625	33.70	6.765	1089000	0.0007423		10.750	45.50	9.950	1660000	0.0002730
	7.625	38.70	6.625	1064000	0.0007837		10.750	48.00	9.902	1651000	0.0002765
							10.750	54.00	9.784	1630000	0.0002852

表 36.11　各种尺寸环形空间 F_r 值表($k=0.001$ 英寸)

套管内径(英寸)	油管外径(英寸)							
	1.900	2.375	2.875	3.500	4.000	4.500	4.750	5.000
4.154	0.005082	0.006901	0.01093					
4.276	0.004576	0.006087	0.009268					
4.408	0.004107	0.005356	0.007867					
4.494	0.003838	0.004948	0.007119					
4.580	0.003593	0.004583	0.006473	0.01250				
4.670	0.003361	0.004242	0.005886	0.01086				
4.778	0.003109	0.003880	0.005281	0.009289				
4.892	0.002872	0.003544	0.004738	0.007980				
4.950	0.002761	0.003390	0.004492	0.007419				
4.976	0.002713	0.003324	0.004389	0.007187				
5.012	0.002649	0.003235	0.004251	0.006883	0.01245			
5.140	0.002438	0.002946	0.003809	0.005947	0.01012			
5.240	0.002289	0.002746	0.003509	0.005343	0.008738			
5.352	0.002137	0.002545	0.003213	0.004770	0.007506			
5.450	0.002016	0.002385	0.002983	0.004342	0.006634			
5.524	0.001931	0.002274	0.002825	0.004055	0.006074	0.01098		
5.595	0.001854	0.002175	0.002684	0.003806	0.005601	0.009783		
5.675	0.001773	0.002070	0.002538	0.003552	0.005133	0.008658		
5.791	0.001663	0.001930	0.002346	0.003226	0.004552	0.007351	0.01017	
5.836	0.001623	0.001880	0.002277	0.003111	0.004354	0.006924	0.009455	
5.855	0.001607	0.001859	0.02249	0.003065	0.004274	0.006755	0.009176	
5.921	0.001551	0.001790	0.0022155	0.002911	0.004012	0.006215	0.008301	
5.989	0.001497	0.001722	0.002064	0.002764	0.003768	0.005726	0.007528	
6.049	0.001452	0.001665	0.001988	0.002643	0.003570	0.005341	0.006935	0.009582
6.154	0.001376	0.001572	0.001865	0.002450	0.003260	0.004757	0.006057	0.008132
6.214	0.001336	0.001522	0.001799	0.002349	0.003100	0.004466	0.005630	0.007451
6.276	0.001296	0.001472	0.001735	0.002251	0.002947	0.004193	0.005235	0.006837
6.336	0.001259	0.001427	0.001676	0.002161	0.002810	0.003952	0.004892	0.006313
6.366	0.001241	0.001405	0.001647	0.002119	0.002745	0.003839	0.004734	0.006074
6.398	0.001222	0.001382	0.001618	0.002074	0.002678	0.003724	0.004573	0.005835
6.445	0.001195	0.001349	0.001576	0.002012	0.002584	0.003565	0.004352	0.005508
6.456	0.001189	0.001342	0.001566	0.001998	0.002563	0.003529	0.004302	0.005436
6.625	0.001099	0.001234	0.001429	0.001796	0.002266	0.003041	0.003639	0.004486
6.765	0.001032	0.001153	0.001327	0.001651	0.002057	0.002710	0.003201	0.003879
6.875	0.0009830	0.001095	0.001255	0.001549	0.001912	0.002486	0.002910	0.003486
6.969	0.0009439	0.001049	0.001198	0.001469	0.001800	0.002316	0.002692	0.003196
7.185	0.0008619	0.0009524	0.001079	0.001306	0.001577	0.001987	0.002276	0.002655
7.285	0.0008273	0.0009120	0.001030	0.001240	0.001487	0.001857	0.002116	0.002450
7.385	0.0007946	0.0008739	0.0009839	0.001178	0.001405	0.001740	0.001972	0.002268
7.386	0.0007943	0.0008736	0.0009834	0.001177	0.001404	0.001739	0.001970	0.002266

就可以推导出来。但无论如何，在以下所举的数学实例中可以把方程（15）到（18）应用起来。

关于应用方程（16a），（16b），（17）和（18）对井底流压和静压进行详细的计算，在列题 3 中（原书第 33—18 页）说明。为了应用这些方程，必须为不同产气管柱确定出 F_r 的数值。这一数值可用好几种关系式算出，在表 36.10 和表 36.11 中的数值是应用 Smith[12] 所发表的方法求得的。

当一口气井内所下入的油管不带封隔器时，为了计算井底压力，最好的方法是根据所量得的静气压柱的井口压力，通过静压柱的方程来计算井底流压。如果井内下有封隔器，那就需要通过流动气柱方程来计算井底流压。

计算或者计量井底压力的井下深度在实际作业中取决于井下装备。当井内未下油管或者下入不带封隔器的油管时，适当的测压深度是生产层的中点到井口的距离。如果井内下有封隔器，只要油管口距生产层中点的距离不超过 100 英尺，则可把测压点定在油管口。否则，就需要进行适当的校正以求得生产层中点的压力。

在叙述详细的计算方法以前，先解释一下在表 36.12 和 36.13 中所用的计算程序是有益的。由于近年来计算设备的进步，或者更现实地说，计算费用的大量降低，一般的工程师至少能使用一台手持的带程序的计算器，甚至可以使用一台微型计算机。因而，过去常强调的通过一些有关压力、温度和压缩系数的假设来把方程加以简化，现在则无需这样做了。现在这些 F_r 因子和压缩系数 Z 之类都经常加入运算的子程序，它们的结果永远不会和计算人员见面。在此情况下，表 36.10 和 36.11 就显得过于繁琐。在表 36.12 和 36.13 中所列出的压缩系数都是用 Hall 和 Yarborough[14] 以及 Yarborough 和 Hall[15] 等人所发表的状态方程计算出来的。从表 36.10 一直到表 36.13 中的计算结果都对位数进行了简略，但有关简略的准则却随不同的计算设备而异。用来求解方程（15），（17）和（18）的算法好象对各种情况通用，但工作人员可能希望设计他们自己的算法。

表 36.12　井底流压计算表(应用方程，(15)，(16a)，(16b))

公司________ 矿区________ 井号 B 试井日期________

γ_g 0.615　%CO_2 2.5　%N_2 —　p_{pc} 679　T_{pc} 361　所用方程 15,16a，16b

q_g 11.299　H 10.658　L 10490 / 10658　d_t 2.441 / 1.995　温度梯度 $5°F/1000ft$

H	L	d_i	p_n	T	Z	I_n	Δp	$(\Delta p)\times(I_n+I_{n-1})$	$\sum(\Delta p)\times(I_n+I_{n-1})$	$37.484\times\gamma_g L$	行号
0	0	2.441	3913.0	117	0.8776	104.719	0	—	—	0	1
1000	1000	2.441	4023.1	122	0.8894	104.346	110.1	23018	23018	23053	2
1000	1000	2.441	4023.3	122	0.8894	104.343	110.3	23059	23059	—	3
2000	2000	2.441	4134.0	127	0.9012	103.992	110.7	23063	46121	46105	4
3000	3000	2.441	4245.0	132	0.9129	103.659	111.0	23049	69170	69158	5
4000	4000	2.441	4356.3	137	0.9244	103.337	111.3	23039	92209	92211	6
5000	5000	2.441	4468.0	142	0.9359	103.036	111.7	23052	115261	115263	7
6000	6000	2.441	4580.0	147	0.9472	102.743	112.0	23047	138308	138316	8
7000	7000	2.441	4692.3	152	0.9584	102.464	112.3	23045	161352	161369	9
8000	8000	2.441	4805.0	157	0.9695	102.196	112.7	23065	184417	184421	10
9000	9000	2.441	4917.9	165	0.9805	101.943	112.9	23047	207464	207473	11
10000	10000	2.441	5031.1	167	0.9913	101.693	113.2	23052	230516	230526	12
10490	10490	2.441	5086.7	169.5	0.9966	101.583	55.6	11302	241818	241822	13
10490	10490	1.995	5086.7	169.5	0.9966	76.546	0	—	241818	241822	14
10658	10658	1.995	5112.0	170.3	0.9989	76.446	25.3	3871	245689	245695	15

表 36.13 井底关井压力计算表(应用方程式，(15)，(16a)，(16b))

公司______ 矿区______ 井号 B 试井日期______

γ_g 0.615 $\%CO_2$ 2.5 $\%N_2$ — p_{pc} 679 T_{pc} 361 所用方程 15,16a，16b

q_g 0 H 10658 L 10658 d_i N.A. 温度梯度 5°F／1000ft

H	L	d_i	p_n	T	Z	I_n	Δp	$(\Delta p)\times(I_n+I_{n-1})$	$\sum(\Delta p)\times(I_n+I_{n-1})$	$37.484\times\gamma_g L$	行号
0	0	N.A.	4173.0	117	0.8963	123.931	0	—	—	0	1
1000	1000	N.A.	4266.0	122	0.9071	123.753	93.0	23036	23036	23053	2
1000	1000	N.A.	4266.1	122	0.9071	123.751	93.1	23059	23059	—	3
2000	2000	N.A.	4359.3	127	0.9177	123.573	93.2	23051	46110	46105	4
3000	3000	N.A.	4452.6	132	0.9282	123.410	93.3	23043	69153	69158	5
4000	4000	N.A.	4546.1	137	0.9385	123.245	93.5	23062	92215	92211	6
5000	5000	N.A.	4639.7	142	0.9486	123.081	93.6	23056	115271	115263	7
6000	6000	N.A.	4733.4	147	0.9586	122.929	93.7	23051	138322	138316	8
7000	7000	N.A.	4827.2	152	0.9685	122.788	93.8	23048	161370	161369	9
8000	8000	N.A.	4921.1	157	0.9782	122.645	93.9	23046	184416	184421	10
9000	9000	N.A.	5015.1	162	0.9877	122.500	94.0	23044	207460	207474	11
10000	10000	N.A.	5109.3	167	0.9971	122.362	94.2	23066	230526	230526	12
10658	10658	N.A.	5171.3	170.3	1.0033	122.286	62.0	15168	245694	245695	13

例题 3 产气井 在表 36.12 中详细地给出了计算 B 井流动井底压力的方法。

B 井的井口流动压力为 3913 磅／英寸^2（绝对），当时的产量为 11.299×10^6 英尺^3／日。油管和套管之间的环形空间下了封隔器并注满泥浆，因而需要通过流动气柱计算 10658 英尺深度的井底流压。气体的性质在表 36.12 中列出。

产气管柱的组成部分有 10490 英尺的 2 $^7/_8$ 英寸外径、6.50 磅／英尺的油管，下接 168 英尺长的 2 $^3/_8$ 英寸外径、4.70 磅／英尺的油管。此外，$H=L$，就是说产气管柱是垂直的。

所要求的压力的计算需要分两步进行，因为在 10490 英尺深度，产气管柱的尺寸发生了变化。计算步骤如下:

第一步。从表 36.10 查得油管的内径并把它们列入表 36.12。

2 $^7/_8$ 英寸外径油管的内径＝2.441 英寸

2 $^3/_8$ 英寸外径油管的内径＝1.995 英寸

第二步。确定本题所要应用的温度梯度。在这一例题中，井口气体的流动温度为 117°F，井底在 10658 英尺处的温度为 170°F。从 $H=0$ 处温度为 117°F 到 $H=10658$ 英尺处温度为 170°F 之间的温度变化假如为直线关系，其温度梯度为每 1000 英尺 5°F。

第三步。在第一行中列入井口数据，这里的 H 和 L 都为零。根据方程（17）中 I 的定义算出 I_1。

从方程（17）得到:

$$I=\frac{\frac{p}{Tz}-2.082\left(\frac{\gamma_g q_g^2}{d_i^4 p}\right)}{F^2+\frac{H}{L}\frac{(p/Tz)^2}{1000}}$$

$$\frac{p}{TZ}=(3913)/(577)(0.8776)=7.72747$$

注意，Z 值是按照参考文献〔14〕和〔15〕中的方法算出的（同时参考第二十三章）。

$$2.082(\gamma_g q_g^2/d_i^4 p)=\frac{2.082(0.615)(11.299)^2}{(2.441)^4(3913)}$$
$$=0.00118$$

$$〔p/TZ-2.082(\gamma_g q_g 2/d_i^4 p)〕=7.72629$$

应用方程（16a）和（16b）可得:

$$F^2=2.6665(q_g)^2/\{(d_i)^5〔4\log(d_i/K)+2.27281〕^2\}$$
$$=2.6665(11.299)^2/\{(2.441)^5\cdot〔4\log(2.441/0.0006)+2.27281〕^2\}$$
$$=340.425/24.200=0.014067。$$

或者，从表 36.10 也得:

$$F^2=(F_r q_g)^2=(0.01050\times 11.299)^2=0.014075$$

以上所得到的 F^2 值以后将用来对比。

$$(p/TZ)^2/1000=(7.7274)^2/1000=0.059714$$

对一口垂直井而言，$H=L$，在井口 H 和 L 都等于 0，因而，

$$H/L=\lim_{H\text{和}L\to 0}(\mathrm{H}/\mathrm{L})=1.000$$

对一口斜井而言，H 小于 L；对一条水平管道而言，$H=0$，在 I 这一项中气柱的压头一项就消失了。

$$F^2+\frac{H}{L}(p/TZ)^2/1000$$

$$= 0.014067 + (1.000)\ (0.059714)$$
$$= 0.073781$$

因而得出:

$$I = (7.72629) / (0.073781) = 104.719$$

如果把从 F_r（从表 36.10 查出）算出的 F^2 值代入上式，则算出的 I 值将变为 104.708，它和 104.719 相比，非常接近。

第四步，应用下式试算深度为 1000 英尺处的 Δp（表中第二行）:

$$\Delta p = \frac{37.484 \times r_g \times L}{2I_1} = \frac{37.484\ (0.615)\ (1.000)}{2\ (104.719)}$$
$$= 110.1 \text{磅} / \text{英寸}^2$$

第五步。完成表 36.12 中第二行中 I_2 的首次试算结果（104.346），当时温度为 122 °F，还算出压力的首次试算结果为 3913.0+110.1＝4023.1 磅／英寸^2（绝对）。在这些条件下，压缩因子 Z 为 0.8894。由下式估算出 Δp 的第二次试算值:

$$\Delta p = \frac{37.484\ (0.615)\ (1000)}{104.719 + 104.346} = 110.3$$

第六步。完成表 36.12 中第三行中 I_2 的第二次试算结果（104.343），此时温度仍为 122 °F，而第二次试算的压力为 3913.0+110.3＝4023.3 磅／英寸^2（绝对）。在这些条件下，压缩系数 Z 值仍为 0.8894。估算出第三次 Δp 的试算值如下:

$$\Delta p_3 = \frac{37.484\ (0.615)\ (1000)}{104.719 + 104.343} = 110.3$$

既然第三次试算的 Δp 值和以前的结果差值小于 0.04 磅／英寸^2，因此通过试误法计算的深度为 1000 英尺处的压力为 3913.0+110.3＝4023.3 磅／英寸^2（绝对）。(注意，第三次试算结果未列入表 36.12)。

第七步。重复进行从第四步到第六步的计算程序，算出深度为 2000 英尺处的压力。在表 36.12 中只列出了最后一步的结果。

在表 36.13 中表明应用方程（15），(16a) 和（16b）计算一口气井井底静压的结果，所用程序与例 1 相同。不同之点在于关井时产量 q_g 为零，因而由于摩擦力而形成的压力损失为零。因此管子内径对计算没有影响。

3. 关于积分井段的长度问题

对于一口中高压力的气井，在表 36.12 和表 36.13 中所用的积分井段长度为 1000 英尺，在流动气井的算例（表 36.12）中，井的产量为 11299×10^3 英尺^3／日，由此得出的井口附近的平均流速为 14.7 英尺／秒。此外，在井口条件下气体的压缩系数 Z 值在 Z 和压力的相关曲线上正处于 Z 和压力的关系非常接近直线那一部分。在这样低的速度而且 Z 值和压力的变化接近线性关系的情况下，采用 1000 英尺的积分井段长度是足够的。同样，在低压情况下，如果 Z 值还是和压力接近线性关系，而且流速低，积分井段长度可以扩大到 3000 英尺，也不会引起不合理的误差。但是，即使在使用一般的计算设备条件下，也没有必要把积分井段长度扩大到 1000 英尺以上。

十、在生产中回压试井的应用

正确执行的回压试井对于预测进入输气管道的供气能量以及产量调整研究是有用的。为了达到上述目的，对于从高渗透率气藏生产的气井如 B 井（见图 36.5）而言，不管是采用多点或是等时试井法都是合适的。当产气井是从低渗透率气藏生产，象 A 井（见图 36.7）那样时，为了能够准确地分析生产问题，则有必要进行等时试井方法。虽然多点试井方法也可以应用，但是分析工作却要困难得多。

井底的产状表现一口气井从气藏内向井筒内供气的能力，它有助于对气藏问题进行分析。井口的产状曲线则表现的是这口井对输气管道的供气能力，它有助于研究设备和输气调整问题。一般情况下，应用井口回压试井的资料就能完成生产问题的分析工作。

十一、有关产气量问题

为了估计一口气井在一个相当稳定的压力下对输气管道所能提供的稳定产量，既需要有试井资料，还需要对这口井的生产特征有一般性的了解。举例而言，我们需要估计 A 井（见图 36.7）给操作压力为一定值的输气管道供气的能力，以便使（$p_{ts}^2-p_{tf}^2$）值等于 20×10^3。从关井条件开始，供气能力将分别为 6950，6000，5150 和 4730×10^3 英尺^3／日。从文本中的资料查得在 72 小时的产量为 3340×10^3 英尺^3／日。稳定产量将为 2000 到 2400×10^3 英尺^3／日。尽管在文献中发表了估算稳定产气量的理论方法，但却需要比已有的更多一些的有关这口井的资料。

B 井（见图 36.5）在保持良好的条件下，当（$p_{ts}^2-p_{tf}^2$）$=500$ 时，将能向输气管道供气约为 4300×10^3 英尺^3／日。实际上，B 井在生产过程中它的产状不断改善，产量将会增加。B 井的产状没有随生产时间衰减。

在一定的输气管道条件下，要想估计一口特定井的稳定产量，必须具备有关井的产状一般知识和有关这口特定井产状特征的特殊状况。估计结果的可靠性在很大程度上取决于有多少可供研究的正确试井资料。

十二、气井产状衰减的原因

导致气井产状衰减的主要原因有水合物，液体，井壁塌陷，井内积盐，装备漏失，外来杂物堵塞以及产层污染等等。上述各种原因的任何一种或多种的综合结果都会带来生产能力的损失和收入的减少。要想确定产状衰减的原因并作出修理措施的建议，就需要知道这口特定井的产状历史。

图 36.8 所示 A 井的试井结果提供了这口井从进行多点试井时间（1947 年 6 月 17 日）

到进行等时试井的时间（1951 年 12 月 17 日）这一阶段的产状历史。从多点试井第一个点的产状（$q_g=4928\times10^3$ 英尺^3／日）看出它和等时试井结果相同。这就可以作出结论说 A 井产状保持 $4\ ^1/_2$ 年没有变化。在这一阶段没有发生对井伤害的情况。从图 36.5 所示 B 井在一段时间内的资料也可作出类似的结论。

制定经常性的试井计划对于设计修井措施是重要的。

1. 关于水合物的问题

在产气管柱中或气藏内部形成水合物会使一口气井停产。据本文著者所知，除了让气藏本身的热量来把水合物融化而外，还没有什么修井方法解除产层内部水合物。可以采用井下节流器向管柱内注入酒精或乙二醇这一类的化学剂，或是在井底安装加热装置，防止在产气管柱内形成水合物。为了在一定程度上缓解井下管柱的水合物聚积，可以减少管柱中的障碍，在地面使用适当尺寸的阀门，消除地面管线的死弯，在地面管线安装适当的节流器等等。解救的措施则包括使用化学剂降低水合物形成的温度，或者把流动气体的温度保持在水合物形成温度以上。对井下产气管柱加热所采取的办法一般是在井内油管周围循环热油。但是必须强调说明，在低温度的井内常容易把水合物和液体造成的麻烦混淆起来，在建议对井采取防止水合物形成措施以前，必须首先对井下气流温度进行仔细的研究。

2. 井下液体问题

很多产气井的生产困难是由于井筒内液体积聚造成的。液体的麻烦可能是由于烃类液体(凝析油和原油)，盐水或卤水从产层进入井筒，或是其他来源的卤水或淡小通过套管漏缝进入井筒而造成的。有的时候，可以通过封堵作业消除地层出水或出油。井下积聚的液体可以通过适当的油管设计，虹吸管柱（使用带有喷射孔或气举阀的油管）以及采用活塞气举方法来排除。周期性地用高产量放喷。把气体排入管道，也可以解除液体造成的麻烦。

为了解决产水造成的麻烦必须确定水的来源。这可以通过水分析来完成。如果分析结果肯定水是由产层本身出来的，则可以适用封堵作业堵水或是选用其他各种措施排水。如果由其他地层产出盐水或是大量产出淡水，这就说明需要修补套管漏洞。但是在产气井的出气管柱中常会凝聚少量的淡水。不要把这种自然的淡水发生现象同其他来源产出淡水的问题混为一谈。

3. 井下塌陷问题

在裸井完井情况下，井下页岩和地层碎块的塌陷常会造成很多困难。在井内未下入油管的情况下，是否产生了塌陷问题，通过对比测量井深和钻井深度可以很容易解决。解救的办法可以采用清除井底，在裸井内安装筛管，如果地层是酸溶性的，还可以用酸洗的办法解决。

在美国海湾地区很多井常遇到不胶结砂层的麻烦。除了对生产设备造成严重伤害而外，井内出砂还会对井的产状造成损害。补救的办法包括有：清除井底，安装特制筛管，或者采取地层胶结措施。

4. 井下积盐问题

在气井的产气管或井筒内可能沉积各种盐类（氯化钠或其他化合物）。对于氯化钠或水溶性的盐类常可通过水洗或弱酸冲洗的方法解决。有时需要用干净的管子更换产气管。采用煤油冲洗的方法可以清除产气管内积聚的重质原油（不是盐类)，或是在有限的程度上清除井底砂面所积聚的重油。

5. 套管和油管有漏洞

套管有漏洞常会使气体窜入其他地层，但有时在低压地区水会通过漏洞进入井筒。气体窜入其他地层会造成浪费。套管的漏洞会造成井的产状衰减，其衰减程度取决于与产能相比漏洞的大小。要做到可靠的判断，一般可以通过井下温度测量或者由某些服务公司提供的特种技术来解决。

在没有封隔器的情况下，油管的漏洞会使油管失去它的作用。如果漏洞很大，则排除液体就很困难。小的漏洞常是由于腐蚀形成的。在一些装有环形空间封隔器的井中，油管的漏洞可能使套管压力升高到危险的程度。

6. 外来杂物问题

在一口产气井完成后可能在产气管柱中留有各种外来杂物，如抽汲器的橡胶部件、螺栓帽或金属碎片等等。必须从产气管柱中排除这类杂物，因为它们可能严重地影响井的供气能力。从井口节流器的上游一端清除出一些杂物是常见的事情。

十三、修井作业实例

图 36.9 表明产水和安装油管对美国得克萨斯州 Hugoton 气田一口 C 井产状的影响。

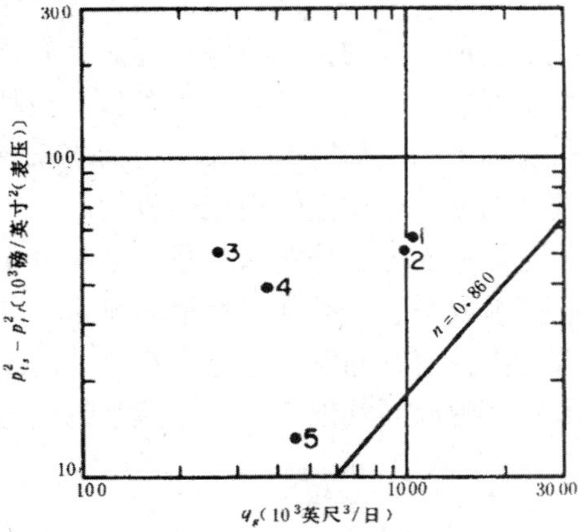

图 36.9　下入油管对 C 井产状影响；点 1—4 表示下油管前，点 5 表示下油管后

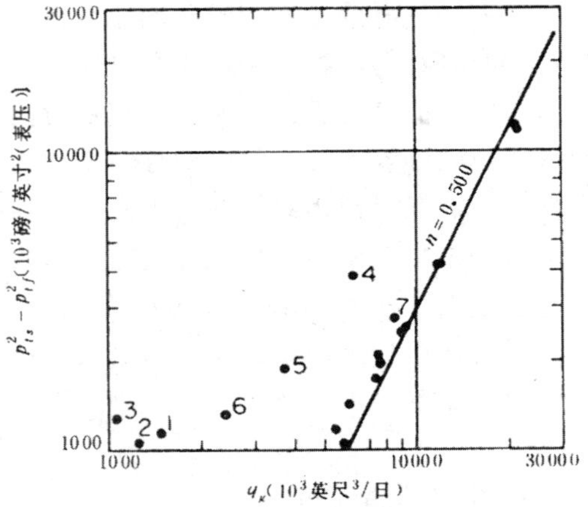

图 36.10　油管内卡堵对 D 井产状影响；点 1—6 表示解堵前，点 7 表示解堵后

图中曲线（$n=0.860$）表现的是在刚完井后进行的 3 小时等时试井的结果。图中用数字编号的各点（除 4 号和 5 号点代表刚下入油管前后所测点外）是每年用 72 小时等时试井法测出的点。点 1 是刚完井以后测得的，点 2 是在完井后约一年测得的，它们都显示出良好的产状。点 3 和点 4 显示产状恶化，其结果使 C 井只能完成约 30%的定额产量。对 C 井进行研究后发现盐水是造成产状恶化的原因。以后在井内下入直径为 $1\ ^1/_4$ 英寸的油管，在油管底部以上 100 英尺处带有一个 3／32 英寸的喷射孔。这口井以后即通过这一油管柱连续生产。当测得点 5 时，这口井的产状不但得到恢复，而且比最初的状况有所改善，这可以从点 1，点 2 和点 5 相对于 3 小时等时试井曲线的位置看出来。对 C 井作出的结论是，从取得点 1 和点 2（图 36.9）产状资料的时候起，在完井方面就存在轻微的产水问题。进入井筒的水在取得点 3 和点 4 时对井的产状已经造成了严重的损害。在测得点 4 后下入油管使水从井底

排出，并且还导致井壁周围的含水饱和度有所降低。点5的位置说明它所显示的72小时的产状比井的最初状态还好，因为它比点1和点2更接近3小时等时试井曲线。

在图36.10中所举的一个例子说明一口D井的产状受到油管内杂物卡堵的影响。这口井的产状点（图中有编号的和无编号的圆点）是在投产后每月一点测出的。从这口井最初测得的多点试井曲线的位置看出D井是一口产能极高的产气井。由于图中带有编号的一些点子都是长期生产后测出的，因而认为点1、点2和点3三个点子说明在气藏中出现了某种液体堵塞现象。但是，当关井时油管内没有发现液体压力也表现正常。此外，水—气比和凝析油—气比也都正常。这样就认为液体不是产生困难的来源。在测得点4、点5和点6以后，决定把井放喷。在开井很短时间后，从井中喷出抽吸器的胶皮和金属碎片。以后D井的产状变为正常，这可以从图36.10中点7和以后所测得的一些无编号的产状点子的位置看出来。

为了节省篇幅，不容许对修井措施进行全面的描述。但是希望这些简单的介绍能够表明足够的产状测试对于保持井的产能和设计修井作业的重要意义。

符 号 说 明

C——产状系数；

d_i——内径，英寸；

f——摩擦系数（摩擦因子）；

F——方程（16a）中的代表项；

F_g——相对密度校正因子；

F_{nD}——非达西流动因子；

F_p——临界流量计的基准孔板因子，10^3英尺^3／日（压力为14.65磅／英寸^2（绝对），温度为60°F相对密度＝1.000)；

F_{PV}——超压缩性校正因子；

F_r——方程（16a）所定义的因子；

F_T——流动温度校正因子；

h_m——水银柱高度（压力计读数），英寸；

h_w——水柱高度（压力计读数），英寸；

H——井的垂直深度，英尺（在未下油管的井中，H为产层中部的垂直深度；在下了油管的井中，H为油管入口的垂直深度）；

I——方程（17）中的代表项；

K——绝对粗糙特征值，英寸；

L——与H值相应的井内管柱的长度，英尺；

h——回压方程的指数值或回压曲线的斜率；

p——压力，磅／英寸^2（绝对）；

p_i——在皮托管上显示的冲击压力，磅／英寸^2（表压）；

p_e——在皮托管上显示的冲击压力，磅／英寸^2（绝对）；

p_{pe}——拟临界压力，磅／英寸^2（绝对）；

$\bar{p}_R$——在垂直井深为H处的平均气藏压力；

p_s——临界流量计的静压，磅／英寸^2（绝对）；

p_{tf}——在井内有流动气柱时的井口流压，磅／英寸^2（绝对）；

p_{ts}——井口关井压力，磅／英寸^2（绝对）；

p_{wf}——井筒内在垂直深度H处的井底流压，磅／英寸^2（绝对）；

q_g——流量，10^3英尺^3／日或10^6英尺^3／日（14.65磅／英寸^2（绝对）及60°F）；

r_i——管子内半径，英寸；

R_{gL}——气体与烃类液体的比，英尺^3／桶；

T——温度，°F+460；

T_f——流动气体的温度，°F+460；

T_{pc}——拟临界温度，°F+460；

T_R——气藏温度；

V_L——相当于1桶（60°F）液态烃的蒸气体积，英尺^3／桶；

Z——气体压缩系数；

Δ——两个值的差值；

γ_g——分离器气体的比重或计量气体的相对密度空气为1.000；

γ_{ff}——流动流体的相对密度，空气为1.000；

γ_L——以水为准的烃类液体的相对密度。

用国际米制单位表示的主要方程

$$q_g = 0.1533 d_i^2 p_1 \tag{4}$$

$$\gamma_{ff} = \frac{R_{gL}\gamma_g + 819.8\gamma_L}{R_{gL} + V_L} \tag{14a}$$

$$\gamma_L = \frac{141.5}{131.5 + \gamma_{API}} \tag{14b}$$

$$V_L = 65.7 + 0.89\gamma_{API} + 0.007\ (\gamma_{API})^2 \tag{14c}$$

$$\frac{1000\gamma_{gL}}{31.509} = \int_{p_2}^{p_1} \frac{\left(\frac{p}{T_z} - 0.091\frac{\gamma_g q_g^2}{d_i^4 p}\right)dp}{F_2 + \frac{H}{L}\frac{(p/T_Z)^2}{1000}} \tag{15}$$

$$F^2 = \frac{5.3280 f q_g^2}{d_i^5} \tag{16a}$$

$$\sqrt{\frac{1}{f}} = 4\log\frac{7.4 r_i}{K} \tag{16b}$$

$$63.473\gamma_g L = [\ (p_2 - p_1)\ (I_2 + I_1)\ +\ (p_3 - p_2)\ (I_3 + I_2)\ + \cdots (p_n - p_{n-1})\ (I_n + I_{n-1})\ ] \tag{18}$$

以上各式中：

q_g 为米^3/日，d_i 为毫米，p 为千帕，V_L 为毫米，L 为米，T 为 °K，H 为米，γ_i 为毫米，K 为毫米。

参 考 文 献

1. Reid, W.: "Open Flow Measurement of Gas Well," *Western Gas* (Nov. 1929) 32.
2. Rawlins, E. L. and Schellhardt, M. A.: "Back-pressure Data on Natural Gas Wells and Their Application to Production Practices," USBM Monograph (1935) Washington, DC.
3. Binckley, C. W.: "Methods of Approximating Open Flow of Gas," *Proc.*, Southwestem Gas Measurement Short Course (1954) 304.
4. Cullender. M. H.: "The Isochronal Performance Method of Determining the Flow Characteristics of

Gas Wells." *J. Pet. Tech.* (Sept. 1955) 137–42; *Trans.*, AIME. 204.

5. Odeh, A. S.: " Pseudosteady–State Flow Equation and Productivity Index for a Well With Noncircular Drainage Area," *J. Pet. Tech.* (Nov. 1978) 1630–32.
6. Ramey, H. J. Jr.: " Non–Darcy Flow and Wellbore Storage Effects in Pressure Build–Up and Drawdown of Gas Wells," *J. Pet. Tech.* (Feb. 1965) 223–33; *Trans.*, AIME. 234.
7. Odeh. A. S., Moreland, E. E., and Schueler, S.: " Characterization of a Gas Well From One Flow–Test Sequence," *J. Pet. Tceh.* (Dec. 1975) 1500–04; *Trans.*, AIME. 259.
8. Smith. R. V.: " Unsteady–State Gas Flow into Gas Wells," *J. Pet. Tech.* (Nov. 1961) 1151–59; *Trans.*, AIME, 222.
9. "Orifice Metering of Natural Gas," *Gas Measurement Committee Report* 3. American Gas Assn.. New York City (April 1955).
10. *Manual of Back Pressure Testing of Gas Wells*. State of Kansas. Topeka (1959).
11. *Manual of Back Pressure Testing of Gas Wells,* Interstate Oil Compact Commission, Oklahoma City (1962).
12. Smith, R. V.: "*Practical Natural Gas Engineering*, Pennwell Publishing Co., Tulsa (1983).
13. Cullender. M. H. and Smith, R. V.: " Practical Solution of Gas–Flow Equations for Wells and Pipelines with Large Temperature Gradients," *J. Pet. Tech.* (Dec. 1956) 281–87; *Trans.*, AIME. 207.
14. Hall, K. R. and Yarborough, L.: "A New Equation of State for Z–Factor Calculations," *Oil and Gas J.* (June 18 1973) 71. No. 25. 82–85.
15. Yarborough, L. and Hall, K. R.: "How to Solve Equation of State for Z–Factors," *Oil and Gas J.* (Feb. 18, 1974) 72. 86–88.

第三十七章　井筒水动力学

A. F. Bertuzzi, Phillips Petroleum Co.
M. J. Fetkovich, Phillips Petroleum Co.
Fred H. Poettmann, Colorado School of Mines
L. K. Thomas, Phillips Petroleum Co.

童宪章　译

一、引　言

在本书中，井筒水动力学定义为采油工程的一个分枝，它所研究的对象是流体（油、气和水）在油管、套管或油、套管环形空间的流动状况。需要考虑的是流体性质、流动状态和井身系统三者之间的关系。特别要指出，本章的目的是为了描述一些解题方法，而这些方法则涉及到如何确定压差、流体流量和管道直径及长度之间的关系。

为了保证本章的内容不超出预定范围，有一些能够方便查得与解决井筒问题有关的资料和数据将不在此赘述。这些未列入的资料包括：(1) 计量方法和 (2) 有关流体性质的全部数据（参看第十六、十九、二十二、二十七各章）。

下面即将陈述的理论将为本章以后各部分相关关系和计算程序的推导提供一个基础。

二、理论基础

1. 流动的流体

各种能量之间的相互关系。关于油管、套管或环形空间中流动流体的能量关系，可以从能量平衡理论获得。在流动状态下的流体携带着能量，而且能量总是由流体传送到它的周围或者从周围传送给流体。流体所携带的能量包括有：(1) 内部能 U；(2) 运动能或动能 $(mv^2/2g_c)$；(3) 位置能（位能 mgZ/g_c）；和 (4) 压力能，pV。在流体和它的周围之间所传送的能量包括有：(1) 吸收或放出的热，Q；和流动流体的或是作用于流体的功，W。

物质守恒定律，也就是热力学第一定律说明，内部能加上动能、位能、再加上压力能的变化总和为零。参看图 37.1，从点 1 到点 2，它们和周围之间，如以上所列举的各项能量变化的平衡关系，可以为一个单位质量的流体写出如下的方程：

$$U_2+\frac{v_2^2}{2g_c}+\frac{g}{g_c}Z_2+p_2V_2=U_1+\frac{v_1^2}{2g_c}+\frac{g}{g_c}Z_1+p_1V_1+Q-W \tag{1}$$

式中　U——内部能；
　　　v——速度；

g_c——换算因子 32.174；

g——重力加速度；

Z——高度差异；

p——压力；

V——比体积；

Q——从周围吸取的热；

W——流动中流体所作的功。

以上的能量平衡方程是以一个单位质量的流动流体作为基础导出的，并且假设在这一系统之中，在点 1 和点 2 之间，不发生有净的物质和能量的积聚现象。

方程（1）也可以写成以下形式：

$$\Delta U+\Delta\frac{v^2}{2g_c}+\frac{g}{g_c}\Delta Z+\Delta(pV)=Q-W \tag{2}$$

因为

$$\Delta U=\int_{S_1}^{S_2}T\mathrm{d}S+\int_{V_1}^{V_2}P(-\mathrm{d}V)$$

而且

$$\int_{S_1}^{S_2}T\mathrm{d}S=Q+E_l$$

式中 T——温度；

S——熵；

E_l——不可逆能量损失；

$$\Delta pV=\int_{V_1}^{V_2}p\mathrm{d}V+\int_{p_1}^{p_2}V\mathrm{d}p$$

方程（2）又可以写作更通俗的形式如下：

$$\int_{p_1}^{p_2}V\mathrm{d}p+\frac{\Delta v^2}{2g_c}+\frac{g}{g_c}\Delta Z=-W-E_l \tag{3}$$

因为在图 37.1 所表示的系统中，流动的流体既未作功也未被加功，在此情况下，W 等于零，因而结果得到以下方程：

$$\int_{p_1}^{p_2} V\mathrm{d}p + \frac{\Delta v_2}{2g_c} + \frac{g}{g_c}\Delta Z = -E_l \tag{4}$$

如果流动是绝热性质的而且流体是不可压缩的，则方程（4）可以简化为下式：

$$\frac{\Delta p}{\rho} + \frac{\Delta(v^2)}{2g_c} + \frac{g}{g_c}\Delta Z = -E_l \tag{5}$$

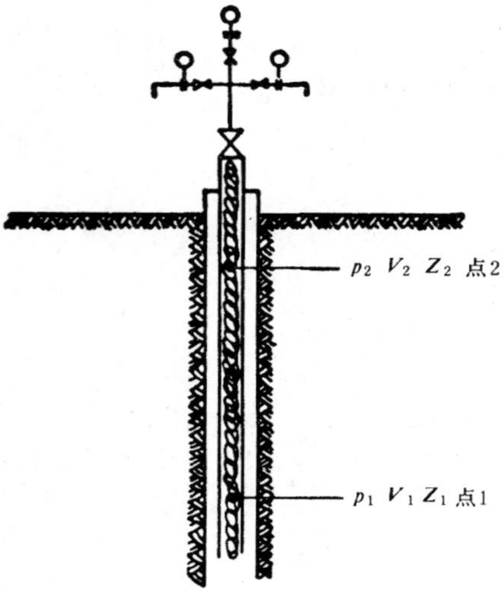

图 37.1　能量平衡关系示意图

式中　ρ——密度。

在方程（5）中，代表能量项的量纲是单位质量流体所带能量，如英尺-磅／磅。在很多的情况下，代表力的一项常被不正确地或代表质量的一项同时被取消了。结果使它的量纲成了一段液柱的长度。由于这种原因，这几项常被称为"压头"，如液柱的英尺数。在很多实用情况下，g/g_c 这一比值基本为 1。虽然在方程（5）中各项有时用流体柱的英尺数表示，但不致发生严重误差。实际上，可以推导出一个非常相似的表达式，其中各项都表现为"压头"的英尺数。

方程（4）和（5）都表现的是能量之间的相互关系。它们为以下各节中的计算方法提供了基础。

不可逆性的能量损失。为了要应用方程（4）和（5），必须知道 E_l 的数值，它代表该系统中不可逆损失项（如摩擦力）。E_l 这一项可表现为下式〔1〕：

$$E_l = \frac{fLv^2}{2g_c d} \tag{6}$$

上式中的 f 一般称作摩擦因子，L 为长度，而 d 则是管子的直径。摩擦因子 f 这一项一般通过试验性的相关关系，用这一系统中的某些物理变量来表示。

对于单相流动状态而言，无量纲的摩擦因子 f 曾经相关为无量纲雷诺数项 $\mathrm{d}v\rho/\mu$，其中的 μ 为粘度。也有人建议应用量纲分析的方法来找出它的关系式。这两种情况的结果如下：

$$f = F_l \frac{(dv\rho)}{\mu} \tag{7}$$

上式中的 F 为雷诺数的函数。

在过去若干年中，曾经为方程（7）作为大量试验数据的相关基础而应用于单相流动。方程（5），（6）和（7）则被应用于多相流动。把管子的表面特性考虑为绝对粗糙度∈（它指的是管壁不平部分峰与谷之间的距离），并用一项无量纲的相对粗糙因子∈ / d 来表示，这一作法对单相流动的经验相关关系改进如下：

$$f=F_2\left[\left(\frac{dv\rho}{\mu}\right)\left(\frac{\in}{d}\right)\right] \tag{8}$$

上式中的 F_2 是雷诺数和相对粗糙度的函数。

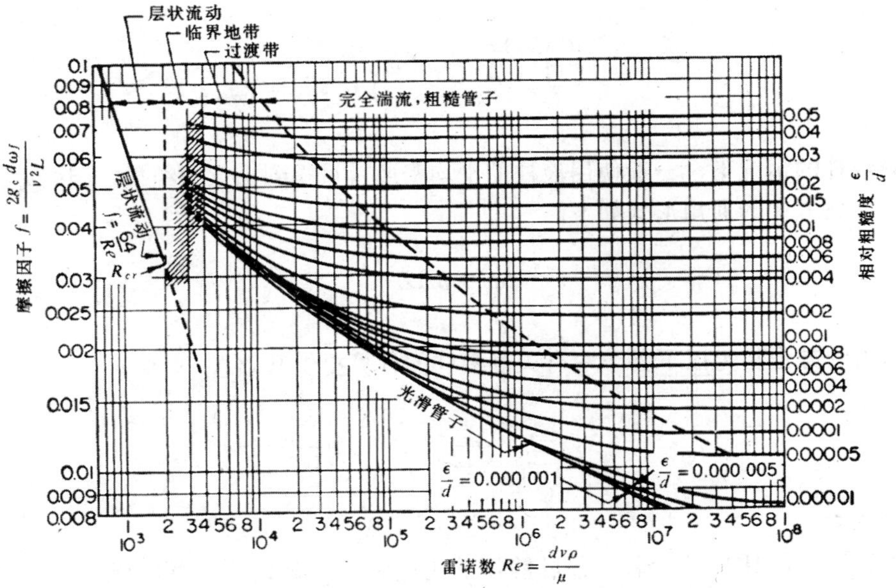

图 37.2　以雷诺数的函数表示的摩擦因子，参变数为相对粗糙度

图 37.2 是用方程（8）〔2〕作出的相关关系曲线图。在某些文献中还可找到类似的图幅，其中把雷诺数的函数绘制为其他形式的摩擦因子。必须小心避免混乱，因为象图(37.2) 中所绘出的各种 f 乘数常使用相同的名称和符号。

在图中，一直延伸到雷诺数为 2000 的层流区域，可用一个直线关系 $f=64/N_{Re}$ 来表示。当雷诺数介于 2000 和 4000 之间时，流动变为不稳定状态。达到 4000 以上时，普遍进入湍流状态，而且当雷诺数再增大时，物理性质的影响就会减弱。事实上，已经证明，当雷诺数变得很大时，摩擦因子就只和相对粗糙程度∈ / d 的大小有关。

以上所论及的有关不可逆能量损失的讨论都是以涉及单相流动的观点为基础的。但是所提出的资料也为后面各节将涉及的单相和多相流动提供了讨论的基础。

2. 静止的液柱

很多有关井筒问题都伴随有静液柱，包括油、水、气或它们的综合体的问题。在带有静液柱的情况下，一般可以应用方程（4），并把它简化如下：

$$\int_{p_1}^{p_2} V\mathrm{d}p + \frac{g}{g_c}\Delta Z = 0 \tag{9}$$

或

$$\int_{p_1}^{p_2} \frac{\mathrm{d}p}{\rho} + \frac{g}{g_c}\Delta Z = 0 \tag{10}$$

这是因为 $v^2/2g_c$ 和 E_l 都等于零。由于 g/g_c 可以假设为 1，因而可得下式:

$$\int_{p_1}^{p_2} \frac{\mathrm{d}p}{\rho} + \Delta Z = 0 \tag{11}$$

在静液柱的情况下，一般使用液柱的平均密度就可得到满意的结果。因而方程（11）就可以表示为更方便的通用形式如下:

$$\Delta p = \rho\Delta Z \tag{12}$$

以上所列出的方程将为以下各节中有关静液柱的计算提供基础。

三、生　产　井

1. 产气井

井底静压（BHP）的计算　井底静压的用处是为了确定产气井的供气能力（通过回压曲线）并且提供气藏信息，用于预测气藏动态和供气能力。在文献〔3–6〕中曾发表过多种计算井底静压的方法。这些方法不同之处主要在于所作的假设。它们都从方程（9）出发，对一个静的流体柱假设 g/g_c 的值为 1，得到下式:

$$\int_{p_1}^{p_2} V\mathrm{d}p + \Delta Z = 0$$

如果柱体是垂直的，则 $\Delta Z = L$，这里 L 是管柱的长度，这时方程(9)则可写为下式:

$$\int_{p_2}^{p_1} V\mathrm{d}p = L \tag{13}$$

如果柱体不是垂直的，与垂直方向有一倾角 θ，则可得下式:

$$\Delta Z = L\cos\theta$$

仍应用 L 值，可把方程（9）变为下式：

$$\int_{p_2}^{p_1} V\mathrm{d}p = L\sin\theta \tag{14}$$

在下面，只考虑垂直的柱体，因而将应用方程（13）。由于存在以下的关系：

$$V = \frac{zRT}{Mp} \tag{15}$$

式中　z——压缩因子；

R——气体常数；

M——分子量。

把以上关系式代入方程（13），则可得到下式：

$$\int_{p_2}^{p_1} \frac{zRT}{M}\frac{\mathrm{d}p}{p} = L \tag{16}$$

对一种特定气体而言，R/M 比值等于 $53.241/\gamma_g$（此处 γ_g 为气体的相对密度，空气为1），它是一个常数。因而方程（16）可以简化为下式：

$$\frac{53.241}{\gamma_g}\int_{p_2}^{p_1} zT\frac{\mathrm{d}p}{p} = L \tag{17}$$

就在这一点上，各种假设有所不同，因而计算程序有所差异。不同的假设与 Z 和 T 值有关。

不管是用哪一种计算程序，必须知道四项“地面”性质参数：产出流体的组成，井的深度，井口压力和井的温度。气体的组成是用来计算气体的拟临界性质 p_{pc} 和 T_{pc} 的，从它们可以估算出计算所需要的压缩系数 Z。在很多的情况下，无法得到气体的组成，必须应用气体的相对密度来估算出拟临界性质参数（图37.3）[4]

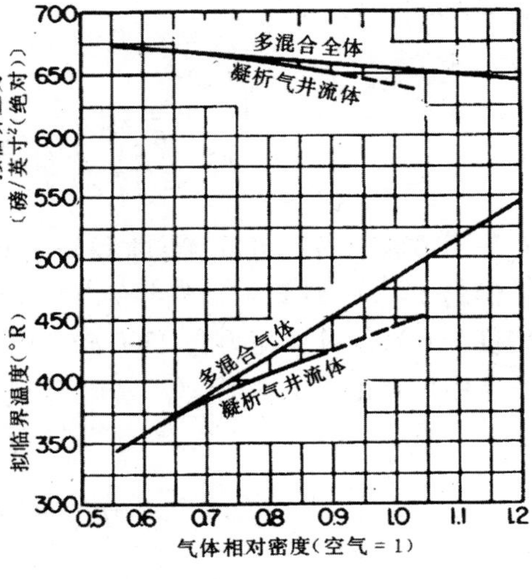

图 37.3　凝析气井流体和混合气体的拟临界性质参数相关关系曲线图

有一种推荐的方法假设一个不变的平均温度 $\overline{T}$ 并且让 Z 值随压力改变。把温度看作常数时，方程（17）就变为下式：

$$\frac{53.241\overline{T}}{\gamma_g}\int_{p_2}^{p_1}\frac{z}{p}\mathrm{d}p = L \tag{18}$$

应用方程（18）的方法是 Fowler〔3〕推荐的。以后 Poettmann〔4〕把下列的函数

$$\int_{0.2}^{p_{pr}}\frac{z}{p_{pr}}\mathrm{d}p_{pr}$$

以 p_{pr} 和 T_{Rr} 作为变数推出数据表而使得方程（18）的解得以实用。这一系列的表格在后面列出为表 37.1。

经过证明可以得出下式：

$$\int_{p_2}^{p_1}\frac{z}{p}\mathrm{d}p = \int_{(p_{pr})_2}^{(p_{pr})_1}\frac{z}{p_{pr}}\mathrm{d}p_{pr} = \int_{0.2}^{(p_{pr})_1}\frac{z}{p_{pr}}\mathrm{d}p_{pr} - \int_{0.2}^{(p_{pr})_2}\frac{z}{p_{pr}}\mathrm{d}p_{pr} \tag{19}$$

这一方法的一个优点在于，它是一种直接计算 BHP 的方法，不需要用试凑的算法。以 p_{pr} 和 T_{pr} 为变数，方程（18）可以变为：

$$L = \frac{53.241\overline{T}}{\gamma_g}\left[\int_{0.2}^{(p_{pr})_1}\frac{z}{p_{pr}}\mathrm{d}p_{pr} - \int_{0.2}^{(p_{pr})_2}\frac{z}{p_{pr}}\mathrm{d}p_{pr}\right] \tag{20}$$

经过整理后得到下式：

$$\int_{0.2}^{(p_{pr})_1}\frac{z}{p_{pr}}\mathrm{d}p_{pr} = \frac{L\gamma_g}{53.241\overline{T}} + \int_{0.2}^{(p_{pr})_2}\frac{z}{p_{pr}}\mathrm{d}p_{pr} \tag{21}$$

应用方程（21）可以直接求得静压 BHP 的解。

例题 1〔4〕 计算一口气井的井底静压（BHP），这口井的井深为 5790 英尺，天然气相对密度为 0.60，井口压力为 2300 磅／英寸^2（绝对），产气管柱的平均温度为 117°F。

从图可查得以下各项：

$$T_{pc} = 358\ ^{\circ}R$$

$$p_{pc} = 672\text{磅／英寸}^2\text{(绝对)}$$

$$T_{pr} = \frac{T}{T_{pc}} = \frac{117+460}{358} = 1.612$$

$$(p_{pr})_2 = \frac{2300}{672} = 3.423$$

表 37.1 $\int_{0.2}^{p_{pr}} \frac{z}{p_{pr}} \mathrm{d}p_{pr}$ 数值表

拟对比压力 p_{pr}	拟对比温度 T_{pr}							拟对比压力 p_{pr}	拟对比温度 T_{pr}						
	1.05	1.10	1.15	1.20	1.25	1.30	1.35		1.40	1.45	1.50	1.60	1.70	1.80	1.90
0.2	0	0	0	0	0	0	0	0.2	0	0	0	0	0	0	0
0.3	0.350	0.350	0.350	0.350	0.350	0.350	0.350	0.3	0.350	0.350	0.350	0.350	0.350	0.350	0.350
0.4	0.615	0.619	0.623	0.626	0.628	0.630	0.632	0.4	0.633	0.634	0.635	0.636	0.637	0.638	0.639
0.5	0.805	0.816	0.826	0.834	0.839	0.844	0.848	0.5	0.851	0.854	0.856	0.860	0.862	0.864	0.866
0.6	0.955	0.971	0.985	0.998	1.011	1.022	1.032	0.6	1.040	1.045	1.048	1.049	1.049	1.050	1.050
0.7	1.078	1.100	1.124	1.145	1.162	1.178	1.190	0.7	1.199	1.203	1.207	1.210	1.211	1.213	1.214
0.8	1.175	1.207	1.239	1.264	1.285	1.300	1.313	0.8	1.322	1.332	1.340	1.347	1.352	1.357	1.359
0.9	1.256	1.300	1.335	1.365	1.386	1.403	1.417	0.9	1.429	1.440	1.450	1.462	1.472	1.480	1.485
1.0	1.327	1.375	1.420	1.455	1.479	1.500	1.415	1.0	1.530	1.541	1.551	1.568	1.580	1.590	1.598
1.1	1.380	1.438	1.435	1.528	1.552	1.573	1.591	1.1	1.606	1.616	1.631	1.653	1.667	1.676	1.684
1.2	1.433	1.500	1.550	1.600	1.625	1.645	1.666	1.2	1.682	1.690	1.710	1.737	1.753	1.761	1.770
1.3	1.463	1.545	1.602	1.657	1.684	1.709	1.731	1.3	1.746	1.758	1.779	1.810	1.828	1.836	1.845
1.4	1.492	1.590	1.654	1.713	1.742	1.772	1.795	1.4	1.810	1.825	1.847	1.882	1.903	1.911	1.920
1.5	1.510	1.620	1.690	1.757	1.791	1.824	1.848	1.5	1.867	1.884	1.906	1.938	1.962	1.973	1.984
1.6	1.527	1.649	1.726	1.800	1.839	1.875	1.900	1.6	1.923	1.943	1.964	1.993	2.021	2.035	2.047
1.7	1.544	1.670	1.754	1.834	1.876	1.917	1.943	1.7	1.969	1.991	2.012	2.043	2.072	2.089	2.102
1.8	1.560	1.690	1.782	1.867	1.913	1.958	1.985	1.8	2.014	2.038	2.060	2.093	2.123	2.142	2.157
1.9	1.575	1.708	1.808	1.896	1.944	1.993	2.022	1.9	2.054	2.079	2.100	2.136	2.165	2.187	2.204
2.0	1.590	1.725	1.833	1.924	1.975	2.027	2.059	2.0	2.093	2.119	2.140	2.178	2.207	2.231	2.250
2.1	1.604	1.743	1.854	1.947	2.003	2.057	2.092	2.1	2.126	2.153	2.176	2.215	2.248	2.272	2.292
2.2	1.617	1.761	1.876	1.971	2.031	2.086	2.125	2.2	2.160	2.187	2.212	2.252	2.288	2.313	2.334
2.3	1.631	1.779	1.897	1.994	2.059	2.116	2.157	2.3	2.193	2.222	2.249	2.288	2.329	2.354	2.375
2.4	1.644	1.797	1.919	2.018	2.087	2.145	2.190	2.4	2.227	2.256	2.285	2.325	2.369	2.395	2.417
2.5	1.658	1.815	1.940	2.041	2.115	2.175	2.223	2.5	2.260	2.290	2.321	2.362	2.410	2.436	2.459
2.6	1.672	1.830	1.958	2.061	2.137	2.198	2.249	2.6	2.288	2.318	2.350	2.392	2.442	2.469	2.492
2.7	1.685	1.845	1.976	2.081	2.159	2.221	2.275	2.7	2.316	2.347	2.379	2.423	2.474	2.502	2.525
2.8	1.699	1.860	1.994	2.101	2.180	2.245	2.302	2.8	2.344	2.375	2.407	2.453	2.506	2.534	2.557
2.9	1.712	1.875	2.012	2.121	2.202	2.268	2.328	2.9	2.372	2.404	2.436	2.484	2.538	2.567	2.590
3.0	1.726	1.890	2.030	2.140	2.224	2.291	2.354	3.0	2.400	2.432	2.465	2.514	2.570	2.600	2.623

续表

拟对比压力 p_{pr}	拟对比温度 T_{pr}							拟对比压力 p_{pr}	拟对比温度 T_{pr}						
	1.05	1.10	1.15	1.20	1.25	1.30	1.35		1.40	1.45	1.50	1.60	1.70	1.80	1.90
3.1	1.740	1.904	2.046	2.157	2.243	2.311	2.376	3.1	2.423	2.455	2.489	2.540	2.597	2.628	2.652
3.2	1.754	1.918	2.062	2.175	2.261	2.331	2.397	3.2	2.446	2.478	2.512	2.565	2.623	2.657	2.681
3.3	1.767	1.932	2.078	2.192	2.280	2.350	2.419	3.3	2.469	2.502	2.536	2.591	2.650	2.685	2.709
3.4	1.781	1.946	2.094	2.210	2.298	2.370	2.440	3.4	2.492	2.525	2.559	2.616	2.676	2.714	2.738
3.5	1.795	1.960	2.110	2.227	2.317	2.390	2.462	3.5	2.515	2.548	2.583	2.642	2.703	2.742	2.767
3.6	1.808	1.974	2.125	2.243	2.333	2.407	2.480	3.6	2.535	2.568	2.603	2.664	2.726	2.766	2.792
3.7	1.822	1.988	2.140	2.259	2.349	2.424	2.498	3.7	2.556	2.588	2.624	2.686	2.748	2.791	2.817
3.8	1.835	2.002	2.155	2.275	2.365	2.440	2.517	3.8	2.567	2.609	2.644	2.708	2.771	2.815	2.843
3.9	1.849	2.016	2.170	2.291	2.381	2.457	2.535	3.9	2.597	2.629	2.665	2.730	2.793	2.840	2.868
4.0	1.862	2.030	2.186	2.306	2.397	2.474	2.553	4.0	2.617	2.649	2.685	2.752	2.816	2.864	2.893
4.1	1.875	2.044	2.201	2.321	2.413	2.490	2.569	4.1	2.634	2.667	2.703	2.771	2.836	2.885	2.915
4.2	1.889	2.058	2.216	2.336	2.429	2.506	2.586	4.2	2.651	2.685	2.721	2.789	2.856	2.907	2.937
4.3	1.902	2.073	2.230	2.351	2.444	2.523	2.602	4.3	2.669	2.702	2.740	2.808	2.875	2.928	2.958
4.4	1.916	2.087	2.245	2.366	2.460	2.539	2.619	4.4	2.686	2.720	2.758	2.826	2.895	2.950	2.980
4.5	1.929	2.101	2.260	2.381	2.476	2.555	2.635	4.5	2.703	2.738	2.776	2.845	2.915	2.971	3.002
4.6	1.942	2.115	2.274	2.395	2.491	2.570	2.651	4.6	2.719	2.754	2.793	2.863	2.933	2.990	3.022
4.7	1.955	2.128	2.288	2.409	2.507	2.586	2.666	4.7	2.735	2.770	2.810	2.881	2.952	3.009	3.041
4.8	1.969	2.142	2.301	2.423	2.522	2.601	2.682	4.8	2.752	2.786	2.826	2.899	2.970	3.027	3.061
4.9	1.982	2.155	2.315	2.437	2.538	2.617	2.697	4.9	2.768	2.802	2.843	2.917	2.989	3.046	3.080
5.0	1.995	2.169	2.329	2.451	2.553	2.632	2.713	5.0	2.784	2.818	2.860	2.935	3.007	3.065	3.100
5.1	2.009	2.183	2.342	2.465	2.567	2.646	2.728	5.1	2.799	2.834	2.876	2.952	3.024	3.082	3.118
5.2	2.024	2.197	2.355	2.479	2.581	2.661	2.743	5.2	2.814	2.850	2.892	2.968	3.042	3.099	3.136
5.3	2.038	2.210	2.369	2.492	2.595	2.675	2.758	5.3	2.830	2.865	2.908	2.985	3.059	3.117	3.153
5.4	2.053	2.224	2.382	2.506	2.609	2.690	2.773	5.4	2.845	2.881	2.924	3.001	3.077	3.134	3.171
5.5	2.067	2.238	2.395	2.520	2.623	2.704	2.788	5.5	2.860	2.897	2.940	3.018	3.094	3.151	3.189
5.6	2.079	2.251	2.408	2.533	2.636	2.718	2.801	5.6	2.874	2.912	2.955	3.037	3.110	3.168	3.206
5.7	2.091	2.264	2.421	2.547	2.650	2.731	2.815	5.7	2.888	2.926	2.970	3.049	3.125	3.185	3.224
5.8	2.102	2.277	2.435	2.560	2.663	2.745	2.828	5.8	2.902	2.941	2.985	3.065	3.141	3.201	3.241
5.9	2.114	2.290	2.448	2.574	2.677	2.758	2.842	5.9	2.916	2.955	3.000	3.080	3.156	3.218	3.259
6.0	2.126	2.303	2.461	2.587	2.690	2.772	2.855	6.0	2.930	2.970	3.015	3.096	3.172	3.235	3.276

续表

拟对比压力 p_{pr}	拟对比温度 T_{pr}							拟对比压力 p_{pr}	拟对比温度 T_{pr}						
	1.05	1.10	1.15	1.20	1.25	1.30	1.35		1.40	1.45	1.50	1.60	1.70	1.80	1.90
6.1	2.139	2.316	2.474	2.600	2.703	2.785	2.869	6.1	2.943	2.984	3.029	3.111	3.187	3.250	3.292
6.2	2.152	2.328	2.486	2.612	2.716	2.799	2.882	6.2	2.956	2.997	3.043	3.125	3.202	3.266	3.308
6.3	2.165	2.341	2.499	2.625	2.729	2.812	2.896	6.3	2.970	3.011	3.056	3.140	3.218	3.281	3.323
6.4	2.178	2.353	2.511	2.637	2.742	2.826	2.909	6.4	2.983	3.024	3.070	3.154	3.233	3.297	3.339
6.5	2.191	2.366	2.524	2.650	2.755	2.839	2.923	6.5	2.996	3.038	3.084	3.169	3.248	3.312	3.355
6.6	2.204	2.379	2.536	2.662	2.768	2.852	2.936	6.6	3.009	3.051	3.098	3.183	3.262	3.327	3.370
6.7	2.217	2.391	2.548	2.675	2.781	2.864	2.949	6.7	3.022	3.064	3.112	3.197	3.276	3.341	3.385
6.8	2.229	2.404	2.560	2.687	2.794	2.877	2.963	6.8	3.034	3.077	3.126	3.210	3.291	3.356	3.399
6.9	2.242	2.416	2.572	2.700	2.807	2.889	2.976	6.9	3.047	3.090	3.140	3.224	3.305	3.370	3.414
7.0	2.255	2.429	2.584	2.712	2.820	2.902	2.989	7.0	3.060	3.103	3.154	3.238	3.319	3.385	3.429
7.1	2.268	2.442	2.597	2.724	2.832	2.915	3.002	7.1	3.073	3.116	3.167	3.251	3.332	3.399	3.443
7.2	2.281	2.454	2.609	2.737	2.844	2.928	3.014	7.2	3.085	3.129	3.180	3.264	3.345	3.413	3.457
7.3	2.294	2.467	2.622	2.749	2.856	2.941	3.027	7.3	3.098	3.141	3.194	3.278	3.359	3.427	3.472
7.4	2.307	2.479	2.634	2.762	2.868	2.954	3.039	7.4	3.110	3.154	3.207	3.291	3.372	3.441	3.486
7.5	2.320	2.492	2.647	2.774	2.880	2.967	3.052	7.5	3.123	3.167	3.220	3.304	3.385	3.455	3.500
7.6	2.333	2.505	2.660	2.786	2.892	2.979	3.065	7.6	3.135	3.180	3.233	3.317	3.398	3.468	3.514
7.7	2.346	2.517	2.672	2.799	2.904	2.991	3.077	7.7	3.147	3.192	3.246	3.330	3.411	3.482	3.528
7.8	2.359	2.530	2.685	2.811	2.916	3.003	3.090	7.8	3.160	3.205	3.260	3.344	3.424	3.495	3.541
7.9	2.372	2.542	2.697	2.824	2.928	3.015	3.102	7.9	3.172	3.217	3.274	3.357	3.437	3.509	3.555
8.0	2.385	2.555	2.710	2.836	2.940	3.027	3.115	8.0	3.184	3.230	3.287	3.370	3.450	3.522	3.569
8.1	2.398	2.568	2.723	2.848	2.952	3.039	3.127	8.1	3.197	3.242	3.299	3.382	3.462	3.534	3.581
8.2	2.411	2.580	2.736	2.861	2.964	3.051	2.139	8.2	3.209	3.254	3.311	3.394	3.474	3.546	3.594
8.3	2.424	2.593	2.748	2.873	2.977	3.064	3.151	8.3	3.222	3.266	3.323	3.407	3.486	3.559	3.606
8.4	2.437	2.605	2.761	2.886	2.989	3.076	3.163	8.4	3.234	3.278	3.335	3.419	3.498	3.571	3.619
8.5	2.450	2.618	2.774	2.898	3.001	3.088	1.175	8.5	3.247	3.290	3.347	3.431	3.510	3.583	3.631
8.6	2.462	2.631	2.787	2.910	3.013	3.100	3.187	8.6	3.259	3.302	3.359	3.443	3.523	3.595	3.643
8.7	2.475	2.643	2.799	2.923	3.025	3.112	3.199	8.7	3.270	3.315	3.370	3.456	3.535	3.607	3.655
8.8	2.487	2.656	2.812	2.935	3.038	3.124	3.211	8.8	3.282	3.327	3.382	3.468	3.548	3.619	3.666
8.9	2.500	2.668	2.824	2.948	3.050	3.136	3.223	8.9	3.293	3.340	3.393	3.481	3.560	3.631	3.678
9.0	2.512	2.681	2.837	2.960	3.062	3.148	3.235	9.0	3.305	3.352	3.405	3.493	3.573	3.643	3.690

续表

拟对比压力 p_{pr}	拟对比温度 T_{pr}							拟对比压力 p_{pr}	拟对比温度 T_{pr}						
	1.05	1.10	1.15	1.20	1.25	1.30	1.35		1.40	1.45	1.50	1.60	1.70	1.80	1.90
9.1	2.524	2.693	2.849	2.972	3.074	3.159	3.246	9.1	3.317	3.364	3.417	3.505	3.585	3.655	3.702
9.2	2.536	2.706	2.861	2.985	3.085	3.170	3.257	9.2	3.329	3.376	3.429	3.517	3.597	3.667	3.714
9.3	2.549	2.718	2.872	2.997	3.097	3.182	3.268	9.3	3.340	3.388	3.440	3.530	3.608	3.678	3.725
9.4	2.561	2.731	2.884	3.010	3.108	3.193	3.279	9.4	3.352	3.400	3.452	3.542	3.620	3.690	3.737
9.5	2.573	2.743	2.896	3.022	3.120	3.204	3.290	9.5	3.364	3.412	3.464	3.554	3.632	3.702	3.749
9.6	2.585	2.755	2.908	3.034	3.131	3.216	3.302	9.6	3.376	3.424	3.475	3.565	3.644	3.713	3.760
9.7	2.597	2.767	2.919	3.045	3.142	3.228	3.314	9.7	3.388	3.435	3.487	3.576	3.656	3.724	3.772
9.8	2.610	2.780	2.931	3.057	3.153	3.239	3.326	9.8	3.399	3.447	3.498	3.588	3.667	3.736	3.783
9.9	2.622	2.792	2.942	3.068	3.164	3.251	3.338	9.9	3.411	3.458	3.510	3.599	3.679	3.747	3.795
10.0	2.634	2.804	2.954	3.080	3.175	3.263	3.350	10.0	3.423	3.470	3.521	3.610	3.691	3.758	3.806
10.1	2.646	2.816	2.966	3.092	3.187	3.274	3.361	10.1	3.434	3.482	3.532	3.622	3.702	3.769	3.817
10.2	2.658	2.828	2.978	3.103	3.199	3.286	3.372	10.2	3.446	3.494	3.544	3.633	3.714	3.780	3.828
10.3	2.671	2.840	2.989	3.115	3.211	3.297	3.382	10.3	3.457	3.506	3.555	3.645	3.725	3.790	3.840
10.4	2.683	2.852	3.001	3.126	3.223	3.309	3.393	10.4	3.469	3.518	3.567	3.656	3.737	3.801	3.851
10.5	2.695	2.864	3.013	3.138	3.235	3.320	3.404	10.5	3.480	3.530	3.578	3.668	3.748	3.812	3.862
10.6	2.707	2.876	3.025	3.150	3.246	3.332	3.416	10.6	3.492	3.541	3.588	3.679	3.758	3.823	3.873
10.7	2.719	2.888	3.037	3.161	3.258	3.343	3.428	10.7	3.504	3.552	3.598	3.689	3.769	3.834	3.883
10.8	2.732	2.900	3.048	3.173	3.269	3.355	3.440	10.8	3.515	3.562	3.609	3.700	3.779	3.844	3.894
10.9	2.744	2.912	3.060	3.184	3.281	3.366	3.452	10.9	3.527	3.573	3.619	3.710	3.790	3.855	3.904
11.0	2.756	2.924	3.072	3.196	3.292	3.378	3.464	11.0	3.539	3.584	3.629	3.721	3.800	3.866	3.915
11.1	2.768	2.936	3.084	3.208	3.304	3.389	3.475	11.1	3.551	3.595	3.639	3.732	3.811	3.877	3.926
11.2	2.780	2.948	3.096	3.220	3.315	3.401	3.486	11.2	3.562	3.605	3.650	3.743	3.822	3.888	3.937
11.3	2.793	2.960	3.108	3.231	3.327	3.412	3.497	11.3	3.574	3.616	3.660	3.753	3.832	3.899	3.947
11.4	2.805	2.972	3.120	3.243	3.338	3.424	3.508	11.4	3.585	3.626	3.671	3.764	3.843	3.910	3.958
11.5	2.817	2.984	3.132	3.255	3.350	3.435	3.519	11.5	3.597	3.637	3.681	3.775	3.854	3.921	3.969
11.6	2.829	2.996	3.144	3.267	3.361	3.446	3.529	11.6	3.607	3.648	3.692	3.786	3.865	3.932	3.980
11.7	2.841	3.008	3.156	3.279	3.373	3.456	3.540	11.7	3.617	3.658	3.702	3.797	3.876	3.943	3.991
11.8	2.854	3.020	3.168	3.290	3.384	3.467	3.550	11.8	3.628	3.669	3.713	3.808	3.886	3.955	4.003
11.9	2.866	3.032	3.189	3.302	3.396	3.477	3.561	11.9	3.638	3.679	3.723	3.819	3.897	3.966	4.014
12.0	2.878	3.044	3.192	3.314	3.407	3.488	3.571	12.0	3.648	3.690	3.734	3.830	3.908	3.977	4.025

续表

拟对比压力 p_{pr}	拟对比温度 T_{pr}						拟对比压力 p_{pr}	拟对比温度 T_{pr}					
	2.00	2.20	2.40	2.60	2.80	3.00		2.00	2.20	2.40	2.60	2.80	3.00
0.2	0	0	0	0	0	0	6.1	3.321	3.362	3.409	3.442	3.466	3.477
0.3	0.350	0.350	0.350	0.350	0.350	0.350	6.2	3.337	3.379	3.426	3.459	3.483	3.494
0.4	0.639	0.640	0.640	0.640	0.640	0.640	6.3	3.354	3.395	3.443	3.476	3.501	3.511
0.5	0.867	0.868	0.869	0.869	0.869	0.869	6.4	3.370	3.412	3.460	3.493	3.518	3.528
							6.5	3.387	3.429	3.477	3.510	3.536	3.545
0.6	1.050	1.051	1.051	1.052	1.052	1.052	6.6	3.402	3.444	3.493	3.526	3.551	3.561
0.7	1.216	1.218	1.219	1.220	1.220	1.220	6.7	3.417	3.459	3.508	3.542	3.567	3.577
0.8	1.360	1.363	1.364	1.364	1.364	1.364	6.8	3.432	3.475	3.524	3.557	3.582	3.592
0.9	1.489	1.492	1.494	1.495	1.495	1.495	6.9	3.447	3.490	3.539	3.573	3.598	3.608
1.0	1.602	1.607	1.608	1.609	1.610	1.610	7.0	3.462	3.505	3.555	3.589	3.613	3.624
1.1	1.691	1.699	1.702	1.706	1.709	1.711	7.1	3.477	3.520	3.570	3.604	3.628	3.639
1.2	1.780	1.790	1.795	1.802	1.808	1.812	7.2	3.491	3.534	3.584	3.618	3.643	3.654
1.3	1.858	1.868	1.875	1.883	1.890	1.896	7.3	3.506	3.549	3.599	3.633	3.659	3.670
1.4	1.935	1.945	1.954	1.964	1.972	1.980	7.4	3.520	3.563	3.613	3.647	3.674	3.685
1.5	1.997	1.010	2.019	2.027	2.036	2.045	7.5	3.535	3.578	3.628	3.662	3.689	3.700
1.6	2.059	2.074	2.083	2.090	2.100	2.110	7.6	3.548	3.591	3.642	3.676	3.703	3.714
1.7	2.116	2.131	2.141	2.148	2.159	2.169	7.7	3.562	3.605	3.656	3.690	3.718	3.728
1.8	2.172	2.188	2.198	2.205	2.217	2.227	7.8	3.575	3.618	3.670	3.704	3.732	3.742
1.9	2.219	2.237	2.247	2.256	2.267	2.279	7.9	3.589	3.632	3.684	3.718	3.747	3.756
2.0	2.265	2.285	2.295	2.307	2.317	2.330	8.0	3.602	3.645	3.698	3.732	3.761	3.770
2.1	2.307	2.326	2.337	2.350	2.361	2.375	8.1	3.615	3.658	3.711	3.745	3.774	3.783
2.2	2.349	2.366	2.380	2.394	2.404	2.420	8.2	3.627	3.671	3.723	3.758	3.788	3.796
2.3	2.391	2.407	2.422	2.437	2.448	2.465	8.3	3.640	3.684	3.736	3.771	3.801	3.810
2.4	2.433	2.447	2.465	2.481	2.491	2.510	8.4	3.652	3.697	3.748	3.784	3.815	3.823
2.5	2.475	2.488	2.507	2.524	2.535	2.555	8.5	3.665	3.710	3.761	3.797	3.828	3.836
2.6	2.508	2.523	2.544	2.562	2.574	2.593	8.6	3.677	3.722	3.773	3.810	3.840	3.849
2.7	2.541	2.559	2.581	2.599	2.612	2.630	8.7	3.690	3.734	3.786	3.823	3.853	3.862
2.8	2.575	2.594	2.617	2.637	2.651	2.668	8.8	3.702	3.746	3.798	3.835	3.865	3.875
2.9	2.608	2.630	2.654	2.674	2.689	2.705	8.9	3.715	3.758	3.811	3.848	3.878	3.888
3.0	2.641	2.665	2.691	2.712	2.728	2.743	9.0	3.727	3.770	3.823	3.861	3.890	3.901

续表

拟对比压力 p_{pr}	拟对比温度 T_{pr}						拟对比压力 p_{pr}	拟对比温度 T_{pr}					
	2.00	2.20	2.40	2.60	2.80	3.00		2.00	2.20	2.40	2.60	2.80	3.00
3.1	2.670	2.694	2.722	2.744	2.759	2.775	9.1	3.739	3.782	3.835	3.873	3.902	3.913
3.2	2.700	2.723	2.753	2.775	2.790	2.806	9.2	3.750	3.794	3.847	3.885	3.915	3.925
3.3	2.729	2.752	2.783	2.807	2.821	2.838	9.3	3.762	3.806	3.859	3.897	3.927	3.938
3.4	2.759	2.781	2.814	2.838	2.852	2.869	9.4	3.773	3.818	3.871	3.909	3.940	3.950
3.5	2.788	2.810	2.845	2.870	2.883	2.901	9.5	3.785	3.830	3.883	3.921	3.952	3.962
3.6	2.813	2.836	2.872	2.910	2.911	2.929	9.6	3.797	3.842	3.895	3.933	3.964	3.974
3.7	2.839	2.862	2.899	2.950	2.938	2.957	9.7	3.809	3.854	3.907	3.945	3.976	3.986
3.8	2.864	2.888	2.925	2.990	2.966	2.984	9.8	3.820	3.865	3.918	3.957	3.987	3.999
3.9	2.890	2.914	2.952	3.030	2.993	3.012	9.9	3.832	3.877	3.930	3.969	3.999	4.011
4.0	2.915	2.940	2.979	3.070	3.021	3.040	10.0	3.844	3.889	3.942	3.981	4.011	4.023
4.1	2.938	2.963	3.002	3.081	3.045	3.064	10.1	3.855	3.900	3.953	3.992	4.023	4.035
4.2	2.960	2.985	3.025	3.092	3.069	3.088	10.2	3.867	3.911	3.965	4.004	4.035	4.046
4.3	2.983	3.008	3.049	3.103	3.094	3.112	10.3	3.878	3.923	3.976	4.015	4.046	4.058
4.4	3.005	3.030	3.072	3.114	3.118	3.136	10.4	3.890	3.934	3.988	4.027	4.058	4.069
4.5	3.028	3.053	3.095	3.125	3.142	3.160	10.5	3.901	3.945	3.999	4.038	4.070	4.081
4.6	3.048	3.074	3.117	3.147	3.164	3.182	10.6	3.912	3.956	4.010	4.049	4.081	4.092
4.7	3.068	3.095	3.139	3.168	3.186	3.203	10.7	3.923	3.967	4.021	4.060	4.093	4.104
4.8	3.088	3.115	3.161	3.190	3.209	3.225	10.8	3.933	3.978	4.031	4.071	4.104	4.115
4.9	3.108	3.136	3.183	3.211	3.231	3.246	10.9	3.944	3.989	4.042	4.082	4.116	4.127
5.0	3.128	3.157	3.205	3.233	3.253	3.268	11.0	3.955	4.000	4.053	4.093	4.127	4.138
5.1	3.146	3.177	3.225	3.253	3.274	3.288	11.1	3.966	4.011	4.064	4.104	4.138	4.149
5.2	3.164	3.196	3.244	3.273	3.295	3.308	11.2	3.977	4.022	4.075	4.116	4.150	4.160
5.3	3.182	3.216	3.264	3.294	3.315	3.328	11.3	3.988	4.033	4.087	4.127	4.161	4.172
5.4	3.200	3.235	3.283	3.314	3.336	3.348	11.4	3.999	4.044	4.098	4.139	4.173	4.183
5.5	3.218	3.255	3.303	3.334	3.357	3.368	11.5	4.010	4.055	4.109	4.150	4.184	4.194
5.6	3.235	3.273	3.321	3.352	3.375	3.386	11.6	4.022	4.067	4.121	4.161	4.195	4.203
5.7	3.252	3.291	3.339	3.370	3.393	3.405	11.7	4.034	4.079	4.132	4.172	4.206	4.216
5.8	3.270	3.309	3.356	3.389	3.412	3.423	11.8	4.045	4.090	4.144	4,183	4.217	4.227
5.9	3.287	3.327	3.374	3.407	3.430	3.442	11.9	4.057	4.102	4.155	4.194	4.228	4.238
6.0	3.304	3.345	3.392	3.425	3.448	3.460	12.0	4.069	4.114	4.167	4.205	4.239	4.249

从表可查得:

$$\int_{0.2}^{(p_{pr})_2} \frac{z}{p_{pr}} \mathrm{d}p_{pr} = 2.629$$

和

$$\frac{L\gamma_g}{53.241T} = \frac{(5.790)(0.60)}{(53.241)(577)} = 0.113$$

这样一来，应用方程（21）就得出以下结果:

$$\int_{0.2}^{(p_{pr})_1} \frac{z}{p_{pr}} \mathrm{d}p_{pr} = 2.629 + 0.113 = 2.742$$

从表中可见，在 T_{pr} 为 1.612 的情况下，与表中数值为 2.742 相应的 p_{pr} 值为 3.918。因而可算出:

$$p = 3.918(672) = 2{,}633 \text{ 磅／英寸}^2\text{(绝对)}$$

如果温度和井深成线性关系的话，则可得到:

$$T = \mathrm{a}L + \mathrm{b} \tag{22}$$

和

$$\mathrm{d}T = \mathrm{a}\ \mathrm{d}L \tag{23}$$

以上二式中 a 和 b 均为常数。把方程（23）代入方程（17），并使其成为微分形式，即可得到下式:

$$\frac{\mathrm{d}T}{aT} = \frac{53.241z}{\gamma_g} \frac{\mathrm{d}p}{p} \tag{24}$$

积分后得

$$\frac{1}{a} \ln \frac{T_1}{T_2} = \frac{53.241}{\gamma_g} \int_{p_2}^{p_1} z \frac{\mathrm{d}p}{p} \tag{25}$$

由于

$$a = (T_1 - T_2) / L$$

$$\frac{L/(T_1-T_2)}{\ln T_1/T_2}=\frac{L}{T_{LM}}=\frac{53.241}{\gamma_g}\int_{p_2}^{p_1} z\frac{\mathrm{d}p}{p} \tag{26}$$

因而

$$L=\frac{53.241T_{LM}}{\gamma_g}\int_{p_2}^{p_1}\frac{z}{p}\mathrm{d}p \tag{27}$$

式中

$$T_{LM}=\frac{T_1-T_2}{\ln T_1/T_2}$$

式中　T_1——井底温度；

　　T_2——井口温度。

可以看出方程（27）和（18）的差别仅在于，前者所用的是对数平均温度（T_{LM}），而方程（18）中则用的是数学平均温度$\overline{T}$。

为了把本例题用来说明应用对数平均温度概念来进行计算的程序，只要把 T_{LM} 用来代替$\overline{T}$就行了。

另外一种用来计算气井井底静压的方法是以下式为基础的：

$$p_1=p_2e^{0.01877\gamma_g L/(\overline{T}\overline{z})} \tag{28}$$

如果应用数学平均温度$\overline{T}$和数学平均的压缩系数$\overline{z}$，则方程（28）可以从方程（17）推导出来。应用方程（28）是一种试凑的计算程序。首先要假设一个 p_1 的数值以求得一个$\overline{z}$值，然后算出 p_1，重复进行这一步骤，直到 p_1 的数值吻合为止。

例题 2　（数据采自参考文献〔5〕）

已知 *A* 井各项数据如下：

$p_2=2600$ 磅／英寸^2(绝对)；

$\gamma_g=0.744$；

$L=7500$ 英尺；

$\overline{T}=152.5$ °F$=612.5$ °R；

$p_{pc}=663.8$ 磅／英寸^2(绝对)(从图 37.3 得出)；

$\overline{T}_{pc}=385.6$ °R(从图 37.3 得出)；

第一次试算结果如下：

假设数据为：

$p_1=3100$ 磅／英寸^2(绝对)；

$\overline{p}=2850$ 磅／英寸^2(绝对)；

$p_{pr}=2850/663.8=4.30$;
$T_{pr}=612.5/385.6=1.59$;
$\bar{z}=0.820$。

由此可运算如下:

$$e^{0.01877}\gamma_e L/(TZ)=e^{[(0.01877)(0.744)(7.500)]/[(612.5)(0.820)]}$$

$$=e^{0.2082}$$

$$=1.2239$$

$$p_1=(2.600)(1.2239)=3.182(\text{试算结果})$$

第二次试算结果如下:

假设数据为:

$p_1=3182$ 磅/英寸^2(绝对);
$\bar{p}=2891$ 磅/英寸^2(绝对);
$p_{pr}=2891/663.8=4.36$;
$T_{pr}=1.59$;
$\bar{z}=0.821$。

由此可运算得到:

$p_1=(2600)(e^{0.2082})$
$=(2600)(1.2239)$
$=3182$ 磅/英寸^2(绝对)验算结果

第二次试算结果与假设数据相符。实际在井深为7500英尺处测得的压力为3193磅/英寸^2(绝对)。

井底流压计算方法(油管生产) 把一口产气井的井底流压(BHFP)和已知的地层静压结合应用,可以提供对这口井供气能力评价的基础。在某些用油管产气而且未装封隔器的气井中,油、套管环形空间中的静止气柱对生产层是暴露的。在这种情况下,BHFP即产气层面的压力可以通过计算环形空间气柱底部的压力,用相当简单的计算程序获得。在以上一节中对这种计算程序已进行过描述。在一口产气井装有一个油、套管间封隔器的情况下,这就需要应用流动的气柱来计算BHFP。

要应用流动气柱就意味着要在计算过程中考虑由于摩擦影响所产生的能量变化,此外还要考虑由于压缩影响和位能变化所产生的能量变化。

在参考文献〔4,6,7〕中曾推导出好几种计算流动气柱中压力降落的方法。在文献〔6〕中对Sukkar和Cornell的方法进行了详细的描述。Raghaven和Ramey[8]曾把Sukkar和Cornell的方法加以延伸,使对比温度达到3.0,压力则达到30。在后面讨论注气井中气体流动一节中对Poettmann的方法[4]进行了描述。Poettmann的方法也适用于气体向上流动的状况。

对于任何流动的流体，以微分形式表示的基本能量方程可写作下式：

$$V\mathrm{d}p+\frac{v\mathrm{d}v}{g_c}+\frac{g}{g_c}\mathrm{d}Z-\mathrm{d}E_i-\mathrm{d}W=0 \tag{29}$$

假设表示动能的一项小到可以忽略不计，而且认为流体所作的或被施加的功都为零的话，则方程（29）可简化如下：

$$V\mathrm{d}p+\frac{g}{g_c}\mathrm{d}Z+\mathrm{d}E_l=0 \tag{30}$$

对于垂直方向的气体流动而言，$\mathrm{d}Z=\mathrm{d}L$。

由于
$$V=\frac{zRT}{Mp} \tag{15}$$

而且
$$\frac{g}{g_c}=1.0$$

还有
$$\mathrm{d}E_l=\frac{fv^2\mathrm{d}L}{2g_c d} \tag{31}$$

把以上各种关系代入方程（30）后得到下式：

$$\frac{RzT\mathrm{d}p}{Mp}+\left(1+\frac{fv^2}{2g_c d}\right)\mathrm{d}L=0 \tag{32}$$

有关速度这一项可以用体积流量和管子直径来表示。压力这一项则可用对比压力表示。把这些项目代入方程（32），进行积分，并转换为通用单位后可得到下式：

$$\int_{(p_{pr})_1}^{(p_{pr})_2}\frac{(z/p_{pr})\mathrm{d}p_{pr}}{1+B(z/p_{pr})^2}=-0.01877\gamma_g\int_{L_1}^{L_2}\frac{\mathrm{d}L}{T} \tag{33}$$

$$B=\frac{667fq_g^{2}\bar{T}^{2}}{d_i^{5}p_{pc}^{2}}$$

式中 γ_g——气体相对密度（空气＝1.0）；
L——管柱长度，英尺；
T——温度，°R；

$\overline{T}$——平均温度，°R；

f——摩擦因子，无量纲；

q_g——流量，10^6 英尺^3 / 日，折算到 14.65 磅 / 英寸^2（绝对）和 60 °F 条件下；

d_i——管子内径，英寸；

p_{pc}——拟临界压力，磅 / 英寸^2（绝对）；

p_{pr}——拟对比压力 p / p_c。

现在，再进一步假设温度是不变的一个平均数值。这样就可以允许把方程（33）的右侧直接积分，得出结果如下：

$$\int_{(p_{pr})_2}^{(p_{pr})_1} \frac{(z / p_{pr})\mathrm{d}p_{pr}}{1 + B(z / p_{pr})^2} = \frac{0.01877}{\overline{T}} \gamma_g L \tag{34}$$

上式中的积分极限值被颠倒过来是为了改变一下正负号的原故。如果温度随深度成线性变化，则应用对数平均温度作为平均温度可以使方程（34）的右侧成为一个严格的解。这种对数平均温度的应用对方程的左侧约束了假设不变温度的影响，实际上，这一影响是很小的。因而，由于假设温度不变所产生的误差是可以忽略不计的。

方程（34）左侧的积分函数可以应用引自参考文献〔8〕中的表 37.2 进行运算。在准备这些表时应用了一个任意的参考点（p_r 为 0.2）。积分的运算是根据以下的关系式进行的：

$$\int_{(p_{pr})_2}^{(p_{pr})_1} \frac{(z / p_{pr})\mathrm{d}p_{pr}}{1 + B(z / p_{pr})^2} = \left[\int_{0.2}^{(p_{pr})_1} \frac{(z / p_{pr})\mathrm{d}p_{pr}}{1 + B(z / p_{pr})^2}\right]$$

$$-\left[\int_{0.2}^{(p_{pr})_2} \frac{(z / p_{pr})\mathrm{d}p_{pr}}{1 + B(z / p_{pr})^2}\right] = \frac{0.01877\gamma_g L}{\overline{T}} \tag{35}$$

因为在这些图表中提供了方程（35）中括弧里的数值，所以只需要应用简单的数字就可以直接算出流动的 BHP 值。

在前面和以后的计算程序中，在进行计算时用到管子直径的五次方数值。因此很重要的是，必须应用管子的准确尺寸，而不能使用一般通称的管柱尺寸。在表 37.3 中列出了有关各种产气管柱的尺寸。

为了要减低在方程（17），（21）和（35）中把整个气柱温度假设为一个不变平均数值的影响，可以从井口到井底依次用小的步长分段计算，为每一段增加的深度使用一个不变的温度数值。假设一个线性的温度梯度，就可以算出每一段深度增值的平均温度。在计算整个压力变化过程中所用的步段越多，计算的结果愈接近方程的精确积分数值。

例题 3〔6〕 要求计算一口产气井的井底压力（BHP），给定已知数据如下：

垂直管道长度，$L = 10000$ 英尺；

油管内径，$d_{ti} = 2.00$ 英寸；

表 37.2　为计算 BHP 应用的 SvkkAR–Cornell 积分延伸数值表

拟对比温度（$B=0.0$）　$\int_{0.2}^{p_{pr}} \frac{(z/p_{pr})\mathrm{d}p_{pr}}{1+B(z/p_{pr})^2}$

p_{pr}	1.1	1.2	1.3	1.4	1.5	1.6	1.7	1.8	1.9	2.0	2.2	2.4	2.6	2.8	3.0
0.20	0.0000	0.0000	0.0000	0.0000	0.0000	0.000	0.000	0.000	0.000	0.0000	0.0000	0.0000	0.0000	0.0000	0.0000
0.50	0.8387	0.8582	0.8719	0.8824	0.8897	0.8966	0.9017	0.9079	0.9082	0.9108	0.9147	0.9177	0.9194	0.9206	0.9218
1.00	1.3774	1.4440	1.4836	1.5129	1.5334	1.5514	1.5654	1.5781	1.5823	1.5889	1.5986	1.6059	1.6111	1.6148	1.6184
1.50	1.6048	1.7373	1.8078	1.8565	1.8911	1.9192	1.9422	1.9609	1.9693	1.9798	1.9951	2.0063	2.0151	2.0211	2.0274
2.00	1.7149	1.9116	2.0157	2.0842	2.1331	2.1709	2.2023	2.2273	2.2397	2.2536	2.2744	2.2893	2.3013	2.3100	2.3184
2.50	1.7995	2.0298	2.1631	2.2507	2.3138	2.3607	2.3996	2.4307	2.4469	2.4641	2.4900	2.5081	2.5234	2.5347	2.5452
3.00	1.8750	2.1255	2.2778	2.3813	2.4570	2.5125	2.5583	2.5947	2.6148	2.6354	2.6654	2.6863	2.7050	2.7189	2.7314
3.50	1.9473	2.2101	2.3746	2.4898	2.5762	2.6390	2.6909	2.7325	2.7561	2.7798	2.8138	2.8382	2.8589	2.8752	2.8896
4.00	2.0178	2.2822	2.4603	2.5845	2.6793	2.7480	2.8052	2.8515	2.8784	2.9050	2.9426	2.9699	2.9928	3.0114	3.0274
4.50	2.0889	2.3622	2.5390	2.6698	2.7715	2.8449	2.9065	2.9569	2.9867	3.0158	3.0571	3.0871	3.1119	3.1322	3.1496
5.00	2.1547	2.4330	2.6128	2.7484	2.8558	2.9330	2.9982	3.0523	3.0645	3.1158	3.1605	3.1930	3.2195	3.2413	3.2597
5.50	2.2214	2.5013	2.6833	2.8222	2.9341	3.0146	3.0828	3.1400	3.1742	3.2074	3.2552	3.2899	3.3178	3.3408	3.3600
6.00	2.2872	2.5577	2.7512	2.8926	3.0079	3.0911	3.1616	3.2215	3.2575	3.2924	3.3428	3.3795	3.4085	3.4325	3.4524
6.50	2.3522	2.6329	2.8171	2.9603	3.0781	3.1635	3.2360	3.2980	3.3355	3.3720	3.4245	3.4629	3.4931	3.5176	3.5381
7.00	2.4165	2.6971	2.8814	3.0258	3.1452	3.2324	3.3065	3.3704	3.4092	3.4470	3.5012	3.5411	3.5722	3.5973	3.6181
7.50	2.4802	2.7602	2.9442	3.0893	3.2100	3.2985	3.3740	3.4393	3.4792	3.5180	3.5738	3.6148	3.5467	3.6723	3.6934
8.00	2.5432	2.8223	3.0058	3.1512	3.2727	3.3623	3.4387	3.5052	3.5460	3.5857	3.6486	3.6847	3.7173	3.7432	3.7646
8.50	2.6057	2.8836	3.0664	3.2118	3.3338	3.4239	3.5012	3.5685	3.6101	3.6504	3.7144	3.7512	3.7844	3.8108	3.8323
9.00	2.6676	2.9441	3.1260	3.2713	3.3934	3.4838	3.5617	3.6297	3.6718	3.7126	3.7775	3.8148	3.8484	3.8750	3.8969
9.50	2.7289	3.0039	3.1847	3.3296	3.4516	3.5422	3.6204	3.6889	3.7315	3.7727	3.6382	3.8760	3.9099	3.9357	3.9588

续表

拟对比温度（$B=0.0$）　$\int_{0.2}^{p_{pr}} \frac{(z/p_{pr})\mathrm{d}p_{pr}}{1+B(z/p_{pr})^2}$

p_{pr}	1.1	1.2	1.3	1.4	1.5	1.6	1.7	1.8	1.9	2.0	2.2	2.4	2.6	2.8	3.0
10.00	2.7896	3.0630	3.2427	3.3870	3.5087	3.5993	3.6776	3.7465	3.7894	3.8308	3.8969	3.9350	3.9690	3.9961	4.0182
10.50	2.8499	3.1215	3.2999	3.4436	3.5647	3.6552	3.7336	3.8026	3.8456	3.8872	3.9538	3.9921	4.0262	4.0533	4.0755
11.00	2.9096	3.1794	3.3565	3.4993	3.6198	3.7100	3.7883	3.8573	3.9004	3.9421	4.0090	4.0473	4.0814	4.1086	4.1309
11.50	2.9690	3.2369	3.4126	3.5543	3.6741	3.7640	3.8420	3.9108	3.9540	3.9958	4.0627	4.1010	4.1351	4.1622	4.1845
12.00	3.0280	3.2940	3.4681	3.6086	3.7277	3.8171	3.8948	3.9634	4.0065	4.0432	4.1150	4.1532	4.1872	4.2143	4.2366
12.50	3.0867	3.3506	3.5231	3.6623	3.7806	3.8694	3.9467	4.0150	4.0579	4.0994	4.1660	4.2041	4.2380	4.2650	4.2872
13.00	3.1452	3.4068	3.5777	3.7154	3.8328	3.9211	3.9977	4.0557	4.1084	4.1495	4.2158	4.2537	4.2875	4.3144	4.3365
13.50	3.2033	3.4627	3.6319	3.7680	3.8644	3.9721	4.0480	4.1155	4.1580	4.1989	4.2845	4.3021	4.3357	4.3625	4.3846
14.00	3.2612	3.5183	3.6857	8.8200	3.9354	4.0224	4.0977	4.1547	4.2067	4.2472	4.3122	4.3494	4.3829	4.4095	4.4316
14.50	3.3189	3.5735	3.7391	3.8716	3.9859	4.0722	4.1400	4.2131	4.2546	4.2947	4.3589	4.3957	4.4289	4.4555	4.4775
15.00	3.3763	3.6285	3.7922	3.9228	4.0349	4.1215	4.1950	4.2609	4.3018	4.3414	4.4047	4.4410	4.4741	4.5005	4.5224
15.50	3.4335	3.6832	3.8450	3.9736	4.0855	4.1702	4.2428	4.3080	4.3483	4.3874	4.4497	4.4855	4.5183	4.5446	4.5663
16.00	3.4906	3.7376	3.8974	4.0240	4.1346	4.2185	4.2900	4.3546	4.3942	4.4327	4.4939	4.5291	4.5617	4.5878	4.6094
16.50	3.5474	3.7919	3.9497	4.0740	4.1833	4.2663	4.3388	4.4007	4.4395	4.4773	4.5374	4.5720	4.6042	4.6302	4.6518
17.00	3.6041	3.8459	4.0016	4.1237	4.2316	4.3138	4.3830	4.4462	4.4843	4.5213	4.5802	4.6141	4.6461	4.6719	4.6933
17.50	3.6606	3.8996	4.0533	4.1731	4.2795	4.3608	4.4289	4.4913	4.5285	4.5648	4.6223	4.6555	4.5872	4.7129	4.7341
18.00	3.7170	3.9532	4.1048	4.2221	4.3271	4.4075	4.4743	4.5359	4.5722	4.6077	4.6638	4.6963	4.7276	4.7532	4.7743
18.50	3.7732	4.0066	4.1560	4.2709	4.3744	4.4538	4.5193	4.5801	4.6154	4.6501	4.7048	4.7365	4.7675	4.7928	4.8138
19.00	3.8293	4.0599	4.2071	4.3195	4.4214	4.4998	4.5640	4.6239	4.6582	4.6921	4.7451	4.7761	4.8067	4.8319	4.8527
19.50	3.8853	4.1129	4.2579	4.3678	4.4681	4.5455	4.6053	4.6574	4.7006	4.7335	4.7850	4.8151	4.8454	4.8704	4.8911

续表

拟对比温度（$B=0.0$）　$\int_{0.2}^{p_{pr}} \frac{(z/p_{pr})\mathrm{d}p_{pr}}{1+B(z/p_{pr})^2}$

p_{pr}	1.1	1.2	1.3	1.4	1.5	1.6	1.7	1.8	1.9	2.0	2.2	2.4	2.6	2.8	3.0
20.00	3.9411	4.1658	4.3086	4.4158	4.5145	4.5909	4.6522	4.7104	4.7425	4.7746	4.8244	4.8536	4.8835	4.9083	4.9288
20.50	3.9969	4.2186	4.3590	4.4636	4.5606	4.6360	4.6959	4.7531	4.7841	4.8152	4.8633	4.8916	4.9211	4.9457	4.9661
21.00	4.0525	4.2712	4.4094	4.5112	4.6065	4.6808	4.7392	4.7955	4.8253	4.8554	4.9017	4.9291	4.9582	4.9827	5.0029
21.50	4.1080	4.3237	4.4595	4.5586	4.6522	4.7254	4.7822	4.8376	4.8662	4.8953	4.9397	4.9662	4.9949	5.0192	5.0392
22.00	4.1634	4.3760	4.5095	4.6058	4.6976	4.7697	4.8250	4.8794	4.9068	4.9348	4.9774	5.0029	5.0311	5.0552	5.0751
22.50	4.2187	4.4282	4.5594	4.6528	4.7428	4.8138	4.8675	4.9209	4.9470	4.9739	5.0146	5.0391	5.0670	5.0908	5.1105
23.00	4.2739	4.4803	4.6091	4.6996	4.7879	4.8577	4.9098	4.9621	4.9869	5.0128	5.0514	5.0750	5.1024	5.1260	5.1455
23.50	4.3291	4.5323	4.6587	4.7463	4.8327	4.9014	4.9518	5.0031	5.0265	5.0513	5.0879	5.1104	5.1374	5.1608	5.1802
24.00	4.3841	4.5842	4.7081	4.7928	4.8773	4.9449	4.9935	5.0438	5.0659	5.0895	5.1241	5.1455	5.1720	5.1953	5.2144
24.50	4.4391	4.6360	4.7575	4.8391	4.9217	4.9882	5.0351	5.0843	5.1050	5.1275	5.1599	5.1803	5.2063	5.2294	5.2483
25.00	4.4940	4.6877	4.8067	4.8853	4.9660	5.0312	5.0764	5.1245	5.1438	5.1651	5.1955	5.2147	5.2403	5.2631	5.2819
25.50	4.5488	4.7392	4.8558	4.9314	5.0101	5.0741	5.1176	5.1646	5.1824	5.2025	5.2307	5.2488	5.2739	5.2965	5.3151
26.00	4.6036	4.7907	4.9048	4.9772	5.0541	5.1169	5.1585	5.2044	5.2208	2.2397	5.2656	5.2826	5.3073	5.3296	5.3480
26.50	4.6583	4.8421	4.9536	5.0230	5.0979	5.1594	5.1993	5.2440	5.2589	5.2766	5.3003	5.3162	5.3403	5.3624	5.3806
27.00	4.7129	4.8934	5.0024	5.0686	5.1415	5.2019	5.2398	5.2834	5.2968	5.3132	5.3347	5.3494	5.3730	5.3950	5.4129
27.50	4.7675	4.9447	5.0511	5.1142	5.1850	5.2441	5.2802	5.3227	5.3345	5.3497	5.3588	5.3823	5.4054	5.4272	5.4450
28.00	4.8220	4.9958	5.0997	5.1595	5.2284	5.2862	5.3204	5.3817	5.3720	5.3859	5.4027	5.4150	5.4376	5.4591	5.4767
28.50	4.8764	5.0469	5.1482	5.2048	5.2716	5.3282	5.3605	5.4006	5.4094	5.4219	5.4363	5.4475	5.4695	5.4908	5.5082
29.00	4.9308	5.0979	5.1966	5.2500	5.3147	5.3700	5.4004	5.4393	5.4465	5.4577	5.4697	5.4796	5.5012	5.5223	5.5394
29.50	4.9851	5.1488	5.2450	5.2950	5.3577	5.4117	5.4401	5.4779	5.4834	5.4933	5.5029	5.5116	5.5326	5.5535	5.5704
30.00	5.0394	5.1997	5.2932	5.3400	5.4005	5.4532	5.4797	5.5163	5.5202	5.5287	5.5359	5.5433	5.5638	5.5844	5.6011

拟对比温度（$B=5.0$）　$\int_{0.2}^{p_{pr}} \frac{(z/p_{pr})\mathrm{d}p_{pr}}{1+B(z/p_{pr})^2}$

p_{pr}	1.1	1.2	1.3	1.4	1.5	1.6	1.7	1.8	1.9	2.0	2.2	2.4	2.6	2.8	3.0
0.20	0.0000	0.0000	0.0000	0.0000	0.0000	0.0000	0.0000	0.0000	0.0000	0.0000	0.0000	0.0000	0.0000	0.0000	0.0000
0.50	0.0226	0.0220	0.0216	0.0214	0.0212	0.0210	0.0209	0.0207	0.0207	0.0206	0.0205	0.0205	0.0204	0.0204	0.0204
1.00	0.1036	0.0983	0.0954	0.0934	0.0921	0.0909	0.0901	0.0894	0.0890	0.0886	0.0881	0.0877	0.0874	0.0871	0.0869
1.50	0.2121	0.2052	0.1995	0.1954	0.1924	0.1901	0.1882	0.1668	0.1859	0.1850	0.1838	0.1829	0.1822	0.1816	0.1811
2.00	0.3002	0.3125	0.3102	0.3066	0.3034	0.3007	0.2983	0.2965	0.2954	0.2943	0.2926	0.2914	0.2904	0.2896	0.2889
2.50	0.3741	0.4046	0.4126	0.4133	0.4124	0.4107	0.4090	0.4076	0.4066	0.4056	0.4041	0.4030	0.4020	0.4012	0.4005
3.00	0.4419	0.4854	0.5032	0.5105	0.5137	0.5144	0.5143	0.5140	0.5138	0.5134	0.5125	0.5118	0.5112	0.5108	0.5103
3.50	0.5074	0.5594	0.5847	0.5983	0.6065	0.6101	0.6123	0.6138	0.6147	0.6152	0.6154	0.6155	0.6155	0.6157	0.6156
4.00	0.5715	0.6291	0.6594	0.6785	0.6915	0.6982	0.7029	0.7064	0.7087	0.7104	0.7121	0.7133	0.7140	0.7149	0.7154
4.50	0.6346	0.6957	0.7294	0.7530	0.7702	0.7797	0.7868	0.7927	0.7964	0.7994	0.8027	0.8051	0.8068	0.8084	0.8094
5.00	0.6966	0.7601	0.7960	0.8229	0.8440	0.8560	0.8653	0.8734	0.8785	0.8827	0.8879	0.8916	0.8941	0.8965	0.8980
5.50	0.7579	0.8225	0.8601	0.8895	0.9138	0.9280	0.9393	0.9493	0.9558	0.9611	0.9682	0.9732	0.9765	0.9795	0.9815
6.00	0.8185	0.8836	0.9222	0.9536	0.9803	0.9965	1.0095	1.0213	1.0289	1.0354	1.0441	1.0504	1.0544	1.0580	1.0604
6.50	0.8784	0.9437	0.9829	1.0156	1.0442	1.0620	1.0764	1.0896	1.0984	1.1060	1.1162	1.1236	1.1284	1.1324	1.1351
7.00	0.9378	1.0030	1.0423	1.0758	1.1058	1.1249	1.1406	1.1552	1.1649	1.1734	1.1848	1.1932	1.1987	1.2031	1.2060
7.50	0.9967	1.0614	1.1005	1.1346	1.1656	1.1857	1.2024	1.2182	1.2286	1.2379	1.2504	1.2597	1.2657	1.2704	1.2737
8.00	1.0551	1.1191	1.1578	1.1921	1.2237	1.2447	1.2621	1.2788	1.2900	1.2999	1.3167	1.3234	1.3299	1.3349	1.3383
8.50	1.1131	1.1761	1.2142	1.2486	1.2805	1.3020	1.3201	1.3374	1.3492	1.3596	1.3773	1.3845	1.3914	1.3967	1.4003
9.00	1.1706	1.2325	1.2698	1.3041	1.3361	1.3579	1.3764	1.3943	1.4066	1.4173	1.4357	1.4434	1.4506	1.4561	1.4599
9.50	1.2275	1.2883	1.3248	1.3587	1.3907	1.4125	1.4313	1.4497	1.4623	1.4733	1.4922	1.5008	1.5077	1.5135	1.5174

续表

p_{pr}	拟对比温度（$B=5.0$） $\int_{0.2}^{p_{pr}}\frac{(z/p_{pr})dp_{pr}}{1+B(z/p_{pr})^2}$													
	1.1	1.2	1.3	1.4	1.5	1.6	1.7	1.8	1.9	2.0	2.2	2.4	2.6	2.8	3.0
10.00	1.2841	1.3435	1.3791	1.4126	1.4443	1.4661	1.4851	1.5037	1.5165	1.5278	1.5472	1.5555	1.5630	1.5689	1.5729
10.50	1.3403	1.3983	1.4328	1.4658	1.4970	1.5187	1.5377	1.5564	1.5694	1.5808	1.6006	1.6090	1.6167	1.6226	1.6267
11.00	1.3961	1.4526	1.4860	1.5182	1.5490	1.5705	1.5894	1.6081	1.6211	1.6326	1.6526	1.6611	1.6687	1.6747	1.6789
11.50	1.4515	1.5065	1.5387	1.5701	1.6002	1.6214	1.6401	1.6587	1.6718	1.6833	1.7034	1.7118	1.7195	1.7254	1.7296
12.00	1.5067	1.5601	1.5910	1.6214	1.6509	1.6717	1.6901	1.7085	1.7215	1.7330	1.7530	1.7613	1.7689	1.7749	1.7790
12.50	1.5616	1.6133	1.6429	1.6721	1.7010	1.7213	1.7393	1.7575	1.7704	1.7817	1.8015	1.8097	1.8172	1.8231	1.8271
13.00	1.6163	1.6662	1.6944	1.7224	1.7505	1.7704	1.7879	1.8057	1.8184	1.8295	1.8489	1.8569	1.8644	1.8701	1.8742
13.50	1.6708	1.7188	1.7456	1.7722	1.7995	1.8188	1.8358	1.8532	1.8656	1.8765	1.8954	1.9032	1.9105	1.9161	1.9201
14.00	1.7250	1.7711	1.7965	1.8216	1.8480	1.8667	1.8830	1.9001	1.9121	1.9227	1.9410	1.9485	1.9556	1.9612	1.9651
14.50	1.7791	1.8232	1.8470	1.8706	1.8960	1.9142	1.9298	1.9463	1.9580	1.9681	1.9858	1.9920	1.9998	2.0053	2.0091
15.00	1.8330	1.8750	1.8973	1.9192	1.9436	1.9612	1.9760	1.9920	2.0032	2.0128	2.0298	2.0364	2.0432	2.0485	2.0523
15.50	1.8867	1.9266	1.9472	1.9675	1.9909	2.0077	2.0217	2.0372	2.0478	2.0570	2.0730	2.0792	2.0857	2.0910	2.0946
16.00	1.9402	1.9780	1.9970	2.0154	2.0377	2.0538	2.0669	2.0818	2.0918	2.1005	2.1155	2.1212	2.1275	2.1326	2.1362
16.50	1.9936	2.0292	2.0465	2.0631	2.0842	2.0996	2.1117	2.1260	2.1353	2.1434	2.1574	2.1626	2.1686	2.1736	2.1770
17.00	2.0469	2.0802	2.0958	2.1104	2.1303	2.1450	2.1561	2.1697	2.1783	2.1858	2.1987	2.2032	2.2090	2.2138	2.2172
17.50	2.1000	2.1311	2.1449	2.1575	2.1762	2.1900	2.2000	2.2131	2.2209	2.2276	2.2394	2.2433	2.2488	2.2535	2.2567
18.00	2.1530	2.1817	2.1937	2.2043	2.2217	2.2347	2.2437	2.2560	2.2630	2.2690	2.2795	2.2828	2.2880	2.2925	2.2956
18.50	2.2059	2.2323	2.2424	2.2509	2.2670	2.2791	2.2869	2.2985	2.3046	2.3100	2.3191	2.3217	2.3266	2.3309	2.3339
19.00	2.2587	2.2826	2.2909	2.2973	2.3120	2.3233	2.3299	2.3407	2.3459	2.3505	2.3582	2.3600	2.3646	2.3688	2.3717
19.50	2.3113	2.3329	2.3393	2.3434	2.3567	2.3671	2.3725	2.3825	2.3868	2.3906	2.3969	2.3979	2.4022	2.4062	2.4089

续表

拟对比温度（$B=5.0$） $\int_{0.2}^{p_{pr}} \frac{(z/p_{pr})dp_{pr}}{1+B(z/p_{pr})^2}$

p_{pr}	1.1	1.2	1.3	1.4	1.5	1.6	1.7	1.8	1.9	2.0	2.2	2.4	2.6	2.8	3.0
20.00	2.3639	2.3830	2.3875	2.3893	2.4012	2.4107	2.4148	2.4241	2.4273	2.4303	2.4350	2.4353	2.4392	2.4431	2.4456
20.50	2.4164	2.4329	2.4355	2.4350	2.4455	2.4541	2.4568	2.4653	2.4675	2.4696	2.4728	2.4723	2.4758	2.4795	2.4819
21.00	2.4688	2.4828	2.4834	2.4306	2.4895	2.4972	2.4986	2.5062	2.5074	2.5086	2.5101	2.5088	2.5119	2.5155	2.5177
21.50	2.5210	2.5325	2.5311	2.5259	2.5333	2.5400	2.5401	2.5468	2.5470	2.5472	2.5471	2.5449	2.5477	2.5510	2.5531
22.00	2.5733	2.5822	2.5788	2.5711	2.5770	2.5827	2.5814	2.5872	2.5862	2.5855	2.5837	2.5806	2.5830	2.5861	2.5881
22.50	2.6254	2.6317	2.6263	2.6161	2.6204	2.6252	2.6224	2.6273	2.6252	2.6235	2.6199	2.6159	2.6179	2.6209	2.6226
23.00	2.6774	2.6811	2.6736	2.6610	2.6637	2.6674	2.6632	2.6672	2.6639	2.6612	2.6558	2.6508	2.6524	2.6552	2.6568
23.50	2.7294	2.7304	2.7209	2.7057	2.7068	2.7095	2.7038	2.7068	2.7023	2.6986	2.6913	2.6854	2.5866	2.6892	2.6906
24.00	2.7813	2.7796	2.7680	2.7503	2.7497	2.7514	2.7441	2.7462	2.7405	2.7357	2.7266	2.7197	2.7204	2.7229	2.7241
24.50	2.8332	2.8288	2.8151	2.7947	2.7924	2.7981	2.7843	2.7854	2.7784	2.7726	2.7615	2.7536	2.7540	2.7562	2.7573
25.00	2.8849	2.8778	2.8620	2.8390	2.8351	2.8346	2.8243	2.8244	2.8161	2.8092	2.7961	2.7872	2.7872	2.7892	2.7901
25.50	2.9367	2.9268	2.9088	2.8832	2.8775	2.8760	2.8640	2.8532	2.8536	2.8456	2.8305	2.8205	2.8200	2.8219	2.8226
26.00	2.9883	2.9757	2.9556	2.9272	2.9198	2.9172	2.9037	2.9018	2.8908	2.8818	2.8646	2.8536	2.8526	2.8543	2.8548
26.50	3.0399	3.0245	3.0022	2.9711	2.9620	2.9583	2.9431	2.9402	2.9279	2.9177	2.8985	2.8864	2.8850	2.8864	2.8867
27.00	3.0915	3.0733	3.0488	3.0149	3.0040	2.9993	2.9824	2.9785	2.9648	2.9534	2.9320	2.9189	2.9170	2.9182	2.9184
27.50	3.1429	3.1220	3.0953	3.0586	3.0459	3.0400	3.0215	3.0165	3.0014	2.9889	2.9654	2.9512	2.9488	2.9498	2.9497
28.00	3.1944	3.1706	3.1417	3.1022	3.0877	3.0807	2.0604	3.0544	3.0379	3.0242	2.9985	2.9832	2.9803	2.9811	2.9809
28.50	3.2458	3.2191	3.1880	3.1457	3.1294	3.1212	3.0992	3.0922	3.0742	3.0593	3.0314	3.0149	3.0116	3.0122	3.0117
29.00	3.2971	3.2676	3.2343	3.1891	3.1710	3.1616	3.1379	3.1297	3.1103	3.0942	3.0641	3.0465	3.0426	3.0430	3.0424
29.50	3.3484	3.3160	3.2804	3.2324	3.2124	3.2019	3.1764	3.1672	3.1463	3.1289	3.0966	3.0778	3.0735	3.0736	3.0728
30.00	3.3997	3.3644	3.3265	3.2756	3.2537	3.2421	3.2148	3.2045	3.1821	3.1635	3.1288	3.1089	3.1040	3.1040	3.1029

续表

拟对比温度（$B=10.0$） $\int_{0.2}^{p_{pr}} \frac{(z/p_{pr})\mathrm{d}p_{pr}}{1+B(z/p_{pr})^2}$

p_{pr}	1.1	1.2	1.3	1.4	1.5	1.6	1.7	1.8	1.9	2.0	2.2	2.4	2.6	2.8	3.0
0.20	0.0000	0.0000	0.0000	0.0000	0.0000	0.0000	0.0000	0.0000	0.0000	0.0000	0.0000	0.0000	0.0000	0.0000	0.0000
0.50	0.0115	0.0112	0.0110	0.0108	0.0107	0.0107	0.0106	0.0105	0.0105	0.0105	0.0104	0.0104	0.0104	0.0103	0.0103
1.00	0.0561	0.0525	0.0507	0.0494	0.0486	0.0479	0.0474	0.0470	0.0468	0.0465	0.0462	0.0460	0.0458	0.0456	0.0455
1.50	0.1292	0.1187	0.1132	0.1098	0.1074	0.1056	0.1041	0.1031	0.1024	0.1018	0.1009	0.1003	0.0997	0.0994	0.0990
2.00	0.2028	0.1968	0.1891	0.1837	0.1797	0.1767	0.1743	0.1725	0.1713	0.1703	0.1687	0.1676	0.1667	0.1660	0.1653
2.50	0.2684	0.2723	0.2677	0.2624	0.2578	0.2543	0.2513	0.2490	0.2475	0.2461	0.2440	0.2426	0.2413	0.2403	0.2394
3.00	0.3300	0.3422	0.3427	0.3399	0.3364	0.3332	0.3302	0.3278	0.3263	0.3248	0.3225	0.3210	0.3195	0.3184	0.3174
3.50	0.3897	0.4080	0.4130	0.4135	0.4123	0.4102	0.4080	0.4061	0.4047	0.4035	0.4014	0.3999	0.3985	0.3974	0.3964
4.00	0.4485	0.4708	0.4793	0.4832	0.4846	0.4841	0.4830	0.4820	0.4812	0.4803	0.4787	0.4776	0.4764	0.4755	0.4746
4.50	0.5065	0.5315	0.5423	0.5492	0.5533	0.5545	0.5547	0.5549	0.5549	0.5546	0.5538	0.5532	0.5523	0.5517	0.5511
5.00	0.5638	0.5904	0.6029	0.6122	0.6189	0.6217	0.6233	0.6248	0.6256	0.6260	0.6262	0.6263	0.6258	0.6256	0.6252
5.50	0.6204	0.6480	0.6617	0.6729	0.6818	0.6861	0.6891	0.6919	0.6934	0.6946	0.6959	0.6967	0.6967	0.6968	0.6967
6.00	0.6765	0.7045	0.7190	0.7316	0.7424	0.7481	0.7522	0.7563	0.7586	0.7605	0.7629	0.7645	0.7650	0.7654	0.7655
6.50	0.7321	0.7602	0.7752	0.7888	0.8010	0.8079	0.8131	0.8182	0.8214	0.8240	0.8273	0.8297	0.8307	0.8314	0.8317
7.00	0.7873	0.8153	0.8304	0.8447	0.8580	0.8659	0.8720	0.8781	0.8819	0.8852	0.8895	0.8925	0.8940	0.8950	0.8955
7.50	0.8421	0.8697	0.8846	0.8994	0.9134	0.9221	0.9290	0.9360	0.9404	0.9443	0.9494	0.9531	0.9550	0.9562	0.9568
8.00	0.8965	0.9236	0.9381	0.9531	0.9676	0.9770	0.9845	0.9921	0.9971	1.0015	1.0092	1.0115	1.0138	1.0152	1.0160
8.50	0.9506	0.9769	0.9909	1.0059	1.0207	1.0305	1.0385	1.0467	1.0522	1.0569	1.0653	1.0681	1.0706	1.0723	1.0732
9.00	1.0043	1.0296	1.0431	1.0580	1.0729	1.0829	1.0912	1.0999	1.1057	1.1108	1.1197	1.1228	1.1256	1.1275	1.1286
9.50	1.0575	1.0819	1.0947	1.1094	1.1242	1.1342	1.1428	1.1518	1.1579	1.1633	1.1726	1.1760	1.1790	1.1810	1.1822

$$\int_{0.2}^{p_{pr}} \frac{(z/p_{pr})\mathrm{d}p_{pr}}{1+B(z/p_{pr})^2}$$

拟对比温度（$B=10.0$）

p_{pr}	1.1	1.2	1.3	1.4	1.5	1.6	1.7	1.8	1.9	2.0	2.2	2.4	2.6	2.8	3.0
10.00	1.1104	1.1338	1.1458	1.1601	1.1747	1.1847	1.1935	1.2027	1.2090	1.2145	1.2242	1.2278	1.2309	1.2331	1.2343
10.50	1.1630	1.1852	1.1964	1.2102	1.2245	1.2344	1.2432	1.2525	1.2589	1.2645	1.2746	1.2783	1.2814	1.2836	1.2850
11.00	1.2153	1.2363	1.2466	1.2598	1.2736	1.2834	1.2920	1.3013	1.3078	1.3135	1.3238	1.3275	1.3307	1.3329	1.3343
11.50	1.2674	1.2871	1.2964	1.3089	1.3222	1.3317	1.3402	1.3494	1.3559	1.3616	1.3719	1.3756	1.3788	1.3810	1.3824
12.00	1.3192	1.3376	1.3458	1.3574	1.3702	1.3794	1.3876	1.3967	1.4032	1.4088	1.4190	1.4227	1.4258	1.4280	1.4294
12.50	1.3708	1.3877	1.3949	1.4056	1.4178	1.4266	1.4345	1.4433	1.4497	1.4552	1.4653	1.4688	1.4719	1.4740	1.4753
13.00	1.4222	1.4377	1.4437	1.4533	1.4649	1.4733	1.4807	1.4893	1.4955	1.5008	1.5106	1.5140	1.5169	1.5139	1.5202
13.50	1.4734	1.4873	1.4921	1.5006	1.5115	1.5194	1.5264	1.5346	1.5406	1.5457	1.5551	1.5582	1.5611	1.5630	1.5642
14.00	1.5244	1.5368	1.5403	1.5476	1.5577	1.5652	1.5716	1.5794	1.5851	1.5899	1.5988	1.6016	1.6043	1.6062	1.6074
14.50	1.5753	1.5860	1.5883	1.5942	1.6035	1.6104	1.6163	1.6237	1.6290	1.6335	1.6417	1.6443	1.6468	1.6486	1.6497
15.00	1.6261	1.6351	1.6360	1.6405	1.6490	1.6553	1.6605	1.6575	1.6723	1.6764	1.6840	1.6862	1.6885	1.6902	1.6912
15.50	1.6767	1.6839	1.6835	1.6865	1.6941	1.6999	1.7043	1.7108	1.7151	1.7811	1.7256	1.7274	1.7296	1.7311	1.7320
16.00	1.7271	1.7326	1.7308	1.7323	1.7389	1.7440	1.7477	1.7537	1.7575	1.7607	1.7666	1.7679	1.7699	1.7713	1.7722
16.50	1.7775	1.7811	1.7778	1.7778	1.7834	1.7878	1.7906	1.7961	1.7993	1.8020	1.8070	1.8078	1.8096	1.8109	1.8116
17.00	1.8277	1.8294	1.8247	1.8230	1.8275	1.8314	1.8333	1.8382	1.8407	1.8429	1.8469	1.8472	1.8487	1.8499	1.8505
17.50	1.8778	1.8777	1.8714	1.8680	1.8714	1.8746	1.8756	1.8799	1.8818	1.8833	1.8862	1.8859	1.8872	1.8883	1.8888
18.00	1.9278	1.9257	1.9179	1.9127	1.9151	1.9175	1.9175	1.9212	1.9224	1.9232	1.9251	1.9242	1.9252	1.9261	1.9265
18.50	1.9777	1.9737	1.9643	1.9573	1.9585	1.9602	1.9592	1.9622	1.9626	1.9628	1.9634	1.9619	1.9626	1.9634	1.9637
19.00	2.0276	2.0215	2.0105	2.0017	2.0016	2.0026	2.0005	2.0029	2.0025	2.0020	2.0013	1.9992	1.9996	2.0002	2.0004
19.50	2.0773	2.0692	2.0566	2.0458	2.0446	2.0447	2.0416	2.0433	2.0420	2.0408	2.0388	2.0359	2.0360	2.0365	2.0366

续表

拟对比温度（B=10.0）　$\int_{0.2}^{p_{pr}} \frac{(z/p_{pr})dp_{pr}}{1+B(z/p_{pr})^2}$

p_{pr}	1.1	1.2	1.3	1.4	1.5	1.6	1.7	1.8	1.9	2.0	2.2	2.4	2.6	2.8	3.0
20.00	2.1269	2.1167	2.1026	2.0898	2.0873	2.0867	2.0824	2.0833	2.0812	2.0792	2.0759	2.0723	2.0721	2.0724	2.0723
20.50	2.1765	2.1642	2.1484	2.1336	2.1298	2.1284	2.1229	2.1232	2.1201	2.1173	2.1126	2.1082	2.1077	2.1079	2.1077
21.00	2.2260	2.2116	2.1941	2.1773	2.1722	2.1699	2.1632	2.1627	2.1587	2.1551	2.1489	2.1438	2.1429	2.1429	2.1425
21.50	2.2754	2.2588	2.2396	2.2207	2.2143	2.2112	2.2033	2.2020	2.1970	2.1926	2.1848	2.1789	2.1777	2.1775	2.1770
22.00	2.3248	2.3060	2.2851	2.2641	2.2563	2.2523	2.2432	2.2411	2.2350	2.2298	2.2204	2.2137	2.2121	2.2118	2.2111
22.50	2.3741	2.3531	2.3304	2.3073	2.2981	2.2932	2.2828	2.2799	2.2728	2.2667	2.2557	2.2481	2.2462	2.2457	2.2449
23.00	2.4233	2.4001	2.3757	2.3503	2.3397	2.3340	2.3222	2.3185	2.3103	2.3033	2.2906	2.2822	2.2799	2.2792	2.2783
23.50	2.4725	2.4470	2.4208	2.3932	2.3812	2.3745	2.3615	2.3569	2.3476	2.3397	2.3253	2.3160	2.3133	2.3124	2.3113
24.00	2.5216	2.4938	2.4659	2.4360	2.4226	2.4149	2.4005	2.3951	2.3847	2.3758	2.3597	2.3494	2.3463	2.3453	2.3440
24.50	2.5706	2.5406	2.5108	2.4787	2.4637	2.4552	2.4394	2.4331	2.4215	2.4117	2.3937	2.3826	2.3791	2.3779	2.3765
25.00	2.6196	2.5873	2.5557	2.5212	2.5048	2.4953	2.4761	2.4709	2.4581	2.4473	2.4275	2.4155	2.4115	2.4102	2.4086
25.50	2.6685	2.6339	2.6005	2.5637	2.5457	2.5353	2.5166	2.5085	2.4946	2.4827	2.4611	2.4481	2.4437	2.4422	2.4404
26.00	2.7174	2.6805	2.6452	2.6060	2.5865	2.5751	2.5550	2.5459	2.5308	2.5179	2.4944	2.4804	2.4756	2.4739	2.4719
26.50	2.7663	2.7269	2.6898	2.6482	2.6272	2.6148	2.5932	2.5832	2.5668	2.5529	2.5275	2.5124	2.5073	2.5053	2.5032
27.00	2.8151	2.7734	2.7343	2.6904	2.6677	2.6543	2.6312	2.6203	2.6027	2.5877	2.5603	2.5443	2.5386	2.5365	2.5342
27.50	2.8638	2.8197	2.7788	2.7324	2.7082	2.6938	2.6691	2.6573	2.6384	2.6223	2.5929	2.5758	2.5698	2.5675	2.5650
28.00	2.9125	2.8660	2.8232	2.7743	2.7485	2.7331	2.7069	2.6941	2.6739	2.6567	2.6253	2.6072	2.6007	2.5982	2.5955
28.50	2.9612	2.9123	2.8675	2.8162	2.7887	2.7723	2.7446	2.7307	2.7092	2.6909	2.6575	2.6383	2.6314	2.6286	2.6258
29.00	3.0098	2.9585	2.9118	2.8579	2.8288	2.8114	2.7821	2.7673	2.7444	2.7250	2.6895	2.6692	2.6618	2.6589	2.6558
29.50	3.0584	3.0046	2.9560	2.8996	2.8689	2.8504	2.8194	2.8036	2.7794	2.7589	2.7212	2.6999	2.6920	2.6889	2.6857
30.00	3.1069	3.0507	3.0001	2.9412	2.9088	2.8892	2.8567	2.8399	2.8143	2.7926	2.7528	2.7304	2.7221	2.7187	2.7153

	拟对比温度（$B=15.0$）							$\int_{0.2}^{p_{pr}} \frac{(z/p_{pr})dp_{pr}}{1+B(z/p_{pr})^2}$							
p_{pr}	1.1	1.2	1.3	1.4	1.5	1.6	1.7	1.8	1.9	2.0	2.2	2.4	2.6	2.8	3.0
0.20	0.0000	0.0000	0.0000	0.0000	0.0000	0.0000	0.0000	0.0000	0.0000	0.0000	0.0000	0.0000	0.0000	0.0000	0.0000
0.50	0.0077	0.0075	0.0074	0.0073	0.0072	0.0071	0.0071	0.0071	0.0070	0.0070	0.0070	0.0070	0.0069	0.0069	0.0069
1.00	0.0385	0.0359	0.0345	0.0336	0.0330	0.0325	0.0322	0.0319	0.0317	0.0316	0.0313	0.0311	0.0310	0.0309	0.0308
1.50	0.0939	0.0838	0.0793	0.0765	0.0746	0.0732	0.0721	0.0713	0.0708	0.0703	0.0696	0.0692	0.0687	0.0685	0.0682
2.00	0.1571	0.1453	0.1371	0.1319	0.1282	0.1257	0.1236	0.1220	0.1211	0.1202	0.1189	0.1180	0.1172	0.1167	0.1161
2.50	0.2162	0.2093	0.2008	0.1943	0.1892	0.1857	0.1827	0.1804	0.1790	0.1777	0.1758	0.1745	0.1733	0.1724	0.1716
3.00	0.2725	0.2710	0.2648	0.2587	0.2533	0.2493	0.2458	0.2431	0.2413	0.2397	0.2374	0.2357	0.2342	0.2331	0.2320
3.50	0.3275	0.3302	0.3267	0.3222	0.3176	0.3138	0.3102	0.3074	0.3055	0.3038	0.3012	0.2994	0.2978	0.2964	0.2952
4.00	0.3818	0.3874	0.3862	0.3837	0.3805	0.3774	0.3743	0.3717	0.3699	0.3683	0.3657	0.3639	0.3622	0.3608	0.3596
4.50	0.4355	0.4430	0.4435	0.4431	0.4415	0.4393	0.4369	0.4349	0.4335	0.4320	0.4298	0.4281	0.4265	0.4252	0.4240
5.00	0.4887	0.4975	0.4992	0.5004	0.5006	0.4994	0.4978	0.4966	0.4956	0.4945	0.4928	0.4914	0.4900	0.4888	0.4877
5.50	0.5413	0.5508	0.5535	0.5561	0.5579	0.5577	0.5570	0.5566	0.5561	0.5554	0.5543	0.5534	0.5522	0.5512	0.5503
6.00	0.5936	0.6034	0.6066	0.6103	0.6135	0.6143	0.6144	0.6149	0.6149	0.6147	0.6143	0.6138	0.6129	0.6121	0.6113
6.50	0.6454	0.6553	0.6590	0.6634	0.6676	0.6694	0.6703	0.6715	0.6720	0.6724	0.6726	0.6727	0.6721	0.6715	0.6708
7.00	0.6969	0.7068	0.7105	0.7155	0.7205	0.7230	0.7246	0.7265	0.7276	0.7284	0.7293	0.7299	0.7296	0.7291	0.7286
7.50	0.7482	0.7577	0.7613	0.7666	0.7722	0.7754	0.7776	0.7802	0.7817	0.7829	0.7844	0.7854	0.7855	0.7852	0.7848
8.00	2.7991	0.8082	0.8114	0.8170	0.8230	0.8266	0.8293	0.8324	0.8344	0.8360	0.8391	0.8395	0.8398	0.8397	0.8394
8.50	2.8497	0.8582	0.8611	0.8666	0.8729	0.8768	0.8799	0.8835	0.8858	0.8878	0.8914	0.8920	0.8926	0.8927	0.8925
9.00	0.9000	0.9078	0.9102	0.9157	0.9220	0.9261	0.9295	0.9334	0.9360	0.9382	0.9423	0.9432	0.9440	0.9442	0.9441
9.50	0.9500	0.9570	0.9588	0.9641	0.9704	0.9746	0.9782	0.9824	0.9852	0.9876	0.9920	0.9932	0.9941	0.9944	0.9944

续表

拟对比温度（$B=15.0$） $\int_{0.2}^{p_{pr}} \frac{(z/p_{pr})\mathrm{d}p_{pr}}{1+B(z/p_{pr})^2}$

p_{pr}	1.1	1.2	1.3	1.4	1.5	1.6	1.7	1.8	1.9	2.0	2.2	2.4	2.6	2.8	3.0
10.00	0.9998	1.0059	1.0071	1.0121	1.0181	1.0223	1.0260	1.0304	1.0334	1.0359	1.0407	1.0420	1.0430	1.0434	1.0435
10.50	1.0492	1.0544	1.0549	1.0595	1.0653	1.0694	1.0731	1.0776	1.0806	1.0833	1.0883	1.0897	1.0908	1.0913	1.0914
11.00	1.0985	1.1026	1.1024	1.1065	1.1119	1.1159	1.1195	1.1239	1.1271	1.1298	1.1349	1.1364	1.1375	1.1380	1.1381
11.50	1.1475	1.1506	1.1496	1.1530	1.1580	1.1618	1.1653	1.1696	1.1728	1.1755	1.1807	1.1822	1.1832	1.1837	1.1839
12.00	1.1963	1.1983	1.1964	1.1992	1.2037	1.2072	1.2105	1.2147	1.2178	1.2205	1.2256	1.2270	1.2281	1.2285	1.2287
12.50	1.2449	1.2458	1.2430	1.2449	1.2490	1.2522	1.2551	1.2592	1.2622	1.2648	1.2698	1.2711	1.2720	1.2724	1.2725
13.00	1.2934	1.2931	1.2893	1.2903	1.2939	1.2967	1.2993	1.3031	1.3060	1.3084	1.3131	1.3143	1.3152	1.3155	1.3156
13.50	1.3417	1.3402	1.3354	1.3354	1.3384	1.3408	1.3430	1.3465	1.3492	1.3514	1.3558	1.3567	1.3575	1.3578	1.3578
14.00	1.3899	1.3870	1.3812	1.3862	1.3825	1.3845	1.3862	1.3894	1.3918	1.3938	1.3977	1.3984	1.3991	1.3993	1.3992
14.50	1.4380	1.4337	1.4268	1.4247	1.4263	1.4278	1.4290	1.4319	1.4339	1.4356	1.4390	1.4395	1.4400	1.4401	1.4400
15.00	1.4860	1.4803	1.4722	1.4689	1.4698	1.4708	1.4714	1.4739	1.4756	1.4769	1.4797	1.4798	1.4802	1.4802	1.4800
15.50	1.5338	1.5266	1.5174	1.5129	1.5130	1.5135	1.5134	1.5155	1.5168	1.5177	1.5198	1.5196	1.5197	1.5197	1.5194
16.00	1.5815	1.5728	1.5625	1.5566	1.5559	1.5558	1.5551	1.5567	1.5575	1.5580	1.5594	1.5587	1.5587	1.5585	1.5582
16.50	1.6291	1.6189	1.6073	1.6001	1.5985	1.5979	1.5964	1.5976	1.5978	1.5979	1.5984	1.5973	1.5971	1.5968	1.5964
17.00	1.6766	1.6649	1.6520	1.6434	1.6409	1.6397	1.6374	1.6381	1.6378	1.6373	1.6370	1.6354	1.6350	1.6346	1.6341
17.50	1.7241	1.7107	1.6966	1.6865	1.6830	1.6812	1.6781	1.6783	1.6773	1.6764	1.6750	1.6730	1.6723	1.6718	1.6712
18.00	1.7714	1.7564	1.7410	1.7293	1.7249	1.7225	1.7186	1.7181	1.7166	1.7150	1.7127	1.7100	1.7091	1.7085	1.7078
18.50	1.8187	1.8020	1.7853	1.7720	1.7666	1.7635	1.7587	1.7577	1.7554	1.7533	1.7499	1.7466	1.7455	1.7447	1.7439
19.00	1.8659	1.8475	1.8294	1.8146	1.8081	1.8043	1.7986	1.7970	1.7940	1.7912	1.7866	1.7828	1.7814	1.7805	1.7796
19.50	1.9130	1.8929	1.8734	1.8569	1.8493	1.8449	1.8382	1.8360	1.8322	1.8288	1.8280	1.8186	1.8169	1.8158	1.8148

拟对比温度（$B=15.0$） $\int_{0.2}^{p_{pr}} \frac{(z/p_{pr})\mathrm{d}p_{pr}}{1+B(z/p_{pr})^2}$

p_{pr}	1.1	1.2	1.3	1.4	1.5	1.6	1.7	1.8	1.9	2.0	2.2	2.4	2.6	2.8	3.0
20.00	1.9600	1.9382	1.9173	1.8991	1.8904	1.8853	1.8776	1.8747	1.8702	1.8661	1.8590	1.8540	1.8519	1.8508	1.8496
20.50	2.0070	1.9834	1.9611	1.9412	1.9314	1.9255	1.9168	1.9132	1.9079	1.9031	1.8947	1.8889	1.8866	1.8853	1.8840
21.00	2.0539	2.0285	2.0048	1.9831	1.9721	1.9655	1.9557	1.9515	1.9453	1.9397	1.9300	1.9235	1.9209	1.9195	1.9180
21.50	2.1007	2.0736	2.0484	2.0248	2.0127	2.0054	1.9944	1.9895	1.9824	1.9761	1.9650	1.9578	1.9549	1.9532	1.9517
22.00	2.1475	2.1185	2.0918	2.0665	2.0531	2.0450	2.0330	2.0273	2.0193	2.0122	1.9997	1.9917	1.9884	1.9867	1.9850
22.50	2.1943	2.1634	2.1352	2.1080	2.0934	2.0845	2.0713	2.0649	2.0560	2.0481	2.0341	2.0253	2.0217	2.0198	2.0179
23.00	2.2410	2.2082	2.1785	2.1494	2.1335	2.1239	2.1095	2.1024	2.0924	2.0837	2.0681	2.0586	2.0546	2.0525	2.0506
23.50	2.2876	2.2529	2.2217	2.1906	2.1735	2.1631	2.1475	2.1396	2.1286	2.1191	2.1019	2.0916	2.0872	2.0850	2.0829
24.00	2.3342	2.2976	2.2648	2.2318	2.2134	2.2021	2.1853	2.1766	2.1646	2.1542	2.1355	2.1242	2.1196	2.1171	2.1149
24.50	2.3807	2.3422	2.3079	2.2728	2.2531	2.2410	2.2229	2.2135	2.2005	2.1891	2.1687	2.1567	2.1516	2.1490	2.1466
25.00	2.4272	2.3867	2.3509	2.3138	2.2927	2.2798	2.2604	2.2502	2.2361	2.2238	2.2017	2.1888	2.1834	2.1806	2.1780
25.50	2.4736	2.4312	2.3937	2.3546	2.3322	2.3184	2.2978	2.2867	2.2715	2.2583	2.2345	2.2207	2.2149	2.2119	2.2092
26.00	2.5200	2.4756	2.4366	2.3953	2.3716	2.3569	2.3350	2.3230	2.3067	2.2927	2.2671	2.2523	2.2461	2.2430	2.2401
26.50	2.5664	2.5200	2.4793	2.4360	2.4109	2.3953	2.3720	2.3592	2.3418	2.3268	2.2994	2.2837	2.2771	2.2738	2.2707
27.00	2.6127	2.5643	2.5220	2.4766	2.4501	2.4336	2.4089	2.3953	2.3767	2.3607	2.3315	2.3149	2.3078	2.3044	2.3011
27.50	2.6590	2.6086	2.5646	2.5170	2.4891	2.4718	2.4457	2.4312	2.4115	2.3944	2.3634	2.3458	2.3384	2.3347	2.3313
28.00	2.7053	2.6528	2.6072	2.5574	2.5281	2.5098	2.4824	2.4670	2.4460	2.4280	2.3951	2.3765	2.3687	2.3648	2.3612
28.50	2.7515	2.6969	2.6497	2.5977	2.5669	2.5478	2.5189	2.5026	2.4805	2.4614	2.4266	2.4070	2.3987	2.3947	2.3909
29.00	2.7977	2.7410	2.6921	2.6380	2.6057	2.5856	2.5553	2.5382	2.5148	2.4947	2.4579	2.4373	2.4286	2.4244	2.4205
29.50	2.8438	2.7851	2.7345	2.6781	2.6444	2.6234	2.5916	2.5736	2.5489	2.5278	2.4890	2.4674	2.4583	2.4538	2.4497
30.00	2.8899	2.8291	2.7769	2.7182	2.6830	2.6610	2.6278	2.6088	2.5829	2.5607	2.5200	2.4974	2.4878	2.4831	2.4788

续表

拟对比温度（$B=25.0$） $\int_{0.2}^{p_{pr}} \frac{(z/p_{pr})\mathrm{d}p_{pr}}{1+B(z/p_{pr})^2}$

p_{pr}	1.1	1.2	1.3	1.4	1.5	1.6	1.7	1.8	1.9	2.0	2.2	2.4	2.6	2.8	3.0
0.20	0.0000	0.0000	0.0000	0.0000	0.0000	0.0000	0.0000	0.0000	0.0000	0.0000	0.0000	0.0000	0.0000	0.0000	0.0000
0.50	0.0058	0.0056	0.0055	0.0055	0.0054	0.0054	0.0053	0.0053	0.0053	0.0053	0.0052	0.0052	0.0052	0.0052	0.0052
1.00	0.0294	0.0272	0.0262	0.0255	0.0250	0.0246	0.0243	0.0241	0.0240	0.0239	0.0237	0.0236	0.0235	0.0234	0.0233
1.50	0.0740	0.0649	0.0610	0.0587	0.0572	0.0561	0.0551	0.0545	0.0541	0.0537	0.0532	0.0528	0.0525	0.0522	0.0520
2.00	0.1295	0.1156	0.1077	0.1030	0.0998	0.0976	0.0958	0.0945	0.0937	0.0930	0.0918	0.0911	0.0905	0.0900	0.0895
2.50	0.1832	0.1712	0.1614	0.1547	0.1498	0.1465	0.1438	0.1417	0.1404	0.1393	0.1376	0.1364	0.1354	0.1346	0.1339
3.00	0.2350	0.2264	0.2172	0.2099	0.2040	0.1999	0.1964	0.1937	0.1920	0.1904	0.1882	0.1867	0.1853	0.1842	0.1832
3.50	0.2860	0.2801	0.2725	0.2657	0.2597	0.2553	0.2514	0.2484	0.2463	0.2445	0.2419	0.2401	0.2384	0.2371	0.2359
4.00	0.3365	0.3326	0.3264	0.3208	0.3154	0.3111	0.3073	0.3041	0.3020	0.3000	0.2972	0.2952	0.2934	0.2919	0.2906
4.50	0.3865	0.3841	0.3790	0.3747	0.3703	0.3664	0.3629	0.3599	0.3578	0.3559	0.3531	0.3510	0.3492	0.3476	0.3462
5.00	0.4360	0.4346	0.4305	0.4273	0.4240	0.4208	0.4177	0.4151	0.4132	0.4114	0.4088	0.4068	0.4050	0.4034	0.4021
5.50	0.4852	0.4843	0.4809	0.4787	0.4765	0.4740	0.4714	0.4594	0.4678	0.4662	0.4639	0.4622	0.4604	0.4589	0.4577
6.00	0.5341	0.5335	0.5305	0.5291	0.5279	0.5261	0.5241	0.5226	0.5213	0.5201	0.5182	0.5167	0.5151	0.5137	0.5125
6.50	0.5827	0.5821	0.5794	0.5786	0.5783	0.5771	0.5756	0.5747	0.5738	0.5729	0.5714	0.5703	0.5689	0.5676	0.5665
7.00	0.6310	0.6304	0.6277	0.6274	0.6276	0.6270	0.6261	0.6257	0.6252	0.6246	0.6236	0.6228	0.6216	0.6205	0.6194
7.50	0.6791	0.6782	0.6755	0.6754	0.6761	0.6760	0.6755	0.6756	0.6754	0.6752	0.6746	0.6741	0.6732	0.6722	0.6712
8.00	0.7269	0.7257	0.7227	0.7228	0.7238	0.7241	0.7240	0.7245	0.7247	0.7247	0.7251	0.7244	0.7237	0.7227	0.7219
8.50	0.7745	0.7728	0.7695	0.7696	0.7708	0.7714	0.7716	0.7725	0.7729	0.7732	0.7740	0.7735	0.7730	0.7227	0.7714
9.00	0.8219	0.8196	0.8159	0.8160	0.8172	0.8179	0.8184	0.8195	0.8202	0.8207	0.8218	0.8216	0.8212	0.8205	0.8198
9.50	0.8690	0.8661	0.8620	0.8618	0.8631	0.8638	0.8644	0.8658	0.8666	0.8673	0.8687	0.8687	0.8684	0.8678	0.8672

$$\int_{0.2}^{p_{pr}} \frac{(z/p_{pr})\mathrm{d}p_{pr}}{1+B(z/p_{pr})^2}$$

p_{pr}	拟对比温度（$B=25.0$） 1.1	1.2	1.3	1.4	1.5	1.6	1.7	1.8	1.9	2.0	2.2	2.4	2.6	2.8	3.0
10.00	0.9159	0.9123	0.9077	0.9073	0.9083	0.9091	0.9098	0.9113	0.9123	0.9131	0.9147	0.9148	0.9146	0.9141	0.9135
10.50	0.9626	0.9582	0.9530	0.9523	0.9531	0.9538	0.9545	0.9561	0.9571	0.9580	0.9599	0.9601	0.9599	0.9595	0.9589
11.00	1.0091	1.0039	0.9981	0.9969	0.9975	0.9980	0.9987	1.0002	1.0014	1.0023	1.0043	1.0045	1.0043	1.0039	1.0034
11.50	1.0554	1.0494	1.0429	1.0412	1.0414	1.0418	1.0423	1.0438	1.0450	1.0459	1.0479	1.0481	1.0479	1.0475	1.0470
12.00	1.1016	1.0946	1.0874	0.0851	1.0849	1.0851	1.0855	1.0868	1.0879	1.0888	1.0908	1.0909	1.0908	1.0903	1.0898
12.50	1.1476	1.1397	1.1317	1.1288	1.1282	1.1280	1.1282	1.1294	1.1304	1.1312	1.1331	1.1331	1.1328	1.1323	1.1318
13.00	1.1935	1.1846	1.1758	1.1721	1.1710	1.1706	1.1704	1.1714	1.1723	1.1730	1.1746	1.1745	1.1742	1.1736	1.1731
13.50	1.2392	1.2293	1.2197	1.2151	1.2136	1.2128	1.2122	1.2130	1.2137	1.2142	1.2156	1.2153	1.2149	1.2143	1.2136
14.00	1.2849	1.2739	1.2633	1.2579	1.2558	1.2547	1.2537	1.2542	1.2547	1.2549	1.2559	1.2554	1.2549	1.2542	1.2535
14.50	1.3304	1.3183	1.3068	1.3005	1.2977	1.2962	1.2948	1.2949	1.2952	1.2952	1.2957	1.2949	1.2943	1.2935	1.2928
15.00	1.3759	1.3625	1.3501	1.3428	1.3394	1.3375	1.3355	1.3353	1.3352	1.3349	1.3349	1.3339	1.3331	1.3322	1.3315
15.50	1.4212	1.4067	1.3933	1.3849	1.3808	1.3784	1.3759	1.3754	1.3749	1.3743	1.3736	1.3723	1.3713	1.3704	1.3695
16.00	1.4665	1.4507	1.4363	1.4267	1.4220	1.4191	1.4150	1.4151	1.4142	1.4132	1.4118	1.4101	1.4090	1.4080	1.4071
16.50	1.5116	1.4945	1.4792	1.4684	1.4629	1.4595	1.4558	1.4544	1.4531	1.4517	1.4496	1.4475	1.4462	1.4451	1.4441
17.00	1.5567	1.5383	1.5219	1.5099	1.5036	1.4997	1.4953	1.4935	1.4916	1.4898	1.4869	1.4844	1.4829	1.4817	1.4806
17.50	1.6017	1.5820	1.5645	1.5512	1.5441	1.5397	1.5345	1.5323	1.5298	1.5275	1.5238	1.5208	1.5191	1.5178	1.5166
18.00	1.6467	1.6256	1.6069	1.5924	1.5844	1.5794	1.5735	1.5708	1.5678	1.5649	1.5603	1.5568	1.5549	1.5534	1.5522
18.50	1.6916	1.6691	1.6493	1.6334	1.6245	1.6190	1.6123	1.6090	1.6054	1.6020	1.5964	1.5924	1.5902	1.5887	1.5873
19.00	1.7364	1.7125	1.6915	1.6742	1.6644	1.6583	1.6508	1.6470	1.6427	1.6388	1.6321	1.6275	1.6252	1.6235	1.6220
19.50	1.7811	1.7558	1.7336	1.7149	1.7042	1.6975	1.6891	1.6847	1.6797	1.6752	1.6675	1.6623	1.6597	1.6579	1.6563

续表

拟对比温度（$B=25.0$）　$\int_{0.2}^{p_{pr}} \frac{(z/p_{pr})dp_{pr}}{1+B(z/p_{pr})^2}$

p_{pr}	1.1	1.2	1.3	1.4	1.5	1.6	1.7	1.8	1.9	2.0	2.2	2.4	2.6	2.8	3.0
20.00	1.8258	1.7990	1.7757	1.7555	1.7438	1.7364	1.7271	1.7222	1.7165	1.7114	1.7025	1.6967	1.6938	1.6919	1.6902
20.50	1.8705	1.8421	1.8176	1.7959	1.7832	1.7752	1.7650	1.7595	1.7530	1.7473	1.7372	1.7308	1.7276	1.7256	1.7238
21.00	1.9150	1.8852	1.8594	1.8362	1.8225	1.8139	1.8027	1.7965	1.7893	1.7829	1.7716	1.7645	1.7611	1.7589	1.7570
21.50	1.9596	1.9282	1.9012	1.8763	1.8616	1.8523	1.8401	1.8334	1.8254	1.8183	1.8056	1.7979	1.7942	1.7918	1.7898
22.00	2.0041	1.9711	1.9429	1.9164	1.9006	1.8906	1.8774	1.8700	1.8612	1.8534	1.8394	1.8310	1.8270	1.8245	1.8223
22.50	2.0485	2.0140	1.9844	1.9563	1.9395	1.9288	1.9146	1.9065	1.8968	1.8882	1.8730	1.8638	1.8595	1.8568	1.8545
23.00	2.0929	2.0568	2.0259	1.9962	1.9782	1.9668	1.9516	1.9428	1.9322	1.9229	1.9062	1.8963	1.8916	1.8889	1.8864
23.50	2.1372	2.0995	2.0674	2.0359	2.0168	2.0047	1.9684	1.9789	1.9674	1.9573	1.9392	1.9286	1.9235	1.9206	1.9180
24.00	2.1815	2.1422	2.1087	2.0756	2.0553	2.0425	2.0250	2.0149	2.0025	1.9916	1.9719	1.9605	1.9551	1.9521	1.9493
24.50	2.2258	2.1849	2.1500	2.1151	2.0937	2.0801	2.0615	2.0507	2.0373	2.0256	2.0044	1.9922	1.9865	1.9832	1.9804
25.00	2.2700	2.2274	2.1912	2.1546	2.1319	2.1176	2.0979	2.0863	2.0719	2.0594	2.0367	2.0237	2.0176	2.0142	2.0112
25.50	2.3142	2.2700	2.2324	2.1939	2.1701	2.1550	2.1341	2.1218	2.1064	2.0930	2.0687	2.0549	2.0484	2.0449	2.0417
26.00	2.3584	2.3124	2.2735	2.2332	2.2082	2.1923	2.1702	2.1571	2.1408	2.1265	2.1005	2.0858	2.0790	2.0753	2.0720
26.50	2.4025	2.3549	2.3145	2.2724	2.2461	2.2295	2.2062	2.1923	2.1749	2.1598	2.1321	2.1166	2.1094	2.1055	2.1020
27.00	2.4466	2.3973	2.3565	2.3115	2.2840	2.2665	2.2420	2.2274	2.2089	2.1929	2.1636	2.1471	2.1395	2.1355	2.1318
27.50	2.4907	2.4396	2.3964	2.3505	2.3218	2.3035	2.2778	2.2623	2.2428	2.2258	2.1948	2.1774	2.1695	2.1652	2.1614
28.00	2.5347	2.4819	2.4373	2.3895	2.3595	2.3404	2.3134	2.2971	2.2765	2.2586	2.2258	2.2075	2.1992	2.1948	2.1908
28.50	2.5707	2.5243	2.4781	2.4204	2.3971	2.3772	2.3409	2.3110	2.3100	2.2912	2.2566	2.2375	2.2287	2.2241	2.2200
29.00	2.6228	2.5664	2.5189	2.4672	2.4146	2.4119	2.3848	2.3664	2.3435	2.3217	2.2873	2.2675	2.2580	2.2552	2.2600
29.50	2.6666	2.6085	2.5596	2.5060	2.4720	2.4504	2.4195	2.4008	2.3768	2.3560	2.3178	2.2967	2.2871	2.2822	2.2777
30.00	2.7106	2.6507	2.6003	2.5447	2.5094	2.4870	2.4547	2.4352	2.4100	2.3882	2.3481	2.3261	2.3161	2.3109	2.3063

$$\int_{0.2}^{p_{pr}} \frac{(z/p_{pr})\mathrm{d}p_{pr}}{1+B(z/p_{pr})^2}$$

p_{pr}	拟对比温度（$B=25.0$） 1.1	1.2	1.3	1.4	1.5	1.6	1.7	1.8	1.9	2.0	2.2	2.4	2.6	2.8	3.0
0.20	0.0000	0.0000	0.0000	0.0000	0.0000	0.0000	0.0000	0.0000	0.0000	0.0000	0.0000	0.0000	0.0000	0.0000	0.0000
0.50	0.0047	0.0045	0.0044	0.0044	0.0043	0.0043	0.0043	0.0042	0.0042	0.0042	0.0042	0.0042	0.0042	0.0042	0.0042
1.00	0.0237	0.0219	0.0211	0.0205	0.0201	0.0198	0.0196	0.0194	0.0193	0.0192	0.0191	0.0187	0.0189	0.0188	0.0187
1.50	0.0611	0.0529	0.0496	0.0477	0.0464	0.0454	0.0446	0.0441	0.0438	0.0435	0.0430	0.0427	0.0424	0.0422	0.0420
2.00	0.1106	0.0961	0.0888	0.0846	0.0818	0.0798	0.0783	0.0771	0.0764	0.0758	0.0749	0.0742	0.0737	0.0733	0.0729
2.50	0.1598	0.1453	0.1352	0.1287	0.1241	0.1211	0.1186	0.1168	0.1156	0.1146	0.1131	0.1121	0.1111	0.1104	0.1098
3.00	0.2079	0.1952	0.1846	0.1769	0.1711	0.1670	0.1637	0.1612	0.1596	0.1581	0.1561	0.1547	0.1534	0.1524	0.1515
3.50	0.2554	0.2444	0.2346	0.2267	0.2202	0.2156	0.2117	0.2087	0.2067	0.2049	0.2024	0.2007	0.1991	0.1978	0.1967
4.00	0.3025	0.2930	0.2840	0.2766	0.2702	0.2654	0.2613	0.2579	0.2557	0.2537	0.2508	0.2488	0.2470	0.2455	0.2442
4.50	0.3492	0.3408	0.3325	0.3260	0.3200	0.3154	0.3112	0.3078	0.3055	0.3034	0.3004	0.2982	0.2962	0.2946	0.2932
5.00	0.3957	0.3879	0.3803	0.3745	0.3693	0.3650	0.3610	0.3578	0.3555	0.3534	0.3503	0.3481	0.3461	0.3444	0.3429
5.50	0.4418	0.4345	0.4274	0.4223	0.4178	0.4139	0.4103	0.4073	0.4052	0.4031	0.4002	0.3980	0.3961	0.3963	0.3929
6.00	0.4878	0.4806	0.4739	0.4694	0.4656	0.4622	0.4589	0.4563	0.4543	0.4525	0.4498	0.4477	0.4458	0.4441	0.4428
6.50	0.5335	0.5263	0.5198	0.5158	0.5126	0.5097	0.5068	0.5045	0.5028	0.5012	0.4988	0.4969	0.4951	0.4935	0.4922
7.00	0.5790	0.5718	0.5653	0.5616	0.5589	0.5564	0.5539	0.5520	0.5506	0.5492	0.5471	0.5454	0.5437	0.5422	0.5409
7.50	0.6243	0.6169	0.6104	0.6069	0.6045	0.6024	0.6003	0.5987	0.5975	0.5964	0.5946	0.5932	0.5917	0.5902	0.5890
8.00	0.6694	0.6618	0.6550	0.6516	0.6495	0.6477	0.6459	0.6447	0.6437	0.6428	0.6415	0.6401	0.6388	0.6374	0.6362
8.50	0.7143	0.7063	0.6993	0.6960	0.6940	0.6924	0.6908	0.6899	0.6892	0.6884	0.6874	0.6862	0.6850	0.6837	0.6826
9.00	0.7591	0.7506	0.7433	0.7399	0.7380	0.7365	0.7351	0.7344	0.7338	0.7333	0.7325	0.7315	0.7304	0.7292	0.7282
9.50	0.8036	0.7946	0.7870	0.7834	0.7814	0.7800	0.7788	0.7783	0.7778	0.7774	0.7769	0.7760	0.7750	0.7739	0.7730

续表

拟对比温度（$B=25.0$）　$\int_{0.2}^{p_{pr}} \frac{(z/p_{pr})\mathrm{d}p_{pr}}{1+B(z/p_{pr})^2}$

p_{pr}	1.1	1.2	1.3	1.4	1.5	1.6	1.7	1.8	1.9	2.0	2.2	2.4	2.6	2.8	3.0
10.00	0.8480	0.8384	0.8303	0.8266	0.8245	0.8231	0.8219	0.8215	0.8212	0.8208	0.8205	0.8183	0.8189	0.8178	0.8169
10.50	0.8922	0.8820	0.8735	0.8695	0.8671	0.8657	0.8645	0.8641	0.8639	0.8636	0.8635	0.8628	0.8619	0.8609	0.8600
11.00	0.9362	0.9254	0.9163	0.9120	0.9094	0.9078	0.9056	0.9063	0.9061	0.9058	0.9058	0.9052	0.9043	0.9033	0.9024
11.50	0.9801	0.9686	0.9590	0.9542	0.9514	0.9496	0.9483	0.9479	0.9477	0.9475	0.9475	0.9468	0.9459	0.9449	0.9440
12.00	1.0239	1.0117	1.0014	0.9961	0.9930	0.9910	1.9896	0.9891	0.9889	0.9886	0.9885	0.9879	0.9869	0.9859	0.9850
12.50	1.0676	1.0545	1.0437	1.0378	1.0343	1.0321	1.0304	1.0298	1.0295	1.0292	1.0290	1.0283	1.0273	1.0262	1.0253
13.00	1.1111	1.0973	1.0857	1.0792	1.0753	1.0729	1.0709	1.0701	1.0698	1.0693	1.0689	1.0681	1.0670	1.0659	1.0650
13.50	1.1547	1.1398	1.1276	1.1204	1.1161	1.1134	1.1111	1.1101	1.1095	1.1089	1.1083	1.1073	1.1062	1.1050	1.1040
14.00	1.1979	1.1823	1.1693	1.1614	1.1566	1.1535	1.1509	1.1496	1.1489	1.1481	1.1472	1.1459	1.1447	1.1435	1.1425
14.50	1.2412	1.2246	1.2109	1.2021	1.1968	1.1934	1.1904	1.1889	1.1879	1.1868	1.1855	1.1840	1.1827	1.1815	1.1804
15.00	1.2844	1.2668	1.2523	1.2427	1.2368	1.2331	1.2296	1.2278	1.2265	1.2252	1.2234	1.2217	1.2202	1.2189	1.2177
15.50	1.3275	1.3089	1.2936	1.2830	1.2766	1.2725	1.2685	1.2663	1.2647	1.2631	1.2608	1.2588	1.2572	1.2558	1.2546
16.00	1.3705	1.3509	1.3347	1.3232	1.3161	2.3116	1.3071	1.3046	1.3026	1.3007	1.2978	1.2954	1.2937	1.2922	1.2909
16.50	1.4135	1.3928	1.3757	1.3632	1.3555	1.3505	1.3455	1.3426	1.3402	1.3379	1.3343	1.3316	1.3298	1.3291	1.3268
17.00	1.4564	1.4346	1.4166	1.4031	1.3947	1.3892	1.3836	1.3803	1.3775	1.3748	1.3705	1.3674	1.3653	1.3637	1.3623
17.50	1.4992	1.4763	1.4574	1.4428	1.4336	1.4278	1.4215	1.4178	1.4145	1.4114	1.4062	1.4028	1.4005	1.3987	1.3973
18.00	1.5420	1.5180	1.4981	1.4823	1.4724	1.4661	1.4591	1.4550	1.4512	1.4476	1.4417	1.4377	1.4353	1.4334	1.4318
18.50	1.5847	1.5595	1.5387	1.5217	1.5111	1.5042	1.4965	1.4920	1.4876	1.4835	1.4767	1.4723	1.4697	1.4677	1.4660
19.00	1.6274	1.6010	1.5792	1.5610	1.5496	1.5422	1.5338	1.5287	1.5238	1.5192	1.5114	1.5065	1.5036	1.5015	1.4998
19.50	1.6700	1.6424	1.6196	1.6002	1.5879	1.5800	1.5708	1.5653	1.5597	1.5546	1.5458	1.5404	1.5373	1.5351	1.5332

p_{pr}	拟对比温度（$B=25.0$） $\int_{0.2}^{p_{pr}} \frac{(z/p_{pr})\mathrm{d}p_{pr}}{1+B(z/p_{pr})^2}$														
	1.1	1.2	1.3	1.4	1.5	1.6	1.7	1.8	1.9	2.0	2.2	2.4	2.6	2.8	3.0
20.00	1.7126	1.6837	1.6599	1.6392	1.6261	1.6176	1.6076	1.6016	1.5954	1.5897	1.5799	1.5739	1.5706	1.5692	1.5663
20.50	1.7551	1.7250	1.7001	1.6781	1.6641	1.6551	1.6443	1.6377	1.6308	1.6246	1.6137	1.6071	1.6035	1.6011	1.5990
21.00	1.7975	1.7662	1.7403	1.7169	1.7020	1.6924	1.6808	1.6736	1.6660	1.6592	1.6472	1.6400	1.5362	1.6336	1.6314
21.50	1.8400	1.8073	1.7803	1.7556	1.7398	1.7296	1.7171	1.7094	1.7011	1.6936	1.6804	1.6726	1.5685	1.6658	1.6635
22.00	1.8824	1.8484	1.8203	1.7942	1.7775	1.7667	1.7532	1.7450	1.7359	1.7278	1.7134	1.7049	1.7005	1.6977	1.6953
22.50	1.9247	1.8895	1.8603	1.8327	1.8150	1.8036	1.7892	1.7804	1.7705	1.7617	1.7460	1.7370	1.7322	1.7293	1.7267
23.00	1.9670	1.9304	1.9001	1.8711	1.8524	1.8404	1.8251	1.8156	1.8049	1.7955	1.7785	1.7687	1.7637	1.7606	1.7579
23.50	2.0093	1.9714	1.9399	1.9094	1.8898	1.8771	1.8608	1.8507	1.8392	1.8290	1.8107	1.8002	1.7949	1.7916	1.7889
24.00	2.0516	2.0122	1.9797	1.9477	1.9270	1.9136	1.8964	1.8856	1.8733	1.8623	1.8427	1.8315	1.8258	1.8224	1.8195
24.50	2.0938	2.0531	2.0193	1.9858	1.9641	1.9501	1.9318	1.9204	1.9072	1.8955	1.8744	1.8625	1.8565	1.8530	1.8499
25.00	2.1360	2.0938	2.0590	2.0239	2.0011	1.9864	1.9671	1.9550	1.9409	1.9285	1.9060	1.8933	1.8870	1.8833	1.8801
25.50	2.1761	2.1346	2.0985	2.0618	2.0380	2.0226	2.0023	1.9895	1.9745	1.9613	1.9373	1.9238	1.9172	1.9133	1.9100
26.00	2.2202	2.1753	2.1380	2.0998	2.0749	2.0588	2.0373	2.0239	2.0079	1.9939	1.9684	2.9542	1.9472	1.9431	1.9397
26.50	2.2623	2.2159	2.1775	2.1376	2.1116	2.0948	2.0723	2.0581	2.0412	2.0264	1.9994	1.9843	1.9769	1.9728	1.9692
27.00	2.3044	2.2566	2.2169	2.1754	2.1483	2.1307	2.1071	2.0923	2.0744	2.0587	2.0301	2.0142	2.0065	2.0022	1.9984
27.50	2.3464	2.2971	2.2562	2.2131	2.1848	2.1666	2.1418	2.1263	2.1074	2.0909	2.0607	2.0440	2.0359	2.0314	2.0275
28.00	2.3885	2.3377	2.2955	2.2507	2.2213	2.2024	2.1764	2.1601	2.1403	2.1229	2.0911	2.0735	2.0650	2.0603	2.0563
28.50	2.4305	2.3782	2.3348	2.2883	2.2578	2.2380	2.2110	2.1939	2.1730	2.1548	2.1213	2.1028	2.0940	2.0891	2.0849
29.00	2.4724	2.4186	2.3740	2.3258	2.2941	2.2736	2.2454	2.2276	2.2056	2.1865	2.1513	2.1320	2.1228	2.1178	2.1134
29.50	2.5144	2.4951	2.4132	2.3632	2.3304	2.3091	2.2797	2.2611	2.2381	2.2181	2.1812	2.1610	2.1514	2.1462	2.1417
30.00	2.5563	2.4995	2.4523	2.4006	2.3666	2.3446	2.3139	2.2946	2.2705	2.2496	2.2110	2.1898	2.1798	2.1744	2.1698

续表

拟对比温度（$B=30.0$）　$\int_{0.2}^{p_{pr}} \frac{(z/p_{pr})\mathrm{d}p_{pr}}{1+B(z/p_{pr})^2}$

p_{pr}	1.1	1.2	1.3	1.4	1.5	1.6	1.7	1.8	1.9	2.0	2.2	2.4	2.6	2.8	3.0
0.20	0.0000	0.0000	0.0000	0.0000	0.0000	0.0000	0.0000	0.0000	0.0000	0.0000	0.0000	0.0000	0.0000	0.0000	0.0000
0.50	0.0039	0.0038	0.0037	0.0037	0.0036	0.0036	0.0036	0.0035	0.0035	0.0035	0.0035	0.0035	0.0035	0.0035	0.0035
1.00	0.0199	0.0184	0.0176	0.0172	0.0168	0.0166	0.0164	0.0162	0.0162	0.0161	0.0159	0.0158	0.0158	0.0157	0.0157
1.50	0.0521	0.0447	0.0418	0.0401	0.0390	0.0382	0.0375	0.0371	0.0368	0.0365	0.0361	0.0358	0.0356	0.0355	0.0353
2.00	0.0967	0.0823	0.0755	0.0718	0.0692	0.0676	0.0662	0.0652	0.0646	0.0640	0.0632	0.0626	0.0621	0.0618	0.0615
2.50	0.1422	0.1264	0.1164	0.1103	0.1060	0.1033	0.1010	0.0993	0.0963	0.0974	0.0960	0.0951	0.0943	0.0937	0.0931
3.00	0.1870	0.1719	0.1608	0.1531	0.1474	0.1436	0.1404	0.1381	0.1366	0.1353	0.1334	0.1321	0.1309	0.1300	0.1292
3.50	0.2314	0.2174	0.2063	0.1980	0.1914	0.1869	0.1831	0.1801	0.1782	0.1765	0.1741	0.1725	0.1710	0.1697	0.1687
4.00	0.2756	0.2625	0.2519	0.2436	0.2367	0.2318	0.2275	0.2242	0.2219	0.2199	0.2172	0.2152	0.2135	0.2120	0.2108
4.50	0.3195	0.3071	0.2970	0.2891	0.2823	0.2778	0.2729	0.2693	0.2669	0.2647	0.2617	0.2594	0.2575	0.2559	0.2545
5.00	0.3632	0.3513	0.3416	0.3343	0.3278	0.3229	0.3186	0.3149	0.3124	0.3101	0.3069	0.3046	0.3025	0.3008	0.2993
5.50	0.4067	0.3951	0.3858	0.3789	0.3729	0.3683	0.3641	0.3605	0.3580	0.3558	0.3525	0.3501	0.3480	0.3462	0.3448
6.00	0.4500	0.4386	0.4295	0.4230	0.4175	0.4132	0.4092	0.4059	0.4035	0.4013	0.3981	0.3957	0.3937	0.3919	0.3904
6.50	0.4931	0.4817	0.4728	0.4667	0.4616	0.4576	0.4539	0.4508	0.4486	0.4465	0.4435	0.4412	0.4392	0.4374	0.4359
7.00	0.5361	0.5247	0.5158	0.5099	0.5052	0.5015	0.4981	0.4952	0.4932	0.4913	0.4884	0.4863	0.4843	0.4826	0.4812
7.50	0.5789	0.5674	0.5584	0.5527	0.5483	0.5449	0.5417	0.5391	0.5372	0.5355	0.5329	0.5309	0.5291	0.5274	0.5260
8.00	0.6216	0.6098	0.6007	0.5951	0.5909	0.5877	0.5848	0.5824	0.5808	0.5792	0.5767	0.5749	0.5732	0.5716	0.5703
8.50	0.6642	0.6521	0.6428	0.6372	0.6331	0.6301	0.6273	0.6252	0.6237	0.6223	0.6200	0.6184	0.6168	0.6152	0.6139
9.00	0.7066	0.6941	0.6846	0.6789	0.6749	0.6719	0.6693	0.6674	0.6660	0.6647	0.6627	0.6612	0.6597	0.6582	0.6570
9.50	0.7488	0.7360	0.7261	0.7204	0.7163	0.7134	0.7109	0.7091	0.7078	0.7066	0.7048	0.7034	0.7020	0.7006	0.6994

p_{pr}	拟对比温度（$B=30.0$） $\int_{0.2}^{p_{pr}}\frac{(z/p_{pr})dp_{pr}}{1+B(z/p_{pr})^2}$													
	1.1	1.2	1.3	1.4	1.5	1.6	1.7	1.8	1.9	2.0	2.2	2.4	2.6	2.8	3.0
10.00	0.7909	0.7776	0.7674	0.7615	0.7573	0.7544	0.7520	0.7503	0.7491	0.7480	0.7463	0.7451	0.7436	0.7423	0.7411
10.50	0.8329	0.8191	0.8085	0.8024	0.7980	0.7951	0.7926	0.7910	0.7899	0.7888	0.7873	0.7861	0.7847	0.7833	0.7822
11.00	0.8747	0.8604	0.8494	0.8430	0.8384	0.8354	0.8329	0.8313	0.8302	0.8292	0.8277	0.8265	0.8251	0.8238	0.8227
11.50	0.9165	0.9016	0.8901	0.8833	0.8785	0.8754	0.8728	0.8711	0.8700	0.8690	0.8676	0.8664	0.8650	0.8637	0.8626
12.00	0.9581	0.9426	0.9306	0.9234	0.9183	0.9150	0.9123	0.9106	0.9095	0.9084	0.9070	0.9057	0.9043	0.9030	0.9019
12.50	0.9996	0.9835	0.9710	0.9633	0.9579	0.9544	0.9515	0.9497	0.9485	0.9474	0.9459	0.9446	0.9431	0.9417	0.9406
13.00	1.0411	1.0242	1.0112	1.0030	0.9973	1.9936	0.9904	0.9884	0.9872	0.9860	0.9842	0.9828	0.9813	0.9799	0.9787
13.50	1.0824	1.0649	1.0513	1.0425	1.0364	1.0324	1.0290	1.0268	1.0254	1.0241	1.0222	1.0206	1.0191	1.0176	1.0164
14.00	1.1237	1.1054	1.0912	1.0318	1.0753	1.0710	1.0673	1.0649	1.0634	1.0618	1.0596	1.0579	1.0563	1.0547	1.0535
14.50	1.1649	1.1459	1.1310	1.1209	1.1139	1.1094	1.1054	1.1027	1.1009	1.0992	1.0966	1.0947	1.0930	1.0914	1.0901
15.00	1.2060	1.1862	1.1707	1.1598	1.1524	1.1475	1.1431	1.1402	1.1382	1.1362	1.1332	1.1311	1.1293	1.1276	1.1263
15.50	1.2471	1.2264	1.2102	1.1986	1.1907	1.1855	1.1806	1.1774	1.1751	1.1729	1.1694	1.1670	1.1651	1.1633	1.1620
16.00	1.2681	1.2666	1.2497	1.2372	1.2287	1.2232	1.2179	1.2144	1.2117	1.2092	1.2052	1.2026	1.2005	1.1987	1.1972
16.50	1.3291	1.3067	1.2890	1.2757	1.2666	1.2607	1.2549	1.2511	1.2481	1.2453	1.2407	1.2377	1.2354	1.2335	1.2320
17.00	1.3700	1.3467	1.3282	1.3140	1.3044	1.2981	1.2917	1.2876	1.2842	1.2810	1.2757	1.2724	1.2700	1.2680	1.2665
17.50	1.4109	1.3866	1.3674	1.3522	1.3419	1.3352	1.3283	1.3238	1.3200	1.3164	1.3105	1.3067	1.3042	1.3021	1.3005
18.00	1.4517	1.4264	1.4064	1.3903	1.3794	1.3722	1.3647	1.3598	1.3555	1.3515	1.3449	1.3407	1.3380	1.3358	1.3341
18.50	1.4924	1.4662	1.4454	1.4282	1.4167	1.4091	1.4009	1.3956	1.3908	1.3864	1.3789	1.3744	1.3714	1.3692	1.3674
19.00	1.5332	1.5059	1.4843	1.4661	1.4538	1.4457	1.4370	1.4312	1.4529	1.4211	1.4127	1.4077	1.4045	1.4022	1.4003
19.50	1.5738	1.5456	1.5231	1.5038	1.4908	1.4823	1.4728	1.4666	1.4608	1.4554	1.4462	1.4407	1.4373	1.4349	1.4329

续表

拟对比温度（$B=30.0$）　$\int_{0.2}^{p_{pr}} \frac{(z/p_{pr})dp_{pr}}{1+B(z/p_{pr})^2}$

p_{pr}	1.1	1.2	1.3	1.4	1.5	1.6	1.7	1.8	1.9	2.0	2.2	2.4	2.6	2.8	3.0
20.00	1.6145	1.5852	1.5618	1.5414	1.5277	1.5187	1.5085	1.5019	1.4954	1.4896	1.4794	1.4734	1.4698	1.4672	1.4652
20.50	1.6551	1.6247	1.6005	1.5789	1.5644	1.5549	1.5440	1.5369	1.5298	1.5235	1.5123	1.5058	1.5019	1.4993	1.4971
21.00	1.6956	1.6642	1.6391	1.6163	1.6011	1.5910	1.5794	1.5718	1.5641	1.5572	1.5449	1.5379	1.5338	1.5310	1.5288
21.50	1.7361	1.7037	1.6776	1.6537	1.6376	1.6270	1.6146	1.6065	1.5981	1.5906	1.5773	1.5697	1.5654	1.5625	1.5601
22.00	1.7766	1.7431	1.7160	1.6909	1.6740	1.6629	1.6497	1.6410	1.6320	1.6239	1.6095	1.6013	1.5967	1.5937	1.5912
22.50	1.8171	1.7824	1.7544	1.7281	1.7103	1.6987	1.6846	1.6754	1.6657	1.6570	1.6414	1.6326	1.6277	1.6246	1.6220
23.00	1.8575	1.8217	1.7928	1.7651	1.7465	1.7343	1.7194	1.7096	1.6992	1.6899	1.6731	1.6636	1.6585	1.6552	1.6525
23.50	1.8979	1.8610	1.8311	1.8021	1.7826	1.7698	1.7541	1.7437	1.7325	1.7226	1.7046	1.6945	1.6890	1.6856	1.6828
24.00	1.9383	1.9002	1.8693	1.8390	1.8186	1.8053	1.7886	1.7777	1.7657	1.7551	1.7358	1.7250	1.7193	1.7158	1.7128
24.50	1.9786	1.9393	1.9075	1.8759	1.8546	1.8406	1.8230	1.8115	1.7987	1.7874	1.7669	1.7554	1.7494	1.7457	1.7426
25.00	2.0189	1.9785	1.9456	1.9127	1.8904	1.8758	1.8573	1.8452	1.8316	1.8196	1.7977	1.7855	1.7792	1.7754	1.7722
25.50	2.0592	2.0176	1.9837	1.9493	1.9262	1.9110	1.8915	1.8788	1.8644	1.8516	1.8284	1.8155	1.8088	1.8048	1.8015
26.00	2.0995	2.0566	2.0217	1.9860	1.9618	1.9460	1.9256	1.9123	1.8970	1.8835	1.8589	1.8452	1.8382	1.8341	1.8306
26.50	2.1397	2.0957	2.0597	2.0226	1.9974	1.9810	1.9596	1.9456	1.9294	1.9152	1.8891	1.8747	1.8674	1.8631	1.8595
27.00	2.1799	2.1346	2.0976	2.0591	2.0330	2.0159	1.9934	1.9788	1.9618	1.9468	1.9192	1.9040	1.8964	1.8920	1.8882
27.50	2.2201	2.1736	2.1355	2.0955	2.0684	2.0507	2.0272	2.0119	1.9940	1.9782	1.9492	1.9332	1.9252	1.9206	1.9167
28.00	2.2603	2.2125	2.1734	2.1319	2.1038	2.0854	2.0609	2.0449	2.0261	2.0095	1.9790	1.9622	1.9538	1.9491	1.9451
28.50	2.3005	2.2514	2.2112	2.1682	2.1391	2.1200	2.0945	2.0779	2.0580	2.0407	2.0086	1.9910	1.9823	1.9774	1.9732
29.00	2.3406	2.2903	2.2490	2.2045	2.1743	2.1546	2.1280	2.1107	2.0899	2.0717	2.0380	2.0196	2.0105	2.0055	2.0012
29.50	2.3807	2.3291	2.2868	2.2407	2.2095	2.1891	2.1614	2.1434	2.1216	2.1026	2.0673	2.0481	2.0386	2.0334	2.0289
30.00	2.4208	2.3679	2.3245	2.2769	2.2446	2.2235	2.1947	2.1760	2.1533	2.1334	2.0965	2.0764	2.0666	2.0612	2.0566

续表

拟对比温度（$B=35.0$） $\int_{0.2}^{p_{pr}} \frac{(z/p_{pr})dp_{pr}}{1+B(z/p_{pr})^2}$															
p_{pr}	1.1	1.2	1.3	1.4	1.5	1.6	1.7	1.8	1.9	2.0	2.2	2.4	2.6	2.8	3.0
0.20	0.0000	0.0000	0.0000	0.0000	0.0000	0.0000	0.0000	0.0000	0.0000	0.0000	0.0000	0.0000	0.0000	0.0000	0.0000
0.50	0.0033	0.0032	0.0032	0.0031	0.0031	0.0031	0.0031	0.0030	0.0030	0.0030	0.0030	0.0030	0.0030	0.0030	0.0030
1.00	0.0171	0.0158	0.0152	0.0148	0.0145	0.0143	0.0141	0.0139	0.0139	0.0138	0.0137	0.0136	0.0136	0.0135	0.0135
1.50	0.0454	0.0387	0.0361	0.0346	0.0336	0.0329	0.0323	0.0320	0.0317	0.0315	0.0311	0.0309	0.0307	0.0305	0.0304
2.00	0.0861	0.0720	0.0657	0.0623	0.0601	0.0585	0.0573	0.0564	0.0559	0.0554	0.0546	0.0542	0.0537	0.0534	0.0531
2.50	0.1283	0.1119	0.1022	0.0965	0.0925	0.0900	0.0879	0.0864	0.0855	0.0847	0.0834	0.0826	0.0819	0.0813	0.0808
3.00	0.1703	0.1538	0.1425	0.1350	0.1295	0.1259	0.1230	0.1208	0.1194	0.1182	0.1165	0.1153	0.1142	0.1134	0.1127
3.50	0.2120	0.1960	0.1844	0.1759	0.1694	0.1650	0.1613	0.1585	0.1567	0.1550	0.1528	0.1513	0.1499	0.1487	0.1478
4.00	0.2536	0.2382	0.2266	0.2179	0.2108	0.2059	0.2017	0.1984	0.1962	0.1942	0.1916	0.1897	0.1880	0.1866	0.1855
4.50	0.2950	0.2800	0.2688	0.2601	0.2529	0.2477	0.2433	0.2396	0.2372	0.2350	0.2320	0.2298	0.2279	0.2263	0.2250
5.00	0.3362	0.3216	0.3106	0.3023	0.2951	0.2899	0.2854	0.2816	0.2790	0.2766	0.2734	0.2710	0.2690	0.2672	0.2658
5.50	0.3773	0.3630	0.3522	0.3442	0.3373	0.3321	0.3276	0.3238	0.3211	0.3187	0.3153	0.3128	0.3107	0.3089	0.3074
6.00	0.4183	0.4040	0.3934	0.3857	0.3791	0.3742	0.3698	0.3660	0.3634	0.3610	0.3576	0.3550	0.3529	0.3510	0.3495
6.50	0.4591	0.4449	0.4344	0.4270	0.4207	0.4159	0.4117	0.4080	0.4055	0.4032	0.3998	0.3972	0.3951	0.3932	0.3918
7.00	0.4999	0.4856	0.4752	0.4679	0.4618	0.4573	0.4532	0.4498	0.4473	0.4451	0.4418	0.4394	0.4373	0.4354	0.4339
7.50	0.5405	0.5261	0.5156	0.5085	0.5026	0.4983	0.4944	0.4912	0.4889	0.4867	0.4836	0.4812	0.4792	0.4774	0.4759
8.00	0.5810	0.5665	0.5558	0.5487	0.5431	0.5390	0.5352	0.5322	0.5300	0.5280	0.5247	0.5227	0.5208	0.5190	0.5175
8.50	0.6214	0.6066	0.5959	0.5888	0.5832	0.5792	0.5756	0.5727	0.5707	0.5688	0.5657	0.5638	0.5619	0.5602	0.5588
9.00	0.6617	0.6466	0.6357	0.6285	0.6230	0.6191	0.6156	0.6129	0.6109	0.6091	0.6062	0.6044	0.6026	0.6009	0.5996
9.50	0.7018	0.6865	0.6753	0.6681	0.6625	0.6586	0.6552	0.6526	0.6507	0.6490	0.6462	0.6445	0.6428	0.6412	0.6398

p_{pr}	拟对比温度（$B=35.0$） $\int_{0.2}^{p_{pr}}\frac{(z/p_{pr})dp_{pr}}{1+B(z/p_{pr})^2}$													
	1.1	1.2	1.3	1.4	1.5	1.6	1.7	1.8	1.9	2.0	2.2	2.4	2.6	2.8	3.0
10.00	0.7419	0.7262	0.7147	0.7073	0.7017	0.6978	0.6945	0.6919	0.6901	0.6885	0.6858	0.6842	0.6825	0.6809	0.6796
10.50	0.7818	0.7657	0.7539	0.7464	0.7406	0.7367	0.7334	0.7308	0.7291	0.7275	0.7250	0.7234	0.7217	0.7201	0.7189
11.00	0.8217	0.8051	0.7930	0.7852	0.7793	0.7753	0.7719	0.7694	0.7677	0.7661	0.7637	0.7621	0.7604	0.7589	0.7576
11.50	0.8614	0.8444	0.8319	0.8239	0.8177	0.8136	0.8102	0.8076	0.8059	0.8043	0.8019	0.8004	0.7987	0.7971	0.7958
12.00	0.9011	0.8836	0.8707	0.8623	0.8559	0.8517	0.8481	0.8455	0.8438	0.8422	0.8398	0.8381	0.8364	0.8349	0.8336
12.50	0.9407	0.9227	0.9094	0.9006	0.8939	0.8895	0.8858	0.8831	0.8813	0.8797	0.8771	0.8755	0.8737	0.8721	0.8708
13.00	0.9803	0.9617	0.9479	0.9386	0.9317	0.9271	0.9232	0.9204	0.9185	0.9168	0.9141	0.9124	0.9106	0.9089	0.9076
13.50	1.0197	1.0006	0.9863	0.9765	0.9693	0.9645	0.9604	0.9574	0.9554	0.9535	0.9507	0.9483	0.9470	0.9453	0.9439
14.00	1.0591	1.0394	1.0246	1.0143	1.0067	1.0017	0.9973	0.9941	0.9920	0.9900	0.9869	0.9848	0.9829	0.9812	0.9798
14.50	1.0985	1.0781	1.0627	1.0519	1.0439	1.0386	1.0340	1.0305	1.0282	1.0261	1.0226	1.0205	1.0184	1.0167	1.0153
15.00	1.1377	1.1167	1.1008	1.0893	1.0809	1.0754	1.0704	1.0667	1.0642	1.0618	1.0580	1.0557	1.0536	1.0517	1.0503
15.50	1.1770	1.1552	1.1388	1.1266	1.1178	1.1120	1.1066	1.1027	1.0999	1.0973	1.0931	1.0905	1.0883	1.0864	1.0849
16.00	1.2162	1.1937	1.1767	1.1638	1.1545	1.1484	1.1426	1.1384	1.1354	1.1325	1.1278	1.1249	1.1226	1.1206	1.1191
16.50	1.2553	1.2321	1.2144	1.2008	1.1911	1.1846	1.1784	1.1739	1.1705	1.1674	1.1622	1.1590	1.1566	1.1545	1.1529
17.00	1.2944	1.2705	1.2521	1.2378	1.2275	1.2207	1.2140	1.2092	1.2055	1.2020	1.1962	1.1928	1.1901	1.1880	1.1864
17.50	1.3334	1.3087	1.2898	1.2746	1.2638	1.2566	1.2494	1.2443	1.2402	1.2364	1.2300	1.2262	1.2234	1.2212	1.2195
18.00	1.3725	1.3470	1.3273	1.3113	1.2999	1.2923	1.2846	1.2792	1.2747	1.2705	1.2634	1.2592	1.2563	1.2540	1.2522
18.50	1.4114	1.3851	1.3648	1.3479	1.3359	1.3280	1.3197	1.3139	1.3089	1.3044	1.2966	1.2920	1.2889	1.2865	1.2847
19.00	1.4504	1.4232	1.4022	1.3844	1.3718	1.3634	1.3546	1.3484	1.3430	1.3380	1.3294	1.3245	1.3212	1.3187	1.3168
19.50	1.4893	1.4613	1.4395	1.4208	1.4075	1.3988	1.3893	1.3828	1.3769	1.3714	1.3620	1.3566	1.3531	1.3506	1.3485

p_{pr}	拟对比温度（$B=35.0$）								$\int_{0.2}^{p_{pr}}\frac{(z/p_{pr})dp_{pr}}{1+B(z/p_{pr})^2}$					
	1.1	1.2	1.3	1.4	1.5	1.6	1.7	1.8	1.9	2.0	2.2	2.4	2.6	2.8	3.0
20.00	1.5281	1.4993	1.4768	1.4571	1.4432	1.4340	1.4239	1.4170	1.4105	1.4046	1.3944	1.3885	1.3848	1.3822	1.3800
20.50	1.5670	1.5373	1.5140	1.4933	1.4788	1.4691	1.4584	1.4510	1.4440	1.4376	1.4265	1.4201	1.4162	1.4135	1.4112
21.00	1.6058	1.5752	1.5511	1.5294	1.5142	1.5041	1.4927	1.4849	1.4773	1.4704	1.4583	1.4515	1.4473	1.4445	1.4422
21.50	1.6446	1.6130	1.5882	1.5655	1.5495	1.5390	1.5269	1.5186	1.5104	1.5030	1.4900	1.4826	1.4782	1.4752	1.4728
22.00	1.6833	1.6509	1.6252	1.6014	1.5848	1.5738	1.5609	1.5522	1.5434	1.5355	1.5214	1.5134	1.5088	1.5057	1.5032
22.50	1.7220	1.6887	1.6622	1.6373	1.6199	1.6084	1.5948	1.5856	1.5762	1.5677	1.5525	1.5440	1.5391	1.5360	1.5333
23.00	1.7607	1.7264	1.6991	1.6732	1.6550	1.6430	1.6286	1.6189	1.6088	1.5998	1.5835	1.5744	1.5693	1.5660	1.5632
23.50	1.7994	1.7641	1.7360	1.7089	1.6900	1.6755	1.6623	1.6521	1.6413	1.6317	1.6143	1.6046	1.5992	1.5957	1.5929
24.00	1.8381	1.8018	1.7729	1.7446	1.7249	1.7118	1.6959	1.6851	1.6736	1.6634	1.6448	1.6345	1.6288	1.6253	1.6223
24.50	1.8767	1.8394	1.8097	1.7802	1.7597	1.7461	1.7294	1.7180	1.7058	1.6950	1.6752	1.6642	1.6583	1.6546	1.6515
25.00	1.9153	1.8771	1.8464	1.8158	1.7944	1.7803	1.7627	1.7508	1.7379	1.7264	1.7054	1.6937	1.6875	1.6837	1.6805
25.50	1.9539	1.9146	1.8831	1.8513	1.8291	1.8144	1.7960	1.7835	1.7698	1.7577	1.7354	1.7231	1.7165	1.7126	1.7093
26.00	1.9924	1.9522	1.9198	1.8867	1.8637	1.8484	1.8291	1.8161	1.8016	1.7888	1.7652	1.7522	1.7454	1.7413	1.7378
26.50	2.0310	1.9897	1.9564	1.9221	1.8982	1.8824	1.8622	1.8486	1.8333	1.8198	1.7949	1.7812	1.7740	1.7698	1.7662
27.00	2.0695	2.0272	1.9930	1.9574	1.9326	1.9163	1.8951	1.8810	1.8649	1.8506	1.8244	1.8100	1.8025	1.7981	1.7944
27.50	2.1080	2.0647	2.0295	1.9927	1.9670	1.9501	1.9280	1.9133	1.8963	1.8814	1.8537	1.8386	1.8308	1.8262	1.8224
28.00	2.1465	2.1021	2.0661	2.0279	2.0014	1.9838	1.9608	1.9454	1.9277	1.9119	1.8829	1.8670	1.8589	1.8542	1.8502
28.50	2.1850	2.1395	2.1025	2.0631	2.0356	2.0175	1.9935	1.9775	1.9589	1.9424	1.9119	1.8953	1.8868	1.8820	1.8779
29.00	2.2234	2.1769	2.1390	2.0983	2.0698	2.0511	2.0261	2.0094	1.9900	1.9726	1.9408	1.9234	1.9146	1.9096	1.9053
29.50	2.2619	2.2142	2.1754	2.1333	2.1040	2.0846	2.0587	2.0414	2.0210	2.0030	1.9696	1.9513	1.9422	1.9370	1.9327
30.00	2.3003	2.2516	2.2118	2.1684	2.1381	2.1180	2.0912	2.0732	2.0519	2.0331	1.9982	1.9791	1.9696	1.9643	1.9598

拟对比温度（B=40.0）　$\int_{0.2}^{p_{pr}} \frac{(z/p_{pr})\mathrm{d}p_{pr}}{1+B(z/p_{pr})^2}$

p_{pr}	1.1	1.2	1.3	1.4	1.5	1.6	1.7	1.8	1.9	2.0	2.2	2.4	2.6	2.8	3.0
0.20	0.0000	0.0000	0.0000	0.0000	0.0000	0.0000	0.0000	0.0000	0.0000	0.0000	0.0000	0.0000	0.0000	0.0000	0.0000
0.50	0.0029	0.0028	0.0028	0.0027	0.0027	0.0027	0.0027	0.0027	0.0027	0.0026	0.0026	0.0026	0.0026	0.0026	0.0026
1.00	0.0150	0.0139	0.0133	0.0129	0.0127	0.0125	0.0123	0.0122	0.0122	0.0121	0.0120	0.0119	0.0119	0.0118	0.0118
1.50	0.0403	0.0341	0.0318	0.0305	0.0296	0.0290	0.0284	0.0281	0.0279	0.0276	0.0273	0.0271	0.0270	0.0268	0.0267
2.00	0.0776	0.0640	0.0582	0.0551	0.0530	0.0517	0.0505	0.0497	0.0493	0.0488	0.0482	0.0477	0.0473	0.0471	0.0468
2.50	0.1170	0.1005	0.0912	0.0858	0.0821	0.0798	0.0779	0.0765	0.0756	0.0749	0.0738	0.0730	0.0724	0.0718	0.0714
3.00	0.1565	0.1393	0.1281	0.1208	0.1156	0.1122	0.1095	0.1074	0.1061	0.1050	0.1034	0.1023	0.1013	0.1005	0.0999
3.50	0.1958	0.1787	0.1668	0.1584	0.1520	0.1477	0.1442	0.1416	0.1398	0.1383	0.1362	0.1348	0.1335	0.1324	0.1315
4.00	0.2351	0.2182	0.2062	0.1973	0.1901	0.1853	0.1812	0.1780	0.1758	0.1740	0.1714	0.1696	0.1681	0.1667	0.1656
4.50	0.2743	0.2576	0.2457	0.2367	0.2292	0.2240	0.2195	0.2159	0.2135	0.2113	0.2084	0.2063	0.2045	0.2029	0.2017
5.00	0.3133	0.2969	0.2851	0.2762	0.2686	0.2633	0.2586	0.2548	0.2521	0.2498	0.2465	0.2442	0.2422	0.2405	0.2391
5.50	0.3523	0.3360	0.3244	0.3156	0.3081	0.3028	0.2980	0.2941	0.2913	0.2889	0.2854	0.2829	0.2808	0.2790	0.2775
6.00	0.3912	0.3750	0.3634	0.3549	0.3476	0.3423	0.3376	0.3336	0.3308	0.3283	0.3247	0.3221	0.3199	0.3181	0.3166
6.50	0.4300	0.4138	0.4032	0.3939	0.3868	0.3816	0.3770	0.3731	0.3703	0.3678	0.3642	0.3616	0.3594	0.3575	0.3560
7.00	0.4687	0.4525	0.4410	0.4328	0.4258	0.4208	0.4163	0.4124	0.4097	0.4073	0.4037	0.4011	0.3989	0.3970	0.3955
7.50	0.5073	0.4910	0.4795	0.4714	0.4646	0.4597	0.4553	0.4516	0.4490	0.4466	0.4431	0.4405	0.4383	0.4365	0.4350
8.00	0.5458	0.5294	0.5179	0.5097	0.5031	0.4983	0.4941	0.4905	0.4879	0.4856	0.4819	0.4797	0.4776	0.4758	0.4743
8.50	0.5843	0.5677	0.5560	0.5479	0.5413	0.5367	0.5325	0.5290	0.5266	0.5244	0.5208	0.5187	0.5166	0.5148	0.5133
9.00	0.6227	0.6059	0.5940	0.5859	0.5793	0.5747	0.5707	0.5673	0.5650	0.5628	0.5593	0.5573	0.5553	0.5535	0.5521
9.50	0.6609	0.6439	0.6319	0.6237	0.6171	0.6125	0.6085	0.6052	0.6030	0.6009	0.5975	0.5955	0.5936	0.5918	0.5904

$$\int_{0.2}^{p_{pr}} \frac{(z/p_{pr})\mathrm{d}p_{pr}}{1+B(z/p_{pr})^2}$$

p_{pr}	拟对比温度（$B=40.0$）														
	1.1	1.2	1.3	1.4	1.5	1.6	1.7	1.8	1.9	2.0	2.2	2.4	2.6	2.8	3.0
10.00	0.6991	0.6818	0.6696	0.6612	0.6546	0.6500	0.6461	0.6429	0.6407	0.6386	0.6353	0.6334	0.6315	0.6298	0.6284
10.50	0.7372	0.7196	0.7071	0.6987	0.6919	0.6873	0.6833	0.6802	0.6780	0.6760	0.6728	0.6710	0.6690	0.6673	0.6660
11.00	0.7753	0.7573	0.7446	0.7359	0.7290	0.7243	0.7203	0.7172	0.7150	0.7130	0.7099	0.7081	0.7062	0.7045	0.7031
11.50	0.8132	0.7949	0.7819	0.7729	0.7659	0.7611	0.7571	0.7539	0.7517	0.7498	0.7466	0.7448	0.7429	0.7412	0.7398
12.00	0.8511	0.8324	0.8190	0.8098	0.8026	0.7977	0.7936	0.7903	0.7822	0.7862	0.7830	0.7812	0.7792	0.7775	0.7762
12.50	0.8890	0.8696	0.8561	0.8466	0.8391	0.8341	0.8299	0.8265	0.8243	0.8223	0.8190	0.8171	0.8152	0.8134	0.8121
13.00	0.9268	0.9072	0.8931	0.8832	0.8755	0.8703	0.8659	0.8624	0.8602	0.8580	0.8547	0.8527	0.8507	0.8490	0.8476
13.50	0.9645	0.9445	0.9229	0.9196	0.9117	0.9063	0.9017	0.8981	0.8957	0.8935	0.8900	0.8879	0.8859	0.8841	0.8827
14.00	1.0022	0.9816	0.9667	0.9559	0.9477	0.9421	0.9373	0.9335	0.9310	0.9287	0.9250	0.9228	0.9207	0.9188	0.9174
14.50	1.0398	1.0188	1.0034	0.9921	0.9835	0.9778	0.9727	0.9588	0.9661	0.9636	0.9596	0.9572	0.9551	0.9532	0.9517
15.00	1.0774	1.0558	1.0400	1.0282	1.0193	1.0133	1.0079	1.0037	1.0009	0.9982	0.9939	0.9914	0.9891	0.9872	0.9856
15.50	1.1149	1.0928	1.0765	1.0641	1.0548	1.0486	1.0429	1.0385	1.0355	1.0326	1.0279	1.0251	1.0228	1.0208	1.0192
16.00	1.1525	1.1297	1.1129	1.1000	1.0903	1.0837	1.0777	1.0731	1.0698	1.0667	1.0616	1.0586	1.0561	1.0541	1.0525
16.50	1.1899	1.1666	1.1492	1.1357	1.1255	1.1187	1.1123	1.1075	1.1039	1.1005	1.0949	1.0917	1.0891	1.0870	1.0853
17.00	1.2274	1.2034	1.1855	1.1713	1.1607	1.1536	1.1468	1.1417	1.1378	1.1341	1.1280	1.1245	1.1218	1.1196	1.1179
17.50	1.2648	1.2402	1.2217	1.2068	1.1958	1.1884	1.1811	1.1757	1.1714	1.1675	1.1608	1.1570	1.1541	1.1519	1.1501
18.00	1.3021	1.2769	1.2579	1.2422	1.2307	1.2230	1.2152	1.2095	1.2049	1.2006	1.1934	1.1892	1.1862	1.1839	1.1820
18.50	1.3395	1.3136	1.2940	1.2776	1.2655	1.2574	1.2492	1.2432	1.2382	1.2336	1.2256	1.2211	1.2180	1.2155	1.2136
19.00	1.3768	1.3502	1.3300	1.3128	1.3002	1.2918	1.2831	1.2767	1.2713	1.2663	1.2577	1.2528	1.2494	1.2469	1.2450
19.50	1.4140	1.3868	1.3659	1.3480	1.3349	1.3261	1.3168	1.3101	1.3042	1.2988	1.2894	1.2842	1.2806	1.2780	1.2760

续表

p_{pr}	拟对比温度（$B=40.0$） $\int_{0.2}^{p_{pr}}\frac{(z/p_{pr})dp_{pr}}{1+B(z/p_{pr})^2}$													
	1.1	1.2	1.3	1.4	1.5	1.6	1.7	1.8	1.9	2.0	2.2	2.4	2.6	2.8	3.0
20.00	1.4513	1.4233	1.4019	1.3831	1.3694	1.3602	1.3504	1.3433	1.3369	1.3311	1.3210	1.3153	1.3116	1.3089	1.3068
20.50	1.4885	1.4598	1.4377	1.4181	1.4038	1.3942	1.3838	1.3763	1.3695	1.3633	1.3523	1.3462	1.3422	1.3395	1.3373
21.00	1.5257	1.4963	1.4735	1.4530	1.4381	1.4281	1.4171	1.4093	1.4019	1.3952	1.3834	1.3768	1.3727	1.3698	1.3675
21.50	1.5629	1.5327	1.5093	1.4879	1.4723	1.4620	1.4503	1.4421	1.4341	1.4270	1.4143	1.4072	1.4028	1.3999	1.3975
22.00	1.6001	1.5691	1.5450	1.5227	1.5065	1.4957	1.4834	1.4747	1.4662	1.4586	1.4449	1.4373	1.4328	1.4297	1.4272
22.50	1.6372	1.6054	1.5807	1.5574	1.5406	1.5293	1.5164	1.5072	1.4982	1.4900	1.4754	1.4673	1.4625	1.4593	1.4567
23.00	1.6743	1.6417	1.6163	1.5920	1.5746	1.5629	1.5492	1.5396	1.5300	1.5213	1.5057	1.4970	1.4920	1.4887	1.4860
23.50	1.7114	1.6780	1.6519	1.6266	1.6085	1.5963	1.5820	1.5719	1.5617	1.5525	1.5358	1.5265	1.5213	1.5178	1.5151
24.00	1.7485	1.7143	1.6874	1.6612	1.6423	1.6297	1.6146	1.6041	1.5932	1.5834	1.5657	1.5559	1.5503	1.5468	1.5439
24.50	1.7855	1.7505	1.7229	1.6947	1.6761	1.6630	1.6472	1.6362	1.6246	1.6143	1.5954	1.5850	1.5792	1.5755	1.5725
25.00	1.8226	1.7867	1.7584	1.7301	1.7098	1.6962	1.6797	1.6682	1.6559	1.6450	1.6249	1.6139	1.6078	1.6041	1.6010
25.50	1.8596	1.8229	1.7938	1.7645	1.7434	1.7293	1.7120	1.7000	1.6871	1.6755	1.6543	1.6427	1.6363	1.6324	1.6292
26.00	1.8966	1.8591	1.8292	1.7988	1.7770	1.7624	1.7443	1.7318	1.7181	1.7059	1.6836	1.6713	1.6646	1.6606	1.6572
26.50	1.9336	1.8952	1.8645	1.8331	1.8105	1.7954	1.7765	1.7634	1.7491	1.7362	1.7126	1.6997	1.6927	1.6886	1.6851
27.00	1.9705	1.9313	1.8999	1.8673	1.8439	1.8283	1.8086	1.7950	1.7799	1.7664	1.7415	1.7279	1.7207	1.7164	1.7128
27.50	2.0075	1.9674	1.9352	1.9015	1.8773	1.8612	1.8406	1.8265	1.8106	1.7965	1.7703	1.7560	1.7484	1.7440	1.7403
28.00	2.0444	2.0034	1.9704	1.9356	1.9107	1.8940	1.8726	1.8579	1.8412	1.8264	1.7989	1.7839	1.7760	1.7715	1.7676
28.50	2.0813	2.0394	2.0057	1.9697	1.9439	1.9267	1.9044	1.8892	1.8717	1.8562	1.8274	1.8116	1.8035	1.7988	1.7948
29.00	2.1182	2.0755	2.0409	2.0038	1.9771	1.9594	1.9362	1.9204	0.9021	1.8859	1.8557	1.8393	1.8308	1.8259	1.8218
29.50	2.1551	2.1114	2.0761	2.0378	2.0103	1.9920	1.9680	1.9516	1.9325	1.9155	1.8840	1.8667	1.8579	1.8529	1.8487
30.00	2.1920	2.1474	2.1112	2.0717	2.0434	2.0246	1.9996	1.9826	1.9627	1.9460	1.9120	1.8940	1.8849	1.8797	1.8754

	拟对比温度（$B=45.0$） $\int_{0.2}^{p_{pr}} \frac{(z/p_{pr})\mathrm{d}p_{pr}}{1+B(z/p_{pr})^2}$													
p_{pr}	1.1	1.2	1.3	1.4	1.5	1.6	1.7	1.8	1.9	2.0	2.2	2.4	2.6	2.8	3.0
0.20	0.0000	0.0000	0.0000	0.0000	0.0000	0.0000	0.0000	0.0000	0.0000	0.0000	0.0000	0.0000	0.0000	0.0000	0.0000
0.50	0.0026	0.0025	0.0025	0.0024	0.0024	0.0024	0.0024	0.0024	0.0024	0.0024	0.0023	0.0023	0.0023	0.0023	0.0023
1.00	0.0134	0.0124	0.0119	0.0115	0.0113	0.0111	0.0110	0.0109	0.0108	0.0108	0.0107	0.0106	0.0106	0.0105	0.0105
1.50	0.0362	0.0305	0.0284	0.0272	0.0264	0.0258	0.0254	0.0250	0.0248	0.0247	0.0244	0.0242	0.0240	0.0239	0.0238
2.00	0.0707	0.0576	0.0522	0.0494	0.0475	0.0462	0.0452	0.0445	0.0440	0.0236	0.0430	0.0426	0.0423	0.0420	0.0418
2.50	0.1076	0.0912	0.0823	0.0772	0.0738	0.0716	0.0699	0.0586	0.0678	0.0671	0.0661	0.0654	0.0648	0.0644	0.0640
3.00	0.1449	0.1273	0.1163	0.1093	0.1043	0.1012	0.0986	0.0967	0.0955	0.0944	0.0930	0.0919	0.0910	0.0903	0.0897
3.50	0.1821	0.1643	0.1523	0.1441	0.1378	0.1338	0.1304	0.1279	0.1263	0.1248	0.1229	0.1215	0.1203	0.1193	0.1185
4.00	0.2193	0.2015	0.1892	0.1803	0.1732	0.1685	0.1645	0.1614	0.1594	0.1576	0.1552	0.1534	0.1520	0.1507	0.1496
4.50	0.2565	0.2388	0.2264	0.2172	0.2096	0.2045	0.2001	0.1966	0.1942	0.1921	0.1893	0.1872	0.1855	0.1840	0.1828
5.00	0.2936	0.2760	0.2637	0.2544	0.2466	0.2412	0.2366	0.2327	0.2301	0.2278	0.2246	0.2223	0.2204	0.2187	0.2174
5.50	0.3306	0.3131	0.3009	0.2917	0.2838	0.2783	0.2735	0.2695	0.2667	0.2643	0.2608	0.2583	0.2562	0.2544	0.2530
6.00	0.3676	0.3501	0.3380	0.3289	0.3211	0.3156	0.3107	0.3066	0.3038	0.3012	0.2976	0.2949	0.2928	0.2909	0.2895
6.50	0.4045	0.3871	0.3750	0.3660	0.3583	0.3528	0.3480	0.3439	0.3410	0.3384	0.3347	0.3319	0.3297	0.3278	0.3264
7.00	0.4414	0.4239	0.4118	0.4029	0.3954	0.3900	0.3852	0.3811	0.3782	0.3757	0.3719	0.3692	0.3669	0.3650	0.3635
7.50	0.4782	0.4607	0.4486	0.4397	0.4323	0.4270	0.4223	0.4182	0.4154	0.4129	0.4092	0.4064	0.4042	0.4023	0.4008
8.00	0.5150	0.4973	0.4852	0.4763	0.4690	0.4638	0.4592	0.4552	0.4525	0.4500	0.4459	0.4436	0.4414	0.4395	0.4380
8.50	0.5517	0.5339	0.5216	0.5128	0.5055	0.5004	0.4959	0.4920	0.4893	0.4869	0.4828	0.4806	0.4785	0.4766	0.4751
9.00	0.5883	0.5704	0.5580	0.5492	0.5419	0.5368	0.5323	0.5286	0.5259	0.5235	0.5196	0.5174	0.5153	0.5135	0.5120
9.50	0.6248	0.6067	0.5942	0.5853	0.5780	0.5730	0.5686	0.5649	0.5623	0.5599	0.5561	0.5540	0.5519	0.5501	0.5486

续表

拟对比温度（$B=45.0$）　$\int_{0.2}^{p_{pr}} \frac{(z/p_{pr})\mathrm{d}p_{pr}}{1+B(z/p_{pr})^2}$

p_{pr}	1.1	1.2	1.3	1.4	1.5	1.6	1.7	1.8	1.9	2.0	2.2	2.4	2.6	2.8	3.0
10.00	0.6613	0.6430	0.6304	0.6214	0.6140	0.6090	0.6046	0.6009	0.5984	0.5961	0.5923	0.5903	0.5882	0.5864	0.5650
10.50	0.6978	0.6792	0.6664	0.6573	0.6498	0.6447	0.6404	0.6367	0.6342	0.6320	0.6283	0.6262	0.6242	0.6224	0.6210
11.00	0.7342	0.7153	0.7023	0.6930	0.6854	0.6803	0.6759	0.6723	0.6698	0.6676	0.6639	0.6619	0.6598	0.6580	0.6566
11.50	0.7705	0.7514	0.7381	0.7286	0.7209	0.7157	0.7113	0.7076	0.7051	0.7029	0.6993	0.6972	0.6952	0.6934	0.6920
12.00	0.8068	0.7874	0.7738	0.7641	0.7562	0.7509	0.7464	0.7427	0.7402	0.7380	0.7343	0.7323	0.7302	0.7284	0.7270
12.50	0.8430	0.8233	0.8094	0.7994	0.7914	0.7860	0.7814	0.7776	0.7751	0.7728	0.7690	0.7670	0.7649	0.7680	0.7616
13.00	0.8792	0.8591	0.8449	0.8347	0.8264	0.8209	0.8161	0.8122	0.8097	0.8073	0.8035	0.8013	0.7992	0.7974	0.7959
13.50	0.9153	0.8949	0.8804	0.8698	0.8613	0.8556	0.8507	0.8467	0.8440	0.8416	0.8376	0.8354	0.8332	0.8313	0.8299
14.00	0.9514	0.9306	0.9157	0.9048	0.8961	0.8902	0.8851	0.8809	0.8782	0.8756	0.8715	0.8691	0.8669	0.8650	0.8635
14.50	0.9875	0.9663	0.9510	0.9396	0.9307	0.9246	0.9193	0.9150	0.9121	0.9094	0.9050	0.9025	0.9002	0.8983	0.8968
15.00	1.0235	1.0019	0.9863	0.9744	0.9652	0.9589	0.9533	0.9489	0.9458	0.9429	0.9382	0.9356	0.9332	0.9312	0.9297
15.50	1.0595	1.0374	1.0214	1.0091	0.9995	0.9931	0.9872	0.9825	0.9793	0.9762	0.9712	0.9684	0.9660	0.9639	0.9623
16.00	1.0955	1.0729	1.0565	1.0437	1.0338	1.0271	1.0209	1.0160	1.0125	1.0093	1.0039	1.0009	0.9984	0.9963	0.9946
16.50	1.1315	1.1084	1.0915	1.0782	1.0679	1.0609	1.0544	1.0494	1.0456	1.0422	1.0364	1.0331	1.0305	1.0283	1.0266
17.00	1.1674	1.1438	1.1265	1.1126	1.1019	1.0947	1.0878	1.0825	1.0785	1.0748	1.0685	1.0650	1.0623	1.0600	1.0583
17.50	1.2032	1.1791	1.1614	1.1469	1.1358	1.1283	1.1211	1.1155	1.1112	1.1072	1.1005	1.0967	1.0938	1.0915	1.0897
18.00	1.2391	1.2145	1.1962	1.1811	1.1696	1.1619	1.1542	1.1484	1.1437	1.1394	1.1321	1.1281	1.1250	1.1227	1.1208
18.50	1.2749	1.2497	1.2310	1.2153	1.2033	1.1953	1.1872	1.1811	1.1761	1.1715	1.1636	1.1592	1.1560	1.1536	1.1517
19.00	1.3107	1.2850	1.2658	1.2494	1.2370	1.2286	1.2200	1.2136	1.2082	1.2033	1.1948	1.1901	1.1867	1.1842	1.1823
19.50	1.3465	1.3202	1.3005	1.2834	1.2705	1.2618	1.2528	1.2460	1.2403	1.2350	1.2258	1.2207	1.2172	1.2146	1.2126

续表

p_{pr}	拟对比温度（$B=45.0$） $\int_{0.2}^{p_{pr}} \frac{(z/p_{pr})dp_{pr}}{1+B(z/p_{pr})^2}$													
	1.1	1.2	1.3	1.4	1.5	1.6	1.7	1.8	1.9	2.0	2.2	2.4	2.6	2.8	3.0
20.00	1.3823	1.3554	1.3351	1.3173	1.3039	1.2949	1.2854	1.2783	1.2721	1.2665	1.2566	1.2511	1.2474	1.2447	1.2426
20.50	1.4180	1.3905	1.3697	1.3512	1.3373	1.3279	1.3179	1.3105	1.3038	1.2978	1.2871	1.2812	1.2774	1.2746	1.2724
21.00	1.4538	1.4256	1.4043	1.3850	1.3706	1.3608	1.3503	1.3425	1.3354	1.3290	1.3175	1.3112	1.3071	1.3043	1.3020
21.50	1.4895	1.4607	1.4388	1.4187	1.4038	1.3937	1.3825	1.3744	1.3668	1.3599	1.3477	1.3409	1.3367	1.3337	1.3314
22.00	1.5251	1.4958	1.4733	1.4524	1.4369	1.4264	1.4147	1.4062	1.3981	1.3908	1.3776	1.3704	1.3660	1.3629	1.3605
22.50	1.5608	1.5308	1.5077	1.4860	1.4699	1.4591	1.4468	1.4379	1.4292	1.4215	1.4074	1.3997	1.3951	1.3919	1.3894
23.00	1.5965	1.5658	1.5421	1.5196	1.5029	1.4916	1.4788	1.4694	1.4603	1.4520	1.4371	1.4288	1.4239	1.4207	1.4181
23.50	1.6321	1.6008	1.5765	1.5531	1.5358	1.5242	1.5106	1.5009	1.4912	1.4824	1.4665	1.4577	1.4526	1.4493	1.4466
24.00	1.6677	1.6357	1.6108	1.5866	1.5687	1.5566	1.5424	1.5323	1.5219	1.5127	1.4958	1.4865	1.4811	1.4776	1.4748
24.50	1.7033	1.6706	1.6451	1.6200	1.6015	1.5890	1.5741	1.5635	1.5526	1.5428	1.5249	1.5150	1.5094	1.5058	1.5029
25.00	1.7389	1.7055	1.6794	1.6534	1.6342	1.6212	1.6057	1.5947	1.5831	1.5728	1.5538	1.5434	1.5375	1.5338	1.5308
25.50	1.7745	1.7404	1.7136	1.6867	1.6668	1.6535	1.6373	1.6247	1.6136	1.6027	1.5826	1.5716	1.5655	1.5617	1.5585
26.00	1.8100	1.7752	1.7478	1.7200	1.6995	1.6856	1.6687	1.6567	1.6439	1.6324	1.6112	1.5996	1.5933	1.5893	1.5861
26.50	1.8456	1.8101	1.7820	1.7532	1.7320	1.7177	1.7001	1.6876	1.6741	1.6621	1.6397	1.6275	1.6209	1.6168	1.6134
27.00	1.8811	1.8449	1.8162	1.7864	1.7645	1.7498	1.7314	1.7184	1.7042	1.6916	1.6681	1.6552	1.6483	1.6441	1.6406
27.50	1.9166	1.8797	1.8503	1.8195	1.7969	1.7817	1.7626	1.7491	1.7343	1.7210	1.6963	1.6828	1.6756	1.6712	1.6677
28.00	1.9521	1.9144	1.8844	1.8526	1.8293	1.8136	1.7937	1.7798	1.7642	1.7503	1.7244	1.7102	1.7027	1.6982	1.6945
28.50	1.9876	1.9492	1.9184	1.8857	1.8617	1.8455	1.8248	1.8103	1.7940	1.7795	1.7523	1.7375	1.7297	1.7251	1.7212
29.00	2.0231	1.9839	1.9525	1.9187	1.8940	1.8773	1.8558	1.8408	1.8238	1.8086	1.7801	1.7646	1.7565	1.7518	1.7478
29.50	2.0586	2.0186	1.9865	1.9517	1.9262	1.9091	1.8868	1.8712	1.8534	1.8376	1.8078	1.7916	1.7832	1.7783	1.7742
30.00	2.0941	2.0533	2.0205	1.9847	1.9584	1.9408	1.9176	1.9016	1.8830	1.8664	1.8354	1.8184	1.8097	1.8047	1.8005

拟对比温度（$B=50.0$） $\int_{0.2}^{p_{pr}} \frac{(z/p_{pr})dp_{pr}}{1+B(z/p_{pr})^2}$

p_{pr}	1.1	1.2	1.3	1.4	1.5	1.6	1.7	1.8	1.9	2.0	2.2	2.4	2.6	2.8	3.0
0.20	0.0000	0.0000	0.0000	0.0000	0.0000	0.0000	0.0000	0.0000	0.0000	0.0000	0.0000	0.0000	0.0000	0.0000	0.0000
0.50	0.0023	0.0023	0.0022	0.0022	0.0022	0.0022	0.0021	0.0021	0.0021	0.0021	0.0021	0.0021	0.0021	0.0021	0.0021
1.00	0.0121	0.0111	0.0107	0.0104	0.0102	0.0100	0.0099	0.0098	0.0098	0.0097	0.0096	0.0096	0.0095	0.0095	0.0095
1.50	0.0328	0.0276	0.0257	0.0246	0.0238	0.0233	0.0229	0.0226	0.0224	0.0222	0.0220	0.0218	0.0217	0.0216	0.0215
2.00	0.0649	0.0524	0.0474	0.0447	0.0430	0.0418	0.0409	0.0402	0.0398	0.0395	0.0389	0.0385	0.0382	0.0380	0.0378
2.50	0.0997	0.0835	0.0750	0.0702	0.0670	0.0650	0.0634	0.0622	0.0615	0.0608	0.0599	0.0593	0.0587	0.0583	0.0579
3.00	0.1350	0.1173	0.1066	0.0998	0.0951	0.0921	0.0897	0.0879	0.0868	0.0858	0.0844	0.0835	0.0827	0.0820	0.0814
3.50	0.1703	0.1521	0.1402	0.1322	0.1261	0.1222	0.1191	0.1167	0.1151	0.1138	0.1119	0.1106	0.1095	0.1085	0.1078
4.00	0.2057	0.1873	0.1749	0.1660	0.1591	0.1545	0.1507	0.1477	0.1457	0.1440	0.1417	0.1401	0.1387	0.1375	0.1365
4.50	0.2410	0.2226	0.2101	0.2008	0.1933	0.1882	0.1839	0.1804	0.1781	0.1761	0.1734	0.1714	0.1697	0.1633	0.1671
5.00	0.2763	0.2579	0.2454	0.2359	0.2281	0.2227	0.2181	0.2143	0.2117	0.2094	0.2063	0.2040	0.2022	0.2006	0.1993
5.50	0.3116	0.2933	0.2807	0.2712	0.2632	0.2577	0.2529	0.2488	0.2461	0.2436	0.2402	0.2377	0.2357	0.2339	0.2326
6.00	0.3469	0.3285	0.3161	0.3066	0.2985	0.2929	0.2880	0.2838	0.2809	0.2784	0.2747	0.2721	0.2700	0.2681	0.2667
6.50	0.3821	0.3638	0.3513	0.3419	0.3339	0.3282	0.3233	0.3190	0.3161	0.3135	0.3097	0.3069	0.3048	0.3029	0.3014
7.00	0.4173	0.3990	0.3865	0.3772	0.3692	0.3636	0.3587	0.3544	0.3514	0.3488	0.3450	0.3421	0.3399	0.3380	0.3365
7.50	0.4525	0.4341	0.4216	0.4123	0.4044	0.3989	0.3940	0.3897	0.3868	0.3841	0.3803	0.3774	0.3752	0.3733	0.3718
8.00	0.4876	0.4692	0.4567	0.4474	0.4395	0.4340	0.4292	0.4250	0.4221	0.4194	0.4151	0.4128	0.4105	0.4086	0.4071
8.50	0.5227	0.5042	0.4916	0.4823	0.4745	0.4690	0.4643	0.4601	0.4573	0.4547	0.4504	0.4481	0.4458	0.4439	0.4424
9.00	0.5577	0.5391	0.5264	0.5171	0.5093	0.5039	0.4992	0.4951	0.4923	0.4897	0.4855	0.4832	0.4810	0.4791	0.4777
9.50	0.5927	0.5739	0.5612	0.5518	0.5440	0.5386	0.5340	0.5299	0.5271	0.5246	0.5204	0.5182	0.5160	0.5142	0.5127

p_{pr}	拟对比温度（$B=50.0$） $\int_{0.2}^{p_{pr}} \frac{(z/p_{pr})dp_{pr}}{1+B(z/p_{pr})^2}$														
	1.1	1.2	1.3	1.4	1.5	1.6	1.7	1.8	1.9	2.0	2.2	2.4	2.6	2.8	3.0
10.00	0.6277	0.6087	0.5959	0.5864	0.5786	0.5732	0.5685	0.5645	0.5618	0.5593	0.5552	0.5530	0.5508	0.5490	0.5475
10.50	0.6626	0.6435	0.6304	0.6209	0.6130	0.6076	0.6029	0.5990	0.5962	0.5938	0.5897	0.5875	0.5854	0.5835	0.5821
11.00	0.6974	0.6781	0.6649	0.6553	0.6473	0.6418	0.6372	0.6332	0.6305	0.6280	0.6240	0.6219	0.6197	0.6179	0.6164
11.50	0.7323	0.7127	0.6994	0.6896	0.6815	0.6759	0.6712	0.6672	0.6645	0.6621	0.6581	0.6559	0.6537	0.6519	0.6505
12.00	0.7670	0.7473	0.7337	0.7237	0.7155	0.7099	0.7051	0.7011	0.6984	0.6959	0.6919	0.6897	0.6875	0.6857	0.6842
12.50	0.8018	0.7818	0.7680	0.7578	0.7494	0.7437	0.7388	0.7347	0.7320	0.7295	0.7254	0.7232	0.7210	0.7192	0.7177
13.00	0.8365	0.8163	0.8022	0.7917	0.7832	0.7774	0.7724	0.7682	0.7654	0.7629	0.7587	0.7565	0.7542	0.7523	0.7509
13.50	0.8712	0.8507	0.8363	0.8256	0.8169	0.8109	0.8058	0.8015	0.7987	0.7960	0.7917	0.7894	0.7872	0.7852	0.7838
14.00	0.9059	0.8850	0.8704	0.8594	0.8504	0.8443	0.8391	0.8347	0.8317	0.8290	0.8245	0.8221	0.8198	0.8178	0.8163
14.50	0.9405	0.9193	0.9044	0.8930	0.8839	0.8776	0.8722	0.8576	0.8645	0.8617	0.8570	0.8545	0.8521	0.8502	0.8486
15.00	0.9751	0.9536	0.9384	0.9266	0.9172	0.9108	0.9051	0.9004	0.8972	0.8942	0.8893	0.8866	0.8842	0.8822	0.8806
15.50	1.0097	0.9878	0.9722	0.9601	0.9504	0.9438	0.9379	0.9331	0.9297	0.9265	0.9213	0.9185	0.9160	0.9139	0.9123
16.00	1.0442	1.0220	1.0061	0.9935	0.9836	0.9768	0.9706	0.9656	0.9620	0.9586	0.9531	0.9501	0.9475	0.9454	0.9438
16.50	1.0788	1.0561	1.0399	1.0269	1.0166	1.0096	1.0031	0.9979	0.9941	0.9906	0.9847	0.9814	0.9788	0.9766	0.9749
17.00	1.1133	1.0902	1.0736	1.0601	1.0495	1.0423	1.0355	1.0301	1.0260	1.0223	1.0160	1.0125	1.0097	1.0075	1.0058
17.50	1.1477	1.1243	1.1073	1.0933	1.0824	1.0749	1.0678	1.0621	1.0578	1.0538	1.0471	1.0434	1.0405	1.0382	1.0364
18.00	1.1822	1.1583	1.1409	1.1264	1.1151	1.1074	1.0999	1.0940	1.0894	1.0852	1.0779	1.0740	1.0709	1.0686	1.0668
18.50	1.2167	1.1923	1.1745	1.1595	1.1478	1.1398	1.1320	1.1258	1.1209	1.1164	1.1086	1.1043	1.1012	1.0988	1.0969
19.00	1.2511	1.2263	1.2081	1.1925	1.1804	1.1721	1.1639	1.1575	1.1522	1.1474	1.1390	1.1345	1.1312	1.1287	1.1268
19.50	1.2855	1.2602	1.2416	1.2254	1.2129	1.2044	1.1957	1.1890	1.1834	1.1783	1.1693	1.1644	1.1609	1.1584	1.1564

拟对比温度（$B=50.0$）　$\int_{0.2}^{p_{pr}} \frac{(z/p_{pr})\mathrm{d}p_{pr}}{1+B(z/p_{pr})^2}$

p_{pr}	1.1	1.2	1.3	1.4	1.5	1.6	1.7	1.8	1.9	2.0	2.2	2.4	2.6	2.8	3.0
20.00	1.3199	1.2942	1.2751	1.2583	1.2453	1.2365	1.2274	1.2204	1.2144	1.2090	1.1993	1.1941	1.1905	1.1878	1.1858
20.50	1.3542	1.3280	1.3085	1.2911	1.2777	1.2686	1.2590	1.2517	1.2453	1.2395	1.2292	1.2236	1.2198	1.2171	1.2149
21.00	1.3886	1.3619	1.3419	1.3238	1.3100	1.3005	1.2905	1.2829	1.2761	1.2699	1.2589	1.2528	1.2489	1.2461	1.2439
21.50	1.4229	1.3957	1.3753	1.3565	1.3422	1.3324	1.3219	1.3140	1.3067	1.3001	1.2884	1.2810	1.2778	1.2749	1.2726
22.00	1.4573	1.4295	1.4086	1.3892	1.3743	1.3643	1.3532	1.3449	1.3372	1.3302	1.3177	1.3108	1.3065	1.3035	1.3011
22.50	1.4916	1.4633	1.4419	1.4218	1.4064	1.3960	1.3844	1.3758	1.3676	1.3602	1.3468	1.3395	1.3350	1.3319	1.3295
23.00	1.5259	1.4971	1.4752	1.4543	1.4385	1.4277	1.4155	1.4066	1.3979	1.3900	1.3758	1.3680	1.3633	1.3601	1.3576
23.50	1.5602	1.5308	1.5084	1.4868	1.4704	1.4593	1.4466	1.4372	1.4280	1.4197	1.4046	1.3964	1.3914	1.3881	1.3855
24.00	1.5944	1.5646	1.5416	1.5193	1.5024	1.4908	1.4775	1.4678	1.4581	1.4493	1.4333	1.4245	1.4193	1.4160	1.4133
24.50	1.6287	1.5983	1.5748	1.5517	1.5342	1.5223	1.5084	1.4983	1.4880	1.4788	1.4618	1.4525	1.4471	1.4436	1.4408
25.00	1.6629	1.6319	1.6079	1.5841	1.5660	1.5537	1.5392	1.5287	1.5178	1.5081	1.4902	1.4803	1.4747	1.4711	1.4682
25.50	1.6972	1.6656	1.6410	1.6164	1.5978	1.5851	1.5700	1.5590	1.5476	1.5373	1.5184	1.5080	1.5021	1.4984	1.4954
26.00	1.7314	1.6992	1.6741	1.6487	1.6295	1.6164	1.6006	1.5892	1.5772	1.5664	1.5465	1.5355	1.5294	1.5256	1.5225
26.50	1.7656	1.7329	1.7072	1.6809	1.6611	1.6476	1.6312	1.6194	1.6068	1.5954	1.5744	1.5629	1.5565	1.5526	1.5494
27.00	1.7998	1.7665	1.7403	1.7131	1.6927	1.6788	1.6617	1.6494	1.6362	1.6243	1.6022	1.5901	1.5835	1.5794	1.5761
27.50	1.8340	1.8001	1.7733	1.7453	1.7243	1.7100	1.6922	1.6794	1.6656	1.6531	1.6299	1.6172	1.6103	1.6061	1.6027
28.00	1.8682	1.8337	1.8063	1.7775	1.7558	1.7410	1.7226	1.7094	1.6948	1.6818	1.6574	1.6441	1.6369	1.6326	1.6291
28.50	1.9024	1.8672	1.8393	1.8096	1.7872	1.7721	1.7529	1.7392	1.7240	1.7104	1.6849	1.6709	1.6634	1.6590	1.6553
29.00	1.9366	1.9008	1.8722	1.8416	1.8187	1.8030	1.7831	1.7690	1.7531	1.7309	1.7122	1.6976	1.6898	1.6853	1.6815
29.50	1.9707	1.9341	1.9052	1.8737	1.8500	1.8340	1.8133	1.7987	1.7821	1.7673	1.7394	1.7241	1.7160	1.7114	1.7076
30.00	2.0049	1.9678	1.9381	1.9057	1.8814	1.8649	1.8435	1.8284	1.8111	1.7956	1.7664	1.7505	1.7421	1.7373	1.7333

续表

p_{pr}	拟对比温度（$B=60.0$） $\int_{0.2}^{p_{pr}} \frac{(z/p_{pr})\mathrm{d}p_{pr}}{1+B(z/p_{pr})^2}$													
	1.1	1.2	1.3	1.4	1.5	1.6	1.7	1.8	1.9	2.0	2.2	2.4	2.6	2.8	3.0
0.20	0.0000	0.0000	0.0000	0.0000	0.0000	0.0000	0.0000	0.0000	0.0000	0.0000	0.0000	0.0000	0.0000	0.0000	0.0000
0.50	0.0019	0.0019	0.0019	0.0018	0.0018	0.0018	0.0018	0.0018	0.0018	0.0018	0.0018	0.0018	0.0017	0.0017	0.0017
1.00	0.0101	0.0093	0.0089	0.0087	0.0085	0.0084	0.0083	0.0082	0.0081	0.0081	0.0080	0.0080	0.0080	0.0079	0.0079
1.50	0.0277	0.0232	0.0215	0.0206	0.0200	0.0195	0.0192	0.0189	0.0188	0.0186	0.0184	0.0183	0.0181	0.0181	0.0180
2.00	0.0559	0.0443	0.0399	0.0376	0.0361	0.0351	0.0343	0.0338	0.0334	0.0331	0.0326	0.0323	0.0321	0.0319	0.0317
2.50	0.0870	0.0715	0.0637	0.0594	0.0566	0.0549	0.0535	0.0524	0.0518	0.0512	0.0504	0.0499	0.0494	0.0490	0.0487
3.00	0.1189	0.1014	0.0913	0.0851	0.0808	0.0781	0.0760	0.0745	0.0734	0.0726	0.0714	0.0705	0.0698	0.0692	0.0687
3.50	0.1509	0.1325	0.1211	0.1135	0.1079	0.1043	0.1014	0.0993	0.0979	0.0966	0.0950	0.0939	0.0928	0.0920	0.0913
4.00	0.1831	0.1642	0.1521	0.1435	0.1369	0.1326	0.1291	0.1263	0.1245	0.1229	0.1209	0.1194	0.1181	0.1170	0.1161
4.50	0.2153	0.1962	0.1837	0.1745	0.1672	0.1624	0.1583	0.1551	0.1529	0.1510	0.1485	0.1466	0.1451	0.1438	0.1428
5.00	0.2475	0.2283	0.2157	0.2062	0.1984	0.1931	0.1887	0.1850	0.1826	0.1804	0.1775	0.1753	0.1736	0.1721	0.1709
5.50	0.2798	0.2606	0.2479	0.2382	0.2301	0.2245	0.2198	0.2158	0.2132	0.2108	0.2075	0.2051	0.2032	0.2016	0.2003
6.00	0.3120	0.2928	0.2801	0.2703	0.2620	0.2563	0.2515	0.2472	0.2444	0.2419	0.2383	0.2357	0.2337	0.2320	0.2306
6.50	0.3443	0.3251	0.3124	0.3026	0.2942	0.2884	0.2834	0.2791	0.2761	0.2735	0.2697	0.2670	0.2648	0.2630	0.2616
7.00	0.3766	0.3574	0.3446	0.3348	0.3264	0.3206	0.3156	0.3111	0.3081	0.3054	0.3015	0.2986	0.2964	0.2946	0.2932
7.50	0.4088	0.3896	0.3769	0.3671	0.3587	0.3529	0.3478	0.3433	0.3403	0.3375	0.3336	0.3306	0.3284	0.3265	0.3251
8.00	0.4411	0.4219	0.4091	0.3994	0.3910	0.3851	0.3801	0.3756	0.3725	0.3697	0.3651	0.3628	0.3605	0.3586	0.3572
8.50	0.4734	0.4541	0.4413	0.4316	0.4232	0.4174	0.4123	0.4079	0.4048	0.4020	0.3974	0.3951	0.3928	0.3909	0.3894
9.00	0.5056	0.4863	0.4735	0.4637	0.4554	0.4496	0.4445	0.4401	0.4370	0.4343	0.4297	0.4273	0.4251	0.4231	0.4217
9.50	0.5378	0.5185	0.5056	0.4958	0.4875	0.4817	0.4767	0.4722	0.4692	0.4665	0.4619	0.4596	0.4573	0.4554	0.4539

拟对比温度（$B=60.0$） $\int_{0.2}^{p_{pr}} \frac{(z/p_{pr})\mathrm{d}p_{pr}}{1+B(z/p_{pr})^2}$

p_{pr}	1.1	1.2	1.3	1.4	1.5	1.6	1.7	1.8	1.9	2.0	2.2	2.4	2.6	2.8	3.0
10.00	0.5701	0.5507	0.5377	0.5279	0.5195	0.5137	0.5087	0.5043	0.5013	0.4985	0.4940	0.4917	0.4894	0.4875	0.4861
10.50	0.6023	0.5828	0.5698	0.5599	0.5515	0.5457	0.5407	0.5363	0.5333	0.5305	0.5260	0.5237	0.5215	0.5196	0.5181
11.00	0.6344	0.6149	0.6018	0.5918	0.5833	0.5775	0.5725	0.5681	0.5651	0.5624	0.5579	0.5556	0.5534	0.5515	0.5500
11.50	0.6666	0.6469	0.6337	0.6237	0.6151	0.6093	0.6042	0.5998	0.5968	0.5941	0.5896	0.5873	0.5851	0.5832	0.5818
12.00	0.6987	0.6790	0.6656	0.6555	0.6469	0.6409	0.6359	0.6314	0.6284	0.6257	0.6212	0.6189	0.6166	0.6148	0.6133
12.50	0.7309	0.7110	0.6975	0.6872	0.6785	0.6725	0.6674	0.6629	0.6599	0.6571	0.6526	0.6503	0.6480	0.6461	0.6446
13.00	0.7630	0.7429	0.7293	0.7189	0.7101	0.7040	0.6986	0.6943	0.6912	0.6884	0.6838	0.6815	0.6792	0.6773	0.6758
13.50	0.7951	0.7749	0.7611	0.7505	0.7415	0.7354	0.7301	0.7255	0.7224	0.7196	0.7149	0.7125	0.7101	0.7032	0.7067
14.00	0.8272	0.8068	0.7929	0.7820	0.7730	0.7667	0.7613	0.7566	0.7534	0.7505	0.7457	0.7432	0.7409	0.7389	0.7374
14.50	0.8592	0.8387	0.8246	0.8135	0.8043	0.7979	0.7924	0.7876	0.7843	0.7813	0.7764	0.7738	0.7714	0.7694	0.7679
15.00	0.8913	0.8705	0.8562	0.8449	0.8355	0.8291	0.8233	0.8184	0.8151	0.8120	0.8069	0.8042	0.8017	0.7997	0.7982
15.50	0.9233	0.9024	0.8879	0.8763	0.8667	0.8601	0.8542	0.8492	0.8457	0.8425	0.8371	0.8343	0.8318	0.8298	0.8282
16.00	0.9554	0.9342	0.9195	0.9076	0.8978	0.8911	0.8850	0.8798	0.8762	0.8728	0.8672	0.8643	0.8617	0.8596	0.8580
16.50	0.9874	0.9660	0.9510	0.9389	0.9288	0.9219	0.9156	0.9103	0.9065	0.9030	0.8971	0.8940	0.8914	0.8892	0.8876
17.00	1.0194	0.9977	0.9826	0.9701	0.9598	0.9527	0.9462	0.9408	0.9368	0.9331	0.9269	0.9236	0.9208	0.9186	0.9170
17.50	1.0514	1.0295	1.0141	1.0012	0.9907	0.9835	0.9767	0.9711	0.9668	0.9630	0.9564	0.9529	0.9501	0.9478	0.9461
18.00	1.0834	1.0612	1.0455	1.0323	1.0215	1.0141	1.0070	1.0013	0.9968	0.9928	0.9858	0.9820	0.9791	0.9768	0.9751
18.50	1.1153	1.0929	1.0769	1.0634	1.0523	1.0447	1.0373	1.0313	1.0267	1.0224	1.0150	1.0110	1.0080	1.0056	1.0038
19.00	1.1473	1.1246	1.1083	1.0944	1.0830	1.0752	1.0675	1.0613	1.0564	1.0519	1.0440	1.0398	1.0366	1.0342	1.0324
19.50	1.1792	1.1562	1.1397	1.1253	1.1137	1.1056	1.0976	1.0912	1.0860	1.0812	1.0728	1.0683	1.0651	1.0626	1.0607

拟对比温度（$B=60.0$）　$\int_{0.2}^{p_{pr}} \frac{(z/p_{pr})\mathrm{d}p_{pr}}{1+B(z/p_{pr})^2}$

p_{pr}	1.1	1.2	1.3	1.4	1.5	1.6	1.7	1.8	1.9	2.0	2.2	2.4	2.6	2.8	3.0
20.00	1.2112	1.1879	1.1711	1.1562	1.1443	1.1360	1.1277	1.1210	1.1155	1.1104	1.1015	1.0967	1.0933	1.0908	1.0889
20.50	1.2431	1.2195	1.2024	1.1871	1.1748	1.1663	1.1576	1.1507	1.1449	1.1395	1.1301	1.1250	1.1214	1.1188	1.1168
21.00	1.2750	1.2511	1.2337	1.2179	1.2053	1.1965	1.1875	1.1803	1.1741	1.1685	1.1584	1.1530	1.1493	1.1466	1.1446
21.50	1.3069	1.2827	1.2650	1.2487	1.2357	1.2267	1.2173	1.2099	1.2033	1.1974	1.1867	1.1809	1.1770	1.1743	1.1721
22.00	1.3388	1.3143	1.2962	1.2795	1.2661	1.2568	1.2470	1.2393	1.2324	1.2261	1.2147	1.2086	1.2046	1.2018	1.1995
22.50	1.3707	1.3458	1.3274	1.3102	1.2964	1.2869	1.2766	1.2687	1.2614	1.2547	1.2427	1.2361	1.2319	1.2291	1.2268
23.00	1.4026	1.3774	1.3586	1.3409	1.3267	1.3169	1.3062	1.2979	1.2902	1.2832	1.2705	1.2635	1.2592	1.2562	1.2538
23.50	1.4344	1.4089	1.3898	1.3715	1.3569	1.3469	1.3357	1.3271	1.3190	1.3116	1.2981	1.2908	1.2862	1.2832	1.2807
24.00	1.4663	1.4404	1.4210	1.4021	1.3871	1.3768	1.3652	1.3563	1.3477	1.3399	1.3256	1.3179	1.3131	1.3100	1.3074
24.50	1.4982	1.4719	1.4521	1.4327	1.4173	1.4066	1.3945	1.3853	1.3763	1.3681	1.3530	1.3448	1.3399	1.3366	1.3340
25.00	1.5300	1.5034	1.4832	1.4632	1.4474	1.4364	1.4238	1.4143	1.4048	1.3962	1.3803	1.3716	1.3664	1.3631	1.3604
25.50	1.5619	1.5349	1.5143	1.4937	1.4774	1.4662	1.4531	1.4432	1.4332	1.4242	1.4074	1.3983	1.3929	1.3895	1.3867
26.00	1.5937	1.5664	1.5454	1.5242	1.5075	1.4959	1.4823	1.4721	1.4616	1.4521	1.4344	1.4248	1.4192	1.4157	1.4128
26.50	1.6255	1.5978	1.5765	1.5547	1.5374	1.5255	1.5114	1.5008	1.4898	1.4799	1.4613	1.4512	1.4454	1.4417	1.4388
27.00	1.6574	1.6292	1.6075	1.5851	1.5674	1.5552	1.5405	1.5295	1.5180	1.5076	1.4881	1.4775	1.4714	1.4677	1.4646
27.50	1.6892	1.6607	1.6385	1.6155	1.5973	1.5847	1.5695	1.5582	1.5461	1.5353	1.5148	1.5036	1.4973	1.4935	1.4903
28.00	1.7210	1.6921	1.6695	1.6459	1.6272	1.6143	1.5985	1.5868	1.5742	1.5628	1.5413	1.5296	1.5231	1.5191	1.5159
28.50	1.7528	1.7235	1.7005	1.6762	1.6570	1.6438	1.6274	1.6153	1.6021	1.5903	1.5678	1.5555	1.5487	1.5447	1.5413
29.00	1.7846	1.7549	1.7315	1.7065	1.6868	1.6732	1.6563	1.6436	1.6300	1.6176	1.5941	1.5813	1.5742	1.5701	1.5666
29.50	1.8164	1.7863	1.7625	1.7368	1.7166	1.7076	1.6851	1.6722	1.6579	1.6449	1.6204	1.6070	1.5997	1.5954	1.5918
30.00	1.8482	1.8177	1.7934	1.7671	1.7463	1.7320	1.7139	1.7005	1.6856	1.6722	1.6465	1.6325	1.6249	1.6205	1.6168

续表

拟对比温度（$B=70.0$）　$\int_{0.2}^{p_{pr}} \frac{(z/p_{pr})dp_{pr}}{1+B(z/p_{pr})^2}$

p_{pr}	1.1	1.2	1.3	1.4	1.5	1.6	1.7	1.8	1.9	2.0	2.2	2.4	2.6	2.8	3.0
0.20	0.0000	0.0000	0.0000	0.0000	0.0000	0.0000	0.0000	0.0000	0.0000	0.0000	0.0000	0.0000	0.0000	0.0000	0.0000
0.50	0.0017	0.0016	0.0016	0.0016	0.0016	0.0015	0.0015	0.0015	0.0015	0.0015	0.0015	0.0015	0.0015	0.0015	0.0015
1.00	0.0087	0.0080	0.0077	0.0074	0.0073	0.0072	0.0071	0.0070	0.0070	0.0070	0.0069	0.0069	0.0068	0.0068	0.0068
1.50	0.0240	0.0199	0.0185	0.0177	0.0172	0.0168	0.0165	0.0163	0.0161	0.0160	0.0158	0.0157	0.0156	0.0155	0.0154
2.00	0.0491	0.0385	0.0345	0.0325	0.0312	0.0303	0.0296	0.0291	0.0288	0.0285	0.0281	0.0278	0.0276	0.0274	0.0273
2.50	0.0772	0.0625	0.0554	0.0515	0.0490	0.0475	0.0462	0.0453	0.0448	0.0443	0.0435	0.0431	0.0426	0.0423	0.0420
3.00	0.1063	0.0894	0.0799	0.0742	0.0703	0.0679	0.0660	0.0646	0.0637	0.0629	0.0618	0.0611	0.0604	0.0599	0.0595
3.50	0.1356	0.1175	0.1066	0.0994	0.0943	0.0910	0.0884	0.0864	0.0851	0.0840	0.0825	0.0815	0.0806	0.0798	0.0792
4.00	0.1651	0.1464	0.1346	0.1264	0.1202	0.1162	0.1129	0.1104	0.1087	0.1073	0.1054	0.1040	0.1029	0.1018	0.1010
4.50	0.1947	1.1756	0.1634	0.1545	0.1475	0.1429	0.1391	0.1360	0.1340	0.1322	0.1299	0.1282	0.1268	0.1256	0.1246
5.00	0.2243	1.2050	0.1926	0.1833	0.1756	0.1706	0.1664	0.1629	0.1606	0.1585	0.1558	0.1538	0.1522	0.1508	0.1497
5.50	0.2540	0.2347	0.2221	0.2125	0.2045	0.1991	0.1946	0.1907	0.1881	0.1859	0.1827	0.1805	0.1787	0.1772	0.1760
6.00	0.2838	0.2644	0.2517	0.2420	0.2337	0.2281	0.2233	0.2192	0.2164	0.2140	0.2106	0.2081	0.2061	0.2045	0.2032
6.50	0.3135	0.2941	0.2815	0.2716	0.2632	0.2574	0.2525	0.2482	0.2453	0.2427	0.2390	0.2363	0.2343	0.2326	0.2313
7.00	0.3433	0.3239	0.3113	0.3014	0.2929	0.2870	0.2820	0.2775	0.2745	0.2718	0.2680	0.2652	0.2630	0.2613	0.2599
7.50	0.3732	0.3538	0.3411	0.3312	0.3226	0.3167	0.3116	0.3071	0.3040	0.3013	0.2973	0.2944	0.2922	0.2904	0.2890
8.00	0.4030	0.3836	0.3710	0.3611	0.3525	0.3465	0.3414	0.3368	0.3337	0.3309	0.3262	0.3239	0.3217	0.3198	0.3184
8.50	0.4328	0.4135	0.4009	0.3909	0.3824	0.3764	0.3713	0.3667	0.3635	0.3607	0.3560	0.3536	0.3514	0.3495	0.3481
9.00	0.4627	0.4434	0.4307	0.4208	0.4122	0.4063	0.4011	0.3965	0.3934	0.3905	0.3858	0.3834	0.3812	0.3793	0.3779
9.50	0.4926	0.4733	0.4606	0.4507	0.4421	0.4362	0.4310	0.4264	0.4233	0.4204	0.4157	0.4133	0.4110	0.4092	0.4077

p_{pr}	拟对比温度（$B=70.0$） $\int_{0.2}^{p_{pr}}\frac{(z/p_{pr})dp_{pr}}{1+B(z/p_{pr})^2}$													
	1.1	1.2	1.3	1.4	1.5	1.6	1.7	1.8	1.9	2.0	2.2	2.4	2.6	2.8	3.0
10.00	0.5225	0.5031	0.4905	0.4805	0.4720	0.4660	0.4609	0.4563	0.4531	0.4503	0.4456	0.4432	0.4409	0.4390	0.4376
10.50	0.5523	0.5330	0.5203	0.5104	0.5018	0.4958	0.4907	0.4861	0.4830	0.4801	0.4754	0.4730	0.4708	0.4689	0.4675
11.00	0.5822	0.5629	0.5502	0.5402	0.5316	0.5256	0.5204	0.5159	0.5127	0.5099	0.5052	0.5028	0.5005	0.4987	0.4972
11.50	0.6121	0.5927	0.5800	0.5700	0.5613	0.5553	0.5502	0.5456	0.5424	0.5396	0.5349	0.5325	0.5303	0.5284	0.5270
12.00	0.6420	0.6226	0.6098	0.5997	0.5910	0.5850	0.5798	0.5752	0.5721	0.5692	0.5645	0.5621	0.5599	0.5580	0.5566
12.50	0.6718	0.6524	0.6396	0.6294	0.6207	0.6146	0.6094	0.6047	0.6016	0.5987	0.5940	0.5916	0.5893	0.5875	0.5860
13.00	0.7017	0.6822	0.6693	0.6591	0.6503	0.6442	0.6389	0.6342	0.6311	0.6282	0.6234	0.6210	0.6187	0.6168	0.6154
13.50	0.7316	0.7121	0.6991	0.6887	0.6798	0.6737	0.6683	0.6636	0.6604	0.6575	0.6527	0.6502	0.6479	0.6460	0.6445
14.00	0.7615	0.7419	0.7288	0.7183	0.7093	0.7031	0.6977	0.6929	0.6897	0.6867	0.6818	0.6793	0.6770	0.6750	0.6736
14.50	0.7913	0.7717	0.7585	0.7479	0.7388	0.7325	0.7270	0.7222	0.7189	0.7158	0.7108	0.7062	0.7059	0.7039	0.7024
15.00	0.8212	0.8014	0.7881	0.7774	0.7682	0.7619	0.7562	0.7513	0.7479	0.7448	0.7397	0.7370	0.7346	0.7326	0.7311
15.50	0.8510	0.8312	0.8178	0.8069	0.7976	0.7911	0.7854	0.7804	0.7769	0.7737	0.7684	0.7656	0.7632	0.7612	0.7597
16.00	0.8809	0.8609	0.8474	0.8363	0.8269	0.8203	0.8145	0.8094	0.8058	0.8025	0.7969	0.7941	0.7916	0.7896	0.7880
16.50	0.9107	0.8907	0.8770	0.8658	0.8562	0.8495	0.8435	0.8363	0.8345	0.8311	0.8254	0.8224	0.8198	0.8178	0.8162
17.00	0.9406	0.9204	0.9066	0.8951	0.8854	0.8786	0.8724	0.8671	0.8632	0.8597	0.8537	0.8505	0.8479	0.8458	0.8442
17.50	0.9704	0.9501	0.9362	0.9245	0.9146	0.9076	0.9013	0.8958	0.8918	0.8881	0.8818	0.8765	0.8758	0.8737	0.8721
18.00	1.0002	0.9798	0.9657	0.9538	0.9437	0.9366	0.9300	0.9245	0.9203	0.9164	0.9098	0.9064	0.9036	0.9014	0.8997
18.50	1.0300	1.0095	0.9953	0.9831	0.9728	0.9656	0.9588	0.9530	0.9486	0.9446	0.9377	0.9340	0.9311	0.9289	0.9272
19.00	1.0599	1.0392	1.0248	1.0123	1.0018	0.9945	0.9874	0.9815	0.9769	0.9727	0.9654	0.9615	0.9586	0.9563	0.9545
19.50	1.0897	1.0689	1.0543	1.0415	1.0308	1.0233	1.0160	1.0099	1.0051	1.0007	0.9930	0.9889	0.9858	0.9835	0.9817

拟对比温度（$B=70.0$）　$\int_{0.2}^{p_{pr}} \frac{(z/p_{pr})\mathrm{d}p_{pr}}{1+B(z/p_{pr})^2}$

p_{pr}	1.1	1.2	1.3	1.4	1.5	1.6	1.7	1.8	1.9	2.0	2.2	2.4	2.6	2.8	3.0
20.00	1.1195	1.0985	1.0837	1.0707	1.0597	1.0521	1.0445	1.0383	1.0332	1.0286	1.0204	1.0161	1.0129	1.0105	1.0087
20.50	1.1493	1.1282	1.1132	1.0999	1.0886	1.0808	1.0730	1.0665	1.0612	1.0564	1.0478	1.0432	1.0398	1.0374	1.0355
21.00	1.1791	1.1578	1.1426	1.1290	1.1175	1.1095	1.1014	1.0947	1.0892	1.0841	1.0749	1.0701	1.0666	1.0641	1.0622
21.50	1.2089	1.1874	1.1721	1.1581	1.1463	1.1381	1.1297	1.1229	1.1170	1.1116	1.1020	1.0968	1.0933	1.0907	1.0887
22.00	1.2387	1.2170	1.2015	1.1871	1.1751	1.1667	1.1580	1.1509	1.1448	1.1391	1.1289	1.1235	1.1198	1.1171	1.1151
22.50	1.2685	1.2466	1.2309	1.2162	1.2039	1.1953	1.1862	1.1789	1.1724	1.1665	1.1558	1.1500	1.1461	1.1434	1.1413
23.00	1.2982	1.2762	1.2602	1.2452	1.2326	1.2238	1.2144	1.2069	1.2000	1.1938	1.1825	1.1763	1.1723	1.1695	1.1674
23.50	1.3280	1.3058	1.2896	1.2742	1.2613	1.2522	1.2425	1.2347	1.2276	1.2210	1.2090	1.2026	1.1984	1.1955	1.1933
24.00	1.3578	1.3354	1.3190	1.3031	1.2899	1.2807	1.2706	1.2625	1.2550	1.2482	1.2355	1.2287	1.2243	1.2214	1.2191
24.50	1.3876	1.3650	1.3483	1.3321	1.3185	1.3090	1.2986	1.2903	1.2824	1.2752	1.2619	1.2546	1.2501	1.2471	1.2447
25.00	1.4173	1.3946	1.3776	1.3610	1.3471	1.3374	1.3265	1.3180	1.3097	1.3022	1.2881	1.2805	1.2758	1.2727	1.2702
25.50	1.4471	1.4241	1.4069	1.3899	1.3757	1.3657	1.3544	1.3456	1.3369	1.3290	1.3142	1.3062	1.3013	1.2981	1.2956
26.00	1.4769	1.4537	1.4362	1.4187	1.4042	1.3940	1.3823	1.3732	1.3641	1.3658	1.3403	1.3318	1.3267	1.3235	1.3209
26.50	1.5066	1.4832	1.4655	1.4476	1.4327	1.4222	1.4101	1.4007	1.3912	1.3825	1.3662	1.3573	1.3520	1.3487	1.3460
27.00	1.5364	1.5127	1.4948	1.4764	1.4611	1.4504	1.4379	1.4282	1.4182	1.4092	1.3920	1.3827	1.3772	1.3738	1.3710
27.50	1.5661	1.5423	1.5240	1.5052	1.4895	1.4786	1.4656	1.4556	1.4452	1.4357	1.4178	1.4079	1.4023	1.3987	1.3959
28.00	1.5959	1.5718	1.5533	1.5340	1.5179	1.5067	1.4933	1.4829	1.4721	1.4622	1.4434	1.4331	1.4272	1.4235	1.4206
28.50	1.6526	1.6013	1.5825	1.5627	1.5463	1.5348	1.5209	1.5102	1.4989	1.4886	1.4690	1.4581	1.4520	1.4483	1.4452
29.00	1.6554	1.6308	1.6117	1.5915	1.5747	1.5629	1.5485	1.5375	1.5257	1.5150	1.4944	1.4831	1.4768	1.4729	1.4698
29.50	1.6851	1.6603	1.6410	1.6202	1.6030	1.5909	1.5761	1.5647	1.5524	1.5412	1.5198	1.5079	1.5014	1.4974	1.4942
30.00	1.7148	1.6898	1.6702	1.6489	1.6313	1.6189	1.6036	1.5919	1.5791	1.5675	1.5450	1.5327	1.5259	1.5218	1.5165

表 37.3　产气管柱重量及尺寸

公称尺寸（英寸）	API 测定值（英寸）	每英尺重量（磅／英尺）	外径（英寸）	内径（英寸）
$1^{1}/_{4}$	–	2.3～2.4	1.660	1.380
$1^{1}/_{2}$	–	2.9～2.748	1.900	1.610
2	$2^{3}/_{8}$	4.00	2.375	2.041
2	$2^{3}/_{8}$	4.5～4.7	2.375	1.995
$2^{1}/_{2}$	$2^{7}/_{8}$	5.897	2.875	2.469
$2^{1}/_{2}$	$2^{7}/_{8}$	6.25～6.5	2.875	2.441
3	$3^{1}/_{2}$	7.694	3.500	3.068
3	$3^{1}/_{2}$	8.50	3.500	3.018
3	$3^{1}/_{2}$	9.30	3.500	2.992
3	$3^{1}/_{2}$	10.2	3.500	2.922
$3^{1}/_{2}$	4	9.26～9.50	4.000	3.548
$3^{1}/_{2}$	4	11.00	4.000	3.476
4	$4^{1}/_{2}$	10.98	4.500	4.026
4	$4^{1}/_{2}$	11.75	4.500	3.990
4	$4^{1}/_{2}$	12.75	4.500	3.958
$4^{1}/_{2}$	$4^{3}/_{4}$	16.00	4.750	4.082
$4^{1}/_{2}$	$4^{3}/_{4}$	16.50	4.750	4.070
$4^{3}/_{4}$	5	12.85	5.000	4.500
$4^{3}/_{4}$	5	13.00	5.000	4.494
$4^{3}/_{4}$	5	15.00	5.000	4.408
$4^{3}/_{4}$	5	18.00	5.000	4.276
$4^{3}/_{4}$	5	21.00	5.000	4.154
–	$5^{1}/_{4}$	16.00	5.250	4.648
$5^{3}/_{16}$	$5^{1}/_{2}$	17.00	5.500	4.892
$5^{3}/_{16}$	$5^{1}/_{2}$	20.00	5.500	4.778
–	$5^{3}/_{4}$	14.00	5.750	5.290
–	$5^{3}/_{4}$	17.00	5.750	5.190
–	$5^{3}/_{4}$	19.50	5.750	5.090
–	$5^{3}/_{4}$	22.50	5.750	4.990
$5^{5}/_{8}$	6	20.00	6.000	5.350
$6^{1}/_{4}$	$6^{5}/_{8}$	20.00	6.625	6.049
$6^{1}/_{4}$	$6^{5}/_{8}$	24.00	6.625	5.921
$6^{1}/_{4}$	$6^{5}/_{8}$	26.00	6.625	5.855
$6^{1}/_{4}$	$6^{5}/_{8}$	28.00	6.625	5.791
$6^{1}/_{4}$	$6^{5}/_{8}$	29.00	6.625	5.761
$6^{5}/_{8}$	7	20.00	7.000	6.456
$6^{5}/_{8}$	7	22.00	7.000	6.398
$6^{5}/_{8}$	7	24.00	7.000	6.336
$6^{5}/_{8}$	7	26.00	7.000	6.276
$6^{5}/_{8}$	7	28.00	7.000	6.214
$6^{5}/_{8}$	7	30.00	7.000	6.154
API	$7^{5}/_{8}$	34.00	7.625	6.765
$7^{5}/_{8}$	8	26.00	8.000	7.386
API	$8^{1}/_{8}$	28.00	8.125	7.485
API	$8^{1}/_{8}$	32.00	8.125	7.385
API	$8^{1}/_{8}$	35.50	8.125	7.285
API	$8^{1}/_{8}$	39.5～40.00	8.125	7.185
API	$8^{1}/_{8}$	42.00	8.125	7.125
$8^{1}/_{4}$	$8^{5}/_{8}$	24.00	8.625	8.097
$8^{1}/_{4}$	$8^{5}/_{8}$	28.00	8.625	8.017
$8^{1}/_{4}$	$8^{5}/_{8}$	32.00	8.625	7.921
$8^{1}/_{4}$	$8^{5}/_{8}$	32.00	8.625	7.907
$8^{1}/_{4}$	$8^{5}/_{8}$	36.00	8.625	7.825
$8^{1}/_{4}$	$8^{5}/_{8}$	38.00	8.625	7.775
$8^{1}/_{4}$	$8^{5}/_{8}$	43.00	8.625	7.651
$8^{1}/_{4}$	$8^{5}/_{8}$	44.85	8.625	7.625
$8^{5}/_{8}$	9	34.00	9.000	8.290
$8^{5}/_{8}$	9	38.00	9.000	8.196
$8^{5}/_{8}$	9	40.00	9.000	8.150
$8^{5}/_{8}$	9	45.00	9.000	8.032
$8^{5}/_{8}$	9	54.00	9.000	7.812
API	$9^{5}/_{8}$	43.80	9.625	8.755
API	$9^{5}/_{8}$	47.20	9.625	8.681
API	$9^{5}/_{8}$	53.60	9.625	8.535
API	$9^{5}/_{8}$	57.40	9.625	8.451
$9^{1}/_{4}$	$9^{5}/_{8}$	36.00	9.625	8.921
$9^{5}/_{8}$	10	33.00	10.000	9.384
$9^{5}/_{8}$	10	60.00	10.000	8.780
10	$10^{3}/_{4}$	32.75	10.750	10.192
10	$10^{3}/_{4}$	35.75	10.750	10.136
10	$10^{3}/_{4}$	40.00	10.750	10.054
API	$10^{3}/_{4}$	40.50	10.750	10.050
10	$10^{3}/_{4}$	45.00	10.750	9.960
API	$10^{3}/_{4}$	45.50	10.750	9.950
10	$10^{3}/_{4}$	48.00	10.750	9.902
API	$10^{3}/_{4}$	51.00	10.750	9.850
10	$10^{3}/_{4}$	54.00	10.750	9.784

气体流量，$q_g = 4.91 \times 10.6$ 英尺^3／日；
井口流动压力，$p_2 = 1.980$ 磅／英寸^2(绝对)；
平均流动温度，$T = 636\ ^\circ\mathrm{R}$；
气体相对密度（空气＝1.0），$\gamma_g = 0.750$；
$p_{pc} = 660$ 磅／英寸^2(绝对)；
$T_{pc} = 400\mathrm{OR}$；
$f = 0.016$。
求解：
（1）计算 B 值

$$B = \frac{667 f q_g^2 \overline{T}^2}{d_{ti}^5 p_{pc}^2} = \frac{(667)(0.016)(4.91)^2(636)^2}{(2.00)^5(660)^2} = 7.48$$

（2）计算$\dfrac{0.01877\gamma_g L}{\overline{T}}$值

$$\frac{0.01877\gamma_g L}{\overline{T}} = \frac{(0.01877)(0.750)(10{,}000)}{636} = 0.2213$$

（3）计算拟对比井口压力和拟对比平均温度

$$(p_{pr})_2 = \frac{1{,}980}{660} = 3.0$$

和

$$\overline{T}_{pr} = \frac{636}{400} = 1.59$$

（4）从表 37.2 上读出，当$\overline{T} = 1.59$ 时

$$\int_{0.2}^{(p_{pr})_2} \frac{(z/p_{pr})\mathrm{d}p_{pr}}{1 + B(z/p_{pr})^2} = 0.4246$$

（5）把$\displaystyle\int_{0.2}^{(p_{pr})_2} \frac{(z/p_{pr})\mathrm{d}p_{pr}}{1 + B(z/p_{pr})^2}$和$\dfrac{0.01877\gamma_g L}{\overline{T}}$相加得到：

$$0.4246 + 0.2213 = 0.6459$$

（6）从表 37.2 中查得对应的拟对比压力值：

$$\int_{0.2}^{(p_{pr})_1} \frac{(z/p_{pr})\mathrm{d}p_{pr}}{1+B(z^2/p_{pr}{}^2)} = 0.6459$$

$$(p_{pr})_1 = 4.358$$

(7) 把 (p_{pr}) 乘以 p_{pc} 以后得到井底压力。

$$p_1 = 4.358 \times 660 = 2{,}876 \text{ 磅 / 英寸}^2(\text{绝对})$$

另有一种方法是 Cullender 和 Smith [7] 提出的计算产气井井底压力的方法，该法提出后曾被很多州的管理机构广泛采用。这一方法避免使用不变平均温度的假设，而把温度这一项列入被积分部分如下：

$$18.75\gamma_g L = \int_{p_2}^{p_1} \frac{[p/(Tz)]\mathrm{d}p}{F^2 + 0.001[p/(Tz)]^2} \tag{36}$$

式中

$$F^2 = (2.6665 f_f q_g^2)/d_i^5 \tag{37}$$

式中 f_f 为 Fanning 摩擦因子，$f_f = f/4$，f 则是从图中查出的 Moody 摩擦因子。

上面的方程 (37) 可以应用 Nikuradse 摩擦因子方程（在完全湍流并采用绝对粗糙度为 0.0006 英寸情况下）而简化如下：

$$F = F_r q_g = \frac{0.10797 q_g}{d_i^{2.612}} \tag{38}$$

上式在 $d_i < 4.277$ 英寸时适用。如 $d_i > 4.277$ 英寸，则适用的方程如下：

$$F = F_r q_g = \frac{0.10337 q_g}{d_i^{2.582}} \tag{39}$$

在表 37.4 中列出了适用于各种尺寸的油管和套管的 F_r 值〔7〕。

对于方程 (36) 的右侧可以应用一种两步梯形积分法进行数字积分如下：

$$18.75\gamma_g L = \frac{(p_m - p_2)(I_m + I_2)}{2} + \frac{(p_1 - p_m)(I_1 + I_m)}{2} \tag{40}$$

式中 $I = \dfrac{p/(Tz)}{F^2 + 0.001[p/(Tz)]^2}$，$p_m = p_1 + (p_1 + p_2)/2$

方程（40）可以分为两部分来表示，每一部分代表管柱的一半。代表上半部的是：

$$18.75\gamma_g L=(p_m-p_2)(I_m+I_2) \tag{41}$$

代表下半部的则是：

$$18.75\gamma_g L=(p_1-p_m)(I_1+I_m) \tag{42}$$

从方程（41）应用凑法算出 p_m 值，然后用类似的方法把（41）式中的 I_m 值代入（42）式，算出 p_1 的数值。

然后应用 Simpson 法则求出一个更精确的井底压力数值如下：

$$18.75\gamma_g L=\left(\frac{p_2-p_1}{6}\right)(I_2+4I_m+I_l) \tag{43}$$

可以不必使用两步的梯形积分法来求得井底压力的初次估算值，而直接应用 Simpson 法则，并用试凑法算出井底压力的数值。

可以看出，应用 Cullender 和 Smith 方法，在手工计算的情况下，就要用到繁琐的试凑解法。所以这一方法最好用计算机处理。引用参考文献〔8〕中的一段话："由于在 Cullender 和 Smith 的方法中把温度和 E 值都考虑作压力的函数，看起来好象这一方法比起 Sukkar–Cornell 的方法来要精确一些。这只是一种表面优点。如果气柱的温度为已知的话，就有可能把深度分作几段步长，每一段赋于一个适当的温度数值"。这一看法在上面已经提到过。因此 Sukkar–Cornell 方法是一种精确的，可以快速手算的计算程序，用它可以避免采用试凑的计算法。这一方法也适用于计算机求解。

例题 4〔9〕 要求应用 Cullender 和 Smith 方法来计算一口气井的井底流压。已知各项数据如下：

气体相对密度，$\gamma_g=0.75$；

垂直管柱长度，$L=10000$ 英尺；

井口温度，$T_2=570\ ^\circ R$；

地层温度，$T_1=705\ ^\circ R$；

井口压力，$p_2=2000$ 磅／英寸^2（表压）；

气体产量，$q_g=4.915\times10^6$ 英尺^3／日；

油管内径，$d_{ti}=2.441$ 英寸；

拟临界温度，$T_{pc}=408\ ^\circ R$；

拟临界压力，$p_{pc}=667$ 磅／英寸^2

$$\overline{T}=\frac{T_1+T_2}{2}=\frac{570+705}{2}=638\ ^\circ R$$

井口 $$T_{pr}=\frac{T_2}{T_{pc}}=\frac{570}{408}=1.397$$

中点 $$T_{pr}=\frac{\overline{T}}{T_{pc}}=\frac{638}{408}=1.564$$

井底 $$T_{pr}=\frac{T_i}{T_{pc}}=\frac{705}{408}=1.728$$

井口 $$p_{pr}=\frac{p_2}{p_{pc}}=\frac{2{,}000}{667}=2.999$$

$$F=\frac{(0.10797)(4.915)}{(2.441)^{2.612}}=0.05158$$

和 $$F^2=0.00266$$

算出方程（36）的左侧数值如下:

$$18.75\gamma_g L=(18.75)(0.75)(10{,}000)=140{,}625$$

现在要计算 I_2 的数值。从压缩系数的数据图表（参看第二十五章）查得 $z_2=0.705$，因而得到:

$$\frac{p_2}{T_2 z_2}=\frac{2{,}000}{(570)(0.705)}=4.977$$

和

$$I_2=\frac{4.977}{0.00266+0.001(4.977)^2}=181.44$$

假设 $I_2=I_m$，通过解方程（41）求 p_m 如下:

$$140{,}625=(p_m-2{,}000)(181.44+181.44)$$

$$p_m=2{,}388\text{磅/英寸}^2\text{(绝对)}$$

第二次试算程序及结果:

表 37.4　和各种尺寸油套管相应的 F_r 值

$F_r=\frac{0.10797}{d_1^{2612}}$ ① 公称尺寸（英寸）	外径（英寸）	每英尺重量（磅/英寸）	内径（英寸）	F_r
1	1.315	1.80	1.049	0.095288
$1\frac{1}{4}$	1.660	2.40	1.380	0.046552
$1\frac{1}{2}$	1.990	2.75	1.610	0.031122
2	2.375	4.70	1.995	0.017777
$2\frac{1}{2}$	2.875	6.50	2.441	0.010495
3	3.500	9.30	2.992	0.006167
$3\frac{1}{2}$	4.000	11.00	3.476	0.004169
4	4.500	12.70	3.958	0.002970
$4\frac{1}{2}$	4.750	16.25	4.082	0.002740
	4.750	18.00	4.000	0.002889
$4\frac{3}{4}$	5.000	18.00	4.276	0.002427
	5.000	21.00	4.154	0.002617
$F_r=\frac{0.01337}{d_1^{2.582}}$ ②				
$4\frac{3}{4}$	5.000	13.00	4.494	0.0021345
	5.000	15.00	4.408	0.0022437
$5\frac{3}{6}$	5.500	14.00	5.012	0.0016105
	5.500	15.00	4.976	0.0016408
	5.500	17.00	4.892	0.0017145
	5.500	20.00	4.778	0.0018221
	5.500	23.00	4.670	0.0019329
	5.500	25.00	4.580	0.0020325
$5\frac{5}{8}$	6.000	15.00	5.524	0.0012528
	6.000	17.00	5.450	0.0012972
	6.000	20.00	5.352	0.0013595
	6.000	23.00	5.240	0.0014358
	6.000	26.00	5.140	0.0015090
$6\frac{1}{4}$	6.625	20.00	6.049	0.0009910
	6.625	22.00	5.989	0.0010169
	6.625	24.00	5.921	0.0010473
	6.625	26.00	5.855	0.0010781
	6.625	28.00	5.791	0.0011091
	6.625	31.80	5.675	0.0011686
	6.625	34.00	5.595	0.0012122
$6\frac{5}{8}$	7.000	20.00	6.456	0.0008876
	7.000	22.00	6.398	0.0008574
	7.000	24.00	6.336	0.0008792
	7.000	26.00	6.276	0.0009011
	7.000	28.00	6.214	0.0009245
	7.000	30.00	6.154	0.0009479

$F_r=\frac{0.10797}{d_1^{2612}}$ ① 公称尺寸（英寸）	外径（英寸）	每英尺重量（磅/英寸）	内径（英寸）	F_r
	7.000	40.00	5.836	0.0010871
$7\frac{1}{4}$	7.625	26.40	6.969	0.0006875
	7.625	29.70	6.875	0.0007121
	7.625	33.70	6.765	0.0007424
	7.625	38.70	6.625	0.0007836
	7.625	45.00	6.445	0.0008413
	8.000	26.00	7.386	0.0005917
$7\frac{5}{8}$	8.125	28.00	7.485	0.0005717
	8.125	32.00	7.385	0.0005919
	8.125	35.50	7.285	0.0006132
	8.125	39.50	7.185	0.0006354
$8\frac{1}{4}$	8.625	17.50	8.249	0.0004448
	8.625	20.00	8.191	0.0004530
	8.625	24.00	8.097	0.0004667
	8.625	28.00	8.003	0.0004810
	8.625	32.00	7.907	0.0004962
	8.625	36.00	7.825	0.0005098
	8.625	38.00	7.775	0.0005183
	8.625	43.00	7.651	0.0005403
$8\frac{5}{8}$	9.000	34.00	8.290	0.0004392
	9.000	38.00	8.196	0.0004523
	9.000	40.00	8.150	0.0004589
	9.000	45.00	8.032	0.0004765
9	9.625	36.00	8.921	0.0003634
	9.625	40.00	8.835	0.0003726
	9.625	43.50	8.755	0.0003814
	9.625	47.00	8.681	0.0003899
	9.625	53.50	8.535	0.0004074
	9.625	58.00	8.435	0.0004200
$9\frac{5}{8}$	10.000	33.00	9.384	0.0004167
	10.000	55.50	8.908	0.0003648
	10.000	61.20	8.790	0.0003775
10	10.750	32.75	10.192	0.0002576
	10.750	35.75	10.136	0.0002613
	10.750	40.00	10.050	0.0002671
	10.750	45.50	9.950	0.0002741
	10.750	48.00	9.902	0.0002776
	10.750	54.00	9.784	0.0002863

①仅适用于内径小于 4.277 英寸；

②仅适用于内径大于 4.277 英寸。

$$p_{pr}=\frac{p_m}{p_{pc}}=\frac{2,388}{667}=3.580$$

$$z_m=0.800(T_{pr}=1.564，p_{pr}=3.580)$$

$$\frac{p_m}{T_m z_m}=\frac{2,388}{(638)(0.800)}=4.679$$

由此得出:

$$I_m=\frac{4.679}{(0.00266)+0.001(4.679)^2}=190.57$$

通过解方程（41）求 p_m 如下:

$$140.625=(p_m-2.000)(190.57+181.44)$$
$$p_m=2378\text{ 磅／英寸}^2(\text{绝对})$$

第三次试算程序及结果:

$$p_{pr}=\frac{p_m}{p_{pc}}=\frac{2,378}{667}=3.565$$

$$z_m=0.800，(T_{pr}=1.564,p_{pr}=3565)$$

$$\frac{p_m}{T_m z_m}=\frac{2,378}{(638)(0.800)}=4.659$$

$$I_m=\frac{4.659}{0.00266+0.001(4.659)^2}=191.21$$

通过解方程（41）求 p_m 如下:

$$140.625=(p_m-2000)(191.21+181.44)$$

因而得到:

$$p_m=2.377\text{磅／英寸}^2(\text{绝对})$$

对产气管柱的下半段进行计算时，假设 $I_1=I_m=191.21$，通过解方程（42）求 p_1 如下：

$$140625=(p_1-2377)(191.21+191.21)$$
$$p_1=2745\ 磅/英寸^2$$

第二次试算程序和结果：

$$p_{pr}=\frac{p_1}{p_{pc}}=\frac{2,745}{667}=4.115$$

$$z_1=0.869,(T_{pr}=1.728,p_{pr}=4.115)$$

$$\frac{p_1}{T_1 z_1}=\frac{2,745}{(705)(0.869)}=4.481$$

由此得出：

$$I_1=\frac{4.481}{0.00266+0.001(4.481)^2}=197.06$$

通过解方程（42）求 p_1 如下：

$$140625=(p_1-2377)(197.06+191.21)$$
$$p_1=2,739\ 磅/英寸^2$$

第三次试算程序和结果：

$$p_{pr}=\frac{p_1}{p_{pc}}=\frac{2,739}{667}=4.106$$

$$z_1=0.869,(T_{pr}=1.728,p_{pr}=4.106)$$

$$\frac{p_1}{T_1 z_1}=\frac{2,739}{(705)(0.869)}=4.471$$

由此得出：

$$I_1=\frac{4.471}{0.00266+0.001(4.471)^2}=197.40$$

通过解方程（42）求 p_1 如下:

$$140,625=(p_1-2,377)(197.40+191.21)$$
$$p_1=2,739\ 磅/英寸^2$$

应用 Simpson 法则，从方程（43）得到:

$$140,625=\frac{(p_1-p_2)}{6}\times[181.44+4(191.21)+197.40]$$

$$p_1-p_2=738$$

和 $$p_1=738+2000=2738磅/英寸^2$$

如果对一口气井的管柱全长采用一个有效的平均温度和一个平均的有效压缩系数，其结果可以使计算井底流压的程序得到简化。低压浅井或压差不大的井特别适合于使用这一方法。在一般假设的条件下，把动能项忽略不计，使 g/g_c 等于 1，等等，Smith[10] 曾为垂直气体流动推出下式:

$$p_{bh}^2-e^s p_{th}^2=\frac{25fq_g^2\overline{T}^2\overline{z}^2(e^s-1)}{0.0375d_i^5} \tag{44}$$

式中 p_{bh}——井底压力，磅/英寸^2（绝对）;

p_{th}——井口压力，磅/英寸^2（绝对）;

f——摩擦因子（无量纲，从图 37.2 查得）;

q_g——产气量，10^6 英尺^3/日（以 14.65 磅/英寸^2（绝对）和 60°F 为准）;

S——e 的幂值 $=\dfrac{0.0375\gamma_g L}{\overline{TE}}$;

γ_g——气体相对密度（空气为 1）;

L——垂直管柱长度，英尺;

$\overline{T}$——平均温度，°R;

$\overline{z}$——平均气体压缩系数，无量纲;

d_i——产气管柱内径，英寸;

e——自然对数的底值＝2.71828。

在应用方程（44）时也要采用试凑程序。

为了探索一般商品管子的摩擦因子数值，Smith[10]，Cullender 和 Binckley[1] 曾通过一系列流动数据分析指出：适用于清洁的商品管子的平均绝对粗糙度值的正确数值分别为 0.00065 和 0.0006 英寸。在绝对粗糙度为 0.00006 的条件下，Cullender 和 Binckley 为摩擦因子推导出一种象图中所定义的那样的表达式，它是雷诺数和管子直径的幂函数。以现场实用单位表示如下：

$$f = 30.9208 \times 10^{-3} \frac{q_g^{-0.065} d_i^{-0.058} \gamma_g^{-0.065}}{\mu_g^{-0.065}} \tag{45}$$

式中 q_g——气体流量，10^6 英尺^3／日；

d_i——产气管柱内径，英尺；

γ_g——气体相对密度（空气为 1.0）；

μ_g——气体粘度，磅／英尺·秒。

油、套管环形空间中的气体流动 把通过圆形管道流动的有关流动方程加以适当修正，就可以适用于环形空间的流动条件。这一种修正包括确定环形空间截面的水力学半径以及应用一个与圆形管子相当的（具有相同水力学半径）摩擦因子。所谓水力学半径的定义是流动截面的面积除以润湿圆周的商值。对一个圆形管子而言，其表达式如下：

$$r_H = \frac{\pi d_i^2 / 4}{\pi d_i} = \frac{d_i}{4} \tag{46}$$

对一个油、套管环形空间而言，其表式则为：

$$r_H = \frac{(\pi / 4)(d_{ci}^2 - d_{to}^2)}{\pi(d_{ci} + d_{to})} = \frac{d_{ci} - d_{to}}{4} \tag{47}$$

以上二式中

d_{ci}——套管内径，英尺；

d_{to}——油管外径，英尺；

r_H——水力学半径，英尺。

环形空间与一个圆形管子相当的直径则为：

$$d_{eq} = d_{ci} - d_{to} \tag{48}$$

为了把方程（32）修正为环形流动只需要把 d_i 置换为 d_{eq} 值就行了。同样地，在确定摩擦因子时（应用有关雷诺数的图 37.2）也只要用 d_{eq} 替代 d_i 值就行了。但是，在简化方程（33）的工作中包括了把速度这一项表示为直径和体积流量的函数，因此在方程（33）和（44）中的 d_i^5 就要变为下式：

$$d_i^5 = (d_{ci} + d_{to})^2 (d_{ci} - d_{to})^3 \tag{49}$$

气和水同时流动的情况 在圆形管道的情况下，如果气井在雾状流态情况下生产，为了把产水的影响考虑进去，则需要应用一个平均密度（假设滑脱速度为零），并且在摩擦损失这一项中应该用气和水的总流量。体积平均密度的数值可计算如下：

$$\bar{\rho}=\frac{q_g\rho_g+q_w\rho_w}{q_g+q_w}$$

上式中的$\bar{\rho}$是在流动条件下的平均密度，而 q 则是在流动条件下的体积流量。为了在 Cullender 和 Smith 的计算式中把水的影响包括进去，就要把积分值 I 加以修正如下（参看原文第 34–24 页）：

$$I=\frac{[p/(Tz)](\bar{\rho}/\rho_g)}{F^2\left(\frac{q_g+q_w}{q_g}\right)^2+0.001[p/(Tz)]^2(\bar{\rho}/\rho_g)^2}$$

2. 凝析气井

井底压力计算法 凝析气井井底压力的计算方法是以上述气井所用方程为依据的。但是这些方程的应用多少要受到生产管柱中液体数量多少的限制。

在关闭了一口凝析气井以后，一部分被带入生产管柱中液体会向下回流并聚集在井底。由于这一原因，建议在根据井口计量参数来计算井底压力以前，先要确定在这口凝析气井的井筒内是否存在有静液面。当井下静液面的位置为已知时，就可以使用气井的计算方法来确定气液界面处的压力和液柱的长度。应用一个估计的液体密度值就可以求得为确定产层深度位置压力所需要的附加压力。

在气体流动方程中，气体的相对密度是流动气流的相对密度，对凝析油而言可计算如下[12]：

$$\gamma_g=\frac{(\gamma_g)_{sp}+(4{,}591\gamma_L/R_{gL})}{1+(1.123/R_{gL})} \tag{50}$$

式中 $(\gamma_g)_{sp}$——分离器气体相对密度（空气为 1）；

γ_L——凝析油的相对密度；

R_{gL}——气液比，英尺^3/桶。

Nisle 和 Poettmann[13] 发表过一个简单的以现场数据为依据的相关关系曲线（参看图 37.4），该图可以用来计算就象发生在凝析气中那样的流动混合物的气流相对密度。

使用这种为凝析气井而修正的气井方程的可靠程度将受气流中液体数量多少的影响。气液比愈高，计算的结果便会愈准确。

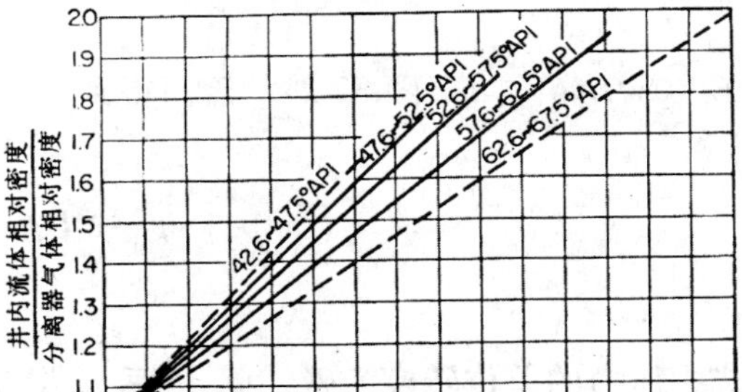

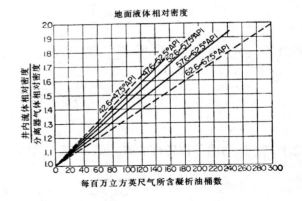

图 37.4 气体/相对密度比随凝析油/气体比的变化（作为凝析油相对密度的函数）

四、注　入　井

石油生产作业常常涉及到把流体注入地下地层的问题。例如，二次注水采油，保持压力采油，循环注气，以及气举装备设计等等。因此，也要求有一种方法来预测在流体垂直向下流动情况下压力随深度的变化。前面讨论的方程（29）和（30）构成了任何特定流体流动关系的基础。除了在由方程（29）推导方程（30）过程中所需要的以外，再不含有任何限制性的假设。把垂直向下流动和向上流动相比，在应用方程（30）时唯一的不同之点是积分极限的改变；也就是说，位能绝对值的正负号改变了，还有在注气情况下，根据注入量大小的不同，压缩能变化的绝对值可能由正变为负。换句话说，在低流量情况下，井底压力比井口压力要高，反之，在高流量情况下，井底压力则比井口压力要低。

1. 液体注入

井底注入压力的计算方法　在不可压缩流体的隔热流动条件下，假设 $g/g_c=1$，并以井眼的顶部和底部为极限进行积分，方程（30）可以写作下式：

$$\frac{\Delta p}{\rho}+\Delta Z+E_1=0 \tag{51}$$

由于基准面就是地面，ΔZ 将为负数，因而可得到：

$$p_2=p_1-\Delta Z_\rho-E_{1\rho} \tag{52}$$

又由于$-\Delta E=D$（深度），因而得到：

$$p_2=p_1+D\rho-E_{1\rho} \tag{53}$$

还有 $E_l=fv^2D/2g_cd_i$（图 37.2），因而得到：

$$p_2=p_1+D\rho-\frac{fv^2D\rho}{2g_cd_i} \tag{54}$$

把上式中压力的单位转换为磅／英寸^{2}后，得到下式：

$$p_2=p_1+\frac{D\rho}{144}-\frac{fv^2D\rho}{288g_cd_i} \tag{55}$$

式中　p_2——深度为 D 处的井底压力，磅／英寸^2（绝对）；

p_1——井口压力，磅／英寸^2（绝对）；

D——井的深度，英尺；

ρ——注入流体密度，磅／英尺^3；

f——摩擦因子（见图 37.2）；

v——流体速度，英尺／秒；

d_i——管子内径，英尺；

g_c——32.2（换算因子）。

从方程（55）可以发现，在假设为不可压缩的流动状态下，象把液体向井内注入的那样，井底压力就简单地等于井口压力加上液柱重量所产生的压力，再减去由摩擦影响所形成的压差。在不流动的情况下，它就简化成为众所周知的静液柱的表式如下：

$$p_2 = p_1 + \frac{D\rho}{144} \tag{56}$$

2. 气体注入

井底注入压力的计算方法　从一般微分方程即方程（30）出发，Poettmann[4] 推导出一种用来计算产气井产层部位压力的表达式，在式中考虑到气体压缩因子随压力改变的影响。把表所给出的相同的积分因子用来计算出表中的井底静止压力。引用前节中同样的推理，把方程重新整理，就可以算出垂直向下流动压力变化过程如下式所示：

$$D = \frac{D_s}{\left\{0.9521 \times 10^{-6}\left[fq_g^2\gamma_g^2 D_s^2 / d_{ti}^5(\Delta p)^2\right]\right\} - 1} \tag{57}$$

式中　D——井的深度，英尺；

Δp——$p_2 - p_1$，磅／英寸^2（绝对）；

d_{ti}——油管内径，英尺；

q_g——气体流量，10^6 英尺^2／日（在 14.65 磅／英寸^2（绝对）和 60 °F 条件下）；

f——摩擦因子（见图 37.2）；

D_s——在静止状态下的 D（与流动状态下压力相当的静止深度）

$$D_s = \frac{53.241\overline{T}}{\gamma_g} \times \left[\int_{0.2}^{(p_{pr})_2} \frac{z}{p_{pr}} \mathrm{d}p_{pr} - \int_{0.2}^{(p_{pr})_1} \frac{z}{p_{pr}} \mathrm{d}p_{pr}\right]$$

应用 Cullender 和 Binck／ey[11] 二人所推导的关于摩擦因子的表达式〔方程式（45）〕并代入方程（5），后得到下式：

$$D = \frac{D_s}{\left\{2.944 \times 10^{-8}\left[q_g^{1.935}\gamma_g^{1.935} D_s^2 / (d_{ti}^{5.058}\mu^{-0.065})(\Delta p)^2\right]\right\} - 1} \tag{58}$$

也可以把 Culler 和 Smith 二人所推导的方程（36）加以重整来计算在注气情况下的井底压力如下：

$$18.75\gamma_g D = \int_{p_1}^{p_2} \frac{[p/(Tz)]\mathrm{d}p}{0.001\left(\frac{p}{Tz}\right)^2 - F^2} \tag{59}$$

这一方程的解法和前面所描述的产气井的情况完全一样。当井为垂直井时，井的深度 D 可以和产气管柱长度 L 互换使用。

与此类似，考虑到气体向下流动的情况，可以把 Smith [10] 所推导的有关气体向上流动的方程〔方程 (44)〕重新整理，用来计算垂直向下流动的压力变化过程：

$$e^s p_{th}^2 - p_{bh}^2 = \frac{25 f q_g^2 \overline{T}^2 z(e^s - 1)}{0.0375 d_i^5} \tag{60}$$

上式中各项符号的含义和方程 (44) 中所用的相当。

在把气体由井的环形空间向下注入的情况下，方程 (57) 中的 d_{ti}^5〔或方程 (60) 中的 d_i^5〕就要换成象方程 (49) 中所定义的那样，其式如下：

$$d_i^5 = (d_{ci} + d_{to})^2 (d_{ci} - d_{to})^3$$

在环空注入的情况下应用方程 (58)，$d_{ti}^{5.058}$ 就要换为：

$$d_i^{5.058} = (d_{ci} + d_{to})^{1.935} (d_{ci} - d_{to})^{3.123} \tag{61}$$

从方程 (57) 到 (60) 提供了为注气井计算井底压力的基础。在解方程 (57) 和 (58) 时，计算的程序是假设一个 p_2 值，然后求解相应的深度 D。这样算出的 D 将是压力为 p_2 处的深度。经过计算几个这样的点子以后，就可以绘出一条压力—深度变化曲线，由它就可确定所希望知道的深度的压力。

可以明显看出，在注气情况下，井底压力可能大于或小于井口压力，这要视所遭遇的能量损失情况来决定。在低流量的情况下，压力梯度为正值，而在高流量时则为负值。这是因为，流量增大时，能量或摩擦损失增大，它只能依靠减小压缩能或全系统的 PV 能来加以克服。由于高差而减小的位能是一个常数，而动能的变化则是可以忽略不计。这一点可以通过对方程 (4) 进行观察并加以重整，而且把动能加以省略来说明：

$$\int_{p_1}^{p_2} V\mathrm{d}p + E_1 = -\frac{g}{g_c}\Delta Z \tag{62}$$

在低流量的情况下，$\int_{p_1}^{p_2} V\mathrm{d}p$ 是正的，而 E_l 则永远是正的；因而，压缩能和能量损失的总和必须等于位能的变化，它对一定深度来说是一个常数〔对注气井而言，由于 ΔZ 的绝对值是负的，所以（$-\Delta Z$）的绝对值是正的）。

由于 E_l 随流量的增加而变大，为了保持上式的总和保持不变，$\int_{p_1}^{p_2} V\mathrm{d}p$ 必须变小。当 E_l 的值和（g / g_c）ΔZ 相等时，井口压力和井底压力相等。这就是说，位能的减小和摩擦损失的增加的能量必须来自压缩能，因此，此时－（g / g_c）ΔZ 是一个常数。这样就说明压力梯度是负的。

例题 5 要求计算一口注气井在井深为4000英尺处的压力，已知各项条件如下:

油管内径，$d_i = 0.1663$ 英尺；

气体注入量，$q_g = 0.783 \times 10^6$ 英尺^3 / 日；

平均温度，$\overline{T} = 600$ °R；

井口注入压力，$p_1 = 680$ 磅 / 英寸^2(绝对)；

气体相对密度，$\gamma_g = 0.625$；

气体粘度，$\mu_g = 8.74 \times 10^{-6}$ 磅 / 英尺 · 秒。

解题的步骤和结果如下:

(1) 把已知各项代入方程（58）如下:

$$D = \frac{D_s}{\dfrac{2.944 \times 10^{-8}(0.783)^{1.935}(0.625)^{1.935} D_s^2}{(0.1663)^{5.058}(8.75 \times 10^{-6})^{-0.065}(\Delta p)^2} - 1}$$

$$= \frac{D_s}{\dfrac{(3.00 \times 10^{-5}) D_s^2}{(\Delta p)^2} - 1}$$

式中

$$D_s = \frac{53.241(600)}{0.625}\left[\int_{0.2}^{(p_{pr})_2} \frac{z}{p_{pr}} \mathrm{d}p_{pr} - \int_{0.2}^{(p_{pr})_1} \frac{z}{p_{pr}} \mathrm{d}p_{pr}\right]$$

$$= 51{,}100\left[\int_{0.2}^{(p_{pr})_2} \frac{z}{p_{pr}} \mathrm{d}p_{pr} - \int_{0.2}^{(p_{pr})_1} \frac{z}{p_{pr}} \mathrm{d}p_{pr}\right]$$

(2) 根据图，分别求出 p_{pc} 和 T_{pc} 的数值如下:

$p_{pc} = 670$ 磅 / 英寸^2(绝对)$T_{pc} = 365$ °R

由此得出:

$$T_{pr} = \frac{\overline{T}}{T_{pc}} = \frac{600}{365} = 1.64$$

(3) 假定若干 Δp 值，解出 D 值（表 37.5)。

(4) 把表中第二栏和第八栏的相关曲线绘出后，从曲线读出在井深为 4000 英尺处的井底压力为 734 磅／英寸^2（绝对）。

表 37.5 例题计算表

Δp	p	p_{pr}	$\int_{0.2}^{p_{pr}} \frac{z}{p_{pr}} dp_{pr}$	$\int_{(p_{pr})_2}^{(p_{pr})_1} \frac{z}{p_{pr}} dp_{pr}$	D_s	D	与第(2)栏中 p 相应的深度
(1)	(2)	(3)	(4)	(5)	(6)	(7)	(8)
	680	1.015	1.586				0
20	700	1.045	1.611	0.025	1278	−1460	1460
20	720	1.074	1.636	0.025	1278	−1460	2920
20	740	1.104	1.662	0.026	1329	−1532	4452

五、产　油　井

流入动态（Inflow Performance）

为了确定在任一回压 p_{wf} 条件下的稳定流或准稳态流，最简单而且最广泛应用的流入动态方程（或回压方程）为产油指数（PI）方程，其表式如下：

$$q_o = J(\bar{p}_R - p_{wf}) \tag{63}$$

如果用测量所得的数据来表示 PI，则得下式：

$$J = \frac{q_o}{\bar{p}_R - p_{wf}} \tag{64}$$

式中 J——稳定状态下的产油指数，地面桶／(日磅／英寸^2)（绝对）；

q_o——测量的地面油稳定产量，地面桶／日；

p_{wf}——井底稳定流动压力，磅／英寸^2（绝对）；

$\bar{p}_R$——平均油藏压力，磅／英寸^2（绝对）。

J 的专门定义就是由测量所得产量和生产压差求得的产油指数 PI。它在一般情况下是随压差的增大而改变的（也就是说，它并不是一个常数）。如此油藏参数来表示，则在生产压差趋近零（$p_{wf} \to \bar{p}_R$）时，稳定状态的或准稳定状态的产油指数 J^* 可用下式写出：

$$J^* = \frac{7.08kh}{\left[\ln\left(\frac{r_e}{r_w}\right) - \frac{3}{4} + s\right]} \left(\frac{k_{ro}}{\mu_o B_o}\right)_{\bar{p}_R} \tag{65}$$

式中 J^*——当压差趋近零时的稳定产油指数，地面桶／(日磅／英寸^2)；

k——有效渗透率，达西；

k_{ro}——对油的相对渗透率，小数；

h——地层厚度，英尺；

μ_o——油的粘度，厘泊（取压力为$\overline{p}_R$时的测值）；

B_o——油的地层体积系数，地下桶／地面桶（取压力为$\overline{p}_R$时的测值）；

r_e——外边界半径，英尺；

r_w——井眼半径，英尺；

s——井壁阻力系数，无量纲。

J^*是在生产压差趋近于零（即p_{wf}趋近$\overline{p}_R$）时产油指数J的特定定义。一口井的产油指数只在当压差趋近零时才具有唯一的定义。

虽然这里所讨论的只限于准稳定状态，为了求全起见，在下面也给出一个表现不稳定状态下流动系数$J^*_{(t)}$的方程：

$$J^*_{(t)}=\frac{7.08kh}{\left(\ln\sqrt{\dfrac{14.23kt}{\phi\mu c_t r_w^2}}+s\right)}\left(\frac{k_{ro}}{\mu_o B_o}\right)_{p_R} \tag{66}$$

式中　t——时间，日；

ϕ——孔隙度，小数；

c_t——综合压缩系数，磅／(英寸^2)$^{-1}$。

上面所列出的若干方程对于单相流动（指的是$\overline{p}_R$和p_{wf}总是高于油藏的饱和压力p_b）说来是完全有效的。但是，长时间以来，大家都认为当油藏压力等于或低于饱和压力时，生产井就不再适用象方程（63）和（64）那样的产油指数方程了。实际油田的试井结果说明，随着压差的不断增大而求得的油产量要比方程（63）所预测的结果递减快得多。

为了解释所观察到的油井中出现的非线性流动现象，Evinger 和 Muskat〔14〕二人曾为稳定状态径向流动推导了一个理论的产油指数方程。他们所得到的方程如下：

$$q_o=\frac{7.08kh}{\ln\left(\dfrac{r_e}{r_w}\right)}\int_{p_{wf}}^{p_e}f(p)\mathrm{d}p \tag{67}$$

式中　p_e——外部边界的油藏压力，磅／英寸^2（绝对）。

和
$$f(p)=\left(\frac{k_{ro}}{\mu_o B_o}\right)$$

应用一组典型的油藏和流体特性参数并用方程（67）进行计算的结果说明，在一定的油藏压力p_e的情况下，产油指数随着压差的增大而减小。这一种看起来相当复杂的流入动态关系方程（IPR）在现场中很少应用。

根据双相流动理论，Vogel〔15〕在他的一篇计算机研究报告中所推出的结果说明，对于大多数溶解气驱的油藏而言，有一个简单的经验性 IPR 方程可能是有效的。他发现这一个简单的无量纲 IPR 方程近似地适用于很多假想的溶解气驱油藏，即使应用于广大范围的原油高压物性和油藏相对渗透率曲线也是如此。他的研究是根据大范围的液体高压物性和相对渗透率曲线求得一条简单的参考曲线的这一事实值得高度重视。Vogel 建议在油藏压力等于或低于饱和压力时，可以用他的简单方程来代替溶解气驱油藏的线性产油指数变化关系式。

以无量纲形式表示的 IPR 方程如下:

$$\frac{q_o}{q_{o(\max)}} = 1 - 0.20\left(\frac{p_{wf}}{\bar{p}_R}\right) - 0.80\left(\frac{p_{wf}}{\bar{p}_R}\right)^2 \tag{68}$$

式中　$q_{o(\max)}$——$p_{wf}=0$ 磅／英寸^2(绝对)时的最大产油量。

Fetkovich[16] 在他试行试实 Vogel 的 IPR 关系式时，获得了大概有 40 口不同油井的等时的和连续开井的多点回压试井现场数据。提供这些油井多点回压试井资料的油藏的范围很广，它们包括有高度欠饱和的，在原始油藏压力下饱和的，直到一些含气饱和度已高出临界（平衡）含气饱和度的部分衰竭油田。有一种形式与用于产气井相似的 IPR 方程被发现在上述三种油藏流体状态下试井时都能有效应用，即使井底流压显著高于饱和压力时也是如此。这些油藏的渗透率介于 6 到 1000 毫达西之间。

在所有的情况下，发现油井的回压试井曲线都和用来表现一口气井产量—压力关系的曲线具有相同的一般形式，即:

$$q_o = J'(\bar{p}_R^2 - p_{wf}^2)^n \tag{69}$$

根据所分析的 40 口油井的回压曲线，发现上式中的 n 值都介于 0.568 和 1.000 之间，这一限值范围通常认为适用于气井回压试井曲线。

应用测量的数据来表示，J'的定义如下:

$$J' = \frac{q_o}{(\bar{p}_R^2 - p_{wf}^2)^n} \tag{70}$$

上式中 J'就是稳定状态下的产油指数，单位为地面桶／日〔(磅／英寸^2)^2〕^{n}。式中的指数 n 一般是从一次多点的或等时的回压试井资料求出，它是证实非达西流动存在的一个指标。如果 $n=1$，则假定不存在非达西流动的现象。

当 PI 值用压力的平方（$\bar{p}_R^2$ 和 p_{wf}^2）表示时，可得下式:

$$J' = \frac{J^*}{2\bar{p}_R} \tag{71}$$

把准稳定状态下的 J'油藏参数表示可得下式:

$$J' = \frac{7.08kh}{2\bar{p}_R\left[\ln\left(\frac{r_e}{r_w}\right) - \frac{3}{4} + s\right]}\left(\frac{k_{ro}}{\mu_o B_o}\right)_{p_R} \tag{72}$$

上式也可变为下式:

$$q_o = \frac{7.08kh}{\left[\ln\left(\frac{r_e}{r_w}\right) - \frac{3}{4} + s\right]}\left(\frac{k_{ro}}{\mu_o B_o}\right)_{p_R} \cdot \frac{(\bar{p}_R^2 - p_{wf}^2)^{1.0}}{2\bar{p}_R} \tag{73}$$

如把上式用油藏参数和一个非达西流动因子，F_{Da} 来表示，其结果 n 将小于 1.0 并为 F_{Da} 的函数，此时可得下式:

$$q_o = \frac{7.08kh}{\left[\ln\left(\frac{r_e}{r_w}\right) - \frac{3}{4} + s + F_{Da} q_o\right]}\left(\frac{k_{ro}}{\mu_o B_o}\right)_{p_R} \cdot \frac{(\bar{p}_R^2 - p_{wf}^2)}{2\bar{p}_R} \tag{74}$$

当 $\bar{p}_R$ 等于或小于饱和压力 p_b，而且 n 小于 1 时，一个非达西流动因子 F_{Da} 就会显示出来。当 $F_{Da}=0$ 时，$n=1$。F_{Da} 这一项一般情况下从多点试井资料求出。在后面的一个例子中将会表明，当一些欠饱和的油井在井底流压低于饱和压力状态下产油时，可能出现 $F_{Da}=0$ 和 n 小于 1.0 的情况（参看文献〔16〕的图 8)。这是 $K_{ro}/(\mu_o B_o)$压力函数曲线形态的一个独特的结果。

把 IPR 方程的回压试井形式用类似于 Vogel 方程的各项表示（不是把 Vogel 方程用回压试井曲线表示)，我们从方程（69）可得到以下几个关系式:

$$q_o = J'(\bar{p}_R^2 - p_{wf}^2)^n$$

和 $$q_{o(\max)} = J'(\bar{p}_R^2)^n$$

或 $$J' = \frac{q_{o(\max)}}{(\bar{p}_R^2)^n} \tag{75}$$

把它们代入并重行整理后得到下式:

$$\frac{q_o}{q_{o(\max)}} = \left(\frac{\bar{p}_R^2 - p_{wf}^2}{\bar{p}_R^2}\right)^n = \left[1 - \left(\frac{p_{wf}}{\bar{p}_R}\right)^2\right]^n \tag{76}$$

在 $n=1$ 的情况下，我们得到的是以实行测得的现场数据结果作为依据的，可能得到的最简单的多相 IPR 方程如下：

$$\frac{q_o}{q_{o(\max)}}=1-\left(\frac{p_{wf}}{\bar{p}_R}\right)^2 \tag{77}$$

把方程（77）和 Vogel 的方程（68）相比（后者只是从计算机模拟数据推出的），我们可以看出 $p_w/\bar{p}_R$ 这一项的系数为 0，而 $(p_{wf}/\bar{p}_R)^2$ 这一项的系数则为 1。这样一来，应用 IPR 方程（77）所算出的产量结果要比用 Vogel 的原始方程〔15〕所得到的结果稍为保守一些。（实际上，从 Vogel 的图 7 可以看出计算机模型算出的 IPR 结果比从他的参考方程〔15〕得出的结果要低一些）。在任何一次 Vogel 的模拟运算中都没有包括由于油藏内部或炮眼阻挡的非西达流动所产生影响，其结果就使得 n 的数值小于 1.0，因而 IPR 的产量减少更为加剧。

例题 6(IPR) 用下面的例子阐明各种可能用来计算流入井内产量的方法。

一口油井在井底流动压力 $p_{wf}=1147$ 磅／英寸^2（绝对）的情况下，稳定产量为 70 地面桶／日。平均油藏关井静压 $\bar{p}_R=1200$ 磅／英寸^2（绝对）。现在要求算出在井底流压为 0 磅／英寸^2（表压）情况下的最大可能产油量，此外还要求算出在安装人工升举设备并把井底流压降到 550 磅／英寸^2（绝对）情况下的产油量。计算时可用产油指数方程（63）、Vogel 法和回压曲线法（令 $n=1.0$ 和 0.650）。计算所用数据引自参考文献〔16〕中所报导的实际 IPR 试井资料。

产油指数（PI）

$$J=\frac{70}{1200-1147}=1.32\text{地面桶／(日·磅／英寸}^2\text{)};$$

$$q_o=(15\text{磅／英寸}^2)=J(\bar{p}_R-p_{wf})$$

$$=1.32(1200-15)=1564\text{地面桶／日};$$

$$q_o(550\text{磅／英寸}^2)=1.32(1200-550)=858\text{地面桶／日。}$$

Vogel IPR

$q_o=70$桶／日； $\frac{p_{wf}}{\bar{p}_R}=\frac{1147}{1200}=0.9558;$

$$\left(\frac{p_{wf}}{\bar{p}_R}\right)^2=0.9136$$

$$\frac{q_o}{q_{o(\max)}}=1-0.20\left(\frac{p_{wf}}{\bar{p}_R}\right)-0.80\left(\frac{p_{wf}}{\bar{p}_R}\right)^2$$

$$=1-0.19116-0.73088=0.07796$$

$$q_{o(\max)}=\frac{70}{0.07796}=898\text{桶油／日}$$

用下式算出 p_{wf}= 15 磅／英寸^2（绝对）时的 q_o 值:

$$\frac{q_o(15\text{磅／英寸}^2)}{q_{o(\max)}}=1-0.20\left(\frac{15}{1200}\right)-0.80\left(\frac{15}{1200}\right)^2=0.99738$$

$$q_o(15\text{磅／英寸}^2)=q_{o(\max)}(0.99738)=898(0.99738)=896\text{桶油／日}$$

用下式算出 p_{wf}= 550 磅／英寸^2（绝对）时的 q_o 值:

$$\frac{q_o(550\text{磅／英寸}^2)}{q_{o(\max)}}=1-0.20\left(\frac{550}{1200}\right)-0.80\left(\frac{550}{1200}\right)^2=0.740277$$

$$q_o(550\text{磅／英寸}^2)=q_{o(\max)}(0.740277)=898(0.740277)=665\text{桶油／日}$$

回压试井曲线（n=1.0）IPR

$$q_o=70\text{桶油／日；}$$

$$\bar{p}_R^2=(1200)^2=1440000$$

$$p_{wf}^2=(1147)^2=1315609$$

$$J'=\frac{70}{(1200)^2-(1147)^2}=\frac{70}{124391}=0.00056274\text{地面桶／(日·磅／英寸}^2)$$

$$q_o(15\text{磅／英寸}^2)=J'(\bar{p}_R^2-p_{wf}^2)$$

$$=0.00056274(1440000-225)=810\text{桶油／日}$$

$$q_o(550磅/英寸^2)=0.00056274(1440000-302500)=640桶油/日$$

在 $n=1.0$ 条件下，应用以（$q_o/q_{(\max)}$）和（$p_{wf}/\bar{p}_R$）表示的无量纲回压曲线的形式计算如下:

$$q_o=70桶油/日;\left(\frac{p_{wf}}{\bar{p}_R}\right)^2=\left(\frac{1147}{1200}\right)^2=0.9136$$

$$\frac{q_o}{q_{o(\max)}}=1-\left(\frac{p_{wf}}{\bar{p}_R}\right)^2=1-0.9136=0.0864$$

$$q_{o(\max)}=\frac{70}{0.0864}=810桶油/日$$

应用下式计算 $p_{wf}=550$ 磅/英寸^2(绝对)时的 q_o 值

$$\frac{q_o(550磅/英寸^2)}{q_{o(\max)}}=1-\left(\frac{550}{1200}\right)^2$$

$$=1-0.168056=0.78993$$

$$q_o(550磅/英寸^2)=810(0.78993)=640桶油/日$$

回压试井方程($n=0.650$)IPR

$$q_o=70桶油/日$$

$$\bar{p}_R=(1200)^2=1440000$$

$$p_{wf}=(1147)^2=1315609$$

$$J'=\frac{70}{(1440000-1315609)^{0.650}}=\frac{70}{2049.3}=0.0341580地面桶/日\cdot(磅/英寸^2)^{2n}$$

$$q_o(15磅/英寸^2)=J'(\bar{p}_R^2-p_{wf}^2)^{0.650}$$

$$=0.0341580(1440000-225)^{0.650}$$

$$q_o(15磅/英寸^2) = 0.0341580(10066.8) = 344桶油/日$$

$$q_o(550磅/英寸^2) = 0.0341580(1440000-302500)^{0.650} = 295桶油/日$$

设 $n=0.65$，应用以（$q_o/q_{o(\max)}$）和（$p_{wf}/\bar{p}_R$）表示的无量纲回压试井曲线形式计算如下:

$$q_o = 70桶油/日;$$

$$\left(\frac{p_{wf}}{\bar{p}_R}\right)^2 = \left(\frac{1147}{1200}\right)^2 = 0.9136$$

$$\frac{q_o}{q_{o(\max)}} = \left[1-\left(\frac{p_{wf}}{\bar{p}_R}\right)^2\right]^{0.650} = (1-0.9136)^{0.650} = 0.203579$$

$$q_{o(\max)} = \frac{70}{0.203579} = 344桶油/日$$

计算 $p_{wf}=550$ 磅/英寸^2(绝对)情况下的 q:

$$\frac{q_o(550磅/英寸^2)}{q_{o(\max)}} = \left[1-\left(\frac{550}{1200}\right)^2\right]^{0.650} = 0.857892$$

$$q_o = 344(0.857892) = 295桶油/日$$

同样地，这一个例子也是以现场数据为依据的，在此情况下测定了几种不同的产量以建立这口井的实际的 IPR 关系。这口井的实际的畅流量为 340 桶油/日。这一数值相当于用 Vogel 的 IPR 方程预测产量的 38%，为用回压试井方程在 $n=1$ 时预测产量的 42%。在这一个例子里证明需要用 $n=0.650$ 来拟合现场数据。结果证实这次试井说明存在一个非达西流动的因子 F_{Da}。

单相和双相流动的 IPR 方程 Fetkovich[16] 曾经给出一种通用的方程，它可以用来处理一口欠饱和的油井在高于或低于饱和压力情况下的流动状态:

$$q_o = J^*(\bar{p}_R - p_b) + J'(p_b^2 - p_{wf}^2) \tag{78}$$

式中

$$J' = J^*(\mu_o B_o)_{p_R \cdot p_b}\left(\frac{a_2}{2}\right) \tag{79}$$

假定在饱和压力以上时，$(\mu_o B_o)$ 为一常数，其值为 $(\mu_o B_o)_b$（这是假设在饱和压力以上生产时产油指数 PI 保持不变的依据），这样就可得出 $a_2 = 1 / [p_b(\mu_o B_o)_b]$（参看文献〔16〕的附录）。由此得到:

$$J' = \frac{J^*(\mu_o B_o)_b}{2p_b(\mu_o B_o)_b} = \frac{J^*}{2p_b} \tag{80}$$

把方程（80）代入方程（78）后，我们得到单相和双相 IPR 方程的最终形式如下:

$$q_o = J^*(\bar{p}_R - p_b) + \frac{J^*}{2p_b}(p_b^2 - p_{wf}^2) \tag{81}$$

例题 7　下面这一个例题说明在一个欠饱和油井中井底压力高于和低于饱和压力条件下计算产量的方法。

这一口井在井底流压为 2100 磅／英寸^2（绝对）时，产油量为 50 地面桶／日，平均油藏静压为 3200 磅／英寸^2（绝对），饱和压力为 1800 磅／英寸^2（绝对）。

要求计算当 $p_{wf}=0$ 磅／英寸^2（绝对）时的最大可能产量 q_o，还要算出当井底流压为 550 磅／英寸^2（绝对）时的产量（在井底流压高于 p_b 时，$J=J^*$）。

$$J = J^* = \frac{q_o}{(\bar{p}_R - p_{wf})}$$

由上式可求得:

$$J^* = \frac{50}{(3200-2100)} = \frac{50}{1100} = 0.045454\text{地面桶／(日 · 磅／英寸}^2)$$

由此又可求得:

$$q_o(15\text{磅／英寸}^2) = J^*(\bar{p}_R - p_b) + \frac{J^*}{2p_b}(p_b^2 - p_{wf}^2)$$

$$= 0.045454(3200-1800) + \frac{0.045454}{2(1800)}(1800^2 - 15^2)$$

$$= 64 + 0.000012626(3240000 - 225) = 64 + 41 = 105$$

与这一计算结果对比，如果假设常规产油指数方程可以有效应用到井底流压为 15 磅／英寸^2（绝对）的话，则算出的产量为 145 桶／日。

计算井底流压为 550 磅／英寸^2（绝对）的产量 q_o 如下：

$$q_o(550\text{磅／英寸}^2)=J^*(\bar{p}_R-p_b)+\frac{J^*}{2p_b}(p_b^2-p_{wf}^2)$$

$$=0.045454(3200-1800)+\frac{0.045454}{2(1800)}(1800^2-550^2)$$

$$=64+0.000012626(3240000-302500)=64+37=101\text{桶油／日}$$

对比以上结果看出，从井底流压为 550 磅／英寸^2（绝对）到 15 磅／英寸^2（绝对）这一阶段，压差增大了 535 磅／英寸^2（绝对），其结果只增加了 4 桶／日的产量。有一重要之点需要指出，即如果用上面的方程和实测算出一系列井底流压低于饱和压力 p_b 条件下的产量，然后用（$\bar{p}_R^2-p_{wf}^2$）为坐标，绘制出一幅回压试井曲线，就会发现 n 值为 0.820。这样一来，我们就会在没有非达西流动因子 F_{Da} 这一项的情况下，显示出 n 小于 1.0 的结果。考虑到对一口井的真实饱和压力无法确切知道，因而有可能在不存在非达西流动状态情况下得到 n 值小于 1.0 的结果。

为了更清楚地说明在流动压力低于饱和压力情况下应用压降资料求得 J^* 的方法，将利用前面所求得的 550 磅／英寸^2（绝对）的产量和事先指定的数据。实际的在小数上未经舍略的计算产油量为 100.73 桶／日。

$$q_o=J^*\left[(\bar{p}_R-p_b)+\frac{(p_b^2-p_{wf}^2)}{2p_b}\right]$$

$$J^*=\frac{q_o}{\left[(\bar{p}_R-p_b)+\frac{(p_b^2-p_{wf}^2)}{2p_b}\right]}$$

$$=\frac{100.73}{\left[(3200-1800)+\frac{(3240000-302500)}{2(1800)}\right]}$$

$$=\frac{100.73}{(1400+816)}=\frac{100.73}{2216}=0.045450\text{地面桶／日·磅／英寸}^2\text{(符合良好)}$$

未来流入动态的预测方法　Standing[17] 曾提出一种方法，应用 Vogel 的方程从一组测量的条件来调整流入动态方程使其适用于未来的油藏压力 $\bar{p}_R$。这一方法所根据的事实是，产油指数 PI 值的定义只能唯一地适用于压差为零，即 $p_{wf}\to\bar{p}_R$ 的条件。

$$J^{*} = \lim_{\Delta p \to 0} J \tag{82}$$

把这一种极限条件用于 Vogel 方程可得下式:

$$J^{*} = \frac{1.8q_{o(\max)}}{\bar{p}_R} \tag{83}$$

把同样的方法用于回压试井方程并使 $n=1$,

$$\frac{q_o}{q_{o(\max)}} = \left[1 - \left(\frac{p_{wf}}{\bar{p}_R}\right)^2\right]^{1.0}$$

由此可得:

$$J^{*} = \frac{2q_{o(\max)}}{\bar{p}_R} \tag{84}$$

如果把 $q^{*}_{o(\max)}$定义为绝对无阻流量，假定应用常规的 Δp 和 PI 的概念，则可得到:

$$q^{*}_{o(\max)} = J^{*}(\bar{p}_R - 0)$$

和

$$q^{*}_{o(\max)} = J^{*}\bar{p}_R = 2q_{o(\max)} \tag{85}$$

必须注意到“真实”的 $q_{o(\max)}$只等于假设的一种 Δp 和产油指数关系所给出数值的 1／2。从图 37.5 和方程 (86)，可以看得更清楚一些。可用 Evinger–Muskat 方程表示如下:

$$q_o = J^{*}\int_{p_{wf}}^{\bar{p}_R} \frac{k_{ro}}{(\mu_o B_o)} \mathrm{d}p = J^{*} A_c \tag{86}$$

式中 A_c——曲线下面覆盖的面积。

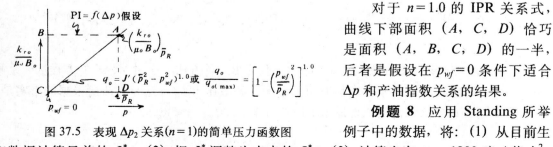

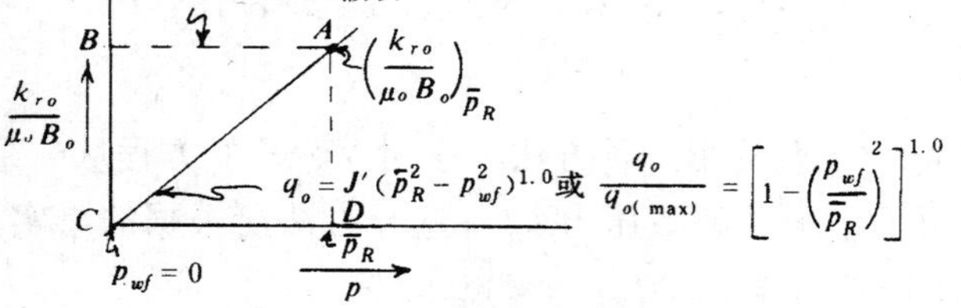

图 37.5 表现 Δp_2 关系($n=1$)的简单压力函数图

对于 $n=1.0$ 的 IPR 关系式，曲线下部面积 (A, C, D) 恰巧是面积 (A, B, C, D) 的一半，后者是假设在 $p_{wf}=0$ 条件下适合 Δp 和产油指数关系的结果。

例题 8 应用 Standing 所举例子中的数据，将: (1) 从目前生产数据计算目前的 J^{*}_{p}; (2) 把 J^{*}_{p} 调整为未来的 J^{*}_{f}; (3) 计算出在 $p_{wf}=1200$ 磅／英寸^2

（表压）条件下未来产量。

下面是 Standing 例子中所给的数据[17]。在油产量为 400 桶／日，p_{wf}=1815 磅／英寸^2（表压）的情况下，算出目前产油指数 J 为 0.92，此时油藏压为$\bar{p}_R$为 2250 磅／英寸^2（表压）。预计未来的$\bar{p}_R$将为 1800 磅／英寸^2（表压），目前及未来的 $k_{ro}/(\mu_o B_o)$值分别为 0.2234 及 0.1659。

$$q_{o(\max)}=\frac{q_o}{\left[1-\left(\frac{p_{wf}}{\bar{p}_R}\right)^2\right]}=\frac{400}{\left[1-\left(\frac{1830}{2265}\right)^2\right]}=1152\text{桶油／日}$$

$$J^*=\frac{2q_{o(\max)}}{\bar{p}_R}=\frac{2(1152)}{2265}=1.017$$

$$J_f^*=J_p^*\frac{\left(\frac{k_{ro}}{\mu_o B_o}\right)_f}{\left(\frac{k_{ro}}{\mu_o B_o}\right)_p}=1.017\frac{0.1659}{0.2234}=0.755$$

由以上结果求得未来指标如下：

$$q_{o(\max)f}=\frac{J_f^*(\bar{p}_R)}{2}=\frac{0.755(1800+15)}{2}=685\text{桶油／日}$$

$$q_{of}(1200\text{磅／英寸}^2(\text{表压}))=q_{o(\max)f}\left[1-\left(\frac{p_{wf}}{\bar{p}_R}\right)^2\right]$$

$$=685\left[1-\left(\frac{1,215}{1,815}\right)^2\right]=378\text{桶油／日}$$

六、多 相 流 动

1. 引言

在已经发表的不少文献中曾论及在垂直管道中发生的两种或更多种流体同时流动的状态。在气体和液体同时流动的情况下，一般有关预测压力降落的问题是复杂的。这一问题涉及到在已知流动条件下，预测沿管道长度压力随高度变化的可能性。在产油井的情况下，如能解决这一问题，就可以提供一种方法来探讨油管尺寸、产油量、井底压力和其它一系列参数彼此间的影响。在产油井使用气举设备的情况下，这种方法对于装备的设计以及提供最优的深度、压力、注气量、举油所需要的马力，以及产量和油管尺寸对这些参量的影响等信息特别有用。换句话说，这是一套系统研究不同参数相互影响的方法。

多相流动可以划分为四种不同的流动结构或流动体系，它们是：泡状流动，段塞流动、段塞—雾状过渡流动和雾状流动。在泡状流动的情况下，液体是连续相，而气相则以气泡的状态随机地分布于其中（见图 37.6）。在泡状流动状态下，气相所占体积很小，除了对密度有不大的影响外，对压力梯度基本没有什么影响。泡状流动的一个典型例子就是在产油管柱中达到饱和压力一点及其以上出现的从欠饱和原油中开始释放气体的现象。

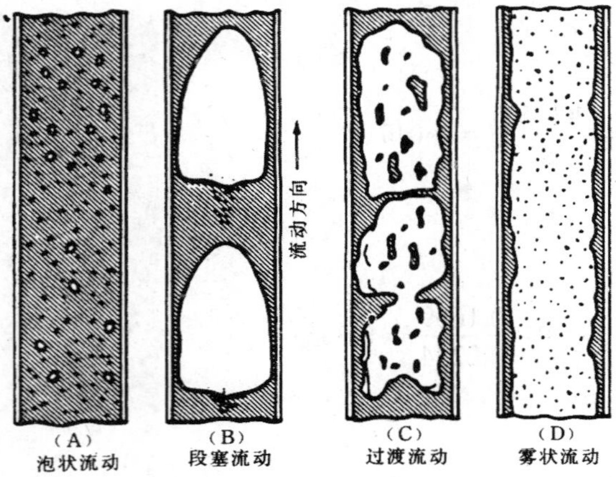

图 37.6　垂直两相流动的流动体系分类

在段塞流动情况下，气相和液相二者都显著地影响着压力梯度。在段塞流动中，气相以大气泡的状态存在，它几乎填满管径并被液体段塞分隔开来。气泡的前沿呈圆形，而后沿则几乎是平的，四周则被一层薄的液膜所包围。在高的流动速度下发生液体在气相中被夹持的现象，而在液体段塞中又有小的气泡出现。气泡的流动速度大于液体段塞的运动速度，因而形成一种持液率，它不但影响井筒内的摩擦损失，而且也影响流动密度。所谓持液率定义为当地的液体流动体积所占的比例。在两相生产的油井中，段塞流动占了很大的百分比，其结果，大部分研究工作都集中于这一流动体系。

在过渡型的流动状态中，夹在气泡之间的液体段塞基本不见了，在某些点液相变为非连续相，而气相则变为连续相。在过渡流动状态下所发生的压力损失一部分是由液相所产生的，而大部分则是由气相所产生的。

雾状流动状态的特征是，在连续的气相当中，液体以被挟持的点滴状态出现于气流中，此外还作为一层液状薄膜润湿着管壁。一种典型的雾状流动状态就是在一口凝析气井中气体和凝析油流动的情况。

某些服务公司和其他部门曾出版了全套的适用于特定流动条件和油气性质的压力变化曲线。这些压力梯度曲线有助于加快手工运算工作。

2. 理论研究

正如在前面理论基础一节中所讨论的，任何一种有关流体流动运算的基础都包括有在所研究的系统中任何两点之间流动着的流体的能量平衡问题。流动流体带入系统中的能量必须等于带出这一系统的能量加上流体与其周围交换的能量。

在一个垂直的管柱中，不管是存在单相或多相流动，所发生的压差可用下式表示：

$$-\mathrm{d}p=\frac{\tau_f \mathrm{d}D}{144}+\frac{g\rho}{144g_c}\mathrm{d}D+\frac{gv}{144g_c}\mathrm{d}v \qquad (87)$$

式中　p——压力，磅／英寸^2（绝对）；

τ_f——摩擦损失梯度，磅／（英尺^2·英尺）；

D——深度，英尺；

g——重力加速度，英尺／秒^2；

g_c——地球引力常数，〔英尺·磅（质）〕／〔磅（力）／秒^2〕；

p——流体密度，磅／英尺^3；

v——流体速度，英尺／秒。

方程（87）表明，在一个管柱中所发生的流体压力降是摩擦力、位能和动能损失的综合结果。

对于多相流动状态来讲，关于摩擦损失梯度和平均密度项的计算是运用每种流动体系的特定关系式进行的。除非在很大流量的情况下，动能这一项一般都很小。Duns 和 Ros[18] 曾证明，在双相流动情况下，动能这一项只是在雾状流动状态下才是显著的。在这种流动状态下，$v_g \gg v_L$，动能这一项可用下式表示：

$$\frac{\rho v}{g_c}\mathrm{d}v = -\frac{w_t q_g}{g_c A^2}\frac{\mathrm{d}p}{p} \tag{88}$$

式中 A——管子截面积，英尺^2；

w_t——总质量流量，磅／秒；

q_g——气体体积流量，英尺^3／秒。

现在可以把方程（87）写成差分形式。取任何一段深度步长 i，假定这一段有一个平均温度和压力，根据这一假设得到下式：

$$\Delta p_i = \frac{1}{144}\left(\frac{\bar{\rho} + \tau_f}{1 - \dfrac{w_t q_g}{4637 A^2 \bar{p}}}\right)\Delta D_i \tag{89}$$

式中 $\bar{p}$——平均流体密度，磅／英尺^3；

Δp_i——每一步长段 i 的压差，磅／英寸^2；

$\bar{p}$——平均压力，磅／英寸^2（绝对）；

ΔD_i——第 i 段深度步长，英尺。

方程（89）可以逐段求解，或者先拟定一个 Δp_i 值，然后求解 ΔD_i 值；也可以先拟定一个 Δp_i 值，再求解 Δp_i 值。因为一般情况下压力对平均流体性质有较大影响，而温度则可以表现为深度的函数，所以应该先拟定 Δp_i 值，然后算出 ΔD_i 值。这里所描述的计算程序是逐段的反复过程，一般可用计算机程序求解。

3. 相关对比

在这一研究领域中，自从 Poettmann 和 Carpenter[33] 最初提出工作结果以来，曾进行了很多研究，收集更多的多相流动试验数据并提出新的多相压降相关关系〔18—29〕。此外，还应用大量的自喷井和气举井的实况进行各种统计研究来比较最近提出的各种多相流动相关关系。

Espanol 等人[30] 选出 Hagedorn 和 Brown[24]，Duns 和 Ros[18]，以及 Or kiszewski[25] 三种方法为计算多相压降的最佳相关关系。为了确定总的最佳相关关系，分析应用了 44 口井的计算结果。这一工作的结论是，对于大范围的井况而言，Orkiszewski 的相关关系是最准确的方法，而且他的相关关系在三种方法中是唯一适用于研究产出显著水量的三相流动生产井的方法。

Lawson 和 Brill[32] 指出，Poettmann 和 Carpenter 的方法仍然是用来对比较新的多相流动相关关系的准绳。他们原来的研究所依据的流动条件和许多气举井的条件很相似，因而在下面作一简单的讨论。

Poettmann 和 Carpenter 方法[33]　Poettmann 和 Carpenter 曾应用自喷井和气举井的数据来研究，因为持液率和由于油管内壁造成的摩擦作用而形成的综合能量损失，以及其他能量损失与流动参数的函数关系。

他们没有研究不同因素对总的能量损失所起的作用，而是把流动的流体当作一个单一的均质来处理，能量损失就是在此基础上进行相关的。他们应用的是一个总的流动密度和特定体积。而不是用的原地的密度和特定体积。也就是说，进入和流出油管的流体的能量是全部进入或流出油管的全部流体的压力—体积特性的函数，而不是井下各点与流体的压力—体积特性的函数，这二者由于滑脱或持液率的影响而有所不同。最后，在计算流动密度或流动的特定体积时，当流体在油管中向上流动时同时考虑了各相之间的质量转移以及气相和液相的总质量。

在这里省略了把粘度作为一个相关的函数。一般说来，对于一口有双相流动的自喷井来说，湍流所达到程度可以使粘滞切力所造成的一部分总能量损失忽略不计。因为这一点对于单相湍流来说也是真实的，所以不用觉得奇怪。在这里能量的损失与流动流体的物理性质无关。其他研究相同多相流动问题的人士也观察到了同样的结果。

Baxendell 曾应用一些从套管生产的油井的大量体积流动数据，扩展了 Poettmann 和 Carpenter 的相关关系[34]。有关 Poettmann 和 Carpenter 的研究工作可以从本手册 1962 年版和参考文献〔33〕找到详细的讨论。Poettmann 和 Carpenter 所作的相关关系一直是很多更新的多相流动相关关系的起点。

Orkiszewski 的方法　为了得出一组包括两相流各种流动体系的计算程序，Orkiszewski 对这类文献作了一个详尽的调查，他通过手算的方法，引用一些试验数据来检验各种方法，然后选出 Griffith 和 Wallis[19] 的以及 Duns 和 Ros[18] 的两种方法作为他的最终研究方案。Orkiszewski 编制了这两种方法的程序，并用 1480 井的资料对它们进行了检验。两种方法中没有一种在各种流动条件下都是准确的。但是 Griffith 和 Wallis 的方法对于段塞流动的一般解答好象能提供一个较好的基础，因而 Orkis-Zewski 选定改进他们的方法。

Orkiszewski 把他的计算程序命名为经过修正的 Griffith 和 Wallis 方法，因为他们的研究工作严格地限于充分发展的段塞流动状态，而且 Orkiszewski 用来推导他的方法时所用的 148 口井中有 95%都属于段塞流动类型。Duns 和 Ros 二人的方法用于雾状流动和一部分过渡型流动状态，这一方法和 Griffith 所推荐的 Lockhart 和 Martinelli[35] 方法相比，好象基础性更强一些。

Orkiszeski 方法基本是确定存在什么流动系统，然后（1）对泡状流动应用 Griffith 计算程序；（2）对段塞流动采用 Griffith 计算程序，但须根据现场资料用一个液体分布系数参加加以修正；（3）对过渡型流动综合应用 Griffith 方法和 Duns 及 Ros 的方法；（4）对雾状流动则应用 Duns 和 Ros 方法。据说在很宽的流动范围内应用这一相关关系所得结果的误差大约为±10%左右。

为了确定某一给定管段属于那一种流动体系，采用的办法是核查规定每种流动体系分界的各种无量纲参数组合（见图 37.7）。Griffith 和 Wallis 曾对泡状流动和段塞流动的界限作出规定。Duns 和 Ros 曾对段塞流动和过渡型流动体系，以及过渡型和雾状流动体系的界限作出规定。所有这些界限都以各种不等式给定如下：

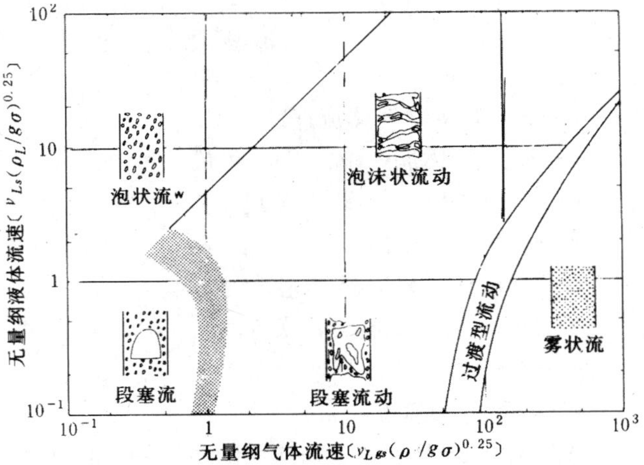

图 37.7　流动体系图

(1) 对于泡状流动体系而言，其界限条件为 $q_g / q_t < L_B$。

(2) 对于段塞流动体系而言，其界限条件为 $q_g / q_t > L_B$，$v_{gD} < L_S$。

(3) 对于过渡型流动体系而言，其界限条件为 $L_M > v_{gD} > L_S$。

(4) 对于雾状流动体系而言，其界限条件为 $v_{gD} > L_M$。

在以上各不等式中，下脚标 B，M 和 S 分别指的是泡状、雾状和段塞流动。

前面各式中所列出的无量纲参数组合由下列各个方程给定：

$$v_{gD} = \frac{q_g [\rho_L / (g\sigma)]^{0.25}}{A} \tag{90}$$

在泡状—段塞的界限条件式中，

$$L_B = 1.071 - \frac{0.2218 v_t^2}{d_H} \tag{91}$$

但是，

$$L_B \geqslant 0.13$$

在段塞—过渡型界限条件式中，

$$L_S = 50 + \frac{36 v_{gD} q_L}{q_g} \tag{92}$$

在过渡型—雾状界限条件式中，

$$L_M = 75 + 84\left(\frac{v_{gD} q_L}{q_g}\right)^{0.75} \tag{93}$$

式中 v_{gD}——无量纲气体流速；

v_t——总液体流速(q_t/A)，英尺／秒；

ρ_L——液体密度，磅／英尺^3；

σ——液体表面张力，磅／秒^2；

L——流动体系边界，无量纲；

d_H——水力管子直径，英尺；

p_q——气体流量，英尺^3／秒；

g——重力加速度，英尺／秒^2。

对于四种可能发生的流动体系的每一种，将在下面给出其平均密度和摩擦损失梯度的定义。这些项目将分别为每一段管子给出表达式，然后代入方程（89），计算各段的压降数值。

泡状流动 在泡状流动状态下，平均流动密度按照气体和液体密度体积加权计算如下:

$$\bar{\rho} = \rho_g f_g + (1 - f_g)\rho_L \tag{94}$$

在泡状流动状态下，流动气体的分流量 f_g 由下式求得:

$$f_g = \frac{1}{2}\left[1 + \frac{q_t}{v_s A} - \sqrt{\left(\frac{1 + q_t}{v_s A}\right)^2 - \frac{4q_g}{v_s A}}\right] \tag{95}$$

上式中的滑脱速度 v_s 为气体与液体平均流速的差值。Griffith 建议在泡状流动状态下取近似值 $v = 0.8$ 英尺／秒。

在泡状流动状态下，所采用的摩擦损失梯度是以单相液体流动为依据计算如下:

$$\tau_f = \frac{f \rho_L v_L^2}{2 g_c d_H \cos\theta} \tag{96}$$

式中

$$v_L = \frac{q_L}{A(1 - f_g)} \tag{97}$$

方程（96）中的摩擦因子 f 是标准的 Moody [2] 摩擦因子，它是雷诺数和相对粗糙因子的函数。在泡状流动状态下应用的雷诺数为液体雷诺数，其表式如下:

$$N_{\mathrm{Re}}=\frac{1488\rho_L d_H v_L}{\mu_L} \tag{98}$$

式中 d_H——水力管子直径（4A／润湿周长），英尺；

μ_L——液体粘度，厘泊。

段塞流动 在段塞流动情况下，平均密度的表达式如下：

$$\bar{\rho}=\frac{w_t+\rho_L v_b A}{q_t+v_b A}+\delta\rho_L \tag{99}$$

方程（99）除最后一项外，相当于 Griffith 和 Wallis 推导出的平均密度项。方程（99）中的最后一项是由 Orkiszewski 增加的，其中所包含的一个参数 δ 是由油田数据通过相关对比得出的。在段塞流态中所用滑脱速度（或称泡升速度）v_b 是由 Griffith 和 Wallis 通过相关对比得出的，其表达式如下：

$$v_b=C_1C_2\sqrt{gd_H} \tag{100}$$

上式中的系数 C_1 是在一个静液柱中表现气泡上升的泡升系数，C_1 的数值是由 Dumitrescu[36] 用理论方法确定，并由 Griffith 和 Wallis[19] 二人用试验方法测定，它表现为图 37.8 中所表示的泡状雷诺数的函数如下：

$$N_{\mathrm{Re}_b}=\frac{1488\rho_L d_H v_b}{\mu_L} \tag{101}$$

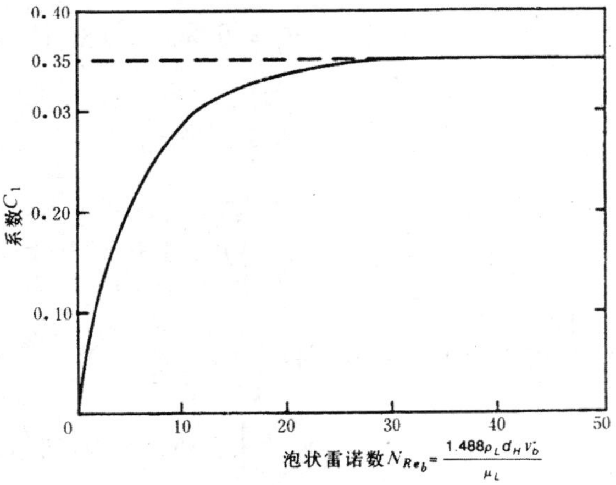

图 37.8 在一个静液柱中气泡上升时泡升系数与泡状雷诺数的关系曲线

方程（100）中的系数 C_2 是液体流动速度的函数，它和 C_1 的乘积代表在一个流动的液柱中气泡上升的泡升系数。C_2 这个系数是由 Griffith 和 Wallis[19] 用试验方法测定的，并作为泡状雷诺数N_{Re_b} 和液体雷诺数 N_{Re}（参看图 37.9）的函数进行了相关对比，其中：

$$N_{\mathrm{Re}}=\frac{1488\rho_L d_H v_t}{\mu_L} \tag{102}$$

当遇到雷诺数大于 6000 的情况时，可以应用由 Orkiszewski 根据 Nicklin 等人[20] 的工作成果所推出的下列方程计算 v_b 值。当泡状雷诺数 N_{Reb} 小于 3000 时，

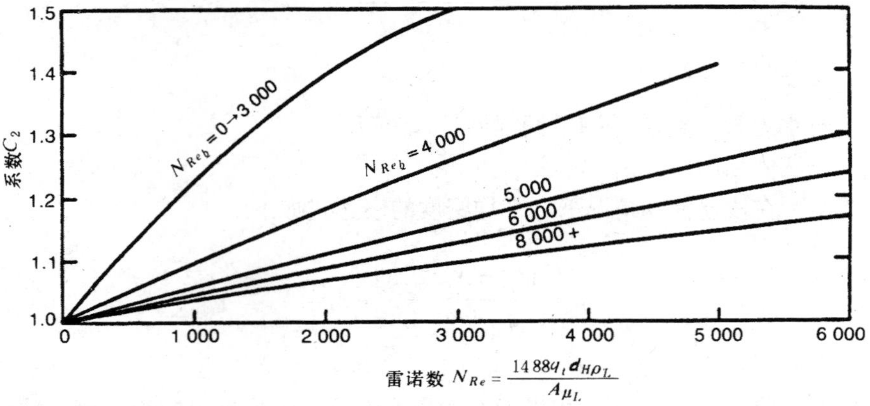

图 37.9　在一个流动液柱中气泡上升时泡升系数与雷诺数的关系曲线

$$v_b=\left[0.546+8.74(10^{-6})N_{Re}\right]\sqrt{gd_H} \tag{103}$$

当泡状雷诺数介于 3000 与 8000 之间时，

$$v_b=0.5v_{bi}+0.5\left(v_{bi}^2+\frac{13.59\mu_L}{\rho_L\sqrt{d_H}}\right)^{0.5} \tag{104}$$

式中

$$v_{bi}=\left[0.251+8.74(10^{-6})N_{Re}\right]\sqrt{gd_H} \tag{105}$$

当泡状雷诺数大于 8000 时，

$$v_b=\left[0.35+8.74(10^{-6})N_{Re}\right]\sqrt{gd_H} \tag{106}$$

在段塞流动状态下的摩擦损失梯度是由 Orkiszewski 的工作成果得出的，表达式如下：

$$\tau_f=\frac{f\rho_L v_t^2}{2g_c d_H\cos\theta}\left(\frac{q_L+v_bA}{q_t+v_bA}+\delta\right) \tag{107}$$

方程（107）中的摩擦因子是相对粗糙度和方程（102）给出的雷诺数的函数。

Orkiszewski 把方程（99）和（107）中出现的参数 δ 定义为液体分布系数。这个系数隐含着以下几种物理现象：

（1）液体不仅是分布在段塞中，而在气泡外围形成薄膜，同时还以点滴状态存在于气泡内部。

(2) 摩擦损失主要来自两个方面，其中一个来自液体段塞，另一个则来自液体薄膜。

(3) 当流动状态趋近雾状流态时，气泡上升速度趋近于零。

液体分布系数 δ 可以通过相关对比表现为液体粘度、水力半径和总流动速度的函数，可以用下列几种经验方程的一种求得:

在连续油相情况下，当 $v_t<10$ 时，

$$\delta=\frac{0.0127}{d_H^{1.415}}\log(\mu_L+1)-0.284+0.167\log v_t+0.113\log d_H \tag{108}$$

当 $v_t>10$ 时

$$\delta=\frac{0.0274}{d_H^{1.371}}\log(\mu_L+1)+0.161+0.569\log d_H$$

$$-\log v_t\left[\frac{0.01}{d_H^{1.571}}\log(\mu_L+1)+0.397+0.63\log d_H\right] \tag{109}$$

在连续水相的情况下，当 $v_t<10$ 时，

$$\delta=\frac{0.013}{d_H^{1.38}}\log\mu_{\mathrm{L}}-0.681+0.232\log v_{\mathrm{t}}-0.428\log d_{\mathrm{H}} \tag{110}$$

当 $v_t>10$ 时

$$\delta=\frac{0.045}{d_H^{0.799}}\log\mu_L-0.709-0.162\log v_t-0.888\log d_H \tag{111}$$

以上从方程 (108) 到方程 (111) 都要受到以下极限的制约，这样就可以消除不同流动体系分界处的压力不连续性。当 $v_t<10$ 时，$\delta\geqslant 0.065v_t$，当 $v_t>10$ 时，

$$\delta\geqslant-\frac{v_b A(1-\rho/\rho_t)}{q_t+v_b A}$$

过渡流动　在过渡流动状态下平均流动密度和摩擦损失梯度是用 Duns 和 Ros 二人的方法算出的。他们应用了无量纲的气体流动速度 v_{gD} 和限定过渡流动的无量纲边界值 L_M 和 L_S，把从段塞流动和雾状流动所求得的数值进行线性加权而求得 $\bar{\rho}$ 值和 τ_f 值。平均密度的定义表达式如下:

$$\bar{\rho}=\left(\frac{L_M-v_{gD}}{L_M-L_s}\right)\bar{\rho}_s+\left(\frac{v_{gD}-L_s}{L_M-L_S}\right)\bar{\rho}_M \tag{112}$$

上式中的下角符号 M 和 S 分别代表的是雾状和段塞流动状态。同样地，摩擦损失梯度项的定义表达式如下:

$$\tau_f = \left(\frac{L_M - v_{gD}}{L_M - L_S}\right)\tau_{fs} + \left(\frac{v_{gD} - L_S}{L_M - L_S}\right)\tau_{fM} \tag{113}$$

雾状流动　在雾状流动状态下，气体和液体两相之间的滑脱速度基本为零。因此流动气体的分流量可用下式表示:

$$f_g = \frac{q_g}{q_g + q_L} \tag{114}$$

平均流动密度的表达式如下:

$$\bar{\rho} = (1 - f_g)\rho_L + f_g \rho_g \tag{115}$$

对于雾状流动来说，摩擦损失梯度这一项主要是气相所产生的结果，其表达式如下:

$$\tau_f = \frac{f\rho_g v_{gs}^2}{2g_c d_H \cos\theta} \tag{116}$$

上式中的 v_{gs} 为表面气体流动速度，f 则为气体雷诺数和由 Duns 和 Ros 二人所推出的修正相对粗糙因子 ε / d_H 的函数，其中气体雷诺数的表达式如下:

$$N_{\mathrm{Re}} = 1488\frac{\rho_g d_H v_{gs}}{\mu_g} \tag{117}$$

对于雾状流动而言，粗糙因子为润湿管壁的液体薄膜的函数，由下面一组方程和制约条件给出。现在令:

$$N = 4.52(10^{-7})(v_{gs}\mu_L / \sigma)^2(\rho_g / \rho_L) \tag{118}$$

N 是一个无量纲数值，当 $N < 0.005$ 时，

$$\frac{\varepsilon}{d_H} = \frac{34\sigma}{\rho_g v_{gs}^2 d_H} \tag{119}$$

当 $N > 0.005$ 时

$$\frac{\varepsilon}{d_H} = \frac{174.8\sigma(N)^{0.302}}{\rho_g v_{gs}^2 d_H} \tag{120}$$

方程（119）和（120）都受到 ε / d_H 值上限和下限的限制，它们分别为0.001和0.05。

Camacho[31] 对111口高气液比的井进行了研究，他的结论认为在气液比大于10000的情况下进行雾状流动计算时Orkiszewski的方法效果较好。很明显，如果遵循这一途径，则在段塞流动和雾状流动之间必须采用一个适当的过渡带，这样才能避免出现突然的压力梯度变化。在其他研究成果中，Gourd等人[27] 也曾指出，雾状流动的出现必须发生在较低的无量纲气体流动速度情况下，特别是在无量纲液体流动速度小于0.1的时候。

4. 连续气举设计步骤

气举工艺[28,33,37] 是一种人工升举液体的方法，它利用气体的压缩能升举油藏流体（参看第五章）。所需要的基本条件是具备有一定压力和体积的足量气源。

对于一些具有高水油比（WOR）和高的生产油指数（指的是能在保持高油藏压力下产出大量流体）的井，可以有效地通过油管或环形空间进行气举。在很多情况下必须采出大量的水以获得具有经济价值的产油量。已经知道在某些情况下，有可能在合乎经济的条件下用气举方法采出5000到10000桶／日的总液量，原油只占1%，其余全部为水。当需要应用相关对比关系来进行气举设计的计算时，建议采用的步骤如下：

(1) 建立这口井的各种生产特征——包括生产指数，WOR，气油比（GOR），流体性质，油管尺寸等等。

(2) 计算出在一定产量范围内，在气体注入点以下部位的压力随深度的变化曲线。

(3) 计算出在不同的注入GOR的情况下在气体注入点以上部分的压力变化曲线，此时保持地面油管或套管压力不变。

从上述三个步骤（参看图37.10），就可以算出一系列数据，包括所需马力，气体注入点的压力，注入点的深度，每一种产量的注入GOR值，油管尺寸，油管或套管压力等。

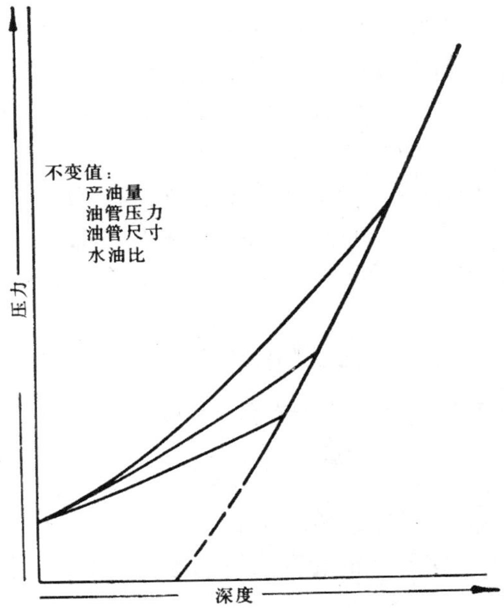

图37.10 一口气举井压力随深度的变化图

在一个注入点上部每一条压力变化曲线相当于不同的注入气油比

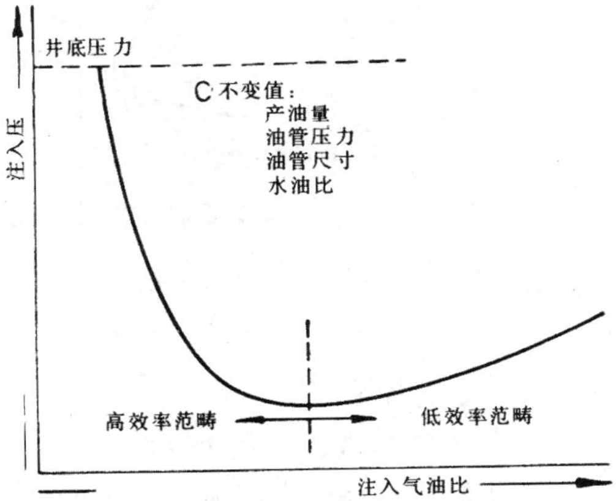

图37.11 注入压力对GOR影响图

对于某一组指定的井况和流体产量而言，存在一个需要马力最小的最优注入深度和压力。在某些情况下，最优的注入深度为井的总深度。用气举法采出油藏流体时，有两种作业范畴。一种是低效率的范畴，其特点是高的GOR和高的马力需要，另一种是高效率范畴，特点为低 GOR 和低的马力需要。在图 37.11 中所表现的是 GOR 随注入压力的变化曲线。

在低效率的作业范畴内，气体实际上是由生产管柱放空了。在图中高效率范畴位于最低注入压力的左侧，而低效率范畴则在其右侧。在进行气举试验的实验室中，在使用长度不大的油管情况下[38~40]，曾经观察到低效率和高效率的作业范畴。有一个研究人员曾应用美国加利福尼亚州一个油田的大量现场数据，推出和图 37.11 相似的经验曲线，但是对于其他一些具有不同流体物性和生产数据的油田却无法作出预测曲线[41]。在一幅绘制需要马力和注入压力的相关曲线图（图 37.12）中，需要马力一般通过一个最低数值，这一点就代表最高作业效率。在这一些有关气举作业的计算中，另一个有意义的结果是：事实表明，只要能保持符合有效的地面采油作业，地面出油管柱的地面压力愈低，要把油藏流体升举出来所需要的马力数值就愈小。

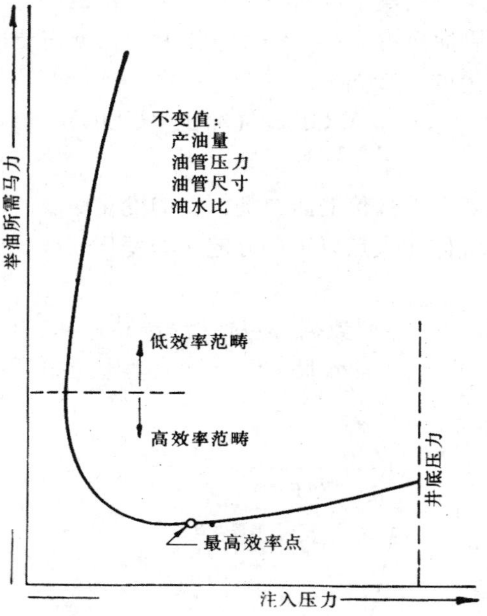

图 37.12　注入压力对需要马力的影响

为了说明计算程序的应用，最好的方法是引用一个典型的例题如下[42]。

例题 9　有一口井希望通过环形空间气举采油。这口井的总产液指数为 10.0 桶／日／磅／英寸^2。在井深 10000 英尺深度的油藏静压为 3800 磅／英寸^2（绝对）。生产水油比值为 18.33。其他有关参数资料如下：油管内径（通称 $2^1/_2$ 英寸，6.5 磅／英尺）＝2.441 英寸；油管外径（通称 $2^1/_2$ 英寸，6.5 磅／英尺）＝2.875 英寸；套管内径（通称 7 英寸，26 磅／英尺）＝6.276 英寸；套管压力＝100 磅／英寸^2（绝对）；注入点深度以上环形空间平均流动温度＝155°F；注入点深度以下环形空间平均流动温度＝185°F；油管内平均流动温度＝140°F；在 60°F 时地面原油相对密度＝0.8390；分离器气体相对密度（空气＝1.0）＝0.625；产出水的相对密度＝1.15；$B=0.0000723p+1.114$；　$R_s=0.1875p+17$；$R=600$ 英尺^3／桶油。

要求算出在总液体产量为 4000 桶／日情况下，注入气油比随注入压力和注入深度的变化。还要求算出以往注入压力为函数所需要的升举原油的马力数值。

对上题的解题步骤如下：

(1) 算出在气体注入点下部压力随深度的变化曲线。

(2) 为不同的气油比值算出在气体注入点上部压力随深度的变化曲线。

(3) 对不同的注入气油比值和 100 磅／英寸^2（绝对）的套管压力，把第 1 和第 2 步的结果用联立方法求解，得出注入深度。

(4) 算出把气体从 100 磅／英寸^2（绝对）压缩到注入点压力所需要的理论绝热马力数值。

解题的第一步是计算以压力为函数的进入井内的三相液体的流动密度。应用图 37.13 确定出以液体密度为函数的压差梯度值，因而得出压力数值。计算的结果在表 37.6 中列出。把求得的结果绘制出 dD / dp 随 p 值变化的曲线图。通过对这一曲线的积分就可求出液体从井底压力上升到任何一个较低压力点所需经过的深度数值。用这一方法得出图 37.14 中的曲线 A。

表 37.6　算出注气点下部压力梯度变化值

$$q_o = \frac{4.000}{19.33} = 206.9 \text{ 桶 / 日}$$

$$q_o m = 1.594 \times 10^6 \text{ 磅 / 日}$$

$$\rho = \frac{m}{v_m} = \frac{7701.5}{5.61B + \dfrac{18.29(600 - R_s)}{p/z} + 102.8} \text{ 磅 / 英尺}^3$$

井底流压 = 3400 磅 / 英寸^2(绝对)

建立 p 随 1 / dp / dD 的变化

p	B	R_s	p/z	ρ	dp / dD	1 / dp / dD
3400	1.339	–	3800	69.8	0.487	2.053
3000	1.331	588	3440	69.8	0.487	2.053
2000	1.259	392	2270	69.0	0.481	2.079
1000	1.286	205	1078	66.3	0.460	2.174
500	1.150	110.8	520.8	60.9	0.425	2.353

$$\int_{3400}^{p_2} \frac{\mathrm{d}D}{\mathrm{d}p} \mathrm{d}p$$

p	Dp_1–Dp_2	ΔD	D (ft)
3400	–	0	10000
3000	−821.2	−821.2	9179
2500	−1028.5	−1849.7	8150
2000	−1035.0	−2884.7	7115
1500	−1048.5	−3933.2	6066
1000	−1071.5	−5004.7	4995
500	−1121.0	−6125.7	3874

解题的第二步和第一步同样地机械地执行，所不同的是所计算的流体密度相当于注入气油比值为 3000，3500，4000，5000 和 7500 标准英尺^3 / 桶，而且积分工作是从井口套管压力为 100 磅 / 英寸^2（绝对）处开始向套管底部进行的。计算的结果在图 37.14 中由 B，C，D，E 和 F 几条曲线表示出来。这些曲线和曲线 A 的交点表现出各种产量和注入气油比的相应注入点。

在图 37.15 中绘制的是以注入深度的注入压力为函数的注入气油比数值。在所举例题的具体条件下，值得注意的是，随着气油比从 3000 上升到 7500 标准英尺^3 / 桶，注入压力不断下降。在图 37.16 中显示出注入深度和注入气油比的变化关系。这条曲线表明，当注入气油比减小时，注入点向井筒下部移动。

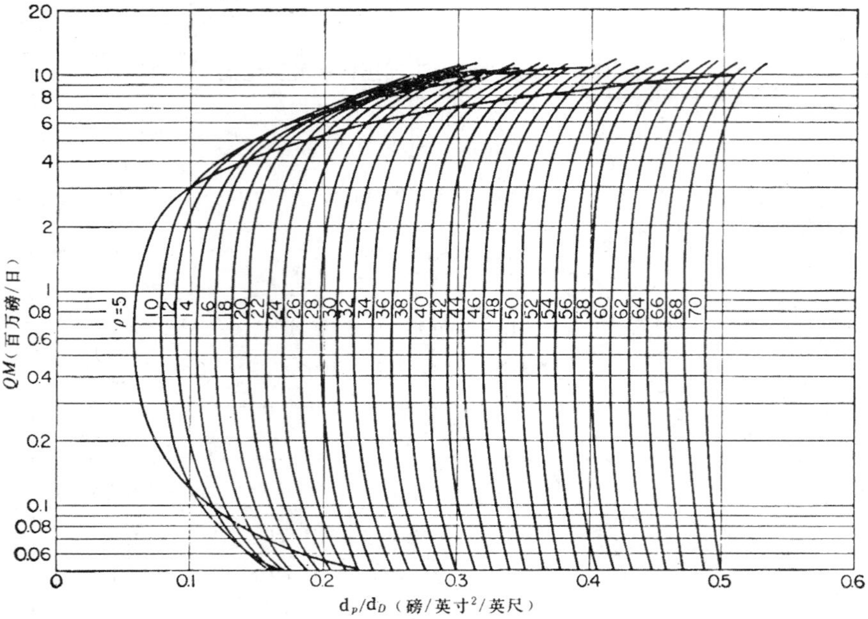

图 37.13　由环形空间产油时算出的压力梯度曲线，油管为通称

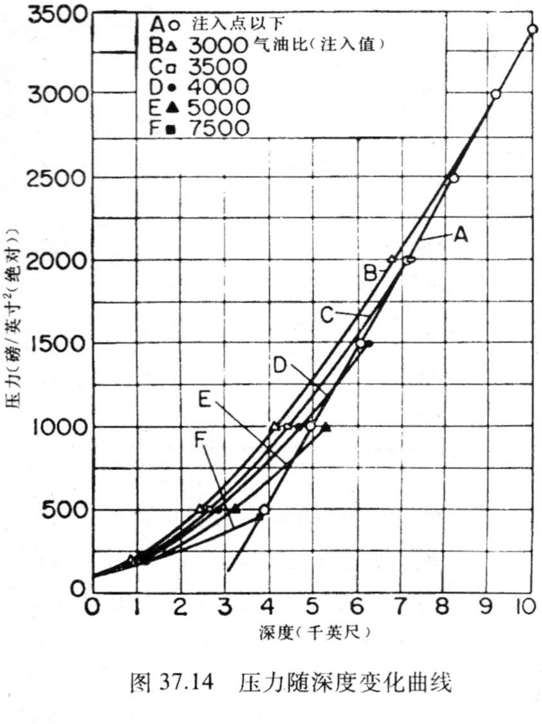

图 37.14　压力随深度变化曲线

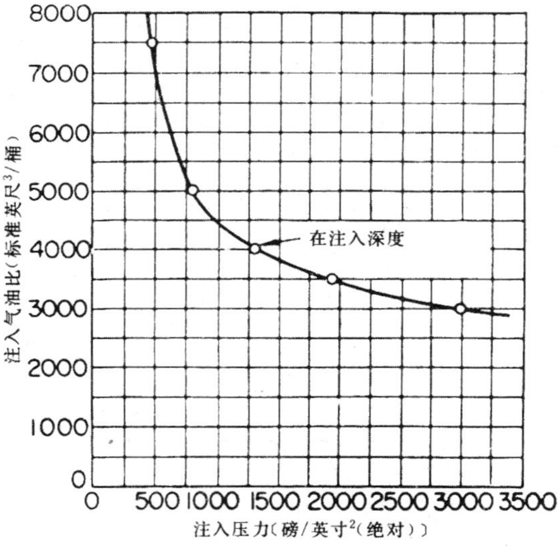

图 37.15　注入气油比随压力变化的曲线

图 37.17 表现出为了把注入气体从地面压力压缩到注入压力所需要的理论绝热马力数值。在例题中的条件下，当注入点位于井底时，所需马力值为最小，尽管如前面所讨论过

的，在理论上有可能在井底以外的点子位置，得到最小的马力需要数值。

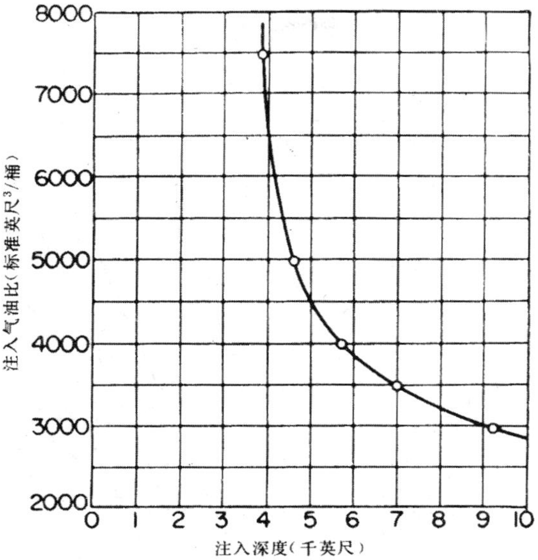

图 37.16　注入深度随注入气油比变化的曲线

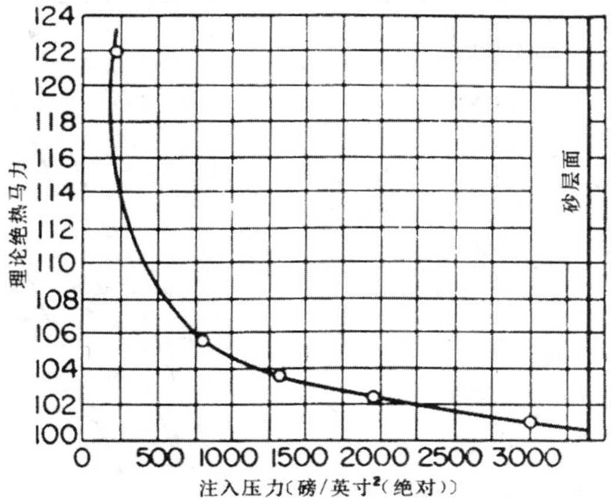

图 37.17　需要马力随注入压力变化的曲线

在一些文献中曾报导了一系列意见的试井成果，其中用上述步骤算出的曲线完全描述出了所试油井的气举产状特征〔43〕。图 37.18 所示是所试油井的实际装置。在两个注气点（深度为 3800 和 4502 英尺）进行测试。关于试井工作的详细描述可由参考资料〔43〕获得。

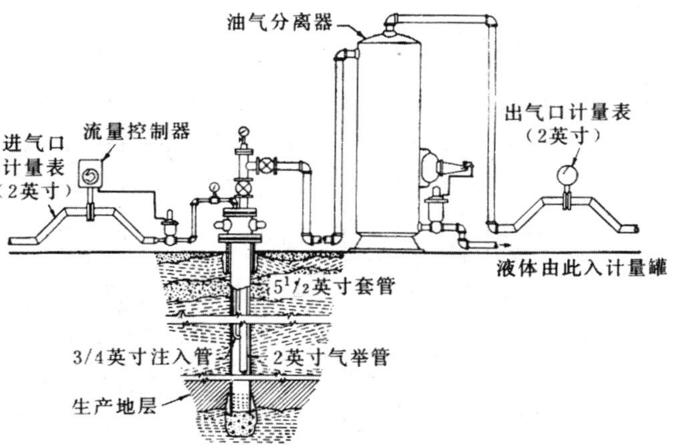

图 37.18　试井设备布置图

在图 37.19 和 37.20 中所表现的是实测和计算的，在气体注入点以上的压力随深度变化的对比情况，结果表明符合得很好。

在图 37.21 中所表现的则是在平均生产井条件下实测到的总液体产量随注入气量变化的数据与计算曲线的对比状况。

图 37.22 是一幅很有用处的曲线图实例。用它可以算出气举产油的最优条件。这幅图所

表现的是在所指定条件下，为了采出每一桶总液量所需要的理论绝热马力值随总的日产液桶数的变化曲线。这里所用的马力数值指的是把注入气体从井口油管压力压缩到注入压力所需要的马力数值。

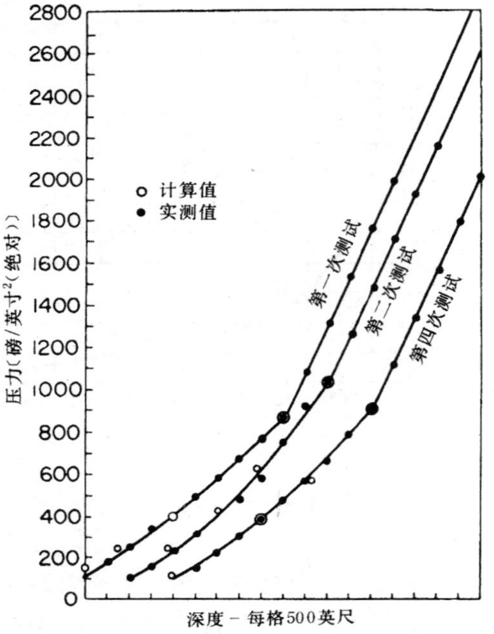

图 37.19　计算的和现场实测的压力随深度的变化曲线——注入深度为 4502 英尺

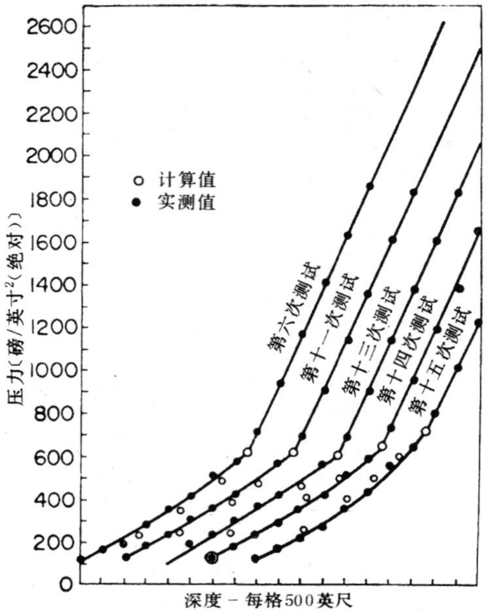

图 37.20　计算的和现场实测的压力随深度变化的曲线——注入深度为 3810 英尺

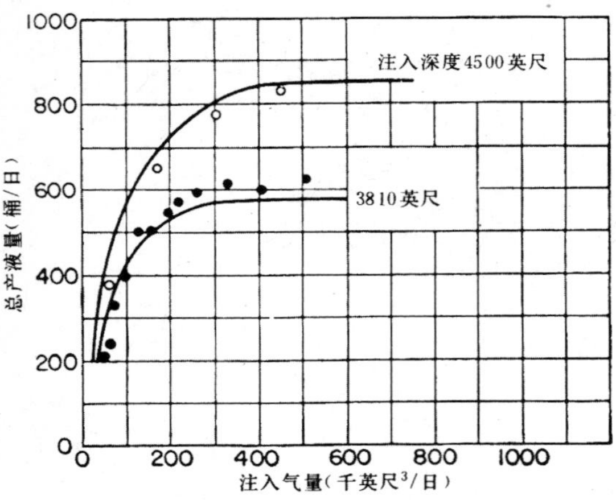

图 37.21　总产液量随注气量变化的曲线

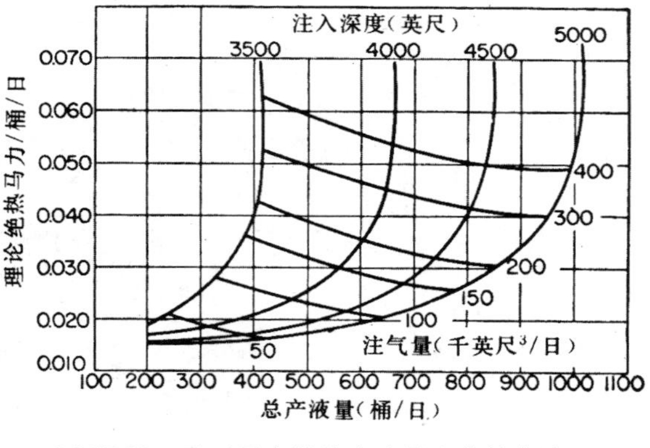

图 37.22　需要马力随总产液量变化的曲线

水油比为 41.5

地层气与总液量的比值为 85.0 英尺³／桶

油管压力为 100

注入点以下压力梯度为 0.453 磅／英寸²／英尺

油管尺寸为 2 英寸 14.7 磅／英尺,1.995 英寸内径

七、通过井口油嘴产油

一个井口节流器（油嘴）是用来控制一口生产井的产量的。在设计井的油管规格和完井条件（射孔等等）时，必须保证所用油管和射孔状况对这口井的产量都不起控制作用。油管和射孔条件的产油能力总是应该超过油藏产状所能达到的流入量。通过油嘴的设计来控制一口生产井的产量。选择井口油嘴时一般要求油嘴下游的管线压力的波动对井的产量没有影响。为了保证满足这一条件，经过油嘴的流动状态必须处于临界流动状态：那就是说，通过油嘴的流动速度必须达到声速。为了达到这一条件，出油管下游的压力必须接近或小于油管或上游压力的0.55倍。在这种条件下产量只是上游或油管压力的函数。

在单相的气体流过油嘴时，可用以下方程：

$$q_g = \frac{Cp}{\sqrt{\gamma_g T}} \tag{121}$$

式中 p——上游压力，磅／英寸^2（绝对）；

γ_g——气体相对密度；

T——上游或井口温度，°R；

C——系数；

q_g——在14.4或14.7磅／英寸^2（绝对）和60°F条件下测定的产气量，10^3英尺^3／日。

上式中的系数 C 随所用基准压力而变。

在表37.7中列出的是Rawlins和Schellhardt二人报告[44]中所得到的 C 值。这些数值适用于14.4磅／英寸^2（绝对）的标准压力。Rawlins和Schellhardt没有为理想气体偏差作出校正。若要对方程（122）进行校正，可以把方程的右边乘以$\sqrt{1/Z}$，Z 是在上游压力和温度条件下气体的压缩系数值。

表37.7 油嘴短节系数表

油嘴直径(英尺)		C	油嘴直径(英尺)		C
1/8	0.125	6.25	7/16	0.438	85.13
3/16	0.188	14.44	1/2	0.500	112.72
1/4	0.250	26.51	5/8	0.625	179.74
5/16	0.313	43.64	3/4	0.750	260.99
3/8	0.375	61.21			

在多相流动情况下，Gilbert根据美国加利福尼亚州Ten Secfion油田一些自喷井的生产数据推出了下列的经验方程，它表示原油产量，气油比，油管压力和油嘴尺寸之间的相互关系[45]：

$$p_{tf}=\frac{435R_{gL}^{0.546}q_t}{S^{1.89}} \tag{122}$$

式中 p_{tf}——油管流动压力，磅／英寸^2（表压）；

R_{gL}——气液比，10^3 标准英尺^3／桶；

q_t——总产液量（油和水），桶／日；

S——油嘴直径，1／64 英寸。

Gilbert 的方程可以写成以下形式：

$$p_{tf}=Aq_t \tag{123}$$

方程（123）中的 $A=435R_{gL}^{0.546}/S^{1.89}$ 表明油管压力和产量成正比。这种情况只有通过油嘴的流动速度达到声速时才是真实的。在低流量的情况下，产量也是下游压力的函数，方程（123）不再适用。

Ros 曾对气体和液体在声速情况下同时流过一个小孔的机理作了理论分析[46,47]。结果得到了一个有关气体和液体的流量，小孔尺寸和上游压力的复杂方程。Ros 导出的方程曾用在临界流动条件下的油田数据进行检验而获得良好的效果。但是这一方程在表现形式上却不能被油田工作人员实际采用。

Poettman 和 Beck 二人应用 Ros 的分析结果把 Ros 的方程转化成为油田实用单位，并用曲线图的形式表示[48]。结果见图 37.23—37.25，它们适用于原油重度为 20°，30°和 40°API 的情况。20°API 的一幅图可用于 15—24°API 的原油；同样地，30°API 的一幅图适用于 25—34°API 的原油；40°API 的一幅图则适用于 35°API 以上的原油。当产油含水量很高时这些图表便失去效用。

使用这些图幅时，从上面或下面的坐标开始都可以。从气油比的坐标进入时，首先延伸到油管压力曲线，然后水平方向延伸到油嘴尺寸曲线，以后再从顶部坐标读出油的产量数值。反过来，如果从油产量的坐标进入图中时，所走的路线与上述相反。应用这些图幅可以估算出可靠的气体产量，油产量，油管压力和油嘴尺寸的数值。

在生产过程中，油嘴有可能被砂子和气体磨损以及沥青和腊质堵塞而改变了尺寸和孔道的形状。其结果可能使得标准尺寸油嘴算出的产油量有相当大的误差。由一个被磨损的油嘴所产生的微小的油嘴尺寸误差有可能造成相当大的预测产油量的误差。因此使用一个已被磨损的油嘴时，估算出来的油产量可能比实际测量出来的数值要小得多。

根据一口井油流入井的产状关系，在已知所用油管尺寸的情况下，可以算出和不同产量相对应的油管压力曲线。通过油嘴产状曲线和油管压力曲线的交点可以得出任一油嘴尺寸的井口压力和产量数值，如图 37.26 所示。

例题 10[48]

(1) 一口自喷井用一个 6／64 英寸的油嘴生产，油管流动压力为 1264 磅／英寸^2（绝对），生产气油比为 2.250 英尺^3／桶。地面原油重度为 44.4°API。要求算出这口井的产量。

从图 37.25 查得解答，产油量为 60 桶／日。

(2) 在这一例题中，要求估算出在油管中出现的游离气量。

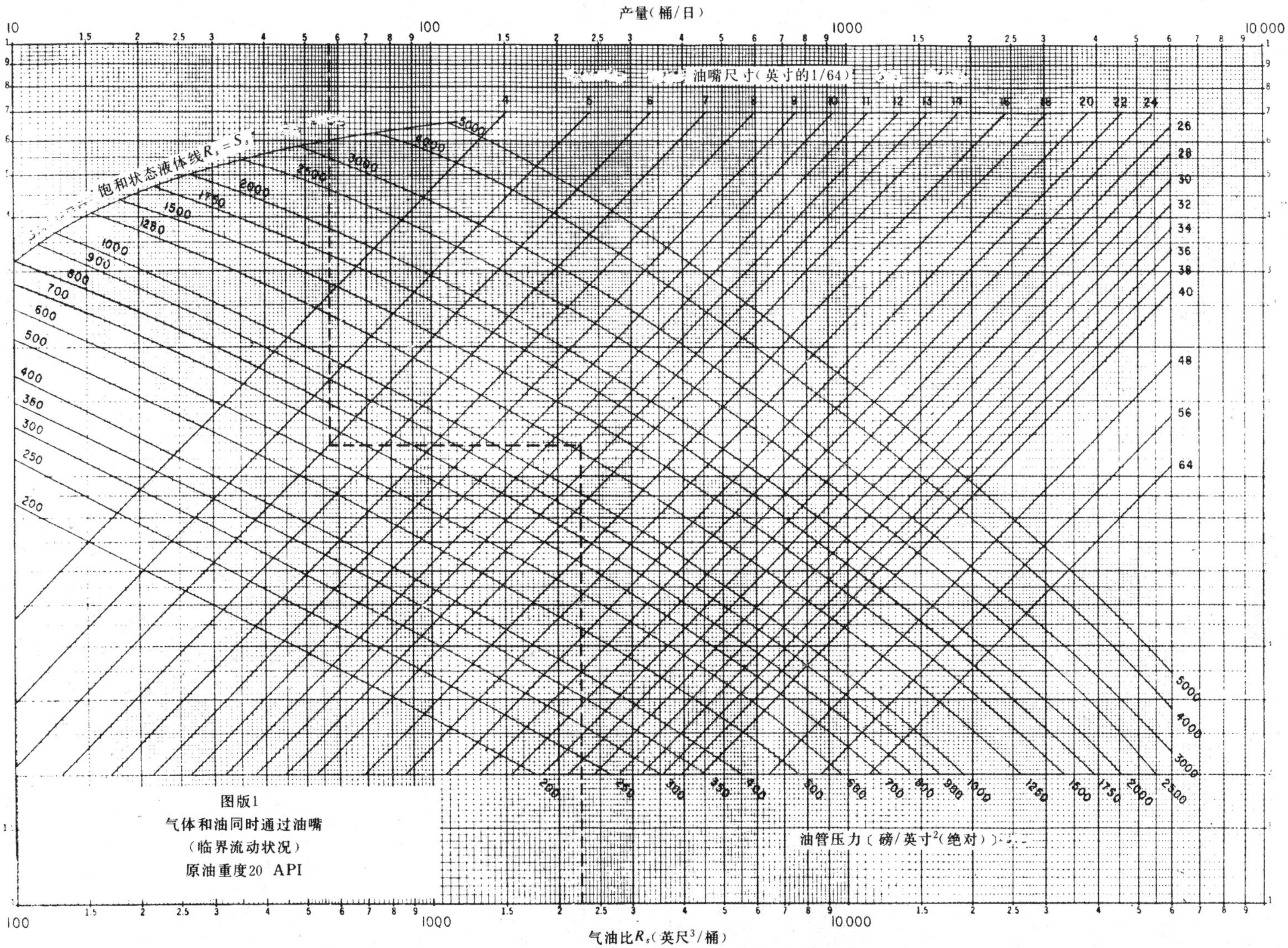

图 37.23 气、油同时流过油嘴诺谟图

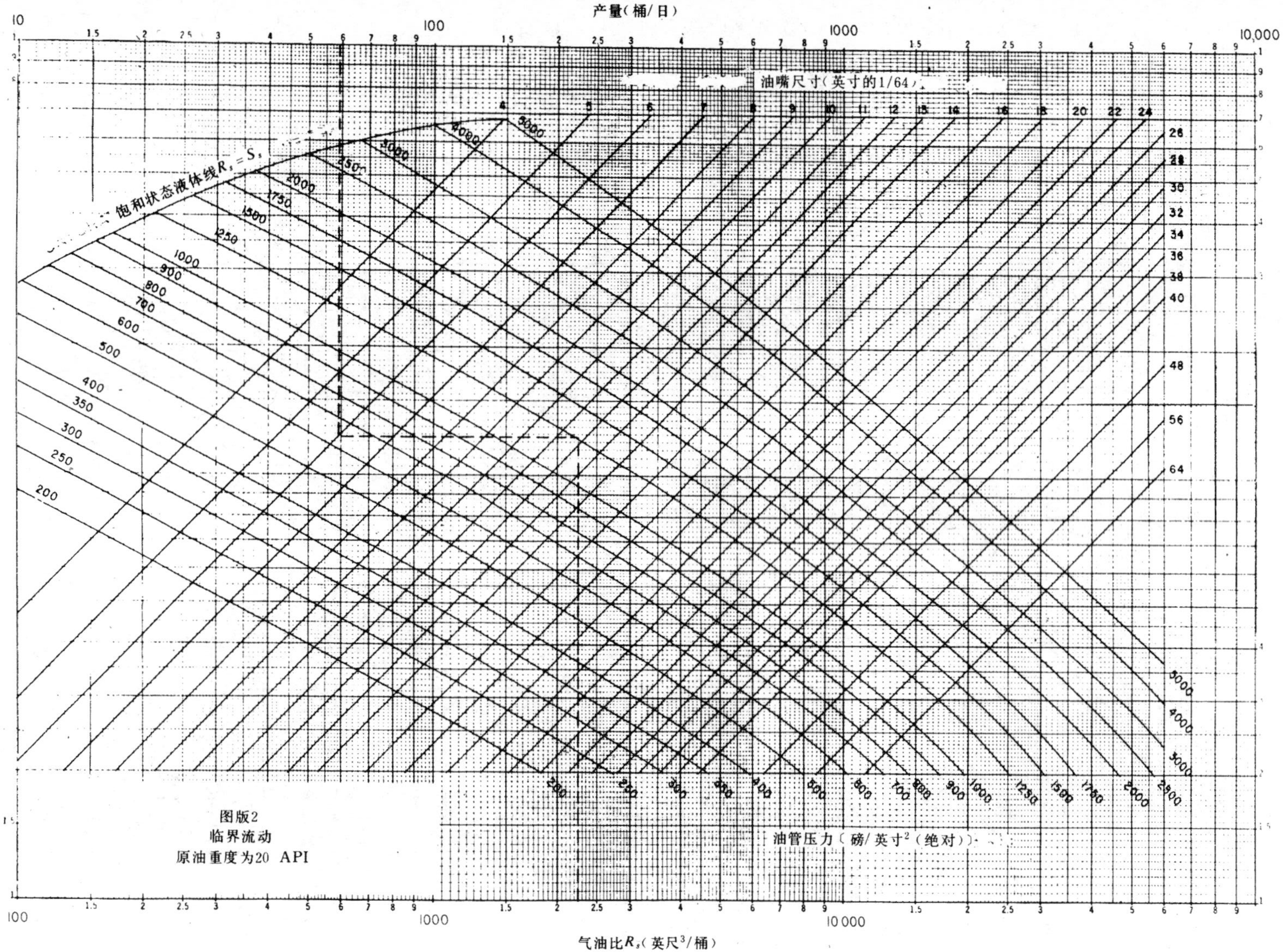

图 37.24 气、油同时流过油嘴诺谟图

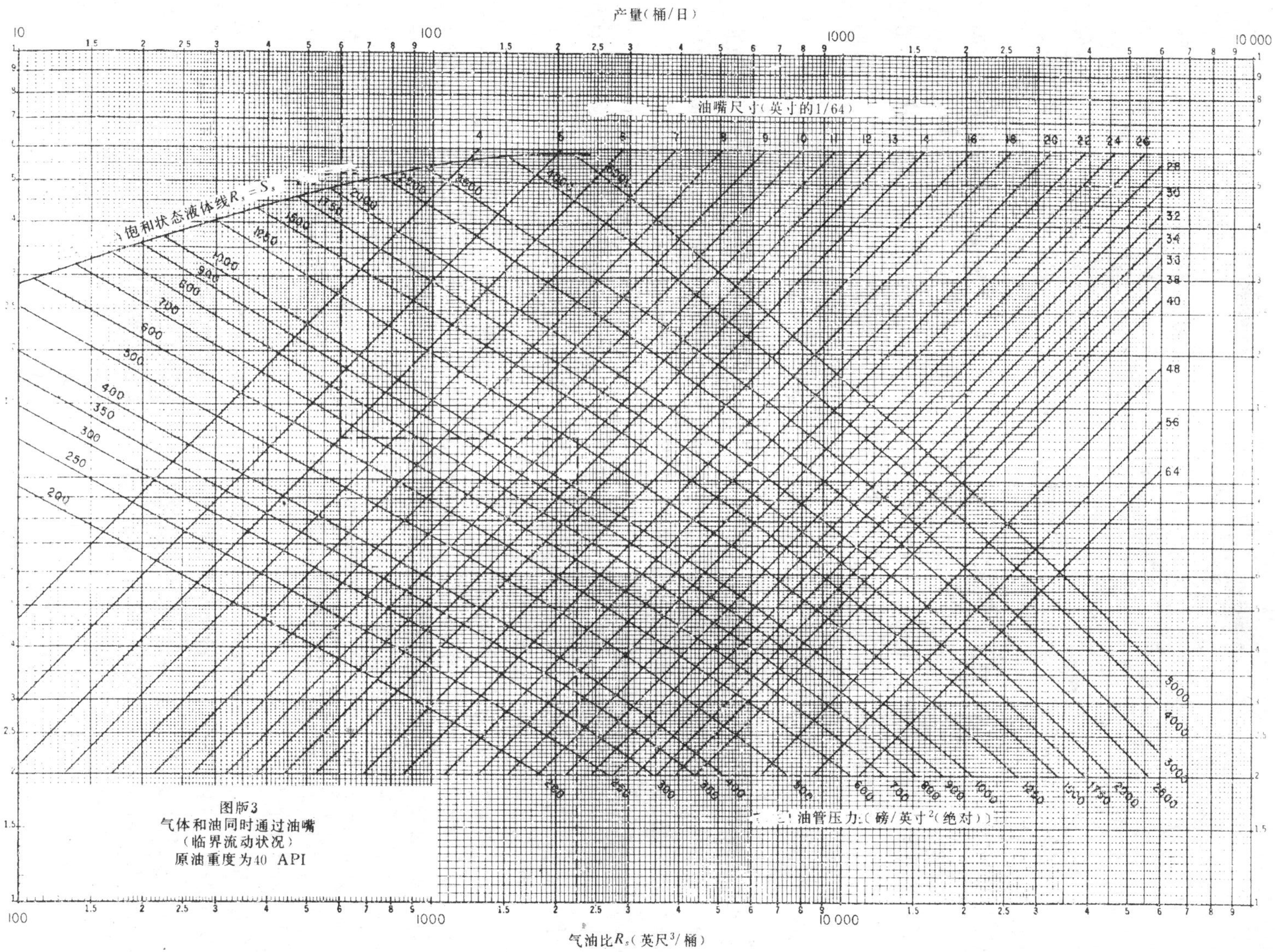

图 37.25 气、油同时流过油嘴诺谟图

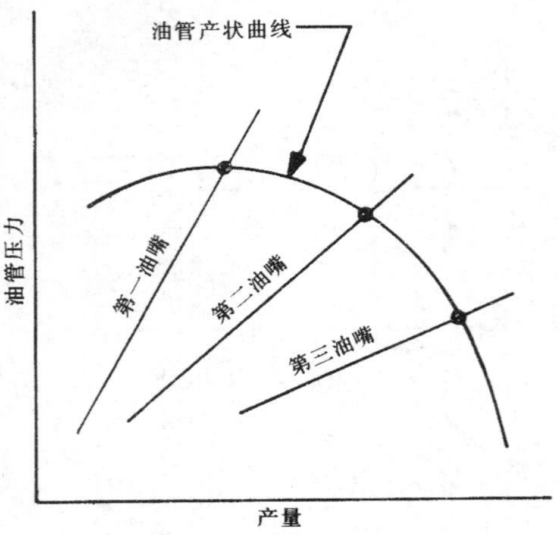

图 37.26　油管和油嘴产状曲线

从图 37.25 可以查得，在油管压力为 1264 磅／英寸^2（绝对）时，$R_s=310$ 英尺^3／桶。因而在井口出现的游离气量应为 $R-R_s=2250-310=1940$ 英尺^3／桶。

(3) 有一口井希望以 100 桶／日的产量生产。生产气油比为 4000 英尺^3／桶。在此产量下油管压力为 1800 磅／英寸^2（绝对）要求估算出油嘴尺寸。

由前面三幅诺谟图估算出的油嘴尺寸均为 8／64 英寸。应用 Gilbert 本人的图表[45]查出的数值也是 8／64 英寸。

还建议采用其他一些油嘴设计相关方程。但是，在产油不含水的情况下，建议采用 Poettmann 和 Beck 所修正的 Ros 方程，在含水情况下则可以采用 Gilbert 的方程。

八、井内积液

当某些生产井内的气相不能提供充分的输送能力把液体排出井口时，就会发生井内积液现象。这种类型井的流量不够大，不足以保持液体和气体以相同的速度流动。井内液体的集聚就会对地层施加回压，因而会显著地影响井的生产能力。起初，产生液体悬持现象，在一口井的回压资料上会有反映，此时在低产量情况下，回压曲线表现的气井产状比预计的要差一些。后来，井就可能出现间歇生产（产量波动）现象，最后气井会被积液压死而停产。对这种积液井，为了使其连续生产，有时采用装抽油机，安装柱塞气举装置，换小直径油管，注入皂剂和安装间歇生产控制器等方法。

本节主要研究积液与井内流动条件的关系。就最简单的意义而言，积液（在回压曲线上表现出低产量的产状变差）与井口条件下油管中的气体表面速度有关。Duggan[49]发现 5 英尺／秒的速度可以保持井不积液，而 Lisbon 和 Henry[50]则发现所需要的速度可能要达到 1000 英尺／分（16 英尺／秒）。

根据 R. V. Smith[51]的报告，从 Wesf Pomhandle 和 Hugoton 气田的经验发现，要持续地从井中排出烃类液体，所需要的速度为 5～10 英尺／秒，而排水则需要有 10～20 英尺／秒的速度。

Turner 等人[52]在两种设想的物理模型基础上对液体悬持的问题进行了分析：(1) 液体薄膜沿着管壁的移动；(2) 液体点滴被包围在高速度流的中心。他们根据气田资料对比所作出的结论是，被包围的液体点滴的运动是排出液体的控制机制。他们的结果指出，在大多数情况下，井口的条件起到控制作用，而要把液体排出所需要的液体流动速度可用下式表示：

$$v_t=\frac{20.4\sigma^{0.25}(\rho_L-\rho_g)^{0.25}}{\rho_g^{0.5}} \tag{124}$$

式中　v_t——自由降落点滴的端点速度，英尺／秒；

b——界面张力，达因／厘米；

ρ_g——气相密度，磅／英尺^3；

ρ_L——液相密度，磅／英尺^3；

对于气、凝析油和水的性质（如表 37.8 中所示）作出简化假设以后，对水来讲，方程(124) 可以表示如下:

$$v_{gw}=\frac{5.62(67-0.0031p)^{0.25}}{(0.0031p)^{0.5}} \tag{125}$$

同样，对凝析油可表示如下:

$$v_{gc}=\frac{4.02(45-0.0031p)^{0.25}}{(0.0031p)^{0.5}} \tag{126}$$

式中　v_{gw}——对水的气体流速，英尺／秒；

v_{gc}——对凝析油的气体流速，英尺／秒；

p——压力，磅／英寸^2。

进一步应用方程（125—127）可以为一特定的条件组合（压力和通道的几何形状）计算出一个最低的流量如下:

$$q_g=\frac{3.06pv_gA}{Tz} \tag{127}$$

式中　q_g——气体流量，10^6 标准英尺^3／日；

A——管道通过面积，英尺^2；

T——温度，° R；

Z——气体偏差因子。

表 37.8　气、凝析油和水的性质

	气体	凝析油	水
界面张力(达因／厘米)	–	20	60
液相密度(磅／英尺^3)	–	45	67
气体相对密度	0.6		
气体温度(° F)	120		

Tek 等人[53]为了解释积液，挑液，间喷和停喷等现象，引入了一个概念叫做“升举势能”。这一概念进一步把井底的流入动态和井筒内的多相流动联系起来。据此就有可能在工程上直接对动态分析或井的设备设计作出考虑。在本章前面所描述的各项有关井底流入动态

和井筒内多相流动的计算程序，可以适用于升举势能概念。

符 号 说 明

a、b——常数；

A——管道流通面积；

A_c——曲线下部覆盖面积；

$B=\dfrac{667 f_g^2 \overline{T}^2}{d_i^5 p_{pc}^2}$　[参见方程(33)]；

C_1——气泡上升系数；

C_2——系数（为液体流速的函数）；

d_{ci}——套管内径；

d_{eq}——相当圆管的直径；

d_H——管道水力直径；

d_{ti}——油管内径；

d_{to}——油管外径；

ΔD_i——第 i 个深度增值；

D_s——静止条件下D值（与流动条件下井下压力相当的静止深度）；

E_f——不可逆能量损失；

f——摩擦因子（见图 37.2）；

f_f——Fanning 摩擦因子；

$F=F_r q_g=\dfrac{0.10797 q_g}{d_t^{2.612}}$　[见方程(38)]；

F_{Da}——非达西流动项；

F_r——E/q_g〔见方程式(38)〕；

F_1——雷诺数函数；

F_2——雷诺数和相对粗糙度函数；

g_c——换算因子 35.174

$I=\dfrac{p/(Tz)}{F^2+0.001[p/(Tz)]^2}$　[见方程(40—43)]；

J^*——压差为零时的稳定生产指数；

J^1——稳定生产指数；

J_f^*——从未来生产数据求得的压差为零时的稳定生产指数；

J_p^*——从目前生产数据求得的压差为零时的稳定生产指数；

J_t^*——流动系数的过渡形式；

L——管柱长度(角号B，M和S分别表示泡状，雾状和段塞流动状况)；

L——流动体系边界，无量纲；

n——指数，一般由多点或等时回压试井法求得；

N_{Re_b}——泡状雷诺数；

p_b——泡点压力；

p_{bh}——井底压力；

p_e——外边界油藏压力；

Δp_i——第 i 个增值的压降值；

$p_m=p_1'+\dfrac{p_1+p_2}{p_2}$

p_{tf}——油管流动压力；

p_{th}——井口压力；

p_1——地面压力；

p_2——井深 D 处井底压力；

q_{of}——未来期间油产量；

$q_{o(\max)}$——当 $p_{wf}=0$ 时的最大产量值；

Q——系统自周围吸收热量；

r_H——水力半径；

R_{gL}——气液比；

S——井壁阻力系数，无量纲；

S——$\left[e=\dfrac{0.0375\gamma_g L}{\overline{Tz}}\right]$的指数〔见方程(44)〕；

S——油嘴尺寸（1/64 英寸）；

T_{LM}——对数平均温度值；

T_1、T_2——分别为井底和井口温度；

U——内能；

v_b——滑脱或泡升速度；

v_{gc}——排出凝析油的气体上升速度；

v_{gD}——无量纲气体速度；

v_{gs}——表面气体速度；

v_{gw}——排出水的气体速度；

v_{LS}——表面液体速度；

v_t——自由下降点滴端点速度；

v_t——总流体速度(q_t/A)；

w_t——总质量流动速度；

z——压缩系数或气体偏差因子；

Z——高差；

$(\gamma_g)_{sp}$——分离器气体相对密度(空气为 1)；

γ_L——凝析油相对密度；

δ——液体分布系数；

ε——绝对粗糙度；

σ——液体表面张力；　　　　τ_f——摩擦损失梯度。

主要方程的类别换算

方程(21)

惯用式

$$\int_{0.2}^{(p_{pr})_1} \frac{z}{p_{pr}} \mathrm{d}p_{pr} = \frac{L\gamma_g}{53.241\overline{T}} + \int_{0.2}^{(p_{pr})_2} \frac{z}{p_{pr}} \mathrm{d}p_{pr}$$

米制式

$$\int_{0.2}^{(p_{pr})_1} \frac{z}{p_{pr}} \mathrm{d}p_{pr} = \frac{L\gamma_g}{29.27\overline{T}} + \int_{0.2}^{(p_{pr})_2} \frac{z}{p_{pr}} \mathrm{d}p_{pr}$$

式中　p——千帕；

L——米；

T——°K。

方程式(28)

惯用式

$$p_i = p_2 e^{0.01877\gamma_g L/(\overline{T}\overline{z})}$$

米制式

$$p_l = p_2 e^{0.0342\gamma_g L/(\overline{T}\overline{z})}$$

p——千帕；

L——米；

T——°K。

方程(35)

惯用式

$$\int_{0.2}^{(p_{pr})_1} \frac{\left(\frac{z}{p_{pr}}\right)\mathrm{d}p_{pr}}{1+B\left(\frac{z}{p_{pr}}\right)^2} \int_{0.2}^{(p_{pr})_2} \frac{\left(\frac{z}{p_{pr}}\right)\mathrm{d}p_{pr}}{1+B\left(\frac{z}{p_{pr}}\right)^2} = \frac{0.01877\gamma_g L}{\overline{T}}$$

米制式

$$\int_{0.2}^{(p_{pr})_1} \frac{\left(\frac{z}{p_{pr}}\right)\mathrm{d}p_{pr}}{1+B\left(\frac{z}{p_{pr}}\right)^2} \int_{0.2}^{(p_{pr})_2} \frac{\left(\frac{z}{p_{pr}}\right)\mathrm{d}p_{pr}}{1+B\left(\frac{z}{p_{pr}}\right)^2} = \frac{0.0342\gamma_g L}{\overline{T}}$$

$$B = \frac{1.354 f q_g^2 \overline{T}^2}{\mathrm{d}^5 p_{pc}^2}$$

式中　q_g——10^6 米^3／天；

T——K；

d——米；

p_{pc}——千帕。

方程(36)❶

惯用式

$$18.75\gamma_g L = \int_{p_2}^{p_1} \frac{[p/(Tz)]\mathrm{d}p}{F^2 + 0.001[p/(Tz)]^2}$$

米制式

$$34.4704\gamma_g L = \int_{p_2}^{p_1} \frac{[p/(Tz)]\mathrm{d}p}{F^2 + 0.001[p/(Tz)]^2}$$

方程(37)❶

惯用式

$$F^2 = (2.6665 f_f q_g^2)/d_i^5$$

米制式

$$F^2 = (0.0054150 f_f q_g^2)/d_i^5$$

式中　f_f——Fanning 摩擦因子，无量纲❷；

q_g——10^6 米^3／日；

T——°K；

p——千帕；

d_i——米；

L——米。

方程(44)

惯用式

$$p_{bh}^2 - e^s p_{th}^2 = \frac{25 f q_g^2 \overline{T}^2 \overline{z}^2 (e^s - 1)}{0.0375 d_i^5}$$

米制式

$$p_{bh}^2 - e^s p_{th}^2 = \frac{1.354 f q_g^2 \overline{T}^2 \overline{z}^2 (e^s - 1)}{d_i^5}$$

p——千帕；

q_g——10^6 米^3／日；

f——从图 37.2 查得；

---

❶当采用米制单位时，表37.4和方程(38)和方程(39)不能应用。

❷f_f为Fanning摩擦因子，等于$f_f=f/4$，而f则为图37.2中的Moody摩擦因子。

d——米；

$$s=\frac{0.0683\gamma_g L}{\overline{T}z}$$

L——米。

方程(56)

惯用式

$$p_2=p_1+\frac{D\rho}{144}$$

米制式

$$p_2=p_1+9.8\times10^{-3}D\rho$$

式中 p——千帕；

D——米；

ρ——千克／米^3。

方程(65)

惯用式

$$J^*=\frac{7.08kh}{\left[\ln\left(\frac{r_e}{r_w}\right)-\frac{3}{4}+s\right]}\cdot\frac{k_{ro}}{(\mu_o B_o)_{p_R}}$$

米制式

$$J^*=\frac{0.0005427kh}{\left(\ln\frac{r_e}{r_w}-\frac{3}{4}+s\right)}\cdot\frac{k_{ro}}{(\mu_o B_o)_{p_R}}$$

式中 J^*——米^3／日－千帕；

h——米；

μ_o——帕、秒。

方程(66)

惯用式

$$J^*_{(t)}=\frac{7.08kh}{\left(\ln\sqrt{\frac{14.23kt}{\phi\mu c_t r_w^2}}+s\right)}\left[\left(\frac{k_{ro}}{\mu_o B_o}\right)_{p_R}\right]$$

米制式

$$J^{**}_{(t)}=\frac{0.0005427kh}{\left(\ln\sqrt{\frac{0.009115kt}{\phi\mu c_t r_w^2}}+s\right)}\left[\left(\frac{k_{ro}}{\mu_o B_o}\right)_{p_R}\right]$$

式中 h——米；

t——天；

μ——帕·秒；

c_t——1/千帕；

r_w——米。

方程(87)

惯用式

$$-\mathrm{d}p=\frac{\tau_f \mathrm{d}D}{144}+\frac{g\rho}{144g_e}\mathrm{d}D+\frac{gv}{144g_c}\mathrm{d}v$$

米制式

$$-\mathrm{d}p=\tau_f \mathrm{d}D+\frac{1000g\rho}{g_e}\mathrm{d}D+\frac{1000\rho v}{g_c}\mathrm{d}v$$

式中 ρ——千帕；

τ_f——千帕/米；

D——米；

ρ——克/厘米^2；

g——9.80 米/秒^2；

g_t——1000 千克/米·千帕/秒；

v——米/秒。

方程(89)

惯用式

$$\Delta p_i=\frac{1}{144}\frac{\bar{\rho}+\tau_f}{1-\dfrac{w_t q_g}{4637A^2p}}\Delta D_i$$

米制式

$$\Delta p_i=\frac{9.806\bar{\rho}+\tau_f}{1-\dfrac{w_t q_g}{1000A^2\bar{p}}}\Delta D_i$$

式中 w_t——千克/秒；

q_g——米^3/秒；

A——米^2。

方程(90)

惯用式

$$v_{gD}=\frac{q_g}{A}\left(\frac{\rho L}{g\sigma}\right)^{0.25}$$

米制式

$$v_{gD}=\frac{q_g}{A}\left(\frac{10^6\rho L}{g\sigma}\right)^{0.25}$$

式中 q_g——米^3/秒；

A——米^2;

ρ_L——克/厘米^3;

g——9.8 米/秒^2;

b——克/秒^2。

方程(91)

惯用式

$$L_B = 1.071 - \frac{0.2218v_t^2}{d_H}$$

米制式

$$L_B = 1.071 - \frac{0.7277v_t^2}{d_H}$$

式中 v_t——米/秒;

d_H——米。

方程(98)

惯用式

$$N_{Re} = \frac{1488\rho_L d_H v_L}{\mu_L}$$

米制式

$$N_{Re} = \frac{1000\rho_L d_H v_L}{\mu_L}$$

式中 p_L——克/米^3;

d_H——米;

v_L——米/秒;

μ_L——帕·秒。

方程(101)

惯用式

$$N_{Re} = \frac{1488\rho_L d_H v_b}{\mu_L}$$

米制式

$$N_{Re} = \frac{1000\rho_L d_H v_b}{\mu_L}$$

方程(102)

惯用式

$$N_{Re} = \frac{1488\rho_L d_H v_t}{\mu_L}$$

米制式

$$N_{Re}=\frac{1000\rho_L d_H v_l}{\mu_L}$$

方程(117)

惯用式

$$N_{Re}=\frac{1488\rho_g d_H v_{gs}}{\mu_g}$$

米制式

$$N_{Re}=\frac{1000\rho_g d_H v_{gs}}{\mu_g}$$

方程(118)

惯用式

$$N=4.52(10^{-7})\left(\frac{v_{gs}\mu_L}{\sigma}\right)^2\left(\frac{\rho_g}{\rho_L}\right)$$

米制式

$$N=10^6\left(\frac{v_{gs}\mu_L}{\sigma}\right)^2\left(\frac{\rho_g}{\rho_L}\right)$$

式中 v_{gs}——米／秒;

μ_L——帕 · 秒;

σ——克／秒^2。

方程(119)

惯用式

$$\frac{\in}{d_H}=\frac{34\sigma}{\rho_g v_{gs}^2 d_H}$$

米制式

$$\frac{\in}{d_H}=\frac{1.115(10^{-4})\sigma}{\rho_g v_{gs}^2 d_H}$$

式中 δ——克／秒^2;

v_{gs}——米／秒;

ρ_g——克／厘米^2。

方程(120)

惯用式

$$\frac{\in}{d_H}=\frac{174.8\sigma(N)^{0.302}}{\rho_g v_{gs}^2 d_H}$$

米制式

$$\frac{\in}{d_H}=\frac{5.735(10^{-4})\sigma(N)^{0.302}}{\rho_g v_{gs}^2 d_H}$$

式中　δ——克／秒^2；

v_{gs}——米／秒；

ρ_g——克／厘米^3。

方程(121)

惯用式

$$q_g=\frac{Cp}{\sqrt{\gamma_g T}}$$

米制式

$$q_g=\frac{3.0169Cp}{\sqrt{\gamma_g T}}$$

式中　q_g——米^3／日；

T——°K；

ρ——千帕。

方程(122)

惯用式

$$p_{tf}=\frac{435R_{gL}^{0.546}q_t}{S^{1.89}}$$

米制式

$$p_{tf}=\frac{2.50R_{gL}^{0.546}q_t}{S^{1.89}}$$

式中　p_{tf}——千帕；

R_{gL}——米^3／米^3；

q_t——米^3／日；

S——厘米。

方程(125)

惯用式

$$v_{gw}=\frac{5.62(67-0.0031p)^{0.25}}{(0.0031p)^{0.5}}$$

米制式

$$v_{gw}=\frac{1.713(67-0.00045p)^{0.25}}{(0.00045p)^{0.5}}$$

方程(126)

惯用式

$$v_{ge}=\frac{4.02(45-0.0031p)^{0.25}}{(0.0031p)^{0.5}}$$

米制式

$$v_{ge}=\frac{1.225(45-0.00045p)^{0.25}}{(0.00045p)^{0.5}}$$

式中 ρ——千帕；

v_g——米／秒。

方程(127)

惯用式❶

$$q_g=\frac{3.06pv_gA}{Tz}$$

米制式

$$q_g=\frac{0.24628^{*}pv_gA}{Tz}$$

式中 ρ——千帕；

v_g——米／秒；

A——米^2；

T——°K；

q_g——10^6 米^3／日。

参 考 文 献

1. Brown, G. G. *et al.: Unit Operations,* John Wiley & Sons Inc., New York City (1950).
2. Moody, L. F.: "Friction Factors for Pipe Flow," *Trans.,* ASME (1944) 66, 671.
3. Fowler, F. C.: "Calculations of Bottom Hole Pressures," *Pet. Eng.* (1947) **19**, No. 3, 88.
4. Poettmann, F. H.: "The Calculation of Pressure Drop in the Flow of Natural Gas Through Pipe," *Trans.,* AIME (1951)**192**, 317–24.
5. Rzasa, M. J. and Katz, D. L.: "Calculation of Static Pressure Gradients in Gas Wells," *Trans.,* AIME (1945) **160**, 100–06.
6. Sukkar, Y. K. and Corneli, D.: "Direct Calculation of Bottom Hole Pressures in Natural Gas Wells," *Trans.,* AIME(1955) **204**, 43–48.
7. Cullender, M. A. and Smith, R. V.: "Practical Solution of Gas-Flow Equations for Wells and Pipelines with Large Temperature Gradients," *J. Pet. Tech.* (Dec. 1956)281–87;*Trans.,* AIME, **207**.
8. Messer, P. H., Raghaven, R., and Ramey, H. Jr.: "Calculation of Bottom-Hole Pressures for Deep, Hot, Sour Gas Wells," *J. Pet. Tech.* (Jan. 1974) 85–94.
9. *Theory and Practice of the Testing of Gas Wells,* third edition, Energy Resources and Conservation Board, Calgary, Alberta, Canada (1978).
10. Smith, R. V.: "Determining Friction Factors for Measuring Productivity of Gas Wells," *Trans.,* AIME (1950) **189**, 73.

❶以标准条件520°F和14.7磅／英寸^2(绝对)为准。

11. Cullender, M. H. and Binckley, C. W.: Phillips Petroleum Co. Report presented to the Railroad Commission of Texas Hearing, Amarillo (Nov. 9, 1950).

12. *Back Pressure Test for Natural Gas Wells,* Railroad Commission of Texas, State of Texas.

13. Nisle, R. G. and Poettmann, R. H.: "Calculation of the Flow and Storage of Natural Gas in Pipe," *Pet. Eng* (1955) **27**, No. 1, D–14;No. 2, C–36;No. 3, D–37.

14. Evinger, H. H. and Muskat, M.: "Calculation of Theoretical Productivity Factor," *Trans.*, AIME (1942) **146**, 126.

15. Vogel, J. V.: "Inflow Performance Relationships for Solution–Gas Drive Wells," *J. Pet. Tech.* (Jan. 1968) 83–92.

16. Fetkovich, M. J.: "The Isochronal Testing of Oil Wells," *Pressure Transient Testing Methods,* Reprint Series. SPE, Richardson (1980).

17. Standing, M. B.: "Concerning the Calculation of Inflow Performance of Wells Producing From Solution Gas Drive Reservoirs," *J. Pet. Tech,* (Sept. 1971)1141–50.

18. Duns, H. Jr. and Ros, N. C. J.: "Vertical Flow of Gas and Liquid Mixtures from Boreholes," *Proc.*, Sixth World Pet. Congress. Frankfurt (June 19–26, 1963) Section II. Paper 22–106.

19. Griffith, P. and Wallis, G. B.: "Two–Phase Slug Flow." *J. Heat Transfer* (Aug. 1961) 307–20, *Trans.*, ASME.

20. Nicklin, D. J., Wilkes, J. O., and Davidson, J. F.: "Two–Phase Flow in Vertical Tubes," *Trans.*, AIChE (1962) 40, 61–68.

21. Baxendell, P. B. and Thomas, R.: "The Calculation of Pressure Gradients in High–Rate Flowing Wells," *J. Pet Tech.* (Oct. 1961) 1023–28.

22. Fancher, G. H. Jr. and Brown, K. E.: "Prediction of Pressure Gradients for Multiphase Flow in Tubing," *Soc. Pet. Eng. J.* (March 1963) 59–69.

23. Hagedorn, A. R. and Brown, K. E.: "The Effect of Liquid Viscosity on Two–Phase Flow," *J. Pet. Tech.* (Feb. 1964) 203–10.

24. Hagedorn, A. R. and Brown, K. E.: "Experimental Study of Pressure Gradients Occurring During Continuous Two–Phase Flow in Small Diameter Vertical Conduits," *J. Pet Tech.* (April 1965) 475–84.

25. Orkiszewski, J.: "Predicting Two–Phase Pressure Drops in Vertical Pipe," *J. Pet. Tech.* (June 1967) 829–38;*Trans.*, AIME, 240.

26. Beggs, H. D. and Brill, J. P.: "A Study of Two–Phase Flow in Inclined Pipes," *J. Pet. Tech.* (May 1973) 607–17;*Trans.*, AIME. 255.

27. Gould, T. L., Tek, M. R., and Katz, D. L.: "Two–Phase Flow Through Vertical, Inclined, or Curved Pipe," *J. Pet. Tech.* (Aug–1974) 915–26;*Trans.*, AIME, 257.

28. Brown, K. E., *The Technology of Artificial Lift Methods,* Petroleum Publishing Co., Tulsa (1977).

29. Chierici, G. L., Ciucci, G. M., and Sclocchi, G.: "Two–Phase Vertical Flow in Oil Fields–Prediction of Pressure Drop," *J. Pet. Tech.* (Aug. 1974) 927–38;*Trans.*, AIME, 257.

30. Espanol, J. H., Holmes, C. S., and Brown, K. E.: "A Comparison of Existing Multiphase Flow Methods for the Calculation of Pressure Drop in Vertical Wells," *Artificial Lift,* Reprint Series, SPE. Richardson (1975).

31. Camacho, C. A.: "A Comparison of Correlations for Predicting Pressure Losses in High Gas–Liquid Ratio Vertical Wells," M. S. thesis, U. of Tulsa (1970).

32. Lawson, J. D. and Brill, J. P.: "A Statistical Evaluation of Methods Used to Predict Pressure Losses for Multiphase Flow in Vertical Oil Well Tubing," *J. Pet. Tech.* (Aug. 1974) 903–13. *Trans.*, AIME. 257.

33. Poettmann, F. H. and Carpenter, P. G.: "Multiphase Flow of Gas, Oil, and Water Through Vertical

Flow Strings with Application to the Design of Gas–Lift Installations," *Drill, and Prod Prac.*, API, Dallas (1952) 257–317.

34. Baxendell, P. B.: "Producing Wells on Casing Flow–An Analysis of Flowing Pressure Gradients," *Trans.*, AIME (1958) 213, 202–06.
35. Lockhart, R. W. and Martinelli, R. C.: "Proposed Correlation of Data for Isothermal Two–Phase, Two–Component Flow in Pipes," *Chem. Eng. Progress* (Jan. 1949) 39–48.
36. Dumitrescu, D. T.: "Stromung an einer Luftblase in senkrechtem Pohr," *Zamm* (1943) 23, No. 3, 139–49.
37. Pittman, R. W.: "Gas Lift Design and Performance," paper SPE 9981 presented at the 1982 SPE Technical Conference and Exhibition, Beijing, China, March 18–26.
38. Davis, G. J. and Weidner, C. R.: " Investigation of the Air Lift Pump," *Bull.*, Eng. Series, U. Wisconsin (1911) 6, No. 7.
39. Gosline, J. E.: "Experiments on the Vertical Flow of Gas–Liquid Mixtures in Glass Pipe," *Trans.*, AIME (1936) 118, 56–70.
40. Shaw, S. F.: "Flow Characteristics of Gas Lift in Oil Production," *Bull.*, Texas A&M U. (1947) 113.
41. Babson, E. C.: "Range of Application of Gas Lift Methods," *Drill. and Prod, Prac.*, API, Dallas (1939) 266.
42. Benham, A. L. and Poettmann, F. H.: "Gas Lifting Through the Annulus of a Well," *Pet. Eng.* (July 1959) B25–B30.
43. Bertuzzi, A. F., Welchon, J. K., and Poettmann, F. H.: "Description and Analysis of an Efficient Continuous–Flow Gas–Lift Installation," *J. Pet. Tech.* (Nov. 1953) 271–78; *Trans.*, AIME, 198.
44. Rawlins, E. L. and Schellhardt, M. A.: *Back–Pressure Data on Natural Gas Wells and Their Application to Production Practices*, Monograph Series, U. S. Bureau of Mines (1936) 7.
45. Gilbert. W. E.: " Flowing and Gas Lift Well Performance." *Drill. and Prod. Prac.*, API, Dallas (1954).
46. Ros, N. C. J.: "An Analysis of Critical Simultaneous Gas–Liquid Flow Through a Restriction and its Application to Flow Metering," *Appl. Sci. Res*, (1960) 9, 374.
47. Ros, N. C. J.: "Letter to Editor Flow Meter Formula for Critical Gas–Liquid Flow Through a Restriction," *Appl. Sci. Res.* (1961) A–10, 295.
48. Poettmann, F. H. and Beck, R. L.: "New Charts Developed to Predict Gas–Liquid Flow Through Chokes," *World Oil* (March 1963) 95–101.
49. Duggan, J. O.: "Estimating Flow Rates Required to Keep Gas Wells Unloaded," *J. Pet. Tech.* (Dec. 1961) 1173–76.
50. Libson, T. N. and Henry, J. R.: "Case Histories: Identification of and Remedial Action for Liquid Loading in Gas Wells–Intermediate Shelf Gas Play," *J. pet. Tech.* (April 1980) 685–93.
51. Smith, R. V.: *Practical Natural Gas Engineering*, PennWell Publishing Co., Tulsa (1983) 205.
52. Turner, R. G., Hubbard, M. G., and Dukler, A. E.: "Analysis and Prediction of Minimum Flow Rate for the Continuous Removal of Liquids from Gas Wells," *J. Pet. Tech.* (Nov. 1969) 1475–80; *Trans.*, AIME, 246.
53. Tek, M. R., Gould, T. L., and Katz, D. L.: "Steady and Unsteady–State Lifting Performance of Gas Wells Unloading Produced or Accumulated Liquids," paper SPE 2552 presented at the 1969 SPE Annual Fall Meeting, Denver, Sept. 28–Oct. 1.

第三十八章　井的产状方程

R. A. Wattenbarger Texas A & MU.❶　　童宪章　译

一、引　　言

本章对一个油气藏中一口井所适用的方程进行综合叙述。这些方程是被用来计算一口井的产量与压力之间的关系，以及流体和地层性质的。这些方程只适用于一口井的“供给面积”，而不能描述全部油气藏的产状，除非这个油气藏只有一口井生产。为了要了解对油气藏产状的全面描述，可以参考第四十章溶解气驱油藏，第四十一章水驱油藏，或第四十二章，凝析气藏。

最近几年曾发表了好几篇出色的有关井的压力动态的参考文献〔1–7〕。这些文章比本章所叙述的要详细得多，读者有必要进行了解。本章只是对这项技术进行综合叙述。

二、扩 散 方 程

叙述一口井的压力和产量之间的关系的方程是扩散方程的解。扩散方程可写作以下形式:

$$\nabla^2 p = \frac{1}{0.000264}\frac{\phi \mu c_t}{k}\frac{\partial p}{\partial t} \tag{1}$$

式中　p——压力，磅／英寸^2;

ϕ——油藏岩石孔隙度，小数;

μ——流体粘度，厘泊;

c_t——系统的综合压缩系数〔见方程(5)〕，(磅／英寸^2)$^{-1}$;

k——油藏岩石渗透率，毫达西;

t——时间，小时。

以上方程中左边的矢量符号含义如下。在一维（1D）情况下方程为:

$$\frac{\partial^2 p}{\partial x^2} = \frac{1}{0.000264}\frac{\phi \mu c_t}{k}\frac{\partial p}{\partial t} \tag{2a}$$

上式中的 x 是在一维流动系统中的距离坐标，单位为英尺。在二维（2D）情况下方程为:

❶1962年版，本章作者是Ralph F. Neilsen。

$$\frac{\partial^2 p}{\partial x^2}+\frac{\partial^2 p}{\partial y^2}=\frac{1}{0.000264}\frac{\phi \mu c_t}{k}\frac{\partial p}{\partial t} \tag{2b}$$

上式中的 x 和 y 是一个二维流动系统中的两个距离坐标，单位均为英尺。在径向坐标系中，

$$\frac{\partial^2 p}{\partial r^2}+\frac{1}{r}\frac{\partial p}{\partial r}=\frac{1}{0.000264}\frac{\phi \mu c_t}{k}\frac{\partial p}{\partial t} \tag{2c}$$

上式中的 r 为径向流动系统中的半径，英尺。对于油气藏或井的产状而言，方程（2c）是最有用的扩散方程的解式。

从圆柱形坐标系表示的储藏几何系统，井的内半径为 r_a，流量保持不变，具有封闭性的外围半径 r_e。Van Everdingen 和 Hurst[8] 曾推出这一圆柱形坐标系的问题解式，在本手册第四十一章中将再次列出。

方程（1）是一个线性偏微分方程，它表示压力随时间和地点如何变化。从理论上说来，只是当一个油气藏内部流体和岩石性质都是不变值的情况下，方程（1）的解才是正确的。应该理解的是，方程（1）的解只有当流体具有不变的压缩系数和粘度，而且地层的渗透率也是常数时才是适用的。这种情况只有在产水层或是高于饱和压力生产的油藏情况下才有可能近似的存在。在很多实践情况下，方程（1）和（2）可以推广用于多相流动的油气藏。

三、多 相 流 动

当油藏内部存在的流体多于一个以上的相态时，写出一个和方程（1）相似的微分方程式还是可能的。Marfin[9] 推出的方程式如下:

$$\nabla\left(\frac{k}{\mu}\right)_t \nabla p=\frac{1}{0.000264}\phi c_t\frac{\partial p}{\partial t} \tag{3}$$

这个方程表明不一定要求均质条件的存在，它引入了综合流度 $(K/\mu)_t$ 和综合压缩系数 c_t 的概念。

综合流度为各单独相流度的总和，其表式如下:

$$\left(\frac{k}{\mu}\right)_t=\frac{k_o}{\mu_o}+\frac{k_g}{\mu_g}+\frac{k_w}{\mu_w} \tag{4}$$

式中 k_o——油相有效渗透率，毫达西；

k_g——气相有效渗透率，毫达西；

k_w——水相有效渗透率，毫达西；

μ_o——油的粘度，厘泊；

μ_g——气体粘度，厘泊；

μ_w——水的粘度，厘泊。

综合压缩系数是各相流体和孔隙空间压缩系数的体积权衡平均值，其表式如下：

$$c_t = c_f + S_o c_o + S_g c_g + S_w c_w \tag{5}$$

式中 c_f——地层的压缩系数，(磅／英寸^2)$^{-1}$；

S_o——含油饱和度占孔隙体积，(*PV*) 比值；

c_o——油的压缩系数，(磅／英寸^2)$^{-1}$；

S_g——含气饱和度占孔隙体积比值；

c_g——气体的压缩系数，(磅／英寸^2)$^{-1}$；

S_w——含水饱和度占孔隙体积比值；

c_w——水的压缩系数，(磅／英寸^2)$^{-1}$。

方程中的产量也必须表示为与多相流动相当的总产量。全油藏的总产量项的表式如下：

$$q_t B_t = q_o B_o + (1000 q_g - R_s q_o) B_g / 5.615 + q_w B_w \tag{6}$$

式中 q_t——全油藏的总产量，地面桶／日；

B_t——总的地层体积系数，地下桶／地面桶；

q_o——油产量，地面桶／日；

B_o——油的地层体积系数，地下桶／地面桶；

q_g——气体产量，千标准英尺^3／日；

R_s——溶解气油比，千标准英尺^3／地面桶；

B_g——气体地层体积系数，地下英尺^3／标准英尺^3；

q_w——水的流量，地面桶／日；

B_w——水的地层体积系数，地下桶／地面桶。

Martin 的方程是一个非线性偏微分方程。因而在一般情况下得不出分析解。但是为了达到实用目的，如果把流度、压缩系数和产量的含义都理解为三相的话，则方程（3）－（6）就是可以用于大多数井的产状方程。只要应用表 38.1 中的项目类比，方程（1）的单相解式也可以用于多相的情况。

表 38.1 单相和多相参数相当类比表

单 相 值	相 当 多 项 值
k/μ	$(k/\mu)_t$
c	c_t
qB	$q_t B_t$

四、油井产状

1. 井的压力状态——封闭性油藏

在一个封闭性的油藏内，以不变产量生产的一口井，不管油藏具有何种几何形状和不均质性，它的压力随时间的变化状态，一般具有图 38.1 的曲线形状。

图 38.1 中下面一条曲线表明，在早期阶段（过渡不稳定阶段）井内流动压力 p_{wf} 经过一段迅速的压力降落以后，趋于平缓，直到斜率不变为止。在此图的坐标系中，在一个封闭性油藏内一口不变产量井的压力变化具有如下性质：

$$\frac{\partial p_{wf}}{\partial t} < 0$$

和

$$\frac{\partial^2 p_{wf}}{\partial t^2} \geqslant 0$$

在这幅坐标图中，当 p_{wf} 形成一条直线时，即达到了准稳定状态。此后油藏中每点的压力以相同的速度递减。特别重要的是平均油藏压力 $\bar{p}_R$，它从生产一开始就假设遵循准稳定状态的递减速度而变化。

图 38.1 中的不变斜率只有存在不变压缩系数的单相流体时才是对的。但是，对于具有可变的压缩系数的多相流动状态而言，不稳定阶段和准稳定阶段的一般概念是相同的。$\bar{p}_R$ 的斜率将随压缩系数的变化而有所改变，而 $\bar{p}_R$ 曲线在达到准稳定状态以后将不再和 p_{wf} 曲线完全平行。这种不理想的动态对于一个溶解气驱油藏或者是一个干气藏将会是典型的，在这两种情况下压缩系数和流度都在连续地变化。这种无限大作用解式和随后的准稳定状态解式，通过应用表 38.1 中的类比方法，适用于多相流动情况。但是，在这种情况下必须按照适合于这一情况的物质平衡法来计算 $\bar{p}_R$ 的数值。

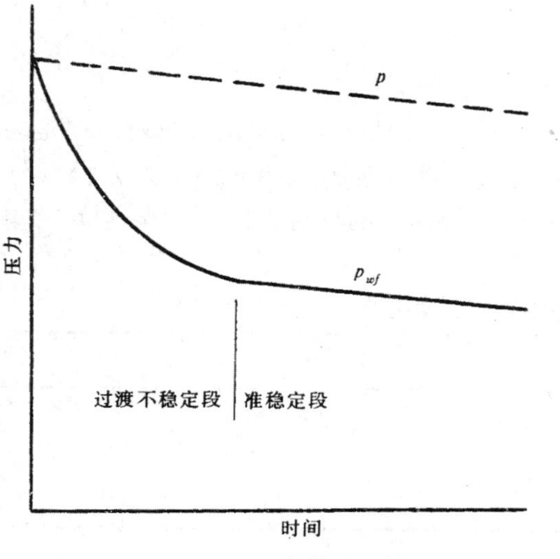

图 38.1　在封闭性油藏内一口不变产量井的压力随时间变化的动态曲线

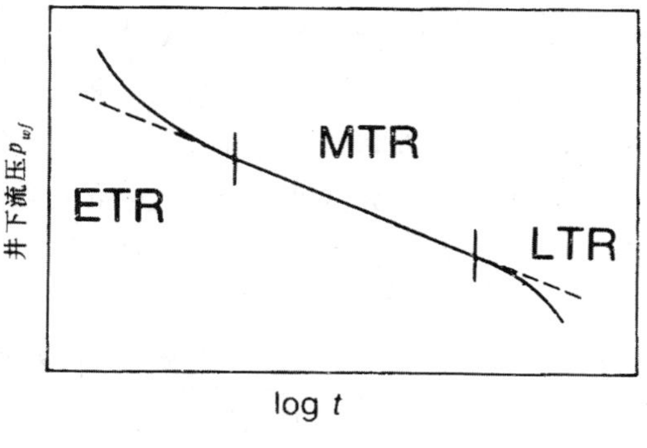

图 38.2　典型的不变产量压降试井曲线图

2. 无限大作用解式（MTR）

在一个封闭性的油藏中，当产量不变时压力动态将会经历几个阶段，它们是：早期阶段（ETR），中期阶段（MTR）和晚期阶段（LTR）。在图 38.2 中，用在半对数图纸上绘出的 p_{wf} 随 $\log t$ 变化的曲线来说明这几个阶段。首先将讨论的是 MTR 的解式。

方程（1）可以为无限大油藏的状况求解，其结果适用于试井早期阶段。这一解式适用于一口以不变产量生产的井（从 $t=0$ 开始）和一个均质等厚度的油藏。

对于无限大油藏的状况有两种重要的解式。一种解式[8]假设井筒具有一个定值半径 r_w。这一解式大多用于分析一个水体的动态，它的内径代表的是一个油田，而不是一个井筒。这一个为无限大水体状况求得的解式见本书的第四十一章。

有一个更简化的解式适用于分析一口井的动态。这一解式被称为“线源”或“幂积分”解式，它假定井的半径 r_w 趋近于零。这一解式具有以下形式：

$$p_D(r_D,t_D) = -1/2\mathrm{Ei}\left(\frac{-r_D^2}{4t_D}\right) \tag{7}$$

式中 p_D——$kh(p_i-p)/(141.2qB\mu)$，无量纲压力；

r_D——r/r_w，无量纲半径；

t_D——$(0.000264\mathrm{kt})/\phi\mu c_t r_w^2$，无量纲时间；

h——地层厚度，英尺；

p_i——初始压力，磅／英寸^2；

r_w——井筒半径，英尺。

幂积分函数 Ei 是一个特殊的函数，它是求解线源问题所得到的结果。对于这一问题有一个更切合适用的解，它是一条表现无量纲 p_D 随 t_D/r_D^2 变化的曲线，如图 38.3 所示。图中 t_{Dr} 这一项代表的是以外围半径 r_e 为基准的无量纲时间。图 38.3 可以用来确定在任一时间一口生产井在任何一个半径位置的压力值。这一解式有效的范围是，计算压力点的半径距离大于 $20r_w$，或者是所计算的生产井半径（r_w）符合于 $t_D/r_D^2>10$ 的条件。

最普遍应用的幂积分函数解是“半对数直线解式”，它在 t_D 大于 100 以后可以应用。此时在井筒内可应用下式：

$$p_D = 1/2\ln t_D + 0.4045 \tag{8}$$

写成习惯使用的油田单位时，上式的形式如下：

$$p_{wf} = p_i - m\left(\log\frac{kt}{\phi\mu c_t r_w^2} - 3.23\right) \tag{9}$$

上式中的 m 等于（$162.6qB\mu$）／kh，而 p_{wf} 则为井底流动压力，单位为磅／英寸^2。这一方程在半对数坐标图中表现的结果为 p_{wf} 随 $\log t$ 变化的直线，其斜率为（$-m$）磅／英寸^2／周期（图 38.2 中的 MTR 段）。

方程（7～9）在边界影响对不稳定压力动态起作用以前可用于无限大作用的解式。当最近的一个边界开始影响井下压力动态时，半对数直线段的末端即代表这一时间 t_{end}。在表 38.2 的最后一栏所表示的就是相当于各种不同的供油面积形状（面积形状因子）的无量纲 t_{end} 值。

表 38.2　各种封闭性单井供油面积相应的形状因子

在封闭油藏中	C_A	$\ln C_A$	$1/2\ln\left(\frac{2.2458}{C_A}\right)$	$(t_{DA})_{pss}$ 精确值当 $t_{DA}>$	误差小于 1% 当 $t_{DA}>$	$(t_{DA})_{end}$ 应用无限大系统解误差小于 1% 当 $t_{DA}<$
	31.62	3.4538	−1.3224	0.1	0.06	0.10
	31.6	3.4532	−1.3220	0.1	0.06	0.10
	27.6	3.3178	−1.2544	0.2	0.07	0.09
	27.1	3.2995	−1.2452	0.2	0.07	0.09
	21.9	3.0865	−1.1387	0.4	0.12	0.08
	0.098	−2.3227	+1.5659	0.9	0.60	0.015
	30.8828	3.4302	−1.3106	0.1	0.05	0.09
	12.9851	2.5638	−0.8774	0.7	0.25	0.03
	4.5132	1.5070	−0.3490	0.6	0.30	0.025
	3.3351	1.2045	−0.1977	0.7	0.25	0.01
	21.8369	3.0836	−1.1373	0.3	0.15	0.025
	10.8374	2.3830	−0.7870	0.4	0.15	0.025
	4.5141	1.5072	−0.3491	1.5	0.50	0.06
	2.0769	0.7390	+0.0391	1.7	0.50	0.02
	3.1573	1.1497	−0.1703	0.4	0.15	0.005
	0.5813	−0.5425	+0.6758	2.0	0.60	0.02
	0.1109	−2.1991	+1.5041	3.0	0.60	0.005
	5.3790	1.6825	−0.4367	0.8	0.30	0.01
	2.6896	0.9894	−0.0902	0.8	0.30	0.01
	0.2318	−1.4619	+1.1355	4.0	2.00	0.03
	0.1155	−2.1585	+1.4838	4.0	2.00	0.01
	2.3606	0.8589	−0.0249	1.0	0.40	0.025
在垂直裂缝油藏中①	2.6541	0.9761	−0.0835	0.175	0.08	不能应用
	2.0348	0.7104	+0.0493	0.175	0.09	不能应用
	1.9986	0.6924	+0.0583	0.175	0.09	不能应用
	1.6620	0.5080	+0.1505	0.175	0.09	不能应用
	1.3127	0.2721	+0.2685	0.175	0.09	不能应用
	0.7887	−0.2374	+0.5232	0.175	0.09	不能应用
在水驱油藏中	19.1	2.95	−1.07	–	–	–
在未知生产性质油藏中	25.0	3.22	−1.20	–	–	–

①对于裂缝系统用(x_e/x_f)代替 A/r_w^2。

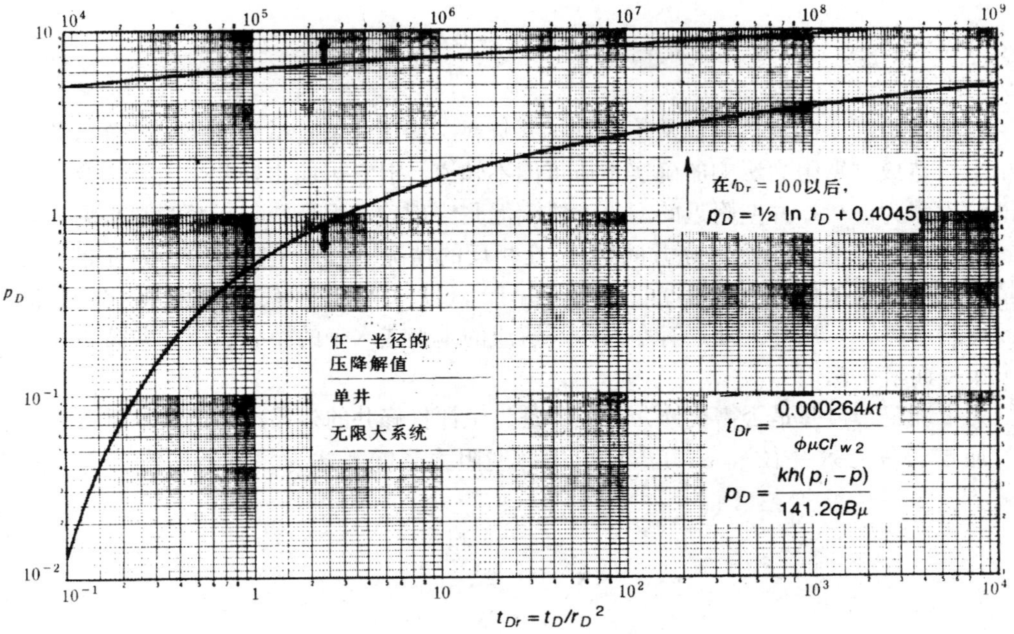

图 38.3　一个无限大系统中一口井(无井筒储容，无井壁阻力）的无量纲压力幂积分解式

3. 井壁阻力影响（Skin Effect）

考虑到井下井壁附近的地层污染，需要把方程（1）加以修正。可以把井壁附近的污染现象考虑为在井筒周围集中了一圈非常薄的径向薄膜，它几乎没有厚度，但由于污染的原因产生了一定的压降。

图 38.4 所示是代表污染区物理概念的示意图，而图 38.5 则表示由于污染而造成的压力分布剖面。

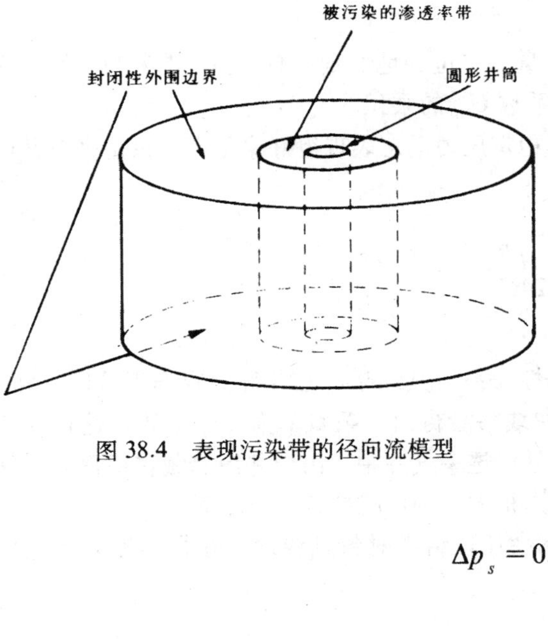

图 38.4　表现污染带的径向流模型

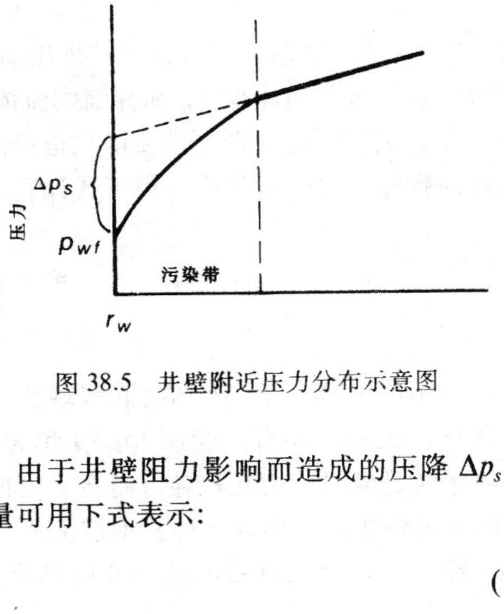

图 38.5　井壁附近压力分布示意图

由于井壁阻力影响而造成的压降 Δp_s 的数量可用下式表示：

$$\Delta p_s = 0.87ms \tag{10}$$

上式中 s 代表井壁阻力因子，它被定义为无量纲的压力，在方程式（8）中所起影响如下：

$$p_D = 1/2\ln t_D + 0.4045 + s \tag{11}$$

井壁阻力因子的数值可以从不稳定试井资料，如压力恢复试井或压力降落试井的数据计算出来。造成井壁阻力影响的确实本质可能不知道，但它可能由好几个因素综合形式。其中一部分因素为：（1）井壁附近的泥浆滤饼或泥浆；（2）水泥环；（3）套管和水泥环射孔的限制；（4）油层未全部钻穿（完井问题）。在相反的情况下，井壁阻力因子 s 可能为负值。这种情况说明井筒条件有所改善，它可能是由于：（1）井壁附近渗透率由于酸化或其他井下措施而得到改善；（2）井下地层有水力压裂造成的垂直或水平的裂缝；（3）井筒与地层面形成一个角度而非正交。

为了确定一口井是否需要修井，或者是为了评价修井的效果，确定井壁阻力因子是重要的。通过一种有效井径 r_w 的方法可以把井壁阻力影响表述为井筒半径的变化，其算式如下：

$$r'_w = r_w e^{-s} \tag{12}$$

这一个有效井径 r'_w 可以看作是在未被污染或未加改善的井层条件下的等效井筒半径，它和实际具有井壁阻力影响的井具有相同的流动特性。

4. 井筒储容影响（ETR）

在试井的早期阶段产出的液体可能是来自井筒内流体的膨涨而不是来自地层。这会对地层的产量产生压抑的趋向。地面的产油量，井内流体的膨胀和地层产油量三者之间的关系可用方程（13）表示如下：

$$q_{sf} = q + \frac{24C_s}{B}\frac{\partial p}{\partial t} \tag{13}$$

上式中 C_s 等于 $V_w C_{wf}$，而 q_{sf} 是"砂层面"的产量（单位为地面桶／日），C_s 被称为井筒储容常数，它等于井筒体积 V_w 和井筒内流体压缩系数 C_{wf} 的乘积。

井筒储容所起的影响是使得在很早期的不稳定压力动态表现得好象是产量只是来自井筒流体的膨胀。这一压降值可用下式计算

$$p_i - p_{wf} = \frac{qB}{24C_s}t \tag{14}$$

可以看出，上式表示 Δp 和时间表现为一种线性关系。其结果，在井筒储容作用阶段 p 和 t 也成线性关系。还有，绘制 $\log\Delta p$ 和 $\log t$ 的曲线将会得出一条斜率为 1 的直线。这种井筒储容影响可能只持续几秒钟，而在一口很深的低渗透率气井中，由于井筒储藏容积很大，气体的压缩性很高，而且气体从地层流入井筒阻力很大，则可能持续若干小时。

经过一段时间以后，这一井筒储容解式就会让位给半对数直线段（在径向流的状况）。

从线性关系阶段到半对数直线段一般经过一个到一个半的 $\log t$ 的周期。从图 38.6 中可以看出，在 ETP 阶段，方程（12）是适用的，以后在 MTR 阶段则让位给方程（11）[10]。这一种双对数的无量纲曲线和以 $\log\ (p_i-p_{wf})$ 随 $\log t$ 变化绘出的曲线形状相同。这种曲线有时被称为“样板曲线”。

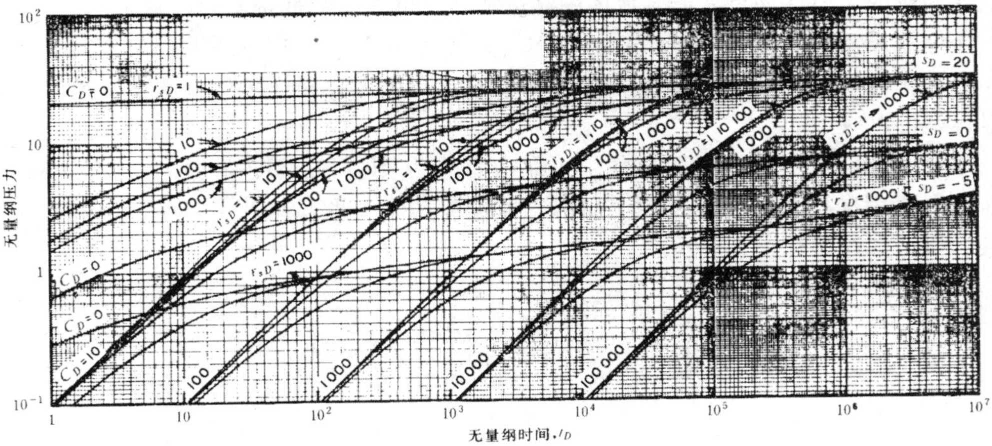

图 38.6　在一无限大油藏中一口具有井筒储容和定量井壁阻力(复合油藏)的井的无量纲压力图

C_D—无量纲井筒储容常数；r_{sD}—井底污染带的无量纲半径；s_D—无量纲井壁阻力因子

5. 准稳定状态阶段的动态表现（LTR）

在一口井以不变产量生产了一段时间以后，边界影响就开始干扰无限大作用的压力动态。如果这口井的供油面积是一个不规则的面积，则距井最近的一个边界会最早使压力动态偏离无限大作用的压力解式。经过一个不稳定的阶段以后，井的动态开始进入准稳定状态。这种准稳定状态在感觉到最远的边界所起影响以后才开始产生。

当准稳定状态开始出现时（参看图 38.2），在整个油藏中每一个点上的压力递减率 $(\partial p/\partial t)_{pss}$ 都是一个常数。这是一个压力衰减阶段，在这段时间内油藏内部每一点的压力都按照孔隙体积 V_p 和供油面积的压缩系数 c_t 递减，其关系如下：

$$\left(\frac{\partial p}{\partial t}\right)_{pss}=\frac{-0.234qB}{V_p c_t} \tag{15}$$

在准稳定状态期间，井底流动压力和平均地层压力 $\bar{p}_R$ 的关系通过井的产油指数(PI) J 表示如下：

$$q=J(\bar{p}_R-p_{wf}) \tag{16}$$

这个 PI 方程表示生产压差和产油量之间的关系。对于一个圆形的供油面积来讲，我们可以写出全面的 PI 方程如下：

$$q=\left[\frac{7.08\times10^{-3}kh/(B\mu)}{\ln r_e/r_w-0.75+s}\right](\bar{p}_R-p_{wf}) \tag{17}$$

上式中 r_e 为外围半径，单位为英尺。注意，方括弧内的量相当于方程（16）中表现一个圆形供油面积的 J 值。如果所产生流体的粘度和地层体积系数都是常数，则 J 也是常数。如果这些流体性质不是常数，方程（16）和（17）仍然适用，但 PI 值将随流体性质的改变而改变。在多相流动的情况下，只要把表 38.1 中的定义代入方程（16）和（17），则以上的一些方程还是可以应用的。

如果供油面积不是圆形而且井位正在中心的话,则方程(17)必须加以修正。Dietz[11] 曾经推导出代表准稳定状态方程的一般形式并曾被其他一些著者[1-5] 所引用。这一种通用的准稳定状态方程具有以下形式:

$$q=\left[\frac{7.08\times10^{-3}kh/(B\mu)}{1/2\ln\frac{2.2458}{C_A}\frac{A}{r_w^2}+s}\right](\bar{p}_R-p_{wf}) \tag{18}$$

上式中的 A 为供油面积，单位为英尺^2，而 C_A 则为形状因子（见表 38.2）。这一方程可以和表 38.2 中的 C_A 值结合起来应用，也可以把式中分母项加以整理而成为下式:

$$q=\left[\frac{7.08\times10^{-3}kh/(B\mu)}{1/2\ln\frac{2.2458}{C_A}+1/2\ln\frac{A}{r_w^2}+s}\right](\bar{p}_R-p_{wf}) \tag{19}$$

这一形式用起来比较方便，因为分母中的第一项也在表 38.2 中列出来了。

在表 38.2 中，x_e 代表井到正方形供油面积一边的距离，而 x_f 则是从井到垂直裂缝任何一端的距离。在表 38.2 中也列出了无量纲时间 t_{DA}，它表现的是无限大作用解式的结束，同时也是准稳定状态开始的时间 $(t_{DA})_{pss}$。

例题 1（不稳定和准稳定状态）　井有一口井位于一个近似正方形供油面积的中心。已知各项数据如下:

$A=1.74\times10^6$ 英尺^2（40 英亩井网）;

$h=21$ 英尺;

$s=1.6$;

$r_w=0.25$ 英尺;

$K_o=45$ 毫达西;

$\mu_o=1.5$ 厘泊;

$\phi=0.18$;

$c_o=8.5\times10^{-6}$（磅／英寸^2）$^{-1}$;

$c_w=3.2\times10^{-6}$（磅／英寸^2）$^{-1}$;

$c_f=3.0\times10^{-6}$（磅／英寸^2）$^{-1}$;

$S_w=0.25$，$B_o=1.12$，$p_i=5100$ 磅／英寸^2

在井的稳定产量为 80 地面桶／日的情况下，要求算出在 12 小时后和 120 天以后的井底流动压力 p_{wf} 的数值。

求解：从方程（5）求得：

$$c_t=c_f+S_oc_o+S_wc_w$$

$$=[3.0+(0.75)(8.5)+(0.25)(3.2)]\times10^{-6}$$

$$=10.2\times10^{-6}(\text{磅／英寸}^2)^{-1}$$

现在要计算到达准稳定状态的时间。

从表 38.2 得到：

$$(t_{DA})_{pss}=0.1=\frac{0.000264(45)t_{pss}}{(0.18)(1.5)(10.2\times10^{-6})(1.74\times10^{6})}$$

由它算出 t_{pss} 为 40.3 小时，所以在生产 12 小时后井处于无限大作用阶段。应用方程（11），

$$p_D=1/2\ln t_D+0.4045+s$$

应用方程（8）中的 p_D 和 t_D 二值的定义，得到：

$$\frac{(45)(21)(5100-p_{wf})}{141.2(80)(1.12)(1.5)}$$

$$=1/2\ln\frac{0.000264(45)(12)}{(0.18)(1.5)(10.2\times10^{-6})(0.25)^2}+0.4045+1.6$$

$$0.0498(5100-p_{wf})=1/2\ln(8.28\times10^5)+0.4045+1.6$$

$$5100-p_{wf}=(8.82)/(0.0498)=177$$

$$p_{wf}=4923\quad 12\text{小时}$$

在 120 天的时候，井是处于准稳定状态（已超过 40.3 小时）。首先计算$\bar{p}_R$。应用方程（15）可以计算压力递减率如下：

$$\left(\frac{\partial p}{\partial t}\right)_{pss}=\frac{-0.234qB}{V_p c_t}$$

$$=\frac{-0.234(80)(1.12)}{(21)(0.18)(1.74\times10^{6})(10.2\times10^{-6})}$$

$$=-0.313\text{磅/英寸}^2\text{/小时}$$

$$\bar{p}_R=5100-0.313(120)(24)=4199\text{磅/英寸}^2$$

现在应用方程（19），

$$q_o=\left[\frac{7.08\times10^{-3}kh/(B\mu)}{1/2\ln\frac{2.2458}{C_A}+1/2\ln\frac{A}{r_w^2}+s}\right]\cdot(\bar{p}_R-p_{wf})$$

$$(80)=\left[\frac{7.08\times10^{-3}(45)(21)/(1.12\times1.5)}{-1.3224+1/2\ln\frac{1.74\times10^{-6}}{(0.25)^2}+1.6}\right](4199-p_{wf})$$

$$(80)=\left[\frac{3.982}{-1.3224+8.571+1.6}\right](4199-p_{wf})$$

$$4199-p_{wf}=178$$

$$\text{因而在120天}\quad p_{wf}=4021\text{磅/英寸}^2$$

6. 产量有变化时的计算方法（叠加法）

前面的解题方法只包括了不变产量的情况。当然一般人感兴趣的是产量随时间发生变化的状况。这一类的状况最好应用迭加原理来进行处理。

所谓迭加原理指的是，把产油的历史依次划分为若干产量变化的分段，如图 38.7 所示，这一生产状况对压力反映所产生的总的影响 Δp 将等于每一次产量变化的迭加效果。在图 38.7 中，产量 q_1 的作用影响了从 $t=0$ 到目前时间。在 t_1 的时候产量增加到 q_2。这一次产量变化的影响因素可以看作是一个产量的增值，它等于（q_2-q_1），其作用时间为（$t-t_1$）。然后把 q_3 的影响因素看作（q_3-q_2），其作用阶段为 $t-t_2$。这些产量变化的总影响就等于把每一次产量变化和相应的作用时间求解，然后把它们迭加起来的结果。计算总压力降 Δp_t 的方程如下:

$$p_i - p_{wf} = \sum_{i=1}^{N}(q_i - q_{i-1})f(t - t_{i-1}) \tag{20}$$

上式中当 $q_{i-1}=0$ 时，$i=1$。

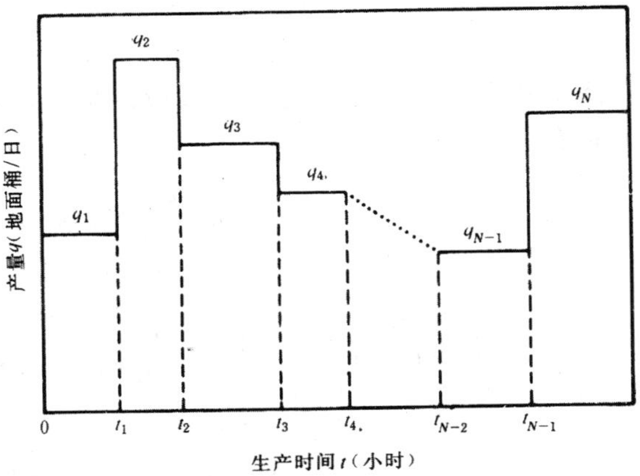

图 38.7 油井产量变化示意图

上面这个函数 $f(t)$ 可以称作单位反应函数（unit response function）。在某些情况下，这一种单位反应函数代表的是在时间的 t 时，由于一个单位产量所产生的压差（p_i-p_{wf}）数值。它可以用前面描述的一些情况定量表明，例如在早期阶段（ETR）出现的井筒储容方程，在中期阶段（MTR）的半对数直线解式，以及在晚期阶段（LTR）出现的准稳定状态解式。举例说明，如果在一段比 t_{pss} 长的时间内起作用的产量为 q_1，它在时间为 t 时所产生的压差可以用准稳定状态方程计算出来，其结果将表现为方程（15）中的$\bar{p}$的减小数量和方程（16）中由$\bar{p}_R$到 p_{wf} 的压差数值。第二个产量所产生的影响可能仍处于不稳定阶段，它将要求应用方程（11）来计算。

需要注意的是，只能在压缩系数不变的情况下，才能应用方程（15）来计算$\bar{p}_R$的压降数值。在一般情况下，例如在溶解气驱油藏中，需要用适当的物质平衡方程来计算$\bar{p}_R$。如果最后的一次产量变化起作用的时间超过了 t_{pss}，而且这一系统具有不变的压缩系数，则方程（15）可以简化如下：

$$\bar{p}_R = p_i - \frac{5.615 N_p B_o}{V_p c_t} \tag{21}$$

在下面一个例子中将表明如何在一个具体情况下应用迭加原理把准稳定状态和不稳定状态所产生的压降加在一起。

例题 2（叠加原理的应用） 在例题（1）中所述的一口井按照下列的记录表进行生产：

时间(小时)	q_o(地面桶／日)
0～2	300
2～8	120
以后阶段	80

要求算出在 12 小时和 120 天时间的 p_{wf} 值。

求解：我们从例题（1）中观察到，这口井在生产 12 小时后处于无限大作用阶段，因而我们应用方程（20）计算如下：

$$p_i - p_{wf} = \sum_{i=1}^{N}(q_i - q_{i-1})f(t - t_{i-1})$$

我们首先需要 $f(t)$，它就是单位反应函数。我们可以应用方程（11）得到当 $q=1$ 时，以 t 表示的 Δp 值如下：

$$p_D = 1/2\ln t_D + 0.4045 + s$$

$$\frac{(45)(21)\Delta p}{141.2(1)(1.12)(1.5)} = 1/2\ln\frac{0.000264(45)t}{(0.18)(1.5)(10.2\times10^{-6})(0.25)^2} + 0.4045 + 1.6$$

$$3.98\Delta p = 1/2\ln 6.90\times10^4 t + 2.004$$

和

$$\Delta p = 0.1256\ln(6.90\times10^4 t) + 0.504$$

因而

$$f(t) = \Delta p = 0.1256\ln(6.90\times10^4 t) + 0.504$$

把它代入方程（20）后，得到：

$$p_i - p_{wf} = (q_1 - q_0)f(t - t_0)$$

$$+ (q_2 - q_1)f(t - t_1)$$

$$+ (q_3 - q_2)f(t - t_2)$$

$$p_i - p_{wf} = (300 - 0)f(12 - 0)$$

$$+ (120 - 300)f(12 - 2)$$

$$+ (80 - 120)f(12 - 8)$$

现在应用 f（12）、f（10）和 f（4）的数值得到：

$$5100 - p_{wf} = (300)[0.1256\ln(6.9\times10^4\times12) + 0.504]$$

$$-(180)[0.1256\ln(6.9\times10^4\times10) + 0.504]$$

$$-(40)[0.1256\ln(6.9\times10^{4}\times4)+0.504]$$

$$=(300)(2.22)$$

$$-(180)(2.19)$$

$$-(40)(2.08)$$

$$=189$$

在 12 小时的时候，$p_{wf}=4911$ 磅／英寸^2。
在 120 天的时候，井的累计产油量应为：

$$N_p=300地面桶/天\times(2/24天)+120地面桶/天\times(6/24天)+80地面桶/天\times(119.5天)$$

$$=9.615地面桶$$

现在应用方程（21）计算如下：

$$\bar{p}_R=p_i-\frac{5.615N_pB_o}{V_pc_t}$$

$$=(5100)-\frac{5.615(9615)(1.12)}{(21)(0.18)(1.74\times10^{6})(10.2\times10^{-6})}$$

$$=5100-901=4199$$

再应用方程（19）〔同例题（1）〕算出：

$$\bar{p}_R-p_{wf}=178$$

然后算出在 120 天的井下流压如下：

$$p_{wf}=4199-178=4021磅/英寸^2$$

对于 $t_{pss}=40.3$ 小时来说，产量已经为不变值，此时早期的产量变化影响已经不起作用，只是使得累计产量稍有增多（15 地面桶），而在此情况下可以忽略不计。

五、气 井 产 状

产气井的产状和产油井（液体储层）相似，但有两个主要的差别：(1) 气体的流体性质随压力改变会产生剧烈变化；(2) 气体在井壁邻近的流动会变为部分湍流，因而发生一种随产量改变的井壁阻力因子。在下面将对这两个因素进行讨论，并且推出表现气井产状的另一种形式的方程。

用于气体流动的原理和用于液体的相比只是略为复杂一些，但对气井常引起不少混乱。这里有几种原因。其中一种原因是由于在文献中出现的气体流动方程有很多种形式。有的在方程中代表压力项用 p，有的用 p^2，还有的用理想气体的拟压力 $m(p)$。所有这些方程都能应用而且都是有效的形式。另一种造成混乱的原因是由于在方程中所用系数不同，这常常由于所假设的一个标准立方英尺气体的温度和压力基值的不同而引起的。在下面的方程中一律应用 T_{sc} 和 p_{sc}，因为在不同地区压力的基值确实有显著差异。

还有另一种造成混乱的原因是，气井的产能测试（deliverability testing）常随地方行政单位的规定而有所不同。以 $(\bar{p}_R^2-p_{wf}^2)$ 随 q_g 改变的双对数曲线为基础的产能测试法在很大程度上是一种经验方法。这种产能曲线方法主要发展用于低压气井，而对于目前常见的高温、高压的深产气井则不能很好地应用。

1. 气体性质的影响

在推导扩散方程时，由于 z 和 μ 的数值随压力改变，因而不能得到方程（1）的形式。结果推出的方程具有以下形式：

$$\nabla \frac{p}{z\mu} \nabla p = \frac{1}{0.000264} \frac{\phi}{k} \frac{\partial p}{\partial t} \tag{22}$$

上式中的 z 是无量纲的气体定律偏差因子。这一个方程是一个偏微分方程式，它不能用解方程（1）的方法来求得分析解。

Al-Hussainy 等人[12] 曾推出一种把这个偏微分方程加以“线性处理”的方法。他们引入了一个“理想气体拟压力”的概念，其定义如下：

$$m(p) = 2\int_0^p \frac{p}{z\mu} \mathrm{d}p \tag{23}$$

这一个随压力变化的函数表现的是 p，z 和 μ 随压力变化的积分。在推导扩散方程时把这一函数引入后，得到一个适合于理想气体的扩散方程，其形式如下：

$$\nabla^2 m(p) = \frac{1}{0.000264} \frac{\phi \mu c_g}{k} \frac{\partial m(p)}{\partial t} \tag{24}$$

这一个方程还不完全是一个线性的微分方程式，因为 μ 和 c_g 还是显著地随压力改变。这个气体的压缩因子 c_g，可以表现为 z 的函数如下：

$$c_g = \frac{1}{p} - \frac{1}{z}\frac{dz}{dp} \tag{25}$$

不管怎样，从实际目的出发，方程（23）可以当作一个以 m（p）为对象的线性微分方程。这一结果曾被 Waffenbarger 和 Ramey[13] 应用计算机模拟的方法加以证实。他们证明了通过 m（p）这一项的应用，可以应用压力不稳定方程得到很好的近似结果，而且在达到准稳定状态以后，和方程（16）～（19）相似的 PI 方程也是可用的。

使用 m（p）解式并不困难。m（p）随 p 的变化数值可以通过图解积分来求得，此外也可以用计算机程序进行计算，在程序中要应用现成的相关关系法来估算 z 和 μ 随压力的变化值。

由于我们所用的方程和图解方法都要依靠在一幅线性的或半对数坐标图上绘制的 p 的直线，有必要分析 m（p）的斜率与 p 或 p^2 曲线的斜率的关系是怎样的；例如，我们可以证明 m（p）对 $\log t$ 的导数可以用下面的方程来表示：

$$\frac{\partial m(p)}{\partial(\log t)} = \left(\frac{2p}{z\mu}\right)\frac{\partial p}{\partial(\log t)} = \left(\frac{1}{z\mu}\right)\frac{\partial p^2}{\partial(\log t)} \tag{26}$$

上式中所表示的这些关系表明，以 m（p），p 或 p^2 绘制的曲线都可以用，并且方程（26）关系都是适用。其中用 m（p）绘制的曲线要更好一些，因为它更有可能得到理想的半对数直线。如果有可能判断出可靠的中期阶段斜率，则为了省事可以应用 p 和 p^2 的曲线。例如，从一幅图中可以确定出 p 随 $\log t$ 变化的斜率值，然后应用方程（26）可以算出 m（p）随 $\log t$ 变化的斜率值，这样一来就根本无需绘制 m（p）的变化曲线了。

2. 非达西流动现象

达西定律一般适用于在气藏中常见的产气量较低的状况（层状流动）。但是在井壁的附近地带，由于气体向井筒集中流动有可能形成极高的流速。在这种流速条件下惯性作用可能变成重要的因素而使得达西定律不再适用。这种惯性作用表现的形式是扭曲的流线，而且在孔隙结构不同部位形成湍流。虽然在气藏内部所发生的这种微观流动的确实性质无法知道，但可以认为惯性作用变为重要时，所产生的净效果必然是出现较高的压力梯度。

在层状流动状态下我们可以把达西定律重新组合成以下形式：

$$-\frac{\partial p}{\partial x} = \frac{\mu}{k} v \tag{27}$$

式中 $\frac{\partial p}{\partial x}$——压力梯度；

v——宏观的（达西）流体速度。

在高的流动速度情况下，惯性作用变得重要起来，这时就要应用下面的 Forch heimer 方程：

$$-\frac{\partial p}{\partial x} = \frac{\mu}{k} v + F_t \rho v|v| \tag{28}$$

式中　ρ——流体密度；

F_t——湍流因子。

方程（31）的右侧包括两项，其中一项代表粘滞力，另一项则代表惯性力，二者都形成压力损失。

虽然有一些研究人员研究了 F_t 值和岩石性质的关系，但是在一口特定的井内，由于在靠近井壁附近的垂直方向上速度变化过大，实际上，无法预测非达西流动的影响。有一种实用的办法是把靠近井壁附近的非达西流动影响看作是井壁阻力影响的一部分，其影响的大小取决于气井产量，其关系如下：

$$s' = s + F_{Da}\left|q_g\right| \tag{29}$$

式中　F_{Da}——非达西（湍流）因子（10^3 英尺／日）$^{-1}$；

$\left|q_g\right|$——气体产量的绝对值，10^3 英尺^3／日；

s'——一口井以 q_g 生产时的有效井壁阻力影响。

图 38.8 表明 s'随气体产量的变化趋势。F_{Da} 的数值也随压力改变。但为了简单起见可以看作常数。为了要确定出 F_{Da} 的数值，必须用几种产量来进行不稳定试井并求得相应的 s'的数值。

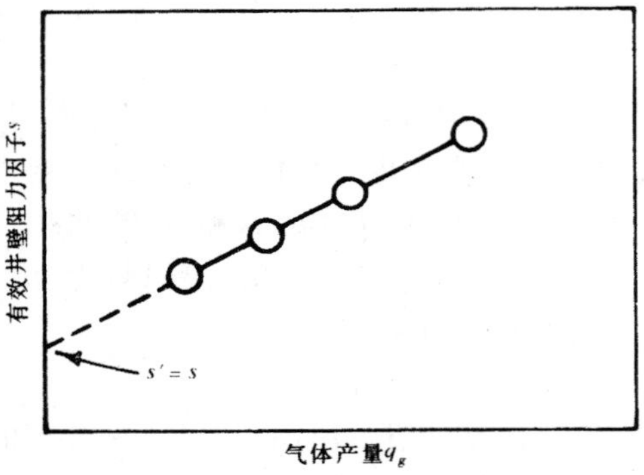

图 38.8　确定井壁阻力因子图

为了应于气井，不稳定状态方程（MTR）和准稳定状态方程需要修正为下面所介绍的各种形式。

3. 无限大作用气藏(MTR)

为无限大作用气藏所推出的不稳定状态的解式，与方程（11）那种液体状态的类似。但必须把方程（11）加以修正以考虑非达西流动和流体性质随压力变化所造成的影响。其结果如下：

$$m_D = 1/2\ln t_D + 0.4045 + s + F_{Da}\left|q_g\right| \tag{30}$$

其中

$$m_D = 1.987 \times 10^{-5}\left(\frac{T_{sc}}{p_{sc}T_R}\right)\frac{kh}{q_g}\left[m(p_i) - m(p_{wf})\right]$$

式中　m_D——无量纲的 m（p）；

t_D——无量纲时间；

T_{sc}——标准条件温度，°R；

p_{sc}——标准条件压力，磅／英寸^2（绝对）；

T_R——气藏温度，°R；

m（p_i）——在原始压力 p_i 下的 m（p），〔磅／英寸^2(绝对)〕^{2}／厘泊；

$m\ (p_{wf})$ ——在井底流压 p_{wf} 下的 $m\ (p)$，〔磅／英寸^2(绝对)〕^{2}／厘泊。

t_D 的数值需要根据在原始压力下确定的 $\phi\mu c$ 的数值算出。

在把方程（30）变作一个更实用的形式以前，可以把压差这一项即 $m(p_i)-m(p_{wf})$ 表述为 $\Delta m(p)$，得出它与 Δp 及 Δp^2 的关系式如下：

$$\Delta m(p)=\left(\frac{2p}{z\mu}\right)_{\bar{p}}\Delta p=\left(\frac{1}{z\mu}\right)_{\bar{p}}\Delta p^2 \tag{31}$$

上式中括弧内所表示的平均值代表的是在一段压力范围内的积分平均值。在实际应用中，只要把这一平均值取为压力范围的中点数值就够准确了。换句话说，$2p／z\mu\bar{p}$ 的值是在 $\bar{p}$ 点取的，这个 $\bar{p}$ 值等于（$\bar{p}_R+p_{wf}$）／2；而（$1／z\mu$）$_{\bar{p}}$ 取的是 $\bar{p}$ 点的值，$\bar{p}$ 值等于 $(\bar{p}_R+p_{wf})／2$，在 p^2 的方程中 $\bar{p}$ 值则等于 $\sqrt{(\bar{p}_R^2+p_{wf}^2)／2}$。对于无限大作用的气藏而言，平均气藏压力则和 p_i 相同。

这些关系式都是重要的，因为它们能使我们在满足工程要求的精度范围内，考虑到流体性质的变化，而且还能简便地用 p 和 p^2 等项表示各方程。方程（30）在改为更实用的形式时，可以用 $m(p)$、p 或 p^2 等项表示如下：

$$1.987\times10^{-5}\left(\frac{kh}{q_g}\right)[m(p_i)-m(p_{wf})]$$

$$=\frac{2.303}{2}\log\frac{0.000264kt}{(\phi\mu c)_i r_w^2}+0.4045+s+F_{Da}|q_g| \tag{32a}$$

$$1.987\times10^{-5}\left(\frac{kh}{q_g}\right)\left(\frac{2p}{z\mu}\right)_{\bar{p}}(p_i-p_{wf})$$

$$=\frac{2.303}{2}\log\frac{0.000264kt}{(\phi\mu c)_i r_w^2}+0.4045+s+F_{Da}|q_g| \tag{32b}$$

$$1.987\times10^{-5}\left(\frac{kh}{q_g}\right)\left(\frac{1}{z\mu}\right)_{\bar{p}}(p_i^2-p_{wf}^2)$$

$$=\frac{2.303}{2}\log\frac{0.000264kt}{(\phi\mu c)_i r_w^2}+0.4045+s+F_{Da}|q_g| \tag{32c}$$

从上各式中的 $(\phi\mu c)_i$ 等于在 p_i 条件下的 $\phi\mu c$ 值。方程（32）可以用来预测介于井筒储容阶段到准稳定状态开始之间的无限大作用阶段（MTR）的 p_{wf} 值。

图 38.9 所示是 $z\mu$ 值随压力变化的典型关系曲线。当压力低于 2000 磅／英寸^2（绝对）时 $z\mu$ 差不多是一个常数。这就使得在压力低于 2000 磅／英寸^2（绝对）时，以 p^2

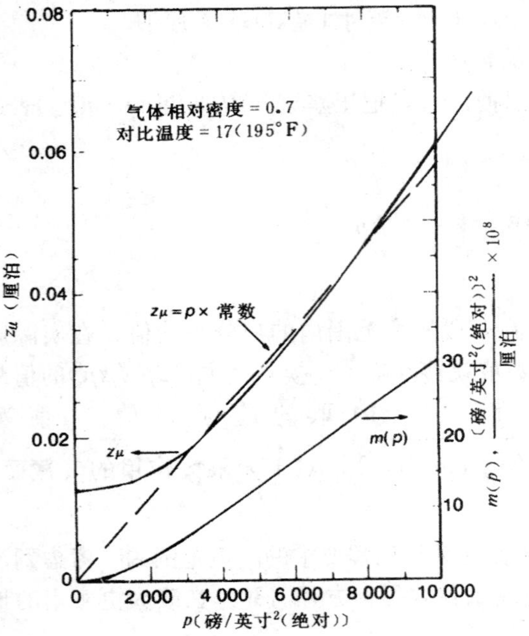

图 38.9 典型的 $m(p)$和 $z\mu$ 随压力变化图

表示的方程相当准确，因为如果 $z\mu$ 是一个常数的话，则可以把 $z\mu$ 这一项从方程(23) 的积分项中括出。所以当气藏压力低于 2000 磅／英寸^2（绝对）时，用 p^2 表现的曲线和方程有可能得到好的效果。

图 38.9 还表现出，在高压情况下（超过 3000 磅／英寸^2（绝对），m(p))随 p 的变化呈线性趋势。这表明对高压气藏来说，用 p 表示的曲线和方程可能得到好的效果。如果拿不定究竟是 p^2 还是简单的 p 更适应于一个特定的气藏，则应该应用以 $m(p)$表现的曲线和方程。

4. 准稳定状态解式（LTR）

准稳定状态的解式和液体解式相差不多，可以基本上用同一种形式表示。仅有的变化是式中考虑了流体性质随压力的变化和非达西流动的特征。这两种影响因素的加入方式和前面所讨论过的相同。所获得的结果就是分别用 $m(p)$、p 和 p^2 各项表示一系列方程如下:

$$q_g = 1.987 \times 10^{-5}\left(\frac{T_{sc}}{p_{sc}T_R}\right)$$

$$\frac{kh}{1/2\ln\frac{2.2458A}{C_A r_w^2} + s + F_{Da}|q_g|}[m(\overline{p}) - m(p_{wf})] \tag{33a}$$

式中 $m(\overline{p})$——压力为$\overline{p}_R$时的 $m(p)$值，〔磅／英寸^2(绝对)〕^{2}／厘泊；

C_A——从表 38.2 中所查得的形状因子。

$$q_g = 1.987 \times 10^{-5}\left(\frac{T_{sc}}{p_{sc}T_R}\right)$$

$$\frac{kh}{1/2\ln\frac{2.2458A}{C_A r_w^2} + s + F_{Da}|q_g|}\left(\frac{2p}{z\mu}\right)_{\overline{p}}(\overline{p}_R - p_{wf}) \tag{33b}$$

和

$$q_g = 1.987 \times 10^{-5}\left(\frac{T_{sc}}{p_{sc}T_R}\right)$$

$$\frac{kh}{1/2\ln\frac{2.2458A}{C_A r_w^2} + s + F_{Da}|q_g|}\left(\frac{1}{z\mu}\right)_{\bar{p}}(\bar{p}_R^2 - p_{wf}^2) \tag{33c}$$

方程（33）对于准稳定状态气体流动具有普遍应用价值。应该注意的是，这些准稳定状态方程和广泛应用的气体产能计算方法相比有显著差异。这些气体产能计算方法是经验性的，它们建立在$(\bar{p}_R^2 - p_{wf}^2)$随 q_g 变化的双对数曲线的基础上。lee[5] 在报告中对方程（33）和产能曲线计算法的对比进行了讨论。

5. 长期预测

把方程（33）和一幅$\bar{p}_R/z$ 曲线图一道使用，便可以很直接了当地完成长期预测任务。当然，这幅$\bar{p}_R/z$的曲线图只不过表现的是一个封闭性气藏的物质平衡关系。通过这一幅图可以确定与任何一个累计产气量 G_p 相当的$\bar{p}_R$ 值。给定一个$\bar{p}_R$ 值以后，就可以选用方程（33）系列中的一种形式来求得 q_g 的数值。

需要注意，在深度大而压力高的气藏情况下，地层和地下水的压缩系数与气体压缩系数相比可能变得重要了。在超过 6000 磅/英寸^2（表压）的高压情况下，绘制$\bar{p}_R/z$曲线时就要适当考虑地层和水的压缩系数。Ramagost 和 Farshad[14] 曾推出关于绘制这种修正的$\bar{p}_R/z$曲线图的工作方法。

只要把累计产量转换到时间坐标上去，就可以产生一幅完整的产量随时间变化的预测曲线图。p_{wf} 的数值可以作为生产预测中的一个固定条件，也可以象本书第三十七章所述，应用井筒水力学关系同时计算出来。

例题 3　有一口气井，它的供气面积接近一个 4∶1 的矩形，井在矩形的中心。已知数据如下：

$A = 6.96 \times 10^6$ 英尺^2(160 英亩)；

$h = 34$ 英尺；

$s = 2.3$；

$F_{Da} = 0.0052(10^3$ 英尺^3/日$)^{-1}$；

$r_w = 0.23$ 英尺；

$k_g = 0.52$ 毫达西；

$z_{\mu g}$ = 参看图 38.9；

$\phi = 0.11$；

$T_R = 210°F + 460 = 670°R$；

$T_{sc} = 60°F + 460 = 520°R$；

$p_{sc} = 14.7$ 磅/英寸^2(绝对)；

$\bar{p}_R = 4150$ 磅/英寸^2(绝对)；

如果 $p_{wf} = 1500$ 磅/英寸^2（绝对）要求计算这口井在准稳定状态下的产气量 q_g。

求解：

应用一系列准稳定状态方程中最简单的一个方程（33b）解题如下：

$$\bar{p}=(\bar{p}_R+p_{wf})/2$$

$$=(4150+1500)/2$$

$$=2825\text{磅}/\text{英寸}^2(\text{绝对})$$

从图 38.9，我们估计出 2825 磅／英寸^2（绝对）时的 $z\mu_g=0.0165$，因而算出：

$$\left(\frac{2p}{z\mu}\right)_{\bar{p}}=\frac{2(2825)}{0.0165}=3.42\times10^5$$

又从附表 38.2 查得 $C_A=5.3790$，现在应用方程（33b）计算如下：

$$q_g=1.987\times10^{-5}\left(\frac{T_{sc}}{p_{sc}T_R}\right)$$

$$\cdot\frac{kh}{1/2\ln\frac{2.2458A}{C_Ar_w^2}+s+F_{Da}|q_g|}$$

$$\cdot\left(\frac{2p}{z\mu}\right)_{\bar{p}}(\bar{p}_R-p_{wf})$$

$$q_g=1.987\times10^{-5}\frac{(520)}{(14.7)(670)}$$

$$\cdot\frac{(0.52)(34)}{1/2\ln\frac{2.2458(6.96\times10^6)}{(5.379)(0.23)^2}+2.3+0.0052|q_g|}$$

$$\cdot(3.42\times10^5)(4150-1500)$$

$$=1.987\times10^{-5}(0.0528)\frac{17.68}{8.91+2.3+0.0052|q_g|}$$

$$\cdot(3.42\times10^5)(2650)$$

$$= \frac{1.68 \times 10^4}{11.21 + 0.0052|q_g|}$$

$$(11.21 + 0.0052|q_g|)q_g = 1.68 \times 10^4$$

上面这一方程可以当作一个二次方程求解，也可以用试凑法运算，先从$|q_g| = 0$的$|q_g|$假设值开始计算如下:

$$(11.21 + 0)q_g = 1.68 \times 10^4$$

$$q_g = 1499$$

再继续试算:

$$(11.21 + 0.0052 \times 1499)q_g = 1.68 \times 10^4$$

$$q_g = 884$$

再继续试算:

$$(11.21 + 0.0052 \times 884)q_g = 1.68 \times 10^4$$

$$q_g = 1063$$

再继续试算:

$$(11.21 + 0.0052 \times 1063)q_g = 1.68 \times 10^4$$

$$q_g = 1004$$

一直算到求解数值收敛到如下为止:

$$q_g = 1018 \times 10^3 \text{英尺}^3/\text{日}$$

六、不稳定试井分析

不稳定试井分析这一课题可能非常复杂，已经在一些文献〔1～5〕中普遍报导。在这些参考文献中不仅阐明了一些通常的不稳定试井分析实例，此外还涉及到许多例外情况，不同的分析方法，以及其他多种复杂状况。在这里只介绍一些简单而又常规使用的关于油井和气井的试井分析方法。

在一次不稳定试井分析工作中，最普遍需要计算的是 kh，s 和 $\bar{p}_R$ 这几项数值。只要有了这三个数值，再加有关供给面积及其形状（C_A 和 A 值）的认识，就可以应用准稳定状态方程来计算或预测和一个特定井底流动压力 p_{wf} 相应的产量数值。下面我们将综述在一次压降试井和一次压力恢复试井工作中分析 kh 和 s 值的方法。

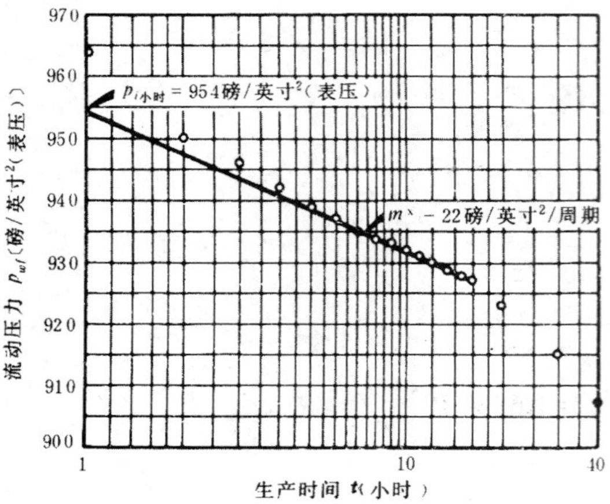

图 38.10　压降试井半对数曲线图

1. 压降试井方法

在原来关井的情况下，只要很简单地以不变的产量开井生产，就可以完成一次压降试井。其他的压降试井方法还包括有变产量的分析问题，但在这里只考虑不变产量的状况。这一分析方法建立在无限大作用解式（MTR）的基础上，把试井数据绘制成一幅压力随时间对数值变化的半对数曲线，用图解法求得图中直线段的斜率 m，其单位为磅／英寸^2／周期（参看图 38.10）。计算一口油井或气井的 kh 值的方程如下:

在油井的情况下，

$$k_o h = -\frac{162.6 q_o B_o \mu_o}{m} \tag{34a}$$

在气井的情况下，

$$k_g h = \frac{-5.792\times 10^4 q_g (p_{sc} T_R / T_{sc})}{m^*} \tag{34b}$$

上式中的 m^* 是以 $m(p)$绘成曲线中的斜率，

$$k_g h = \frac{-5.792\times 10^4 q_g (p_{sc} T_R / T_{sc})}{m'}\left(\frac{z\mu_g}{2p}\right)_{wb} \tag{34c}$$

上式中的 m'是用 p 绘成曲线中的斜率，还有，

$$k_g h = \frac{-5.792 \times 10^4 q_g (p_{sc} T_R / T_{sc})}{m''} (z\mu_g)_{wb} \tag{34d}$$

上式中 m''是用 p^2 绘成曲线中的斜率，下角符号 wb 是指井筒而言的。在方程（34c）中的 $z\mu / 2p$ 和方程（34d）中的 $z\mu$ 值都要用和 p_{wf} 相对应的数值，而不是和 $(\bar{p}_R + p_{wf}) / z$相对应的数值，后者是在准稳定状态方程中应用的。

为了计算油井和气井的井壁阻力系数 s 值，需要分别应用以下方程中的一个方程。

在油井的情况下，

$$s = 1.151\left(\left|\frac{p_i - p_1}{m}\right| - \log\frac{k}{\phi \mu c_t r_w^2} + 3.23\right) \tag{35a}$$

上式中 p_1 是在 $\Delta t = 1$ 小时的 p 值，在气井的情况下:

$$s = 1.151\left(\left|\frac{(m(p_i) - m(p_1))}{m^*}\right| - \log\frac{k}{\phi \mu c_t r_w^2} + 3.23\right) \tag{35b}$$

$$s = 1.151\left(\left|\frac{p_i - p_1}{m'}\right| - \log\frac{k}{\phi \mu c_t r_w^2} + 3.23\right) \tag{35c}$$

或

$$s = 1.151\left(\left|\frac{p_i^2 - p_1^2}{m''}\right| - \log\frac{k}{\phi \mu c_t r_w^2} + 3.23\right) \tag{35d}$$

以上方程的缺点（与压力恢复试井相比）是，计算 s 时必须先知道 p_i 的数值。

重要的是，要找到正确的半对数直线段。在很多情况下很难说明一条看起来象是半对数直线段的线是不是属于 MTR 解式范围之内，或者它仍在受着井筒的影响（ETR）。有时需要求助于绘制一幅（$p_i - p_{wf}$）随生产时间变化的双对数曲线图上一条斜率为 1 的直线表示压力动态是全部受到井筒储容的控制。可以认为半对数直线段在这一条斜率为 1 的双对数直线结束点后面大约 1.5 个对数周期处开始出现。

2. 压力恢复试井方法

压力恢复试井法比压降试井法在应用方面更为普遍。主要原因在于，关井（$q = 0$）以前的产量是已知数值。压力恢复试井工作的基本假设是，在关井以前，这口井保持不变的产量生产了一段时间 t_p，然后关井。也有的压力恢复试井方法包括了在关井前产量变化的分析，但在这里只考虑产量不变的阶段。在刚关井前测定井底流动压力 $p_{wf}(\Delta t = 0)$，在关井后在不同的关井时间 Δt 分别测出压力数值。

根据关井时间 Δt 绘出关井压力 p_{wf} 随时间变化的曲线。时间的坐标值可以是 $\log\Delta t$，也可以是 $\log(t_p+\Delta t) / \Delta t$。前面一种画法的结果称为“MDH”曲线图（Miller，Dyes，和

Hutchinson [15]), 见图 38.11。第二种形式（图 38.12）被称为“Horner 曲线图”[16]。从这两种图都能得出相同的半对数直线斜率，它和压降试井曲线所测得的是一样的。

从半对数直线段的斜率可以求得一口油井或气井的 kh 值，所用方程如下（除正负号而外，与方程 34 相同）:

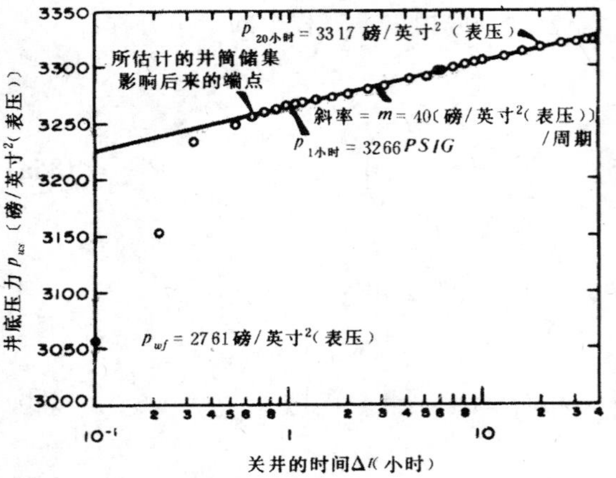

图 38.11　MDH 压力恢复试井曲线

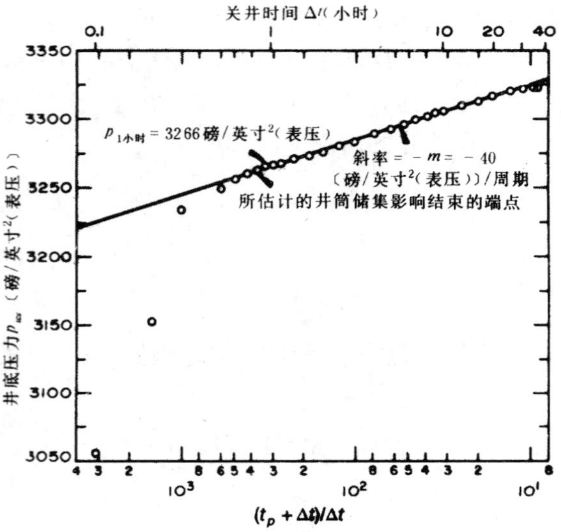

图 38.12　从图 38.11 演变成的 Horner 压力恢复试井曲线

用于油井时，

$$k_o h = \frac{162.6 q_o B_o \mu_o}{m} \tag{36a}$$

用于气井时，

$$k_g h = \frac{5.792 \times 10^4 q_g (p_{sc} T_R / T_{sc})}{m^*} \tag{36b}$$

$$k_g h = \frac{5.792 \times 10^4 q_g (p_{sc} T_R / T_{sc})}{m'} \left(\frac{z\mu_g}{2p}\right)_{wb} \tag{36c}$$

或

$$k_g h = \frac{5.792 \times 10^4 q_g (p_{sc} T_R / T_{sc})}{m''} (z\mu_g)_{wb} \tag{36d}$$

需要注意的是，在 Horner 曲线图中符号的正负值相反。

井壁阻力系数 s 可以应用以下方程中的一个计算出来。

用于油井时，

$$s = 1.151\left(\left|\frac{p_1 - p_{wf}}{m}\right| - \log\frac{k_o}{\phi \mu_o c_t r_w^2} + 3.23\right) \tag{37a}$$

用于气井时，

$$s = 1.151\left(\left|\frac{m(p_1) - m(p_{wf})}{m^*}\right| - \log\frac{k_g}{\phi \mu_g c_t} + 3.23\right) \tag{37b}$$

$$s = 1.151\left(\left|\frac{p_1 - p_{wf}}{m'}\right| - \log\frac{k_g}{\phi \mu_g c_t r_w^2} + 3.23\right) \tag{37c}$$

或

$$s = 1.151\left(\left|\frac{p_1^2 - p_{wf}^2}{m''}\right| - \log\frac{k_g}{\phi \mu_g c_t r_w^2} + 3.23\right) \tag{37d}$$

以上各式中的斜率值分别代表相应的半对数直线段。p_{wf} 是当 $\Delta t = 0$ 时的最后的 p_{wf} 值。这些方程都是以半对数直线方程为依据的。如果当 $\Delta t = 1$ 小时的时候，p_{ws} 没有落在外推的半对数直线段上，则 p_1 应从半对数直线上读出，而不要用与实际数据相对应的值。

还有需要记住的是，不稳定试井分析可能非常复杂，有时在很多方面和这里所陈述的简单状况出现偏差。这里所介绍的一些方程只能用作大致的参考，它们只能表明在正常情况下对理想气体方程所作的解释。为了详细解释和简单情况所发生的种种偏差问题，读者可查阅参考文献〔1～5〕。

3. $\bar{p}_R$ 值的确定方法

$\bar{p}_R$ 的数值代表的是一口井供给面积中的平均油气藏压力。从一次压力恢复试井来求得 $\bar{p}_R$ 值具有重要意义，这样便可以把 $\bar{p}_R$ 值用于物质平衡计算，油气藏模拟的历史拟合，或者准稳定状态的产状方程。

可以采用好几种方法从压力恢复试井来求得 p_R 值，但是最普遍应用的是 MBH 的方法（Muffhews, Brons 和 Hagebroek）[12]。这种方法之所以能普遍应用是因为有很多种不同的油气藏供给面积形状可供分析应用。这些油气藏形状正和在表 38.2 中用来计算形状因子的形状相同。

在图 38.13 中表明如何应用这一方法。压力恢复试井曲线有一条半对数直线，它在关井时间的晚期阶段由于边界的影响而开始折转。一般的资料显示曲线向

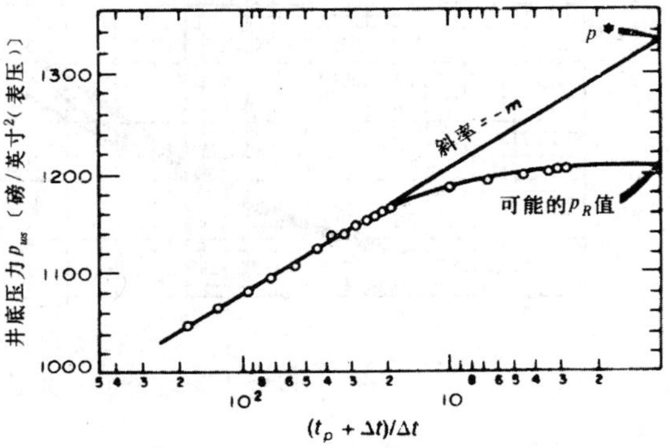

图 38.13　一个有限油藏中一口井的典型压力恢复 Horner 曲线图

下折弯变平，但在特殊情况下实际曲线的半对数直线在最终变平以前也会出现向上折转的现象。

在图 38.13 中，当 Δt 趋近于无限大时，曲线的渐近线趋向$\bar{p}_R$的正确值。由于我们的关井时间一般是有限的，MBH 方法的依据是把半对数直线外推到 $\Delta t=\infty$，也就是是$(t_p+\Delta t)/\Delta t=1.0$。这时的压力值被称为 p^*。这一方法还提供有校正曲线，从外推压力值 p^* 算出$\bar{p}_R$的正确数值。

MBH 方法假设这口井在关井前以不变产量生产了 t_p 的时间，而且供给面积 A 是已知的。需要计算无量纲的生产时间 t_{pDA}。如果 t_{pDA} 大于$(t_{pDA})_{pss}$，则可以用后者代替 t_{pDA}。换言之，在准稳定状态到达以前，井的产量历史是无关紧要的。

现在已经从图中曲线的延伸点得到了 p^* 值，并且算出了 t_{pDA} 值，以后就可以应用最能代表供给面积形状的 MBH 校正曲线在 p^* 和$\bar{p}_R$之间进行校正。在图 38.14～38.17 中给出了一系列的 MBH 校正曲线。计算$\bar{p}_R$的程序步骤可综述如下：

(1) 绘制一条 Horner 曲线。

(2) 把半对数直线外推到 $(t_p+\Delta t)/\Delta t=1.0$ 读出 p^*。

(3) 量出半对数直线段的斜率值 m。

(4) 计算出 $t_{pDA}=(0.000264kt_p)/\phi\mu c_t A$。

(5) 从图 38.14～38.17 中找出一个最接近该井供给面积形状的图形。选定一条校正曲线。

(6) 从校正曲线上在 t_{pDA} 的位置读出 $2.303(p^*-\bar{p}_R)/m$ 的数值。

(7) 计算出$\bar{p}_R$的数值。

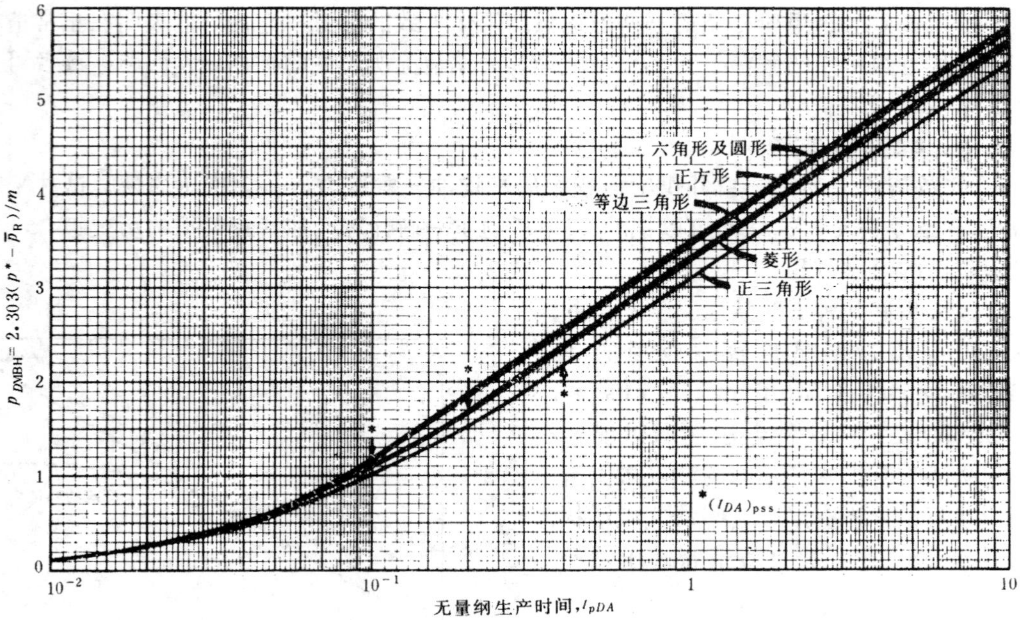

图 38.14　一口位于等边多角形供给面积中心的井的 MBH 无量纲压力

应用以上计算程序就可得出一口井供应面积内的$\bar{p}_R$值。如果一个油藏有好多口井生产，对每一口井都可以分别地进行分析以求得该井供给面积内的压力$\bar{p}_R$。进行这种计算

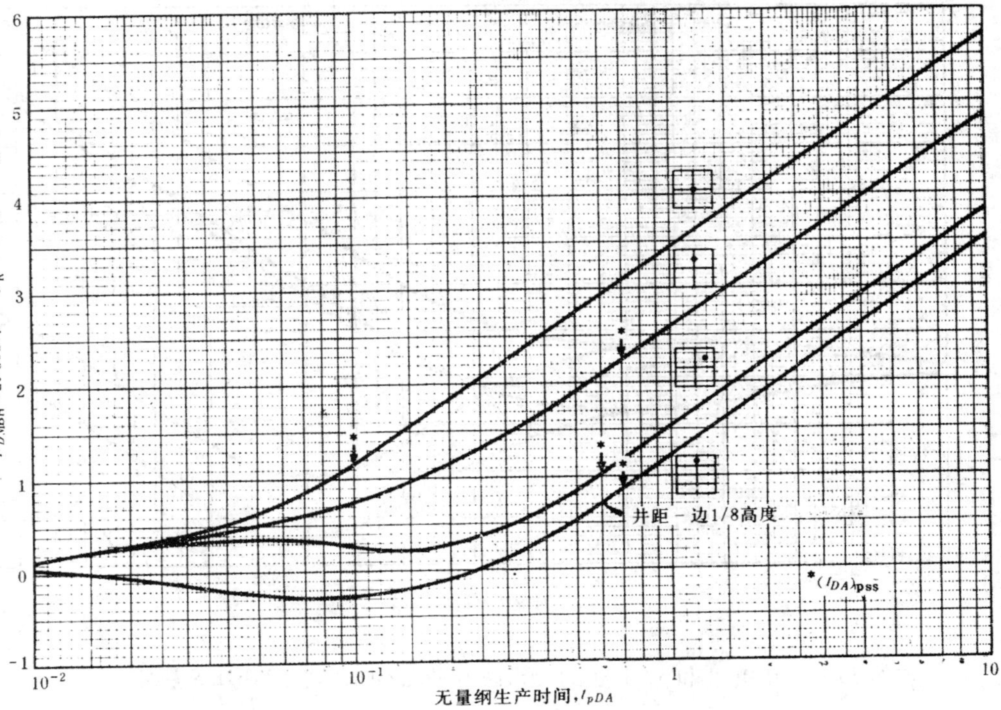

图 38.15　在一正方形供给面积中井不同位置时的 MBH 无量纲压力

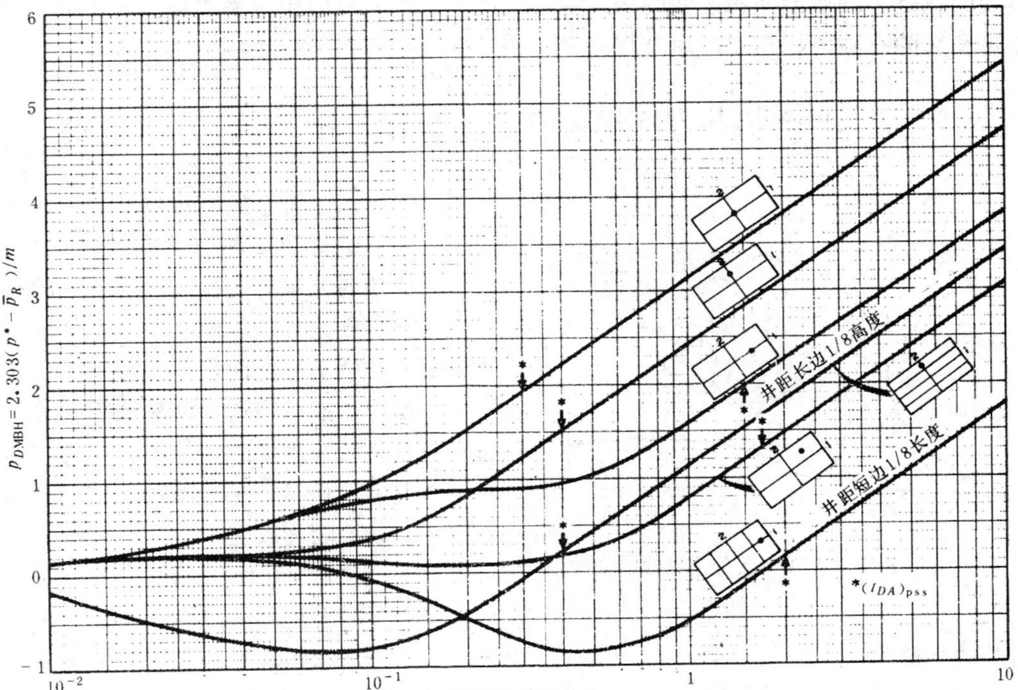

图 38.16　在一个 2：1 矩形供给面积中井不同位置时 MBH 无量纲压力

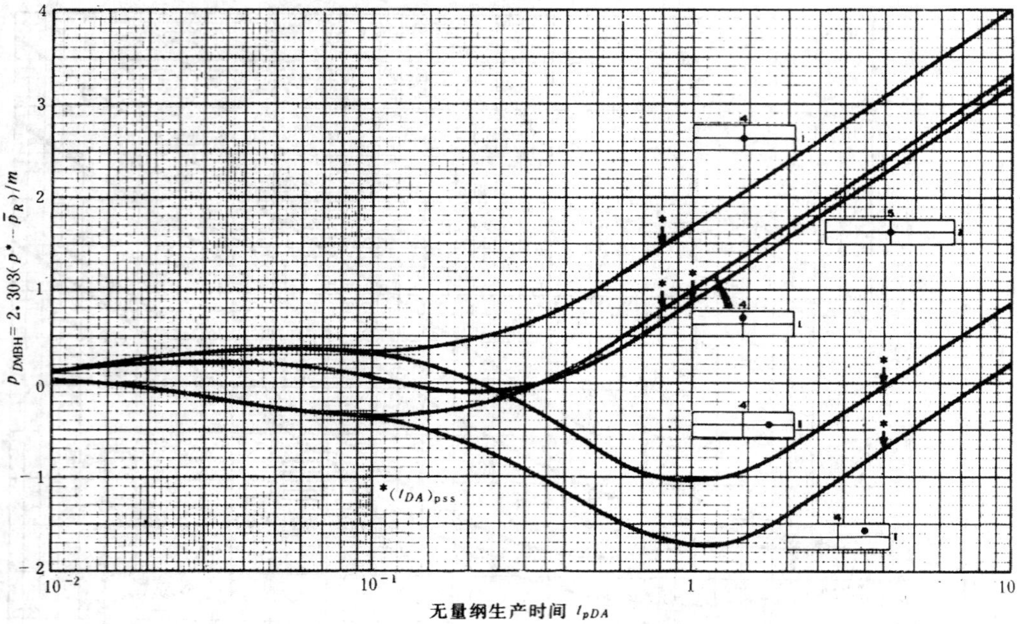

图 38.17　在 4：1 和 5：1 矩形供给面积中井在不同位置时 MBH 无量纲压力

时，假定所有这些井都在准稳定状态状况下生产，通过在井与井之间勾划出的分流界线把一个油藏分割为若干单井的供给面积。图 38.18 就是这一种油藏分区的示意图。图中的分流线所表现的就是不同供给面积之间的“分水岭”。计算这些供应面积时要使每一个供给面积的油藏流量和它的孔隙体积相当，用方程式表示如下：

$$(q_t/V_p)_1=(q_t/V_p)_2=(q_t/V_p)_3=(q_t/V_p)_i \tag{38}$$

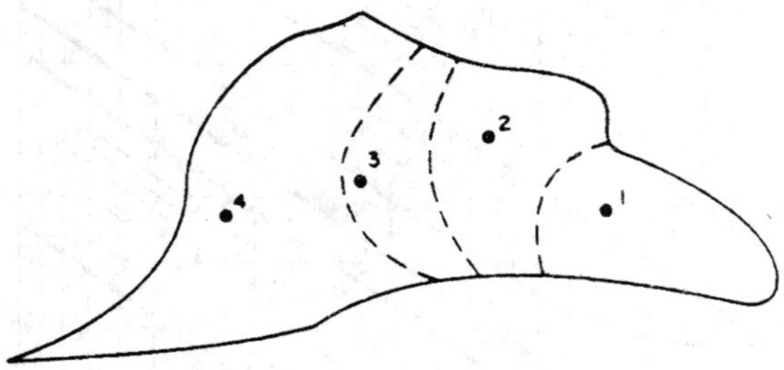

图 38.18　表现大致分流界线的油藏图

应用以上关系按照每口井的产量来划分它们的供给面积（或孔隙体积）。当一口井的产量有变化时，这口井的供给面积也随之改变。例如当 $q=0$ 时，对这口井就不分配面积。在每一次试井时都要重复地按照这种方法计算各井供给面积并大致画出它们的形状。当井的产量发生变化时，供给面积和它们的形状也不断地随之改变。

关于 Horner 曲线图中的 p^* 的含义有时混淆不清。除非是在一个无限大作用井的特殊情况下（$r_e=\infty$），p^* 不具有物理意义。最初 Horner 曾在一定的情况下用它来作为一口新发现井的原始压力 p_i。在这种特殊的无限大作用的情况下，$p^*=\bar{p}_R=p_i$，不然的话，p^* 没有什么物理意义。

例题 4（压力恢复分析）（引自 Earlouyher[2]） 压力恢复试井分析——Horner 法，在表 38.3 中列出一口油井的压力恢复数据，这口井的估计供油半径为 2640 英尺，关井前以 4900 地面桶／日稳产了 310 小时。已知油藏数据如下：

表 38.3 例题(4)压力恢复试井数据，$t_p = 310$ 小时

Δt 小时	$t_p+\Delta t$ 小时	$\dfrac{(\Delta t_p + \Delta t)}{\Delta t}$	p_{ws} 磅／英寸^2	$p_{ws}-p_{wf}$ 磅／英寸^2
0.0	–	–	2761	–
0.10	310.10	3101	3057	296
0.21	310.21	1477	3153	392
0.31	310.31	1001	3234	473
0.52	310.52	597	3249	488
0.63	310.63	493	3256	495
0.73	310.73	426	3260	499
0.84	310.84	370	3263	502
0.94	310.94	331	3266	505
1.05	311.05	296	3267	506
1.15	311.15	271	3268	507
1.36	311.36	229	3271	510
1.68	311.68	186	3274	513
1.99	311.99	157	3276	515
2.51	312.51	125	3280	519
3.04	313.04	103	3283	522
3.46	313.46	90.6	3286	525
4.08	314.08	77.0	3289	528
5.03	315.03	62.6	3293	532
5.97	315.97	52.9	3297	536
6.07	316.07	52.1	3297	536
7.01	317.01	45.2	3300	539
8.06	318.06	39.5	3303	542
9.00	319.00	35.4	3305	544
10.05	320.05	31.8	3306	545
13.09	323.09	24.7	3310	549
16.02	326.02	20.4	3313	552
20.00	330.00	16.5	3317	556
26.07	336.07	12.9	3320	559
31.03	341.03	11.0	3322	561
34.98	344.98	9.9	3323	562
37.54	347.54	9.3	3323	562

$D = 10476$ 英尺；

$r_w=(4.25/12)$英尺；

$c_t=22.6\times10^{-6}$(磅／英寸^2)$^{-1}$；

$q_o=4900$ 地面桶／日；

$h=482$ 英尺；

$p_{wf}(\Delta t=0)=2761$ 磅／英寸^2(表压)；

$\mu_o=0.20$ 厘泊；

$\phi=0.09$；

$B_o=1.55$ 地下桶／地面桶；

套管 $d_i=(6.276/12)$英尺；

$t_p=310$ 小时。

求解：

本题的 Horner 曲线图见图 38.12。从图中明显看出，残余的井筒储容和井壁阻力影响在关井时间小于 0.75 小时已经消失。在 $\Delta t=0.75$ 小时后所作的直线段斜率为−40 磅／英寸^2（表压／周期）因此 $m=40$ 磅／英寸^2（表压）／周期。

现在可用方程（37a）来估算渗透率如下：

$$k_o=\frac{162.6(4900)(1.55)(0.20)}{(40)(482)}=12.8\text{毫达西}$$

从图 38.12 中取 $p_{1小时}=3.266$ 磅／英寸^2（表压），代入方程（40a），算出井壁阻力因子如下：

$$s=1.1513\left\{\frac{3266-2761}{40}-\log\left[\frac{(12.8)(12)^2}{(0.09)(0.20)(22.6\times10^{-6})(4.25)^2}\right]+3.2275\right\}=8.6$$

我们可以从方程（10）估算出井壁两侧的压差 Δp 如下：

$$\Delta p_s=0.87(40)(8.6)=299$$

供给区的平均压力——MBH 法。

应用表 38.3 中的压力恢复试井数据绘成图 38.12。此外还要应用的数据为：

$$A=\pi r_e^2=\pi(2640)^2\text{ 英尺}^2$$

现在要看是否应用 $t_p=310$ 小时。从表 38.2 取 $(t_{DA})_{pss}=0.1$，估算 t_{pss} 值如下：

$$t_{pss}=\frac{(0.09)(0.2)(22.6\times10^{-6})(\pi)(2640)^2(0.1)}{(0.0002637)(12.8)}=264\text{小时}$$

因此，应当在分析中用 264 小时来代替 t_p 值。不过，既然 t_p 值大约只为 t_{pss} 的 1.17 倍，看来用这两种方法求出的$\bar{p}_R$值应当相差不大。所以仍用 310 小时，这样就可应用图 38.12。

由于在图 38.12 中 $(t_p+\Delta t)/\Delta t$ 的数值没有达到 1.0，因而未显示出 p^* 的数值。然而我们可以外推一个对数周期，从 p_{ws} 在$(t_p+\Delta t)/t=10$ 时的数值计算 p^* 值如下：

$$p^*=3325+(1\text{ 周期})(40\text{ 磅／英寸}^2\text{／周期})=3365\text{ 磅／英寸}^2(\text{表压})$$

根据定义算出 t_{pDA} 的数值如下:

$$t_{pDA}=\frac{(0.0002637)(12.8)(310)}{(0.09)(0.20)(22.6\times10^{-6})(\pi)(2640)^2}=0.117$$

查阅图 38.14 中相当于圆形的曲线，得到 $p_{DMBH}(t_{pDA}=0.117)=1.34$。然后应用分步计算的程序得到以下结果:

$$\bar{p}_R=3365-\frac{40}{2.303}(1.34)=3.342\text{磅/英寸}^2\text{(表压)}$$

这一数值比实测到最高压力大 19 磅/英寸^2。

符 号 说 明

A——井的供给面积;

c_{ti}——压力为 p_i 时综合压缩系数;

c_{wf}——井筒内流体的压缩系数;

C_A——从表 38.2 中查出的形状因子;

C_s——井筒储容常数;

$f(t)$——单位反应函数;

F_{Da}——非达西(湍流)因子;

F_t——湍流因子;

m——$(162.6qB\mu/kh)$;

m_D——无量纲 $m(p)$;

$m_{(p)}$——$2\int_0^p \frac{p}{z\mu}\mathrm{d}p$，理想气体的拟压力;

$m(\bar{p})$——压力为$\bar{p}_R$ 时的 $m(p)$值;

$m(p_i)$——在原始压力 p_i 时的 $m(p)$值;

$m(p_{wf})$——在井底流动压力 p_{wf} 条件下的 $m(p)$值;

m^*——$m(p)$曲线的斜率;

m'——p 曲线的斜率;

m''——p^2 曲线的斜率;

p^*——外推到无限大关井时的 MTR 压力趋势值;

p_D——$kh(p_i-p)/(141.2qB\mu)$，无量纲压力;

p_{DMBH}——$2.303(p^*-\bar{p}_R)/m$，无量纲压力,MBH法;

Δp_s——通过渗透率变化带的附加压差;

$|q_g|$——气体产量绝对值;

q_{st}——砂层面流量;

r_D——r/r_w，无量纲半径;

r_e——供给区外围半径;

r_w'——有效井筒半径;

s'——有效井壁阻力因子;

t_D——无量纲时间;

t_{DA}——以供给面积 A 为依据的无量纲时间;

$(t_{DA})_{pss}$——达到准稳定状态所需时间,无量纲;

t_{end}——压降试井的 MTR 结束时间;

t_{pDA}——无量纲生产时间;

t_{pss}——达到准稳定状态所需时间;

r——宏观(达西)流体速度;

V_w——井筒体积;

x_e——井与正方形供给面积一边的距离;

x_t——井到垂直裂缝任一端部的距离。

下角号 wb——井筒。

用国际米制单位表示的主要方程:

$$\nabla^2 p=\frac{1}{3.557\times10^{-9}}\frac{\phi\mu c_t}{k}\frac{\partial p}{\partial t}\tag{1}$$

式中 p 单位为千帕; ϕ 单位为小数; μ 单位为帕·秒; c_t 单位为(千帕)$^{-1}$; t 单位为小时; k

单位为毫达西。

$$q_t B_t = q_o B_o + (q_g - R_s q_o) B_g + q_w B_w \tag{6}$$

式中 q_o，q_t，q_w 单位为标准米^3／日；B_o，B_t，B_w 单位为地下米^3／地面米^3；q_g 单位为标准米^3／日；B_g 单位为地下米^3／标准米^3。

$$p_D(r_D, t_D) = -1/2Ei\left(\frac{-r_D^2}{4t_D}\right) \tag{7}$$

上式中

$$p_D = [kh(p_i - p)/(1866qB\mu)]$$

$$r_D = \frac{r}{r_w}$$

$$t_D = \frac{3.557 \times 10^{-9} kt}{\phi \mu c_t r_w^2}$$

式中 h，r，r_w 单位为米；k 单位为毫达西；p，p_i 单位为帕；q 单位为米^3／日；B 单位为地下米^3／地面米^3；μ 单位为帕·秒；t 单位为小时；ϕ 单位为小数；c_t 单位为(千帕)$^{-1}$。

$$p_{wf} = p_i - m\left(\log\frac{kt}{\phi \mu c_t r_w^2} - 8.10\right) \tag{9}$$

上式中 $m = 2.149 \times 10^6 qB\mu/(kh)$。其他单位见方程(7)。

$$\left(\frac{\partial p}{\partial t}\right)_{pss} = \frac{-4.168 \times 10^{-2} qB}{V_p c_t} \tag{15}$$

上式中 V_p 的单位为米^3，其他单位见方程(　)。

$$q = \left(\frac{5.356 \times 10^{-1}\dfrac{kh}{B\mu}}{\ln\dfrac{r_e}{r_w} - 0.75 + s}\right)(\bar{p}_R - p_{wf}) \tag{17}$$

上式中 r_e 单位为米，s 为无量纲，$\bar{p}_R$，p_{wf} 的单位为千帕,其他单位见方程（7）。

$$\bar{p}_R = p_i - \frac{N_p B_o}{V_p c_t} \tag{21}$$

式中　N_p 单位为米^3；V_p 单位为米^3；B_o 单位为地下米^3／地面米^3；c_t 单位为(千帕)$^{-1}$；$\bar{p}_R$，p_i 单位为千帕；

$$\nabla^2 m(p) = \frac{1}{3.557 \times 10^{-9}} \frac{\phi \mu c_g}{k} \frac{\partial m(p)}{\partial t} \tag{24}$$

式中 $m(p)$的单位为(千帕)^2，c_g 为(千帕)$^{-1}$，其他单位见方程(7)。

$$m_D = 1/2\ln t_D + 0.4045 + s + F_{Da}|q_g| \tag{33}$$

上式中

$$m_D = 2.708 \times 10^{-10}\left(\frac{T_{sc}}{p_{sc} T_R}\right)\frac{kh}{q_g} \cdot [m(p_i) - m(p_{wf})]$$

$$t_D = \frac{3.557 \times 10^{-9} kt}{\phi \mu c_t r_w^2}$$

式中　S 为无量纲；F_{Da} 为无量纲；q_g 单位为米^3／日；p_{sc} 单位为千帕；T_{sc}，T_R 单位为开尔文；K 单位为毫达西；h 单位为米；$m(p_i)$，$m(p_{wf})$单位为(千帕^2)／帕 · 秒，其他单位见方程(7)

$$k_o h = -\frac{2.149 \times 10^6 q_o B_o \mu_o}{m} \tag{37a}$$

上式中各项单位见方程(7)和(9)。

$$k_g h = \frac{4.250 \times 10^9 q_g \left(\frac{p_{sc} T_R}{T_{sc}}\right)}{m^*} \tag{37b}$$

上式中 m^* 的单位为(千帕)^2／帕 · 秒 · 周期，其他单位见方程(33)。

$$s = 1.151\left(\left|\frac{p_i - p_l}{m}\right| - \log\frac{k}{\phi \mu c_t r_w^2} + 8.10\right) \tag{38a}$$

式中 m 的单位为千帕／周期，其他单位见方程(7)。

参 考 文 献

1. Matthews, C. S. and Russell, D. G.: *Pressure Buildup and Flow Tests in Wells,* Monograph Series, SPE, Richardson, TX(1967)1.
2. Earlougher, R. C. Jr.: *Advances in Well Test Analysis,* Monograph Series, SPE, Richardson, TX(1977)**5.**
3. Dake, L. P.: *Fundamentals of Reservoir Engineering,* Elsevier Scientific Publishing Co., Amsterdam (1978).
4. Gas Well Testing–Theory and Practice, fourth ed., Energy Resources and Conservation Board, Calgary, Alta., Canada (1979).
5. Lee, John: *Well Testing,* Textbook Series, SPE Richardson, TX (1982).
6. *Pressure Analysis Methods,* Reprint Series No. 9, SPE, Richardson, TX (1967).
7. *Pressure Transient Testing Methods,* Reprint Series No. 14, SPE, Richardson, TX (1980).
8. van Everdingen, A. F. and Hurst, W.: "The Application of the Laplace Transformation of Flow Problems in Reservoirs." *Trans.* AIME (1949) **186**, 305–24.
9. Martin, J. C.: "Simplified Equations of Flow in Gas Drive Reservoirs and the Theoretical Foundation of Multiphase Pressure Buildup Analyses," *Trans.*, AIME (1959) **216**, 309–11.
10. Wattenbarger, R. A. and Ramey, H. J. Jr.: "An Investigation of Wellbore Storage and Skin Effect in Unsteady Liquid Flow: II. Finite Difference Treatment," *Soc. Pet. Eng. J.* (Sept. 1970) 291–97; *Trans.*, AIME, **249**.
11. Dietz, D. N.: "Determination of Average Reservoir Pressure From Buildup Surveys," *J. Pet. Tech.* (Aug. 1965) 955–59; *Trans.*, AIME, **234**.
12. Al–Hussainy, R., Ramey, H. J. Jr., and Crawford, P. B.: "The Flow of Real Gases Through Porous Media," *J. Pet. Tech,* (May 1966) 624–36; *Trans.*, AIME, **237**.
13. Wattenbarger, R. A. and Ramey, H. J. Jr.: "Gas Well Testing With Turbulence, Damage and Wellbore Storage," *J. Pet. Tech,* (Aug. 1968) 877–87; *Trans.*, AIME, **243**.
14. Ramagost, B. P. and Farshad, F. F.: "p/z Abnormally Pressured Gas Reservoirs," paper SPE 10125 presented at the 1981 SPE Annual Technical Conference and Exhibition, San Antonio, Oct, 4–7.
15. Miller, C. C., Dyes, A. B., and Hutchinson, C. A. Jr.: "The Estimation of Permcability and Reservoir Pressure From Bottom Hole Pressure Build–Up Characteristics," *Trans.*, AIME (1950) **189**, 91–104.
16. Horner, D. R.: "Pressure Build–Up in Wells," *Proc.*, Third World Pet. Cong., The Hague (1951) Sec. II, 503–23.
17. Matthews, C. S., Brons, F., and Hazebroek, P.: "A Method for Determination of Average Pressure in a Bounded Reservoir," *Trans.*, AIME (1954) **201**, 182–91.

第三十九章　油气藏开发方案

Steven W. Poston, Texac A & MU.[1]　　　　漆文远　译

一、引　　言

下面有关确定油藏或气藏合适开发方案的讨论，是石油工业界当今思路的总结。自从R. C. Craje 为 1962 年版本手册撰写本章以来，情况发生了极大的变化，当时，原油和天然气的价格很低，石油工业界主要关心从油田中如何采出所有可采储量。

现今的经济情况已经改变了我们的观点，即认为最重要的是需要有一个合理而有效的开发方案，以便有次序地开发一个油气田。通过储量的投标竞争常常可以成功地开发一个油气田，至少是靠打最少量的井从地下采出最多的储量。

油气的勘探活动原先主要集中在几乎未勘探的地区进行。找到大油气田的概率很高，并且发现新油田后投资可以多倍回收。通过 25 年的集中勘探，一部分大的油气田已经发现。现在勘探油气的公司增加了，但同时油气田却更难找了。现在石油工业是竞争很激烈的工业，几乎没有犯错误的余地。换句话说，竞争的条件已经发生了变化。

在过去 20 年，关于合理开发油气田的新技术和新思路已经得到发展。现在已经认识到井间生产层段的连续性要比以前想的重要得多。在试井分析技术方面已经取得进展，工程师和地质师通过试井分析已经能够估计油藏的大小和在井间的连续性。由于地震技术的改进，地球物理学家在布置井位以有效开采油气藏方面起着日益重要的作用。

从事油气田开发的人员必须运用地质、工程和经济的基本知识。另外，有必须运用更高级的技术，以便制订一个实际可行的开发方案。但是，当开始开发一个油气田时，会有许多问题需要仔细考虑，并应当与同事们讨论。其思考过程如下。

打这口井是开发证实储量，概算储量，还是可能储量？　在油气田中都钻开发井开发证实储量与钻探边井确定油气田边界，二者极为不同。对于探明概算储量或可能储量的井来讲，必须比油田内部的开发井设计更大的储量，已探明储量的钻井常常考虑投资回收利润比较低。但是，如果钻井找不到烃类聚集的风险增大，则报偿必须更大。要对一口井钻还是不钻作出决策，不仅取决于投资回收的利润，而且还取决于遭受风险的程度。

要解决这些问题需要综合应用石油工业中所有的学科。储量的确定性愈大，所需要的地质和工程评价工作量就愈少。

储层岩石和流体性质如何？　开始洁净的、发育好的砂岩油气田与开发如 Texas 州 Austin 白垩区的低孔隙度和低渗透率砂岩油气田大不相同。孔隙度高，渗透率高，原油粘度低，可以用高速度和大井距开发油田。由于单井控制开采的储量大，常常不需要认真研究单井最小经济控制储量。

对连续而均质的砂岩油田，开发钻井可以快速连续进行；而对于被页岩隔开而又不知道

---

[1] 1962年版本章作者是Rupart C. Craze。

页岩横向延伸范围的多油层油田则不能这样作。一口井在延伸面积不清楚的多层砂岩产层中完井后应投产一段时间，了解它的实际产能有多大。在这种油田中的加密钻井应只有等实际产量确定了全部工作的经济价值以后才能在这样的油田上扩展钻井工作。

在钻井前要了解地质预测结果，以提供可能完井的油层数目，并确定应该完井的井段位置。应根据这种认识预测合适的井距。

驱动类型常决定开发井的井位。如果预测是水驱，则开发井应尽可能布置在构造的上倾部位。但是，如果为膨胀气顶驱动，那么把开发井布置构造上倾部位将会是一场灾难。从油藏工程评价中获得有关驱动类型的信息。

地面环境如何？ 从油田开发考虑，东西得克萨斯州钻一口浅井和在北海钻一口侏罗系井是完全不同的。海上钻井常用平台钻机。平台上的井孔数有限，一旦钻机移开，如果产生新的想法，由于费用昂贵，要把钻机再搬回来是不可能的。

需要何种地面设施？ 如果说没有生产设施维持油井生产，钻海上开发井就没有意义了。海上生产设施的成本可能比储量的价值大很多。在陆上某一地区钻井，由于可能显著降低成本，生产设施的成本可能只占储量价值的一小部分。

用什么方法销售产品？ 天然气必须用管道运输，而原油必须用油罐车或油轮运到油站。油井收益一般从完井开始，而气井则必须等到安装好管道以后。开发油田和气田的现金流动状态一般因产品的类型的不同而有很大的差别。

成本与边际利润之间的关系如何？ 经营者的边际利润将由于地理位置和矿场类型的不同而有很大变化。另外，大公司的管理成本可能比小公司大。由于公司建有巨大的稳定现金流动，其资本成本可能比较低。国外的边际利润一般要比美国油气销售的边际利润低很多。

除这里所讨论的以外，读者还会看到其它方面的不确定因素。但下面将重点讨论在制定油气藏开发方案方面油田开发人员应当牢记的几个重要问题。这里既没有现成的模式可用，也没有实践证明的实际规律可循。要针对特定的具体条件开发好一个油田，必须综合应用油田开发方面的多种技术学科。

二、油与气的不同点

1. 销售方法

油田和气田的开发方案通常遵循不同的途径，这不仅是因为它们的最佳开发方式不同，而且因为油气的销售方法不同。

原油是相当稳定的物质，而且是液体，很容易装到某种类型的容器中，运到销售地点。容器通常为大气压力或接近大气压力。容器可以是油罐车、油轮或管道，在大多数陆上矿区，生产设备一旦安装上，便可立刻开始销售。另外，因为油是可装的，运输又容易，因此原油的买主并不总是固定的。

天然气必须贮存在某种类型的容器内，以便消散到大气中。天然气具有高度压缩性，容器能承受的压力越大，需要的容器越小。由于经济上的原因，天然气必须通过管道输送。管道公司必须得到保证，气田有足够的储量，足以证明铺设管道的投资是合理的。这些基本建设投资通常要求参股各方长期承担义务。

所谓有足够的证明铺设管道的投资合理性的储量，是指被证实的储量。因而发现的气田获得的收益以前必须钻一定数量的井。而作业者必须钻足够的气井，以便在合同期间保证供应合同规定的供气量。

在生产油的情况下，如果储量不能证明铺设管道的投资是合理的，原油可以用油轮或油罐车运送。当用油罐车或油轮运输原油时，作业费用要高些，但与铺设管道相比，基建投资是微不足道的。

一个油田的开发钻井常可以比气田以更为灵活的方式进行。一般说来，开发气田所需要的投资比开发同样储量的油田要大，因为输送天然气必须用管道，而运油可用无需大量投资的油轮或油罐车。

2. 最佳开发技术

开发一个油藏与开发一个气藏有一些基本的不同点。下面就讨论这些不同点。

油藏　在开发一个油藏过程中应当作出各种努力尽量保持油藏压力。油藏压力高，就不需要安装某种人工举升系统或采取某些人工升举方法提高产量。活跃水驱和气顶膨胀都可以保持油藏压力，将油驱向井筒。这两种驱油机理都可以在相当高的废弃压力下降低含油饱和度。

气藏　天然气的压缩性要比相对不可压缩的原油高出1000倍。由于天然气有这样高的压缩性，仅靠气体膨胀作用就能采出气藏中的大部分储量、事实上，通过降压开采一个气藏，可以达到80%的最终采收率，即采出80%的原始天然气地质储量，即使这样，剩余的天然气饱和度可能仍然很高。相反，如果天然气被推进水的前缘所圈闭，则由于气体的压缩性高，即使残余气饱和度相当低，在较高的气藏压力下也会圈闭住大量的天然气量，从而将大量的天然气留在地下。

例题1—干气藏　表39.1给出的例子表明一个理论干气藏驱动机理类型对其最终采收率的影响。在有水浸的情况下，假定水是均匀侵入气藏的。虽然这种假设在实际开发作业过程中未必是真实的，但是这一实例证明需要在低压力下废弃气藏的必要性。

表39.1　驱动机理对采收率影响的例子

$V_R = 6400$ 英亩-英尺

$\phi = 22\%$

$S_w = 23\%$

$S_{rg} = 34\%$

$G = 8.878 \times 10^9$ 标准英尺^3

压力(磅/英寸^{2}绝对)	标准英尺^3/英尺^3	累计产量(10^9标准英尺^3)	
		定容油藏	水驱油藏
3150	188		
2500	150	1.8	5.8
2000	120	3.2	6.4
500①	28	7.6	-

①注：由于侵入水补充了能量，达不到低的气藏压力，因而废弃时 B_g 将比较高。

由于受气藏低压下天然气地层体积系数的影响，降压开采可以采出更多的天然气。

前面的讨论表明，开发油藏时可从如何逐渐地、从容地进行，而开发气藏时则必须着眼于最大限度地提高气藏产量以促成降压开采条件的产生。为制订开发方案，必须完成两个基本步骤，它们是（1）储层特征描述；（2）在不同的开采方式和作业条件下预测油气藏的动态。

三、油气藏特征描述

1. 地质研究

古环境解释 油气藏边界和油气藏内部孔隙度与渗透率的可能变化，可通过研究从探井与评价井中取得的测井资料和岩心来推断。从这些研究中所取得的认识，对于开发钻井设计早期确定井位有很大帮助。通常，油气藏的生产特征只有在油气田油气藏开发一段时间以后才能知道。

储层岩石的性质常常反映在沉积记录中。在钻探油气时，沉积剖面被钻穿。沉积物性质可由测井或岩心分析推断。多年来，地质家们已经研究并将现代发生的沉积过程与储层岩石的古环境联系起来。已经证明，每一种沉积过程都有其特有的孔隙度和渗透率分布，而且有其合理地可预测的延伸范围。

根据沉积剖面的测井和岩心分析对可能的古环境所做的解释，在油田开发的早期可能具有无可估量的价值，下面简要讨论地质解释工作。

关于碎屑岩的演变已经发表了大量的研究论著。碎屑岩（主要是砂岩）的储层特征通常与沉积的历史有很大关系。因此，所做出的预测解释具有某种可信度。

对碳酸盐岩知道较少。形成碳酸盐岩储层的沉积过程的化学性质及其慢长的成岩作用历史常使储层特性的真实性质朦胧不清。为了识别碳酸盐岩储层的性质，常需要大量的资料，也就是说需要钻相当数量的井。

碎屑岩油气藏 通过研究穿过目的层的电测剖面和分析从目的层中取得的岩心，可以估计沉积环境〔1～3〕。对这些古环境所做的解释是从研究现代沉积环境中推论出来的，关于现代河流、三角洲和滩的特性，在有关文献中已经作了很好的说明〔4～6〕。

Bernard 和 Leblanc〔7〕将主要的沉积环境划分为大陆、过渡带和深海几种。大陆和深海沉积不含有广泛分布的油气聚集，因此不作进一步讨论。过渡带沉积可划分为海岸、三角洲之间的环境和三角洲环境。海岸、三角洲之间的地区通常由线状的、相当窄的砂滩组成，它们向着大海方向延伸，先到正常环境，然后到深水环境。组成正常海相环境的砂，通常粒度很细，而且沉积时混有很高百分比的泥质。正常海相沉积的渗透率一般都很低，因而排除了商业性油气沉积的高发生率〔8〕。深水海相沉积绝大多数由页岩组成，总的说来是不出油气的。

最普通而且最重要的含烃砂岩储层是三角洲成因的。这些沉积物通常是在高能量并时有涨落的环境中沉积的。在钻探油气作业最常遇到的三角洲环境中，发现三角洲坝和分流河道沉积是最占优势的两种沉积环境，而近海砂坝可能在三角洲前缘区发现。

三角洲砂坝层序的典型特点是从底部浅海相泥岩开始，通过一个剖面，显示出砂粒自下而上粒度逐渐变粗。这种砂子粒度向上逐渐变粗是由于三角洲超越海相泥岩逐渐向前推进所致。看来高能量的特征是在垂向上增大。一个典型电测曲线剖面表现出从泥岩（较深水）开始砂量向上逐渐增加〔9〕（见图 39.1）。剖面包含有交错层、波痕层理和相当数量的石英。三角洲砂坝砂的粒级向下变为三角洲前的粉砂和泥岩，向上变为富含有机质的、淡水和半咸水的泥岩。即使包含有厚的沉积层序、三角洲砂岩的延伸范围也是有限的。储层的垂向连续性可能会由于在三角洲前缘层序中出现大量泥夹层而受到限制。

分流河道搬运沉积物到三角洲前缘。分流河道以各种弯弯曲曲的流道切割三角洲。虽然它们仅构成沉积记录的一小部分，但这些沉积物经常横切三角洲及近海砂坝的砂岩储层，使本来就是非均质系统的储层增加了不连续性。图 39.2 所示是南路易斯安那海上南 Pass27 油田中这种不连续的例子。该油田属于密西西比河前沉积生成的砂岩／泥岩层序。注意河道是如何切割以前沉积的沉积物而形成一个与原沉积分开的油藏的。

分流河道沉积物最初是在高能量环境中沉积的，因而向着剖面的底部呈现出较粗的粒度。从图 39.1 中可以看出砂子粒度分级的影响。这些沉积物的特点是盒状测井曲线部分有很高的含砂量。典型的砂的分级是从泥岩到很洁净的砂岩是陡然变化的，然后向上逐渐增加泥／砂比。沉积平行于沉积物源。

海岸线或屏障岛砂岩的层序一般表现为由正常的海相泥岩逐渐向上变为纹层状砂岩。这种剖面可能被风成沙丘砂岩所覆盖，这是自然发生的海岸线的一个组成部分。砂子的粒度一般向上变粗，分选好，而且砂的石英含量很高。波浪的活动将阻力较小的长石减小到粘土粒度级的颗粒，从而被搬运到低能量地区。沉积垂直于沉积物源[11]。砂体极少含页岩纹层，并且它们的特点是横向连续性极好[12]。屏障砂坝最下面一层是由砂、粉砂和泥质组成的交互层。第二层是由生物扰动的厚砂岩层序组成。再向上一层是由覆盖在海滩或屏障砂坝上岸面上的纹层状砂组成。最上面一层一般由氧化的风成沉积物组成[13]。

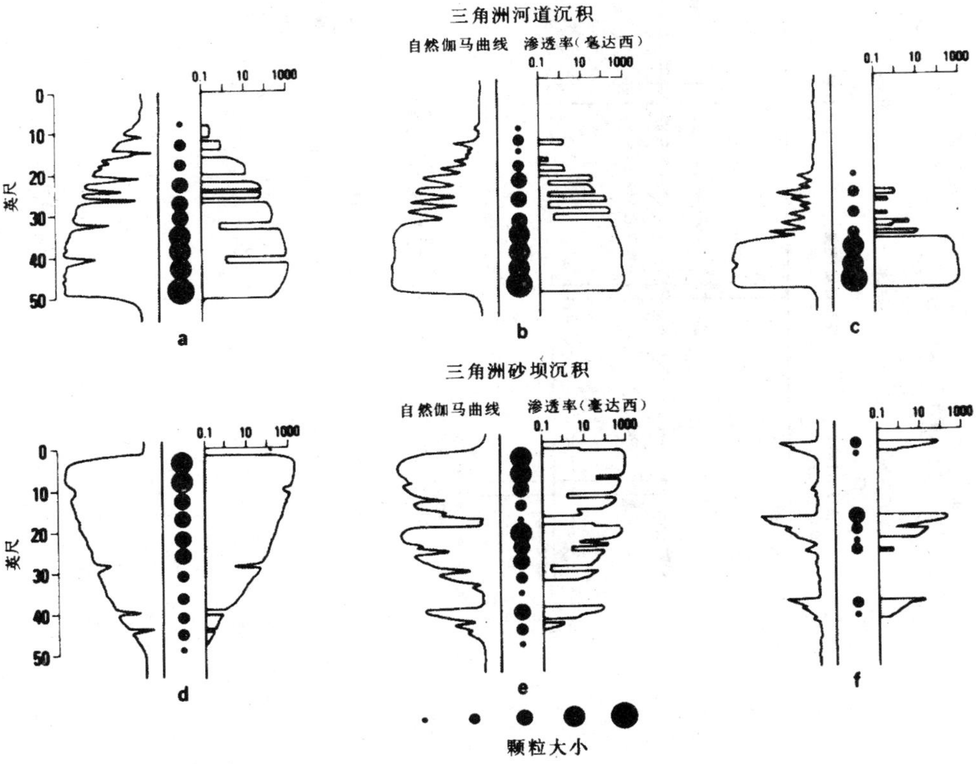

图 39.1　砂坝和河道沉积的理想化的孔隙度和渗透率剖面图

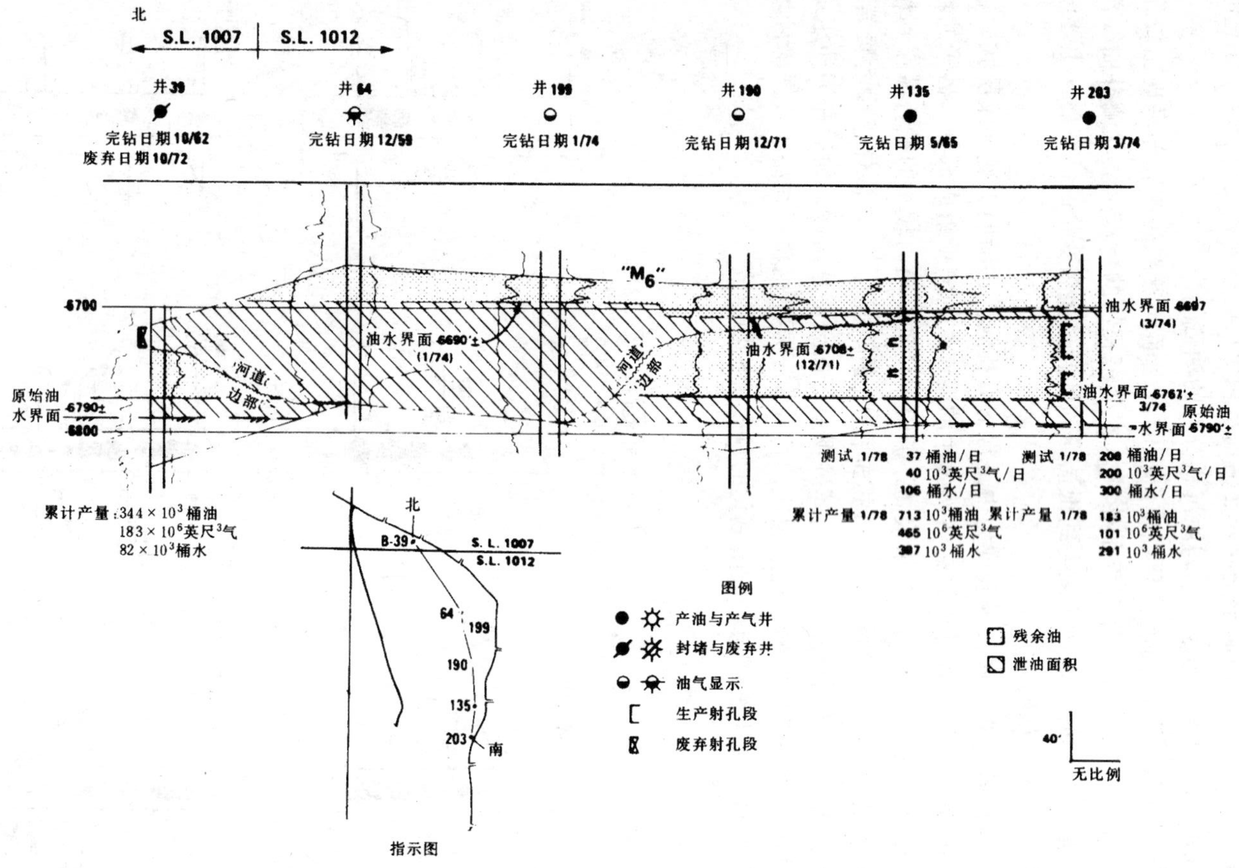

图 39.2　河道砂岩和内部砂岩储层的不连续性

屏障砂坝储层为勘探油气提供一个极好的机会。储层一般由泻湖粘土覆盖，从而形成一个极好的圈闭。屏障砂岩一般显示出高度的内部连续性，而且沉积平行于海岸线。

碳酸盐岩油气藏　碳酸盐岩油气藏在性质上完全不同于砂岩油藏。砂岩储层的组成主要是沉积环境的产物；而碳酸盐岩储层不但是沉积环境，而且是沉积后发生的机械过程的产物[14]。由于形成过程的多样化造成的非均质性，会形成极复杂的油气。图 39.3 所示的 Means 油田即为一例[15]。注意油田的非均质性。碳酸盐既可以在浅水海相环境中沉积，也可以在深水海相环境中沉积。油田范围可以从小到英亩（尖顶礁）到大到区域性规模（碳酸盐滩）。Jardine[16] 讨论了碳酸盐岩油田如何会在各种各样的沉积环境中形成。

生物尖顶礁　生物尖顶礁的一般特点是规模比较小，隆起辐度高。礁在堆集的最外面部分含有高百分比的骨骸物质。礁的内部由细粒物质组成，孔隙度和渗透率外面部分的低。

生物层礁　生物层礁是在沉降不快的盆地中形成的，延伸范围可达数百英里^2。与生物尖顶礁一样，生物层礁含有高百分比的骨骸物质。礁中有水平层理出现。

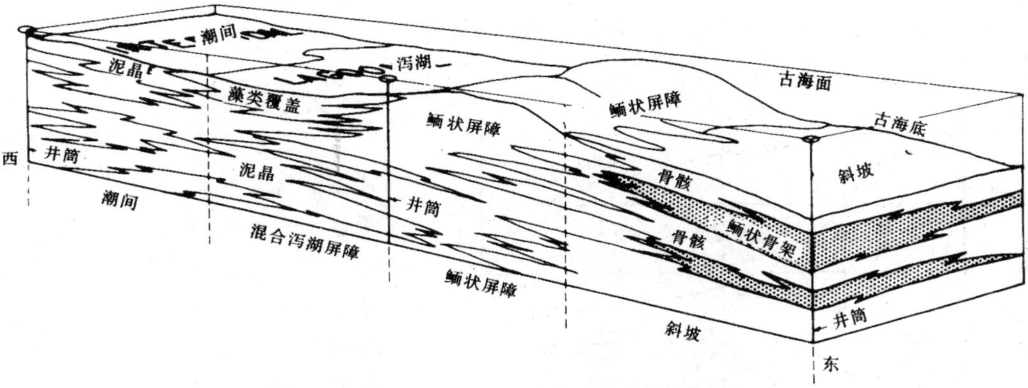

图 39.3　Means 油田图示意图

陆棚碳酸盐岩　陆棚碳酸盐岩通常是席状或板状，由含百分比的骨骸物质组成，被细粒物质包围。

近岸沉积　近岸沉积通常具有薄而且范围有限的性质，且一般为细粒的。这种类型的沉积物对油气生产的意义很小。

图 39.4 总结了各种碳酸盐岩沉积的特性。注意孔隙度的不同类型和影响储层质量的过程。

碳酸盐岩沉积中油气田的开发需要研究化石含量、所有沉积的后变化以及孔隙空间的特征。这类油气藏常常显示两个不同的孔隙度—渗透率系统。

页岩夹层的延伸范围　在发现油气田之后很快知道砂岩体的可能横向组成对制定将来的开发钻井计划很有帮助。Weber[17] 将主要由 Zeito[18]、Verrien 等人[19] 和 Sneider 等人[20] 所作的研究成果综合起来绘制成图 39.5。该图总结了关于估计沉积环境对砂岩储层中页岩夹层延伸范围影响所取得的成果。注意，在海相砂岩中页岩夹层延伸范围最大，而在分选差的点状砂坝和分流河道中页岩夹层的延伸范围最小。当然，生产层段对比得愈广泛，预测将来的生产方式愈容易。很多河道和点状砂坝是在广泛变化的环境中沉积的，井间对比如果说不是不可能的，也往往是很困难的。在油气田开发早期认识页岩夹层的可能延伸范围，对于确定井位有极大的帮助。

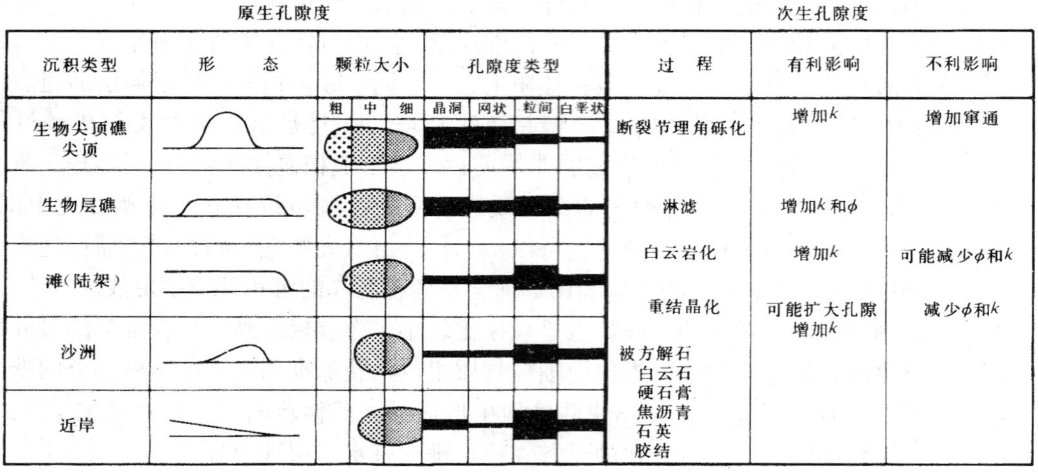
原生孔隙度
次生孔隙度
沉积类型
形 态
颗粒大小
孔隙度类型
过 程
有利影响
不利影响
粗
中
细
晶洞
网状
粒间
白垩状
生物尖顶礁尖顶
生物层礁
滩(陆架)
沙洲
近岸
断裂节理角砾化
增加k
增加窜通
淋滤
增加k和φ
白云岩化
增加k
可能减少φ和k
重结晶化
可能扩大孔隙
增加k
减少φ和k
被方解石
白云石
硬石膏
焦沥青
石英
胶结

图 39.4 各种类型碳酸盐岩储层中孔隙度的分布

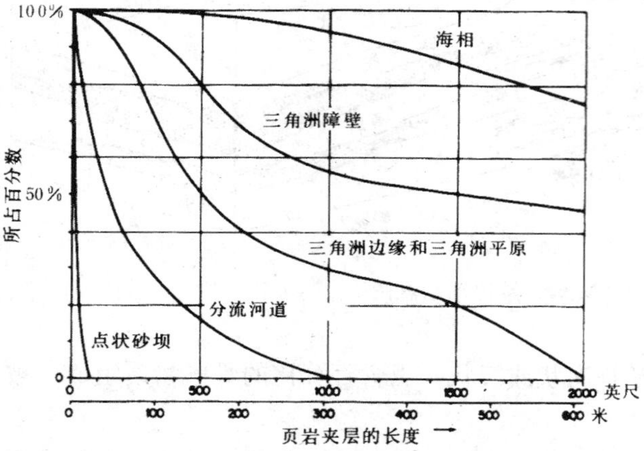

图 39.5 页岩夹层的连续性

2. 工程研究

生产层在井内的连续性是成功开发油气藏基本潜在储量的主要因素之一。当发现一个油气田的砂岩在生产井之间不连续时，常常需要补钻开发井。Stiles[21]首先从工程意义上注意到由于岩石非均质性而造成的油气藏内流体运动的差别。50 年代和 60 年代在西德克萨斯州的一些碳酸盐岩油藏实施了很多注水工程，注水见效很差，因而对常见的储层不连续性进行了大量的研究工作。参考文献〔15〕和〔22～25〕对其中某些研究作了很好的综述。通过地质和油藏工程研究可以定量确定邻井间的不连通程度，并且可以达到一定的可信度。下面讨论大家比较熟悉的估计储层连续程度的技术。

有效厚度／有效连通厚度比 沉积岩内的不规则性常常造成井间产层的不连续。通过对比邻井间的各产层，可以认识它们的不连续程度。如果在一口井中见到某一个具体的砂岩产层，而在另外一口井中见不到，这就叫作不连续。已知随着距离的增大，砂岩变为不连续的越多。在 Stile 的一篇文章中讨论了砂岩生产层段在井内连通程度的一种估计方法[23]。井间连续性定义为与其他井相连的出油砂岩在总有效砂岩体积中所占的比例。

一个产层当在两口井之间可以对比时就定义为是连续的，如果不能对比，就是不连续的。按成对的井进行对比，最后就可以得出一个数字，总结储层连续性随距离增大而降低的情况。图 39.6 是这些研究中的成果之一[26]。注意，连续性随井距的增大而降低。该图证明，在 Means 油田中进行加密钻井时，发现产层的连续性所占的比例比预计的大得多。

Stile 在 Fullerton–Clearfork 开发单元进行的同类调查表明，油藏的连续性为 0.72。这一估计与油田物质平衡相比十分接近。

最近发表的一篇文章〔27〕表明，用物质平衡法和用容积法对 Meren 油田一些油藏所估算的地质储量十分接近。在 Meren 油田对这些相同的油藏进行的砂岩对比表明，连续程度接近。从这些研究中可以推测，从整体说来这些油藏是均匀连通的，再进行加密钻井很可能不会发现多少不连续砂岩。但是，在 Fullerton–Clearfork 开发单元加密钻井会取得丰硕成果，因为穿透从前未出过油的砂岩的机率高。

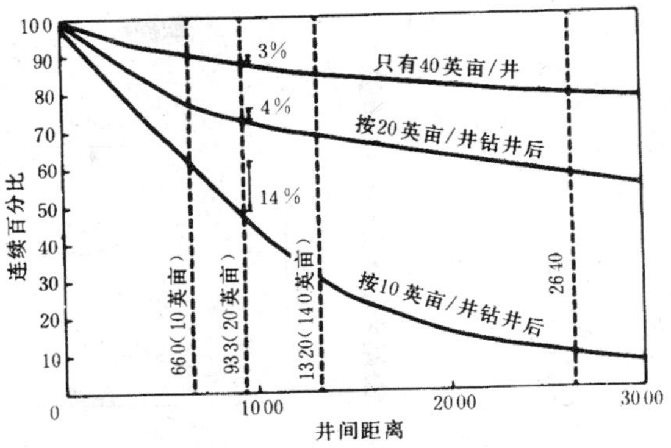

图 39.6 Meas 油田的连续产层

物质平衡研究 容积法估算储量的结果可与物质平衡法估算的结果相比较。物质平衡估算结果是流体通过连续产层运动而生产的产量的函数。容积法计算是以砂岩有效厚度图为依据的，往往不可能考虑砂岩不连续性对生产的影响。这两种计算结果的差别，可以给出一个具体油藏的不连续程度概念。Stile〔23〕在研究 Fullerton–Clearfork 开发单元时应用了这个概念。物质平衡法估算的原始地质储量为 7.38 亿桶，容积法估计的为 10.03 亿桶。物质平衡法估算结果与容积法估算结果的比值为 0.72。这样的连通程度表明，实施加密钻井工程可以成功地增加产量。

计算机模拟方法 油藏模拟研究，简单地说，就是物质平衡技术的扩展。但是，应用油藏模拟程序可以考虑油藏内部各区块的生产特点及岩石特征。油藏模拟的详细内容在第 51 章中叙述。

Weber〔28〕的研究是利用岩心和测井解释原理，帮助确定古环境的一个极好的例子。这些解释随后用于编制计算机模拟程序，从而以高度的精确性将 Obigbo 油田 D1.30 油藏典型化。图 39.7 所示是油藏的典型测井曲线。注意，将生产层段区分为四种独立的沉积环境。每一种沉积环境由生产特征不同的层段代表。在穿过 D1.30 砂层段的每口井的剖面中注明了这些沉积环境的变化。岩性分析表明了每一沉积单元呈现的渗透率范围。根据这些作法绘制了全油藏的渗透率分布图。由于应用了这一沉积模式，因而以高的可信度进行了油藏内的泄油方式模拟。

干扰试井 油藏压力分析是在石油工业中应用多年的油藏评价方法。一组井中压力的相似性通常有助于证明或否定井间的连通性。一口个别井的压力异常，往往初步表明油藏方法隔离开。进一步研究会发现存在以前未曾发现的断层，将这口井隔开。有时即使已知有断层隔开。但各井中却具有相似的井底静压。这种压力的相似性是由于每口井的生产使油藏压力的降低达到相同的程度所致。必须在各对井之间进行不稳定压力试井，以便估计井间的连通程度。

一口井的产量或注入量的改变，会对相连通的观察井的压力产生影响。对这种影响进行研究，称作“不稳定压力”或“干扰”试井。通过长时间地改变一口井的产量或注入量进行的试井是干扰试井，而通过很短时间地改变一口井的产量或注入量进行的试井叫脉冲试井。文献〔29〕对这两种方法作了详细介绍。

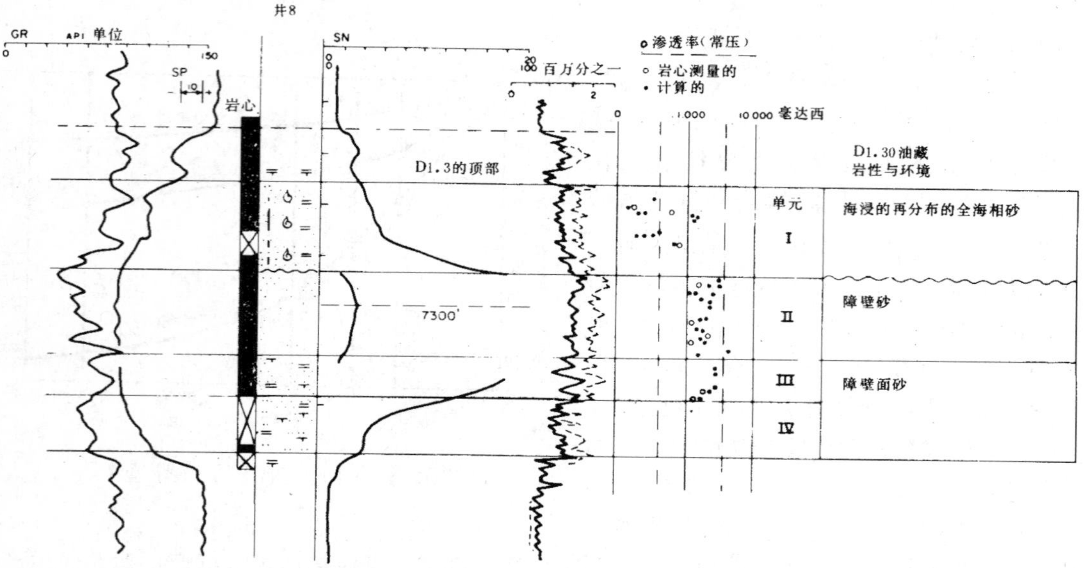

图 39.7　Obigbo 油田 D1.30 砂岩的典型测井曲线图

干扰试井改变产量或注入量的时间比较长。如果井间是连通的，则在观察井中将观察到产量变化的影响。当然，如果在观察井中没有看到有压力波动，则会假认为井间是不连通的。

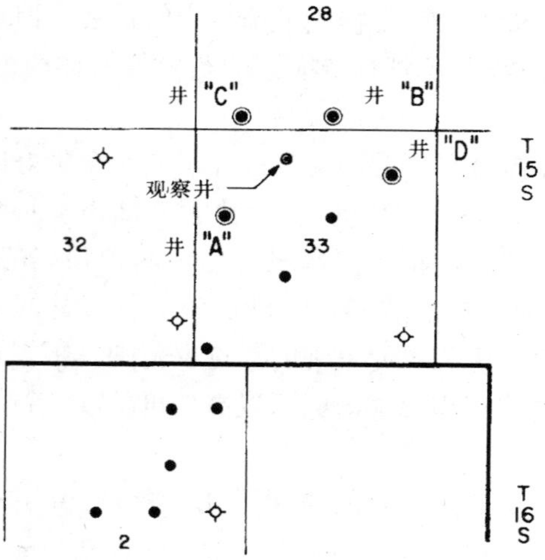

图 39.8　干扰试井方案

干扰试井的油田应用在文献〔30〕中有很好的记载。在新墨西哥州 Lea 县的 North Anderson Ranch 油田，规定每口井的控制面积是 40 英亩。决定进行工程研究，估算油田的单井实际泄油面积。用四口井生产，在中央观察井中看到了所造成的压力降（见图 39.8）所示为布井方案。四口周围生产井生产 165 小时后，在中央观察井观察到的压力降为 11 磅／英寸^2。用扩散方程计算了类似条件下所预计的压力降。理论上预测的压力降为 12 磅／英寸^2。应用干扰试井所得到的结果表明，单井泄油面积大大超过初期估计的 40 英亩。接单井控制面积 80 英亩进行钻井将会达到相似的采收率，从而大大减少要钻的井数。

脉冲试井往往比干扰试井更方便〔31〕。应用高精度压力计加上独特的设计，通常在 1～2 天内即可完成脉冲试井。产量或注入量的微小变化能够向观察井传送一个脉冲，并被在观察井中的高精度压力计记录下来。可以应用与前面讨论的干扰试井相类似的方法解释脉冲试井结果，判断油藏的非均质性。但由于应用高精度压力计，进行脉冲试井所需要的时间要短得多。Ramy[32] 讨论了应用脉冲试井确定油藏非均质性的技术。

3. 三维地震技术

三维（3D）地震技术是地震资料采集和处理的一个系统，通过解三个正交波动方程偏移可以发展和显示恰当的垂直图象。三维方法是在开发前能更好地作出地下构造图并确定油田形态的有用技术。根据所获得的详细结果，可以在油田发现以后很快精确地画出油藏的断层边界和地层尖灭边界图。这样就会减少评价井数，并在油田开发早期更可靠地估算油田储量。知道了这两方面的重要情况将会对总体钻井计划产生重要影响。

这种方法的成本要比常规的地震技术高得多，但据估计，一口评价井的成本即可做 100 平方英里的地震覆盖[23]。三维方法比大家熟知的二维（2D）技术提供的构造清晰度大得多，其理由如下[34~38]：

(1) 垂直和水平反射图象的位置更精确。另外，可提供任何深度和任何方向的垂直和水平剖面。

(2) 消除了绕射波。

(3) 通常因散射问题而损失的信号强度得到恢复。

(4) 增加控制点密度可以更精确地作图。

(5) 大量的数据可改善估计近地表校正和速度的统计基础。

在泰国海湾进行的一次研究是使用三维地震方法评价远景地区和帮助制订钻井计划的一个特别有意义的例子。三口探井（野猫井）揭示可能存在商业规模的天然气储量。这一远景地区可能是一个断裂带，需要用一些评价井来评价在这一几乎尚未勘探过的地区。一个 120 平方公里的地区进行了炮点间距为 100 米的三维地震勘测。这计划的实现对这一巨大的构造提供了更大的清晰度与以前显示的相比，断裂起着更为重要的控制作用，同时也帮助证实了这一远景地区。

图 39.9a 和 39.9b 比较了应用常规二维取得的构造解释和用三维垂直偏移作出的构造。

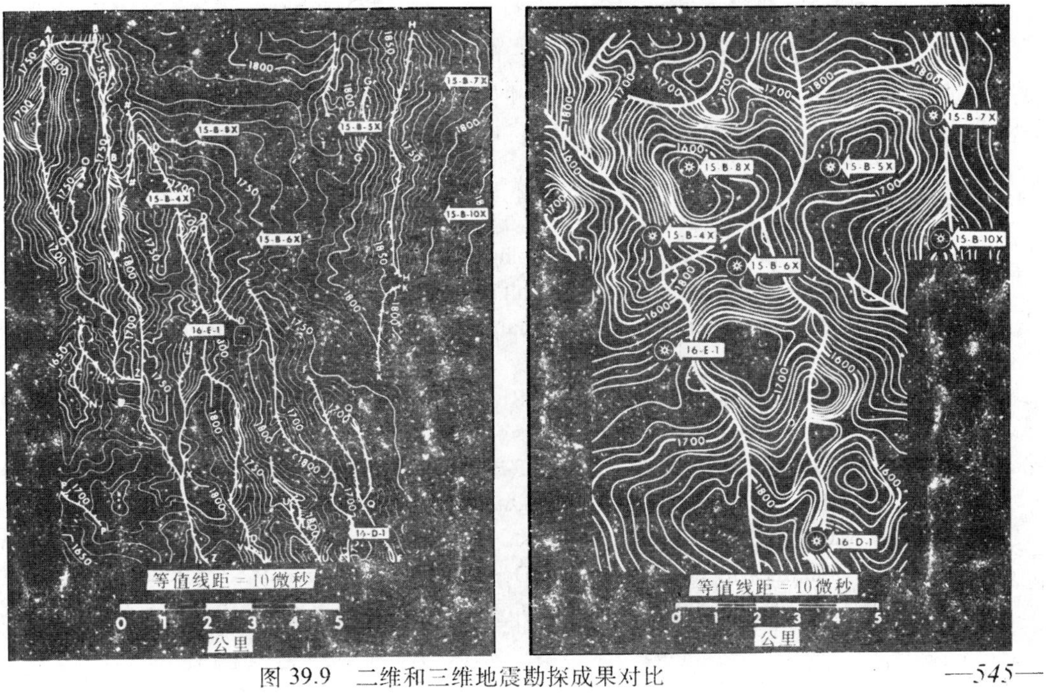

图 39.9　二维和三维地震勘探成果对比

注量，构造的复杂性增加了。三维地下构造解释的清晰度来源于这一过程具有更明显的集中性质。二维解释给出的图象比较模糊和失真，是因为采样较粗，统计处理效果差。

在特立尼达[40]海上进行了一次三维地震勘探，改变了平台的位置和一个远景构造的钻井计划，并终止了另一个远景构造的开发，而先对另一个断块进行补充勘探。

四、油藏动态预测

如前所述，当在取得足够的油藏特性数据以后，必须选择一个开发方案。在最终选定开发方案之前，需要确定在各种开采方式下的油藏动态。油藏工程师用以预测油藏动态的现代工具是油藏模拟程序或数字模型（见第五十三章）。有关模拟的步骤及模拟取得的结果扼要介绍如下。

数据准备

(1) 为模拟研究选用合适的模拟模型——即黑油模型，组分模型，二维模型，三维模型等等。

(2) 将油藏划分为若干单元，即建立油藏的模拟网格系统。

(3) 对每一模拟单元赋于岩石性质、几何形状、原始流体分布和流体性质。岩石性质包括渗透率、孔隙度、相对渗透率、毛管压力等等。单元几何形状包括深度、厚度和井位。如果需要，可用常用的 PVT 资料和相态资料对流体性质加以说明。

(4) 给定各井的产量和（或）注入量曲线，以及必须维持的各井的限制条件。

动态预测 如果尚没有生产历史资料可用，下一步是进行必需的计算机运算，求得到作为时间和不同开发方案函数的各井和整个油藏的生产动态。

如果有生产历史资料可用，那么第一步是拟合历史动态。计算油藏动态，并将计算结果与各井的现场记录史相对比。如果二者的符合情况不能令人满意，则可调整数据（如相对渗透率、渗透率、孔隙度、水体等），直到得到满意拟合为止。然后用模型预测各种开发方案的油藏动态。

总之，油藏工程师要通过模拟求得不同开发方案的油藏动态，其中包括各种驱替机理（如注水或注气、混相驱等），不同的井数和井位，以及各种产量的影响。然后应用油藏动态进行适当的经济分析，选定最优的开发方案。

参 考 文 献

1. Krueger, W. C. Jr.: "Depositional Environments of Sandstones as Interpreted from Electrical Measurements—An Introduction." *Trans.*, Gulf Coast Assoc. Geol. Soc. (1968)XVIII, 226—41.
2. Selly, R. C.: "Subsurface Environmental Analysis of North Sea Sediments," AAPG (Feb. 1976) **60**, No. 2, 184—95.
3. Berg, R. R.: "Point Bar Origin of Fall River Sandstone Reservoirs, Northeastem Wyoming," AAPG(1968) 2116—22.
4. *Sedimentary Environments and Facies,* H. G. Reading (ed.), Elsevier Press, New York City (1978).
5. Reineck, H. E. and Singh, I. B.: *Depositional Sedimentary Environments,* second edition, Springer—Verlag Inc., New York City (1975).
6. Scholle, P. A. and Spearing, D.: "Sandstone Depositional Environments," AAPG (1982)Memoir 31.
7. Bernard, H. A. and LeBlanc, R. J.: *Resume of Quaternary Geology of the Northwestern Gulf of Mexico*

Province, Princeton U. Press, Princeton, N. J. (1965) 137–85.

8. Berg, R. A.: *Studies of Reservoir Sandstones,* Prentice Hall, Englewood Cliffs, N. J. (1985).
9. Sneider, R. M., Tinker, C. N., and Meckel, L. D.: "Deltaic Environmental Reservoir Types and Their Characteristics," *J. Pet. Tech.* (Nov. 1978) 1538–46.
10. Hartman, J. A. and Paynter, D. D.: "Drainage Anomalies in Gulf Coast Tertiary Sandstones," *J. Pet. Tech.* (Oct. 1979) 1313–22.
11. Pryor, W. A. and Fulton, K.: "Geometry of Reservoir–Type Sandbodies in the Holocene Rio Grande Delta and Comparison With Ancient River Analogs," paper SPE 7045 presented at the 1978 SPE / DOE Enhanced Oil–Recovery Symposium. Tulsa, April 16–19.
12. Poston, S. W., Berry, P., and Molokowu, F. W.: "Meren Field–The Geology and Reservoir Characteristics of a Nigerian Offshore Field," *J. Pet. Tech.* (Nov. 1983) 2095–2104.
13. LeBlanc, R. J.: "Distribution and Continuity of Sandstone Reservoirs–Parts 1 and 2," *J. Pet. Tech.* (July 1977) 776–804.
14. Harris, D. G. and Hewitt, C. H.: "Synergism in Reservoir Management–The Geologic Perspective," *J. Pet. Tech.* (July 1977) 761–70.
15. Kunkel, G. C. and Bagley, J. W. Jr.: "Controlled Waterflooding, Means Queen Reservoir," *J. Pet. Tech.* (Dec. 1965)1385–90.
16. Jardine, D., *et al.*: "Distribution and Continuity of Carbonate Reservoirs," *J. Pet. Tech.* (July 1977) 873–85.
17. Weber, K. J.: "Influence of Common Sedimentary Structures in Fluid Flow in Reservoir Models," *J. Pet. Tech.* (March 1982) 665–72.
18. Zeito, G. A.: "Interbedding of Shale Breaks and Reservoir Heterogeneities," *J. Pet. Tech.* (Oct. 1965) 1223–28; *Trans.*, AIME. **234**.
19. Verrien, J. P., Courand, G., and Montadert, L.: "Applications of Production Geology Methods to Reservoir Characteristics–Analysis From Outcrops Observations," *Proc.*, Seventh World Pet. Cong., Mexico City (1967) 425.
20. Sneider, R. M., *et al.*: "Predicting Reservoir Rock Geometry and Continuity in Pennsylvanian Reservoir, Elk City Field, Oklahoma," *J. Pet. Tech.* (July 1977) 851–66.
21. Stiles, W. E.: "Use of Permeability Distribution in Waterflood Calculations " *Trans.*, AIME (1949) **189**, 9–14.
22. Driscoll, V. J. and Howell, R. G.: "Recovery Optimization Through Infill Drilling–Concepts, Analysis, and Field Results," paper SPE 4977 presented at the 1974 SPE Annual Fall Meeting, Houston, Oct. 6–9.
23. Stiles, L. H.: "Optimizing Waterflood Recovery in a Mature Waterflood, The Fullerton Clearfork Unit," paper SPE 6198 presented at the 1976 SPE Annual Fall Meeting. Houston, Oct. 3–6.
24. George, C. J. and Stiles, L. H.: "Improved Techniques for Evaluating Carbonate Waterfloods in West Texas," *J. Pet. Tech.* (Nov. 1978) 1547–54.
25. "Application for Waterflood Response Allowable for Wasson Denver Unit," Shell Oil Co., testimony presented before Texas Railroad Commission, Austin (March 21, 1972) Docket 8–A–61677.
26. Barber, A. H. Jr. *et al.*: "Infill Drilling to Increase Reserves–Actual Experience in Nine Fields in Texas. Oklahoma and Illinois," *J. Pet. Tech.* (Aug. 1983) 1530–38.
27. Poston, S. W., Lubojacky, R. W. and Aruna, M.: "Meren Field–An Engineering Review," *J. Pet. Tech.* (Nov. 1983) 2105–12.
28. Weber, K. J. *et al.*: "Simulation of Water Injection in a Barrier–Bar–Type. Oil–Rim Reservoir in Nigeria," *J. Pet. Tech.* (Nov. 1978) 1555–65.
29. Earlougher, R. C. Jr.: *Advances in Well Test Andlysis,* Monograph Series, SPE, Richardson (1977) 5.

264.

30. Matthies, E. P.: "Practical Application of Interference Tests," *J. Pet. Tech.* (March 1964) 249–52.
31. Johnson, C. R., Greenkorn. R. A., and Woods, E. G.: "Pulse–Testing: A New Method for Describing Reservoir Flow Properties Between Well," *J. Pet. Tech.* (Dec. 1966)1599–1602; *Trans.*, AIME **237**.
32. Ramey, H. J. Jr.: "Interference Analysis for Anisotropic Formations–A Case History," *J. Pet. Tech.* (Sept. 1975) 1290–98.
33. Brown, A. R.: "Three–D Seismic Surveying for Field Development Comes of Age," *Oil & Gas J.* (Nov. 17, 1980)63–65.
34. Johnson, J. P. and Bone, M. P.: "Understanding Field Development History Utilizing 3D Seismic," paper OTC 3849 presented at the 1980 Offshore Technology Conference, Houston, May 5–8.
35. Graebner, R. J., Steel, G., and Wason, C. B.: "Evolution of Seismic Technology in the 80's," *APEA J.* (1980)**20**. 110–20.
36. French, W. S.: "Two Dimensional and Three Dimensional Migration of Model–Experiment Reflection Profiles," *Geophysics* (April 1974) **39**, No. 4, 265–77.
37. Hilterman, F. J.: "Interpretation Lessons From Three–Dimensional Modeling," *Geophysics* (May 1982) **47**, No. 5, 784–808.
38. McDonald, J. A., Gardner, G. H. F., and Kotcher, J. S.: "Areal Seismic Methods For Determining the Extent of Acoustic Discontinuities," *Geophysics* (Jan. 1981) **46**, No. 1,2–16.
39. Dahm, C. G. and Graebner, R. J.: " Field Development with Three Dimensional Seismic Methods–Gulf of Thailand–A Case History," *Geophysics* (Feb. 1982) **47**, No. 2,149–76.
40. Galbraith, M. and Brown, R. B.: " Field Appraisal with Three–Dimensional Seismic Surveys–Offshore Trinidad," *Geophysics* (Feb. 1982) **47**, No. 2, 177–95.

第四十章　溶解气驱油藏

Roger J. Steffensen. Amoco Production Co.❶　　王建华　译

一、前　言

如果一个油藏进行一次采油，随着油藏压力的下降，主要靠原油释放气体和地下流体的膨胀补充油藏能量，这样的油藏便叫做溶解气驱油藏。这类油藏不包括明显受流体注入或水侵影响的油藏。另外，对于具有油气垂向分离作用的重力驱油藏（与适当的生产方式相结合，可明显增加原油采收率）需要进行专门的分析。有时，把带有原始游离气顶的油藏包括在溶解气驱油藏类中，在这种油藏中气顶驱（气体膨胀）对溶解气驱起补充作用。

溶解气驱也叫作分散气驱或内部气驱（相对注气而言），因为气体是在油层压力低于泡点压力的整个含油部分从溶解状态分离出来的。在原始状态下，溶解气驱油藏的孔隙空间含有隙间水和油，由于压力的关系，这些油含有气体。假设在油层中没有游离气体存在。由于采油，油藏压力降到泡点压力以下，石油产生收缩。部分孔隙体积便被释放出的气体所充满。此时水的膨胀作用很小，常可忽略不计。这种驱动机理（气体逸出和膨胀）是在整个油层中分散发生的。

逸出的气体（少于产出的气体）充满产出油和剩余油收缩所腾出的孔隙。此时，石油的采出量取决于气体所占有的孔隙体积量（气体饱和度 S_g）和石油的收缩率（B_0 与压力的关系）。油气相对渗透率特性，油和气的粘度，这些都是重要的因素，因为它们决定着一定 S_g 下的流动气油比（因而也就决定着随油一起产出的游离气量）。

有大量的文献研究溶解气驱油藏的生产动态和预测方法〔1～22〕，研究这些油藏中油井产量的计算〔23～30〕。为了预测挥发性油藏的生产动态，则提出了专门的分析方法〔31～38〕。

二、定　义

泡点压力是石油的饱和度压力:当压力降到泡点压力以下时，气体开始从石油中分离出来。临界气体饱和度是气体开始发生流动的最小饱和度。重力驱指的是由于重力作用（即密度差）产生对流而形成的油气垂向分离;此时气体向上运动，而原油向下运动。在差压气体分离中，随着压力的降低逸出气体是连续移走的，因而气体并不与液体保持接触。随着压力的降低，逸出的气体与液体保持接触时，将发生闪蒸气体分离。

❶1962年版本章作者是J. Sikora，现已退休。

三、典型生产动态

图 40.1 为原始压力高于泡点压力的溶解气驱油藏的典型生产动态。在生产初期，压力高于泡点压力，但下降很快。气体饱和度为零，在油藏条件下产出气在产出油中处于溶解状态（生产气油比 $R=R_{si}$）。此时压力递减快是由于系统的压缩性相对较低，仅靠流体和岩石的膨胀来补充油藏压力。

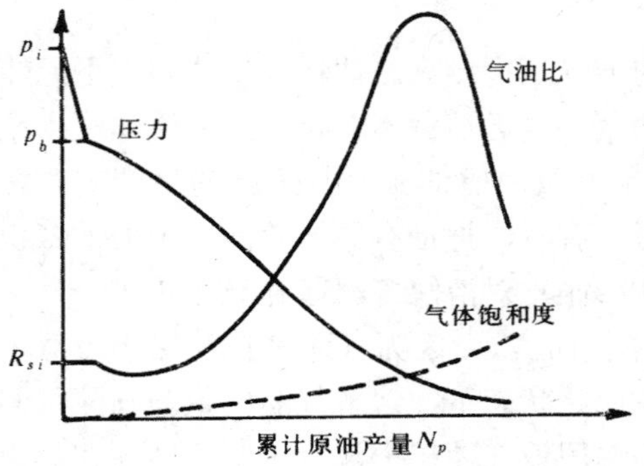

图 40.1 溶解气驱油藏的典型生产动态

一旦油藏压力降到泡点压力，溶解气驱开始，压力递减开始缓慢。此时补充油藏压力的还有随着压力递减释放出的气体和压力进一步递减时已释放出气体的膨胀。

当压力降到泡点压力以下时，释放出的气体是不运动的，直到气体饱和度超过监界值 S_{gc} 时为止。在这一段时间内，没有游离气体产出，并且由于此时产出油含有的溶解气减少（R_s 减小），因而生产气油比降低。一旦气体饱和度超过 S_{gc}，便开始产出游离气体，从而使总的生产气油比（游离气加上溶解气）增加。这一总的生产气油比将上升到一个远高于溶解气油比的峰值（此时采出的大多是游离气），然后在低压下开始下降。这种下降是由于没有足够的补充逸出气体保持高产气量所引起的。溶解气驱油藏的生产特点可归纳如下：(1) 压力递减比较快（快于注水注气的压力递减）；(2) 初期生产气油比低（相当于溶解气油比），随后上升到很高的生产气油比；(3) 由于 (1) 和 (2) 的原因原油产量递减；(4) 出的水很少或不产水；(5) 原油采收率比较低———般为原始石油地质储量的 15%～20%，但在个别情况下会低到 5%或高达 30%。

值得注意的一个例外情况是能以重力驱生产的油藏可以在低气油比下保持生产，从而达到更高的原油采收率。如果是从气体饱和度和气油比较低的油柱下部生产，这种情况将更易出现。

四、使用的模型类型

生产动态预测模型可以分为两类:储罐式（定容式）模型和网格油藏模型。储罐式模型比较简单;而网格模型可以更细致地考虑油藏情况。但如使用正确，每一种模型都是有效的。本章介绍溶解气驱油藏的储罐式模型，而网格模型将在第五十一章中讨论。

在引进现代计算机使网格模型可以实际应用以前，可用于油藏生产动态计算的主要方法是储罐式模型。这一方法是把油藏看作一个简单的储罐或容积，并用某一时间的平均压力和平均饱和度进行描述。这就是说，假设油藏是处在平衡的条件下（即油藏具有均匀的压力和饱和度）。只考虑压力和饱和度随时间的变化，而不考虑这些参数随位置的变化。应用储罐式模型时，油田产量与时间的关系曲线，是通过计算平均油井或有代表性油井的产量，然后乘以实际生产的井数来进行预测的。

油藏网格模型是将油藏划分成一定数量的网格块，每一个网格块有其自己的孔隙体积、压力和饱和度。其中一些网格块含有井位。网格模型能够考虑某些细节，如油藏的非均质性，各井的井位和特点，以及不同地带之间的流体运移。

储罐式模型适用于解答某些问题（在某些情况下甚至更有效），而且比用网格模型简单和迅速。了解储罐式模型有助于了解网格模型，因为二者都应用基本的连续性（物质平衡）原理。即使对于最后仍要用网格模型研究的油藏来讲，用储罐式模型算出它的一次生产动态也可以快速提供有用的信息，并可供将来参考对比之用。

储罐式模型的另一个极其重要的用途是在解释油藏的压力和生产史时，确定石油地质储量和确定油藏是定容的还是有水侵入。为了作到这一点，Havlena 和 Odeh[15] 提出了一项特别有用的技术，将物质平衡方程调整为直线方程。他们指出，用这一方程计算的石油地质储量是属于压力——生产动态史的原油储量（即与井连通的原油储量）。这样算出的储量与用容积法算出的原油地质储量可能相一致也可能不一致，因为容积估算可能有误差和（或）油藏并不完全连通。

本章主要介绍储罐式物质平衡方程及其在溶解气驱油藏开发中的应用。还讨论用于评价储罐式模型适用范围的网格模型研究。首先介绍用于普通原油（非挥发性油）的计算方法，这些方法一般适用于 B_o 略低于 2.0 地下桶／地面桶的原油。在本章的最后一部分讨论挥发性油藏生产动态的预测方法。

五、储罐式物质平衡的基本假设

(1) 油藏孔隙体积是不变的（在考虑岩石压缩性不为零的某些情况下例外）。

(2) 油藏温度是不变的。

(3) 油藏具有均匀的孔隙度和均匀的相对渗透率特性。

(4) 在任何时候在整个油藏中都存在平衡条件。假设整个油藏中的压力是均匀的；因而在任何时候（即任何压力下），流体的性质都不会随其在油藏中的位置而变化。井眼周围压力降的影响可以忽略不计。假设在整个油层中液体饱和度是均匀的。因此，在某个特定时间，可以认为气油相对渗透率比值（K_{rg}/K_{ro}）在整个油层中是不变的。这包括没有重力分离存在的假设。对于有原始气顶的油藏，还包括在油井周围没有气体锥进的假设。假设气顶和含油体积不随时间而发生变化。由于气体膨胀而离开气顶的气体，假设是在整个油层中均匀分布的。

(5) 高压物性（PVT 性质）代表油藏条件。分析确定 PVT 数据用的流体样品假设代表油藏中的流体。油藏中气体的释放机理假设与分析确定 PVT 数据所用的机理相同。一般认为，差压脱气最能代表油藏中的条件。挥发性原油可能是一个例外，对于这种原油来讲，假设流体性质仅是压力的函数，也就是说，流体组成变化的影响可以忽略不计。

(6) 采收率与采油速度无关。

(7) 假设油藏的产量完全是由于压力下降靠溶解气的释放以及原始气顶侵入气体和原油的膨胀而生产出来的。这一假设还包括无流体注入，水不流动，不出水，也无水侵入；油藏隙间水和岩石的压缩性可以忽略不计（注意，后一假设仅适用压力低于泡点压力的情况，高于泡点压力时要考虑水和岩石压缩性的影响）。

(8) 假设存在能说明原油产量随油藏压力和饱和度而变化的关系。

(9) 假设油藏生产动态数据是可靠的（如果应用的话）。这系指，例如，确定原油地质储量应用的平均压力与累计原油产量之间的关系，确定或检验 K_{rg}/K_{ro} 与饱和度关系曲线应用的生产气油比随压力而变的关系。

六、所需要的基本数据

1. 原油地质储量

原油地质储量数据有两个来源:一个是容积法计算得的储量;另一个是根据油藏压力和产量动态史确定的储量。通常，只有容积法计算的储量可用。当有了足够长时间的溶解气驱动态史（即油藏平均压力与产油量的关系）时，可以根据动态史确定原油地质储量，通过对比检验容积法计算的储量。从压力和产量动态史确定原油地质储量的常规方法是 Havlena 和 Odeh [15] 提出来的，将在后面介绍。

为了计算原油地质储量需要有足够的生产动态史数据，常用的经验法则是必须采出 5%～10%的流体地质储量。溶解气驱油藏的最终采收率一般为 15%～20%，因而这就相当于最终采收率的一大部分。产量数据是重要的，而按时间顺序测取的高质量平均油藏压力数据（根据油井压力测试）也同样重要。如果你有现场测定的一系列压力点数据，则可以试用 Havlena 和 Odeh 法确定原油地质储量;如果有几个压力点基本上形成了一条直线，你就可能有了足够的数据证实原油地质储量（即使采收率少于 5%）。

2. 高压物性数据

随着油藏压力降到泡点压力以下，首先出现的气体释放是闪蒸脱气（释放出的气体不流动，因而与原油保持接触）。一旦超过气体临界饱和度，一些气体开始流动。在此之后气体的释放过程在某些地方处于差压脱气（气体不断从原油中释放出来）和闪蒸脱气之间。

随着气体饱和度增加到临界饱和度以上，气体的流度迅速增加，气比油更易流动，因而气比油流动更快。由于释放出的气体在油的前面流动，这种过程接近差压脱气。总的来讲，实验室的差压脱气 PVT 数据比实验室的闪蒸脱气数据更接近油藏中的脱气过程。对于高溶解气油比的原油来说更是如此。因此建议使用差压脱气的 PVT 数据。即使对于刚降到泡点以下的压力范围来讲，虽然此时闪蒸脱气的 PVT 更为适用，应用差压脱气数据也不会造成明显的误差，因为在这一压力范围内闪蒸和差压脱气数据几乎是一样的。

如果没有实验室数据可以利用，有时可以应用已发表的相关关系曲线获得合理的估算数据（见第二十五章）。

气体在分离器中的释放过程接近闪蒸过程，但常常是在温度明显低于油藏温度的条件下进行的。由于在物质平衡计算中使用差压脱气数据，需要对计算的采收率进行调整，考虑从井底到储罐条件变化（见第二十五章和 Dake [29] 著作）造成的脱气过程的差别（特别是气体分离的温度不同）。然而，对于标准原油来讲，这种调整经常是在其它数据和模型限制的范围之内，因而并不一定是需要的。

3. 原始流体饱和度

因为假设饱和度是均匀的，因而可以使用原始含水饱和度的一个单一数值即 S_{wi}。而原始含油饱和度 $S_{oi}=1.0-S_{wi}$。但最好使用从代表性岩心实验室分析确定的或岩心分析和测井分析综合确定的原始流体饱和度数据。此外，这些数据也可根据相同或类似储层中的测井或其它油藏确定。

4. 相对渗透率数据

通常，为了获得油藏与隙间水饱和度相一致的单一的有代表性的数据组，实验室确定的 k_g / k_o 和 k_{ro} 数据均为平均值。如果没有实验室数据可以利用，可以根据相同或类似储层中的其它油藏估算。

对于有足够溶解气驱生产动态史的油藏来讲，计算出来的随饱和度变化的 k_g / k_o 值可以与实验室得出的平均的 k_g / k_o 数据或估计的 k_g / k_o 值相对比。这些数值可以用方程（1）和（2）计算出来，而实验室数据，如果有必要，略加调整，即可更好地拟合实测的生产气油比随油藏压力变化的动态史。

$$\frac{k_g}{k_o} = (R - R_s) \frac{\mu_g B_g}{\mu_o B_o} \tag{1}$$

$$S_o = \frac{(N - N_p) B_o S_{oi}}{N B_{oi}} \tag{2}$$

式中 k_g——气体有效渗透率，毫达西；

k_o——原油有效渗透率，毫达西；

R——生产气油比，标准英尺^3／地面桶；

R_s——溶解气油比，标准英尺^3／地面桶；

μ_g——气体粘度，厘泊；

μ_o——原油粘度，厘泊；

B_g——气体地层体积系数，地下桶／标准英尺^3；

B_o——原油地层体积系数，地下桶／地面桶；

B_{oi}——原始压力下的 B_o 值，地下桶／地面桶；

S_o——原油饱和度，孔隙体积，分数；

S_{oi}——原始含油饱和度，孔隙体积分数；

N_p——累计原油产量，地面桶；

N——原始石油地质储量，地面桶。

为了应用上述方程，需要估算原始石油地质储量（N）和当时的油藏压力，并估算这一压力下的流体性质（μ_o，μ_g，B_o 和 B_g）。

5. 完全分离的拟相对渗透率数据

这个问题与有重力驱作用的油藏有关。这种油藏有足够的垂向连通性，产生重力分离，释放出的气体向上运移，而原油向下泄流。根据有关储罐式模型预测的文献，这包括描述相对渗透率的变化，以便得到拟相对渗透率曲线，考虑油藏内部的完全的重力分离。因此，应对储罐式物质平衡计算中应用这些拟相对渗透率曲线的适用性进行讨论。由于下述原因，这种方法可能会把人引入歧途，应该避免应用。

实验室测定的相对渗透率数据适用于无垂向分离条件（饱和度不随高度而发生变化）。这种情况与储罐式模型的基本假设最为一致，而储罐式模型也最适用于这种情况。对于一个油藏有完全的重力分离（如图 40.2 所示）和从整个有效厚度生产（假设油井在整个有效厚度中完井）这种情况来讲，也能够计算拟或有效 k_g / k_o 和 k_{ro} 数据。

图 40.2 所示的整个油藏含有隙间水饱和度。完全的重力分离意味着油藏上部含气和残余油饱和度 S_{or} 下的不动油，而油藏下部含有油和临界气体饱和度 S_{gc} 下的不动气。假设油藏有足够高的垂向连通性，使气体在油藏下部逸出，并在高于 S_{gc} 情况下迅速向上运移，离开油藏下部，而在油藏上部高于 S_{or} 的原油向下泄流，并进入油藏的下部。假设流体的向井流动是水平的，在油藏上部仅有气流动，而在油藏下部仅有油流动。根据以上这些假设，有效的 k_g / k_o 和 k_{ro} 可由方程（3）和（4）求出。

$$\frac{k_g}{k_o} = \frac{(S_g - S_{gc})}{(S_o - S_{or})} \frac{(k_{rg})_{or}}{(k_{ro})_{gc}} \tag{3}$$

$$k_{ro} = \frac{S_o - S_{or}}{1 - S_w - S_{gc} - S_{or}} (k_{ro})_{gc} \tag{4}$$

式中 $(k_{rg})_{or}$——残余油饱和度下的气体相对渗透率；
$(k_{ro})_{gc}$——临界气体饱和度下的原油相对渗透率；
S_g——气体饱和度，孔隙体积分数；
S_{gc}——临界气体饱和度，孔隙体积分数；
S_{or}——残余油饱和度，孔隙体积分数；
S_w——含水饱和度，孔隙体积分数。

图 40.3 为无分离油藏原来的 k_g / k_o 和 k_{ro} 曲线与假设完全分离时调整曲线的对比。

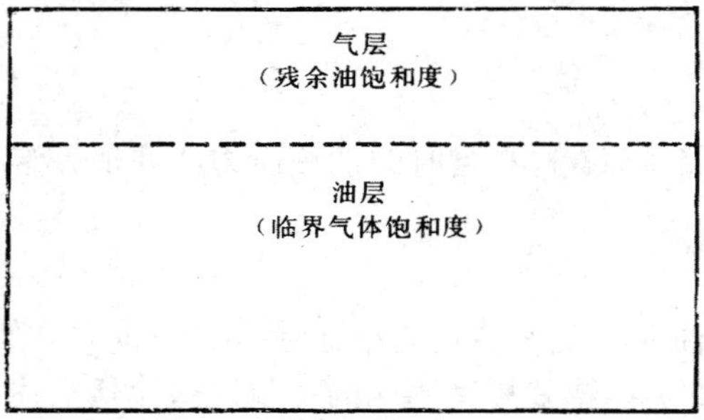

图 40.2 完全分离的垂向饱和度分布

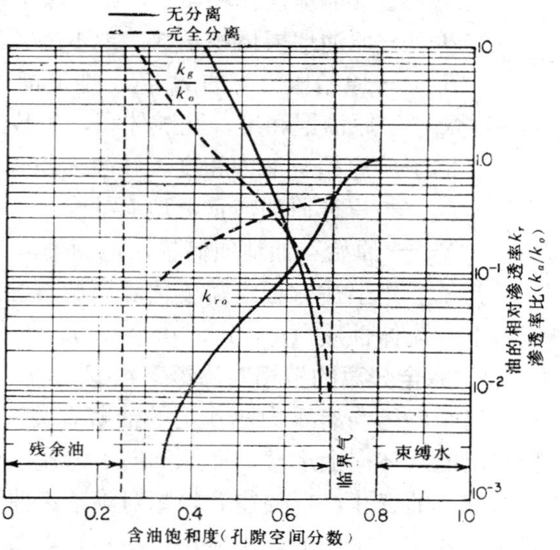

图 40.3 无分离和完全分离相对渗透率的对比

用方程（3）和（4）算出的拟相对渗透率数据与以上假设是一致的。这会诱使人假设对无分离（未经改变的相对渗透率数据）和完全分离（上面拟相对渗透率数据）二种情况算出的结果包括对部分分离情况预测的结果。那么，这种方法有什么错误呢?问题是射开整个有效厚度不是开采这种油藏的最好办法。以高气油比从有效厚度的上部生产气体会减少油藏能量（压力支持）。开采这种油藏最好的办法是只从下部油柱采油，从而降低生产气油比和保持油藏能量。因此，从整个有效厚度采油的假设是不适合这种情况的。与一个好的重力驱工程相比，采用拟相对渗透率的储罐式模型会过低估算原油采收率。这种模型将导致关于重力驱效益和如何开采油田的错误结论。

如果一个油藏有足够的垂向连通性，获得重力驱效益，可考虑用网格模型（五十一章）进行一次采油生产动态预测。应用网格模型，可以研究在产层下部选择性射孔的好处，如果储层是倾斜的，可以研究主要从油藏构造下倾部位油井采油可能取得效益，以及研究采收率对产量和垂向渗透率值的可能灵敏性等。

七、物质平衡方程

物质平衡方程可以保持某一范围内所有物质的入、出和累积平衡。当用于油藏时，有时这一方程称作 Schilthuis[1] 方程，它表示由于油藏容积不变，原油、游离气和水的体积变化（包括产出和注入）的代数和必须等于零。换句话说，膨胀等于亏空;有效亏空（采出量减去注入量，再减去侵入量）必须由地下物质的膨胀来补偿。Van Everdingen 等[40] 将油藏容积中的物质平衡归纳如下:

“（累计产油量和它原来溶解的气量）+（累计游离气体产量）+（累计产水量）-（原来油藏中原油和溶解气的累计膨胀量）-（原来油藏中游离气的累计膨胀量）=（进入原来油水藏的累计水量)”。

还可以在物质平衡中考虑注气和注水，为此可以用累计采出量减累计注入量代替累计采出量。

对于一个具有原始气顶的油藏来讲，如用 m 表示气顶容积／油层容积的比值，则用油藏容积表示的物质平衡如方程 (5) 所示:

$N(B_o - B_{oi})$ （原始原油的膨胀）

$+N(R_{si} - R_s)B_g$ （释放的溶解气所占据的容积）

$+mNB_{oi}\left(\frac{B_g - B_{gi}}{B_{gi}}\right)$ (气顶气的膨胀)

$+\frac{NB_{oi}(1+m)}{1-S_w}S_w c_w(p_{iR} - p_R)$ （水的膨胀）

$+\frac{NB_{oi}(1+m)}{1-S_w}c_f(p_{iR} - p_R)$ （岩石的膨胀）

$=N_p B_o$ （产油量）

$$
\begin{aligned}
&+ (G_{ps} - N_p R_s) B_g \text{（释放的溶解气产量）} \\
&+ G_{pc} B_g \text{（气顶气产量）} \\
&- G_i B_g \text{（注气量）} \\
&+ W_p B_w \text{（产水量）} \\
&- W_i B_w \text{（注水量）} \\
&- W_e B_w \text{（水侵量）}
\end{aligned} \tag{5}
$$

式中 R_s——溶解气油比，标准英尺^3／地面桶；

R_{si}——原始压力下的 R_s 值，标准英尺^3／地面桶；

m——气顶的孔隙体积／油层的孔隙体积，无因次。

解方程（5）求 N，得出求原始石油地质储量的通用物质平衡方程如下：

$$
N = \frac{N_p B_o + (G_p - N_p R_s) B_g + (W_p - W_i - W_e) B_w - G_i B_g}{(B_o - B_{oi}) + (R_{si} - R_s) B_g + m B_{oi}\left(\dfrac{B_g - B_{gi}}{B_{gi}}\right) + \dfrac{B_{oi}}{1 - S_w} (1+m) (S_w c_w + c_f) (p_i R - P_R)} \tag{6}
$$

式中 $G_p = G_{ps} + G_{pc}$——累计气体产量，标准英尺^3。

如仅考虑高于泡点压力的情况或仅考虑低于泡点压力的情况，则其中某些项为零或省略，通用方程可得到简化。这些情况将在下面各部分进行讨论。

1.高于泡点压力的物质平衡

对于一个欠饱和油藏（即高于泡点）来讲，将不会有溶解气释放，因而生产气油比将保持稳定在 R_{si}，并且没有气顶。因此（$R_{si}-R_s$）$=0$，$m=0$，（$G_p-N_pR_s$）$=0$。

由于这些简化和不注气的假设，方程（6）可简化为：

$$
N = \frac{N_p B_o + (w_p - W_i - W_e) B_w}{B_o - B_{oi} + \dfrac{B_{oi}}{1 - S_{wi}} (S_w c_w + c_f) (p_i R - p_R)} \tag{7}
$$

由于对单相原油来讲 $B_o - B_{oi} = B_{oi} c_o$（$p_{iR} - p_R$），因而高于泡点的物质平衡方程变为：

$$
N = \frac{N_p B_o + (W_p - W_i - W_e) B_w}{B_{oi} c_e (p_{iR} - p_R)} \tag{8}
$$

式中有效压缩系数（c_e）为

$$
c_e = c_o + \frac{S_w c_w}{1 - S_w} + \frac{c_f}{1 - S_w} \tag{9}
$$

由于水和岩石的压缩性与气体的逸出和膨胀相比影响很小，因而在低于泡点情况下通常可以忽略不计。虽然如此，在高于泡点情况下则应考虑它们的影响。例如，考虑一个有下列

数据的情况:

$$c_o = 1.5 \times 10^{-6} \quad \text{体积/(体积·磅/英寸}^2\text{)}$$

$$c_w = 3 \times 10^{-6} \quad \text{体积/(体积·磅/英寸}^2\text{)}$$

$$c_f = 4 \times 10^{-6} \quad \text{体积/(孔隙体积·磅/英寸}^2\text{)}$$

和

$S_w = 0.20$。

用方程(9)得:

$$c_e = 15 \times 10^{-6} + \frac{(0.20)\ (3 \times 10^{-6})}{1-0.2} + \frac{4 \times 10^{-6}}{1-0.2}$$

$$= 15 \times 10^{-6} + 0.75 \times 10^{-6} + 5 \times 10^{-6}$$

$$= 20.75 \times 10^{-6} \quad \text{体积/(体积·磅/英寸}^2\text{)}$$

对这一实例来讲,水和岩石的压缩性所起的作用占总压缩性作用1/4以上。如将其省略,则用方程(8)所计算的石油地质储量将过高,达到石油地质储量的20.75/15=1.383倍(即高出38%)。S_w越大,这一误差越大。

高于泡点情况下的原油产量计算 对于可忽略产水量、注入量和侵入量的一个原始就欠饱和的油藏来讲,重新整理方程(8)可得出累计原油产量的表达式如下:

$$N_p = \frac{NB_{oi}c_e\ (p_{iR} - p_R)}{B_o} \tag{10}$$

在方程(10)中将泡点压力用作P_R值,可直接求出压力降至泡点压力的产油量。此时,剩余石油地质储量为$N - N_p$。该值常用于计算泡点压力以下增加的采油量。

2. 低于泡点压力情况的物质平衡

在低于泡点压力情况下,烃类流体的有效膨胀(气体逸出加上气体膨胀,减去石油收缩)远大于岩石和水的膨胀。因此,省略岩石和水的膨胀项,不会造成严重误差。省略这些项并假设无水侵入、不注气和不出水。则方程(6)可简化成方程(11)。

$$N = \frac{N_pB_o + (G_p - N_pR_s)\ B_g}{(B_o - B_{oi}) + (R_{si} - R_s)\ B_g + mB_{oi}\left(\frac{B_g - B_{gi}}{B_{gi}}\right)} \tag{11}$$

即使原始压力高于泡点压力,方程(11)仍可用于计算低于泡点压力时的生产动态。在这种情况下,N值用泡点压力下的石油地质储量;N_p和G_p为低于泡点压力时的增产油量和增产气量;“原始”流体参数 B_{oi} 和 B_{gi} 为泡点压力时的值。

N 的另一个表达式见方程（12）。该方程在文献中经常可以看到，并且与方程（11）的作用相当。

$$N=\frac{N_p〔B_t+B_g\ (R_p-R_{si})〕}{B_t-B_{ti}+mB_{oi}\ (\frac{B_g}{B_{gi}}-1)} \tag{12}$$

式中 R_p——累计的生产气油比，标准英尺^3/地面桶。

$$R_p=\frac{G_p}{N_p} \tag{13}$$

R_t 是两相（即总的碳氢化合物）地层体积系数，它等于一桶地面原油加上在油藏条件下原来溶解在原油中的气体在地下所占的桶数:

$$B_t=B_o+B_g\ (R_{si}-R_s) \tag{14}$$

八、物质平衡方程作为直线方程用于确定石油地质储量和气顶范围

Havlena 和 Odeh[15] 提出了如何结合油藏压力—生产动态史应用物质平衡方程获取油藏是定容的还是有水侵入的信息，以及确定定容油藏的原始石油地质储量（N）和气顶容积/油层容积比（m）。这里只讨论定容情况，关于水侵情况将在第四十一章讨论。

Havlena 和 Odeh 将方程（12）调整为直线方程，其组成项如下:

$$Q_p=N_p〔B_t+B_g\ (R_p-R_{si})〕 \tag{15}$$

$$\Delta B_t=B_t-B_{ti} \tag{16}$$

和

$$\Delta B_g=B_g-B_{gi} \tag{17}$$

式中 Q_p——净流体产量，地下桶;

ΔB_t——原始石油地质储量每一地面桶油的膨胀，地下桶/地面桶;

ΔB_g——原始游离气地质储量每1英尺^{3}游离气（气顶）的膨胀，地下桶/标准英尺^3。

方程（12）可重新整理为

$$Q_p=N\Delta B_t+Nm\frac{B_{ti}}{B_{gi}}\Delta B_g \tag{18}$$

Q_p 与 $\Delta B_t+m\ (B_{ti}/B_{gi})\ \Delta B_g$ 的关系曲线应该是一条通过坐标原点的直线。该直线的斜率为 N，即原始石油地质储量。同样，在没有气顶的情况下，$Q_p=N\Delta B_t$;Q_p 与 ΔB_t 的关系曲线应是一条斜率为 N 的直线，该直线通过坐标原点。这可由图 40.4A 说明。

在绘制现场生产动态曲线时（Q_p 与 ΔB_t 的关系曲线），如果得出一条近似直线，该直线的斜率就代表原始石油地质储量值（N）。所需要的数据是随压力而变的流体性质和数个时间或压力时的生产动态数据。生产动态数据为 N_p、G_p 和平均油藏压力（用于确定流体性质）。如果 Q_p 与 ΔB_t 的关系曲线不是直线，原因可能是：(1) 平均压力和（或）流体性质有误；(2) 有水侵（见第 41 章）；(3) 存在气顶及其膨胀；(4) 存在影响油藏生产动态的重力驱（R_p 值比仅为溶解气驱时低）。

对于有原始气顶但没有水侵的油藏来讲，N 和 m 值可从现场生产动态数据中来确定，见图 40.4B。通过试错法，可使 m 值产生一条直线，这一直线的斜率即为 N 值。

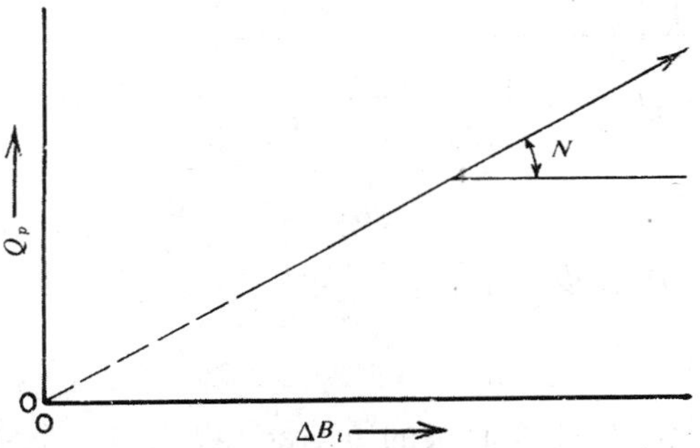

图 40.4A　不带气顶油藏的直线物质平衡

Q_p〔由方程（15）计算〕与 $\Delta B_t=B_t-B_{ti}$ 的关系曲线

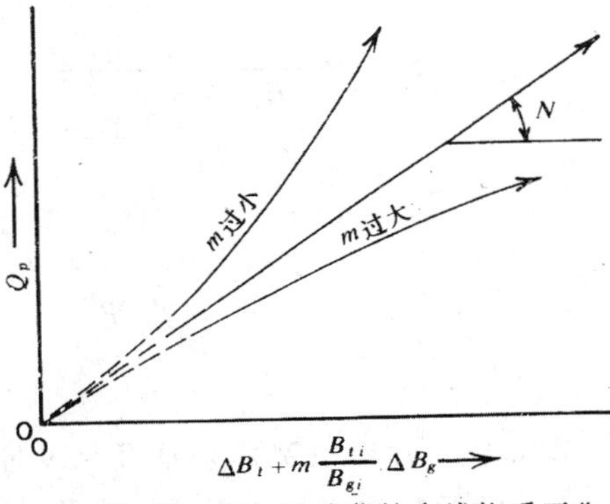

图 40.4B　带气顶油藏的直线物质平衡

在有气顶的情况下，虽然第一种方法（以上所介绍的方法）"很有效"（因为"它规定直线必须通过坐标原点"），但 Havlena 和 Odeh 仍建议用第二种方法对其结果进行检验。第二种方法是绘制 $Q_p/\Delta B_t$（在垂直轴 y 上）值与 $\Delta B_g/\Delta B_t$（水平轴 x 上）值的关系曲线。如果方程（18）两边同除以 ΔB_t，我们可以看到，绘出的点应该近似一条直线，其斜率等于 NmB_{ti}/B_{gi}。另外，如果将这一直线外推与 y 轴相交，则截距如 y 值等于 N。因此，由这一曲线的斜率和 y 轴截距可算出 N 和 m 值。将第一种方法确定的 m 值与第二种方法确定的这些值进行比较，便可达到预期的检验的目的，同时可以有助于选出更好的 m 值用于第一种方法。

由于有了根据油藏生产动态和（或）其它资料或估算结果得出的 m 和 N 值，现在就可以考虑预测溶解气驱油藏将来的生产动态。为此，Muskat[4]，Tarner[2] 和 Tracy[6] 发表了他们提出的预测技术，当使用足够小的压力或时间间隔时，他们三人的方法基本上可得出相同的结果。但因 Tracy 的方法应用最方便，故首先介绍这种方法。

九、用 Tracy 法进行物质平衡计算

预测溶解气驱生产动态包括应用物质平衡方程，例如方程（11），以及应用其它关系式（生产气油比和相对于 N_p 的饱和度方程），以便能够计算随压力而变的 N_p 和 G_p。计算要按压力递减序列进行。由 P_{n-1} 到 P_n 压力递减增加的原油产量 ΔN_p 和增加的气体产量 ΔG_p 用迭代法确定，然后由方程（19）和（20）给出累计产量

$$(N_p)_n = (N_p)_{n-1} + \Delta N_p \tag{19}$$

和

$$(G_p)_n = (G_p)_{n-1} + \Delta G_p \tag{20}$$

Tracy 通过代入压力函数 ϕ_g 和 ϕ_o 简化了方程（11）的使用：

$$\phi_g = \frac{1}{\left(\frac{B_o - B_{oi}}{B_g}\right) - (R_s - R_{si}) + mB_{oi}\left(\frac{1}{B_{gi}} - \frac{1}{B_g}\right)} \tag{21}$$

和

$$\phi_o = \left(\frac{B_o}{B_g} - R_s\right)\phi_g \tag{22}$$

实际上，方程（21）是从 Tracy 原有方程略加改变而来的。Tracy 提出了一个实例问题，这一问题从泡点压力开始，并用泡点压力下的 B_o 取代方程（21）中应用的 B_{oi}。正如在下一节将要讨论的，在方程（21）中应用 B_{oi} 使 Tracy 法可适用于高于泡点的情况（在这种条件下 m 为零）。Tracy 还用泡点压力下的 R_s 代替 R_{si}，但这是等效的，因为在高于泡点时 R_s 是常数。

ϕ_g 和 ϕ_o 与压力的关系曲线实例见图 40.5A 和 40.5B。在原始压力下，方程（21）中的分母为零;因此，ϕ_g 和 ϕ_o 是无穷的。然而这不会造成任何困难，因为仅应用 ϕ 在较低压力下的有限值。

使用 Tracy 的 ϕ 函数，方程（11）变为:

$$N = N_p\phi_o + G_p\phi_g \tag{23}$$

这种形式的物质平衡方程使用特别方便，因为 ϕ 值仅是气顶大小和压力的函数。对于每一个压力水平，ϕ 值仅需要计算一次。

物质平衡方程（23）适用于从 P_{n-1} 到 P_n 的压力递减:

$$N = N_p\phi_o + G_p\phi_g$$

$$= [(N_p)_{n-1} + \Delta N_p](\phi_o)_n + [(G_p)_{n-1} + \overline{R}\Delta N_p](\phi_g)_n \tag{24}$$

式中的平均生产气油比可由下式求出

$$\overline{R}=\frac{\Delta G_p}{\Delta N_p}=\frac{R_{n-1}+R_n}{2} \tag{25}$$

解方程（24）求 ΔN_p

$$\Delta N_p=\frac{N-(N_p)_{n-1}(\phi_o)_n-(G_p)_{n-1}(\phi_g)_n}{(\phi_o)_n+\overline{R}(\phi_g)_n} \tag{26}$$

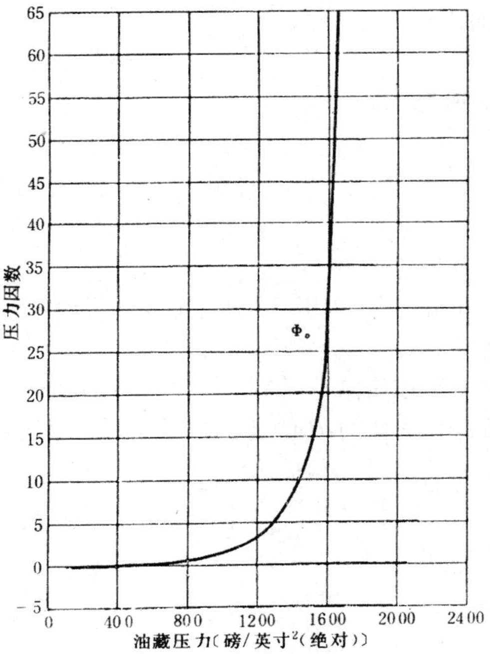

图 40.5A　原油压力函数 ϕ_o 与油藏压力的关系曲线

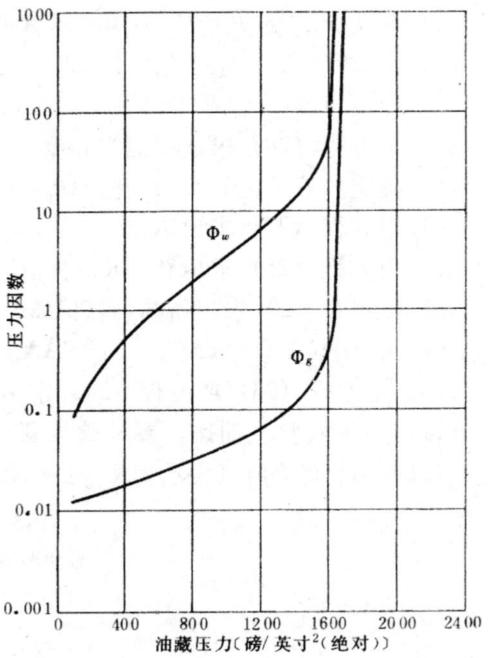

图 40.5B　气和水的压力函数 ϕ_g 和 ϕ_w 与油藏压力的关系曲线

压力 P_n 时的生产气油比 R_n 是以下三项之和:溶解气油比（R_s）$_n$，流动（即游离）气油比，和直接产自气顶的气体产量／原油产量比（R_{gc}）$_n$:

$$R_n=(R_s)_n+\left(\frac{k_g}{k_o}\right)_n\left(\frac{\mu_o B_o}{\mu_g B_g}\right)_n+(R_{gc})_n \tag{27}$$

（$\mu_o B_o/\mu_g B_g$）$_n$ 项仅是压力的函数，可应用压力 P_n 时的值求出。（K_g/K_o）$_n$ 的值是油层中 S_o+S_w 总液体饱和度的函数。目前原油饱和度（S_o）$_n$ 可由方程（28）求出:

$$(S_o)_n = (1.0 - S_w)\frac{[N - (N_p)_n](B_o)_n}{NB_{oi}} \tag{28}$$

如果已知液体饱和度，则（K_g/K_o）值可以从一条曲线读出或者通过数值表内插求出。每个压力步长增加的物质平衡包括用迭代法求解方程（23～28）。由此确定 ΔN_p, ΔG_p,S_o 和 R_m。

为了进行这种迭代求解，可以使用两种方法中的任何一种，即：(1) 估算增加的石油产量 ΔN_p，求解相应的气油比 R_n；(2) 估算 R_n，求解 ΔN_p。不论用哪一种方法，迭代要进行到所得出的结果收敛到物质平衡解为止（也就是说，直到用方程（23）计算出的 N 值与最初给定的 N 值一致为止）。Tracy[6] 曾指出，最有效的方法是估算 R_n 和求解 ΔN_p。

因此,Tracy 对每一个压力水平的物质平衡方程(24)的迭代求解方法由下列步骤组成：

(1) 对从 P_{n-1} 到 P_n 的压力递减估算平均气油比$\overline{R}$。

(2) 由方程（26）求出估算的 ΔN_p。

(3) 使用（ΔN_p）$_n$=（ΔN_p）$_{n-1}$+ΔN_p 求出估算的（ΔN_p）$_n$。

(4) 用方程（28）求出原油饱和度（S_o）$_n$。

(5) 确定与液体饱和度对应的（k_g/k_o）。

(6) 用方程（27）求出 R_n。

(7) 用方程（25）求出新的$\overline{R}$估算值。

(8) 按步骤（2）求出新的估算值 ΔN_p，和按步骤（3）求出（N_p）$_n$ 的新估算值。

(9) 用（ΔG_p）$_n$=（ΔG_p）$_{n-1}$+$\overline{R}\Delta N_p$ 求出（ΔG_p）$_n$。

(10) 用方程（23）或方程（24）求出估算的原油地质储量（N）。

(11) 为了检验气油比，要检验步骤（7）所计算的新的 R 值是否在同样的压力递减条件下与以前估算的$\overline{R}$值（表示为$\overline{R}_{\text{old}}$）比较接近。一个合格的检验为

$$0.999 \leqslant \frac{\overline{R}}{\overline{R}_{\text{old}}} \leqslant 1.001$$

如果经检验符合这一标准，可继续步骤（12）。否则，要返回到步骤（4），并用最新求出的估算值（N_p）$_n$ 继续进行这一压力水平的迭代求解。通常，进行很少几次迭代运算就可以了。

(12) 为检验物质平衡，计算出的 N 值应当与原来给定的 N 值一致。一个合格的检验为

$$0.999 \leqslant \frac{N_c}{N_s} \leqslant 1.001$$

式中 N_c 是计算的原始石油地质储量，N_s 是原来给定的原始石油地质储量。

如果这一检验符合要求，即可认为已得到适用于这一压力的物质平衡。就可相当精确地算出这一压力递减的产量。如果以上检验不能满足，要返回到步骤（4），并继续迭代求解，

直到获得这一压力递减的物质平衡为止。如果步骤（11）的气油比检验成立，物质平衡的检验几乎总是成立的。

这样，就完成了选择压力 P_n 的物质平衡计算。求出的值是增加的油、气产量，油气饱和度和生产气油比。由于储罐式物质平衡生产动态是假设与速率和时间无关，因而没有考虑时间和速率。有关速率和时间的计算将在后面部分讨论。

在求得一个压力递减的结果之后，可选择下一个压力递减，并对这一压力步长进行迭代运算。由于 k_g/k_o 随 S_g 而变的关系曲线具有明显的非直线性质，所求得的结果对于所使用的压力步长的大小是敏感的（它影响 S_g 的变化，从而影响 k_g/k_o 和气油比的变化）。一般来说，在压力降到泡点压力以下 1000 磅/英寸^2 以前，压力步长不应该超过 200 磅/英寸^2，有时最好用 100 磅/英寸^2。在更低的压力范围内，可以使用较大的压力步长。一个好的实用方法是所用压力步长不要使气油比在一个步长中的增长超过一倍。

Tracy 方法在泡点以上时的适用性

按以往的观点，在泡点压力以上不能使用 Tracy 方法有两个原因：(1) 使用方程（10）过于简单；(2) 据文献报道 Tracy 方法不适用于泡点以上的情况。本节的目的是证明 Tracy 方法既可用于泡点以上的情况，也可用于泡点以下的情况。到目前为止，计算原始欠饱和油藏全部石油产量 N_p 的近似方法是用方程（10）求出泡点压力时的 N_p，用 Tracy 方法或其它方法求出低于泡点压力时增加的石油产量，将两种方法求出的产出体积加到一起，得出全部石油采出量。新的可采用的方法是将 Tracy 的方法用于整个压力变化范围。现有的计算机程序是把 Tracy 方法仅用于泡点以下的情况，如果按下面讨论的将数据加以改变，这些计算机程序即可适用于整个的压力范围。

有关文献认为 Tracy 方法不能用于泡点压力以上的情况，是因为ϕ函数在泡点压力下是无穷的。这对于参考文献[6]中的 Tracy 方程是正确的，因为在这一方程中应用泡点压力下的 B_o（Tracy 的原始条件）代替方程（21）中的 B_{oc}。然而，如果在方程（21）中使用 B_{oi}，则 Tracy 方法就变得更为通用了。它能够用于所有的压力区间是因为ϕ函数〔方程（21）和(22)〕仅在原始压力下是无穷值，而原始压力并不是泡点压力。在 Tracy 方程中并不使用原始压力下的ϕ函数值，而只使用较低压力下的有限值。因此，如果在方程（21）中使用 B_{oi}，则 Tracy 方法就能够预测从原始压力降到废弃压力的全部压力范围的生产动态。当用于泡点压力以上情况时，使用 Tracy 方法不要求进行迭代计算，因为对 R（$R=R_s$）可做出精确的初始估算。当 Tracy 方法用于原始欠饱和原油的整个压力范围计算时，要考虑三个问题：(1) 计算出的采出量将是原始石油地质储量的一部分，而不是泡点压力下原油地质储量的一部分；(2) 泡点压力应该是压力水平之一，以便适当考虑泡点压力下气体的逸出；(3) 必须考虑岩石和水的压缩性的影响，以便可靠地计算泡点以上的压力递减。下面介绍通过调整 B_o 数据以考虑第三点的方法。

岩石和水的压缩性由于在泡点以下时相对来说是不重要的，因而没有包括在 Tracy 的物质平衡方程中。然而，通过应用压力低于原始压力时的原油地层体积系数的虚拟值，就可以把它们间接地包括在方程中。这些虚拟值 B_o^* 由方程（29）给出：

$$B_o^*=B_o+B_{oi}\ (S_w c_w+c_f/1-S_w)\ (P_{iR}-P_R) \tag{29}$$

这些虚拟值在物质平衡计算中包括了水和岩石压缩性对压力的保持作用。

十、Tarner 和 Tracy 法的比较

Tarner〔2〕和 Tracy〔6〕方法对压力递减序列求解同样的物质平衡方程。虽然 Tracy 的方法更为方便，但 Tarner 方法常用作参考，因此将介绍如下。

Tarner 方法是对每一个压力估算几个累计石油产量 N_p。与每一个 N_p 相对应的累计气体产量 G_p 用两种方法进行计算:由物质平衡方程（11）计算，或根据相对渗透率计算。为了根据相对渗透率求出 G_p，首先要求出 S_o〔方程（28)〕并确定 k_g / k_o。其次计算气油比 R_n[方程〔2〕]。然后计算增加的气体产量 ΔG_p〔方程（25)〕。最后通过 G_p=（前一压力下的 G_p）$+\Delta G_p$ 的计算求出累计气体产量。

如在 N_p 值下用以上两种方法求出的 G_p 值是相同的，则 N_p 值是正确值。Tarner 建议绘制二条计算出的 G_p 随 N_p 而变的关系曲线，由两条曲线的交点即可得出正确的 G_p 和 N_p。

如果绘制曲线，则 Tarner 方法是精确的。由于使用相同的关系式，它得出的结果应与 Tracy 方法是相同的。Tarner 方法很费时间，因为必须计算并绘制两条 G_p 与 N_p 的关系曲线，然后确定它们的交点。虽然这一图解内插法可以用数字计算机完成，但 Tracy 方法更简单，而且只要很少几次迭代，一般就可收敛。

十一、用 Muskat 和 Taylor 方法进行物质平衡计算

Muskat 和 Taylor 方法适用于计算不带原始气顶的定容油藏的储罐式降压生产动态。它主要用于泡点压力以下的情况。对一个压力步长序列 Δp 用下列微分形式的衰竭方程计算每一个步长期间的石油饱和度 ΔS_o 的变化。

$$\frac{\Delta S_o}{\Delta p}=\frac{S_o\dfrac{B_g}{B_o}\dfrac{\mathrm{d}R_s}{\mathrm{d}p_R}+S_gB_g\dfrac{\mathrm{d}\ (1/B_g)}{\mathrm{d}p_R}+\dfrac{S_ok_{rg}\mu_o}{B_ok_{ro}\mu_g}\dfrac{\mathrm{d}B_o}{\mathrm{d}p_R}}{1+\dfrac{k_{rg}\mu_o}{k_{ro}\mu_g}} \tag{30}$$

分步骤求解这一衰竭方程，便可求得油藏石油饱和度 S_o 随油藏压力 p_R 的变化。对于计算了 S_o 的每一个压力，可用方程（31）求出以原始石油地质储量分数表示的累计采出量

$$N_p/N=1-(\frac{S_o}{1-S_w})\frac{B_{oi}}{B_o} \tag{31}$$

有了 S_o 值，k_{rg}/k_{ro} 值可从 k_{rg}/k_{ro} 与 S_o 或 S_o+S_w 的关系曲线确定。这些都是需要的数据。然后可求出生产气油比:

$$R=R_s+\frac{k_{rg}}{k_{ro}}\ (\frac{\mu_oB_o}{\mu_gB_g}) \tag{32}$$

由于这一方法假设在整个油藏中含油饱和度是均匀的，因而当存在明显的油气分离时，它是不适用的。

方程（30）可显式求解，也可隐式求解。显式求解意味着方程（30）右边每一项是根据压力步长开始时的压力和饱和度估算的。每一个压力步长必须很小，以便这些值能代表该步长期间的条件。虽然这一方法有不需要迭代计算的优点，但它不能自检。除非压力间隔很小，否则会出现明显的累积误差。在隐式求解中（迭代求解）方程（30）右边各项可根据压力步长中间或结束时的预计条件（p_R 和 S_o）估算。这要求一开始估算这些条件，计算压力步长，检验估算值和计算值之间的符合情况，并且，如果必要，需要用最新计算的值作为最新的估算值重新计算步长。这种迭代求解要做更多的计算工作，但可以适当地应用大一些的压力步长。

与网格模拟方程的对比

由于方程（30）看起来相当难解和费解，因而表明各项的出处是有帮助的。这还将表明方程（30）与网格多相油藏模拟所用的方程的关系。储罐式模型和网格模型使用相同的连续性原理（物质平衡）。对于省去了重力和毛管力两项的两相（气／油）网格模型来讲，综合了达西定律和连续性原理的油相偏微分方程是方程（33）。该方程用达西单位表示为：

$$\nabla\cdot\left(\frac{kk_{ro}}{\mu_o B_o}\nabla p\right)=\phi\frac{\partial}{\partial t}(S_o/B_o)-q_{ov} \tag{33}$$

式中▽表示梯度：

$$\nabla=\frac{\partial}{\partial x}+\frac{\partial}{\partial y}+\frac{\partial}{\partial z}$$

$\partial(S_o/B_o)/\partial t$ 是参量 S_o/B_o 对时间的偏导数。

方程（33）的左边代表油藏中（网格模型中的各网格块之间）石油的达西定律流，而在储罐式（一个网格块）模型中则应为零。该方程右边各项表示石油聚集和生产。总气体（游离气+溶解气）的相应方程是方程（34）：

$$\nabla\cdot\left[\left(\frac{kk_{rg}}{\mu_g B_g}+R_s\frac{kk_{ro}}{\mu_o B_o}\right)\nabla p\right]$$

$$=\phi\frac{\partial}{\partial t}\left(\frac{S_g}{B_g}+R_s\frac{S_o}{B_o}\right)-q_{gv} \tag{34}$$

对于储罐式模型来讲，使方程（33）和（34）左边项等于零，即可求得该模型的相应方程。删去每一方程的左边，乘以总体积，并换用油田单位，得出

$$V_p \frac{\partial}{\partial t}\left(\frac{S_o}{B_o}\right) = q_o \tag{35}$$

和

$$V_p \frac{\partial}{\partial t}\left(\frac{S_g}{B_g} + R_s \frac{S_o}{B_o}\right) = q_g \tag{36}$$

这一总的气体产量 q_g 是游离气产量和溶解气产量的总和。

生产气油比 R（标准英尺^3／地面桶）可由方程（37）求出：

$$R = \frac{q_g}{q_o} = \frac{k_g / \mu_g B_g}{k_o / \mu_o B_o} + R_s = \frac{k_g \mu_o B_o}{k_o \mu_g B_g} + R_s \tag{37}$$

生产气油比还可以用方程（35）的 q_o 和方程（36）的 q_g 表示：

$$R = \frac{q_g}{q_o} = \frac{V_p \frac{\partial}{\partial t}\left(\frac{S_g}{B_g} + R_s \frac{S_o}{B_o}\right)}{V_p \frac{\partial}{\partial t}\left(\frac{S_o}{B_o}\right)} \tag{38}$$

根据导数的链式法则

$$\frac{\mathrm{d}x}{\mathrm{d}t} = \frac{\mathrm{d}x}{\mathrm{d}p}\frac{\mathrm{d}p}{\mathrm{d}t}$$

方程（38）变为

$$R = \frac{S_g \frac{\mathrm{d}(1/B_g)}{\mathrm{d}p_R} + \frac{1}{B_g}\frac{\mathrm{d}S_g}{\mathrm{d}p_R} + \frac{R_s}{B_o}\frac{\mathrm{d}S_o}{\mathrm{d}p_R} + \frac{S_o}{B_o}\frac{\mathrm{d}R_s}{\mathrm{d}p_R} + R_s S_o \frac{\mathrm{d}(1/B_o)}{\mathrm{d}p_R}}{S_o \frac{\mathrm{d}(1/B_o)}{\mathrm{d}p_R} + \frac{1}{B_o}\frac{\mathrm{d}S_o}{\mathrm{d}p_R}} \tag{39}$$

应用 $\mathrm{d}S_g = -\mathrm{d}S_o$，使方程（37）和（39）给出的两个求 R 表达式相等，并重新排列，即得方程（30）。因此，储罐式油藏〔方程（30）〕的 Muskat 物质平衡可以作为网格多相模拟方程的特殊情况推导出。由于我们使用一致的方程，应用与 Muskat 方法一致的特殊数据(即网格块之间无流动)，从网格模拟所取得的结果应该与 Muskat 方法相一致。即使应用网格块之间有流动的网格模拟，Ridings 等[14] 也证明，其结果可与 Muskat 方法相一致。更多的信息在模拟研究取得的认识一节中介绍。

十二、物质平衡结果的敏感性

几位作者讨论了物质平衡结果对数据变化的敏感性。Tarner[2] 证明了气顶大小，即当 m 值（气顶容积与油层容积比）为 0（无气顶），0.1，0.5 和 1.0 时对生产动态的影响。图 40.6 所示为原油采收率与压力的关系曲线;图 40.7 所示为气油比与原油采收率的关系曲线。Tarner 对有关气顶中原来的气体所作的假设的适用性进行了讨论。这些假设是:（1）假设气顶和油层的大小保持稳定;（2）假设离开气顶的所有气体通过油层（即不是绕过油层—例如油井气锥）。Tarner 认为这样的假设会造成明显误差，但它们会部分地相互补偿。没有绕过油层的假设趋于过高估计原油采收率，而油层大小保持不变的假设（相应地重力驱作用减小）趋向于过低估计原油采收率。

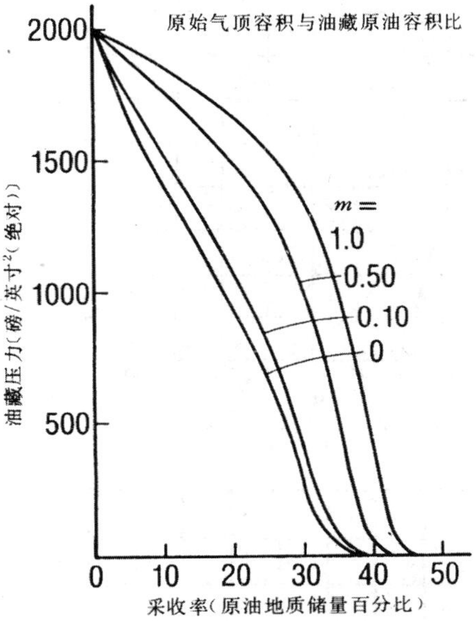

图 40.6　在 n 个 m 值情况下油藏压力与原油采收率的关系曲线

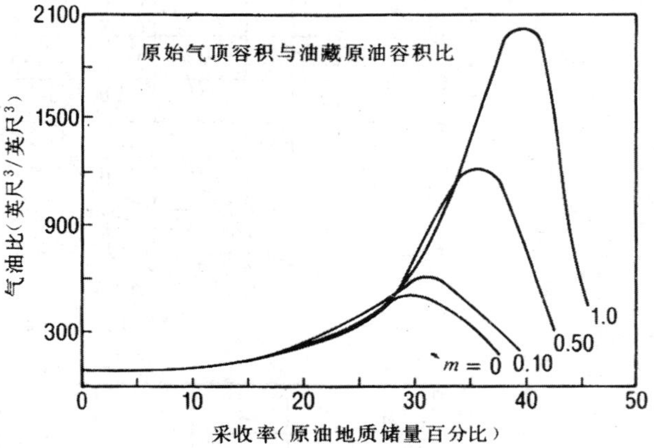

图 40.7　在 n 个 m 值情况下生产气油比与原油采收率的关系曲线

Muskat 和 Taylor[3] 提供了有关原油采收率对原油性质变化和气顶大小的敏感性数据。图 40.8 所示为原油采收率随原油粘度增加而减小的情况。该图还表明原油粘度越高，生产气油比越高。注意，原油采收率的变化是很大的，从小于 8%到高于 17%。图 40.9 表示原油粘度和溶解气油比变化的综合影响。图 40.10 表示几个气顶容积／油层容积比值的生产动态曲线，这一比值 Muskat 和 Taylor 用 H 表示。从图中可以看出，计算的采油量和峰值气油比都随气顶范围的增加而增大。Muskat 和 Taylor 侧重以下假设，即:在整个生产过程中气顶大小保持不变;气顶衰竭，气体从气顶进入油层，在整个油层中混合或分散，并随油层中原来的油气一起产出。

Arps 和 Roberts[8] 绘制了几组砂岩渗透率比与液体饱和度数据的关系曲线，并确定了定名为最高、平均和最低的三条曲线，如图 40.11 所示。最高意指采出油量最高（在给定的液体饱和度下 k_g/k_o 最低），而最低意指采出油量最低（k_g/k_o 最高）。对每条 k_g/k_o 曲线，计算了数组流体性质的采出油量〔地面桶／（英亩·英尺）（百分孔隙度)〕与压力的关系曲线。图 40.12 所示为采出油量最低（k_g/k_o 最大）的情况。注意，不要与该图中最小 k_g/k_o 的符号相混淆。图 40.13 所示为平均情况。图 40.14 为采出油量最高（k_g/k_o 最小）的情况。同样要注意，不要与图中的符号（k_g/k_o 最大）相混淆。要注意采出油量（地面桶／（英亩·英尺）／%孔隙度）的巨大变化:最低情况为 2～12，平均情况为 6～18，最高情况为 9～26。Arps 和 Roberts [8] 还报道了石灰岩 k_g/k_o 曲线的结果，所计算的采出油量变化范围为:最低情况为 1～7，平均情况为 3～16，最高情况为 13～32。

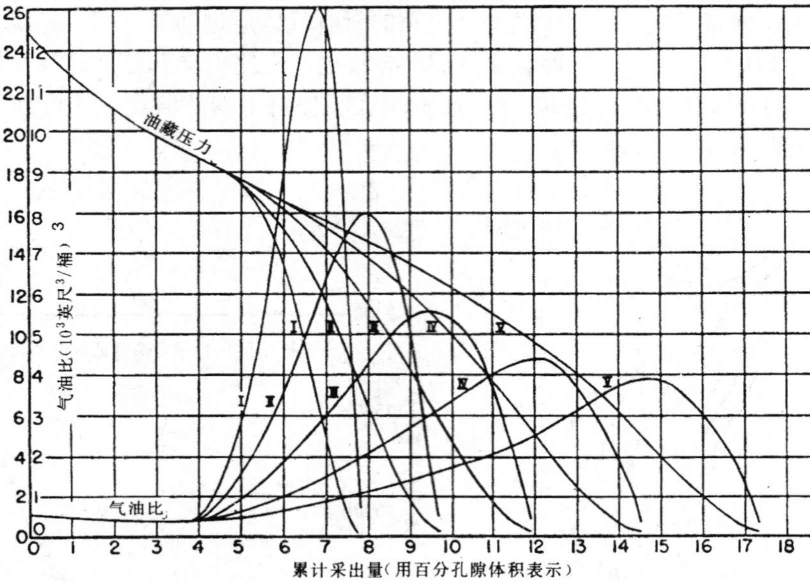

图 40.8 原油粘度不同的溶解气驱油藏的压力和气油比动态史曲线

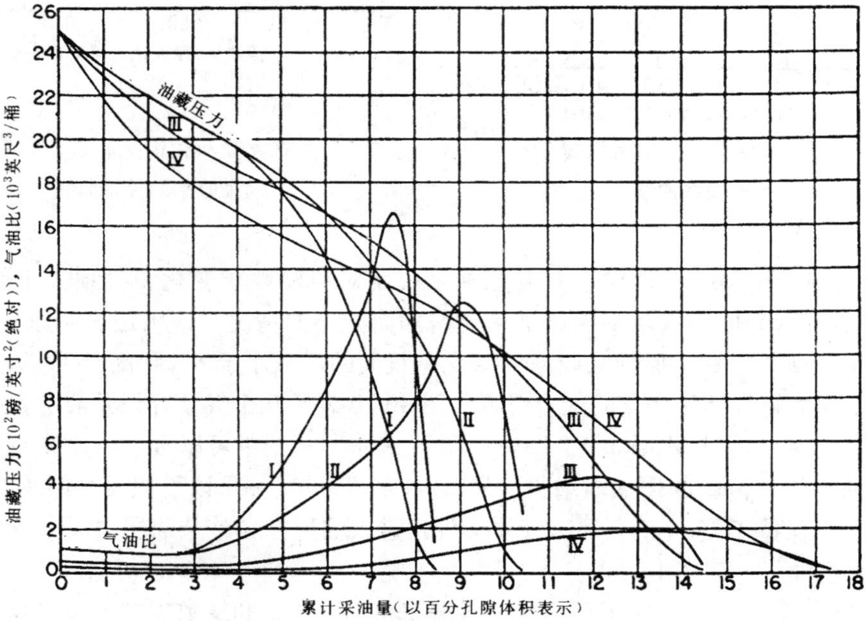

图 40.9 气体溶解度不同和原油粘度不同的溶解气驱油藏的压力和气油比动态史曲线

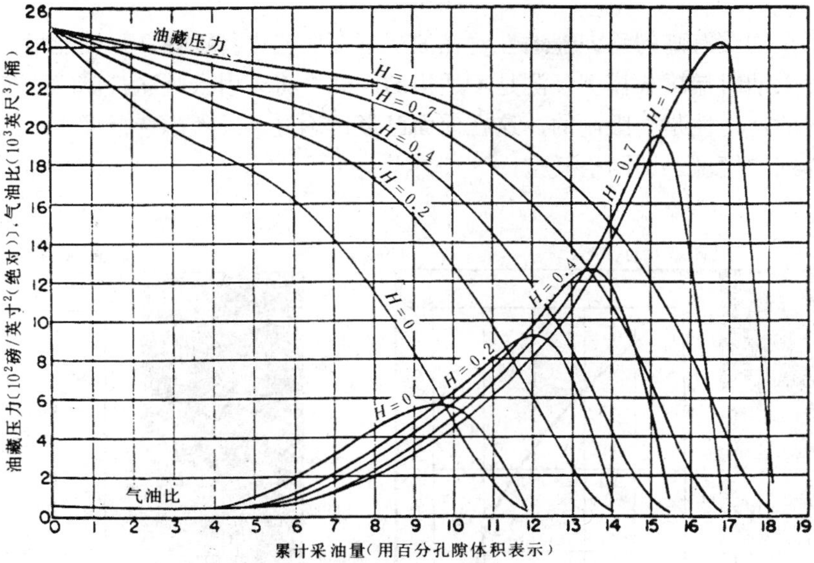

图 40.10　气顶容积与油层容积比（H=气顶厚度／油层厚度）不同的溶解气驱油藏的压力和气油比动态史曲线

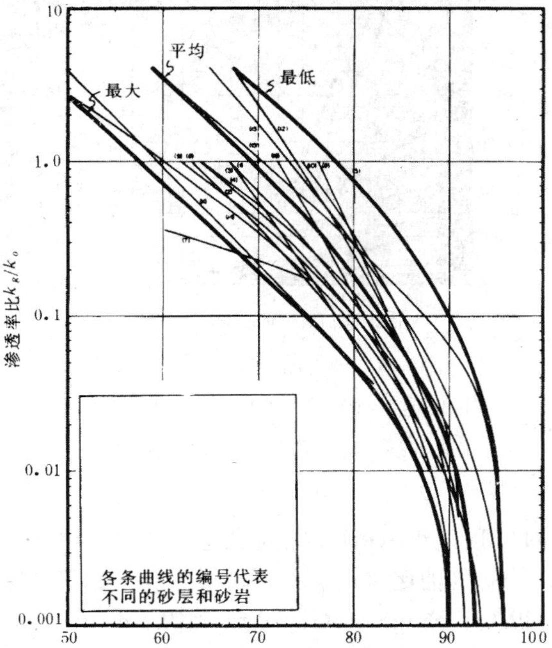

图 40.11　砂层和砂岩的渗透率比与液体饱和度的关系曲线

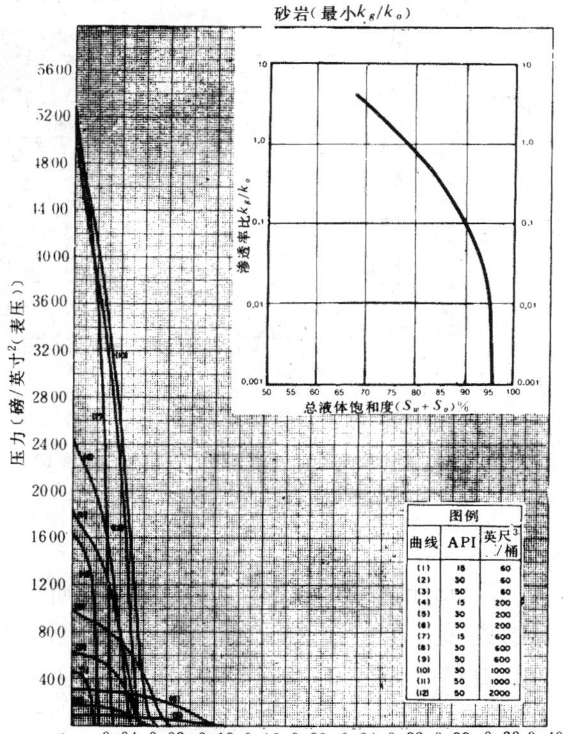

图 40.12　砂岩油层压力与采出油量〔地面桶／（英亩·英尺）／（%孔隙度)〕关系曲线。k_g/k_o最大，采出油量最低

图 40.15 为 Sikora[13] 对无分离和完全分离两种情况的油藏生产动态所进行的对比。在完全分离情况下，计算的原油采收率较低，而生产气油比上升较快。这说明所假设的重力分离对储罐式模型生产动态计算有不利影响;产生不利影响的原因还有假设从整个有效厚度生

产。如果一个油藏有高的垂向连通性，在油层下部射孔进行选择性采油能增加采收率。从整个有效厚度采油时储罐式模型预测是不适用的，并会将人引入歧途。储罐式模型对于有垂向分离的情况的适用性是受限制的，这在前面已经讨论过了。考虑选择性生产的动态预测需要一个更为详细的模型，即网格模型。

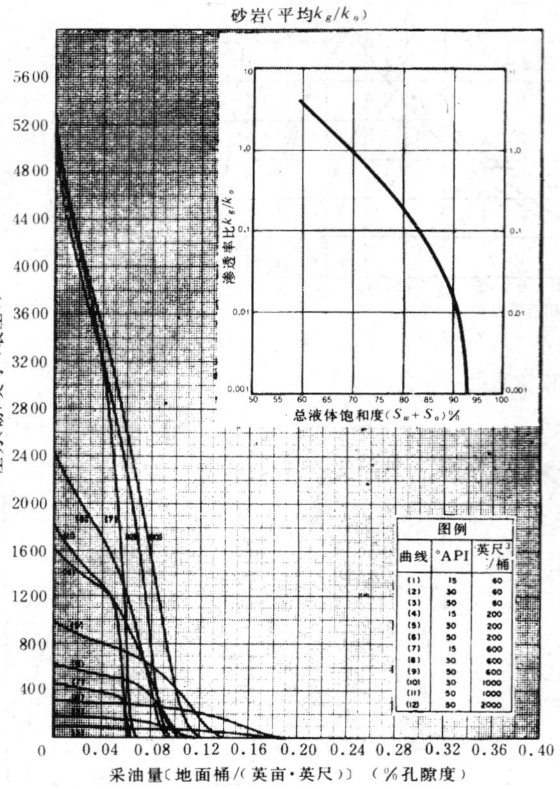

图 40.13 砂岩油层压力与采出油量〔地面桶／（英亩·英尺）／（%孔隙度）〕关系曲线。k_g/k_o为平均值

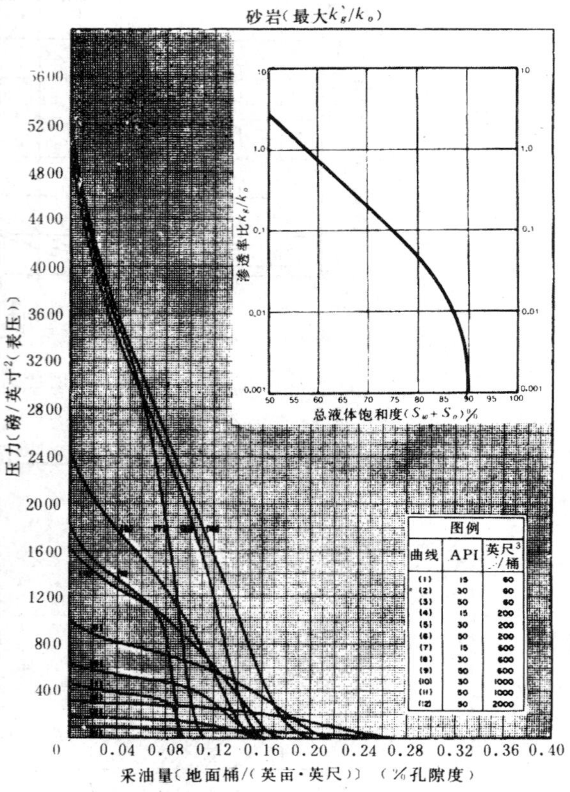

图 40.14 砂岩油层压力与采出油量〔地面桶／（英亩·英尺）／%孔隙度〕关系曲线。k_g/k_o最小，采出油量最高

Singh 和 Guerrero[18] 研究了原油采收率对气顶大小（m）、隙间水饱和度（束缚水）、渗透率比（k_g/k_o）、原油地层体积系数（B_o）、溶解气油比（R_s）和原始压力（p_{iR}）等变化的敏感性。流体性质示于表 40.1 和图 40.16～40.18。Singh 和 Guerrero 采用了与 Arps 和 Roberts[8] 提出的砂岩平均渗透率比特性参数相接近的渗透率比数据。隙间水饱和度为 22%。他们用 200 磅／英寸^2 压力递减量计算了从 2500 磅／英寸^2 泡点压力降到 100 磅／英寸^2 废弃压力时的生产动态。

图 40.19 所示为 m 等于 0、0.5 和 0.75 三种基本情况的原油采收率与压力的关系曲线（低于泡点压力）。对于每一种基本情况，计算了下列每一个参数变化 ± 30% 的生产动态，即 B_o、R_s 或 B_g、p_{iR}、隙间水饱和度、k_g/k_o 或 μ_o/μ_g。由这些数据项 ± 30% 变化所产生的原油采收率百分比变化或误差列在表 40.2。图 40.20～图 40.24 表示计算的动态对这些数据 ± 30% 变化的敏感性。从这些图和表 40.2 可以看出，原油采收率的百分数随 B_o、p_{iR} 或

表 40.1　用于物质平衡生产动态敏感性研究的液体特性数据

压力 （磅／英寸^{2}绝对）	原油体积系数 （地下桶／地面桶）	气体体积系数 （地下桶／标准英尺^3）	溶解气油比 （标准英尺^3／地面桶）	石油粘度 （厘泊）	气体粘度 （厘泊）
3000	1.315	0.000726	650		
2500	1.325	0.000796	650	1.200	0.02121
2300	1.311	0.000843	618	1.260	0.02046
2100	1.296	0.000907	586	1.320	0.01960
1900	1.281	0.001001	553	1.386	0.01869
1700	1.266	0.001136	520	1.455	0.01770
1500	1.250	0.001335	486	1.530	0.01670
1300	1.233	0.001616	450	1.615	0.01570
1100	1.215	0.001998	412	1.714	0.01472
900	1.195	0.002626	369	1.826	0.01380
700	1.172	0.003481	320	1.954	0.01298
500	1.143	0.005141	264	2.103	0.01221
300	1.108	0.009027	194	2.281	0.01165
100	1.057	0.028520	94	2.539	0.01125

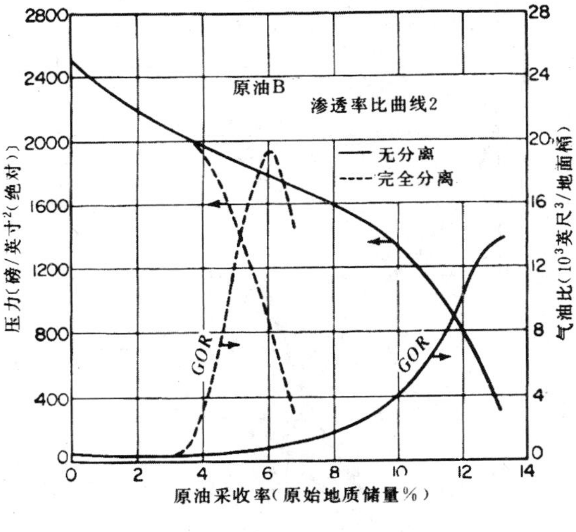

图 40.15　无分离和完全分离情况下油藏生产动态的对比

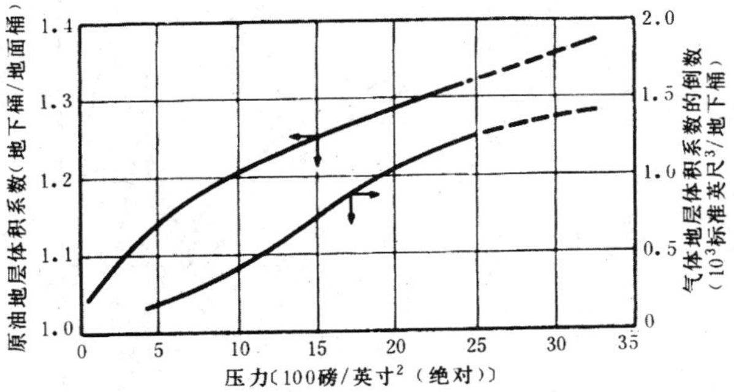

图 40.16　生产动态敏感性计算中用的地层体积系数与压力的关系曲线

k_g / k_o 的减小而增加，和随着 R_s 和 s_{iw} 的增大而增加。表 40.2 还表明在 m=0（无气顶）情况下原油采收率变化最大。气顶的存在会减小生产动态的敏感性。但这并不意味着，存在气顶就会减小有关将来生产动态的总不确定性。对于实际油藏来说，还存在着其它不确定性，如气顶的大小和储罐式模型的适用性（例如无重力驱作用，油井无气锥）等。

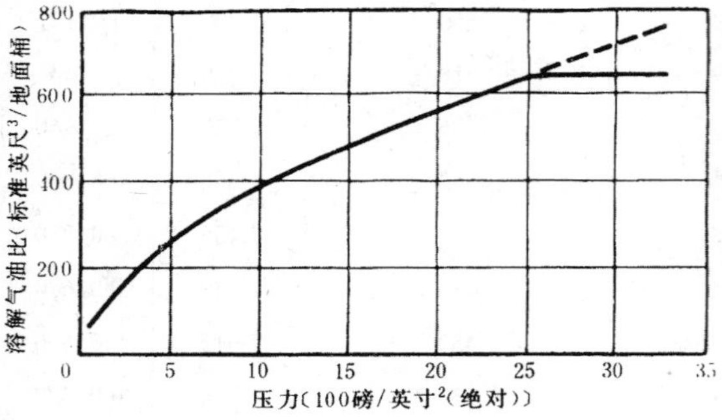

图 40.17　生产动态敏感性计算中用的溶解气油比与压力的关系曲线

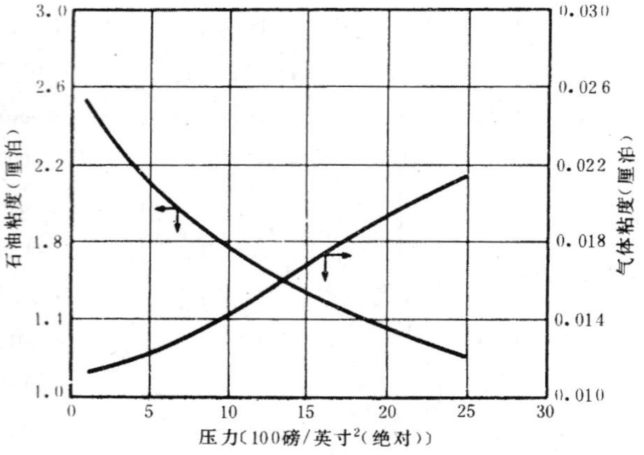

图 40.18　生产动态敏感性计算中用的气体和原油粘度与压力的关系曲线

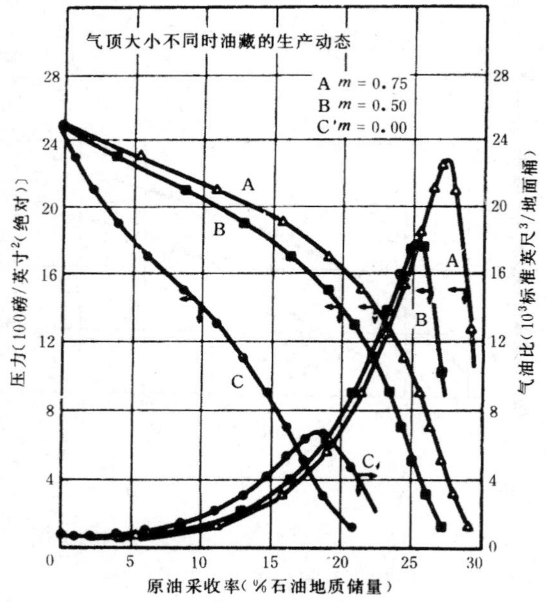

图 40.19　气顶大小不同的三种基本情况的溶解气驱生产动态

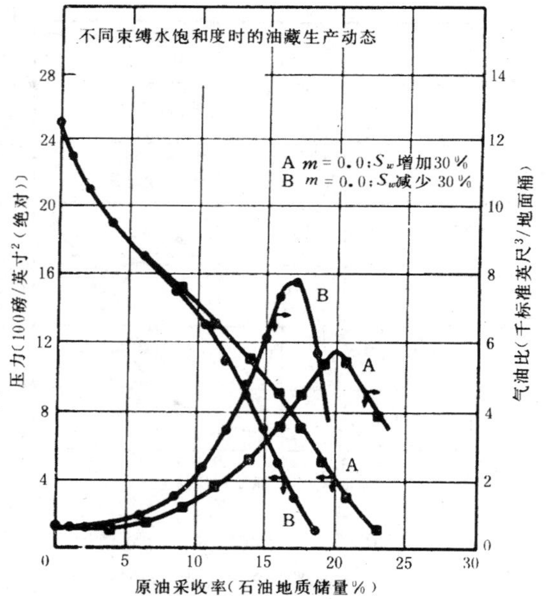

图 40.20　溶解气驱生产动态对隙间水饱和度变化±30%的敏感性

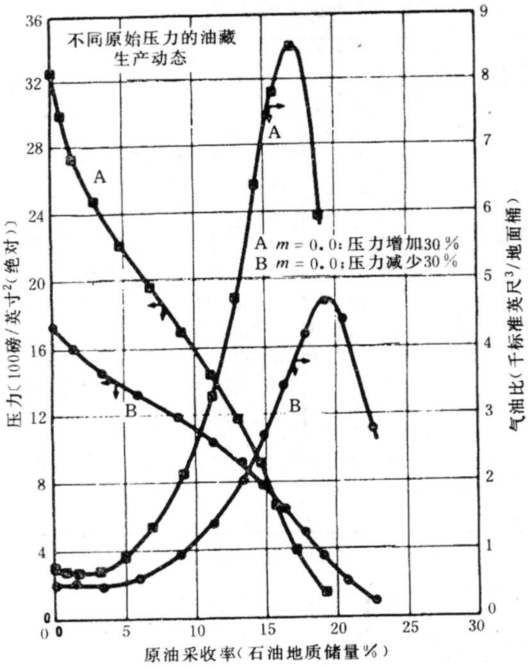

图 40.21 溶解气驱生产动态对原始压力变化±30%的敏感性

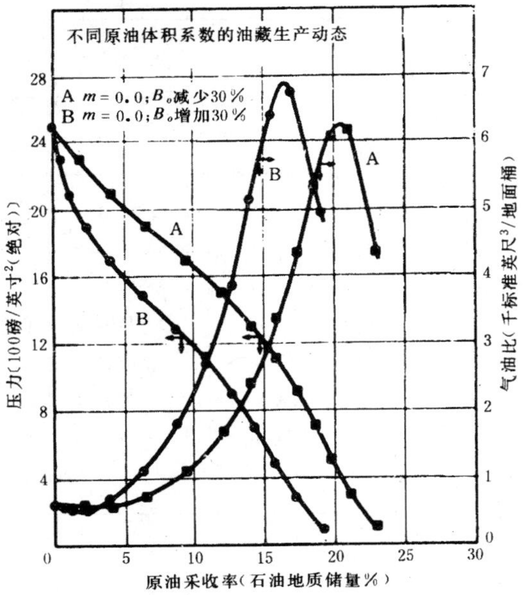

图 40.22 溶解气驱生产动态对 B_o 变化±30%的敏感性

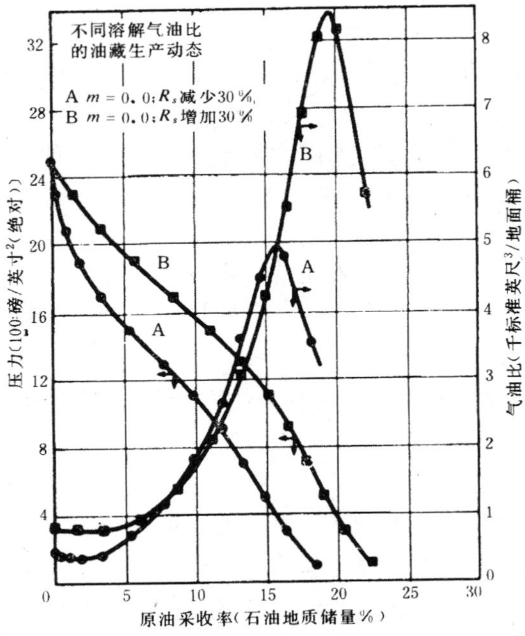

图 40.23 溶解气驱生产动态对 R_s 变化±30%的敏感性

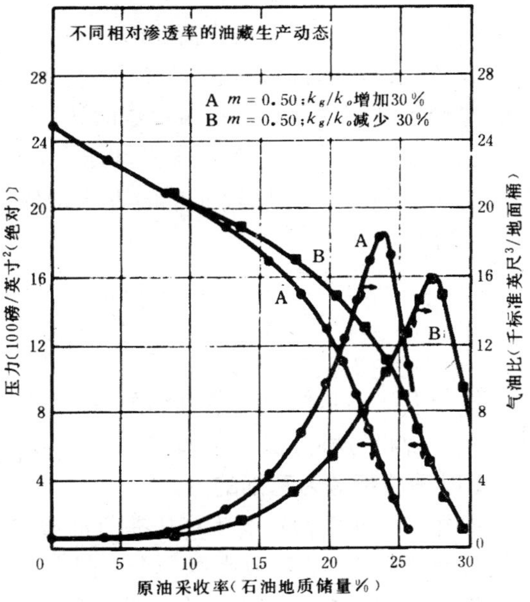

图 40.24 溶解气驱生产动态对渗透率比 k_g/k_o 变化±30%的敏感性

表 40.2　由数据±30%变化引起的计算原油采收率的变化或误差

系数	采收率百分数的变化					
	m＝0		m＝0.50		m＝0.75	
	−30.00	+30.00	−30.00	+30.00	−30.00	+30.00
B_o	+11.0553	−8.0781	+3.6011	−2.1059	+2.5361	−1.5338
B_g 和 R_s	−10.9920	+8.1900	−2.7845	+2.5720	−2.0157	+1.8088
P_i	+9.1756	−7.8326	+3.6844	−5.3114	+2.6490	−4.7911
S_w	−9.8654	+11.6368	−8.6772	+10.3622	−8.5560	+10.0768
k_g / k_o 和 μ_o / μ_g	+10.3020	−7.2521	+8.3833	−5.9272	+7.9464	−5.6907

注:“系数”表示变化的数据类型。

十三、产量和时间的计算

在以上各节所介绍的物质平衡计算中没有考虑产量和时间，因为对于所假设的压力平衡的储罐式模型来说，动态曲线（采收率与压力关系曲线）与产量和时间无关。一旦完成了物质平衡计算，也就算出了每一个压力递减量增加的原油产量。如果能够确定原油的产量，便可求出生产这一原油产量所需要的时间。

假设在给定的油藏压力下，所有井的日产量相同（或者考虑一口平均井），那么整个油藏的日产量可用单井日产量乘井数而计算出来。

把原油日产量 q_o 作为油藏平均压力$\overline{p}_R$和油井井底流压（p_{wf}）的函数，可以用二种不同方法进行计算。一种比较简单的方法是假设一条直线关系。该直线见图 40.25，并由方程(40) 给出：

$$q_o = J\ (\overline{p}_R - p_{wf}) \tag{40}$$

另一方法不是假设一条直线关系，而用一种称作油井流入动态关系的曲线（IPR）帮助计算 q_o。现将每种方法讨论如下：

1.以采油指数为基础的方法

油井产量通常假设与生产压差（油藏和油井压力差）成正比，如方程（40）所示。比例项是采油指数 J，该指数常以一个有限大系统拟稳态流的方程为基础。由 Odeh [2] 提出了这一方程的通用形式，它有一个形状系数或常数 C_A，用于表示非圆形泄油面积和圆形泄油面积二者的特征：

$$q_o=\frac{0.00708k_{ro}kh\ (\bar{p}_R-p_{wf})}{\mu_oB_o\ln\ (C_A-\frac{3}{4}+s)} \tag{41}$$

对于一个径向系统来讲，形状系数为 $C_A=r_e/r_w$，式中的 r_e 是外半径，r_w 是井眼半径。单井采油指数可结合方程（40）和（41）确定：

$$J=\frac{q_o}{\bar{p}_R-p_{wf}}=\frac{0.00708k_{ro}kh}{\mu_oB_o\ln\ (C_A-\frac{3}{4}+s)} \tag{42}$$

由于 μ_o、B_o 和 k_{ro} 的变化很小，一口井的采油指数有时可看作为一个常数—至少在某一有限的时间内或压力区间是如此。然而，如果进行动态预测的压力范围很大，考虑这些变化就是一个重要问题了。

初期的采油指数 J_i 可用两种方法确定：(1) 根据油井的压力试井和流量试井（见第三十五章）；(2) 设原始条件下的 $k_{ro}=1.0$，用方程（42）确定。

以方程（42）为基础的 J_i 的表达式为：

$$J_i=\frac{0.00708kh}{\mu_{oi}B_{oi}\ln\ (C_A-\frac{3}{4}+s)} \tag{43}$$

不管 J_i 如何确定，在后期（即较低的压力），J 将为

$$J=J_ik_{ro}\left(\frac{\mu_{oi}B_{oi}}{\mu_oB_o}\right) \tag{44}$$

式中 k_{ro} 在当时的液体饱和度下估算，而 μ_o 和 B_o 在当时的油藏压力下估算。随着平均油藏压力的递减，方程（44）假设拟稳态流条件〔即$\partial/\partial t(S_o/B_o)$ 在所有各点上是相同的〕。由方程（44）求出的 J，带入方程（40），计算 q_o。因此，油井的产量与压差 (p_R-p_{wf}) 成正比，但比例项（J）随压力和饱和度的变化而变化。

2. 以流入动态关系曲线（IPR）为基础的方法

应用流入动态关系曲线法时，在产量计算中储罐式物质平衡关于饱和度是均匀的假设就不适用了。这一方法的基本思路是随着压差的增加（降低井底流压）气体饱和度将不是均匀的。在近井地带将有更多的气体逸出，增加气体饱和度，从而增加原油的流动阻力（k_{ro} 减小）。这样不断增加的流动阻力将降低给定井底流压下的原油产量。

读者也许会奇怪，为什么我们把假设饱和度均匀的储罐式物质平衡计算与以不同假设为依据的产量计算结合在一起。应用以采油指数为基础的产量计算不是与均匀饱和度的假设更为一致吗?虽然提出这样的问题是合乎逻辑的，但要注意近井地带饱和度的不均匀性主要影响井的产量。总的物质平衡计算结果（采收率与平均油藏压力的关系）主要是油藏平均条件的函数，而不是近井条件的函数。在其它类型的溶解气驱油藏计算中也用流入动态曲线法预

测油井产能。

Vogel[24] 应用计算机程序对油藏压力递减序列的每一个压力递减量确定产量（q_o）随井底流压（p_{wf}）的变化。对一个圆形油藏，其中心有一口钻开程度完善井，用 Weller′s[16] 近似法进行了这种计算。Weller 近似法将在模拟研究取得的认识一节介绍。

Vogel 模拟了几个圆形油藏，它们具有不同的原油性质、相对渗透率特性、井距（即圆形油藏大小不同）和油井表皮因子。其中一种情况的模拟结果见图 40.26。图中每条线表示一个给定累计采油量（或给定的油藏压力，该压力对应于 q_o 为零时的压力）的 q_o 随 p_{wf} 而变化的情况。将图 40.26 的曲线与图 40.25 的直线进行对比，可看出图 40.26 的曲线有一个向下的弧度。这是由于气体饱和度增大因而增加了原油流动阻力的结果。Vogel 指出，他的结果与 Evinger 和 Muskat[23] 得出的那些结果是一致的。Evinger 和 Muskat 提出的理论计算表明，两相流的 q_o 与 p_{wf} 关系图是曲线而不是直线。

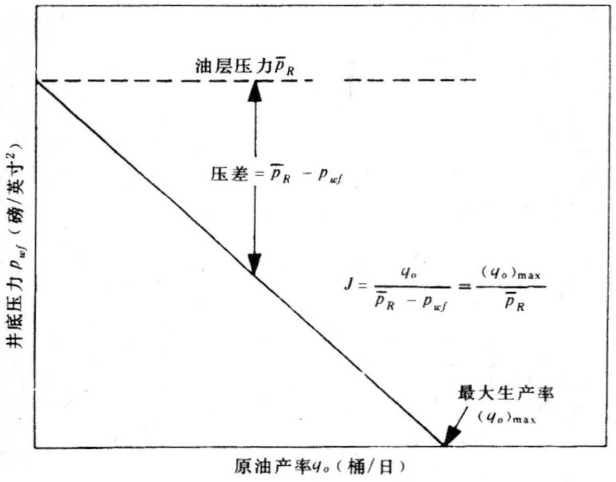

图 40.25 直线型流入动态关系曲线(q_o 与 p_{wf} 关系曲线)

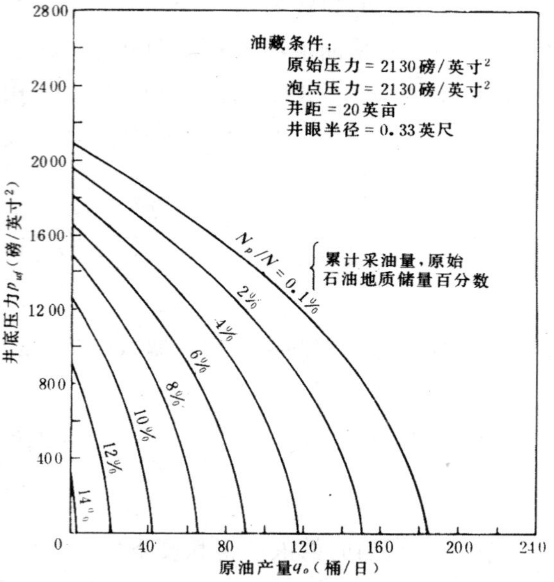

图 40.26 为溶解气驱油藏一口井计算的流入动态关系曲线

Vogel 发现，当绘制无因次 IPR 曲线时，如图 40.27 所示，曲线成组靠近。如图 40.28 所示，他用一条单一的平均曲线或参比曲线近似代表这一组曲线。这一曲线可近似用于所有的井。该曲线的方程为：

$$\frac{q_o}{(q_o)_{max}} = 1.0 - 0.2\frac{p_{wf}}{\bar{p}_R} - 0.8\left(\frac{p_{wf}}{\bar{p}_R}\right)^2 \tag{45}$$

式中 $(q_o)_{max}$ 为最大的原油产量，地面桶／日。

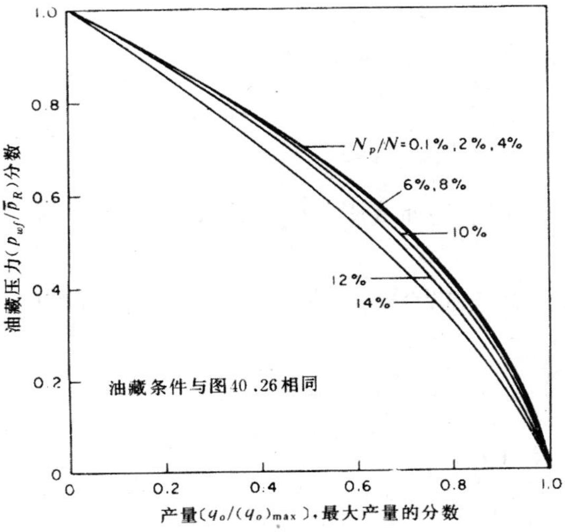

图 40.27　溶解气驱油藏一口井的无因次流入动态关系曲线

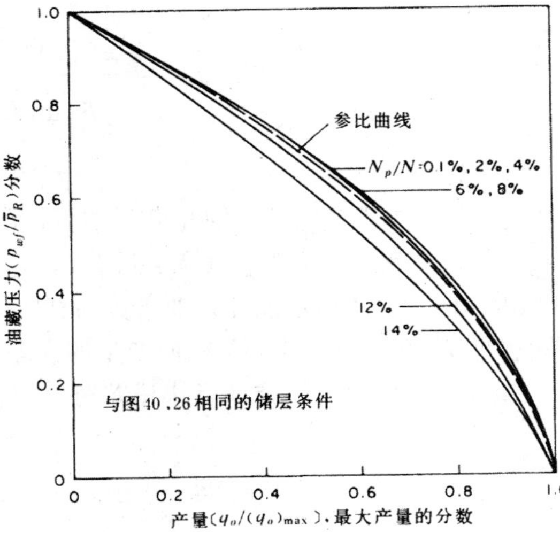

图 40.28　参比曲线与计算的 IPR 曲线对比

Vogel 没有提出已知 p_{wf} 和 $\bar{p}_R$ 时计算 q_o 的方法。他的方法需要通过试井知道某一 p_{wf} 下的 q_o。然后用方程（45）计算在其它 p_{wf} 值时的 q_o。在 1971 年，Standing[26] 提出了在动态测试模型中应用 Vogel 结果所必需的补充认识。

Standing 指出，可将方程（45）重新排列为

$$\frac{q_o}{(q_o)_{max}} = \left(1-\frac{p_{wf}}{\bar{p}_R}\right)\left(1+0.8\frac{p_{wf}}{\bar{p}_R}\right) \tag{46}$$

一口井的采油指数可以定义为：

$$J = \frac{q_o}{\bar{p}_R - p_{wf}} \tag{47}$$

将方程（47）代入方程（46），得

$$J = \frac{(q_o)_{max}}{\bar{p}_R}\left(1+0.8\frac{p_{wf}}{\bar{p}_R}\right) \tag{48}$$

Standing 指出，方程（48）中固有的物理条件是油藏气体和原油饱和度以及油藏压力随离开井眼的距离而变化，并且油井的表皮因子为零。

Standing 还考虑了油藏中流体饱和度是均匀的情况。这应当是以最小压差生产的情况。在饱和度和压力基本上是均匀的这些条件下油井的采油指数用 J^* 表示。注意，J^* 是以方程（42）中对采油指数 J 所假设的同样条件为基础的。J^* 与方程（42）中的 J 相同，并

可用相同的方法估算：

$$J^{*}=\frac{0.00708k_{ro}kh}{\mu_{o}B_{o}\ln\left(C_{A}-\frac{3}{4}+s\right)} \tag{49}$$

式中的 k_{ro} 在油藏平均流体饱和度下估算，μ_o 和 B_o 在平均油藏压力$\bar{p}_R$下估算。对于径向系统来讲，形状系数 C_A 简单地等于 r_e / r_w。

Standing 用 J 表示油井采油指数的真实值（至少是更为精确的值）。而 J 和 J^* 之间的差别则表示 J^* 以均匀条件为基础而产生的误差。

Standing 指出，J^* 是非常小压差时（即 p_{wf} 接近$\bar{p}_R$时）J 的极限值：

$$J^{*}=\lim_{p_{wf}\to p_R} J=\frac{1.8\left(q_{o}\right)_{\max}}{\bar{p}_{R}} \tag{50}$$

合并方程（48）和（50），可消去 $(q_o)_{\max}/\bar{p}_R$，得

$$J=\frac{J^{*}}{1.8}\left(1+0.8\frac{p_{wf}}{\bar{p}_{R}}\right) \tag{51}$$

一旦知道了平均流体饱和度，p_{wf} 和$\bar{p}_R$，用方程（49）和（51）可算出油井的 J。

Standing 通过合并方程（45）和（50）消去 $(q_{ol})_{\max}$，得方程（52）。该方程是各种平均油藏压力下 IPR 曲线的通用关系式：

$$q_{o}=\frac{J^{*}\bar{p}_{R}}{1.8}\left[1-0.2\left(\frac{p_{wf}}{\bar{p}_{R}}\right)-0.8\left(\frac{p_{wf}}{\bar{p}_{R}}\right)^{2}\right] \tag{52}$$

这样，Standing 就证明了如何用 Vogel 的 IPR 数据计算一个溶解气驱动态模型中的产量。由于 J^* 值可以用方程（49）求出，方程（52）中所有各项便可以计算了。

在这以后，Al-Saadoon[28] 曾建议将一个不同的表达式用于 J。然而，Rosbaco[29] 证明，虽然 Standing 和 Al-Saadoon 对 J 和 J/J^* 使用了不同的表达式，但他们都得出了 q_o 与 p_{wf} 关系的同样结果。因此，应用 Standing 方程是可行的和公认的。

Standing[25] 讨论了 IPR 方法对污染井的适用性，而 Dias-Couto 和 Golan[30] 提出了一个用于溶解气驱油藏油井的通用 IPR 方法，该方法适用于具有任何一种泄油面积形状和任何一种完井流动效率的油井，并且适用于油藏衰竭的任何阶段。

3. 所需要的时间

至此，从物质平衡计算中已经知道了采收率与油藏压力的关系。与某一给定的最小 p_{wf} 相应的单井产油量 q_o。可以应用采油指数方法〔方程（42）〕或 IPR 方法〔方程（52)〕计算出来。这一 q_o 值是油井能够生产的计算产量。油井产量可能还受计划安排的限制，例如，受所允许的定额产量的限制。因此，在压力 p_n 下的油井产油量是这两个产量中的比较

小的产量：

$$q_n = (q_o)_{\min} \tag{53}$$

式中$(q_o)_{\min}$＝计算的和计划安排的产量的最小值。

在压力从p_{n-1}递减到p_n期间的平均日产油量$\bar{q}_o$可由方程（54）求出：

$$\bar{q}_o = 0.5\ (q_n + q_{n-1}) \tag{54}$$

将这一平均产量用于方程（55），可以计算采出压力从p_{n-1}递减到p_n增加的原油产量$(\Delta N_p)_n$所需要的时间Δt_n：

$$\Delta t_n = \frac{(\Delta N_p)_n}{\bar{q}_o n_w} \tag{55}$$

达到压力p_n的累计时间t_n，由方程（56）给出，此时原始时间$t_o=0$。

$$t_n = t_{n-1} + \Delta t_n \tag{56}$$

十四、从模拟研究取得的认识

油藏模拟是第48章讨论的主题，因此我们将不在这里进行详细的讨论。对溶解气驱油藏的网格模拟结果与用诸如储罐式物质平衡等简单方法计算的结果曾进行了几次对比。这些对比有助于确定各种简单方法的适用范围。这些研究所说明的一些关键问题，与Vogel在获得作为IPR油井产量计算法基础的计算结果中所考虑的问题相同。这些问题是：(1) 饱和度不均匀分布的范围有多大；(2) 对生产动态的影响有多大。

Ridings等[14]进行了最富有成果的研究。他们对比了线性系统溶解气驱的实验室和计算结果，二者符合良好。另外，他们还应用网格径向模型研究了产量和井距对溶解气驱生产动态的影响。他们关于薄和、均质的、水平的溶解气驱油藏的结论包括以下几项：

(1)“最终采收率基本上与产量和井距无关，并且与常规的Muskat法预测的采收率接近一致。”

(2) 气油比与产量和井距有些关系。当产量高或井距小时，气油比在初期很高，但在后期变得低于Muskat预测值。当产量低或井距大时，气油比与Muskat预测值接近一致。

(3) 当生产压差低时，计算的衰竭时间与常规分析（生产指数法）接近一致，但当生产压差高时，二者差别很大。这一点与Vogel[24]所获得的结果实质上是一致的。

(4) 间歇生产对瞬时气油比有明显影响，但对累计气油比影响不大。另外，对采收率也无明显影响。这是指累计采收率，而不是指某一阶段的采收率。

注意，结论（1）和（2）支持用储罐式模型预测溶解气驱油藏的原油采收率和气油比(至少在低采油速度下是如此)。虽然只提到了Muskat方法，但其他储罐式方法，如Tracy

法也应同样是适用的。

Stone 和 Garder [19] 把一维网格模拟结果与实验室模型以溶解气驱生产实测的压力和产量数据进行了对比，发现计算出的和实测的压力与采收率百分比的关系接近一致。

1961 年，Levine 和 Prats [12] 对比了一种精确方法（一维径向网格模拟法）与一种近似方法获得的溶解气驱结果。这一近似方法所依据的假设是:半稳定状态，这通常称作拟稳定状态（即储罐原油饱和度的降低速率在任何时间和任何位置都是一样的）;和“不变气油比”，这实际上意味着气油比是均匀分布的（即总的气油比在任何地点和任何时间都是相同的）。Levine 和 Prats 证明模拟结果和近似方法的结果接近一致。对于不同的衰竭阶段来说，这些结果就是压力和饱和度与半径以及生产气油比和采收率百分数相应值的关系曲线。关于近似方法仅提供了有限的资料。这一方法要求补充推导其他方程和编制计算机程序。Levine 和 Prats 还探讨了如何使用无因次数据组将这些结果扩展应用于另外的流体和岩石性质。

后来，Weller [16] 提出了一个不同的方法，这一方法保留了半稳定状态的假设，但取消了“不变气油比”的假设。Weller 证明他的方法与 Levine 和 Prats 不变气油比法相比，更接近模拟结果。Weller 结合应用产量变化的影响尚未到达泄油边界的不稳定阶段和到达以后的半稳定状态（即储罐原油饱和度的递减速率在任何地点都是相同的），推导了饱和度和压力的径向分布方程。因为这些方程主要作为网格模拟的另外的方程使用，这里将不做详细介绍（见参考资料〔16〕）。

十五、挥发性油藏的生产动态预测

挥发油的特点是从油藏产出的气体中可回收大量的烃液。而且，当油藏压力递减至泡点压力以下时，挥发油比常规黑油更迅速地放出气体，并在油藏内形成游离气饱和度。这就造成井口气油比相对较高。因此，挥发油的动态预测不同于黑油，主要是因为必须考虑从产出气中回收的烃液量。利用标准的实验室 PVT（黑油）数据的常规物质平衡方法会过低估算原油采收率。这种误差随原油挥发性的增强而增大。

挥发油定义为一种烃，它在原始油藏条件下是液态油，而在压力低于泡点压力时，放出含有相当重组分的气体，可在分离器条件下形成大量的凝析液滴。这是挥发油与黑油的差别。对于黑油来讲，假设从产出气中回收的烃液可以忽略，不会产生什么误差。

Cronquist [38] 在图 40.29 上用气油比范围表示挥发油在黑油和气之间的位置。与黑油相比，挥发油的溶解气油比较高（1500～3500 标准英尺^3／地面桶），原油重度一般较大(大于 40 或 50 ° API)，地层体积系数较大（约在 2.0 地下桶／地面桶以上）。当压力递减至泡点压力以下时，挥发油趋于迅速收缩。Cronquist 用图 40.30 说明这一特征。为便于比较，曲线用无因次形式表示（即标准化为单位最大值)。纵坐标 b_{oD} 是无因次收缩率:

$$b_{oD} = (B_{ob} - B_{o}) \quad (B_{ob} - B_{oa})$$

横坐标 P_{RD} 是无因次油藏压力的特殊形式:

$$p_{RD} = p_{R} / p_{b}$$

式中 p_{RD}——油藏压力，无因次；

p_R——油藏压力，磅／英寸^2；

p_b——泡点压力，磅／英寸^2。

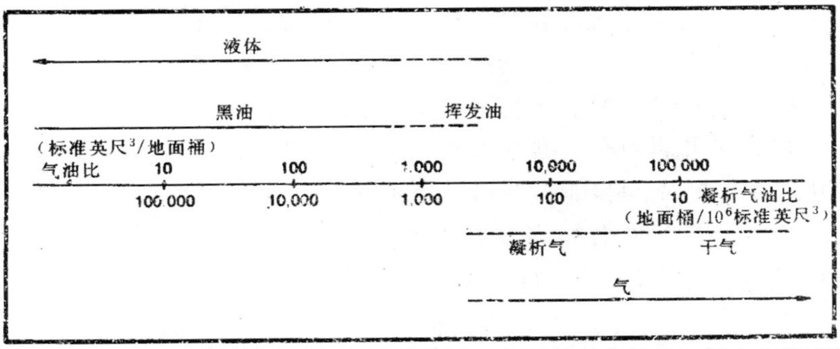

图 40.29 从黑油到气体的溶解气油比范围，挥发油的气油比一般在 1500 到 3500 标准英尺^3／地面桶之间

图 40.30 中标记 BO 的曲线代表黑油的典型特征。在泡点压力以下，其收缩率几乎与压力的降低成正比。与之相比，曲线 E、F、G 代表挥发性依次增强的挥发油，其收缩率增大很多。

收缩率大表示有相当大量的气体放出（即在泡点压力以下，溶解气油比随压力的降低大大减小）。图 40.31 是无因次累计放出气体量（$R_{PD}= R_{rs} / R_{sb}$）与无因次压力的关系曲线。R_{sb} 是泡点压力下的溶解气油比（标准英尺^3／地面桶），R_{rs} 是泡点压力以下溶解气油比的减少:$R_{rs} = R_{sb} - R_s$，R_s 是溶解气油比（标准英尺^3／地面桶）。图 40.31 中的趋势线表示黑油的典型特征。其放出气量几乎与泡点以下压力的降低成正比。挥发油的曲线 E、F、G 表明在泡点以下随压力的递减放出多得多的气体。

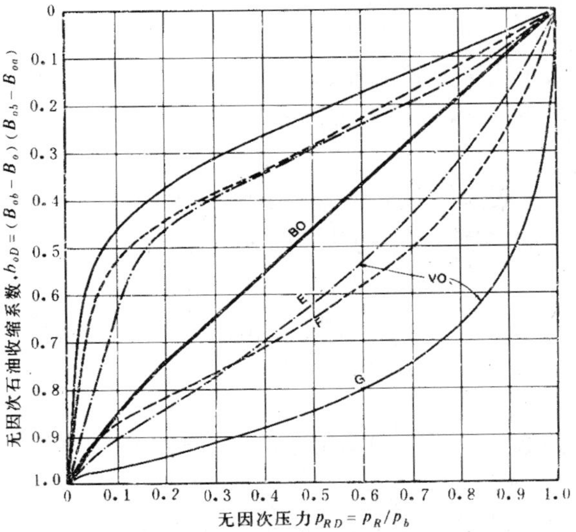

图 40.30 无因次收缩率与无因次压力关系曲线。曲线 E、F 和 G 依次为挥发性更高的油，曲线 B_o 表示黑油，曲线 V_o 表示挥发油

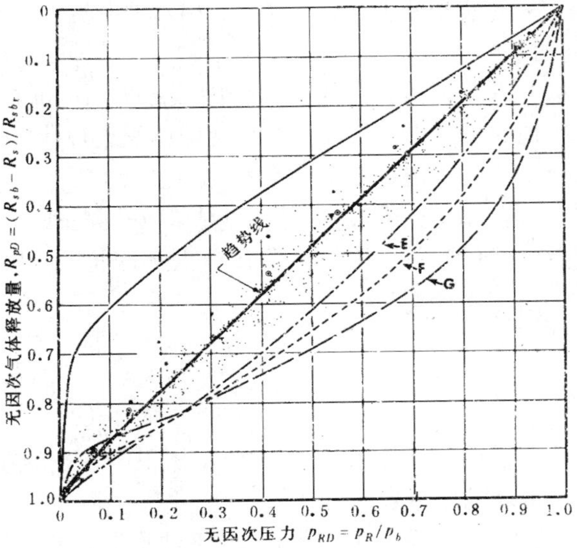

图 40.31 无因次释放气体量与无因次压力的关系曲线。曲线 E、F 和 G 代表挥发性逐步增强的油，趋向线代表为黑油的典型情况

所以，挥发油油藏在泡点压力以下的降压开采动态极大地受油的迅速收缩和大量放出气体的影响。结果造成相对高的气体饱和度，高的生产油气比和低到中的油藏原油产量。在地面处理设备中，从产出气能得到大量的烃液。这种在地面回收的液量可以等于或超过以液相从油藏产出的油量[31, 33, 34, 38]。其溶解气驱的采收率经常是原始地质储量的 15%～25%。为提高采收率，有时考虑注气或注水，但这已超出本章介绍的范围。

对挥发油油藏一次采油动态预测方法来讲，关键的要求是正确地处理原油收缩率，气体的析出，油藏中气和油的流动和地面上的烃液回收。对于挥发性低、但比常规黑油收缩率大的原油来讲，有时对有差异的收缩率数据进行简单的校正[33, 35, 39]。然而对于挥发油则必须更全面地考虑其特有的动态。这包括对泡点压力以下各顺序压力级差测定油藏内放出气体的组分。

假定油藏呈储罐型特征(即忽略压力梯度),Cook 等人[31]、Reudelhuber 和 Hinds[33]、Jacoby 和 Berry[34]发表了预测挥发油油藏降压开采动态的方法。前两篇论文的作者用实验室数据确定流体的组分，而后一篇论文的作者用平衡常数数据计算流体的组分。Cronquist[38]指出，由于“每种方法看来似乎都得出可接受的结果”，因而，没有哪一种方法比其它两种方法有任何显著的优点。

Jacoby 和 Berry[34]的多组分闪蒸法特别有吸引力，因为有一个预测动态与实际油藏动态的对比。下面描述预测方法[34]，并讨论预测动态与现场动态的比较[36]。关于多组分闪蒸法的描述引自 Sikora[13]。

1. Jacoby 和 Berry 的多组分闪蒸法

用多组分闪蒸法预测挥发油油藏动态所要求的数据包括：(1) 在初始压力下油藏流体的状态和组成；(2) 适用于油藏温度下油藏压力范围及地面分离温度和压力的几组平衡蒸发比(K 值)；(3) 在油藏条件下实验求得的某些液相密度，用以检验计算降压开采过程中所要求的液相密度的相关关系；(4) 油藏温度下实验求得的油相粘度数据；(5) 相对渗透率比数据。

计算步骤　用多组分闪蒸方法预测油藏动态从压力 p_1 开始，包括下列几个步骤。为方便起见，以一个单位的烃孔隙体积进行计算。

(1) 选定一个低于 p_1 的压力 p_2；

(2) 从压力 p_1 到 p_2，对单位孔隙室间内一定摩尔数的油藏混合流体进行闪蒸；

(3) 假定压力 p_2 下一个气体饱和度，用下列方程计算平均的井底流动气油比：

$$\overline{R}=\frac{k_g}{k_o}\frac{\mu_o}{\mu_g} \tag{57}$$

(4) 计算 p_2 压力下单位体积中各相的摩尔数，总组分和剩留在单位体积中的油藏混合流体的摩尔数；

(5) 确定压力 p_1 和 p_2 下油藏混合流体之差，它等于该压力降下产出的井流的总量和组分；

(6) 通过从 p_1 到该段压力降的平均压力 $(p_1+p_2)\ /2$ 闪蒸井流组分，计算井底气油比；

(7) 如果步骤 (b) 得到的气油比与步骤 3 得到的平均气油比之差超出要求的允许偏

差，则选择一个新的含气饱和度，重复步骤（3）至（7），对这一压降继续进行迭代。如果差值在允许偏差之内，便得到该压力降的最终答案。对下一个压降，设 $p_1=p_2$，选择低于先前 p_2 的 p_2 值，重复步骤（1）至（7）。

2. Jacoby 和 Berry 法的实例[34]

油藏温度，246°F；

初始压力，5070 磅／英寸^2（绝对）；

泡点压力，4836 磅／英寸^2（绝对）；

初始气油比，2000 标准英尺^3／地面桶；

原油重度，50°API；

常规原油地层体积系数，4.7 地下桶／地面桶；

原始储层流体组分，见表 40.3 第 1 栏。

Jacoby 和 Berry 用上述方法计算的结果见表 40.3、表 40.4 和图 40.32 所示。表 40.3 是计算的井内油气流组分，表 40.4 是油藏内的流体组分。在 500 磅／英寸^2（绝对）、65°F 的分离器条件和 14.7 磅／英寸^2（绝对）、70°F 的储罐条件下，分离表 40.3 中的井内油气流，得到图 40.32 中的油、气产量。图 40.32 还算出了用常规的动态预测方法计算的油、气产量。

表 40.3　计算的井内油气流组分(摩尔分数)

组分	油藏压力(磅／英寸^2,绝对)							
	4836	4768	4550	4300	3750	2750	1750	750
氮	0.0167①	0.0147	0.0170	0.0205	0.0235	0.0235	0.0215	0.0165
甲烷	0.6051①	0.5718	0.6109	0.6711	0.7298	0.7582	0.7570	0.7001
二氧化碳	0.0218①	0.0215	0.0218	0.0224	0.0236	0.0250	0.0267	0.0274
乙烷	0.0752①	0.0764	0.0751	0.0737	0.0736	0.0775	0.0838	0.1004
丙烷	0.0474①	0.0496	0.0470	0.0437	0.0411	0.0412	0.0451	0.0616
丁烷	0.0412①	0.0442	0.0407	0.0359	0.0315	0.0296	0.0308	0.0466
戊烷	0.0297①	0.0325	0.0292	0.0246	0.0200	0.0171	0.0161	0.0246
己烷	0.0138①	0.0154	0.0135	0.0108	0.0082	0.0064	0.0057	0.0076
庚烷+	0.1491①	0.1739	0.1448	0.0973	0.0487	0.0215	0.0133	0.0152

①原始油藏流体组分:井底样品的馏分分析。

3. 预测动态与实际油藏动态的比较

Jacoby 和 Berry 的实例是发表于 1957 年的一个动态预测，该挥发油油藏位于北路易斯安那，1953 年发现，自 Smackover 石灰岩层产油[34]。认为油藏是“储罐”型的。Cordell 和 Ebert[36] 1965 年发表了预测动态与实际动态的比较。该油田称为 Main Reservoir，1956 年全面开发，共 11 口井，井距 160 英亩，到资料公布时油藏衰竭已达到 90%。

图 40.33 是 Main Reservoir 的动态史。图 40.34 和图 40.35 比较了实际油藏动态（累计储罐油产量与油藏压力的关系曲线）与用挥发油物质平衡计算[34]和用常规物质平衡计算预测的动态[6]。Cordell 和 Ebert 指出，实际的最终采收率比用挥发油物质平衡法预计的高 10%，比用常规（黑油）物质平衡计算的高 175%。

图 40.35 说明，将常规黑油物质平衡计算应用于挥发油误差很大:原油采收率估计过

低，生产气油比估计过高。这强调说明利用挥发油物质平衡方法预测挥发油油藏动态时考虑油藏和井流组分变化的重要性。

表 40.4　计算的油藏流体组分(摩尔分数)

组分	油藏压力(磅／英寸^2,绝对)									
	4836	4700	4600	4500	4400	4000	3500	3000	2000	1000
油藏内组合物或全部混合物										
氮	0.0167[1]	0.0168	0.0168	0.0168	0.0167	0.0164	0.0160	0.0152	0.0128	0.0085
甲烷	0.6051[1]	0.6060	0.6062	0.6062	0.6057	0.6001	0.5926	0.5766	0.5194	0.3937
二氧化碳	0.0218[1]	0.0218	0.0218	0.0218	0.0218	0.0217	0.0216	0.0214	0.0201	0.0163
乙烷	0.0752[1]	0.0752	0.0752	0.0752	0.0752	0.0753	0.0754	0.0754	0.0743	0.0674
丙烷	0.0474[1]	0.0473	0.0473	0.0473	0.0474	0.0477	0.0480	0.0488	0.0510	0.0527
丁烷	0.0412[1]	0.0411	0.0411	0.0411	0.0412	0.0416	0.0422	0.0434	0.0476	0.0559
戊烷	0.0297[1]	0.0296	0.0296	0.0296	0.0296	0.0301	0.0307	0.0319	0.0367	0.0475
己烷	0.0138[1]	0.0138	0.0137	0.0137	0.0138	0.0140	0.0144	0.0151	0.0179	0.0244
庚烷+	0.1491[1]	0.1484	0.1483	0.1483	0.1486	0.1531	0.1592	0.1722	0.2203	0.3336
油藏的油相										
氮		0.0142	0.0131	0.0123	0.0115	0.0087	0.0066	0.0047	0.0025	0.0010
甲烷		0.5632	0.5447	0.5297	0.5146	0.4667	0.4205	0.3682	0.2662	0.1561
二氧化碳		0.0214	0.0213	0.0212	0.0210	0.0202	0.0192	0.0177	0.0141	0.0090
乙烷		0.0767	0.0772	0.0776	0.0776	0.0777	0.0776	0.0754	0.0681	0.0521
丙烷		0.0502	0.0512	0.0520	0.0528	0.0549	0.0568	0.0587	0.0600	0.0542
丁烷		0.0449	0.0464	0.0476	0.0487	0.0520	0.0555	0.0592	0.0663	0.0706
戊烷		0.0332	0.0346	0.0358	0.0368	0.0404	0.0440	0.0485	0.0580	0.0679
己烷		0.0159	0.0166	0.0174	0.0180	0.0199	0.0221	0.0246	0.0303	0.0371
庚烷+		0.1803	0.1948	0.2065	0.2189	0.2595	0.2978	0.3430	0.4345	0.5520
油藏的气相										
氮		0.0256	0.0256	0.0256	0.0257	0.0262	0.0262	0.0253	0.0230	0.0198
甲烷		0.7546	0.7571	0.7575	0.7617	0.7700	0.7780	0.7770	0.7720	0.7492
二氧化碳		0.0231	0.0230	0.0231	0.0231	0.0237	0.0243	0.0248	0.0261	0.0274
乙烷		0.0698	0.0702	0.0705	0.0710	0.0722	0.0730	0.0754	0.0804	0.0902
丙烷		0.0376	0.0379	0.0380	0.0380	0.0384	0.0386	0.0393	0.0420	0.0504
丁烷		0.0279	0.0281	0.0283	0.0282	0.0283	0.0278	0.0282	0.0290	0.0339
戊烷		0.0171	0.0173	0.0174	0.0173	0.0170	0.0163	0.0160	0.0155	0.0170
己烷		0.0065	0.0067	0.0066	0.0065	0.0065	0.0061	0.0059	0.0055	0.0056
庚烷+		0.0379	0.0341	0.0330	0.0285	0.0177	0.0098	0.0081	0.0066	0.0066

①在泡点下的原始油藏流体:井底样品分析。

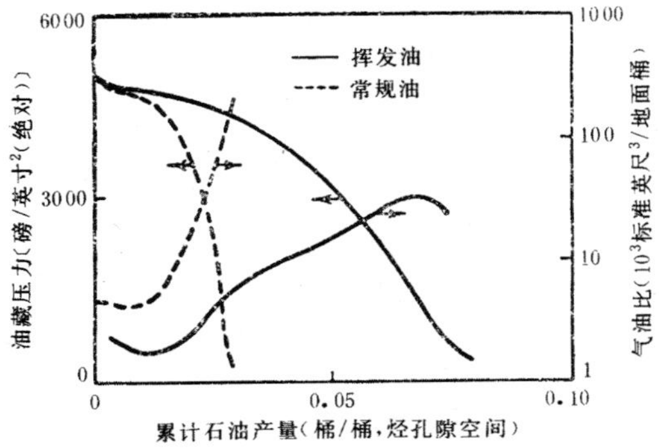

图 40.32　挥发油物质平衡（多组分闪蒸法）与普通物质平衡的油气产量的对比

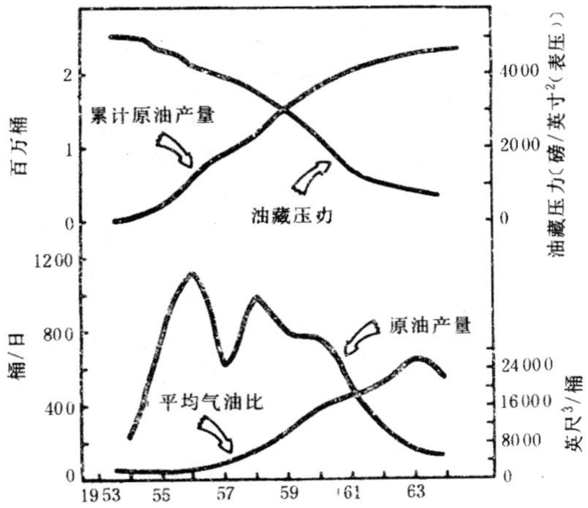

图 40.33　Main Reservoir 生产动态史

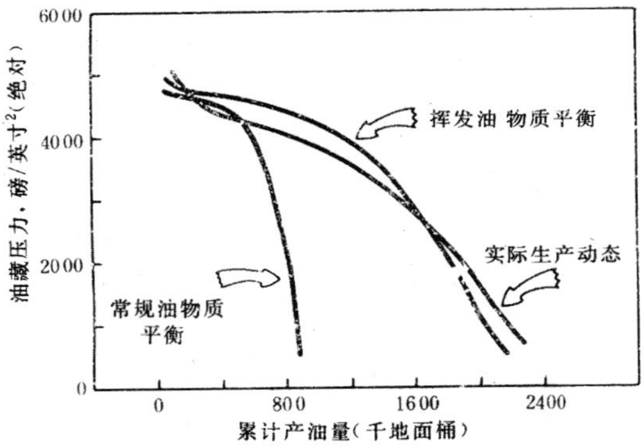

图 40.34　Main Reservoir 累计原油产量与油藏压力的关系曲线

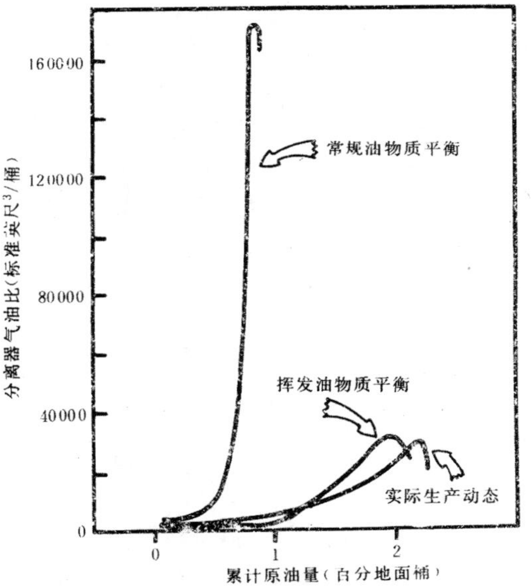

图 40.35　Main Reservoir 累计原油产量与气油比的关系曲线

符 号 说 明

b_o——石油收缩系数；

b_{oD}——石油收缩系数，无因次；

B_g——气体地层体积系数（气体的FVF），地下桶／标准英尺^3；

B_{gi}——原始气体地层体积系数，地下桶／标准英尺^3；

B_o——原油的地层体积系数，地下桶／地面桶；

B_o^*——地层体积系数虚拟值，地下桶／地面桶；

B_{oa}——常压和油藏温度下的B_o，地下桶／地面桶；

B_{ob}——泡点压力下的B_o，地下桶／地面桶；

B_{oi}——原始原油地层体积系数，地下桶／地面桶；

B_t——两相地层体积系数，地下桶／地面桶；

B_{ti}——原始两相地层体积系数，地下桶／地面桶；

B_w——水的地层体积系数，地下桶／地面桶；

B_g——原始游离气地质储量的膨胀，地下桶／标准英尺^3；

ΔB_t——原始石油地质储量的膨胀，地下桶／地面桶；

C_e——有效压缩系数，体积／(体积·磅／英寸^2)；

C_f——地层压缩系数,体积/(体积·磅/英寸^2);

C_o——石油压缩系数,体积/(体积·磅/英寸^2);

C_w——水的压缩系数,体积/(体积·磅/英寸^2);

C_A——形状系数或常数，无因次;

G_i——累计注气量，标准英尺^3;

G_p——累计气体产量，标准英尺^3;

G_{pc}——原始气顶的累计气体产量，标准英尺^3;

G_{ps}——原始溶解气的累计产量，标准英尺^3;

$(G_p)_n$——压力 n 时的累计气体产量,标准英尺^3;

$(G_p)_{n-1}$——压力$n-1$时的累计气体产量，标准英尺^3;

ΔG_p——增加的气体产量，标准英尺^3;

H——气顶厚度/油层厚度（图 37.10）；

J——生产指数，地面桶/日/磅/英寸^2;

J^*——均匀饱和度和压力条件下的生产指数，地面桶/日/磅/英寸^2;

J_i——初期生产指数,地面桶/日/磅/英寸^2;

K——渗透率，毫达西;

K_g——气体有效渗透率，毫达西;

kh——地层的流动能力，毫达西·英尺;

k_o——原油的有效渗透率，毫达西;

k_{rg}——气体相对渗透率;

$(k_{rg})_{or}$——残余油饱和度下的气体相对渗透率;

k_{ro}——原油的相对渗透率;

$(k_{ro})_{gc}$——在临界气体饱和度下的原油相对渗透率;

k——油藏气化比;

m——气顶孔隙体积/油层孔隙体积,无因次比;

n_w——井数;

N——原始石油地质储量，地面桶;

N_c——计算的原始石油地质储量，地面桶;

N_p——累计原油产量，地面桶;

$(N_p)_n$——压力 n 时的累计原油产量，地面桶;

$(N_p)_{n-1}$——压力$n-1$时的累计原油产量，地面桶;

ΔN_p——增加的原油产量，地面桶;

N_s——给定的原始石油地质储量，地面桶;

p_b——泡点压力，磅/英寸^2;

p_{iR}——原始油藏压力，磅/英寸^2;

p_n——某一选择压力值，磅/英寸^2;

p_{n-1}——低于压力p_n的一个压力步长值，磅/英寸^2;

p_R——油藏压力，磅/英寸^2;

$\bar{p}_R$——平均油藏压力，磅/英寸^2;

p_{RD}——油藏压力，无因次;

p_{wf}——油井井底流压，磅/英寸^2;

p_1，p_2——迭代方程中的中间压力值，磅/英寸^2;

q_g——总的气体产量，标准英尺^3/日;

q_{gv}——气体产量/单位容积，厘米^3/（秒·厘米^3）;

q_o——石油产量，地面桶/日;

$\bar{q}_o$——平均产量，地面桶/日;

$(q_o)_{max}$——最大石油产量，地面桶/日;

$(q_o)_{min}$——最小石油产量，地面桶/日;

q_{ov}——石油产量/单位容积，厘米^3/（秒·厘米^3）;

Q_p——产出的净流体，地下桶;

r_e——外半径，英尺;

r_w——井眼半径，英尺;

R——生产气油比，标准英尺^3/地面桶;

$\bar{R}$——平均生产气油比，标准英尺^3/地面桶;

R_{gc}——气顶直接产出气的产量/石油产量比，标准英尺^3/地面桶;

R_n——压力p_n时的生产气油比，标准英尺^3/地面桶;

R_{old}——以前的生产气油比，标准英尺^3/地面桶;

R_p——累计产出的气油比，标准英尺^3/地面桶;

R_{pD}——累计产出的气油比,R_{sc}/R_{sb},无因次;

R_{rs}——泡点压力以下的溶解气油比减少，$R_{sb}-R_s$，标准英尺^3/地面桶;

R_s——溶解气油比，标准英尺^3/地面桶;

R_{sb}——泡点压力下的溶解气油比，标准英尺^3/地面桶;

R_{si}——原始溶解气油比，标准英尺^3/地面桶;

s——表皮因子，无因次;

S_g——气体饱和度，孔隙体积分数;

S_{gc}——临界气体饱和度，孔隙体积分数;

S_{iw}——隙间水饱和度，孔隙体积分数;

S_o——石油饱和度，孔隙体积分数;

S_{oi}——原始石油饱和度，孔隙体积分数;

S_{or}——残余油饱和度，孔隙体积分数;

S_w——水饱和度，孔隙体积分数;

S_{wi}——原始水饱和度，孔隙体积分数;

t——时间，天;

t_i——初期时间，天;

t_n——达到压力 p_n 时的累计时间，天;

Δt_n——油藏压力从p_{n-1}降到p_n时增加的时间，天;

V_p——孔隙体积，地下桶;

W_e——累计水侵量，地面桶;

W_i——累计注水量，地面桶；
W_p——累计产水量，地面桶；
μ_g——气体粘度，厘泊；
μ_o——原油粘度，厘泊；
μ_{oi}——原始原油粘度，厘泊；
ϕ——孔隙率，分数；
ϕ_g——方程（21）定义的Tracy气体压力函数，无因次；
ϕ_o——方程（22）定义的Tracy石油压力函数，无因次。

参 考 文 献

1. Schilthuis, R.J.: "Active Oil and Reservoir Energy," *Trans.*, AIME (1936) 148. 33–52.
2. Tarner, J.: "How Different Size Gas Gaps and Pressure Maintenance Programs Affect Amount of Recoverable Oil, " *Oil Weekly* (June 12, 1944) 32–44.
3. Muskat. M. and Taylor. M.O.: "Effect of Reservoir Fluid and Rock Characteristics on Production Histories of Gas–Drive Reservoirs." *Trans*, AIME (1946) **165.** 78–93.
4. Muskat. M.: *Physical Principles of Oil Production*, McGraw–Hill Book Co. Inc.. New York City (1949).
5. Dodson. C.R. *et al.:* "Application of Laboratory PVT Data to Reservoir Engineering Problems." *Trans.*, AIME (1953) **198.** 287–98.
6. Tracy. G.W.: " Simplified Form of the Material Balance Equation." *Trans.*, AIME (1955) **204.** 243–46.
7. Hawkins.M.F.: " Material Balances in Undersaturated Reservoirs Above Bubble Point." *Trans.*, AIME (1955) **204.** 267–70.
8. Arps.J.J. and Roberts. T.G.: "The Effect of the Relative Permeability Ratio. the Oil Gravity, and the Solution Gas–Oil Ratio on the Primary Recovery From a Depletion Type Reservoir," *Trans.*, AIME (1955) **204.** 120–27.
9. Wahl. W.L., Mullins. L.P.. and Elfrink. E.B.: " Estimation of Ultimate Recovery from Solution Gas–Drive." *Trans.*, AIME (1958) 213. 132–38.
10. Handy. L.L.: "A Laboratory Study of Oil Recovery by Solution Gas Drive." *Trans*. AIME (1958) **213.** 310–15.
11. Craft. B.C. and Hawkins. M.F.: *Applied Petroleum Reservoir Engineering* , Prentice–Hall Inc.. Englewood Cliffs. NJ(1959).
12. Levine. J.S. and Prats. M.: "The Calculated Performances of Solution–Gas–Drive Reservoirs. " *Soc. Pet. Eng. J.* (Sept. 1961) 142–52;*Trans.*. AIME. **222.**
13. Sikora. V.J.: "Solution–Gas–Drive Oil Reservoirs." *Petroleum Production Handbook* .T.C. Frick (ed). SPE. Richardson, TX(1962).
14. Ridings. R.L. *et al:* "Experimental and Calculated Behavior of Dissolved –Gas–Drive Systems." *Soc. Pet. Eng. J.* (March 1963). 41–48; *Trans.*, AIME. **228.**
15. Havlena. D. and Odeh. A.S.: "The Material Balance Equation as an Equation of a Straight Line." *J. Pet . Tech.* (Aug, 1963) 896–900: *Trans.*, AIME. **228.**
16. Weller. W.T.: "Reservoir Performance During Two–Phase Flow." *J. Pet. Tech.* (Feb. 1966) 240–46; *Trans.*, AIME. **237.**
17. Stone, H.L. and Garder. A.O. Jr.: "Analysis of Gas–Cap or Dissolved Gas Drive Reservoirs," *Soc. Pet. Eng. J.* (June 1961) 92–104: *Trans.*, AIME. **222.**
18. Singh. D. and Guerreró. E.T.: "Material Balance Equation Sensitivity," *Oil and Gas J.* (Oct. 20. 1969) 95–102.
19. Platt. C. R. and Lewis. W.M.: " Analysis of Unusual Performance Indicates High Solution –Gas–Drive Recovery–Stateline Ellenburger Field," *J. Pet. Tech.* (Dec. 1969) 1507–09.

20. Dumore. J. M.: "Development of Gas Saturation During Solution–Gas Drive in an Oil Layer Below a Gas Cap." *Soc. Pet. Eng. J.* (Sept. 1970) 211–18; *Trans.*, AIME. **249.**

21. El–Khatib. N.A.F.: "A Modified Method for Performance Prediction of Depletion Drive Oil Reservoirs." preprint number 82–33–04 presented at the 1982 Annual CIM Petroleum Society Technology Meeting.

22. El–Khatib. N.A.F.: "The Effect of Drainage Area and Production Rate on the Performance of Depletion Drive Oil Reservoirs." paper SPE 11019 presented at the 1982 SPE Annual Technical Conference and Exhibition, New Orleans. Sept. 26–29.

23. Evinger, H.H. and Muskat. M.: "Calculation of Theoretical Productivity Factor ." *Trans.*, AIME (1942) **146.** 126–39.

24. Vogel.J.V.: "Inflow Performance Relationships for Solution–Gas Drive Wells." *J.Pet. Tech.* (Jan. 1968) 83–92: *Trans.*, AIME. **243.**

25. Standing. M.B.: "Inflow Performance Relationships for Damaged Wells Producing by Solution–Gas Drive." *J. Pet. Tech.* (Nov. 1970) 1399–1400.

26. Standing. M.B.: "Concerning the Calculation of Inflow Performance of Wells Producing from Solution–Gas–Drive Reservoirs." *J. Pet. Tech.* (Sept. 1971) 1141–42.

27. Odeh. A.S.: " Pseudosteady–State Flow Equation and Productivity Index for a Well with Noncircular Drainage Area." *J. Pet. Tech.* (Nov. 1978) 1630–32.

28. Al–Saadoon. F.T.: " Predicting Present and Future Well Productivities for Solution–Gas–Drive Reservoirs." *J. Pet. Tech.* (May 1980) 868–70.

29. Rosbaco. J.A.: " Discussion of Predicting Present and Future Well Productivities for Solution–Gas–Drive Reservoirs," *J. Pet. Tech.* (Dec. 1980) 2265–66.

30. Dias–Couto. L.E. and Golan. M.: "General Inflow Performance Relationship for Solution–Gas Reservoir Wells." *J. Pet. Tech*(Feb. 1982) 285–88.

31. Cook. A.B.. Spencer, G.B.. and Bobrowski. F.P.: "Special Considerations in Predicting Reservoir Performance of Highly Volatile Type Oil Reservoirs." *Trans.*, AIME (1951) **192.** 37–46.

32. Woods. R.W.: "Case History of Reservoir Performance of a Highly Volatile Type Oil Reservoir." *Trans.*, AIME (1955) **204.** 156–59.

33. Reudelhuber. F.O. and Hinds. R.F.: "A Compositional Material Balance Method for Prediction of Recovery from Volatile Oil Depletion Drive Reservoirs," *Trans.*. AIME (1957) **210.** 19–26.

34. Jacoby. R.H. and Berry. V.J.Jr.: "A Method for Predicting Depletion Performance of a Reservoir Producing Volatile Crude Oil, " *Trans.*. AIME (1957) **210.** 27–33.

35. Brinkley. T.W.: "A Volumetric–Balance Applicable to the Spectrum of Reservoir Oils from Black Oils through High Volatile Oils." *J. Pet. Tech.* (June 1963) 589–94.

36. Cordell. J.C. and Ebert. C.K.: "A Case History–Comparison of Predicted and Actual Performance of a Reservoir Producing Volatile Crude Oil." *J. Pet. Tech.* (Nov. 1965) 1291–93.

37. Cronquist. C.: "Dimensionless PVT Behavior of Gulf Coast Reservoir Oils." *J.Pet. Tech.* (May 1973) 538–42.

38. Cronquist. C.: "Evaluating and Producing Volatile Oil Reservoirs." *World Oil* (April 1979), 159–66 and 246.

39. Dake, L.P.: *Fundamentals. of Reservoir Engineering* , Elsevier Scientific Publishing Co., Amsterdam (1978).

40. van Everdingen. A.F., Timmerman. E.H.. and McMahon. J.J.: "Application of the Material Balance Equation to a Partial Wate– Drive Reservoir." *Trans.*, AIME (1953) **198.** 51–60.

第四十一章 水驱油藏

Daylon L. Walton[1]　　　　赵 钢 译

一、引　　言

水驱油藏系指哪些在开发阶段绝大部分产量是靠水侵驱替采出的油藏。总的水侵量以及水侵速率将受水体特性和油藏与水体原始界面上压力—时间动态的控制。一般来说，有极少数井打在了水体地带，但并没有或很少取得有关水体大小、几何形态或岩石特性的数据。然而，如果油藏的压力和开发史足够长，则可以从方程（1）即径向扩散方程的求解中推断水体的特性。

$$\frac{\partial^2 p}{\partial r^2}+\frac{1}{r}\frac{\partial p}{\partial r}=\frac{\phi\mu c}{k}\frac{\partial p}{\partial t} \tag{1}$$

式中 p——压力；

r——半径；

ϕ——孔隙度；

μ——粘度；

c——压缩系数；

t——时间；

k——渗透率。

然后，应用这些推断出来的水体特性，计算水体对油藏将来动态的影响。

二、定　　义

1. 水体几何形态

径向的——其边界由二个同心圆柱体或圆柱体的各扇形部分形成。

线性的——其边界由两组平行面形成。

非对称的——既非径向的，亦非线性的。

2. 外边界条件

无限的——在感兴趣的时间内，压力扰动影响不到这一系统的外边界。

有限封闭的——无液流通过外边界。在感兴趣的时间内，压力扰动影响到外边界。

有限露头的——水体大小是有限的，但外边界上的压力保持不变（也就说，水体通过地层露头与湖、海湾或其它地面水源相通）。

---

[1] 1962年版本章作者为Vincent J. Sikora。

3. 基本条件和假设

(1) 在所有时间内，油藏处在平衡的平均压力状态之下。

(2) 水油（WOC）或水气（WGC）界面处在一条等势线上。

(3) 水线前缘后面的烃是不能流动的。

(4) 重力效应是忽略不计的。

(5) 如果不知道油藏平均压力与原始水油或水气界面上压力之间的差别，可假设这一压力差别等于零。

三、数学分析

1. 基本方程

Van Everdingen 和 Hurst[1] 对两种情况求得了方程（1）的通用解。这两种情况是：(1) 常量水侵速率（常量–极限水侵速率情况）；(2) 常量压力降（常量–极限压力情况）。Van Everdingen 和 Hurst 应用叠加原理，扩展了这些通用解，包括了变量水侵速率和变量压力降。Mortad[2] 进一步扩展了这些解，包括了均质无限径向水体中的干扰效应。

常量–极限水侵速率情况　如果将时间划分为有限的时间段数（图 41.1），那么就可以在方程（2）中应用每一时间段的平均水侵速率，计算水体内边界上的压力降。方程（2）表明，压力和水侵速率之间的关系是常数 m_r 和变量 p_o 的函数。常数 m_r 是水体特性的函数，而变量 p_o 是水体特性和时间的函数。

$$\Delta p_{w_n} = m_r \sum_{j=1}^{n} [e_{w_{(n+1-j)}} - e_{w_{(n-j)}}] p_{D_j} \tag{2}$$

式中　p_{w_n} ——时间段 n 末期的累计压力降；

$e_{w_{(n+1-j)}}$ ——时间段 $n+1-j$ 的水侵速率。

对径向水体来讲

$$m_r = \frac{\mu_w}{0.001127kh\alpha} \tag{3}$$

对无限线性水体来讲

$$m_r = \frac{\mu_w}{0.001127kh} \tag{4}$$

对于有限线性水体来讲

$$m_r = \frac{\mu_w L}{0.001127khb} \tag{5}$$

式中　p_D——无因次压力项；

e_w——水侵速率，地下桶／日；

p_w——原始水油界面上的压力，磅／英寸^2；

k——渗透率，毫达西；

n——水体厚度，英尺；

b——水体宽度，英尺；

L——水体长度，英尺；

μ_w——水的粘度，厘泊；

α——油藏对角，弧度。

为计算方便，建议把时间划分为相等时间段，并应用方程（6）计算。

$$\Delta p_{w_n} = m_r \sum_{j+1}^{n} e_{w_{(n+1-j)}} \Delta p_{D_j} \tag{6}$$

$$= m_r [e_{w_n} \Delta p_{D_1} + e_{w_{(n-1)}} \Delta p_{D_2} \cdots$$

$$e_{w_2} \Delta p_{D_{(n-1)}} + e_{w_1} \Delta p_{D_n}] \tag{7}$$

式中　$\Delta p_{D_j} = p_{D_j} - p_{D_{j-1}}$

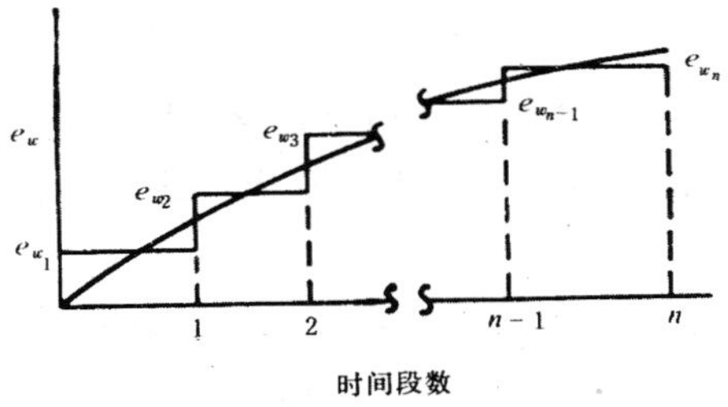

图 41.1　水侵速率常量极限水侵速率情况

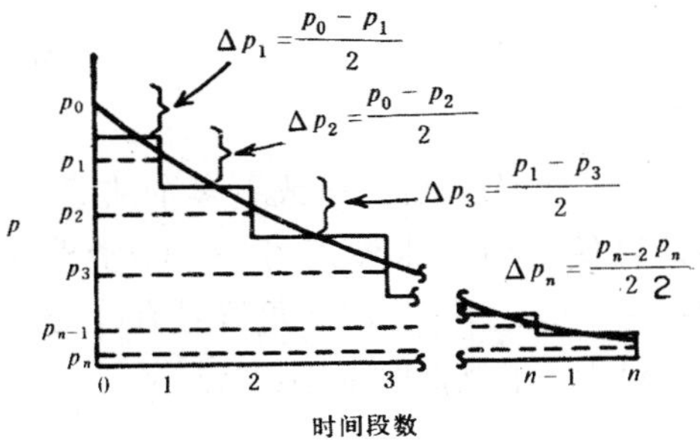

图 41.2　压力降—常量极限压力情况

常量—极限压力情况　如果将时间划分为有限的时间段数，则可以应用每一时间段的平均压力，由方程（8）计算一定压力动态史的累计水侵量。

$$W_{e_n} = m_p \sum_{j=1}^{n} \Delta \bar{p}_{(n+1-j)} W_{eD_j} \tag{8}$$

式中　w_{e_n}——时间段末的累计水侵量；

m_p——$0.17811\phi c_{wt} h\alpha r_w^2$（径向水体）；　　(9)

m_p——$0.17811\phi c_{wt}hb^2$（有限线性水体）； (10)

$\Delta\bar{p}_{(n+1-j)}$——时间段 $n+1-j$ 的平均压力降；

W_{eD}——无因次水侵量项；

r_w——油田半径，英尺；

C_{wt}——总的水体压缩系数，(磅／英寸^2)$^{-1}$。

求解方程（8）需要应用叠加原理，其方式类似于扩展方程（6）所示的方式。Carter 和 Tracy[3] 提出了一个改进方程，可以计算 W_e，其值接近由方程（8）求得的值，但不需要使用叠加原理。这一方法的优点是需要的计算项少，手工计算很方便。

应用 Carter 的 Tracy 方法即方程（11）时，t_n 时的累计水侵量可直接根据 t_{n-1} 时求得的前一个值进行计算。

$$W_{e_n}=W_{e_{(n-1)}}+\frac{[m_p\Delta p_n t_{D_n}-W_{e_{(n-1)}}p'_{D_n}][t_{D_n}-t_{D_{(n-1)}}]}{p_{D_n}-t_{D_{(n-1)}}p'_{D_n}} \tag{11}$$

式中

$$p'_{D_n}=\frac{p_{D_n}-p_{D_{(n-1)}}}{t_{D_n}-t_{D_{(n-1)}}} \tag{12}$$

和

$$\Delta p_n=p_i-p_n \tag{13}$$

油藏干扰　当二个或更多个油藏[2] 共有一个水体时，应用方程（14）或方程（15）能够计算例如由于水侵入另外一个油藏 B 而造成的油藏 A 的压力变化。这二个方程与方程（2）和（6）相同，但下角符号有改变。

对于不相等的时间段来说

$$\Delta p_{o(A、B)_n}=m_r\sum_{j=1}^{n}[e_{wB_{(n+1-j)}}-e_{wB_{(n-j)}}]p_{D(A、B)_j} \tag{14}$$

对于相等的时间段来说

$$\Delta p_{o(A、B)_n}=m_r\sum_{j=1}^{n}e_{wB_{(n+1-j)}}\Delta p_{D(A、B)_j} \tag{15}$$

式中　$p_{D(A、B)}$——相对于油藏 A 而言，油藏 B 的无因次压力项；

$\Delta p_{o(A、B)}$——由于油藏 B 而造成的油藏 A 的压力降；

e_{wB}——油藏 B 的水侵速率。

在任何一个给定时间内，油藏 A 的总压力降等于共有一个水体的所有油藏造成的压力降的总和，或者说:

$$\Delta p_{oA_n} = \Delta p_{o(A, A)_n} + \Delta p_{o(A, B)_n} + \Delta p_{o(A, C)_n} + \cdots \tag{16}$$

因为仅对均质无限径向水体有无因次压力降可供利用，所以目前只能对可近似看作均质无限径向系统的水体进行干扰计算。

Hicks 等[4] 在模拟计算机中应用以往的压力和生产动态史求多油田共有水体中每个油田的影响函数曲线。影响函数 $F(t)$ 可定义为 m_r 和 p_D 的乘积，即

$$F(t) = m_r p_D \tag{17}$$

并可代入方程（59）和（60）中计算油田将来的动态。

非对称水体　通过应用映象法[2]，可以把油藏干扰计算方法扩展应用于无限水体一边为断层的情况。例如，图 41.3 所示为位于这种水体中的油藏 A。为了计算油藏 A 的压力动态，首先确定映象油藏 A′ 在断层另一边的位置。设映象油藏 A′ 的水侵动态史将与油藏 A 相同。其次，假设断层并不存在，因而在一个单一的无限水体中就有两个相同的油藏，油藏 A′ 干扰油藏 A 的压力动态。现在，油藏 A 的压力降就可以应用方程（19）计算（按各相等时间段）。

$$\begin{aligned}\Delta p_{oA_n} &= m_r \sum_{j=1}^{n} [e_{wA\,(n+1-j)} \Delta p_{D_i}] \\ &+ m_r \sum_{j=1}^{n} [e_w A'_{(n+1-j)} \Delta p_{D(A, A')_j}]\end{aligned} \tag{18}$$

由于 $e_{wA} = e_{wA'}$，因而

$$\Delta p_{oA_n} = m_r \sum_{j=1}^{n} e_{wA\,(n+1-j)} [\Delta p_{D_j} - \Delta p_{D(A, A')_j}] \tag{19}$$

如果这一水体中还有其它油藏干扰油藏 A 的压力动态，则每一个映象油藏将干扰油藏 A 的压力动态。所以，油藏 A 的总压降将等于每一油藏和每一映象油藏造成的压力降的总和（见图 41.4）。

非对称水体将在分析方法一节的方法 2 中作进一步讨论。

p_D 和 W_{eD} 值　p_D、$p_{D(A, B)}$ 和 W_{eD} 的值是无因次时间 t_D[方程（20）]、水体几何形态和水体大小的函数（径向水体的 t_D）。

表 41.1 给出了计算 t_D 的方程（20）中的 d 代替值，以及求各种类型水体 p_D、$p_{D(A, B)}$ 或 W_{eD} 的表、图或方程。结合表 41.1 应用下列方程:

$$t_D = \frac{0.006328kt}{\phi c_{wt} \mu_w d^2} \tag{20}$$

$$p_D = 1.1284\sqrt{t_D} \tag{21}$$

$$p_D = 0.5\ (\ln t_D + 0.80907) \tag{22}$$

$$p_D = \ln r_D \tag{23}$$

$$W_{eD} = 0.5\ (r_{D^2} - 1) \tag{24}$$

$$\Delta p_D = \frac{2}{rD^2} \Delta t_D \tag{25}$$

和

$$p_D = t_D + 0.33333 \tag{26}$$

式中 t_D——无因次时间；

r_D——无因次半径 $= r_a / r_w$；

r_a——水体半径，英尺；

r_w——油田半径，英尺；

d——由表 41.1 求得的几何形态项。

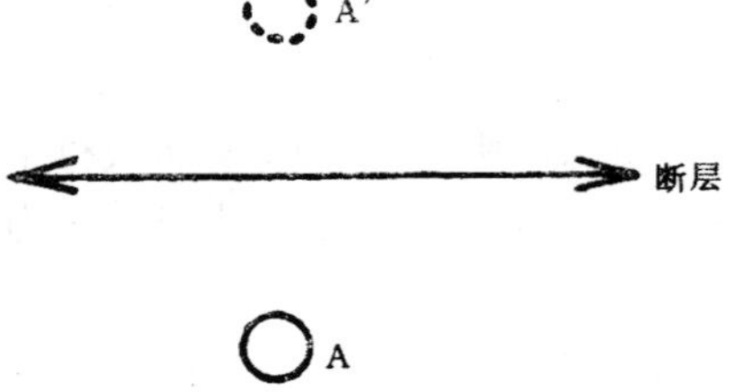

图 41.3 一边以断层为界的无限

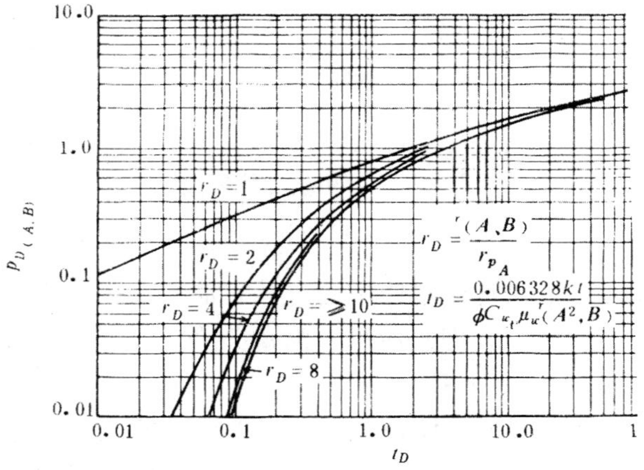

图 41.4 在常量流量情况下无限水体系统的无因次压力降

2. 分析方法

已知油藏体积，精确方法 有两种方法可以根据油藏的物质平衡由以往的压力和水侵速率求方程（6）中的系数 m_r 和 Δp_D。只要水体可以近似地看作均质线性或径向系统就可以应用方法 1❶，所以可以应用发表的 p_D 值。如果水体可以近似地看作均质无限径向系统，这一方法还可以扩展用于求解油藏干扰问题。在方法 2[5] 中用 Z（阻力函数）代替 m_r 和 p_D 的乘积。

表 41.1　求 W_{ed} 和 p_D 的参照表

水体类型	方程(20)中的 d 值	p_D	W_{ed}
无限径向	r_w^*①	表 41.3	表 41.3
小些 t_D	r_w	方程(21)	方程(21)
大些 t_D	r_w	方程(22)	
有限露头径向	r_w	表 41.7	表 41.5
小些 t_D	r_w	表 41.7	
大些 t_D	r_w	方程(23)	
有限封闭径向	r_w	表 41.6	表 41.6
小些 t_D	r_w	表 41.3	表 41.3
大些 t_D	r_w	方程(25)	方程(24)
无限线性	b②	方程(21)	方程(21)⑤
有限封闭线性	L③	表 41.8	
大些 t_D	L	方程(26)	
干扰(无限径向)	$r_{(A,B)}$④	图 41.4,$p_{D(A,B)}$	
大些	$r_{(A,B)}$	表 41.4,方程(22)	

①r_w—所分析油田的半径,英尺;

②b—水体宽度,英尺;

③L—水体长度,英尺;

④$r_{(A,B)}$—油藏 A 和 B 中心之间的距离,英尺;

⑤$p_D = W_{eD}$。

$$\Delta p_{wn} = \sum_{j=1}^{n} e_{w(n+1-j)} \Delta Z_j \tag{27}$$

式中

$$\Delta Z_j = Z_j - Z_{j-1}$$

因为最后的 Z 值是通过调整先前的值接近 Z 而求得的，因此方法 2 并不局限用于均质线性或径向水体。现在还没有把方法 2 用于存在油藏干扰情况的技术；特殊情况例外。

❶私人通信（来自Atlantic Refining公司）。

这两种方法的步骤可以通过单一油田的水体应用实例作出最好的说明。假设一个油藏已生产 15 个季度，表 41.2 中第 2 栏和第 3 栏分别为每一季度末的压力和通过物质平衡为每一季度求得的平均水侵速率。

表 41.2 方法 1 和方法 2 实例计算结果对比

n 季度或时间段序号	e_{w_n} 物质平衡（桶／日）	Δp_{f_n} 油田（磅／英寸^2）	p_{D_r} $\Delta t_D=10$ $r_D=\infty$	$\frac{Z_n}{\sqrt{n}}$（磅／英寸^2／桶／日）	Δp_{w_n} 方法 1（磅／英寸^2）	p_{w_n} 方法 2（磅／英寸^2）
1	500	55	1.651	1.000	55	55
2	1100	136	1.960	1.414	136	135
3	3400	318	2.147	2.732	318	317
4	3400	478	2.282	2.000	478	477
5	3700	581	2.389	2.236	581	584
6	3900	663	2.476	2.449	663	672
7	3000	616	2.550	2.646	616	630
8	2700	599	2.615	2.828	599	614
9	3100	652	2.672	3.000	652	664
10	3600	733	2.723	3.162	733	739
11	3500	761	2.770	3.317	761	761
12	3600	803	2.812	3.464	803	807
13	3800	858	2.851	3.606	858	860
14	4100	928	2.887	3.742	928	934
15	3900	949	2.921	3.873	949	946

例题 1 方法 1。根据下面所假设的一组水体特性最优值，检验表 41.1 方程（20）中的 d 的代替值:

$c_{wt}=5.5\times10^{-6}$（磅／英寸^2）$^{-1}$

$\mu_w=0.6$ 厘泊

$h=50$ 英尺

$\alpha=2\pi$ 弧度

$k=76$ 毫达西

$\phi=0.16$

$r_w=3270$ 英尺

并且水体的几何形态是无限径向。

通过改变（如果必要的话）方程（20）中的渗透率，对季度时间段（$\Delta t=91.25$ 天）计算了无因次时间段（Δt_D）的合适值（为了最大限度地减少内插）。在本情况下，选用了与 $k=91$ 毫达西相对应的 $\Delta t_D=10$。检验表 41.1 表明，p_D 要由表 41.3 求得（在表 41.2 第 4 栏也列有 p_D 值）。

$$m_{r_n}=\frac{\Delta p_{f_n}}{\sum_{j=1}^{n} e_{w_{(n+1-j)}}\ \Delta p_{D_j}} \tag{28}$$

式中　Δp_D是已知在原始水油界面上的油田压力降。

按时间段数的函数计算 Δp_D。然后，应用方程（28）按时间段数的函数计算 m_r，并绘制 m_r 与 n 的函数关系曲线（图 41.5 中的曲线 1）。图 41.6 表明应用相等时间段对 $n=5$ 的实例计算步骤。

如果 Δt_D 选用的是正确值，则作为 n 函数的 m_r 将是常数。如果不是常数，则可能是由于以下原因造成的：（1）选用的 Δt_D 不正确；（2）产量和压力有误差；（3）水体的大小或形状不对；或者（4）水体为非均质的。检验 m_r 曲线将有助于分析原因。

m_r 值	可能的改进办法
随 n 值增大	减小 Δt_D
随 n 值减小	增大 Δt_D
常数,然后增大	改用有限封闭水体
常数,然后减小	改用有限露头水体

对于有限封闭水体或有限露头水头来讲，要用方程（29）或（30）求 r_D。

对于 $N_{it}\Delta t_D \leqslant 3.4$ 时

$$r_D=2.3\ (N_{it}\Delta t_D)^{0.518} \tag{29}$$

对于 $N_{it}\Delta t_D \leqslant 3.4$ 时

$$r_D=3\ (N_{it}\Delta t_D)^{0.301} \tag{30}$$

式中 N_{it} 是时间段数，由这一时间段数开始作为 n 函数的 m_r 不再是常数，而开始增大。

在这一实例中，m_r 随 n 而增大（图 41.5，$\Delta t_D=10$）。所以，把 Δt_D 由 10 减小到 1（建议作大的变动），并对 $\Delta t_D=1$ 计算了 m_r（曲线 2）。现在 m_r 在到大约时间段 9 一直保持常数，然后又增大，这表明很可能是一个有限封闭水体。应用 $N_{it}=9$ 和 $\Delta t_D=1$，由方程（29）得出第一个近似值，即 $r_D=7$（实际得值为 7.2，经四舍五入得 7）。按 $\Delta t_D=1$ 和 $r_D=7$ 计算的 m_r 在时间段 9 之后减小（曲线 3），但仍然太高，因而表明水体仍然太大。取 r_D 等于 6 进一步逼近，得 m_r 为一常数（曲线 4）。这表明，假设为一个有限封闭水体，其 $\Delta t_D=1$，$r_D=6$（表 41.2，第 6 栏）可以拟合油田以往的动态（表 41.2，第 3 栏）。由于水体的这些特性能很好地拟合油田以往的动态，因而应当把它们用作预测将来动态的最好数据组。

如果已经证明是一个无限水体，在某些情况下可能期望先假设一个无限水体，然后再假设一个有限封闭水体，预测将来的动态。在后一种情况下，要根据 Δt_D 的最佳估计值计算

r_D，并设定方程（29）或（30）中的 N_{it} 等于最后一个时间段数。

应当指出，一般来说，由于基础数据的误差，m_r 曲线将不是一条平滑曲线。头几个值对误差特别敏感，一般可以略去。

表 41.3　无限径向水体的无因次水侵量和无因次压力

t_D	W_{eD}	p_D	t_D	W_{eD}	t_D	W_{eD}	t_D	W_{eD}
1.0×10^{-2}	0.112	0.112	1.5×10^{3}	4.136×10^{2}	1.5×10^{7}	1.828×10^{6}	1.5×10^{11}	1.17×10^{10}
5.0×10^{-2}	0.278	0.229	2.0×10^{3}	5.315×10^{2}	2.0×10^{7}	2.398×10^{6}	2.0×10^{11}	1.55×10^{10}
1.0×10^{-1}	0.404	0.315	2.5×10^{3}	6.466×10^{2}	2.5×10^{7}	2.961×10^{6}	2.5×10^{11}	1.92×10^{10}
1.5×10^{-1}	0.520	0.376	3.0×10^{3}	7.590×10^{2}	3.0×10^{7}	3.517×10^{6}	3.0×10^{11}	2.29×10^{10}
2.0×10^{-1}	0.606	0.424	4.0×10^{3}	9.757×10^{2}	4.0×10^{7}	4.610×10^{6}	4.0×10^{11}	3.02×10^{10}
2.5×10^{-1}	0.689	0.469	5.0×10^{3}	11.88×10^{3}	5.0×10^{7}	5.689×10^{6}	5.0×10^{11}	3.75×10^{10}
3.0×10^{-1}	0.758	0.503	6.0×10^{3}	13.95×10^{3}	6.0×10^{7}	6.758×10^{6}	6.0×10^{11}	4.47×10^{11}
4.0×10^{-1}	0.898	0.564	7.0×10^{3}	15.99×10^{3}	7.0×10^{7}	7.816×10^{6}	7.0×10^{11}	5.19×10^{10}
5.0×10^{-1}	1.020	0.616	8.0×10^{3}	18.00×10^{3}	8.0×10^{7}	8.866×10^{6}	8.0×10^{11}	5.89×10^{10}
6.0×10^{-1}	1.140	0.659	9.0×10^{3}	19.99×10^{3}	9.0×10^{7}	9.911×10^{6}	9.0×10^{11}	6.58×10^{10}
7.0×10^{-1}	1.251	0.702	1.0×10^{4}	21.96×10^{2}	1.0×10^{8}	10.95×10^{6}	1.0×10^{12}	7.28×10^{10}
8.0×10^{-1}	1.359	0.735	1.5×10^{4}	3.146×10^{3}	1.5×10^{8}	1.604×10^{7}	1.5×10^{12}	1.08×10^{11}
9.0×10^{-1}	1.469	0.772	2.0×10^{4}	4.679×10^{3}	2.0×10^{8}	2.108×10^{7}	2.0×10^{12}	1.42×10^{11}
1.0	1.570	0.802	2.5×10^{4}	4.991×10^{3}	2.5×10^{8}	2.607×10^{7}		
1.5	2.032	0.927	3.0×10^{4}	5.891×10^{3}	3.0×10^{8}	3.100×10^{7}		
2.0	2.442	1.020	4.0×10^{4}	7.634×10^{3}	4.0×10^{8}	4.071×10^{7}		
2.5	2.838	1.101	5.0×10^{4}	9.342×10^{3}	5.0×10^{8}	5.032×10^{7}		
3.0	3.209	1.169	6.0×10^{4}	11.03×10^{4}	6.0×10^{8}	5.984×10^{7}		
4.0	3.897	1.275	7.0×10^{4}	12.69×10^{4}	7.0×10^{8}	6.928×10^{7}		
5.0	4.541	1.362	8.0×10^{4}	14.33×10^{4}	8.0×10^{8}	7.865×10^{7}		
6.0	5.148	1.436	9.0×10^{4}	15.95×10^{4}	9.0×10^{8}	8.797×10^{7}		
7.0	5.749	1.500	1.0×10^{5}	17.56×10^{4}	1.0×10^{9}	9.725×10^{7}		
8.0	6.314	1.556	1.5×10^{5}	2.538×10^{4}	1.5×10^{9}	1.429×10^{8}		
9.0	6.861	1.604	2.0×10^{5}	3.308×10^{4}	2.0×10^{9}	1.880×10^{8}		
1.0×10^{1}	7.417	1.651	2.5×10^{5}	4.066×10^{4}	2.5×10^{9}	2.328×10^{8}		
1.5×10^{1}	9.965	1.829	3.0×10^{5}	4.817×10^{4}	3.0×10^{9}	2.771×10^{8}		
2.0×10^{1}	1.229×10^{1}	1.960	4.0×10^{5}	6.267×10^{4}	4.0×10^{9}	3.645×10^{8}		
2.5×10^{1}	1.455×10^{6}	2.067	5.0×10^{5}	7.699×10^{4}	5.0×10^{4}	4.510×10^{8}		
3.0×10^{1}	1.681×10^{1}	2.147	6.0×10^{5}	9.113×10^{4}	6.0×10^{9}	5.368×10^{8}		
4.0×10^{1}	2.088×10^{1}	2.282	7.0×10^{5}	10.51×10^{5}	7.0×10^{9}	6.220×10^{8}		
5.0×10^{1}	2.482×10^{1}	2.388	8.0×10^{5}	11.89×10^{5}	8.0×10^{9}	7.066×10^{8}		
6.0×10^{1}	2.860×10^{1}	2.476	9.0×10^{5}	13.26×10^{5}	9.0×10^{9}	7.909×10^{8}		
7.0×10^{1}	3.228×10^{1}	2.550	1.0×10^{6}	14.62×10^{5}	1.0×10^{10}	8.747×10^{8}		
8.0×10^{1}	3.599×10^{1}	2.615	1.5×10^{6}	2.126×10^{5}	1.5×10^{10}	1.288×10^{9}		
9.0×10^{1}	3.942×10^{1}	2.672	2.0×10^{6}	2.781×10^{5}	2.0×10^{10}	1.697×10^{9}		

续表

t_D	W_{eD}	p_D	t_D	W_{eD}	t_D	W_{eD}	t_D	W_{eD}
1.0×10^2	4.301×10^1	2.723	2.5×10^6	3.427×10^5	2.5×10^{10}	2.103×10^9		
1.5×10^2	5.980×10^1	2.921	3.0×10^6	4.064×10^5	3.0×10^{10}	2.505×10^9		
2.0×10^2	7.586×10^1	3.064	4.0×10^6	5.313×10^5	4.0×10^{10}	3.299×10^9		
2.5×10^2	9.120×10^1	3.173	5.0×10^6	6.544×10^5	5.0×10^{10}	4.087×10^9		
3.0×10^2	10.58×10^1	3.263	6.0×10^6	7.761×10^5	6.0×10^{10}	4.868×10^9		
4.0×10^2	13.48×10^1	3.406	7.0×10^6	8.965×10^5	7.0×10^{10}	5.643×10^9		
5.0×10^2	16.24×10^1	3.516	8.0×10^6	10.16×10^6	8.0×10^{10}	6.414×10^9		
6.0×10^2	18.97×10^1	3.608	9.0×10^6	11.34×10^6	9.0×10^{10}	7.183×10^9		
7.0×10^2	21.60×10^1	3.684	1.0×10^7	12.52×10^6	1.0×10^{11}	7.948×10^9		
8.0×10^2	24.23×10^1	3.750						
9.0×10^2	26.77×10^1	3.809						
1.0×10^3	29.31×10^1	3.860						

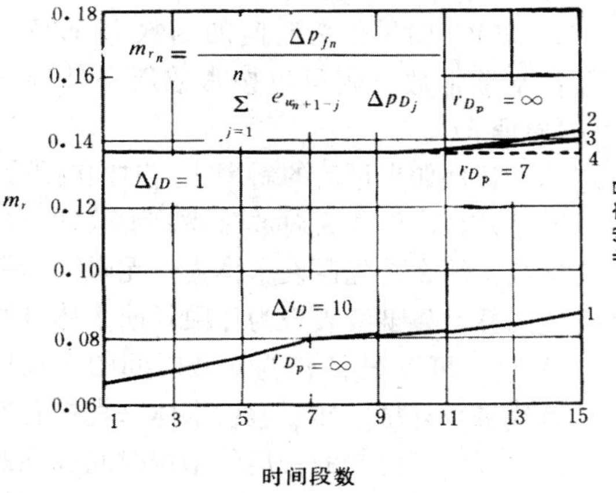

图 41.5　对表 41.2 数据求得的 m_r、Δt_D 和 r_{DP} 估算值（方法 1）

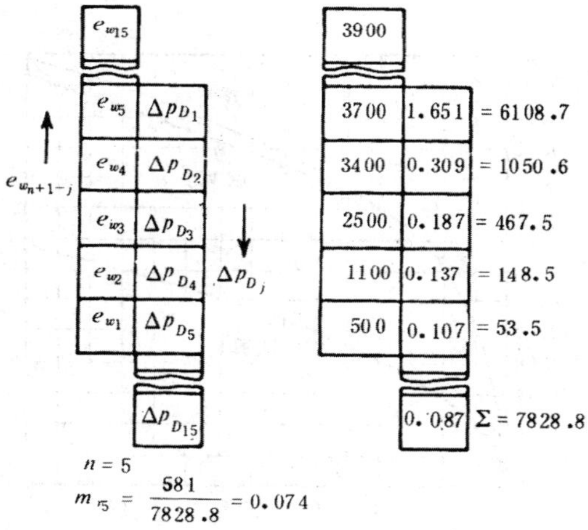

图 41.6　压降实例计算

也可能求得 m_r 是一个相对常数值，如果出现这种情况，要检验产量和压力数据有无误差。如果产量和压力数据是正确的，可以试用方法 2。如果出现产量和（或）压力数据会有误差的情况，可以参考下面关于基础数据误差的讨论。

例题 2　方法 2。这一方法是以下列原理为依据的：（1）Z（m_r 乘 p_D）与时间函数关系曲线的斜率总是正值，并且从不增大；（2）Z 与时间关系曲线有一个常数斜率，表明为一有限水体[见方程（25）和（26）]，因而外推的斜率也是常数；（3）Z 与对数时间关系曲线有一个常数斜率，表明为一无限径向水体[方程（22）]。外推这一常数斜率继续说明无限水体。

如同第一种方法一样，将时间划分为相等的时间段。可以如同方法 1 一样，求得 Z 的第一个近似值，或者应用时间段平方根（表 41.2 中的第 5 栏，和试算 1，见图 41.7）任意求得 Z 的第一个近似值。应用与方法 1 计算 m_r 完全相同的方式，为试算 1 计算作为时间函数的拟合系数 m。

$$m_n = \frac{\Delta pf_n}{\sum_{j=1}^{n} e_{w(n+1-j)} \Delta Z_j} \tag{31}$$

然而，代替绘制 m 曲线的，是应用 m 由方程（32）计算 Z 的下一个近似值。

$$\text{新的} Z_n = m_n \ (\text{老的} Z_n) \tag{32}$$

绘制 Z 的各新值与 n 的函数关系曲线（试算 2，图 41.7），通过这些点划出一条平滑曲线，使其斜率为正值并且从不增大（原理 1）。利用从这一平滑曲线取得的各 Z 值，重复这一步骤，直到拟合系数为一相对常数值并等于 1（试算 3，图 41.7）为止。

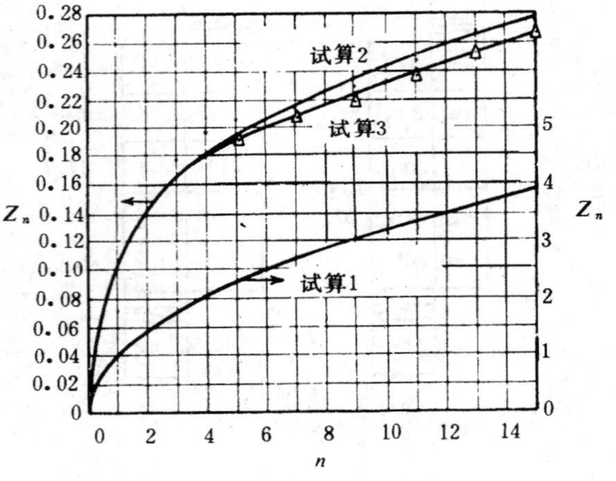

图 41.7 对表 41.2 数据求得的 Z 估算值（方法 2）

然后，把最后得到的 Z 曲线外推，按以下步骤计算将来的动态：

（1）如果作为时间的函数 Z 的最后斜率是常数，则可以按常数斜率外推 Z（原理 2）。

（2）如果最后的斜率作为时间的函数不是常数，但作为对数时间的函数是一个常数，那么首先假设水体为一无限径向系统，并且将继续表现为无限径向水体（原理 3），可以把 Z 作为对数时间的函数按直线进行外推；然后假设水体是直接有界的，并应用已知的最后斜率按时间线性曲线上的直线段外推 Z（原理 2）。

（3）如果最后的斜率对时间和对数时间均不是常数，则应用已知最后斜率的一半按直线外推 Z。

图 41.7 所示是为求得 m 等于 1 的常数值而需要的三次试算。表 41.2 第 7 栏表明，最后的 Z 值可拟合以往的压力动态，因而可用来预测将来的动态。由于 Z 作为 n 的函数变为一和直线，因而证明是一个有限封闭水体（原理 2）。所以，Z 可以按直线外推，计算将来的动态。

基础数据的误差 由于应用了精确的水侵量和压力数据，用以上两种方法均求得了好的结果。然而，在许多情况下，由于基础数据有误差，不可能求解方法 1 中的 m_r 和 Δp_D 或方法 2 中的 Z。在这些情况下，可采用匀整基础数据的办法消除这些误差，或者应用方程（33）和（34）[5] 对这些误差作某些调整。

$$\delta\Delta p_{f_n} = -0.1\frac{m_n - \overline{m}}{m_n}\Delta p_{f_n} \tag{33}$$

和

$$\delta e_{w_f} = 0.4\frac{m_n - \overline{m}}{m_n \overline{m}\Delta Z_1}\Delta p_{f_n}$$

$$-\frac{1}{\Delta Z_1}\sum_{j=2}^{n}\delta e_{w_{(n+1-j)}}\Delta Z_j \tag{34}$$

式中 δp_{f_n} ——Δp_{f_n} 的校正值；

δe_{w_n} ——e_{w_n} 的校正值；

$\overline{m}$——m 的平均值。

当将方程（33）和（34）应用于方法 1 时，要用 m_r 取代 m，用 Δp_D 取代 ΔZ。注意，因为方程（33）和（34）意味着最后的 Z（或 Δp_D）值是相当正确的，因此在作这些调整时必须作出某种判断。

近似法 如果水侵速率在足够长的一段时间内是常数，那么就可以应用以下方程粗略地估算水驱动态：

$$\Delta p_{wt_n} = m_{Fe_{wt_n}} F \tag{35}$$

和

$$W_{e_{(t_1-t_2)}} = \frac{1}{m_{F_t}}\int_{1}^{t_2}\frac{\Delta p_{wt}}{F} \tag{36}$$

式中 F 是 p_D 的一个近似值，并且是水体类型的函数；m_F 是一个比例系数。参看表 41.4 的函数和水体类型。

表 41.4 水驱动态方程

水体类型	F	基本方程
无限径向	log t	方程(22)
无限线性	$\sqrt{t}$	方程(21)
有限露头	L	方程(23)
有限封闭	t	方程(25)或(26)

无限径向和有限露头水体方程在文献中通常称作“简化 Hust”和“Schilthis”[6] 水驱方程。

这一方法包括应用方程（35）或（36）计算以往动态史的 m_F，绘制 m_F 与时间的函数关系曲线，外推 m_F 预测将来的水驱动态。因为这一方法假设水侵速率为常数，因此这些方程应当仅用于将来水驱动态的短期粗略预测。如果这一方法用于预测油藏采液量变化大的水驱动态，那么就会造成大的误差。

图 41.8 所示是对不同的 F 值和表 41.2 中的数据求得的作为时间函数的 m_F 值的对比。这些曲线似乎表明不是无限线性水体就是无限径向水体（这两种假设条件的曲线更接近于常数值），而更精确的分析证明为有限水体。由于水侵速率的变化造成曲线上下波动，很难选出最好的曲线用于预测将来的动态。必须指出，如果产量和压力数据有误差，那么将会增加这种困难。

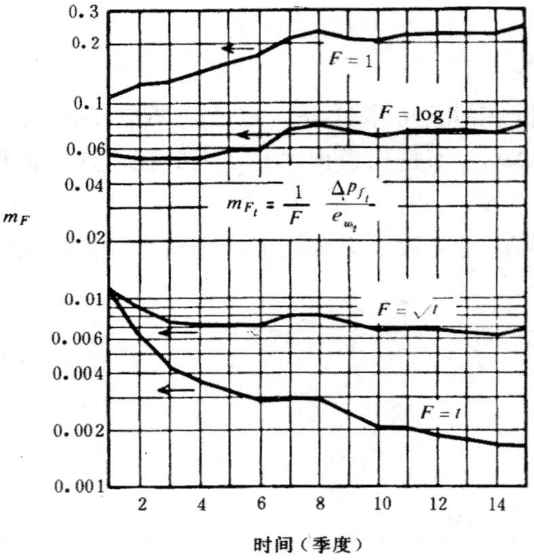

图 41.8　为对表 41.2 中数据进行近似水驱分析而求得的 m_r 估算值和 F 函数

Fetkovith[7] 提出了一个简化的方法，该方法所依据的概念是“稳定的”或拟稳态的水体产能指数和相关水体平均压力与累计水侵量的水体物质平衡。这一方法最适合用于几何形态和物理特性为已知的小些的水体，因为这样的水体可以很快接近拟稳态条件。

以类似于单井动态的方式，用方程（37）表示水侵速率：

$$e_w = J_a\ (\bar{p}_a - p_w) \tag{37}$$

式中　e_w——水侵速率，桶／日；

J_a——水体产能指数，桶／日－磅／英寸^2；

$\bar{p}_a$——水体平均压力，磅／英寸^2；

p_w——原始水油界面上的压力，磅／英寸^2。

将方程（37）与水体物质平衡方程结合在一起，就可以由方程（38）给出在 t_n-t_{n-1} 时间段水侵量的增量：

$$\Delta W_e = \frac{W_{et}[\bar{p}_{a\ (n-1)} - \bar{p}_{w_n}\ [1-e^{(-J_a\Delta t_n)\ /\ (c_{wt}V_{wi})}]}{p_{ai}} \tag{38}$$

式中　$W_{et}=Wc_{wt}p_{ai}$，总的水体膨胀量，桶；

V_{wi}——水体的原始水量，桶；

p_{ai}——原始水体压力，磅／英寸^2；

c_{wt}——总的水体压缩系数，（磅／英寸^2）$^{-1}$。

对于封闭的径向系统来说

$$\bar{p}_{a(n-1)} = p_{ai}\left[1 - \frac{w_{e(n-1)}}{W_{et}}\right] \tag{39}$$

$$J_a = \frac{7.08 \times 10^{-3} kh}{\mu_w (\ln r_D - 0.75)} \tag{40}$$

对于封闭的线性系统来说

$$J_a = \frac{3 (1.127 \times 10^{-3}) kbh}{\mu_w L} \tag{41}$$

3.原始石油地质储量

偶而可能需要同时估算原始石油地质储量和进行水驱分析。一般来说，现在可供利用的方法对基础数据的误差都很敏感，因而必须有大量的精确数据。另外，因为油藏在泡点压力以上的膨胀量比较小，因此一般来说，仅在油藏压力降到泡点压力以下之后获得的数据才能在确定原始石油地质储量中起重要作用。在下面讨论的三种方法中，水体将假设为无限和径向的。

Brownscombe-Collins 法　该法[8]假设原始石油地质储量和水体渗透率是未知的，而油藏特性和水体除渗透率以外的其它特性是已知的。

对于一个给定的假设的水体渗透率以及其它的不同估计值，应用方程（7）和方程（42）计算压力动态和方差。在方差与原始石油地质储量关系曲线（图 41.9）中，最小的方差将是选用渗透率的原始石油地质储量的最佳估计值。

$$\sigma^2 = \frac{1}{n}\sum_{j=1}^{n} (\Delta pf_j - \Delta p_{w_j}) \tag{42}$$

应用不同的渗透率估计值，重复这一步骤，直到可能求得最小值中的最小值为止。与这一最小值相对应的渗透率和原始石油地质储量应是所做假设条件的最好估计值。

应用以下步骤有可能计算出每一个选用渗透率的原始石油地质储量的最佳估计值。应用原始石油地质储量的最佳可用估计值，计算作为时间函数的油藏亏空和膨胀速率。选用一个水体渗透率并应用这些速率替代方程（6）中的水侵速率，计算压力降 Δp_{vn} 和 p_{En}。所估算的原始石油地质储量乘以用方程（43）算出的系数 X，即得选用渗透率的原始石油地质储量的最佳估计值，方程（44）给出这一渗透率的最小方差。

$$X = \frac{\sum_{j=1}^{n} (\Delta p_{v_j} - \Delta p_{f_j}) \Delta p_{E_j}}{\sum_{j=1}^{n} (\Delta p_{E_j})^2} \tag{43}$$

和

$$\sigma^2=\frac{1}{n}\sum_{j=1}^{n}\left(\Delta p_{f_j}-\Delta p_{v_j}-X\Delta p_{E_j}\right)^2 \tag{44}$$

式中 Δp_f——原始水油界面上的总压力降（油田数据），磅／英寸^2；

Δp_v——原始水油界面上的总压力降（应用油藏亏空速率计算的），磅／英寸^2；

Δp_E——原始水油界面上的总压力降（应用油藏膨胀速率计算的），磅／英寸^2。

Van Everdingen，Timmerman 和 MeMahon 法　这一方法假设原始石油地质储量、水体传导系数 $kh\alpha/\mu$ 和扩散系数 $k/(\phi\mu c)$ 为未知。联立物质平衡方程与方程（8），求解原始石油地质储量得方程（45）:

$$N=A+m_pF(t) \tag{45}$$

$$A=\frac{1}{(F_V-1)B_{oi}}\left[N_pF_VB_o+N_p(R_P-R_s)B_g+W_p\right] \tag{46}$$

$$F(t)=\frac{1}{(F_V-1)B_{oi}}\left[\sum_{j=1}^{n}\Delta p_{(n+1-j)}W_{ed_j}\right] \tag{47}$$

$$F_V=\frac{p_b-p}{pY}+1 \tag{48}$$

和

$$Y=\frac{p_b-p}{(F_V-1)} \tag{49}$$

式中 F_v——给定压力下原油及其溶解气的体积与原始压力下原油体积之比；

N——原始石油地质储量，地面桶；

N_p——累计产出油量，地面桶；

W_p——累计产出水量，桶；

R_p——累计产出气油比，标准英尺^3／地面桶；

B_o——原油地层体积系数，地下桶／地面桶；

B_g——气体地层体积系数，地下桶／标准英尺^3；

p_b——泡点压力，磅／英寸^2（绝对）。

一般来说，Y 用实验室确定值 F_v-1 计算。由于 Y 与 p 的关系曲线一般为直线，因而用方程（50）可计算 Y 的平滑值:

$$Y=b+m \tag{50}$$

式中　b——截距；

m——斜率。

对于一个给定的无因次时间段 Δt_D 和 n 数据点来说，求方程（46）和（47）的最小二乘拟合的方程为：

$$nN=\sum_{j=1}^{n}A_j-m_p\sum_{j=1}^{n}F(t)_j \tag{51}$$

和

$$N\sum_{j=1}^{n}F(t)_j=\sum_{j=1}^{n}A_j[F(t)]_j-m_p\sum_{j=1}^{n}[F(t)]_j^2 \tag{52}$$

由现场数据求得的这一拟合的方差可用方程（53）计算：

$$\sigma^2=\frac{1}{n}\sum_{j=1}^{n}\left\{A_j-N+m_p[F(t)]_j\right\}^2 \tag{53}$$

方差与 Δt_D 各种假设值关系曲线中的最小值将是 Δt_D 的最佳估计值，并可用于方程（51）和（52），求解 N 和 m_p 的最佳估计值（见图 41.10）。

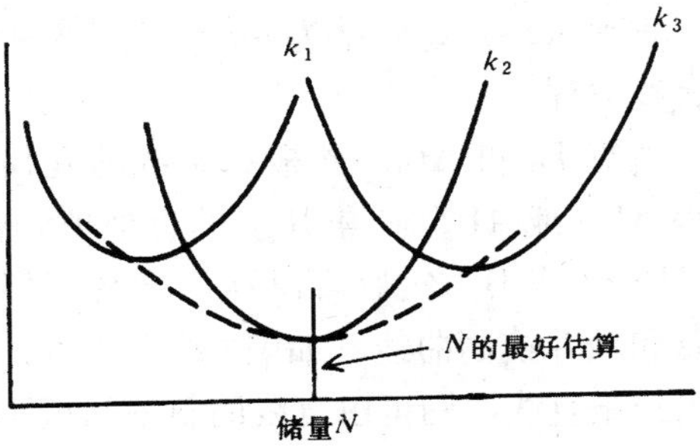

图 41.9　油藏体积与水驱的估算

(Brownscombe–Collins 法)

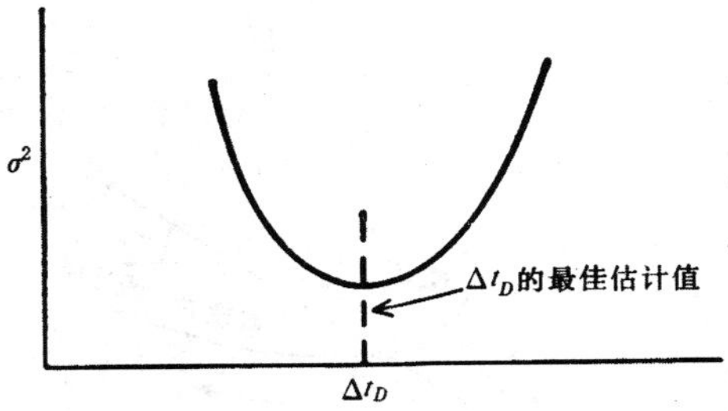

图 41.10　油藏体积和水驱的估算

(Van Everdingen–Timmerman–McMahon 法)

Havlena–Odeh 法　在这一方法中[10]，物质平衡方程写成含有两个未知常数 N 和 m_p 的直线方程。将物质平衡方程与方程[8]相结合，得出方程（54）（见图 41.11）：

$$\frac{V_{R_n}}{E_{N_n}}=\frac{N+m_p\sum_{j=1}^{n}\Delta p_{(n-1-j)}W_{ed_j}}{E_{N_n}} \tag{54}$$

$$V_{R_n}=N_p[B_t+B_g\ (R_p-R_{si})\ ]+\ (W_p-W_i)\ B_w-G_iB_{gi},$$

$$E_{N_n}=B_t-B_{t_i}+\frac{B_{t_i}}{1-S_w}\ (c_f+S_wc_w)\ \ (p_i-p_n)$$

$$+m\frac{B_{t_i}}{B_{g_i}}\ (B_g-B_{g_i})\ ,$$

式中 V_{Rn}——到时间段 n 末期的累计亏空，地下桶；

E_N——地面桶原始石油地质储量的累计膨胀量，地下桶；

B_t——两相地层体积系数，地下桶／地面桶；

W_p——累计产出水量，地面桶；

W_i——累计注入水量，地面桶；

G_i——累计注入气量，标准英尺^3；

B_w——水的地层体积系数，地下桶／地面桶；

c_f——地层压缩系数，(磅／英寸^2) $^{-1}$；

c_w——地层水压缩系数，(磅／英寸^2) $^{-1}$；

S_w——地层水饱和度，小数；

m——拟合系数。

方程（54）是斜率为 m_p 和 Y 轴截距为 N 的直线方程。

估算 r_D 和 Δt_D，并根据系统的几何形态由表 41.3 或 41.5 求得 W_{eD} 的近似值。(参见表 41.6～41.8)。然后可以计算方程（54）中的总和项并绘制曲线，如图 41.11 所示。如果得出一条直线，则可由直线的斜率和截距求得 m_p 和 N 值。如果斜率是增大的，则表明总和项太小；如果斜率是减小的，则表明总和项太大。应用不同的 r_D 和（或）Δt_D 估计值重复计算步骤，直到求得一条直线为止。应当指出，只要有一次以上的结合应用 r_D 和 Δt_D，就可以产生一条相当好的直线，也就是说，即使得出一条直线，也未必能决定 N 和 m_p 的一个唯一解。

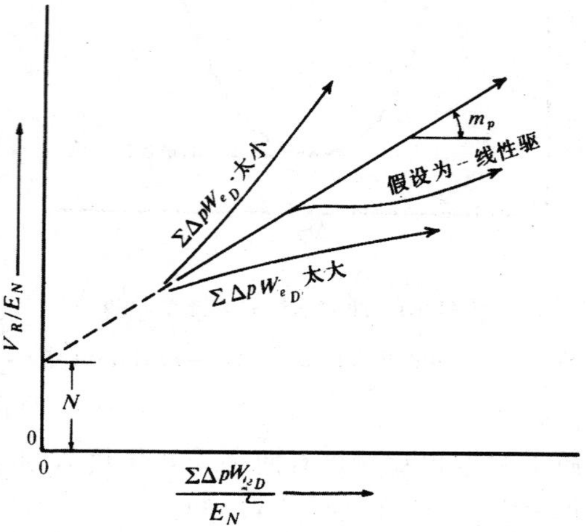

图 41.11 原始石油地质储量和 m_p 的估算

4.将来的动态

为了求得油田将来的动态，必须同时求解物质平衡方程和水驱方程。如果油藏压力高于饱和压力，则有可能直接求解；然而，如果油藏压力低于饱和压力，则需要使用试算法。

表 41.5 有限露头径向水体的无因次水侵量

$r_D=1.5$		$r_D=2.0$		$r_D=2.5$		$r_D=3.0$		$r_D=3.5$		$r_D=4.0$		$r_D=4.5$	
t_D	W_{eD}	t_D	W_{eD}	t_D	W_{eD}	t_D	W_{eD}	t_D	W_{eD}	t_D	W_{eD}	t_D	W_{eD}
5.0×10^{-2}	0.276	5.0×10^{-2}	0.278	1.0×10^{-1}	0.408	3.0×10^{-1}	0.755	1.00	1.571	2.00	2.442	2.5	2.835
6.0×10^{-2}	0.304	7.5×10^{-2}	0.345	1.5×10^{-1}	0.509	4.0×10^{-1}	0.895	1.20	1.761	2.20	2.598	3.0	3.196
7.0×10^{-2}	0.330	1.0×10^{-1}	0.404	2.0×10^{-1}	0.599	5.0×10^{-1}	1.023	1.40	1.940	2.40	2.748	3.5	3.537
8.0×10^{-2}	0.354	1.25×10^{-1}	0.458	2.5×10^{-1}	0.681	6.0×10^{-1}	1.143	1.60	2.111	2.60	2.893	4.0	3.859
9.0×10^{-2}	0.375	1.50×10^{-1}	0.507	3.0×10^{-1}	0.758	7.0×10^{-1}	1.256	1.80	2.273	2.80	3.034	4.5	4.165
1.0×10^{-1}	0.395	1.75×10^{-1}	0.553	3.5×10^{-1}	0.829	8.0×10^{-1}	1.363	2.00	2.427	3.00	3.170	5.0	4.454
1.1×10^{-1}	0.414	2.00×10^{-1}	0.597	4.0×10^{-1}	0.897	9.0×10^{-1}	1.465	2.20	2.574	3.25	3.334	5.5	4.727
1.2×10^{-1}	0.431	2.25×10^{-1}	0.638	4.5×10^{-1}	0.962	1.00	1.563	2.40	2.715	3.50	3.493	6.0	4.986
1.3×10^{-1}	0.446	2.50×10^{-1}	0.678	5.0×10^{-1}	1.024	1.25	1.791	2.60	2.849	3.75	3.645	6.5	5.231
1.4×10^{-1}	0.461	2.75×10^{-1}	0.715	5.5×10^{-1}	1.083	1.50	1.997	2.80	2.976	4.00	3.792	7.0	5.464
1.5×10^{-1}	0.474	3.00×10^{-1}	0.751	6.0×10^{-1}	1.140	1.75	2.184	3.00	3.098	4.25	3.932	7.5	5.684
1.6×10^{-1}	0.486	3.25×10^{-1}	0.785	6.5×10^{-1}	1.195	2.00	2.353	3.25	3.242	4.50	4.068	8.0	5.892
1.7×10^{-1}	0.497	3.50×10^{-1}	0.817	7.0×10^{-1}	1.248	2.25	2.507	3.50	3.379	4.75	4.198	8.5	6.089
1.8×10^{-1}	0.507	3.75×10^{-1}	0.848	7.5×10^{-1}	1.229	2.50	2.646	3.75	3.507	5.00	4.323	9.0	6.276
1.9×10^{-1}	0.517	4.00×10^{-1}	0.877	8.0×10^{-1}	1.348	2.75	2.772	4.00	3.628	5.50	4.560	9.5	6.453
2.0×10^{-1}	0.525	4.25×10^{-1}	0.905	8.5×10^{-1}	1.395	3.00	2.886	4.25	3.742	6.00	4.779	10	6.621
2.1×10^{-1}	0.533	4.50×10^{-1}	0.932	9.0×10^{-1}	1.440	3.25	2.990	4.50	3.850	6.50	4.982	11	6.930
2.2×10^{-1}	0.541	4.75×10^{-1}	0.958	9.5×10^{-1}	1.484	3.50	3.084	4.75	3.951	7.00	5.169	12	7.208
2.3×10^{-1}	0.548	5.00×10^{-1}	0.982	1.0	1.526	3.75	3.170	5.00	4.047	7.50	5.343	13	7.457
2.4×10^{-1}	0.554	5.50×10^{-1}	1.028	1.1	1.605	4.00	3.247	5.50	4.222	8.00	5.504	14	7.680
2.5×10^{-1}	0.559	6.00×10^{-1}	1.070	1.2	1.679	4.25	3.317	6.00	4.378	8.50	5.653	15	7.880
2.6×10^{-1}	0.565	6.50×10^{-1}	1.108	1.3	1.747	4.50	3.381	6.50	4.516	9.00	5.790	16	8.060
2.8×10^{-1}	0.574	7.00×10^{-1}	1.143	1.4	1.811	4.75	3.439	7.00	4.639	9.50	5.917	18	8.365
3.0×10^{-1}	0.582	7.50×10^{-1}	1.174	1.5	1.870	5.00	3.491	7.50	4.749	10	6.035	20	8.611
3.2×10^{-1}	0.588	8.00×10^{-1}	1.203	1.6	1.924	5.50	3.581	8.00	4.846	11	6.246	22	8.809
3.4×10^{-1}	0.594	9.00×10^{-1}	1.253	1.7	1.975	6.00	3.656	8.50	4.932	12	6.425	24	8.968
3.6×10^{-1}	0.599	1.00	1.295	1.8	2.022	6.50	3.717	9.00	5.009	13	6.580	26	9.097
3.8×10^{-1}	0.603	1.1	1.330	2.0	2.106	7.00	3.767	9.50	5.078	14	6.712	28	9.200
4.0×10^{-1}	0.606	1.2	1.358	2.2	2.178	7.50	3.809	10.00	5.138	15	6.825	30	9.283
4.5×10^{-1}	0.613	1.3	1.382	2.4	2.241	8.00	3.843	11	5.241	16	6.922	34	9.404
5.0×10^{-1}	0.617	1.4	1.402	2.6	2.294	9.00	3.894	12	5.321	17	7.004	38	9.481
6.0×10^{-1}	0.621	1.6	1.432	2.8	2.340	10.00	3.928	13	5.385	18	7.076	42	9.532
7.0×10^{-1}	0.623	1.7	1.444	3.0	2.380	11.00	3.951	14	5.435	20	7.189	46	9.565
8.0×10^{-1}	0.624	1.8	1.453	3.4	2.444	12.00	3.967	15	5.476	22	7.272	50	9.586
		2.0	1.468	3.8	2.491	14.00	3.985	16	5.506	24	7.332	60	9.612
		2.5	1.487	4.2	2.525	16.00	3.993	17	5.531	26	7.377	70	9.621
		3.0	1.495	4.6	2.551	18.00	3.997	18	5.551	30	7.434	80	9.623
		4.0	1.499	5.0	2.570	20.00	3.999	20	5.579	34	7.464	90	9.624
		5.0	1.500	6.0	2.599	22.00	3.999	25	5.611	38	7.481	100	9.625
				7.0	2.613	24.00	4.000	30	5.621	42	7.490		
				8.0	2.619			35	5.624	46	7.494		
				9.0	2.622			40	5.625	50	7.497		
				10.0	2.624								

续表

$r_D=5.0$		$r_D=6.0$		$r_D=7.0$		$r_D=8.0$		$r_D=9.0$		$r_D=10.0$	
t_D	W_{eD}	t_D	W_{eD}	t_D	W_{eD}	t_D	W_{eD}	t_D	W_{eD}	t_D	W_{eD}
3.0	3.195	6.0	5.148	9.00	6.861	9	6.861	10	7.417	15	9.965
3.5	3.542	6.5	5.440	9.50	7.127	10	7.398	15	9.945	20	12.32
4.0	3.875	7.0	5.724	10	7.389	11	7.920	20	12.26	22	13.22
4.5	4.193	7.5	6.002	11	7.902	12	8.431	22	13.13	24	14.09
5.0	4.499	8.0	6.273	12	8.397	13	8.930	24	13.98	26	14.95
5.5	4.792	8.5	6.537	13	8.876	14	9.418	26	14.79	28	15.78
6.0	5.074	9.0	6.795	14	9.341	15	9.895	28	15.59	30	16.59
6.5	5.345	9.5	7.047	15	9.791	16	10.361	30	16.35	32	17.38
7.0	5.605	10.0	7.293	16	10.23	17	10.82	32	17.10	34	18.16
7.5	5.854	10.5	7.533	17	10.65	18	11.26	34	17.82	36	18.91
8.0	6.094	11	7.767	18	11.06	19	11.70	36	18.52	38	19.65
8.5	6.325	12	8.220	19	11.46	20	12.13	38	19.19	40	20.37
9.0	6.547	13	8.651	20	11.85	22	12.95	40	19.85	42	21.07
9.5	6.760	14	9.063	22	12.58	24	13.74	42	20.48	44	21.76
10	6.965	15	9.456	24	13.27	26	14.50	44	21.09	46	22.42
11	7.350	16	9.829	26	13.92	28	15.23	46	21.69	48	23.07
12	7.706	17	10.19	28	14.53	30	15.12	48	22.26	50	23.71
13	8.035	18	10.53	30	15.11	34	17.22	50	22.82	52	24.33
14	8.339	19	10.85	35	16.39	38	18.41	52	23.36	54	24.94
15	8.620	20	11.16	40	17.49	40	18.97	54	23.89	56	25.53
16	8.879	22	11.74	45	18.43	45	20.26	56	24.39	58	26.11
18	9.338	24	12.16	50	19.24	50	21.42	58	24.88	60	26.67
20	9.731	25	12.50	60	20.51	55	22.46	60	25.36	65	28.02
22	10.07	31	13.74	70	21.45	60	23.40	65	26.48	70	29.29
24	10.35	35	14.40	80	22.13	70	24.98	70	27.52	75	30.49
26	10.59	39	14.93	90	22.63	80	26.26	75	28.48	80	31.61
28	10.80	51	16.05	100	23.00	90	27.28	80	29.36	85	32.67
30	10.89	60	16.56	120	23.47	100	28.11	85	30.18	90	33.66
34	11.26	70	16.91	140	23.71	120	29.31	90	30.93	95	34.60
38	11.46	80	17.14	160	23.85	140	30.08	95	31.63	100	35.48
42	11.61	90	17.27	180	23.92	160	30.58	100	32.27	120	38.51
46	11.71	100	17.36	200	23.96	180	30.91	120	34.39	140	40.89
50	11.79	110	17.41	500	24.00	200	31.12	140	35.92	160	42.75
60	11.91	120	17.45			240	31.34	160	37.04	180	44.21
70	11.96	130	17.46			280	31.43	180	37.85	200	45.36
80	11.98	140	17.48			320	31.47	200	38.44	240	46.95
90	11.99	150	17.49			360	31.49	240	39.17	280	47.94
100	12.00	160	17.49			400	31.50	280	39.56	320	48.54
120	12.0	180	17.50			500	31.50	320	39.77	360	48.91
		200	17.50					360	39.88	400	49.14
		220	17.50					400	39.94	440	49.28
								440	39.97	480	49.36
								480	39.98		

表 41.6　有限封闭径向水体的无因次压力

$r_D=1.5$		$r_D=2.0$		$r_D=2.5$		$r_D=3.0$		$r_D=3.5$		$r_D=4.0$		$r_D=4.5$	
t_D	p_D	t_D	p_D	t_D	p_D	t_D	p_D	t_D	p_D	t_D	p_D	t_D	p_D
6.0×10^{-2}	0.251	2.2×10^{-1}	0.443	4.0×10^{-1}	0.565	5.2×10	0.627	1.0	0.802	1.5	0.927	2.0	1.023
8.0×10^{-2}	0.288	2.4×10^{-1}	0.459	4.2×10^{-1}	0.576	5.4×10	0.636	1.1	0.830	1.6	0.948	2.1	1.040
1.0×10^{-1}	0.322	2.6×10^{-1}	0.476	4.4×10^{-1}	0.587	5.6×10	0.645	1.2	0.857	1.7	0.968	2.2	1.056
1.2×10^{-1}	0.355	2.8×10^{-1}	0.492	4.6×10^{-1}	0.598	6.0×10	0.662	1.3	0.882	1.8	0.988	2.3	1.072
1.4×10^{-1}	0.387	3.0×10^{-1}	0.507	4.8×10^{-1}	0.608	6.5×10	0.683	1.4	0.906	1.9	1.007	2.4	1.087
1.6×10^{-1}	0.420	3.2×10^{-1}	0.522	5.0×10^{-1}	0.618	7.0×10	0.703	1.5	0.929	2.0	1.025	2.5	1.102
1.8×10^{-1}	0.452	3.4×10^{-1}	0.536	5.2×10^{-1}	0.682	7.5×10	0.721	1.6	0.951	2.2	1.059	2.6	1.116
2.0×10^{-1}	0.484	3.6×10^{-1}	0.551	5.4×10^{-1}	0.638	8.0×10	0.740	1.7	0.973	2.4	1.092	2.7	1.130
2.2×10^{-1}	0.516	3.8×10^{-1}	0.565	5.6×10^{-1}	0.647	8.5×10	0.758	1.8	0.994	2.6	1.123	2.8	1.144
2.4×10^{-1}	0.548	4.0×10^{-1}	0.579	5.8×10^{-1}	0.657	9.0×10	0.776	1.9	1.014	2.8	1.154	2.9	1.158
2.6×10^{-1}	0.580	4.2×10^{-1}	0.593	6.0×10^{-1}	0.666	9.5×10	0.791	2.0	1.034	3.0	1.184	3.0	1.171
2.8×10^{-1}	0.612	4.4×10^{-1}	0.607	6.5×10^{-1}	0.688	1.0	0.806	2.25	1.083	3.5	1.255	3.2	1.197
3.0×10^{-1}	0.644	4.6×10^{-1}	0.621	7.0×10^{-1}	0.710	1.2	0.865	2.50	1.130	4.0	1.324	3.1	1.222
3.5×10^{-1}	0.724	4.8×10^{-1}	0.634	7.5×10^{-1}	0.731	1.4	0.920	2.75	1.176	4.5	1.392	3.6	1.246
4.0×10^{-1}	0.804	5.0×10^{-1}	0.648	8.0×10^{-1}	0.752	1.6	0.973	3.0	1.221	5.0	1.460	3.8	1.269
4.5×10^{-1}	0.884	6.0×10^{-1}	0.715	8.5×10^{-1}	0.772	2.0	1.076	4.0	1.401	5.5	1.527	4.0	1.292
5.0×10^{-1}	0.964	7.0×10^{-1}	0.782	9.0×10^{-1}	0.792	3.0	1.328	5.0	1.579	6.0	1.594	4.5	1.349
5.5×10^{-1}	1.044	8.0×10^{-1}	0.849	9.5×10^{-1}	0.812	4.0	1.578	6.0	1.757	6.5	1.660	5.0	1.403
6.0×10^{-1}	1.124	9.0×10^{-1}	0.915	1.0	0.832	5.0	1.828			7.0	1.727	5.5	1.457
		1.0	0.982	2.0	1.215					8.0	1.861	6.0	1.510
		2.0	1.649	3.0	1.596					9.0	1.994	7.0	1.615
		3.0	2.316	4.0	1.977					10.0	2.127	8.0	1.719
		5.0	3.649	5.0	2.358							9.0	1.823
												10.0	1.927
												11.0	2.031
												12.0	2.135
												13.0	2.239
												14.0	2.343
												15.0	2.447

续表

$r_D=5.0$		$r_D=6.0$		$r_D=7.0$		$r_D=8.0$		$r_D=9.0$		$r_D=10.0$	
t_D	p_D	t_D	p_D	t_D	p_D	t_D	p_D	t_D	p_D	t_D	p_D
3.0	1.167	4.0	1.275	6.0	1.436	8.0	1.556	10.0	1.651	12.0	1.732
3.1	1.180	4.5	1.322	6.5	1.470	8.5	1.582	10.5	1.673	12.5	1.750
3.2	1.192	5.0	1.364	7.0	1.501	9.0	1.607	11.0	1.693	13.0	1.768
3.3	1.204	5.5	1.404	7.5	1.531	9.5	1.631	11.5	1.713	13.5	1.784
3.4	1.215	6.0	1.441	8.0	1.559	10.0	1.653	12.0	1.732	14.0	1.801
3.5	1.227	6.5	1.477	8.5	1.586	10.5	1.675	12.5	1.750	14.5	1.817
3.6	1.238	7.0	1.511	9.0	1.613	11.0	1.697	13.0	1.768	15.0	1.832
3.7	1.249	7.5	1.544	9.5	1.638	11.5	1.717	13.5	1.786	15.5	1.847
3.8	1.259	8.0	1.576	10.0	1.663	12.0	1.737	14.0	1.803	16.0	1.862
3.9	1.270	8.5	1.607	11.0	1.711	12.5	1.757	14.5	1.819	17.0	1.890
4.0	1.281	9.0	1.638	12.0	1.757	13.0	1.776	15.0	1.835	18.0	1.917
4.2	1.301	9.5	1.668	13.0	1.801	13.5	1.795	15.5	1.851	19.0	1.943
4.4	1.321	10.0	1.698	14.0	1.845	14.0	1.813	16.0	1.867	20.0	1.968
4.6	1.340	11.0	1.757	15.0	1.888	14.5	1.831	17.0	1.897	22.0	2.017
4.8	1.360	12.0	1.815	16.0	1.931	15.0	1.849	18.0	1.926	24.0	2.063
5.0	1.378	13.0	1.873	17.0	1.974	17.0	1.919	19.0	1.955	26.0	2.108
5.5	1.424	14.0	1.931	18.0	2.016	19.0	1.986	20.0	1.983	28.0	2.151
6.0	1.469	15.0	1.988	19.0	2.058	21.0	2.051	22.0	2.037	30.0	2.194
6.5	1.513	16.0	2.045	20.0	2.100	23.0	2.116	24.0	2.090	32.0	2.236
7.0	1.556	17.0	2.103	22.0	2.184	25.0	2.180	26.0	2.142	34.0	2.278
7.5	1.598	18.0	2.160	24.0	2.267	30.0	2.340	28.0	2.193	36.0	2.319
8.0	1.641	19.0	2.217	26.0	2.351	35.0	2.499	30.0	2.244	38.0	2.360
9.0	1.725	20.0	2.274	28.0	2.434	40.0	2.658	34.0	2.345	40.0	2.401
10.0	1.808	25.0	2.560	30.0	2.517	45.0	2.817	38.0	2.446	50.0	2.604
11.0	1.892	30.0	2.846					40.0	2.496	60.0	2.806
12.0	1.975							45.0	2.621	70.0	3.008
13.0	2.059							50.0	2.746		
14.0	2.142										
15.0	2.225										

表 41.7　有限露头径向水体的无因次压力

$r_D=1.5$		$r_D=2.0$		$r_D=2.5$		$r_D=3.0$		$r_D=3.5$		$r_D=4.0$		$r_D=6.0$	
t_D	p_D	t_D	p_D	t_D	p_D	t_D	p_D	t_D	p_D	t_D	p_D	t_D	p_D
5.0×10^{-2}	0.230	2.0×10^{-1}	0.424	3.0×10^{-1}	0.502	5.0×10^{-1}	0.617	5.0×10^{-1}	0.620	1.0	0.802	4.0	1.275
5.5×10^{-2}	0.240	2.2×10^{-1}	0.441	3.5×10^{-1}	0.535	5.5×10^{-1}	0.640	6.0×10^{-1}	0.665	1.2	0.857	4.5	1.320
6.0×10^{-2}	0.249	2.4×10^{-1}	0.457	4.0×10^{-1}	0.564	6.0×10^{-1}	0.662	7.0×10^{-1}	0.705	1.4	0.905	5.0	1.361
7.0×10^{-2}	0.266	2.6×10^{-1}	0.472	4.5×10^{-1}	0.591	7.0×10^{-1}	0.702	8.0×10^{-1}	0.741	1.6	0.947	5.5	1.398
8.0×10^{-2}	0.282	2.8×10^{-1}	0.485	5.0×10^{-1}	0.616	8.0×10^{-1}	0.738	9.0×10^{-1}	0.774	1.8	0.986	6.0	1.432
9.0×10^{-2}	0.292	3.0×10^{-1}	0.498	5.5×10^{-1}	0.638	9.0×10^{-1}	0.770	1.0	0.804	2.0	1.020	6.5	1.462
1.0×10^{-1}	0.307	3.5×10^{-1}	0.527	6.0×10^{-1}	0.659	1.0	0.799	1.2	0.858	2.2	1.052	7.0	1.490
1.2×10^{-1}	0.328	4.0×10^{-1}	0.552	7.0×10^{-1}	0.696	1.2	0.850	1.4	0.904	2.4	1.080	7.5	1.516
1.4×10^{-1}	0.344	4.5×10^{-1}	0.573	8.0×10^{-1}	0.728	1.4	0.892	1.6	0.945	2.6	1.106	8.0	1.539
1.6×10^{-1}	0.356	5.0×10^{-1}	0.591	9.0×10^{-1}	0.755	1.6	0.927	1.8	0.981	2.8	1.130	8.5	1.561
1.8×10^{-1}	0.367	5.5×10^{-1}	0.606	1.0	0.778	1.8	0.955	2.0	1.013	3.0	1.152	9.0	1.580
2.0×10^{-1}	0.375	6.0×10^{-1}	0.619	1.2	0.815	2.0	0.980	2.2	1.041	3.4	1.190	10.0	1.615
2.2×10^{-1}	0.381	6.5×10^{-1}	0.630	1.4	0.842	2.2	1.000	2.4	1.065	3.8	1.222	12.0	1.667
2.4×10^{-1}	0.386	7.0×10^{-1}	0.639	1.6	0.861	2.4	1.016	2.6	1.087	4.5	1.266	14.0	1.704
2.6×10^{-1}	0.390	7.5×10^{-1}	0.647	1.8	0.876	2.6	1.030	2.8	1.106	5.0	1.290	16.0	1.730
2.8×10^{-1}	0.393	8.0×10^{-1}	0.654	2.0	0.887	2.8	1.042	3.0	1.123	5.5	1.309	18.0	1.749
3.0×10^{-1}	0.396	8.5×10^{-1}	0.660	2.2	0.895	3.0	1.051	3.5	1.158	6.0	1.325	20.0	1.762
3.5×10^{-1}	0.400	9.0×10^{-1}	0.665	2.4	0.900	3.5	1.069	4.0	1.183	7.0	1.347	22.0	1.771
4.0×10^{-1}	0.402	9.5×10^{-1}	0.669	2.6	0.905	4.0	1.080	5.0	1.215	8.0	1.361	24.0	1.777
4.5×10^{-1}	0.404	1.0	0.673	2.8	0.908	4.5	1.087	6.0	1.232	9.0	1.370	26.0	1.781
5.0×10^{-1}	0.405	1.2	0.682	3.0	0.910	5.0	1.091	7.0	1.242	10.0	1.376	28.0	1.784
6.0×10^{-1}	0.405	1.4	0.688	3.5	0.913	5.5	1.094	8.0	1.247	12.0	1.382	30.0	1.787
7.0×10^{-1}	0.405	1.6	0.690	4.0	0.915	6.0	1.096	9.0	1.240	14.0	1.385	35.0	1.789
8.0×10^{-1}	0.405	1.8	0.692	4.5	0.916	6.5	1.097	10.0	1.251	16.0	1.386	40.0	1.791
		2.0	0.692	5.0	0.916	7.0	1.097	12.0	1.252	18.0	1.386	50.0	1.792
		2.5	0.693	5.5	0.916	8.0	1.098	14.0	1.253				
		3.0	0.693	6.0	0.916	10.0	1.099	16.0	1.253				

续表

$r_D=8.0$		$r_D=10$		$r_D=15$		$r_D=20$		$r_D=25$		$r_D=30$		$r_D=40$	
t_D	p_D	t_D	p_D	t_D	p_D	t_D	p_D	t_D	p_D	t_D	p_D	t_D	p_D
7.0	1.499	10.0	1.651	20.0	1.960	30.0	2.148	50.0	2.389	70.0	2.551	12.0×10	2.813
7.5	1.527	12.0	1,730	22.0	2.003	35.0	2.219	55.0	2.434	80.0	2.615	14.0×10	2.888
8.0	1.554	14.0	1.798	24.0	2.043	40.0	2.282	60.0	3.476	90.0	2.672	16.0×10	2.953
8.5	1.580	16.0	1.856	26.0	2.080	45.0	2.338	65.0	2.514	10.0×10	2.723	18.0×10	3.011
9.0	1.604	18.0	1.907	28.0	2.114	50.0	2.388	70.0	2.550	12.0×10	2.812	20.0×10	3.063
9.5	1.627	20.0	1.952	30.0	2.146	60.0	2.475	75.0	2.583	14.0×10	2.886	22.0×10	3.109
10.0	1.648	25.0	2.043	35.0	2.218	70.0	2.547	80.0	2.614	16.0×10	2.950	24.0×10	3.152
12.0	1.724	30.0	2.111	40.0	2.279	80.0	2.609	85.0	2.643	16.5×10	2.965	26.0×10	3.191
14.0	1.786	35.0	2.160	45.0	2.332	90.0	2.658	90.0	2.671	17.0×10	2.979	28.0×10	3.226
16.0	1.837	40.0	2.197	50.0	2.379	10.0×10	2.707	95.0	2.697	17.5×10	2.992	30.0×10	3.259
18.0	1.879	45.0	2.224	60.0	2.455	10.5×10	2.728	10.0×10	2.721	18.0×10	3.006	35.0×10	3.331
20.0	1.914	50.0	2.245	70.0	2.513	11.0×10	2.747	12.0×10	2.807	20.0×10	3.054	40.0×10	3.391
22.0	1.943	55.0	2.260	80.0	2.558	11.5×10	2.764	14.0×10	2.878	25.0×10	3.150	45.0×10	3.440
24.0	1.967	60.0	2.271	90.0	2.592	12.0×10	2.781	16.0×10	2.936	30.0×10	3.219	50.0×10	3.482
26.0	1.986	65.0	2.279	10.0×10	2.619	12.5×10	2.796	18.0×10	2.984	35.0×10	3.269	55.0×10	3.516
28.0	2.002	70.0	2.285	12.0×10	2.655	13.0×10	2.810	20.0×10	3.024	40.0×10	3.306	60.0×10	3.545
30.0	2.016	75.0	2.290	14.0×10	2.677	13.5×10	2.823	22.0×10	3.057	45.0×10	3.332	65.0×10	3.568
35.0	2.040	80.0	2.293	16.0×10	2.689	14.0×10	2.835	24.0×10	3.085	50.0×10	3.351	70.0×10	3.588
40.0	2.055	90.0	2.297	18.0×10	2.697	14.5×10	2.846	26.0×10	3.107	60.0×10	3.375	80.0×10	3.619
45.0	2.064	10.0×10	2.300	20.0×10	2.701	15.0×10	2.857	28.0×10	3.126	70.0×10	3.387	90.0×10	3.640
50.0	2.070	11.0×10	2.301	22.0×10	2.704	16.0×10	2.876	30.0×10	3.142	80.0×10	3.394	10.0×10^2	3.655
60.0	2.076	12.0×10	2.302	24.0×10	2.706	18.0×10	2.906	35.0×10	3.171	90.0×10	3.397	12.0×10^2	3.672
70.0	2.078	13.0×10	2.302	26.0×10	2.707	20.0×10	2.929	40.0×10	3.189	10.0×10^2	3.399	14.0×10^2	3.681
80.0	2.079	14.0×10	2.302	28.0×10	2.707	24.0×10	2.958	45.0×10	3.200	12.0×10^2	3.401	16.0×10^2	3.685
		16.0×10	2.303	30.0×10	2.708	28.0×10	2.975	50.0×10	3.207	14.0×10^2	3.401	18.0×10^2	3.687
						30.0×10	2.980	60.0×10	3.214			20.0×10^2	3.688
						40.0×10	2.992	70.0×10	3.217			25.0×10^2	3.689
						50.0×10	2.995	80.0×10	3.218				
								90.0×10	3.219				

续表

$r_D=50$		$r_D=60$		$r_D=70$		$r_D=80$		$r_D=90$		$r_D=100$	
t_D	p_D	t_D	p_D	t_D	p_D	t_D	p_D	t_D	p_D	t_D	p_D
20.0×10	3.064	3.0×10^2	3.257	5.0×10^2	3.512	6.0×10^2	3.603	8.0×10^2	3.747	1.0×10^3	3.859
22.0×10	3.111	4.0×10^2	3.401	6.0×10^2	3.603	7.0×10^2	3.680	9.0×10^2	3.806	1.2×10^3	3.949
24.0×10	3.154	5.0×10^2	3.512	7.0×10^2	3.680	8.0×10^2	3.747	1.0×10^3	3.858	1.4×10^3	4.026
26.0×10	3.193	6.0×10^2	3.602	8.0×10^2	3.746	9.0×10^2	3.805	1.2×10^3	3.949	1.6×10^2	4.092
28.0×10	3.229	7.0×10^2	3.676	9.0×10^2	3.803	10.0×10^2	3.857	1.3×10^3	3.988	1.8×10^3	4.150
30.0×10	3.263	8.0×10^2	3.739	10.0×10^2	3.854	12.0×10^2	3.946	1.4×10^3	4.025	2.0×10^3	4.200
35.0×10	3.339	9.0×10^2	3.792	12.0×10^2	3.937	14.0×10^2	4.019	1.5×10^3	4.058	2.5×10^3	4.303
40.0×10	3.405	10.0×10^2	3.832	14.0×10^2	4.003	15.0×10^2	4.051	1.8×10^3	4.144	3.0×10^3	4.379
45.0×10	3.461	12.0×10^2	3.908	16.0×10^2	4.054	16.0×10^2	4.080	2.0×10^3	4.192	3.5×10^3	4.434
50.0×10	3.512	14.0×10^2	3.959	18.0×10^2	4.095	18.0×10^2	4.130	2.5×10^3	4.285	4.0×10^3	4.478
55.0×10	3.556	16.0×10^2	3.996	20.0×10^2	4.127	20.0×10^2	4.171	3.0×10^3	4.349	4.5×10^3	4.510
60.0×10	3.595	18.0×10^2	4.023	25.0×10^2	4.181	25.0×10^2	4.248	3.5×10^2	4.394	5.0×10^3	4.534
65.0×10	3.630	20.0×10^2	4.043	30.0×10^2	4.211	30.0×10^2	4.297	4.0×10^3	4.426	5.5×10^3	4.552
70.0×10	3.661	25.0×10^2	4.071	35.0×10^2	4.228	35.0×10^2	4.328	4.5×10^3	4.448	6.0×10^3	4.565
75.0×10	3.688	30.0×10^2	4.084	40.0×10^2	4.237	40.0×10^2	4.347	5.0×10^3	4.464	6.5×10^3	4.579
80.0×10	3.713	35.0×10^2	4.090	45.0×10^2	4.242	45.0×10^2	4.360	6.0×10^3	4.482	7.0×10^3	4.583
85.0×10	3.735	40.0×10^2	4.092	50.0×10^2	4.245	50.0×10^2	4.368	7.0×10^3	4.491	7.5×10^3	4.588
90.0×10	3.754	45.0×10^2	4.093	55.0×10^2	4.247	60.0×10^2	4.376	8.0×10^3	4.496	8.0×10^3	4.593
95.0×10	3.771	50.0×10^2	4.094	60.0×10^2	4.247	70.0×10^2	4.380	9.0×10^3	4.498	9.0×10^3	4.598
10.0×10^2	3.787	55.0×10^2	4.094	65.0×10^2	4.248	80.0×10^2	4.381	10.0×10^3	4.499	10.0×10^3	4.601
12.0×10^2	3.833			70.0×10^2	4.248	90.0×10^2	4.382	11.0×10^3	4.499	12.5×10^3	4.604
14.0×10^2	3.862			75.0×10^2	4.248	10.0×10^3	4.382	12.0×10^3	4.500	15.0×10^3	4.605
16.0×10^2	3.881			80.0×10^2	4.248	11.0×10^3	4.382	14.0×10^3	4.500		
18.0×10^2	3.892										
20.0×10^2	3.900										
22.0×10^2	3.904										
24.0×10^2	3.907										
26.0×10^2	3.909										
28.0×10^2	3.910										

续表

$r_D=200$		$r_D=300$		$r_D=400$		$r_D=500$		$r_D=600$		$r_D=700$	
t_D	p_D	t_D	p_D	t_D	p_D	t_D	p_D	t_D	p_D	t_D	p_D
1.5×10^3	4.061	6.0×10^3	4.754	1.5×10^4	5.212	2.0×10^4	5.356	4.0×10^4	5.703	5.0×10^4	5.814
2.0×10^3	4.205	8.0×10^3	4.898	2.0×10^4	5.356	2.5×10^4	5.468	4.5×10^4	5.762	6.0×10^4	5.905
2.5×10^3	4.317	10.0×10^3	5.010	3.0×10^4	5.556	3.0×10^4	5.559	5.0×10^4	5.814	7.0×10^4	5.982
3.0×10^3	4.408	12.0×10^3	5.101	4.0×10^4	5.689	3.5×10^4	5.636	6.0×10^4	5.904	8.0×10^4	6.048
3.5×10^3	4.485	14.0×10^3	5.177	5.0×10^4	5.781	4.0×10^4	5.702	7.0×10^4	5.979	9.0×10^4	6.105
4.0×10^3	4.552	16.0×10^3	5.242	6.0×10^4	5.845	4.5×10^4	5.759	8.0×10^4	6.041	10.0×10^4	6.156
5.0×10^3	4.663	18.0×10^3	5.299	7.0×10^4	5.889	5.0×10^4	5.810	9.0×10^4	6.094	12.0×10^4	6.239
6.0×10^3	4.754	20.0×10^3	5.348	8.0×10^4	5.920	6.0×10^4	5.894	10.0×10^4	6.139	14.0×10^4	6.305
7.0×10^3	4.829	24.0×10^3	5.429	9.0×10^4	5.942	7.0×10^4	5.960	12.0×10^4	6.210	16.0×10^4	6.357
8.0×10^3	4.894	28.0×10^3	5.491	10.0×10^4	5.957	8.0×10^4	6.013	14.0×10^4	6.262	18.0×10^4	6.398
9.0×10^3	4.949	30.0×10^3	5.517	11.0×10^4	5.967	9.0×10^4	6.055	16.0×10^4	6.299	20.0×10^4	6.430
10.0×10^3	4.996	40.0×10^3	5.606	12.0×10^4	5.975	10.0×10^4	6.088	18.0×10^4	6.326	25.0×10^4	6.484
12.0×10^3	5.072	50.0×10^3	5.652	12.5×10^4	5.977	12.0×10^4	6.135	20.0×10^4	6.345	30.0×10^4	6.514
14.0×10^3	5.129	60.0×10^3	5.676	13.0×10^4	5.980	14.0×10^4	6.164	25.0×10^4	6.374	35.0×10^4	6.530
16.0×10^3	5.171	70.0×10^3	5.690	14.0×10^4	5.983	16.0×10^4	6.183	30.0×10^4	6.387	40.0×10^4	6.540
18.0×10^3	5.203	80.0×10^3	5.696	16.0×10^4	5.988	18.0×10^4	6.195	35.0×10^4	6.392	45.0×10^4	6.545
20.0×10^3	5.227	90.0×10^3	5.700	18.0×10^4	5.990	20.0×10^4	6.202	40.0×10^4	6.395	50.0×10^4	6.548
25.0×10^3	5.264	10.0×10^4	5.702	20.0×10^4	5.991	25.0×10^4	6.211	50.0×10^4	6.397	60.0×10^4	6.550
30.0×10^3	5.282	12.0×10^4	5.703	24.0×10^4	5.991	30.0×10^4	6.213	60.0×10^4	6.397	70.0×10^4	6.551
35.0×10^3	5.290	14.0×10^4	5.704	26.0×10^4	5.991	35.0×10^4	6.214			80.0×10^4	6.551
40.0×10^3	5.294	15.0×10^4	5.704			40.0×10^4	6.214				
7.0×10^4	5.983	8.0×10^4	6.049	1.0×10^5	6.161	2.0×10^5	6.507	2.0×10^5	6.507	2.5×10^5	6.619
8.0×10^4	6.049	9.0×10^4	6.108	1.2×10^5	6.252	3.0×10^5	6.704	2.5×10^5	6.619	3.0×10^5	6.710
9.0×10^4	6.108	10.0×10^4	6.161	1.4×10^5	6.329	4.0×10^5	6.833	3.0×10^5	6.709	3.5×10^5	6.787
10.0×10^4	6.160	12.0×10^4	6.251	1.6×10^5	6.395	5.0×10^5	6.918	3.5×10^5	6.785	4.0×10^5	6.853
12.0×10^4	6.249	14.0×10^4	6.327	1.8×10^5	6.452	6.0×10^5	6.975	4.0×10^5	6.849	5.0×10^5	6.962

$r_D=800$		$r_D=900$		$r_D=1,000$		$r_D=1,200$		$r_D=1,400$		$r_D=1,600$	
t_D	p_D	t_D	p_D	t_D	p_D	t_D	p_D	t_D	p_D	t_D	p_D
14.0×10^{4}	6.322	16.0×10^{4}	6.392	2.0×10^{5}	6.503	7.0×10^{5}	7.013	5.0×10^{5}	6.950	6.0×10^{5}	7.046
16.0×10^{4}	6.382	18.0×10^{4}	6.447	2.5×10^{5}	6.605	8.0×10^{5}	7.038	6.0×10^{5}	7.026	7.0×10^{5}	7.114
18.0×10^{4}	6.432	20.0×10^{4}	6.494	3.0×10^{5}	6.681	9.0×10^{5}	7.056	7.0×10^{5}	7.082	8.0×10^{5}	7.167
20.0×10^{4}	6.474	25.0×10^{4}	6.587	3.5×10^{5}	6.738	10.0×10^{5}	7.067	8.0×10^{5}	7.123	9.0×10^{5}	7.210
25.0×10^{4}	6.551	30.0×10^{4}	6.652	4.0×10^{5}	6.781	12.0×10^{5}	7.080	9.0×10^{5}	7.154	10.0×10^{5}	7.244
30.0×10^{4}	6.599	40.0×10^{4}	6.729	4.5×10^{5}	6.813	14.0×10^{5}	7.085	10.0×10^{5}	7.177	15.0×10^{5}	7.334
35.0×10^{4}	6.630	45.0×10^{4}	6.751	5.0×10^{5}	6.837	16.0×10^{5}	7.088	15.0×10^{5}	7.229	20.0×10^{5}	7.364
40.0×10^{4}	6.650	50.0×10^{4}	6.766	5.5×10^{5}	6.854	18.0×10^{5}	7.089	20.0×10^{5}	7.241	25.0×10^{5}	7.373
45.0×10^{4}	6.663	55.0×10^{4}	6.777	6.0×10^{5}	6.868	19.0×10^{5}	7.089	25.0×10^{5}	7.243	30.0×10^{5}	7.376
50.0×10^{4}	6.671	60.0×10^{4}	6.785	7.0×10^{5}	6.885	20.0×10^{5}	7.090	30.0×10^{5}	7.244	35.0×10^{5}	7.377
55.0×10^{4}	6.676	70.0×10^{4}	5.794	8.0×10^{5}	6.895	21.0×10^{5}	7.090	31.0×10^{5}	7.244	40.0×10^{5}	7.378
60.0×10^{4}	6.679	80.0×10^{4}	6.798	9.0×10^{5}	6.901	22.0×10^{5}	7.090	32.0×10^{5}	7.244	42.0×10^{5}	7.378
70.0×10^{4}	6.682	90.0×10^{4}	6.800	10.0×10^{5}	6.904	23.0×10^{5}	7.090	33.0×10^{5}	7.24	44.0×10^{5}	7.378
80.0×10^{4}	6.684	10.0×10^{5}	6.801	12.0×10^{5}	6.907	24.0×10^{5}	7.090				
100.0×10^{4}	6.684			14.0×10^{5}	6.907						
				16.0×10^{5}	6.908						
3.0×10^{5}	6.710	4.0×10^{5}	6.854	5.0×10^{5}	6.966	6.0×10^{5}	7.057	7.0×10^{5}	7.201	1.0×10^{6}	7.312
4.0×10^{5}	6.854	5.0×10^{5}	6.966	5.5×10^{5}	7.013	7.0×10^{5}	7.134	8.0×10^{5}	7.260	1.2×10^{6}	7.403
5.0×10^{5}	6.965	6.0×10^{5}	7.056	6.0×10^{5}	7.057	8.0×10^{5}	7.200	9.0×10^{5}	7.312	1.4×10^{6}	7.480
6.0×10^{5}	7.054	7.0×10^{5}	7.132	6.5×10^{5}	7.097	9.0×10^{5}	7.259	10.0×10^{5}	7.403	1.6×10^{6}	7.545
7.0×10^{5}	7.120	8.0×10^{5}	7.196	7.0×10^{5}	7.133	10.0×10^{5}	7.310	12.0×10^{5}	7.542	1.8×10^{6}	7.602
8.0×10^{5}	7.188	9.0×10^{5}	7.251	7.5×10^{5}	7.167	12.0×10^{5}	7.398	14.0×10^{5}	7.644	2.0×10^{6}	7.651
9.0×10^{5}	7.238	10.0×10^{5}	7.298	8.0×10^{5}	7.199	16.0×10^{5}	7.526	16.0×10^{5}	7.719	2.4×10^{6}	7.732
10.0×10^{5}	7.280	12.0×10^{5}	7.374	8.5×10^{5}	7.229	20.0×10^{5}	7.611	18.0×10^{5}	7.775	2.8×10^{6}	7.794
15.0×10^{5}	7.407	14.0×10^{5}	7.431	9.0×10^{5}	7.256	24.0×10^{5}	7.668	20.0×10^{5}	7.797	3.0×10^{6}	7.820
20.0×10^{5}	7.459	16.0×10^{5}	7.474	10.0×10^{5}	7.307	28.0×10^{5}	7.706	24.0×10^{5}	7.840	3.5×10^{6}	7.871

续表

$r_D=1,800$		$r_D=2,000$		$r_D=2,200$		$r_D=2,400$		$r_D=2,600$		$r_D=2,800.0$		$r_D=3,000$	
t_D	p_D	t_D	p_D	t_D	p_D	t_D	p_D	t_D	p_D	t_D	p_D	t_D	p_D
30.0×10^5	7.489	18.0×10^5	7.506	12.0×10^5	7.390	30.0×10^5	7.720	28.0×10^5	7.746	40.0×10^5	7.870	4.0×10^6	7.908
40.0×10^5	7.495	20.0×10^5	7.530	16.0×10^5	7.507	35.0×10^5	7.745	30.0×10^5	7.765	50.0×10^5	7.905	4.5×10^6	7.935
50.0×10^5	7.495	25.0×10^5	7.566	20.0×10^5	7.579	40.0×10^5	7.760	35.0×10^5	7.799	60.0×10^5	7.922	5.0×10^6	7.955
51.0×10^5	7.495	30.0×10^5	7.584	25.0×10^5	7.631	50.0×10^5	7.775	40.0×10^5	7.821	70.0×10^5	7.930	6.0×10^6	7.979
52.0×10^5	7.495	35.0×10^5	7.593	30.0×10^5	7.661	60.0×10^5	7.780	50.0×10^5	7.845	80.0×10^5	7.934	7.0×10^6	7.992
53.0×10^5	7.495	40.0×10^5	7.1597	35.0×10^5	7.677	70.0×10^5	7.782	60.0×10^5	8.856	90.0×10^5	7.936	8.0×10^6	7.999
54.0×10^5	7.495	50.0×10^5	7.600	40.0×10^5	7.686	80.0×10^5	7.783	70.0×10^5	7.860	10.0×10^6	7.937	9.0×10^6	8.002
56.0×10^5	7.495	60.0×10^5	7.601	50.0×10^5	7.693	90.0×10^5	7.783	80.0×10^5	7.862	12.0×10^6	7.937	10.0×10^6	8.004
		64.0×10^5	7.601	60.0×10^5	7.695	95.0×10^5	7.783	90.0×10^5	7.863	13.0×10^6	7.937	12.0×10^6	8.006
				70.0×10^5	7.696			10.0×10^5	7.863			15.0×10^6	8.006
				80.0×10^5	7.696								

表 41.8 有限封闭线性水体的无因次压力

t_D	p_D	t_D	p_D	t_D	p_D	t_D	p_D
0.005	0.07979	0.18	0.47900	0.07	0.29854	0.4	0.72942
0.01	0.11296	0.20	0.50516	0.08	0.31915	0.5	0.83187
0.02	0.15958	0.22	0.53021	0.09	0.33851	0.6	0.93279
0.03	0.19544	0.24	0.55436				
0.04	0.22567	0.26	0.57776	0.10	0.35682	0.7	1.03313
				0.12	0.39088	0.8	1.13326
0.05	0.25231	0.28	0.60055	0.14	0.42224	0.9	1.23330
0.06	0.27639	0.30	0.62284	0.16	0.45147	1.0	1.33332

由于不同的物质平衡方程和水驱方程有数种可能的组合，因而有数种求解方法。但这里将仅应用一种组合，以说明在下列情况下的一般应用：(1) 油藏压力高于泡点压力；(2) 油藏压力低于泡点压力。但不论是哪种情况，将必须知道：(1) 从室内岩心分析数据或其它资料来源求得的前缘后面的饱和度；(2) 作为前缘推进函数的水产量；(3) 油藏水淹部分的压力梯度。

新的和原始的前缘位置之间的压力梯度方程 (55) 表明，油藏平均压力与原始水油界面压力之间的压力差别，是水侵速率、水体流体和地层特性、水体几何形态等的函数：

$$\Delta p_{o_n} - \Delta p_{w_n} = \frac{\mu_w e_{w_n}}{k_w} F_G = p_{w_n} - p_{o_n} \tag{55}$$

式中　F_G是油藏几何形态因子。如为线性前缘推进，可由下式给出：

$$F_G=\frac{L_f}{0.001127hb} \tag{56}$$

如为径向前缘推进，可由下式给出：

$$F_G=\frac{2\pi\ln\ (r_w/r_f)}{0.00708h\alpha} \tag{57}$$

式中　L_f——水前缘线性进入油藏的距离，英尺；

r_f——进入油藏各水前缘的半径，英尺；

α——油藏对角，弧度。

注意，F_G是前缘推进距离的函数，因而，如果对以往的动态史已知油藏与油藏原始边界之间的压力梯度，就可以把F_G作为前缘推进的函数进行估算。然后，可以根据某种方便的关系图（线性的，半对数的，等等）把F_G作为前缘推进的函数外推，求得将来的F_G值。

高于泡点压力的油藏　当油藏压力高于泡点压力时，可以假设总压缩系数为常数，因而可将物质平衡方程（58）与方程（67）和（55）联立，求解水侵速率，得方程（59）。方程（58）为

$$\Delta p_{o_n}=\frac{(q_{t_n}-e_{w_n})\ \Delta t}{V_p c_{ot}}+\Delta p_{o_{(n-1)}} \tag{58}$$

式中　Δp_{o_n}——到时间段n末期油藏原始压力的总压降；

q_{t_n}——总产量，地下桶／日；

V_p——总的油藏孔隙体积，桶；

c_{ot}——总的油藏压缩系数，（磅／英寸^2）$^{-1}$。

求水侵速率的方程（59）为

$$e_{w_n}=\frac{\Delta p_{o_{(n-1)}}+\ (\Delta t q_{t_n}/V_p c_{ot})\ -m_r\sum_{j=2}^{n}e_{w_{(n+1-j)}}\Delta p_{D_j}}{m_r\Delta p_{D_j}+\ (\Delta t/V_p c_{ot})\ +\ (\mu_w F_g/k_w)} \tag{59}$$

计算出的水侵速率现在可用于方程（58），计算Δp_{o_n}，并对下一个时间段重复整个步骤。如果用方程（27）代替方程（6），则在方程（59）中要用ΔZ代替Δp_D。

低于泡点压力的油藏　为了简化计算步骤，假设：(1) 前缘前面和后面为均匀饱和度；(2) 在水绕流而过的油藏部分，饱和度无变化；(3) 选用的压力变化相当小，从而使原油地层体积系数的变化很小。图 41.12 表示在时间段n期间当前缘推进到未见过水的油藏体积

V_{n-1} 中时饱和度的变化。

在这一方法中将应用下列方程:

水侵速率:

$$e_{w_n}=\frac{\Delta p_{o_{(n-1)}}-m_r\sum_{j=2}^{n}e_{w_{(n+1-j)}}\Delta p_D}{m_r\Delta p_{D_j}-(\mu_w F_G/k_w)} \tag{60}$$

见水和未见水的体积:

$$\Delta V_n=\frac{(e_{w_n}-q_{w_n})\ \Delta t_n}{f_R\ (1-S_{iw}-S_{or}-S_{gr})_{\ n-1}} \tag{61}$$

和

$$V_n=V_{n-1}-\Delta V_n \tag{62}$$

V_n 中的原油饱和度:

$$S_{o_n}=\frac{B_{o_n}}{V_n}\left\{\frac{S_{o_{(n-1)}}V_n}{B_{o_{(n-1)}}}+\frac{f_R\Delta V_n[S_{o_{(n-1)}}-S_{or_n}]}{B_{o_n}}-q_{o_n}\Delta t_n\right\} \tag{63}$$

气产量:

$$\Delta G_{p_n}=\frac{V_n[S_{g_{(n-1)}}-S_{g_n}]}{B_{g_{(n-1)}}}+\frac{f_R\Delta V_n[S_{g_{(n-1)}}-S_{gr_n}]}{B_{g_n}}+q_{o_n}\Delta t_n\overline{R}_{s_n} \tag{64}$$

气油比（相对渗透率）:

$$R_n=\left(\frac{k_{rg}\mu_o\overline{B}_o}{k_{ro}\mu_g\overline{B}_g}\right)_n+\overline{R}_{s_n} \tag{65}$$

气油比（产量）:

$$R_n=\frac{\Delta G_n}{q_{o_n}\Delta t_n} \tag{66}$$

在以上方程中:

f_R——油藏被水驱扫到的部分;

S_o——原油饱和度，小数;

S_g——气体饱和度，小数;

S_w——含水饱和度，小数；

S_{iw}——隙间水饱和度，小数。

应用相等时间段的一种求解方法如下：

(1) 估算下一时间段期间的压力降；

(2) 用方程 (60) 计算水侵速率；

(3) 用方程 (61) 和 (62) 计算 ΔV_n 和 V_n；

(4) 应用方程 (63) 对预测的时间段 n 期间的产油量计算 V_n 中的含油饱和度：

(5) 用方程 (64) 计算气产量；

(6) 用方程 (65) 计算油气比；

(7) 用方程 (66) 对平均压力和饱和度值计算油气比；

(8) 对比步骤 (6) 和 (7) 求得的油气比，如果它们相符合，就进行下一个时间段，如果它们不相符号，就需要估算新的压力降并重复步骤 (2) ～ (8)。

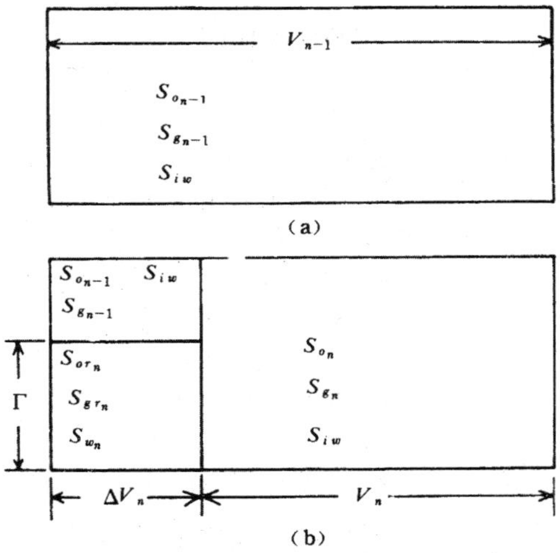

图 41.12 饱和度随前缘推进的变化

如果应用不相等时间段的水驱方程，就可能不需要为给定时间段中的每次试算重新估算压力函数。这一方法要求按上述程序的步骤 (1) ～ (8) 选定下一时间段的给定压力降，并估算下一时间段的长度。其余步骤不变。

油藏模拟模型　自 60 年代早期以来，在有关文献中全面介绍了数学模拟模型计算非均质和非对称油藏-水体系统中压力和流体渗流的能力。在整个石油工业中计算机和模型的广泛应用，已经消除了有关几何形态和（或）均质性的许多理想化和限制条件，而这些条件对于用传统方法进行分析来讲都是实际需要的。这些模型有能力分析任何一种期望实际描述的物理系统的动态，包括多油田共有水体的动态。有关这一问题的详细介绍，请看第 48 章。

符 号 说 明

A——方程 (46) 描述的常数；

b——截距；

B_g——气体的地层体积系数，地下桶／标准英尺^3；

B_o——原油的地层体积系数，地下桶／地面桶；

B_t——两相地层体积系数，地下桶／地面桶；

B_w——水的地层体积系数，地下桶／地面桶；

c_f——地层压缩系数，(磅／英寸^2)$^{-1}$；

c_{ot}——总的油藏压缩系数，(磅／英寸^2)$^{-1}$；

c_w——地层水的压缩系数，(磅／英寸^2)$^{-1}$；

c_{wt}——总的水体压缩系数，(磅／英寸^2)$^{-1}$；

d——由表 41.1 求得的几何形态项；

e_w——水侵速率，桶／日；

e_{wB}——油藏 B 的水侵速率，桶／日；

$e_{w_{(n+1-j)}}$——在时间段 $n+1-j$ 的水侵速率，桶／日；

e_{wt_n}——在时间段 n 的总水侵速率，桶／日；

E_N——地面桶原始石油地质储量的累计膨胀量，桶；

f_R——油藏被水驱扫的部分；

F——p_D 的近似值和水体类型的函数；

F_G——油藏几何形态因子；

$F(t)$——影响函数；

F_V——给定压力下原油及其中溶解气的体积与原始压力下原油体积的比；

G_i——累计注气量，标准英尺^3；

h——水体厚度，英尺；

j——时间段 $1+o_n$ 的总和；

J_a——水体产能指数，桶／日-磅／英寸^2；

k——渗透率，毫达西；

L——水体长度，英尺；

L_f——水前缘线性进入油藏的距离，英尺；

m——拟合系数，原始油藏游离气体积与原始油藏原油体积之比；斜率；

m_F——比例系数；

m_p——水侵常数，桶／磅／英寸^2[见方程(9)和(10)]；

m_r——速率常数，磅／英寸^2／桶。日[见方程(3)－(5)]；

n——时间段；

N——原始石油地质储量，地面桶；

N_{it}——时间段数；

N_p——累计产出油量，地面桶；

$\overline{p}_a$——平均水体压力，磅／英寸^2；

p_{ai}——原始水体压力，磅／英寸^2；

p_b——泡点压力，磅／英寸^2；

p_D——无因次压力项；

$p_{D(A,B)}$——相对于油藏A而言，油藏B的无因次压力项；

p_w——原始水油界面上的压力，磅／英寸^2；

p_{w_n}——时间段n结束时的累计压力降，磅／英寸^2；

Δp_D——已知的原始水油界面上的无因次油田压力降；

Δp_{D_i}——至时间段i的无因次压力降；

Δp_{D_j}——至时间段j的无因次压力降；

Δp_E——水油界面上的总压力降（应用油藏膨胀速率计算的），磅／英寸^2；

Δp_f——水油界面上的总压力降（油田数据），磅／英寸^2；

$\Delta\overline{p}_{(n+1-j)}$——时间段的平均压降，磅／英寸^2；

$\Delta p_{o(A,B)}$——油藏B在油藏A中造成的压力降，磅／英寸^2；

$\Delta p_o A_n$——在时间段n的末期油藏A的总压降，磅／英寸^2；

Δp_v——水油界面上的总压降（应用亏空速率计算的），磅／英寸^2；

q_{o_n}——时间段n末期的总产油量，桶／日；

q_{t_n}——总产量，桶／日；

r_a——水体半径，英尺；

r_D——无因次半径$=r_a/r_w$；

r_f——进入油藏后水前缘的半径，英尺；

r_w——油田半径，英尺；

R_D——累计生产气油比，标准英尺^3／地面桶；

$\overline{R}_{sn}$——时间段n末的平均溶解气油比，标准英尺^3／地面桶；

S_g——气体饱和度，小数；

S_{iw}——隙间水饱和度，小数；

S_o——原油饱和度，小数；

S_{or_n}——时间段n末的剩余油饱和度，小数；

S_w——地层水饱和度，小数；

t_D——无因次时间；

Δt_D——无因次时间段；

V_p——总的油藏孔隙体积，桶；

V_R——累计亏空体积，桶；

V_{wi}——水体中的原始水体积，桶；

w——水体宽度，英尺；

w_{eD}——无因次水侵项；

w_{en}——时间段 n 末的累计水侵量，桶；

w_{et}——$W_{c_{wt}} p_{ai}$，水体的总膨胀量，桶；

W_i——累计注水量，桶；

W_p——累计产水量，桶；

Y——方程(49)和(50)描述的常数；

Z——阻力函数；

Z_n——Z 的新值；

α——油藏对角，弧度；

δe_{w_n}——e_{w_n} 的校正值；

δp_{f_n}——Δp_{f_n} 的校正值；

μ_w——水的粘度，厘泊；

δ^2——方差；

ϕ——孔隙度，小数。

用国际米制单位表示的主要方程

本章的方程可以直接使用国际米制单位，不需要换算系数，但带有数字常数的方程例外。这些方程换成国际米制单位的合适常数，重复列出如下：

$$m_r = \frac{\mu_w}{8.527 \times 10^{-5} kh\alpha} \tag{3}$$

$$m_r = \frac{\mu_w}{8.527 \times 10^{-5} kh} \tag{4}$$

$$m_r = \frac{\mu_w L}{8.527 \times 10^{-5} khb} \tag{5}$$

$$m_p = (1)\ \phi c_{wt} h\alpha r_w^2 \tag{9}$$

$$m_p = (1)\ \phi c_{wt} hb^2 \tag{10}$$

$$t_D = \frac{8.527 \times 10^{-5} kt}{\phi c_{wt} \mu_w d^2} \tag{20}$$

$$J_a = \frac{5.36 \times 10^{-4} kh}{\mu_w (\ln r_D - 0.75)} \tag{40}$$

$$J_a = \frac{3\ (8.527 \times 10^{-5})\ kbh}{\mu_w L} \tag{41}$$

$$F_G = \frac{L_f}{8.527 \times 10^{-5} hb} \tag{56}$$

和

$$F_G = \frac{2\pi \ln (r_w / r_f)}{5.36 \times 10^{-4} h\alpha} \tag{57}$$

式中 k 用毫达西表示；
h 用米表示；
b 用米表示；
L 用米表示；
r_D 是无因次的；
r_w 用米表示；
μ_w 用毫帕 · 秒表示；
c_{wt} 用（千帕）$^{-1}$ 表示；
J_a 用米^3／日 · 千帕表示；
m_r 用千帕／米^3 · 日表示；

m_p 用米^3／千帕表示；　　　　　　　　α 用弧度表示。

F_G 用米$^{-1}$ 表示；

参 考 文 献

1. Van Everdingen,A.F. and Hurst. W.:"The Application of the Laplace Transformation to Flow Problems in Reservoirs," *Trans.*, AIME (1949) **186.** 305–24.
2. Mortada. M.:"A Practical Method for Treating Oilfield Interference in Water–Drive Reservoirs," *J. Pet. Tech.* (Dec. 1955) 217–26; *Trans.*, AIME. **204.**
3. Carter, R.D. and Tracy. G.W.: "An Improved Method for Calculating Water Influx, "*J. Pet. Tech.* (Dec. 1960) 58–60; *Trans.*, AIME. **219.**
4. Hicks, A.L., Weber, A.G., and Ledbetter, R.L.: " Computing Techniques for Water–Drive Reservoirs," *J. Pet. Tech.* (June 1959) 65–67; *Trans.*, AIME. **216.**
5. Hutchinson, T.S. and Sikora. V.J.: "A Generalized Water–Drive Analysis," *J. Pet. Tech.* (July 1959) 169–78; *Trans.*, AIME. **216.**
6. Schilthuis, R.J.:"Active Oil and Reservoir Energy," *Trans.*, AIME (1936)**118,** 33–52.
7. Fetkovich, M.J.:"A Simplified Approach to Water Influx Calculations–Finite Aquifer Systems," *J. Pet. Tech.* (July 1971) 814–28.
8. Brownscombe, E.R. and Collins. F.A.:"Estimation of Reserves and Water–Drive from Pressure and Production History," *Trans.*, AIME(1949) **186.** 92–99.
9. Van Everdingen.A.F., Timmerman, E.H., and McMahon, J.J.:"Application of the Material Balance Equation to a Partial Water–Drive Reservoir." *J. Pet. Tech.* (Feb. 1953) 51–60; *Trans.*, AIME. **198.**
10. Havlena. D. and Odeh, A.S.:"The Material Balance as an Equation of a Straight Line," *J. Pet. Tech.* (Aug, 1963) 896–900; *Trans.*, AIME. **228.**

一般参考文献

Chatas, A.T.: "A Practical Treatment of Nonsteady–State Flow Problems in Reservoir Systems–Ⅰ," *Pet. Engr* (May 1953) B42–

Chatas, A.T.: "A Practical Treatment of Nonsteady–State Flow Problems in Reservoir Systems–Ⅱ," *Pet. Engr.* (June 1953) B38–

Chatas, A.T.: "A Practical Treatment of Nonsteady–State Flow Problems in Reservoir Systems–Ⅲ," *Pet. Eng.* (Aug, 1953) B46–

Closman. P.J.:"An Aquifer Model for Fissured Reservoirs," *Soc. Pet. Eng. J.* (Oct. 1975) 385–98.

Henson, W.L., Beardon. P.L., and Rice, J.D.: " A Numerical Solution to the Unsteady–State Partial–Water–Drive Reservoir Performance Problem," *Soc. Pet. Eng. J.* (Sept. 1961) 184–94; *Trans.*, AIME, **222.**

Howard, D.S.Jr. and Rachford, H.H.Jr.:"Comparison of Pressure Distributions During Depletion of Tilted and Horizontal Aquifers," *J. Pet. Tech.* (April 1956) 92–98; *Trans.*, AIME. **207.**

Hurst, W.: "Water Influx Into a Reservoir and Its Application to the Equation of Volumetric Balance," *Trans.*, AIME(1943)**151.** 57–72.

Hutchinson, T.S. and Kemp, C.E.: "An Extended Analysis of Bottom–Water–Drive Reservoir Performance," *J. Pet. Tech.* (Nov. 1956) 256–61; *Trans.*, AIME, **207.**

Lowe.R.M.:"Performance Predictions of the Marg Tex Oil Reservoir Using Unsteady–State Calculations," *J.Pet. Tech.* (May 1967)595–600.

Mortada, M.:" Oilfield Interference in Aquifers of Non–Uniform Properties," *J. Pet. Tech.* (Dec. 1960)55–57;*Trans.*, AIME, **219.**

Mueller. T.D. and Witherspoon. P.A.: "Pressure Interference Effects Within Reservoirs and Aquifers," *J. Pet. Tech.* (April 1956) 471–74; *Trans.*, AIME. **234.**

Nabor.G.W. and Barham, R.H.: "Linear Aquifer Behavior, " *J. Pet. Tech.* (May 1964) 561–63; *Trans.*, AIME, **231.**

Odeh.A.S.: "Reservoir Simulation–What Is It?" *J. Pet. Tech.*(Nov. 1969) 1383–88.

Stewart. F.M., Callaway, F.H., and Gladfelter. R.E.: "Comparisons of Methods for Analyzing a Water Drive Field, Torchlight Tensleep Reservoir, Wyoming," *J. Pet. Tech.* (Sept, 1954) 105–10; *Trans.*, AIME. **201.**

Wooddy. L.D.Jr. and Moore, W.D.: "Performance Calculations for Reservoirs with Natural or Artificial Water Drives." *J. Pet. Tech.* (Aug. 1957) 245–51; *Trans.*, AIME. **210.**

第四十二章 凝 析 气 藏

Phillip L. Moses; Chorles W. Denohoe
Core Laboratories Inc❶

司艳姣 译

一、引 言

自从30年代后期以后，凝析气藏的重要性不断增加。为了达到最大的采收率，开发和开采这些气藏所需要采用的工程和作业方法明显地不同于油藏或干气藏。凝析气藏系统（流体）唯一的最重要特征，是发现时流体系统在储层中全部或绝大部分成气相存在（系统的临界温度低于储层温度）。这一关键性事实几乎总是决定着为开采这类储层的烃类而制定的开发和作业方案；而在每种具体情况下，流体的特性则决定着最佳方案的最终选择。因此，为使凝析气藏开发方案最优化，必须全面了解流体的特性，同时认真了解与之有关的特殊的经济问题。除此而外，其它方面的重要因素包括地质条件、岩石特性、井的产能、井的建设费用和井距，井网几何形状和处理厂成本等。

可供工程师参考的有关凝析气藏的文献有很多。在这些大量的材料中，我们特别推荐将参考文献[1～5]作为基础背景文献。推荐参考文献[6～8]作为描述与凝析气系统有关的纯化合物及其简单混合物特性的文献。推荐将参考文献[9～16]作为有关油藏工程方法和油藏工程数据的文献。

有关凝析气藏的一个最好的文献目录是Katz和Rzasa[17]发表的目录。但是，从参考文献[6～14]中可以看到后来出版的有关文献的目录。参考文献[11]和[12]中收集的参考文献主要介绍了不同凝析气藏开发的实例研究。美国采矿、冶金、石油工程师协会(AIME)[18]和美国石油学会[19]两家发表的关于油气开采方面的论文已经被编成分别截止于1985年和1953年的目录索引材料。

油田现场工程师至少应具备下列有关凝析气系统的文献，供自己查阅：参考文献[1]，[2]或[3]；参考文献[5]，[9]，[13]和[15]；参考文献[11]和[12]中的择选分卷。

二、凝析气流体的特性和动态

Sloan[20]描述了地下油气的共同产状："认为所有烃类，从最轻的甲烷开始，到最重的沥青物质为止，是同属于一个族的一系列化合物。这些化合物均由碳和氢组成，其碳／氢数量比是无限大的。而一个烃类储层则是地球沉积壳中含有一组烃类化合物的多孔沉积层，这组烃类化合物可能是独一无二的，其总体特性如在储层中的相态、气油比、汽油含量、粘度等等，是这一化合物组成与多孔沉积层中这一特殊位置存在的温度和压力共同作用的直接结果。

---

❶1962年版本章作者是T.A.Pollard和Howard B.Bradley。

“现在我们很容易设想在某一给定的储层中这些烃类的任何一种可能的组合方式，也很容易想象出一种储层流体，其物理状态可能从完全的干气，逐渐依次变为湿气、凝析气、临界混合物、高压缩性的挥发液、更稳定的轻油（其颜色开始变深）、较重的原油（其溶解气量减少），最后是几乎不含溶解气的半固态沥青和石蜡。

“因此，要讨论的凝析气藏首先是一种烃类储层。由于烃类混合物中单个烃类的组成和比例的不同，这一储层的流体在储层压力和温度下是气相。”

1. 凝析气系统的组成范围

凝析气系统的主要组成指标是产出流体的气液比（有时叫气油比），或其倒数、液气比，以及在不同地面条件下分离出的地面液体的重度。这两项指标变化很大；它们并不一定说明烃类系统在储层中是否呈气相。

Eilerts[2] 等（第一卷第 1 章和第 8 章）在一次调查后指出，凝析气系统的液气比可能从 500 桶／10^6 标准英尺^3 以上（很“富”）变化到 10 桶／10^6 标准英尺^3 以下，井中产出的地面凝析液的重度从 30°API 以下到 80°API 以上，其中 85%以上的凝析液的重度在 45～65°API 的范围内。Eilerts 等人[2]（第一卷）还引证了一个经验法则，即当汽液比超过 5000 英尺^3／桶（200 桶／10^6 标准英尺^3 或以下）、液体重度大于 50°API 时，即存在凝析气系统。这个方法似乎比较保守，因为已经有事实证明，当地面气液比小于 4000 英尺^3／桶（大于 250 桶／10^6 标准英尺^3）和地面液体的重度低于 40°API 时，在储层中就有以单相气态系统存在。

通过对储层产出的流体进行馏分分析，提出了一种更为标准的表示凝析气流体组成的方法。从石蜡族烃类的轻质烃与重质烃的相对数量来看，凝析流体的组成与油藏产出液的组成差别相当大。例如，Eilerts 等人[2]（第一卷，表 7.8）报道的几种凝析气系统的甲烷含量为 75～90%（摩尔），而 Dodson 和 Standing[21] 报告的两种原油系统的甲烷含量分别为 44%和 53%（摩尔）（见表 42.1）。但是，此表表明，凝析气系统的庚烷及庚烷以上成分的含量比原油系统低很多。上述这些是凝析气系统的两个突出的组成特性。

2. 凝析气藏的压力和温度范围

凝析气藏可以在压力低于 2000 磅／英寸^2 和温度低于 100°F[20] 的条件下存在，还可能在钻井所能达到的深度范围内在任何更高的流体压力和温度下出现。大多数已知反转凝析气藏的压力和温度范围分别为 3000～8000 磅／英寸^2 和 200～400°F。这么大的压力和温度范围，再加上很宽的组成范围，使得凝析气藏的物理动态情况变化很大。这就强调指出了对每一个凝析气藏要进行十分仔细的工程研究以获得最佳开发和作业模式的必要性。

3.相及相平衡特性

了解纯石蜡类烃类和简单二组分或三组分系统（包括甲烷、戊烷和癸烷这样一些化合物）的特性，对研究凝析气藏问题的工程师来说很有帮助。Sage 和 Lacey[1] 对这一论题作了相当出色的研究。Burcik[3] 对此作了更集中的讨论。随时参考这类材料，对研究更复杂的烃类混合物的工程师来说将有所帮助。

第二十六章描述了复杂（多组分）烃类混合物的相态和相平衡特性（参见图 26.14 及其讨论）。注意临界状态（即临界点）是指气相和液相的组成以及其它内部特性变得相同的状态，即相态不可区分的状态。在凝析气藏中，临界点左边和上方的相图部分将不存在。

“反转凝析”这一术语（第二十六章作过讨论）的使用没有其严格定义所隐含的意义那样准确[1]。在现场实践中，这一术语可能隐指凝析液相的数量经过某一最高点的任何一个过程，而不考虑这一过程是等温的，还是非等温的。

表 42.1 典型原油和凝析气的组成分析及其特性

组　分	摩尔分数				
	原油 A①	原油 B①	凝析气 843②	凝析气 944③	凝析气 1143
二氧化碳	—	—	0.00794	0.00130	0.00695
氮气	—	—	0.01375	0.00075	0.01480
甲烷	0.4404	0.5345	0.76432	0.89498	0.89045
乙烷	0.0432	0.0636	0.07923	0.04555	0.04691
丙烷	0.0405	0.0466	0.04301	0.01909	0.01393
丁烷	0.0284	0.0379	0.03060	0.00958	0.00795
戊烷	0.0174	0.0274	0.01718	0.00475	0.00424
己烷	0.0290	0.0341	0.01405	0.00385	0.00379
庚烷及庚烷以上	0.4011	0.2559	0.02992	0.02015	0.01098
庚烷以上成分的分子量	287	247	120	144	143
庚烷以上成分的相对密度,60°／60°F	0.9071	0.8811	0.7397	0.7884	0.7593
己烷以上成分的粘度,在 100°F 下的赛氏通用粘度	100⁺	42			
地面油重度,60°／60°F 下的°API 度	27.4	34.5	73	53.2	61.1
生产气／油比(英尺^3／桶)	525	1078	18000±	43000±	69000±

①参见参考文献[12],第 327 页；

②参见参考文献[2],第一卷,第 402～404 页,表 7.8;

③残留在装置中的油(主要是己烷以上成分)的粘度.

虽然图 26.14 给出了相态的简化示意图，但油藏工程师会发现，已出版的天然凝析气混合物的定量相图极少。图 42.1 至 42.3 是在广泛研究的基础上得到的〔2〕，它们表示，得克萨斯州 Chapel Hill、Carthage 和 Seeligson 凝析气田生产井产出物的定量相图。图中未示出临界点，因为临界点温度低于油田开发所能涉及到的温度。这就着重指出，凝析气系统的组成变化范围很大，并且其组成严重影响实际凝析气藏的相图形式。这三个相图代表了一个相当大的凝析气系统特性范围，气液比从 18000 英尺^3／桶（56 桶／10^6 标准英尺^3）到 69000 英尺^3／桶（14.5 桶／10^6 标准英尺^3）。但是，这并不意味着，所有其它凝析气系统都将处在这三个相图所圈定的特性范围以内。

图 42.1 到图 42.3 的三种情况显示出，在相对较高的温度下，露点包络线趋近于零压

力。人们认为其它凝析气系统更接近于图 26.14 所示的定性相图。注意，所有这三个系统均显示出了临界凝析温度和临界凝析压力点（分别为最高温度和最高压力，在此范围以外，气相中无液体存在）。在比露点包络线最大点低的温度和压力下，临界温度均处在每个相图的左边。

相图上的液体含量线可用许多不同的单位表示。图 42.1 至图 42.3 用加仑／10^3 英尺^3（分离器气体）表示。

凝析流体在从储层生产至地面容器中时的近似特性在相图上可以很好地表示出来。例如，在图 42.2 中，FT 线是一条流体流动路线，它从地层条件（在露点包络线外，表明地层流体均处于气相）开始，延伸到井中层面压力 S_1 点，然后随着流体从井底上升到井口而下降到点 WH 处，通过油嘴进入分离器条件即到达 S_2 点，最后到达表示地面条件的 T 点。因此，相图对工程师观察凝析气流体从地层流至井筒和从井筒流至地面设备过程中所发生的情况很有帮助。

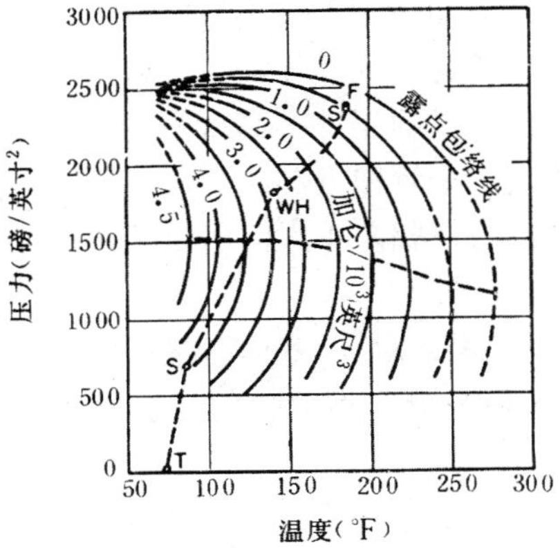

图 42.1　Eilerts 843 流体的相图

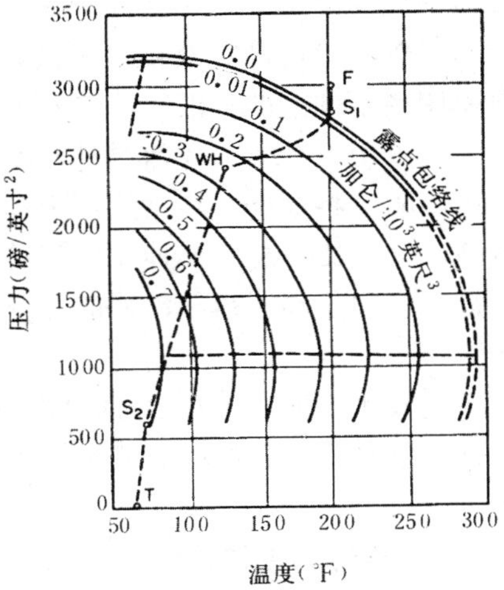

图 42.2　Eilerts 1143 流体的相图

Organick[22] 和 Eilerts 等人[2] 已经提出了预测烃类混合物临界温度和临界压力、计算凝析气流体相图（包括露点线）的方法。但还没有确证这些方法在很大的凝析气流体组成范围内的可靠性。对于油藏工程研究来说，因为要获得高采收率是其关键问题，所以必须在实验室直接测量相图或压力枯竭动态。而对其它问题来说，可能不需要作室内研究。

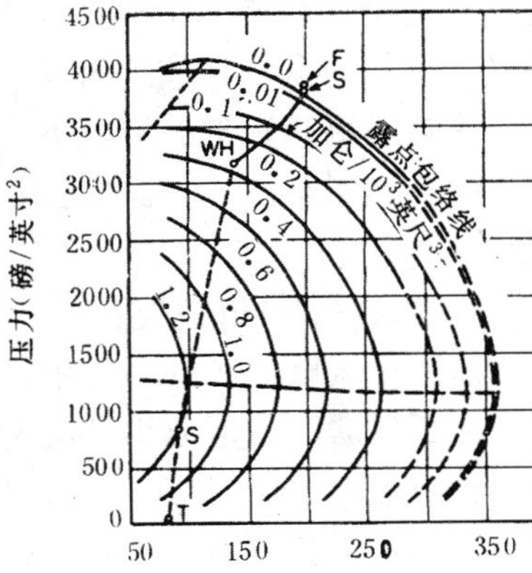

图 42.3　Eilerts 944 流体的相图

4. 凝析气系统的气液比和液体含量

正如前面讨论过的那样，根据现场气液比和地面油重度的测量数据很难判断某一烃类系统在储层中是否处于气相状态。从真正的凝析气系统中，也有可能生产出地面油重度低到 30 ° API，气液比低到 3000 英尺^3／桶的流体；但通过对具有这样低指标和中间指标的流体进行室内相态测定，总是能够检验存在凝析气系统的可能性。

根据所研究问题的类型不同,“液体含量”和“气液比”可以直接互相转换。在每种情况下，均必须小心定义这些概念，因为在最后的液相(“液体”意指烃类液体，除非另有说明)到达大气压下的储罐之前，现场生产出的凝析气系统常常经过好几级不同类型的分离过程。为研究凝析气流体在储层条件下的特性，比较方便的做法是，根据流体经过的第一级分离器的气产量和液体产量来确定气液比和液体含量。如果取样，生产和测量条件得到适当控制和保持，那么这两种产出物就代表了储层条件下凝析气流体的总组成。但是，还可能出现其它的气液比报道，包括用所有分离器的总产气量除以与此气体产量相对应的地面液体体积得到的气液比。应该注意，要表示井内产出流体的总组成，这个总产气量除包括分离器的气体外，还应包括测量的储罐蒸发气。

当没有现场测量设备时，可以近似估算地面储罐条件下的气液比。为此,可测量高压分离器的气、液流量，并用已知体积的不锈钢圆筒从这一分离器取液样。如果将圆筒中所有的液体排放到处于大气压条件下的刻度量筒中，那么将最后剩下的液相的体积与原始液体的体积作比较，即可确定液相收缩量的近似值。根据这个值，可以将高压分离器的气液比转换成地面储罐条件下的气液比。这种方法忽略了从高压分离器到地面储罐条件下所释放出的气体量。可以用一个带气体流量计和刻度的玻璃分离器来近似求得这一气体体积。忽略这一部分气体体积，将会进一步增加因未模拟现场各级分离器条件而造成的误差。高压分离器的压力越高，气液比中总气体体积的误差越大。上面介绍的方法是一个近似方法，当没有用于单井测量的中间分离器级和储罐时，或当大气温度和压力与储罐条件相差不大时可以使用这种方法。

气液比一般用英尺^3／桶（液体）表示（或用 10^3 英尺^3／桶表示），液体含量或液气比常用桶（液体）／10^6 标准英尺^3（气体）表示。用于计算比值的分离器的气液流必须加以说明。

5.分离出的相的特性

从凝析气流体中分离出的液相和气相的特性可能有很大变化。气相的主要特性之一是甲烷含量高。Eilerts 等人[2]（第 1 卷，第七章）列出了 8 种凝析气系统的气相和液相的组成。气相的甲烷组成（根据现场分离器模拟）约为 0.83～0.92（摩尔分数）。已烷和已烷以上组分的摩尔分数为 0.004～0.008 左右。液相中甲烷的摩尔分数从大约 0.1 到接近 0.3。已烷以上组分的摩尔分数约为 0.4～0.7。

在缺乏测量数据的情况下，凝析气系统的分离相的特性（包括体积和密度特性）可以用第 23—26 章描述的方法，尤其是第二十三～二十五章描述的方法近似确定（另见参考文献[9]和[14]）。

6. 凝析气系统的粘度

在凝析气藏的各种计算中，特别是进行与循环注气作业有关的计算和用计算机模型模拟这种凝析气藏时。需要用到凝析气系统的粘度。在可能的情况下，应当直接测定储层条件下的气相粘度。Carr 等人[23]提出了一种根据组成或相对密度资料估算气体系统粘度的方法(另见第 23 章和参考文献[14])。

分离气相和液相在通常的地面条件下的粘度，可以通过直接测量或用前面提到的气体相关关系以及 Chew 和 Connally[24]的液体相关关系（另见二十五章）来求得。分离出物质的粘度资料主要用于分离器气体或处理厂废气循环注入计算和某种类型的气藏计算。

三、凝析气井试井和取样

对凝析气井进行适当的试井，对于确定储层条件下烃类系统的状态、设计储层的最佳开发和开采方案来说至关重要。若没有合适的试井资料和流体样品，就不可能准确确定储层温度和压力下储层流体的相态条件，就不可能准确估算地下烃类流体的储量。

对凝析气井进行试井有很多目的：为确定储层流体的组成和特性获得有代表性的实验室分析样品；在现场确定气体和液体的特性；确定地层和井的特性，包括产率、产能和注入能力。选择取凝析气液体样品的井时首要要考虑是它们应离“黑油环”（如果有的话）有足够远的距离，目的是最大程度地减小试井期间液态油相进入井中的机会。第二个相当重要的考虑是要选择产能尽可能高的井，以便取储层流体样品时尽可能地减小生产压差。

1. 井的准备工作

恰当地进行井的准备工作，是获得有代表性储层样品的基本条件。必须针对每个储层和每口井分别考虑取样前和取样过程中的最佳产量。通常，最好的方法是选择使用能使井平稳生产的最低产量和最可靠的地面产量计量设备。在进行准备工作期间。应当尽可能地减小井底生产压差。并使生产气液比在几天内保持稳定（变化幅度大约在2%以内）。渗透率低的储层需要更长的时间。井的产出气液比越不稳定，样品不具备代表性的可能性越大。

人们认为，用凝析气井分离器分离出的气液混配的样品比地下样品更能代表原始的储层流体。

在进行井的准备工作和进行取样试井期间，必须准确测量烃类气体和烃类液体的产量。因为以后的实验室试验用的流体组成是用烃类产物按现场测量的相同气液比混配的。除非在现场准确确定了所有分离器产出物的产量，否则，不可能在实验室内模拟原始的储层液体。（正如前面所述，气液比可以用几种不同的形式表示和使用）。如果现场测量的产出气凝析液比（气液比）的误差最小为5%。那么，实验室确定的露点压力的误差最大可能达到100磅／英尺^2。水的产量应单独测量，应尽可能除去送往实验室的烃类样品中的产出水。

在进行井的准备工作期间，分离器压力和温度应尽可能保持不变，这样有助于使产出物产量保持稳定，从而使测量的烃类气液比保持一致。如果井的准备工作是在昼夜大气温度相差悬殊的情况下进行的，那么在进行井的准备工作期间，几个容器中的平均温度和压力应满足大体一致的要求。

2. 现场取样和试井程序

在井的准备工作持续了足够长的一段时间，证明生产条件达到稳定之后，就必须用严密的测量方法获得有代表性的样品。第12−14，16和17章部分地讨论了取样的方法和技巧。建议在有经验的实验室工作人员的帮助下取得气体和凝析液样品。除了所有产出物的产量外，还有一些资料项目也是必不可少的，它们包括所有取样容器压力和温度的常规读数，油管和套管压力和温度的常规读数，如果有的话，取样前和取样期间井况的历史记录以及实际的取样步骤。在取样期间所得到的其它一些有助于解释储层和井况的资料也应记录下来，因为这些资料有助于解释试井结果。

必须小心操作，使获得的气体和液体样品的组成具有代表性，并得到适当保存，以便用于室内分析。APIRP 44[25]列出了一些合适的取样方法。

当在低温下取（自低温分离设备）液相样品，比较方便的作法是用三甘醇／水混合物收集样品。容器中液相样品体积的10%或更多应为气体充满，以避免在随后的运输过程中因温度升高而形成过高的压力，在将90%的三酣醇／水混合物驱替出后，关闭容器进口阀，然后在不漏失油相的情况下，小心地从容器底部排出所有余下的三甘醇／水混合物，通过这种方法就可以在容器中形成体积占10%的“气顶”。

取样时应获得室内试验所需要的流体体积。另外，再用单独的容器多取一定量（25%或更多）的富余样品，以便在主要样品从现场到实验室运输途中因漏失或扩散而损失一部分时，用此富余样品作应急用。

在现场实际取样操作结束以后，应使井再持续生产相当长一段时间，并测量其产量、气液比和各种压力和温度，以证实这些数据与取样前和取样过程中得到的数据是一致的。如果变化很大则应进行仔细分析，判定是否需要重新取样，以便确保取样期间所得样品和生产井统计数据的准确性。

已有一些用于在现场确定凝析气流体特性的设备〔2〕。在这些特性中，有几个模拟不同分离条件（级数、每级的压力和温度以及其它条件）的容器的气液比和每级塔顶气的“汽油含量”。如果产出物中含有H_2S和CO_2，那么应采用特殊的取样方法，样品应取在不锈钢容器中。在运输过程中，这些腐蚀性气体可能与取样容器发生反应。

利用移动实验室中合适的分馏设备，可以在现场确定凝析气井产出物的烃类组成。Eilerts等人〔2〕描述了这样的设备和确定不同分离压力和温度下每种烃类对液气比影响的试验程序。这些试验可以帮助确定给定生产目标下的最佳现场分离条件。做这些试验需要特殊的设备和有经验的操作人员。

凝析气井产率、产能和注入能力的测量，对于全油田生产规划的制定、汽油回收或凝析液回收和气体回注处理厂规模的确定来说，具有相当重要的意义。处理厂规模是现场管输产品量和其它产品需求合同的基础。这个论题后面将作更全面的讨论；第三十六章和几种出版的标准及条例中描述了试井方法〔26～29〕。

四、样品收集和评价

在收集样品，进行重新混配以评价凝析气藏时，气体样品和液体样品一般是从第一级分离装置中收集的。这两种样品将包括井的全部产出烃类中最有代表性的那一部分流体。实验室研究的第一步是评价所获得的样品。第一种试验是测量分离器液体的泡点。泡点应与取样时分离器温度下的分离器压力相对应。

然后，用色谱或低温分馏或两者相结合的方法，确定分离器样品的烃类组成。表42.2示出了典型分离器产物的组成举例。通过计算每种组分的平衡比，可以评价这些组成（见第二十六章）。某一组分的平衡比是该组分在气相中的摩尔百分数除以它在液相中的摩尔百分数。作为示例，用下列方程计算出表42.2中甲烷的平衡比。

$$K_1 = y_1 / x_1 = 83.01 / 10.76 = 7.71$$

式中 K_1——甲烷的平衡比；

y_1——气相中的甲烷，%（摩尔）；

x_1——液相中的甲烷，%（摩尔）。

即取样时现场分离器温度和压力下甲烷的平衡比为 7.71。

用相似的方法计算出从甲烷到己烷的每种烃类的平衡比。然后可以将这些数据与别的平衡比，如参考文献[16]中所提出的那种平衡比作比较。如果两种平衡比比较相近，那么样品是处于平衡的，研究可以继续。如果它们吻合得不好，那么就应在继续研究之前取得新的样品。

表 42.2 分离器产物的烃类分析和生产井产出物的烃类计算

组　分	分离器液体(摩尔%)	分离器气体		生产井产出物	
		摩尔%	加仑／分	摩尔%	加仑／分
硫化氢	0.00	0.00		0.00	
二氧化碳	0.00	0.01		0.01	
氮气	0.01	0.13		0.11	
甲烷	10.76	83.01		68.93	
乙烷	6.17	9.23	2.454	8.63	2.295
丙烷	8.81	4.50	1.231	5.34	1.461
异丁烷	2.85	0.74	0.241	1.15	0.374
正丁烷	7.02	1.20	0.376	2.33	0.730
异戊烷	3.47	0.31	0.113	0.93	0.338
正戊烷	3.31	0.25	0.090	0.85	0.306
己烷	8.03	0.21	0.085	1.73	0.702
庚烷以上	49.57	0.41	0.185	9.99	6.006
总计	100.00	100.00	4.775	100.00	12.212

庚烷以上组分的特性	分离器液体	分离器气体	生产井产出物
60°F 下的重度(°API)	39.0		
60°F 下的密度(克／厘米^3)	0.8293		0.827
分子量	160	103	158

计算的分离器气体的相对密度(空气相对密度＝1.000)　0.699

计算的 14.65 磅／英寸^2(绝对)和 60°F 下分离器气体的总热值

(英热量单位／英尺^3(干气))　1230

60°F 下一级分离器的气／液比(标准英尺^3／桶①)　3944

60°F 下一级分离器的液体／储罐液体之比(桶／桶)　1.191

一级分离器气体／生产井产出物之比

(10^3 标准英尺^3／10^6 标准英尺^3)　805.19

储罐液体／生产井产出物之比(桶／10^6 标准英尺^3)　171.4

①在 440 磅／英寸^2(表压)和 87°F 下收集的一级分离器气体和一级分离器液体。

1. 分离器样品的混配

现在可以按样品产出的相同气液比例将样品混配起来。因为我们具有一级分离器气体和一级分离器液体的样品，所以我们必须要有同样形式的生产气液比。如果现场生产气液比是同样形式的，那么我们可以直接进行混配。如果现场测量的气液比是一级分离器气体体积与二级分离器液体或储罐液体桶数相比的形式，那么，必须进行实验室收缩试验，以模拟现场分离条件。然后可以用所得到的收缩率将现场测量的气液比转换成混配所需要的形式。一旦分离器产物混配好以后，就可以测量其组成，并将其与计算出的组成相比较。这样做可以检验物理混配的精确性。

2. 露点和压力/体积关系

实验员下一步将通过一个可视容器测量储层温度下储层流体的压力/体积关系。这是一种定组分膨胀试验，能得出储层温度下储层流体的露点和其总体积与压力的函数关系。还可以测量出压力低于露点压力时液体体积占总体积的百分比。测量出几种其它温度下液体的体积，可以得到相图。表 42.3 示出的是确定凝析气藏流体的露点和压力/体积关系式的实例。

3. 模拟的压力衰竭动态

在实验室中，利用高压可视容器可以模拟凝析气藏的压力衰竭动态。在实验室进行的这些衰竭研究中，假设储层岩石中凝析出来的反转凝析液不可能获得足以使其流动的高饱和度。除了很富的凝析气藏外，这个假设似乎是适用的。在很富的凝析气藏中，反转凝析液可以获得足够高的饱和度，而移动至生产井，这时应测量储层岩石系统的气液相对渗透率资料。然后可以用这些资料调整预测的储层采收率值。

表 42.4 是一个凝析气藏流体衰竭研究结果举例。从该表注意到，该储层流体的露点压力为 6010 磅/英寸^2（表压)。在 6010 磅/英寸^2（表压）压力这一栏所列的组成是储层流体在露点下的组成，这时储层流体在地层中以气态的形式存在。

衰竭研究是这样进行的：从可视容器中抽出汞，使储层流体膨胀，直到达到第一次衰竭压力，在所举例子中，这个压力为 5000 磅/英寸^2（表压)。接着让容器中的流体达到平衡，测出反转凝析液的体积。然后再往容器中注入汞，同时从容器顶部排出气体，这样使压力保持恒定。一直这样注入汞，直至容器中烃类或储层流体的体积与在露点压力下开始试验时的体积相同。在衰竭压力和储层温度下测量出从容器排出的气体的体积。然后将排出的气体输入分析设备，确定其组成，并在大气压力和温度下测量其体积。所确定的组成即是表 42.4 中压力为 5000 磅/英寸^2（表压）一栏所列的数据。然后将以这种方式产出的气体的体积除以露点压力下容器中气体的标准体积。产出物的体积在表 42.4 中以累计体积表示。

如前所述，当气体从容器顶部排出时，在衰竭压力和储层温度下测量其体积。根据这个体积，用理想气体定律可以计算出这些被替置出气体的“理想体积”。理想体积除以标准条件下产出气的实际体积，就得到产出气的偏差系数 z。表 42.4 中“偏差系数 z—平衡气体”一行列出了这个系数，图 42.4 则是该系数的图示曲线。这时残留在容器中的气体的实际体积等于露点压力下容器中原始气体体积减去第一次衰竭时产出的气体体积。将第一次衰竭压力下残留于容器中的气体的实际体积除以它们的计算理想体积，就得到表 42.4 中所示的两相偏差系数。我们之所以称其为两相偏差系数，是因为第一次衰竭后残留在容器中的物质实际上是气体和反转凝析液，我们上面计算的实际气体体积是气体体积与反转凝析液的蒸气当量体积之和。这个两相 z 系数很重要，因为它是所有残留在储层中的烃类物质的 z 系数。在评价凝析气产量作 p/z 与累计产量的关系曲线时，应该使用的就是这种两相 z 系数。

在每一个衰竭压力下重复进行这样一系列膨胀和定压驱替试验，直到达到一个任意的废弃压力。废弃压力之所以被看作是任意的，是因为没有从储层流体研究出发进行一些工程或经济上的计算，来确定这个压力。

除了产出物在最终衰竭压力下的组成以外，还测定了反转凝析液的组成。如果用上述研究结果进行组成物质平衡研究，那么这些资料就可以作为对比组成使用。

图 42.5 和表 42.5 示出了衰竭研究时测量出的反转凝析液的体积。这些体积资料是以烃孔隙体积的百分比表示的。要确定反转凝析液的流度范围，应将这些资料同相对渗透率资料和含水饱和度资料结合起来使用。正如前面提到的那样，只有对于极富的凝析气藏来说，反转凝析液的流度才是一个重要因素。

表 42.3　256°F 下储层流体的压力 / 体积关系(定组分膨胀)

压力(磅 / 英寸^2(表压))	相对体积	偏差系数
7500	0.9341	1.328
7000①	0.9523	1.264②
6500	0.9727	1.199
6300	0.9834	1.175
6200	0.9891	1.163
6100	0.9942	1.150
6010③	1.000	1.140④
5950	1.0034	
5900	1.0076	
5800	1.0138	
5600	1.0267	
5300	1.0481	
5000	1.0749	
4500	1.1268	
4000	1.2024	
3500	1.3096	
3000	1.4689	
2500	1.7169	
2100	2.0191	
1860	2.2747	
1683	2.5150	
1460	2.9087	
1290	3.3173	
1160	3.7153	
1050	4.1342	

①储层压力；

②气体膨胀系数 = 1.545×10^3 标准英尺^3 / 桶；

③露点压力；

④气体膨胀系数 = 1.471×10^3 标准英尺^3 / 桶。

储层流体研究获得的资料还有表 42.6。此表是将前面描述过的实验室衰竭研究结果用于一个单位容积储层而计算出来的。所选择的单位容积为露点压力下 1000×10^3 标准英尺^3 的原始容积（注意，表 42.6 中的 1000×10^3 标准英尺^3 的体积在第一行数字内）。然后用平衡比计算单位容积储层所含有的储罐液体量、一级分离器气体量、二级分离器气体量和储罐气体量。所用平衡比是在表 42.6 底部所列的分离器条件下的值。这些计算所用的分离器条件应是现场所采用的条件或预计现场存在的条件。在其它因素中，产出气体和液体的相对数量是地面分离条件的函数。可以在各种条件下进行这些计算，以确定最佳分离器压力和温度。对表 42.6 来说，生产是在露点压力下开始的。该表列出了单位体积储层中井的产出流体总量与压力的函数关系。还列出了产出的储罐液体量与压力的函数关系。一级分离器气体、二级分离器气体和储罐气体产量也以类似方式给出。表中还给出了这个凝析气藏中与气体和凝析气生产有关的许多其它因素。

表 42.4　256°F 下的衰竭研究结果

组　分	储层压力,磅／英寸^2(表压)							
	6010	5000	4000	3000	2100	1200	700	700①
	生产井产出物的烃类分析(摩尔%)							
二氧化碳	0.01	0.01	0.01	0.01	0.01	0.01	0.01	痕量
氮气	0.11	0.12	0.12	0.13	0.13	0.12	0.11	0.01
甲烷	68.93	70.69	73.60	76.60	77.77	77.04	75.13	11.95
乙烷	8.63	8.67	8.72	8.82	8.96	9.37	9.82	4.10
丙烷	5.34	5.26	5.20	5.16	5.16	5.44	5.90	4.80
异丁烷	1.15	1.10	1.05	1.01	1.01	1.10	1.26	1.57
正丁烷	2.33	2.21	2.09	1.99	1.98	2.15	2.45	3.75
异戊烷	0.93	0.86	0.78	0.73	0.72	0.77	0.87	2.15
正戊烷	0.85	0.76	0.70	0.65	0.63	0.68	0.78	2.15
己烷	1.73	1.48	1.25	1.08	1.01	1.07	1.25	6.50
庚烷以上	9.99	8.84	6.48	3.82	2.62	2.25	2.42	63.02
	100.00	100.00	100.00	100.00	100.00	100.00	100.00	100.00
庚烷以上组分的分子量	158	146	134	123	115	110	109	174
庚烷以上组分的密度	0.827	0.817	0.805	0.794	0.784	0.779	0.778	0.837
偏差系数,z 平衡气	1.140	1.015	0.897	0.853	0.865	0.902	0.938	
两相	1.140	1.015	0.921	0.851	0.799	0.722	0.612	
生产井产出物,占原始储量的百分数 %	0.000	6.624	17.478	32.927	49.901	68.146	77.902	

①平衡液相的组成。

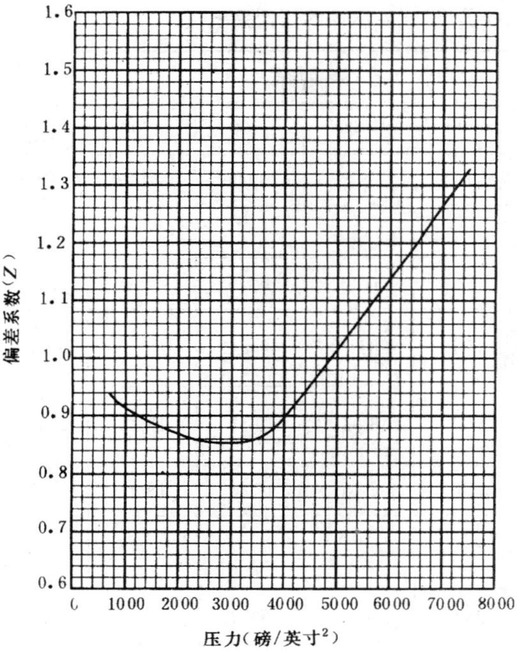

图 42.4 在 256°F 下生产井产出物在衰竭过程中的偏差系数 z

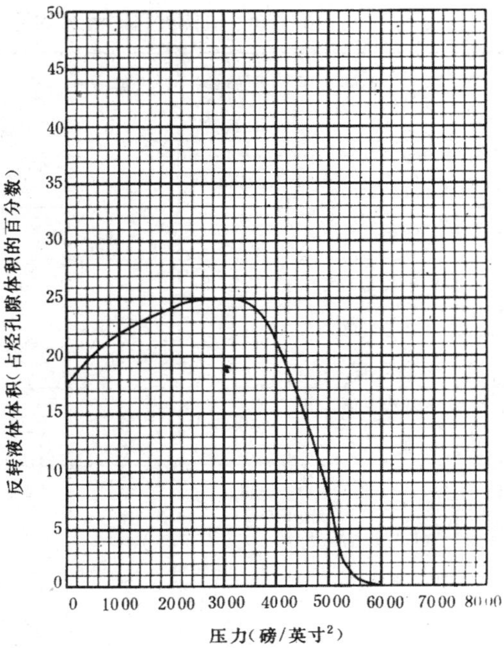

图 42.5 衰竭过程中的反转凝析

表 42.5 256°F 下气体衰竭过程中的反转凝析

压力(磅/英寸²(表压))	反转凝析液的体积(%(烃孔隙体积))	压力(磅/英寸²(表压))	反转凝析液的体积(%(烃孔隙体积))
6010①	0.0	4000	21.3
5950	痕量	3000	25.0
5900	0.1	2100	24.4
5800	0.2	1200	22.5
5600	0.5	700	21.0
5300	2.0	0	17.6
5000②	7.8		

①露点压力;

②第一次衰竭。

表 42.6 表明，这个单位体积凝析气藏的原始液体储量为 181.74 储罐桶。在生产至 700 磅/英寸²（表压）后，已产出 51.91 桶。这两个数字之差（181.74—51.91）129.83 桶是反转凝析损失量或 700 磅/英寸²（表压）下尚未产出的用储罐桶表示的液体量。假设波及效率为 100%，驱替效率为 100%，那么 181.74 桶这个值就可以看作是用保持压力法开采时的采出量。

表 42.6 衰竭开采时计算的每 10^6 标准英尺^3 原始流体的累计采出量

	原始地质储量	储层压力,磅/英寸^2(表压)						
		6010	5000	4000	3000	2100	1200	700
井内流体(10^3 标准英尺^3)	1000	0	66.24	174.78	329.27	499.01	681.46	779.02
常温分离①								
储罐液体(桶)	181.74	0	10.08	21.83	31.89	39.76	47.36	51.91
一级分离器气体,(10^3 标准英尺^3)	777.15	0	53.18	145.16	283.78	440.02	608.25	696.75
二级分离器气体,(10^3 标准英尺^3)	38.52	0	2.26	5.17	8.03	10.51	13.21	14.99
储罐气体(10^3 标准英尺^3)	38.45	0	2.29	5.38	8.73	11.85	15.51	18.05
一级分离器气体的处理厂产品总量(加仑)								
乙烷	1841	0	126	344	674	1050	1474	1709
丙烷	835	0	58	163	331	526	749	873
丁烷(总计)	368	0	26	73	155	256	374	441
戊烷以上	179	0	12	35	73	122	177	206
二级分离器气体的处理厂产品总量(加仑)								
乙烷	204	0	12	27	42	55	70	80
丙烷	121	0	7	17	27	36	47	54
丁烷(总计)	53	0	3	8	13	17	23	27
戊烷以上	23	0	1	3	5	7	10	11
井内流体的处理厂产品总量(加仑)								
乙烷	2295	0	153	404	767	1171	1626	1880
丙烷	1461	0	95	250	468	707	979	1137
丁烷(总计)	1104	0	70	178	325	486	674	789
戊烷以上	7352	0	408	890	1322	1680	2037	2249

①一级分离器压力为450磅/英寸^2(表压),温度为75°F;二级分离器的压力为100磅/英寸^2(表压),温度为75°F;储罐温度为75°F。

表 42.7 给出了可能产出的储罐液体的重度与凝析气藏压力的关系。还给出了与这个压力呈函数关系的瞬时气液比。这些数据可以在未知岩石特性或束缚水饱和度值的情况下计算

出来。其假设是，反转凝析液不能获得很大的流度。因为只有一相流动，所以水和烃类液体饱和度在计算中均不考虑。除了井筒附近的降压区域之外，反转凝析液在凝析气藏内不流动的假设似乎很适用。只有在很富的凝析气藏中，反转凝析液才会流动，因而会大量地从井中产出。

前面曾提到过，最常用的凝析气藏物质平衡形式是 p/z 与累计产量的关系曲线。已经指出过，所用的 z 系数必须是两相系数。累计产量必须是井的总产量。在大多数情况下，这个产量包括一级分离器气体、二级分离器气体、储罐蒸气和储罐液体的蒸气当量。凝析气田的最准确的产量数据通常是售出气的体积。这些气通常包括一级和二级分离器气体。为了作出 p/z 与累计产量的曲线，必须考虑储罐蒸气和储罐液体的蒸气当量。在没有实验室资料的情况下，必须估算出储罐蒸气量和计算出储罐液体的平均或估算蒸气当量。

表 42.7　降压开采时计算的瞬时产量

	凝析气藏压力,磅／英寸²(表压)						
	6010	5000	4000	3000	2100	1200	700
常温分离①							
在 60 ° F 下储罐液体的重度,° API	49.3	51.7	55.4	60.4	64.6	67.5	68.6
分离器气体／井内流体比, 10³ 标准英尺³／10⁶ 标准英尺³							
仅一级分离器气体	777.15	802.85	847.45	897.28	920.44	922.04	907.14
一级和二级分离器气体	815.61	837.04	874.26	915.77	935.04	936.84	925.38
分离器气体／储罐液体比,标准英尺³／储罐桶							
仅一级分离器气体	4276	5277	7828	13774	19863	22121	19475
一级和二级分离器气体	4488	5502	8076	14058	20178	22476	19867
据平均井内流体组成得到的产量,加仑／分							
乙烷以上	12.212	10.953	9.175	7.509	6.851	6.970	7.574
丙烷以上	9.917	8.648	6.856	5.164	4.469	4.479	4.963
丁烷以上	8.456	7.209	5.434	3.752	3.057	2.990	3.349
戊烷以上	7.352	6.158	4.437	2.800	2.108	1.959	2.171

①一级分离器的压力为 450 磅／英寸²(表压),温度为 75 ° F;二级分离器的压力为 100 磅／英寸²(表压),温度为 75 ° F;储罐温度为 75 ° F。

表 42.7 给出了进行上述计算所需的数据。如果售出气是一级和二级分离器气体，平均

凝析气藏压力为 5000 磅／英寸^2（表压），那么，将售出气体积除以 0.83704，就能计算出井的总产量。这个数字 0.83704 考虑了储罐蒸气和储罐液体的蒸气当量。如果售出气仅仅是一级分离器气体，那么这个数字为 0.80285。

五、降压开采

前面已经描述过，根据实验室资料可以预测降压（衰竭）开采凝析气藏的动态，或者，在必要的情况下，以凝析气系统的组成为基础，用各种相关关系和计算程序也能得到类似的动态资料（精确度较差）。在一切可能的情况下，应当用实际实验室资料进行预测，因为储层计算中包括大量的气体和液体储量，在储层条件下获得比较高精确度是必要的。

1. 用实验室试验资料进行的预测和烃类分析

假设在降压开采过程中，凝析气藏中的凝析液保持原地不动（液体没有聚集到足够的量，使液相渗透率达到液体可以流动的地步），可以根据前面讨论过的实验室定组分衰竭研究结果，预测凝析气藏动态。有关资料示于表 42.3 至表 42.6 和图 42.4 及图 42.5 中。

凝析气藏中液相的变化示于根据表 42.5 给出的图 42.5 中。注意：保留在凝析气藏中的液体通过了一个最高点，但不会回到零点，这表明采用降压开采法时，在停弃压力下仍有一些液烃遗留在地下。要估算这一液烃损失量及其对凝析气藏开发和开采策略的影响，必须对降压开采法进行经济分析。

利用表 42.6 所给的资料，可以对表 42.8 所列凝析气藏计算出降压开采时湿气、凝析液和处理厂产品的最终采收率。

表 42.8　一个凝析气藏的地层和流体资料

原始储层压力(磅／英寸^2(表压))	7000
露点压力(磅／英寸^2(表压))	6010
假设的废弃压力(磅／英寸^2(表压))	700
平均储层温度(°F)	256
烃孔隙体积(英尺^3)	500×10^6
在原始压力下产出流体的气体膨胀系数(B_g)(10^3 标准英尺^3／桶)	1.545
在露点压力下产出流体的气体膨胀系数(B_g)(10^3 标准英尺^3／桶)	1.471

原始压力下气体的地质储量:

(500×10^6) (1.545) (178.1) $=137582\times10^6$ 标准英尺^3

露点压力下气体的地质储量:

(500×10^6) (1.471) (178.1) $=130992\times10^6$ 标准英尺^3

生产到露点压力时已产出的湿气量:

$(137582-130992)\times10^6=6590\times10^6$ 标准英尺^3

从露点压力生产到废弃压力所产出的湿气量:

$130992\times10^6\times0.77902=102045\times10^6$ 标准英尺^3

湿气总产量：

$(6590+102045)\ \times10^6=108635\times10^6$ 标准英尺^3

生产到露点压力时产出的凝析液量：

$6590\times181.74=1197667$ 桶

从露点压力生产到废弃压力时产出的凝析液量：

$102045\times51.91=5297156$ 桶

凝析液总产量：

$1197667+5297156=6494823$ 桶

从露点压力到废弃压力靠降压法采出的采收率百分数：

$$\text{湿气}=\frac{102045}{130992}\times100\%=77.9\%$$

$$\text{凝析液}=\frac{5297156}{181.74\times130992}\times100\%=22.3\%$$

根据即将处理的井内流体量以及预期的回收效率，可以按类似方式计算出处理厂的产品总量。

2. 用蒸气／液体平衡计算和相关关系进行预测

在缺乏特定凝析气系统的直接实验室资料的情况下，若已知整个凝析气系统的组成，就可以用蒸气／液平衡比（即平衡常数、平衡系数或 K 值）计算相态，并以此来估算系统的降压动态。这时还必须要有估算相体积的相关关系。

当多组分烃类气体和液体在某一压力下共存时，一部分较轻的烃类（轻质烃）溶解在液相中。而一部分较重的烃类(重质烃)则蒸发到气相中。定量描述特定组分动态的简便方法就是用平衡比。平衡比随所研究系统的压力、温度和组成的变化而有很大变化。

平衡比定义为气、液两相互相平衡时，气相中某一给定组分的摩尔分数与液相中同一组分的摩尔分数之比。平衡比用 K 表示。第二十六章以及 Standing[9] 讨论过这个定义的依据。图 26.21 说明了某一特定系统的平衡比特性，并表明，在不同压力下，某一特定组分的平衡比可能发生相当大的变化。该图表明，平衡比在一特定压力下具有等温收敛于 $K=1$ 这个值的趋势。这一特定压力被恰当地称作“视收敛压力”。[9] 计算时平衡比的选择通常以系统的视收敛压力为依据。在降压过程中，这个视收敛压力值可以改变，因为压力降低时系统的组成要发生变化。

当较重的烃类（例如庚烷和庚烷以上）的描述不太合适时，用平衡比进行降压计算会出现很大的误差。为了获得凝析气系统降压开采动态的满意计算结果，应对 C_{7+}组分进行广泛的分析。建议确定出从 C_{7+}到至少 C_{25} 的摩尔分布。正象从表 42.4 中可以看到的那样，目标凝析气流体中的 C_{7+}组分的分子量是变化的，从 6010 磅／英寸^2（表压）时的 158 变化到 700 磅／英寸^2（表压）时的 109。在同样的压力范围内，C_{7+}组分的密度从 0.827 变化到 0.778。表 42.4 也表明，在 700 磅／英寸^2（表压）下，液相中 C_{7+}组分的分子量为 174，而气相中的为 109。液相中 C_{7+}的密度为 0.837，气相中为 0.778。压力下降时，C_{7+}组分组成的变化使得用平衡比计算得到的 C_{7+}组分的气液比值存在很大误差，也使最后得到的所计算气体和液体体积的分子量和密度存在很大误差。

假设没有对 C_{7+} 组分进行如此全面的分析，那么应在 C_{7+} 组分的平均分子量和密度总值保持不变的情况下，对气液比进行统计分配。一旦将 C_{7+} 组分划分成多个拟组分之后，就必须确定出作凝析气藏闪蒸计算所需要的物理特性资料。

Whitson[30] 提出了一种确定单碳数（SCN）组的摩尔分布的方法，各组按它们的沸点与每一组分子量的函数关系确定。为了作出摩尔分布，使用一个三参数伽马概率函数。Whitson 还给出了用 Watson[31] 特性系数，计算所需物理特性的方程。这种方法可以很容易编成个人计算机程序，因而能很快得到摩尔分布和物理特性资料。用 Whitson 描述的方法对表 42.2 中给出的凝析气流体的 C_{7+} 组分进行统计展开，这一展开的结果示于表 42.9 中。精确计算凝析气藏降压开采动态的能力，决定于烃类系统气液平衡比（K 值）的适当描述。

在《工程数据手册》[16] 中能找到非烃类组分与烃类 C_1—C_{10} 的平衡比。Hoffman 等人[32] 和 Cook 等人[33] 曾提出了获得拟组分 K 值的方法。Hoffman 等人的方法可以很容易地编成个人计算机程序，快速得出平衡比。另外一种方法是对每一个用于计算的衰竭压力在半对数纸上画出甲烷和正戊烷的 K 值与其沸点的函数关系曲线。对连接这两点的某一直线可以确定一个方程。然后可以计算出其它每个具有自己沸点的组分和拟组分在每一压力下的 K 值。在前面的举例计算中，使用了这种获得 K 值的方法。除非有一些用类似烃类系统得到的测量资料，否则用这些方法得到的数据的精确度有一些局限性。但是，可以用这些数据进行快速的、粗略的估算，在初步凝析气藏评价阶段，常需要这种估算。用表 42.2 列出的凝析气流体中 C_1～C_6 的组成，对扩展的 C_{7+} 组成得出了一个 K 值关系曲线。图 42.6 所示为最后得出关系曲线。

表 42.9　7 号凝析液的 C_{7+} 组分的统计展开结果

C_{7+} 组分的摩尔分数	0.0999
C_{7+} 组分的分子量	158.0
C_{7+} 组分的密度(克／厘米^3)	0.827

组分	摩尔分数	分子量	密度(克／厘米^3)	沸点(°R)
C_7	0.01685	100.9	0.7486	658
C_8	0.01535	113.6	0.7648	702
C_9	0.01235	126.9	0.7813	748
C_{10}	0.00941	139.5	0.7960	791
C_{11+}	0.04594	205.1	0.8641	1020

第二十六章描述了用气液平衡比计算烃类气液混合物的相组成及其量值的通用方法。Standing[9] 还很好地表述了这一方法的应用，其中包括对计算凝析气系统相态所引起的一些严重误差的讨论。当用这些方法估算凝析气藏降压开采动态时，采用下列步骤:

(1) 假定原始（已知）组成从原始压力（和体积）闪蒸变化至一较低的压力，用已有的最佳 K 值计算出这一较低压力下液相和气相的组成和量值（摩尔数）。

(2) 用下面将要讨论的方法估算每一相的体积。

(3) 假定在定压下排出（产出）了足够体积的蒸气相，使得留下的气体加上所有的液体能充满凝析气藏的原始容积（不变）。

(4) 从系统的原始组成中减去上述产气过程得到的蒸气中的每一组分的摩尔数。

(5) 从步骤（4）得出的新的总组成开始，考虑系统闪蒸到下一个更低的压力，再重复上述步骤。通过假设在过程的每一步中流体流入井中时无伴生液相来满足只产出气相的要求。

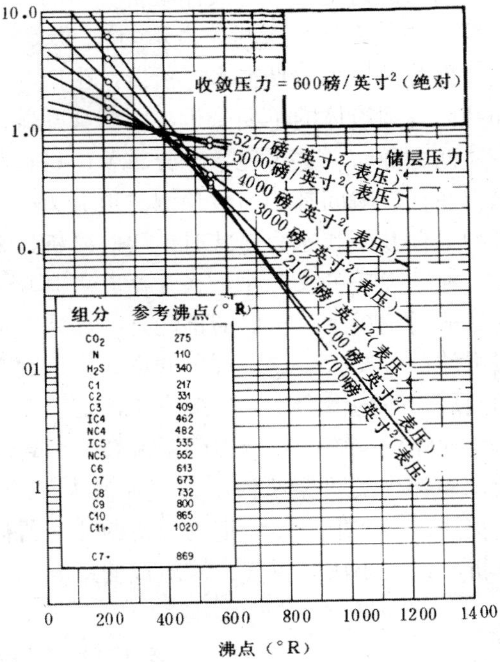

图 42.6　7 号凝析液降压开采时的 K 值关系曲线

如前所述，计算时需要知道每一压力下每一相所占据的体积。第二十三章和第二十五章以及 Standing[9] 描述了估算这些体积的方法。为估算相体积，应该使用针对每一已知组成根据该相特性计算出的点所画出的曲线上的平均值。

这些计算的目的是为了近似表示在实验室用 PVT 容器进行降压研究时所采用的实验步骤。作这些计算用的压力步的数目是随意的，但可能应保持约 500 磅／英寸^2 的间隔，计算开始和结束时，间隔一般小些。表 42.10 给出了 7 号凝析液计算的降压开采动态。5277 磅／英寸^2（表压）的露点压力是用 Nemeth 和 Kennedy[34] 提出的经验关系式计算出的。确定露点压力的最佳方法是直接测量，例如象在实验室作 PVT 分析那样。如果没有这些测量资料，那么就必须借助经验方法，例如本例所用的方法，或根据气液生产动态进行估算。用后一种方法时，必须将凝析气藏的压力降至露点压力以下。在表 42.10 中，对实验室测量的和计算的降压开采动态的湿气和凝析液的采收率作了比较。从比较中可以看出，由于估算储层流体的露点压力和物理特性，可能使计算数据存在很大误差。

3. 烃类／液体凝析及其对凝析气系统动态的影响

对某些凝析气系统来说，在降压开采过程中可能凝析出大量液体，从而在地层孔隙中形成很高的液体饱和度。当实验室试验或计算显示出这种可能性时，必须对烃类／液体通过和流出储层的可能性进行研究。应当将相对渗透率资料（一般为 k_{rg}/k_{ro} 与地层中液体饱和度的关系曲线）与粘度资料（μ_o/μ_g）结合起来，估算井内流体中液体的体积（因而从储层产出的）比例。液体的产出对每一降压阶段残留在储层中的相组成有影响。可用的最佳 $k_{rg}\mu_o/k_{ro}\mu_g$ 资料是在实验室中用被研究储层岩石和烃类系统的实际样品确定的资料。在缺乏这种资料的情况下，可用第三十一章所解释的方法估算 k_{rg}/k_{ro}，可用 Carr 等人[23] 描述的方法估算粘度。在估算出每一降压步所产出的气体和液体量后，就可以调整计算步骤，以得到所希望的动态预测结果。

4. 井内压力降及其对井的产能和采收率的影响

前面的讨论在考虑液体凝析作用的影响时，将地层内的这一作用看作是在整个储层内均匀发生的（在任一瞬间压力均匀）。但是，在低渗透性地层中，因为井筒附近的压力比储层主体部分的压力要低得多，所以，生产井处可能存在明显的压力降。这个现象趋向于大大增加井筒周围液体的早期凝析，因而会降低此处的气相渗透率，影响井筒附近系统的相态。至少从两方面看，这个现象十分重要：(1) 从储层产出的流体的组成历史可能不同于假设储层压力在任一瞬间都均匀时预测的组成历史；(2) 可能对井的产能产生严重影响，因而潜在地影响最佳井距和压力递减时地层的凝析气采收率。

在已发表的文献中，关于生产井压降对凝析气藏产出物组成历史（和最终液体采收率）的影响讨论极少。一般的推测是，在井筒周围的低压区内，液烃的沉积速度和沉积量比在储层主体部分要大。这一现象的主要作用因素是气体凝析液的富度、储层流体的反转凝析特性和储层岩石的渗透率。一般来说，受影响的井筒周围地带较小，且其条件终将稳定不变。采用普通作业措施，将压力降限制在一个合理数值之内，即可解决这一问题。在那些渗透率极低，而流体的可凝析液的液气比又大于 200 桶／10^6 标准英尺^3 的凝析气藏中，这个问题可能很严重。在取得用作室内分析的分离器样品之后，应接着就按前面讨论过的分析步骤进行分析，以减小压降对气、液组成的影响。

表 42.10　产出流体的计算组成(摩尔%)

组　分	凝析气藏压力(磅／英寸^2(表压))							
	5277	5000	4000	3000	2100	1200	700	700①
二氧化碳	0.01	0.01	0.01	0.01	0.01	0.01	0.01	痕量
氮气	0.11	0.11	0.13	0.13	0.13	0.12	0.12	0.01
甲烷	68.93	70.74	74.77	77.09	78.05	77.55	75.53	12.29
乙烷	8.63	8.67	8.77	8.88	9.04	9.37	9.76	4.22
丙烷	5.34	5.28	5.13	5.05	5.10	5.41	5.95	5.02
异丁烷	1.15	1.12	1.06	1.01	1.01	1.08	1.22	1.62
正丁烷	2.33	2.26	2.10	1.99	1.96	2.09	2.41	3.80
异戊烷	0.93	0.89	0.79	0.73	0.69	0.73	0.86	2.14
正戊烷	0.85	0.81	0.71	0.64	0.61	0.64	0.75	2.16
己烷	1.73	1.62	1.35	1.15	1.03	1.04	1.23	5.97
庚烷	1.685	1.55	1.21	0.97	0.82	0.78	0.90	7.33
辛烷	1.535	1.38	1.01	0.75	0.59	0.52	0.59	7.92
壬烷	1.235	1.09	0.73	0.49	0.35	0.28	0.31	7.34
癸烷	0.941	0.81	0.49	0.30	0.19	0.14	0.15	6.14
C_{11+}	4.594	3.66	1.74	0.81	0.42	0.24	0.21	34.04
	100.00	100.00	100.00	100.00	100.00	100.00	100.00	100.00
庚烷以上,摩尔%	9.990	8.49	5.18	3.32	2.37	1.96	2.16	62.77
分子量	158	155	146	137	129	124	121	166
密度	0.825	0.822	0.812	0.802	0.793	0.784	0.780	0.832
偏差系数,z								
平衡气体	1.021	0.987	0.901	0.861	0.863	0.899	0.930	
两相	1.021	1.009	0.922	0.845	0.782	0.695	0.595	
气体地层体积系数,10^3 标准英尺^3／标准英尺^3	0.2561	0.2511	0.2201	0.1730	0.1211	0.0668	0.0380	
反转凝析液体积,烃孔隙体积%	0.000	15.3	26.96	27.89	26.43	23.85	21.95	

每百万标准英尺^{3}原始流体的累计采收率

	原始储量	凝析气藏压力(磅/英寸^2(表压))						
		5277	5000	4000	3000	2100	1200	700
井内流体(10^3标准英尺^3)	1000	0.00	40.73	160.03	311.34	478.33	662.91	768.03
常温分离②								
储罐液体(桶)	183.13	0.00	6.91	21.98	34.00	42.98	50.71	55.05
一级分离器气体(10^3标准英尺^3)	776.98	0.00	32.46	138.96	280.26	437.60	610.03	707.57
二级分离器气体(10^3标准英尺^3)	37.01	0.00	1.42	4.76	7.74	10.21	12.58	14.08
储罐气(10^3标准英尺^3)	38.31	0.00	1.50	5.26	8.92	12.19	15.60	17.93
总分离器气体总量(10^3标准英尺^3)	852.30	0.00	35.38	148.98	296.92	460.00	638.21	739.58

采收率计算的对比

	实验室降压试验	计算的降压开采动态
原始压力下的气体储量(10^6标准英尺^3)	137582	137582
露点压力下的气体储量(10^6标准英尺^3)	130992	128050
到露点压力时产出的湿气量(10^6标准英尺^3)	6590	9532
从露点压力到废弃压力期间产出的湿气量(10^6标准英尺^3)	102045	98346
湿气总产量(10^6标准英尺^3)	108635	107878
到露点压力时产出的凝析液量(桶)	1197667	1745595
从露点压力到废弃压力期间产出的凝析液量(桶)	5297156	5413947
凝析液总产量(桶)	6494823	7159542

①平衡液相的组成;

②一级分离器的压力为450磅/英寸^2(表压),温度为75°F;二级分离器的压力为100磅/英寸^2(表压),温度为75°F;储罐温度为75°F。

从理论上讲，井筒附近沉积的液体对生产井产能的影响可能很大。而通常在估标井的将来产能时又忽略生产压降对储层中液相分布的影响井筒附近地带液体聚集量越大，气相的渗透率也越低，因此，在从理论上预测井的产能（或从早期试验结果外推）时忽略这些因素的影响，预测的结果就必然表现出井的产能递减速率很低。当计算的井的或储层的产率出乎意料地接近于开采方案作业措施所必需的最小产率时，应提醒作业工程师注意这种可能性。后面将讨论井的产能问题。

5. 测量的与计算的降压开采动态的相对优越性

本章强调的重点是，对于储层分析和动态预测来说，采用凝析气系统的测量特性和实测动态资料比使用相关关系或近似算法要优越得多。在用平衡比模拟或预测凝析气藏降压开采动态时，这一点尤其正确。Standing[9] 在其"蒸气液体平衡"和"凝析气系统"各章中讨论并说明了这个问题。尤其是，Standing 的图 36 表明，当庚烷以上组分和甲烷的平衡比误差小于 10%时，凝析气系统的液相体积计算值可能出现严重误差（超过 40%）。

参考文献中列出了一些有关如何用平衡比计算凝析气系统的储层动态的报告。Allen 和 Roe[35] 计算了某一凝析气藏的降压开采动态，并发现这个动态与实际动态有某些差别。但是；这些作者未提出在室内测量的所研究的特定流体的平衡比，因此，没有办法比较用实测平衡比计算的流体动态与实际流体动态。Allen 和 Roe 将所有观察到的偏差武断地归因于其它一些影响因素，而没有考虑用相关关系得到的特定系统组分的平衡比可能与储层条件下实际测量的平衡比有误差。在他们所观察到的偏差中可能有一部分就是由所用的平衡比造成的。

Berryman[36] 比较了计算的凝析气流体的动态与实验室实际得到的动态。但是，他用实验室实验容器观察了实际气液平衡，并对文献中的平衡比作了修正，使之符合实际动态。采用修正后的气液平衡比以后，发现计算动态生产初期与实际储层动态是吻合的。

Rodgers 等人[37] 提供了犹他州一个小型凝析气藏的详细室内试验资料、气液平衡计算结果和实际储层动态。与大多数情况相比，该储层的压力范围为中等。但是，即使在这种中等压力下，根据文献导出的该系统中庚烷以上组分的平衡比仍然与其测量值吻合不好。作者评论认为:"数据的特征显然证明，需要用更好的方法确定合适的平衡资料"。

根据 Rodgers 等人的经验，以及 Standing 所阐述的理由，使用凝析气系统的测量相态和体积动态资料预测凝析气藏的降压开采动态似乎比较好。随着资料的不断积累和更好的相关方法的提出，也许将来用平衡比进行储层计算可以获得合适的精确度。已经提出了大量的状态方程（EOS）计算方法，用它们可以得出能用于凝析气藏降压开采动态计算的相平衡资料。参考文献[38～40]讨论了许多这种方法。使用状态方程法，虽然更灵活，且在许多情况下更准确，但却需要复杂的计算机程序。这些程序手头可能有，也可能没有，可能保证得到，也可能得不到。但状态方程方法的不断改进，可以提高其计算降压开采动态的精确度。

六、保持压力或循环注气开采

凝析气藏可以借助下述方法保持压力：（1）初期生产一段时间适当降低压力之后的活跃水驱；（2）通过注水保持压力；（3）注气；（4）综合应用上述方法。也可能遇到一些流体压力接近其临界点的储层，它们因此可能要求使用特殊方法开采，例如注人专门设计的气体组分，以产生混相和相变过程，从而可以提高采收效率。通常不将这种储层当作凝析气藏来考虑。

1. 水驱和注水保持压力

在已发表的文献中，关于靠天然水驱开采的凝析气藏的报道极少。为了在经济上具有吸引力，水驱能量必须足够强，保持足够高的压力，以便最大限度地减小地层中凝析烃的损失量。在这些条件下，花钱实施循环注气或其它保持压力方法可能是不合算的。如果这种经济不合算的可能性十有八九会出现，那么就应进行详细的工程和经济分析。这些分析应包括储层周围各种条件的地质研究，以估计已出现的早期水驱作用是否能在整个开采过程中保持有效。还有其它一些需要仔细研究的考虑因素，包括脱水费用或水侵生产井的修井费用，水驱气的驱替效率，以及当水通过渗透性薄层过早窜入生产井造成早期水淹时，凝析流体被水圈闭和损失量的大小。假如存在后一种可能性，在烃储量很大时，利用天然水驱就可能很成问题。在任何一种情况下，预测天然水驱采收率应考虑的因素与下面将要讨论的注水情况考虑的因素相同。

有时，人们考虑向凝析气藏注水来保持其压力。在作出决定之前，必须对许多因素进行详尽的斟酌。这种情况下的流度比（驱替流体与被驱替流体的流度比，水／气）很低，由于气体的流度很高，这一点很有益，因为这样就容易得到很高的面积驱扫效率和井网（$h\phi S$加权）效率。但是，十分明显的证据说明，水的驱替效率并不高。虽然 Buckley 等人[41]指出水驱气的驱替效率最高可达 80%～85%，但是，Geffen 等人[42]的实验和现场观察表明，这个效率可能低至 50%。由于流度比低而提高的面积驱扫效率在某种程度上可以补偿低驱替效率。从全面考虑，注水时气相凝析气的采收率可能明显低于循环注气。如果考虑用注水法开采凝析气藏，应当用所研究的特定储层的岩心进行详细的实验研究。这样做有助于确定水事实上是否能获得足够高的驱替效率，从而证明使用注水法的合理性。

如果已作出了注水的决定，那么就可以利用凝析气系统在所选择的压力保持水平下的可凝析液体量资料，将井网（$h\phi S$加权）、水侵和驱替效率结合起来，预测储层的气体和液体采收率。作为举例，对本章引述的实例来说，可以采用 90%的面积驱扫效率（以极低的水驱气流度比为依据）。考虑储层的厚度变化后，可以得到约 95%的井网（$h\phi S$加权）效率。假设水侵体积内的水侵效率为 65%，则在这种情况下注水，将驱替出注入开始时地下气相的 55%（上述三种效率之乘积）的气体。而本章所讨论的循环注气开采的湿气实际采收率却大于 86%。

储层的渗透率分布会严重影响天然水驱或注水所可能获得的气体采收率估算值。存在渗透率的巨大差异，将使水发生过早突破。自喷气井在产水时趋向于“积液”，这取决于垂向流速和井底流压的高低，并且可能被压死。气井被压死停产的原因是，油管中下沉大量的水，形成一个静压水柱，它产生的压力等于井底压力。用人工举升方法很难获得比较经济的产量。这种产能损失可能导致开采方案的过早停弃。对于深储层来说，这个问题尤其严重，因为深井排水成本是一个重要因素。Yuster[43]讨论了水淹气井的可能的修井方法。Bennett 和 Auvenshine[44]讨论了气井的脱水问题。Dunning 和 Eakin[45]描述了一种用起泡剂从水淹气井排水的低成本方法。

一般来说，对于渗透率变化范围很宽，在采出大部分地下凝析气之前水会选择性地突入生产井的层状凝析气藏来讲，用注水方法保持凝析气藏的压力可能是没有吸引力的。

2. 凝析气藏循环注气和注气

注干气　通过经济对比确定凝析气藏到底应该用降压开采法开采，还是该用保持压力法开采。

往凝析气藏注干气的目的是将储层压力保持得足够高（一般高于或接近露点压力），以减少反转凝析液的凝析量。现场干气几乎与所有的储层凝析气系统混相。现场干气的主要成分通常是甲烷。凝析气藏干气循环是提高烃类流体采收率混相驱的一种特殊情况。实验证明，从微观上看，一种流体驱替另一种与自己混相的流体十分有效，通常认为其驱替效率为 100%或十分接近 100%。这是能说明循环注气有效性和吸引力的因素之一。循环注气的另一个优点是它提供了一种能以经济的产量从储层产出液体，同时还可避免在气体不能售出时浪费产出气的一种手段。在循环注气开采结束时，储层就变成一个气藏，这时，它的经济价值可能更大。

注惰性气　市场对干气这一消费品的需求情况是不断变化的，因此，将干循环气保留在储层中以备将来之用的经济重要性也是不断变化的。美国的大多数保护法仍然要求尽可能减小凝析液的浪费，如果凝析气藏在反转凝析区内降压开采而使大量液体无法采出，那么就可能造成凝析液的浪费。

在凝析气藏循环注气过程中，用惰性气体弥补亏空可能是干天然气的一种经济替代品。最早获得成功的一个注惰性气项目是1949年在怀俄明州Elk盆地[46]进行的。该项目使用的是蒸汽锅炉产生的烟道气。1959年，在路易斯安那油田[47]，首次成功地使用了内燃机废气。路易斯安那州[48] Pointe Coupee Parish的Fordoche油田Wilcox 5砂层，最先使用低温生产的纯氮气，防止凝析气系统中液体的反转凝析损失。在Fordoche油田，用氮气作为补充气，它占注入天然气／氮气混合物总量的30%。

Moses和Wilson[49]的研究进一步证明，氮气与凝析气流体混合，使露点压力升高。Moses和Wilson还给出资料，证明贫气与富凝析气的混合也产生一种露点压力更高的流体。用氮气时露点压力的升高值比用贫气时大。在同一研究中，还给出了用纯氮气和贫气驱替相同凝析气流体所作的细长管驱替试验的结果。在两种驱替方式下，均得到了98%以上的储层液体采收率。Peterson[50]也观察到类似的试验结果，他使用的注入气是西南怀俄明Païnter油田的气顶气。上述作者的结论，之所以得到上述观察结果，是由于注入气与凝析气流体发生了多次接触混相作用。

低温产生的的氮气具有许多人们所希望的物理特性[51]。使其成为最佳循环注入气的特性是它的惰性（无腐蚀性）性质和比贫气高的压缩系数（需要的体积小）。但是，与贫气相比，氮气需要更大的压缩压力，这一点部分地抵销了它的后一个优点。

直到70年代中期，大多数注惰性气方案是往油层注入燃烧气或锅炉废气。由于弥补储层亏空所需烃类气体的成本太高，所以需要找出凝析气藏循环注气方案的替代气源。然而，用于混相驱油的燃烧气和锅炉气含有腐蚀性很强的副产品（CO，O_2，H_2O和NO_x^+）[52]，因而间接地削弱了它们的成本有效性。

用于评价任一过程的经济参数，实质上只是在产生这些参数的总的经济条件下才有代表性。因此，本文不准备给出有代表性的经济数据。但是，当用目前的经济参数比较不同的过程时，应该认识并考虑到某一特定过程所特有的那些变量。

影响循环注气项目经济性的因素有许多。主要因素是产品价格、补充气成本、凝析气液体含量和储层非均质程度。当考虑注惰性气时，还应考虑另外一些重要因素。Donohoe和Buchanan[53]和Wilson[52]已经讨论过这些因素。

用惰性气体作为循环注气流体，既有有利的一面，也有不利的一面。主要有利方面是可以早期出售残余气和液体，获得较大的贴现净收入和较高的总烃类采收率，这是因为在储层停产时，其中含有大量的氮气，而不是烃类气体。

抵销这些有利方面的是一些不利因素：如用燃烧气或烟道气作循环流体，可能因腐蚀影响而造成生产问题和增加作业成本；从售出气中脱去惰性气、在压缩前作预处理和（或）建设回注设备可能增加资本投资；储层严重非均质性造成惰性气早期突破，使获得的可售出气体的处理成本大大增加。

所有这些因素在选择降压开采方法时应进行适当评价。

循环注气动态计算　计算凝析气藏循环注气开采动态的方法一般不外乎下述两类：可行性和（或）敏感性分析；或详细的设计和评价。计算方法的选择，一般是在考虑了可得到的资料的质量和数量以及工程研究的最终应用之后作出决定。

在最初考虑凝析气藏循环注气的潜力时，通常希望进行一些需要作出某些合理的简化假设的计算。这样，可以在花钱少的情况下较快地得出计算结果，确定近似的循环注入量、循环期、最终采收率和利润。在这一初步研究结束时，如果发现循环注气法可行，那么就可以利用数学模型作更详细的和更严格的研究，以评价早期得到的结果和设计出最有利的注采井布置方式。

循环注气的效率和有效性　决定凝析气藏循环注气效率的主要因素在文献中以可互换的符号和定义应用。因此，必须明确定义各种不同的效率。工程师在报告凝析气藏动态的估算结果时，应仔细定义和解释每一个术语。

凝析气藏循环注气效率（E_R）　E_R 定义为循环过程中采出的储层湿烃量与循环开始时产层内原有湿烃量之比。这两个数字应在同样的压力和温度条件，例如在储层条件或标准条件下进行计算。凝析气藏循环注气效率可以看作是其它三个效率（井网（$h\phi S$ 加权）效率、侵入效率和驱替效率）的乘积。第四个效率系数，即面积驱扫效率可以用类比或数学模型法针对不同注入井网进行评价。所使用的所有效率项（除“驱替效率”外）都必须同相应的时间，即干气突入第一口生产井的时间、突入最后一口井的时间、循环注气结束时间或其它合适的时间标志同时表示出来。

面积驱扫效率（E_A）　E_A 是干气前沿推进边缘所包围的面积（注入气的外部界限）与循环注气开始时产层的总面积之比。（如果存在黑油，那么通常将其排除在这些面积之外）。根据类比或数学模型研究（后面要讨论）或通过观察实际作业过程中干气含量增加的井的位置来近似估算驱扫面积。面积驱扫效率主要决定于注入井和生产井的布井方式和注采量，以及从渗透性和孔隙度角度来看的储层侧向非均质性。对面积驱扫效率影响较小的因素有孔隙中含水量的变化、与注入井注入能力和井位有关的气体压缩厂的操作时机、天然水驱（如果有的话）的活跃程度和储层存在油环时黑油井的存在和处理。数学模拟技术（第 51 章）为预测凝析气藏面积驱扫效率以及与此同时的注入干气前缘的推进速率提供了有用的方法。对于这样的研究，需要有相当数量的有关砂层特性、储层流体特性、注入流体特性和地质描述方面的地下资料。

井网（$h\phi S$ 加权）效率（E_p）　E_p 是干气前沿推进边缘投影（在整个储层厚度上）所包围的烃孔隙体积与循环注气开始时储层总的产气烃孔隙体积之比。（如果存在黑油，通常将其从这些体积中扣除）。先在一个烃类等容图（根据砂层厚度、孔隙度和束缚水饱和度等资料给出的）上返出干气前沿的最远推进位置（根据模拟研究或现场观察得到的），再确定出这条曲线包围的烃类体积，然后将此体积与储层产气烃孔隙总体积相比较，就可以确定出干气前缘投影内所包含的烃类体积。注意，定义中专门明确“推进前缘的投影”，这就不需要说明被注入气侵入或驱替的到底是总岩体体积还是总微观孔隙体积。在产层厚度、孔隙度、束缚水饱和度和有效渗透率均一致的特殊情况下，井网（$h\phi S$ 加权）效率与面积驱扫效率相等。井网（$h\phi S$ 加权）效率所依赖的因素一般与在面积驱扫效率一节所讨论的因素相同。在有利的条件下[54]，预测的井网（$h\phi S$ 加权）效率预计可以接近 95%。

侵入效率（E_I）　E_I 是注入气所侵入（接触或影响）的烃孔隙体积除以干气前沿推进

前缘的投影（通过整个厚度）所包围的烃孔隙体积。（有时采用体积驱扫效率 $E_v=E_p\times E_I$）。这个定义没有考虑侵入流体将原始流体驱替出所侵入的孔隙时的有效性。术语“垂向驱扫效率”有时用来表示侵入效率。这样就出现了混乱，因为这样做是在用一维术语“垂向”来处理三维问题。在有利的条件下[55]，侵入效率可以高达90%。但是，储层滚动性质的巨大差异严重影响侵入作用。这种差异严格地说可能是某一单层水平渗透率的侧向变化（在更小的程度上是孔隙度和束缚水饱和度的侧向变化），而该层的渗透率在垂向任一位置上可能毫无变化；也可能是含有几个小层的储层的分层性影响，各小层各自的性质比较均匀，但其渗透率与其它的小层相比明显不同；还可能是这两种极端情况的综合。根据特定储层中上述两种极端情况的组合方式的不同，循环注气开采动态可能明显不同。如果有可以利用的资料，用数学模型可以研究储层的水平和垂向非均质性。为确保对某一储层进行循环注气开采的潜力作出准确评价，需要最大限度地使用岩心分析资料、压力恢复和压力降落分析资料和详细的井下测井分析资料。

驱替效率（E_D）　E_D 是从单个孔隙或小孔隙组中驱替出的湿烃体积与循环注气开始时同一孔隙或孔隙组中含有的烃类体积之比。注意，这两个体积必须在同样的压力和温度条件下计算。这里之所以要用驱替效率这个术语，是因为它在有关流体微观驱替（非混相驱以及混相驱）的文献中已得到了普遍接受。驱替效率主要决定于驱替流体和被驱替流体的混相性及其流度。对于压力保持在或高于露点压力的循环注气作业来说，单个孔隙中干气驱动湿气相的驱替效率实质上为100%，因为这两种流体的混相性为100%，它们的流度比也几乎相等。如果压力低于露点压力很多，那么，就会由于凝析液的不可动性和干气再蒸发的不完全性而使驱替效率低于100%。这类实例的评价需要试算气液平衡，以估算出与凝析液接触的干气再蒸发某些组分并将其带入生产井的能力。

因此，储层循环注气效率是井网（$h\phi S$ 加权）效率、侵入效率和驱替效率的乘积，表42.11汇总了这些效率以及以前的讨论和某些文献中出现的术语用法。

渗透率分布　渗透率在垂向和侧向上的变异，对循环注气采收率有很大影响。水平渗透率的垂向分层性可能是控制侵入效率的主要因素。在存在渗透率不同的层或区域的凝析气藏中，不同层的干气前沿的推进边缘（用于计算侵入效率）处在不同的位置上。现场观测一般根据渗透性最好的层的突破时间来确定前缘，而数学模型研究则可能以层的平均渗透率或层的分散数量为基础，因此它预测出的突破时间较晚。将模型预测的突破时间与现场观测结果进行对比，就可以理解上述的渗透率分布影响的可能性。在推导数学模型时，需要作详细的储层分析，以保证所用的模型能准确地表现储层的特性。

储层各小层可以对比的渗透率资料可能有好几个来源，其中包括用从井中取得的岩心直接测量的渗透率；钻井和完井时作的地层测试；在不同层中完井的井上通过仔细测得的注入剖面和流量、压降和压力恢复试井得出的可以对比的传导系数等。如果要将不同类的资料放在一起使用，那么，在计算渗透率变异对凝析气藏动态的影响时，应将所有资料的单位统一起来。

在已发表的论文中，有关渗透率变异对储层烃类采收率的影响的讨论很多。Muskat[5, 64]、Standing 等人[65]、Miller 和 Lents[66]以及其他一些人[67~70]专门讨论了对凝析气藏的这一影响问题。一般来说，考虑渗透率变异对凝析气藏动态影响的作法均使用两种平均井与井之间水平渗透率的方法。第一种方法是将从所有井获得的高渗透率分为一组进行平均（不论这些高渗透性样品在层段中的垂向位置如何），而把所有井的低渗透率值分为另

表 42.11　凝析气藏循环注气开采使用的效率术语

	面积驱扫效率 E_A	井网（$h\phi s$ 加权）效率 E_P	侵入效率 E_I	驱替效率 E_D	凝析气藏循环注气效率，E_R
定义	注入气（干气）前沿推进边缘包络的面积与循环注气开始时储层产气面积之比	干气前沿推进边缘投影（通过整个储层厚度）包围的烃类孔隙体积与循环注气开始时储层总产气烃孔隙体积之比	干气侵入（接触或影响）的烃孔隙体积与干气前沿推进边缘投影（在整个产层厚度上）所包围的烃孔隙体积之比	从单个孔隙或小孔隙组中驱替出来的湿烃体积与循环注气开始时同一孔隙中或小孔隙组中原有烃体积之比（两个体积应在同样的温度和压力下计算）	循环注气过程中采出的储层湿烃量与循环注气开始时储层原有湿烃量之比（在同样压力和温度下计算这两个湿烃量）
	$E_A=E_D$（当厚度、孔隙度、束傅水饱和度和有效渗透率均匀时）		当凝析气藏的有效渗透率均匀时，E_I 为 100%	对于凝析气藏循环注气作业来说，一般假设 $E_D=100\%$①	$E_P\times E_I\times E_D$
以前的用法	“驱扫效率”（参考文献[5]第657、771和777页；参考文献[51]，第246～247页；参考文献[13]，第308～309页②）	“驱扫效率”（参考文献[5]，第755、763和770页；参考文献[13]，第408～409页）② “侵入”或“被驱扫的体积百分数”（参考文献[58]，第67页）②	“由渗透率分层性造成的”效率（参考文献[13]，第408～409页） “波及系数”（参考文献[57]） “冲洗效率”（参考文献[14]，246和247页）	“驱替效率”（参考文献[56]，第130和136页；参考文献[13]，第408～409页） “驱动效率”（参考文献[59]，第358和374页）	“驱扫效率”（参考文献[5]，第612、771和788页） “总瞬时循环注气效率”（参考文献[60]，第140、141、235和236页）
	“井网效率”（参考文献[57]）② “驱动波及效率”（参考文献[59]，第358和374页②）	“波及系数”（参考文献[56]，第130和136页） “驱扫效率”（参考文献[57]） “井网效率”（参考文献[60]，第63、64、98和99页；参考文献[54]，第77页）		“驱替”（参考文献[61]，第110页）	“总驱替效率”（参考文献[62]，第9～11页）
	“面积驱扫效率”或“井网效率”（参考文献[62]，第406页）	“体积效率”（参考文献[55]，第9～11页） “储层驱扫”或“储层波及”（参考文献[61]，第110页）	“驱替”或“驱扫效率”（参考文献[63]，第337页） “内冲洗效率”或“内驱替效率”（参考文献[55]，第9～11页） “垂向驱扫效率”（参考文献[62]，第406页）		

①但是，对于非混相驱作业（例如往凝析气藏注水）来说，E_D 变化很大；

②硬性地定义它为侵入流体首次到达生产井，即“首次突破”时的效率。

一组进行平均，同时将中等渗透率值划分为一个或一个以上的小组进行平均。每一个平均渗透率值代表储层中的一个连续层。这种平均方法似乎最有可能得到为生产井计算的早期干气突破时间。第二种方法按照层段上的垂向位置计算井与井间的平均渗透率。例如，每口井产层上部 10%的渗透率可以在一起平均，第二个 10%再一起平均，这样依次递推至井底。这种方法保持了各小层在储层中的相对垂向位置，因此，通过采用侧向平均方法，可能会减小各个高渗透性样品的影响，除非这些高渗透性薄层实际上在一个或更多个小层中占主导地位。

在 Muskat[5, 64] 提出的解中，上述两种方法均可以使用。Muskat 使用"分层比"推导出了用于评价渗透率垂向变异对循环注气效果影响的数学方法。"分层比"是某一层段中可辨别的最佳渗透性层的渗透率与同一层段中最低渗透性层的渗透率之比（这些渗透率是在每种情况下用任意一种方法按层平均计算出的，而不是各层的单个岩柱或岩心本身的高渗透率或低渗透率值）。Muskat 的推导还假设水平渗透率不同的层是简单地平行叠加在一起的，在层与层之间不存在交叉流动。在这些参考文献中给出了 Muskat 得出的最终相关关系曲线。

Miller 和 Lents[66] 在分析棉谷 Bodcaw 凝析气藏时，使用了第二种侧向渗透率平均法。为理解他们的详细分析步骤，应对他们的研究稍作综述。他们为说明目标油藏的稀释动态与时间关系的计算方法而导出的渗透率表（按递减量重排）见本文表 42.12。计算时假设无交叉流，并且将储层看作是由孔隙度和渗透率不同的交互层组成的。还假设不同层中同时发生平行流动，这样，各层的势分布相同。将注入井作"线源"处理，生产井作"线汇"处理。因此，表中的计算预测在固定压力下每一层已被驱替时的原始烃类地质储量的产出百分数，以及在越来越多的层被驱替（突破）时的产出流体中的干气（和湿气）所占的百分比。然后可以预测出在产出气任一稀释阶段的采收率。Miller 和 Lents 计算的采收率（后来被生产历史所证实，见 Brinkley[55] 的图 7 与用 Muskat 的相关关系曲线预测的结果吻合良好。

很少有人发表论文，比较凝析气藏的实际动态和最终采收率与用不同方法考虑渗透率变异影响时预测出来的动态和最终采收率。Stelzer[63] 报告了得克萨斯州 Chapel 山油田 Paluxy 凝析气藏的动态，更早些时候，Marshal 和 Oliver[58] 预测过该凝析气藏的循环注气动态。这一分析将在后面进一步讨论。在讨论 Stelzer 的论文时，Hurst 认为，凝析气藏的渗透率变异或分层性对循环注气最终采收率的控制作用可能不那么重要：

对于一个具有页岩夹层普遍分布的岩性特征的凝析气藏来说，如果驱扫时间足够长，事实上可以按一个均匀砂层的特征来描述……。很少有砂体平行沉积，而且各砂体具有不同的均匀渗透率的储层；除非你想得到可能是最差的循环注气效果，从而否定这种循环注气方案在一个富凝析气藏中应用。"

这类已引起我们注意的未公开的资料，似乎证实了这样一种观点，即大多数储层不是由渗透率存在差异的连续小层（无交叉流）组成的。（若是由这类连续小层组成，那么在注入作业中，更易于发生快速突破）。因此，工程师在预测循环注气项目的动态时，应认真考虑 Hurst 的观点，因为过分重视储层的渗透率变异特征，就可能过于悲观地估算可能获得的采收率，因而就可能放弃在事实上可以获得有效循环注气动态的某些凝析气藏中进行循环注气作业。

不论是用 Miller 和 Lents[66] 的分析法，还是用其它方法来处理凝析气藏的渗透率变异问题，建议最好用第二种方法求侧向平均渗透率。在每一种情况下，都必须恰当考虑井网（$h\phi S$ 加权）效率。

表 42.12　以棉谷 Bodcaw 凝析气藏 16 口井为基础进行计算得到的结果，该结果说明了加权平均渗透率剖面引起的稀释作用

层号	渗透率(毫达西)	砂层厚度百分比(%)	渗透率乘厚度(栏 2 乘栏 3)	产能(%)①	孔隙度(%)	孔隙度乘厚度(栏 3 乘栏 6)	当该层被驱替时的产量(%)②	层间驱替产量(%)	产量(平均值)(%)	累计干气产量(%)④	气体组成(湿气量×100%减去栏 11)(%)	层间驱替产出的湿气(%)⑤	累计湿气产量(%)⑥
1	250	2	500	3.14	19.30	38.60	67.6	2.5	68.80	3.14	96.86	2.42	67.6
2	240	2	480	3.02	19.20	38.40	70.1	2.7	71.50	6.16	93.84	2.53	70.0
3	230	4	920	5.79	19.10	76.40	72.8	1.4	73.60	11.95	88.05	1.23	72.6
4	225	2	450	2.83	19.05	38.10	74.2	1.6	75.00	14.78	85.22	1.36	73.8
5	220	8	1,760	11.06	19.00	152.00	75.8	1.6	76.60	25.83	74.17	1.19	75.1
6	215	2	430	2.70	18.95	37.90	77.4	1.5	78.10	28.53	71.47	1.07	76.3
7	210	4	840	5.29	18.90	75.60	78.9	1.5	79.60	33.82	66.18	0.99	77.4
8	205	2	410	2.58	18.85	37.70	80.4	3.9	82.30	36.40	63.60	2.48	78.4
9	195	6	1,170	7.35	18.72	112.32	84.3	1.9	85.30	43.76	56.24	1.07	80.9
10	190	4	760	4.79	18.66	74.64	86.2	2.0	87.20	48.55	51.45	1.03	81.9
11	185	2	370	2.33	18.60	37.20	88.2	2.2	89.30	50.88	49.12	1.08	83.0
12	180	4	720	4.52	18.55	74.20	90.4	9.6	95.20	55.40	44.60	4.28	84.0
13	160	2	320	2.01	18.25	36.50	100.0	5.7	102.80	57.41	42.50	2.43	88.3
14	150	10	1,500	9.43	18.10	181.00	105.7	3.5	107.40	66.84	33.16	1.16	90.8
15	145	4	580	3.65	18.05	72.20	109.2	3.3	110.90	70.49	29.51	0.97	91.9
16	140	8	1,120	7.05	18.00	144.00	112.5	3.7	114.30	77.54	22.46	0.83	92.9
17	135	2	270	1.70	17.90	35.80	116.2	3.8	118.10	79.24	20.76	0.79	93.7
18	130	6	780	4.91	17.80	106.80	120.0	4.5	122.20	84.15	15.85	0.71	94.5
19	125	4	500	3.14	17.75	71.00	124.5	4.5	126.70	87.29	12.71	0.57	95.2
20	120	4	480	3.02	17.65	70.60	129.0	5.2	131.60	90.31	9.69	0.50	95.8
21	115	2	230	1.45	17.60	35.20	134.2	10.8	139.60	91.76	8.24	0.89	96.3
22	105	4	420	2.64	17.40	69.60	145.0	6.7	148.30	94.40	5.60	0.38	97.2
23	100	6	600	3.77	17.30	103.80	151.7	15.0	159.20	98.17	1.88	0.27	97.6
24	90	2	180	1.13	17.10	34.20	166.7	217.3	275.30	99.30	0.70	1.52	97.8
25	35	2	70	0.44	15.35	30.70	384.0	239.0	503.50	99.74	0.26	0.62	99.4
26	20	2	40	0.26	14.20	28.40	623.0	—	—	100.00	0.00	—	100.0
总计		100	15900	100.00		1812.86							

加权平均渗透率 = 159.00 毫达西，加权平均孔隙度 = 18.13%，加权平均砂层厚度 = 23.81 英尺.

①X 层的产能百分数 $= \dfrac{k_x h}{\sum kh}$；

②X 层的产出百分数(假设束缚水饱和度均匀) $= \dfrac{(\phi_x / \sum \phi h)}{(k_x / \sum kh)}$ ——(加权平均 k / k_x)(ϕ_x / 加权平均 ϕ)；

③产出百分数(X 层的平均值) = [X 层的产出百分数 + (x+1)层的产出百分数] ÷ 2；

④产出流体中 X 层的累计干气产量 = 产能百分数$_1$ + 产能百分数$_2$ + 产能百分数 x；

⑤栏 9 减去栏 9 与栏 11 的乘积；

⑥栏 8 中的第一个数值加上栏 13 的累加值。

用模型研究法——类比方法预测循环注气作业的效果　流体通过多孔介质的稳态流动如果符合达西定律，那么这种流体流动就与符合欧姆定律的通过电导体的电流动相类似。因此，在预测凝析气藏循环注气动态方面，稳态电流模型研究法已经得到了相当成功的应用。

凝析气藏电模型与储层流体流动系统之间的基本类比关系决定于电荷与储层流体、电流动与流体流动、比导率与流体流度、模型中的电势（电压）分布与ϕ_g函数（不象油／水系统那样与储层的压力分布）的等效关系。根据 Muskat[4] 的定义。

$$\phi_g = \frac{\rho_g}{\mu_g} \mathrm{d}p$$

式中　ρ_g——气体密度；

μ_g——气体粘度；

p——压力。

如果源、汇和边界条件在形状和分布上等效，那么这个类比方法就成立。

稳态模型可以分为两大类：电子模型和电解模型。前者决定于电子通过电阻性固体如金属片、碳纸和浸渍石墨的布或橡胶片等的运动。电子从某一边界进入模型，并往模型内部运动，驱动自由电子通过整个模型体，然后从另一边界出来，这一运动就产生了电流。根据欧姆定律，这个电流在固体电阻性介质中造成了一个电势差。因此，用此模型可以跟踪等效流体界面的移动情况。在用浸渍石墨布作模型的情况下，储层用布层代表，布层数是产层渗透率与有效厚度乘积（kh）的某一函数。每层布的形状与它所代表的kh范围的形状一致。将铜电极固定在布模型中与储层中的井相对应的位置处，再让与井液流量成比例的直流电通过这些电极。电极大小通常不与实际井径成比例。

电解模型测决定于离子在介质中的流动度。因为电解系统中一个离子的速度与电势梯度成正比，就象液滴在多孔介质中的速度与压力梯度成比例一样，所以可以建立起一个电解模型，它可以很好地模拟多孔系统中的单相流动。让离子穿过一个或更多个边界进入模型，驱动离子让其通过整个介质，通过另外的边界出来。这样就以实质上与电子模型相同的方式建立起了电流和势差。

电解模型可以分为三大类：凝胶、汲墨纸和液体。虽然头两种可以用于确定两维均匀介质中的面积驱扫形态，但利用液体电解质的电位模型是最灵活最准确的模型。在这类模型中，多孔介质的导流能力通常用敞开容器表示，容器底部的造形使得电解质深度与生产层的kh成正比，其边部的形状与产层生产边界一致。正象模型所表示的那样，这种结构意味着渗透率无垂向变化，储层中任何一处均无层理。铜电极（不与井径成比例）安装在模型内与储层中的井相对应的位置上，让相位合适的交流电通过这些电极，电流的强度与储层所采用的产量和注入量成比例。模型中每一点处的电流方向被看作与储层流体的流动方向类似。

可应用于稳态类比方法的主要假设有：(1) 在驱动相与被驱动相之间存在垂向和离散界面；(2) 因为在某一个时间只能跟踪一个前缘的移动历史，所以，如果有两个界面或前缘（如气／气和气／水），就要把一个界面看作是静止边界；(3) 不论注入或生产计划如何，储层平均压力不变（这样就在模型研究中避免了压缩性影响）；(4) 不考虑重力影响。另外，如果系统的流度比不等于（或接近于）1 或无穷大，那么，必须进行的研究步骤就变得十分复杂和昂贵了。

Marshall 和 Oliver [58] 提出的一个典型实例，报道了得克萨斯州 Smith 县 Chapel 山油田 Paluxy 砂岩储层的电位模型研究结果。这个凝析气藏的北边由气／水界面封闭，西边被断层封闭，南边和东边发生尖灭。假设：气／水界面为一固定非渗透性边界；在整个产层内渗透率、孔隙度和束缚水饱和度均一致；注入干气的地下体积与相应的凝析气产量相等；可以忽略重力影响。图 42.7 示出了 1 号井突破时的最终干气／湿气界面位置（在试验过几种井排列方式和产出／注入量计划后确定的），得出该井的井网（$h\phi S$ 加权）效率最大为 83%。如图 42.7 所示，1 号井和 A 井注入干气，从 2–4 号井和 B 井生产。这种方案在整个循环注气期内保持 35×10^6 标准英尺^3／日的产能。

Stelzer [63] 对模型研究预测结果和该凝析气藏的实际动态进行了比较。实际注气是按照模型研究所显示的北／南驱替方式开始的。在初始阶段（循环开始后头 15 个月），相当认真地执行了初始模型研究预测出的生产量和注入量计划。但是，根据钻加密井时得到的新的构造资料，需要对 Paluxy 砂层的等厚图作一些改变。将这些变化考虑进去，并且只用 A 井和 B 井注入干气后，进行了第二次模型研究，其结果示于图 42.8。它示出了三种产–注计划下的三种界面边界（干气前缘）。在循环注气头 15 个月，执行第一个产–注计划；第二个计划持续到干气在 E 井中突破之后；最后一个计划保持到 1 号井发生突破为止。模型研究预测的产量和注入量与凝析气藏的实际产量和注入量十分吻合。

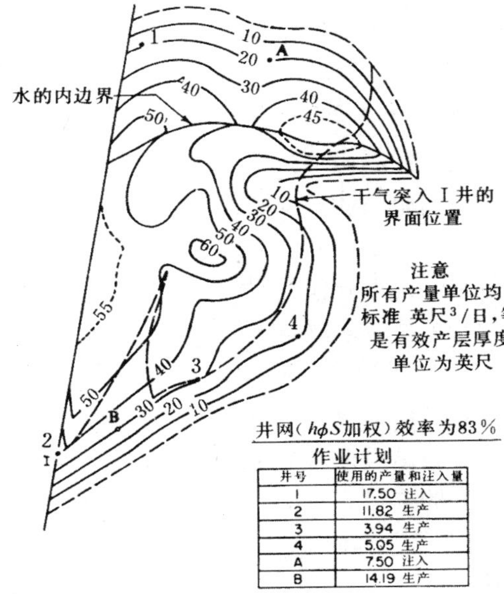

井网（$h\phi S$加权）效率为83%

作业计划

井号	使用的产量和注入量
1	17.50 注入
2	11.82 生产
3	3.94 生产
4	5.05 生产
A	7.50 注入
B	14.19 生产

图 42.7 初始电位模型研究预测的被侵入区的边界

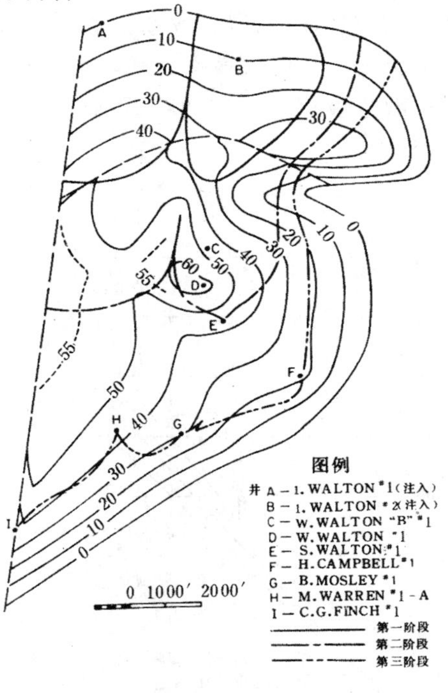

图 42.8 后期电位模型研究预测的被侵入区的边界

第二次模型研究得出的井网（$h\phi S$ 加权）效率为 88%，比初始研究得到的值高五个百分点（原来为 83%）。Stelzer 估计的循环注气开始时的气体地质储量为 784 亿标准英尺^3。因此新模型研究结果意味着由于储层定义较精确和循环注气作业计划较合理而使预测的可采气体储量增加了 40 亿标准英尺^3。

图 42.9 中的数据比较了模型（预测）突破时间与干气出现在相应井中的实际时间。（实

际动态的第一、二和三阶段对应于模型研究的第一、二和三个计划）。现场突破资料是根据异丁烷以上组分曲线的突变现象得到的；虚线表示干气驱动时的累计由井到井的突破特征。由于在所示的阶段内预测的和实际的注入量和产出量几乎相等和不变（除第一阶段外，在此阶段中调整到相同的平均产出量和注入量），所以图中的时间直接与累计的储层气体体积成比例。因此，下部的细实线代表100%的假设侵入效率，如果实际突破时间与模型预测的时间一致（且面积驱扫效率和井网（$h\phi S$加权）效率与模型预测的相同了，那么这种情况就会存在。上部细实线表示80%的任意侵入效率[假设预测的和实际的井网（$h\phi S$加权）效率相同]。从原点开始通过最后发生突破的那口井的粗直线表示稍大于90%的侵入效率，这意味着在循环注气的后期阶段，干气前缘后面的低渗透性区的侵入程度更完善。预测的突破时间与实际突破时间的差别不到10%，这说明电位模型在设计循环注气作业方面能起很大作用。在这种情况下，在储层废弃之前还有希望使井网（$h\phi S$加权）效率和侵入效率稍稍提高一些。

Stelzer[63]提出的凝析气藏在循环注气开始时的数字[气体储量为784亿标准英尺^3，气相中液体含量为74桶（凝析液）/10^6标准英尺^3（气体）]表明，在循环注气开始时，凝析气藏气相中有580万桶可凝析液。若采用模型导出的井网（$h\phi S$加权）效率（88%）（第三个计划终止时），那么，因干气侵入可以采出510万桶液体。Stelzer[63]的图5表明，从循环注气开始到1号井发生气体突破为止，共约采出464万桶液体产物。如果驱替效率为100%，那么这时的侵入效率为91%。这样，在1号井突破时，凝析气藏的循环效率为井网（$h\phi S$加权）与侵入效率之积，为80%。另外，后来的注入作业又将循环注气期间的累计可凝析液采收率增加到500万桶以上，这样最终循环效率就达到86%以上，这样的效果是很好的。

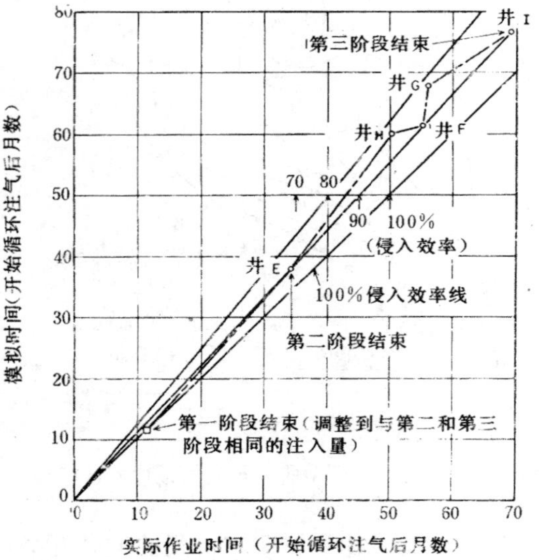

图42.9 干气首次突破的实际时间与预测时间的对比（得克萨斯州Chapel山油田Paluxy凝析气藏）

用储层数学模拟器预测循环注气效果 用储层数学模型计算循环注气期间储层动态得到的结果比更简单的计算方法得到的结果好。使用这些模型就不必作一些类比模型所必须作的假设。但是，仍需要作些假设。为进行合适的储层模拟研究，应了解这些假设。第五十一章提出了储层模拟理论。Coats[71]很好地讨论了凝析气藏的模拟研究问题。然而，必须牢记的是：储层数学模拟的结果好坏决定于用来建立储层模型的资料的质量。如果没有高质量的资料，就应考虑进行储层数学模拟所需的费用和时间是否合算。

凝析气藏循环注气研究所需要的数据 为了正确评价凝析气藏的循环注气潜力，需要有下列资料：

（1）地质资料——标有砂层有效厚度、产层顶部和底部构造等高线、原始气/水界面位置和模型研究开始时的气/水界面位置、研究开始时干气/湿气界面位置的构造图和剖面图，以及有关产层一般岩性和透镜体产状的资料，例如裂隙、裂缝、溶洞和其它特殊条件的范围等。如果存在黑油油环，那么还应表示出油环的大小和范围。

(2) 储层岩石的物理特性——等孔隙度（或平均孔隙度）图、有效或比等渗透率（或平均渗透率）图和束缚水饱和度。

(3) 流体（产出的和适合注入的流体）的特性——流体组成、储层流体反转露点压力、气体地层体积系数或比体积与压力的关系、偏差系数、储层流体的凝析液含量、粘度以及液相和气相的密度。从原始储层压力到所考虑的阶段（通常到废弃条件）均要取得上述所有的资料。

(4) 原始流体地质储量（由从点 1 到点 3 的数据推算出来）。

(5) 从发现到目前的储层压力历史（体积加权）。如果没有这一资料，应提供不同时期测压的等压线图。

(6) 从发现之日起的凝析液、气和水的产量数据。

(7) 推荐的将来产量。

(8) 注气量和（或）注水量数据，过去的和将来预计的注入量数据。

(9) 井的产能、注入率和回压测试资料。

循环注气时气体和凝析液的最终采收率　可以利用前面作过压力衰竭计算的相同储层来说明循环注气作业的有效性。表 42.8 列出了基础资料，可用于预测在原始储层压力下循环注气（以避免严重的降压影响），然后降压开采至废弃压力时的湿气、凝析液和处理厂产品的最终采收率。假设产层厚度、孔隙度和束缚水饱和度均匀一致，因此，电位模型研究得到的 79%的面积驱扫效率也就是井网（$h\phi S$ 加权）效率。由于渗透率变异性为中等，所以假设侵入效率为 90%。因为干气／湿气循环注气作业是混相驱，所以驱替效率基本上为 100%。因此，储层循环注气效率为 71.1%。为简化这一举例，假设循环注气后，干气前缘内外未被驱扫到的孔隙空间以等同于非循环注气情况的预期方式降压开采；还假设从产出气中回收丁烷以上成分在经济上是合算的。

在循环注气阶段产出的储层湿气量（原始地下组成）：

$$130992 \times 0.711 = 93135 \times 10^6 \text{ 标准英尺}^3$$

循环注气后降压开采采出的储层湿气量（组成的变化与降压开采实例中的变化相同）：

$$102045 \times (1000 - 0.711) = 29491 \times 10^6 \text{ 标准英尺}^3$$

到废弃压力（700 磅／英寸^2 表压）时产出的储层湿气量：

$$93135 + 29491 = 122626 \times 10^6 \text{ 标准英尺}^3$$

在循环注气过程中产出的分离器气体总量（见表 42.6）.

$$\frac{777.15 + 38.52 + 38.45}{1000} \times 93135 = 79548 \times 10^6 \text{ 标准英尺}^3$$

在降压开采过程中采出的气体量:

$$\frac{696.75+14.99+18.05}{1000}\times 29491 \quad =21522\times 10^{6}\text{标准英尺}^{3}$$

总计:

$$79548+21522=101070\times 10^{6}\text{标准英尺}^{3}$$

在循环注气过程中产出的凝析液总量:

$$181.74\times 93135=16926355\text{桶}$$

在降压开采过程中产出的凝析液量:

$$51.91\times 29491=1530878\text{桶}$$

总计:

$$16926355+1530878=18457233\text{桶}$$

与以前估算的仅用降压开采方式开采时的采收率值相比，这些数字提高了许多。

循环注气作业中非注入气的需求量　循环注气时非注入气的需求量可能影响可用注入气的数量。循环用气量决定于：即将保持的最佳压力水平和要达到的储层流体采出效率；易于得到的气体量，包括来源和成本；以及地面设备的设计和操作程序。在某一凝析气藏中可以经济地循环注入的气体量随许多因素的变化而变化，这些因素包括在储层循环压力下蒸气的丰度，地面处理厂的规模和成本，以及现场产品和干气的价格。Miller 和 Lents[66] 预计循环注入大约相当于 115%气体地质储量的气体，采出棉谷 Bodcaw 储层中约 85%的湿气储量。While Brinkley[55] 指出，不同储层循环注气的注入气量可高达 130%原始湿气地质储量，但未能提出在经济上合算的循环注气量的通用相关关系式；这应是在每种情况下进行详细的工程分析的研究课题。恒压循环注气所需要的补充气主要包括用来补偿产出液体收缩的气，以及用作各种燃料消耗的气。对于某些组成、温度和压力范围来说，从产出湿气中脱去较高分子可能使注气来说，单位（摩尔）注入气体的体积较大，因而可能不需要或少需要补充气。

如果要保持压力不变，那么在确定补充气需要量时应考虑因作业需要而消耗的不能注入的那部分气体量。用于压缩机和处理厂的燃料量主要决定于回注储层的气体总量和处理厂的出口压力。而出口压力又决定于所需的总注气量和注入井井数以及这些井在整个循环注气期内的吸入能力。影响整个作业所需气量的其它因素有：处理厂的类型、所用液体回收系统的类型和辅助的现场需求情况等(例如钻井、完井和试井要求；修理厂、一般修井设备、职工生活所需要的燃料和动力；以及其它一些随具体情况而变的因素)。

Moore[54] 指出，仅压缩机消费的气体燃料就有 7～12 英尺^{3}／制动马力 · 小时；这可能是针对热值约为 1000 英热单位／英尺^{3}的气体而言的。每天压缩一百万标准英尺^{3}气体所需的马力数参见参考文献[16]（压缩机一节）。

以参考文献[16]和[52]为基础的一个例子表明，当耗气量为 8 英尺^3／制动马力 · 小时，压缩比为 15.0[例如由 416 磅／英寸^2（绝对）到 7000 磅／英寸^2（绝对）个，需要三级压缩，每级的压缩比为 2.45，比热比为 1.25 时，每压缩一百万英尺^{3}气体所需的压缩机燃料的体积（英尺^3）可以计算如下。

对于气体相对密度为 0.65，每级压缩比为 2.5 的情况，从参考文献[16]中的图中可得出制动马力为 22，级间压差裕量系数（三级压缩）为 1.1。

每压缩一百万英尺^{3}气体所需的燃料＝制动马力数×燃料消耗量（英尺^3／制动马力 · 小时）×每级的压缩比×级数×裕量系数，即压缩机每天耗气量为：

$$m_c = 22 \times 8 \times 24 \times 24.7 \times 3 \times 1.1 = 34.4 \times 10^3 \text{ 标准英尺}^3 / 10^6 \text{ 标准英尺}^3$$

与 Moore[54] 图 8 中的系数相比，这个数字就很有利。对于一个原始湿气含量为 130992×10^6 标准英尺^3，其循环注气量可能相当于储量的 $1^1/_4$ 倍的典型储层来说，压缩机燃料消费量约为：

$$130992 \times 1.25 \times 34.4 = 56.33 \times 10^6 \text{ 标准英尺}^3$$

这大约占处理厂处理气量的 30%。

处理厂需要的燃料和其它装置的需要量加上压缩机燃料，将会使循环注气厂的气体消费量由其处理量的 3%增到 7%。除了这些需要和以前提到过的其它需要外，循环注气作业中还可能会损失一部分气体：为了清洗井底或进行处理作业而需向井中放喷掉一些气体；压缩机厂和现场管线会失掉少量气体；因井中油管、套管和水泥环的密封失效或腐蚀而造成的漏气。当发现压缩机厂与储层层面之间或井中产层面与处理厂进气口之间存在明显漏气现象时，应立即计划进行修井作业。

3.综合开采方法

对于凝析气藏来说，可能存在局部水驱（自然水侵速度太低以致于不能在所希望的产量下完全保持压力）条件。在这种情况下，开采方式可能是局部水驱加降压开采，再辅以注水，或者是局部水驱加循环注气。

在这些条件下，储层动态和采收率的预测，需要对水体及其水驱作用大小作出假设或加以了解。对地质条件和储层早期生产历史进行研究，可以推断出这类资料。这种推断有时准确，有时不准确。用参考文献[72]和[73]中提出的方法可以推测出，在所选定的将来储层压力水平下水驱量的大小。如果具有足够的储层早期生产历史资料，那么，通常可以用储层数学模拟研究法进行拟合（模拟）。然后可以预测储层在下述生产方法下的将来动态：(1) 在给定的产量下局部水驱和降压开采时的气体和液体的生产历史和最终采收率；(2) 在选定压力水平和产量下完全保持储层压力所需要的补充注水量；(3) 在给定压力水平和产量下保持压力所需要的循环注气处理厂的规模。

七、一般开采问题：井的特性和要求

与任何一种复杂的作业一样，凝析气藏开采工程也存在许多作业问题。那些与处理厂、管线和其它地面设备有关的问题最好留给有经验的处理厂和维修人员去解决，除非这些问题影响到储层开采作业（例如压缩机油或腐蚀产物被带入井中）。发生在井口之上和之下的作业问题常常是油藏工程师的研究对象，这些问题与降压开采或保持压力开采的开采效果有很大关系。这些问题包括保持注入井和生产井的良好井况，保护这些井不会受到严重腐蚀，保持井的注入能力和产能（两者常常相互关联），以及解决干扰日常注入和（或）生产作业的水化物形成问题等。

1. 井的产能和试井

将凝析气井产能保持在能获得良好经济效益的最低产量水平之上，是很重要的。关于气井和凝析气井的产能，它们的一般生产特性，以及它们最佳的试井方法和产能报告方式，已经发表过不少论文。储层压力递减（包括储层内液体凝析以及随后的气体有效渗透率下降而可能造成的影响）、水侵入生产井、孔隙空间中固体的沉积、压井和修井作业造成的地层损害和井下设备的机械损坏等，均可以造成凝析气井产能的损失。工程师在处理问题时必须掌握某些指标，这些指标要能说明井的产能历史，以及在目前生产条件下产能递减是否过大。

产能测试　在对井作产能测试时，应象第三十六章或得克萨斯[26]、新墨西哥[27]、堪萨斯[28]和州际石油契约委员会[29]的标准所建议的那样，采用顺序进行井的准备工作和全面进行测试的工作方法。

通常的作法是，利用井口压力确定井的产能（或注入能力）特性，并用任何一种校正方法根据观察的地面压力估算井底压力。到目前为止，还没有一种完全令人满意的可以精确估算凝析气井静止或流动井底压力的方法。计算的静止压力可能存在严重的不确定性，因为不知道井筒和油管中的液烃或水量和温度分布。计算的流动压力也可能存在不确定性，其原因是详细的温度分布和每种特定情况下假设的特殊摩擦系数不准确。Lesem 等人[74]提出了有助于近似估算生产气井温度分布的图表。随着井的深度增加，上述特性的误差和不确定性更为严重。因此，为了得到最佳的结果，应当使用精确的压力计测量井底压力。在不能用压力计测量的情况下，可以用凝析气井的井口压力估算井底压力，其准确性通常要比估算油井的井底压力好些。第三十六和三十七章讨论了进行这些估算的方法。在这些方法中，在具有流体特性（例如密度）测量值的情况下，应优先使用这些测量数据，而不要优先用计算值或相关值。

气井和凝析气井的井底静压和井底流压与产量（10^6 标准英尺^3／日）的关系曲线不是一条直线。作出井底静压和井底流压的平方（绝对值）与产量的关系曲线，可以得到十分接近直线的光滑曲线。作出井底静压与井底流压的平方差与对应产量的关系曲线（通常在双对数纸上），即可将气井或凝析气井动态与油井的动态进行粗略的类比。如果在一口井的不同产量下得到几个压力值，那么这些做法并不总是能得到直线关系（见第三十六章和参考文献[75]）。但是，这些做法却为有限地外推井的将来动态和对比目前与过去的井动态提供了合适的指标。通过考虑储层压力变化以及压力递减和液体在孔隙中沉积时气体渗透率的变化，对初始井产能进行修正，可以估算将来的井产能。在气体渗透率未降低的情况下，在压力平方和产量曲线上可以画出一条新的产能曲线，它与原始产能曲线平行，并通过所选择的静压平方这一点，由此可以估算出任一选定流压下的产量。如果采用产量与静压和流压平方差之间的原始关系曲线，那么，用合适的（将来的）静压能估算出任意将来流压下的产量；低渗透井则需要对所获得的早期等时试井资料进行专门调整（见第三十六章和参考文献[75]）。这些方法可得出将来产能的近似值；在储层中无流体相变和粘度变化的情况下，这个将来的产能将受压力递减的影响。如果气体渗透率 k_g 有可能受到孔隙中液体凝析的严重影响（气体粘度受压力降的影响），那么，必须估算气体流度 k_g/μ_g 的变化，并进行径向流计算（见第三十八章），以估算与所选择的静压相对应的新的产能曲线进行预测。

一般来说，上述两种产能估算方法均不考虑生产降压对储层中的液体分布和由此引起的生产井附近气体渗透率的进一步降低所造成的影响。因此，应用这两种估算方法计算的产能降低幅度应是最小的，如果这两种方法估算的结果与井的早期特征相比偏差很大，则表明应分析井的产能问题。

产能的过量损失　如果生产井的产能与预测结果相比以不同寻常的递减速度从原始产能开始往下降在未大量出水情况下，并且估计在井筒周围地层中存在明显的液体凝析，那么，就应该采取措施改善井的产能。其做法包括在短期内（几天到几星期）往井中注入干气，使部分凝析液蒸发，然后立刻开井生产，以产出某些被蒸发的封堵液体。

对因过量出水而引起的产能损失已进行过简要讨论。在某些情况下，证明修井作业可以减少或阻止水进入井中。

其它可能影响井产能的因素有：砂层面上或井眼附近孔隙中有沉积物，这可能是因储层水中的盐沉积形成的；压井起设备或修井造成的机械损害；井下设备的机械损坏；和水化物的形成（见第三十六章）。在因机械原因而使产能降低的情况下，应根据特定问题的具体情况，采用常规的修井方法。

2. 井的注入能力

注入井的注入能力的保持对于经济有效地实施循环注气开采方案来说至关重要。层面堵塞或储层压力升高均会降低注入能力。

注入能力测试　注气井的特征描述与产气井类似。在两种情况下，均以产量（注入量）与井底压力的平方或产量（注入量）与压力平方差的关系曲线为基础进行分析。因此，在按前面所介绍的进行了适当的井的准备工作之后，在已知井况良好和砂层面干净的情况下，应在不同压力下测量一系列的注入能力，确定井的早期注入能力动态。如果设备条件不具备，不能按所要求的变化范围取得注入量和压力数据，那么以下办法有时是可行的，即按照一个适当的变化范围取得注入井的产量和压力数据，然后利用压力平方关系通过零产量轴外推到更高的注入压力范围，近似确定井的特性。产量与压力平方差的关系曲线也可以估算井的后期注入能力动态。

与产气井的情况一样，如果注入能力随时间而递减，那么就要分析井况，以决定是否应当采用处理措施。如果凝析气藏基本上是在保持压力不变的情况下开采，那么注入能力递减的明显指标是每口注入井的注入量是否在井的注入压力下保持不变。如果井的注入压力不变而注入量下降，或注入量不变而注入压力升高，均表明注入能力下降。

注入井堵塞　注入井中的砂层面可能发生堵塞，这可能是由于将压缩机中的液体（可能是润滑油成分）或地面管线或井设备中的腐蚀产物带到井下造成的。

带走压缩机润滑油可能是严重问题。通常的解决方法是，在压缩机排出端安装高效二次冷却器、除油器和（或）消雾器。上述设备的一个特别有效的组合方式是先用“除油器”或收集器，然后用板式或网压实类消雾器，再结合应用纤维和丝网过滤器元件。

当注入井周围砂层的液堵不能通过反冲洗（后面将论述）来解除时，要考虑挤入合适的挥发性溶剂段塞。所用的溶剂最好既能与普通注入气混相，又能与所估计的堵塞孔隙的液体混相。虽然丙烷是许多烃类液体的优质溶剂，但某些润滑油中含有不溶于丙烷或不与之混相的成分。在这样的情况下，应当用其它的溶剂（可能是非烃类溶剂）。有时，注入溶剂后立即恢复注干气。如果成功，就说明溶剂溶解了部分或全部堵塞的液体，并使堵塞物充分地分散在储层中，而解决了液堵问题。在其它情况下，先花很短的时间往地层注入溶剂，然后回采冲洗地层，以清除地层中的积液。

从压缩机出口到砂层面的钢管线的腐蚀产物也能严重堵塞井眼。在安装之前，应全面清洗所有的油管、套管和地面管线，以尽可能避免微粒腐蚀产物在注入开始时运移到砂层面。在注入设备运转期间，为继续防止堵塞，应在采取防止带走压缩机油和消雾措施的同时，还应在现场气中加入适量的防腐剂。有时，用内涂层或内衬管比较合理。这些以及其它控制腐蚀措施最好在主管防腐的工程师的指导下实施。

通过反冲洗注入井，将砂层面上的物质冲下来并带出井筒的方法有时可以消除堵塞砂层面的腐蚀产物。在这种方法可行的情况下，这种能完全排除井筒中堵塞物的方法被认为是用于注入井的最佳方法。其它修井方法可能包括用加入缓蚀剂的盐酸处理注入井，溶解腐蚀产物。有时，将酸注入地层后不反冲洗，就立即开始注入气体。这种处理方法如果定期地重复使用，就会很成问题，因为它可能使堵塞发生在离井眼更远的地方，最终仍会妨碍注入，并且很难消除。

3. 所需的井数

开采凝析气藏所采用的井数变化很大，单井控制面积由不到160英亩到大于640英亩。Bennett[77]讨论过这个共性问题，并指出，打第一批井的目的是:“确定凝析气藏的上下生产边界；确定凝析气藏的范围、有效产层厚度和孔隙度等；以及提出合适的符合最终井网要求的生产井和注入井井位。”最终的井网并不一定具有规则的几何形状设计。

凝析气开采所需要钻的井数必须针对每种具体情况进行分析。要考虑的重要因素有:(1)合同规定的供应气体量和产品量；(2)所建处理厂的处理能力；(3)井的产能和注入能力；(4)受井数和井位控制的最大实际井网（$h\phi S$加权）效率（储层几何形状是一重要考虑因素）；(5)可采烃类储量及其价值；(6)项目成本，包括钻井成本。要保证项目达到经济目标和履行出售合同，必须将第(3)至第(5)项因素与第(1)、第(2)和第(6)项因素进行平衡考虑。如果井的产能低，那么，为满足小修井和大修井期间的产量要求，就需要打另外的井。

八、凝析气藏开采的经济问题

Arthur[78]以及Boatright和Dixon[79]对凝析气藏循环注气的经济问题进行了讨论。Arthur认为，最经济有利的开采方法决定于许多因素，但答案不可能通用化。我们认为，从Arthur所列因素中引用的下列因素很重要:

(1)凝析气藏的地层和流体特性，包括是否存在黑油环，产物储量规模，储层烃类的特性和组成，井的产能和注入能力，渗透率变化情况（决定注入气的窜流程度）和天然水驱的实际强度；

(2) 凝析气藏的开发和开采成本；
(3) 处理厂的建设和操作成本；
(4) 市场对气体和液体石油产品的需求情况；
(5) 产品将来的相对价值；
(6) 同一凝析气藏的不同作业者之间是否存在竞争性的生产条件；
(7) 开采税、从价税和所得税；
(8) 特殊灾难或风险（租借期限制、政治气候和其它）；
(9) 全面的经济分析。

在选择某一凝析气藏的开采方式即降压开采还是保持压力开采时，必须进行详细的分析，以预测出最佳的经济效益。循环注气和处理气体需要相当大的处理厂建设投资。不论是否循环注入储层流体，可能采用的气体处理方法均包括稳定、压缩、吸附和分馏。后两种方法从湿气中回收的凝析液量比前两种方法多得多。如果从经济或其它方面考虑希望除去气体中的乙烷，那么就应采用分馏法。

当凝析气藏特性似乎有利于开采可凝析烃类时，必须考虑循环注气是否经济有利。主要是在以下两方面之间进行对比，即所估计的循环注气所多产出的液体产品的价值；考虑到气体吸入滞后和其它因素的循环注气的实际成本。要求对循环注气开采和不循环注气开采进行经济分析，并且这些分析必须应用与每一种具体情况有关的信息因数和假设详细进行，以得到最可靠的分析结果。第 44 章中给出了有关油和气产权评估的一般性资料。

除非能对凝析气藏物理动态作出相当准确的预测，否则，经济比较毫无价值。因此，在凝析气藏情况下，除了前面给出的资料外，还必须包括根据凝析气藏物理特性和对产量有影响的外部因素编制的年产量和注入量计划。为了完善作对比经济分析所需要的详细资料，还需要有关投资计划、产品估计价格、操作成本和税收等方面的资料。

符 号 说 明

B_g——气体膨胀系数（气体地层体积系数）；
E_A——面积驱扫效率；
E_D——驱替效率；
E_I——侵入效率；
E_P——井网（$h\phi S$ 加权）效率；
E_R——凝析气藏循环注气效率；
E_V——体积驱扫效率；
h——储层有效厚度，英尺；
k——渗透率，毫达西；
k_{rg}——气体相对渗透率，小数；
k_{ro}——油的相对渗透率，小数；
K——平衡比；
p——压力，磅／英寸^2；
S——烃类流体的饱和度，%（孔隙体积）；
x——层数；
z——偏差系数（压缩系数）；
μ_g——气体粘度，厘泊；
μ_o——油的粘度，厘泊；
ρ_g——气体密度，克／厘米^3；
ϕ——孔隙度，%；
Φ_g——流动势，磅／英寸^2。

参 考 文 献

1. Sage, B.H. and Lacey. W.N.: *Volumetric and Phase Behavior of Hydrocarbons, API Project 37,* Stanford U. Press, Stanford, CA(1939).
2. Eilerts, C.K. *et al.: Phase Relations of Gas-Condensate Fluids, Test Results, Apparatus, and Techniques,* American Gas Assn., New York City (1957) **1** and **2.**

3. Burcik, E.J.: *Properties of Petroleum Reservoir Fluids,* John Wiley & Sons Inc., New York City (1957).
4. Muskat, M.: *The Flow of Homogeneous Fluids Through Porous Media,* McGraw–Hill Book Co. Inc., New York City (1937).
5. Muskat, M.: *Physical Properties of Oil Production,* McGraw–Hill Book Co. Inc., New York City (1949).
6. Sage, B.H. and Lacey, W.N.: *Thermodynamic Properties of the Lighter Paraffin Hydrocarbons and Nitrogen,* API, New York City (1950).
7. Sage, B.H. and Lacey. W.N.: *Some Properties of the Lighter Hydrocarbons, Hydrogen Sulfide, and Carbon Dioxide,* API. New York City (1955).
8. *Fundamental Research on Occurrence and Recovery of Petroleum.* API, New York City (1943–55) **1–7.**
9. Standing, M.B.: *Volumetric and Phase Behavior of Oil Field Hydrocarbon Systems,* SPE, Richardson, TX (1977).
10. Katz, D.L.: "Phase Relationships in Oil and Gas Reservoirs." *Bull.,* Texas Engineering Expt. Station (1949) 114.
11. *Trans.,* AIME (1931–present; **132**–present) SPE, Richardson, TX (published annually).
12. *Drill, and Prod. Prac.* (1939–present) API, Dallas (published annually).
13. Craft. B.C. and Hawkins, M.F.: *Applied Petroleum Reservoir Engineering,* Prentice–Hall Inc., Englewood Cliffs, NJ (1959).
14. Katz, D.L. *et al.:Handbook of Natural Gas Engineering,* McGraw–Hill Book Co, Inc., New York City (1959).
15. *Equilibrium Ratio Data Book,* Natural Gas Assn. of America, Tulsa OK (1955).
16. *Engineering Data Book,* ninth edition, Gas Processors Suppliers Assn. and Natural Gas Assn. of America, Tulsa, OK (1981).
17. Katz, D.L. and Rzasa. M.J.: *Bibliography for Physical Behavior of Hydrocarbons Under Pressure and Related Phenomena,* J.W. Edwards Publisher Inc., Ann Arbor (1946).
18. *General Index to Petroleun Publications of SPE–AIME,* SPE. Richardson, TX(1921–85) **1–5.**
19. *Index of Division of Production Papers, 1927–1953,* API, New York City (1954).
20. Sloan, J.P.: "Phase Behavior of Natural Gas and Condensate Systems," *Pet, Eng.* (Feb. 1950) **22.** No. 2, B–54–B–64.
21. Dodson, C.R. and Standing, M.B.:"Prediction of Volumetric and Phase Behavior of Naturally Occurring Hydrocarbon Systems." *Drill, and Prod. Prac.,* API (1941) 326–40.
22. Organick, E.L.: " Prediction of Critical Temperatures and Critical Pressures of Complex Hydrocarbon Mixtures," *Chem, Eng. Prog.* (1953) **49,** No, 6,81–97.
23. Carr, N.L., Kobayashi, R., and Burrows, D.B.: "Viscosity of Hydrocarbon Gases Under Pressure," *J. Pet, Tech.* (Oct. 1954) 47–55; *Trans.,* AIME.**201.**
24. Chew, J.N. and Connally, C.A.Jr.: "A Viscosity Correlation for Gas–Saturated Crude Oils," *Trans.,* AIME (1959) **216,** 23–25.
25. "API Recommended Practice for Sampling Petroleum Reservoir Fluids," API RP 44, first edition, Dallas (Jan. 1966).
26. *Back–Pressure Test for Natural Gas Wells,* Texas Railroad Commission, Austin (1985).
27. *Manual for Back Pressure Test for Natural Gas Wells,* New Mexico Oil Conservation Commission, Santa Fe (1966).
28. *Manual of Back Pressure Testing of Gas Wells,* Kansas State Corp. Commission Topeka(1959).
29. *A Suggested Manual for Standard Back–Pressure Testing Methods.* Interstate Oil Compact Commission, Oklahoma City (1986).
30. Whitson, C.H.: "Characterizing Hydrocarbon Plus Fractions." paper EUR 183 presented at the

1980 SPE European Offshore Petroleum Conference and Exhibition, London, Oct, 21–24.

31. Watson, K.M., Nelson, E.F., and Murphy, G.B.: "Characterization of Petroleum Fractions," *Ind. Eng. Chem.* (1935) **27,** 1460–64.
32. Hoffman, A.E., Crump, J.S., and Hocott, C.R.: "Equilibrium Constants for a Gas–Condensate System," *Trans.*, AIME (1953) **198.** 1–10.
33. Cook, A.B., Walker, C.J., and Spencer, G.B.: "Realistic *K* Values of C_{7+}Hydrocarbons for Calculating Oil Vaporization During Gas Cycling at High Pressures." *J. Pet. Tech.* (July 1969) 901–15;*Trans.*, AIME, **246.**
34. Nemeth,L.K. and Kennedy, H.T.: "A Correlation of Dewpoint Pressure With Fluid Composition and Temperature," *Soc. Pet. Eng. J.* (June 1967) 99–104.
35. Allen, F.H. and Roe, R.P.: "Performance Characteristics of a Volumetric Condensate Reservoir, " *Trans.*, AIME (1950) **189.** 83–90.
36. Berryman, J.E.: " Predicted Performance of a Gas–Condensate System, Washington Field, Louisiana," *J. Pet. Tech.* (April 1957) 102–07;*Trans.*, AIME, **210.**
37. Rodgers, J.K., Harrison, N.H., and Regier, S.: "Comparison Between the Predicted and Actual Production History of a Condensate Reservoir, " *J. Pet. Tech.* (June 1958) 127–31; *Trans.*, AIME. **213.**
38. Redlich, O. and Kwong, J.N.S.: "On the Thermodynamics of Solutions V. an Equation of State Fugacities of Gaseous Solutions." *Chem. Review* (1949) **44**, 233.
39. Peng, D.Y. and Robinson, D.B.: "A New Two–Constant Equation of State," *Ind. Eng. Chem. Fundamentals* (1976) **15**, 15–59.
40. Martin, J.J.: "Cubic Equations of State–Which?" *Ind. Eng. Chem. Fundamentals* (May 1979) **18,** 81.
41. *Petroleum Conservation,* S.E. Buckley *et al.* (eds.), AIME, New York City (1951).
42. Geffen, T.M. *et al.*: "Efficiency of Gas Displacement From Porous Media by Liquid Flooding." *Trans.*, AIME (1952) **195**, 29–38.
43. Yuster,S.T.: " The Rehabilitation of Drowned Gas Wells," *Drill. and Prod. Prac.*, API (1946) 209–16.
44. Bennett, E.N. and Auvenshine, W.L.: "Dewatering of Gas Wells." *Drill. and Prod. Prac.*, API (1956) 224–30.
45. Dunning, H.N. and Eakin, J.L.: "Foaming Agents are Low–Cost Treatment for Tired Gassers," *Oil and Gas J.* (Feb. 2, 1959) **57**, No. 6, 108–10.
46. Bates, G.O., Kilmer, J.W., and Shirley, H.T.: " Eight Years of Experience with Inert Gas Equipment," paper 57–PET–34 presented at the 1957 ASME Petroleum Mechanical Engineering Conference, Sept.
47. Barstow, W.F.: "Fourteen Years of Progress in Catalytic Treating of Exhaust Gas," paper SPE 457 presented at the 1973 SPE Annual Meeting, Las Vegas, Sept, 30–Oct. 3.
48. Eckles, W.W. and Holden, W.W.: "Unique Enhanced Oil and Gas Recovery Project for Very High Pressure Wilcox Sands Uses Cryogenic Nitrogen and Methane Mixture," paper SPE 9415 presented at the 1980 SPE Annual Technical Conference and Exhibition, Dallas, Sept, 21–24.
49. Moses, P.L. and Wilson, K.: "Phase Equilibrium Considerations in Utilizing Nitrogen for Improved Recovery From Retrograde Condensate Reservoirs," paper SPE 7493 presented at the 1978 SPE Annual Technical Conference and Exhibition, Houston, Oct, 1–4.
50. Peterson, A.V.: " Optimal Recovery Experiments with $N_2$and CO_2," *Pet, Eng, Intl.* (Nov. 1978) 40–50.
51. "Physical Properties of Nitrogen for Use in Petroleum Reservoirs," *Bull.*, Air Products and Chemical Inc., Allentown, PA (1977).
52. Wilson, K.: "Enhanced–Recovery Inert Gas Processes Compared," *Oil and Gas J.* (July 31, 1978)

162–72.

53. Donohoe, C.W. and Buchanan, R.D.: "Economic Evaluation of Cycling Gas–Condensate Reservoirs With Nitrogen," paper SPE 7494 presented at the 1978 SPE Annual Technical Conference and Exhibition, Houston, Oct, 1–4.
54. *Proc.,* Ninth Oil Recovery Conference, Symposium on Natural Gas in Texas, College Station, TX (1956).
55. Brinkley. T.W., "Calculation of Rate and Ultimate Recovery from Gas Condensate Reservoirs." paper 1028–G presented at the 1958 SPE Petroleum Conference on Production and Reservoir Engineering," Tulsa, OK. March 20–21.
56. Patton, C.E. Jr.: "Evaluation of Pressure Maintenance by Internal Gas Injection in Volumetrically Controlled Reservoirs," *Trans.,* AIME (1947) **170,** 112–55.
57. API Standing Subcommittee on Secondary Recovery Methods. Circ. D–294, API (March 1949) Appendix B.
58. Marshall, D.L. and Oliver, L.R.: "Some Uses and Limitations of Model Studies in Cycling," *Trans.,* AIME (1948) **174,** 67–87.
59. Calhoun, J.C.Jr.: *Fundamentals of Reservoir Engineering,* U. of Oklahoma Press, Norman (1953) 358. 374.
60. Hock, R.L.: "Determination of Cycling Efficiencies in Cotton Valley Field Gas Reservoir," *Oil and Gas J.* (Nov. 4, 1948) **47,** No. 27, 63–99.
61. Calhoun, J.C. Jr.: "A Resume of the Factors Governing Interpretation of Waterflood Performance." paper Presented at the 1956 SPE–AIME North Texas Section Secondary Recovery Symposium, Wichita Falls, Nov, 19–20.
62. Pirson, S.J.: *Oil Reservoir Engineering,* McGraw–Hill Book Co. Inc., New York City (1958) 406.
63. Stelzer, R.B.: "Model Study vs. Field Performance Cycling the Paluxy Condensate Reservoir," *Drill. and Prod. Prac..* API (1956) 336–42.
64. Muskat, M.: "Effect of Permeability Stratification in Cycling Operations," *Trans.,* AIME (1949) **179.** 313–28.
65. Standing, M.B., Linblad. E.N., and Parsons, R.L.: "Calculated Recoveries by Cycling from a Retrograde Reservoir of Variable Permeability," *Trans.,* AIME (1948) **174**, 165–90.
66. Miller, M.G. and Lents. M.R.: "Performance of Bodcaw Reservoir, Cotton Valley Field Cycling Project. New Methods of Predicting Gas–Condensate Reservoir Performance Under Cycling Operations Compared to Field Data." *Drill. and Prod. Prac.,* API (1946) 128–49.
67. Law. J.: "A Statistical Approach to the Interstitial Heterogeneity of Sand Reservoirs," *Trans.,* AIME (1945) **155.** 202–22.
68. Hurst, W. and van Everdingen, A.F.: "Performance of Distillate Reservoirs in Gas Cycing." *Trans.,* AIME (1946) **165.** 36–51.
69. Cardwell, W.T. Jr. and Parsons, R.L.: "Average Permeabilities of Heterogeneous Oil Sands." *Trans.,* AIME (1945) **160.** 34–42.
70. Sheldon, W.C.: "Calculating Recovery by Cycling a Retrograde Condensate Reservoir." *J.Pet. Tech.* (Jan. 1959) 29–34.
71. Coats, K.H.: "Simulation of Gas Condensate Reservoir Performance," paper SPE 10512 presented at the 1982 SPE Reservoir Simulation Symposium. New Orleans. Jan. 31–Feb. 3.
72. Hurst, W.: "Water Influx into a Reservoir and Its Application to the Equation of Volumetric Balance," *Trans.,* AIME (1943) **151.** 57–72.
73. van Everdingen. A.F. and Hurst, W.: "Application of Laplace Transformation to Flow Patterns in Reservoirs," *Trans.,* AIME (1949) **186.** 305–24.

74. Lesem, L.B. *et al.:* "A Method of Calculating the Distribution of Temperature in Flowing Gas Wells." *J.Pet. Tech.* (June 1957) 169–76; *Trans.,"* AIME. **210.**

75. Tek, M.R., Grove, M.L., and Poettmann. F.H.: "Method for Predicting the Back–Pressure Behavior of Low Permeability Natural Gas Wells," *J. Pet. Tech.* (Nov. 1957) 302–09: *Trans.,* AIME. **210.**

76. Clinkenbeard. P., Bozeman. J.F., and Davidson, R.D.: "Gas Well Stimulation Increases Production and Profits," *J.Pet.Tech. (Nov. 1958) 21–24.*

77. Bennett E.O.: "Factors Influencing Spacing in Condensate Fields," *Pet. Eng.* (1944) **15,** No. 10, 158–62.

78. Arthur, M.G.: "Economics of Cycling, " *Drill. and Prod. Prac.,* API (1948) 144–59.

79. Boatright, B.B. and Dixon. P.C.: "Practical Economics of Cycling," *Drill, and Prod. Prac.,* API (1941) 221–27.

第四十三章　油气储量估算

Forrest A. Garb，　SPE. H.J. Gruy & Assocs. Inc.[1]　　　　王　波　译
Gerry L. Smith[2] H.J.Gruy & Assocs. Inc.

一、储量估算的一般讨论

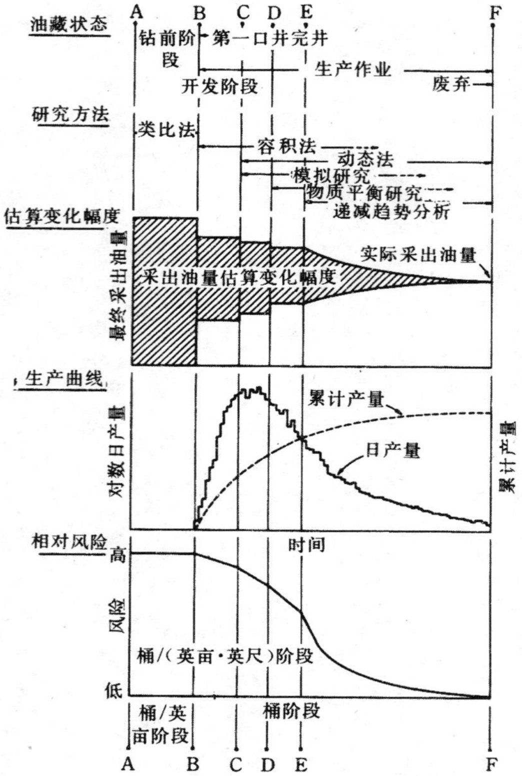

图 43.1　油藏开发期间最终采出油量估算的变化幅度

经营管理决策根据投资可望获得的效益决定。就油气而言，石油工程师要对比某种投资机会的估算成本（美元）与油（桶）或气（英尺^3）生产的现金流动情况。可以应用这种分析制造以下几方面的方针：(1) 勘探与开发油气资源；(2) 设计和建造厂房、集输系统和其它地面设施；(3) 确定合作开发项目中所有权的划分；(4) 确定买卖资源所有权的公平的市场价格；(5) 确定正开发资源的贷款抵押价值；(6) 确定销售合同、产量和价格；(7) 获得证券交易委员会或其它管理机构的批准。

储量估算就和它们的称谓一样，只是一种估算。和任何一种估算一样，它们不可能比它们所依据的可供利用的资料更可靠，并且受估算人经验的限制。很遗憾，在一项开发工程的早期阶段，当时仅有少量资料可供利用，却最需要可靠的储量数字。由于数据库是在资源开发过程中不断积累的，因而随着开发项目的实施，油藏工程师掌握的资料将越来越多，资料积累不仅改变估算储量的方法，而且会相应地改善估算的置信度。常常在以下情况下估算储量：(1) 在钻井或开发任何一个地下油气资源之前；(2) 在油田开发钻井过程中；(3) 在取得某些开发动态资料之后；(4) 在比较好地确定开发动态趋势之后。图 43.1 说明：(1) 一个假想油田开发过程中的不同阶段；(2) 适合应用的采出油量估算方法的顺序；(3) 对采出油量估算变化幅度的

[1] 1962年版本章的作者是Jan J. Arps；

[2] 已故。

影响，这通常是随着油田的开发进程和更多资料的积累必然出现的结果；(4) 假想的生产曲线；(5) 在应用采出油量估算方面的风险。横坐标轴是时间。该图没有用具体的单位，也不是按具体比例绘制的。注意，在油藏开发后期的某一时间最终采出油量的估算可能变为精确的，但同时此时的储量估算可能仍然有很大的风险。如果在最后一周生产期间，有谁设计尚有 1 和 2 桶储量可以生产，这一储量估算就会 100%是错误的。

储量估算方法通常分为三类：类比法；容积法；动态法。动态技术方法一般分为模拟研究，物质平衡计算和递减趋势分析。应用这些技术的有关阶段见图 43.1[1, 2]。在 AB 阶段，当在油藏上完钻任何一口井以前，采出油量的估算是根据同一地区相类似油田或一些井的经验作出的，具有极其一般的性质。所以这一阶段的储量估算是根据其它油田的生产用类比法确定的，并且一般用桶／英亩表示。

在完钻一口或更多口井并见到产量之后进入第二阶段即 BC 阶段。通过测井取得地下信息，可以对油藏作出面积和厚度评价或地质解释。按英亩-英尺体积考虑烃储量，即按英亩-英尺计算油或气的地质储量，乘上采收率，可以比仅用类比法缩小最终采出油量估算的变化幅度。容积分析所用的数据可能包括测井数据、岩心分析数据、井下取样分析数据和地下构造制图。结合早期生产阶段所观察到的压力动态解释这些数据，还可以估计油藏生产机理的类型。

第三阶段即阶段 CD 代表油藏探边之后的阶段。此时，动态数据一般足以应用数值模型研究作出储量估算。如果有足够的资料用于描述油藏的几何形态、岩石和流体特性的空间分布，以及油藏的生产机理，模型研究就能对各种开发方案作出最有用的储量估算。由于数值模拟需要进行历史拟合检验，保证模型代表实际油藏，因而在油藏开发早期建立的数值模拟模型可能置信度不高。

在阶段 DE，随着动态资料的积累，可以应用物质平衡法检验以前估算的油气地质储量。通过物质平衡计算研究的压力动态，还可以对油藏中存在的生产机理类型提供重要的线索。物质平衡计算的置信度取决于记录的油藏压力的精确度和工程师确定研究日期实际平均压力的能力。如果经常用精确的仪表测量压力，在生产出近 5%或 6%地质储量之后，就能够进行良好的物质平衡计算。

外推诸如在阶段 DEF 期间建立的动态趋势作的储量估算，认为是置信度最高的估算。

回顾许多不同油田长时间估算储量的历史发现，似乎有一条共同的经验，即与后期动态相比，高产油田（诸如 East Texas 油田，Oklahom City 油田，Yates 油田或 Redwater 油田等）一般在早期“桶／英亩-英尺”阶段储量估计偏低，而低产油田（诸如 West Edmond 和 Spraberry 等油田）一般在早期阶段储量估算偏高。

应当强调的是，如同所有的估算一样，估算结果的精度不可能期望超过所用基础资料不精确性给于的限制。所用的资料越好越全面，得出的结果将越可靠。考虑到资源本身的价值，为在早期阶段收集到好的基础资料而增加的投资，随后是会得到补偿的。有了好的基础资料可用，进行储量估算的工程师自然觉得他的估算结果更有保证，因而将不会谨小慎微，偏向保守。当许多基础参数仅以推测为依据时，常常出现这种情况。一般来说，在进行储量估算工作中应当试探使用所有可能使用的办法，并应当应用所有适用的方法。在这样做的过程中，估算者的经验和判断能力显然是有重要作用。

有经验的工程师对一定数量的油藏估算的总储量的概差，将随油藏数量的增加而迅速减小。虽然不同的估算者对一个单一的油藏所做的储量估算彼此之间常有很大的差别，但对许多油藏或整个公司的油藏所作出的总储量估算则有可能极其一致。

二、石油储量——定义和术语[3]

下面介绍三种公认的储量类型的定义。这三种储量是“证实的”,“概算的”和“可能的”,它们反映储量估算中不确定性的程度。证实储量的定义是由美国石油工程师学会(SPE)、美国石油地质学家协会(AAPG)和美国石油学会(API)成员的联合委员会提出来的,并与现在的美国能源部(DOE)和SEC的定义是一致的。现将联合委员会证实储量的定义、支持性讨论和术语汇编摘引如下。概算和可能储量的定义现在尚没有取得这样正式的认可,但认为它们正确地反映了目前石油工业的惯例。

证实储量的定义[3]

下面是引自美国<<石油工艺杂志>>1981年11月号2113~2114页的证实储量的定义、讨论和术语汇编。

证实储量　原油、天然气或天然气液的证实储量,是地质和工程资料相当肯定地证明在现在经济条件下❶将能从已知油气藏中开采出来的估算储量。

讨论　经济产能得到实际生产或地层测试证实的油气藏,或者岩心分析和(或)测井解释相当肯定地证明是有经济产能的油气藏,认为是得到证实的油气藏。认为得到证实的油气藏部分包括:(1)经钻井探边和由流体界面(如果有的话)圈定的部分;(2)尚未钻井但根据现有地质和工程资料能够相当可靠地判断具有经济产能的毗邻部分。在没有流体界面资料的情况下,由已知的最低部位的油气构造产状控制油气藏的下部证实界限。证实储量是从某一时间开始将放开采出来的油气估算储量。随着油气的生产和资料的积累,预计会对证实储量作出修正。

证实的天然气储量包括非伴生气和伴生溶解气。由于预计要除去天然气液,如果非烃气含量大,还要除去非烃气,因而需要适当地减少天然气储量。

当符合以下合格条件时,通过应用已确定的提高采收率技术能够经济生产的储量将包括在证实的储量之中:(1)在本油气藏或岩石和流体性质相似的油气藏,通过先导性试验项目或按制定方案作业进行了成功的试验,证实了试验项目或制定方案所依据的工程分析;(2)可以肯定,提高采收率工程将继续实施。

如果所用提高采收率技术尚需通过反复应用肯定其在经济上是可行的,那么通过这种提高采收率技术能够采出的储量,只有在通过先导性试验项目或按制定方案作业在本油气藏进行了成功的试验,证实了试验项目或制定方案所依据的工程分析之后,才能列入证实储量。

证实储量的估算不包括地下储库储存的原油、天然气或天然气液。

证实的开发储量　证实的开发储量是证实储量的次一级分类。它们是通过现有井(包括这些井控制的储量)应用成熟的设备和作业方法可望开采出来的那些储量。应用提高采收率方法开采的储量只有在提高采收率工程项目实施之后才能认为是开发储量。

证实的未开发储量　证实的未开发储量是证实储量的次一级分类。它们是通过以下工作可望采出的增加的证实储量:(1)将来钻井;(2)加深现有井至另外的油气藏;或(3)实施提高采收率工程项目。

---

❶大部分油藏工程师还加上“考虑目前的工艺技术。”——作者。

三、术 语 汇 编

1. 原油

原油在工程上定义为在天然的地下储层中呈液相存在并在通过地面分离设备后在大气压下保持液体的烃混合物。为了统计的目的，报告为原油的体积包括：(1) 在工程上定义为原油的液体；(2) 在天然地下储层中呈气相、但在矿场分离器中自油井气（套管头气）回收后在大气压下为液体的少量烃❶；(3) 与原油一起生产出来的少量非烃物质。

2. 天然气

天然气是在天然地下储层中或呈气相存在或在原油中呈溶解状态存在的烃气和少量非烃气的混合物。天然气可以细分类如下。

伴生气　通常称作气顶气的天然气，它们在储层中覆盖在上面并与原油接触❷。

溶解气　指在储层中溶解于原油的天然气。

非伴生气　不含大量原油的储层中的天然气。

溶解气和伴生气可能同时自同一口井中生产。在这种情况下，无法分别计量溶解气和伴生气的产量；所以，它们的产量是在伴生／溶解气或套管头气项目下报告的。伴生气和溶解气的储量和产能估算，也是把伴生／溶解气混在一起总报的。

3. 天然气液

天然气液（NGL）是指储层气体在地面即在矿场分离器和油气田地面设备或气体加工厂中被液化的哪一部分。天然气液包括乙烷、丙烷、丁烷、戊烷、天然汽油和凝析油，但并不仅限于此。

4. 储层

储层是具有孔隙性和渗透性的地下岩层，其中含有一个单一的、独立的可生产烃[油和（或）气]的天然聚集，并被不渗透性岩石和（或）水体封闭，它的特点是一个单一的天然压力系统。

在大多数情况下，管理机构把储层划分为油藏或气藏。如管理当局，作业者可以根据储层中烃的天然产状划分。

5. 提高采收率

提高采收率包括补充天然储层能量或增加油气藏最终采出量的所有方法。这种提高采收率技术包括：(1) 压力保持；(2) 循环注气；(3) 本来含意的二次采油（即在油藏生产过程中比较晚的注水注气，其目的是在应用自喷和人工举升方法进行一次采油的产量已接近经济极限之后提高油藏的产量）。提高采收率还包括提高采收率的新方法，如热采、化学驱、混相驱和非混相驱。

6. 概算储量

原油、天然气或天然气液的概算储量，是地质和工程资料表明在现在的经济条件下将来

---

❶从工程观点来看，这些液体称作“凝析油”；然而它们与油流是混合的，实际上无法单独计量和报告其体积。所有其它的凝析油，或者报告为“矿场凝析油”，或者报告为“加工厂凝析油”，并包括在天然气液中。——作者

❷如果储层条件表明生产伴生气对储层中原油采收率无重大影响，管理机构也可以把这些气体划归非伴生气。在这种情况下，要根据管理机构用的分类报告储量和产量。——作者。

相当有希望从已知储层采出的估算储量。就进一步扩大、可采性或经济可行性等而言，概算储量的不确定性程度要高于证实储量。

7.可能储量

原油、天然气或天然气液的可能储量，是地质和工程资料表明在现在的经济条件下将来相当可能从已知储层采出的估算储量。可能储量的不确定性程度要高于证实或概算储量。

四、油气藏体积计算[4]

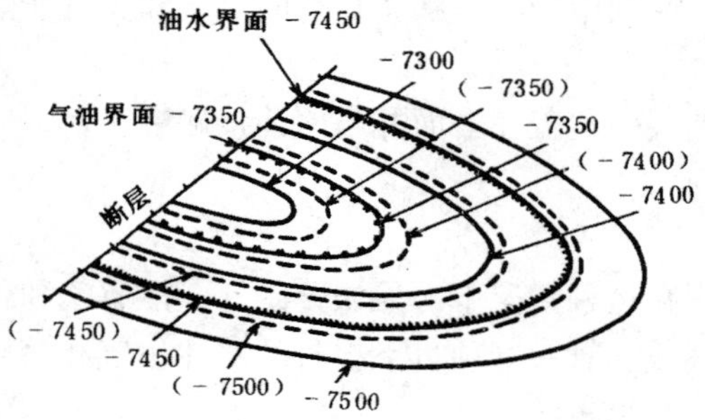

图 43.2　油藏顶（实线）底（尾线）部地质图

当有足够的地下控制可供利用时，可以通过几种不同的途径计算油气藏含油或含气有效厚度的体积。

(1) 根据地下资料绘制地质图（图 43.2），按砂层顶部的海拔深度（实线）和砂层底部的海拔深度（虚线）绘制等高线。然后用求积仪算出每条等高线圈闭的总面积，并在英亩−英尺计算图上作为横坐标绘制与作为纵坐标的相应海拔深度的关系曲线（图 43.3）。气油界面（GOC）和水油界面（WOC）根据岩心、测井或试油资料确定，并用水平线示出❶。连接各实测点之后，用以下方法就可以确定综合的含油和含气砂层的总体积。

1）用求积仪从英亩−英尺图上计算。

2）如果等高线间隔数是偶数，则按 Simpson 法则计算：

$$50/3〔(0+136)+4(24+103)+2(46)〕=12267 \text{ 英亩−英尺}$$

（用 Simpson 法则分别计算总含气砂层和总含油砂层体积的结果示于图 43.3 英亩−英尺计算图上。）

3）按梯形法则计算，精确度要差些：

$$50[1/2(0+136)+(24+46+103)〕=12050 \text{ 英亩−英尺}$$

4）按更复杂一些的棱锥法则计算：

$$50/3〔0+136+2(24+46+103)+\sqrt{24\times 88}+\sqrt{88\times 209}+\sqrt{209\times 378}-\sqrt{42\times 106}-\sqrt{106\times 242}〕=11963 \text{英亩}-\text{英尺}$$

❶如果使用国际米制单位，则海拔深度用米表示，求积仪求得的每条等高线圈闭的面积用公顷表示。最后得出的公顷·米计算图可完全象下面的英亩·英尺图计算实例那样进行计算，得出以米^{3}表示的油藏体积（1 公顷·米 $=10000$ 米^3）。

5）如果砂层具有均匀厚度，则用水油界面以上 1／2Z 英尺等高线圈闭的面积乘平均总有效厚度$\bar{h}_t$就可以了。

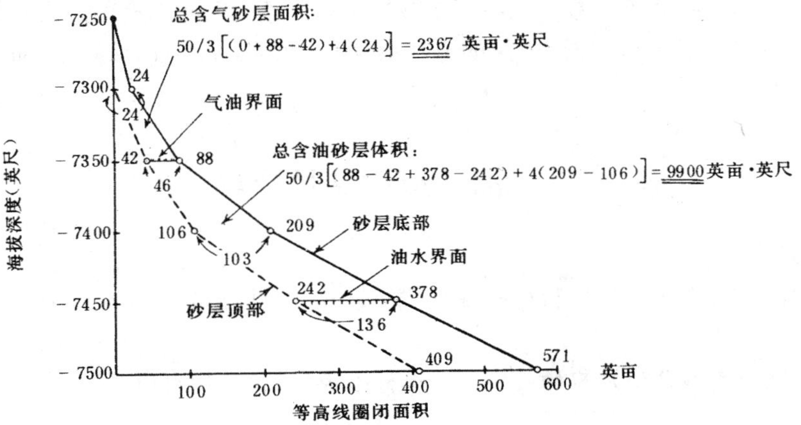

图 43.3　英亩–英尺计算图

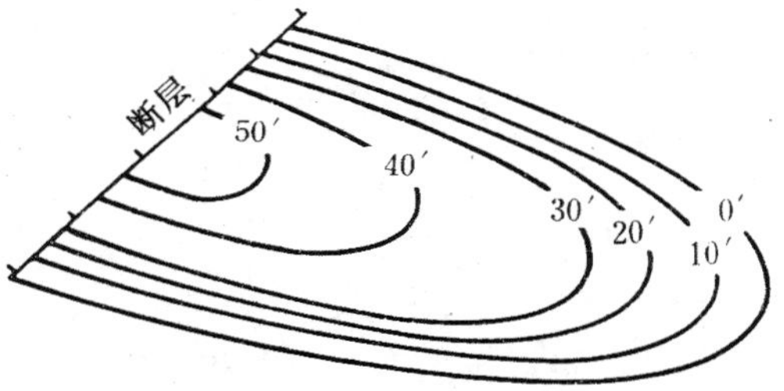

图 43.4　含气砂层的等厚线图

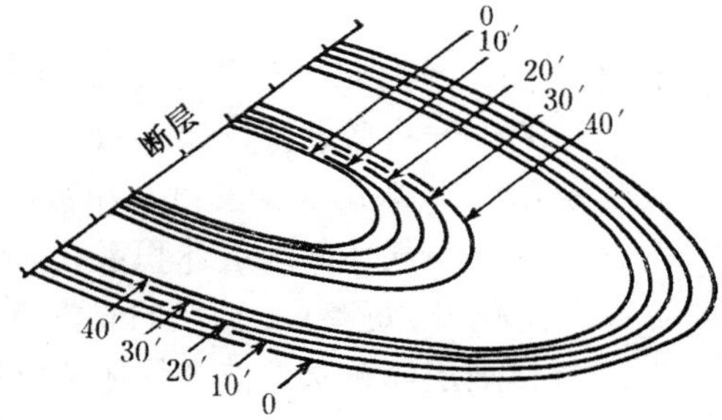

图 43.5　含油砂层的等厚线图

6）如果顶部等高线内的面积是圆形（面积 A，高度 Z），则按一个圆球的弓形体处理时顶部体积为 $1/6\pi Z+1/2AZ$，按锥形处理时为 $1/3AZ$。

然后根据单井测井资料或岩心资料确定，在总的砂层剖面中有多大的百分比地层含油气和生产油气。

总的砂层体积乘上有效厚度占的百分比，即得有效厚度的体积。例如，如果在图 43.2 和 43.3 所说明的情况下发现总剖面的 15%由均匀分布的页岩或致密不渗透夹层组成，则有效含气含油的体积可以分别计算如下：

$$0.85\times2367=2012 \text{ 英亩–英尺有效含气体积}$$

和

$$0.85\times9900=8415 \text{ 英亩–英尺有效含油体积}$$

(2) 根据单井测井资料可以对有效含气厚度或有效含油厚度分别绘制等厚线图（分别见

图 43.4 和图 43.5)，并用上面 1 中（1)，(2）或（3）所使用的方法计算总有效含气或含油英亩−英尺数。

(3）如果各井之间孔隙度变化大，并且在许多井上有好的测井和岩心分析资料可供利用，有时需要绘制孔隙度英尺数（孔隙度小数值乘以用英尺表示的有效厚度）等值线图，并应用上面 1 中（1)、(2）或（3）讨论的方法由这种等值图计算有效厚度剖面中的总有效孔隙空间。

五、油气地质储量计算

1. 容积法

如果已知油气藏大小，岩性特征和油气藏流体物性可以用下面介绍的方程计算原始油气地质储量。

气藏或气顶（无残余油）中的自由气　按标准英尺^{3}计算得自由气：

$$G_{Fi}=\frac{43,560V_g\phi\ (1-S_{iw})}{B_g} \tag{1}$$

式中　V_g——油藏中含自由气部分的有效厚度的体积，英亩−英尺；

ϕ——有效孔隙度，小数；

S_{iw}——束缚水饱和度，小数；

B_g——气体的地层体积系数，无因次；

43560——每英亩−英尺的立方英尺数。

气体地层体积系数值或气体地层体积系数倒数 $1/B_g$ 值，可以按压力、温度和气体比重的不同组合估算（见有关气体地层体积系数部分)❶。

油藏中的原油（含油部分无自由气）　按地面桶计算原油：

$$N=\frac{7758V_o\phi\ (1-S_{iw})}{B_o} \tag{2}$$

式中　N——油藏原始石油地质储量，地面桶；

V_o——油藏含油部分的有效厚度的体积，英亩−英尺；

B_o——原油地层体积系数，无因次；

7758——每英亩−英尺桶数。

表 43.1 列出了不同孔隙度ϕ、束缚水饱和度 S_{iw} 和原油地层体积系数 B_o 值的每英亩−英尺的原油地面桶数。

油藏中的溶解气（无自由气）　按标准英尺^{3}计算溶解气：

---

❶关于原油、气体、凝析油和水的性质及相应的关系式的详细情况，请参考第二十三到二十八章。——作者。

$$G_s = \frac{7758 V_o \phi (1 - S_{iw}) R_s}{B_o} \tag{3}$$

式中　G_s——溶解气的地质储量，标准英尺^3；

R_s——溶解气油比，标准英尺^3／地面桶。

表 43.1　每英亩-英尺的原油地质储量(地面桶)

B_o	S_{iw}	孔隙度，ϕ						
		0.05	0.10	0.15	0.20	0.25	0.30	0.35
1.0	0.10	349	698	1047	1396	1746	2095	2444
	0.20	310	621	931	1241	1552	1862	2172
	0.30	272	543	815	1086	1358	1629	1901
	0.40	233	465	698	931	1164	1396	1629
	0.50	194	388	582	776	970	1164	1358
1.5	0.10	233	465	698	931	1164	1396	1629
	0.20	206	411	617	822	1028	1234	1439
	0.30	182	365	547	729	912	1094	1276
	0.40	155	310	465	621	776	931	1086
	0.50	128	256	384	512	640	768	896
2.0	0.10	175	349	524	698	873	1047	1222
	0.20	155	310	465	621	776	931	1086
	0.30	136	272	407	543	679	815	950
	0.40	116	233	349	465	582	698	815
	0.50	97	194	291	388	485	582	679
3.0	0.10	116	233	349	465	582	698	815
	0.20	105	209	314	419	524	628	733
	0.30	89	178	268	357	446	535	625
	0.40	78	155	233	310	388	465	543
	0.50	66	132	198	264	330	396	462

2. 物质平衡法〔5-8〕

当缺乏可靠的体积数据，或者要对容积法估算结果进行独立检验时，有时可以用物质平衡法计算油藏中的油气地质储量〔5〕。这一方法所依据的前提是油藏的孔隙体积在生产油、气和（或）水时保持不变或按可预测的方式随油藏压力而变化。这样就可能使压力下降时油藏流体的膨胀等于油、气、水采出量减去水侵量而造成的油藏亏空。为了成功地应用这一方法，除需要可靠的油气水产量数据和有关油藏流体的高压物性数据以外，还需要有精确的油藏平均压力动态史。一般来说，要可望得到重要的结果，必须采出5%～10%的油或气的原始地质储量。如果没有很精确的动态和高压物性数据，如此计算得到的结果就可能是十分错误的〔6〕，特别是除原油地质储量外诸如自由气气顶的大小等为未知时，或者当出现水驱作用时，更是如此。

当可用的方程数超过这些未知数的数量时，最好应用“最小二乘法”求解〔7〕。由于物质平衡方程对二相地层体积系数 B_t 的微小变化都是很敏感的，因而对于刚降到泡点以下的压

力范围需要使用调整方法，即所谓的 Y 法。Y 值如下:

$$Y=\frac{(p_b-p_R)\ B_{oi}}{p_R\ (B_t-B_{oi})} \tag{4}$$

式中 p_b——泡点压力，磅／英寸^2（绝对）；

p_R——油藏压力，磅／英寸^2（绝对）；

B_t——原油的二相地层体积系数，无因次；

B_{oi}——原始的原油地层体积系数，无因次。

这一方法是标绘 Y 值与油藏压力 p_R 的关系值，通过标绘点绘一直线，并对离开泡点的更精确的值进行特殊加权。然后应用这一直线关系校正曾用来计算 B_t 调整值的以前的 Y 值。如果假设差压脱气代表油藏生产条件，则对于比泡点低很多的压力不能应用由这一方法计算的 B_t 值。

当出现活跃水驱作用时，累计水侵量 W_e 应当用已知压力／时间动态史项和一个水驱常数项表示[8]，从而把这一项简化为一个未知数。一个应用物质平衡方法进行全面计算的实例见参考文献〔7〕。该实例应用了这种转换方法，这一实例中的油藏为一局部水驱油藏，当采出大约 9%的原油地质储量时，有 36 个压力点和方程可用，确定了该油藏的原油地质储量。

物质平衡方程最通用的形式如下:

$$N=\frac{N_p[B_t+0.1781B_g\ (R_p-R_{si})\ ]-\ (W_e-W_p)}{B_{oi}\left\{m\frac{B_g}{B_{gi}}+\frac{B_t}{B_{oi}}-\ (m+1)\left[1-\frac{\Delta p_R\ (c_f+S_{iw}c_w)}{1-S_{iw}}\right]\right\}} \tag{5}$$

式中 N_p——累计产出油量，地面桶；

R_p——累计气油比，标准英尺^3／地面桶；

R_{si}——原始溶解气油比，标准英尺^3／地面桶；

W_e——累计水侵量，桶；

W_p——累计产水量，桶；

Δp_R——油藏压力变化，磅／英寸^2；

B_{gi}——原始气体地层体积系数，地下英尺^3／标准英尺^3；

m——油藏原始自由气体积与原油体积之比；

c_f——油藏岩石的压缩系数，孔隙体积变化／单位孔隙体积／磅／英寸^2；

c_w——束缚水压缩系数，(磅／英寸^2) $^{-1}$。

当出现气顶作用时，可以省略油藏地层压缩系数 c_f 和束缚水压缩系数 c_w，将这一方程简化为表 43.2 中的方程（6）。

如果油藏无活跃水驱作用（即 $W_e=0$），则进一步简化为方程（7）。

对于低于泡点压力的原始欠饱和油藏（$m=0$）来讲，视有无活跃水驱作用，将方程（6）和（7）简化为方程（9）或（11）。

对于高于泡点压力的原始欠饱和油藏（$m=0$）来讲，无自由气出现（$R_p-R_{si}=0$），而

$B_t = B_{oi} + \Delta p_R c_o$（其中 c_o 为地下原油的压缩系数，体积变化／单位，体积／磅／英寸^2），因而视有无活跃水驱作用，将通式（5）简化为方程（8）或（10）。

对于气藏来讲，视有无活跃水驱作用，物质平衡方程取方程（12）或（13）的形式。在每种情况下，方程右边的分子代表净气藏亏空，即气藏产量减水侵量，而分母是气藏的气体膨胀系数（$B_g - B_{gi}$）。

表 43.2 物质平衡方程分类

油气藏类型	物质平衡方程①	未知数	方程
有气顶和活跃水驱油藏	$N=\dfrac{N_p[B_t+0.1781B_g(R_p-R_{si})]-(W_e-W_p)}{mB_{oi}\left(\dfrac{B_g}{B_{gi}}-1\right)+(B_t-B_{oi})}$	N, W_e, m	(6)
有气顶无活跃水驱($W_e=0$)油藏	$N=\dfrac{N_p[B_t+0.1781B_g(R_p-R_{si})]+W_p}{mB_{oi}\left(\dfrac{B_g}{B_{gi}}-1\right)+(B_t-B_{oi})}$	N, m	(7)
原始欠饱和($m=0$)有活跃水驱油藏 (1)高于泡点压力	$N=\dfrac{\left[N_p(1+\Delta p_R c_o)-\dfrac{W_e-W_p}{B_{oi}}\right](1-S_{iw})}{\Delta p[(c_o+c_j-S_{iw}(c_o-c_w)]}$	N, W_e	(8)
(2)低于泡点压力	$N=\dfrac{N_p[B_t+0.1781B_g(R_p-R_{si})]-(W_e-W_p)}{B_t-B_{oi}}$	N, W_e	(9)
原始欠饱和($m=0$)无活跃水驱($W_e=0$)油藏 (1)高于泡点压力	$N=\dfrac{\left[N_p(1+\Delta p_R c_o)-\dfrac{W_p}{B_{oi}}\right](1-S_{iw})}{\Delta p_R[c_o+c_j-S_{iw}(c_o-c_w)]}$	N	(10)
(2)低于泡点压力	$N=\dfrac{N_p[B_t+0.1781B_g(R_p-R_{si})]+W_p}{B_t-B_{oi}}$	N	(11)
有活跃水驱气藏	$G=\dfrac{G_pB_g-5.615(W_e-W_p)}{B_g-B_{gi}}$	G, W_e	(12)
无活跃水驱($W_e=0$)气藏	$G=\dfrac{G_pB_g+5.615W_p}{B_g-B_{gi}}$	G	(13)

①常数 0.1781 等于 7758 桶／英亩·英尺 ÷ 43560 英尺^2／英亩。如果所有体积用米^{3}表示,则这一常数和将桶换算为英尺^{3}的 5.615 可以消除。

六、饱和度衰竭型油藏——容积法

1. 一般讨论

无活跃水驱的油藏，仅仅依靠自原油中分离出来的天然气的膨胀作用生产，常称作在衰竭机理下生产，也叫做内部气驱或溶解气驱。当出现自由气气顶时，这一机理会得到外部气驱或气顶驱的补充。当油藏渗透率足够高和原油粘度足够低时，并且当产层有足够大的倾角或足够高的垂向渗透率时，这一机理会尾随出现或伴随出现重力分离作用。

当衰竭型油藏刚开始生产时，其孔隙含有束缚水和原油及在压力下溶解在油中的天然气。假设在含油带无自由气出现。束缚水通常生产不出来，它在压力下降时的收缩与控制衰竭型采出油量的某些其它因素相比可以忽略不计。

当这种油藏生产到它的一次采油结束时，如果不考虑出现气顶或重力分离作用，它将含有与以前相同的束缚水量，这些水在低压下与剩余油共存。生产原油和剩余油收缩形成的空间，现在被原油分离出的气体充满。在以衰竭方式生产期间，气体占据的空间逐渐增加，到油藏废弃时达到最大值。气体如此占据的空间的总量，是估算衰竭机理最终采出油量的关键。油藏生产的自由气油气比按相对渗透率比关系曲线以及其中油和气的粘度而变化，当这一油气比耗尽了可提供的溶解气时，就达到了这一驱动机理的最终采出油量。

2. 单位采出油量方程

单位采出油量是指在理想条件下按给定的采油机理生产，每一英亩、英尺单位均质产层体积在理论上可能达到的最终采出油量（地面桶）。

饱和度衰竭型油藏的单位采出油量方程，等于原始压力 p_i 下每一英亩-英尺的原始石油地质储量（地面桶）减去废弃压力 p_a 下的剩余原油储量（地面桶），见表 43.3。

按差分法，以每英亩-英尺地面桶表示的衰竭或溶解气驱的单位采出油量方程为：

$$N_{ug} = 7758\phi \left(\frac{1 - S_{iw}}{B_{oi}} - \frac{1 - S_{iw} - S_{gr}}{B_{oa}}\right) \tag{14}$$

式中 S_{gr}——达到废弃压力时油藏条件下的剩余自由气饱和度，小数；

B_{oa}——达到废弃压力时的原油地层体积系数，无因次。

用这一方程计算单位采出油量的关键是对废弃压力下剩余自由气饱和度 S_{gr} 的估算。如果有相当大数量的利用新取出的岩心精确确定的油和水的饱和度数据，那么就可以由 1 减去平均油水总饱和度近似求得 S_{gr}。这一方法所依据的假设条件是：当岩心起出地面时其中由于降压而发生的衰竭过程有些类似油藏中的实际衰竭过程。由于分析前岩心可能损失一些液体，因而会使求得的 S_{gr} 值太高。另外，经泥浆滤液冲刷后仍在剩余油中呈溶解状态存在的少量气体，令趋向于减小剩余的自由气饱和度。应用这一方法是希望这两种效应在某种程度上互相补偿。

对于平均油气比为 400～500 英尺^3／桶，原油重度为 30～40°API 的中等胶结砂层来讲，典型的 S_{gr} 值为 0.25。

砂层的胶结程度高，即砂层页岩含量高，或者溶解油气比减小 50%，会使这一典型的 S_{gr} 值减小大约 0.05；而完全不含胶结物或无页岩的纯净疏松砂层，或者溶解油气比增大一倍，会使 S_{gr} 值最大增加 0.10。

与此同时，原油重度每变化 3°API，一般会使 S_{gr} 值增加或减小大约 0.01。

表 43.3 衰竭型油藏单位采出油量方程的条件

	原始条件[①]	最后的条件[①]
油藏压力	p_i	p_a
束缚，ϕS_{iw}(桶／(英亩·英尺))	7758	7758
自由气，ϕS_{gr}(桶／(英亩·英尺))	0	7758
油藏原油(桶／(英亩·英尺))	$7758\phi(1-S_{iw})$	$7758\phi(1-S_{iw}-S_{gr})$
地面原油(桶／(英亩·英尺))	$7758\phi\dfrac{(1-S_{iw})}{B_{oi}}$	$7758\phi\dfrac{(1-S_{iw}-S_{gr})}{B_{oa}}$

①如果用米^3／公顷·米，则用 10000 代替常数 7758。

例题 1 一个胶结砂岩油藏的孔隙度 $\phi=0.13$，束缚水含量 $S_{iw}=0.35$，泡点压力下的溶解油气比 $R_{sb}=300$ 英尺^3／桶，原始的原油地层体积系数 $B_{oi}=1.20$，废弃压力下的原油地层体积系数 $B_{oa}=1.07$，地面原油重度为 40°API。根据以上考虑，比平均原油重度略亏的效应基本上可以补偿比平均油气比略低的效应，因而剩余的自由气饱和度 S_{gr} 在由于胶结作用而减小 0.05 之后，估计为 0.20。

解：按照方程（14），以衰竭机理生产的单位采出油量为：

$$N_{ug}=(7758)\quad(0.13)\quad\left(\frac{1-0.35}{1.20}-\frac{1-0.35-0.20}{1.07}\right)$$

$$=122\text{地面桶／(英亩·英尺)}\quad(157\text{米}^3\text{／公顷·米})$$

式中 N_{ug}——衰竭驱或溶解气驱的单位采出油量，地面桶。

Muskat 法[9] 如果通过油藏流体的高压物性分析取得了压力、原油地层体积系数 B_o、气体地层体积系数 B_g、原油的气体溶解度（溶解气油比）R_s、原油粘度 μ_o 和气体粘度 μ_g 等之间的实际关系，并已知所研究油藏岩石的相对渗透率比 k_{rg}/k_{ro} 与总液体饱和度 S_t 之间的关系，那么就可以通过由下面的微分形式的衰竭方程直接分步骤地计算饱和度衰减史求得衰竭驱的单位采出油量：

$$\frac{\Delta S_o}{\Delta p_R}=\frac{S_o\dfrac{B_g}{B_o}\dfrac{dR_s}{dp_R}+(1-S_o-S_{iw})B_g\dfrac{d(1/B_g)}{dp_R}+S_o\dfrac{\mu_o}{\mu_g}\dfrac{k_{rg}}{k_{ro}}\dfrac{dB_o}{B_o\,dp_R}}{1+\dfrac{\mu_o}{\mu_g}\dfrac{k_{rg}}{k_{ro}}}\tag{15}$$

式中 S_o——油藏条件下原油或凝析油饱和度，小数；

μ_o——油藏原油的粘度，厘泊；

μ_g——油藏气体的粘度，厘泊；

k_{rg}——作为绝对渗透率分数的气体相对渗透率。

k_{ro}——作为绝对渗透率分数的原油相对渗透率；

通过计算并预先编制以下仅为压力函数的参数组项的图表以及仅为总液体饱和度 S_t 函数的相对渗透率比图表，可以极大地简化各单项计算：

$$\left(\frac{B_g}{B_o}\frac{\mathrm{d}R_s}{\mathrm{d}p_R}\right)\cdot\left[B_g\frac{\mathrm{d}\ (1/B_g)}{\mathrm{d}p_R}\right],\ \frac{\mu_o}{\mu_g}\ \cdot\left(\frac{1}{B_o}\frac{\mathrm{d}B_o}{\mathrm{d}p_R}\right)$$

当用台式计算器进行这种计算时，如果压力递减增量选择太大，特别是在油气比快速增加的后期阶段，计算精度就会快速下降。

然而，如果应用现代电子计算机，就可以选用 10 磅／英寸^2 或更小的压力递减增量，从而能够达到可靠的精度。

这种分步骤术解衰竭方程可以求得作为油藏压力 p_R 函数的油藏原油饱和度 S_o。这些结果可以换算为每英亩·英尺的累计采出油量，用地面桶／英亩–英尺表示为：

$$N_p = 7758\phi\left(\frac{1-S_{iw}}{B_{oi}}-\frac{S_o}{B_o}\right) \tag{16}$$

这些结果可以换算为以原始石油地质储量（OOIP）分数表示累计采出油量：

$$\frac{N_p}{N} = 1-\left(\frac{S_o}{1-S_{iw}}\right)\left(\frac{B_{oi}}{B_o}\right) \tag{17}$$

而以标准英尺^3／地面桶表示的气油比史，可以用下式进行计算：

$$R = R_s + 5.615\frac{B_o}{B_g}\frac{\mu_o}{\mu_g}\frac{k_{rg}}{k_{ro}} \tag{18}$$

式中 R 为用标准英尺^3／地面桶表示的瞬时生产油气比。用桶／日表示的相对产油量用下式计算：

$$q_o = \frac{k_o}{k_{oi}}\frac{\mu_{oi}}{\mu_o}\frac{p_R}{p_i}q_{oi} \tag{19}$$

式中 q_o——产油量，桶／日；

k_o——原油的有效渗透率，毫达西；

k_{oi}——初期的原油有效渗透率，毫达西；

μ_{oi}——初期的油藏原油粘度，厘泊；

q_{oi}——初期的原油产量，桶／日。

应强调指出，这一方法所依据的假设条件是整个油藏内的原油饱和度均匀分布，因而当在地层内出现明显的气体分离作用时其求解将失效。因此，这一方法仅适用渗透率相对较低的油藏。

这一方法以及下面讨论的 Tarner 法的另一个限制，是假设在油管或地面分离设备中无液体自产出气中凝析。因而这一方法不适用于后面讨论的高温、高油气比和高地层体积系数的"挥发性"油藏。

Tarner 法　Babson[10] 和 Tarner[11] 对饱和度衰竭过程提出了试算型的计算方法。这些方法需要小得多的压力增量数目，因而更容易用台式计算器进行计算。这两种方法依靠同时求解物质平衡方程[方程（11）]和瞬时油气比方程[方程（18）]。

在这两种方法中 Tarner 法更为简单些。对于给定压力降（由 p_1 到 p_2）来讲，分步计算累计产油量 $(N_p)_2$ 和累计产气量 $(G_p)_2$ 的步骤如下：

(1) 假设压力由 p_1 降到 p_2 期间累计产油量由 $(N_p)_1$ 增加到 $(N_p)_2$。N_p 在泡点下应设定等于零。

(2) 用物质平衡方程（方程（11）]计算压力 p_2 下的累计产气量 $(G_p)_2$。为此目的并假设 $W_p=0$，把物质平衡方程重新写成以下形式：

$$(G_p)_2=(N_p)_2(R_p)_2=N[(R_{si}-R_s)-5.615\times\frac{B_{oi}-B_o}{B_g}]-(N_p)_2(5.615\frac{B_o}{B_g}-R_s)\tag{20}$$

(3) 用以下方程计算压力 p_2 下的以分数表示的总液体饱和度 $(S_t)_2$：

$$(S_t)_2=S_{iw}+(1-S_{iw})\frac{B_o}{B_{oi}}[1-\frac{(N_p)_2}{N}]\tag{21}$$

(4) 确定与总液体饱和度相对应的 k_{rg}/k_{ro}，并用下式计算 p_2 下的瞬时油气比

$$R_2=R_s+5.615\frac{B_o}{B_g}\frac{\mu_o}{\mu_g}\frac{k_{rg}}{k_{ro}}\tag{22}$$

(5) 用下式计算压力 p_2 下的累计产气量：

$$(G_p)_2=(G_p)_1+\frac{R_1+R_2}{2}[(N_p)_2-(N_p)_1]\tag{23}$$

式中　R_1——原来计算的压力 p_1 下的瞬时油气比。

一般对 $(N_p)_2$ 值慎重提出三个猜测值，并用步骤（2）和（5）计算相应的 $(G_p)_2$ 值。当绘制如此求得的 $(G_p)_2$ 与所假设的 $(N_p)_2$ 的关系曲线时，代表步骤（2）计算结果

的曲线与代表步骤（5）计算结果的曲线二者的交点将表明能满足两个方程的累计产气量和累计产油量。在实际应用中，使增加的气量等于$(G_p)_2-(G_p)_1$而不是$(G_p)_2$本身，一般可以进一步简化这一方法。这一相等表明，在每一压力步下，如同用体积平衡法确定的一样，累计气量将与如同受岩石相对渗透率比控制而从油藏中产出的气量相同，而相对渗透率比本身取决于总液体饱和度。虽然 Tarner 法原本是为图解内插而设计的，但它同样适用于自动数字计算机。计算机可为增加的采油量用这两种方程计算产出的气量，并从一个计算结果中减去另一个计算结果。当差值变为负值时，计算机停机，答案即在最后一个和倒数第二个原油产量之间。

Tarner 法也偶而用于计算带气顶油藏的采油量，或用于评价完全或部分回注产出气的可能结果。当出现气顶时或回注产出气时，自由气会或迟或早窜入油藏的产油部分，从而使该法所依据的在油藏整个产油部分原油饱和度均匀分布的假设条件失效。因为这种气窜除使整个计算方法失效外，还会引起瞬时油气比[方程（18）]，因此建议不要以原来的形式把 Tarner 法用于这种情况。另外，当预计在非均质油藏中会出现明显的气体分离作用时，也应当谨慎应用。

计算的衰竭驱采出油量　某些研究工作者应用 Muskat 法和 Tarner 法研究了不同变量对衰竭机理最终采出油量的影响。[9, 12–14] 其中的一篇文献[12] 提出了五种不同类型油藏岩石的 k_{rg}/k_{ro} 关系曲线，代表砂层、砂岩、石灰岩、白云岩和黑硅石等不同岩石的各种条件。假设这五种油藏岩石在油藏条件下为束缚水和合成油气混合物所饱和 。砂层和砂岩的束缚水饱和度假设为 25%，石灰岩等的束缚水饱和度假设为 15%。合成油气混合物共有 12 种，所代表的原油重度范围为 15～50 °API，溶解气量变化范围为 60～2000 英尺^3／地面桶。然后用衰竭方程[方程（15）]计算了直到废弃压力（为泡点压力的 10%）时的生产动态和采出油量。

对不同类型的油藏岩石、所假设的原油重度和溶解油气比计算得出的理论衰竭采出油量，用地面桶原油／英亩 · 英尺／百分孔隙度表示，见表 43.4。

当没有油藏岩石及其所含流体的详细物性数据可用时，发现应用表 43.4 有助于估算衰竭驱采出油量的可能变化范围。可以指出，油藏岩石的 k_{rg}/k_{ro}。关系曲线显然是控制采出油量最重要的一项因素。粒间无胶结物质看来最为有利，而胶结作用的增加则对采出油量起副作用。同时正如推理所表明的，原油的重度和粘度起次一级的重要作用。原油重度（API 重度）较高，粘度较低，可提高采出油量。油气比对采出油量的影响不太明显，没有显示出一致的趋势。显然，油气比较高时粘度较低和气体驱扫更有效的有益影响，在大多数情况下被更高的原油地层体积系数所抵销。

一般来说，这些数据看来表明采出油量的变化范围为：由最差组合的 1～2 桶／英亩–英尺／百分孔隙度到最优组合的 19～20 桶／英亩–英尺／百分孔隙度。总平均值看来大约为 10 桶／英亩–英尺／百分孔隙度。

另外，很有意义是当油藏衰竭程度达到大约 2／3 时，压力一般下降到大约泡点压力值的一半。

在另一篇文献〔13〕中提出了九幅诺模图，每幅图适用一种 k_{rg}/k_{ro} 曲线、脱气油粘度和束缚水饱和度组合。平均 k_{rg}/k_{ro} 关系曲线、0.30 束缚水饱和度和 2 厘泊脱气原油粘度的诺模图如图 43.6 所示。该图下面的实例说明了图的应用。

表 43.4　为典型地层计算的衰竭驱采出油量(地面桶／英亩·英尺／百分孔隙度)

溶解气油比 (英尺^3／桶) (R_{sb})	原油重度 (°API) γ_o	砂层或砂岩 $S_{iw}=0.25$			石灰,白云岩,黑硅石 $S_{iw}=0.15$	
		疏松的	胶结的	高度胶结的	孔洞的	裂缝的
60	15	7.2	4.9	1.4	2.6	0.4
	30	12.0	8.5	4.9	6.3	1.8
	50	19.2	13.9	9.5	11.8	5.1
200	15	7.0	4.6	1.8	2.6	0.5
	30	11.6	7.9	4.4	5.8	1.5
	50	19.4	13.7	9.2	11.4	4.4
600	15	7.6	4.8	2.5	3.3	0.9
	30	10.5	6.5	3.6	4.7	(1.2)
	50	15.0	9.7	5.8	7.2	(2.1)
1000	30	12.3	7.6	4.5	5.4	(1.6)
	50	12.0	7.2	4.1	4.8	(1.2)
2000	50	10.6	6.4	4.0	(4.3)	(1.5)

这一文献的作者[13]还提出了一个很有意义的经验关系式，即相对渗透率比 k_{rg}/k_{ro}、平衡气体饱和度 S_{gc}、束缚水饱和度 S_{iw} 和原油饱和度 S_o 之间的关系式：

$$\frac{k_{rg}}{k_{ro}}=\xi\ (0.0435+0.4556\xi) \tag{24}$$

式中　$\xi=(1-S_{gc}-S_{iw}-S_o)/(S_o-0.25)$

还为砂岩提出了一个类似的关系式[15]，该式表明在 $1/p_c^2$（其中 p_c 为临界压力）与饱和度之间为线性关系。这一关系式如下：

$$\frac{k_{rg}}{k_{ro}}=\frac{(1-S^*)^2[1-(S^*)^2]}{(S^*)^4} \tag{25}$$

式中有效饱和度 $S^*=S_o/(1-S_{iw})$。

这一方程是一个有用的表达式，当通过电测曲线或岩心分析求得平均含水饱和度时，用该式可以计算砂岩油藏的相对渗透率比。

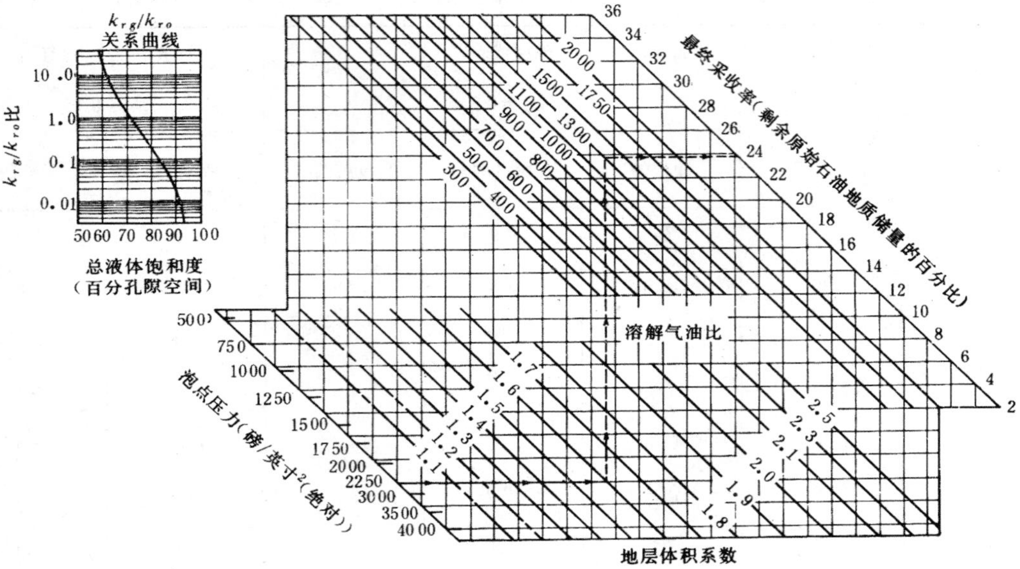

图 43.6　估算溶解气驱油藏最终采收率的诺模图

注意：

束缚水饱和度假设为孔隙空间的 30%，脱气原油在油藏温度下的粘度为 2 厘泊。

平衡气体饱和度假设为孔隙空间的 5%。

这里用的“原油最终采收率”系指油藏压力由泡点压力递减到大气压力时实现的采收率。

地层体积系数单位是地下桶／剩余油桶。

溶解气油比的单位是标准英尺^3／剩余油桶。

实例 1：

要求：确定泡点压力＝2250 磅／英寸^2（绝对）、地层体积系数＝1.6 和溶解气油比＝1300 英尺^3／桶的系统的最终采收率。

求解方法：自图的左边开始，沿 2250 磅／英寸^2 压力线引一水平线至地层体积系数＝1.6，然后垂直向上引垂线至 1300 标准英尺^3／桶，再由此引水平线至坐标，读出最终采收率为 23.8%。

实例 2：

要求：将实例 1 中确定的采收率数字转换为原始石油地质储量（地面桶）的百分比。

数据要求：实例 1 中给出了差压脱气数据。闪蒸脱气数据：论点压力＝2250 磅／英寸^2（绝对），地层体积系数＝1.485。闪蒸脱气和差压脱气二种情况下大气压下的地层体积系数＝1.080。

求解方法：将差压脱气数据代入下面的方程，计算大气压下的原油饱和度：

$$\left[\left(\frac{S_o}{B_o}\right)_b-\left(\frac{S_o}{B_o}\right)_a\right](100)\div\left[\left(\frac{S_o}{B_o}\right)_b\right]=N_{ui}$$

$$\left(\frac{0.700}{1.600}-\frac{S_o}{1.080}\right)(100)\div\left(\frac{0.700}{1.600}\right)=23.8$$

大气压下的原油饱和度＝0.360。

然后，将计算的含油饱和度值和闪蒸脱气数据代入前面的方程，计算用原油地质储量（地面桶）百分比表示的原油最终采收率。

$$\left(\frac{0.700}{1.485}-\frac{0.360}{1.080}\right)(100)\div\left(\frac{0.700}{1.485}\right)=N_{u1}$$

N_{ul}（最终原油采收率）＝29.3%（占用地面桶表示的原始石油地质储量的百分比）

七、油气储量的API估算法

美国石油学会（API）下属的采收率委员会统计研究了80个溶解气驱油藏的实际动态，提出了溶解气驱油藏泡点压力以下单位采出油量的以下方程（用地面桶／英亩·英尺❶表示）：

$$N_{ug}=3,244\left[\frac{\phi\ (1-S_{iw})}{B_{ob}}\right]^{1.1611}\times\left(\frac{k}{\mu_{ob}}\right)^{0.0979}\times\ (S_{iw})^{0.3722}\times\left(\frac{p_b}{p_a}\right)^{0.1741}\tag{26}$$

式中 k——绝对渗透率，达西；

B_{ob}——泡点压力下原油的地层体积系数，地下桶／地面桶；

μ_{ob}——泡点压力下的原油粘度，厘泊；

p_a——废弃压力，磅／英寸^2（表压）；

p_b——泡点压力，磅／英寸^2（表压）。

大部分油藏中的渗透率分布一般在垂直方向上和水平方向上是相当不均匀的，因而用平均数据进行上述衰竭计算具有相当的代表性。

然而，当已经知道存在被不渗透夹层分隔开的渗透率高低明显不同的油层时，高渗透性油层的衰竭过程要比低渗透性油层进行得快。在这种情况下，要对每一个已知连续分布的渗透性油层分别进行动态计算，并结合应用方程（16）和（19）将每一个油层的计算结果转换为产量-时间关系曲线。然后对不同油层的产量-时间关系曲线进行叠加，估算最终采出油量。

如果高低渗透性油层的渗透率差别太大，则会发现，当所有油层的总产量已经达到经济极限时，高渗透性油层已经衰竭并生产出了它们的全部单位采出油量，而低渗透性油层的压力衰竭和单位采出油量的生产尚未完成。

八、高于泡点压力和无水驱作用的欠饱和油藏——容积法[17～19]

随着钻井深度的不断增加，发现了一批无水驱作用而处于欠饱和状态的油藏。由于压力下降时油藏流体的膨胀作用和油藏岩石的压实作用，有时会在压力降到泡点压力 p_b 并开始正常衰竭过程以前采出大量的原油。这部分采出油量可用如下方程计算。

根据方程（2），在压力 p_i 下每英亩-英尺的原油石油地质储量（地面桶）为

$$N=\frac{7,758\times\phi_i\ (1-S_{iw})}{B_{oi}}$$

式中 ϕ_i——原始孔隙度。

❶由于方程（26）是根据经验推导出的方程，要转换为米制单位（米^3／公顷·米）需要用1.2889乘N_{ug}——作者。

结合应用这一方程和物质平衡方程（10），泡点以上每英亩-英尺的采出油量（地面桶）可表示如下：

$$N_p = \frac{7758\phi_i\ (p_i - p_b)\ [c_o + c_f - S_{iw}\ (c_o - c_w)\ ]}{B_{oi}[1 + c_o\ (p_i - p_b)\ ]} \tag{27}$$

式中 c_w——束缚水压缩系数，体积／体积／磅／英寸^2。

例题 2 Watts〔19〕介绍的 Ventura Avenue 油田的 D-7 油层，是一个无水驱作用的欠饱和油藏。这一油藏的特性如下：

p_i——9200 英尺处的压力 8300 磅／英寸^2（表压）；

p_b——3500 磅／英寸^2（表压）；

ϕ_i——0.17；

S_{iw}——0.40；

B_{ob}——1.45；

B_{oa}——1.15；

γ_o——32-33 °API；

c_o——13×10^{-6}；

c_w——2.7×10^{-6}；

c_f——1.4×10^{-6}；

S_{gr}——0.22；

R_{sb}——900 英尺^3／桶。

解：根据这些数据，Watts 算出在泡点以上靠膨胀作用采出的油量为 47 桶／英亩-英尺，在泡点压力以下靠衰竭机理采出的油量为 110 桶／英亩-英尺（详见参考文献〔19〕）。

九、挥发性油藏——容积法〔20～25〕

随着钻井深度的增加，油藏温度和压力也随之增加，还发现了一类油藏，其中流体的相态介于“黑油”和气体或气体凝析油相态之间。这些中间流体由于其乙烷-癸烷组分的百分比含量比较高，因而具有高挥发性，被称作“高收缩性”或挥发性”原油。挥发性油藏的特点是地层温度高（200 °F 以上），溶解油气比和地层体积系数（2 以上）特别高。这些挥发性原油的地面重度一般都在 45 °API 以上。

由于挥发性原油相态的固有差别是十分明显的，因而常规物质平衡方法所含的某些前提条件不再有效。在常规的物质平衡方法中，假设所有的产出气，无论是溶解气还是自由气，在衰竭过程中将保持气相，并且在通过地面分离装置时无液体凝析。而且，产出的油和气，虽然它们在任何时间都保持组成平衡，均分别按独立的流体处理。由于这些基本的假设条件简化了常规的物质平衡计算，如果把这一方法用于挥发性油藏，就会对油藏动态作出极不精确的预测。

在高挥发性油藏中，由气相凝析而回收的液体量（地面桶）实际上可以等于甚或超过由伴生液相回收的液体量。Woods 在一篇文献〔24〕中介绍了一个已几乎完全衰竭的挥发性油藏的动态史，用实例说明了这种相当异常的情况。

例题 3 Woods 介绍的挥发性油藏的油藏数据如下：

p_i——5000 磅／英寸^2（表压）；

p_b——3940 磅／英寸^2（表压）；

T_R——250°F；

ϕ——0.198；

k——75 毫达西；

S_{iw}——0.25；

R_{sb}——3200 标准英尺^3／桶；

γ_{oi}——44°API；

γ_{oa}——62°API；

B_{ob}——3.23。

解：当 $p_R=1450$ 磅／英寸^2（表压）和 $R=23000$ 标准英尺^3／桶时，即当衰竭程度达到80%时，采收率为 21%，其中在泡点压力以上靠膨胀作用采出的占 5%，靠衰竭机理采出的占 9%，靠常规的油田分离装置自气相中凝析的液体产量占 7%（详见参考文献〔24〕）。

由于近些年来挥发性油藏的数量和重要性在不断增加，为了可靠地预测这些油藏可望达到的生产动态，提出了一些合适的技术[20-25]。应用多组分闪蒸计算和相对渗透率数据，通过递增计算法模拟衰竭过程。对一个选用的压力递减量来讲，其计算步骤如下：

(1) 通过闪蒸计算确定地下油和气的组成变化。

(2) 通过物质平衡计算确定在井底条件下产出流体的总体积。

(3) 通过试算法确定在井底条件下产出的油和气的相对体积，其结果要同时符合体积物质平衡的相对渗透率关系曲线。

(4) 然后对这一总井流流体闪蒸到实际的地面条件，求得对应于选定压力递减量的生产油气比和液体体积（地面桶）。

依次对各个压力递减量重复进行这一计算步骤，最后得出的表列结果将代表整个油藏的衰竭和采油过程。由于这种分步骤计算法很烦琐并费时间，建议应用数字计算机。

这种油藏分析方法可提供所有流体相（包括整个井流）的组成数据。这些数据以后可用于油藏任何一个衰竭阶段的分离器、原油稳定、汽油厂或其它有关的研究。

如果油藏比较小，储量比较有限，进行如此长时间的试验室工作和相态计算可能是不合理的。在这种情况下，为了预测最终采出油量，提出了一个经验关系式[24]，其依据的参数仅为初期生产油气比 R，油藏温度 T_R 和初期地面原油的重度 γ_{oi}：

$$N_{ul}=-0.070719+\frac{143.50}{R}+0.00012080T_R+0.0011807\gamma_{oi} \tag{28}$$

式中 N_{ul}——由饱和压力p_b到500磅／英寸^{2}的最终采油量，地面体积／含烃孔隙空间的地下体积。

据报道，这一关系式得出的结果，与上述精确方法计算的结果相比，相差在 10%以内。

十、带气顶的油藏——用前缘驱动法计算的体积单位采油量[26~28]

当通过气顶注气保持压力不变时，可以应用 Buckley–Leverett 前缘驱动法计算原油采出量，但当压力变化相当小，因而可以忽略气体密度、溶解度或地层体积系数的变化时，这一方法也适用于不注气的气顶驱机理。如果一个油藏的气顶体积与含油体积相比很大，那么即使不注气有时也可以认为符合这些条件。

两个基本方程，即方程（29a）和方程（29b），适用于保持常压的线性油藏，其流体渗流的横剖面面积保持不变，自由气自油藏的一端进入，而流体以不变的速率自另一端产出。束缚水为不流动相。

如果毛管压力可以忽略不计，则气体分流量为：

$$f_g = \frac{1 - Ek_{ro}\ (\mu_g / \mu_o)}{1 + \ (k_{ro} / k_{rg})\ \ (\mu_g / \mu_o)} \tag{29a}$$

和

$$E = \frac{k\sin\theta A\ (\rho_o - \rho_g)}{365\mu_g q_t} \tag{29b}$$

式中 f_g——气体分流量；

E——参数；

θ——倾角，度；

A——垂直于层理面的横剖面面积，英尺^2；

ρ_o——油藏原油的密度，克／厘米^3；

ρ_g——油藏气体的密度，克／厘米^3；

q_t——总流量，地下英尺^3／日。

因为 k_{ro} / k_{rg} 比是气体饱和度的函数，并且所有其它因数是常数，f_g 可作为气体饱和度的函数用方程（29a）确定（见图 43.7 的曲线 A）。

前缘推进速率方程可以重新加以整理，作为分流量与饱和度关系曲线（见图 43.7 曲线 B）斜率的函数，求出给定驱替相饱和度到达线性砂体出口面时间如下：

$$t = 5.615NB_o / q_t\ (\mathrm{d}f_g / \mathrm{d}S_g') \tag{30}$$

注意:这一部分应用的 S_g' 是气体饱和度，以充满烃的孔隙空间的分数表示。当 N 用米^{3}表示时，q_t 用米^3／日表示。

计算步骤是首先计算分流量曲线（图 43.7 的曲线 A）。然后由分流量曲线求出突破时驱扫面积中的平均气体饱和度，它相当于原油地质储量的采出部分。其求解方法是通过坐标原点对分流量曲线引一直线切线，并读出 $f_g = 1.0$ 处的 $\overline{S_g'}$。在出口面上的突破时间可由切点处曲线的斜率算出。然后通过用相同的方式依次在更大 S_g' 值处引切线并读出$\overline{S}_g$，就可以计算突破后的生产动态史。

例题 4 Welge[28] 介绍了秘鲁 Mile Six 油田气顶驱动态的典型计算。

已知:

油藏体积 $=1902\times10^6$ 英尺^3;

由原始气油界面到平均产液点的距离 $=1540$ 英尺;

$$\text{平均横剖面面积}=\frac{1902\times10^6}{1540}=1.235\times10^6\ \text{英尺}^2;$$

$k_o=300$ 毫达西;

$\theta=17.50$;

$\mu_g=0.0134$ 厘泊;

$\mu_o=1.32$ 厘泊;

$q_t=64000$ 地下英尺^3／日　(18125 地下米^3／日);

$B_o=1.25$;

$B_g=0.0141$;

$N=44\times10^6$ 地面桶 (6.996×10^6 米^3);。

$R_s=400$ 英尺^3／桶 (71.245 米^3／米^3);

$\rho_o=0.78$ 克／厘米^3;

$\rho_g=0.08$ 克／厘米^3。

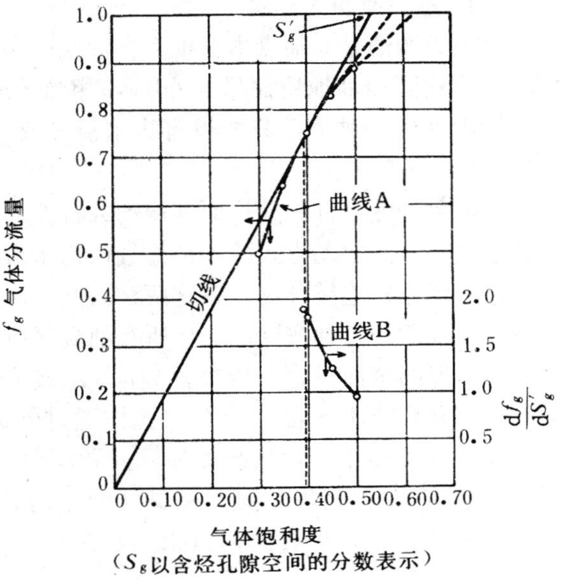

图 43.7　用于气顶驱的前缘驱动法

解：表 43.5 以略为简化的形式给出了动态史计算结果。

表 43.5　动态史计算

靠近出口面的 S_g'	k_{ro}	k_{ro}/k_{rg}	f_g	df_g/dS_g'	t_{yr}	$\overline{S}_g$ = 原油地质储量采出分数	生产油气比 = $[f_g/(1-f_g)](B_o/B_g)\times5.61+R_s$
0.30	0.197	0.715	0.496	—	—	—	—
0.35	0.140	0.364	0.642	—	—	—	—
0.395	0.102	0.210	0.739	1.87	7.1	0.534	1.808
0.40	0.097	0.200	0.752	1.81	7.3	0.535	1.908
0.45	0.067	0.118	0.829	1.25	10.6	0.586	2.811
0.50	0.045	0.0715	0.885	0.94	14.1	0.622	4.227

十一、重力泄油油藏[29～37]

1. 重力泄油的产生

重力泄油是原油靠本身推力在油藏中向下移动。在条件有利的情况下，重力泄油的采收率可以达到原油地质储量的60%，相当于或超过水驱通常达到的采收率。重力是在油田中永远存在的一种力，只要没有边水侵入或气体膨胀的影响，它将自油藏高处向油藏低处泄油。

如果油藏条件只允许原油流动或者油气对流，那么当油藏在这种条件下生产时重力泄油将是最有效的驱动方式。顶部注气保持压力，使气体保持溶解状态，或者逐渐降压，使油气通过对流方式连续分离，在这两种情况下，都有可能形成重力泄油。另外，先在衰竭型机理下开发油藏，直到实际上耗尽所有油藏气体为止，然后就会出现重力泄油。有关重力泄油多方面情况的全面讨论，请参考Lewis经典论著[32]。

某些研究工作者[33～36]曾企图通过分析列出有关重力泄油的关系式，但这些关系式太复杂，尚不能用于解决现场实际问题。但大部分研究工作者都认为，低粘度 μ_o、高原油相对渗透率 k_{ro}、高地层倾角或缺乏分层性、高密度梯度（$\rho_o-\rho_g$）等,将促进重力泄油的产生。表面积小、大孔隙、低束缚水饱和度和高 k_{ro} 的厚层疏松砂层，看来是特别有利的条件。

这些因素通常综合在一个流量速率方程中。该方程表明，这样的流量必然与（k_{ro}/μ_o）（$\rho_o-\rho_g$）$\sin\theta$ 项成正比，其中 θ 为地层倾角。Smith[37]对12个油藏对比了该项值，其中某些油藏有很强的重力泄油特性，而某些油藏则缺少这些特性。

当 k_{ro} 用毫达西表示，μ_o 用厘泊表示，而 ρ_o 和 ρ_g 用克／厘米^{3}表示时，发现具有很强重力泄油特性的油藏，其（k_{ro}/μ_o）（$\rho_o-\rho_g$）$\sin\theta$ 项值的变化范围为10～202，而无明显重力泄油效应的油藏，该项值的变化范围为0.15～3.4。

2. 压力衰竭后重力泄油实例

关于这种类型的重力泄油有一些很引人关注的实例。下面是两个大家很熟悉的实例。

(1) 加利福尼亚州Kern郡的Lakeview油田[31～32]发现井位于Lakewood冒油地区，于1910年3月突然发生井喷，敞喷544天，共喷油 8.25×10^6 桶，使油藏压力衰竭。自此以后，重力泄油控制了这一油藏的生产。油藏中无明显的水侵。砂层比较纯净，胶结差。平均深度2875英尺。地层倾角15～45°。在588英亩面积上有126口生产井。砂层有效厚度平均71英尺，油柱高度1～85英尺，有效产层共41798英亩-英尺。

这一油藏的物性数据如下：$p_i=p_b=1285$ 磅／英寸^2（表压），1957年1月1日的 $p_R=35$ 磅／英寸^2（表压），$T_R=115$°F，$\overline{\phi}=0.33$，k 最高4800毫达西，平均3600毫达西(70%岩样的渗透率在100以上，30%岩样的渗透率在1000以上)，$S_{iw}=0.235$，$R_{sb}=200$ 英尺^3／桶，$B_{oi}=1.106$，$\gamma_o=22.5$° API。1957年1月1日的 $N_p=44.6\times10^6$ 桶油，估计的最终采出油量为 47×10^6 桶，或1124桶／英亩·英尺，相当于原始石油地质储量的63%。

在头20年，油田中的油位就像在油罐中一样，几乎准确地与采出油量成正比下降。

(2) 俄克拉何马州俄克拉何马城Wilcox油藏[29, 32]

Mary Sudik 1号发现井于1930年3月突然井喷，暴喷11天。

气体的分离和重力泄油的发展，于1934年即当平均地层压力降到低于750磅／英寸^2

(表压）时，开始变得重要起来，并到 1936 年即当平均地层压力降到 50 磅／英寸^2（表压）时实质上已经完善。

水侵的有效作用一直持续到 1936 年，即在油藏底部 40%被水侵后停止。自此以后，重力成为主要的驱油机理。Wilcox 砂层由典型的圆粗砂粒组成，纯净并且胶结差。

平均深度 6500 英尺；地层倾角 5～15°；总面积 7080 英亩，钻井 884 口。有效厚度 220 英尺。Wilcox 层总共 890000 有效英亩-英尺，物质平衡法证实的原始石油地质储量为 1083×10^6 地面桶。

这一油藏的物性数据如下：在海拔负 5260 英尺处的 $p_i=p_b=2670$ 磅／英寸^2，$T_R=132°F$，$\overline{\phi}=0.22$，$k=200\sim3000$ 毫达西，$S_{iw}=0.03$（为油润湿油层），$R_{sb}=735$ 英尺^3／桶，$B_{oi}=1.361$，$\gamma_{oi}=40°API$，$\gamma_{oa}=38\sim39°API$。

根据 Katz 的报道[29]，气带的含油饱和度介于 1%～26%之间，气油界面以下含油带的饱和度介于 53%～93%之间，而水油界面以下的含油饱和度估计为 43%，这证明在这一油藏中重力比水驱更有效。

到 1958 年元月 1 日累计产油量 N_p 估计为 525×10^6 桶，最终将采出原油 550×10^6 桶。扣除所估计的 189×10^6 桶水驱采油量以后，Wilcox 油藏上部 60%将在重力泄油作用下最终采出原油 361×10^6 桶，或者 696 桶／英亩-英尺，这相当于原油地质储量的 57%。

十二、水驱油藏——容积法[38]

1. 一般讨论

油藏的天然水侵一般来自边水并行于层理面的向内推进（边水驱），或者自下而上的底水推进（底水驱）。仅当油藏厚度大于油柱厚度，因而在整个油藏下面有一油水界面时，才发生底水驱。而且，只有当垂直渗透率高，并且很少或没有不渗透页岩夹层将油藏分隔为水平分层时，才可能进一步发展底水驱。

不论在那一种水驱情况下，水是驱动介质，向油藏含油部分推进，并驱替原来存在的一部分原油。用容积法估算水驱采出油量的关键参数，是驱替介质没有驱替出的原油的数量。水驱后的剩余油饱和度（ROS）S_{or} 的作用，类似于衰竭型油藏最终（剩余）气体饱和度 S_{gr} 的作用。

为了确定单位采出油量，即依靠完全的水驱在理论上可能从产层 1 英亩-英尺均质单位体积采出的最终采出油量（地面桶），要将原来存在的束缚水和含溶解气原油的数量与废弃时的情况进行对比，此时束缚水量仍然相同，但留下的油为剩余油或不能驱出的油。原有油的其余部分此时已被水驱替走。

2.单位采出油量方程

水驱油藏的单位采出油量等于每英亩·英尺的原始石油地质储量（地面桶）减去废弃时的剩余油量（地面桶），见表 43.6。

按差别计算法，水驱的单位采出油量，即每英亩-英尺的采出油量（地面桶）为：

$$N_{uw}=7758\phi\left(\frac{1-S_w}{B_{oi}}-\frac{S_{or}}{B_{oa}}\right) \tag{31}$$

式中 N_{uw}——水驱单位采出油量，地面桶；

S_{or}——剩余油饱和度，分数。

废弃时的剩余油饱和度可以通过模拟油藏条件对岩心进行室内水驱试验确定（注水试验）。另一种常用的方法是把原来岩心分析时发现的原油饱和度乘上废弃时原油的地层体积系数 B_{oa} 作为水驱后预计达到的油藏中的剩余油饱和度。这一方法所依据的假设条件是，泥浆失水在取心钻头前面侵入产层部分的方式类似于油藏本身的水驱过程。

表 43.6 水驱油藏单位采出油量方程的条件

	开始的条件	最终的条件
油藏压力	p_i	p_a
束缚水(桶／英亩·英尺)	$7758\phi S_{iw}$	$7758\phi S_{iw}$
油藏原油(桶／英亩·英尺)	$7758\phi(1-S_{iw})$	$7758\phi S_{or}$
地面储罐油(桶／英亩·英尺)	$7758\phi(1-S_{iw})/B_{oi}$	$7758\phi S_{or}/B_{oi}$

3. 采油效率系数

单位采出油量应当乘上渗透率分布系数和侧向驱扫系数，才可以用来计算整个水驱油藏的最终采出油量。

这两个系数一般综合为一个采油效率系数。Baucum 和 Steinle [38] 确定了伊利诺斯州五个水驱油藏的采油效率系数。表 43.7 列出了这些油藏的采油效率，同时还列出了某些其它有关资料。

4. 由统计资料关系曲线确定平均采出油量

1945 年，Craze 和 Buckley [39, 40] 结合 API 关于井距的专题研究，收集了有关美国 103 个油藏动态的大量统计资料。在这些油藏中大约有 70 个油藏是在完全或部分水驱条件下生产的。图 43.8 所示是为这些水驱油藏计算的油藏条件下的剩余油饱和度与地下原油粘度之间的关系曲线。图 43.9 所示平均趋势线表示剩余油饱和度和图 43.8 平均趋势线的偏差与渗透率的关系。图 43.10 所示平均趋势线表示剩余油饱和度和图 43.8 平均趋势线的偏差与油藏压力递减的关系。

表 43.7 水驱油藏的采油效率

油藏序号	ϕ	S_{iw}	B_o	S_{or}①	单位采出油量(桶／英亩-英尺)	实际采出油量①(桶／英亩-英尺)	采油效率(%)
1	0.179	0.400	1.036	0.20	526	429	82
2	0.170	0.340	1.017	0.20	592	430	73
3	0.153	0.265	1.176	0.20	504	428	85
4	0.192	0.370	1.176	0.20	500	400	80
5	0.196	0.360	1.017	0.20	653	482	74
平均							79

①根据岩心水驱试验确定。

例题 5 已知孔隙度$\phi=0.20$，平均渗透率$k=400$毫达西，束缚水饱和度$S_{iw}=0.25$，原始的原油地层体积系数$B_{oi}=1.30$，废弃条件下的原油地层体积系数$B_{oa}=1.25$，原始的地下原油粘度$\mu_o=1.0$厘泊，废弃压力p_a=原始压力p_i的90%，求平均剩余油饱和度。

求解：可以估算得出$S_{or}=0.35+0.03-0.04=0.34$，平均水驱采出油量由方程（31）得：

$$N_{uw}=(7758)\quad(0.20)\quad\left(\frac{1-0.25}{1.30}-\frac{0.34}{1.25}\right)$$

$$=473\quad 地面桶／英亩－英尺$$

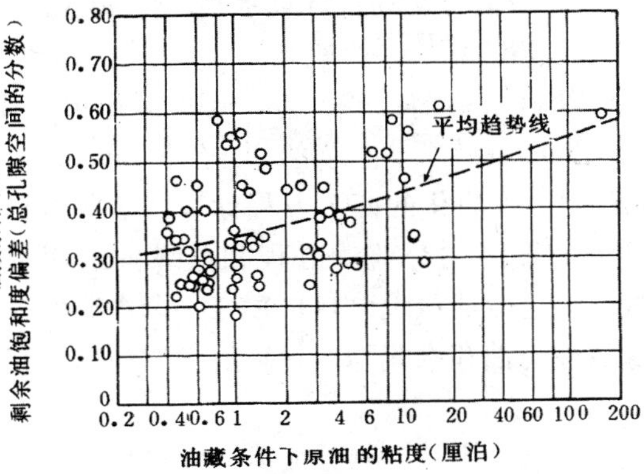

图 43.8 原油粘度对水驱砂岩油田剩余油饱和度的影响

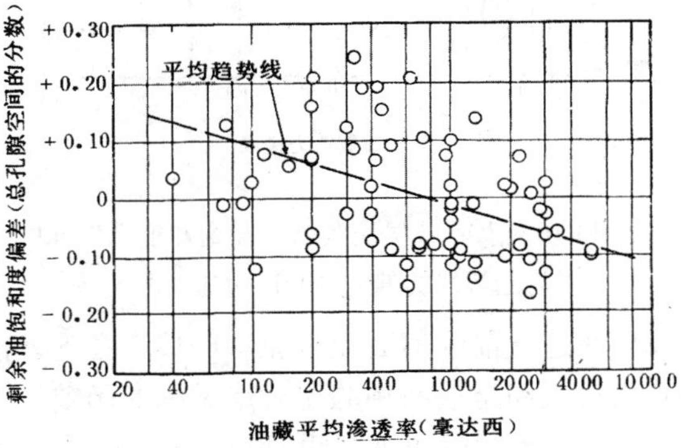

图 43.9 水驱砂层油藏剩余油和图 43.8 平均趋势线的偏差与其渗透率的关系

API 下属的采收率委员会[16]对 Craze 和 Buckley 的数据及另外总共 70 个砂层和砂岩油藏实际水驱采收率数据进行了另外一次统计分析研究，提出了水驱油藏单位采出油量N_{um}方程（32）。单位采出油量用地面桶／英亩－英尺表示❶。

$$N_{uw}=4{,}259\left[\frac{\phi\quad(1-S_{iw})}{B_{oi}}\right]^{1.0422}\times\left(\frac{k\mu_{wi}}{\mu_{oi}}\right)^{0.0770}\times\quad(S_{iw})^{-0.1903}\times\left(\frac{pi}{pa}\right)^{-0.2159}\qquad(32)$$

式中除渗透率用达西、压力p用磅／英寸^2（表压）表示外，其余的符号和单位与前面确定的相同。

例题 6 所用水驱油藏与前面用的相同，并假设$\mu_{wi}=0.5$厘泊。应用 API 统计方程得单位采出油量如下：

$$N_{uw}=4{,}259\left[\frac{(0.20)\quad(1-0.25)}{1.30}\right]^{1.0422}\times\left[\frac{(0.4)\quad(0.5)}{1.0}\right]^{0.0770}\times\quad(0.25)^{-0.1903}$$

---

❶由于方程（32）为经验导出方程，换算为米制单位（米^3／公顷－米）要将N_{uw}乘以1.2889——作者。

$$\times\left(\frac{1.0}{0.9}\right)^{-0.2159}=504\text{地面桶/英亩}-\text{英尺}$$

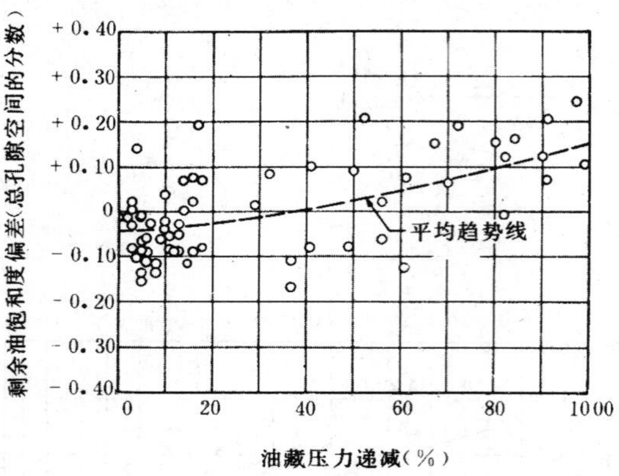

图 43.10　水驱砂层油藏剩余油饱和度和图 43.8 平均趋势线的偏差与其压力递减的关系

因为这些数据是根据已知每个油藏的参数通过对比不同油藏已证明的采出油量取得的，因此，根据这些相关关系估算的剩余油和平均采出油量就不再需要考虑采油效率系数（渗透率分布系数乘上侧向驱扫系数），而根据注水试验或取心分析求得的实际剩余油为基础的单位采出油量则需要乘上采油效率系数。

5. 用前缘驱动法计算水驱单位采出油量[26-28]

线性水驱前缘的推进，可以应用 Buckley 和 Leverett[26] 推导的并经 Welge[28] 和 Pirson[27] 简化的两个方程计算。这些方程就是大家熟悉的分流量方程和前缘推进速率方程。这一方法假设：(1) 存在一个水驱前缘；(2) 在这一前缘前面无水流动；(3) 在这一前缘后面有油和水流动；(4) 前缘后面的油和水的相对流动是这两相的相对渗透率的函数。

如果产出量不变，毛管压力梯度和重力效应可以忽略不计，则分流量方程可写成下式

$$f_w=\frac{1}{1+(k_{ro}/k_{rw})(\mu_w/\mu_o)} \tag{33}$$

式中 f_w——某一点油藏中水的分流量；

k_{rw}——小的相对渗透率，分数；

μ_w——油藏中水的粘度，厘泊。

因为 k_{ro}/k_{rw} 是含水饱和度的函数，因此对一定水油粘度比来讲，f_w 可以作为含水饱和度的函数用方程（33）确定（见图 43.11 曲线 A）。

Buckley-Leverett 前缘推进速率方程可以重新排列，作为分流量与饱和度关系曲线（图 43.11 曲线 B）斜率的函数，求出给定驱替相饱和度到达线性砂体出口面的时间（天）如下:

$$t=\frac{5.615NB_o}{q_t(\mathrm{d}f_w/\mathrm{d}S_{iw})} \tag{34}$$

式中 $\mathrm{d}f_w/\mathrm{d}S_{iw}$——$f_w$ 与 S_{iw} 关系曲线的斜率；

t——时间，天；

q_t——总液体流量，地下英尺^3/日。

突破时水驱前缘后面的平均含水饱和度，因而也就是采出油量，可以由分流量曲线求

得，方法是通过 $f_w=0$ 处的 S_{iw} 引一切线并读出 $f_w=1.0$ 处的 $\overline{S}_{iw}$。在生产井突破的时间可以由曲线在切点处的斜率计算。突破以后的动态史，可以通过用相同的方式依次在 S_{iw} 更高值处引切线并读出 $\overline{S}_{iw}$。来计算。

表 43.8 说明一个均质油藏水驱为常压水驱、水侵速率等于采液速率的水驱动态计算步骤。

图 43.12 是表 43.8 动态史计算结果的曲线图。如果取水油比 50 作为经济界限，则由图 43.12 可以求得单位采出油量将为 575 桶／英亩−英尺，采出时间为 20.7 年。

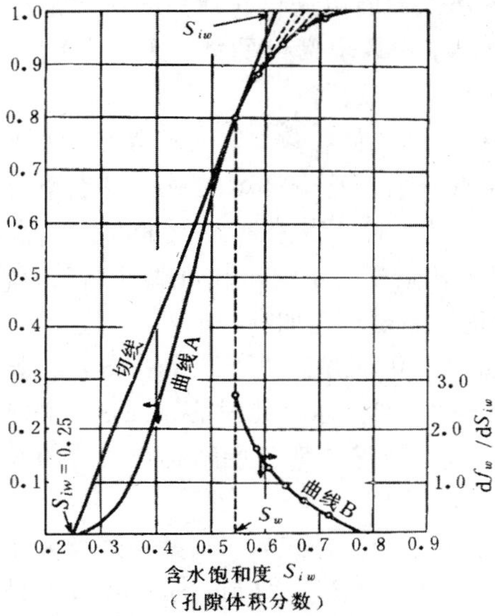

图 43.11　总液流中的水分流量 f_w 和 df_w / dS_{iw} 与含水饱和度 S_{iw} 关系曲线的斜率（前缘水驱问题实例）

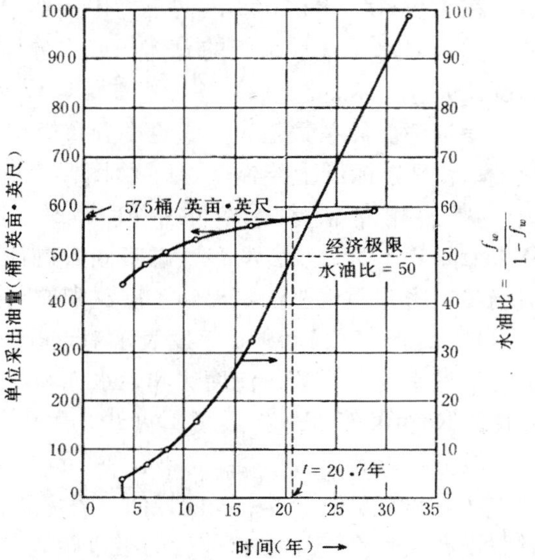

图 43.12　前缘水驱问题实例，单位采出油量，水油比与时间关系曲线

表 43.8　水驱动态史计算[①]

S_{iw}	S_{iw}	f_w	df_w / dS_{iw}	时间（年）	剩余油饱和度 $(1-S_{iw})$	单位采出油量 桶／英亩−英尺	水油比 $=f_w / 1-f_w$
0.545	0.619	0.800	2.70	3.94	0.381	441	4.0
0.581	0.655	0.875	1.69	6.29	0.345	484	7.0
0.605	0.675	0.910	1.29	8.24	0.325	507	10.1
0.634	0.697	0.940	0.95	11.19	0.303	534	15.7
0.673	0.720	0.970	0.64	16.61	0.280	561	32.3
0.718	0.748	0.990	0.33	32.21	0.252	594	99.0

①$N=597000$ 地面桶；

$B_{oi}=1.30$；

$\phi=0.20$；

$S_{iw}=0.25$；

$q_t=200$ 桶／日 × 5.615 英尺^3／桶 = 1222 地下英尺^3／日。

6. 渗透率分布的影响[1, 41~44]

在某些油藏中，产层被不渗透夹层分隔为渗透率高低明显不同的小层。这些不渗透夹层在油藏中可能基本上是连续分布的。在这种情况下，水和油在高渗透性油层中的推进要比在低渗透性油层中快得多，所以达到经济极限时的采出油量要比单位采出油量表明的低。

Dykstra 和 Parsons[41]、Muskat[42] 和 Stiles[43] 提出了考虑渗透率分布的水驱采出油量的计算方法。

在 Dykstra–Parsons 论文[41] 中，假设各渗透性油层由这口井到另一口井是连续分布的，并且对水驱线性系统的总体积或部分体积给出了计算步骤和图表，其中给定值为：(1) 流度比 $k_{rw}\mu_o / k_{ro}\mu_w$；(2) 生产水油比；(3) 渗透率变异系数。

渗透率变异系数是表示渗透率分布类型特征的一个统计参数。它的求取方法如下：在对数–概率图坐标纸上绘制"大于"绘图样本的样品百分数与这一样本的对数渗透率的关系曲线，然后用中值渗透率除中值或 50% 渗透率与 84.1% 渗透率之间的差值。虽然 Dykstra–Porsons 方法没有考虑不同渗透性层组中孔隙度、束缚水和可驱动油量等的变异，但仍然在密井距水驱油藏得到了广泛和成功的应用，主要是在加利福尼亚州。

Joknson[44] 于 1956 年发表了对这一方所做的简化，并提供了一系列图表，表示在给定的渗透率变异系数、流度比和含水饱和度条件下达到给定水油比时的原油地层储量采出百分比。Reznik 等[45] 扩展了 Dykstra–Parsons 方法，对渗透率分层问题在实时的基础提出了离散分析求解。

在 Stiles 方法[43] 中，同样假设各渗透性油层从这一口井到另一口井是连续分布的，同时假设在线性系统中水驱前缘的推进距离与每一层的平均渗透率成正比。Stiles 不是用一个统计参数代表整个渗透率分布，而是按渗透率的递减顺序对可供利用的样品列表，并绘制所得结果即无因次渗透率和累计产能百分比与累计厚度的函数关系曲线。Stiles 从最高渗透层开始，按各层见水顺序由这些数据计算整个系统的生产含水率。Stiles 还假设，在某一给定时间，尚未见水的每一层，其见水时间与其平均渗透率和刚见水层的渗透率的比值成正比。并绘制采出油量与厚度的关系曲线。然后把这一曲线与前面的结果结合在一起，给出采出油量与含水率的关系曲线。Stiles 法主要在中大陆和得克萨斯州的密井距水驱油藏上得到了广泛和成功的应用。该法没有考虑地层中水驱前缘前后流度的差异，而 Dykstra–Parsons 法则考虑了这一差异。它也没有考虑不同渗透性层中孔隙度、束缚水和可驱动油量等方面的差别。

Arps[1] 于 1956 年对 Stiles 法作了某些改变，提出了所谓的"渗透性–岩块法"。该法用简单的列表方式进行计算，并且考虑了不同渗透层中存在的孔隙度、束缚水和可驱动油量等方面的差异。由于该法主要设计用于计算泡点压力以上水驱油藏的采出油量，因而假设不存在自由气饱和度。该法进一步假设：(1) 水驱前缘后面无油流动；(2) 水驱前缘前面无水流动；(3) 各层按渗透率高低顺序见水；(4) 每一个具体的渗透层中水驱前缘的推进与其平均渗透率成正比。

这一方法适用于 100 英尺厚的理想厚油层，用表 43.9 举例加以说明。该表是以怀俄明州 Tensleep 砂层油藏的数据为基础的。该油藏进行了 3000 多次岩心分析，有很好的统计平均数据可以利用。在这些岩心中，有一部分是用水基泥浆取心的，求得了剩余油数据，见该表第 6 横栏，另一部分是用油基泥浆取心的，求得了束缚水数据，见该表第 7 横栏。水油粘度比为 12.5，用于计算该表第 13 横栏的水油比。

表 43.9 水驱渗透性岩块计算法

层　　组	1	2	3	4	5	总计
(1)渗透率范围，毫达西	>100	50～100	25～50	10～25	0～10	
(2)层组岩样占的百分比	8.5	10.9	14.5	21.2	44.9	100.0
(3)平均渗透率，毫达西	181.3	69.0	34.4	16.1	2.4	
(4)产能，达西 · 英尺(2)×(3)÷1000	1.541	0.752	0.499	0.341	0.108	3.241
(5)平均孔隙度，小数，ϕ	0.159	0.150	0.152	0.130	0.099	
(6)平均剩余油饱和度，S_{gr}	0.173	0.195	0.200	0.217	0.222	
(7)平均束缚水饱和度，S_{iw}	0.185	0.154	0.131	0.107	0.185	
(8)前缘后水的相对渗透率，k	0.65	0.63	0.60	0.56	0.54	
(9)前缘前油的相对渗透率，k_{ro}	0.475	0.53	0.61	0.66	0.47	
(10)单位采出油量($B_{oi}=1.07$)	726	693	722	623	415	
(11)累计"含水"产能，$\sum(4)$	1.541	2.293	2.792	3.133	3.241	
(12)累计"纯油"产能，3.241−(11)	1.700	0.948	0.449	0.108	0	
(13)水油比＝$(\mu_o/\mu_w)(8/9)(11/12)$	15.5	35.9	76.5	307.7	∞	
(14)水油比＝15.5 时的累计采出油量，桶／英亩 · 英尺 最小 $k_{wet}=100$ 毫达西	61.7	52.1	36.0	21.3	4.5	175.6
(15)水油比＝35.9 时的累计采出油量，桶／英亩 · 英尺 最小 $k_{wet}=50$ 毫达西	61.7	75.5	72.0	42.5	8.9	260.6
(16)水油比＝76.5 时的累计采出油量，桶／英亩 · 英尺 最小 $k_{wet}=25$ 毫达西	61.7	75.5	104.7	85.1	17.9	344.9
(17)水油比＝307.7 的累计采出油量，桶／英亩 · 英尺 最小 $k_{wet}=10$ 毫达西	61.7	75.5	104.7	132.1	44.7	418.7
(18)水油比＝无限大时累计采出油量，桶／英亩 · 英尺 最小 $k_{wet}=0$ 毫达西	61.7	75.5	104.7	132.1	186.3	560.3

在层组 1 中，水油比等于 15.5 的采出油量为 61.7 桶／英亩−英尺，是该层组岩样所占百分比和单位采出油量的乘积。在所有其它层组中，水油比等于 15.5 的采出油量按其平均渗透率与 100 毫达西的比例递减。水油比等于 15.5 的总采出油量为 175.6 桶／英亩−英尺。对水油比等于 35.9，76.5，707.7 和无限大时的累计采出油量也用相同方式进行了计算。图 43.13 是水油比与采出油量的关系曲线。由图 43.13 可见，如果经济极限取水油比为 50，则

采出油量为 297 桶／英亩-英尺。

应强调指出的是，渗透性-岩块法仅适用于不同渗透性油层在整个油藏或水源与生产井之间连续分布的情况。当水驱前缘必须推进很大距离时，侧向上渗透率分布的不均匀性会变得起主要作用，采出油量将接近地层完全均质（渗透率分布系数＝1）可能达到采出油量。在这种情况下，可以认为用渗透性-岩块法作出的估算是保守的，除非该法的一个基本假设是水油界面或水驱前缘以类似于活塞的方式通过每个渗透层，驱扫净所有可采出的原油。实际上，有一部分原油将在初见水后很长一段时间被开采出来，从而会使估算有些乐观。渗透性-岩块法的应用者希望这两种效应多少能互相补偿。

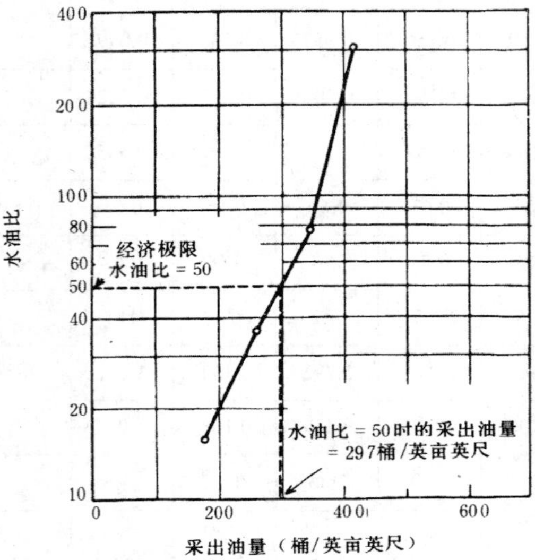

图 43.13　水油比与采出油量关系曲线——渗透性-岩块法实例

7.浮力和渗吸作用的影响

在底水驱灰岩油藏中，如艾伯塔溶洞 D−3 礁灰岩油藏中，渗透率变化极大，常由毫达西级增加到达西级。在这样的条件下，使用上述改进的 Stiles 法得出的结果肯定太低。其理由是，在像 Redwater D−3 这样的油藏中在上升的盐水和原油之间有很大的密度差。当水上升并通过高渗透溶洞介质部分时，会先绕过低渗透基质部分，留下圈闭在那里的原油。然而，一旦发生这种绕流之后，通过致密基质部分就形成了浮力梯度，趋向于将圈闭油实际上驱入溶洞和裂缝。在 Redwater D−3 情况下，盐水和原油之间的密度差为 0.26，而基质部分的垂向渗透率只有水平渗透率的几分之一。根据适用于垂向流管的达西定律所进行的简单计算表明，在所预计的油田开发年限内，依靠这种浮力作用会增产大量的原油。

为了计算浮力作用机理下的采出油量，需要首先通过大量岩心的统计分析，确定高渗透层或裂缝之间的平均间距。然后分别计算每一个渗透率变化范围，确定如此平均长度的理论流管中有百分之多少的基质油会在油藏开发年限内依靠浮力现象的作用驱替出来。

通过该法证明，与 Stiles 法计算的结果相比，采出油量的改善有时出人意外，并且最近研究 Redwater D−3 油藏底水上升的结果看来证实了这一概念的有效性。

除这种浮力现象外，还应当考虑油藏岩石的毛管效应和水的优先润湿效应。随着水的推进，水自溶洞和裂缝进入低渗透基质的渗吸作用，实质上会加强浮力作用机理，但要定量评价其作用要困难得多。

十三、非伴生气气藏体积采出气量的估算[46～53]

1. 压缩系数

压缩系数 z 是一个无因次系数，当用理想气体定律计算时，乘以气藏的气体积，将得出实际的气藏容积。以英尺^{3}表示的 1 磅-摩尔气体（以磅表示的气体重量等于分子量）所占据的气藏容积为:

$$G=\frac{(10.73)\ z\ (460+T_R)}{p_R} \tag{35}$$

式中　G——气藏中总的原始气体储量，标准英尺^3；

　　　T_R——气藏温度，°F。

例如，在标准条件下[p_R=14.7 磅／英寸^2（绝对），T_R=60 °F]。1 磅−摩尔甲烷（分子量 16.04）占据 379.4 英尺^3。

压缩系数可以通过下列途径确定。

(1) 通过气样的高压物性分析试验确定。

(2) 由以摩尔百分数或体积百分数表示的气体的分析中计算确定。应用这一方法时，通过用每一个组分的相应摩尔百分数乘以每一组分的临界压力和温度，求得加权平均的或拟临界的压力和温度，如表 43.10 中所示。

表 43.10 给出了气体的全组分，其拟临界温度为 382.8 °R，拟临界压力为 663.2 磅／英寸^2（绝对）。然后，在温度 150 °F 下求得拟对比温度，即（460+150）／382.8=1.59，在压力 750 磅／英寸$^{-2}$（绝对）下求得拟对比压力，即 750／663.2=1.13。将这些比值引入图 43.14A，读得 z=0.91。这一关系曲线图和用于更高压力气藏[高达 20000 磅／英寸^2（绝对）]的关系曲线[47]即图 43.14B，是设计用于含甲烷和其它天然气、但基本上不含氯气的气态混合物。这些关系曲线不适用于含大量硫化氢或 CO_2 的烃气，对于这些烃气，正如参考文献[48]介绍的，需要另外的关系曲线（详见第 23 章气体性质和气体性质关系曲线及关系式，其中某些专门用于计算机）。

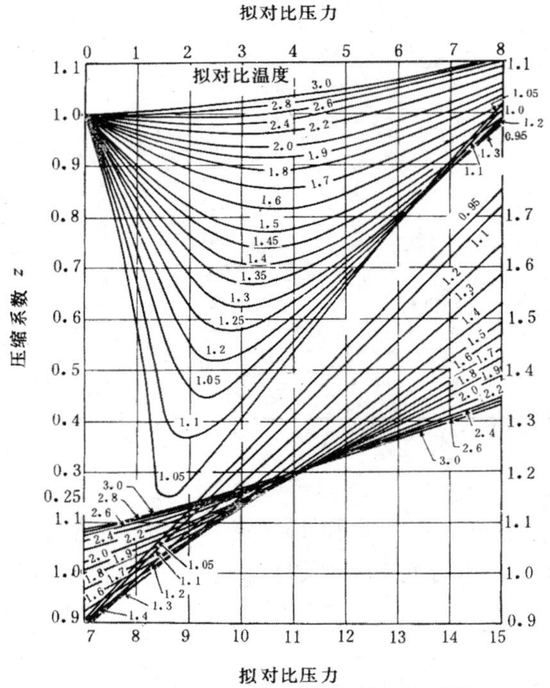

图 43.14A　天然气的压缩系数

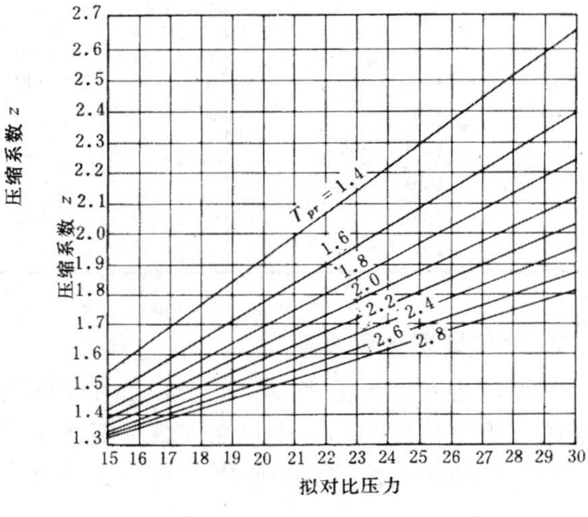

图 43.14B　在 10000～20000 磅／英寸^2（绝对）下天然气的压缩系数

(3) 由气体相对密度计算确定。如果仅知道气体相对密度（空气＝1.0），则可以应用根据加利福尼亚天然气得出的另一种近似关系[49]确定，如表 43.11 所示。

例如，如果气体相对密度是 0.66，则可以用内插法求得拟临界温度即 381 °R 和拟临界压力即 670 磅／英寸^2（绝对）。然后如前求得拟对比压力和温度，由图 43.14A 读得压缩系数 z。

表 43.10　根据天然气分析进行拟临界参数计算

组分 (1)	体积百分数或 摩尔百分数 (2)	拟临界温度(°R) (3)	拟临界压力 (磅／英寸^{2}绝对) (4)	$\frac{2\times 3}{100}$ (5)	$\frac{2\times 4}{100}$ (6)
甲烷	86.02	343.5	673	296	572
乙烷	7.70	550.1	708	42.4	54.5
丙烷	4.26	666.2	617	28.4	26.3
异丁烷	0.57	733.2	530	4.2	3.0
正丁烷	0.87	765.6	551	6.7	4.8
异戊烷	0.11	830.0	482	0.9	0.5
正戊烷	0.14	847.0	485	1.2	0.7
己烷	0.33	914.6	434	3.0	1.4
总计	100			382.8	663.2

表 43.11　根据比重进行拟临界参数计算

气体相对密度 (空气＝1.0)	拟临界温度(°R) (460+°F)	拟临界压力(磅／英寸^{2}绝对) (14.7+磅／英寸^{2}表压)
0.55	348	674
0.60	363	672
0.70	392	669
0.80	422	665
0.90	451	660
1.00	480	654
1.10	510	648
1.20	540	641
1.30	570	632
1.40	600	623
1.50	629	612
1.60	658	600
1.65	673	593

2. 气体地层体积系数

气体的地层体积系数 B_g 为一个无因次系数，它表示 60 °F 和 14.7 磅／英寸^2（绝对）标准条件下单位体积的自由气在气藏温度 T（°F）和压力 p（磅／英寸^{2}绝对）下所占的体积。如果已知压缩系数 z，则 B_g 可由下式计算

$$B_g=\frac{14.7}{p_R}\frac{460+T_R}{460+60}z=0.02827\ (460+T_R)\ \frac{z}{p_R} \tag{36}$$

相对密度 0.6～1.0 的气体在不同温度和压力下的气体地层体积系数 B_g 和气体地层体积系数倒数 $1/B_g$ 的标准值可由图 43.15 到图 43.19 求得。

在估算气体储量中，估算者应谨慎地清楚表明所报告储量的压力基础。基础压力 14.4 磅／英寸^2（绝对）下的储量比在基础压力 16.7 磅／英寸^2（绝对）下报告的相同储量约大 16%。

得克萨斯、俄克拉何马和堪萨斯各州的标准压力基础为 14.65 磅／英寸^2 绝对（14.4 磅+4 盎司／英寸^2），科罗拉多、路易斯安那、内布拉斯加、密西西比、蒙大拿、新墨西哥和怀俄明各州的标准压力基础是 15.025 磅／英寸^2 绝对（14.4 磅+10 盎司／英寸^2），而加利福尼亚州的标准压力基础为 14.73 磅／英寸^2（绝对）。

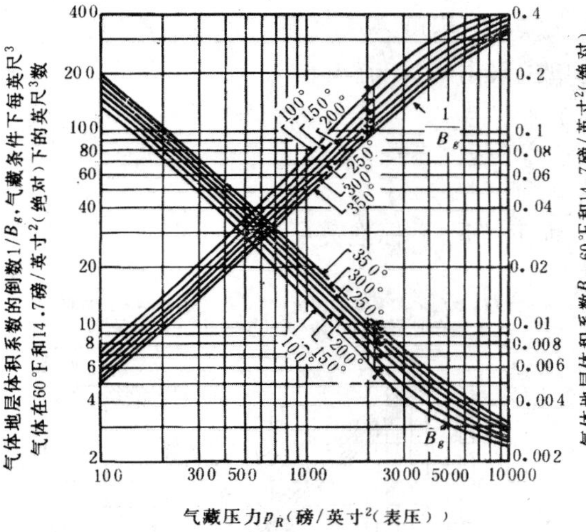

图 43.15　气体地层体积系数$B_g = \frac{14.7}{p_R + 14.7}\frac{460 + T_R}{460 + 60}z$和气体地层体积系数倒数 $1/B_g = \frac{p_R + 14.7}{14.7}\frac{460 + 60}{460 + T_R}\frac{1}{z}$与压力（磅／英寸^2 表压）和温度（°F）的关系曲线。气体相对密度为 0.6（空气＝1.0）

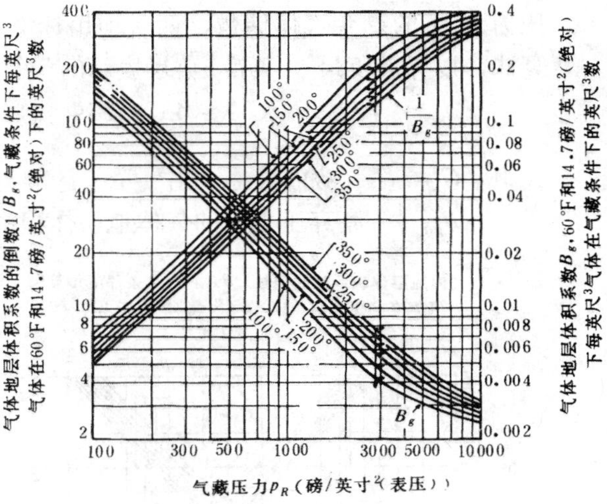

图 43.16　气体地层体积系数$B_g = \frac{14.7}{p_R + 14.7}\frac{460 + T_R}{460 + 60}z$和气体地层体积系数倒数 $1/B_g = \frac{p_R + 14.7}{14.7}\frac{460 + 60}{460 + T_R}\frac{1}{z}$与压力（磅／英寸^2 表压）和温度（°F）的关系曲线。气体相对密度为 0.7（空气＝1.0）

3. 气体地质储量

根据方程（1），含非伴生气和束缚水但不含剩余油的气藏中的气体地质储量，以标准英尺^3 自由气表示时，为

$$G_{Fi} = \frac{43{,}560 V_g \phi (1 - S_{iw})}{B_g}$$

气藏的可采气量常常用总采收率乘气体地质储量估算。

例如，压力梯度为 46.5 磅／英寸^2／100 英尺，地面温度为 74°F，地温梯度为 1.5°F／100 英尺，气体相对密度为 0.7，席状高渗透性地层的采收率约为 80%，在这些条件下，不同孔隙度ϕ和束缚水饱和度S_{iw}组合的可采气量（以 10^3 英尺^3／（英亩·英尺）表示）标准值可从表 43.12 求得。

表 43.12 中的数字不能直接用于大井距的低渗透性地层，如需要进行压裂或其它增产措施才能以商业速率生产的地层等。在这种情况下，由于在整个井距控制范围衰竭以前就可能达到经济生产极限，因而需要确定一个允许误差。如果已知或估计气层具有透镜体性质，在估算可能的泄气面积时也应于以考虑。

4. 无水驱气藏的单位采出气量

干气　无水驱干气藏的单位采出气量（在理想条件下从产层均质单位体积中在理论上可能采出的最终采出气量），等于压力 p_i 下的原始气体地质储量减去达到最终采出气量时废弃压力 p_a 下的剩余气体储量，两者均用标准英尺^3／英亩−英尺表示（表 43.13）。按照差别计算法，以标准英尺^3／英亩−英尺表示的干气藏的单位采出气量为：

$$G_{ul}=43,560\phi\ (1-S_{iw})\ \left(\frac{1}{B_{gi}}-\frac{1}{B_{ga}}\right) \tag{37}$$

式中　G_{ul}——气藏的最终采出气量，标准英尺^3；

B_{ga}——废弃压力下的气体地层体积系数，地下英尺^3／标准英尺^3。

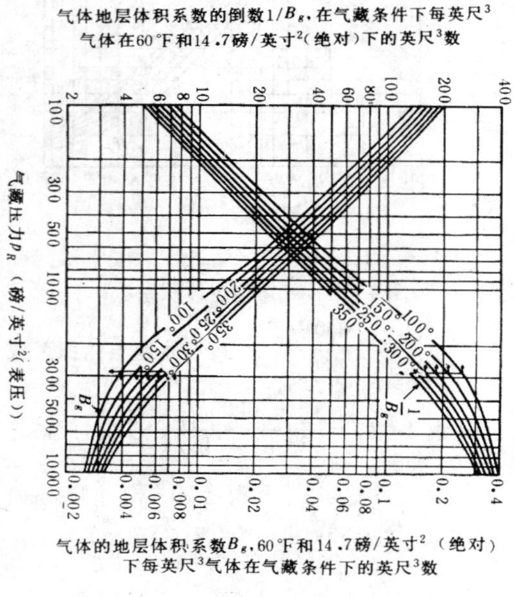

图 43.17　气体地层体积系数$B_g=\frac{14.7}{p_R+14.7}\frac{460+T_R}{460+60}z$和气体地层体积系数倒数$1/B_g=\frac{p_R+14.7}{14.7}\frac{460+60}{460+T_R}\frac{1}{z}$与压力（磅／英寸^{2}表压）和温度（°F）的关系曲线。气体相对密度为 0.8（空气＝1.0）

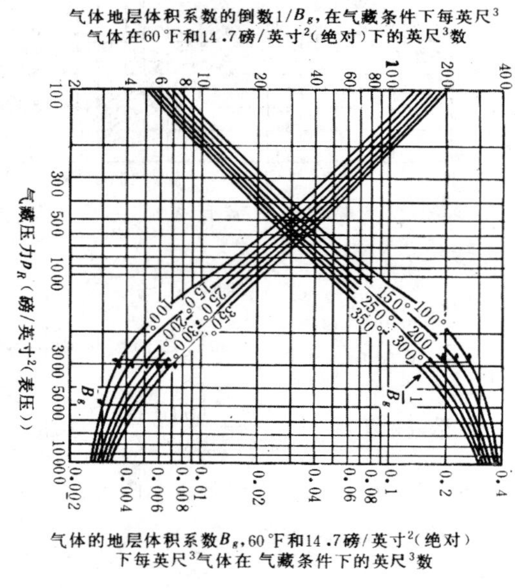

图 43.18　气体地层体积系数$B_g=\frac{14.7}{p_R+14.7}\frac{460+T_R}{460+60}z$和气体地层体积系数倒数$1/B_g=\frac{p_R+14.7}{14.7}\frac{460+60}{460+T_R}\frac{1}{z}$与压力（磅／英寸^{2}表压）和温度（°F）的关系曲线。气体相对密度为 0.9（空气＝1.0）

所用的废弃压力 p_a 取决于管线出口的作业压力，有无压缩机将低压气加压到管线压力，气藏深度，生产管柱直径，气藏的渗透率和厚度等因素。

气体凝析液 在凝析气藏中，在气藏压力下降时和在地面分离装置中会发生烃液凝析作用。气藏中烃液的凝析作用会使单位采出气量与干气藏相比过于乐观，这是因为在废弃压力下气藏中凝析液的体积一般小于在废弃压力下凝析为液体的气体地下体积。在地面分离装置中回收凝析液，还会减少可供销售的自由气气量。因而，对于无水驱而在衰竭条件下生产的富凝析气藏来说，应当根据应用组配的气样实际进行室内衰竭研究的结果进行采出气量的计算。如果没有这一类的分析研究结果可用，则可以根据相当 1 英尺^3 凝析液的自由气量一般约为 150～200 标准英尺^3 进行近似计算。可以根据平均数字 175 英尺^3（1 米^3 凝析液平均相当于 175 标准米^3 气），用剩余气或销售气计算单位采出气量。当在废弃压力下气藏的剩余凝析液饱和度为 S_{or}，平均生产气／凝析液比为 R_p（标准英尺^3／桶）时，以标准英尺^3 剩余气／英亩–英尺表示，可估算单位采出气量如下：

$$G_{ul} = 43，560\phi \frac{R_p}{R_p + 175} \left(\frac{1 - S_{iw}}{B_{gi}} - \frac{1 - S_{iw} - S_{or}}{B_{ga}} - 175 S_{or}\right) \tag{38}$$

可以根据原始条件下气藏气体中的凝析液量和在气藏衰竭开发过程中在地面分离装置中回收的凝析液量进行物质平衡计算，估算 S_{or}。

5. 渗透率分布的影响

除非已知气藏是渗透性的和均质的，否则就应对单位采出气量进行校正。这是因为在高渗透层中衰竭的速率要比低渗透层快，特别是当这些层被不渗透夹层隔开时更是如此。在致密气层泄气到废弃压力以前就可能已经达到了不经济的采气速率。在许多情况下，侧向上渗透率的不均匀性会起一种补偿作用。在极硬和致密的地层中，大型压裂也会有相同的效果。因此，在许多情况下，根据不同渗透性地层在气藏中是均质的和连续分布的假设进行计算的结果会过于悲观。然而，这种计算可以提供下限的可采储量，而假设气藏是完全均质的并直接应用单位采出气量，则可提供一个高限的可采储量。

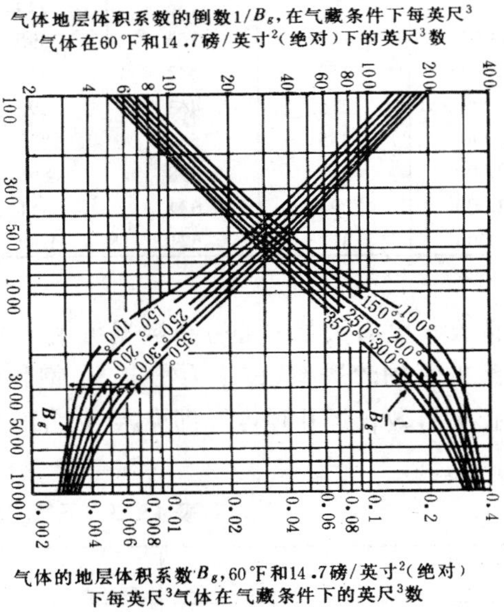

图 43.19 气体地层体积系数 $B_g = \frac{14.7}{p_R + 14.7}\frac{460 + T_R}{460 + 60} z$ 和气体地层体积系数倒数 $1/B_g = \frac{p_R + 14.7}{14.7}\frac{460 + 60}{460 + T_R}\frac{1}{z}$ 与压力（磅／英寸^2 表压）和温度（°F）的关系曲线。气体相对密度为 1.0（空气＝1.0）

应用渗透性–岩块法可计算非伴生干气藏的这种下限储量如下。

根据参考文献〔50〕11.15 部分的方程（13）和方程（14），在一个封闭圆柱形气藏中，中心有一口井相对于砂层面以零压力生产，则其边界压力可近似表示为：

$$p_R = \left(\frac{1}{p_i} + C_1\frac{k_{rg}}{\phi_h}t\right)^{-1} \tag{39}$$

而产气速率为

$$q_g = C_2 k_g h_e p^2 \tag{40}$$

式中　C_1、C_2——常数；

ϕ_h，h_e——分别为有效含烃孔隙度和有效厚度。

表 43.12　可采气量标准值(10^3 英尺^3 / (英亩 · 英尺))

孔隙度 ϕ	0.05	0.10	0.15	0.20	0.25	0.30	0.35
束缚水　S_{iw}	0.35	0.30	0.30	0.25	0.25	0.20	0.15
深度,英尺							
1,000	37	80	121	172	216	276	342
2,000	77	166	249	355	444	569	705
3,000	122	263	395	565	706	903	1120
4,000	159	342	512	732	915	1171	1451
6,000	215	463	695	993	1241	1589	1970
8,000	255	549	823	1176	1470	1882	2333
10,000	277	598	896	1281	1601	2049	2540
12,000	294	634	951	1359	1699	2175	2695
15,000	311	671	1006	1437	1797	2300	2851

假设气藏有大量岩心分析数据可用，可以划分为如表 43.14 所示的渗透率组。然后，把每一组的平均渗透率$\bar{k}$校正为给定 S_{iw} 饱和度下的气体相对渗透率 k_{rg}。每一组的平均孔隙度也校正为有效含烃孔隙度，即$\phi_h = \phi\ (1-S_{iw})$。

表 43.13　干气藏单位采出气量方程的条件

	初始条件	最终条件
气藏压力	p_i	p_a
束缚水量,英尺^3 / 英亩—英尺	$43560\phi S_{iw}$	$43560\phi S_{iw}$
自由气量,标准英尺^3 / 英亩—英尺	$\frac{43560\phi(1-S_{iw})}{B_{gi}}$	$\frac{43560\phi(1-S_{iw})}{B_{ga}}$

继而假设，每一个渗透率组代表一个独立的、性质明显不同的均质层，其气体相对渗透率 k_{rg} 和含烃孔隙度ϕ_h 等于该组的平均值。每一层与其它层都是隔开的，并通过一个压力为零的公用井眼出气。

为了尽可能地保持简化计算，进一步假设理想气体定律是适用的。通过以下办法也可以使用相同的方法，即考虑与理想气体的偏差，假设井眼压力不为零，考虑凝析气藏中液体的凝析作用，等等；但这样做立即就会使这种计算变得相当复杂。

当由最高渗透率组成的组1生产到压力 p_1 时，时间 t 结束，根据方程（39）它等于：

$$t=\frac{(\phi_h)_1}{C_1(k_{rg})_1 p_i}\left(\frac{p_i}{p_1}-1\right) \tag{41}$$

在这一相同时间 t，任一层 n 中的分压力 p_n/p_i，可通过把方程（41）的 t 值代入方程（39）求得：

$$\frac{p_n}{p_i}=\left[1+\frac{(k_g)_n}{(k_g)_1}\frac{(\phi_h)_1}{(\phi_h)_n}\left(\frac{p_i}{p_1}-1\right)\right]^{-1} \tag{42}$$

此时，所有层的综合生产速率 q_n，按方程（40）为

$$q_n=C_3\sum_1^n(k_g)_n(h_e)_n\left(\frac{p_n}{p_i}\right)^2 \tag{43}$$

而此时所有层的累计产量 G_{pn} 为：

$$G_{pn}=C_4\sum_1^n(\phi_h)_n(h_e)_n\left(1-\frac{p_n}{p_i}\right) \tag{44}$$

式中　C_3 和 C_4——常数。

相对于所有层的初期生产速率而言，所有层的分生产速率因而为

$$f_{gn}=\frac{\sum_1^n(k_g)_n(h_e)_n(p_n/p_i)^2}{\sum_1^n(k_g)_n(h_e)_n} \tag{45}$$

而所有层的累计产量作为所有层的总气体地质储量的分数表示，则为

$$\frac{G_{pn}}{G_n}=\frac{\sum_1^n(\phi_h)_n(h_e)_n[1-(p_n/p_i)]}{\sum_1^n(\phi_h)_n(h_e)_n} \tag{46}$$

因此，用方程（45）和（46）可以绘制速率-累计产量关系曲线，其中速率用初期生产速率的分数或百分比表示，而累计产量用气体地质储量的小数或百分比表示。然后通过选择合适

表 43.14　无水驱气藏的渗透性–岩块计算法

组(n)	1	2	3	4	总计	初期速率和气体地质储量的百分比
(1)渗透率范围	$10<k<100$	$1<k<10$	$0.1<K<1$	$0.01<K<0.1$		
(2)K_g	25.26	3.36	0.34	0.05		
(3)ϕ_h	0.070	0.068	0.045	0.022		
(4)k_g/ϕ_h	360.8	49.4	7.56	2.27		
(5)$(\overline{k_g/\phi_h})_n \div (\overline{k_g/\phi_h})_1$	1	0.13692	0.02095	0.00629		
(6)岩样数，n'	170	530	889	622	2,211	
(7)$\overline{k_g}n'$	4,294	1,780	302.3	31.1	6,407.4	(=100%)
(8)$(\overline{\phi_h})n'$	11.90	36.04	40.00	13.68	101.62	(=100%)
假设$(p_i/p_1)=4$						
压力$(p_n/p_i)=[1+3(5)]^{-1}$	0.2500	0.7088	0.9408	0.9815		
速率$=(7)(p_n/p_i)^2$	268.4	894.3	267.6	30.0	1,460.3	(=22.8%)
累计$=(8)[1-(p_n/p_i)]$	8.92	10.49	2.37	0.25	22.03	(=21.7%)
假设$(p_i/p_1)=25$						
压力$(p_n/p_i)=[1+24(5)]^{-1}$	0.0400	0.2333	0.6654	0.8688		
速率$=(7)(p_n/p_i)^2$	6.9	96.9	133.8	23.5	261.1	(=4.07%)
累计$=(8)[1-(p_n/p_i)]$	11.42	27.63	13.38	1.79	54.22	(=53.4%)
假设$(p_i/p_1)=101$						
压力$(p_n/p_i)=[1+100(5)]^{-1}$	0.0099	0.0681	0.3231	0.6139		
速率$=(7)(p_n/p_i)^2$	0.4	8.2	31.6	11.7	51.9	(=0.81%)
累计$=(8)[1-(p_n/p_i)]$	11.78	33.59	27.08	5.28	77.73	(=76.5%)

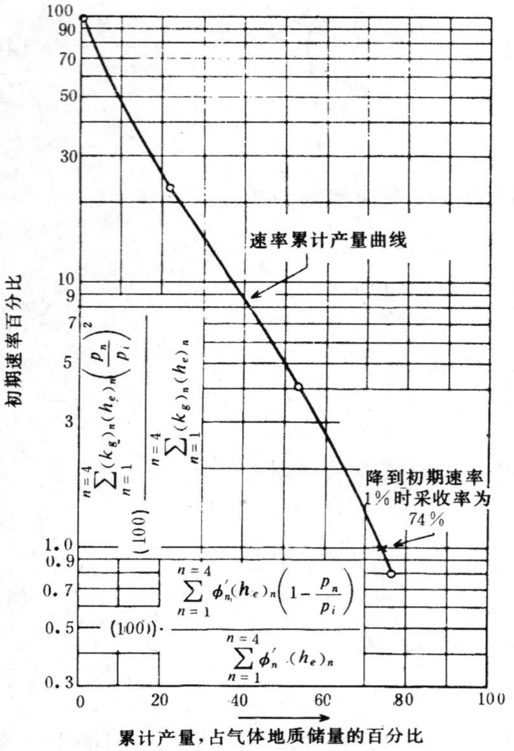

图 43.20　无水驱气藏的渗透率–岩块计算法

的经济极限速率，就可以确定采收率。表 43.14 用实例说明计算步骤。

为了绘制曲线，一般仅需要对 p_i/p_1 比提出三个或四个假设条件。然后把曲线绘在如图 43.20 所示的半对数坐标纸上。

在该具体情况下，当产气速率降到原初期速率的 1%时，估计这一气藏的最低采收率约为气体地质储量的 74%。

6. 水驱气藏的采出气量

在有效水驱气藏情况下，随着采气，水侵入气藏，压力将完全得到或局部得到保持，压力递减的幅度将取决于相对于水侵速率的采气速率。由于气藏有多大部分将最终受到水侵并不总是可以预测的，并且将有多大气体量作为非润湿相会被圈绕而过难以估算，水驱气藏的采出气量一般用一个采收率乘方程（1）算出的原始气体地质储量来估算。采收率选择取决于砂层的厚度和均质性，不同气体饱和度下气和水的相对渗透率，以及含气层的几何形态和倾角。

由于水的推进会圈绕气体，并且由于伴

随有出水问题，水驱气藏的采收率要比体积膨胀气藏的采收率明显偏低。水驱气藏的典型采收率为 50%～70%，而膨胀驱气藏的采收率为 70%～90%。

十四、产量递减曲线〔35，54～58〕

1. 一般原理

通过外推生产动态趋势估算最终采出量的所有做法基本上都遵循一种相同的方式。一般希望确定的两个参量是剩余的原油储量和剩余的开发年限。因此，一般选用累计产量和时间作为自变量并作为横坐标绘图。然后选用易于计算和记录的油井动态的一个变化特性作为变量，产生一个趋势曲线。为了进行外推，这一变量必须满足两个条件，即：(1) 其值必须基本上是自变量的连续函数，并且以均匀的方式变化；(2) 它必须有一个已知的终点。

通过把这一连续变化的因变量的各值作为纵坐标和把自变量（累计产量或时间）的各值作为横坐标绘制曲线，然后将这一表现趋势外推到已知终点，即可求得剩余储量或剩余开发年限的估算值。这一方法的基本假设条件是过去控制曲线趋势的因素，将来将继续以均匀的方式控制曲线的趋势。

因此，严格讲，这种外推方法具有经验的性质，只能对少数简单的情况根据对油藏的实际考虑提出趋势曲线的数学表达式。

在能够用来根据动态趋势作出估算的许多因变量中，产量至今是生产不受限制时应用最普遍的一个因变量。在这种情况下，通常称作产量递减曲线。对两个自变量来讲，有两个主要型式：产量时间和产量／累计产量曲线。把原油产量作为因变量的优点是经常有资料可供利用，并且可以准确记录。关于终点的要求也容易得到满足。根据已知的或估算的生产费用一般能够精确地确定经济极限产量，从而把这一产量作为曲线的终点。

一口井产量的逐渐变化可能是以下原因造成的：

(1) 举升设备的效率减小。

(2) 采油指数减小，或完井有问题，或由于井眼中和井眼周围物性变化而使表皮效应增大，如自产出流体中形成了结蜡、结盐或出现了沥青质沉积，或者井下形成砂堵或发生坍塌。

(3) 井底压力、油气比、含水率或其它油藏条件发生变化。

为进行储量估算，必须把油藏条件变化造成的产量递减与由于井眼条件变化或举升设备失灵造成的产量递减区分开来。

可以通过使用动力仪、声波液面探测等测试方法对油管或凡尔漏失和泵的容积效率进行常规检查，检验举升设备的效率。应用这些测试方法可以确定是否需要进行起油管作业，更换井下泵抽设备或气举凡尔。

每隔一段时间，进行一次井下压力恢复分析，研究完井因素、表皮效应或采油指数，可以发现有害于生产的井眼条件，有时通过适当的处理方法可以予以消除。

除非查出或消除了有害的井眼条件，否则应用递减曲线求得的储量估计值将只包括在现有的和有时仅局部有效的井眼条件下能够采出的那部分储量。

当举升设备工作良好和井眼条件满意时，产量递减趋势必然反映油藏条件的变化，外推这样的趋势将会可靠地预测剩余的可采储量。

2.经济极限

经济极限产量是指能刚好补偿一口井的直接生产费用的产量。在确定这一经济极限时，常常需要认真分析一口井支出费用，并确定如果这口井报废实际上会节省多少资金。节约的资金量是衡量经济极限产量的最佳尺度，因为如果矿区还有其它井保持生产，就必须继续支出一定的费用。表 43.15 是一口井经济极限的典型计算实例。

表 43.15　一口井经济极限的典型计算

每桶的原油价格	28.00 美元
每桶的气体收益	2.00 美元
总计	30.00 美元
矿区生产税	1.43 美元
矿区使用费(生产税收后的 12.5%)	3.57 美元
每毛桶的净收入	25.00 美元
按经济极限估算的直接生产费	2500 美元／月
估算的经济极限产量	100 毛桶／月

3. 通称和有效递减

有两种类型的递减[55]。通称递减率 a 定义为自然对数产量 q 与时间 t 关系曲线的负斜率，或者说，

$$a = -\frac{\mathrm{d}\ln q}{\mathrm{d}t} = -\frac{\mathrm{d}q / \mathrm{d}t}{q} \tag{47}$$

通称递减是一个连续函数，主要用来简化各种数学关系式的推导。

有效递减率 d 是阶梯函数，因而与实际的产量纪录良好一致。它是实践中最广泛应用的递减率。有效递减率是在一段时间内（1 个月或 1 年)的产量递减即 $q_i - q_1$ 除以这一阶段开始时的产量，即

$$d = \frac{q_i - q_1}{q_i} \tag{48}$$

时间阶段可以为 1 个月或 1 年，分别称作有效月递减或有效年递减。

4. 不同类型的产量递减曲线

一般公认三种类型的产量递减曲线[54]。一种是定率（固定百分率）递减，通称递减率 a 是常数，即

$$a = \frac{\mathrm{d}q / \mathrm{d}t}{q} \tag{49}$$

积分后得出产量/时间关系式

$$q = q_i e^{-at} \tag{50}$$

第二次积分后，求得 t 时的累计产量，可用产量/累计产量关系式表示:

$$N_p = \frac{q_i - q}{a} \tag{51}$$

由方程（50）可求得到废弃时的剩余开采年限，即

$$t_a = \ln F_q / a \tag{52}$$

式中　$F_q = q_i / q_a$，或者用方程（51）消去递减率 a，得

$$t_a = \frac{N_{pa}}{q_i}\left(\frac{F_q \ln F_q}{F_q - 1}\right) \tag{53}$$

换句话说，按定率递减，将来的生产年限将是按固定产量 q_i 生产出最终 N_{pa} 所需年限的（$F_q \ln F_q$）/（$F_q - 1$）倍。

另一种是双曲线递减，通称递减率 a 与产量的分数幂 n 成正比，幂指数介于 0 到 1 之间，即

$$a = -\frac{\mathrm{d}q / \mathrm{d}t}{q} = bq^n \tag{54}$$

式中常数 b 在初期条件下用下式确定:

$$b = \frac{a_i}{q_i^n} \tag{55}$$

积分后求得以下产量/时间关系式:

$$q = q_i (1 + na_i t)^{-1/n} \tag{56}$$

第二次积分后，求得 t 时的累计产量，可由产量/累计产量关系式表示:

$$N_p = \frac{q_i^n}{(1-n) a_i} (q_i^{1-n} - q^{1-n}) \tag{57}$$

在一定条件下，重力泄油达到的产量遵循指数 $n=1/2$ 的这种类型的递减（参考文献〔35〕）。因而产量／时间关系式变为：

$$q=\frac{q_i}{[1+(a_i/2)t]^2} \tag{58}$$

产量／累计产量关系式为

$$N_p=\frac{2\sqrt{q_i}}{a_i}(\sqrt{q_i}-\sqrt{q}) \tag{59}$$

由方程（58）可求得双曲线递减这一特殊情况（$n=1/2$）下至废弃时间的剩余开采年限，即

$$t_a=\frac{2(\sqrt{F_q}-1)}{a_i} \tag{60}$$

或者，用方程（59）消去初期递减 a_i，得

$$t_a=\frac{N_{pa}}{q_i}\sqrt{F_q} \tag{61}$$

换句话说，按照双曲线递减，将来的开采时间将是以固定产量 q_i 生产出相同最终 N_{pa} 所需时间的 $\sqrt{F_q}$ 倍。

第三种是调和递减，通称递减率与产量成正比，即

$$a=-\frac{\mathrm{d}q/\mathrm{d}t}{q}=bq \tag{62}$$

式中常数 b 在初期条件下由下式确定：

$$b=\frac{a_i}{q_i} \tag{63}$$

积分后得下列产量／时间调和递减关系式：

$$q=\frac{q_i}{1+a_i t} \tag{64}$$

二次积分后，求得时间 t 时的累计产量，可用产量／累计产量关系式表示如下：

$$N_p = \frac{q_i}{a_i} \ln \frac{q_i}{q} = \frac{q_i}{a_i} \ln F_q \tag{65}$$

由方程（64）可求得至废弃时间的剩余开采年限如下:

$$t_a = \frac{F_q - 1}{a_i} \tag{66}$$

或者，用方程（65）消去初期递减 a_i 得:

$$t_a = \frac{N_{pa}}{q_i} \left(\frac{F_q - 1}{\ln F_q} \right) \tag{67}$$

换句话说，按调和递减，将来的生产时间将是以固定产量 q_i 生产出相同最终 N_{pa} 需要时间的（F_g−1）／$\ln F_g$ 倍。

有效递减和通称递减之间的关系　三种产量递减曲线的有效递减率 d（或初期条件的 d_i）与通称递减率 a（或初期条件的 a_i）的关系如下:

$$d = 1 - e^{-a} \tag{68}$$

和

$$a = -\ln (1 - d) \tag{69}$$

对于双曲线递减

$$d_i = 1 - (1 + n a_i)^{-1/n} \tag{70}$$

和

$$a_i = \frac{1}{n} [(1 - d_i)^{-n} - 1] \tag{71}$$

对于调和递减

$$d_i = \frac{a_i}{1 + a_i} \tag{72}$$

和

$$a_i = \frac{d_i}{1 - d_i} \tag{73}$$

Cutler[56] 分析了大量的实际产量递减曲线后指出，常遇到的大多数递减曲线是双曲线型的，其指数 n 值介于 0～0.7 之间，大部分在 0～0.4 之间。在一定条件下的重力泄油生产，指数 $n=0.5$（参考文献[59]）。调合递减（$n=1$）看来很少发生。

5.定率递减的递减表

表 43.16 和表 43.17 将简化固定有效递减百分数 100d 从 1／4／月～10%／月的将来产量和累计产量的计算。对定率递减和其它类型递减的计算编制有手提计算器和计算机程序。

对于定率递减，可以把逐月的产量列成几何级数：

$$(1-d)\quad (1-d)^{2}\quad (1-d)^{3}\cdots\quad (1-d)^{t}$$

其中研究阶段前最后一个月的产量等于 1。对于每一个月递减百分数 100d 来讲，递减表中的“产量”栏代表左右时间栏所列月数 t 结束后 $(1-d)^{t}$ 月的产量。t 月后的累计产量

$$\frac{(1-d)\left[1-(1-d)^{t}\right]}{d}$$

列在标有“累计”栏中。

表 43.16　定率递减(有效递减$^1/_4$～4%／月)

时间(月)	有效递减 $^1/_4$%／月		有效递减 $^1/_2$%／月		有效递减 $^3/_4$%／月		有效递减 1%／月	
	产量	累计	产量	累计	产量	累计	产量	累计
1	0.9975000	0.9975000	0.9950000	0.9950000	0.9925000	0.9925000	0.9900000	0.9900000
2	0.9950063	1.9925063	0.9900250	1.9900250	0.9850562	1.9775563	0.9801000	1.9701000
3	0.9925187	2.9850250	0.9850750	2.9700999	0.9776683	2.9552246	0.9702990	2.9403990
4	0.9900274	3.9750624	0.9801495	3.9502494	0.9703358	3.9255604	0.9605960	3.9009950
5	0.9875623	4.9626248	0.9752488	4.9254981	0.9630583	4.8886187	0.9509900	4.8519851
6	0.9850934	5.9477182	0.9703725	5.8958706	0.9558354	5.8444541	0.9414801	5.7934652
7	0.9826307	6.9303489	0.9655206	6.8613913	0.9486666	6.9731207	0.9320653	6.7255306
8	0.9801741	7.9105230	0.9606931	7.8220843	0.9415516	7.7346722	0.9227447	7.6482753
9	0.9777237	8.8882467	0.9558896	8.7779739	0.9344900	8.6691622	0.9135173	8.5617925
10	0.9752794	9.8635261	0.9511101	9.7290840	0.9274813	9.5966435	0.9043821	9.4661746
11	0.9728412	10.8363673	0.9463546	10.6754386	0.9205252	10.5171686	0.8953383	10.3615128
12	0.9704091	11.8067763	0.9416228	11.6170614	0.9136212	11.4307899	0.8863849	11.2478977
24	0.9416938	23.2641790	0.8866535	22.5559511	0.8347038	21.8742023	0.7856781	21.2178644
36	0.9138282	34.3825469	0.8348932	32.8562594	0.7626031	31.4155252	0.6964132	30.0550922
48	0.8867872	45.1719121	0.7861544	42.5552644	0.6967304	40.1326804	0.6172901	37.8882772
60	0.8605463	55.6420099	0.7402610	51.6880687	0.6365477	48.0968584	0.5471566	44.8314939
72	0.8350820	65.8022881	0.6970466	60.2877255	0.5815635	55.3731006	0.4849910	50.9858562
84	0.8103711	75.6619141	0.6563550	68.3853585	0.5313287	62.0208300	0.4298890	56.4409899
96	0.7863915	85.2297847	0.6180388	76.0102745	0.4854332	68.0943366	0.3810471	61.2763380
108	0.7631215	94.5145332	0.5819595	83.1900692	0.4435021	73.6432212	0.3377544	65.5623173
120	0.7405400	103.5245374	0.5479863	89.9507277	0.4051929	78.7127999	0.2993804	69.3613447

续表

时间(月)	有效递减 $1\frac{1}{4}\%$／月		有效递减 $1\frac{1}{2}\%$／月		有效递减 $1\frac{3}{4}\%$／月		有效递减 2%／月	
	产量	累计	产量	累计	产量	累计	产量	累计
1	0.9875000	0.9875000	0.9850000	0.9850000	0.9825000	0.9825000	0.9800000	0.9800000
2	0.9751562	1.9626563	0.9702250	1.9552250	0.9653062	1.9478063	0.9604000	1.9404000
3	0.9629668	2.9256230	0.9556716	2.9108966	0.9484134	2.8962196	0.9411920	2.8815920
4	0.9509297	3.8765528	0.9413366	3.8522332	0.9318162	3.8280358	0.9223682	3.8039602
5	0.9390431	4.8155959	0.9272165	4.7794497	0.9155094	4.7435452	0.9039208	4.7078810
6	0.9273051	5.7429009	0.9133083	5.6927580	0.8994880	5.6430331	0.8858424	5.5937233
7	0.9157137	6.6586147	0.8996086	6.5923666	0.8837469	6.5267801	0.8681255	6.4618489
8	0.9042673	7.5628820	0.8861145	7.4784811	0.8682814	7.3950614	0.8507630	7.3126119
9	0.8929640	8.4558460	0.8728228	8.3513039	0.8530864	8.2481478	0.8337478	8.1463597
10	0.8818019	9.3376479	0.8597304	9.2110343	0.8381574	9.0863053	0.8170728	8.9634325
11	0.8707794	10.2084273	0.8468345	10.0578688	0.8234897	9.9097949	0.8007313	9.7641638
12	0.8598947	11.0683220	0.8341320	10.8920008	0.8090786	10.7188735	0.7847167	10.5488805
24	0.7394118	20.5859132	0.6957761	19.9773671	0.6546082	19.3912851	0.6157803	18.8267637
36	0.6358223	28.7700393	0.5803691	27.5557615	0.5296295	26.4079477	0.4832131	25.3225570
48	0.5467402	35.8075257	0.4841044	33.8771427	0.4285119	32.0849793	0.3791854	30.4199145
60	0.4701390	41.8590228	0.4038070	39.1500088	0.3466998	36.6781441	0.2975531	34.4198961
72	0.4042700	47.0626730	0.3368283	43.5482749	0.2805074	40.3943754	0.2334949	37.5587485
84	0.3476296	51.5372641	0.2809593	47.2170094	0.2269525	43.4010986	0.1832274	40.0218585
96	0.2989248	55.3849412	0.2343571	50.2772181	0.1836224	45.8337740	0.1437816	41.9547020
108	0.2570438	58.6935382	0.1954848	52.8298360	0.1485650	47.8019996	0.1128278	43.4714366
120	0.2210306	61.5385833	0.1630601	54.9590562	0.1202007	49.3944488	0.0885379	44.6616435

时间(月)	有效递减 $2\frac{1}{2}\%$／月		有效递减 3%／月		有效递减 $3\frac{1}{2}\%$／月		有效递减 4%／月	
	产量	累计	产量	累计	产量	累计	产量	累计
1	0.9750000	0.9750000	0.9700000	0.9700000	0.9650000	0.9650000	0.9600000	0.9600000
2	0.9506250	1.9256250	0.9409000	1.9109000	0.9312250	1.8962250	0.9216000	1.8816000
3	0.9268594	2.8524844	0.9126730	2.8235730	0.8986321	2.7948571	0.8847360	2.7563360
4	0.9036879	3.7561723	0.8852928	3.7088658	0.8671800	3.6620371	0.8493466	3.6156826
5	0.8810957	4.6372680	0.8587340	4.5675998	0.8368287	4.5988658	0.8153727	4.4310553
6	0.8590683	5.4963363	0.8329720	5.4005718	8.8075397	5.3064055	0.7827578	5.2138130
7	0.8375916	6.3339279	0.8079828	6.2085547	0.7792758	6.0856813	0.7514475	5.9652605
8	0.8166518	7.1505797	0.7837434	6.9922981	0.7520012	6.8376825	0.7213896	6.6866501
9	0.7962355	7.9468152	0.7602311	7.7525291	0.7256811	7.5633636	0.6925340	7.3791841
10	0.7763296	8.7231448	0.7374241	8.4899532	0.7002823	8.2636459	0.6648326	8.0440167
11	0.7569214	9.4800662	0.7153014	9.2052547	0.6757724	8.9394183	0.6382393	8.6822561
12	0.7379984	10.2180646	0.6938424	9.8990970	0.6521204	9.5915387	0.6127098	9.2949658
24	0.5446416	17.7589797	0.4814172	16.7675099	0.4252610	15.8463764	0.3754133	14.9900821
36	0.4019446	23.3241626	0.3340277	21.5331058	0.2773214	19.9252836	0.2300194	18.4795354
48	0.2966344	27.4312584	0.2317625	24.8396782	0.1808469	22.5852220	0.1409351	20.6175575
60	0.2189157	30.4622883	0.1608067	27.1339192	0.1179339	24.3198220	0.0863523	21.9275445
72	0.1615594	32.6991834	0.1115745	28.7257601	0.0769071	25.4509900	0.0529089	22.7301864
84	0.1192306	34.3500082	0.0774151	29.8302468	0.0501527	26.1886477	0.0324178	23.2219728
96	0.0879920	35.5683143	0.0537139	30.5965865	0.0327056	26.6696893	0.0198627	23.5232952
108	0.0649379	36.4674222	0.0372690	31.1283054	0.0213280	26.9833863	0.0121701	23.7079184
120	0.0479241	37.1309623	0.0258588	31.4972345	0.0139084	27.1879545	0.0074567	23.8210388

表 43.17　定率递减(有效递减 $4\frac{1}{2}$～10%／月)

时间(月)	有效递减 $4\frac{1}{2}$%／月		有效递减 5%／月		有效递减 $5\frac{1}{2}$%／月		有效递减 6%／月	
	产量	累计	产量	累计	产量	累计	产量	累计
1	0.9550000	0.9550000	0.9500000	0.9500000	0.9450000	0.9450000	0.9400000	0.9400000
2	0.9120250	1.8670250	0.9025000	1.8525000	0.8930250	1.8380250	0.8836000	1.8236000
3	0.8709839	2.7380089	0.8573750	2.7098750	0.8439086	2.6819336	0.8305840	2.6541840
4	0.8317896	3.5697985	0.8145063	3.5243813	0.7974937	3.4794273	0.7807490	3.4349330
5	0.7943591	4.3641576	0.7737809	4.2981622	0.7536315	4.2330588	0.7339040	4.1688370
6	0.7586129	5.1227705	0.7350919	5.0332541	0.7121818	4.9452406	0.6898698	4.8587068
7	0.7244753	5.8472458	0.6983373	5.7315914	0.6730118	5.6182523	0.6484776	5.5071844
8	0.6918739	6.5391198	0.6634204	6.3950118	0.6359961	6.2542485	0.6095689	6.1167533
9	0.6607396	7.1998594	0.6302494	7.0252612	0.6010163	6.8552648	0.5729948	6.6897481
10	0.6310063	7.8308657	0.5987369	7.6239982	0.5679604	7.4232253	0.5386151	7.2283632
11	0.6026111	8.4334768	0.5688001	8.1927983	0.5367226	7.9599479	0.5062982	7.7346614
12	0.5754936	9.0089703	0.5403601	8.7331584	0.5072029	8.4671508	0.4759203	8.2105817
24	0.3311928	14.1935746	0.2919890	13.4522087	0.2572548	12.7617140	0.2265001	12.1181642
36	0.1905993	17.1772810	0.1577792	16.0021952	0.1304804	14.9399289	0.1077960	13.9778620
48	0.1096887	18.8943847	0.0852576	17.3801062	0.0661800	16.0447258	0.0513023	14.8629300
60	0.0631251	19.8825668	0.0460698	18.1246743	0.0335667	16.6050820	0.0244158	15.2841517
72	0.0363281	20.4512592	0.0248943	18.5270092	0.0170251	16.8892962		
84	0.0209066	20.7785380	0.0134519	18.7444149				
96	0.0120316	20.9668849	0.0072689	18.8618923				
108	0.0069241	21.0752773	0.0039278	18.9253724				
120	0.0039848	21.1376564	0.0021224	18.9596745				

时间(月)	有效递减 $6\frac{1}{2}$%／月		有效递减 7%／月		有效递减 $7\frac{1}{2}$%／月		有效递减 8%／月	
	产量	累计	产量	累计	产量	累计	产量	累计
1	0.9350000	0.9350000	0.9300000	0.9300000	0.9250000	0.9250000	0.9200000	0.9200000
2	0.8742250	1.8092250	0.8649000	1.7949000	0.8556250	1.7806250	0.8464000	1.7664000
3	0.8174004	2.6266254	0.8043570	2.5992570	0.7814531	2.5720781	0.7786880	2.5450880
4	0.7642694	3.3908947	0.7480520	3.3473090	0.7320941	3.3041723	0.7163930	3.2614810
5	0.7145919	4.1054866	0.6956884	4.0429974	0.6771871	3.9813594	0.6590815	3.9205625
6	0.6681434	4.7736300	0.6469902	4.6989876	0.6263981	4.6077574	0.6063550	4.5269175
7	0.6247141	5.3983440	0.6017009	5.2916884	0.5794182	5.1871756	0.5578466	5.0847641
8	0.5841076	5.9824517	0.5595818	5.8512702	0.5359618	5.7231375	0.5132189	5.5979830
9	0.5461407	6.5285923	0.5204111	6.3716813	0.4957647	6.2189022	0.4721614	6.0701443
10	0.5106415	7.0392338	0.4839823	6.8556636	0.4585823	6.6774845	0.4343885	6.5045328
11	0.4774498	7.5166836	0.4501035	7.3057672	0.4241887	7.1016732	0.3996374	6.9041701
12	0.4464156	7.9630992	0.4185963	7.7243635	0.3923745	7.4940477	0.3676664	7.2718365
24	0.1992869	11.5179507	0.1752229	10.9577534	0.1539578	10.4345211	0.1351786	9.9454463
36	0.0889648	13.1048917	0.0733476	12.3112384	0.0604091	11.5882879	0.0497006	10.9284428
48	0.0397153	13.8133270	0.0307031	12.8778022	0.0237030	12.0409966	0.0182732	11.2898575
60	0.0177295	14.1295835	0.0128522	13.1149637	0.0093004	12.2186280		

时间(月)	有效递减 $8\frac{1}{2}$%／月		有效递减 9%／月		有效递减 $9\frac{1}{2}$%／月		有效递减 10%／月	
	产量	累计	产量	累计	产量	累计	产量	累计
1	0.9150000	0.9150000	0.9100000	0.9100000	0.9050000	0.9050000	0.9000000	0.9000000
2	0.8372250	1.7522250	0.8281000	1.7381000	0.8190250	1.7240250	0.8100000	1.7100000
3	0.7760609	2.5182859	0.7535710	2.4916710	0.7412176	2.4652426	0.7290000	2.4390000
4	0.7009457	3.2192316	0.6857496	3.1774210	0.6708020	3.1360446	0.6561000	3.0951000
5	0.6413653	3.8605969	0.6240321	3.8014528	0.6070758	3.7431204	0.5904900	3.6855900
6	0.5868493	4.4474462	0.5678693	4.3693220	0.5494036	4.2925239	0.5314410	4.2170310

续表

时间（月）	有效递减 $8^1/_2$%／月		有效递减 9%／月		有效递减 $9^1/_2$%／月		有效递减 10%／月	
	产量	累计	产量	累计	产量	累计	产量	累计
7	0.5369671	4.9844133	0.5167610	4.8860830	0.4972102	4.7897342	0.4782969	4.6953279
8	0.4913249	5.4757381	0.4702525	5.3563356	0.4499753	5.2397094	0.4304672	5.1257951
9	0.4495623	5.9253004	0.4279298	5.7842654	0.4072276	5.6469370	0.3874205	5.5132156
10	0.4113495	6.3366499	0.3894161	6.1736815	0.3685410	6.0154780	0.3486784	5.8618940
11	0.3763848	6.7130346	0.3543687	6.5280502	0.3335296	6.3490076	0.3138106	6.1757046
12	0.3443920	7.0574267	0.3224755	6.8505257	0.3018443	6.6508519	0.2824295	6.4581342
24	0.1186059	9.4879483	0.1039904	9.0596524	0.0911100	8.6583736	0.07976644	8.2821020
36	0.0408469	10.3250006	0.0335344	9.7720416	0.0275010	9.2643325	0.02252840	8.7972445
48	0.0140673	10.6132747	0.0108140	10.0017697	0.0083010	9.4472378	0.00636269	8.9427359

例题 7 矿区产量在 10 个月内由 4286 桶／月递减到 3000 桶／月。假设定率递减，那么月递减是多少，40 个月后产量将是多少，这 40 月的累计产量是多少?

解：（参看表 43.16）

$$3000 \div 4286 = 0.700$$

遵循 10 月水平线，在表中 $3^1/_2$%月递减遇到产量 0.700。

40 个月后的产量：

$$3000\times（产量）_{36}\times（产量）_{4} = 3000\times0.27732\times0.86718 = 721\ 桶／月$$

40 个月的累计产量：

$$3000\times[（累计）_{36}+（产量）_{36}\times（累计）_{4}]$$

$$=3000\times（19.92528+0.27732\times3.66204）$$

$$=62822\ 桶$$

6. 产量递减曲线的直线化

图 43.21 所示是绘在常规坐标纸、半对数坐标纸和双对数坐标纸上的三种产量递减曲线的产量／时间趋势和产量／累计产量趋势。

观察这些图发现，在定率递减情况下，产量／时间曲线在半对数坐标纸上变为直线，而产量／累计产量曲线在常规坐标纸上变为直线。不论在哪一种情况下，倾斜角的正切等于标准递减率。

在双曲线型递减情况下，经过漂移可使产量／时间关系曲线和产量／累计产量关系曲线直线化，在双对数坐标纸上变为直线。在这种情况下，经过漂移的产量／累计产量曲线假设一个反斜度。除漂移要多做工作外，这种坐标纸还有一个缺点，即标绘未知变量的水平比例在期望答案点上一般变得过于密集。由于这一原因，设计了一种专门的双曲线递减坐标纸[54]，可以按线性比例标绘时间或累计产量，同时仍具有直线外推的优点。

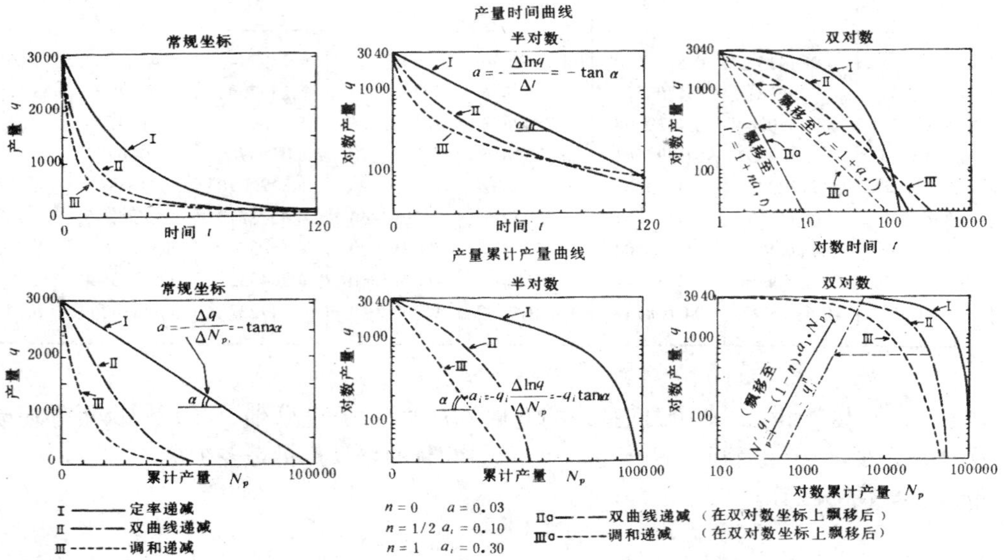

图 43.21　绘在常规坐标纸、半对数坐标纸和双对数坐标纸上的三种产量递减曲线

在调和递减情况下，经过漂移后，产量／时间关系曲线在双对数坐标纸上也可以变为直线，并假设一个 45° 斜度。而且在这种情况下，按直线比例绘制产量倒数与时间的关系曲线，也可以产生直线。调和递减的产量／累计产量关系曲线在半对数坐标纸上变为直线。在这种情况下，通称递减率等于产量乘倾斜角的正切。

为了方便起见，产量／时间外推最常用半对数坐标纸，而常规坐标纸有利于产量／累计产量外推。由于在这种坐标纸上作直线外推需要定率递减，显然，这种外推得到的结果可能过于保守。有经验的工程师在平滑匀整后期阶段递减斜率时一般会考虑这一点。

Arps[54] 介绍了这种外推的几何作图法。

7. 递减比法

通称递减率的倒数 $q/(dq/dt)$ 称作“递减比”，可用于表式外推目的和识别递减类型。在定率递减中，递减比是常数，而在双曲线递减中，递减比的一阶导数是常数，并等于指数 n。在调和递减中，递减比的一阶导数是常数，并等于 1。在参考文献[54]中介绍了如何应用递减比法和差别计算表外推各种产量递减曲线。

8. 储量与递减之间的关系

从定率递减的产量／累计产量方程中可以看出[55]，如果应用相同的时间单位确定递减和产量，那么剩余储量就等于现在的产量与经济极限的产量两者之差除以通称递减率。

这可以导致以下的简单判断法：当通称递减为 1%／月时，剩余储量是月产量差的 100 倍；当通称递减为 2%月时，是月产量差的 50 倍；当通称递减 3%／月时，是月产量差的 $33^1/_3$ 倍；当通称递减为 4%时，是月产量差的 25 倍；等等。

当产量用日产量或年产量时，如果递减用相同的单位表示，相同的公式同样适用。

十五、其它动态曲线

1. 产液含油率与累计产油量关系曲线

在水驱油田，特别是在高含水低含油阶段，常用来替代产量的另一个变量是产液的含油率。由于常常不需要预测含油率与时间的关系，因而常常仅绘制含油率变化与累计产量的关系曲线。图 43.22 所示是伊利诺斯州 Tar Springs 砂层油藏绘制在半对数坐标纸上的这种曲线实例。这种情况下的终点是结合矿区总产液量而刚好能补偿生产费用的最低含油率。

2. 累计产气量与累计产油量关系曲线

通过一次采油法仅能采出一部分原油地质储量是大部衰竭类型油藏的一个特点。另外，气体可更自由地通过油藏，因而一般可以假设，在油藏废弃时留在油藏中的仅为当时压力下剩余油中的溶解气和相同压力下的自由气。换句话说，即使不能精确地知道可以采出多少油，但一般可以坚信在一次采油期间将能采出多少气。这就可能为动态曲线提供一个终点。图 43.23 用实例说明了累计产气量与累计产油量关系曲线法。累计产油量标在横坐标上，而累计产气量标在纵坐标上。正如在衰竭型油田中正常看到的，曲线趋势随着油气比的不断增加而变陡。

对衰竭型油藏有时把气油比与累计产油量关系曲线绘制在半对数坐标纸上。这样的关系曲线常表现为一个相当好的直线关系，可以用来外推，预测累计产气量与累计产油量关系曲线的趋势。

根据容积计算，可以估算压力降到所假设的废弃压力时从油藏中释放出来的气体总量。在图 43.22 所示实例情况下，这一数字是 14.2 亿英尺^3，在图中用一水平虚线标出，表示累计产气量与累计产油量关系曲线的终点。

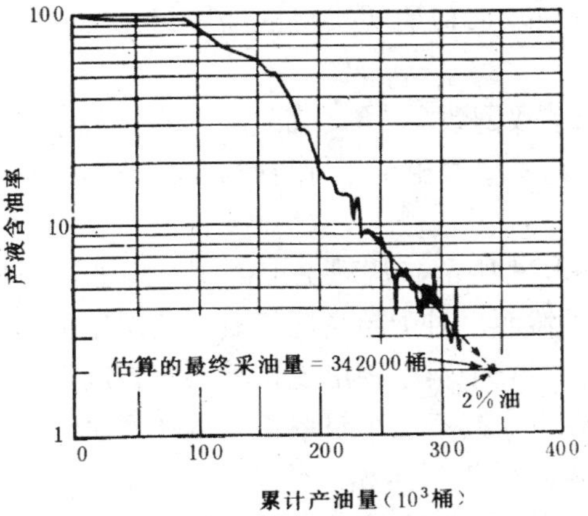

图 43.22　含油率与累计产油量的半对数关系曲线——伊利诺斯州 Calvin 油田 Tar Springs 砂层油藏

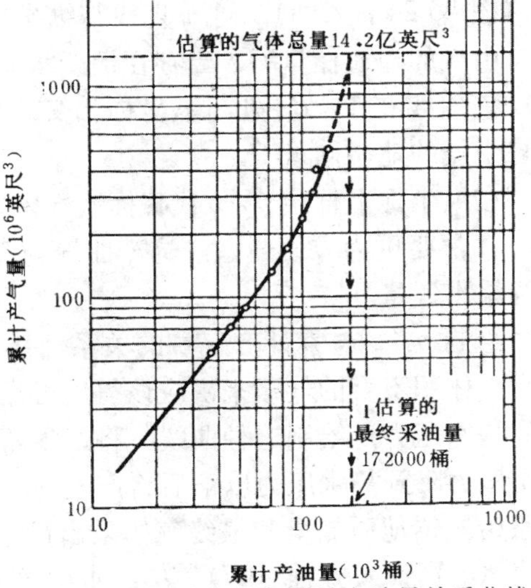

图 43.23　累计产气量与累计产油量关系曲线——得克萨斯州 Bankline–Owen 油田 Lake 砂层油藏

外推现在的趋势到与所估算的气体总量相交，即可估算出总的一次采油量。

3.非伴生气藏物质平衡法

气藏的最好动态变量是地层静压。静压一般可以定期用井下压力计测量，或者，如果油管中没有液体出现，可以由关井油管压力计算。

活跃水驱气藏的一般物质平衡方程可改写如下❶:

$$\frac{1}{B_g}=\frac{1}{B_{gi}}-\frac{G_p+\ (5.615W_p\ /\ B_g)}{GB_{gi}}+\frac{5.615W_e}{GB_gB_{gi}} \tag{74}$$

如果气藏无活跃水驱（$W_e=0$），则这一方程可简化为❶:

$$\frac{1}{B_g}=\frac{1}{B_{gi}}-\frac{G_p+\ (5.615W_p\ /\ B_g)}{GB_{gi}} \tag{75}$$

如果气藏无活跃水驱（$W_e=0$），也不大量出水（$W_p=0$），这一方程可简化为:

$$\frac{1}{B_g}=\frac{1}{B_{gi}}-\frac{G_p}{GB_{gi}} \tag{76}$$

通过在常规坐标纸上绘制气体地层体积系数的倒数 $1/B_g$ 与累计产气量 G_p，或在明显出水情况下与 $G_p+5.615$（W_p/B_g）的关系曲线，如果无活跃水驱机理存在，应得到一条直线（图 43.24 曲线 a）。这一直线与纵坐标在 $1/B_{gi}$ 值处相交，外推这一直线到横坐标，即得自由气的地质储量 G。当存在活跃水驱时，标绘数据将落在斜率逐渐减小的曲线上（曲线 b）。该曲线在 $1/B_{gi}$ 处与纵坐标相交，外推这一曲线的初期切线与横坐标相交，同样可求得自由气的地质储量 G。

在纵坐标上标绘 p/z 代替标绘气体地层体积系数倒数 $1/B_g$，如图 43.24 右边纵坐标所示，常常要更为方便一些。这一曲线与废弃时的 p_a/z_a 值相交，即可求得废弃压力 p_a 时的最终采出气量。

绘制 p/z 与累计产气量的关系曲线，如图 43.24 所示，从理论上讲是合理的，对压力正常、体积不变的气藏来讲应该得出可靠的结果。然而，对于超高压气藏（地层压力超过正常的静水压力）绘制这种曲线，将产生两个斜率。第一个斜率将出现在静水压力以上，而在地层压力降到静水压力以下后将产生一个更陡的斜率。按第二个斜率正确地外推曲线，将会得原始气体地质储量和最终气体采出量。如果将合适的地层压缩系数值（c_f）和水的压缩系数值（c_w）代入方程（77）[60]，求解该方程将得出与按正确（第二个）斜率外推曲线得出的结果相同。

---

❶如果体积用米^{3}表示，可取消系数5.615。

$$G_p = G\left\{\frac{\frac{p_i}{z_i} - \frac{p}{z}\left[1 - \frac{\Delta p_R\ (c_w S_{iw} + c_f)}{(1 - S_{iw})}\right]}{\frac{p_i}{z_i}}\right\} \tag{77}$$

4. 水油界面或废弃等高线与累计产油量的关系曲线

大的水驱油田，如东 Texas 油田，有时使用另外一种方法，即选择水油界面深度或废弃等高线作为因变量，累计产油量作为自变量，给二者的关系曲线。这种类型的动态曲线的终点是矿区砂层顶部的平均深度。在这种情况下，外推方法所依据的是一项简单假设，一旦废弃等高线推进到矿区砂层顶部，即该废弃。图 43.25 是应用这种方法的实例。

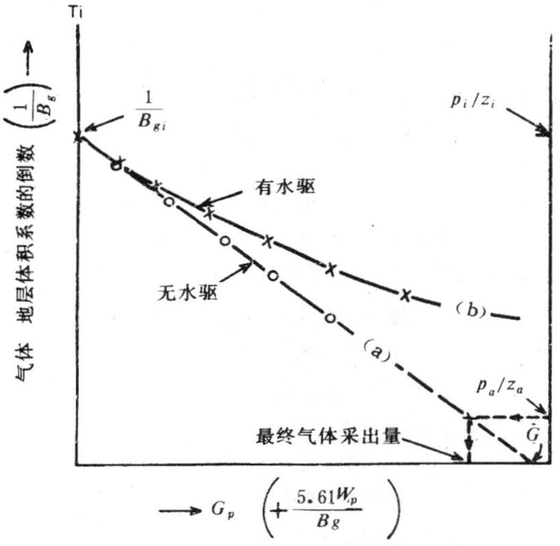

图 43.24 气藏物质平衡方程的图解估算

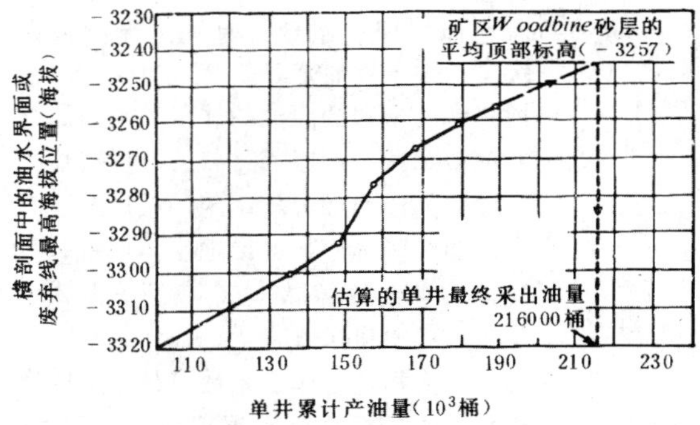

图 43.25 废弃线（海拔）与累计产油量的关系曲线——东 Texas 油田 Woodbine 砂层

5. 提高采收率储量

常常通过在容积计算中应用一个总的油藏采收率，估算常规注水注气和各种提高采收率新方法的提高采收率储量。总的油藏采收率 E_R 可以表示为三个系数的乘积，即驱替系数（微观的 E_D 井网波及效率 E_p 和侵入系数 E_I。最后得出的提高采收率储量 N_{IR} 的容积方程为:

$$N_{IR} = E_R\left(\frac{7{,}758 A h \phi S_o}{B_o}\right) \tag{78}$$

式中 E_R——采收率 $= E_R \times E_p \times E_I$，分数；

S_o——提高采收率方法开始实施时的原油饱和度，分数。

其它符号和单位与先前定义的相同。

在本章前面和第四十七章介绍了各系数项的估算方法。提高采收率储量的可靠估算需要应用油藏模拟模型（见第五十一章），以便适当考虑这些方法的变量和油藏的非均质性。

符 号 说 明

a——通称递减率，产量q自然对数与时间t关系曲线的负斜率；产量随时间而变的瞬时速率除以瞬时产量 q；用时间为月或年的递减百分率表示；

A——面积，在方程（29b）中用英尺^{2}表示，别处用英亩表示；

b——常数[递减曲线分析，方程（63）]；

B_g——气体的地层体积系数，是一个无因次系数，它表示在油气藏温度（°F）和压力(磅／英寸^{2}绝对)下的自由气体积／在标准条件下即 60°F 和 14.7 磅／英寸^2（绝对）下自由气的单位体积；

B_o——原油地层体积系数，是一个无因次系数，它表示在油藏温度 T_R 和压力 p_R 下被溶解气饱和的原油的体积／地面原油的单位体积；可以通过井下取样或复配油样的高压物性分析确定，或由合适的关系曲线图确定；原油地层体积系数与气体溶解系数 R_s 的一个典型关系式为 $B_o=1.05+0.0005R_s$；

B_t——原油的两相地层体积系数，是一个因次系数，它表示在油藏温度 T_R 和压力 p_R 下原油及原来从其中逸出的溶解气的体积／地面原油的单位体积；原油的两相地层体积系数与原油地层体积系数 B_o、气体地层体积系数 B_g、气体溶解系数 R_s 和泡点压力下气体溶解系数 R_{sb} 的关系如下：$B_t=B_o+0.1781B_g\ (R_{sb}-R_s)$；

c_f——油藏岩石（地层）的压缩系数，表示为孔隙体积变化／单位孔隙体积磅／英寸^2；它与岩石孔隙度呈完全相反的变化；由孔隙度为 2%时的 10×10^{-6}(磅／英寸^2)$^{-1}$ 到孔隙度为 10%时的 4.8×10^{-6}(磅／英寸^2)$^{-1}$和孔隙度为25%时的3.4×10^{-6}(磅／英寸^2)$^{-1}$；

c_o——油藏原油的压缩系数，对泡点以上的欠饱和原油用体积／体积／磅／英寸^{2}表示；c_o 典型值的变化范围为：由低 API 重度原油的 5×10^{-6}（磅／英寸^2）$^{-1}$ 到高 API 重度原油的 25×10^{-6}（磅／英寸^2)$^{-1}$；10×10^{-6}(磅／英寸^2)$^{-1}$为一个好的平均值；

c_w——束缚水的压缩系数，用体积／体积／磅／英寸^{2}表示；虽然水的压缩系数 c_w 随压力、温度和盐或气的溶解含量有某些变化，但 3×10^{-6}（磅／英寸^2）$^{-1}$ 是一个好的平均值；

d——有效递减率，为单位时间（月或年）的产量递减除以分析阶段开始时的产量，用百分数表示；

E——方程（29a）和（29b）中的参数；

E_R——采收率，分数；

f_g——气体分流量；

f_w——在油藏中油和水组成的渗流液流中水的分流量；

F_g——初产量与终产量比，即 q_i/q_a；

G——总的原始气体地质储量，标准英尺^3；

G_{Fi}——自由气地质储量，标准英尺^3；

G_p——累计产气量，标准英尺^3；

G_s——溶解气地质储量，标准英尺^3；

G_{ul}——最终采出气量，标准英尺^3；

h_e——有效厚度，英尺；

h_t——产层的平均总厚度，英尺；

k——绝对渗透率，毫达西；

k_o——油的有效渗透率，毫达西；

k_{rg}——气的相对渗透率，绝对渗透率的分数；

k_{ro}——油的相对渗透率，绝对渗透率的分数；

k_{rw}——水的相对渗透率，绝对渗透率的分数；

ln——以 e 为底的自然对数；

log——以 10 为底的普通对数；

m——油藏原始自由气体积与油藏原始原油体积的比，与油藏原始自由气量 G_{Fi}、原始气体地层体积系数 B_{gi}、油藏原始石油地质储量 N 和原始原油地层体积系数 B_{oi} 的关系如下：

$m=G_{Fi}B_{gi}/5.615NB_{oi}$；

n——指数（递减曲线分析）；

N——油藏原始石油地质储量，地面桶；

N_{IR}——提高采收率储量，地面桶；

N_p——累计产油量，地面桶；

N_r——至研究日期的剩余石油储量，地面桶；

N_{ug}——衰竭驱或溶解气驱的单位采出油量，地面桶；

N_{ul}——油藏的最终采出油量，地面桶；

N_{uw}——水驱的单位采出油量，地面桶；

p_c——临界压力，磅／英寸^2（绝对）；

p_R——油气藏压力，磅／英寸^2（绝对）；通常在代表整个油气藏的深度即油柱或气柱的中点用井下压力计测量；虽然各油田的垂直压力梯度变化范围由最低的 20 或 30 磅／英寸^2／100 英尺，到最高的 90 或 100 磅／英寸^2／100 英尺，但典型的静水压力梯度变化范围一般为 44～52 磅／英寸^2／100 英尺；

q_a——废弃时的产量，桶／日；

q_g——气体产量，标准英尺^3／日；

q_o——原油产量，桶／日；

q_t——总流体产量，桶／日

R——瞬时生产油气比，标准英尺^3／地面桶；

R_p——累计油气比，标准英尺^3／地面桶，它与累计产气量 G_p 和累计产油量 N_p 的关系如下：$R_p=G_p/N_p$；

R_s——溶解油气比（气体溶解系数）；在特定的分离条件下分离出的标准英尺^3 气量，这些气体在油藏温度 T_R 和压力 p_R 下溶解在 1 地面桶原油中；可以通过井下取样或复配油样的高压物性分析确定，或通过合适的关系曲线图求得；中等 API 重度原油的气体溶解系数与压力的关系如下（以英尺^3／桶表示）：$R_s=135+0.25p_R$

S^*——有效饱和度，小数；

S_g——在油气藏条件下自由气的饱和度，孔隙体积的分数；

S_g'——在油气藏条件下自由气的饱和度，含烃孔隙体积的分数：$S_g'=S_o/(1-S_{iw})$；

S_{gc}——平衡（或临界）自由气饱和度，它是压力降到泡点以下，气体相对渗透率变为可测前达到的最高自由气饱和度，用油藏条件下孔隙体积的分数表示；

S_{gr}——废弃时油藏条件下的剩余气饱和度，孔隙体积的分数；

S_{iw}——束缚水饱和度，孔隙体积的分数，一般用以下几种方法确定：分析用非水基泥浆所取岩心的含水量：测岩心毛管压力；或（3）电测曲线定量分析；

S_o——油气藏条件下原油或凝析油饱和度，孔隙体积分数；

S_{or}——油藏条件下的剩余油饱和度，孔隙体积分数，通常用 B_o 乘岩心分析的剩余油饱和度确定；

S_t——油藏条件下的总液体饱和度，孔隙体积分数：$S_t=1-S_g=S_o+S_w$；

t——时间，天[方程（30）]或月；

T_R——油藏温度，°F，在代表整个油气藏的深度即在油柱或气柱的中点测定；各油田的垂直温度梯度变化范围为 0.5～3°F／100 英尺，1.5°F 是一个好的平均值；

T_{sc}——标准温度，60°F；

V——产层总体积，英亩-英尺；

V_g——油藏含气部分的有效体积，英亩-英尺；

V_o——油藏含油部分的有效体积，英亩-英尺；

W_e——累计水侵量，桶；

W_p——累计产水量，桶；

z——气藏中自由气的压缩系数，是一个无因次系数，当乘上按理想气体定律计算的气体地下体积时，得真实气体的地下体积；

Z——高，英尺；

γ_o——地面液体的重度(原油或凝析油)，°API；

θ——地层倾角，度；

μ_g——气体地下粘度，厘泊，其变化范围为：由低温和低压下的 0.01 厘泊到高相对密度气体在极高温度和压力下的 0.06 厘泊，0.02 厘泊是一个好的平均值；

μ_o——原油的地下粘度，厘泊，其变化范围为由极高温度和压力下挥发性油的 0.1 厘泊到几乎不流动低 API 重度原油的极高值；然而，大部分原油的地下粘度在 0.4～2 厘泊之间。

μ_w——水的地下粘度，厘泊，其变化范围由高温下的 0.2 厘泊到低温下的 1.5 厘泊，0.5 厘泊是一个好的平均值；

ρ_g——气体的地下密度，克／厘米^3；

ρ_o——原油的地下密度，克／厘米^3；

Φ——有效孔隙度，产层总体积的分数，一般根据岩心、井壁取心或岩屑的室内分析确定，或者根据电测井、放射性测井或声波测井定量分析确定，ϕ 的典型值最低的为致密灰岩，0.03，胶结砂岩为 0.10～0.20，最高的为疏松砂层，0.35；

ϕ_h——有效含烃孔隙度，产层总体积的分数，$\phi_h = \phi\ (1-S_{iw})$。

下角符号

a——废弃时的条件；

b——泡点条件；

i——原始（初期）条件。

用国际米制单位表示的主要方程

$$G_{Fi} = \frac{V_g \phi\ (1 - S_{iw})\ 10000}{B_g} \tag{1}$$

式中 G_{Fi}——标准英尺^3 自由气；

V_g——油藏含气部分的有效厚度的体积，公顷-米；

10000 的单位是公顷-米。

$$N = \frac{V_o \phi\ (1 - S_{iw})\ 10000}{B_o} \tag{2}$$

式中 N——油藏原始石油地质储量，米^3；

V_o——油藏含油部分有效厚度的体积，公顷-米

$$G_s = \frac{V_o \phi\ (1 - S_{iw})\ R_s 10000}{B_o} \tag{3}$$

式中 G_s——溶解气地质储量，标准米^3；

R_s——溶解油气比，标准米^3／地面米^3 油。

$$N = \frac{N_p[B_t + B_g\ (R_p - R_{si})\ ] - \ (W_t - W_p)}{B_{ot}\left\{m\frac{B_g}{B_{gi}} + \frac{B_t}{B_{ot}} - \ (m+1)\left[1 - \frac{\Delta p_R\ (c_f + S_{iw} c_w)}{1 - S_{iw}}\right]\right\}} \tag{5}$$

式中 N_p——累计产油量，米^3；

R_p——累计油气比，标准米^3／地面米^3；

R_{si}——原始溶解油气比，标准米^3／地面米^3；

W_e——累计水侵量，米^3；

W_p——累计产水量，米^3；

Δp_n——油藏压力变化，大气压；

c_f——油藏岩石压缩系数，孔隙体积变化单位孔隙体积／大气压；

c_w——束缚水压缩系数，大气压$^{-1}$。

$$N_p = \phi \left(\frac{1 - S_{iw}}{B_{oi}} - \frac{S_o}{B_o} \right) 10000 \tag{16}$$

式中　N_p 用米^3／公顷-米表示。

$$R = R_s + \frac{B_o}{B_g} \frac{\mu_o}{\mu_g} \frac{k_{rg}}{k_{ro}} \tag{18}$$

式中　R——瞬时生产油气比，标准米^3／地面米^3；

R_s——溶解油气比，标准米^3／地面米^3。

$$E = \frac{0.009 k \sin\theta A \ (\rho_o - \rho_g)}{\mu_g q_t} \tag{29b}$$

式中　A——垂直于层理面的横剖面面积，米^2；

q_t——总流量，地下米^3／日。

$$t = \frac{N B_o}{q_t \ (\mathrm{d}f_g / \mathrm{d}S_g')} \tag{30}$$

式中 N 用米^3 表示，q_t 用米^3／日表示。

$$G = \frac{82.057 z T_R}{p_R} \tag{35}$$

式中　G——1 克摩尔气体占的气藏容积，厘米^3；

T_R——气藏温度，K；

p_R——气藏压力，大气压。

$$B_g = \frac{1}{p_R} \frac{(273.16 + T_R)}{(273.16 + T_{sc})} z = 0.00346 \ (273.16 + T_R) \ \frac{z}{p_R} \tag{36}$$

式中　T_{sc}——标准温度，15.56℃；

1——标准压力，大气压；

T_R——气藏温度，℃；

p_R——气藏压力，大气压。

$$G_{ul} = 10000 \phi \frac{R_p}{R_p + 175} \times \left(\frac{1 - S_{iw}}{B_{gi}} - \frac{1 - S_{iw} - S_{or}}{B_{ga}} - 175 S_{or} \right) \tag{38}$$

式中 R_p 用标准米^{3}气／米^{3}凝析油表示，G_{ul} 用标准米^{3}剩余气／（公顷-米）表示。

$$N_{IR}=E_R\left(\frac{10000Ah\phi S_o}{B_o}\right) \tag{78}$$

式中 A 用公顷表示，h 用米表示。

参 考 文 献

1. Garb, F.A.: "Oil and Gas Reserves Classification, Estimation, and Evaluation," *J. Pet. Tech.* (March 1985) 373–90.
2. Arps, J.J.: "Estimation of Primary Oil Reserves," *J. Pet. Tech.* (Aug, 1956) 182–91; *Trans.,* AIME, **207**.
3. "Proved Reserves Definitions," Joint Committee of SPE, AAPG, and API, *J. Pet. Tech.* (Nov. 1981) 2113–14.
4. Wharton, J.B.Jr.: "Isopachous Maps of Sand Reservoirs," *Bull.,* AAPG (1948) **32,** No. 7, 1331.
5. Schilthuis, R.J.: "Active Oil and Reservoir Energy," *Trans.,* AIME (1936) **118,** 33–52.
6. Woods, R.W. and Muskat, M.: "An Analysis of Material Balance Calculations," *Trans.,* AIME (1945) **160,** 124–39.
7. van Everdingen, A.F., Timmerman, E.H., and McMahon, J.J.: "Application of the Material Balance Equation to a Partial Water–Drive Reservoir," *J. Pet. Tech.* (Feb. 1953) 51–60; *Trans.,* AIME. **198.**
8. van Everdingen, A.F. and Hurst, W.: "The Application of the Laplace Transformation to Flow Problems in Reservoirs," *Trans.,* AIME (1949) **186,** 305–24.
9. Muskat, M. and Taylor. M.O.: "Effect of Reservoir Fluid and Rock Characteristics on Production Histories of Gas Drive Reservoirs." *Trans.,* AIME (1946) **165.** 78–93.
10. Babson, E.C.: "Prediction of Reservoir Behavior from Laboratory Data." *Trans.,* AIME (1944) **155,** 120–32.
11. Tarner. J.: "How Different Size Gas Caps and Pressure Maintenance Programs Affect Amount of Recoverable Oil." *Oil Weekly* (June 12. 1944) 32.
12. Arps. J.J. and Roberts. T.G.: "The Effect of the Relative Permeability Ratio, the Oil Gravity and the Solution Gas–Oil Ratio on the Primary Recovery from a Depletion Type Reservoir." *J. Pet. Tech.* (Aug. 1955) 120–27; *Trans.,* AIME, **204.**
13. Wahl, W.L., Mullins, L.D., and Elfrink, E.B.: "Estimation of Ultimate Recovery from Solution Gas–Drive Reservoirs," *J. Pet. Tech.* (June 1958) 132–38; *Trans.,* AIME. **213.**
14. Higgins. R.V.: "Calculating Oil Recoveries for Solution–gas Drive Reservoirs," RI 5226, USBM, Washington D.C. (April 1956).
15. Torcaso, M.A. and Wyllie, M.R.J.: "A Comparison of Calculated k_{rg}/k_{ro} Ratios With a Correlation of Field Data," *J. Pet. Tech.* (Dec. 1958) 57–58; *Trans.,* AIME, **213.**
16. "A Statistical Study of Recovery Efficiency." *API Bull. D–14* (Oct. 1967).
17. Hawkins. M.F. Jr.: "Material Balances in Expansion Type Reservoirs Above Bubble Point," *J. Pet. Tech.* (Oct. 1955) 49–52; *Trans.,* AIME. **204.**
18. Hobson, G.D. and Mrosovsky, I.: "Material Balance Above the Bubble Point," *J. Pet. Tech.* (Nov. 1956) 57–58; *Trans.,* AIME. **207.**
19. Watts. E.V.: "Some Aspects of High Pressures in the D–7 Zone of the Venture Avenue Field," *Trans.,* AIME (1948) **174,** 191–205.

20. Jacoby, R.H. and Berry, V.J.Jr.: "A Method for Predicting Depletion Performance of a Reservoir Producing Volatile Crude Oil," *J. Pet. Tech.* (Jan. 1957) 25–29; *Trans.*, AIME, **210.**

21. Reudelhuber, F.O. and Hinds, R.F.: "A Compositional Material Balance Method for Prediction of Recovery from Volatile Oil Depletion Drive Reservoirs," *J. Pet. Tech.* (Jan. 1957) 19–26; *Trans.*, AIME, **210.**

22. Cook, A.B., Spencer, G.B., and Bobrowski, F.P.: "Special Considerations in Predicting Reservoir Performance of Highly Volatile Type Oil Reservoirs." *Trans.*, AIME (1951) **192,** 37–46.

23. Brinkman, F.H. and Weinaug, C.F.: "Calculated Performance of a Dissolved Gas Reservoir by a Phase Behavior Method," paper SPE 740–G presented at the 1956 SPE Annual Fall Meeting. Los Angeles, Oct. 14–17.

24. Woods, R.W.: "Case History of Reservoir Performance of a Highly Volatile Type Oil Reservoir," *J. Pet. Tech.* (Oct, 1955) 156–59; *Trans.*, AIME, **204.**

25. Jacoby, R.H., Koeller, R.C., and Berry, V.J.Jr.: "Effect of Composition Temperature on Phase Behavior and Depletion Performance of Rich Gas–Condensate Systems," *J. Pet. Tech.* (July 1959) 58–63; *Trans.*, AIME, **216.**

26. Buckley, S.E. and Leverett, M.C.: "Mechanism of Fluid Displacement in Sand," *Trans.*, AIME (1942) **146,**107–16.

27. Pirson, S.J.: *Elements of Oil Reservoir Engineering,* McGraw–Hill Book Co. Inc., New York City (1950) 285.

28. Welge, H.J.: "A Simplified Method for Computing Oil Recovery by Gas or Water Drive," *Trans.*, AIME (1952) **195,** 91–98.

29. Katz, D.L.: "Possibilities of Secondary Recovery for the Oklahoma City Wilcox Sand," *Trans.*, AIME (1942) **146,** 28–53.

30. Stahl, R.F., Martin, W.A., and Huntington, R.L.: " Gravitational Drainage Liquids from Unconsolidated Wilcox Sand," *Trans.*, AIME (1943) **151,** 138–46.

31. Sims, W.P. and Frailing, W.G.: "Lakeview Pool, Midway–Sunset Field," *Trans.*, AIME (1950) **189,** 7–18.

32. Lewis, J.O.: "Gravity Drainage in Oil Fields, " *Trans.*, AIME (1944) **155,** 133–54.

33. Cardwell, W.T. Jr. and Parsons, R.L.: "Gravity Drainage Theory, " *Trans.*, AIME (1949) **179,** 199–215.

34. Terwilliger, P.L. *et al.*: "An Experimental and Theoretical Investigation of Gravity Drainage Performance," *Trans.*, AIME (1951) **192,** 285–96.

35. Matthews, C.S. and Lefkovits, H.C.: "Gravity Drainage Performance of Depletion Type Reservoirs in the Stripper Stage," *J.Pet. Tech.* (Dec. 1956) 265–74; *Trans.*, AIME, **207.**

36. Essley, P.L. Jr., Hancock, G.L. Jr., and Jones, K.E.: "Gravity Drainage Concepts in a Steeply Dipping Reservoir," paper SPE 1029–G presented at the 1958 SPE Annual Fall Meeting, Tulsa.

37. Smith. R.H.: "Gravity Drainage." AIME Study Group Meeting, Los Angeles. Oct. 27, 1952.

38. Baucum, A.W. and Steinle. P.: " Efficiency of Illinois Water Drive Reservoirs." *Drill, and Prod. Prac.*, API (1946) 217.

39. Craze. R.C. and Buckley. S.E.: "A Factual Analysis of the Effect of Well Spacing on Oil Recovery." *Drill. and Prod. Prac.*, API. Dallas (1945) 144.

40. Guthrie, R.K. and Greenberger, M.H.: "The Use of Multiple Correlation Analyses for Interpreting Petroleum Engineering Data." API 901–31–G, API, Dallas (March 1955).

41. Dykstra. H. and Parsons, R.L.: "The Prediction of Oil Recovery by Water Flood," *Secondary Recovery of Oil in the United States*. Second edition, API, Dallas (1950) 160.

42. Muskat, M.: "The Effect of Permeability Stratification in Complete Waterdrive Systems," *Trans.*,

AIME. **189** (1950) 349–58.
43. Stiles, W.E.: "Use of Permeability Distribution in Water–Flood Calculations." *Trans.*, AIME (1949) **186. 9–13.**
44. Johnson, C.E. Jr.: "Prediction of Oil Recovery by Waterflood–A Simplified Graphical Treatment of the Dykstra–Parsons Method." *J. Pet. Tech.* (Nov. 1956) 55–56; *Trans.*, AIME. **207.**
45. Reznik, A.A., Enick. R.M., and Panvelker. S.B.: "An Analytical Extension of the Dykstra–Parsons Vertical Stratification Discrete Solution to a Continuous, Real–Time Basis," *Soc. Pet. Eng. J.* (Dec. 1984) 643–55.
46. Brown, G.G. *et al.*: *"Natural Gasoline and the Volatile Hydrocarbons,"* Midwest Printing Co., Tulsa (1941).
47. Katz, D.L.: *Handbook of Natural Gas Engineering*, McGraw–Hill Book Co. Inc., New York City (1981).
48. Robinson, D.B., Macrygeorgos, C.A., and Govier, G.W.: "The Volumetric Behavior of Natural Gases Containing Hydrogen Sulfide and Carbon Dioxide, " *Trans.*, AIME (1960) **219.**54–60.
49. Standing, M.B.: *Volumetric and Phase Behavior of Oil Field Hydrocarbons,* Reinhold Publishing Corp., New York City (1952) 25–26.
50. Muskat, M.: *Flow of Homogeneous Fluids Through Porous Media,* McGraw–Hill Book Co. Inc., New York City (1937) 711.
51 Gruy. H.J. and Crichton. J.A.: "A Critical Review of Methods Used in the Estimation of Natural Gas Reserves." *Trans.*, AIME (1949) **179,** 249–63.
52. Calhoun, J.C.: *Fundamentals of Reservoir Engineering,* (revised edition) U. of Oklahoma Press. Norman (1953) 6–18.
53. Elfrink, E.B., Sandberg, C.R., and Pollard. T.A.: "A New Compressibility Correlation for Natural Gases and Its Application to Estimates of Gas in Place," *Trans.*, AIME (1949) **186,** 219–23.
54. Arps., J.J.: "Analysis of Decline Curves," *Trans.*, AIME (1945) **160,** 219–27.
55. Brons, F. and McGarry, M.W. Jr.: "Methods for Calculating Profitabilities," paper SPE 870–G presented at the 1957 SPE Fall Meeting, Dallas. Oct. 6.
56. Cutler, W.W. Jr.: "Estimation of Underground Oil Reserves by Well Production Curves." *Bull.*, USBM, Washington. DC (1924) **228.**
57. Arps, J.J.: "How Well Completion Damage Can Be Determined Graphicall," *World Oil* (April 1955) 225–32.
58. van Everdingen, A.F.: "The Skin Effect and Its Influence on the Productive Capacity of a Well," *J. Pet. Tech.* (June 1953) 171–76; *Trans.*, AIME, **198.**
59. "Proved Reserves of Crude Oil, Natural Gas Liquids and Natural Gas," American Gas Assn. and American Petroleum Inst, Annual Reports.
60. Ramagost, B.P. and Farshad, F.F.: "P / Z Abnormally Pressured Gas Reservoirs," paper SPE 10125 presented at the 1981 SPE Annual Technical Conference and Exhibition, San Antonio, Oct. 4–7.

第四十四章　油气储量评估

Forrest A. Garb, H.G.Gray and Assocs.[1]
Timothy A. Larson, Ernst & Whitney

胡乃人　译

一、油气产权类型

美国最常见的油气产权类型为：采矿权益、经营权益、矿区使用费、重叠矿区使用费、净利权益和产品支付。

财产中的采矿权益是完全拥有的产权的一部分。在许多州里，采矿权益能与地面权益相分离，并能通过契约进行转让（在路易斯安那州，采矿权益和地面权益不能永久分离）。矿产所有者，通过完全拥有的产权或采矿契约，能执行油气租借权。为租借所付的补偿称为租地费。在主要租借期内，它能以支付租金、产量或承担钻井工作量来实现。这些租金通常称为延期租金，用钻井工作量或产量代替。从所得税的观点看，这些租金对出租人是些一般收益，对承租人则是可扣减的。这了税收的目的，租地费必须作为承租人租地成本的一部分而资本化。这些租地费是采矿权益所有者有折耗而获得的收益；尽管如该租地最终不生产，所取的折耗必须在该租地证实为无价值的那一年恢复为收益。

"矿区使用费"或"矿区权益"是矿产所有者不承担生产费用的那部分产量份额。它与采矿权益的不同点是没有作业权。基本的"矿区权益"通常以总产量的分数表示，诸如：8／8中的1／8，6／6中的1／6。历史上，矿区使用费一直从属于生产税、联邦货物税〔暴利税(WPT)〕以及在某些州的从价税。

"重叠的矿区权益"是一种不承担生产费用的对产出油气的权益，并且是土地持有者收取的常规矿区使用费的一项附加。它在整个租地过程中持续发生，并从属于生产税、暴利税以及在某些州的从价税。重叠矿区使用费通常以按经营权益应计收益的分数表示，例如油气总产量7／8的1／8。

在某些地区，如落基山地区，通常以油气总产量8／8的百分数表示。

"净利权益"是以承租人从一片特定的土地的作业中获得的净利润计量的总产量份额。通常它从经营权益中切块。

"干股权益"是对油气财产的一种部分权益，它使权益所有者对作业和开发费用不承担个人义务。归属于这些部分权益的作业和开发费用由其余部分的经营权益所有者承担和支付，他们补偿这些费用或补偿经同意的从油气财产产出中的一个总额。

"产品支付"是从一片土地上产出的油气和其它矿产的份额，不承担生产费用，它在权益所有者实现特定的油气和其它矿产的销售额后结束。不存在支付在形成产品支付的文件中所规定的数额的个人责任；权益所有者只注意用于取得规定数额的那片土地的产量。产量支付

---

[1] 1962年版本章作者是Tan J. Arps(已去世)。

通常用美元表示，并可进行以利息方式计算的增量支付。当产品支付转移成另一种油气权益时称为“划出”。当出售者出售其它油气权益而将产品支付权益留存时称为“保留”。产品支付仅限于油或气时相应地称为“原油支付”或“天然气支付”。

可归回权益通常是在发生某种确定事项后归回另一方的经营权益的一部分。这一事项经常为还付投资，或还付几倍的投资，或是过了某个确定的时间期限。

这些油气权益中的每一种的全部或部分，都可以按所有者的选择，收购、出售或抵押。

财产中的每一项经济权益都代表了对油气销售总收入中某一确定的分数的权利〔收入权益分数（RI）〕，并有义务支付生产费用的某一确定的分数〔经营权益分数（WI）〕。在矿区权益、重叠矿区权益、干股权益和产品支付权益的情况下，WI 为零，因为这些权益都不承担生产费用。

“经营权益”是在油气租地情况下的承租人的权益或作业权益。典型的油气租地规定一项付给出租人或其他的矿区使用费，他们不承担生产费用；产量余额为该项租借的经营权益，而且由这部分产量承担全部生产费用。由一项油气租借形成的经营权益可以为所形成的重叠矿区权益、产品支付、纯利润权益以及干股权益所进一步分解。当一项油气租借只有一个承租人时，他必须支付整个生产费用，他的 WI 为 100%。在有两个或更多的承租人共同拥有一块租地时，每一承租人的 WI 汇总后，应当合计达到这项租借的经营权益的 100%。这样的一块租地的共同所有者通常达成一项作业协议，并指定一名该项财产的作业者。例如，一名共同权益所有者拥有四分之一的经营权益，则 WI＝0.25。该 WI 实际上等于承租人必须支付的生产费用的分数。

RI 也称为纯权益或分配协议权益，它是从一块土地获得的总收益总额的分权益。总收益总额代表了从这块土地产出的实际的油气总量，是归属于这块土地的油气权益。RI 通常以这一产量的总收入的 8／8 的十进制分数表示。

用一个实例可以清楚说明这套系统。土地所有者 A 为油气目的把他的土地出租给 D，保留常规的 1／8 的矿区权益。为了避免无生产力开发，A 将其 1／8 矿区权益中的 1／4 售给 B，将其 1／8 中的 1／8 售给 C，这样 A、B 和 C 就都成为上述土地的矿区所有者。他们各自的 RI 在表 44.1 中作了计算。

表 44.1　收益权益

A 拥有 8／8 中的 1／8 减去 8／8 中的 1／8 的 1／4 减去 8／8 中的 1／8 中的 1／8，或为（8／8 中的）	
5／64，或为	RI＝0.07812
B 拥有 8／8 中的 1／8 的 1／4，或为（8／8 中的）1／32，或为	RI＝0.03125
C 拥有 8／8 中的 1／8 的 1／8，或为（8／8 中的）1／64，或为	RI＝0.01562

初始承租人 D 然后把租地转让给 E，保留 7／8 中的 1／16 为重叠的矿区权益。该租地现在可以说已负担 1／16 的重叠。D 现在拥有 7／8 中的 1／16 或 7／128，或为 RI＝0.05469。

E 为了支持他自己和他的开发和操作费用，E 现在把他在该租地的权益的 1／4 出售给 F。E 现在拥有（8／8 中的 7／8 减去 8／8 中的 7／8 的 1／16）的 3／4 或 315／512，或为

RI＝0.6154。与此同时，支付3／4的费用，或WI＝0.75。F现在拥有（8／8中的7／8减去8／8中的7／8的1／16）的1／4或为105／512，或RI＝0.20508，与此同时支付1／4的费用，或WI＝0.25。

在这一实例中关于不同经济权益的经营权益和收益权益分数现在应当逐项相加达到1，如表44.2所示。

表44.2　经营权益和收益权益分数

	经营权益分数（费用的十进位分数）	收益权益分数（收益的十进位分数）
土地所有者（出租人）	0	0.07812
矿区权益所有者	0	0.03125
矿区权益所有者	0	0.01562
重叠矿区权益所有者	0	0.05469
作业者	0.75	0.61524
非作业者	0.25	0.20508
总计	1.0	1.0000

二、评　　估[2～13]

1. 确定公平的市场价值

通常理解，油或气生产性财产的公平的市场价值是该财产在市场上陈列一个合理的时间期限后，将被一个乐意的卖主出售给一个乐意的买主的价格，不论购买和出售都不是强制性的，而且都是有效的，并对实情有合理的了解。

Fiske[3]在1956年提出了美国国内收入署（IRS）的观点，按其优先重要性列出了六种用于确定公平市场价值的方法：(1) 该项财产接近评估数据的实际销售价；(2) 接近评估数据的出售或购买该项财产的真实报价；(3) 接近评估数据的同一或邻近油气田类似财产的实际销售价；(4) 为接近评估数据的目的（而不是联邦征税）而作出的评估；(5) 分析评价；(6) 合格的油气作业者的意见。

这一节论述用Fiske列为第（5）种的分析或工程评价方法，确定油气财产的公平市场价值。评价者用这一方法，估算财产的可采油气储量，并评价通过这些储量的生产和销售而实现的未来大概的纯收入或现金流量。当一项油气财产的公平市场价值不是一个精确的数字时，可以应用工程评价方法[4]在相当接近的界限内近似确定。

2. 制订现金流量规划

为了确定未来的净收益或现金流量，应当根据有关未来油气需求的资料或根据采购合同（如果这些起支配作用）来预测油气产量，但不应当超过该井或所有井的实际生产能力。在执行配定产量或出现市场紧缩时，应当考虑油气的允许产量和市场。

通常，从这样的产量中获得的油气销售总收入是由评价者根据目前的原油标价并根据预测的经济条件作出的。

用于筹资和证券交易委员会归档时，都要求有不变价格规划，而根据经济研究作出的预测价格则用于商业决策。

气价应用根据对气的性质作出评价的现行购气合同确定。在这些有待于管理机构以后批准的购气合同中，滑动条款的影响通常分别陈述。

在许多州里，只有在生产者付了州、县和地方税后，才能生产油气。生产者习惯上把这些税款的适当部分加到给定财产的各种权益上去。各个州对油气产量的税率从历史上看一直有变化，并可从各州的管理机构取得。这些税款通常由管道公司收取并从其收款中扣减。

通常认为公司或个人所得税不属于油气财产评估的范围，但某些评估公式允许间接列入。税收细节能整个地改变一项建议的交易的经济状况及有关的评估。为了某些目的，诸如银行评估，所得税作为未来所得的一个固有部分，有时特别地包括在预测中。

操作成本或生产成本包括生产油气和保持租地所需的费用。这些成本通常称为直接开采成本，包括：劳动力费用、现场监督、动力、燃料、维修、增产措施和重新完井、装置维修、运输、保险以及其它各项。随着油井的使用期限增大，可能必须增加支出，以保持这些井处于工作状态，并且还可能用于处理含盐的产出水。

资本支出包括建气体汽油装置、建恢复压力系统，打补充开发井，购置人工举升设备、发动机、储罐以及其它为经济采出所有可采原油所需的耐用设备等的费用。

油气财产经营权益的所有者支付他全部经营权益份额的直接成本和资本费用，但仅对他净收益权益的产量支付生产税和联邦货物税。而矿区权益或重叠矿区权益通常不负担任何正常的开采成本或资本支出，但对其产出权益的收益权益部分承担生产税和联邦货物税。

从油气储量的收益权益部分的产量中实现的总收入，在减去生产税和联邦货物税，其经营权益份额的作业费、维修费、重新完井费以及附加的资本支出所需的数额后，即为其从估算的油气储量的产量中得出的净收益或净现金流量。废弃时的设备残值通常不包括在现金流量规划内，因为按州里规定要对该项财产进行可靠的封井和废弃，这些收入通常被花在这方面的费用所抵销。有时有例外的情况：该项财产的使用时间短，而且可利用的设备减去废弃费用后仍构成其价值的主要部分。

在对财产作了技术分析，进而确定了油气产量和产率，并把这些数据简化为未来的经营净收益或现金流量后，需要开始确定估定价值。

3. 估定价值的分析计算法

虽然有多种计算估定价值的方法，但将只讨论最常用的。所有这些方法都是用现金流量贴现法计算一项财产的估定价值，并对其未来收入的时间模式给出权重。根据非贴现的未来现金收入的给定分数或根据给定年数中的偿还作出的估定价值不符合这一要求，因而未包括在内。

所提供的实例取自本手册的 1962 年版本，因而反映那时的经济条件。但是，这一方法仍然有效，实例中的任何数值可随时间而改变。

(1) 估定价值等于以安全利率计算的联邦税前净现金流量现值的一个分数。第一种方法比较简单，易于理解，并广泛得到应用。它所根据的前提是未来的收入应仅以反映货币的现时价值的利率贴现，并且这样的利率（随现行借款利息浮动）不作为风险因素的工具使用。在其应用中，未来经营净收益或现金流量的综合现值是通过用现行或预计的复利率贴现未来的年现金流量的增长而计算的。用10%／年的利率进行现值计算的一个实例示于表44.3。尽管表44.3是一个手工计算表，但绝大部分计算都是用电子数据处理设备进行的，如表44.4所示。

表44.3　产油财产中XYZ油公司权益的现金流量设计和现值计算

作业者：XYZ公司	原油售价＝29美元／桶	承租人：Mary Jones
收益权益：R1＝0.375	生产税＝4.6%+0.0019美元／桶	油田：Rock Creek
经营权益：W1＝0.500	估计的操作费＝800美元／（井月）	州名：得克萨斯
		英亩数：100
评估日期：1-1-85		井数：1

步序　估计的未来情况　操作

步序	估计的未来情况	操作	1／1／85	1／1／86	1／1／87	1／1／88	1／1／89	1／1／90	1／1／91	总计
1	承租人总产量，桶		50301	42570	30738	24180	19490	13847	4506	185632
2	XYZ净产量，桶	RIX第1步	18863	15964	11527	9068	7309	5193	1690	69614
3	原油收益，美元	第2步×价格	547023	462949	334276	262957	211954	150586	49003	2018748
4	生产税，美元	[0.046×第3步]+[0.0019×第2步]	25199	21326	15399	12113	9764	6937	2258	92996
5	生产井-月	井数×月数	12	12	12	12	12	12	12	84
6	操作费	第5步×800美元	9600	9600	9600	9600	9600	9600	9600	67200
7	资本支出，美元	—	—	—	—	—	—	—	—	—
8	XYZ的经营份额+资本费用，美元	WI×〔第6步+第7步〕	4800	4800	4800	4800	4800	4800	4800	33600
9	净联邦货物税①(WPT)，美元		14336	7982	4957	3174	1973	987	152	33561
10	未来净收益②，美元	第3步-第4号-第8号-第9号	502688	428841	309120	242870	195417	137862	41793	1858591
11	10%的年递延系数(表44.11)	F_{LS}=（第1步+i）$^{1/2-t}$	0.9535	0.8668	0.7880	0.7164	0.6512	0.5920	0.5382	
12	XYZ公司的现金流量现值		479294	371713	243582	173980	127261	81618	22493	1499941

①按评价时通行的实施细则另行计算。实施细则可从会计师处取得；

②如有任何从价税应从这一步中摘出。

表 44.4　从 1985 年 1 月 1 日起估算的产量与收益规划

XYZ 油公司	储量	XYZ 油公司
经营权益：0.500000	探明可采	Mary Jones
油的净权益：0.375000	一次可采	初始井数：1
气的净权益：0.375000	动用	Rock Creek 油田
		得克萨斯州

		未来产量				未来生产税前总收益(美元)						
		油或凝析油		天然气								
年份	井数	总产量(桶)	净产量(桶)	总产量(千英尺)	净产量(千英尺^3)	油的收益	气的收益	总收益	生产税	成本	未来净收益	10.00%的贴现值
1985	1	50301	18863			547023		547023	25199	19136	502688	479294
1986	1	42570	15964			462949		462949	21326	12782	428841	371713
1987	1	30738	11527			334276		334276	15399	9757	309120	243582
1988	1	24180	9068			262957		262957	12113	7974	242870	173980
1989	1	19490	7309			211954		211954	9764	6773	195417	127261
1990	1	13847	5193			150586		150586	6937	5787	137862	81618
1991	1	4506	1690			49003		49003	2258	4952	41793	22493
小计		185632	69614			2018748		2018748	92996	67161	1858591	1499941
剩余	0	0	0			0		0	0	0	0	0
总计		185632	69614			2018748		2018748	92996	67161	1858591	1499941

从那时起的油价 =29 美元／桶，	税收等级 3	价格和暴利税	年份	美元／桶	美元／千英尺^3	暴利税(美元)	年份	美元／桶	美元／千英尺^3	暴利税(美元)
			1985	29.00		14336				
			1986	29.00		7982				
			1987	29.00		4957				
			1988	29.00		3174				
			1989	29.00		1973				
			1990	29.00		987				
			1991	29.00		152				

暴利税总计＝33561 美元

未来的经营净收益的总现值在本实例中为1449941美元。并不把它看作是该项油气财产的市场价值。从逻辑上说，这项财产的收购者对高于银行利率的利润享有全权。同时，在用这一方法计算现金流量时，对经营净收益所征收的联邦所得税通常不扣减，因而必须将它们列支。此外，通常还包括了一项经营风险系数。

这项联邦所得税义务将随所采用的是成本折耗列支还是百分率折耗列支而变化，并随未来的无形开发费用和设备折旧总量，以及对权益所有者所采用的税率而变化。

由于在该项财产中所固有的各种风险以及交易各方的相应的贸易能力，交易中所要求的利润辐度同样可以有较大的变化。

此外，按许多作业者的看法，长期的通货膨胀趋势可能会对诸如原油或天然气这样的基础原料的未来销售收入提出一种溢价。

因此，未来的购买者应当权衡所有这些因素，把应付的联邦税及作业风险作为不利因素，并把通货膨胀的影响以及交易中可能附加的“离奇遭遇”作为有利因素。这样，他们就能达到他们愿意支付的、合适的某种安全利率现值分数。

H.J.Gruy在1952年10月17日在达拉斯石油工程师俱乐部所作的发言中，把“以5%的年率贴现后的，摊销和缴纳各种联邦税前的净现金收益的三分之二”作为公平的市场价值。这一方法现在仍然在使用。但是，评估时的贴现率已用别的数字替代了5%的年率。

Garb等人[10]在1981年所作的一项研究表明，尽管税收和经济条件在变化，但这些年来，有一项用于估算地下原油价值的经典尺度一直合理地保持固定不变。对1979～1981年油价不稳定期间10项重大交易所作的一项分析表明，地下原油储量所证实的市场价值约为它们井口标价的三分之一。

Dodson[9]在1959年列举了约七种可以用于确定油气储量公平市场价值的不同方法，指出“现值百分率的变化范围可从50%至100%，但最近一直为75%至80%。”

Arps[6]对在战后年代里，在中大陆、墨西哥湾和加利福尼亚州所作的34项实际的油气财产交易所作的研究表明，为这些财产所支付的未来净现金收益(摊销和缴纳联邦税以前)的5%贴现值的百分率随这些财产的未来生产期限而变化，如表44.5所示。

这些数据表明了一种趋势，即这些财产估算的生产期限越长，最后一栏中的平均百分率数越大。在这些交易中，没有任何一项所实现的总价超过联邦税前按高限贴现的未来净现金收益的三分之二。Fagin[11]引入了一项经验的“市场价值尺度”。它是根据为在诸如东得克萨斯那样的在战后年代中长期生产的油田中的油气生产财产所支付的实际价格趋势而作出的(见表44.6)。为了应用这一尺度为具有类似性质的恒速产量找出其市场价值，为市场价值尺度表第二栏中的恒速产量应用年数确定了表中第三栏所示的百分率。该项百分率然后乘以第一栏中平均5%的递延系数，并乘以未折现的未来净现金流量，便得出估算的市场价值。

例题1 一项具有估算的未来净现金流量为100万美元及10年恒速生产期的财产所可能具有的市场价值为0.73×0.79×1000000美元＝577000美元。

解：当给出的现金流量规划并不表明一项恒速时，要从第三栏中找出合适的百分率，它应符合表44.6中第一栏所应用的平均5%的递延系数。这一百分率然后乘以第一栏中平均5%的递延系数，并乘以未贴现的未来净现金流量，便得出估算的市场价值。

例题2 一项具有估算的未来现金流量为500000美元的财产，它所具有的5%贴现值为375000美元（平均递延系数为0.75)，所可能具有的市场价值为0.72×0.75×500000美元

=270000 美元。

尽管这些实例所用的 5%的贴现率不再有效，但该方法仍保持有效。这项方法的使用者应使用适合于评估时的贴现率。

(2) 估定价值等于以风险利率计算的联邦税前净现金流量的现值。与第一种方法不同，在具有较高贴现率的第二种方法中包括了超过和高于银行利率的利润幅度，以考虑固有的风险和联邦所得税义务。这种风险盈利率的可能范围已由文献资料中各种不同的报价反映出来。此外，这种方法的应用是相当简单的，因为在计算中不包括联邦所得税。

表 44.5 贴现的未来净现金收益与财产生产期限的关系

用于现金流量规划的平均 5%的递延系数	约当恒速产量(年)	交易项数	所付的未来净现金收益 5%贴现值的百分率	所付的未来净现金收益 5%贴现值的平均百分率
0.82 至 0.70	8 至 15	11	60 至 84	71
0.70 至 0.52	15 至 30	13	50 至 89	70
0.52 至 0.40	30 至 45	6	58 至 89	75
0.40 至 0.32	45 至 60	4	68 至 98	78

表 44.6 FAGIN 的市场价值尺度

用于现金流量规划的平均 5%的递延系数	约当恒速产量(年)	作为未来净现金流量 5%贴现值的百分率的市场价值
0.88	5	79
0.79	10	73
0.70	15	71
0.63	20	68
0.52	30	66
0.44	40	70
0.32	60	71

应用第二种方法会导致极短生产期油气财产的高昂市场价值。因为经验表明只能做成极少数的总价超过未来净现金收入的三分之二的交易，因而在这样的情况下有经验的工程师通常把他们的估定价值限制在这一最大值。这一公式还趋向于歧视长期交易，因为高的风险盈利单复利增长快，从而把 20 至 30 年的现金流增量值减小到很小的总量。例如，表 44.7 表明，在第 30 年中得到的收入的年中一揽子递延系数在利率为 5%时为 0.2371，利率在 10%时为 0.0601，利率在 20%时为 0.0046。由于这些缺点，不推荐使用第二种方法，特别是在涉及具有高的利润投资比的长生产期油气财产时更是如此。

E.L.DeGolyer 在 1949 年 3 月 26 日在达拉斯的石油和天然气研究所的讲话中评论说："令人惊异的是，通常后一种方法，亦即年 4%贴现的未来净收益的一半非常接近于（摊销和缴纳各种联邦税前的）以年 $10^1/_2$%贴现的未来净收益"。

Dodson[9] 在 1959 年列出了约七种不同的能用于确定油气储量公平的市场价值的方法。"投资盈利率约为 14%或更高一些"。

Reynolds[7] 1959 年对五个实际的、具有代表性的，并曾作为结算赠与税与从价税基础的评估进行了研究，从中得出结论："课税调整前的从 13%至 21%的年盈利率变化范围，提供了工程师能据以进行作业的极限。"他还观察到，从这些评定中得出的数据"表明具有短生产期的项目比具有长生产期和低风险的项目需要有更高的盈利率。这可能是由于投资者对石油工业的长期信任，相信在不久的将来会有更高的单位价格的及利润再投资需要有较少的货币管理引起的"。

上述盈利率都用于整个交易，包括保留的产品支付。由于以后允许的购买油气财产的 ABC 方法所提供的杠杆作用，产权资本的实际盈利率要高于整个交易的盈利率。

计算的税前内部盈利率仍然是建立公平市场价值的一项有用的尺度。不论在任何时候可接受的盈利率都将取决于各种投资机会的比较及对风险所作的主观评价。在撰写本文时，税前盈利率必须保持在 20%至 30%之间，以便能与其它各种投资选择作竞争。

(3) 估定价值等于以中等利率计算的联邦所得税后净现金流量的现值。第三种方法是解决公平市场价值问题的最高级的方法。它要求实际计算每年的联邦税收义务并且相当繁琐。这一方法还要求评估工程师所不拥有的纳税和会计资料。这一方法通常采用电子数据处理设施，从而可以减少评估工程师为准备基础输入数据而做的实际工作。在这类计算中，盈利率接近于实际的盈利率。这样的盈利率尽管受价格浮动和估算误差的影响，但能用于购买。如遵循这一方法，则公平的市场价值可定义为某种现金值，它如能为该项油气财产支付，则能按购买价格得出令人满意的盈利率。满意的盈利率或收益率是指足以导致买主承担风险将其资金投入特定项目而不是投入较低收益率和较为安全项目的一种盈利率。这一盈利率必须与生产过程中的物质风险及未来产量的经济风险相适应。原则上讲，它与公用事业管理中所承认的激励因素相同，即要将财产公平价值(盈利率的基础)的合理盈利率保持在足以导致在建立、保持和扩展该项财产方面投入资本投资的水平上。

4. 评估生产油气财产所需要的数据清单

由于以上讨论的各种评估程序都是未来收入格局的反映，因而绝大多数的评估方法都是以预测的油气生产规划为依据的。这些规划或者是通过外推生产能力中已建立的趋势编制的，或者是通过在地质解释和（或）类比的基础上科学地估算预期的产量而编制的（见第四十三章）。

为了对给定的生产财产作出正确的评估，估定者要求有某些基本数据。在汇集这些数据时，下列清单可以用作提示。

图件和剖面图　这些图件包括所有权图、地质构造图、等厚图、地质剖面等。

租地位置数据　列出所包括的各块租地，并为每块租地标明租地名称、生产井数、临时废弃的井数，总英亩数、油气田名称、县、州和租地的法律描述。

测井、录井图　这些图包括所有在每口井中测得的电测、声波和放射性测井图。同样，如可提供，还应当包括地质取样录井以及定向井方位测量报告。

岩心分析数据　应当包括各取心和分析层的所有岩心分析报告。

表 44.7 年中一揽子递延系数 $F_{LS}=(1+i)^{1/2-t}$

年份	2%	3%	$3\frac{1}{2}$%	4%	$4\frac{1}{2}$%	5%	$5\frac{1}{2}$%	6%	$6\frac{1}{2}$%	7%	$7\frac{1}{2}$%	8%	$8\frac{1}{2}$%
1	0.9901	0.9853	0.9829	0.9806	0.9782	0.9759	0.9736	0.9713	0.9690	0.9667	0.9645	0.9623	0.9600
2	0.9708	0.9566	0.9497	0.9429	0.9361	0.9295	0.9228	0.9163	0.9099	0.9035	0.8972	0.8909	0.8848
3	0.9517	0.9288	0.9176	0.9066	0.8958	0.8852	0.8747	0.8645	0.8543	0.8444	0.8346	0.8249	0.8155
4	0.9330	0.9017	0.8866	0.8717	0.8572	0.8430	0.8291	0.8155	0.8022	0.7891	0.7764	0.7639	0.7516
5	0.9147	0.8754	0.8566	0.8382	0.8203	0.8029	0.7859	0.7693	0.7532	0.7375	0.7222	0.7073	0.6927
6	0.8968	0.8500	0.8276	0.8060	0.7850	0.7646	0.7449	0.7258	0.7073	0.6893	0.6718	0.6549	0.6385
7	0.8792	0.8252	0.7996	0.7750	0.7512	0.7282	0.7061	0.6847	0.6641	0.6442	0.6249	0.6064	0.5884
8	0.8620	0.8012	0.7726	0.7452	0.7188	0.6936	0.6693	0.6460	0.6236	0.6020	0.5813	0.5615	0.5423
9	0.8451	0.7778	0.7465	0.7165	0.6879	0.6605	0.6344	0.6094	0.5855	0.5626	0.5408	0.5199	0.4999
10	0.8285	0.7552	0.7212	0.6889	0.6583	0.6291	0.6013	0.5749	0.5498	0.5258	0.5031	0.4814	0.4607
11	0.8123	0.7332	0.6968	0.6624	0.6299	0.5991	0.5700	0.5424	0.5162	0.4914	0.4680	0.4457	0.4246
12	0.7964	0.7118	0.6733	0.6370	0.6028	0.5706	0.5403	0.5117	0.4847	0.4593	0.4353	0.4127	0.3913
13	0.7807	0.6911	0.6505	0.6125	0.5768	0.5434	0.5121	0.4827	0.4551	0.4292	0.4049	0.3821	0.3607
14	0.7654	0.6710	0.6285	0.5889	0.5520	0.5175	0.4854	0.4554	0.4273	0.4012	0.3767	0.3538	0.3324
15	0.7504	0.6514	0.6072	0.5663	0.5282	0.4929	0.4601	0.4296	0.4013	0.3749	0.3504	0.3276	0.3064
16	0.7357	0.6324	0.5867	0.5445	0.5055	0.4694	0.4361	0.4053	0.3768	0.3504	0.3260	0.3033	0.2824
17	0.7213	0.6140	0.5669	0.5235	0.4837	0.4471	0.4134	0.3823	0.3538	0.3275	0.3032	0.2809	0.2603
18	0.7071	0.5961	0.5477	0.5034	0.4629	0.4258	0.3918	0.3607	0.3322	0.3060	0.2821	0.2601	0.2399
19	0.6932	0.5788	0.5292	0.4841	0.4429	0.4055	0.2714	0.3403	0.3119	0.2860	0.2624	0.2408	0.2211
20	0.6797	0.5619	0.5113	0.4654	0.4239	0.3862	0.3520	0.3210	0.2929	0.2673	0.2441	0.2230	0.2038
21	0.6664	0.5456	0.4940	0.4475	0.4056	0.3678	0.3337	0.3029	0.2750	0.2498	0.2271	0.2064	0.1878
22	0.6533	0.5297	0.4773	0.4303	0.3882	0.3503	0.3163	0.2857	0.2582	0.2335	0.2112	0.1912	0.1731
23	0.6405	0.5142	0.4612	0.4138	0.3714	0.3336	0.2998	0.2695	0.2425	0.2182	0.1965	0.1770	0.1595
24	0.6279	0.4993	0.4456	0.3979	0.3554	0.3177	0.2842	0.2543	0.2277	0.2039	0.1828	0.1639	0.1470
25	0.6156	0.4847	0.4305	0.3825	0.3401	0.3026	0.2693	0.2399	0.2138	0.1906	0.1700	0.1517	0.1355

续表

年份	9%	$9\frac{1}{2}$%	10%	12%	15%	20%	25%	30%	35%	40%	45%	50%	60%	70%
1	0.9578	0.9556	0.9535	0.9449	0.9321	0.9129	0.8945	0.8770	0.8607	0.8452	0.8304	0.8165	0.7906	0.7670
2	0.8787	0.8727	0.8668	0.8437	0.8105	0.7607	0.7156	0.6747	0.6375	0.6037	0.5727	0.5443	0.4941	0.4512
3	0.8062	0.7970	0.7880	0.7533	0.7048	0.6340	0.5724	0.5190	0.4722	0.4312	0.3950	0.3629	0.3088	0.2654
4	0.7396	0.7279	0.7163	0.6726	0.6129	0.5283	0.4579	0.3992	0.3498	0.3080	0.2724	0.2419	0.1930	0.1561
5	0.6785	0.6647	0.6512	0.6005	0.5329	0.4402	0.3664	0.3071	0.2591	0.2200	0.1879	0.1613	0.1206	0.0918
6	0.6225	0.6070	0.5920	0.5362	0.4634	0.3669	0.2931	0.2362	0.1919	0.1571	0.1296	0.1075	0.0754	0.0540
7	0.5711	0.5544	0.5382	0.4787	0.4030	0.3057	0.2345	0.1817	0.1422	0.1122	0.0894	0.0717	0.0471	0.0318
8	0.5240	0.5063	0.4893	0.4274	0.3504	0.2548	0.1876	0.1398	0.1053	0.0802	0.0616	0.0478	0.0295	0.0187
9	0.4807	0.4624	0.4448	0.3816	0.3047	0.2123	0.1501	0.1075	0.0780	0.0573	0.0425	0.0319	0.0184	0.0110
10	0.4410	0.4222	0.4044	0.3407	0.2650	0.1769	0.1200	0.0827	0.0578	0.0409	0.0293	0.0212	0.0115	0.0065
11	0.4046	0.3856	0.3676	0.3042	0.2304	0.1474	0.0960	0.0636	0.0428	0.0292	0.0202	0.0142	0.0072	0.0038
12	0.3712	0.3522	0.3342	0.2716	0.2003	0.1229	0.0768	0.0489	0.0317	0.0209	0.0139	0.0094	0.0045	0.0022
13	0.3405	0.3216	0.3038	0.2425	0.1742	0.1024	0.0615	0.0376	0.0235	0.0149	0.0096	0.0063	0.0028	0.0013
14	0.3124	0.2937	0.2762	0.2165	0.1515	0.0853	0.0492	0.0290	0.0174	0.0106	0.0066	0.0042	0.0018	0.0008
15	0.2866	0.2682	0.2511	0.1933	0.1317	0.0711	0.0393	0.0223	0.0129	0.0076	0.0046	0.0028	0.0011	0.0005
16	0.2630	0.2450	0.2283	0.1726	0.1146	0.0593	0.0315	0.0171	0.0095	0.0054	0.0032	0.0019	0.0007	0.0003
17	0.2412	0.2237	0.2075	0.1541	0.0996	0.0494	0.0252	0.0132	0.0071	0.0039	0.0022	0.0012	0.0004	0.0002
18	0.2213	0.2043	0.1886	0.1376	0.0866	0.0411	0.0201	0.0101	0.0052	0.0028	0.0015	0.0008	0.0002	
19	0.2031	0.1866	0.1715	0.1229	0.0753	0.0343	0.0161	0.0078	0.0039	0.0020	0.0010	0.0006	0.0001	
20	0.1863	0.1704	0.1559	0.1097	0.0655	0.0286	0.0129	0.0060	0.0029	0.0014	0.0007	0.0004		
21	0.1709	0.1556	0.1417	0.0980	0.0570	0.0238	0.0103	0.0046	0.0021	0.0010	0.0005	0.0002		
22	0.1568	0.1421	0.1288	0.0875	0.0495	0.0198	0.0082	0.0035	0.0016	0.0007	0.0003	0.0002		
23	0.1438	0.1298	0.1171	0.0781	0.0431	0.0165	0.0066	0.0027	0.0012	0.0005	0.0002	0.0001		
24	0.1320	0.1185	0.1065	0.0697	0.0374	0.0138	0.0053	0.0021	0.0009	0.0004	0.0002			
25	0.1211	0.1082	0.0968	0.0623	0.0326	0.0115	0.0042	0.0016	0.0006	0.0003	0.0001			

续表

年份	2%	3%	$3\frac{1}{2}$%	4%	$4\frac{1}{2}$%	5%	$5\frac{1}{2}$%	6%	$6\frac{1}{2}$%	7%	$7\frac{1}{2}$%	8%	$8\frac{1}{2}$%
26	0.6035	0.4706	0.4159	0.3678	0.3255	0.2882	0.2553	0.2263	0.2007	0.1781	0.1582	0.1405	0.1249
27	0.5917	0.4569	0.4019	0.3537	0.3115	0.2745	0.2420	0.2135	0.1885	0.1665	0.1471	0.1301	0.1151
28	0.5801	0.4436	0.3883	0.3401	0.2981	0.2614	0.2294	0.2014	0.1770	0.1556	0.1369	0.1205	0.1061
29	0.5687	0.4307	0.3751	0.3270	0.2852	0.2489	0.2174	0.1900	0.1662	0.1454	0.1273	0.1115	0.0978
30	0.5576	0.4181	0.3625	0.3144	0.2729	0.2371	0.2061	0.1793	0.1560	0.1359	0.1184	0.1033	0.0901
31	0.5466	0.4059	0.3502	0.3023	0.2612	0.2258	0.1953	0.1691	0.1465	0.1270	0.1102	0.0956	0.0831
32	0.5359	0.3941	0.3384	0.2907	0.2499	0.2150	0.1852	0.1595	0.1376	0.1187	0.1025	0.0885	0.0766
33	0.5254	0.3826	0.3269	0.2795	0.2392	0.2048	0.1755	0.1505	0.1292	0.1109	0.0953	0.0820	0.0706
34	0.5151	0.3715	0.3159	0.2688	0.2289	0.1951	0.1664	0.1420	0.1213	0.1037	0.0887	0.0759	0.0650
35	0.5050	0.3607	0.3052	0.2584	0.2190	0.1858	0.1577	0.1340	0.1139	0.0969	0.0825	0.0703	0.0599
36	0.4951	0.3502	0.2949	0.2485	0.2096	0.1769	0.1495	0.1264	0.1069	0.0905	0.0767	0.0651	0.0552
37	0.4854	0.3400	0.2849	0.2389	0.2006	0.1685	0.1417	0.1192	0.1004	0.0846	0.0714	0.0603	0.0509
38	0.4759	0.3301	0.2753	0.2297	0.1919	0.1605	0.1343	0.1125	0.0943	0.0791	0.0664	0.0558	0.0469
39	0.4665	0.3205	0.2659	0.2209	0.1837	0.1528	0.1273	0.1061	0.0885	0.0739	0.0618	0.0517	0.0432
40	0.4574	0.3111	0.2570	0.2124	0.1758	0.1456	0.1207	0.1001	0.0831	0.0691	0.0575	0.0478	0.0399
41	0.4484	0.3021	0.2483	0.2042	0.1682	0.1386	0.1144	0.0944	0.0780	0.0646	0.0535	0.0443	0.0367
42	0.4396	0.2933	0.2399	0.1964	0.1609	0.1320	0.1084	0.0891	0.0733	0.0603	0.0497	0.0410	0.0339
43	0.4310	0.2847	0.2318	0.1888	0.1540	0.1257	0.1027	0.0840	0.0688	0.0564	0.0463	0.0380	0.0312
44	0.4226	0.2764	0.2239	0.1816	0.1474	0.1197	0.0974	0.0793	0.0646	0.0527	0.0430	0.0352	0.0288
45	0.4143	0.2684	0.2163	0.1746	0.1410	0.1140	0.0923	0.0748	0.0607	0.0493	0.0400	0.0326	0.0265
46	0.4062	0.2606	0.2090	0.1679	0.1350	0.1086	0.0875	0.0706	0.0570	0.0460	0.0372	0.0301	0.0244
47	0.3982	0.2530	0.2020	0.1614	0.1291	0.1034	0.0829	0.0666	0.0535	0.0430	0.0346	0.0279	0.0225
48	0.3904	0.2456	0.1951	0.1552	0.1236	0.0985	0.0786	0.0628	0.0502	0.0402	0.0322	0.0258	0.0208
49	0.3827	0.2384	0.1885	0.1492	0.1183	0.0938	0.0745	0.0592	0.0472	0.0376	0.0300	0.0239	0.0191
50	0.3752	0.2315	0.1822	0.1435	0.1132	0.0894	0.0706	0.0559	0.0443	0.0351	0.0279	0.0222	0.0176

续表

年份	9%	$9^1/_2$%	10%	12%	15%	20%	25%	30%	35%	40%	45%	50%	60%	70%
26	0.1111	0.0988	0.0880	0.0556	0.0283	0.0096	0.0034	0.0012	0.0005	0.0002				
27	0.1019	0.0903	0.0800	0.0496	0.0246	0.0080	0.0027	0.0010	0.0004	0.0001				
28	0.0935	0.0824	0.0727	0.0443	0.0214	0.0066	0.0022	0.0007	0.0003					
29	0.0858	0.0753	0.0661	0.0396	0.0186	0.0055	0.0017	0.0006	0.0002					
30	0.0787	0.0688	0.0601	0.0353	0.0162	0.0046	0.0014	0.0004	0.0001					
31	0.0722	0.0628	0.0546	0.0315	0.0141	0.0038	0.0011	0.0003	0.0001					
32	0.0662	0.0573	0.0497	0.0282	0.0122	0.0032	0.0009	0.0003						
33	0.0608	0.0524	0.0452	0.0251	0.0106	0.0027	0.0007	0.0002						
34	0.0557	0.0478	0.0411	0.0224	0.0093	0.0022	0.0006	0.0002						
35	0.0511	0.0437	0.0373	0.0200	0.0080	0.0019	0.0005	0.0001						
36	0.0469	0.0399	0.0339	0.0179	0.0070	0.0015	0.0004							
37	0.0430	0.0364	0.0308	0.0160	0.0061	0.0013	0.0003							
38	0.0395	0.0333	0.0280	0.0143	0.0053	0.0011	0.0002							
39	0.0362	0.0304	0.0255	0.0127	0.0046	0.0009	0.0002							
40	0.0332	0.0277	0.0232	0.0114	0.0040	0.0007	0.0001							
41	0.0305	0.0253	0.0211	0.0102	0.0035	0.0006	0.0001							
42	0.0280	0.0231	0.0192	0.0091	0.0030	0.0005								
43	0.0257	0.0211	0.0174	0.0081	0.0026	0.0004								
44	0.0235	0.0193	0.0158	0.0072	0.0023	0.0004								
45	0.0216	0.0176	0.0144	0.0065	0.0020	0.0003								
46	0.0198	0.0161	0.0131	0.0058	0.0017	0.0002								
47	0.0182	0.0147	0.0119	0.0051	0.0015	0.0002								
48	0.0167	0.0134	0.0108	0.0046	0.0013	0.0002								
49	0.0153	0.0123	0.0098	0.0041	0.0011	0.0001								
50	0.0140	0.0112	0.0089	0.0037	0.0010	0.0001								

续表

年份	80%	90%	100%	110%	120%	130%	140%	150%	160%	170%	180%	190%	200%
1	0.7454	0.7255	0.7071	0.6901	0.6742	0.6594	0.6455	0.6325	0.6202	0.6086	0.5976	0.5872	0.5773
2	0.4141	0.3818	0.3536	0.3286	0.3065	0.2867	0.2690	0.2530	0.2385	0.2254	0.2134	0.2025	0.1924
3	0.2300	0.2010	0.1768	0.1565	0.1393	0.1246	0.1121	0.1012	0.0917	0.0835	0.0762	0.0698	0.0641
4	0.1278	0.1058	0.0884	0.0745	0.0633	0.0542	0.0467	0.0405	0.0353	0.0309	0.0272	0.0241	0.0214
5	0.0710	0.0557	0.0442	0.0355	0.0288	0.0236	0.0195	0.0162	0.0136	0.0115	0.0097	0.0083	0.0071
6	0.0394	0.0293	0.0221	0.0169	0.0131	0.0102	0.0081	0.0065	0.0052	0.0042	0.0035	0.0029	0.0024
7	0.0219	0.0154	0.0110	0.0080	0.0059	0.0045	0.0034	0.0026	0.0020	0.0016	0.0012	0.0010	0.0008
8	0.0122	0.0081	0.0055	0.0038	0.0027	0.0019	0.0014	0.0010	0.0008	0.0006	0.0004	0.0003	0.0003
9	0.0068	0.0043	0.0028	0.0018	0.0012	0.0008	0.0006	0.0004	0.0003	0.0002	0.0002	0.0001	
10	0.0038	0.0022	0.0014	0.0009	0.0006	0.0004	0.0002	0.0002	0.0001				
11	0.0021	0.0012	0.0007	0.0004	0.0003	0.0002	0.0001						
12	0.0012	0.0006	0.0003	0.0002	0.0001								
13	0.0006	0.0003	0.0002										
14	0.0004	0.0002											
15	0.0002												
16	0.0001												

流体样品分析数据　包括所有的井底流体样品分析报告，对气井还包括气体分析、相对密度，或重配试样的分析报告。

井史　应当按时间顺序包括井的所有作业的历史，包括初始钻井和完井，重新完井，以及迄今为止的修井工作。如果在一个完整的按时间顺序的井史中不包括其它方面的资料，则还应为每口井提供以下数据：资源保护投产完井、最大产量测试、气油比报告；完井〔和（或）重新完井〕数据；海拔高度：方钻杆补心、钻台、地平面；总井深❶及回堵后水泥面深度；套管尺寸和下入深度；油管尺寸和下入深度；钻杆测试数据，包括：测试层段、打开时间、回收的流体以及井底压力数据；岩心数据，包括取心层段、取心长度及岩心描述；所有钻遇的主要地层的地质顶面；井位图或井位描述；产层名称、射孔层段、初始产量和最大

❶所有深度都应是指相对于一个给出海拔高度的单一基准面的深度。优先选用方钻杆补心作为基准面。

产量测试数据；顶部、底部、油-水界面和气-油界面深度；产层厚度（总厚度和有效厚度）。

过去的生产史　包括从初始完井以来油、气、水产量按月、按租地、按井及按产层列的表。还包括其它的以往的生产史报告，诸如：生产方法（设备类型和尺寸及安装日期）；井底压力和井口压力报告；敞喷产能测试报告（气井），资源保护投产（或联邦地质调查局）产量，允许产量及最高合理产量（MER）报告；管道运行状况；废水处理和水质处理报告；流体注入记录；及所钻补充井的生产史。

目前的生产数据　为每口井制表列出产出油、气、水的最新实际测试情况，并包括测试数据、油嘴尺寸〔或冲程和每分钟冲次〕、生产油管压力和生产套管压力。对气井，则要表明最近关井的油管和套管压力，包括关井日期和关井的时间期限。

目前允许产量数据　汇总列出允许产量的计算公式及每口井目前的日允许产量，分别按生产日及日历日列出。

原油总价　对每块租地给出原油购买者的名称，原油的平均重度及所付总价。如该原油需要输送，则表明每桶原油的运输价格（可以从管道运行报告中获得）。

天然气总价　对每块租地给出天然气购买者的名称、并汇总列出天然气合同的条款规定，诸如每 1000 英尺^3 的天然气总价，合同中的压力基础数据，最低供气压力，生效日期、合同期限，以及滑动条款（可以从天然气合同和联邦动力委员会的批准证书中获得）。

采掘税和地方税　表明采掘税和地方税（州、县、教育等），用占总收入或产出的每桶原油或每 1000 英尺^3 天然气的总价的百分率表示。

联邦货物税（暴利税）资料　如需交纳，则应包括它的适用范围，按等级公司或经济实体的税收分类，天然气分类以及价格控制。

操作费　制表列出上一年每块租地、每月、每口井实际的总操作费。指出在这些费用中除直接费用外，是否还包括诸如：油气井增产措施费用，修井或重新完井费用，一部分地区或部门的上级管理费，或采掘税和从价税。

完井或重新完井费用　如为未开发或未动用的储量，则要对开采这些储量的完井或重新完井费用提供一个估算值。

权益分配　制表为每一权益所有者列出其经营权益（各项费用的 8／8 的分数）及收益权益（收入的 8／8 的分数），以说明每块租地 100%的经营权益和 100%的收益权益。表明租地的作业者（油气分配协议副本）。

现行的产品支付或留置权　制表列出到最近日期为止对所有产品支付或留置权的结欠情况，并表明对支付率的规定。

租地和转让规定　汇总列出对所有租地和转让所作的各项特殊规定，这些规定可能对各块租地的价值产生不利的影响。特别是要说明有关较浅或较深层的权利以及对钻井的承诺或义务的规定（可以从租地或转让协议中获得）。

租地的生产设施　提供租地生产设施井如水源井、污水处理井和注入井的全套资料。提供租地生产设施主要设备如天然气压缩机、原油处理装置及注水装置等的技术规范（尺寸、能力等）。

作业协议　在共同权益或财产联合经营的情况下，列出作业协议的基本条款清单，诸如：收购其他权益的优先权，开发义务，间接费用分配基础，以及对油的“买方选择权”〔可以从作业协议和（或）书信协议中获得〕。

联合经营协议　在财产联合经营的情况下，列出有关以下几方面的联合经营协议的基本条款清单，即有关计算参股百分比基础的条款，以及由于将来可能对作业方法、联合经营面积等作调整，有关今后修改上述基础的条款（可以从联合经营协议中获得）。

专题报告　凡是含有当前评估该项财产数据的地质和工程专题报告，都要提供一份复制件。特别是与未来开发和二次采油作业计划有关的各种专题工程报告，可能会有助于设计未来的产量和未来的净作业收益。

所得税资料　如适用则应包括在内。

三、未来产量的预测[12]

1. 产量递减

当油气资源具有良好确定的动态史并且其产量表明为持续递减时，评定者应当首先确信这种递减不是由于提升设备效率降低或井筒条件不利引起的。

如果发现提升设备运转良好且井筒洁净。那么就可以应用过去的递减指导未来产量的规划。首先必须确定递减的类型和速率。

2. 定率递减

当单位时间的产量下降为产量的一个不变百分率（定率）时，其生产曲线即为定率递减型。这可以通过在半对数坐标纸上绘制产量与时间的关系曲线作出最好的说明。当产量取对数值时，它会呈现出直线趋势，产量区可以与累计产量标绘在直角坐标纸上，这会再次呈现这类递减的直线趋势（图 43.1，曲线 1）。不论是哪一种情况，曲线的斜率代表通称的递减小数或百分率。这项递减还能通过观察给定时期的终点和起点的产量比得出，并通过表 43.16 或表 10.17 中的内插得出有效递减。例如，如一口井或一块租地的产量在 10 个月中由 4286 桶／月，减为 3000 桶／月，这二项产量的比例为 0.70，则可从表 40.16 中读出，10 个月中这样的产量下降相当于有效递减为 $3^1/_2\%$／月。

然后可以在此基础上，用在半对数递减图上外推直线趋势读出未来产量，或用表 10.16 或表 10.17 的方法计算未来产量，作出预测。然后继续向外推，直到达到经济极限产量为止。

3. 双曲递减

当以产量分数表示的单位时间内的产量下降与产量的幂分数 n 成正比（$0<n<1$）时，生产曲线即为双曲线递减型。这通常可以从半对数坐标纸上的产量与时间关系曲线中明显地看出来。在此情况下，生产曲线将不遵循一条直线而是逐渐变得平缓。

在直角坐标纸上累计产量图将显示出相同的曲率类型（图 10.21，曲线 II）。

通过对所有的时间或累积值增加或减去一个恒定量，将曲线漂移之后，在双对数坐标纸上绘制曲线，可以将双曲线递减曲线直线化，用于外推。这种方法十分繁锁，而且随着计算机的发展，已经是一种过时的方法。绝大多数评定者宁愿在半对数坐标纸上对产量—时间曲线用图解法进行外推。这样的外推是靠用第十章方程（60）实际地计算与时间标绘在直角坐标纸上应当显示为一条直线。它还可以用把产量—累计产量关系标绘在半对数坐标纸上也为一直线的办法得到证明。

调和递减型产量递减曲线并不经常发生。在其基础上外推，通常会得出过于乐观的规划。它有时还用于衰竭型气井的产能、或用于底水驱油气藏的非配定产量，在这种情况下举升和处理大量的水在经济上是可行的。

产量—时间曲线的外推，最好通过在直角坐标纸上绘制产量倒数与时间的关系，并延伸所得直线的加法进行。

半对数坐标纸上的产量—时间关系，也可以根据图 44.1 所示用于双曲线递减的三点规则，用同样的作图方法外推。

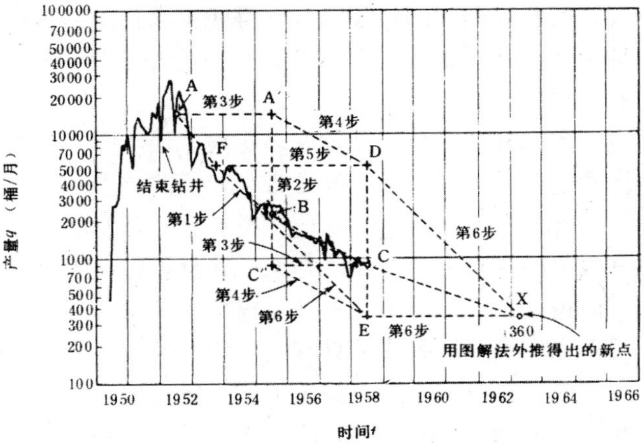

图 44.1　半对数坐标纸上的产量—时间的双曲和调和函数曲线。第一步：平滑的产量曲线和选择三个等间距点（A、B 和 C）。第二步：通过 B 点在 A、C 中间做一垂线。第三步：将 A、C 两点水平地在中心线上投影，得 A′、C′。第四步：连 A′D 和 C′E 线平行 BC。第五步：将 D 水平投影到曲线上并得点 F。第六步：画 DX 平行 FE，可在与通过 E 的水平线相交处求得外推的未知点 X

4. 部分稳定—部分递减生产

在以上的讨论中，假设过去的动态表明产量是递减的，并在这样的情况下，根据该递减趋势的连续性作出规划。

当由于油气财产相对较新或受配产或市场萎缩影响，而不存在过去的递减趋势时，评定者则必须把最终采出量的体积估算作为规划的基础，并按这一估算结果试验拟会油气财产的未来动态。通常的做法是为这类生产假设一个典型的递减率，并用第四十三章中的方程（55）计算当产量从配定产量递减到其经济极限时将要采出的累计产出量。然后从估算的最终采出量中减去到评估日期为止的累计产量，再减去将在递减期内采出的估算产量，把所得结果除以在配定产量条件下假设的月产量，即可得出递减期前的稳产月数。

5. 配定产量或市场萎缩

历史地看，产量经常受配定产量的限制。未来的生产作业可能会遇到配产的限制，以防止浪费性生产作业引起的储量损失，或者可能会遇到由于市场疲软引起的生产萎缩。这些问题在对受影响地区的油气财产作适为评价时必须得到反映。

6. 产出产品的价格

由于国际能源市场的不稳定，根据动态史数据曲线估算未来产品的价格，已无任何置信度可言。目前所进行的绝大部分评估工作都是按一系列假设作出的。油气不变价格评估常要求用于债券上市登记和筹资的目的。所规划的假设最高和最低成本的经济条件及价格假设通常都是用于管理决策。

四、开发和作业成本[13～15]

1. 开发成本

开发成本包括钻井和完井成本，以及用在诸如筑路、房建、管道、油罐、天然气回收装置以及动力装置等方面的投资。由于受作业者无法控制的经济条件以及在钻井和生产方法方面的技术改进这二方面的影响，这些成本一直是在变化的。

钻井和完井通常构成了开发费用的主要项目。应用轻便装备钻浅井，可能仅花费 2 万美元。在肯塔基州的丘陵区，它可能要求花费比井本身更高的费用来使钻机就位。在高成本的情况下，不考虑意外事故或长期打捞作业这些特殊情况，打一口 1800 英尺至 25000 英尺的井，可能要花几千万美元。

预探井通常要比开发井多花很多钱，而一个油田的继续开发，由于方法改进和增加了合同者之间的竞争，几乎经常带来较低的成本。

有形和无形成本 从所得税来看，开发成本分为有形和无形两类。有形开发成本代表具有残值的实物财产，如：井架、管材和较小的设备。它们都是资本化的，并通过年度折旧支付而退废。无形的钻井和开发成本为劳动力、电力、燃料、运费、水、维修费和其它在完井后不提供残值回收或不具有实物特性的项目。这类成本可以或者资本化并通过年度费用而退废，或者在发生年的收益表中作为费用项而注销。通常则是遵循后一进程。无形成本构成全井成本的 60～70%，其百分率在浅井中或套管程序所要求的管材比通常情况下少的其它井中占得更大一些。

井距 评估未开发的油气财产中的一项重要考虑是所采用的井距。那些已经完全钻完井的油气财产不会有什么问题，但那些有待开发的财产则要求考虑这一问题，因为未来的利润在很大程度上受所需井数的控制。

开发井的井数通常是根据调整、竞争形势以及特殊的租地要求等实际需要确定的，而且义务工作量总是要比合适的采油所要求的最少井数大得多。

2. 作业费用

包括把油气举升到地面并把可出售的产品送往储油罐或输气管线交货所需要的现场作业费用。

直接开采费用和地区费用 作业成本通常分为油气财产上的直接开采费用，如劳动力、动力、燃料、维修费用、更新费用以及纳入现场机构的费用等；和地区费用，如监督、工程、会计、计工、仓库和一般运输等的费用，这一部分费用按某种比例分配给各油气财产单位。

在确定用于估算生产成本的合适度量方面，评定者可首先查清所考虑的油气财产的确切记录，要不然，就根据他处理别处类似油气财产的经验中得出。

井—月成本 作业成本以井—月为基础表示比以每桶产出油表示更为可取。不管抽油量大小，操作任何一口井的现场费用在一定限度内是相同的。为抽 80 桶／日的油井所安装的抽油机，当它的产油量少于该油量的一半而继续使用时，其操作成本实际上仍然不变。

每桶平均成本 当产量限制过严，因而可在一段相当长的时间保持均匀产量时，使用每桶平均成本是可以接受的。但当产量处于递减阶段时，根据所考虑油气财产的过去经验数字而假设的每桶平均成本，就会导致错误的结果。其原因是，随着产量的递减，每口井的成本保持不变或近乎保持不变，而每桶的操作成本必然随时间而增大，直到它等于达到经济极限时的总收入为止。

在定率递减的情况下，可以用以下关系式计算每桶的加权平均操作成本，对这一增长趋势作业备抵。

$$\overline{O}_u=\frac{O_t\ln q_i/q_a}{q_i-q_a} \tag{1}$$

式中 $\overline{Q}_u$——加权平均作业成本，美元；

O_t——井—月作业费用，美元；

q_i——初始产量，桶／日；

q_a——废弃时的产量，桶／日。

例题 3 如井—月作业成本 Q_t 估算为 300 美元，初始产量 q_i 为 2113 桶／井—月，而经济极限产量 q_a 为 113 桶井—月，在该油气财产的整个生产过程中每桶的加权平均作业成本为：

$$\frac{300\ln 2113/113}{2113-113}=0.44\text{美元}$$

在双曲线递减（$n=1/2$）的情况下，方程（1）所取的形式为：

$$\overline{O}_u=\frac{O_t}{q_i}\sqrt{q_i/q_a} \tag{2}$$

在调和递减的情况下，该关系式为：

$$\overline{O}_u=\frac{O_t}{q_i}\left(\frac{q_i/q_a-1}{\ln q_i/q_a}\right) \tag{3}$$

在以稳定产量生产的情况下，每毛桶的平均作业成本简单地等于估算的井—月作业成本除以产量。

最合乎需要的成本估算值，也就是可查明并确定的成本估算值，是根据油气财产实际记录经验确定的并经过修改的估算值。这种修改按评估者的判断来看是有根据的。

成本变化范围　一次采油时，每井—月作业成本的变化范围为从数量几乎微不足道到 10000 美元或更多。后一种情况是在海上采油，或者要用重型设备处理大量的水和油，以及在动力和维修费用高昂的地方才会遇到。遍及美国东部地区的农场所拥有的井，其产量小于 1／2 桶／日，这些井能有盈利地经营管理，仅仅是由于维修费用可以忽略不计，而且挤牛奶的人也参加了管井。

对整个油田或地区而言，通常把作业成本分解为如表 44.8 所示。劳动力和地区费用约为同量，一起约占总作业成本的一半。另一半则是用于大修、维修、动力、水、污水处理及原油处理等的费用。

增产措施成本　诸如重复酸化、补孔、重复压裂以及其它增产处理的增产措施成本应当看作是作业成本的一部分。在最近几年中，压裂成本上升，增产措施费用可能使作业成本增加 10%至将近 100%。

重新完井成本　作业成本通常只包括那些为使一口井对给定的生产层段保持生产所必需的费用。因此，在不同的生产层中的完井成本通常作为开发费用处理。

表 44.8　现场或地区作业成本

劳动力费用包括津贴和所提供的交通费	20%～30%
地区费用，包括保险、专业服务、赔偿金等费用	20%～30%
大修和维修	30%～50%
动力、水、污水处理和原油处理	5%～15%

从价税　对直接作业费用应当加上从价税或财产税。这些税在不同州和县有较大变化，其变化范围为从几乎为零至高达 15%。

运费　油气财产不与管道相连通时，油必须运送出去，这些运费通常直接从以每桶为基础的销售总收入中支付。

从所产油气直接征收并且通常由购买者汇集的各种形式的生产税和暴利税，一般不包括在作业费用内，但要直接从油气销售总收入中支付。

3. 管理和监督

在这一项目下支付的有：董事费、主管人员费、中央办公室费用，会计、保险、监督、人事和公共关系费用。这些费用通常定为间接费用，以区别于可控制的现场和地区费用。在许多公司的记录中，由于管理能力和会计方法的差异，这些费用的变化范围很大。

4. 生产税

由各个州对所产油气直接征收并通常由管道公司汇集的各种税具有多种名称，如：总产量税、采掘税、货物税、河流污染税、资源保护税、维修税、许可证税、教育税、州税和集气税等。

五、各种联邦税〔16〕

1. 综述

在上述评价方法中，在制定未来净现金收益规划时，对估算的联邦所得税的备付是在把这种未来规划贴现为现值前作出的。在这一办法中，把所得税看作是生产作业以外必须进行的业务的成本的一个固有组成部分。

通常具有困难的油气生产财产是指那些其所有者不能提供未来所得税的情况。油气生产者可能会以增大的速率继续进行勘探和钻井活动，使得他们的勘探费用和无形的钻井扣除能减少几年所得税。但如果该作业者基本上用完进一步开发的井位或资金，他就会被迫出售其油气财产，以偿付他的税务或贷款。按照这一方法，正确的处理手段是把联邦所得税包括在现金流规划内，并考虑把通过勘探和钻井活动可能获得的税金节约单独地作为这些活动的贷款，减少这些活动的净成本。通常，评估者用比正常情况更高的贴现率或者取所得税前现值的一项分数，间接地考虑这些所得税。计算联邦税后净作业收益要求对现有税收规定有详尽的了解。由于税制的不稳定性，应当检查评估时税收对油气财产评估的后果。现将联邦税收

规定的主要点汇总如下:

通常认为折耗是递耗资产通过生产逐步耗尽。折耗减免的目的是允许拥有经济权益的纳税人为这样耗尽的储量的估算成本作合理的扣除。1954 号法则第 611 款修订后规定，在油气井的情况下，将允许纳税人扣除对折耗和改良资本折旧的合理减免。

在这项规定中，折耗成本的计算是把未用本期折耗调整的纳税期末的财产中的可折耗基数乘上一个分数，其分子为纳税期的单位销售额，分母为该期末的单位储量加上该期中的单位销售额。作为对比，油气井的百分率折耗为纳税人从油气财产中得到的总收入的 15%，但不能超过其应纳税所得额的 50%。当有足够的应纳税所得额时，如果还具有在下一年中为这项可扣除限制所不允许的任何一个数额，也可以限定为权益所有者纳税人总应纳税所得额的 65%。允许纳税人扣除和要求他为折耗成本或百分率折耗调整基数，在这两种做法中，哪一种做法最高，就可按哪一种做。

虽然成本折耗限制用于回收纳税人在财产中的基数，但百分率折耗并不受这样的限制。如纳税人在财产中不具有可折耗的基数，或者，如果整个基数已通过先前的折耗费用回收完，那么他仍然可以继续要求在百分率基础上计算折耗。

百分率折耗作为扣除仅适用于最大日产为 1000 桶／日油当量的个体生产者和矿区权益所有者。该项扣除不适用于综合的石油公司。为此，可将气产量转换为油的体积当量，其比例为 6000 英尺^3 折合 1 桶油。还应当指出，把探明油气财产转让给另一权益所有者，通常将造成使该项财产的受让人受到百分率折耗方面的损失。

在为百分率折耗目的确定从油气财产中得到的应纳税所得额时，不仅必须扣除特定财产的一般作业费用。包括设备折旧费，而且还必须扣除无形的钻井和开发成本，以及恰当分配给生产职能部门的一定比例量的间接费用。在确定间接费用分配时，习惯的做法是把总的间接费用在各种生产作业以及由纳税人进行的其它活动之间作分配，通常与直接可归属于每项活动的费用成比例，然后进一步把可归属于生产职能部门的那部分间接费用在各特定的油气财产之间通常按这些财产的直接费用进行分配。

资本化的租地成本　通常，油气财产中的可折耗基数对纳税人来讲并没有特别的好处。必须作为租地成本资本化的项目有直接成本（如租金或租地购买价）和获得成本（如产权审核费、记录费、可能有的印花税票），以及作为纳税人获得或者保留一项产权的结果而承担的地质和地球物理费用。对非生产的油气财产所付的过期租金可以按纳税人的选择作为开支或资本化。如纳税人选择把无形的钻井和开发成本资本化，则要把这些项目加到该油气财产的可折耗基数中去。

无形成本　用于油井设备的有形项目及其有关项目的支出是资本化的，并在它们的整个有效使用期间通过定期的折旧设备抵回收。与此同时，关于无形的钻井和开发成本（无形成本）这些支出，石油天然气工业中的纳税人可以选择它们为已付或应付项加以扣除，也可以把它们资本化，通过折耗减免回收。由于允许使用百分率折耗而不考虑油气财产的基数，很明显，只有在很少的情况下，纳税人才会作出把无形成本资本化的选择。

这一概念要求把钻井和开发一项石油财产的所有成本分成两类：有形的和无形的，并把前者通过折旧回收。通常，具有残值的各项列为有形成本；而无形成本则包括不具有残值的所有各项。无形成本的例子包括：劳动力、燃料、修理、运输和用于钻井、放炮和洗井的物料；任何可能需要的井场准备，例如平整井场、道路铺设、测量和地质工作；井架、储油罐、管道以及钻井和生产准备所需的其它实物结构的施工。

纳税人必须在付出或发生无形成本的第一个纳税年作出支付无形成本的决定。这种选择仅对承担油气财产钻井风险的作业权益或经营权益拥有者才有效。

资本化的成本和适用的折耗方法一经确定，准列的折耗 D_A 是成本折耗 D_C 的较高者，或者，如果适用，则为百分率折耗。百分率折耗等于总收益 V_{DE} 的 15%，但如上所述，限于成本折耗。

因此，所选的准列折耗将为总折耗 V_{DE} 的 15%，此时

$$D_A = V_{DE}$$

式中

$$V_{TI} > V_{DE} > D_C$$

且

$$V_{DE} = (0.15 \times V) < (0.65 \times I_T) \tag{4}$$

式中 D_A——准列的折耗，D_C的最高者或低于V_{DE}和V_{TI}；

V_{DE}——总收益的百分率，百分率折耗；

V_{TI}——“50%的净收益”百分率折耗，等于50%的应纳税净所得额，美元；

D_C——折耗成本，在给定年中与产出储量成比例的那部分租地成本，美元；

V——总收益(值)，从油气销售中已获得的总收益，美元；

I_T——权益所有者的应纳税所得额。

所选的准列折耗将为净百分率折耗的 50%，此时

$$D_A = V_{TI}$$

式中

$$V_{DE} > V_{TI} > D_C$$

且

$$V_{TI} = 0.50 O_G C_{PT} V O_a C_I D_P \tag{5}$$

式中 O_G——总间接费用，美元；

C_{PT}——地方生产税，美元；

O_a——井—月作业费用，美元；

C_I——无形的钻井和开发成本，美元；

D_P——折旧，随着使用时间的推移（技术淘汰）而使有形资产的价值递减。

或为成本折耗 D_C，此时

$$D_A = D_C$$

$$D_C > V_{DE} > V_{TI}$$

$$D_C > V_{TI} > V_{DE}$$

$$V_{DE} > D_C > V_{TI}$$

$$V_{TI} > D_C > V_{DE}$$

且

$$D_C = \frac{s}{N_r + s} \times C_{d1} \tag{6}$$

式中 C_{d1}——纳税期开始时的可折耗的租地成本基数，美元；

N_r——纳税期末的储量，桶或千英尺^3；

s——纳税期内的单位销售额。

例题 4 有个作业者对一块两口井的租地拥有一半的经营权益（WI＝0.50），该租地在纳税年中产油 20000 桶。他的收益权益为 7／8 的 1／2（RI＝0.4375）。在 1 月 1 日估算的剩余可采储量为 50000 桶。在纳税年 12 月 31 日，他的折耗租地成本（LC）为 20000 美元。产出原油每桶总收入为 30 美元，加上伴生气销售所得 2 美元。地方生产税为总收入的 5%，或 1.6 美元／净桶，而作业费用，包括地区费用和从价税为 2000 美元／井—月。总间接（GO）费用为 1 美元／净桶。在该年中的无形的开发费用为 40000 美元，而设备折旧为 2 美元／产出原油净桶。计算其准列折耗。

解:

$$V_{DE} = 0.15 \times 0.4375 \times 20000 \times 32 = 42000$$

$$D_C = \frac{20000}{50000 + 20000} = 5.714\text{美元}$$

$$V_{TI} = 0.50 \times [0.4375 \times 20000 \times (30 + 2 - 1.60 - 1 - 2)$$

$$- 0.50 \times 40000 - 0.50 \times 2 \times 12 \times 2000] = 97875\text{美元}$$

在此情况下，显然，$V_{TI} > V_{DE} > D_C$，因此准列折耗为$D_A = V_{DE} = 7700$美元。

可选择的低额税　1954 年的《国内税收法则》（美）已在不同时期作了修改以包括一些规定，要求纳税人对某些确定的税收优惠项支付一种特定的税率。目前这些优惠项包括两种与油气有关的费用：在超过油气财产中可折耗基数的百分率折耗扣除和某些无形的钻井和开发成本。后一项不适用于公司纳税人。

百分率折耗优惠项本身是相当清楚的，而确定必须作为优惠项包括的无形成本，则要求计算：

$$C_{IP} = C_{IX} - I_a$$

式中　C_{IP}——优惠的无形钻井成本，美元；

C_{IX}——无形成本减去C_{IA}，美元。

I_a为油气生产财产的净收益，其定义为所有这些财产总收益的总金额减去可分配到各财产去的扣除，如上所述，各财产已减去C_{IX}。

如纳税人选择把该年所付或出现的无形成本的全部或其任何一部分进行资本化，则这一优惠项可以除去。

暴利税　1980年4月，美国国会通过了《暴利税条例》。该条例设计为对油气权益所有者作为国内原油价格取消管制的结果而取得的暴利征税。应征税的利润是超过按通货膨胀率调整的取消管制前售价的那部分销售价格。允许对管制价格和取消管制价格之间的差值所征收的采掘税作附加的调整。课税基础同样限为从油气财产所得净收益的90%。

课税基础一经确定，就必须采用合适的税率。所有应征税原油都纳入特别确定的三个等级。对每一级应用的税率取决于权益所有者的分类及所产原油的性质。还规定了对某些权益所有者及原油类型免税。现行的等级及税率结构在表44.9中给出。

表44.9　暴利税等级和税率结构

	独立生产者 (%)	除独立生产者以外的其他产权所有者 (%)
第一级（除第二、第三级以外的原油）	50	70
第二级（低产井原油及联邦政府的某些权益）	30	50
第三级（新发现的原油、重油和三次采油增产的原油）	30	30
第三级（1979年5月31日后新发现的原油）	15	15

纳入第三级的新发现原油遵照税率表的规定，从1984年的22.5%减为1986年及其后的15%。

与财产转让有关的税收后果　财产转让的油气税收已演化成一套综合的规定。这些规定都是必需的，因为有许多种涉及油气权益的交易。任何一个评价一项包括税收后果权益的评估者，都应当注意各种交易的类型。

有四种处置油气权益的主要方法：出售、转租、特殊合伙分成安排以及产品支付。权益的获得可以包括这些方法的相互交易以及接受服务权益。

一项权益的出售和购买提供了最简易的确定其税务后果的讨论场所。卖方将确认作为资本或普通资产表征的收益，这取决于包括卖方对财产的分类及财产的纳税史在内的各种不同因素。买方将仅拥有应当在采矿权益、租地和井的装置之间分摊的财产中的基数。注意，一个权益所有者经常关注的将是指导评估者关于应当分摊给租地和井的装置的数额。

经营权益的转让负担由转让人保留的非作业权益时，通常会提出转租问题。转让人收到的补偿属于一般收益。因为它是作为一种租金表征的。油气财产中的任何一个基数都归属于可折耗的非作业权益，不容许用作为收益的一项补偿。如果合适，受让人的购进成本将在租地成本、租地和井上设备之间作分配。

在合伙关系中经常应用一些特殊的分成安排，允许对某些收入和扣减项作特殊分配。由财政部公布的美国《国内税收法规》及有关条例应当用作确认这此分配的税务处理的指南。在合伙关系之外的、标准的“第三方谋求四分之一”的交易中存在一个问题，这就是把由受让人支付的属于卖方保留权益的这部分费用看作是租地成本。即使这些费用属于无形成本性质，仍然是不可扣减的。

产品支付是一项油气财产的特定份额的权利。当产品支付用于为一个项目筹措资金时，它是由贷方和权益所有者作为一项贷款处理的，并由权益所有者把它从产量中划出。当经营权益所有者保留一项产品支付并转让他的经营权益时，他是作为已售出了他的权益对待的，而且应当将其所得作为财产出售的收入申报。在某些情况下，产品支付的持有人可被作为拥有一项经济权益对待。如前所述，这将允许按已讨论过的各种限制，作出可能有的折耗扣减。

在油气财产中获得一项权益，常常是通过完成一些服务工作量来实现的。在过去有一段时间，一般都认为，在转让那天，接受权益的一方不涉及应纳税事宜。他和与该项财产有关的卖主、贩卖商及专业人员一起，仅分担资本，使该项财产能发展。这一见解尽管早先曾为美国《国内税收法规》所接受，但最近已受到了抨击，并受到严格限制。政府目前的见解是：在绝大多数情况下，在转让那天，由完成服务工作量的纳税人确认应纳税所得额。这个问题现在还远远没有解决，正在做补充的工作，以期澄清这类交易的税收后果。

六、各种不同的评估概念

在文献资料中报道了许多不同的方法，可以用于评估一个给定风险项目已知的或估算的未来的净收益规划。[17~30] 其中之一是示于图 44.2 的现金流量贴现法，该法用所选的复利率或盈利率把未来的收益支付折算为现值。它是银行家对一系列的收益支付所用的方法，并广泛应用于工业工作中。

Hoskold 法，如图 44.3 所示，是特地为具有有限生产期限的风险项目如矿山或油、气井设计的，并首先用于矿山评估工作。

Morkill 法，如图 44.4 所示，实际上是 Hoskold 法的精心改进，而且也主要用于具有有限生产期限的风险项目，如矿山和油、气井。

会计法，如图 44.5 所示，是对评估问题采用的会计方法，并考虑了适用于给定风险项目的实际折耗模

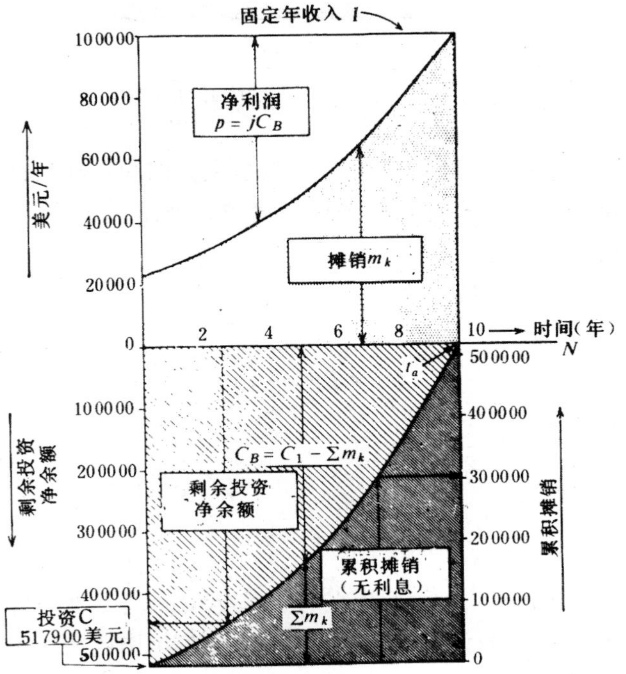

图 44.2 现金流量贴现法。盈利率 $j' = \sum P / \sum C_B = P / C_B =$ 常数。废弃时，$C_i = \sum m_k$（无利息）

式。它特别适用于包括单位产量规定总额的风险项目，和大多数采掘工业部门中的项目，即用于原投资本投资的折耗是以单位产量为基础的项目。

平均年盈利率法，如图 44.6 所示，基本上是会计法的精心改进，并通过对净年利润和净剩余投资余额两者应用现值的办法简化计算和合适地权衡收入的时间格局。

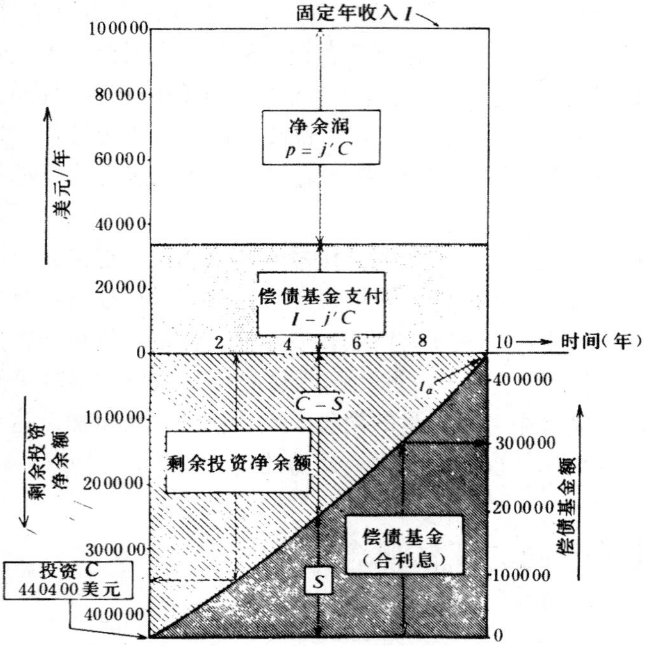

图 44.3 Hoskold 法。盈利率 $j' = P/C_i =$ 常数。在废弃时间 t_a，$C_i = s$（含利息）

这些不同方法的基础方程及其评价和盈利率方程全部汇总在表 44.10 中。该表的顶部表明用于连续复合计算的方程及用于固定利率实例的解。底部表明用于一般情况的评价方程及盈利率方程，其中现金流 I 逐年变化。

1. 现金流量贴现法

这一方法也称为投资者法或内部收益率法[17, 18]，是在评估工作中最常用的一种方法。它所依据的原则是：在作出一项投资支出时，投资者实际上正在购买一系列未来的年经营收益支付。(使用这项方法时的) 盈利率是在整个投资期限内能对占用的资本支付而仍然保本的最大利率。因此，这些未来的支付的时间格局具有适当的相对密度。

应用这一方法时不需要采用固定的摊销方式，因为可用于摊提的年总额等于净收益和对未回收的投资余额的固定利润百分率之间的差。因此，用于一项财产的评价所需的计算都相对地比较简单。通常仅包括把规划的现金流量用所要求的利率折算成现值。

然后，估定价值为：

$$C_i = I_1(1+i')^{-\frac{1}{2}} + I_2(1+i')^{-1\frac{1}{2}} + \cdots\cdots + I_t(1+i')^{1/2-t}$$

$$C_i = \sum_{n=1}^{n=t_a} I_n(1+i')^{1/2-n} \tag{7}$$

式中 I_1，I_2，…，I_t 为在各连续年中的现金收入规划，而用于实际风险利率 i' 的复利系数的计算则假设每年的所有收入都在年中收到。对实际风险利率从 2% 至 200%，可在表 44.11 中找到合适的年中复利系数$(1+i')^{\frac{1}{2}-t}$。在油气生产财产的情况下，用这一方法计算

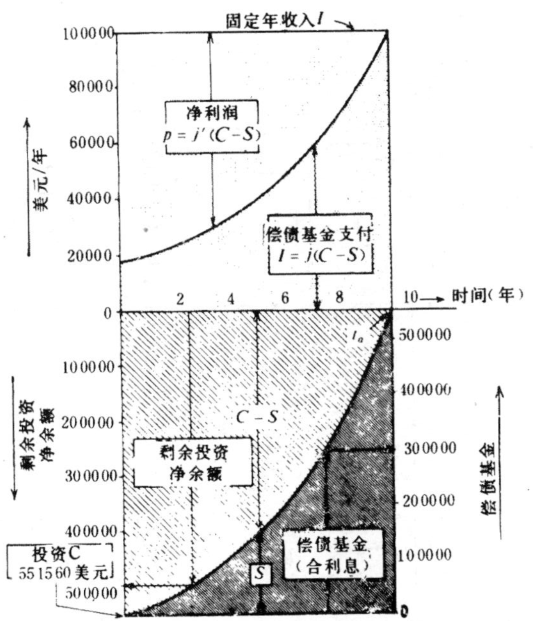

图 44.4 Morkill 法。盈利率 $j'=\sum P/\sum(C_i-s)=P/C_i-s=$常数。$C_i=s$（含利息）

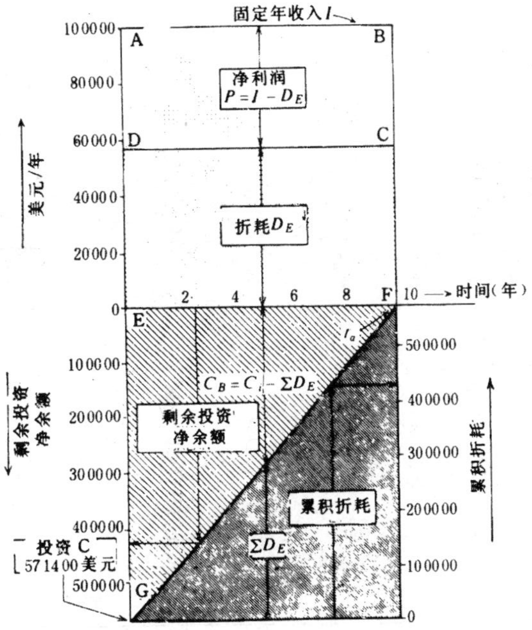

图 44.5 会计法。盈利率 $j'=\sum P/\sum C_B$。在废弃时间 t_a，$C_i=\sum D_E$（无利息）

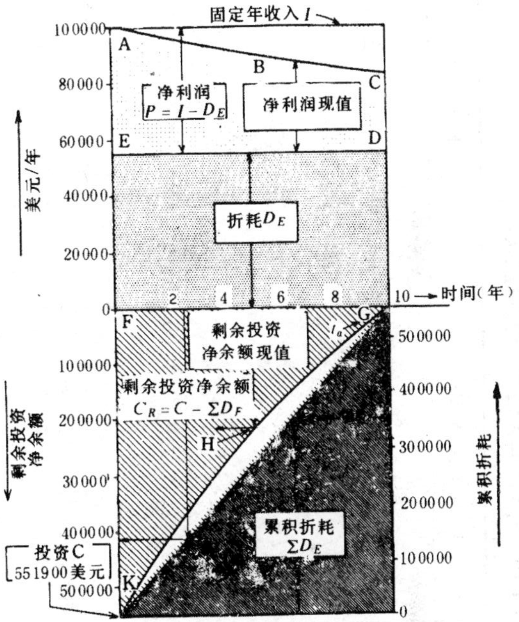

图 44.6 平均年盈利率法。盈利率 $j'=\sum P$ 的现值 $/\sum C_B$ 的现值＝面积 ABCDE／面积 FGHK。在废弃时间 t_a，$C_i=\sum D_E$（无利息）

表 44.10　用于不同评估方法的方程汇总

方法	现金、流量贴现法	Hoskold 法
用于连续复利计算的基础方程	$I\mathrm{d}t = j'C_B\mathrm{d}t - \mathrm{d}C_B$　(8) 式中　$t=0$　$C_B=C_i$ $t=t_a$　$C_B=0$	$I\mathrm{d}t = jS\mathrm{d}t = j'C_i\mathrm{d}t + \mathrm{d}S$　(14) 式中　$t=0$　$S=0$ $t=t_a$　$S=C_1$
用于固定年收入的评价方程，美元／年	$C_i = \frac{(1-e^{-i't_a})I}{j'}$　(9)	$C_i = \frac{(1-e^{-i't_a})I}{j'-(j'-j)e^{-j't_a}}$　(15)
用于固定年收入的盈利率方程，美元／年	用于满足方程(9)的 j′的解	$j' = \frac{I}{C_i}\frac{je^{-jt_i}}{1-e^{-jt_2}}$
一般情况评价方程	$C_i = \sum_{n=1}^{n=t_a}\ln(1+i')^{1/2-n}$　(7)	$C_i = \frac{\sum_{n=1}^{n=t_a}\ln(1+i)^{t_a-n}}{1+\frac{i'}{i}[(1+i)^{t_a-1}]}$　(10) 或 $C_i = \frac{F_{PV}\sum I}{\frac{i'}{i}-\left(\frac{i'}{i}-1\right)(1+i)^{-t_a}}$　(11)
盈利率方程	用于满足方程(7)的 j′的解	$i' = \frac{i\left\{\frac{1}{C_i}\left[\sum_{n=1}^{n=t_a}I_n(1+i)^{t_a-n}\right]-1\right\}}{(1+i)^{t_a-1}}$　(12) $i' = \frac{i\left[\frac{F_{PV}\sum I}{C_i}-(1+i)^{-t_a}\right]}{1-(1+i)^{-t_a}}$　(13)

Morkill	会计法	平均年盈利率法
$I\mathrm{d}t + jS\mathrm{d}t = j'(C_i - S)\mathrm{d}t + \mathrm{d}S$　(18) 式中 $t=0$　$S=0$ $t=t_a$　$S=C_1$	$j' = \frac{\left(\frac{\sum I}{C_i}-1\right)\sum I}{\sum It_a = \int_0^{t_a}\mathrm{d}t\int_0^{t}\mathrm{d}t}$ 式中　$\sum I = \int_0^{t_a}I\mathrm{d}t$	$j' = \frac{\left(\frac{\sum I}{C_i}-1\right)\int_0^{t_a}I(1+j)^{-1}\mathrm{d}t}{\sum It_a = \int_0^{t_a}(1+j)^{-1}\mathrm{d}t - k}$ 式中　$k = \int_0^{t_a}\mathrm{d}t(1+j)^{-t}\int_0^{t}I\mathrm{d}t$ 且　$\sum I = \int_0^{t_a}I\mathrm{d}t$

续表

Morkill 法	会计法	平均年盈利率法
$C_j=\frac{[e^{(i+j')t_a}-1]}{j+j'e^{(i+j')t_a}}$ (19)	$C_j=\frac{t_aI}{1+\frac{j'\cdot t_a}{2}}$ (23)	$C_j=\frac{t_aI\cdot(1-e^{-t_aj})}{j't_a-\left(\frac{j'}{j}-1\right)(1-e^{-t_aj})}$
用于满足方程(19)的 j′的解	$j'=2\left(\frac{I}{C_i}-\frac{1}{t_a}\right)$ (22)	$j'=\frac{(1-e^{-t_aj})(jt_a)\left(\frac{1}{C_i}-\frac{1}{t_a}\right)}{jt_a-(1-e^{-t_aj})}$
$C_i=\frac{\sum_{n=1}^{n-t_a}I_n(1+i+i')^{t_a-n}}{1+\frac{i'}{i+i'}[(1+i+i')^{t_a}]^{-1}}$ (16)	$C_i=\frac{\sum I}{1+i'\sum_{n=1}^{n=t_a}\left[1-\frac{(N_C)^{n-1/2}}{(N_P)_a}\right]}$ (20)	$C_i=\frac{F_{PV}\sum I}{\frac{i'}{i}-(\frac{j'}{i}-1)F_{PV}}$ (24)
用于满足方程(16)的 i′的解	$i'=\frac{\frac{\sum I}{C_i}-1}{\sum_{n=1}^{n=t_i}\left[1-\frac{(N_P)^{n-t/2}}{(N_P)_a}\right]}$ (21)	$i'=\frac{F_{PV}}{(1-F_{PV})}\left(\frac{\sum I}{C_i}-1\right)$ (25)

说明:

I_n——在第 n 年中年经营净收益，美元；

$\sum I$——未来总经营净收益，美元；

C_B——投资未回收部分的余额，美元；

S——偿债基金余额，美元；

C_i——原投资本投资或买价，美元；

F_{PV}——按安全利率 i 对现金流量设计的平均递延系数，用小数表示；

j——名义安全年利率或盈利率，用小数表示；

J' ——名义风险年利率或盈利率，用小数表示；

i——实际安全年利率或盈利率，用小数表示；

i' ——实际风险年利率或盈利率，用小数表示；

t——时间，年；

t_a——至废弃的时间，年；

e——自然对数的底；

$(N_p)_{n-\frac{1}{2}}$——在第n年中点处的累积产量；

$(N_p)_a$——在废弃时间t_a即最后一年底的累计产量。

的收益能力不需要与以后公司帐面上关于该财产净投资额所表示的平均盈利率相同。绝大部分的油公司都按储量的折耗比例或以单位产量为基础摊提他们在生产财产中的投资。但是在现金流量贴现法中并没有为这样的摊销方式作出规定。当产量和收入两者都遵循定率递减，而且初始和最终产量之比较大时，不会得出重大差别。但是，当产量和收入都长期固定不变时，就会产生重大差别，而且正如以后在公司帐面上所指出的，平均盈利率会明显高于用现金流量贴现法评价中所采用的盈利率。

该方法可以用图 44.2 中的曲线图说明。曲线图表明现金流量贴现法对一项风险项目的应用。该项目预期在 10 年期间均等地获得 100,000 美元／年的收入，并要求名义风险盈利率 j' 为 15%。横坐标上所标为以年表示的时间，而固定收益率则用曲线图上部 100,000 美元／年的水平线表示。曲线图的顶部表明，总收入 I 中分配给摊销的那部分如何增大，而净利润部分(P)如何随时间而减少。图中的底线表明累积 $\sum m_k$ 逐步减小未回收投资余额 $C_B=C_i-\sum m_k$，从其初始值 C_i 到风险项目废弃时为零的变化程度。

这一固定速率情况的曲线计算是以贴现现金流量的基础微分方程为依据的：

$$I\mathrm{d}t = j' C_B \mathrm{d}t - \mathrm{d}C_B \tag{8}$$

式中 I——年净收益，美元；

j'——名义风险年利率，小数；

C_B——投资未回收部分的余额。

把应用于固定速率收入的方程在 $t=0$，$C_B=C_i$ 和 $t=t_a$，$C_B=0$ 这两个极限之间积分，可得出对名义盈利率 $j'=0.15$ 的评估值 C_i：

$$C_i = (1-e^{-j't_a})\left(\frac{I}{j'}\right)$$

$$=[1-e^{-(0.15)(10)}]\left(\frac{100.000}{0.15}\right)=517900\text{美元} \tag{9}$$

为了用现金流量贴现法得出相当于给定买价的盈利率，不可能简单的求解，必须求助于试算法。

这种情况的未回收余额 C_B 曲线示于图的底部，与累积摊销（$\sum_{mk}=C_i-C_B$）在一起。收入 I 中相应的摊销部分 m_k 示于图的顶部。

从图 44.2 中可以看出,盈利率 j' 是净利润（$P=I-m_k$）与未回收投资余额（$C_B=C_i-\sum m_k$）的固定比例，而余额 C_B 的递减开始时慢，向端点不断加快，而且并不与收入来源的实际耗尽步调相一致。

2. Hoskold 法

绝大部分的工业部门和制造企业都具有不确定的寿命（显然是永恒的），因此并不要求归还其初始投资。但这并不意味着这些企业会继续到永远；这仅意味着除竞争外，没有任何明显的东西能使其结束。由于这种不确定性，用现金流量贴现法作评价，通常是用于这些项目的最佳方法。

但是，油、气、采矿和其它采掘工业不同于上述企业。当油藏枯竭或矿体采完时，除了

表 44.11　实际年利率从 2%至 200%的一揽子递延系数（用于在年底支付）

年份	2%	3%	4%	5%	6%	8%	10%	12%	15%	20%	25%	30%	35%	40%	45%
1	0.9804	0.9709	0.9615	0.9524	0.9434	0.9259	0.9091	0.8929	0.8696	0.8333	0.8000	0.7692	0.7407	0.7143	0.6897
2	0.9612	0.9426	0.9246	0.9070	0.8900	0.8573	0.8264	0.7972	0.7561	0.6944	0.6400	0.5917	0.5487	0.5102	0.4756
3	0.9423	0.9152	0.8890	0.8639	0.8396	0.7938	0.7513	0.7118	0.6575	0.5787	0.5120	0.4552	0.4064	0.3644	0.3280
4	0.9239	0.8885	0.8548	0.8227	0.7921	0.7350	0.6830	0.6355	0.5718	0.4823	0.4096	0.3501	0.3011	0.2603	0.2262
5	0.9057	0.8626	0.8219	0.7835	0.7473	0.6806	0.6209	0.5674	0.4972	0.4019	0.3277	0.2693	0.2230	0.1859	0.1560
6	0.8879	0.8375	0.7903	0.7462	0.7050	0.6302	0.5645	0.5066	0.4323	0.3749	0.2621	0.2072	0.1652	0.1328	0.1076
7	0.8705	0.8131	0.7599	0.7107	0.6651	0.5835	0.5132	0.4523	0.3759	0.2791	0.2097	0.1594	0.1224	0.0949	0.0742
8	0.8535	0.7894	0.7307	0.6768	0.6274	0.5403	0.4665	0.4039	0.3269	0.2326	0.1678	0.1226	0.0906	0.0678	0.0512
9	0.8368	0.7664	0.7026	0.6446	0.5919	0.5003	0.4241	0.3606	0.2843	0.1938	0.1342	0.0943	0.0671	0.0484	0.0353
10	0.8203	0.7441	0.6756	0.6139	0.5584	0.4632	0.3855	0.3220	0.2472	0.1615	0.1074	0.0725	0.0497	0.0346	0.0243
11	0.8042	0.7224	0.6496	0.5847	0.5268	0.4289	0.3505	0.2875	0.2149	0.1346	0.0859	0.0558	0.0368	0.0247	0.0168
12	0.7885	0.7014	0.6246	0.5568	0.4970	0.3971	0.3186	0.2567	0.1869	0.1122	0.0687	0.0429	0.0273	0.0176	0.0116
13	0.7730	0.6810	0.6006	0.5303	0.4688	0.3677	0.2897	0.2292	0.1625	0.0935	0.0550	0.0330	0.0202	0.0126	0.0080
14	0.7579	0.6611	0.5775	0.5051	0.4423	0.3405	0.2633	0.2046	0.1413	0.0779	0.0440	0.0254	0.0150	0.0090	0.0055
15	0.7430	0.6418	0.5553	0.4810	0.4173	0.3152	0.2394	0.1827	0.1229	0.0649	0.0352	0.0195	0.0111	0.0064	0.0038
16	0.7284	0.6232	0.5339	0.4581	0.3936	0.2919	0.2176	0.1631	0.1069	0.0541	0.0281	0.0150	0.0082	0.0046	0.0026
17	0.7142	0.6050	0.5134	0.4363	0.3714	0.2703	0.1978	0.1456	0.0929	0.0451	0.0225	0.0116	0.0061	0.0033	0.0018
18	0.7002	0.5874	0.4936	0.4155	0.3503	0.2503	0.1799	0.1300	0.0808	0.0376	0.0180	0.0089	0.0045	0.0023	0.0013
19	0.6864	0.5703	0.4747	0.3957	0.3305	0.2317	0.1635	0.1161	0.0703	0.0313	0.0144	0.0068	0.0033	0.0017	0.0009
20	0.6730	0.5537	0.4564	0.3769	0.3118	0.2145	0.1486	0.1037	0.0611	0.0261	0.0115	0.0053	0.0025	0.0012	0.0006
21	0.6598	0.5375	0.4388	0.3589	0.2942	0.1987	0.1351	0.0926	0.0531	0.0217	0.0092	0.0040	0.0018	0.0009	0.0004
22	0.6468	0.5219	0.4220	0.3418	0.2775	0.1839	0.1228	0.0826	0.0462	0.0181	0.0074	0.0031	0.0014	0.0006	0.0003
23	0.6342	0.5067	0.4057	0.3256	0.2618	0.1703	0.1117	0.0738	0.0402	0.0151	0.0059	0.0024	0.0010	0.0004	0.0002
24	0.6217	0.4919	0.3901	0.3101	0.2470	0.1577	0.1015	0.0659	0.0349	0.0126	0.0047	0.0018	0.0007	0.0003	0.0001
25	0.6095	0.4776	0.3751	0.2953	0.2330	0.1460	0.0923	0.0588	0.0304	0.0105	0.0038	0.0014	0.0006	0.0002	0.0001
26	0.5976	0.4637	0.3607	0.2812	0.2198	0.1352	0.0839	0.0525	0.0264	0.0087	0.0030	0.0011	0.0004	0.0002	0.0001
27	0.5859	0.4502	0.3468	0.2678	0.2074	0.1252	0.0763	0.0469	0.0230	0.0073	0.0024	0.0008	0.0003	0.0001	
28	0.5744	0.4371	0.3335	0.2551	0.1956	0.1159	0.0693	0.0419	0.0200	0.0061	0.0019	0.0006	0.0002	0.0001	
29	0.5631	0.4243	0.3206	0.2429	0.1846	0.1073	0.0630	0.0374	0.0174	0.0051	0.0015	0.0005	0.0002		
30	0.5521	0.4120	0.3083	0.2314	0.1741	0.0994	0.0573	0.0334	0.0151	0.0042	0.0012	0.0004	0.0001		
31	0.5412	0.4000	0.2965	0.2204	0.1643	0.0920	0.0521	0.0298	0.0131	0.0035	0.0010	0.0003	0.0001		
32	0.5306	0.3883	0.2851	0.2099	0.1550	0.0852	0.0474	0.0266	0.0114	0.0029	0.0008	0.0002	0.0001		
33	0.5202	0.3770	0.2741	0.1999	0.1462	0.0789	0.0431	0.0238	0.0099	0.0024	0.0006	0.0002			
34	0.5100	0.3660	0.2636	0.1904	0.1379	0.0730	0.0391	0.0212	0.0086	0.0020	0.0005	0.0001			
35	0.5000	0.3554	0.2534	0.1813	0.1301	0.0676	0.0356	0.0189	0.0075	0.0017	0.0004	0.0001			
36	0.4902	0.3450	0.2437	0.1727	0.1227	0.0626	0.0323	0.0169	0.0065	0.0014	0.0003	0.0001			
37	0.4806	0.3350	0.2343	0.1644	0.1158	0.0580	0.0294	0.0151	0.0057	0.0012	0.0003				
38	0.4712	0.3252	0.2253	0.1566	0.1092	0.0537	0.0267	0.0135	0.0049	0.0010	0.0002				
39	0.4620	0.3158	0.2166	0.1491	0.1031	0.0497	0.0243	0.0120	0.0043	0.0008	0.0002				
40	0.4529	0.3066	0.2083	0.1420	0.0972	0.0460	0.0221	0.0107	0.0037	0.0007	0.0001				
41	0.4440	0.2976	0.2003	0.1353	0.0917	0.0426	0.0201	0.0096	0.0032	0.0006	0.0001				
42	0.4353	0.2890	0.1926	0.1288	0.0865	0.0395	0.0183	0.0086	0.0028	0.0005					
43	0.4268	0.2805	0.1852	0.1227	0.0816	0.0365	0.0166	0.0076	0.0025	0.0004					
44	0.4184	0.2724	0.1780	0.1169	0.0770	0.0338	0.0151	0.0068	0.0021	0.0003					
45	0.4102	0.2644	0.1712	0.1113	0.0727	0.0313	0.0137	0.0061	0.0019	0.0003					
46	0.4022	0.2567	0.1646	0.1060	0.0685	0.0290	0.0125	0.0054	0.0016	0.0002					
47	0.3943	0.2493	0.1583	0.1009	0.0647	0.0269	0.0113	0.0049	0.0014	0.0002					
48	0.3865	0.2420	0.1522	0.0961	0.0610	0.0249	0.0103	0.0043	0.0012	0.0002					
49	0.3790	0.2350	0.1463	0.0916	0.0575	0.0230	0.0094	0.0039	0.0011	0.0001					
50	0.3715	0.2281	0.1407	0.0872	0.0543	0.0213	0.0085	0.0035	0.0009	0.0001					

续表

年份	50%	60%	70%	80%	90%	100%	110%	120%	130%	140%	150%	160%	170%	180%	190%	200%
1	0.6667	0.6250	0.5882	0.5556	0.5263	0.5000	0.4762	0.4545	0.4348	0.4167	0.4000	0.3846	0.3704	0.3571	0.3448	0.3333
2	0.4444	0.3906	0.3460	0.3086	0.2770	0.2500	0.2268	0.2066	0.1890	0.1736	0.1600	0.1479	0.1372	0.1276	0.1189	0.1111
3	0.2963	0.2441	0.2035	0.1715	0.1458	0.1250	0.1080	0.0939	0.0822	0.0723	0.0640	0.0569	0.0508	0.0456	0.0410	0.0370
4	0.1975	0.1526	0.1197	0.0953	0.0767	0.0625	0.0514	0.0427	0.0357	0.0301	0.0256	0.0219	0.0188	0.0163	0.0141	0.0123
5	0.1317	0.0954	0.0704	0.0529	0.0404	0.0313	0.0245	0.0194	0.0155	0.0126	0.0102	0.0084	0.0070	0.0058	0.0049	0.0041
6	0.0878	0.0596	0.0414	0.0294	0.0213	0.0156	0.0117	0.0088	0.0068	0.0052	0.0041	0.0032	0.0026	0.0021	0.0017	0.0014
7	0.0585	0.0373	0.0244	0.0163	0.0112	0.0078	0.0056	0.0040	0.0029	0.0022	0.0016	0.0012	0.0010	0.0007	0.0006	0.0005
8	0.0390	0.0233	0.0143	0.0091	0.0059	0.0039	0.0026	0.0018	0.0013	0.0009	0.0007	0.0005	0.0004	0.0003	0.0002	0.0002
9	0.0260	0.0146	0.0084	0.0050	0.0031	0.0020	0.0013	0.0008	0.0006	0.0004	0.0003	0.0002	0.0001			
10	0.0173	0.0091	0.0050	0.0028	0.0016	0.0010	0.0006	0.0004	0.0002	0.0002	0.0001					
11	0.0116	0.0057	0.0029	0.0016	0.0009	0.0005	0.0003	0.0002	0.0001							
12	0.0077	0.0036	0.0017	0.0009	0.0005	0.0002	0.0001									
13	0.0051	0.0022	0.0010	0.0005	0.0002	0.0001										
14	0.0034	0.0014	0.0006	0.0003	0.0001											
15	0.0023	0.0009	0.0003	0.0001												
16	0.0015	0.0025	0.0002													
17	0.0010	0.0003	0.0001													
18	0.0007	0.0002														
19	0.0005	0.0001														
20	0.0003															
21	0.0002															
22	0.0001															
23	0.0001															
24	0.0001															

可能有某些设备残值外，并不留下什么价值。在企业的可盈利期结束以前把原投资本归还给投资者是合乎需要的。

这就导致对这些采掘工业中的企业采取多少有点不同的评价方法。由 Hoskold 在 1887 年[19]提出的用于采矿工业的评价方法是最早提出的方法中的一种，它强调用偿债基金的办法在废弃时完全归还原先投入的资本。Hoskold 的方法假设在原投资本的风险利率为 i' 的情况下有一个统一的盈利率，并通过按安全利率 i 把年收益余额每年重新投入偿债基金的办法保证在废弃时偿还资本。不采用固定的摊销方式，但对未来现金收益支付的特定的时间模式给予适当的权衡。

采用 Hoskold 方法时的评定值用下式计算：

$$C_i = \frac{\sum_{n=1}^{n=t_a} I_n (1+i)^{t_a - n}}{1 + (i'/i)[(1+i)^{t_a} - 1]} \tag{10}$$

式中分子代表在废弃时间 t_a 计算的，包括了年安全利率(i)的复利的现金收益支付 I_n（无折旧或折耗）的合并值。

在拥有安全年利率为 5% 的对产量和收益规划 ($\bar{F}_{PY}$) 的加权平均递延系数或贴现率时，该方程简化为:

$$C_i = \frac{\bar{F}_{PV} \sum I}{(i' / i) - [(i' / i) - 1](1 + i)^{-t_a}} \tag{11}$$

相应于给定买价的盈利率、可以用一般的盈利率方程直接计算。

$$i' = \frac{i\left\{1 / C_i \left[\sum_{n=1}^{n=t_d} I_n (1 + i)^{t_a - n}\right] - 1\right\}}{(1 + i)^{t_a} - 1} \tag{12}$$

或

$$i' = \frac{i[(\bar{F}_{PV} \sum I / C_i) - (1 + i)^{-t_d}]}{1 - (1 + i)^{-t_d}} \tag{13}$$

这一方法的一个有意义的特点是它的安全利率或银行利率（i）概念，该利率用于建立偿债基金，以便在项目期末完全归还投入的资本，与此同时在同一时期对原投资本投资（C_i）赚得风险利率（i'）。

这一风险利率（i'）与现金流量贴现法、会计法或平均年盈利率法应用的盈利率是不可比的，因为它严格地用于整个最初投资，而不是用于这种投资的递减余额。

这一方法可以用图 44.3 来说明。该图表明，如果将 Hoskold 方法用于与前面相同的在 10 年期间均等地获得 100,000 美元／年的收入的风险项目，那么对净利润、对偿债基金的贡献以及对偿债基金本身将会发生什么样的情况。假设所要求的风险盈利率（j'）为 15%／年，而安全的名义利率（j）为 5%／年。固定收益（I）再次在图的顶部用水平线表示。该图的这一部分进一步表明，这项年收入的净利润部分（P）并不像前一个实例中那样递减，而是最初投资（C_i）的固定百分率。对这一实例而言，转为偿债基金的收入的剩余部分也是固定不变的。

图 44.3 底部的曲线表明，偿债基金的支付加上安全利率的利息，如何使偿债基金积累到废弃时再次拥有整个最初的投资。

这一固定速率实例的数据计算是以 Hoskold 方法的基础微分方程为依据的

$$I\mathrm{d}t + jS\mathrm{d}t = j'C_i\mathrm{d}t + \mathrm{d}S \tag{14}$$

式中 j——名义风险年利率，小数；

S——偿债基金余额，美元；

C_i——原投资本投资或买价，美元。

把用于固定速率收入的这一个方程在 $t = 0$，$S = 0$ 和 $t = t_a$，$S = C_i$ 这两个极限之间积分，即可得出对风险利率（$j' = 0.15$）和安全名义利率（$j = 0.05$）的评估值 C_i

$$C_i = \frac{(1-e^{-jt_a})I}{j' - (j'-j)e^{-jt_a}}$$

$$= \frac{[1-e^{-(0.05)(10)}](100000)}{0.15-(0.10)[e^{-(0.05)(10)}]} = 440400\text{美元} \qquad (15)$$

相应地，年收入的固定净利润部分（P）为 0.15×440400＝66060 美元，而年偿债基金支付为 100000 美元−66060 美元＝33940 美元，如曲线的顶部所示。这一实例的偿债基金（S）曲线与投资的剩余未归还部分(C_i−S)一起示于该图的底部。

可以看出，盈利率（j'）为年净利润（P）与最初投资（C_i）之比，而且剩余净投资余额（C_i−S）在开始时要比在结尾时递减得略为更慢一些。尽管其曲率要比在现金流量贴现法中小得多，但仍然跟不上收入来源的实际耗减。

3. Morkill 法

Morkill[20] 在 1918 年提出了一个另一种形式的 Hoskold 方程。他认为，只能从未归还的资本总额方面期待风险利率（i'），而安全利率则应当用于偿债基金。

采用 Morkill 方法时的评估值，可用下式计算：

$$C_i = \frac{\sum_{n=1}^{n=t_a} I_n (1+i+i')^{t_a - n}}{1+[i'/(i+i')][(1+i+i')^{t_a} - 1]} \qquad (16)$$

式中分子代表包括了以总利率（i+i'）计算复利的年现金支付 I_n（无折旧）到废弃时(t_a）的合并值。

指出下面一点可能是有意义的：如安全利率（i）为 0，该方程简化为用于现金流量贴现法的评估方程。如果用风险利率（i')计算的复利系数用于年末而不是年中，则：

$$C_i = \sum_{n=1}^{n=t_a} I_n (1+i')^{-n} \qquad (17)$$

对于从2%～200%的风险利率可以在表44.11中找到适当的年终复利系数（$(1+i')^{-t}$）。

为找到相当于用于 Morkill 法的给定买价的盈利率，不可能有直接解，而必须求助于试算法。Morkill 法在图 44.4 中说明。该图表明如果该法用于与其它实例中相同的 10 年期间均匀获得 100000 美元／年收入的风险项目，其净利润、偿债基金贡献及偿债基金本身的增长情况。象在 Hoskold 方法中那样，假设所要求的名义风险盈利率(j')为 15%／年，而名义安全盈利率（j）为 5%／年。

该图顶部的水平线代表 100000 美元／年的固定速率收入（I）。用于这种固定速率情况的其它曲线用 Morkill 法的基本微分方程计算：

$$I\mathrm{d}t + jS\mathrm{d}t = j'(C_i - S)\mathrm{d}t + \mathrm{d}S \qquad (18)$$

把用于固定速率收入的这一方程在 $t=0$，$S=0$ 和 $t=t_a$，$S=C_i$ 这两个极限之间积分，即可得出对名义风险利率（$j=0.15$）和名义安全利率（$j=0.05$）的评估值（C_i）。

$$C_i=\frac{[e^{(j+j')t_a}-1]I}{j+j'e^{(j+j')t_a}}$$

$$=\frac{[e^{(0.20)(10)}-1](100000)}{0.05+(0.15)[e^{(0.20)(10)}]}=551560\text{美元} \tag{19}$$

偿债基金的增长与投资的剩余未归还部分（C_i-S）如图 44.4 底部的曲线所示。示于顶部的经营收益（I）的净利润部分（P）按定义等于 C_i-S 量的 j' 倍。从这一图中可以看出，盈利率（j'）为净利润（P）和投资的未归还余额的固定比率，而偿债基金先是缓慢增长，并在结尾时增长较快，且跟不上收入来源的实际耗减。

4. 会计法

这一方法也称为平均记帐法[18]，它与常规油公司会计程序中所应用的许多概念密切相关，并按整个风险项目期间平均净年利润（折耗后）与平均记帐投资之比计算所提出的投资的盈利率。它考虑实际的耗减模式，并提供可与以后由公司帐面所显示的实际平均盈利率相一致的结果。

当以单位产量为基础或与储量折耗成比例对投资进行摊提时，对于单位产量净收入固定不变的情况来说，这一方法的评估值可表示如下：

$$C_i=\frac{\sum I}{1+i'\sum_{n=1}^{n=t_a}\left[1-\frac{(N_P)_{n-1/2}}{(N_P)_A}\right]} \tag{20}$$

式中 $\sum I$ 代表在连续年中的经营净收益总额，$\sum_{n=1}^{n=t_a} I_n$；i' 为所要求的风险盈利率；$(N_P)_{n-1/2}$ 为在第 n 年中点处的累计产量；$(N_P)_a$ 为累计产量或废弃时估算的最终产量。

虽然这一方法比较简单，但其应用范围有限。

用于给定买价（C_i）的盈利率可以用下式直接计算：

$$i'=\frac{(\sum I/C_i)-1}{\sum_{n=1}^{n=t_a}\left[1-\frac{(N_P)_{n-1/2}}{(N_P)_a}\right]} \tag{21}$$

或者对固定速率的情况为

$$j' = 2\left(\frac{1}{C_i} - \frac{1}{t_a}\right) \tag{22}$$

它的主要特征示于图 44.5。该图表明当把会计法用于相同的在 10 年期间均匀获得 100000 美元／年收入的风险项目时净利润（P）、为折耗准备的总额（D_E）和累计折耗（$\sum D_E$）等的情况。假设所要求的平均风险盈利率（j'）为 15%，该图顶部的水平线代表 100000 美元／年的收益率。由于对这一简化的情况来讲收益率和储量折耗都假设为固定不变，因此为折耗准备的总数（D_E）同样显示为一水平直线。同时，该图底部的累积折耗也是一条直线，从开始时的零到废弃时的资本投资（C_j）（比例尺在右边）。

按定义，盈利率（j'）为平均净利润（P）除以平均投资余额（C_B），并且也等于由该图顶部长方形 ABCD 面积所代表的年净利润总额除以由三角形 EFG 所代表的年投资余额总数，或用代数式表示为:

$$t_a(I - D_E) = jt_a\frac{C_i}{2}$$

而

$$D_E = \frac{C_i}{t_a}$$

所以代入后，

$$C_j = \frac{t_a I}{1 + \frac{j' t_a}{2}} = \frac{(10)(100000)}{1 + \frac{(0.15)(10)}{2}} = 571400\text{美元} \tag{23}$$

可以强调的是：这一方法与先前讨论的那些方法不同，容许一种遵循收入来源实际折耗的折耗模式。对这个固定速率实例来讲，这一点由图 44.5 下部的对角直线表明。

5. 平均年盈利率法

用这一方法计算的平均盈利率，实质上是在整个财产寿命期间未来净利润（折耗后）现值与净帐投资现值之比[6]。该方法特别适用于油气生产财产的投资，此处投入资本的摊销习惯上以单位产量为基础，因此与储量的折耗成正比。这一方法中所用的平均年盈利率大体符合以后由公司帐面所示的盈利率，而收益支付的时间格局则是适当地加权的。该方程的应用特别简单，因为只需要把安全利率（i）贴现为现值。由于这一利率通常为一固定数，因而可以事先为最常见的产量递减类型准备一系列的加权平均递延系数图。用于 $i=0.05$ 的这类图示于图 44.7 和图 44.8。

按照 Arps[6]，当单位产量的经营净收益不变时，用平均年盈利率法时的评估值可用下式计算:

$$C_i = \frac{\overline{F}_{PV}\sum I}{(i'/i) - [(i'/i) - 1]\overline{F}_{PV}} \tag{24}$$

式中 I 代表在连续年中经营净收益支付总额 $\sum_{n=1}^{n=t_a} I_{nj}$ 而 j' 和 i 分别为风险利率和安全利率。$\overline{F}_{PV}$ 为在利率 i 时对产量和收入的平均递延系数。

用于给定买价（C_i）的盈利率可以用以下方程直接计算：

$$i' = \frac{i\overline{F}_{PV}}{1-\overline{F}_{PV}}\left(\frac{\sum I}{C_i}-1\right) \tag{25}$$

这些方程比较简单的原因是：在单位产量的基础上作摊销时，用于产量和经营净收益的递延系数（$\overline{F}_{PV}$）将与把摊销放在一边时用于年总额的递延系数相同。有关推导和方程的进一步细节见参考文献〔21〕。当对经营净收益的递延系数与用于产量的递延系数不严格相等时，例如当每桶的开采成本随时间而增大时，习惯上对方程中的经营净收益规划采用加权平均的递延系数。

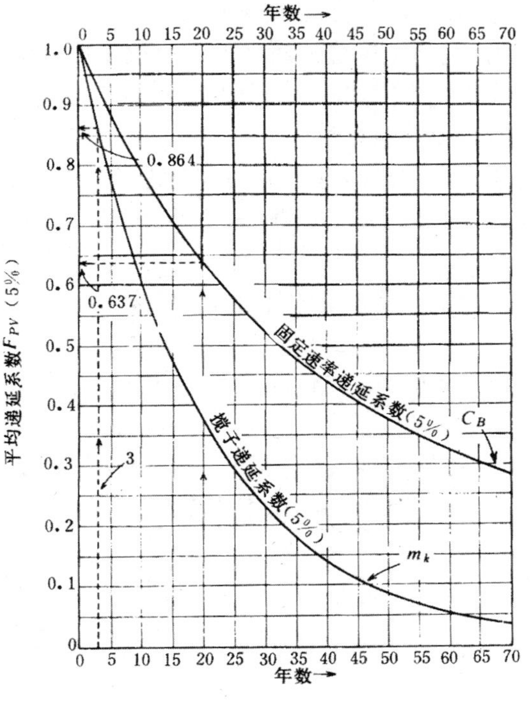

图 44.7　用于 5%利率的一揽子递延系数和固定利率递延系数

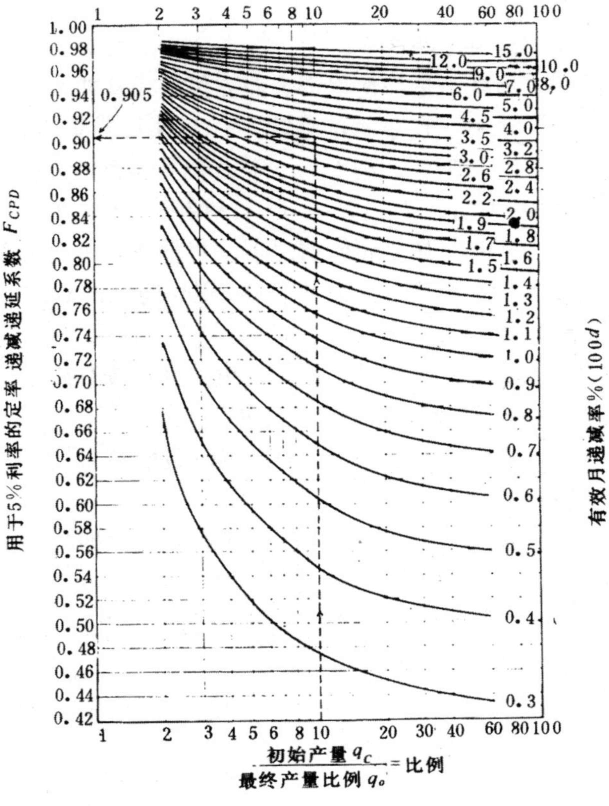

图 44.8　用于 5%利率的定率递减递延系数

这一方法的主要特征示于图 44.6。该图表明如把平均年盈利率法用于与前面相同的在

10 年期间均匀获得 100000 美元／年收入的风险项目时净利润（P）、为折耗准备的总额（D_E）以及累计折耗（$\sum D_E$）的情况。再次假设所要求的平均风险盈利率(j'）为 15%／年。该图顶部的水平线代表年折耗率，图底部的对角线代表累计折耗，与前面讨论的图 44.5 所示的会计法相同。

用于连续复合的平均固定速率递延系数，在名义安全利率（$j=0.05$）及总期限（$t=10$ 年）时，可以从图 44.7 中读得为：$\overline{F}_{CR}=0.787$，这样，初始资本投资（C_i）可用方程(25)计算如下：

$$C_i=\frac{(0.787)(10)(100000)}{(0.15/0.05)-[0.15/0.05-1]0.787}=551900\text{美元}$$

以安全利率（$j=0.05$）贴现的净利润现值由曲线 ABC 表示，而以同样的利率贴现的净剩余投资余额的现值在该图底部的曲线 GHK 表示。采用这一方法时的风险盈利率（j）则可以用图解法表示为 ABCDE 和 FGHK 面积之比。

七、利率表和递延系数

1. 单利和复利

利率　是为使用资金而支付的或从使用资金中获得的金额与所用资金总额之比。

单利　在单利的情况下，对偿还贷款所付的利息与本金额借用时间的长短成正比。例如，对一笔名义利率为 6%／年，为期 2 个月的 100 美元的贷款，偿付贷款的利息应为 0.06 ×100 美元×2／12＝1 美元。期限大于 1 年的贷款很少以单利计息。

复利　在复利的情况下，贷款在计息期末以等于到期利息的金额增大。例如，对一笔利率为 5%／年，为期 4 年的 1000 美元的贷款，偿还贷款的到期金额应为 $1.05^4\times1000$ 美元＝1216 美元。

复利计算可以是按年、按季度、按月或连续的，取决于所规定的计息期的长短。

2. 实际利息和名义利息

实际年利率（i）是在一年时间内的总复利，以每年开始时未付清金额的小数或百分率表示。

当利息在一年中按 M 期计算复利时应用名义年利率（j），它等于 M 乘以每期的利率 j/M。当利息一年按复利计算一次时，名义利率（j）与实际利率（i）相同。

实际年利率（i）和名义年利率（j)之间的关系式为：

$$i=\left(1+\frac{j}{M}\right)^M-1 \tag{26}$$

和

$$j=M[(1+i)^{1/M}-1] \tag{27}$$

当名义年利率为$j=0.06$或690／年，并按月计算（$M=12$）复利，月利率为：

$$\frac{j}{M}=\frac{0.06}{12}=0.005\text{或}\frac{1}{2}\%$$

而实际年利率为:

$$i=(1+0.005)^{n}-1=0.06168\text{或}6.168\%/\text{年}$$

当以复利连续地计算利息（$M\to\alpha$）时，这些关系式简化为:

$$i=e^{j}-1 \tag{28}$$

和

$$j=\ln(1+i) \tag{29}$$

表 44.12 表明按年、半年 ($M=2$)、季度 ($M=4$)、月 ($M=12$) 和连续 ($M=\infty$) 计算复利时，实际年利率 i 和名义年利率 j 之间的关系。

3. 一揽子递延系数

递延系数$\overline{F}_{PV}$也称为平均贴现率或现值率，其定义为一项或一系列未来支付的现值与这些未来支付的未贴现金额之比。在评估工作中，通常使用以下递延系数。

一揽子递延系数$\overline{F}_{LS}$，也称为一次支付现值系数，是在以后的 t 年中作出的一项整笔的未来支付的现值与该整笔支付金额之比。

用于实际年利率（i）时，t 年的一揽子递延系数为:

$$\overline{F}_{LS}=(1+i)^{-1} \tag{30}$$

表 44.7 和表 44.11 表明实际年利率 i 为 2%～200%，分别在年末 $(1+i)^{-t}$ 或在年中 $(1+i)^{\frac{1}{2}-t}$ 交付的一揽子递延系数；例如，将在以后 10 年中进行的一揽子支付 200 美元的现值，如利率按 5%／年计算，则为 200 美元 $\times 1.05^{-10}$ = 200 美元 $\times$ 0.6139 = 122.78 美元。

表 44.12　用于按半年、季度、月和连续计算复利时的实际年利率 i 和名义年利率 j 之间的关系

名义年利率 j	半年 $m=2$ $\left(1+\frac{j}{2}\right)^{2}-1$	季度 $m=4$ $\left(1+\frac{j}{4}\right)^{4}-1$	月 $m=12$ $\left(1+\frac{j}{12}\right)^{12}-1$	连续计算 $m=\infty$ $e^{j}=1$
0.01	0.01002	0.01004	0.01004	0.01005
0.02	0.02010	0.02015	0.02018	0.02020
0.03	0.03022	0.03034	0.03042	0.03045
0.04	0.04040	0.04060	0.04074	0.04081
0.05	0.05062	0.05094	0.05117	0.05127
0.06	0.06090	0.06136	0.06168	0.06184
0.07	0.07122	0.07186	0.07299	0.07251
0.08	0.08100	0.08243	0.08300	0.08329
0.09	0.09202	0.09308	0.09381	0.09417

续表

名义年利率 j	半年 $m=2$ $\left(1+\frac{j}{2}\right)^2-1$	季度 $m=4$ $\left(1+\frac{j}{4}\right)^4-1$	月 $m=12$ $\left(1+\frac{j}{12}\right)^{12}-1$	连续计算 $m=\infty$ $e^j=1$
0.10	0.10250	0.10381	0.10471	0.10517
0.11	0.11302	0.11462	0.11572	0.11628
0.12	0.12360	0.12551	0.12682	0.12750
0.13	0.13422	0.13648	0.13803	0.13883
0.14	0.14490	0.14752	0.14934	0.15027
0.15	0.15562	0.15865	0.16075	0.16183
0.16	0.16640	0.16986	0.17227	0.17351
0.17	0.17722	0.18115	0.18389	0.18530
0.18	0.18810	0.19252	0.19562	0.19722
0.19	0.19902	0.20397	0.20745	0.20925
0.20	0.21000	0.21551	0.21939	0.22140
0.22	0.23210	0.23882	0.24360	0.24608
0.24	0.25440	0.26248	0.26824	0.27125
0.26	0.27690	0.28647	0.29333	0.29693
0.28	0.29960	0.31080	0.31888	0.32313
0.30	0.32250	0.33547	0.34489	0.34986
0.32	0.34560	0.36049	0.37137	0.37713
0.34	0.36890	0.38586	0.39832	0.40495
0.36	0.39240	0.41158	0.42576	0.43333
0.38	0.41610	0.43766	0.45369	0.46228
0.40	0.44000	0.46410	0.48213	0.49182
0.42	0.46410	0.49090	0.51107	0.52196
0.44	0.48840	0.51807	0.54053	0.55271
0.46	0.51290	0.54561	0.57051	0.58407
0.48	0.53760	0.57352	0.60103	0.61607
0.50	0.56250	0.60181	0.63209	0.64872
0.55	0.62562	0.67419	0.71218	0.73325
0.60	0.69000	0.74901	0.79586	0.82212
0.65	0.75562	0.82630	0.88326	0.91554
0.70	0.82250	0.90613	0.97456	1.01375
0.75	0.89062	0.98854	1.06989	1.11700
0.80	0.96000	1.07360	1.16942	1.22554
0.85	1.03062	1.16136	1.27333	1.33965
0.90	1.10250	1.25188	1.38178	1.45960
0.95	1.17562	1.34521	1.49495	1.58571
1.00	1.25000	1.44141	1.61304	1.71828
1.10	1.40250	1.64266	1.86471	2.00417
1.20	1.56000	1.85610	2.13843	2.32012
1.30	1.72250	2.08222	2.43593	2.66930
1.40	1.89000	2.32150	2.75909	3.05520
1.50	2.06250	2.57446	3.10989	3.48169
1.60	2.24000	2.34160	3.49047	3.95303
1.70	2.42250	3.12344	3.90311	4.47395
1.80	2.61000	3.42051	4.35025	5.04965
1.90	2.80250	3.73334	4.83448	5.68589
2.00	3.00000	4.06250	5.35860	6.38906

年中一揽子递延系数都用于现金流量贴现法，此时逐年的未来收入规划将贴现为现值。然后，习惯上假设全年收入在年中点处收到。对于以分数表示的年，按利率 5%／年计算的递延系数也可以直接从图 44.7 曲线 A 上读出。

对名义年利率 j，一年计算复利 M 次时，其相应的方程为:

$$\overline{F}_{LS}=\left(1+\frac{j}{M}\right)^{-tM} \tag{31}$$

以名义年利率(j)连续计算($M=\infty$)时，这一方程简化为

$$\overline{F}_{LS}=e^{-tj} \tag{32}$$

用于连续进行复利计算的一揽子递延系数，对给定的 tj 值，能直接从图 44.9 读出。

4. 固定速率递延系数$\overline{F}_{CR}$

也称为等支付系列现值系数，它是在未来 t 年时期中，以 12／M 月的等时间间隔作出的 M_t 等支付系列的现值与这些支付的总金额之比。

当各次支付间的整个时间间隔的利率为 j/M，且第一次支付发生在第一利息期末时，固定速率递延系数为:

$$\overline{F}_{CR}=\frac{1-[1+(j/M)]^{-Mt}}{tj} \tag{33}$$

当支付都在每年年底到期时，该方程变为:

$$\overline{F}_{CR}=\frac{1-(1+i)^{-1}}{ti} \tag{34}$$

当每年支付都在年中到期，且第一次支付是在这以后的6个月，该递延系数为

$$\overline{F}_{CR}=(1+i)^{1/2}\frac{[1-(1+i)^{-t}]}{ti}=\frac{(1+i)^{1/2}-(1+i)^{1/2-t}}{ti} \tag{35}$$

用于这一情况且实际利率为 3%～10%时的固定速率递延系数列于表 44.13。

油气生产的管道收入和作业费用通常以月为基础计算，用于这种按月支付的固定速率递延系数采取以下形式:

$$\overline{F}_{CR}=\frac{1-[1+(j/12)]^{-12t}}{tj}=\frac{1-(1+i)^{-t}}{12t[(1+i)^{1/12}-1]} \tag{36}$$

按照这一方程用于实际年利率 5% / 年、按月支付并按月计算复利的固定速率递延系数，可以按年数 t 在图 44.7 曲线 B 上直接读出。

以名义利率（j）连续计算复利（$M=\infty$）时，该方程简化为:

$$\overline{F}_{CR}=\frac{1-e^{-tj}}{tj} \tag{37a}$$

对 tj 的给定数值，用于这种连续计算复利的固定速率递延系数可以从图 44.9 的曲线上直接读出。从现在起，在（t−1）和 t 年之间特定的 1 年时间间隔期间，用于在每月底收到的相等的按月支付的固定速率递延系数采用下式:

$$\overline{F}_{CR}=\frac{(1+i)^{1-t}-(1+i)^{-t}}{12[(1+i)^{1/12}-1]} \tag{37b}$$

这一“年递延系数”用于油气评估工作时，要比方程（30）和表 44.7 中的年中一揽子递延系数更为精确。表 44.14 为用于实际利率为 3%至 20% / 年之间的递延系数。

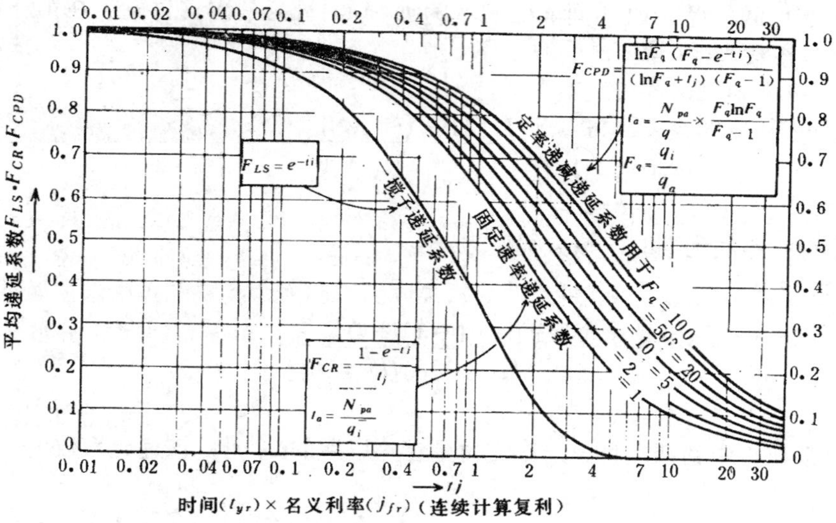

图 44.9 用于一揽子、固定速率和定率递减的递延系数

5. 定率递减递延系数 $\overline{F}_{CPD}$

它是遵循定率递减的一系列未来支付的现值与这些收入总额之比。当油气生产管道收入及作业费用在每月底计算，而且当利息的复利计算和有效递减 d 也以月为计算基础时，递延系数方程所取的形式为:

$$\overline{F}_{CPD}=\left\{\frac{d}{[(1+i)^{1/12}-1]+d}\right\}\left[\frac{F_q-(1-d)(1+i)^{t_a}}{F_q-(1-d)}\right] \tag{38}$$

式中 $\overline{F}_{CPD}$——定率递减递延系数，应用于遵循定率递减的一系列未来支付的平均递延系数，小数；

d——有效递减率，单位时间内的产量下降除以该时期开始时的产量，小数；

F_q——初始和最终产量或支付之比；

i——实际的年安全复利率，小数；

t_a——废弃时间或未来生产期，年。

按照这一方程，对实际年利率为 5% / 年或 0.4074% / 月，按月支付和按月计算复利，可以从图 44.8 的曲线上对变化的比率 F_q 和不同的有效递减率直接读出定率递减递延系数。

当以名义利率 j 连续计算复利($M=\infty$)时，该方程简化为:

$$\overline{F}_{CPD}=\left(\frac{\ln F_q}{\ln F_q+tj}\right)\left(\frac{F_q-e^{-tj}}{F_q-1}\right) \tag{39}$$

对给定的比值 F_q 和 t_j，用于这种的连续计算复利的定率递减递延系数可以从图 44.9 的曲线上直接读出。

时间 t_a 可以用第四十三章中的方程（56）和（57）计算:

$$t_a=\frac{\ln F_q}{a}=\frac{N_{pa}}{q_i}\frac{F_q\ln F_q}{(F_q-1)}$$

6. 双曲线递减递延系数

这是遵循双曲线递减（递减与产量的幂分数成正比）的一系列未来支付的现值与这些支付的总金额之比。

当以名义利率 j 连续计算复利（$M=\infty$）时，该平均递延系数为[19]。

$$\overline{F}_{Hy}=\frac{\sqrt{F_q}-e^{tj}}{\sqrt{F_q}-1}-\frac{tj\sqrt{F_q}\,e^{(F_q-1)^{1ti}}}{(\sqrt{F_q}-1)^2}$$

$$\times\left[Ei\left(\frac{tj}{\sqrt{F_q}-1}\right)-Ei\left(\frac{tj\sqrt{F_q}}{\sqrt{F_q}-1}\right)\right] \tag{40}$$

式中 t 为用第43章中的方程（64）或（65）确定的未来生产期限（以年表示）。

$$t=\frac{N_{pa}}{q_i}\sqrt{F_q}=\frac{2(\sqrt{F_q}-1)}{a_i}$$

表 44.13　固定速率递延系数 $F_{CR}=(1+i)^{1/2}-(1+i)^{1/2-t}/t_i$

年份	3%	$3^1/_2$%	4%	$4^1/_2$%	5%	$5^1/_2$%	6%	$6^1/_2$%	7%	$7^1/_2$%	8%
1	0.9853	0.9829	0.9806	0.9782	0.9759	0.9736	0.9713	0.9690	0.9667	0.9645	0.9623
2	0.9710	0.9663	0.9617	0.9572	0.9527	0.9482	0.9438	0.9394	0.9351	0.9308	0.9266
3	0.9569	0.9501	0.9433	0.9367	0.9302	0.9237	0.9173	0.9111	0.9049	0.8988	0.8627
4	0.9431	0.9342	0.9254	0.9168	0.9084	0.9001	0.8919	0.8838	0.8759	0.8682	0.8605
5	0.9296	0.9187	0.9080	0.8975	0.8873	0.8772	0.8674	0.8577	0.8483	0.8390	0.8299
6	0.9163	0.9035	0.8910	0.8788	0.8668	0.8552	0.8438	0.8326	0.8218	0.8111	0.8007
7	0.9033	0.8887	0.8744	0.8605	0.8470	0.8339	0.8211	0.8086	0.7964	0.7845	0.7729
8	0.8905	0.8742	0.8583	0.8428	0.8279	0.8133	0.7992	0.7854	0.7721	0.7591	0.7465
9	0.8780	0.8600	0.8425	0.8256	0.8093	0.7934	0.7781	0.7632	0.7488	0.7349	0.7213
10	0.8657	0.8461	0.8272	0.8089	0.7912	0.7742	0.7578	0.7419	0.7265	0.7117	0.6973
11	0.8537	0.8325	0.8122	0.7926	0.7738	0.7556	0.7382	0.7214	0.7052	0.6895	0.6745
12	0.8419	0.8192	0.7976	0.7768	0.7568	0.7377	0.7193	0.7016	0.6847	0.6683	0.6526
13	0.8303	0.8063	0.7833	0.7614	0.7404	0.7203	0.7011	0.6827	0.6650	0.6481	0.6318
14	0.8189	0.7936	0.7695	0.7465	0.7245	0.7036	0.6836	0.6644	0.6462	0.6287	0.6120
15	0.8077	0.7811	0.7559	0.7319	0.7091	0.6873	0.6666	0.6469	0.6281	0.6101	0.5930
16	0.7968	0.7690	0.7427	0.7178	0.6941	0.6716	0.6503	0.6300	0.6107	0.5924	0.5749
17	0.7860	0.7571	0.7298	0.7040	0.6796	0.6564	0.6345	0.6138	0.5941	0.5754	0.5576
18	0.7755	0.7455	0.7172	0.6906	0.6655	0.6417	0.6193	0.5981	0.5781	0.5591	0.5411
19	0.7651	0.7341	0.7049	0.6776	0.6518	0.6275	0.6046	0.5831	0.5627	0.5435	0.5253
20	0.7549	0.7229	0.6930	0.6649	0.6385	0.6137	0.5905	0.5685	0.5479	0.5285	0.5102
21	0.7450	0.7120	0.6813	0.6525	0.6256	0.6004	0.5768	0.5546	0.5337	0.5141	0.4957
22	0.7352	0.7014	0.6699	0.6405	0.6131	0.5875	0.5635	0.5411	0.5201	0.5004	0.4819
23	0.7256	0.6909	0.6587	0.6288	0.6009	0.5750	0.5507	0.5281	0.5070	0.4872	0.4686
24	0.7162	0.6807	0.6479	0.6174	0.5891	0.5629	0.5384	0.5156	0.4943	0.4745	0.4559
25	0.7069	0.6707	0.6373	0.6063	0.5777	0.5511	0.5265	0.5035	0.4822	0.4623	0.4437
26	0.6978	0.6609	0.6269	0.5955	0.5665	0.5397	0.5149	0.4919	0.4705	0.4506	0.4321
27	0.6889	0.6513	0.6168	0.5850	0.5557	0.5287	0.5037	0.4806	0.4592	0.4394	0.4209
28	0.6801	0.6419	0.6069	0.5748	0.5452	0.5180	0.4929	0.4698	0.4484	0.4286	0.4102
29	0.6715	0.6327	0.5472	0.5648	0.5350	0.5077	0.4825	0.4593	0.4379	0.4182	0.3999
30	0.6631	0.6237	0.5878	0.5550	0.5251	0.4976	0.4724	0.4492	0.4279	0.4082	0.3900
31	0.6548	0.6149	0.5786	0.5456	0.5154	0.4879	0.4626	0.4394	0.4182	0.3986	0.3805
32	0.6466	0.6062	0.5696	0.5363	0.5060	0.4784	0.4531	0.4300	0.4088	0.3893	0.3714
33	0.6386	0.5978	0.5608	0.5273	0.4969	0.4692	0.4440	0.4209	0.3998	0.3804	0.3626
34	0.6308	0.5895	0.5522	0.5185	0.4880	0.4603	0.4351	0.4121	0.3911	0.3718	0.3542
35	0.6231	0.5814	0.5438	0.5100	0.4794	0.4517	0.4265	0.4036	0.3827	0.3636	0.3461
36	0.6155	0.5734	0.5356	0.5016	0.4710	0.4433	0.4181	0.3953	0.3745	0.3556	0.3382
37	0.6080	0.5656	0.5276	0.4935	0.4628	0.4351	0.4101	0.3874	0.3667	0.3479	0.3307
38	0.6007	0.5580	0.5198	0.4856	0.4549	0.4272	0.4022	0.3796	0.3591	0.3405	0.3235
39	0.5935	0.5505	0.5121	0.4778	0.4471	0.4195	0.3946	0.3722	0.3518	0.3334	0.3165
40	0.5865	0.5431	0.5046	0.4703	0.4396	0.4120	0.3873	0.3650	0.3448	0.3265	0.3098
41	0.5795	0.5359	0.4973	0.4629	0.4322	0.4048	0.3801	0.3580	0.3379	0.3198	0.3033
42	0.5727	0.5289	0.4909	0.4557	0.4251	0.3977	0.3732	0.3512	0.3313	0.3134	0.2971
43	0.5660	0.5220	0.4831	0.4487	0.4181	0.3909	0.3665	0.3446	0.3249	0.3072	0.2911
44	0.5594	0.5152	0.4763	0.4419	0.4113	0.3842	0.3600	0.3382	0.3187	0.3012	0.2852
45	0.5530	0.5086	0.4696	0.4352	0.4047	0.3777	0.3536	0.3321	0.3127	0.2953	0.2796
46	0.5466	0.5021	0.4630	0.4286	0.3983	0.3714	0.3475	0.3261	0.3069	0.2897	0.2742
47	0.5404	0.4957	0.4566	0.4223	0.3920	0.3653	0.2415	0.3203	0.3013	0.2843	0.2690
48	0.5342	0.4894	0.4503	0.4160	0.3859	0.3593	0.3357	0.3147	0.2959	0.2791	0.2639
49	0.5282	0.4833	0.4442	0.4100	0.3799	0.3535	0.3300	0.3092	0.2906	0.2740	0.2590
50	0.5223	0.4773	0.4382	0.4040	0.3741	0.3478	0.3246	0.3039	0.2855	0.2691	0.2543

续表

年份	$8\frac{1}{2}$%	9%	$9\frac{1}{2}$%	10%	$10\frac{1}{2}$%	11%	$11\frac{1}{2}$%	12%	$12\frac{1}{2}$%	13%	$13\frac{1}{2}$%	14%
1	0.9600	0.9578	0.9556	0.9535	0.9513	0.9492	0.9470	0.9449	0.9428	0.9407	0.9386	0.9366
2	0.9224	0.9183	0.9142	0.9101	0.9061	0.9021	0.8982	0.8943	0.8904	0.8866	0.8828	0.8791
3	0.8868	0.8809	0.8751	0.8694	0.8638	0.8582	0.8527	0.8473	0.8419	0.8366	0.8314	0.8263
4	0.8530	0.8456	0.8383	0.8311	0.8241	0.8172	0.8103	0.8036	0.7970	0.7905	0.7841	0.7777
5	0.8290	0.8122	0.8036	0.7952	0.7869	0.7788	0.7708	0.7630	0.7553	0.7478	0.7404	0.7331
6	0.7950	0.7806	0.7708	0.7613	0.7520	0.7429	0.7339	0.7252	0.7166	0.7082	0.7000	0.6920
7	0.7617	0.7507	0.7399	0.7294	0.7192	0.7092	0.6995	0.6900	0.6807	0.6716	0.6628	0.6541
8	0.7342	0.7223	0.7107	0.6994	0.6884	0.6777	0.6673	0.6572	0.6473	0.6376	0.6283	0.6191
9	0.7082	0.6955	0.6831	0.6711	0.6595	0.6482	0.6372	0.6265	0.6162	0.6061	0.5963	0.5868
10	0.6835	0.6700	0.6570	0.6444	0.6323	0.6205	0.6090	0.5980	0.5872	0.5768	0.5667	0.5569
11	0.6599	0.6459	0.6324	0.6193	0.6067	0.5945	0.5827	0.5713	0.5602	0.5496	0.5393	0.5293
12	0.6375	0.6230	0.6090	0.5955	0.5825	0.5700	0.5579	0.5463	0.5351	0.5242	0.5137	0.5036
13	0.6162	0.6013	0.5869	0.5731	0.5598	0.5470	0.5347	0.5229	0.5115	0.5006	0.4900	0.4798
14	0.5960	0.5806	0.5660	0.5519	0.5384	0.5254	0.5130	0.5010	0.4896	0.4785	0.4679	0.4577
15	0.5767	0.5610	0.5461	0.5318	0.5182	0.5051	0.4925	0.4805	0.4690	0.4580	0.4474	0.4372
16	0.5583	0.5424	0.5273	0.5128	0.4991	0.4859	0.4733	0.4613	0.4498	0.4388	0.4282	0.4181
17	0.5407	0.5247	0.5094	0.4949	0.4810	0.4678	0.4552	0.4432	0.4317	0.4208	0.4103	0.4003
18	0.5240	0.5078	0.4925	0.4779	0.4640	0.4508	0.4382	0.4262	0.4148	0.4039	0.3936	0.3836
19	0.5081	0.4918	0.4764	0.4617	0.4479	0.4347	0.4222	0.4103	0.3989	0.3882	0.3779	0.3681
20	0.4929	0.4765	0.4611	0.4465	0.4326	0.4195	0.4071	0.3952	0.3840	0.3734	0.3632	0.3536
21	0.4783	0.4620	0.4465	0.4319	0.4182	0.4051	0.3928	0.3811	0.3700	0.3595	0.3495	0.3400
22	0.4645	0.4481	0.4327	0.4182	0.4045	0.3915	0.3793	0.3677	0.3568	0.3464	0.3366	0.3272
23	0.4512	0.4349	0.4195	0.4051	0.3915	0.3787	0.3666	0.3551	0.3444	0.3341	0.3245	0.3153
24	0.4385	0.4223	0.4070	0.3926	0.3792	0.3665	0.3545	0.3433	0.3326	0.3226	0.3131	0.3041
25	0.4264	0.4102	0.3950	0.3808	0.3675	0.3549	0.3431	0.3320	0.3215	0.3117	0.3023	0.2935
26	0.4148	0.3987	0.3836	0.3695	0.3563	0.3440	0.3323	0.3214	0.3111	0.3014	0.2922	0.2836
27	0.4037	0.3877	0.3728	0.3588	0.3458	0.3335	0.3221	0.3113	0.3012	0.2917	0.2827	0.2742
28	0.3931	0.3772	0.3624	0.3486	0.3357	0.3237	0.3124	0.3018	0.2918	0.2825	0.2737	0.2654
29	0.3829	0.3671	0.3525	0.3389	0.3261	0.3143	0.3031	0.2927	0.2830	0.2738	0.2652	0.2571
30	0.3731	0.3575	0.3430	0.3296	0.3170	0.3053	0.2944	0.2842	0.2746	0.2656	0.2572	0.2492
31	0.3638	0.3483	0.3340	0.3207	0.3083	0.2968	0.2861	0.2760	0.2666	0.2578	0.2495	0.2418
32	0.3548	0.3395	0.3254	0.3122	0.3000	0.2887	0.2781	0.2683	0.2590	0.2504	0.2423	0.2347
33	0.3462	0.3311	0.3171	0.3041	0.2921	0.2810	0.2706	0.2609	0.2519	0.2434	0.2355	0.2280
34	0.3379	0.3230	0.3092	0.2964	0.2846	0.2736	0.2634	0.2539	0.2450	0.2367	0.2290	0.2217
35	0.3300	0.3152	0.3016	0.2890	0.2774	0.2666	0.2565	0.2472	0.2385	0.2304	0.2228	0.2157
36	0.3224	0.3078	0.2943	0.2819	0.2705	0.2598	0.2500	0.2408	0.2323	0.2244	0.2169	0.2100
37	0.3150	0.3006	0.2873	0.2751	0.2638	0.2534	0.2437	0.2348	0.2264	0.2186	0.2113	0.2045
38	0.3080	0.2937	0.2807	0.2686	0.2575	0.2473	0.2378	0.2290	0.2208	0.2131	0.2060	0.1993
39	0.3012	0.2871	0.2742	0.2624	0.2515	0.2414	0.2321	0.2234	0.2154	0.2079	0.2009	0.1944
40	0.2946	0.2808	0.2681	0.2564	0.2457	0.2358	0.2266	0.2181	0.2102	0.2029	0.1960	0.1897
41	0.2883	0.2747	0.2622	0.2507	0.2401	0.2304	0.2214	0.2130	0.2053	0.1981	0.1914	0.1851
42	0.2823	0.2688	0.2565	0.2452	0.2348	0.2252	0.2164	0.2082	0.2006	0.1935	0.1870	0.1808
43	0.2765	0.2631	0.2510	0.2399	0.2296	0.2202	0.2116	0.2035	0.1961	0.1892	0.1827	0.1767
44	0.2708	0.2577	0.2457	0.2348	0.2247	0.2155	0.2069	0.1991	0.1918	0.1850	0.1787	0.1728
45	0.2654	0.2525	0.2407	0.2299	0.2200	0.2109	0.2025	0.1948	0.1876	0.1810	0.1748	0.1690
46	0.2602	0.2472	0.2358	0.2252	0.2154	0.2065	0.1983	0.1907	0.1836	0.1771	0.1710	0.1654
47	0.2551	0.2425	0.2311	0.2206	0.2111	0.2023	0.1942	0.1867	0.1798	0.1734	0.1675	0.1619
48	0.2502	0.2378	0.2265	0.2162	0.2068	0.1982	0.1903	0.1829	0.1762	0.1699	0.1640	0.1586
49	0.2455	0.2333	0.2222	0.2120	0.2028	0.1943	0.1865	0.1793	0.1726	0.1665	0.1607	0.1554
50	0.2409	0.2289	0.2179	0.2080	0.1989	0.1905	0.1828	0.1758	0.1692	0.1632	0.1576	0.1523

续表

年份	$14\frac{1}{2}\%$	15%	$15\frac{1}{2}\%$	16%	$16\frac{1}{2}\%$	17%	$17\frac{1}{2}\%$	18%	$18\frac{1}{2}\%$	19%	$19\frac{1}{2}\%$	20%
1	0.9345	0.9325	0.9305	0.9285	0.9265	0.9245	0.9225	0.9206	0.9186	0.9167	0.9148	0.9129
2	0.8754	0.8717	0.8680	0.8644	0.8609	0.8573	0.8538	0.8504	0.8469	0.8435	0.8401	0.8368
3	0.8212	0.8162	0.8112	0.8063	0.8015	0.7967	0.7920	0.7873	0.7827	0.7781	0.7736	0.7692
4	0.7715	0.7654	0.7594	0.7534	0.7476	0.7418	0.7361	0.7305	0.7250	0.7196	0.7142	0.7090
5	0.7260	0.7190	0.7121	0.7053	0.6987	0.6921	0.6851	0.6794	0.6732	0.6671	0.6611	0.6552
6	0.6841	0.6764	0.6688	0.6614	0.6542	0.6470	0.6401	0.6332	0.6265	0.6199	0.6135	0.6072
7	0.6456	0.6374	0.6293	0.6214	0.6137	0.6061	0.5987	0.5915	0.5844	0.5775	0.5707	0.5641
8	0.6102	0.6015	0.5930	0.5848	0.5767	0.5688	0.5612	0.5537	0.5464	0.5392	0.5322	0.5254
9	0.5776	0.5686	0.5598	0.5513	0.5430	0.5349	0.5270	0.5194	0.5119	0.5046	0.4975	0.4906
10	0.5474	0.5382	0.5292	0.5206	0.5121	0.5039	0.4959	0.4882	0.4806	0.4733	0.4662	0.4593
11	0.5196	0.5102	0.5012	0.4924	0.4838	0.4756	0.4676	0.4598	0.4522	0.4449	0.4378	0.4309
12	0.4939	0.4844	0.4753	0.4665	0.4579	0.4496	0.4416	0.4339	0.4264	0.4191	0.4121	0.4052
13	0.4700	0.4606	0.4514	0.4426	0.4341	0.4259	0.4179	0.4102	0.4028	0.3956	0.3887	0.3819
14	0.4479	0.4385	0.4294	0.4206	0.4122	0.4040	0.3962	0.3886	0.3813	0.3742	0.3674	0.3608
15	0.4274	0.4180	0.4090	0.4003	0.3920	0.3839	0.3762	0.3687	0.3615	0.3546	0.3479	0.3414
16	0.4084	0.3991	0.3901	0.3816	0.3733	0.3654	0.3578	0.3505	0.3434	0.3366	0.3301	0.3238
17	0.3907	0.3815	0.3727	0.3642	0.3561	0.3483	0.3409	0.3337	0.3268	0.3202	0.3138	0.3077
18	0.3741	0.3651	0.3564	0.3481	0.3402	0.3325	0.3252	0.3182	0.3115	0.3050	0.2988	0.2929
19	0.3588	0.3498	0.3413	0.3332	0.3254	0.3179	0.3108	0.3039	0.2974	0.2911	0.2851	0.2793
20	0.3444	0.3356	0.3273	0.3193	0.3117	0.3044	0.2974	0.2907	0.2843	0.2782	0.2723	0.2667
21	0.3310	0.3224	0.3142	0.3063	0.2989	0.2918	0.2850	0.2785	0.2723	0.2663	0.2606	0.2552
22	0.3184	0.3100	0.3019	0.2943	0.2870	0.2801	0.2734	0.2671	0.2611	0.2553	0.2498	0.2445
23	0.3066	0.2983	0.2905	0.2830	0.2759	0.2692	0.2627	0.2566	0.2507	0.2451	0.2397	0.2345
24	0.2956	0.2875	0.2798	0.2725	0.2656	0.2590	0.2527	0.2467	0.2410	0.2355	0.2303	0.2253
25	0.2852	0.2773	0.2698	0.2627	0.2559	0.2495	0.2434	0.2375	0.2320	0.2267	0.2216	0.2168
26	0.2754	0.2677	0.2604	0.2534	0.2469	0.2406	0.2346	0.2290	0.2236	0.2184	0.2135	0.2088
27	0.2663	0.2587	0.2516	0.2448	0.2384	0.2323	0.2265	0.2210	0.2157	0.2107	0.2059	0.2014
28	0.2576	0.2502	0.2432	0.2366	0.2304	0.2244	0.2188	0.2134	0.2083	0.2035	0.1988	0.1944
29	0.2495	0.2422	0.2354	0.2290	0.2229	0.2171	0.2116	0.2064	0.2014	0.1967	0.1922	0.1879
30	0.2418	0.2347	0.2281	0.2218	0.2158	0.2102	0.2048	0.1998	0.1949	0.1903	0.1860	0.1818
31	0.2345	0.2276	0.2211	0.2150	0.2092	0.2037	0.1985	0.1935	0.1888	0.1844	0.1801	0.1761
32	0.2276	0.2209	0.2145	0.2085	0.2029	0.1975	0.1925	0.1876	0.1831	0.1787	0.1746	0.1707
33	0.2211	0.2145	0.2083	0.2025	0.1969	0.1917	0.1868	0.1821	0.1777	0.1734	0.1694	0.1656
34	0.2149	0.2085	0.2024	0.1967	0.1913	0.1862	0.1814	0.1769	0.1725	0.1684	0.1645	0.1608
35	0.2090	0.2027	0.1968	0.1913	0.1860	0.1810	0.1763	0.1719	0.1677	0.1637	0.1599	0.1562
36	0.2034	0.1973	0.1915	0.1861	0.1810	0.1761	0.1715	0.1672	0.1631	0.1592	0.1555	0.1519
37	0.1981	0.1921	0.1865	0.1812	0.1762	0.1714	0.1670	0.1627	0.1587	0.1549	0.1513	0.1479
38	0.1931	0.1872	0.1817	0.1765	0.1716	0.1670	0.1626	0.1585	0.1546	0.1509	0.1474	0.1440
39	0.1883	0.1825	0.1771	0.1721	0.1673	0.1628	0.1585	0.1545	0.1507	0.1470	0.1436	0.1403
40	0.1837	0.1781	0.1728	0.1678	0.1632	0.1588	0.1546	0.1507	0.1469	0.1434	0.1400	0.1368
41	0.1793	0.1738	0.1687	0.1638	0.1592	0.1549	0.1509	0.1470	0.1434	0.1399	0.1366	0.1335
42	0.1751	0.1697	0.1647	0.1600	0.1555	0.1513	0.1473	0.1436	0.1400	0.1366	0.1334	0.1303
3	0.1711	0.1659	0.1609	0.1563	0.1519	0.1478	0.1439	0.1402	0.1367	0.1334	0.1303	0.1273
44	0.1673	0.1621	0.1573	0.1528	0.1485	0.1445	0.1407	0.1371	0.1337	0.1304	0.1274	0.1244
45	0.1636	0.1586	0.1538	0.1494	0.1452	0.1413	0.1376	0.1340	0.1307	0.1275	0.1245	0.1217
46	0.1601	0.1552	0.1505	0.1462	0.1421	0.1382	0.1346	0.1311	0.1279	0.1248	0.1218	0.1190
47	0.1567	0.1519	0.1474	0.1431	0.1391	0.1353	0.1317	0.1283	0.1252	0.1221	0.1192	0.1165
48	0.1535	0.1488	0.1443	0.1401	0.1362	0.1325	0.1290	0.1257	0.1226	0.1196	0.1168	0.1141
49	0.1504	0.1457	0.1414	0.1373	0.1334	0.1298	0.1264	0.1231	0.1201	0.1171	0.1144	0.1118
50	0.1474	0.1429	0.1386	0.1345	0.1308	0.1272	0.1238	0.1207	0.1177	0.1148	0.1121	0.1095

每年收入在年中一次支付中收到。

表 44.14 年递延系数 $F_{CR}-(1+i)^{1-t}-(1+i)^{-t}/12[(1+i)^{1/12}-1]$

年	3%	3 1/2%	4%	4 1/2%	5%	5 1/2%	6%	6 1/2%	7%	7 1/2%	8%
1	0.9842	0.9816	0.9790	0.9765	0.9740	0.9715	0.9691	0.9666	0.9642	0.9618	0.9594
2	0.9555	0.9484	0.9414	0.9345	0.9276	0.9209	0.9142	0.9076	0.9011	0.8947	0.8883
3	0.9277	0.9163	0.9052	0.8942	0.8835	0.8729	0.8625	0.8522	0.8422	0.8323	0.8225
4	0.9006	0.8853	0.8704	0.8557	0.8414	0.8274	0.8136	0.8002	0.7871	0.7742	0.7616
5	0.8744	0.8554	0.8369	0.8189	0.8013	0.7842	0.7676	0.7514	0.7356	0.7202	0.7052
6	0.8489	0.8265	0.8047	0.7836	0.7632	0.7434	0.7241	0.7055	0.6875	0.6699	0.6530
7	0.8242	0.7985	0.7738	0.7499	0.7268	0.7046	0.6832	0.6625	0.6425	0.6232	0.6046
8	0.8002	0.7715	0.7440	0.7176	0.6922	0.6679	0.6445	0.6220	0.6005	0.5797	0.5598
9	0.7769	0.7454	0.7154	0.6867	0.6593	0.6330	0.6080	0.5841	0.5612	0.5393	0.5183
10	0.7543	0.7202	0.6879	0.6571	0.6279	0.6000	0.5736	0.5484	0.5245	0.5017	0.4799
11	0.7323	0.6959	0.6614	0.6288	0.5980	0.5688	0.5411	0.5149	0.4901	0.4667	0.4444
12	0.7110	0.6723	0.6360	0.6017	0.5695	0.5391	0.5105	0.4835	0.4581	0.4341	0.4115
13	0.6903	0.6496	0.6115	0.5758	0.5424	0.5110	0.4816	0.4540	0.4281	0.4038	0.3810
14	0.6702	0.6276	0.5880	0.5510	0.5156	0.4844	0.4543	0.4263	0.4001	0.3756	0.3528
15	0.6506	0.6064	0.5654	0.5273	0.4919	0.4591	0.4286	0.4003	0.3739	0.3494	0.3266
16	0.6317	0.5859	0.5436	0.5046	0.4685	0.4352	0.4044	0.3758	0.3495	0.3251	0.3024
17	0.6133	0.5661	0.5227	0.4829	0.4462	0.4125	0.3815	0.3529	0.3266	0.3024	0.2800
18	0.5954	0.5469	0.5026	0.4621	0.4250	0.3910	0.3599	0.3314	0.3052	0.2813	0.2593
19	0.5781	0.5284	0.4833	0.4422	0.4047	0.3706	0.3395	0.3111	0.2853	0.2617	0.2401
20	0.5612	0.5106	0.4647	0.4231	0.3855	0.3513	0.3203	0.2922	0.2666	0.2434	0.2223
21	0.5449	0.4933	0.4468	0.4049	0.3671	0.3330	0.3022	0.2743	0.2492	0.2264	0.2058
22	0.5290	0.4766	0.4296	0.3875	0.3496	0.3156	0.2851	0.2576	0.2329	0.2106	0.1906
23	0.5136	0.4605	0.4131	0.3708	0.3330	0.2992	0.2689	0.2419	0.2176	0.1959	0.1765
24	0.4987	0.4449	0.3972	0.3548	0.3171	0.2836	0.2537	0.2271	0.2034	0.1823	0.1634
25	0.4841	0.4299	0.3819	0.3395	0.3020	0.2688	0.2393	0.2132	0.1901	0.1695	0.1513
26	0.4700	0.4154	0.3673	0.3249	0.2876	0.2548	0.2258	0.2002	0.1777	0.1577	0.1401
27	0.4563	0.4013	0.3531	0.3109	0.2739	0.2415	0.2130	0.1880	0.1660	0.1467	0.1297
28	0.4431	0.3877	0.3395	0.2975	0.2609	0.2289	0.2010	0.1765	0.1552	0.1365	0.1201
29	0.4302	0.3746	0.3265	0.2847	0.2485	0.2170	0.1896	0.1658	0.1450	0.1270	0.1112
30	0.4176	0.3620	0.3139	0.2725	0.2366	0.2057	0.1788	0.1556	0.1355	0.1181	0.1030
31	0.4055	0.3497	0.3019	0.2607	0.2254	0.1949	0.1687	0.1461	0.1267	0.1099	0.0953
32	0.3936	0.3379	0.2902	0.2495	0.2146	0.1848	0.1592	0.1372	0.1184	0.1022	0.0883
33	0.3822	0.3265	0.2791	0.2388	0.2044	0.1751	0.1502	0.1288	0.1106	0.0951	0.0817
34	0.3711	0.3154	0.2683	0.2285	0.1947	0.1660	0.1417	0.1210	0.1034	0.0884	0.0757
35	0.3602	0.3048	0.2580	0.2186	0.1854	0.1574	0.1336	0.1136	0.0966	0.0823	0.0701
36	0.3498	0.2945	0.2481	0.2092	0.1766	0.1491	0.1261	0.1067	0.0903	0.0765	0.0649
37	0.3396	0.2845	0.2386	0.2002	0.1682	0.1414	0.1189	0.1002	0.0844	0.0712	0.0601
38	0.3297	0.2749	0.2294	0.1916	0.1602	0.1340	0.1122	0.0940	0.0789	0.0662	0.0556
39	0.3201	0.2656	0.2206	0.1833	0.1525	0.1270	0.1059	0.0883	0.0737	0.0616	0.0515
40	0.3107	0.2566	0.2121	0.1754	0.1453	0.1204	0.0999	0.0829	0.0689	0.0573	0.0477
41	0.3017	0.2479	0.2039	0.1679	0.1384	0.1141	0.0942	0.0779	0.0644	0.0533	0.0442
42	0.2929	0.2395	0.1961	0.1607	0.1318	0.1082	0.0889	0.0731	0.0602	0.0496	0.0409
43	0.2844	0.2314	0.1885	0.1537	0.1255	0.1025	0.0839	0.0686	0.0562	0.0461	0.0379
44	0.2761	0.2236	0.1813	0.1471	0.1195	0.0972	0.0791	0.0645	0.0526	0.0429	0.0351
45	0.2681	0.2160	0.1743	0.1408	0.1138	0.0921	0.0746	0.0605	0.0491	0.0399	0.0325
46	0.2602	0.2087	0.1676	0.1347	0.1084	0.0873	0.0704	0.0568	0.0459	0.0371	0.0301
47	0.2527	0.2017	0.1612	0.1289	0.1032	0.0828	0.0664	0.0534	0.0429	0.0345	0.0278
48	0.2453	0.1949	0.1550	0.1234	0.0983	0.0784	0.0627	0.0501	0.0401	0.0321	0.0258
49	0.2382	0.1883	0.1490	0.1181	0.0936	0.0744	0.0591	0.0470	0.0375	0.0299	0.0239
50	0.2312	0.1819	0.1433	0.1130	0.0892	0.0705	0.0558	0.0442	0.0350	0.0278	0.0221

续表

年份	$8\frac{1}{2}\%$	9%	$9\frac{1}{2}\%$	10%	$10\frac{1}{2}\%$	11%	$11\frac{1}{2}\%$	12%	$12\frac{1}{2}\%$	13%	$13\frac{1}{2}\%$	14%
1	0.9570	0.9547	0.9524	0.9500	0.9477	0.9455	0.9432	0.9410	0.9387	0.9365	0.9343	0.9322
2	0.8821	0.8759	0.8697	0.8637	0.8577	0.8518	0.8459	0.8401	0.8344	0.8288	0.8232	0.8177
3	0.8130	0.8035	0.7943	0.7852	0.7762	0.7674	0.7587	0.7501	0.7417	0.7334	0.7253	0.7173
4	0.7493	0.7372	0.7254	0.7138	0.7024	0.6913	0.6804	0.6698	0.5693	0.6491	0.6390	0.6292
5	0.6906	0.6763	0.6624	0.6489	0.6357	0.6228	0.6102	0.5980	0.5860	0.5744	0.5630	0.5519
6	0.6365	0.6205	0.6050	0.5899	0.5753	0.5611	0.5473	0.5339	0.5209	0.5083	0.4960	0.4841
7	0.5866	0.5692	0.5525	0.5363	0.5206	0.5055	0.4909	0.4767	0.4630	0.4498	0.4370	0.4247
8	0.5407	0.5222	0.5045	0.4875	0.4711	0.4554	0.4402	0.4256	0.4116	0.3981	0.3851	0.3725
9	0.4983	0.4791	0.4608	0.4432	0.4264	0.4103	0.3948	0.3800	0.3659	0.3523	0.3393	0.3268
10	0.4593	0.4396	0.4208	0.4029	0.3859	0.3696	0.3541	0.3393	0.3252	0.3118	0.2989	0.2866
11	0.4233	0.4033	0.3843	0.3663	0.3492	0.3330	0.3176	0.3030	0.2891	0.2759	0.2634	0.2514
12	0.3901	0.3700	0.3509	0.3330	0.3160	0.3000	0.2848	0.2705	0.2570	0.2441	0.2320	0.2206
13	0.3596	0.3394	0.3205	0.3027	0.2860	0.2703	0.2555	0.2415	0.2284	0.2161	0.2044	0.1935
14	0.3314	0.3114	0.2927	0.2752	0.2588	0.2435	0.2291	0.2156	0.2030	0.1912	0.1801	0.1697
15	0.3054	0.2857	0.2673	0.2502	0.2342	0.2193	0.2055	0.1925	0.1805	0.1692	0.1587	0.1489
16	0.2815	0.2621	0.2441	0.2274	0.2120	0.1976	0.1843	0.1719	0.1604	0.1497	0.1398	0.1306
17	0.2594	0.2405	0.2229	0.2068	0.1918	0.1780	0.1653	0.1535	0.1426	0.1325	0.1232	0.1146
18	0.2391	0.2206	0.2036	0.1880	0.1736	0.1604	0.1482	0.1370	0.1267	0.1173	0.1085	0.1005
19	0.2204	0.2024	0.1859	0.1709	0.1571	0.1445	0.1329	0.1224	0.1127	0.1038	0.0956	0.0881
20	0.2031	0.1857	0.1698	0.1553	0.1422	0.1302	0.1192	0.1093	0.1001	0.0918	0.0843	0.0773
21	0.1872	0.1703	0.1551	0.1412	0.1287	0.1173	0.1069	0.0975	0.0890	0.0813	0.0742	0.0678
22	0.1725	0.1563	0.1416	0.1284	0.1164	0.1056	0.0959	0.0871	0.0791	0.0719	0.0654	0.0595
23	0.1590	0.1434	0.1293	0.1167	0.1054	0.0952	0.0860	0.0778	0.0703	0.0636	0.0576	0.0522
24	0.1466	0.1315	0.1181	0.1061	0.0954	0.0857	0.0771	0.0694	0.0625	0.0563	0.0508	0.0458
25	0.1351	0.1207	0.1079	0.0965	0.0863	0.0772	0.0692	0.0620	0.0556	0.0498	0.0447	0.0402
26	0.1245	0.1107	0.0985	0.0877	0.0781	0.0696	0.0620	0.0554	0.0494	0.0441	0.0394	0.0352
27	0.1148	0.1016	0.0900	0.0797	0.0707	0.0627	0.0556	0.0494	0.0439	0.0390	0.0347	0.0309
28	0.1058	0.0932	0.0822	0.0725	0.0640	0.0565	0.0499	0.0441	0.0390	0.0345	0.0306	0.0271
29	0.0975	0.0855	0.0750	0.0659	0.0579	0.0509	0.0448	0.0394	0.0347	0.0306	0.0270	0.0238
30	0.0898	0.0784	0.0685	0.0599	0.0524	0.0458	0.0401	0.0352	0.0308	0.0271	0.0237	0.0209
31	0.0828	0.0720	0.0626	0.0544	0.0474	0.0413	0.0360	0.0314	0.0274	0.0239	0.0209	0.0183
32	0.0763	0.0660	0.0571	0.0495	0.0429	0.0372	0.0323	0.0280	0.0244	0.0212	0.0184	0.0160
33	0.0703	0.0606	0.0522	0.0450	0.0388	0.0335	0.0290	0.0250	0.0217	0.0188	0.0162	0.0141
34	0.0648	0.0556	0.0477	0.0409	0.0351	0.0302	0.0260	0.0224	0.0193	0.0166	0.0143	0.0123
35	0.0597	0.0510	0.0435	0.0372	0.0318	0.0272	0.0233	0.0200	0.0171	0.0147	0.0126	0.0108
36	0.0551	0.0468	0.0397	0.0338	0.0288	0.0245	0.0209	0.0178	0.0152	0.0130	0.0111	0.0095
37	0.0508	0.0429	0.0363	0.0307	0.0260	0.0221	0.0187	0.0159	0.0135	0.0115	0.0098	0.0083
38	0.0468	0.0394	0.0331	0.0279	0.0236	0.0199	0.0168	0.0142	0.0120	0.0102	0.0086	0.0073
39	0.0431	0.0361	0.0303	0.0254	0.0213	0.0179	0.0151	0.0127	0.0107	0.0090	0.0076	0.0064
40	0.0397	0.0331	0.0276	0.0231	0.0193	0.0161	0.0135	0.0113	0.0095	0.0080	0.0067	0.0056
41	0.0366	0.0304	0.0252	0.0210	0.0175	0.0145	0.0121	0.0101	0.0084	0.0071	0.0059	0.0049
42	0.0338	0.0279	0.0231	0.0191	0.0158	0.0131	0.0109	0.0090	0.0075	0.0062	0.0052	0.0043
3	0.0311	0.0256	0.0211	0.0173	0.0143	0.0118	0.0098	0.0081	0.0067	0.0055	0.0046	0.0038
44	0.0287	0.0235	0.0192	0.0158	0.0129	0.0106	0.0087	0.0072	0.0059	0.0049	0.0040	0.0033
45	0.0264	0.0215	0.0176	0.0143	0.0117	0.0096	0.0078	0.0064	0.0053	0.0043	0.0036	0.0029
46	0.0244	0.0198	0.0160	0.0130	0.0106	0.0086	0.0070	0.0057	0.0047	0.0038	0.0031	0.0026
47	0.0224	0.0181	0.0146	0.0118	0.0096	0.0078	0.0063	0.0051	0.0042	0.0034	0.0028	0.0022
48	0.0207	0.0166	0.0134	0.0108	0.0087	0.0070	0.0057	0.0046	0.0037	0.0030	0.0024	0.0020
49	0.0191	0.0153	0.0122	0.0098	0.0079	0.0063	0.0051	0.0041	0.0033	0.0027	0.0021	0.0017
50	0.0176	0.0140	0.0112	0.0089	0.0071	0.0057	0.0046	0.0036	0.0029	0.0023	0.0019	0.0015

续表

年份	$14\frac{1}{2}\%$	15%	$15\frac{1}{2}\%$	16%	$16\frac{1}{2}\%$	17%	$17\frac{1}{2}\%$	18%	$18\frac{1}{2}\%$	19%	$19\frac{1}{2}\%$	20%
1	0.9300	0.9278	0.9257	0.9236	0.9215	0.9194	0.9173	0.9153	0.9132	0.9112	0.9092	0.9072
2	0.8122	0.8068	0.8015	0.7962	0.7910	0.7858	0.7807	0.7757	0.7707	0.7657	0.7608	0.7560
3	0.7094	0.7016	0.6939	0.6864	0.6790	0.6716	0.6644	0.6573	0.6504	0.6435	0.6367	0.6300
4	0.6195	0.6101	0.6008	0.5917	0.5828	0.5741	0.5655	0.5571	0.5488	0.5407	0.5328	0.5250
5	0.5411	0.5305	0.5202	0.5101	0.5003	0.4906	0.4813	0.4721	0.4631	0.4544	0.4459	0.4375
6	0.4725	0.4613	0.4504	0.4397	0.4294	0.4194	0.4096	0.4001	0.3908	0.3818	0.3731	0.3646
7	0.4127	0.4011	0.3899	0.3791	0.3686	0.3584	0.3486	0.3390	0.3298	0.3209	0.3122	0.3038
8	0.3604	0.3488	0.3376	0.3268	0.3164	0.3063	0.2967	0.2873	0.2783	0.2696	0.2613	0.2532
9	0.3148	0.3033	0.2923	0.2817	0.2716	0.2618	0.2525	0.2435	0.2349	0.2266	0.2186	0.2110
10	0.2749	0.2637	0.2531	0.2429	0.2331	0.2238	0.2149	0.2064	0.1982	0.1904	0.1830	0.1758
11	0.2401	0.2293	0.2191	0.2094	0.2001	0.1913	0.1829	0.1749	0.1673	0.1600	0.1531	0.1465
12	0.2097	0.1994	0.1897	0.1805	0.1718	0.1635	0.1556	0.1482	0.1412	0.1345	0.1281	0.1221
13	0.1832	0.1734	0.1642	0.1556	0.1474	0.1397	0.1325	0.1256	0.1191	0.1130	0.1072	0.1017
14	0.1600	0.1508	0.1422	0.1341	0.1265	0.1194	0.1127	0.1064	0.1005	0.0950	0.0897	0.0848
15	0.1397	0.1311	0.1231	0.1156	0.1086	0.1021	0.0959	0.0902	0.0848	0.0798	0.0751	0.0707
16	0.1220	0.1140	0.1066	0.0997	0.0932	0.0872	0.0817	0.0764	0.0716	0.0671	0.0628	0.0589
17	0.1066	0.0992	0.0923	0.0859	0.0800	0.0746	0.0695	0.0648	0.0604	0.0563	0.0526	0.0491
18	0.0931	0.0862	0.0799	0.0741	0.0687	0.0637	0.0591	0.0549	0.0510	0.0474	0.0440	0.0409
19	0.0813	0.0750	0.0692	0.0639	0.0590	0.0545	0.0503	0.0465	0.0430	0.0398	0.0368	0.0341
20	0.0710	0.0652	0.0599	0.0551	0.0506	0.0466	0.0428	0.0394	0.0363	0.0334	0.0308	0.0284
21	0.0620	0.0567	0.0519	0.0475	0.0434	0.0398	0.0365	0.0334	0.0306	0.0281	0.0258	0.0237
22	0.0541	0.0493	0.0449	0.0409	0.0373	0.0340	0.0310	0.0283	0.0259	0.0236	0.0216	0.0197
23	0.0473	0.0429	0.0389	0.0353	0.0320	0.0291	0.0264	0.0240	0.0218	0.0198	0.0181	0.0164
24	0.0413	0.0373	0.0337	0.0304	0.0275	0.0248	0.0225	0.0203	0.0184	0.0167	0.0151	0.0137
25	0.0361	0.0324	0.0291	0.0262	0.0236	0.0212	0.0191	0.0172	0.0155	0.0140	0.0126	0.0114
26	0.0315	0.0282	0.0252	0.0226	0.0202	0.0181	0.0163	0.0146	0.0131	0.0118	0.0106	0.0095
27	0.0275	0.0245	0.0218	0.0195	0.0174	0.0155	0.0139	0.0124	0.0111	0.0099	0.0089	0.0079
28	0.0240	0.0213	0.0189	0.0168	0.0149	0.0133	0.0118	0.0105	0.0093	0.0083	0.0074	0.0066
29	0.0210	0.0185	0.0164	0.0145	0.0128	0.0113	0.0100	0.0089	0.0079	0.0070	0.0062	0.0055
30	0.0183	0.0161	0.0142	0.0125	0.0110	0.0097	0.0085	0.0075	0.0066	0.0059	0.0052	0.0046
31	0.0160	0.0140	0.0123	0.0108	0.0094	0.0083	0.0073	0.0064	0.0056	0.0049	0.0043	0.0038
32	0.0140	0.0122	0.0106	0.0093	0.0081	0.0071	0.0062	0.0054	0.0047	0.0041	0.0036	0.0032
33	0.0122	0.0106	0.0092	0.0080	0.0070	0.0060	0.0053	0.0046	0.0040	0.0035	0.0030	0.0027
34	0.0107	0.0092	0.0080	0.0069	0.0060	0.0052	0.0045	0.0039	0.0034	0.0029	0.0025	0.0022
35	0.0093	0.0080	0.0069	0.0059	0.0051	0.0044	0.0038	0.0033	0.0028	0.0025	0.0021	0.0018
36	0.0081	0.0070	0.0060	0.0051	0.0044	0.0038	0.0032	0.0028	0.0024	0.0021	0.0018	0.0015
37	0.0071	0.0061	0.0052	0.0044	0.0038	0.0032	0.0028	0.0024	0.0020	0.0017	0.0015	0.0013
38	0.0062	0.0053	0.0045	0.0038	0.0032	0.0028	0.0024	0.0020	0.0017	0.0015	0.0012	0.0011
39	0.0054	0.0046	0.0039	0.0033	0.0028	0.0024	0.0020	0.0017	0.0014	0.0012	0.0010	0.0009
40	0.0047	0.0040	0.0034	0.0028	0.0024	0.0020	0.0017	0.0014	0.0012	0.0010	0.0009	0.0007
41	0.0041	0.0035	0.0029	0.0024	0.0020	0.0017	0.0014	0.0012	0.0010	0.0009	0.0007	0.0006
42	0.0036	0.0030	0.0025	0.0021	0.0018	0.0015	0.0012	0.0010	0.0009	0.0007	0.0006	0.0005
3	0.0032	0.0026	0.0022	0.0018	0.0015	0.0013	0.0010	0.0009	0.0007	0.0006	0.0005	0.0004
44	0.0028	0.0023	0.0019	0.0016	0.0013	0.0011	0.0009	0.0007	0.0006	0.0005	0.0004	0.0004
45	0.0024	0.0020	0.0016	0.0013	0.0011	6.0009	0.0008	0.0006	0.0005	0.0004	0.0004	0.0003
46	0.0021	0.0017	0.0014	0.0012	0.0010	0.0008	0.0006	0.0005	0.0004	0.0004	0.0003	0.0002
47	0.0018	0.0015	0.0012	0.0010	0.0008	0.0007	0.0006	0.0005	0.0004	0.0003	0.0003	0.0002
48	0.0016	0.0013	0.0011	0.0009	0.0007	0.0006	0.0005	0.0004	0.0003	0.0003	0.0002	0.0002
49	0.0014	0.0011	0.0009	0.0007	0.0006	0.0005	0.0004	0.0003	0.0003	0.0002	0.0002	0.0001
50	0.0012	0.0010	0.0008	0.0006	0.0005	0.0004	0.0003	0.0003	0.0002	0.0002	0.0001	0.0001

从现在起在（t−1）和 t 年之间特定的 1 年时间间隔期间，用于在每月底收到的相等支付的年递延系数。

对给定的 F_q 比值和乘数 tj，用于这种连续计算复利的双曲线递减递延系数可以从图 44.10 中的曲线上读出。

7. 调和递减递延系数$\overline{F}_{Ha}$

这是遵循调和递减（递减与产量成正比）的一系列未来支付的现值与这些支付的总金额之比。在以名义利率（j）连续计算复利（$M=\infty$）时，平均递延系数为[17]：

$$\overline{F}_{Ha}=\frac{e^{t_a j/(F_q-1)}}{\ln F_q}\left[Ei\left(\frac{t_a j}{F_q-1}\right)-Ei\left(\frac{t_a jF_q}{F_q-1}\right)\right] \tag{41}$$

式中

$$t_a=\frac{N_{pa}}{q_i}\frac{(F_q-1)}{\ln F_q}$$

对于给定比值 F_q 和 t_j 来讲，用于这种连续复利计算的调和递减递延系数可以直接从图 44.11 曲线上查得。

8. 贷款还付计算

在准备一项工程报告的过程中，有时需要包括所提贷款的未来收入规划和还付计划。为了编制这样一个还付计划，必须确定每年年终或每个期末的贷款余额。

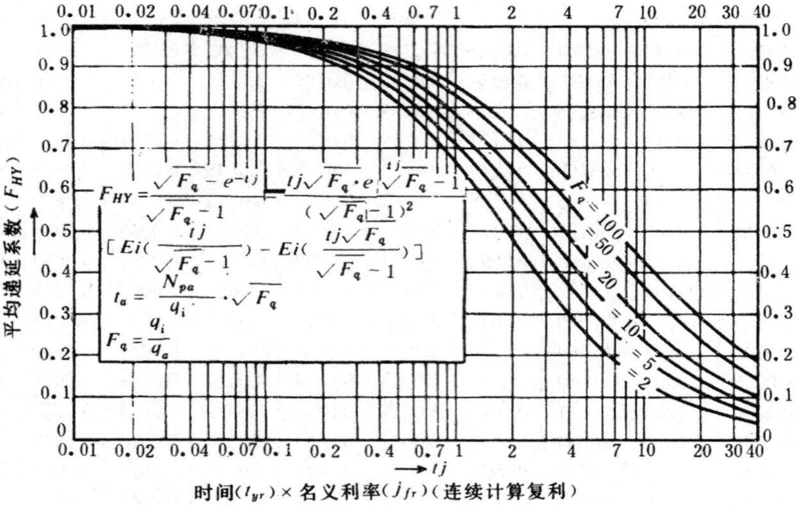

图 44.10 用于双曲线递减（$n=1/2$）的递延系数

$$F_{Hy}=\frac{\sqrt{F_q}-e^{-tj}}{\sqrt{F_q}-1}-\frac{tj\sqrt{F_q}\cdot e^{\frac{tj}{\sqrt{F_q}-1}}}{(\sqrt{F_q}-1)^2}\left[Ei\left(\frac{tj}{\sqrt{F_q}-1}\right)-Ei\left(\frac{tj\sqrt{F_q}}{\sqrt{F_q}-1}\right)\right]$$

$$t_a=\frac{N_{pa}}{q_i}\cdot\sqrt{F_q}$$

$$F_q=\frac{q_i}{q_a}$$

Wilson 和 Boyd[21] 根据以下假设提出了一项计算程序：（1）由于每月计算复利而使贷

款本金增大；(2)任何一年期间的贷款都是以相等的按月分期付款支付的，这些分期付款都在每个日历月底存入；(3)本金和贷款支付这两者都负担以贷款名义年利率按月计复利的利息。

Wilson 和 Boyd 用两项数字系数确定每年底的余额。这些系数均列于表 44.15。

系数 1 为以特定的名义年利率投入并按月进行复利计算的 1 美元的总值。系数 2 为逐月投入，并在给定的月数末按月计算复利，然后除以月数的 1 美元的总值。这些系数的方程为:

$$F_1 = \left(1 + \frac{j}{12}\right)$$

和

$$F_2 = \frac{(F_1 - 1)}{\left(\frac{j}{12} \times t\right)}$$

式中 F_1——系数1；

F_2——系数2；

j——年名义利率；

t——时间，月数。

表 44.15 贷款还付计算系数

名义利率	月份	系数 1	系数 2	名义利率	月份	系数 1	系数 2
4%	1	1.003333	1.000000	$6^1/_2$%	1	1.005417	1.000000
($^1/_3$%/月)	2	1.006678	1.001667	($^{13}/_{24}$%/月)	2	1.010863	1.002709
	3	1.010033	1.003337		3	1.016338	1.005426
	4	1.013400	1.005011		4	1.021843	1.008154
	5	1.016778	1.006689		5	1.027378	1.010892
	6	1.020167	1.008370		6	1.032943	1.013640
	7	1.023568	1.010056		7	1.038538	1.016397
	8	1.026980	1.011745		8	1.044164	1.019165
	9	1.030403	1.013438		9	1.049820	1.021943
	10	1.033838	1.015134		10	1.055506	1.024730
	11	1.037284	1.016834		11	1.061224	1.027528
	12	1.040742	1.018539		12	1.066972	1.030336
$4^1/_2$%	1	1.003750	1.000000	7%	1	1.005833	1.000000
($^3/_8$%/月)	2	1.007514	1.001875	($^7/_{12}$%/月)	2	1.011701	1.002917
	3	1.011292	1.003755		3	1.017602	1.005845
	4	1.015085	1.005639		4	1.023538	1.008784
	5	1.018891	1.007528		5	1.029509	1.011735
	6	1.022712	1.009422		6	1.035514	1.014697
	7	1.026547	1.011321		7	1.041555	1.017671
	8	1.030397	1.013224		8	1.047631	1.020657
	9	1.034261	1.015132		9	1.053742	1.023654
	10	1.038139	1.017045		10	1.059889	1.026663
	11	1.042032	1.018963		11	1.066071	1.029683
	12	1.045940	1.020885		12	1.072290	1.032715
5%	1	1.004167	1.000000	$7^1/_2$%	1	1.006250	1.000000
($^5/_{12}$%/月)	2	1.008351	1.002083	($^{15}/_{24}$%/月)	2	1.012539	1.003125
	3	1.012552	1.004172		3	1.018867	1.006263

续表

名义利率	月份	系数 1	系数 2
	4	1.016771	1.006267
	5	1.021008	1.008368
	6	1.025262	1.010475
	7	1.029534	1.012587
	8	1.033824	1.014705
	9	1.038131	1.016830
	10	1.042457	1.018960
	11	1.046800	1.021096
	12	1.051162	1.023238
$5^{1}/_{2}\%$ ($^{11}/_{24}\%$/月)	1	1.004583	1.000000
	2	1.009188	1.002292
	3	1.013813	1.004590
	4	1.018460	1.006896
	5	1.023128	1.009209
	6	1.027817	1.011529
	7	1.032528	1.013856
	8	1.037260	1.016190
	9	1.042014	1.018531
	10	1.046790	1.020879
	11	1.051588	1.023235
	12	1.056408	1.025597
6% ($^{1}/_{2}\%$/月)	1	1.005000	1.000000
	2	1.010025	1.002500
	3	1.015075	1.005008
	4	1.020151	1.007525
	5	1.025251	1.010050
	6	1.030378	1.012584
	7	1.035529	1.015126
	8	1.040707	1.017676
	9	1.045911	1.020235
	10	1.051140	1.022803
	11	1.056396	1.025379
	12	1.061678	1.027964
9% ($^{3}/_{4}\%$/月)	1	1.007500	1.000000
	2	1.015056	1.003750
	3	1.022669	1.007519
	4	1.030339	1.011306
	5	1.038067	1.015113
	6	1.045852	1.018939
	7	1.053696	1.022783
	8	1.061599	1.026647
	9	1.069561	1.030531
	10	1.077583	1.034434
	11	1.085664	1.038357
	12	1.093807	1.042299

名义利率	月份	系数 1	系数 2
	4	1.025235	1.009414
	5	1.031643	1.012578
	6	1.038091	1.015756
	7	1.044579	1.018947
	8	1.051108	1.022151
	9	1.057677	1.025368
	10	1.064287	1.028599
	11	1.070939	1.031843
	12	1.077633	1.035101
8% ($^{2}/_{3}\%$/月)	1	1.006667	1.000000
	2	1.013378	1.003333
	3	1.020134	1.006681
	4	1.026935	1.010045
	5	1.033781	1.013423
	6	1.040673	1.016816
	7	1.047610	1.020224
	8	1.054595	1.023647
	9	1.061625	1.027086
	10	1.068703	1.030540
	11	1.075827	1.034009
	12	1.083000	1.037494
$8^{1}/_{2}\%$ ($^{17}/_{24}\%$/月)	1	1.007083	1.000000
	2	1.014217	1.003542
	3	1.021401	1.007100
	4	1.028636	1.010675
	5	1.035922	1.014267
	6	1.043260	1.017876
	7	1.050650	1.021503
	8	1.058092	1.025146
	9	1.065586	1.028807
	10	1.073134	1.032485
	11	1.080736	1.036180
	12	1.088391	1.039893
11% ($^{11}/_{12}\%$/月)	1	1.009167	1.000000
	2	1.018417	1.004583
	3	1.027753	1.009195
	4	1.037174	1.013834
	5	1.046681	1.018502
	6	1.056276	1.023199
	7	1.065958	1.027924
	8	1.075730	1.032678
	9	1.085591	1.037462
	10	1.095542	1.042275
	11	1.105584	1.047117
	12	1.115719	1.051989

续表

名义利率	月份	系数 1	系数 2	名义利率	月份	系数 1	系数 2
$9^{1}/_{2}\%$	1	1.007917	1.000000	$11^{1}/_{2}\%$	1	1.009583	1.000000
($^{19}/_{24}\%$/月)	2	1.015896	1.003958	($^{23}/_{24}\%$/月)	2	1.019259	1.004792
	3	1.023939	1.007938		3	1.029026	1.009614
	4	1.032045	1.011938		4	1.038888	1.014467
	5	1.040215	1.015959		5	1.048844	1.019351
	6	1.048450	1.020002		6	1.058895	1.024267
	7	1.056750	1.024066		7	1.069043	1.029214
	8	1.065116	1.028151		8	1.079288	1.034192
	9	1.073548	1.032259		9	1.089631	1.039203
	10	1.082047	1.036388		10	1.100074	1.044246
	11	1.090614	1.040538		11	1.110616	1.049321
	12	1.099248	1.044711		12	1.121259	1.054429
10%	1	1.008333	1.000000	12%	1	1.010000	1.000000
($^{5}/_{6}\%$/月)	2	1.016736	1.004167	(1%/月)	2	1.020100	1.005000
	3	1.025209	1.008356		3	1.030301	1.010033
	4	1.033752	1.012570		4	1.040604	1.015100
	5	1.042367	1.016806		5	1.051010	1.020201
	6	1.051053	1.021066		6	1.061520	1.025336
	7	1.059812	1.025350		7	1.072135	1.030505
	8	1.068644	1.029658		8	1.082857	1.035709
	9	1.077549	1.033990		9	1.093685	1.040947
	10	1.086529	1.038346		10	1.104622	1.046221
	11	1.095583	1.042726		11	1.115668	1.051530
	12	1.104713	1.047131		12	1.126825	1.056875
$10^{1}/_{2}\%$	1	1.008750	1.000000	$12^{1}/_{2}\%$	1	1.010417	1.000000
($^{7}/_{8}\%$/月)	2	1.017577	1.004375	($1^{1}/_{24}\%$/月)	2	1.020942	1.005208
	3	1.026480	1.008776		3	1.031577	1.010453
	4	1.035462	1.013202		4	1.042322	1.015734
	5	1.044522	1.017654		5	1.053180	1.021051
	6	1.053662	1.022132		6	1.064150	1.026406
	7	1.062881	1.026636		7	1.075235	1.031798
	8	1.072182	1.031167		8	1.086436	1.037228
	9	1.081563	1.035724		9	1.097753	1.042695
	10	1.091027	1.040308		10	1.109188	1.048201
	11	1.100573	1.044919		11	1.120742	1.053745
	12	1.110203	1.049557		12	1.132416	1.059328
13%	1	1.010833	1.000000	15%	1	1.012500	1.000000
($1^{1}/_{12}\%$/月)	2	1.021784	1.005417	($1^{1}/_{4}\%$/月)	2	1.025156	1.006250
	3	1.032853	1.010872		3	1.037971	1.012552
	4	1.044043	1.016368		4	1.050945	1.018907
	5	1.055353	1.021903		5	1.064082	1.025314
	6	1.066786	1.027478		6	1.077383	1.031776
	7	1.078343	1.033093		7	1.090850	0.038291
	8	1.090025	1.038749		8	1.104486	1.044861
	9	1.101834	1.044447		9	1.118292	1.051486
	10	1.113770	1.050185		10	1.132271	1.058167

续表

名义利率	月份	系数 1	系数 2	名义利率	月份	系数 1	系数 2
	11	1.125836	1.055966		11	1.146424	1.064903
	12	1.138032	1.061788		12	1.160755	1.071697
$13^1/_2\%$	1	1.011250	1.000000	$15^1/_2\%$	1	1.012917	1.000000
($1^1/_8\%$/月)	2	1.022627	1.005625	($1^7/_{24}\%$/月)	2	1.026000	1.006458
	3	1.034131	1.011292		3	1.039253	1.012972
	4	1.045765	1.017002		4	1.052676	1.019542
	5	1.057530	1.022755		5	1.066273	1.026169
	6	1.069427	1.028550		6	1.080046	1.032853
	7	1.081458	1.034390		7	1.093997	1.039595
	8	1.093625	1.040274		8	1.108128	1.046395
	9	1.105928	1.046201		9	1.122441	1.053254
	10	1.118370	1.052174		10	1.136939	1.060173
	11	1.130951	1.058192		11	1.151624	1.067152
	12	1.143674	1.064255		12	1.166500	1.074191
14%	1	1.011667	1.000000	16%	1	1.013333	1.000000
($1^1/_6\%$/月)	2	1.023469	1.005833	($1^1/_3\%$/月)	2	1.026844	1.006667
	3	1.035410	1.011712		3	1.040536	1.013393
	4	1.047490	1.017637		4	1.054410	1.020178
	5	1.059710	1.023607		5	1.068468	1.027025
	6	1.072074	1.029624		6	1.082715	1.033932
	7	1.084581	1.035689		7	1.097151	1.040901
	8	1.097235	1.041800		8	1.111779	1.047932
	9	1.110036	1.047960		9	1.126603	1.055026
	10	1.122986	1.054167		10	1.141625	1.062184
	11	1.136088	1.060423		11	1.156846	1.069406
	12	1.149342	1.066729		12	1.172271	1.076692
$14^1/_2\%$	1	1.012083	1.000000	$16^1/_2\%$	1	1.013750	1.00000
($1^5/_{24}\%$/月)	2	1.024313	1.006042	($1^9/_{24}\%$/月)	2	1.027689	1.006875
	3	1.036690	1.012132		3	1.041820	1.013813
	4	1.049216	1.018271		4	1.056145	1.020815
	5	1.061894	1.024460		5	1.070667	1.027881
	6	1.074726	1.030699		6	1.085388	1.035012
	7	1.087712	1.036989		7	1.100313	1.042208
	8	1.100855	1.043329		8	1.115442	1.049471
	9	1.114157	1.049721		9	1.130779	1.056801
	10	1.127620	1.056165		10	1.146327	1.064199
	11	1.141245	1.062661		11	1.162089	1.071665
	12	1.155035	1.069209		12	1.178068	1.079201
17%	1	1.014167	1.000000	19%	1	1.015833	1.000000
($1^5/_{12}\%$/月)	2	1.028534	1.007083	($1^7/_{12}\%$/月)	2	1.031917	1.007917
	3	1.043105	1.014234		3	1.048256	1.015917
	4	1.057882	1.021451		4	1.064853	1.024002
	5	1.072869	1.028738		5	1.081714	1.032172
	6	1.088068	1.036093		6	1.098841	1.040429

续表

名义利率	月份	系数 1	系数 2	名义利率	月份	系数 1	系数 2
	7	1.103482	1.043518		7	1.116239	1.048774
	8	1.119115	1.051013		8	1.133913	1.057207
	9	1.134969	1.058580		9	1.151866	1.065730
	10	1.151048	1.066219		10	1.170104	1.074343
	11	1.167354	1.073931		11	1.188631	1.083049
	12	1.183892	1.081716		12	1.207451	1.091847
$17\frac{1}{2}\%$ ($1\frac{11}{24}\%$/月)	1	1.014583	1.000000	$19\frac{1}{2}\%$ ($1\frac{15}{24}\%$/月)	1	1.016250	1.000000
	2	1.029379	1.007292		2	1.032764	1.008125
	3	1.044391	1.014654		3	1.049546	1.016338
	4	1.059622	1.022088		4	1.066602	1.024640
	5	1.075075	1.029595		5	1.083934	1.033032
	6	1.090753	1.037175		6	1.101548	1.041516
	7	1.106660	1.044829		7	1.119448	1.050092
	8	1.122798	1.052558		8	1.137639	1.058761
	9	1.139173	1.060362		9	1.156126	1.067526
	10	1.155785	1.068243		10	1.174913	1.076386
	11	1.172641	1.076202		11	1.194005	1.085343
	12	1.189742	1.084238		12	1.213408	1.094398
18% ($1\frac{1}{2}\%$/月)	1	1.015000	1.000000	20% ($1\frac{2}{3}\%$/月)	1	1.016667	1.000000
	2	1.030225	1.007500		2	1.033611	1.008333
	3	1.045678	1.015075		3	1.050838	1.016759
	4	1.061364	1.022726		4	1.068352	1.025279
	5	1.077284	1.030453		5	1.086158	1.033894
	6	1.093443	1.038258		6	1.104260	1.042604
	7	1.109845	1.046142		7	1.122665	1.051412
	8	1.126493	1.054105		8	1.141376	1.060319
	9	1.143390	1.062148		9	1.160399	1.069325
	10	1.160541	1.070272		10	1.179739	1.078433
	11	1.177949	1.078478		11	1.199401	1.087642
	12	1.195618	1.086768		12	1.219391	1.096955
$18\frac{1}{2}\%$ ($1\frac{13}{24}\%$/月)	1	1.015417	1.000000				
	2	1.031071	1.007708				
	3	1.046967	1.015496				
	4	1.063107	1.023364				
	5	1.079497	1.031312				
	6	1.096139	1.039343				
	7	1.113038	1.047457				
	8	1.130197	1.055655				
	9	1.147621	1.063937				
	10	1.165314	1.072305				
	11	1.183279	1.080761				
	12	1.201521	1.089304				

表 44.16　贷款还付实例

年份	经营权益收益（美元）(1)	对贷款的总支付额为(1)的80%（美元）(2)	时期开始时贷款余额（美元）(3)	系数 1 (4)	贷款余额×系数 1（美元）(5)	系数 2 (6)	贷款支付额×系数 2 (2)×(6)（美元）(7)	年末贷款余额 (5)～(7)（美元）(8)	分配给本金部分 (3)～(8)（美元）(9)	分配给利息部分 (2)～(9)（美元）(10)
9 月 1957	675240	540192	2000000	1.042014	2084028	1.018531	550202	1533826	446174	74018
1958	835200	668160	1533826	1.056408	1620346	1.025597	685263	935083	598743	69417
1959	776100	620880	935083	1.056408	987829	1.025597	636733	351096	584027	36853
1960	632200	358776	351056					0	351056	7720
1961	514000							还付＝		
1962	714240							$^{9}/_{60}$		
在此以后	1232090									
总数	5082070	2188008							2000000	188008

确定最后一个部分年的程序如下：

①用这一实例中的 1960 年收入的 80%确定月平均支付额，为每月 42127 美元；

②计算还付本金余额的月数而不考虑利息。在本实例中的月数为 8.3；

③计算最后一个全月末的贷款余额：

a.8 个月的支付额＝8(42127)＝337176 美元；

b.贷款余额×8 个月的系数 1＝351096×1.037260＝364136 美元；

c.8 个月的支付额×系数 2＝337176 美元×1.016190＝342635 美元；

8 个月后的贷款余额＝364136 美元−324635 美元＝21501 美元；

④计算第 9 个月及最后 9 个月（还付＝1960 年 9 月）的总支付额：

a.第 9 个月的支付额＝贷款余额×1 个月的系数 1＝21501×1.004583＝21600 美元；

b.最后 9 个月的总支付额＝21600+337176 美元＝358776 美元。

计算步骤为：(1) 把上一年末的贷款余额乘以系数 1；(2) 把年总支付乘以系数 2；(3) 从第 1 步的乘积中减去第 2 步的乘积（其差相当于年末的贷款余额）；(4) 对少于 1 年的时间期，对涉及的月数采用合适的系数，以替代全年几个月的时间期。

实例计算如表 44.16 所示。贷款总额为 200 万美元，年名义利息为 $5^{1}/_{2}$%，每年用 80%经营净收益偿还。通过计算确定了还付期、所需的总支付额以及年利息支付总额。这些计算所示的内容要比单纯用于澄清问题详细得多。

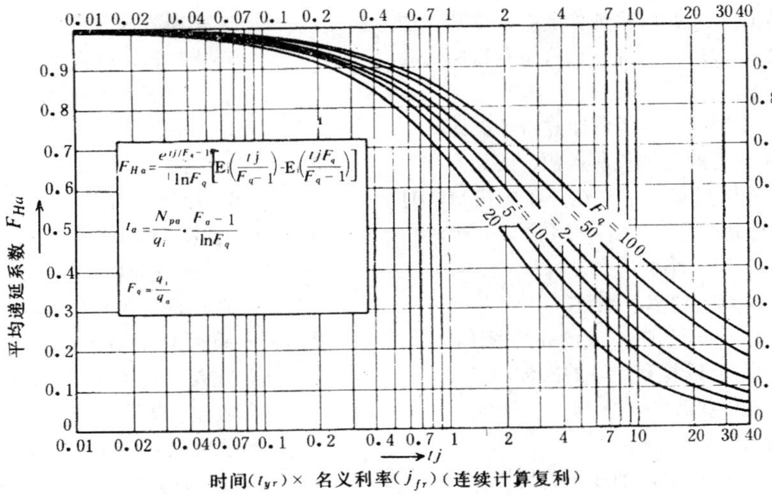

图 44.11　用于调和递减的递延系数

符 号 说 明

a——通称递减率，瞬时变化率除以瞬时产量，小数；

C_B——投资未回收部分的余额，美元；

C_{dl}——纳税期开始时的可折耗的租地成本基数，美元；

C_i——初始资本投资或买价，美元；

C_I——无形的钻井和开发费用，美元；

C_{IA}——无形费用在120个月内资本化和摊提或用折耗率折耗时的扣除，美元；

C_{IP}——优惠的无形钻井费用，美元；

C_{IX}——无形费用减去 C_{IA}，美元；

C_{PT}——地方生产税，美元；

C_{WT}——经营权益，总费用的小数；

d——有效递减率，单位时间内的产量下降除以该时期开始时的产量，小数；

D_A——可列支的折耗，D_C的最高值或$V_{DE}KV_{TI}$的较低值；

D_C——折耗成本，在给定年份中与产出储量成正比的那部分租地成本，美元；

D_E——折耗，由于有意的另星拆除或在使用中逐步消费而造成的资本价值递减；

D_{KB}——方钻杆补心以下深度测量值；

D_P——折旧，由于使用或时间的推移（技术淘汰）而使有形资产的价值递减；

e——自然对数的底；

$E_i(x)$——x 的指数积分；

F_I——以按月计算复利的特定年利息投入的美元总值，美元；

F_2——逐月投入，并在月数末按月计算复利，然后除以投入以来月数的美元的总值，美元；

$\overline{F}_{CPD}$——定率递减递延系数，用于遵循定率递减的一系列未来支付的平均递延系数，小数；

$\overline{F}_{CR}$——恒定速率递延系数，用于在相等时间间隔作出的一系列未来等值支付的平均递延系数，小数；

$\overline{F}_{Ha}$——调和递减递延系数，用于遵循调和递减的一系列未来支付的平均递延系数，小数；

$\overline{F}_{HY}$——双曲线递减递延系数，用于遵循双曲线递减的一系列未来支付的平均递延系数，小数；

$\overline{F}_{LS}$——揽子递延系数，用于一项单独的未来支付的平均递延系数，小数；

$\overline{F}_{PV}$——递延系数，用于把未来所得的收益减为现值的系数，小数；

$\overline{F}_q$——初始和最终的产量或支付之比；

i——实际的年安全复利率，小数；

i'——实际的年风险复利率，小数；

i_R——收益利息，总收益的小数；

I——年净收益，美元；

I_a——经营净收益，扣减租地作业费、联邦货物税和生产税后，从油气销售中获得的总收益，美元；

I_n——在第 n 年期间的年经营净收益，美元；

I_T——权益所有者的应纳税所得额，美元；

j——名义安全年利率，用于在一年中按M个时期进行复利计算，并等于 M 乘以一个时期的利息 j／M，小数；

J'——名义风险年利率，小数；

m_k——摊销，一种无形资产或债务的偿清；

M——每年中利息以复利计算的次数；

n——每年的支付次数；

N_P——累计产出油量，桶；

N_r——纳税期末的储量，桶或千英尺^3；

O_a——作业费用，包括从价税，美元；

O_G——总管理费用，美元；

O_t——井月作业费用，美元；

O_u——每桶的加权平均作业成本，美元；

P——净利润；扣减资本支出后的经营净收益总额，美元；

P_{PV}——未来净收益或现金流；扣减生产税、联邦货物税、作业费用和附带的资本支出后，从油气销售中获得的年总收益规划，美元；

q——产量，桶／日，桶／月或桶／年；

s——各个时期中的单位销售量；

S——偿债基金余额；

t——时间，月或年；

t_a——废弃时间或未来生产期限，年；

T_{WP}——暴利税（WPT）；

V——总收益（总值），从油气销售中获得的总收益，美元；

V_{DE}——总收益的百分率，百分率折耗；

V_{TI}——“50%的净收益”，百分率折耗，等于50%应纳税净所得额，美元；

$\sum I$——未来经营净收益总额，美元。

脚注

a——废弃；

i——初始的；

t——在时间 t 时的条件。

参 考 文 献

1. Foster, V.:“The A–B–C's of Oil Loans.”Louisiana State U., Baton Rouge (1958).
2. Davis, R.E. and Stephenson, E.A.:“The Valuation of Natural Gas Properties,”*J. Pet. Tech.* (July 1953) 9–13.
3. Fiske, L.E.: *The Valuation of Oil and Gas Properties in Estates and Trusts,* second edition. Rocky Mountain Mineral Law Inst.(1956).
4. Eggleston. W.S.:“ Methods and Procedures for Estimating FairMarket Value of Petroleum Properties.”*J. Pet, Tech.* (May 1964) 481–86.
5. DeGolyer, E.L. and MacNaughton, L.W.:“Valuation in the Petroleum Industry,”*Oil and Gas Taxes,* Prentice–Hall Inc., Englewood Cliffs. NJ, 2003. 1–2003.6.
6. Arps, J.J.:“Profitability of Capital Expenditures for Development Drilling and Producing Property Appraisal.”*J. Pet. Tech.* (July 1958) 13–20; *Trans.*, AIME. **213.**
7. Reynolds, F.S.:“ Discounted Cash Flow as a Measure of Market Value.” *J. Pet. Tech.* (Nov. 1959)15–19.
8. Terry, L.F. and Hill, K.E.:“Valuation of Producing Properties for Loan Purposes,”*J. Pet. Tech.* (July 1953) 23–26.
9. Dodson, C.R.:“The Petroleum Engineer's Function in Oil and Gas Financing,”*J. Pet. Tech.* (April 1960) 19–22.
10. Garb, F.A., Gruy, H.J., and Wood, J.W.:“Determining the Value of Oil and Gas in the Ground.”*World Oil* (March 1982) 105–08.
11. Fagin. F.M.:“An Empirical Yardstick for Appraising the Present Fair Market Value of Steady Future Net Operating Income from Oil and Gas Producing Properties,” Study Group Meeting. Dallas Section, SPE, Nov. i, 1956.
12. Arps, J.J.:“Analysis of Decline Curves.”*Trans.*, AIME (1945) **160.** 228–47.

13. Paine, P.: *Oil Property Valuation*, John Wiley & Sons Inc., New York City (1942).
14. Morrisey, N.S.: "Active Fields Report Drilling Data." *Oil and Gas J.* (Oct. 6, 1958) 172.
15. "Joint Association Survey of Industry Drilling Costs 1959." API. IPAA. and Mid-Continent Oil and Gas Assn. (March 1961).
16. Breeding, C.W. and Herzfeld, J.R.: "Effect of Taxation on Valuation and Production Engineering, " *J. Pet, Tech.* (Sept. 1958) 21–25.
17. Brons, F. and McGarry, J.S. Jr.: "Methods of Calculating Profitabilitines, " paper SPE 870–G presented at the 1957 SPE Annual Meeting, Dallas, Oct. 6–9.
18. Hill. H.G.: "A New Method of Computing Rate of Return on Capital Expenditures," paper presented at the Philadelphia Chapter of the Natl, Assn. for Budsiness Budgeting, Aug. 1953.
19. Hoskold, H.D.: *Engineer's Valuing Assistant*, Longmans, Green & Co. Inc., New York City (1877).
20. Morkill. D. B.: *Formulas for Mine Valuation*, Mining and Scientific Press. 117. **276.**
21. Wilson, W.W. and Boyd, W.L.: "Simplified Calculations Determine Loan Payout." *World Oil* (May 1958).

一般参考文献

Arps, J.J.: "Reason for Differences in Recovery Efficiency, " paper SPE 2068 presented at the 1968 SPE Hydrocarbon Economics and Evaluation Symposium, Dallas, March 4–5.

Campbell, J.M.: *Petroleum Evaluation for Financial Disclosures*, Campbell Petroleum Series, Norman, OK (1982).

Campbell, J.M. and Hubbard, R.A.: "Price Forecasting and Project Evaluation in the 1980's." *J. Pet. Tech.* (May 1984)817–25.

Campbell, J.M. *et al.*: *Mineral Property Economics*, Campbell Petroleum Series, Norman, OK (1977).

Chan. S.A.: "Financial and Engineering Considerations in Petroleum Property Acquisitions, " paper SPE 11301 presented at the 1983 SPE Hydrocarbon Economics and Evaluation Symposium, Dallas, March 3–4.

Cozzolino, J.M.: "A Simplified Utility Framework For the Analysis of Financial Risk, " paper SPE 6359 presented at the 1977 SPE Hydrocarbon Economics and Evaluation Symposium, Dallas, Feb. 21–22.

Economics and Finance, Reprint Series, SPE, Richardson, TX (1980) **16.**

Grossling, B.F.: "In Search of a Statistical Probability Model for Petroleum–Resource Assessment." U.S. Dept, of the Interior, Reston, VA (1975).

Gentry, R.W. and McCray, A.W.: "The Effect of Reservoir Fluid Properties on Production Decline Curves, " *J. Pet. Tech.* (Sept. 1978) 1327–41.

Greenwalt. W.A.: "Determining Venture Participation, " *J. Pet, Tech.* (Nov. 1981) 2189–95.

Mintz, F.: "Reserve Based Financing–Specific Requirements and Alternatives, " paper SPE 9578 presented at the 1981 SPE Hydrocarbon Economics and Evaluation Symposium, Dallas, Feb. 25–27.

Newendorp. P.D.: "A Strategy for Implementing Risk Analyses. " *J. Pet. Tech.* (Oct. 1984) 1791–96.

Petrie, T.A. and Paasch, R.D.: "Implications of Evolving U.S. Oil Pricing Policy for Domestic Reserve Values, " *J. Pet. Tech.* (Feb. 1981) 341–48.

Standards Pertaining to the Estimating and Auditing of Oil and Gas Reserve Information, SPE, Richardson, TX (1980).

第四十五章　注入作业

W.P.Schultz，Core Laboratories Inc.　　　　　　　　　赵钧　译
H.M.Shearin，Suburban Propane Exploration Co. Inc❶

一、引　　言

石油工业像其它工业一样，能发展到今天是因为它销售合乎需求的产品而获得一定的利润。为做到这一点，极其重要的是，一个石油公司在进行各方面的活动时都牢记这一目标。一个具体公司的具体经营目标和经营细则可能与另一个公司有或多或少的差异，这主要取决于经济和市场结构；但是，每一个公司都希望它的经营细则及其整个经营活动实现经济上的最佳化。

当然，在制订实现最佳化方案时要考虑许多方面，并且所要考虑的这些方面，一个公司和另一个公司会有所不同，一个地区同另一个地区也会不同，甚至随着时间的推移也会有差异。各公司在分析各自的经济状况时，再不能只考虑用一次采油方式开发和开采它们的油气储量。国际市场对烃类产品的需求量和供给量、勘探、开发、开采和运输的经济条件、钻井契约和各管理当局对生产经营所规定的限制条款、征税、能源市场上其它原材料的竞争等等，所有这些对需要协调发展的石油工业的各项作业和一个公司内部活动的控制，都具有综合性的影响。同样重要的是，对于正在进行的具体工程项目来说，必须更详细地考虑和制订长期的规划。本章就是按照上述总的思路编写的。

油田开发和开采作业构成了大多数石油公司经营活动的主要组成部分。相对于所进行的其它方面的任何活动来说，通过对开发和开采方面的经营活动进行严格的、详细的分析，更有可能提高一个公司的总的经济效益，并实际促进公司今后的发展。每一个公司都很清楚，找油并开发和开采一个油藏，其成本是很高的。经验证明，对大多数油田来讲，一次采油并不是一种有效的开发方式，在油田废弃时通常尚有大量原油残留在地下而不能采出。通过科学研究、现场应用，以及工程与地质分析，油田开发技术得到快速发展。目前，在大多数油田的经营管理中只要经济上划算，都在采用新的技术。

油藏工程决不是一门严密的科学，或者说一点也不严密，因为它涉及到许多实际上尚不能测定或无法明确定义的参数。然而，通过科学研究和实践经验已经获得了实质性的认识，足以以此为依据，对油田的开发和开采提出行之有效的建议，利用当代工艺技术经营和管理油田，使一个油藏的开发达到最佳的经济采收率。

多年来人们已经知道，往油藏中注水或注气能够提高采收率。回顾一下这些方法在油田上应用的一般情况是有意义的。许多注水注气工程在还没有弄清油藏天然能量驱动机理之前，甚至对需要用什么资料来适当评价注水注气的可行性或效果尚缺乏一般认识之前，就已经在油田上开始实施了。因此发现，某些工程成功了，明显地大大提高了采收率，而另一些

❶他们也是本书1962年版关于相同题目的作者。

工程却失败了，这也就不足为怪。

随着油藏工程这门科学的发展，许多注入工程项目在实际实施前都经过更仔细的考虑，因而一开始就是在良好的技术和经济基础上实施的。所以，大多数注入作业进展良好。实际上，在大多数新发现油田的开发规划中，都包括如果可行,一开始就实施注入作业的开发方案。

任何工艺技术问题的解决都取决于对实际情况的了解。石油工业也不例外地遵循这条准则。工程师或地质师进行油藏分析所必须使用的许多关键性实际数据，只有在油藏开发的早期才能有效获得。其中某些必需的实际数据也可以在晚些时候获取，但却要多花大量的费用。因此，这与经营者在钻井之前所考虑的问题和在一个新油藏一旦发现即开始制订开发规划的正确的经营方针是一致的。按照这样的经营方针办事，就可以保证工程师在有必要进行恰当的技术分析时有足够的和必需的数据可用，保证在油藏开发的早期选定油藏的最佳开发方案，并保证在开采作业规划中最大限度地指导实现油藏开发方案，达到最佳的经济采收率。本章讨论了如何应用以上的指导思想实施有效的注入作业。

二、注入作业设计中的重要因素

1. 目的

各油（气）藏，像人一样，是互不相同的。各油藏的特性变化很大，工程人员需要加以考虑。在分析这些特性以设计注入作业方案时，最重要的是确定注入作业的目的。

一个经营者要根据自己的具体情况确定一个合适的目的。一个拥有有限投资机会的经营者，可能倾向于提高原油采收率。另一位拥有生产目前产量的丰富储量的经营者，可能倾向于提高或者保持目前的产量。第三位经营者，因产量不足、储量不丰，可能倾向于两者都要提高。看来注入作业的目的是：1）通过保持压力来保持产量稳定；2）通过更有效的驱替过程提高最终采收率；3）综合提高产量和采收率，以便达到现值的最大积累。

在很多情况下，由于附近油藏对注入反映不错，就简单地实施注入作业。后来，又普遍地将这种不完备的推理方式更向前推进了一步，认为，由于物理性质的变化和过去的生产实践油藏的状况是不清楚的，因而不可能进行恰当的工程分析，必须试注看会发生什么情况。按照这种推理开始实施的工程，几乎都是没有目的的注入作业。这种本末到置的思维是看看将发生什么情况，然后决定期望达到什么。由于缺乏目的，工程分析将会得出模糊不清的结论，因为目的影响注入技术的选择和实施时机。

2. 时机

必须保证不会拖迟注入方案的制订，和不会错过实际实施注入作业的最佳时机。在所有情况下都要认识到一个油藏实施注入作业的必要性，以便尽量在油藏开发的早期明确注入作业的具体目的。早期制订规划，即使不是很明细的规划，就能不失时机地为恰当的工程分析取得充足的基础数据。在许多情况下，制定这样的规划会提出对开发方案作某些修改，使油井的井位和完井能最大限度地提高注入方案的效率，最大限度地减少将来重新钻井和修井的费用。

一项注入工程开始实施的最佳时机，常与油田最适宜的注入技术有关。例如某些高渗透性砂岩油藏，在进入低压开发阶段之后，最好注气，实施非混相驱替。因为压力低，用压缩气体。一地下桶体积的成本低。当油藏中出现适量的自由气时，大概可以实施低压水驱。低渗透油藏或那些含高收缩性原油的油藏，可能需要直接采用压力保持方案来保持油井产能和避免高收缩性损失。某些注入作业可能需要高的油藏压力，以适应注入技术的要求。

对于老油田来讲，其开始实施注入工程的最佳时机可能早已错过了，它的问题已不是选一个最佳注入时机，而是选用一项最佳的注入技术。有时，会提出是否要改变油藏状况的问题，例如恢复油藏压力，以便重新创造机会，实施改善作业。

表 45.1　估算实施注入作业油藏采收率所需要的数据

(1) 石油原始地质储量

a.要有足够的井数确定油藏面积的延伸范围

b.确定产层剖面的测井资料，有时还包括流体含量的测井资料

c.岩心测定数据，包括孔隙度、隙间水、含油饱和度等，有时还包括毛管特性数据。这些数据还用作校订测井数据的依据。

d.根据油藏压力和生产动态史进行的物质平衡计算结果，用以评价容积法计算的石油储量

(2) 一次采油动态

a.各井的油、气、水产量

b.由定期压力恢复试井取得的压力资料

c.流体性质

d.用岩心测得的驱替相和被驱替相的相对渗透率

e.含油边界外非生产井的地质数据，这有助于确定一次采油的驱动机理。

(3) 油藏的驱扫系数

a.用岩心测定的渗透率及流体含量变化数据

b.横剖面图及压力干扰试井，确定井间油层连通性

c.由岩心测定和测井结果确定的油层分层情况

d.渗透率的方向性

e.选定的注入井网

f.流体粘度和相对渗透率

g.注水井网模型的面积驱扫油动态

(4) 注入量和产量

a.由岩心分析、压力恢复试井和采油指数试井求得的油层有效渗透率

b.驱替相和被驱替相的相对渗透率曲线

c.压力恢复试井分析得出的井况

d.注入压力

e.流体性质

f.模拟或计算的产出量

3. 注入的流体

在任何一项注入工程中，有些参数是固定不变的，它不受工程师的左右。这类参数包

括：地下原油的流动性质、岩石性质、地层分层性、断层和层深。另一方面，工程师可以改变下述一些参数，如注入的流体、注入压力、注入井网，以及注入排量。为一个具体油藏优选一种合适的注入流体，可说是任何一项注入作业设计中最难的一件事。通常，都仅把空气和水看作是可以大量用来驱替原油的成本低廉的物料。天然气目前的价格使其成为一种昂贵的注入流体，然而，处于没有销售市场地区的天然气，其最大经济效益可能就是作注入流体用。然而，在这一个领域内要充分利用油藏工程师的知识，创造性和智慧，以便制订出一个能极大地提高大多数油藏的采收率和利润的注入方案。设计的注入方案，要尽可能为少用更贵的注入物料，如丙烷、丁烷、液态石油气、CO_2、润湿剂和聚合物等。

4. 预测采收率

所需数据　预测一个实施注入作业的油藏的采收率，需要估算出：(1) 石油原始地质储量；(2) 开始实施注入作业之前的一次采油的采收率；(3) 注入作业开始时的含油饱和度和驱替过程之后的残余油饱和度以及在整个油藏中的分布状况；(4) 油藏的驱扫系数；(5) 注入量和产量。

确定上述各项参量需要有充分的数据。这些数据的某些来源见表45.1。

工程分析　注入作业的动态预测由下述两方面得出：(1) 估算随注入量变化的流动的原油量；(2) 确定注入量和产量以及注入量与时间的关系。计算过程的细节在本手册下面六章中介绍。通常，通过对注入流体驱扫的油藏部分应用物质平衡计算来确定采出油的总量。用方程计算或模拟确定可能的注入量和产量。可以按比例或通过设备规范的限制调整注采比。

5. 最佳注入作业

决定一个具体油田的最佳注入方案包括选择最佳的注入技术和实施此项技术的最好方式。为选择最佳的注入技术需要研究：1) 一次采油动态；2) 注入流体的来源；3) 注入不同流体的成本；4) 不同流体的单位驱替效率。

选择实施注入作业的最佳方式需要研究：(1) 开始注入的时机；(2) 压力的保持；(3) 局部压力的保持；(4) 井的增产增注措施；(5) 打补充井；(6) 选择井网。选定实施每项技术的最佳方式以后，要对比每项技术的最佳方案的经济效益，选出最称心如意的方案。

三、对实施注入作业油藏的分析

1. 早期阶段资料的采集和分析

某些油藏可能在许多方面类似，但在另外一些方面又完全不同。因此，必须取得使富有经验的地质师和工程师能用以确定每一个具体油藏特征的资料。其中大部分资料是在油藏开发过程的某一阶段取得的。某些类型的资料是在油藏整个开采过程中定期采集的。还有某些资料是评价依靠天然能量开采的油藏的可能经济效益和开采特征需要的。为了恰当分析不同注入方案的最大采收率和经济效益，还需要补充另外一些资料。作为油藏研究班子成员的工程师和地质师的一个职责，就是要对每一个油藏在早期需要采集的资料提出一个长期的方案，并编制一个如何和什么时候采集这些资料的计划。这一方案的细节应随着对油藏认识的加深而不断修改。

如果实施得当，这个初期制定的方案就会对早期认识油藏一次采油和实施注入作业采油的潜力作出重大贡献。这个方案的设计应能提供：1) 油藏概貌的描述，如全油田的边界，油藏的几何形状；2) 生产层的主要岩石特征；3) 油藏油气和油水界面的位置（如存在的话)；4）油藏地下流体的性质；5）原始油藏压力和温度状况；6）有关油井平均产能的一般资料。十分明显，如果这个方案是为了完成经济评价和提供资料的目的，则对于最终的井距尚没有提供任何考虑。在大型构造的情况下，这一初期方案要认真制定，步骤明确，尽量多采集与今后合理开发油田直接相关的资料，并应规定资料采集使用的技术。

通常，可以在油藏开发早期实施单井数据采集方案获取充足的数据，从而对注入作业的必要性和对各种类型注入作业的可行性进行有依据的初步验证。早期采集资料的努力必然导致积累充足的资料，从而有可能选择出行之有效的资料采集技术，在钻其他井时也能采集到符合要求的可靠的资料。如果根据初期的资料更早地开始实施了不同的作业方法，并对其开采油藏的可能潜力作出了初步结论，那么这些资料还可以用来对这些计算初步结论做出修正。关于选择具体油藏最佳作业方案的建议一般应以动态预测为依据，其中包括对一次采油动态的详尽分析。

如果不是在油藏开发早期就开始实施某些注入作业，那么在许多情况下这些注入作业的经济潜力会受到很大损害。因此，迫切需要尽早确定不同注入作业方案的经济潜力；这样就常常不能等待获取大部分一次采油阶段的动态资料，也不能等待早期开始实施某种形式的注入作业取得效益。所以，工程师们一个重大责任就是获取充分的资料，并根据所掌握的资料不失时机地提出有关油藏今后开采作业的正确建议。在油藏开发过程中实施这些开采作业的相对时机，会因油藏不同而有很大差异，这主要取决于工程师认别和确定每种情况下天然驱油能量的能力。从技术观点来看，油田的全面开发必须是在最适合油藏情况的开发方案的指导下进行，而那种不考虑油藏特性和潜力，仅按其一选定的任意井距就着手全面开发油田的做法是不足取的。

因此，任何一个油藏的初期开发阶段是一个关键阶段。在这一阶段应取得的资料如下:

(1) 详细的足量的常规岩心分析资料和足量的不同类型的测井资料，根据这些资料选择资料采集技术，对后打的井能进行必要的、精确的解释和测量，取得诸如孔隙度和渗透率等岩石特征资料。从早打的井中所取得的资料应足以确定油田构造、地层总厚度、产层有效厚度、油田边界、孔隙度、渗透率、岩性、产层的均质性和连通性等等。

(2) 进行钻杆（中途）测试，确定不同层段的一般生产特性，帮助确定油气和油水界面的位置（若有的话）。

(3) 定期测井下静压，确定油藏原始压力以后的压力动态史。

(4) 进行井温测试，确定油藏温度。

(5) 油藏流体取样，确定油藏油气的物理性质随压力和温度的变化情况，以及这些性质随深度和地区的变化情况。同时，取地层水样，确定地层水的化学组成。

(6) 定期进行生产测井，提供一般的生产动态特征、气油比及含水率等资料。

(7) 进行专项试井，如采油指数试井、压力恢复试井、井间干扰试井等，提供有关完井技术效果、油层平均产能和油层连通性等资料。

(8) 用选定的有时用专门的保压岩心样品进行专门的岩心分析测定，这有助于确定如隙间水饱和度、气油和水油相对渗透率，水驱残余油饱和度，以及用不同矿化度的水驱油引起的渗透率下降等情况。

(9) 分井的油、气、水月产量变化资料也是有用的。

工程师必须明确在每一种具体情况下，每一种基础数据到底需要多少?通常，需要的资料量主要随油藏系统的复杂性而变，其次是随油藏规模的大小而变。油藏的复杂性常常受到忽视。通常，应在油田开发的早期取得多种类型的数据，以便在以后的完井工艺和资料采集方案中考虑经济效益和可靠性。

2. 注入的类型

在确定全面分析不同注入方案时一个具体油藏的潜力所需要的资料时涉及到许多因素。经验丰富而又掌握适当资料的工程师应该能够早期提出值得进一步详细研究的几种注入方案。新的油藏常常是在同一储层和现有油田附近发现的，这些油田已经有了详细的动态资料。工程师除指出两者之间存在的不同点外，在其初步设想中通常会认为新油田将来的动态可能与之类似。如果附近油田实施的注入工程成功了，或者失败了，那么关于新油田他就会初步想到，除非存在的明显的差别，否则在新油田上实施类似的注入工程，其将来的动态可能与之大体相同。这种思维过程是正常的，但可能是危险的，因为一项具体注入工程的效果实际上常常是随原来的设想、评价和工程规划以及在其整个实施期间进行的工程控制等而变的。在实践中，注入项目合理的工程控制变化相当大，因此，依据类比做初步筛选的想法是好的，但是在评价各种注入方案的必要性或潜力时，不应当作为主要考虑。主要考虑的应是所评价的具体油藏的物理特性。

油藏流体和岩石特性　工程师应该回答的首要问题之一是各种注入方式的技术可行性。这包括油藏岩石和流体特性的初步分析以及油藏几何形状的早期解释。工程师应该不断地了解和掌握诸如高的隙间水含量、不利的油水或油气相对渗透率特性、不利的流度比、地层天然裂缝和断层系统的显示、孔隙度和渗透率在平面及垂向上的异常变化、地层在垂向和平面上的连续性的缺失等特性。这些特性中无论是哪一种都不能排除实施注入工程的技术可行性，可是，它们都是对工程师的警告，并可使问题复杂化。

工程师们知道，例如，如果 1）油藏有相当好的连续性和几何形状，2）渗透率分布比较均匀，3）相对渗透率关系和原油性质也有利，那么从技术观点来看，不论是实施注水注气还是实施其它提高采收率注入工程可能都是可行的。如果地下原油是稠油，那么流度比特性一般对注水比注气有利，并且应用热采法会提高采收率。如果隙间水饱和度高，那么在一定条件下注水比注气更不利。在高欠饱和原油油藏中实施提高采收率作业，常会获得效益。工程师通过经验认识到，地层本身渗透率低并不是排除可实施注入作业的一个因素，而更关键性的因素往往可能是渗透率的急剧变化。所有这些因素，还有其它因素，都可供工程师在油田开发的早期进行研究，如果应用得当，就会对一个油藏的全面开发方案的早期设想起指导作用。

可供利用的注入流体　从注入作业的可行性看，工程师还必须考虑可供利用的注入流体。仅仅这么一个因素有时就会排除对某一具体注入方式的进一步评价，或者在另些情况看，会严重影响一项注入工程的经济收益。从技术观点来看，注水作业可能具有很大的吸引力，然而，如果不能在合理的成本下获得必需的水量，进一步考虑注水作业就不过是空谈。在当地有气体或液化厂产品可供利用时，工程师无疑应当考虑注气或实施混相驱方案。当然，不可能规定一个因素清单，在每一个油藏开发的早期用来确定注入作业的绝对必要性或可行性。这里所讨论的每一个因素都是重要的，其中任何一个因素或者所有有相因素的变化都会不同程度地影响注入效果。

3. 一次采油过程中油藏动态的预测

另一项重要考虑即工程的必要性，必然是工程师对各种可能注入工程进行评价的一个组成部分。这可能是全面分析中极为复杂的一个课题，它不仅包括注入工程本身技术方面的问题，而且还可能包括从公司总的角度对注入工程效果的看法。关于后一个问题将在本章经济问题的讨论中详细论述。关于注入工程在技术方面的必要性包括：分析油藏过去的动态；认别并确定一次采油的天然能量；以及评价一次采油动态的有效性及其预测。

在本手册的其它章中讨论了在一个油藏中可能单独出现或结合出现的驱动机理类型。

工程师们只有在详细认识了这些天然驱动机理之后，才能确定对油藏应用提高采收率的必要性。一般来说，消耗驱或溶解气驱是一种低效的开采方式，但是如果能与良好的重力分离作用和油气对流作用相结合，这种方式会非常有效。通常认为，天然水驱比任何其它天然驱动机理能获得比较高的采收率，而气顶膨胀驱方式的效果次之。

然而，工程师们知道，上述情况是一般规律，并且必须对每一个油藏评价每一种驱动机理的存在和作用。他们可以根据其它类似油田的生产动态和油藏开采早期获取数据的初步评价当今后可能的一次采油动态作出合理的推测，但是，只有通过对具体油藏的动态进行详细研究，才能把这些推测转化为正确的工程结论。当工程师们能够有效应用有关油藏系统基本性质的资料，精确计算并拟合油藏已往的实际动态时，他们对今后一次采油动态所做的预测才是可信的。

然而，其中的经验因素是不能忽略的。工程师们必须能够判断计算结果和实际动态的拟合是一种真正的拟合，因而其求解是唯一合理的，他们对一次采油过程的认识是好的，还是实际上有好几种完全不同的解都能同样好地拟合实际动。出现后一种情况，或者是由于缺乏对油藏基本性质的了解，因而需要更多的基础资料，或者是由于供分析用的生产动态资料当时远远不够。

常常有可能通过规划油藏的早期开采来帮助解决油藏评价问题。急剧改变油藏的产量(提高或减少，或两种方式都用)，并按这些产量保持稳产一段时间，常会引起所观测的油藏压力或油井动态发生变化，这些变化对早期判断起主导作用的天然能量是非常有用的。由于有关各种分析方法的情况已在其它各章中介绍，这里就无需再行讨论。然而，必须再次强调的是，要在早期判断和确定一次采油有效性，因为它在确定注入作业的必要性方面起着重要作用。

4. 注入作业油藏动态的预测

确定油藏最佳注入作业方式的下一个步骤，是预测应用各种注入方案时油藏的生产动态。这些方案根据对取得的资料所做的初步评价认为在技术上和实践上均是可行的。完成这一步骤的常规方法，在下面各章讨论；然而，下面的哲理应是工程师们思考问题过程的一个必然组成部分。一个相同的注入工程在其它某个油藏上取得成功，但它的注入方案并不是为你的油藏设计的；这种注入作业方式是在过去广泛应用的基础上发展起来的，而不是简单发展起来的；某一种注采井网很适合某一个油藏，但并不一定也同样适合另一个油藏。对每一个油藏都必须了解它的特征和需要。

很多注入工程由于注入方案不适当而不能顺利实施。这些方案是借用已往的（当时尚未清楚了解油藏流体的流动机理），并且是在尚未判明油藏在微观上的差异和其它有关情况的条件下就用于这些油藏的。工程师应做到勤于思考、勇于创新。一张标有注入井和生产井井位的注入工程地面图可能初看起来很正规，然而，如果正确的技术方法证明它能够比任何其它方案达到更高的经济采收率，这样的设计图幅也就没有什么意义了。制定注入方案是为了对地下油藏取得所期望的增产效果，而不是为了适应地形成产权界限而把方案做得对称，均匀或好看。当工程师详细分析各种注入作业的潜力时，他们通过有计划的数据采集方案应该已经取得了有关油藏岩石性质、油藏流体性质、油藏几何形态和连续性以及油井动态特征等方面的详细资料。

5. 经济问题

虽然对一个油藏今后要实施的各项作业的技术分析必须是全面的，可靠的，但在全面评价时考虑经济问题同样是重要的。从技术观点看，任一项工程都可能获得明显的成功，但是，它的实际价值需要用收益和支出来衡量。在编制一项注入方案的总说明时，工程师们要首先弄清楚他们公司的某些总体目标。工程师们通常会发现，这与研究工作中的某些重要考虑是有差距的，这些考虑在可靠的技术范围内是好的，但是如果假设的条件有变化，就会使这项工程的经济效果发生十分大的变化。这对于那些影响产量的因素来说，更是如此。

如前所述，从经济和市场销售的观点来看，有的公司可能希望更多更快地采出原油，而另一些公司却可能更关注保持长期高产稳产。在设计一项注入工程时，了解这些情况是很重要的。工程师们应该谨慎对待他们的经济分析，并且不允许做出的结论单从工程上看是合理的，而当广泛考虑时可能是站不住脚的。这种情况的一个例子是可能增产大量原油的一项注水工程的预测。这项工程的经济效益看起来可能十分有利的；但如果公司不能按预测的产量和价格售出所增产的原油，那么从整个公司的角度看，这项工程就不能获得预定的收益。

从动用储量的观点看，常常会钻一些不必要的井。之所以会钻这些多余的井，是由于在各公司之间存在经济上和销售上的差异，是由于关于要求钻井的条文规定，是由于为一次采油钻的井不适合后来的采油作业，而在某些情况下，则是由于错误的经济推理。许多井只所以能钻成只是简单地由于在相当短的时间内能偿还成本。其中某些井从当年收益观点看，可能会使公司受益，但从现值观点看，则受益甚少，若从最终采收率观点看，可能就微乎其微了。不必要的钻井是浪费资金，应该避免。工程师可以在这方面很好地发挥作用，努力在油藏开发早期评价油藏的潜力，在尚未制定出油藏将来的开发方案之前避免全面开发。到那时，就会只钻必要的补充井，并按需要把它们布置在关键井位上。通过合作或联合经营可以取得增加原油采收率和降低成本的效益，在工程师的头脑中应该牢记这一点。

在工程师的技术分析中常常有一些似乎无法确定的变量。工程师们必须弄清在总的技术分析中这些参数如何发生重要的变化。有时，只有通过应用先导性试验才能得出与这种情况有关的结果。先导性试验的主要目的是减小全油田开发方案中所包含的风险。这对于各种提高采收率工程（包括注入昂贵的化学剂、蒸汽或氧气）来说更是如此。在这些需要应用先导试验的情况下，应首先提出具体的目标，提出保证尽早实现这些目标的详细的工程监控，并且把它作为全油田扩展方案的一个组成部分进行规划。

今天的石油工程师不能只是有技术经验或具有石油生产基本知识的专业人员。他们还必须了解理财之道。他们不仅必须了解他们公司和其它公司估算具体工程利润的“标准指标”，而且还必须能设计出可产生最大利润的工程项目。工程师的作用在石油工业的今后发展中可说是举足轻重的。凡是认识到目前存在着的挑战，而又能应用自己的技术知识、敏捷的判断力和新思维来为改善石油工业的某些方面和整个形势而不懈努力的人，将来必然会得到报偿。

第四十六章　注气保持油藏压力

I.F.Roebuck Jr.Roebuck-Walton Inc.❶　　赵钧　译

一、引　　言

在注水用于二次采油目的很久以前，在俄克拉何马州 Washington 县的 Macksburg 油田上就曾有意识地注烃气改善油藏采收率，这是最早的注气记录。近 60 年来，实施了许多二次采油工程，其中包括了某种方式的注非混相气体，这些二次采油方法甚至在出现新方法和新材料之后仍在继续应用。尽管这样，直到 20 世纪 40 年代末才进行了注气开采油藏，特别是衰竭油藏动态的定量描述技术。在此之前，这类研究工作主要是以描述水驱方法为主。

因此，用来描述注非混相气体动态特征的技术是通过修正原为描述注水开采作业动态而发展的方法得来的，虽然在这两种流体的基本驱替机理上存在根本的差异。这种修正包括地下原油中溶解气的影响，原油中轻烃的汽化作用或两者均包括在内。

成功注气作业的物理标准，基本上同其它类型的流体注入是相同的，它是相同的物理和热力学变量控制着驱替过程。和各项工程研究中的一样，必须通过采用可以应用的技术，根据对这些技术的局限性的认识，以及通过对手头数据与信息的精确度和可靠性的认识来确定、评价和应用有关的变量。

通过注气可以把油藏压力保持在某一选定的水平上，或通过回注一部分产出气将油藏天然能量补充到一个较低的水平。全面或部分保持压力的作业能提高烃的采收率和改善油藏的开采特征。

油藏能够增产的液态烃的数量受该油藏某些特性的影响，包括油藏的岩石性质、油藏温度和压力、油藏流体的物理和组成特性、油藏驱动机理类型、油藏几何形状、油层的连通性、构造高差、开采速度和流体饱和状况等。

增加的烃类采收率基本上包括注入气驱油增加的采收率、注入气汽化作用增加的采收率，以及在某种情况下如果不保持压力就会损失掉的采收率。注气保持压力作业防止采收率损失的作用，对于含挥发性、高收缩率原油的油藏和含有大量反凝析气的气顶油藏来讲特别重要。

在具有天然、水驱或在边部注水或两者兼而有之的气顶油藏中，常用注气的方法防止原油由油层进入气顶。另外，在高差大的油藏中还采用注气法强化重力驱油过程和采出残留在油层射孔段顶部以上部位的所谓顶楼油。

注气可以改善油藏生产特性。在某些情况下，这种改善会充分证明开始实施注气是合理的，即使应用可以与之竞争的方法会达到更高的最终采收率也是如此。油气保持压力作业可

---

❶1962年版本章分两部分：第一部分注气保持压力，作者I.F.Roebuck Jr.和Kenneth M.Grams；第二部混相驱，在本版中列为单独一章。

以缩短油藏开采年限，这对证明注气在经济上是合理的有很大影响。注气可以降低地下原油的粘度和井筒附近地带的含气饱和度，有助于保持各井的产能，从而使生产井一般更能保持其所期望的产量或允许产量定额。注气的另一个优点是可以消除管理部门对产气量过大(未回注产出气保持压力)而施加的。因此，通过注气常常有可能在注气开发的大部分时间内保持全油田的允许产量，从而缩短油藏开发年限大量节省作业费用，增加未来收益的现值。

自 1978 年和颁布天然气政策条例以来，天然气售价提高，导致新注气工程项目数量的减少。然而，在边远地区仍然存在实施注气工程的某些机会，在这些地区实施注气工程不仅考虑提高采收率问题，而且还考虑贮存气体的问题，还可以把注气专门用于重力驱油系统和开采顶楼油工程。

与此同时，人们对注 CO_2 和氮气混相驱油的兴趣不断增加，应用越来越多。根据经济和技术两方面的考虑，预计在过去认为可注烃气的许多油藏上非混相注氮工程的应用将会不断增加，这不是没有道理的。一般说来，原先为烃气的注入和驱油所发展起来的计算技术均可用于非混相驱注氮工程的设计和实施。

本章的目的是指出成功注气作业的物理准则，介绍必须确定和估算的变量，并说明可用于预测和评价非混相注气作业条件下油藏动态的某些技术。

所介绍的大多数计算现在都是用手提计算器或数字计算机完成的；其中许多可以与各种现代微机联用。同时，所介绍的物理和数学关系式可结合用于各种类型的油藏数值模拟模型。这些模型的建立和应用又超出本章内容的范围，因而在附录 B 中列出了经过筛选的少数有关描述注气过程模型的技术论文。

这里所介绍的计算技术都是描述非混相驱油的典型方法，认为在驱替相与被驱替相（气和油）之间，是完全预平衡的，同时考虑了如下因素的影响，如油藏非均质性、注入井与生产井的布局及各种流体的不同物理特性等。油藏是按岩石单位体积的平均性质来处理的，而生产动态则是按平均井来描述的。

最简单类型的所谓油藏模拟模型实质上就是应用这些相同的技术，但带有一维、二维或三维网络系统，可考虑岩石和流体性质在平面及垂向上的变化、井间的重力效应及各井的特性。

更复杂的多组分模型还可以考虑注入流体与被驱替流体间的不平衡状况，并可用来按产出流体的组成描述各井产出的液流。

所得结果的精确性和可靠性一般按上述顺序随每一种方法或模型增加，同时取决于油藏及其流体数据的数量和质量，油藏性质和流体特性的内在变化，以及描述整个物理系统的能力。模拟研究所需要的时间和工作人员，也就是模拟研究的费用也按相同的顺序增加。

因此，要考虑经济问题、可供应用的时间及实际需要的精度要求进行判断，选择描述工程动态的方法。显然，这些要求将随模拟研究的阶段和总目的而变。诚然，早期的可行性研究一般能够而且应该应用最简单的传统技术进行。即使许多详细的模拟研究，当可以忽略重力效应和相平衡时，或者当资料的数量和质量都不足以支持更复杂的全面的模拟研究时，也应当用最简单的传统技术进行。

二、注气作业类型

根据气体相对于油层注入油藏的位置，一般将注气保持压力作业分为截然不同的两类。从本质上说，适用于这两种注气类型的物理驱油原理是相同的；但油藏动态预测的分析方法、总的目标和每种注气作业适用的油田类型则有明显的不同。

1. 分散注气

分散注气作业常常称之为内部注气或面积注气，通常按某种几何形态布置注气井，以便将注入气均匀地分布在油藏的整个产油面积上。实际上，注采井的布置不同于常规的规则布井方式（例如五点、七点、九点井网），而是看起来有些杂乱，在注入面积上的分布并不那么均匀。通常根据油藏构造的几何形态，油层的连续性，渗透率和孔隙度的变化以及油藏上的现有井数及其相对井位等，选择注气井的分布方式。

发现这种注气方法适合于构造高差低的油藏和绝对渗透率低的比较均质的油藏。因为注气井密度比较大，分散注气会很快见到增压增产效果，从而缩短开发油藏所需要的时间。分散注气法可用于整个油藏的产权不属一家所有的情况，特别是适合用于油藏不便于联合开发的情况。

分散型注气有如下一些限制:

(1) 不能利用构造位置或重力驱油改善采收率或改善甚少;

(2) 驱扫系数一般比外部注气作业低;

(3) 高流速导致的注入气“指进”一般会降低采收率，其幅度会超过预计由外部注气造成的降低幅度;

(4) 注气井密度越高，投入的设备和作业费用越大。

2. 外部注气

外部注气常称之为顶部或气顶注气，它是用油藏构造较高部位——通常是原生或次生气顶部位的注入井注气。这种注气方式一般是在具有明显构造高差和中到高绝对渗透率的油藏上使用。注气井的井位要使注入气在面积上的分布比较好，并能取得最高的重力驱油效益。一个具体油藏所需要的注气井数，一般根据每口井的注气能力和为获得必要的面积分布所必需的井数确定。

通常认为外部注气好于分散型注气，因为它能从重力驱油中获得到充分的好处。另外，外部注气的面积驱扫系数和波及系数通常将高于分散注气。

三、实施注气保持压力作业的适宜时机

由于从经济和油藏驱动机理的观点来看必须考虑的变量很多，因而提出通用的开始注气保持压力作业的适宜时机没有太大的实际意义。显然，从经济观点来看，没有一种能直接计算适宜时机的方法；相反，必须假设在油藏开发的不同阶段开始注气，分别计算其未来动态，然后依据经济原则对比这些计算的结果。

仅就原油采收率和改善生产特性而论，可以说，当油藏开发进行到油藏压力相当于或稍微低于油藏流体的饱和压力时一般将出现对注气作业更为有利的油藏条件。在这一油藏压力范围内，油层中将出现一个最低的游离气饱和度，这是通过气驱过程能够获得最高采收率的

一个条件。

四、气驱的原油采收率

比较方便的办法是利用三个效率因子分析和评价气驱作业的采收率。这三个效率因子通常指:

(1) 单位驱替系数;

(2) 波及系数;

(3) 面积驱扫系数。

可以认为每一个效率因子都是采收率的一个组成部分，考虑某些参数对驱替过程的总采收率的影响。三个效率因子的乘积即为一个具体油藏在具体条件下通过注气预计可以达到的以百分比表示的原油采收率估算值。有分别估算每一个效率因子的分析方法可供利用。在某些情况下，可以结合应用这些分析方法把两个或两个以上的效率因子作一个效率因子确定。例如，有时使用“体积系数”这个术语，它就是把波及系数和面积驱扫系数结合为一个因子的。同样，有时使用“驱替系数”这一术语，它就是把单位驱替系数和波及系数结合在一起估算的。在本章中，把描述总开采过程的这三个组成部分定义如下:

(1) 单位驱替系数是在总的被驱扫的油藏岩石体积范围内作为驱替过程的结果而采出的原油地质储量的百分比。

(2) 波及系数是被驱扫面积内被驱替流体触及过的整个岩石或孔隙体积的百分比。

(3) 面积驱扫系数是被驱扫面积内即被驱替流体触及面积整个油藏或孔隙体积的百分比。

三个系数中的每一个系数随着驱替的不断进行而提高。因此，每一个系数都是注入的驱替体积倍数的函数。在一个油藏的给定部分采收率的增加速率将随着发生气体的突破而减小。因此，每一个系数的最大值和最终采收率将受到经济因素的制约。

五、估算单位驱替系数的方法

1. 方程

单位驱替系数通常是用由 Buckley 和 Leverett[2] 发表的两个基本方程发展的分析方法来确定。这两个方程基本上表述了一种非混相流体驱油过程中遇到的两相流体稳态流动的机理。这些方程是通过应用相对渗透率概念推导出来的，并且是以描述流体通过孔隙介质的稳态流动的达西定律为基础的。

所谓分流量方程是用单元孔隙介质的物理特性定量描述气流的分量。当使用单位面积时，该方程可用惯用单位表示如下:

$$f_g=\frac{1+1.127[k_oA/(\mu_oq_t)][(\partial P_C/\partial L)-0.433(\rho_o-\rho_g)\sin\alpha]}{1+(k_{ro}/k_{rg})(\mu_g/\mu_o)} \tag{1}$$

式中 f_g——气的分流量;

q_t——总流量，桶／日；

A——横剖面面积，英尺^2；

P_C——油／气毛细压力$(\rho_o - \rho_g)$，磅／英寸^2；

L——距离，英尺；

ρ_o——原油密度，克／厘米^3；

ρ_g——气体密度，克／厘米^3；

α——倾角，度；

k_o——原油的有效渗透率，达西；

k_{ro}——原油的相对渗透率，分数；

k_{rg}——气的相对渗透率，分数；

μ_o——原油粘度，厘泊；

μ_g——气体粘度，厘泊。

关于气流分流量与时间的关系，Buckley 和 Leverett 提出下述物质平衡方程：

$$L = \frac{5.615 q_t t}{\phi A}\left(\frac{\partial f_g}{\partial S_g}\right) \tag{2}$$

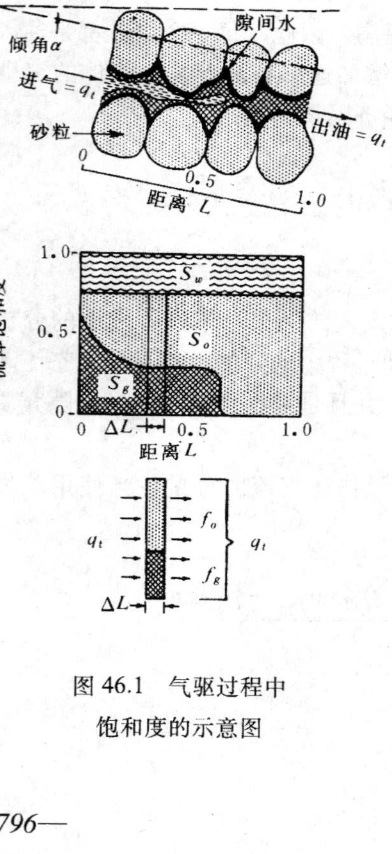

图 46.1　气驱过程中饱和度的示意图

式中　t——时间，天；

ϕ——孔隙度，分数；

S_g——含气饱和度，分数。

通过绘制由方程（1）求得的 f_g 值与 S_g 的关系曲线，并确定所得曲线上各点的斜率，即可以为任何一个含气饱和度值求得导数∂ （f_g） ／∂ （S_g）的值[3, 4]。对于大多数油藏工程计算来说，认为这种图解法是足够精确的。这种方法特别适合于用手持计算器进行计算。Kern 提出了估算∂ (f_g)／∂ (S_g)函数的更精确的数学方法，这种方法特别适合于用数字计算机进行计算。

图 46.1 和图 46.2 说明方程（1）和（2）所描述的驱替过程。图 46.2 所示为一个假想气驱实例经几个连续注气期之后计算的含油含气饱和度分布情况。在任何一条曲线下面的面积代表气侵带，而气前缘右面在任一时间的面积代表未气侵带。

2. 驱替方程的改型

方程（1）和（2）是根据下述简化假设建立的：

1）稳态流动条件占优势；

2）恒压下驱替；

3）驱替相与被驱替相是组分平衡的；

4）没有注入气溶解于原油中；

5）气前缘后面无流体产出；

6）推进气平行于地层层理前进；

7）气前缘均匀通过层状砂层；

8）隙间水是不流动的。

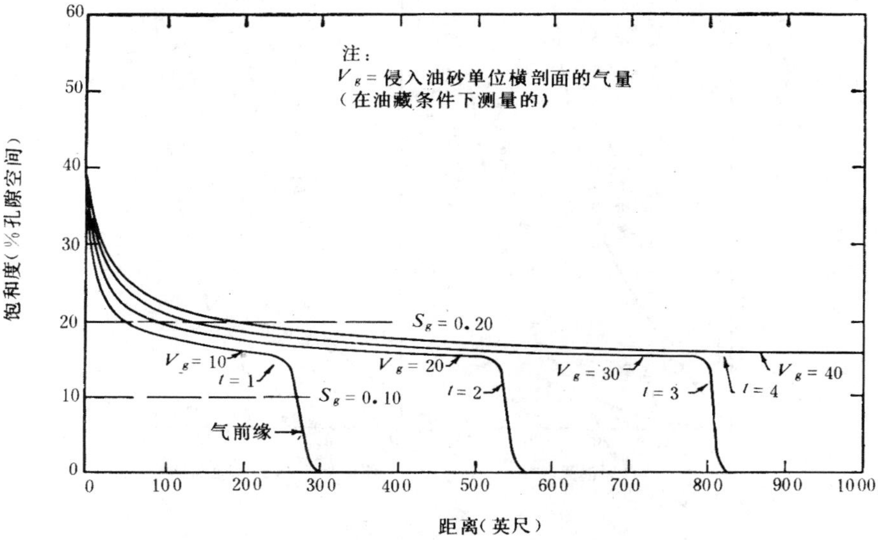

图 46.2　气驱过程中四个时间的流体饱和度分布情况

V_g＝侵入油砂单位横剖面的气量（在油藏条件下测量的）

当然，基本驱替方程对于给定油藏的适用性在很大程度上受基本假设的限制。为几位作者提出了驱替方程的改型方程，可以不必做某些假设。这些改型方程考虑欠饱和油藏注气的膨胀效应和气前缘后面的流体产量，是由 Welge[3]，Kern[5]，Shreve 和 Welch[6] 及其他作者提出的。Jacoby 和 Berry，[7]，Atera[8] 及其他作者提出了另外的计算注气动态的方程和分析方法，其中考虑了驱替相与地下原油之间产生的明显的组分交换。在确定波及系数时一般都考虑了偏离前述假设（6）和（7）的影响。

3. 影响因素

方程（1）和（2）提供了研究影响单位驱替系数各参数相对影响的方法。这些因素是：

1）初始饱和度状况；

2）流体粘度比；

3）相对渗透率；

4）注采比和地层倾角；

5）毛管压力；

6）油藏压力和流体性质。

初始饱和度状态　通常，注气作业是在油藏压力下降到使原油释放出来的自由气达到一定的聚积程度之后开始实施的。如果自由气饱和度超过根据分流量曲线确定的气窜气或临界

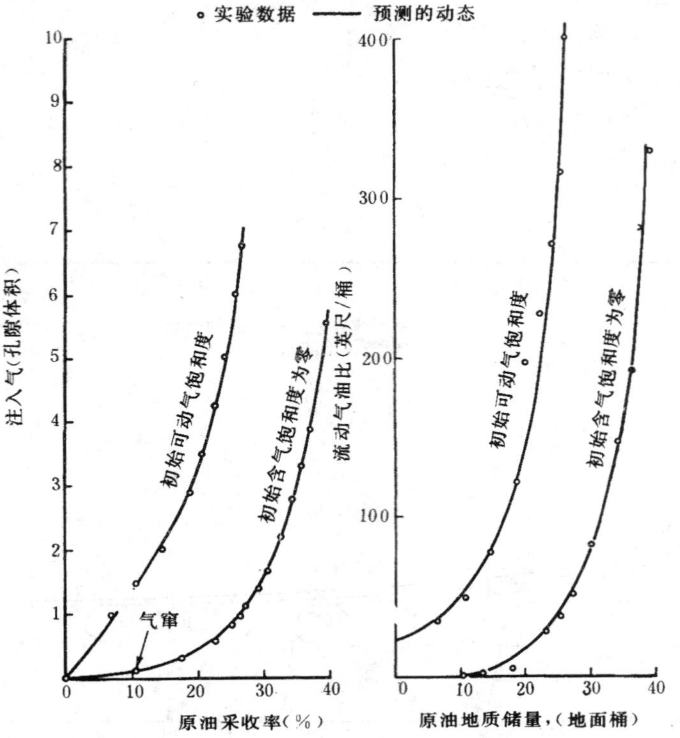

图 46.3 对两种初始含气饱和度计算的和实验确实的注气动态的对比

饱和度，则在注入气前沿前面将不会形成集油带，因而在产油的同时将会直接地并且不断增加地产出自由气[2] 原始可动气饱和度对气驱动态的这种影响已为实验室研究和数字分析所证实[9]。图 46.3 所示为计算出的和实验确定的气驱动态的对比情况。注意：当初始含气饱和度为零时，在油井见气之前达到大约 10%的原油采收率，而当初始含气饱和度为 18.1%孔隙体积时，未观察到产出自由气阶段。

油藏中的隙间水饱和度的大小当然会影响受气驱作用的原油的数量，然而，根据分流量方程所确定的单位驱替系数来看，它对见气单位驱替系数显然没有影响[10]。如果在隙间水饱和度下水是一个可动相，则不能直接应用这些驱替方程，因为这些方程是基于双相流动概念建立的。当三相均为可动相时，通常可以把水和油作为单一的液相处理，近似计算气驱动态。然后可以应用根据具有隙间水饱和度的岩样确定的 k_{rg}/k_{ro} 数据进行驱替计算。再根据 k_{kw}/k_{ro} 数据或者通过物质平衡计算（结合估算的最低隙间水饱和度）把原油采收率同总液体采收率分开。

流体粘度比　查阅图 46.4 所示曲线可以看出原油粘度的变化对单位驱替系数的影响。注意：随着原油粘度接近驱替气的粘度，原油采收率有大幅的提高。这表明，在油气粘度比为 1 或以下处，驱替效率最高。

注采比和地层倾角　由方程（1）可见有几项因素影响重力项的大小。因为气体分流量随重力项量值的增大而减少，所以在有下列条件下可获得最大的重力分异效益：

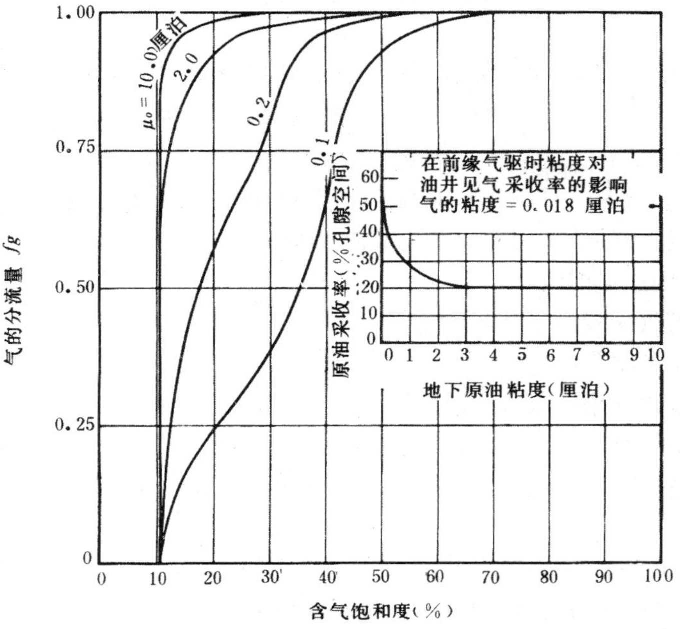

图 46.4　原油粘度对气体分流量的影响

1）绝对渗透率和油的相对渗透率高；

2）地下原油的粘度低而密度高；

3）横剖面流动面积大；

4）倾角大（图 46.5)；

5）注采比低。

通常，对是否能从给定油藏的重力驱油中获得最大效益，注气方案的设计有明显的影响。例如，在油藏构造的高部位恰当地确定注气井的井位和分布，在某种情况下就会增加横剖面的流动面积，充分利用油藏倾度最大的优点。在压力最高时，原油的粘度和相对渗透率都是有利条件。另外，以油藏采出量表示的注采比在高的油藏压力条件下一般是最低的，这表明，在油藏开发早期开始注气作业可以达到重力驱油的最大收益。

相对渗透率比　已经证明相对渗透率的概念可以同样好地道用于全面或局部保持压力作业[11]。因为相对渗透率连同粘度比一起，可以确定任一饱和度条件下的流动油气的相对比例，因此它是影响单位驱替系数更重要的因素之一。相对渗透率是油藏岩石的一种特性，并且是流体饱和度状况的函数；因此，操作者不能控制一个给定油藏的相对渗透率特性。然而，因为这个因素对气驱作业的动态具有重要影响，因此根据从实验室分析岩样获取的可靠数据进行计算是很重要的。若有可能，应该用由油田动态数据计算出的相对渗透率来补充实验室确定的数据。

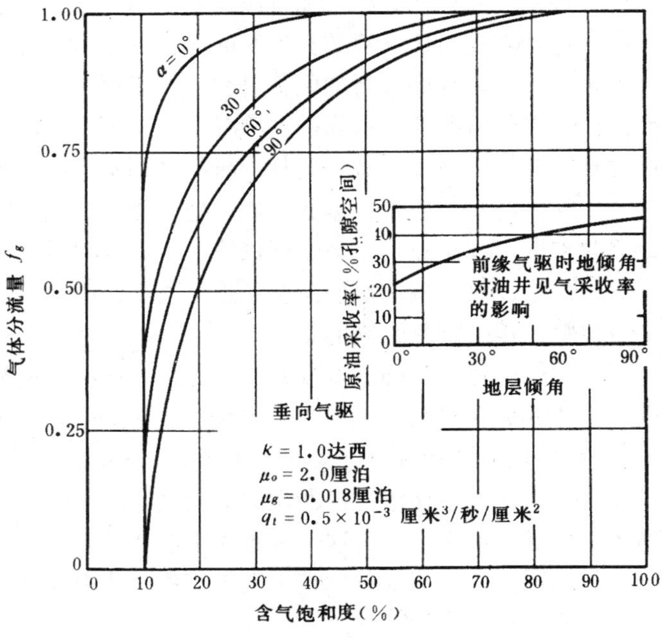

图 46.5　地层倾向对气体分流量的影响

毛管压力　毛管压力是抵消重力驱油的力，因而会降低气体的单位驱替系数。当驱替速率非常低时，摩擦因素可以忽略不计，因而饱和度的分布在很大程度上受毛管力和重力之间平衡的控制。然而，当驱替速率相当于通常在实践中使用的速率时，一般认为在大多数情况下可以忽略毛管力或毛管压力梯度，而不会严重损害分析的适用性。

油藏压力和流体性质 在某些高欠饱和的油藏中，特别是在那些含高 API 重度并具有一定挥发性原油的油藏中，在尽可能高的压力下开始实施压力保持作业可以提高单位驱替效率。在压力和流体组分适当的条件下，在欠饱和情况适度时，通过应用相对“干”的注入气可以达到混相流体驱的效果。据报道，这种方法的单位驱替系数接近 100%。关于该方法的机理将在第四十八章中详细介绍。在高的油藏压力下注气，即使不能达到混相，也常能提高采收率。采收率的提高可能是以下原因造成的:

1）欠饱和原油由于增加了溶解气量发生了体积膨胀;

2）由于增加了溶解气量原油粘度下降;

3）残余油被汽化，随后可从采出气中回收[12]。

需要应用油藏流体和注入气样品的试验室分析数据定量估算具体油藏条件下产生的膨胀和汽化作用程度。这些数据与常规物质平衡、组分平衡和驱替方程结合应用，可以估算单位驱替效率。

4. 计算方法

对驱替气横向和垂向（沿倾角向下）驱替两种情况进行了驱替系数实例计算，见附录A。

六、估算波及系数的方法

已经提出了几种估算给定油藏波及系数的方法。一般来说，所有这些方法多少是经验性的，其依据或者是对比计算的和实测的过去的驱油动态或者是岩心分析数据的统计分析。

如果在一个油藏中进行的驱替过程（如气顶膨胀驱或先导性注气作业）达到了相当长的时间，能够提供足够的、可靠的关于气前沿位置和采收率随时间变化的数据，就能够应用过去的油藏动态计算波及系数。这种分析的前题是: 波及系数是使实际驱替动态与理想或理论动态产生偏差的主要因素。据此，通过把实测的不同时间间隔的采收率除以相应时间间隔的理论采收率即可算出波及系数。理论采收率可以根据包括恰当面积驱扫系数的单位驱替系数的计算来确定。这样确定出的波及系数可根据经验同产量或采收率相关起来，以便确定一平均值或趋势，用于预测未来的动态。

有几位作者提出了确定波及系数的方法，这些方法都是以岩心分析数据的统计处理为依据的。其中最常用的方法可能是 Stiles[13] 提出的这种方法的改型[13]，用于评价渗透率的变异对水驱动态的影响（见第四十七章）。应用这种分析技术计算混相流体驱油的波及系数，在第四十八章中介绍。当考虑非混相气驱时可以应用同样的计算方法。但对非混相气驱必须考虑相对渗透率比，而这一参数对于混相驱替则不适用的。在这种计算中应用的相对渗透率比可以看作是一个常数，它一般等于残余油饱和度下的气体相对渗透率除以原始含气饱和度下的原油相对渗透率。

影响因素

一个给定油藏的波及系数主要受下列影响因素的制约:

1）岩石性质的变化;

2）流度比;

3）重力分异。

岩石性质的变化 油藏岩石的孔隙度和渗透率由这一孔道到下一个孔道都是变化的。另外，油藏岩石几乎普遍成层状形成，其延伸范围可能很短也可能很远。成层可能仅仅表现为在毛管力平衡情况下各小层的孔隙度和渗透率有所不同，但也可能中间夹有不渗透的页岩或其它岩石薄层将各小层分隔开。孔隙度和渗透率可能在垂向和横向两个方向上变化。从驱替作业的角度来看，岩石的这些非均质性会减小油藏的有效范围。因此，非均质性程度在很大程度上制约着从给定油藏的注气作业中能够达到的波及系数。

流度比 一种流体的流度是指该流体在特定条件下流动难易的一项指标。这里，将流度定义为一种流体在给定饱和度下的相对渗透率除以该流体的粘度。流度比（M）是一种流体相对于另一种流体流动难易的一项指标。这里定义为气体流度对原油流度的比率，或用公式表示则为

$$M = \frac{k_{rg}}{k_{ro}} \frac{\mu_o}{\mu_o} \tag{3}$$

其中渗透率和粘度已如前述。

如果流度比等于 1，则表明在给定的压差下油和气都同样易于流动；流度比值大于 1，则表明气将是较易流动的流体等等。在气驱过程中，流度比的变化范围可能由低含气饱和度时期的实质上为零到高含气饱和度时的接近无穷大。

在非均质岩石系统中，相对渗透率特性可能在横向和垂向两个方向上都有广泛的变化。因此，驱替气向前推进时将不会形成均匀的前缘，而是会在较高流度比的地带或小层中产生“指进”。随着驱替过程的进展，在受驱替气先前接触过的油藏部分中流度比继续增大。结果，气进入低渗透率地带或低含气饱和度地带的趋势不断减小。因此，这些地带会被驱替气绕流而过，从其中只能采出极少量原油或者采不出油。由此可见，凡是导致增大流度比的因素，也会加重油层非均质性对波及系数的不利的影响。

在存在不利流度比和油层非均质性的情况下局部高注采比会加重气窜和使气绕过原油的后果。适当地选择注气井的井位和井数，并适当安排流体采出量，使气体推进前缘附近的压降最低，常常可以减少上述这种不利影响。

重力分异 正如先前提到的，重力趋向于改善单位驱替效率。实际上重力驱油对波及系数有同样影响，而且其有效性受同样一些因素即注采比、倾角、垂向渗透率等的制约。在有利的条件下，重力驱油有助于保持更均匀的气体推进前缘，因而有助于抵消不利流度比和渗透率变异的不利的影响。

在一定条件下，驱替和被驱替流体的重力分异对波及系数有不利影响。在垂向连通性比较好，地层倾角不在和驱替速度慢的油藏中，气趋向分离到地层的顶部，绕过较低部位的原油，从而产生所谓的伞形效应，这会引起油井过早见气，降低波及系数。

七、估算面积驱扫系数的方法

有几位研究者证明，一个给定油藏的面积驱扫系数在很大程度上受下述因素的制约：1）注气井和生产井相对于油藏几何形状的布局井情况；2)流体的流度比；3)注入驱替体积的倍

数。

曾用实用的数学方法研究过上述因素对等厚度的常规几何状油藏单元的影响。另外，还用各种不同类型的实验室和数值模型研究了以下参数对面积驱扫系数的影响，即不规则的油藏边界、不规则的布井方式、变化的地层厚度和变化的流度比等。这些研究工作通常可以得出如下结论：当流度比低和注气井距生产井的距离大时，油井见气时给定油藏中的面积驱扫系数将最大；而在油井见气之后，随着注入的驱替体积倍数的增加，面积驱扫系数进一步得到改善。从图 46.6 可以看出，流度比和注入驱替体积倍数对油藏常规五点井组面积驱扫系数的影响。在本图例中所示的数据是从模拟研究得到的，这些研究是用不同粘度的混相流体研究不同流度比的影响。在没有对给定的油藏做实际的模拟研究时，通常认为上述这些数据适用于对水驱或气驱油藏进行分析。

为估算实施压力保持作业油藏的生产动态，需要计算油井见气时的、以后各阶段的、直到达到经济极限时的面积驱扫系数。如果一个给定油藏的注气井和生产井的布局及流体的流度比极近似实验室研究过的情况，则可以把文献中报道的有关本题的数据用作估算面积驱扫系数的基础。发现 Dyes 等[14]发表的数据特别有用，因为它考虑了对见气后生产的影响。注意：实验室数据在定量上的适用性有内在的不确定性，这是因为在模型的比例、实验技术及有关简化假设等方面都存在不确定性。虽然如此。实验室模拟研究仍然为定量确定有关面积驱扫系数的数据提供了最方便的方法。因此，如果对所考虑的具体油藏进行数值模拟研究不实际，一般就必须把已发表的数据（需凭经验加以提炼）用作预测面积驱扫系数的依据，即使所研究的布井方式同文献中报道的并不完全一样。

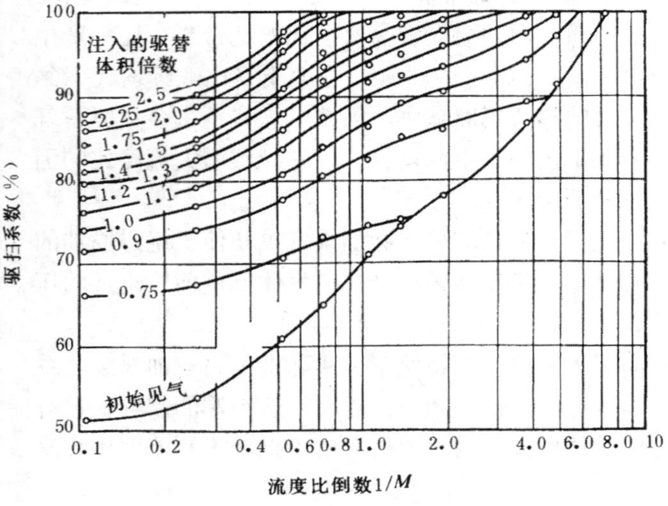

图 46.6　面积驱扫系数随流度比的变化

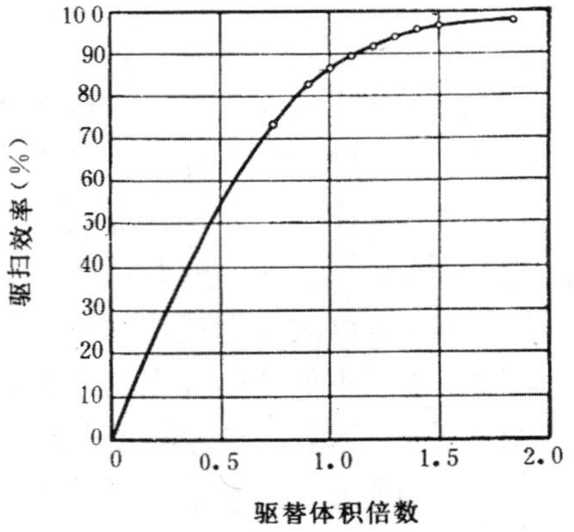

图 46.7　面积驱扫系数随注入体积倍数的变化（流度比为 1）

为了适应动态预测，常希望绘制一条曲线，表示给定流度比的面积驱扫系数随气体分流量 f_g 或注入驱替体积倍数的变化。例如，图 46.7 所示即为图 46.6 所列数据（流度比为 1 时）重新绘制的曲线。若有必要，工程师可以根据自己关于模型对所研究油藏的适用性所做的判断，对由这些数据所构成的趋势做出向上或向下的调整。

正如本章前节所讨论的，在气驱开采期间，气前缘后边流度比有明显的梯度变化。因此，必须选择一个平均流度比以所发表的资料中确定面积驱扫系数。就此目的而言，可能最有代表性的，并且肯定最稳妥的值，是应用结合单位驱替系数所介绍的方法，根据气前缘后边的平均含气饱和度所确定的流度比。

八、　注气保持压力动态的计算

估算注气动态的基础通常是同时求解前面介绍的一种或多种形式的常规物质平衡方程和驱替方程。应用这些方程的方式将随以下因素而变：即研究的范围、所考虑的油藏类型、是用面积注气还是顶部注气、是用于全面保持压力还是局部保持压力等等。严格处理影响给定油藏开采动态和驱替过程的全部因素，将会使各种计算方法得到进一步发展，而这是一项十分复杂的课题。

适用于各种类型油藏的具体分析技术和方法，曾是技术文献和几部油藏工程技术论著中大量论文的论题。在附录B中有一个选出的技术文献目录，这些文献都是论述可用来估算注气作业油藏动态的具体分析技术和方法。注意，这些参考文献都是根据所研究油藏的类型、主要影响因素及注气井布井方式等索引编排的。这些文献可以用作进一步发展适合估算任何一种给定油藏今后保持压力动态的分析技术的基础。然而，因为每一个油藏都是独具特征的，因此，在最终分析工作中，工程师们必须凭借丰富的想象力和经验，依据基础理论，针对所研究的具体油藏来发展一套技术方法。

虽然方程的形式和估算油藏动态的具体细节对每一个要研究的油藏来说将会多少有些变化，对于大多数研究工作来讲，一般的分析方法是通用的，并可以用作进一步发展具体计算技术的基础。用于评价注气作业的一整套油藏工程分析通常由下述四个主要步骤构成，即：1）汇总、整理并分析基础数据；2）分析已往的动态；3）预测现行作业今后的动态；4）估算注气保持压力动态。

1. 基础数据

在本书另外几章中曾强调了收集数量充足项目齐全的基础数据的必要性，当认识到任何一项工程分析的可靠性和适用性主要决定于这些基础数据的质量和数量时这种必要性就更显然了，分析注气作业的数据要求与分析其它类型注流体作业的要求除少数不同外，都是相同的。在附录C中列出了进行工程分析所必需的常规数据大纲，这是Patton[15]提出来的，本文作了某些补充和修改。

2. 已往动态的分析

当然，用来评价油藏已往生产动态的方法将会随实际出现的油藏驱动机理，可供利用的合适的基础数据的数量，以及研究的细节或范围而有所改变。关于分析油藏过去动态的方法在其它几章已做过详细的讨论。这种分析的结果在很大程度上将决定所采用的预测注气保持压力动态的方法，并将提供用于这种预测的目前油藏压力和饱和度分布状况。而且，恰当地分析油藏过去的生产动态，将有助于补充和确定预测油藏注气作业动态所需数据的可靠性。

3. 现行作业未来动态的预测

关于实施注气作业必须根据与具竞争性的其它采油技术相比将能从注气作业获得的相对效益做出决定。因此，任何一项注气作业的全面分析都应当包括油藏仍用目前作业方法时未来动态的预测。预测一次采油未来动态和其它各种注入作业动态的方法在其它几章中有详细的介绍。

4. 注气保持压力动态的估算

通常，可以用常规物质平衡和体积平衡法并结合先前讨论的采收率确定方法来预测顶部注气或面积注气局部保持压力的动态。另外，如果考虑全面保持压力，则可以只应用驱替方程和先前结合单位驱替系数、波及系数和面积驱扫系数等。介绍的其它分析方法估算工程的动态。

在附录A中列出了计算顶部和面积两种注气作业未来动态的方法。这些计算实例包括对二个理想化油藏确定驱替系数和压力，确定生产气油比以及一次采油的生产动态和不同程度保持压力的生产动态。

动态—时间关系预测　预测未来的注气动态是对今后各种不同类型作业进行经济对比所必需的。这种预测一般包括估算以下诸因素随时间的变化，这些因素是：1）油藏压力；2）油气水产量；3）气水注入量；4）气油比；5）累计产油、气和水产量；6）累计注气和注水量；7）生产井数、注入井数和关井数；8）回收厂的产品量（若应用的话）。

为了估算上述这些参量，必需建立本油藏的烃类分布与注采井井位之间的关系。一经建立了这种关系，并且给出了注入量，利用方程（2）就能计算气前缘逐步到达该油藏各选定点所必需的时间。

在气顶驱油藏中和在构造高差明显、考虑进行顶部注气的油藏中，作出烃类孔隙体积。横剖面面积和完井层段与油藏内海拔深度的关系常常是很方便的。如果利用这种关系并假设气体推进前缘符合构造深度，就可以应用驱替方程和流体存贮方程，结合考虑横剖面面积和油层产能的变化预测气前缘的推进速度。

直到气前缘推进到构造最高部位井中的射孔段顶部以前，油和气的产量受气前缘前边各生产井的产能或允许产量的控制；而生产气油比受气前缘前边含气饱和度条件的控制。如果假设每口生产井都在见气后关井，则生产气油比将仍然是油带含气饱和度的函数，而总产油量和注气量将随着气前缘相继推进到构造低部位的每口生产井而递减。气前缘任一部位的产油量可由油藏未受气侵部分各井的产能或允许产量来确定。假设每一口井都生产到关井前的经济极限气油比关井，则必须通过应用先前提到的改型驱替方程考虑气前缘后边的产量。在这种情况下，需应用综合流体存贮考虑被采出的注入气量和沿构造下倾方向推进的注入气量。如果考虑进行局部保持压力作业，则需要采用物质平衡方程以试莫法计算压力递降和气推进前缘的相对位置。

在构造高差小的油藏中或在气前缘可能平行于地层层理面推进的油藏中，实施全面保持压力作业时，累计烃类分布，横剖面面积和油藏产能等可能都与注采井间的井距有关。当考虑面积（分散）注气时，可以对油藏的一个典型井组单元进行计算，然后把计算结果用于所有的井组。应谨慎选择一种表征油藏的方法，要尽可能与给定油藏中的前缘的推进情况相一致。

附录A　未来动态计算实例

1.　基础数据

在计算过程中应用的油藏岩石和流体基础数据见表46.1和表46.2及图46.8和图46.9。

2. 单位驱替

A. 气体横向流动

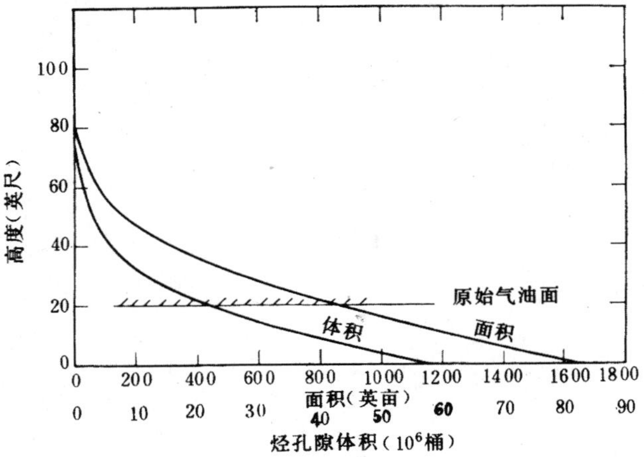

图 46.8 油藏体积和面积随高度的变化

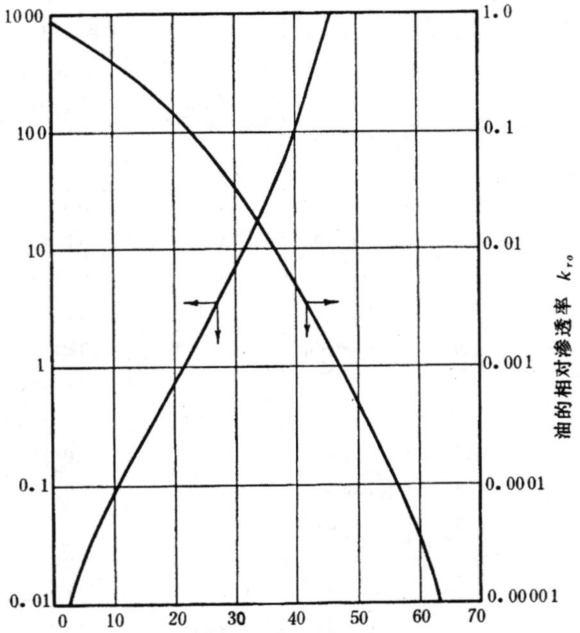

图 46.9 相对渗透率数据

(1) 方程

$$f_g = \frac{1}{1 + (k_{ro} / k_{rg})(\mu_g / \mu_o)}$$

表 46.1　油藏基础数据

无原始气顶的油藏	
原始石油体积 N（地面桶）	30650351
平均孔隙度 ϕ（%）	29.5
平均岩石渗透率 K（毫达西）	300.0
平均隙间水饱和度 S_w（%）	30.0
原始泡点压力 p_b（磅／英寸^2（表压））	1375
有原始气顶的油藏	
原始石油体积 N（地面桶）	30650351
原始气顶气体积（千英尺^3）	12716000
气油接触面积 A（英亩）	842
气顶对油带体积比 m（小数）	0.610
平均孔隙度 ϕ（%）	29.5
平均岩石渗透率 K（毫达西）	300.0
油带平均含水饱和度 S_{wo}（%）	30.0
气顶平均含水饱和度 S_{wg}（%）	25.0
气油界面处的泡点压力 p_b（磅／英寸^2（表压））	1375

表 46.2　油藏流体性质

压力 p (磅／英寸^2 (表压))	原油体积系数 B_o (桶／地面桶)	溶解气油比 R_s ($\frac{标准英尺^3}{地面桶}$)	气体体积系数 B_g ($\frac{桶}{标准英尺^3}$)	原油粘度 μ_o (厘泊)	气的粘度 μ_g (厘泊)	原油密度 ρ_o (克／厘米^3)	气的密度 ρ_g (克／厘米^3)
p_b=1,375	1.210	430.1	0.00178	0.480	0.0148	0.765	0.084
1,300	1.200	414.9	0.00194	0.490	0.0146	0.766	0.082
1,200	1.186	397.0	0.00211	0.508	0.0143	0.767	0.079
1,100	1.173	379.0	0.00233	0.527	0.0140	0.769	0.076
1,000	1.160	361.0	0.00258	0.544	0.0137	0.771	0.073
900	1.147	342.0	0.00290	0.564	0.0134	0.773	0.068
800	1.134	321.7	0.00329	0.587	0.0132	0.775	0.062
700	1.120	301.0	0.00380	0.609	0.0129	0.779	0.056
600	1.106	277.9	0.00447	0.633	0.0126	0.783	0.050
500	1.091	254.9	0.00540	0.661	0.0124	0.788	0.043
400	1.076	230.2	0.00677	0.692	0.0121	0.794	0.035
300	1.060	202.1	0.00904	0.729	0.0119	0.801	0.027
200	1.043	167.9	0.01339	0.773	0.0117	0.809	0.018
100	1.024	125.2	0.02545	0.832	0.0116	0.819	0.009
0	1.001	0.0	0.19802	0.910	0.0114	0.835	0.001

式中　f_g——气体分流量；

k_{ro}——S_g下油的相对渗透率；

k_{rg}——S_g下气的相对渗透率；

μ_o——压力p下原油的粘度，厘泊；

μ_g——压力p下气的粘度，厘泊。

(2) 计算步骤

a. 对选定的含气饱和度增量计算并绘制分流量曲线，如表46.3和图46.10所示。

表46.3 前缘推进计算（横向流动）

S_g (1)	k_g / k_{go} (2)	$(k_{rg} / k_{ro})(\mu_o / \mu_o)$ (3)	1+(3) (4)	f_g=1 / (4) (5)
0	0.000	—	—	0
0.02	0.004	7.725	8.725	0.1146
0.05	0.025	1.236	2.236	0.4472
0.10	0.088	0.351	1.351	0.7402
0.15	0.265	0.117	1.117	0.8953
0.20	0.770	0.0400	1.0400	0.9614
0.25	2.300	0.0134	1.0134	0.9868
0.030	7.35	0.00420	1.00420	0.9958
0.35	25.15	0.00122	1.00122	0.9988
0.40	117.0	0.00026	1.00026	0.9997
0.45	755.0	0.00004	1.00004	1.0000

b. 自气体平衡饱和度S_g（在此情况下等于零）绘制对f_g曲线的切线，并从截距（此处f_g=1.0）读出见气时推进前缘后边的平均含气饱和度。此平均含气饱和度S_g相应于气前缘后边的原油采收率，以总孔隙体积百分比表示。

c. 绘制其它各条切线，按要求求出在其它不同f_g值或前缘含气饱和度S_g值下的平均含气饱和度和原油采出率。

B. 垂向流动

(1) 方程

$$f_g = \frac{1 + 0.489[k_o(\rho_g - \rho_o)\sin\alpha / (q_t\mu_o)]}{1 + (k_{ro} / k_{rg})(\mu_g / \mu_o)}$$

式中 f_g——气体分流量；

k_o——油的有效渗透率，达西；

ρ_g——压力p下的气体密度，克／厘米^3；

ρ_o——压力p下的原油密度，克／厘米^3；

α——气流倾角（－90°）；

q_t——前缘气运移速率，桶／日·英尺^2；

k_{ro}——S_g下的原油相对渗透率；

k_{rg}——S_g 下的气体相对渗透率；

μ_c——压力p下的原油粘度，厘泊；

μ_g——压力p下的气体粘度，厘泊。

(2) 计算步骤

a. 应用一个单位流量，对选定的含气饱和度 S_g 的增量计算并绘制一条分流量曲线，如表 46.4 和图 46.11 所示。

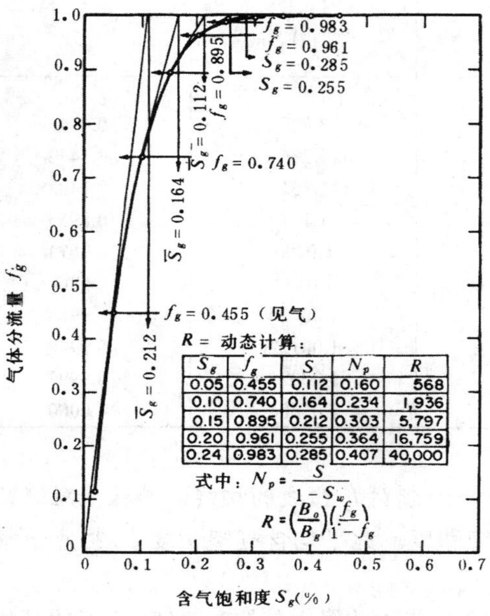

图 46.10　前缘推进动态（横向流动）

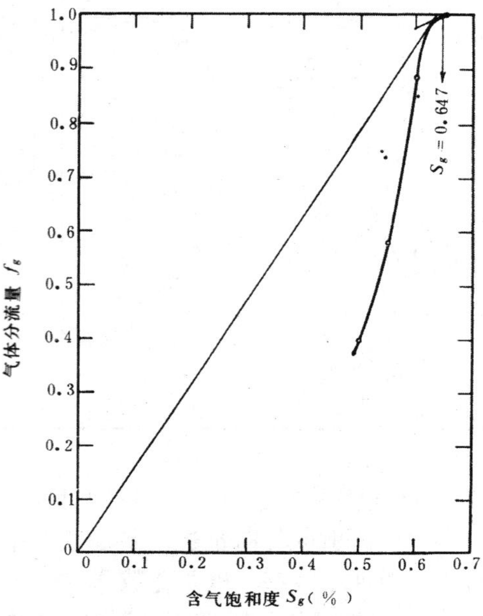

图 46.11　前缘推进动态（气顶膨胀）

b. 从气体平衡饱和度 S_{ge}（在此情况下等于零）处绘制对 f_g 曲线的切线，并根据截距（此处 $f_g=1.0$）读出见气时前缘后边的平均含气饱和度。这一平均含气饱和度 S_g 相应于原油采收率，以总波及孔隙体积百分比表示。

c. 绘制对 f_g 曲线的切线（此处 f_g 变为渐近于 1.0）并读出$\overline{S}_g$ 的最终或最大值。

3. 面积（分散）注气保持压力

A. 局部保持压力

(1) 方程

$$\Delta N_p = \frac{(1-N_{pi})\Delta[(B_o/B_g)-R_s]-B_{ob}\Delta(1/B_g)}{[(B_o/B_g)-R_s]+\overline{R}(1-\Delta G_i)}$$

$$S_L = S_w + (1-S_w)\left(\frac{B_o}{B_{ob}}\right)(1-N_p)$$

$$R = R_s + \left(\frac{k_{rg}}{k_{ro}}\right)\left(\frac{\mu_o}{\mu_g}\right)\left(\frac{B_o}{B_g}\right)$$

表 46.4 前缘推进计算（气顶膨胀）

S_g (1)	k_{rg}/k_{ro} (2)	$(k_{ro}/k_{rg})(\mu_g/\mu_o)$ (3)	1+(3) (4)	1/(4) (5)	k_{ro} (6)	$C_1\times(6)$① (7)	$f_g=[1-(7)](5)$ (8)
0.20	0.770	0.04000	1.04000	0.9615	0.1320	366.6	−351.5
0.25	2.300	0.01340	1.01340	0.9868	0.0680	188.8	−185.3
0.30	7.35	0.00420	1.00420	0.9958	0.0320	88.9	−87.5
0.35	25.15	0.00122	1.00122	0.9988	0.0130	36.1	−35.06
0.40	117.0	0.00026	1.00026	0.9997	0.0048	13.3	−12.30
0.45	755.0	0.00004	1.00004	0.99996	0.0116	4.44	−3.40
0.50	—	0	1.00000	1.0000	0.0005	1.39	−0.400
0.55	—	0	1.00000	1.0000	0.00015	0.417	0.583
0.60	—	0	1.00000	1.0000	0.00004	0.111	0.889
0.65	—	0	1.00000	1.0000	0.00000	0.000	1.000

① $C_1=21.306[k(\rho_g-\rho_o)\sin\alpha/(q_t\mu_o)]$，式中 k 是绝对渗透率。

式中 ΔN_p——增加的产油量，以石油地质储量的分数表示；

N_p——累计产油量，以石油地质储量的分数表示；

N_{pi}——前一步骤的累计产油量，以地质储量的分数表示；

R——瞬时气油比，标准英尺^3/地面桶；

$\overline{R}$——平均气油比，标准英尺^3/地面桶；

R_s——溶解气油比，标准英尺^3/地面桶；

S_L——总的液体饱和度，分数；

S_w——隙间水饱和度，分数；

k_{rg}——S_L下的气体相对渗透率；

K_{ro}——S_L下的原油相对渗透率；

μ_o——压力p下的气体粘度，厘泊；

μ_g——压力p下的原油粘度，厘泊；

B_o——原油的地层体积系数，地下桶／地面桶；

B_{ob}——p_b下的原油地层体积系数，地下桶／地面桶；

B_g——气体地层体积系数，桶／标准英尺^3；

ΔG_i——增加的注气量，以产出气的百分比表示。

(2) 计算步骤

a. 选择压力增量，使任一增量要小于或等于原始或泡点压力的 10%，并获取如表 46.2 所示的流体性质。

b. 用假设一个增加的产油量 ΔN_p，并用试算法核实此值，进行不注气的物质平衡计算，如表 46.5 所示。通过应用先前为每一压力下的第二次和第三试算计算的 ΔN_p 值可缩短这一计算这一方法的计算时间。(注意第 13 栏中脚注 i 代表前一步骤)。

c. 对不同的气体注入值重复这一计算步骤，如表 46.6 所示。

表 46.5　用有限差分法进行溶解气驱计算（不回注产出气）

P (1)	ΔN_p 假设的 (2)	$N_p=\sum(2)$ (3)	$1-N_p$ (4)	B_o/B_{ob} (5)	$S_o=(1-S_w)(4)(5)$ (6)	$S_L=S_o+S_w$ (7)	$f_g=(B_o/B_g)(\mu_o/\mu_g)$ (8)	k_{rg}/k_{ro} (9)	(8)×(9) (10)	R_s (11)
P_b=1,375	0	0	1.0	1.0	0.700	1.000	22,035	0	0	430.1
1,300	0.0160	0.0160	0.9840	0.992	0.683	0.983	20,829	0.0001	2.1	414.9
1,200	0.0170	0.0330	0.9670	0.980	0.663	0.963	19,951	0.0160	319.2	397.0
1,100	0.0155	0.0485	0.9515	0.969	0.645	0.945	18,969	0.0275	521.6	379.0
1,000	0.0147	0.0632	0.9368	0.959	0.6289	0.9289	17,841	0.0431	768.9	361.0
900	0.0142	0.0774	0.9226	0.948	0.6122	0.9122	16,651	0.0653	1,087.3	342.0
800	0.0132	0.0906	0.9094	0.937	0.5965	0.8965	15,357	0.0960	1,474.3	321.7
700	0.0114	0.1020	0.8980	0.9256	0.5818	0.8818	13,919	0.1350	1,879.1	301.0
600	0.0110	0.1130	0.8870	0.9140	0.5675	0.8675	12,409	0.1890	2,345.3	377.9
500	0.0097	0.1227	0.8773	0.9017	0.5537	0.8537	10,777	0.2575	2,775.1	254.9
400	0.0093	0.1320	0.8680	0.8893	0.5403	0.8403	9,089	0.3420	3,108.4	230.2
300	0.0098	0.1418	0.8582	0.8760	0.5262	0.8262	7,184	0.4700	3,376.5	202.1
200	0.0112	0.1530	0.8470	0.8620	0.5111	0.8111	5,149	0.6560	3,377.7	167.9
100	0.0150	0.1680	0.8320	0.8463	0.4929	0.7929	2,882	0.9600	2,766.7	125.2
0	0.0590	0.2270	0.7730	0.8264	0.4472	0.7472	403	2.580	1,039.7	0.0

R=(11)+(10) (12)	$\overline{R}=[(R_i+R_{i+1})/2]$② (13)	$(B_o/B_g)-R_s$ (14)	(13)+(14) (15)	$\Delta[(B_o/B_g)-R_s]$ (16)	(4i)(16)① (17)	$\Delta(1/B_g)$ (18)	$B_{ob}\Delta(1/B_g)$ (19)	(17)−(19) (20)	ΔN_p=(20/15) (21)
430.1	—	250.0	—	—	—	–	–	—	0
417.0	423.6	205.0	628.6	−45.0	−45.0	−45.5	−55.1	10.1	0.0161
716.2	566.6	165.0	731.6	−40.0	−39.4	−42.7	−51.7	12.3	0.0168
900.6	808.4	125.5	933.9	−39.5	−38.2	−43.8	−53.0	14.8	0.0158
1,129.9	1,015.2	88.4	1,103.6	−37.1	−35.3	−42.7	−51.7	16.4	0.0149
1,429.3	1,279.6	53.5	1,333.1	−34.9	−32.7	−42.6	−51.5	18.8	0.0141
1,796.0	1,612.6	23.4	1,636.0	−30.1	−27.8	−40.5	−49.0	21.2	0.0130
2,180.1	1,988.0	−6.1	1,981.9	−29.5	−26.8	−41.0	−49.6	22.8	0.0115
2,623.2	2,401.6	−30.7	2,370.9	−24.6	−22.1	−39.8	−48.2	26.1	0.0110
3,030.0	2,826.6	−52.7	2,773.9	−22.0	−19.5	−38.2	−46.2	26.7	0.0096
3,338.6	3,184.3	−71.3	3,113.0	−18.6	−16.3	−37.6	−45.5	29.2	0.0094
3,578.6	3,458.6	−84.9	3,373.7	−13.6	−11.8	−37.1	−44.9	33.1	0.0098
3,545.6	3,562.1	−90.0	3,472.1	−5.1	−4.4	−35.9	−43.4	39.0	0.0112
2,891.9	3,218.8	−85.0	3,133.8	+5.0	+4.2	−35.4	−42.8	47.0	0.0150
1,039.7	1,965.8	−5.05	1,960.8	+80.0	+66.6	−34.2	−41.4	108.0	0.0551

①手算值经四舍五入，因而有点不同于计算机计算出的值。

②"i"代表前一步骤。

表 46.6　用有限差分法进行溶解气驱计算（面积注气）

p (1)	ΔN_p 假设的 (2)	$N_p=$ $\sum(2)$ (3)	$1-$ N_p (4)	B_o/B_{ob} (5)	$S_o=(1-$ $S_w)(4)(5)$ (6)	$S_L=S_o$ $+S_w$ (7)	$f_g=$ $(B_o/B_g)(\mu_o/\mu_g)$ (8)	k_{rg}/k_{ro} (9)	$(8)\times(9)$ (10)	R_s (11)
$\Delta G_i=0.5$										
$p_b=1,375$	0	0	1.0	1.0	0.700	1.000	22035	0	0	430.1
1,300	0.0230	0.0230	0.9770	0.992	0.677	0.977	20829	0.009	187.5	414.9
1,200	0.0240	0.0470	0.9530	0.980	0.654	0.954	19951	0.022	438.9	397.0
1,100	0.0245	0.0715	0.9285	0.969	0.629	0.929	18969	0.044	834.6	379.0
1,000	0.0215	0.0930	0.9070	0.959	0.609	0.909	17841	0.072	1284.6	361.0
900	0.0200	0.1130	0.8870	0.948	0.589	0.889	16651	0.112	1864.9	342.0
800	0.0170	0.1300	0.8700	0.937	0.571	0.871	15357	0.167	2564.6	321.7
70	0.0150	0.1450	0.8550	0.9256	0.554	0.854	13919	0.240	3340.6	301.0
600	0.0135	0.1585	0.8415	0.9140	0.538	0.838	12409	0.345	4281.1	277.9
500	0.0115	0.1700	0.8300	0.9017	0.524	0.824	10777	0.465	5011.3	254.9
400	0.0110	0.1810	0.8190	0.8893	0.510	0.810	9089	0.623	5662.4	230.2
300	0.0114	0.1924	0.8076	0.8760	0.495	0.795	7184	0.860	6178.2	202.1
200	0.0126	0.2050	0.7950	0.8620	0.480	0.780	5149	1.180	6075.8	167.9
100	0.0167	0.2217	0.7783	0.8463	0.461	0.761	2882	1.790	5158.8	125.2
0	0.0573	0.2790	0.7210	0.8264	0.417	0.717	403	4.850	1954.5	0.0
$\Delta G_i=1.0$										
$p_o=1,375$	0	0	1.0	1.0	0.700	1.000	22035	0	0	430.1
1,300	0.051	0.051	0.949	0.992	0.659	0.959	20829	0.019	395.8	414.9
1,200	0.083	0.134	0.866	0.980	0.594	0.894	19951	0.100	1995.1	397.0
1,100	0.150	0.284	0.716	0.969	0.486	0.786	18969	1.030	19538.1	379.0
1,000	0.284	0.568	0.432	0.959	0.290	0.590	17841	170.0	3032970.0	361.0

续表

$R=(11)+(10)$ (12)	$R=[(R_i+R_{i1})/2]$ (13)	$(1-\Delta G_i)\overline{R}$ (14)	$(B_o/B_g)-R_s$ (15)	(14)+(15) (16)	$\Delta[(B_o/B_g)-R_s]$ (17)	(4i)(17) (18)	$\Delta(1/B_g)$ (19)	$B_{ob}\Delta(1/B_g)$ (20)	(18)−(20) (21)	$\Delta N_p=(21/16)$ (22)
430.1	—	—	250.0	—	—	—	—	—	—	0
602.4	516.2	258.1	205.0	463.1	−45.0	−45.0	−45.5	−55.5	10.5	0.0227
835.9	719.2	359.6	165.0	524.6	−40.0	−39.1	−42.7	−51.7	12.6	0.0240
1213.6	1024.8	512.4	125.5	637.9	−39.5	−37.6	−43.8	−53.0	15.4	0.0241
1645.6	1429.6	714.8	88.4	803.2	−37.1	−34.4	−42.7	−51.7	17.3	0.0215
2206.9	1926.2	963.1	53.5	1016.6	−34.9	−31.7	−42.6	−51.5	19.8	0.0195
2886.3	2546.6	1273.3	23.4	1296.7	−30.1	−26.7	−40.5	−49.0	22.3	0.0172
3641.6	3264.0	1632.0	−6.1	1625.9	−29.5	−25.7	−41.0	−49.6	23.9	0.0147
4559.0	4100.3	2050.2	−30.7	2019.5	−24.6	−21.0	−39.8	−48.2	27.2	0.0135
5266.2	4912.6	2456.3	−52.7	2403.6	−22.0	−18.5	−38.2	−46.2	27.7	0.0115
5892.6	5579.4	2789.7	−71.3	2718.4	−18.6	−15.4	−37.6	−45.5	30.1	0.0110
6380.3	6136.4	3068.2	−84.9	2983.3	−13.6	−11.1	−37.1	−44.9	33.8	0.0113
6243.7	6312.0	3156.0	−90.0	3066.0	−5.1	−4.1	−35.9	−43.4	39.3	0.0128
5284.0	5763.8	2881.9	−85.0	2796.9	+5.0	+4.0	−35.4	−42.8	46.8	0.0167
1954.5	3619.2	1809.6	−5.05	1804.6	+80.0	+62.3	−34.2	−41.4	103.7	0.0575
430.1	—	—	250.0	—	—	—	—	—	—	0
810.7	620.4	0	205.0	205.0	−45.0	−45.0	−45.5	−55.5	10.5	0.051
2392.1	1601.4	0	165.0	165.0	−40.0	−38.0	−42.7	−51.7	13.7	0.083
19917.1	11154.6	0	125.5	125.5	−39.5	−34.2	−43.8	−53.0	18.8	0.150
3033331.0	1526624.0	0	88.4	88.4	−37.1	−26.6	−42.7	−51.7	25.1	0.284

d. 绘制动态曲线，如图 46.12 所示。

e. 当含气饱和度超过在适当压力下由 f_g 对 S_g 曲线确定的临界含气饱和度时，从该点到废弃点的动态必须用Ⅲ—B 中所介绍的前缘推进法来确定。该法如下述。到极限气油比时废弃采收率可以直接由 f_g 关系确定。

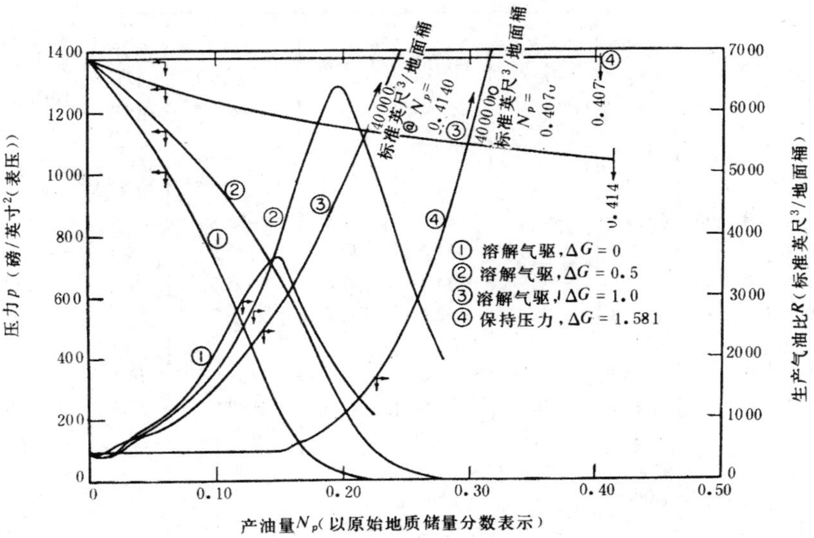

图 46.12　面积注气保持压力动态

B. 保持压力

(1) 方程同前一节Ⅱ−A 中的一样

(2) 步骤

a. 绘制 f_g 曲线和切线，如Ⅱ—A 所示。

b. 计算动态如图 46.10 中所示。

c. 绘制如图 46.12 所示的动态曲线。

d. 用下述方程计算在泡点压力下全面保持压力所需的注气量:

$$\Delta G_i = 1 + \frac{(B_o / B_g) - R_s}{R_s}$$

4. 顶部注气保持压力

A. 部分保持压力

(1) 方程

$$\Delta N_p = \frac{(1 - N_{pi})\Delta[(B_o / B_g) - R_s] - (1 + m)B_{ob}\Delta(1 / B_g)}{[(B_o / B_g) - R_s] + \overline{R}(1 - \Delta G_i)}$$

式中　ΔN_p——增加的产油量，以原始地质储量的分数表示；

N_{pi}——前一步骤的累计产油量，以原始地质储量的分数表示；

$\overline{R}$——平均气油比，标准英尺^3 / 地面桶；

R_s——溶解气油比，标准英尺^3 / 地面桶；

B_o——原油地层体积系数，地下桶 / 地面桶；

表 46.7 用有限差分法计算气顶膨胀驱（无对流）

p (1)	ΔN_p [由(11)] (2)	$N_p=\sum(2)$ (3)	$1-N_p$ (4)	$\Delta(B_o/B_g-R_s)$ (5)	(4i)(5) (6)	$\Delta(1/B_g)$ (7)	$(1+m)B_{ob}(7)$ (8)	(6)−(8) (9)	$(B_o/B_g-R_s)+\bar{R}(1-\Delta G_i)$ (由溶解气驱) (10)	$\Delta N_p=(9)/(10)$ (11)
$\Delta G_i=0$										
1375	0	0	1.0000	—	—	—	—	—	—	0
1300	0.0694	0.0694	0.9306	−45.0	−45.0	−45.5	−88.6	43.6	628.6	0.0694
1200	0.0629	0.1323	0.8677	−40.0	−37.2	−42.7	−83.2	46.0	731.6	0.0629
1100	0.0546	0.1869	0.8131	−39.5	−34.3	−43.8	−85.3	51.0	933.9	0.0546
1000	0.0523	0.2392	0.7608	−37.1	−30.2	−42.7	−83.2	53.0	1013.6	0.0523
900	0.0423	0.2815	0.7185	−34.9	−26.6	−42.6	−83.0	56.4	1331.1	0.0423
800	0.0350	0.3165	0.6835	−30.1	−21.6	−40.5	−78.9	57.3	1636.0	0.0350
700	0.0344	0.3509	0.6491	−17.3	−11.8	−41.0	−79.9	68.1	1981.9	0.0344
$\Delta G_i=0.5$										
1375	0	0	1.0000	—	−45.0	—	—	—	—	0
1300	0.0941	0.1046	0.8954	−45.0	−35.8	−45.5	−88.6	43.6	463.1	0.0941
1200	0.0904	0.2103	0.7897	−40.0	−31.2	−42.7	−83.2	47.4	524.6	0.0904
1100	0.0848	0.3124	0.6876	−39.5	−25.5	−43.8	−85.3	54.1	637.9	0.0848
1000	0.0718	0.4092	0.5908	−37.1		−42.7	−83.2	57.7	803.2	0.0718
$\Delta G_i=1.0$										
1375	0	0	1.0000	—	—	—	—	—	—	0
1300	0.2127	0.2127	0.7873	−45.0	−45.0	−45.5	−88.6	43.6	205.0	0.2127
1200	0.3133	0.5260	0.4740	−40.0	−31.5	−42.7	−83.2	51.7	165.0	0.3133

$\Delta(B_g)$ (12)	$mN(B_{ob}/B_{gb})(12)$ (13)	S_g(由溶解气驱) (14)	S_g(由 f_g 对 S_g 曲线) (15)	$\Delta N_p N\bar{R}\Delta G_i$ (10^6 桶) (16)	$\sum(16)$ (10^6 桶) (17)	$(17)B_g$ (10^3 桶) (18)	(17i)(12) (10^3 桶) (19)	(13)+(18)+(19)(10^3 桶) (20)	(20)/(15) (PV,10^3 桶) (21)	h, 英尺 (22)
—	—	0	0.750	0	0	0	—	—	—	20.0
0.00016	2.04560	0.017	0.647①	0	0	0	0	2034.6	3145	17.8
0.00017	2161720	0.037	0.647	0	0	0	0	2161.7	3341	15.4
0.00022	2797520	0.055	0.647	0	0	0	0	2797.5	4324	12.7
0.00025	3179000	0.0711	0.647	0	0	0	0	3179.0	4913	10.0
0.00032	4069120	0.0878	0.647	0	0	0	0	4069.1	6289	6.9
0.00039	4959240	0.1035	0.645②	0	0	0	0	4959.2	7689	3.4
0.00051	6485160	0.1182	0.645	0	0	0	0	6485.2	10055	−1.0
—	—	0	0.750	0	0	0	—	—	—	20.0
0.00016	2034560	0.017	0.647①	827.5	827.5	1605.4	0	3640.0	5626.0	16.3
0.00017	2161720	0.037	0.647	1165.0	1992.5	4204.2	0.3	6366.2	9839.6	10.8
0.00022	2797520	0.055	0.647	1603.5	3596.0	8378.7	0.9	11177.1	17275.3	3.7
0.00025	3179000	0.0711	0.647	2120.8	5716.8	14749.3	2.1	17930.4	27731.1	−5.2
—	—	0	0.750	0	0	0	—	—	—	20.0
0.00016	2034560	0.017	0.647①	3927.2	3927.2	7618.8	0	9653.4	14920.2	12.1
0.00017	2161720	0.037	0.647	15378	19305.2	40734.0	1.3	42897.0	66.301.4	−1.7

①在相应的产率和 1375 磅／英寸^2(9480.3kPa)压力下计算的；

②在相应的产率和 900 磅／英寸^2(6205.3kPa)压力下计算出的。

B_{ob}——p_o 下原油地层体积系数，地下桶／地面桶；

B_g——气体地层体积系数，桶／标准英尺[3]；

ΔG_i——增加的注气量，以产出气量的分数表示；

m——气顶对原始油带体积比，分数。

（注意：脚注 i 代表前一步骤）

(2) 步骤

a. 选择压力增量，使任一增量小于或等于原始压力或泡点压力的 10%，并求得如表 45.2 中所示的流体性质。

b. 设 $\Delta G_i=0$，进行溶解气驱物质平衡计算，如Ⅲ—A 中所述。

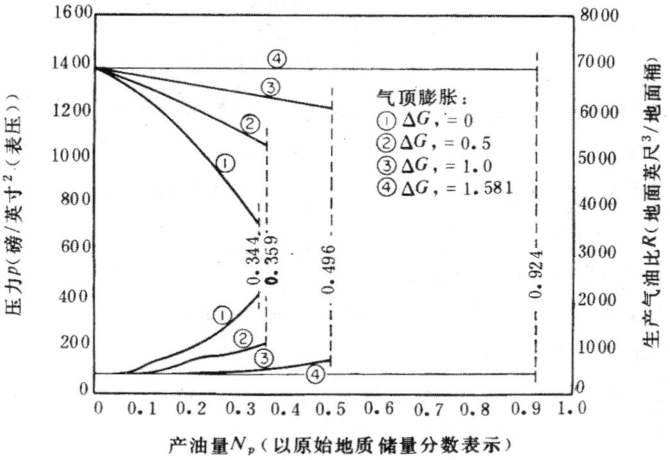

图 46.13　顶部注气保持压力动态

c. 用点 b 溶解气驱计算确定的$\overline{R}$和由单位驱替计算确定的$\overline{S}_g$ 完成物质平衡计算，如表 45.7 中所示。

d. 应用图 46.8 中的数据和表 46.7 中的计算结果，确定气／油界面位置和废弃条件。

e. 绘制动态曲线如图 6.13 所示。

B. 保持压力

(1) 方程同Ⅱ—B 中的一样。

(2) 步骤

a. 按Ⅱ—B 中所述绘制f_g 曲线和切线。

b. 计算采收率并绘制动态曲线，如图 46.13 所示。

c. 用下述方程计算在泡点下进行全面保持压力所需的注气量：

$$\Delta G_i = 1 + [(B_o / B_g) - R_s] / R_s$$

附录 B　精选的参考文献
（包括方程、计算步骤和有关注气动态预测的计算实例）

顶部注气——全面保持压力

强调重力驱油和重力分离

1. Combs, G.D. and Knezek, R.B.: "Gas Injection for Upstructure Drainage," *J. Pet. Tech.* (March 1971) 361–72.

2. Craig, F.F. Jr. *et al.*: "A Laboratory Study of Gravity Segregation in Frontal Drives," *J. Pet. Tech.* (Oct. 1957) 275–81; *Trans.*, AIME, **210**.

3. Martin, J.C.: "Reservoir Analysis for Pressure Maintenance Operations Based on Complete Segregation of

Mobile Fluids, " *Trans.*, AIME (1958) **213,** 220–27.

4. McCord, D.R.:"Performance Predictions Incorporating Gravity Drainage and Gas Cap Pressure Maintenance–LL–370 Area, Bolivar Coastal Field, *J. Pet. Tech.* (Sept 1953) 231–48; *Trans.*, AIME, **198.**
5. Shreve, D.R. and Welch, L.W. Jr.:"Gas Drive and Gravity Drainage Analysis for Pressure Maintenance Operations, " *J. Pet. Tech.* (June 1956) 136–43; *Trans.*, AIME. **207.**
6. Stewart. F. M., Garthwaite, D.L., and Krebill, F.K.:"Pressure Maintenance by Inert Gas Injection in the High Relief Elk Basin Field, " *J. Pet. Tech.* (March 1955) 49–55; *Trans.*,AIME, **204.**
7. van Wingen, N., Barton, W.C.Jr., and Case, C.H.:"Coalinga Nose Pressure Maintenance Project, "*J. Pet. Tech.* (Oct. 1973) 1147–52.

前沿推进计算的一般应用

1. Buckley, S.E. and Leverett, M.C.:"Mechanism of Fluid Displacement in Sands, " *Trans.*, AIME (1942) **146,** 107–16.
2. Craft, B.C. and Hawkins, M.F.:*Applied Petroleum Reservoir Engineering*, Prentice–Hall Inc.,Englewood Cliffs, NJ (1959) 361–75.
3. Dardaganian, S.G.:"The Application of the Buckley–Leverett Frontal Advance Theory to Petroleum Recovery, "*J. Pet. Tech.* (April 1958) 49–52; *Trans.*, AIME (1958) **213, 365–68.**
4. Justus, J.B. *et al.*:"Pressure Maintenance by Gas Injection in the Brookhaven Field, Mississippi, " *J. Pet. Tech.* (April 1954) 43–53; *Trans.*,AIME (1954) **201,** 97–107.
5. Kirby, J.E. Jr., Stamm, H.E. Ⅲ, and Schnitz. L. B.:"Calculation of the Depletion History and Future Peformance of a Gas–Cap–Drive Reservoir, "*J. Pet. Tech.* (July 1957) 218–26; *Trans.*, AIME, **210.**
6. Prison, S.J.: *Oil Reservoir Engineering*, McGraw–Hill Book Co. Inc., New York City (1958) 555–605.
7. Snyder, R.W. and Ramey, H.J. Jr.:" Application of Buckley–Leverett Displacement Theory to Noncommunicating Layered Systems, "*J. Pet. Tech.* (Nov. 1967) 1500–06; *Trans.*, AIME, **240.**
8. Stutzman, L.F. and Thodos, G.:"Frontal Drive Production Mechanisms–A New Method for Calculating the Displacing Fluid Saturation at Breakthrough, "*J. Pet. Tech.* (April 1957) 67–69; *Trans.*,AIME, **210,** 364–66.
9. Welge, H.J.:"A Simplified Method for Computing Oil Recovery by Gas or Water Drive, " *Trans.*,AIME (1952) **195,** 91–98.

泡点以上的气驱和前沿后边的生产

1. Kern, L.R.:"Displacement Mechanisms in Multi–Well Systems, " *Trans.*,AIME (1952) **195,** 39–46.
2. Shreve, D.R. and Welch, L.W. Jr.:"Gas Drive and Gravity Drainage Analysis for Pressure Maintenance Operations, "*J. Pet. Tech.* (June 1956) 136–43; *Trans.*,AIME, **207.**

不平衡气驱

1. Attra, H.D.:" Nonequilibrium Gas Displacement Calculations, " *Soc. Pet. Eng. J.* (Sept. 1961) 130–36; *Trans.*, AIME, **222.**
2. Jacoby, R.H. and Berry, V.J. Jr.:"A Method for Predicting Pressure Maintenance Performance for Reservoirs Producing Volatile Crude Oil, "*J. Pet. Tech*, (March 1958) 59–69;*Trans.*,AIME, **213.**

混合驱动油藏注气

1. Blair, E.A. *et al.*:"A Reservoir Study of the Friendswood Field, "*J. Pet. Tech.* (June 1971) 685–94.
2. Cotter, W.H.:"Twenty–Three Years of Gas Injection Into A Highly Undersaturated Crude Reservoir, "*J.*

Pet. Tech. (April 1962) 361–65.

3. Wooddy, L.D. Jr. and Moscrip, R.Ⅲ: "Performance Calculations for Combination Drive Reservoirs, " *J. Pet. Tech.* (June 1956) 128–35; *Trans.*, AIME, **207.**

面积（分散）注气——全面和局部保持压力

1. Craft, B.C. and Hawkins, M.F.: *Applied Petroleum Reservoir Engineering*, Prentice–Hall Inc., Englewood Cliffs, NJ (1959) 375–90.
2. Craig, F.F. Jr. and Geffen, T.M.: "The Determination of Partial Pressure Maintenance Performance by Laboratory Flow Tests, " *J. Pet. Tech.* (Feb, 1956) 42–49; *Trans.*, AIME, **207.**
3. Craig, F.F.Jr., Geffen, T.M., and Morse, R.A.: "Oil Recovery Performance of Pattern Gas or Water Injection Operations from Model Tests, " *J. Pet, Tech,* (Jan, 1955) 7–14; *Trans.*, AIME, **204.**
4. Hoss, R.L.: "Calculated Effect of Pressure Maintenance on Oil Recovery, " *Trans.*, AIME (1948) **174,** 121–30.
5. Kelly, P.and Kennedy, S.L.: "Thirty Years of Effective Pressure Maintenance By Gas Injection in the Hilbig Field, " *J. Pet. Tech.* (March 1965) 279–81.
6. Last, G.J.,Craig, F.F. Jr., and Reader, P.J.: "Significance of Partial Pressure Maintenance by Fluid Injection, " *J. Pet. Tech.* (Jan, 1964) 20–24.
7. Leibrock, R.M., Hiltz, R.G., and Huzarevich, J.E.: "Results of Gas Injection in the Cedar Lake Field, " *Trans.*,AIME (1951) **192,** 357–66.
8. McGraw, J.H. and Lohec, R.E.: "The Pickton Field—Review of a Successful Gas Injection Project, " *J. Pet. Tech.* (April 1964) 399–404; discussion, 405.
9. Meltzer, B.D., Hurdle, J.M., and Cassingham, R. W.: "An Efficient Gas Displacement Project—Raleigh Field, Mississippi, " *J. Pet. Tech.* (May 1965) 509–14.
10. Muskat, M.: *Phvsical Principles of Oil Production,* McGraw–Hill Book Co. Inc., New York City (1949) 437–53.
11. Patton, E.C. Jr.: "Evaluation of Pressure Maintenance by Internal Gas Injection in Volumetrically Controlled Reservoirs, " *Trans.*, AIME (1947) **170.** 112–52;Discussion, 154–55.
12. Pirson, S.J.: *Oil Reservoir Engineering,* McGraw–Hill Book Co. Inc., New York City (1958) 484–532.
13. Shehabi. J.A.N.: "Effective Displacement of Oil by Gas Injection in a Preferentially Oil–Wet. Low–Dip Reservoir, " *J. Pet. Tech.* (Dec, 1979)1605–13.
14. Tracy, G.W.: "Simplified Form of the Material Balance Equation, " *J. Pet. Tech.* (Jan, 1955), 53–56; *Trans.*, AIME, **204.** 243–46.

油藏模拟的数值模型

1. Coats, K.H.: "An Analysis for Simulating Reservoir Performance Under Pressure Maintenance by Gas and / or Water Injection, " *Soc, Pet, Eng. J.* (Dec. 1968) 331–40.
2. Cook, R.E.,Jacoby, R.H., and Ramesh, A.B.: " A Beta–Type Reservoir Simulator for Approximating Compositional Effects During Gas Injection, " *Soc. Pet. Eng, J.* (Oct, 1974) 471–81.
3. McCulloch, R.C., Langton, J.R., and Spivak, A.: "Simulation of High Relief Reservoirs, Rainbow Field, Alberta, Canada, " *J. Pet. Tech,* (Nov, 1969) 1399–1408.
4. McFarlane, R.C.,Mueller. T.D., and Miller, F.G.: "Unsteady–State Distributions of Fluid Compositions in Two–Phase Oil Reservoirs Undergoing Gas Injection, " *Soc, Pet. Eng, J.* (March 1967) 61–74;

Trans.,AIME, **240.**

5. Price, H.S. and Donohue, D.A.T.:"Isothermal Displacement Processes With Interphase Mass Transfer," Soc.Pet. Eng.J.(June 1967)205–20; *Trans.*, AIME, **240.**
6. Strickland, R.F. and Morse, R.A.:"Gas Injection for Upstructure Oil Drainage," *J. Pet. Tech.* (Oct, 1979) 1323–31.
7. Thomas, L.K., Lumpkin, W.B., and Reheis, G.M.:"Reservoir Simulation of Variable Bubble–Point Problems," *Soc, Pet. Eng. J.* (Feb. 1976) 10–16.

附录C　注气作业工程分析需要的数据

分析数据

1) 有代表性井数的岩心分析
   a. 孔隙度
   b. 渗透率
   c. 含水饱和度
2) 能覆盖油藏渗透率变化范围的足量岩样的专门岩心分析
   a. 毛管压力数据（为确定隙间水饱和度）
   b. 气／油相对渗透率比，k_{rg}/k_{ro}
   c. 原油相对渗透率，k_{ro}
3) 烃组成分析
   a. 气顶气、套管头气和分离器气体样品
   b. 油藏流体样品
4) 油藏流体性质分析
   a. 溶解度
   (1) 闪蒸法
   (2) 差压法
   b. 原油相对体积
   (1) 闪蒸法
   (2) 差压法
   c. 原油粘度
   d. 原油密度
   e. 气体粘度
   f. 气体密度

油田数据

1) 开发史
2) 废弃史（若有的话）
3) 开采史
   a. 油
   b. 水
   c. 气

4）注入史（若有的话）

a．气

b．水

5）压力史

6）油井产能数据

7）气／油和油／水界面（原始的和目前的）

8）井和测试数据

a．钻杆测试

b．生产测试

c．钻屑取样

d．岩心描述

e．电测井和放射性测井

9）油藏平均温度

10）完井数据

解释数据（由前期数据准备）

1）构造图

a．顶层

b．底层

2）等厚图

a．总的砂层有效厚度

b．含气砂层有效厚度

c．含油砂层有效厚度

3）油藏体积分布

a．油藏体积与海拔深度的关系

b．用注采单元表示的体积

4）横剖面面积

a．面积与海拔深度的关系

b．各注采单元垂直于层理面的面积

5）油藏体积加权基准面

6）平均油藏流体性质（随压力而变）

a．差压脱气原油地层体积系数

b．闪蒸脱气原油地层体积系数

c．气体地层体积系数

d．原油粘度

e．气体粘度

f．原油密度

g．气体密度

h．气的偏差系数

i．差压脱气的气体溶解度

j．平均的油和气的组成

k. 油和水的压缩系数

7）体积加权平均压力

8）渗透率分布

9）平均油藏岩石性质

a. 孔隙度

b. 渗透率

c. 隙间水饱和度

d. 气／油相对渗透率比，k_g/k_o

e. 原油的相对渗透率，k_o/k

10）井的产能

a. 与海拔深度的函数关系

b. 注采单元的油井产能

c. 采油指数

符 号 说 明

A——横剖面面积；

B_g——气体地层体积系数；

B_o——原油地层体积系数；

B_{ob}——p_b 下的原油地层体积系数；

f_g——气体分流量；

ΔG_i——增加的注气量；

k_o——原油的有效渗透率；

k_{rg}——气体相对渗透率；

k_{ro}——原油相对渗透率；

L——距离；

m——气顶对原始油带的体积比；

M——流度比；

N_p——累计产油量；

ΔN_p——增加的产油量；

p——压力；

p_b——泡点压力；

p_L——油／气毛细压力$(\rho_o-\rho_g)$；

q_t——总流量；

$\underline{R}$——瞬时气油比；

R——平均气油比；

R_s——溶解气油比；

S_g——含气饱和度；

S_L——总的液体饱和度；

S_w——隙间水饱和度；

t——时间；

α——倾角；

μ_g——气体粘度；

μ_o——原油粘度；

ρ_g——气体密度；

ρ_o——原油密度；

ϕ——孔隙度，分数。

用国际米制单位表示的主要方程

$$f_g=\frac{1+(8.639\times10^{-5})[k_oA/(\mu q_t)]\left[\left(\frac{\partial p_c}{\partial L}\right)-9.795(\rho_o-\rho_g)\sin\alpha\right]}{1+\left(\frac{k_{ro}}{k_{rg}}\right)\left(\frac{\mu_o}{\mu_g}\right)} \tag{1}$$

式中 f_g——气体分流量；

q_t——总流量，米^3／日；

A——横剖面面积，米^2；

p_c——油／气毛管压力，$\rho_o-\rho_g$，千帕；
L——距离，米；
ρ_o——原油相对密度（水＝1）或密度，克／厘米^3；
ρ_g——气体相对密度（水＝1）或密度，克／厘米^3；
α——倾角，度；
k_o——原油有效渗透率，微米^2；
k_g——气体有效渗透率，微米^2；
μ_o——原油粘度，帕·秒；
μ_g——气体粘度，帕·秒。

$$L=\frac{q_t t}{\phi A}\left(\frac{\partial f_g}{\partial S_g}\right) \tag{2}$$

式中 t——时间，天；
ϕ——孔隙度，分数；
S_g——含气饱和度，分数；
其它符号同公式（1）。

$$f_g=\frac{1+0.848\times10^{-3}[k_o(\rho_g-\rho_o)\sin\alpha/(q_t\mu_o)]}{1+\left(\frac{k_o}{k_g}\right)\left(\frac{\mu_g}{\mu_o}\right)} \tag{A.Ⅱ.B}$$

式中 f——气体分流量；
k_o——原油有效渗透率，微米^2；
k_g——气体有效渗透率，微米^2；
ρ_g——压力p下的气体相对密度（水＝1）；
ρ_o——压力p下的原油相对密度（水＝1）；
α——气流角度（－90°）；
q_t——前缘气运移速率，米^3／日·米^2；
μ_o——原油粘度，帕·秒；
μ_g——气体粘度，帕·秒。

注意：所有物质平衡、饱和度和气油比等方程，均按国际米制单位修正，其中的 B_o 和 B_g 是体积系数（米^3／米^3），而 R 和 R_s 及 R_p 是气油比（米^3／米^3）。

参 考 文 献

1. Muskat, M.:*Physical Principles of Oil Production,* McGraw–Hill Book Co. Inc., New York City (1949) 709.
2. Buckley, S.E. and Leverett, M.C.:"Mechanism of Fluid Displacement in Sands," *Trans.,* AIME (1942) **146.** 107–16.
3. Welge, H.J.:"A Simplified Method for Computing Oil Recovery by Gas or Water Drive," *Trans.,*AIME (1952) **195,** 91–98.
4. Dardaganian, S.G.:"The Application of the Buckley–Leverett Frontal Advance Theory to petrolecum Re-

covery, "*J. Pet. Tech.* (April 1958), 49–52; *Trans.*, AIME, **213,** 365–68.

5. Kern, L.R.: "Displacement Mechanism in Multi-well Systems, "*Trans.*, AIME(1952)195. 39–46.
6. Shreve, D.R.and Welch, L.W. Jr.: "Gas Drive and Gravity Drainage Analysis for Pressure Maintenance Operations, "*J. Pet. Tech.* (June 1956), 136–43; *Trans.*,AIME. **207.**
7. Jacoby, R.H. and Berry, V.J.Jr.: "A Method for Predicting Pressure Maintenance Performance for Reservoirs Producing Volatile Crude Oil, "*J. Pet. Tech.* (March 1958), 59–69; *Trans.*, AIME, 213.
8. Attra, H.D.: " Nonequilibrium Gas Displacement Calculation, " *Soc, Pet. Eng. J.* (Sept, 1961) 130–36; *Trans.*, AIME, **222.**
9. Craft, B.C. and Hawkins, M.F.:*Applied Petroleum Reservoir Engineering*, Prentice–Hall Inc.,Englewood Cliffs, NJ (1959) 370.
10. Anders, E.L.Jr.: " Mile Six Pool—An Evaluation of Recovery Efficiency, " *J. Pet. Tech.*(Nov, 1953) 279–86;*Trans.*,AIME. **198.**
11. Craig, F.F Jr. and Geffen. T.M.: "The Determination of Partial Pressure Maintenance Performance by Laboratory Flow Tests, "*J. Pet. Tech.* (Feb. 1956)42–49; *Trans.*,AIME. **207.**
12. Slobod, R.L. and Koch, H.A.Jr.: " High Pressure Gas Injection—Mechanism of Recovery Increase, " *Drill, and Prod. Prac.*,API (1953) 82.
13. Stiles, W.E.: "Use of Permeability Distribution in Water Flood Calculations, "*Trans.*, AIME (1949) **186,** 9–13.
14. Dyes, A.B., Caudle, B.H., and Erickson, R.A.: "Oil Production after Breakthrough as Influenced by Mobility Ratio, "*J. Pet. Tech.* (April 1954) , 27–32; *Trans.*, AIME (1954) **201,** 81–86.
15. Patton, E.C. Jr.: "Evaluation of Pressure Maintenance by Internal Gas Injection in Volumetrically Controlled Reservoirs, "*Trans.*, AIME (1947) **170,** 112–52; Discussion 154–55.

第四十七章 注水保持压力和二次采油注水

C. E. Thomas❶
Carroll F. Mahoney
George W. Winter

赵 钧 译

一、引 言

许多对二次采油注水有重大意义的因素也是注水保持压力的重要因素，因而很难给两种过程间的分界点下个定义。据此，本章介绍的大部分资料适用于二次采油注水和注水保持压力两种作业。为了我们的目的，将二次采油注水和注水保压力定义如下。

二次采油注水是一种二次采油方法，它是在油藏经一次采油法开采到其经济产量极限之后，把水注到油藏中，将地下原油驱替到生产井，增加原油的采收率。

注水保持压力是一项工艺过程，它是在油藏达到经济产量极限之前，把水注入油藏，补充油藏原有的天然能量，改善油田的生产特性。

二次采油注水（以下简称注水）概况和发展如下。

最初认识从注水可以获得效益带有偶然性，当时水是通过废弃井而不是人们有意识地让它进入生产层而进行水驱采油的。1880 年，Carll [1] 报道了在宾夕法尼亚州 Pithole 城地区发生了偶然的水驱后产油量增加的情况，并且建议有意识地利用水驱。虽然宾夕法尼亚州在 1921 年以前，纽约州在 1919 年以前规定注水是非法的，但在这些地区早在 18 世纪 90 年代就有关于注水作业的报道 [2]。自规定为注水为非法以后，在 1922 年之前报道有关注水作业的资料有限。然而，1907 年在宾夕法尼亚州的 Bradford 油田和 1912 年在纽约州都有注水增产的记录 [3]。1922 年应用了行列注水井网，1924 年应用了五点法注水井网。应用注水井网方案，结合地面注水压力，为把原油驱向生产井提供了一个更为实际有效的方法。

在 Bradford 地区注水获得初步成功可归因于许多有利因素。Bradford 砂层基本未受到天然水侵，所含原油的粘度较低，且原始含气饱和度也低。因而一次采油受到限制，注水开发的原油采收率明显地大于靠天然能量降压等达到的采收率。

以后，注水方法缓慢地推广到宾夕法尼亚-纽约地区以外，1931 年在俄克拉何马州 Nowata 县的 Bartlesville 浅砂岩开始第一次注水。1936 年引进到得克萨斯州，在 Brown 县的 Fry 油田开始注水。不到 10 年时间，大部分油田实施了注水作业。可是，直到 50 年代初，注水的普遍适用性才得到承认。

在上述发展阶段，在美国以外地区没有关于注水作业的广泛可靠的记录，但公布的充分资料说明，在世界其它地区也有相应的发展。

现在，全世界已经公认注水是一种可靠且经济的石油开采技术；几乎每一个无天然水驱

---

❶1962年版本章作者为：H. C. Osborne, C. E. Thomas, J. F. Armstrong, L. L. Crain, C. F. Mahoney, F. C. Kelton, Bill Lafayette 和 J. E. Smith。

的大油田都考虑过、正在考虑或将要考虑实施注水作业。

二、注水或注水保持压力中的重要因素

在确定某一个油藏是否适合注水或注水保持压力时必须考虑以下这些因素：1）油藏的几何形状；2）油藏岩性；3）油藏深度；4）孔隙度；5）渗透率（大小及变异程度）；6）油藏岩石性质的连续性；7）流体饱和度高低及其分布；8）流体性质和相对渗透率关系；9）实施注水的最佳时机。

在评价一个具体油藏实施注水和（或）注水保持压力作业的经济可行性时，通常必须整体考虑上述诸因素对最终采收率、收益率和最终经济收益的影响。除油藏特性外，其它因素也有很大的影响。这些因素有原油价格、市场状况、作业费用和水源情况。

1. 油藏的几何形状

整理油藏资料，确定注水是否合适的首要步骤之一是确定油藏的几何形状。油藏的构造形态和地层特征决定着井位，并且在很大程度上决定着油藏可以通过注水作业开采的方式。

构造是控制重力分异作用的一项主要因素。在高渗透率油藏中，特别是在老油田中，靠重力分异开采会将原油饱和度降低到再进行注水作业可能毫无经济价值的地步。如果构造形态合适，并且残余油饱和度足以供实施二次采油作业，那么应用一种边外注水方式可能会比用常规井网或行列注水获得更高的面积驱扫系数。对高闭合度的油藏还需要研究配套的注气方案。油田的形状和有无气顶存在也会影响这个决策。

到目前为止，大部分注水作业都是在构造闭合度中等的油田上实施的。许多注水工程分布在地层圈闭型油藏上。因为这类油藏一般都是靠溶解气驱开采，没有天然水驱作用或其它驱油能量，在一次采油之后仍保持很高的含油饱和度，因而使这类油藏成为实施二次采油最富有吸引力的对象。

在这类油藏中，地层倾角相当小，对二次采油没有明显的影响。这样，注水井和生产井可以按油藏产权界线和所了解的油层状况布置。但油气分布受高闭合度构造控制的油藏实施注水能否获得成功，人们尚有疑问。

在确定天然水驱的存在和强度，以及确定是否需要进行人工补充注水这些问题时，对油藏的几何形状和过去的油藏动态进行分析常是很重要的。如果肯定天然水驱很强，可能就无需注水了。构造特征，如断层、或地层特征，如砂岩尖灭，以及其它非渗透性遮挡层，通常都会影响这些决策。一个本来在其它方面都适合注水的油藏，可能因断层高度发育而使任何一项注水方案在经济上都无吸引力。

2. 岩性

岩性对一具体油藏的注水效率具有很大影响。影响注水可行性的岩性因素是孔隙度、渗透率和粘土含量。在某些复杂岩性油藏系统中，总孔隙度中仅具有足够渗透率的很少一部分（如裂缝的孔隙度）在注水作业中起作用。在这种情况下，注水作业只对基质孔隙度有很小的影响，这种基质孔隙很可能是结晶孔隙、粒间孔隙或是原生孔穴。评价这种影响需要进行广泛的实验研究和某些综合性油藏研究。评价工作可能还需要辅以注水作业的先导性试验。

实验室实验表明，不同产油层中砂岩颗粒与胶结物质矿物组成间的差异，可能是导致注水之后观察到的残余油饱和度产生差异的原因。含油饱和度的这种差异证明，它不仅取决于油藏岩石的矿物组成，而且还取决于岩石内所含烃类的组成。Benner 和 Bartell[5] 证明，

在一定条件下，某种类型石油的基本组成会被吸附在砂岩表面上使石英变成亲油的。同样，另一类型石油的酸性组分会使方解石变成亲油的。目前，尚没有足够的数据可以用来可靠预测孔隙壁受水和石油润湿程度不同对采收率的影响，但看来可能是存在某种影响。

虽然有迹象表明某些含油砂层中的粘土矿物在水驱时可能因膨胀和反凝絮作用而堵塞孔隙，但尚没有精确的数据说明这种损害可能发展到什么程度。这种损害的影响取决于粘土矿物的性质；然而通过实验室研究只能确定堵塞孔隙影响的近似情况。蒙脱石类粘土很可能是发生膨胀而使渗透率降低；而高岭石引起反应的可能性最小。由此而引起的渗透率降低的程度还取决于注入水的矿化度。通常，盐水比淡水更适合用于注水。

3. 油藏深度

油藏深度是注水应考虑的另一个因素。如果油藏深度很大，在经济上不允许再钻井，或者如果必须用老井作注水井和生产井，那么与能钻新井的情况相比预计采收率会低些。特别是在井网不规则和加密钻井比租借地还便宜的老油田上更是如此。另外，在一次采油之后，深油藏中的残余油饱和度可能低于浅油藏，因为深油藏一般有大量的溶解气可用于驱替原油，而且原油的收缩率高，因此，剩余的原油就少些。但另一方面，如果油藏的横向均质性比较好，深度越大，就可以用较高的压力和更宽的井距。

在深度浅的油田上实施二次采油注水要谨慎从事，因为在二次采油作业中所能应用的最高注水压力受油藏深度的限制。在注水作业中发现存在一个临界压力（通常接近生产层上覆岩层岩柱的静压力，或者说压力梯度约为 1 磅／英寸^2／英尺油层深度），若超过此压力，显然注入水就会压开裂缝或其它薄弱面（如节理面以及层理面），从而造成水窜，绕流过大部分油藏基岩。所以，通常认为用 0.75 磅／英寸^2／英尺深度的注水压力梯度就足以防止压开地层。然而，为了尽可能地消除疑虑，应该研究当地的压裂压力或破裂压力的有关资料。其中任何一种压力都应看作是注水压力的上限。这些考虑还将影响设备的选择和注水站的设计，以及注水井的井数和井位。

4. 孔隙度

一个油藏的原油总产量直接取决于该油藏的孔隙度，因为孔隙度乘以含油饱和度（用百分比表示）决定油藏的总含油量。一个孔隙度分别为 10%和 20%的油藏，其油藏岩石中的流体含量分别为 775.8 和 1551.6 桶／（英亩·英尺），因此采集可靠的孔隙度数据是非常重要的。一个单一油层的孔隙度有时可以从 10%变到 35%。在石灰岩和白云岩中，极小的和裂缝的孔隙度变化幅度可从 2%到 11%；多孔的和裂隙的孔隙度可以变化于 15%～35%之间。在确定平均孔隙度工作中已经证明，根据岩心样品确定的孔隙度的算术平均值是合格的。如果掌握了充足的数据，当孔隙度分布问题很重要时，例如当某油田联合开发时，可以使用等孔隙度图。利用这种图幅通过面积或体积加权可以得出最佳的总孔隙度值。如果掌握了充分的岩心数据，则可以通过孔隙度和渗透率的统计分析来改善这些数据的应用水平。

到目前为止，测定这一重要特性最可靠的方法还是实验室岩心分析。在很多情况下，各种测井方法也十分可靠。这些测井方法包括“微电极测井”或“接触测井”、中子测井、密度测井或声波测井。

5. 渗透率（大小和变化程度）

油藏岩石渗透率的大小在很大程度上决定着注水井在一定的砂层面压力下能够保持的注水量。因此，在确定一个油藏是否适合注水时必须确定：1）根据深度考虑确定最大的允许注水压力；2）根据压力／渗透率数据确定注水量与井距的关系。这样就能够粗略地证明在适当长的时期内完成所提出的注水方案是否需要进行补充钻井。然后把预测的采收率近似值同这一开发方案的货币支出额相比较，就可以很快证明该油藏是否适合注水。如果该项工程的收益是有利的，就可以做更细致的工作了。

近几年来，关于渗透率的变化程度无可非议地受到了人们极大的关注。相当均质的渗透率是注水成功必不可少的条件，因为这决定着必须处理的注入水的水量。如果发现油藏范围内各油层的渗透率差别很大，并且这些油层都保持大面积连片分布，那么在低渗透层尚未得到有效驱扫之前，注入水就会早已在高渗透层中突破引起大量水窜。当然，这将会影响工程的经济价值，并由此影响油藏注水的可行性。这些油层的连续性分布和渗透率的变化一样重要，是不可忽略的。如果各井的渗透率剖面无法对比，高渗透率层是连续分布的，那么情况就会有所不同，注入水窜流现象将不会象动态计算结果所示的那样严重。

6. 油藏岩石性质的连续性

前面已经提到，在确定油藏是否适合注水时油藏岩石在渗透率和垂向均质性两方面的连续性所起的重要作用。因为在一个油藏中流体实际上是顺着层理面方向流动的，所以水平方向的（沿层理面）连续性更具有重要意义。如果油藏本体被页岩和致密岩石夹层分隔成小层，那么，应当通过生产层横剖面研究说明，各砂层在延伸比较短的一段横向距离后是否有尖灭趋势，或者说各砂岩是否均匀发育。另外，应从岩心分析数据收集有关交错层理和断裂的证据。这些特点在确定井距和注水井网时，以及在计算实施注水方案期间油藏的受效体积时都应加以考虑。页岩隔层的存在如果能使油藏岩层的各个分层在渗透率、孔隙度和原油饱和度等方面的连续性及均质性有一个合理的变化范围，就并不一定是坏事。当存在垂向不连续性时（即在生产层中存在含水或含气层时），有时还可以利用页岩隔层进行选择性完井。通过这种完井方式可以避免出水或出气，或减少水或气的产量，并可进行选择性注水。

7. 流体饱和度及其分布

在确定一个油藏是否适合注水时肯定认为高含油饱和度比低含油饱和度更适合注水。通常，注水开始时的含油饱和度越高，原油采收率也将越高。同时，最终采收率越高，水窜现象将越小，风险投资的经济收益将越大。在确定是否适合注水中还包括考虑水前缘过后的残余油饱和度。确定此项饱和度的方法在本章后面介绍。饱和度减少越多，最终采收率和获得的经济利益就越大。目前正在研究和试验的更新更专门化的驱替技术，唯一瞄准的目标就是降低驱替介质后面的残余油饱和度（见第四十五章）。

测定隙间水原始饱和度也是很重要的。知道原始隙间水含量是确定原始含油饱和度所必不可少的。Leverett 与 Lewis[6] 和其他研究者[7, 8] 曾证明，由于只占孔隙体积的一小部分，溶解气驱的原油采收率实质上与原生水饱和度无关。因此，溶解气驱开采后的残余油量同含水饱和度成相反变化。这里值得指出的是，原始含水饱和度对水推进前沿的前面集油带的形成有影响。如果含水饱和度超过某一临界值，则不可能形成集油带；虽然可以达到可观的采收率，但原油是在高含水状态下产出的。妨碍集油带形成的含水饱和度可用分流量方程确定，这在后面有介绍。这个值，各个油田之间会有很大差异。分流量方程还可以确定在某一具体饱和度下总流量中的含水量。

在美国中大陆地区，注水方案正在从砂岩油藏中获得可观的采收率，这些砂岩油藏含水饱和度的变化范围为22%～40%。俄克拉何马州 Barttesville 砂岩油田的平均含水饱和度约为30%。Bradford 油田的开发实践证明，在含油饱和度为40%和含水饱和度为30%的条件下，注气是徒劳无益的，而注水却很成功。

宾夕法尼亚州 Venango 油田的实践表明，由于隙间水饱和度高，注气比注水更有利。岩心的含油饱和度变化幅度从 20%到 35%，而隙间水饱和度为 40%～60%。在这些油田中，注水采油是没有经济效益的，而注气却可以达到增产 100 桶／（英亩·英尺）[9]。

在得克萨斯州 Throckmorton 县 Woodsen Shallow 油田进行的注水，是“高含水砂岩油藏进行注水无经济效益”这一说法的一个例外，该油田在平均含水饱和度为 54%的砂岩油藏进行的注水是成功的[10]。

隙间水含量可以通过以下方法进行估算：油基泥浆取心的岩心分析、电测井资料解释、实验室恢复原态岩心的水驱实验、或毛细管压力试验。

在确定油藏是否适合注水作业中起作用的另一个因素是自由气饱和度。如果无边水侵入，油藏中自由气所占据的孔隙空间取决于产出到地面的油和气所空出的空隙空间。如果已知准确的生产数据，就可确定出产出的油和气所空出的孔隙空间。对溶解气驱油藏来说，气所占的那部分孔隙空间可由下式确定

$$S_g = (100 - S_w)\frac{NB_{oi} - (N - N_p)B_o}{NB_{oi}} \tag{1}$$

式中 S_g——含气饱和度，%；

S_w——含水饱和度，%；

N——原油地质储量，地面桶；

N_p——原油产量，地面桶；

B_{oi}——原始的原油地层体积系数，地下桶／地面桶；

B_o——原油地层体积系数，地下桶／地面桶。

某些作者通过实验证明，在含油饱和度一定的条件下，注水采收率随含气饱和度的增加(在达到大约 30%以前）而提高，但在含气饱和度超过 30%以后，注水效益将随含气饱和度的增加而下降。自由气的作用是可以使水前缘后面的残余油饱和度低于同样系统在无自由气状态下注水可能达到的残余油饱和度。在注水期间因存在自由气而使采收率提高，认为是下列因素起了不同作用，即：原油物理性质的变化；自由气的选择性封堵作用；自由气相中含有油雾；残余气取代残余油。采收率提高的程度尚没有在现场确定过。但关于自由气饱和度对注水采收率影响的一项研究证明[11]，可以确定达到最高注水采收率的最佳含气饱和度。根据曾在驱替水前面注过气的一些作业者报道，这样做在某种程度上对水驱是有利的。除了增产油、气这些优点外，还报道过其它方面的好处，如增加注水量、提高水驱效率、减少结蜡问题等等。

自由气饱和度对注水原油采收率的影响仍然是一个学术研究的课题。在驱替水前面注气(或和水一起注）的好处，在尚未经实验室和矿场验证之前，如要把这种方法用于大型矿场作业，应谨慎从事。

8. 流体性质和相对渗透率关系

油藏流体的物理性质对确定一个具体油藏是否适合注水也有明显的影响。在这些性质中最重要的是原油的粘度。原油的粘度影响流度比。油藏岩石对驱替流体和被驱替流体的相对渗透率也是流度比中的一个因子，在这种情况下驱替流体的粘度是指水的粘度（参见第四十六章)。任何一个单相的（如原油）流度是该相的渗透率与其粘度之比 K_o/μ_o。流度比

(M) 是驱替流体的流度与被驱替流体的流度之比。流度比越大，油井见水时的采收率越低；因而，采出一定量原油所必须采出的水也越多。这是因为：1）油井见水时的驱扫面积较小；2）分层效应增强。

高粘度（低 API 重度）原油通常一次采油的采收率较低，并且其收缩率也低于低粘度原油。这有助于补偿高粘度原油的不利影响，因为在注水作业开始时含油饱和度一般较高。

9.注水最佳时机

一个具体油藏实施注水的最佳时机取决于作业者实施注水的主要目的。在这些目的中可能有：1）原油采收率最高；2）未来的纯收益最高（美元）；3）每投入 1 美元的未来的纯收益最多（美元）；4）货币收益的稳定率或 5）贴现值最大。当然，希望能达到所有这些目的，并且看来应在早期开始注水作业；然而情况并非总是这样。确定开始注水最佳时机最常用的方法是先假设几个开始注水的时间，计算可望达到的原油采油率、产量、货币投入和收益，然后研究这些因素对最希望达到的目的的影响。

在均质油藏中，如果能恰好在达到泡点压力时开始注水，就可望达到最高的采收率。这是因为水驱后残余油的溶解气含量最大，并且在泡点压力下原油的粘度最有利的。如果忽视自由气饱和度对残余油饱和度的影响，则非均质性会使达到最高采收率的最佳压力低于泡点压力。如果泡点压力很低，则产量会大幅度下降，因而作业者宁愿早些注水。在非均质油藏中，在泡点压力以上开始注水，最终采收率会比较低，但在从经济上还是划算的。

目的 1，即最高原油采收率，对于所有主要关心合伙最佳权益的作业者或代理人来讲都是重要的。目的 2，3 和 5 包括一定的财政目标，对私人所有的公司，不论是独立公司还是大公司来讲都极为重要；在这些情况下，对目的的选择应根据公司的规模和财政上的实力地位，以及是否计划出售产权等决定。目的 4，即货币收益率稳定，当筹措资金（如生产贷款和原油支付）和考虑联邦税时就显得重要了。这后一项，即联邦税，对小的作业者来讲就特别重要了，因为他们最易受到税率大幅度变化（决定于他们的税收）的影响。另外，有些贷款机构特别关注油藏是否有一个长的生产时间，即有一个稳定生产的产量，虽然比产量稍低于可以达到的产量水平。另一些机构更关注的是投资能尽快回收。

总之，开始注水作业的最佳时机取决于主要关心者要达到的目的。

三、水驱后残余油的测定

计算注水总采收率最常用的方法可能是从水驱前的含油饱和度中减去水驱后的残余油饱和度，然后将所得差值来以有关系数，再按面积井网效率和垂向波及系数进行校正，把被驱替部分换算成地面原油桶数。如果已知油藏原始饱和度状况和流体性质，或者能测定出来，那么在任何时候都可以根据压力和产量动态史计算目前的饱和度状况。水推进前缘驱替后的残余油饱和度，只有根据油藏有代表性岩样的实验室测量结果才能够可靠地确定出来。这些岩样必须经过驱替试验，其驱替过程应和注水情况下所预计的相同。这种水驱敏感性或潜力试验要用新鲜岩心和恢复原态岩心两种岩心进行。所得数据的解释常常是困难的，特别是应用新鲜岩样测定方法时，或者没有足够的数据可以用来证明其可靠性时更是如此。

1. 新鲜岩心测定方法

新鲜岩心测定方法有比恢复原态法更快、更便宜的优点。应用这种方法时，岩心是新从地层中取出来的，在实验室作水驱试验，并确定残余油饱和度。这种方法只有在取心条件得到保证即有效消除钻井液的冲刷和污染时（例如，在衰竭砂层中用顿钻取心）才是有效的。若岩心受到钻井液污染，由于钻井液中常含有表面活性剂和其它化学剂以及污染固相，会明显改变岩心的润湿性并使残余油饱和度明显低于自然发生值。用这种方式确定的任何残余油饱和度都应认为是可疑的，只有在用其它方式确认其所得值后才能使用[12]。

2. 常规岩心分析数据的解释

在缺乏更可靠的数据时，某些作者建议，用水基钻井液取心，进行常规岩心分析，得出原油饱和度计量值，用作水驱后残余油饱和度的合理估算值。这一方法只有在饱和度值乘以目前油藏压力下的地层体积系数而增大后才是有效的。认为这样求得的计量值比用更多的水进一步冲洗这同一块岩样（就像用新鲜岩心测定法做的那样）而测定出的饱和度值更可靠。

实验室试验表明[13]，应该对含油饱和度的降低进行附加校正，这是因为随着岩心的起出，其中的气体膨胀，造成含油饱和度降低。实际油藏的残余油饱和度可用 S_{or}、B_{oR}、C_{ge} 项表示，其中 S_{or} 为在地面测定出的残余油饱和度，B_{oR} 为目前油藏条件下原油地层体积系数，而 C_{ge} 为气体膨胀校正值（在缺乏计量数据时，C_{ge} 值可取 10.0%）。

3. 恢复原态岩心测定方法

确定水推进前缘后面的残余油饱和度的最可靠的方法，是研究水驱敏感性试验的结果，这些试验是用恢复原态岩心测定技术在油藏有代表性岩样上进行的。这要求获取足够的数据，可靠地确定岩心样品能代表油藏所包含的所有渗透率变化范围。这种理想状况对工程师很难做到，因而必须用比理想少的数据进行解释。使用恢复原态技术时，首先抽提岩心，然后烘干，以除掉全部污染物。然后用毛管压力法测定残余水饱和度。在此之后，用盐水饱和岩心，所用盐水的组成与油藏中盐水的基本相同。接着，用原油自岩心中驱出所有的可动水，使岩心恢复原始状态。所用原油的粘度与油藏原油大致相同。然后，用岩心进行水驱试验，直到流出物基本上是百分之百的水为止。此时，油饱和度可用标准方式测定原油饱和度，此即所谓的残余油饱和度（ROS)。

4. 相对渗透率曲线

也可以用相对渗透率曲线确定残余油饱和度，但是这些曲线的正常目的是为隙间水和残余油饱和度这两种极端状态之间的部分给出更多的数据。因为对这两种状态之间部分的计量是用相当小的油层岩样进行的，所以它们通常是用粘度比油藏原油高得多的原油完成的。用粘度更高的原油便于精确地计量压力梯度，而这正是确定可靠的相对渗透率所必需的。所以，相对渗透率曲线应该主要用于分流量和产率／压力计算，更多地侧重中间饱和度范围而不是任何一端的饱和度。这一见解看来支持如下做法，即在残余油饱和度附近任意绘制一条实验曲线 k_{rw}，在残余水饱和度附近任意绘制一条实验曲线 k_{ro}，以便证明可以更可靠地确定这些饱和度。此外，似乎表明，应用仅由相对渗透率测量得出的残余油饱和度，会引入很大的误差。

5. 初始饱和度的影响

在本章前面曾讨论过关于初始油、气和水的饱和度对油藏是否适合注水的所起的作用。下面将研究这些饱和度对水推进前缘后面残余油饱和度的影响。

正如前面在流体饱和度及其分布的讨论中所提及的，原始含水饱和度高于“临界”值会使驱替机制出现“次要阶段”变化，这种现象常在油井见水后出现。这就是说，不能形成前缘驱替；但是，如果用大量的水冲洗经济合算的话，仍可采出大量原油。为了预测这类动态，需要进行分流量估算，而不是依赖使用水推进前缘后面的残余油饱和度或者水“活塞”式驱替等概念。

某些作者研究了初始含气饱和度的影响，他们当中大多数人报道说，发现在初始含气饱和度在30%以内时，可以降低驱替水后面留下的残余油饱和度，增加效益〔14~16〕。有些作者还报道说〔14~17〕，含气饱和度高出30%也可获得相当大的效益，然而，所得效益将随含气饱和度的继续增加而下降。另外还发现，除流体性质外，实际效益还随岩石性质而变化。所有作者都报道说，残余油饱和度随油/水粘度比的增大而明显增加。精确预测由于某种初始含气饱和度的作用能使残余油饱和度降低多少，要由实验室试验确定，或者根据油田动态数据进行计算〔17〕。Craft 和 Hawkins〔12〕曾阐明，总的残余烃饱和度值将大致是相同的，不管是油还是气，还是油气的结合。这一见解并未得到实验室数据的严格验证，但该值可以用作一个近似值。

6. 润湿性的影响

已经证明，润湿性对油田岩心的隙间水饱和度、残余油饱和度、毛管压力、相对渗透率和电阻率指数等都有影响。总而言之，凡是受饱和度状况和（或）界面关系影响的性质，也都受润湿性的影响。这说明了保证上述诸性质的全部测量工作在正确的条件下进行的重要性。凡是在润湿性不准确的条件下进行的实验室测量，其所得结果必然与该性质在油藏条件下的实际值有很大出入。在近期的文献中〔12～15〕不断地在强调润湿性在储集层—岩石—流体动态中的重要作用。

在大多数情况下，实验室数据、工程计算结果和矿场经验将表明，在从油藏岩石中驱替原油时，通常用水比用气更为有效。这主要有两个原因：1）水的粘度与气相比非常接近原油的粘度；2）水占据孔隙空间的导流部分少，而气占据的导流部分多。因此，在水驱油过程中油是在孔隙流道的中间和更易流动的部分。这种情况仅对优先水湿（亲水）的油藏岩石来讲才是正确的，而大多数油藏岩石都是优先水湿的。如果岩石是优先油湿（亲油）的，那驱替水将首先侵入更易流动的部分（正象气侵一样），这样会导致低驱替效率低。但由于水的粘度接近油的粘度，水的驱替效率仍然会超过气的驱替效率。在毛管压力和相对渗透率测量中，如果实验室所用岩样的亲水和憎水特性与油藏中的相同，就会产生这种效应。根据岩心分析数据所做的水驱原油采收率预测证明，水湿岩石的采收率比油湿岩石的采收率最多高出15%，占原始石油地质储量的百分比〔18〕。显然，取心用的钻井液和准备岩心所用的技术会干扰油藏岩石表层的原生润湿性，因而即使应用专门的岩心进行测量，也会得出不可靠的实验室分析结果。但已经发现有少数取心钻井液特别是盐水并不影响岩心的润湿性，并且已经发展了处理和保存岩心的方法，可以在保存和实验分析过程中保持岩心的润湿特性。

四、注水原油采收率及动态的预测

预测水驱和注水工程项目未来的原油采收率和油藏动态，可以为推荐工程项目的可获利润早进行经济评价提供依据。应当详细进行这种动态和采收率预测，以便确定这一工程项目的经济可行性。并且在确定其经济可行性之前，应当考虑投资需求、作业成本、预测的采收率和预计的投资收益。在某些情况下，注水最终采收率的估算可能是有充分依据的；但如果油藏的基础数据和过去的生产数据有限或者可靠性有问题，则这种估算实际上只不过是一种可能性估算。但无论如何，在大多数情况下，都需要进行详细预测，以便作出经济评价。包括将来需要的井数和重新完井数、单井的注水量和产量、油层压力和水注压力、生产水油比和工程实施过程中的原油采收率。为进行详细设计需要应用复杂的预测方法和全面详细的油藏数据。油藏工程师的职责就是根据管理部门的要求、所实施预测的成本，以及可供利用的油藏基础数据和经济数据的数量与可靠性等，选择动态预测的细节和复杂程度。

1.驱替计算方法

在文献中介绍了许多计算注水工程动态的方法。在早期的方法中有两种方法是 Stiles[19] 和 Dykstra–Parsons[15] 为用于层状油藏建立的。Stiles[19] 方法是基于如下假设：在一个具有特定渗透率的线性地层中流体是以活塞式驱替的，并且注水前缘的推进速度与该层的渗透率成正比。Dykstra–Parsons 预测水驱动态的方法考虑了流体的实际流度，而不是假设驱替流体和被驱替流体的流度相等。除此之外，建立这两种方法所做的基本假设实质上是一样的。

为了描述均质油藏中水油驱替过程，有两种方法都是很重要的，即 Buckley–Leverett[20] 的前缘推进理论和 Welge[21] 后来对此项理论的延伸。这两种方法为描述均质线性地层的水／油驱替特征提供了基本依据。

Stiles 计算法　Stiles 方法做了以下假设。在一个线性地层中注入水前缘的推进速度与渗透率成正比。在见水之后的水油产量分别受生产井产水层和产油层各自的水油流度的控制。这后一点相当于假设每一层流体的运移速度在见水前与油的流度成正比，或者说见水后水的渗透率成正比，并假设各层之间无交渗流动。Stiles 法包括一个计算方法，可给出整个油藏一个“单元”的采收率值。

计算所必需的数据包括为所考虑油藏单元分别测量的渗透率值，水油流度比和注水条件下的原油地层体积系数。Stiles 计算给出生产含水率与原油采收率（占全部可采油量的百分比）的关系曲线。在实际应用中，全部可采油量是单独确定的，它等于油藏开始注水时的储油减去注水后剩余的储油量（含水率达到 100%时），然后把所得值用注水单元的面积波及系数进行调整。

为了便于计算，按递减顺序排列各渗透率值。如果渗透率值很多，可按渗透率变化幅度分组组合，并计算每一幅度的总毫达西—英尺能力和英尺数。在采用这种分组组合值时，最好把变化幅度的组合搭配得使各中间渗透率变化幅度的能力大致相等，而使高和低的渗透率变化幅度的能力略微小些。

然后计算每一组的累计能力、累计厚度及平均渗透率的值。把分累计能力与分累计厚度绘成关系曲线，这样绘出的关系曲线称作能力分布曲线。在原来的 Stiles 法中，是把渗透率数据标绘在累计厚度的各中点值上，通过这些点划一条平滑曲线，并在厚度值上读出一组新渗透率值，用于最终计算。在本章介绍的等效计算方法中，可以不必绘制平滑曲线，因为渗透率值匀整工作是在连续的渗透率各值之间应用前内插值法完成的。如果不需要能力分布曲线，也不需要计算分累计能力与分累计厚度。

表 47.1 列出了含水采收率的计算实例。在表中第（3）和（5）栏中的字母 h 和 kh 分别代表累计英尺数和累计毫达西–英尺能力；第（2）和（4）两栏中的 h_t 和 c_t 表示相应的总计；第（7）栏的$\bar{k}$代表以毫达西数表示的内插平均渗透率。当 h 英尺产水时，含水分流量和采收率方程如下。

$$f_w = \frac{khM_{wo}}{khM_{wo} + (kh)_t - kh} \tag{2}$$

和

$$N_{pa}=\frac{1}{h_t}\left[h+\frac{(kh)_t-kh}{\bar{k}}\right] \tag{3}$$

式中　M_{wo} 等于水油流度比乘以注水时地层原油的体积系数：

$$M_{wo}=\frac{k_{rw}}{k_{ro}}\frac{\mu_o}{\mu_w}\times B$$

式中　k_{rw}/k_{ro}——水油相对渗透率比；
μ_o/μ_w——油水粘度比；
B——地层体积系数；
N_{pa}——到枯竭时（废弃时）的采收率；
kh——流动水产能；
$1-kh$——流动油产能。

所得出的采收率与含水数据可以用作结合注水单元进行计算的起点。例如，如果注水单元是一个已衰竭油田上的一个五点井网，并且已知油藏中气体所占孔隙空间的估算值，就可假设一个注水量实施／计划，计算注水的时间-动态。这些计算包括确定弥补亏空的时间，和随后应用含水与采收率的关系曲线计算随时间而变的产油量。

正如前面指出的，Stiles 法给出的是一个假想注水单元的采收率与含水的关系数据，在这样的单元中不同生产井的见水是同时发生的。可以预计，假如能应用一个合适的面积波及系数，所得数据应能接近一个五点井网或一个五点井组的动态数据。

Dykstra－Parsons 计算法　Dykstra 和 Parsons[15] 用油田岩心样品进行了一系列实验室注水试验，得出注水原油采收率是流度比和渗透率分布两者函数的结论。所用流度比的定义如下：

$$M=\frac{k_w}{\mu_w}\frac{\mu_o}{k_o} \tag{4}$$

式中　k_w——油藏被水波及部分的水的渗透率；
k_o——水推进前缘前面的原油渗透率（或驱扫带对未驱扫带的流度）。

根据实验室试验结果并用层状线性模型（假设其中无层间交渗流动）进行了计算，建立了水驱采收率与流度比和渗透率分布两者的相关关系。渗透率的分布可用渗透率变异系数 E_k 表示如下：

$$E_K=\frac{\bar{k}-k_\sigma}{\bar{k}} \tag{5}$$

式中　$\bar{k}$为平均渗透率，而 k_σ 是 84.1%累计岩样对应的渗透率值，如图 47.1 中所示[4]。

表 47.1 Stiles 计算举例

分组 i	渗透率变化幅度（毫达西）(1)	分组的英尺数 (2)	h=累计英尺数 (3)	分组的能力（毫达西英尺）(4)	kh=累计能力（毫达西英尺）(5)	分组的平均渗透率（毫达西·英尺）=(4)/(2) (6)	$\bar{k}$=分组末端渗透率 =1/2(6)i+(6)i+1 (7)	khM_{wo}=(5) M_{wo} (8)	$(kh)_t-kh$=$(kh)_t$-(5) (9)	khM_{wo}+$(kh)_t-kh$ =(8)+(9) (10)	含水（小数）=(8)/(10) (11)	$kh_t-kh/\bar{k}$ =(9)/(7) (12)	采收率（英尺）=(3)+(12) (13)	采收率（分数）=(13)/h_t (14)
1	220～250	1	1	225	225	225.0	210.0	247.5	7725	7972.5	0.031	36.8	37.8	0.310
2	190～220	1	2	195	420	195.0	186.2	462.0	7530	7992.0	0.057	40.4	42.4	0.348
3	170～190	2	4	355	775	177.5	167.1	852.5	7175	8027.5	0.106	42.9	46.9	0.384
4	150～170	3	7	470	1245	156.7	148.4	1369.5	6705	8074.5	0.170	45.2	52.2	0.428
5	130～150	3	10	420	1665	140.0	129.5	1831.5	6285	8116.5	0.226	48.5	58.5	0.480
6	110～130	5	15	595	2260	119.0	108.9	2486.0	5690	8176.0	0.304	52.2	67.2	0.551
7	90～110	9	24	890	3150	98.9	90.5	3465.0	4800	8265.0	0.419	53.0	77.0	0.631
8	75～90	14	38	1150	4300	82.1	75.1	4730.0	3650	8380.0	0.564	48.6	86.6	0.710
9	60～75	20	58	1360	5600	68.0	60.5	6226.0	2290	8516.0	0.731	37.9	95.9	0.786
10	45～60	23	81	1220	6880	53.0	45.5	7568.0	1070	8638.0	0.876	23.5	104.5	0.8571
11	30～45	17	98	645	7525	37.9	31.5	8277.5	425	8702.5	0.951	13.5	111.5	0.914
12	15～30	14	112	350	7875	25.0	16.3	8662.5	75	8737.0	0.991	4.6	116.6	0.956
13	0～15	10	122	75	7950	7.5	—	8745.0	0	8745.0	1.000	0.0	122.0	1.000
		h_t=122		c_t=7950										

$$M_{wo}=\frac{k_{rw}}{k_{ro}}\frac{\mu_o}{\mu_w}(B)=\frac{0.200}{0.800}\times\frac{3.60}{0.90}(1.100)=1.100$$

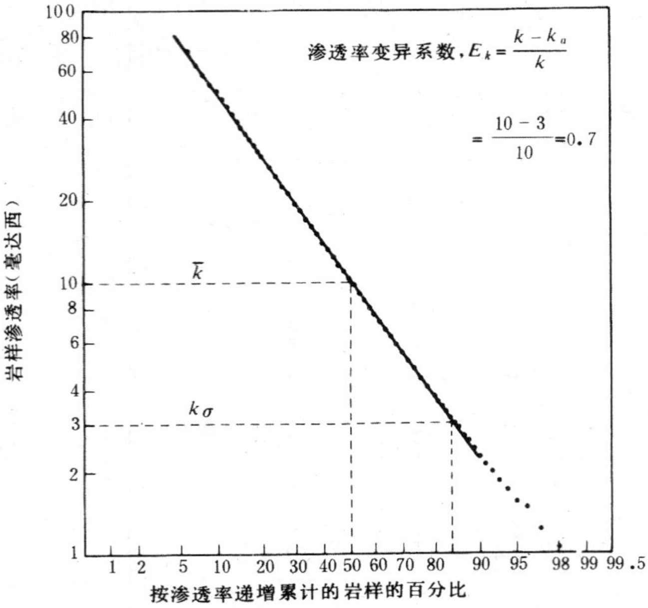

图 47.1　对数正态渗透率分布

Dykstra 和 Parsons 为水油比等于 1、5、25 和 100 发展了相关关系，把渗透率变异系数、隙间水饱和度、残余油饱和度和流度比同采收率联系起来。发展这些相互关系中所用的基本方程是以下述方法为依据的。

注水开始时，一个层中的流度用油相和气相决定。当水推进到一个层时，其流动度为油、气和水的综合流度；而在弥补亏空之后，其流度用相对渗透率和粘度比确定。由于总流度具变化的性质，因而吸水能力也是不断变化的。这种方法假设渗透率分布为对数正态分布。

通过把线性达西流动方程用于不可压缩流体，导出以下“波及范围”或“波及系数”方程和水油比方程:

$$E_C=\left\{n_{BT}+\frac{(n-n_{BT})M}{(M-1)}-\frac{1}{(M-1)}\sum_{i=(n_{BT}+1)}^{n}\left[\sqrt{M^2+\frac{k_i}{k_x}(1-M^2)}\right]\right\}\div n \tag{6}$$

和

$$F_{wo}=\frac{\sum\limits_{i=1}^{n_{BT}}k_i}{\sum\limits_{i=(n_{BT}+1)}^{n}\left[\frac{k_i}{\sqrt{M^2+\frac{k_i}{k_x}(1-M^2)}}\right]} \tag{7}$$

式中　E_c——波及范围百分比或波及系数；

F_{wo}——水油比；

n——层数；

k_i——分层渗透率；

k_x——x 层的或刚水淹的层的渗透率；

M——流度比；

n_{BT}——见水层的层数（变化于1到n）。

当已知波及系数和 F_{wo} 时，如果能充分确定注水量，就有可能预测采收率和含水随时间的变化。

为了得出生产水油比和波及范围或用小数表示的原油采收率之间的相互关系，必须针对该系统每一分层的见水条件解出方程，或者至少要对大部分分层解出方程。这种方法若用手算是很费力的，因而在最近的文章中 Johnson〔22〕介绍了一种应用 Dykstra-Parsons 法的图解方法。它所依据的关系曲线如图 47.2～图 47.5 所示。图中 E_R 为一定生产水油比下的原油储量采收率（用小数表示）。Craig〔4〕曾介绍过一个实例，说明在应用 Dykstra-Parsons 方法时如何使用这些关系曲线图。

Stiles 和 Dykstra-Parsons 两种方法都是对层状系数中的线性、活塞式驱替建立的，并且应用这些方法所得到的结果必须是在基本假设限定的范围内加以解释。但不管怎样，这些早期研究工作所建立起来的这些概念，为以后发展的多种预测技术打下了一个基础。

前缘推进计算法 前缘推进计算法是依据 Leverett〔23〕1944 年发表的经典著作中介绍的分流动概念推导出来的。分流量方程是根据达西定律推导出来的，用于水和油的流动，其通用形式如下:

$$f_w=\frac{1-\left(\dfrac{k_o}{\mu_o q}\right)\left(\dfrac{\partial P_c}{\partial L}-g\Delta\rho\ \sin\theta\right)}{1+\dfrac{\mu_w}{\mu_o}\ \dfrac{k_o}{k_w}} \tag{8}$$

式中 f_w——液流中水的分流量；

k_o，k_w——具体相的地层有效渗透率，kk_{ro} 和 kk_{rw}；

μ_o——原油粘度；

μ_w——水的粘度；

q——通过单位横剖面面积的流体体积流量；

p_c——毛管压力，p_o-p_w；

L——沿测量方向的距离；

$\Delta\rho$——水与油的密度差，$\rho_w-\rho_o$；

θ——地层倾角（以水平线为基准）；

g——重力加速度。

用实用单位表示，这一方程变为

$$f_w=\frac{1+0.001127\ \dfrac{k_o A}{q_t\mu_o}\left(\dfrac{\partial P_c}{\partial L}-0.434\Delta\rho\ \sin\theta\right)}{1+\dfrac{\mu_w}{\mu_o}\ \dfrac{k_o}{k_w}} \tag{9}$$

式中 f_w——驱替流体的分流量；

k_o——原油的有效渗透率，毫达西；

k_w——水的有效渗透率，毫达西；

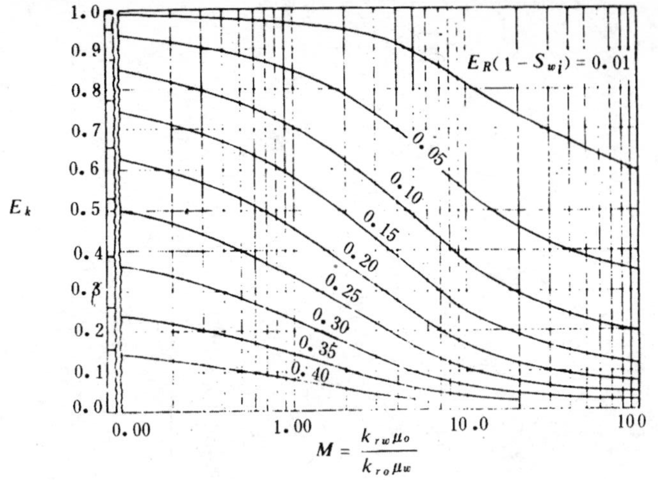

图 47.2 渗透率变异系数与流度比的关系曲线，其中各条曲线表示生产水油比为 1 时 E_R（$1-S_{wi}$）的常数值

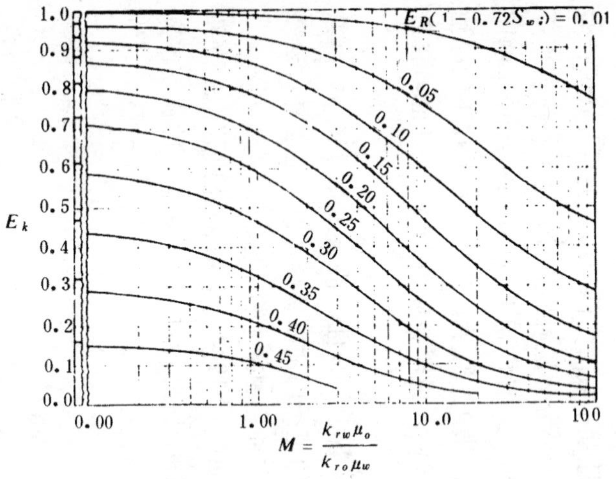

图 47.3 渗透率变异系数与流度比的关系曲线，其中各条曲线表示生产水油比为 5 时 E_R（$1-0.72S_{wi}$）的常数值

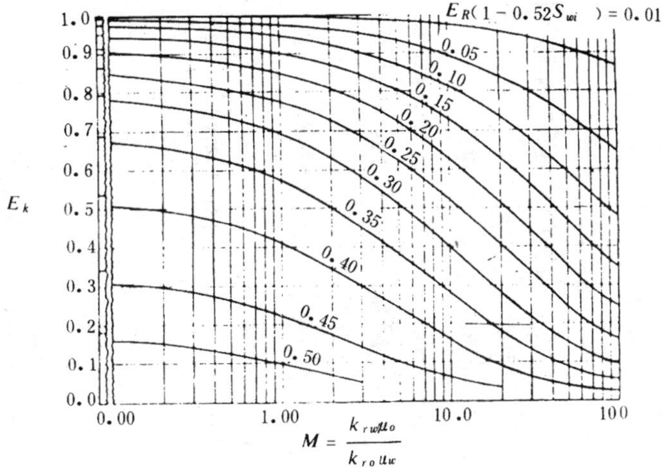

图 47.4 渗透率变异系数与流度比的关系曲线，其中各条曲线表示生产水油比为 25 时 E_R（$1-0.52S_{wi}$）的常数值

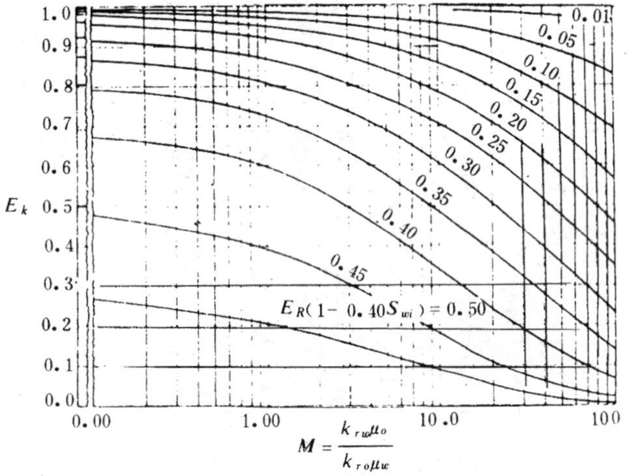

图 47.5 渗透率变异系数与流度比的关系曲线，其中各条曲线表示生产水油比为 100 时 E_R（$1-0.40S_{wi}$）的常数值

A——液流通过的横剖面面积，英尺^2；

q_t——总流量（q_w+q_o），桶／日；

p_c——毛管压力，p_o-p_w，磅／英寸^2；

$\Delta\rho$——密度差，克／厘米，$\rho_w-\rho_o$；

θ——倾角；

μ——相粘度，厘泊；

L——距离，英尺。

在水驱情况下，可忽略毛管压力梯度和油层倾角的影响，于是$\frac{\partial P_c}{\partial L}$和$g\Delta\rho\ \sin\theta$项就变成无意义了。这样，分流量方程可简化为

$$f_w=\frac{1}{1+\left(\frac{k_o}{k_w}\right)\left(\frac{\mu_w}{\mu_o}\right)} \tag{10}$$

这一方程说明，液流中水的分流量是相对渗透率关系式的函数，其中μ_o和μ_w在给定的油藏压力下为常数。因为$\frac{k_o}{k_w}$是饱和度的函数，因此 Buckley 和 Leverett[22] 根据相对渗透率概念推导出下列前缘推进方程:

$$L=\frac{5.615q_t}{\phi A}\left(\frac{\partial f_w}{\partial S_w}\right)_{S_w} \tag{11}$$

式中 L——距离，英尺；

q_t——总流量，桶／日；

ϕ——孔隙度；

A——横剖面面积，英尺^2；

t——时间，日。

这表明，恒定饱和度（S_w）面推进的距离与时间和该饱和度下的导数$\left(\frac{\partial f_w}{\partial S_w}\right)$成正比。通过绘制由方程（9）求得的$f_w$与$S_w$的关系曲线，并用图解法求取各$S_w$值处的斜率，即可为任何一个含水饱和度值求得这一导数值。在图 47.6 上绘制了f_w与S_w的关系曲线，此外，还绘制了为水油粘度比等于 50 的S_w与$\frac{k_o}{k_w}$关系数据（见表 47.2）求得的$\frac{dS_w}{dS_w}$与S_w的关系曲线。

如果把图 47.6 中查出的导数$\frac{df_w}{dS_w}$值代入方程（11），那么就可以为已知的产量q（桶／天）、孔隙度（小数）和横剖面面积（英尺^2）算出一个给定含水饱和度的面或前缘在任一时刻t的推进距离。

表 47.2　水油粘度比为 0.50 时 S_w 与 k_o/k_w 的关系数据

S_w	k_o/k_w	S_w	k_o/k_w
0.20	∞	0.60	0.55
0.30	17.0	0.70	0.17
0.40	5.5	0.80	0.005
0.50	1.70	0.90	0.000

图 47.7 所示为一个油层注水 60、120 和 240 天后的含水饱和度剖面图或前缘推进曲线图，该油层宽 1320 英尺，厚 20 英尺，孔隙度为 20%，产量为 900 桶／日，并且具有如图 47.6 中所示的 f_w、$\partial f_w/\partial S_w$ 与 S_w 的关系曲线。图 47.7 所示曲线的特点是具有双重值或三重值。例如 240 天后，在 400 英尺处的含水饱和度是 20%、36% 和 60%。在任一位置和时刻要使饱和度可能只有一个值，这一困难可用向下作垂直线使右边的面积（A）等于左边的面积（B）而得到解决。

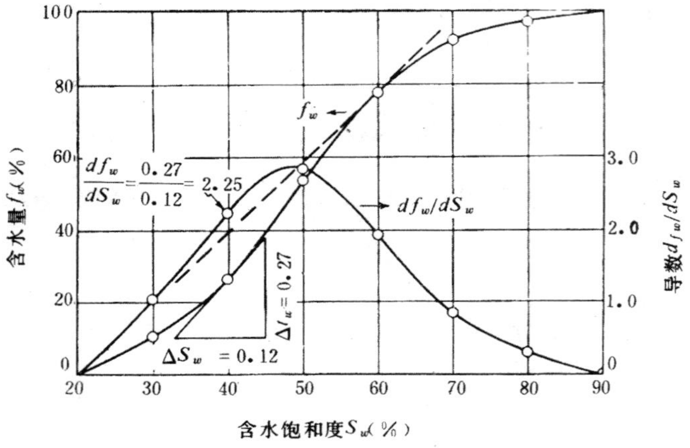

图 47.6　f_w 对 S_w 的关系曲线

图 47.8 表示实例油藏中初始含水和含油饱和度的分布情况以及 240 天后的分布情况。右边的面积是注水前缘或“集油带”，左边的面积是水淹区。240 天曲线上面和含水饱和度 90% 曲线以下的面积，代表增加通过该区的水量可以驱替采出的油量。90% 含水饱和度曲线以上的面积代表不可采出的原油，因为残余油饱和度为 10%。

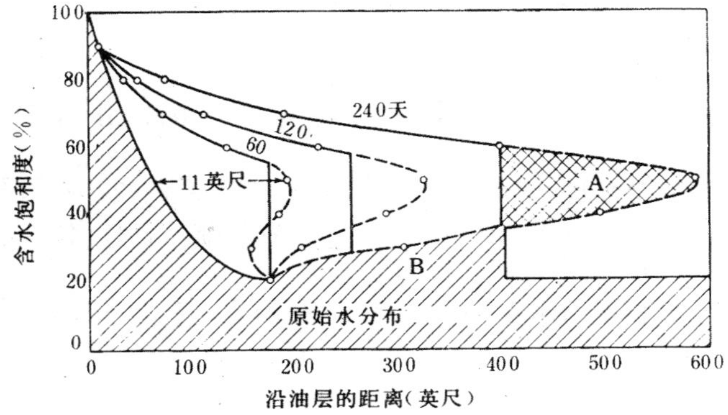

图 47.7　在初始状况和在 60、120 和 240 天后流体的分布情况

Welge 计算法　1952 年，Welge[21] 发展了 Buckley

和 Leverett[20] 的早期研究成果，推导出了一个计算见水后分流量和采收率动态的简化计算法。Welge 推导出的基本方程如下：

$$\bar{S}_w - S_{w2} = W_i f_{o2} \tag{12}$$

和

$$W_i = \frac{1}{\left(\dfrac{dS_W}{dS_w}\right)_{S_{w2}}} \tag{13}$$

式中 $\bar{S}_w$——平均含水饱和度，孔隙体积百分数；

S_{w2}——该系统生产端的含水饱和度；

W_i——累计注入水量，孔隙空间倍数；

f_{o2}——该系统生产端的原油分流量。

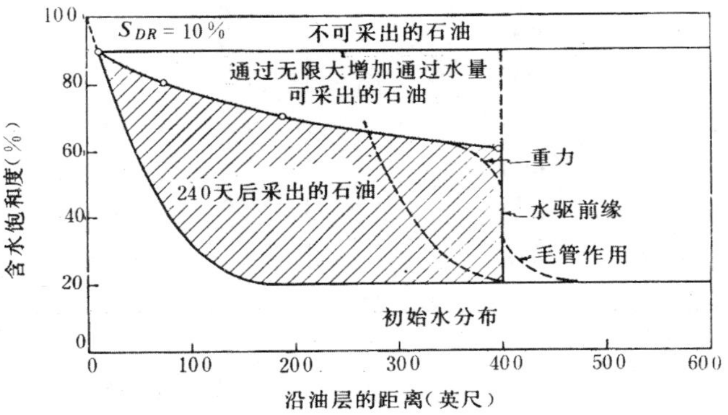

图 47.8 含水饱和度分布随距离的变化

Craig[4] 介绍了一个用 Welge 法计算水驱动态的实例。在实例计算中用的基本数据是：平均渗透率 50 毫达西，孔隙度 20%，束缚水饱和度 10%孔隙空间，原油粘度 1.0 厘泊，水的粘度 0.5 厘泊（见表 47.3）。

根据方程（10）

$$f_w = \frac{1}{1 + \dfrac{k_{ro}}{k_{rw}} \dfrac{\mu_w}{\mu_o}}$$

分流量与含水饱和度的关系可用表 47.4 给出的基本数据计算出来。

这样计算出的分流动曲线如图 47.9 所示。油井见水时，由残余油饱和度点绘出的分流量曲线的切线可以确定：

$\bar{S}$——前缘后边的平均含水饱和度；

S_{w2}——该系统生产端的含水饱和度；

f——该系统下游端的水分流量。

$\bar{S}$——0.563 孔隙空间；

S_{WBT}——见水时平均含水饱和度，孔隙空间%；

S_{wsz}——稳定带上游端的含水饱和度，孔隙空间%；

S_{w2}——0.469 孔隙空间；

f_{w2}——0.798。

表 47.3 相对渗透率特性

含水饱和度 S_w (小数)	相对渗透率	
	原油，k_{ro} (小数)	水，k_{rw} (小数)
0.10	1.000	0.000
0.30	0.373	0.070
0.40	0.210	0.169
0.45	0.148	0.226
0.50	0.100	0.300
0.55	0.061	0.376
0.60	0.033	0.476
0.65	0.012	0.600
0.70	0.000	0.740

表 47.4 分相流动数据

含水饱和度 S_w (孔隙体积，%)	水的分流量 f_w
10	0.0000
30	0.2729
40	0.6168
45	0.7533
50	0.8571
55	0.9250
60	0.9665
65	0.9901
70	1.0000

通过分流量曲线，对高于 S_{w2} 的含水饱和度（出现见水条件时）确定 df_w/dS_w，并绘制 df_w/dS_w 与 S_w 的关系曲线，如图 47.10 所示。由方程（13）对不断增加的 S_{w2} 和 f_{w2} 值计算 W_i，而由方程（12）计算相应的 $\overline{S}_{w2}$ 值。

实例计算的结果列在表 47.5 中。

表 47.5　水驱动态实例题

S_w 出口端含水饱和度 (孔隙空间小数)	f_{w2} 出口端水的分流量 (小数)	df_w/dS_w 分相流量曲 线的斜率	W_i 累计注入水量 (孔隙空间的倍数)	$\bar{S}_w$ 平均含水饱和度 (孔隙空间小数)
0.469	0.798	2.16	0.463	0.563
0.495	0.848	1.75	0.572	0.582
0.520	0.888	1.41	0.711	0.600
0.546	0.920	1.13	0.887	0.617
0.572	0.946	0.851	1.176	0.636
0.597	0.965	0.649	1.540	0.652
0.622	0.980	0.477	2.100	0.666
0.649	0.990	0.317	3.157	0.681
0.674	0.996	0.195	5.13	0.694
0.700	1.000	0.102	9.80	0.700

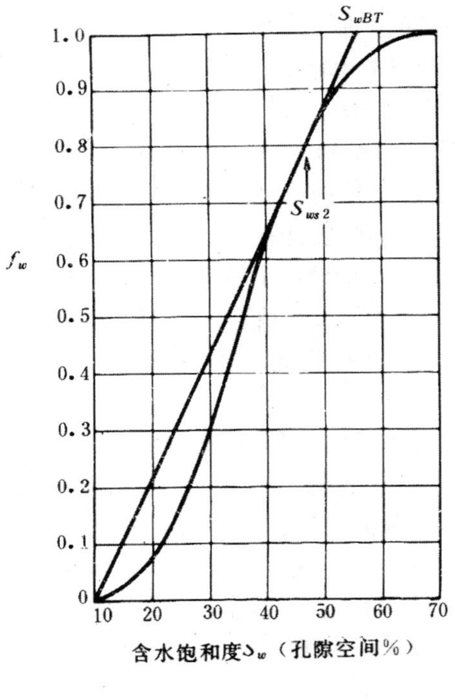

图 47.9　分流量曲线计算实例

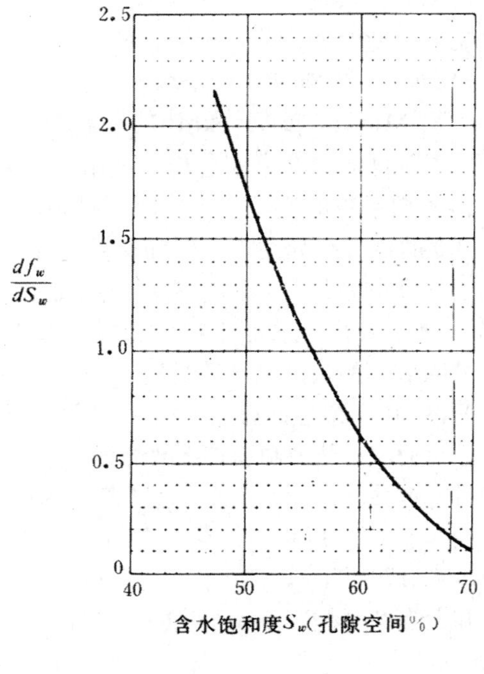

图 47.10　df_w/dS_w 与 S_w 关系曲线

2.面积驱扫系数——井网效率

前面的讨论介绍了确定水油驱替特征的基本技术，这些驱替特征都是发生在层状油藏和均质油藏的线性层段中。然而，从实践观点来看，在注水作业中从来没有使用过真正的线性驱替。实际上，是在某些井中注水，而从另外一些井中产出油和水，同时常常有一部分油层从来未被注入水接触过。因此，需要考虑面积驱扫油系数，以便计算一个具体工程的可采油量并预测注水作业油藏的动态。

本节的目的是：1）介绍面积注水工程面积驱扫系数的确定方法：2）讨论影响面积水淹形态的因素；3）介绍用来确定面积驱扫系数的相关因素。

确定面积驱扫系数的方法 为了在一个大面积连片分布的连续油藏中实施注水作业，通常是按规则的几何形态布置注水井和生产井，以便构成一个对称的和相互连通的网络。下面将讨论其中五种基本的井网形式，即：1）对直行列井网；2）交错行列井网；3）五点井网；4）七点井网；5）九点井网。图 47.11A～图 47.11E 所示是上述几种基本井网的示意图。虚线所圈面积代表基本对称单元，用于分析和模拟确定驱扫方式。

设计符合其中一种标准几何形井网的注水作业常是不实际的，甚至是不可能的。在这样的情况下，作业者必须选择一种不太复杂的井网系统，即选择边缘注水井网或者不规则注水井网。

在本文中没有专门考虑不规则注水井网，因为这种注水井网只有在情况确实明确时才需要，而且只有当不可能按边缘注水井网或各种几何状井网布井时才使用。有关论述边缘注水的大多数资料通常都适用于不规则注水井网。图 47.12 所示是一个典型的边缘注水井网[26]。从这个图上可以清楚地看出存在分析需要考虑的不对称单元。为了可靠地预测不规则井网或边缘注水井网的未来动态[27]。未来动态，显然需要进行油藏模拟。

面积驱扫系数——井网效率的数学分析 注水波及范围最实用的数学分析是以达西定律为基础的，此时假设通过大面积的均质油藏岩石产生稳态的单相流动。

Muskat[24] 在早期讨论各种井网系统的稳态流动能力时曾综合分析了这一理论。早在 1934 年，Muskat 和 Wyckoff[28] 就提出了计算各基本注水井网面积驱扫系数的理论方法。图 47.13 引自他们的早期著作。该图表示为具有不同 d/a 值的行列注水井网计算的稳态均质流体驱扫系数的变化，其中 d 为排距，a 为单井排上的井距。图中所示为 d/a 值从 0.45 变到 4.0 的对直行列注水井网和交错行列注水井网的曲线。即使图上所示井网效率的绝对值适用于简化的系统，从图中资料可以得出两个结果：1）不管 d/a 值如何，在油井见水时，交错行列注水井网总是比对直行列注水井网具有更大的井网效率；2）d/a 值大于 2.4 以后，井网效率的增加已微不足道。

Muskat 介绍过计算几种注水井网系统的油井见水时间和见水驱扫系统的稳态流方程。这些理想化的流动能力和驱扫系数的数值是注水井网范围内复杂的压力分布的结果。随着注水前缘推进通过井网，控制流线和压力梯度的等势线是稳定变化的。然而，对于流度比等于 1 的特殊情况来讲，应用相当简化的分析方法预报一个给定井网的压力分布和流线是可能的。图 47.14～47.17 引自 Muskat 和 Wyckoff[28] 的著作，分别代表对直行列注水、交错行列注水、五点和七点井网均质流体系统的稳态等势线和流线。当等势线和流线为已知时，应用 Craft 和 Hawkins[12] 介绍的方法，很容易确定注水期间任何时刻的流体界面位置。在所分析的一个五点井网和流度比为 1（如图 47.18 所示）的特殊情况下，计算的见水驱扫系数为 72%。这与 Muskat 为流度比为 1 的五点井网计算的稳态见水驱扫系统 71.5%是一致的。

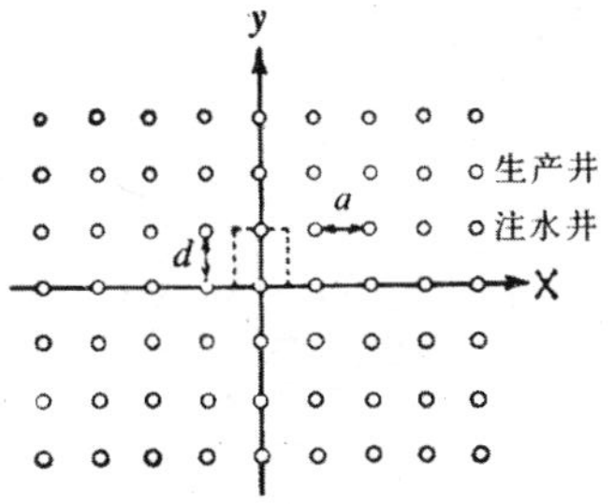

图 47.11A　对直行列井网示意图。虚线部分代表基本对称单元

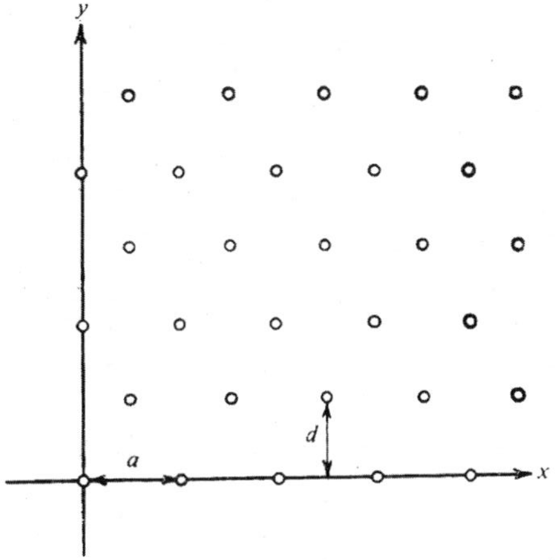

图 47.11B　交错行列井网示意图

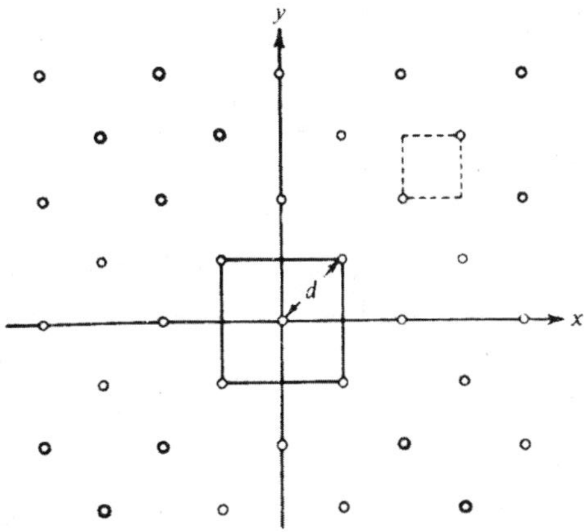

图 47.11C　五点井网，虚线段代表基本对称单元

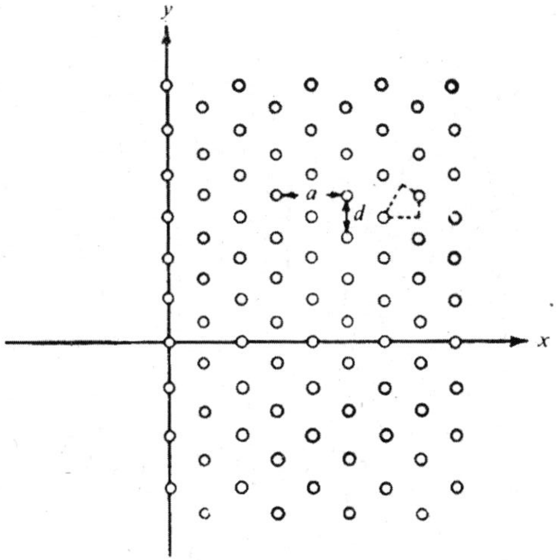

图 47.11D　七点井网，虚线段代表基本对称单元

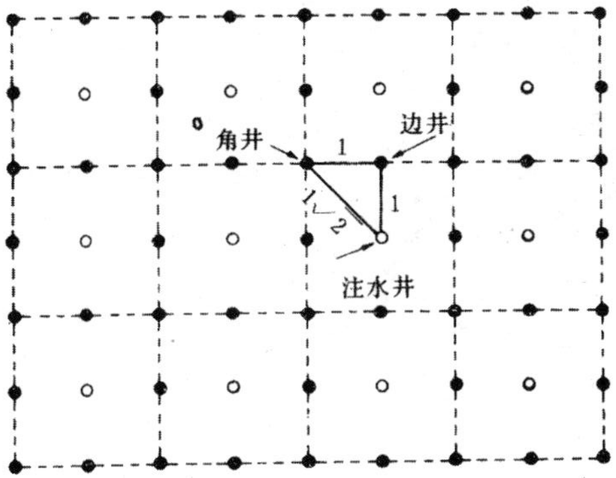

图 47.11E　九点注采井网，图中示出了用模型代表的油藏单元

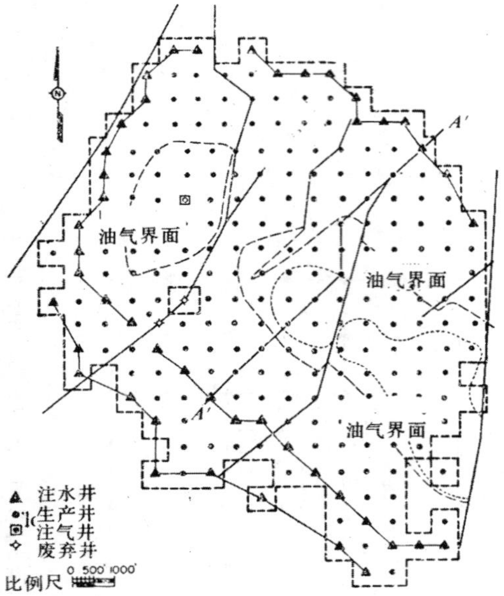

图 47.12　典型的不规则注水井网

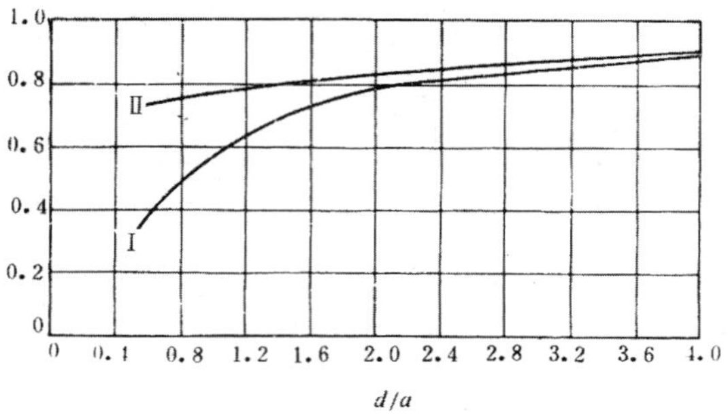

图 47.13　为行列注水井网计算的稳态均质流体的驱扫系数随 d/a 值的变化（d/a=注水井排与生产井排的排距／排内井距）

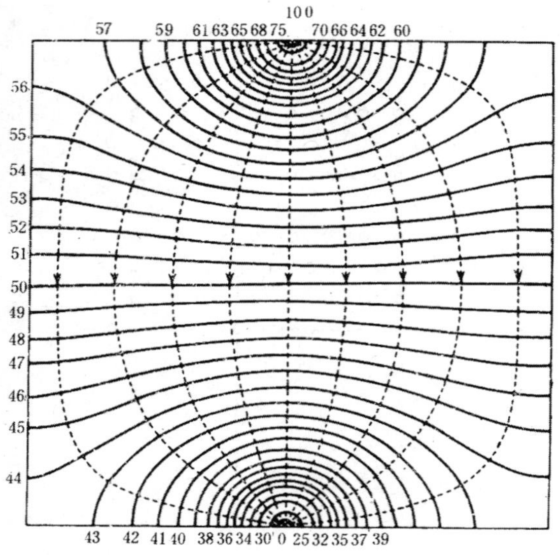

图 47.14　对直行列注水井网双井单元中的稳态均质流体等压线和流线（数值代表总压降的百分比）

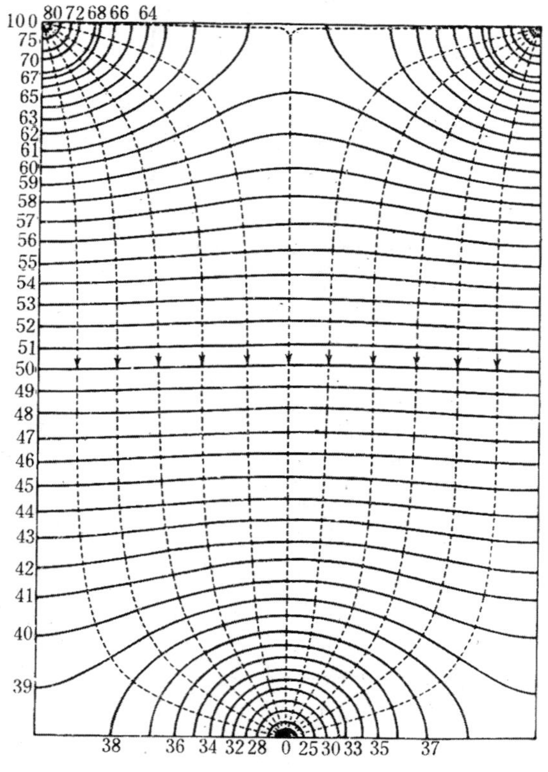

图 47.15　交错行列注水井网双井单元中的稳态均质流体等压线和流线（数值代表总压降的百分比）

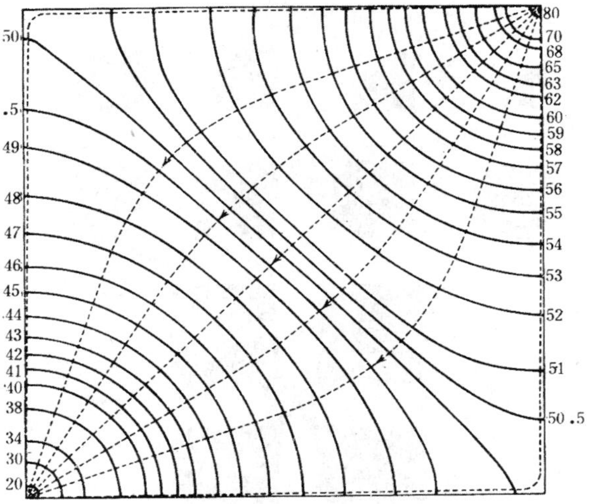

图 47.16　五点井网单元象限中的稳态均质流体的等压线和流线（数值代表总压降的百分比）

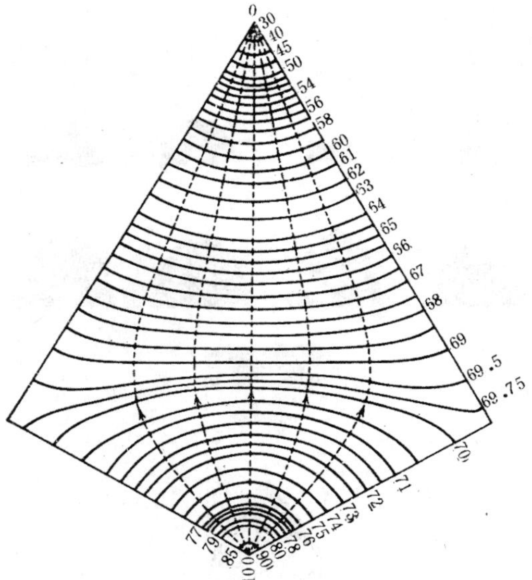

图 47.17　七点法井网单元中的稳态均质流体等压线和流线（数值代表总压降的百分比）

研究面积驱扫系数模拟法　在石油工业中应用好几种模拟模型研究注入流体的前缘形状和评价面积驱扫系数。所有这些模型都是依据一个相似原理，即对于一个按比例代表油藏几何形状的传导介质来讲，达西定律与欧姆定律之间是相似的。在这些相似模型中最早的一种模型是由 Wyckoff 等人设计的电解模型〔29〕。它是利用铜铵和锌铵离子在一种介质（如吸墨低或明胶）中的运移进行模拟的。图 47.19 到图 47.23 所示为在稳态均质流体流动条件下各种面积注水进展情况的摄影照片，是用吸液式电解模型取得的。图 47.23 所示为同一类照片图形，但描述的是不规则井网系统，是用明胶电解模型取得的〔30〕。

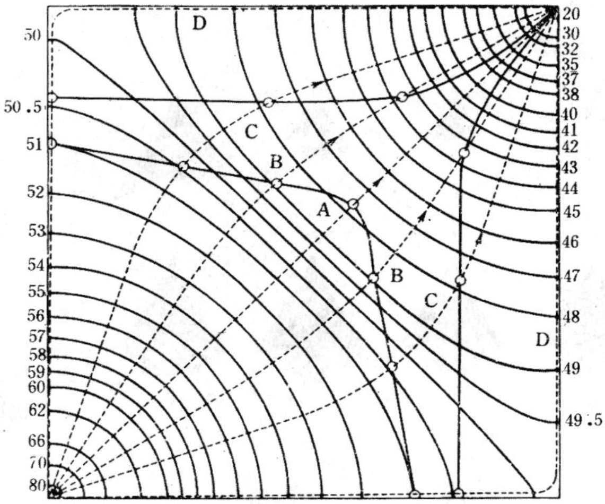

图 47.18　五点井网的等势模型研究，图中示出了等势线、流线和两个水驱前缘

电位计量模型是 Swearingen〔31〕于 1939 年引入石油工业的，是研究气体回注驱扫系数的一种方法。后来 Hurst 和 Mc Carty〔32〕及 Lee〔31〕进一步发展了这一模型，用于水驱研究。电位计量模型同电解模型的基本原理一样，唯一的差别是计量电子流量而不是离子流量。

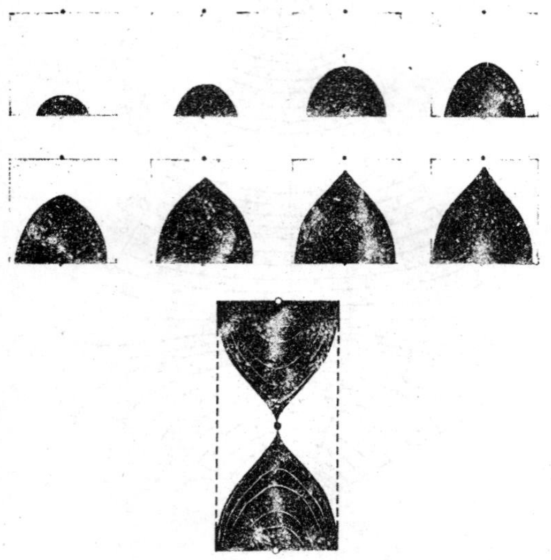

图 47.19　在注采井交替行列注水

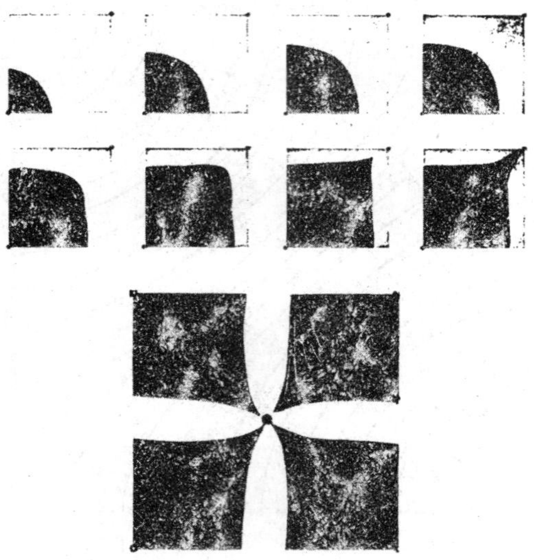

图 47.20　五点井网系统注水

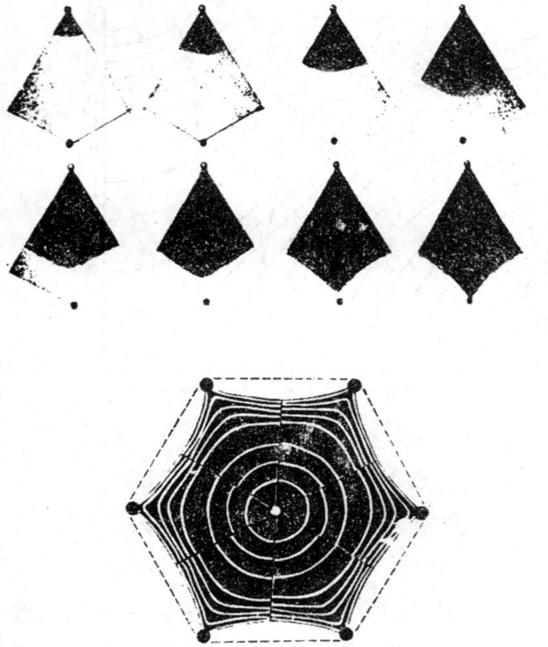

图 47.21　反七点井网注水

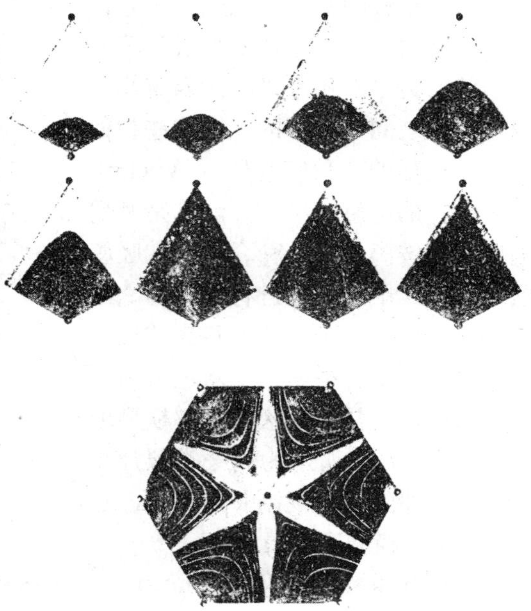

图 47.22　七点井网系统注水

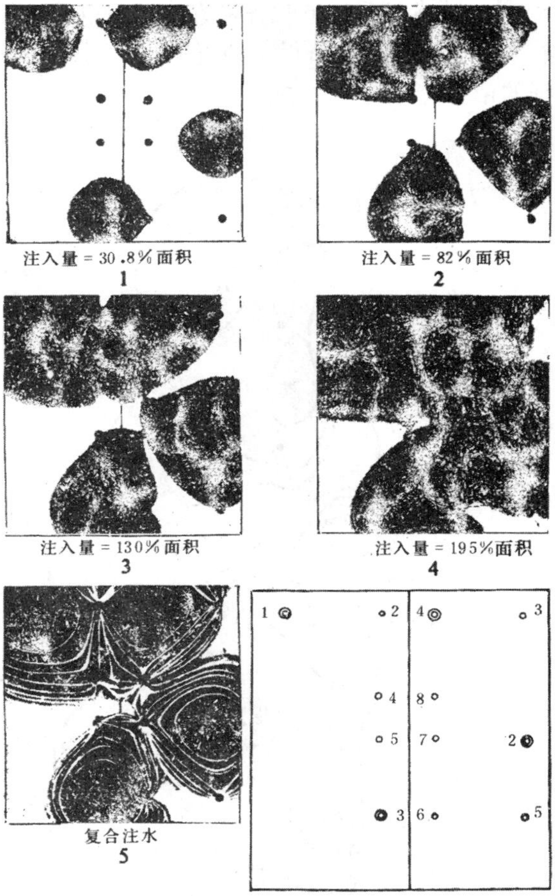

图 47.23 在一个有限面积的注水工程中注入流体前缘进展的照片（井分布不规则，为稳态均质流动双圈代表注水井）

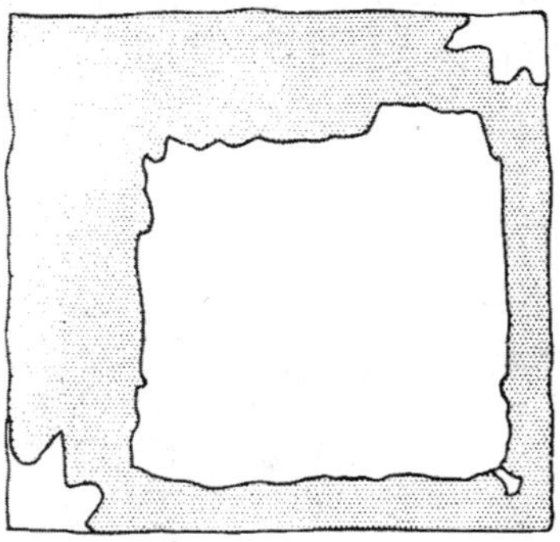

图 47.24 典型的 X 射线造影照片，表示五点井网、流度比为 1 的面积驱扫系统

油藏孔隙模型 Slobod 和 Caudle[34] 介绍的方法是石油工业用来研究面积井网效率的另一种方法；它包括按比例制作的油藏单元孔隙模型。模型先用代表地下原油的流体饱和，然后注水，注入水中含有 X 射线吸收物，并用荧光屏或 X 射线造影软片跟踪驱替前缘。图 47.24 所示为 Slobod 和 Caudle[34] 用五点井网模型做的 X 射线造影照片研究结果。流度为 1∶1 系统的见水面积驱扫效率为 69%。

二维数值模型 在介绍应用数值模型预测边缘注水或不规则注水方案的注水波及范围的早期文章中，McCarty 和 Barfield[26] 介绍了两个典型的油田研究结果，如图 47.25 和图 47.26 所示。在这种方法中，是把油藏划分成网格，应用计算机完成基本上与 Muskat 所描述的相同的计算。应用一种可靠的数值分析方法，可以求解描述油和水同时流动的基本微分方程。和 Muskat 和 Wyckoff[28]、Stahl[35] 及 Cratt 和 Hawkins[12] 所描述的方法一样，用数字计算机计算油藏中的压力分布，并随后跟踪驱替相与被驱替相界面的推进情况。对任一种注水量和产量组合都可以进行这种计算。应用这种方法，可以通过改变油藏注水量与产量的分布，算出一个具体井网的最佳扫油效率。

流度比影响 在前面关于研究面积驱扫系数的各种方法的讨论中，需要的是要认识到每一种方法都是基以等势线在前缘推进期间保持固定不变的假设为依据的，也就是说，假设驱替流体的流度与被驱替相的流度是一样的。然而，我们清楚地知道，在大多数注水作业期间等势线是稳定变化的。因此，油藏的实际井网效率可能十分不同于用假设流度比为 1 的简化分析法所得出的井网效率。

流度比可能是确定井网效率最重要的因素。虽然前面列举的各种方法都是以流度比为1的假设为依据的，但这并不意味着它们没有实用价值，而且所得出的资料已经用作进一步实验研究在注水作业中起作用的某些几何特征的依据。

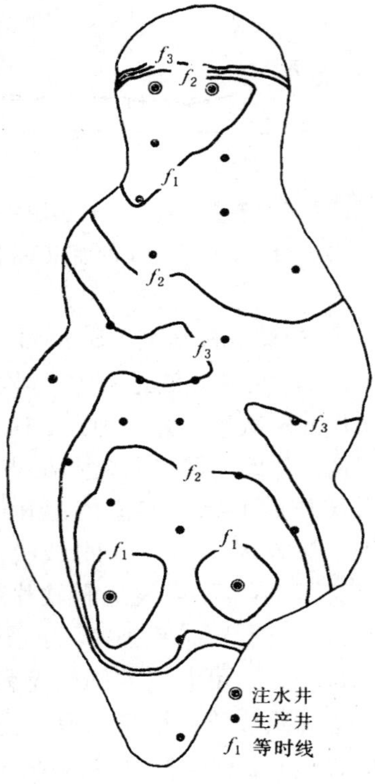

图 47.25 通过油田研究得出的典型注水井网

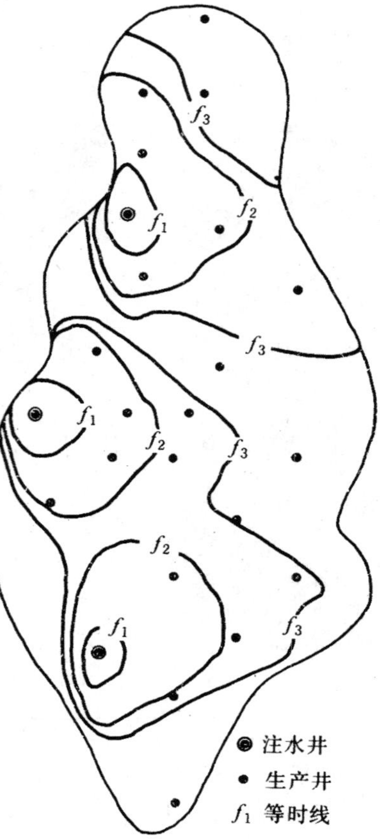

图 47.26 通过油田研究取得的典型注水井网

虽然用来研究井网效率的早期模拟模型没有考虑流度比效应，但后来的研究工作者克服了这一限制。Burton 和 Crawford [36] 介绍的一种电解模型就曾用来估算流度比为 0.5、0.85、1.2 和 3 时的注水波及范围。在该项研究中，流度比的调整是通过采用金属复合铵离子来完成的，而不是使用 Wyckoff 等人 [29] 使用的铜和锌化合物。Aronofsky [37] 通过对电位计量模型进行专门的改进，包括了不等于 1 的流度比。Nobles 和 Janzen [38] 通过应用相互连接电阻系统代替液体，提出了一种改型的电位计量模型，通过改变这些电阻的值，就能引入流度比效应。

研究流度比效应最有逻辑性的模型是一种孔隙模型，或者具体说是有一种应用 X 射线造影技术的孔隙模型。应用这种分析模型时，通过选择注入相和被驱替相，可以在油藏模型中确定几乎任何一种流度比。Slobocd 和 Caudle [34] 的试验研究就是利用了 X 射线造影技术的特点，因而能用不同粘度的液体作为驱替相和被驱替相，并评价流度比效应。他们的研究成果后来由 Caudle 等人[39]作了扩展。图 47.27 所示是一张 X 射线造影照片，表示三种不同流度比的倒数对见水驱扫系数的影响。图 47.28 是流度比倒数与五点井网见水驱扫系数的关系曲线。从图上可以看出，在流度比的倒数大于 7 以后，油井见水驱扫系数变化很小。

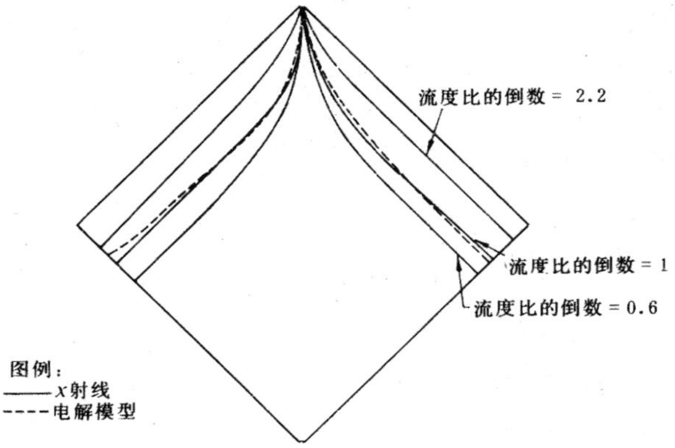

图 47.27　五点井网面积驱扫图形

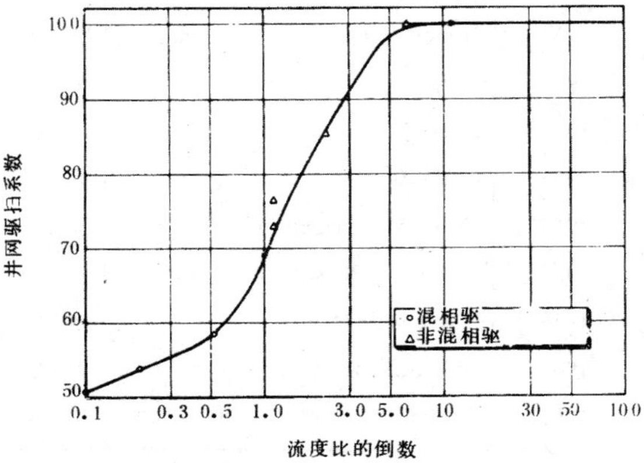

图 47.28　五点井网面积驱扫系数与流度比倒数的关系曲线

Craig[4] 在自己的著作中汇总了文献中介绍的各种注水井网的面积驱扫系数的研究成果，见表 47.6～表 47.12。

表 47.6　面积驱扫系数研究——行列注水井网

年　份	作　　者	方　　法	行列注水	d/a	流度比	参考文献
1933	Wyckoff 等	电解模型	对直	1.0	1.0	〔29〕
1934	Muskat 和 Wyckoff	电解模型	对直	0.5～0.4	1.0	〔26〕
			交错	0.5～0.4		
1952	Aronofsky	数值和电位计量模型	对直	1.5	0.1,1.0,10	〔37〕
1952	Slobod 和 Caudle	用混相流体的 X 射线造影	对直	1.5	0.1～10	〔34〕
1954	Dyes 等①	用混相流体的 X 射线造影	对直	1.0	0.1～17	〔40〕
			交错	1.0		
1955	Cheek 和 Menzie	流态谱仪	对直	2.0	0.04～11.0	〔41〕
1956	Prats	数值法	交错	1.0～6.0	1.0	〔42〕
1956	Burton 和 Crawford	胶片模型	对直	1.0	0.5～3.0	〔96〕

①在这些文献中还介绍了见水后的动态。

表 47.7 面积驱扫系数研究——五点井网

年 份	作 者	方 法	流度比	参考文献
1933	Wyckoff 等	电解模型	1.0	〔29〕
1934	Muskat 和 Wyckoff	电解模型	1.0	〔28〕
1951	Fay 和 Prats	数值模型	4.0	〔43〕
1952	Slobod 和 Caudle	用混相流体的 X 射线造影	0.1～10	〔34〕
1953	Hurst	数值模型	1.0	〔44〕
1954	Dyes 等①	用混相流体的 X 射线造影	0.6～10	〔40〕
1955	Craig 等①	用非混相流体的 X 射线造影	0.16～5.0	〔45〕
1955	Cheek 和 Menzie	流态谱仪	0.04～10.0	〔41〕
1956	Aronofsky 和 Ramey	电位计量模型	1.0～10.0	〔37〕
1958	Noble 和 Janzen	电阻网络	0.1～6.0	〔38〕
1960	Habermann	用染色液体的渗流模型	0.037～130	〔46〕
1961	Bradley 等	用导电织品的电位计量模型	0.25～4	〔47〕

①这些文献中还介绍了见水后的动态。

表 47.8 面积驱扫系数研究——正、反五点井网试验①

年 份	作 者	方 法	井网类型	流度比	见水时的面积驱扫系数（%）	参考文献
1958	Paulsell①	流态谱仪	反五点	0.319	117.0	〔48〕
				1.0	105.0	
				2.0	99.0	
1959	Moss 等	电位计量模型	反五点	∞	92.0	〔49〕
1960	Caudle 和 Loncaric②	X 射线造影	正五点	0.1～10.0	③	〔50〕
1962	Neilson 和 Flock	岩石渗流模型	反五点	0.423	110.0	〔51〕

①基准面积 = a^2，其中 a 为相邻生产井间的距离；

②这些文献中还介绍了见水后的动态；

③取决于注水量与产量之比。

表 47.9 面积驱扫油系数研究——正七点井网

年 份	作 者	方 法	流度比	见水时的面积驱扫系数（%）	参考文献
1933	Wyckoff 等	电解模型	1.0	82.0	〔29〕
1934	Muskat 和 Wyckoff	电解模型	1.0	74.0	〔28〕
1956	Burton 和 Crawford①	胶片模型	0.33	80.5	〔36〕

续表

年　份	作　　者	方　　法	流度比	见水时的面积驱扫系数(%)	参考文献
1956	Burton 和 Curawford[①]	胶片模型	0.85	77.0	
			2.0	74.5	
1961	Guckert[①]	用混相流体的 X 射线造影	0.25	88.1～88.2	〔52〕
			0.33	88.4～88.6	
			0.5	80.3～80.5	
			1.0	72.8～73.6	
			2.0	68.1～69.5	
			3.0	66.0～67.3	
			4.0	64.0～64.6	

①文献中还介绍了见水后的动态。

表 47.10　面积驱扫系数研究——反七点井网（单注水井）

年　份	作　　者	方　　法	流度比	见水时的面积驱扫系数(%)	参考文献
1933	Wyckoff 等	电解模型	1.0	82.2	〔29〕
1956	Burton 和 Crawford[①]	胶片模型	0.5	77.0	〔36〕
			1.3	76.0	
			2.5	75.0	
1961	Guekert[①]	用混相流体的 X 射线造影	0.25	87.7～89.0	〔52〕
			0.33	84.0～84.7	
			0.50	79.0～80.5	
			1.0	72.8～73.7	
			2.0	68.8～69.0	
			3.0	66.3～67.2	
			4.0	63.0～63.6	

①文献中还介绍了见水后的动态。

表 47.11　面积驱扫系数研究——正九点井网

年　份	作　　者	方　　法	流度比	参考文献
1939	Krutter	电解模型	1.0	〔53〕
1961	Guckert[①]	用混相流体的 X 射线造影	1.0 和 2.0	〔52〕

①文献中还介绍了见水后的动态。

表 47.12 面积驱扫系数研究——反九点井网（单注水井）

年 份	作 者	方 法	流度比	参考文献
1964	Kimbler 等①	用混相流体的 X 射线造影	0.1～10.0	〔25〕
1964	Watson 等①	用染色流体的渗流模型	0.1～10.0	〔54〕

①文献中还介绍了见水后的动态。

图 47.29 所示为油井见水面积驱扫系数随流度比变化的关系曲线，该图是参照表 47.7 中的研究成果绘制的。如图所示，在流度比低于 1.0 的范围内有很好的一致性；然而在流度比再高时，有相当大的偏离。Craig〔4〕指出，对高流度比取到的电位计量模型数据会产生高的驱扫系数值，而混相驱法由于混相会给出低的结果。因此，他得出结论，图 47.29 中的实线代表五点井网在高流度比时最可能达到的驱扫系数值。后来，Martin 和 Wegner〔56〕于 1979 年用数值法进行研究取得的见水驱扫系数值与这一结论是一致的。

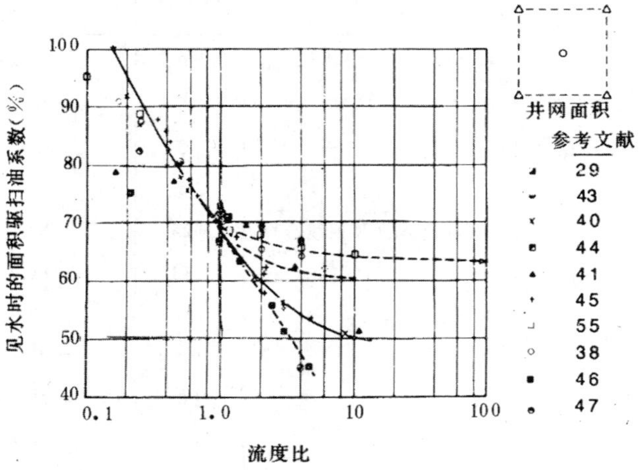

图 47.29 五点井网见水时的面积驱扫系数

除了五点法井网外，其它各种井网的数据不充足，还不能对不同试验研究的结果进行对比。然而，图 47.30～图 47.48 所示的关系曲线图是石油工业界用来确定常规井网面积驱扫系数的标准曲线。在这些图中：

V_d——注水量，可驱替的孔隙空间的倍数；

f_s——由井网被驱扫部分总流量的分流量；

f_{uw}——角井的生产含水率；

f_{isw}——边井的生产含水率。

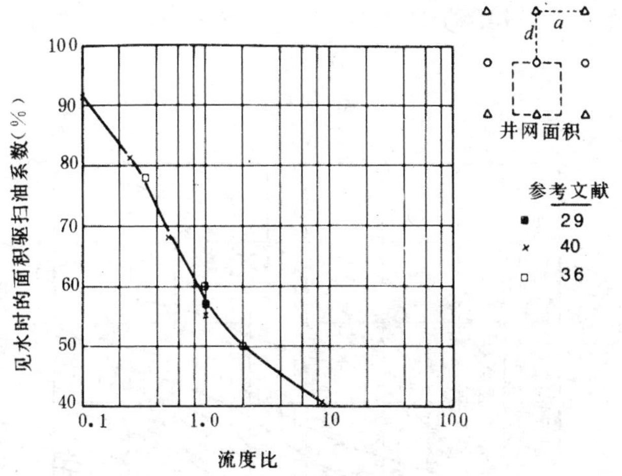

图 47.30　对直行列井网（$d/a=1.0$）见水时的面积驱扫系数

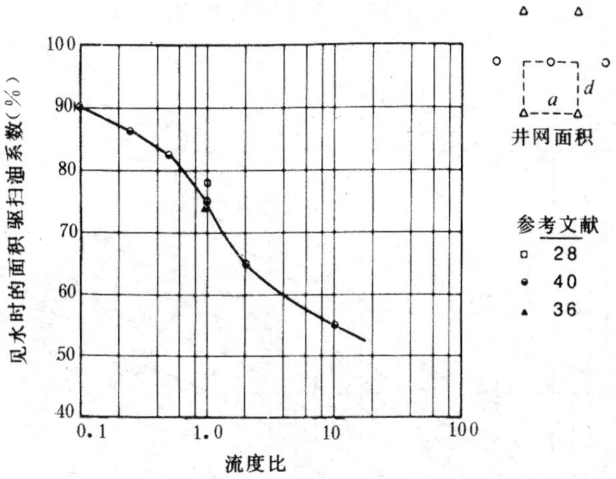

图 47.31　交错行列井网（$d/a=1.0$）见水时的面积驱扫系数

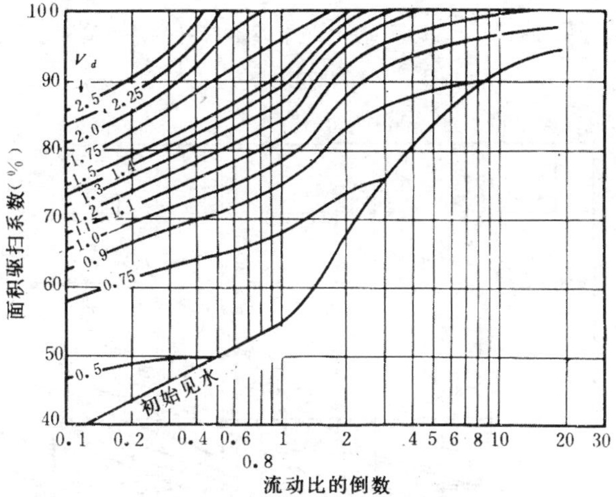

图 47.32　流度比的倒数对直行列井网（方形井网，$d/a=1$）注水量（可驱替孔隙体倍数）

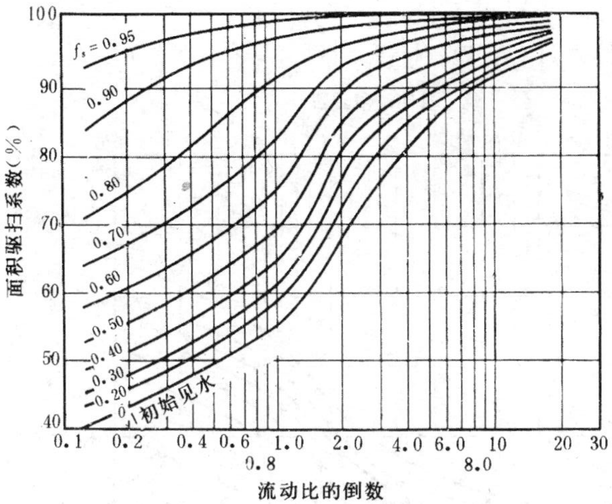

图 47.33　流度比的倒数对直行列井网（方形井网，$d/a=1$）产油量的影响

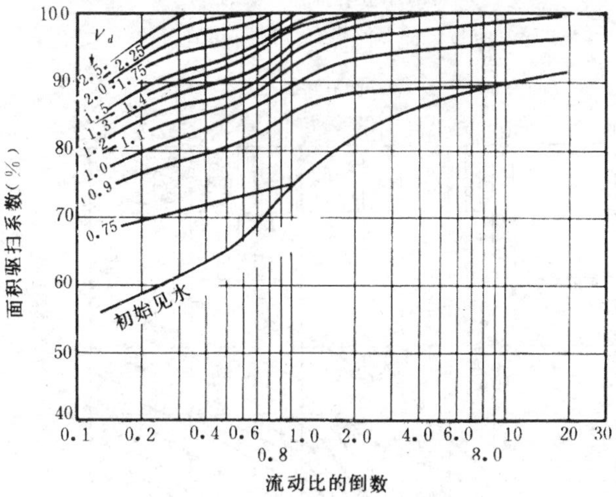

图 47.34　流度比倒数对交错行列注水井网（$d/a=1$）注水量（可驱替孔隙体积倍数）

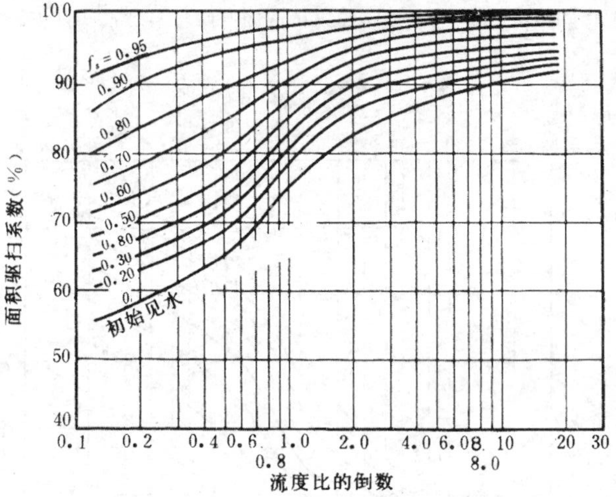

图 47.35　流度比倒数对交错行列注水井网（$d/a=1$）产油量的影响

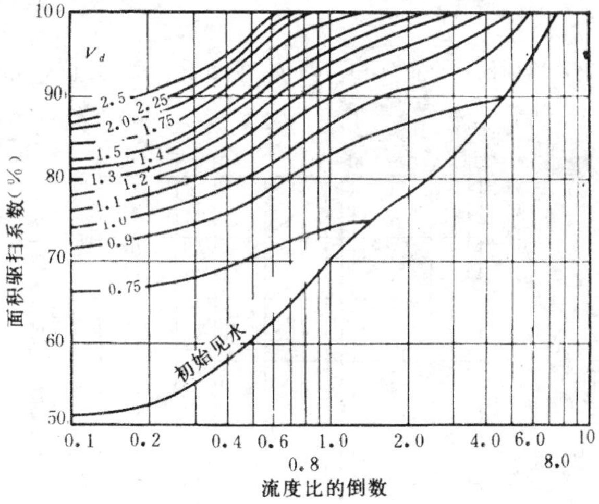

图 47.36　流度比倒数对五点井网注水量（可驱替孔隙体积倍数）的影响

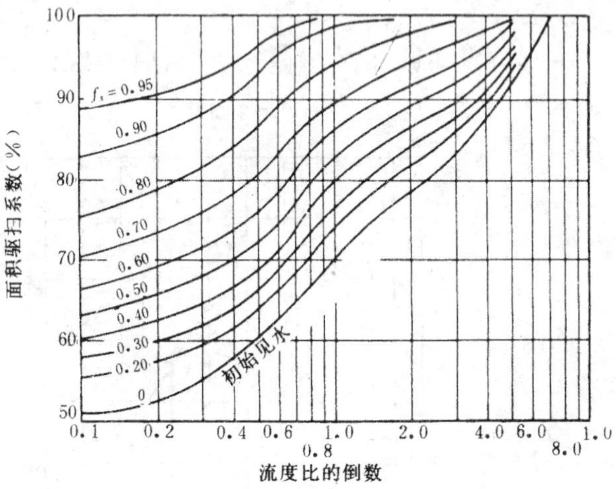

图 47.37　流度比倒数对五点井网产油量的影响

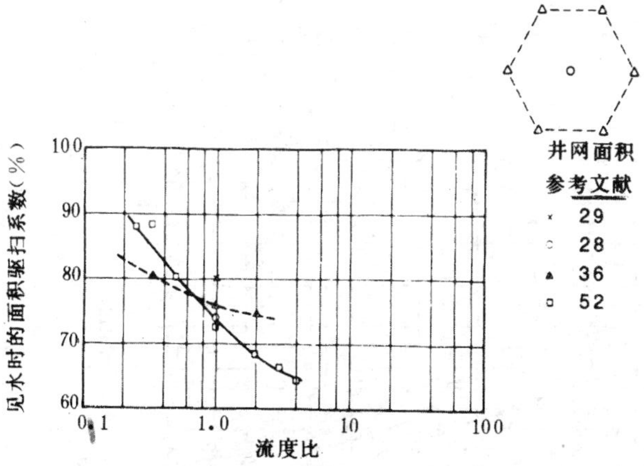

图 47.38　常规七点井网见水时的面积驱扫系数

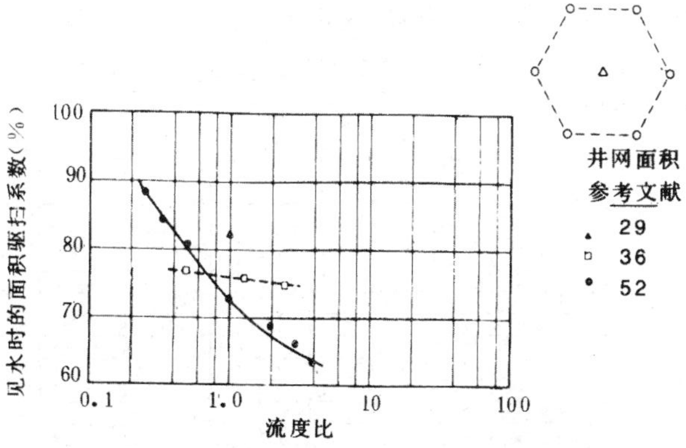

图 47.39　反七点井网见水时的面积驱扫系数

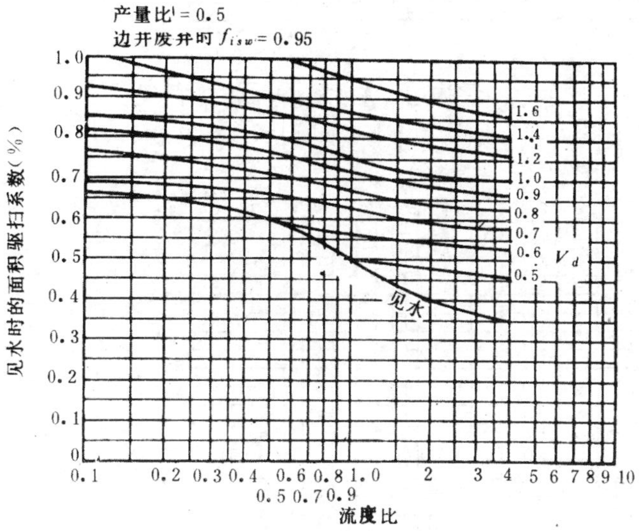

图 47.40　在各种注水量（可驱替孔隙体积倍数）条件下九点井网面积驱扫系数随流度比的变化

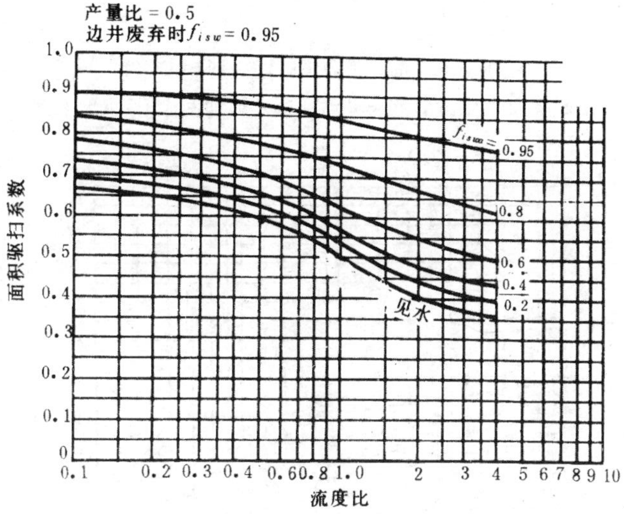

图 47.41　在不同的边井生产含水率条件下九点井网的面积驱扫系数随流度比的变化

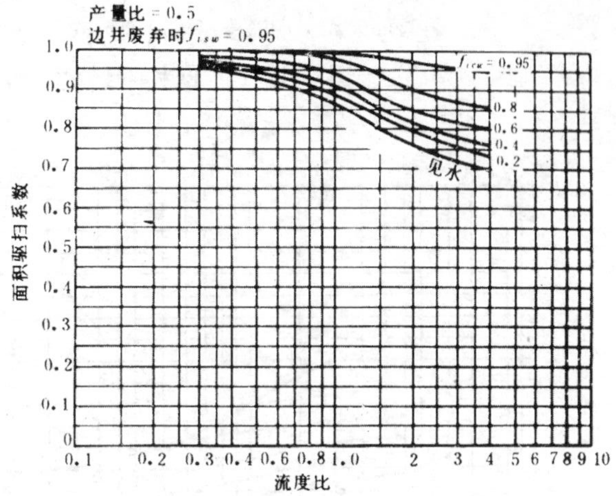

图 47.42　在不同的角井生产含水率（f_{icw}）条件下七点井网面积驱扫系数随流度比的变化

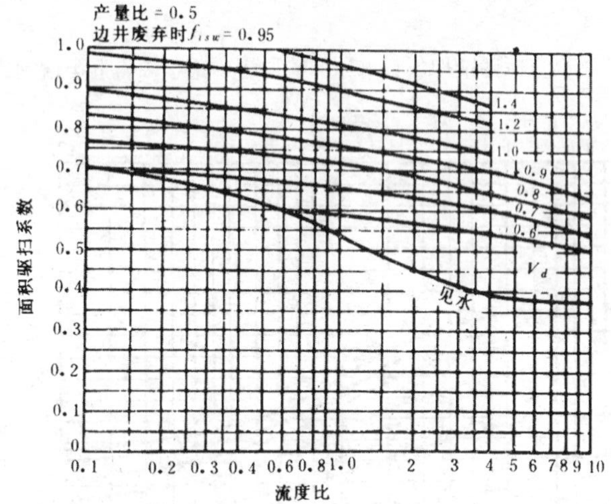

图 47.43　在不同的注水量（驱替孔隙体积倍数）条件下九点井网面积驱扫系数随流度比的变化

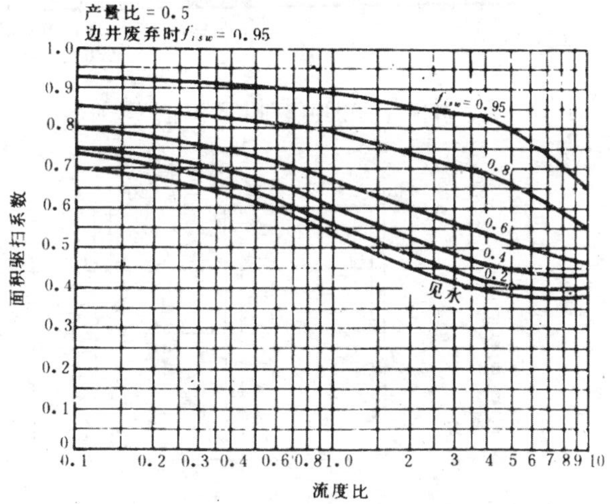

图 47.44　在不同的边井生产含水率（f_{icw}）条件下九点井网面积驱扫系数随流度比的变化

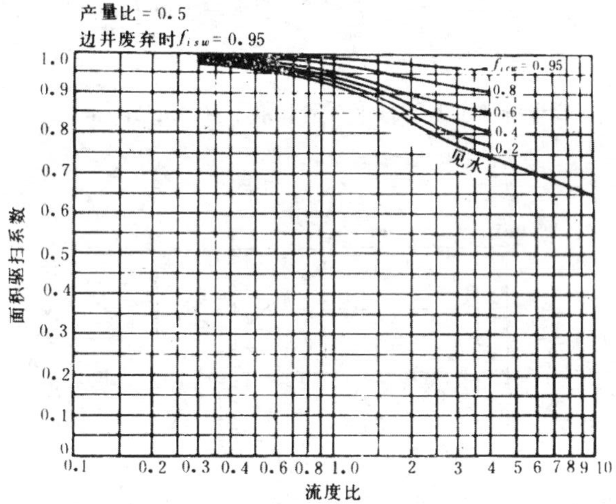

图 47.45　在不同的角井生产含水率（f_{icw}）条件下九点井网面积驱扫系数随流度比的变化

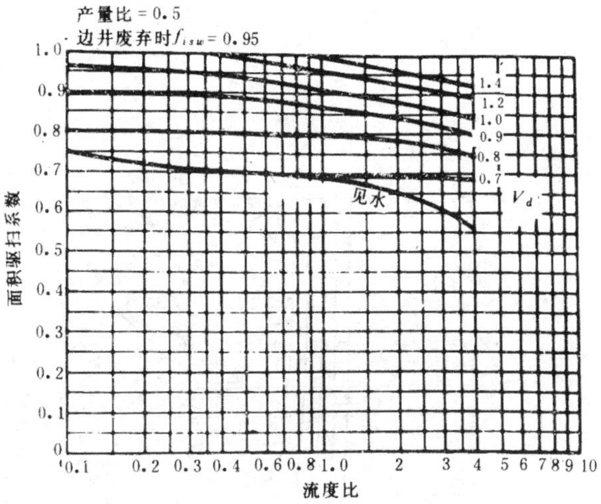

图 47.46　在不同的角井生产含水率（f_{icw}）条件下九点井网面积驱扫系数随流度比的变化

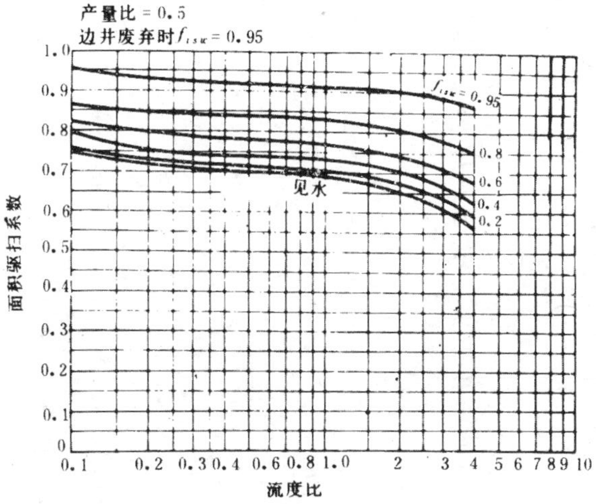

图 47.47　在不同的边井生产含水率（f_{isw}）条件下九点井网面积驱扫系数随流度比的变化

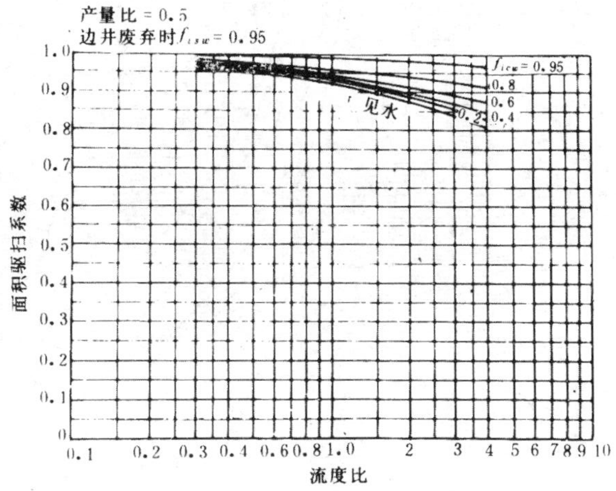

图 47.48　在不同的角井生产含水率（f_{icw}）条件下九点井网面积驱扫系数随流度比的变化

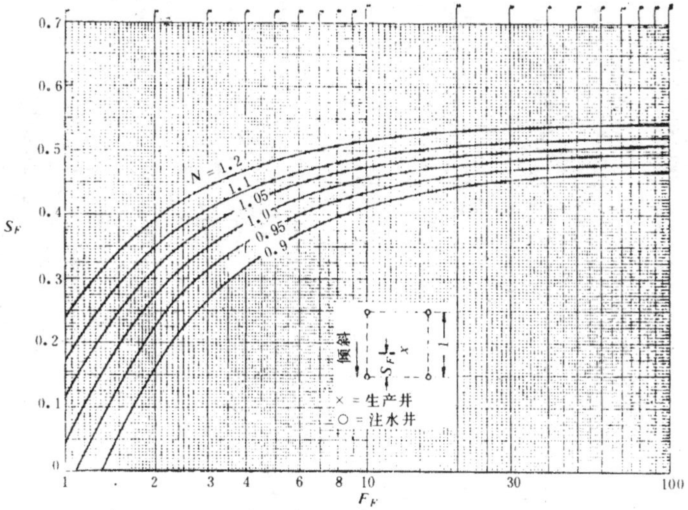

图 47.49　先导性试验五点井网中生产井的正确井位（边部顺着地层走向）

油藏倾斜的影响　Matthews 和 Fischer [57] 研究了油藏倾斜对五点井网驱扫方式的影响。发现在倾斜油藏中标准的驱扫方式产生变形。大部分变形是受重力效应影响所致。这一研究得出的结论是面积注水对倾斜油藏是实际可行的，但要移动井网以考虑油藏的倾斜。图 47.49～图 47.52 表明如何在明显倾斜油藏中正确地确定先导性试验区和油田五点注水井网的井位。图中:

N——产量平方根的比率;

S_F——在弥补亏空期间未水淹区的中心位置（正确的钻井井位），边部或对角线长度的分数;

F_F——粘滞力对重力的比率，由下式确定

$$F_F = \frac{(F_{og}+1)q\mu khL}{g\Delta\rho\ \sin\alpha}$$

μ——液体的粘度，泊;

q——干扰前的注入量;

$$F_{og} = \frac{S_o - S_{or}}{S_g - S_{gr}}$$

S_o——注水开始时的含油饱和度，小数;

S_{or}——残余油饱和度，小数;

S_g——注水开始时的含气饱和度，小数;

S_{gr}——残余气饱和度，小数。

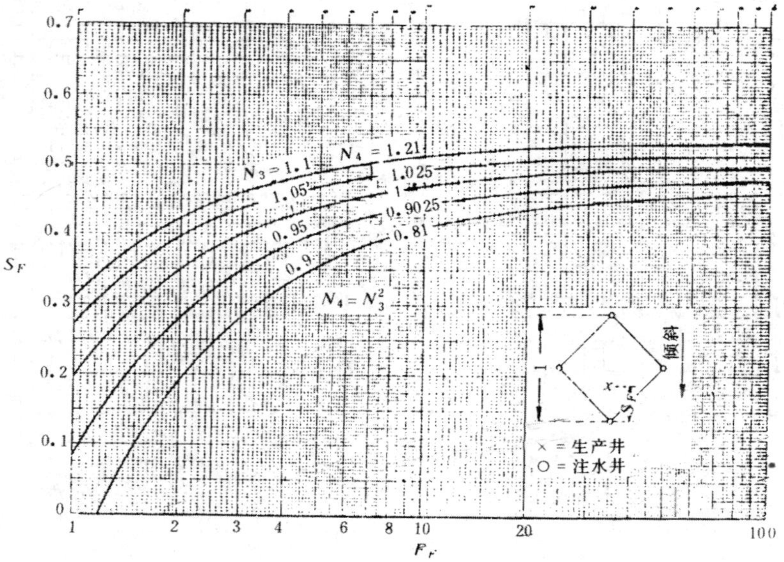

图 47.50　先导性试验五点井网中生产井的正确井位（对角线顺着地层走向）

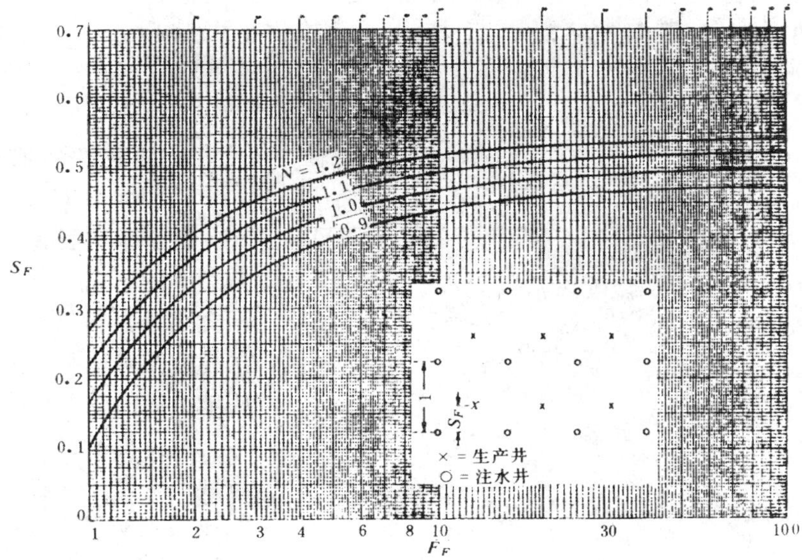

图 47.51 油田五点井网中生产井的正确井位（边部顺着地层走向）

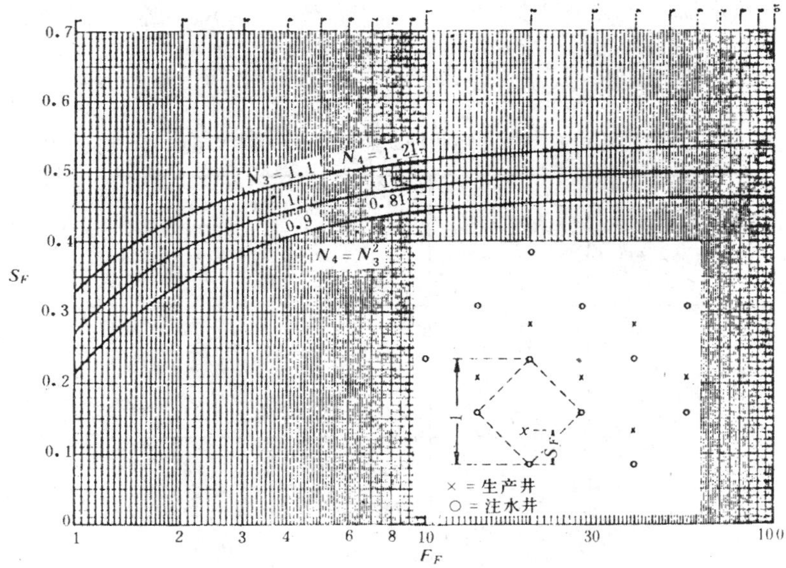

图 47.52 油田五点井网中生产井的正确井位（对角线顺着地层走向）

Prats〔58〕对相同的问题做过分析研究。Van der Poel 和 Killian〔59〕曾进行了分析和模拟，通过在构造最高部位各井周围注水的办法研究了倾斜油藏中可能受到驱扫的面积。

定向渗透率的影响 有些油藏在不同的水平方向上有不同的渗透率。遇到这种情况时，显然，如果高渗透性方向介于注水井和生产井之间，则井网驱扫系数将受到不利影响。Hutchinson〔60〕曾最早进行研究，确定定向渗透率对五点注水井网面积驱扫系数的影响。应用 X 射线造影技术，并假设定向渗透率差异为 16∶1，对流度比从 0.1 变到 10 取得了图 47.53 和图 47.54 所示的数据。从这些数据可明显看出，使最高渗透率方向平行于注水井排确定井网，可改善面积驱扫系数。后来，Landrum 和 Crawford[61] 及 Mortada 和 Nabor[62] 也研究了定向渗透率对五点井网和行列注水井网的影响。他们研究的结果证实了 Hutchinson[60] 取得的数据。

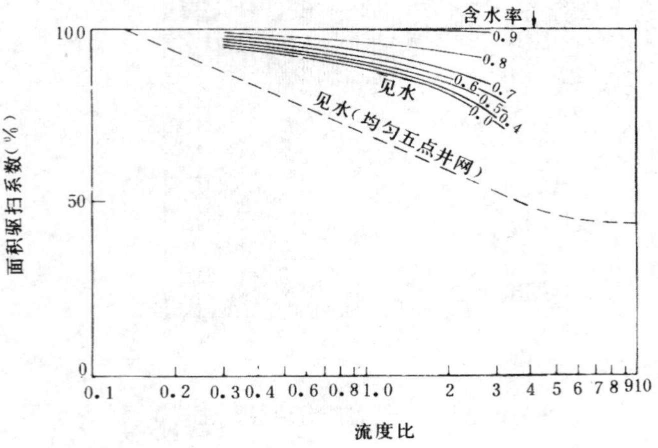

图 47.53 各向异性水平渗透率五点井网的面积驱扫系数最有利的布井方式是使最高渗透率方向平行注水井排

3. 油藏裂缝的影响

1958 年，Dyes 等人[63] 介绍了关于垂向裂缝对井网驱扫系数影响的研究结果，这是最全面研究这一影响的成果之一。他们的研究结果证明，比较长的和导流能力高的垂向裂缝（靠压裂作业一般是得不到的）才会对驱扫系数产生重大影响。另外一些研究成果证实了 Dyes 等人的研究成果。这些研究成果表明，垂向裂缝会明显影响见水时的驱扫系数，但是对高含水时的驱扫系数影响很小。表 47.13 中所列是 Dyes 等人[63] 研究结果的概要。

表 47.13 垂向裂缝对五点法井网驱扫动态的影响（裂缝与注-采方向一致）

裂缝	裂缝长度（注水井和生产井间距离的分数）	M	面积驱扫系数（%）		含水 90%时的注水量（可驱替孔隙体积的倍数）
			见水	含水 90%	
无裂缝		0.1	99	99	1.0
		1.1	72	99	1.8
		3.0	56	92	2.2
注水	1/4	0.1	93	98	1.0
	1/4	1.1	45	96	1.7
	1/4	3.0	39	92	2.2
	1/2	0.1	88	98	1.1
	1/2	1.1	37	96	1.8
	1/2	3.0	28	92	2.7
	3/4	0.1	33	97	1.2
	3/4	1.1	14	93	2.3
	3/4	3.0	10	83	3.8

续表

裂　缝	裂缝长度（注水井和生产井间距离的分数）	M	面积驱扫系数（%）		含水90%时的注水量（可驱替孔隙体积的倍数）
			见　水	含水90%	
采油	1/4	0.1	78	98	1.1
	1/4	1.1	43	95	1.6
	1/4	3.0	40	88	1.9
	1/2	0.1	38	98	1.2
	1/2	1.1	24	96	1.7
	1/2	3.0	22	92	2.1
	3/4	0.1	18	98	1.8
	3/4	1.1	13	94	2.3
	3/4	3.0	9	87	3.3

Landrum 和 Crawford〔68〕研究了原油层中水平裂缝对驱扫系数的影响。他们的研究结果，以及其他人的研究成果〔36, 69, 70〕表明，水平裂缝对面积驱扫系数的不利影响直接随裂缝半径而变；也就是说，裂缝半径很小时，对驱扫系数只有很小的影响。然而，随着裂缝半径的增大，驱扫系数将急剧减小。

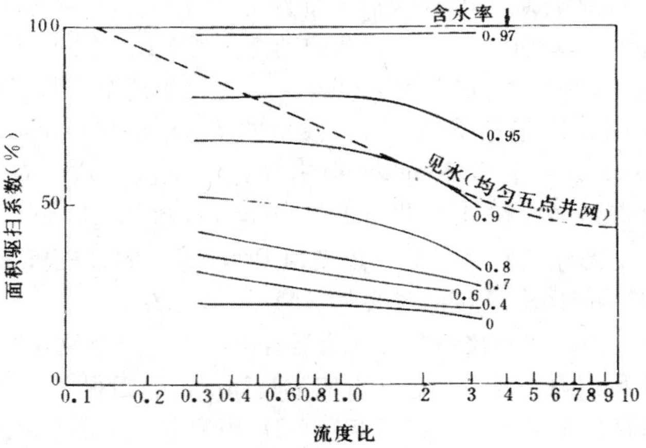

图 47.54　在最不利布井方式条件下（最大渗透率方向与从注水井到生产井的线平行）五点注水井网的面积驱扫系数

4. 预测水驱动态的方法

在石油工业文献中有很多文章和论文介绍或讨论水驱或注水动态的预测方法。自 Muskat〔24〕、Stiles〔19〕、Buckley–Leverett〔20〕、Dykstra–Parsons〔15〕等人的早期研究成果之后提出来的大多数典型预测方法和其它预测方法，都是本节前面讨论过的这些先驱者方法的改型、提高或扩展。在许多情况下，正是这些方法结合面积驱扫试验所取得的数据，为构思和提出某些方法提供了依据。

Craig〔4〕在他的著作中介绍和对比了 1971 年以前发表的典型预测方法，并且为获得预期的结果，对如何选择合适的预测方法提出了建议。所考虑的方法可归纳为五组，概括如下：1）油藏非均质性（文献〔15〕、〔19〕、〔22〕和〔71～80〕）；2）面积驱扫法（文献〔25〕、〔28〕、〔34〕、〔37〕、〔40〕、〔50〕、〔55〕和〔81～85〕）；3）驱替机理（文献〔20〕、

〔21〕、〔45〕、〔86～97〕)；4）数值法（文献〔98～103〕）5）经验近似法（文献〔104～107〕)。

Craig 的论著确定是对石油工业文献中出现的水驱动态预测方法的最全面的论述和评价。

Craig 把评价过的每一种方法的能力与"理想方法"的能力作了比较。理想方法所使用的计算程序能够考虑所有有关的流体渗流、井网和非均质性的影响，即：相对渗透率特性、润湿性、孔隙大小分布、初始的和最终的含水和含油饱和度等的影响、不同布井方式和流度比对注水量及面积驱扫系数的影响、油藏岩石非均质性对采收率和油藏动态的影响。

表 47.14 中所列的是 Craig 将这些方法与"理想方法"对比而作出的评价。

Craig 认为，在所评价的众多典型方法中，最密切符合"理想方法"要求的有三种，它们是 Higgins-Leighton 方法〔93～95，97〕、Craig 等〔4，108〕的方法和 Prats 等的方法〔58、108〕。

Higgins-Leighton 法可用于各种注采井网，包括不规格井网；而另外两种方法只能用于五点法井网。Higgins-Leighton 法和 Craig 等人的方法所用的计算机计算程序在文献中有报道。在文献中还可找到这些方法的计算实例和全面描述。在文献〔97〕中对 Higgings-Leighton 法有最好的、详尽的描述。在 Craig 的论著〔4〕中和在 Timmerman〔108〕的论著中介绍了用 Craig 等人的方法解决水驱问题实例的完整而详细的计算。Timmerman〔108〕还介绍了 Prats 等人方法的应用实例。

其他作者把用许多典型方法取得的结果同油田的实际动态作了对比。Abernathy〔109〕把西得克萨斯三个碳酸盐岩油藏五点法注水开发的动态同用 Stiles〔19〕、Craig 等人〔45〕和 Hendrickson〔90〕方法预测的动态作了对比。图 47.55～图 47.57 所示为这些对比的情况。

Guerrero 和 Earlougher〔106〕对比了两个注水工程的实际的与预测的动态。用于对比的预测方法包括 Stiles 法、改型的 Stiles 法、Dykstra-Parsons 法、Prats 等人的方法和由 Guerrero 与 Earlougher 提出的经验方法。这些对比示于图 47.58～图 47.61（也可见文献〔4〕的图 8.16～图 8.19)。Higgins 和 Leighton〔94〕把用他们的方法取得的结果同油田实际动态作了对比，并且还同用 Prats 等人的方法和 Slider〔74〕法预测的动态作了对比。这些对比示于图 47.62（见文献〔4〕的图 8.20)。

由上述对比情况可以明显看出，不论用哪种方法预测油田的未来动态，油田永远不会出现和预测一样的动态。事实都是如此，原因很多，包括：1）油藏岩石、流体和水油的渗流特性的描述不正确或不充分；2）预测方法无能力考虑影响水驱动态的全部因素；3）关于油藏岩石的井间特性，以及油藏岩石和流体性质在垂向与横向上的变化所作的估算，在可靠性上总是有问题。

当选择一种典型方法用于预测注水开采油藏的今后动态时，Craig〔4〕作为最有希望选出的预测方法，看来首先值得考虑。Abernathy〔109〕所做的对比表明，Craig-Stiles 多层法预测的结果可与实际油藏动态很好地拟合。在 Guerrero 和 Earlougher 的对比中，Prats 等人的方法在注水工程实例 2 中拟合很好，但在预测注水工程实例 1 的动态中，预测的原油采收率有严重误差。就所介绍的情况讲，Higgins 和 Leighton 方法给出了与实际动态拟合很好的结果。

自从 Craig 对可供利用的典型预测方法作了评价和对比以来，油藏模拟模型不断得到改善，发展到今天，已有了能在不同条件下预测水驱和注水动态的模型。目前，适合工业应用的油藏模拟模型能够考虑任何类型的注采井网以及重力、毛管力和粘滞力，并且实际上能

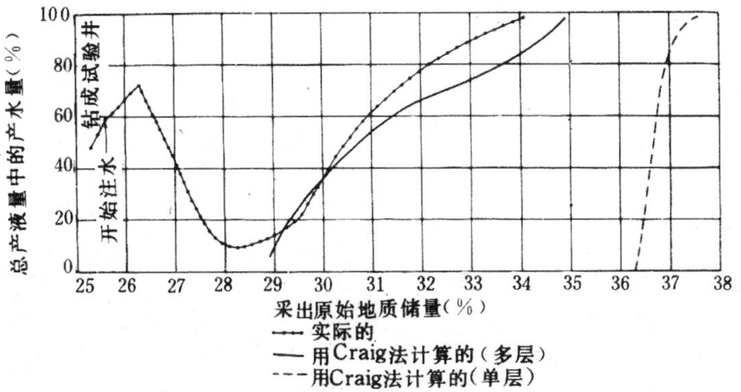

图 47.55 Panhandle 油田计算的与实际的动态的对比

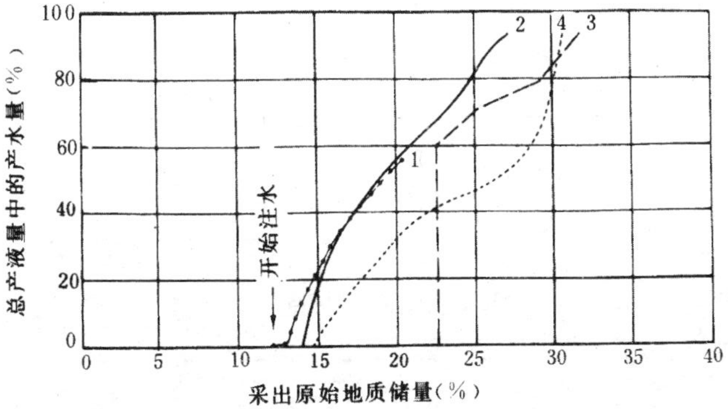

图 47.56 Foster 油田先导试验区计算的与实际的动态的对比

1—实际的；2—用 Craig-Stiles 法计算的（多层）；3—用 Craig 法计算的（单层）；4—用 Stiles 法计算的

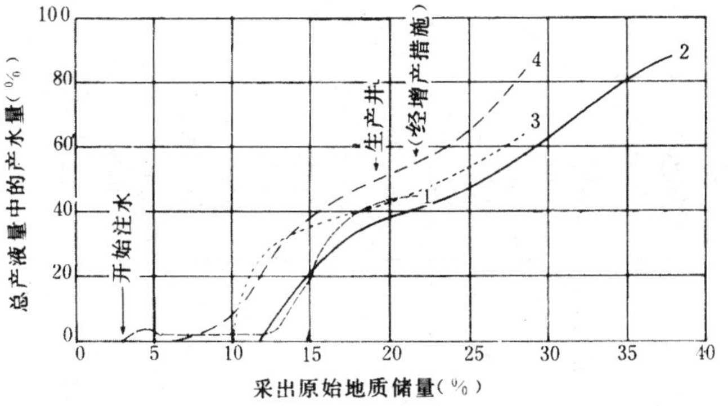

图 47.57 Welch 油田先导试验区计算的与实际的动态的对比

1—实际的；2—用 Craig-Stiles 法计算的（多层）；3—计算的动态；4—用 Stiles 法计算的

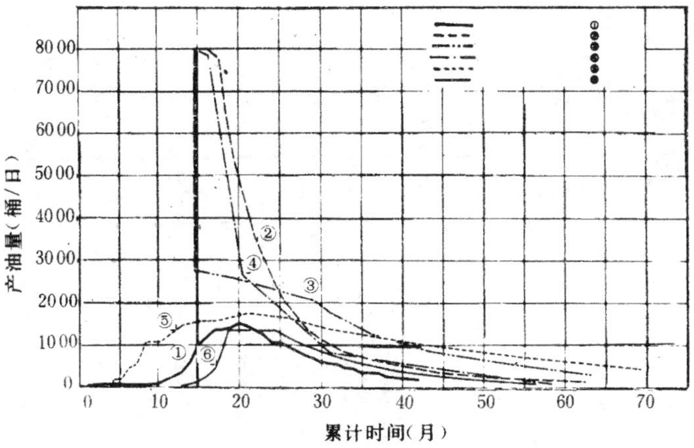

图 47.58 注水工程 1 实际的与预测的生产动态的对比

1—实际；②—Stiles 法；③—改型 Stiles 法；④—DYKSTRA-PAR-SONS 法；⑤—PRATS 法；⑥—EMPIRICAL 法

表 47.14 各种预测水驱

方法和改型方法	发表年份	流体渗流的影响			适用		
		是否考虑初始含气饱和度?	是否考虑饱和度梯度?	是否考虑吸水能力的变化?	行列井网系统?	五点井网?	其它井网?
理想方法		是	是	是	是	是	是
1.Yuster-Suder-Calhoun	1944	是	否	是	—	是	否
Muskat	1950	否	否	是	是	否	否
Prats 等	1959	是	否	是	—	是	否
Dykstra-Parsons	1950	是	否	否	是	否	否
Johnson	1956	是	否	否	是	否	否
Felsenthal 等	1962	是	否	否	是	否	否
Stiles	1949	否	否	否	是	否	否
Schmalz-Rahme	1950	否	否	否	是	否	否
Arps	1956	否	否	否	是	否	否
Ache	1957	否	否	否	—	是	否
Slider	1961	是	否	是	是	是	否
Johnson	1965	否	否	否	是	否	否
2.Muskal	1946	否	否	否	—	是	是
Hurst	1953	否	否	否	—	是	否
Caudle 等	1952～1959	否	否	是	—	是	是
Aronofsky	1952～1956	否	否	是	—	是	否
Deppe-Hauber	1961～1964	是	否	是	—	是	是
3.Buckley-Leverett	1942	否	是	否	是	否	否
Roberts	1959	否	是	否	是	否	否
Kufus and Lynch	1959	否	是	否	是	否	否
Snyder and Ramey	1967	否	是	否	是	否	否
Craig-Geffen-Morse	1955	是	是	是①	—	是	否
Hendrickson	1961	否	是	否	—	是	否
Wasson and Schrider	1968	是	是	是①	—	是	否
Rapoport 等	1958	否	是	否	是	是	否
Higgins-Leighton	1962～1964	是	是	是	是	是	是
4.Douglas-Blair-Wagner	1958	否	是	是	—	是	是
Hiatt	1958	否	是	否	是	否	否
Douglas 等	1959	否	是	是	—	是	是
Warren-Cosgrove	1964	否	是	否	是	否	否
Morel-Seytoux	1965～1966	否	是	是	—	是	是
5.Guthrie-Greenberger	1955	否	是	否	—	—	是
Schauer	1957	是	否	否	—	是	否
Guerrero-Earlougher	1961	是	否	否	—	是	是
API	1967	否	是	否	—	—	是

①使用 Caudle 和 Witte 吸水能力关系式。

动态方法的比较

井网影响					非均质性影响		
适用的流度比?	是否考虑面积驱扫?	是否考虑见水后驱扫系数的增加?	是否需要发表的实验数据?	是否需要补充实验数据?	是否考虑层状油藏?	是否考虑层间窜流	是否考虑空间变化
任一	是	是	否	否	是	是	是
1.0	否	否	否	否	是	否	否
任一	否	否	否	否	是	否	否
任一	是	是	是	是	是	否	否
任一	否	否	否	否	是	否	否
任一	否	否	否	否	是	否	否
任一	否	否	否	否	是	否	否
1.0	否	否	否	否	是	否	否
1.0	否	否	是	否	是	否	否
1.0	否	否	否	否	是	否	否
1.0	否	否	否	否	是	否	否
1.0	否	否	否	否	是	否	否
1.0	否	否	否	否	是	否	否
1.0	是	否	否	否	否	否	否
1.0	是	是	否	否	是	否	否
任一	是	是	是	否	是	否	否
任一	是	否	是	否	是	否	否
任一	是	是	是	否	是	否	否
—	否	否	否	否	否	否	否
—	否	否	是	否	是	否	否
任一	否	否	否	否	是	否	否
任一	否	否	否	否	是	否	否
任一	是	是	是	否	是[①]	否	否
任一	是	是	是	否	是	否	否
任一	是	是	是	否	是[①]	否	否
任一	是	是	是	是	是	否	否
任一	是	是	是	否	是	否	否
任一	是	是	是	否	是	否	否
任一	否	否	否	否	是	是	否
任一	是	是	否	否	是	否	否
—	否	否	否	否	是	是	否
任一	是	是	否	否	是	否	否
任一	是	是	否	否	是	是	是
任一	是	否	否	否	是	否	否
—	否	否	否	否	是	否	否
任一	是	是	否	否	是	是	是

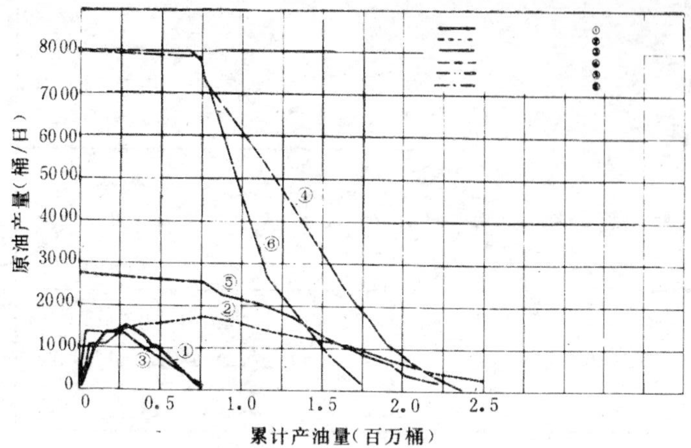

图 47.59　注水工程 1 实际与预测的生产动态的对比

①—实际的；②—Prats 法；③—经验法；④—Stiles 法；⑤—改型 Stiles 法；⑥—Dykstra-Parsons 法

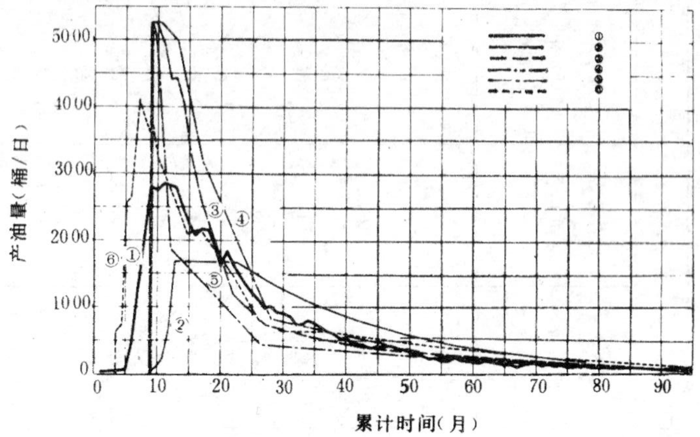

图 47.60　注水工程 2 实际的与预测的生产动态史的对比

①—实际的；②—经验法；③—Stiles 法；④—改型 Stiles 法；⑤—Dykstra-Parsons 法；⑥—Parts 法

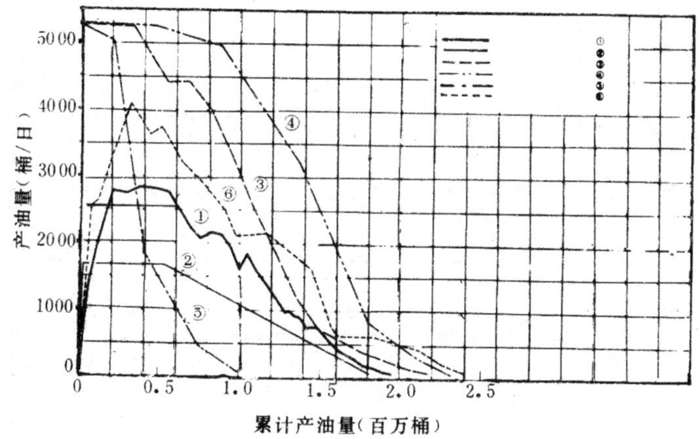

图 47.61　注水工程 2 实际的与预测的生产动态的对比

①—实际的；②—经验法；③—Stiles 法；④—改型 Stiles 法；⑤—Dykstra-Parsons 法；⑥—Parts 法

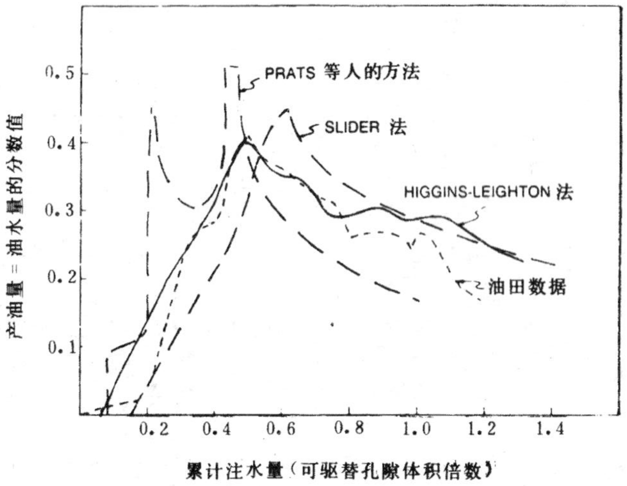

图 47.62　油田生产动态同各种方法预测动态的对比

做任何类型的三维（3D）油藏描述。数值法最早是由 Douglas 等[98]于 1958 年提出的，后来由 Douglas 等人[100]于 1959 年将其扩展为二维的。自那时以来，随着计算机系统的运算速度和储存能力的增加，数值模型和油藏模拟得到不断改善，已成为可供利用的方法。

虽然有关油藏模拟的发展和应用将在本手册的另外一章中全面介绍，但在这里强调目前适合石油工业界应用的模拟模型和模拟方法能够模拟最复杂的油藏系统仍然是重要的。由于应用这些手段，可以相当细致地预测水驱和注水动态，几乎可以考虑和模拟每一个影响油藏的因素和单井动态。

5. 水驱预测方法的选择

在选择合适的水驱预测方法时，工程师必须牢记预测采收率的目的，可供利用的基本数据的数量和质量，以及用于完成计算能提供的财力（包括支付必要的人力和使用计算机或数据处理的实际费用）。在某些情况下，简单地估算一下最终原油采收率可能就足够了；实际上由于数据有限，这只能是一种可靠的可能性估计。然而，在大多数情况下，将需要更详细的预测，以便对所提方案的经济潜力作出评价；所用的方法必须能估算今后需要的井数、生产水油比、产量、原油采收率、所需要的注水井数、注水量及其分配以及这些措施随时间的变化。

可供工程师利用的方法在复杂性上变化很大：从提供最终采收率估算值的简单方法到能预测注水开发油藏和单井动态的复杂的油藏模拟方法。然而，进行计算所需的时间和费用同所用方法的复杂程度成正比。工程师必须在选择预测方法时考虑可能利用的时间和财力，以及手头掌握的基础数据的可靠性和数量。

最基本的评价是确定可望从该注水工程案得到的原油最终采收率。这可以用 Welge 法[21]或用估算残余油饱和度与波及系数的办法来确定。如果数据有限，也可用经验法估算。Guthrie 和 Greenberger[104]根据许多砂岩油藏注水开发的经验提出一个方程，证明用来估算最终可采储量是有效的。该方程表述如下：

$$E_R = 0.2719\log k + 0.25569S_w - 0.1355\log \mu_o - 1.5380\phi - 0.0003488h + 0.11403 \tag{14}$$

式中 E_R 是原油采收率（小数），而 h 是地层厚度（英尺）。

适合估算最终原油可采量的另一个方程是由 API 委员会[107]提出来的。该委员会提出的方程如下：

$$E_R = 0.54898\left[\frac{\phi(1-S_w)}{B_{oi}}\right]^{0.0422}\left(\frac{k\mu_{wi}}{\mu_{oi}}\right)^{0.077}\times(S_w)^{-0.1903}\left(\frac{p_i}{p_a}\right)^{-0.2159} \tag{15}$$

式中 p_i 是原始压力，而 p_a 是枯竭（废弃）时的压力。

需要预测生产水油比随原油采收率的变化情况时，可以用 Stiles[19]、Slider[74]和其他人所提出的基本方法。这些方法除最终采收率外，还可以预测水驱开采的含水动态。Johnson[22]发表的关系曲线图是根据 Dykstra-Parson[15]研究的数据绘制的，可用来快速预测未来的水驱动态。

为了更详尽地预测将来的动态，Craig[4]推荐使用 Higgins-Leighton[93-97]、Craig

等[45]和 Prats 等[80]提出的方法。这些方法比做基本计算需要更多的运算时间和更多的油藏数据，但预测的结果相当详细，可以作出方案的经济分析，与可供选择方案可望达到的预测收益进行对比。

目前可供石油工业应用的复杂的油藏模拟模型，可以做出考虑影响注水作业各种因素的注水动态预测。应用这些模型，除单井特征外，还需要详细描述油藏岩石、流体和流体渗流特性。当基础数据足以进行未来动态的预测时，毫无凝问，模拟研究得出的结果将具有应用当代技术可能达到的最高可信度。同其它可供选用的方法相比，油藏模拟方法是昂贵的。然而，如果应用得当，这种方法将会对所推荐的注水工程的潜力做出全面的评价。

在选择用来评价一个有前景的注水作业的方法时，工程师面临许多选择。工程师在进行这种选择时要牢记评价的总目的、现有的财力以及现有的可供直接应用的数据或根据时间和财力限制能够获得的数据。

五、注水井的动态

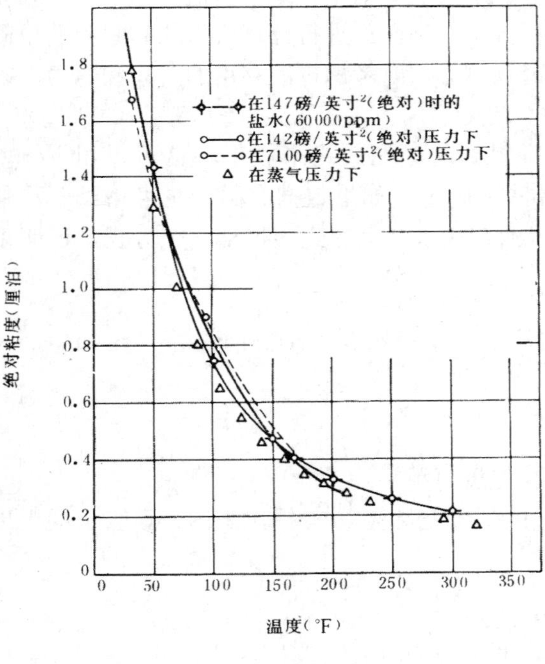

图 47.63 在油田温度和压力下的水的粘度

淡水数据取自 AIME 论文集，1946 (165) 94。

盐水数据取自《石油开采》，卷 2，37

一口井的初始注水量取决于 1) 有效渗透率；2) 油和水的粘度；3) 砂层厚度；4) 井的有效半径；5) 油藏压力；6) 砂层面上（井底）的注水压力。随着水注入油层，影响注水井动态的其它因素就起作用了。这些因素受因水向油藏中扩展渗流阻力的增加和注入水质量的影响。

用于一口注水井注水量的基本方程[24]可表示如下：

$$i_w = \frac{0.00708 k_w h(p_{iwf} - P_e)}{\mu_w \ln\left(\frac{r_e}{r_w}\right)} \tag{16}$$

由于有许多不确定性，要定量应用这一方程是困难的。但这并影响应用这一方程说明其中每一项因素的相对重要性[110]。

1) *有效渗透率*　k_w 表示水的有效渗透率（毫达西）。据实验室对干净砂岩实验的结果。随着含水饱和度从 70% 升高到 85%，水的有效渗透率从 30% 增加到 60%（与干法渗透率的百分比）。对天然的和人造的含油岩心的测试表明，砂岩对水的有效渗透率常低于干法渗透率 1／10。只要有可能，就应当用油田取得的有代表性的岩心确定水的有效渗透率。

2) *粘度*　注入水的粘度 μ_w（厘泊）可以测量出来，也可从图 47.63 查出近似的值。

3）*砂层厚度*　砂层厚度 h 是指注水射孔段的纯砂层有效厚度（英尺）。

4）*压力*　砂层面上的井底注水流动压力 p_{iwf}（磅／英寸^2）可以根据井口压力、井的深度、水的比重和流动压力梯度估算出来。p_e 是有效油藏压力（外边界压力）。

5）*井的半径*　井的有效半径 r_w（英尺）可从几英寸到若干英尺，需视完井类型而定。

6）*压力半径*　压力半径（外边界半径）r_e，至少可以根据注入水量和可供利用的孔隙空间粗略地估算出来，它是由注水井到压力为 p_e 处的距离。可供利用的孔隙空间定义为总孔隙空间减去被隙间水和原油占据的孔隙空间。随着注入的水越来越多，方程（16）中的压力半径 r_e 也随之增大，因而注水量 i_w 必然随时间而减少。

依据下式，压力半径 r_e 取决于注入到可供利用的孔隙空间中的累计注水量

$$r_e=\left(\frac{5.61W_i}{\pi h\phi S_g}\right)^{1/2} \tag{17}$$

式中　W_i——累计注水量，桶。

在注入水推动下，原油可能移动也可能不移动。如果原油不运动，水将充填含气空间。如果水带前面原油是移动的，则由液体（油和水）充填油层所需的注入水量体积，在一定距离内（至外边界的半径），将仍然与原来充填含气空间仍需的水量一样。

如果有很大百分比的原油是移动的，则方程（16）就不再能保持严格的准确性，在受到干扰前更确切的表达式为

$$i_w=\frac{0.00708hk_w(p_{iwf}-p_e)}{\left(\frac{\mu_w}{k_w}\right)\ln\left(\frac{R_w}{r_w}\right)+\left(\frac{\mu_o}{k_o}\right)\ln\left(\frac{R_e}{R_w}\right)} \tag{18}$$

式中 R_w 是注入水前缘的外半径，而 R_e 是油带的外半径。

一般说来，同侵入水的半径相比，油带的宽度很小，因而按简单情况考虑造成的误差将很小。注水量随时间的变化可用方程（19）计算：

$$\frac{0.0253k\Delta pt}{\mu_w\phi S_g(r_w)^2}=1+\left(\frac{0.0142kh\Delta p}{\mu_w i_w}-1\right)\times 10^{0.00617kh\Delta p/(\mu_w i_w)} \tag{19}$$

方程（16）、（18）和（19）适用于单井系统（径向流）；然而，在注水井之间发生干扰之后，这些方程就不再适用于面积注水了。发生干扰时，推进的液体汇聚于生产井，并在流度比接近 1 时，最终按具体井网的稳态导流能力稳定下来。对一个有利的流度比（$M\leqslant 1$）系统来说，干扰对五点井网的影响如图 47.64 所示。

Muskat[24] 和 Deppe[84] 对流度比为 1 的情况提出了计算标准井网稳态吸水能力的方程。这些方程如下：

五点井网[24]：

$$i_w = \frac{0.001538 k_w h \Delta p}{\mu_w \left(\log \frac{d}{r_w} - 0.2688 \right)} \tag{20}$$

对直行列井网[24]：

$\frac{d}{a} \geqslant 1$ 时

$$i_w = \frac{0.001538 k_w h \Delta p}{\mu_w \left(\log \frac{a}{r_w} + 0.682 \frac{d}{a} - 0.798 \right)} \tag{21}$$

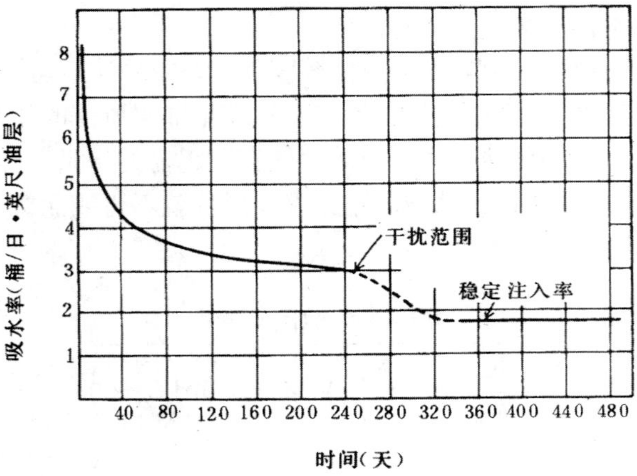

图 47.64 为五点井网估算的注水井动态史

交错行列注水井网[24]：

$\frac{d}{a} \geqslant 1$ 时，

$$i_w = \frac{0.001583 k_w h \Delta p}{\mu_w \left(\log \frac{a}{r_w} + 0.682 \frac{d}{a} - 0.798 \right)} \tag{22}$$

式中 d 是井排之间的距离（英尺），而 a 是同一井排中井间的距离（英尺）。

七点井网[84]：

$$i_w = \frac{0.002051 k_w h \Delta p}{\mu_w \left(\log \frac{d}{r_w} - 0.2472 \right)} \tag{23}$$

反九点井网[84]：

$$i_w = \frac{0.001538 k_w h \Delta p_{ic}}{\mu_w \left(\frac{1+F_p}{2+F_p} \right) + (\log \frac{d}{r_w} - 0.1183)} \tag{24}$$

$$= \frac{0.003076 k_w h \Delta p_{is}}{\mu_w \left[\left(\frac{3+F_p}{2+F_p} \right) \left(\log \frac{d}{r_w} - 0.1183 \right) - \frac{0.301}{2+F_p} \right]} \tag{25}$$

式中 d——井排间的距离；

F_p——角井对边井的产量比；

Δp_{ic}——注水井和角井间的压差；

Δp_{is}——注水井和边井间的压差。

应用这些方程可以确定标准井网的稳态吸水能力，假设条件是：系统中完全充满液体，并且流度比为 1。

有很多文章报道了关于确定五点井网在流度比不为 1 时吸水能力变化的研究结果。曾用过各种不同方法。Deppe[84] 及 Aronofsky 和 Ramey[55] 应用了电位计量模型技术；Caudle 和 Witte[84] 应用了 X 射线造影技术和油藏单元孔隙模型。在 Caudle 和 Witte[82] 的研究中，模拟了八分之一的五点井网模型。Nobles 和 Janzen[38] 利用了电阻网络模拟流度差，而 Prats 等人[80] 利用了分析解法。实质上，所有的研究者得出了同样的结论，即：如果流度比有利（$M \leqslant 1$），则吸水能力在整个注水期间将连续递减；如果流度比不利，则吸水能力连续增大。

Cauble 和 Witte 在他们的研究中确定了五点井网吸水能力随见水前后流度比的变化。图 47.65 所示为他们的研究结果，是用传导比，流度比和注入水波及的油藏面积之间的关系曲线的形式表示的。

Craig[4] 指出，注入水弥补亏空后，可用 Caudle 和 Witte 所建立的关系与方程（20）一起计算五点井网的注水量：

$$i_w = F_C \times i_b$$

式中 i_w——注水量；

F_c——Caudle 和 Witte 的传导比；

i_b——注水量，其流度同液体充满（基本）井网的地下原油一样。按方程（20）计算。

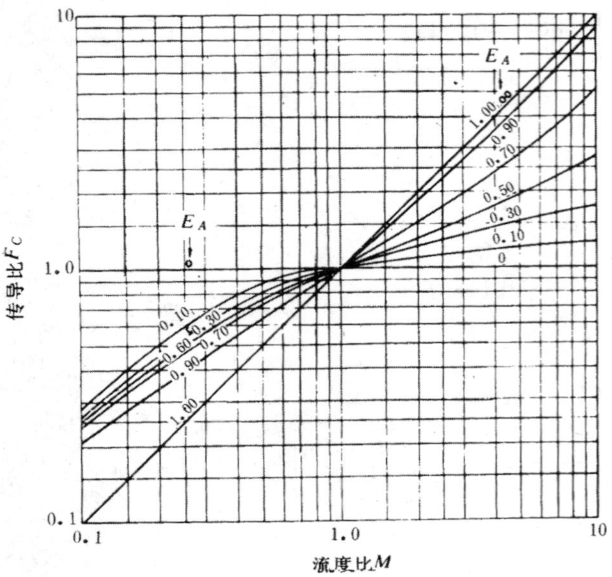

图 47.65 传导比随流度比和五点井网面积驱扫系（E_A）的变化

鉴于注水量在注水早期就递减，辨别这种递减是由于砂堵（这需要修井）造成的，还是油层自然充满引起的，或者是由于流度比影响的结果。是很重要的。因此，需要能确定井本身吸水能力而不考虑进井地带导流能力的一种方法。这种方法通过定期测试所选择的分散在整个注水区的某些井，就可以获得这样一种方法。然后密切监测这些井的注水效率。

确定注水井注水效率的一种实用方法就是使用计算的井的吸水指数。吸水指数的定义是在每 1 磅／英寸^{2}平均注水压力与平均地层压力（一具体地下基准面——通常为平均地层深度上的压力）之间的压差下每天注入到注水井中的液量桶数。应用吸水指数概念对研究单井动态很有价值，但用于确定单井导流能力应予以限制；它不应当用来确定注水井系统总的导流能力。这一受限制的吸水指数可称之为"局部吸水指数"，最适合用来确定井周围砂层圆柱体的导流能力，这一圆柱体内壁就是砂层表面，大部分压降就发生在这一圆柱体内。

局部吸水指数可用改型的方程（16）计算：

$$i_w = \frac{0.00708 k_w h (p_{iwf} - p_{bp})}{\mu_w \ln(r_i / r_w)} \tag{26}$$

式中 p_{bp} 为瞬时回压，而 r_i 为从井到 p_{bp} 压力均衡点的距离。

设 p_{bp} 为常数，通过求微分，局部吸水指数可表示为

$$I = \frac{\mathrm{d}i_w}{\mathrm{d}p_{iw}} = \frac{0.00708 k_w h}{\mu_w \ln(r_i / r_w)} \tag{27}$$

通过试验发现，注入的水量很小时，$\mathrm{d}i_w / \mathrm{d}p_{iw}$ 是常数。如果在测试期间注入的水量很小，则 r_i 只有轻微的变化；r_i 显然大于 r_w，因而 r_i / r_w 的对数实际上是常数。然而，如果在测试期间注入水量比较大，则 $\ln r_i / r_w$ 将不再是常数，从而局部吸水指数 $\mathrm{d}i_w / \mathrm{d}p_{iw}$ 也将不是常数。如果注入的水量很大，因而达到了平衡状况，则相应的井网方程就适用了。在五点井网条件下，注入水量随压力每一变化而变化的情况可用下式近似求得：

$$I=\frac{\mathrm{d}i_w}{\mathrm{d}p_{iw}}=\frac{0.003541k_w h}{\mu_w[\ln(d/r_w)-0.6190]} \tag{28}$$

式中 d——不同井间的距离。

瞬时回压 p_{bp} 是一口注水井的注水量发生变化时产生的一种压力现象。从理论上讲，水从注水井流入周围地层将一直保持到砂层面的压力强度下降到油层压力强度为止。实际上，如果在地面上将注水井的压力突然降到大气压，那么注水井将返排一段时间，其长短从几分钟到若干小时。注水井返排水流产生的压力定义为瞬时回压。此压力发生在近井筒地带，它大于油层平均压力，这实质上是由近井筒地带水和气的压缩性引起的。当注水停止时，由于压力下降导致水和气膨胀而产生返排。Nowak 和 Lester [111] 及 Hazebroek 等 [112] 对这种现象给出了定量解释。瞬时回压逐渐耗失并接近油层压力。局部吸水指数应该在瞬时压力开始下降缓慢或者同油层压力平衡之后确定。

在水驱过程中对比注水井的吸水指数将会发现注水井吸水能力不令人满意的线索，并进行研究，确定是否需要进行提高注水量的补救措施。一口正常注水井在其注水期间吸水量至少要递减到在受该井影响的油层部分范围内建立起恒定的稳态压力分布为止。除正常的递减外，砂层面会逐渐为注入水中的悬浮固体所堵塞。这类悬浮固体包括粘土、粉砂、氧化铁、氢氧化物等物质。除悬浮固体外，被溶解的有机物也会堵塞砂层面。通过恰当地处理注入水，会减少这类物质对砂层面的堵塞。这种处理将在本章"水处理"一节中论述。

利用绘制的为期几个月的注水量—压力关系曲线，可以区别因油层堵塞引起的吸水量下降和因油层充满（流度比影响）导致的吸水量下降。注水量-压力关系曲线还有助于发现地层发生破裂的临界水窜压力值。如果发生堵塞而导致注水量下降，可以用返排的力法清除砂层面上的堵塞物质。或者，如果砂层面上的堵塞物质在不能用返排的办法清除，则通过应用不同的酸类进行酸化多半会溶解掉。若有必要，可以应用压裂措施提高注水井的吸水能力。

六、注 水 实 例

在文献中可以发现许多注水工程的现场实例。在美国石油工程师学会（SPE）重印丛书 No，2a《水驱》(1973) 专册中详述了应用面积注水及边缘注水的砂岩油藏和石灰岩油藏七个水驱实例。SPE 重印丛书 No.4（1962)《现场实例》和 No.4a（1975)《石油和天然气藏》两册中也叙述了几个水驱和保持压力工程的实例。

本章从文献中选择了最近报道的三个注水工程实例，以说明应用现代工艺技术和油藏工程方法解决目前许多油田遇到的某些比较复杂的问题。在下面的讨论中概括了这几个注水工程实施的结果，其中包括：1）一个多油层的砂岩老油田；2）一个深层碳酸盐岩油藏；3）一个近海油田。

1982 年，Ruble 报道了俄克拉何马州 Carter 郡 Hewitt 油田单元广泛进行注水开采的效果 [113]。所描述的注水工程是在多油层砂岩中实施的面积注水，该油田已进行了五十年一次采油，实际上已经衰竭。该工程是在埋深较浅、原油粘度较高的一个多油层砂岩油田上实施分层注水的典型实例，如图 47.66 所示。Hewitt 单元的构造图如图 47.67 所示。表 47.15 给出了汇总的油藏动态数据。同一次采油 109.6×10^6 地面桶（385 桶／英亩 · 英尺）相比，通过注水，增产原油 34.9×10^6 地面桶（123 桶／英亩·英尺）。这些数字分别代表大约原始石油地质储量的 10%和 31%。这项工程的显著特征是：1）应用油管和封隔器组合装置对注水井进行三层完井。控制注水，把水注入到多达 22 个分层中去；2）堵死 680 口老井并钻了 149 口新井；3）采用了监测和选择性注水方案，优化石油开采作业。

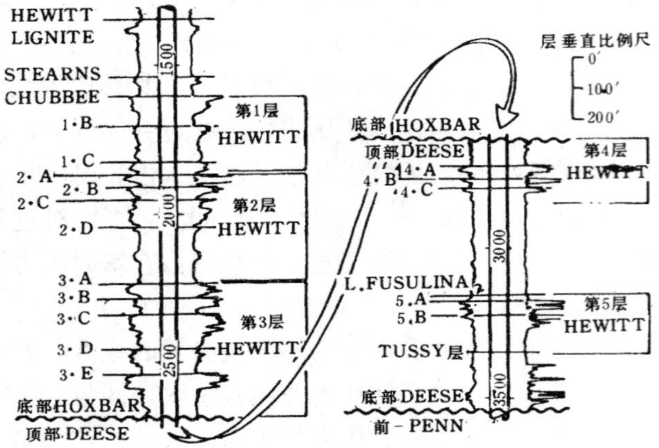

图 47.66 俄克拉何马州 Carter 郡 Hewitt 油田的综合测井曲线

Langston 等[114]曾报道了关于佛罗里达州和亚拉巴马州的 Jay／Little Escambia Creek 油田实施的大型注水工程。此项工程是一个深层、欠饱和的碳酸盐岩油藏保持压力和产量的典型实例。表 47.16 汇总了该油田的生产动态数据。注水方式是 3：1 的交错行列注水，如图 47.68 所示。油藏压力和产量如图 47.69 所示，在开始下降之前一直保持了 6 年稳定不变。最终采油量可望达到 346×10^6 地面桶，或者说达到原始石油地质储量的 47.5%。这表明比一次采油多采油 222×10^6 地面桶，也就是说实施注水作业的采油量将达到可望达到的总采收率的 64%。在油田的早期开发阶段获得了大量的岩性和流体数据，这些数据的应用为油田的联合开发和随后的注水方案作出决策提供了依据。

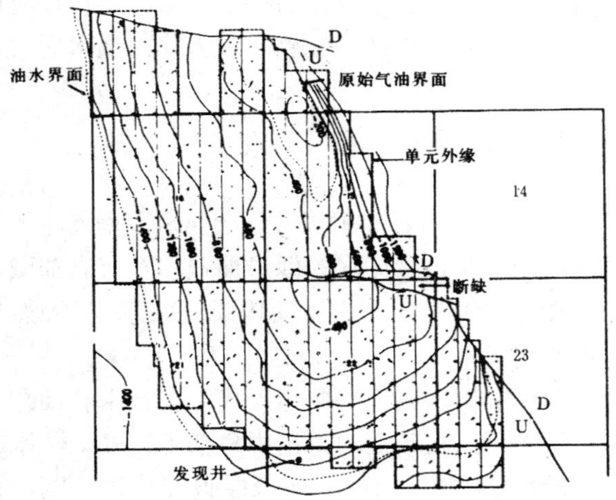

图 47.67 Hewitt 单元 Chubbee 构造图

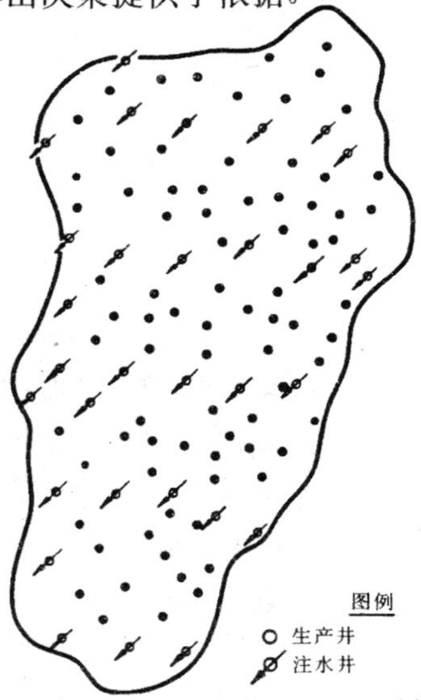

图 47.68 JAY／Little. Escambia Creek 油田注采井位图

虽然正在许多近海油田实施注水工程（主要是在波斯湾地区、北海、路易斯安那－得克萨斯湾沿岸以及加里福尼亚沿岸），但报道的实例很少。Jordan 等人[115]于 1969 年 4 月报道了路易斯安那滨海 Bay Marchand 油田的注采情况。

表 47.15　Hewitt 单元油藏数

总情况	
单元面积(英亩)	2610
可注入的净砂层体积(英亩·英尺)	284700
平均综合厚度(英尺)	109
原始石油地质储量(百万桶)	350.8
岩石性质	
渗透率(毫达西)	184
孔隙度(%)	21.0
隙间水(%)	23.0
Lorentz 系数	0.49
渗透率变异系数	0.726
流体性质	
流度比	4.0
原始油藏压力(磅／英寸^2)	906
油藏温度(°F)	96
原始地层体积系数(地下桶／地面桶)	1.13
开始注水时地层体积系数(地下桶／地面桶)	1.02
原油重度(°API)	35
原油粘度(厘泊)	8.7
原始溶解气油比(英尺^3／地面桶)	253
一次采油机理	溶解气驱 重力驱油

表 47.16　岩石和流体性质、油藏性质及注采数据汇总

(JAY / 小 Escambia Creek 油田注水)

岩石和流体性质	
孔隙度(%)	14.0
渗透率(毫达西)	35.4
含水饱和度(%)	12.7
原油地层体积系数(地下桶／地面桶)	1.76
原油粘度(厘泊)	0.18
原油重度(°API)	51
溶解气油比(标准英尺^3／地面桶)	1806
硫化氢含量(摩尔%)	8.8
流度比(水／油)	0.3

续表

油藏性质	
基准面(英尺)(海平面以下)	15400
原始压力(磅/英寸^2(绝对))	7850
目前压力(磅/英寸^2(绝对))	5750
饱和压力(磅/英寸^2(绝对))	2830
温度(°F)	258
开采面积(英亩)	14415
有效厚度(英尺)	95
原油原始地质储量(百万地面桶)	728
注采数据(1981.元.1)	
产油量(千地面桶/日)	90
累计产油量(百万地面桶)	290
注水量(千桶/日)	250
累计注水量(百万桶)	524

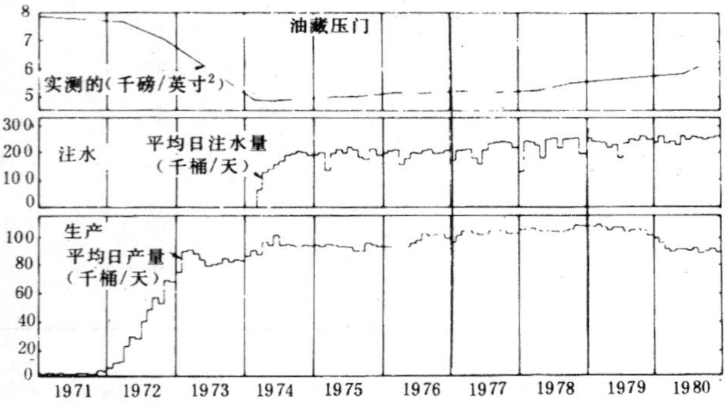

图 47.69　JAY / Little Escambia Creek 单元注采动态

Bay Marchand 油田各个油层的原始压力变化范围从 4600 到 5291 磅/英寸^2。油层温度变化范围从 182°F 到 197°F。原始气油比平均为 450 标准英尺^3/地面桶，原油重度在 21 和 30°API 之间。PVT 特性随深度而变化，含油高度在其体积中点为欠饱和的。原油粘度变化范围从 1.1～1.9 厘泊，表明流度比有利。

孔隙度是比较均匀，平均为 29%。然而，渗透率显示出有广泛的变化；3 个油藏的几何平均空气渗透率低于 100 毫达西，而其余的砂层渗透率高达 2000 毫达西。原始含水饱和度有相应的变化，由 40%到 15%。

1963 年开始注海水保持压力。McCune 于 1982 年 10 月报道了 Bay Marchand 油田的注采情况[116]，其中有 6 个主要砂岩油藏成功地进行了注水作业，时间长达 20 年之久。典型的砂层单元构造图和压力−产量动态史分别示图 47.70a 和图 47.70b。

关于分析、处理、过滤和泵送海水所用的工艺技术在 Jordan 等人[115]和 McCune[116]的文章中有详细的讨论。Bay Marchand 油田上所用的基本方法包括粗过滤和细过滤固体颗粒，控制腐蚀和细菌的除氧与化学处理等，这些方法一直在注海水工程中采用。

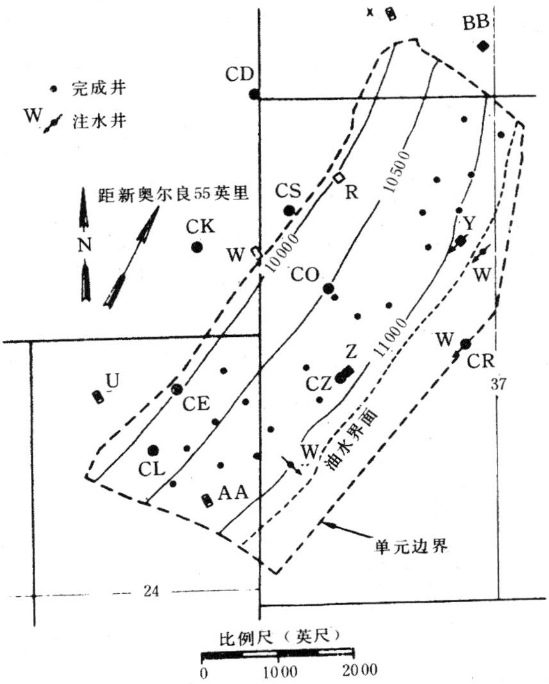

图 47.70a　Bay Marchand 油田的典型单元构造图

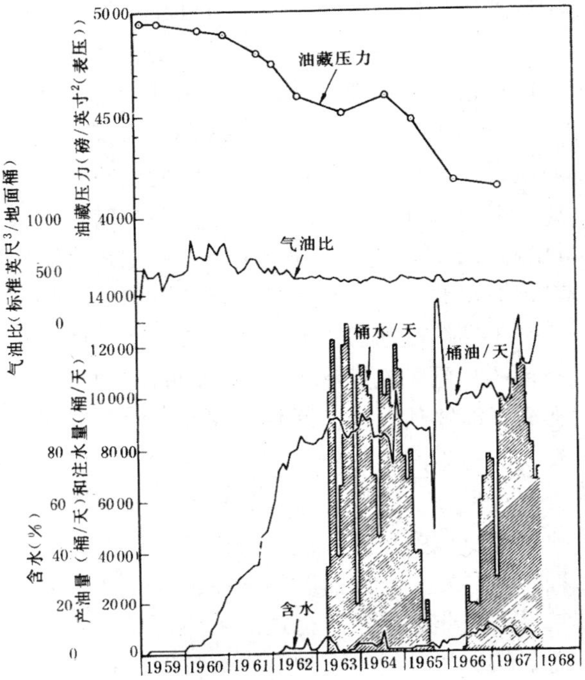

图 47.70b　Bay Marchand 油田典型单元油藏的压力–产量随时间的变化

七、先导性注水试验

实施先导性注水试验是评价全油田实施注水作业可行性的一种方法。在实施先导性注水试验期间，既可以评价油藏动态，也可评价注水作业方法。这种试验有助于进行工程和经济方面的研究，这些研究对是否应该进一步扩大注水作业作出决策是必需的。

重要的是要认识到，先导性注水试验的设计要保证工程上是成功的，而不是经济上是成功的。如果没有先导性注水试验的精确动态数据作依据就扩大注水作业，有可能造成极大的经济损失。这样的经济损失可能是工程的基本建设投资造成的，也可能是最终可采原油储量减少造成的。先导性试验遭受一些小的经济损失，与这样的经济损失直接相比，就微不足道了。

Caudle 和 Loncaric[50] 曾建议，为了从先导性注水试验获取大量的有用数据，需要研究现场先导性注水试验作业的几个问题。其中流体的运移是最关键性的一个问题。人们不可能把油藏的一部分（先导试验区）完全隔开，仅限于评价这一部分的流体运移情况。

常用的先导性试验注水井网是反五点井网，包括 1 口注水井和 4 口生产井；附近的其它井全关闭。常用这种井网主要是因为只需要一口注水井。这种井网固有的问题是产出液体的四分之三来自先导性试验区以外，而与此同时流体自各生产井之间地带离开先导性试验区。相对的流体量受产量与注水量的比例的影响。

对每一口生产井仅配注注水井 1／4 的注水量就可以在先导性试验区内保持“体积平

衡”。虽然体积平衡了，但是生产的动态史仍然反映实际上只有1／4的产油量来自先导性试验区范围以内。因此，对先导性试验区内的可采油量仍然不能做出可靠的估算。计算机模拟研究表明，这种先导性试验井网的生产动态受试验区边外条件的影响很大，校正系数可能不足以补偿这种误差。如果在注水开始时油藏中含气，就更是如此了。

以前关于反向井网的建议值得考虑。在这种井网中，1口生产井受4口注水井包围，因而这可以更精确定估价先导性试验区的注水动态。这种井网可以把先导性试验区原有原油的泄逸以及边外原油流入先导性试验区的量减至最小。众所周知，常规五点井网可能是最简单且有效的试验井网。尽管有3／4的注入水将不能流入先导性试验区，但中心生产井的产量对预测总的流体采收率是极其有用的。

先导性注水试验的目的是为了便于对一小块油藏的动态进行评价，以便能应用所得到的资料估算更大规模注水作业的动态。如果单口试验井不能产生整个注水区的代表性数据，那么为了能够估算全面开发或“封闭性”开发面积注水单元的最大产量，可以应用校正系数来调整实际的生产动态史。

这种先导性试验（或先导性试验生产井）必须就象在一个封闭区内（即四周为许多类似的小区所包围）进行注采一样。事实上，这样一种情况只有当先导性试验区组成整个注水工程时才会发生。然而，如果在先导性试验区周围有足够数量的类似单元进行注采，所得到的结果就会非常近似于上述的封闭情况。为产生有用而无需校正的结果，先导性试验区周围所需要的类似单元的数量取决于流度比和原始含气饱和度。

模拟研究证明[117、118]，对于流度比低于1的情况来讲，应用单一的常规五点井网进行试验就可以了。对于更高的流度比，必须应用更复杂的试验井网。

在决定先导性试验区的位置时要对某些考虑进行衡量。了解油藏的几何形状，它的构造数据及其地层数据都是选择试验区位置所必需的。一个局部封闭或有局部边界的试验区，将会提高先导性试验在预测一个扩大注水工程动态中的作用。可能利用的边界有：1）单斜或背斜构造的油水界面；2）断层面；3）小断块；4）构造尖灭或渗透性尖灭；5）一边为泥岩尖灭。

在实施先导性注水试验之前必须先对油藏的状况和井况进行评价。在选择先导性注水试验区时，取得有关以下几方面的数据是很重要的：1）注水井和生产井的布井方式和井距与地层构造和地层特性分布的关系；2）完井类型、完井层段及以往实施的大修和小修井作业；3）单纯为生产井测定的采油指数。

油藏状况和其它有关数据可提供先导性注水试验开始实施及开始实施前所需要的资料。某些特性的和类型的数据可用于确定在先导性注水开始之前油、气、水的饱和度值及其分布状况，这些数据包括：1）开发与开采动态史；2）一次采油期间的总采收率；3）水侵或气侵状况；4）先导性试验区内及其周围的油藏压力；5）通过重力驱的流体分布。

在整个先导性注水试验期间应连续评价油藏和各井的动态。这种监控的记录应包括下述各项资料：1）每口井的注水动态史，包括开始注水的时间；2）试验区各井的累计注水量和注水速率；3）注水压力和吸水剖面，4）试验区内和周围各井流体产量动态，包括油、水、气的产量和累计产量；5）水油比和气油比趋势；6）注水试验区内及周围油藏压力的分布；7）水前缘的推进和相应的驱替效果，各井见水的时间和位置说明；8）注水井和生产井的修井史；9）关于先导性注水方案的任何变化。

有两个效率因素可以计算和用于评价先导性注水试验的效果。一个是驱替系数，根据总产液量与总注水量之比确定。这一比值将表明在先导性试验区内注入水从注水井到生产井是否在有效地驱替流体。第二个因素包括注采井网内的驱扫系数和油层衰竭百分比，后一项指标将确定油藏的经济开发年限以及原油最终采收率。

把生产数据绘成产量递减曲线的形式可用于评价先导性试验的注采动态。在表示先导性注采作业的产油量变化时，通常的方法是绘制产油量对数与时间或与时间对数的关系曲线。应用产量递减曲线的优点是它能表示出弥补亏空的时间目前产油量相对于注水方案的见效情况。然而，应用产量递减曲线评价先导性试验注水效率和今后的动态也局限性。其中之一是很少存在真实的递减条件，因为产液量是受注水量控制的。这里并没有假设产量递减曲线具有某一种具体形式的基础，因为产油量并不一定随时间变化；产油量直接取决于注水量、油藏岩石及其所含流体的物理性质。

在先导性试验区的开发与开采期间，就可以对扩大注水工程的动态作出某些结论。例如，若油藏具有高的含水饱和度，那么水比油将更易流动，这会导致先导性试验区达到高水油比。由于注水井井筒周围地带渗透率的降低，如不超过最高压力，地层本身可能达不到满意的注水量。而压力过高将会产生副作用。结合 Stiles[19] 计算和其它类似的波及系数计算应用含水率数据，将会表明先导性试验是否会按预计的那样完成。

八、表面活性剂在注水中的应用

在注水中，应用表面活性剂提高原油采收率是通过三个机理来完成的，即：1）改善流度；2）降低界面张力；3）改变岩石润湿性。

应用各种表面活性剂和其它化学剂的实验室研究及矿场试验将在第四十八章“混相驱”和第五十章“化学驱”中讨论。在过去十年间很多工艺技术有了长足发展，而且已出版很多关于表面活性剂应用的论著，本章仅就这一问题作简要介绍。

1. 改善流度

控制注入水的流度，同时应用表面活性剂和化学剂改变油藏岩石的润湿特性，是目前在某些注水工程中用来提高原油驱替系数的工艺技术。添加一种丙烯酰胺聚合物或某种类似的化学剂来提高注入水的粘度，由于可以降低被驱替流体与驱替流体之间的流度比，将会增加油藏的面积和垂向波及系数。添加这类聚合物还可减少驱油过程所需的注入液量，把油藏被驱扫部分的含油饱和度降到其残余值。有关应用聚合物控制流度最早的现场研究，是于 1964 年由 Sandiford 报道的[119]。

注入高分子量聚丙烯酰胺聚合物，通过改善流度比来提高注水驱扫系数，在已报道的两个实例中认为是无效益的[120、121]。现将这个实例介绍如下。在加里福尼亚州的 Wilmington 油田于 1969 年开始实施一项大型注入工程[126]。油藏为比较疏松的砂岩，所含原油的重度为 18°API、地下粘度为 30.8 厘泊，盐水／原油的流度比为 14.2，而 250ppm 聚合物／原油的流度比为 1.33。两年半时间共注入了 1300000 磅聚合物，平均浓度为 213ppm。之后停止了注聚合物，因为注聚合物没有提高原油采收率。产生如此差的反应认为是如下原因造成的：1）聚合物浓度太低；2）由于结垢，砂层面上沉积了未溶解的聚合物和聚合物吸附作用（85 磅／英亩 · 英尺）降低油层渗透率等原因，注入量平均减少 25%；3）聚合物溶液过早窜入高渗透层段。

在加拿大艾伯塔省的 Pambina 油田上于 1971 年 11 月开始了一个先导性试验工

程[121]，由6口注水井和2口生产井组成二个面积为160英亩的五点井组。生产层段由砾岩和下面的砂岩构成，它们的平均渗透率分别为63.6毫达西和25.3毫达西。

37°API原油在油层条件下的粘度为1.0厘泊。总共注入了217400磅聚合物，第一批124750磅聚合物是按1000ppm浓度注入的，而剩下的92650磅是按递减浓度（从1000ppm降低到100ppm）注入的。由Pambina油田先导性试验工程得出的结论如下述：

(1) 先导性试验区内生产井总的动态没有显示出持久的改善；

(2) 聚合物过早窜过砾岩层，说明聚合物不能有效地减轻高渗透层段的影响；

(3) 水／岩石的相互作用和地层水的混合作用使聚合物溶液的有效粘度水平下降到约为设计数值的25%；

(4) 在注聚合物期间有两口注入井的注入量显著下降；

(5) 聚丙烯酰胺聚合物的吸附量约为2毫克／米^2（表面积）。

注入聚合物溶液通过控制流度提高原油采收率的作法尚未证实可以普遍推广应用。应该用油层岩样进行实验室驱替试验，还应当用油藏原油和地层水指导聚合物的类型和浓度选择，以便取出适合油田条件的配方。地层水的含盐量对降低聚合物溶液的粘度及油藏岩石的吸附的影响具有特殊的重要意义。

已发表的有关各种油田应用聚合物溶液的文章指出[122、124]，应用聚合物溶液可比常规注水提高原油采收率5%～15%。

2. 降低界面张力

早期的实验室试验结果表明[125, 127]，稀释的表面活性剂溶液比之未加表面活性剂的水可从砂岩岩心中驱替出更多的原油。在注水开发中应用这一方法的可行性在经济方面尚有疑问，因为岩石与液体的界面上的吸附作用会导致表面活性剂的损失。阴离子和阳离子两类表面活性剂的吸附损失很大，而非离子表面活性剂的吸附损失要小些。在1968年报导的一个油田工程中，在注水的早期阶段向砂岩油藏注了非离子化活性剂，注入浓度为25～250ppm。由于应用表面活性剂，原油采收率提高约9%[128]。

3. 改变岩石的润湿性

Squires首先发现用碱性盐类可提高原油采收率[129]，并由Atkinson于1927年获得专利[130]。Wagner和Leach[131]于1959年介绍了实验室的实验结果，表明通过注入含化学剂的水来改变注入水的pH值可提高原油采油率。酸性注入水可改善水油比，并相应地增加采收率。然而，由于它同大多数地下岩石起化学反应，尚没有证明这种注入介质的实际可行性。后来的实验室试验确认[132]用氢氧化钠同样可以提高原油采收率。

实验室试验证明，注入苛性碱溶液能提高原油采收率，主要是由于降低了水的相对渗透率[133]，控制了pH值[134]和减小了油水界面张力[135]。当然这几方面的作用取决于水的矿化度[134]，温度[136]和原油的类型。

1974年曾报道过一个现场试验，即在得克萨斯东南部的一个原先注过水的新统砂岩油层中注入了浓度为3.2%（重量）的碳酸钠溶液。这项试验包括两口井，井距36英尺。在生产井未见碱性水前发现生产井的出油量有所提高。表明形成了一个低流度的油包水乳化液带。报道中没有谈该项试验的经济评价。

Nutting[137]于1925年曾提到过注苛性钠溶液的首次矿场试验.1926年发表的一篇报告介绍了一个现场试验，即在内布拉斯加州Banner郡Harrisburg油田西Harrisburg开发单元的Muddy砂岩油层中注氢氧化钠溶液。注入的段塞量为40000桶氢氧化钠溶液，浓度为

2%（重量），注入地带经常规注水后已经水淹，增产原油约8700桶。另一个试验是在内布拉斯加州Banner郡Singletion油田上进行的，注入了一个8%孔隙体积的氢氧化钠溶液段塞，浓度为2%（重量）。试验区正在注水，还没有完全水淹。据1970年报道[138]，增产原油总计达17600桶或2.34%孔隙体积。

关于大型的现场试验仅报道过一次[139]，这就是Whittier油田一个63英亩的大型注苛性钠碱水试验。在注苛性钠碱水之前试验区已注水2.5年。注入的氢氧化钠溶液段塞，浓度为2.0%（重量），体积等于23%孔隙体积。在注段塞之后注淡水。扣除水驱增产量外，估计增产原油350000～470000桶，或5.03%～6.75%孔隙体积。

九、水源和水的需求量

在注水方案的规划阶段必须采取以下基本步骤：1）根据现有数据尽可能准确地确定水的需要量；2）调查所有可用的水源，特别是要注意满足供水量要求；3）应通过高质量的工程施工，最经济地开发选定的水源。

1. 注水工程对水量的要求

日注水量　在弥补油藏亏空期，无注入水返出，需要水源供应的日注水量最大。在实施油藏注水方案早期或者说在弥补油藏亏空期间，比较有利的做法一般是保持高注水量（最好是1和2桶／日·英亩·英尺），以便尽快弥补完亏空。有一位作者认为[140]，在弥补亏空之后，注水量应保持大约1桶／（日·英亩·英尺），并不得少于1／2桶／日·英亩·英尺。注水井网、井距、注水压力等的设计应符合这些要求。

最终需要的水量　发现孔隙容积法可给出一个注水工程最终需要的水量的可靠近似值。所需要的水量应在总孔隙体积的150%～170%之间，总孔隙体积应包括上覆气层和底部水层的孔隙体积。最终需要的水量，结合平均注水量，可作为估算注水工程总年限的根据。

补充水　随着注水作业的进展，返出水占所需注水量的百分比日益显著增大；因此，注入产出水是经济上的需要，除非处理产出的成本高过补充水的成本。如果不存在气层或水层，则产出水将占最终需水量的40%～50%。如果存在气层或水层，则可用的返回水就少了，这样，补充水的最终需要量将增加到占总注水量的60%～70%。最近几年来，联邦和州的管理机构制订并通过了法规，限制和禁止把油田水排放到地面水系中。在研究处理产出水时，应该仔细考虑环境保持法。

2. 水源

有三种主要的淡水水源和两种盐水水源可用于注水。淡水水源包括地面水、城市用水、冲积河床的水和某些地下水。盐水水源包括某些地下水和海水。如果经济条件允许的话，通常是盐水比淡水更好。

淡水——地面水源　地面水包括水库、湖泊、河流和大江，这些水一直用于油田注水工程，是与其它工业用水和城市用水竞争最激烈的水源。还有另外一些因素限制使用这种水源。例如，对淡水的需求量不断增长，而在近几年某些地区因干旱导致水量不足。另外，某些州立法规定限制淡水的供应。因此，当在注水工程要使用淡水时，需要由州的有关机构批准，才能开发这类水源。如果选用盐水作注入介质，开采这种水源可能并不需要法律上的认可。

小的水库和河流作为一年四季稳定的供水水源是非常不可靠的。大的湖泊和江水比较好；然而，在干旱期间，这种水源的供水量也会受到限制。地面水源的主要不利条件是它的水质和水量不可靠，为了获得合格的注入水，需要花费大量的投资购置处理设备和化学剂。

淡水——冲积河床　用河水或江水的较好办法是在江河附近的冲积河床上打浅井取水。在世界上属于最大型的注水工程，如伊利诺伊州的 Salem 开发区[141]、加里福尼亚州的 Burbank 开发区[142]及俄克拉何马州的 Olympic 油藏，应用这种水源的情况表明，冲积河床可能会达到高产水量。如果采用密闭注入系统，通常不再需进行化学处理（可能加杀菌剂除外）。由于冲积河床的天然过滤作用，通常无需再作过滤处理。

硫酸盐还原菌是压氧的并在地表几英尺范围内繁殖，所以冲积河床的水常常受到这类还原菌的高度污染。然而，只要采用低成本的化学处理措施就可控制这类菌体。如果注意了这个枝节问题，可以有把握地说，冲积河床井水的质量比之直接来自地面水源水的质量要更可靠。这种水源井不受雨季期间地面水混浊度的巨大变化或有机物含量变化的影响。

作为持续供水的水源，冲积河床的可靠性还要好于其近傍的河流或大江的可靠性。河流干枯时，地下水位将逐渐下降，而在地面水枯干之后冲积河床上的井仍可供水一段时期。

冲积河床水源的主要优点是其开发成本低，抽水费用少，并且还可能无需过滤。若细菌不会造成问题，则腐蚀速率一定低，因而无需化学处理。

淡水——地层水　在某些地区，对地下砂层或碳酸盐岩层试水会获得好的结果。某些地层常产出质量好的水，这些地层的深度由接近地表到 1000 英尺或更深。象冲积河床井一样，通常采用密闭系统，因而不需要化学处理和过滤。当井是完成在含淡水的地层时，应进行压降试井，以确定其原始产能。试井应进行足够长的时间，以便确定稳定的工作液面，此液面将表明该井能够达到产水量。

供水井的最佳井距变化幅度很大，从砂层的 25 英尺到深井的多达 1320 英尺。井的产能可表明需要多少口水井才能满足日注水需求量。如果淡水水源需要许多深井来开发，则需要仔细考虑钻附加井的经济可行性。

水井用的泵抽设备包括地面驱动的或沉没式的离心（或杆式）泵。如果有高压气源可用，也可考虑采用气举法。泵的选择受经济考虑的制约，而这些考虑又受静液面、压降和可望达到的产能等的影响。地下地层水井的优点是腐蚀速率低和有可能不需要化学处理及过滤。

地下盐水　在大多数油田中，在含油层之上或者在其下面，常有盐水地层，可能成为供水的水源[143]。比较浅的盐水井在许多方面类似于浅的淡水井[144, 145]。盐水井也用同样的方式完成，采用密闭注入系统时也有同样的优点。许多产油区有深盐水地层，其分布面积广，具厚度可达几百英尺。这类高产盐水地层常常具有很高的工作液面。这种地层所含的水可能矿化含量高，井口温度达 100～173°F 之间。水中可能含也可能不含硫化氢。如果水中含有大量的硫化氢，则应采用兼具曝气、沉淀和过滤能力的开放系统。高产水地层的实例有堪萨斯州和俄克拉何马州的 Arbuckle[146]及 Mississppi 石灰岩地层，得克萨斯州的 Ellenburger 灰岩地层，伊利诺伊州的 Tar Springs 和怀俄明州的 Madison 灰岩地层。深供水井的钻井和完井成本可能达到和超过 500000 美元；但这些井常常是最经济的能大量供水的水源，因为其液面降低很少。这种深层盐水井的优点是适合使用密闭系统，有高而可靠的产能，盐水同油层有配伍性，并且当静水力液面高时，举升成本比较低。

海洋盐水　海水用于注入目的仅限于海湾沿岸地区和近海油田[116, 147, 149]。最好使用海岸打的浅井作水源井并使用密闭系统。应预计到海水的腐蚀速率相当高，并且可能需要加杀菌剂。用海水的优点是有用不尽的水源，且开发和泵抽成本低。

盐水——产出水　在注水期间，产出水的总量可达到注水需求量的30%～60%，回注产出水可以改善整个注水工程的经济状况。在开发系统中，常把产出水加到补充水中回注地层。在蓄水池和沉淀罐中将两种水混合，可以分离并沉淀出不相容的成分。然而，近年来证明，产出水同补充水混合会导致地面系统和注水井中结垢和腐蚀速率的增加。另外，射孔炮眼结垢和把悬浮固体（腐蚀产物）送入地层，会降低井的吸水能力，经常需要返排洗井和进行酸处理。因此，在许多大型注水工程中，将这两种水在地面系统中隔离开，并分别注入油层。

在密闭系统中，产出水同补充水的配伍性比在敞开系统中更为重要，但在大多数情况下这两种水是能够安全混合的。应对水进行全面的分析，特别要注意检测在混合过程中可能沉淀的离子的结合。较常见的沉淀物及其处理，在本章下一节“水处理”中介绍。

十、水　处　理

在实施注水的早期，人们关注的只是水的数量而不是质量。然而，人们很快发现，当水的质量低劣时，要想保持合适的注水量需要更高的注入压力，而且出现腐蚀问题。结果，早先实施注水工程的经营者开始明白，水的质量同水的数量一样，都是十分重要的，并且实践证明，水处理质量差会给本来可以成功的注水工程造成灾难性的后果。随着注水作业的工业化应用趋向成熟。水处理的实际应用也得到极大改善。这一点已为众多的有关本专题的文献所证明[145，150～164]。美国石油学会（API）发表了关于油田水分析[150]。和注入水生物检验[151]的试用规程。凡是采纳了API所推荐的方法。一般都会获得成功的结果。水测试中的一种有效工具，隔膜过滤测试的标准方法[152]在石油工业中也得到应用。

在找到水源之后，要通过水分析确定如下内容：1）注入水同油藏水的配伍性（此项测试应包括实际掺合及理论混合）；2）是敞开式还是密闭式注入系统最为适用；3）需要进行哪些处理才适合注入油藏，并且对设备的腐蚀性最低。

注水工程是一项细致的作业，要求定期进行水分析，以确定水中是否存在溶解气、某种矿物（后面有讨论）和有无微生物滋生，这些都是水中不希望有的成份。应该在注入系统的几个点上取注入水的水样，例如，在系统中可能发生或会发生水质变化的各点上取样以及在注水井上取样。

1. 取水样

做好取样工作的重要性，无论怎样强调都是不会过分的。如果所取的样品不代表该系统中的水，那么，即使对水样进行了极精确的化学分析，并且对分析所发现的问题做了卓有成效的评价，也是徒劳的。

2. 溶解气

为了避免溶解气因温度和压力变化而有所逸失，应该在取样后立即在现场测定溶解气。要考虑的有三种溶解气，即：硫化氢、CO_2和氧气。表47.17中列出了对各种气体的分析、存在这些气体的影响、补救办法、pH值的控制和允许量（ppm）。

3. 微生物滋生

作业者若想保证注入水质量合格，稳定地控制单细胞动植物的菌落是至关重要的。喜氧、厌氧的真菌和藻类滋生物将会造成油层和设备的堵塞及腐蚀。表47.18列出了各种生物及其适应的环境，所用的各种有效处理剂和可望达到的效果，以及处理要达到的目的。

表 47.17　油藏工程

溶解气	分析	影响	补救措施	控制 pH 值	容许量
硫化氢 H_2S	气味或味觉。若做实验室分析，掺加醋酸锌和氢氧化钠来保存样品	在潮湿环境下腐蚀性很强，特别是在有氧的环境下	1) 通风（少量时）； 2) 人工或自然燃烧废气在充填塔中与水对流； 3) 强制通风（鼓风）	降低 pH 值会加快腐蚀速率，但是它还取决于金属的成份和溶液的碱度	50ppm [157]，15ppm 以下腐蚀速率快，高 H_2S 浓度可抑制腐蚀
二氧化碳 CO_2	确定碳酸盐-碳酸氢盐平衡的稳定性，在原地对游离 CO_2 做滴定分析	1)腐蚀速度随 CO_2 含量的增大而加快； 2)除去 CO_2 会使金属碳酸盐或碳酸氢盐沉淀	1)用上述三种方法通风； 2)增大碱度； 3)化学防腐	提高 pH 值也可减少游离的 CO_2。游离的 CO_2 不能存在于 pH 值高于 8.3 的水中	碳酸盐和碳酸氢盐的稳定性与腐蚀作用的函数关系是由 CO_2 直接引起的。并不是与等是的 O_2 或 H_2S 的腐蚀性相同
氧	确定 Fe^{++}离子是否在氧化。在不存在 H_2S 时用溶解氧测定仪和薄膜探测器	1)对设备的腐蚀负极大责任； 2)它同金属离子(主要是 Fe^{2+})反应将造成油层堵塞	1)采用密闭系统减少氧； 2)开式系统可用真空曝气； 3)含氧量低时用天然气(在泡塔中)对流清除	发现在酸性或碱性水中无影响	检测极限为 10 亿分之几(注意:铁菌可在含 0.3ppm 水中 [153] 滋生。硫酸盐还原菌也可在有氧环境生存）溶解 O_2 的腐蚀性大约是相等 CO_2 摩尔体积的 4 倍

表 47.18　注水保持压力

生物	类属	门	环境	处理用药剂	降低生物滋生作用	处理目的
硫酸盐还原菌	脱硫弧菌	—	厌氧(虽然在有游离氧环境下不能滋长，但能够生活；而在高含盐水中不能滋长)低 pH 值水也可抑制滋长	氯气① 季铵化合物 其它杀菌剂②	部分有效 有效	1)防止如 H_2S 所产生的腐蚀作用； 2)防止砂层面堵塞

续表

生物	类属	门	环境	处理用药剂	降低生物滋生作用	处理目的
生物	假单胞菌	—	厌氧的或兼性的(一般要有的游离氧才能滋长)	氯气① 季铵化合物	有效 有效(注意若想避免产生,更换杀菌剂)	1)防止设备堵塞; 2)防止砂层面堵塞
铁菌	纤毛菌 铁细菌 嘉利翁氏菌	—	细菌吸取存在于水中的亚铁(Fe^{++}),并以Fe(OH)的形式使之沉淀下来	杀菌剂 氯气①	有效 有效(注意:段塞注入一般是成功的)	1)防止设备堵塞; 2)防止砂层面堵塞
藻类	——	菌藻植物	含叶绿素的各类植物(要有滋生所需的日光和湿度)	硫酸铜对叶黄芯不氯苯酚钠密闭系统	有效,取决于水的碱性 有效,取决于水的碱性 有效	1)防止设备堵塞; 2)防止砂层面堵塞。
真菌	——	菌藻植物	氧(需有游离氧)	氯气① 密闭系统	有效 有效	1)防止设备堵塞; 2)防止砂层面堵塞

①限于不含铁的水;

②亚汞和苯酚化合物;脂肪簇胺和含氮树脂;甲醛。

对硫酸盐还原菌(SRB)要特别予以关注和控制。硫酸根离子的存在是这些特定细菌滋生和繁殖不可少的条件。而硫酸盐又会造成堵塞。硫酸根离子同SRB反应生成二价硫离子,它然后同铁起反应。硫化铁是严重的堵塞剂,而H_2S是极强的腐蚀剂。

早期研究硫酸盐还原菌包括培养计数法(Plate-Count)[153, 154],这是为隔离和鉴别细菌而派生出的一种分析法。这种方法用来评价硫酸盐还原菌的活性(这才是实际要计量的)就没有什么意义了。

研究注水系统中硫酸盐还原菌的目的是为了确定是否存在实际问题,如果发现有这样的问题是否能实施有效的防护措施。应用细菌活性概念就能达到这种目的。有关进行这些研究的方法在API RP38出版物[151]中有介绍。

目前有许多有机的和无机的杀菌剂可用来控制硫酸盐还原菌。

4. 矿物质

表观 刚取出的水样的表观标志对以后的进一步分析工作具有重大意义。通常用肉眼就能观察到有机物的滋生和沉淀的物质。

温度 水样的温度对估算各种物质的溶解度十分重要。例如，碳酸钙的溶解度随着温度升高而下降，其它如硫酸钙及所有硫酸盐类都是如此。

pH值的作用 简单说，pH值是度量酸性或碱性强度的。要记住两个重要点，碳酸钙和铁两者的溶解度都随着pH值增大而下降。因此，pH值越高，越难保持铁的溶解和避免钙垢的形成。然而，如果在水处理过程中可以消除铁，那么高pH值可能是有利的。在研究控制腐蚀时，pH值是一个很重要的因素。

混浊度 混浊度分析可计量水中的悬浮物质，此法是以水样的光散射强度同已知浓度的标准溶液的光散射强度的对比为依据的。散射光强度越高，表明水的混浊度越高。标准溶液相当于甲臜聚合物（Formazin Polymer），它公认为水的悬浮液混浊度的参考标准。

一般公认的计量混浊度的方法是用浊度进行计量。用浊度计的浊度计量单位（NTU）报告计测结果。该单位同甲臜的浊度单位（FTU）和Jackson的烛光单位（JCU）一致。标准浊度计量值的变化范围为0～50NTU。

铁 某种形式的铁可能是在注水井中最常见的堵塞物质。二价铁（Fe^{2+}）可溶解到100+ppm，而三价铁（Fe^{3+}）是不溶解的，除非pH值很低（3ppm或更低）。最好是水中的含铁量很低。将可溶解的铁保持溶解状态，是密闭系统的主要目的。在操作合适的除铁装置中应把水中的含铁量处理到0.2ppm以下。在许多情况下，有可能把水中的含铁量一直降低到0.1ppm以下。另外，在水从加压站被输送到注水井的过程中不应使含铁量有明显的升高。

锰 水中所含的可溶解锰，除了更难以清除外，其反应有些像铁。对大多数水来说，要充分地清除锰，需要pH值在9.5～100ppm之间。在Appalachian地区的各油田上，锰的问题是很严重的。在伊利诺伊盆地区，只在少数个别情况下有过因锰造成的麻烦。在该区或其西部地区，大多数注水工程很少有锰的问题。发现许多水中的锰含量由低到中等，只要保持低pH值就能将其保持溶解状态。

碱度 水的碱度是通过测定水中酸的中和能力来确定的。因为在注入水中出现氢氧化物是十分罕见的，所以一般用碱度计量碳酸盐或碳酸氢盐。碳酸钙的溶解度取决于碱度；然而，其它因素，如pH值。钙含量、温度和总的溶解固体量等，会影响其反应。

硫酸盐 从沉积物观点来看，硫酸盐是很值得关注的。关于这类物质可以概括下述三种情况。

1）盐水中硫酸盐的值非常低或为零，这表明水中可能存在有钡和锶。为了评价硫酸盐含量低的水，要有实际操作能力和经验。

2）通常不应把高酸酸盐含量的水同含有大量钡和锶的水相混合。

3）硫酸盐含量高的盐水表明，它可能超过了硫酸钙的溶解能力。$SrSO_4$或$CaCO_4$的溶解能力受如下某一个限制因素的控制：或SO_4、或Ca，或Sr，以及盐水中离子的强度或外来盐的浓度。

氯化物 氯化物是水的矿化度，或者盐水的离子强度，或者存在淡水的主要指标，分析氯化物有助于追踪水驱的进展情况。

硬度 术语“硬度”是对水中存在钙和镁数量的度量，以碳酸钙的ppm表示。由于水中含有钙，水的硬度对碳酸钙的稳定性关系重大。

钙和镁 这两种矿物可归类在一起，因为它们都是水的硬度的基本贡献者。在大多数实际情况下，钙盐不如镁盐易溶解。另外，存在大量的钙是形成硫酸钙和碳酸钙垢的必需条件。除钙值外，在估算碳酸钙的生成时，必须考虑其它因素，也是很重要的。

悬浮固体　悬浮固体是水中不沉淀的微粒和沉淀物质的混合物。除非清除这些悬浮固体颗粒，否则必然会遇到注水井或污水处理井堵塞的难题。

可溶解的固体　必须防止溶于水中的可溶解盐类沉淀，以免堵塞砂层面。

总固体含量　从技术上说，"总固体含量"这个词是指可溶解的和悬浮的两种颗粒的总和。长期操作注水系统的经验证实，要控制好注入水的质量不仅需要了解水中所含的一般物质，而且还需要了解存在于管道中的不溶解的、悬浮的物质的组成。正是这种悬浮物质会造成注水井和油层的堵塞。这种悬浮固体常常是水的组成沉析的产物，但是，实际沉析出的固体的数量和类型单靠水分析是不可能查清的。

微孔过滤器检验已经发展成为能计量注水系统中悬浮物质的一种手段。这种检验是利用一种 MF 型微孔过滤器进行的，过滤器由纤维素混合酯类组成，具有均一的孔隙，开度一般为 0.45 微米。过滤器直径有好几种规格。然而，最好用直径为 90 毫米的过滤器，因为它的处理水量更大，从而可对所检测的系统得出更有代表性的检验结果。

从系统的选定点引出一般小水流，通过适当的连结机构和检验装置。这种装有过滤器的装置可挡住流经样管的全部悬浮物质。计量并记录流经过滤器的水的流出物（水量以毫升计）以备以后分析用。在有足够水量通过检验装置或者初始压力增加约 10 磅／英寸^2（表压），足以说明发生堵塞后，取下过滤器并把它装在带防护螺旋帽的管子中（其中最好装有蒸馏水，以防止过滤器燥干），送交实验室做全面分析或选择性分析。作为一项安全防护措施，郑重建议，可通过采用并联的装置再取得一份备用样品。

弄清固体颗粒和微粒的分布情况（可借助 Coulter 计数器），有助于处理和清除水中固体颗粒装置的设计。

钡　在许多情况下钡离子是十分麻烦的，因为它的最一般的沉积形式——硫酸钡的溶解能力极低。一般来说，含大量钡的水同含硫酸盐或锶多的水不适合混合在一起。

锶　这是另一种碱性土金属，它产生的数量很少并且与钙和钡矿物有关。它主要是以天青石（$SrSO_4$）和碳化锶矿物形式出现。它们的溶解能力大大高于配对物钡，而大大低于 $CaSO_4$。

多价螯合剂和螯合剂　在注水中应用多价螯合剂和螯合剂对防止钙、钡、锶、铜、铁、镍、锰等盐类的沉淀有重大作用[155]。每一术语的定义是：1）多价螯合：分开，旁置，或分离；2）敖合——选定一组或一种化合物，利用二价手段（主化合价或剩余化合价，或两者兼而有之），将它本身接在一个中心金属原子上，形成杂环。

多价螯合剂通过螯合作用把金属阳离子从阴离子分离开。这样可防止金属离子同阴离子起反应而形成沉积物堵塞油藏。如果已经发生金属盐离子沉淀，则通过注水井返排并酸处理，一般可解除堵塞，从而继续和保持正常注水量。对多价螯合剂的要求是[155]：1）当在其它离子如钙、镁、锶、钡等以及二次采油用水常有的其它离子时能形成螯合物；2）能与铁离子形成稳定的水溶性螯合物或复合物；3）与水处理用的其它化学化合物配伍；4）经济上可行；5）使用方便、安全。

使用最广泛的多价螯合剂是"Versentates"（某些乙烯二胺四乙酸盐及有关化合物的牌号）、柠檬酸、葡萄糖酸、有机膦酸和多膦酸盐，其中以柠檬酸金属离子螯合剂成功率最高。

腐蚀抑制剂　腐蚀抑制剂是一种化学剂，用来控制金属合金同水之间的腐蚀作用。"现在在化学防腐方面主要关注有机处理化合物的效果，这种化合物具有抑制腐蚀和杀菌两种特性。曾用有机抑制剂（季胺类、松香胺类和脂肪族胺化合物）做了现场和实验室试验，证明能大大降低由酸性溶解气引起的腐蚀[156]。

十一、注水站的选择和规模

通常，注水站设备的选择及规格的选定只能对每一项注水工程分别进行，因为这涉及众多的变量参数。主要参数可能是注水量和压力次要参数可能包括水处理要求以及投资者的经济观点。在这些参数中，任何一项参数的变化都会严重地变更或完全改变一个注水站的选择和规模。

当然，要处理的注水量是确定注水站规模最重要的基础资料。但要计算注水量也要依据几项参数。实质上，注水量是注水油藏总体规模、油藏岩石孔隙度、所预计的适应性或注水效率，以及注水开始和完成时剩余油饱和度等的函数。这些数据将用于实际油藏计算，但注水站设计人员必须知道的仅仅是最终的总注水量和所要求的日注水量。据一般的经验法则，二次采油中每采出 1 桶原油需注水 8～15 桶，或者说需要二次采油的注水量为孔隙体积的 $1\ ^1/_4$ 或 2 倍，这就为最终需要处理的水量提供一个合理的估算值。日注水量的变化范围为 5～25 桶／英尺（油层）。生产设备能力可能是确定最大日注水量的一个限制因素。可以预料，在弥补完亏空之前注入液体总量与采出液体总量之间的比率是相当高的。

在设计注水站装置的合适能力时还应当考虑到另外一些因素。如果水源供水量比较小，通常除考虑其它水源外，还必须考虑产出的盐水，以提供足够的注水量。如果水源的水同产出的水不相容，或者产出水最好用密闭系统，而水源水最好用开式或半开式系统，则处理能力的设计必须有灵活性。这种灵活性是调整或不平衡两个独立注水系统之间能力所必需的(即一个的负载在不断增加，而另一个的负载在不断减小)。

向地层注水所需要的压力是地层深度、岩石渗透率、水的质量和所要求的注水量等的函数。油藏基础数据和二次采油研究结果将会确定出岩石的物性，如果预计不会出现由于水质差或不配伍性造成的不利影响，就会很接近地确定出所预计的地面压力。水的质量不好可能是水中含有大量固体颗粒，这是由于过滤不好、沉降不充分、水不稳定发生沉淀造成的，或者是由于细菌滋生的缘故。不配伍性可能是由于注入水与地层水混合、粘土颗粒膨胀，或在岩石矿物与注入水之间产生化学反应造成的。通常发现，当控制因素仅仅是深度和渗透率时，初期的注水压力会比所预计要低。然而，如果没有计划在弥补亏空之后降低注水量，则应该预计到注水压力会不断升高。预测注水量的一个决定性因素是开采方法。如果油藏是靠自喷开采，则注水压力必须足以克服动水压头和维持自喷产量。另一方面，如果油藏是用机械方式开采，生产液面是在油藏深度或其附近，则可能明显降低对注水压力的要求。还应当考虑最大允许注水压力是多少。按经验法则，地面注水压力不应超过 0.5 磅／英寸^2·英尺（油层深）的压力梯度。最高井口注水压力要控制射孔段处的压力低于地层破裂压力或压裂压力。这个压力可在试注作业前或在试注期间通过测试吸水能力来确定。常常遇到破裂压力都低 0.5 磅／英寸^2 压力梯度值，而在这种情况下最高注水压力将决定于破裂压力。在老油田上或者在一很深的油藏上，注水井的套管强度可能是限制最高注水压力的决定性因素。采用配有封隔器的高强度油管可克服这一限制。

水源和供水条件将是确定水处理方法的最重要因素。一般说来，一开始就选用密闭系统是个好方法，这样只需少量处理或无需处理。随后，密闭系统可以根据产出水混合的需要进行扩建，以适应所考虑注水工程的特殊条件。如果一开始就有一个基本的处理系统，就可能发展成为包括曝气、化学处理、絮凝、沉淀、防腐和微生物控制等的配套系统。

在为一个具体注水站设计一套适当的处理系统时，对其地点位置所独具的经济因素应给予密切的重视。如果注水持续的时间比较短，则采用一种余地比较小的系统，多做一些正常的维修工作，可能是有利的。在另外的情况下，安装耐腐蚀设备，少用抗腐蚀处理可能是最有利的。应该考虑在注水井中使用玻璃纤维油管或内壁涂有塑料的油管。另外，如果要钻新的注水井，应当考虑全部或部分使用玻璃纤维套管，以减少腐蚀和结垢，特别是通过生产层层段部分，更应如此。1980 年曾发表过一篇文章，讨论了在西得克萨斯注水工程中应用玻璃纤维输水管线和注水油管的情况[165]。

许多设计工程师必须考虑的最后一个项目，而且在许多公司也是最重要的一项，可能是投资者的财务状况。很可能，一个具体作业者只有有限的投资资本，总想把投资总额保持在一个最低水平，宁愿以今后作业成本高些或者将来再追加投资。资本投资状况也会影响注水量的选择。作业者根据自已的财务状况，可能认为一个长期的稳定的低收益最为有利，而在另外的情况下，可能认为短期高额收益状况最为合适。不论是哪一种情况，确定注水量和注水站设计的正常作法都应加以变化，以便产生与投资状况形成对比的最合意的收益。

在已经确定最适合的注水量以及注水压力和水处理工艺之后，必须把注水站设计得符合规定要求。对一个密闭系统来说，注水站的设计可以非常简单，并且是完全自动化的。如配备有在线高压过滤设备和较高排出压头的水源泵，则有可能利用供水泵作为注水泵，把水直接从供水井注到注水井中。在这种方案中。如果供应的水含固体颗粒不多，可采用单独的筒式过滤器。

下一步是提高注水站能力。可以在过滤器的下游装一台增压泵，以便使供水泵和过滤器不必在注水压力下运转。完成这一步后，在供水泵和过滤器系统与注水泵之间可以装一个有气封或油封的缓冲水罐。用这样的安排，就可以对供水和过滤应用低压设备。如果水源水同产出水具有配伍性，就可以在缓冲罐中混合产出水。如果二个系统是分开的，也有可能充分利用高压注水泵。可能还有另外的灵活性，这就是，只要供水量至少与注水量一样大，就可以按需要改变供水和注水量。在这种系统的低压一侧应用塑料管材常可把腐蚀作用降到最低限度，同时也可降低生产成本。如果水源供应的水是天然曝气的，则实施密闭系统作业就毫无意义了。另外，如果水中的溶解的酸性气量过多和（或）溶解铁的含量高，把让水曝气作为一项水处理技术可能是合乎需要的。在设计开式系统时应考虑利用自然标高或地下结构，使整个系统靠重力流动。在此种情况下，最经济最实用的是开式重力过滤。

在规划一套完整的化学处理方案时，最普遍的做法是把预制的混合罐和污泥沉降罐直接装在过滤器的前边。在某些情况下，发现最好在把净化水用作注水之前先进行除氧。可以采用化学处理；然而化学剂是很昂贵的，除非脱氧量极小。有时采用对流式泡沫塔盘提取塔除氧（利用天然气或真空）。然而，如能避免的话，尽可能不进行除氧，因为这项工艺的费用是比较高的。必须把除氧费用同带氧的不利影响加以权衡。

离心泵证明对低压供水和低压注水非常可靠。这种泵的优点是只有少数的运动机件，并且对排量控制有很好的适应性。然而，在必须使用大功率的情况下，离心泵的效率比较低(特别是超过设计条件运行时)，从而可能排除应用这类泵。在选择离心泵时，应该慎重选择适当的金属材料，以保证不论在什么情况和状态下都能保持最佳工况。采用一种廉价的易受某些腐蚀的泵，而不用不易受腐蚀却极为昂贵的泵，可能会达到最大的节省。容积式注水泵是最普遍应用的一种泵。有时应用多级离心泵，然而这种泵由于灵活性和效率受到某些限制尚没有被广泛接受。用于中-高压注水最普遍公认的泵型是立式或卧式多缸结构的泵。这些泵操作和保养都比较简便，而且购买这类泵可以带有各种规格的抗腐蚀机件和配件。要适当选定泵的数量和排量，以适应注水工程目前的和将来的需要。当然，最好的办法是准备一定的备用排量，以便有一台泵发生机械故障时能够保持继续注水。完成这项任务的办法是分配设计的最大注水量由两台或两台以上的泵承担，这样可以至少保持一半的注水排量备用。

目前在油田上应用的过滤装备有好多种，包括陶瓷的、金属的、纸制的和织物制的各种压力过滤器，它们以砂、砾石或煤作过滤介质；还有以砂、煤或石墨作过滤介质的砂床快速压力过滤器。过滤器的选择对象随生水的质量和注水量的要求不同而不同。如果水中的固体颗粒必须减少到亚微米大小，建议采用一种单体型的或硅藻土过滤器，或者是这两种兼用。对于要求不太严格的过渡，应用最广泛的是重力的或砂床快速压力过滤器。通常认为过滤速率为 2 加仑／（分 · 英尺^2）（过滤面积）比较正常。然而，视进水质量和要求的出水质量的不同，这个数字会有很大变化。如果需要极频繁的反冲洗，最好还是降低过滤速率。反冲洗的速率和方法由各种类型过滤器制造厂家规定。在设计注水站时应考虑到这个问题，以保证有反冲洗和持续注水有足够的清水储备。最好建立附加的过滤能力，以便在反冲洗时不致使过滤停顿。附加的备用过滤设备还可保证在过滤器需要全部更换过滤介质时不受总停工损失。

参考文献〔116〕、〔144〕、〔145〕、〔147〕、〔148〕、和〔149〕等讨论了注水站的设备。另外，参考文献〔163〕讨论了北海油田注水工程用的注水站设备。

要更详细地了解注水站设计准则和设计计算等问题，读者可参阅第十五章“注水和污水处理的地面设备”。

符 号 说 明

a——井排上的井间距离，英尺；

A——横截面积，英尺^2；

B——地层体积系数，地下桶／地面桶；

B_o——原油地层体积系数，地下桶／地面桶；

B_{oi}——原始石油地层体积系数，地下桶／地面桶；

B_{oR}——目前油藏条件下原油地层体积系数，地下桶／地面桶；

C_{ge}——气体膨胀修正值；

d——井排之间的距离，英尺；

E_c——波及百分比或波及系数；

E_k——渗透率变异系数，小数；

E_R——原油采收率，小数；

f_{icw}——角井的生产含水率，小数；

f_{isw}——边井的生产含水率，小数；

f_{oz}——系统的生产端的原油分流量；

f_s——来自井网驱扫部分的总流量所占百分比；

f_w——水的分流量；

F_c——Caudle 及 Witte 传导比；

F_F——粘滞力与重力的比率；

F_{og}——油／气饱和度比；

F_p——角井对边井的产量比；

F_{WD}——水油比；

g——重力加速度，英／秒^2；

h——地层厚度，英尺；

i_b——与液体充满井网（基础）中地下原油具有相同动度的流体的注入量，据方程（20）计算，地下桶／日；

i_w——注水量，地下桶／日；

k_o——原油的有效渗透率，毫达西；

k_w——水的有效渗透率，毫达西；

k_x——x层或刚水源层的渗透率，毫达西；

$\bar{k}$——平均渗透率，毫达西；

k_γ——84.1%累计样品的渗透率，毫达西；

L——距离，英尺；

M——流度比；

M_{wo}——乘上注水期间地下原油地层体积系数的水／油流度比；

n——分层数；

n_{BT}——见水的分层数（1−n层）；

N——原始石油地质储量，地面桶或产量的平方根比率；

N_p——原油产出量，地面桶；

N_{pa}——至枯竭时（废弃）的采收率，小数；

P_a——枯竭（废弃）时的压力，磅／英寸^2；

p_{bp}——瞬时回压，磅／英寸^2；

P_e——有效油藏压力（外边界压力），磅／英寸^2；

p_i——原始压力，磅／英寸^2；

Δp_{ic}——注水井与角井间的压差，磅／英寸^2；

Δp_{is}——注水井与边井间的压差，磅／英寸^2；

p_c——毛管压力p_o-p_w，磅／英寸^2；

q_t——总流量（q_w+q_o），桶／日；

r_e——压力半径（外边界半径），英尺；

r_i——从井到P_{DP}压力均衡点的距离，英尺；

r_w——口井的有效半径，英尺；

r_e——油带的外半径，英尺；

R_w——注水前缘的外半径，英尺；

S_F——在弥补亏空时尚未水淹面积中心的位置（正确的钻井位置），边线或对角线长度的分数；

S_g——注水初始时的含气饱和度，小数；

S_{gr}——残余气饱和度，小数；

S_o——注水初始时的含油饱和度，小数；

S_{or}——残余油饱和度，小数；

S_w——含水饱和度，小数；

S_{w2}——系统生产端的含水饱和度，小数；

S_{wsz}——稳定带上游端的含水饱和度，%（孔隙体积）；

S_{wBT}——油井见水时的平均含水饱和度，%（孔隙体积）；

t——时间，天；

V_d——注水量，可驱替孔隙体积的倍数；

W_i——累计注水量，孔隙体积的倍数；

θ——地层对水平面的倾角；

μ_o——原油粘度，厘泊；

μ_w——水的粘度，厘泊；

$\Delta\rho$——水与原油的密度差（$\rho_w-\rho_o$），克／厘米^3；

ϕ——孔隙度。

用国际计量单位表示的主要方程

$$E_R = 0.2719\log k + 0.25569S_w - 0.1355\log \mu_o - 1.5380\phi - 0.0011444h + 0.52478 \tag{14}$$

$$E_R = 93.5399\left[\frac{\phi(1-S_w)}{B_{oi}}\right]^{0.0422}\left(\frac{k\mu_{wi}}{\mu_{oi}}\right)^{0.077}\times(S_w)^{-0.1903}\left(\frac{p_i}{p_a}\right)^{-0.2159} \tag{15}$$

$$i_w = \frac{5.427\times10^{-4}k_w h(p_{iwf}-p_e)}{\mu_w \ln\left(\dfrac{r_e}{r_w}\right)} \tag{16}$$

$$\frac{3.4542\times10^{-4}k\Delta pt}{\mu_w\phi S_g r_w^2} = 1+\left(\frac{1.0885\times10^{-3}kh\Delta p}{\mu_w i_w}-1\right)\times10^{4.7297\times10^{-4}kh\Delta p/(\mu_w i_w)} \tag{19}$$

$$i_w = \frac{1.178966\times10^{-4}k_w h\Delta p}{\mu_w\left(\log\dfrac{d}{r_w}-0.2688\right)} \tag{20}$$

$$i_w = \frac{1.572211 \times 10^{-4} k_w h \Delta p}{\mu_w \left(\log \frac{d}{r_w} - 0.2472\right)} \tag{23}$$

$$I = \frac{2.714382 \times 10^{-4} k_w h}{\mu_w \left(\ln \frac{d}{r_w} - 0.6190\right)} \tag{28}$$

式中 B_{oi}——米^3／米^3；

d、h、r_e、r_w——米；

I——米^3／日；

i_w——米^3／日；

k、k_w——微米^2；

p_{iwf}、p_e——千帕；

S_g、S_w——小数；

t——天数；

μ_o、μ_w——帕·秒；

ϕ——小数。

参 考 文 献

1. Carll, J. F.: "The Geology of the Oil Regions of Warren. Venango. Clarion and Butler Counties," *Second Geological Survey of Pennsylvania 1875–79* (1880) 268.
2. Lewis, J. O.: "Methods of Increasing the Recovery from Oil Sands," *Bull. 148,* U. S. Bureau of Mines (1917) 108–14.
3. Torrey. P.D.: "A Review of Secondary Recovery of Oil in the United States," *Secondary Recovery of Oil in the United States,* API, Dallas (1950) **1.**
4. Graig, F. F. Jr.: "The Reservoir Engineering Aspects of Waterflooding, " Monograph Series, SPE, Richardson, TX (1971) 3. 112–23.
5. Benner, F. C. and Bartell. F. E.: " The Effect of Polar Impurities Upon Capillary and Surface Phenomena in Petroleum Production," *Drill and Prod. Prac.,* API. Dallas (1941) 341.
6. Leverett. M. C. and Lewis. W. B.: "Steady Flow of Gas–oil–water Mixtures Through Unconsolidated Sands," *Trans.,* AIME (1941) 142, 107–16.
7. Pirson, S. J.: *Oil Reservoir Engineering,* seeond edition, McGraw–Hill Book Co. Inc., New York City (1958) 360.
8. Muskat, M. and Botset, H. G.: "Effect of Pressure Reduction upon Core Saturation," *Trans.,* AIME (1939) **132.** 172–83.
9. Dickey, P. A.: "Influence of Fluid Saturation on Secondary Recovery of Oil" , *Secondary Recovery of Oil in the United States,* second edition, API, Dallas (1950) **17**.
10. Dean, P. C.: "Case History of water Flooding in Throckmorton County, Texas, " *Oil and Gas J.* (April 12, 1947) 78
11. Land, C. S.:"The Optimum Gas Saturation for Maximum Oil Recovery from Displacement by Water," paper SPE 2216 presented at the 1968 SPE Annual Meeting, Houston. Sept. 29–Oct. 2.

12. Craft, B. C. and Hawkins, M. J. Jr.: *Applied Petroleum Reservoir Engineering*, Prentice–Hall Inc., Englewood Cliffs, NJ (1959) **107**. 357,421–13.

13. Rathmell, J. J., Braun, P.H., and Perkins, T.K.: "Reservoir Waterflood Residual Oil Saturation from Laboratory Tests," *J. Pet. Tech.* (Feb. 1973) 175–85; *Trans.*, AIME **255**.

14. Holmgren, C.R. and Morse, R.A.: "Effect of Free Gas Saturation on Oil Recovery by Waterflooding," *Trans.*, AIME (1951) **192.** 135–40.

15. Dykstra. H. and Parsons, R.L.: "The Prediction of Oil Recovery by Waterflood," *Secondary Recovery of Oil in the United States*, API. Dallas (1950) 160–74.

16. Dyes, A.B.: "Production of Water–Driven Reservoirs Below Their Bubble Point," *J. Pet. Tech.* (Oct. 1954) 31–35: *Trans.*, AIME, **201**.

17. Kyte. J.R. *et al.* : "Mechanism of Waterflooding in the Presence of Free Gas," *J. Pet. Tech.* (Sept. 1956) 215–21: *Trans.*, AIME, **207**.

18. Bobek, J.E., Mattax, C.C., and Denekas, M. O.: "Reservoir Rock Wettability—Its Significance and Evaluation," *J. Pet. Tech*, (July 1958) 155–60: *Trans.*, AIME, **213.**

19. Stiles, W.E.: "Use of Permeability Distribution in Water–flood Calculations," *Trans.*, AIME (1042) **186,** 9–13.

20. Buckley, S.E. and Leverett, M.C.: "Mechanism of Fluid Displacement in Sands, " *Trans.*, AIME (1942) **146,** 107–16.

21. Welge, H.J.: "A Simplified Method for Computing Oil Recoveries by Gas or Water Drive," *Trans.*, AIME (1952) **195,** 91–98

22. Johnson. C. E. Jr.: "Prediction of Oil Recovery by Waterflood—A Simplified Graphical Treatment of the Dykstra–Parsons Method," *J. Pet. Tech*, (Nov, 1956) 55–56: *Trans.*, AIME, **207.**

23. Leverett. M.C.: "Capillary Behavior in Porous Solids," *Trans.*, AIME (1941) **142,** 152–69.

24. Muskat. M.: *Physical Principles of Oil Production*, McGraw–Hill Book Co. Inc., New York City (1949).

25. Kimbler, O. K., Caudle, B.H., and Cooper, H.E. Jr.: "Areal Sweepout Behavior in a Nine–Spot Injection Pattern," *J. Pet. Tech.* (Feb. 1964) 199–202; *Trans.*, AIME. **231.**

26. McCarty, D.G, and Barfield, E.C.: "The Use of High–Speed Computers for Predicting Flood–Out Patterns," *Trans.*, " AIME (1958) **213,** 139–45.

27. Henley. D.H.: "Method for Studying Waterflooding Using Analog. Digital, and Rock Models," paper presented at the 1953 Technical Conference on Petroleum. Pennsylvania State U., University Park, Oct. 1953.

28. Muskat, M. and Wyckoff, R.C.: "A Theoretical Analysis of Water–flooding Networks," *Trans.*, AIME (1934) **107,** 62–76.

29. Wyckoff. R. D., Botset, H. G., and Muskat, M.: "The Mechanics of Porous Flow Aplied to Water–flooding Problems," *Trans.*, AIME(1933) **103,** 219–49.

30. Botset, H.G.: "The Electrolytic Model and Its Application to the Study of Recovery Problems," *Trans.*, AIME (1946) **165.**15–25.

31. Swearingen, J.W.: "Predicting Wet–Gas Recovery in Recycling Operations," *Oil Weekly* (1939) **96.**

32. Hurst. W. and McCarty. G.M.: "The Applications of Electrical Models to the Study of Recycling Operations," *Drill and Prod. Prac.*, API, Dallas (1941).

33. Lee, B.D.: "Potentiometric–model Studies of Fluid Flow in Petroleum Reservoirs," *Trans.*, AIME (1948) **174.**41–66.

34. Slobod, R.L. and Caudle, B.H.: "X–Ray Shadowgraph Studies of Areal Sweepout Efficiencies," *Trans.*, AIME (1952) **195.**265–70.

35. Stahl, C.D.: "Coverage of Flood Patterns," *Prod. Monthly* (May 1957).

36. Burton. M.B. and Crawford, P.B.: "Application of the Gelatin Model for Studying Mobility Ratio Effects," *J. Pet. Tech.* (Oct. 1956) 63–67; *Trans.*, AIME, *207*.

37. Aronofsky, J.S.: "Mobility Ratio—Its Influence on Flood Patterns during Water Encroachment," *Trans.*, AIME (1952) **195.**15–24.

38. Nobles, M.A. and Janzen, H.B.: "Application of a Resistance Network for Studying Mobility Ratio Effects," *J. Pet. Tech.* (Feb. 1958) 60–62; *Trans.*, AIME, **213.**

39. Caudle, B.H., Erickson, R.A., and Slobod, R.L.: "The Encroachment of Injected Fluids Beyond the Normal Well Pattern," *J. Pet. Tech.* (May 1955) 79–85; *Trans.*, AIME, **204.**

40. Dyes. A.B., Caudle, B.H., and Erickson, R.A.: "Oil Production after Breakthrough as Influenced by Mobility Ratio," *J. Pet. Tech.* (April 1954) 27–32; *Trans.*, AIME. **201.** 81–86

41. Cheek, R.E, and Menzie, D.E.: "Fluid Mapper Modl Studies of Mobility Ratio," *Trans.*, AIME (1955) **204.** 278–81.

42. Prats, M.: "The Breakthrough Sweep Efficiency of the Staggered Line Drive," *J. Pet, Tech.* (Dec. 1956) 67–68: *Trans.*, AIME. *207*.

43. Fay, C.H. and Prats, M.: "The Application of Numerical Methods to Cycling and Flooding Problems," *Proc.*, Third World Pet. Cong. (1951) **2,** 555–63.

44. Hurst. W.: "Determination of Performance Curves in Five–Spot Waterflood," *Pet. Eng.* (1953) **25.** B40–46.

45. Craig, F.F., Geffen. T.M., and Morse, R.A.: "Oil Recovery Performance of Pattern Gas or Water Injection Operations From Model Tests," *J. Pet. Tech.* (Jan. 1955) 7–15; *Trans.*, AIME, **204.**

46. Habermann, B.: "The Efficiency of Miscible Displacement As A Function of Mobility Ratio," *J. Pet. Tech.* (Nov; 1960) 264–72; *Trans.*, AIME. **219.**

47. Bradley, H.B., Heller, J.P., and Odeh, A.S.: "Apotentiometric Study of the Effects of Mobility Ratio on Reservoir Flow Patterns," *Soc. Pet. Eng, J.* (Sept. 1961) 125–29; *Trans.*, AIME, **222.**

48. Paulsell, B.L.: "Areal Sweep Performance of Five–Spot Pilot Floods," MS thesis. Pennsylvania State U., University Park (Jan. 1958).

49. Moss, J.T., White, P.E., and McNiel, J.S.: "In–Situ Combustion Process—Result of a Five–Well Field Experiment in Southern Oklahoma," *J. Pet. Tech.* (April 1959) 55–64: *Trans.*, AIME. **216.**

50. Caudle, B.H. and Loncaric, I.G.: "Oil Recovery in Five–Spot Pilot Floods," *J. Pet. Tech.* (June 1960) 132–36: *Trans.*, AIME, **219.**

51. Neilson, I.D.R. and Flock, D.L.: "The Effect of a Free Gas Saturation on the Sweep Efficiency of an Isolated Five–Spot," *Bull, 55,* CIM (1962) 124–29.

52. Guckert. L.G.: "Areal Sweepout Performance of Seven and Nine–Spot Flood Patterns," **MS** thesis, Pennsylvania State U., Univerisity Park (Jan. 1961).

53. Krutter, H.: "Nine–Spot Flooding Program," *Oil and Gas J.* (Aug. 17, 1939) **38,** No, 14,50.

54. Watson, R.E., Silberberg, I.H., and Caudle, B.H.: "Model Studies of Inverted Nine–Spot Injection Pattern," *J. Pet. Tech.* (July 1974) 801–04.

55. Aronofsky, J.S. and Ramey, H.J. Jr.: "Mobility Ratio—Its Influence on Injection or Production Histories in Five–Spot Waterflood," *J. Pet. Tech.* (Sept. 1956) 205–10: *Trans.*, AIME. **207.**

56. Martin, J.C. and Wegner, R.E.: " Numerical Solution of Multiphase, Two–Dimensional Incompressible Flow Using Stream–Tube Relationships," *Soc. Pet. Eng. J.* (Oct. 1979) 313–23.

57. Matthews, C.S. and Fischer, M.J.: "Effect of Dip on Five–Spot Sweep Patterns," *J. Pet. Tech.* (May 1956) 111–17; *Trans.*, AIME. **207.**

58. Prats, M., Strickler, W.R., and Matthews. C.S.: "Single–Fluid Five–Spot Floods in Dipping Reservoirs," *J. Pet. Tech.* (Oct. 1955) 160–67; *Trans.*, AIME, **204**

59. Van der Poel, C. and Killian, J.W.: "Attic Oil." paper SPE 919–G presented at the 1957 SPE Annual

Meeting. Dallas, Oct. 6–9.

60. Hutchinson, C.A. Jr.: "Reservoir Inhomogeneity Assessment and Control," *Pet. Eng.* (Sept, 1959) B19–26.

61. Landrum, B.L. and Crawford, P.B.: "Effect of Directional Permeability on Sweep Efficiency and Production Capacity," *J. Pet. Tech.* (Nov. 1960) 67–71; *Trans.*, AIME, **219**.

62. Mortada, M. and Nabor, G.W.: "An Approximate Method for Determining Areal Sweep Efficiency and Flow Capacity in Formations With Anisotropic Permeability," *Soc. Pet. Eng. J.* (Dec. 1961) 277–86; *Trans.*, AIME. **222.**

63. Dyes, A.B., Kemp. C.E., and Caudle, B.H.: "Effect of Fractures on Sweep–Out Patterns," *J. Pet. Tech.* (Oct. 1958) 245–49; *Trans.*, AIME. **213.**

64. Crawford, P.B. and Collins, R.E.: "Estimated Effect of Vertical Fractures on Secondary Recovery," *J. Pet. Tech.* (Aug. 1954) 41–45; *Trans.*, AIME, **201.**

65. Simmons, J. *et al.*: "Swept Areas After Breakthrough in Vertically Fractured Five–Spot Patterns," *Trans.*, AIME (1959) **216,** 73–77.

66. Crawford, P.B. *et al.*: "Sweep Efficiencies of Vertically Fractured Five–Spot Patterns," *Pet. Eng.* (March 1956) **28,** B95–102.

67. Hartsock, J.H. and Slobod, R.L.: "The Effect of Mobility Ratio and Vertical Fractures on the Sweep Efficiency of a Five–Spot," *Prod. Monthly* (Sept. 1961) **26,** No. 9, 2–7.

68. Landrum, B.L. and Crawford, P.B.: "Estimated Effect of Horizontal Fractures in Thick Reservoirs on Pattern Conductivity," *J. Pet. Tech.* (Oct. 1957) 50–52; *Trans.*, AIME, **210.**

69. Crawford, P.B. and Collins, R.E.: "Analysis of Flooding Horizontally Fractured Thin Reservoirs," *World Oil* (1954: Aug.–139, Sept.–173, Oct,214, Nov.–212, Dec.–197).

70. Pinson, J. *et al.*: "Effect of Large Elliptical Fractures on Sweep Efficiencies in Water Flooding or Fluid Injection Programs," *Prod. Monthly* (Nov. 1963) **28,**No. 11, 20–22.

71. Schmalz, J. P. and Rahme, H. D.: "The Variation of Waterflood Performance with Variation in Permeability Profile," *Prod. Monthly* (Sept. 1950) **15,** No. 9, 9–12.

72. Arps, J.J.: "Estimation of primary Oil Reserves," *J. Pet. Tech.* (Aug. 1956) 182–91; *Trans.*, AIME, **207.**

73. Ache. P.S.: "Inclusion of Radial Flow in Use of Permeability Distribution in Waterflood Calculations," paper SPE 935–G presented at the 1957 SPE Annual Meeting. Dallas. Oct. 6–9.

74. Slider, H.C.: "New Method Simplifies Predicting Waterflood Performance," *Pet. Eng.* (Feb, 1961) **33,** B68–78.

75. Johnson, J. P.: "Predicting Waterflood Performance by the Graphical Representation of Porosity and Permeability Distribution," *J. Pet. Tech.* (Nov. 1965) 1285–90.

76. Felsenthal. M., Cobb, T.R., and Heuer, G.J.: "A Comparison of Waterflood Evaluation Methods," paper SPE 332 presented at the 1962 SPE Fifth Biennial Secondary Recovery Symposium, Wichita Falls. TX. May 7–8.

77. Yuster, S.T. and Calhoun, J.C. Jr.: "Behavior of Water Injection Wells," *Oil Weekly* (Dec. 18 and 25, 1944) 44–47.

78. Suder, F.E. and Calhoun, J.C. Jr.: "Waterflood Calculations," *Drill. and Prod. Prac.*, API. Dallas (1949) 260–70.

79. Muskat. M.: "The Effect of Permeability Stratification in Complete Water–Drive Systems," *Trans.*, AIME (1950) **189.** 349–58.

80. Prats, M. *et al.*: "Prediction of Injection Rate and Production History for Multifluid Five–Spot Floods," *J. Pet. Tech.* (May 1959) 98–105; *Trans.*, AIME, **216.**

81. Muskat, M.: *Flow of Homogeneous Fluids Through Porous Systems,* J. W. Edwards Inc., Ann Arbor,

MI (1946).

82. Caudle, B.H. and Witte, M.D.: "Production Potential Changes During Sweepout in a Five–Spot System," *J. Pet. Tech.* (Dec. 1959) 63–65; *Trans.*, AIME, **216.**

83. Caudle, B.H., Hickman, B.M., and Silberberg, **I.H.:** "Performance of the Skewed Four–Spot Injection Pattern," *J. Pet. Tech.* (Nov. 1968) 1315–19; *Trans.*, AIME. **243.**

84. Deppe, J.C.: "Injection Rates—The Effect of Mobility Ratio, Area Swept and Pattern," *Soc. Pet. Eng. J.* (June 1961) 81–91; *Trans.*, AIME, **222.**

85. Hauber, W.C.: "Prediction of Waterflood Performance for Arbitrary Well Patterns and Mobility Ratios," *J. Pet. Tech.* (Jan. 1964) 95–103; *Trans.*, AIME, **231.**

86. Felsenthal, M. and Yuster, S.T.: "A study of the Effect of Viscosity On Oil Recovery by Waterflooding," paper SPE 163–G presented at the 1951 SPE West Coast Meeting, Los Angeles, Oct. 25–26.

87. Roberts, T.G.: "A Permeability Block Method of Calculating a Water Drive Recovery Factor," *Pet. Eng.* (1959) **31.** B45–48.

88. Kufus, H.B. and Lynch, E.J.: "Linear Frontal Displacement in Multilayer Sands," *Prod. Monthly* (Dec. 1959) **24.** No, 12, 32–35.

89. Snyder. R.W. and Ramey, H.J. Jr.: "Application of Buckley–Leverett Displacement Theory to Noncommunicating Layered Systems," *J. Pet. Tech.* (Nov. 1967) 1500–06; *Trans.*, AIME, **240.**

90. Hendrickson, G. E.: "History of the Welch Field San Andres Pilot Waterflood," *J. Pet. Tech.* (Aug, 1961) 745–49.

91. Wasson, J.A. and Schrider, L. A.: "Combination Method for Predicting Waterflood Performance for Five–Spot Patterns in Stratified Reservoirs," *J. Pet. Tech.* (Oct. 1968) 1195–1202; *Trans.*, AIME, **243.**

92. Rapoport, L.A., Carpenter, C.W., and Leas, W.J.: "Laboratory Studies of Five–Spot Waterflood Performance," *Trans.*, AIME (1958) **213.** 113–20.

93. Higgins, R.V. and Leighton, A.J.: "A Computer Method to Calculate Two–Phase Flow in Any Irregularly Bounded Porous Medium," *J. Pet. Tech.* (June 1962) 679–83; *Trans.*, AIME, **225.**

94. Higgins, R.V. and Leighton, A.J.: "Computer Prediction of Water Drive of Oil and Gas Mixtures Through Irregularly Bounded Porous Media— Three–Phase Flow," *J. Pet. Tech.* (Sept. 1962) 1048–54; *Trans.*, AIME. **225.**

95. Higgins, R.V. and Leighton, A.J.: "Waterflood Prediction of Partially Depleted Reservoirs," paper SPE 757 presented at the 1963 SPE California Regional Meeting. Santa Barbara. Oct. 24–25.

96. Higgins, R.V., Boley. D.W., and Leighton, A.J.: " Aids to Forecasting the Performance of Waterfloods," *J. Pet. Tech.* (Sept. 1964) 1076–82; *Trans.*, AIME, **231.**

97. Higgins, R.V. and Leighton, A.J.: "Computer Techniques for Predicting Three–Phase Flow in Five–Spot Waterfloods," RI 7011, U.S. Bureau of Mines (Aug, 1967).

98. Douglas, J. Jr., Blair, P.M., and Wagner, R.J.: "Calculation of Linear Waterflood Behavior Including the Effects of Capillary Pressure," *Trans.*, AIME (1958) **213.** 96–102.

99. Hiatt, W.N.: "Injected–Fluid Coverage of Multi–Well Reservoirs With Permeability Stratification," *Drill. and Prod. Prac.*, API. Dallas (1958) 165–94.

100. Douglas, J. Jr., Peaceman, D. W., and Rachford, H.H. Jr.: " A Method for Calculating Multi–Dimensional Immiscible Displacement," *Trans.*, AIME (1959) **216.** 297–306.

101. Warren, J. E. and Cosgrove, J.J.: "Prediction of Waterflood Behavior in a Stratified System," *Soc. Pet. Eng, J.* (June 1964) 149–57; *Trans.*, AIME, **231.**

102. Morel–Seytoux, H.J.: "Analytical–Numerical Method in Waterflooding Predictions," *Soc. Pet. Eng, J.* (Sept. 1965) 247–58. *Trans.*, AIME, **234.**

103. Morel–Seytoux, H.J.: " Unit Mobility Ratio Displacement Calculations for Pattern Floods in

Homogeneous Medium," *Soc. Pet. Eng. J.* (Sept. 1966) 217–27; *Trans.*, AIME, **237.**

104. Guthrie, R.K. and Greenberger, M. H.: "The Use of Multiple–Correlation Analyses for Interpreting Petroleum Engineering Data," *Drill. and Prod. Prac.*, API, Dallas (1955) 130–37.
105. Schauer, P. E.: "Application of Empirical Data in Forecasting Waterflood Behavior," paper SPE 934–G presented at the 1957 SPE Annual Fall Meeting, Dallas, Oct. 6–9.
106. Guerrero, E.T. and Earlougher, R.C.: "Analysis and Comparison of Five Methods Used to Predict Waterflooding Reserves and Performance," *Drill. and Prod. Prac.*, API, Dallas (1961) 78–95.
107. Arps, J.J. *et al.*: "A Statistical Study of Recovery Efficiency," *Bull. 14D*, API. Dallas (1967).
108. Timmerman, E.H.: *Practical Reservoir Engineering— Part II*, PennWell Publishing Co., Tulsa (1982) 170–90."
109. Abernathy, B.F.: "Waterflood Prediction Methods Compared to Pilot Performance in Carbonate Reservoirs," *J. Pet. Tech.* (March 1964) 276–82.
110. Dickey, R. A. and Andresen, K.H.: "The Behavior of Water–Input Wells," *Secondary Recovery of Oil in The United States*, API, Dallas (1950) **30.**
111. Nowak, T.J. and Lester, G.W.: "Analysis of Pressure Fall–off Curves Obtained in Water Injection Wells to Determine Injective Capacity and Formation Damage," *J. Pet. Tech.* (June 1955) 96–102; *Trans.*, AIME, **204.**
112. Hazebroek, P., Rainbow, H., and Matthews, C.S.: "Pressure Falloff in Water Injection Wells," *Trans.*, AIME (1958) **213.** 250–60.
113. Ruble, D. B.: "Case Study of a Multiple Sand Waterflood, Hewitt Unit, OK," *J. Pet. Tech.* (March 1982) 621–27.
114. Langston, E.P., Shirer, J.A., and Nelson, D.E.: "Innovative Reservoir Management—Key to Highly Successful Jay / LEC Waterflood," *J. Pet. Tech.* (May 1981) 783–91.
115. Jordan, C.A., Edmondson, T.A., and Jeffries–Harris, M.J.: "The Bay Marchand Pressure Maintenance Project— Unique Challenges of an Offshore Sea–Water Injection System," *J. Pet. Tech.* (April 1969) 389–96.
116. McCune, C.: "Seawater Injection Experience—An Overview," *J. Pet. Tech.* (Oct. 1982) 2265–70.
117. Bernard, W.J. and Caudle, B.H.: "Model Studies of Pilot Waterfloods," *J. Pet. Tech.* (March 1967) 404–10; *Trans.*, AIME, **240.**
118. Craig, F.F. Jr.: "Laboratory Model Study of Single Five–Spot and Single Injection–Well Pilot Waterflooding," *J. Pet. Tech.* (Dec. 1965) 1454–60; *Trans.*, AIME, **234.**
119. Sandiford, B. B.: "Laboratory and Field Studies of Water Floods Using Polymer Solutions to Increase Oil Recoveries," *J. Pet. Tech.* (Aug. 1964) 917–22; *Trans.*, AIME, **231.**
120. Krebs, H.J.: "Wilmington Field California Polymer Flood—A Case History," *J. Pet. Tech.* (Dec, 1976) 1473–80.
121. Groeneveld, H., Melrose, J.C., and George, R.A.: "Pembina Field Polymer Pilot Flood," *J. Pet. Tech.* (May 1977) 561–70.
122. "Polymer Flood Shows Promise as Recovery Tool," *Oil and Gas J.* (July 4, 1966)56.
123. Sloat, B.: "Polymer Treatment Boosts Production on Four Floods," *World Oil* (March 1969) 44–47.
124. Sloat, B.: "Polymer Treatment Should Be Started Early," *Pet. Eng.* (July 1970) 64–72.
125. Taber, J.J.: "The Injection of Detergent Slugs in Water Floods," *Trans.*, AIME (1958) **213.** 186–92.
126. Dunning, H.N. and Hsiao, L.: "Laboratory Experiments With Detergents as Water–Flooding Additives," *Prod, Monthly* (Nov, 1953) 591–96.
127. Johansen, R.T., Dunning, H.N., and Beaty, J.W.: "Petroleum Displacement by Detergent Solutions," *Prod, Monthly* (Feb. 1959) 26–34.

128. Inks, C.G. and Lahring, R.I.: "Controlled Evaluation of a Surfactant in Secondary Recovery," *J. Pet. Tech.* (Nov. 1968) 1320–24; *Trans.*, AIME, **243.**

129. Squires, F.: "Method of Recovering Oil and Gas," U.S. Patent No, 1,238.355 (Aug. 28, 1917).

130. Atkinson, H.: "Recovery of Petroleum From Oil Bearing Sands," U.S. Patent No. 1,651,311 (Nov. 29, 1927).

131. Wagner, O.R. and Leach, R.O.: "Improving Oil Displacement by Wettability Adjnstment," *J. Pet. Tech.* (April 1959) 65–72; *Trans.*, AIME, **216.**

132. Leach, R.O. *et al.*: "A Laboratory and Field Study of Wettability Adjnstment in Water Flooding," *J. Pet. Tech.* (Feb, 1962) 206–12; *Trans.*, AIME, **225.**

133. Mungan, N.: "Certain Wettability Effects In Laboratory Waterfloods," *J. Pet. Tech.* (Feb. 1966) 247–52; *Trans.*, AIME, **237.**

134. Cooke, C.E. Jr., Williams, R.E., and Kolodzie, P.A.: "Oil Recovery by Alkaline Waterflooding," *J. Pet Tech.* (Dec, 1974) 1365–74.

135. Ehrlich, R.: "Wettability Alteration During Displacement of Oil by Water from Petroleum Reservoir Rock," paper Presented at the 1974 Natl. Colloid Symposium, Austin, June 24.

136. Cooper, R.J.: "The Effect of Temperature on Caustic Displacement of Crude Oil," paper SPE 3685 presented at the 1971 SPE California Regional Meeting, Los Angeles, Nov, 4–5.

137. Nutting, P.G.: "Chemical Problems in the Water Driving of Petroleum in Oil Sands," *Ind. and Eng. Chem.* (Oct. 1925) **17.** 1035–36.

138. Emery, L.W., Mungan, N., and Nicholson, R.W.: "Caustic Slug Injection in the Singleton Field," *J. Pet. Tech.* (Dec. 1970) 1569–76.

139. Graue, D.J. and Johnson, C.E. Jr.: "A Field Trial of the Caustic Flooding Process," *J. Pet. Tech.* (Dec. 1974) 1353–58.

140. Kornfeld, J. A.: "Illinois' Largest Waterflood Recovers Two Million Barrels in 25 Months," *Waterflooding*, technical manual reprinted from *Oil and Gas J.*, Petroleum Publishing Co., Tulsa (Aug. 4, 1952) 68–71, 91–92.

141. Enright, R.J.: "Giant Salem Flood in Full Swing," *Waterflooding*, technical manual reprinted from *Oil and Gas J.*, Petroleum Publishing Co., Tulsa (Dec, 7, 1953) 71–73.

142. Barnes, K.B.: "Community Water Pipeline Serves Four Producing Areas," *Waterflooding*, technical manual reprinted from *Oil and Gas J.*, Petroleum Publishing Co., Tulsa (Oct. 13, 1952) 189–91.

143. Walters, J. D.: "Prolific Waterflood in East Kansas," *Waterflooding*, technical manual reprinted from *Oil and Gas J.*, Petroleum Publishing Co., Tulsa (May 4, 1953) 96–97, 100.

144. Wheeler, D.: "Treating and Monitoring 450,000B / D Injection Water," *Pet. Eng.* (Nov, 1975) 68–80.

145. Gates, G.L. and Parent, C.F.: "Water–Quality Control Presents Challenge in Giant Wilmington Field," *Oil and Gas J.* (Aug. 16, 1976) 115–26.

146. Stiles, W.E.: "Olympic Pool Waterflood," *Waterflooding*, Reprint Series, SPE, Richardson, TX (1973) **2a,** 44–50.

147. Morrison, J.B. and Jorque, M.A.: "How the World's Largest Injection System was Designed," *Pet. Eng.* (July 1981) 122–34.

148. Brown. J. N., Dubrevil, L.R., and Schneider, R.D.: "Seawater Project in Saudi Arabia—Early Experience of Plant Operation, Water Quality, and Effect on Injection Well Performance," *J. Pet. Tech.* (Oct. 1980) 1709–10.

149. El–Hattab, M.I.:"GUPCO's Experience in Treating Gulf of Suez Seawater for Waterflooding the El Morgan Oil Field," *J. Pet. Tech.* (July 1982) 1449–60.

150. "Analysis of Oil Field Waters," second edition, API RP 45 (Nov, 1968), reissued July 1981.

151. " Biological Analysis of Subsurface Injection Waters," third edition. API RP 38 (Dec. 1975), reissued March 1982.
152. "Methods for Determining Water Quality for Subsurface Injection Using Membrane Filters," Natl, Assn. of Corrosion Engineers Standard TM–01–73 (Feb. 1973).
153. Ellenberger, A.R. and Holbren, J.H.: "Flood Water Analyses and Interpretations," *J. Pet. Tech.* (June 1959) 22–25.
154. Glayton, J.M., Ellenberger, A.R., and Sloat, B.: "Water Treatment in Water Flooding," *Prod. Monthly* (April 1957) 38–42.
155. Bell, W.E. and Shaw, J.K.: "Evaluation of Iron Sequestering Agents in Water Flooding," *Prod. Monthly* (March 1958) 20–23.
156. Watkins, T.W.: "New Trends in Treating Waters for Injection," *World Oil* (Jan, 1958) 143–50.
157. Hockaday, D. *et al.*: " Experts Answer Questions on Waterflooding," *World Oil* (Sept. 1958) 106–08.

第四十八章 混 相 驱

LeRoy W. Holm, Union Oil Co. of California[1]　　王波 译

一、引 言

通过过去25年多的研究和先导性试验，混相驱已经发展成为在许多油藏中可达到更高原油采收率的一项成功的油田开发技术。为了认识混相驱，首先需要给混相性下一个定义，特别是它与溶解性的区别。“溶解性”是一种物质（流体）与一种流体或多种流体混合，并形成一种单一均质相的能力。“混相性”是两种或更多种流体物质（气体或液体）以所有比例混合时均形成单一均质相的能力。

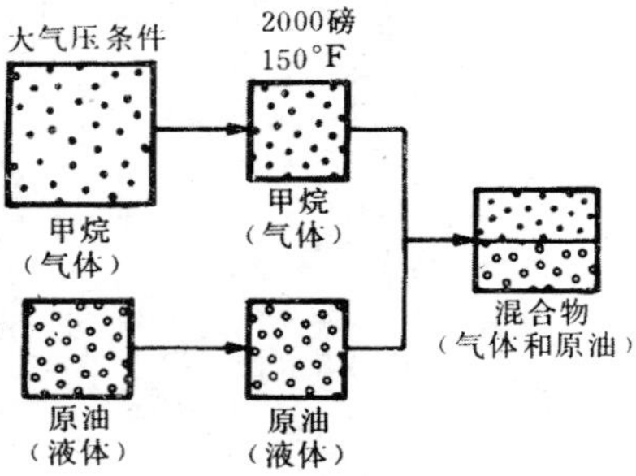

图 48.1　在油藏温度和压力条件下甲烷（气体）和原油（液体）的不混相性

对油藏来说，混相性定义为两种或更多种流体之间的物理条件，在这种物理条件下这些流体以所有的比例混合，没有流体界面形成。如果一种流体按某种比例加入另一种流体中之后形成两种流体相，则这些流体被认为是不混相的。图 48.1、48.2 和 48.3 用实例说明某些流体之间不混相和混相关系的差别。

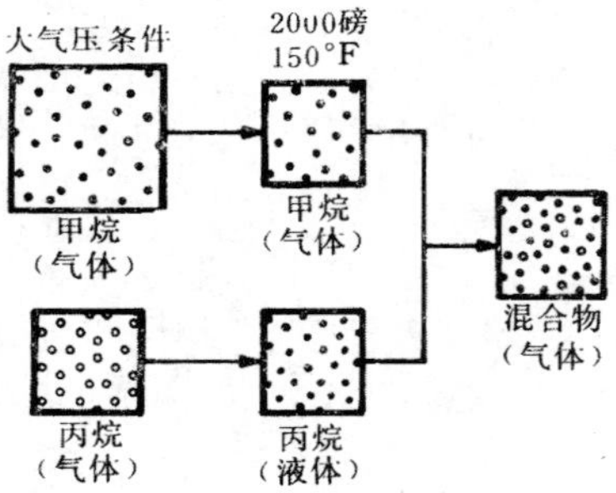

图 48.2　在油藏温度和压力条件下甲烷（气体）和丙烷液体（或液化石油气）的混相性。在这里丙烷（或液化石油气）是存在于一种气体中的气体

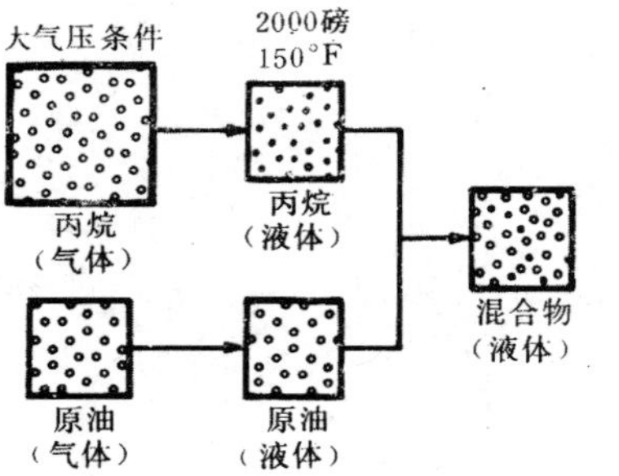

图 48.3　在油藏温度和压力条件下内烷液体（或液化石油气）和原油液体的混相性。在这里丙烷是存在于一种液体中的液体

诸如乙烷、丙烷、丁烷或液化石油气混合物等低分子量（MW）烃，是用作初接触混

[1] 1962年版本章是第四十章的一部分，作者是James L. Moore 和Richard F. Hinds。

相驱的注入流体（溶剂）。这些溶剂不管数量多少，将在油藏中与原油形成单相，因而与原油初接触时是混相的。更重的烃如 C_5 到 C_{12} 与油藏原油也是混相的，但由于其成本更高而不用作注入流体。然而，因为像乙烷和液化石油气这些溶剂在大部分油藏中含量是丰富的，因此当注入诸如甲烷、天然气、CO_2、烟道气或氮气等不与原油混相的流体，就地从原油中汽化或萃取 C_2 到 C_{12} 时，这些流体会促进混相驱替。轻烃自油藏原油就地转入注入流体，从而形成能与油藏原油混相的混合物，这种机理称作动态混相或多次接触混相。

由于石油界和各大学广泛研究和努力开发的结果（其中大部分在 1973～1981 年间得到美国能源部的资助），现在已有几种形式的混相驱作业正在应用或正在考虑应用之中。这包括：1）初接触混相的混相段塞驱；2）动态混相的凝析气驱；3）动态混相的汽化气驱；4）动态混相的萃取液体或临界流体驱。下面除介绍工程研究的基本要求外，将扼要讨论各种混相驱的理论观点和限制因素。工程实例将在附录中介绍，同时在附录中还将讨论可供选用的方法。

二、混相驱的理论观点

1. 混相段塞驱

混相驱最简单的类型是"液体段塞"驱[2～4]。在这种类型的混相驱中，向油藏中注入一个诸如丙烷或液化石油气（C_2～C_4）之类的物质段塞，并随后注入干气❶。段塞靠溶剂的净化作用，从与油藏相接触的部分混相驱替原油。为便于讨论，将用液化石油气作为段塞物质。实际上，与油藏流体初接触混相的液化石油气溶剂，如连续注入，是非常昂贵的。因此，溶剂是限量或以段塞的形式注入的，其体积相对于油藏孔隙体积来讲是小的，而段塞本身则因比较廉价的流体如甲烷、天然气或烟道气等混相驱替。这样一种混相驱方案的理想情况是溶剂混相驱替油藏原油，而驱动气混相驱替溶剂，推动这一小的溶剂段塞通过油藏。

压力和组成要求 段塞驱混相驱替的基本要求，是溶剂段塞能与油藏原油和驱动气二者混相。驱动气多半用甲烷。液化石油气段塞与驱动气之间的混相性要求一定的最低压力[8]，这一压力可以根据发表的有关纯组成混合物临界凝析压力的数据估算（图 48.4）。例如，在 150°F 的油藏温度下这一压力最低为 1100 磅／英寸^2（绝对）。重要的是要指出，对于液化石油气与甲烷的临界温度之间的各温度而言，临界压力（混相压力）通常要比其中任何一种流体的临界压力高很多。在需要附加数据的地方，应当在实验室确定这些参数值。

在前面第二十三章讨论的平衡相图，是用来表示各相组合共存的温度、压力和组成范围的最方便的形式。

图 48.5 所示是一个三角形相图，说明初接触混相的相态要求[10]。对于确定这一拟三元相图的压力和温度来讲，液化石油气（C_2–C_4）和原油（C_{5+}）的所有混合物均位于单相区内。正如相图所示，液化石油气段塞会被甲烷稀释到组成 A，并且所形成的混合物仍是可以与油藏原油 B 保持初接触混相。组成 A 是三角形右边（甲烷–液化石油气组成）与通

❶其它非烃流体如某些醇可与油藏原油混相[5]。但这些醇趋向于促使原油和地层水之间的混相驱替，因而会产生复杂的相和流度关系。要保持油藏中的混相驱替需要注入极大量的醇。注入可溶油或油外相微乳液也可以与油藏原油混相[6, 7]。因为在这些流体与原油和水二者之间也会产生复杂的相态关系，并且因为还有其它的化学剂与这些流体一起使用，因此有关这些驱替方法将在第五十章即化学驱一章中讨论。

过原油组成的相边界曲线的切线二者的交点。

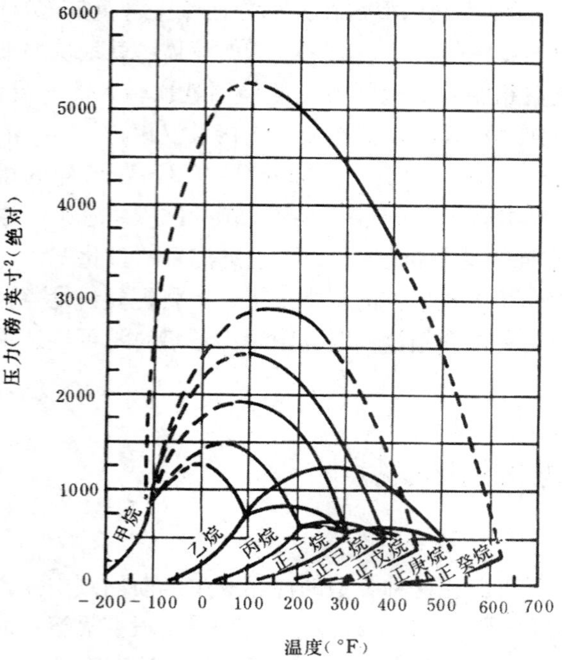

图 48.4 二元正链烷烃体系的临界轨迹

压力（临界凝析压力）随注入流体中甲烷浓度的增加而增加，并且最终将变得很高，以至于不能实现初接触混相。当发生这种情况时，通过凝析或汽化气驱机理可以实现动态混相。

2. 凝析气驱（或富化气驱）

凝析气驱是一个气驱油过程，在所注入的气中含有低分子量烃（$C_2 \sim C_6$），这些轻组分可以凝析进入被驱替的原油中。为了创造有效的混相驱条件，必须有大量的低分子量烃组分凝析到原油中，以便在驱替前缘形成临界混合物。

50 年代后期，实验室的研究成果[11, 12]引起石油工业界对这一方法的重视。这些研究成果表明，无论是在一次采油阶段还是在二次采油阶段，应用凝析气驱可以提高许多油藏的原油采收率。实验室试验是用宽组成范围的注入气和油藏流体进行的，所用的压力大于、等于或小于被驱替流体的饱和压力（泡点压力）。由这些试验得出的重要结论之一是，不管原油在驱替压力下原来就是饱和天然烃气的或者是欠饱和天然烃气的，都可以达到高的原油采收率。

控制这一过程的相态关系可用图 48.6 所示的三角形相图说明。开始，将组成为 C 的富气注入油藏原油 A 中。正如这两点的连线所表明的，某些混合物的组成落在两相区，因此这两种组成不是直接混相的。然而，在气体 C 连续数次与原油接触之后，由于每次接触从气体中凝析的 $C_2 \sim C_6$ 组分被原油吸收，最后将在混相驱替前缘形成临界混合物 B。如果气体 C 一开始就落在不混相−混相线（I−M 线）的左边，那就不可能把原油富化到 B。这是因为注入气中富化组分的含量不足以达到混相点 B。I−M 线称作相图的极限连线。

3. 限制因素（相态）

注入气组成的控制 正如凝析气驱混相驱替的定义所表明的，注入气中的低分子量烃组分的含量是一个关键因素[12]。而且，实际的动态混相或多次接触混相的相态可能比图 45.6 简单的拟三元相图中所示的复杂得多。可能存在泡点流体和露点流体混相组成的毗连区。泡点曲线代表在一固定压力和温度下气相最后消失时的流体组成，而露点曲线代表在这些相同条件下开始出现液体时的流体组成。在近些年来的研究中还发现了液−液相、液−液−气相和液−气−固相（沥青）平衡区。因此，进行实验室试验，确定在一定的注入压力和油藏温度条件下混相驱开发所需要的气体组成，是很重要的。这样的试验还将有助于确定何时在前缘形成一个足够大的过渡带，从而可以注入干气代替富气，注入的干气可在过渡带后面直接与临界气体混合物混相[13]。通常根据经济上的考虑确定一个最低的富气注入量。

油藏压力 当油藏压力比较低时，为达到混相驱替，需要的气体富化程度很高。当压力

比较高时，需要的 C_2～C_6 烃含量少些。因此，可以调整压力和气体组成以达到混相。实现混相的油藏压力最低为 1500 磅／英寸^2（表压）。

原油重度　如果原油的重度大于 20°API，则对凝析气驱过程的影响很小。但原油越重，为使 C_2–C_6 烃组分靠传质作用进入原油而需要的气体富化程度就越高，与原油接触的时间也越长，越重的油粘度也越高，会导致更为不利的驱替流度比。

4. 汽化气驱

高压注气　达到动态混相驱替的另一种机理是依靠低分子量烃（C_2～C_6）从油藏原油中就地汽化出来进入注入气体，形成一个混相过渡带。这种达到混相的方法称作“高压”注气法，也叫做“汽化”气驱法。如果在油藏中能够实际达到所要求的混相压力，用甲烷、天然气、烟道气或氮气作注入气都可以依靠这种机理达到混相。

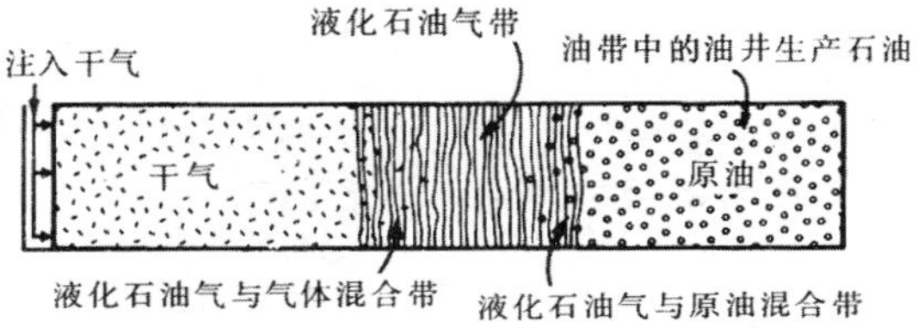

这一概念是 1950 年提出来的[14]。与常规非混相气驱常用的压力相比，这种方法要求更高的压力。在更高压力下能够增加原油采收率，据信是以下因素起作用的结果：(1) 注入气被原油吸收，从而增加了油藏中油相的体积；(2) 低沸点烃从原油中汽化出来，进入气相，从而提高了注入气的富化程度；(3) 由于以上流体混合的结果，降低了注入气与油藏原油之间的粘度差别和间面张力（IFT）。

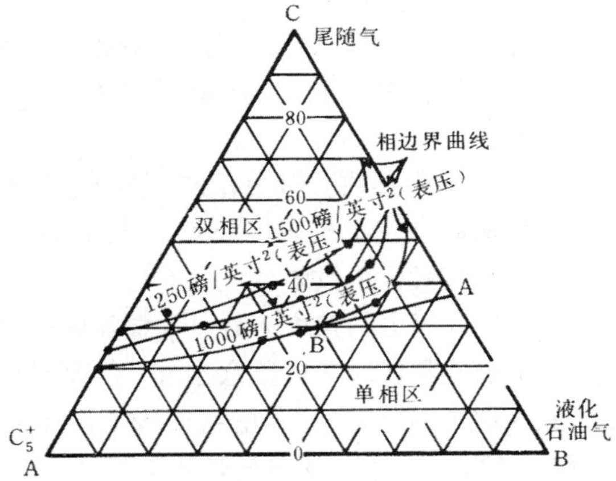

图 48.5　油藏原油–液化石油气–尾随气体系的相边界曲线；180°F，体积百分比

关于高压注气混相驱替的机理，已有几位研究工作者进行过详细介绍[10, 15～18]。图 48.7 是说明这一机理相态关系的三角形相图[17]。开始，一种组成比较贫的气体 C 注入到油藏流体 A 中。A 和 C 的连线与 EOB 相态边界线相交，这说明这两相不是直接混相的。然而，随着气体 C 通过油藏，由于汽化效应它将逐渐变富，并最终达到临界组成 B。此时，这一流体就能够以所有的比例与油藏流体 A 混相，或者说与 I–M 边界右边的任何一种油藏流体混相。虽然应用三角形相图可以说明高压注气的基本概念，但仍然需要实验室数据提供详细的相态关系，特别是从注入气与油藏原油之间发生混相的压力来看更是如此。

氮气和烟道气（约含 88%氮气和 12%CO_2）虽然在原油中的溶解度低，但依靠汽化气驱机理，同样可以发展混相[19～22]。因为氮气、低分子量和中等分子量烃的临界凝析压力高，因此动态混相所需要的压力除取决于原油中其它烃的浓度外，还取决于就地原油中甲烷的含量。油藏原油中甲烷浓度比较高，会降低氮气达到汽化气驱混相所要求的压力。油藏温度高会促进混相。CO_2 由于会溶解在油藏原油和盐水中，因而趋向于从前缘的烟道气中局部或全部地被萃取出来。据推测，烟道气前缘会变得基本上不含 CO_2，并发展混相，其发展混相的方式和混相压力与用氮气作注入气时差不多[19]。

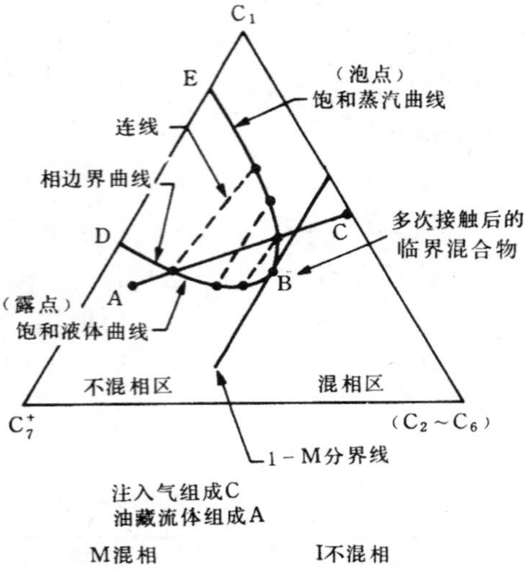

图 48.6 混相驱替（凝析气驱）说明

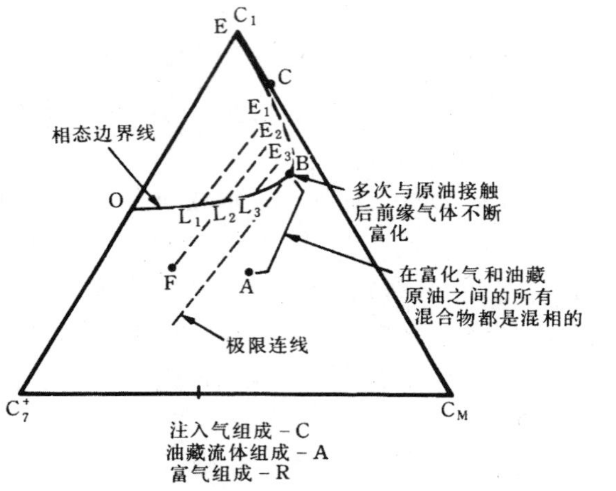

图 48.7 混相驱替（高压注气）说明

5.限制条件（相态）

一般说来，在实际的压力下注气不能达到混相驱替，除非能满足某些基本要求。

(1) 油藏深度必须允许压力超过 3000 磅／英寸^2，通常在油藏温度下要超过 4000 磅／英寸^2。

(2) 油藏流体必须含有足量的 $C_2\sim C_6$ 组分，以便能够实现汽化作用。如图 48.7 所示，油藏原油组成必须位于极限连线上或其右边，才能通过汽化气驱机理与注入的天然气混相，天然气的组成一般位于极限连线的左边。

(3) 从注入压力的角度来看，油藏流体必须是相当欠饱和的。这一因素极其重要。要求原油组成位于极限连线右边还意味着，只有对甲烷欠饱和的原油才能被甲烷或天然气混相驱替。因此，组成位于图 48.7 泡点曲线上的原油 F 不会与甲烷或天然气发展汽化气驱混相。图 45.7 的研究证明，随着油藏原油中低分子量烃浓度的减小，原油 A 的组成向拟三元相图的左边移动，为了缩小两相区和发展混相就需要更高的压力。增加压力，就可以通过增加低分子量烃的汽化作用（转入气相），缩小两相区并改变连线的斜率。

(4) 油藏流体的密度必须相当低，如用储罐原油的重度表示，约为 40 °API 或更高。

通过实验室研究，可以将这些要求定量化。

6. 萃取液体或超临界流体驱

CO_2 混相驱　达到动态混相或多次接触混相的第四种机理，包括注入不能与油藏原油混相但在原油中有很高溶解度的溶剂气体（诸如 CO_2、乙烷、N_2O 或 H_2S 等）。表 48.1 列出了其中某些溶剂气的临界温度和溶解度，并与甲烷作了对比。

这些气体的临界温度接近油藏温度，并且在这些条件下这些气体是高度可压缩的（图 48.8）[23]。从货源、成本和易作业性等观点来看，CO_2 是这些流体中最实际可用的流体。作为一种液体，或者说一种致密的临界流体溶剂，CO_2 从原油中萃取的烃的分子量要比甲烷主要汽化的 $C_2\sim C_6$ 烃组分更高[24]。除 $C_2\sim C_4$ 烃组分外，CO_2 萃取的流体还包括原油中汽油的烃组分 $C_5\sim C_{12}$，甚至还有原油中 $C_{13}\sim C_{30}$ 的气－油组分。实际上，为达到混相并

不需要 $C_2 \sim C_4$ 烃组分。因此不含甲烷和低分子量烃的油藏原油（死油）仍然可以成为 CO_2 混相驱的候选对象[25]。这就极大地增加了混相驱替的潜在应用范围。在与油藏原油多次接触之后，富含烃组分的 CO_2 相能够混相驱替油藏原油[26, 27]。

表 48.1　溶剂气的临界温度和溶解度

	临界温度		在 1000 磅／英寸² 和 135°F 下气体在原油中的溶解度（英尺³／桶）
	(°F)	(℃)	
二氧化碳	88	31	634
乙烷	90	32	640
硫化氢	213	100	522
甲烷	−117	−82	209

从相态上表示这种混相驱，要比前述高压注气混相驱更为复杂。图 48.9 所示是为达到混相驱替前缘所需要的 $C_5 \sim C_{30}$ 烃组分的富化程度。

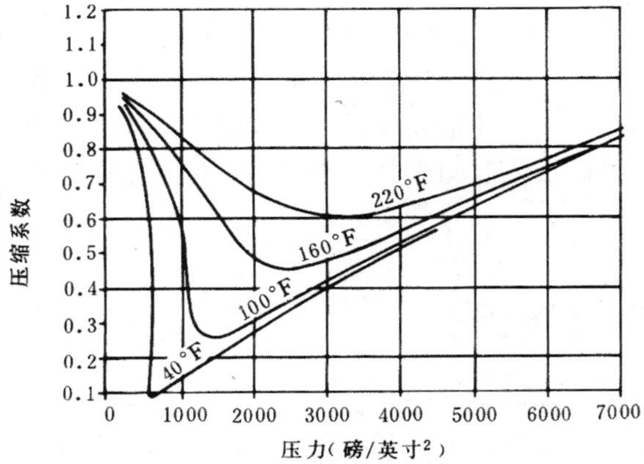

图 48.8　CO_2 的压缩系数

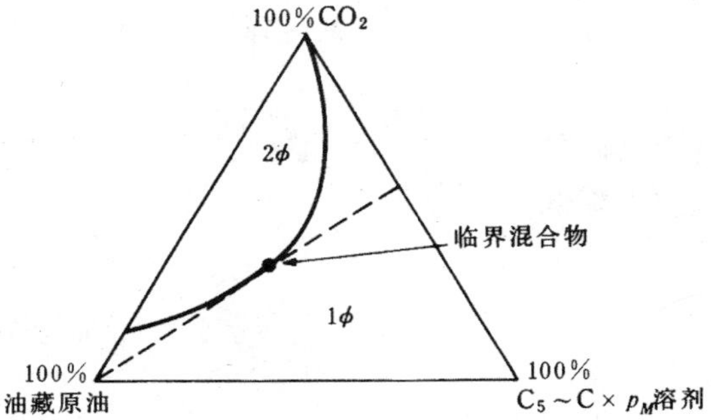

图 48.9　在混相压力 p_M 条件下，CO_2 多次与油藏原油接触，从中就地萃取烃组分后，驱替前缘上的流体必须满足的相图

压力-组成要求　能够发生混相驱替的油藏压力与初接触混相或富气混相驱的混相压力（1000～2000 磅／英寸²）相近似，这时因为在这些压力和大部分油藏温度（<200°F）下致密和超临界的 CO_2 具有高的溶解能力。在更低的油藏温度下，达到混相的压力也更低。另外，与汽化气驱取决于地下原油的 $C_2 \sim C_6$ 含量一样，CO_2 混相驱取决于原油的 $C_5 \sim C_{50}$ 含量。在油藏温度一定的条件下，原油的 $C_5 \sim C_{30}$ 含量越高，达到 CO_2 混相驱替的压力也越低（图 48.10）[28]。

现在的研究资料表明，原油的 $C_5 \sim C_{12}$ 含量对混相压力有最大的影响。原油中的重烃（C_{31}^+）也影响混相压力。原油中重烃组分的增加，通常伴随着 $C_5 \sim C_{12}$ 含量的减少，

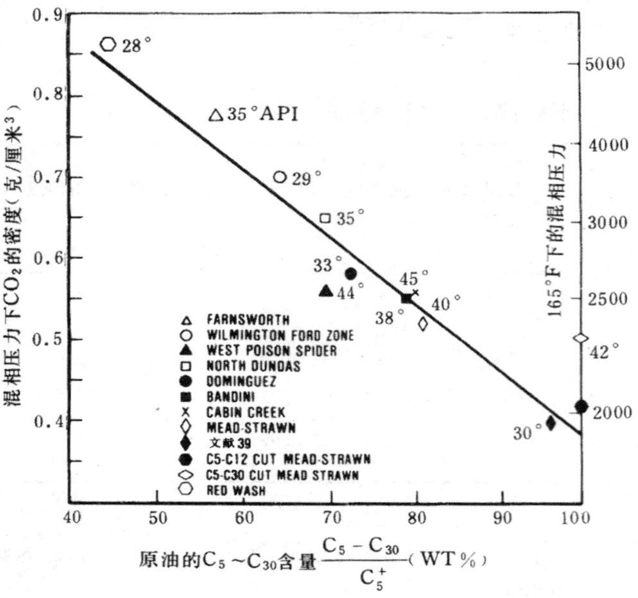

图 48.10 混相驱替所要求的 CO_2 密度与各种原油 $C_5 \sim C_{30}$ 含量的关系。相同原油在 165°F 下的最低混相压力

因而需要更高的压力将 CO_2 压缩成为更致密的流体，并促使在驱替前缘达到足够的富化程度。这意味着，为了混相开采重油需要更多的 CO_2，从而增加成本。

考虑的因素　为了实际实现 CO_2 混相驱，应当连续注入 CO_2，或者注入一个 CO_2 段塞，再注能与 CO_2 混相的气体驱动段塞。甲烷、烟道气或氮气均可用于此目的。然而，由于水能达到更好的流度控制，常用水作为驱动流体。虽然 CO_2 溶于水，但它并不与水混相，因此水驱动的 CO_2 段塞会由于留下残余相而消散。这样残留下来的 CO_2 是决定所需要的 CO_2 段塞规模大小的因素之一。

CO_2 中常混有其它气体。这些气体影响在油藏中达到混相驱替所需要的压力，或者使其升高，或者使其降低[14, 29, 30]。像氮气和甲烷等气体会提高最低混相压力，乙烷、丙烷或硫化氢等趋向于降低混相压力。

三、影响驱替效率的因素

在混相驱替条件下，由于消除了气和油之间的界面张力[31]，并且不存在相对渗透率效应，几乎在孔隙通道中被接触到的所有原油都将得到驱替。当富化气和原油接近它们的临界混合物时，它们的界面张力将明显降低。即使此时达不到混相（混相定义为界面张力为零和没有界面），在室内应用这种两相流体所进行的驱替试验仍然表明，采收率要比不混相驱替为佳。这样的驱替可以称作近混相驱替（称作局部混相驱替是不正确的）。由于井网和波及效率受某些因素的影响，以及混相段塞在油藏中受到分散作用，混相驱和近混相驱的油藏实际采收率将明显低于室内驱替试验所达到的采收率。下面讨论影响驱替效率的因素。这方面的讨论适用于所有形式的混相驱和近混相驱。

1.分散作用

在油藏原油与液化石油气段塞（或多次接触混相段塞）之间，以及在注入的驱动气与段塞之间，形成混合带。促进这种混合的三种机理是分子扩散作用、微观对流分散作用和宏观对流分散作用[32, 33, 35]。微观分散作用是超过分子随机运动混合的孔隙的混合作用，是在流体曲折通过孔隙介质过程中的对流作用造成的。宏观对流分散作用可使流体进一步混合，这可能是由于更大面积的孔隙岩石的渗透率非均质性造成的[34]（图 48.11）。

在一个比较均质的油藏中，这些混合带的长度决定最小段塞的规模。在大部分油藏面积被接触到之前，段塞不应当被稀释到失去混相能力的程度。另外，溶剂与原油之间的粘度差别和密度差别也影响段塞，但这些差别会由于扩散作用和分散作用而减小，从而减小指进和重力超覆流动，使段塞趋于稳定。

室内研究证明，在线性流体系中混合带一开始增长很快，随着把替的继续进行，以增长的速率减小，并最终形成一个稳定的长度。文献调研表明，关于扩散作用和分散作用对油藏中的混合带有稳定作用存在不同看法。但一般都同意，混合带的长度随驱动流体的粘度成正比变化。由于注入的气和流体的粘度，以及被汽化或萃取烃组分富化的段塞的粘度，都比较低，都小于 1 厘泊，因而现场应用就被局限于原油粘度小于 5 厘泊的油藏。

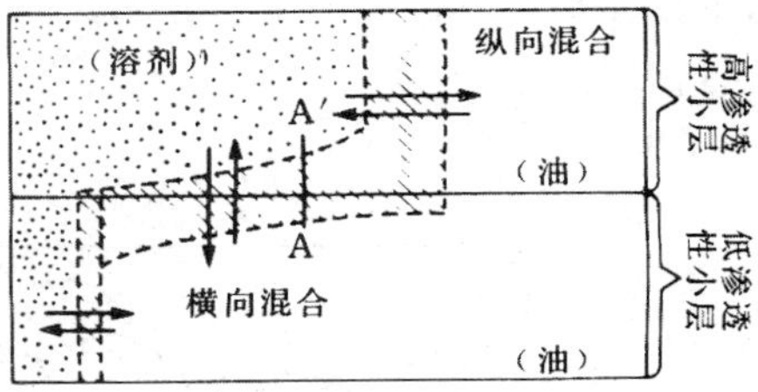

图 48.11　纵向和横向分散作用造成溶剂与原油的混合

在有关文献中，根据室内试验资料提出了两个相关式，用来确定均质油藏中混相驱所需要的最小段塞规模。其中一个相关式表示混合带的长度与粘度差对粘度比的比率有关。另一个相关式表示一定长度流程所需要的段塞规模与流程长度的平方根成反比。室内研究证明〔3, 4〕，在理想条件下，只要溶剂带的体积占烃孔隙体积的百分之几，就可以完全满足保持混相的要求。然而，实际经验表明，考虑到分散作用、重力分离作用、油层的非均质性和井网布局等影响，实际现场作业所需要的段塞体积为井网地区烃孔隙体积的 10%到 30%〔8, 21〕。

2.流度比

虽然在接触地带几乎可以驱替出百分之百的原油，但混相驱替的总效率会由于流度比（这里定为驱替与被驱替流度的比率）的不利影响而降低。混相段塞作业中的驱扫方式受驱替气与被驱替油流度比的控制〔40〕，而在驱扫带内流度比本身将变为油气粘度比〔41〕（图 48.12）。

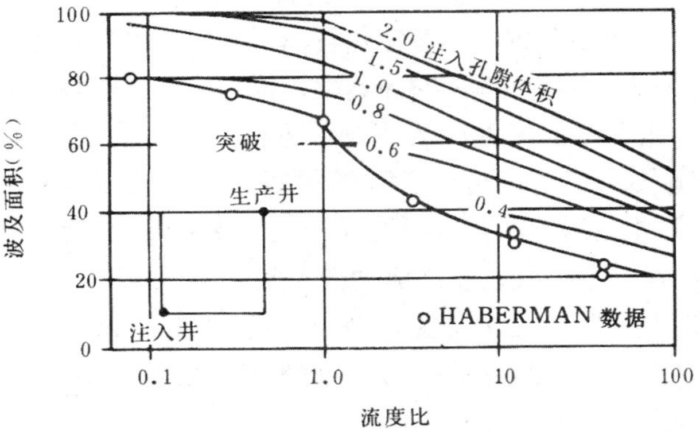

图 48.12　五点井网的驱替动态由 0.0047 英寸模型得出的数据

与常规的注水作业相比，流度比当然是不利的。室内试验证明，流度比不利时产生粘性指进（图 48.13）。这种现象被描述为不断形成和长度不断增长的树枝状溶剂（或驱动气）指进，直到它们穿过液化石油气段塞或油带为止。这些粘性指进会造成溶剂的早期突破，并在溶剂注入体积一定的情况下，使突破后的原油采收率低于驱替前缘保持稳定情况下的原油采收率。混相驱在溶剂突破时的原油采收率主要受注入流体与油藏原油流度比和油藏几何形态的控制。

3. 波及效率

假设通过上述一种混相驱过程能够达到混相驱替，那么控制油藏最高原油采收率的一个最重要的因素是波及效率。本文将波及效率定义为井网地带内被驱替流体接触的孔隙体积与其总孔隙体积之比。控制波及状况的主要因素为总的砂岩非均质性和岩石孔隙度分布，即通常定义为渗透率变异或分层性的参数。当驱替粘度为较高的原油时，这些因素的影响就变得特别重要。不利的流度比，与广泛变化的渗透率相结合，就会造成低的波及效率。另外，在垂向渗透率高的地层中会产生重力分异作用[43]。当注入的轻质气体或液体上升到地层或渗透性层带的顶部，超覆或绕过更重的油藏原油而流动时，就会产生这种不利影响。在一个混相驱作业中，这些因素结合在一起，就会使油藏的总采油效率比注水低很多。这个问题是应用混相驱的主要障碍。

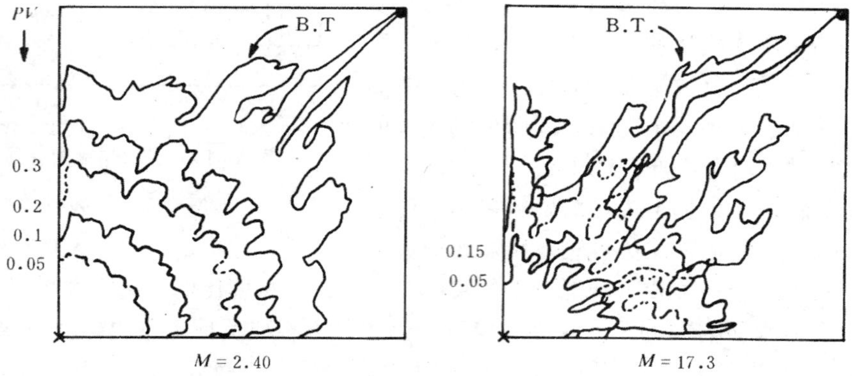

图 48.13　突破前不同流度比和不同注入孔隙体积（*PV*）的驱替前缘。五点井网的四分之一

4. 在混相驱替期间用水改善井网和体积驱扫效率

1957 年，提出了一个改善混相驱替作业中井网和体积驱扫（波及）效率的方法[40]。这一方法就是在注入液化石油气之后注入一段天然气混相驱替液化石油气，然后再同时注天然气和水。注水可以降低液化石油气段塞驱扫地带的气体相对渗透率，提高一部分驱替相的粘度。这两项因素相结合，就会降低这一体系总的流度，从而改善驱扫效率（图 48.14）。进一步的研究和现场先导性试验，把这项技术扩广应用于各种混相驱的段塞和（或）驱动气[44]。通常是把水与驱动气和（或）混相段塞交替注入（称作交替注水注气）。交替注入水与液化石油气或 CO_2 段塞，会圈闭一部分混相气已使之流动的原油，特别是在具有强水湿特性的油藏中更是如此。因此，如果需要进行交替注水注气，建议使用低水气比(0.5：1)。另外，这项作业只能用于具有高注入能力的油藏。致密油藏需要很多的注入井，才能注入必需的气量和水量，达到所期望的原油产量。

这项技术的另外两个潜在问题是：1）由于分离作用，使注入的流体进入不同的层位；2）原油被流动水圈闭[45]。在这种情况下，选择性注入流体并在各层之间按比例进行配注可能是有益的。在室内研究中，应用实际油藏流体和岩石确定岩石润湿性对油的流动性和被水圈闭的影响是很重要的。精制油或单烃如癸烷不能把岩石润湿到原油能够润湿的程度，因而不会趋向于被水大量圈闭。

5. 利用重力稳定作用提高采收率

在某倾角的油藏中，应用流体的分离作用有利于防止粘性指进或重力超覆流动。为此，在构造上倾部位注溶剂和（或）气体，而在构造下倾部位采油，采油速度要低，足以依靠重力作用保持流体互相分离。这样就可以抑制溶剂或气体的指进，并改善驱扫效率。这一方法的现场应用是成功的。

6. 用泡沫或乳化液改善采油效率

可以用含表面活性剂的水使溶剂和气体发泡或乳化，降低溶剂和气体在孔隙介质中的流度[46]。室内研究证明，可以在高渗透性孔隙通道中选择性形成泡沫，从而趋向于减小流体的窜进[47, 48]。这项技术的进一步现场试验正在进行。

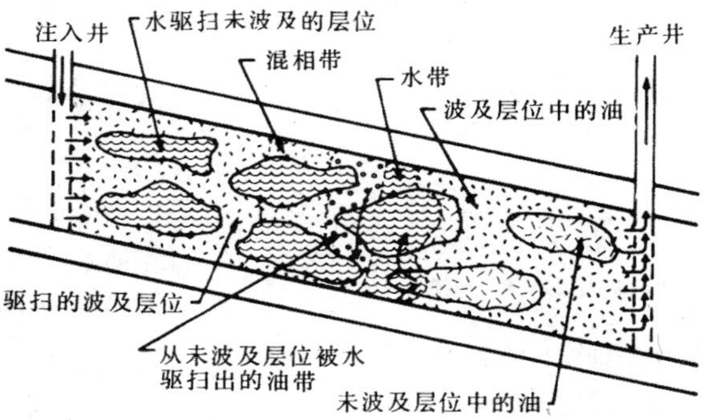

图 48.14 在波及效率低的油藏中结合应用水驱和混相驱，通过水驱替未波及层位的油和在波及层位中混相驱油，达到高的原油采收率

四、工 程 研 究

1. 基本要求

必须进行详细的工程研究，恰当地选择和设计混相驱作业，并保证将取得成功。一般需要和期望有以下资料，作为选择最经济可行的混相驱作业的基础。

详细的地质情况　需要有相当数量井的岩心分析数据，为岩石物性的平面和垂向分布、流体饱和度、毛管压力和水驱敏感性等提供充分的资料。

还需要有关油藏构造、大小、形状和倾角等的资料，特别是有关分层情况或分层条件的资料。如果已知存在分层问题，应绘制油藏的立体栅状图，详细表明孔隙性的发育情况和页岩情况等，所有这些情况可由测井资料、岩心分析资料、不稳定压力试井资料和各井的生产动态求得。这种立体图可以帮助建立油井动态和井距与油藏几何形状的关系。

油藏流体的相态　应当对油藏原油和气体进行室内分析，确定诸如差压和闪蒸汽化数据，以及室压力范围下液体和气体的粘度和烃组成等数据。在许多情况下，还必须知道由油藏流体和可能注入的溶剂组成的混合物的 PVT 关系。

应当用填砂人造岩心（Berea 岩心或天然状态岩心）进行室内驱替试验，确定：1）混相驱替需要的压力〔为了确定最低混相压力，虽然可以应用诸如图 48.10 所示的相关关系和其它文献中的相关关系，但最精确的方法是室内试验（图 48.15)〕[49]；2）在液化石油气、凝析气、高压注入气等所波及的范围内可望达到的驱替效率；3）以所期望的作业压力、温度注入不同浓度（或组成）溶剂的注入技术。

应当确定注入溶剂与油藏流体的配伍性。CO_2、液化石油气或其它轻烃将会使某些类型的原油沉淀出重蜡或沥青物质，降低地层渗透率并使原油粘度发生变化。

以往的油藏动态以及一次和（或）常规二次采油情况的评价　应当评价油藏的天然采油机理，以便可靠地评价将来一次采油的情况。还必须评价二次采油技术在油藏中的应用。

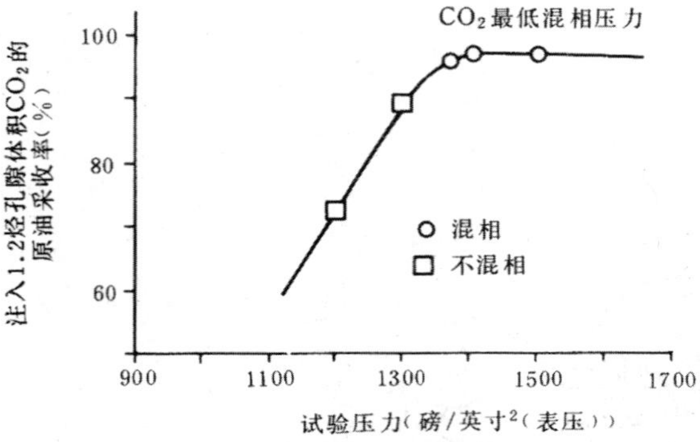

图 48.15　在细管中原油组成不变和温度稳定情况下的室内试验结果

应当确定现在的油藏状况。应用过去的动态，结合油藏流体和岩心分析，可以评价开始实施混相驱工程时的油藏状态。这将包括诸如油藏压力、流体饱和度分布和二次采油注采史模拟等基本项目。

混相驱替技术的一般适用性　掌握了上述各种因素，如油藏几何形态和压力条件等，就能够选择出最适合该油藏的混相驱技术。

通过最终分析，包括注入溶剂的货源，附近有无 CO_2、N_2，汽油厂等，就可以选择一项要应用的混相驱技术。

混相驱替的采收率　井网效率在这里定义为驱替流体由注入井移动到生产井所覆盖的油藏面积。可以根据室内模拟研究或有关文献〔50，51〕估算。但必须指出，在设定井网效率时必须考虑地层不整合和分层性的影响。

前面定义的体积波及效率，可根据已知的分层性，岩石性质在垂向和平面上的变化，以及驱替流体与被驱替流体的流度比进行计算。工程师应用的计算方法有好几种[52]。本文用实例计算说明其中一种方法（见附录），同时列出其它可供选用的方法供参考。

驱替效率应当根据室内研究确定。它代表油藏波及体积的采出油量百分比，并变化于80%到100%之间。正如前面提到的，当能够确定岩石的润湿特性及其对驱替效率的影响时，研究实际油藏的岩石和流体是很重要的。

在混相驱中被驱替的原油不会被全部开采出来。必须考虑生产井能够产出可动油的能力。

整个油藏的总采收率或者说采出油量百分比等于井网效率、波及效率、驱替效率和产出效率的乘积。

油水井的产能和注入能力　这些因素影响混相驱工程的寿命,并对经济效益有很大影响。可能需要进行现场注入能力试验或广泛地测量相对渗透率。

数学模拟　可以用来设计油藏动态。为预测或历史拟合混相驱动态，开发了有限差分[53]、改型黑油[54]、有限元和组分模拟程序[55, 56]。还开发了流管模型[57, 58]和比例物理模型[59]，也可以提供丰富的资料。

规划设计　生产和注入设备的设计应当协调进行，并与现在的作业结合应用，以便充分发挥生产潜力。

经济评价与对比　应当评价混相驱作业和其它具有竞争力的方法[60, 61]，并根据经济分析进行对比。这项分析通常在最后决策中起决定性作用。

先导性试验作业和结果的评价　在许多情况下注水作业对混相驱具有很强的竞争力，如果在油田上能确定一个合适的地区，建议进行先导性注入试验。在取得先导性试验结果之前，可以暂缓选定最后的作业规划，从而可以减小混相驱作业本身所具有的风险。

2. 现场经验

自50年代初实施第一批混相驱工程以来，在全世界各种混相驱方法已得到多次应用。关于这些混相驱工程及其变化、某些有详细报道，请参考一般参考文献中的"混相驱应用"部分的参考文献。有关这些混相驱更完全的资料，请参考一般参考文献中的"混相驱现场试验"部分的出版物。

附录 工程实例

正如前面各节所表明的，混相驱原油采收率和有关动态主要取决于油藏的分层程度和渗透率分布。因此，工程计算一般将导致一个估算波及效率的函数。

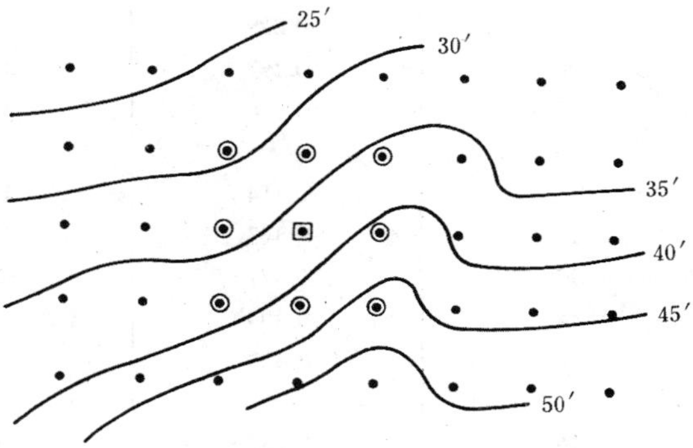

图48.16 注气开发（反九点井网）的假想油藏

在下面的实例中，我们假设一个油藏用一个反九点井网开发（见图48.16），其平均渗透率剖面和产能分布如表48.2所示。随后应用的方法是经过改进的标准含水–采收率计算法[62]，应用这一方法的基础是产能的垂向分布。进行这些实例的计算时，假设：1）线性流，无交渗流动；2）混相前缘的深入距离与渗透率成正比；3）注入井与生产井之间的压降保持恒定；4）混相前缘后面的残余油饱和度 S_{or} 等于零；5）游离气饱和度 S_{gF} 等于零；6）相对渗透率比（k_{rg}/k_{ro}）等于1，因而定义流度比为油藏原油与驱替气的粘度比；7）废弃气油比为100000／1。

1. 高压注气和凝析气驱

为了对比，应用表48.3中列的基本油藏数据，对这两种混相驱一起进行计算。假设在原始油藏压力下进行高压注气，而在饱和压力下进行凝析气驱。采收率和生产油气比的计算结果列在表48.4中。利用该表给出累计厚度的分数值 h 与无因次渗透率 k_D 和总产能分数值 C 的函数关系曲线，如图48.17所示。采收率与油气比数据示于图48.18。应当指出，在所段设的废弃气油比100000标准英尺^3／桶的条件下，凝析气驱的采收率为井网地区原油的74.2%。而高压注气的相应采收率仅为66.5%。这两种方法的采收率差别基本上是由于在这两种压力下驱替气的压缩系数不同造成的。

时间–产量动态　对所有的实例都没有计算时间–产量动态，因为它是油井产能的函数。但必须指出，由于高压注气混相驱的压力高，油井产能必然比较高，开发年限也会比较短，因而在经济上也就更有利。

液化石油气收率　没有说明凝析气驱注入气原来所含液化石油气的收率。然而这项指标是下列因素的函数：1）从油藏中回收的百分比（根据气油比和原油采收率数据估算）；2）汽油厂的回收效率；3）归汽油厂本身所有的回收的凝析液量。

除液化石油气的高成本外，这些因素也是混相驱技术经济对比中的关键因素。

表 48.2　实例油藏的产能分布计算

累计厚度（英尺）	h	k	C	C_{cum}
1	0.029	83.0	0.198	0.198
2	0.057	41.0	0.098	0.296
3	0.086	39.0	0.093	0.389
4	0.114	31.0	0.074	0.463
5	0.143	26.0	0.062	0.525
6	0.171	23.0	0.055	0.580
7	0.200	19.0	0.045	0.625
8	0.229	17.0	0.040	0.665
9	0.257	17.0	0.040	0.705
10	0.286	14.0	0.033	0.738
11	0.314	13.0	0.031	0.769
12	0.343	10.0	0.024	0.793
13	0.371	7.9	0.019	0.812
14	0.400	7.0	0.017	0.829
15	0.429	6.5	0.015	0.844
16	0.457	6.4	0.015	0.859
17	0.486	6.2	0.015	0.874
18	0.514	4.8	0.011	0.885
19	0.543	4.7	0.011	0.896
20	0.571	4.5	0.011	0.907
21	0.600	4.5	0.011	0.918
22	0.629	4.1	0.010	0.928
23	0.657	3.6	0.009	0.937
24	0.686	3.5	0.008	0.945
25	0.714	3.4	0.008	0.953
26	0.743	2.9	0.007	0.960
27	0.771	2.9	0.007	0.967
28	0.800	2.6	0.006	0.973
29	0.829	2.5	0.006	0.979
30	0.857	2.1	0.005	0.984
31	0.886	2.0	0.005	0.989
32	0.914	1.3	0.003	0.992
33	0.943	1.3	0.003	0.995
34	0.971	1.2	0.003	0.998
35	1.000	0.8	0.002	1.000
总计		419.7		

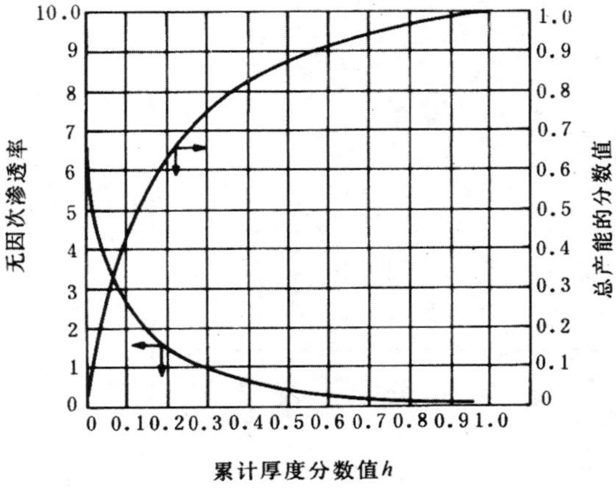

图 48.17　渗透率和产能分布与砂层厚度分数值的关系曲线

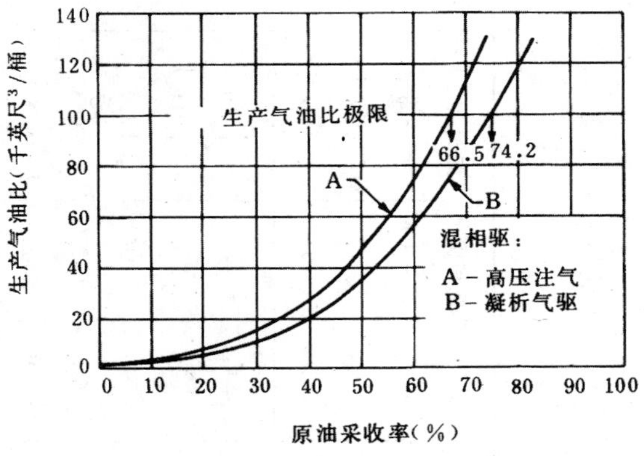

图 48.18　高压注气与凝析气驱采收率与生产气油比关系曲线的对比

表 48.3　高压注气和凝析气驱实例的基本油藏数据

原始油藏压力（磅／英寸^2（表压））	4356
饱和压力（磅／英寸^2（表压））	2446
油藏温度（°F）	197
原始溶解气油比（标准英尺^3／桶）	1130
地层体积系数（油藏原油）	
原始压力下	1.675
饱和压力下	1.734
油藏原油粘度（厘泊）	
原始压力下	0.26
饱和压力下	0.22
注入气粘度（厘泊）	
原始压力下	0.029
饱和压力下	0.022
注入气的地层体积系数（桶／千标准英尺^3）	
原始压力下	0.74
饱和压力下	1.15
驱替前缘的 k_{rg}/k_{ro}	1.0

注入气量　注入气量根据油藏注入体积／油藏产出体积估算。凝析气驱作业的富气注入量取决于分层生产动态的评价。为达到混相驱的最大效果，必须注入足够的富气，以便在渗透率最低的层中建立混相前缘。

表 48.4　采收率和生产气油比数据计算

h_t 曲线 (1)	Δh (2)	C 曲线 (3)	ΔC (4)	k_D (4)/(2) (5)	$\bar{h}$ (6)	k_D 曲线 (7)	$1-C$ 1−(3) (8)	$k_D h_t$ (7)×(1) (9)	$k_D h_t+(1-C)$ (9)+(8) (10)	N_p (10)/(7) (11)	原始压力下的 CF (12)	饱和压力下的 CF (13)	原始压力下的气油比 (12)/(8)+1.13 (14)	饱和压力下的气油比 (13)/(8)+1.13 (15)
0.00	—	0.000	—	—	—	9.00	1.000	0.000	1.000	0.111	—	—	1.130	1.130
0.01	0.01	0.080	0.080	8.00	0.005	6.20	0.920	0.062	0.982	0.158	1.624	1.206	2.911	2.441
0.02	0.01	0.135	0.055	5.50	0.015	5.30	0.865	0.106	0.971	0.183	2.740	2.036	4.324	3.534
0.05	0.03	0.280	0.145	4.83	0.035	3.80	0.720	0.190	0.910	0.239	5.683	4.222	9.063	7.058
0.10	0.05	0.435	0.155	3.10	0.075	2.61	0.565	0.261	0.826	0.316	8.829	6.559	16.784	12.768
0.20	0.10	0.630	0.195	1.95	0.150	1.50	0.370	0.300	0.670	0.447	12.787	9.499	35.711	26.830
0.30	0.10	0.755	0.125	1.25	0.250	0.95	0.245	0.285	0.530	0.558	15.324	11.384	63.687	47.596
0.40	0.10	0.830	0.075	0.75	0.350	0.64	0.170	0.256	0.426	0.666	16.847	12.515	100.230	75.848
0.50	0.10	0.880	0.050	0.50	0.450	0.43	0.120	0.215	0.335	0.779	17.861	13.269	149.979	111.706
0.60	0.10	0.917	0.037	0.37	0.550	0.33	0.083	0.198	0.281	0.852	18.612	13.827		
0.70	0.10	0.946	0.029	0.29	0.650	0.25	0.054	0.175	0.229	0.916	19.201	14.264		
0.80	0.10	0.972	0.026	0.26	0.750	0.18	0.028	0.144	0.172	0.955	19.729	14.656		
0.90	0.10	0.990	0.018	0.18	0.850	0.15	0.010	0.135	0.145	0.967	20.094	14.927		
0.95	0.05	0.997	0.007	0.14	0.925	0.13	0.003	0.124	0.127	0.977	20.236	15.033		
1.00	0.05	0.000	0.003	0.06	0.975	0.00	0.000	0.000	0.000	1.000	20.297	15.078		

原始压力下的高压注气 $F=1.0\times0.26/0.029\times1.675/0.74=20.3$ 千英尺^3/地面桶；

饱和压力下的凝析气驱 $F=1.0\times0.22/0.022\times1.734/1.15=15.1$ 千英尺^3/地面桶。

2. 注混相段塞

为了说明混相段塞驱，假设上述例子中的油藏经过开发压力下降到1500磅／英寸^2（表压）。表48.5列出了这种情况下油藏的有关数据。

应用表48.4中的产能分布数据（栏1到11）和根据流体数据计算的系数A，计算了采收率和气油比动态。这些计算结果汇总在表48.6中并示于图48.19。得出气油比等于100000／1时的原油采收率为井网地区原油储量的58.2%。这比高压注气和凝析气驱的原油采收率略低一些。这种差别是由于在更低的压力下流度比更为不利造成的。

在这一实例中，当接近突破时，油气比降到接近溶解油气比。认为在这段时间内所有的游离气都开采了出来。

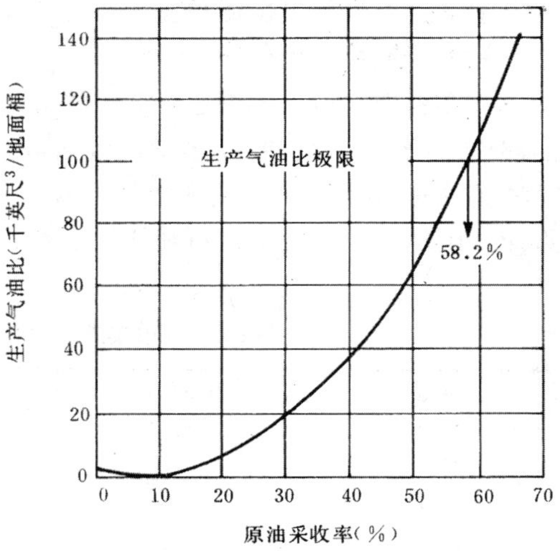

图48.19　注液化石油气段塞的原油采收率与生产气油比

表48.5　混相段塞注入实例的基本油藏数据

油藏压力（磅／英寸^2（表压））	1500
饱和压力（磅／英寸^2（表压））	1500
油藏温度（°F）	197
油藏原油的地层体积系数（地下桶／地面桶）	1.218
溶解气油比（标准英尺^3／桶）	330
地面原油重度（°API）	35
1500磅／英寸^2（表压）下油藏原油的粘度（厘泊）	0.70
1500磅／英寸^2（表压）下注入气的粘度（厘泊）	0.015
注入气的地层体积系数（地下桶／千英尺^3）	1.966
驱替前缘上的K_{rg}／K_{ro}	1.0
油藏气饱和度（%）	15
隙间水饱和度（%）	22
开始注入时的生产气油比（标准英尺^3／桶）	3000
为波及的井网地带估算的液化石油气段塞（%）（烃孔隙体积）	

注入的液化石油气段塞体积，假设为井网地区烃孔隙体积的5%。这一体积在经济分析确定的范围（2%～10%）以内，但并未包括重要的安全系数。对这一实例没有计算产出的液化石油气段塞体积，但这一体积可用注入的段塞体积乘以废弃时的波及效率加以估算。净回收的液化石油气，与凝析气驱的情况相同，由于受汽油厂回收效率的限制和扣除汽油厂本

身应得到的百分比而减少。

干气注入体积根据油藏注入体积／油藏产出体积进行估算。

3.可供选用的计算方法

在文献中报道有可供选用的预测混相驱作业动态的方法。某些研究工作者对注水分析中的渗透率分层问题提出了解法，经过改进可用于混相驱[63~68]其他作者从循环注气角度对这些解法进行了处理，循环注气本身就是一种混相驱替实例[69~72]。为了直接用于混相驱作业，已经提出了理论分析和线性驱替方程，为描述混相驱动态提供了直接方法[68, 73]。

表 48.6　混相段塞注入实例的采收率和生产气油比数据的计算

C 曲线①	$1-C$①	N_p①	CF②	R_p③
0.000	1.000	0.111	—	0.330
0.080	0.920	0.158	2.312	2.843
0.135	0.865	0.183	3.902	4.841
0.280	0.720	0.239	8.092	11.569
0.435	0.565	0.316	12.572	22.581
0.630	0.370	0.447	18.207	49.538
0.755	0.245	0.558	21.820	89.391
0.830	0.170	0.666	23.987	141.430
0.880	0.120	0.779	25.432	
0.917	0.083	0.852	26.501	
0.946	0.054	0.916	27.339	
0.972	0.028	0.955	28.091	
0.990	0.010	0.967	28.611	
0.997	0.003	0.977	28.813	
1.000	0.000	1.000	28.900	

①取自表 48.4；

②$F=1\times0.70/0.015\times1.218/1.966=28.9$ 千英尺^3／地面桶；

③R_p—第四栏／第二栏+330／1000。

最近报道了一个很好的实例，对比了一个液化石油气驱先导性试验的计算和实际动态的结果[21]。在这一实例中，把油藏划分为渗透率不同的几个层，用达西定律的径向流形式对动态进行了计算。

现在，一般用数学模拟程序设计和预测混相驱动态。报道了两个实例：1）一个是中等分层油藏中的汽化气驱，应用了一个组分模拟程度[74, 75]；2）另一个是礁油藏向下驱替的凝析气驱，应用了一个黑油模拟程序[76]。

符 号 说 明

C——产能，总产能的分数；

C_{cum}——累计产能，总产能的分数；

CF——当量气体产量；

F——$k_{rg} / k_{ro} \times \mu_o / \mu_g \times B_o / B_g$；

h——累计厚度，总厚度的分数；

$\bar{h}$——平均累计厚度，总厚度的分数；

k——渗透率，毫达西；

$k_D = \Delta C / \Delta h$——无因次渗透率；

$N_p =$ 〔$k_D h +$ （$1-C$）〕$+R_s$——生产气油比，千英尺^3 / 地面桶；

R_s——溶解气油比；

$1-C$——当量原油产量。

参 考 文 献

1. Clark, N.J. *et al.*: "Miscible Drive—Its Theory and Application," *J. Pet. Tech.* (June 1958) 11–20.
2. Morse, R.A.: British Patent No. 696524 (1953).
3. Koch, H.A.: Jr. and Slobod, R.L.: "Miscible Slug Process," *Trans.*, AIME (1957) **210.** 40–47.
4. Hall. H.N. and Geffen, T.M.: "A Laboratory Study of Solvent Flooding," *Trans.*, AIME (1957) **210.** 48–57.
5. Gatlin, C. and Slobod, R.L.: "The Alcohol Slug Process for Increasing Oil Recovery," *Trans.*, AIME (1960) **219.** 46–53.
6. Gogarty, W.B. and Tosch, W.D.: "Miscible–Type Waterflooding: Oil Recovery With Micellar Solutions," *J. Pet. Tech.* (Dec. 1968) 1407–14; *Trans.*, AIME, **243.**
7. Holm, L.W.: "Use of Soluble Oils for Oil Recovery," *J. Pet. Tech.* (Dec, 1971) 1475–83; *Trans.*, AIME, **251.**
8. Craig, F.F. Jr. and Ovens, W.W.: "Miscible Slug Flooding—A Review," *J. Pet. Tech.* (April 1960) 11–15.
9. Brown. G.G. *et al.*: "Natural Gasoline and the Volatile Hydrocarbons," Natural Gasoline Assn. of America (1948).
10. Hutchinson, C.A. Jr. and Braun, P.H.: "Phase Relations of Miscible Displacement in Oil Recovery," *AIChE J.* (1961) **7.** 64.
11. Stone, H.L. and Crump, J.S.: "Effect of Gas Composition Upon Oil Recovery by Gas Drive," *Trans.*, AIME (1956) **207.** 105–10.
12. Kehn. D.M., Pyndus, G.T., and Gaskell, M.H.: "Laboratory Evaluation of Prospective Enriched Gas Drive Projects," *Trans.*, AIME (1958) **213.** 382–85.
13. Clark, N.J., Schultz. W.P., and Shearin, H.M.: "New Injection Method Affords Total Oil Recovery," *Pet. Engr.* (Oct. 1956) B–45.
14. Whorton, L.P. and Kieschnick, W.F. Jr.: "Oil Recovery by High Pressure Gas Injection," *Oil and Gus J.* (April 1950) **48.** 78–89.
15. Katz, D.L.: "Possibility of Cycling Deep Depleted Oil Reservoirs after Compression to a single Phase," *Trans.*, AIME (1952) **195.** 175–82.
16. Griffeth, B.L. and Hollrah, V.M.: "Report on Field Trial of High Pressure Gas," *Oil and Gas J.* (June 1952) 86–93.
17. Slobod, R.L. and Koch, H.A. Jr.: "High Pressure Gas Injection—Mechanism of Recovery Increase," *Drill and Prod. Prac.*, API (1953) 82.
18. Wilson, J.F.: "Miscible Displacement—Flow Behavior and Phase Relationships for a Partially Depleted Reservoir," *Trans.*, AIME (1960) **219.** 223–28.

19. Koch, H.A. Jr. and Hutchinson, C.A.: "Miscible Displacements of Reservoir Oil Using Flue Gas," *J. Pet. Tech.* (Jan. 1958) 7–19; *Trans.*, AIME (1958) **213.**

20. Blackwell, R.J., Rayne, J.R., and Terry, W.M.: "Factors Influencing Efficiency of Miscible Displacement," *J. Pet. Tech.* (Jan, 1959) 1–8; *Trans.*, AIME (1959) **216.**

21. Justen, J.J. *et al.*: "The Pembina Miscible Displacement Pilot and Analysis of Its Performance," *J. Pet. Tech.* (March 1960) 38–45; *Trans.*, AIME, **29.**

22. Rushing, M.D. *et al.*: "Miscible Displacement with Nitrogen," *Pet. Eng.* (Nov. 1977) 26–30.

23. Sage, B.H. and Lacey, W.N.: *Some Properties of the Lighter Hydrocarbons, Hydrogen Sulfide, and Carbon Dioxide,* Monograph, Research Project 37, API.Dallas (1955).

24. Holm, L.W. and Josendal, V.A.: "Mechanisms of Oil Displacement by Carbon Dioxide," *J. Pet. Tech.* (Dec. 1974) 1427–35; *Trans.*, AIME, **257.**

25. Holm, L.W. and Josendal, V.A.: "Discussion of Determination and Prediction of CO_2Minimum Miscibility Pressure," *J. Pet. Tech.* (May 1980) 870–71.

26. Orr, F.M. Jr. and Silva, M.K.: "Equilibrium Phase Compositions of CO_2 / Hydrocarbon Mixtures —Part 1: Mixtures Measurement by Continuous Multiple Contact Experiment," *Soc. Pet. Eng. J.* (April 1983) 272–80.

27. Shelton, J.L. and Yarborough, L.: "Multiple Phase Behavior in Porous Media During CO_2or Rich Gas Flooding," *J. Pet. Tech.* (Sept. 1977) 1171–78.

28. Holm. L.W. and Josendal, V.A.: "Effect of Oil Composition on Miscible–Type Displacement by Carbon Dioxide," *Soc. Pet. Eng. J.* (Feb. 1982) 87–98.

29. Metcalfe, R.S.: "Effects of Impurities on Minimum Miscibility Pressures and Minimum Enrichment Levels for $CO_2$and Rich–Gas Displacements," *Soc. Pet. Eng. J.* (April 1982) 219–25.

30. Jacoby, R.H. and Rzasa, M.J.: "Equilibrium Vaporization Ratios for Nitrogen, Methane, Carbon Dioxide, Ethane and Hydrogen Sulphide in Absorber Oil–Natural Gas and Grude Oil–Natural Gas Systems," *Trans.*, AIME (1952) **195.** 99–110.

31. Simon, R., Rosman, A., and Zana, E.: "Phase Behavior Properties of CO_2—Reservoir Oil Systems," *Soc. Pet. Eng, J.* (Feb. 1978) 20–26.

32. Perkins, T.K. and Johnston, O.C.: "A Review of Diffusion and Dispersion in Porous Media," *Soc. Pet. Eng. J.* (March 1963) 70–84; *Trans.*, AIME, **228.**

33. Blackwell, R.J.: "Laboratory Studies of Microscopic Dispersion Phenomena," *Soc. Pet. Eng. J.* (March 1962) 1–8; *Trans.*, AIME, **225.**

34. Warren. J.E. and Skiba, F.F.: "Macroscopic Dispersion," *Soc.Pet. Eng. J.* (Sept. 1964) 215–30; *Trans.*, AIME, **231.**

35. van der Poel, C.: "Effect of Lateral Diffusivity on Miscible Displacement in Horizontal Reservoirs," *Soc. Pet. Eng. J.* (Dec. 1962) 317–26; *Trans.*, AIME, **225.**

36. Lacey, J.W., Draper, A.L., and Binder, G.G. Jr.: "Miscible Fluid Displacement in Porous Media," *J. Pet. Tech.* (April 1958) 76–79; *Trans.*, AIME. **213.**

37. von Rosenberg, D.V.: "Mechanics of Steady State Single Phase Fluid Displacement from Porous Media," *J. Am. Chem. Soc.* (March 1956) **2.** 55–59.

38. Offeringa, J., and van der Poel, C.: "Displacement of Oil from Porous Media by Miscible Liquids," *J. Pet. Tech.* (Dec, 1954) 37–43; *Trans.*, AIME, **201.**

39. Everett, J.P., Gooch, F.W. Jr., and Calhoun, J. C. Jr.: "Liquid–Liquid Displacement in Porous Media as Affected by the Liquid–Liquid Viscosity Ratio and Liquid–Liquid Miscibility," *Trans.*, AIME (1950) **189,** 215–24.

40. Caudle, B.H. and Dyes, A. B.: "Improving Miscible Displacement by Gas–water Injection," *Trans.*, AIME (1958) **213,** 281–84

41. Habermann, B.: "The Efficiency of Miscible Displacement as a Function of Mobility Ratio," *Trans.*, AIME (1960) **219,** 264–72.
42. Dykstra, H. and Parsons, R.L.: "The Prediction of Oil Recovery by Water Flood," *Secondary Recovery of Oil in the United States,* second edition, API, New York City (1950) 160.
43. Gardner, G.H., Downie, J., and Kendall, H.A.: "Gravity Segregation of Miscible Fluids in Linear Models," *Soc. Pet. Eng. J.* (June 1962) 95–104; *Trans.*, AIME **225.**
44. Blackwell, R.J. *et al.:* Recovery of Oil by Displacement With Water–Solvent Mixtures," *Trans.*, AIME (1960) **219,** 293–300; *Miscible Processes,* Reprint Series, SPE, Ddallas (1965) **8.**
45. Tiffin, D.L. and Yellig, W.F.: "Effects of Mobile Water on Multiple–Contact Miscible Gas Displacements," *Soc. Pet. Eng. J.* (June 1983) 447–55.
46. Fried, A.N.: "The Foam Drive Process for Increasing the Recovery of Oil," RI 5866, USBM (1961).
47. Bernard, G.G.: "Effect of Foam on Recovery of Oil by Gas Drive," *Prod. Monthly* (1963) **27,** No. 1, 18–21.
48. Holm, L.W.: " Foam Injection Test in the Siggins Field, Illinois," *J. Pet. Tech.* (Dec. 1970) 1499–1506.
49. Yellig, W.F. and Metcalfe, R.S.: "Determination and Prediction of CO_2Minimum Miscibility Pressures," *J. Pet. Tech.* (Jan. 1980) 160–68.
50. Dyes, A.B., Caudle, B.H., and Erickson, R.A.: "Oil Production After Breakthrough as Influenced by Mobility Ratio," *Trans.*, AIME (1954) **201,** 81–86.
51. Muskat, M.: *Flow of Homogeneous Fluids Through Porous Media,* McGraw–Hill Book Co. Inc., New York City (1937).
52. Claridge, E.L.: "CO_2 Flooding Strategy in a Communicating Layered Reservoir," *J. Pet. Tech.* (Dec. 1982) 2746–56.
53. Aziz, K. and Settari. A.: *Petroleum Reservoir Simulation,* Aplied Science Publishers Ltd., London (1979).
54. Peaceman, D.W. and Rachford, H.H. Jr.: "Numerical Calculation of Multidimensional Miscible Displacement," *Soc. Pet. Eng. J.* (Dec 1962) 327–39. *Trans.*, AIME, **225.**
55. Price, H.S. and Donohue, D.A.T.: "Isothermal Displacement Processes with Interphase Mass Transfer," *Soc. Pet. Eng. J.* (June 1967) 205–20; *Trans.*, AIME, **240.**
56. Coats, K.H.: "An Equation of State Compositional Model," *Soc. Pet. Eng. J.* (Oct. 1980) 363–76.
57. Higgins, R.V. and Leighton, A.J.: "A Computer Method to Calculate Two–Phase Flow in Any Irregularly Bounded Porous Medium," *J. Pet. Tech.* (June 1962) 679–83; *Trans.*, AIME, **225.**
58. Faulkner, B.L.: "Reservoir Engineering Design of a Tertiary Miscible Gas Drive Pilot Project," paper SPE 5539 presented at the 1975 SPE Annual Technical Conference and Exhibition, Dallas, Sept. 28–Oct, 1.
59. Pozzi, A.L. and Blackwell, R.J.: " Design of Laboratory Models for Study of Miscible Displacement," *Soc. Pet. Eng. J.* (March 1963) 28–40; *Trans.*, AIME, **228.**
60. Stalkup, F.I. Jr., *Miscible Displacement,* Monograph Series, SPE, Dallas (1983) **8**.
61. *Miscible Processes,* Reprint Series, SPE, Dallas (1983) **8.**
62. Stiles, W.E.: "Use of Permeability Distribution in Waterflood Calculations," *Trans.*, AIME (1949) **186.** 9–13.
63. Calhoun, J.C. Jr.: "*Fundamemals of Reservoir Engineering,* U. of Oklahoma Press, Norman (1953) 360.
64. Muskat, M.: "The Effect of Permeability Stratifieation in Complete Water Drive Systems," *Trans.*, AIME (1950) **189,** 349–58.
65. Dykstra, H. and Parsons, R.L.: *The Prediction of Oil Recovery by Waterflooding Secondary Recovery*

of *Oil in the United States*, second edition, API, New York City (1950) 160.

66. Johnson, C.E. Jr.: "Prediction of Oil Recovery by Water Flood—A Simplified Graphical Treatment of the Dykstra–Parsons Method," *Trans.*, AIME (1956) **207,** 345–46.
67. Suder, F.E. and Calhoun, J.C. Jr.: "Waterflood Calculations," *Drill. and Prod. Prac.*, API (1949) 260.
68. Johnson, E.F. and Welge, H.J.: "An Analysis of the Linear Displacement of Oil by Gas Driven Solvent," paper 906–G presented at the 1957 SPE Annual Meeting, Dallas, Feb. 24–28.
69. Muskat, M.: "Effect of Permeability Stratification in Cycling Operations," *Trans.*, AIME (1949) **179,** 313–28.
70. Lindbad, E.N., Standing. M.B., and Parsons, R.L.: "Calculated Recoveries by Cycling from a Retrograde Reservoir of Variable Permeability," *Trans.*, AIME (1948) **174,** 165–90.
71. Hurst, W., and van Everdingen, A.F.: "Performance of Distillate Reservoirs in Gas Cycling," *Trans.*, AIME (1946) **165,** 36–51.
72. Sheldon, W.C.: "Calculating Recovery by Cycling a Retrograde Condensate Reservoir," *J. Pet. Tech.* (Jan. 1959) 29–34.
73. Gardner, G.H.F.: "Equations of Motion for A Linear Miscible Displacement," PAPER 902–G presented at the 1957 SPE Annual Meeting, Dallas, Feb. 24–28.
74. Warner, H.R. Jr. *et al.*: "University Block 31 Field Study: Part 1—Middle Devonian Reservoir History Match," *J. Pet. Tech.* (Aug, 1979) 962–70.
75. Warner, H.R. Jr., Hardy, J.H., and Davidson, C.D.: "University Block 31 Field Study: Part 2—Reservoir and Gas Plant Perfor–mance Predictions," *J. Pet. Tech.* (Aug, 1979) 971–78.
76. Gillund, G.N. and Patel, C.: "Depletion Studies of Two Contrasting D–2 Reefs," paper 80–31–37 presented at the 1980 Annual Technical Meeting of the Petroleum Soc. of CIM, Calgary, May 25–28.

一般参考文献

混相驱的应用

Baugh, E.G.: "Performance of Seeligson Zone 20–B Enriched Gas–Drive Project," *J. Pet. Tech.* (March 1960) 29–33.

Blanton, J.R., McCaskill, N., and Herbeck, E.F.: "Performance of a Propane Slug Pilot in a Watered–Out Sand—South Ward Field," *J. Pet. Tech.* (Oct. 1970) 1209–14.

Christian, L.D. *et al.*: "Planning a Tertiary Oil–Recovery Project for Jay / LEC Fields Unit," *J. Pet. Tech.* (Aug. 1981) 1535–44.

Das Brisay, C.L. *et al.*: "Miscible Flood Performance of the Intisar "D" Field Libyan Arab Republic" *(J.Pet. Tech.)* (Aug 1975) 935–43.

DesBrisay, C.L *et al.*: "Review of Miscible Flood Performance, Intisar "D" Field, Socialist People's Libyan Arab Jamahiriya," *J. Pet. Tech.* (Aug, 1982) 1651–60.

Hansen, P.W.: "A CO_2Tertiary Recovery Pilot, Little Creek Field, Mississippi," paper SEP 6747 presented at the 1977 SPE Annual Technical Conference and Exhibition, Denver, Oct, 9–12.

Herbeck, D.F., and Blanton, J.R.: "Ten Years of Miscible Displacement in Block 31 Field," *J. Pet. Tech.* (June 1961) 543–49.

Holm, L.W. and O'Brien, L.J.: "Carbon Dioxide Test at the Mead–Strawn Field," *J. Pet. Tech.* (April 1971) 431–42.

Holm, L.W.: "Propane–Gas–Water Miscible Floods in Watered–Out Areas of the Adena Field, Colorado," *J. Pet. Tech.* (Oct. 1972) 1264–70.

Jenks, L.H., Campbell, J.B., and Binder, G.G. Jr.: "A Field Test of Gas–Driven Liquid Propane Method of Oil Recovery," *Trans.*, AIME (1957) **210,** 34–39.

Kane, A.V.: "Performance Review of a Large Scale CO_2–WAG Enhanced Recovery Project, SACROC Unit—Kelly Snyder Field," *J. Pet. Tech.* (Feb. 1979) 217–31.

Lackland, S.D. and Hurford, G.T.: "Advanced Technology Improves Recovery at Fairway," *J. Pet. Tech.* (March 1973) 354–58.

Marrs, D.G.: "Field Results of Miscible Displacement Program Using Liquid Propane Driven by Gas, Parks Field Unit, Midland County, Texas," *J. Pet. Tech.* (April 1961) 327–32.

Pontious, S.B. and Tham, M.J.: "North Cross (Devonian) Unit CO_2Flood—Review of Flood Performance and Numerical Simulation," *J. Pet. Tech.* (Dec. 1978) 1706–14.

Sessions, R.E.: "Small Propane Slug Proving Success in Slaughter Field Lease," *J. Pet. Tech.* (Jan. 1963) 31–36.

混相驱现场试验

Bleakley, W.B.: "Journal Survey Shows Recovery Projects Up." *Oil and Gas J.* (March 1974) 69–78.

Brannan, G. and Whittington, H.M. Jr.: "Enriched Gas Miscible Flooding—A Case History of the Levelland Unit Secondary Miscible Project," *J. Pet. Tech.* (Aug. 1977) 919–24.

Burt, R.A. Jr.: "High Pressure Miscible Gas Displacement Project. Bridger Lake Unit, Summit County," paper SPE 3487 presented at the 1971 SPE Annual Meeting, New Orleans, Oct. 3—6.

Gernet. J.M. and Brigham, W.E.: "Meadow Creek Unit Lakota 'B' Combination Water–Miscible Flood," *J. Pet. Tech.* (Sept. 1964) 993–97.

Glasser. S.R.: "History and Evaluation of an Experimental Miscible Flood in the Rio Bravo Field," *Prod. Monthly* (Jan. 1964) 17–20.

Griffith, J.D., Baiton, N., and Steffensen, R.J.: "Ante Creek—A Miscible Flood Using Separator Gas and Water Injection," *J. Pet. Tech.* (Oct. 1970) 1232–41.

Griffith J.D. and Cyca. L.G.: "Performance of South Swan Hills Miscible Flood," *J. Pet. Tech.* (July 1981) 1319–26.

Griffith, J.D. and Horne, A.L.: "South Swan Hills Solvent Flood," *Proc.*, Ninth World Pet. Cong., Tokyo (1975) **4.** 269–78.

Harvey, M.T., Shelton, J.L. and Kelm, C.H.: "Feld Injectivity Experiences with Miscible Recovery Projects Using Alternate Rich Gas and Water Injection," *J. Pet. Tech.* (Sept 1977) 1051–55.

Kloepfer, C.V. and Griffith, J.D.: "Solvent Placement Improvement by Pre–Injection of Water, Lobstick Cardium Unit Pembina Field," paper SPE 948 presented at the 1964 SPE Annual Meeting, Houston, Oct. 11–14.

Lane, L.C., Teubner, W.G., and Campbell, A.W.: "Gravity Segregation in a Propane Slug–Miscible Displacement Project, Baskington Field," *J. Pet. Tech.* (June 1965) 661–63.

Macon, R.S.: "Design and Operation of the Levelland Unit CO_2Injection Facility," paper SPE 8410 presented at the 1979 SPE Annual Technical Conference and Exhibition, Las Vegas, Sept. 23–26.

Meltzer. B.D., Hurdle, J.M., and Cassingham, R.W.: "An Efficient Gas Displacement Project—Raleigh Field, Mississippi," *J. Pet. Tech.* (May 1965) 509–14.

Palmer, F.S., Nute, A.J., and Peterson, R.L.: "Implementation of a Gravity–Stable Miscible CO_2Flood in the 8000–Foot Sand, Bay St. Elaine Field," *J. Pet. Tech.* (Jan. 1984) 101–10.

Pottier, J. *et al.*: "The High Pressure Injection of Miscible Gas at Hassi–Messaoud," *Proc.*, Seventh World Pet, Cong., Mexico City (1967) **3,** 533–44.

Thrash, J.C.: "Twofreds Field—Tertiary Oil Recovery Project," paper SPE 8382 presented at the 1979 SPE Annual Technical Conference and Exhibition, Las Vegas, Sept. 23–26.

Tittle, R.M. and From, K.T.: "Success of Flue Gas Program at Neale Field," paper SPE 1907 presented at the 1960 SPE Annual Meeting, Houston, Oct. 1–4.

第四十九章　热力采油法

Chieh Chu, Getty Oil Co❶　　唐养吾　译

一、引　　言

热力采油法通常是指利用热采出地下地层中原油的方法。热可以从外部供给，例如向地层注入蒸汽或热水等热流体；也可以通过在地层内部燃烧而产生。在燃烧时，由地层内的石油供给燃料，并向地层注入空气或其他含氧的流体，以便供给燃烧需要的氧。最常用的热力采油方法是注蒸汽方法和层内燃烧法。

二、两种注蒸汽形式

从原则上说，为了供给热，可以向地层注入任何热流体。使用最广泛的流体是蒸气或热水，因为水通常容易获得，而且丰富。注热水此注蒸汽效果差，这里将不予讨论。注蒸汽过程的示意图示于图 49.1，图中还大致指出了温度在地层内的分布情况[1]。

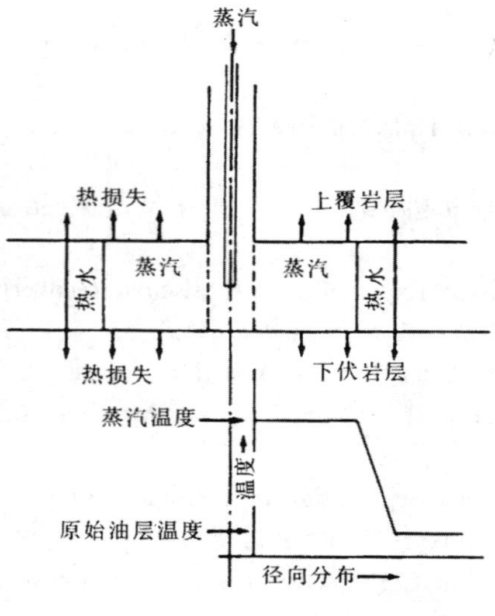

图 49.1　蒸汽注入过程

有两种不同的注蒸汽方法，即蒸汽加热处理和蒸汽驱。

1. 蒸汽加热处理

这个方法就是众所周知的蒸汽吞吐法，因为蒸汽是周期性注入的，每次注入蒸气后，油藏就可以投入生产。在这一过程中，驱替石油的主要驱动力是油层压力、重力、岩石和流体的膨胀，可能还有地层的压实。在蒸汽加热过程中，只有与井筒相邻的油层部分受到热的影响。对于倾角小或者无倾斜油层来说，经过多次注蒸汽和生产周围之后，近井地区已枯竭，以致继续注蒸汽加热变成无益的了。在这种情况下，为了获得高采收率，必须以非常密的井距钻井。

2. 蒸汽驱替

这个方法通常指的是蒸汽驱，它所达到的原油采收率要比蒸汽吞吐高得多。蒸汽吞吐是一口井作业，而蒸汽驱至少要求两口井，其中一口井作注入井，另一口井作生产井。大多数蒸汽驱工程采用面积蒸汽驱。在许多情况下，当原油粘度高到不能流动时，在注入井注入的

❶现在为Texaco公司工作。

热尚未到达生产井之前，常需要在生产井进行蒸汽吞吐。由于蒸汽驱可以达到很高的原油采收率，因而以前采用蒸汽吞吐的许多油藏现在都改为蒸汽驱了。

三、层内燃烧的三种形式

层内燃烧通常是指火驱。层内燃烧方法有三种形式，即平式正向燃烧、反向燃烧和湿式燃烧。

1.干式正向燃烧

在早些时候，这个方法是燃烧方法中最常用的形式。由于在注空气时没有同时注水，因而称为干式燃烧。因为燃烧是在注入井开始，而燃烧前缘是沿着空气流动的方向运动，因而称为正向燃烧。

图 49.2 是干式正向燃烧示意图[2]。图的上部说明由左边的注入井到右边的生产井这一横剖面上的温度分布。这里有两点需要指出。第一，靠近生产井的地区是凉的，处于油藏的原始温度。如果未加热的油是高粘度的，那么在燃烧带高温下被加热的油，尽管已经可以流动，但它不能推动未加热的油向前运动。这种现象称为“液体阻塞”。第二，在燃烧带后面的地区内，温度是很高的，这说明在该地区已储存了大量没有有效利用的热。

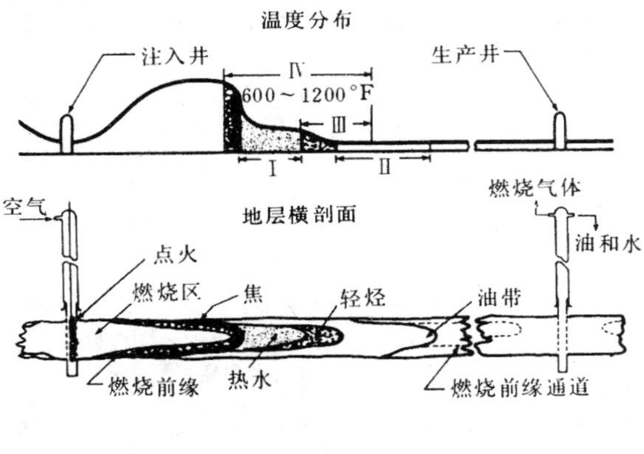

图 49.2　干式正向燃烧

图 49.2 的下部说明燃烧过程中液体饱和度在地层内的分布。应当注意的是，在燃烧过的地区内，剩下的是净砂。在燃烧过程中，被烧掉的是原油中的非重要馏分（较重部分），因而这是正向燃烧法优于反向燃烧法的一个优点。

2.反向燃烧

严格地说，反向燃烧应称之为干式反向燃烧，这是因为，通常是只注空气，不注水。现用一个简单的例子说明反向燃烧是如何进行的。在吸香烟时，人们总是点燃香烟的末端，并开始吸入。燃烧的前缘与空气一道由香烟的末端向人的嘴移动。这是正向燃烧。如果人们吹出气，香烟同样可以燃烧。燃烧前缘由香烟末端向人的嘴移动，而气流向相反的方向流动，这种方式称为反向燃烧。

图 49.3 说明了地层内的各种不同温度地带，在左边注入井附近是冷带，而在生产井附近是热带[3]。由于生产井周围的地区是热的，因而不存在前面提到的干式正向燃烧过程中存在的液体阻塞问题。

应用反向燃烧方法原则上不受原油粘度限制，无原油粘度上限。但是，这个方法不象干式正向燃烧方法那样效果好，因为原油的重要馏分（轻质部分）将被烧掉，而不重要馏分（较重部分）仍留在燃烧前缘后的地区内。此外，在注入井附近有可能发生自燃着火[4]。如果发生这种情况，氧在注入井附近就耗尽了，不可能支持生产井附近的燃烧。而且这个过程将转为正向燃烧。

从未有过一个反向燃烧过程达到工业化规模。尽管这个方法面临着许多困难，但还不能否定它，因为反向燃烧方法给开采极稠油或焦油（沥青）提供了一些希望。

3. 湿式燃烧

“湿式燃烧”一词实际上是指湿式正向燃烧。发展这个方法是为了利用燃烧带后面储备的热。采用这个方法有两个方式，或者是交替的注空气、注水，或者是与空气一起同时注水。由于这个方法具有很高的热容和蒸发潜热，水可以携带着燃烧前缘后的热向前推进，有助于驱替出燃烧带前面的油。

图 49.4 说明水空气比增加时湿式燃烧过程中的温度分布[5]。水空气比为零的曲线是指干式燃烧。随着水空气比的增加，燃烧带后面的高温带范围缩小（水空气比等于中等）。正如高水−空气比的一条曲线所示，当水−空气比进一步增加时，燃烧将部分熄灭。

湿式燃烧也是众所周知的正向燃烧与注水相结合的方法。这个方法可以在地层内产生蒸汽，形成蒸汽驱。应该指出的是，这个方法不能防止液体阻塞，它的应用也象干式正向燃烧样受原油粘度的限制。

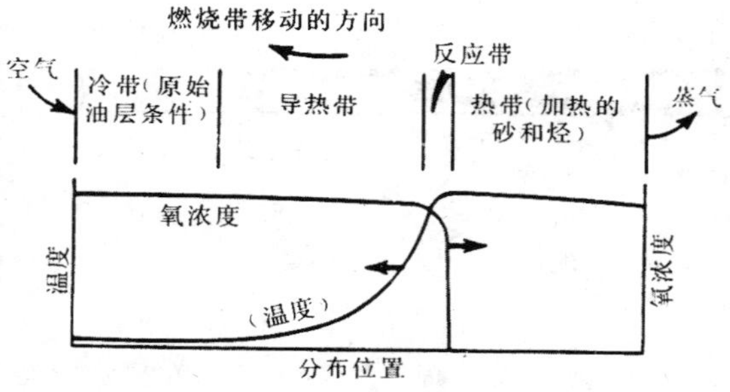

图 49.3　反向燃烧

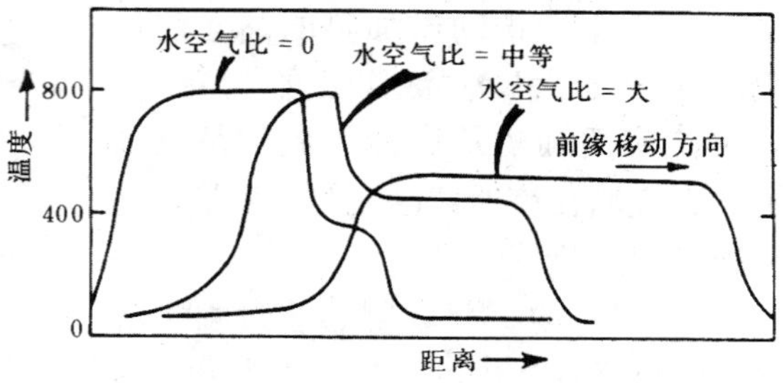

图 49.4　湿式燃烧

四、热力采油法发展的历史

下面按年月顺序列举出热力采油法在发展中发生的一些重大事件。

1）1931 年在美国得克萨斯州的 Woodson 油田进行了蒸汽驱[6]。

2）1949 年在美国俄克拉何马州的 Delaware−Childers 油田开始实施干式正向燃烧方案[7]。

3）1952 年在俄克拉何马州的南部实施了一个干式燃烧方案[8]。

4）1955 年在美国密苏里州的 Bellamy 油田开始实施反向燃烧方案[9]。

5）1958 年在委内瑞拉的 Mene Grande 焦油砂偶然发现蒸汽加热处理法[10]。

6）1960 年在美国加利福尼亚州的 Yorba Linda 油田开始采用蒸汽加热处理法[11]。

7）荷兰的 Schoonebeek 油田开始实施火驱方案中的湿式燃烧阶段[12]。

五、发展现状

1. 美国应用提高原油采收率方法生产原油

从《油气杂志》1982年4月的调查中可以看出，热力采油方法具有重大的意义[13]。正如表49.1表明，在应用提高原油采收率方法获得的日产油量中，76.9%的原油是用注蒸汽方法采出来的，2.7%是用层内燃烧方法生产的，整个热力采油方法生产的油占79.6%。燃烧方法生产的油量虽远不如注蒸汽方法生产的油多，但却比所有化学驱方法生产的油的总和还多1倍以上（化学驱方法生产的油量占1.2%）。

表49.1 美国应用提高原油采收率方法达到的日产油水平(1982年)

	桶／天	%
蒸汽	388396	76.9
燃烧	10228	2.7
热力采油法合计	298624	79.6
微乳液—聚合物	902	0.2
聚合物	2587	0.7
碱水驱	580	0.2
其他化学方法	340	0.1
化学方法合计	4409	1.2
CO_2混相驱油	21953	5.9
其他气体驱油	49962	13.3
合计	71915	19.2
总计	374948	100

2. 热力采油工程的地理位置分布

表49.2主要是以1982年的调查为基础[13]。该表说明了注蒸汽工程在世界各地的分布。在注蒸汽方法的日产油量中，71.7%产自美国，15.4%产自印度尼西亚，委内瑞拉7%，加拿大3%。在美国，几乎全部产油量产自加利福尼亚州；而路易斯安那州、堪萨斯州、得克萨斯州、俄克拉何马州和怀俄明州的产油量仅占很小的百分数。

层内燃烧的日产油量列于表49.3。从表中可看出，美国占总产油量的40%，其次是罗马尼亚，占26%，加拿大22.1%，委内瑞拉10.8%。在美国的产油量中，几乎一半产自加利福尼亚州，1／3产自路易斯安那州，其余的产自密西西比州、得克萨斯州和伊利诺伊州。

3. 规模较大的热力采油工程

规模较大的热力采油工程主要也是以1982年的调查为基础，列于表49.4[13]。

4.能够采用热力采油方法的油藏

表49.5说明了适合于采用蒸汽驱和火驱方法的油藏性质范围[14]。

表 49.2　注蒸汽方法的日产油水平（1982 年）

	桶／天	%
美国	288396	71.7
阿肯色州	800	
加利福尼亚州	284093	
路易斯安那州	1600	
俄克拉何马州	617	
得克萨斯州	711	
怀俄明州	575	
加拿大（艾伯塔省）	12180	3.0
巴西	1920	0.5
特立尼达	3450	0.9
委内瑞拉	28030	7.0
刚果	2500	0.6
法国	360	0.1
德国	3264	0.8
印度尼西亚	62000	15.4
总计	402100	100.0

表 49.3　层内燃烧方法的日采油量水平

	桶／天	%
美国	10228	4.0
加利福尼亚州	4873	
伊利诺斯州	179	
堪萨斯州	2	
路易斯安那州	2940	
密西西比州	1300	
得克萨斯州	934	
加拿大	5690	22.1
艾伯塔省	150	
萨斯喀彻温省	5540	
巴西	284	7.1
委内瑞拉	2799	10.8
罗马尼亚	6699	26.0
总计	25760	100

表 49.4　主要热力采油工程

	油田位置（经营者）	产油量(桶／天)
蒸汽驱	Kern 河,加利福尼亚州(Getty 公司)	83000
	Duri,印度尼西亚(Caltex 公司)	40000
	Mount Poso, 加利福尼亚州(Shell 公司)	22800
	San Ardo, 加利福尼亚州(Texaco 公司)	22500
	Tia Juana Este, 季内瑞拉(Maraven 公司)	15000
蒸汽加热	Lagunillas, 季内瑞拉(Maraven 公司)	40850
	Duri, 印度尼西亚(Caltex 公司)	22000
	冷湖,艾伯塔省(Esso 公司)	10000
火驱	Suplacu de Barcau, 罗马尼亚(IFP-PCCG 公司)	6552
	Battrum No1, 萨斯喀彻温省 (Mobil 公司)	2900
	Bellevus, 路易斯安那州 (Getty 公司)	2723
热力采油法	Jobo, 委内瑞拉 (Lagoven 公司)	13000

表 49.5　适合于蒸汽驱和火驱的油藏

	蒸汽驱	火驱
深度(英尺)	160～5000	180～11500
有效厚度(英尺)	10～1050	4～150
地层倾角(度)	0～70	0～45
孔隙度(%)	12～39	16～39
渗透率(毫达西)	70～10000	40～10000
原油重度(°API)	-2～44	9.5～40
原始温度下的原油粘度(厘泊)	4～10^6	0.8～10^6
开始时的含油饱和度(%)	15～85	30～94
地下原油原始储量(桶／(英亩·英尺))	370～2230	430～2550

5.提高原油采收率的潜力

根据 Johnson 等人的报导[15]，巨大的能源资源分布在委内瑞拉，哥伦比亚（1 万亿桶到 1 万 8 千亿桶），加拿大（9000 亿桶）和美国（300 亿桶）等国家的焦油（沥青）砂中。这些沥青砂将是应用热力采油方法开发的主要对象，这是因为，如果这些资源有可能经济地开发，将可得到非常大的好处。

Lewin 和 Assocs 公司[16]按每桶油的价格 22 美元作了一次估算，美国应用热力采油法最终采出的油将是 56～79 亿桶，其中蒸汽驱将采出 40 亿到 60 亿桶，火驱将采出 16 到 19

亿桶。

6. 生产机理

根据 Willman 等人的研究[17]，注蒸汽方法的生产机理是:

1）热水驱，包括粘度降低和膨胀;

2）气驱;

3）蒸汽蒸馏;

4）溶剂抽提效应。

这些机理对于轻质油（37°API）和重质油（12.2°API）的相对重要性分别列于表49.6.。

表 49.6　注蒸汽的采油机理

	采收率（%原始地质储量）			
	Torpedo 砂岩岩心，原油重度 37°API		Torpedo 砂岩岩心，原油重度 12.2°API	
蒸汽注入压力(磅／英寸^2(表压))	800(520°F)	84(327°F)	800(520°F)	84(327°F)
热水驱采收率,包括降低粘度和膨胀	71.0	68.7	68.7	66.0
气驱采收率	3.0	3.0	3.0	3.0
蒸汽蒸馏的补充采收率	18.9	15.6	9.3	4.9
溶剂-抽提作用增加的采收率	4.7	4.6	3.0	3.7
注蒸汽的总采收率	97.6	91.9	84.0	77.6

采用火驱方法时，以上机理也是很重要的。此外，通过裂化，可以将重质油馏分分解为轻质油馏分，这种分解至少有两个效果：增加体积和更明显地降低油的粘度。由于注入了大量空气和产生燃烧气，气驱效果也会增加。

六、理论上应考虑的问题

1. 地面管线和井筒热损失

在当前的油矿实践中，井下蒸汽发生器仍处于发展阶段。几乎在所有的注蒸汽工程中，目前都是使用地面蒸汽发生器。地面蒸汽发生器产生的蒸汽通常是通过地面管线送到注入井井口。由于对流和辐射作用，部分热损失于周围的大气中。当蒸汽由井口通过井筒流到油层的砂面时，主要通过传导作用，热将损失于上覆地层。计算地面管线和井筒热损失的方法将在下面讨论。

2.地面管线热损失

在大部分注蒸汽工程中，蒸汽管线都是绝热的。地面管线的热损失（英热单位／小时）是:

$$Q_{rl} = 2\pi r_{in} U_{ti} (T_s - T_{at}) \Delta L \tag{1}$$

式中　r_{in}——绝热表面的外半径，英尺；

T_s——蒸汽温度，°F；

T_{at}——大气温度，°F；

ΔL——管线长度，英尺。

上式中的 U_{ti} 是总的热传递系数（以管线或油管内半径为基础），单位是英热单位／（小时·英尺·°F）。该系数可用下式计算：

$$U_{it}=\left[\frac{r_{in}\ln\left(\frac{r_{in}}{r_{to}}\right)}{k_{hin}}+\frac{1}{h+I}\right]^{-1} \tag{2}$$

式中　r_{to}——管子外半径，英尺；

k_{hin}——绝热物质的热传导率，英热单位／（小时·英尺^2·°F）。

热对流传递系数 h（英热单位／（小时·英尺^2·°F））。可用下式计算[18]：

$$h=\frac{0.75v_w^{0.6}}{r_{in}^{0.4}} \tag{3}$$

式中　v_w 是风速，英里／小时。热辐射传递系数 I 通常可以忽略。如果管线是裸露的，即未绝热的，那么 $r_{to}=r_{in}$，并且

$$U_{ti}=h \tag{4}$$

如果蒸汽是过热蒸汽，那么在整个管线上 T_s 将是不同的，因为热将损失于大气中。当管线很长时，则需要将管线划分为若干段，并逐段计算热损失。在每一段中

$$T_{s2}=T_{s1}-\frac{Q_{rl}}{w_s C_s} \tag{5}$$

式中　T_{s1}，T_{s2}——分别为管线段起始端和末端的蒸汽温度，°F；

Q_{rl}——沿管线段的热损失，英热单位／小时；

w_s——蒸汽质量速率，磅（质量）／小时；

C_s——蒸汽热容，英热单位／（磅（质量）·°F）。

如果蒸汽是饱和蒸汽，那么热损失将引起蒸汽干度降低。

$$f_{s2}=f_{s1}-\frac{Q_{rl}}{W_s L_s} \tag{6}$$

式中　f_{s2} 和 f_{s1}——分别为管线段起始端和末端的蒸汽干度，分数；

L_s——蒸汽潜热，英热单位／磅（质量）。

3.井筒热损失

在大多数注蒸汽工程中，都是向地层中注入一定干度的饱和蒸汽。这里假设一个比较简单的情况：首先进入井筒的蒸汽是过热蒸汽，随着干度逐渐降低，变为饱和蒸汽，在完全冷凝为热水后进一步冷却。

过热蒸汽　假定深度 D 为零，蒸汽温度 T_s 随时间变化。还假定存在线性地热梯度，于是

$$T_f = g_G D + T_{su} \tag{7}$$

式中 T_f 是地层温度。假定在深度 D_1 处是蒸汽温度，现在需要计算深度 D_2 处的温度，两个深度之间的长度 $\Delta D = D_2 - D_1$。由于深度 D 的地层温度是 $g_G D_1 + T_{su}$，适用于气体的方程[19]可写成：

$$T(D_2,t) = g_G D_2 + T_{su} - g_G A - AB + [T(D_1,t) - g_G D_1 - T_{su} + g_G A + AB]e^{-\Delta D/A} \tag{8}$$

A 可用下式求得：

$$A = \frac{w_s C_s [k_{hf} + r_{ti} U_{ti} f(t)]}{2\pi r_{ti} U_{ti} k_{hf}} \tag{9}$$

而 B 则用方程（10）求得：

$$B = \frac{1}{778 C_s} \tag{10}$$

式中　k_{hf}——地层的热传导率，英热单位／（日·英尺·°F）；

r_{ti}——油管内半径，英尺；

U_{ti}——套管外半径和油管内半径之间环形空间内的总热传递系数（以 r_{ti} 为基础），英热单位／（日·英尺·°F）；

$f(t)$——土壤的瞬间热传导时间函数，无因次，参见图 49.5；

C_s——蒸汽热容，英热单位／（磅（质量）·°F）；

g_G——地热梯度，°F／英尺；

T_{su}——地面温度，°F。

当 $t > 7$ 天时，

$$f(t) = \ln\frac{2\sqrt{\alpha t}}{r_{co}} - 0.29 \tag{11}$$

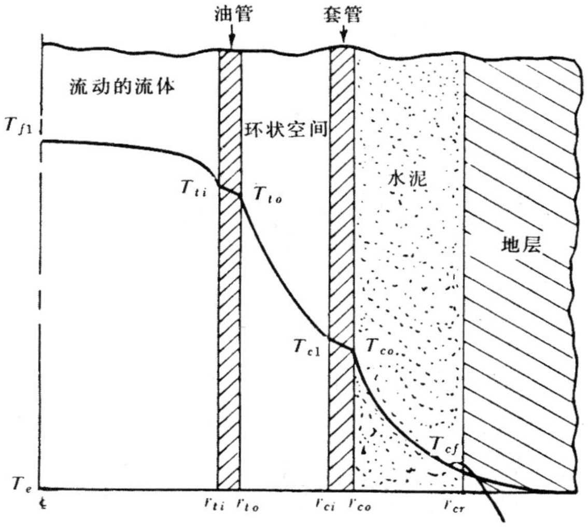

图 49.5　一个无限辐射系统中的瞬间热传导

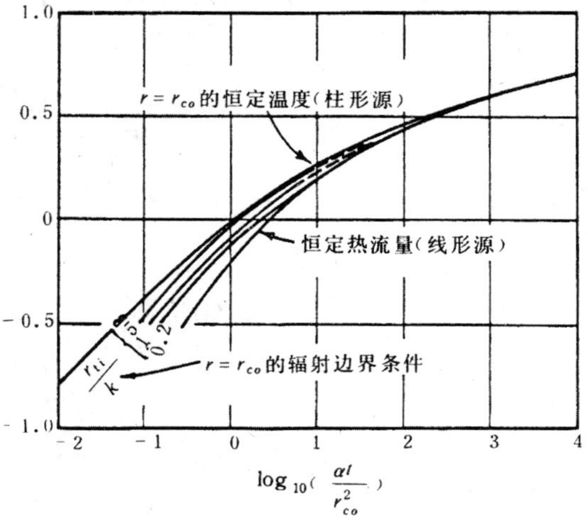

图 49.6　环形空间内的温度分布

式中　α——热扩散系数，英尺^2／日；

r_{co}——套管外半径，英尺。

饱和蒸汽　当蒸汽为饱和蒸汽时，井筒的热损失将会引起蒸汽干度的改变，而蒸汽温度 T_s 仍保持不变。如果在深度 D 处的蒸汽干度是 $f_s=f_s$（D_1，t），那么在深度 D_2 处的蒸汽干度可用 Satter 方程计算出来[20]。

$$f_s(D_2,t)=f_s(D_1,t)+\frac{A'B'+aD_1+b-T_s}{A'}\Delta D+\frac{a(\Delta D)^2}{2A'} \tag{12}$$

在方程（12）中，

$$A'=\frac{w_s L_s[k_{hf}+r_{ti}U_{ti}f(t)]}{2\pi r_{ti}U_{ti}k_{hf}} \tag{13}$$

$$B'=\frac{1}{778L_s} \tag{14}$$

热水　当热水冷却时，可应用 Ramey 的液相方程[19]。由深度 D_1 到 D_2 的变化是

$$T(D_2,t)=g_G D_2+T_{su}-g_G A+[T(D_1,t)-g_G D_1+T_{su}+g_G A]e^{-\Delta D/A} \tag{15}$$

总热传递系数　温度在环形空间内的分布示于图 49.6[21]。为了计算油管外表面的总热

传递系数 U_{to}，可以应用 Willhite 提出的以下方法[21]。

1）根据外油管表面选择 U_{to}；

2）按照前面提出的方法计算 f（t）；

3）计算出水泥—地层界面处的 T_{cf}。

$$T_{cf}=\frac{T_{ft}f(t)+\dfrac{k_{hf}}{r_{to}U_{to}}T_f}{f(t)+\dfrac{k_{hf}}{r_{to}U_{to}}} \tag{16}$$

式中 T_{fl}——流体温度，°F。

4）计算出套管内表面的 T_{ci}

$$T_{ci}=T_{cf}+\left(\frac{\ln\dfrac{r_{cf}}{r_{co}}}{k_{hce}}+\frac{\ln\dfrac{r_{co}}{r_{ci}}}{k_{hca}}\right)r_{to}U_{to}(T_{fl}-T_{cf}) \tag{17}$$

式中 r_{cf}——至水泥-地层界面的半径，英尺；

r_{ci}——套管内半径，英尺；

k_{hce}——水泥的热传导系数，英热单位／（小时 · 英尺 · °F)；

k_{hca}——套管物质的热传导系数，英热单位／（小时 · 英尺 · °F)。

5）计算热辐射传递系数 I 和天然对流传递系数 h。

6）计算 U_{to}

$$U_{to}=\left(\frac{1}{h+I}+\frac{r_{to}\ln\dfrac{r_{cf}}{r_{co}}}{k_{hce}}\right)^{-1} \tag{18}$$

当工业绝热层厚度为 Δr 时，则

$$U_{to}=\left[\frac{r_{ro}\ln\dfrac{r_{in}}{r_{to}}}{k_{hin}}+\frac{r_{to}}{r_{in}(h'+I')}+\frac{r_{to}\ln\dfrac{r_{cf}}{r_{co}}}{k_{hce}}\right]^{-1} \tag{19}$$

式中 h' 和 I' 是以绝热外表面为依据。

包括压力变化的计算 由 Earlougher[22] 提出的较复杂的计算方法包括了井筒内压力变化的影响。井筒划分为若干深度段。根据每一深度段顶部的条件，计算出该井段底部的条件。方法如下。

1）计算井段 p_2 底部的压力

$$p_2 = p_1 + 1.687 \times 10^{-12}(v_{t1} - v_{t2})\frac{w_s^2}{r_{ti}^4} + 6.944 \times 10^{-3}\frac{\Delta D}{v_{t1}} - \Delta p \tag{20}$$

式中 v_t——总流体的比容，英尺^3／磅（质量）（条件1是深度段顶部，条件2是深度段底部）；

ΔD——深度段的长度，英尺；

Δp——井段内的摩阻压力降，磅／英寸^2。

Beggs 和 Brill 的两相流相关式〔23〕可用于计算上述方程中的 Δp。

2）计算井段内的热损失

$$Q_1 = \frac{2\pi k_{hf} r_{co} U_{co} \Delta D}{k_{hf} + r_{co} U_{co} f(t)} \times [0.5(T_{s1} + T_{s2}) - 0.5(T_{f1} + T_{f2})] \tag{21}$$

式中 U_{co}——外套管表面上的总热传递系数，英热单位／（小时·英尺^2·°F）。

3）计算该深度段底部的蒸汽干度

$$f_{s2} = \frac{f_{s1} L_{v1} + H_{w1} - H_{w2} - \dfrac{Q_{rl}}{w_s}}{L_{v2}} \tag{22}$$

式中 H_{w1}——该井段顶部液态水的热焓，英热单位／磅（质量）；

H_{w2}——该井段底部液态水的热焓，英热单位／磅（质量）；

L_{v1}——该井段顶部的汽化潜热，英热单位／磅（质量）；

L_{v2}——该井段底部的汽化潜热，英热单位／磅（质量）。

新发展 Faroug Ali 研究提出了一个新模型〔24〕。这个新模型使用了一个能够代表周围地层的网格系统来精准地处理井筒热损失。此外，根据已知的相关关系，压力计算还考虑到滑脱和主要流动状态。

七、注蒸汽的解析模型

为了预测注蒸汽过程中的油藏动态，通常是使用了维（3D）3 相数值模拟器。凡是模拟器不适用或需要快速计算动态的地方，人们就求励于简单的解析模型。这些方法常常只考虑注蒸汽过程中的热能问题，而不考虑流体流动问题。

1. 前缘驱替模型

Marx–Langenheim 方法[25]　假定热是注入到上、下两个层之间的油层中。同时还假定，载热流体的明显前缘是垂直于地层边界向前推进的（图 49.7）。热平衡计算表明，注入到油层中的热等于损失于上覆地层和下伏地层的热加上油层中所含的热。

在任一时间 t 内加热的面积可用下式计算：

$$A=\frac{Q_{ri}Mh\alpha_o}{4k_{ho}^2\Delta T}\left(e^{t_D}\operatorname{erfc}\sqrt{t_D}+2\sqrt{\frac{t_D}{\pi}}-1\right) \tag{23}$$

式中　A——在时间 t 内加热的面积，英尺^2；

t——自注入开始的时间，小时；

Q_{ri}——热注入速率，英热单位／小时；

M——含有油和水的固体基质的体积热容，英热单位／（英尺^3 · °F)。

$$M=(1-\phi)\rho_r C_r+S_{wi}\phi\rho_w C_w+S_{oi}\phi\rho_o C_o \tag{24}$$

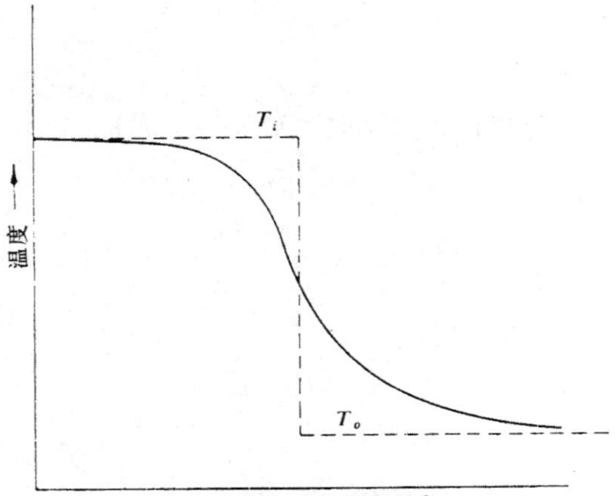

图 49.7　Marx–Langenheim 模型内的温度分布

式中　ϕ——孔隙度，小数；

ρ_r——岩石颗粒的密度，磅（质量）／英尺^3；

ρ_o——油的密度，磅（质量）／英尺^3；

ρ_w——水的密度，磅（质量）／英尺^3；

C_r——岩石的热容，英热单位／(磅（质量）· °F)；

C_o——油的热容，英热单位／(磅（质量）· °F)；

C_w——水的热容，英热单位／(磅（质量）· °F)；

S_{oi}——油的原始饱和度，小数；

S_{wi}——水的原始饱和度，小数；

h——油层厚度，英尺；

α_o——上覆地层热扩散系数，英尺^2／小时；

k_{ho}——上覆地层的热传导率，英热单位／（小时 · 英尺 · °F)；

ΔT——等于 $T_{inj}-T_{fi}$， °F；

T_{inj}——注入温度， °F；

T_{fi}——原始地层温度， °F；

t_D——无因次时间。

$$t_D = \left(\frac{4k_{ho}^2}{M^2 h^2 \alpha_o}\right) t \tag{25}$$

而

$$\sqrt{t_D} = \left(\frac{2k_{ho}}{Mh\sqrt{\alpha_o}}\right) t^{1/2} \tag{26}$$

互补误差函数为:

$$\operatorname{erfc} x = 1 - \operatorname{erf} x = 1 - \frac{2}{\pi}\int_o^x e^{-\beta^2} \mathrm{d}\beta \tag{27}$$

式中 β 为虚变量。

为了评价 $e^{t_D} \operatorname{erfc}\sqrt{t_D}$，可以使用以下近似式[26]。

令:

$$y = \frac{1}{1 + 0.3275911\sqrt{t_D}} \tag{28}$$

$$e^{t_D} \operatorname{erfc}\sqrt{t_D} = 0.254829592y - 0.284496736y^2 + 1.42143741y^3$$

$$- 1.453152027y^4 + 1.061405429y^5 \tag{29}$$

假定，在加热了的面积内，所有的可流动油都被驱替出来了。如果假定全部被驱替的油都采出来了，那么就可计算出累计蒸汽油比:

$$F_{so}^* = \frac{i_s t}{4.275Ah\phi(S_{oi} - S_{io})} \tag{30}$$

式中 i——蒸汽注入速率，桶／日（冷水当量）;

S_{oi}——原始含油饱和度;

S_{io}——残余油饱和度。

由 A 对 t 将表达式求导，便可得出加热区的膨胀速率。驱油速率 q_{od}（桶／日）为:

$$q_{od} = 4.275\left[\frac{Q_{ri}\phi(S_{oi} - S_{or})}{M\Delta T}\right] e^{t_D} \operatorname{erfc}\sqrt{t_D} \tag{31}$$

应用该方程可计算出蒸汽油比:

$$F_{so} = \frac{i_s}{q_{od}} \tag{32}$$

热效率 E_h 定义如下:

$$E_h = \frac{Q_{hz}}{Q_{it}} \tag{33}$$

式中 Q_{hz}——加热区内的剩余热,英热单位;

Q_{it}——总注入热量,英热单位。

又

$$E_h = \frac{AhM\Delta T}{Q_{ri}T} \tag{34}$$

由此可以很容易地得出:

$$E_h = \frac{1}{t_D}\left(e^{t_D}\ \mathrm{erfc}\sqrt{t_D} + 2\sqrt{\frac{t_D}{\pi}} - 1\right) \tag{35}$$

Ramey 扩展了 Marx–Langenheim 的方法[27]

Marx–Langenheim 方法可以扩展应用到不同时期内保持不同稳定注入速率的情况。如果在某一注入时期 $0<t<t_1$ 的热注入速率是 $(Q_{ri})_i$,而在另一时期 $t_{n-1}<t<t_n$ 的热注入速率是 $(Q_{ri})_n$,则

$$A = \frac{Mh\alpha_o}{4k_{ho}^2\Delta T}\left\{(Q_{ri})_n F(t_{Dn}) + \sum_{i=1}^{i=n-1}[(Q_{ri})_i - (Q_{ri})_{i+1}]F(t_{Di})\right\} \tag{36}$$

式中

$$F(t_{Di}) = e^{t_{Di}}\ \mathrm{erfc}\sqrt{t_{Di}} + 2\sqrt{\frac{t_{Di}}{\pi}} - 1 \tag{37}$$

而 $F(t_{Dn}) = F(t_{Di})$,$i=n$。在 t_i 时的驱油速率取决于该时刻的热注入速率,而与以前的热注入速率无关。

Mandl–Volek 对 Marx–Langenheim 方法的改进[28]

Mandl 和 Volek 通过观测发现,在某一临界时间 t_c 之后,实验室试验中测量的加热区总是小于应用 Marx–Langenheim 方法预测的加热区。当 $t \geqslant t_c$ 时,则

$$A = \frac{Q_{ri}Mh\alpha_o}{4k_{ho}^2\Delta T}\left[e^{t_D}\ \mathrm{erfc}\sqrt{t_D} + 2\sqrt{\frac{t_D}{\pi}} - 1 - \sqrt{\frac{t_D - t_{cD}}{\pi}} \times\right.$$

$$\left(\frac{1}{1+\frac{L_s f_s}{C_w \Delta T}}+\frac{t_D-t_{cD}}{3}^{-3} e^{t_D} \operatorname{erfc}\sqrt{t_D}-\frac{t_D-t_{cD}}{2\sqrt{\pi t_D}}\right)\Bigg] \tag{38}$$

t_c 由下式求出:

$$e^{t_{cD}} \operatorname{erfc}\sqrt{t_{cD}}=\frac{1}{1+\frac{L_s f_s}{C_w \Delta T}} \tag{39}$$

t_c 和 t_{cD} 之间的关系是

$$t_{cD}=\left(\frac{4k_{ho}^2}{M^2 h^2 \alpha_o}\right)t_c \tag{40}$$

Myhil 和 Stegemeier [29] 采用了一个稍许不同于 Mandl-Volek 模型的改型模型，并计算了 11 个油田注蒸汽工程的油-蒸汽比。他们发现，实测油-蒸汽比的范围是计算的油-蒸汽比的 70%～100%。

2. 蒸汽前缘模型

与前面所讨论的前缘驱替模型的不同之处在于，Neuman 设想 [30]，蒸汽上升到顶部，并沿水平方向向外发展，同时又沿垂直方向向下发展。Doscher 和 Ghassemi [31] 提出了比 Neuman 的设想更极端的看法，他们提出的理论认为，蒸汽立即向顶部上升，而只有蒸汽带运动的方向是垂直向下运动，Vogel [32] 按照同样的推理发展了以下计算热效率的简单方程:

$$E_h=\frac{1}{1+\sqrt{\frac{4}{\pi}t_D}} \tag{41}$$

表 49.7 对使用 Marx-Langenheim 方法和 Vogel 方法计算的热效率进行了对比。这个表说明，用 Vogel 方法预测的热效率是 Marx-Langenheim 方法计算的热效率的 80%～100%。

3. 蒸汽加热处理（吞吐）

蒸汽加热处理通常要循环进行若干次。每次循环由三个周期组成：注蒸汽，浸泡和生产，这个方法的基本原理如下。

如不进行蒸汽加热处理，原油产量为:

$$q_{oc}=\frac{0.00708kk_{ro}h}{\mu_{oc}\ln\frac{r_e}{r_w}}(p_e-p_w) \tag{42}$$

式中 q_{oc}——冷油日产量，桶；

k——绝对渗透率，毫达西；

k_{ro}——油的相对渗透率，小数；

μ_{oc}——冷油粘度，厘泊；

p_e——外半径范围内的地层静压，磅／英寸^2（绝对）；

p_w——井底压力，磅／英寸^2（绝对）。

表 49.7 Marx-Langenheim 方法和 Vogel 方法的对比

t_D	热效率		Marx-Langenheim 方法和 Vogel 方法的比值
	Marx-Langenheim 方法	Vogel 方法	
0.01	0.930	0.900	0.967
0.1	0.804	0.737	0.917
1.0	0.556	0.470	0.845
10.0	0.274	0.219	0.799
100	0.103	0.081	0.787

注蒸汽以后，加热区 $r_w<r<r_h$ 内的原油将具有较低的粘度 μ_{oh}。热油产量 q_{oh} 是

$$q_{oh}=\frac{0.00708kk_{ro}h}{\mu_{oh}\ln\frac{r_h}{r_w}+\mu_{oc}\ln\frac{r_e}{r_h}}(p_e-p_w) \tag{43}$$

式中 r_h——加热区的半径，英尺。

q_{oh} 和 q_{oc} 的比值是：

$$\frac{q_{oh}}{q_{oc}}=\frac{1}{\frac{\mu_{oh}}{\mu_{oc}}\frac{\ln\frac{r_h}{r_w}}{\ln\frac{r_e}{r_w}}+\frac{\ln\frac{r_e}{r_h}}{\ln\frac{r_e}{r_w}}} \tag{44}$$

当从油层中采出流体时，能量也伴随着流体一起从油层中排出。这就引起加热区半径 r_h 减小，温度降低，因而 μ_{oh} 增大。

现已研究了几个方法，可用来计算蒸汽吞吐时的油藏动态。广泛应用的方法之一是 Boberg 和 Lantz[33] 方法。这个方法假定 r_h 是不变的，而加热带内的 $\overline{T}$ 是变化的。这个方法包括以下几个步骤。

1）用 Marx-Langenheim 方法计算加热区的大小。

2）计算加热区内的平均温度。

3）计算加热区内原油粘度降低后的日产油量。

4）在连续几次注蒸汽周期中，都要重复第1至第3步骤的计算，后1次注蒸汽计算都要包括前1次注蒸汽周期的剩余残余热。

加热区的平均温度由下式计算：

$$\overline{T} = T_R + (T_s - T_R)[\overline{V}_r \overline{V}_z (1-\delta) - \delta] \tag{45}$$

式中 $\overline{T}$——任一时间 t 内加热区 $r_w < r < r_h$ 的平均温度，°F；

T_R——原始油藏温度，°F；

T_s——油层砂层面上注蒸汽压力下的蒸汽温度，°F；

$\overline{V}_r$，$\overline{V}_z$——在 $0 < r < r_h$ 时，V_r，V_z 及整个 h_j，* 的平均值（符号 * 没有物理含义，只是数学符号）；

V_r，V_z——在 r 和 z 方向内对组分传导问题的单元解；

δ——与产液一起排出的能量，无因次。

$\overline{V}_r$ 和 $\overline{V}_z$ 可以从图49.8上获得，它们是无因次时间 t_D 的函数。对于 $\overline{V}_r$，t_D 可用下式求得：

$$t_D = \frac{\alpha_o (t - t_i)}{r_h^2} \tag{46}$$

式中 α_o——上覆地层的热扩散系数，英尺²/日；

t——该周期注蒸汽开始以来的时间，天；

t_i——该周期的注蒸汽时间，天；

r_h——最初加热区的半径，英尺。

对于 $\overline{V}_z$，则

$$t_D = \frac{\alpha_o (t - t_i)}{\overline{H}_1^2} \tag{47}$$

$$\overline{H}_1 = \frac{m_{sit}(f_s L_s + H_{ws} - H_{wR})}{\pi \left(r_h^2 M\right)(T_s - T_R) N_s} \tag{48}$$

式中 m_{sit}——注入蒸汽的总质量，磅；

N_s——砂层数；

H_{ws}，H_{wR}——在蒸汽温度和油层温度条件下（°F）水的热焓，英热单位/磅；

M——体积热容，英热单位/英尺³·°F。

与产液一起排出的能量 δ 可由下式计算

$$\delta = \frac{1}{2}\int_{t_i}^{t} \frac{Q_{rt}\,\mathrm{d}t}{h_t \pi r_h^2 M(T_s - T_R)} \tag{49}$$

式中 h_t——所有砂层的总厚度，英尺；

Q_{rt}——时间 t 时的热排出速率，英热单位／日。

$$Q_{rt} = q_{oh}(H_{og} + H_w) \tag{50}$$

$$H_{og} = (5.6146M_o + R_t C_g)(\overline{T} - T_R) \tag{51}$$

$$H_w = 5.6146\rho_w [F_{wot}(h_f - H_{wR}) + R_t L_s] \tag{52}$$

式中 h_f——温度T在32°F以上时的液态水热焓（参见蒸汽表），英热单位／磅；

H_{og}——油和气的热焓，英热单位／地面桶油；

H_w——1 地面桶油所携带的水的热焓，英热单位／地面桶油；

L_s——蒸汽表内的 h_{fg}。

如果 $p_w > p_s$ 和 $F_{so} < F_{wot}$，则

$$F_{so} = 0.0001356\left(\frac{p_s}{p_w - p_s}\right)R_t \tag{53}$$

在 60°F 时 1 桶液态水／地面桶油。

若 F_{so}（计算的）$> F_{wot}$，则

$$F_{so} = F_{wot} \tag{54}$$

在以上各式中

R_t——总生产气-油比，标准英尺^3／地面桶；

F_{wot}——总生产水油比，地面桶／地面桶；

F_{so}——蒸汽油比，地面桶／地面桶；

p_w——井底生产压力，磅／英寸^2（绝对）；

p_s——在温度$\overline{T}$时，水的饱和蒸气压力，磅／英寸^2（绝对）。

因而热油产量率可用下式求出，

$$q_{oh} = F_J J_c \Delta p \tag{55}$$

式中 F_J 是地层加热后的采油指数与未加热前的采油指数之比，无因次，

$$F_J = \frac{1}{\frac{\mu_{oh}}{\mu_{oc}} C_1 + C_2} \tag{56}$$

J_c 是地层未加热前（冷的）的采油指数，地面桶／日／磅／英寸^2。

$$J_c = \frac{0.000708 k k_{ro} h}{\mu_{oc} \ln \frac{r_e}{r_w}} \tag{57}$$

若 p_e 保持不变，则

$$C_1 = \frac{\ln \frac{r_h}{r_w}}{\ln \frac{r_e}{r_w}} \tag{58}$$

而

$$C_2 = \frac{\ln \frac{r_e}{r_h}}{\ln \frac{r_e}{r_w}} \tag{59}$$

因此，在这种情况下，方程（55）与方程（43）相同。若 p_e 是递减的，则

$$C_1 = \frac{\ln \frac{r_h}{r_w} - \frac{r_h^2}{2r_e^2}}{\ln \frac{r_e}{r_w} - \frac{1}{2}} \tag{60}$$

而

$$C_2 = \frac{\ln \frac{r_e}{r_h} - \frac{1}{2} + \frac{r_h^2}{2r_e^2}}{\ln \frac{r_e}{r_w} - \frac{1}{2}} \tag{61}$$

这个计算原油产量的方法可能是 Boberglantz 方法中最不完善的部分。

1）它假定在 P_e 和 P_w 之间，压力是不断地下降。由于蒸汽是在高压下注入的，因而在 r_h 附近实际上可能存在高压 p_s，而且压力向 p_w 和 p_e 下降。

2）由冷油产率变为热油产率仅仅是由于 μ_o 变化引起的。没有考虑的参数是 K_{ro} 的变化，而它是随着 s_o 的变化而变化的。

Beberg 和 West〔34〕在 Boberg−Lantz 方法的基础上研究提出了相关法。如果油层性质

是已知的，应用相关法可计算出不断上升的油-蒸汽比（图 49.9）。

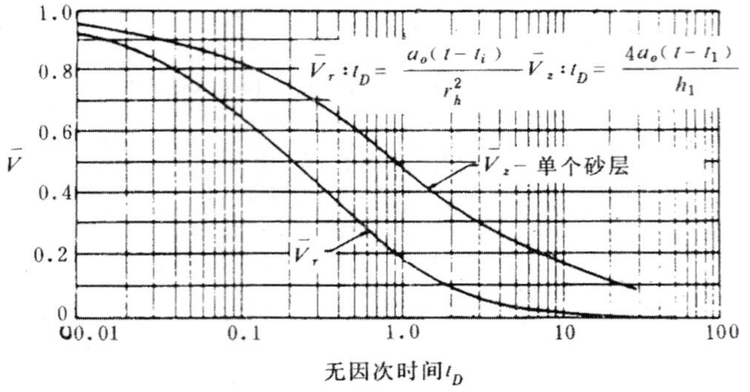

图 49.8 V_r 和 V_s 单个砂层的解法

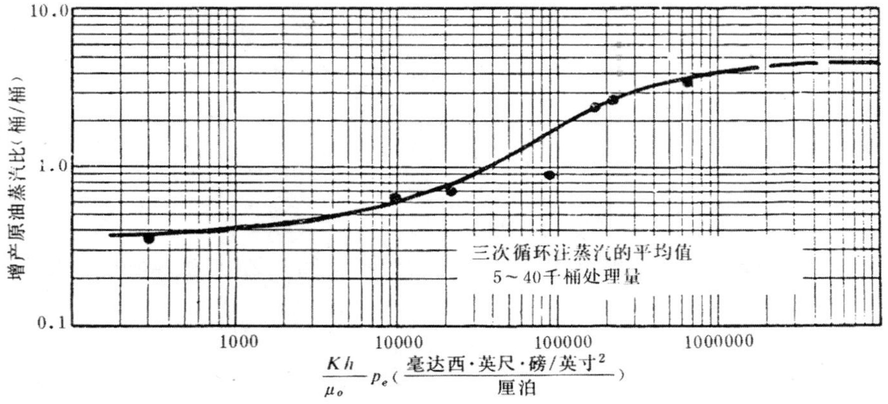

图 49.9 蒸汽加热处理效果的相关关系

八、数 值 模 拟

热力采油方法的解析模型通常只涉及采油中的热力问题。流体的流动问题被忽略了。为了适当的考虑热力采油过程中孔隙介质内的流体流动，需要使用各种数值模拟器。在这些模拟器中，油藏被划分为若干块，按一维、二维三维排列。将孔隙介质内流体流动基本方程应用于每一个块，对油藏进行详细的研究。

数值油藏模拟器不能代替矿场先导性试验。然而，数值模拟器比矿场先导性试验有若干优点。油田的条件是不可逆的。油田发展到目前的状态，经历了数千万年的时间。一旦油田被扰动，它就不可能恢复到原始条件，也不可能重新开始重复一遍。此外，要对先导性试验作出评价，需要经过很长时间，数月以至数年。而且，先导性试验的费用是巨大的。与此相比较，模拟的油藏可以重复多次生产，每一次都可以在现有的状态下开始。只要建立起恰当的模型，就可在很短的时间内，甚至数秒钟就能做到这一点。油藏模拟的费用要比先导性试验少得多。但是，模拟的油藏从来也不可能完全重复油田的动态。在大规模开发油田之前，当前新的做法是使用油藏模拟来辅助设计先导性试验。

数值模型和物理模型可以相互补充。正如以后将要讨论的，物理模型可以分为单元模型和部分的比例模型两种类型。在单元模型中，使用实际油藏岩石和流体进行试验。取得的结果有助于解释各种流体的流动情况，有助于解释热传递机理和化学反应动力学。在部分的比例模型中，油藏的大小、流体性质和岩石性质都是按实验模型定比例的，因而在油藏内和在物理模型内各种力的比例几乎是一样的。由于全面的比例模型是很难建立的，或者是不可能实现的，因而只能建立部分的比例模型。数值模型对物理模型的优点之一是数值模型没有比例问题。但是，在许多情况下，数值模型需要物理模型来证实表达公式，或提供模拟所需要的数据。

1. 注蒸汽模型

注蒸汽过程的数值模拟模型是 Coasts 等人[35]及 Coast 本人[36, 37]研究出来的。注蒸汽模型由许多守恒方程组成。

(1) H_2O 的质量平衡。其中包括水和蒸汽。

(2) 烃类质量平衡。非挥发油只需要一个方程。挥发油则需要两个或两个以上拟组分来描述蒸发凝析现象，而且需要两个或两个以上的方程。

(3) 能量平衡。能量平衡说明热传导、热对流、蒸发—凝析现象和油层的热损失于相邻地层。在模型中需要包括能量平衡，这就可以把热力采油过程与等温采油过程区分开。

除了守恒方程外，模型还需要包括以下辅助方程:

1) 如果水和蒸汽两者共存，那么在给定的压力下，温度是饱和蒸汽温度。需要有一个方程来描述温度和压力之间的这种关系。

2) 油相、水相及气相的饱和度总和等于 1。

3) 液相和气相中的烃组分摩尔分数借助平衡蒸发系数（k 系数值）建立起相关关系。

4) 气相摩尔分数的总和等于 1。这里包括蒸汽和烃的挥发成分。

5) 液态烃相的摩尔分数的总和等于 1。

2. 层内燃烧模型

Crookston[38]、Youngren[39]、Costs[40]以及 Grabowski 等人[41]研制成数值模拟模型。层内燃烧模型比注蒸汽模型更复杂。层内燃烧守恒方程如下:

1) H_2O 质量平衡。这个方程包括燃烧产生的水。

2) 烃质量平衡。这个方程包括裂化和燃烧所消耗的某些烃，还包括裂化产生的某些其它成分。

3) 氧质量平衡。这个方程涉及燃烧消耗的氧。

4) 惰性气体质量平衡。如果使用空气，则应考虑氮的平衡。燃烧产生的 CO_2 可以包括在惰性气体方程中，或者分别对待。

5) 焦质量平衡。这里包括焦的形成和燃烧。

6) 能量平衡。这个方程目前包括层内燃烧过程中各种反应的反应热。这些反应可能包括烃的低温氧化，烃的高温氧化或燃烧，热裂化（裂化产生焦和其它产物）以及焦的燃烧。

这种模型也需要许多辅助方程，包括①蒸汽—水平衡方程;②烃类蒸发平衡;③相饱和度限制;④摩尔分数限制;⑤化学计算。例如:

$$石油+aO_2 \longrightarrow bCO_2+cH_2O$$

这就是说，1 摩尔石油与 a 摩尔氧反应，形成 b 摩尔 CO_2 和 c 摩尔 H_2O。

这个模型还需要一个化学反应运动方程。对于燃烧过程中发生的每一个反应来说，都可以写出一个方程，以代表反应速率随着各种反应物的温度和浓度的变化而变化。反应速率方程的一个可能形式是下面的 Arrhenius 方程:

$$w = k'(C_o)^m (C_{O_2})^N \exp\left(-\frac{E}{RT}\right) \tag{62}$$

这个方程说明，反应速率 w 正比于石油富集度 C_o 的 m 次幂乘氧浓度 C_{O_2} 的 n 次幂。反应速率与温度的关系是给定的指数关系，其中 E 是活化能，这种能量将阻碍反应物的形成，使其不致转化为沉积物；R 是气体常数；T 是绝对温度。比例常数 K' 常称作指数前因数。

就以方程表现燃烧过程的机理而言，迄今所研制的模型都能满足要求。然而问题也不少。

1）人为的将原油分解为两个成分，不足以精确地描述蒸发—凝析现象和燃烧过程中的各种化学反应。组分的平均数越多，需要求解的方程也越多，因而计算机费用也越高。

2）网格的尺寸可能是严重问题。当网格尺寸大到足以能满足计算费用经济时，很有可能会歪曲模拟油藏内的温度分布。这将导致错误地预测化学反应速率和燃烧时的油藏动态。

九、实验室实验

热采数值模型已广泛用于筛选热采方法应用的前景，设计油田方案和制订生产对策。我们目前还不可能完全免除实验室试验，有以下几个原因。第一，数值模型需要的资料只能用实验的方法测得。这些资料包括相对渗透率，化学动力学，化学药品吸附于岩石的吸附性等。第二，只有当所有的恰当机理都考虑到时，数值模型才有效。目前使用的模型不可能对一些情况进行恰当的处理，如：同蒸汽一起注入化学试剂，粘土膨胀降低渗透率等。

正如前面所述，用于热采方法的物理模型可分为两种类型，即单元模型和部分的比例模型。单元模型用于一定操作条件下研究岩石-流体体系内的物理化学变化，通常是零维的（0D）或一维的（1D）。部分比例模型用于模拟热采过程中的油藏动态，通常是 3 维的（3D）。虽然试图将热采过程中发生的每一物理化学变化定比，但由于实现全面定比很困难，因而模型常常是部分比例的。

1.单元模型

用于蒸汽驱的单元模型可以用 Wilman 等人[17]使用的模型作为例子来说明。他们在研究中使用了玻璃珠充填模型和不同长度的天然岩心，以便研究不同温度条件下热水驱和蒸汽驱的原油采收率。使用的油包括不同比重的原油和原油馏分。

火驱筒和燃烧管也是单元模型。在另一常规研究中，Alexander 等人[42]使用火驱筒（0D）研究燃料供给和空气需要量受各种因素的影响，如原油特性，孔隙介质类型，含油饱和度，空气流过量，以及时间-温度关系等。Showalter[43]使用的燃烧管（1D）使他有可能描绘出不同时间内的温度剖面，因而能够给出燃烧前缘的推进速度。近来，燃烧管已用来研究水和空气的同时使用[44~46]，以及研究在燃烧中富含氧空气的使用[47]。

2.部分比例模型

部分比例模型已用来模拟1／8 5点法井网和1／4 5点法井网的蒸汽驱[48~53]。火驱也做过类似的尝试[54]。但确实遇到很多的困难，包括在流体流动过程中发生的化学动力学和燃烧过程中的热传递问题。

蒸汽驱的部分比例模型分为两种类型，即高压模型和真空或低压模型。

高压模型　在真空模型取得进展并提供一个可供选择的方法之前，所有蒸汽驱的实验研究都是使用高压模型。在设计中，通常都是以pujol和Boberg[55]的比例法则为依据的。如果在模型中尺寸按因数F缩比，那么蒸汽注入速率也将按同一因数缩比，而且注入井和生产井之间的压降也将如此。渗透率将按因数F增比，而模型时间则将按系数F^2缩比。由于需要将模型中的渗透率提高到一个很高的程度，因而油层的岩石物质不能使用。然而，实验将用实际原油进行。此外，矿场上将要采用的蒸汽压力和蒸汽干度也将用于模型中。

真空模型　在小比例尺物理模型中，厚度要减小到大大地小于油田中的厚度。为了取得与油田上相同的重力影响，还必须大大地减少由注入井至生产井的压力降。水和烃类的蒸发和凝析现象受Clausius−Clapeyron方程的支配。这个方程涉及参数$d\ln p$或dp/p。因此，压降（dp）的减少要求压力（p）也相应地减少。据Stegemeier等人的报告，上述原理是Shell石油公司研究小组提出的真空模型方法的理论基础[56]。

表49.8　高压蒸汽驱模型和真空蒸汽驱模型的对比

	油　　田	高压模型	真空模型
长度（英尺）	229	1	1
渗透率（达西）	2	458	1,527
时间	5年	50分钟	120分钟
蒸汽注入速率	300桶／天	144.7厘米^3／分	263.1厘米^3／分
压力1（磅／英寸^2（绝对））	400	400	2.70
蒸汽干度	0.80	0.80	0.082
原油粘度（厘泊）	3.0	3.0	23.6
温度（°F）	445	445	137.5
压力2（磅／英寸^2（绝对））	100	100	1.24
蒸汽干度	0.80	0.80	0.108
原油粘度（厘泊）	6.3	6.3	38.2
温度（°F）	328	328	108.9

为了了解高压模型和真空模型的差别，表49.8列举了应用两种模型模拟假想油田单元的情况对比（假想油田的原油也是假想的）。高压模型的输入是以Pujol和Boberg[55]的比例法则为基础，而真空模型的输入是以Stegemeier等人的研究工作为基础[56]。

在高压模型和真空模型上可以进行以下观测。

1）高压模型和真空模型都不能精确地模拟毛管力和实际岩层-流体体系的相对渗透率曲线，这是因为，为了获得很高的渗透率，没有使用实际的岩石物质。

2）高压模型不遵守 Clausius-Clapeyron 方程，而真空模型在很大程度上遵守了 Clausius-Clapeyron 方程，但不完全遵守。

3）为了使用真空模型，重新配制了一种原油，以便取得所要求的原油粘度-温度关系。这种原油在许多物理化学方面完全不同于实际原油，其中包括蒸发-凝析特性和化学动力学。与此相反，高压模型一般是使用实际原油。

十、油田工程

1. 筛选指南

在研究原油生产的前景时，第一步要弄清楚，所研究的油田能否应用某些已知的方法开采。筛选指南可用于此目的。蒸汽驱和火驱方法的筛选指南是由不同的作者提出的，其中包括 Farouq Ali[57]、Geffen[58]、Lewin 等人[59]、lyoho[60]、Chu[61-63]，以及 Poettmann[64]。这些筛选指南列于表 49.9。

表 49.9 列出的各种筛选指南的细则表明，某些早期筛选指南仅限于选择有前景的采油方法。这些指南总是试图尽量减少第二类误差，即排除某些不合要求的前景，尽量减少冒险。但这样做又常常增加了第一类误差，即有可能放过某些合乎要求的前景。目前原油价格的变化和改进了的工艺有助于扩大蒸汽驱和火驱的应用范围。这反映在近几年发展的较少限制的筛选指南中。然而，为了尽量的减少第一类误差（错误的舍弃），比较新的指南有可能增加第二类误差（错误的接受）。将这些指南应用于筛选有前景油田时，应记住这一点。

2. 油藏动态

适用于蒸汽驱和火驱的动态指标有以下几个。

(1) 驱扫系数　蒸汽前缘或燃烧前缘的平面和垂向驱扫系数对蒸汽驱或火驱工程的经济效果有明显的影响。某些已报导的蒸汽驱和火驱工程的驱扫系数列于表 49.10[65~81]。蒸汽驱体积驱扫系数的变化范围是 24%～99%，火驱的要低些，变化范围是 14%～60%。

(2) 原油采收率　表 49.11 列出了某些已报导的蒸汽驱和火驱工程的原油采收率[82~121]。

为了计算注蒸汽工程所能获得的原油采收率，可以应用前面已经讨论过的解析方法。当持续注蒸汽时，热效率将逐渐减少，瞬时蒸汽-油比将逐渐增加。当蒸汽-油比达到某一极限时，进一步注蒸汽将成为不经济的，必须停止注蒸汽。停止注蒸汽时的累计采油量除以原始地质储量即得到原油采收率。

区别开燃烧区和未燃烧区的原油产量，就可计算出火驱工程的原油采收率（Nelson 和 McNeil[122]。令 E_{vb} 等于燃烧前缘的体积驱扫系数，并令 E_{Ru} 等于未燃烧区的采收率，总采收率则为:

$$E_R = \left(1 - \frac{C_m}{62.4\phi S_o}\right)E_{vb} + (1 - E_{vb})E_{Ru} \tag{63}$$

表 49.9　蒸汽驱和火驱工程的筛选指南

参考文献	年	h	D	ϕ	k	p	S_o	°API	μ	kh/μ	ϕS_o	y①	备注
蒸汽驱													
Farouq Ali[57]	1973	≥30	<3000	0.30	−1000			12～15	<1000	>20	0.15～0.22		
Geffen[58]	1973	>20	<4000					>10		>20	>0.10		
Lewin 和 Assocs[59]	1976	>20	<5000				>0.5	>10		>100	>0.065		
lyoho[60]	1979	30～400	2500～5000	>0.30	>1000		>0.5	10～20	200～1000	>50	>0.065		
Chu[61]	1983	>10	>400	>0.20			>0.4	<36			>0.08		
火驱													
Poettmann[64]	1964			>0.20	>100						>0.10		
Geffen[58]	1973	>10	>500			>250		<45		>100			仅适合正向燃烧和水驱相结合
Lewin 和 Assocs[59]	1976	>10	>500				>0.50	10～45		>20	>0.05		
Chu[52]	1977			≥0.22			≥0.50	≤24	<1000		>0.13		置信极限法
	1977											>0.27	回归分析方法
lyoho[60]	1978	5～50	200～4500	≥0.20	>300		>0.50	10～40	<1000	>20	>0.077 (>600 桶/(英亩·英尺)		适合干式燃烧 (井距≤40 英亩)
	1978	10～120		≥0.20			>0.50	<10	无上限				适合反向燃烧
	1978	>10	>500	≥0.25			>0.50	<45	<1000		>0.064		适合湿式燃烧
Chu[63]	1982			>0.16	>100		>0.35	<40		>10	>0.10		

①$y = 0.12+0.00262h+0.000114k+2.23S_o+0.000242kh/\mu-0.000189D-0.0000652\mu$

式中 C_m 为燃料含量，单位为磅（质量）／英尺^3。在此方程中，消耗的燃料为 10°API 原油，其密度为 62.4 磅（质量）／英尺^3。

Satman 等人[123]研究提出的方程可用于计算干式燃烧工程的原油采收率。

$$Y = 47.0\left[0.427S_o - 0.00135h - 2.196\left(\frac{1}{\mu_o}\right)^{0.25}\right]X \tag{64}$$

其中

$$Y = \frac{\Delta N_p + V_{fb}}{N} \times 100 \tag{65}$$

而

$$X = \frac{i_{at} E_{O_2}}{[N_{sp}/(\phi S_0)](1-\phi)} \tag{66}$$

在以上方程中

ΔN_p——累计增产油量，桶；

V_{fb}——燃烧的燃料，桶；

N——原始石油地质储量，桶；

i_{at}——累计注入空气量，10^3 英尺^3；

E_{o2}——氧的利用效率，分数；

N_{sp}——工程开始时的原油地质储量，桶。

表 49.10 蒸汽驱和火驱的驱扫系数

油田名称，位置及经营者	平面的	垂直的	体积的
蒸汽驱			
Inglewood, 加利福尼亚州[69]，(Chevron-Socal 公司)	60	50	30
Kern River, 加利福尼亚州[66, 67]，(Chevron 公司)	—	—	80
Kern River, 加利福尼亚州[68, 70]，(Getty 公司)	100		62.8～98.8
Midway Sunset, 加利福尼亚州[71, 72]，(Tenneco 公司)			60～70
El Dorado, 堪萨斯州[73]，(Cities 公司)			<50
Deerfield, 密苏里州[74]，(Esso-Humble)	85	40	34
Schoonebeek, 荷兰[75]，(Nederlandse)			24.3～41.9
火驱			
南 Belridge, 加利福尼亚州[76]，(General Petroleum 公司)			
在井网控制区内(2.75 英亩)	100	59.6	59.6
在整个燃烧区内(7.9 英亩)	100	50.4	50.4
Sloss, 内布拉斯加州[77, 79]，(Amoco 公司)	50	28	14
南 Oklahoma[80]，(Magnolia 公司)	85		26
Shannon 油藏，怀俄明州[81]，(Pan American-Casper 公司)	43	100	43

表 49.11　蒸汽驱和火驱工程的原油采收率

油田名称，位置（经营者）	热力采油采收率（%原始石油地质储量）
蒸汽驱	
Smackover, 阿肯色州[82, 83] (Phillips 公司)	25.7①
Kern River, 加利福尼亚州[84] (Chevron 公司)	69.9①
Kern River, 加利福尼亚州[68, 70] (Getty 公司)	46.6～72.6
Midway Sunset, 加利福尼亚州[85] (CWOD 公司)	63①
Mount poso, 加利福尼亚州[86, 87] (Shell 公司)	34.6①
San Ardo, 加利福尼亚州[88] (Texaco 公司)	47.5～51.2
Slocum, 得克萨斯州[89, 90] (Shell 公司)	55.8①
Winkleman Dome, 怀俄明州[91, 92] (Amco 公司)	28.1①
Tia Juana Estes, 委内瑞拉[93, 95] (Maraven 公司)	26.3①
火驱	
Brea-Olinda, 加利福尼亚州[96, 97] (Union 公司)	25.1①
Midway Sunset, 加利福尼亚州[98] (Mobil 公司)	20
Midway Sunset, 加利福尼亚州[99] (CWOD 公司)	52.8
南 Belridge, 加利福尼亚州[76] (General Petroleum 公司)	56.7
南 Belridge, 加利福尼亚州[100] (Mobil 公司)	14.5
Robinson, 伊利诺斯州[101～106] (Marathon 公司)	31.9
Bellevue, 路易斯安那州[107～108] (Cities 公司)	41.5①
Bellevue, 路易斯安那州[109～112] (Getty 公司)	44.6①
May Libby, 路易斯安那州[113] (Sun 公司)	68
Heidelberg, 密西西比州[114～115] (Gulf 公司)	22.4①
Sloss, 内布拉斯加州[77～79] (Amoco 公司)	14.3
Glen Hummel, 得克萨斯州[116～117] (Sun 公司)	31
Gloriana, 得克萨斯州[116～118] (Sun 公司)	29.7
北 Tisdale, 怀俄明州[119] (Continental 公司)	23
Suplacu de Barcau, 罗马尼亚[120] (IFP-ICPPG 公司)	47.5
Miga, 委内瑞拉[121] (Gulf 公司)	11.6

①预测的。

Gatos 和 Ramey[124] 根据南 Belridge 火驱工程的矿场资料[76] 和实验室燃烧管的试验资料，研究提出了在各种原始含气饱和度条件下原油采收率和燃烧孔隙体积之间的相关关系。这个相关关系示于图 49.10，它对于预测火驱方法的当前采收率是很有用的。

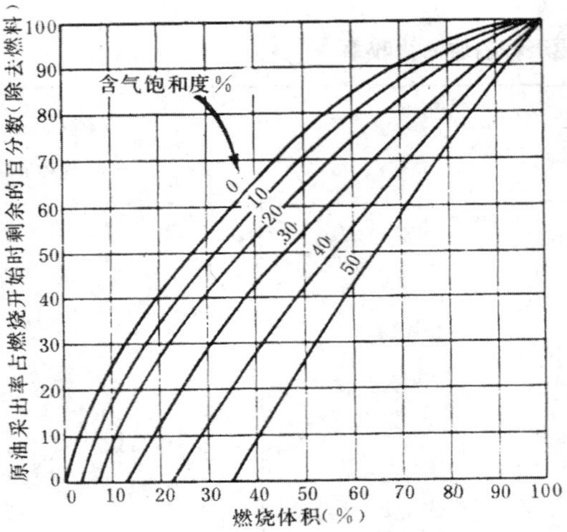

图 49.10 估算的原油采收率与燃烧体积的关系曲线

(3) 原油性质的变化　在蒸汽驱的温度和压力下，由于没有发生任何化学反应，估计原油性质不会发生变化。但是，由于蒸汽蒸馏的作用，采出油的性质可能会发生变化。在火驱过程中，由于热裂解、燃烧以及蒸汽蒸馏的作用，原油性质自然会发生很大的变化。在有些已报导的蒸汽驱和火驱过程中的原油性质变化示于表 49.12[125～130]。

仅属于蒸汽驱的动态指标是蒸汽油比。蒸汽油比 F_{so} 是说明蒸汽驱工程是成功或者是失败的最重要的因素。也常采用油蒸汽比 F_{os}，它是蒸汽-油比的倒数。在一些蒸汽驱工程中，常使用原油作蒸汽生产的燃料，1 桶油通常可以生产 13～14 桶（冷水当量）蒸汽。因此，最高的允许蒸汽油比是 13～14，即烧掉的油不能超过产出的油。在蒸汽驱工程中，除了燃料之外，还有其他的费用。由于这个原因，当瞬时蒸汽油比达 8 左右时，通常应停止注蒸汽。比较理想的是，总蒸汽油比在 4 左右。这相当于每烧掉 1 桶油可生产 3～4 桶油[131]。遗憾的是，这种理想的情况不是普遍可以达到的。大多数现场蒸汽驱工程的蒸汽油比是在 5～7 范围内。

只要知道油藏的特性和原油性质，就可应用 Chu[62] 提出的以下回归方程组计算蒸汽油比。

1) 当 $F_{so}>5.0$ （$F_{os}<0.20$）时，

$$F_{so}=1/(-0.011253+0.00002779D+0.0001579h-0.0013570\theta+0.000007232\mu_o+0.00001043kh/\mu_o+0.5120\phi S_o) \tag{67}$$

2) 当 $F_{so}\leqslant 5.0$ （$F_{os}\geqslant 0.20$）时，

$$F_{so}=18.744+0.001453D-0.05088h-0.0008864k-0.0005915\mu_o-14.79S_o-0.0002938kh/\mu_o \tag{68}$$

式中 D——深度，英尺；

h——油层厚度，英尺；

θ——油层倾角，度；

μ_o——原油粘度，厘泊；

k——渗透率，毫达西；

S_o——注蒸汽开始时的含油饱和度，小数。

另一种估算 F_{so} 的方法是 Myhill 和 Stegemeier[29] 在 Mandl-Volek 模型的基础上提出

来的。

仅属于火驱的动态指标有以下几项。

1）燃料含量　燃料的含量是参与燃烧的油焦量〔磅（质量）／英尺^{3}燃烧体积〕，这些油焦是由于燃烧过程中发生的蒸馏作用和热裂解作用沉积在岩石上的。燃料含量是影响火驱工程成败的最重要的因素。如果燃料含量太低，燃烧就不能自己维持。然而，高燃料含量即意味着空气需要量高，动力费用高。此外，原油产量也可能受损失。

表 49.12　蒸汽驱和火驱工程中的原油性质变化

油田名称，位置（经营者）	API 度		温度（°F）	粘度(厘泊)	
	以前	以后		以前	以后
蒸汽驱					
Brea，加利福尼亚州〔125〕	23.5	25.9			
(Shell 石油公司)①					
火驱					
南 Belridge，加利福尼亚州〔75〕	12.9	14.2	87	2700	800
(General 石油公司)			120	540	200
			160	120	54
西 Newport，加利福尼亚州〔126，127〕	15.2	20.0	60	4585	269
(General 石油公司)			100	777	71
东委内瑞拉〔128〕	9.5	12.2			
(Mene Grande 公司)后来	10.5				
Kyrock，肯塔基州〔129〕	10.4	14.5	60	90000	2000
(Gulf 公司)					
南俄克拉何马〔80〕	15.4	20.4	66	5000	800
(Magnolia 公司)				一月后	5000
沥青山，犹他州	14.2	20.3			
(美国能源部)〔130〕②					

①C_4～C_{12} 百分比含量的变化，热驱前为 21，热驱后为 28

②其他性质的变化：

	热驱前	热驱后
倾点	140	25
在 1000°F 以上沸腾的残余物，重量%	62	35

燃料含量可用实验管试验确定出来，Gates 和 Ramey〔124〕两人对应用各种方法确定的燃料含量进行了比较，在应用的各种方法中包括实验室实验和从南 Belridge 试验工程中取

得的现场数据[76]。他们的比较表明，实验管试验确定的燃料含量可以对现场获得的燃料含量作出相当好的估计。

如果缺少实验数据，则可以应用 Showalter[43] 提出的燃料含量与 API 重度的相关曲线。图 49.11 是 Showalter 资料与现场实验工程资料[63] 的比较。此外，Chu 提出的以下回归方程是以 17 个现场工程的资料为基础推导出来的，可以用来计算燃料含量:

$$C_m = -0.12 + 0.00262h + 0.000114k + 2.23S_o + 0.000242kh/\mu_o \\ -0.000189D - 0.0000652\mu_o \tag{69}$$

式中 C_m——燃料含量，磅（质量）/英尺^3。

实验室试验和现场工程都表明，对于具体的油藏来说，燃料含量随着水空气比的增加而降低。然而，当油藏性质变化很大时，在燃料含量和水空气比之间没有发现非常令人满意的相关关系[63]。

2）空气需要量　正如 Benham 和 Poettmann 所指出的[132]，根据化学计算，在 10^{16} 标准英尺^3/（英亩·英尺）燃烧体积内，空气需要量 a 可以用下式算出:

$$a = \frac{\left(\dfrac{2F_{cc}+1}{F_{cc}+1} + \dfrac{F_{HC}}{2}\right)C_m}{0.001109(12+F_{HC})E_{O_2}} \times 0.04356 \tag{70}$$

式中 F_{cc} 是产出气体内 CO_2 与 CO 之比，而 F_{HC} 是原子 H/C 比。如果缺少方程（70）中所需要的数据，可以应用 Showalter 的空气需要量与 API 重度的关系曲线。Showalter 的数据和现场工程取得的数据的比较示于图 49.12[63]。从该图可以看出，所有现场工程取得的数据点都散布在 Showalter 曲线的上边。现场试验中的空气需要量可能超过实验室内取得的数值，因为现场试验可能发生气窜和运移。此外，还可以应用: Chu 提出的以下回归方程:

$$a = 4.72 + 0.03656h + 9.996S_o + 0.000691k \tag{71}$$

3）空气油比　这一重要的比值涉及空气注入量与产油量的关系。通常以 10^3 标准英尺^3/桶表示。采出的油来自燃烧区和未燃烧区。因而空气油比可用下式算出:

$$F_{ao} = \frac{a}{\left[\left(\dfrac{\phi S_o}{5.6146} - \dfrac{C_m}{350}\right)E_{vb} + \dfrac{\phi S_o}{5.6146}(1-E_{vb})E_{Ru}\right]43.56} \tag{72}$$

如果缺少 E_{vb} 和 E_{Ru} 两个参数，则可以使用 Chu[62] 根据 17 个现场试验工程提出的以下回归方程:

$$F_{ao} = 21.45 + 0.0222h + 0.001065k + 0.002645\mu_o - 76.76\phi S_o \tag{73}$$

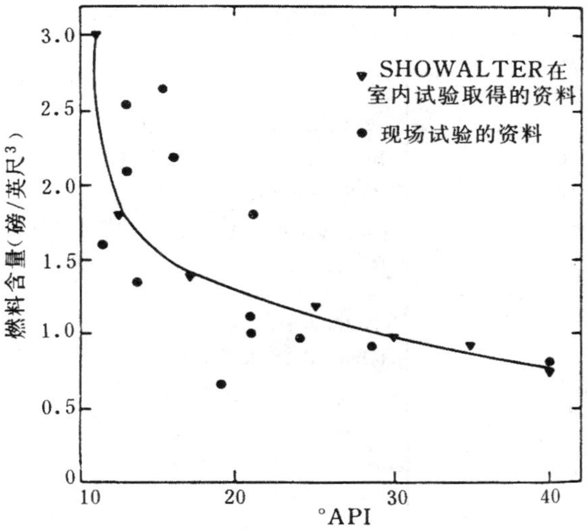

图 49.11 原油的重度对燃料含量的影响

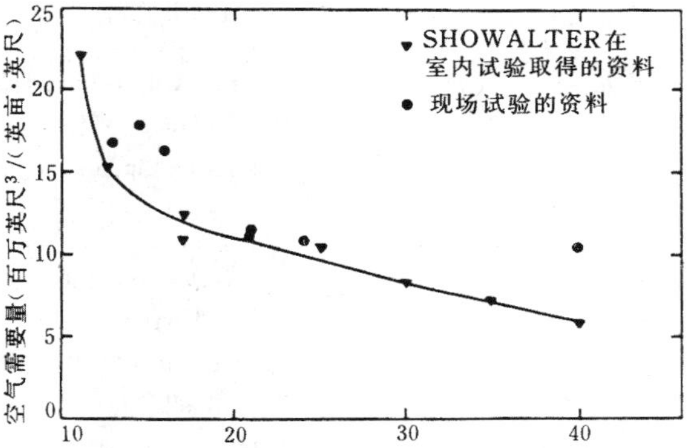

图 49.12 原油的重度对空气需要量的影响

此外，为了计算火驱过程中某一时刻的空气油比，可以应用 Gats 和 Ramey[124] 提出的原油采收率与燃烧孔隙体积之间的相关关系。实验室试验和现场试验工程表明，对于一个具体油藏来说，空气油比是随着水空气比的增加而降低。然而，当油层性质变化很大时，在空气油比和水空气比之间没有发现令人满意的明显的相关关系[63]。

十一、热采工程设计

1. 蒸汽驱和火驱的共同设计特点

井网选择　对于任何一个注入流体采油的方法来说，井网选择的主要原则是，为了达到注采平衡，生产井数与注入井井数之比应该等于注入井的吸入能力与油井产能之比[133]。由于空气或蒸汽的流动能力比原油高，因而注入能力与生产能力之比是高的，通常是趋向于高生产井／注入井比。过去报道的各种蒸汽驱工程和火驱工程都遵守了这一原则。据报导，目前使用了以下几种井网：反十三点、九点、七点、六点井网、不封闭的五点井网、中央切割井网及单井注入等。

除了吸入能力／生产能力比之外，在选择井网时还应考虑其他一些因素。这些因素包括：热损失考虑，利用现有的井，油层倾角，产热井中遇到的困难等等。根据这些和其他一些考虑，还应用了重五点法面积井网，在构造上倾部位和顶部注入和行列驱。在各种蒸汽驱和火驱工程中选择的面积或非面积注入方式均列于表 49.13[134~138]。

完井井段　在大多数蒸汽驱和火驱工程中，为了获得最大的生产量，生产井通常是在整个砂层层段完井。注入井通常是在砂层下部 1／3 井段或 1／2 井段完井，以便尽量减少蒸汽或空气超覆。在湿式火烧工程中，完井方式采取下部注空气和上部注水比较合适。这种完井方式还可以把底流水减少到最低限度。

表 49.13 蒸汽驱和火驱的井网类型

井网类型	蒸汽驱	火 驱
反十三点法	Slocum 油田，得克萨斯州[89, 90] (Shell 公司)	
反九点法	San Ardo 油田,加利福尼亚州[88] (Texaco 公司) Yorba Linda 油田,加利福尼亚州[11] (Shell 公司)	Bellevue 油田,路易斯安那州[107, 108] (Cities Service 公司) Bellevue 油田,路易斯安那州[109~112] (Getty 公司)
反七点法	Kern River 油田,加利福尼亚州[84] (Chevron 公司) Slocum 油田,得克萨斯州[89, 90] (Shell 公司) Tia Juana 油田，委内瑞拉[135] (Shell 公司)	Silverdale 油田,艾伯塔省[134] (General Crude 公司)
反五点法(不封闭的)中心切割		西 Newport 油田,加利福尼亚州[126, 127] (General Crude 公司) Trix−Liz 油田,得克萨斯州[116, 136] (Sun 公司) Glen Hummel 油田,得克萨斯州[116, 117] (Sun 公司)
单井注入		Miga 油田,委内端拉[121] (Gulf 公司)
重 5 点法面积井网	东 Coalinga 油田,加利福尼亚州[137] (Shell 公司) Kern River 油田,加利福尼亚州[84] (Chevron 公司) Kern River 油田,加利福尼亚州[68~70] (Getty 公司) Winkleman Dome 油田,怀俄明州[91~92] (Pan American 公司)	Sloss 油田[77~79] (Amoco 公司)
在构造上倾部位或在顶部注入	Brea 油田,加利福尼亚州[125] (Shell 公司) Midway Sunset,加利福尼亚州[71, 72] (Tenneco 公司)	Midway Sunset 油田,加利福尼亚州[98] (Mobil 公司) Heidelberg[114, 115] (Gulf 公司)
在构造下倾部位注入	南 Belridge 油田,加利福尼亚州[138] (Shell 公司)	
在构造上倾和下倾部位注入	Mount Poso 油田,加利福尼亚州[86, 87] (Shell 公司)	
行列驱		Suplacu de Barcau 油田,罗马尼亚[120] (IPF / ICPPG)

生产井井底压力　Gomaa 等人[139]在研究蒸汽驱过程中发现，降低生产井井底压力将会降低平均油层压力，因而将可增加蒸汽注入体积，并可提高预计的原油采收率。因此，在整个注汽过程中保持生产井不间断抽油是很重要的。完全有理由确信，保持生产井不间断抽油对火驱和蒸汽驱都是有利的。

2. 仅适用于蒸汽驱的设计特点

蒸汽注入速率　根据 Chu 和 Trimble 的研究[140]，优化选择固定的蒸汽注入速率相对地不取决于砂层厚度。当砂层厚度减少时，油层内的总含油量亦相对减少。这就要求较低的蒸汽注入速率。与此同时，随着厚度减少，热损失将会增大，当了补偿热损失的增大，需要较高的蒸汽注入速率。因此，当砂层厚度由 90 英尺减少到 30 英尺时，这两个相互矛盾的因素只会导致最佳蒸汽注入速率发生很小的变化。

用五点法井网进行的相同研究表明，优化选择固定蒸汽注入速率是与井网的大小成正比的。看来，在注蒸汽过程中改变注入速率，要比确定一个固定的注入速率更可取。优化蒸汽注入速率进度表通常是要求在初期阶段保持高蒸汽注入速率。然后随着时间的推移逐渐降低注入速率。

蒸汽干度　蒸汽干度是指以蒸汽形式存在的水的质量百分比。据 Gomaa 等人[139]报导，提高蒸汽干度将可提高单位时间内的采油量，但对采收率随注入英热单位的变化影响甚小。这表明，在确定蒸汽驱动态时，热注入量是重要参数。

应当同研究蒸汽注入速率一样研究优化选择蒸汽干度。高干度蒸汽可能会引起过度的蒸汽超覆。补救的办法是在蒸汽驱的某一阶段使用较低干度的蒸汽。

3. 仅属于火驱的设计特点

干式及湿式燃烧　选择干式燃烧或湿式燃烧是进行现场试验工程前必须作出的重要决策。实验室试验指出，采用水和空气同时注入，或者水和空气交替注入，都会降低空气油比，但原油采收率不会有明显的提高。前面曾经指出，根据 21 个现场试验工程的资料，当油层性质的变化范围很大时，空气油比和水空气比之间的统计相关关系是不明显的[63]。

Cities Service 公司在美国路易斯安那州的 Bellevue 油田进行了干式燃烧和湿式燃烧对比试验[141]。在该试验中，由于采用了两个相邻的井网（一个井网进行干式燃烧，另一个井网进行湿式燃烧），基本上避免了油层性质变化产生的可能干扰。这次试验发现，湿式燃烧的体积驱扫系数有很大程度的改善，这实质上意味着采收率的提高。此外，单位油藏体积的空气需要量减少了。这将可以减少操作费用，并改善经济效益。由于取得了这些令人鼓舞的结果，应当仔细研究应用湿式燃烧的可能优点。

空气注入速率　根据 Nelson 和 McNeil 的研究[122]，空气注入速率取决于燃烧前缘的预期推进速度。合适的燃烧速度是 0.125～0.5 英尺／日。采用这些研究人员提出的设计时，首先应根据最小的燃烧速度 0.125 英尺／日确定出最大的空气注入速率。他们提供的注入时间安排指出，空气注入速率应逐渐增加到最高速率，并将最高注入速率保持一段时间，然后逐渐降低到零。美国加利福尼亚州的 Midway Sunset 油田的 Chanslor-Western 试验方案[99]采用了每天 1 英寸的燃烧速度（0.08 英尺／日）。Gates 和 Ramey[124]认为，空气的注入速率应能提供一个最小的燃烧前缘推进速度 0.15 英尺／日，或者说，燃烧前缘处的空气通量至少应该是 2.5 标准英尺^3／（小时 · 英尺^2）。

水空气比　不同油田试验工程所报导的水空气的范围是 0（干式燃烧）至 2.8 桶／10^3标准英尺^3。水空气比的选择取决于水源，水的质量，井的吸入能力以及经济方面的考虑。

恰当设计和实施的燃烧管试验应是很有帮助的。

十二、完　　井

为了承受蒸汽驱过程中的高温以及适应火驱过程中的腐蚀环境，注入井和生产井都必须采取特殊完井方法。

根据 Gates 和 Holmes 的研究[142]，用于蒸汽作业的井在完井时应当充分地考虑热损失和热应力。在深井中，如果使用的油管和套管没有膨胀余地，那就必须使用高质量管材，如经过热处理的标准化 P−105 型油管以及 P−110 型套管。恰当的使用伸缩接头可以使热应力减到最小。注蒸汽的井和循环注蒸汽的深井应使用耐高温封隔器。水泥中应加入热强度稳定剂，隔热添加剂和粘合添加剂。

Gates 和 Holmes[142] 认为，J−55 型钢套管和油管适用于火驱注入井。火驱注入井固井可以使用普通波特兰水泥，在油层部分和油层以上 100 英尺则使用高温水泥。建议用于火驱注入井的高温水泥采用铝酸钙水泥（含硅粉或不含硅粉）、火山灰水泥，或 API 级 G 型水泥（含 30%硅粉）。如果产生自然点火，则要求使用注水泥的射孔衬管，以便防止火焰返回到井筒而将井烧坏。生产井完井也应考虑承受比较高的温度、严重的腐蚀和磨蚀。这些研究者都建议在油层部分采用砾石充填，并使用 316 型不锈钢衬管和油管。

Chu 曾对不同的蒸汽驱和火驱试验工程中的注入井和生产井的完井方法作了详细的阐述，现将这些完井方法列于表 49.14[61, 63]。

表 49.14　蒸汽驱和火驱的完井方式

注入井	蒸汽驱	火　驱
套管	等级：J−55,R−55 和 N−80 尺寸：$4\frac{1}{2}$,$5\frac{1}{2}$,$6\frac{5}{8}$,7 和 $9\frac{5}{8}$英寸对深井套管预加应力	等级：J−55 和 K−55 尺寸:$4\frac{1}{2}$,$5\frac{1}{2}$,7 和 $8\frac{1}{2}$英寸用于油层井段
裸眼和射孔完井	报导了两种完井方法,一种是使用割缝衬管裸眼完井；另一种是用未射孔的实体管柱完井,然后射孔 衬管尺寸：$4\frac{1}{2}$,$5\frac{1}{2}$,或 7 英寸 射孔：$\frac{1}{4}$或$\frac{1}{2}$,英寸,每英尺射一孔或两孔,或每英尺射孔一个半 有些井采用不锈钢丝绕制筛管完井	采用射孔完井比裸眼完井多；裸眼完井可以用衬管或不用衬管 衬管尺寸 $3\frac{1}{2}$或 $5\frac{1}{2}$英寸 射孔：$\frac{1}{4}$或$\frac{1}{2}$英寸(每英尺两孔或 4 孔)
水泥	A、G、H 级水泥,加硅粉(干水泥的 30%～60%)	普遍使用高温水泥
砾石充填	不普遍使用	不普遍使用

续表

注入井	蒸汽驱	火　驱
油管	深井使用的油管隔热:石棉加硅酸钙和铝制辐射屏蔽;或者硅酸钙包层油管	油管用于注空气或温度观测井。湿式燃烧时,可以采用不同的空气和水的注入方式
生产井	**蒸汽驱**	**火　驱**
套管	等级:K−55 尺寸 $4\,^1/_2$,$5\,^1/_2$,$6\,^5/_8$,7 和 8 英寸 对深井套管预加应力	等级: H−40,J−55 和 K−55 尺寸: $5\,^1/_2$,7,$8\,^5/_8$ 和 $9\,^5/_8$ 英寸
裸眼或射孔完井	据报导有两种完井方式: 一是用割缝衬管完井; 另一个是用未射孔的管柱完井,然后射孔 衬管尺寸: $4\,^1/_2$,$5\,^1/_2$,$6\,^5/_8$,7 和 $8\,^5/_8$ 英寸 割缝尺寸: 40、60 或 60～180 筛目 射孔: $^1/_2$ 英寸,每英尺 4 孔 有些井使用不锈钢钢丝绕制筛管完井	裸眼下割缝衬管或不下割缝衬管完井以及射孔完井都同样普遍 衬管尺寸 $4\,^3/_4$,$5\,^1/_2$ 或 $6\,^5/_8$ 英寸 割缝尺寸: 60 筛目,0.05,0.07 或 0.08 英寸 射孔: $^1/_2$ 英寸(每英尺两孔或 4 孔)
水泥	G 级和 H 级水泥,加硅粉(干水泥的 30%～60%)	报导了使用高温水泥
砾石充填	比注入井使用得普遍 砾石尺寸:6/9 筛目循环充填	比注入井使用得普遍 砾石尺寸: 20/40 或 6/9 筛目,循环或加压充填
油管	油管用于杆式泵	油管用于杆式泵,用于测温度或用于注冷水

十三、油 田 设 施

1. 蒸汽驱设施

蒸汽发生和注入　大多数注蒸汽工程都使用地面蒸汽发生器。油田蒸汽发生器和工业用的多管锅炉之间的差别在于，蒸汽发生器可以使用经过最低限度处理的盐水产生蒸汽。其他一些特点包括自动操作、轻便、具有不受气候影响的结构和容易检修。蒸汽发生器可以使用各种各样的燃料，其中包括当地产的原油，这也是一个重要的要求。用于蒸汽驱工程的蒸汽发生器的功率为 12×10^6 英热单位／小时至 50×10^6 英热单位／小时，50×10^6 英热单位／小时已成为美国加利福尼亚州的工业标准。

使用地面蒸汽发生器时，由蒸汽发生器生产的蒸汽通过地面管线输送到注入井。大多数地面蒸汽管线都使用铝隔热层进行标准隔热。蒸汽通过管汇系统的节流器分配给各个注入井。蒸汽通过节流器后都达到临界流量。这个过程要求蒸汽达到音速。在一个油田的具体条件下，为了达到音速，通过节流器的压降必须达到约 55%[68]。为了将期望的蒸汽流量输送给每一口注入井，必须确定节流器彼此的尺寸。一旦压力降超过 55%，则流量将不再取决于实际井口注入压力。

为了消除深井注蒸汽中的井筒热损失，目前的发展方向是使用井下蒸汽发生器。当前有两种基本设计方法，它们的不同之处在于由热燃烧气体供热产生蒸汽的方法[143]。一种设计方法的原则是使燃烧的气体直接与供给的水混合，并将由此产生的气体蒸汽混合物注入到油藏。因此，燃烧过程是在注入压力下发生的。另一设计方法的原则是，燃烧的气体不与水直接接触。如同地面蒸汽发生器一样。燃烧气供给大量热能产生蒸汽后，返回到地面释放。在这种情况下，采用的压力可以低于注入压力。

还有一个新的发展趋势是蒸汽和电力联产装置[144]。燃烧器的排放气用于燃气轮机，而燃气轮机驱动发电机。然后，燃气轮机的废气用于蒸汽发生器产生蒸汽，供给热力采油作业。

水处理　用于产生蒸汽的供给水的处理主要是软化，通常是通过沸石离子交换达到软化。有些供水可能需要过滤和脱氧，以清除铁。有些供水可能需要使用 KCl 控制粘土膨胀和使用氯抑制细菌。如果产出的水将要重新用作补给水生产蒸汽，那就还需要安装清除油的装置。

2.火驱设施

点火装置　在许多油田，油层温度相当高，以致仅仅开始注空气几天之后就发生自然着火。而在某些工程中，要加入蒸汽、活性原油，或其他燃料帮助点火。

有许多油田需要人工点火装置，其中包括电加热器，气体燃烧器和催化点火系统。Strange[145] 详细地讨论了各种点火方法，其中包括设备和操作数据。

空气压缩机　空气压缩机可以由燃气发动机，或者由电动机驱动。根据总注入速率的不同，压缩机需要提供必要的输出压力，压缩机的生产能力为 1.0 至 20.0×10^6 标准英尺^3／日，而额定功率为 300 至 3500 马力。

十四、监测和取心计划

1.监测计划

热力采油工程有时在经济上可能是完全失败的，但如果这项工程提供了有关蒸汽驱或火驱的油层动态的有用信息，那么仍可认为这项工程是成功的。在工程进展期间实施设计合理的监测计划，以及在工程进展过程中和工程完成之后执行设计合理的取心计划都是十分重要的，它可以为评价蒸汽驱或火驱动态提供必需的资料。

Getty 公司在 Kern River 油田[146] 安装了取样、控制和报警自动系统。这套系统说明了一个大型注蒸汽作业是如何可能被监测的。该系统由一专用中央计算机组成，它能监测

96个热力采油工程区。在这些热力采油工程区，可以集中监测2600口以上生产井的生产情况和129台蒸汽发生器的产汽量。取样、控制和报警自动系统具有以下几个功能。

1）它可以自动安排和控制每一工程区的油井生产试井。

2）它可监测油井的试验结果，蒸汽发生器的产汽量、流动状态、生产井的注入情况、试井过程中的阀门开度，以及各种状况的接触控制。

3）当油田某一热力采油区发生任何故障时，自动报警系统即发出警报。

4）该系统可以按天，每周或每月报告必要的操作数据，以及提供操作人员所要求的专门的报告。

General Crude公司在艾伯塔省的Silverdale油田进行的火驱工程也采用了自动化资料收集系统[134]。使用差压传感器，热电偶放大器传感器、压力传感器和电动机载荷传感器来测量和记录每一口井的资料。这些资料都传送给中央系统，当压力、温度或流量的下降幅度超过某些特定范围时，中央系统将发出询问并能够了解任何报警的位置。

并不是所有的热采工程都需要制订复杂的自动监测计划。Cities Service公司和美国能源部合作在路易斯安那州Bodcau进行的火驱工程所采用的以下监测计划[147]是小规模先导性试验所必需的典型监测计划。

1）每月测量产气量，这对于质量平衡计算是很有用的。每月对产出的气体进行分析可以为计算氧利用效率提供数据。

2）每月至少测两次产油量和产水量。

3）每天测定一次出油管线温度。这些温度以及产气量数据对于确定生产井所需要的冷凝水量是很有用的。

4）在观察井每月测一次井下温度剖面。这些剖面有助于勾绘出燃烧体积的增长情况。

2. 取心计划

钻取心井可能是非常昂贵的。钻取心井的费用取决于油层的深度。然而，审慎设计和正确地执行取心计划，无论是热采工程期间或热采工程以后，都可以提供有关工程动态的有价值的资料。取心计划可以提供以下信息：①蒸汽驱或火驱以后的残余油饱和度；②注入蒸汽或燃烧体积的垂直驱扫情况；③蒸汽前缘或燃烧前缘的平面驱扫情况；④最高温度在平面上和垂向上的分布情况。⑤岩石的渗透率和热采工程中形成的任何沉积物是否会减少流动能力。

内布拉斯加州Sloss油田用来进行试验后评价的典型取心计划[79]归纳如下。

岩心分析　测定每一英尺取出岩心的孔隙度、渗透率和含油饱和度。含油饱和度使用常规的Dean-Stark抽提法、失重法和红外线吸收分析法确定。

测井分析　在取心井筒内进行补偿地层密度和双感应侧向测井，以测定孔隙度和含油饱和度。

照相和目视检查　黑白照片用处比较少，而紫外线照相能给出清晰的图案，指出燃烧过程驱出原油的地方。目视检查也可以找出没油的地方。在某些井段内，红色岩心表示岩心受到高温烘烤，足以发生铁氧化。

岩心的矿物分析　海绿石、伊利石、绿泥石和高岭石等各种矿物，随着温度的上升、不断地发生变化。根据这些矿物的形状和颜色，可以确定出岩心样品曾经经历过的最高温度。

显微镜研究　使用电子扫描显微镜研究岩心样品（经过高温燃烧的岩样）内硬石膏的形成和粘土改性。

3. 示踪剂

使用示踪剂有助于监测流体运动和解释各个蒸汽驱井网内的平面波及范围。根据Wagner 的研究[148]，优选的水相或气相示踪剂包括放射性同位素，含有可检测的阳离子和阴离子的盐类、荧光染料，以及水溶性醇类。放射性示踪剂包括氚，氚化水，氪-85。其他示踪剂包括氨，空气，亚硝酸钠、溴化钠，氯化钠。

十五、操作问题和补救的方法

Chu 曾经详细地阐述了蒸汽驱和火驱采油工程中遇到的问题及其补救的方法[61, 63]，现简要归纳如下。

1.蒸汽驱和火驱中的共同问题

井的产能　在蒸汽前缘或燃烧前缘到达生产井之前，高粘油的产量可能是非常低的。注入轻质油作稀释剂，进行热油处理，循环注蒸汽，或者在生产井燃烧，这些措施都可以提高原油产量。

当生产井的温度超过 250°F 时，泵效将大幅度降低，这是因为热的产出流体将会闪蒸为蒸汽、如果发生注入的蒸汽或烟道气突进，泵效也会大幅度降低。最好的补救办法是封堵高温层，并改变蒸汽或烟道气的流动方向，使其在流入井筒之前进入含油层段。

出砂　在蒸汽驱工程中可能出现严重出砂。补救的方法包括 Hyperclean 技术（高强度清洗技术），小直径泡沫割缝衬管，铝酸钠固砂技术，采用酚醛树脂砾石充填。

在火驱中，如果砂层是高度未胶结的，出砂将更为严重。油焦颗粒和很高的气体流速将使磨蚀问题变得越来越严重。清除砂子将要求经常提出井中油管和更换井下泵。

乳化　在蒸汽驱中，有时化学剂很容易破乳。但产出的固体颗粒和产液特性的不断变化将使乳化复杂化，从而使乳化问题变得更为严重。

在火驱工程中，乳化液是由重油、裂化的轻质烃、冷凝水和地层水，固体颗粒以及可能的腐蚀产物组成。在某些火驱工程中，乳化可能成为不断出现的主要问题，需要使用十分昂贵的破乳剂。

2. 仅仅在蒸汽驱中遇到的问题

蒸汽分配　在注蒸汽过程中，对蒸汽分配缺乏控制常常是衬管完井的生产井中的主要问题。使用实体管柱完井有助于减少该问题。

蒸汽分离　蒸汽不均匀地分离为两相区可能会引起不同注入井中的蒸汽干度出现很大的差异。改进蒸汽管线的分支系统可以改正此差异。

3. 仅仅在火驱中遇到的问题

吸入能力差　各种物质可能会引起空气注入井的吸入能力丧失。如果证明吸入能力差是由某种物质堵塞造成的，那就可以采用适当的方法补救。向套管注入空气，通过油管将氧化铁冲洗出来，可以减少注入井被氧化铁堵塞。用沥青烯溶剂加压清洗可以减少沥青烯堆积。使用破乳剂可以减少地层内形成的乳化液。使用有机磷酸盐可以减少硫酸钡垢和硫酸锶垢的形成。注入 NuTri（公司商品名，即三氯乙烯）和酸化对改善吸入能力是很有用的。

腐蚀　腐蚀可能是轻微的，或者是严重的，这都是因为同时注入空气和水，生产硫、酸类、氧及 CO_2 等原因引起的。需要定期加入腐蚀抑制剂。

爆炸危险　为了将空气注入系统中的爆炸危险减少到最低限度，应当使用防爆润滑剂。应当使用亚硝酸溶液分段冲洗管道。

十六、油田实例

在文献中已经报导了许多热力采油工程。下面将描述几个选择的热采工程，并提供选择这些工程的原因。

1. 蒸汽吞吐

Huntington Beach（Signal 公司）油田　该油田位于加利福尼亚州[149]，是蒸汽吞吐的典型实例。蒸汽吞吐是在 Orange 县亨廷顿滩海上油田的 TM 砂层中进行的。这项工程反映了重油油藏循环注蒸汽的特点。油藏性质列于表 49.15。

注蒸汽是在 1964 年 9 月在 9 口生产井中开始的，注蒸汽后大大地提高了油的产量。早期循环注蒸汽的成功。促进了工程的扩大，以后按 5 英亩井距补充钻了一些井，井数由 1964 年的 9 口增加到 1969 年的 35 口。1964 年至 1970 年期间的循环注蒸汽动态示于图 49.13。随着循环注蒸汽的发展，井数增加了 4 倍，原油产量增加 10 倍以上，由 1964 年的 125 桶／增加到 1970 年的 1500 桶／日。

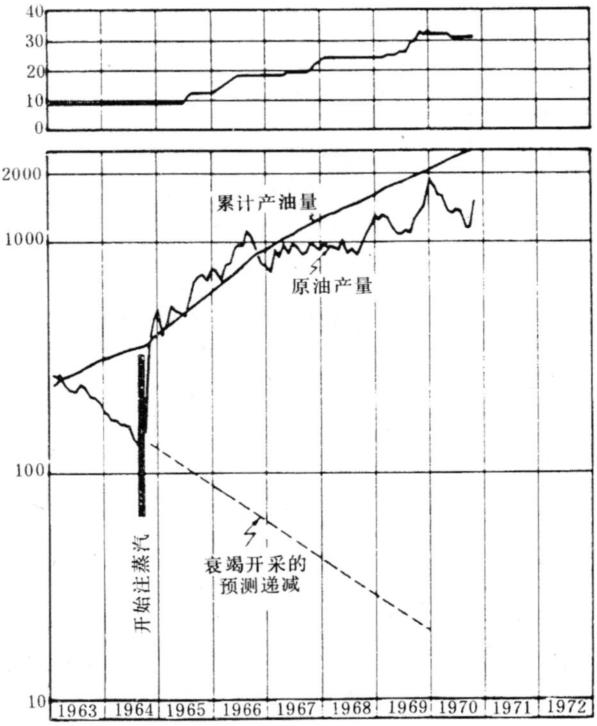

图 49.13　加利福尼亚州海上油田 TM 砂层循环注蒸气的生产历史

蒸汽吞吐动态通常是随着循环注汽次数的增加而变差。如表 49.16 所示，油蒸汽比的变化范围是：头两次循环注汽的油蒸汽比是 3～3.8 桶／桶，到第 3 和第 4 次循环降低为 2.4～2.5 桶／桶。

图 49.14 说明一口井的原油产量在每次循环注蒸汽过程中如何变化和由这一周期到下一周期如何变化。

Paris Valley 油田（Hasky 公司）[150]　它是气体和蒸汽合注的典型。Paris Valley 油田位于加利福尼亚州的 Monterey 县，曾实施湿式燃烧方案。在热前缘到达生产井之前，在生产井进行了蒸汽吞吐。这个方案的特点是，在三次注蒸汽周期中采取了空气和蒸汽合注的方法。油层性质列于表 49.17。

从表 49.18 中可以看出，20 号井在第 3 次和第 5 次蒸汽吞吐中采用了空气–蒸汽合注的方法，而 3 号井在第 7 次蒸汽吞吐中采用了空气蒸汽合注的方法。在第 3 次蒸汽吞吐中，20 号井的油产量是 4701 桶，而第 2 次蒸汽吞吐中它的油产量是 2449 桶。空气–蒸汽合注后，产油量增加了 92%。20 号井的第 5 次蒸汽吞吐和 3 号井的第 7 次蒸汽吞吐采用空气–蒸汽合注后，产油量都比前一次单注蒸汽有明显的增加。

表 49.15 Huntington Beach 海上油田 TM 砂层储集岩性质和流体性质

深度（英尺）	2000～2300	原油重度(API)	12～15
厚度（英尺）		油层温度(°F)	125
总厚度	105	开始时的油层压力(磅/英寸^2)	600～800
有效厚度	40～58	125°F 时的原油粘度（厘泊）	682
孔隙度（%）	35	开始时的含油饱和度(%)	75
渗透率（毫达西）	400～800		

表 49.16 加利福尼亚州 Huntington Beach 海上油田 4 次蒸汽吞吐动态的总结

（截止至 1970 年 10 月 1 日的资料）

	第 1 次	第 2 次	第 3 次	第 4 次
井数	24	18	11	4
平均每次周期时间（月）	14	18	15.3	14.5
每口井的平均产油量（地面桶）	28900	309000	24650	29225
注入蒸汽的平均干度（%）	71.4	69.3	75.1	78.5
注入蒸汽的平均体积（桶）	9590	8130	10190	11760
采出油注入蒸汽比（桶/桶）	3	3.8	2.4	2.5

表 49.17 油田 ANSBERRY 油藏储集层和流体特性资料

深度(英尺)		800
有效厚度(英尺)		50
倾角(度)		15
渗透率(毫达西)		3750
原油重度(°API)		10.5
油层温度(°F)		85
初始压力(磅/英寸^2(表压))		220
起始含油饱和度(%)		64
起始含水饱和度(%)		36
原油粘度(厘泊)		
	上 Lobe 层	下 Lobe 层
87°F 时	227000	23000
100°F 时	94000	11000
200°F 时	340	120

2.蒸汽驱

Kern River 油田〔Getty 公司〕[68~70]——最大的蒸汽驱 Kern River 油田位于加利福尼亚州 Bakersfield 的东北面，San Joaquin 谷的东南部。根据 1982 年的调查〔13〕，Getty 石油公司在 Kern River 油田进行的蒸汽驱工程是世界上最大的工程。根据 1982 年的调查，在 5070 英亩面积内，日产油为 83000 桶。

Kern River 地层由砂层和页岩互层组成。油层性质列于表 49.19。

Kern River 油田发现于 19 世纪 90 年代末期。在 20 世纪 50 年代中期，曾采用井下加热器提高油井产能。在 1962 年 8 月，曾在 2.5 英亩五点法井组开始注热水。结果表明，这个方法在技术上是可行的。但在经济上没有吸引力。1964 年 6 月，热水驱先导性试验转为蒸汽驱试验，注入井井数由原来的 4 口增加到 47 口。以后若干年蒸汽驱工程不断扩大，到 1982 年注入井井数增加到 1788 口，生产井增加到 2556 口。原来的蒸汽驱试验及以后的扩大情况示于图 49.15。一般来说，蒸汽驱作业是按 2.5 英亩 5 点法井网实施的。

Getty 石油公司的蒸汽驱作业包括多项工程。为了便于说明，图 49.16 示出了 Kern River 的蒸汽驱工程及其井网布置。图 49.17 示出了 4 个井组先导性注热水和蒸汽驱的注入情况和生产动态。在这项工程中，累计蒸汽-油比是 3.8 桶/桶，每一井组的日产油量达到 100 桶。蒸汽驱前后的取心资料表明，原油的采收率是 72%，面积驱扫系数也非常高。

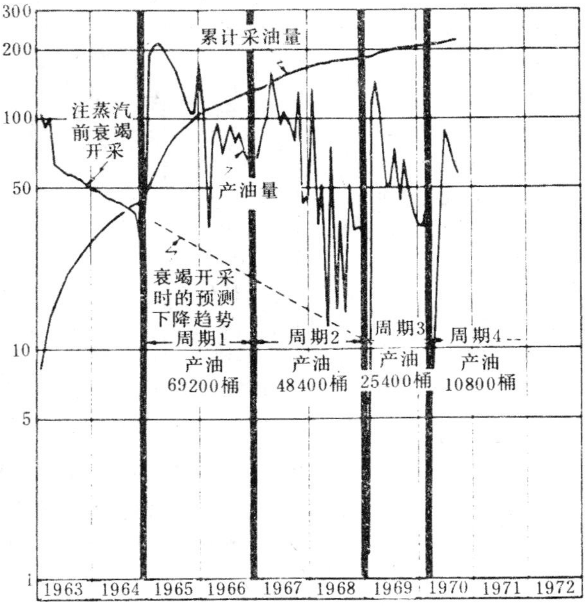

图 49.14　Huntington Beach 海上油田 J-128 井原油产量变化情况

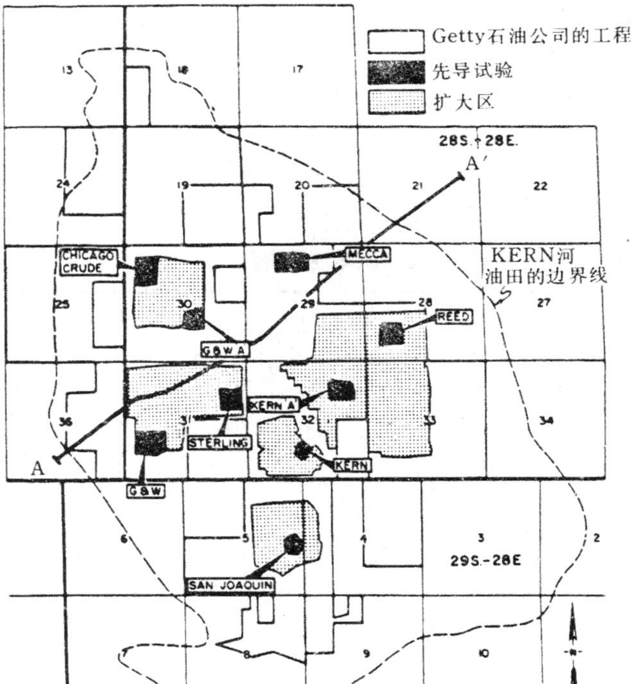

图 49.15　加利福尼亚州 Kern River 油田

表 49.18　空气蒸汽合注的效果

	20 号井			3 号井		
	第 2 次	第 3 次	第 4 次	第 5 次	第 6 次	第 7 次
蒸汽体积(10^3 桶)	13.2	16.2	15.7	10.4	8.2	9.2
空气体积(10^6 标准英尺^3)	0	1.5	0	3.7	0	3.6
空气蒸汽比(标准英尺^3 / 桶)	0	91	0	355	0	394
生产天数对比(天)	161	161	90	90	97	97
产油量(桶)	2449	4701	270	503	2375	4203
蒸汽油比(桶 / 桶)	5.4	3.4	58	21	3.5	2.2
油蒸汽比(桶 / 桶)	0.19	0.29	0.02	0.05	0.29	0.45
高峰产油量试验(桶 / 日)	51	81	24	38	60	141

表 49.19　加利福尼亚州 Kern River 油田储集层
性质和流体性质资料

深度(英尺)	500～1300
厚度(英尺)	30～90
倾角(度)	4
孔隙度(%)	28～33
渗透率(毫达西)	1000～5000
原油重度(° API)	12～16.5
油层温度(° F)	90
开始时的油层压力(磅 / 英寸^2(表压))	100
原油粘度(厘泊)	
90 ° F 时	4000
250 ° F	15
开始时的含油饱和度(%)	35～52

表 49.20　加利福尼亚州 Brea 油田储集层和流体性质资料

深度(英尺)	4600～5000
总地层厚度(英尺)	300～800
砂层有效厚度与总厚度之比(%)	63
地层倾角(度)	66
孔隙度(%)	22
渗透率(毫达西)	77
原油重度(° API)	24
油层温度(° F)	175
开始时的油层压力(磅 / 英寸^2)	
175 ° F 时的原油粘度(厘泊)	6
开始时的饱和度(%)	
油	49
气	18

加利福尼亚州 Brea 油田（Shell 石油公司）[125]　该油田在深层大倾角油藏进行了蒸汽蒸馏驱。Brea 油田位于 Los Angeles 以东约 25 公里，于 1964 年开始进行蒸汽蒸馏驱。这项蒸汽驱工程是很有意义的，因为该油田的原油比较轻，粘度低，油层深，倾角大。油层性质列于表 49.20。

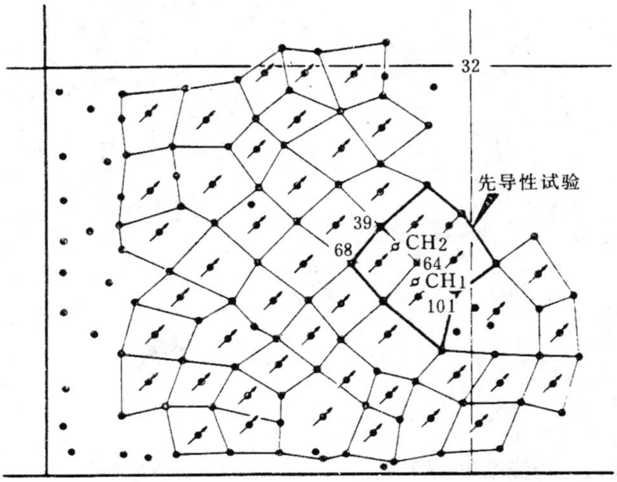

图 49.16　Kern River 油田蒸汽驱工程

从图 49.18 可以清楚地看出油层的倾斜情况。注入井位于构造的上倾部位，如图 49.19 所示。由于油层埋藏深，注入井采用了隔热油管。此图还示出了温度变化和产油量增加的地区。注入速率和产油量示于图 49.20。到 1971 年 12 月，蒸汽注入速率为 1010 桶水／日，原油产量为 230 桶／日，估算的蒸汽油比为 4.4 桶／桶。

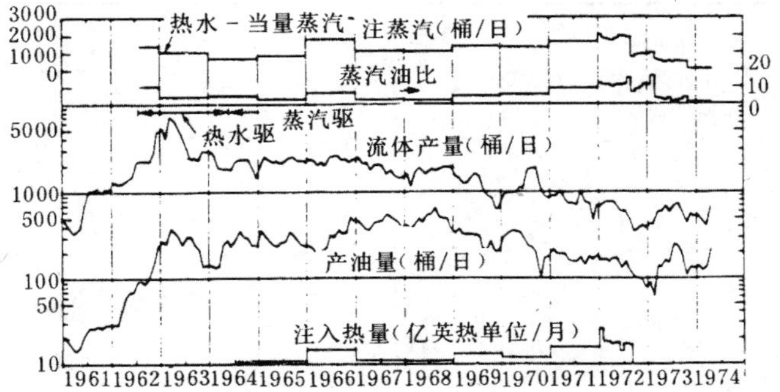

图 49.17　Kern River 油田 4 个井组注热水和蒸汽驱采油的历史

阿肯色州 Smackover 油田（Phillips 石油公司）[82, 83]　Smackover 油田位于阿肯色州的 Ouachita 县，油藏是带气顶的油藏。在 Nacatoch 砂层进行的蒸汽驱先导性试验是值得介绍一下的，因为这个油藏的气顶比含油砂层还要厚。从 SidumW−35 号井的测井图和取心图上可以清楚地看出该气顶（见图 49.21）。油层的性质列于表 49.21。

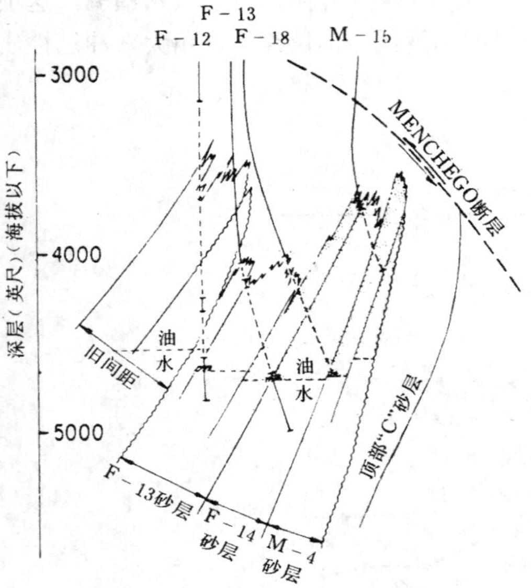

图 49.18　通过 Brea 油田下"B"砂层的横剖面

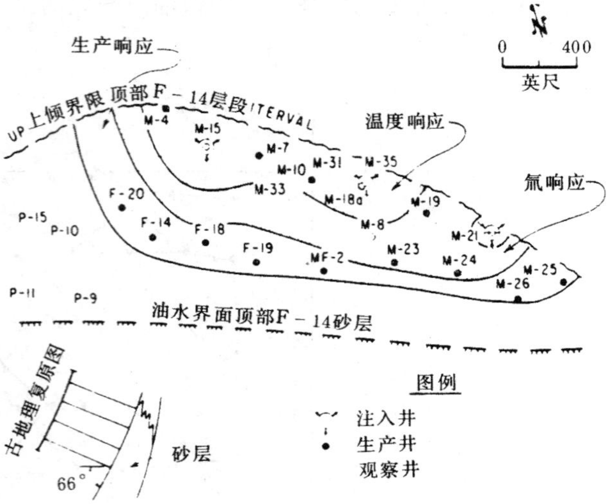

图 49.19　Brea 油田井的分布，温度变化区，氚分布区和产量上升区

图 49.22 是 10 英亩 5 点法井组先导性试验区，以后补充了 4 口生产井，将先导性试验区扩大到 22 英亩九点法井组。正如图 49.23 所示，注蒸汽开始于 1964 年 11 月，于 1965 年 10 月停注蒸汽。注蒸汽停止后，继续生产了很长时间。到 1970 年 8 月，蒸汽驱增产原油 207000 桶。总共注蒸汽 860000 桶，累计蒸汽油比是 4.14 桶／桶。

表 49.21　Smackover 油田储集层和流体性质

油层深度(英尺)	1920
油层总厚度(英尺)	130
油层有效厚度(英尺)	25
地层倾角(度)	0～5
孔隙度(%)	35
渗透率(毫达西)	2000
原油重度(°API)	20
油层温度(°F)	110
开始时的油层压力(磅／英寸^2(绝对))	5
60°F 时的原油粘度(厘泊)	180
110°F 时的原油粘度(厘泊)	75
开始时的原油饱和度(%)	50
开始时的水饱和度(%)	50

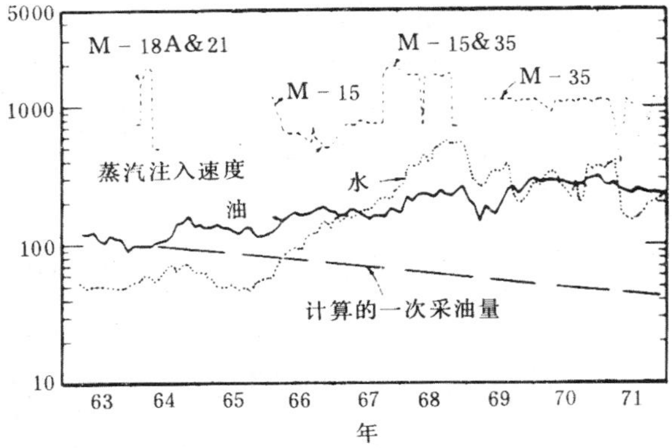

图 49.20　Brea 油田蒸汽蒸馏先导试验区的注入和生产历史

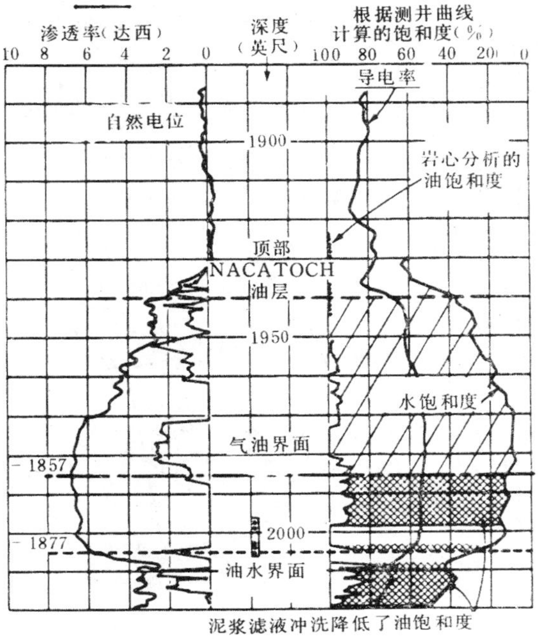

图 49.21　Smackover 油田 Sidum W－35 号井测井和取心图

表 49.22　Slocum 油田油层和流体性质资料

深度(英尺)	520
厚度(英尺)	
总厚度	34
有效厚度	32
地层倾角(度)	0～5
孔隙度(%)	34
渗透率(毫达西)	＞2000
原油重度(°API)	18～19
油层温度(°F)	80
开始时的油层压力(磅／英寸^2(表压))	110
原油粘度(厘泊)	
当温度为 60°F 时	1000～3000
当温度为 400°F 时	3～7
开始时的含油饱和度(%)	68

图 49.24 的井温测井曲线表明，蒸汽向气顶推进。由此可以认为，原油产量增加并不是因为前缘驱替造成的。更确切地说，来自气顶的热传导和热对流，使含油带的温度上升，从

而降低了原油粘度，提高了油的产量。

得克萨斯州 Slocum 油田 (Shell 石油公司) [89, 90]　Slocum 油田位于得克萨斯州东北部的南 Anderson 县。这个油田的蒸汽驱工程之所以使我们感兴趣，是因为油藏的下部为一个含水砂层，见测井曲线图 49.25。油层特性列于表 49.22。

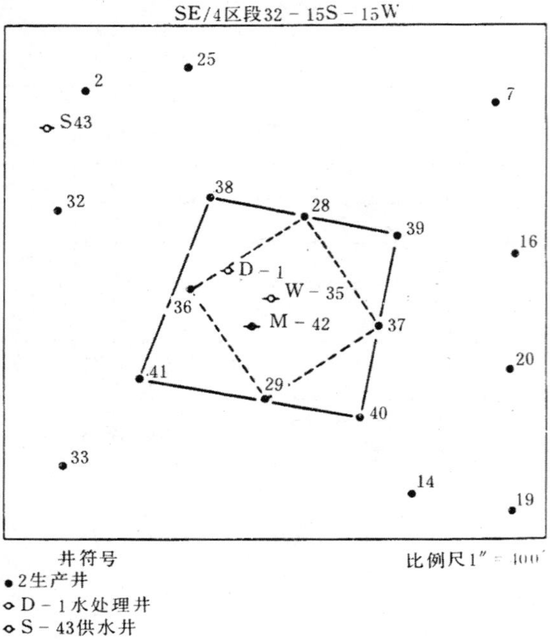

图 49.22　Smackover 油田注蒸汽先导性试验

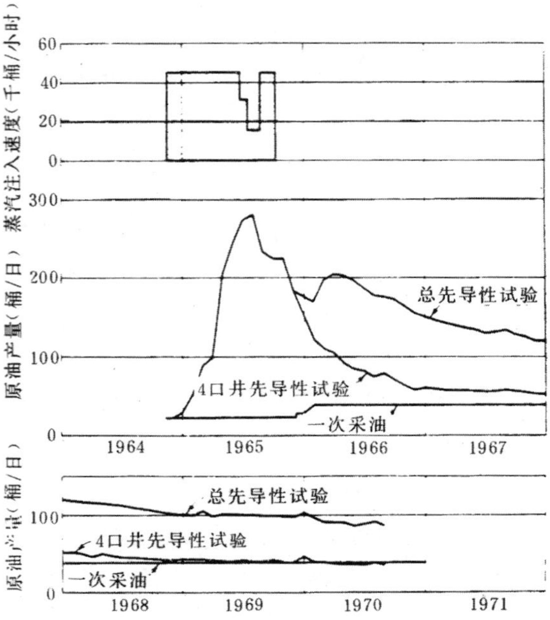

图 49.23　Smackover 油田注蒸汽先导性试验的注采历史

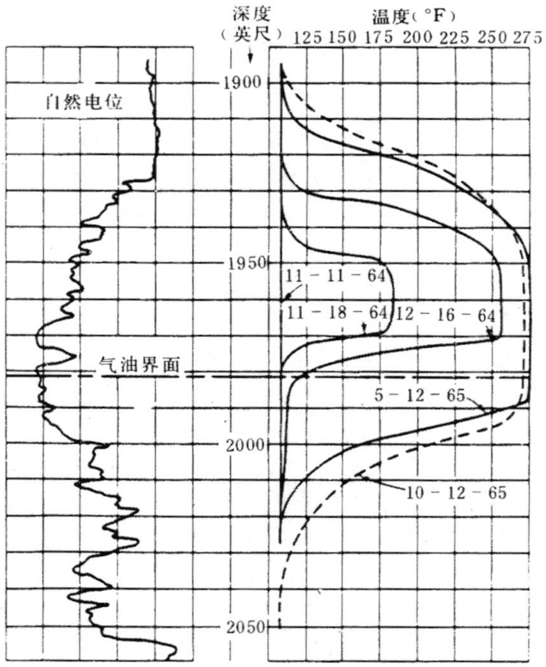

图 49.24　Smackover 油田 Sidum W-42 号井井温曲线

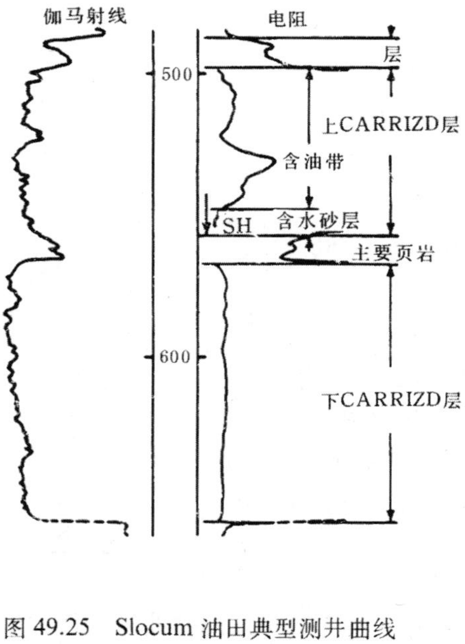

图 49.25　Slocum 油田典型测井曲线

油田是 1955 年发现的。一次采油仅采出约 1%的原始石油地质储量。在一个 1/4 英亩正五点法井组开展了小型蒸汽驱先导性试验，取得了令人鼓舞的结果。于 1966 年～1967 年开始了 7 个井组的蒸汽驱工程，井距是 5.65 英亩，采用了 13 点井网（见图 49.26)。

注入井和生产井都是进入含水砂层数英尺后完井的。蒸汽沿水平方向穿过水层，并沿垂直方向上升进入含油层，并驱动着已被加热和能够流动的油。然后，油向下降落，并被驱扫到生产井。注采的历史示于图 49.27。

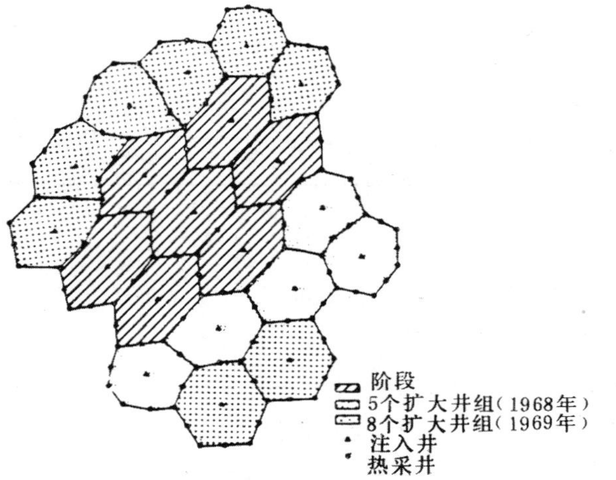

图 49.26 Slocum 油田热力采油工程

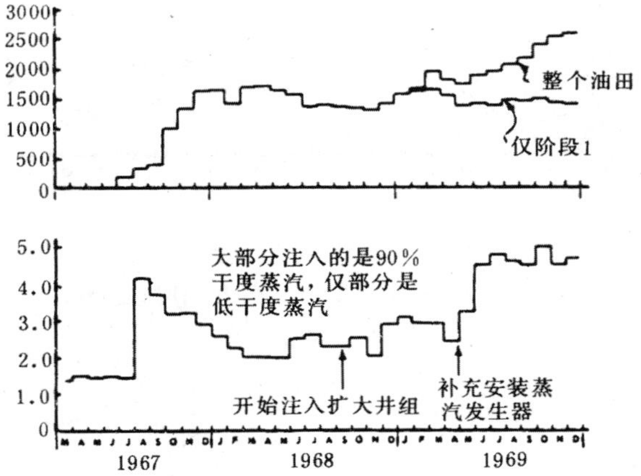

图 49.27 Slocum 油田蒸汽驱工程的注采历史

得克萨斯州 Street Ranch 油田（Conoco 公司）[151] 该油田的原油是极稠的沥青，进行了压裂辅助蒸汽驱先导性试验。油田位于得克萨斯州的 Maverick 县，先导性试验是在该油田的 San Miguel–4 沥青砂油藏内进行的。先导性试验证明,采用压裂辅助蒸汽驱工艺开采粘度极高的重油和沥青，在技术上是可行的。油藏的性质列于表 49.23。先导性试验采用了 5 英亩反五点法井网。4 口生产井用冷水进行水平压裂，然后用蒸汽循环加热，射孔，再注蒸汽。注入井进行水平压裂，使之与生产井连通。先导性试验分为三个阶段: ①压裂预热; ②基质注蒸汽; ③注水推进热。先导性试验进行了 31 个月，31 个月的沥青生产情况和蒸汽油比示于图 49.28 和 49.29。平均日产沥青 185 桶，累计蒸汽–沥青比是 10.9 桶/桶。先导性试验后钻的取心井表明，残余沥青饱和度很低，为 8%；平均采收率为 66%。

法国 Lacq Supérieur 油田（Elf Aguitaine）[152] *——碳酸盐岩油藏* Lacq Supérieur 油田位于法国西南部比利牛斯山脉的北边。由于蒸汽驱先导性试验是在碳酸盐白云岩化的、裂缝非常发育的油藏中进行的，因此这次试验是独一无二的。油层性质列于表 49.24。

先导性试验区位于裂缝灰岩层的中部，靠近背斜的顶部。试验井组的面积是 35 英亩，由 6 口老生产井组成，如图 49.30 所示。在先导性试验区仅钻了一口注入井。注蒸汽开始于 1977 年 10 月。注蒸汽后仅 3 个月，原油产量即开始上升。生产历史示于图 49.31。至 1980 年 6 月，增产原油 176000 桶，累计注入蒸汽 926000 桶。累计蒸汽油比是 5.26 桶/桶。这次先导性试验表明，如果裂缝发育的油层是均质油层，采用蒸汽驱方法可以有效地开发这类油层。蒸汽对碳酸盐岩的离解似乎不会产生不良的效应。更确地说，析出的CO_2可能对蒸汽驱的效果产生一些积极的影响。

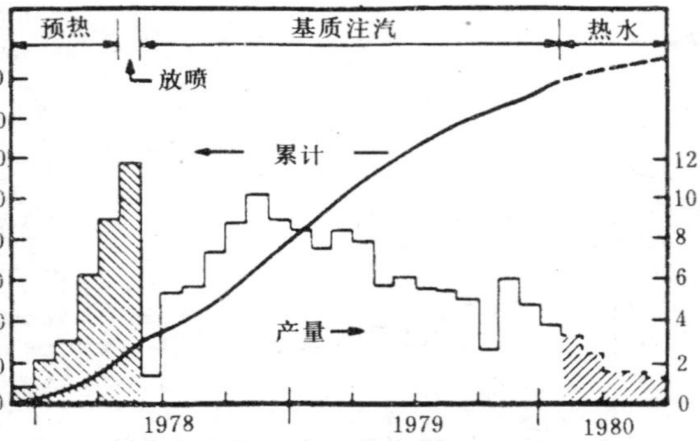

图 49.28　Street Ranch 油田先导性试验区的沥青生产历史

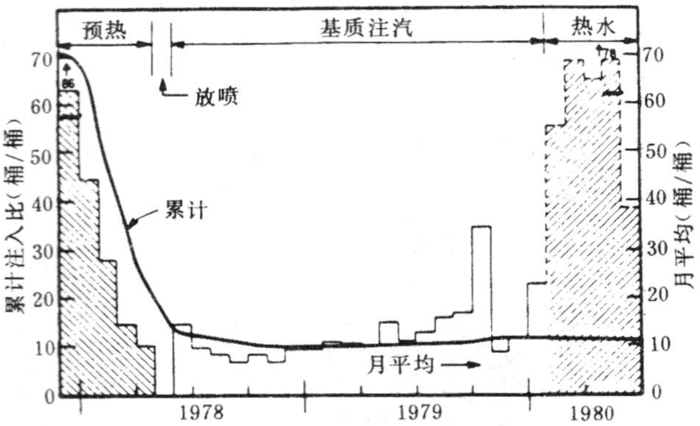

图 49.29　Street Ranch 油田先导性试验区蒸汽-沥青比

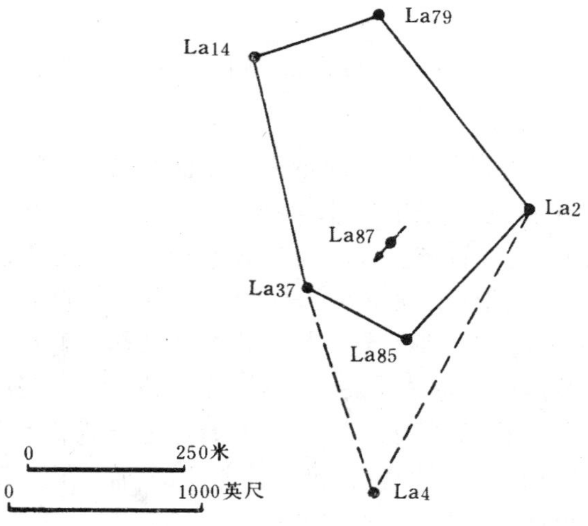

图 49.30　Lacq Superieur 油田先导试验区

3. 火驱工程

罗马尼亚 Suplacu de Barcau 油田（法国石油研究院和 ICPP 公司）[120]

Suplacu de Barcau 油田位于罗马尼亚的西北部，据报导，该油田的火驱工程是世界上最大的火驱工程，每日生产 15.9°API 原油 6563 桶。油藏性质列于表 49.25。

先导性试验开始于 1964 年，当时采用了 1.24 英亩反五点井网，后来扩大为 4.94 英亩反九点井网。在 1967～1971 年期间，由先导性试验转为半工业规模，共包括 8 个 9.88 英亩反九点法井组。以后进一步扩大为全工业规模，开始时仍保持 9 点法井网，井距相同，以后改为行列驱。最初的先导性试验及以后的扩大情况示于图 49.32。到 1979 年共有 38 口注入井，其中 20 口注入井交替注入水和空气，平衡则使用纯空气。生产的历史示于图 49.33。水空气比为 0.089～0.178 桶／10^3 标准英尺^3。到 1979 年，日注入空气量是 63600×10^3 标准英尺^3。日产油量是 6563 桶，计算的空气-油比是 9.7×10^3 标准英尺^3／桶。

表 49.23 得克萨斯州 Street Ranch 油田先导性试验区储集层和流体性质

深度(英尺)	1500
油层总厚度(英尺)	52
油层有效厚度(英尺)	40.5
地层倾角(度)	2
孔隙度(%)	26.5～27.5
渗透率(毫达西)	250～1000
沥青重度(° API)	−2.0
油层温度(° F)	95
温度 95 ° F 时的沥青粘度(厘泊(计算值))	20000000
沥青运动粘度(厘沲)	
175 ° F 时	520000
200 ° F 时	61000
250 ° F 时	2900
300 ° F 时	870
倾点(° F)	170～180
总含硫(重量%)	9.5～11.0
原始沸点(° F)	500
开始时的沥青饱和度(%)	54.7～38.9

表 49.24 法国 Lacq Superieur 油田储集层和流体性质资料

油层深度(英尺)	1970～2300	
油层厚度(英尺)	400	
原油重度(° API)	21.5	
油层温度(° F)	140	
油层压力(磅 / 英寸^2)	870	
温度 140 ° F 时的原油粘度(厘泊)	17.5	
孔隙度(%)	基质岩块	裂缝网络
	12	0.5
渗透率(毫达西)	1	5000～10000
开始时的含水饱和度(%)	60	100

表 49.25 罗马尼亚 Suplacu de Barcau 油田储集层和流体性质资料

油层深度(英尺)	164～656
油层有效厚度(英尺)	32.8
孔隙度(%)	32
渗透率(毫达西)	1722
原油重度(° API)	15.9
油层温度(° F)	64
温度 64 ° F 时的原油粘度(厘泊)	2000
开始时的原油饱和度(%)	85

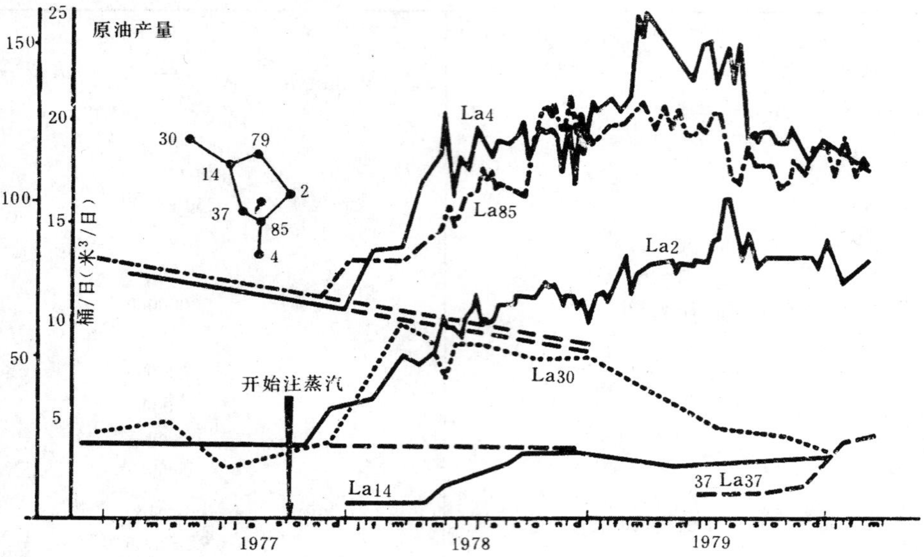

图 49.31　Lacq Superieur 油田生产历史

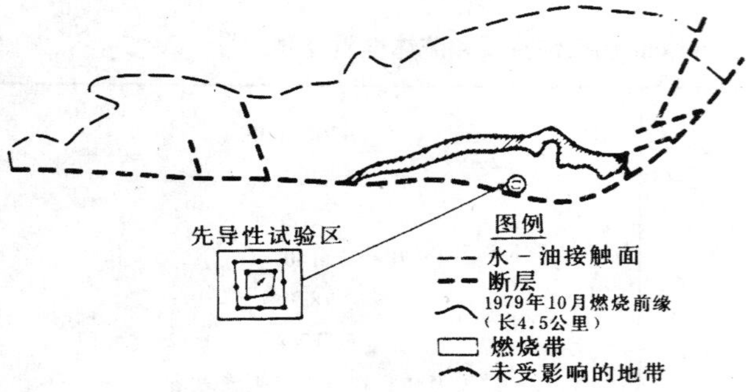

图 49.32　罗马尼亚 Suplacu de Barcau 油田

密西西比州的西 Heidelberg 油田——最深的火驱工程（Gulf 公司）[114, 115]　西 Heidelberg 油田位于密西西比州东部的 Jasper 县。油层深度超过两英里，由此可见它是最深的火驱工程，或者说是最深的热力采油工程。Cotton Valley 层有 8 个砂层。火驱是在第 5 砂层中进行的。油层性质见表 49.26。

正如第 5 砂层的构造所示（图 49. 34），在整个构造上，仅在

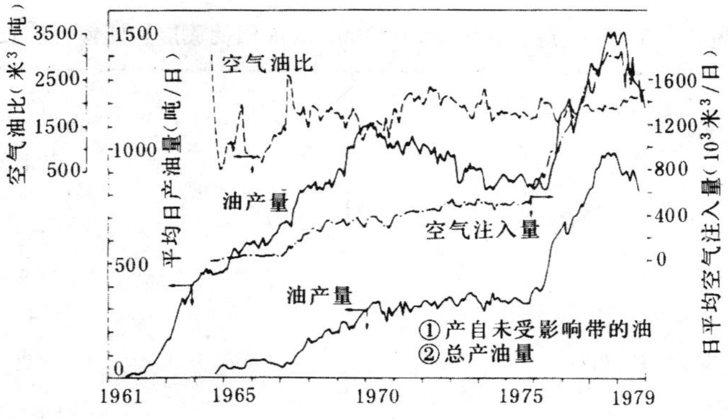

图 49.33　Suplacu de Barcau 油田的注采历史

顶部附近有一口注入井，7 口生产井位于构造下倾部位。注采的历史示于图 49.35。从该图可估算出，在 1973～1976 年期间，平均日注空气量约为 900×10^3 标准英尺^3，而平均日采油量约为 400 桶。由此得出的空气油比是 2.25×10^3 标准英尺^3。

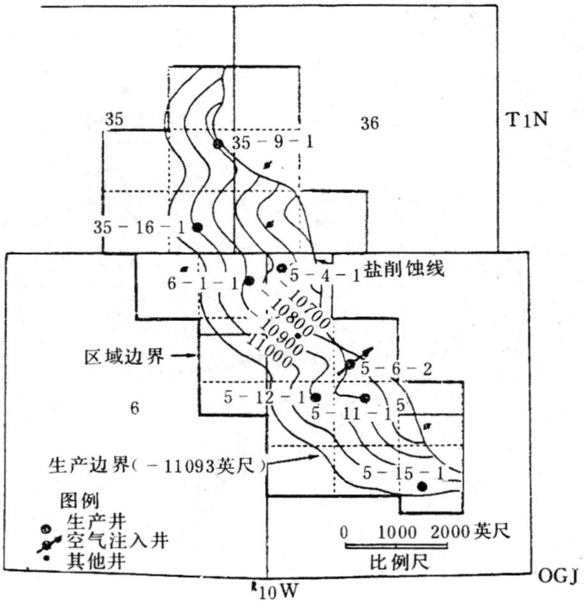

图 49.34　西 Heidelberg 油田 5 号砂层构造图

得克萨斯州 Gloriana 油田——采用火驱开采的最薄的油藏（Sun 石油公司）[116~118] Gloriana 油田位于得克萨斯州的 Wilson 县。火驱是在 Poth“A”进行的。该砂层可能是火驱开采最薄的油层。油层性质列于表 49.27。

该油田开始是用 40 英亩井距开发。一口新井—2–8 号井于 1969 年 5 月开始点火。完全燃烧后的 2–5 号生产井于 1971 年 5 月转为注空气。这些井以及其他井的分布示于等厚图 49.36。空气注入历史和生产历史分别示于图 49.37 和图 49.38。到 1974 年 12 月产油量下降到生产极限，于是停止了注空气。

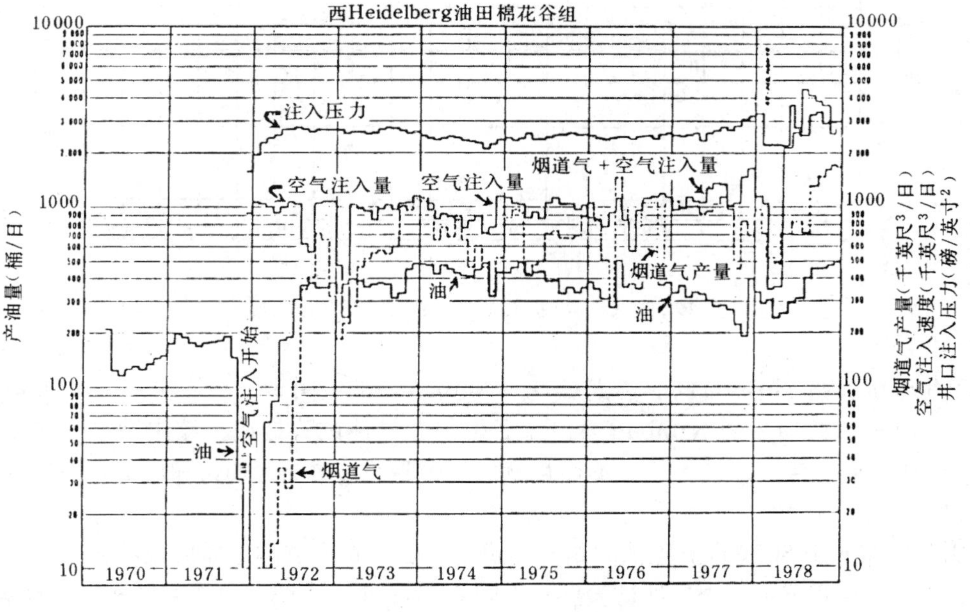

图 49.35　西 Heidelberg 油田的注采历史

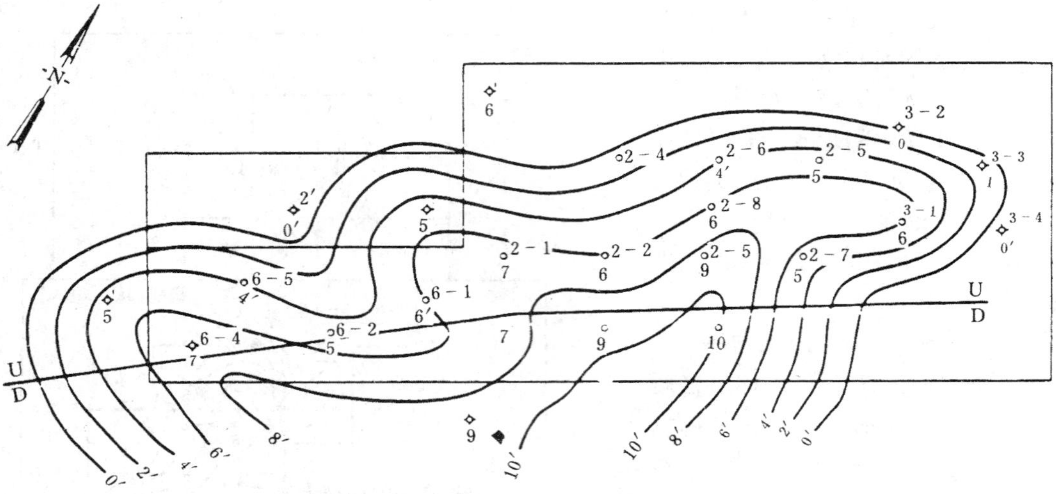

图 49.36　Gloriana 油田纯含油的 Poth

“A”砂层等厚图

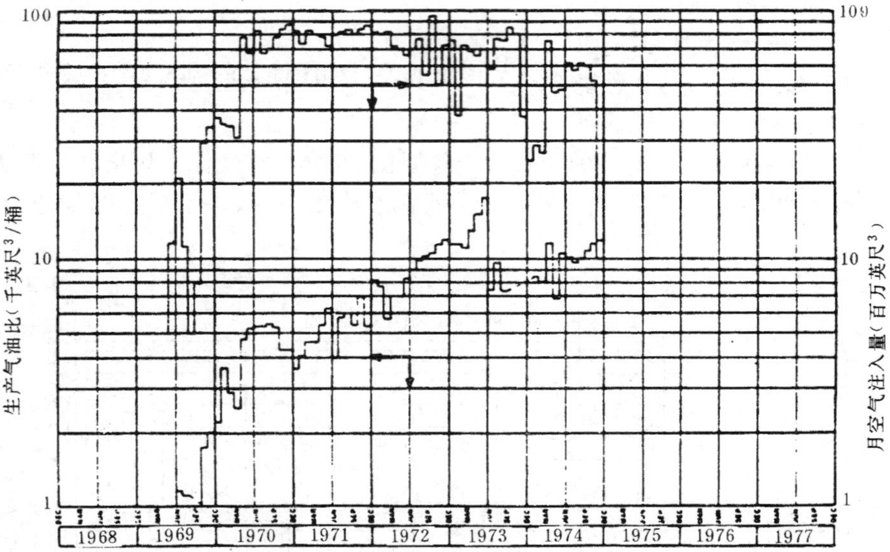

图 49.37　Gloriana 油田气−油比和空气注入历史

内布拉斯加州 Sloss 油田—湿式燃烧（Amoco 石油公司）[77~79]——三次采油　Sloss 油田位于内布拉斯加州的 Kimball 县。湿式燃烧先导性试验是在曾经注过水的油藏内进行的。油层薄，而且深，原油为轻质油，粘度低，火驱开始时的含油饱和度低。油层性质列于表 49.28。

1967 年在 6 个 80 英亩五点法井组开始进行火驱。在火驱的最后阶段，包括补充井在内的火驱面积是 960 英亩。先导性试验区示于图 49.39。4 年半期间内注空气和生产数据分别示于图 49.40 和 49.41。在 1967 年 2 月至 1971 年 7 月，总共注入空气 13754×10^6 标准英尺^3，注水 10818×10^3 桶，水气比是 0.79 桶／10^3 标准英尺^3。由此得出的空气油比是 21.3×10^3

表 49.26　西 Heidelberg 油田储层性质和流体性质资料

油层深度(英尺)	11500
厚度(英尺)	
总厚度	20～40
有效厚度	30
地层倾角(度)	5～15
孔隙度(%)	16.4
渗透率(毫达西)	39
原油重度(°API)	24
油层温度(°F)	221
221°F 时的原油粘度(厘泊)	4.5
开始时的原油饱和度（%）	77.8

表 49.27　Gloriana 油田储集层和流体性质资料

油层深度(英尺)	1600
油层总厚度(英尺)	10
油层有效厚度(英尺)	4
地层倾角(度)	0～5
孔隙度(%)	35
渗透率(毫达西)	1000
原油重度(°API)	20.8
油层温度(°F)	112
112°F 时的原油粘度(厘泊)	70～150
80°F 时的原油粘度(厘泊)	250～500
开始时的原油饱和度（%）	58.5

表 49.28　Sloss 油田储集层和流体性质资料

油层深度(英尺)	6200
有效厚度(英尺)	14.3
孔隙度(%)	19.3
渗透率(毫达西)	19.1
原油重度(°API)	38.8
油层温度(°F)	200
油层压力(磅／英寸^2(表压))	2274
200°F 时的原油粘度(厘泊)	0.8
开始时的含油饱和度（%）	20～40

标准英尺^3／桶。温度在 350°F 以上的带的面积驱扫系数是 50%。垂向驱扫系数是 28%。由此计算得出的体积驱扫系数只有 14%。总共采油 646,776 桶。

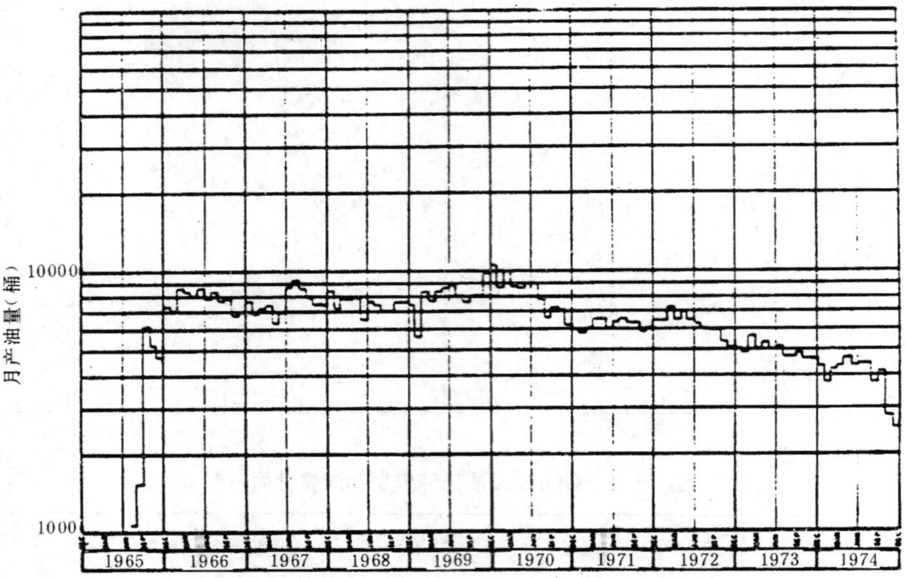

图 49.38 Gloriana 油田的采油历史

犹他州沥青山矿藏——粘度非常高的沥青，采用正向燃烧和反向燃烧相结合的方法开采（美国能源部）[130] 西北沥青山矿藏位于犹他州西北部 Vernal 城附近。在这个矿藏进行的火驱是有意义的，因为它试图采用反向燃烧和正向燃烧相结合的方法开采沥青砂的石油。油藏性质列于表 49.29。

美国能源部在沥青山地区进行了两次火驱试验。于 1975 年进行的第一次试验证实了应用反向燃烧法开采沥青砂层中石油的可行性。从 1977 年 8 月到 1978 年 2 月进行了第二次试验，试验了反向燃烧与正向燃烧相结合的火驱。试驱区的位置和井的分布示于图 49.42。在两次试验中，行列驱是在 120×40 英尺的小面积上进行的，仅包括 0.11 英亩。在第二次试验中，反向燃烧和正向燃烧在西北地区出现几次响应，从 203 号观察井的温度变化可以看到这种响应（见图 49.43)。反向燃烧阶段的面积驱扫系数是 95%，垂直驱扫系数是 91%，体积驱扫系

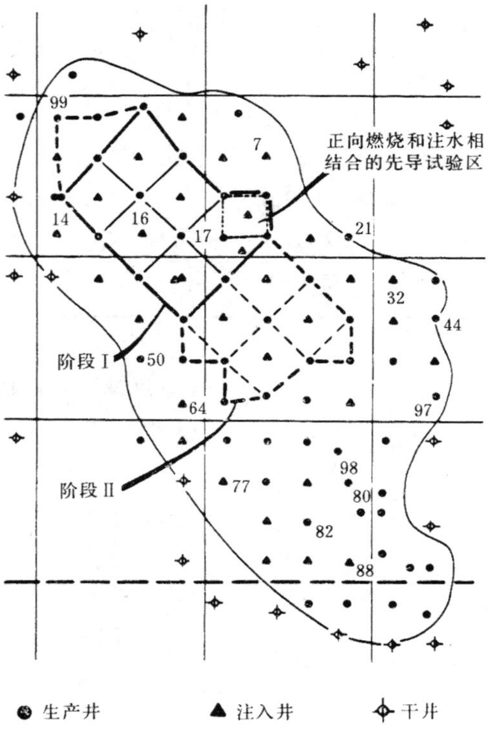

图 49.39 Sloss 油田

数是 86%。正向面积燃烧阶段的面积驱扫系数是 75%，垂向驱扫系数是 44%，体积驱扫系数仅 33%。生产原油的质量比原始沥青好，凝固点由 140°F 下降到 25°F，剩余沥青量由 62%减少到 35%（重量）。

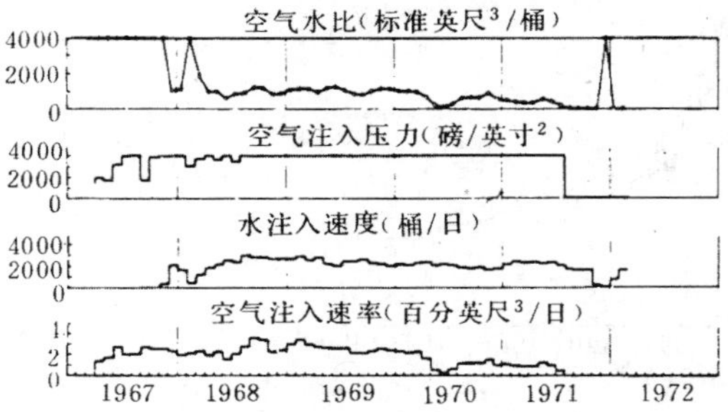

图 49.40　Sloss 油田正向燃烧和注水相结合的先导性试驱区的空气注入历史

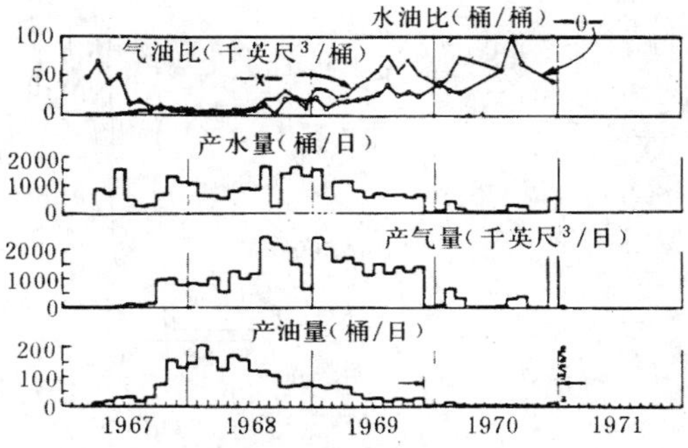

图 49.41　Sloss 油田正向燃烧和注水相结合的先导性试驱区的生产历史

得克萨斯州 Forest Hill 油田—注入富含氧的空气（Greenwich 空气产品公司）[153]

Forest Hill 油田位于得克萨斯州的 Wood 县。这次矿场试验的意义在于在火驱中使用了富含氧的空气。油藏特性列于表 49.30。

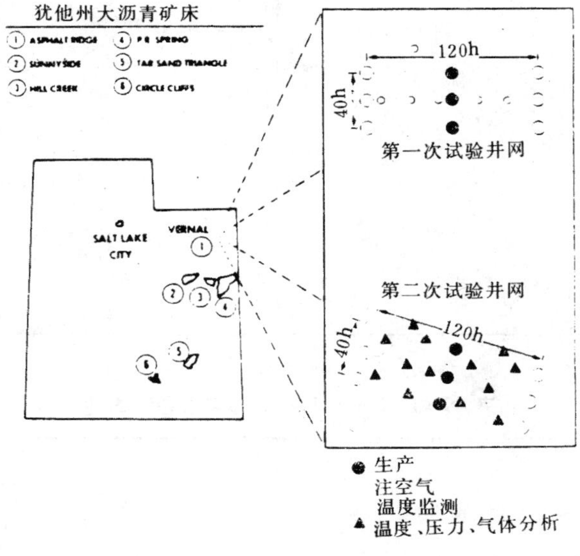

图 49.42　沥青山矿藏 LETC 油田的位置

油田于 1964 年开始一次采油，于 1976 年开始注空气。其中一口注入井于 1980 年改为注入富含氧的空气。试验地点示于图 49.44。从图 49.45 可以看出，在两年期间，注入气中氧的浓度变化范围是 21%至 90%。试验表明，在常见的油田环境下，注入纯氧是完全可以掌握的，也是可以安全注入的。由于没有进行任何明确的比较，这次试验仅仅暗示，使用富氧空气产油速度比只使用空气的产油速度高。

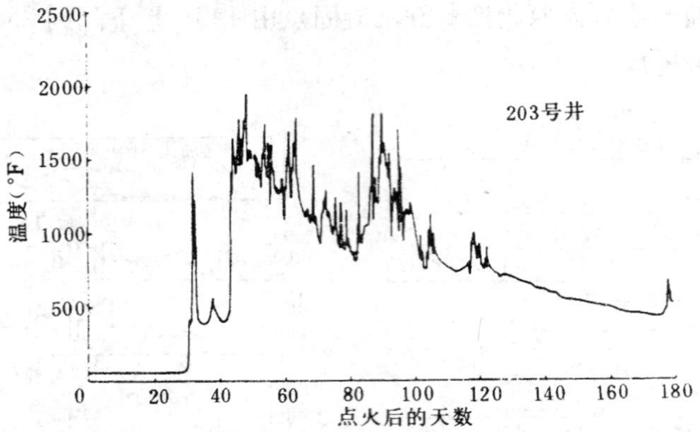

图 49.43　沥青山矿藏 203 号井的最大温度与时间的关系

表 49.29　沥青山油田储集层和流体性质资料

油层深度(英尺)	350
有效厚度(英尺)	13.1
孔隙度(%)	31.1
渗透率(毫达西)	
饱和后的渗透率	85
抽洗后的渗透率	675
原油重度(°API)	14
油层温度(°F)	52
60°F 时的原油粘度(厘泊)	大于 1000000
凝固点(°F)	140
开始时的油饱和度（%）	65
开始时的水饱和度（%）	2.4

表 49.30　Forest Hill 油储集层和流体性质

油层深度(英尺)	4800
有效厚度(英尺)	15
孔隙度(%)	27.7
渗透率(毫达西)	626
原油重度(°API)	10
油层温度(°F)	185
180°F 时的原油粘度(厘泊)	1002
开始时的油饱和度（%）	64
开始时的水饱和度（%）	36

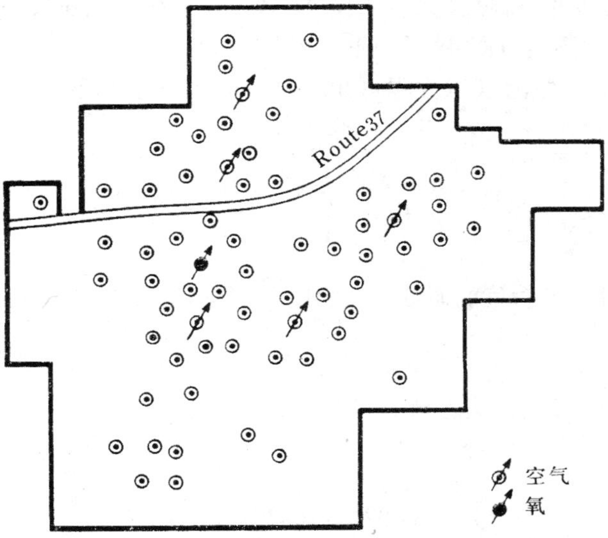

图 49.44　Forest Hill 油田

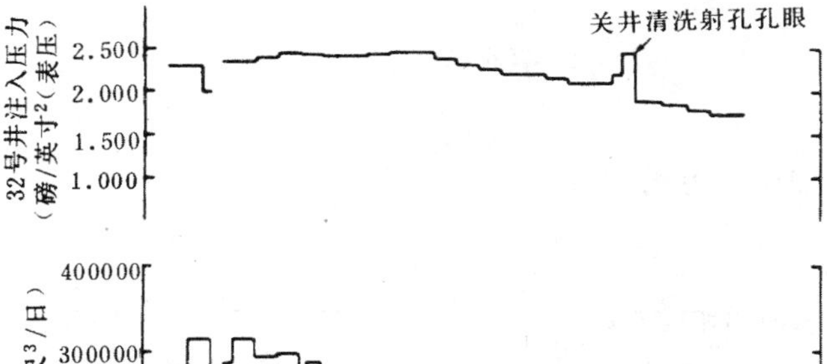

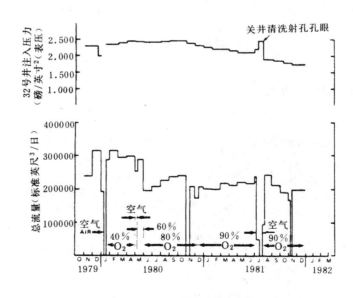

图 49.45　Forest Hill 油田的注气历史

十七、热 的 特 性

下面将简要介绍热采工程中常见的岩石-流体体系中的某些热特性。在参考文献〔154〕中比较全面的汇集了有关的表和图。

1. 原油粘度

典型重油矿藏的粘度−温度关系示于图 49.46。原油粘度应在实验室测定。当缺少实验资料时，可以使用有关图表（图 49.47 至图 49.49）〔155～157〕和公式〔158〕估算。

Beggs 和 Robinson 提出以下方程可用于估算含气油的粘度。首先计算出脱气油的粘度：

$$\mu_{od} = 10^{X} - 1 \tag{74}$$

式中 μ_{od} 等于脱气油（不含气的原油）在温度 T 时的粘度，单位是厘泊。

$$X = YT^{-1.163} \tag{75}$$

$$Y = 10^{Z} \tag{76}$$

$$Z = 3.0324 - 0.02023\gamma_o \tag{77}$$

式中 γ_o 等于油的 API 重度；T 是温度（°F）。然后计算含气油的粘度。

$$\mu = A\mu_{od}B \tag{78}$$

$$A = 10.715(R_s + 100)^{-0.515} \tag{79}$$

$$B = 5.44(R_s + 150)^{-0.338} \tag{80}$$

式中 R_s——溶解气油比，英尺^3／桶。

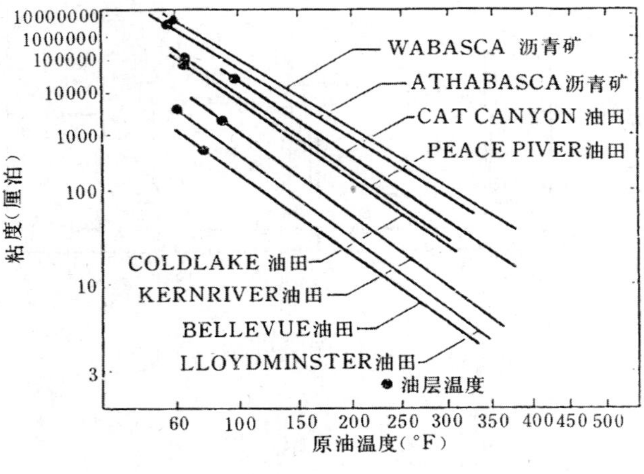

图 49.46 典型重油矿藏的粘度与温度的关系曲线

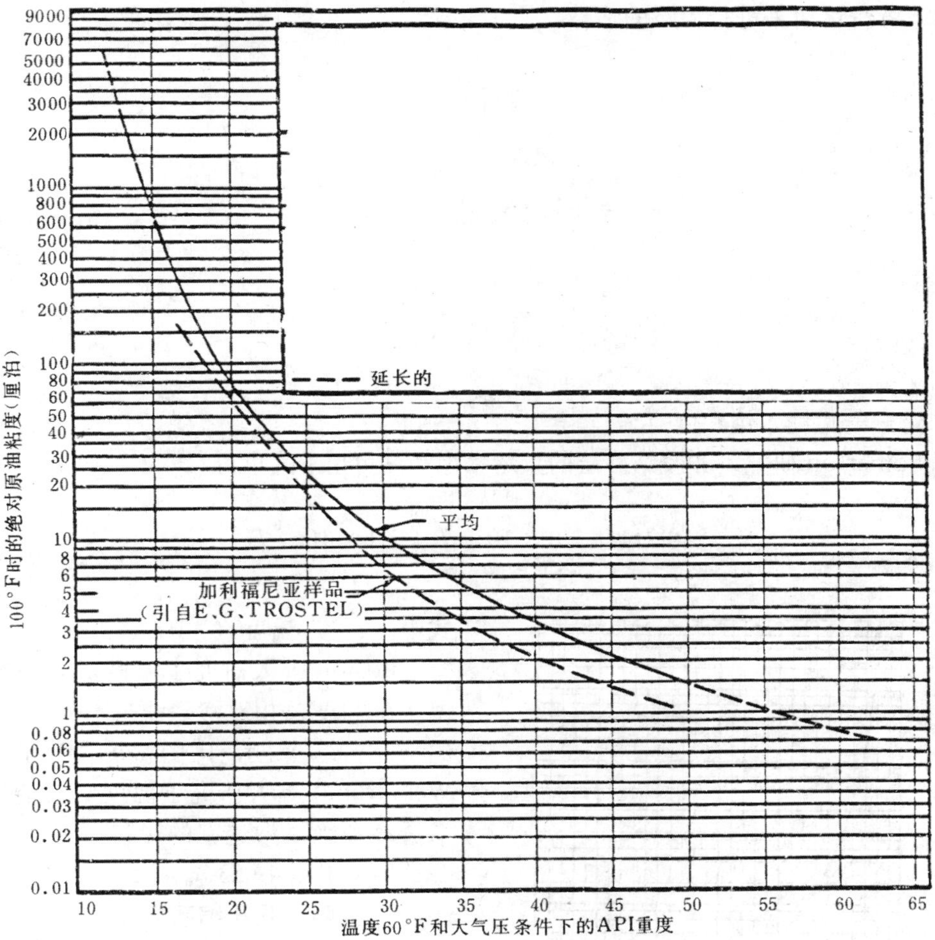

图 49.47　脱气油的粘度

在 100 ° F 和大气压条件下不含气原油的粘度

平均偏差						
原油重度(° API)		样品和油田数		算术平均		
				原油重度(° API)	粘度(厘泊)	与平均值的粘度偏差(%)
从	到	样品	油田数			
10.0	19.9	49	39	16.4	394	60.7
20.0	29.9	110	83	25.1	23.0	25.5
30.0	39.9	338	262	35.7	5.3	19.9
	40.0	158	109	44.3	2.3	20.0
总	计	655	492	—	—	23.9

公式：100 ° F 时的绝对粘度（厘泊）$C_p = \frac{29420}{(\gamma_o - 11)}$ 271

---延长的。

2.相对渗透率曲线

相对渗透率曲线用实验的方法求得。在缺少实验室资料的情况下，Brooks 和 Corey 提出的以下方程可用来进行粗略的估算[159]。

$$k_{rw} = \left(S_w^*\right)^5 \tag{81}$$

$$k_{ro} = \left(1 - S_w^*\right)^2 \left(1 - S_w^{*2}\right) \tag{82}$$

和

$$S_w^* = \frac{S_w - S_{iw}}{1 - S_{iw}} \tag{83}$$

式中 S_{iw}——束缚水饱和度（%）。

据 Somerton 研究，非胶结砂层的束缚水饱和度可用下式求得[160]：

$$S_{iw} = 0.211 + 2.0 \times 10^{-4} T + 1.1 \times 10^{-6} T^2 \tag{84}$$

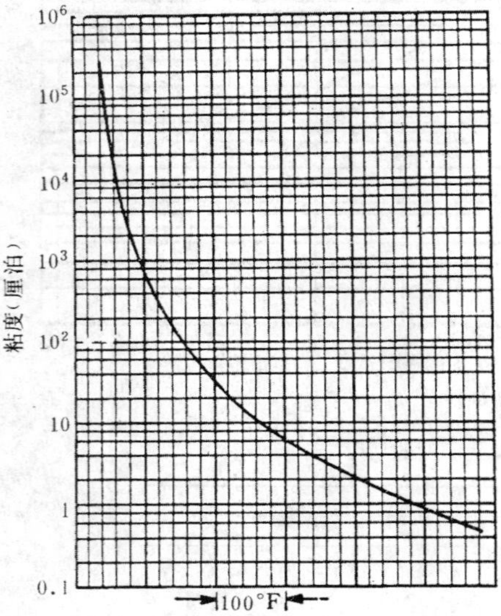

图 49.48 通用的粘度-温度图

式中 T——温度（°F）。

Poston 等人研究了温度对非胶结砂层束缚水饱和度及相对渗透率的影响[161]。他们的部分结果示于图 49.50 至 49.52。Weinbrandt 等人研究了温度对胶结砂层相对渗透率和绝对渗透率的影响[162]。他们的部分结果示于图 49.53 至 49.56。

3. 孔隙体积压缩系数

Sawabini 等人测定了 Arkosic 未胶结砂层的压缩系数[163]。图 49.57 说明，有效孔隙体积压缩系数的变化范围是 10^{-4}（磅／英寸）$^{-1}$～10^{-3}（磅／英寸）$^{-1}$，大约比胶结砂岩通常测定的数值 10^{-6}（磅／英寸）$^{-1}$ 大 2 至 3 个数量级。在图 49.57 上，P_{to} 是上覆岩层的总压力（磅／英寸^2）；P_p 是孔隙压力，磅／英寸^2。

4. 热传导能力

Somerton 研究了未胶结砂层的热力特性[164]。图 49.58 说明了 Kern River 含油砂层的热传导能力是如何随着盐水饱和度的变化而变化的。

5. 汽化平衡

原油馏分的汽化平衡用平衡汽化常数 K 来表述。K 可由下式确定:

$$K = \frac{y}{x} \tag{85}$$

式中 y——蒸气相的摩尔分数；

x——液相的摩尔分数。

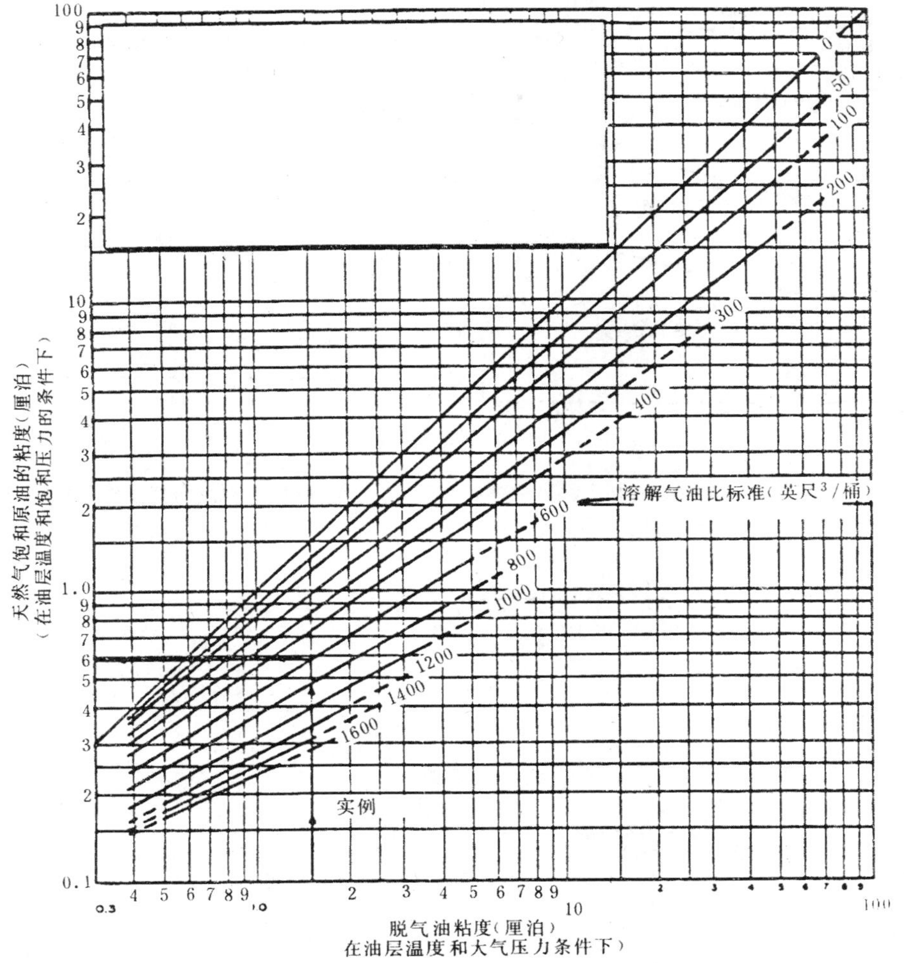

图 49.49 含气油的粘度

实例

问题：

样品油的溶解气油比是 600 英尺^3/桶，脱气油的粘度是 1.50 厘泊，要求求出饱和天然气油的粘度。所有这些都是在同一温度条件下。

求解：

在脱气油粘度横坐标上找出粘度 1.5 厘泊；由该点垂直向上延伸至 600 溶解气油比线段，由交点向左作水平延伸，交于饱和气油粘度纵坐标 0.56 厘泊。

Poettmann 和 Mayland[165] 于 1949 年公布了各种原油馏分的平衡常数曲线图，这些馏分的沸点包括 300°F，400°F 直至 1000°F。为了说明 K 值是如何随着温度和压力的变化而变化的，将正沸点＝500°F 的馏分的曲线示于图 49.59。

最近 Lee 等人提出了 100°F 以上沸点范围的原油馏分的平衡常数。例如，馏分 1 的沸点范围至 300°F，馏分 2 的沸点范围在 300°F～400°F 之间，馏分 6 的沸点在 700°F 以上。图 49.60 和 49.61 说明了压力和温度对这些原油馏分以及 N_2、CH_4、CO_2 的 K 值的影响。

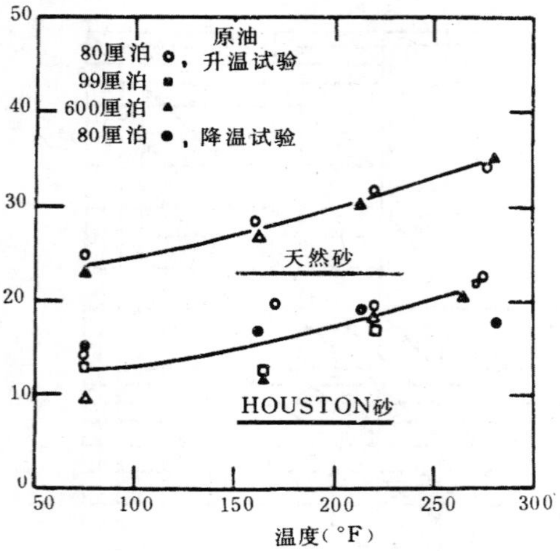

图 49.50　温度对 Houston 砂和天然砂束缚水饱和度的影响

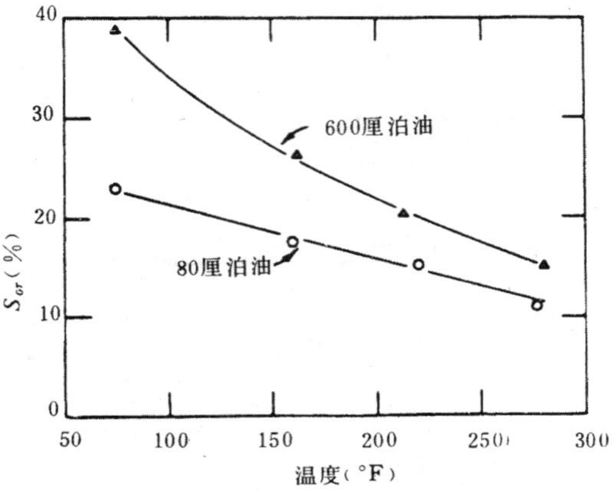

图 49.51　温度对残余油饱和度的影响（天然砂）

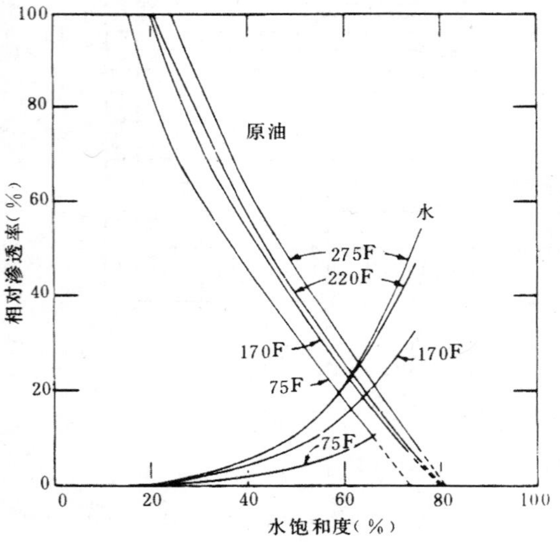

图 49.52　4 种不同温度下的水、油相对渗透率（Houston 砂，80 厘泊原油）

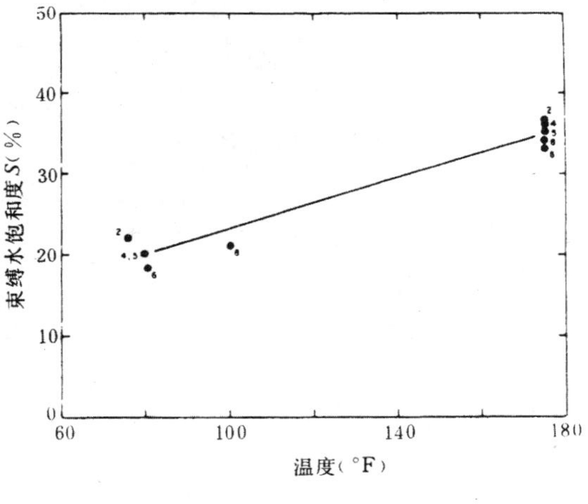

图 49.53　温度对束缚水饱和度的影响（砂岩岩心）

6. 化学动力学

地下燃烧过程中发生的化学反应可以认为有三种类型：①低温氧化；②燃料沉积或成焦；③燃烧。不同作者提出的三种反应类型的动力学资料都汇编在 Fassihi 等人的论文中[167]，这里不再重复。

7. 蒸汽性质

简化蒸汽表列于表 49.31[168]。

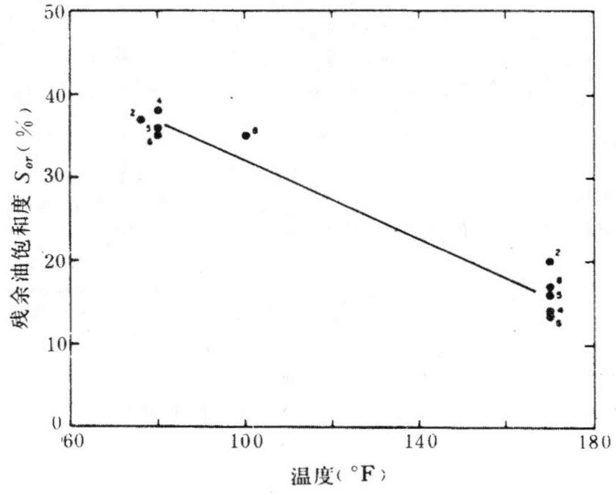

图 49.54　温度对砂岩岩心残余油饱和度的影响

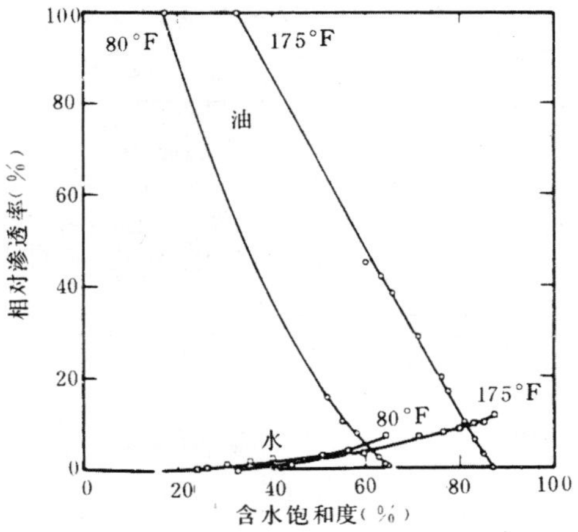

图 49.55　两种不同温度下的水，油相对渗透率（Boise 砂岩 4 号岩心）

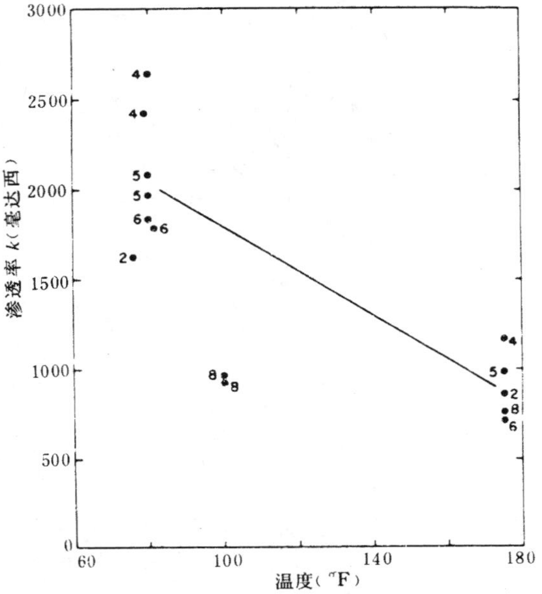

图 49.56　温度对砂岩岩心绝对渗透率的影响

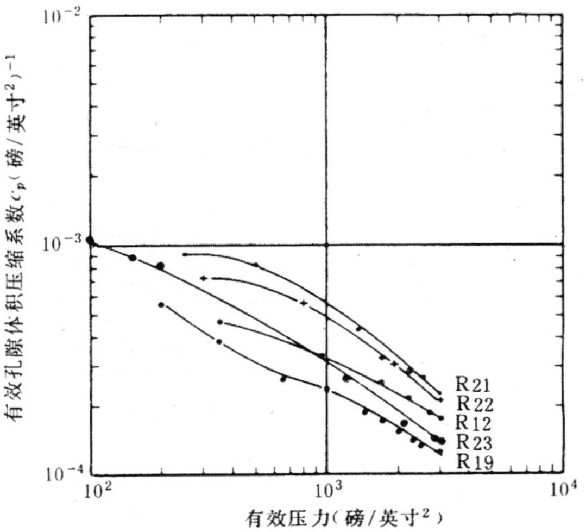

图 49.57　Arkosic 未胶结砂层的有效孔隙体积压缩系数

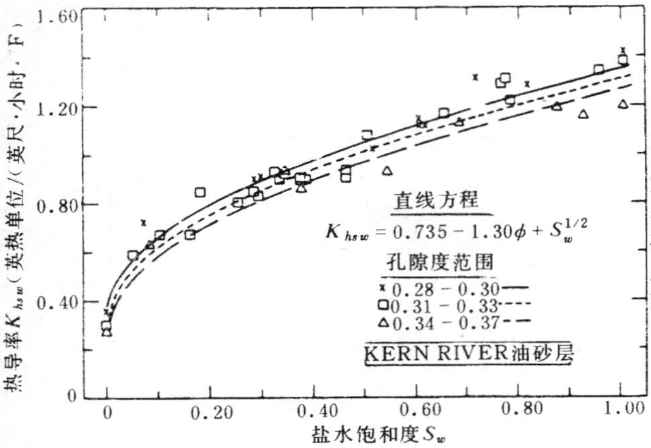

图 49.58　Kern River 含油砂层的热传导能力

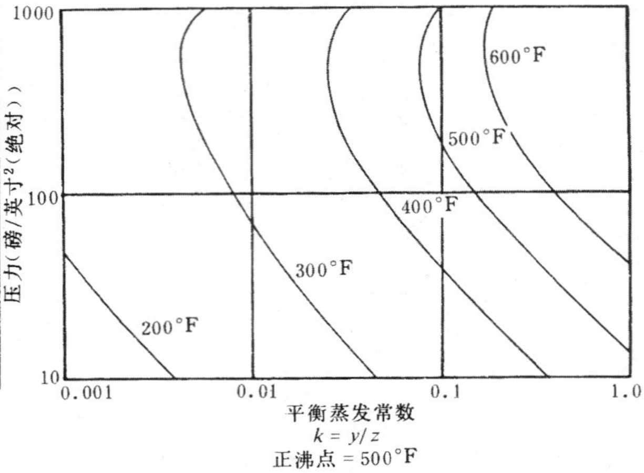

图 49.59　平衡汽化常数，正沸点为 500°F

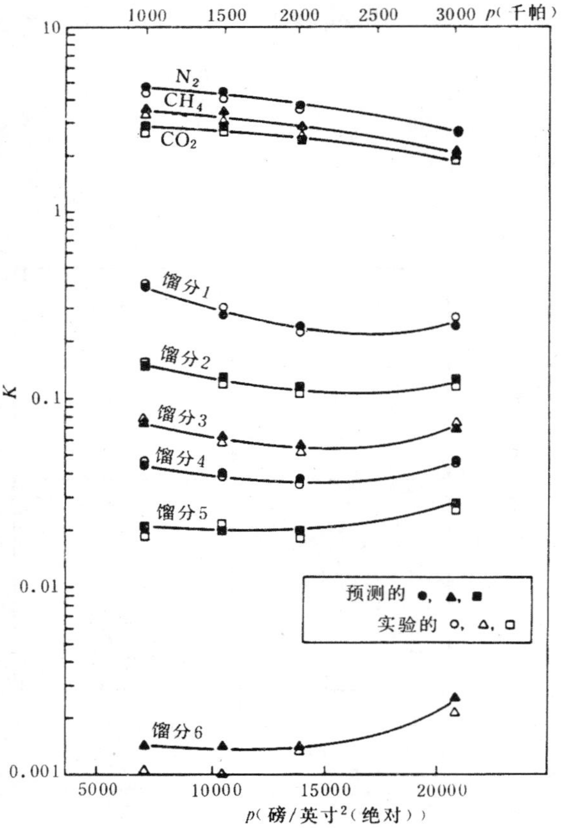

图 49.60　在温度 260°F 时压力对原油 A 平衡常数 K 值的影响

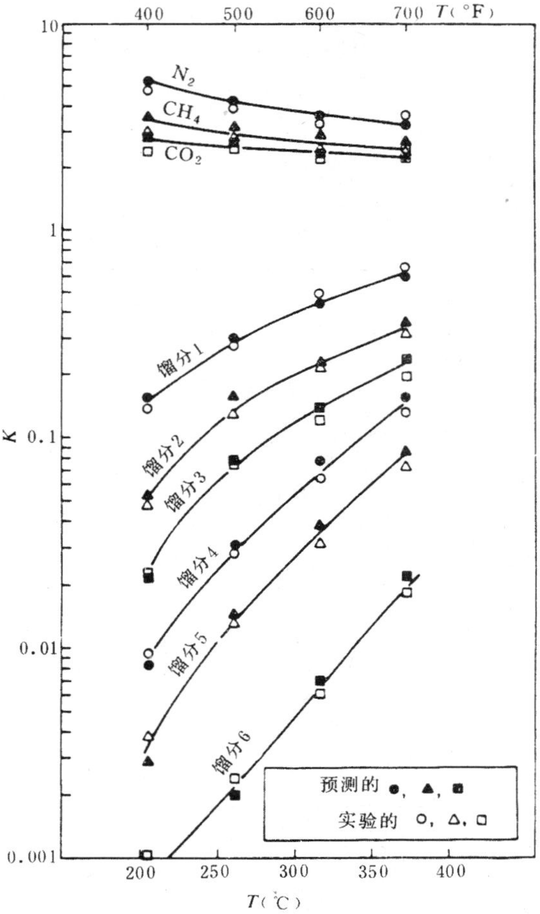

图 49.61　在压力为 1514.7 磅/英寸²（绝对）时温度对原油 B 平衡常数 K 值的影响

表 49.31　饱和蒸汽表

绝对压力 P (磅／英寸^2 (绝对))	温度 T (°F)	比容 (英尺^3／磅(质量))			热函 (英热单位／磅(质量))		
		饱和液体 V_L	蒸发物 V_{fg}	饱和蒸气 V_g	饱和液体 H_L	蒸发物 L_s	饱和蒸气 H_g
0.08865	32.018	0.016022	3302.4	3302.4	0.0003	1075.5	1075.5
14.696	212.00	0.016719	26.782	26.799	180.17	970.3	1150.5
50.0	281.02	0.017274	8.4967	8.5140	250.2	923.9	1174.1
100.0	327.82	0.017740	4.4133	4.4310	298.5	888.6	1187.2
150.0	358.43	0.01809	2.9958	3.0139	330.6	863.4	1194.1
200.0	381.80	0.01839	2.2689	2.2873	355.5	842.8	1198.3
250.0	400.97	0.01865	1.82452	184317	376.1	825.0	1201.1
300.0	417.35	0.01889	1.52384	1.54274	394.0	808.9	1202.9
400.0	444.60	0.01934	1.14162	1.16095	424.2	780.4	1204.6
500.0	467.01	0.01975	0.90787	0.92762	449.5	755.1	1204.7
600.0	486.20	0.02013	0.74962	0.76975	471.7	732.0	1203.7
700.0	503.08	0.02050	0.63505	0.65556	491.6	710.2	1201.8
800.0	518.21	0.02087	0.54809	0.56896	509.8	689.6	1199.4
900.0	531.95	0.02123	0.47968	0.50091	526.7	669.7	1196.4
1000.0	544.58	0.02159	0.42436	0.44596	542.6	650.4	1192.9
1200.0	567.19	0.02232	0.34013	0.36245	571.9	613.0	1184.8
1400.0	587.07	0.02307	0.27871	0.30178	598.8	576.5	1175.3
1600.0	604.87	0.02387	0.23159	0.25545	624.2	540.3	1164.5
1800.0	621.02	0.02472	0.19390	0.21861	648.5	503.8	1152.3
2000.0	635.80	0.02565	0.16266	0.18831	672.1	466.2	1138.3
2200.0	649.45	0.02669	0.13603	0.16272	695.5	426.7	1122.2
2400.0	662.11	0.02790	0.11287	0.14076	719.0	384.8	1103.7
2600.0	673.91	0.02938	0.09172	0.12110	744.5	337.6	1082.0
2800.0	684.96	0.03134	0.07171	0.10305	770.7	285.1	1055.8
3000.0	695.33	0.03428	0.05073	0.08500	801.8	218.4	1020.3
3208.2*	705.47	0.05078	0.00000	0.05078	906.0	0.0	906.0

符 号 说 明

a——空气需要量，10^6，标准英尺^3／(英亩·英尺)；

A——t时的加热面积，英尺^2，或由方程（9）和（79）确定的量；

A'——由方程（13）确定的量；

B——由方程（10）和（80）确定的量；

B'——由方程（14）确定的量；

C_m——燃料含量，磅（质量）／英尺^3；

C_o——原油的热容，英热单位／（磅（质量）·°F）或油浓度，（磅（质量））·摩尔／英尺^3；

C_r——岩石热容，英热单位／（磅（质量）·°F）；

C_s——蒸汽热容，英热单位／（磅（质量）·°F）；

C_w——水的热容，英热单位／（磅（质量）·°F）；

CO_2——氧浓度，磅（质量）摩尔／英尺^3；

C_1——由方程（58）和（60）确定的量；

C_2——由方程（59）和（61）确定的量；

D——深度，英尺；

E——活化能，英热单位／磅（质量）摩尔；

E_h——热效率，分数；

EO_2——氧利用效率，分数；

E_r——总原油采收率；

E_{RU}——未燃烧区内的采收率，分数；

E_{vb}——燃烧前缘的体积驱扫系数，分数；

f_{s1}——油管柱始端的蒸汽干度，分数；

f_{s2}——油管柱末端的蒸汽干度，分数；

$f(t)$——岩层的瞬间热传导时间函数，无因次；

F_{ao}——空气油比；

F_{CC}——产出气体中CO_2与CO之比值；

F_{HC}——原子H／C比；

F_J——增产处理后与增产处理前的采油指数的比值，无因次；

F_{so}——蒸汽油比，地面桶／地面桶；

F_{wot}——总生产水油比，地面桶／地面桶；

h——有效厚度，英尺；或对流热传导系数，英热单位／（小时·英尺^2·°F）；

h'——绝热外表面上的对流热传导系数，英热单位／（小时·英尺^2·°F）；

h_f——温度T在32°F以上时液态水的热函，英热单位／磅（质量）；

h_t——全部砂层的总厚度，英尺；

H_{og}——油和气的热函，英热单位／磅（质量）；

H_w——油（按1桶地面油计算）所携带的水的热函，英热单位／地面桶油；

H_{WR}——油层温度条件下水的热函，英热单位／磅（质量）；

H_{ws}——蒸汽温度条件下水的热函，英热单位／磅（质量）；

i_{at}——累计空气注入量，10^3标准英尺^3；

i_s——蒸汽注入速率，桶／日；

I——辐射热传导系数,英热单位／(小时·英尺^2·°F)；

I'——绝热外表面上的辐射热传导系数，英热单位／（小时·英尺^2·°F）；

J_c——热处理前（冷状态）的采油指数，地面桶／（日·磅／英寸^2）；

K——绝对渗透率，毫达西；

K'——前指数因子；

K_{hca}——套管物质的热传导系数，英热单位／（小时·英尺^2·°F;）

K_{hce}——水泥的热传导系数，英热单位／（小时·英尺^2·°F）；

K_{hf}——地层的热传导系数，英热单位／（日·英尺·°F）；

K_{hin}——绝热物质的热传导系数，英热单位／（小时·英尺·°F）；

K_{ho}——上覆地层的热传导率，英热单位／（小时·英尺·°F）；

K_{ro}——油的相对渗透率，分数；

K_{rw}——水的相对渗透率，分数；

K——平衡蒸发常数；

L——管子的长度，英尺；

L_s——蒸汽潜热，英热单位／磅（质量）；

L_{v1}——层段顶部的蒸发潜热，英热单位／磅（质量）；

L_{v2}——层段底部的蒸发潜热，英热单位／磅（质量）；

m_{sit}——注入蒸汽的总质量，磅（质量）；

M——体积热容，英热单位／（英尺^3·°F）；

N——原始石油地质储量，桶；

N_s——砂层层数；

N_{sp}——热采工程开始时的石油地质储量，桶；

ΔN_{sp}——累计增产油量，桶；

p_e——外缘半径上的静地层压力，磅／英寸^2（绝对）；

p_p——孔隙压力，磅／英寸^2；

p_s——温度$\overline{T}$时水的饱和蒸汽压力，磅／英寸^2（绝对）；

p_{to}——总上覆地层压力，磅／英寸^2；

p_w——井底压力，磅／英寸^2（绝对）；

p_1'——层段顶部的压力，磅／英寸^2（绝对）；

p_2——层段底部的压力，磅／英寸^2（绝对）；

Δp——整个层段内的摩擦压降，磅／英寸^2（绝对）；

q_o——驱油速度，桶／日；

q_{oc}——冷油产量，桶／日；

q_{oh}——热油产量，桶／日；

Q_{hz}——加热带内的剩余热，英热单位；

Q_{it}——总注入热量，英热单位；

Q_{ri}——热注入速率，英热单位／小时；

Q_{rl}——分段热损失，英热单位／小时；

Q_{rt}——时间t时的散热速率，英热单位／日；

r_{cf}——至水泥-地层界面的半径，英尺；

r_{ci}——套管内半径，英尺；

r_{co}——套管外半径，英尺；

r_e——外半径，英尺；

r_h——初始加热区的半径，英尺；

r_{in}——绝热表面的外径，英尺；

r_{ti}——油管内半径，英尺；

r_{to}——管子的外半径，英尺；

r_w——井的半径，英尺；

R——气体常数；

R_s——溶解气油比，标准英尺^3／地面桶；

R_t——总生产气油比，标准英尺^3／地面桶；

S_g——气饱和度，小数；

S_{to}——残余油饱和度，小数；

S_{iw}——残余水饱和度，百分数；

S_o——工程开始时的油饱和度，小数；

S_{oi}——原始含油饱和度，小数；

S_{wi}——原始水饱和度，小数；

S_w^*——归一化水饱和度，小数；

t——自注入以来的时间，小时；

t_c——临界时间，小时；

t_p——无因次时间；

t_i——目前循环周期的注入时间，天；

$\overline{T}$——任一时间t内加热区的平均温度，$r_w<r<r_h$，°F；

T_{at}——大气温度，°F；

T_{cf}——水泥-地层界面上的温度，°F；

T_{ci}——套管内表面的温度，°F；

T_{fi}——初始地层温度，°F；

T_{fl}——流体温度，°F；

T_{inj}——注入温度，°F；

T_R——原始油层温度，°F；

T_s——蒸汽温度，°F；

T_{su}——地面地层温度，°F；

U_{co}——外套管表面的总热传导系数，英热单位／（小时·英尺^2·°F）；

U_{ti}——管子或油管内半径内的总热传导系数，英热单位／（小时·英尺^2·°F）；

U_{to}——外油管表面的总热传导系数，英热单位／（日·英尺^2·°F）；

V_t——整个流体的比容，英尺^3／磅（质量）；

V_w——风速，英里／小时；

V_{fb}——燃烧了的燃料，桶；

V_r, V_z——在r和z方向内，组分传导问题的单元解*；

$\overline{V}_r, \overline{V}_z$——当$0<r<r_h$时，$V_r$和$V_z$的平均值；

W——Arrhenius反应速率；

W_s——蒸汽的质量速率，磅（质量）／小时；

x——液相中的摩尔分数；

X——由方程（66）确定的量；

y——蒸气相中的摩尔分数；

Y——由方程（65）确定的量；

α——热扩散系数，英尺^2／日；

α_o——上覆岩层的热扩散系数，英尺^2／日；

β——方程（27）中的虚变量；

δ——由产液排出的能量，无因次；

θ——倾角，度；

μ_o——原油粘度，厘泊；

μ_{oc}——冷油粘度，厘泊；

μ_{od}——T时脱气油（不含气的油）的粘度，厘泊；

μ_{oh}——热油粘度，厘泊；

ρ_o, ρ_r, ρ_w——油的密度，岩石颗粒的密度，水的密度，磅／英尺^3；

ϕ——孔隙度，小数。

*——这些符号没有物理含义，只是数学符号。

用国际米制单位表示的主要方程

$$h = 7.165 v_w^{0.6} / r_{in}^{0.4} \tag{3}$$

$$p_2 = p_1 + 7.816 \times 10^{-12} (v_{t1} - v_{t2}) \frac{w_s^2}{r_{ti}^4} + 9.806 \times 10^{-3} \frac{\Delta D}{v_{t1}} - \Delta p \tag{20}$$

$$F_{so}^{*}=\frac{Q_s t}{Ah\phi(S_{oi}-S_{io})} \tag{30}$$

$$q_{oc}^{*}=\frac{0.0005427kk_{ro}h}{\mu_{oc}\ln\frac{r_e}{r_w}}(p_e-p_w) \tag{42}$$

$$Y=0.2639\left[0.427S_o-0.004429h-0.3905\left(\frac{1}{\mu_o}\right)^{0.25}\right]X \tag{64}$$

其中

$$X=\frac{i_{at}E_{O_2}}{[N_{sp}/(\phi S_o)](1-\phi)}$$

$$F_{so}(\text{米}^3/\text{米}^3)=1/\Big(-0.011253+0.00009117D+0.0005180h-0.077750\theta$$
$$+0.007232\mu_o+0.00003467\frac{kh}{\mu_o}+0.5120\phi S_o\Big) \tag{67}$$

$$F_{so}(\text{米}^3/\text{米}^3)=18.744+0.004767D-0.16693h-0.89814k-0.5915\mu_o-14.79S_o$$
$$-0.0009767\frac{kh}{\mu_o} \tag{68}$$

$$C_m(\text{公斤}/\text{米}^3)=-1.9222+0.137695h+1.85029k+35.72S_o+0.012887\frac{kh}{\mu_o}$$
$$-0.00993D-1.0444\mu_o \tag{69}$$

$$a=\frac{\left(\frac{2F_{cc}+1}{F_{cc}+1}+\frac{F_{HC}}{2}\right)C_m}{0.01776(12+F_{HC})E_{O_2}} \tag{70}$$

$$a(\text{标准米}^3/\text{米}^3)=108.356+2.75367h+229.477S_o+16.073k \tag{71}$$

$$F_{ao}=\frac{a}{\left[\left(\phi S_o-\frac{C_m}{1,000}\right)E_{vb}+\phi S_o(1-E_{vb})E_{Ru}\right]} \tag{72}$$

$$F_{ao}(\text{标准米}^3/\text{米}^3)=3820.4+12.97h+192.20k+471.1\mu_o-13671.5\phi S_o \tag{73}$$

式中各参数的单位:

a——标准米^3/米^3;

A——米^2;

C_m——公斤/米^3;

D——米;

F_{ao}——标准米^3/米^3;

F_{so}——米^3/米^3;

F_{so}^*——米^3/米^3

h——千焦/(米^2·小时·开尔文)(方程(2)到方程(4));

h——米；

i_{al}——标准米^3；

K——微米^2；

N_{sp}——米^3；

p_s'——千帕；

q_{oc}——米^3／日；

Q——米^3／小时；

r_{in}——米；

r_{ti}——米；

t——小时；

V_t——米^3／公斤；

V_w——公斤／小时；

W_s——公斤／小时；

μ_o——帕·秒；

μ_{oc}——帕·秒。

参 考 文 献

1. Farouq Ali. S.M.: "Steam Injection," *Secondary and Tertiary Oil Recovery Processes*, Interstate Oil Compact Commission, Oklahoma City (Sept. 1974) Chap.4.
2. McNeil, J.S. and Moss, J.T.: " Oil Recovery by In-Situ Combustion," *Pet. Eng.* (July 1958) B-29-B-42.
3. Berry, V.J.Jr. and Parrish, D.R.: "A Theoretical Analysis of Heat Flow in Reverse Combustion," *Trans.*, AIME (1960) **219**,124-31.
4. Dietz, D.N. and Weijdema, J.: " Reverse Combustion Seldom Feasible," *Producers Monthly* (May 1968) 10.
5. Smith, F.W. and Perkins, T.K.: "Experimental and Numerical Simulation Studies of the Wet Combustion Recovery Process," *J. Cdn. Pet. Tech.*(July-Sept. 1973) 44-54.
6. Stovall, S.L.: "Recovery of Oil from Depleted Sands by Means of Dry Steam," *Oil Weekly* (Aug. 13, 1934) 17-24.
7. Grant, B.R. and Szasz, S.E.: "Development of Underground Heat Wave for Oil Recovery," *Trans.*, AIME (1954) **201**, 108-18.
8. Kuhn, C.S. and Koch, R.L.: "In-Situ Combustion-Newest Method of Increasing Oil Recovery," *Oil and Gas J.* (Aug, 10, 1953) **52**, 92-96,113,114.
9. Trantham, J.C. and Marx, J.W.: "Bellamy Field Tests: Oil from Tar by Counterflow Underground Burning," *J. Pet. Tech.* (Jan. 1966) 109-15: *Trans.*, AIME, **237**.
10. Giusti, L.E.: "CSV Makes Steam Soak Work in Venezuela Field," *Oil and Gas J.* (Nov. 4, 1974) 88-93.
11. Stokes, D.D. and Doscher, T.M.: "Shell Makes a Success of Steam Flood at Yorba Linda," *Oil and Gas J.* (Sept. 2, 1974) 71-76.
12. Dietz, D.N.: "Wet Underground Combustion, State-of-the -Art," *J.Pet. Tech.* (May 1970) 605-17; *Trans.*, AIME, **249**.
13. "Steam Dominates Enhanced Oil Recovery," *Oil and Gas J.* (April 5, 1982) 139-59.
14. " Experts Assess Status and Outlook for Thermal, Chemical, and CO_2 Miscible Flooding Processes," *J. Pet. Tech.* (July 1983) 1279-92.
15. Johnson, L.A. Jr. *et al.*: "An Echoing In-Situ Combustion Oil Recovery Project in the Utah Tar Sand," *J. Pet. Tech.* (Feb. 1980) 295-304.
16. *Enhanced Oil Recovery Potential in the United States*, Report by Lewin and Assocs, for Office of Technology Assessment (Jan. 1978) 40-41.
17. Willman, B.T. *et. al.*: " Laboratory Studies of Oil Recovery by Steam Injection," *Trans.*, AIME (1961) **222**, 681-90.
18. McAdams, W.H.: *Heat Transmission*, third edition, McGraw-Hill Book Co. Inc., New York City

(1954) 261.
19. Ramey, H.J. Jr.: "Wellbore Heat Transmission," *J. Pet. Tech.* (April 1962) 427–35.
20. Satter, A.: "Heat Losses During Flow of Steam Down a Wellbore," *J. Pet. Tech.* (July 1965) 845–51.
21. Willhite, G.P.: "Overall–All Heat Transfer Coefficients in Steam and Hot Water Injection Wells," *J. Pet. Tech.* (May 1967) 607–15.
22. Earlougher, R. C. Jr.: "Some Practical Considerations in the Design of Steam Injection Wells," *J. Pet. Tech.* (Jan. 1969) 79–86.
23. Beggs, H.D. and Brill, T.P.: "A Study of Two–Phase Flow in Inclined Pipes," *J. Pet. Tech.* (May 1973) 607–14.
24. Farouq Ali, S.M.: "A Comprehensive Wellbore Steam / Water Flow Model or Steam Injection and Geothermal Applications," *Soc. Pet. Eng. J.* (Oct, 1981) 527–34.
25. Marx, J.W. and Langenheim. R.N.: "Reservoir Heating by Hot Fluid Injection." *Trans.*, AIME (1959) **216,** 312–15.
26. Evans, J.G.: "Heat Loss During the Injection of Steam Into a 5–Spot," paper presented as term project in PNG 515, Pennsylvania State U., University Park (June 1960).
27. Ramey, H.J.Jr.: "Discussion of Reservoir Heating of Hot Fluid Injection," *Trans.*, AIME (1959) **216,**364–65.
28. Mandl, G. and Volek, C.W.: "Heat and Mass Transport in Steam–Drive Processes," *Soc, Pet, Eng, J.* (March 1969) 59–79.
29. Myhill, N.A. and Stegemeier, G.L.: "Steam Drive Correlations and Prediction," *J. Pet. Tech,* (Feb. 1978) 173–82.
30. Neuman, C.H.: "A Gravity Override Model of Steamdrive," *J. Pet. Tech.* (Jan. 1985) 163–69.
31. Doscher, T.M. and Ghassemi, F.: "The Influence of Oil Viscosity and Thickness on the Steam Drive," *J. Pet. Tech.* (Feb. 1983) 291–98.
32. Vogel, J.V.: "Simplified Heat Calculations for Steamfloods," *J. Pet. Tech.* (July 1984) 1127–36.
33. Boberg, T.C. and Lantz, R.B.: "Calculation of the Production Rate of a Thermally Stimulated Weli," *J. Pet. Tech.* (Dec. 1966) 1613–23.
34. Boberg, T.C. and West, R.C.C.: "Correlation of Steam Stimulation Performance," *J. Pet. Tech.* (Nov. 1972) 1367–68.
35. Coats, K.H. *et al.*: "Three–Dimensional Simulation of Steamflooding," *Soc, Pet. Eng. J.* (Dec, 1974) 573–92.
36. Coats, K.H.: "Simulation of Steamflooding with Distillation and Solution Gas," *Soc, Pet. Eng. J.* (Oct, 1976) 235–47.
37. Coats, K.H.: "A Highly Implicit Steamflood Model," *Soc, Pet. Eng. J.* (Oct, 1978) 369–83.
38. Crookston, R.B., Culham, W.E., and Chen, W.H.: "Numerical Simulation Model for Thermal Recovery Processes," *Soc. Pet. Eng. J.* (Feb, 1979) 37–58.
39. Youngren. G.K.: "Development and Applications of an In–Situ Combustion Reservoir Simulator," *Soc. Pet. Eng, J.* (Feb, 1980) 39–51.
40. Coats, K.H.: "In–Situ Combustion Model," *Soc, Pet. Eng. J.* (Dec, 1980) 533–54.
41. Grabowski. J.W. *et al.*: "A Fully Implicit General Purpose Finite–Difference Thermal Model for In–Situ Combustion and Steam," paper SPE 8396 presented at the 1979 SPE Annual Technical Conference and Exhibition, Las Vegas, Sept,23–26.
42. Alexander, J.D., Martin, W.L., and Dew, J.N.: "Factors Affecting Fuel Availability and Composition During In–Situ Combustion," *J. Pet. Tech.* (Oct, 1962) 1154–64.
43. Showalter, W.E.: "Combustion–Drive Tests," *Soc. Pet. Eng. J.* (March 1963) 53–58.
44. Parrish, D.R. and Craig, F.F.Jr.: "Laboratory Study of a Combination of Forward Combustion and

Waterflooding–The COFCAW Process," *J. Pet. Tech.* (June 1969) 753–61.

45. Burger, J.G. and Sahuquet, B.C.: "Laboratory Research on Wet Combustion," *J. Pet. Tech.* (Oct, 1973) 1137–46
46. Garon, A.M. and Wygal, R.J.Jr.: "A Laboratory Investigation of Firewater Flooding, " *Soc. Pet. Ent. J.* (Dec, 1974) 537–44.
47. Moss, J.T. and Cady, G.V.: "Laboratory Investigation of the Oxygen Combustion Process for Heavy Oil Recovery," paper SPE 10706 presented at the 1982 SPE California Regional Meeting, San Francisco, March 24–26.
48. Pursley, S.A.: "Experimental Simulation of Thermal Recovery Processes," *Proc.*, Heavy Oil Symposium, Maracaibo, Venezuela (1974).
49. Huygen, H.H.A.: "Laboratory Steamfloods in Half of a Five–Spot," paper SPE 6171 presented at the 1976 Annual Technical Conference and Exhibition. New Orleans. Oct. 3–6.
50. Ehrlich, R.: "Laboratory Investigation of Steam Displacement in the Wabasca Grand Rapids 'A' Sand," *Oil Sands of Canada–Venezuela* 1977, CIM (1978) Special Vol.
51. Prats, M.: "Peace River Steam Drive Scaled Model Experiments," *Oil Sands of Canada–Venzuela 1977*,CIM (1978) Special Vol.
52. Doscher, T.M. and Huang, W.: "Steam–Drive Performance Judged Quickly from Use of Physical Models" *Oil and Gas J.* (Oct. 22, 1979) 52–57.
53. Singhal, A.K.: "Physical Model Study of Inverted Seven–Spot Steamfloods in a Pool Containing Conventional Heavy Oil," *J. Cdn. Pet. Tech.* (July–Sept. 1980) 123–34.
54. Binder, G.G. *et al* .: " Scaled–Model Tests of In–Situ Combustion in Massive Unconsolidated Sands," *Proc.*, 7th World Pet. Cong., Mexico City (1967).
55. Pujol, L. and Boberg, T. C.: "Scaling Accuracy of Laboratory Steamflooding Models," paper SPE 4191 presented at the 1972 SPE California Regional Meeting, Bakersfield, Nov. 8–10.
56. Stegemeier, G.L., Laumbach, D.D., and Volek, C.W.: "Representing Steam Processes with Vacuum Models," *Soc. Pet. Eng. J.* (June 1980) 151–74.
57. Farouq Ali, S.M.: "Current Status of Steam Injection as a Heavy Oil Recovery Method," *J. Cdn. Pet. Tech.* (Jan.–March 1974) 1–15.
58. Geffen, T.M.: "Oil Production to Expect from Known Technology," *Oil and Gas J.* (May 7, 1973) 66–76.
59. Lewin and Assocs. Inc.: *The Potentials and Economics of Enhanced Oil Recovery*, Federal Energy Administration (April 1976) Report B76 / 221,2–6.
60. Iyoho, A.W.: "Selecting Enhanced Oil Recovery Processes," *World Oil* (Nov, 1978) 61–64.
61. Chu, C.: "State–of–the–Art Review of Steamflood Field Projects," paper SPE 11733 presented at the 1983 SPE California Regional Meeting. Ventura, March 23–25.
62. Chu. C.: "A Study of Fireflood Field Projects," *J. Pet. Tech.* (Feb, 1977) 171–79.
63. Chu, C.: "State–of–the–Art Review of Fireflood Field Projects," *J. Pet. Tech.* (Jan. 1982) 19–36.
64. Pocttmann, F.H.: " In–Situ Combustion: A Current Appraisal," *World Oil,* Part 1 (April 1964),124–28;Part 2 (May 1964) 95–98.
65. Blevins, T.R., Aseltine. R.J., and Kirk, R.S.: "Analysis of a Steam Drive Project, Inglewood Field, California," *J. Pet. Tech.* (Sept, 1969) 1141–50.
66. Blevins, T.R. and Billingsley, R. H.: "The Ten–Pattern Steamflood, Kern River Field, California," *J. Pet. Tech.* (Dec, 1975), 1505–14; *Trans.*, AIME, **259.**
67. Oglesby, K.D. *et al.*: "Status of the Ten–Pattern Kern River Field, California," *J. Pet. Tech.* (Oct, 1982) 2251–57.
68. Bursell, C.G.: "Steam Displacement–Kern River Field," *J. Pet. Tech.* (Oct, 1970) 1225–31.

69. Bursell, C. G. and Pittman, G.M.: "Performance of Steam Displacement in the Kern River Field," *J. Pet. Tech.* (Aug, 1975) 977–1004.

70. Greaser, G.R. and Shore, R.A.: "Steamflood Performance in the Kern River Field," paper SPE 8834 presented at the 1980 SPE / DOE Symposium on Enhanced Oil Recovery, Tulsa, April 20–23.

71. McBean, W.N.: "Attic Oil Recovery by Steam Displacement," paper SPE 4170 presented at the 1972 SPE California Regional Meeting, Bakersfield. Nov. 8–10.

72. Rehkopf, B.L.: "Metson Attic Steam Drive," paper SPE 5855 presented at the 1976 SPE California Regional Meeting, Long Beach, April 8–9.

73. Hearn, C.L.: "The El Dorado Steam Drive–A Pilot Tertiary Recovery Test," *J. Pet. Tech.* (Nov. 1972) 1377–84.

74. Valleroy, V.V. *et al.*: "Deerfield Pilot Test of Oil Recovery by Steam Drive," *J. Pet. Tech.* (July 1967) 956–64.

75. van Dijk, C.: " Steam–Drive Project in the Schoonebeek Field, The Netherlands," *J. Pet. Tech.* (March 1968) 295–302.

76. Gates, C.F. and Ramey, H.J. Jr.: "Field Results of South Belridge Thermal Recovery Experiment," *Trans.*, AIME (1958) **213,** 236–44.

77. Parrish, D.R. *et al.*: "A Tertiary COFCAW Pilot Test in the Sloss Field, Nebraska," *J. Pet. Tech.* (June 1974) 667–75; *Trans.*, AIME . **257.**

78. Parrish, D.R., Pollock, C.B., and Craig, F.F. Jr.: "Evaluation of COFCAW as a Tertiary Recovery Method, Sloss Field, Nebraska," *J. Pet. Tech.* (June 1974) 676–86; *Trans.*, AIME **257.**

79. Buxton, T.S. and Pollock, C.B.: "The Sloss COFCAW Project–Further Evaluation of Performance During and After Air Injection," *J. Pet. Tech.* (Dec, 1974) 676–86; *Trans.*, AIME. **257.**

80. Moss, J.T., White, P.D., and McNeil, J.S.: " In–Situ Combustion Process–Results of a Five–Well Field Experiment in Southern Oklahoma," *Trans.*, AIME (1959) **216,**55–64.

81. Parrish, D.R. *et al.*: "Underground Combustion in the Shannon Pool, Wyoming," *J. Pet. Tech.* (Feb, 1962) 197–205; *Trans.*, AIME, **225.**

82. Smith, R.V. *et al.*: "Recovery of Oil by Steam Injection in the Smackover Field, Arkansas," *J. Pet. Tech.* (Aug, 1973) 833–89.

83. "Smackover Field," *Improved Oil Recovery Field Reports* (1975) 1. No. 1, 135–43; *Enhanced Oil Recovery Field Reports*, SPE, Richardson, TX (1982) **8,** No.1, 685–88.

84. " Kern River Field, Standard Oil Company of California," *Improved Oil Recovery Field Reports*, SPE, Richardson, TX (1975) 1. No.1, 83–92; *Enhanced Oil Recovery Field Reports*, SPE, Richardson, TX (1980) **6,** No. 1, 23–24.

85. "Midway–Sunset Field, Chanslor–Western Oil and Development Company," *Improved Oil Recovery Field Reports*, SPE, Richardson, TX (1976) **2,** No. 3. 445–54; *Enhanced Oil Recovery Field Reprots*, SPE, Richardson, TX (1982) **8.** No, 1, 729–32.

86. Stokes, D. D. *et al.,*: "Steam Drive as a Supplemental Recovery Process in an Intermediate Viscosity Reserovir, Mount Poso Field, California," *J. Pet. Tech.* (Jan. 1978) 125–31.

87. "Mount Poso Field," *Improved Oil Recovery Field Reports*, SPE, Richardson, TX (1975) 1, No.2, 277–86; *Enhanced Oil Recovery Field Reports*, SPE, Richardson, TX (1982) **8,** No.1, 701–03.

88. Traverse, E.F., Deibert, A. D., and Sustek, A.J.: " San Ardo–A Case History of a Successful Steamflood," paper SPE 11737 presented at the 1983 SPE California Regional Meeting, Ventura, March 23–25.

89. Hall, A. L. and Bowman, R.W.: " Operation and Performance of a Slocum Thermal Recovery Project," *J. Pet. Tech.* (April 1973) 402–08.

90. "Slocum Field," *Improved Oil Recovery Field Reports*, SPE, Richardson, TX (1976) **2,** No.1, 119–28;

Enhanced Oil Recovery Field Reports, SPE, Richardson, TX (1979) 5, No.2, 291–97.

91. Pollock, C.B. and Buxton, T.S.: "Performance of a Forward Steamdrive Project–Nugget Reservoir, Winkleman Dome Field, Wyoming," *J. Pet. Tech.* (Jan. 1969) 35–40.
92. "Winkleman Dome Field," *Improved Oil Recovery Field Reports,* SPE, Richardson, TX (1975)**1,** No.1, 155–62; *Enhanced Oil Recovery Field Reports,* SPE, Richardson, TX (1980) **6,** No.1, 41–44.
93. Herrera, A.J.: " The M6 Steam Drive Project Design and Implementation," *J. Cdn. Pet. Tech.* (July–Sept. 1977) 62–83.
94. Herrera, A.J.: "Steam–Drive Recovery Being Used on Lake Maracaibo Coastal Field," *Oil and Gas J.* (July 17,1978) 74–80.
95. "Tia Juana Este Field. Maraven, S.A.:" *Enhanced Oil Recovery Field Reports,* SPE, Richardson, TX (1978)**3**, No.4, 751–62; *Enhanced Oil Recovery Field Reports,* SPE, Richardson, TX (1982) **8,** No.1, 751–53.
96. Showalter, W.E. and MacLean, M.A.: " Fireflood at Brea–Olinda Field, Orange County, California," paper SPE 4763 presented at the 1974 SPE Symposium on Improved Oil Recovery, Tulsa, April 22–24.
97. " Brea Olinda Field," *Improved Oil Recovery Field Reports,* SPE, Richardson, TX (1975)1. No.1.15–18; *Enhanced Oil Recovery Field Reports,* SPE, Richardson, TX (1981)**7**, No.1, 407–08.
98. Gates, C.F. and Sklar, I.: "Combustion as a Primary Recovery Process–Midway Sunset Field," *J. Pet. Tech.* (Aug, 1971) 981–86; *Trans.,* AIME. **251**.
99. Counihan, T.M.: "A Successful In–Situ Combustion Pilot in the Midway Sunset Field, California," paper SPE 6525 presented at the 1977 SPE California Regional Meeting, Bakersfield, April 13–15.
100. Gates, C.F., Jung, K.D., and Surface, R.A.: "In–Situ Combustion in the Tulare Formation. South Belridge Field, Kern County, CA," *J. Pet. Tech.* (May 1978) 798–806; *Trans.,* AIME, **265**.
101. Hewitt, C.H. and Morgan. J.T.: "The Fry In–Situ Combustion Test–Reservoir Characteristics," *J. Pet. Tech.* (March 1965) 337–42; *Trans.,* AIME, **234**.
102. Clark, G.A. *et al.*: "The Fry In–Situ Combustion Test–Field Operations," *J. Pet. Tech.* (March 1965) 343–47; *Trans.,* AIME, **234**.
103. Clark, G.A. *et al.*: "The Fry In–Situ Combustion Test–Field Operations and Performance." *J. Pet. Tech.* (March 1965) 348–53; *Trans.,* AIME, **234**.
104. Earlougher, R.C.Jr., Galloway, J.R., and Parsons, R.W.: "Performance of the Fry In–Situ Combustion Project," *J. Pet. Tech.* (May 1970) 551–57.
105. Bleakley, W.B.: "Fry Unit Fireflood Surviving Economic Pressures," *Oil and Gas J.* (May 3, 1971) 92–97.
106. Howell, J.C. and Peterson. M.E.: "The Fry In Situ Combustion Project Performance and Economic Status," paper SPE 8381 presented at the 1979 SPE Annual Technical Conference and Exhibition, Las Vegas, Sept. 23–26.
107. Little, T.P.: "Successful Fireflooding of the Bellevue Field," *Pet. Eng. Intl.* (Nov, 1975) 55–56.
108. "Bellevue Field, Cities Service Oil Co.," *Improved Oil Recovery Field Reports,* SPE, Richardson, TX (1975)1, No.3, 471–80; *Enhanced Oil Recovery Field Reports,* SPE, Richardson, TX (1982)**8**, No.1, 713–15.
109. Cato, R.W. and Frnka, W.A.: "Getty Oil Reports Fireflood Pilot is Successful Project," *Oil and Gas J.* (Feb, 12, 1968) 93–97.
110. "Getty Expands Bellevue Fire Flood," *Oil and Gas J.* (Jan. 13, 1975) 45–49.
111. Bleakley, W.B.: " Getty's Bellevue Field Still Going and Growing," *Pet, Eng, Intl.* (Nov, 1978) 54–68.
112. " Bellevue Field, Getty Oil Co.," *Improved Oil Recovery Field Reports,* SPE, Richardson, TX

(1976)2, No. 2, 275–84; *Enhanced Oil Recovery Field Reports*, SPE. Richardson. TX (1982)**8**, No.1 717–19.

113. Hardy, W.C. *et al.*: "In–Situ Combustion Performance in a Thin Reservoir Containing High–Gravity Oil," *J. Pet. Tech.* (Feb. 1972) 199–208; *Trans.*, AIME, **253**.
114. Mace, C.: "Deepest Combustion Project Proceeding Successfully," *Oil and Gas J.* (Nov, 17, 1975) 74–81.
115. "West Heidelberg Field," *Improved Oil Recovery Field Reports*, SPE, Richardson, TX (1975)1, No.2, 351–59; *Enhanced Oil Recovery Field Reports*, SPE, Richardson, TX (1980)7, No.1, 451–54.
116. Buchwald, R.W. Jr., Hardy, W.C., and Neinast, G.S.: "Case Histories of Three In–Situ Combustion Projects," *J. Pet. Tech.* (July 1973) 784–86.
117. "Glen Hummel Field," *Improved Oil Recovery Field Reports*, SPE, Richardson, TX (1975)**1,** No.1, 45–46; *Enhanced Oil Recovery Field Reports*, SPE, Richardson, TX (1978)**4,** No.1, 39–42.
118. "Gloriana Field," *Improved Oil Recovery Feld Reports*, SPE, Richardson, TX (1975)1, No.**1,** 57–69; *Enhanced Oil Recovery Field Reports*, SPE, Richardson, TX (1978)**4,** No.1, 43–46.
119. Martin, W.L. *et al.*: "Thermal Recovery at North Tisdale Field. Wyoming," *J. Pet. Tech.* (May 1972) 606–16.
120. Gadelle, C.P. *et al.*: "Heavy Oil Recovery by In–Situ Combustion–Two Field Cases in Romania," *J. Pet. Jech.* (Nov. 1981) 2057–66.
121. Terwilliger, P.L. *et al.*: " Fireflood of the P_{2-3}Sand Reservoir in the Miga Field of Eastern Venezuela," *J. Pet. Tech.* (Jan. 1975) 9–14.
122. Nelson, T.W. and McNeil, J.S.: "How to Engineer an In–Situ Combustion Project," *Oil and Gas J.* (June 5, 1961)**59,** No.23, 58–65.
123. Satman, A., Brigham, W.E., and Ramey, H.J.Jr.: "In–Situ Combustion Models for the Steam Plateau and for Fieldwide Oil Recovery," DOE / ET / 12056–11, U.S.DOE (June 1981).
124. Gates, C.F. and Ramey, H.J.Jr.: "A Method for Engineering In–Situ Combustion Oil Recovery Projects," *J. Pet. Tech.* (Feb. 1980) 285–94.
125. Volek, C.W. and Pryor, J.A.: "Steam Distillation Drive, Brea Field, California," *J. Pet. Tech.* (Aug, 1972) 899–906.
126. Burke, R.E.: "Combustion Project is Making a Profit," *Oil and Gas J.* (Jan. 18, 1965) 44–46.
127. Koch, R.L.: "Practical Use of Combustion Drive at West Newport Field," *Pet. Eng,* (Jan, 1965) 72–81.
128. Bowman, C.H.: "A Two–Spot Combustion Recovery Project," *J. Pet. Tech.* (Sept, 1965) 994–98.
129. Terwilliger, P.L.: "Fireflooding Shallow Tar Sands–A Case History," *J. Cdn. Pet. Tech.* (Oct.–Dec. 1976) 41–48.
130. Johnson, L.A. *et al.*: "An Echoing In–Situ Combustion Oil–Recovery Project in a Utah Tar Sand," *J. Pet. Tech.* (Feb. 1980) 295–305.
131. Perry, C.W., Hertzberg, R.H., and Stosur, J.J.: "The Status of Enhanced Oil Recovery in the United States," *Proc.*, Tenth World Pet. Congress, Bucharest (1980)**3**, 257–66.
132. Benham. A.L. and Poettmann, F.H.: "The Thermal Recovery Process–An Analysis of Laboratory Combustion Data." *Trans.*, AIME (1958) **213,** 83–85.
133. Caudle, B.H., Hickman, B.M., and Silberberg, I.H.: "Performance of the Skewed Four–Spot Injection Pattern," *J. Pet. Tech.* (Nov, 1968) 1315–19.
134. Cady, G.V., Hoffman, S.J., and Scarborough, R.M.: "Silverdale Combination Thermal Drive Project," paper SPE 8904 presented at the 1980 SPE California Regional Meeting, Los Angeles, April 9–11.
135. de Haan, M.J. and Schenk, L.: "Performance Analysis of a Major Steam Drive Project in the Tia

Juana Field, Western Venezuela," *J. Pet. Tech.* (Jan. 1969) 111–19.
136. "Texas Fireflood Looks Like a Winner," *Oil and Gas J.* (Feb. 17, 1969) 52.
137. Afoeju, B.I.: " Conversion of Steam Injection to Waterflood, East Coalinga Field," *J. Pet. Tech.*(Nov, 1974) 1227–32.
138. Gates, C.F. and Brewer, S.W.: "Steam Injection into the D and E Zone, Tulare Formation, South Belridge Field, Kern County, California," *J. Pet. Tech.* (March,1975) 343–48.
139. Gomaa, E.E., Duerksen, J.H., and Woo, P.T.: "Designing a Steamflood Pilot in the Thick Monarch Sand of the Midway–Sunset Field," *J. Pet. Tech.* (Dec. 1977) 1559–68.
140. Chu, C. and Trimble, A.E.: "Numerical Simulation of Steam Displacement–Field Performance Applications," *J. Pet. Tech.* (June 1975) 765–74.
141. Joseph, C. and Pusch, W.H.: "A Field Comparison of Wet and Dry Combustion," *J. Pet. Tech.* (Sept, 1980) 1523–28.
142. Gates, C.F. and Holmes, B.G.: "Thermal Well Completions and Operation," paper PD11 presented at the Seventh World Pet. Cong., Mexico City (1967).
143. Fox, R. L., Donaldson, A.B., and Mulac, A.J.: "Development of Technology for Downhole Steam Production," paper SPE 9776 presented at the 1981 SPE / DOE Joint Symposium on Enhanced Oil Recovery, Tulsa, April 5–8.
144. Carraway, P.M., Kloth, T.L., and Bull, A.D.: "Co–Generation: A New Energy System to Generate Both Steam and Electricity," paper SPE 9907, presented at the 1981 California Regional Meeting, Bakersfield, March 25–26.
145. Strange, L.K.: " Ignition: Key Phase in Combustion Recovery," *Pet, Eng,* (Nov, 1964) 105–09; (Dec, 1964) 97–106.
146. Shore, R.A.: "The Kern River SCAN Automation System Sample, Control and Alarm Network," paper SPE 4173 presented at the 1972 SPE California Regional Meeting. Bakersfield. Nov. 8–10.
147. "Bodcau In–Situ Combustion Project," first annual report, DOE Publications SAN–1189–2, U.S. DOE (Sept, 1977).
148. Wagner, O.R.: "The Use of Tracers in Diagnosing Interwell Reservoir Heterogeneities–Field Results," *J. Pet. Tech.* (Nov. 1977) 1410–16.
149. Yoelin, S.D.: "The TM Sand System Stimulation Project," *J. Pet. Tech.* (Aug, 1971) 987–94.
150. Meldau. R.F., Shipley, R.G., and Coats, K.H.: " Cyclic Gas / Steam Stimulation of Heavy–Oil Wells," *J. Pet. Tech.* (Oct. 1981) 1990–98.
151. Britton, M.W. *et al.*: "The Street Ranch Pilot Test of Fracture–Assisted Steamflood Technology," *J. Pet. Tech.* (March 1983) 511–21.
152. Sahuquet, B.C. and Ferrier, J.J.: " Steam–Drive Pilot in a Fractured Carbonate Reservoir: Lacq Superieur Field," *J. Pet. Tech.* (April 1982) 873–80.
153. Hvizdos, L.J., Howard, J.V., and Roberts, G.W.: " Enhanced Oil Recovery Through Oxygen–Enriched In–Situ Combustion:Test Results from the Forest Hill Field in Texas," *J. Pet. Tech.* (June 1983) 1061–70.
154. Prats, M.: *Thermal Recovery,* Monograph Series, SPE, Richardson, TX (1983) 201–38.
155. Beal. C.: " The Viscosity of Air, Water, Natural Gas, Crude Oil and Its Associated Gases at Oil Field Temperatures and Pressures," *Trans.,* AIME (1946) **165**, 103.
156. *Petroleum Production Handbook,* T.C. Frick (ed.) Vol. II. McGraw–Hill Book Co. Inc., New York Cith (1962) 19–39.
157. Chew. J. and Connally, C.A.Jr.: " A Viscosity Correlation for Gas–Saturated Crude Oils," *Trans.,* AIME (1959) **216,** 23–25.
158. Beggs, H.D. and Robinson, J.R.: " Estimating the Viscosity of Crude Oil Systems," *J. Pet. Tech.*

(Sept, 1975) 1140–41.

159. Brooks, R.H. and Corey, A.T.: "Properties of Porous Media Affecting Fluid Flow," *Proc.*, ASCE. Irrigation and Drainages Div. (1966) **92,** No. IR2.

160. Somerton, W.H. and Udell, K.S.: "Thermal and High Temperature Properties of Rock–Fluid Systems," paper presented at the 1981 OASTRA Workshop on Computer Modeling, Edmonton. Alta., Jan, 28–30.

161. Poston, S.W. *et al.*: "The Effect of Temperature on Irreducible Water Saturation and Relative Permeability of Unconsolidated Sands," *Soc. Pet. Eng. J.* (June 1970) 171–80.

162. Weinbrandt, R.M., Ramey, H.J.Jr., and Casse, F.J.: "The Effect of Temperature on Relative and Absolute Permeability of Sandstones," *Soc, Pet. Eng. J.* (Oct, 1975) 376–84.

163. Sawabini, C.T., Chilingar, G.V., and Allen, D.R.: "Compressibility of Unconsolidated, Arkosic Oil Sands," *Soc. Pet. Eng. J.* (April 1974) 132–38.

164. Somerton, W.H., Keese, J.A., and Chu, S.L.: "Thermal Behavior of Unconsolidated Oil Sands," *Soc. Pet. Eng. J.* (Oct, 1974) 513–21.

165. Poettmann, F.H. and Mayland, B.J.: "Equilibrium Constants for High Boiling Hydrocarbon Fractions of Varying Characterization Factors," *Pet. Refiner* (July 1949) 101–12.

166. Lee, S.T. *et al.*: " Experimental and Theoretical Studies on the Fluid Properties Required for Simulation of Thermal Processes," *Soc. Pet. Eng. J.* (Oct, 1981) 535–50.

167. Fassihi, M.R., Brigham, W.E., and Ramey, H.J.Jr.: " The Reaction Kinetics of In–Situ Combustion." *Soc. Pet. Eng. J.* (Aug. 1984) 408–16.

168. "1967 ASTM Steam Tables," ASME, New York City (1967).

一般参考文献

"Bibliography of Thermal Methods of Oil Recovery," *J. Cdn. Pet. Tech.* (April–June 1975) 55–65.

第五十章　化　学　驱

Larry W.Lake，U.of Texas　　　　杨贵珍　译

一、引　　言

所谓化学驱是指保持油层温度不变条件下的若干提高采收率方法，应用这些方法的重要目的是通过降低驱替剂流动度（流动度控制方法），以及通过减小油水界面张力（低张力方法），提高油层的原油采收率。

化学驱方法中还应当包括上述两种效应同时都起作用的方法，例如胶束-聚合物（MP）驱替方法，而且也应当包括哪些具有其它效能，例如改变油层润湿性，抽提原油馏分以及能使原油发生膨胀的那些方法。

流动度控制方法是向油层内注入一种低流动度的驱替剂以增大注入流体的体积驱扫系数和驱油系数。为达此目的主要使用两种方法：一是聚合物驱方法，就是向注入盐水中加入某种少量聚合物以增加盐水粘度；另一种是泡沫驱方法，就是向油层内注入一种稳定的气水分散体系以达到降低注入流体流动度的目的。当然聚合物溶液也可作为流动度缓冲剂推动胶束溶液或高 pH 流体段塞，泡沫也可用来作为驱替剂推动胶束、溶剂以及蒸汽段塞向前推进。为此，泡沫驱方法已在溶剂驱和热驱方法中作过介绍，但是稳定泡沫使用的是表面活性剂，因此也应当在本章中加以讨论。

低界面张力方法的实质是向油层内注入或在油层内形成表面活性剂，从而使油水之间的界面张力减小，最终降低残余油饱和度（ROS）注入表面活性剂的方法称为“MP”驱替方法，因为在水溶液中，表面活性剂浓度已超过临界胶束浓度，因而实际上已形成胶束溶液，这就不可避免地造成必须用聚合物推动胶束溶液向前推进的结局。高 pH 溶液或碱水溶液方法则是在油层内形成表面活性剂的方法，因为向油层内注入碱水溶液后，与地质原油中的有机酸起皂化作用，就产生了表面活性剂。

本章将分流动度控制和低界面张力驱替两部分来描述。每一部分则首先讨论方法机理，然后论述驱替注入流体的物质并以该方法的驱替效果来结束。在本章最后给出每一种化学驱方法的对比筛选参数。

二、流动度控制方法

1. 低流动度对采收率的影响

由于使用流动度控制方法驱替的只是超过残余油饱和度的那些石油，因此，这种方法用在仍然有大量可流动油（所谓可流动油指的是石油地质储量减去残余油量）的储油层内是相当有效的。流度比概念本身就足以说明降低流动度为什么能改善采收率。

驱替流体和被驱替流体之间的流度比 M 可用下式表示

$$M = \lambda_D / \lambda_d \tag{1}$$

式中 λ_D——驱替流体的流动度；

λ_d——被驱替流体的流动度。

实际使用方程（1）时，需要对分子和分母的数值以及评价这些数值的条件做具体说明。

对两相的水驱过程来说，方程（1）一般说明的是端点流度比 M°、平均流度比 $\overline{M}$ 和冲涌流度比 M^*。文献中，每一种定义都有具体用途：M 用于研究面积驱扫关系，M^* 是粘度不稳定性最直接的指标，而 M° 是水驱文献〔1，2〕中应用最广泛的值。在活塞式驱替过程的特定条件下，三个流度比的定义是相同的。由方程（1）的一般定义可以看出，降低驱替流体的流动度，实际上就等于降低这些流度比中的任何一种流度比。可见，不论是增大体积驱扫系数还是增大驱油系数都可以提高采收率。

体积驱扫系数 E_v 是指注入流体所接触到的储层孔隙体积除以总孔隙体积。E_v 由两部分组成，即面积驱扫系数 E_A 和垂向驱扫系数 E_I。

关于 E_A 和 E_I 更详细的讨论，请参看第四十二、四十六和四十七各章以及参考文献〔1～11〕。这两个系数数值的大小取决于注入流体通过量，取决于数种流体，取决于岩石性质和油藏几何形状参数，通常把这些参数合并表示为一个无因次参数组。但是参数 E_A 和 E_I 都随着流度比的降低而增大，就是说，随着驱替流体流动度 λ_D 的降低而增大。

在各向同性的水平均质孔隙介质内，当驱替过程为活塞式推进，且 $M>1$（这是不利的流度比）时，驱替前缘将受到一定程度的破坏。这种现象是在前缘推进过程中产生的，通常称为粘滞指进现象。$M<1$ 时也会出现粘滞指进，但它们会受有利流度比的抑止。不断增加的粘滞指进会使注入流体产生大规模的旁侧绕流，因此明显降低采收率。使用流动度控制剂（聚合物溶液）既可在常规注水驱油条件下防止注入流体产生粘滞指进（聚合物驱），也可在其它提高采收率方法中作为缓冲带抑止这些方法固有的不稳定性。

驱油系数 E_D 又称局部或微观驱扫系数，它是在最大体积驱扫系数条件下，在驱替过程中采出的全部油量除以驱替前油层内具有的油量的商。Buckley 和 Leverett 的经典方程可用来描述降低流动度对比 E_D 的影响[12]。由于影响因素较多，因之在 M 和 E_D 之间不存在单值的对应关系；但是，降低 M 或 λ_D 可使 E_D 增大从而提高采收率。

可见，只要降低 M，面积驱扫系数、垂直驱扫系数以及微观驱扫系数都会随之而增加，从而提高原油采收率。因为这些系数的乘积决定总的采收率，因此仅仅增大其中任何一个系数的数值，尤其是当其它系数中有一个很低时，总采收率不会得到明显改善。正因为影响总采收率的是三个系数的综合作用，因此，在使用流动度控制方法提高采收率时，必须考虑增产油量与注入高粘度流动控制剂所需费用之间的平衡问题。

2. 聚合物驱替方法

在采油过程中应用的聚合物方法主要有三种。

1）用来处理井底附近地层，改善注入井的动态或堵塞高产水层，改善高含水油井的动态。

2）聚合物也可作为层内交联剂，在储油层的深部封堵高渗透层[13]。使用这种方法时，需要向油层内注入一种含有无机金属阳离子的聚合物，与早已注入的并已被束缚在储层固体表面上的聚合物产生交联。

3）使用聚合物的另一种形式是作为一种注入剂降低 M 值或 λ_D 值。

第一种使用方式实际上并不是化学驱方法，因为真正的驱替剂不是聚合物溶液。聚合物提高采收率方法绝大多数都是指第三种方法，这一点必须在这里强调指出。

图 50.1 是聚合物驱注入顺序的典型图解。注入成分分别为：首先是注入由低含盐度组成的盐水预冲洗液，接着是形成的油墙，后面为聚合物溶液本身，再后面是为防止从后面稀释聚合物溶液而注入的保护聚合物溶液的淡水缓冲带，最后是驱动聚合物溶液向前推进的注入水。为了减少驱动水和聚合物溶液之间的不利流度比对聚合物溶液的不良影响，淡水缓冲带中同样溶有聚合物，不过其浓度呈逐渐减小的趋势。由于这一方法的驱替性质，聚合物驱总是通过注入井和采油井两套井完成的。

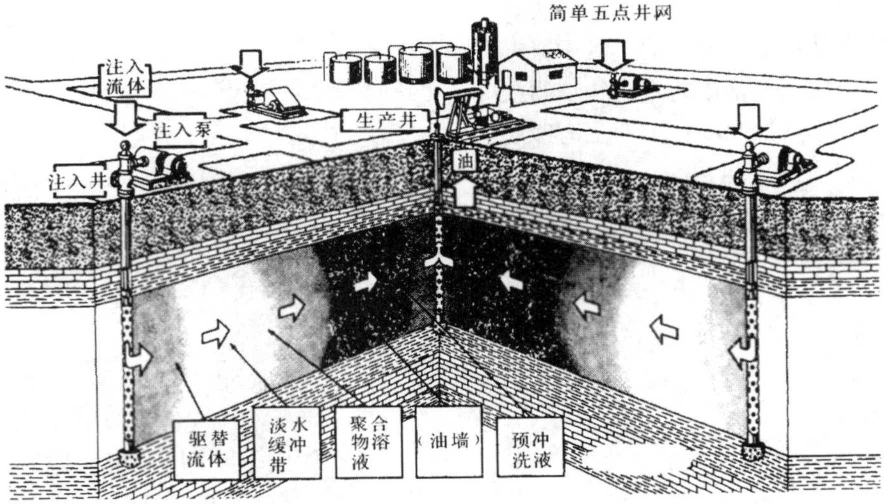

图 50.1　聚合物驱示意图

由于增加了体积驱扫效率，流度比得到了改进，通过高渗透层窜流现象也得以减缓

聚合物驱是通过注入溶有水溶性高分子聚合物的溶液降低 M 值的。由于注入到油层中的聚合物溶液一般被油田盐水所稀释，因此研究聚合物溶液特别是某些类型的聚合物溶液与盐水之间的相互作用特性是非常重要的。本章所说的含盐度，指的是溶入到水相中的固体总量（TDS）。图 50.2 给出的是典型油田水的含盐度数据[14]。事实上，所有化学驱方法的特性，除了与总含盐度有关外，还受某些特殊离子浓度的影响。其中，检测水相中所含的二价阳离子总含量（硬度）尤其重要，因为对于化学驱来说，二价阳离子浓度比总含盐度影响更大。图 50.2 也给出了典型盐水的硬度。

由于所使用的聚合物分子量都高，通常为 1～3 百万，因此只要向水中加入少量的聚合物，如常用浓度为 500ppm，就足以使水的粘度有明显增高。而且，某些类型的聚合物，除增加水的粘度外，还通过降低水的相对渗透率（称渗透率降低效应）降低注入水的流动度。关于聚合物如何降低流动度以及聚合物如何与地层盐水发生反应，只要对聚合物的化学特性加以研究，就可定性地说明这些问题。

聚合物类型　在聚合物提高采收率方法中考虑使用下列几种聚合物，它们是：黄原胶、部分水解聚丙烯酰胺(HPAM)、丙烯酸和丙烯酰胺的共聚物、丙烯酰胺和2-丙烯酰胺-2甲基丙烷磺酸盐的共聚物（AM／AMPS)、羟乙基纤维素（HEC)，羧甲基羧乙基纤维素（CMHEC)、聚丙烯酰胺(PAM)、聚丙烯酸、葡聚糖、葡聚糖聚环氧乙烷（PEO）和聚乙烯醇(PA）等。其中只有前三种在油田上做过实际试验。但是，上面列出的各类聚合物在化学结构上是合适的，其中某些品种可能会比现在常用的聚合物取得更好的效果。虽然如此，在工业上有吸引力的聚合物实际上可以分为下面两类，即聚丙烯酰胺和聚多糖（或称生物聚合物或黄原胶）。下面就讨论这两类聚合物。图 50.3 是这两类聚合物的典型分子结构[15]。

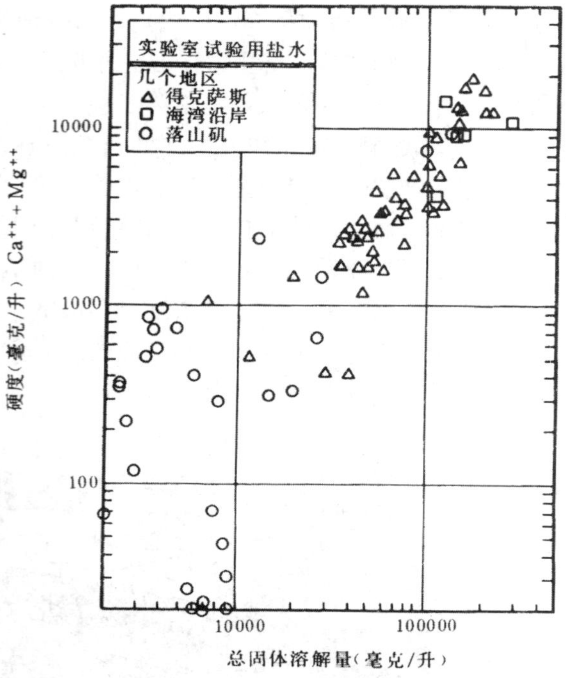

图 50.2　有代表性的油田盐水的含盐度

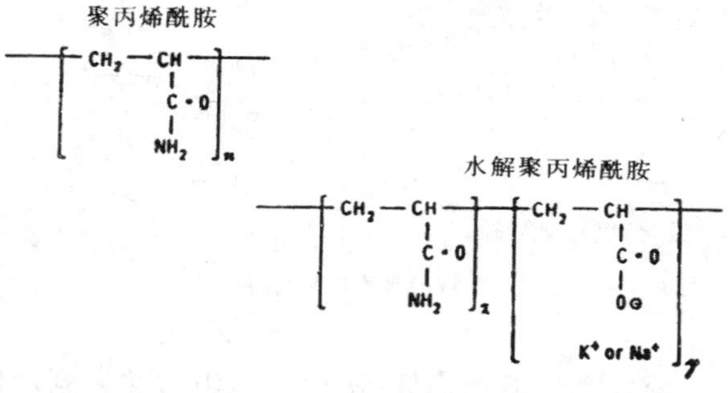

图 50.3A　部分水解聚丙烯酰胺的分子结构

聚丙烯酰胺　聚丙烯酰胺(PAM）的单体成分是丙烯酰胺分子。为了适合于用在聚合物驱替过程中，常把PAM进行部分水解，使分子结构中沿着链分布若干羧基阴离子（负离子）基团（$-COO^-$)。由于这一原因，把这种聚合物称之为部分水解聚丙烯酰胺(HPAM)。丙烯酰胺单体的水解程度一般为30%或更大些。因此HPAM的分子具有典型的负离子性质，它可以说明这种聚合物的许多物理特性，HPAM的增粘特性在于它的大分子量，这可以通过聚合物分子之间阴离子的相互排斥作用以及相同分子链段之间的排斥作用而得到加强。这种排斥作用的存在，使溶液内分子产生拉长或散开现象，并与其它也同样已拉长了的分子相互发生缠绕作用。在聚合物分子浓度较高条件下，这种缠绕作用必然使流体流动度降低。

然而，若溶液中的含盐度或水的硬度很高，则由于自由旋转的离子碳-碳键会使聚合物分子易成球形或圈曲而产生屏蔽作用，这种排斥力将会明显减小。图 50.3 所示就是羟乙基纤维素的分子结构。由于缠绕能力明显下降，聚合物的增粘能力也就相应减弱。事实上，几乎所有的HPAM特性都对溶液含盐度或水的硬度非常敏感。这就妨碍了部分水解聚丙烯酰胺在很多油田上的应用。但另一方面，HPAM比较便宜，对微生物的破坏作用不太敏感，

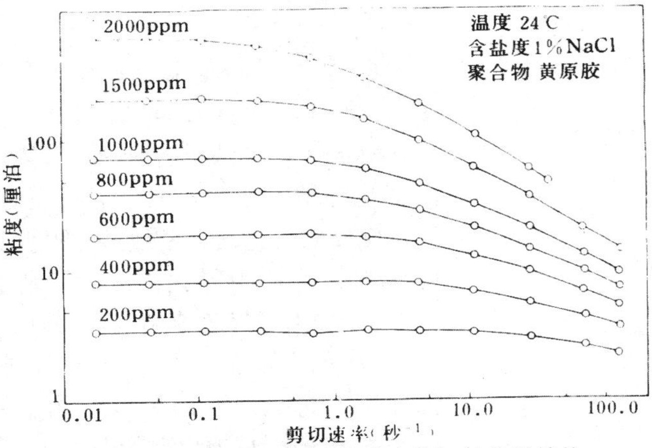

图 50.3B 聚多糖（生物聚合物）的分子结构

而且降低溶液相渗透率的作用比较明显。

聚多糖 第二类聚合物是聚多糖，它是由糖分子（见图 50.3B）聚合而成。聚多糖亦称生物聚合物，因为它是由细菌发酵而生成。在聚合物产品内，残留着大量细菌残骸，在注入前必须把它们清除掉[16]。生物聚合物在注入到油层后还对细菌的侵害相当敏感。不过这些缺点可由于生物聚合物对地层水中的含盐度和硬度不敏感而得到补偿。这种聚合物对含盐度的不敏感性，可从图 50.3B 中列出的分子结构得到解释。聚多糖的分子结构相对来说是一个非离子型化合物，因此，不存在像 HPAM 那样的屏蔽效应。而且与 HPAM 相比，聚多糖的分子结构分支更多，氧环上的炭键根本不能旋转。因此聚多糖分子通过缠绕作用和增加刚性结构，可使溶液的粘度明显增加。但是聚多糖不能降低溶液的相渗透率。

目前条件下，HPAM 比聚多糖的费用要便宜些，然而用流动度降低程度相比，特别是在高含盐地中使用时，两种聚合物的费用非常接近。究竟使用哪种聚合物，还要看储层条件和特性而定。从已报导的聚合物驱油田试验资料来看，95%用的是 HPAM[17]。这两类聚合物在高温下都产生化学降解。

聚合物性质 由于物质本身的复杂性，要想全面地掌握聚合物的特性是不可能的。然而，对下面一些特性还是可以提供其定性趋势、少量定量关系和一些有代表性的数据。它们是：粘度关系和非牛顿效应、滞留现象、渗透率降低作用和化学、生物或机械降解作用。

1）粘度关系和非牛顿效应 图 50.4 是在固定含盐度条件下在实验室内用粘度计测得的聚合物溶液粘度和剪切速率的关系[18]。从图中可以看出，在低剪切速率$\dot{e}$条件下，聚合物粘度μ_p与剪切速率无关，（$\mu_p=\mathring{\mu}_p$），而且溶液具有牛顿流体特性。在高剪切速率条件下，随着剪切速率$\dot{e}$的增加，μ_p下降，最后在某一个高临界剪切速率（图中没有指出）下达到一个极限值（$\mu_p=\mu_p^{\infty}$），聚合物溶液的粘度μ_w将不会比水的粘度大多少。粘度随剪切速率$\dot{e}$的增加而降低的流体，称为剪切降粘流体。聚合物溶液就属于这种流体。当聚合物溶液处在剪切速率很高的流动条件下时，聚合物链变得非常舒展，因而产生聚合物的剪切降粘特性。剪切速率低于临界值时，曲线是可逆的。

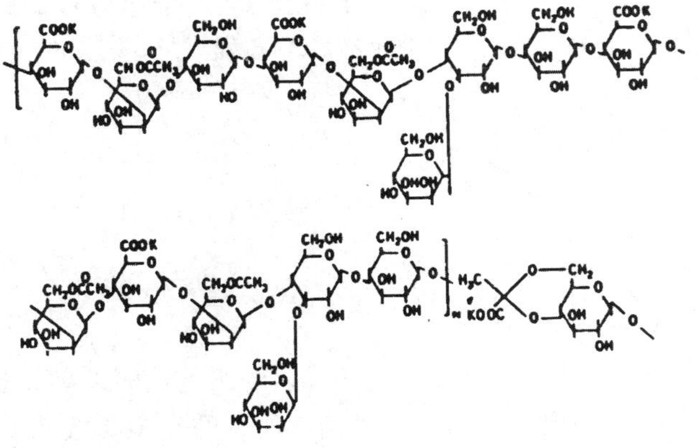

图 50.4 聚合物溶液粘度与剪切速率和聚合物浓度的关系

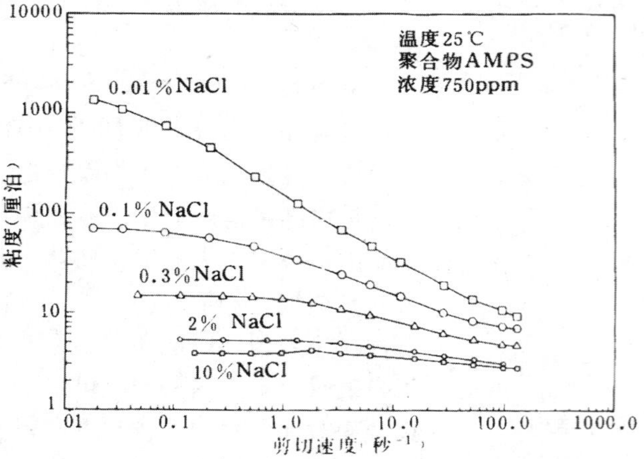

图 50.5 在不同含盐度条件下聚合物溶液粘度与剪切速率的关系

图 50.5 是固定聚合物浓度条件下，AMPS 聚合物溶液的粘度与剪切速率的关系曲线随各种 NaCl 浓度而变化的情况[19]。图中资料表明，流体粘度对含盐度非常敏感。根据经验法则，溶液中氯化钠浓度每增加 10 倍，聚合物溶液的粘度就降低 10 倍。HPAM 聚合物和由 HPAM 转化而来的物质对水的硬度也相当敏感。然而聚多糖的粘度则很少受水的含盐度和硬度的影响。图 50.4 和图 50.5 中曲线的特性是很理想的，因为对于整个储油层来说，剪切速率$\dot{e}$通常是很小的，只有 1～5／秒，因此用低浓度聚合物达到设计的流度比 M 是可能的。然而在注入井附近，$\dot{e}$值是相当高的，这种情况促使聚合物溶液的注入能力比基础值 $\mathring{\mu}_p$ 时的注入能力要大得多。只要已知多孔介质内的剪切速度定量数值和剪切速率／粘度关系，就能够估算注入能力的相对增大数值。

聚合物溶液的粘度和剪切速率关系，可用一个幂律模式加以描述[21]：

$$\mu_p = K\ (\dot{e})^{n-1} \tag{2}$$

式中 K 和 n 分别为幂律系数和指数。

方程 (2) 只适用一个有限的剪切速率范围。因为当剪切速率低于某个剪切速率值时，聚合物溶液的粘度就不随$\dot{e}$而变化，成为一个常数 $\mathring{\mu}_p$；而当剪切速率超过某一临界高值时，聚合物溶液的粘度亦变成一个常数 μ_p^{∞}。幂律方程的这种截断特点使得在计算时难以应用。因此，提出另一个很有用的 Meter 方程[22]

$$\mu_p = \mu_p^{\infty} + \frac{\mu^{\circ}{}_p - \mu_p^{\infty}}{1 + \left(\dfrac{\dot{e}}{\dot{e}_{1/2}}\right)^{\alpha - 1}} \tag{3}$$

式中 α——经验参数；

$\dot{e}_{1/2}$——当 μ_p 为 $\mu^{\circ}{}_p$ 和 μ_p^{∞} 的平均值时的剪切速率。

研究各种聚合物的特性表明，所有的经验参数几乎都是含盐度，硬度和温度的函数。

研究流体在可渗透的多孔介质中流动时，这些总的趋势和方程仍然适用。μ_p 通常称之为视粘度，而有效剪切速率$\dot{e}$是根据毛管概念导出的。

$$\dot{e}_e = \frac{u_w}{4\sqrt{\phi k_w S_w}} \tag{4}$$

式中　u_w——聚合物溶液相的表面流量；

K_w——聚合物溶液相的渗透率；

S_w——聚合物溶液相的饱和度，小数；

ϕ——多孔介质的孔隙度，小数。

2）聚合物的滞留现象　聚合物在孔隙介质中流动时，由于吸附和机械捕获作用，所有聚合物都在固体表面上发生滞留现象。聚合物在介质中的滞留量随聚合物类型、分子量大小、岩石的矿物组成、盐水的含盐度和硬度、流动速度以及温度的变化而有所不同。希望聚合物的滞留量必须小于 50 磅（质量）／英亩·英尺。然而油田测量的滞留量值常在 20～400 磅（质量）／（英亩·英尺）范围内变化。滞留作用使聚合物从溶液中分出而损失，致使流动度控制效果急剧变差。这种影响对于聚合物浓度很低的溶液来说尤其突出。滞留作用还会引起聚合物扩散速度减慢。

在多孔隙介质中有一部分不可进入的孔隙体积（IPV），会加快聚合物溶液流过多孔介质的速度，补偿因滞留作用而引起的扩散速度的减慢。存在不可进入孔隙体积的最常见的解释是这一小部分孔隙体积由于孔隙小不允许聚合物分子进入。因此，在总孔隙体积中有一部分聚合物不能侵入或不能进入孔隙，从而加快了聚合物的流速。然而，大部分聚合物分子将易于进入除最小的以外所有的孔隙喉道中。因此，关于不可进入孔隙体积的第二种解释是以孔道壁对聚合物的排斥作用为依据。由于排斥作用聚合物分子聚集在窄孔道的中心[23]。而靠近孔道壁的一层聚合物孔隙流体具有更低的粘度。因而产生明显的滑脱现象。

不可进入孔隙体积的大小与聚合物分子量，多孔介质的孔隙度、渗透率和孔隙大小的分布状况等参数有关。不可进入孔隙体积随着聚合物分子量的增大和渗透率与孔隙度比值（特性孔隙尺寸）的减小而显著增加。不可进入孔隙体积大约占多孔介质总孔隙体积的 30%，或者更大一些。

3）渗透率降低作用　正如前面已指出的那样，HPAM 聚合物可以通过渗透率降低作用而达到降低流动度的目的。这种现象可用三个系数来描述[24]：一是阻力系数 F_R。所谓阻力系数是指相同条件下，注入单相聚合物溶液的流动度与盐水相流动度的比值，即

$$F_R = \frac{\lambda_w}{\lambda_p} = \frac{k_w / \mu_w}{k_p / \mu_p} \tag{5}$$

式中　k_p——聚合物溶液的渗透率；

λ_w——盐水相的流动度；

λ_p——聚合物溶液的流动度。

在恒速试验中，F_R 与压降成反比关系，而在恒压试验中，F_R 则是流动速率的比值。F_R 是聚合物溶液总流动度降低作用的一项指标。为单独描述渗透率降低作用，提出的第二个系数是渗透率降低系数 F_{rk}，它可定义为

$$F_{rk} = \frac{k_w}{k_p} = \frac{\mu_w}{\mu_p} F_R \tag{6}$$

第三个系数是所谓剩余阻力系数 F_{Rr}，它是聚合物溶液注入前和注入后的盐水溶液流动度的比值。

$$F_{Rr}=\frac{\lambda_{wb}}{\lambda_{wa}} \tag{7}$$

式中 λ_{wb}——聚合物溶液注入前盐水的流动度；

λ_{wa}——聚合物溶液注入后盐水相流动度。

可见，F_{Rr} 是由于注入聚合物溶液而引起的渗透率降低效应究竟能延持多久的一个度量。它主要度量应用聚合物堵塞大孔道的情况。在很多情况下，F_{rk} 和 F_{Rr} 几乎是相等的。然而，由于 F_R 除具有渗透率降低效应外，还具有增粘效应，因此，F_R 往往比 F_{rk} 大得多。

F_{rk} 是渗透率降低程度的最通用的度量值。F_{rk} 值对聚合物类型、聚合物分子量，聚合物的水解程度，剪切速率以及孔隙介质的孔隙结构非常敏感。即使仅受到很小的机械降解作用，聚合物看来就会失去其大部分降低渗透率的作用。正是由于这一原因，常用屏蔽效应仪器（筛网系数仪）评估聚合物的质量[24]。按照 Hirasaki 和 Pope 的意见[25]，F_{rk} 与聚合物的吸附特性和流变特性有密切关系。

4）化学和生物降解作用　化学降解、生物降解和机械降解作用都可使聚合物的平均分子量降低，因而对聚合物驱替过程很不利。把聚合物应用范围局限于低温条件，以及向聚合物溶液中加入净化剂（例如硫酸钠或磺酸钠）除去氧，可使化学降解影响明显降低。而向聚合物溶液中加入除氧剂和杀菌剂（如甲醛或异丙醇）则可有效地消除生物降解作用的影响。事实上，几乎所有已注入油层的聚合物溶液中都含有这类化学剂，只不过使用量通常较小而已（参见参考文献〔16〕和〔26〕）。

5）机械降解作用　在所有使用聚合物溶液的方案中，几乎都有机械降解作用的影响。聚合溶液处于高速流动状态时，也有机械降解作用存在。地面设备（如阀门、喷嘴、泵或管线），井眼底部环境（如炮眼或筛孔）以及井底砂层面上都会出现机械降解条件。特别在完井射孔段，由于大量聚合物必须通过一些小的孔眼进入油层，极易产生机械降解。因此，大多数注聚合物的井，都采用裸眼及砾石充填完井方法。随着聚合硪溶液离开注入井，流速下降很快，因而油层内部的机械降解作用很弱。

几乎所有的聚合物要在相当高的流动速度下，才因机械作用而引起降解。然而 HPAM 在通常作业条件下就对机械降解非常敏感，特别是当盐水的含盐水的含盐度或硬度很大时，更是如此。显然，与聚多糖链相比，聚丙烯酰胺阴离子分子之间的离子连结力相当脆弱。而且，拉长应力与剪切应力一样，也是聚合物溶液性能的一种破坏力，两者还往往同时出现。Maerker 等人曾发现，聚合物溶液的固定粘度损失，与拉伸变形速率和长度的乘积有密切关系[27, 28]。在纯剪切流动的粘度-剪切速率曲线图中，一般当剪切速率超过最小粘度的临界剪切速率时开始机械降解。

油田试验结果　图 50.6 是俄克拉何马州 Osage 县 North Burbank 单元内三次采油中使用聚合物驱替方法的生产曲线。该图中表明注入聚合物前后的水油比值和原油产量。1970 年底开始向油层内注聚合物，很快就抑止了原油产量的递减和水油比的上升。即使假设原油产量以后也按注聚合物前的递减下降，但它却是在明显高得多的产量水平上下降。使用聚合物产出的石油或者说使用聚合物驱替方法增产的油量，应当等于实际采出的累计原油产量减去继续注水采出的产油量。因此，为对试验工程进行技术分析，建立一个聚合物驱原油产量递减曲线和准确的水驱原油产量递减曲线是十分重要的。在图 50.6 中，North Burbank 注聚合物增产的原油产量用阴影线面积表示。

根据 Marrning 等人的综合研究[17]，在表 50.1 中汇总了另外 250 多个聚合物驱工程的油田试验结果。表中着重强调了聚合物驱达到的采收率和常用的筛选参数。大约有三分之一的统计资料是取自工业规模的或者说油田规模的聚合物驱替试验。表 50.1 中采收率的统计资料表明，聚合物驱的平均采收率占地下剩余石油地质储量的 3.56%，而注入每磅聚合物增产的油量是 2.69 地面桶。这两项指标的变化范围都很大，反映了近几十年来聚合物驱方法本身的发展变化特性。考虑到每注入一磅聚合物所增加的平均产油量，还考虑到原油和聚合物化学剂的平均成本，可以看出在提高采收率方法中聚合物驱还是一种较有吸引力的方法。然而上述成本应当在反映资金时间价值变化的贴现基础上做比较。这样，由于聚合物溶液注入能力的降低聚合物驱方法的吸引力将明显受到影响。

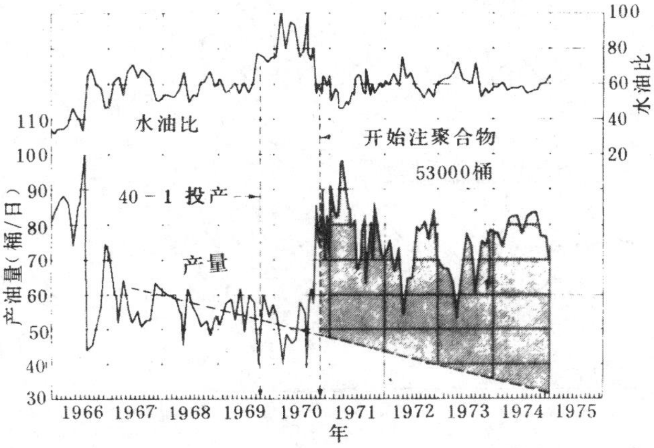

图 50.6　North Burbank 单元三次采油聚合物驱的生产曲线

表 50.1　聚合物驱统计资料

	工程数①	平均	最小	最大	标准偏差值
石油采收率（%）（地下剩余石油地质储量）	50	3.56	0	25.3	5.63
增产油量与聚合物比（桶／磅（质量））	80	2.69	0	36.5	4.86
增产油量与聚合物比（地面桶／（英亩·英尺））	88	24.0	0	188.7	36.65
渗透率变异系数（小数）	118	0.70	0.06	0.96	0.19
可流动油饱和度（小数）	62	0.27	0.03	0.51	0.12
原油粘度（厘泊）	153	36	0.072	1494	110.2
地层水含盐度（克固体总溶量／升）	10	40.4	5.0	133.0	33.4
水油流度比（无因次值）	87	5.86	0.1	51.8	11.05
平均聚合物浓度（ppm）	93	339	51	3700	343
温度（°F）	172	115	46	234	85
平均渗透率（毫达西）	187	349	1.5	7400	720
平均孔隙度（小数）	193	0.20	0.07	0.38	0.20

①大多数工程只有部分资料。

3. 泡沫驱替方法

在化学驱方法中，气液泡沫是取代聚合物进行流动度控制的可能物质，而且已经提出并且已在蒸汽驱中作为流动度控制剂进行了油田试验。

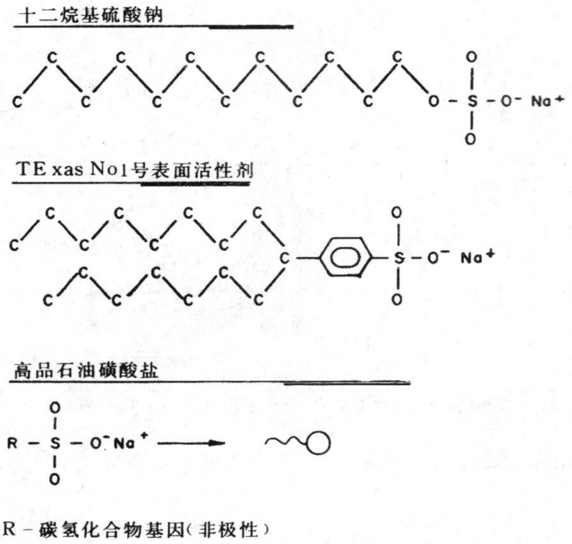

图 50.7　典型的表面活性剂分子结构

泡沫是气泡在液体中的分散体系，而且这种分散体系是不稳定的，在不到1秒钟就会被破坏。如果向液体中加入表面活性剂，分散体系的稳定性就会得到明显的改善。因此，有的泡沫可以稳定很久。为了近一步理解泡沫特性，有必要对表面活性剂的性质及其分类进行讨论。大部分讨论也适用于MP表面活性剂。

表面活性剂的化学性质　典型的表面活性剂单体由非极性部分，即亲油的或者说有明显亲油特性的部分和极性部分，即亲水的或者说是有明显亲水特性的部分组成。由于这种双重特性，表面活性剂完整单体是一种两亲物质（既亲油又亲水）。图50.7给出常用的两种表面活性剂结构（图中上面两个），而且还用图解方法说明表面活性剂单体的简略符号（图中最下部）。单体用一个蝌蚪形符号代表，其中非极性基团用一个尾表示，而极性部分则用一个圆圈表示其头。根据其极性部分的基团不同，表面活性剂可分成为四种类型（参见表50.2）。

表 50.2　表面活性剂分类及例子

阴离子型	阳离子型	两性型	非离子型
磺酸盐	季胺盐	氨基羧基酸	烷基
硫酸盐	吡啶盐	其他	烷基芳基
羧酸盐	咪唑林		酰基
磷酸盐	基啶		酰胺基
其他	硫		酰胺基 聚乙二醇醚
	复合活性剂		多元醚
	其他		烷基酰胺
			其他

1）阴离子型活性剂　由于电中性的需要，阴离子表面活性剂并不带电荷。分子中有一个无机金属阳离子，通常是钠，与单体相连结。在水溶液中，表面活性剂分子产生电离并分离成为阳离子和阴离子单体。在提高采收率中应用最广的是阴离子表面活性剂，因为这类表面活性剂具有明显的抗滞留性质，比较稳定，而且价格也较便宜，所以，在三次采油中是较

好的一类活性剂。

2）阳离子型活性剂　这类表面活性剂的分子中含有一个阳离子亲水基团，同时有一个阴离子以平衡电荷。阳离子活性剂在三次采油中使用的很少，因为这类表面活性剂很容易被隙间粘土阴离子表面吸附。

3）非离子型活性剂　这类表面活性剂不形成离子键。但是，当它们溶于水溶中后，因各组成成分之间的负电性有明显差别，因而简单地表现出活性剂特性。与阴离子型和阳离子型活性剂相比，非离子型活性剂对水溶液中的高含盐度显得不怎么敏感。

4）两性活性剂　这类表面活性剂分子中含有上述两种或更多种类型的单体。例如两亲活性剂中既含有阴离子基团，也含有非极性基团。这类活性剂还未曾在提高采收率方法中应用过。

上述活性剂中的任何一类都包括有很多活性剂。图 50.7 说明所有同一阴离子活性剂类型中，随着亲油分子量（+=烷基硫酸钠（SDS）中是 C_{12}，Texas №1 号中为 C_{16}），亲水分子时性（是硫酸盐还是磺酸盐）以及碳氢化合物支链特性（对于 SDS 来说是直链烃，而对于 Texas №1 号活性剂来说则是两个尾链）不同的各种活性剂。此外，亲水基团的位置和亲水基团数量也有着各种变化（例如单磺酸盐和二磺酸盐）。特性上的小小变化，可引起活性剂性质上的明显变化，例如磺酸盐在热性质上明显比硫酸盐稳定。参考文献〔31〕和〔32〕详细地讨论了活性剂结构对其性质的影响。

不少商品活性剂中都含有各种类型的活性剂，因而它是一种各类活性剂的复合体。下面文章中将忽略活性剂类型之间实际存在的差别而用象图 50.7 中给出的蝌蚪形结构加以简化处理。

泡沫稳定性　从图 50.8 中的下部图中清楚地观察到了分开两个气泡的液膜横截面，从而可理解泡沫的稳定性〔33〕。图中表面活性剂亲水头定向地指向液膜内部，而它的亲油链则指向气相内部。假设把一个外力加到液膜上，企图使它变薄，那么由于毛管力与界面曲率成反比，液膜已变薄部分内的压力就要比附近平坦部分内压力低，这样在液膜内部必然发生液体流动，最后达到稳定。若泡沫静止不动，由于它的密度较低，或者即使流动，由于它的粘度低，因而可以假设气相内的压力是不变的。

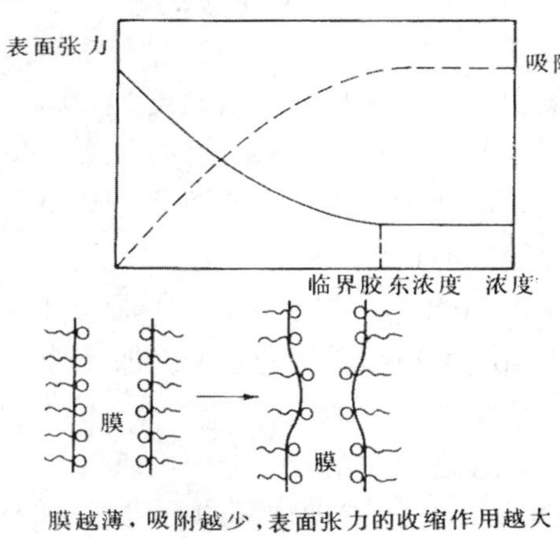

图 50.8　上图表示表面活性剂张力和吸附作用与浓度的关系。下图表示 Gibbs–Marangoni 效应

图 50.8 中的上图曲线说明，根据 Gibbs 理论要求，气液界面张力随表面吸附能力的降低而增加。按照这一理论，液膜变薄部分的比吸附将比较小（由于表面积局部增大），而表面张力将比较大。这种局部高表面张力也将促使平衡稳定。

显然，在液膜稳定性方面，气–液界面上的表面张力起着重要作用。因此很低的表面张力是不可取的，好在即使对于最好的泡沫剂来说，气–液表面张力也不会低于 20 达因／厘米。在不存在外力的条件下，由于液膜内部双电层的排斥力和液膜内分子间存在的 Van der Waal 引力之间达到平衡，因而液膜终将达到平衡厚度。假如液膜变得比平衡厚度小得多，那么斥力和引力分布之间存在的自由能屏障将会受到破坏，液膜将会破裂。

由于气泡由小变大气体的不断扩散，以及由于重力的作用，也会使液膜自发变薄。Patton 等人[34]曾报道过大量泡沫自发破坏的速率与表面活性剂类型、温度和 pH 值的函数关系。在他们所进行的稳定试验中报告，泡沫高度的半衰期为 1 分钟到 45 分钟。他们还报道说，阴离子活性剂比非离子活性剂具有更大的稳定性，并且磺酸盐泡沫的稳定性受水硬度的影响很大。在高温下泡沫通常更不稳定。通过加入第二种活性剂会使泡沫稳定许多。

促使泡沫破坏的外部影响是加入破泡剂（加入油或提高电解质浓度都会做到这一点），局部加热，或使泡沫与亲油表面接触。

泡沫的物理性质　从物理学角度看，可从三个方面来描述泡沫的物理性质。

1）质量　泡沫质量 Γ 是气体体积占泡沫总体积的百分数。增加温度和降低压力时，由于前者可使气体体积增大，而后者可使已溶入液相中的气体从溶液中析出，因此都可以使泡沫的质量提高。在很多情况下，泡沫质量可达到 99%。质量超过 90 分以上的泡沫称无水泡沫。

2）结构　结构这一性质度量的是泡沫的平均尺寸，它将决定泡沫如何流过可渗透介质。若平均泡沫尺寸大于平均孔隙直径，那么泡沫将以分开单个气泡的膜的形式向前推进。如果能给出典型的泡沫结构和孔隙尺寸，那么就会得到非常接近于实际多孔介质中的流动情况，特别是对于高质量泡沫来说，更是如此。

3）气泡尺寸范围　气泡尺寸分布范围大时，泡沫会更加不稳定，因为气体是由大气泡向小气泡产生扩散。

4）流动度降低　泡沫可明显地降低气体的流动度。图 50.9 给出的是在三个不同渗透率 Berea 岩心中，各种质量泡沫的稳态流动度与泡沫质量的函数关系曲线[35]。图中右端，泡沫质量 $\Gamma \to 100\%$，流动度将超近于各自的岩心空气渗透率除以空气的粘度。这个流动度将超过图中任何一个试验点流动度的 20 到 30 倍。当 $\Gamma \to 0$ 时，流动度将接近于水的渗透率除以水的粘度。因此，泡沫的流动度总量低于其任何一个单一成分的流动度。泡沫的流动度随泡沫质量的增加而减小，直到气泡之间的液膜开始破裂，泡沫被破坏（图 50.9 中未指出这一段曲线）为止。

从图 50.9 中可以看出，泡沫在三种渗透率情况下降低流动度都是有效的，但是在最高渗透率情况中泡沫质量的影响更加显著。这是泡沫结构和多孔介质孔隙尺寸之间相对应而产生的综合结果[36]。

可以通过单相粘度的增加，或气相渗透率的下降，观察泡沫引起的流动度降低情况。图 50.10 中给出了第二种情况的有代表性的资料。该图表示用泡沫和不用泡沫二种情况下气相的渗透率和含气饱和度与液体注入速率的关系曲线[37]。由图可见，与不用泡沫相比，在相同的注入速率，甚至相同的含气饱和度情况下，泡沫都会使气体渗透率有很大降低。而对水相相对渗透率所做的类似分析表明，气体饱和度和加泡沫剂的存在，都不会影响水相的相对渗透率[38]。

泡沫在多孔介质中渗流时流动度低至少是由两种不同的机理造成的：①形成或加大了被捕集的剩余气相的饱和度；②气泡膜造成孔隙喉道的堵塞。从图 50.10 可以看出，捕集气体饱和度对气体流动度的影响是通过降低相对渗透率作用而实现的，这要比因堵塞孔隙喉道带来的影响小得多。然而，在驱替阶段后期，当因压力下降而使大量气体从溶液中析出时，捕集气体饱和度对流动度的影响就会变得非常重要了。

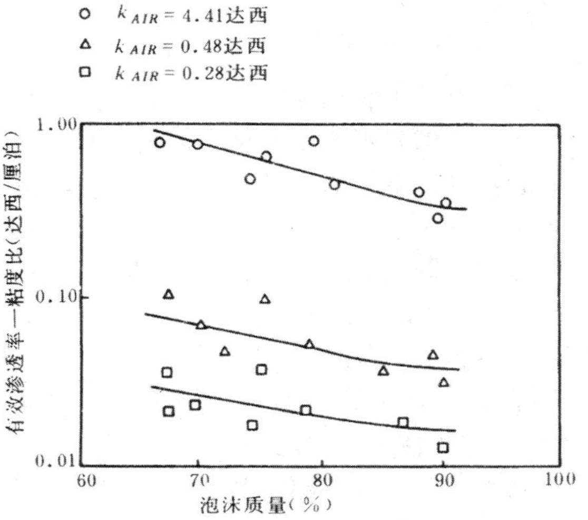

图 50.9　在胶结的多孔介质中有效渗透率—粘度比与泡沫质量的关系曲线

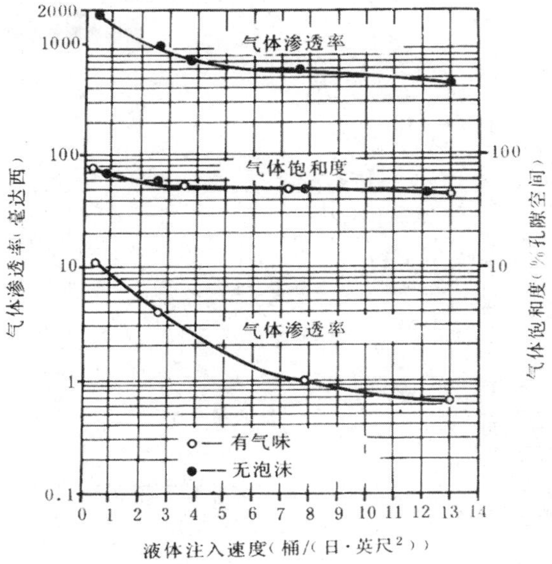

图 50.10　液体流动速率和气体饱和度对有无泡沫时气体渗透率的影响

随着泡沫粘度的增大，泡沫在多孔介质中的流动度也会下降。这一现象曾在毛管中进行了观察研究[39]。观察研究的结果表明，泡沫是通常一种剪切降粘流体，它的幂律指数随毛管半径的增大而增大。Hirasaki 和 Lawson 应用建立在牛顿流体基础上的理论和应用一种粘度很小的气体进行了研究。结果表明，随着气泡运动速度的增加，单一运动气泡的液膜厚度可增加到 2／3 次方[40]。由于毛管中的剪切应力与液膜的厚度成反比，因此，泡沫在毛管中的视粘度将随速度的增大而降低。这就是说，在毛管中观察到的泡沫剪切降粘效应，实际上是随着运动速度的增大液膜厚度加厚的结果。Hirasaki-Lawson 理论的另一个含义是象泡沫质量一样，泡沫结构在确定流变特性方面也起着重要作用。

油田应用结果　注泡沫提高采收率的油田试验很少见。Holm 曾报导过在 Siggins 油田上把空气盐水泡沫注入单井提高采收率的试验情况[41]。虽然没有报导增产原油的资料，但空气和盐水的流动度有明显下降，中心井的注入剖面变得比较均匀了。

三、低界面张力驱替方法

除了在泡沫中用作气体分散相的稳定剂外，表面活性剂还可在胶束-聚合物（MP）或在层内产生表面活性剂的驱替方法中，通过降低油水界面张力的作用达到提高采收率的目的。

1. 降低残余油饱和度

图 50.11 给出的是毛管降饱和度曲线，它说明如何通过降低界面张力达到减小残余油饱和度的目的。图中的 y 轴是润湿相和非润湿相残余饱和度，而 x 轴则是粘度与局部毛管压力无因次比值的对数。在图 50.11 中，S_{orw} 是非润湿相的残余油相饱和度，而 S_{iw} 则是润湿相的束缚水饱和度。虽然理论上计算过毛管降低饱和度的数值[42~44]，但这些曲线通常是通

过实验获得的[45, 46]。粘滞力与局部毛管力的比值称之为毛管准数 N_c，它的公式为:

$$N_c = u_w \mu_w / \sigma_{wo} \tag{8}$$

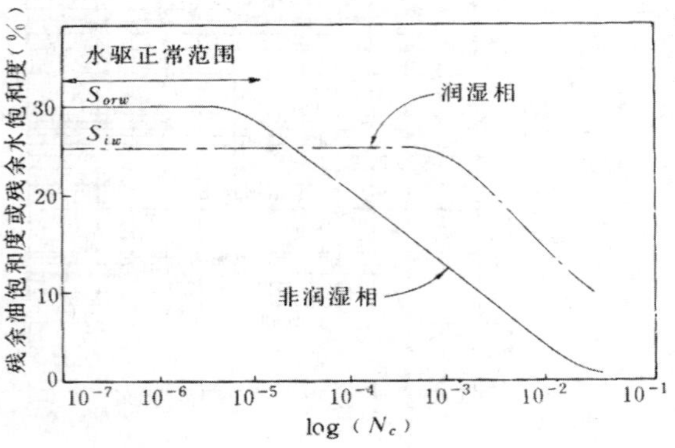

图 50.11　毛管降低饱和度示意图

对于水驱过程来说，u_w 和 μ_w 分别为驱替水的表观流量和粘度，σ_{wo} 则是水相和油相的相界面张力。对 MP 驱替过程来说，应用更通用的定义比较合适，但用方程（8）和毛管降低饱和度曲线也能说明这个问题。

当 N_c 很小时，毛管降低饱和度曲线基本上是平的，直到残余相饱和度降低的第一个临界值出现前都是这样。在第二个临界 N_c 值外，残余相饱和度为零，完全采出原来被捕集的相。毛管降低饱和度曲线的形状是决定于多孔介质的孔隙几何形状和两相的润湿特性。为达到完全采出程度，润湿相所需要的 N_c 值较大。毛管降低饱和度曲线的形状受孔隙介质的平均孔隙尺寸和孔隙大小分布以及初始相饱和度的影响很小。水驱方法的典型 N_c 值是很小的。这表明，为此目的可把残余油饱和度和束缚水饱和度都看成是固定值。由于 x 轴是对数值，为使任何一种残余相饱和度明显下降，都需要使 N_c 值改变几十倍。在方程（8）中的三个参数中，只有界面张力可明显地发生变化。为使残余油饱和度发生明显降低，界面张力必须降到 10^{-3} 毫牛顿／米。只有使用质量很好的表面活性剂才能达到这一目的。

2. MP 驱替方法

在技术文献中涉及到 MP 方法时使用了很多名称，如洗涤剂驱油、活性剂驱油、低张力驱油、可溶性油驱油、微乳液驱油以及化学法驱油等等。也还有用几个公司的名称作为方法名称的，它们反映了注入流体的特定顺序和类型，同时也反映了 MP 方法段塞本身提高采收率的某些特性。这些公司的方法相互之间虽有某些不同之处，但它们之间有着不少的共同点，这是非常重要的。

MP 方法注入顺序的一个理想图解说明见图 50.12。这一方法只用于三次采油，且是在较高的水油比条件下进行的。这一方法总是采用驱替技术而不是采用循环或吞吐方法实现的。该方法有以下几个步骤组成一个完整的方法。

1）预冲洗液　它是由较大体积的盐水组成。使用它的目的是为了改变（通常是降低）地层水的含盐度和硬度，使之与活性剂段塞混合后，不致于引起界面活性的损失。预冲洗液的注入量通常为地层孔隙体积的 0～100%。在有些方法中，还向预冲洗液中加入牺牲化学剂，目的是为了减少后面注入的活性剂损失以及为了沉淀二价离子[47]。

2）胶束溶液段塞　在现场应用中胶束溶液注入量约为孔隙体积的 5%～40%。段塞中含有几种化学剂，主要的是表面活性剂，它们浓度在 1%～20%（体积）范围内。加入其它化学剂（助表面活性剂、醇类物质、油聚合物、杀菌剂、除氧剂等）通常是为了更大幅度地提高采收率。

3）缓冲带　缓冲带的组成物质是水溶性聚合物溶液，浓度较低。其目的是为了驱替胶束溶液段塞，防止驱替流体过早到达生产井。在设计和实施缓冲带过程中，很多聚合物驱替方法中的技术都可以应用[48]。

4）淡水缓冲带　这是聚合物浓度呈梯级变化的盐水缓冲带。在它们前缘，聚合物浓度相当于缓冲带中聚合物浓度，而在它的后缘，聚合物浓度等于零。这种聚合物浓度的梯级变化，实际上缓和了驱替水和流动度缓冲带之间存在着的流度比差别较大的不利影响。

5）驱替水　驱替水的注入目的非常明确，就是为了减少连续注聚合物费用。只要流动度缓冲带和淡水缓冲带设计得当，那么在驱替水渗入缓冲带前，胶束段塞将能正常驱替石油并且不断被消耗。

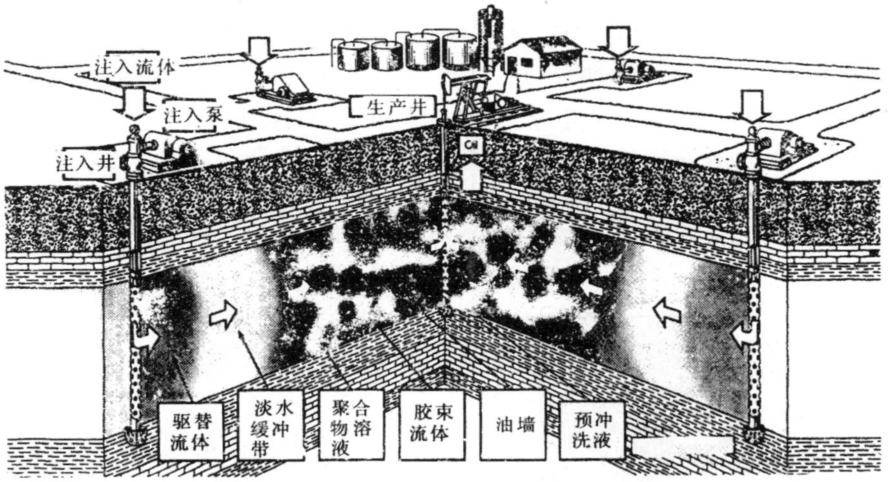

图 50.12　MP 驱替方法示意图

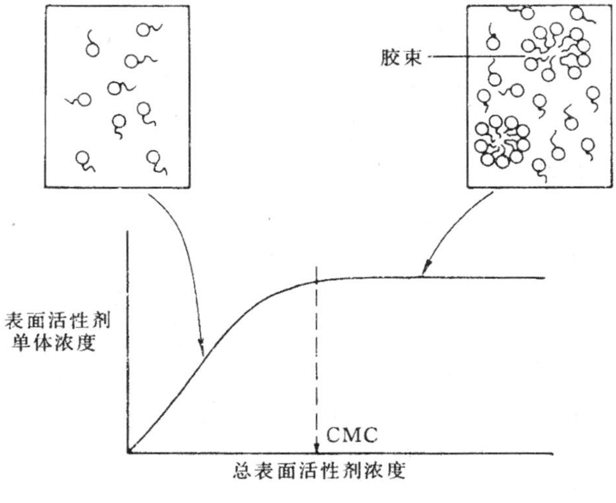

图 50.13　临界胶束浓度示意图

表面活性剂溶液　若把一个阴离子表面活性剂溶入盐水中，活性剂就将分离成为一个阳离子和一个活性剂单体。随着活性剂浓度的增大，活性剂的亲油部分本身开始相互缔合，形成含有几个单体分子的聚集体，称为胶束。图 50.13 是活性剂单体浓度与总表面活性剂浓度的关系曲线。曲线从原点开始，并以单一坡度增加，在临界胶束浓度（CMC）处变为水平线。在 CMC 点后，总活性剂浓度的继续增加，只会增加胶束的浓度。表面活性剂的 CMC 值通常是很小的，大约是 10^{-5}～10^{-4} 摩尔／升数量级。在 MP 驱替方法实际应用的活性剂浓度范围内，早已超过 CMC 值，因

此称之为胶束溶液驱替方法。图 50.13 以及其它地方给出的胶束的代表形式都是示意性的。实际上，胶束的结构是多种多样的，而且是随时间而变化的。

当胶束溶液与任何油相或油溶性物质接触时，表面活性剂趋向于在相应界面上聚集。活性剂的亲油尾链溶入到油相中，而亲水头则指向水溶液中。活性剂在界面上的聚集，引起两相之间界面张力明显降低。如图 50.8 所示，根据 Gibbs 理论，界面张力的降低幅度与活性剂在界面上浓度的过剩程度，即活性剂在界面上的浓度与其在溶液内的浓度差成正比。为使界面过剩浓度达到最大值，对表面活性剂本身和有关条件都必须进行调整；但在调整过程中，表面活性剂在油相中和水溶液相中的溶解能力也受影响。由于这种溶解能力也影响油相和盐水相的互溶能力，后者又影响界面张力数值的大小，因此，讨论的结果就导致研究表面活性剂-盐水-油的相态特性。不易理解的是与温度、盐水含盐度和硬度相比，活性剂浓度本身将起的作用却很小，但这对于许多胶束性质来讲又确实如此。

表面活性剂-盐水-油相的相态特性 表面活性剂-盐水和油相的相态特性通常可用一个三元相图来描述。三元相图是一个等边三角形，它的各顶端代表的是纯物质，三个边分别代表相邻两端点代表的纯化合物的混合物，而三角形内的各点则代表的是三种纯化合物的混合物。对于复杂的混合物来说，三个顶点必须看成是拟组分，这些拟组分的组成在整个三角形中都保持不变。三元相图是在压力和温度保持恒定条件下获得的。三元相图中的每个点既可代表活性剂-盐水-油混合物的总组成，也可在混合物出现一个以上的相时代表每个相的平衡组成。三元相图及其有关的定义已在第二十六章中进行了讨论。

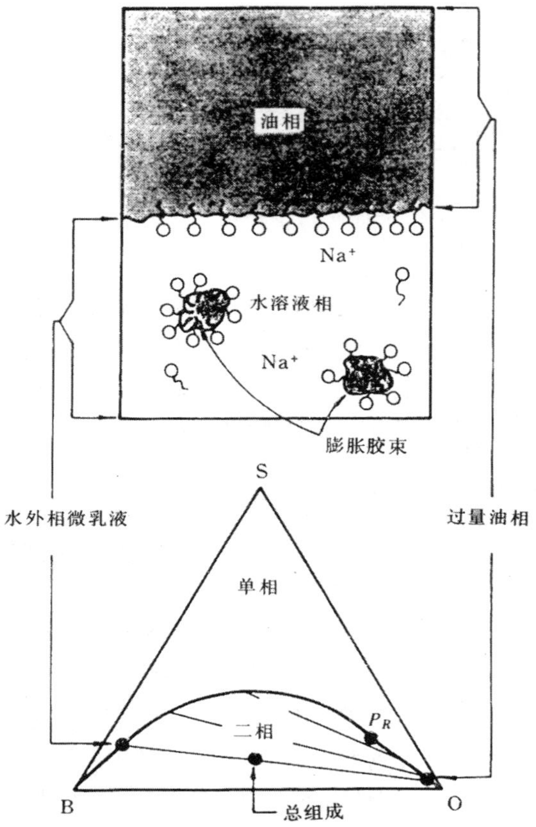

图 50.14 低含盐度时表面活性剂-盐水-油相的相态特性

MP 段塞的相态特性明显受盐水拟组分含盐度的影响。图 50.14 到图 50.16 表示随着含盐度的增加相态图的变化。关于相态特性的描述，原先是由 Winsor 提出的[49]，后来用于 MP 驱替过程。

含盐度较低时，典型的 MP 方法中使用的活性剂表现为明显的亲水性，或称水溶性活性剂，很少表现出亲油性。因此，在三元相图中油-盐水边界附近的总组成将分成为两个相：一个是过剩的油相，实际上是纯油相；一个是含有盐水、溶有活性剂并含有少量增溶油的水外相微乳液相。油相进入膨胀胶束中心的过程称之为增溶。两相区内的连结线具有负坡度特性。这类相环境人们称之为 Winsor Ⅰ型体系，或叫下相微乳液，因为微乳液处于过剩油的下面。这种相态有人用符号（Ⅱ-）表示：“Ⅱ”的意思是体系不能超过两相，也不必超过两相；“-”号表示这种体系的连结线具有负坡度（见图

50.14)。体系中的右边临界点 P_R 正好靠近纯油相端点。双节点曲线上的任何一点其总组组分都是单相的。

在高含盐度条件下（见图 50.15），静电引力使活性剂在水溶液中的溶解能力明显下降。两相区内的总组成现在将分离成为过量盐水相的油外相微乳液相，微乳液相中除主要含有表面活性剂外，还增溶有盐水相。表面活性剂亲油后，形成倒转胶束，亲水头处于胶束中心，因此膨胀胶束是增溶盐水的油外相胶束。这一相态环境是所谓的 WinsorⅡ型体系，或称上相微乳液，也可用符号“Ⅱ+”代表。临界点 P_L 与盐水相端点很接近。

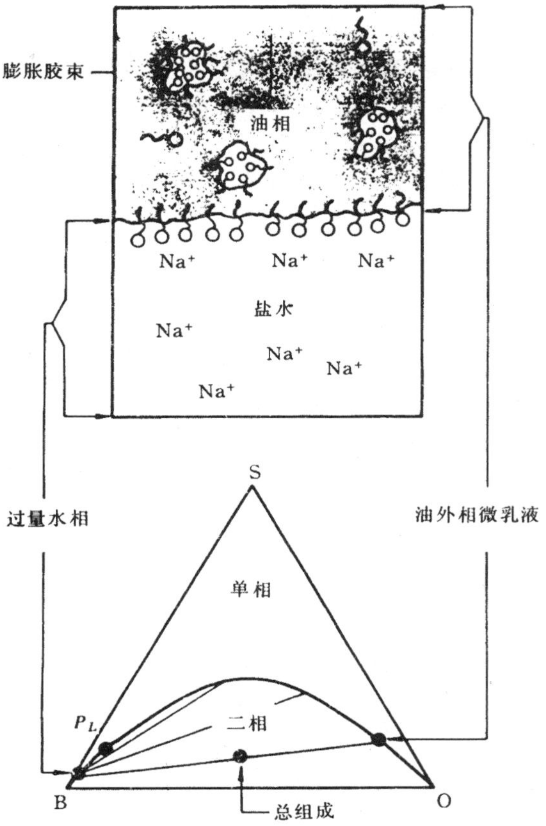

图 50.15　高含盐度时表面活性剂-盐水-油相的相态特性

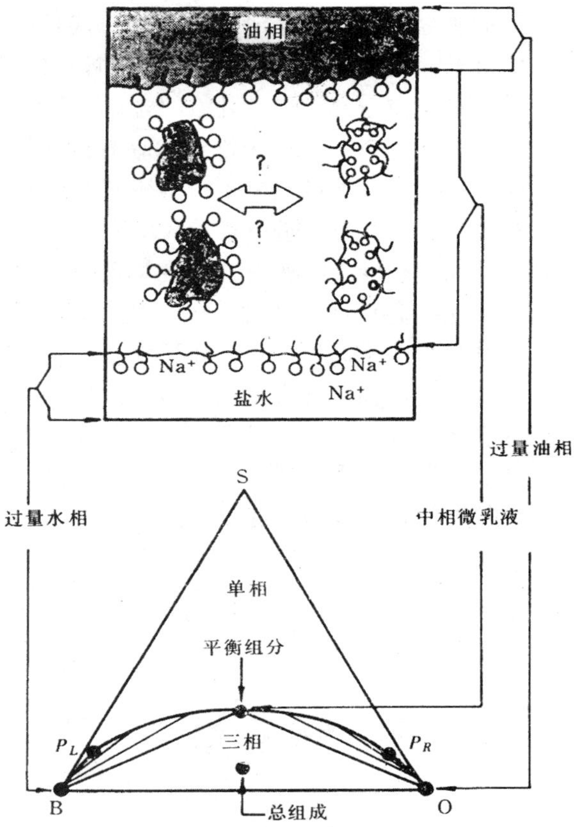

图 50.16　在最佳含盐度时表面活性剂-盐水-油相的相态特性

这两种极端的微乳液相的相态特性，粗略看来具有镜像反映特性。Ⅱ（-）型体系的连续相是水，而Ⅱ（+）体系的连续相是油。这种诱发的石油在富盐水相中的溶解能力，即Ⅱ-型微乳液，说明提高采收率的一种抽提机理。虽然抽提作用在提高采收率过程中起某种作用，但与后面要讨论的界面张力效应相比，特别是当微乳液相态正好在中间含盐度范围时，其作用就小多了。

在图 50.14 和 50.15 之间的含盐度条件下，存在着一个由Ⅱ（-）型向Ⅱ（+）型连续变化的第三种表面活性剂富集相，如图 50.16 所示。在三相区内，总组成分成为三个相，即过剩油相在上部，过剩盐水相在下部，以及由平衡组分点代表其组成成分的微乳液相在中间，这个相态环境称为WinsorⅢ型微乳液，也称中相微乳液。或Ⅲ型体系。三相区的上面，左面和右面都被Ⅱ（-）型和Ⅱ（+）型微乳液所包围，在两相区内的微乳液实际上就是前面描述过的Ⅱ（-）型和Ⅱ（+）型微乳液。按照热力学理论要求，在三相区下面还应当有第三个二相区。由于其范围一般非常小，因而往往忽略不计[52]。在三相区内，体系有两个界面，因而就有两个界面张力，那就是微乳液和过剩油相之间的界面张力 σ_{mo}，以及微乳液和过剩相之间的界面张力 σ_{mw}。

图 50.17 是表示微乳液相态环境由Ⅱ（-）型向Ⅱ（+）型转换过程的三棱镜相图。随着含盐度的增大到 *Cel*（Ⅲ型微乳液相环境的最低有效含盐度界限值），紧挨盐水和油边界线的临界连结线产生分裂，从而形成Ⅲ型微乳液区。同理，随着含盐度由Ⅱ（+）型相环境的降低，在 $Ceu^{\#}$（Ⅲ型微乳液相环境的最高有效含盐度界限值）处，第二条临界连续线产生分裂。在全部Ⅲ型微乳液的含盐度范围内，平衡组分点“M”由接近纯油的端点向接近盐水端点移动，直到在一个恰当的临界连结线处消失为止。平衡组分点 M 的这种移动实际上意味着，盐水和油可在单相中溶解能力是无限的，这一点已引起关心Ⅲ型微乳液的研究者们的极大兴趣，并对它进行了深入研究[54]。

除含盐度外，还有几个变量可引起图 47.17 中的相环境发生变化。一般说来，改变任何一个能提高活性剂亲油性的条件，都可使相态环境由Ⅱ（-）型向Ⅱ（+）型变化。其中某些重要条件是:（1）降低体系温度[51]；（2）增大表面活性剂分子量；（3）减少碳氢化合物分支[31]；（4）降低油的密度[55~57]；（5）增加高分子量醇类物质的浓度[58]。同理，降低表面活性剂的亲油性将会引起相反的变化。可见，在有效含盐度 C_e 变化的三棱镜图的基础上，还可以用上述任何一个变量以及几个其它变量重新画出类似图 50.17 的三棱镜图，以便扩大提高采收率的选择方向。

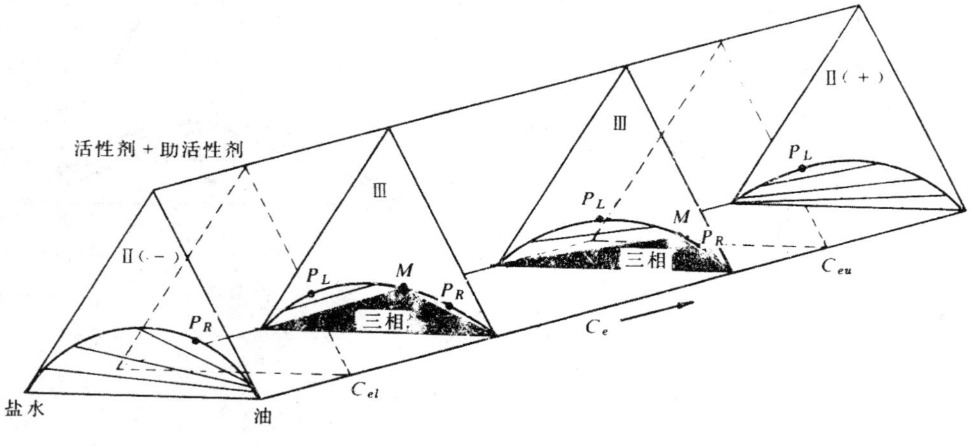

图 50.17　表示相环境转换顺序的三棱镜图

几种不理想因素的影响　正如理想气体定律近似于真实气体的特性一样，同样，图 50.17 也近似于真实的 MP 方法中的活性剂相态特性。下面列举几个重要的非理想影响因素。

1）在表面活性剂浓度很高和（或）温度很低时[54, 59]，甚或当体系中只含有表面活性剂时，体系的相态特性不同于图 50.17 给出的形式，在这些条件下，体系相态趋向于高粘度液晶或其它形式的稠相特性。由于在高粘度情况下驱替时，会引起局部的粘度不稳定性，因而对于提高采收率来说高粘度是极其有害的因素。为此，常把低分子量或中分子量的助剂——醇类物质加入到MP组分中，以稀化这种不希望出现的高粘度。当向盐水中溶入聚合物时，由于微孔液相对聚合物有一种排斥作用，在活性剂浓度较低情况下就会观察到一种稠相的存在。这时向体系中加入醇类物质，可消除聚合物和活性剂的这种不相溶性[61]。

2）当助剂在体系中出现时，把各种化学剂完全集中在图50.17三棱镜图的活性剂端点常是不合适的。如果在驱替过程中助剂不能与主要活性剂一起分配，那么加入的化学剂就失去意义了。可见，活性剂—助剂的分离效应是十分重要的。拟相理论和四元相图，就是为了解释助剂与活性剂的分离效应而提出来的[62, 63]。

3）中相微乳液的含盐度范围(C_{el}和C_{en})是随活性浓度的变化而变化的。这种从属关系只要把图50.17中的底翻转成为垂向三角形的面即可观察到。在设计含盐度需要图时,这种稀释效应就是基础资料[66, 67]。当盐水中含有大量的二价离子时,稀释效应尤其重要。

4）图50.17中活性剂溶液的相态特性变化也与盐水的真实离子成份关系密切，不是仅仅与总含盐度有关系。对阴离子活性剂来说，溶剂中的其它阴离子对MP体系的相态特性影响甚小，而阳离子对相态环境的变化影响很大。常见的二价阳离子如钙和镁的影响是一价阳离子如钠影响的5～20倍。正如图50.2指出的，在油田盐水中二价离子比一价离子含量少的多，但二价离子的影响是非常显著的。因而至少需要分开研究含盐度和硬度的影响。一价和二价阳离子比值的不断变化，也将通过阳离子交换，使电解质与粘土矿物发生化学反应。当含盐度和硬度的影响不成比例时，可以把一价离子和二价离子浓度的加权总值作为有效含盐度来考虑。图50.17中的Ce即含有有效含盐度的意思。

相态特价和界面张力　在MP驱替方法的早期文献中，关于界面张力的测量方法和使界面张力降低的原因已有相当多的报道[68]。发现界面张力随活性剂、助剂、电解质、油和聚合物的类型和浓度而变，并且随温度而变。然而，在整个MP工艺技术中确实属于最重要一个进展则是证明所有的界面张力都直接与MP的相态特性有关。这一关系原先由Healy和Reed[59]提出，后来由Huh从理论上做了充分论述[69]，并且自那以后由其它研究者通过实验作了证实[31, 70]。这一关系的最大实际好处是相对困难的界面张力测定工作可主要由简单的相态特性测量工作来代替。事实上，在最近的文献中，界面张力特性已用基于增溶参数的相态特性有限资料加以论述[65]。

为进一步研究界面张力和微乳液相态特性之间存在着的相互关系，令V_o，V_w和V_s分别代表油、盐水和活性剂在微乳液相中的体积，根据图50.14到图50.16给出的资料，所有含盐度条件下都存在微乳液相。因此，三个参量在数量上的意义都是明确的，而且是连续的。例如，对于Ⅱ（−）型微乳液来说，双节点曲线上的微乳液相组成成分就是V_o，V_w和V_s值。

Ⅱ（−）型和Ⅲ型微乳液对油的增溶参数F_{mo}以及Ⅱ（+）型和Ⅲ型微乳液对盐水的增溶参数F_{mw}可分别定义为

$$F_{mo} = V_o / V_s \tag{9a}$$

$$F_{mw} = V_w / V_s \tag{9b}$$

相应两相界面上的界面张力 σ_{mo} 和 σ_{mw} 只是增溶参数 F_{mo} 和 F_{mw} 的函数。图 50.18 就给出了这一典型关系。

增溶参数和界面张力的另一关系特性由图 50.19 给出。图中既考虑到了图 50.17 中给出的固定油，盐水以及活性剂总浓度时的相态位置，也考虑到了各种含盐度条件下的状况。若非理想因素的影响是很次要的，而且相位置属于低活性剂浓度及中间盐水／油比值条件，那么 σ_{mo} 将限定在低含盐度直到 C_{em} 之间，而 σ_{mw} 将限定在 C_{el} 直到高含盐度之间。只有在Ⅲ型体系三相区内，在两个增溶参数也都较大的含盐度 C_{el} 和 C_{eu} 之间，两个界面张力才是最低值。在三相区内还有一个精确的含盐度值，在这个含盐度下，两个界面张力相等，且数值均低于 10^{-3} 达因／厘米，有利于提高采收率。对于这一具体的表面活性剂—盐水—油体系来说，这一含盐度称为最佳含盐度，共同的界面张力值称为最佳界面张力。正如图 50.19 所示，各个最佳含盐度是根据相等的界面张力，相等的增溶参数，岩心驱油试验的最高采收率和相等的润湿接触角定义的〔50, 71, 72〕。所有这些最佳含盐度定义将大体给出相同的数值。由于最佳相态含盐度与最高采收率的含盐度是相同的，因此，应用表面活性剂设计一个界面活性的 MP 段塞注入油层，在地下产生这一最佳含盐度，就可获得最高采收率。

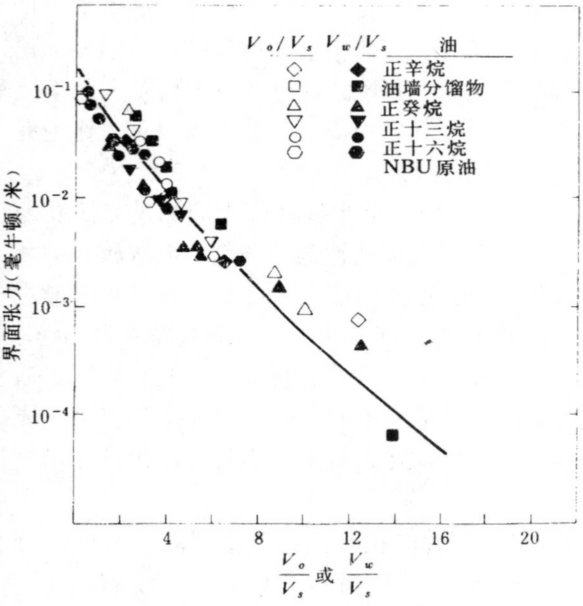

图 50.18 增溶参数与界面张力的关系曲线

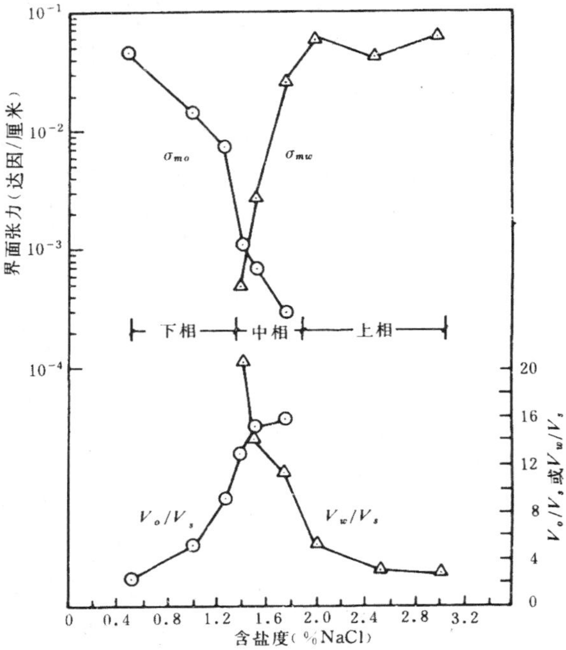

图 50.19 界面张力和增溶参数

产生最佳条件　在 MP 驱替过程中，以往曾用过三种方法产生最佳条件。

1）把 MP 体系的最佳含盐度设计成试验油藏的地层水含盐度。在这里介绍的三种设计方法中，从理论上讲，这种方法是最可靠的，但也是最困难的。虽然这种方法是目前集中研究的课题，但至今尚未发现一种廉价表面活性剂，既具有高的最佳含盐度，同时在油层条件下又具有热稳定性，不会被固体表面大量吸附。但使用合成活性剂在现场已经取得成功，证明了这种方法在技术上的可行性〔73〕。使 MP 体系的最佳含盐度等于地层水含盐度的第二个途径是向体系内加入助剂。

2）可以降低地层水的含盐度使之符合 MP 体系的最佳含盐度。图 47.12 中所示的预冲洗步骤的主要目的成功地使用预冲洗液段塞正在引起人们的注意。这是因为地层水含盐度降低以后，只要是预冲洗液能到达的储油层孔道，MP 段塞就能从其中把石油驱替出来。由于混合效应和阳离子交换，要大幅度地降低地层水含盐度，通常需要大量的预冲洗液[74, 75]。在有些设计方案中，在注 MP 段塞前先进行水驱，在水驱阶段完成预冲洗。

3）在超过最佳含盐度的地层水和低于最佳含盐度的流动度缓冲带之间，插入一个含盐度呈梯度变化的 MP 体系驱替段塞，以利用驱替动力把地层水的含盐度降低到最佳含盐度值[66, 67]。这一方法的成功之处在于只需有一部分 MP 驱替段塞位于高采收率的有效范围内。使用含盐度梯度变化方法能否达到高采收率，关键在于流动度缓冲带的含盐度[76]。含盐度梯度设计方法还有其它一些优点，如对方法的设计和驱替过程中的不定因素允许有一个变化范围；可在流动度缓冲带中为聚合物提供一个有利环境；活性剂和聚合物滞留量比较小，以及活性剂稀释效应相对来说不那么重要等。

表面活性剂的滞留作用 下面四个机理中的任何一个都可引起表面活性剂滞留作用:

1）在金属氧化物表面上，通过氢键，活性剂单体亲油链的类胶束缔合作用以及与阳离子表面点电荷的离子键作用，表面活性剂可产生物理吸附（见图 50.20Ⅰ）[73]。在表面活性剂浓度 C_s 较高时，这一缔合作用还包括活性剂单体亲油链的相互缔合作用，因而吸附作用也将按比例地增加（见图 50.20Ⅱ和Ⅲ）。当活性剂浓度达到并超过限界胶束浓度值后，单体浓度不再增加，因而单体吸附也不再增加，$\hat{C}_s$ 值即为表面活性剂的吸附浓度（见图 50.20 Ⅳ）。

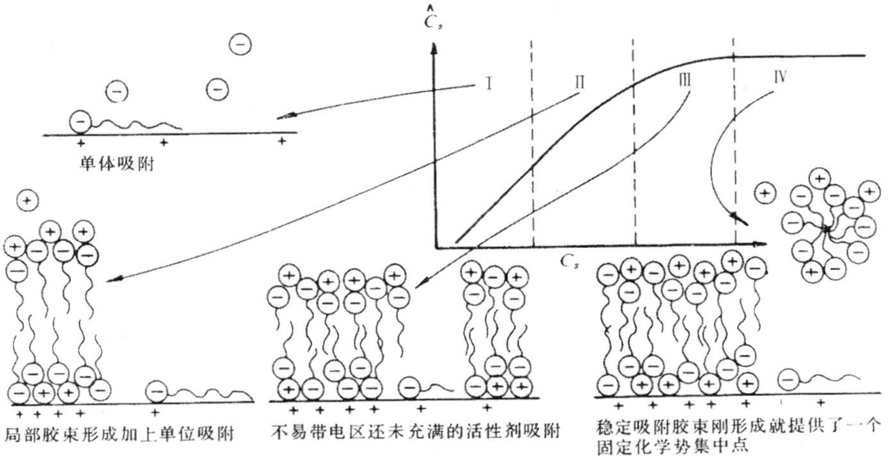

图 50.20 金属氧化物表面上表面活性剂吸附示意图

2）在高硬度盐水中，二价阳离子浓度较高。活性剂很容易与二价阳离子形成溶合物。这种溶合物很难溶于水中[78]，因此这种沉淀也是活性剂滞留形式的一种。若体系中出现油相，由于活性剂溶入油相中，由这一机理而造成的活性剂损失就明显减少。

3）虽然盐水硬度较高，但还未达到形成沉淀的程度，这时形成的多价阳离子与表面活性剂的溶合物将主要是一价阳离子。这种溶合物易与原来联结储层粘土的无机阳离子产生化学交换。

4）在Ⅱ（+）相环境中，当体系内存在油相时，表面活性剂将留在油外相微乳液中。由于该区含盐度早在最佳值以上，因而，界面张力比较高（图 50.18），该相及其溶解的表面活性剂会被捕获[64]。而在Ⅱ（-）型相环境下，由于水溶性流动度缓冲带与捕获的水外相微乳液可以混相，驱替较完全，不可能有长久的滞留现象，因此，相类似的捕获现象是不存在的。

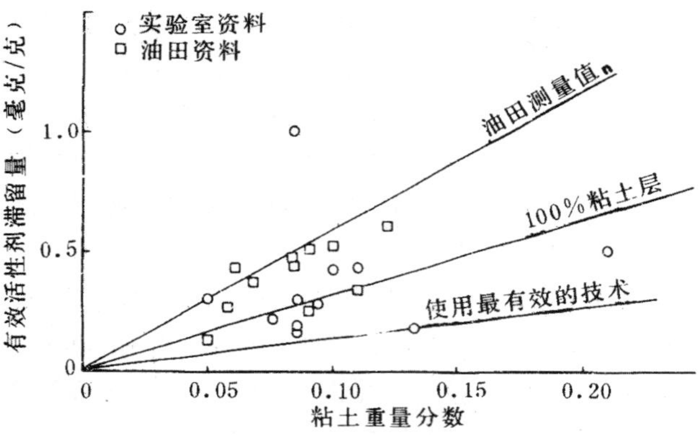

图 50.21　表面活性剂滞留量与粘土重量含量分数的关系

关于活性剂滞留作用的大部分研究，都没有对上述机理进行区分。因此在具体的油田应用过程中那种机理起主导作用尚不清楚。含盐度和硬度较高的盐水中，所有机理都可滞留大量的表面活性剂；但只要加入助剂，就会减弱它们的滞留作用。通过降低流动度缓冲带的含盐度，沉淀作用和相捕获作用就可基本消除；但在此含盐度条件下油层粘土表面上的化学吸附机理将起控制作用。因此，应当研究在表面活性剂的滞留是与粘土含量之间存在的某种关系[80]。图 50.21 是通过绘制实验室和油田试验中表面活性剂滞留量与粘土含量百分数之间关系曲线来作这种尝试的[80]。由于忽略了 MP 组分的变化，粘土类型的分布以及含盐度效应等因素，所给出的关系并不精确，但毕竟给出了一个的总趋势，因而对于粗略估测一个给足油藏的活性剂滞留量还是有用的。

为了估算 MP 段塞中所需要的表面活性剂体积，一个有用的方法是通过计算无因次前缘推进滞后值 F_D[81]。

$$F_D = \frac{1-\phi}{\phi}\frac{\rho_r}{\rho_s}\frac{\hat{C}_s}{C_s} \tag{10}$$

式中　F_D——前缘推进的滞后值，无因次；

ρ_r——岩石密度，质量／岩石体积；

ρ_s——活性剂段塞密度，质量／溶液体积；

C_s——活性剂浓度，活性剂质量／溶液质量；

$\hat{C}_s$——滞留活性剂浓度，活性剂质量／岩石质量（包括各类表面活性剂）。

F_D 是用孔隙体积分数表示活性在注入浓度下的滞留体积。为了最有效地利用表面活性剂，表面活性剂的注入体积应足以接触全部孔隙体积，同时又不能太大，以防止从生产井中过量采出活性剂。因此 MP 段塞的注入量 V_{ps} 应当等于或稍微大于 F_D 值。

油田应用情况　图 50.22 是美国蒙大拿州 Carter 和 Powder River 县 Bell Creek 油田 MP 试验区 12-1 井的采出流体分析数据。胶束聚合物驱 MP 段塞含油量较高。使用的预冲洗液中含有硅酸钠，目的是降低二价阳离子浓度，从而减少表面活性剂的滞留损失。12-1 井位于不封闭的 40 英亩试验区正五点法井网的中心，是一口生产井。参考文献〔47〕

和[82]中给出了详细的驱替试验资料。

1979年2月，在注入MP段塞之前，12-1井产油量低并且在不断递减。1980年后期开始见到注MP的效果，采出液中的石油含量不但停止了下降趋势，还有明显增加，六个月之后最高石油含量为采出液的13%。要指出的是，就象在聚合物驱中那样，必须明确确定注MP之前石油产量的递减趋势，以便精确地评价MP方法的采收率。由于在MP段塞中含有大量水溶性的没有活性的二磺酸盐，因此，图50.22中表面活性剂高峰比石油含量高峰值出现得早。MP驱替方法现场试验的一个重要特点是油和活性剂同时采出，这可能是由于储层的非均质性和分散混合作用引起的。图50.22的另一个重要特点是注MP段塞前使用了效果很好的预冲洗液。从pH值和二氧化硅浓度的最大值就可看出这一点。这说明在注表面活性剂之前预冲洗液就把二价离子有效地清除了。

图50.23给出了MP方法提高采收率情况。图中的E_R是方法增加的产油量与MP方法开始前石油地质储量的比值。图中资料是对40个以上油田试验进行调查得来的，它反映了其中21个油田试验的采收率与流动度段塞尺寸的关系。到研究之日为止，还没有见到过有关商业规模试验的报道。对方法的其它变量也进行了类似的分析，得不出它们之间的关系，或得出的关系不明显[83]。图50.23中的明显关系表明流动度控制在MP设计中的重要作用[48]。从图中还可看出，MP方法油田试验的最终采收率平均约为30%。

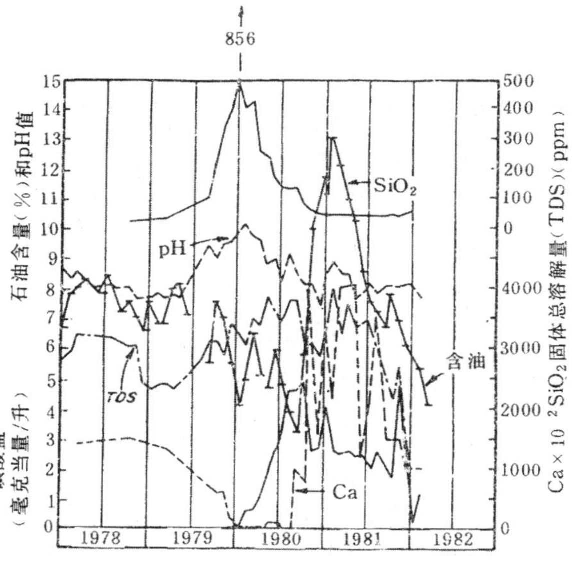

图50.22 Bell Creek油田试验区12-1井生产曲线

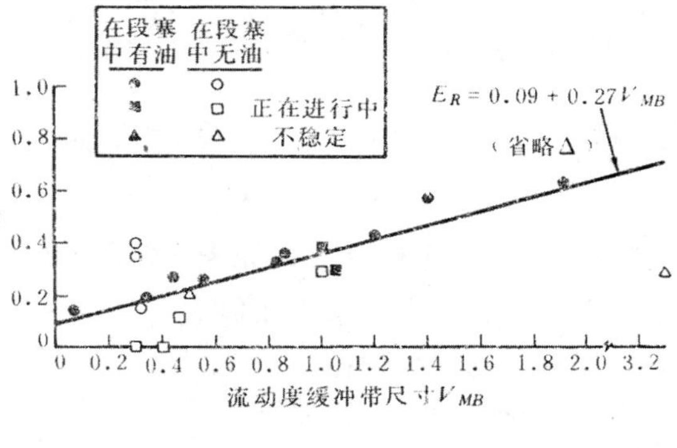

图50.23 由21个MP现场试验的采收率与流动度缓冲带大小的关系曲线

动态预测 为了获得高采收率，必须具备三个条件[84]：①MP活性剂段塞必须是在界面活性极其有利的条件下向前推进；②必须有足够的表面活性剂注入油层内，以便有相当数量的活性剂不会被多孔介质表面所滞留；③必须对MP驱替方式进行精心设计，使有效的表面活性剂驱扫到油层的大部分孔隙体积，而不会发生过量的消耗因分散或窜槽。

第一个目标可以通过根据前面讨论过的相态特性概念设计微乳液组成来达到。第二和第三个目标能够达到的程度取决于当前的经济状况，而后者又取决于整个方法提高采收率的幅度。下面几节介绍一种比较简单的方法，可用来估算界面活性有效的 MP 驱替方法的采收率和采油量与时间的关系曲线。由于引起界面活性损失的途径很多，这种方法只对明显满足第一个设计目标的过程才是最精确的。

1）采收率这一方法有两个步骤　首先估算 MP 驱替方法的采收率，然后按照注入能力和分流是按比例分配这一采收率，得出一个产油量–时间关系曲线。由于篇幅限制，不能详细介绍。有关细节请看参考文献[80]。

MP 驱替方法的采收率 E_R 是体积驱扫系数 E_V，驱油系数 E_D 和流动度缓冲带系数 E_{MB} 的乘积，即:

$$E_R = E_D E_V E_{MB} \tag{11}$$

其中每个量值都必须单独进行计算。

2）驱油系数　MP 驱替方法的驱油系数是指最终驱替出来的石油体积（与时间无关）除以被接触的石油体积，即

$$E_D = 1 - \frac{S'_{or}}{S_{orw}} \tag{12}$$

式中 S'_{or} 和 S_{orw} 分别为用 MP 方法驱替后和用水驱替后油层内的残余油饱和度。其中 S_{orw} 必须是已知的，而 S'_{or} 则必须从活性剂大段塞（不考虑活性剂滞留影响）的实验室岩心驱替试验中获得。S'_{or} 数值低，说明在 MP 段塞中成功地达到了好的界面活性。假如 S'_{or} 值不能用岩心驱替方法获得，可应用油田适用的一个毛管准数，从毛管降低饱和度曲线（CDC）资料中求得[83]：

$$N_c = 0.565 q \mu_o \gamma_o / \ (h\sqrt{A}) \tag{13}$$

式中　N_c——毛管准数，无因次；

q——注入／采出比值；

μ_o——石油粘度；

h——油层有效厚度；

A——井网面积。

方程(13)使用一致的单位。为满足筛选要求，假定把界面张力控制在 10^{-3} 达因／厘米（1 微牛顿／米）。为预测 S'_{or} 而选择的 CDC 曲线，必须尽可能地与试验储层的条件协调一致。

3）体积驱扫系数　体积驱扫系数是指 MP 段塞接触到的石油体积除以地层所含的总石油体积。体积驱扫系数 E_V 是 MP 段塞注入量的函数，也是段塞滞留体积 F_D 和根据 Dykstra–parsons 系数确定的储层非物质性 K_{Dp} 的函数。图 50.24 给出了上述关系。K_{Dp} 可由地质研究估算，典型的数值大约是 0.60F_D 可根据总滞留量$\hat{C}_s$，活性剂段塞浓度 C_s，孔隙度，以及岩石和流体密度等基础数据用方程（10）进行计算。$\hat{C}_s$ 可从实验室岩心驱替试验获得，如果粘土含量已知，可使用图 50.21 查得，如缺乏这些资料，$\hat{C}_s$ 可粗略地使用 0.4 这

一数值。段塞体积 V_{ps} 和活性剂在段塞中的浓度 C_s 则可由建议的设计资料中获得。

4）流动度缓冲带系数　流动度缓冲带系数 E_{MB} 是 E_V 和 E_{DP} 的函数：

$$E_{MB}=(1-E_{MBe})\left[1-\exp\left(0.4V_{MB}/E_V^{\ 1.2}\right)\right]+E_{MBe}$$

和

$$E_{MBe}=0.71-0.6K_{Dp} \tag{14a}$$

式中 E_{MBe} 是外推到 $V_{MB}=0$ 时的流动度缓冲带系数；V_{MB} 是流动度缓冲带注入体积，是孔隙体积 V_P 的分数。方程（14a）由数学模拟获得。

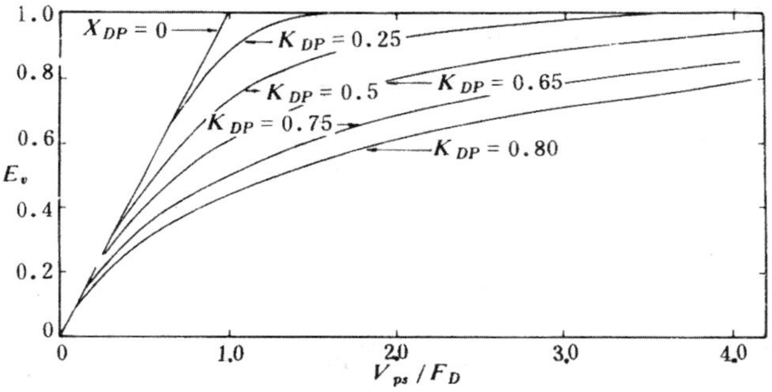

图 50.24　MP 驱替方法中的体积驱扫系数，油层非均质性和段塞尺寸滞留比之间的关系曲线

现在就可以应用方程（11）到（14a）计算采收率。计算数据的合理性质用图 50.23 进行检验。

5）计算 q_o 与 t 的关系曲线　表示生产能力的产油量与时间关系曲线是根据 E_R 和下列步骤获得的。把无因次生产能力看成是由下列数值组成的三角形：油墙到达生产井时开始的产油量；按线性递增到活性剂在生产井中突破时的最高产油量值，以及活性剂被按线性递减到驱扫结束时的最小产油量值。三角形的形状受储层非均质性的控制。

第一步是计算实验室均质岩心驱替的无因次油墙和表面活性剂突破时间：

$$t_{Dob}=\left(\frac{S_{ob}-S_{oi}}{f_{ob}-f_{oi}}\right)t_{Ds} \tag{14b}$$

和

$$t_{Ds}=1+F_D-S_{or}' \tag{14c}$$

式中　t_{Dob}——油墙到达生产井的时间，无因次；
S_{ob}——油墙饱和度，分数；
S_{oi}——原始含油饱和度，分数；
f_{ob}——油墙石油分流量，分数；
f_{oi}——初始石油分流量，分数；
t_{Ds}——表面活性剂到达生产井的时间，无因次。

正如参考文献[80]和[85]早先描述的 S_{ob} 和 f_{ob} 可由油／水相对渗透率曲线获得，或在实验室内做试验求得。

第二步是用有效流度比 M_e 对上述数值做目的储层非均质性的校正。其中

$$\log(M_e) = \frac{K_{DP}}{(1-K_{DP})^{0.2}} \tag{15}$$

经校正后的突破时间是

$$t'_{Dob} = t_{Dob} / M_e \tag{16a}$$

和

$$t'_{Ds} = t_{Ds} / M_e \tag{16b}$$

式中 t'_{Dob}——经校正后的油墙到达时间，无因次；

t'_{Ds}——校正后的活性剂到达时间，无因次。

最高石油含量值 f_{opk} 是

$$f_{opk} = \frac{M_e - M_e\left(\dfrac{t_{Dob}}{t_{Ds}}\right)^{1/2}}{(M_e - 1)} f_{ob} \tag{17}$$

最后一步是把无因次生产能力转换成为产油量 q_o 与时间 t 的关系曲线。方法如下:

$$q_o = qf_o \tag{18a}$$

和

$$t = V_p t_D / q \tag{18b}$$

式中 f_o 是采出液中石油含量，t_D 是无因次时间，f_o 和 t_D 都是三角形采收率曲线上的任何一点，它由（t'_{Dob}，f_{oi}）开始，在（t'_{Ds}，t_{Dpk}）达到最高值，到（t'_{Dsw}，0）结束。完成驱替过程后的无因次时 t'_{Dsw} 根据 f_o-t'_D 曲线下面的面积等于 E_R 选定的。

$$t'_{Dsw} = t'_{Dob} + 2E_R S_{orw} / f_{opk} \tag{19}$$

用这一方法计算的结果与 Sloss 油田 MP 先导性试验结果的对比情况见图 50.25。有关参考资料给出这种拟合方法和其它一些拟合方法的细节可参考原参考文献。

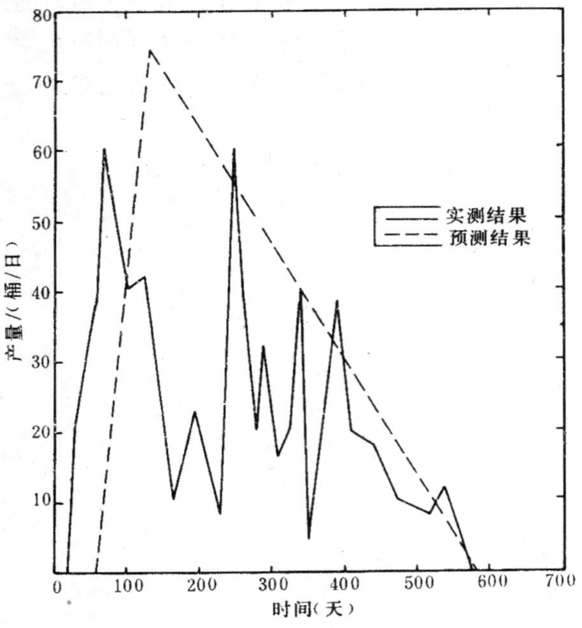

图 50.25 Sloss 油田 MP 现场试验预测和实测产油量与时间关系曲线的对比

四、高 pH 值溶液驱替方法

化学驱提高采收率的最后一种方法是向油层内注入高 pH 值溶液的驱替方法（见图 50.26）。就象在聚合物和 MP 驱替方法中提到过的那样，这种方法也是多段塞方法：首先用预冲洗液对储油层进行预处理；然后注入一个有限的化学剂段塞驱塞石油；接着还注入一个浓度呈梯级变化的流动度缓冲带；最后是用驱替水推动所有段塞向前推进。而且，不论是高 pH 溶液还是 MP 段塞驱替方法驱油剂都是表面活性剂。不同的是 MP 驱替方法中的表面活性剂是由地面注入到油层的，而高 pH 溶液方法中的表面活性剂则是在油层内形成的。

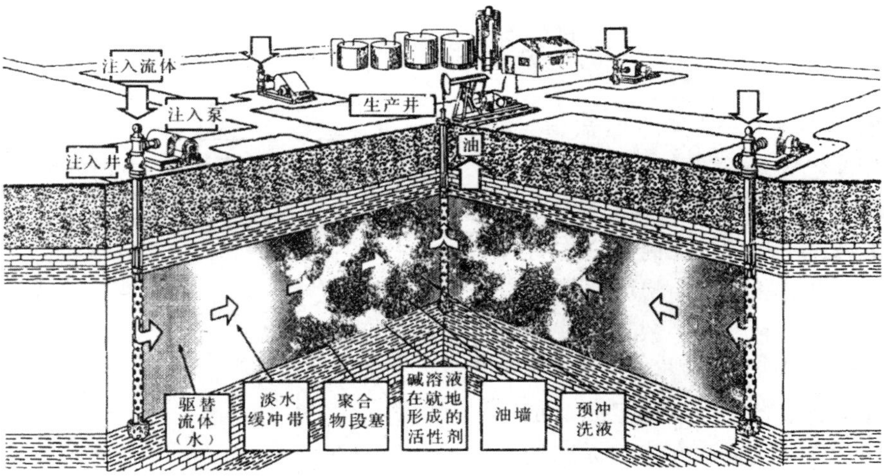

图 50.26　高 pH 值溶液驱替方法示意图

1. 高 pH 值的化学剂

高 pH 值的化学剂指的是高浓度的负离子（OH^-）氢氧根。一个理想水溶液的 pH 值可由下式确定

$$pH = -\log_{10} C_{H^+} \tag{20}$$

式中　C_{H^+}——为氢离子浓度，摩尔／升。

随着（OH^-）离子浓度的增加，H^+的浓度必然降低，因为两种离子的浓度通过水的离解发生关系，而水的浓度接近于常数，水的离解率为：

$$K_w = \frac{(C_{OH^-})\quad(C_{H^+})}{C_{H_2O}} \tag{21}$$

为了把高 pH 值溶液引入油层，上述概念意味着两个途径：含羟基物质发生离解，或者是加入优先与氢离子结合的化学剂。

不少化学剂都可产生高 pH 值溶液，但是最常用的是氢氧化钠（NaOH）、硅酸钠

Na_4SiO_4 和碳酸钠（Na_2CO_3）。氢氧化钠离解就可产生出（OH^-），而后两种物质则是通过离解作用首先形成弱离解酸，如碳酸和硅酸，从溶液中把 H^+ 清除掉获得高 pH 值溶液的。高 pH 值化学剂在油田上的应用浓度通常达到 5%（重量），注入溶液的 pH 值约为 11 到 13，注入段塞量达到孔隙体积的 20%。该方法中使用的化学剂总量与 MP 驱替方法中使用的活性剂量相类似。然而高 pH 溶液中使用的化学剂价格便宜得多。由高 pH 溶液驱替方法的采收率从来都比较低，这种低成本优势也就必然得不到重视。

（OH^-）就其特性来看不是一种表面活性剂。由于分子中不存在亲油链，因此这种化学剂必然是水溶性的。假如原油中含有酸性烃组分 HA_o，其中有些成份是 HA_w，就可溶入水溶液中产生如下反应[86]：

$$HA_w \rightleftharpoons A_w^- + H^+ \tag{22}$$

HA_o 的实际性原理在还不知道，很可能与原油类型有密切关系。水溶液内氢离子越缺少，反应式越向右进行。阴离子物质 A_w^- 是表面活性剂，它本身具有很多特性，并能产生 MP 驱替方法部分曾经描述过的绝大多数现象。

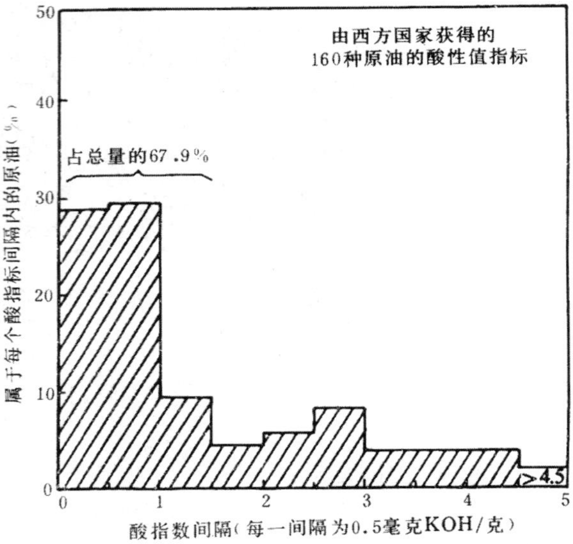

图 50.27 酸值直方图

假如在原油中原先不存在 HA_o 成分，那么活性剂很难产生。确定原油是否能用高 pH 值溶液驱替方法的标志是酸值。所谓酸值是中和一克原油所需要加入的氢氧化钾（KOH）毫克数。测定酸值前，先用水抽取原油以便把酸性物质 HA 清除掉。水溶液中含有 HA_w、A_w^- 和 H^+。向溶液中滴入 KOH 溶液，直到 pH＝7 为止。为使获得的数值有效，原油中的所有酸性添加剂必须清除掉（如防垢剂），酸性气体如 CO_2 或 H_2S 也不能存在。适合于使用高 pH 值溶液驱替方法的原油其酸值应是 0.5 或者更高。酸值在 0.2～0.5 之间的原油可以作为候选对象。因为在这种情况下油和盐水界面上需要的活性剂量也少。图 50.27 是根据 Jennings[87, 88] 的研究结果绘出的酸值直方图。

2. 驱替机理

高 pH 溶液驱替方法的提高采收率机理分 8 个方面[89]。本章集中谈其中三个：一是降低界面张力；二是改变润湿性；三是形成乳状液。后两个机理在 MP 驱替方法中也出现，但被低界面张力机理的效应掩盖了。由于高 pH 驱替方法的最终采收率很低，因此，区分各种机理的效应就显得很重要了。

该方法在层内所产生的表面活性剂 A_w^-，聚集在油水界面上，可降低油水界面张力[86]。一般来说这种方法所降低的界面张力幅度并不象 MP 方法那样明显。但在某种条件下可以降低到足以大幅度提高采收率。图 50.28 给出的是在各种含盐度条件下，碱水溶液与 long Beach 原油之间界面张力的测量结果。从图中看出，界面张力对（NaOH）的浓度和含盐度变化都是相当敏感的。在 NaOH 浓度在 0.01 到 0.1%（重量）范围内，界面张力可达到最低值。在这三次试验中，界面张力达到最小值时，再降低就受油水混合物自发乳化作用的限制。

高 pH 值溶液驱替方法与 MP 驱替方法的低界面张力效应有许多相似之处。除了横座标是 NaOH 浓度而不是含盐度之外，图 50.28 给出的资料与图 50.19 上图给出的资料是极其类似的（假定 NaOH 浓度与 A_w^- 浓度成比例）。资料表明，NaOH 浓度为 0.03%（重量）就相当于最佳含盐度为 NaOH1%（重量）。事实上，Jennings 等人[87]的研究工作也已指出，在提高采收率试验中，只要给定的含盐度不变，必然能得到一个最佳的 NaOH 浓度。而且，界面张力降低到一定程度后，体系中出现的乳化作用效应，实际上是图 50.17 中活性剂浓度超过平衡点浓度后应当出现的现象。这就表明，当 NaOH 浓度较低时，根据图 50.28 资料，体系应当是Ⅱ（-）型环境，而 NaOH 浓度很高时，应当是Ⅱ（+）型环境。这与 MP 方法中的稀释效应所给出的结果是类似的。近一步还应当做使体系与 MP 相态特性建立明确联系的工作，因为在高 pH 体系内实际上表面活性剂的浓度可能是很低的，然而，Nelson 等人[90]曾指出，使用助剂，能够提高高 pH 溶液体系的最佳含盐度，这与 MP 驱替体系中的情况非常类似。

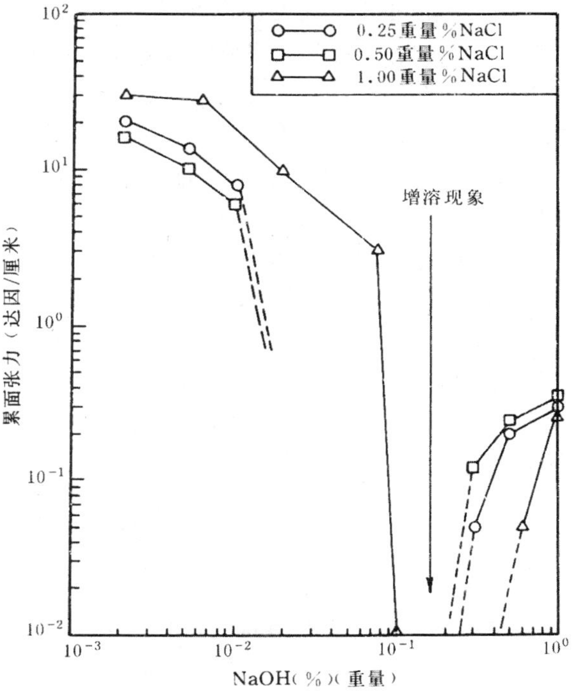

图 50.28　苛性钠／原油／盐水体系的界面张力

第三十一章曾讨论过润湿性及其对岩石物理特性的影响。Owens 和 Archer[91]曾指出，随着多孔介质表面亲水性的增加，原油最终采收率也将必然增加。油水体系的润湿性是在磨光的人造表面上测定其润湿接触角而确定的，油水接触角减小，意味着亲水性增加。这一趋势也已为应用高 pH 溶液的其他研究者所证实[92, 93]。石油采收率的增加，基本上是两个机理起作用的结果：一个是相对渗透率影响，它可使驱替流度比降低；二是毛管降低饱和度曲线的变化（参看图 50.11）。

Cooke 等人[94]曾报导过随着岩石表面亲油性的增加，也可改善采收率的资料。其它一些研究资料则指出，若多孔介质岩石表面的润湿性既不是强亲水的又不是强亲油的，这时石油采收率值最大[95]。这就是说，重要的因素在于改变润湿性而不在于多孔介质表面实际上的润湿性最终是什么状态。在多孔介质原始润湿性状态下，非润湿相占据大孔道，而润湿相则占据小孔道。假如把多孔介质的润湿性倒转过来，那么占据小孔道的就变成为非润湿相，而润湿相处于大孔道之中。由于各个相力图处于它的正常状态，流体在多孔介质中就必然发生再分布。这种现象将使两相流体易于通过粘滞力作用开采出来。

高 pH 溶液通过形成乳状液可提高采收率。乳状液提高采收率至少可通过两种途径：一种途径是由于许多乳状液粘度都很高，因而可以明显降低驱替液的流度比；另一种途径是在流动着的水溶液中通过增溶油和捕获油增加原油采出量。第一个机理中的驱替液的作用实际上与前面已讨论过的流动度控制剂相同。因此既可以提高驱油系数，也可改善体积驱扫系数。然而局部形成高粘度乳状液应加以防止，因为这会促使自不含油低粘度的高 pH 溶液产生粘滞指进。当膨胀水相和残余油相之间的界面张力很低时，增溶油和捕获油的机理将变得非常重要。从图 50.28 中还可看出，在某些条件下，乳化作用和低界面张力机理将同时产生。McAuliffe 曾证明，向岩心内注入乳状液和在岩心内形成乳状液，在提高采收率方面效果大体是相同的〔96, 97〕。

3. 岩石和流体的相互作用

高 pH 化学剂和多孔介质矿物之间的相互作用显著地阻挠高 pH 化学剂在多孔介质中向前推进。本节讨论岩石–流体在三个方面的相互作用：二价离子／氢氧化物化合物的形成、阳离子交换和矿物溶解。

OH^-离子本身不可能被束缚在固体表面上，但是出现多价阳离子时，它们能够形成氢氧基化合物：

$$M^{+x} + x\ (OH^-) \rightleftharpoons M\ (OH)_x \tag{23}$$

这种化合物相对来说是不溶解的，因此可从溶液中沉淀出来。因而这种反应会降低溶液的 pH 值，并且还可能通过孔道堵塞和微粒运移造成地层损害。正如在 MP 驱替过程中所发生的那样，阴离子活性剂 A_w^- 也可与溶液中的无机阳离子发生反应。然而与二价阳离子的反应更加容易些，特别是在硬盐水内（参看图 50.3），以及在溶有大量多价矿物的溶液内。与 MP 驱替方法相似，高 pH 值溶液驱替方法由于也涉及到表面活性剂 A_w^-，因而同样对盐水的含盐度和硬度特别敏感。

高 pH 值流体与岩石的另一种相互作用与粘土矿物有着密切关系。粘土矿物是含水的铝矽化合物，在常见的含油多孔介质中，是小于 2 微米的最小颗粒。从宏观角度看，粘土矿物在整个油层内常以单独的夹层形式存在，分布范围不等，或者呈分散状态存在，贴在孔隙壁上，或充填在孔隙喉道中，呈分散状态的粘土是这里最主要关心的对象，因为它们具有极大的表面积（每克粘土矿物约为 15～40 米^2），因而显示出相当大的反应能力〔98〕。就其化学性质来看，粘土矿物的分子式差别很小，但结构式是多种多样的，不同结构式的粘土反应能力也有明显差别。

粘土矿物在促使二价阳离子与水溶液交换方面的能力，可明显改变与之接触的溶液的离子环境。粘土矿物含有大量负电荷，这些负电荷都是在八面体和四面体晶格内由二价离子取代三价离子而产生的〔99〕。阳离子交换能力 Z_V 是过量负电荷的一个度量指标。对于高岭石来说，Z_V 是 1～10 毫克当量／100 克粘土，而对于蒙脱石来说 Z_V 等于 100～180 毫克当量／100 克粘土。这些自由的阴离子晶格点被由溶液来的阳离子所覆盖，其中每一个阳离子对具体的粘土晶格点都有一个具体的选择性程度。通常情况下，H^+对粘土有较高的选择性，而且二价阳离子比一价阳离子结合的更牢固。这就意味着，即使当粘土与相对较软的盐水接触时，阴离子晶格点也能优先被H^+或二价阳离子所占据。在高 pH 溶液以及在 MP 驱替过程中，接触溶液的电解质环境发生任何变化，都会引起粘土吸收和排出这些阳离子，从而对驱替方法带来非常有害的影响。

H^+阳离子可在粘土晶格点上与注入的钠离子按下式进行离子交换，

$$粘土-H+Na^+ \rightleftharpoons 粘土-Na+H^+ \tag{24}$$

式中的“粘土”二字代表的是矿物交换点[100]。方程（24）表示的可逆反应，必将随着 pH 值的降低引起H^+离子浓度的增加。图 50.29 表示实验室驱替试验中因阳离子交换而引起的OH^-延迟情况。需要指出的是，为获得注入流体所需要的 pH 值，很多试验中低 pH 阶段需要注入的流体量都超过三倍孔隙体积。

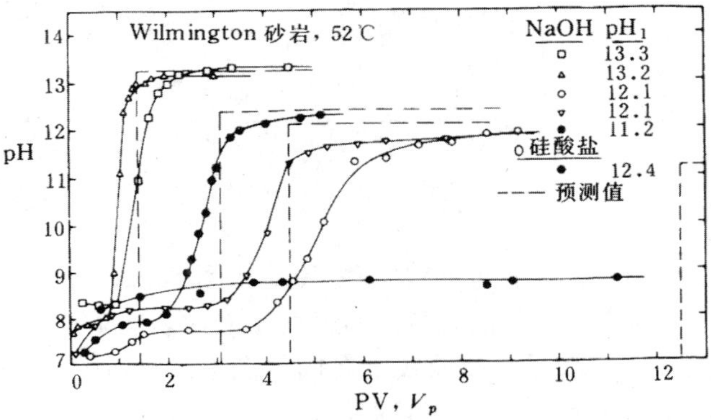

图 50.29 实验室试验获得的流出流体 pH 值变化情况。
实线为试验资料，虚线为预测的结果

与 MP 驱替方法不同的是高 pH 值溶液中的化学剂可与粘土矿物和硅酸盐物质直接产生反应，使OH^-离子逐渐消耗。注入化学剂与粘土的化学反应可由岩心驱替液中析出可溶性铝和二氧化硅而得到证明[101]。根据方程(24)[102]，化学反应所生成的物质只要与OH^-发生反应必然生成沉淀。由这一缓慢反应造成的消耗OH^-的速率可用无因次 Damkohler 数 N_{Da} 来确定（阳离子交换过程进行的非常之快，因而可以应用局部平衡）：

$$N_{Da}=\phi kL/u_w \tag{25}$$

式中 K——反应速率，常数，1／时间；

L———级反应使用的多孔介质长度。

由方程可见，N_{Da}是反应速率与流体流动速率的比值。若岩心实验条件与油田试验条件是相似的，那么由于油田应用时长度大很多，因而很清楚，N_{Da}值在油田上比在实验室内大很多。N_{Da}值大说明相对于在体系内的停留时间来说化学反应更加快。这意味着全部OH^-离子渗入到油田多孔介质内的距离必然比渗入实验室内岩心中的距离要小得多。Bunge 和 Radke 曾用几个数学计算值说明这个道理，并警告人们不要随意把实验室测出的OH^-离子消耗值应用到油田试验中，除非事先考虑到两个N_{Da}之间的差别[101]。

4. 油田试验结果

特别重要的高 pH 溶液油田试验包括润湿性倒转试验[94]、乳状液驱替过程[96]和聚合物驱替过程[108]。图 50.30 给出的是 Whittier 油田高 pH 值溶液驱替试验的生产数据。原油重度为 20°API、粘度为 40 毫帕·秒，注入的高 pH 值化学剂是浓度为 0.2%（重量）的 NaOH，注入段塞量是孔隙体积的 0.23 倍。

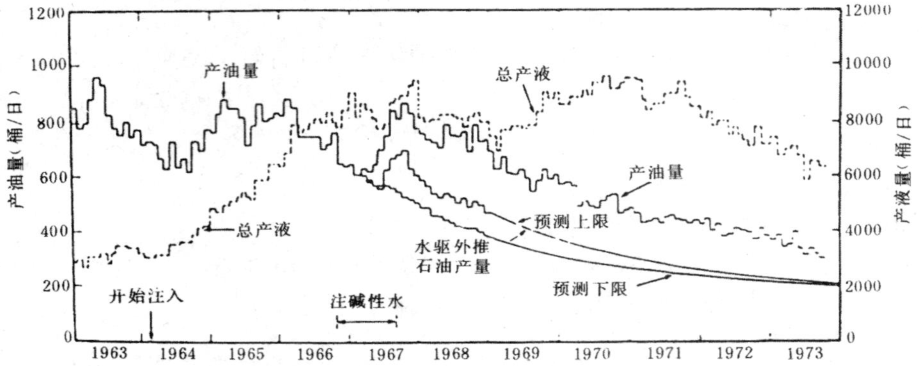

图 50.30　Whittier 油田高 pH 溶液驱替试验的生产数据

图 50.30 给出的资料与图 50.6 和图 50.22 给出的其它化学驱方法的资料有很多共同特点。产油量随着采液总量的增大而下降，表明采出液中的石油含量是递减的。注碱溶液的产油量曲线与水驱递减曲线给在同一图上。外推水驱递减曲线确定增加的采收率值（IOR）。(图 50.30 有两条水驱递减曲线，一条是实际的递减曲线，另一条是计算机预测模型给出的递减曲线)。注碱性溶液增产大约 35 万到 47 万桶石油，不少人员认为这是相当成功的试验。

表 50.3 汇总了已完成的高 pH 现场试验的数据。需要指出的是，试验开始前储层和原油的特性以及剩余油饱和度等的变化范围很大[105]。以孔隙体积分数表示的石油增产量变化在 0.0006 到 8.0 之间。这些数值都转换成用试验开始时原油地质储量分数表示的原油采收率值，与前面介绍的聚合物驱的采收率（表 50.1）相当，但略微偏小一些。另一个同样重要的指标是每注入一磅化学剂所能增产的石油量（用地面桶表示）。表 50.3 给出的数值是 0.015 到 0.43。与聚合物驱相比这个数值是低了不少，但高 pH 值溶液化学试剂的成本本身也很低。

表 50.3　高 pH 流体试验资料

油田，位置，经营者	油层温度条件下的粘度（厘泊）	油层温度（°F）	方案开始时的含油饱和度（%）	孔隙度（%）	油层纯厚度（英尺）	注入水的含盐度（ppm TDS）	油层深度（英尺）
Bradford，宾夕法尼亚州，几个经营者合资进行了数个试验	－	－	60	16～20	30	－	－
Southeast Texas（Exxon 公司）	75	112	40	33～35		盐水	1250

续表

油田，位置，经营者	油层温度条件下的粘度（厘泊）	油层温度（°F）	方案开始时的含油饱和度（%）	孔隙度（%）	油层纯厚度（英尺）	注入水的含盐度（ppm TDS）	油层深度（英尺）
Harrisburg，内布拉斯加州（Amoco 公司）	1.5	200	已水淹	15	10	300	5900
Northward-Estes，得克萨斯州（Gulf 公司）	2.28	115	64	206	36	850	3140
Singleton，内布拉斯加州（Sinclair 公司）	15	-	40	16	-	-	-
Whittier，加利福尼亚州（Chevron 公司）	40	120	（估计）已水淹 51	30	137	淡水硬度（1）	1500
Brea-Olinda，加利福尼亚州（Union 公司）	90	135	已水淹	-	-	-	-
Orcutt Hill，加利福尼亚州（Union 公司）	17～60	140	50	22.5	155	15000	2200

化学物类型	酸值（毫克 KOH／克）	注入化学剂浓度（重量%）	段塞尺寸（$\%V_p$）	化学剂磅（质量）（桶／桶 V_p）	采收率 PV 分数	每磅化学剂增产油量（桶）
Na_2CO_3	-	-	-	-	-	-
Na_2CO_3	2.4	3.2	-	-	-	-
NaOH	低	2.0	0.013	0.093	0.003	0.03
NaOH	0.22	5.0	15	2.55	8.0	0.03
NaOH	低	2.0	8	0.55	0.023	0.042
NaOH	-	0.2	20	0.16	0.05～0.07	0.32～0.43
单硅酸钠	-	0.12	-	-	-	-
单硅酸钠	0.6	0.42	0.017	0.028	0.0006	0.015～0.030

五、小　结

图 50.31 是在 Taber 和 Martin 工作基础上针对本章描述的三种主要化学驱方法给出的筛选原则[106]。虽然还有许多其它的可能筛选原则，但该图集中给出三个一般的油藏参数，即油藏条件下的原油粘度、油藏渗透率和埋藏深度。在筛选试验油藏时，这些原则只是一种经验法则，绝不能用这些原则取代详细的油藏特性评价研究。

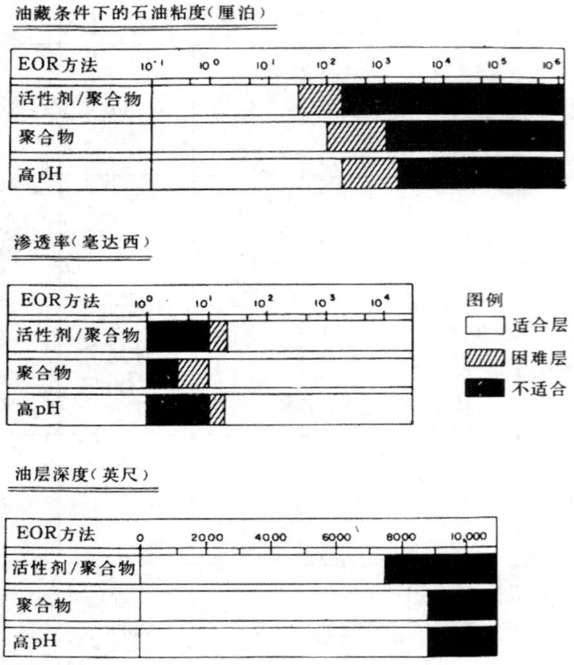

图 50.31　化学驱油藏参数对比评价

由于经济上的原因，通常化学驱方法只限于用在中到低粘度原油的油藏上。随着石油粘度的增大，不少有希望的化学驱方法都需要使用有效的流动度控制。这样一来，方法成本必将增大，方案实施时间势必要延长。出自类似的考虑对油藏渗透率定了一个下限。当然，对于聚合物驱替方法和 MP 驱替方法中使用聚合物的情况来讲，由于聚合物大分子不能通过很小的孔隙孔道，也有一个技术限制。深油层意味着能够使用更大的地面压力，增加注入速率。这一有利的效应由于聚合物在高温下对化学剂降解敏感而被抵消。高 pH 溶液驱替方法在高温下更易发生化学反应，从而会造成化学剂的过量消耗。

图 50.31 中的信息还指出了进一步发展化学驱提高采收率的方向。这就是：①研究发展更经济有效的化学剂，例如对含盐度有较高的适应能力，滞留损失少，可以在试验现场制造或者可以重复使用的表面活性剂和聚合物。②研究发展并设计更高效的方法，例如把 MP 技术用于高 pH 溶液驱替设计；③解决使用水溶性聚合物的种种技术限制问题，特别是它们对温度的敏感性；④发展和研究更加可靠的预测技术，特别是关于风险的预测技术。各个领域将继续进行大量的研究工作，以便解决化学驱的经济可行性问题。

符　号　说　明

A——井网面积；

C_{el}——中相最低含盐度；

C_{eu}——中相最高含盐度；

C_s——表面活性剂浓度，质量表面活性剂／质量溶液；

C_s——保留的表面活性剂浓度，质量表面活性剂／质量岩石（包括前面提到的各种活性剂在内）；

e_e——有效剪切速率；

$e_{1/2}$——聚合物溶粘度为最高值和最低值1／2时的剪切速率，方程（3）；

E_{MB}——流动度缓冲带系数；

E_{MBe}——流动度缓冲带系数的外推值；

f_{ob}——油墙中油的分流量，分数；
f_{oi}——方法开始初期油的分流量，分数；
f_{opk}——采出流体中石油最高含量；
F_D——前缘推进的滞后值，无因次；
F_{mo}——微乳液和油相之间的增溶比；
F_{mw}——微乳液与水相之间的增溶比；
F_{rk}——渗透率降低系数；
F_R——阻力系数；
F_{Rr}——剩余阻力系数；
K_p——聚合物溶液的渗透率；
K_w——溶有聚合物的水溶液渗透率；
K——幂律系数；
K_{DP}——Dykstra-Parsons 系数；
K_w——水的离解系数；
M_e——有效流度比；
M^*——冲涌流度比；
M°——端点流度比；
n——幂律指数；
N_c——毛管准数，无因次；
P_L——左临界点标志；
P_R——右临界点标志；
S_{ob}——油墙饱和度，分数；
S_{oi}——原始含油饱和度，分数；
S'_{or}——MP 驱替方法的残余油饱和度；
S_{orw}——水驱方法的残余油饱和度；
S_w——溶有聚合物水溶液的饱和度；
t_{Dob}——油墙到达生产井的时间，无因次；
t'_{Dob}——经过校正的油墙到达生产井的时间，无因次；
t_{Ds}——表面活性剂到达生产井时间，无因次；
t'_{Ds}——经过校正的表面活性剂到达生产井时间，无因次；
t'_{Dsw}——完全驱扫时的无因次时间；
u_w——聚合物水溶液的表观流速，L／t；
V_w——水相表面流速；
V_{MB}——流动度缓冲带体积；分数；
V_{ps}——MP 驱替方法中段塞尺寸；
Z_v——阳离子交换能力。
λ_d——被驱替流体的流动度；
λ_D——驱替流体的流动度；
λ_p——聚合物溶液的流动度；
λ_w——水溶液相的流动度；
λ_{wa}——注聚合物溶液后水溶液相的流动度；
λ_{wb}——注聚合物溶液前水溶液相的流动度；
μ_p——聚合物溶液的视粘度；
μ_p°——某低剪切速率条件下聚合物溶液的视粘度；
μ_p^∞——超过临界剪切速率后聚合物溶液的视粘度；
μ_w——驱替水的粘度；
ρ_r——岩石密度，质量／体积（岩石）；
ρ_s——表面活性剂段塞密度，质量／体积（活性剂溶液）；
σ_{mo}——微乳液相和油相之间的界面张力；
σ_{mw}——微乳液相和水相之间的界面张力；
σ_{wo}——水相和油相之间的界面张力。

参 考 文 献

1. Craig, F.F. Jr.: "The Reservoir Engineering Aspects of Waterflooding," Monograph Series, SPE, Richardson, TX (1971) **3**, 48-75.
2. Hagoort, J.: "Displacement Stability of Water Drives in Water-Wet Connate-Water-Bearing Reservoirs," *Soc. Pet. Eng. J.* (Feb. 1974) 63-67; *Trans.*, AIME, **257**.
3. Morel-Seytoux, H.J.: "Analytical-Numerical Method in Waterflooding Prediction," *Soc. Pet. Eng. J.* (Sept 1965) 247-58; *Trans.*, AIME, **234**.
4. Dyes, A.B. Caudle, B.H., and Erickson. R.A.: "Oil Production after Breakthrough as Influenced by Mobility Ratio." *J. Pet. Tech,* (April 1954) 27-32; *Trans.*, AIME, **201**.
5. Claridge, E.L.: "Prediction of Recovery in Unstable Miscible Flooding," *Soc. Pet. Eng. J.* (April 1972) 143-55.
6. Reznik, A.A., Enick, R.M., and Panvelker, S.B.: "An Analytical Extension of the Dykstra-Parsons Vertical Stratification Discrete Solution to a Continuous. Real-Time Basis," *Soc. Pet. Eng. J.* (Dec. 1984) 643-56.
7. Dykstra. H. and Parsons, R.L.: "The Prediction of Oil Recovery by Waterflood; Secondary Recovery of Oil in the United States," *Bull.*, API. Dallas (1950).

8. Johnson, C.E. Jr.: "Prediction of Oil Recovery by Water Flood—A Simplified Graphical Treatment of the Dykstra–Parsons Method." *J. Pet. Tech.* (Nov.1956) 55–56; Trans., AIME, **207**.

9. Zapata, V.J.: "The Effects of Viscous Crossflow on Sharp Front Displacements in Two–Layered Porous Media," MS thesis, U. of Texas, Austin (1979) .

10. Hearn, C.L.: "Simulation of Stratified Waterflooding by Pseudo Relative Permeability Curves," *J. Pet. Tech.* (July 1971) 805–13.

11. Dietz, D.N.: *A Theoretical Approach to the Problem of Encroaching on By–Passing Edge Water, Proc.,* Akad. van Wetenschappen, Amsterdam (1953) 83–91.

12. Buckley, S.E. and Leverett, M.S.: " Mechanism of Fluid Displacement in Sands," *Trans.,* AIME (1942) **146,** 107–16.

13. Needham, R.B., Threlkeld, C.B., and Gall, J.W.: "Control of Water Mobility Using Polymers and Multivalent Cations," paper SPE 4747 presented at the 1974 SPE Improved Oil Recovery Symposium. Tulsa. OK, April 22–24.

14. Gash, B.H., Griffith, T.D., and Chan, A.F.: "Phase Behavior Effects on the Oil Displacement Mechanisms of Broad Equivalent Weight Surfactant Systems," paper SPE 9812 presented at the 1981 SPE Enhanced Oil Recovery Symposium, Tulsa, OK, April 5–8.

15. Willhite, G.P. and Dominquez, J.G.: " Mechanisms of Polymer Retention in Porous Media," *Improved Oil Recovery by Surfactant and Polymer Flooding,* D.O. Shah and R.S. Schechter (eds.) , Academic Press Inc., New York City (1977) 511–55.

16. Wellington, S.L.: " Biopolymer Solution Viscosity Stabilization— Polymer Degradation and Antioxidant Use" *Soc. Pet. Eng. J.* (Dec, 1983) 901–12.

17. Manning, R.K., Pope, G.A., and Lake, L.W.: "A Technical Survey of Polymer Flooding Projects," Contract No. DOE / BETC / 10327–19. U.S. DOE (Sept, 1983) .

18. Tsaur, K.: "A Study of Polymer / Surfactant Interactions for Micellar / Polymer Flooding Applications." MS thesis, U. of Texas, Austin (1978) .

19. Martin, F.D., Donaruma, L.G., and Hatch, M.J.: " Development of Improved Mobility Control Agents for Surfactant / Polymer Flooding," Second annual report. Contract No. DOE / BC / 00047–13, U.S. DOE (Oct. 1980) .

20. Tinker, G.E., Bowman, R.W., and Pope, G.A.: " Determination of In–Situ Mobility and Wellbore Impairment From Polymer Injectivity Data," *J. Pet. Tech.* (May 1976) 586–96.

21. Savins, J.G.: " Non–Newtonian Flow Through Porous Materials," Ind and Eng, Chem. (1969) **61,** No, 10, 18–47.

22. Meter, D.M., and Bird, R.B.: "Tube Flow of Non–Newtonian Polymer Solutions, Parts I and 2—Laminar Flow and Rheological Models." *AIChE J.* (Nov, 1964) 878–81 and 1143–50.

23. Duda, J.L., Klaus, E.E., and Fan, S.K.: "Influence of Polymer Molecule–Wall Interactions on Mobility Control," *Soc. Pet. Eng. J.* (Oct. 1981) 613–22.

24. Jennings, R.R., Rogers, J.H., and West, T.J. "Factors Influencing Mobility Control By Polymer Solutions," *J. Pet. Tech.* (March 1971) 391–401; *Trans.,* AIME. **251**.

25. Hirasaki, G.J. and Pope, G.A.: " Analysis of Factors Intluencing Mobility and Adsorption in the Flow of Polymer Solution Through Porous Media," *Soc. Pet. Eng. J.* (Aug, 1974) 337–46.

26. Shupe, R.D.: "Chemical Stability of Polyacrylamide Polymers," *J. Pet. Tech.* (Aug, 1981) 1513–29.

27. Macrker, J.M.: " Mechanical Degradations of Partially Hydrolyzed Polyacrylamide Solutions in Unconsolidated Porous Media" *Soc. Pet. Eng. J.* (Aug. 1976) 172–74.

28. Seright, R.S.: "The Effects of Mechanical Degradation and Viscoelastic Behavior on Injectivity of Polyacrylamide Solutions." *Soc. Pet. Eng. J.* (June 1983) 475–85.

29. Clampitt, R.L. and Reid, T.B.: " An Economic Polymerflood in the North Burbank Unit, Osage

County, Oklahoma," paper SPE 5552 presented at the 1975 SPE Annual Technical Conference and Exhibition, Dallas. Sept, 28–Oct, 1.

30. Akstinat, M.H.: "Surfactants for WOR Process ing High–salinity Systems: Product selection and evaluation," *Enhanced Oil Recovery*, Elsevier Scientific Publishing Co., New York City (1981) .
31. Graciaa. A., *et al.:* "Criteria for Structuring Surfactants to Maximize Solubilization of Oil and Water: Part 1—Commercial Nonionics," *Soc. Pet. Eng. J.* (Oct, 1982) 743–49.
32. Barakat, Y.*et al.:* "Criteria for Structuring Surfactants to Maximize Solubilization of Oil and Water," *J. Colloid Interface Sci* (*1983*) **92.** No. 2, 561–74.
33. Overbeek, J. Th, G.: "Colloids and Surface Chemistry, A Self–Study Subject Guide, Part 2. Lyophobic Colloids," *Bull.*, Center for Advanced Engineering Study and Dept, of Chemical Engineering, Massachusetts Inst, of Technology, Cambridge, MA (1972) .
34. Patton, J.T., *et al.* "Enhanced Oil Recovery by CO_2Foam Flooding," final report, Contract No, DOE / MC / 03259–15, U.S. DOE (April 1982) .
35. Khan, S.A.: "The Flow of Foam Through Porous Media," MS thesis, Stanford U., Stanford, CA (1965) .
36. Fried, A.N.: "The Foam–Drive Process for Increasing the Recovery of Oil," Report of Investigations 5866. U.S.Dept. of the Interior (1960) .
37. Bernard. G.G. and Holm, L.W.: "Effect of Foam on Permeability of Porous Media to Gas," *Soc. Pet. Eng. J.* (Sept, 1964) 267–72; *Trans.*, AIME, **231**.
38. Bernard, G.G., Holm, L.W., and Jacobs, W.L.: "Effect of Foam on Trapped Gas Saturation and on Permeability of Porous Media to Water," *Soc, Pet. Eng. J.* (Dec, 1965) 295–300; *Trans.*, AIME, **234**.
39. Holbrook, S.T., Patton, J.T., and Hsu, W.: "Rheology of Mobility–Control Foams," *Soc. Pet. Eng. J.* (June 1983) 456–60.
40. Hirasaki, G.J. and Lawson, J.B.: "Mechanisms of Foam Flow in Porous Media: Apparent Viscosity in Smooth Capillaries," *Soc. Pet. Eng. J.* (April 1985) 176–90.
41. Holm, L.W.: "Foam Injection Test in the Siggins Field, Illinois," *J. Pet. Tech.* (Dec, 1970) 1499–1508.
42. Larson, R.G., Scriven, L.E., and Davis, H.T.: "Percolation Theory of Residual Phases in Porous Media," *Nature* (1977) **268**. 409–13.
43. Stegemeier, G.L.: "Mechanisms of Entrapment and Mobilization of Oil in Porous Media, *Improved Oil Recovery by Surfactam and Polymer Flooding*." D.O. Shah and R.S. Schechter (eds.) Academic Press, New York City (1977) 55–93.
44. Mohanty, K.K. and Salter, S.J.: "Multiphase Flow in Porous Media; Part 3—Oil Mobilization, Transverse Dispersion, and Wettability," paper SPE 12127 presented at the 1983 SPE Annual Technical Conference and Exhibition. San Francisco. Oct, 5–8.
45. Larson, R.G.: "From Molecules to Reservoirs: Problems in Enhanced Oil Recovery," PhD dissertation. U. of Minnesota, Minneapolis (1980) .
46. Camilleri, D.: "Micellar Polymer Flooding Experiments and Comparison with an Improved I–D Simulator," MS thesis. U. of Texas, Austin (1983) .
47. Holm, L.W.: "Design. Performance and Evaluation of the Uniflood Micellar–Polymer Process—Bell Creek Field." paper SPE 11196 presented at the 1982 SPE Annual Technical Conference and Exhibition, New Orleans, Sept, 26–29.
48. Gogarty, W.B., Meabon, H.P., and Milton, H.W. Jr.: "Mobility Control Design for Miscible–Type Waterfloods Using Micellar Solutions," *J. Pet. Tech.* (Feb. 1970) 141–47.
49. Winsor, P.A.: *Solvent Properties of Amphiphilic Compounds*.Butterworths. London (1954) .

50. Healy, R.N., Reed, R.L., and Stenmark, D.G.: "Multiphase Microemulsion Systems," *Soc. Pet. Eng. J.* (June 1976) 147–60.
51. Nelson, R.C., and Pope, G.A.: "Phase Relationships in Chemical Flooding," *Soc. Pet. Eng. J.* (Oct. 1978) 325–38.
52. Anderson, D.F., *et al.*: "Interfacial Tension and Phase Behavior in Surfactant–Brine–Oil Systems," paper SPE 5811, presented at the 1976 SPE Symposium on Improved Oil Recovery, Tulsa, March 22–24.
53. Bennett, K.E., *et al.*: "Microemulsion Phase Behavior—Observations, Thermodynamic Essentials, Mathematical Simulation," *Soc. Pet. Eng J.* (Dec, 1981) 747–62.
54. Scriver, L.E.: " Equilibrium Bi–Continuous Structures," *Micellization, Solubilization, and Microemulsions,* K,L. Mittal (ed.) , Plenum Press, New York City (1976) .
55. Puerto. M.C. and Reed, R.L.: " Three–Parameter Representation of Surfactant / Oil Brinc Interaction," *Soc, Pet. Eng. J.* (Aug, 1983) 669–82.
56. Cayias, J.L. *et al.*: " Modelling Crude Oils for Low Interfacial Tension," *Soc. Pet. Eng. J.* (Dec. 1976) 351–57.
57. Nelson, R.C.: " The Effect of Live Crude on Phase Behavior and Oil–Recovery Efficiency of Surfactant Flooding Systems," *Soc. Pet. Eng. J.* (June 1983) 501–10.
58. Salter, S.J.: "The Intluence of Type and Amount of Alcohol on Surfactant–Oil–Brine Phase Behavior and Properties," paper SPE 6843 presented at the 1977 SPE Annual Technical Conference and Exhibition, Denver, Oct. 9–12.
59. Healy, R.N. and Reed, R.L.: "Physicochemical Aspects of Microemulsion Flooding," *Soc. Pet. Eng. J.* (Oct. 1974) 491–501; *Trans.*, AIME, **257**.
60. Salter, S.J.: "Optimizing Surfactant Molecular Weight Distribution; I. Sulfonate Phase Behavior and Physical Properties," paper SPE 12036 presented at the 1983 SPE Annual Technical Conference and Exhibition. San Francisco. Oct, 5–8.
61. Trushenski, S.P.: " Micellar Flooding: Sulfonate–Polymer Interaction," *Improved Oil Recovery by Surfactam and Polymer Flooding,* D.O. Shah and R.S. Schechter (eds.) , Academic Press, New York City (1977) 555–75.
62. Salter, S.J.: " Selection of Pseudo–Components in Surfactant–Oil–Brine–Alcohol Systems," paper SPE 7056 presented at the 1978 SPE Improved Oil Recovery Symposium, Tulsa, OK, April 16–19.
63. Hirasaki, G.J. "Interpretation of the Change in Optimal Salinity with Overall Surfactant Concentration." *Soe. Pet. Eng. J* (Dec. 1982) 971–82.
64. Glover, C.J. *et al.*: "Surfactant Phase Behavior and Retention in Porous Media." *Soc. Pet. Eng. J.* (June 1979) 183–93.
65. Bourrel, M. *et al.*: "Properties of Amphiphile / Oil Water Systems at an Optimum Formulation for Phase Behavior," paper SPE 7450 presented at the 1978 SPE Annual Technical Conference and Exhibition, Houston, Oct. 1–4.
66. Nelson, R.C.: "The Salinity Requirement Diagram—A Useful Tool in Chemical Flooding Research and Development." *Soc. Pet. Eng. J.* (April 1982) 259–70.
67. Hirasaki, G.J., van Domselaar, H.R., and Nelson, R.C.: "Evaluation of the Salinity Gradient Concept in Surfactant Flooding," *Soc. Pet. Eng. J.* (June 1983) 486–500.
68. Cayias, J.L., Schechter, R.S., and Wade, W.H.: "The Measurement of Low Interfacial Tension via the Spinning Drop Technique," *Adsorption at Interfaces,* L.K. Mittal (ed.) , Symposium Series, ACS (1975) No. 8, 1231–39.
69. Huh, C.: "Interfacial Tensions and Solubilizing Ability of a Microemulsion Phase that Coexists with Oil and Brine," *J. Colloid Interface Sci.* (1979) **71,** No, 2, 408–26.

70. Glinsmann, G.R.:" Surfactant Flooding with Microemulsions Formed In-situ— Effect of Oil Characteristies," paper SPE 8326 presented at the1979 SPE Annual Technical Conference and Exhibition, Las Vegas, Sept, 23–26.

71. Reed, R.L. and Healy, R.N.: "Some Physico-Chemical Aspects of Mieroemulsion Flooding: A Review," *Improved Oil Recovery by Surfactant and Polymer Flooding*, D.O. Shah and R.S. Schechter (eds.), Academic Press, New York City (1977) 383–438.

72. Reed, R.L. and Healy, R.N.: "Contact Angles for Equilibrated Microemulsion Systems," *Soc. Pet. Eng. J.* (June 1984) 342–50.

73. Bragg, J.R. *et al.*: "Loudon Surfactant Flood Pilot Test," paper SPE 10862 presented at the 1982 SPE Enhanced Oil Recovery Symposium. Tulsa. April 4–7.

74. Lake, L.W. and Helfferich, F.: "Cation Exchange in Chemical Flooding Part 2—The Effect of Dispersion, Cation Exchange, and Polymer / Surfactant Adsorption in Chemical Flood Environment," *Soc. Pet. Eng. J.* (Dec. 1978) 435–44.

75. Pope, G.A., Lake, L.W., and Helfferich, F.G.: "Cation Exchange in Chemical Flooding, Part 1—Basic Theory Without Dispersion," *Soc. Pet. Eng. J.* (Dec. 1978) 418–34.

76. Paul, G.W. and Froning, H.R.: "Salinity Effects of Micellar Flooding," *J. Pet. Tech.* (Aug, 1973) 957–58.

77. Harwell, J.H.: "Surfactant Adsorption and Chromatographic Movement with Application in Enhanced Oil Recovery," PhD dissertation, U. of Texas, Austin (1983).

78. Somasundaran, M.C., Goyal, A., and Mancv, E.: "The Role of the Surfactant Precipitation and Redissolution in the Adsorption of Sulfonate on Minerals," paper SPE 8263 presented at the 1979 SPE Annual Technical Conference and Exhibition, Las Vegas, Sept, 23–26.

79. Hill, H.J. and Lake, L.W.: "Cation Exchange in Chemical Flooding: Part 3—Experimental," *Soc. Pet. Eng. J.* (Dec. 1978) 445–56.

80. Paul, G.W. *et al.*: "A Simplified Predictive Model for Micellar / Polymer Flooding," paper SPE 10733 presented at the 1982 SPE California Regional Meeting, San Francisco, March 24–26.

81. Lake, L.W., Stock, L.G., and Lawson, J.B.: "Screening Estimation of Recovery Efficiency and Chemical Requirements for Chemical Flooding," paper SPE 7069 presented at the 1978 SPE Improved Oil Recovery Symposium. Tulsa, OK, April 16–19.

82. Aho, G.E. and Bush, J.: "Results of the Bell Creek Unit 'A' Micellar Polymer Pilot," paper SPE 11195 presented at the 1982 SPE Annual Technical Conference and Exhibition, New Orleans, Sept, 26–29.

83. Lake, L.W. and Pope, G.A.: "Status of Micellar-Polymer Field Tests," *Pet. Eng. Intl.* (Nov. 1979) **51.** 38–60.

84. Gilliland, H.E. and Conley, F.R.: "Surfactant Waterflooding," paper presented at the 1975 Symposium on Hydrocarbon Exploration, Drilling, and Production, Paris, France, Dec. 10–12.

85. Pope, G.A.: "The Application of Fractional Flow Theory to Enhanced Oil Recovery," *Soc. Pet. Eng. J.* (June 1980) 191–205.

86. Ramakrishnan, T.S. and Wassan, D.T.: "A Model for Interfacial Activity of Acidic Crude Oil / Caustic Systems for Alkaline Flooding," *Soc. Pet. Eng. J.* (Aug, 1983) 602–12.

87. Jennings, H.Y. Jr., Johnson, C.E. Jr., and McAuliffe, C.D.: "A Caustic Waterflooding Process for Heavy Oils," *J. Pet. Tech.* (Dec. 1974) 1344–52.

88. Minssieux, L.: "Waterflood Improvement by Means of Alkaline Water," *Enhanced Oil Recovery by Displacement with Saline Solutions*, Gulf Publishing Co., Houston (1979) 75–90.

89. DeZabala, E.F. *el al.*: "A Chemical Theory for Linear Alkaline Flooding," *Soc. Pet. Eng. J.* (April 1982) 245–58.

90. Nelson, R.C. *et al.*: "Cosurfactant–Enhanced Alkaline Flooding," paper SPE 12672 presented at the 1984 SPE Enhanced Oil Recovery Symposium, Tulsa, April 15–18.
91. Owens, W.W. and Archer, D.L.: " The Effect of Rock Wettability on Oil–Water Relative Permeability Relationships," *J. Pet. Tech.* (July 1971) 873–78; *Trans.*, AIME, **251.**
92. Wagner, O.R. and Leach, R.O.: "Improving Oil Displacement by Wettability Adjustment," *J. Pet. Tech.* (April 1959) 65–72; *Trans.*,AIME, **216.**
93. Ehrlich, R., Hasiba, H.H., and Raimondi, P.: "Alkaline Water–flooding for Wettability Alteration—Evaluating a Potential Field Application," *J. Pet. Tech.* (Dec. 1974) 1335–43.
94. Cooke, C.E. Jr., Williams, R.E., and Kolodzie, P.A.: "Oil Recovery by Alkaline Waterflooding," *J. Pet. Tech.* (Dec, 1974) 1344–52.
95. Lorenz, P.B., Donaldson, E.C., and Thomas, R.D.: " Use of Centrifugal Measurements of Wettability to Predict Oil Recovery," *Bull.* RI 7873, U.S. Dept. of Interior (1974) .
96. McAuliffe, C.D.: " Oil–in–Water Emulsions and Their Flow Properties in Porous Media," *J. Pet. Tech.* (June 1973) 727–33.
97. McAuliffe, C.D.: "Crude–Oil–in–Water Emulsions To Improve Fluid Flow in an Oil Reservoir," *J. Pet. Tech.* (June 1973) 721–26.
98. Grim, R.E.: *Clay Mineralogy,* McGraw–Hill Book Co. Inc., New York City (1968) .
99. Brownlow, A.H.: *Geochemistry,* Prentice–Hall, Inc., Englewood Cliffs, NJ (1979) .
100. Somerton, W.H. and Radke, C.J.: " Role of Clays in the Enhanced Recovery of Petroleum from Some California Sands," *J. Pet. Tech.* (March 1983) 643–54.
101. Bunge, A.L. and Radke, C.J.: "Migration of Alkaline Pulses in Reservoir Sands," *Soc. Pet. Eng. J.* (Dec. 1982) 998–1012.
102. Sydansk, R.D.: " Elevated–Temperature Caustic / Sandstone Interaction; Implications for Improving Oil Recovery," *Soc. Pet. Eng. J.* (Aug. 1982) 453–62.
103. Sloat, B. and Zlomke, D.: "The Isenhour Unit—A Unique Polymer–Augment Alkaline Flood," paper SPE 10719 presented at the 1982 SPE Enhanced Oil Recovery Symposium, Tulsa, OK, April 4–7.
104. Graue, D.J. and Johnson, C.E. Jr.: "Field Trial of Caustic Flooding Process," *J. Pet. Tech.* (Dec. 1974) 1353–58.
105. Mayer, E.H., *et al.*: "Alkaline Injection for Enhanced Oil Recovery–A Status Report," *J. Pet. Tech.* (Jan. 1983) 209–21.
106. Taber, J.J. and Martin, F.D.: "Technical Screening Guides for Enhanced Oil Recovery" paper SPE 12069 presented at the 1983 SPE Annual Technical Conference and Exhibition, San Francisco, Oct. 5–8.

第五十一章　油 藏 模 拟

K.H.Coats，Scientific Software-Intercom　　　　吴　湘　译

一、引　　言

Webster 词典中把“模拟”定义为““模仿其现象但并不具有实体”。油藏动态模拟就是建立和运行一个模型，表现真实油藏的动态。模型本身可以是物理模型（例如，一个实验室人造岩样），也可以是一个数学模型。数学模型就是在一定的假设条件下描述油藏中发生的物理过程的一组方程。模型本身虽然不是油气田的实体。但是有效模型的状态能模拟实际油田的动态。

模拟的目的是估计在一种或多种生产条件下油田的动态（例如，原油采收率）。油田只能开采一次，其费用相当可观，而模型能在短时间内运行多次，而且费用也低。在不同生产条件下观察模型动态有助于选择一组最佳的油田生产条件。

油藏模拟工具的范围包括从工程师的直觉和判断到需要用数字计算机复杂的数学模型。问题不在于是否要模拟，而在于用什么工具或什么方法模拟。本章试图总结一下油藏模拟实践的发展过程和现状，包括数学、计算机化模型的使用。这一实践的相对现代性用本手册的第一版（1962 年），没有包括油藏模拟这一章就可以说明。

从 60 年代中期至今，与模拟有关的出版物每年以接近于指数型的速度增长，这说明数学模拟作为油藏工程的工具已经被广泛接受。由于模拟模型得出的结果在精度方面还有问题，需要改进，这种接受一直是而且现在仍然是有限度的。因此，大量文献中的一个重要组成部分是处理与模型有关的两个问题：(1) 通过油田（实验室）数据与模拟结果的对比评价模型的有效性；(2) 应用把模型的数学方法与油藏流体和岩石描述参数的表示方法联系起来的新技术改进模型。

由于与后一项有关的出版物数量相当大，并且越来越复杂，因此将不在本章中对当前的模拟技术作详细的数学描述。本章的重点是油藏模拟模型的一般描述，为什么要用油藏模拟模型和怎样使用油藏模拟模型、不同油藏问题的不同类型模型的选择以及在模型的假设和油藏流体和岩心描述参数存在不确定性的情况下模型结果的可靠性。本章用模拟模型技术的简要总结作为结束，包括对许多高技术出版物的注评。各种教科书[1~4]给出了直到 70 年代后期的模拟技术的详细描述，包括有限差分近似法，模型方程表述，迭代求解技术和稳定性分析。

二、简单历史回顾

广义地说，从 30 年代石油工程开始发展时，油藏模拟的实践即已开始。在 1960 年之前，工程计算主要包括解析方法[5, 6]，零维物质平衡[7, 8]和一维（1D）Buckley-Leverett 计算[9, 10]。

60 年代初期，“模拟”这一术语就已经通用了，它作为一种预测方法已经发展成为比较复杂的计算机程序。这些程序代表了模拟的重大成就，因为应用这些程序已经能够求解描述非均质孔隙介质中二维和三维（2D 和 3D）瞬时多相流动的大型有限差分方程组。能取得这样的成就是由于大型高速数学计算机的发展和解大的有限差分方程组的数值方法的发展。

60 年代，油藏模拟工作主要致力解决气／水两相和三相黑油油藏问题，模拟开采方法基本限于降压开采（衰竭式）或保持压力开采。因而有可能发展能解决所碰到的大多数油藏问题的单一模拟模型。用一个通用模型的想法，对石油公司是有吸引力的，因为这会大大节省培训和使用方面的费用，也节省模型的开发和维护费用。

70 年代，情况有了大的变化。由于油价剧烈上涨以及政府倾向于对油田开发工程解除管制和进行部分投资，使提高采收率方法得到比较广泛的使用。这就使模拟的开采方法超出了传统的降压开采和保持压力开采的范围，扩大到模拟混相驱、化学驱、注 CO_2、注蒸汽和热水，以及地下燃烧。因此需要努力解决在温度、化学剂和复杂的多组分相态影响下原油驱替的物理过程的表示方法，以代替在简单的非混相流动中两组分（气和油）碳氢化合物状态的较容易理解的处理方法。除了多相流动外，模拟器还必须反映化学剂的吸附和降解作用，乳化作用和表面张力降低效应，反应动力学和其它热效应，以及复杂的平衡相的动态。70 年代提高采收率方法的广泛应用，导致放弃单一模型的概念，开始发展适用于每一种提高采收率新方法的模型。

70 年代的研究工作使模拟模型的方程表达和数值求解方法取得许多重要进展。由于取得了这些进展，因而能够通过提高方程表述的稳定性和数值解法的效率，模拟更复杂的采油过程，并（或）降低计算费用。

三、模拟模型的一般描述

许多文章[11~14]提出了油藏模拟的一般性的、基本上是非数学的讨论。Odeh[11]对模拟模型作了一个很好的概念性描述。他把模拟的油藏划分为二维或三维节点块网格，然后证明模拟模型的方程基本上就是对每一节点块每一相所写的体积物质平衡方程。每一节点块和与之相邻的二个、四个或六个节点块（分别对应于一维、二维和三维情况）之间的各相流量是由用相对渗透率的概念修正过的达西定律来表示的。图 51.1 说明了代表油藏一个部分的一维、二维和三维网格。在一维和二维网格中，节点块和与之相邻的二个或四个邻块用 B 和 N 来表示。可以想象三维网格内部的一个节点块以及与之相邻的六个邻节点块（x、y、z 方向各有 2 个）。

在图 51.1 中每一网格顶面的海拔深度随平面位置而变化，即可反应地层倾角。在一个结定的节点块内，油藏性质（比如渗透率和孔隙度）和流体性质（例如压力、温度和组分）都假定是均质的。但油藏和流体的性质从一个节点块到另一个节点块是变化的。在模拟期间，每一节点块的流体性质也随时间变化。

模拟模型是一组需要用数值方法求解的偏差分方程，而不是一组能用解析解法求解的偏微分方程。其理由是：（1）油藏的非均质性——渗透率和孔隙度是变化的，以及几何形状不规则；（2）相对渗透率、毛管压力与饱和度的关系是非线性的；（3）流体 PVT 性质是压力、温度和组分的非线性函数。由于求解的计算工作量很大，因此模型需要高速数字计算机。

运行一个模拟模型的计算工作量大，是由于代表油藏的节点块的数目多，而且还取决于描述采油过程的方程的数目及其复杂性。运行一个给定的模型的总的计算工作量或者计算费用至少与节点总数 $N_xN_yN_z$ 呈线性关系，这里 N_x、N_y、N_z 分别为 x、y、z 方向上的节点数。

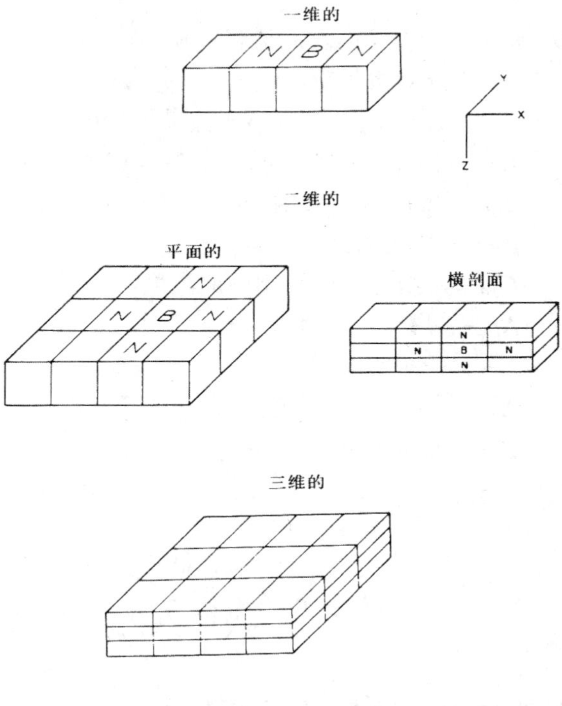

图 51.1　一维、二维和三维网格

一个指定的节点块习惯上用下标 i，j，k 标定，节点块按 x 方向上的 $i=1$，2，……，N_x，y 方向上的 $j=1$，2，……，N_y 和 z 方向上的 $k=1$，2，……，N_z 编号。大多数模拟器假设在各外边界[$x=(0, L_x)$，$y=(0, L_y)$，$z=(0, L_z)$]上没有流动，即用封闭边界条件，同时规定平面外边界的水体通量。大多数油藏（$x-y$）平面上的非矩形面积形状，是在 $x-y$ 网格适当部分对节点的孔隙度和渗透率取零值来表示的。

前面的论述是把模拟模型作为表示每一节点块每一相质量守恒的一组方程来描述的。更精确地说，模型的方程表示每一节点中每一种流体组分的质量守恒。组分的数目和特性，正如下面将要阐述的，依赖于原始油藏流体的性质和特定的采油方式。于是，质量守恒方程的总数目是 $N_xN_yN_zN$，这里 N 是描述油藏流体需要的组分数。

每一个守恒方程说明流入一个网格块的质量流量减去流出的质量流量必须等于在该节点块内质量变化或累积的速率。这 N 个质量平衡方程（每个组分一个）适用每个节点块。由于节点块与它的六个邻块之间的流体流动以及流体的注入或产出（如果有一口井在该节点射开的话），在热动力学意义上说，节点块是一个开系统。

节点块（i，j，k）的中心位于（x_i，y_j，z_k）上。这一节点块有 6 个邻块（$i\pm 1$，j，k），（i，$j\pm 1$，k）和（i，j，$k\pm 1$）。为了简单，块间流量在这里只写成（$i-1$，j，k）和（i，j，k）块间 x 方向上的流动项，省去下标 j，k。通用符号 C_I 表示组分 I 在各相中的浓度（质量／体积）。三个非混相的相（水、油和气）分别用下标 w、o、g 表示。

按照用相对渗透率修正过的达西定律，组分 I 的块间流量为：

$$q_I=\frac{kA}{L}\left[\frac{k_{rw}}{\mu_w}C_{Iw}\left(\Delta p_w-\gamma_w\Delta Z\right)+\frac{k_{ro}}{\mu_o}C_{Io}\left(\Delta p_o-\gamma_o\Delta Z\right)+\frac{k_{rg}}{\mu_g}C_{Ig}\left(\Delta p_g-\gamma_g\Delta Z\right)\right] \tag{1}$$

式中 q_I——组分 I 的块间流量，质量时间；

k——绝对渗透率；

A——$\Delta y_j \Delta Z_k$——垂直于流动方向的横截面积；

L——相邻块中心之间的距离，$(\Delta x_{i-1}+\Delta x_i)\ /2$；

k_{rP}——P 相的相对渗透率（P＝w，o，g）；

μ_P——P 相的粘度；

C_{IP}——组分 I 在 P 相中的浓度，质量／体积；

Δp_P——P 相压力；

γ_P——P 相相对密度；

Δx——$x_{i-1}-x_i$，这里 x 是 p 或 Z；

Z——海拔深度，向下为止。

如果用下标 $J=1$，2，3 分别表示 w，o，g 相，方程（1）可以化简为:

$$q_I=\left(\sum_{J=1}^{3}\frac{kA}{L}\frac{k_{rJ}}{\mu_J}C_{IJ}\right)(\Delta p_J-\gamma_J\Delta Z) \tag{2}$$

括号中的第一项是 J 相中组分 I 流在节点块 i-1 和 i 之间的传导率 T_{IJ}，要在 $(i-\frac{1}{2},\ j,\ k)$ 处即 i-1 和 i 块之间计算。T 中的 kA/L 部分通常用 i-1 块与 i 块的性质作用调和平均或串联阻力平均值计算。T 的其余部分都按上游块计算，上游块即该相流体流出的块。现在，方程（2）可简写为:

$$q_I=\sum_{J=1}^{3}(T_{IJ})_{i-1/2}(\Delta p_J-\gamma_J\Delta Z) \tag{3}$$

它代表组分 I 从节点块 i-1 到节点块 i 的流动。

物质平衡的右端项或累积项是

$$\frac{V}{\Delta t}\bar{\delta}\left[\phi\sum_{J=1}^{3}(S_J C_{IJ})\right] \tag{4}$$

式中 V——节点块体积，$\Delta x_i\Delta y_j\Delta z_k$；

$\bar{\delta}$——时间差分算子，$\delta X\equiv X_{n+1}-X_n$；

n——时间阶段，$t_{n+1}=t_n+\Delta t$；

Δt——时间步；

ϕ——孔隙度，分数；

S_J——J 相饱和度，空隙空间的分数。

方程（3）和（4）给出了节点块（i，j，k）I 组分的质量平衡方程的最终形式如下:

$$\sum_{J=1}^{3}\Delta[T_{IJ}\ (\Delta p_j-\gamma_J\Delta Z)\ ]-q_{pI}$$
$$=\frac{V}{\Delta t}\sum_{J=1}^{3}\bar{\delta}\ (\phi S_J C_{IJ}) \tag{5}$$

式中 q_{PI} 是该节点块的 I 组分的质量产量（如果有任何一口井在该节点块射孔），而 Δ（$T\Delta p$）类型的 Laplacian 项可定义如下:

$$\Delta\ (T\Delta p)\ \equiv\Delta_x\ (T_x\Delta_x p)\ +\Delta_y\ (T_y\Delta_y p)$$
$$+\Delta_z\ (T_z\Delta_z p)$$

和

$$\Delta_x\ (T_x\Delta_x p)\ \equiv T_{i+1/2,\ j,\ k}\ (p_{i+1,\ j,\ k}-p_{i,\ j,\ k})$$
$$-T_{i-1/2,\ j,\ k}\ (p_{i,\ j,\ k}-p_{i-1,\ j,\ k})$$

对于每一组分都存在于（溶解于）所有三相中的一般情况来说，(5) 式是 N 个方程，$3N$+6 个未知变量。未知变量是 $3N$ 个 C_{IJ} 值，3 个相饱和度值和 3 个相压力。为了使模型是可解的，必须使方程数与未知变量数目相等，因此需要 $2N$+6 个附加方程。N 个 (5) 式称为基本方程，而附加的 $2N$+6 个方程称为限制方程。在模型的程序中，限制方程用来消除 $2N$+6 个未知变量，保留 N 个基本变量。于是得到有 N 个未知变量的 N 个基本方程 (5) 的方程组。限制方程是仅与应用方程 (5) 的具体节点块 (i, j, k) 有关的未知变量之间的关系。而 N 个基本方程 (5) 则包含了本节点块及其相邻节点块的未知变量（例如 p_J）。这是由左端块间流动项的性质所决定的。

这里用等温组合模型情况的 $2N$+6 个限制方程来加以说明。在这种情况下，N 个组分是水和 N−1 个烃类组分（例如，甲烷，乙烷，……C_7）。头三个限制方程是:

$$S_w+S_o+S_g=1.0 \tag{6}$$

$$p_o-p_w\equiv P_{cwo}\ (S_w) \tag{7}$$

和

$$p_g-p_o=P_{cgo}\ (S_g) \tag{8}$$

这里 P_{cwo} = 水／油毛管压力，P_{cgo} = 气／油毛管压力。

这些限制方程表示各相饱和度之和应该等于 1，并通过毛管压力曲线消除未知变量油相压力项中的水相压力和气相压力。对于这一组分模型，浓度 $C_{IJ}=\rho_J x_{IJ}$，式中 ρ_J 为 J 相的摩尔密度（摩尔／体积），而 x_{IJ} 是组分 I 在 J 相中的摩尔分数。下面三个限制条件要求在三个

相的每一相中所有组分的摩尔分数之和等于 1:

$$\sum_{I=1}^{N} x_{IJ} = 1.0 \tag{9}$$

式中 $J=w$，o，g 或 1，2，3。剩下的 $2N$ 个限制方程表示每一组分在三相中间的平衡，

$$f_{Iw} = f_{Io} \tag{10a}$$

和

$$f_{Io} = f_{Ig} \tag{10b}$$

式中 f_{IJ}——J 相中组分 I 的逸度。

利用状态方程（EOS），逸度可以用摩尔分数和压力来表示。另一种选择是用平衡 K 值关系（例如，$y=Kx$）来代替它们，而 K 值作为压力的函数或压力和组分的函数给出。

这 $2N+6$ 个限制方程，即（6）式到（10）式，被用来从 N 个基本方程（5）中消除 1 个相的饱和度，2 个相的压力和 $2N-3$ 个摩尔分数（x_{IJ}）。最后的结果是模型有 N 个方程(5)，N 个未知变量，其中包括 2 个饱和度，一个压力和 $N-3$ 个摩尔分数。保留在 N 个基本方程中的每个系数或者每一项是 N 个基本未知变量中的一个或者是一个或多个基本未知变量的函数。

1. 模型的类型

不同类型的模拟模型是用来描述与不同采油过程相联系的不同的机理。用得最广泛的是黑油、组分、热采和化学驱模型。从油藏中采油的四个基本采油机理是：（1）流体膨胀；(2) 驱替；(3) 重力驱；和（4）毛细管渗吸。由于压力降低而产生的简单的流体膨胀，可使原油从孔隙介质中被驱出，并通过孔隙介质流动。原油可被气和注入的或自然侵入的水所驱替。由于密度差（水／油和油／气）引起的重力驱动，有助于推进的底水驱从下往上驱油和逐渐下降的油气界面从上往下驱油。最后，在垂向渗透率变化大的非均质油藏中，渗吸(通常与流动方向垂直）可能是边水驱中一种重要的采油机理。

为了适应组分和提高采收率的过程，在本文讨论中需要加入第五种机理，即原油的流动性。这一定义不严格的术语包括了能产生可采原油或使其流动的多种不同的现象。其中某些现象实际上无法与前面提到的四种区别开。

黑油模型在模拟用自然衰竭方式开采或保持压力开采（例如注水）时考虑了上述四种基本机理。这种等温模型适用于含非混相的水、油、气三相，而且气组分在油相中的溶解度只取决于压力的油藏。烃含量用两个组分代表，是假定油组分和气组分的组成是不变的（与压力无关），原油组分不会挥发进入气相，油和气组分不会溶于水相，水（H_2O）也不会挥发进入油、气相。油组分是地面油，它的质量单位是 1 地面桶（即储罐压力和温度下的 1 桶油）。气组分是地面系统的气，它的质量单位是 1 标准英尺^3。水组分的质量单位是 1 地面桶。对于水和气来讲，组分和相是一致的，而油相是油组分和气组分的混合物。

对黑油模型，组分数是 3，因而每一节点块方程（5）的个数也是 3。表 51.1 给出了黑

油模型组分浓度 C_{IJ} 的定义。水相，气相和饱和油相，地层体积系数的倒数 b_w（地面桶／地下桶），b_g（标准英尺^3／地下桶）和 b_o（地面桶／地下桶）分别给定为压力的单值函数。对于未饱和原油来说，b_o 决定于压力和溶解气（R_s，标准英尺^3／地面桶）。正如后面将要讨论的，早先关于模型方程的研究[16~18]在60年代有许多文章[19~24]论述黑油模型的建立问题。

表 51.1 黑油模型浓度 C_{IJ} 的定义

I	组　分	相		
		$J=1$ 水	$J=2$ 油	$J=3$ 气
1	水	b_w	0	0
2	油	0	b_o	0
3	气	0	b_oR_s	b_g

这里讨论的其它模型，除了上述四个基本采油机理外，还考虑了流动机理。等温组分模型用 N 个组分，包括水和 $N-1$ 个烃类组分来表示油藏流体。通常（但并不一定）认为，水在油气相中的溶解度和烃类组分在水相中的溶解度可以忽略不计。因此，对水来讲，方程(5)中的浓度与表 51.1 中所给定的相同。而烃组分 I 的浓度 C_{IJ}，正如前面所提到的，对于 $J=o$，g 或 2，3 来讲，是 $\rho_J x_{IJ}$。每一节点块中气／油的相平衡和相密度是应用由压力、组分依赖关系求得的平衡 K-值计算的，而近来则是应用由状态方程（EOS）求得的平衡 K 值计算的[25~28]。组分模型和黑油模型不同，它能表示一次接触和多次接触混相形成的油的流动性，注入的非平衡气（例如 CO_2）的溶解作用引起的原油膨胀和粘度降低，以及注入干气对原油中轻组分的汽化作用或萃取作用。除了参考文献[29]以外，近来的文章都是根据从 EOS 求得的平衡 K 值描述组分模型的。

热采的模拟模型是与（5）式类似的 N 个守恒方程的方程组，它代表水和 $N-2$ 个烃类组分的质量守恒以及能量守恒。把能量称为“组分”N，（5）式中的最后一个方程（$I=N$）就变为能量平衡，它需要加上代表热传导和覆盖层热损失的项。另外一项要求是，在井项和块间流动项中的 C_{NJ} 应该是 $\rho_J H_J$，在右边累积项中 C_{NJ} 是 $\rho_J U_J$。H_J 和 U_J 分别是焓和内能，能量／摩尔。如果模型中要包括地下燃烧功能，那末在质量守恒方程中要包括用 Arrhenius 反应速率表示的源（汇）项，以表示烃类组分的裂解和氧化。另外，在能量方程中应包括热反应项。对于同样数量的流体组分，热采模型比组分模型多一个能量守恒方程和一个附加的未知量，即温度 T。

对注蒸汽过程，热采模型的组分一般是水、重烃（无挥发性）、轻烃（溶解气或可蒸馏组分）和能。对地下燃烧研究，典型的组分是水、重油组分、轻油（可蒸馏）组分，固体焦、O_2、CO_2、N_2 和能。二氧化碳和氮常常合在一起作为一个组分以节省计算费用。作为压力和温度函数的液态水（水相）性质和水蒸汽／水相的 K 值是用蒸汽表或状态方程计算的。在大多数应用中，假定水不溶于油相。在目前大部分模型中，除水以外，其它组分在各相中的分布是由用户提供的，只依赖于温度和压力的 K 值来表示的。

热采模拟器用于稠油油藏注蒸汽和地下燃烧过程。这里原油的流动主要是靠：(1) 温度提高降低原油的粘度；(2) 中间的烃类组分从油相蒸馏到更容易流动的气相中；(3) 油相的裂解[一般在 500°F (260℃) 以上]和接下来的蒸馏作用。从 1965 年到 1982 年热采模型发展的总趋势[34~40]是趋向更多维、更多的组分和既能模拟蒸汽驱又能模拟地下燃烧的双重功能。

化学驱模型包括聚合物、胶束（表面活性剂）和碱水。聚合物水驱通过降低油／水流度比，降低水的有效渗透率和（或）增加水的粘度来提高原油采收率。在胶束驱中，表面活性剂显著降低油／水界面张力(IFT)，因此，原油溶解到胶束溶液中，形成一个油堤[41]。表面活性剂段塞和流动的原油被一个聚合物稠化水带(聚合物浓度呈梯级变化)推向生产井。碱水驱提高采收率的机理包括降低界面张力，改变润湿性和乳化作用[42]。化学驱过程包括复杂的流体／流体和岩石／流体的相互作用，例如吸附、离子交换、粘性剪切和三相（或更多相）流动。最近的几篇文章[43~45]说明了这些复杂的化学驱机理在数值模拟中的实现。

上面描述的四种类型的模型是根据开采方式和原始油藏流体的性质来定义和区分的。考虑到油藏地质特性，则有第五种模型，即裂缝-基质型的模拟模型。从理论上讲，任何开采方式都可以在裂缝—基质油藏中实施，但到目前为止已报道的大部分模拟工作关注的是黑油裂缝-基质模型。Thomas 等人[46]描述了三维三相模型，而 Gilman 和 Kagemi[47]描述了三维油水两相模型。他们的模型是在连续的三维裂缝网格中考虑一个不连续的基质块系统。流体通过裂缝在油藏中流动和流向生产井，而基质块在该系统中则作为源汇项处理。他们的模型方程包括为裂缝系统中每一个节点块写的 N 个守恒方程 (5) 的方程组。每个网格块可以包括许多动态相似的基质块。但在方程 (5) 中要加入一个附加项，以表示基质-裂缝间的流动。另外，对每一节点块来说，还需要附加方程，以表示这一节点块中各基质块的每一组分的质量守恒。这些附加的方程可被消去或者与 N 个基本流动方程（裂缝系统）相结合[46~47]，因而最终的模型仅包括具有块间流动项的 N 个方程。Blaskovich 等人[48]描述了一个裂缝-基质模型，除裂缝系统外，他们还考虑了在油藏范围内通过基质块的流动。这一扩展导致模型对每一节点块有 $2N$ 个带有块间流动项的方程。

2. 模型的输入数据和计算结果

模拟模型需要三类输入数据。第一类是油藏描述数据，它包括 (1) 总的几何形态；(2) 指定的网格尺寸；(3) 每一节点的渗透率、孔隙度和高度；(4) 作为饱和度函数的相对渗透率和毛管压力。为了得到 (1) 和 (3) 两部分数据，必须做地质和岩石物理方面的工作(包括测井和岩心分析)。实验室用岩心样品作的试验给出相对渗透率曲线和毛管压力曲线。第二类为流体 PVT 性质，例如地层体积系数、溶解气或组分平衡 K 值以及粘度，这些数据是由实验室试验得到的。最后，必须给定井的位置，射开层段和采油指数 (P_I)。对每一口井必须给出产量（或注入量）计划和（或）生产（注入）压力限制，以用来计算井的流量(注入量)。

模型的输出即计算结果，包括每一计算时间步末流体压力、饱和度和组分的空间分布，以及每口井的生产气油比、水油比和注入量（注入井）或产量（生产井）。这些结果经过内部处理，得出平均油藏压力以及井和全油田的油、气、水瞬时产量和累计产量及累计注入量随时间的变化。

目前的模型可提供不同程度的图表输出显示，例如压力、饱和度、组分和温度的等值图，单井和井组动态简表，以及油田和井的产量、水油比、气油比等随时间变化的曲线。便于工程师了解和解释模拟结果。

四、油藏模拟的目的

油藏模拟用来估算某一种现行开发方式的采收率（预测），评价改变生产条件对采收率的影响，比较不同开发方式的经济性。黑油模型已经广泛地用来预测原油采收率，估算下列各因素对采收率的影响：(1) 井网布局及井网密度；(2) 完井段；(3) 气锥和（或）水锥与产量的关系；(4) 产率；(5) 通过注水强化天然水驱，翼部或边部注水相对于面积注水的合理性；(6) 加密钻井；(7) 注气、注水及水气交替注入。

已报道过许多这方面的研究结果，这里简单地提到其中几个。Henderson 等人[49] 用单相（气相）模型对一个地下储气库优选了为满足高峰期供气量所需要的井数和井位。Mann 和 Johnson[50] 证明了模型预测结果与实际油田动态良好一致。Thomas 和 Driscoll[51] 应用黑油模型估算因绕流而被留在地下的死油区的分布，用来设计加密井位置。另外两篇研究报告[52, 53] 报道了艾伯塔不同水驱油油藏对采油速度敏感性的广泛研究结果。Thakur 等人[54] 应用黑油模型通过历史拟合确定了尼日利亚海上油田的特征，并估算了通过注水、加密钻井和提高产量可比自然降压开采增加的采收率。

组分模型也可用于上述 (1) ～ (7) 的大部分目的，但通常只是在黑油模型关于油和气组分不变的假设无效时才使用。应用组分模型的例子包括：(1) 挥发性油藏和凝析气藏的衰竭式开采。在这种油、气藏中，当压力降至泡点或露点压力以下时，碳氢化合物的组分和性质发生显著变化；(2) 注非平衡气体（干气或富气）。把干气注入油藏，通过汽化作用使原油进入更容易流动的气相中，或者注入富气达到一次接触或多次接触混相，驱动原油；(3) 注 CO_2。把 CO_2 注入油藏，通过萃取轻烃、原油粘度降低和原油膨胀驱动原油。

曾用组分模拟估算：(1) 降压开采反转凝析气藏期间由于液件析出而引起的采收率损失，以及通过全面或局部循环注气（气体通过地面设施重新注入气藏）能够减少的采收率损失；(2) 压力水平、注入气组成和注 CO_2 或 N_2 等（通过汽化发作用和混相）对原油采收率的影响。Graue 和 Lana[55] 描述了用组分模型估算 Rangely（科罗拉多州）油田注 CO_2 的原油采收率，这一采收率是注入气组成和压力水平的函数。用组分模型模拟 CO_2 注入工程的结果包括 CO_2 突破时间，产出流体的产量和组成。这些对设计生产设施和 CO_2 循环方式是需要的[56]。模拟工作对优化井网规模和 CO_2／水的注入速率以克服油藏非均质的影响也是有用的。

热采模型用于研究油藏的地下燃烧，并用于模拟蒸汽吞吐和蒸汽驱的动态。在注蒸汽时，模拟所要说明的问题与注入的蒸汽质量和注入速率、操作压力水平和注入蒸汽中包含天然气等的影响有关。蒸汽吞吐中的一个问题是优化蒸汽吞吐时间周期（包括蒸汽注入、浸泡和生产）。蒸汽驱中也牵涉到布井方式和井网密度。已发表了许多应用模型进行现场注蒸汽研究的成果。Herrera 和 Hanzlik[58] 对蒸汽吞吐的现场资料与模拟结果作了比较。Willians[59] 讨论了蒸汽吞吐和蒸汽驱的油田动态及模拟结果。Meldau[60] 讨论了在注入蒸汽中加天然气的现场和模拟结果。Gomaa[61] 等人和 Moughamian[62] 等人应用蒸汽驱模拟鉴别和优化了先导试驱区和油田规模的蒸汽驱的作业参数。

数值模拟已用来估算油藏环境中的化学驱动态，其过程是极其复杂的，而且有许多油藏参数影响其结果。已经用化学驱模拟建立了一种筛选方法，选择适合于胶束／聚合物驱的油藏[63]，检验了具有竞争性的提高采收率方法[64]（比如CO_2驱和表面活性剂驱）。除胶束驱外，对于碱水驱和聚合物驱来讲，化学驱模拟在辨别过程控制机理和鉴别用于过程描述所需要的实验室数据方面也是有用的。

近年来，模拟越来越多地用来估算和比较一个给定油藏用不同的提高采收率方法时的采收率，其中包括注CO_2，热采（注蒸汽和地下燃烧），以及各种类型的化学驱方法。

五、油藏模拟实际应用中的一些考虑

这一部分描述从事油藏模拟研究的工程师所要遵循的方法和面临的一些问题。工程师必须选择适当的模拟模型，选取节点网格，确定岩石和流体描述数据。然后，尽可能减小或至少估计出由于岩石和流体描述数据的不确定性以及由于空间截断误差而引起的模拟结果的不精确性。

1. 模型的选择

正如前面所提到的，模型的选择取决于原始油藏流体的性质和所要研究的采收率方法这两个方面。一般来说，原始油藏溶解气或气油比的值R_s在2000标准英尺^3/桶以下的是黑油，高于此值的是需要作组分处理的挥发油或凝析气。

对于黑油油藏，黑油模型可用来研究自然衰竭开采、注水和（或）注平衡气开采。然而，对于注干气或富气，注溶剂或CO_2的情况，则通常需要用组分模型。这里的一个例外是修正的黑油模型[67]。它可用来模拟产生一次接触混相的CO_2驱或溶剂驱。

通常用组分模型来模拟挥发性油藏，然而为了模拟这种油藏在泡点压力之上的注水动态，费用较低的黑油模型也是适用的。组分模型通常用来研究凝析气藏。对于露点压力以下的循环注气也必须使用组分模型。然而，对某些自然衰竭开采或露点压力之上的循环注气情况，也可以少花钱，应用修改过的，考虑了油（凝析油）组分在气相中挥发度的黑油模型来模拟[68~70]。

碱水驱和表面活性剂驱通常需要用复杂的化学驱模拟模型。然而某些扩展的黑油模型也具有模拟聚合物和碱水驱的能力。

2. 模型网格的选择

x-y-z节点块网格的选择包括很多因素，其中有可用于此项工作的经费预算和工程师的判断能力和经验。对任何一种模型，每一时间步所花费的计算工作量或计算费用至少与所用的总节点块数成线性关系。模型运行一次的计算费用与节点块数和整个模拟时间阶段所需要的时间步数的乘积成正比。在多数情况下，时间步的大小是由一个或多个计算量（例如压力和饱和度）在所有节点块中的最大变化率来控制的。这一最大变化率通常出现在井点、井附近或驱动前缘附近。节点块数加倍能使最大变化率近似地加倍，因为每一节点块平均减小了一半。因此节点数目加倍会使平均时间步长减小一半，最后结果是模型每次运行的费用近似地正比于节点块总数的平方。这说明了选择能适合油藏和井的描述，能适应开采过程的特征和所关心的油藏动态问题的最小节点块数的重要性。

当工程师能证明使用整个油田一个有代表性单元作为模拟研究的基础是正确的时间，节点块的数目和相应的研究计算费用将是最低的。这在应用相同形式井组开发的油藏中，不论采用何种开发方式（水驱、CO_2驱、蒸汽驱等）都是可能的。在这种情况下，这一有代表性的单元应该是油藏的一个对称单元。严格地说，这要求：（1）井的完井和操作条件相同，井网规则相同；(2) 油藏厚度相同，油藏是水平的，在平面上均质；(3) 初始流体饱和度分布在平面上是均匀的。如果这些条件都能得到满足，那么，关于全油田开发方式的优化、预测和对比评价等问题就可以通过模拟一个井组单元来低成本地完成。

虽然实际油藏永远不可能精确地满足这些条件，但仍然对布井方式相同的开发方式做有代表性的单元模拟研究。在某些情况下，油藏的主体部分只有中等程度的面积非均质性的厚度变化，因此，从工程角度来看，由一个井组到另一个井组的动态变化是小的，这就可以把单一井组的结果按比例放大用于全油田的动态。

有代表性的单元模拟研究，常常针对一个具体开发方式和作业方案的全油田开发动态预测作不同开发方式的对比评价。在这种情况下，判断单元模拟的可行性条件是不同开发方式的对比结果不受整个油田井组（单元）特性变化的影响。对这种判断可以而且也常用代表油田不同部位的两个或多个不同特性的井组重复模拟各种开发方式来检验。

最后，这种低成本的单元模拟可用来对一个按相同井网实施的开发方式进行设计或优化研究。对于一个用相同井网的蒸汽驱，可以应用单一井组模拟方式运算优化井网类型（例如五点、七点或九点）和规模、注入蒸汽的质量和蒸汽注入速率以及完井方式等。有些出版物介绍应用五点或九点井组的$\frac{1}{4}$作为该井组的对称单元进行单一井组模拟研究。实际上，五点或九点井组的$\frac{1}{8}$（七点井组的$\frac{1}{12}$）是最小的对称单元，为了尽可能地减少计算费用，应该用最小对称单元[71]。

当前，大部分模拟研究工作量和计算费用都是用在先后用不同开发方式开发的全面预测黑油油藏的动态上。一般，对于非均质严重、倾角和厚度在平面上变化大、井位不规则，而且井数随开采阶段而增加的一个大型油藏，工程师必须选择三维网格。工程师还可能面临一个几年或多年的自然衰竭开发的动态史（常常还伴有某种程度的天然水驱），因而研究的对象可能包括动态史拟合，然后是水驱阶段的拟合和预测，最后是某种三次采油方案例如注CO_2的动态预测。

总的节点块数是平面上节点块数N_xN_y和纵向上节点块数N_z的乘积，对平面上的节点间的距离和纵向上节点间的距离有不同的考虑。井网密度大，渗透率、孔隙度、厚度和倾角在平面上的变化大，是导致平面上需要密网格的因素。因为这些因素在油田范围内是变化的，x方向和y方向的节点间距常常是非均匀的。节点的间距一般在下倾部位的油藏边部加大。如果有水体存在，而且包括在网格中，水体节点的距离将大大增加。

当然，平面上节点块的数目通常是随着油藏面积和井数的增加而增加的。然而，对规模相当的不同油藏，应用从很密到很稀的不同网格可能也是合适的。自然衰竭开发，顶部注气或边部注水开发的油藏研究，可以应用最少的平面节点块数（即最粗的平面网格）。在这种情况下，粗网格可能使平面上许多节点块包括两口或多口同类的井（例如生产井），但从工程角度上看模拟结果受影响不大。应用面积注水或应用提高采收率新方法开发油藏时，在平面上可能需要大量的节点块数。在这种情况下，一个大致的指导原则是，每一对注入井和生产井之间至少需要有 2 个最好是 3 个或更多个节点块把它们隔开。但应用近年来研究出的估算拟相对渗透率曲线的办法，可以在相邻的节点块上放一对注入井和生产井[72, 73]。

影响网格层数（纵向上节点块数）的主要因素是地层分层性、垂向连通性和总厚度。有许多油层分为多个层，这些层在整个油田范围内或油田的大部分地区从井到井是可对比的。

各层的厚度、渗透率和孔隙度在平面上的变化可能很大，甚至大于各层之间的变化。相邻层对之间的垂向连通性（垂直渗透率）可能变化很大，从 0 到很高（平面上和各个层对之间）。一般，对于每一个可对比的地质层至少有一个节点层。然而，通常的概念和预算的限制都反对应用大量的很薄的节点层。典型的三维油藏模拟研究用 4 到 12 个节点层。一个或更多个这样的节点层可以代表好几个薄的地质层。

一个地质层是否需要分成两个或多个节点层，取决于该层的厚度以及在这种开发方式和注采速率条件下流体的分离特性。大多数开发方式导致中等程度到严重的重力分离：注入水和注入气分别趋向于向原油的下面和上面流动；很多蒸汽驱工程表明蒸汽严重超覆原油流动。一个厚度很大、与上面和上面相邻层不连通或连通差的层可能显示出明显的相的分离，因而需要分为两个或多个节点层。在一个垂向上均质的油藏中，把油田范围内明显的重力分离现象理想化的一个例子是指定一个从顶到底逐渐加大的变化节点距。也就是说，4 个层的厚度分别取 5、10、20、25 英尺比 4 个层均取 15 英尺所得的结果更为准确。

确定 N_z 的惯用方法包括二维剖面模拟模型（$x-z$ 方向）的应用。对于所感兴趣的一种具体开发方式，可以用不同的网格层数来运行 $x-z$ 模型。反映相分离的拟相对渗透率曲线是用垂向网格密的 $x-z$ 模型的运行结果来计算的[74~76]。然后将这些拟相对渗透率曲线用在粗网格的等价 $x-z$ 模型中，使其所得的结果与细网格的“正确”结果相类似。然后，把粗网格确定的少数节点分层用于三维油藏研究网格。对粗的垂向网格求得拟曲线使其产生与细的垂向网格（用岩石或实验室的相对渗透率）相同的结果，这种做法已经扩展到平面空间问题中[72, 75]，这一点在前面已经提到过。

显然，用单一节点层代表整个地层厚度的计算费用最小。这样得出的结果是二维平面网格而不是二维网格，这在两种极端情况下，即垂向渗透率很高和垂向渗透率为 0 的层状地层中有时是合适的。前一种情况的拟相对渗透率曲线和毛管压力曲线在描述垂向平衡概念的文章[21, 77]中讨论过。对后一种情况，Hearn 在他的文章[78]中讨论过。

3. 油藏岩石和流体描述数据的确定

以测井和岩心分析为基础的地质和岩石物理研究可给出多层油藏每一层的构造图，有效孔隙度与厚度的乘积图和渗透率与厚度的乘积图。渗透率与厚度的乘积及孔隙度和厚度乘积的数据常用钻井中途测试、压力恢复试井和脉冲试井结果补充和修改。工程师可以分层把他的平面网格图覆盖在这些图上，读出每一节点块中心的海拔深度、孔隙度与厚度的乘积，以及渗透率与厚度的乘积。这些值和每一节点块的总厚度一起输入到一个与模拟模型的要求相匹配的数据文件中。目前，研究的目标是要开发一个计算机程序，它能够接受数字化的岩心分析、测井和地质数据以及所选择的节点网格，并通过制图和内插技术自动准备模拟输入数据文件。

实验室的岩心分析工作包括测定多块油田岩心的相对渗透率 k_r 和毛管压力 p_c 曲线。岩性变化可以导致对油藏的不同部位和（或）不同分层得出不同的相对渗透率曲线和毛管压力曲线。大多数的模拟模型允许多组相对渗透率曲线和毛管压力曲线以表格的形式输入，并把每组数据按用户的要求赋予他所指定的油藏层位和油藏的一个组成部分。如果岩石的水／油（气／油）毛管压力值很小，则油藏中水／油（气／油）过渡带可能只是总的地层厚度的很小一部分。在这种情况下，应该用拟毛管压力曲线[77]。

对黑油研究来讲，实验室试验要确定气体压缩系数以及饱和油和气的粘度随压力的变化。用原油样品进行差压分离试验和（或）等组分膨胀试验，可以得出饱和原油的体积系数

B_o（地下桶／地面桶）和溶解油气比 R_s（标准英尺^3／地面桶）与压力的关系。由此得到的原油和伴生气的性质与压力的关系可以表格的形式输入与模拟器的输入要求相适应的数据文件中。对于凝析气的衰竭研究，进行等容和等组分膨胀试验可得出液体含量 C_L（地面桶／标准英尺^3）和凝析物密度对压力的依赖关系。

对于包括非平衡流体（干气或富气、CO_2、N_2 等）注入的组分模型研究，要在实验室做多种试验。对于一系列的混合物，比如用 1 摩尔的原始油藏原油和注入流体的混合物做膨胀试验，可求得相对体积、饱和压力和平衡相的组成〔79〕。在此基础上可用一维岩心驱替和（或）细管驱替来做多种一次或多次接触混相试验。Orr 等人〔80, 81〕讨论了各种 CO_2–原油的实验室试验。许多实验的 PVT 数据都必须进行处理，产生满足模拟器输入要求的关系式或是一个标定的 EOS〔82~85〕方程。

4. 历史拟合

在很多模拟研究中都有一段时间的油藏历史动态数据。这些数据包括分井的水油比、气油比、分相产量和累计产量，以及测量的压力。理想的情况是所有的井都有这些数据，并且是定期（比如一月一次）精确测定后记录下来的。但一般的情况是，在这些数据中有许多并没有记录或者提供不出来，而且在所报告的数据中有一部分在精度上还存在问题。

以测井和岩心分析数据为基础的油藏描述仅反映油藏取心（就体积而言）的情况。而油藏动态历史数据是在更广泛的范围内反映油藏特征及其对压力／流体运动状态的影响。根据前面提到的地质和岩石物理工作只能产生初步的油藏描述。利用历史拟合可以修正这一描述，改善模拟结果与实测油藏动态之间的一致性。模拟研究的历史拟合阶段包括改变输入的油藏描述参数，多次运行模型，改进这种一致性。这是一个试凑过程，需要相当多的油藏工程方面的判断和经验。从地质和岩石物理研究得到的油藏描述参数，常常用来确定历史拟合模型运行中参数变化的合理范围。

历史拟合阶段可能花去整个模拟研究（拟合加预测）计算工作量和费用的一半或更多。这取决于历史阶段的长短、油藏的复杂性和可利用的动态数据和数量。

参考文献〔68~90〕介绍了反模拟或者叫自动历史拟合的方法和应用。这一方法要求用户指定一组需要确定的有限的油藏描述参数（例如各层的渗透率和孔隙度值），一组需要拟合的有限的油藏动态数据实测值以及与模拟器配合使用的回归程序。然后，完成一个计算机程序，执行多次模拟动态史运行。由回归程序自动改变各次运行的油藏描述参数值，最后确定出一组能使模型结果和实测数据达到最大一致的油藏描述参数值。这种方法对拟合复杂油藏动态中用试凑法常受到挫折的工程师来说特别有吸引力。然而到目前为止，由于很少有自动拟合成功的报告，试凑法仍占统治地位。有两个因素使自动拟合方法复杂化了：(1) 编制所需要的单一计算机程序的费用可能非常大；(2) 描述参数的事先选择是很困难的，可能是主观的，会导致有问题的油藏描述。

六、模拟结果的有效性

模拟结果的不确定性或误差可能由下列原因引起的：(1) 模型微分方程的假设有问题或是模型的机理没有代表性；(2) 用有限差分方程代替微分方程时引入的空间和时间的截断误差；(3) 没有充分了解油藏岩石和（或）流体描述数据。另外，由于计算机字长的限制引起的舍入误差，不能得到差分方程的精确解。舍入误差与其它三个原因产生的误差相比通常是可以忽略的。除了某些例外，上面列出的产出误差的原因是按其重要性的递增顺序列出的。然而，成功的历史拟合会使第二个原因和第三个原因的重要性倒过来。

模型和实验室试验结果的对比能在没有上述第三个不确定性的情况下证明模型的有效性。曾进行过几次这样的对比，对气／油系统[91, 92]，水／油锥进[93]和裂缝-基质渗吸[94]证明在模型与实验试验结果之间有良好一致性。

1. 模型的假设

很多黑油模型的一个共同假设是在重新加压过程中自由气按饱和 R_s（p）曲线全部重新溶解。在节点块厚度大且油／气重力（垂向）分离明显时，这可能是一个不好的假设。在一个节点块重新加压之前，由于气体饱和度大只是在节点块上部存在自由气。这与模型中的表示即在整个节点块体积内分布着较低的饱和度是相矛盾的。在上述分离状态下，气体将只溶解在节点块体积上部即气体占据部分的低含油饱和度或残余油饱和度中。而模型却允许气体重新溶解在整个节点块体积内的原油中。R_s（p）曲线的压力滞后现象已被用来解决这一问题。在计算费用预算许可的情况下，另一种解决办法是用更多的节点层。

早期黑油模型的一个通用的假设是油藏原油遵循同一组 B_o（p）和 R_s（p）曲线。某些黑油油藏的原油重度（API）和 PVT 状态随深度或随深度和平面位置有显著的变化。当出现这些情况时，在某些情况下，可以简单地允许原始溶解油气比 R_{sI} 沿欠饱和油柱的深度变化，同时保留一组 B_o（p）和 R_s（p）曲线，在黑油模型中表示这一变化。在另一些情况下，可能需要用多组曲线和两个原油组成表示这种变化，如果使用一种原油类型的假设，就会导致明显的误差。

在某些油藏中是重要的、但在模型中没有反映出来的机理和现象，包括压实作用、润湿相和非润湿相相对渗透率的滞后现象，以及井筒中的层间干扰。井筒中的层间干扰是一个非常难模拟的问题，也是继续研究的课题。在多层完井的生产井中，从一些层采出的流体可能注入（回流或循环）到另一些层中。导致这种可能的因素是生产压差低（采油指数 PI 高和（或）产量低）以及在井附近油藏各层间的垂向连通性差。要精确地处理这一问题，就需要模拟井筒多相水力学和相分离，同时计算各注入层正确的各相混合物。

2. 空间截断误差

从理论上说，空间和时间的截断误差可以通过充分减小节点块的尺寸和将时间步长减小到所期望达到的低水平。然而，这样会大量增加节点块数目和时间步长，从而导致不能接受的计算机费用和存贮量要求。

时间截断误差通常是不重要的。在大多数应用中时间步长的尺寸不是受时间截断误差的制约，而是受其它因素的制约，例如模型的稳定性、输出频率和井数据（产量、完井、新井等）的变化频率等。在任何一种特定的情况下，时间截断误差可以用缩小（或放大）时间步长重复运行或重复部分运行来加以估计。如果所得结果对时间步尺寸不敏感，就表示时间截断误差是小的。

空间截断误差是以数值弥散、节点方向影响和井的水油比、气油比的计算误差等形式表现出来的。空间截断误差可以通过模型的微分方程和泰勒级数展开的复杂处理用数学项来表示。简单地说，这一误差可以看作是用三维网格节点代替物理连续介质（油藏地层）的结果。这一结果是矛盾的要求造成的，即任何一个变量值（压力、饱和度、温度、浓度）要同时代表节点（例如节点块中心点）的值和整个块的体积平均值。这一要求在下述情况下是不能满足的：（1）驱动前缘以一种尖的形状进入节点块；（2）当重力在节点块厚度内形成相分离时；(3) 当平面上的舌进和锥进在节点块体积内产生明显的局部饱和度梯度时。

数值弥散在水驱中通常以不真实的含水饱和度空间梯度的形式出现，在蒸汽驱、混相驱和化学驱中相应地是不真实的温度梯度、溶剂梯度和化学剂梯度。这一现象主要出现在平面 x 或 y 方向上，如果不控制，会导致计算的水（热、溶剂等）在生产井中突破的时间过早。数值弥散现象通常随着节点块尺寸（Δx 和 Δy）的增加而增加。Lantz[95] 把差分方程的截断误差和微分方程的二阶弥散项定量地联系起来。

在两类混相驱模拟中，工程师可能会预见到严重的数值弥散效应。第一类是注溶剂和 CO_2 段塞，而不是连续注入。这时数值弥散会冲淡计算的段塞内溶剂浓度。如果混相要求整个溶剂段塞或它的一部分保持高的溶剂浓度，那么，数值弥散可能造成计算结果出现虚假的不混相。第二种类型是多次接触混相。一些研究成果[31, 96, 97] 表明，为了减少数值弥散对混相前缘速度的影响，连续注入溶剂的一维模拟需要用 100～300 个节点。

Kyte 和 Berry[75] 描述了用大的平面节点块控制水驱模拟中的数值弥散效应。他们是应用从精细（密网格）剖面模拟中求得的拟相对渗透率曲线。Harpole 和 Hearn[98] 把他们的方法用在了三维黑油研究中。到目前为止，蒸汽驱模拟一般限于井组研究，在非同类井之间用足够数目的节点块来减小数值弥散效应。Killough 等人[73] 描述了他们在层状、非均质、有相同井组的黑油油藏研究中如何降低数值弥散。他们做了密网格、三维单井组模拟，然后用回归方法确定代表这一井组的 4 个平面节点块（2×2 网格）的拟相对渗透率。三维密网格的结果和用 4 个节点块代表这一井组所得的结果之间有良好的一致性，完全可以使用后一种粗的平面网格来作油田规模的模拟。最近的一些文章[99～101] 介绍了降低数值弥散影响的局部加密网格法、特征曲线法和其它一些方法。

在流度比不利的情况下，用通常的 5 点差分格式和单点上游权的模型作模拟时，网格方向的影响是明显的。方程 (2) 中的系数 $k_{rJ}C_{IJ}/\mu_J$ 的值显然会影响从节点块 $i-1$ 到 i 块间的达西流速率。人们的直觉可能认为这一系数是在这两个节点块一些变量（压力、饱和度等）的平均值条件下计算的。然而从稳定性和数值弥散方向考虑，常需要根据上游块的条件来估算这一系数。这就叫做单点上游权。对二维流动的情况，5 点差分格式反映在方程 (5) 中 $\Delta(\tau\Delta p)$ 类项的格式中。在每一节点块的质量守恒方程中，这些项代表块间达西流速率。图 51.2 中的实线箭头说明该节点块和它的四个邻块之间的达西流速率。

最早由 Todd 等人[102] 在模拟流度比很不利的水驱问题中报道了非常强的网格方向的影响，后来在蒸汽驱井组模拟中亦观察到了这一现象[103]。通常是用 x、y 轴成直角的平面网格覆盖在 5 点井组上，使 x 轴与注入井和生产井的连线平行或成 45 度角（图 51.3）。用平行的和对角线方向的网格所计算的水或蒸汽前缘的形状及突破时间会有显著的差别[102]。用 Yanosik 和 McCracken[104] 提出的 9 点差分格式（在图 51.2 中用附加的 4 条虚线表示对角线流动项）能减小这一差别。在很多模拟器中已包括了九点差分格式的程序，用来处理流度比不利的水驱、蒸汽驱和 CO_2 溶剂驱问题。

作为网格方向影响的一个例子，图 51.3 显示了一个用对角线网格和旋转 45°后的平行网格的 3 英亩九点蒸汽驱井组。这一井组有三类井，标号分别为 1（注入井），2（离注入井近的生产井）和 3（离注入井远的生产井）。模拟模型中所用的油藏地层和流体的性质以及井的产量在其它文章中已有报道[14]，这里不再重复。表 51.2 中的计算结果表明网格方向对用 5 点差分格式计算的蒸汽突破时间有明显的影响。显然，蒸汽在到达较远的井 3 之前应先到达较近的井 2。而 5 点差分格式的平行网格实际上给出的 3 井见蒸汽时间为 117 天，在

2井见蒸汽（204天）之前。表51.2表明，对这一问题，9点差分格式实际上清除了网格方向的影响。图51.4显示了对两种不同差分格式用平行的和对角线的网格计算的80天时的蒸汽前缘形状。用9点差分格式时，两种网格的前缘差别很小，大约与人工插值误差相当。

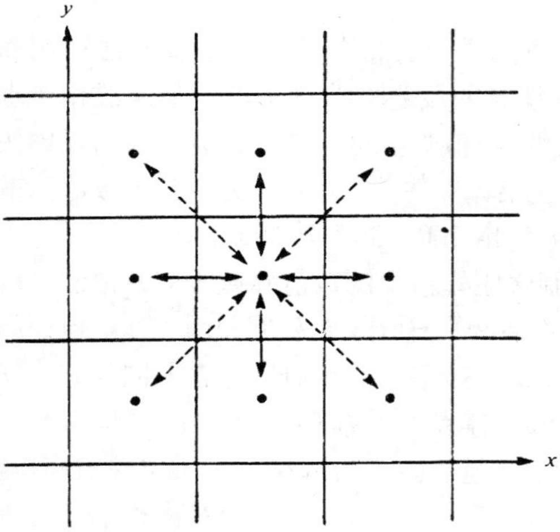

图51.2　5点和9点差分格式

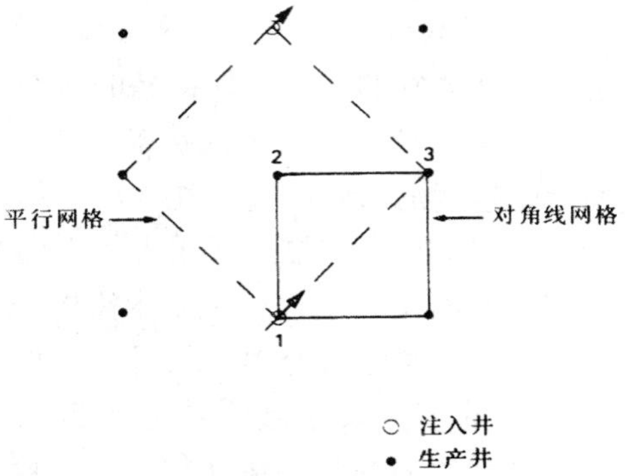

图51.3　9点网格

表51.2　计算得出的9点井组各井见蒸汽的时间（天）

	井2		井3	
	对角线	平　行	对角线	平　行
5点差分格式	47.8	204	1400	117
9点差分格式	87.7	75.5	900	1000

为了减少数值弥散和网格方向的影响，提出了两点上游权方法[102]。Abou-Kassem和Aziz[101]讨论了这一方法和其它降低网格方向性影响的方法。他们的结论是9点差分格式是减少蒸汽驱网格方向影响的最有效的方法。一些研究[105~109]表明，平面上用均匀的正方形网格（$\Delta x=\Delta y=$常数）时，用Yanosik和McCracken的9点格式作井组蒸汽驱模拟将使网格方向的影响大大减小。但是对非正方形的均匀网格（$\Delta x=2\Delta y$）这一影响仍旧存在，而且在非均质性和非均匀网格（即Δx（或Δy）随x（y）变化）情况下，Yansk和McCracken的差分格式会得出物理上不合理的结果。最近几篇文章[110~112]指出了这一缺点，并提出了新的或改造过的9点格式。Frauenthal等人[113]描述了一种修改过的5点差分格式，Pruess等人[114]提出了一种7点正六边形网格格式，用来减少网格方向的影响。

在模拟单个或重复井组、流度比不利的驱动问题时，工程师能预计到可能出现严重的网格方向影响。可以用平面单井组模拟估计这种影响的程度和是否需要用9点格式或其它补救办法。

上面的讨论及引证的参考文献清楚地说明了数值弥散和网格方向对模拟结果有效性的影响。然而，在很多模拟研究中这种数值影响并不严重，在均质地层的一维或二维水平驱动中，数值弥散的影响一般表现为理论上尖的前缘被抹平了。实际油藏状态往往反映出强的重力分离效应，比如气和溶剂沿上部而水沿下部运动。重力影响与油藏构造（倾角在平面上的变化）结合在一起对会影响流体流动的方式，而流体流动的方式又控制着刚才讨论的数值影响。另外，油藏的非均质性能和重力一样起着相对的支配作用。在层状油藏中注入流体通过不同层的移动速度将是不同的，它们分别控制各层驱动前缘前端的数值弥散影响。最后，如果数值弥散和网格方向对所计算的油藏动态的影响在工程意义上（比如，按照所提的问题）是不重要的，那么它们是可以被接受的。

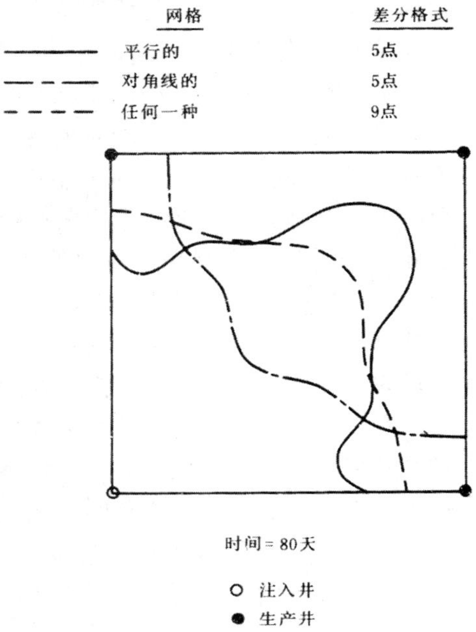

图 51.4　计算得到的 9 点井组蒸汽驱前沿的形状

通常，模型本身就能用来估计这些数值误差的大小和它们的可接受程度。在选择整体研究的网格之前，可以对有代表性的剖面或油藏的一部分（三维）用疏密不同的网格作基础模型的运行。其结果有助于在可接受的低的数值弥散条件下选择最粗的网格。

在全油田模拟中，空间截断误差值可能影响井的产量、井筒生产压力和水油比、气油比的计算值。如果没有特殊的方法，模型就只能用网格块的平均压力和平均饱和度值来计算井的动态。但是，井的实际动态可能反映井附近的锥进、液体的析出或气体的逸出效应。井附近这一地带的大小可能比平面上网格块（Δx，Δy）的大小差二个数量级。于是，节点块的平均值也许不能为计算井的动态提供一个好的基础。对于在整个地层厚度上射开的井，这一问题可能是严重的，而对部分射开的井来说，甚至更为严重。

在垂向连通好、垂直方向上各相充分分离的情况下，可以用最简单方法补救这一问题。在这种情况下，可以用井的拟相对渗透率曲线。这些曲线反映了完井段的位置，并把井的动态与平均的节点块条件联系了起来。一个更加复杂的方法需要用与井的水油比、气油比和平均的节点条件有关的多变量的关系[117，118]。这些关系是通过多次运行在井附近用密网格的单井 $r-z$（径向-深度）模型得到的。这一问题最严格的处理方法是把对每口井作的一维径向或二维 $r-z$ 模拟与三维油田范围的模拟结合起来[119，120]。对任何一种给定的情况，模型本身可以用来通过比较单井的 $r-z$ 和有代表性的三维（油藏的一部分）模拟结果估计这一问题的严重性。

3. 油藏描述数据的不确定性

很明显，油藏描述数据的误差将引起模拟结果的误差。由于不可能精确地知道油藏描述数据，人们可以推断模拟的结果必定是有误差的和不可靠的。与这种推断相反，有许多理由使模拟的结果可以广泛应用于开发方式的选择和设计以及原油采收率的预测。

为了模型结果可靠而精确的确定所有油藏描述参数是不必要的。对任何油藏描述参数所要求的精确度与它对计算结果（油藏动态）的影响成正比。应该用模拟模型来做基本的敏感性分析以确定哪些描述参数是重要的。应该把人力和经费集中用来取得“敏感”的描述参数或提高其精度。对于不同的研究课颗，重要参数也会是不同的，它取决于油藏性质、开发方式和研究目的或问题。举例来说，如果计算的采收率对气相相对渗透率在大范围内变化不敏感，那么对这一曲线的精确度就不必多关心了。在重力驱动机理起控制作用的情况下，油相饱和度低或中等时的油相相对渗透率对原油采收率影响大，需要认真确定。气体粘度、相对渗透率和毛管压力实际上可能不起作用，它们的精确度没有多大影响。在一个相对纯净的、厚的高凸起砂岩中，在天然水驱或边水驱条件下，由于重力起控制作用及充分的相分离，所有相的相对渗透率都是不重要的。在这种情况下，重要的只是相对渗透率曲线的端点。然而，对较薄的或层状砂岩，在渗透率较低和（或）速度较高的情况下，油水相对渗透率曲线形状就更重要性了。在很多油藏研究中，毛管压力曲线是不重要的，但它在薄的、非均质亲水砂岩中对渗吸机理却起着控制作用。

在一些研究中，与模拟结果和描述参数的绝对精确性相比，工程师们更关心计算结果对这些数据变化的敏感性。研究比较不同开发方式的原油采收率就是一个例子。通过使油藏描述参数在估计的不确定性范围内变化，完成每一种开发方式的模型运算，由此得到的各种开发方式的排序（按效果排列）以及增加的原油采收率的差别可能是基本不变的。如果是这样，则不必要做很多历史拟合工作，所关心的只是油藏描述数据的精度应该在所估计的不确定性范围之内。另一个例子是就一种给定的开发方式作设计研究，选择最优的井网形式和规模、完井方式和开采速度。如上述模型运算，可能证明，为了达到这一研究目的，为确定油藏描述所要做的历史拟合和（或）实验室的工作量可能不大。

正如前面所提到的，通过历史拟合将改变油藏描述数据，使模型的结果与油藏动态数据更趋于一致。研究的目的还常常包括在油藏生产历史阶段不存在的驱替条件和没有实行的开发方式下的油藏动态估算。在这种情况下，某些对未来动态影响大的油藏描述参数在过去的动态中可能没有反映出来。一个在无水驱的自然衰竭方式下开采了近四十年的重油油藏就是一个例子。该油藏溶解气很少，而且隙间水饱和度不可流动。由于大幅度压力递减通过水的膨胀和孔隙度的降低，使水可以流动，含水率达到了 50%。该油藏的动态数据包括了许多井的水油比、气油比和压力数据。影响这些数据的油藏描述参数仅仅是地层渗透率、压缩系数和临界气饱和度，在水饱和度稍高于 S_{wc} 条件下的水相相对渗透率以及在气饱和度稍高于 S_{gc} 条件下的气相相对渗透率。在历史拟合工作中所做的努力确定了这些参数的唯一一组值并取得了好的拟合效果，但是它并没有为估计水驱和蒸汽吞吐或蒸汽驱的采收率提供必需的有关整条相对渗透率曲线的任何资料。在这种情况下，就需要在实验室测定相对渗透率曲线，并在现场进行水驱或热采的先导性试验。

通过实验室的工作和井的压力测试工作，可以估计在动态数据中没有反映出来的某些油藏描述参数。应用这些参数与由历史拟合确定的其它参数进行模型运算，可以在所研究的范围内估算各种不同开发方式下的原油采收率。然后，根据模型结果和工程判断对一种或多种开发方式安排现场先导性试验。

关于用历史拟合方法得到的油藏描述数据的唯一性问题已争论了多年。要对这一问题作透彻的阐述需要长的篇幅和复杂的数学方法，这已超过了本章的范围。要论述这一问题需要仔细地定义一些术语，例如，把油藏描述参数定义为由 m 个数组成的有界数序列$\{x_i\}$，它代表所选择的分层渗透率和孔隙度，以及表征相对渗透率曲线的参数。设 N 个数的序列$\{d_j^*\}\{d_j\}$代表观察到的和模型计算的动态数据，这里 $d_j=d_j$（x_1，x_2，……x_m）。如果

$N>m$，每一个 x_i 影响一个或多个 d_j，而 dj 是$\{x_i\}$的独立函数（这里没有从数学意义上来定义），那么，除了很少的例外，唯一一组参数值$\{x_i\}$将使观测数据和计算数据之间的差别最小。改变层的划分，将给出物理上不同的参数组$\{\hat{x}_i\}$唯一的一组$\{\hat{x}_i\}$一般也将使观测数据和计算数据之间的差别最小。然而，对这两组参数所做的"试验"，观测数据的可对比拟合将承认不唯一性的看法。

实际上，由于研究经费预算和时间的限制，不可能对很多不同的参数值做试验，甚至在一个给定的参数组内，应用不同的参数值组合运行模型的次数也受到限制。在历史拟合工作中碰到的困难通常是要找出一个合理的油藏描述，以得到与历史数据拟合得好的结果。在差别大的油藏描述之间作选择都能得到好的拟合结果。一般通过努力都能克服这方面的困难。在任何情况下，所关心的问题不是油藏描述数据在绝对意义上的正确性和唯一性，而是参数值在其不确定性范围内的变化、在工程上的重要性。正如前面讨论过的，模型本身可以用来估计这一重要性。

七、模 拟 技 术

模拟技术大致上可分为模型的确定、模型公式、求解技术以及与数值弥散控制、粘性指进和网格方向影响有关的特殊技术等几个部分。模型的确定包括要解决的问题（过程）的技术要求、组分确定、质量迁移定律或表达式，流体 PVT 和岩石性质的处理，以及代表每一节点块质量守恒的有限差分方程组。这些方程通常是非线性的。在用这组方程求解压力、饱和度等变量之前，还必须把它们线性化，转换为线性代数方程组。"模型公式"这一术语即代表这一转换过程以及线性方程组的最后形式。在通常的意义下，这组方程能用矩阵形式表示为 $A\underline{P}=\underline{b}$，其中 A 是一个高度稀疏的、带状的 $N_b\times N_b$ 矩阵，而已知量 $\underline{b}$ 和未知量 $\underline{p}$ 是长度为 N_b 的列向量。有关油藏模拟的文章中相当一部分是论述线性方程组的迭代求解技术。

1. 模型公式

1959 年，Douglas 等人[16]对不可压缩二维二相流动提出了"跳蛙"式的和联立求解的公式。60 年代，很多作者[21~24]在这一联立求解公式的基础上描述了两相和三相的、二维和三维的黑油模型。1960 年，Store 和 Garder[18]以及 Sheldon 等人[17]引入了在黑油模型方程中消去饱和度导数以得到单一压力差分方程的概念。Fagin 和 Stewart[19]（1966 年）以及 Breitenbach 等人[20]（1968 年）描述了以这种隐式饱和度显式压力（IMPES）公式为基础的三相黑油模型。IMPES 公式在相对渗透率中的饱和度和组分是显式的，块间流动项中的浓度也是用显式表示的，在求解节点压力方程后再用显式更新每一节点块的相的饱和度和组分。

1969 年，Blair 和 Weinaug[121]发表了一个全隐式公式，其中所有节点块间的流动项和井产量的表达式都用隐式表示，这就要求同时求解模型的全部节点的 N 个方程。后来很多文章描述了这一隐式方法在黑油[122]、组分[31]和热采[39]模型中的应用。

1970 年，MacDonald[123]在油水两相情况下对 IMPES 方法的稳定性作了改进，他在求解压力方程后用块间流动项中的相对渗透率的隐式值（新的时间阶段或时间步末）来求解含水饱和度方程。Spillette 等人[124]把这一概念扩展到三相问题，并把这种方法叫做顺序隐式方法。

如果在一个时间步内，通过一个节点块的体积流量超过该块孔隙体积的一小部分，

IMPES 公式可能变得不稳定。稳定性更好的顺序隐式公式在节点块的体积流量与孔隙体积之比大时仍能保持其稳定性。隐式公式所容许的通过流量比要比顺序隐式公式大得多。每一时间步的计算量（或计算机费用）和时间步的尺寸从 IMPES 到顺序隐式到隐式公式都是逐步增加的。因为模拟一个给定的时间阶段的总费用是与每一时间步的计算工作量和时间步数目的乘积成正比的，所以这三种公式目前都在广泛使用。

对相邻节点组分差别很大的一些问题，顺序隐式公式在保持物质平衡上可能会碰到问题[125]。Meizerznk[126]提出了一种“稳定”的 IMPES 公式，它对 IMPES 方法稳定性的改进不如非序隐式方法，但减小了组分梯度大地带中的物质平衡误差。

Thomas 和 Thurnan[127]提出了一种自适应隐式公式，它允许不同的节点块有不同的隐式程度。各节点块的隐式程度还可以随时间步以及一个给定时间步中迭代次数的变化而变化。如前所述，隐式公式需要在所有节点上同时求解每个节点的 N 个方程。解方程的对应计算工作量正比于 N^3。因为对 IMPES 方法 $N=1$，所以对每一时间步隐式公式显然需要比 IMPES 多得多的计算时间。对于每一节点块，自适应隐式方法自己来判断（无需用户干涉）为了保持稳定性哪一个应变量（例如饱和度，压力，摩尔分数）需要隐式更新。对大多数油藏实际问题，多数节点块是一个方程，而每一节点块的方程的总平均数比 N 小得多。因此这一方法能用较小的计算费用获得隐式方法的稳定性，而且对计算机的贮存要求也减小很多。将来，这一方法的实现可能有助于提高各类模型的稳定性和效率。

单井锥进研究一般用径向密网格，在井附近的节点块很小而通过的流量与节点块孔隙体积的比很大。对于这一类研究，IMPES 方法是不合适的，而全隐式方法往往是最有效的[128]。对于油田范围的三维黑油问题，顺序隐式方法所用的总的计算时间通常比 IMPES 和全隐式的都小。目前用的典型黑油模型在作 1000 或更多节点的全油田模拟时是用 IMPES 方法，并有可供用户选择的顺序隐式方法。较小的黑油研究课题和剖面、锥进以及与大题目有关的敏感性研究，常用隐式方法。近年来的热采模拟器应用隐式公式。除一个例外[31]，近年来的组分模型都以 IMPES 方法为基础。

这里就三维两相（水和欠饱和油）流动对 IMPES 和全隐式方法作一说明。用 Blair 和 Weinaug[121]在描述他们的隐式公式中所用的 Newtow-Raphson 方程的形式来作说明。为清楚起见，忽略了岩石压缩性、重力和毛管力，相（组分）的产量是固定的，与压力和饱和度无关。“显式”和“隐式”是参照估算方程（5）左边的变量或项即块间流动项的时间阶段而言的。显式表示在时间步开始时，即 t_n 时（n 时间步）作估算，而隐式表示在时间步末，即 t_{n+1} 时（$n+1$ 时间步）作估算。于是，对每一节点块方程（5）的隐式公式是：

$$\Delta\left(T_w\Delta_p\right)-q_{pw}-\frac{V_p}{\Delta t}\left[b_wS_w-\left(b_wS_w\right)_n\right]\equiv f\left(S_w,\ p\right)=0 \tag{11a}$$

和

$$\Delta\left(T_o\Delta_p\right)-q_{po}-\frac{V_p}{\Delta t}\left[b_oS_o-\left(b_oS_o\right)_n\right]\equiv g\left(S_w,\ p\right)=0 \tag{11b}$$

式中　T——块间传导率；

p——压力；

q_p——P 相（油或水）的产量；

V_p——节点块孔隙体积；

Δt_p——时间步；

b_p——P 相地层体积系数的倒数，标准体积／地下体积；

S_p——P 相饱和度；

f，g——函数。

为清楚起见，所有项上的节点标号 i，j 和 k 都删去了。时间步 n 的所有项都可从前一时间步的计算中得到。时间步的下标不出现即表示缺省时间步 $n+1$。因此方程（11）中的所有项，即 T_w，T_o，b_w，b_o，S_w，S_o，p 都表示在 $n+1$ 时间步的未知量，对于所有 N_o 个节点，方程（11）是 $2N_b$ 个方程，有 $2N_b$ 个未知量$\{S_{wi,\ j,\ k,\ n+1},\ P_{i,\ j,\ k,\ n+1}\}$。对于一个具体节点块，方程（11）是 2 个方程，而有 14 个未知变量，即本节点块的一对和 6 个相邻节点块的 6 对（S_w，p）。这 6 个相邻节点块的未知量对（S_w，p）是由 Laplace 块间流动项引入的。油的饱和度不是另外的未知量，因为 $S_o=1-S_w$，而传导率和地层体积系数的倒数都是 S_w 和 p 的函数。

应用著名的 Newton-Raphson 迭代方法，由方程（11）得出：

$$f(S_w,\ p)\cong f(S_w^1,\ p^1)+\left(\frac{\delta f}{\delta S_w}\right)^1\delta S_w+\left(\frac{\delta f}{\delta p}\right)^1\delta p=0 \tag{12a}$$

和

$$g(S_w,\ p)\cong g(S_w^1,\ p^1)+\left(\frac{\delta g}{\delta S_w}\right)^1\delta S_w+\left(\frac{\delta g}{\delta p}\right)^1\delta p=0 \tag{12b}$$

式中 l 是迭代次数，上标 l 是指在（S_w^l，p^1），$\delta p\cong p^{l+1}-p^l$ 时作的估计，当 l 增加时，S_w^l，p^1，趋向于期望的 S_w，p 的值。由于前面已提到的函数依据于相邻节点块的未知变量，包含导数的项实际上是 7 个项的和，把方程（11）代入方程（12），作微分并重新整理，给出：

$$\Delta(T_{11}^1\Delta\delta S_w)+\Delta(T_{12}^1\Delta\delta p)-\frac{V_p}{\Delta t}b_w^1\delta S_w-\frac{V_p}{\Delta t}(S_w b_w c_w)^1\delta p+f(S_w^1,\ p^1)=0 \tag{13a}$$

和

$$\Delta\ (T_{21}^{1}\Delta\delta S_{w})\ +\Delta\ (T_{22}^{1}\Delta\delta p)\ +\frac{V_{p}}{\Delta t}b_{o}^{1}\delta S_{w}$$
$$-\frac{V_{p}}{\Delta t}\ (S_{o}b_{o}c_{o})^{l}\delta p+g\ (S_{w}^{1},\ p^{1})\ =0 \tag{13b}$$

或写成紧凑的矩阵形式:

$$\Delta\ (T\Delta P)\ -CP+R=0 \tag{14}$$

式中 T 和 C 是 2×2 矩阵，而 $\underline{P}$ 和 $\underline{R}$ 是 2×1 列向量:

$$T=\begin{Bmatrix}T_{11}T_{12}\\T_{21}T_{22}\end{Bmatrix}\quad C=\begin{Bmatrix}c_{11}c_{12}\\c_{21}c_{22}\end{Bmatrix}\quad \underline{P}=\begin{Bmatrix}\delta S_{w}\\\delta p\end{Bmatrix}\quad \underline{R}=\begin{Bmatrix}f^{1}\\g^{1}\end{Bmatrix} \tag{15}$$

系数 T_{11}，T_{21} 是从传导率中相对渗透率对饱和度的导数中产生的。从方程（13）中可以明显地看出矩阵 C 的元素（例如，$c_{12}=V_p/\Delta t\ (S_wb_wc_w)$）。压缩系数（$c_w$，$c_o$）是通过定义 $c=\ (1/b)\ db/dp$ 出现的。

对所有节点块写方程（14），即得有 N_b 个未知变量$\{\underline{P}_{i,\ j,\ k}\}$由 N_b 个线性抛物型差分方程组成的一个方程组。接着是要用直接解或迭代解的技术来解这一方程组，新的迭代是由$S_w^{l+1}=S_w^{l}+\delta S_w$，$p^{l+1}=p^{l}+\delta_p$ 来计算的。对（S_w^{l+1}，p^{l+1}）要对所有节点块重新计算方程的系数，然后再次求解方程（14）。这样的外迭代或者叫牛顿迭代要继续进行下去，直到所有节点的$\{|\delta S_w|,\ |\delta p|\}$的最大值小于某一规定的容限为止。术语“内迭代”是指在一次给定牛顿迭代中用迭代求解技术解方程（14）时所作的迭代。

IMPES 公式对传导系数作显式处理，使方程（11）中的第一项是 $\Delta\ (T_{wn}\Delta p)$ 和 $(T_{on}\Delta p)$，这里的 T_{wn} 和 T_{on} 是由已知的 n 时间步的饱和度来计算的。因此在应用方程（12）时传导系数对邻点饱和度的导数为 0，方程（13）将被下列方程所代替:

$$\Delta\ (T_{wn}\Delta\delta p)\ -\frac{V_{p}}{\Delta t}b_{w}^{1}\delta S_{w}$$
$$-\frac{V_{p}}{\Delta t}\ (S_{w}b_{w}c_{w})^{1}\delta p+f\ (S_{w}^{1},\ p^{1})\ =0 \tag{16a}$$

和

$$\Delta\ (T_{on}\Delta\delta p)\ +\frac{V_{p}}{\Delta t}b_{o}^{1}\delta S_{w}$$
$$-\frac{V_{p}}{\Delta t}\ (S_{o}b_{o}c_{o})^{1}\delta p+g\ (S_{w}^{1},\ p^{1})\ =0 \tag{16b}$$

用 B_w^1 和 B_o^1 分别乘方程（16a）和（16b），然后相加，可消单一饱和度变量 δS_w，得到：

$$B_w^1\Delta\left(T_{wn}\Delta\delta p\right)+B_o^1\Delta\left(T_{on}\Delta\delta p\right)$$
$$-\frac{V_p}{\Delta t}\left(S_wc_w+S_oc_o\right)^1\delta p+B_w^1f^1+B_o^1g^1=0 \qquad (17)$$

式中 B——地层体积系数，$1/b$。

这是一组 N_b 个单个的或标量的线性抛物型差分方程组成的方程组，有 N 个压力未知变量$\{\delta p_{ijk}\}$。如前所述，要做多次外迭代或者叫牛顿迭代以更新压力值，在每次迭代后要重新计算系数。在收敛以后，饱和度 S_w 是由方程（11a）（在第一项中用 T_{wn}）按节点逐个地显式求解的。方程（17）可以写成更简单的形式：

$$\Delta\left(T\Delta\delta p\right)-c\delta p+r=0 \qquad (18)$$

式中 T，δp，c 和 r 都是标量。

2.求解技术

对所有 N_b 个节点块写的方程（18）可用矩阵形式表示为：

$$\underline{A}\,\underline{P}=\underline{b} \qquad (19)$$

这里 A 是一个非对称稀疏 $N_b\times N_b$ 矩阵，而 $\underline{P}$ 是 $N_b\times 1$ 列向量$\{\delta p_{ijk}\}$。直接解法（高斯消去法）和迭代方法都能用来解方程（19）。直接解法所需要的计算工作量对矩阵 A 中非零元素的位置有很强的依赖性。而非零元素的位置又依赖于 N_b 个节点块的线性排列或编号。一种排列只是线性排序 $m=1, 2, \cdots\cdots N_b$ 和节点排序$\{i, j, k\}$，$i=1, 2\cdots\cdots N_x$，$j=1, 2, \cdots\cdots N_y$，$k=1, 2\cdots\cdots N_z$ 之间的一对一的对应关系。这里“自然”排列这一术语是指节点首先按最短方向，其次按次短方向，最后按最长方向的连续编号。举例来说，如果 $N_x>N_y>N_z$，则：

$$m=k+(j-1)N_z+(i-1)N_yN_z \qquad (20)$$

Breitenbach 等人[129]、Peaceman[1] 和其他作者说明了矩阵 A 的对角线条带形式以及自然排列时直接解的最小工作量。

矩阵 A 的半带宽是 N_yN_z，直接解的计算工作量（乘法的数目）大致上与 $N_b\left(N_yN_z\right)^2$ 成正比。于是，当题目（N_b）增大时，与直接解法相比迭代法的优越性增加了。对于大的题目，迭代法所需要的计算机存贮量也大大少于直接解法。

Price 和 Coats[130] 基于对角线（D2）和交替对角线（D4）节点排序提出了减少矩阵带宽的直接解法。对于某些试验题目和迭代方法，他们指出在半带宽直到 30 左右时 D4 直接解与迭代解工作量之比小于 1。与自然排列相比，对二维和三维的情况，D4 排列能把直接解的计算工作量减少到$\frac{1}{4}$和$\frac{1}{6}$。Woo 等人[131] 提出了利用矩阵稀疏性优点的另外一些方法来减少直接解的工作量。尽管对直接解法作了这些改进，对大的油藏研究问题迭代解法仍比直接解法优越。

从60年代早期开始，Young[132, 133]提出的连续-超松驰（SOR）迭代方法就已用于模拟器中。块SOR（BSOR）方法，包括线的（LSOR）两条线的和平面的SOR方法是最通用的。BSOR方法在每一块内要用直接解，这就意味着在LSOR方法中对三对角矩阵必须用直接解法，而在平面SOR方法中要用直接解法求解5对角矩阵。当块的尺寸增加时，每次迭代的计算工作量增加，因为所增加的计算工作量与每块中的直接求解有关。但是一般收敛速度是加快了，而且总的迭代次数将随着块尺寸的增加相应减少。在一定的范围内，最优的块尺寸可以通过对每次迭代的工作量与迭代次数之间的权衡进行数学分析来确定[133, 134]。SOR方法一直很通用是因为该方法的程序容易编写、所需要的计算机存贮量小和能自动确定单一迭代参数的最优值。Varga[134]为确定这一参数描述了这种“强有力的方法”，Breitenbach等人[129]说明了它的应用。

1971年Watts[135]提出了一种改进的方法，以提高LSOR方法在高度各向异性问题中的收敛速度。高度各向异性是指在各个节点块上某一方向的传导率比其它方向上的大得多。Settari和Aziz[136]把Watts方法扩展到其它迭代解的技术中。

二维和三维的交替方向迭代方法（ADI）分别由Peaceman和Rachford[137]于1955年及Douglas和Rachford[138]于1966年提出。在整个60年代直到70年代，这些方法广泛地用于油藏模拟中。ADI方法需要一组迭代参数，在用数学分析方法对某些具体情况求出一组最优迭代参数的同时，实际油藏问题往往需要做一些试凑工作。

1968年Stone[139]提出了强隐式方法（SIP）；Weinstein等人[140]把SIP方法用于三维问题，该方法同样需要一组迭代参数。ADI方法所用的参数估算方法已证明对SIP是有用的，但对很多油藏研究，仍需要一些试凑工作或者说是有好处的。

大量的研究工作[129, 136, 139, 141]就各种试验问题和油藏问题对直接解、LSOR、ADI和SIP各种方法作了对比。没有一个明确的答案说明哪一种方法最好。各种方法的排序依赖于所研究的问题，因为它取决于矩阵A中系数（传导系数）值的变化范围和变化的方式(比如高度各向异性)。一般来说，最困难的油藏问题是其传导系数的变化范围非常大，而且这种大的变化比在整个模型中并不总是与一个特定的方向相联系的。在整个70年代SIP方法都被广泛地应用，而且目前仍在应用，因为在这些困难的情况下它往往比其它方法优越。

从70年代中期开始发表了许多文章[141~150]论述新型的迭代方法。这些方法基本上是把矩阵A近似分解为LU的乘积，接下来是迭代过程

$$LU\left(\underline{p}^{k+1}-\underline{p}^{k}\right)=\underline{r}^{k} \tag{21}$$

式中 L——下三角阵（对$j>i$，所有元素$l_{ij}=0$）；

U——上三角阵（对$j<i$，所有元素$U_{ij}=0$）；

k——迭代次数；

$\underline{r}^k$——$\underline{b}-A\underline{P}^k$。

用其轭梯度方法[141]，正交方法[143]或是其它的技术加快了收敛速度。由于下三角阵和上三角阵L和U的稀疏性及条带性，每次迭代求解方程（21）的工作量只是直接求解原

始问题[方程（19）]的很小一部分。

这些新的方法由于不需要迭代参数，而且功能比老方法强，看来很有吸引力。也就是说，它们通常显示出快的或合理的收敛速度，即使对用老方法失败或收敛很慢的油藏问题亦是如此。有两项研究[148, 150]证明了对传导率可能出现负值[151]的热采（蒸汽驱）问题的收敛。参考文献[141]至[150]都是涉及这一新的迭代方法的很好的文章，对这一问题感兴趣的读者应该认真参阅。

3.程序代码的向量化

在过去几年中计算机硬件的计算速度、存贮量和向量化能力都增长得非常迅速。举例说，Cray-1S 计算机提供了 4000000 个十进制字的存贮能力，但直到 1975 年使用的大部分机器有 100000 个字。最近制造的计算机，计算速度和速度价格比均增长得非常快。另外，CDC 和 Cray 公司超级计算机的向量处理能力使模拟器的代码向量化，从而大大提高了模拟器的效率。

由于计算机的容量、速度和向量处理能力的增长，使更大的油藏研究成为可行。直到 70 年代中期，大多数黑油研究只包括不到 3000 个节点。1986 年 Mrosovsky 等人[152]描述了用 16000 个实际节点对 Prudhoe 湾油田所做的研究。最近在超级计算机上已做了 30000 以上个节点的模拟研究。

向量处理技术已经对油藏模拟技术产生了很强的影响。由于更大的油藏研究成为可行，因而刺激了新的更快的迭代解技术的发展，有些文章[152～156]说明了程序代码向量化对降低计算机费用所起的作用，以及需要开发或重新设计能利用向量化好处的程序代码。

符 号 说 明

A——非对称、稀疏 $N_b \times N_b$ 矩阵；

A——$\Delta y_i \Delta Z_k$——与流动方向正交的横截面积；

b_p——P相地层体积系数的倒数，标准体积／地下体积；

C——2×2 矩阵；

C_{IJ}——在 J 相中 I 组分的浓度；

C_{IP}——P 相中 I 组分的浓度；

C_{NJ}——J 相中 N 组分的浓度；

f_{IJ}——J 相中 I 组分的浓度；

H_J——热焓，能量／摩尔；

k_{rp}——P 相的相对渗透率（$P=w$, o, g）；

L——下三角阵（对$j>i$，所有元素$l_{ij}=0$），见方程（21）；

L——相邻节点块中心间的距离，$(\Delta x_{i-1}+\Delta x_i)/2$，见方程（1）；

m——1，2，……N_b，线性排序编号；

N_b——总节点块数，$N_xN_yN_z$；

N_x——x 方向节点块数；

N_y——y 方向节点块数；

N_z——z 方向节点块数；

n——时间步，$t_{n+1}=t_n+\Delta t$；

P——$N_D\times1$ 列向量$\{\delta P_{ijk}\}$，见方程（19）；

P_{cgo}——气／油毛管压力；

P_{cwo}——水／油毛管压力；

q_I——I 组分块间流动速率，质量／时间；

q_{pI}——I 组分的质量流量；

q_{pp}——P 相（水或油）的流量；

R——2×1 列向量；

S_{gc}——临界气饱和度；

S_J——J 相饱和度；

S_{wc}——临界水饱和度；

T——块间传导系数，且 $T=2\times2$ 矩阵；

T_{IJ}——J 相中 I 组分流动时的块间传导系数；

T_{on}——在时间步 n 时原油的传导系数；

T_{wn}——在时间步 n 时水的传导系数；

U——上三角阵（对 $j<i$，所有元素 $u_{ij}=0$）；

U_J——内能，能量／摩尔；

V——节点块体积，$\Delta x_i \Delta y_j \Delta z_k$；

Δx——$x_{i-1}-x_i$，这里 x 是 p 或 z；

γ_p——P 相相对密度；

δ——时间差分算子，$\delta x \equiv x_{n+1}-x_n$；

μ_P——P 相粘度。

下标

i, j, k——节点块编号；
J——w, o, g 或 1, 2, 3；
n——步数。

上标
k——迭代数；
l——迭代数。

参 考 文 献

1. Peaceman, D.W.: *Fundamentals of Numerical Reservoir Simulation*, Elsevier Scientific Pub. Co., New York City (1977) .
2. Crichlow, H.G.: *Modern Reservoir Engineering—A Simulation Approach*, Prentice—Hall, Inc., Englewood Cliffs, NJ (1977) .
3. Aziz, K. and Settari, A.: *Petroleum Reservoir Simulation*, Applied Science Publishers, London (1979) .
4. Thomas, G.W.: *Principles of Hydrocarbon Reservoir Simulation*, second edition, Intl. Human Resources Dev. Corp., Boston (1982) .
5. Muskat, M.: *The Flow of Homogeneous Fluids Through Porous Media*, J.W. Edwards, InC., Ann Arbor, MI (1946) .
6. Muskat, M.: *Physical Properties of Oil Production*, McGraw—Hill Book Co. Inc., New York City (1949) .
7. Muskat, M.:" The Production Histories of Producing Gas—Drive Reservoirs," *J. Applied Phys.* (1945) 16, 147.
8. Katz, D.L.: "Methods of Estimating Oil and Gas Reserves," *Trans.*, AIME (1936) **118**, 18—32.
9. Buckley, S.E. and Leverett, M.C.:" Mechanism of Fluid Displacement in Sands," *Trans.*, AIME (1942) 146, 107—17.
10. Welge, H.J.: "A Simplified Method for Computing Oil Recoveries by Gas or Water Drive," *Trans*, AIME (1952) **195,** 91—98.
11. Odeh, A.S.: "Reservoir Simulation—What Is It?" *J. Pet. Tech.* (Nov.1969) 1383—88.
12. Staggs, H.M. and Herbeck, E.F.: "Reservoir Simulation Models—An Engineering Overview," *J. Pet. Tech.* (Dec.1971) 1428—36.
13. O'Dell, P.M.: "Numerical Reservoir Simulation: Review and State of the Art," paper presented at the 1974 National AIChE Meeting, Tulsa, OK, March 11—13.
14. Coats, K.H.: "Reservoir Simulation: State of the Art," *J. Pet. Tech.* (Aug. 1982) 1633—42.
15. Craft, B.C. and Hawkins, M.F.Jr.: *Applied Petroleum Reservoir Engineering*, Prentice—Hall, Inc., Englewood Cliffs, NJ (1959) .
16. Douglas, J.Jr., Peaceman, D.W., and Rachford, H.H., Jr.:" A Method for Calculating Multi—Dimensional Immiscible Displacement," *Trans.*, AIME (1959) **216**, 297—308.
17. Sheldon, J.W., Harris, C.D., and Bavly, D.: "A Method for General Reservoir Behavior Simulation on Digital Computers," paper SPE 1521—G presented at the 1960 SPE Annual Meeting, Denver, Oct, 2—5.
18. Stone, H.L. and Garder, A.O. Jr.: "Analysis of Gas—Cap or Dissolved—Gas Drive Reservoirs," *Soc. Pet. Eng. J.* (June 1961) 92—104; *Trans.*, AIME, 222.
19. Fagin, R.G. and Stewart, C.H. Jr.: "A New Approach to the TwoDimensional Multiphase Reservoir Simulator," *Soc. Pet. Eng. J.* (June 1966) 175—82; *Trans.*, AIME, 237.
20. Breitenbach, E.A., Thurnau, D.H., and Van Poolen, H.K.: "The Fluid Flow Simulation Equations," paper SPE 2020 presented at the 1968 SPE Symposium on Numerical Simulation of Reservoir Performance, Dallas, April 22—23.
21. Coats, K.H. *et al.*:" Simulation of Three—Dimensional, Two—Phase Flow in Oil and Gas

Reservoirs,"*Soc. Pet. Eng. J.* (Dec. 1967) 377–88; *Trans.*, AIME, 240.

22. Peery, J.H. and Herron, E.H. Jr.:"Three–Phase Reservoir Simulation,"*J. Pet. Tech.* (Feb. 1969) 211–20; *Trans.*, AIME, 246.
23. Snyder, L.J.:"Two–Phase Reservoir Flow Calculations."*Soc. Pet. Eng. J.* (June 1969) 170–82.
24. Sheffield, M.:"Three–Phase Fluid Flow Including Gravitational, Viscous and Capillary Forces." *Soc. Pet. Eng. J.* (June 1969) 255–69. *Trans.*, AIME, 246.
25. Zudkevitch, D. and Joffe, J.:" Correlation and Prediction of VaporLiquid Equilibria with the Redlich–Kwong Equation of State."*AlChE J.* (Jan. 1970) 16. 112–19.
26. Soave, G.: *Chem. Eng. Sci.* (1972) 27,1197.
27. Peng, D.Y. and Robinson, D.B.:"A New Two–Constant Equation of State,"*Ind. Eng. Chem. Fund.* (1976) 15, 59.
28. Martin. J.J.:"Cubic Equations of State–Which?"*Ind. Eng. Chem. Fund.* (May 1979) 18. 81.
29. Kazemi, H., Vestal, C.R., and Shank, G.D.:"An Efficient Multicomponent Numerical Simulator," *Soc. Pet. Eng. J.* (Oct. 1978) 355–68.
30. Fussell, L.T.and Fussell, D.D.:"An Iterative Technique for Compositional Reservoir Models," Soc. Pet. Eng. J. (Aug. 1979) 211–20.
31. Coats, K.H.:"A Equation of State Compositional Model,"*Soc. Pet. Eng. J.* (Oct. 1980) 363–76.
32. Nghiem, L.X., Fong, D.K., and Aziz, K.:"Compositional Modeling With an Equation of State," *Soc. Pet. Eng. J.* (Dec, 1981) 688–98.
33. Young, L.C. and Stephenson, R.E.:" A Generalized Compositional Approach for Reservoir Simulation,"*Soc. Pet. Eng. J.* (Oct. 1983) 727–42.
34. Gottfried, B.S.:"A Mathematical Model of Thermal Oil Recovery in Linear Systems,"*Soc. Pet. Eng. J.* (Sept. 1965) 196–210; *Trans.*, AIME, 234.
35. Shutler, N.D.:"Numerical Three–Phase Model of the TwoDimensional Steamflood Process." *Soc. Pet. Eng. J.* (Dec. 1970) 405–17; *Trans.*, AIME, 249.
36. Weinstein, H.G., Wheeler, J.A., and Woods, E.G.:"Numerical Model for Thermal Process," *Soc. Pet. Eng. J.* (Feb, 1977) 65–78; *Trans.*, AIME, 263.
37. Crookston, H.B., Culham, W.E., and Chen, W.H.:"A Numerical Simulation Model for Thermal Recovery Processes,"*Soc. Pet. Eng. J.* (Feb. 1979) 37–58; *Trans.*, AIME, 267.
38. Youngren, G.K.:"Development and Application of an In–Situ Combustion Reservoir Simulator," *Soc. Pet. Eng. J.* (Feb. 1980) 39–51.
39. Coats, K.H.:"In–Situ Combustion Model,"*Soc. Pet. Eng. J.* (Dec. 1980) 533–53.
40. Hwang, M.K., Jines, W.R., and Odeh, A.S.:"An In–Situ Combustion Process Simulator With a Moving–Front Representation,"*Soc. Pet. Eng. J.* (April 1982) 271–79.
41. Gogarty, W.B.:"Status of Surfactant or Miceller Methods,"*J. Pet. Tech.* (Jan. 1976) 93–102.
42. Johnson, C.E. Jr.:"Status of Caustic and Emulsion Methods,"*J. Pet. Tech.* (Jan, 1976) 85–92.
43. Pope, G.A. and Nelson, R.C.:"A Chemical Flooding Compositional Simulator," *Soc. Pet. Eng. J.* (Oct.1978) 339–54.
44. Todd, M.R. and Chase, C.A.:" A Numerical Simulator for Predicting Chemical Flood Performance,"*Proc.*, Fifth SPE Symposium on Reservoir Simulation (1979) 161–74.
45. Fleming, P.D. III, Thomas, C.P., and Winter, W.K.:" Formulation of a General Multiphase, Multicomponent Chemical Flood Model,"*Soc. Pet. Eng. J.* (Feb. 1981) 63–76.
46. Thomas, L.K., Dixon, T.N., and Pierson. R.G.:"Fractured Reservoir Simulation, "*Soc. Pet. Eng. J.* (Feb. 1983) 42–54.
47. Gilman, J.R. and Kazemi, H.:"Improvements in Simulation of Naturally Fractured Reservoirs,"*Soc. Pet. Eng. J.* (Aug. 1983) 659–707.

48. Blaskovich, F.T. *et al.*:"A Multicomponent Isothermal System for Efficient Reservoir Simulation," paper SPE 11480 presented at the 1983 SPE Middle East Oil Show, Manama, March 14–17.
49. Henderson, J.H., Dempsey, J.R. and Tyler, J.C.:"Use of Numerical Models to Develop and Operate Gas Storage Reservoirs,"*J. Pet. Tech.* (Nov, 1969) 1239–46.
50. Mann, L.D. and Johnson, G.A.:"Predicted Results of Numeric Grid Models Compared With Actual Field Performance."*J. Pet. Tech.* (Nov.1970) 1390–98.
51. Thomas, J.E. and Driscoll, V.J.:"A Modeling Approach for Optimizing Waterflood Performance, Slaughter Field Chickenwire Pattern,"*J. Pet. Tech.* (July 1973) 757–63.
52. "A Study of the Sensitivity of Oil Recovery to Production Rate,"*Proc.*, Alberta Energy Resources Conservation Board, No. 7511 (Feb. 1974) Schedule 1, Shell Canada Ltd.
53. Stright, D.H. Jr., Bennion. D.W., and Aziz, K.:"Influence of Production Rate on the Recovery of Oil From Horizontal Waterfloods."*J. Pet. Tech.* (May 1975) 555–63.
54. Thakur, G.C., *et al.*:"G–2 and G–3 Reservoirs, Delta South Field, Nigeria: Part 2—Simulation of Water Injection,"*J. Pet. Tech.* (Jan.1982) 148–58.
55. Graue, D.J. and Zana. E.T.:"Study of a Possible CO_2Flood in Rangely Field, Colorado,"*J. Pet. Tech.* (July 1981) 1312–18.
56. Bloomquist. C.W., Fuller, K.L., and Moranville, M.B.:"Miscible Gas Enhanced Oil Recovery Economics and the Effects of the Windfall Protit Tax,"paper SPE 10274 presented at the 1981 SPE Annual Technical Conference and Exhibition, San Antonio, Oct. 5–7.
57. Todd, M.R., Cobb, W.M., and McCarter, E.D.:"CO_2Flood Performance Evaluation for the Cornell Unit, Wasson San Andres Field,"*J. Pet. Tech.* (Oct. 1982) 1583–90.
58. Herrera, J.Q. and Hanzlik, E.J.:"Steam Stimulation History Match of Multiwell Pattern in the S1–B Zone, Cat Canyon Field," paper SPE 7969 presented at the 1979 California Regional Meeting, Ventura, April 18–20.
59. Williams, R.L.:"Steamflood Pilot Design for a Massive. Steeply Dipping Reservoir," paper SPE 10321 presented at the 1981 SPE Annual Technical Conference and Exhibition, San Antonio, Oct. 5–7.
60. Meldau, R.F., Shipley, R.G., and Coats, K.H.:"Cyclic Gas / Steam Stimulation of Heavy–Oil Wells,"*J. Pet. Tech.* (Oct.1981) 1990–98.
61. Gomaa, E.E., Duerksen, J.H., and Woo, P.T.:"Designing a Steamflood Pilot in the Thick Monarch Sand of the Midway–Sunset Field,"*J. Pet. Tech.* (Dec. 1977) 1559–68.
62. Moughamian, J.M., *et al.*:"Simulation and Design of Steam Drive in a Vertical Reservoir ,"*J. Pet. Tech.* (July 1982) 1546–54.
63. "Selection of Reservoirs Amenable to Micellar Flooding," First Annual Report, Dept. of Energy (Dec. 1980) BC / 00048–20.
64. Fayers, F.J., Hawes, R.I., and Mathews, J.D.:"Some Aspects of the Potential Application of Surfactants or CO_2as EOR Processes in North Sea Reservoirs,"*J. Pet. Tech.* (Sept. 1981) 1617–27.
65. deZabala, E.F., *el al.*:"A Chemical Theory for Linear Alkaline Flooding,"*Soc. Pet. Eng. J.* (April 1982) 245–58.
66. Patton, J.T., Coats, K.H., and Colegrove. G.T.:"Prediction of Polymer Flood Performance,"*Soc. Pet. Eng. J.* (March 1971) 72–84; *Trans.*, AIME, 251.
67. Todd, M.R. and Longstaff, W.J.:"The Development, Testing, and Application of a Numerical Simulator for Predicting Miscible Flood Performance,"*J. Pet. Tech.* (July 1972) 874–82; *Trans.*, AIME. 253.
68. Cook, R.E., Jacoby, R.H., and Ramesh, A.B.:"A Beta–Type Reservoir Simulator for Approximating Compositional Effects During Gas Injection,"*Soc. Pet. Eng. J.* (Oct, 1974) 471–81.

69. Patton, J.T., Coats, K.H., and Spence, K.:"Carbon Dioxide Well Simulation: Part 1—A Parametric Study," *J. Pet. Tech.* (Aug, 1982) 1798–1804.
70. Coats, K.H.:"Simulation of Gas Condensate Reservoir Performance," paper SPE 10512 presented at the 1982 SPE Reservoir Simulation Symposium, New Orleans, Feb. 1–3.
71. Coats, K.H.:"Simulation of 1 / 8 Five– / Nine–Spot Patterns," *Soc. Pet. Eng. J.* (Dec. 1982) 902.
72. Killough, J.E., *et al.*:" The Kuparek River Field: A Regression Approach to Pseudorelative Permeabilities." paper SPE 10531, presented at the 1982 SPE Symposium on Reservoir Simulation, New Orleans, Feb. 1–3.
73. Killough, J.E., *et al.*:"The Prudhoe Bay Field: Simulation of a Complex Reservoir," *Proc.*, Intl. Petroleum Exhibition and Technical Symposium, Beijing (1982) 777–94.
74. Jacks, H.H., Smith, O.E., and Mattax, C.C.:" The Modeling of a Three–Dimensional Reservoir With a Two–Dimensional Reservoir Simulator—The Use of Dynamic Pseudo Functions," *Soc. Pet. Eng. J.* (June 1973) 175–85.
75. Kyte, J.R. and Berry, D.W.:" New Pseudo Functions to Control Numerical Dispersion," *Soc. Pet. Eng. J.* (Aug.1975) 269–76.
76. Killough, J.E. and Foster, H.P. Jr.:" Reservoir Simulation of the Empire Abo Field: The Use of Pseudos in a Multilayered System." *Soc. Pet. Eng. J.* (Oct. 1979) 279–88.
77. Coats, K.H., Dempsey, J.R., and Henderson, J.H.:" The Use of Vertical Equilibrium in Two–Dimensional Simulation of Three–Dimensional Reservoir Performance." *Soc. Pet. Eng. J.* (March 1971) 63–71: *Trans.*, AIME. 251.
78. Hearn, C.L.:"Simulation of Stratified Waterflooding by Pseudo Relative Permeability Curves," *J. Pet. Tech.* (July 1971) 805–13.
79. Simon, R., Rosman, A., and Zana, E.T.:" Phase–Behavior Properties of CO_2–Reservoir Oil System." *Soc. Pet. Eng. J.* (Feb. 1978) 20–26.
80. Orr, F.M. and Silva, M.K.:" Equilibrium Phase Compositions of CO_2 / Hydrocarbon Mixtures—Part 1: Measurement by a Continuous Multiple–Contact Experiment." *Soc. Pet. Eng. J.* (April 1983) 272–80.
81. Orr, F.M., Silva, M.K., and Lien, C.:"Equilibrium Phase Compositions of CO_2 / Crude Oil Mixtures—Part 2: Comparison of Continuous Multiple–Contact and Slim–Tube Displacement Tests," *Soc. Pet. Eng. J* (April 1983) 281–91.
82. Katz, D.L. and Firoozabadi, A.:" Predicting Phase Behavior of Condensate / Crude–Oil Systems Using Methane Interaction Coefficients," *J. Pet. Tech.* (Nov 1978) 1649–55; *Trans.*, AIME, 265.
83. Yarborough, L.:" Application of a Generalized Equation of State to Petroleum Reservoir Fluids," *Equations of State in Engineering, Advances in Chemistry Series,* K.C., Chao and R.L. Robinson (eds.) , American Chemical Society, Washington, D.C. (1979) , 182, 385–435.
84. Whitson, C.H. and Torp, S.B.:" Evaluating Constant–Volume Depletion Data," *J. Pet. Tech.* (March 1983) 610–20.
85. Coats, K.H. and Smart, G.T.:"Application of a Regression–Based EOS PVT Program to Laboratory Data," paper SPE 11197, presented at the 1982 SPE Annual Technical Conference and Exhibition, New Orleans, Sept. 26–29.
86. Coats, K.H., Dempsey, J.R., and Henderson, J.H.:"A New Technique for Determining Reservoir Description from Field Performance Data," *Soc. Pet. Eng. J.* (March 1970) 66–74; *Trans.*, AIME, 249.
87. Thomas, L.K. and Hellums, L.J.:"A Nonlinear Automatic History Matching Technique for Reservoir Simulation Models," *Soc. Pet. Eng. J.* (Dec. 1972) 508–14; *Trans.*, AIME, 253.
88. Wasserman, M.L., Emanuel, A.S., and Seinfeld, J.H.:" Practical Application of Optimal–Control

Theory to History–Matching Multiphase Simulator Models," *Soc. Pet. Eng. J.* (Aug, 1975) 347–55; *Trans.*, AIME, 259.

89. Boberg, T.C., *et al.*:"Application of Inverse Simulation to a Complex Multireservoir System,"*J. Pet. Tech.* (July 1974) 801–08; *Trans.*, AIME, 257.
90. Watson, A.T., *et al.*:"History Matching Two–Phase Petroleum Reservoirs,"*Soc. Pet. Eng. J.* (Dec, 1980) 521–32.
91. Blair, P.M. and Peaceman, D.W.:"An Experimental Verification of a Two–Dimensional Technique for Computing Performance of Gas–Drive Reservoirs," *Soc. Pet. Eng. J.* (March 1963) 19–27; *Trans.*, AIME, 228.
92. Ridings, R.L., *et al.*:" Experimental and Calculated Behavior of Dissolved–Gas–Drive Systems," *Soc. Pet. Eng. J.* (March 1963) 41–48; *Trans.*, AIME, 228.
93. Mungan. N.:" A Theoretical and Experimental Coning Study," *Soc. Pet. Eng. J.* (June 1975) 247–54; *Trans.*, AIME, 259.
94. Kazemi, H. and Merrill, L.S.:"Numerical Simulation of Water Imbibition in Fractured Cores,"*Soc. Pet. Eng. J.* (June 1979) 175–82.
95. Lantz, R.B.: "Quantitative Evaluation of Numerical Diffusion (Truncation Error) ,"*Soc. Pet. Eng. J.* (Sept. 1971) 315–20; *Trans.*, AIME, 251.
96. Van–Quy, N., Simandoux, P., and Corteville, J.:"A Numerical Study of Diphasic Multicomponent Flow,"*Soc. Pet. Eng. J.* (April. 1972) 171–84; *Trans.*, AIME, 253.
97. Fussell, D.D., Shelton, J.L., and Griffith, J.D.:" Effect of ' Rich' Gas Composition of Multiple–Contact Miscible Displacement—A Cell–to–Cell Flash Model Study," *Soc. Pet. Eng. J.* (Dec. 1976) 310–16; *Trans.*, AIME, 261.
98. Harpole, K.J. and Hearn, C.L.:"The Role of Numerical Simulation in Reservoir Management of a West Texas Carbonate Reservoir," *Proc.*, Intl Exhibition and Technical Symposium, Beijing (1982) 759–76.
99. Heinemann, Z.E., *et al.*: " Using Local Grid Refinement in a Multiple–Application Reservoir Simulator,"*Proc.*, SPE Symposium on Reservoir Simulation, San Francisco (1983) 205–18.
100. Ewing, R.E., Russell, T.F., and Wheeler, M.F.:"Simulation of Miscible Displacement Using Mixed Methods and a Modified Method of Characteristics," *Proc.*, SPE Symposium on Reservoir Simulation, San Francisco (1983) 71–82.
101. Carr, A.H. and Christie, M.A.:"Controlling Numerical Diffusion in Reservoir Simulation Using Flux–Corrected Transport." *Proc.*, SPE Symposium on Reservoir Simulation, San Francisco (1983) 25–32.
102. Todd, M.R., O'Dell, P.M., and Hirasaki, G.J.:"Methods for Increased Accuracy in Numerical Reservoir Simulators,"*Soc. Pet. Eng. J.* (Dec. 1972) 515–30; *Trans.*, AIME, 253.
103. Coats. K.H., *et al.*:"Three–Dimensional Simulation of Steamflooding," *Soc. Pet. Eng. J.* (Dec. 1974) 573–92; *Trans.*, AIME, 257.
104. Yanosik, J.L. and McCracken, T.A.:" A Nine–Point, Finite–Difference Reservoir Simulator for Realistic Prediction of Adverse Mobility Ratio Displacements," *Soc. Pet. Eng. J.* (Aug. 1979) 253–62; *Trans.*, AIME, 267.
105. Abou–Kassem, J.H. and Aziz, K.:" Grid Orientation During Steam Displacement," paper SPE 10497 presented at the 1982 SPE Symposium on Reservoir Simulation, New Orleans, Feb.1–3.
106. Holloway, C.C., Thomas, L.K., and Pierson, R.G.:"Reduction of Grid Orientation Effects in Reservoir Simulation." paper SPE 5522 presented at the 1975 SPE Annual Technical Conference and Exhibition, Dallas, Sept.28–Oct.1.
107. Robertson, G.E. and Woo, P.T.:"Grid–Orientation Effects and the Use of Orthogonal Curvilinear

Coordinates in Reservoir Simulation" *Soc. Pet. Eng. J.* (Feb. 1978) 13–19.

108. Vinsome, P.K.W. and Au, A.D.K.: "One Approach to the Grid Orientation Problem in Reservoir Simulation" paper SPE 8247 presented at the 1979 SPE Annual Technical Conference and Exhibition, Las Vegas, Sept. 23–26.
109. Coats, K.H. and Ramesh, A.B.: " Effects of Grid Type and Difference Scheme on Pattern Steamflood Simulation Results," paper SPE 11079 presented at the 1982 SPE Annual Technical Conference and Exhibition, Neworleans,sept.26–29.
110. Bertiger, W.I. and Padmanabhan, L.: "Finite–Difference Solutions to Grid Orientation Problems Using IMPES." paper SPE 12250 presented at the 1983 SPE Symposium on Reservoir Simulation. San Francisco, Nov. 16–18.
111. Shah, P.C.: " A Nine–Point Finite Difference Operator for Reduction of the Grid Orientation Effect," paper SPE 12251 presented at the 1983 SPE Symposium on Reservoir Simulation, San Francisco, Nov.16–18.
112. Coats, K.H. and Modine, A.D.: " A Consistent Method for Calculating Transmissibilities in Nine–Point Difference Equations," paper SPE 12248 presented at the 1983 SPE Symposium on Reservoir Simulation, San Francisco, Nov. 16–18.
113. Frauenthal, J.C., Towler, B.F., and diFranco, R.: "Reduction of Grid–Orientation Effects in Reservoir Simulation By Generalized Upstream Weighting," paper SPE 11593 presented at the 1983 SPE Symposium on Reservoir Simulation, San Francisco, Nov. 16–18.
114. Pruess, K. and Bodvarsson, G.S.: " A Seven–Point Finite–Difference Method for Improved Grid Orientation Performance in Pattern Steamfloods," paper SPE 12252 presented at the 1983 SPE Symposium on Reservoir Simulation, San Francisco, Nov. 16–18.
115. Emmanuel, A.S. and Cook, G.W.: " Pseudo–Relative Permeability for Well Modeling," *Soc. Pet.Eng. J.* (Feb. 1974) 7–9.
116. Chappelear, J.E. and Hirasaki, G.J.: "A Model of Oil–Water Coning for Two–Dimensional, Areal Reservoir Simulation," *Soc. Pet.Eng. J.* (April. 1976) 65–72; *Trans.*, AIME, 261.
117. Woods, E.G. and Khurana, A.K.: " Pseudofunctions for Water Coning in a Three–Dimensional Reservoir Simulator," *Soc. Pet.Eng. J.* (Aug. 1977) 251–62.
118. Addington, D.V.: " An Approach to Gas–Coning Correlations for a Large Grid Cell Reservoir Simulator," *J. Pet. Tech.* (Nov.1981) 2267–74.
119. Akbar, A.M., Arnold, M.D., and Harvey, A.H.: " Numerical Simulation of Individual Wells in a Field Simulation Model" *Soc. Pet.Eng. J.* (Aug. 1974) 315–20.
120. Mrosovsky, I. and Ridings, R.L.: " Two–Dimensional Radial Treatment of Wells Within a Three–Dimensional Reservoir Model," *Soc. Pet.Eng. J.* (April. 1974) 127–31.
121. Blair, P.M. and Weinaug, C.F.: "Solution of Two–Phase Flow Problems Using Implicit Difference Equations," *Soc. Pet.Eng. J.* (Dec. 1969) 417–24; *Trans.*, AIME, 246.
122. Bansal, P.P. *et al.*: " A Strongly Coupled, Fully Implicit, Three–Dimensional, Three–Phase Reservoir Simulator," paper SPE 8329 presented at the 1979 SPE Annual technical Conference and Exhibition, Las Vegas, Sept 23–26.
123. MacDonald, R.C. and Coats, K.H.: " Methods for Numerical Simulation of Water and Gas Coning," *Soc. Pet.Eng. J.* (Dec. 1970) 425–36; *Trans.*, AIME, 249.
124. Spillette, A.G., Hillestad, J.G., and Stone, H.L.: "A High–Stability Sequential–Solution Approach to Reservoir Simulation," paper SPE 4542 presented at the SPE 1973 Annual Meeting, Las Vegas, Sept. 30–Oct. 3.
125. Coats, K.H.: "A Highly Implicit Steamflood Model," *Soc. Pet.Eng. J.* (Oct. 1978) 369–83.
126. Meijerink, J.A.: " A New Stabilized Method for Use in IMPES–Type Numerical Reservoir

Simulators," paper SPE 5247 presented at the 1974 SPE Annual Meeting, Houston. Oct. 6–9.

127. Thomas, G.W. and Thurnau, D.H.: "Reservoir Simulation Using an Adaptive Implicit Method," *Soc. Pet.Eng. J.* (Oct. 1983) 759–68.

128. Trimble, R.H. and McDonald, A.E.: "A Strongly Coupled, Fully Implicit, Three–Dimensional, Three–Phase Well Coning Model," *Soc. Pet.Eng. J.* (Aug. 1981) 454–58.

129. Breitenbach, E.A., Thurnau, D.H., and Van Poollen, H.K.: "Solution of the Immiscible Fluid Flow Simulation Equations," *Soc. Pet.Eng. J.* (June. 1969) 155–69.

130. Price H.S. and Coats, K.H.: "Direct Methods in Reservoir Simulation," *Soc. Pet.Eng. J.* (June 1974) 295–308; *Trans.*, AIME, 257.

131. Woo, P.T., Roberts, S.J., and Gustavson, F.G.: "Application of Sparse Matrix Techniques in Reservoir Simulation," *Sparse Matrix Computations*, J.R Bunch and D.E. Rose (eds.) , Academic Press Inc., Washington, D.C. (1976) 427–38.

132. Young, D.M.: "The Numerical Solution of Elliptic and Parabolic Partial Differential Equations," *Survey of Numerical Analysis*, J. Todd (ed.) , McGraw–Hill Book Co. Inc. New York City (1963) 380–438.

133. Young, D.M.: *Iterative Solution of Large Linear Systems*, Academic Press Inc., Washington, D.C. (1971) .

134. Varga, R.S.: *Matrix Iterative Analysis*, Prentice–Hall, Inc., Englewood Cliffs, N.J. (1962) 322.

135. Watts, J.W.: " An Iterative Matrix Solution Method Suitable for Anisotropic Problems," *Soc. Pet.Eng. J.* (March. 1971) 47–51; *Trans.*, AIME, 251.

136. Settari, A. and Aziz, K.: "A Generalization of the Additive Correction Methods for the Iterative Solution of Matrix Equations," *Soc. Ind Appl, Math. J. Number Analysis* (1973) 10, 506–21.

137. Peaceman, D. W. and Rachford, H.H.: " The Numerical Solution of Parabolic and Elliptic Differential Equations," *Soc. Ind. Appl. Math. J.* (1955) 3, 28–41.

138. Douglas, J. and Rachford, H.H.: "On the Numerical Solution of Heat Conduction Problems in Two and Three Space Variables," *Trans.*, American Math. Soc. (1956) 82, 421–39.

139. Stone, H.L.: " Iterative Solution of Implicit Approximation of Multidimensional Partial Dfifferential Equations," *Soc. Ind. Appl. Math. J. Number Analysis* (1968) 5, 530–58.

140. Weinstein, H.G., Stone, H.L., and Kwan, T.V.: " Iterative Procedure for Solution of Systems of Parabolic and Elliptic Equations in Three Dimensions," *IEC Fundamentals* (1969) 8, 281–87.

141. Watts, J.W. III: "A Conjugate Gradient–Truncated Direct Method for the Iterative Solution of the Reservoir Simulation Pressure Equation" *Soc. Pet.Eng. J.* (June. 1981) 345–53.

142. Hestenes, M.R. and Stiefel, E.: "Methods of Conjugate Gradients for Solving Linear Systems." *J. of Research* (1952) **49**, 509–36.

143. Concus, P. and Golub, G.H.: "A Generalized Conjugate Gradient Method for Nonsymmetric Systems of Linear Equations." Report STAN–CS–76–535, Stanford U., Stanford, CA (Jan 1976) .

144. Vinsome, P.K.W.: "Orthomin, an Iterative Method for Solving Sparse Banded Sets of Simultaneous Linear Equations," paper SPE 5729 presented at the 1976 SPE Symposium on Numerical Simulation of Reservoir Performance, Los Angeles, Feb. 19–20.

145. Meijerink, J.A. and Van Der Worst, H.A.: "An Iterative Solution Method for Linear Systems of Which the Coefficient Matrix is a Symmetric M–Matrix," *Math of Comp.* (Jan, 1977) 148–62.

146. Kershaw, D.S.: "The Incomplete Cholesky–Conjugate Gradient Method for the Iterative Solution of Systems of Linear Equations." *J. Compt. Physics* (1978) **26**, 43–65.

147. Young, D.M. and Jea, N.C." Generalized Conjugate Gradient Acceleration of Nonsymmetric Iterative Methods." *Linear Algebraic Applications* (1980) **34**, 159–94.

148. Tan, T.B.S. and Letkeman, J.P.: "Application of D4 Ordering and Minimization in an Effective

Partial Matrix Inverse Iterative Method." paper SPE 10493 presented at the 1982 SPE Symposium on Reservoir Simulation, New Orleans, Feb. 1–3.

149. Behie, A. and Forsyth, P.A.: "Practical Considerations for Incomplete Factorization Methods in Reservoir Simulation." paper SPE 12263 presented at the 1983 SPE Symposium on Reservoir Simulation, San Francisco. Nov. 16–18.

150. Wallis, J.R.: "Incomplete Gaussian Elimination as a Preconditioning for Generaiized Conjugate Gradient Acceleration." paper SPE 12265 presented at the 1983 SPE Symposium on Reservoir Simulation, San Francisco, Nov, 16–18.

151. Coats, K.H.: " Reservoir Simulation: A General Model Formulation and Associated Physical / Numerical Sources of Instability," *Boundary and Interior Layers— Computational and Asymptotic Methods*, J.J. Miller (ed.) , Boole Press Dublin (1980) 62–76.

152. Mrosovsky, I., Wong, J.Y., and Lampe, H.W.: "Construction of a Large Field Simulator on a Vector Computer," *J. Pet. Tech.* (Dec, 1980) 2253–64.

153. Woo, P.T.: "Application of Array Processor to Sparse Elimination," *Proc.*, paper SPE 7674 presented at the 1979 SPE Symposium on Reservoir Simulation, Denver, Jan. 31–Feb. 2.

154. Nolen, J.S., Kuba, D.W., and Kasic, M.J. Jr.: "Application of Vector Processors to Solve Finite Difference Equations." *Soc.Pet. Eng. J.* (Aug.1981) 447–53.

155. Calahan, D.A.: "Performance of Linear Algebra Codes on the CRAY–1," *Soc. Pet.Eng. J.* (Oct. 1981) 558–64.

156. Killough, J.E. and Levesque, J.M.: "Reservoir Simulation and the In–House Vector Processor: Experience for the First Year," paper SPE 10521 presented at the 1982 SPE Symposium on Reservoir Simulation, New Orleans, Feb. 1–3.

第五十二章　电　测　井

M.P.Tixier，Consulting Engineer❶

欧阳健　译

一、原　　理

测井是提供随深度连续记录井眼所穿过地层的某些特征数据的一种作业。这种记录称之为测井曲线，通常用磁带进行记录。

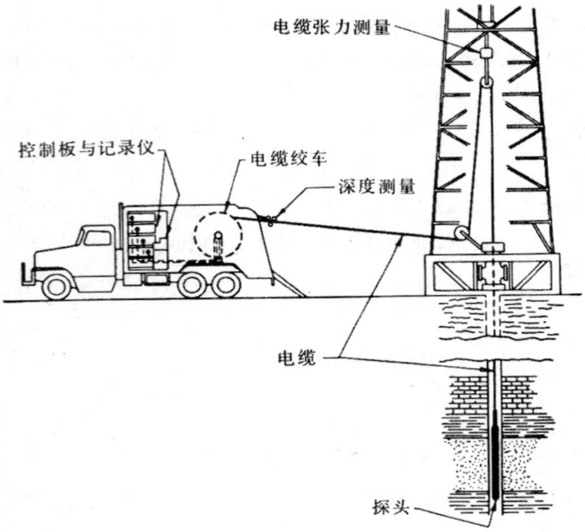

图 52.1　井上的测井电缆操作装置（示意图）

很多类型的测井曲线是通过称之为探头的相应井下仪器来进行记录的。探头接到电缆的一端并下到井眼中。测井电缆一般是安装在专用的测井车上（图 52.1），车上还装有记录仪器、电源和辅助设备。在井场上，通过探头沿着井移动来测量需要测量的参数。来自探头的测量信号通过宽缆中的导线传输到地面进行连续记录并产生测井曲线。

电测井是测井的一个重要分科。实际上，它是记录井内裸眼部分地下地层电阻率（或是它们的倒数，即电导率）曲线，通常和井眼所产生的自然电位（SP）同时记录。

电测井被认为是油气勘探与开发中最有效的仪器之一。当钻完井的时候，或是钻开某个层段时，为了迅速和经济地获得所穿过地层的全部记录资料，必须进行电法测井。这种记录对地层地质对比和探测、评价可能的生产层段有直接意义。由电测井曲线得到的信息同时可以用地层的井壁取心或其他可利用的电缆测井仪器所取得的井眼研究资料进行补充[井斜测量、井径测量、倾角测量、温度测量、放射性（自然伽马、密度、中子、能谱）测量、声波测量和电缆式地层测试器等]。

正如以后所述，为了在不同条件下获得尽可能多的信息，设计和使用了不同类型的电阻率测量系统，例如常规方法（电位和梯度）、感应测井（IL）、侧向测井（LL）、微电阻率测井和电磁波传播测井。表 52.1 给出了一些测井公司所使用的各种测井仪的名称。

❶1962年的本章作者包括现在这一章的作者，H.G.Dou， M, Martin和F. Segsmen。

表 52.1　各服务公司测井术语表

Schlumberger 公司	Gearhart 公司	Presser Atlas 公司	Welex 公司
电测井	电测井	电测井	电测井
感应电测井[IEL]	感应电测井	感应电测井	感应电测井
感应球形聚焦测井(ISF)			
双感应球形聚焦测井	双感应侧向测井	双感应聚焦测井	双感应测井
三侧向测井(LL3)	三侧向测井	聚焦测井	三侧向测井
双侧向测井	双侧向测井	双侧向测井	双侧向测井
微测井(ML)	微电测井	微测井	接触测井
微侧向测井(MLL)	微侧向测井	微侧向测井	F_oR_{xo} 测井
邻近测井(PL)		邻近测井	
微球形聚焦测井(MSFL)			
井眼补偿声波测井	井眼补偿声波测井	井眼补偿声波测井	声波速度测井
长源距声波测井		长源距声波井眼补偿声波测井	
水泥胶结变密度测井	声波水泥胶结测井系统	声波水泥胶结测井	微地震测井
伽马−中子测井	伽马−中子测井	伽马−中子测井	伽马−中子测井
井壁中子孔隙度测井	井壁中子孔隙度测井	井壁超越中子测井	井壁中子测井
补偿中子测井(CNL)	补偿中子测井	补偿中子测井	双源距中子测井
热中子衰减时间测井		中子寿命测井	
双源距热中子衰减时间测井(TDT)		双探测中子测井	
补偿地层密度测井	补偿密度测井	补偿密度测井	密度测井
岩性密度测井			
高分辨倾角测井	四电极倾角测井	倾角测井	倾角测井
地层层间测试器			
重复式地层测试器	选择性地层测试器	重复式地层测试器	
井壁取样器	井壁取心器	井壁取心器	井壁取心器
电磁传播测井			
井眼几何形状测量仪	X−Y 井径仪	井径仪	井径仪
超长电极距测井			
自然伽马能谱测井		能谱测井	
普通能谱测井仪		C／O 测井	
井眼地震测量仪			
裂缝识别测井	裂缝识别测井		

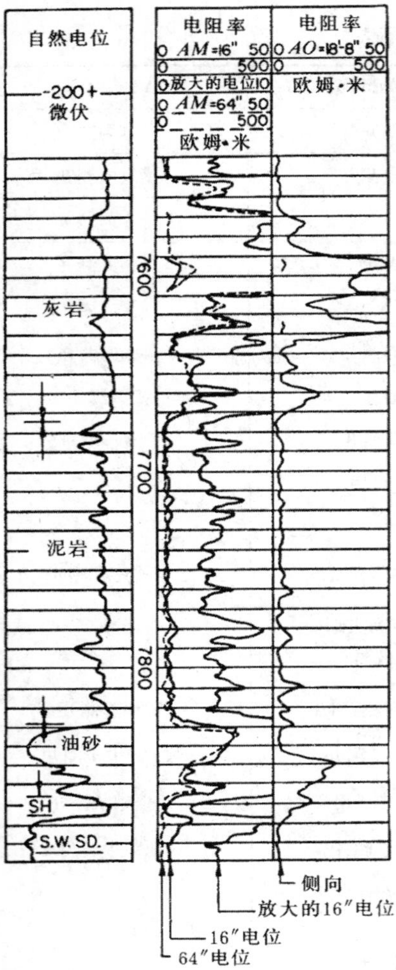

图 52.2 典型电测井曲线

标准电测井曲线的典型形态示于图 52.2。测井图的左面一道是 SP 曲线。中间道是以实线表示的一般的和放大灵敏度比例尺的 16 英寸短电位曲线（浅探测电阻率曲线），和 64 英寸的电位曲线（中探测电阻率曲线，以虚线表示）。右面道是 18 英尺 8 英寸的梯度测井曲线（深探测电阻率曲线）。

所记录的测井曲线和其它组合的电阻率测井方法尽管在原理上和性能上有所不同，但是它们有相似的形态。微电阻率测井曲线通常包含有微井径曲线（记录井的直径），这种曲线对探测渗透层是很有用的。最近，常用四种级对数比例代替前面所叙述的两道线性比例。

这些曲线都按所应用的若干相适应的灵敏度比例尺记录。通常的深度比例尺是 2 英寸 = 100 英尺（常规的）和 5 英寸 = 100 英尺（详细的）。也常常使用 1 英寸 = 100 英尺的更小的比例尺。还包括有大的详细的比例尺，当进行微测井和地层倾角测井时，要采用特殊的放大比例尺。在世界的很多地方，用公制深度比例尺而不用英制比例尺。

1. 地层电阻率

地层电阻率对于确定岩性和流体含量是很重要的。在油田实践中，除个别稀有金属如金属硫化物和石墨外，干岩石是很好的绝缘体，但当其中孔隙被水饱和时则导电。一般，地下地层由于孔隙中含水或吸附有粘土具有一定的可测量的电阻率。地层电阻率还取决于水所占据的孔隙空间的形状和连通情况。这些取决于地层的岩性，而储集层岩石，还取决于非导电物质石油或天然气的存在。

电阻率和电导率的单位：在电测井中通常测量电阻率。一个例外是感应测井，在感应测井中除记录电导率外，还记录它的倒数即电阻率。关于电磁波传播的测量在后面讨论。

在某一给定温度下电流流过物质的电阻率是在该物质的一立方体的对应面之间所测量的电阻。在电测井作业中，公制米被选作长度单位；电阻率单位则取做（欧姆 · 米）^{2} / 米，或更简便称为欧姆 · 米。

因为电导率是电阻率的倒数（$C=\frac{1}{R}$），所以电导率的单位应该是 1 / （欧姆 · 米），或欧姆 / 米。然而，由于这种单位需要广泛应用十进制小数，因而应用十分之一欧姆 / 米即毫欧姆 / 米。因此，电阻率为 10，100，或 1000 欧姆 · 米的地层，其电导率分别为 100，10 或 1 毫欧姆 / 米。

与矿化度和温度相关的地层水电阻率　电解质溶液的电阻率随着其化学物质的增加而降低。在任一给定的温度下，地层水的电导率或钻井泥浆的电导率取决于所溶解的化学物质的浓度和性质。

在大多数情况下，主要的溶解物是氯化钠（NaCl）；因此，根据浓度求电阻率一般采用NaCl换算图版（图52.3）。如果存在大量的其它化学物质，则可以把这些物质的浓度转换成相当于NaCl的浓度求电阻率。为了进行这种转换，对每种单个的离子浓度可用在表52.2中给出的乘数[百万分之几（ppm）或米^3／米^{3}按重量计算，或每加仑多少格令（格令加仑）或（千克／米^3）]，然后把乘积相加[1]。注意，以毫克／升表示和用ppm表示的浓度在高浓度时会有明显的不同。然而，当浓度低于大约50000ppm时，室温下用两种单位测量的结果可以互换使用，不会造成太大的误差。

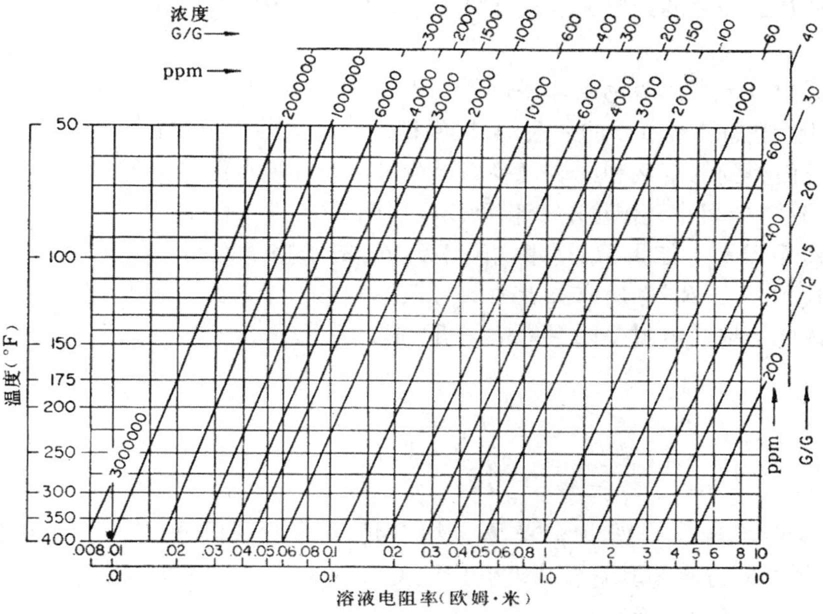

图52.3　不同温度时的NaCl溶液的电阻率和浓度的关系曲线

表52.2　阳离子和阴离子换算系数

阳离子		阴离子	
Na	1.0	Cl	1.0
Ca	0.95	SO_4	0.5
Mg	2.0	CO_3	1.26
		HCO_3	0.27

电介质溶液的电阻率随其温度的增加而减小。这一规律是相当重要的，因为地层的温度随深度而增大。

在进行钻井泥浆电阻率（在地面温度下测量的）和地层电阻率（在深井中的较高温度下测量的）和地层电阻率（在深井中的较高温度下测量的）比较之前，必须将所观测到的电阻率值换算到一个共同温度下的数值。温度换算由图52.3的方法来完成。图52.3表示矿化度和温度两者对NaCl溶液电阻率的影响。井下温度可以通过放到井下仪器中的最大读数温度计所获得的“井底温度”（BHT）计算出来。

地层水电阻率　地层水随地理位置、深度和地质年代变化明显。浅层水通常为淡水（没有盐），电阻率有时超 20～50 欧姆·米（在室温条件下）。它们也可以含有一定数量的钙盐和镁盐，通常称它们是“硬水”。在更深的地下，地层水往往含有更多的盐。在深井中，地层水电阻率有时相当于完全饱和（在 200°F 时电阻率为 0.014 欧姆·米。

在电测井解释中，了解地层水电阻率 R_w 是很重要的。R_w 可以根据 SP 曲线[方程（9）]的读数或根据生产中或钻杆中途测试中取的地层因素是已知的，也可以根据百分之百饱和水的渗透性地层电阻率 R_0 的测量计算出地层水电阻率[方程（1）和（2）]，R_w 也可根据地层水的分析，通过已经有的经验关系式计算出来。地层水电阻率已在第二十九章做了深入的讨论。

泥浆、泥饼和泥浆溶液的电阻率　泥浆电阻率 R_m，泥饼电阻率 R_{mc} 和泥浆溶液电阻率 R_{mf} 在测井解释中都是很重要的。R_m 可以根据泥浆样品的直接测量获得，R_{mf} 和 R_{mc} 可通过泥浆样品挤压而得到的溶液和泥饼直接测量获得，或者根据泥浆电阻率的平均统计资料计算出来[2, 4]。这些电阻率随温度的变化可以应用图 52.3 进行校正。

地层电阻率因素　如果 R_0 是用电阻率为 R_w 的水完全饱和的纯净地层（没有泥质）的电阻率，则比值 R_0/R_w 将是取决于地层岩性结构的一个常数，而与饱和水的电阻率 R_w 无关。这个常数就是地层电阻率因素 F_R，一般叫“地层因素”。

$$F_R=\frac{R_0}{R_w} \tag{1}$$

地层因素与孔隙度、岩性的关系　纯净地层的地层因素 F_R 可以通过一个形式为 $F_R=\alpha/\phi^m$ 的经验方程与其它孔隙度 ϕ 建立关系，其中 α 和 m 是常数；指数 m 有时称为胶结指数或系数，它随岩性而变化。

在作很多测井解释图时[2]，通常都是应用由 Winsauer[5] 等人提出的“Humble”公式:

$$F_R=\frac{0.62}{\phi^{2.15}} \tag{2}$$

最初由 Archie 提出的公式是:

$$F_R=\frac{1}{\phi^2} \tag{3}$$

它适合用于固结好的地层，如硬砂岩和石灰岩。

灰岩常含有和裂缝相连的孔洞，这就增加了其基础孔隙度。当孔洞和裂缝相隔很近，而与电阻率测量装置的源距相当时，方程（3）常常可以象在仅有粒间孔隙度的砂岩或灰岩情况下一样应用。虽然如此，为满足局部观测的需要，有时需要使用 $m>2$ 的数值。

泥质（含泥质）地层　泥质和粘土它们自已有孔隙，并且通常被矿化水所饱和。所以，它们有明显的电导率，而且其电导率通过泥岩骨架的离子交换导电而得到加强。(这种泥岩导电有时认为是导体导电的结果，虽然这种说法并不合适)。另一方面，泥岩的孔隙很小，其中的流体实际上是不可能流动的。因此，无论是以薄层状沉积的泥岩还是分散在砂岩隙间的泥岩，虽然可以增加地层的电导率，但不能增加地层的有效孔隙度。

泥质地层的电阻率和孔隙度之间的关系比纯净地层的更为复杂。由于增加了泥岩电导，当饱和水的电阻率变化时[6]，地层电阻率与水的电阻率之比（即地层因素）不再是一个常数。然而，如果泥质含量不太大，实验观测结果表明，对于足够低的水电阻率值，这个比值几乎是常数，泥岩的导电性与水相比似乎可以忽略不计，并且可以求出一个极限地层因素，如纯砂岩的地层因素，它和有效孔隙度近似的关系。

地层电阻率和饱和度之间的关系　当孔隙空间的一部分由绝缘物质如油或气占据时，岩石的电阻率 R_t 将大于它在 100%含水时的电阻率 R_0。这种岩石的电阻率是水所占据的孔隙体积（PV）分数的函数。

对于基本上纯净的地层，含水饱和度 S_w 与 R_t（含有烃和地层水的地层的电阻率，地层水的饱和度为 S_w）和 R_0（100%被同样的水饱和相同地层的电阻率）有关，由通常所说的 Archie 经验方程表示[7]。

$$S_w=\left(\frac{R_0}{R_t}\right)^{1/n} \tag{4}$$

n 的经验确定值范围在 1.7～2.2 之间，取决于地层的类型。经验表明，$n=2$ 可给出一个相当好的近似结果。合并方程（4）和（1），得:

$$S_w=\left(\frac{R_0}{R_t}\right)^{1/2}=\left(\frac{F_R R_w}{R_t}\right)^{1/2} \tag{5}$$

比值 R_t/R_0 有时叫做电阻率指数 I_R。因此，$S_w=(I_R)^{-1/n}$

当地层含有一些泥质或粘土时，由于隙间泥质引起的附加电导，地层电阻率和含水饱和度之间的关系变得更复杂[8, 9]。

地层电阻率范围-地层分类　粘土和泥岩具有孔隙，但是几乎是不渗透的地层，并且大多数此类地层经常是非常均匀的，电阻率相当低，并且在很长的层段里几乎是一个常数。致密的和不渗透的岩石，例如石膏、硬石膏、致密钙层或某些种类的煤，都有较高的电阻，因为它们有非常小的隙间水含量。

有孔隙和渗透性地层的电阻率，例如砂岩有很宽的变化范围，这取决于它们的岩性和流体含量。用电测井可以很容易地划分下列几类储集层:

软地层：这些地层主要是一些固结较差的砂／泥岩地层。砂岩的粒间孔隙度超过 20%。电阻率范围是从含盐水的砂岩 0.3 欧姆·米到饱和油的砂岩的几个欧姆·米。

中间地层：这些地层主要是中等固结砂岩，但也常常是石灰岩和（或）白云岩。储集层孔隙度一般都是粒间孔隙，范围大约从 15%～20%。这种储集层是夹有泥岩并且常常夹有致密岩石的互层。电阻率范围从 1 到大约 100 欧姆·米。

硬地层：这些地层主要是石灰岩和（或）白云岩，还有固结的砂岩。大部分由含有孔隙和渗透层的致密岩石和泥岩夹层所组成。储集层的孔隙度小于15%。通常是孔隙和渗透层含有裂缝和孔洞。电阻率范围从2～3欧姆·米到几百个欧姆·米。完全致密的地层，例如盐和硬石膏，其电阻率几乎是无限大。

各向异性：在很多沉积层中，矿物颗粒是扁平的或片状的，其方向和沉积作用相平行。电流沿着充满水的间隙传播很快，这些间隙大部分是平行于层理面的。所以，这些地层在各个方向上具有不同的电阻率。这种微观各向异性在泥岩中多半可以观测到。

此外，在电测井中，测量仪器的电极或线圈之间的距离要大，使测量的地层体积常常包括交互成层的电阻层和导电夹层层序。如果电流更容易沿着地层比垂直于地层更易流动，则地层具有宏观各向异性。

这两种各向异性会把它们各自的作用加到影响电阻率上去。沿着层理面测量的水平电阻率 R_H 始终是小于垂直的（直交的）电阻率 R_v。

电阻率测井的数值是水平电阻率 R_H，它受井眼的影响不明显[深感应测井（ILD），在一定条件下的侧向测井（LL），和比值 R_H/R_m 是低或中等值时的长梯度测井]。由于受井眼影响，短源距电极系的读数值通常大于 R_H[10]。

有泥浆滤液侵入的渗透性地层的流体和电阻率分布：由于泥浆的流体静压力通常保持大于地层的原始压力，泥浆滤液（强迫进入渗透层）会把替代井眼附近地带原来的地层流体。泥浆中的固体物质沉积到井壁上形成泥饼，趋向于妨碍和减少滤液的进一步渗入。

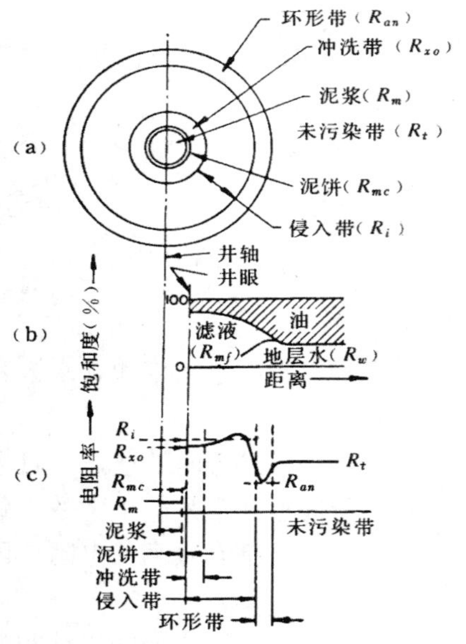

图 52.4　a.含油渗透地层横剖面图（$S_w<60\%$）；b.地层中流体的径向分布图（定性的）；c.电阻率的径向分布图

泥饼的厚度和性质取决于泥浆的种类和钻井条件，而不是地层。泥饼厚度 h_{mc} 一般在1/8英寸和1英寸之间。水基泥浆泥饼的电阻率 R_{mc} 大约等于1倍或2倍的泥浆电阻率 R_m。某些原油乳化泥浆的 R_{mc} 可能稍微大些。

图52.4a表示一个由井眼穿过的含油渗透性地层的示意剖面图。图52.4b和图52.4c表示地层中流体和电阻率的相应径向分布。

正如图52.4a中所指示的那样，不同的电阻率带可以分为：井眼里的钻井泥浆（电阻率 R_m）、泥饼电阻率 R_{mc}、冲洗带电阻率 R_{xo}、一个过渡带、在某种情况下的“环形带”电阻率 R_{an}（仅在一定的含油或含气地层中出现）和未污染带（电阻率 R_t）。侵入带（其“平均”电阻率为 R_i）包含冲洗带和过渡带。

侵入带：侵入带是井眼向外最靠近井眼的这一部分；其大部分原来的隙间水认为是被泥浆滤液冲洗走。在通常的侵入条件下，电阻率为 R_{xo} 的冲洗带被认为从井壁向外横展至少3英寸。也可能出现这种规律的例外情况。

如果地层是含水层，则冲洗带的孔隙中可以被泥浆滤液全部充满，纯净地层的 R_{xo} 几乎等于 $F_R R_{mf}$；F_R 是地层因素，R_{mf} 是泥浆滤液电阻率。

如果地层是含油层，则冲洗带含有一些残余油饱和度 S_{or}。根据方程（5），冲洗带含水

饱和度 S_{xo} 是:

$$S_{xo}=\left(\frac{F_R R_{mf}}{R_{xo}}\right)^{1/2}$$

或

$$R_{xo}=\frac{F_R R_{mf}}{S_{xo}^2} \tag{6}$$

式中 $S_{xo}=1-S_{or}$

在最大冲洗带 R_{xo} 的外边，有一个不同程度延伸的过渡带，它的性质取决于地层的特性，侵入速度和烃的含量。侵入带包括冲洗带和被滤液侵入的过渡带的一部分。在含水砂岩情况下和在高含水饱和度的含油砂岩情况下，侵入带一直扩展到未污染带 R_t。

虽然不能准确地确定侵入带的深度，但是，引入一个与电阻率为 R_i 的平均侵入带相应、称为"等效电侵入直径"因数 d_i 是很方便的，它对井眼中进行的测量的影响与侵入带相同。侵入深度是可变的，取决于泥浆的造壁特性、泥浆柱和地层之间的压力差、钻开地层后的时间、地层孔隙度、孔隙中存在的流体（水、油、气）的比例和性质、任一种隙间粘土与泥浆滤液的反应等。

在其它条件完全相同的情况下，孔隙度愈大，侵入的深度愈小。在高孔隙度砂岩中，采用一般的泥浆，d_i 很少超过 $2d_h$（d_h=井眼直径），但是，在低孔隙度地层中，例如固结的砂岩或灰岩中，它可以超过 $5d_h$，甚至 $10d_h$。有时，在渗透性很好的地层和在含气地层中，侵入可能非常浅。

在渗透性很好的地层中，当泥浆滤液和含盐的隙间水的相对密度有明显差异时，会发生重力分异效应，比较淡的滤液向地层的顶部聚集，从而导致在地层下部的侵入深度减小[11]。

裂缝地层的渗透率常常很大，因为裂缝的渗透率比它周围的基质物质的渗透率大很多。假设一个地层是由多孔隙相对不渗透的物质组成，其中含有大体平行的裂缝网络，泥浆滤液很容易侵入裂缝很深，驱赶走其中大部分原来的流体（油和地层水）。另一方面，基质本身很难被滤液侵入。由于裂缝只构成总的孔隙体积的很小一部分，因而赶走的仅仅是原来流体总体积中很小的一部分。所以，R_{xo} 和 R_t 几乎没有差别，R_{xo}/R_{mf} 比值也就不再表示地层因素的特性了。

环形带：含烃地层的侵入过程是复杂的。流体的分布要受两相渗透率、相对密度、流体粘度和毛管力等的影响。

当原始含水饱和度较低时（小于大约 50%），一个重要的特性是刚好在未污染带内侧出现一个环形带，主要含地层水和一些残余油。对这一环形带可解释为：泥浆滤液径向地渗入地层，向前驱扫可移动的油和地层水。在含油饱和度大的地层中，油的相对渗透率明显大于水的相对渗透率。所以，油运动得较快，在它后面的残留带（环形带）则富含地层水。

由于扩散、毛管压力、相对密度等的影响，所定义井的环形带是一个短暂的现象。尽管如此，现场测井经验似乎表明，在测井作业期间，这种环形带常常确实存在的。计算表明，环形带存在对有电极的仪器（电位、梯度和侧向测井）响应的影响实际上是可以忽略的。它对感应测井会有影响，可以应用合适的解释图版解决实际解释问题。

未污染带：对纯净地层，根据方程（5）可以得出：

$$R_t = \frac{F_R R_w}{S_w^2} \tag{7}$$

在一般情况下，R_{mf} 是 R_w 的 10 至 25 倍。因此，通过把方程（6）和（7）与一般的 S_w 和 S_{xo} 值相比，正如图 52.4c 所示，即使含油地层中，R_t 也总是小于 R_{xo}。

视电阻率：由于任何一种电阻率测量在某种程度上都受探头附近所有介质电阻率的影响（即泥浆、电阻率变化的地层各部分，如果测量地层是薄层则还有相邻地层），因而任何一种仪器记录的都是视电阻率。每种电阻率仪器都是经过刻度的，当探头在均匀介质中工作时（或者是在为特殊仪器规定、适合实际的条件下），视电阻率读数等于实际电阻率。

电阻率仪器的类型和要求：分析方程（1）、（2）、（5）和（6）的基本关系表明，确定 S_w 和 ϕ 要求知道 R_t 和 R_{xo}（或是在某些情况下 R_{xo} 不容易确定时用 R_i）。因此，为解决储集层评价问题，需要有不同探测深度的电阻率测井仪器，测得侵入带和未侵入带的电阻率值。常应用深、浅探测曲线读数，通过校正图版或离差曲线进行互相校正，从而获得较好的 R_t 和 R_i 值。

电阻率曲线的另一个作用是精确地识别地层边界，尤其是渗透层的地层边界。最后，希望读数不受泥浆或在薄层情况下不受邻近地层的影响。

“常规”电阻率测井仪器仅能部分地满足上述要求、应用微测井和聚焦测井可以得到明显的改进。

目前使用的电阻率测井仪器可以分成两类。

1）宏观测井仪，它所测得的电阻率数值来自探头周围大约 10 到 100 立方英尺的物质（常用于评价 R_t 与 R_i），它包括未聚焦的电极测井仪器、聚焦电极测井仪器和感应测井仪器。

2）微测井仪（也称贴井壁电阻率测井仪），它所测得的电阻率数值来自井眼周周接近井壁的几立方英寸的物质。由于电极是安装在紧贴到井壁上的绝缘橡胶的极板上，因而测量只是或多或少地受泥浆的影响。微测井仪有未聚焦的和聚焦的两种类型。

带有电极的电阻率测井仪可以应用于充满水或水基泥浆的井中，它提供电极和地层之间所需要的电连接。感应测井还可以用于空井中或是由不导电的油基泥浆所充满的井中。不同的电阻率测井仪在后面叙述。

二、自然电位（SP）测井

SP 测井是记录井中不同深度上泥浆内自然产生的电位。在充满水基或原油乳化泥浆的裸眼井中，用井内探头上的一个测量电极与地面一个固定标准电极测量 SP。

SP 曲线（图 52.2）一般是由一条多少有点偏移的直的基线（对应于泥岩），在对应于渗透层的井段出现峰值向左偏移的曲线。偏移的形状和幅度随地层而异。但是，偏移的大小和地层渗透率或孔隙度值之间没有明确的对应关系。

SP 曲线的主要用途是：1）探测渗透层；2）确定它们的边界（地层电阻太大除外）；3）对比上述地层；4）获得可靠的地层水电阻率值 R_w。

SP 的产生　在泥浆中测量的电位特性是由于 SP 电流流过泥浆时产生电阻降低引起的。如果泥浆导电很好，则这些电阻降低不明显，从而 SP 曲线变化太小而无法应用❶。

SP 电流的流动是由于在地层里或在地层和泥浆的边界上存在电动势（EMF）的结果。会产生 EMF 穿过渗透层泥饼的一种现象是电渗滤作用。泥浆滤液被迫通过泥饼会在其流动的方向上产生 EMF。根据实验[12]，穿过泥饼的 EMF 可能相当大，但穿过邻近泥岩也会产生电渗滤作用的 EMF。因此引起 SP 变化的电渗滤作用的净效应很小，在大多数情况下，对所有实用目的来讲已没有什么意义，这一结论已得到现场试验的证实❷。

]。穿过所有地层的井内充满导电（水基）泥浆，这种情况下，在泥岩之间的纯净砂岩中，总的电化学电动势 E_c 按以下的通路产生的：泥浆／泥浆滤液／地层水／泥岩／泥浆（图 52.5）。其中泥浆／泥浆滤液接触面产生的 EMF 实际上是零，因为虽然泥浆和其滤液的电阻率不同，但它们的电化学活动性相同。

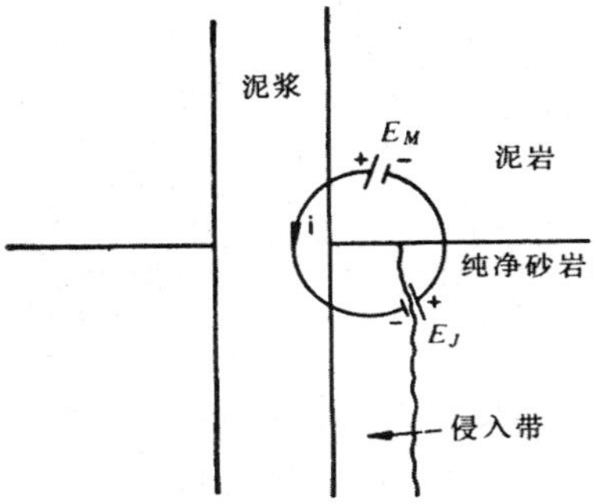

图 52.5　渗透层与邻层泥岩界面上的电化学通路和 SP 电流路径示意图

由“地层水／泥岩／泥浆”组成的这部分通路产生泥岩–薄膜电动势 E_M。“泥浆滤液／地层水”这部分产生流体接触电动势 E_J。对 NaCl（单价离子）溶液，在 75 °F 时，

$$E_M = 59\log_{10}\frac{a_w}{a_{mf}}$$

和

$$E_J = 12\log_{10}\frac{a_w}{a_{mf}}$$

式中　a_w 与 a_{mf} 分别为 75 °F 时地层水和泥浆滤液的化学活度；E_M 与 E_J 的单位是毫伏。E_n 与 E_J 之和为总的 E_c:

$$E_c = K_c\log_{10}\frac{a_w}{a_{mf}} \qquad (8)$$

式中　K_c——化学系数，在 75 °F 时等于 71。

如果假设地层水与泥浆滤液基本上是任何浓度的 NaCl，则方程（8）是通用的。K_c 值与绝对温度成正比。所以，在 150 °F 时，系数 K_c 是 81 而不是 71，而在 300 °F 时，K_c 为 101（图 52.6）。

❶在这种情况下，有时可以用能识别泥岩和非泥岩层的伽马测井曲线代替SP；

❷关于电渗滤作用的电动势或流动电位更详细的资料可以在参考文献[13～15]中查找。

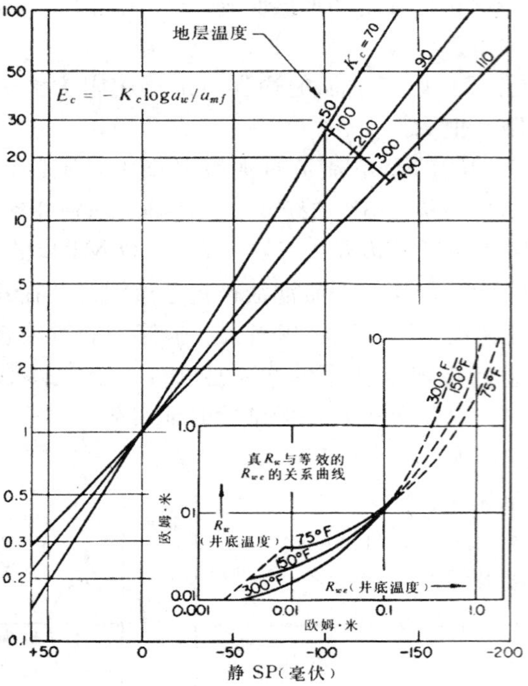

图 52.6　由 SP 确定 R_w，插入的真 R_w 与 R_{we} 关系图版应用平均组成的地层水

在通常情况下 a_w 大于 a_{mf}，由方程 (8) 可知 E_c 为正值。但是，如果 a_{mf} 大于 a_w，这相当于泥浆比地层水咸，则 E_c 为负值。在这种情况下，自然电位曲线在渗透层处出现反向偏转。

侵入对 EMF 产生的影响　在解释电化学电位时，假设不存在通过泥饼产生的泥岩型电位。在一般情况下，泥浆滤液浸泡着泥饼的两面而不会产生泥岩型电位。某些地层在泥饼的内侧仅有少量的泥浆滤液，这些少量滤液极易被地层水污染。在这种情况下，井内泥饼的一侧被滤液浸泡，泥饼的另一侧被污染过的具有不同活度的滤液浸泡，这将产生与主要泥岩电位具有相同极性的泥岩型电位，并将引起 SP 曲线减小，这就说明了在高渗透层中 SP 测井曲线随时间减小的原因[17]。由于重力分异作用和地层流体随时间的增加趋向于返回井眼，泥浆滤液会被返排出来。

相反，在低渗透的含水地层可以观察到 SP 测井曲线随时间增大的现象。在刚钻开地层时，只有一点滤液侵入地层并被地层水所污染。随着侵入的继续发展，越来越多的滤液侵入地层，泥饼的两侧都被泥浆液所浸泡。当泥饼不产生任何泥岩型电位时，厚的渗透性砂岩如记录的 SP 曲线可以说会达到最大值。

隙间泥质对 SP 的影响　渗透性地层泥质或粘土含量的不断增加会有效地导致 SP 曲线的减小。在极限条件，即当泥质含量为 100%时，E_c 为零；也就是砂岩已全部成为泥岩，并与其周围的泥岩毫无差别。

泥质砂岩中的原油会加强泥质的影响。在其它条件都相同时，含油泥质砂岩的总 E_c 将比含水泥质砂岩小。

在低孔隙度地层中，隙间泥质的影响也比较大、在这种情况下，只要有少量泥质就可使 SP 明显地减小。相反，只要泥质含量相当低，即不超过百分之几，那么，高孔隙度含水泥质砂岩的 E_c 实际上将保持等于纯净砂岩的 E_c。

1. 影响 SP 曲线的几何因素

SP 电流环流　各种 EMF 都对产生 SP 电流施加影响。SP 电流的路径用实线在图 52.7 上示意绘出。每一条电流线都环绕着泥浆、侵入带和未污染带的结合部。在通常情况下，即当地层水比泥浆含盐量高时，E_c 是正值，并且电流沿着箭头方向环绕。在井内泥浆中对着砂岩一点的电位相对于对着泥岩一点的电位是负的。

SP 电流沿途要克服地层和泥浆中的一系列阻力。沿着电流闭合线，总的欧姆-电位降必然等于各 EMF 的代数和。而且，总的电位降是在不同的地层与泥浆之间按沿途穿过的各相的电阻按比例划分的。

静 SP（纯净地层）和假静 SP（泥质地层） 为方便起见，假定一种理想情况，即用一个绝缘塞子置于井与侵入带处，阻止 SP 电流的流动，如图 52.7a（右图）所示。在此条件下，泥浆中的电位图如图 52.7a 左面的虚线所示，渗透层处的最大负偏转等于各种 EMF 的代数和，这是所能测到的最大的 SP。所以，把这一理论值作为参考是比较方便的。在纯净砂岩情况下，把它称作静 SP 即 E_{PSP}，如果砂岩是含泥质的，则把它称作假静 SP 即 E_{PSP}。

对于给定的泥浆和地层水的活度值，泥质砂岩的假静 SP 小于纯净砂岩的静 SP。比值 E_{PSP}/E_{PSP} 称为减小因素或减小比，并用符号 α_{SP} 表示。

SP 测井的记录只是泥浆中产生的电位降的一部分。当地层足够厚时，SP 的偏转幅度接近静 SP（或在泥质地层中接近 E_{PSP}）。这是由于地层本身对电流发生的电阻与井眼泥浆中的电阻相比是可以忽略的。

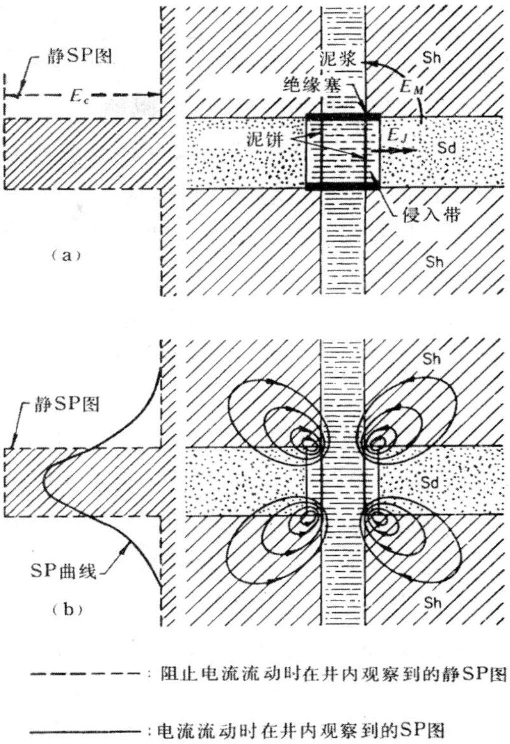

图 52.7 a.通过绝缘塞方法阻止电流流动（右）时在井内观察到的静 SP 图（左）；b.实际的 SP 图（左面的实线曲线）以及渗透层内和围绕渗透层的 SP 电流分布示意图

影响 SP 偏转的形状和幅度的因素 正如图 52.7b 所示，井内的电流不足是局限在渗透性地层处流动，而且，还要超出其边界不远的距离。因此，尽管在静 SP 曲线上渗透层的界面以形状突变显示，但在实际 SP 曲线上电位是逐渐变化的。对电流环流所作的分析指出，对电阻率均匀的地层来讲地层界面位于 SP 测井曲线上的拐点位置，这就提供了根据 SP 测井曲线确定地层厚度的一种方法。

影响 SP 偏转的形状和它的相对幅度（以 E_{PSP} 或 E_{PSP} 的分数表示）的因素有四种，它们决定着 SP 电流环境的条件。四种因素是 1）地层厚度；2）地层、邻层和泥浆的电阻率；3）井径大小；4）侵入深度。在所有其它因素相同的情况下，总的 EMF 的变化会影响 SP 测井曲线的偏移幅度，但并不能改变其基本形状。

泥浆电阻率和井径的影响 泥浆电阻率对 SP 曲线起主要影响。如果泥浆的矿化度大致与地层水的矿化度相同，则电化学 EMF 将很小。如果泥浆比地层水咸，则 SP 将出现反向（砂岩的偏转朝向测井的正值一侧）。而且，泥浆电阻率愈低（与地层电阻率比较），渗透层之上和之下的偏转宽度将愈大，而且由于泥浆中的欧姆电位降减小，SP 偏转的幅度也将减小。

井径增大的影响近似于地层电阻率与泥浆电阻率比值增加的影响。它趋向于使 SP 测井曲线的偏转变圆滑，并减小薄层处 SP 偏转的幅度。井径变小的影响与地层电阻率和泥浆电阻率比值减小的影响相同。

SP 还受泥浆不均匀的影响。在一定深度上泥浆矿化度的变化将引起该处 SP 基线的偏转。但在实践中发现这种泥浆矿化度变化是少有的。

侵入影响 通常，渗透层都被泥浆滤液侵入。由于泥浆滤液和隙间水的界面在地层中的某处，一部分 SP 电流直接从泥岩流入侵入带，并不穿过泥浆。因此，侵入带的存在对 SP 测井的影响类似于井径增大的影响。

软地层中的 SP 理论与现场经验表明，当渗透层较厚且地层电阻率与泥浆电阻率相比不算很高时，SP 的偏转幅度实际上等于静 SP（纯净砂岩）或等于假静 SP（泥质砂岩）。此外，SP 曲线可以精确地解释地层界面。薄层的 SP 偏转幅度小于静 SP 或假静 SP，并且层愈薄偏转愈小。

另一方面，当地层电阻率 R_t 明显地大于泥浆电阻率 R_m 时，SP 曲线变得圆滑，分层的精度降低。在其它所有条件都相同时，SP 的偏转幅度比 R_t / R_m 比值接近 1 时的幅度要小。

在泥质砂岩地层中，SP 曲线可能还受含油的影响。当经过泥质砂岩中的油／水界面时，SP 偏转幅度常发生变化。用这种变化来探测油层不一定是正确的，因为隙间水的矿化度减小或泥质含量增加都会引起相同的效应。

硬地层中的 SP 除了含油或含水的渗透层及不渗透的泥岩之外，硬地层的电阻率都很高。不同 EMF 产生的 SP 电流由泥岩层流入井内，并由井中流入渗透性地层。在此之间，它们主要流经泥浆而不流过靠近井孔的电阻地层，因为通过后者的路径提供大的电阻。但是，当具有电阻的地层有较大的剖面，因而有较低的电阻时，SP 电流可以从渗透层到泥岩形成完整的环流。它们无法通过相邻的渗透性地层返回泥浆，因为遇到了相反的 EMF。

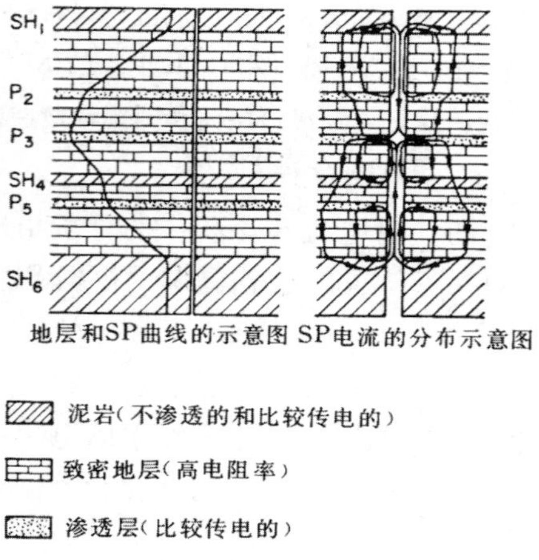

图 52.8 高阻地层的 SP 现象（示意图）

对应一个给定的电阻层，泥浆中的 SP 电流沿井眼基本上保持不变。这意味着在井内每单位长度上的电位降也是常数，因而 SP 曲线的斜率为一个常数，见图 52.8 中的 SP 直线段。在每一个导电的水平层位，某些 SP 电流将进入或离开泥浆，因而将改变 SP 测井曲线的斜率。例如，在水平的渗透层 P_2 处 SP 曲线的斜率将发生变化，因为有一部分电流将离开井孔流入地层[18]。

作为一般规律，在硬地层中，渗透层在 SP 上的特征是斜率变化或弯曲，其突出部分朝向测井曲线负值一边。泥岩的特征是弯曲的突出部分朝向测井曲线正值的一边。高电阻地层与 SP 曲线基本上为直线的部分相对应。

确定静 SP（SSP） SP 的偏转是相对于泥岩基线测定的。泥岩基线一般是沿着泥岩 SP 曲线极大值边缘给出的参考线。通常，泥岩线是直的且是垂直的❶。

在任何一口具体的井内，由于泥浆矿化度是常数，并和隙间水趋向于保持不变，在对比深度上常解释相同类型的渗透层有相同的最大 SP 偏转趋势。因此，通常有可能在测井曲线

❶现场经验证明，在某些地区泥岩基线可能出现偏移。有时在地质柱状剖面中，在相同的位置发现基线有系统的偏移，这样偏移可用作标志。

上沿着足够厚度的纯砂岩的最大负偏转给出一条平行于泥岩线的砂岩线。

很可能出现所有地层 SP 的峰值达到砂岩线这种情况，其原因是：1）地层水的电阻率实际是相同的；2）这些地层实际上都不含泥质；3）偏转幅度等于 SSP。对于薄层不可能按上述方法确定 SSP（或对于薄的泥质砂岩），由测井得到的 SP 数值必须用有关的图版进行校正，以求得 E_{SSP} 或 E_{PSP} [2]。

2. 由 SSP 确定 R_w

因为从砂岩到泥岩电渗滤电位的变化一般可忽略不计，因此，只要 SP"是充分发育的"，SSP 实际上等于相应的 $-E_c$ 值。

用下式代替方程（8）是相当方便的：

$$E_{SSP} = -K_c \log\frac{R_{mf}}{R_{we}} \tag{9}$$

式中　R_{we}——等效地层水电阻率。

图 52.6 中的图版给出了计算 R_{we} 的方法，而 R_w 是用图 52.6 在下方附加的图版方法由 R_{we} 求得的。这个附加图版中的实线对应高矿化度地层水，其中除 NaCl 之外的其它盐类实际上是可以忽略的。它们是由纯 NaCl 溶液的已知活度／电阻率关系确定的。附加图版中的虚线对应于低矿化度地层水，其中存在其它的盐类（氯化钙和氯化镁，硫酸盐和碳酸盐）是重要的，它们具有各自的活度值。这些曲线是由经验观测确定的，包括各种平均组成的地层水[19]。注意，对于中等矿化度（75℃时，$0.08 < R_w < 0.3$），R_{we} 值实际上等于 R_w。

在这里，泥浆滤液都取作 NaCl 溶液，并且实际上也都是这样做的，除非泥浆中含有石膏，$CaCl_2$ 或 NaOH。在这种情况下，用 SP 进行确定 R_w，需要测量泥浆的活度。为此，提供了一种现场分析仪器。

三、电阻率测井仪器❶

前面已经给出了一个电阻率测井仪器类型的基本分类。

电测井(ES)　在测井工作刚开始的 25 年中，除 SP 外，标准的 ES（图 52.2）一般包括三种常规（不聚焦的）电阻率曲线，即短电位曲线（电极 A 与 M 之间的距离为 16 英寸）、长电位（AM＝64 英寸）或短梯度（电极 A 到电极 M 与 N 的中点 O 的距离为 6～9 英尺）和标准梯度（AO＝18 英尺，8 英寸），所有测井曲线同时记录。在某些地区，例如二叠纪盆地（西德克萨斯和新墨西哥）短电位的电极距缩短到 10 英寸，并且采用石灰岩电极系代替长电位。目前，ES 测井已很少应用。但是很多年它都是标准测井。

感应–电测井（IES）（图 52.9 和图 52.10）　在淡水泥浆中，同时记录感应（电导率和电阻率）曲线、16 英寸短电位和 SP 曲线是测量低到中等电阻率地层的一种很好的组合。后来，聚焦电极系统取代了 16 英寸短电位，两个不同探测深度的感应测井也可以取代单感应。

聚焦电测井仪　在用很咸的泥浆钻的井中或在高电阻率地层中，应用侧向或双侧向测井

❶关于各服务公司仪器的名称，请参看表52.6。

和自然伽马仪器。这种组合仪器的最大优点是它还可与微电阻率测井组合测井。微电阻率测井一般包括微井径曲线（记录井孔直径，图 52.9 和图 52.10）。为了避免反复测井，上述仪器可以与孔隙度测井——声波、密度和中子测井组合。这些孔隙度测井将在其它章中讨论。

常规电阻率仪器　在测井开始的四分之一世纪内，只有电测井和 SP 是可用的常规测井。全世界每年在井内测上千条的测井曲线。自那以后，为了测出十分接近欲探测的 R_{xo} 和 R_t 数值，发展了各种新的测井方法。尽管如此，常规的 ES（包括 SP.16 英寸电位、64 英寸电位和 18 英尺、8 英寸梯度）仍在世界某些地区应用。由于这一原因以及对老的 ES 测井进行反复解释常能获得新的信息，本节将讨论 ES 测井的原理与响应。

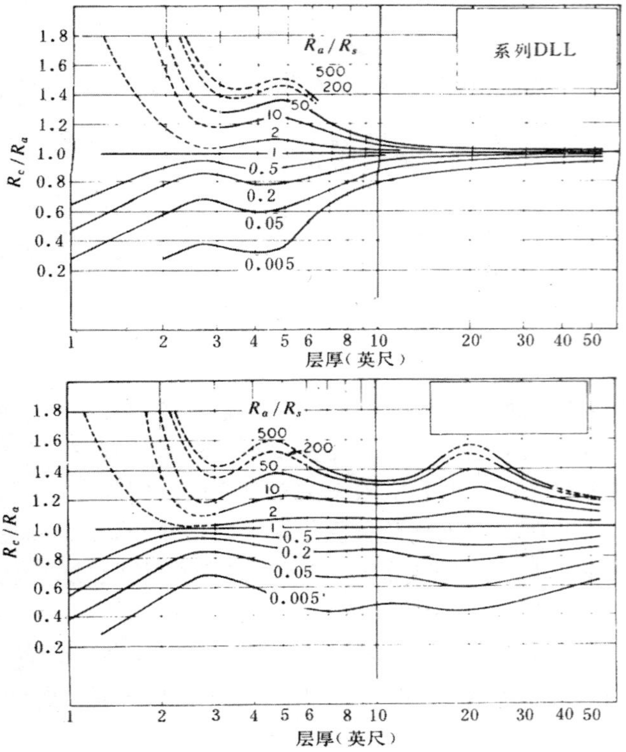

图 52.9　层肩校正，LLS（顶）和 LLD（底）

无限层厚，探头位于层中心，无侵入

梯度和电位测井的原理　常规电阻率测井是在电极 A 和 B（井下电极 A、井下或地面电极 B）间通已知强度的电流，并测量其它两个电极 M 与 N 之间的电位差。视电阻率与测量的电位差成正比。

对于电位测井，AM 的尺寸（1～6 英尺）与 MN、MB 和 BN 相比是短的。实际上，N 或 B 在井内 A 和 M 的上方很远处（图 52.11）。测量的电压实际上是相对无限远点的 M 电极电位（因为电流从 A 电极流出）。电位测井 AM 的尺寸是它的电极距，A 与 M 之间的中点是测量的记录点。

对于梯度测井，测量电极 M 与 N 相对于其它电极来讲是靠的很近的，并且它们在供电电极下面几英尺处。回路电极 B 在 A 电极之上很远处或在地面。测量的电压近似等于 MN 之间中点记录点 O 处的电位梯度。AO 的尺寸为梯度测井的电极距。两种排列示于图 52.12（其中供电与测量电极是互换的），作为测量电位（或电阻率）的数值它们是等效的。

曲线形状——实验结果　图 52.13 所示是对上下为低电阻层、位于中间的均匀电阻层实验得出的电位测井曲线。该曲线相对于层的中点呈对称形状。如果 M 在 A 之上而不是如图所示 A 在 M 之上，将记录相同的曲线。

图 52.13 的上图表明，电阻层厚度大于电极距（地层厚度 $h=6d_h$，$AM=2d_h$，d_h 为井径）。在地层界面处由于井的影响曲线趋于圆滑。而且，划分的地层厚度（在拐点 P 与 P′ 之间的厚度）小于实际厚度。电位曲线趋向于显示电阻层。比它的实际厚度小（显示电导层比它的实际厚度大）一个电极距 AM。短电极距的电位测井划分厚电阻层界面的误差小，这就是应用短电位测井的一个原因。

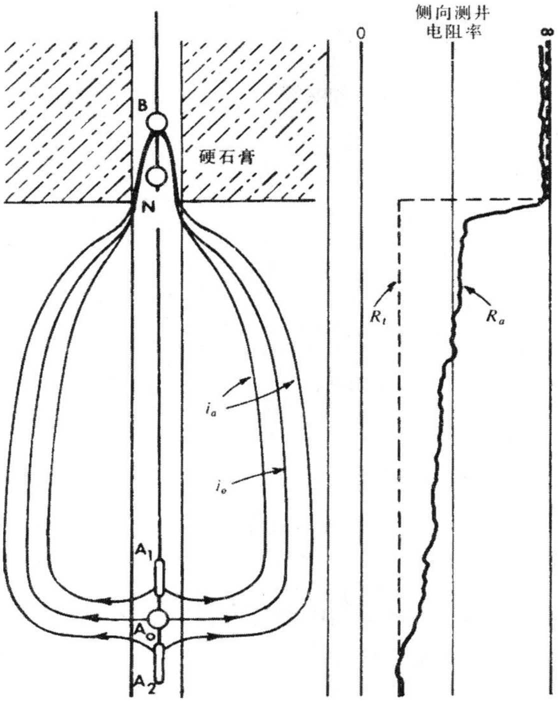

图 52.10 特拉华效应原理

如图 52.13 下图所示，当电阻层的厚度小于电极距时，所测曲线在对应该层如呈反向衰减，并且在其上下两边有一对对称的小尖峰 c 和 d。电位测井的主要不利条件是当地层的厚度小于电极距时，不管该层电阻率有多大，电位测井曲线均显示它是一个电导地层。

图 52.14 所示是梯度测井的同类曲线。梯度曲线明显不对称，它们的特征更为复杂。同样，由于井眼的影响界面处曲线的形状变得圆滑。当地层厚度大于电极距时，地层上部界面不易在梯度曲线上确定。而总的来看，地层好象下移了一个等于电极距 AO 的距离。

如图 52.14 下图所示，当电阻层的厚度小于梯度测井电极距时，梯度曲线显示为视电阻率“盲区”，再下面是一个“反射尖”，它与电阻层的底界有一个电极距 AO 的距离。当电阻薄层位于供电与测量电极之间时，就记录“盲区”。

梯度曲线有助于确定高电阻薄导的位置，虽然数个电阻薄层靠的很近时，解释可能很困难。在这种情况下，位于上部地层盲区内的下部薄层可能会被漏掉，而且也可能取错实际电阻薄层的反射尖。当电阻层的厚度几乎等于电极距（临界厚度）时，梯度测井曲线几乎完全是平的。

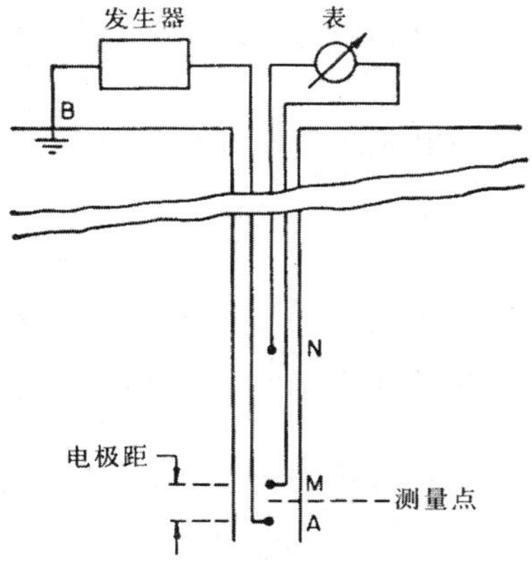

图 52.11 电位测井（示意图）

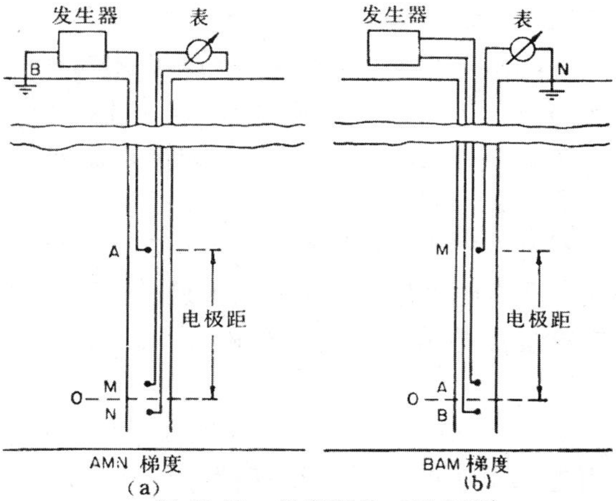

图 52.12 梯度测井（示意图）

类似的结论可能也适用于比邻层导电更好的地层所测量的梯度测井曲线。不管地层是厚还是薄，梯度曲线的形状都是不对称的，并且这些异常向下扩展到地层底界以外。地层厚度显得向下增加大约一个电极距 AO。

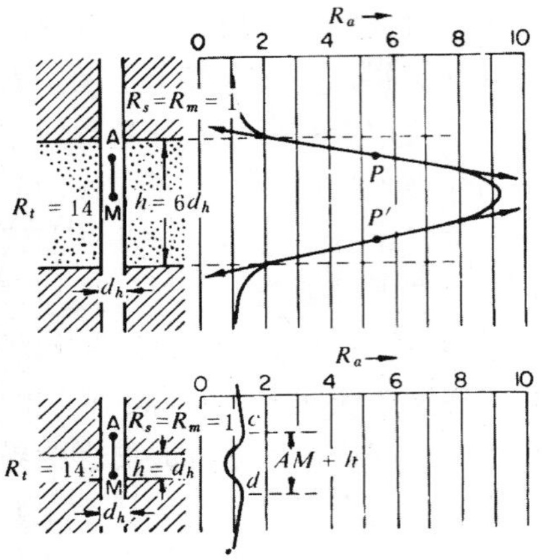

图 52.13 用电极距 AM＝2d 的电位电极测得的比邻层电阻高的未受侵地层的实验曲线

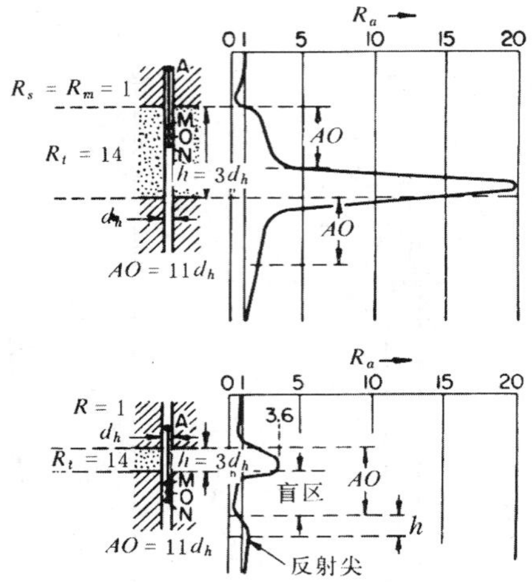

图 52.14 电极距 AO＝11d 的梯度测井实验曲线，所测层位为无泥浆滤液侵入的电阻高于邻层的地层

硬地层中的电位和梯度 图 52.15 是一个示意图，表示高电阻厚层中包含有孔隙性或泥质地层（有更高的导电性）时，电位和梯度测井的特征。在一个高电阻地层中，大部分电流由电极 A 向上或向下在井眼内流动，这两个途径的电流分流量与这两个途径的电阻成反比，这主要决定了供电电极与最近导电层之间井内泥浆柱的电阻。在各导电地层处，导电电阻取决于导电地层的厚度和电导率，通过井眼的电流具有低电阻通路。电位和梯度曲线的不对称形状，可以用电流不同大小向上和向下流经井内来解释。

例如电位测井，电极 M 和 N 在供电电极的上方。测量的电压是由于电流流过 M 和 N 之间的泥浆而在井眼中产生的欧姆电位降。当在靠近电阻层底部测井时，大部分电流向下流向电阻层下面的导电层，由于向上的电流小，在 M 与 N 之间只有很小的电位降。当进一步往上移动测井时，由于往下的通路电阻增加，因而向下的电流减小。同样，由于向上通路的电阻减小，因而向上的电流增大。所以，随着测井往上移动，M 与 N 之间的电位降增大，直至电极 N 移至下一个导电层为止。此时，经井内向上的电流改变了流向，在此层之上的电位测井数值减小。

对梯度曲线形状的解释与电位曲线类似，不论是哪一种测井，测井曲线不对称性的方向取决于测量电极是在供电极以上还是以下。测井曲线相对于导电层的数值下降是圆滑的，并且在梯度测井情况下，变宽和向下移动很多。要由这些曲线精确确定层界实际上是不可能的。

石灰岩电极系 四个供电电极（A、A′、B 和 B′）的连接如图 52.16 所示。电极之间用电阻很小的绝缘电线连接，对称排列，使 AB＝A′B′，测量电极 M 位于它们的中间，深度是从测量电极 M 算起。实际应用时，AM＝A′M＝30 英寸或 35 英寸，AB＝A′B′＝4 英寸或 5 英寸。所以，电极系是对称的双梯度。

当对应一个厚的高阻地层（图 52.17 的上部）时，实际上全部电流都是在 AB 之间和 A′B′ 之间流过，没有电流从 B 和 B′ 往井内远离电极的上和下方流去。因此，根据欧姆定律，B 和 B′ 是零电位。同样，M 与 A 和 A′ 的电位相同。

这样，由于电流在 A 和 B（或 A′ 和 B′）之间流动 M 的电位样等于在泥浆中的电位降。只要电极系的全部电极处在相应的高阻地层中，这一电位差就仅仅和井眼尺寸及泥浆电阻率有关；如果这些是常数，则所记录的视电阻率是不变的。

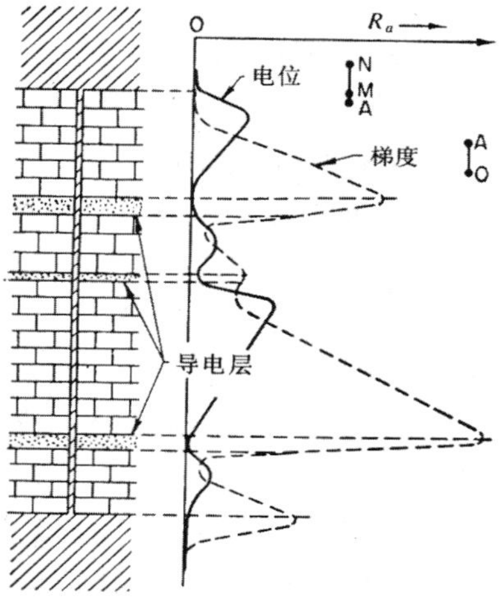

图 52.15　硬地层中电位和梯度测井的响应（定性的）

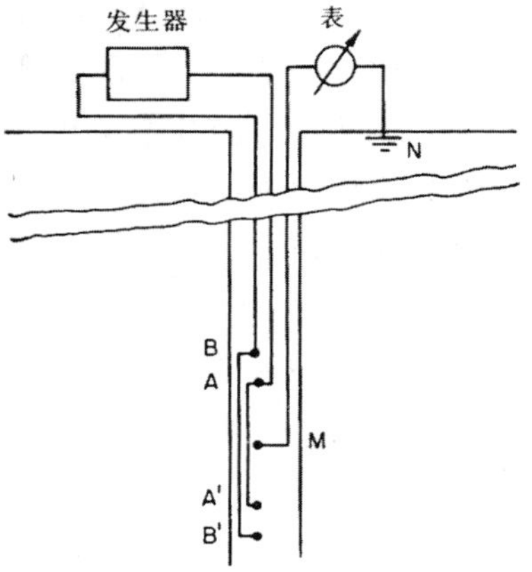

图 52.16　石灰岩电极系（示意图）

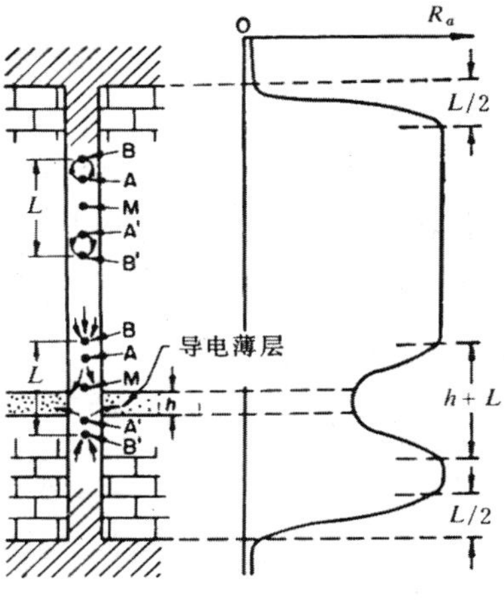

图 52.17　石灰岩电极系原理（示意图）

如果电极系刚好位于导电薄层之上（如图 52.17 的下部所示），则这一薄层将起低电阻地层的作用，把电极系附近部分和零电位点连接在一起。现在部分电流将按箭头所指示的路径流动，M 电极的电位将相应降低。在测井曲线上，一个相对急剧变化的对称降低幅度表示这一导电薄层。

在硬地层中，石灰岩电极系会给出更清晰和更简单的测井曲线，但石灰岩电极系测井受泥浆柱的影响很大。当地层的电阻比泥浆大很多时，测井数值明显地低于地层的电阻率。

常规电阻率测井的应用　为了提供非聚焦宏观测井系统更完善的资料，设计了三种常规电测井电极系（16 英寸电位，64 英寸电位和 18 英尺 8 英寸梯度）。

短电位测井很适合用于地层划分，边界确定，和低或中等电阻率地层（砂-泥岩剖面）的对比。在薄的电阻地层部位，梯度曲线一般显示为急剧变化的尖峰，但这些地层的划分常常受盲区和假峰的影响。

电位和梯度曲线划分地层的精度在硬地层中受限制，并且，当使用盐水泥浆时，是相当差的。在所有情况下，利用 IL 和聚焦测井（LL），以及利用微电极测井，可以更详细和更精确地划分地层。在硬地层中，16 英寸电位和石灰岩电极系可以提供 R_i 的近似值，因而，为计算地层因素提供一种方法。常规测井仪器确定 R_t 的能力，在本章的后面讨论。

四、感应测井

最初发展感应测井（IL）是为了在充满油基泥浆的井中测量地层电阻率[20]。电极测井在这些不导电泥浆中无法工作，曾试图应用刮壁电极，未取得令人满意的结果。经验很快证明，在用水基泥浆钻井的井中测井，感应测井比常规的 ES 测井有很多优点[21]。

感应测井是聚焦测井，它可将井眼周围地层的影响减到最小。设计了深探测的和减少侵入带影响的感应测井仪。

1. 原理

实际的感应测井仪是由好几个发射器线圈和接收器线圈组成的一个系统。然而，可以考虑仅用一个发射器线圈和一个接收器线圈所组成的线圈系（图 52.18）来了解它的工作原理。

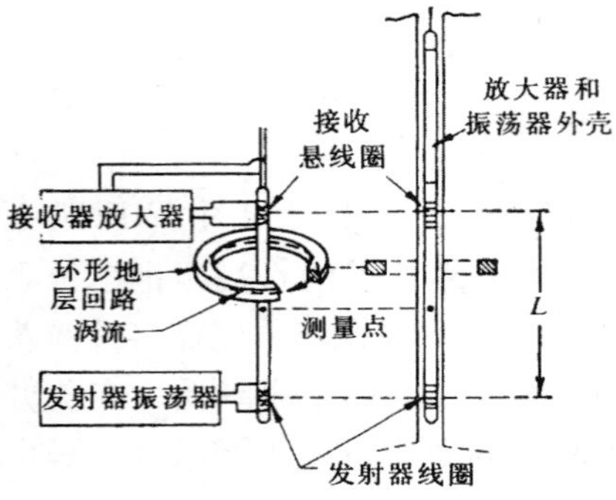

图 52.18　感应测井仪原理示意图

强度不变的高频交流电流 AC 通过发射器线圈发出。这样形成的交变磁场在地层中产生感应的次生电流。这些电流在与发射器线圈同轴的环形地层回路中流动。这些地层环电流再产生磁场，这些磁场在接收器线圈中感应出信号。感应的接收器信号基本上和地层的电导率成正比。发射器线圈和接收器线圈直接耦合而产生的任何信号都通过测量电路抵销。

当井内流体是绝缘体，甚至是空气或天然气时，对 IL 测井作业是有利的。但是，当井内充满的导电泥浆不很咸，地层电阻不太大，井眼直径也不是很大的时候，恰当地设计仪器也将会获得好的效果。

2. 仪器

目前使用的感应测井仪有四种类型：

(1) 6FF40IES 感应测井仪包括一个主线圈距为 40 英寸的六线圈系感应探头、一个 16 英寸的电位和一个 SP 电极。这种感应系统提供的径向探测深度是目前应用感应测井工具能达到的最大深度。

(2) 6FF28IES 感应测井系统是用于小井眼的小直径（$2^5/_8$ 英寸）仪器。它是 6FF40 按比例减小而成的，主线圈距是 28 英寸，并且与一个 16 英寸的标准电位和一个 SP 组合在一起。

(3) 双感应–八侧向（DIL™）或球形聚焦测井（SFL）系统使用一个深感应 ID（类似于 6FF40）、一个中感应 IM、一个 LL8（或一个 SFL）和一个 SP 电极。中感应（IM）的垂直分辨率和 6FF40 仪器相似，但是探测深度只有 6FF40 的一半。它受井眼直径和／（或）盐水泥浆的影响很大。在侵入深度范围很大和有环形带存在的情况下，用有不同探测深度的三种聚焦电阻率数值的双感应–八侧向测井（DIL）确定 R_t 和 R_{xo} 比用 IES 测井优越。

(4) ISF／声波组合仪包括一个与 6FF40 仪相似的 ID 测井、一个新的 ISF 测井、一个可以对噪声对行电校正的 SP 曲线、一个井眼补偿（BHC）声波测井和一个可选择的自然伽马曲线。近来，在这个组合系统中，可以用中子／密度组合测井仪代替井眼补偿声波测井(BHC)。

3. 测井曲线显示和刻度

对所有的仪器来讲，SP 和（或）自然伽马曲线都是记录在第一道。它们可以和 ISF／声波仪器同时记录。自然伽马曲线也可以和 6FF40 或 DIL 仪器一起进行工作。

图 52.19 所示为标准的 IES 显示。感应电导率曲线有时记录在第 2 道和第 3 道。线性比例尺是毫姆欧／米，向左增大。在第 2 道，16 英寸电位和感应测井曲线以常规线性电阻率比例尺记录。

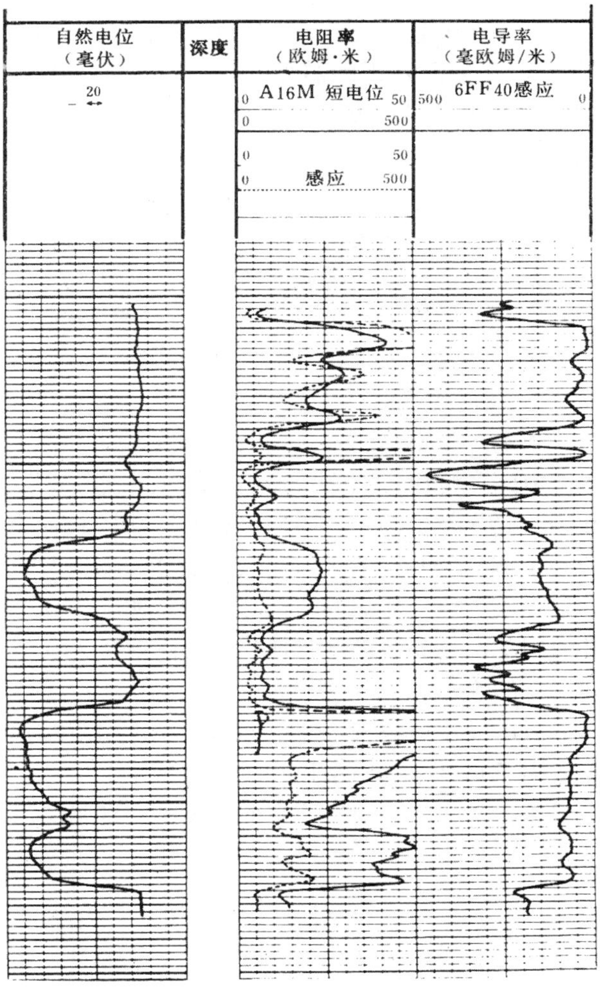

图 52.19　感应测井表示法

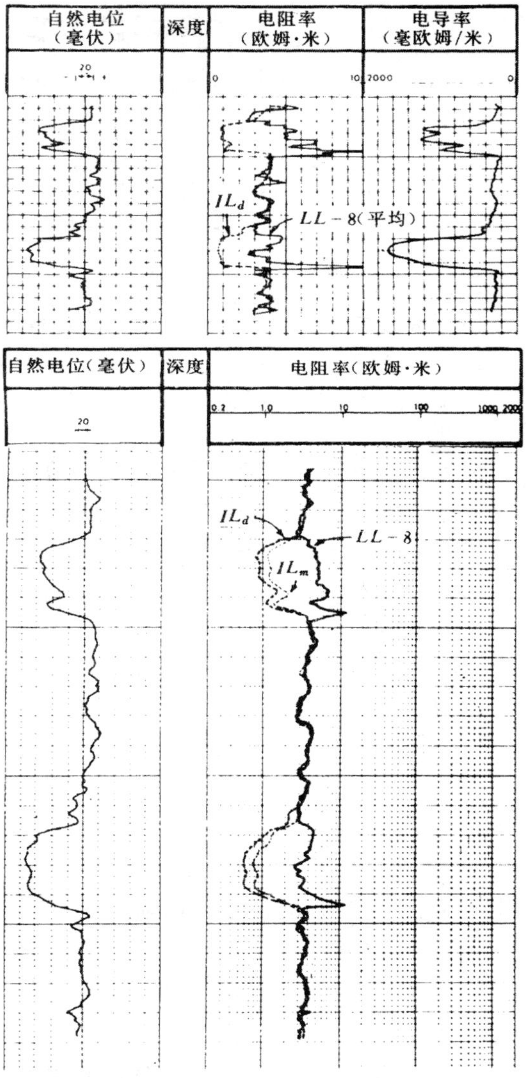

图 52.20　双感应八侧向表示法

DIL 测井用对数坐标表示电阻率。曲线形式是以“对数－线性”记录，表示在图 52.20 中。在这里，详细测井（5 英寸／100 英尺）的电阻率曲线为四级 10 进位对数比例尺。对比曲线（1 或 2 英寸／100 英尺）的刻度比例尺是线性的。这种显示与其他方案相比有很多优点。低电阻率的详细测井清晰度好，记录范围宽可以不用备用道，并且，很容易从对数比例尺直接读出电阻率比值。线性比例尺更容易和前期的测井曲线对比。作为这种格式已经被公认为电阻率测井的标准格式。ISF 测井和声波测井组合，要求改变这种惯用的格式，因为需要用第 3 道记录声波 Δt 曲线。所选用的格式于图 52.21。

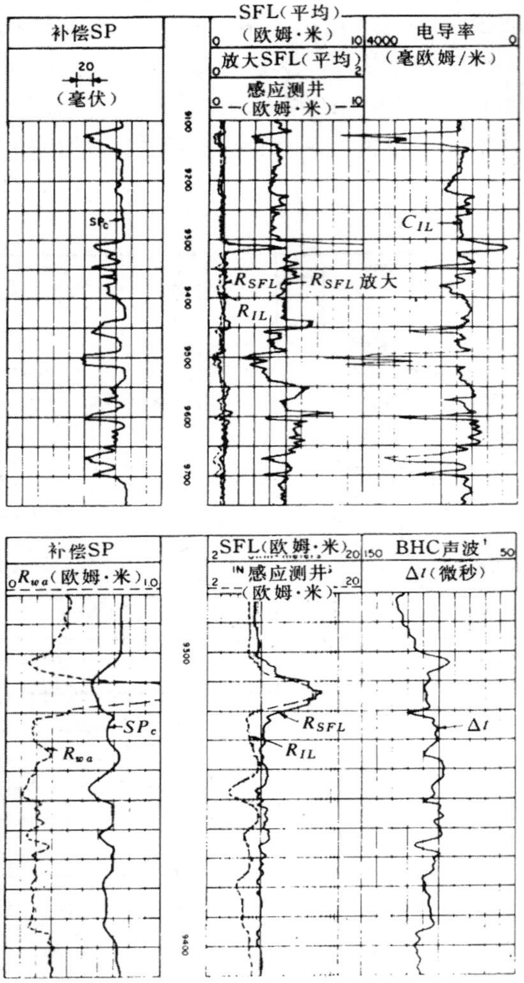

图 52.21 ISF/声波表示法

4. 表皮效应

在导电良好的地层中，感应的次生电流是很大的，由此产生的磁场很强，它们的地层回路磁场在其它的地层回路中产生附加的 EMF。这种回路之间的相互作用使感应测井记录的电导率信号减小。这种信号减小称之为“表皮效应”。

通常感应测井在记录过程中自动地进行表皮效应校正。这种校正是基于把未校正仪器响应的幅度看作来自均匀介质来对待。当探头周围介质的电导率不均匀时，需要进行次生表皮效应校正，这种校正结合各种解释图版进行。

5. 几何因子

当电导率不高时，表皮效应可以忽略，并且感应测井响应可以用仪器周围体积的电导率和“几何因子”来描述。与探头有一定几何方位的一个体积的几何因子 G，仅是仪器与无限大均匀介质中这一体积的一部分。为了实际计算几何因子，需要假设这一体积符合围绕探头旋转对称的要求。

以电导率单位表示的信号的大小是物质的几何因子和电导率的乘积，并且仪器的总信号是范围内（这一范围可以扩展到无限大，但也可限定在实际的范围）所有介质体积的这些乘积的总和。由定义可将 G 加到一起，并可以表示为：

$$C_{IL}=C_1G_1+C_2G_2+C_3G_3\cdots+C_NG_N \tag{10}$$

其中 C 和 G 与不同电导率的环带有关，N 是这些环带的总数。

这个概念的主要含义是，仅按其相对于探头的几何形状确定的一个空间体积具有一个固定的、可以计算的几何因子。如果假设存在旋转对称，就可以数学上正确的校正图版校正井内泥浆、侵入带和邻层对 R_t 测量的影响[2]。这些图版包括上面提到的次生表皮效应的校正。

6. 侵入影响

图 52.4 说明一个被侵入的地层，包括具有不同电导率 C_m、C_{xo}、C_i 和 C_t 的体积（对应

于 R_m、R_{xo}、R_i 和 R_t)。感应测井仪从这些环带接收到的总电导率信号 C_T 为:

$$C_T = C_m G_m + C_{xo} G_{xo} + C_i G_i + C_t G_t \tag{11}$$

如果这一环带无限厚，那么这个信号应当是接收到的唯一信号，即 $C_T = C_{IL}$。如果仪器是 6FF40，井眼尺寸中等，并且泥浆比较淡，那么，井眼的信号就可以忽略。对于该实例来讲，C_{xo} 和 C_i 环带就可以合并为一个。

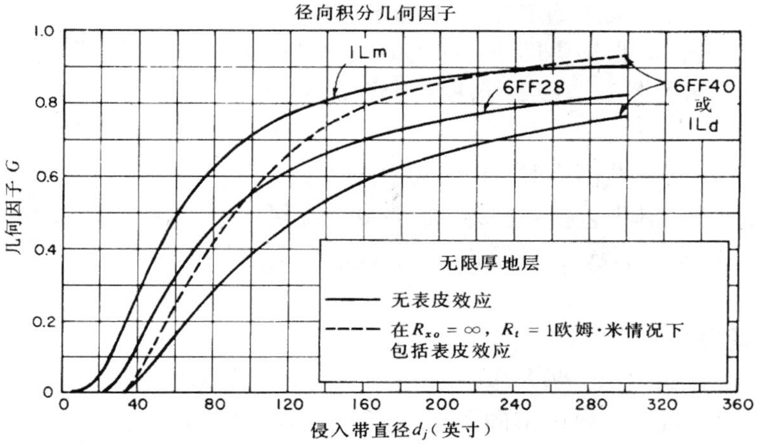

图 52.22　几何因子。虚线表示包括所示条件下 ILd 测井的趋肤效应

如果假设侵入直径中等，例如 65 英寸，则图 52.22 表明，在 65 英寸直径范围内全部物质的几何因子为 0.2。如果取 R_{xo} 等于 $4R_t$，则 $C_{xo} = C_t / 4$，感应测井仪的响应是:

$$\begin{aligned} C_{IL} &= C_{xo} G_{xo} + C_t G_t \\ &= (C_t / 4)\ (0.2)\ + C_t\ (0.8) \\ &= 0.85 C_t \end{aligned}$$

在同样条件下，但使用盐水泥浆，因而 $R_{xo} = R_t / 4$，那么，这一响应为:

$$\begin{aligned} C_{IL} &= 4C_t\ (0.2)\ + C_t\ (0.8) \\ &= 1.6 C_t \end{aligned}$$

这说明感应测井仪的“电导率–探测”特征，并且表明为什么在盐水泥浆条件下必须慎重使用感应测井。要由 6FF40 型感应测井得到满意的 R_t，作为经验规律，R_t 应当小于 $2.5R_{xo}$，并且 d_i（侵入带直径）不能大于 100 英寸。

7. 环带

在 S_w 低和渗透率高的含油地层中，冲洗带 R_{xo} 和原始地层之间可能存在一个低阻环带

R_{an}。当 R_{xo} 大于 R_t，R_{an} 小于 R_t 时，两者对感应测井的影响趋于抵销。然而，在中等侵入范围（$zd_h < d_i < 4d_h$ 或 $5d_h$），高电导率环带的影响较大，它可以使 ID 的电阻率数值低于 R_{xo} 或 R_t。DIL8 仪器常可以确定环带的存在，因为在这种情况下，IM 测量读数低于 LL8 或 ID 的数值。

8. 薄层校正

感应测井自动完成表皮效应校正是假设在无限厚地层条件下进行的。薄层的趋肤效应校正需要附加校正，见参考文献[2]。

9. 井的校正

用几何因子可以评价泥浆的电导率信号。校正图版 4（参考文献[2]）给出了各种感应仪器和偏离间隔的校正。根据钻头尺寸有时可以从记录的测井曲线中消除名义井眼信号。当井眼的信号较大时，测井图头上总要标注是否要作井的校正。这一标注，大多数适用于 DIL 仪器中的 IM 测井。

当井径在 7～13 英寸范围内时，6FF40 仪器井眼几何因子的误差大约为 ± 0.0003。这是几种因素作用的结果，其中包括井径和井眼形状，泥饼厚度、偏心间隔和探头的倾斜。为了防止 6FF40 测井的累计误差超过 20%，在测量的电阻率大约超过 $500R_m$ 时不应当使用 6FF40 仪器。

10. 高电阻地层

目前感应测井探头（6FF40、ID 和 IM）在电导率为零时的误差大约为 ± 2 毫欧姆／米；而随着电导率接近零，电阻率的误差常常会很大。为了防止误差超过 20%，地层电阻率应大于 10 毫欧姆／米（即电阻率小于 100 欧姆／米）。如果地下有恰当的地层，那么通过井下刻度有时候实际上可以消除这种误差。

11. 刻度

主刻度是通过套在探头上的刻度环来完成的。该导电的刻度环有一定的电阻，通过调整它可以在探头内产生一定的电导率信号。一种辅助的刻度方法是在探头内产生一个内部信号去调节控制板，达到适当的电流计偏转灵敏度。仪器电路的“零误差”也被检查出来并补偿掉。常和测井相联的“刻度跟踪”用作测井前后所做刻度的记录。在某些地区，可以通过观察对应非渗透性特高电阻率地层（例如硬石膏）的电导率数值来检查 IL 的刻度，该层的电导率代表了所有假信号的总和。如果井径已知，就可能对 IL 数值进行校正，从而对实际感兴趣的地层减少误差范围和增加测量精度。

12. 小结

(1) 在充满中等导电钻井泥浆的井中，在充满不导电泥浆的井中和空井中均可以很有效地应用 IL 测井。

(2) 由于有好的垂向聚焦特性，用 6FF40、ID 和 IM 仪器能够可靠评价 5 英尺厚的地层，用 6FF28 仪器可以评价 $3^1/_2$ 英尺厚的地层。

(3) 深感应测井（ILd）仅一般程度地受相对淡的泥浆侵入的影响，而在 R_t 大约小于 $2.5R_{xo}$ 和 d_i 小于 100 英寸时，确定准确的 R_t 是可能的。

(4) 在有深侵入或环带存在的情况下，DIL 的三条曲线可以侵入带给出更精确的了解，从而求得更准确的 R_t。

(5) DIL 和其它 IL 的对数–线性显示可以比其它的格式更好地满足大部分测井要求。

五、聚焦–电测井

常规的 ES 响应受井和邻层的影响较大。通过用聚焦电流控制测量电流路径的电阻率测井仪器可以把这种影响减到最小。这些聚焦电流由探头上的一些特殊电极供给。

1. 仪器

聚焦–电测井仪器包括侧向测井（LL）和 SFL 测井仪。R_t / R_m 值[盐水泥浆和（或）高电阻地层]较大，且与邻层的高电阻率差别较大（R_t / R_s 或 R_s / R_t）时，这些仪器比 ES 测井仪器优越。它们对薄层和中等厚度的地层有很好的分辨率。聚焦–电测井系统可用于深、中、浅探测深度的测井。

应用这一原理的测井可以定量地确定 R_t 和 R_{xo}。R_t 仪器是七侧向 LLD。与组合仪配套使用的中–浅探测仪器有 DIL 的八侧向（LL8）、双侧向测井的浅侧向 LLS 和 ISF／声波组合仪的 SFL。

七侧向测井 这种仪器[22]包括一个主电极 A_0 和三对成对电极：M_1 和 M_2；M_1' 和 M_2'；和 A_1 与 A_2（图 52.23）。每对电极相对于 A_0 是对称排列的，并且彼此用一个短线路相连接。

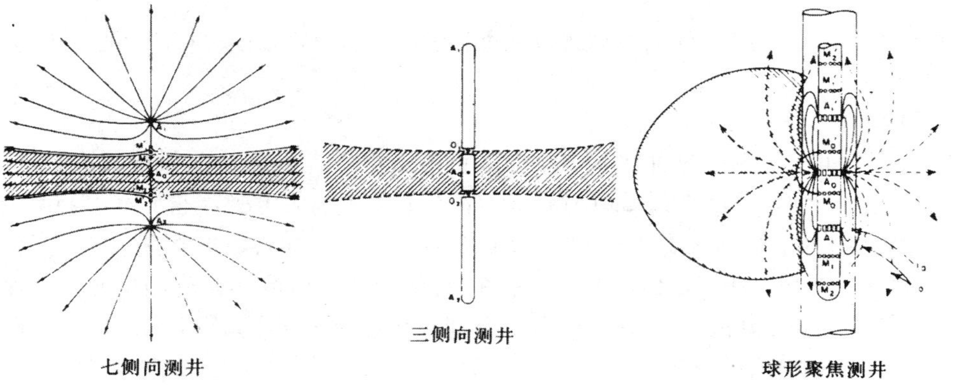

图 52.23 聚焦电测井示意图

恒定电流传送给电极 A_0。由于有屏蔽电极 A_1 和 A_2，可调电流向地层延伸；屏蔽电流是自动调整的，可使两对监督电极 M_1 和 M_3，M_1' 和 M_2' 有相同的电位。在一个监督电极和另一个地面电极之间（即无限远）测量电位降。由于电流 I_0 是恒定的，这一电位就直接随地层的电阻率而变化。

由于 M_1-M_2，$M_1'-M_2'$ 之间的电位差保持为零，井眼中的 M_1 和 M_1' 之间或 M_2 和 M_2' 之间就没有来自 A_0 的电流流过。所以，来自 A_0 的电流就必定是水平地进入地层。

图 52.23 表示探头处于均匀介质中时的电流线分布；阴影区所指示的 I_0 电流"层"将保持一个不变的厚度，从井眼算起其分布范围的直径稍大于探头的 A_1A_2 总长度。经验表明，I_0 电流"层"的厚度是 32 英寸（图 52.23 上的 O_1O_2 距离），探头的 A_1A_2 长度是 80 英寸。

图 52.24 比较了对应于薄电阻层实验得到的常规测井（16 和 64 英寸电位，18 英尺 8 英

寸梯度)和相应的七测向测井 LL7 的曲线。常规测井的效果很差,虽然条件困难（R_t / R_m 为 5000），LL7 显示的地层很清楚，并且其数值接近于 R_t。自然电位曲线可以和 LL7 同时记录。

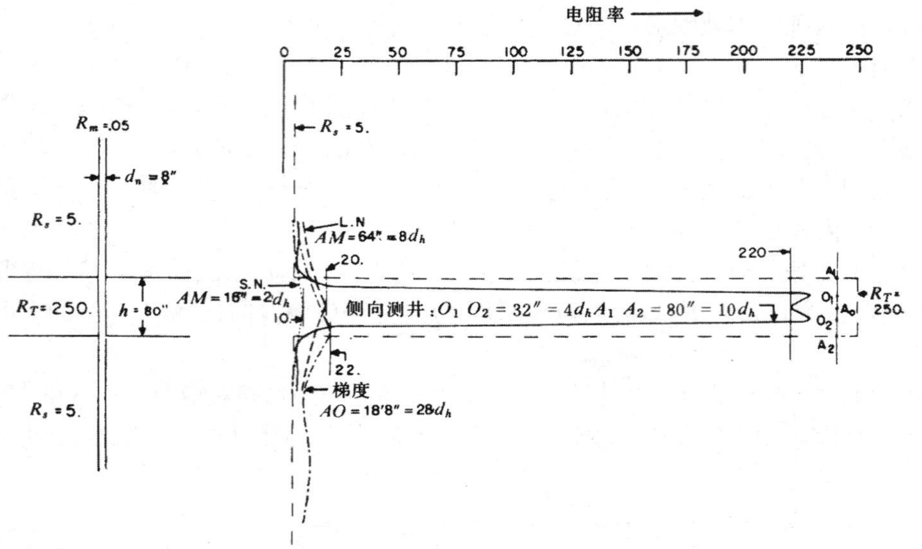

图 52.24　对应于薄的未侵入的电阻层在浓盐水泥浆中实际测得的七侧向测井和电测井的响应

2. 三侧向

与 LL7 一样，三侧向测井（LL3）也采用屏蔽电极，以便使测量电流聚集成一个水平层状进入地层。然而,正如图 52.23 中所示的那样,采用了长的电极。它们在中心电极 A_0 的两侧对称排列成两个很长（大约 5 英尺）的电极 A_1 和 A_2，并且彼此短路。电流 I_0 从电极 A_0 流出，电极 A_0 的电位是固定的。从 A_1 和 A_2 流出的屏蔽电流是自动调整的，以保持 A_1 和 A_2 的电位等于 A_0 的电位。于是，探头的全部电极都保持相同的不变电位。因此，电流 I_0 的大小就正比于地层的电导率。

I_0 电流层是被强制屏蔽的，近似于图 52.23 的阴影圆盘状。I_0 电流层的厚度 O_1O_2 通常为 12 英寸，小于 LL7 的厚度。因此，LL3 有较好的垂向分辨率，显得比 LL7 分层更细。而且，井眼和侵入带的影响也小些。

同时记录 SP 曲线是可能的，但是 SP 曲线在深度上有偏移，通常大约为 25 英尺，这是因为在探头上有大量金属物质存在。然而，为了确定岩性，自然伽马测井曲线通常和 LL3 同时记录，因为在使用 LL 的盐水泥浆中 SP 只有很小的变化。还可以同时应用 LL3 和中子／自然伽马组成综合测井仪。

屏蔽电测井　在屏蔽电极系中，测量电流由测量电极流入相邻地层，测量电极位于比较长的上下屏蔽电极之间，从这些屏蔽电极也有电流流出。屏蔽电极有助于把测量电流约束为水平流。由于必须测量为测量电极提给的测量电流，测量电极与屏蔽电极相连，其间的电阻很小。

通过记录电极系电极的电压（参考远距离点）与测量电极系发出的电流比值，获得电阻率数值。屏蔽电极主要用于硬地层范围，进行详细的地层分层、对比并有助于储集层的评价。为了确定地层电阻率 R_t，最好象在盐水泥浆条件下一样，R_{mf}/R_w 的比值比较小（小于 4）。

八侧向　浅探测的 LL8 测井是用装在深感应 DIL 探头上较小的电极系来测量的。除了它的电极系尺寸较小外，它与七侧向（LL7）测井在原理上是相似的。I_0 电流层厚度为 14 英寸，两个屏蔽电极之间的距离比 40 英寸稍小一些。电流回路电极距 A_0 的距离相对短些。由于这一结构，LL8 仪器具有更强的垂向分辨能力。而其数值受井与侵入带的影响也比 LL7 和 LL3 大。LL8 的数据和 DIL 一起记录在四级 10 进位对数比例尺上。

双侧向　由于侧向测井的测量电流必须穿过泥浆和侵入带到达原状地层，因此，测量的结果必然是一个综合的效应。由于只有一个电阻率测量值，为了计算地层电阻率 R_t，必须知道或估算侵入带的分布和侵入带的电阻率 R_{xo}。由于需要对不同探测深度进行再次测量。发展了双侧向伽马测井（图 52.25）。

仪器的一种方案是顺序记录两条侧向测井曲线，另一个方案是同时记录并增加一条反映 R_{xo} 信息的浅探测微球形聚焦测井 MSFL 曲线。上述两个方案都可以在同一深度上同时记录自然伽马曲线和电阻率曲线。自然电位 SP 也可测量。

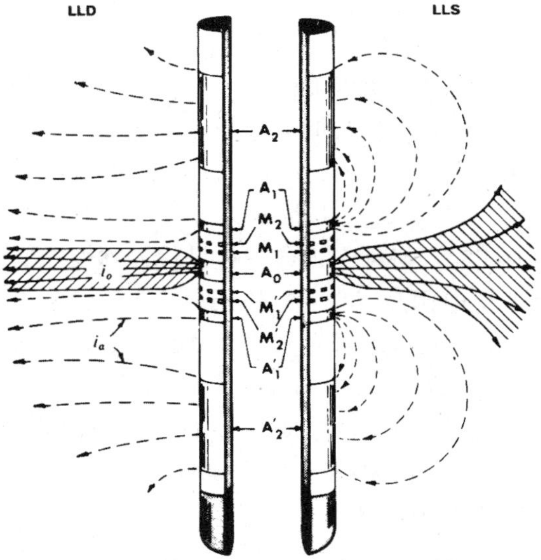

图 52.25　双侧向原理图

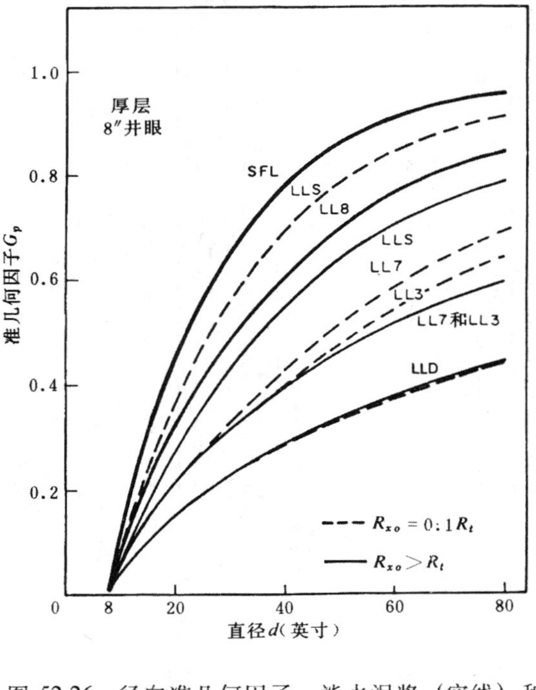

图 52.26　径向准几何因子，淡水泥浆（实线）和盐水泥浆（虚线）

由于采用了较长的屏蔽电极与源距，深侧向 LLD 的探测深度比 LL7 或 LL3 大。浅侧向 LLS 以不同的方式采用与 LLD 相同的电极（图 52.25 右）。达到其电流束厚度与 LLD 的相同，即 24 英寸。但它的探测深度浅得多。LLS 的探测深度在 LL7 与 LL8 测井之间（图 52.26）。

球形聚焦测井 SFL 测井是 ISF 声波系列中的一部分，它是为改进标准电测（源距 16 英寸）与 LL8 而发展的，标准电测与 LL8 是与深感应测井组合的短源距测井。

标准电阻率测井建立在各个方面上电流径向密度相同的概念上，这只能在各向同性均匀的介质中发生。由于井的存在，当电流不按球状方式分布时，其测井数值必须通过离差曲线进行校正。SFL 测井采用聚焦电流，迫使在井身变化范围内的等位面上接近球形。当 $d_h \leqslant$ 10 英寸时。井眼影响实际上是可以消除的，除极端条件外，一般情况下 SFL 测井响应大部分反映侵入带。

比例尺 原来用于侧向测井的线性电阻率比例尺不适合记录这些仪器所特有的大的测量范围。虽然线性比例尺有时也用，但混合的或对数型的压缩的比例尺已经代替了线性比例尺。

首先，在三侧向测井 LL3 上应用的混合比例尺。其网道前一半为线性电阻率，而后一半为线性的电导率，因此，一个电流计可以记录从零到无限大的所有电阻率值（图 52.27）。

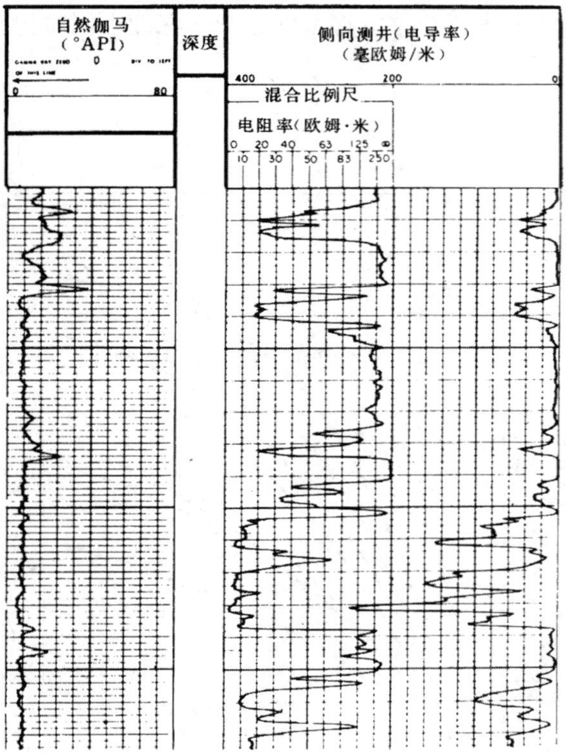

图 52.27 混合比例尺的侧向测井记录

对数比例尺首先用于双感应测井，也适用于侧向测井 LL 和球形聚焦测井 SFL（图 52.28）。它兼有在低电阻率条件下的清晰度和分辨能力，以及广泛的数值范围，还有图表（快看）解释的优点。

3. 井身变化的影响

这些测井仪器都明显地受井内泥浆、侵入带和邻层的影响。参考文献[2]提供了所需要的校正。图版 R_{cor}−1 和 R_{cor}−2。当只有一种测井曲线时，必须知道或者假设侵入深度才能求得地层电阻率 R_t。测井曲线在进行层厚图版校正之前，必须先作井眼影响校正（图 52.29 和 52.9）。这些图表示了 R_c / R_a 与层厚度的函数关系，其中 R_c 为校正后的电阻率，R_a 为经过井眼影响校正的视电阻率。

4. 准几何因子

几何因子可以定义为在一个无限均匀介质中与探头或特殊几何体的一个体积所产生的总信号的分数。

各种测井仪器中，只有感应测井应用这个概念是正确的，因为它测量的是 R_{xo} / R_t 的几何独立变量。但对于其它电阻率测井可以根据“准几何因子”绘制图版，以便进行对比评价。这样的图版如图 52.26 所示。其中给出了逐渐加的圆柱体的积分几何因子与圆柱体的直径的关系。厚层中测量的视电阻率 R_a 可用下式近似给出：

$$R_a = R_{xo} G_{pi} + R_t (1 - G_{pi}) \tag{12}$$

式中　G_{pi}——准几何因子。

必须强调指出，一个准几何因子与一种电阻率测井类型有关，它仅适用于一组条件。所以，这类图版作为一般侵入带校正图版是无效的。图 52.26 图版的主要应用特点是用图的形式来对比侵入带对各种测井仪器响应的相对贡献。

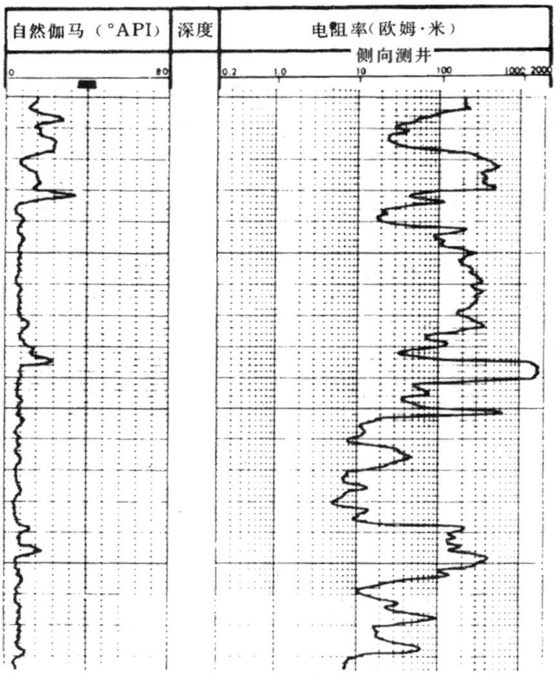

图 52.28　用对数比例尺记录的与图 52.22 相同井段的侧向测井

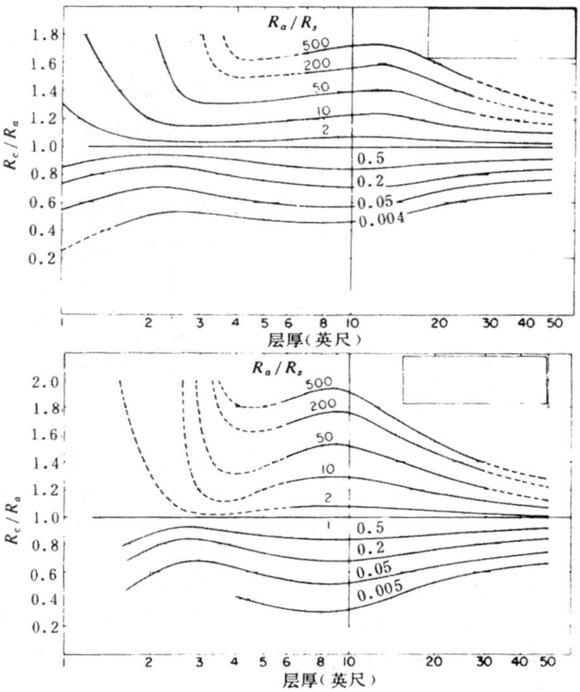

图 52.29　层厚校正 LL3（上）和 LL7（下）

无限层厚，探头在层中心，无侵入

5. 特拉华效应

如果电极 B 和 N 在如图 52.10 所示的井下位置，那么侧向测井会正好在不导电厚层如硬石膏下面的井段出现"特拉华效应"❶（或"梯度"）。看来是在电阻层以下有大约 80 英尺的异常高电阻率。三侧向 LL3 是目前现场使用这种布局的唯一的仪器。

图 52.10 说明这种效应及其原因。当 B 电极进入厚的硬石膏层时，电流都被约束在井眼内，而且，如果这一地层很厚（几百英尺），实际上所有的电流都将流入 B 电极之下的井眼部分。这样，当 N 电极进入硬石膏层时，就不能按要求再保持零电位，它将受到距层面愈远愈增大的负电位的影响，这样的电位将在地面出现，增加所测量的电阻率。

LL7 和 LLD 测井一般用地面电极作为回路电极，所以，它们不产生"特拉华效应"。但是，可能产生小的逆特拉华效应，使所测的电阻层以下的电阻率太低。

6. 结论

具有聚焦电极的电阻率测井仪器比目前其它类型的电测井仪器能更好地满足某些测井要

❶由于首先在特拉华盆地（西得克萨斯）特拉华砂岩中观察到，故以此命名。该砂岩位于厚层硬石膏之下。

求。这些要求是：1）在感应测井不适合的条件下，通过测井确定地层电阻率 R_t。这些条件是 R_t 的数值大于 100 欧姆 · 米，和（或）泥浆电阻率与地层水电阻率具有相同数量级或小于后者；2）提供对比关系，并与深探测 R_t 的测井结合确定冲洗带电阻率 R_{xo}。

六、微电阻率测井

微电阻率测井用于测量 R_{xo}，并通过检测泥饼确定渗透层。在下面的讨论中，将比较详细地介绍微电极测井（ML）。并不是因为这种测井比较重要，因为微侧向测井（MLL）。邻近测井（PL）和微球形聚焦测井（MSFL）都是获得 R_{xo} 很好的测井仪器，而是因为 ML 的测量原理是最基本的，并且在划分渗透层界面和计算"砂岩数目"的三种微电阻率测井中现在仍然是最好的一种。

由于以下几种原因，测量 R_{xo} 是重要的。当侵入深度中等时，知道 R_{xo} 值就可能更精确地确定地层真电阻率，从而确定含水饱和度，某些计算含水饱和度的方法还要用 R_{xo}/R_t 比值。另外在纯净地层中，如果知道或估算出冲洗带含水饱和度 S_{xo}，可以由 R_{xo} 与 R_{mf} 计算地层因素 F，由 F 就会算出孔隙度。

为了测量 R_{xo}，希望使用浅探测的测井仪器，因为与 R_{xo} 相对应的冲洗带的延伸范围有时距井壁只有几英寸。另外，其数值基本上不受井眼的影响。

有一种井壁极板仪器，带有短源距电极的极板紧贴在泥饼上，因而可以减少泥浆的短路影响。从极板上的电极流出的电流必须通过泥饼到达 R_{xo} 带。

微电阻率测井数值或多或少地受泥饼的影响，这取决于泥饼的电阻率 R_{mc} 和厚度 h_{mc}。而且，泥饼可能具有各向异性，沿井壁方向的泥饼的电阻率小于穿过泥饼的径向电阻率。泥饼的各向异性增加泥饼对微电阻率测井数值的影响，从而使有效的或具有等效电阻率的泥饼厚度大于由井径曲线所指示的厚度。微电阻率仪器组合有两臂井径仪，后者显示井眼的直径与条件。

1. 装备

目前的仪器包括安装了两个相对极板的组合仪器。一个是微电极 ML 极板，另一个可能用于微侧向 MLL 或邻近测井 PL，这决定于泥饼条件的要求，这些测井是同时记录的。微球形聚焦 MSFL 是一个组合仪器，它可以与密度测井或双侧向测井组合在一起测井。

2. 测井图

微电阻率测井当然是以电阻率单位进行刻度的，在记录图中，微电极 ML 曲线常以线性电阻率比例尺记录在第 2 和第 3 道中。微井径曲线记录在第 1 道中。微侧向 MML 或邻近侧向 PL 以四级对数比例尺记录在深度道的右面（图 52.30）。井径曲线在第 1 道。如果同时也记录微电极 ML。则把它以线性刻度记录在第 1 道内。微球形聚焦测井 MSFL 也以对数比例尺记录。双侧向测井则和侧向测井 LL 的胶片记录相同。当侧向测井和补偿密度测井 FDC 同时测量时，由于 FDC 用线性比例尺，因此，它必需记录在单独的胶片，这两种测井一般是同时记录的。

3. 微电极测井

微电极测井仪器[23]是由两个不同探测深度的短源距电极组成，可以测量井壁附近小范围内的泥饼与地层的电阻率。微电极测井很容易检测泥饼的存在，指示侵入的（渗透性）地层。

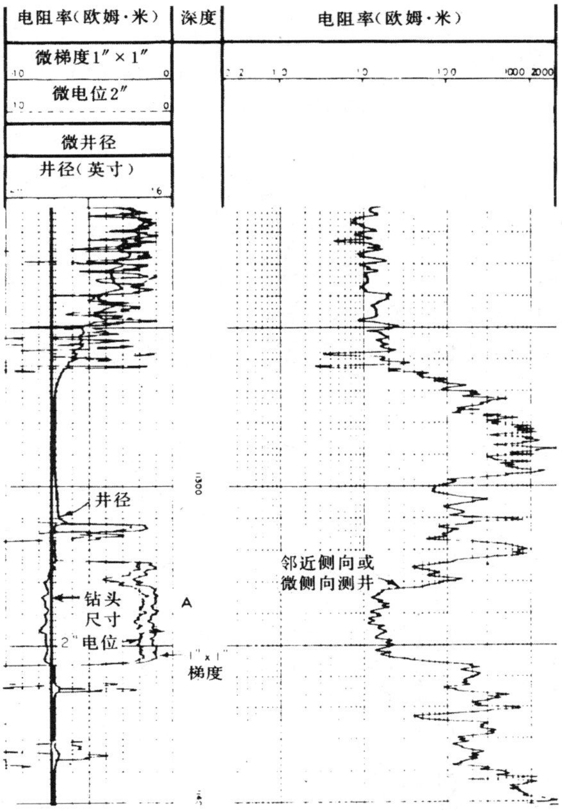

图 52.30 邻近侧向测井-微电极测井图

原理 支臂和弹簧把橡皮极板压到井壁上。极板面上嵌入 3 个小电极，它们按直线排列相距 1 英寸。1×1 英寸的微梯度 $R_{1\times1}$ 和 2 英寸的微电位 R_2 利用这些电极同时记录。

随着钻井泥浆渗入渗透性地层，泥浆的颗粒聚集在井壁上形成泥饼。泥饼的电阻率 R_{mc} 大约等于或略大于泥浆电阻率。泥饼电阻率通常明显小于井眼附近侵入带的电阻率。

2 英寸的微电位比 1×1 英寸微梯度的探测深度大。所以，它受泥饼的影响小，因而测得更高的电阻率，从而产生“正”的曲线幅度差。当存在低电阻率泥饼时，两种电极系将测出中等数值的电阻率，其变化范围一般为大约 2 至 10 倍的 R_m。

解释 渗透性地层的正差异示于图 52.30 中的 A 段。井径显示出泥饼的存在，但不可能由微电极测井定量推断渗透率。当无泥饼存在时，微电极测井曲线虽然能提供关于井眼条件或岩性的有用信息，但无法进行定量解释。

31 可由微电极测井确定 R_{xo} 值。为此，R_{mc} 数值可以直接测得或由参考文献[2]估算，而泥饼厚度 h_{mc} 可从井径曲线得到。这一方法的限制条件为：1）R_{xo}/R_{mc} 比值应小于 15（孔隙度大于 15%）；2）h_{mc} 不得大于 1/2 英寸；3）侵入深度必须超过 4 英寸，否则 ML 数值会受地层电阻率 R_t 的影响。应用方程（6）或（14）可由 ML 测量值导出孔隙度。为此，必须相当精确地知道 S_{xo} 值。

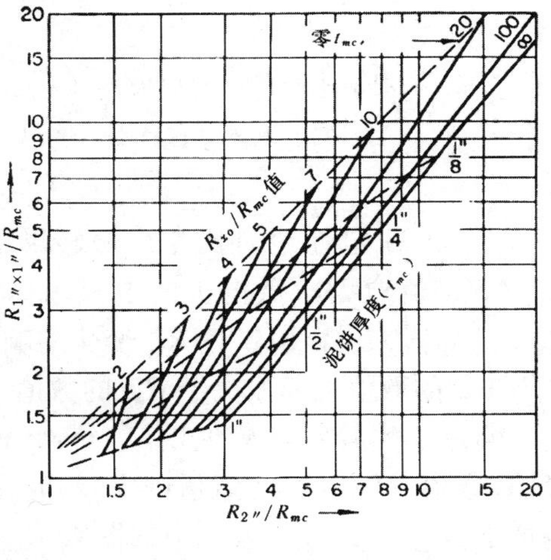

图 52.31 8 英寸井眼系列 C 微电极测井解释图版。相邻电极互距 1 英寸。$R_{2英寸}$是 2 英寸微电位（$AM_2=2$ 英寸）的读数；$R_{1\times1英寸}$是 1×1 英寸微梯度的读数（$AM_1=1$ 英寸，$M_1M_2=1$ 英寸）。液压极板，非绝缘探头

4. 泥浆测井

ML 的探头是在支臂合拢情况下下入井内的。除了小于 8 英寸的井眼外，测量极板在一部分时间内是随机地远离井壁，因而它的测量数值大部分将由泥浆决定。边下放边测量的读数作为“泥浆测井”，其上的最低电阻率相当于泥浆电阻率 R_m 相应深度的上限值。这一测井有几种潜在用途，包括校核地面测量的 R_m，确定泥浆系统的变化和发现井下水流。

5. 微侧向测井（MLL）

在 R_{xo}/R_{mc} 大于 15 的 ML（图 52.31）曲线上，各 R_{xo}/R_{mc} 常数值的曲线挤在了一起，因而在此范围内由 ML 确定 R_{xo} 的精度是很差的。应用 MLL 方法，就可以用更高的 R_{xo}/R_{mc} 数值精确确定 R_{xo}，但泥饼厚度不得超过 3／8 英寸。

原理　MLL 极板如图 52.32 所示[24]。小电极 A_0 和三个同心圆环电极嵌入橡皮极板中，极板贴靠在井壁上。通过电极 A_0 出不变的电流 I_0。通过外圈电极 A_1 供给电流，使两个监督电极 M_1、M_2 之间的电位差基本上保持等于零。流往 M_1 电极的电流 I_0 不可能流到 M_2 电极，而被聚焦为束状电流流入地层。电流线示于图 52.32 中。极板附近的电流形成窄的电流束，离开极板表面几英寸就很快散开。MLL 数值主要受这一窄电流束内地层的影响。

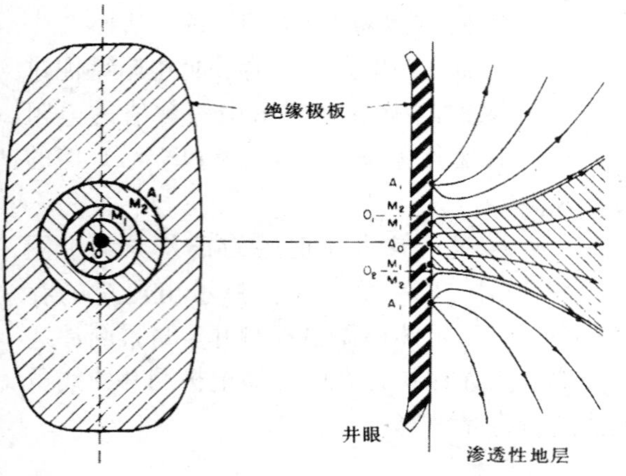

图 52.32　一带有电极的微侧向极板（左）和示意的电流线（右）

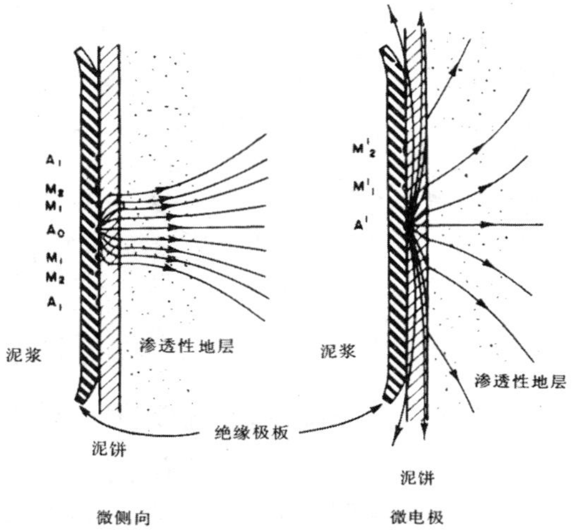

图 52.33　微侧向和微电极电流线分布的对比

图 52.33 定性地对比相应极板贴靠在渗透性地层上时 MLL 与 ML 的电流线分布，R_{xo}/R_{mc} 值愈大，微电极的电流 I_0 愈趋向于通过泥饼进入井内泥浆。因此，对于高的 R_{xo}/R_{mc} 值来讲，ML 对 R_{xo} 变化的响应值很小。相反，MLL 的全部电流 I_0 流入地层，因而 MLL 的数值主要取决于 R_{xo} 的数值。

响应　实验室实验说明，当侵入深度超过 3 或 4 英寸时，原状地层实际上不会影响 MLL 数值。泥饼厚度不超过 3／8 英寸时，其影响可忽略，但随着厚度的进一步增加，影响增加很快。参考文献[2]中的图版 R_{xo}–2 给出了适当的校正；然而，如果预计泥饼厚度大于 3／8 英寸，则最好用邻近测井 PL 确定 R_{xo}。

6. 邻近测井（PL）

原理　邻近测井仪器的原理与 MLL 相似。电极安装在稍微宽一点的极板上，极板被推靠在井壁上。该电极系通过监督电极自动聚焦。

响应　设计的极板和电极使厚度不超过 3／4 英寸的各向同性的泥饼对测量的影响很小(见参考文献[2]中的图版 R_{xo}–2)。如果侵入很浅，邻近测井的数值将受 R_t 影响。测量的电

阻率可以表示如下:

$$R_{PL}=G_{pi}R_{xo}+(1-G_{pi})R_t \tag{13}$$

式中 G_{pi}——侵入带的准几何因子。

G_{pi} 与侵入带直径 d_i 的函数关系示于图 52.34。该图版仅仅给出了 G_{pi} 的近似值。实际上，G_{pi} 在一定程度上还取决于井眼。

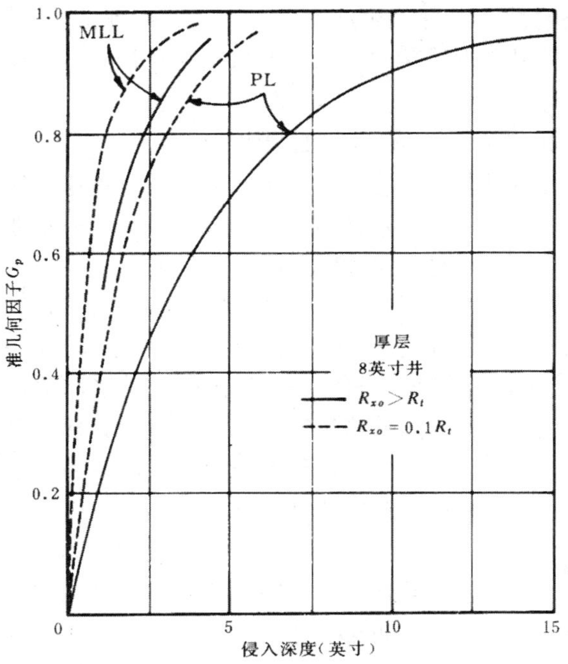

图 52.34 MLL 和 PL 的准几何因子

如果 d_i 大于 40 英寸，则 G_{pi} 极接近于 1，因此，R_{PL} 与 R_{xo} 的差别很小。如果 d_i 小于 40 英寸，则 R_{PL} 在 R_{xo} 和 R_t 之间，通常更靠近 R_{xo}。只有当侵入很浅时，R_{PL} 才相当靠近 R_t（自然，当 R_{xo} 与 R_t 近于相等时，R_{PL} 将很少取决于 d_i)。

7. 微球形聚焦测井（MSFL）

这是极板上安装有 SFL 的测井仪器，它比其它微电阻率测井有两个明显的优点：1）可与其它测井仪器组合，特别是与 FDC 和同步双侧向 SDL 组合，不需要为了获得 R_{xo} 信息而单独进行测井；2）它可以在有泥饼存在的条件下反映冲洗带的 R_{xo}。MSFL 在厚泥饼条件下可以给出好的 R_{xo} 分辨，但是，它不象 PL 那样需要较大的侵入深度。这个特点使 MSFL 比 PL 或 MLL 在更大范围的条件下应用。关于泥饼对 MSFL 的影响，见参考文献[2]。

原理 球形聚焦系指通过电阻率仪器产生近似于球形的等位面形状。聚焦是通过如 MLL 和 PL 一样的辅助电极来完成的。但不是聚焦成为一束电流，而仅仅是防止测量电流流经井内泥浆或泥饼路径。注意选择电极距，以便达到其探测深度在最大和最小探测深度之间的最佳方案。

8. 结论

ML 可在各种地层中准确地显示出渗透性地层。它在有利的条件下还可以提供令人满意的 R_{xo} 和确定孔隙度。这些条件是：1）$R_{xo}/R_{mc}\leqslant15$；2）$h_{mc}\leqslant\frac{1}{2}$英寸；3）侵入深度大于大约 4 英寸。

聚焦的微电阻率测井仪器可以在很大范围的条件下得到满意的 R_{xo} 值。MLL 主要受泥饼厚度的限制，但能较好地适应盐水泥浆。当 h_{mc} 大于 3/8 英寸时，用 PL 或 MSFL 测井较适合。

七、测井的用途与解释

1. 层的探测和划分

在裸眼井内的地层可以通过各种测井方法探测和进行界面划分。最常用的是自然电位SP和浅探测曲线。为了详细分层，最好用微电阻率测井。ML适于淡水泥浆；MLL适于很咸的盐水泥浆。在盐水泥浆中，自然伽马测井将代替SP，来识别泥质与非泥质地层。另外，声波和密度测井可在所有类型的地层及任何一种泥浆中应用。

在井内为不导电泥浆或空井时，感应、放射性、温度、声波测井（在空井中无法应用）和井径测井可以提供有用的信息。有时也有可能用常规的贴井壁的测井仪器直接接触地层进行测井作业。

多孔和渗透性层—砂岩统计 主要对多孔和渗透性层感兴趣的是因为它们是潜在的油、气储集层。可以通过电测井找出渗透层段的泥质夹层和非渗透层，确定砂岩总的有效厚度。

淡水泥浆 SP和微电阻率测井曲线是探测和划分渗透性地层的主要曲线。在低与中等电阻率地层中，SP有很好的分析能力。在很高电阻的地层中，SP仍能探测泥岩和渗透层，但是它不能精确地划分其界面。在大部分类型地层中，ML是确定渗透层界面详细位置的最好仪器。

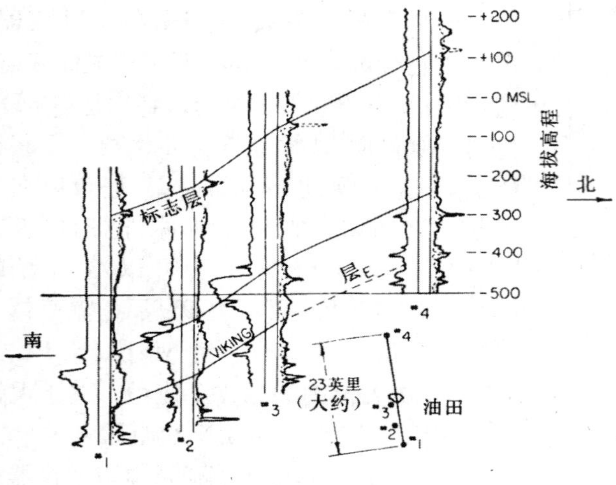

图 52.35 长井距对比实例

微井径有助于探测渗透层，因为它通常可以探测泥饼，特别当相邻地层的井径接近钻头尺寸时更有效。另一方面，泥岩一般比渗透层或硬的非渗透层更易坍塌和被冲刷。在砂泥岩剖面中，深、浅探测的测井数值的这一差异，常清楚地显示渗透性地层的存在。

盐水泥浆 很咸的盐水泥浆和中到高电阻率地层的组合，对常规测井（无聚焦的）和SP有不利影响。另外，泥饼很薄，结果微井径（或井径）对探测渗透层没有多大帮助，但能清楚探测垮塌的泥岩。自然伽马测井连同LL和MLL可以识别泥岩与非泥岩，而中子、声波和密度测井可以指示孔隙度。

2. 对比

在不同井之间对比两条（或更多条）测井曲线的方法基本上取决于曲线形状与图形的相似性（图 52.35）。在某些地区，对相距几英里的井可能很容易进行这种对比。而在另外的情况下（存在主要的断层、透镜体沉积或不整合），要对比仅相距几百英尺井的测井曲线也可能是困难的。由地层倾角测井知道地层倾角，将有助于对比工作。

当测井曲线显示特征“标志”如已知的白垩或泥岩层时，对比就比较容易。薄的高电阻地层，例如褐煤或蒸发岩常可提供很有用的对比点。对于大范围内的对比，探测大范围地层的测井仪器最合适。但是，当已知一个油田的产层时，可以通过ML或MLL来进行井间详细对比，从而得到储集层的几何形态。

3. 孔隙度研究

由电测井进行的地层孔隙度评价是以确定地层因素 F_R 为基础的。它通过方程（2）与孔隙度ϕ相关。F_R 可以用 ML 或 MLL 确定的 R_{xo} 值，通过将方程（6）改写成下式求得：

$$F_R = \frac{R_{xo}}{R_{mf}} (S_{xo})^2 \tag{14}$$

为了用微电阻率测井确定 R_{xo}，侵入深度必须足够大。以便微电阻率测量不受冲洗带以外地层电阻率的影响。泥饼厚也会限制确定的 R_{xo} 的精度。为了用 ML 进行可靠的孔隙度解释，孔隙度应大于大约 12%～15%。

在含油砂岩中，为了使用方程（14），必须推测残余油饱和度（ROS）。在大多数情况下，至少是在具有粒间孔隙和含轻质油的地层中。采用 20%的残余油饱和度一般不会造成太大的误差。但如为稠油，则残余油饱和度常很高。如果是渗透率高的含气层，冲洗带残余气饱和度也常常很高。这是由于重力和毛管力的综合作用引起分离效应的结果。在这样的残余气饱和度条件下，ML 会显示出水界面。

为了检验微电阻率仪器的结果，或者没有这种测井仪器而需要替代它们时，取 F_R 等于 R_o / R_w 来确定 F_R，其中 R_o 为地层在 100%含水部位的真电阻率。在同一地层中由在含水部位确定的 F_R 值外推定含油部位的 F_R 值，这意味着岩性特征基本相同。但这种情况是少有的。

另外，在硬地层中常用的一种方法是基于用 R_i 值，即用石灰岩中电极系测井或短电位测井估算的侵入带的平均电阻率[25，26]。这个方法在很多情况中证明是很有价值的。

获得孔隙度的其它仪器：声波测井、中子测井和密度测井作为电测井的补充，在改进孔隙度的确定精度方面显得日益重要❶。另外，由于有现代取样器，通过井壁取心，常能够可靠地确定地层因素和孔隙度。

4. 流体含量的研究

通过直接观察测井曲线就能够很好地定性判断一个地层是否是一个潜在的产油气层。这种判断基本上依据：1）通过自然电位曲线，微井径的泥饼显示。ML 曲线上的正差，浅、深探测微电阻率曲线之间的分离对侵入的显示等，识别渗透性地层；2）深探测电阻率测井的显示，即渗透层的 R_t 值明显地大于该层全部含水时的电阻率 R_o 值。

如果地层水矿化度和侵入半径等没有发生突然变化，那么通过对比大段地层的孔隙度测井与电阻率测井就能定性评价饱和度。用中子测井确定孔隙度的这种评价方法是在几年前提出来的[27]。另外，由于用声波和密度测井能够精确测量孔隙度，这就促使提出了各种类似的定性解释方法[28]。

当侵入不太深，因而深探测电阻率测井数值十分接近 R_t 时，可以用下列方法进行定性评价。

❶短源距声波测井在第五十三章中讨论，中子测井在五十四章中讨论。

(1) 可以把声波❶旅行时间与深感应（IL）电阻率（淡水泥浆情况）或与深测向（LLD）电阻率（盐水泥浆情况）绘成交会图[29]。通过适当选择比例尺，在图版上构成一组电阻率指数 I_R 为常数的直线，见图 52.36。含水饱和度为 100%（$I_R=1$）的直线构成图中所给点子最左边的边界线，并且通过对应于电阻率为无穷大与声波孔隙度为零的点。还可以为其它的 I_R 数值给出直线。根据所绘点子的相对位置，可以识别含油或含气层与水层。如果为产油或产气层，则所绘点子应明显落在含水饱和度为 100%直线的右下方。即使在地层水电阻率不太清楚的初期。这种方法也是有效的。

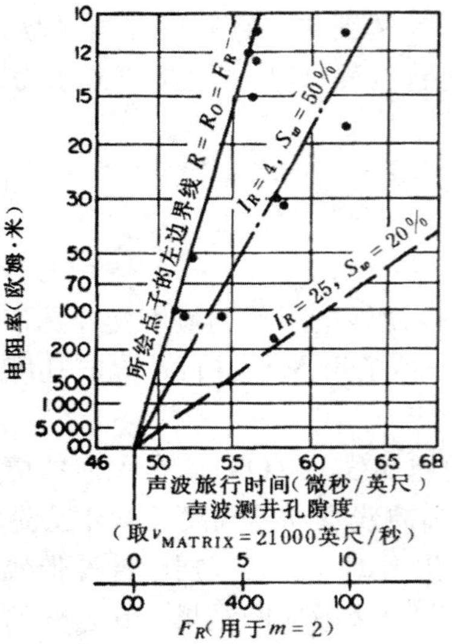

图 52.36 通过深探测电阻率测井与声波旅行时间作图区分水层与含油、气层的定性方法，纵坐标刻度正比于 $(\frac{1}{R})^{\frac{1}{2}}$

(2) 应用由声波或中子测井求得的孔隙度和深探测电阻率测井求得的电阻率，就可以计算视地层水电阻率 $R_{wa}=R_t/F_R$[方程（2）或（3）求得 F_R]。当按深度列出 R_{wa} 数值时，位于平均趋势之上的视地层水电阻率将表示存在油气饱和度。这是一种快速方法，并适用于泥砂岩。如果假设地层水矿化度是随深度逐渐连续变化的，那么，当地层水矿化度随深度明显变化时，这一方法也是适用的。

(3) 浅探测电阻率测井的数值应当显示地层因素（和孔隙度）的变化。据此通过检验浅探测电阻率测井（例如短电位、LLS 或 PL）与深探测电阻率测井（如深感应 ILD 或深侧向 LLD）读数的比值，也可以定性地确定油气饱和度。可以用这两套数据在如前所述的交会图定出点子位置，或绘制比值随深度的连续曲线，如果测井是用对数比例尺记录的，那么不管在哪一种情况下，都比较容易对比。

当由于侵入深度大而使真电阻率数值不可靠时，可以应用下面的方法。把声波测井得到的孔隙度与用浅探测电阻率测井计算的孔隙度（例如短电位、石灰岩电极系、LLS 或 PL）进行对比。后一种孔隙度受残余油饱和度的影响，而声波测井的孔隙度则不受影响，如果某地层的这两种孔隙度不同，则应表明该层是潜在的产层。

同样，在硬地层中（一般其渗透率很低)。在最低含水饱和度地层和含水饱和度 100%地层之间的测井曲线上会观察到一个电阻率的变化率（对应于含水饱和度的变化率)。这一变化率的存在，是一种确定含油气层段方法的基础[30]。

5. 定量解释❷

由电测井曲线定量确定油气饱和度实质上就是确定未污染的含水饱和度带的含水饱和度。方程（5）为：

❶小心起见，密度或中子资料可以用类似的交会图技术来代替声波资料。

❷这里仅研究用手工方法进行的计算。最近的解释技术是应用计算机和在数字化时代下的解释。

$$S_w = \left(\frac{R_0}{R_t}\right)^{1/2} = \left(\frac{F_R R_w}{R_t}\right)^{1/2}$$

评价 R_t 是主要的确定步骤。评价 F_R 就相当于评价孔隙度，这在前面已经讨论过。R_0 可以在同一砂岩 100%含水层位或岩性相似的一个砂岩中确定。

某些解释方法不需要直接评价 R_t 和 F_R。只要知道静自然电位 SSP 或者相应的 R_{mf}/R_w 比值，就可以根据深、浅探测电阻率测井的读数比值进行解释（即 R_{xo}/R_t 方法、感应-电测井解释方法和 Rocky Mountain 方法）。对于泥质地层要使用一种专门的方法。

确定 R_t 常规电阻率测井仅仅能为厚层提供 R_t 值，因为对它的读数一般无法进行合适的邻层影响校正。由于长梯度电极探测半径大，实际上不受泥浆柱和侵入带的影响，因而当地层厚度至少在 30 英尺以上并且相当均匀时，可以得到比较好的 R_t 近似值。但这样合适的条件在实践中很少遇到。

长电位电极测井值通常需要进行井眼影响校正，在淡水泥浆中这种校正是相当精确的。当地层厚度至少为 10～15 英尺和侵入较浅时，测井值接近 R_t。在某种程度上，可以用深、浅探测曲线的差异来说明这种深侵入的影响[31, 32]。侵入校正同时需要其它浅探测测井方法（ML 和短电位），以提供侵入带的电阻率数值。

ILD 与 LLD 的优点是在一般的应用条件下。当层厚大于 5～6 英尺时，它们的数值实际上不受泥浆柱或邻层的影响。

结合目前的技术，ILD 适合在淡水泥浆中测井。在地层电阻率不超过 50 欧姆 · 米时它的精度很高；不超过 200 欧姆 · 米时，其精度也合理。地层电阻率超过 200 欧姆 · 米时，ILD 的精度变差。当侵入直径不超过 25 至 40 英寸时，ILD 可以提供 R_t，并且可进行深侵入校正。辅助测井是 ML 和短电位，特别是在固结地层情况下，用 LLS 或 SFL 还要更好些。

LL 是在盐水泥浆中测硬地层的基本测井仪器。侵入较浅时（d_i 小于 15～25 英寸）可测得 R_t，侵入校正借助 MLL 或者 MSFL 进行。侵入校正和由此求得 R_t 的最有效方法是应用三种测井组合：1）在淡水泥浆和软到中等地层中用 DIL 或者双感应 SFL；2）在硬地层或者盐水泥浆中用双侧向 / R_{xo}。参考文献[2]中的所谓"蝴蝶或者旋风图版"提供了一种求 R_t 的简单方法。

6. 最大可采油指数

如果地层孔隙度 ϕ 是均匀的并且是粒间孔隙度，那么参量 $S_{xo}\phi$ 和 $S_w\phi$ 可以分别代表冲洗带和未侵入带孔隙内现存的每单位总体积的水量，差值 $Y=(S_{xo}-S_w)\phi$ 是每单位总体积被泥浆滤液排出的油量。Y 称作"最大可采油指数"，因为它近似等于每单位总体积能被水驱出的最大可采油量。Y 可由下面的方程[29]近似地求得：

$$Y = \left(\frac{R_{mf}}{R_{xo}}\right)^{1/2} - \left(\frac{R_w}{R_t}\right)^{1/2} \quad (15)$$

用这个方程评价 Y，并不需要直接知道孔隙度 ϕ、地层饱和度 S_w 或者冲洗带饱和度 S_{xo}（或者残余油饱和度）。

7. 比值方法

由于篇幅限制，不可能介绍所有的测井解释技术及为此而编制的所有图表。实际测井解释所需要的大部分图版见参考文献[2]。

R_{xo}/R_t 方法 对于纯净地层，饱和度可以根据由联立方程（5）和（6）求得的经验关系式来计算：

$$S_w = S_{xo}\left(\frac{R_{xo}}{R_t}\cdot\frac{R_w}{R_{mf}}\right)^{1/2} \tag{16}$$

如果 S_{xo} 已知或者可以有充分根据地推测出来，那么任何一种可给出 R_{xo}、R_t、R_{mf} 和 R_w 正确值的方法都可以用来确定 S_w。

图 52.37 的图版提供了解方程（16）的一种简易方法。将比值 R_{mf}/R_w 记入横坐标（上边比例尺），然后将比值 R_{xo}/R_t 记入纵坐标。从纵、横坐标确定的点开始，将斜线延长到与图边相交，从该相交点开始，画一条水平线，由此线求出对应不同 S_{xo} 值的各 S_w 值。

通过在两条相近斜线之间内插直接求得 S_w 数值。是建立在这样的假设基础上，即就平均来说，S_{xo} 是通过经验方程 $S_o=\sqrt[5]{S_w}$ 与 S_w 相关的。在 $R_w \approx R_{we}$ 这一范围内（即在 75°F，R_w 在 0.08 和 0.3 欧姆·米之间）。可以使用图版下边网格用 E_{ssp} 代替 R_{mf}/R_w。

微测井泥质砂岩法 地层中存在隙间泥质，会降低 SP 偏转幅度和电阻率的幅度。在某些极端情况下。在测井曲线上很难把含油泥质砂页岩区分开来，而且 ML 并未显示出曲线之间有大的分开，因此，泥页砂岩的解释一般是在不太有利的情况下进行的。下面介绍的实用解释方法是一种十分近似的方法，而且只有当泥质含量不太大时方能应用❶。

泥质地层实用解释方法[33]的基础是对现场测井所作的观察，即在含水 100%的泥质砂岩中 PSP（假静自然电位）由下式给出：

$$E_{PSP} = -K_c \log\frac{R_{xo}}{R_0} \tag{17}$$

对于含油气的砂泥互层来讲，PSP 可以由下面的方程表达：

$$E_{PSP} = -K_c \log\frac{R_{xo}}{R_t} - 2\alpha_{sp} K_c \log\frac{S_{xo}}{S_w} \tag{18}$$

其中 α_{SP} 为 SP 还原因子。定义为 E_{PSP}/E_{SSP}。对于纯净砂岩，$\alpha_{SP}=1$，在这种特殊情况下，方程（18）简化为方程（17）。

根据方程（18），确定泥质砂岩的 S_w 需要知道 R_{xo}、S_{xo}、R_t、E_{PSP} 和 E_{SSP}。E_{SSP} 可以根据与所考虑的泥质地层相当靠近的纯净砂岩来确定。E_{PSP} 由对应地层处 SP 曲线的偏转幅度确定，如果必要的话，可先进行层厚校正。还必须推测 $S_{xo}=1-S_{or}$ 的数值。

---

❶关于泥质砂岩的其它参考文献是参考文献[8]和[9]。

37 绘出，该图既适用于纯净地层，又适用于泥质地层。对于一个泥质砂岩来说，首先将 PSP 和 R_{xo}/R_t 分别标在横坐标和纵坐标上，就可为提供视饱和度，为了求得真饱和度，通过原点（图圈）和代表视饱和度的点画一条线，并将这条线延长到截取 E_{SSP} 或者 R_{mf}/R_w 的相应数值为止。对该点上的饱和度可以用与上面的 R_{xo}/R_t 方法相同的方式处理。

如果 E_{SSP} 未知，且 R_w 无法求得，则不可能确定含水饱和度 S_w，虽然如此，通过在图 52.37 上绘制 R_{xo}/R_t 与 PSP 的关系曲线，将会表明这一砂岩是否落在 100%含水饱和度线上。如果它落在这条线下面一定距离，则具有产油的可能性。

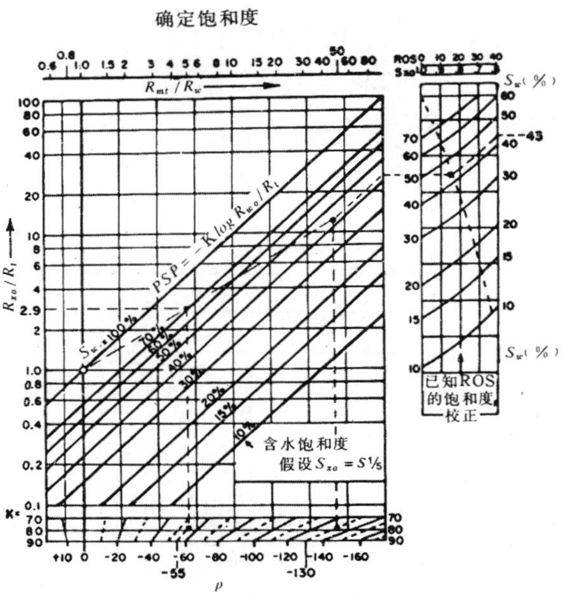

图 52.37　R_{xo}/R_t 和泥质砂岩的解释图版
（工作线说明图 52.38 的实例）

注意，在砂泥互层中，S_w 的数值是砂岩本身的含水饱和度。在含分散泥质的砂岩中，它是被石英颗粒束缚的水，并且并不包括被胶粒保留的水。

例题 1　图 52.38 表示俄克拉荷马州 Jefferson Davis Parish 一口井一段地层的 IEL 和 ML 测井曲线，需要解释 8046～8054 英尺的泥质砂岩。在 140°F 地层温度下，泥浆电阻率为 1.45 欧姆·米，$R_{mc}=1.3$ 欧姆·米，而在 140°F 下的 $R_{mf}=1.2$ 欧姆·米，钻头尺寸为 $8\frac{3}{4}$ 英寸。

根据 IEL，E_{PSP} 为−55 毫伏。E_{SSP}（7830～7850 英尺处的砂岩）为−130 毫伏，因此 α_{sp} 为 0.42，短电位电极的电阻率 R_{16} 为 2.2 欧姆·米。而感应测井电阻率 R_{IL} 为 1.9 欧姆·米。已知侵入很浅，由微测井读数得到进一步证实。因此可取 R_{IL} 等于 R_t。

正如 ML 上的正差异所示，三个明显不同的孔隙层段 A，B 和 C 出现在 8046 和 8054 英尺之间。每个层段的 R_{xo} 和 h_{mc} 的数值用图 52.31 求得。因此，层段 A 的 R_{xo} 为 4.0。层段 B 的 R_{xo} 为 5.6。而层段 C 的 R_{xo} 为 6.8，R_{xo} 平均值为 5.5，而且三个层段的泥饼厚度为 $\frac{1}{2}$英寸。注意，微井径测井指示井径为$7\frac{3}{4}$英寸，恰好比钻头尺寸小 1 英寸。这相当于泥饼厚度为$\frac{1}{2}$英寸，从而证实了由图 52.31 求得的 h_{mc} 数值。

现在已具备了所有必要的数据：

$R_{xo}=5.5$ 欧姆·米

R_t（$=RIL$）$=1.9$ 欧姆·米

$E_{PSP}=-55$ 毫伏

$E_{SSP}=-130$ 毫伏

$\alpha_{sp}=0.42$

$K_c=$（对于 SP 来说）在 140°F 时接近 79

$R_{so}/R_t=2.9$

和 $R_{xo}/R_{mf}=4.6$

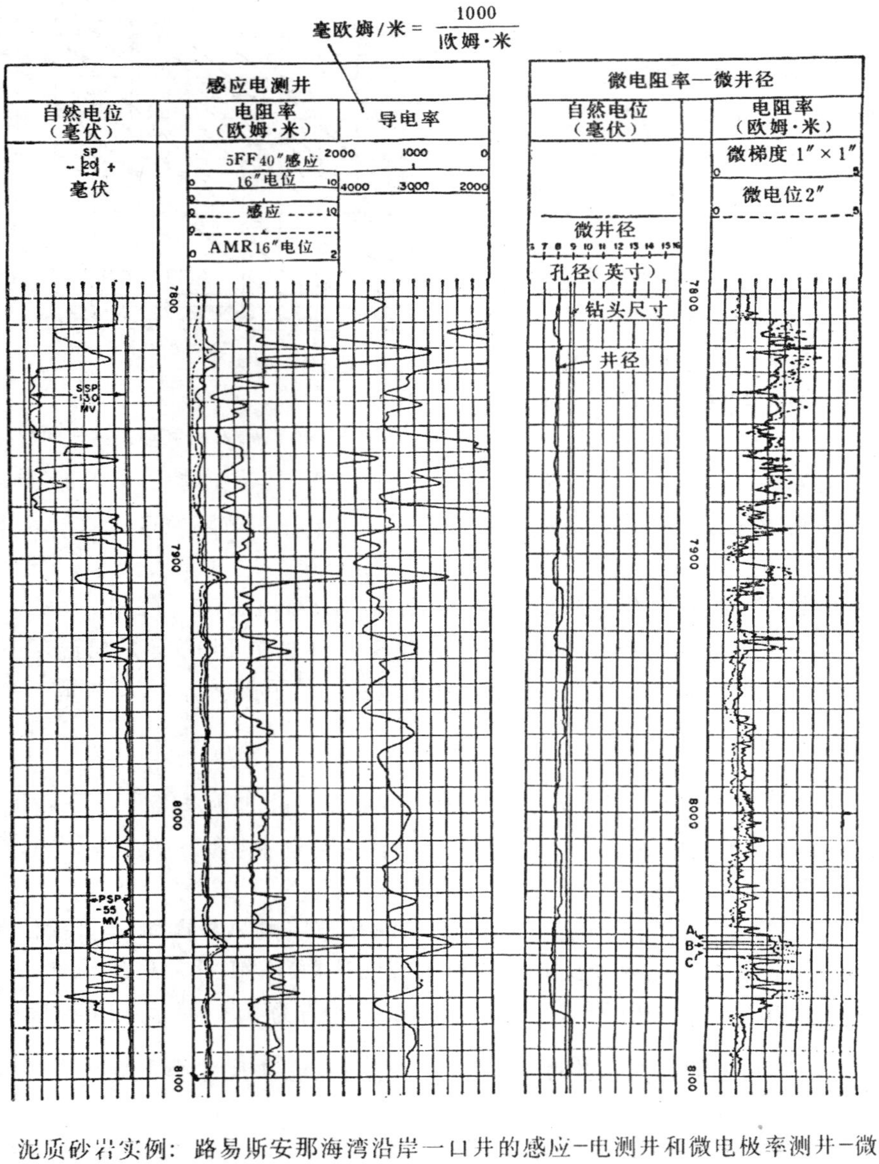

图 52.38 泥质砂岩实例：路易斯安那海湾沿岸一口井的感应–电测井和微电极率测井–微井径测井。在井下温度（140°F）时 $R_m=1.45$，$R_{mf}=1.2$ 和 $R_{mc}=1.3$。$d=8\frac{3}{4}$英寸

在 $K_c=79$ 情况下，将 $R_{xo}/R_t=2.9$ 和 PSP $=-55$ 记入图 52.37，在图上确定出一个点位置。然后，从原点开始经过这个点画一条线，并延长到与 $K_c=79$ 的 $E_{SSP}=-130$ 毫伏处引出的垂线相交为止。这个交点给出一个等于 43%的 S_w 数值，此处假设 S_{or} 为 15%，这是合

理的。该砂岩在 8046～8050 英尺射孔，用 7／64 英寸油嘴测试，日产油 75 桶和气 280000 英尺^3／日。

IEL 解释方法 根据 IEL 组合测井数值实际解释流体饱和度的图版示于图 52.39 中[2]。图版有效应用的限制条件是：1）侵入直径必须在 $2d_h$ 和 $10d_h$ 之间（d_h 为井径）；2）R_{xo} 必须大于 R_t，如果 R_{mf}/R_w 大于 3～5，则一般作为淡水泥浆和含盐地层水就可以满足了；3）地层必须是相当均质的，也就是说，短电位数值必须不受电阻夹层存在的干扰。

假定石油和水的粘度相等，并假定冲洗带中 S_{or} 为 15%～30%，在图版编入了环带存在的近似校正。为了使用图版，把比值 R_{16}/R_{IL}（16 英寸电位的电阻率除以 IL 的电阻率）对照与视地层温度相对应记入的 SSP（图 52.39 的下边网格）作图或对照 R_{mf}/R_w（上边比例尺）作图，如有必要，应先对 R_{16}/R_{IL} 比值作井眼和邻层校正。

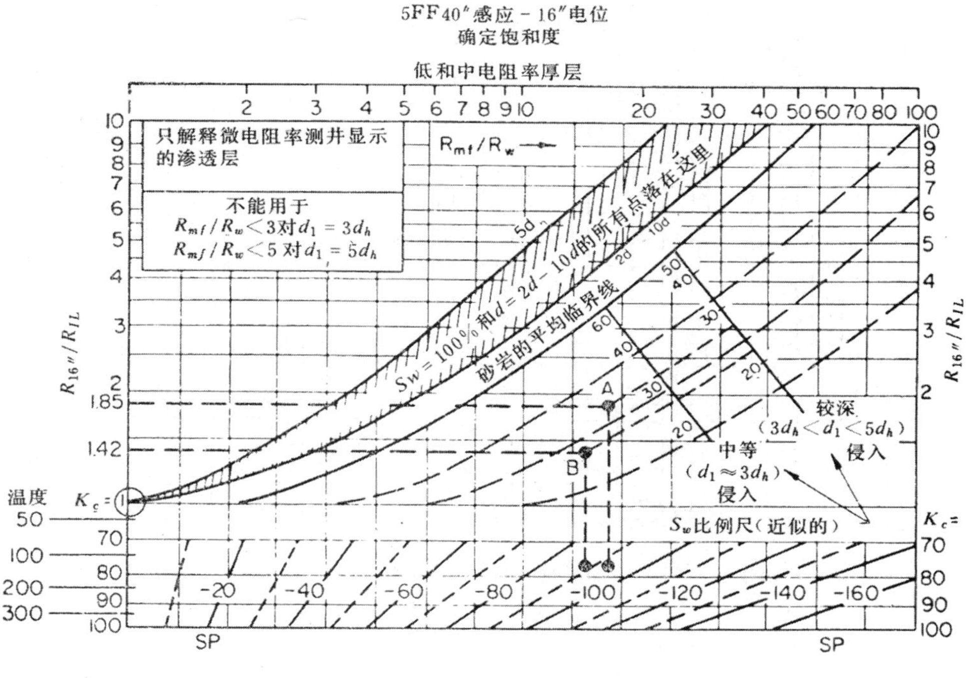

图 52.39 40 英寸感应测井、16 英寸电位解释图版（工作线说明图 52.40 的实例）

注意：未侵入的低电阻率含水砂岩将给出 $\frac{R_{16}''}{R_{IMD}}\approx 1''$。它们经常根据微电阻率测井上的负向分开来识别。在任何情况下，在欧姆·米以下没有发现过油

落在阴影区的一些点子相当于含水砂岩。落在阴影区下面的一些点子相当于含油的砂岩。对 $3d_h$ 和 $5d_h$ 的 d_i 数值给出了近似的饱和度比例尺。图版上波折号线代表等饱和度线。临界饱和度在软地层中相当于 $S_w=60\%$，而在固结砂岩中，相当于 $S_w=50\%$。对许多石灰岩地层来讲，这些不可能是正确的临界饱和度。

对于泥质地层，在泥质砂岩方法中所用的类似作图可以应用于图 52.39 中。虽然未经严格校正，但是如果泥质含量不太大。这种方法应该提供易接受的结果。

因为事先不一定知道解释图版（图 52.39）是否在其适用性限制条件之内，因此，当从

另外的单独测井已知孔隙度或者地层因素数值时，应用这些数值通过方程（5）检验所得结果是有益的。这种“孔隙度秤”检验的详细情况见参考文献[34]。

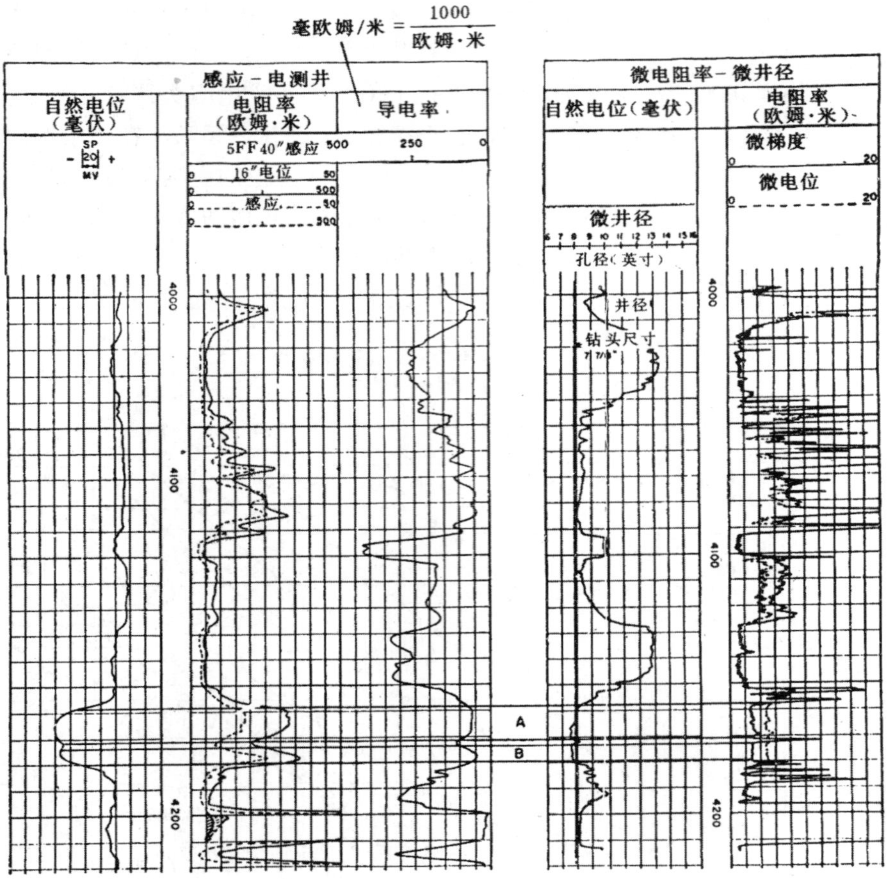

图 52.40 得克萨斯州扬县一口井上的感应电测井和微测井－微井径测井。在井下温度（117°F）时 $R_m=0.95$ 和 $R_{mf}=0.61$。$\alpha=7\frac{7}{8}$英寸

例题 2 图 52.40 表示得克萨斯州 Young 县一口井的感应－电测井和 ML 的一部分曲线。该图的底部砂岩被薄而致密的夹层分成两部分 A 和 B。如 ML 曲线上所示。将分别解释 A 和 B。必要的井的数据：井下温度 BHT 为 117°F，$R_m=0.95$ 和 $R_{mf}=0.61$；井径 d_i 为$7\frac{7}{8}$英寸。

层段 A。根据感应－电测井，$R_{IL}=17.5$ 欧姆·米，$R_{16}=32.5$ 欧姆·米，SP＝−95 毫伏，井底温度为 117°F。应用图 52.39；比值 $R_{16}/R_{IL}=32.5/17.5=1.85$。SP 为−95 毫伏，因此在图上确定的点子给出约 30%的 S_w 平均值。

层段 B。这里 $R_{IL}=26.0$ 欧姆·米和 $R_{16}=37.0$ 欧姆·米，$R_{16}/R_{IL}=37.0/26.0=1.42$。在 117°F 下，SP 为−90 毫伏，由此在图 52.39 上确定了一个点，它给出约 25%的 S_w 数值，在两个层段上进行的钻井中途测试表明，含天然气和蒸馏液，其中

层段 B 流压更高。

Rocky / Mountain 方法　为了解释常规电测井求得侵入的纯净的均质厚硬地层的 S_w 和 ϕ 值，提出了 Rocky Mountoin 方法[25]。侵入的深度必须使短电位和长梯度（经井径影响校正）测井记录的平均电阻率分别接近 R_i 和 R_t 的平均值。当能满足这一要求时，短电位测井值至少应该是泥浆电阻率的 10 倍。只有在厚的层段上才能用这一方法求得平均值：

$$R_i = \frac{F_R R_{wi}}{S_i^2} \tag{19}$$

其中：

(1) R_{wi} 为侵入带内束缚水的电阻率，它通常由滤液和隙间（共生的）水组成，其混和比例为：

$$\frac{1}{R_{wi}} = \frac{f_w}{R_w} + \frac{(1-f_w)}{R_{mf}} \tag{20}$$

其中 f_w 为总混合物中隙间（共生的）水所占的百分比（通常为 5%～10%）。

(2) S_i 为侵入带中的含水饱和度。它由经验求得：$S_i^2 = S_w$；因此 $R_i = F_{Rwi} / S_w$。由于 $R_t = F_{Rw} / S_w^2$，求得 $S_w =$ （R_i / R_t）/（R_{wi} / R_w）。

由于 $R_w / R_{wi} = f_w +$（$1 - f_w$）R_w / R_{mf}，由此得出 R_{wi} / R_w 是 SP 值的一个函数。图 52.41 的上部给出 S_w 方程的一种图解方法，SP 记入纵坐标，而比值 R_i / R_t 记在斜线上，相交点给出横坐标 S_w 值。

通过刚才求得的含水饱和度 S_w 和 R_t / R_w，根据该图的下部求得孔隙度。根据 Humble 公式，即方程 (2)，交点落在对应渐变孔隙度值的斜线上或它们之间。这种方法不应在盐水泥浆中应用。

8. 电磁波传播测井仪

原理　EPT™（电磁波传播测井仪[35]）测量经过孔眼附近地层的电磁波旅行时间和衰减速率。另外还可以记录井径和 ML。该仪器可以与自然伽马、中子或密度仪组合。

水的传播时间明显地不同于天然气、石油或者基质岩石的传播时间，而且也不受水的含盐度影响。这种仪器能够评价含水饱和度，而不太受水电阻率（含盐度）的影响，但实际上在较淡的水中精确度最高。

介质的介电常数是确定电磁波在物质中传播的主要因素之一。任何一种介质的介电常数与每单位体积的电偶极矩成正比。电偶极矩是由一种或多种效应形成：电子的，离子的，界面的和偶极性的效应，由于其中每一个效应在电磁谱的一定范围内占优势，因此可以凭经验区分它们。

电子分布是由电子云的移动引起，而且只有在光频上才能见到。离子和界面分布起源于离子的移动和运动，因此与低频相混。偶极性分布来自永久电偶极，其本身指向一个应用电场的方向。除水外，只有很少的具有永久电偶极的物质在自然界中发现。在 10^9 赫兹频率域内（水的偶极极化占主导）的井眼介电测量将导致水含量的测量，而与含盐度无关。

表 52.3 给出典型储集层物质的传播时间和介电常数（相对于空气）的实验测量值。

表 52.3　电磁波传播数值

	相对介电常数	无损失传播时间，t_{po}
天然气或空气	1.0	3.3
石油	2.2	4.9
水	56～80	25～30
石英	4.7	7.2
石灰岩	7.5	9.1
白云岩	6.9	8.7
硬石膏	6.5	8.4

仪器　目前，现场仪器是在一个可紧贴井壁的极板上安装两个发射器和两个接受器，其结构形式如图 52.42 和 52.43 所示。这些发射器和接受器必须象在微波频率范围内工作的天线一样。仪器根据近和远的接受器探测的信号进行差别测量，在原理上与广泛使用的有两个接受器的声波仪器测量 Δt 的方法相类似。这两个接受器也用类似的方法消除由泥饼或者信号耦合变化引起的任何影响（只要两个接受器受的影响同等）。

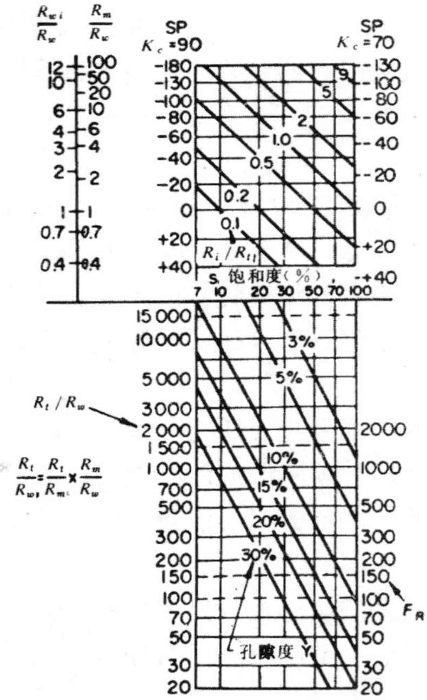

图 52.41　Rocky Mountain 方法的解释图版

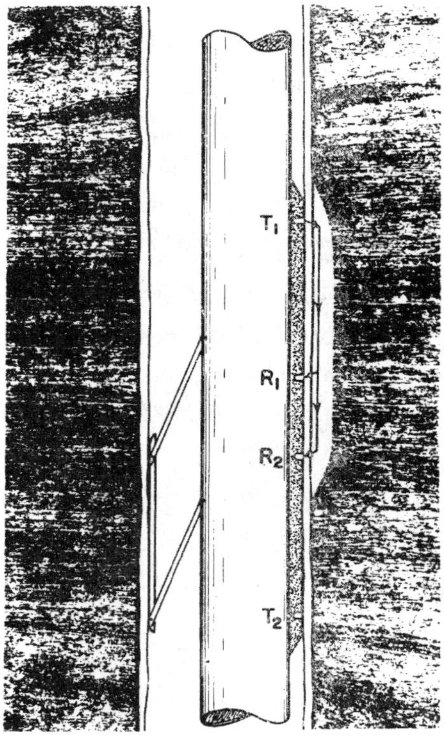

图 52.42　EPT 天线极板的示意图，表示两个接受器测量旅行时间的原理

为了减少由于探头倾斜引起的误差，EPT 使用与井眼补偿声波仪中使用的组合发射器类似的天线结构，发射天线安装在成对接收器的上方和下方，并且交替发送。简单的几何考虑表明，如果求这两个传输模式的平均值，则极板倾斜的第一级影响将被消去。

仪器的基本原理包括沿着传导极板表面发送的面波或侧向电磁波。在不存在泥饼的情况下，电磁波将沿着经过两条接受天线的极板面运动，但在有泥饼存在的正常钻井情况下，传播发生在泥饼和地层之间的面上。沿极板面每单位距离的相位移动和衰减与面波的 ε 和 C 成正比例（如理论一节中所说明的)。

曾经从理论和实验这两方面证明，由 EPT 测得的厚度在 3／8 英寸以内的泥饼的旅行时间基本上与没有任何泥饼时的侵入带中的旅行时间相同。泥饼超过此的厚度以后，测量质量很快降低，直到仪器只反应泥浆为止。在井内充满空气和油基泥浆时应用仪器的有限经验表明，甚至在极板和地层之间有很薄一层流体时都会引起仪器只对流体而不对地层响应。这是由于这些流体旅行时间短造成的。仪器包含一个 1.1×10^{9} 赫兹微波收发两用机。发射器能够产生大于 2 瓦的输出功率，而接受器可以处理 0.3 微微（10^{-12}）瓦（pW）的信号。当 R_{xo} 接近 0.3 欧姆·米时，这就容许在地层中进行准确测量。

理论　假设面波时间呈正弦变化，第二个接收器的电场 E 可由下式给出：

$$E=E_{0}e^{-\gamma L+j\omega t} \tag{21}$$

其中 E_0 为第一个接收器的电场；L 为两个接收器之间的距离；j 为矢量算子$\sqrt{-1}$；ω 为角频率；t 为在地层中距离 L 上波的旅行时间；而 γ 为下式给出的复合传播因子：

$$\gamma=\alpha+j\beta \tag{22}$$

其中 α 为衰减因子（系数）单位为奈培／米，而 β 为相位因子，单位为拉德／米。

对于“无损耗”地层❶，$\alpha=0$，根据方程（21），相位速度由下式给出：

$$v_{po}=\frac{L}{t}=\frac{\omega}{\gamma_{o}}=\frac{1}{t_{po}} \tag{23}$$

式中　下标 o——指示无损耗条件；

t_{po}——已知介质的无损耗传播时间。单位毫微秒／米。

根据 Maxwell 的方程，可以将它表示成

$$\gamma_{o}=j\omega\sqrt{\mu\epsilon}=j\omega t_{po} \tag{24}$$

其中 μ 为磁渗透率（亨利／米）。由于大部分目的层都是非磁性的，该地层的 μ 与自由空间的 μ 相同（$\mu=4\pi\times10^{-7}$ 亨利／米），而 ϵ 为非传导性介电常数（法拉／米）。当地层为损耗

❶具有无电磁能量损耗的地层。

的时，γ 和$\in$为复数。

图 52.43　EPT 天线极板

把方程（22）和方程（24）平方，并立实数和虚数项方程，得：

$$\omega^2\mu_o\in=\beta^2-\alpha^2 \tag{25}$$

和

$$\omega\mu_o C=2\alpha\beta \tag{26}$$

式中　C——地层中损耗的等价电导率（欧姆／米）。方程（25）除以 ω^2，得：

$$\mu_o\in=\frac{\beta^2}{\omega^2}-\frac{\alpha^2}{\omega^2} \tag{27}$$

根据方程（24），$\phi_0\in=t_{po}^2$。由于 $\beta/\omega=t_{pl}$ 为损耗介质中旅行时间，因而

$$t_{po}^2=t_{pl}^2-\frac{\alpha^2}{\omega^2} \text{ ❶} \tag{28}$$

记住 α 为衰减因子，方程（28）意味着导电地层中的实际传播时间比相应的无损耗地层的实际传播时间长。如果传播波不是面波，则在应用方程（28）以前应对测得的衰减（$A_{\log}$）作适当的扩散损耗校正。因此，校正过的衰减 $A_c=A_{\log}-G_{sl}$（分贝／米），其中 G_{sl} 为扩散几何损耗，$A_{\log}$ 为校正过的衰减，单位为分贝／米。G_{sl} 在空气中约为 50 分贝／米，或者 $G_{sl}=45.0+1.3t_{pl}+0.18t_{pl}$。这里为校正过的旅行时间，单位为毫微秒／米。

---

❶α单位为奈培／米，而$A_{\log}$为分贝／米。因为1奈培＝8.686分贝，因此$A_{\log}=8.686\alpha$。

解释　在普通储集层岩石中井眼内遇见的旅行时间为 6.3 毫微秒／米（被油气充填的 40 个孔隙度单位的砂岩）到 17.2 毫微秒／米（被水充填的 40 个孔隙度单位的石灰岩）。当用相位偏移表示计算超过 4 厘米接受器间隔时，这相当于 100 和 270 ° 之间的角度。

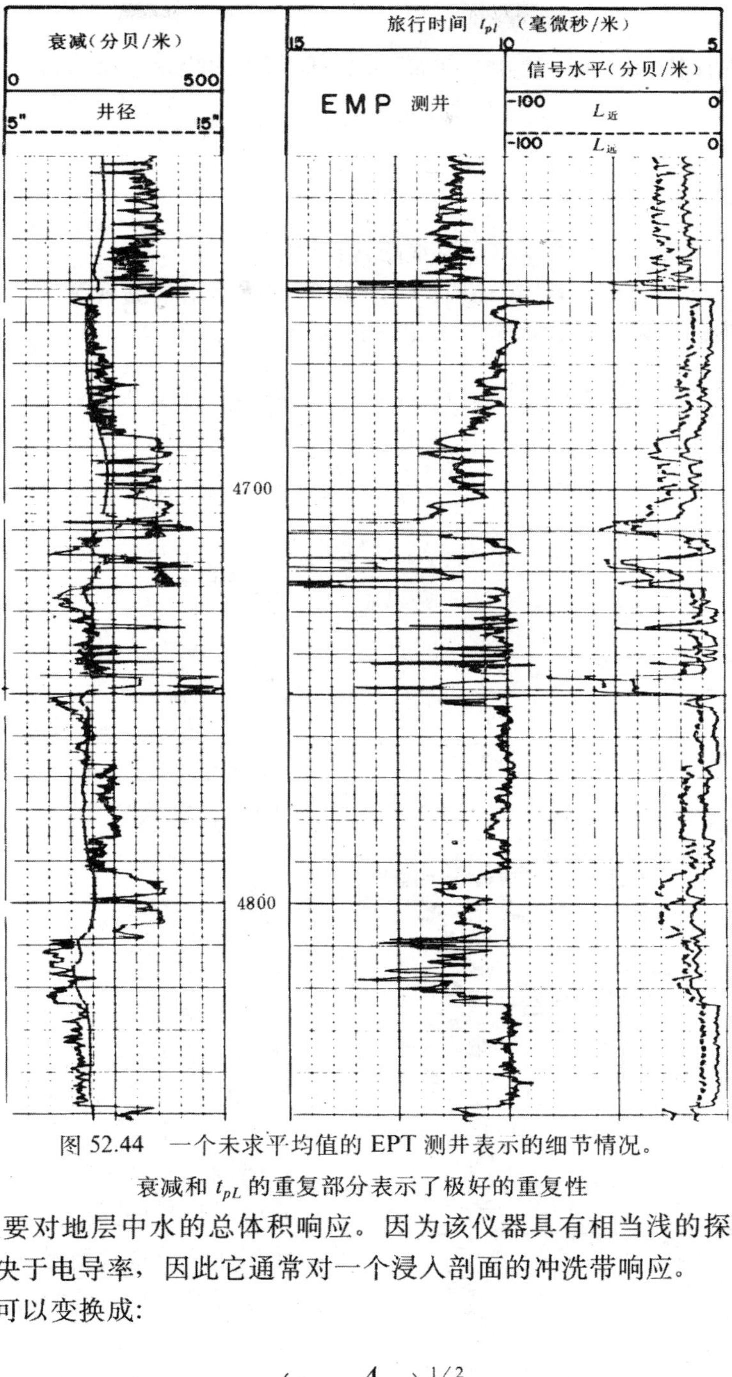

图 52.44　一个未求平均值的 EPT 测井表示的细节情况。

衰减和 t_{pL} 的重复部分表示了极好的重复性

EPT 测井主要对地层中水的总体积响应。因为该仪器具有相当浅的探测深度——约 1 到 6 英寸，这取决于电导率，因此它通常对一个浸入剖面的冲洗带响应。

方程（28）可以变换成：

$$t_{po}=\left(t_{\mathrm{pl}}^{2}-\frac{A_{c}}{3604}\right)^{1/2} \tag{29}$$

视水充填孔隙度（ϕ_{EPT}）可用类似于根据声波 Δt 确定孔隙度的方程推导出来。因此：

$$\phi_{EPT} = \frac{t_{po} - t_{pm}}{t_{pwo} - t_{pm}} \tag{30}$$

t_{pwo} 为水的无损耗传播时间，随着温度而变化，但随压力变化甚微，可由下式求得:

$$t_{pwo} = 20\left(\frac{710 - T/3}{444 + T/3}\right)$$

其中 T 为温度 °F。求 t_{pwo} 不需要知道水的含盐度。

表 52.3 列出了基质无损耗传播时间。基质的性质可以根据视基质密度的知识和在岩石密度数值之间内插来确定。含水饱和度由下式给出:

$$t_{po} = S_{xo}\phi t_{pwo} + (1 - S_{xo})\phi t_{ph} + (1 - \phi)t_{pm} \tag{31}$$

或者

$$S_{xo} = \frac{t_{po} - t_{pm} + \phi(t_{pm} - t_{ph})}{\phi(t_{pwo} - t_{ph})} \tag{32}$$

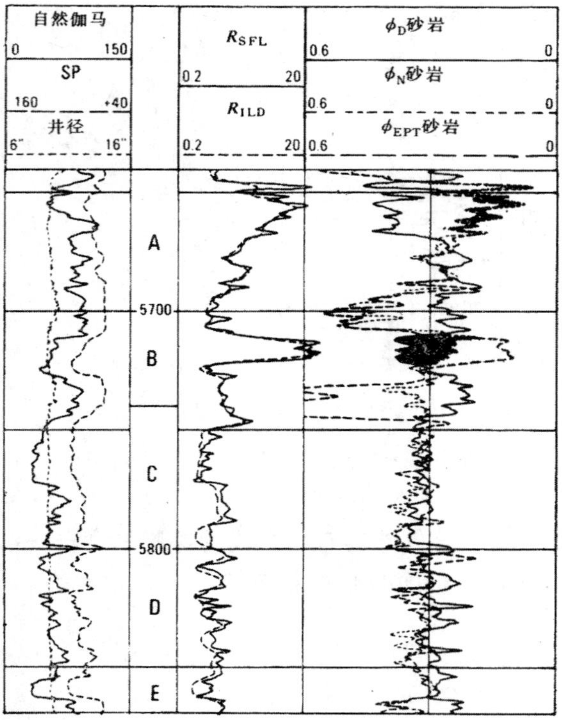

图 52.45 ISF 和 EPT / CNL / FDC 测井

式中 t_{ph}——油气的传播时间;

ϕ——地层的孔隙度。

由于 t_{pm} 和 t_{ph} 相当接近，因此可以粗略地估计 S_{xo} 如下:

$$S_{xo} = \frac{\phi_{EPT}}{\phi} \tag{33}$$

例题 3 图 52.44 为通用测井表示方法的一个例子。道 1 包含由极板移动得到的常规井径曲线和衰减曲线，比例尺单位为分贝 / 米。道 2 和 3 给出主要测量即旅行时间，单位为毫微秒 / 米。道 3 还有来自两个接受器的信号水平。这些曲线的主要用途是监视接受器的主要信号探测，提供在任意水平下测井参数相对可靠性的指标。

一个明显且实际的优点是根据接受器之间 4 厘米间隔推断的，即仪器具有极好的垂直分辨率。图 52.44 测井曲线在某些点，实际上显示得太过分了，但其重复性证明，测井记录是有效的。实际上，仪器记录的数据过于详细，无法使用计算机与其它测井一起显示，因此需要有求平均（平滑）的子程序，为使用 EPT 数据的程序作准备。

例题 4 图 52.45 显示了 ISF 测井和由密度、中子和 EPT 计算的孔隙度。正如中子孔隙度读数比密度孔隙度低得多所证明的，层 A 明显地含天然气。EPT 孔隙度略高于中子孔隙度，但比密度孔隙度低得多，这证明存在油气。

层 B 显示了不同的孔隙度剖面。中子孔隙度再一次比密度孔隙度低，表明有某种轻烃存在，但现在 EPT 孔隙度比中子和密度孔隙度都低。由于中子和密度测井的总孔隙度可粗略地估算为:

$$\phi = \frac{\phi_N + \phi_D}{2}$$

和油气体积为:

$$\phi_{HC} = \phi - \phi_{EPT}$$

因此，对层 A 与层 B，影响三种孔隙度仪器的油气体积，正如由 EPT 数据所确定的，是大致相同的。然而，层 A 中存在对中子和密度测井的最强烈的轻烃影响。因此，可以估计层 B 比层 A 含有更多的凝析油或原油。

层 C 看来象是含有一些残余烃，因为 EPT 孔隙度通常比中子和密度孔隙度稍低。层 C 泥质较多的底部比顶部较纯岩性部分的油气稍微多一点。

层 D 的最顶部含有原油，因为 EPT 测量比读数大致相同的中子和密度孔隙度低得多。当 EPT 孔隙度大致与中子和密度孔隙度相同或略高时，可以识别为含水层。层 E 与层 B 和层 D 的底部一样，是明显的含水层。

计算机程序可以对所有这些测井给出完整的定量解释。这在沥青砂岩和稠油研究中尤其重要，因为在这里烃不受滤液的冲洗，S_{xo} 很接近 S_w。这些研究对提供残余油饱和度值同样具有重要意义。

八、数字化时代

1960 以前，所有测井曲线都是用模拟的方式记录在胶片或纸上。1960 年引入磁带记录倾角测井。不久以后，其它各种测井同样记录在磁带上，因此能够针对各种不同的目的使用计算机。很快，计算机就作为测井车记录系统的一个组成部分。这就彻底革新了井场上采集数据的能力。同时，在井场完成测井以后，逐渐可以进行实时或者在短时间之后得到许多计算成果。

毫无疑问，数字化时代促使研制了以前认为不可能的新仪器。今天许多解释技术和研究，如果没有计算机的应用，根本不可能进行。最后，测井数据传输成为当今的现实，促进了井和办公室，城镇和洲际之间的数据交换。综述这个巨大领域是必要的。

1. 磁带

API 推荐的标准格式使测井服务公司的磁带成为大多数计算机可读磁带，更详尽的处理目的可以由服务公司直接得到。在综合测井分析系统中有计算机实时保证磁带的质量控制。

2. 计算测井成果

由计算机完成的测井分析有三种不同的水平，可供测井用户选用。

(1) 实时“快速直观”解释成果。这种解释成果汇总在表 52.4 中。这种解释与测井同时进行。其中许多曲线，如 R_{wa} 和 F 曲线，被记录在标准测井图上，并常放在 SP 或电阻率道中。

(2) 井场测井分析成果。这种成果汇总在表 52.5 中。一般在井场实时得到。在完成测井以后可以作井场分析。该过程包括回放测井磁带和使用适当的测井分析程序，例如泥质砂岩分析或者倾角测井计算等。

(3) 计算中心成果。在测井结束以后（几天或者几星期以后）能更好地提供计算中心成果，而且一般比井场两种成果含的信息更多。一般来说，这些计算分成三大类：泥质砂岩分析、复杂岩性研究和倾角测井处理。最常用的成果汇总在表 52.6 中。其它不常用的成果，例如沥青砂岩分析或者力学性质，不包括在内；有关这些方面的细节可以直接由测井服务公司获得。

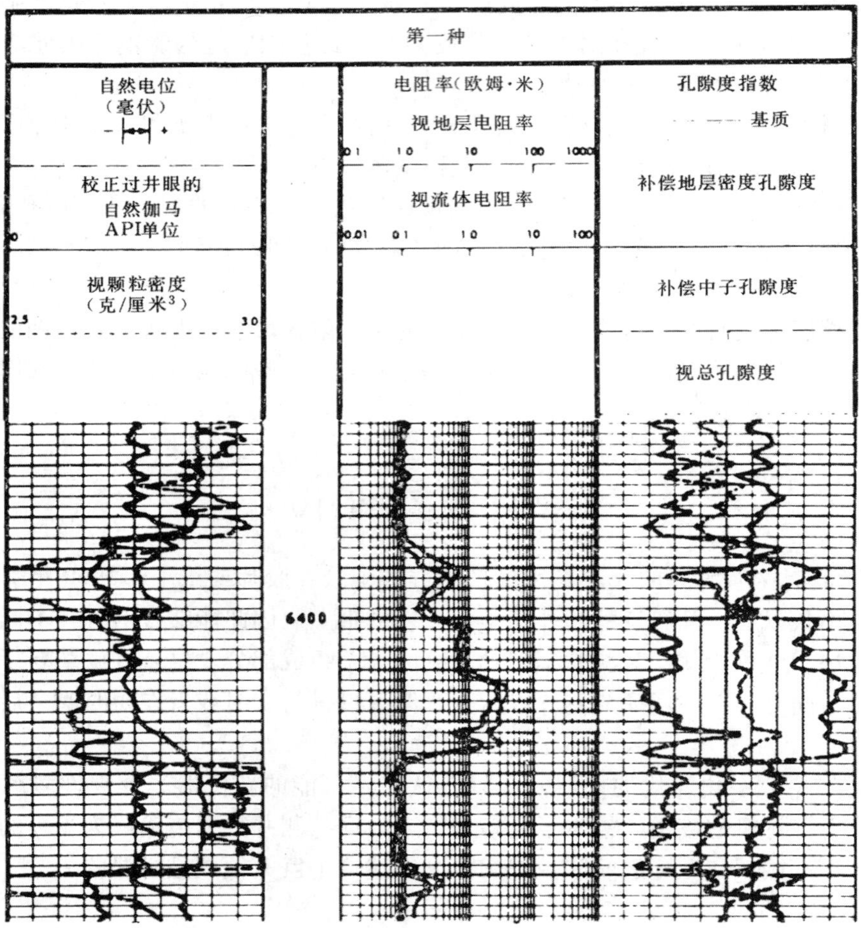

图 52.46　CYBERLOOK 第一种测井

一个井场测井分析的例子是 CYBERLOOK™ 程序[36]。该程序需要最少限度的测井组合：深探测电阻率、CWL™-FDC™（补偿中子／密度测井）、自然伽马或者 SP 曲线。CYBERLOOK 计算方法建立在双水模型基础上，而且通常在两个通道中进行计算。

在第一种测井图上（图 52.46)。SP 曲线和自然伽马一起在道 1 上。在道 2 上有四个周期对数比例尺可显示 R_t 曲线和 R_{wa}（由 R_t 计算的)，道 3 表示由密度测井给出的孔隙度 ϕ_D、中子测井给出的孔隙度 ϕ_N 以及根据 ϕ_D 和 ϕ_w 交会计算得到的孔隙度。

在第二种测井图上（图 52.47)，道 1 给出泥质指数。该指数是根据 SP 曲线，自然伽马以及最大和最小中子读数求得的几种泥质指标中的最小的泥质指数。道 2 表示 R_t，为破折号曲线，和 R_o，为实线。道 3 的左半部为含水饱和度，而右半部为孔隙度和自由水总体积，不同井径用点线表示，道 3 中间，带有钻头尺寸。当用中子密度测井求孔隙度必须进行大的油气校正时，在深度道中显示进行油气校正的标志。

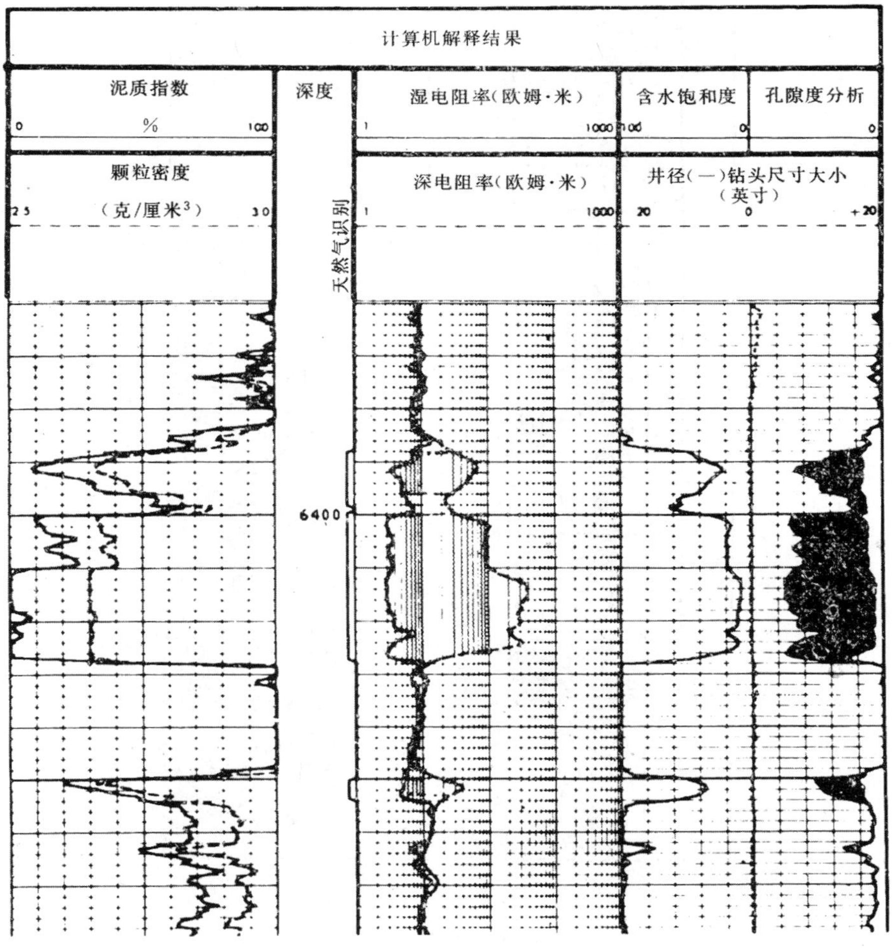

图 52.47 CYBERLOOK 第二种测井

VOLAN™ 是复杂分析程序的一个实例（图 52.48)，如上述 CYBERLOOK 程序一样，它建立在双水模型基础上，但计算方法要精细得多，结果更精确。有关双水模型的详细研究见参考文献[37]和[38]。双水模型简单地说明在泥质砂岩中其等价地层水导电率取决于"束缚"水和"自由"水的相对量。

束缚水的导电率通过使用邻层的泥岩电阻率和由CNL平均值给出的总孔隙度求得。用类似的方法，通过含水砂岩的电阻率及其总孔隙度求得自由水电导率。在泥质含水砂岩中，通过使用泥质含水砂岩的电阻率及其总孔隙度用同样的方法求得等效水的电导率。已知束缚水和游离水的电导率，很容易计算它们占总孔隙度的分数，这是求泥质含水砂岩相同的等效水电导率所需的。

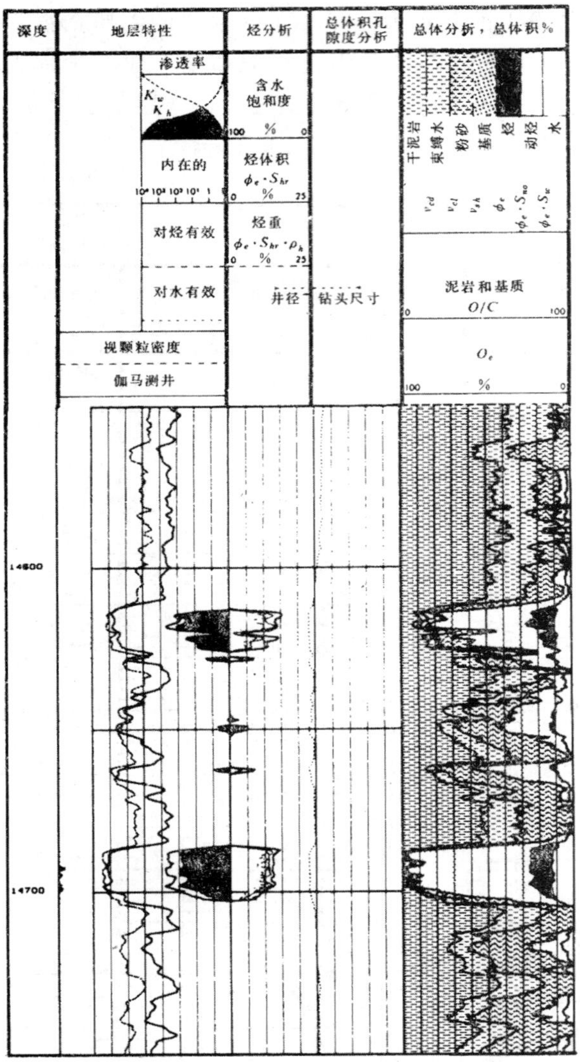

图 52.48　高孔隙度表示法

束缚和游离水占的分数可能与自然伽马或者SP曲线等的相对偏转有关，因而在分析饱含油气的层时可以使用这样的标定。这种分析通过使用分散-泥质-类型方程进行。

表 52.4 可供利用的实时井场分析

属名	推导	需要的测井输入	表示方法	Schlamberger	Goarhart	Dresser	Welex
R_{wa}	假设所有地层 100%含水。计算视 R_w，$R_{wa}=R_t/F$	同时输入电阻率和孔隙度。常用声波和感应	按对数比例尺表示在道 1 的单一曲线	R_{wa}	R_{wa}	R_{wa}	R_{wa}
R_{xo}/R_t	使用深探测电阻率和浅聚焦电阻率估计 R_{xo}/R_t 比值。	同时用深探测电阻率和浅聚焦电阻率	按准 SP 曲线那样的兼容比例尺表示在道 1 中的单一曲线	R_{xo}/R_t	R_{xo}/R_t	R_{xo}/R_t	R_{xo}/R_t
“F”覆盖或者“R_o”覆盖	F 由孔隙度曲线推导出来，可以用对数电阻率例如 R_0	深探测电阻率和孔隙度	按对数比例尺表示的在道 2 和 3 中的破折号符号曲线	R_o	R_o	“F”曲线	“F”曲线
兼容孔隙度比例尺	假设使用同一岩性任意组合的孔隙度测井计算孔隙度	同时输入孔隙度测井	在道 2 和 3 中的编码曲线和道 1 中自然伽马和井径一起	兼容孔隙度比例尺	兼容孔隙度比例尺	兼容孔隙度比例尺	兼容孔隙度比例尺
井孔体积	使用井径测井计算井孔体积用於计算固井水泥量	井径曲线—成 90° 的 2 条曲线，例如 4 臂倾角测井	按每 10 英尺^3 和 100 英尺^3 表示的在深度道中的星号和点号	井孔体积	井孔体积	井孔体积	井孔体积
裂缝确定测井	使用回臂倾角测井相邻极板读数差推断裂缝	4 臂倾角测井	重叠相邻极板读数并编上任何一种差异	裂缝识别测井	裂缝探测器测井	裂缝定位测井	倾角测井裂缝测井

表 52.5　可供应用的重放井场分析[①]

属名	推导	需要的测井输入	表示方法	Schlumberger	Gearkart	Dresser	Welex
合并和移动深度数据	重放所有测井、移动深度和作简单计算，例如 R_{wa}、R_{xo}、R_{xo}/R_t，兼容孔隙度比例尺或交会图孔隙度	任意运用记在磁带上的测井曲线	通常 3～5 道。由测井公司改变，只重放测井资料	Cyberlook pass 1	交会图 (x–图)	prolog	计算机 Varl
井场评价测井	使用所有测井提供第一级计算机分析	电阻率和孔隙度	通常 3 或 4 道。具有由测井资料得来的储集层数据	Cyberlook	井场评价测井	Prolog	CAL
地层倾角计算	根据 4 臂倾角测井计算地层倾角	4 臂倾角测井	地层倾角，井斜，井径	Cyberdip	FEDDDL	pro–DIP	
真垂直深度测井	根据倾角测井定向数据计算任意点的真垂直深度	连续倾角测井加任意测井转换成真垂直深度	按真垂直深度比例尺重放任意一种测井	TVD	TVD	TVD	

①如果记录在磁带上，所有实时可用测井曲线，也是重放时可用测井曲线。

表 52.6　公司计算中心的测井分析

属名	推导	需要的测井输入	表示方法	Schlumberger	Gearhart	Dresser	Welex
先进的砂岩分析	使用最先进分析和统计方法校正和计算砂岩和泥质砂岩测井	电阻率,密度,中子,自然伽马,最好还有声波	经常用道 1～4 表示岩性,饱和度,孔隙度和总体积	SARABAND VOLAN	Comsand "F"Pairs	EPJLOG 砂岩分析	CAL
先进的碳酸盐岩分析	使用最先进分析和统计方法校正和计算碳酸盐岩和复杂岩性储集层测井	电阻率,密度,中子,自然伽马和声波,最好还有微电阻率	经常用道 1～4 表示岩性,饱和度,孔隙度和总体积	CORIBAND GLOBAL	Comlith Frax	EPILOG 复杂储集层分析	CAL
先进的倾角测井计算	使用最先进校正逻辑计算倾角继之以统计选择保留最可靠的数据	4 臂倾角测井	矢量图和井径,相关曲线和井的斜度,还可以应用:方位角频率,稍加修改的施密特图、直方图和列表	CLUSTER (构造的)和 GEODIP (地层的)	NEXUS	Dresser 计算的倾角测井	DIPLOG 分析

符 号 说 明

a_{mf}——泥浆滤液的化学活度；
a_w——地层水的化学活度；
A_c——校正过的地层衰减；
A_{log}——记录的地层衰减；
C——地层中损耗的等效电导率；
C_{IL}——感应测井给出的电导率；
C_T——总电导率信号；
C_i——侵入带的电导率；
C_m——泥浆的电导率；
C_t——地层的真电导率；
C_{xo}——冲洗带的电导率；
E——电场；
E_c——总电化学电动势；
E_J——流体-连结电动势；
E_M——泥质-薄膜电动势；
E_{PSP}——假静 SP；
E_{SSP}——静 SP；
E_0——第一个接收器的电场；
F_R——地层电阻率因素；
F_{Rw}——地层水电阻率因素；
F_{Rwi}——侵入带中水的电阻率因素；
f_w——隙间（共生）水在总的混合物中所占的分数；
G_i——侵入带几何因子；
G_m——泥浆几何因子；
G_{pi}——侵入带准几何因子；
G_{sl}——传播衰减几何因子；
G_t——原状地层的几何因子；
G_{xo}——冲洗带几何因子；
I_R——电阻率指数；
j——矢量算子$\sqrt{-1}$；
K_c——电化学系数
m——胶结指数或系数；
n——饱和度指数；
R_a——视电阻率；
R_{an}——环带电阻率；
R_c——校正的电阻率；
R_{IL}——感应测井电阻率；
R_{PL}——邻近测井电阻率；
R_i——侵入带电阻率；
R_{mc}——泥饼电阻率；
R_{mf}——泥浆滤液电阻率；
R_t——地层真电阻率；
R_w——地层水电阻率；
R_{we}——等效地层水电阻率；
R_{wi}——冲洗带内水的电阻率；
R_{xo}——冲洗带电阻率；
R_o——百分之百饱和水的纯（无泥质）地层电阻率；
$R_{1\times1}$——1×1 英寸微梯度电阻率；
R_2——2 英寸微电位电阻率；
R_{16}——短电位电阻率；
S_i——冲洗带含水饱和度；
S_{or}——残余油饱和度；
S_w——地层水饱和度；
S_{xo}——冲洗带含水饱和度；
t_{ph}——烃的电磁波传播时间；
t_{pl}——在损耗介质中的旅行时间；
t_{pm}——基质的无损失传播时间；
t_{po}——无损失传播时间；
t_{pwo}——水的无损失传播时间；
Y——最大可产油指数；
α_{SP}——SP 减小系数；
γ——复合传播因子；
ϵ——相对介电常数；
μ——磁渗透性；
ϕ_D——密度孔隙度；
ϕ_{EPT}——电磁波传播仪器孔隙度；
ϕ_{HC}——烃孔隙度；
ϕ_N——中子孔隙度；
ω——角频率。

缩写字符

CNL™——补偿中子测井；
DIL——双感应-八侧向；
EPT——电磁波传播仪器；
ES——电法服务；
FDC™——补偿密度测井；
ID——深探测感应仪器；
IEL——感应-电测井；
IES—感应-电法服务；
IL——感应测井；
ILd——深感应测井；
IM——中探测感应仪器；
ISF——感应-球形聚焦测井；

LL—侧向测井；
LLD——深侧向；
LLS——浅侧向；
ML—微电阻率测井；
MLL——微侧向测井；
MSFL——浅探测的微球形聚焦测井；
PL——邻近测井；
SDL——同时测量的双侧向测井；
SFL——球形聚焦测井；
SSP——静 SP。

参 考 文 献

1.Dunlap, H. F. and Hawthrne, H. R. :"Calculation of Water Resistivities from Chemical Analysis," *J. Pet. Tech.* (July 1957) 202−17;*Trans.*, AIME, **192.**

2.a. "Log Interpertation Charts", Schlumberger well Services (1979)

b. "Log Interpretation Charts, "Dresser−Atlas(1981).

c."Charts for the Interpretation of Well Logs," Welex(1979) EL−1002

d. "Chart Book, "Gearhart(1982).

3.Lamont, N.:"Relationships Between the Mud Resistivity, Mud Filtrate Resistivity, and the Mud Cake Resistivity of Oil Emulsion Mud Systems," *J. Pet. Tech.* (Aug. 1957) 51−52; *Trans.*, AIME, 210.

4.Mounce, W. D. and Rust, W. M. Jr. :"Natural Potentials in Well Logging, "*Pet. Tech.* (Sept. 1943); *Trans.*, AIME. 6.

5.Winsauer, W. O., *et al:*" Resistivity of Brine−satured Sands in Relation to Pore Geometry," *Bull.*, AAPG(Feb. 1952)253−77.

6.Patnode, H. W. and Wyllie, M. R. J.:"Presence of Conductive Solids in Reservoir Rocks as a Factor in Electric Log Interpretation,"*J. Pet. Tech.* (Feb. 1950)47−52; *Trans.*, AIME, **189.**

7.Archie, G. E.:"Classification of Carbonate Reservoir Rocks and Petrophysical Considerations, "*Bull.*, AAPG(Feb. 1952)**36**, 278−98.

8.Waxman, M. H. and Thomas, E. C.:" Electrical Conductivities in Shaly Sands−I. The Relation Between Hydrocarbon Saturation and Resistivity Index; II The Temperature Coefficient of Electrical Conductivity," *J. Pet. Tech.* (Feb. 1974)213−23;*Trans.*, AIME, **257.**

9.Waxman, M. H. and Smits, L. J. M.:"Electrical Conductivities in Oil−Bearing Shaly Sands," *Soc. Pet. Eng. J.* (June 1968)107−22; *Trans.*, AIME, **243.**

10.Kunz, K. and Moran, J.:"Some Effects of Anisotropy on Resistivity Measurements in Boreholes," *Geophysics* (Oct. 1958)23, 770−94.

11.Doll, H. G.:"Filtrate Invasion in Highly Permeable Sands,"*Pet. Engr.* (Jan. 1955)27,B53−66.

12.Gondouin, M. and Scala, C.:" Streaming Potential and the SP Log," *J. Pet. Tech.* (Aug. 1958)170−79;*Trans.*, AIME, **213.**

13.Hill, H. J. and Anderson, A. E.:"Streaming Potential Phenomena in SP Log Interpretation,"*J. Pet. Tech.* (Aug. 1959) 203−08; *Trans.*, AIME, 216.

14.Wyllie, M. R. J. :"Investigation of Electrokinetic Component of the Self−Potential Curve," *J. Pet. Tech*(Jan. 1951)1−18; *Trans.*, AIME, **192.**

15.Wyllie, M. R. J., de Witte, A. J., and Warren, J. E.:"On the Streaming Potential Problem in Well Logging," *Trans.*, AIME(1958)**213**. 409−17.

16.Wyllie, M. R. J., :"Quantitative Analysis of the Electrochemical Component of the SP Curve," *J. Pet. Tech.* (Jan. 1949)17−26; *Trans.*, AIME, **186.**

17. Segesman, F. and Tixier , M. P.:"Some Effects of Invasion on the SP Curve," *J. Pet. Tech.* (June 1959)138−46;*Trans.*, AIME. **216.**

18.Doll, H. G.:"SP Log: Theoretical Analysis and Principles of Interpretaton," *J. Pet. Tech.* (Sept. 1948)146−85, *Trans.*, AIME. **179.**

19.Goudouin, M., Tixier, M. P., and Simard, G. L.:" Experimental Study on Influence of Chemical Composition of Electrolytes on SP Curve," *J. Pet. Tech.* (Feb.1957)58–72;*Trans.*, AIME, **210.**

20.Doll, H. G.:"Introduction to Induction Logging and Application to Logging of Wells Drilled with Oil–base Mud,"*J. Pet. Tech.* (June 1949)148–62; *Trans.*, AIME, **186.**

21.Dumanoir, J. L., Tixier, M. P., and Martin, M.:"Interpretation of the Induction –Electrical Log in Fresh Mud," *J. Pet. Tech.* (July 1957)202–17; *Trans.*, AIME, **210.**

22.Doll, H. G.:"Laterolog–A New Resistivity Logging Method with Electrodes Using an Automatic Focusing System,"*J. Pet. Tech.* (Nov. 1951)305–16;*Trans.*, AIME, **192.**

23.Doll, H. G.:"Micro Log–A New Electrical Logging Method for Detailed Determinations of Permeable Beds,"*J. Pet. Tech.* (June 1950)155–64;*Trans.*, AIME, **189.**

24.Doll, H. G.:"The MicroLaterolog,"*J. Pet. Tech.* (Jan. 1953)17–32, *Trans.*, AIME, **198.**

25.Tixier, M. P.:" Electrical Log Analysis in the Rocky Mountains." *Oil and Gas J.* (June 1949)**48**, 143–48.

26.Tixier, M. P.:"Porosity Index in Limestone from Electrical Logs," *Oil and Gas J.* (Nov. 1951)140–42, 169–73.

27.Wyllie, M. R. J.:"Procedures for the Direct Employment of Neutron Log Data in Electric Log Interpretation,"*Geophysics* (Oct. 1952)**17**, 790–805.

28.Tixier, M. P., Alger. R. P., and Tanguy, D. R.:"New Development in Induction and Sonic Logging," *J. Pet. Tech.* (May 1960)79; *Trans.*, AIME, **219**.

29.Doll, H. G. and Martin, M.:"How to Use Electric Log Data to Determine Maximum Producible Oil Index in a Formation,"*Oil and Gas J.* (July 1954)**53**, 120–26.

30.Tixier, M. P.:" Evaluation of Permeability from Electric Log Resistivity Gradient," *Oil and Gas J.* (June 1949)**48**, 113–23.

31.a."Resistivity Departure Curves,"*Bull.*, Schlumberger Well Surveying Corp. (1949).

b."Interpretation Charts for Electric Logs and Contact Logs."*Bull.*, Welex Inc., A–101.

32.a." Resistivity Departure Curves (Beds of Infinite Thickness)," *Bull*, Schlumberger Well Surveying Corp. (1955).

b."Fundamentals of Quantitative Analysis of Electric Logs,"*Bull.*, Welex Inc., A–132.

33.Poupon. A., Loy, M. E., and Tixier, M. P.:"A Contribution to Electrical Log Interpretation in Shaly Sands," *J. Pet. Tech.* (June 1954)138–45;*Trans.*, AIME, **201.**

34. Tixier, M. P.:"Porosity Balance Verifies Water Saturation Determined From Logs,"*J. Pet. Tech.* (July 1958)161–69; *Trans.*, AIME, **213.**

35. Wharton. R, P., *et al.*:"Electromagnetic Propagation Logging:Advances in Technique and Interpretation ," paper SPE 9267 presented at the 1980 SPE Annual Technical Conference and Exhibition, Dallas, Sept, 21–24.

36. Best, D. L., Gardner. J. S., and Dumanoir, J. L. :"A Computer–Processed Wellsite Log Computation, "papet presented at the 1978 SPWLA Annual Logging Symposium, June 13–16.

37. Coates, G. R., Schulze. R. P., and Throop, W. H.:" Volan * –An Advanced Computational Log Analgsis", paper presented at the 1982 SPWLA Annnal Logging Symposium, July 6–9.

38. Clavier. C., Coates. G. R., and Dumanoir. J.:" Theoretical and Experimental Bases for the Dual–Water Model for Interpretation of Shaly Sands,"*Soc. Pet. Eng. J.* (April 1984)153–68.

第五十三章　核测井方法

Darwin V.Ellis，Schlumberger−Doll Research❶　　　　　　　　　　　　　　郝志兴　　译

一、引　　言

本章将叙述核辐射在电缆测井中的应用。为避免重复，关于电缆测井原理的基本概念，读者可参阅第五十二章电测井方面的操作原理和通用型设备。第五十四章将讨论第三个主要部分——声测井。

为介绍核测井这个总课题，有必要说明为什么提出在测井方面应用核测量技术。为此，最好是列出含油气层评价所需要的岩石物理参数。在直接应用方面，测井的目的是提供与孔隙地层中存在的烃的百分体积和类型有关的测量值。在裸眼井情况下（与下套管生产井的测量区别开），有意义的四个主要参数是：(1) 存在油气；(2) 孔隙度ϕ；(3) 含水饱和度S_w；(4) 渗透率k。还可增加：(5) 岩性；(6) 粘土识别；(7) 孔隙流体识别。对于套管井，除上列的岩石物理参数外，更应注重流体识别。

1. 岩石物理参数与物理参数的相互关系

这些岩石物理参数一般是由测井仪器提供出测量读数。现在，将集中研究某些体积物理参数，这些参数可以通过应用核技术测量得到。

油气的存在　检测油气的一种明显方法是建立在它们的化学成分上。由于油气中基本上没有氧，油气中碳／氧的原子浓度比与多数沉积岩和地层流体的原子浓度比有很大的差别。因此，当骨架中没有碳时，测量地层C／O原子数比可直接指出油气的存在。这种方法与电测井方法形成明显的对照，后者是建立在孔隙介质中盐水与油气的电导率的差异上。

孔隙度　孔隙度或岩样的非骨架部分可通过测量它的体积密度确定。体积密度（ρ_b）与骨架密度（ρ_{ma}）、孔隙度或百分体积(ϕ)，以及其内所含流体的密度（ρ_f）的基本关系式是：

$$\rho_b = \phi\rho_f + (1-\phi)\rho_{ma} \tag{1}$$

假定已知骨架密度和流体密度，则关系式中的ϕ可通过测量体积密度确定。只有当流体类型、性质和岩性已知时，才能以某种精度求得骨架密度和流体密度值。实际上，流体密度的范围在0.8和1.2克／厘米^{3}之间（但$CaCl_2$溶液可达到1.4克／厘米^3），大多数骨架密度在2.60和2.96克／厘米^{3}之间。

检测和定量孔隙度的另一种方法是建立在地层孔隙中充填着液体或气的基础上，而它们的含气量是不成比例的，氢既可能与咸地层水有关，也可能与油气有关。所以，检测氢是不

❶1962年版本章作者是John L.P.Campbell。

同于固体岩石骨架推断孔隙度的另一种方法。

油气饱和度　一旦地层孔隙度确定，即可确定油气饱和度。为此：(1) 直接测量C／O比，并与全饱和油和全饱和水情况下的C／O比值进行对比；(2) 间接测量地层的有效矿化度。

渗透率　这是一个不好确定的物理参数，但用核测量方法能够精确确定。还有一种核磁共振测量方法可测量渗透率，这将在第五十六章讨论。

岩性、粘土类型和流体识别　这些参数放在一起讨论，是因为在确定它们时有一个共同的途径，那就是以它们的化学成分的某些方面为基础。

在识别岩性方面有两种主要目的：一种是赋于地层合理的骨架密度，由密度测量求出孔隙度；另一种是提供地层识别，用于井与井之间的对比。由于岩石的中子性质在某种程度上与岩性类型有关，因而通过对比介质的伽马射线衰减和中子减速特性有可能确定出三种主要的岩石骨架。进行井与井之间的对比常常很简便，就是对比地层的自然放射性。

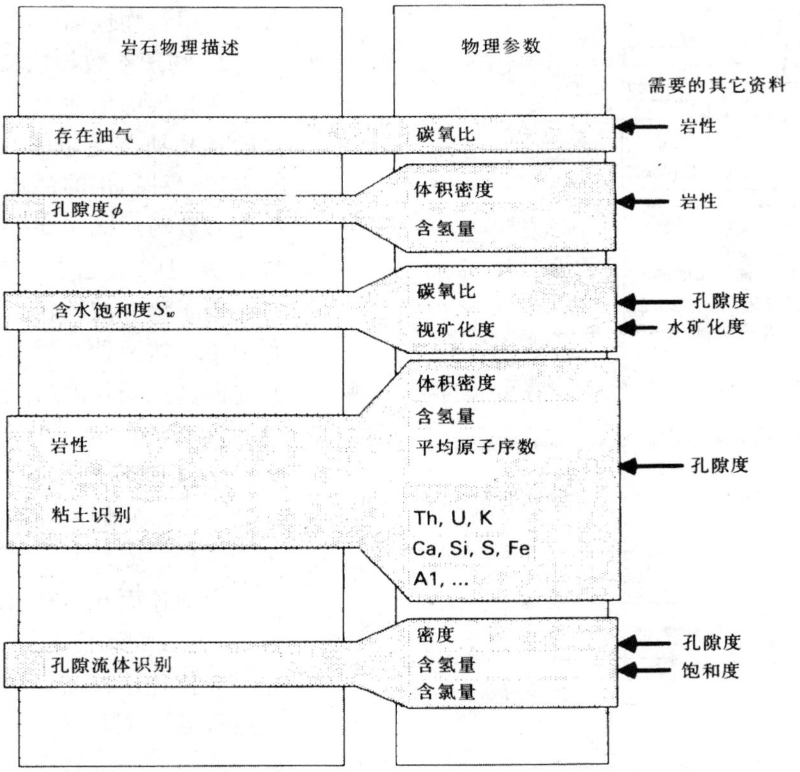

图 53.1　岩石物理描述项目与可测量物理参数之间的相互关系

然而，识别岩性（砂岩、石灰岩或白云岩）更直接的方法不是依据密度，而是根据它们各自骨架特有的化学组成。一种识别岩性的方法是对骨架的各种元素进行化学鉴别。另一种确定岩性更为严密的方法是依据物质的另一个体积特性，即它的平均原子序数。地层的平均原子序数在某种程度上反映岩性成分，可以通过测量的低能伽马射线吸收性质来获得。

粘土的识别和定量相当困难，因为粘土的化学成分变化很大，因此，在测定粘土时其化学成分是关键。测量根据有如 Al、Si、Fe 和 K 元素来识别。早期的一种方法是测量地层的总自然伽马射线强度，它是建立在铀、钍和钾元素的天然放射性衰变产物与粘土矿物有关的事实基础上。但，有时一种或多种这类元素（U、Th、K）在不含粘土的地层中也会存在，这类例子见于岩石骨架中的钾长石或地层水中溶解有铀的情况。

粘土的第三个特性是与粘土矿物结构有关的氢含量相当丰富。因此，检测氢的存在是识别粘土的另一种方法。

孔隙流体识别建立在间接测量和推理的基础上。地层孔隙中气体的存在对求合理孔隙度的体积密度以及中子减速性质都有很大的影响。区分油和水最直接的方法是测量 C／O 原子的密度比，或是测量水相的热中子吸收性质。地层水一般都含有氯化物。

图 53.1 概括出了岩石物理描述项目与应用核辐射测量方法定量确定物理参数的相互关系。第三行列出了所需要的附加资料，以便解释所测量的物理参数获得岩石物理描述项目。

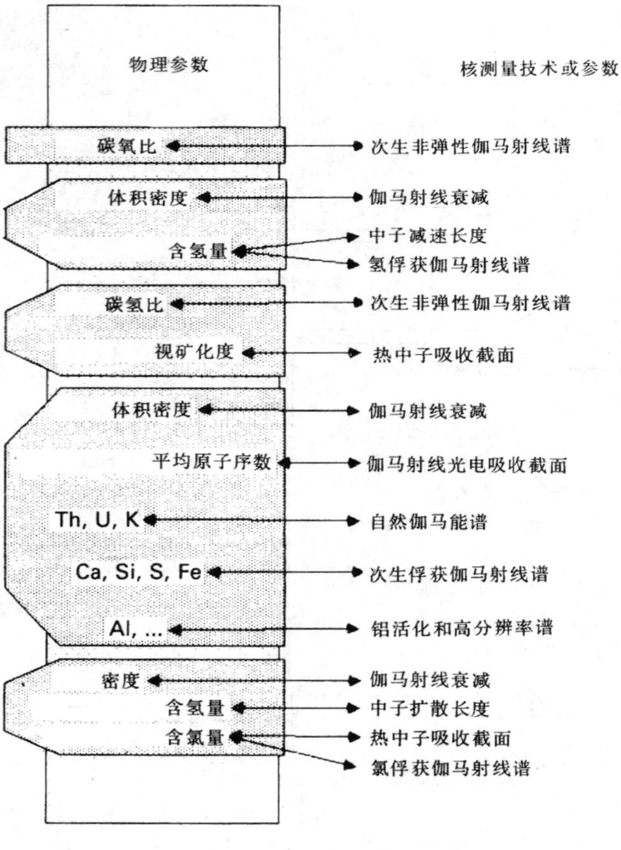

图 53.2　测量与岩石物理描述项目有关的物理参数的核测量方法

2. 物理参数与核辐射

在介绍为描述大多数普通核测井方法的运用所需了解的基本核概念之前，需要用一种通用的形式把上面讨论过的物理参数与后面将详细描述的一般核方法的类型联系起来。特别应当指出的是，用于测井的核辐射类型是伽马辐射和中子。这两种穿透型辐射是能穿过测井仪器高压壳和地层，并能返回测量信号的仅有的两种辐射。正因为如此，α 和 β 辐射对研究地层性质就没有什么特殊意义，它们的穿透范围很小，实际不能应用。

由前述而知，在所提出的要测量的参数中，实际上许多是地层的化学成分。为代替这种显然但却费时和昂贵的地层样品化学分析，可以应用一种伽马射线能谱方法。其机理是基于被核作用后处于激发状态的任何原子核都能发特征能量伽马射线这种事实，而这种特征能量伽马射线能单一地识别所研究的原子。伽马射线能谱适用于特征伽马射线的检测和识别。

伽马射线的另一种用途是测量体积密度。物质的体积密度对通过它的伽马射线的散射和穿透有很大的影响。在能量很低时，化学成分还对伽马射线的穿透有附加影响。这种附加吸收与吸收的原子序数（Z）有关。

中子在测井方法上的应用是基于中子与物质相互作用的几种性质。第一，中子的穿透和减速受介质的性质，特别是含氢量的影响。由氢引起的中子散射对降低中子能量非常有效。第二，高能中子与某些核作用后能激发特征伽马射线，它由伽马射线能谱接收可进行相应的元素识别。能量很低时，中子被吸收，因而降低中子通量，作为一个副产品，发射出另一种特征伽马射线。稍有滞后发射的某些俘获伽马射线称为活化伽马射线。因此在中子应用上有两类测量：地层的散射或减速特性；用于能谱识别的中子产生的特征能量伽马射线（或者是被吸收产生的，或者是非弹性高能与元素作用产生的）。图 53.2 示出了核测量方法的类型，可用来测量与岩石物理描述项目有关的物理参数。

二、测井应用中的核物理学

1. 核辐射

核辐射是指核粒子的能量传递。在辐射物质的最早研究中，曾辨别了三类辐射，并十分难理解地命名为 α、β 和 γ 辐射。后来发现，α 辐射由电子发出的快速运动的 He 粒子组成，而 β 辐射则由高能电子组成。γ 射线是电磁辐射束，也称为光子。

这种辐射的发现，后来推动了它的定量化，即测量能量的传递量。选择的单位称为电子伏（eV），它等于一个电子在 1 伏电位加速后获得的动能。对于后面讨论的辐射类型，其能量范围在不到 1 电子伏和百万电子伏（MeV）之间。对于讨论伽马射线能量比较方便的另一个单位是千电子伏（keV）。

由于 α 和 β 辐射由高能带电粒子组成，它们与物质的相互作用主要是电离作用。就是说，它们与物质电子的相互作用是由于它们通过物质时能量快速损耗和传递能量给电子的结果。在大多数物质中，它们的范围是相当有限的，并且是物质性质（Z，即原子电荷或每个原子的电子数和其密度）和粒子能量的函数，对于测井应用没有任何特别重要意义。另一方面，伽马射线是穿透力极大的辐射，在测井应用中具有相当大的重要意义。

某些天然物质如镭的放射性衰变，对上述发展起了很大作用，因而需要进一步讨论。放射性衰变是核的一种时变性质，它是从一种核能态天然地改变到另一种较低的能态。其结果是核通过上述一种或多种辐射形式发射出多余的能量。放射性的基本实验结果是在一定时间间隔 dt 内，任何一种核衰变的概率与 dt 成正比，也就是说，与包括其它核衰变在内的外部影响因素无关。这种概率仅与观察的时间间隔成正比。所以，对于一个单一的放射性原子，在 dt 时间间隔内的衰变概率 $P(dt)$ 可表示为：

$$P(dt) = \lambda dt \tag{2}$$

式中，λ 是衰变常数。对于粒子集合 N_p 来讲，其衰变数 dN 可写为：

$$dN = -\lambda dt N_p \tag{3}$$

由此，放射性衰变可写成：

$$\frac{\mathrm{d}N}{N_p} = -\lambda \mathrm{d}t \rightarrow N_p = N_i e^{-\lambda t} \tag{4}$$

式中，N_p 是在时间 t 时剩余的粒子数，N_i 是原始粒子数。比例常数 λ 与众所周知的参数即半衰期 $t_{1/2}$ 有关，其关系式为：

$$t_{1/2} = \frac{0.693}{\lambda} \tag{5}$$

其物理量没有进行过精确测量，但在核过程情况下（事件的观察次数是很少的），随机性是很重要的。核衰变这种统计过程实际上很复杂，只能某种精度预测其总的或平均的性质。我们只能谈谈粒子的组合测量和测量值相对于平均值的分布。

为了了解核辐射的重要性，需要先简单了解一下二项式分布，这是十八世纪由 Bernoulli 提出的。它描述概率 P_x，即发生概率为 P 的一个事件，当重复观察 z 次时将发生 X 次。这样定义的概率用二项展开式（$p+q$）z 来识别，有：

$$q = 1 - P \tag{6}$$

所以，展开式的一般形式可写为：

$$P_x = \frac{z!}{x!\ (z-x)\ !} P^x\ (1-P)^{z-x} \tag{7}$$

上式给出了在 z 次试验中发生 x 次的概率。

这个表达式可应用于放射性衰变。其中 P_x 表示当有 Z 个原子时在 $\mathrm{d}t$ 时间内有 x 次核衰变的概率。对于这种情况，一般来说，概率 P 是很小的，但观察到的粒子数 z 却很大，因而方程（7）可简化成：

$$P_x = \mu^x \frac{e^{-\bar{\mu}}}{x!} \tag{8}$$

这就是 Poisson 分布。它给出了在给定时间内观察到 x 次衰变的概率。其中平均衰变次数$\bar{\mu}$是期望值。图 53.3 表示 Poisson 分布的一般形式，最大概率出现在平均值处，在本例中取平均值为 100。这一曲线类似一般的钟形分布曲线，其宽度由参数 σ 即标准偏差确定。

这一讨论的重要意义是，在 Poisson 分布中，表征核随机事件统计的 σ 不是一个独立的参数（如在大多数测量情况中那样），但它与平均值$\bar{\mu}$有关。其关系为：

$$\sigma = \sqrt{\bar{\mu}} \tag{9}$$

这就是说，如果预计每一时间间隔的辐射检测器计数率是 N_r，那么在重复观察中将有大约

32%的测量值偏在$N_r + \sqrt{N_r}$值之外。这是与所有核测井方法有关的统计的定量描述。

已经有一些灵巧的技术，可用于处理核计数率中特有的统计起伏问题。可能最常用的是R−C 电路，它有一个与之有关的时间常数，可以记录连续运动的平均值。现在有更为先进的数字信号处理技术（如 Kalman 滤波），可提供更精确的滤波计数率或从统计上有变化的计数率中得出输出值。但仅用降低起伏的可靠方法会增大测量的平均数，这是因为应用更高输出源，即更有效的计数器，或者每次抽样的计数时间太长的缘故。

粒子反应　对测井来说，有一些核粒子的相互作用是有意义的，为了后面各部分的需要将对它们进行讨论。这里将提到一些数字定义，以帮助说明其反应机理。

与放射性衰变一样，核反应过程实质上也是统计性质的。感兴趣的问题是如何发生这些反应。图 53.4 示出了核反应过程示意图。可以看到一束强度为 ψ_i 的射线（可以是伽马射线或中子射线）穿过物体板。射线强度 ψ_i 称作通量，它是在单位时间内通过每单位表面积的粒子数。

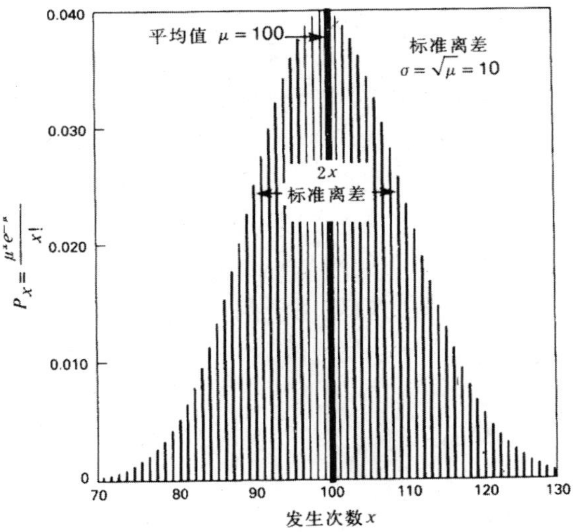

图 53.3　平均值$\bar{\mu}$为 100 时的 Poisson 分布。围绕期望平均值的 x 值的概率 P_x 示意图

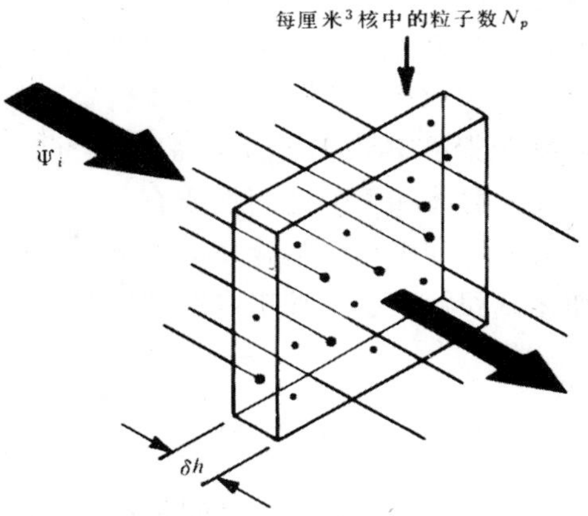

图 53.4　核辐射与物质作用的示意图，表示通量通过由每厘米³中反应粒子数表征的物体厚度时的减少情况

物体板用单位体积的粒子数 N_p 表征，它可与射线通量起反应。观察到的实验结果是，通过厚度为 δh 的物体板后，一部分入射粒子发生了相互作用，其数量与厚度、靶核数和入射通量成正比。其数学表达式为：

$$\delta\psi = \sigma\psi N_p \delta h \tag{10}$$

式中，比例常数 σ 是反应截面。这个微观截面 σ 的单位是（面积）／（反应靶核）。应用截面是因为在经典概念上它表示的是每个靶核提供给入射线束的表观面积。事实上，它把所有的核作用都集合为一个有用的数字。实际单位称为“靶恩”，并等于 10^{-24} 厘米^2。宏观截面$\sum$

是 σ 是与 N_p 的乘积，并具有（面积）／（粒子）乘（粒子）／（体积）或长度倒数的量纲。在实际上，$\sum$ 很容易计算，因为 N_p 与 Arogadro 数 N_A 和物质密度 ρ_b 有关，其关系式为:

$$N_p = \frac{N_A}{M}\rho_b \tag{11}$$

式中　M——每个分子中单个粒子的靶分子量。

通常，大多数反应的截面必须由实验确定，并常用表格或图表示。方程（10）中的 $\sigma\psi N_p$ 的量纲是（厘米^3·秒）$^{-1}$，并可解释为每单位体积入射通量的反应率。

核反应。为了讨论对测井应用有重大意义的第二种辐射类型，即中子不是指天然发生的放射性衰变系统的产物，这里先扼要讨论一下人工的或激发的放射性。

启发发现中子的经典反应是用 α 粒子去轰击铍，反应式可写为:

$$^{9}Be + ^{4}He \rightarrow ^{12}C + n + 5.76Mev \tag{12}$$

这就为最便宜、最方便和最可靠的中子生产方法奠定了基础。这一反应的物理解释超出了本文所讨论的范围，可参阅参考文献[1]和[2]。中子源实际结构由一个天然产生 α 的发射体和一个具有大（α，n）❶ 截面的适当轻元素组成。可成为 α 发射体的有 Pu、Ra、Am 和 Po。三种靶元素是 Be、B 和 Li。发射中子的实谱（能量分布）是十分复杂的，并且在某种程度上与 α 发射体和靶的几何性质有关，但是一般来说，中子分布的峰是在百万电子伏左右。

另一种利用粒子活化反应的方法是应用带电粒子加速器。目前用于测井的一种理想方法是加速氘和氚离子，撞击含有同位素氘（D）和氚（T）的靶。反应式为:

$$D + T \rightarrow ^{4}He + n + 17.6MeV \tag{13}$$

这种反应的截面在 D 发射能量约为 100 千电子伏时最大，在这样的设备中是发出加速电压。

尽管制造这样一种设备在工程上是困难的，但对测井非常有利。其中之一是产生的中子具有相对高的能量。它们是在 14.1 百万电子伏情况下发射的（而不是 17.6 百万电子伏，因为这种反应的某些能量给了 α 粒子）。这种高能中子对于在地层中产生其它感兴趣的核反应是有用的（后面将讨论）。另一个有利条件是这种类型的源是可控的，也就是说可随意开关，这就为放射源提供了极其重要的安全保证，随时能够按时打开测量，确定地层某些有用的核特性。

现在已经介绍了目前用于测井设备的两种类型的核辐射，下面研究伽马射线和中子是如何与物质起作用的，并确定物质的某些宏观性质，用来说明这种作用的特性。

2. 伽马射线反应的原理

就讨论目的而言，有三类伽马射线反应是我们感兴趣的：光电效应、Compton 散射和

---

❶（α，n）是指α粒子与某种核起反应，产生中子和另外某种核。

产生电子对。伽马射线经受的反应类型与物质的性质和伽马射线的能量有关。这三类反应的顺序反映随伽马射线能量的增高主导过程的转换。

光电效应所涉及的是伽马射线与物质中的原子、电子的相互作用。在这个过程中，入射伽马射线消失，并把能量传递给束缚电子。由于受入射伽马射线能量作用，电子从核中飞出并开始与邻近的物质碰撞。发射出的电子由另一个电子置换，并放出伴生的特征荧光 X 射线，其能量与物质的原子序数有关，一般低于 100 千电伏。

光电效应截面 σ_{Pe} 随能量有很大的不同，几乎是接近于按伽马射线能量（E_{GR}）的三次方下降，它还取决于吸收介质的原子序数（Z）。在 40 到 80 千电子伏的能量范围内，原子序数 Z 的每个原子的截面由下式给出：

$$\sigma_{pe} \propto \frac{Z^{4.6}}{E_{GR}^{3.15}} \tag{14}$$

对于多数地层，当伽马射线能量低于 100 千电子伏时，光电效应成为主要过程。

在常规伽马射线检测设备和对散射地层岩性敏感的测井仪器中[3]，光电效应是个重要的过程。仪器测量光电吸收系数 F_{pe}，它与每个电子的光电截面成正比。

由于这个参量对介质的平均原子数 Z 很敏感，因而，可以用来直接测量散射介质的岩性。这是因为主要岩石骨架（砂岩、石灰岩和白云岩）具有不同的光电吸收性质，而且孔隙流体 Z 值低，仅起很小的作用。

Compton 散射过程包括伽马射线和电子的相互作用。在这个过程中仅一部分伽马射线能量给予电子，而使伽马射线能量降低。与光电效应不同，Compton 散射的概率随能量的变化相对较慢。

为研究由原子质量 A 和原子序数 Z 的核组成的物质的 Compton 散射体积效应，可应用线性吸收系数，即 Compton 截面 σ_{co} 乘以每立方厘米中的电子数：

$$\sum\nolimits_{co} = \sigma_{co} \frac{N_A}{A} \rho_b Z \tag{15}$$

这一方程中的最终系数 Z，考虑每个原子中有 Z 个电子。因此，Compton 散射引起的伽马射线衰减将是体积密度（ρ_b）和 Z/A 的函数。多数感兴趣元素的（Z/A）$\approx 1/2$，这一事实是用伽马射线散射方法确定体积密度的基础。

第三个也是最后一个伽马射线反应是产生电子对。它和光电反应过程一样，是一种吸收，而不是散射。在这种情况下，伽马射线是与核的电子场作用。如果伽马射线能量在 1.022 百万电子伏门槛能量之上，则能量消失，形成电子／正电子的电子对。正电子（正电荷电子）的相继消失则引起发射各为 511 千电子伏的两种伽马射线。这种过程的截面在某种程度上随能量而变，并且在所需门槛能量 1.022 百万电子伏以下为零。另外，它还与核的电荷有关。

为建立三种反应类型的主导区域，请参阅图 53.5。图上指出，各区域是伽马射线能量和吸收体原子序数的函数，各区域中不同反应过程的概率相等。各主导区域都十分清楚。

根据前述的截面定义，伽马射线衰减的基本法则可写为：

$$\psi = \psi_i e^{-n\sigma h} \tag{16}$$

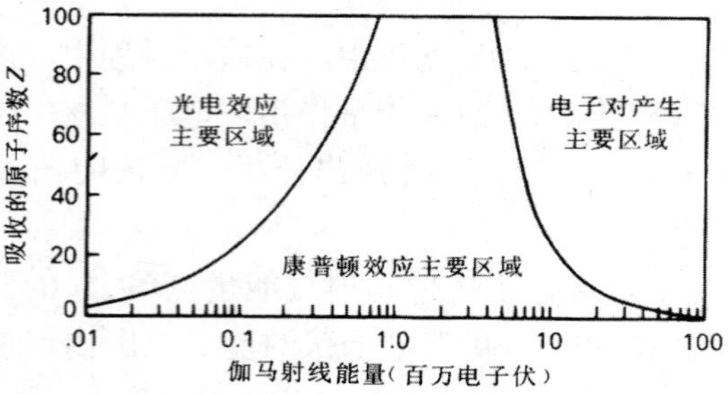

图 53.5 按伽马射线能量 E_{GR} 和物质原子序数 Z 划分的三种主要伽马射线反应的主导区域。分隔成三个区域的两条线表明，两种相邻反应发生的概率相等

式中 ψ_i——入射到厚度为h散射体上的通量；

n——单位体积内散射体数目；

σ——每一散射体的散射截面。

在伽马–伽马密度仪器中，选用的伽马射线线源具有主要为 Compton 散射的能量。在这种情况下散射体是电子，σ 是指每个电子 Compton 截面。伽马射线源的能量衰减用下式表示：

$$\psi = \psi_i e^{-\rho_b (Z/A) N_A \sigma h} \tag{17}$$

式中，h 在这种情况十分接近于源到检测器的距离。

比较方便的是确定电子密度指数；

$$\rho_e = 2\frac{Z}{A}\rho_b \tag{18}$$

这样，伽马射线的衰减与源到检测器之间的距离 h 和电子密度指数成正比，如果散射物质的性质（指 Z/A）已知，就可以把电子密度指数与体积密度联系起来。对于大多数沉积岩来说，Z/A 接近于 1/2，所以 ρ_e 十分接近于 ρ_b。

测量物质伽马射线衰减性质的另一个单位是质量吸收系数 K_a[1]。重新组合（17）式中的常数得出：

$$K_a = \frac{Z}{A} N_A \sigma \tag{19}$$

因而伽马射线衰减方程可写成：

$$\psi = \psi_i e^{-K_a \rho_b x} \tag{20}$$

对于 Compton 散射，应用质量吸收系数更为方便，因为 $Z/A \approx 1/2$ ，并消去了密度的相关性，显然对所有的物质相同。图 53.6 表示铅的质量衰减系数（厘米^2/克）。这个元素的密度为 2.7 克/厘米^3，原子序数为 13，在地层中十分典型。其平均原子序数的变化范围为 11 到 16，介于石英与石灰岩之间，其颗粒密度在 2.65 和 2.71 克/厘米^3 之间。

[1] 在物理学中用μ表示质量吸收系数。

3. 中子反应原理

和伽马射线的情况一样，中子与物质的作用可根据具有不同截面的反应类型进行分类。中子与物质的作用比伽马射线与物质的作用要复杂得多，而且变化得多。为简化起见，将中子与物质的作用主要定为四类。

图 53.7 示出了感兴趣的中子能量范围。对于测井应用来讲，感兴趣的能量范围约在 90 电子伏范围以内：从 5 到 15 百万电子伏源中子在快中子范围的 10 电子伏以上，到超热中子范围的 0.2 到 10 电子伏，再到热中子，在室温下热中子分布在 0.025 电子伏左右。

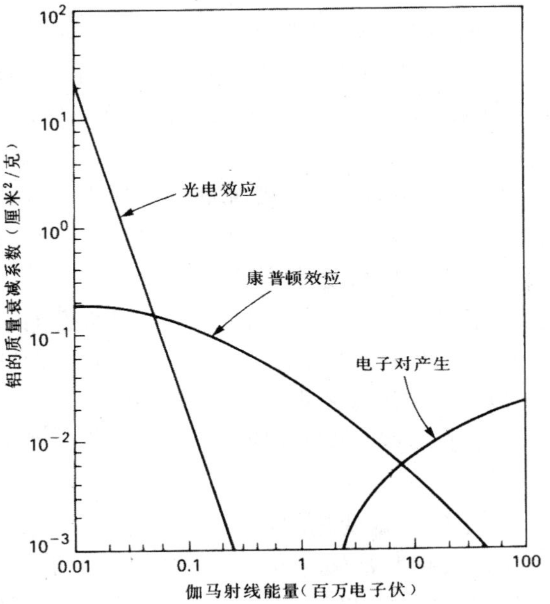

图 53.6 伽马射线与铝作用的质量吸收系数

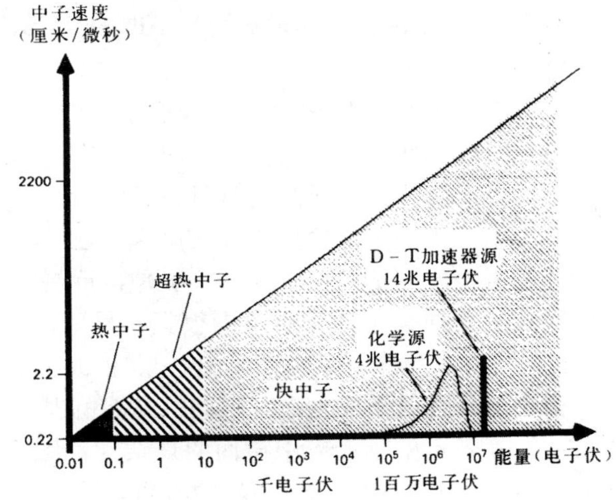

图 53.7 三种主要中子能级的中子能量与速度之间的关系

为了使后面讨论的热过程有一个时间标定概念，了解中子能量与其速度之间的关系是有用的。为了估算中了速度，可以应用（低能时）动能 E_K，速度 v 和质量 m 之间的经典关系式：

$$E_k = 1/2mv^2 \tag{21}$$

因而速度 v 可由下式给出；

$$v = \sqrt{\frac{2E_k}{m}} \tag{22}$$

如果对热能（0.025 电子伏）解这一速度方程，则得其速度为 2200 米／秒或 0.22 厘米／微秒。因此，任何能量 E（电子伏）的速度可由下式给出：

$$v = 0.22\sqrt{\frac{E}{0.025}} \tag{23}$$

式中 v 是速度，厘米／微秒。因此，2.5 电子伏超热中子的速度是 2.2 厘米／微秒；2.5 百万电子伏近源能量中子的速度是 2200 厘米／微秒。这些速度也示于图 53.7。

在四种主要反应类型中，前两种称为减慢反应，或者说在反应时中子的能量（或速度）是降低的。其中之一称为弹性散射，另一种是非弹性散射。经典力学（弹性球分析）可描述触发核降低能量的功能。当触发核的质量接近中子质量时，中子的能量降低更多。所以，氢和其他低原子质量元素对降低快中子能量十分有效。图 53.8 对几种元素的弹性中子散射示出了一次碰撞中子能量的降低范围。可以看出，对于大多数共有的地层元素来讲，每次碰撞的最大能量减小对重元素约为 10%～25%，而对氢来说，在一次碰撞中会使中子失去全部能量。

在非弹性散射情况下，入射中子的一部分能量去激发靶核，这就降低了入射中子的能量，另外，靶核通常在去激发时产生特征伽马射线。这类反应常具有一个门槛能量（在其以下将不发生这种反应），并在进行地层 C/O 比测量中利用这种反应。

第二类中子反应称为吸收反应。通常分为放射性俘获和普通反应两种。放射性俘获与上述的减缓反应不同，中子（一般是接近热能的）被靶核吸收。然后消失，接着产生特征伽马射线。普通类中子反应范围很宽。只要说中子与其它核作用会发射其他粒子，如 α、质子、β 或几种次生中子就够了。这些反应虽然一般，但相对于感兴趣的其他反应来说发生的概率很小，并且通常发生在有限制的高能范围内。

为表示中子反应中截面的复杂性，图 53.9 示出了随能量变化的示意图。上面的图形是总截面，它是中子能量 E_N 的函数；下面四条曲线指出它们是如何分解的。第一条 (n, n) 指弹性散射，它指出除低能部分的某些共振外，随能量变化不大。下面一条是非弹性散射 (n, n^1)，显示出某一特征门槛值，低于此门槛不可能发生这种反应。第二条是许多可能发生的粒子反应中的一种 (n, α)；最后一条（虽然可能还有其他的）是放射性俘获 (n, γ)，在低能部分其概率增大。

尽管有些复杂情况，但根据它们的中子截面还是可以赋于物质某些总的特性。首先是宏观截面，它定义为所考虑的截面与每立方厘米原子序数 N_p 的乘积：

$$\sum_i = N_p \sigma_i = \frac{N_A \rho_b}{A} \sigma_i \tag{24}$$

宏观截面 $\sum_i$ 的量纲是厘米的倒数，可以解释为它的倒数是 i 型反应之间的平均自由通道的长度（厘米）。在测井上常应用热能部分的宏观吸收截面。其单位（称俘获单位，即 c、u）正好是 1000 乘以上面定义的 $\sum_i$。σ_i 称为热吸收截面，对多数元素来讲它在热能部分占主导地位。图 53.10 示出 0、20、40 和 100 孔隙度单位（PU）石灰岩的总平均自由通道与快中子能量的函数关系。对于化学源发射能量（2～4 百万电子伏），可以看出，与孔隙度的关系不大。仅仅只有当中子减慢时，平均自由通道才变得与孔隙度密切相关。

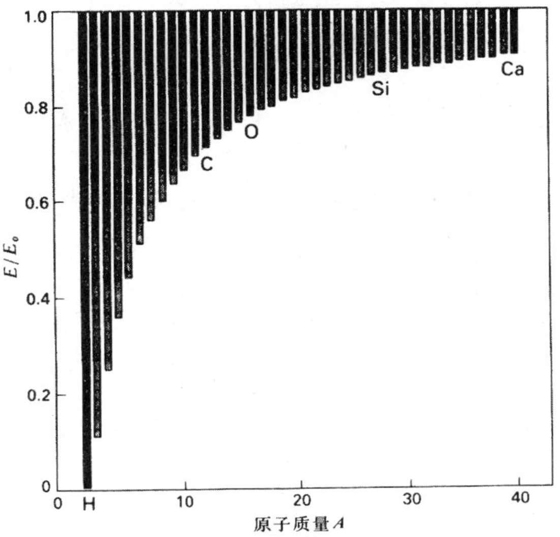

图 53.8　弹性散射中子与地层评价中几种重要元素作用时可能发生的能量减小范围。E_o 和 E 是散射前后的能量。氢在一次碰撞中能使中子能量减小最多

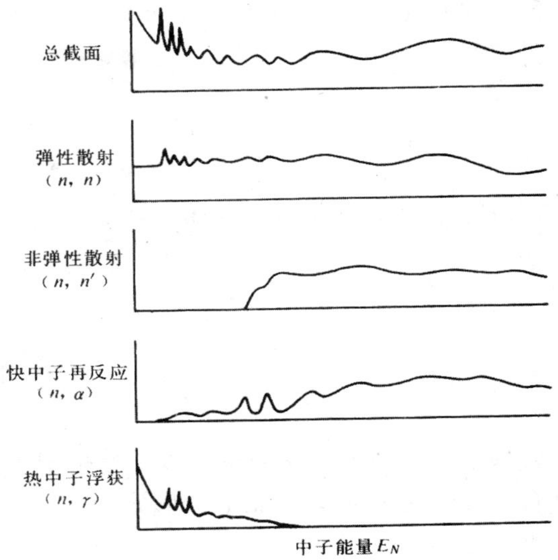

图 53.9　作为能量函数的总中子截面的组成示意图。示出了四种特殊截面的特征曲线

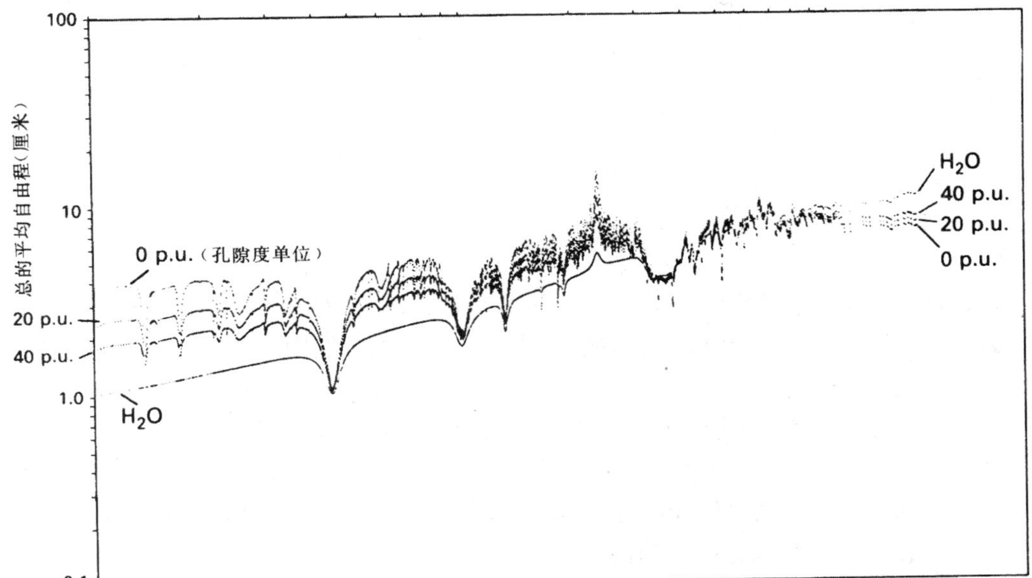

图 53.10　在几种孔隙度情况下，在水中和在充水石灰岩中快中子平均自由通道与能量的函数关系

正如前面提到的，在弹性散射情况下，低质量核在降低散射中子能量上更为有效。从图53.8可以推断出，碰撞一次可使中子能量平均降低百分之几。这通常用平均对数能量递减是（ξ）来表示：

$$\bar{\xi}=\overline{\ln (E_i) - \ln (E)} = -\overline{\ln (E/E_i)} \tag{25}$$

由经典力学可以证明，平均对数能量递减量简单，与触发核的原子质量 A 有关（对大的 A 值）：

$$\bar{\xi}\approx\frac{2}{A+2/3} \tag{26}$$

根据平均对数能量递减量可以估算把中子由原始能量 E_i 减小到某一较低能量 E 的平均碰撞数 n。其依据的推理如下，假定 E_1，E_2，$\cdots E_n$ 依次代表每次碰撞后的平均能量，就可写出：

$$\ln \left(\frac{E_i}{E_n}\right) = \ln \left(\frac{E_i}{E_1}\frac{E_1}{E_2}\cdots\frac{E_{n-1}}{E_n}\right) \tag{27}$$

$$= \ln \left(\frac{E_i}{E_1}\right)^n = n\ln \left(\frac{E_i}{E_1}\right) \tag{28}$$

$$= n\bar{\xi} \tag{29}$$

这样，平均碰撞数为：

$$\bar{n}=\frac{1}{\bar{\xi}}\ln \left(\frac{E_i}{E_n}\right) \tag{30}$$

常数 ξ 可以由一个元素混合物计算出来，方法是按适当的总散射截面 σ_i 加权 i 元素的每一个 ξ_i 值。表53.1列出了平均对数能量递减的某些典型值和把源能中子（4.2百万电子伏）降低到1电子伏所需要的碰撞数。

另有两种参数能帮助描述中子与物质的作用。一种称为减速长度 L_s，另一种是扩散长度 L_d。L_s 大体上与中子（在无限均匀介质中）从高能发射起直到较低的超热能量范围止的旅行平均距离成正比。这个距离可以由组成元素的截面计算出来。图53.11示出 L_s 变化与石灰岩、砂岩和白云岩充水孔隙度的函数关系。

L_d 是热能中子从变为热中子之点开始到最终被俘获为止的旅行距离，可由下式给出：

$$L_d=\sqrt{(D/\sum)} \tag{31}$$

式中　D——热扩散系数；

$\sum$——物质的宏观热吸收截面。扩散系数 D 也可由已知物质的截面计算，如图 53.12 所示，也是三种主要岩石骨架的孔隙度的函数。

表 53.1　中子减速参数

减速体	ξ	$\bar{n}$ ①
H	1.0	14.5
C	0.158	91.3
O	0.12	121
Ca	0.05	305
H_2O	0.92	15.8
20PU 石灰岩	0.514	29.7
OPU 石灰岩	0.115	132

① 从 4.2 百万电子伏降到 1 电子伏的平均碰撞数。

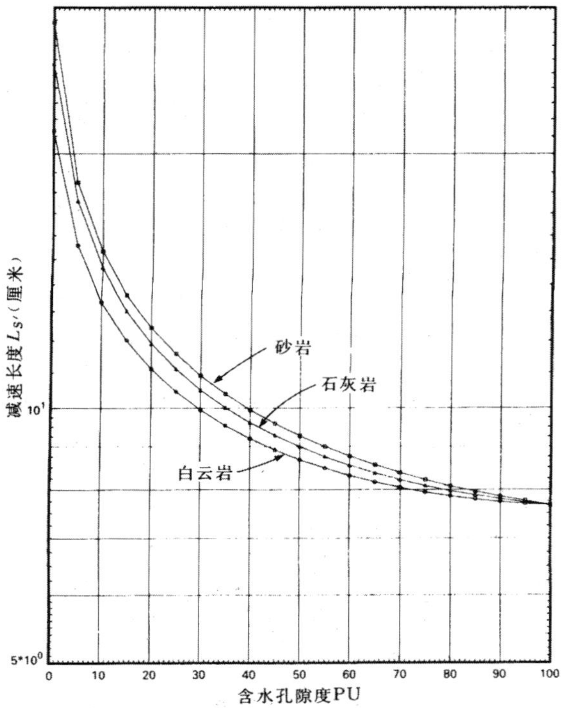

图 53.11　对三种岩石（砂岩、石灰岩和白云岩）计算的减速长度 L_s，它是充水孔隙度函数

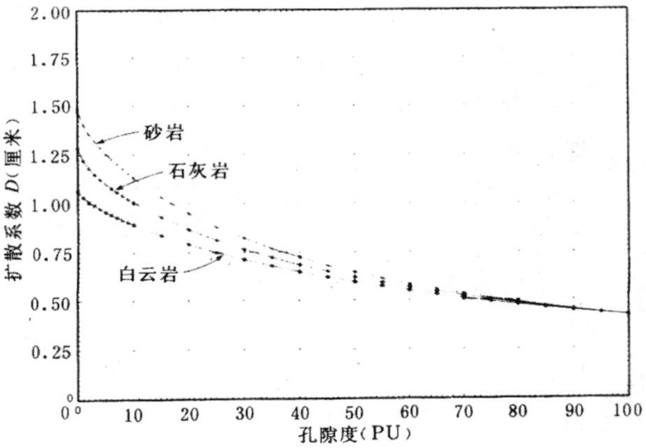

图 53.12　对三种岩石（砂岩、石灰岩和白云岩）计算的热扩散系数，它是充水孔隙的函数

由于热中子受热吸收体存在的强烈影响，可把地层中已发现的具有大宏观热吸收截面的元素列成一个简表，见表 53.2，单位是每克物质的俘获截面（c，u）。特别有意义的是氯，它表明盐水对所有热中子具有某种可测量到的影响，铁和硼也是如此，它们常常与粘土有关。

另外一个次要参数即运移长度（L_m）定义如下：

$$L_{m}^{2}=L_{s}^{2}+L_{d}^{2} \tag{32}$$

这可看作是减速阶段（L_s）旅行通道与俘获以前（L_d）热中子旅行距离的总和。这个参数的应用为预测热中子孔隙度设备的响应提供了方便，这在后面将作详细讨论。

表 53.2 宏观热吸收截面 {∑〔c · u /（克 / 厘米)〕^{3}}

硼	42300
氯	564
氢	198
锰	146
铁	27.5

4. 核反应检测器

伽马射线检测器 检测伽马射线的设备包括应用伽马射线与物质作用的三种过程中的一种或一种以上的作用过程。下面将介绍现在使用的三种普通类型的伽马射线检测器。第一种是气体离子计数器，它是核辐射检测早期研究工作直接流传下来的检测器。第二种是目前测井中最常用的伽马射线检测器，即闪烁计数器。第三种是固态检测器，它刚开始用于测井。

气体离子或气体放电计数器一般为一个金属圆柱体，有一个轴金属线（图 53.13）穿过它，并与它绝缘。金属圆柱体充满气体（一般为非导体），在中心金属线与金属圆柱体之间保持某种中等电压（几百伏）。检测过程开始于某些电离气体分子的形成。这些自由电子被径向电场加速，在连续碰撞中产生附加的自由电子，最终导致可测量电荷集结在中心金属线上。

对于用这样一种设备检测的伽马射线，必须以某种方式使气体首先电离。由于气体密度适中，即使管内的压力略高，以及有用气体的原子序数相对较低，所以伽马射线直接与气体作用的可能性很小。其主要检测机理是光电吸收或金属蔽罩内 Compton 散射的反冲电子喷射。对于圆柱体内半径附近被吸收的伽马射线来讲，存在喷射电子逃逸进入气体并使气体开始电离的某种机率，也示于图 53.13 上。

由上述讨论可明显看出，这种检测器的探测效率不高。使用导电的高原子序数伽马吸收体（如银）作为圆柱体的内视可使核测效率有所改善。虽然它们能以比例方式工作，但这种检测器的能量分辨率在实际应用中不适合。气体放电计数器的最大优点是结构简单、坚固耐用和对复杂环境测井的适应性。由于效率不高和对伽马射线谱分析不适用，所以很快被新发展的闪烁计数器所代替。

更常用的一种伽马射线检测器应用闪烁晶体。检测器的作用元件对电离辐射（如高能电子）也是很敏感的。当这些粒子在晶体网格内旅行时，它们把自己的能量给予级联二次电子，这些电子最后被本质原子俘获。当电子被俘获时发射出可见光或近可见光。这些闪光随即被与晶体匹配的光电倍增管检测，并转换成电脉冲。这些过程的示意图为图 53.14。输出脉冲的高度可通过起始的高能电子与储集在晶体内的总能量相关。这种检测系统的最大优点是能够完成伽马能谱线分析，也就是说，检测入射伽马射线的真实能量，在某些情况下，如活化（次生）伽马射线测井，这样就能唯一地识别发射伽马射线的源。

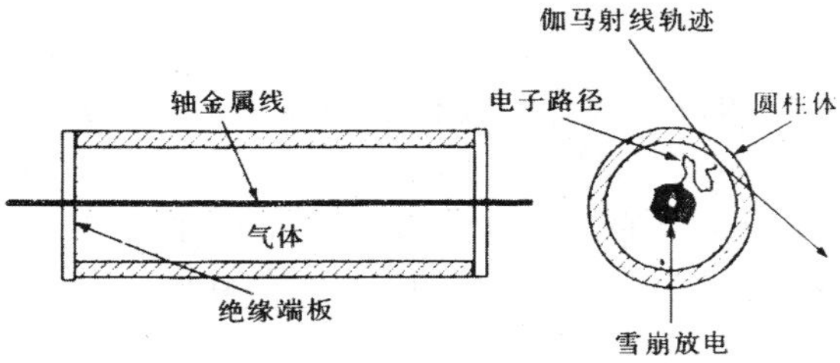

图 53.13　气体放电辐射检测器的结构

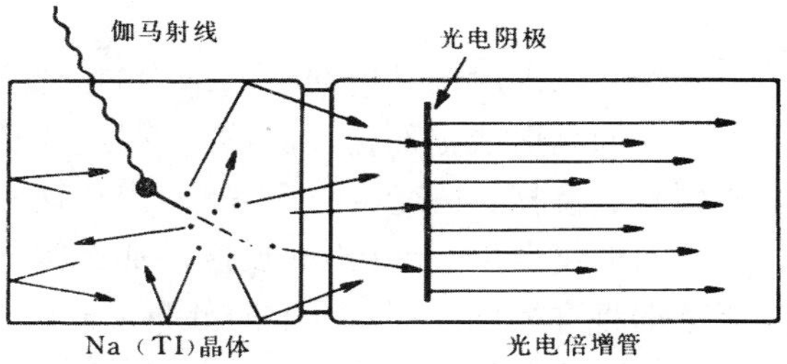

图 53.14　通过与 NaI 晶体匹配的光电倍增管中产生可测量的电信号进行伽马射线检测的示意图

然而，闪烁检测器这种伽马射线检测器，只能检测三种基本伽马射线反应（光电吸收、Compton 散射和电子对）的一种或几种反应在晶体内产生的电子。所以，闪烁器的伽马射线检测效率将取决于它的尺寸、密度和平均原子序数（对光电吸收来说）。一般应用的闪烁是掺有铊杂质的碘化钠晶体即 NaI（Ti），它具有很好的伽马射线吸收性质和非常快闪烁衰变时间（−0.23 微秒），因而能适应高计数率能谱仪。

这种伽马射线能谱仪的应用可使输出的光线脉冲与入射伽马射线的能量成正比，但这只适用于伽马射线完全被吸收的情况。对于仪器设计要求接收由非弹性中子与碳和氧反应所发射的单一伽马射线的情况来讲，某些困难会使检测的能谱复杂化，如图 53.15 所示。该图说明在地层标记（IS）处由起始能量 4.44 百万电子伏产生的非弹性碳伽马射线可能会发生什么情况。它首先在井内流体（CS）中引起 Compton 散射，损失 90 千电子伏的能量，然后穿过仪器外壳，进入 NaI 检测器时能量为 4.05 万电子伏。在标记点（PP）引起产生电子反应，产生一个电子和一个正电子，其能量分别为 2.00 和 1.03 百万电子伏，损失 1.02 百万电子伏用于产生电子／正电子对。两种粒子把它们的能量给予闪烁过程，如图上的虚线。当正电子把自己的动能全部给出时，它与电子同时消失，并产生两个能量各为 0.51 百万电子伏的伽马射线。其中一个伽马射线在（CS）

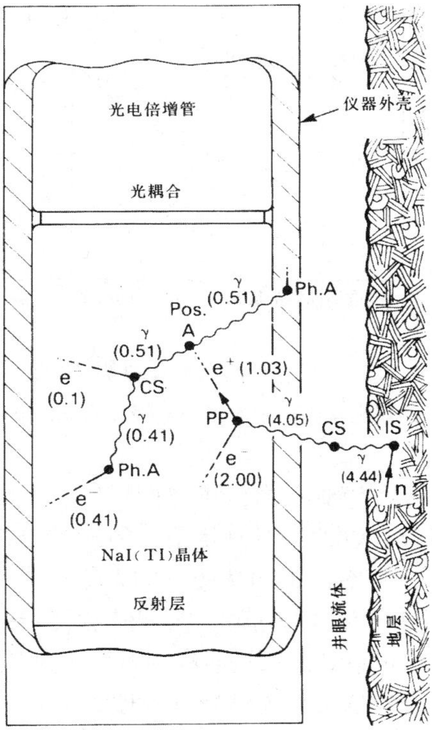

图 53.15　在 NaI 检测系统内伽马射线能量可能降低源的示意图

处引起 Compton 散射；降低了能量的伽马射线（0.41 百万电子伏）最终在（Ph · A）点上被晶体内光电所吸收。另一个 0.51 百万电子伏伽马射线向右逃出晶体，被仪器外表所吸收，对传送给晶体的总能量未作贡献。对上述情况来讲，由晶体记录的能量是 3.54 百万电子伏（4.05 百万电子伏—1.02 百万电子伏+0.511 百万电子伏消失），而不是想测量的 4.44 百万电子伏。

这样，入射伽马射线能谱结构的降低看来在检测包含的许多过程的物理学中是固有的。只有当伽马射线全部被检测器吸收时，闪烁器的光输出才能与入射伽马射线的能量成正比。例如光电吸收的情况。图 53.16 示出在这种情况下聚集的能量是向右边标志线 E_r 的单线。

如果仅发生 Compton 反应，那么将记录到能量的一部分。在这种情况下能量聚集的可能范围将遵循图 53.16 所示的分布形式，即从零到 Compton 边缘，这相当于伽马射线传递给电子的最大能量。另外，如果伽马射线的能量足够高，可能产生电子对反应；并且如果一个或更多个 511 千电子伏光子逃出检测器没有起作用，则在检测到的能谱中就将产生所谓的第一和第二逃逸峰。图 53.17 示出了由这一过程引起的附加畸变。

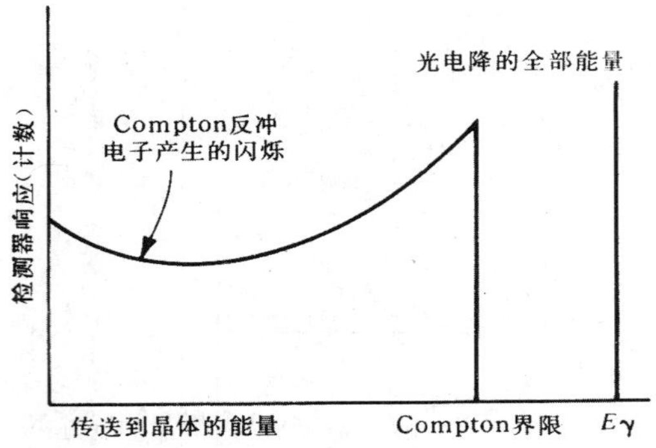

图 53.16　闪烁检测器对能量为 E_r 的单能伽马射线的理想响应，示出了光电峰和 Compton 尾界

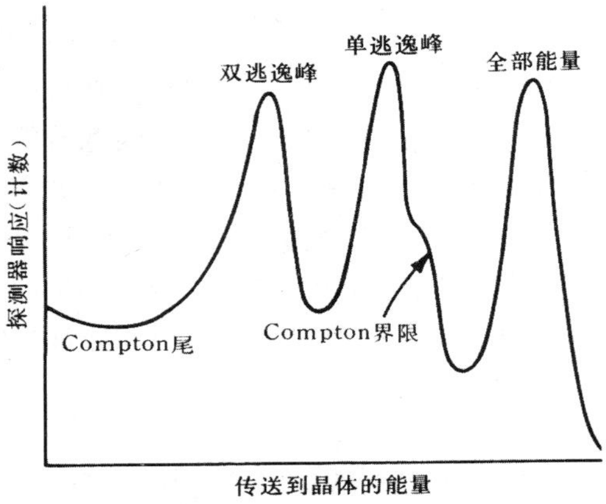

图 53.17　由产生电子对引起的闪烁器中理想化的能谱畸变。最高能峰对应于光电吸收或入射单能伽马射线的全能；两上较低能量的逃逸峰对应于从晶体逃出的一个或两个消失伽马射线 511 千电子伏

除在探测器内由可能的反应产生的测量能谱畸变以外，对测量最大的一个干扰是检测器分辨率。正如从图 53.17 可清楚观察到的，与线谱加宽有关。在 NaI 检测器的情况下，所观察到的伽马射线的宽度主要是伽马射线能量、晶体尺寸、晶体与光电倍增管之间的光耦合，以及光电倍增管特性的函数。闪烁检测器的主要缺点之一是它的能量分辨率不高。原因是这种类型的设备中的检测需要一定量的无效级，其结果产生一个信息载体（在光电倍增管中是光-电子）所需要的能量约为 1000 电子伏。因此，对一个典型的辐射检测，载体的数目相当小；在这样一个小数目上，统计的起伏将对能量分辨率设置一个固有的限制。

半导体材料应用于辐射检测器，可为每次检测产生许多信息载体，因而可以达到很高的能量分辨率。在象锗探测器这样的固态设备中，利用半导体的特性可以用更直接的方式把带电粒子的能量转换成可用的电脉冲。伽马射线与检测器作用时产生带电粒子，这些粒子再把能量传给束缚在晶格内的电子（对 Ge 用 0.7 电子伏），使它们的多数变为自由电子，每个自由电子都脱离晶体电子结构中的正孔穴。在加到检测器晶体上的强电场作用下，自由电子和孔穴快速位移到电极，并产生电脉冲。

由于带隙很小，出现很好的分辨率。通过检测一个1百万电子伏的伽马射线，可使大约3.5×10^5个电子获得自由，贡献给未介入无效级的合成脉冲。其结果是能量分辨率提高。另一结果是检测器必须在极低温度下工作。这是因为在室温情况下，电子有足够的能量穿过0.7电子伏带隙，并掩盖那些由于伽马射线作用而自由了的电子。虽然用Ge检测器获得的伽马射线谱很好，但其总计数率不如NaI检测器的计数率高。固态检测器局限用于高精度确定元素能谱仪或现场化学分析仪器。

中子探测器　中子是通过产生高能带电粒子的核反应来检测的。因此，绝大多数中子探测器都包括有实现这种转换的靶物质，与转换相匹配的常规检测器，为正比计数器或闪烁器，以实现其测量。因为多数物质中的中子反应截面是中子能量的强函数，所以对不同的能区发展了不同的技术。目前，在测井应用上感兴趣的是检测热中子和超热中子。在这一部分考虑的检测线路适用于这些低能中子。

中子探测器有用核反应的确定需要符合几个标准：反应截面必须很大，靶核属于同位素丰富的；中子俘获反应中释放出的能量必须高，以便用常规设备容易检测。有三个靶核一般能满足这些条件：^{10}B、^{6}Li、和^{3}He。在前两种靶的情况下，用（n，α）反应，而对^{3}He应用（n，p）反应。

硼反应在正比例计数管中以BF_3的形式应用甚广。在这种情况下，三氟化硼用作靶和正比管的气体。在这一应用中，^{10}B中富含气体，以达到高的探测效率。另一种途径是用硼作为正比计数器的内涂层，而应用某种其他比BF_3更合适的正比气体以适应例如快速计时。

因为适用的锂化合物气体并不存在，所以锂反应不能用在正比例计数器中。但是，与伽马射线检测中的NaI一样，可以应用锂闪烁器。由于（n，α）反应释放出大量能量，因而中子记录的能量约为4.1百万电子伏，这就提供了一个不同于伽马射线的鉴别方法，这也很容易用LiI晶体检测。

然而，在测井应用中最普遍的中子探测器是基于^{3}He（n，p）反应。在这种情况下^{3}He用作靶和计数器的正比气体，它比BF_3好，是由于它比硼反应具有更高的截面，并且可把气体压力保持得更高，而在正比运行中不降低。从整体看，正比计数管比较简单，比应用闪烁器增加优越。

对于讨论过的三种反应，截面与中子能量的平方根倒数变化，因而中子的检测效率也将按相同的方式变化。因此，应用这些反应的探测器基本上是热中子探测器。对于某些测井应用，希望测量超热中子通量，而对热中子不敏感。这通过对上述三种探测器中的任何一种作一些小的改进即可达到 。可以用具有大截面的外部热中子吸收材料如镉来屏蔽探测器。热中子在屏蔽体中将被吸收，范围很小（约为几十个毫米）的反应粒子将不会到达计数器。穿透屏蔽体的高能中子将被热中子探测器所检测，但效率有些降低。

三、核辐射测井设备

下面讨论的测井设备一般划分为两种类型：一类是测量自然辐射场；另一类是产生辐射场和测量它们与地层反应的某一方面。第一类仪器是测量放射性物质自然衰变后产生的自然伽马射线；第二类可按所用辐射类型分为伽马射线和中子。后者还可分为前面介绍的应用化学或稳态中子源或脉冲粒子加速器的。

这里不重述已由 Segesman[5] 很好论述过的发展历史，而仅讨论最新的测井设备。中子孔隙度和伽马—伽马密度设备，由于它们已进入商品服务而有了实质性的发展。最早的设备总是用一个探头，由于这类设备应用的增多，就更加强调了保证定量测量和获得更好的环境影响的评价，这就导致井眼补偿仪器的发展，一般是在离源不远处应用第二个探头。由于它对环境影响较敏感，因而为主要探头提供校正。

1.伽马射线设备

在沉积岩中发现有两种系列的天然放射性因素：铀系和钍系。另一量大的天然放射性同位素是钾质（40K）。在火成岩分解中形成的粘土矿物一般都具有相当高的阳离子交换能力。由于这些性质，它们能够保留痕量的放射性矿物，这些物质原来可能是长石和云母的组成部分，以后进入泥质粘土矿物产品中。一般，这个过程导致放射性集存在泥岩中的量要比未经风化的砂岩或碳酸盐岩中的高。但是有时在碳酸盐岩和砂岩中也有放射性，这可能是由于溶解在地层水中的放射性矿物运移的结果。

伽马射线测井的主要应用是分辨泥岩与非泥岩。最早的伽马射线设备仅测量由地层辐射的总伽马射线通量。然而现在已经知道，由于 Th、U 和 K 的浓度不同，不同类型的泥岩所含的总放射性活性也不同。图 53.18 示出它们各自放射的不同伽马射线。这表明，确定特定的伽马射线能量强度，有可能定量区分地层中放射性辐射体。随着高分辨能谱伽马射线探头的发展，由测量伽马射线已自然地变成测量三种组成元素的实际浓度。

近年来，用于伽马射线或伽马能谱测井设备的测量元件是 NaI 探测器。伽马射线设备测量在某一实际低限（约 100 千电子伏）之上的伽马射线总量。这个总计数率将是：(1) 地层中放射性物质的含量和分布的函数；(2) 受所用探测器尺寸和效率的影响。因此，API 已建立了一些刻度标准，伽马射线测井的总强度都用 API 单位记录。

API 放射性单位的定义是根据休斯顿大学核测标定装置上建造的人工放射性层确定的。该地层定义为 200API 单位，含有约 4%的 K，24ppmTh，12ppmU。标定装置的细节见参考文献〔6〕。

伽马射线能谱仪基本上用的是与总伽马射线仪类型相同的探测系统，但不是宽能区探测，而是使伽马射线进入几个不同能量储存器中进行分析。这就能够确定所测地层中这些元素浓度（通过与已知 K、U 和 Th 浓度的标准地层的对比）。这些测井的输出量值通常用物体总重量的百分比表示。

应当指出，均匀分布源（当源在介质中以百分重量表示时，其浓度为一常数）的伽马射线强度与地层密度无关，即使衰减是地层密度的直接函数，这从下面的论述中可以看出。

假定一个每立方厘米有几个伽马射线发射体的无限均匀介质，其中每个发射体都具有每秒发射一个伽马射线的源强。在这种情况下，为了计算在该介质的给定点被探测器接收的总伽马射线通量，可参看图 53.19。一个厚度为 dr 的球形壳体在距探测器为 r 距离时对总计数率的贡献，将是该壳体内发射体数乘以到探测器的通道长度 r 上的衰减，即

$$\mathrm{d}\psi = 4\pi r^2 n \mathrm{d}r \frac{e^{-k_a \rho b^r}}{4\pi r^2} \tag{33}$$

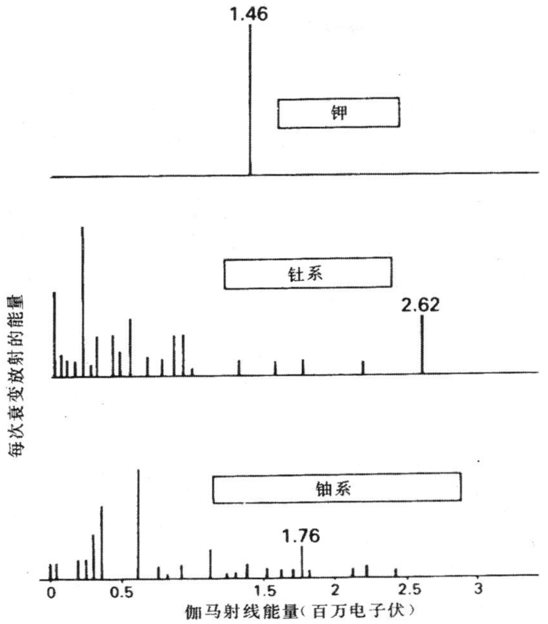

图 53.18　从三种天然放射性产物中取得的理论伽马射线辐射谱

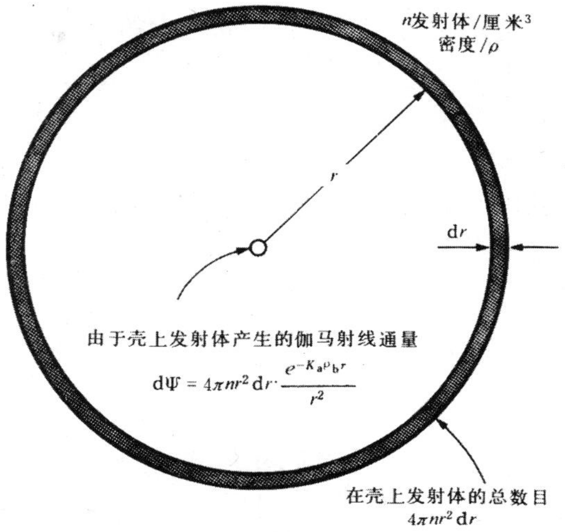

图 53.19　无限介质中均匀分布源在一个点上的伽马射线通量示意图

总计数率就是它的积分:

$$\Psi = n\int_0^\infty e^{-K_a\rho_b r}\,dr \tag{34}$$

$$\Psi = n\frac{1}{K_a\rho_b} \tag{35}$$

简单地说，总计数率正比于 n/ρ_b，也就是说可用放射性物质的百分重量表示。因此，由此可看出，放射性含量以百分重量表示是有效的。

在伽马射线设备测量结果的解释中存在的基本难点之一是其实际概念中所固有的。存在非放射性粘土和“放射性”白云岩。应用伽马能谱仪常常会指出像“放射性”白云岩异常，或一些含 U 过量的其他地层，或含 K 或 Th 过量的其它地层的放射性异常。

两类设备在一定程度上都受井眼环境影响。由于井内泥浆和井径变化，由地层中发射出的伽马射线必须经过各种伽马射线吸收体到达探测器。在泥浆中加有如重晶石或 KCl 之类的添加剂还会增加其复杂性。在第一种情况下，泥浆中的重晶石是由地层发射的低能伽马射线的强有效的吸收体。在第二种情况下，井内流体所含的 KCl 添加剂还是一个放射性钾源。参考文献〔7〕讨论了校正这些影响的一种方法。

2.伽马-伽马密度设备

前面已经提到，如果主要反应是 Compton 散射，那么伽马射线通过物质的辐射与其电子密度有关。因此，通过地层测量伽马射线辐射可以用来确定其密度，并且应用物质成分的某些信息（岩性和孔隙流体）可以确定其孔隙度。

密度设备中常用的伽马射线源是^{137}Cs，它发射 662 千电子伏的伽马射线，大大低于产生电子对的极限。这种同位素的半衰期约为 30 年，它在一定的期限内能提供一个有效而稳定的强度。某些设备应用^{60}Co，它发射 1332 和 1173 千电子伏两种伽马射线。

最早的设备由一个伽马射线源和一个原来称作 Müller 计数管的单探测器组成。然而，为补偿常发生的泥饼干扰，现代设备在外壳内使用双探测器（一般都是 NaI），通过外壳屏蔽由原来的直接放射线辐射，并通过液压推靠臂把仪器推靠在地层上。推靠臂还用来测量井径（沿一个轴线）。

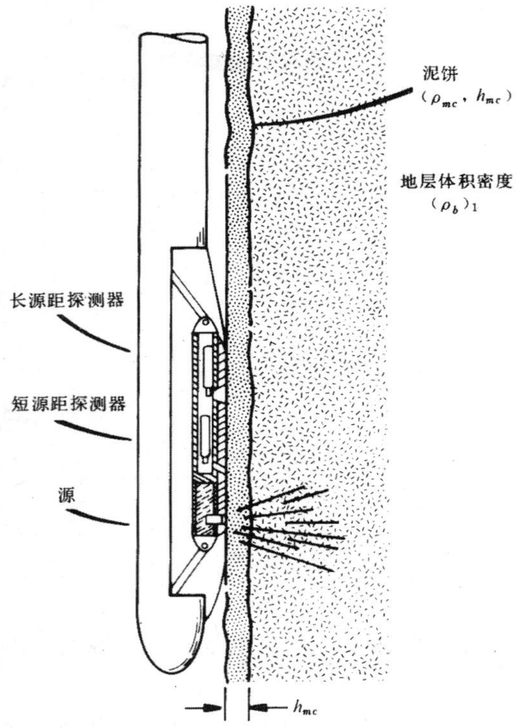

图 53.20　在有泥饼的井中补偿密度仪的示意图

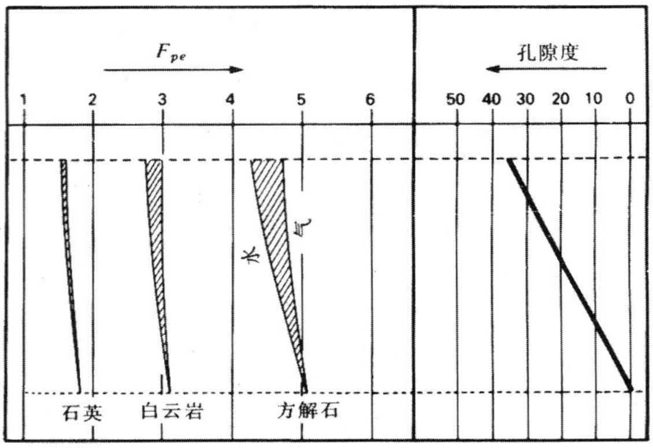

图 53.21　三种主要骨架的光电系数 F_{pe} 值，示出了对孔隙度的相对不敏感性

测量原理是探测器的计数率将以指数规律随地层密度变化。因此，地层密度就可简单地由一个计数率来确定。但是，当不知泥饼密度和厚度的情况下，计数率就会受到干扰。图 53.20 示出一般测井情况。为校正这些侵入泥饼的干扰，研制出了长、短源距的视密度设备。实验室测量数据用来定义校正量 $\Delta\rho$，它需用于长源距探测器的视密度，以读出地层密度值。

至少用一台设备测量伽马射线谱形，并与地层的光电吸收参数对比，再与地层岩性联系起来。光电系数 F_{pe} 与每个电子的光电截面成正比。图 53.21 示出分辨三种主要骨架的测量参数的实用图版。

由于混合物的 F_{pe} 不是以体积形式结合的，所以为解释方便发展了一个新的参数 U，它具有线性结合性质。U 的定义是 F_{pe} 与电子密度的乘积：

$$U = F_{pe} \rho_e \tag{36}$$

并且符合宏观的光电截面。这是因为按定义 F_{pe} 是每个电子的光电截面，而 ρ_e 与每立方厘米的电子数成正比。因此，任何混合物的 U 值可通过将与 U 值相关的混合物每一单一组分体积的简单相加计算出来。表 53.3 列出一些常见矿物的有用岩性参数。图 53.22 示出在消除孔隙度影响之后在确定岩性时 U 和密度的应用。

研究表 53.3 可看出，元素的原子序数越大，U 或 F_{pe} 参数对这一元素的敏感性也越大。特别值得注意的是几种铁化合物和钡的 F_{pe} 值。在有铁的情况下，如果铁与粘土矿物有关，则这种敏感性可用来确定地层的泥质含量，这将在后面的解释部分讨论。但是，对重晶石的这种敏感性会使 F_{pe} 在重晶石加重泥的测量发生困难。如果在仪器滑板和地层之间有相当厚的重晶石泥饼，或者，如果 $BaSO_4$ 粒子侵入地层，则其形成的光电吸收会对测量造成严重干扰。

3. 中子孔隙度设备

在历史上，中子设备是用于估算地层孔隙度的第一种核设备。它的工作原理是依据这样一个事实，即具有相对大的散射截面和小质量的氢对快中子的减速非常有效。因此，由高能源中子与地层作用产生的超热中子通量将取决于地层氢含量。如果氢（以水和烃的形式）存在于孔隙空间内，那么就可测量出孔隙度。最简型设备包括一个快中子源（如 Pu−Be 或 Am−Be，平均源强为几个百万电子伏）和距源有一定距离的一个低能中子探头。按探测中子的类型一般分为两类，即超热中子和热中子仪器。

表 53.3　不同物质的岩性参数

元素	符号	分子量	Z	F_{pe}	ρ_b	ρ_e^{2}	U^{3}
氢	H	1.008	1	0.00025			
碳	C	12.01	6	0.15898			
氧	O	16.000	8	0.44784			
钠	Na	22.991	11	1.4093			
镁	Mg	24.32	12	1.9277			
铝	Al	26.98	13	2.5715	2.700	2.602	
硅	Si	28.09	14	3.3579			
硫	S	32.066	16	5.4304	2.070	2.066	
氯	Cl	35.457	17	6.7549			
钾	K	39.100	19	10.081			
钙	Ca	40.08	20	12.126			
钛	Ti	47.90	22	17.089			
铁	Fe	55.85	26	31.181			
锶	Sr	87.63	38	122.24			
锆	Zr	91.22	40	147.03			
钡	Ba	137.36	56	493.72			

续表

元素	符号	分子量	Z	F_{pe}	ρ_b	ρ_e[②]	U[③]
矿物							
硬石膏	$CaSO_4$	136.146		5.055	2.960	2.957	14.95
重晶石	$BaSO_4$	233.366		266.8	4.500	4.011	1070.0
方解石	$CaCO_3$	100.09		5.084	2.710	2.708	13.77
光卤石	$KCl \cdot MgCl_2 \cdot 6H_2O$	277.88		4.089	1.61	1.645	6.73
天青石	$SrSO_4$	183.696		55.13	3.960	3.708	204.0
钢石	Al_2O_3	101.90		1.552	3.970	3.894	6.04
白云石	$CaCO_3 \cdot MgCO_3$	184.42		3.142	2.870	2.864	9.00
石膏	$CaSO_4 \cdot 2H_2O$	172.18		3.420	2.320	2.372	8.11
岩盐	NaCl	58.45		4.65	2.165	2.074	8.65
赤铁矿	Fe_2O_3	159.70		21.48	5.210	4.987	107.0
褐铁矿	$FeO \cdot TiO_2$	151.75		16.63	4.70	4.46	74.2
菱镁矿	$MgCO_3$	84.33		0.829	3.037	3.025	2.51
磁铁矿	Fe_2O_3	231.55		22.08	5.180	4.922	109.0
白铁矿	FeS_2	119.98		16.97	4.870	4.708	79.9
黄铁矿	FeS_2	119.98		16.97	5.000	4.834	82.0
石英	SiO_2	60.09		1.806	2.654	2.650	4.79
金红石	TiO_2	79.90		10.08	4.260	4.052	40.8
钾盐	KCl	74.557		8.510	1.984	1.916	16.3
锆石	$ZrSiO_4$	183.31		69.10	4.560	4.279	296.0
流体							
水	H_2O	18.016		0.358	1.000	1.110	0.40
盐水	(120000ppm)			0.807	1.086	1.185	0.96
石油	$CH_{1.6}$			0.119	0.850[①]	0.948[①]	0.11
	CH_2			0.125	0.850[①]	0.970[①]	0.12
杂类							
纯砂岩	①			1.745	2.308	2.330	4.07
含杂质砂岩	①			2.70	2.394	2.414	6.52
平均泥岩				3.42	2.650[①]	2.645[①]	9.05
无烟煤	C：H：O—93：3：4			0.161	1.700[①]	1.749[①]	0.28
沥青煤	C：H：O—82：5：13			0.180	1.400[①]	1.468[①]	0.26

① 变量；给出值是用于说明；

② ρ_e 为电子密度 $=\rho_b \times 2Z/A$；

③ $U=F_{pe}\rho_e$。

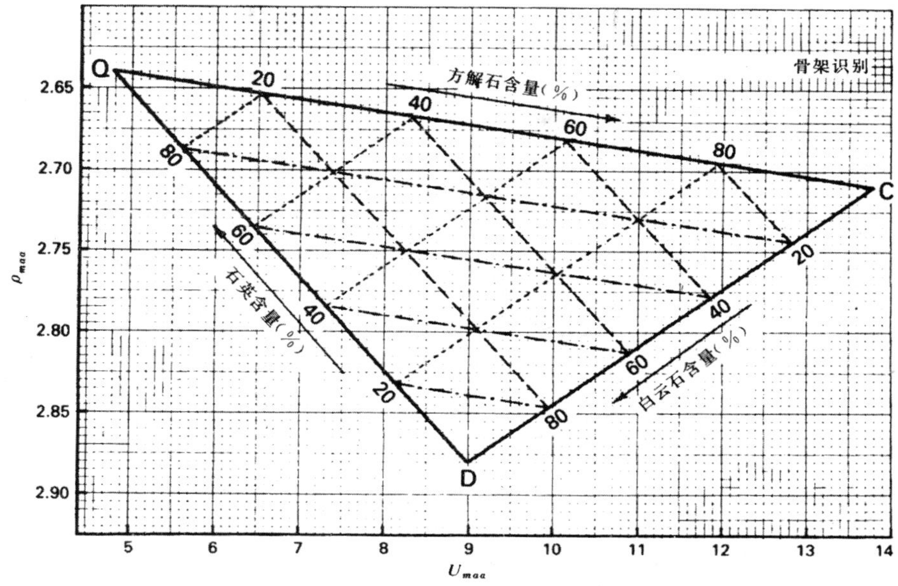

图 53.22　消除孔隙度影响之后由 U 和密度识别骨架图版

要作到中子孔隙度仪器响应的定量，可以应用两组扩散理论的结果[8]。这些结果指出，在包括快中子点源的无限介质中，超热中子通量随源距与特征长度（L / L_s）呈指数规律衰减，并由介质的组成要素确定:

$$\psi_{cpi} \propto \frac{1}{D} \frac{e^{-L/L_s}}{L} \tag{37}$$

式中 D 是超热扩散系数，它与中子的平均传递自由通道有关。在确定的区域内，计数率将随地层的减速长度呈接近指数规律变化。这一特性在图 53.23 中可以看到。左图是早期超热中子仪器的计数率，它是孔隙度的函数；右图是减速长度的函数。在第二种表示方法中骨架影响大大降低。还示出，对任何一种其它物质，一旦算出它的减速长度，如何能够计算出其计数率；或者反过来，如何能够从测量的超热中了通量确定地层的减速长度。从图 53.11 看出，减速长度与所计算混合物中的氢含量紧密相关。

图 53.11 还示出，减速长度是三种常见骨架物质（石灰岩、白云岩和砂岩）孔隙度的函数。在这个图上还可以看出，如果骨架已知，就可确定出合适的真孔隙度。为了方便，可假定一个石灰岩骨架，并对其他两种骨架略加校正，把超热中子计数率直接转换为孔隙度。前面图上三条曲线的离差即表明应作的校正。

实际上，最早定量的这种类型设备中，有一种是用单超热中子探头，安装在一个用机械力推靠到井壁上的滑板上。这种井壁超热中子仪器具有把井眼影响降低到最小限度的优点，虽然它对井眼实际尺寸很敏感，也受滑板面与井壁之间泥饼存在的影响。

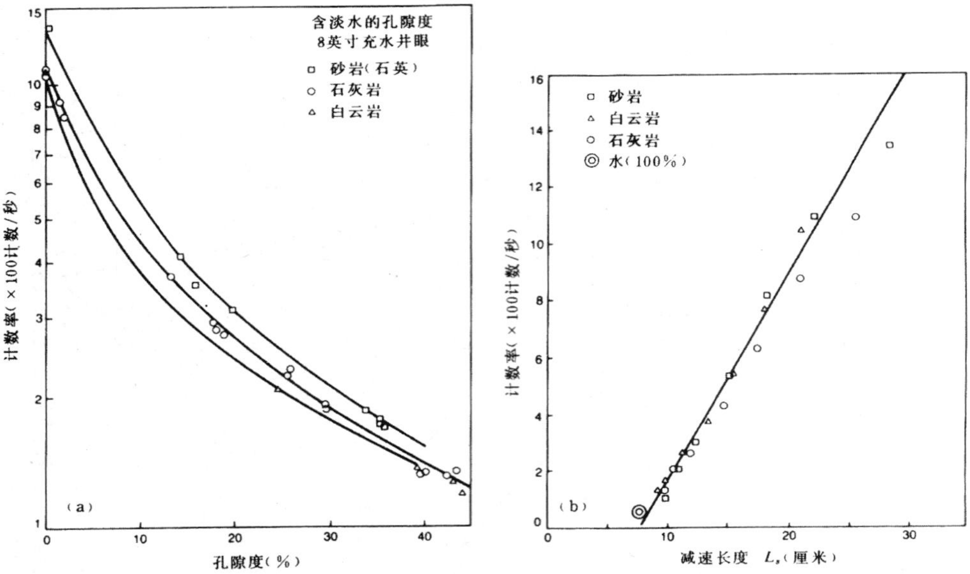

图 53.23　各种孔隙度地层试验中长源距超热探头的计数率。左图是试验地层的三条数据趋势线，它们是地层孔隙度的函数。右图是重绘相同数据得出的曲线，它是试验地层每一种骨架相应的减速长度的函数

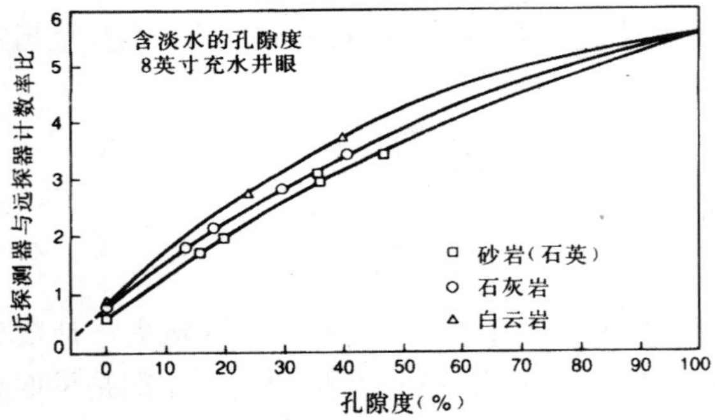

图 53.24　热中子孔隙度仪器的近/远计数率比与孔隙度的函数关系

最新发展起来的是双探头补偿中子仪器。这类仪器应用一对热中子探头，其目的是为了提高计数率，以改善在高孔隙度时获得的孔隙度值的统计误差。靠近中子源的第二个探头用来补偿井眼影响。虽然用的是热中子探头，但可以证明[8]，如果源距选得合适，则与单超热中子探头的情况一样，两个计数率比应当随减速长度的倒数呈指数规律变化。但在实践中发现，还必须对测量读数进行某些附加校正，这是因为如果井眼和地层的热俘获特性差异很大，测量结果就会偏离期望值。这些校正一般由测井服务公司提供图版解决，最近已发展成为计算机解释的一个组成部分。

前面讨论过的运移长度为表征热中子仪器的响应提供了一种简便的方法，引自 Edmunson 论文[9] 的图 53.24 表明，对三类岩性来讲，这种仪器的近/远计数率比是孔隙度的函数。如果把这个图上各点的孔隙度值通过应用图 53.25 进行转换（该图示出运移长度 L_m 是孔隙度的函数），那么三种岩性的计数率就会落在一单线上（如图 53.26 所示）。这证明，中子孔隙度仪器的响应特性是由减速长度和扩散长度的某种函数给出的，而不是由孔隙度给出。

虽然制定伽马射线刻度标准的API委员会已采取某些措施对中子测井响应进行标准化，但他们对API单位的建议尚没有施行。中子测井输出的常规方法是在石灰岩原状地层中刻度仪器，并读出视石灰岩孔隙度。然后用转换图版对实际测量的骨架校正视孔隙度(正如前面指出的，对应用减速长度和扩散长度作为测井测量值的单位应给予某种考虑)。这些测量结果应通过应用类似于图53.11和53.25的图版转换为孔隙度，这已完全属于解释范围的工作。

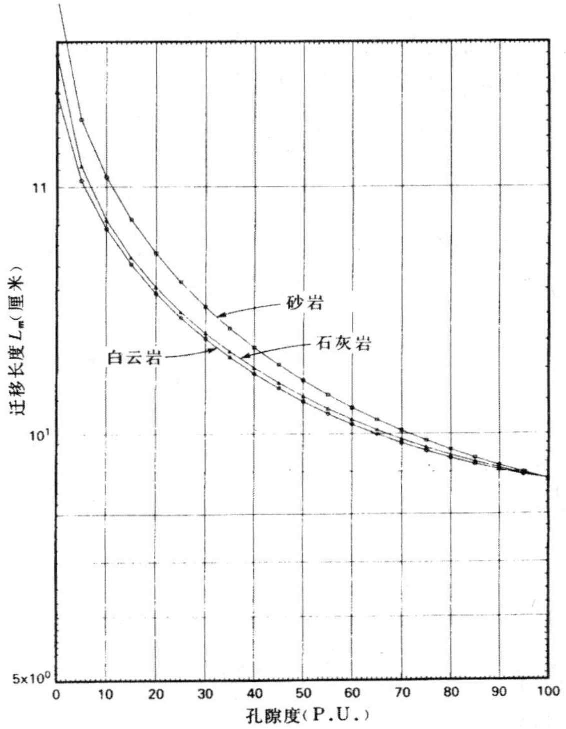

图53.25　为三种主要骨架即砂岩、石灰岩和白云岩S计算的运移长度 L_m 与孔隙度的函数关系

热中子孔隙度仪器最大的局限性之一是泥质对测量产生的影响，这种影响或者是来自其中铁和钾的含量，或者是来自与高热中子俘获截面有关的痕量元素。然而，即使没有热中子吸收体的附加影响，由于与粘土矿物结构有关羟基的影响，粘土和泥质对所有的中子孔隙度的解释都会带来麻烦。图53.27通过表示砂／伊利石和砂／高岭石混合物减速长度的变化与孔隙度的函数关系证明了这一点。在两种情况下，砂和泥质体积是等量的。显然，如果除砂之外不考虑泥质存在，就会导致孔隙度产生很大误差。还应指出，高岭石的视孔隙度大大高于伊利石的视孔隙度。图上的实例说明，20PU砂／伊利石混合物的视孔隙度将是25PU砂的视孔隙度，而20PU的砂／高岭石混合物的视孔隙度将为36PU砂的视孔隙度。在后面将会看到，这是由于这两种粘土矿物具有不同的羟基含量引起的。

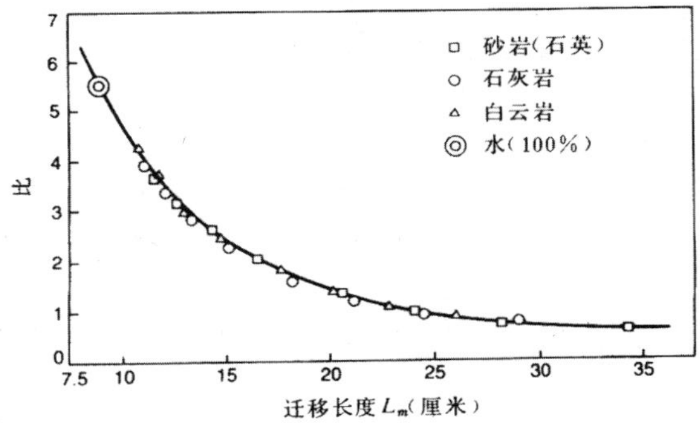

图53.26　图53.24的比值数据与运移长度 L_m（对应于试验地层的骨架和测量的孔隙度）的函数关系

还应指出，大多数现代化中子孔隙度仪器都是由一对热中子和一对超热中子探头组成。这就能够测量不受热吸收体影响的视孔隙度，同时获得补充描述地层的宏观热吸收系数$\sum$的测量结果。

4. 脉冲中子测井设备

脉冲中子测井设备测量宏观热吸收俘获截面。宏观热吸收截面与骨架和孔隙流体的化学成分有关。氯几乎总是地层水的成分，具有很大的吸收截面。因此，测量吸收截面就可提供识别盐水和测量地层流体饱和度的方法。

为确定宏观热截面，实质上是测量热中子在吸收介质中的寿命。同放射性衰减相似，需预测热中子随时间变化的性质。热中子吸收反应率由宏观截面$\sum$与中子速度 v 的乘积给出。对于 N_N 中子系统，热吸收率为：

$$dN_N = -\sum v dt \tag{38}$$

积分后变为：

$$N_N = N_i e^{-\sum vt} \tag{39}$$

这就把时间 t 的数 N_N 与零时间时的原始数 N_i 相关起来。指数衰减系数与所期望的$\sum$量成反比。

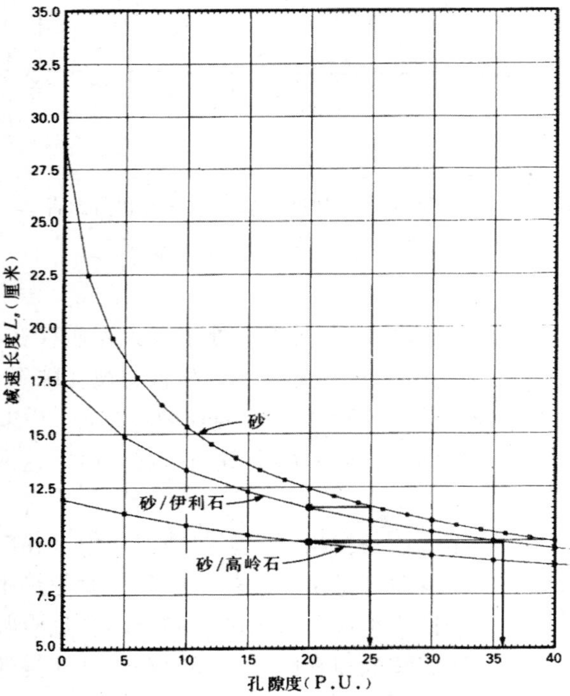

图 53.27　对砂和砂／粘土混合物计算的减速长度与孔隙度的函数关系。下面两条线的骨架由体积相等的砂／伊利石和砂／高岭石混合物组成

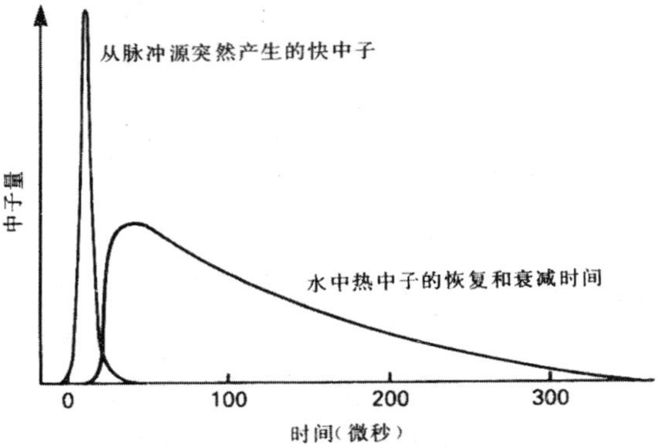

图 53.28　脉冲中子俘获伽马射线仪器的时间曲线示意图

这样的脉冲中子测井仪器的具体体现与高能脉冲中子源有关。这样的仪器前面已讨论过。其工作的基本方式是在一个很短周期内 14 百万电子伏的中子源发射脉冲，这就在井眼和地层中形成高能中子云，然后通过多次碰撞变为热中子。这个过程示于图 53.28。吸收仅在热能阶段起重要作用，并且中子开始按（39）式的规律消失。当每个中子被氢或氯俘获时，放出伽马射线，此时实际测量的是伽马射线计数率的衰减，它反映中子总量的衰减。

从式（39）可以看出，一个具体地层的衰减系数由 $1/v\sum$ 给出。一些有关情况的俘获截面值列于表 53.4。表中列出了具体骨架的衰减时间，它由下式计算得出：

$$\tau_d = \frac{K}{\sum_{abs}} \tag{40}$$

式中 K 是 4550 微秒，这是由于热中子的 v 是 0.22 厘米／微秒，而热吸收截面$\sum_{abs}$用俘获单位表示。

表 53.4　俘获截面和衰减时间

	$\sum$（c，u）	τ_d（微秒）
石英	4.26	1086
白云石	4.7	968
石灰	7.07	643
20PU 石灰	10.06	452
水	22	206
盐水（26%NaCl）	125	36

因为衰减时间测量的推导是建立在热中子云的存在和衰减的简单模型上，所以有兴趣的是，观察 14 百万电子伏中子发射后多长时间它们变为热中子。为估计这个时间，需要参看中子物理学部分，那里讨论了热中子化的的平均碰撞数和平均自由通道。所需时间的最简估计是假定在每次碰撞之间的平均旅行距离是平均自由通道（$1/\sum_t$）。两次碰撞之间的时间 Δt，可由下式近似给出：

$$\Delta t \approx \frac{1}{\sum_t}\frac{1}{v} \tag{41}$$

式中　$\sum_t$ 是总截面；v 由方程（23）用能量项 E 给出。系数 $1/v$ 可以用方程（23）结合平均碰撞数$\bar{n}$方程（30）来替换，由此得：

$$\frac{1}{v} \propto e^{n\xi/2} \tag{42}$$

式中　ξ——由方程（25）定义的平均对数能量递减量。

所感兴趣地层的平均自由通道均值可由图 53.10 估计出来。根据以上资料，由发射到热能的总时间 t_t（微秒）由下式给出：

$$t_t = \int \Delta t = \frac{1}{\sum} 3.6 \times 10^{-4} \int_0^n e^{n\xi 2} \mathrm{d}\bar{n} \tag{43}$$

对于 20%孔隙度石灰岩，估算这一表达式得出的估算值是 2.8 微秒；在水中，仅为 0.15 微秒。两者均大大低于表 53.4 所列出的衰减时间。

用了许多测量线路来控制产生 14 百万电子伏中子的周期和测量伽马射线的周期。某些仪器应用双探头系统，企图校正可能由井眼尺寸和矿化度引起的小的影响，并提供孔隙度的某种度量。

5.非弹性和俘获伽马射线能谱仪

早期刺激发展活化伽马射线能谱仪设备的思想是实际在现场进行地层组分化学分析的可能性。直接测量碳／氧原子比，从而能够第一次直接在井下测量油气的存在，这种诱人的可能性鼓舞了大量在工艺上先进的设备的发展，这和依靠岩心或井壁取心分析的传统方法形成鲜明对比。

这类设备属于化学分析型，它是通过使用中子和伽马射线能谱仪完成化学分析。用中子激励核，然后由核放出精确能量的伽马射线，单一性地识别所感兴趣的同位素。有两种中子反应能产生这样的伽马射线：非弹性散射，它能在极高能中子情况下发生，俘获反应，与用于脉冲中子测井一样，在热化中子时发生。

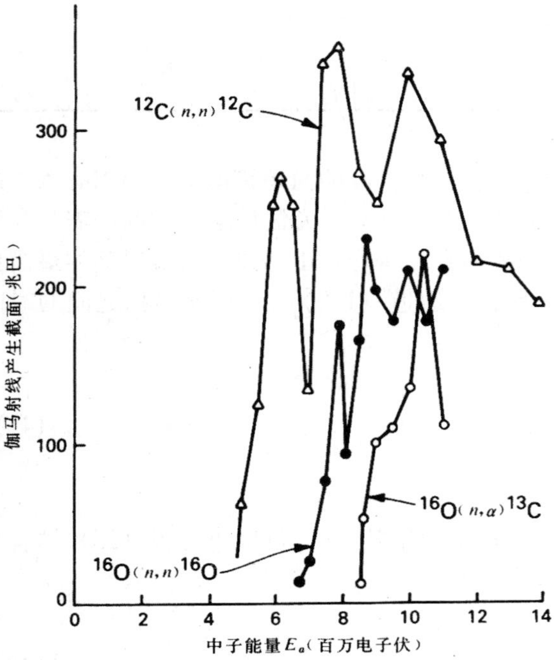

图 53.29　碳和氧非弹性伽马射线的产生截面与入射中子能量的函数关系

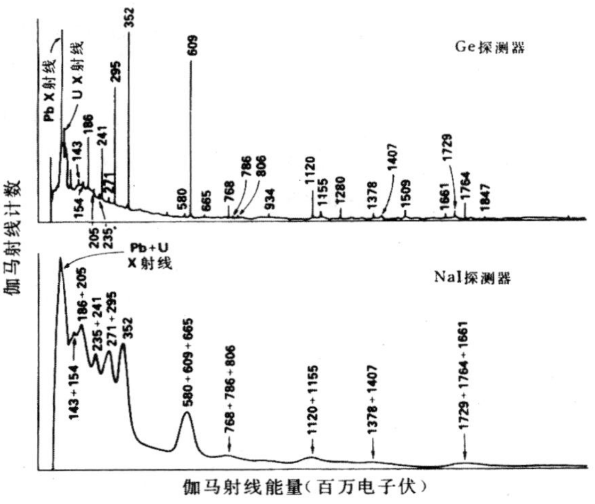

图 53.30　用高分辨率固体探头（Ge）与用常规 NaI 探头测量的伽马射线的比较

对于测井应用，没有几种元素具有大的非弹性截面，但幸运的是碳和氧就有。图 53.29 示出由碳和氧非弹性散射伽马射线产生截面。这些非弹性活化伽马射线不仅能用伽马射线能谱仪观察到，而且还与计时有关。为了避免与热俘获产生的伽马射线混淆，非弹性伽马射线是在发射 14 百万电子伏中子的周期内检测的。如果对大量元素如 H、Fe、Cl、Si、Ca、S 等敏感，在稍晚一些时间，就会探测到由热中子吸收而产生的伽马射线。至少，现在有两种不同的中子脉冲和伽马射线探测序列在应用。一种方法[10]是利用两次发射中子之间的固定时间，大约是50～100微秒；另一种方法[11]收集俘获伽马射线的信息，是利用变中子脉冲的间隔，这个间隔由热化中子的特征衰减时间来控制。

仪器设计的差别能最佳探测非弹性或俘获伽马射线。某些设计通过合理的时间周期把两者的测量结合起来。除测量各种元素产生的伽马射线外，还由测量的总伽马射线信号的衰减分析来确定宏观截面$\sum$。利用计数统计和探头固有的分辨率确定最合适的元素数目的实际范围。

一个使用高分辨率Ge探头的实验仪器能在测井中测出超过两打不同的元素。这类探头必须在很低温度（−196℃）下工作，这对于井眼测量会带来很多工艺上的麻烦。但是，其优点是可大大改善分辨率，增加能谱上能区分清晰的伽马射线数目。图53.30示出测量天然铀样品的结果，与常规的NaI探头相比有明显的改善。用这样的仪器能够容易检测到的两种元素是在现场区分和定量粘土非常有用的铝和可与伴生油的API重度进行对比的钒[12]。

四、核测井解释

下面将讨论上述核测井仪器如何用于测井解释工作。但应首先说明，这里并不想全面论述测井解释课题。要获得进一步的资料，请参考这方面的一些参考文献〔13～17〕。

这里讨论的方法基本上是每种仪器的单独解释。结合每种仪器检验所有的综合测量结果和解释技术的工作已经超出了本章的范围。但仍要讨论几种标准仪器的综合解释方法。图53.31指出这种解释过程的四个步骤和想要获得满意结果而应用的核测量方法。下面的讨论按所列举的测量仪器或技术的顺序进行。

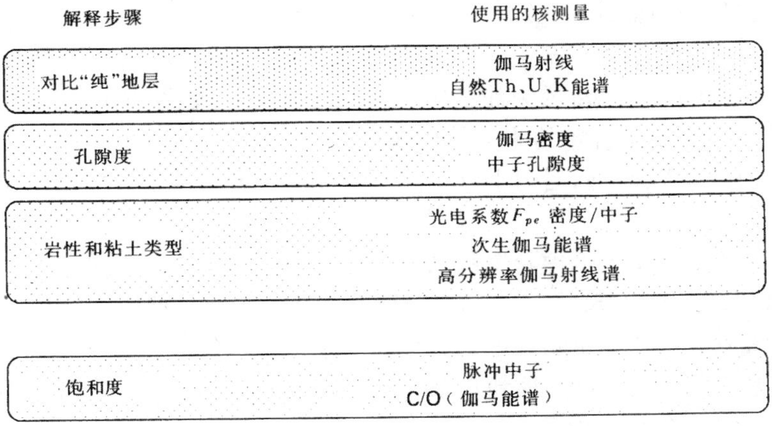

图53.31　四个解释步骤和与其有关的核测量方法

1. 伽马射线测量解释

伽马射线测井的传统应用是进行井间的地层对比、初步岩性的识别和粗略估算泥质体积。根据当前对粘土成分的认识水平和其他更成熟的岩性确定方法，伽马射线最可靠的用途实际上只是地层对比。

为了估算泥质体积，要详细研究最小和最大的伽马射线测井读数即γ_{min}和γ_{max}。最小读数假设是纯地层点，而最大读数作为泥岩点。然后，在井中任何点上的伽马射线读数γ_{log}可按下式用API单位刻度：

$$V_{sh} \propto \frac{\gamma_{log} - \gamma_{min}}{\gamma_{max} - \gamma_{min}} \tag{44}$$

这个比值通常称为伽马射线指数，可根据与岩石类型有关的图版[13]刻度成百分泥质含量。如果最大伽马射线读数作为所解释的值符合相同的泥岩类型，这种方法有时是合适的。

但大量实例证明这种方法的效果不好，因而发展了伽马射线能谱仪。这类仪器实际上是测量总伽马射线信号三种放射性组成的相对浓度。值得指出的是三种放射性组成浓度与以API为单位的总伽马射线之间的关系。它由下式给出：

$$\gamma_{API} = A \times Th + B \times U + C \times K \tag{45}$$

当Th和U以ppm计量和K以百分重量计量时，发现系数比（A：B：C）是1：2：4，也就是说，1%（重量）K对γ_{API}的贡献四倍于1ppmTh。从这里可明显看出，在泥质砂岩中，如果存在含钾丰富的矿物（如云母），总伽马射线信号将增大，给出的是百分泥质含量的假指示，实际上这个附加的放射性是由云母引起的。

有两点充分的理由可以说明，应用伽马射线能谱测量要优于实际上只对对比可靠的标准伽马射线测量。第一是可以检测前面提到的放射性异常；第二是可以根据三种放射性组分的相对贡献区分粘土类型，对粘土类型做出某种估计。关于第二点，读者可参阅已发表的关于伽马射线能谱解释的文献〔18～20〕。

图53.32示出北海云母质砂岩的一个测井实例。在10612～10620英尺井段，总伽马射线信号约为90API单位，指示为泥岩。只以总伽马射线作为指示标志时，似乎10568到10522英尺这一层的泥质含量约为下面一层的一半。然而，分解伽马射线信号可清楚地看出，U、Th和K的含量在两层中十分不同。实际上，上层是砂岩和云母的混合层，而下层才是泥岩。

在图53.33的第二个实例中，单就伽马射线来看，在12836英尺泥岩层下界以下，有一个相对纯的砂岩。但是从K道看，泥岩中钾的高异常持续到12836英尺以下数英尺。发现这种钾的高含量是由长石引起的，它对用于密度测井解释的颗粒密度有相当大的影响。

图53.34是第三个实例，说明简单的伽马射线解释如何会把一个富含铀的地层误解释为泥岩。仅铀含量的突然增高说明，这不是一个异于邻层的简单泥岩。岩心分析证明，该层富含有机质，而U常常被圈闭在有机化合物中。

2.孔隙度的确定

伽马–伽马密度方法 伽马–伽马密度仪器的基本输出是体积密度，从概念上讲它是解释孔隙度的最简单的测量参数。基本关系方程为：

$$\rho_b = \phi \rho_f + (1 - \phi) \rho_{ma}$$

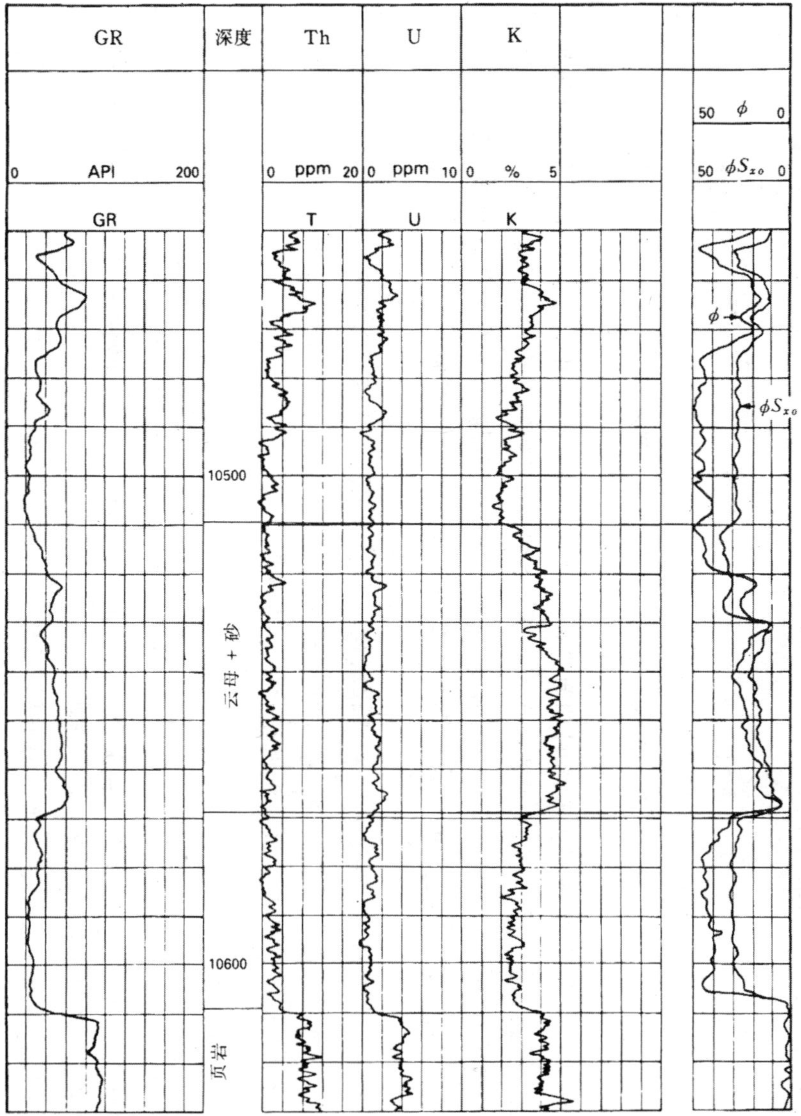

图 53.32　北海一云母质砂岩的伽马射线能谱测井曲线

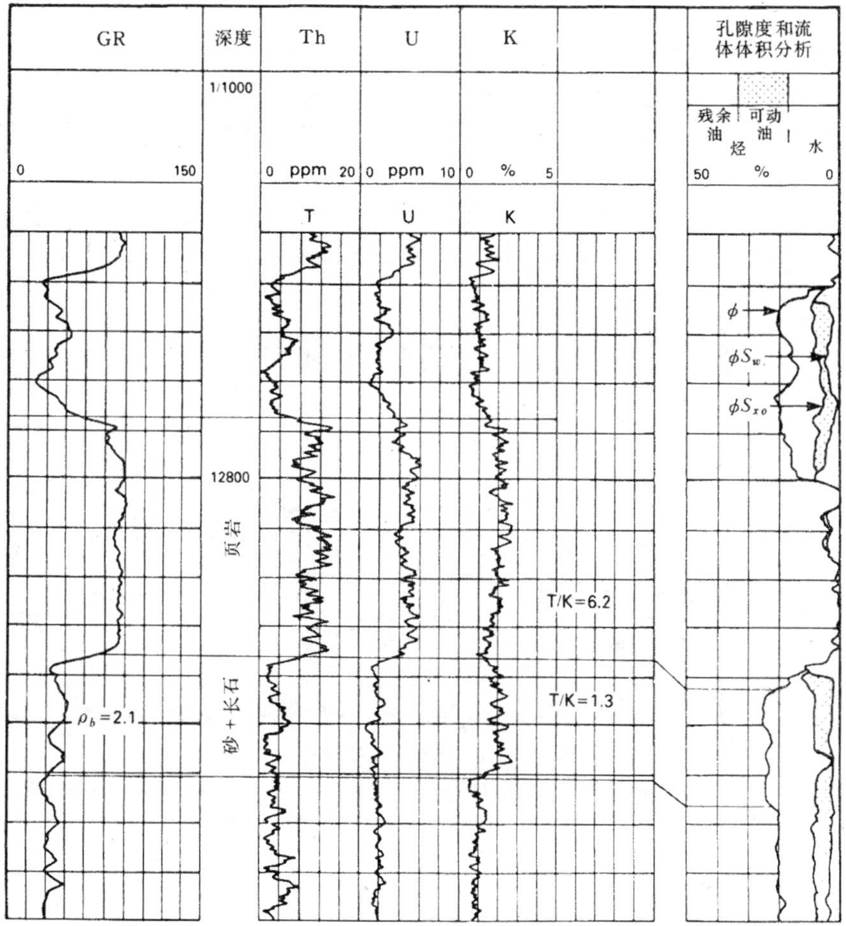

图 53.33　尼日利亚一口井的伽马射线能谱测井曲线，表示钾连续曲线上的高异常是长石引起的

该方程用体积关系把孔隙流体密度 ρ_f 和岩石骨架密度 ρ_{ma} 与体积密度 ρ_b 联系起来。

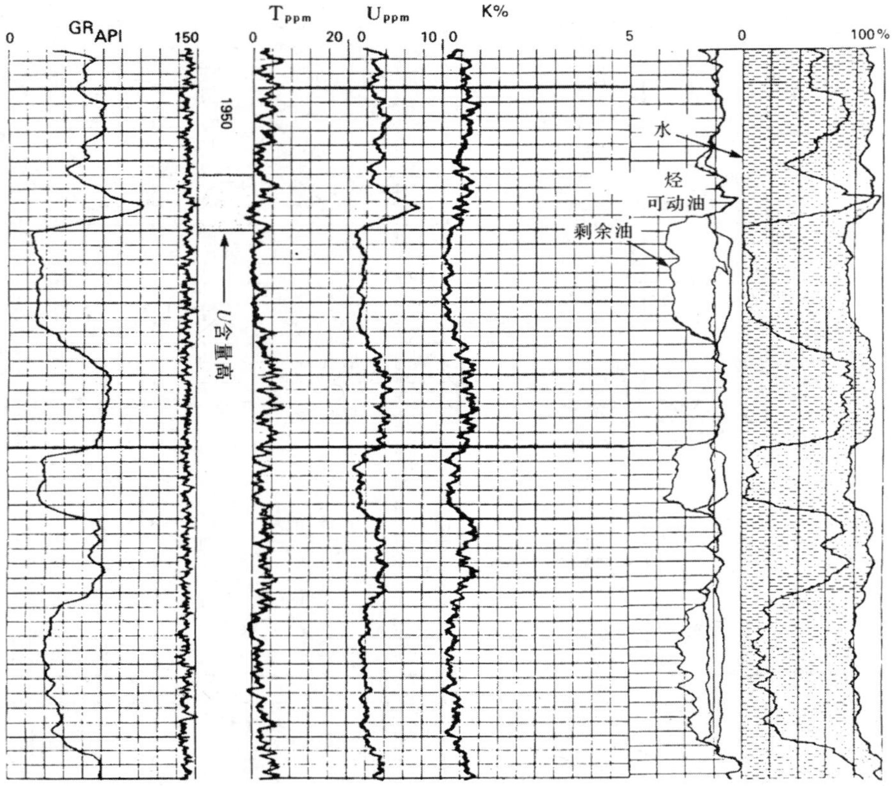

图 53.34 伽马射线能谱测井，示出一个 U 浓度异常高的层

但是，在解释这种密度输出时却有点麻烦（尤其是电子密度指数 ρ_e）需要解决。前面已经讨论过，伽马-伽马密度仪器是测量电子密度指数。表 53.3 列出了体积密度与电子密度指数之间的对比。除水和烃外，几乎所有的化合物都对应很好。这是因为除氢外所有元素的 Z/A 平均值约为 1/2。可以看出，由于氢不相等，水的体积密度和电子密度指数相差约 11%。

为补偿这种情况，可对电子密度指数作简单的转换，使充水石灰岩中转换的或测井的密度 ρ_{log} 与体积密度一致。图 53.35 示出了这种简单的转换。把 0PU 石灰岩和水的体积密度与电子密度值对应作图。连结这两个点的直线方程

$$\rho_b = 1.0704\rho_e - 0.188 \tag{46}$$

符合测井公司用的已公布的转换关系[14]。值得指出的是，这种转换密度 ρ_{log} 对列在表中的其他主要骨架物质的一致性也在 0.004 克/厘米^3 以内。

下面再回到解释问题上来。解方程（1）求孔隙度得：

$$\phi = \frac{\rho_{ma} - \rho_b}{\rho_{ma} - \rho_f} \tag{47}$$

这样，剩下的问题就是知道要代入方程的流体和骨架的密度值。在检验确定这些值的方法之前，也许有兴趣知道这两个参数应达到什么精度。

比较有意义的是研究骨架密度 ρ_{ma} 值所允许的误差。由前面的方程我们可以写出：

$$\partial\phi = [\frac{\rho_b - \rho_{ma}}{(\rho_f - \rho_{ma})^2} - \frac{1}{\rho_f - \rho_{ma}}]\partial\rho_{ma} \tag{48}$$

如果对孔隙度约为 30% 的一种砂岩情况来评价，我们可应用 $\rho_b = 2.16$，$\rho_f = 1.00$ 和 $\rho_{ma} = 2.65$，从而得出：

$$d\phi = 0.43 d\rho_{ma} \tag{49}$$

因此，要使 ϕ 的误差小于 0.02，而 ρ_{ma} 的误差就必须小于 0.05 克／厘米^3。关于颗粒密度允许误差的更详细的分析可参看参考文献〔21〕。

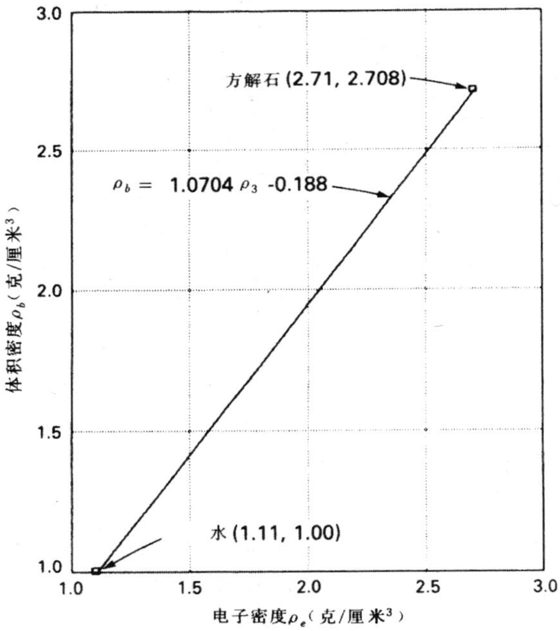

图 53.35　测量的电子密度指数 ρ_e 与体积密度 ρ_b 之间的转换

关于流体的密度值，需要知道孔隙中流体的类型。烃流体的密度范围可从 0.2～0.8。饱和盐水 (NaCl) 的密度可以高达 1.2，如有 $CaCl_2$ 存在，甚至可高达 1.4 克／厘米^3。但是，ρ_f 的允许误差远大于 ρ_{ma} 的允许误差。选择以上值，由方程 (47) 的误差分析得出，$\partial\phi = 0.18\partial\rho_f$，这就是说允许约两倍的边际误差。

简单情况下的骨架密度值可由表 53.3 中取得。该表表明在石英密度 2.65 克／厘米^3 与无水石膏密度 2.96 克／厘米^3 之间变化较窄。泥岩的颗粒密度完全是另外一回事，这里不作讨论。留下的问题是骨架密度，它只能在知道岩性后才能确定。实质上，所有确定孔隙度的密度解释都围绕着这个问题。

在确定岩性，从而估算颗粒密度之前，应讨论一下密度测量的质量控制问题。

正好前面已经提到，现代伽马-伽马密度仪器是补偿测量仪器。用不同源距的两个探测器以补偿泥饼或泥浆侵入的影响。一般，除密度曲线外，在测井图上还显示一条补偿曲线，

常称为 $\Delta\rho$ 曲线。这条曲线代表对长源距探头（ρ_{ls}）所测视密度作的校正量，也就是长短源距测量值之间的差。

任何一个探头的计数率在实验室经过系列刻度后都可转换为视密度〔22〕。如果在仪器表面与所测量地层之间没有任何侵入物质，那么，两个值将是相等的。在某一个适当的泥饼厚度范围内（一般小于 1 英寸），两个密度值将随泥饼厚度的增大有某些不同。$\Delta\rho$ 的量值通过实验确定，它是密度差的函数，作为附加量加到视长源距密度 ρ_{ls} 上，与地层的体积密度相匹配，即:

$$\rho_b = \rho_{ls} + \Delta\rho \tag{50}$$

虽然一般认为 $\Delta\rho$ 是泥饼厚度 h_{mc} 的一个量度，但实际上它正比于泥饼厚度和泥饼密度 ρ_{mc} 与地层密度差的乘积，即:

$$\Delta\rho \propto h_{mc}\ (\rho_b - \rho_{mc}) \tag{51}$$

超过某一厚度（~1 英寸）之后，补偿系统将无效，ρ_b 值将有疑问。但是，用 $\Delta\rho$ 的一个截止值，无法简单地把这一点识别出来。在低孔隙度地层前面有极少量的水（$\rho_{mc}=1$），就会产生大 $\Delta\rho$ 值，但尚可得到完全补偿；而在高孔隙度层前面有 1 英寸厚中等密度的泥饼，则会产生小的 $\Delta\rho$，从而带来某种剩余补偿误差。尽管要注意这个问题，但可以肯定，$\Delta\rho$ 曲线仍然可以用作体积密度的质量控制，但要定出一个固定的截止值。

中子孔隙度方法 现代中子孔隙度仪器按探测能量范围分有两种类型：热中子和超热中子。通常，测井输出刻度成等量的石灰岩孔隙度单位。在合适的情况下，这相当于充水的纯石灰岩地层的真孔隙度。在下面的讨论中，假定对测井读数已做了各种环境影响校正。除在解释孔隙度值前必须进行的环境校正外，还有三种影响必须更详细地加以考虑。

骨架影响。如同在密度测井中一样，需要知道岩石骨架，以便能够实际应用测量的视石灰岩孔隙度值。图 53.36 指出，对于一个热中子和超热中子仪器，为把测量单位转换成可用的孔隙度单位需要作骨架校正。必须指出，这两种图版是针对两种专门仪器的（CNL❶ 和 SNP①）。当使用这类仪器时，应使用与其相应的图版，因为某些所谓的骨架影响与仪器设计有关。然而，大部分骨架影响可以通过用于描述地层体积参数的两个基本参数（即，减速长度和运移长度）来了解。

首先考虑超热中子探测情况。为说明骨架影响校正曲线的结构，分四步考虑:

(1) 第一步是把测量结果（本例是取近／远探头计数率比这种简单情况）与用原始实验室刻度标准表示的孔隙度联系起来。这是一个充淡水的石灰岩，井眼为 8 英寸。图 53.37 示出了比值 $F=N_{Nn}/N_{Nf}$ 的特征，它是石灰岩孔隙度 ϕ_{ls} 的函数。由这个图可以为测量参数 F 和石灰岩孔隙度 ϕ_{ls} 之间的函数关系建立一条拟合曲线:

$$F = f\ (\phi_{ls}) \tag{52}$$

---

❶Sehlumberger公司的商标。

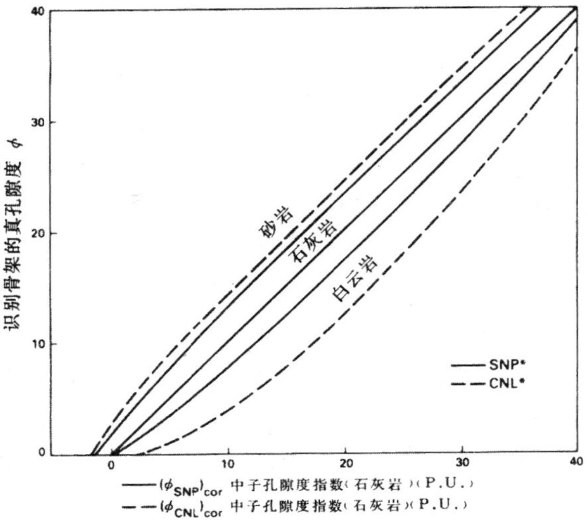

图 53.36　两种专门中子孔隙度仪器的骨架校正图版

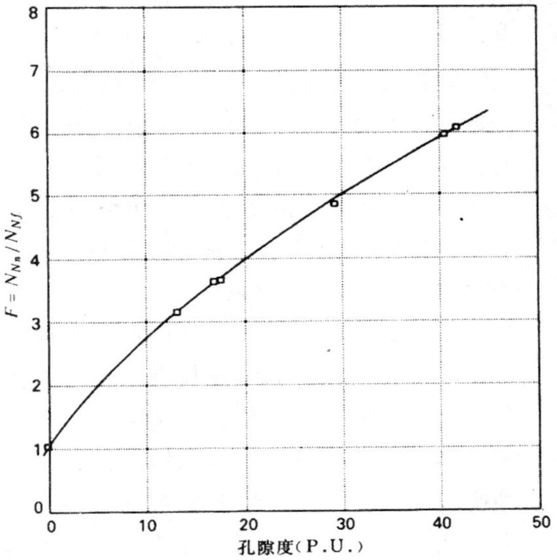

图 53.37　超热计数率比实验值与石灰岩刻度地层孔隙度的函数关系

(2) 第二步，必须对所有三种主要骨架的测量结果建立测量参数 F 与减速长度 L_s 之间的关系。这很容易做到，见图 53.38。图中对一个孔隙度范围示出了石英、白云岩和石灰岩的测量结果。由该图可发现一条新的拟合曲线：

$$F=\mathrm{f}\ (L_s) \tag{53}$$

这样就能够由已知的地层减速长度预测测量的比值。

(3) 下一步是建立减速长度 L_s 和石灰岩孔隙度之间的联系，如图 53.39 所示并参看以前的图 53.11。这条曲线现在成了 (52) 式的石灰岩“转换”，并且孔隙度轴代表真孔隙度。

(4) 砂岩和白云岩的减速长度现在可以作为孔隙度的函数计算出来，并且也示于图 53.39。它们分别位于石灰岩响应的两边，这是因为它们的化学成分不同，影响了减速长度。通过选择一个孔隙度就可以确定出每一种地层的视石灰岩孔隙度（例如

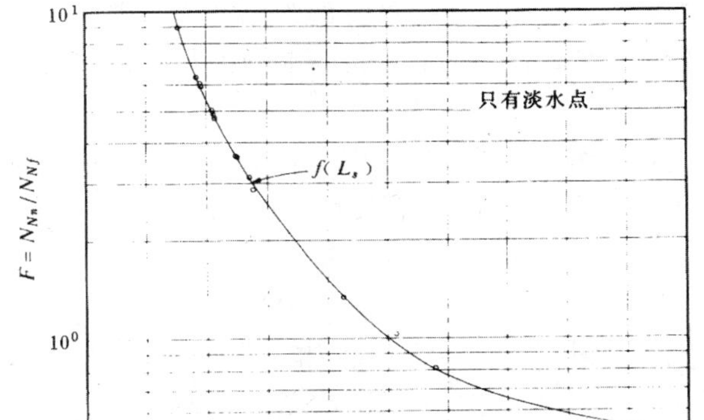

图 53.38　图 53.37 的数据与相应地层等效减速长度 L_s 的函数关系

10PU 砂岩），并能找出相应的减速长度（约 15.5 厘米）。然后通过找出与具有相同 L_s 值石灰岩地层有关的孔隙度值，即求得石灰岩孔隙度。在该例中是 8.5PU。对于相同情况的白云岩，代替 10PU 的是 14PU。

同样的步骤可用于热中子孔隙度仪器。正如早先指出的，其结果用运移长度 L_m 表示，发现是很有用的〔9〕。由于 L_m 含有与宏观热吸收截面有关的某种信息，其结果在性质上与以前相同，但在量的幅度上稍有不同。这可由图 53.25L_m 对孔隙度作的图上看出。

图 53.40 示出双探头热中子仪器的中子／密度交会图。骨架影响可通过对比各条岩性线上的等孔隙度点与横坐标上刻度的视石灰岩孔隙度观察到。这些差异与图 53.36 指示"热中子"部分的显示一样。参考文献〔23〕讨论了吸收体对热中子的响应影响。

气体影响。中子孔隙度仪器是按充满液体的孔隙度刻度的。如果孔隙度中的液体被气体置换，将会对地层的减速长度从而对视孔隙度有可观的影响。一般，混合物的水组分被轻得多的气体部分置换，将会增加中子的减速长度，从而使视孔隙度有所减小。实际视孔隙度的降低主要是真孔隙度、含水饱和度和气体密度的函数，并在某种程度上是岩性的函数。在这种情况下，孔隙中流体被低密度气体置换将降低地层的体积密度。通过一次起下进行密度和中子孔隙度测量，又把这两种效应用于测井。在测井曲线图上，如果侵入小于 6 英寸，这两种效应使密度和中子曲线分离，并很容易辨别是气体的存在引起的。

为了把传统的中子密度气体分离指示定量化，并证明由超热中子和密度测井结果估算含气饱和度的可能性，可参看图 53.41 和 53.42。在这两个图上，在零到 40PU 之间按 2PU 增量计算了砂岩地层的减速长度。在图上绘出了五种含气饱和度的减速长度值与相应地层体积密度的函数曲线。在图 53.41 情况下，气体密度 ρ_g 取为 0.001 克／厘米^3，而在图 53.42 上气体密度取为大约 0.25 克／厘米^3，这就覆盖了正常储层情况下可能存在的整个密度范围。不论在哪一种情况下都明显可见，如孔隙度不变而存在气体，则减速长度大于与充水孔隙度有关的减速长度。这种 L_s 值增大的解释是由于视孔隙度的减小。在图 53.41 总含气饱和度曲线的情况下，L_s 值大于大约 28 厘米的各 L_s 值将对应于测井曲线上读数为零或负的视孔隙度。

在 L_s–ρ_b 曲线图上，一对点子（L_s，ρ_b）将产生符合所规定的气体密度条件的饱和度和孔隙度。这两种图在计算时都假定骨架是砂岩，不含泥质。两个图的气体密度差覆盖了所预计的气体密度的变化范围。图上的饱和度是相对于气／水混合物提出的。两个图上最下面的曲线是完全充水孔隙度。

因为减速长度一般在中子孔隙度测井曲线上不表示出来，因此从图 53.43 测井曲线上取一个实例进行说明。该图清楚地指出了气层位置，可以用下列数值说明：中子孔隙度 ϕ_N（砂岩）＝27PU，而密度孔隙度 ϕ_D（砂岩）＝35PU。

图 53.41 和图 53.42 最下面的曲线用来确定 ϕ_N 与 L_s 之间的对应关系。在本例中由水平线指出 L_s 约为 11 厘米。正如垂直线指出的，35PU 的密度孔隙度相当于大约 2.07 克／厘米^3 的体积密度。图中示出了纵、横坐标的交点为（2.07，11）。该交点表明，在气体密度为 0.25 克／厘米^3（图 53.42）情况下，含气饱和度约为 25%；如果取气体密度接近于零，则饱和度约为 12.5%。地层的孔隙度可通过从实例坐标到最低液体饱和度线的等孔隙度线的斜率求得，对这两种情况图上指出均约为 33PU。

应用这种解释可以获得较多的关于储层气体性质的资料，而不必产生钻井流体侵入中子和密度仪器探测地层的指示。

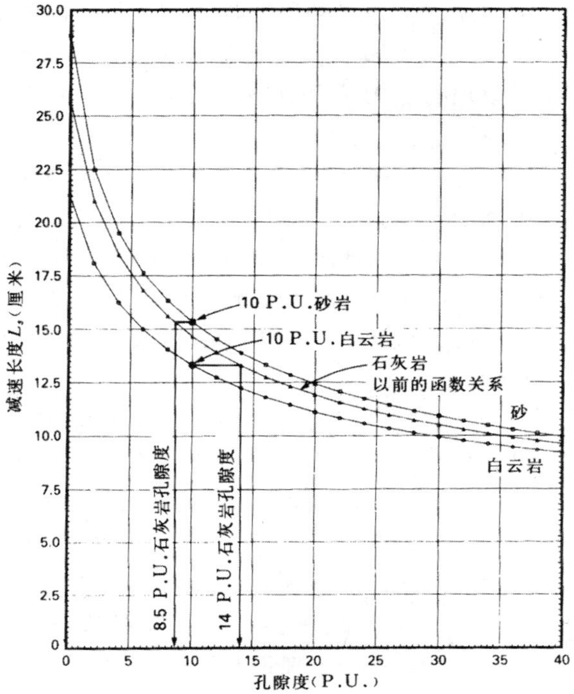

图 53.39 由作为孔隙度函数的减速长度 L_s 估算砂岩和白云岩的超热骨架影响

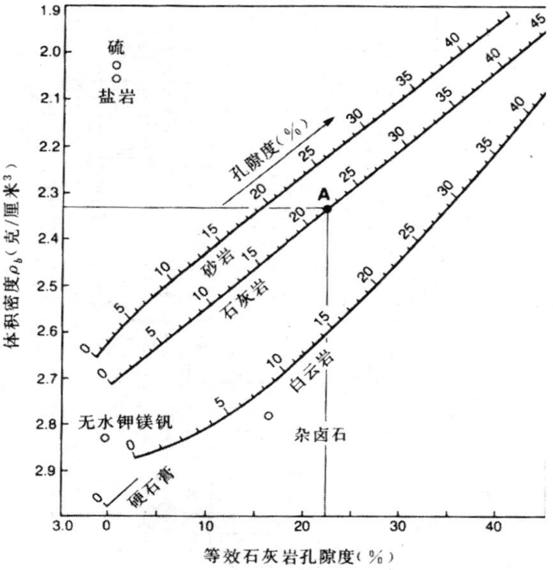

图 53.40 热中子孔隙度仪器的中子/密度交会图。用代表 Φ_n 的点子（用石灰岩孔隙度单位表示）和 ρ_b 的点子作图可以识别地层岩性，A 点可能代表 22PU 石灰岩，不太可能是砂岩和白云岩的混合物

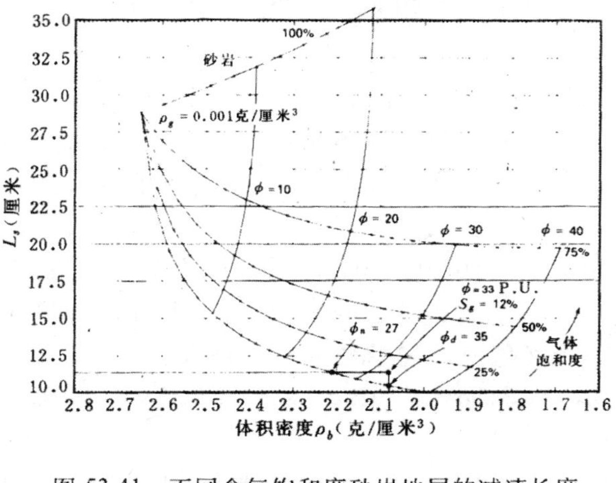

图 53.41 不同含气饱和度砂岩地层的减速长度 L_s 与体积密度 ρ_b 的交会图。井眼流体侵入可忽略不计，气体密度取为 0.001 克/厘米

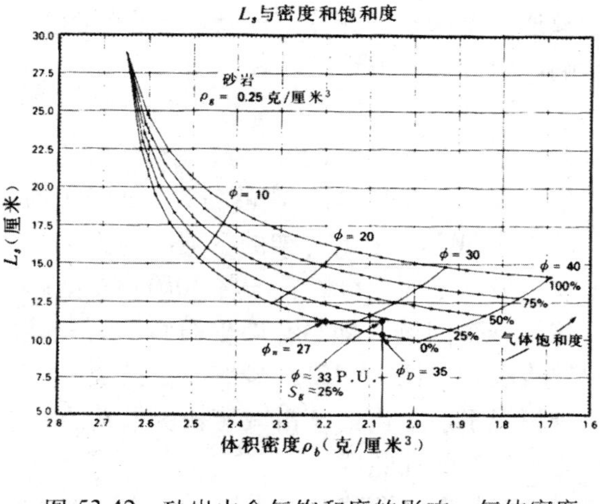

图 53.42 砂岩中含气饱和度的影响，气体密度为 0.25 克/厘米^3

泥质影响。一般，泥质的存在会增大中子孔隙度值。出现这种情况的原因是有两种影响在起作用：粘土矿物中羟基提供的附加氢；在使用热中子孔隙度仪器情况下可能出现附加的热中子吸收体，如与粘土矿物有关的硼等。

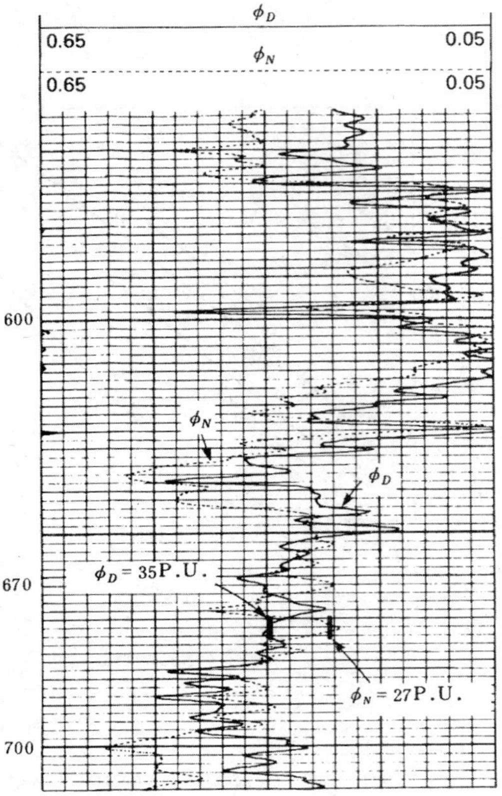

图 53.43 中子／密度组合显示气层特征的测井曲线实例

先考虑热吸收体的情况和仅有两类粘土矿物即高岭石和伊利石的情况，关于这两种粘土（以及其他的），参考由 Edmumdson 等人[9]汇编的资料。高岭石的化学分子式是 Al_4SiO_{10}（OH）$_8$，伊利石是 $K_2Si_6Al_3Fe_3O_{20}$（OH）$_4$。

这些分子式的要点是（OH）量不同。粗略计算指出，高岭石约有三分之一水的氢密度，而伊利石的羟基含量较低，约有十分之一水的氢密度。无论在哪一种“纯”粘土矿物的情况下，中子孔隙度仪器都将检测到较大的孔隙度值，这是因为减速长度将由于（OH）的存在而受到很大的影响。

减速长度所受到的明显影响可以从图 53.44 中看出来。该图表明砂岩、伊利石和高岭石从 0～100PU 的 L_s 值。该图的纵坐标是 $(1/L_s)^3$，选用这一坐标是因为它趋向于两种矿物的组合呈线性变化。两种纯粘土矿物的值均为 0PU。由图可见，视孔隙度对纯高岭石约为 53PU，而对伊利石约为 12PU。这与由氢密度所预计的趋势是一致的。对于减速长度来讲，选用三个 Fe 原子置换三个 Al 原子是无关重要的，但这对热中子吸收有影响，因为它将被铁所俘获。

通过应用与图 53.44 类似的曲线，可以预测超热中子孔隙度仪器对高岭石与砂岩混合物的响应。图 53.45 示出这样一个实例。在真实 30PU 的情况（即 30%的体积充水）下混合骨架线表明 L_s 随砂岩／高岭石骨架的变化而变。按照这条指示线，与 30%真实值比较，70%砂岩和 30%高岭石骨架的孔隙度约为 41%。

另一方面，可以看一看 30PU 的情况，或者更确切地说，70%体积的砂岩情况，并提出这样一个问题，即当孔隙度被高岭石充填时，L_s 值会发生什么变化。这个过程由孔隙度充填线表示（图 53.45）。显然，这条线的终点必然落在 30／70 高岭石混合物线上。正如在这种情况下所示出的，由减速长度推断的最小视孔隙度将约为 12PU，这对流体来讲，实际上将没有有效孔隙度。

对热中子孔隙度仪器的影响是比较难预测的。具体说它取决于仪器的设计及其随后的响应。用运移长度取代减速长度绘制相类似的图，可以看出，对于一般的中子吸收体如粘土矿物中的铁，没有大的影响。但是，如果有一定含量的硼存在，情况就不一样了。关于这个问题，Arnold 等人[24] 通过实验把双探头热中子孔隙度仪器的视孔隙度作为地层宏观吸收截面 $\Delta\sum$ 的函数作了校正图，见图 53.46。

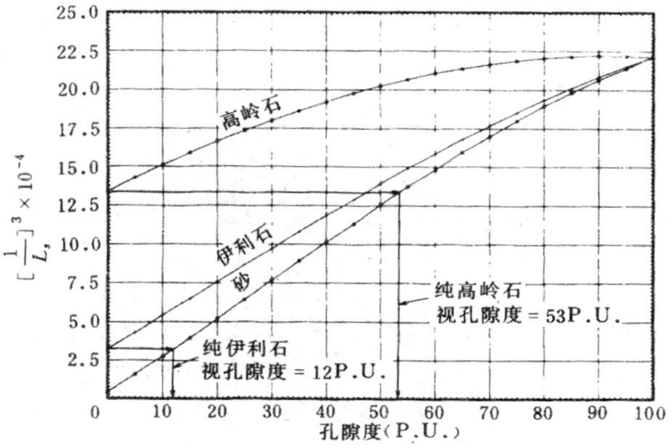

图 53.44 $(1/L_s)^3$ 作为孔隙度函数的比较（砂岩、高岭石和伊利石）。纯高岭石的视孔隙度约为 53PU，纯伊利石约为 12PU

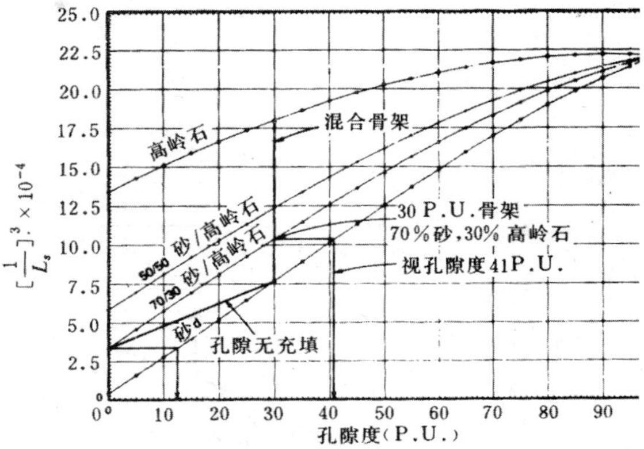

图 53.45 砂岩和砂岩／高岭石混合物 $(1/L_s)^3$ 的变化与孔隙度的关系曲线。30PU 线表示骨架从砂岩变为高岭石的影响，而另一条线表示当 30PU 被高岭石逐渐充填时所预计的 $(1/L_s)^3$ 的变化

尽管有前面这些讨论，但必须承认，与其它因素相比，中子孔隙度仪器事实上主要是对孔隙度的响应。在低孔隙度下测量的动态范围非常好，这是因为在这个范围内减速长度的敏感性高。当中子测量与其他仪器组合时，由泥质影响引起的解释上的问题是比较容易解决的。

3. 岩性的确定

中子／密度组合　中子／密度组合是岩性解释的传统方法之一。组合这两种测量的有用特性可参看图 53.40：由三条不同的响应线来确定三种主要岩性。从砂岩到白云岩，颗粒密度 ρ_{ma} 几乎是以直线的方式增加，因而对于不是落在三条线上的任何点都可以划出等颗粒密度线。这种表示方式示于图 53.47。按照这种方法，特殊岩性混合物就没有大问题了，但要获得颗粒密度 ρ_{ma} 的适当估计值，尽管 ρ_{ma} 不是中子测井的一个特征参数。

中子和密度以这种方式组合只能解决简单的双矿物组合。要得出明确的结果，必须知道这两种矿物。例如，在图 53.40 上的 A 点，人们会想象是由砂岩和白云岩混合组成的地层引起的结果。在这种情况下，如果无别的证据，所指出的点是在白云岩和砂岩之间，就会解释为石灰岩。

光电系数　象这种差异可应用附加信息来解决。特别对这种核测井来讲，可以应用光电系数 F_{pe}。为了解释方便，应用 U 这个量值〔方程 (36)〕。它在几种物质存在于散射区内的情况下，在体积上具有组合性质，各物质的吸收特性可以单独计算出来，对于孔隙度 ϕ 的二元系统（流体和骨架），可以写作:

$$U=U_f\phi+U_{ma}\ (1-\phi)\qquad(54)$$

这种混合物的 F_{pe} 可由方程（36）确定，其中

$$\rho_e=(\rho_e)_f\phi+(\rho_e)_{ma}(1-\phi)\qquad(55)$$

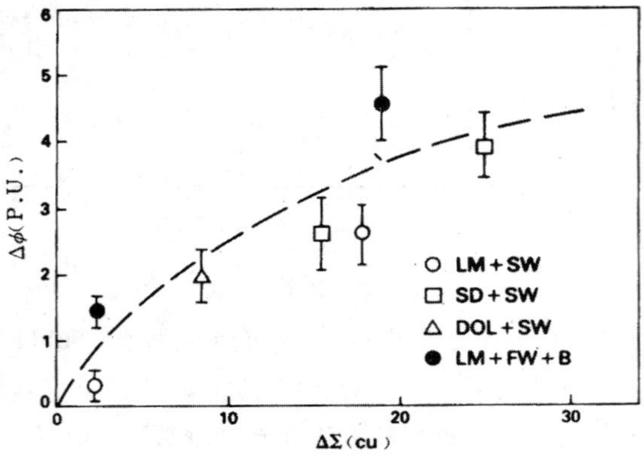

图 53.46　热中子孔隙度仪器作为地层∑的函数的校正图版

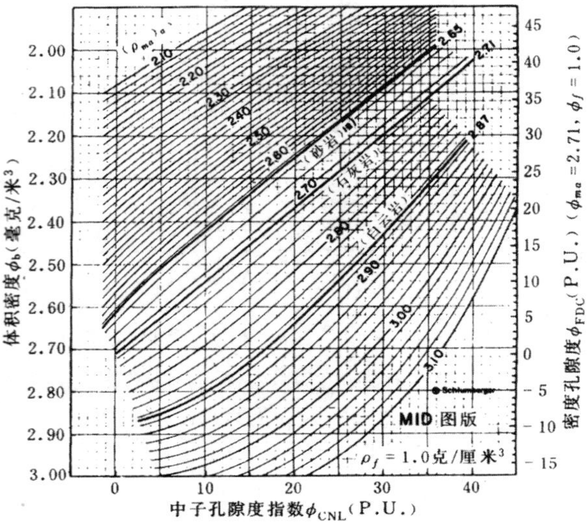

图 53.47　由中子／密度交会图求视颗粒密度 ρ_{ma}

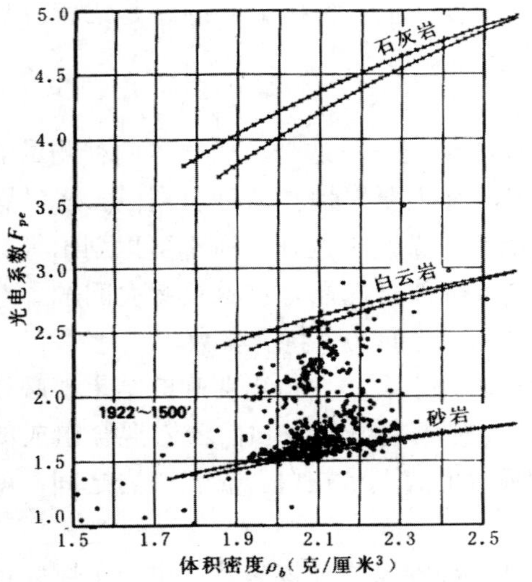

图 53.48　光电系数与密度的交会图。指出了三种主要骨架线。点子代表取样的测井数据

这种类型的计算结果示于图 53.48 的交会图上，它表示 F_{pe} 是如何随三种主要骨架（石灰岩、白云岩和砂岩）的密度变化的。有意义的是三条线落在图上的次序是白云岩现在处在石灰岩和砂岩之间。显然，在前面给出的砂质白云岩的假想情况下，当观察相应的 F_{pe} 值时，关于存在石灰岩的不明确解释就会被排除。在这种情况下，将明确指出为砂岩／白云岩混合物。

F_{pe} 曲线与密度组合的一个基本用途是建立简单的双矿物模型。这里不再述及其关系式，可以参看前图。利用其体积和等于 1 这一事实，解下面一组关于 U 和 ρ 的方程。

$$U_{log}=U_1V_1+U_2V_2+U_1\phi$$

$$\rho_{log} = \rho_1 V_1 + \rho_2 V_2 + \rho_f \phi \tag{56}$$

和

$$1 = V_1 + V_2 + \phi$$

可把这两种不清楚矿物的指示参数代入这一方程，求解出合适的孔隙度和混合岩性。

然而，没有理由把这种类型的分析限制在两种矿物。还可通过增加补充测量（如 Th、U、K、Al、Fe 和 Si）扩展用于更多的矿物。用伽马射线能谱信息的自然组合已证明对复合矿物是有效的，可以对两种不同的三矿物组合进行处理[25]。

F_{pe} 另一个有意义的用途是估算砂岩中的泥质含量，泥岩中测量的 F_{pe} 值主要与其铁含量有关，这种用途的实例可参看图 53.48。交会图上的资料点子是从砂泥岩序列中获得的。纯砂岩的点子已经被它们相对于砂岩指示线的位置所证实。泥岩点子是分散在更高 F_{pe} 值处的那些点子。在这种情况下，岩性测量的结果是对泥岩的铁所引起的光电吸收的响应，这一特殊情况已知泥岩是高岭石和伊利石的混合物，并且铁与伊利石有关。

为了证明 F_{pe} 测量值的定量性质，下面考虑确定另外两组系统中痕量光电吸收体百分重量的论据。如果 F_{pex} 代表痕量吸收体的光电系数，并且与其有关的体积是 V_x（认为大大小于 1），则可以使用以下的近似方程:

$$U \approx U_f \phi + U_{ma}\ (1-\phi)\ + U_x V_x \tag{57}$$

式中　$V_x \ll 1$

和

$$U_x = \rho_{ex} F_{pex} \tag{58}$$

要指出的是，式中第三项代表痕量元素吸收系数与其在 1 厘米^3 内质量的乘积，即

$$U_x V_x = F_{pex} \rho_x V_x \tag{59}$$

这样，吸收体的每厘米^3 重量可由测量参数 U（即测值 ρ 和 F_{pe} 的乘积）按下式确定:

$$\rho_x V_n = \frac{U - U_f \phi - U_{ma}\ (1-\phi)}{F_{pex}} \tag{60}$$

固体部分的重量分数 f_s 可由下式给出:

$$f_s = \frac{U - U_f \phi - U_{ma}\ (1-\phi)}{F_{pex} \rho_{ma}\ (1-\phi)} \tag{61}$$

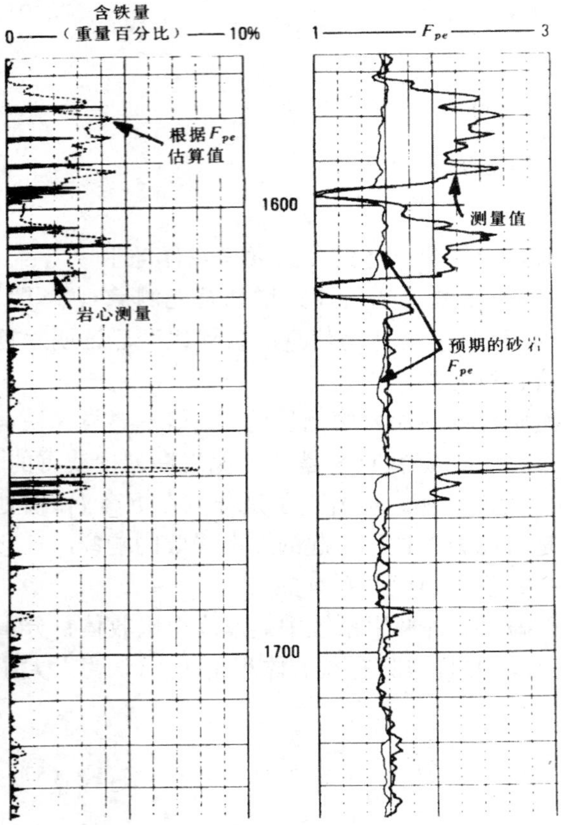

图 53.49　将泥质砂岩中过量 F_{pe} 转换成铁的百分重量的测井实例。在第一道，由 F_{pe} 估算的值〔方程（61）〕与由岩心分析的值对比

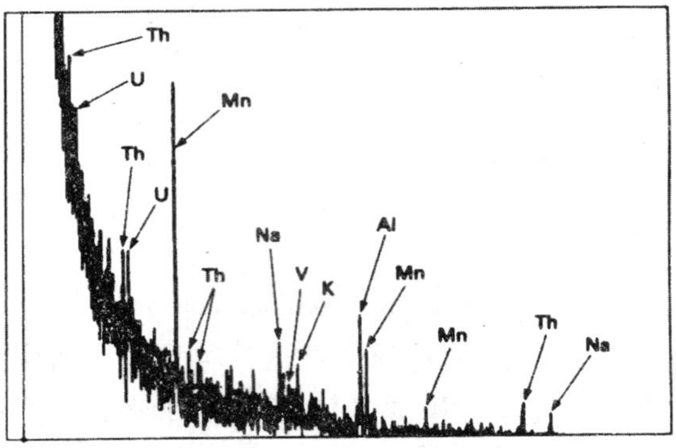

图 53.50　用高分辨 Ge 伽马射线能谱仪和 Cf 中子源获得的伽马射线能谱

这一思路的有意义用途用图 53.48 的测井资料加以证明。测量的 F_{pe} 曲线与根据纯砂岩设计的 F_{pe} 曲线一起示于图 53.49 的第二道。阴影部分代表“过量”光电系数，可用上面的论证转换成铁的百分重量。得出的铁浓度曲线与用岩样做的铁浓度点测结果一起示于图 53.49 的第一道。这种良好的一致性说明这种推测的正确性，在这种情况，F_{pe} 测量值主要是泥岩中铁浓度和泥质体积的响应。对于任何其他具有充分浓度和光电吸收系数的可疑痕量元素都可使用这种方法。

活化伽马射线能谱　活化伽马能谱仪对确定复杂岩性是很重要的。应用活化俘获伽马射线，能够识别许多元素，如氢、硅、钙、铁、硫和氯。对比各具体元素的射线强度，可以很容易识别岩性。例如，利用无水石膏这一矿物中硫和钙所产生的强伽马射线，可以把石灰岩与砂岩区别出来。除某些公司提出的解释图版外，大量的参考文献〔26，27〕都给出了应用这类方法的实例。

高分辨率能谱仪在矿物识别上具有很大的优点。这种仪器应用固态伽马射线探头，代替了常规的 NaI 探头（其分辨率很低）。这种仪器最大允许用途之一是使铝活化测量成为可能。由于铝是粘土矿物共有的一种组分，用它来定量确定粘土含量是很好的。图 53.50 是由高分辨率伽马射线能谱仪获得的这类资料的一个实例，它示出用 ^{252}Cf 源照射地层后获得的伽马射线能谱。除天然发生的钍、铀和钾伽马射线外，还可以看到人工活化产生的锰、钠、铝和钒的射线。

铝和钒同位素的伽马射线强度能够用来作出这两种元素百分重量刻度的测井图。对于铝是约 400 英尺／小时速度连续测量的，并与同井的岩心测量值一起示于图 53.51。检测钒时，由于其很小，采用的是定点读数测量。与这些值一起示出的还有误差条线，它们代表由于计数率统计产生的测量误差。这两个痕量元素说明了由测井仪器能够作出的详细评价型式。而这样的评价在以前只能由昂贵的岩心分析作出。

4. 饱和度的确定

非弹性伽马射线能谱测量　有两种核仪器适用于确定饱和度。第一种是以确定地层C／O比为基础的。这种比值的应用可参看表53.5，由该表可以看出，油、水和常见骨架矿物之间的C／O比有很大的差别。

图53.52示出C／O比作为三种主要骨架的孔隙度和含水饱和度的函数是如何变化的。由图上可以清楚看出，对于给定岩性的纯地层，解释比较简单，测量上特有的困难也是非常明显的。在低孔隙度时，C／O比的动态范围作为含水饱和度的函数可缩小为零。复杂情况下的这种比值的解释实例可在参考文献〔28，29〕中找到。

表53.5　原子密度，单位是Avogdro（6.023×10^{23}）

	密度（克／厘米^3）	氧（原子／厘米^3）	碳（原子／厘米^3）
石灰岩	2.71	0.081	0.027
白云岩	2.87	0.094	0.031
石英	2.65	0.088	／
无水石膏	2.96	0.087	／
石油	0.85	／	0.061
水	1.00	0.056	／

脉冲中子测井　用于确定含水饱和度的第二种核仪器（特别在套管井中）是脉冲中子仪器。这种测井主要对被地层吸收的热中子的寿命时间产生响应。最有效的热中子吸收体是氯，它存在于多数地层水中。因此脉冲中子仪器的响应类似于通常的裸眼井电阻率测量。

然而，脉冲中子方法的优点是能在套管井中测井，并能分辨孔隙中的油和盐水。如果已知孔隙度，还能分辨出气／油界面。在矿化度、孔隙度和岩性等理想情况下，能计算出含水饱和度S_w。

在单矿物的最简单情况下，测量的$\sum_{log}$值可认为由两部分组成：一个部分是来自骨架，另一部分是来自地层流体：

$$\sum_{log}=(1-\phi)\sum_{ma}+\phi\sum_{f} \tag{62}$$

如用含水饱和度表示，地层流体部分可再分成水和烃，即：

$$\sum_{log}=(1-\phi)\sum_{ma}+\phi S_w\sum_{w}+\phi(1-S_w)\sum_{h} \tag{63}$$

S_w方程的图解示于图53.53。要应用这种方法必须知道$\sum_w$和$\sum_n$值。

存在可能含有热吸收体（如硼）的泥质，将会严重干扰这种简单的解释方式，但大量的参考文献〔30〕给出了解决这些问题的方法。如果水的矿化度低于50000ppm，孔隙度低于15%，特别是在泥质地层中，利用单项测量结果确定饱和度就会成问题。

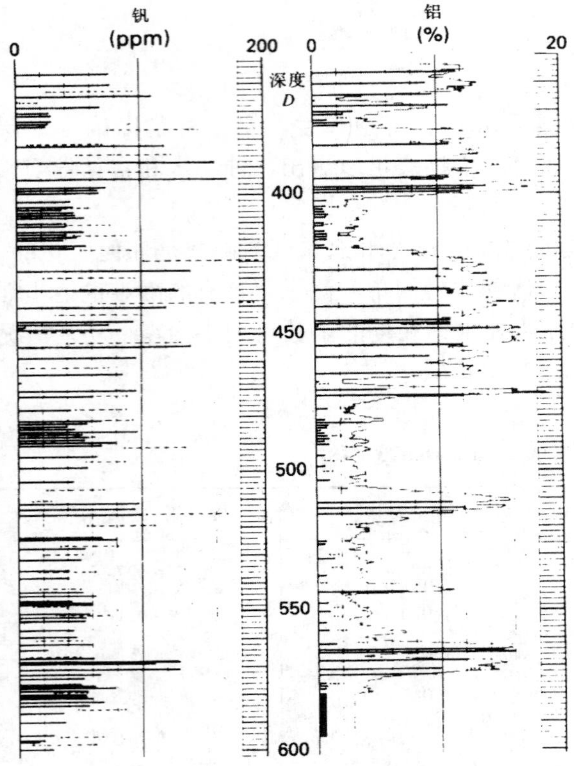

图 53.51 用高分辨率伽马射线能谱仪获得的含油泥质砂岩的铝和钒测井曲线图。实条线代表岩心分析结果。虚条线表示钒的测井值及其统计误差

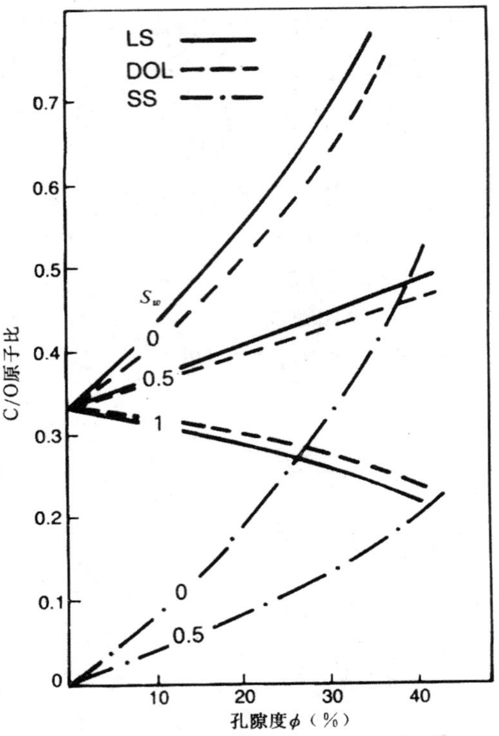

图 53.52 C/O 比随孔隙度和含水饱和度的变化

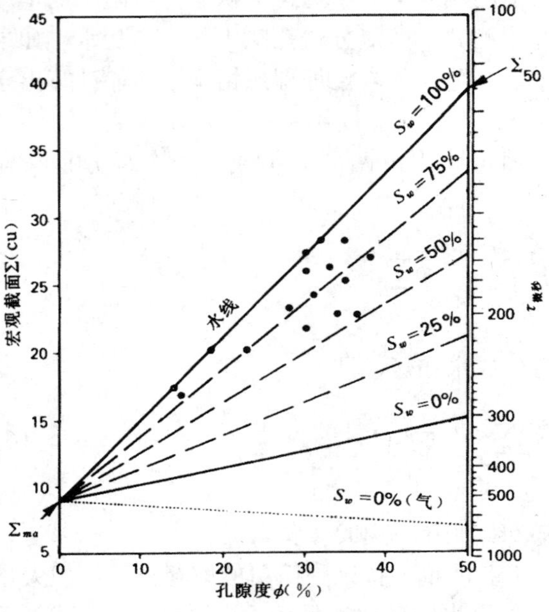

图 53.53 用$\sum$解 S_w

这种仪器的最成功应用也许要算是时间推移技术。应用这项技术时，生产层两次测量之间的饱和度变化，可以简单地由两次测量的$\sum$值的差异、孔隙度以及$\sum_w$和$\sum_h$的差异确定，即：

$$S_{w1}-S_{w2}=\frac{\sum_1-\sum_2}{\phi\ (\sum_w-\sum_h)} \tag{64}$$

当使用这种差分测量技术时，诸如$\sum_{ma}$、$\sum_{cl}$和粘土体积在量上的误差就会消失。

5. 未来的解释模型

新的解释模型将从最基本的方法发展为复合的岩性学解释技术，其中的相互关系是在岩心确定的地层地球化学特性与测井测量结果之间建立的。

这种途径的前提是地层的总地球化学

特征可以提供关于所存在矿物的宝贵信息，其中包括粘土、颗粒大小以及沉积与成岩变化环境的其它指标。这种信息可以与粘土矿物的类型和丰度相关，与粘土的电学性质相关，甚至与粘土的分布位置相关。看来这是可行的，例如，化学数据不仅能分辨出高岭石与伊利石，而且碎屑高岭石的化学性质也不同于缓慢生长在孔隙空间的高岭石的化学性质。

渗入这一解释领域的主要仪器之一是前面已描述过的高分辨率能谱仪。它将能使在每一个感兴趣的地方获得精确的矿物识别信息。然而其他设备，如活化伽马射线能谱仪、直接测量岩性的伽马-伽马密度仪和热-超热中子组合仪等，都正在试验关于对感兴趣特殊矿物的响应，以进入这种解释系列。

除了由这一方法获得颗粒大小估算值，从而进一步获得渗透率转换值这种可能性以外，还有一个成果将是应用测井测量值对粘土矿物进行实时检测、定量和分类的可能性[31]。这种解释输出的主要效益之一是对油藏损害的风险评价。这将以积累的认识为基础。这些认识是通过失败的经验获得的，也就是说在制定生产计划时，由于没有考虑粘土矿物的含量，以致对油层造成严重损害。例如，对含绿泥石（一种富含铁的粘土矿物）的地层进行酸化，就会产生铁氧化物凝胶，充填孔隙，损害一个潜在生产价值的油气层。另一个例子是成岩孔高岭石粒在产量低时留在原地；而在产量高时，就会松动，堵住孔隙喉道而降低产量。

虽然地球化学解释尚处于初期，但从岩心分析和测井资料获得粘土类型和颗粒大小估算值的初步经验来看，是相当鼓舞人的。这类完善的解释模型将导致未来仪器发展的新时期。可以想象，具体的地球化学参数将不是根据其它用途仪器测量结果所受的干扰进行推断，而将是使用一整套新的仪器系列进行接测量。

符号说明

A——原子质量；
D——热扩散系数；
E——能量；
E_{GR}——伽马射线能量；
E_i——原始能量；
E_K——动能；
E_N——中子能量；
E_o——散射前能量；
E_r——单能伽马射线能量；
f_s——固体部分的百分重量；
F——测量参数；
F_{pe}——光电吸收系数；
F_{pex}——痕量吸收体的光电系数；
h——厚度；
h_{mc}——泥饼厚度；
K——τ_d 与 $\sum_{abs}$ 之间的转换系数；
K_a——质量吸收系数；
L——源距；
L_d——扩散长度；
L_m——运移长度；
L_s——减速长度；
m——质量；
M——分子量；
n——单位体积内的散射体数；
$\bar{n}$——平均碰撞数；
N_A——Avogadro 数；
N_i——原子粒子数；
N_N——中子数；
N_{Nf}——远探头中子计数率；
N_{Nn}——近探头中子计数率；
N_p——粒子数；
N_r——辐射探头计数；
P——概率；
P_x——时间 dt 内有 x 核衰变的概率；
q——不产生的概率；
r——到探头的通道长度（半径）；
S_w——含水饱和度；
t——时间；
$t_{1/2}$——半衰期；
U——F_{pe} 与电子密度的体积；
U_f——流体参数；
U_{ma}——骨架参数；
U_x——痕量元素参数；
v——速度；

V_{sh}——泥岩体积；
V_x——有关的体积分数；
x——衰变数；
z——观察到的粒子；
Z——原子数；
α——发射体；
r_{log}——井中任一点的伽马射线读数（API单位）；
r_{max}——最大伽马射线读数；
r_{min}——最小伽马射线读数；
δh——平板物体厚度；
λ——衰变常数；
$\bar{\mu}$——Poisson分布的平均值；
ξ——平均对数能量递减；
ρ_b——体积密度；
ρ_e——电子密度指数；
ρ_f——流体密度；
ρ_g——气体密度；
ρ_{log}——测井密度；
ρ_{ls}——视长源距密度；
ρ_{ma}——固体骨架密度；
ρ_{mc}——泥饼密度；
σ——微观截面或标准偏差；
σ_{co}——Compton 截面；
σ_{pe}——光电效应截面；
$\sum$——宏观型吸收截面；
$\sum_{abs}$——热吸收截面；
$\sum_{Co}$——宏观 Compton 截面；
$\sum_f$——地层流体截面；
$\sum_h$——烃的截面；
$\sum_i$——宏观截面；
$\sum_{log}$——观察到的地层截面；
$\sum_{ma}$——骨架截面；
$\sum_t$——总截面；
$\sum_w$——水的截面；
τ_d——衰减时间；
ϕ——孔隙度；
ϕ_D——密度孔隙度；
ϕ_{ls}——石灰岩孔隙度；
ϕ_N——中子孔隙度；
ψ——辐射通量；
ψ_i——放射时间；
ψ_{epi}——超热中子通量。

参 考 文 献

1. Evans, R. D.: *The Atomic Nucleus,* McGraw–Hill Book Co., New York City (1967) 426–38.
2. Weidner, R. T. and Sells, R. L: *Elementary Modern Physics,* Allyn and Bacon, Boston (1960) 372–78.
3. Bertozzi, W., Ellis, D. V., and Wahl, J. S.: "The Physical Foundation of Formation Lithology Logging with Gamma Rays," *Geophysics* (Oct. 1981) **46**, No. 10.
4. Kreft, A.: "Calculation of the Neutron Slowing Down Length in Rocks and Soils," *Nukleonika* (1974) **XIX**.
5. Segesman, F. F.: "Well–logging Method, " *Geophysics* (Nov. 1980) **45**, No. 11.
6. Belknap, W. B. *et al.*: "API Calibration Facility for Nuclear Logs," *Drill. and Prod. Prac.,* API, Dallas (1959).
7. Ellis, D. V.: "Correction of NGT Logs for the Presence of KCl and Barite Muds," paper presented at the 1982 SPWLA Annual Logging Symposium, Corpus Christi, July 6–8.
8. Allen, L. S. *et al.*: "Dual–Spaced Neutron Logging for Porosity," *Geophysics* (Feb. 1967) **32**, No. 1.
9. Edmundson, H. and Raymer, L. L: "Radioactive Logging Parameters for Common Minerals," paper presented at the 1979 SPWLA Annual Logging Symposium, Tulsa, June 3–6.
10. Culver, R. B., Hopkinson, E. C., and Youmans, A. H.: " Garbon / Oxygen (C / O) Logging Instrumentation," *Soc. Pet. Eng. J.* (Oct. 1974) 463–70.
11. Hertzog, R. C. and Plasek, R. E.: "Neutron–Excited Gamma–Ray Spectrometry for Well Logging," *IEEE Trans. Nuc. Sci.* (Feb. 1979) NS–26, No. 1.
12. *The Role of Trace Metals in Petroleum,* T. F. Yen (ed), Ann Arbor Science Publishers Inc., Ann Arbor (1975).
13. *Well Logging and Interpretation Techniques,* Dresser Atlas, Houston (1982).
14. *Log Interpretation–Vol. 1, Principles,* Schlumberger, Ridgefield, CN (1974).

15. Desbrandes, R.: *Theorie et Interpretation des Diagraphies*, Editions Technip, Paris (1968).
16. Serra, O.: " Diagraphies Differées–Bases de l ' Interpretation," *Bull.*, Cent. Rech. Explor.–Prod. Elf–Aquitaine, Editions Technip, Paris (1979).
17. Hilchie, D. W.: *Applied Openhole Log Interpretation*, Douglas W. Hilchie Inc., Golden, CO (1978).
18. Hassan, M., Hossin, A., and Combaz, A.: "Fundamentals of the Differential Gamma Ray Log–Interpretation Technique," *Trans.*, SPWLA (1976) paper H.
19. Fertl, W. H.: "Gamma Ray Spectral Data Assists in Complex Formation Evaluation," *The Log Analyst* (Sept.–Oct. 1979) **20**, No. 5, 3–38.
20. Serra, O., Baldwin, J., and Quirein, J. A.: "Theory, Interpretation and Practical Applications of Natural Gamma Ray Spectroscopy," *Trans.*, SPWLA (July 1980) paper Q.
21. Granberry, R. J., Jenkins, R. E., and Bush, D. C.: "Grain Density Values of Cores from some Gulf Coast Formations and their Importance in Formation Evaluation," paper presented at the 1968 SPWLA Annual Logging Symposium, New Orleans, June 23–26.
22. Ellis, D. V. *et al.*: "Litho–Density Tool Calibration," *Soc. Pet. Eng. J.* (Aug. 1985) 515–23.
23. Ellis, D. V. and Gase, C. R.: "CNT–A Dolomite Response," paper S presented at the 1983 SPWLA Annual Logging Symposium, Calgary, June 27–30.
24. Arnold, D. M. and Smith, H. D. Jr. : "Experimental Determination of Environmental Corrections for a Dual–Spaced Neutron Porosity Log, " paper W presented at the 1981 SPWLA Annual Logging Symposium, Mexico City, June 23–26.
25. Quirein, J. A., Gardner, J. S., and Watson, J. T.: " Combined Natural Gamma Ray Spectral / Litho–Density Measurements Applied to Complex Lithologies," paper SPE 11143 presented at the 1982 SPE Annual Technical Conference and Exhibition, New Orleans, Sept. 26–29.
26. Flaum, C. and Pirie, G.: "Determination of Lithology from Induced Gamma Ray Spectroscopy," paper H presented at the 1981 SPWLA Annual Logging Symposium, Mexico City, June 23–26.
27. Gilchrist, W. A. Jr. *et al.*: "Application of Gamma Ray Spectroscopy to Formation Evaluation," paper presented at the 1982 SPWLA Annual Logging Symposium, Corpus Christi, July 5–9.
28. Westaway, P., Hertzog, R. C., and Plasek, R. E.: "The Gamma Spectrometer Tool Inelastic and Capture Gamma–Ray Spectroscopy for Reservoir Analysis," *Soc. Pet. Eng. J.* (June 1983) 553–64.
29. Oliver, D. W., Frost, E., and Fertl, W. H.: "Continuous Carbon / Oxygen Logging–Instrumentation, Interpretive Concepts and Field Applications," paper TT presented at the 1981 SPWLA Annual Logging Symposium, Mexico City, June 23–26.
30. *Pulsed Neutron Logging*, W. A. Hoyer (ed), SPWLA Reprint Volume (1979).
31. Herron, M. M.: "Mineralogy from Geochemical Well Logging," paper presented at the 1984 Annual Meeting of the Clay Minerals Society, Baton Rouge, Oct. 1–4.

第五十四章　声 波 测 井

A. (Turk) Timur Chevron 公司　　　　李希文　译

一、引　　言

自从 1927 年第一次进行井下声波速度测量以来，声波传播方法业已成为地层评价的一个组成部分[1]。这些早期进行的测量，旨在获得用于地震资料解释的时间-深度曲线[2]。本世纪 30 年代，曾设想用一个声波发射器和一个或多个接收器进行类似于电测井方法的声波速度测量。这种技术第一次获得成功的仪器，是在本世纪 40 年代后期和 50 年代初这段时间内[3~5]。而商业性声波测井，则是在 1954 年由美国 Seismograph Service 公司和加拿大 United Geophysical 公司首先进行的。

此后，包括声波传播性质在内的井中测量技术获得了重大进展，并且成为一种主要的地层评价方法。这些用于测井的声波传播方法可概括地分为两组：透射与反射。每种方法和它们在地层评价中的应用列于表 54.1 中。

表 54.1　声波传播方法

特　　性	应　　用
透射	
纵波和横波速度	地震和地质解释
	孔隙度
	岩　性
	烃含量
	地层压力探测
	岩石机械性质
纵波和横波衰减	水泥胶结质量
	裂缝测定
	岩石固结
	渗透率指示
反射	孔洞与裂缝测定
反射波的传播时间与幅度	裂缝和岩层的方位
	窜槽和微裂缝
	套管质量检查

已经发现，由声波测井测量的纵波速度与岩石孔隙度有着相当密切的关系，以致使得声波测井成为一种标准的孔隙度仪器，这种情况在许多地区都存在。井眼声波测量第二个常用的方法，是用套管中测量的声波来评价水泥胶结质量。

本章在简要地介绍弹性力学、岩石中声波传播特性和在井眼中记录这些波的方法之后，将重点叙述声波传播特性在地层评价中的应用。

二、弹 性 力 学

1. 前言

弹性力学理论是研究外力对物体的作用和由此产生的尺寸大小与形状的变化之间的关系[6]。在此理论中，假设位移是很小的，并且在外力去掉之后，物体仍恢复到原来的状态。作用力和产生的变形用应力和应变来描述。

应力是作用在单位面积 A 上的力 F; 应变 ε 是单位长度 L 或单位体积 V 产生的形变，如图 54.1 所示。

在弹性极限内，发现应力与应变成正比（虎克定律），如图 54.2 所示。应力与应变之比，对于不同的载荷有不同的常数。这些比例常数定义为弹性模量，这是物质的基本性质。

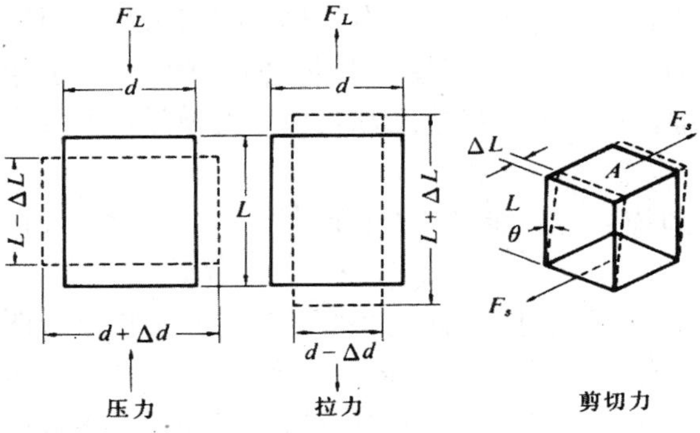

图 54.1　纵向、横向和剪切形变

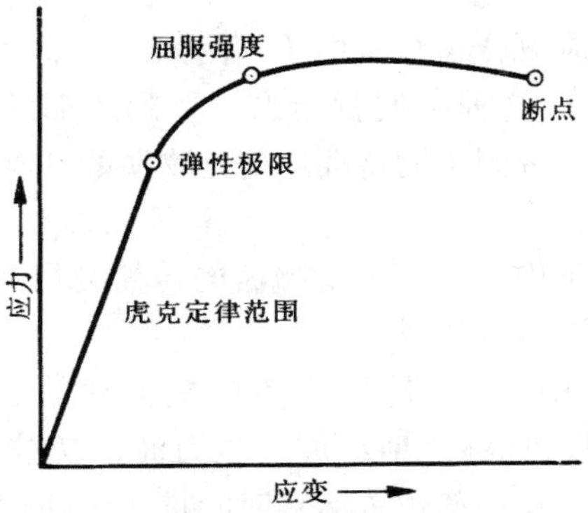

图 54.2　弹性物质的应力与应变图

Young 模量 E　它是张或压缩应力（F_L/A）与产生的应变（$\varepsilon_L=\Delta L/L$）之比:

$$E=\frac{F_L/A}{\Delta L/L}$$

剪切（或扭转）模量 G　它是剪切应力（F_S/A）与剪切应变（$\varepsilon_L=\Delta L/L$）之比:

$$G=\frac{F_S/A}{\varepsilon_S}$$

体积模量 K　它表示在静水压力（p）下，体积（V）的变化:

$$K=\frac{p}{\Delta V/V}$$

式中 K 同时也是压缩系数 c 的倒数。

Poisson 比 μ　它是在非轴向应力作用下物体几何形变的量度。可用径向（d）的相对变化（纵向应变 ε_T）与长度方向的相对变化（横向应变 ε_L）之比来表示:

$$\mu = \frac{\Delta d / d}{\Delta L / L}$$

弹性参数之间的相互关系　这四个弹性参数并非相互独立的，其中任何一个都可由另外两个表示:

$$E = 2\ (1 + \mu)\ G$$

$$K = E / 3\ (1 - 2\mu)$$

2. 声波

声波传播机械能量　例如，若某个弹性物体的一端作用一瞬时力，那么它将被压缩（图 54.3）。这种激波就会以一系列压缩的和膨胀的形式沿物体传播。其传播速度是固定不变的，这种固定的传播速度是物质的基本特性。每种物质的传播速度都是由弹性模量和密度决定的。

下面将就两种机械波的传播类型加以定性地描述。在参考文献[7]到[11]中，已经详细讨论过声波的传播。

压缩波　是指传播机械振动的这些波，其质点位移方向与波的传播方向平行（图 54.3），也称之谓纵波、压力波、初波或 P 波。物体的质点以简谐波形式绕静止位置振动。当它们从平衡位置运动时，推或拉临近的质点在物体内传播激波。对于给定的物质，纵波的传播速度（v_p）是一恒定值:

$$v_p = \frac{1}{\rho^{1/2}}\ (K + 4/3G)^{1/2} \tag{1}$$

式中　ρ——密度。

剪切波　剪切波也是横波、扭波或 S 波，它是指质点运动方向与波的传播方向垂直的波（图 54.4）。

物体的质点重复地绕其静止位置作简谐运动。然而，当质点传播振动时，每个质点对其临近的质点都有引力作用。尽管分子之间产生的弹性碰撞能简单地传播纵波，而临近分子之间存在的吸引力却可传播横波。由于这些力在气体和液体中非常小，故流体不能传播横波。

对于给定的物质，横波速度（v_S）也是一恒定值:

$$v_S = \left(\frac{G}{\rho}\right)^{1/2} \tag{2}$$

3. 声波的特性

声波有许多与光波类似的特性。它们都具有干涉、衍射、反射和折射。在把两种不同速度的物质分开的界面上，存在着遵守 Snell 定律的波模转换、反射和折射。

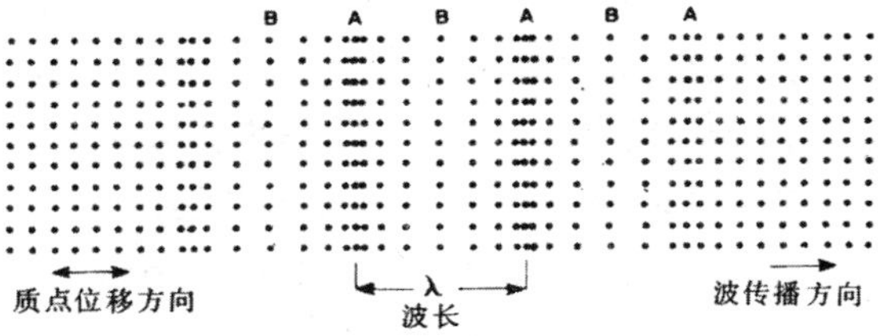

图 54.3　纵波

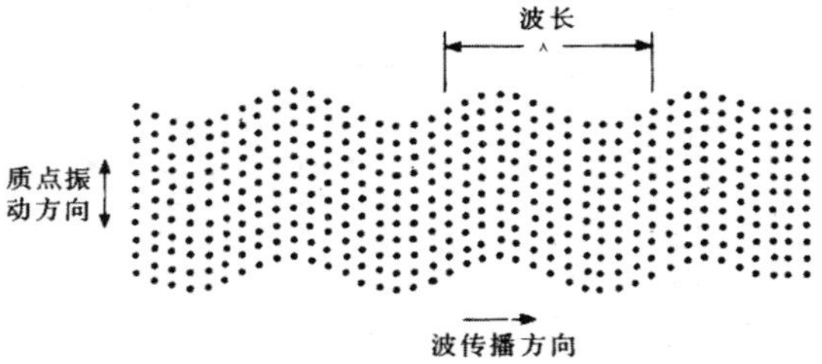

图 54.4　横波

无论是纵波或是横波，其传播速度都与频率（f）有关：

$$v = \lambda f$$

式中　λ——波长。

在一种伸张性介质中，无论纵波还是横波，其传播都可由无数的质点运动来表征，并且每一质点都做简谐运动。波动方程的平面解，就是这种波传播的一种简单描述：

$$u = A\cos\left(2\pi ft - 2\pi\frac{S}{\lambda}\right)$$

式中，u 为给定点的质点离开原点为 S 和给定任意时间 t 时的运动状态。在给定时间 $t=0$ 时，波的位移按 cos（$2\pi s/\lambda$）变化；这时 u 等于信号振幅 A，其中 S 为波长的倍数，即 $S=0$，λ，2λ。另一方面，每个质点的运动可由下面的简谐运动来表示：

$$u = A\cos\ (2\pi ft)$$

需要考虑的声波的另一个特征是衰减。随着声波从波源向外传播，声波强度逐渐减小。声波的减小是由两种情况造成的:.（1）声波能量的几何发散，反射、折射和散射；（2）机械能量转换成热能的吸收作用。

由于吸收作用造成的强度减弱，由下式给出：

$$I = I_o e^{-2\alpha S}$$

式中　I_o——波源的声波强度；

I——距波源为 S 处的声波强度；

α——吸收系数。

声波强度与其振幅的平方成正比；因此，距波源 S 处的幅度 A 为：

$$A = A_o e^{-\alpha S}$$

式中　A_o——波源处的振幅。

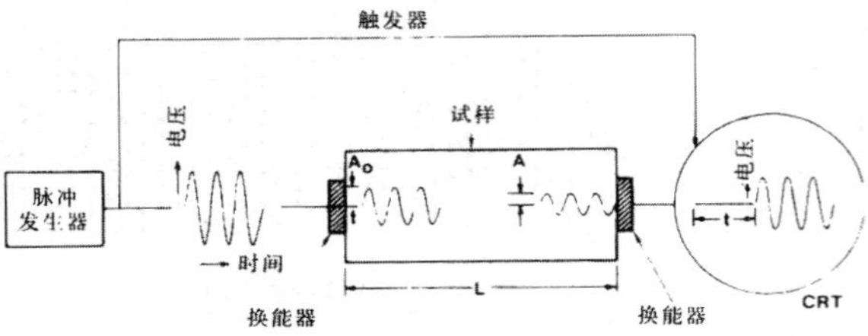

图 54.5　用于测量声波速度与衰减的实验装置

图 54.5 是用来说明测量声波特性的实验装置示意图。图中两个压电元件附着在试验样品上。脉冲发生器为传输压电元件提供电脉冲，同时触发示波器波形图。发射器按照电压随时间的变化而振荡，并在试验样品上产生机械脉冲。当机械脉冲在试验样品上传播时，产生衰减。接收压电元件把衰减的脉冲转换成电脉冲，并显示在示波器的荧光屏上。

机械脉冲通过试验样品的传播时间，可从示波器的水平刻度上读出，而速度可由下式计算:

$$v=\frac{L}{t}$$

使用一套 P 波或 S 波换能器，横波速度和纵波速度都可用所述方法测量到。假定为一无限、均匀和各向同性的弹性介质，其速度与弹性模量的关系为:

$$v_p^2\rho=P=K+\frac{4}{3}G \tag{3}$$

$$v_S^2\rho=G \tag{4}$$

和

$$\mu=\frac{0.5\ (v_p/v_S)^2-1}{(v_p/v_S)^2-1} \tag{5}$$

式中　P、K 和 G——P 波、体积和剪切模量;

μ——Poisson 比;

ρ——密度。

正如前已提到的，上述弹性常数可通过测量随应力作用而产生的侧向和纵向应变直接得到。用这种方法测量出的弹性常数，称之为静态弹性常数，它与通过用声波传播技术测量得到的动态弹性常数不相同。

测量衰减的一种方法，需要同一种材料两种不同长度的试验样品。如果从长度为 L_1 的试验样品接收到的信号电压振幅是 A_1，长度 L_2 的样品的电压振幅为 A_2，并且电压振幅与机械波脉冲振幅成正比，那么两个振幅可表示为:

$$A_1 = A_o e^{-\alpha L_1}$$

$$A_2 = A_o e^{-\alpha L_2}$$

因此，吸收系数（奈培／厘米）由下式给出：

$$\alpha = \frac{1}{L_2 - L_1} \ln \frac{A_1}{A_2}$$

或用更常用的单位，衰减用每单位长度的分贝表示，定义为：

$$\alpha = \frac{2}{L_2 - L_1} \log \frac{A_1}{A_2}$$

确定衰减的其他参数是质量因子 F_q 和对数衰减量 δ。纵波和横波衰减系数（α_p，α_s），与各个质量因子（F_{qp}，F_{qs}）和对数衰减量（δ_p，δ_s）有关，可表示为：

$$\frac{1}{F_q} = \frac{\alpha v}{\pi f} = \frac{\delta}{\pi} \tag{6}$$

式中 v——声波速度；

f——频率。

三、声波在岩石中的传播

1. 前言

正如图 54.6 所说明的那样，声波传播特性可以根据孔隙度、岩石骨架组分、应力（上覆岩层和孔隙中流体压力）、温度、流体组分和结构（颗粒和孔隙空间结构）来认识[12]。在参考文献[13]至[16]中，介绍了包括测量纵波和横波速度，岩石组分分析，以及使用理论模型来解释这些数据在内的统一方法。

2. 声波特性

在前一节中，叙述了各向同性均质弹性介质中声波传播的性质。然而，由于孔隙、裂缝及其所含流体的存在，要把这些关系应用于岩石就变得复杂化了。在附录中，叙述了理论的简要发展，通过把岩石骨架、孔隙流体和岩石颗粒的压缩系数等结合成速度方程，说明了其中的某些复杂性。

正如前面所指出的，岩石中声波的传播特性是许多独立变量的函数。因此，要评价声波传播的各种理论，就需要在控制的压力、温度及饱和度条件下，用岩石样品进行实验室试验。

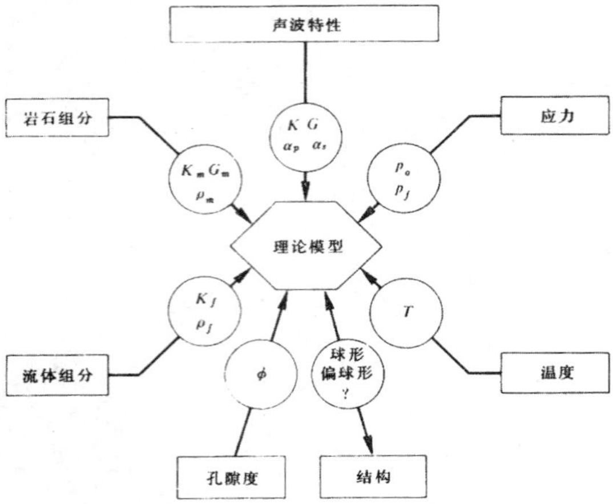

图 54.6　影响岩石声波特性的因素

人们已经研制出测量岩样的声波传播性质的各种实验方法。Timur[17] 对其中的一种实验装置系统进行了详细的描述。它是在模拟地下条件的情况下，对岩样依次进行纵波和横波性质的测量。图 54.7 所示就是一种典型的实验装置，它是把岩样安装在两个换能器之间的岩样夹持器上。这种装置放入压力容器内，并承受变化的上覆岩层压力和孔隙流体压力以及温度变化带来的影响。用微机对岩样中传播的纵波和横波脉冲进行数字化记录，同时记录岩样温度、上覆压力、孔隙流体压力和岩样长度的变化。

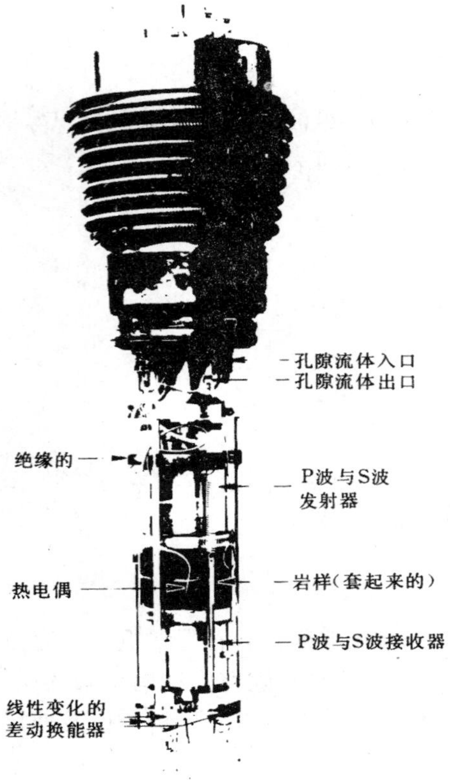

图 54.7　安装在声波测量装置上的典型岩样
($d=8.9$ 厘米，$L=5.1$ 厘米)

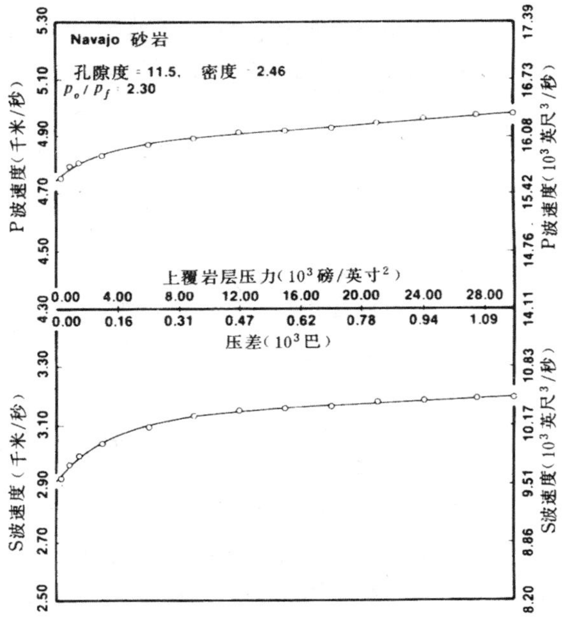

图 54.8　Navajo 砂岩中纵波和横波速度与压力的关系曲线

图 54.8 示出了应用该实验装置得到的一组纵波和横波速度的典型数据。图 54.9 示出了随着上覆岩层压力和孔隙中流体压力的变化，岩样中孔隙度的变化率。在声波测量过程中，这些数据是在岩样孔隙和总体积变化时同时测量得到的。

图 54.10 说明了纵波和横波衰减的典型数据，它是从传输脉冲的幅度谱上获取的。

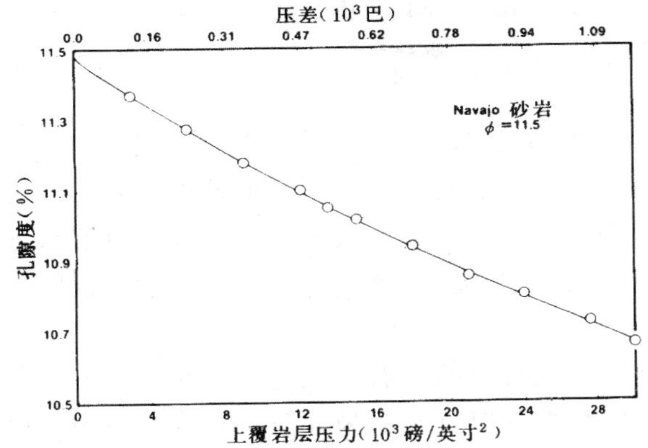

图 54.9　Navajo 砂岩的压力与孔隙度的关系曲线

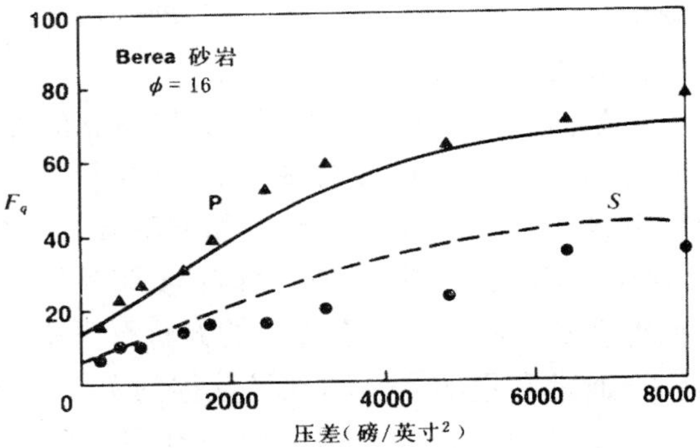

图 54.10　在饱含盐水的 Berea 砂岩中纵波和横波衰减与压力的关系曲线

3. 孔隙度

对岩石孔隙度与纵波速度（v_p）的关系，已作过深入细致的研究[18~23]。这些研究构成了根据现场测量声波速度测井资料来估算孔隙度的基础。

图 54.11 是在饱含水的砂岩中测定的纵波速度与孔隙度关系的早期实验测量结果[24]。只要岩性保持相对稳定不变，那么孔隙度与速度的相互关系就在所示的统计范围之内。

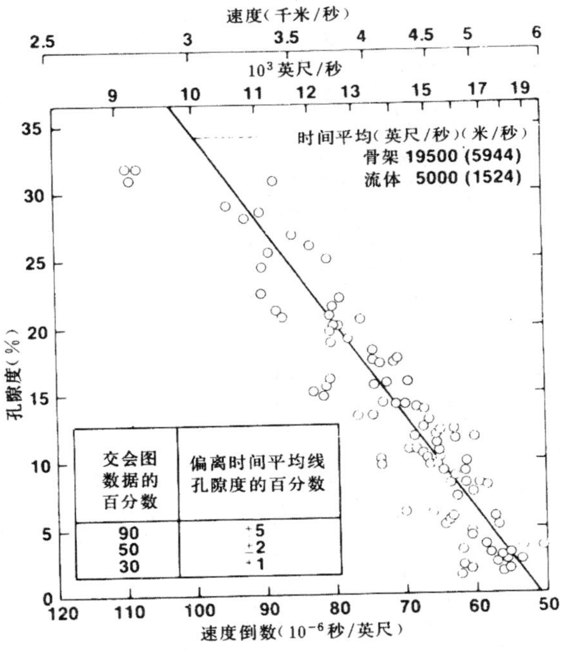

图 54.11　实验室内对饱和水的砂岩测定的速度和孔隙度数据与石英和水系统的时间平均关系曲线的对比

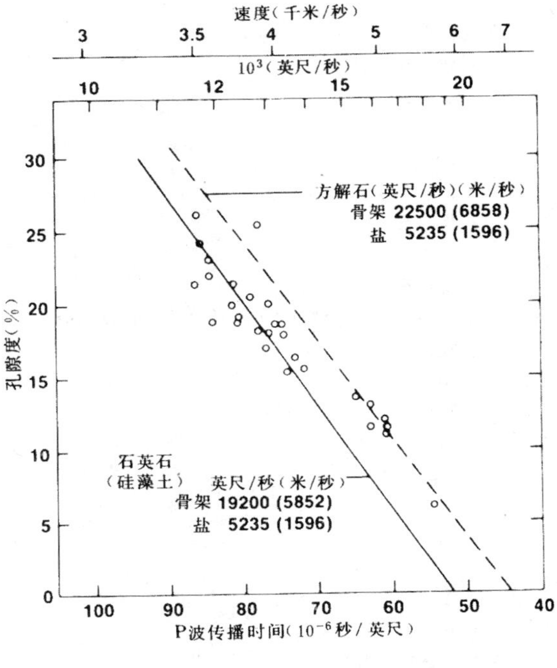

图 54.12　在 3000 磅／英寸^2 围压下，饱和盐水的硅藻土岩样，作为孔隙度函数的纵波速度的对比

对横波速度（v_s）与孔隙度的关系已进行了某种程度的研究[25~28]。已经发现，每单位孔隙度(ϕ）变化所引起的横波传播时间（$1/v_s$）的变化，几乎是相应纵波速度（$1/v_p$）变化的二倍。

4. 岩石成分

如图 54.12 所示，岩石成分以特有的方式对声波速度产生影响[29]。绘在此图上的实验室数据，是用饱和盐水并承受 3000 磅/英寸^2 压力的岩心测出的。岩石的两种主要矿物是以硅藻土形式存在的石英石和方解石。它们混合的相对比例范围大约为：50%的方解石与50%的石英石到 80%的方解石与 20%的石英石。高孔隙度的岩样中有连续的石英石基质，而低孔隙度的岩样则有连续的方解石基质。

通常利用实验室和现场数据的关系，对每组类似成分的岩石建立速度与孔隙度的关系式，来考虑岩石成分的影响。图 54.12 用分开的两组骨架（一组为方解石，另一组为石英石）说明了这种影响。

岩石成分对声波传播特性起着很大的作用。Jones 等人为此对于所需要的综合分析步骤进行了阐述[13]。首先，他们进行了 X 射线衍射、元素分析、泥岩分析和颗粒密度测定的组合测量。然后，对每一种测量给定一个实验误差，并用线性规划确定出岩性矿物成分，如表 54.2 所示。

表 54.2　岩石成分

岩样	Navajo 砂岩
岩相学	介质-孔隙度-分选好的石英石
颗粒密度	2.60
颗粒孔隙度	19.4
X 射线，重量百分比	
石英石	93.0
方解石	1
白云石	–
粘　土	1.7
长　石	0.7
黄铁矿	–
硬石膏	0.4
NAA（中子活化分析）与 AAS（原子吸收光谱）	
Si	42.6
Al	1.20
Ti	0.79
Fe	0.20
Mg	0.02
Ca	0.20
Na	0.00
K	0.16
O	54.00
层状硅酸盐	6.00
计算的体积（%）	
石　英	68.37
方解石	–
白云岩	–

续表

粘　土	4.73
长　石	0.57
黄铁矿	—
硬石膏	—
硅　石	6.93
菱铁矿	—

5. 应力

纵波和横波速度与压力的关系，也是许多研究项目的课题。大家知道，在孔隙介质中弹性波传播的速度是外部（上覆岩层）压力 p_o 和内部（孔隙流体）压力 p_f 的函数。图 54.13 给出了包括白云岩、石灰岩和砂岩在内的各种岩石及填砂模型中纵波速度与密闭压力关系的某些实验结果[29]。一般情况下，速度随外部压力 p_o 的增加而增加，随内部压力 p_f 的增加而减小。

根据球形填砂模型中弹性波传播的理论分析，Brandt[30] 预计速度将是（p_o-np_f）的函数，其中 n 是 0 到 1 之间的某一数值。Hicks、Berry[31] 和 Wyliie 等人[19] 的实验数据表明 n 近似为整数 1，而 Banthia 等人[32] 得到的数据却表明 n 大大小于 1。为了研究不一致的原因，Gardner 等[33] 在考虑到以往压力变化的情况下，对岩样进行了实验。他们发现，在使速度变化上 p_o 和 p_f 是同等有效的，也就是说，如果压力差（$p_d=p_o-p_f$）遵循以前施加在岩样上的压力周期，那么 $n=1$（图 54.14）。

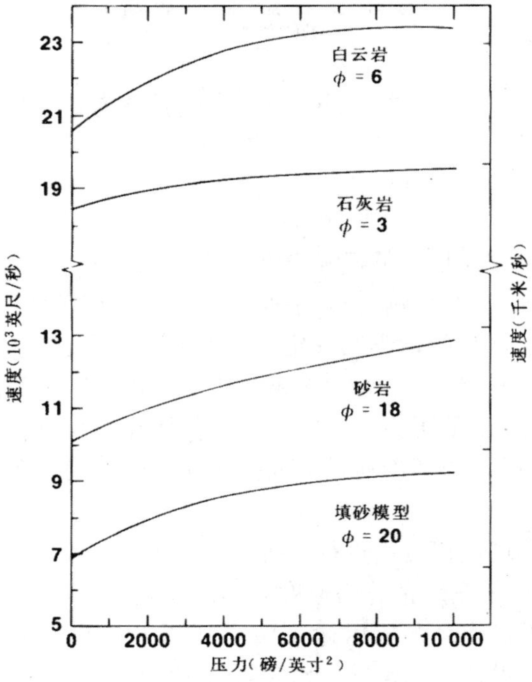

图 54.13　饱和盐水的碳酸盐岩、砂岩和填砂模型中纵波速度与封闭压力的关系曲线

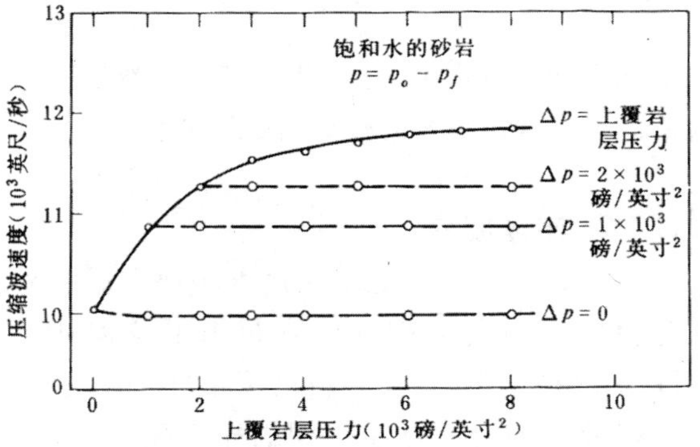

图 54.14　作为压差函数的纵波速度

6. 温度

温度对弹性波速度的影响处于第二位，并且通常在地震勘探和声波测井解释中被忽略。为研究这种影响，早期进行的实验室实验[34～38] 是通过在恒定温度下把速度作为上覆岩层压力的函数，而不是在恒定压力下把它作为温度的函数。然而，孔隙流体压力的影响

却未考虑。后来，通过模拟地下压力条件对岩样进行实验室测量，研究了温度对速度的影响(图 54.15)[17]。按平均计算，温度每增加 100℃，纵波速度减少 1.7%，横波减少 0.9%。

然而，在冷冻温度下，温度对弹性波速度的影响变得非常明显。在一些岩样中冷冻的孔隙流体，可观察到纵波传播速度增大 50%或更多[39]。在冷冻温度之下，人们发现水饱和岩石的纵波传播速度随温度的降低而增加，而干岩石中纵波速度却几乎与温度无关。速度与温度曲线的形状是岩石成分、孔隙结构和孔隙流体的函数。图 54.16 显示了在冷冻温度之下一些速度与孔隙度的关系数据[39~43]。

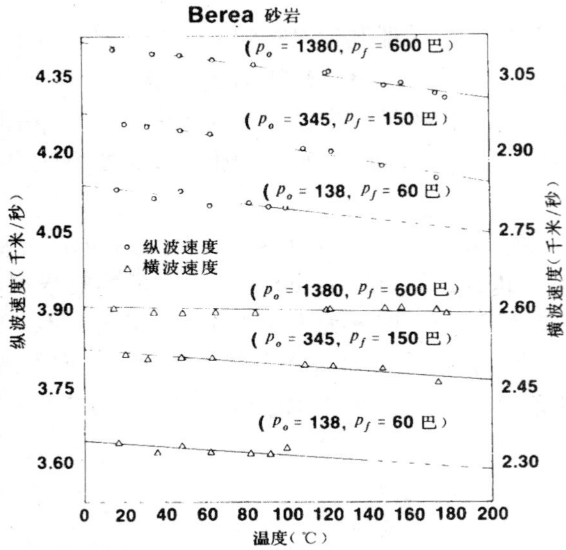

图 54.15 在饱和盐水的 Berea 砂岩中纵波和横波速度与温度的关系曲线

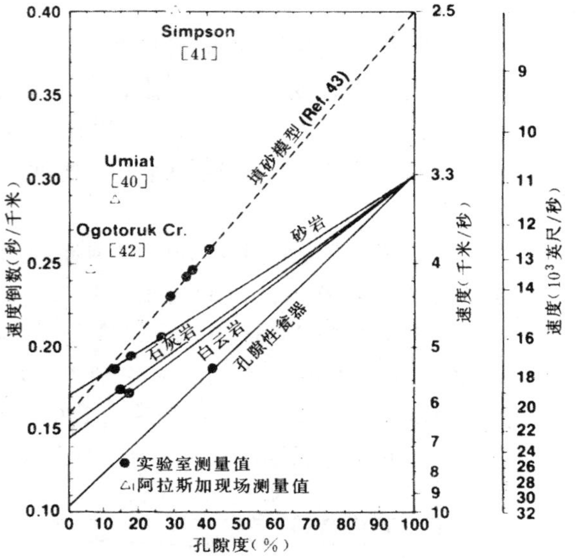

图 54.16 作为孔隙度函数的冷冻岩石纵波速度

7. 流体成分

随着人们应用地震测量方法探测烃的兴趣日益增加，了解流体成分对弹性波特性的影响变得更为重要。因此，在最近的文献中，研究这种影响已成为理论和实验的许多课题。Gassmann[44]第一个做出了重要的理论贡献，他从弹性学第一定律着手阐述了孔隙流体、岩石骨架和岩石颗粒之间的相互关系。尔后，Biot[45, 46]在一个宽频带范围内，对饱和流体、各相同性和微观不均匀性的孔隙固体，研究出了更为综合的弹性波传播理论。Biot 的理论在低频范围内就成为 Gassmann 的理论，Biot 的理论通过加入饱和流体的密度和压缩系数，考虑了流体成分的影响。

Gertsma[47]对 Biot 的理论在声波测井解释的应用方面进行了研究，并通过比较频率为零和无限高频率估算了速度偏差的期望范围。由于发现估算的速度偏差通常小于 3%（Biot 理论的低频近似值），因此，Gassmann 的理论对大多数用途来说是适用的。Brown 和 Korringa[48]进一步研究了 Gassmann 的理论，并成功地消除了对宏观均匀性的苛求。

图 54.17 所示是 King[49]用盐水、煤油和空气（干）饱和的 Boise 砂岩($\phi=25\%$) 实验得出的数据，证明了所预测的动态特征，即饱和盐水岩石的纵波速度高于可对比的饱和空

气的岩石，而横波速度则与上述情况相反。

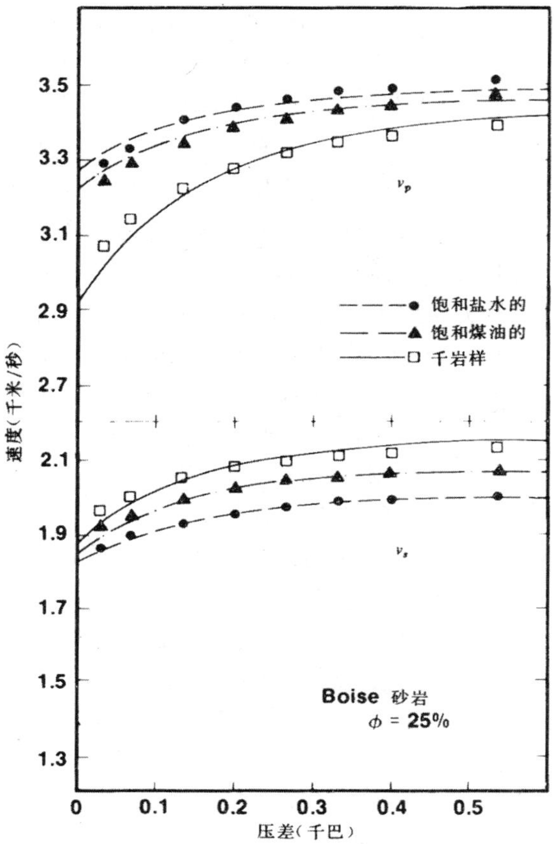

图 54.17 在三种饱和流体的 Boise 砂岩中，观测的和理论计算的纵波和横波速度与压力的关系曲线
圆点、三角和方形分别代表 King 对盐水、煤油和气（干）饱和岩样所做的实验数据

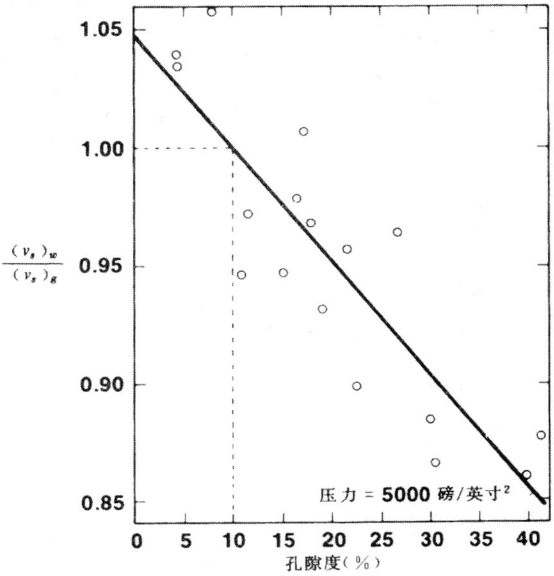

图 54.18 干岩石 $(v_s)_g$ 和完全用水饱和 $(v_s)_w$ 岩石的 S 波速度与孔隙度的关系曲线

另一方面，图 54.18 中的 Gregory [50] 实验数据表明，对某些岩石，从饱和气变为饱和盐水时横波速度的动态特征与 Biot 理论预测的相反。这也许应归因于在这些岩石中存在着互相隔离的微裂缝，而 Biot 与 Gassmann 的理论却假设孔隙结构为张开的和互相连通的。

8. 结构

结构在这里是指包括固体基质和孔隙结构的岩石结构骨架。图 54.19 生动地说明了在弹性波传播中结构的重要性。图中的数据是在孔隙度为 0.3%、干的和饱和水的 Troy 花岗岩中纵波和横波的传播速度 [51]。它是在保持孔隙流体压力 (p_f) 为 1 巴的情况下测量出的作为封闭压力函数的速度数值。当岩石饱和水时，纵波速度比干岩样要高一些，而横波速度在两种状态下则无变化。然而，最为有趣的是，仅有 0.3%的孔隙度对速度的影响就可达到 20%或更大些。

由于岩石骨架和孔隙中流体的性质之间有很大的差异，很显然，经典范围的理论已不能说明相应介质中这些大的变化的原因。这是由于这些理论使用了总孔隙度值，而没有考虑其如何分布的原因。

图 54.20 所示的电子扫描显微照片表明，在 Troy 花岗岩中孔隙空间主要由细裂缝组成，这是最典型的花岗岩 [56]。

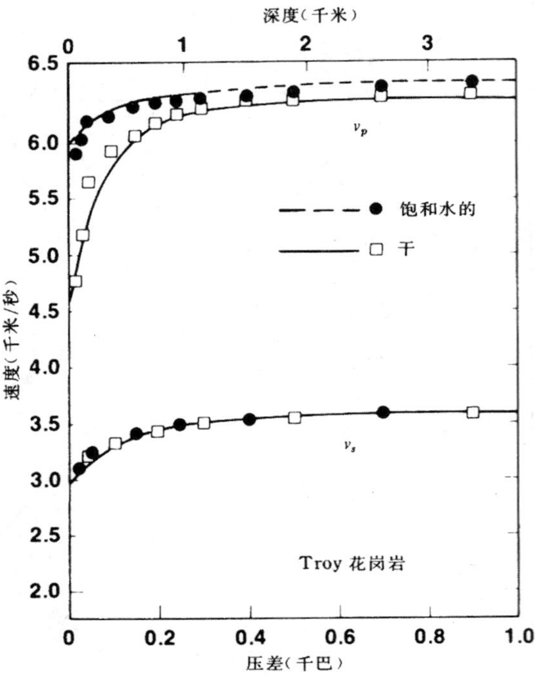

图 54.19 干的和饱和水的 Tory 花岗岩中，观测的和理论计算的纵波速度（v_p）和横波速度（v_s）与压差的关系曲线。数据（点）引自参考文献[51]

这些裂缝对弹性传播性质的影响已进行过广泛的研究，并已研制成许多理论模型[14, 57]。图 54.19 所示的理论曲线，是通过把速度数据与不相互影响的散射理论拟合而得到的[14]。对于这些理论关系式，是假设岩石由基质与球形和椭球形的孔隙组成的。用电子扫描显微照片作指引，用孔隙度作为约束条件，用从球形到非常细裂缝的孔隙形状光谱模拟孔隙空间。首先，确定每一压力条件下的孔隙形状范围，计算出作为压力函数的理论速度。根据拟合情况，调整孔隙纵横（椭圆短轴和长轴）比范围，并重复进行计算，直到与所有的速度达到良好拟合为止。绘制在图 54.19 上的理论曲线，就是建立在这种最终模型基础之上的。

正如不互相影响散射理论所预测的那样，各种孔隙形状对声波速度的影响可由图 54.21 说明。此图所表示的影响是用以下物质取得的：基质性质为 $K_m=0.44$ 兆巴、$G=0.37$ 兆巴和 $\rho_m=2.7$ 克／厘米^3 的岩石；$K_w=23.2$ 千巴和 $\rho_w=1$ 克／厘米^3 的水；$K_g=1.5\times10^{-3}$ 千巴和 $\rho_g=10^{-3}$ 克／厘米^3 的气。如图所示，在孔隙度一定的情况下，扁孔隙（小纵横比）对速度的影响要比球形孔隙大得多。

这一理论还用来分析了“特征好的”（根据 Biot 与 Gassmann 理论）图 54.17 的实验数据，图中把结果绘制成实线与长、短虚线。另外，这一理论也可以通过预测具有各种形状的孔隙岩石的 S 波速度，解释说明“意料之外”的实验数据（图 54.18），如图 54.21 所示。

把圆形和椭圆形近似为规则孔隙，把低纵横比的裂缝近似为颗粒边界空间和扁平孔隙，可以成功地模拟实际的岩石。然而，还没有一种实际的方法能单独地测出孔隙的纵横比谱。Hadleg[58] 通过深入广泛的研究，计算了三个电子扫描显微照片上的数百条裂缝，每一个大约覆盖 1 毫米^2 的岩石表面，现正用这些结果来检验“裂缝”理论。迄今为止，这些理论增加了对声波传播更多的了解，然而，其实际应用还未成为现实。

9. 小结

用定性的方法说明了影响声波传播性质的因素，并着重介绍了对纵波和横波速度的影响，这主要是由于我们对衰减特性了解甚少的关系。在影响速度的诸因素中，认为孔隙度、岩性（矿物成分和结构骨架）、饱和度和压差是主要因素；而其他因素，由于附加某些条件，因而是次要的。正如前面已讨论的，在了解岩石中声波传播特性方面已经取得了重大进步。这项工作由于不仅在地层评价方面，而且在地震勘探方面都具有重要意义，将会取得更进一步的进展。

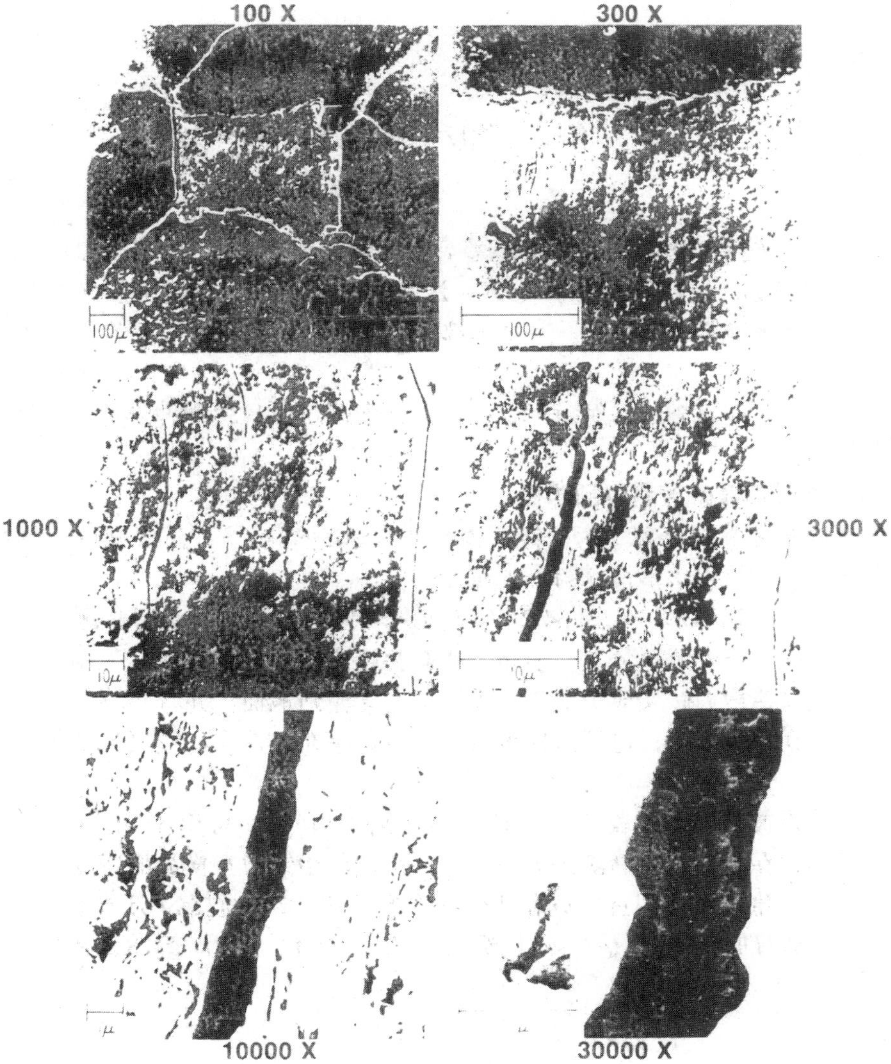

图 54.20　Tory 花岗岩孔隙系统的电子扫描显微照片

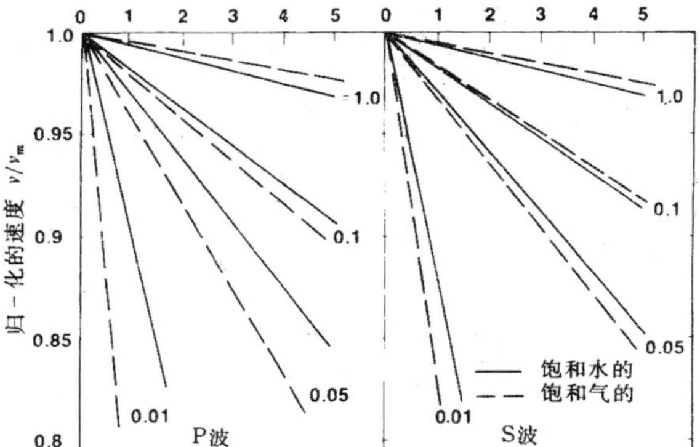

图 54.21　分别为归一化的纵波和横波速度与不同纵横比、饱和水、饱和气孔隙的百分比（孔隙度）的关系曲线

四、声波传播方法

1. 前言

测井用的声波传播方法可分为两组：透射和反射（表 54.1）。在透射方法中，由一个或多个发射器发射声能，沿地层或套管传播，并且用一个或多个接收器进行检测。在反射法中，由一个或多个换能器发射声能，其中一部分被井壁和（或）套管反射，并由同一个换能器进行检测。

在本节中，将介绍透射和反射两种方法，先介绍声波在井眼中的传播，接着介绍记录声波资料的各种方法。

2. 声波在充满流体的井眼中的传播

对弹性波在液体充满井眼中的传播已进行了广泛的研究[60~70]。这里，仅对井眼中记录的声波脉冲组成的识别给出定性的现象描述。

透射法的一般几何图形，在图 54.22 中说明。该图表示单个接收器的测井探测器。两个压电换能器安装在一个声隔绝体上。上面一个在井内流体中产生纵波，下面一个检测到达的纵波。接收器把这些声波转换成电信号，同时把它传输到地面，并将接收的信号幅度相对于时间的记录显示在示波仪上，也可以模拟量的形式记录在胶片上，或以数字量的形式记录在磁带上。

这种被称为声波波形的接收信号，表示一些不同的声波，可用图 54.23 所示的综合的波形轨迹图形说明。在井眼内充满液体的情况下，当地层中纵波与横波的速度高于井眼中流体的速度时，就会产生两个体（首）波和两个导波的传播。这些波都表示在图 54.23 中，它们依次到达接收器的时间顺序是：(1) 纵波；(2) 横波；(3) 假 Rayleigh 波；和 (4) Storeley 波。

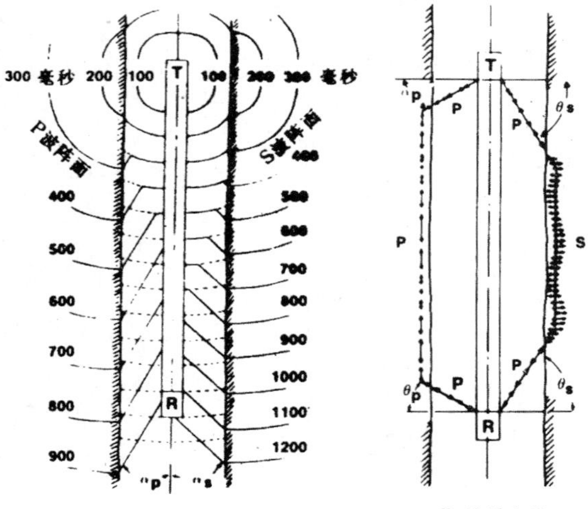

(A)波前　　(B)传播路径

图 54.22　纵波和横波在充满流体的井眼中或在其周围的传播

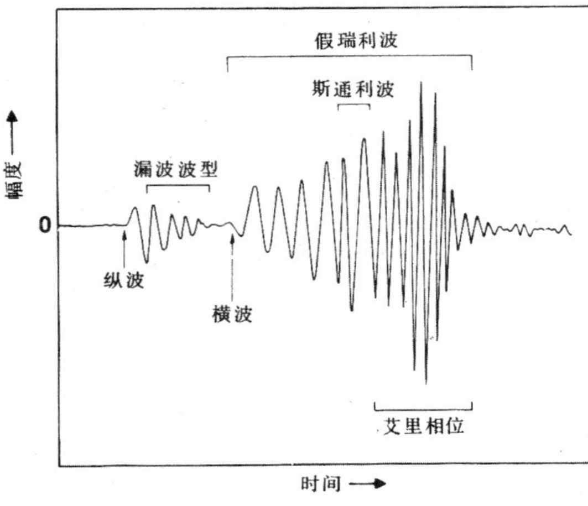

图 54.23　声波波形

纵波和横波分别称作 P（初至）波和 S（次）波，由于它们是在地层的物体中传播，因此也称为首波或体波。假 Rayleigh 和 Stoneley 波分别叫反射的锥形（或正常波型）波和管波（或水波至）。由于它们需要有井眼存在的条件，因此也叫导波。

对这些波不同传播路径的描述，会有助于了解井眼中和井眼周围的弹性波传播。声波发射器（图 54.22）产生纵波，以速度 v_f 在泥浆中传播。当这些波到达井眼表面时，它们不但被反射，而且也发生折射。当入射角小于 P 波的临界角（θ_p）时，则有：

$$\theta_p = \sin^{-1}\left(\frac{v_f}{v_p}\right)$$

此时声波的部分能量以纵波形式透射到地层中去，而另一部分能量作为横波透射到地层中去，其余的能量以纵波形式返回到泥浆中，所有这些都遵守 Snell（折射）定律。

当在 P 波临界角上或接近 P 波临界角时，横波仍可透射到地层中去，而 P 波则返回到泥浆中去，但是 P 波受到临界折射，并以 v_p 的速度在地层中传播，靠近或平行于井壁，同时以相同的 P 波临界角连续地放射 P 波能量返回到泥浆中去（图 54.22）。

在 S 波临界角（θ_s）上，有：

$$\theta_s = \sin^{-1}\left(\frac{v_f}{v_s}\right)$$

此时，S 波受到临界折射，并以 v_s 的速度在地层中传播，其路径相似于 P 波的折射路径。它同样以 S 波临界角连续地发射 P 波能量返回到泥浆中（图 54.22)。在 S 波临界角以外，所有的入射能量都返回泥浆中，形成导向的假 Rayleigh 波（图 54.24)。

概括地说，纵波（压缩波）做为 P 波在发射器与地层之间、在地层中间、而且也在地层与接收器之间传播（PPP）；横波（切变波），作为 P 波在发射器与地层之间传播，作为 S 波在地层中传播，也作为 P 波在地层与接收器之间传播（PSP）。如果地层横波速度低于井眼中流体的速度，那么，横波不能沿着井壁折射，因此没有横波首波产生。

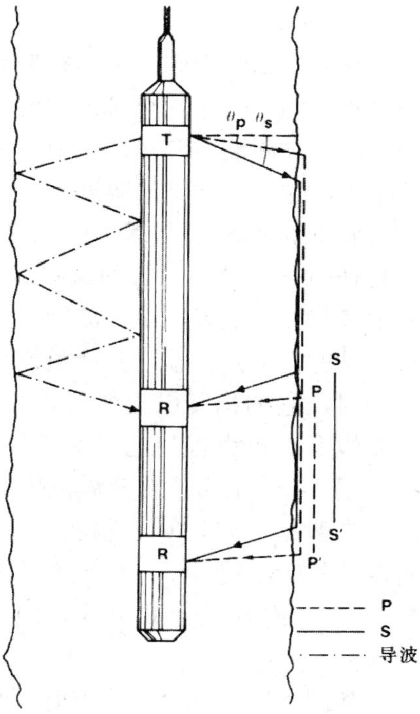

图 54.24　双接收器仪器和体波与导波的传播路径

正如前面所描述的，纵波和横波的传播速度是由弹性模量和地层密度来确定的：

$$v_p = \frac{1}{t_p} = \frac{1}{\rho_b^{1/2}}\left(K + \frac{4}{3}G\right)^{1/2} \quad (7)$$

和

$$v_s = \frac{1}{t_s} = \left(\frac{G}{\rho_b}\right)^{1/2} \tag{8}$$

式中 ρ_b——地层的体积密度；

t_p——纵波传播时间（时差）；

t_s——横波传播时间（时差）。

体波以全频率和以方程（7）与（8）给出的速度传播。它们是无色散的（速度与频率的变化可忽略不计），并且经受衰减和几何发散。体波的衰减系数 α 正比于源距为 s_1 和 s_2 的幅度 A_1 与 A_2 的对数比[15, 16]：

$$\alpha = \frac{20}{s_2 - s_1}\log\left[\frac{A_1}{A_2}\cdot\frac{F_{gs2}}{F_{gs1}}\right]$$

式中，α 的单位为分贝／英尺，F_{gs} 为几何发散因子。

纵波和横波之间所示的环形波包称为漏波或 PL 波型[66]。这是一种导波，它是由在纵波与横波临界角之间全部反射的压缩波与地层的互相作用产生的。Paillet 和 White[69] 曾经指出，这种漏波波型在地层中的传播速度接近于纵波，其相速度随频率的增大而减小。他们还指出，这种漏波型的幅度，以及纵波列的形状，随 Poisson 比的变化而变化。

假 Rayleigh 波和 Stoneley 波是两个主要的导波。这两个波在横波之后到达，比纵波或横波任何一个都有更大的振幅度和更长的周期，并且是色散的[67]。这种假 Rayleigh 波是在横波临界角之外，由声波能量在井眼表面上的全部内反射产生的。由于它在井眼内部以多次内反射的形式传播，其能量没有消耗到地层中，因而称作导波。当它离开井眼表面进入地层中时，它的幅度以指数形式衰减，但在流体中是振荡的。除非 v_s 大于 v_f，否则，就不会产生假 Rayleigh 波，它以 v_r 速度传播，使 $v_f < v_r \leqslant v_s$，其 Airy 相位传播速度慢于 v_f。

图 54.25 示出了在充满流体的井眼中导波相速度与群速度的色散特性曲线[67]。所用的一些参数是：（1）对于地层，纵波速度 $= 15\times10^3$ 英尺／秒，横波速度 $= 9\times10^3$ 英尺／秒，密度 $= 2.3$ 克／厘米^3；（2）对于井眼中流体，纵波速度 $= 6\times10^3$ 英尺／秒，密度 $= 1.2$ 克／厘米^3，井眼直径为 8 英寸。图中的相速度和群速度，是按井眼流体的纵波速度作了归一化。

如图 54.25 所示，假 Rayleigh 波是非常色散的。在低频末端有一个截止频率，低于此频率就没有假 Rayleigh 波产生。在此频率上，假 Rayleigh 波的相速度等于地层的横波速度，它随频率的增高急剧减小，在高频段渐渐趋近于泥浆中流体速度。假 Rayleigh 波的群速度，有一个传播速度低于井眼内流体速度的 Airy 相位（图 54.25）。假 Rayleigh 波有大的振幅，且在折射的横波之后到达，这样就常常使识别较小振幅的横波波至变得更困难。然而，如果用假 Rayleigh 波至来做速度估算，那么就只会造成一个小的误差。

导波的第二种类型是 Stoneley 波，它是在井眼流体和地层之间耦合的真面波。这些波的质点运动状态示于图 54.26 中[71]。图中的 r 是井眼半径。Stoneley 波离开井眼表面以后，无论是在流体中还是在地层中传播，它们的幅度都按指数衰减。如图 54.25 所示，它们有轻微的色散，但没有几何发散，其传播速度稍低于井眼流体速度或地层的横波速度，这要看哪一个小些。

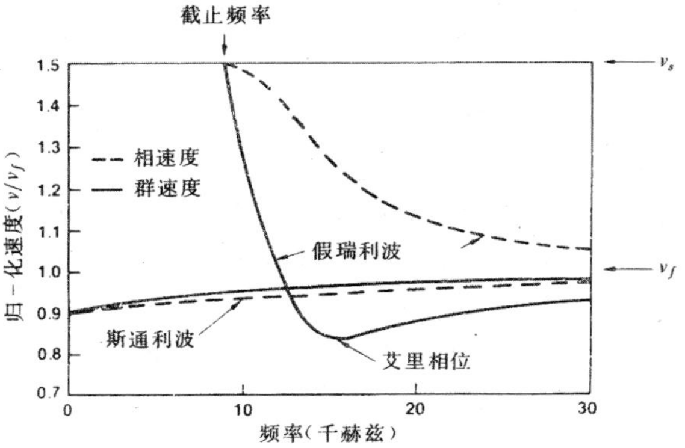

图 54.25　假 Rayleigh 波和 Stoneley 波的色散特性曲线

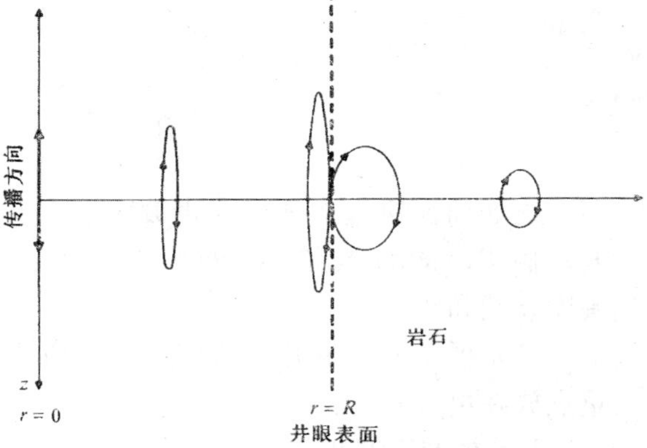

图 54.26　Stoneley 波（管波）的质点运动

Stoneley 波与地层的横波或假 Rayleigh 波不同，不管 v_s 是否大于 v_f，Stoneley 波总是存在的。如果 $v_s<v_f$，它们的密集脉冲波至比直达的流体波至或横波波至要稍迟一些。Stoneley 波的振幅在低频段高，随着频率的增加，其振幅迅速衰减[72]。在低频末段，Stoneley 波被称为管波，其传播速度 v_t 由下式给出[8]：

$$v_t=\frac{v_f}{\left(1+\frac{K_f}{G}\right)^{1/2}} \tag{9}$$

式中，K_f 为流体的体积模量，由下式给出：

$$K_f=\rho_f v_f^2$$

和

$$G=\rho_b v_s^2$$

因此，在地层中如果 $v_s<v_f$，那么无论横波或是假 Rayleigh 波都不会存在，假如由密度测井已知地层的体积密度，则可用 Stoneley 波来估算横波速度。

至此，所描述的（假 Rayleigh 波和 Stoneley 波）色散特性，仅仅是包括一个点源的井眼。关于测井探测器对色散特性的影响，Cheng 和 Tokőz[67] 也进行过研究。他们的研究首先表明，当井眼半径增大时，假 Rayleigh 波的色散曲线向低频移动。他们进一步发现，对于相当刚性的仪器，测井仪器的存在使井眼直径好象减小，从而使色散曲线向高频移动。

正如在本节开始所阐述的那样，对充满流体井眼中的弹性波传播，仅给出了一个定性的描述。在描述圆柱形几何体中弹性波的特性时，传播理论仅仅是近似的。这种现象的精确描述，需要求解圆柱边界条件的波动方程。更定量的论述，读者可参考本节开始时给出的参考文献。

五、记录声波资料的方法

正如前面讲过的那样，声波波形含有丰富的信息。它可有四种类型的波，即纵波、横波、假 Rayleigh 波和 Stoneley 波。其中每一种波又有四种可测量的特性，即速度、幅度、幅度衰减和频率[27]。

已发展了各种测井方法记录这些特性的一种或多种。下面简要介绍其中某些测井技术，重点放在更常用的技术上。

1.常规的声波测井

最常用的井眼中的声波特性是纵波速度。在常规声波测井中，纵波通过1英尺地层所需要的时间 t 是作为深度函数记录的。这一参数 t，被称作间隔传播时间（时差），传输时间或传播时间，它是纵波速度的倒数:

$$t = t_p = \frac{1}{v_p}$$

传播时间也可称作纵波的慢化度，把它定为 t_p，以便使它有别于横波的传播时间（时差）:

$$t_s = \frac{1}{v_s}$$

声波测井测量速度的变化范围为4000～25000英尺／秒，因而声波时差范围为40～250微秒／英尺。

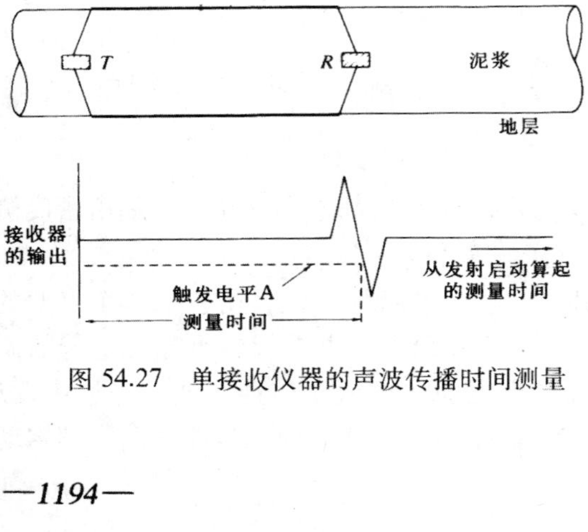

图 54.27　单接收仪器的声波传播时间测量

仪器性能　正如前面提到的，原先的声波测井仪器用一个发射器和一个接收器（图 54.27）。因而，这种设备记录的 t 值也包含声波在井眼泥浆中的传播时间[73]。为了去掉这一部分时间，引进了商业性的双接收仪器[74]，测量第一个接收器和第二个接收器信号波至的时间差（图 54.28）。

然而，也发现双接收器系统也不能令人满意，特别是井身不规则时更是如此[75]，如图 54.29 所示。

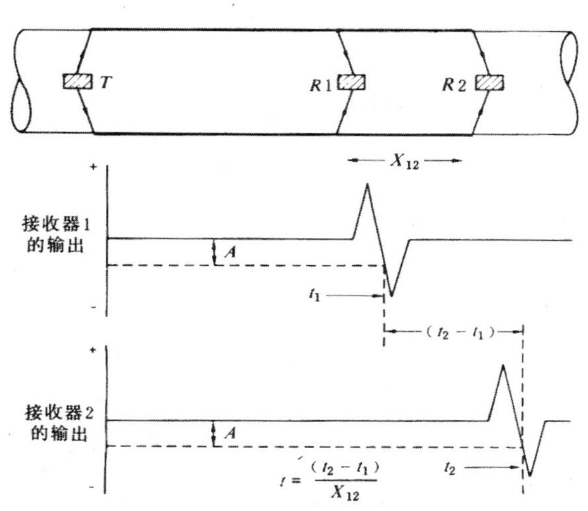

图 54.28 双接收仪器的声波传播时间（时差）测量

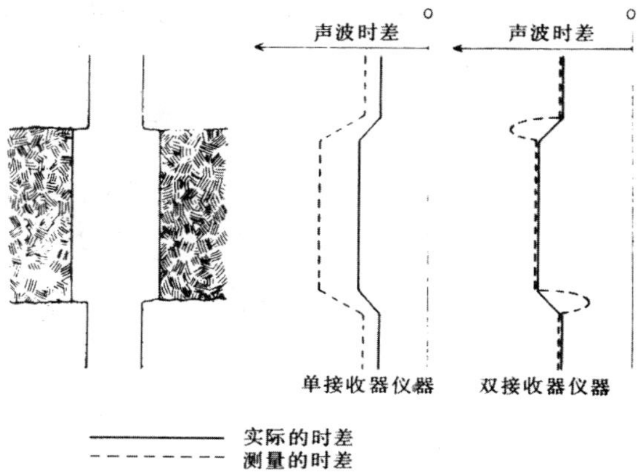

图 54.29 井眼扩大对声波速度测井仪器响应的影响

(a)单接收仪器;(b)双接收仪器

为了进一步改进声波时差 t 的测量精度，研制了一种双发四收井眼补偿仪器（图 54.30）[76]。这种井眼补偿仪器可以看作由两个独立的双接收系统组成。正如图 54.31 测量示意图所说明的那样，由井眼不规则引起的传播时间变动，两个接收系统出现相反的指向，因此它们相互抵消。这些探头，在接收器之间通常有 2 英尺的间距，在每个发射器与其邻近的接收器之间具有 3 英尺的源距。

测井显示　由声波测井测量的声波时差，以深度为函数记录在测井图的第二和第三记录道上，其单位为微秒／英尺。图 54.32 所示的典型实例中，在第二记录道的左边，还记录了一系列尖脉冲的累积传播时间，其间隔为 1 毫秒。

记录的辅助曲线　在常规声波测井图的第 1 记录道上，能同时记录一条三臂井径曲线和一条自然伽马曲线（图 54.32）。自然伽马曲线也可由自然电位（SP）曲线代替或补充；然而，由于自然电位电极靠近声波仪器探头的金属，这种自然电位曲线只能用于定性的解释。

仪器间距　声波测井接收器的间距通常是 2 英尺；然而还研制了接收器源距为 3 英寸[77]到 1 米[78]或更长的测井仪器，以适应特殊用途。

当然，间距越短，由仪器测出的响应越精细。图 54.33 举例说明了层厚（h）和仪器间距对测量传播时间的相对影响。测井仪器仅仅测量接收器之间的地

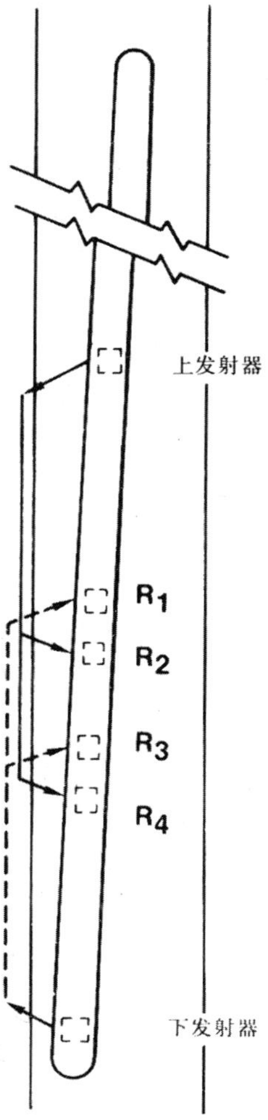

图 54.30 井眼补偿声波测井

层，而测量的时差是接收器之间地层传播时间的加权平均值。

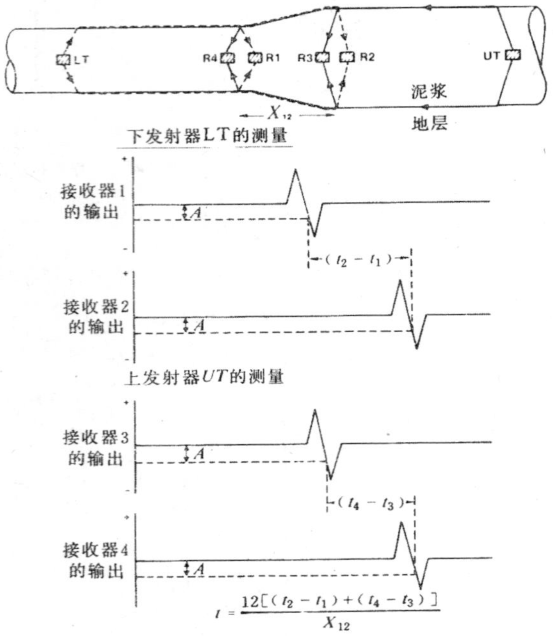

图 54.31　井眼补偿声波测井仪器的传播时间测量

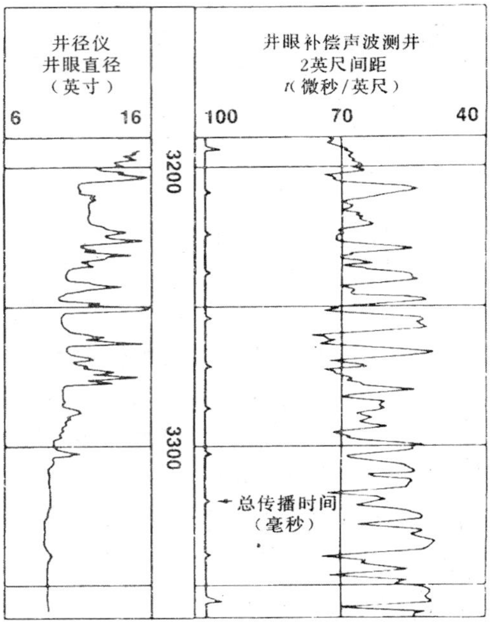

图 54.32　声波测井显示

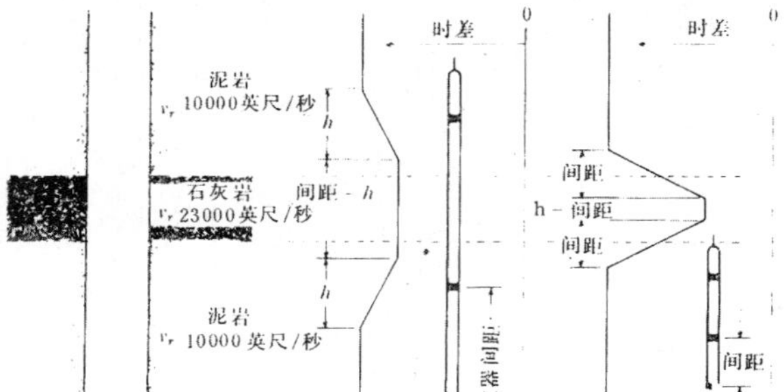

图 54.33　层厚对声波速度测井仪器响应的影响

(a) 层比间距薄；(b) 层比间距厚

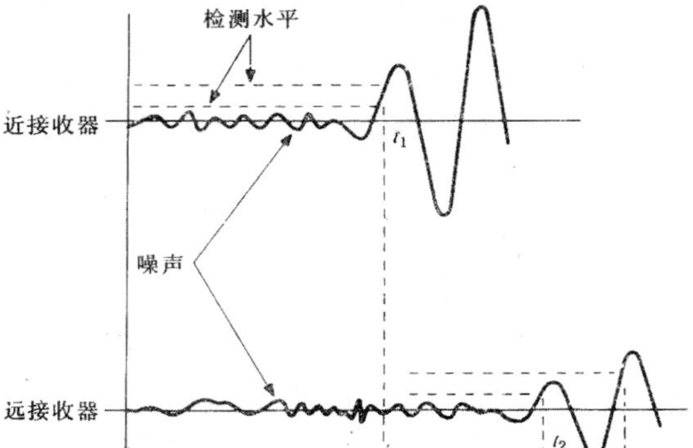

图 54.34　周波跳跃和噪声触发

周波跳跃和噪声触发　在传播时间测井过程中，声波脉冲的初至必须触发测井仪器上两个接收器并输出正确的 t 值。在某些条件下，尽管初至的强度足以触发第一个接收器，但当它到达较远的一个接收器时，由于衰减使其强度太弱，以致不能按时触发该接收器（图 54.34)。相反，同一声波脉冲的后续波至也许能触发较远的接收器。这会引起记录的传播时间值（时差）突然大增。这种现象称为“周波跳跃”，当信号受到下列因素影响而发生强烈衰减时就会发生“周波跳跃”：

(1) 含气砂岩，尤其是使泥浆含气时；

(2) 固结较差的地层；

(3) 刚进行完中途测试的井段（由于释放出气体)；

(4) 裂缝性地层；

(5) 充气泥浆。

然而，如果接收器的检测水平（电平）定的太低，那么，总有一个接收器或二个接收器同时被噪声触发，这种情况在把仪器拉向井口时常常出现。视接收器的不同，触发产生的 t 峰值有的太短，有的太长。图 54.35 和图 54.36[79]，就是说明周波跳跃和噪声触发的实例。

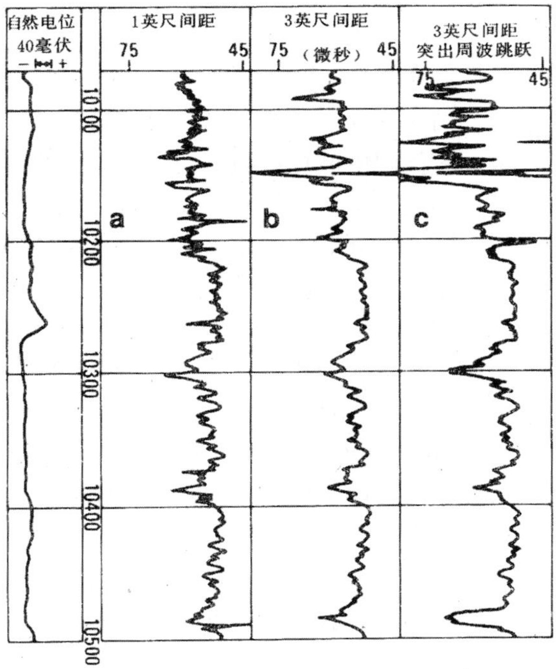

图 54.35　在 Edwards 石灰岩中测量的声波测井曲线
(a) 1 英尺间距；(b) 3 英尺间距；
(c) 突出周波跳跃的 3 英尺间距

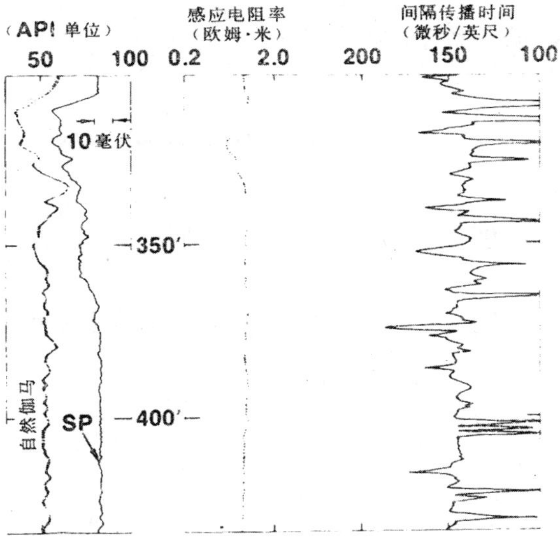

图 54.36　声波测井图上的周波跳跃和噪声

刻度　由声波测井测量的声波传播时间的精确性是由记时电路的准确性决定的，计时电路又受所用的石英晶体的频率控制。对于通常的 2.5 兆赫兹晶体，传播时间测量的潜在分辨率为 ±0.4 微秒／英尺。

然而，除计时电路精确性以外，传播时间测量的精度还取决于许多别的因素。Thomas[73] 对影响传播时间测量的某些因素进行了讨论。

一个重要的因素是确保测井系统的正确刻度。市场上能买到的每一种声速系统的刻度方法。在各自服务公司的说明手册中都有介绍。为了确保地面设备的精度，在测井前和测井后都需要进行刻度。但必须强调指出的是，绝大多数刻度都是按说明手册做的，而手册中只是校验地面仪器某些电路的线性，而没有考虑来自井下探测器的任何输入信号。

实际的刻度需要在标准环境下测量整个系统、地面仪器和探测器的响应。为此目的，要把仪器下到充满水的钢质套管内，对照已知的数值 57 微秒／英尺校验传播时间。另外，在下井或出井的同时，应对地面套管中的无水泥胶结管段进行测量，对照 57 微秒／英尺的钢管值校验传播时间。有时，也可以用传播时间为 50 微秒／英尺的石膏层和传播时间已知的其他地层校验测井精度；然而，只有当天生岩石中的下井速度为已知，而不随层位或埋藏深度变化时，这些方法才能应用。

2. 幅度／时间记录

正如前面指出的那样，声波（图 54.37a）还包括除纵波速以外的其他信息。已研制出的用于记录这些信息的一种方法是幅度／时间记录。这种被称作“X−Y 波型”的方法，是把声波能量的幅度作为井眼预定深度处时间的函数来记录的（图 54.37c）。通常，这种方法是用类似于在胶片上记录其中一个接收器的输出来完成。

然而，在最近几年内，由于引入了井场和井下计算机，已经能够从声波接收器阵列中对波形进行数字化记录。例如在这类仪器中有一种能在每 1／2 英寸井深间隔将波形数字化记录出 500 多个数据点。处理这样大量的新信息是目前研究的新领域，以便大幅度地提高井眼声波测量的实用性。

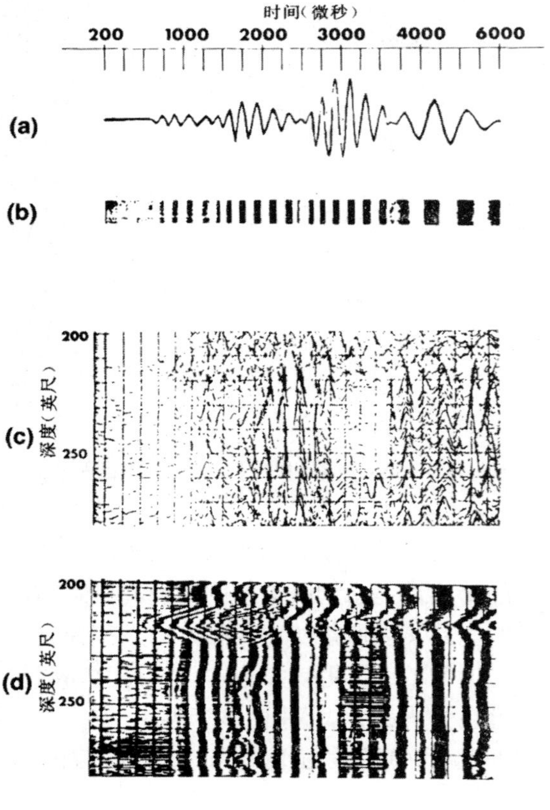

图 54.37　声波波形记录

3. 强度／时间记录

对于大多数实际应用来说，每 1／2 英寸深度间隔的波形模拟记录使用起来相当麻烦。因此，通常使用时，为了得到连续的数字记录或测井曲线，以强度／时间波形的方式来记录波形。在这种显示中，根据其频率和幅度变化，把每一波形变成为一系列变化着的宽度和强度的阴影线（图 54.37b）。通过把图 54.37b 所示的声波波形沿其水平轴旋转 90°，然后以一系列阴影的形式来记录波列的正向部分，而把负向部分作为空白空间留下来，可将这一过程形象化，如图 54.37c 所示。强度／时间测井图形（图 54.37d），就是把每一深度间隔的阴影线叠加起来得到的。

遗憾的是，这一方法至今还未标准化。一些服务公司把波形的负向部分作为暗影，而把正向部分留作空白空间；其他一些公司则相反。另外，有些公司把时间轴从左到右为增加方向，而另外一些公司则把从右到左作为增加方向。对于此种显示有各种各样的商标名称，Schlumberger 公司和 Dresser 公司为变密度测井（VDL™），Birdwell公司为三维测井（3DLog™），而Welex公司则为微地震图测井。

4. 长源距声波测井

前言　常规的声波测井的探测深度（D_i），相对来说是比较浅的。图54.38[80]用图示方法说明了用常规声波测井探测的近似岩石总体积。

由于应力的释放作用，钻井造成的机械损坏和钻井流体引起的蚀变（粘土的水合）作用等原因，在声波测井所探测的这一范围内最容易遭到蚀变。Hicks[81]早期的重要研究清楚地表明，在一些易损坏的地层中，在井眼表面附近测量的声波速度要比地层更深处测量的值小得多。Hicks[81]还清楚地证明，随着发射器和接收器源距的增大，这些井眼条件对声波速度的影响也随之减小。从那时起，许多研究人员观察到了由于井径增大和井眼周围地层蚀变造成的质量极差的测井资料。

井眼尺寸　井的几何形状对测井值的影响可以按井眼不规则和井眼直径的增大来考虑。井眼不规则对极板仪器（如密度、井壁中子孔隙度、微电阻率和高频介电测量）能造成相当大的误差，沿着井眼方向传播的声波可产生衍射。在一般情况下，这些不会影响纵波初至传播时间的测量，但会影响其幅度。然而，如果井眼太大且仪器在井眼内是居中的，那么，由于在井眼泥浆中直接向下传播的声波能量会在地层纵波之前先到达接收器，井眼尺寸对传播时间测量的影响就会很大了。

关于井眼尺寸对声波测量值的影响，已经进行了广泛的研究[73, 82]。Goetz等[82]对一个在井眼中居中的仪器计算了在各种井眼尺寸情况下直达泥浆路径和地层反射路径的传播时间。其中的某些结果用图54.39中的传播时间t与井眼直径的关系曲线说明。在标明3～5英尺源距曲线下面，居中的仪器可读出地层的传播时间。在该线与虚线（从发射器到接收器源距为5英尺时计算出来的）之间，居中的仪器可记录出地层与泥浆传播时间的中间值。在虚线上方，常规的声波测井可测量出泥浆的纵波速度。上面的实线是用于源距为8～10英尺

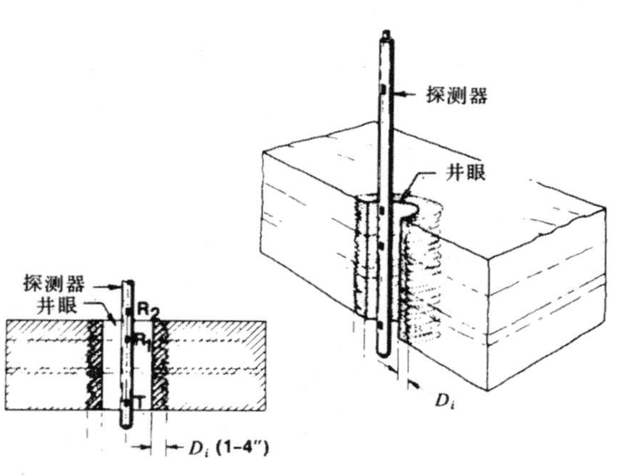

图54.38　常规声波测井的近似探测体积

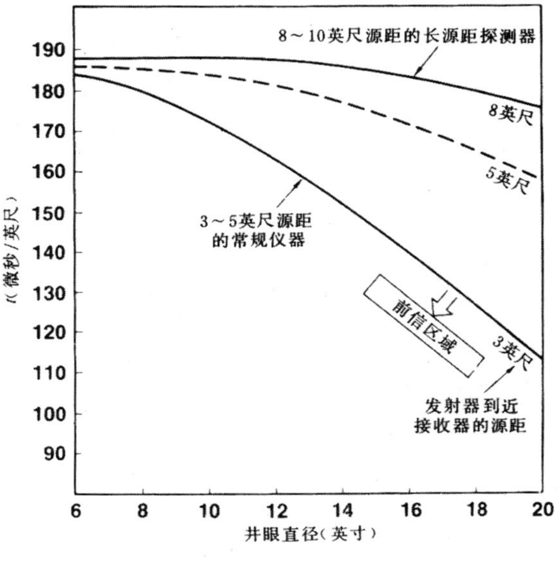

图54.39　在发射器与近接收器之间的不同源距条件下可检测的最大地层传播时间（时差）

的长源距声波测井仪器的。在该线以下，在井眼较大的情况下，长源距仪器测出的地层传播时间长，而常规测井测得的传播时间出现不正确的低值。

尽管井眼尺寸的影响是重要的，但在极其不利的井眼条件下，常规井眼补偿声波测井却能够得到比别的孔隙度测井（例如密度和中子测井）更可靠的测量值。图 54.40 [83] 比较了洞穴分别对密度、井壁中子和常规声波测井的影响。从该图中看出，在密度和声波测井图上的井径曲线所指示的整个椭圆形洞穴范围内，密度和中子曲线都是不能用的，而声波测井却提供了可靠的资料。声波测井的这一特点，可以用来补充由于井眼条件差造成的不可靠的密度和中子孔隙度。

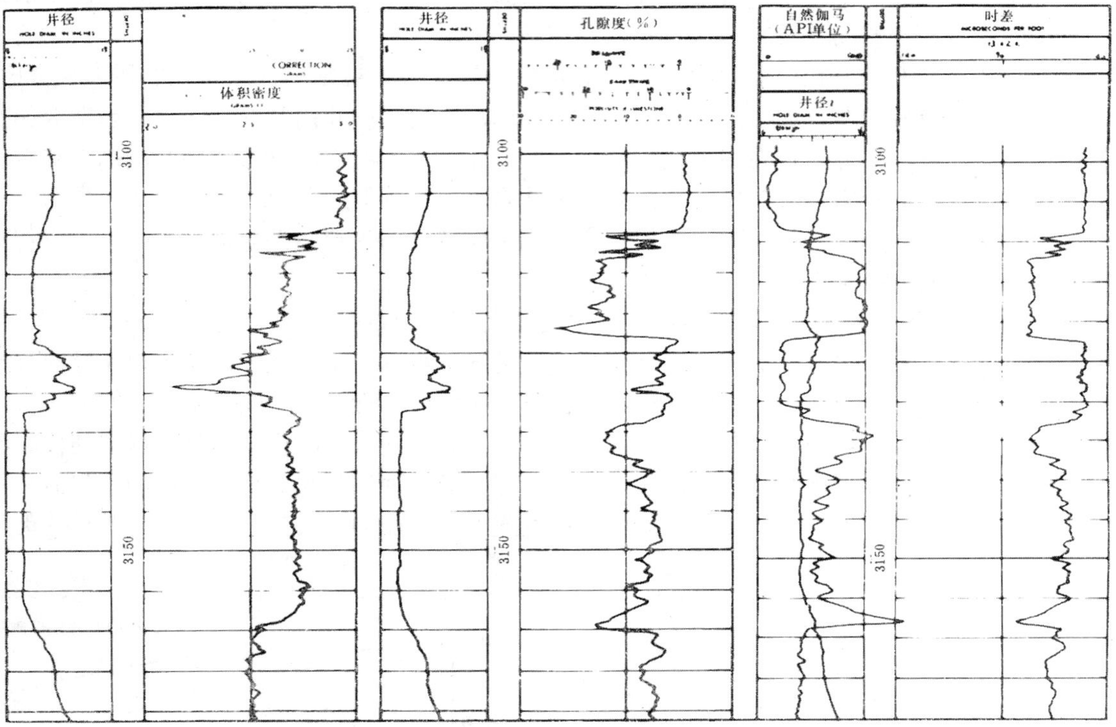

图 54.40　洞穴对密度、井壁中子和声波测井资料的影响

地层蚀变　影响井眼声波测量的一个更为重要的因素是井眼周围地层的蚀变和破损（图 54.41）。出现这种情况的原因是井壁附近的应力松弛，钻井过程中长期裸露造成的机械破损，或者钻井液与地层中敏感的粘土相互作用引起的地层化学蚀变。在这些条件下，声波速度的精确测量值取决于井眼尺寸大小、发射器接收器之间的源距以及井眼周围地层蚀变带与未蚀变带的速度。

Goetz 等 [82] 对地层蚀变进行了研究。在研究中他们假设在井眼周围为一个阶梯剖面传播时间：蚀变带或损害带的传播时间为 t_d，原状地层传播时间为 t，泥浆传播时间为 200 微秒／英尺，并且其 t_d 大于 t。他们计算了 10 英寸井眼中常规（3～5 英尺）和长源距（8～10 英尺）声波测井的探测深度。还对未蚀变地层传播时间分别为 100、120、150 微秒／英尺，计算出了蚀变带传播时间变化（t_d-t）与蚀变深度的函数关系。他们的结果绘在图 54.42

中，该图说明了长源距声波仪器在克服地层破害影响方面的能力。每条曲线的左侧区域代表可靠测量的条件。例如，当蚀变带传播时间变化为 20 微秒／英尺时，如果地层传播时间 (t) 为 100 微秒／英尺，常规声波测井仪器能应付 5 英寸的蚀变深度，如果 $t=150$ 微秒／英尺，则仅能应付 3 英寸的蚀变深度。

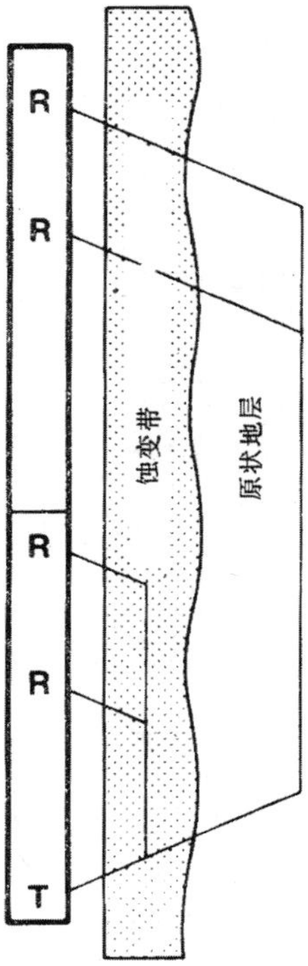

图 54.41　常规声波和长源距声波测井探测深度的比较

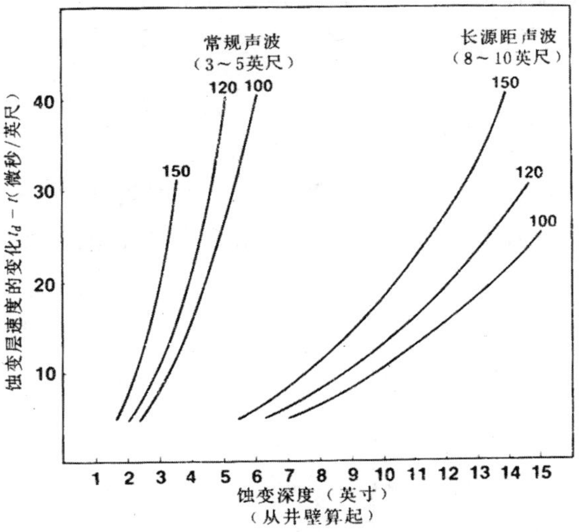

图 54.42　地层蚀变对常规（3～5 英尺）和长源距（8～10 英尺）声波探测器测量值的影响

长源距声波测井仪器　无论是井眼扩大的影响还是地层蚀变的影响，长的发射器至接收器源距的声波仪器都可以对付。图 54.43 是 Schlumberger 公司长源距声波这一类仪器的示意图。相距 2 英尺的两个发射器位于下端，相距 2 英尺的两个接收器位于上端，发射器与接收器两部分之间的源距为 8 英尺。同时记录两条长源距测井曲线，一条是 8～10 英尺源距，另一条是 10～12 英尺源距。井眼补偿（BHC）是通过图 54.44b 所示的所求深度时差测量法来完成的，而不是使用图 54.44a 所示的反向阵列技术来完成的，这项技术在前面已经讨论过（图 54.31）。为了得到该深度层位的声波时差，首先，由发射器 T_1 两次发射脉冲，并分别记录传播时间 $t_1=T_1 \to R_1$，$t_2=T_1 \to R_2$。这种情况的传播时差由下式给出：

$$t_1=\frac{t_1-t_2}{2}\text{微秒／英尺}$$

如果井眼尺寸在两个接收器位置上存在着差别，那么，上式中的 t_1 会出现前面讨论过的误差。

然后，将测井仪器沿井筒上移 9 英尺 8 英寸，使发射器跨越两个折射点之间的相同深度间隔。此时，两个发射器各发射脉冲一次，并由第二个接收器 (R_2) 记录传播时间，即 $t_3=T_1 \to R_2$ 和 $t_4=T_2 \to R_2$，对于第二种情况，声波时差为：

$$t_2 = \frac{t_4 - t_3}{2} \text{微秒/英尺}$$

上式 t_2 会产生和 t_1 相同的误差，但是方向相反。通过平均这两次测量值，即可求得 8～10 英尺源距所求深度的声波时差：

$$t = \frac{t_1 + t_2}{2}$$

在第一个位置上，用第二个发射器 T_2 代替 T_1，在第二位置上用第一个接收器 R_1 代替 R_2，可为 10～12 英尺源距求得类似的井眼补偿。

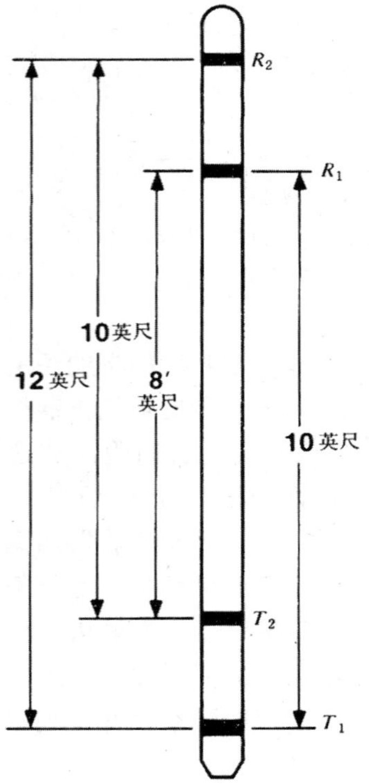

图 54.43 Schlumberger 公司的长源距声波测井

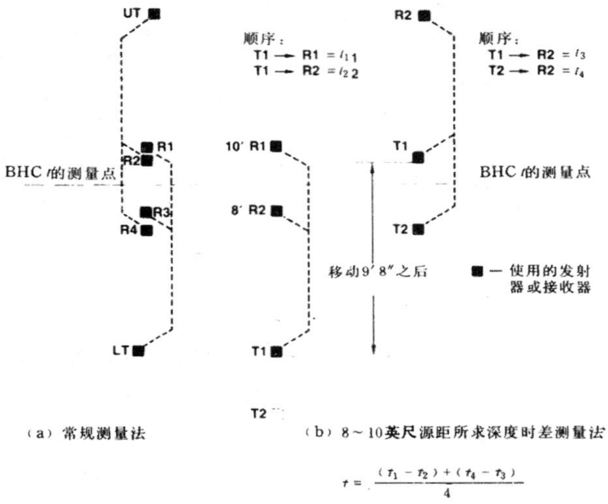

图 54.44 井眼补偿声波时差测量：

(a) 常规测量方法；(b) 所求深度时差测量法

图 54.45 用实际测井资料说明长期裸露钻井和钻井液对常规补偿声波测井测量的声波速度的影响（引自 Mish 等的参考文献〔85〕）。虚线测井曲线是钻井裸露 4 天以后且井眼相对没有损害的情况下测得的。实线是裸露 79 天以后测得的。在此期间，许多井段的地层遭到损害，致使 t 值增加 30 微秒/英尺。

正如前面介绍的，长源距声波测井受蚀变带的影响很小。图 54.46 示出了砂、泥岩剖面常规的和长源距声波测井资料的对比曲线。在上部，常规测井的 t 值读数比长源距声波要高，这可能是由于泥岩蚀变引起的。在砂岩 Z 层处，两种曲线是一致的，而在砂岩 Z 层的正上方和下方，常规测井的 t 值读数明显高于长源距声波测井，这可能是由于井眼冲蚀引起的。

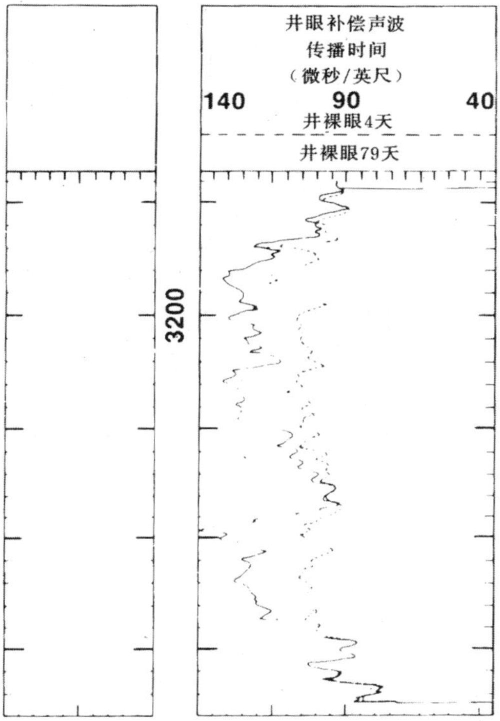

图 54.45 地层裸露在泥浆中引起的地层蚀变，钻头尺寸 $12\,^1/_4$ 英寸

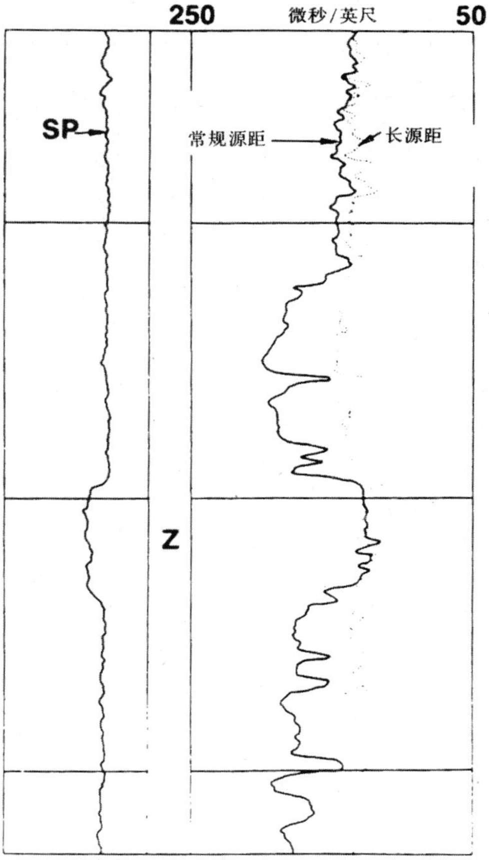

图 54.46 砂泥岩剖面常规的和长源距声波测井

图 54.47 的实例是路易斯安那海湾砂泥岩层序中两种声波仪器的比较[86]。3470 英尺处的泥岩和 3500 英尺处的砂岩的物理特征，是由于地层受钻井和泥浆的相互作用发生了蚀变。由于这种蚀变作用，常规源距仪器的读数高出 15 微秒／英尺。在深度道中各声波时差积分曲线之间相差 10 毫秒，也反映出这一点。在较深的层段，当地层变得更压实时，这时地层的蚀变也随之减小。因此，在 8500～8600 英尺之间，常规的和长源距的测量值是一致的。

尽管在大多数情况下 8～10 英尺和 10～12 英尺源距的接收器得到的 t 值是一致的，但是非常深的地层蚀变，有时也会影响 8～10 英尺源距接收器记录的 t 值。图 54.48 中的实例，是从深度重新修改的浅井中测出的[84]。在上面的层中，由于地层蚀变非常深，8～10 英尺源距的读数比 10～12 英尺源距高出 10 微秒／英尺。在较下面的层段中，8～10 英尺源距的读数比下面（227 英尺以下）的压实地层高几微秒。

图 54.49 示出的最后一个实例，说明了在扩大的井眼中长源距声波有更好的响应。在上面的层段中，井眼冲蚀扩大到 20 英寸，常规的源距仪器只能测出泥浆的传播时间。在较下面的层段中，井眼没有被冲蚀，但是常规仪器读数高达 60 微秒／英尺，造成读数太高的原

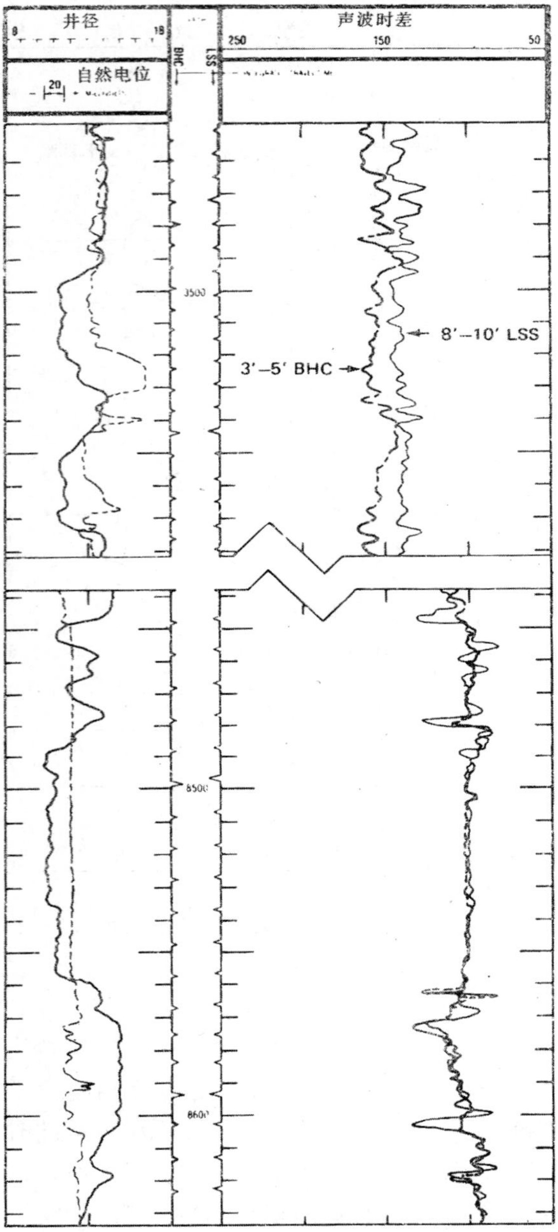

图 54.47　路易斯安那海湾地区砂泥岩层序中的常规井眼补偿（BHC）和长源距（LSS）声波测井资料

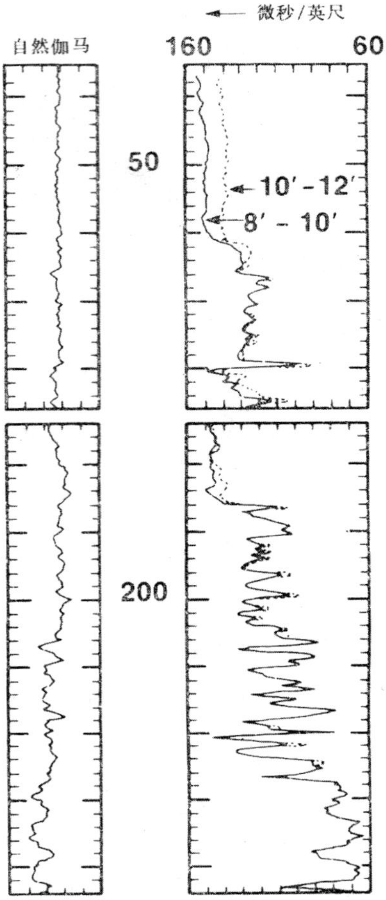

图 54.48　很深的地层蚀变

因是地层蚀变。8700 英尺以下，所有这三条曲线（即 3～5 英尺、8～10 英尺、10～12 英尺源距的曲线）都是一致的。

小结　井眼尺寸大小和地层蚀变会严重影响声波在井眼中的传播性质。长源距声波可大大降低由井眼条件造成的影响，并且得到在井眼条件下更可靠的纵波传播时间值，而在这种情况下，常规仪器可能产生严重的误差。长源距声波仪器的垂直岩层界面分辨率与常规声波仪器相同，这是因为两者的接收器间距都是 2 英尺。由于长源距声波发射器与接收器之间的源距比较长，声波能量传播得更远些，因此声波能量的衰减也就更严重。这就会在长源距声波测井资料上产生频繁的脉冲尖峰和周波跳跃。但是，通过引入更大功率的发射器，更灵敏的接收器，波形的井下数字化和地面处理，这项技术问题会得到改善。

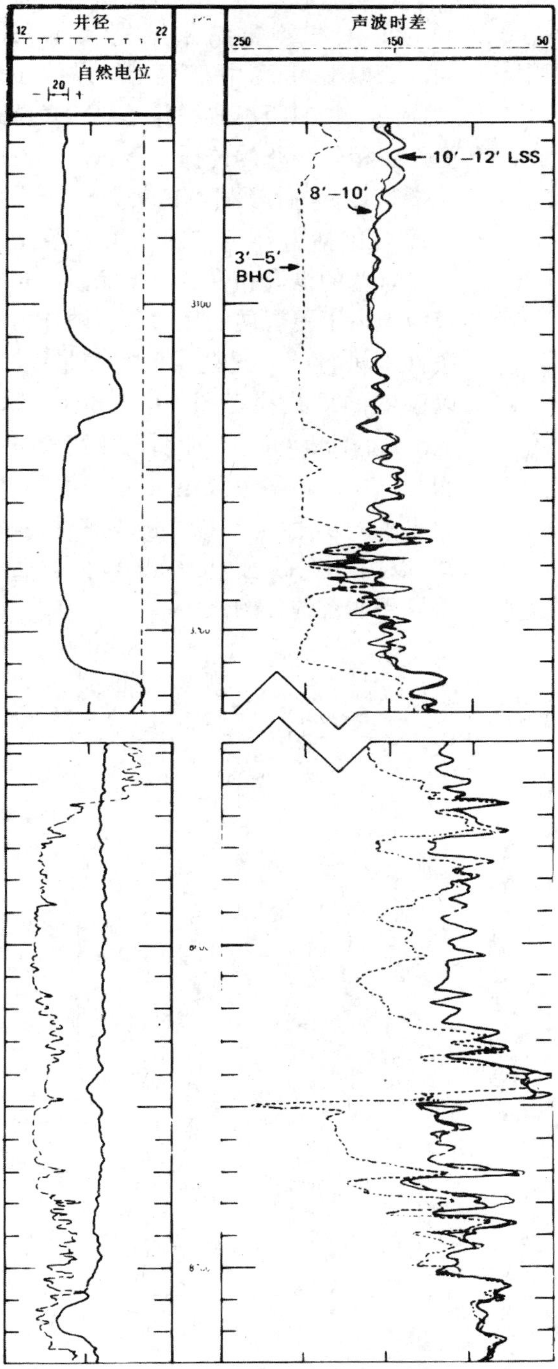

图 54.49 在扩大的井眼中常规的和长源距声波测井的响应曲线

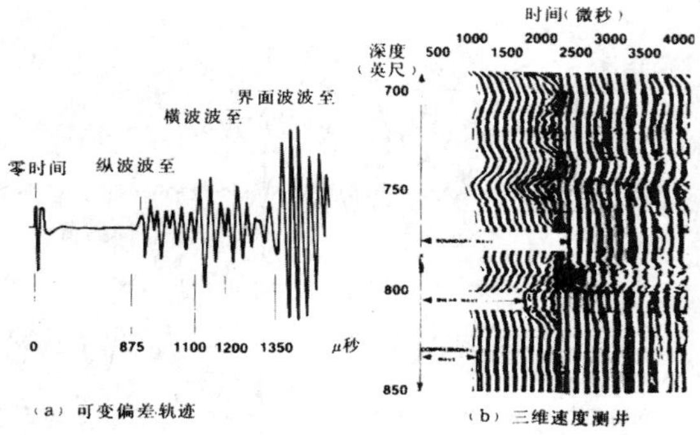

图 54.50 在（a）声波波形和（b）变密度（三维）显示的模拟记录上识别横波波至

5. 横波测井

到现在为止，已经介绍的声波测量方法仅限于获得纵波速度。长期以来，人们一直想识别包括在声波波形内的其他信息。为此，在获得横波速度方面已付出了极大的努力。

早期的意图，是在包括波形或变密度（微地震或三维）测井显示中的任何一种模拟记录上精选横波波至，如图 54.50〔63〕所示。

另一种方法包括用偏移技术自动记录横波传播时间〔87~90〕。在这种方法中，假定跟随在纵波波至后面的高幅度事件就是横波波至。在测量线路中用设置的电压偏压高于纵波幅度的方法，来测量横波的传播时间。

Koerperich〔91〕详细研究了从长源距和短源距声波测井资料确定横波速度的常规方法。在该项研究中，用 Schlumberger 的双发四收（二个发射器、四个接收器）、源距为 3 和 5 英尺常规的井眼补偿声波测井（BHC^{R}）和 Schlumberger 实验阶段的单发四收、源距分别为 10、12、14 和 16 英尺的长源距声波仪器进行了实验。用这些仪器在石灰岩井段以各种不同的源距所记录的波形展示在图 54.51 中。正如在该图中所指示的那样，由于波至时间有更大的分开，在长源距波形上就容易识别出后续的波至。

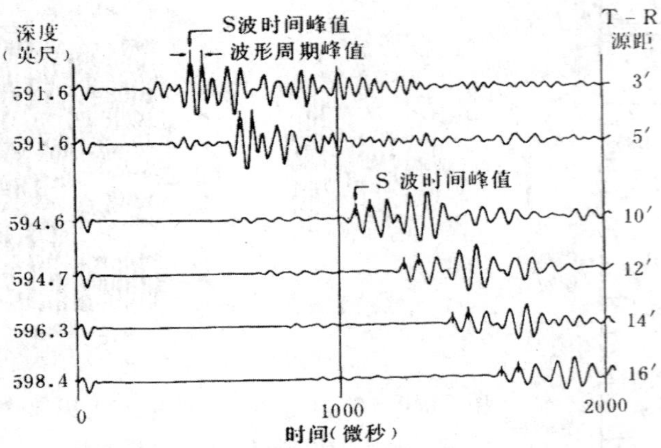

图 54.51　在碳酸盐岩地层中各种不同的源距所记录的声波波形

在碳酸盐岩和砂泥岩剖面中，这些研究的一些测量结果分别显示在图 54.52 和图 54.53 中。不管对纵波还是对横波，长源距声波测井一般比短源距会产生稍低一些的传播时间（高一些的传播速度）。此项研究的另外一个重要方面，包括岩样声波速度的实验室测量。岩塞的纵波和横波速度测量，是在模拟地下上覆岩层的压力和孔隙压力的条件下进行的。这些实验室测量结果，以圆圈的形式绘在图 54.52 和图 54.53 上。Koerperich[91] 证明，在实验室与测井（长源距和短源距）横波速度之间的平均一致性，在碳酸盐岩中相差在 2%以内，在砂岩中为 8%以内，而纵波更好些。他还进一步指出，实验室与测井值之间的差异是非系统性的。

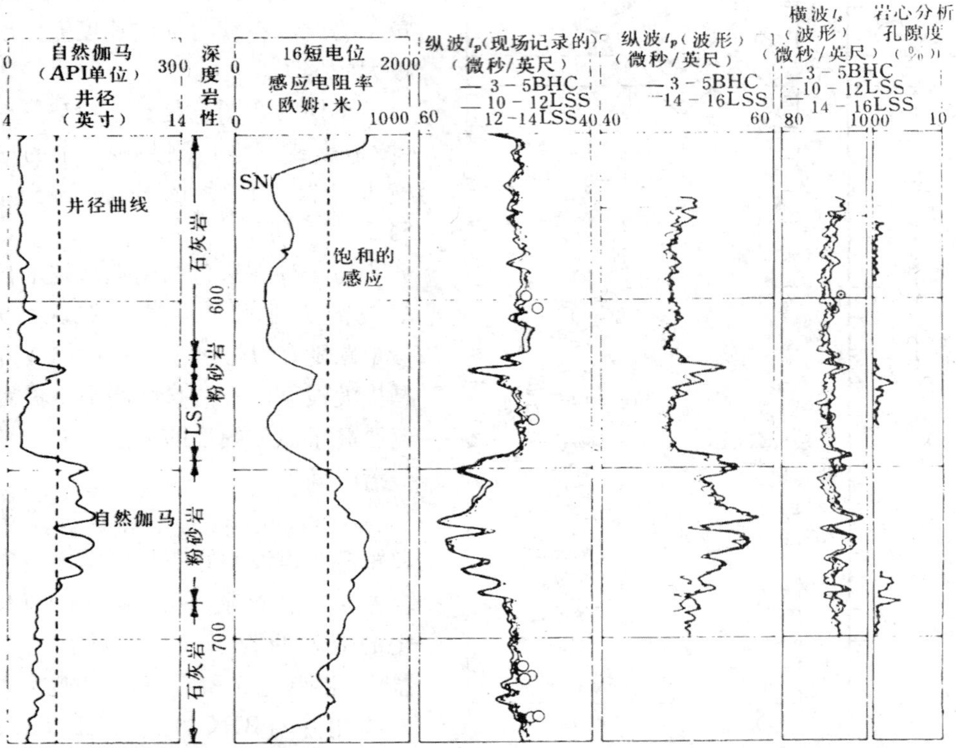

图 54.52　在碳酸盐岩地层中，在井眼内与实验室内测量的纵波和横波传播时间结果

上述讨论证明，用人工精选传播时间，从波形或变密度显示中确定横波在井眼中的传播时间，是一个非常慢而且不精确的过程。而且当使用主要是为测量纵波传播时间而设计的轴向发射器-接收器技术时，试图用门槛（阀值）检测自动处理这一过程，也会产生误差。关

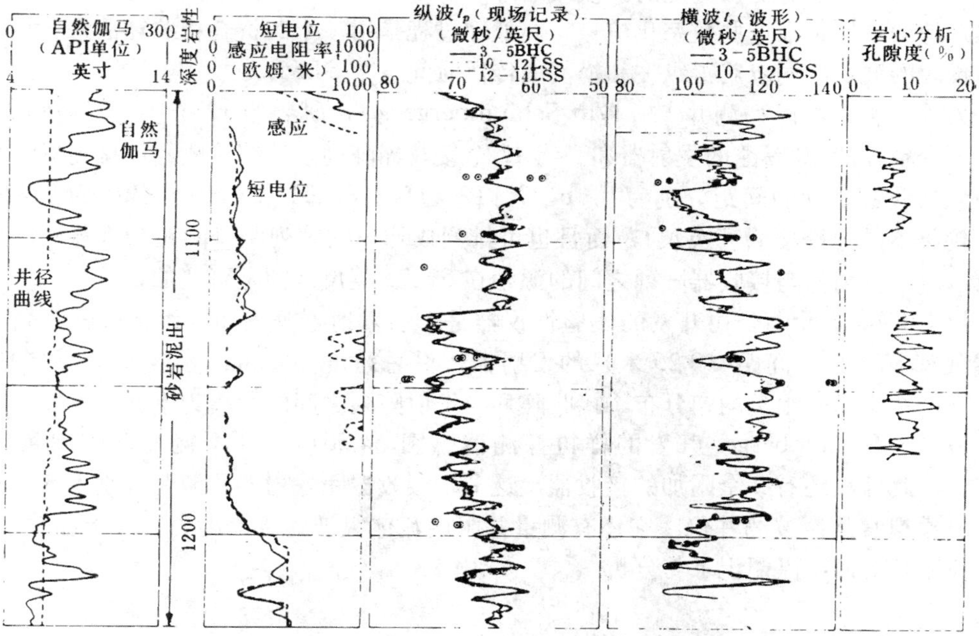

图 54.53　在砂泥岩层段中，在井眼内与实验室内纵波与横波传播时间的测量结果

于这些误差的原因，可以用最近进行的对充满流体井眼中声波传播的模拟研究来解释[65~67]。这些研究表明，在这些合成的声波波形上要从反射的锥形起始分辨出横波是不容易的。然而，在低频截止时，反射锥形波的相速度与群速度，等于地层的切变波速度（图 54.25)。因此，如果反射锥形波的开始被错误地测量出来，那么，传播时间将接近于横波传播时间。这就可能是某些前面讨论研究中的情况。

6. 声波阵列测井

声波传播的井眼模拟表明，为了从声波波形中提取更多的信息，需要产生一种新的声波测井技术。为了分析获得的这些资料，已经研制出具有发射器和接收器阵列的和复合数字信号处理能力的声波测井仪。

图 54.54 所示就是一种这样的仪器[92]。它有一个更低频率（11 千赫兹，而常规仪器为 20 千赫兹）的发射

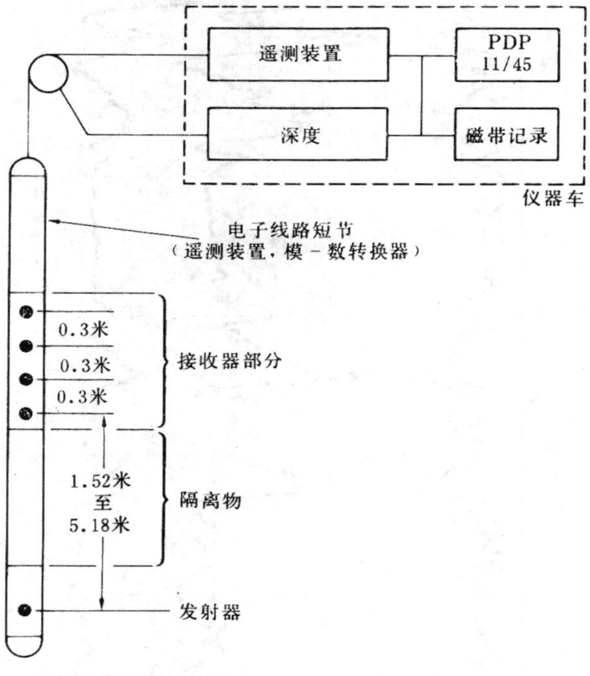

图 54.54　具有井下数字转换器的四接收器声波阵列测井

器，一个与发射器有更长源距的四接收器阵列，以及一个记录波形但没有电缆失真的数字转换器。地面仪器记录这些数字化信号。其处理过程是用一个四折叠相关算法来分析由四个接收器接收的波形，同步获得纵波和横波的传播时间（图 54.55）。

另外一种声波阵列测井[77]是由 Schlumberger 公司研制的 12 个接收器的实验性仪器。它有一个单独的 10 赫兹的发射器和一组 12 个接收器阵列。这些接收器可排列成不均匀的阵列距（接收器之间的间距分别为 0，6，9，12，15，18，21，24，27，30，36，42 和 48 英寸，接收器的总跨度为 4 英尺）；而且也可排列成均匀的阵列距（间距为 6 英寸，总跨度为 5.5 英尺）。发射器与接收器阵列之间的源距在 5～25 英尺之间是可调的。

由 Eif Aquitaine 公司开发的实验性仪器是一组发射器阵列和一组接收器阵列[78]。发射器阵列有 5 个等间距（0.25 米）的发射器，其总跨度为 1 米。接收器阵列有 12 个接收器，它们在 1 米间距上均匀分布。接收阵列与发射阵列之间的距离为 1 米。

最后，Schlumberger 开发的样机探测器（图 54.56）有 8 个接收器阵列和 2 个发射器[93]。此外，还有 2 个附加的接收器，这 2 个接收器距发射器的源距分别为 3 英尺和 5 英尺，以模拟常规声波测井仪。它还有测量井眼内流体纵波速度的能力。波形在井下数字化，并且传输到地面，以便记录与分析。

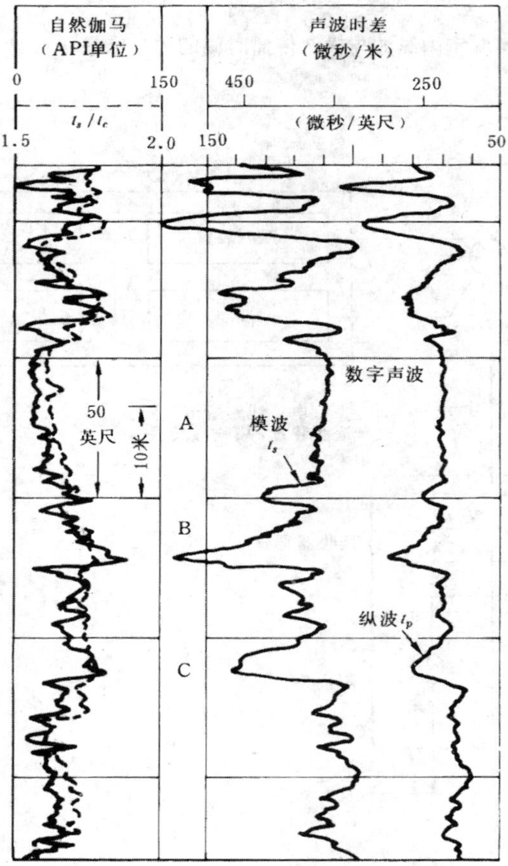

图 54.55 分析图 54.54 中探测器记录的波形获得的纵波与横波传播时间

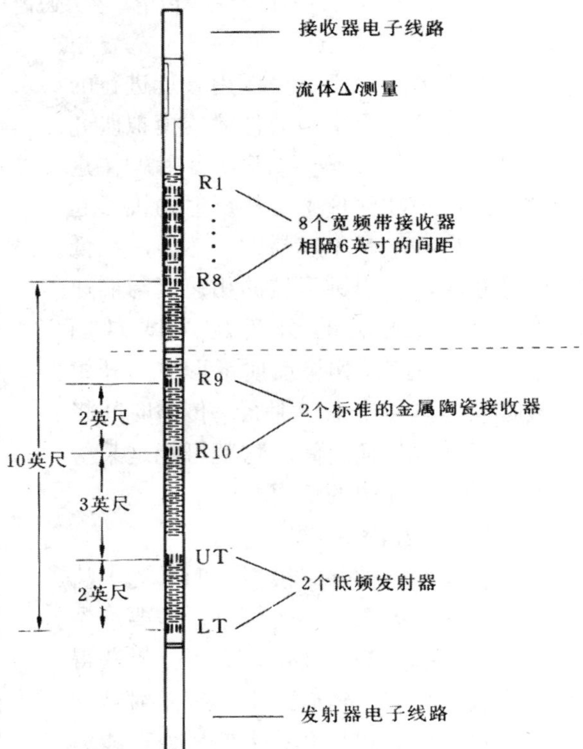

图 54.56 8 个接收器的声波阵列探测器

正如上面所讨论的，这是一个非常活跃的开发领域。一直在研制从声波波形中提取其他信息如假 Rayleigh 波和 Stoneley 波速度的仪器。正在扩大记录大数据量的能力。例如，用这些阵列仪器其中的一种，在 1 英里深的井中所获得的数据量要比 1 英里地震剖面的数据量还要多。

与开发研制仪器有同等重要和互为补充的领域是分析这些资料的处理方法。已经开发的处理方法如直接相位确定[94]、慢化时间相关及相似法等。能够自动分析横波的传播时间。阵列处理机正在加入井场数字采集系统，以便有可能进行实时信号处理。

至此，重点介绍了从声波波形中提取横波速度的问题。随着不断地改进仪器设计和信号处理，期望在不太远的将来，将使声波测井不仅能记录纵波、横波、假 Rayleigh 波和 Stoneley 波的速度，并且也能记录它们的衰减。

7. 反射方法

声波传播测井的反射方法，基本上类似于声纳。信号换能器以一定的速度旋转，发射兆赫兹数量级的声波脉冲，并且记录它们来自井壁表面的回波（图 54.57）。如同透射法一样，不但可以利用传播时间，而且也可以利用幅度，同时还可记录波速的方位角。

第一个这种仪器——井下电视[96]，仅仅利用反射信号的幅度去产生一个井壁图象。当井壁是光滑时，反射信号的幅度则是高的，它就被记录成一个亮点。而来自裂缝和孔洞井壁的低幅度反射，记录成暗点。其测井结果从本质上讲就是一个黑的和白的图象，这种图象是沿磁北方向垂直分开并且展开成平面而形成的（图 54.58 至图 54.60）。

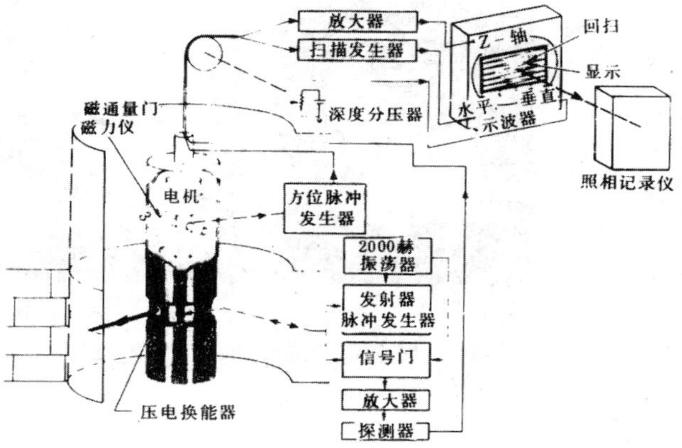

图 54.57　井下电视（BHTV）测井系统的方框图

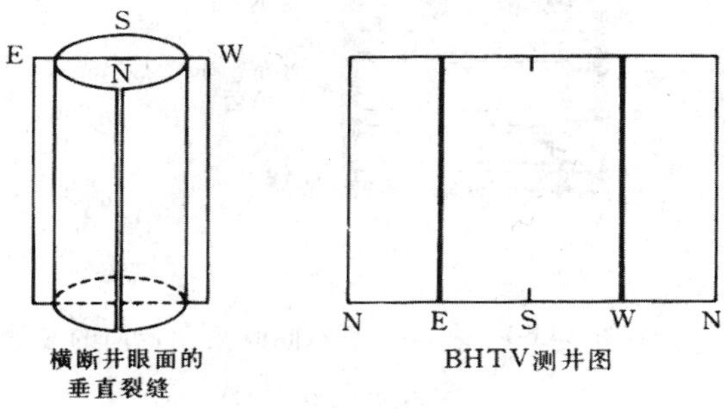

图 54.58　横切井眼的垂直裂缝立体图及相应的井下电视测井图

井下电视测井（BHTV）的纵向比例尺为深度，水平比例尺为对应着的井壁方位。图 54.58 的左侧，示出了在西-东方向上横断井眼的垂直裂缝的立体图象。相对应的井下电视测井图（图 54.58 右侧），则示出了表示裂缝的两条相隔 180° 的垂直黑线。同样，一个向南倾斜的裂缝或层面立体图及相应的井下电视测井图示于图 54.59 中。

图 54.60 示出了（由 Bird well 的 Seisviwer®）[98] 根据幅度成象法测出的由两条裂缝相交的井眼中井下电视（BHTV）测井图实例（左图），相对应的立体图象（右图）显示了两种不同的倾角和走向。

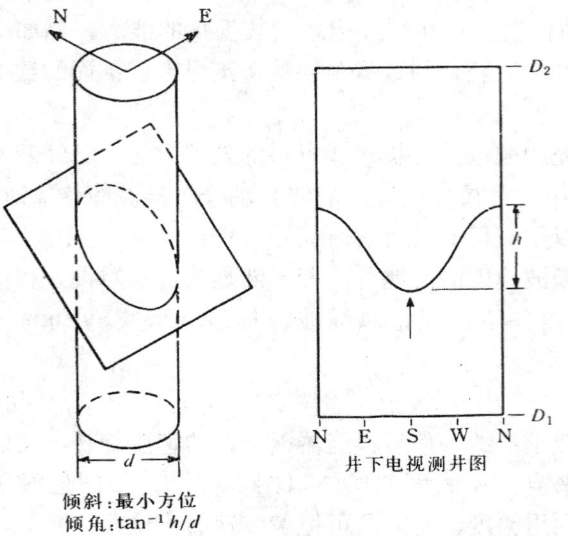

图 54.59 中等倾角横断井眼的裂缝或层面立体图及相应的井下电视测井图

对早期的井下电视技术中硬件和信号处理的改进工作，业已完成[97, 99, 101]。现行的技术是用传播时间信息获得图象，另外也可从反射信号幅度得到图象。在许多方法中，传播时间成象弥补幅度成象。传播时间成象，从本质上讲是接近于理想的分辨率为0.5 英寸的几何形状测量仪器。根据传播时间测量研制出来的井下电视图象，可以看作为二维(2D)的立体井眼图。

传播时间的进一步应用，是做成产生倾斜面的极坐标扫描显示[99]。从本质上讲，这些就是井眼的三维投影，也就是能在全方位上成象。图 54.61 的倾斜面极坐标扫描，示出了由两种角度成象的套管损害部分，它也能从任何期望的角度成象。

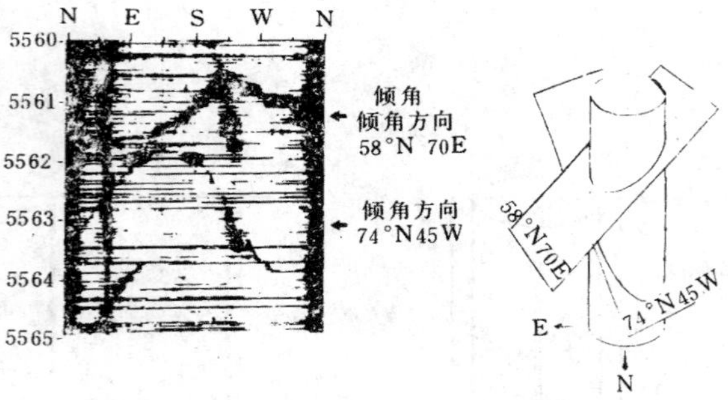

图 54.60 表示两条不同倾角和走向的裂缝的井下电视图象

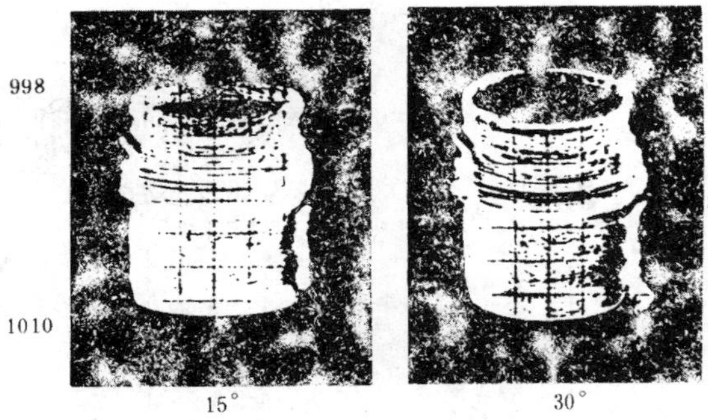

图 54.61 损伤套管部分的井下电视倾斜面极坐标扫描图象

六、应　　用

1. 引言

本节将介绍声波测井某些现在的和将来可能的用途，以说明前面介绍过的和表 54.1 列出的井眼声波测量的应用。对于那些更常规的和不太重要的用途仅给出参考文献，而重点讨论更为重要的应用。

2. 地震和地质应用

原来研究声波特性的井中测量是为了获得时间–深度曲线，以便用于地震解释[102]。除了记录作为深度函数的纵波时间之外，声波测井还对这些资料积分，并在测井图上为每一毫秒经过时间记录一个信号标记。然后，结合校验炮观测，将这些标记用于地震解释。

井眼横波速度记录的最新进展还使这一技术应用于地面地震横波测量，其方法类似于纵波速度测井用于地震纵波测量[104]。

声波测井资料在地质方面的一项重要应用是对比地质层位。正如前面已经介绍的那样(图 54.39)，声波测井响应受井眼不规则的影响比其他一些孔隙度测井要小得多。因此，声波测井资料提供了整个井眼内大比例的有效数据。

此外，声波测井资料通常还显示出许多特征和细节。这对划分地层界面，指示油气界面，确定地下地质情况都是有用的。例如，图 54.62 所示即为一个地质对比实例；虽然这两口井相距 10 英里，但其纵波传播时间曲线的特征是十分相似的。

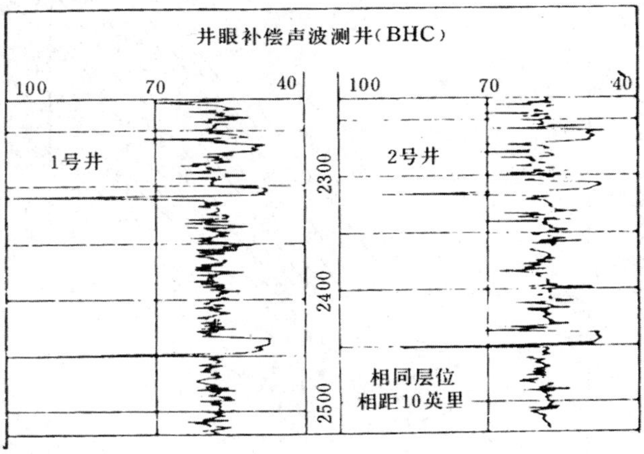

图 54.62　两口井之间的声波测井资料对比

3. 孔隙度

20 世纪 50 年代，井眼声波速度测量已发展成为定量的地层评价手段，尽管最初研制它们是为了帮助解决地震解释。若干年后，声波测井在地层评价中的主要作用，已发展成为由纵波传播时间（$t=1/v_p$）确定孔隙度。在本章的前面，通过对弹性波在孔隙介质中传播的理论与实验研究，介绍了影响声波特性的因素。基于这些讨论，就很自然地期望在孔隙度与纵波传播时间之间建立一个简单的线性方程。而经验观察确实证明了这一点，即在一定的特殊条件下，这一线性关系的确存在。

固结的岩石　从声波测量估算孔隙度的通用线性关系式（依据孔隙岩石和其他材料声波速度和孔隙度的实验室测量），是由 Wyllie 等人提出的[18, 19]。通常称为 Wyllie 时间平均公式，它被表示为：

$$\frac{1}{v_p}=\frac{\phi}{v_L}+\frac{(1-\phi)}{v_m} \tag{10}$$

或者用传播时间表示为：

$$t=\phi t_L+(1-\phi)t_m \tag{11}$$

式中　$t\ (=1/v_p)$ ——饱和液体的孔隙介质中纵波传播时间；

$t_L\ (=1/v_L)$ ——构成孔隙介质固体框架的饱和液体的传播时间；

$t_m\ (=1/v_m)$ ——构成孔隙介质固体框架的岩石基质的传播时间；

ϕ ——孔隙度。

此关系式也可重新排列，变成：

$$t=(t_L-t_m)\phi+t_m \tag{12}$$

或

$$t=m\phi+b \tag{13}$$

式中，斜率 $m=t_L-t_m$；而截距 $b=t_m$。

方程（12）最有吸引力的特点是它的简易性。它表明，孔隙岩石中的声波传播时间是其在骨架及其孔隙液体中传播时间的孔隙度加权平均值❶。此外，它可以对 0%和 100%的孔隙度分别外推出正确的值即 t_m 和 t_L。

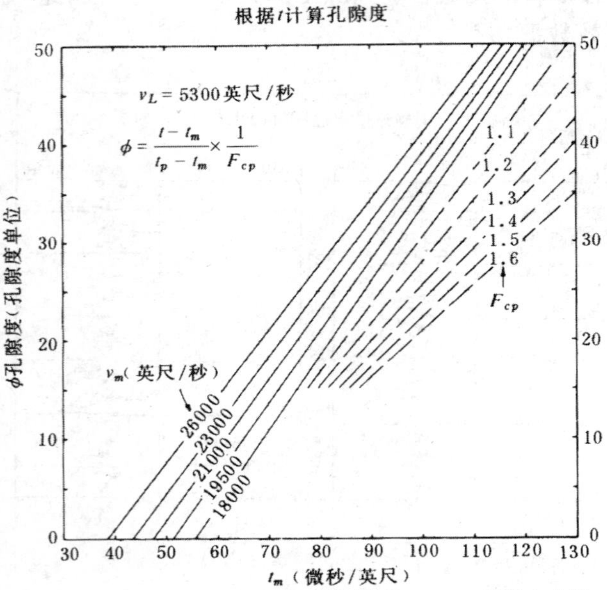

	v_m（英尺/微秒）	τ_m（微秒/英尺）
砂岩	18000～19500	55.5～51.3
石灰岩	21000～23000	47.6～43.5
白云岩	23000～26000	43.5～38.5

图 54.63　声波测井计算孔隙度

这种令人满意并具有教学意义的简易特性，使得公式（12）通俗易懂，更重要的是，使声波测井成为地层评价的一个重要仪器。但是，正如所指出的，这样一个简单的关系式尚没有得到理论证明。在附录中，线性关系式方程（13）被证明为是精确关系式方程（A–9）的一个二次近似式，其截距 b 近似等于骨架的传播时间，而斜率 m 紧紧地取决于孔隙岩石骨架的弹性特性和孔隙流体的压缩系数。尽管如此，在恰当的条件下，通过上百次严密地实验观察，还是可以确定出传播时间与孔隙度的线性关系。

图 54.63 中给出了时间平均公式（11）的图解说明〔105〕。这是没有其他资料可用时由声波测量结果确定孔隙度的一个良好开端。对于压实好且孔隙大小均匀分布的岩石，在有效应力（上覆岩石应力与孔隙流体压力之差）至少为 4000 磅／英寸^2 的条件下，可以提供满意的孔隙度值。

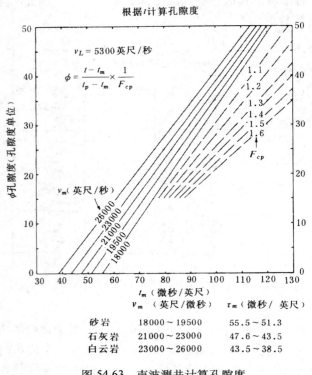

业已发现，在大多数应用中，如果方程（13）的 b 值和 m 值可确定出来，那么方程（13）的线性关系式比公式（11）的时平均公式更有用。正如附录所指出的那样，参数 b 近似等于$\left(\dfrac{1}{v_m}\right)$；因此它取决于岩石骨架性质。已公布的 b 值范围是：砂岩为 50～60 微秒／英尺，石灰岩是 45～50 微秒／英尺，白云岩则为 40～48 微秒／英尺。

在 Clark〔106〕，Simmons 和 Wang〔107〕编的手册中，给出了大量物质的纵波和横波速度。Wells 等人〔108〕对石油和矿物勘探中经常遇到的矿物和岩石编制了更为广泛的纵波与横波传播时间一览表。Carmichel〔109〕在最近的手册中，对海相沉积、成岩矿物和岩石在不同压力和温度下的纵波与横波速度，可能是作了最广泛的收集。从该著作中引用的一组选定物质的纵波和横波速度数值列于表 54.3 中〔11〕，以说明在井眼中和井眼周围经常遇到的速度

❶也就是说，声波在孔隙岩石中传播所用的时间，等于其在孔隙（ϕ）中以流体声速经过全部孔隙所用的时间，以及在孔隙外（$1-\phi$）岩石骨架部分以岩石骨架声速经过全部骨架所需时间的总和。而其中的孔隙度（ϕ）是孔隙度的加权平均值——译者注。

变化范围。

表 54.3　声波速度

物　质		v_p（英尺／秒）	v_s（英尺／秒）
无孔隙固体物质			
无水石膏		20000	11400
方解石		20100[1]	–
水泥（固化）		12000	–
白云岩		23000	12700
花岗岩		19700	11200
石　膏		19000	–
石灰岩		21000	11100
石　英		18900[1]	12000
盐　岩		15000[1]	8000
钢		20000	9500
孔隙中饱和水的原状岩石	孔隙度（%）	v_p	v_s
白云岩	5～20	20000～150000	11000～7500
石灰岩	5～20	18500～13000	9500～7000
砂　岩	5～20	16000～11500	9500～6000
砂层（未固结）	20～35	11500～9000	–
泥　岩		7000～17000	–
液体[2]			
水（纯）		4800	
水（100000 毫克 NaCl／升）		5200	
水（200000 毫克 NaCl／升）		5500	
钻井液		6000	
石　油		4200	
气体		v_p	
空气（干的或湿的）		1100	
氢		4250	
甲烷		1500	

①沿轴向的算术平均值；

②在正常压力和温度条件下。

m 值取决于岩石骨架的弹性模量，而后者又受有效应力、孔隙结构和孔隙流体压缩系数的控制。随着有效应力的不断增加，观察到速度的变化越来越小。因此，在 7000 英尺以下的正常压力层段内，*m* 对压力的依赖关系是很小的，甚至可以忽略不计。孔隙结构对 *m* 值的影响，可以定性地给以描述，也就是说，*m* 值随着颗粒接触面积的减小而增加。因此，结晶岩石的 *m* 值小，颗粒状和泥岩的 *m* 值大，其变化范围是：碳酸盐岩的 *m* 值为 0.5～1.5 微秒／英尺，砂岩为 1～3 微秒／英尺。

孔隙流体的压缩系数取决于它是气、油还是水，这在固结差的岩石中变得更为重要[见方程（A−7）]。在高的有效应力作用下，固结的岩石中孔隙流体的压缩系数对整个岩石弹性模量的相对影响是很小的。因此，由于孔隙中流体含量而引起的 m 值变化，可忽略不计。

如果 b 值和 m 值的变化范围大，则需要用岩心分析数据来校验计算孔隙度的声波测井资料。为此，要在等同于地下压力的条件下，测量岩样的孔隙度和传播时间，并用统计分析方法在它们之间建立起线性关系。如果没有实验室测量的 t 值可用，那么用压力恢复测量的孔隙度，或者用等同的地下条件校正的孔隙度也能与声波测井的 t 值建立起线性关系，前提是要能在岩心与测井资料之间建立满足深度的对应关系。

假如岩性是已知的，那么从声波测井中可以求得压实好纯砂岩和碳酸盐岩的可靠孔隙度。这方面的油田实例很多。图 54.64 是二口井中碳酸盐岩层的测量结果，说明在声波测量的传播时间与岩心测量的孔隙度符合良好。

事实上，声波测井在一些地区一直是最可靠的孔隙度仪器。但要重申下列限制条件：(1) 要准确地知道岩性；(2) 孔隙度基本上是粒间孔隙；(3) 岩石是压实好的，并且应力差至少为 4000 磅／英寸^2。

同其他常规孔隙度测井一样，岩性的变化会使得用纵波传播时间确定孔隙度变得不准确。为了克服这个缺陷，可用声波测井与密度测井和（或）中子测井，或与下节介绍的横波传播时间测井相结合来解决。

次生孔隙度　声波测井的另一个用途是确定孔洞和裂缝岩层的“次生孔隙度”。为此，假定：纵波速度仅仅受原生和粒间孔隙度的影响；密度和中子测井响应的是总孔隙度。因此，它们之间的任何差别都是由于孔洞和（或）裂缝组成的次生孔隙度引起的。图 54.65 示出了这方面的实例，图中的层段包括具有裂缝孔隙度的无水石膏[110]。请注意，在整个井段，传播时间 t（时差）大致上保持不变，密度 ρ_b 从 2.97 降低到 2.83 克／厘米^3，而中子孔隙度 ϕ_N 从 0 增加到 4，据此，所指示的次生孔隙度为 4%。

固结不好的岩石　在固结不好的砂岩中，根据声波测井估算孔隙度的准确性也稍差些。在这种情况下，通常选择与密度和中子测井相组合。声波测井最大的优点是它受井眼条件（如冲蚀与不规则）的影响非常小。图 54.39 就说明了这种情况，图中的密度和井壁中子测井响应了井眼条件，而发现声波测井却能得到可靠的孔隙度估算。

在欠压实的砂层中，已研究出根据声波测井资料获得孔隙度的一些方法[21、111]。方法之一是用一个压实系数 F_{cp} 校正由时间平均公式计算出的孔隙度。首先，计算出视孔隙度 ϕ_a：

$$\phi_a = \frac{t - t_m}{t_L - t_m} \tag{14}$$

然后，用 F_{cp} 校正 ϕ_a，得到校正后的孔隙度 ϕ_c：

$$\phi_c = \frac{\phi_a}{F_{cp}} \tag{15}$$

F_{cp} 的数值范围为 1～1.6 或更高些（图 54.63）。用于估算 F_{cp} 的一种方法，是根据临近的泥岩层压实程度估算砂岩的压实程度。如果临层的泥岩传播时间是 100 微秒／英尺或稍小些，那么就假定它们已被压实。因此，将临近泥岩层所观察的传播时间 t_{sh} 除以 100，便得到校正系数 F_{cp}：

$$F_{cp}=\frac{t_{sh}}{100} \tag{16}$$

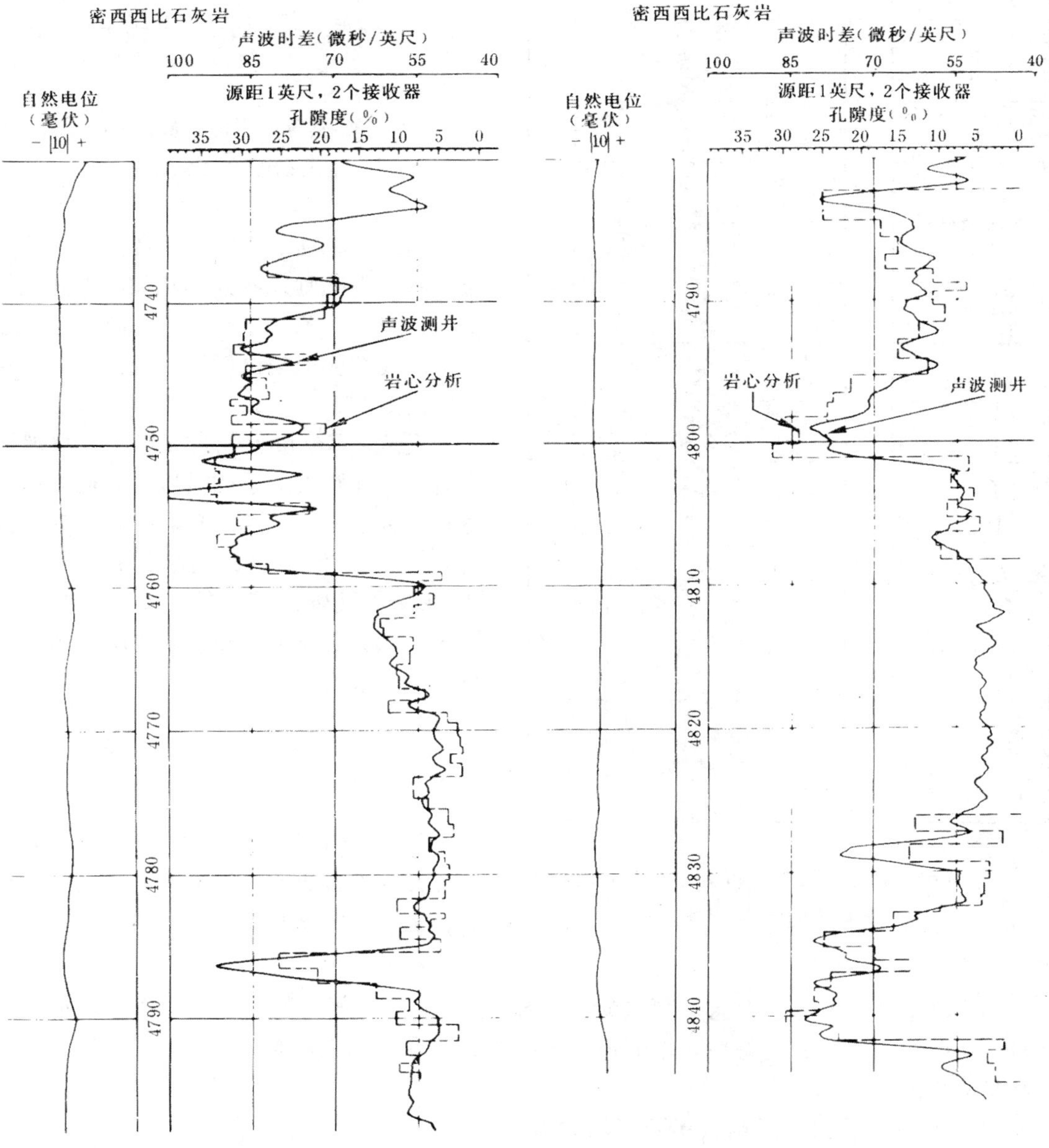

图 54.64 声波测井与岩心分析孔隙度

注意：孔隙度比例尺是根据基质速度 $v_m=23000$ 英尺／秒确定的

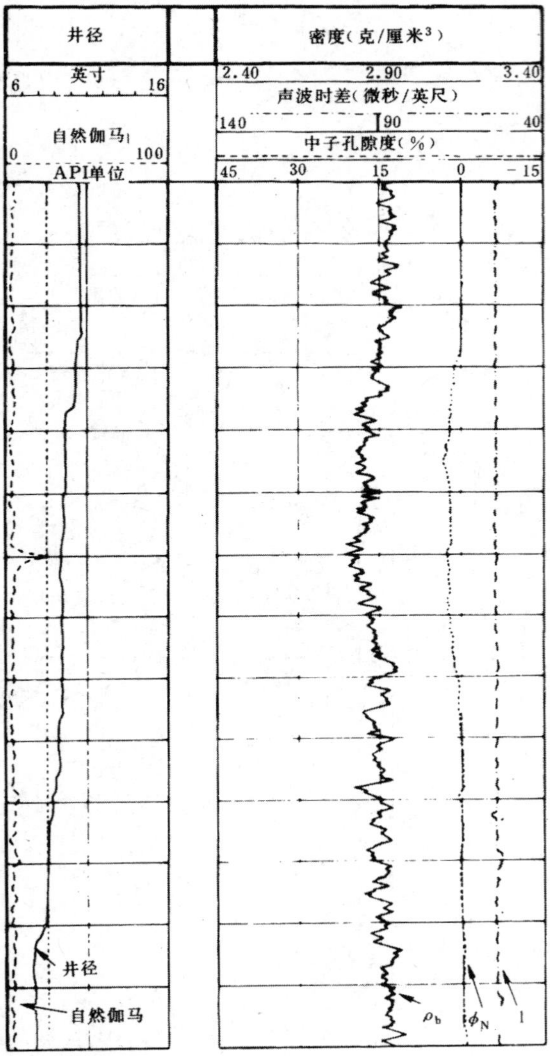

图 54.65 阿根廷的 Neuguen 盆地 Auguilco 地层中的次生孔隙度

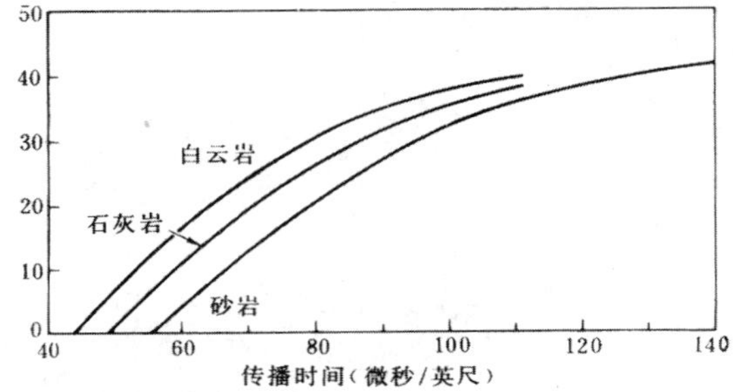

图 54.66 估算砂岩、石灰岩和白云岩孔隙度的经验关系式

确定 F_{cp} 的另一种方法是根据饱和水砂层中的电阻率测井或其他孔隙度测井（如密度和／或中子测井）确定出孔隙度，然后将求出的孔隙度值与由声波测井得到的孔隙度值 ϕ_a 相比较。

最近，Raymer 等人在广泛观察现场传播时间与孔隙度关系的基础上，研究提出了另外一种根据纵波速度估算孔隙度的经验公式〔111〕。已经报道的这种公式是用于 0～100%全部孔隙度范围的，然而，为了可用于人们感兴趣的 0～30%的孔隙度范围，该公式可表示为：

$$v=\phi v_f+(1-\phi)^2 v_m$$

式中，v_m 的数值分别是：砂岩为 17850 英尺／秒，石灰岩为 20500 英尺／秒，而白云岩则为 22750 英尺／秒；v_f 是孔隙中流体的声波速度。

图 54.66 给出了这个经验关系式的图解显示。Raymer 等人发现，该关系式在估算孔隙度时，比时间平均公式更好些。他们还指出，经验关系式无论对固结的岩石还是未固结的岩石都是适用的。

在中等固结的到未固结的墨西哥湾砂岩中，Hartey〔112〕对由经验关系式和时间平均公式所做的预测进行了研究。图 54.67 所指示的缺乏一致性，使 Hartley 得出普遍适用的结论：经验关系式如果超出了他们研究数据组应用范围，该公式可提供出错误的孔隙度。

泥质砂岩　Hartley 研究的另外一个方面，是在孔隙度解释中要考虑泥质的影响。从图 54.67 可看出，用经验公式作的泥质砂岩孔隙度预测质量很差。由于泥岩对声波速度的影响

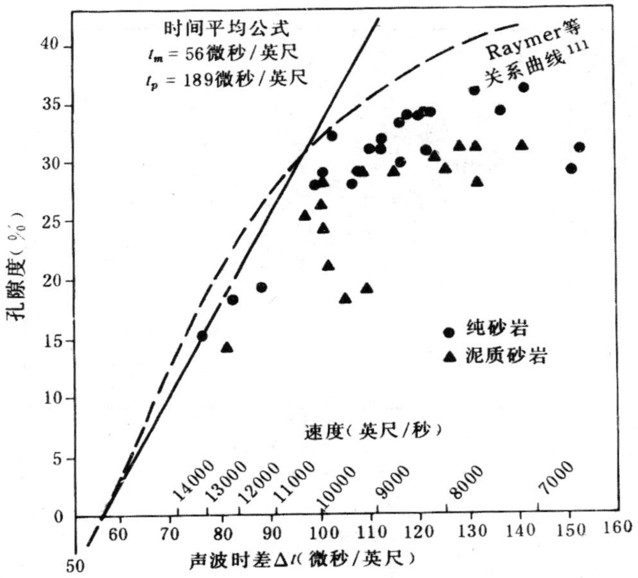

图 54.67　中等固结到未固结砂岩的速度与孔隙度关系曲线

不是很清楚，因此说明其原因是困难的。Minear[113]最近的理论研究，把粘土的影响同它们在岩石骨架内的分布联系起来，非常清楚地说明了这一问题。Minear 利用 Kuster–Toksöz 的孔隙介质模型，并把粘土的分布分成四种类型。正如图 54.68 所说明的那样，这四种类型是：(1) 层状模型（图 54.68a），在此模型中富集的粘土矿物和泥岩同纯砂层交互存在；(2) 骨架结构模型（图 54.68b），泥岩颗粒无规律地取代石英颗粒；(3) 颗粒界面结构模型（图 54.68c），其中泥岩颗粒存在于一些（但不是全部）石英颗粒之间的界面上；(4) 分散粘土模型（图 54.68d，粘土分散地存在于孔隙流体之中或内衬在孔隙中，但不存在于颗粒接触面之间。

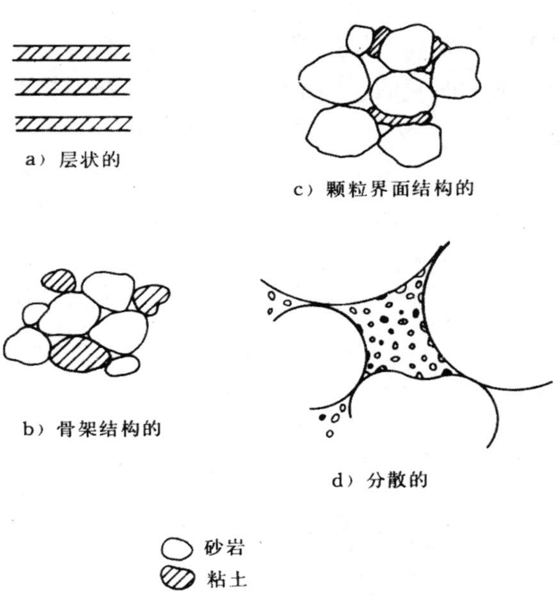

图 54.68　用于声波传播研究的泥质砂岩模型

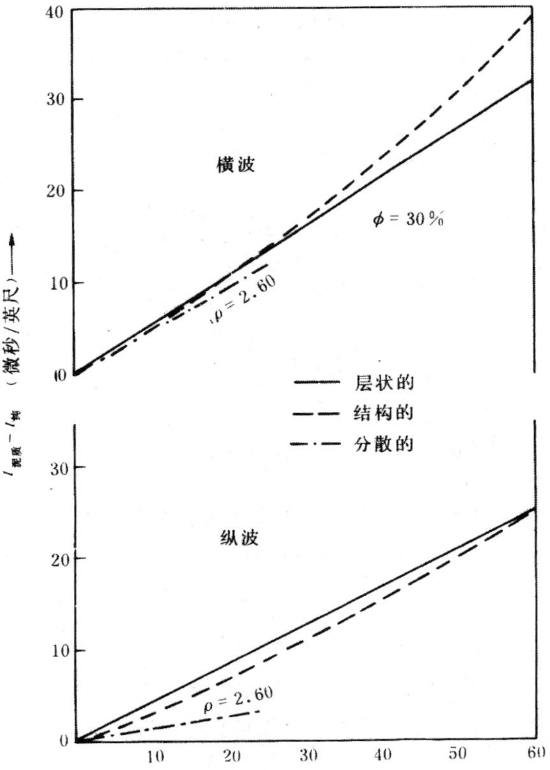

图 54.69　估算的泥岩对纵波和横波速度的影响

上述研究的结论之一是：时间平均公式对层状模型是适用的。而更有意义的结论则是在骨架模型（图54.68b）和颗粒界面模型（图54.68c）中，泥质对声波速度似乎有相同的影响，该研究进一步的结果都集中在图54.69上。在绘出的图54.69中，其纵坐标为纵波与横波分别在泥质砂岩和纯砂岩中的传播时间差（$t_{泥}-t_{纯}$），横坐标是孔隙度为30%的砂岩中含粘土或泥质的百分数，图中的曲线分别表示不同模型情况下，纵波或横波的（$t_{泥}-t_{纯}$）与粘土（或泥质）含量的关系。结构型的和层状型的泥岩对传播时间 t_p 和 t_s 的影响近乎相同，但是 t_s 的增加比 t_p 更多一些。分散型的粘土，如果其密度接近于砂岩，对 t_s 的影响与结构型和层状型泥岩大致相同；然而，分散型粘土对 t_p 的影响仅仅是其他两种类型影响的三分之一左右。

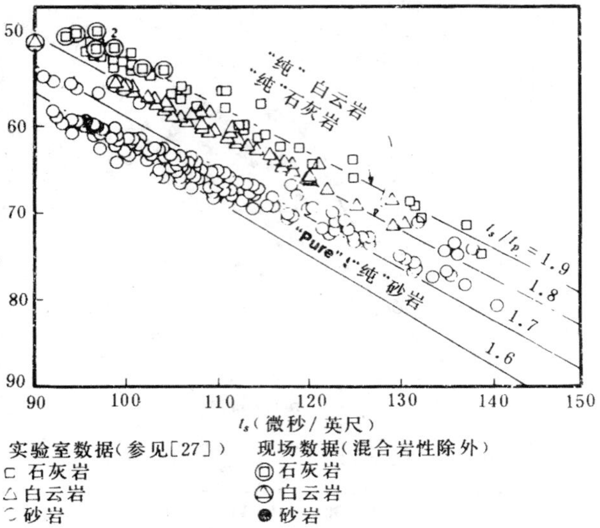

图 54.70 纵波传播时间与横波传播时间关系曲线

4. 岩性

假如从其他测井方法中知道了孔隙度，那么通过解时间平均公式求出骨架传播时间，就可以从常规声波测井中估计岩性。虽然这项技术只是在一定的条件下使用，但由于用这种方式确定的最普通岩石类型的骨架传播时间的差别不够明显，因而这种技术并不是一个非常有用的方法。

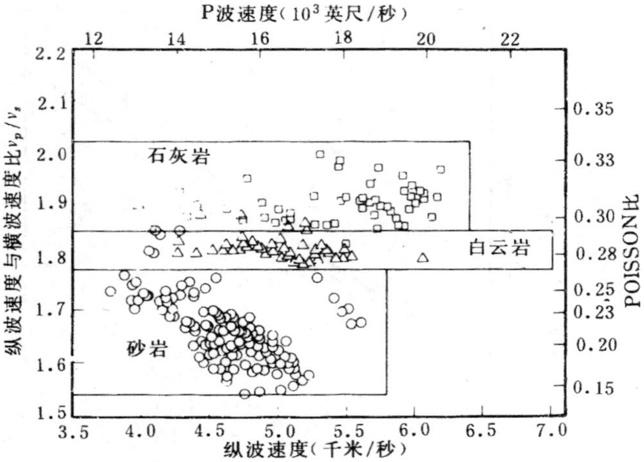

图 54.71 纵波与横波速度比同纵波速度的关系

(资料来自图 54.70)

由声波测井测量确定岩性更可靠的方法，是以图54.70所示的关系为基础。在该图中是把实验室和井眼内测量的纵波传播时间对应着横波传播时间作出关系曲线的。实验室数据覆盖的孔隙度范围是：砂岩为5%～30%，碳酸盐岩为5%～25%；而有效应力的范围为：0～6000磅／英寸^2 [27]。如图所示，不论孔隙度或有效应力（深度）如何，每种岩性都有一个良好的趋势，分别为1.8和1.9的等速度比（v_p/v_s）线，精确地把白云岩和石灰岩分隔开。在低的有效应力下，砂岩的范围从低孔隙度岩层的1.6到高孔隙度砂层的1.75。

用图54.70的速度比数据与纵波速度重新绘制的图54.71，也可用来说明岩性的鉴别。

Nations[88]介绍了利用纵波和横波传播时间的井眼测量，确定混合岩性岩石的孔隙度和岩性。他假定，对于一种“纯”岩石来说，其速度比是固定不变的：砂岩为1.6，白云岩是1.8，而石灰岩则为1.9。他又进一步假设，混合岩性的岩石将呈现的速度比正好与这两种矿物的含量成正比，而且孔隙度在两种矿物之间均等分布。根据这种速度比，他首先确定出地质矿物的成分，然后在此资料的基础上，给出合适的用于计算孔隙度的骨架传播时间。对于白云岩与砂岩、白云岩与石灰岩相混合的岩石使用了这项技术，图54.72说明了该技术成果的一个实例。

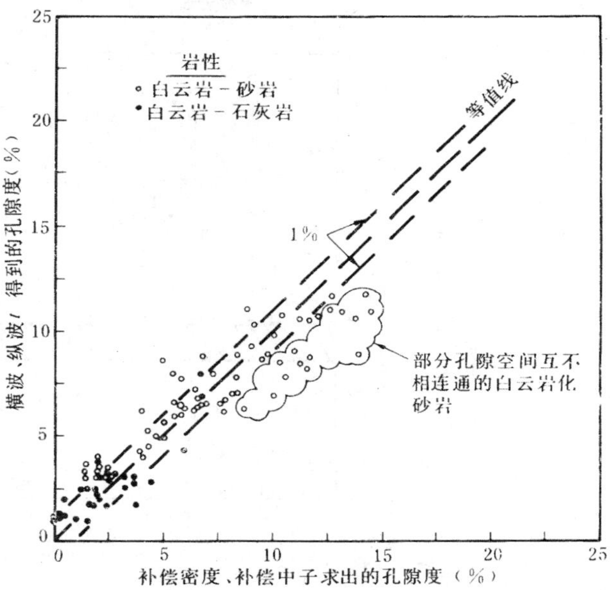

图 54.72　从复杂岩性的纵波传播时间得到的孔隙度(用速度比进行过岩性校正)与由补偿密度、补偿中子求出的孔隙度的交会图

5. 烃含量

我们知道，微地震图或变密度测井资料上的声波信号在未固结地层的油、气层中有时会消失。声波测井的这种特性可用来确定油水界面的位置和气顶，但并不完全可靠。有时甚至在同一层中，信号的消失可能是指示烃类的存在，也可能不是。

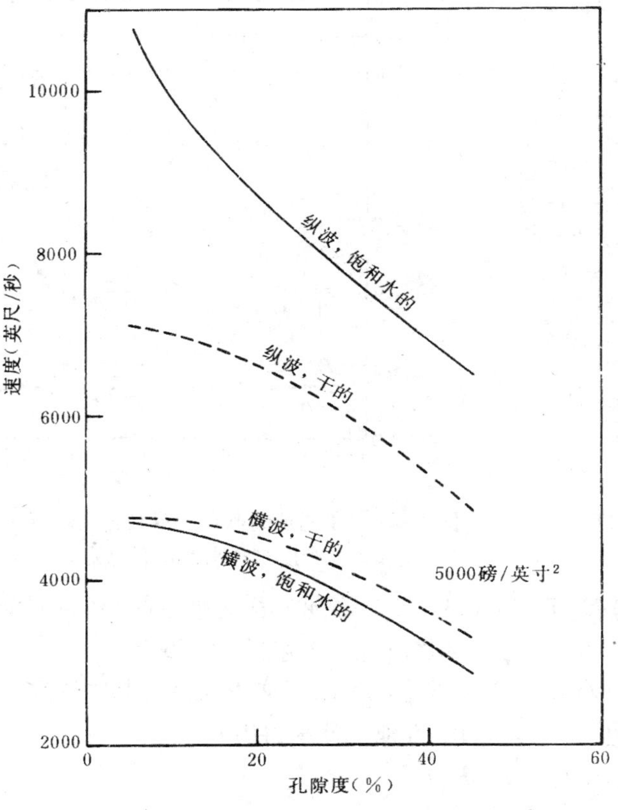

图 54.73　湿的和干的砂层中，在5000磅／英寸^{2}剩余压差下纵波和横波速度随孔隙度的变化

Gardner和Harris[115]对充填砂层进行的实验研究表明，当在充填的砂层中加上液体时，横波速度减小，而纵波速度增加（图54.73）。

在纵波与横波速度之间观察到的这些差别，可通过绘制速度比与孔隙度和压力的关系曲线（图54.74）加以说明。在此图中还给出了固结沉积岩的速度比范围0.175±0.20。速度比大于2，指示为饱和液体的未固结砂层。低于2时，可能是含气的未固结砂层，或者是固结的岩石。

对于固结的岩石，Gregory[50]通过实验测量得到了用液体和气体饱和的速度比范围。该项研究的成果汇总在图54.75中。

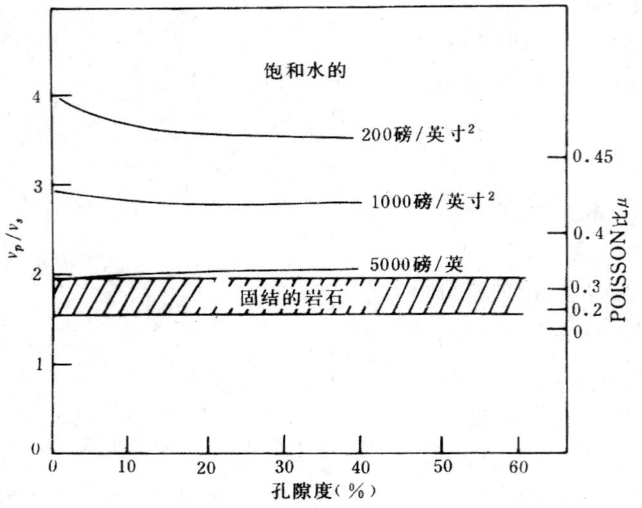

图 54.74 砂层和固结岩石的纵波与横波的速度比

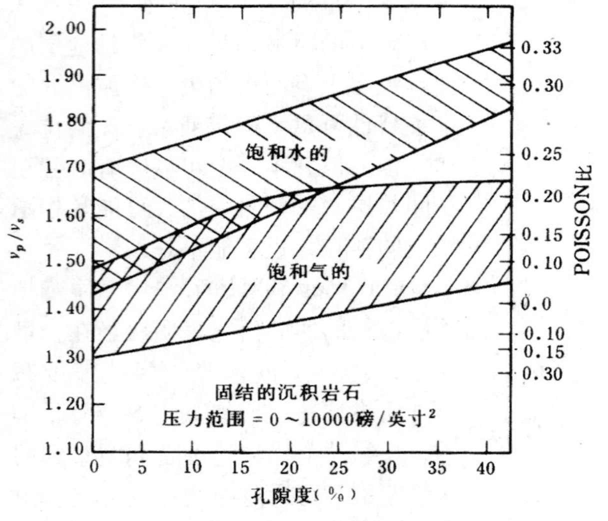

图 54.75 在水饱和与气饱和的岩石中速度比随孔隙度的变化情况

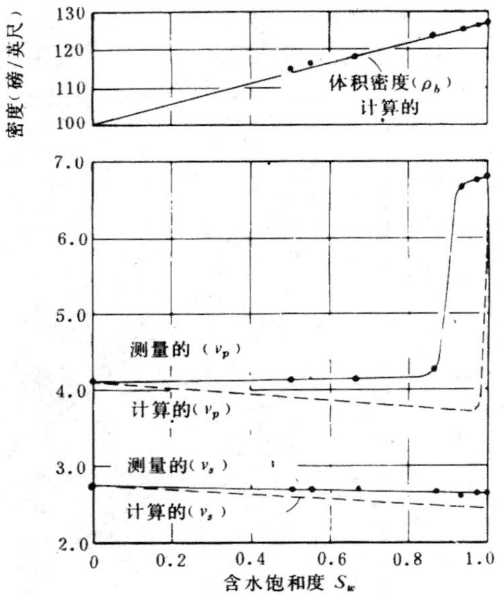

图 54.76 在充填的砂层中纵波速度、横波速度和体积密度与含水饱和度的关系

用充填的砂层得到的另外的实验数据示于图 54.76 中[116]。纵波和横波速度的实验室测量结果，是作为含水饱和度的函数测量出来的，并和密度的测量值一起绘制在图 54.76 上。

一般，通过运用附录中所介绍的 Gassman−Biot 理论，可以把这些资料和上述观察的结果用普通项加以解释。取方程（A−1）和（A−2）的平方根，分别得出：

$$v_p=\frac{1}{\rho_b^{1/2}}[P_d+f\ (K_f)\ ]^{1/2}$$

和

$$v_s=\left(\frac{G}{\rho_b}\right)^{1/2}$$

这些方程的预测值用长划虚线也绘制在图 54.76 上。方程（A−1）的预测值之一是100%饱和气岩石的预测值。由于孔隙流体的不可压缩系数（K_f）比岩石骨架的（K_m）要小得多，因此 f（K_f）变得很小[见方程（A−4）]。所以，用该方程计算出的饱和气岩石的纵波速度要比那些饱和液体岩石的纵波速度小些。

然而，由于岩石中无论是含气还是含液体，其横波模量都是相同的，所以横波速度通过对体积密度的依赖关系变为气体饱和度的函数。因此，正如方程（A−2）中所指出的，由于气体的引入，使体积密度下降，从而引起横波速度增加。

回头再讨论纵波速度。由于气体的压缩系数比水大得多，少量气体就会使孔隙流体的压缩系数基本上减小到气体的压缩系数，这和方程（A−7）（见附录）预测的相同:

$$c_f = S_w c_w + (1 - S_w) c_g$$

式中，c_g 是气体的压缩系数。因此，少量的气体就会使纵波速度明显下降，但气体饱和度再增加，气体对纵波速度的影响就变得很小。这已由绘制在图 54.76 上的实验室数据和理论预测值作了说明。图 54.77 所示的一个现场实例证实了这一点。由图可见井段上部含气饱和度为 90%的层与下部含气饱和度为 20%的层，两者的纵波传播时间没有什么不同，这是因为在这两个层段中声波测井响应基本上都是泥浆的纵波速度。

图 54.78 说明一个深层白云岩储集层含气饱和度对纵波与横波速度比（v_p/v_s）的影响[117]。在 18500～18520 英尺的整个层段中，v_p/v_s 比是 1.8，这同料想的白云岩岩性

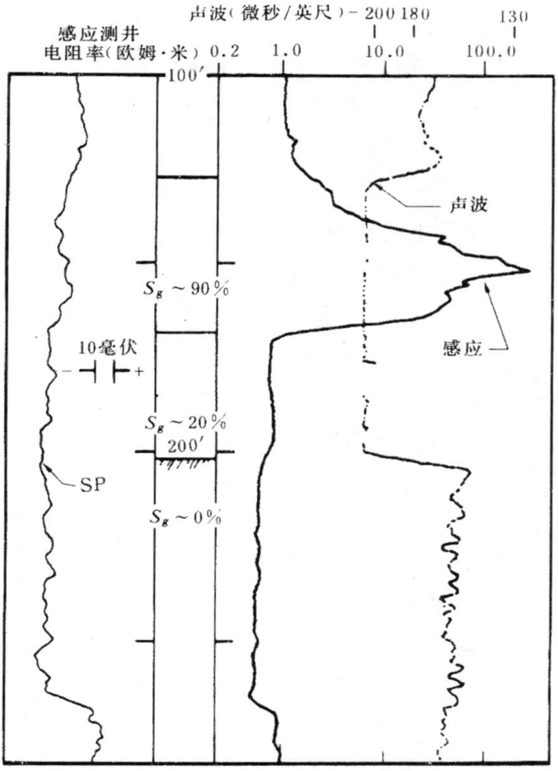

图 54.77 气对声波测井的影响

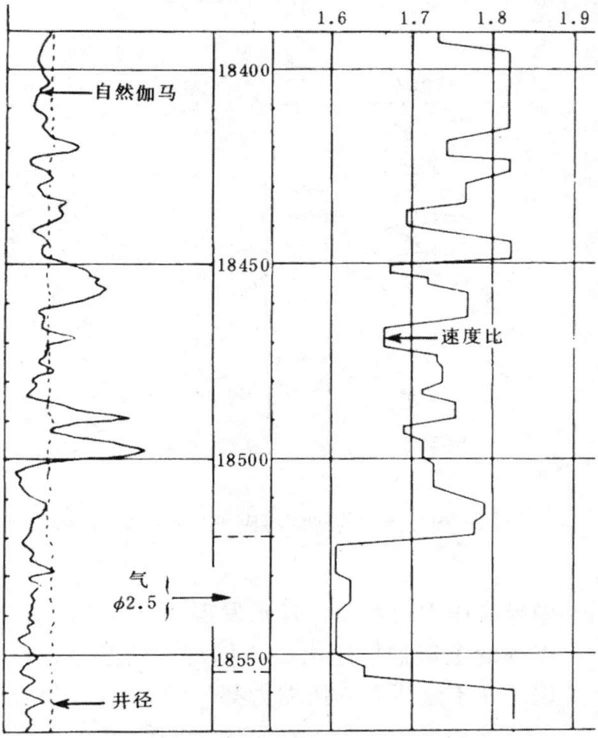

图 54.78 在白云岩储集层中气对纵波与横波速度比的影响

是一样的。在 18520 英尺以下的全部气层中，其比值降为 1.6，清楚地把气层划分了出来。图 54.79 示出了砂岩储集层相类似的气体影响，在此情况下，v_p / v_s 由 1.67 减至 1.51，也同样清晰地划分出了气层。

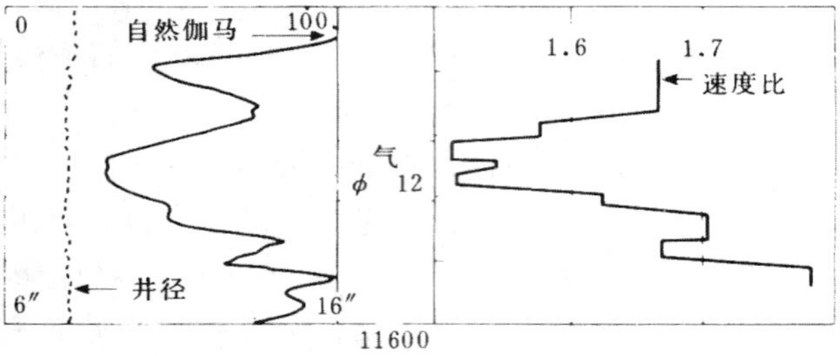

图 54.79　在砂岩储集层中，气体对纵波与横波速度比的影响

一般来说，含气饱和度对岩石声波速度的影响，可归纳为以下几点：

(1) 饱和液体岩石的纵波速度大于饱和气相同岩石的纵波速度；纵波速度正好与此相反。

(2) 随着深度的增加，饱和液体与饱和气的纵波速度差别变得很小，可以忽略不计。而横波的等效差别仍保持不变。

(3) 在同等压力条件下，当地层含气时，纵波速度在固结差岩石中减小的程度比在固结好的岩石中大得多。

弹性波的衰减也可用来识别气层[118]。图 54.80 和图 54.81 所示的典型海湾砂层说明了这一点。在图 54.80 中，感应测井曲线指示出两个气层：一个是在 5476 英尺的薄岩层，另一个是在 5520 英尺的块状岩层，其下面为水层。图 54.81 是用单发双收声波测井仪器，在图 54.80 所描述的井眼中所记录的显示器图象。图 54.81a 是当下接收器移动到接近于含气薄层时，正开始受到薄气层的影响。再下移动 1 英尺，即在 5477 英尺，下接收器位于薄气层顶部（图 54.81b）。在图 54.81c 中，下接收器正好在薄气层内，而上接收器开始受到薄气层的影响。在 5540 英尺的块状砂岩内，两个接收器所记录的纵波幅度都变得很低（图 54.81d）；而在 5580 英尺的含水砂层内，两个接收器都显示出强的信号（图 54.81e）。为了便于对比，图 54.81f 给出了在 5462 英尺的一个典型泥岩响应曲线。

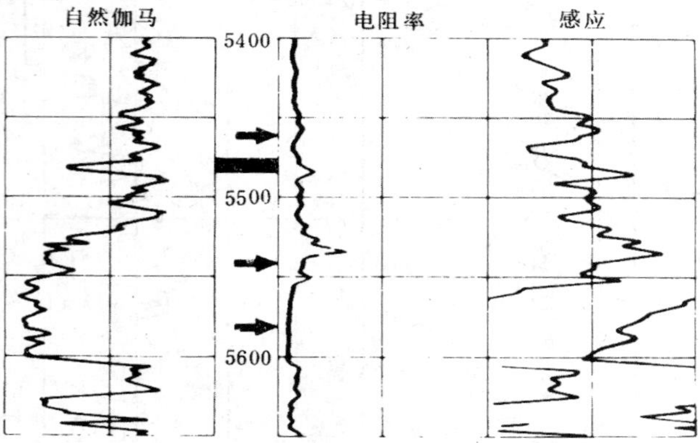

图 54.80　典型的海湾感应测井曲线指示的 2 个含气砂层

6. 异常高压的检测

异常高压是指埋藏在地下的岩石与流体系统中的流体压力大于地层水整个水柱的静水压力，异常高压也叫做异常压力或超压。现已发现，异常高的流体压力，遍及世界各地。当孔隙空间的流体开始支撑的上覆地层压力大于同深度的静水柱压力（超压）时，就会产生异常压力——也就是说，并不是所有的压缩力都仅仅由岩石骨架传递。

预测异常压力存在和大小的能力，对于制订有效的钻井设计和完井设计是非常必要的。Hottman 和 Johnson[119] 提出了确定异常高压第一次出现和确定精确深度与压力关系曲线的方法。他们发现，对于一个给定地质区域的静水压力地层来讲，泥岩纵波传播时间 t_{sh} 的对数坐标与深度的关系曲线，一般呈一条直线。所观察的传播时间 t_{ob} 与由已确定的正常趋势求得的 t_n 之间的偏差，可用来度量泥岩因而也是邻层渗透地层的孔隙流体压力（图 54.82）。他们还确定了泥岩电阻率与深度关系的趋势，并以同样的方式把它与声波测井资料结合在一起应用。

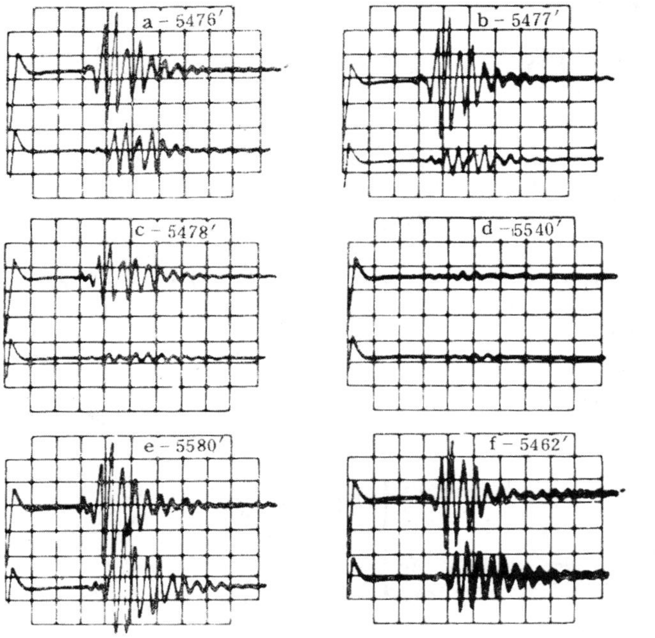

图 54.81 在选自图 54.80 测井图的层位中声波测井显示器上记录的图象

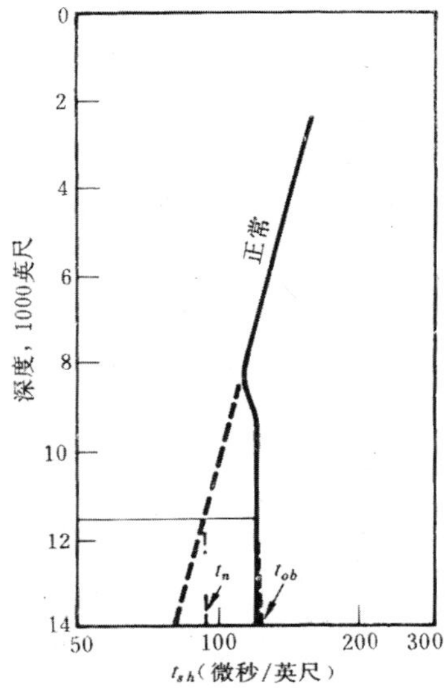

图 54.82 根据泥岩传播时间预测地层压力

图 54.83[120] 给出了北海一个异常压力地层剖面的声波测井响应实例（右图），与此相比较，在左图中用地面地震测量更能精确地预测出异常压力。

地层压力评价的步骤，可归纳为：

(1) 绘制泥岩速度或传播时间，并确定正常压实趋势线。

(2) 确定出异常压力顶部深度，在此深度上，绘制偏离正常趋势的数据点。

(3) 读出观察的泥岩传播时间与正常的泥岩传播时间的差别。

(4) 对于已知的地质年代和地区，用经验导出曲线的方法，把上述传播时间差转换成地层压力梯度（图 54.84 用于图 54.83 的实例）。

(5) 得到的压力梯度乘以深度，即可计算出该深度地层的流体压力。

Eaton[112] 提出了评价异常压力的另外一种方法。他提出用下面的经验关系式来预测孔隙流体压力（p_f）

$$\frac{p_f}{D}=\left[\frac{p_o}{D}-\left(\frac{p_f}{D}\right)_n\right]\left[\frac{t_n}{t_{ob}}\right]^m$$

式中 D——深度，英尺；

p_f/D——孔隙流体压力梯度，磅／英寸^2／英尺；

p_o/D——上覆岩层应力梯度，磅／英寸^2／英尺；

$(p_f/D)_n$——正常的静水压力梯度（海湾为0.456，淡水为0.434磅／英寸^2／英尺）；

t_n——在此深度上外推的正常曲线上传播时间；

t_{ob}——在此深度上观察的传播时间；

m——随地区而变化的经验指数，其数值大约为3。

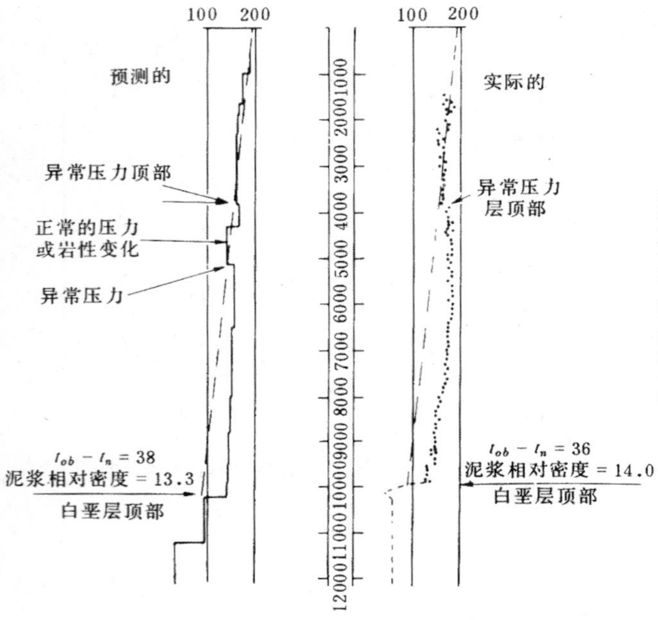

图 54.83　地震预测和实际井下压力情况的对比

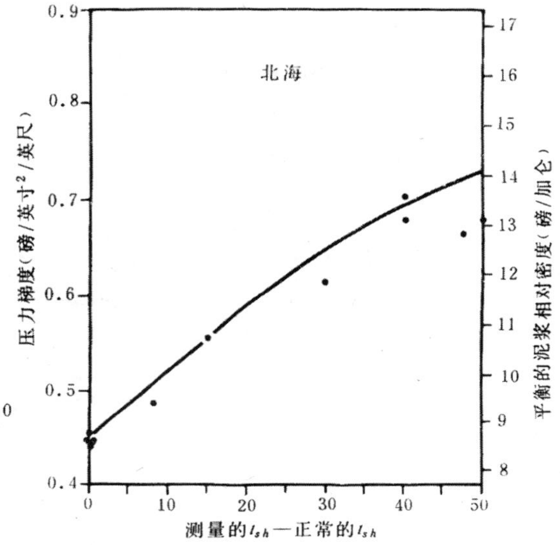

图 54.84　传播时间与压力的关系，北海地区

7.水泥胶结质量

油井注水泥的主要目的是为了固实套管，阻止地层中的流体向地面泄漏，并且把生产层与水层隔绝起来。在完井费用不断增高的情况下，套管胶结质量的精确测定，对于避免昂贵的二次完井和挤水泥作业来说，是非常必要的。

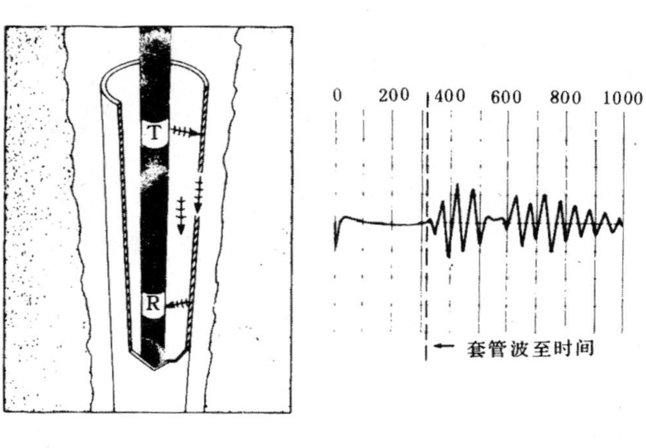

图 54.85　未胶结套管

一口井注水泥能否成功，受许多因素的影响，其中包括水泥凝固时间，压力，温度，井眼尺寸和井斜，地层和水泥特性，套管表面，以及射孔或挤注作业对水泥界面的损坏等。当评价注水泥作业的效果时，以上因素和其他许多因素都必须予以考虑。

在声波测井的初期发现，固结良好套管的声波信号幅度仅仅是无水泥套管声波幅度的一小部分[123]。自此以后井下声波测量不仅成为可靠确定套管与水泥胶结质量，而且也是确定地层与水泥胶结质量的一种主要手段。在适当的条件下，甚至可以把水泥的纵波强度检测出来[126]。

未胶结套管　图 54.85[127]表示水泥胶结测井发射器与接收器轴向排列的示意图。在未胶结的套管中，能量的大部分被限制在套管和井眼流体中，如图 54.85 所示。由接收器记录的综合图象声波波形，也示于该图中。在未胶结的套管中，观察出的声波特性有如下特征：

(1) 波形的初至等于套管由发射器与接收器之间的总传播时间，再加上仪器与套管间流体中的传播时间；

(2) 整个波形的幅度是高的；

(3) 波形呈现出非常均匀的频率；

(4) 波形是持续的，而且维持一个相当长的时间。

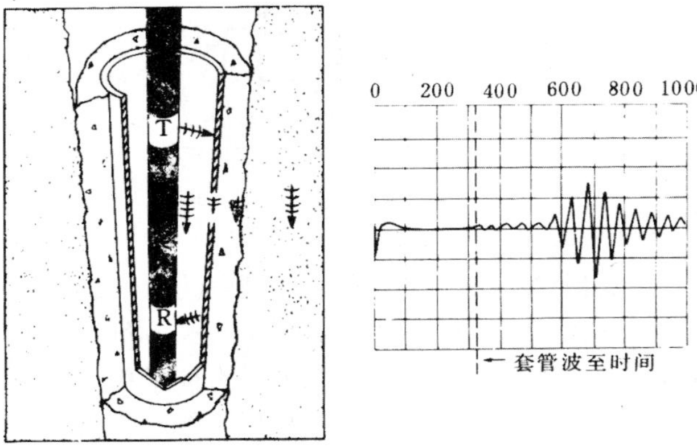

图 54.86　水泥与套管和地层有良好的胶结

水泥与套管和地层胶结良好　当水泥不但与套管而且也与地层完全胶结时，它们之间就会产生非常有利的声耦合。因此，最大的能量传输到地层中去，而只有非常小的能量通过套管和水泥环传播。如图 54.86 所示，波形图上实际上没有显示出套管波波至时间信号，而且在地层波至时间之前，只有很小的振幅。

水泥与套管和水泥与高速地层的胶结　在存在有高速地层的地区，来自地层的波至，或者同时或者早于套管信号，因此使解释相当复杂化（图 54.87）。

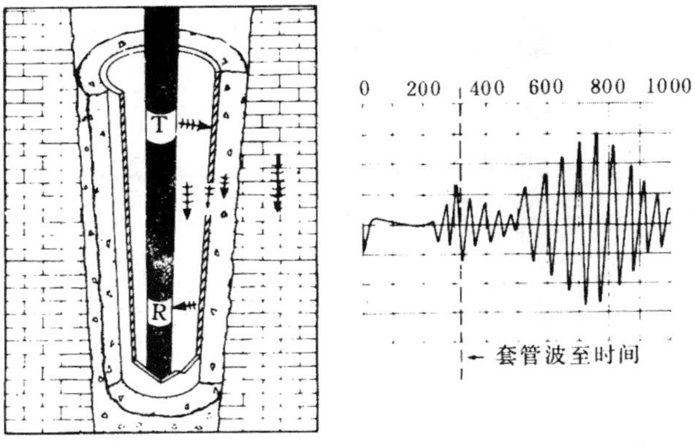

图 54.87　水泥与套管、水泥与高速地层的胶结

水泥只与套管胶结　一种经常发生的情况是，套管周围完全被坚硬的水泥环所围绕和胶结，而水泥环却不与地层胶结（图 54.88）。其原因可能是由于水泥不能和固结差地层的泥

饼胶结，或者由于泥饼变干和收缩脱离水泥造成的。

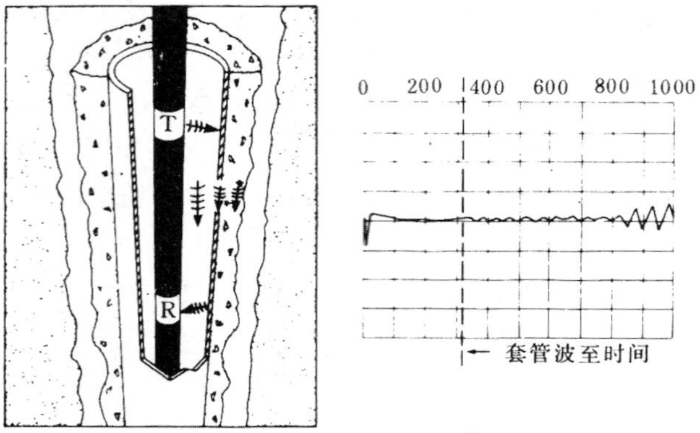

图 54.88　水泥只与套管胶结

在这种情况下，由于水泥环对声波产生很大的衰减，使得通过套管的声波能量被严重衰减。由于在水泥环以外的环形空间造成了非常不利的声耦合，因而只有很少的能量传输到该环形空间的流体中，并且实际上没有能量传入地层中。图 54.88 的波形中缺少地层能量的后续波至，就说明了这一点。在 870 微秒处所观察到的能量，是用发射器与接收器源距为 5 英尺的仪器所记录的流体波的起点。

部分胶结　评价水泥胶结质量，最困难的情况莫过于部分胶结状态（图 54.89）。在套管的其他部分都胶结好的情况下，在套管与水泥之间也可能形成小的间隙。在这种状况下，波形一般包含两种不同的波能。第一种波能在套管波时间上抵达，这是由于套管的这一部分振荡是自由的。第二种波能抵达时间是地层速度所指示的时间。因此，在这种情况下，不仅存在着相当强的套管波至，而且也有中等到强的地层波至。

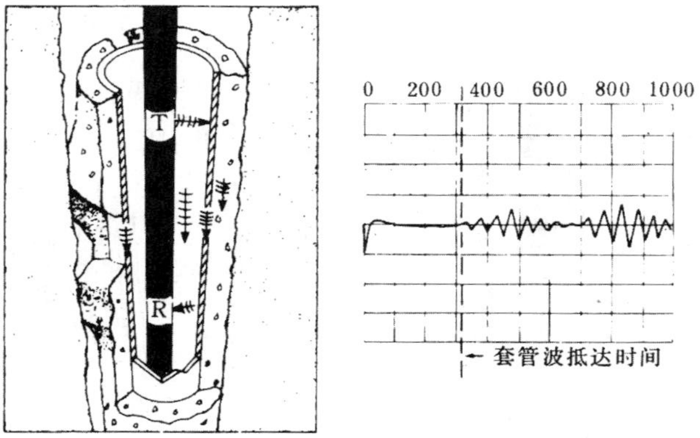

图 54.89　部分胶结

典型的部分胶结波形，是水泥的微环隙（水泥与套管间的微间隙）或窜槽所特有的。微环隙在套管与水泥之间有很小的间隙。在正常情况下，微环隙具有水力密封的特征，而窜槽却不能。因此，把两者区分开来是很重要的。最好的方法，是在对套管加压的情况下，重复进行水泥胶结测井。如果是微环隙存在，则套管将发生膨胀，致使微环隙的间隔减小以及使声波能量往返于地层中传播。这样，套管信号将减小，而地层信号则变得更明显。如果仅仅窜槽存在，给套管加压，声波测井资料将不会有大的改变。

另一种区分微环隙与窜槽的方法，是在存在着部分胶结的整个长度内作上标记[125]。考虑到微环隙是由于套管外表面的条件引起的，例如黄油或碾磨漆的存在，这种物质的影响会引起一个很长层段的测井显示；而窜槽通常发生在较短的层段中。

图 54.90 示出的变密度（三维）测井，说明了各种胶结情况的实例[128]。在 X552～X614 英尺的层段中，显示出与套管胶结是好的，但和地层没有胶结。在变密度测井图上仅仅能看到很少的地层波至，说明水泥环与地层本身之间声耦合差。上面与下面的层段，是套管与水泥胶结不好的层段，这可能是由于窜槽造成的，它呈现出强的套管信号压倒弱的地层信号。X468 到 X518 英尺是胶结好的层段，强的地层信号也证明了这一点。而在 X506 和 X518 英尺之间，测井资料证实了微环隙的存在。这一段的地层信号受套管信号的影响，产生了某些畸变[128]。

最近，Schlumberger 公司推出的水泥评价仪器，在区分微环隙和窜槽方面，已证实是一项很有前途的技术[129]。该仪器是建立在声波反射法的基础上。然而，与用旋转发射器的井下电视不同，水泥评价测井有 8 个换能器，安装在一个居中的探测器上，探测器之间按螺旋路径相差 45°角。这些换能器（发射器和接收器）直径大约为 1 英寸，工作频率 500 千赫兹左右。它们依次反复向套管发送短的超声脉冲，产生“厚度振动”波型。当探测到管外有水泥时，厚度振动急剧衰减；相反，当缺乏水泥时，则出现较长的振动衰减（余振时间长）。

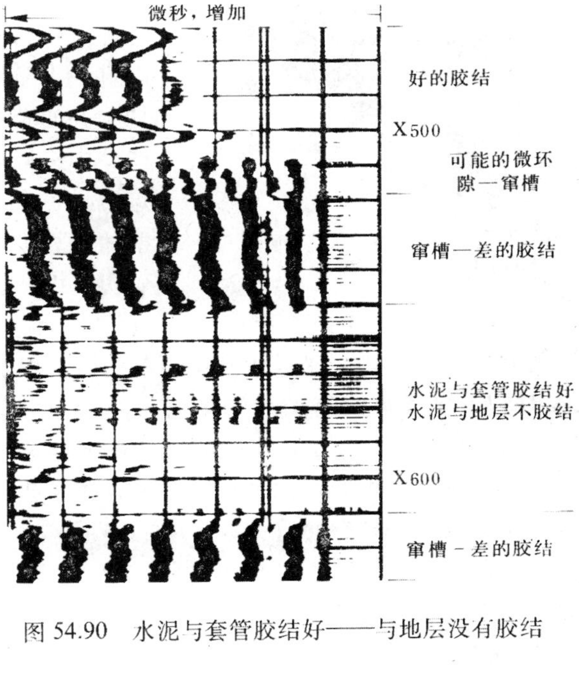

图 54.90　水泥与套管胶结好——与地层没有胶结

图 54.91 示出了水泥评价测井的一个实例[130]。从右边记录道中可观察出套管外水泥胶结的状况。它分成 8 个波道，每个波道表示着一个换能器所对应的从白色（无水泥胶结的

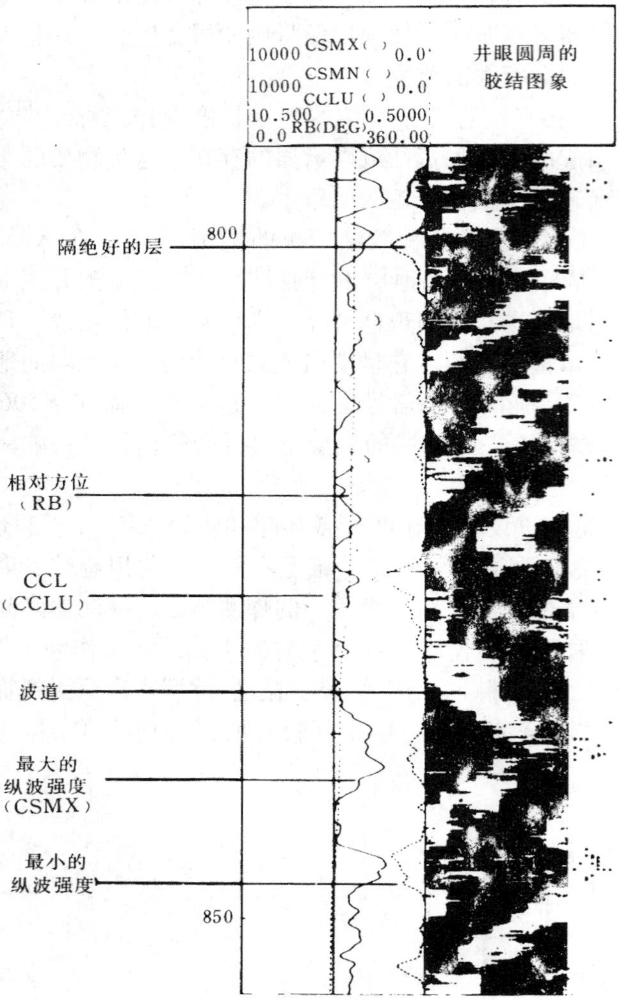

图 54.91　超声水泥评价测井

套管）到黑色（胶结好）的明暗图象。在这个实例中，表示窜槽的白色条纹清晰可见。

胶结状况小结　图 54.92 [128] 总结了各种胶结状况的典型全波列测井图。

当水泥与套管没有胶结时，未胶结套管信号在变密度测井图上显示为直的黑线，并在套管接箍处发生畸变。这种畸变发生在垂直距离等于仪器源距（发射器与接收器距离）时(图 54.92 实例中为 6 英尺)。

当水泥与套管、水泥与地层胶结都好时，则没有套管信号，但有强的地层信号。在胶结好的层段中，低速和高速波至的响应差别在图 54.92 变密度测井图的下部作了清楚的说明。

8. 套管井的评价

大多数现有的井，在可靠的孔隙度测井仪器出现之前已经完井，因此制订提高采收率方案所需要的精确的孔隙度资料必须在套管井中获得。放射性测井通常用于此种目的。但是，如果井的套管与地层胶结良好，在这些井中进行声波测井测量，可以补充这方面的信息 [131]。包括实验室模型和计算机模拟在内的最近一项研究表明，声波测井在胶结的和未胶结的套管中均能获得成功 [132]。

通过套管井的声波测井，可提供出用来评价孔隙度和岩性的纵波速度和横波速度的可靠测量值。一口井在裸眼时和下套管后测得的纵波传播时间 t_p 与横波传播时间 t_s 对比曲线，示于图 54.93 中。这些曲线，是分析用图 54.54 声波测井系统记录的数字化声波波形之后得到的。从图 54.93 可以看出，裸眼时和下套管后测出的纵波和横波传播时间曲线的一致性是非常好的。这就进一步提高了声波测井在套管井评价中的作用。

9.机械性质

在钻井、开采和地层评价中，了解岩石的机械性质是很重要的。机械性质包括弹性特性，例如 Young 模量、切变模量、Poisson 比、体积孔隙的压缩系数和非弹性特性，例如裂缝压力梯度和地层压强。与密度测井相组合的井眼声波特性测量，正在越来越多地用于现场岩石机械性质的测定。

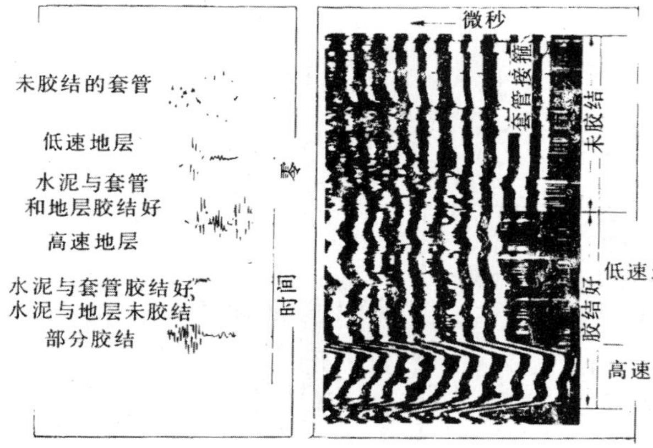

图 54.92　不同胶结状况的全波列和变密度测井

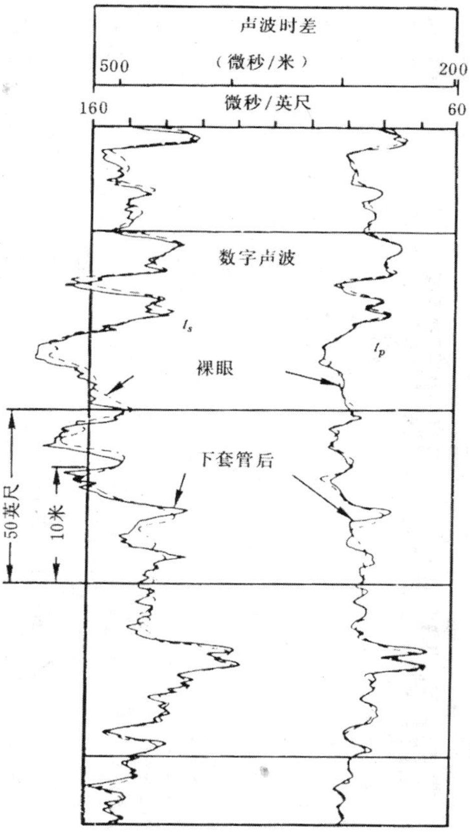

图 54.93　下套管前和下套管后的数字声波测井对比

弹性模量　描述物质机械性质的弹性常数有：Young 模量、切变模量、体积模量和 Poisson 比。了解岩石的这些模量，对于研究声波传播以及与钻井有关的实际工程问题、地层压裂和预测油藏动态都是必要的。

收集这些资料常用的方法是，获得岩样并进行实验室实验。为了获得富有意义的结果，这些测量必须在相当于地下条件下进行。且不说这要花费大量的时间和费用；即使这样做了，但由于取心过程中从岩样中去掉了上覆岩层应力和产生了其他不可逆转的损伤，测量的结果仍然是可疑的。

已经进行了大量的研究工作，对比了由静态（根据测量应力和应变）和动态（根据声波速度和密度）方法得到的弹性模量。在岩石受到较低有效应力的作用下，其动态弹性模量高于静态弹性模量，但是随着应力的增大，两者的差别随之减小〔133，134〕。Walsh 的理论研究预测表明，这种差别可能是由于岩石出现破裂造成的。事实上，Simmons 和 Brace〔133〕已经发现，当岩石承受更高的应力（30000 磅／英寸$^{-2}$），从而使裂缝闭合时，静态和动态模量接近一致。

Myung 和 Helander〔136〕研究了地下测量的弹性模量与实验室确定的弹性模量的关系。他们在模拟地下压力的条件下，对岩样进行了纵波和横波速度的实验室测量，并报告说，地下和实验室确定的动态弹性模量数值接近一致。

此后，其他的一些研究者，用井眼声波测量确定弹性模量〔89，137，138〕。在假设介质为无限、均质、各向同性的弹性介质[见公式（3–6）]的情况下利用声波测井得到的纵波和横波速度，结合密度测井得到的密度值，计算 Young 模量、切变模量、体积模量和 Poisson 比。

地下测定的这些模量数值的用途包括预测出砂和下沉，以及确定地层的裂缝特征。图 54.94〔63〕示出了包括裂缝特征在内的应用。图中的岩心和测井资料都是出自火成岩和变质岩层段。岩心的裂缝特征用图的形式表示出来，并且定量地绘制出岩石质量指标(R.Q.D.)，它是岩心无裂缝累计长度与单位长度之比。由图中可以看出，弹性模量曲线非常近似于岩石质量指标（R.Q.D.）曲线。

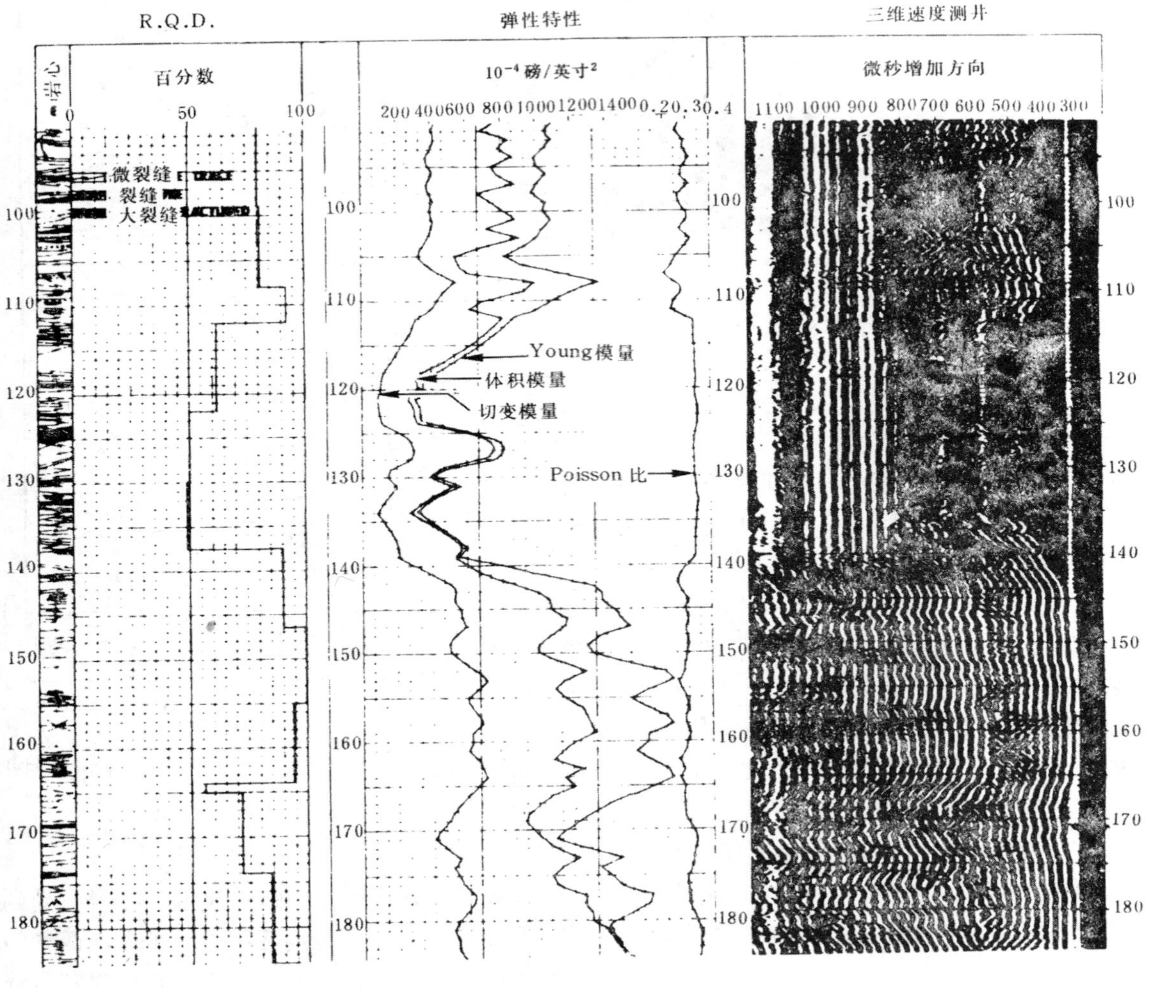

图 54.94　岩石质量指标（R.Q.D.）、弹性模量和三维速度测井曲线的对比

压裂　地层压裂是常用的油井增产措施。为了确定出最佳的压裂层位，可在目的层岩样上进行实验室的压缩性试验。压裂设计要求知道弹性模量，而弹性模量可由井眼测量得到。

井眼声波的早期应用，是为了识别压裂的有利层位。能够成功压裂的地层，是与高的横波幅度和高的横波速度联系在一起的；与此相反，具有低幅度和低速度横波的层，表明为完全塑性地层。图 54.95 示出了这方面的实例。Anderson 和 Walker[139] 指出，在 4545～4600 英尺的层段中，有相当明显的横波显示（高幅度、高速度），而在该层段以上则没有这种显示。

在钻井过程中，控制井眼中的静水压力，使其不至于超过地层的破裂压力，是必须做到的，不然会引起钻井液循环失灵。但是，了解破裂压力，对于正确设计从致密层中增加油气产量的压裂作业是非常必需的。Hubbert 和 Willis [140] 给出了计算破裂压力（p_{fr}）的公式：

$$\frac{p_{fr}}{D}=\left(\frac{p_o}{D}-\frac{p_f}{D}\right)\left(\frac{\mu}{1-\mu}\right)+\frac{p_o}{D}$$

式中 p_o——上覆岩层压力；

p_f——孔隙流体压力；

μ——Poisson 比；

D——深度。

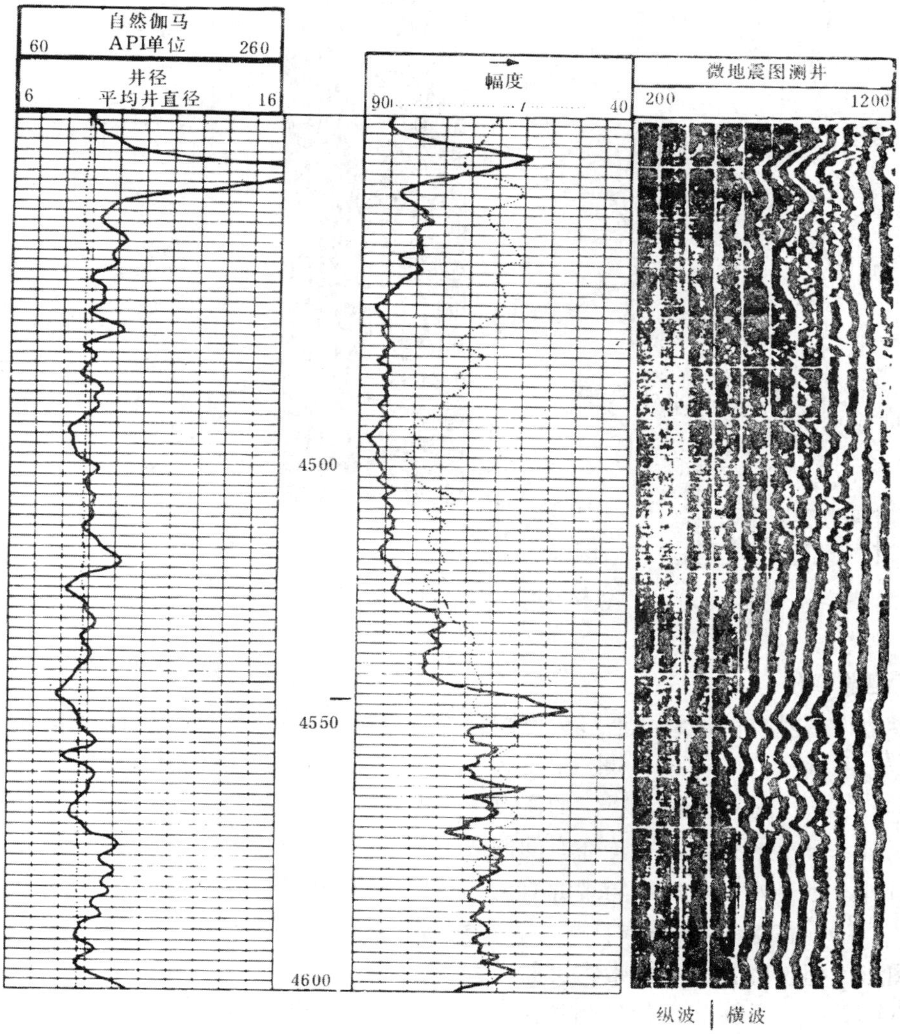

图 54.95　压裂前景的评价

Atkinson [141] 论述了该关系式最近的应用。

防砂　防砂已成为许多地区影响油、气生产成本的经济问题。为了避免应用不必要的防

砂措施，各种利用井眼声波特性测量的技术已经发展起来[138, 142, 144]。

在图 54.96 所示的实例中，通过假定在固结差的地层中油气对声波特性的影响是主要的，预测防砂的必要性[142]。从图中可以看出，油层中的声波传播时间明显地高于水层，并且其幅度被衰减，因此表明该层是一个固结差的岩层。

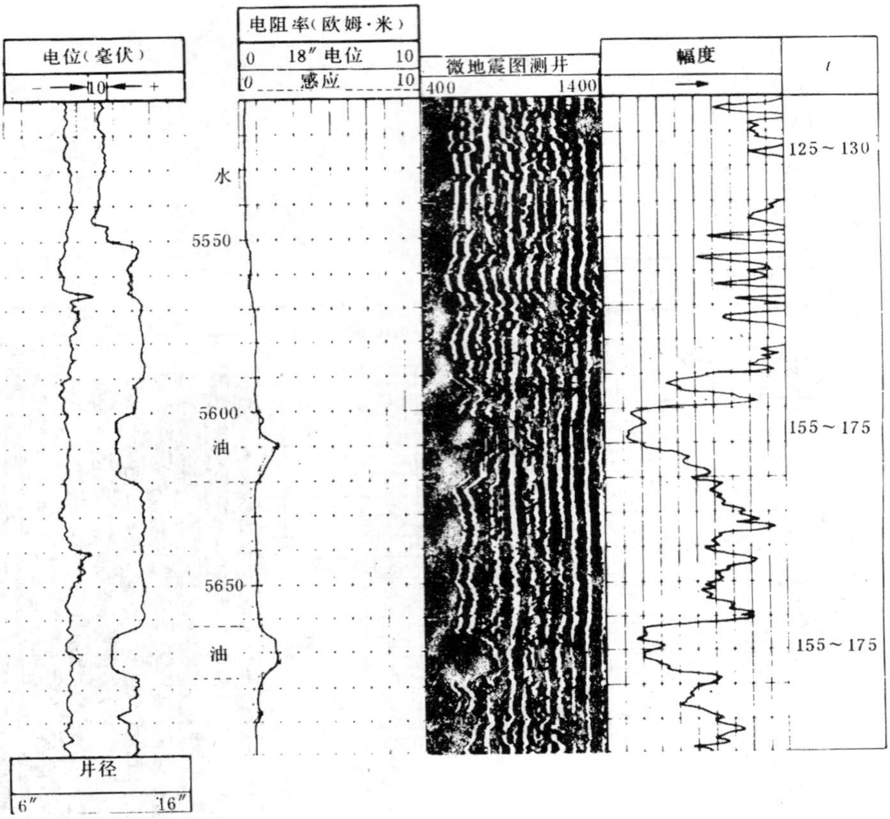

图 54.96　油气的影响表明需要防砂

10. 裂缝评价

世界上许多重要的油藏是通过天然裂缝生产，然而，对这些油藏的动态评价，尚知之甚少。关于评价天然裂缝油藏的技术，在 Aguilera 和 Van Poolen[147]，Suan 和 Gartner[146]，以及 Aguilera[147]的文章中作了论述。在这些技术中，最突出的是建立在声波特性测量基础上的技术。在传播时间曲线上观察到的周波跳跃，与某些地层中存在着裂缝有关。另外，信号幅度降低也与裂缝有关。然而更成功的应用，包括使用变密度和声波波形测井[148, 149]。在这些测井资料中，当裂缝存在时，声波条带状图形也产生异常。有时是一些斜的图形，但更经常的是条带的突然断开。

图 54.97 示出了新罕布什尔州花岗岩层段的变密度测井（三维测井）记录[149]。在 C 层中，纵波没有被衰减，而横波幅度却有大的降低。Knopoff 和 McDonald[150]的一项理论研究预测表明，这大概是由于低角度（或水平）裂缝造成的。纵波幅度和横波能量高，表明 B 层内没有裂缝存在。在 A 层中，纵波和横波衰减大，解释为由倾斜裂缝引起的。C 层以下，斜的能量图形是由于反射层（裂缝）靠近井眼造成的。

在前面的分析中，由于裂缝的声阻抗与周围的岩石产生失配，裂缝被认为是引起声波传播畸变的薄反射物。但是，由于岩性和孔隙的突然变化，也能引起类似的阻抗失配，这就使得这种简单的解释变得更加复杂。

当井眼条件良好，并且井眼内没有泥饼或重泥浆存在时，井眼反射法是一项更直接的裂缝评价技术。在与一条垂直裂缝相交的圆形井眼内转动的井下电视探测器示于图54.98的左边[100]。井下电视实测的图形示于右边，它以两条黑（暗）线清晰地描绘出垂直裂缝。

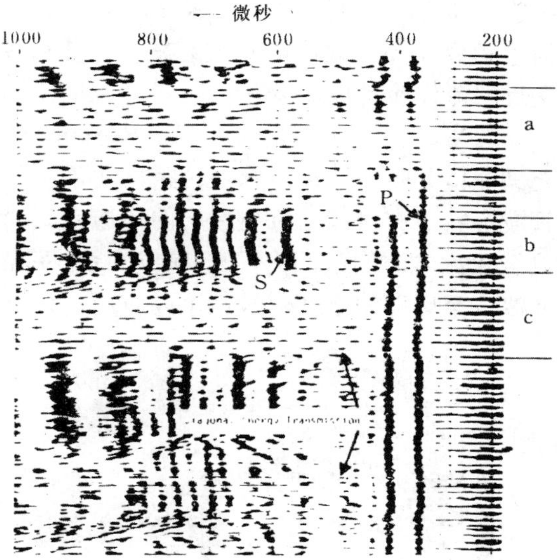

图 54.97　裂缝性花岗岩中的变密度（三维）测井图

但是，从井下电视（BHTV）的幅度图象中，不能识别出裂缝是张开的还是被填充的。在张开裂缝存在时，由于有小的信号或者没有信号返回到探测器，因此张开裂缝可以在幅度测井图上产生一个图象。如果在填充裂缝的填充物质与主岩之间存在着足够的声阻抗差别，能产生一个较弱的信号，那么填充裂缝与能产生一个图象。因此，不仅张开裂缝而且填充裂缝都能在幅度测井图上产生一个近似黑（暗）的图象。

但是，传播时间成象不是响应幅度的变化，而是响应来自井壁的传播时间（也就是距离）。在传播时间图上，到井眼表面的距离可分别用灰度级别来表示：离井壁远的，灰度级别为白色；近的为暗色；无信号的为黑色。因此，张开裂缝在传播时间图象上为黑色，而填充裂缝则没有（白色）。图 54.99 在左图示出了在幅度测井图上的垂直裂缝图象。在传播时间测井图（图 54.99 右图）上近似于黑色轮廓被认定为是一个张开裂缝。

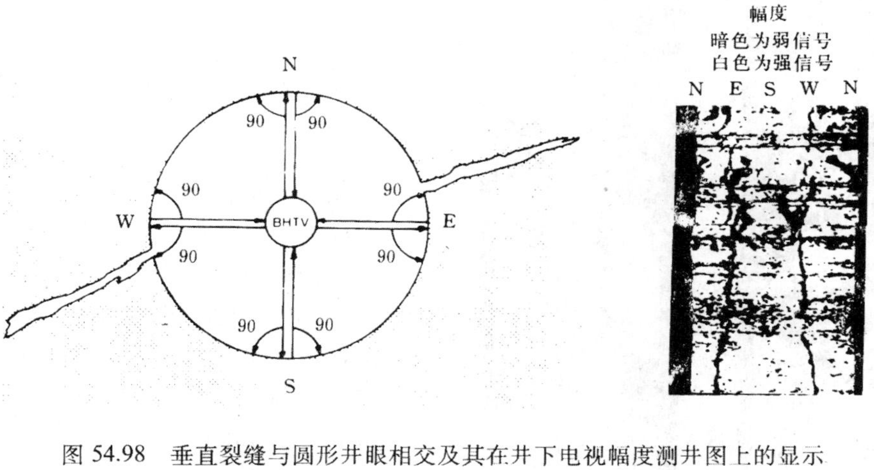

图 54.98　垂直裂缝与圆形井眼相交及其在井下电视幅度测井图上的显示

11. 渗透率

Biot[45, 46]的理论研究表明，声波衰减可以反映流体的流动度（渗透率与粘度之比）。

后来由 Wylie 等人[24]以及 Gardner 和 Harris[115]的研究认为，声波能量的对数衰减[方程(6)]是由于岩石骨架的固体部分（“碰撞”衰减）和骨架中饱和流体粘度（“晃动”衰减）的阻力造成的。

关于上覆岩层压力和流体饱和度的影响，Gardner 和 Harris[115]对固体骨架衰减作了实验性研究。他们的研究结果表明，在上覆岩层压力下砂岩的碰撞衰减几乎与流体饱和度和信号频率无关。因此，对数衰减的变化可以归结为晃动损耗，根据 Biot 的理论[45, 46]，这是反映流体流动度的变化。

后来，在一次理论研究中，Rosenbaum[64]应用 Biot 的理论研究了周围为孔隙介质的充满流体井眼中的声波脉冲传播。他预言，根据分析在井眼中记录的包含在声波波形当中的管波资料，有可能估算出地层的渗透率。他认为，在井眼与地层之间为密封界面时，在横波波至和流体波的区间内，可得到对渗透率的最大灵敏度。在敞开界面（无泥饼）的情况下，横波波至后面的全部信号都可以应用。纵波波至对渗透率最不灵敏，但它可用来标准化。

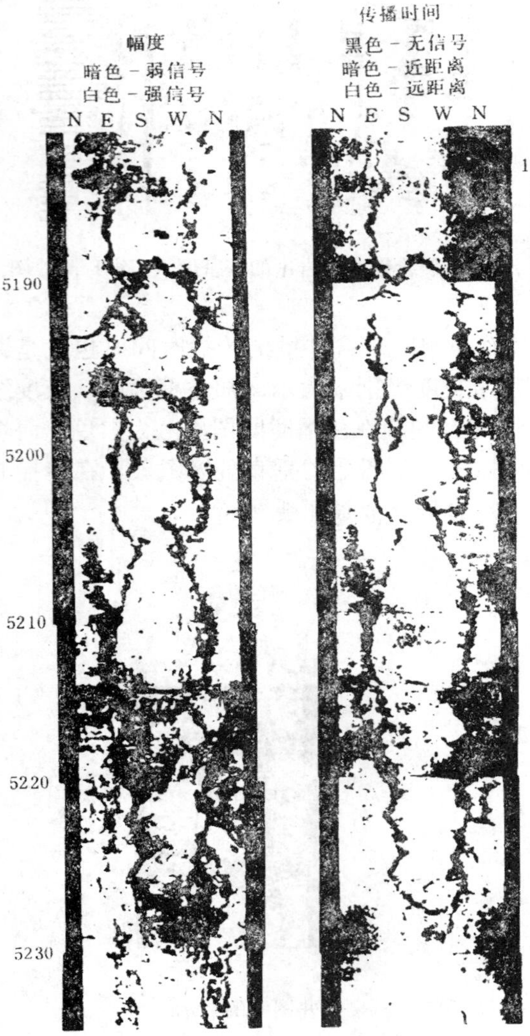

图 54.99 井下电视（BHTV）幅度测井图上的垂直裂缝（左图）；用井下电视传播时间测井图（右图）证实为张开裂缝

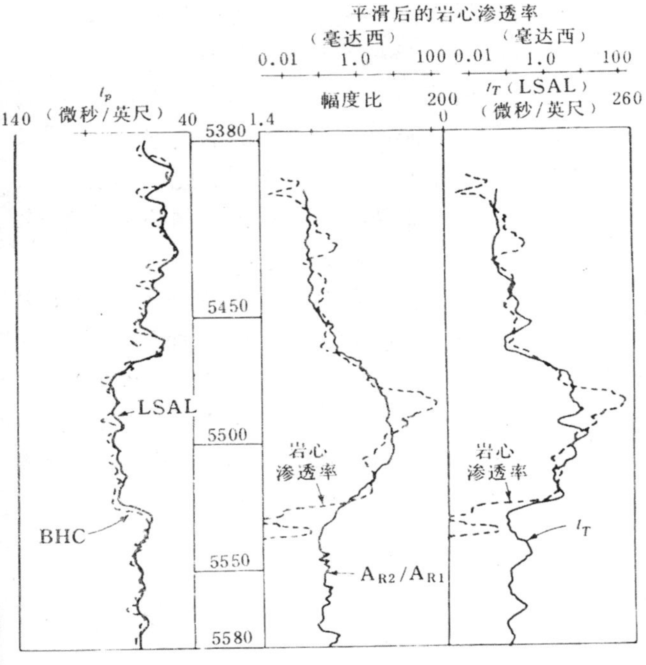

图 54.100 渗透率与管波资料的关系

该项研究成果，首先由 Staal 和 Robinson[151]在荷兰的 Groningen 气田作了实验。他们记录并分析了声波波形，得出了渗透率剖面，与岩心分析资料对比很好。

最近，Williams 等人[152]对 Robinson 提出的管波（Stoneley 波）能量损耗与渗透率之间的关系进行了广泛的研究。他们用一种特别的长源距声波测井仪器测量了一些井的管波传播时间和能量比。这些井位于不同的地理位置，打在具有流体、深度和地质年代的地层中。从这些井中，他们也得到了用于测量渗透率的全岩心样品。对于这些广泛的变化条件，他们报道了岩心测量的渗透率与管波资料之间的定性关系。

图 54.100 示出了白垩系碳酸盐岩剖面的一个实例，显示出该方法很有前途。从该实例可以看出，管波幅度比 A_{R2}/A_{R1} 和传播时间都与渗透率在中间层增加三个数量级有着良好的关系。

七、结　　论

声波测井的井眼测量，在勘探、开发和地层评价中有着广阔的应用范围。理论和实验研究大大增进了对声波传播与地层评价参数（如孔隙度、流体饱和度和岩性）之间关系的了解。这本身又促进新技术的开发和改进井眼声波测量技术，以及促进分析大量数据的高级数字信号处理技术的发展。虽然如此，目前经常应用的也仅仅是声波波形有用信息的一小部分。

在认识声波传播方面的进步，会使井下记录和传输技术的改进与信号处理的发展，互相补充，共同提高。这不仅将会不断拓宽现在应用的范围和提高定量化应用的水平，而且会开拓出许多新的用途。

符　号　说　明

A——面积或信号幅度；
A_o——在原点上的信号幅度；
b——由方程（13）定义的截距；
c——压缩系数；
d——直径；
D_i——研究深度；
E——Young 模量；
f——频率；
$f(K_f)$——孔隙空间中流体的不可压缩性函数；
F——力；
F_{op}——压实校正系数；
F_g——品质因数；
G——切变模量；
I——强度；
I_o——源点上的声波强度；
K——体积模量；
L——长度；
m——斜率；
n——数目；
p——压力；
p_d——压差；
p_f——内部（孔隙流体）的压力；
p_f/D——孔隙流体压力梯度，磅／英寸^2；
$(p_f/D)_n$——正常的静水压力梯度（美国海湾为 0.456 磅／英寸^2）；
p_{fr}——裂缝压力；
p_o——外部（上覆岩层）压力；
p_o/D——上覆岩层应力梯度，磅／英寸^2／英尺；
p_d——岩石骨架（或干岩石）的纵波（P波）模量；
r——井眼半径；
s——任意点；
S——饱和度；
t——（地震波的）传播时间（旅行时）；
t——传播时间；
$t\left(=\frac{1}{v_p}\right)$——饱和液体的孔隙介质的纵波传播时间；
$t_L\left(=\frac{1}{v_L}\right)$——饱和液体的传播时间；
t_d——损害带的传播时间；
$t_m\left(=\frac{1}{v_m}\right)$孔隙介质中形成固体骨架的岩石基质的传播时间；

t_n——按深度外推的正常曲线上的传播时间；
t_{ob}——按深度观察的传播时间；
u——在 s 点上的质点位移；
v——速度；
v_f——钻井液的纵波速度；
v_p——纵波速度；
v_r——假 Rayleigh 波速度；
v_s——横波（切变波）速度；
v_t——管波或 Stoneley 波速度；
α——吸收系数或衰减系数；
δ——对数衰减；
ϵ——变形；
ϵ_L——纵向变形；
ϵ_T——横向变形；
θ_s——横波临界角；
λ——波长；
μ——Poisson 比；
ρ——密度；
ϕ——孔隙度。

下角标

a——视；
c——校正后的；
d——干岩石；
f——孔隙流体；
g——气；
hc——烃；
L——液体；
m——骨架；
N——中子；
o——上覆岩层或油；
p——孔隙体积或 P 波模量；
s——S 波模量；
sh——泥岩；
w——水。

附录　岩石的弹性波传播理论

Gassman 首先给出了饱和孔隙介质的弹性特性的理论表达式〔44〕。后来，Biot〔45, 46〕在一个宽频带范围内对饱和流体和各向同性的孔隙固体发展了更广泛的弹性波传播理论。用该理论预测的速度色散，一般都小于 3%〔47〕，因此，对于大多数用途来讲，低频近似式应是有效的。

在低频范围内，用此理论作出的速度预测，可以简单地用下式表示：

$$v_p^2 = \frac{P_d + f(K_f)}{\rho_b} \tag{A-1}$$

和

$$v_s^2 = \frac{G}{\rho_b} \tag{A-2}$$

式中，p_d 为岩石骨架（或干岩石）的纵波（P 波）模量；$f(K_f)$ 是孔隙空间流体不可压缩性的函数。对于干岩石 P 波模量 P_d 可以表示为：

$$P_d = K_d + \frac{4}{3}G_d \tag{A-3}$$

而函数 $f(K_f)$ 可表示为：

$$f(K_f)=K_f\frac{(1-K_d/K_m)^2}{(1-K_f/K_m)\phi+(K_m-K_d)K_f/K_m^2} \tag{A-4}$$

式中　K——不可压缩性系数（或体积模量）；

G——切变模量；

下角标 d、f 和 m——表示岩石骨架（或干岩石）、流体和岩石基质。

当岩石不但含水而且也含烃时，体积密度可表示为：

$$\rho_b=\phi\rho_f+(1-\phi)\rho_m \tag{A-5}$$

其中

$$\rho_f=S_w\rho_w+(1-S_w)\rho_{hc} \tag{A-6}$$

而流体的不可压缩性系数 K_f 是压缩系数 c_f 的倒数，由下式给出：

$$c_f=S_wc_w+(1-S_w)c_{hc} \tag{A-7}$$

式中的 S 代表饱和度，下角标 hc 表示烃类。

方程（A-3）中的岩石骨架不可压缩系数 K_d，是干岩石压缩系数 c_d 的倒数与孔隙体积（PV）的压缩系数 c_p 有关，由下式给出：

$$c_d=\phi c_p+c_m \tag{A-8}$$

它是建立在 Van der Knaap 定义的基础上[59]。将此方程代入方程（A-1）中去，经过一些变换得：

$$\frac{3}{\rho_bv_p^2}\frac{1-\mu}{1+\mu}=\frac{\mu}{(c_f-c_m)^{-1}+c_p^{-1}}+c_m \tag{A-9}$$

再把方程（A-5）的密度代入到上式中，并重新排列，得到 μ 的二次方程。忽略包括 μ^2（由于 μ 是一个小数）在内的项，并假设 μ 与孔隙度无关，得到一个表示 $1/v_p^2$ 为孔隙度线性函数的表达式。对于较低的孔隙度，

$$\frac{1}{v_p}=m\phi+b \tag{A-10}$$

如果假定饱和的岩石和岩石骨架的 Poisson 比在数值上接近一致，那么 b 变得近似等于 $1/v_m$。然而，方程（A-10）的参数 m 是 c_p 的强函数。

正如前面论述所指出的，方程（A-10）是方程（A-9）的一个近似式。因此，常用的时间平均公式[18, 19]是方程（A-10）的同一形式:

$$\frac{1}{v_p} = \left(\frac{1}{v_f} - \frac{1}{v_m}\right)\phi + \frac{1}{v_m} \qquad (A-11)$$

（式中的 v_f 是饱和流体的速度）也可以认为它是更一般的理论的一个近似式。

参 考 文 献

1. Leonardon, E.G.: "Logging, Sampling, and Testing." *History of Petroleum Engineering*, API, New York City (1961) 493–578.
2. *Geophysics* (Oct. 1944) 540.
3. Mounce, W.D. *et al.*: "Seismic Velocity Logging." *Proc.*, Fifth Annual Midwestern Geophysical Meeting, Dallas (Nov. 19–20, 1951).
4. Summers, G.C. and Broding, R.A.: "Continuous Velocity Logging." *Geophysics* (1952) **27,** 595.
5. Vogel, C.B.: "A Seismic Velocity Logging Method," *Geophysics* (1952) **27,** 586.
6. Sears, F.W. and Zemansky, M.W.: *University Physics*, Addison–Wesley Publishing Co. Inc., Reading, MA (1955) 1031.
7. Ewing, W.M., Jardetzky, W.S., and Press, F.: *Elastic Waves in Lavered Media*. McGraw–Hill Book Co. Inc., New York City (1957) 380.
8. White, J.E.: *Seismic Waves: Radiation, Transmission, and Attenuation*, McGraw–Hill Book Co. Inc., New York City (1965) 302.
9. Goldman, R.: *Utrasonic Technology*, Reinhold Publishing Corp., New York City (1962) 304.
10. Krautkrämer, J. and Krautkrämer, H.: *Ultrasonic Testing of Materials*, Springer–Verlag, New York City (1969) 521.
11. Guyod, H. and Shane, L.E.: *Geophysical Well Logging*, Hubert Guyod, Houston (1969) **1,** 256.
12. Timur, A.: "Rock Physics," *The Arabian J. for Science and Engineering Special Issue* (1978) 5–30.
13. Jones, S.B., Thompson, D.D., and Timur, A.: "A Unified Investigation of Elastic Wave Propagation in Crustal Rocks," paper presented at the Rock Mechanics Conference, Vail, CO (1976).
14. Toksoz, M.N., Cheng, C.H., and Timur, A.: "Velocities of Seismic Waves in Porous Rocks," *Geophysics* (1976) **41,** 621–45.
15. Toksoz, M.N., Johnston, D.H., and Timur, A.: "Attenuation of Seismic Waves in Dry and Saturated Rocks: Part I: Laboratory Measurements," *Geophysics* (1979) **44,** 681–90.
16. Johnston, D.H., Toksoz, M.N., and Timur, A.: "Attenuation of Seismic Waves in Dry and Saturated Rocks: Part II: Theoretical Models and Mechanisms," *Geophysics* (1979) **44,** 691–711.
17. Timur, A.: "Temperature Dependence of Compressional and Shear Wave Velocities in Rocks," *Geophysics* (1977) **42,** 950–56.
18. Wyllie, M.R.J., Gregory, A.R., and Gardner, G.H.F.: "Elastic Wave Velocities in Heterogeneous and Porous Media." *Geophysics* (1956) **21,** 41–70.
19. Wyllie, M.R.J., Gregory, A.R., and Gardner, G.H.F.: "An Experimental Investigation of Factors Affecting Elastic Wave Velocities in Porous Media," *Geophysics* (1958) **23,** 459–93.
20. Berry, J.E.: "Acoustic Velocity in Porous Media," *J. Pet. Tech.* (Oct. 1959) 262–70; *Trans.*, AIME, **216.**
21. Tixier, M.P., Alger, R.P., and Doh, C.A.: "Sonic Logging," *J. Pet. Tech.* (May 1959) 106–14; *Trans.*, AIME (1959) **216.**

22. Sarmiento, R.: "Geological Factors Influencing Porosity Estimate from Velocity Logs," *Bull.*, AAPG (1961) 633–44.

23. Wyllie, M.R.J.: *The Fundamentals of Well Log Interpretation*, Academic Press, New York City (1963).

24. Wyllie, M.R.J., Gardner, G.H.F., and Gregory, A.R.: "Studies of Elastic Wave Attenuation in Porous Media," *Geophysics* (1962) **27,** 269.

25. Wyllie, M.R.J., Gardner, G.H.F., and Gregory, A.R.: "Some Phenomena Pertinent to Velocity Logging," *J. Pet. Tech.* (July 1961) 629–36.

26. Gregory, A.R.: "Shear Wave Velocity Measurements of Sedimentary Rock Samples Under Compression," *Proc.*, Fifth Symposium on Rock Mechanics (1963) 439.

27. Pickett, G.R.: "Acoustic Character Logs and Their Applications in Formation Evaluation," *J. Pet. Tech.* (June 1963) 659–67; *Trans.*, AIME, **228.**

28. Christensen, D.M.: "A Theoretical Analysis of Wave Propagation in Fluid Filled Drillholes for the Interpretation of the Three–Dimensional Velocity Log," *Trans.* SPWLA (1964) 5.

29. Gardner, G.H.F., Gardner, L.W.R., and Gregory, A.R.: " Formation Velocity and Density–The Diagnostic Basics for Stratigraphic Traps," *Geophysics* (1974) **39,** 770–80.

30. Brandt, H.: "A Study of the Speed of Sound in Porous Granular Media," *J. Appl. Mech.* (1955) **22,** 479.

31. Hicks, W.G. and Berry, J.E.: "Application of Continuous Velocity Logs to Determining of Fluid Saturation of Reservoir Rocks," *Geophysics* (1956) **21,** 739–54.

32. Banthia, B.S., King, M.S., and Fatt, I.: " Ultrasonic Shear Wave Velocities in Rocks Subjected to Simulated Overburden Pressure and Internal Pore Pressure," *Geophysics* (1964) **30,** 117–21.

33. Gardner, G.H.F.: Wyllie, M.R.J., and Droschak, D.M.: "Hysteresis in the Velocity–Pressure Characteristics of Rocks," *Geophysics* (1965) **30,** 111–16.

34. Hughes, D.S. and Cross, J.H.: " Elastic Wave Velocities in Rocks at High Pressures and Temperatures," *Geophysics* (Oct. 1951) **26,** 557–93.

35. Hughes, D.S. and Kelly, J.L.: " Variation of Elastic Wave Velocity with Saturation in Sandstone," *Geophysics* (1952) **17,** 739–52.

36. Hughes, D.S. and Maurette, C.: "Variation of Elastic Wave Velocities in Granites with Pressure and Temperature," *Geophysics* (1956) **21,** No. 2, 277–84.

37. Hughes, D.S. and Maurette, C.: " Variation of Elastic Wave Velocities in Basic Igneous Rocks with Pressure and Temperature," *Geophysics* (1957) **22,** 23–31.

38. Birch, F.: "Interpretation of Seismic Structure of the Crust in Light of Experimental Studies of Wave Velocities in Rocks," *Geophysics* (contribution in honor of Beno Butenberg), Pergamon Press, Oxford (1958).

39. Timur, A.: " Velocities of Compressional Waves in Porous Media at Permafrost Temperatures," *Geophysics* (1968) **33,** 584–96.

40. Collins, F.R.: "Test Wells, Umiat Area, Alaska, with Micropaleontologic Study of the Umiat Field, Northern Alaska, by H.R.Berquist," *U.S.Geol.Survery Prof.* (1958) **71,** No. 206, paper 305–B.

41. Robinson, F.M.: " Test Wells, Simpson Area, Alaska, with a Section on Core Analysis, by S.T. Yuster," *U.S. Geol. Survey Prof.* (1959) 523–68, paper 305–J.

42. Barnes, D.F.: " Seismic Velocity Measurements, at the Ogotoruk Creek Chariot Site, Northwestern Alaska in Geological Investigations in Support of Project Chariot in the Vicinity of Cape Thompson, Northwest Alaska–Preliminary Report," U.S.Geol. Survey, TEI–735, issued by U.S.Atomic Energy Comm. Tech. Inf. Service, Oak Ridge, TN (1960) 62–78.

43. Müller, G.: " Geschwindigkeitsbestimmungen elastischer Wellen in gefrorenen Gesteinen und die Anwendung akustischer Messungen auf Untersuchungen des Frostmantels an Gefrierschächten,"

Geophysical Prospecting (1961) **9,** No. 2, 276–95.
44. Gassmann, F.: "Ueber die Elastizität poröser Medien," *Vierteljahrsschrift der Naturforschenden Ges.*, Zürich (1951) **96,** 1–23.
45. Biot, M.A.: "Theory of Propagation of Elastic Waves in Fluid–Saturated Porous Solid: I. Low Frequency Range," *J.Acoustical Soc, of America* (1956) **28,** 168–78.
46. Biot, M.A.: "Theory of Propagation of Elastic Waves in a Fluid–Saturated Porous Solid: II. High Frequency Range," *J. Acoustical Soc. of America* (1956) **28,** 179–91.
47. Geertsma, J.: "Velocity–Log Interpretation: The Effect of Rock Bulk Compressibility," *Soc. Pet. Eng. J.* (Dec. 1961) 235–48; *Trans.*, AIME, **222.**
48. Brown, R.J.S. and Korringa, J.: "On the Dependence of the Elastic Properties of a Porous Rock on the Compressibility of the Pore Fluid," *Geophysics* (1975) **40,** 608–16.
49. King, M.S.: "Wave Velocities in Rocks as a Function of Changes in Overburden Pressure and Pore Fluid Saturants," *Geophysics* (1966) **31,** 50–73.
50. Gregory, A.R.: "Fluid Saturation Effects on Dynamic Elastic Properties of Sedimentary Rocks," *Geophysics* (1976) **41,** 895–921.
51. Nur, A.M. and Simmons, G.: "The Effect of Saturation on Velocity in Low Porosity Rocks," *Earth Plan. Sci. Letters* (1969) **7,** 183–93.
52. Voigt, W.: *Lehrbuch der Kristallphysik*, B.G. Teubner, Leipzig (1928).
53. Reuss, A.: "Berechnung der Fliessgrenze von Mischkristallen auf Grund der Plastizitatsbedingung fur Einkristalle," *Z. Angew, Math. Mech.* (1929) **9,** 49–58.
54. Hill, R.: "The Elastic Behavior of a Crystalline Aggregate," *Proc. Phys. Soc.*, London (1952) **65,** 349–54.
55. Hill, R.: "Elastic Properties of Reinforced Solids: Some Theoretical Principles," *J. Mech. Phys. Solids* (1963) **11,** 357–72.
56. Timur, A., Hempkins, W.B., and Weinbrandt, R.M.: "Scanning Electron Microscope Study of Pore Systems in Rocks," *J. Geophys, Res.* (1971) **76,** No. 20, 4932–48.
57. Korringa, J. *et al.*: "Self–Consistent Imbedding and the Ellipsoidal Model for Porous Rocks," *J. Geophys, Res.* (1979) **84,** 5591–98.
58. Hadley, K.: "Comparison of Calculated and Observed Crack Densities and Seismic Velocities in Westerly Granite," *J. Geophys. Res.* (1976) **81,** 3484–94.
59. Van der Knaap, W.: "Nonlinear Behavior of Elastic Porous Media," *Trans.*, AIME (1959) **216,** 179–87.
60. Biot, M.A.: "Propagation of Elastic Waves in a Cylindrical Bore Containing a Fluid," *J. Appl. Phys.* (Sept. 1952) **23,** No. 9, 997–1005.
61. White, J.E.: "Elastic Waves Along a Cylindrical Bore." *Geophysics* (1962) **27,** 327–33.
62. Christensen, D.M.: "A Theoretical Analysis of Wave Propagation in Fluid–Filled Drill Holes for the Interpretation of Three–Dimensional Velocity Log," *Trans.*, SPWLA (1964).
63. Geyer, R.L. and Myung, J.I.: "The 3–D Velocity Log; a Tool for In–Situ Determination of the Elastic Moduli of Rocks," Dynamic Rock Mechanics, *Proc.*, Twelfth Symposium on Rock Mechanics (1971) 71–107.
64. Rosenbaum, J.H.: "Synthetic Microseismogram Logging in Porous Formations," *Geophysics* (1974) **39,** 14–32.
65. Tsang, L. and Rader, D.: "Numerical Evaluation of the Transient Acoustic Waveform Due to a Point Source in a Fluid–Filled Borehole," *Geophysics* (1979) **44,** 1706–20.
66. Cheng, C.H. and Toksöz, M.N.: "Modeling of Full Wave Acoustic Logs," *Trans.*, SPWLA (1980) **21,** paper J.

67. Cheng, C.H. and Toksöz, M.N.: "Elastic Wave Propagation in a Fluid–Filled Borehole and Synthetic Acoustic Logs," *Geophysics* (1981) **46,** 1042–53.
68. Rader, D.: "Acoustic Logging: The Complete Waveform and its Interpretation," *Developments in Geophysical Exploration Methods–3,* A.A. Fitch (ed.), Applied Science Publishers (1982) 151–93.
69. Paillet, F. and White, J.E.: "Acoustic Models of Propagation in the Borehole and Their Relationship to Rock Properties," *Geophysics* (1982) **47,** 1215–28.
70. Minear, J.W. and Fletcher, C.R.: "Full–Wave Acoustic Logging," *Trans.,* SPWLA (1983) paper EE.
71. Cheng, C.H. and Toksöz, M.N.: " Generation, Propagation and Analysis of Tube Waves in a Borehole," *Trans.,* SPWLA (1982) paper P.
72. Ingram, J.D.: "Method and Apparatus for Acoustic Logging of a Borehole," U.S Patent No. 4, 131, 875 (1978).
73. Thomas, D.H.: "Seismic Applications of Sonic Logs," *The Log Analyst* (Jan.–Feb, 1977) 23–32.
74. Tixier, M.P., Alger, R.P., and Doh, C.A.: "Sonic Logging," *J. Pet. Tech.* (May 1959) 106–14; *Trans.,* AIME, **216.**
75. Lynch, E.J.: *Formation Evaluation,* Harper and Row, New York City (1962) 422.
76. Kokesh, F.P. *et al.:* "A New Approach to Sonic Logging and Other Acoustic Measurements," *J. Pet. Tech.* (March 1965) 282–86.
77. Kimball, C.V. and Marzetta, T.L.: " Semblance Processing of Borehole Acoustic Array Data," *Geophysics* (1984) **49,** 274–81.
78. Arditty, P.C., Ahrens, G., and Staron, Ph.: "EVA: A Long Spacing Sonic Tool for Evaluation of Velocities and Attenuation," paper presented at the 1981 SEG Annual Meeting, Los Angeles.
79. Ausburn, J.R.: "Well Log Editing in Support of Detailed Seismic Studies," *Trans.,* SPWLA (1977) paper F.
80. Jageler, A.H.: "Improved Hydrocarbon Reservoir Evaluation Through Use of Borehole–Gravimeter Data," *J. Pet. Tech.* (June 1976) 709–18.
81. Hicks, W.G.: "Lateral Velocity Variations Near Boreholes," *Geophysics* (1959) **24,** 451–64.
82. Goetz, J.F., Dupal, L., and Bowler, J.: "An Investigation into Discrepancies Between Sonic Log and Seismic Check Shot Velocities, Part 1," *APEA J.* (1979) **19,** 131–41.
83. Ransom, R.C.: " Methods Based on Density and Neutron Well–Logging Responses to Distinguish Characteristics of Shaly Sandstone Reservoir Rock," *The Log Analyst.* (May–June, 1977) **18,** 47–62.
84. "The Long Spacing Sonic," Schlumberger technical pamphlet (1980).
85. Misk, A. *et al.:* " Effects of Hole Conditions on Log Measurements and Formation Evaluation," *SAID,* Third Annual Logging Symposium (June 1976).
86. "The Long Spacing Sonic," Schlumberger technical pamphlet (1982).
87. Spalding, J.S.: "Lithology Determination from the Micro–Seismogram," *The Log Analyst* (July–Aug, 1968).
88. Nations, J.F.: "Lithology and Porosity from Acoustic Shear and Compressional Wave Transit Time Relationships," *Trans.,* SPWLA 18th Annual Logging Symposium (June 1974).
89. Kowalski, J.: "Formation Strength Parameters from Well Logs," *Proc.,* Fifth Formation Evaluation Symposium. Canadian Well Logging Society, Calgary, Canada (1975).
90. Myung, John I.: " Fracture Investigation of the Devonian Shale Using Geophysical Well Logging Techniques," *Proc.,* Appalachian Petroleum Geology Symposium on Devonian Shales, West Virginia Geological and Economic Survey, Morgantown, WV (1976).
91. Koerperich, E.A.: " Shear Wave Velocities Determined From Long–and Short–Spaced Borehole Acoustic Devices," *Soc. Pet. Eng. J.* (Oct. 1980) 317–26.
92. Aron, J., Murray, J., and Seeman, B.: "Formation Compressional and Shear Interval–Transit–Time

Logging by Means of Long Spacings and Digital Techniques," paper SPE 7446 presented at the 1978 Annual Technical Conference and Exhibition, Houston, Oct. 1–4.
93. Parks, T.W., McClellan, J.H., and Morris, C.F.: "Algorithms for Full–Waveform Sonic Logging," paper presented at the 1983 IEEE–ASSP Workshop on Spectral Estimation, Nov.
94. Ingram, J.D. *et al.*: "Direct Phase Determination of Shear Velocities from Acoustic Waveform Logs," paper presented at the 1981 SEG Meeting, Los Angeles, Oct.
95. Willis, M.E. and Toksoz, M.N.: "Automatic P and S Velocity Determination from Full Waveform Digital Acoustic Logs," *Geophysics* (1983) **48**, 1631–44.

第五十五章 泥 浆 录 井

Alun H. Whillaker[1]　　张绍海 译

一、引 言

常规泥浆录井于1939年投入工业应用。这项服务涉及到返出泥浆流线上气体的抽汲和可燃烃类气体的分析。一般将分析结果按钻井深度记录下来，并与钻时或钻速录井图及岩屑地质录井图并列作成图。虽然泥浆录井资料与未受干扰的油藏特征没有直接关系，但却是一口井潜在产层的重要指示。常规泥浆录井资料是进行电缆测井之前最重要的地质资料源。

泥浆录井仪为进行其他井场分析和服务提供了理想的场所，提供了一个干净、光线良好、供电稳定的实验室，地质师或经过地质训练的技术员在此昼夜工作。许多泥浆录井承包商都采用了这类录井仪，以增强其常规泥浆录井的能力，提供广泛的地质和工程服务。现在的这种服务往往与传统的气体分析已不再有什么联系，而一般被认为是与“电测井”相组合的声波、密度、中子测井等相当。

泥浆录井最早的发展是在60年代，当时引入了改良的超压检测方法。这种新技术已被引到录井仪中，现在的泥浆录井图旁边通常还需有一个专门的“压力录井”。泥浆录井仪24小时作业，使这项服务可以连续进行，而其中早期检测是根本。

70年代，由于微电子学的兴起，录井仪中增添了更精确和自动化程度更高的设备。最引人注目的是与微机相联的钻机资料采集系统的使用，引入了一系列钻井优化和控制服务。与常规泥浆录井和地压检测不同，这类服务基本上是非地质的。为从事这种服务，通常是往录井队里补充工程人员。

到80年代，泥浆录井服务又有三个方面的发展。首先，井场小型计算机与办公室资料中心的直接联机，可以集中监控多口井。录井仪成了在井场进入中心计算机数据库和分析软件的场所。

其次，由于有了井底随钻测试技术，泥浆录井仪得到越来越广泛的应用。泥浆录井仪不仅提供了一个方便的工作场所，还提供了这种服务所需要的资料（如总深度测量）。此外，在单个计算机上综合泥浆录井和随钻测试资料的能力，提高了经济效益，加速了井的评价过程。

第三，80年代首次使烃类分析方法和地质分析方法发生了根本性变化，这将继续是所有泥浆录井服务的一般水准。改建的取样技术，热解、色谱和其他地化技术已经提高了泥浆录井的判断能力和定量意义。现在已开始在泥浆录井仪中进行储集岩和生油层类型的井场地球化学鉴别。

---

[1] 1962年版本章作者是A. J. Pearson。

二、服务形式

泥浆录井承包商的数量和服务范围可能要大于任何别的油田服务工种。各家承包商提供的录井服务差别很大，从使用40年前引入的设备进行基础的烃类录井，到复杂的物理、化学分析，甚至提供一个完全的工程监控中心。

同样，录井人员可以是大学毕业的地质师和工程师，或者是各种专业水平的技术员。在确定一口井的泥浆录井服务时，作业者一方的地质师、工程师和录井承包商应该确定录井服务的目的、可能遇到的问题和选择需要提供的各种服务。

由于额外的服务一般意味着额外的费用，因而决策时必须考虑经济因素。根据工程监测，能比较容易地计算出可节约多少钻时或费用才值得进行更多的录井作业。这一点将在本章末详细讨论。

泥浆录井提供的服务按油田的传统可分为如下几类，但各类间可能会有重叠：(1) 地层评价服务[1]——烃类分析、地质分析和地化分析；(2) 石油工程服务——资料采集和分析。下面对泥浆录井服务的讨论将按这个顺序进行，因为这种顺序与泥浆录井的历史发展和现今所用录井仪的精密程度一致。

三、地层评价服务

1. 气体抽汲方法

虽然现代泥浆录井仪可以从事多种不同的服务，但最关键的一种可能还是烃类气体的分析[2]。在进行这种分析之前，必须首先从钻井泥浆中抽汲到气样。这一工作是由气体捕集器完成的（图55.1）。

气体捕集器是一个浸没于页岩振动筛泥浆池中的方形或圆柱形金属盒，最好位于泥浆流速最大处。捕集器下部的孔眼使泥浆能流进和流出捕集器。一个电动或气动搅拌器马达起两种作用，即泵入泥浆和使流过捕集器的泥浆脱气。

从泥浆中脱出的气在捕集器的上半部与周围的空气混合，然后经一根真空管导入录井仪进行分析。这是一种获得连续气样的廉价而又可靠的方法。但是，这套装置的效率多少受钻井作业的影响。泵速和泥浆池液面位置会影响通过捕集器的泥浆流速；泥浆的流变学特征也是影响捕集器脱气效率的一个因素；泥浆及捕集器和真空管周围空气的温度影响抽汲轻烃和重烃并把它们保持为气相的相对效率。在昼夜温差大的地区，后一种影响尤为明显。白天能看到的较重的烷烃气体，在晚上较冷时可能会冷凝而流失掉。

有一种替代常规气体捕集器的方法是采用蒸汽或真空泥浆蒸馏。这种方法是从泥浆池中采集少许钻井泥浆样，带回到录井仪中，在真空下蒸馏。这种方法对所有烃类的抽汲效率都比较高，且较一致。但它是手工操作，比较费时；分析是不连续的，且会有人为的误差。例如，泥浆样在用于分析之前，可能也发生了轻烃的挥发。

虽然泥浆蒸馏有时是对常规气体捕集器的一种补充，但并不是一种真正的替代方法。在今后泥浆录井技术的发展中，重点还是研制抽汲效率更好、更稳定的连续气体捕集器。

2. 烃类分析

气体分析的基本形式是全样的燃烧分析。虽然通常称作“总气分析”，但实际上分析的只是总可燃气体，主要是检测低分子重量的烷烃（石蜡族），如甲烷、乙烷、丙烷、丁烷、戊烷（当周围温度较高时，可能会有一些己烷和庚烷）。

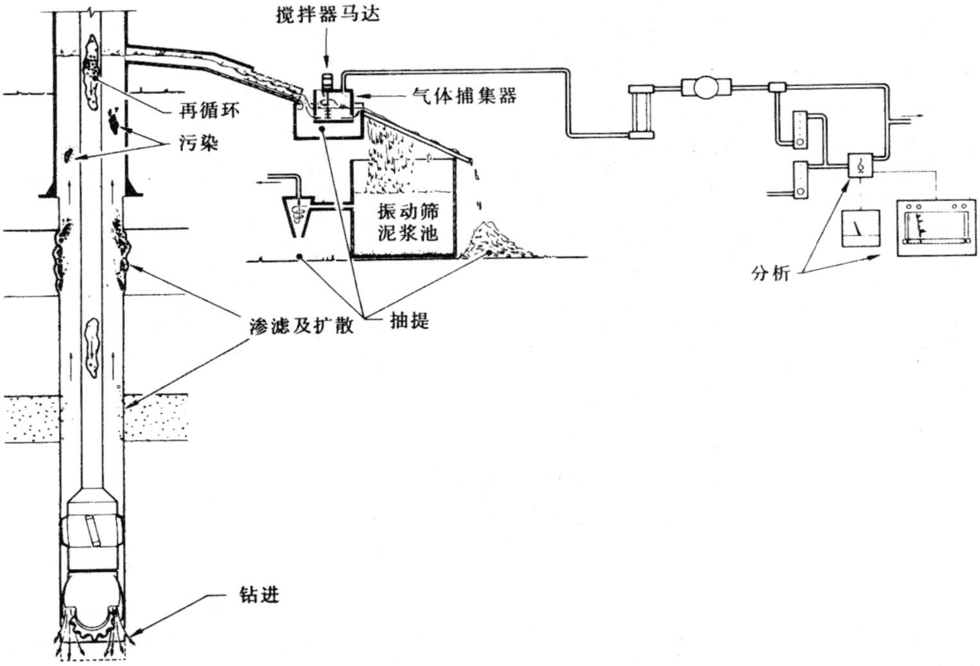

图 55.1　泥浆池中的气体抽汲

催化燃烧检测器（CCD）　经过滤和干燥后，在恒压下以恒定的速度将气体注入检测器的燃烧室（图 55.2）。催化燃烧检测器或称“热线”检测器可能是泥浆录井中最原始的一种，也可能是仍被最广泛使用的一种气体检测器（图 55.3）。

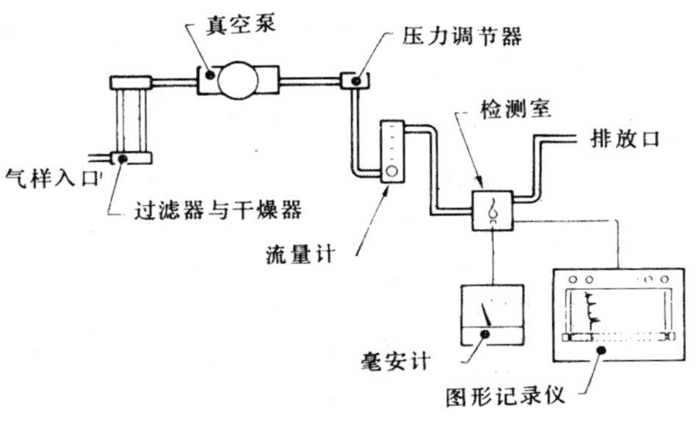

图 55.2　气体分析系统

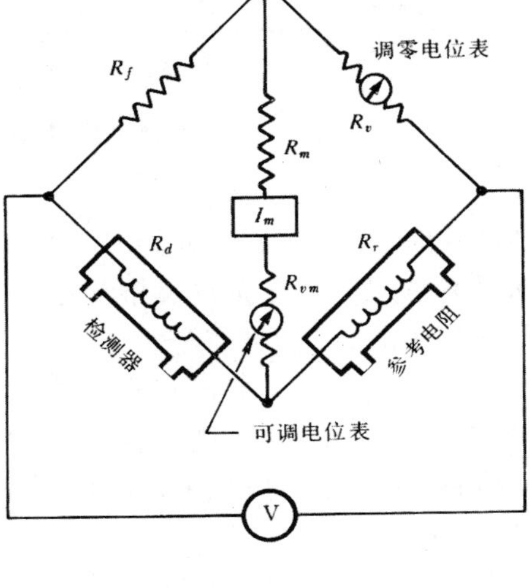

图 55.3　催化燃烧检测器

热线检测器是一个由 4 个电阻组成的惠斯顿电桥。四个电阻中一个是固定电阻 R_f；一个是可变电阻 R_v，用于平衡电桥；另一组是缠有铂金属丝的一对电阻 R_d 和 R_r。用于检测器的那根电阻丝 R_d 暴露到气样流中，而参考电阻丝 R_r 隔离在纯粹的空气中。

当向电桥施加电压 V 时，细金属丝变热。为了使细丝达到足够高的温度，以使烃类能在细丝表面燃烧，一般选用 2～3 伏的电压（实际使用电压由具体的检测器设计而定）。燃烧产生的热使温度进一步升高，因此相对于参考细丝而言，检测用的细丝电阻将会升高。电桥失去平衡，电桥的两面有电流流动。用一个电阻为 R_m 的电流计，便可测得电流为 I_m。因为燃烧只在细丝的表面进行，电流表中的电流相当敏感，与气体浓度的变化呈线性关系。

表 55.1　气样烷烃的燃烧热值

$$C_nH_{(2n+2)} + \frac{(3n+1)}{2}O_2 \rightarrow nCO_2 + (n+1)H_2O + E$$

	$n=1$	分子量	E（千焦/摩尔）	千焦/克	结构
甲烷	1	16	191	11.9	
乙烷	2	30	342	11.4	
丙烷	3	44	493	11.2	
异丁烷	4	58	648	11.2	
丁烷	4	58	650	11.2	

由于每一种烃都有其自己的燃烧热值，很显然，检测器的响应不仅取决于气样的浓度，还取决于气样的组成。表 55.1 表示低分子量烷烃的热值。

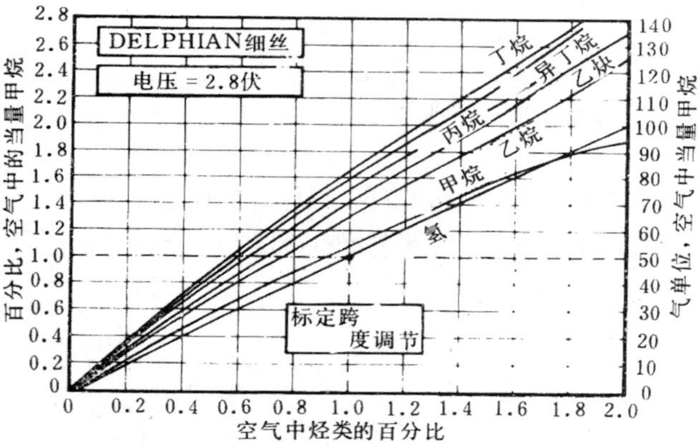

图 55.4　催化燃烧检测器的响应

因为气体组成是未知的，所以总气检测器不能标定真实成分响应。检测器用单组分烷烃（通常用甲烷）与完全的混合物进行标定。因此检测器的响应报告“空气中当量甲烷”的百分比，或称 EMA。在电桥中使用可变电阻 R_{vm}，便可调节电桥的电流 I_m，直接用 EMA 百分比标定电流表。过去曾有种习惯作法，现在已经不用了，即是以毫安为单位读取电流表读数，并将其重新标注为“气单位”。尽管有些公司或某些地区建立了某种标准，但显然这种单位还是因设备而异的。若有哪些地方还在采用这种方法，为避免产生混淆，可以要求录井承包商报告泥浆录井设备的标定资料。例如，承包商可能报告，“100 个总气单位＝2%EMA”。

图 55.4 表示一种典型的催化燃烧检测器对常见可燃气体的响应。需注意的是，1%EMA 或 50 个总气单位的响应，可能表示 1%的甲烷浓度，或稍低于 1%的甲烷和更重烷烃的混合物。总气响应可以被看作是一个“气体丰度指标”，其值随气体浓度增大和随重烃比例增大而增大。

为了将轻烷烃与重烷烃区分开，可以使用第二个完全一样的检测器。通过在电桥上建立更低的电压（1～1.4 伏），细丝的温度较低，检测器不再能使甲烷发生燃烧。检测器的结果仍以 EMA 的百分比给出，通常表示石油蒸气、湿气或重烃气的含量。但两个检测器响应的比较，只能定性地判别是干气还是伴生气显示。

催化燃烧检测器的响应可以保持为线性，直到按化学式计算的或理想的空气中烃类的燃烧成分为止。超过这一成分（大约为 9.5%EMA），检测器就"饱和了"，就发生不完全燃烧，响应变成非线性的。当气样浓度较高时，在将其引入燃烧室之前，必须用空气进行稀释，以保持气体混合物是可燃烧的。

从理论上讲，通过对气样的逐步稀释，气样在达到 100%EMA 浓度之前都能使催化燃烧检测器保持线性响应。但实际上，每稀释一次就必须减小一次气样的体积，并增加一次混合误差。所以一般认为，40%EMA 是催化燃烧检测器可靠性的最大极限。

如果估计会频繁出现高的气体浓度，可以采用一种替代逐步稀释的方法，即将检测器重新组合成一个热导率检测器（TCD）。虽然这种检测器的电路基本上没有什么改变，但是在更低的电压下工作，不发生气体燃烧。此时电桥的电流方向刚好相反，是检测对通过检测器气流对细丝的冷却效应。由于甲烷比空气的热导率高得多，产生相当大的冷却效应，其响应直到很高的浓度都是线性的。但这种检测器对重烷烃、CO_2 和 H_2S 的响应很弱，因为这类气体的热导率接近于空气的热导率。高热导率的气体，如氢和氦，其响应甚至比甲烷的响应还高。

催化燃烧检测器对烃类有很强的选择性，二氧化碳和硫化氢在检测器细丝上不会燃烧，它们将使气体混合物的热导率有所减小，并导致在检测器细丝上有一个小的加热效应。但这种响应一般很小，与烃类较强的响应相比一般不太重要。然而，如果不可燃烧气体的浓度相当高，妨碍了烃类在空气中的完全燃烧，就会出现大得多的负响应。

氢即使在低电压下也会在检测器中燃烧，表现出与甲烷相似的浓度响应。虽然在石油成熟过程中的确有氢作为中间产物形成，但它的反应性和扩散性都相当强，因此在油气显示中出现氢的情况并不太常见。已经证明，深层的构造运动可以使氢的浓度较高，但最常见的氢来源于 pH 值极低的钻井液中铅质钻杆或钢质钻杆的腐蚀。

催化燃烧检测器的一大缺点是，催化剂表面由于杂质和部分燃烧物的聚集而会变差。这将会使使用效果逐渐而又缓慢地变差，或者突然完全失灵，比如当泥浆中有硅质成分出现时就会如此。所以，为了维持可靠的作业，必须对检测器进行定期标定。

火焰离子化检测器　催化燃烧检测器本身的缺陷促使人们去寻找一种更可靠的检测技术。最易让人接受、使用越来越多的便是火焰离子化检测器，或称"氢火焰"检测器（FID）（图 55.5）。

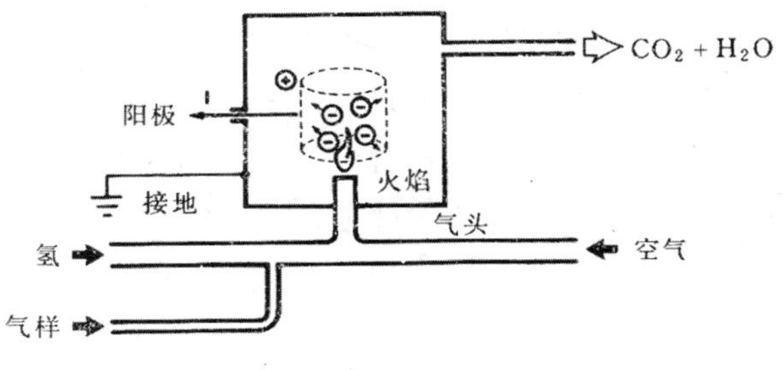

图 55.5　火焰离子化检测器

火焰离子化检测器和催化燃烧检测器的一个重要差别在于，火焰离子化检测器涉及到气样的完全燃烧，即将少量气样引入到燃烧室连续燃烧的氢－氧混合物之中。由于氢火焰产生的热相当高，足以使气样中的全部烃类完全燃烧。相对于较少的气样，维持着大量过剩的氧，所以绝不会发生饱和。氢火焰输出的热等于氢燃烧的热和气样中烃类燃烧的热之和。

遗憾的是，大部分热是大量纯氢燃烧产生的。少量经稀释的烃气流只产生燃烧总热量的小部分，不可能准确地测量出来。因此燃烧热不能作为烃类浓度的量度。烃类的检测是靠燃烧过程中间的一个特殊阶段，这一阶段只发生在烃类的高温燃烧。在这一阶段产生带电荷的不稳定阳离子和阴离子。通过放置一根正电极或称阳极，位于氢火焰之上形似一根圆柱形烟囱，就可以捕获阴离子，产生的电流可用于确定烃类的浓度。

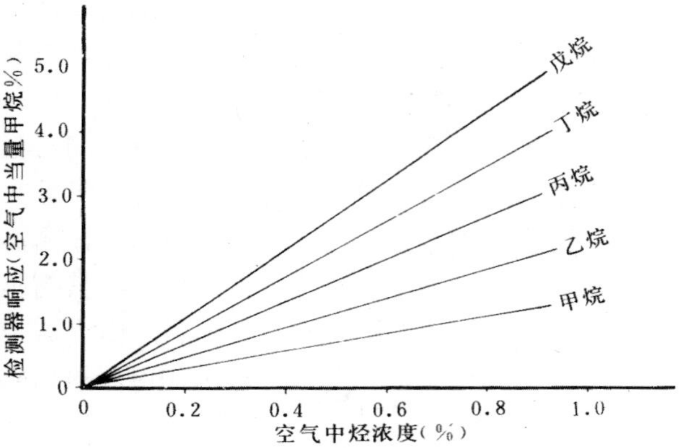

图 55.6　火焰离子化检测器的响应

离子化过程（燃烧过程）是一个十分复杂的过程，涉及到若干中间反应和替代反应，产生的离子数（决定着电流的大小）与烷烃的浓度成正比，与烷烃中碳原子的个数成正比（图 55.6）。因此，火焰离子检测器的响应 EMA 百分比同催化燃烧检测器一样，是一个大丰度指标，随烷烃浓度及烷分子量的增大而增大。

火焰离子从检测器完全是针对含碳氢键（C—H）的化合物选定的。气样中的其他气体和杂质只有极少或没有响应，不会影响检测器的效果。

虽然检测器的响应在各种浓度时都是呈线性的，但用于观察和放大检测器电流的电流表有线性效果限制。由于泥浆录井中的气显示从数十个 ppm 到百分之几十，为了保证检测器响应在低浓度时的敏感性和高浓度时的线性，必须进行电信号的阻尼和气样的稀释。在大部分现代火焰离子化检测器中，这两方面的工作均已自动进行，这样就确保了比人工稀释气样更高的准确性。

气相色谱　除总气检测器外，大部分现代的录井仪还装备有气相色谱装置。这种装置可将单种烷烃分开，分别进行检测，给出气体成分和浓度的分析。虽然这种分析比 EMA 表示的总气响应具有更高的价值，但色谱不能提供连续的分析，而只能隔几分钟处理一批样品，也就是说每隔几英尺钻井进尺进行一次分析。所以在表示气显示详细和逐渐变化方面，色谱不能取代总气检测器。

在气相色谱仪中，载气（常为空气）将一定量的气样运载通过一根分离柱。分离柱中装有液态的表面溶剂或细粒的分子筛固体。根据气体溶解度差别或扩散性差异，将混合气体按其成分分开，最轻的最快通过分离柱，最重的通过最慢。

根据分离柱的特征，每种气体都会通过分离柱，并在特定时间跑出分离柱。各种成分的气体依次通过分离柱进入检测器。这里使用的检测器可能是催化燃烧式，或热导率式，或火焰离子式检测器。检测器需用已知成分和浓度的混合气体标定。每种成分的标定系数可用于那种成分出现时的检测器响应。

因为重质成分通过分离柱要花更长的时间，所以取样的时间和深度间隔由待分析的成分多少来确定。在日常录井中，一般都让色谱仪周期性地连续自动分析甲烷、乙烷、丙烷、正丁烷和异丁烷，这大约要用 3～5 分钟时间。如果需要检测更重的烷烃（如戊烷），则需解除自动控制，以便分析进行得稍长一些。

红外吸收检测器　第三种形式的检测器是红外吸收检测器，目前用的还很少。这种检测器的原理是，任何化学键都会吸收某个频率的红外能，这个频率是由化学键的化学性质和几何特征决定的。甲烷含有四个完全一样的碳氢键（C−H）。如果用适合这种化学键的一种频率的红外能对气样进行辐射，那么，被气样吸收的能量将与C−H键的多少呈正比，因此也与气样中甲烷的浓度成正比。

其他所有烷烃都含有C−H键和碳碳键（C−C）。虽然从化学上讲这些键是一样的，但其几何构形不同，因而符合其特征的红外线频率也不同，这取决于化学键在烷烃分子中的位置。从理论上讲，应该可以让气样通过一系列的测试单元，测试一系列特征性红外线频率的红外吸收。其综合结果将会提供烷烃类型和浓度的连续分析，即相当于连续的色谱分析。

但遗憾的是，大量的C−H键和C−C键其几何构形差异很小，不是吸收一系列互不相同的特征频率，而常发生一个连续频带的重叠吸收。最好情况下可使用两个吸收单元系统，可由此估计出以EMA表示的甲烷浓度和烃浓度。这种结果与用两个催化燃烧检测器获得的结果差不多，还不如装备有火焰离子化检测器的气相色谱的结果。

3.非烃气体的检测[1]

石油勘探中最常见的非烃气体有CO_2、H_2S、氦、氮和氢。正如前面曾提到的，自然产生的氢很少出现，氦和氮一般也只出现在某些地区或某种地质环境，而天然气中CO_2和H_2S的含量可从很低到很高，因此在所有探井中都应使用CO_2和H_2S检测设备。

色谱——热导率检测器　功能最多的非烃气体检测设备要算装备有热导率检测器的色谱仪。选择适当的分离柱填充物和长度，可将任何单一的成分或组合分开。热导率检测器可以对与载气热导率不同的任何气体产生响应。这种响应对每一种载气／气样组合是不同的，但通过已知成分的气体混合物，可以编绘出每一种成分的标定曲线。

当气样和载气的热导率相差最大时，可获得最好的响应和敏感度。随分子量增大，热导率一般呈指数降低。因此，轻的气体（如氢和氦）使用空气作为载气就很容易检测出来。但对于较重的气体（如氮、CO_2、H_2S），其热导率接近于空气的热导率，就必须使用重量更轻、热导率更高的载气。氦气常被选作这种载气，若有氢气也可用氢气作这种载气。

在评价氮和CO_2检测的可靠性时需要考虑的一个重要因素是，气样中这两种气体的存在可能是由于将空气引入到气体捕集器时和泥浆暴露到空气中引起的。

溶解和以气饱和状态存在于钻井泥浆中的正常大气组分的空气，不断地引入到井眼中。在井底的高温环境下，腐蚀和其他氧化作用将消耗掉所携带空气中的氧，从而使氮和CO_2的浓度相应升高。碳质物质的氧化作用使CO_2进一步富集。此外，泥浆中的防腐剂会消耗氧和二氧化碳。除了上述因素以外，随着温度升高，通过井底系统的循环时间增长，氧的消耗也将增大。

到地表后，这些氧已耗尽的空气和来自地层的所有气体在气体捕集器中与周围空气混合。空气的成分随周围的大气而变化，如会受到钻机马达、车辆及其他设备排放物的影响。

必须要识别出背景浓度之上任何来自地层的氮和CO_2显示，背景浓度下可能表现为某种随机的变化，或是随井深加大、循环泥浆变热和循环周期变长而逐渐增大。不管采用哪种检测方法，都不可能提供ppm级的精度。如果估计只有微量的气或要求作业精确的成分分析，就不能只靠泥浆录井对CO_2和氮的分析来提供。

在非烃石油气中，H_2S和CO_2是最重要的。这两种气体经常以很高的浓度出现，且由于它们的极性特征，给钻井和生产设备会带来严重的腐蚀问题。H_2S在浓度较低时也是有毒的。所以在许多地区，这两种气体的专用检测器被认为是标准泥浆录井设备。

红外吸收检测器　CO_2的连续检测最好是由红外吸收检测器来进行。使用一种对CO_2特有C−O键的特征频率发生响应的红外分析仪。通过轮换地扫射两个气样单元来完成大气CO_2浓度的校正。一个气样单元中装有取自气体捕集器的气样，另一个装的是周围空气。输出结果的差别提供了高于大气的CO_2浓度。

管形检测器　目前在用的H_2S检测器有几种，都是用于监测由气体化学氧化作用引起的变化。最简单的一种是管形检测器，混合气样以一定的速度流过一根装有反应性醋酸铅的玻璃管。沉淀在一薄层表面积很大的硅胶固粒之上的醋酸铅与H_2S发生反应，形成硫化铅，颜色从白色变为黑褐色或黑色。反应如下:

$$Pb(CH_3COO)_2+H_2S \rightarrow 2CH_3COOH+PbS$$

由于任何单位长度的管子上醋酸铅的含量是一定的，因而可以根据一个固定体积气样的H_2S浓度对管子进行标定。

仪器板上装有两根管子。来自泥浆池的气样以恒速流过其中一根管子。如果气样中有H_2S存在，醋酸铅就开始从底部向顶部逐渐变色（气样流动的方向）。由于气样使醋酸铅变色的过程是连续的，因而这种响应只能是定性的。变色的情况只能表明H_2S是少量存在，还是非常丰富，不能对实际含量作出估计。

一旦发现管子变色，就必须立即发出警报，因为即使是少量的H_2S气体也可能是很危险的。要想进行定量分析，可将气样转向第二个管子，引入一定时间的气样，这样就发生一定量的变色，根据变色的刻度即可读出H_2S的浓度。

另一种形式的管式检测器是一种小型的手感盒，常被叫作“吹气盆”或“吸气盒”，可用于钻机周围不同位置的大气取样。

由于醋酸铅的反应是不可逆的，管子用过后必须更换。因此这种设备不能进行H_2S含量的连续记录，只能提供一系列的单个测量数据。这虽是一个缺陷，但还不是一个严重问题，因为大气中任何含量的H_2S既对身体有害，也表明泥浆系统也完全饱和了。一旦检测出H_2S，必须立即设法把它从泥浆中去掉。进行气测是为了确保把H_2S去掉，不要重复出现。

只要能找到合适的变色反应剂，管形检测器也可用于检测CO_2和其他气体。对于CO_2，可用联氨代替醋酸铅。当管子中的化学物质变为紫色时，表示有CO_2存在。

$$CO_2+N_2H_4 \rightarrow NH_2NHCOOH$$

但由于大气中的CO_2会使管子以均匀的速度变色，所以靠这种方法不太适宜于连续监测CO_2。

纸带型检测器　采用这种检测原理发展出的一种更精密的检测器，使用浸染有醋酸铅的连续纸带，可以进行连续检测，并以图表格式输出定量的电信号，并能发出警报。

这种检测器外形类似于滚筒纸带记录仪，其操作和工作部件同磁带录音机差不多。纸带是涂有均匀醋酸铅的多孔滤纸，以恒定的速度从一个滚筒卷到另一个滚筒上。纸带经过气样室，来自泥浆池的气样不断通过气样室。纸带变色的程度与纸带上醋酸铅的浓度、纸带运行的速度（这两者都是一定的）及气样中H_2S的浓度成正比。通过气样室的纸带又传递到检测器中，在这里一束光从纸带上反射到光电管上。根据一整套不同颜色的纸带（对应一定已知浓度 H_2S 的范围），可以很容易地将光电管的输出结果标定为 H_2S 的浓度。

只要能找到已浸染了化学物的适当纸带，纸带型检测器可用于检测 CO_2 和其他气体。它与管形检测器不同，可以将大气变色的基线之上的真实"显示"区分开。

尽管纸带型检测器优于管形检测器，但两种检测器都有一个共同的缺点，就是需要周期性地更换反应材料，即醋酸铅，而这类材料是可能会在储存时变质的。检测器的管子和纸带卷均为密封包装，并加盖日期。若发现封盖破损或超过了有效期，就不应再使用。

固态电子检测器　固态电子检测器是最现代化的 H_2S 分析仪。这种设备依靠 H_2S 对金属氧化物的可逆还原作用作为检测手段。将一个半导体感应元件暴露到来自泥浆池的气流中。感应元件的表面涂有属于专利的金属氧化物涂层。当有 H_2S 存在时，涂层部分地还原成金属硫化物，其电阻将发生变化：

$$\text{金属氧化物}+H_2S \rightarrow \text{金属硫化物}+H_2O$$

这是一个平衡反应。如果硫化氢不再存在，反应将逆向进行。硫化物又重新氧化成氧化物。涂层中硫化物与氧化物的比例（由此决定着涂层的电阻率）总是感应器附近气样中 H_2S 浓度的函数。

这种设备的另一种设计是在钻机周围的不同位置，安装上多个感应元件，引入多个气样来源，以此起到集中监控和警报功能。将感应器放置在偏避位置可能会出现一些问题，因为感应器有可能被损坏或处置不当。但这样的确可以消除由于气溶解到长真空管凝析物中造成响应失效的风险。

本仪器具有很高的可靠性和准确性，已被广泛应用到石油工业中。但仍有两个方面的不足应经常加以考虑。第一个也是最重要的缺陷是，如果感应器工作一段时间没有任何 H_2S 出现，常常会失去反应速度（但需注意的一点是，传感器并没有失去敏感性。若有 H_2S 出现时，它也会响应，但 H_2S 第一次出现时其响应要迟缓一些）。

为安全起见，传感器必须周期性地通过 H_2S 气样进行活化，以维持其反应速度。

其次，传感器对某些有机硫化物也产生响应，这种有机硫化物可能存在于石油中，也可能是来自泥浆添加剂的降解。这类化合物的响应尽管很弱，但也可能造成 H_2S 显示的假象。

可溶硫化物分析仪　所有的 H_2S 气体分析仪有一个共同的缺点，这个缺点是由于 H_2S 气体在水中有很高的溶解度造成的。直到形成 H_2S 气饱和溶液之前，H_2S 不会从钻井液中释放出来，也不会被气体分析仪检测到。由于泥浆中极低浓度的 H_2S 气都可能引起严重的腐蚀问题，空气中哪怕有几个 ppm 的硫化氢也对人的健康有害，因此，当地面上检测出 H_2S 气体时，严重的问题已经发生了。

H_2S 的早期检测需要对钻井泥浆进行分析，这可以通过周期性取样和湿化学分析来完成。使用一种选择性的离子电极测量系统，泥浆录井可以提供连续的可溶硫化物分析。

这种仪器浸入钻井泥浆中的感应器探针由一个 pH（氢离子）特殊电极和一个 pS（硫离子）特殊电极及一个温度传感器组成。当 H_2S 溶解于水中时，将部分地电离成 HS^- 离子和 S^{2-} 离子。H_2S 的溶解度和电离程度受溶液 pH 值和温度的控制。如果能测量出这两个参数和一种溶解硫化物的浓度，即可推导出所有其他硫化物的含量。在可溶硫化物分析仪中，这些都是由微处理机自动完成的。使用这种仪器，可以在 H_2S 的浓度变得足够高、气体检测器能有效地检测出来或工作人员面临危险之前，检测出硫化氢并开始设法从泥浆中除去。

4. 地质分析

在气体分析之后，泥浆录井的最重要功能是钻井岩屑的取样和评价。即使泥浆录井仪操作人员不是专业地质师，最低要求也要能进行岩样岩性的鉴定和简单描述、储层特征的估算（孔隙度和渗透率的大小和类型）和油浸染情况的描述。

岩样迟滞时间　烃类分析和地质分析要依靠钻头切削作用释放的代表性的钻屑样和气样。在解释分析结果时，必须考虑气体和岩屑从井底输送到地面的滞后时间和物理影响[1]。

必须进行岩样气样的滞后分析，以便结果能按产生样品的深度记录和报道（当岩样到达地面时，其井深当然要更大些）。滞后时间可通过简单计算得出，即计算出置换掉总环空泥浆体积所需的时间，计算公式为:

$$V_{an} = V_h - V_p \tag{1}$$

$$v_{an} = \frac{q_p}{V_{an}} \tag{2}$$

和

$$t_l = \frac{D}{v_{an}} \tag{3}$$

式中　V_{an}——环空体积，米^3／米；

V_h——井眼容积，米^3／米；

V_p——钻杆容积和置换量，米^3／米；

v_{an}——环空速度，米／秒；

q_p——泵排量，米^3／秒；

t_l——滞后时间，秒；

D——深度，米。

应对每一段环空分别进行计算（管中的钻杆，裸眼井中的钻杆，裸眼井中的钻铤等）。

计算出的滞后时间可用于刚钻出套管的井段和估计能钻成规则井眼的硬岩石井段。但是，计算的滞后时间不能考虑不规则井眼容积的变化或泵速和泵效的变化（如接钻杆时泵停止工作）。

根据泵冲数确定和使用滞后时间，比基于时间确定的滞后时间有着明显的优点。当泵停止工作时，跟踪井中上返岩屑的计数器自动停止。但时钟仍在运转，必然会引入一些应减去的因素。然而最重要的优点还是其准确性。只有当循环泵速一定时，根据时间段确定的滞后时间才是正确的，而据泵周期确定的滞后时间对任何大小的泵速都是正确的。

为了确定滞后时间，可以当方钻杆补心被提上来时，在地面将一种示踪剂放入钻杆中，让示踪剂被泵入并流过钻杆，再返回到地面，计算出循环泥浆泵完成这次循环所需的泵冲数。从总泵冲数中减去将示踪剂泵入钻杆达到井底所需的泵冲数，结果就是“滞后的冲数”。

有多种物质可用作示踪剂，并可从振动筛上拣出来进行近似滞后时间分析，如整颗的燕麦、大麦、彩色胶纸碎片等。然而，在一般情况下都是在钻杆中放入碳化钙（电石），它将同泥浆发生反应，形成乙炔。形成的乙炔很容易被泥浆气体检测器检测出来，是最方便和最可靠的一种确定滞后时间的方法。在气体检测器中乙炔气表现为湿气，很容易与产自地层的甲烷区分开。

代表性岩屑样 没有什么能代替与产生深度准确对应的代表性岩屑样。岩屑是任何泥浆录井资料、地质资料、地球物理资料、工程资料等评价所必需的支持材料。每台钻机都有一个振动筛，用于当泥浆和岩屑到达地面时将其分开。振动筛可能是也可能不是收集岩屑样的理想场所[3~5]。如果使用振动筛，应将一块板或一个取样盒放于振动筛脚，以收集综合岩样。当钻速很低时，为确保收集的岩样是钻穿的整段地层的代表，而不仅仅是最后几英寸地层的代表，这样作就尤为重要。

当使用传统的"rhumba"式振动筛时，通过泥浆缓冲池（振动筛后方的泥浆池）的流速差异将造成各筛层之间岩屑的密度和大小分异。这种分选有助于录井地质师将大的坍塌物与较小的井底岩屑分开，但仍需十分谨慎，以保证获得有代表性的岩样。如果是使用现代的双层振动筛，应在两层筛上都进行岩屑取样。

应确定取样深度间隔，以便泥浆录井人员除了岩屑取样外还能兼营其他事情。随着井深加大，钻速减小，取样间隔应缩短。两次取样之间的时间间隔不应大于15分钟。例如，若取样间隔为10英尺，钻速为10英尺／小时，录井人员应在1小时内取4次岩样，装入代表那一层段的岩样袋中。无论何时发现背景气量有变化，或滞后时间发生了突变，都应该进行特别的取样。如果使用了取样板或取样盒，每次取样后必须冲洗干净。

只要使用沉砂池或除砂器，就应在其出口进行取样。这样，录井地质师就能弄清楚常常污染泥浆系统的砂和细颗粒的形状和大小。如果正在钻进的是未固结地层，从除砂器取得的岩样既有地层砂屑，也有泥浆固相，录井地质师必须能将它们区分开。

冲洗和准备用于检验用的岩屑也许同检验本身同样重要。在硬岩石区，岩屑一般极容易清洗，这时只需将容器中的岩样拿到水龙头下去冲洗，除去岩屑表面的泥浆膜。但在许多地区，尤其是第三系砂页岩区或地层，岩屑的清洗要难一些，需要在几个方面给予注意。出现的粘土和页岩常常很软，不断地进入溶液中，形成泥浆，必须十分小心，尽可能少洗掉一些页岩。在确定岩样成分时，还需将被洗掉的部分考虑进去。

当岩屑冲洗去掉泥浆后，还要用5毫米的筛子进行冲洗，除非这样作又会洗掉更多的页岩和粘土。一般认为，岩屑可以通过5毫米的筛子，不能通过筛子的是坍塌物，可以扔掉。但是，不能通过筛子的物质也应进行检验，看是否有砂岩岩屑。如果确实存在，就为大于正常岩屑颗粒的研究提供了极好的机会。

由于油乳化液防止了粘土和页岩的坍塌及分散到泥浆中，所以用油基泥浆和油乳化泥浆钻井的岩屑一般比用水基泥浆钻井的岩屑更能代表所钻达的地层。但同时，清洗和处理用这类泥浆钻下的岩屑又有更多的问题，只用水是清洗不干净的，常需要先用洗涤剂溶液清洗掉泥浆，可以使用某些工业用洗涤液。在个别极端情况下，必须先用象石油脑这样的非荧光性溶剂冲洗岩屑，然后再用洗涤剂溶液将溶剂洗掉。除非绝对需要，不建议去使用溶剂，因为存在将油斑洗掉的风险。

当岩屑被洗净后，可将一部分岩屑拿到安装在泥浆录井仪壁上的炉子上烘干，另一部分洗净的湿岩屑样直接在显微镜下检验。同时还要拿一些未清洗的岩屑样到混砂器中进行分析。虽然这些岩屑不彻底洗净，但最好还是轻轻冲洗一下以除去表面的泥浆膜。

录井地质师应从岩样准备过程的不同阶段都拣出少量岩样。通过对所有这些岩样的检验，即可得出岩样成分的准确估计[3]。一旦估计出各种成分的百分比，岩样描述应依次包括：(1) 岩石类型；(2) 颜色；(3) 硬度（坚固性）；(4) 颗粒大小；(5) 颗粒形状；(6) 分选)；(7) 光泽；(8) 胶结作用或基质；(9) 结构；(10) 孔隙度；(11) 副矿物；(12) 包裹体。

对于碎屑岩（砂泥岩）地层，一般只要求在井场进行肉眼的岩样检验。对于碳酸盐岩地层，还要求作其他测试以确定岩石的化学特征和物理特征。其中最简单的一种试验是用稀盐酸试验岩屑。由于方解石反应快，白云石反应慢，所以反应的快慢提供了岩石相对成分的指南。

使用石灰测定器，这种试验可以更定量化。在石灰测定器中，用酸处理密封反应室中的一定重量的岩样。通过测量 CO_2 的体积或压力来监视反应情况，直到反应完成，得出的结果就是岩样中方解石和白云石的百分比。

对于既有碳酸盐也有硫酸盐（硬石膏和石膏）的复杂情况，可以使用一套化学染色工具。用一系列化学试剂对少量洗净的岩屑样进行点滴试验。试剂的特征性颜色变化可以表示岩样中某种特殊矿物的存在。

关于泥浆录井的地质问题，有许多很好的文章，包括 Low[6]、Maher[7] 和 McNeal[8] 的文章。由于本章主要涉及泥浆录井技术，在此不作进一步讨论。

5. 岩样中的烃含量

除了地质评价外，还必须对岩屑样进行烃含量测试。必须对每一个岩样进行混合器或岩屑气分析。这将涉及到混合器中岩屑样的破碎、释放气样的抽汲和注入到总气分析仪中。可用注射器手工抽汲释放气，并注入与泥浆录井仪相连的气体分析仪中。然而，为了加强作业和保证作业的连续性，现代泥浆录井仪采用了释放气的自动抽汲，并自动注入单独的催化燃烧岩屑气分析仪中。

一旦取得了代表性岩屑样，应将一定量（在量杯中量出 100 厘米^3）的未洗净岩样装入混合罐中，并在其上加入 600 厘米^3 的水，混合 30 秒钟，然后再静置 30 秒钟，再取气样。如果井眼坍塌严重，岩屑的量可能会增加，但应保持一致，尤其是在显示前或显示过程中。对于坚硬的碳酸盐岩、低孔隙度砂岩或类似的储集岩，切割刀片不能进行有效的破碎（建议采用 40～60 秒的混合时间），混合罐应静置 2～3 分钟后才取气体读数。完成气体分析后，应对水进行检查，看有无油迹或油味，一丁点小油滴都应撇下来进行化验、破碎的岩样对于验证岩性评价也可能是有用的。

由于混合器能给出储层质量（从孔隙度和气油比角度来看）的某些指示，所以是一种较好的评价工具。高孔隙度砂岩当其到达地面时通常已被充分冲刷了，因此得到的岩屑气量随孔隙度降低而成比例地增大，糖粒状白云岩或象白垩这样的高孔隙度灰岩也是如此。然而，如果储层是裂缝性碳酸盐岩等，其中所有的油和气都储集在裂缝中，那么记录到的岩屑气量会很低或没有，此时将混合器作为确定孔隙性的手段效果就不太好，因为将来的产量将主要取决于复杂的储层裂缝系统，而不是岩石本身的原生孔隙度和渗透率。

在油藏中，气通常溶解在油中。将岩样密封搅动可以提供油中气含量的极好参数，这相对于已经从泥浆池中记录的气量来说，具有更重要的意义。较高的岩屑气伴以油显示应该被看成是一个非常重要的显示，应是综合评价中要考虑的更重要的因素之一。

如果对大段储层取心，混合器的读数就不再象正常钻进时那么有意义了。由于岩心尚在岩心筒中，通常岩屑样的量会减少。而且由于取心时钻速常较低，坍塌物的百分比可能会增加。此外，如果使用的是金刚石钻头，返出的岩屑一般磨得很圆，形状也有很大改变。因此，如果地质师同意，可以从所回收岩心的较破碎部分取得的100厘米^{3}代表岩样与水混合，得出的读数可用于补充实际取心过程中得到的读数。

液态烃类的0观察应在显微镜下（油斑岩屑）、混合罐（混合后油的光泽和油味）中及紫外光观察盒中（岩屑和释释泥浆样中的荧光油珠）进行。

肉眼可见的油斑和颜色是有油存在的重要显示，而紫外荧光的强度和颜色是烃类型的重要标志，从暗褐色表示很重的油（残余油或润湿油）到亮兰色—白色表示轻油和凝析油。然而，为了肯定是否有油存在，必须进行交叉检查观察。许多泥浆添加剂、污染物、矿物或井台碎物，看起来也象油，也有油味，紫外光下也可能发荧光。只有当肉眼观察的油斑和紫外荧光得出相同的结论时，才能肯定有油存在。例如，被管子涂料污染的岩屑似乎有暗色的油迹，预示有重油存在。但将同一粒岩屑拿到紫外光下检验，显示为亮兰—白色的荧光，这是高重度油的特征。由于二者结论不一致，所以可以将其确定为污染物，避免记录一次显示。优秀的泥浆录井人员应对井场储存的所有泥浆添加剂在使用前进行分析，确定出它们与泥浆或岩屑混合时的特征和现象。

如果确定了一个真正的油斑，则应将一颗有代表性的岩屑进行有机溶剂试验，这被叫作溶解试验。溶剂溶解对于评价荧光性及判断油藏中油的可动性和渗透率是有用的。通过从岩屑的着色背景上将油除去，可以对荧光作出更好的估计。溶剂溶解发生的情况也可以提供有用的信息（如高重度油立即溶解，粘度越高重度越低的油溶解越慢，渗透率较差时溶解不规则）。如果在洗净的岩屑上没有溶解发生，应该用于岩屑、破碎的岩屑或通过稀盐酸处理后再重新进行试验。这样就会获得需要的溶解，并提供渗透率或有效孔隙度的进一步证据。当溶解的溶剂蒸发后，残余油留在器皿中，显示出油的天然颜色。

最后，如果有大量油存在，可以确定其折射指数。正象油斑的颜色和荧光随油的类型逐渐发生变化，折射指数与油的重度有良好的关系。泥浆录井仪中有一种只需一小滴油样便可进行测定的袖珍式折射测定仪。利用少量的油（从混合罐表面或稀释泥浆表面撇取），可得到油重度的极可靠估计。

6.地球化学分析

要对烃类和烃源岩作更精细的分析，需借助于热解的原理——即岩样在惰性气中的热降解。目前有三种这样的设备：生油岩评价仪Ⅱ^{TM}（RE）、油显示分析仪（OSA^{TM}）和烃类热分析仪（THA^{TM}）。所有这些仪器都使用了由法国石油研究院Espitlie发明的程控温度热解分析法[3,9]。分析过程的原理是：在惰性氦气流中，通过升高温度对一定重量的岩样加热。由于不可能发生燃烧，氦气将岩石中的油气和有机质的热蒸发产生的烃类和CO_2带走。产生的气由火焰离子化检测器和热导率检测器分析，产生的气量（单位为每克岩石多少毫克）、演化的时间和温度可用于确定储层或生油岩的丰度和类型。

三种仪器的差别如图55.7所示。生油岩评价仪以25℃／分均匀加热，将温度升高到550℃。携带有反应气的氦气流通过一个CO_2捕集器，然后到火焰离子化检测器。热解完成后，也将捕集的CO_2输送到一个热导率检测器。火焰离子化检测器和热导率检测器的响应称为“Pyrogram”，结果是温度。

生油岩评价仪的程序热解特征在火焰离子化检测器的响应上表现为两个特征峰。第一个峰 S1 代表从岩样蒸发的真实烃类，即油和气。第二个峰 S2 代表岩样中的富氢有机质干酪根热裂解形成的烃类。S2 峰出现的温度 T_{max}，表示干酪根的成熟度。能够形成油气的成熟干酪根，其 T_{max} 在 435～470℃之间。若 T_{max} 低于此值范围，表示是不成熟干酪根，若 T_{max} 高于 470℃表示主要生烃阶段已经过去的过成熟有机质。

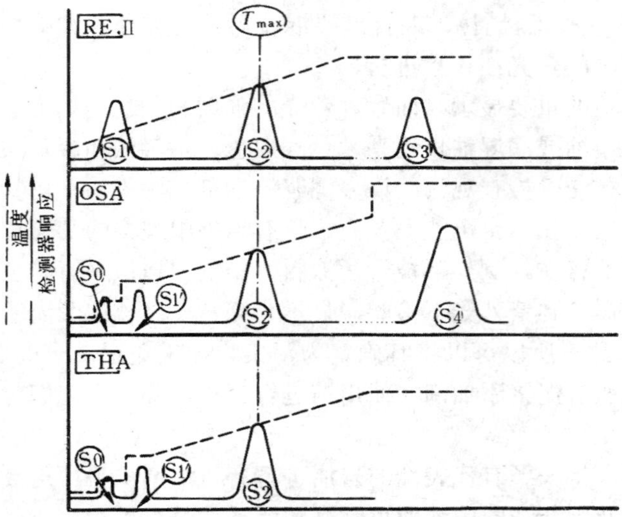

图 55.7 生油岩评价仪、油显示分析仪和烃类热分析仪结果比较

热导率检测器响应 S3 代表岩样中富氧干酪根热裂解时 CO_2 的产率。S2 和 S3 的大小提供了干酪根的相对氢／氧丰度，这对于估计生油岩的类型是有用的。富氢干酪根偏于生油，产能高；而富氧干酪根偏于生气，产能较低。

油显示分析仪不同于生油岩分析仪，它采用的不是均匀温度变化，而是两级温度。当完成岩样的热解后，将其在氧化环境中进一步加热，使岩样中所有的残余有机碳完全燃烧。

油显示评价仪的程控热解在火焰离子化检测器响应上表现为三个特征峰。S0 和 S1 对应两个级别的温度，代表生油岩评价仪的 S1 峰分裂为一个低温峰（气显示）和一个高温峰（油显示）。S2 峰及 T_{max} 与生油岩分析仪的 S2 峰及 T_{max} 意义相同。S4 代表热解（等于 S3）和燃烧形成的 CO_2。热解和燃烧产生气体物质的总和是岩石中总有机碳或总有机质丰度的量度。

生油岩评价仪已被广泛用作实验室设备，也有的在新区勘探中将生油岩评价仪和油显示分析仪应用到泥浆录井仪中。但由于这类仪器结构复杂，价格昂贵，限制了在泥浆录井中的更广泛应用，所以一般只用于最先进的录井仪中和勘探钻井的录井中。

烃类热分析仪要简单得多，更适合常规的泥浆录井作业。这种仪器只用一个火焰离子化检测器和一个类似于油显示分析仪热解阶段（不包括最后燃烧阶段）的温度程序。烃类热分析仪的程序热解只提供 S0、S1、S2 和 T_{max}，不能提供 CO_2 分析，S3 和 S4。

四、现代化泥浆录井仪

基于前面的讨论，现代化泥浆录井仪有六个方面的基本要求[2]：

(1) 使用催化燃烧或火焰离子化检测器的一个总可燃烧气体分析仪；

(2) 允许高气含量时检测器维持线性响应的一个气样稀释系统，或一个辅助的热导率检测器；

(3) 一个能分开并检测甲烷、乙烷、丙烷、丁烷和异丁烷的自动循环色谱仪，或一个能从“石油气”中区分出“总气”的辅助低电压催化燃烧检测器；

(4) 一个能分析来自混合器岩屑气样的独立岩屑气分析仪；

(5) 一台用于确定和描述岩性及液态烃的显微镜和紫外光观察箱；

(6) 一个能将气读数和岩屑样进行滞后校正、对应钻井深度的泵冲计数器及电石滞后试验装置。

此外，录井仪还要求一个确定岩样深度和计算钻速的钻井深度和时间记录器，这可以提供重要的岩石强度和孔隙度指示。这个记录器最好是独立于司钻的深度记录器。

由于泥浆录井样（气样、油样和岩屑样）取自泥浆流线，所以在评价泥浆录井结果时必须考虑泥浆化学特征和流变性的变化。录井仪中还应有进行基础泥浆测试的设备，如泥浆天平、马氏漏斗、砂子试验用具、失水仪等。还需要实验室玻璃器皿及化学药剂来进行化学试验、岩屑滴定和泥浆过滤样的滴定。

虽然压力控制不属一般泥浆录井的职责（见"石油工程服务"），但泥浆录井人员连续地监视着泥浆气含量，应该知道可能发生钻井事故的情况。因此，一般都在泥浆录井仪中安装一个活动泥浆池液面监视器。这就使泥浆录井人员成为司钻之后检测井涌或循环失灵的第二梯队。

五、泥浆录井图

1. 格式[1]

泥浆录井图目前还没有工业标准，各作业者的录井图都不一样。但各道的顺序一般如下。

第 1 道：表示钻速（ROP），也包括可能影响录井图解释的钻井资料（钻头类型、钻井参数的变化、循环突变等）。

第 2 道：为深度道，并用符号标出进行了特殊评价的层段（如取心井段或测试井段）。

第 3 道：钻穿地层的岩性柱子。一般将此岩性柱子等分成 10 小道，每 1 小道代表岩屑中观察到的岩性类型增加 10%。同录井图中其他各道不同，岩性柱子不是经标定的物理测定量，而是一种主观的评价。应建立起图件的制作者和使用者都能接受的作图原则。

即使除去了坍塌物和污染物之后，一个岩屑样并不真正代表一单个深度段。颗粒大小和密度的变化使颗粒在环空中的返出速度不同，从而造成岩屑在环空中的混合。由于这种混合，岩屑的真实百分比绝不能表示出明显的地层界面。例如，从钻速和总气分析明显地反映出是一套界面清楚的薄砂岩夹在块状泥岩中，但岩屑上表现为一套砂质泥岩层，且垂向范围更大得多。

地质师可使用各种资料来制作一张解释性的岩性录井图，也就是说要清楚地表示出由钻速指示的砂岩界面。有时泥浆录井人员还会试图将某种程度的解释加到岩屑录井图中。比如泥浆录井人员可能是在所有的岩屑样中都表示出砂的存在，但这样夸大与高钻速相对应层段岩屑中砂的百分比。

当后来将岩样检验结果与泥浆录井结果进行比较时，这种"半解释"性的岩性柱子可能造成一些混淆，所以应要求录井人员作出代表岩样中实际观察到的岩性百分比的真实岩屑录井图。如果录井人员具有足够的地质知识，作业公司的地质家又要求他作出地质解释的岩性录井图。

第 4 道：展示烃类分析结果。这道可以是宽宽的一道，但多数情况下是分成两道或多道。第 4 道中应包括如下结果：总气、岩屑气、色谱分析。当有油显示时，还要加上油显示质量的估计和油溶解分析结果。辅助气分析结果（氦、氢、CO_2、H_2S）也可加在这一道，也可以画成一附加道。

第 5 道：主要由于简单的岩样描述。这一列中还应包括泥浆测试结果、下套管和注水泥情况、井眼偏移情况、碳酸盐测试结果以及其他许多用于泥浆录井图解释的操作资料。在更宽的录井图上，第 5 道还可细分，加上一个解释岩道和一个特殊分析结果或计算的附加资料道。

2. 解释

钻井泥浆气显示录井的目的是要确定有潜力的油气产层。虽然这类层段常有重要事件的指示，如较大的气量和荧光显示，但解释的关键是要避免假警报或丢掉了机会。

3. 总气显示

总气显示的大小本身不能对显示的质量作出结论。地表检测到的气有三种来源：(1) 随井眼加深，钻头破碎岩石产生的气；(2) 早先钻开的裸露到井眼的地层涌出的气；(3) 来自泥浆本身以循环油气形式存在的气及泥浆添加剂分解产生的气。

在极端情况下（例如在长的超压页岩层段或当使用油基钻井液时），流入或污染气可能占地面见到气的大部分。这种情况下，潜在储集层气显示的大小必须在根据上覆层段建立起的背景气量水平上给予评价。较薄地层的气显示可能会淹没在很高的背景气中，单根据总气就检测不出来（图 55.8）。

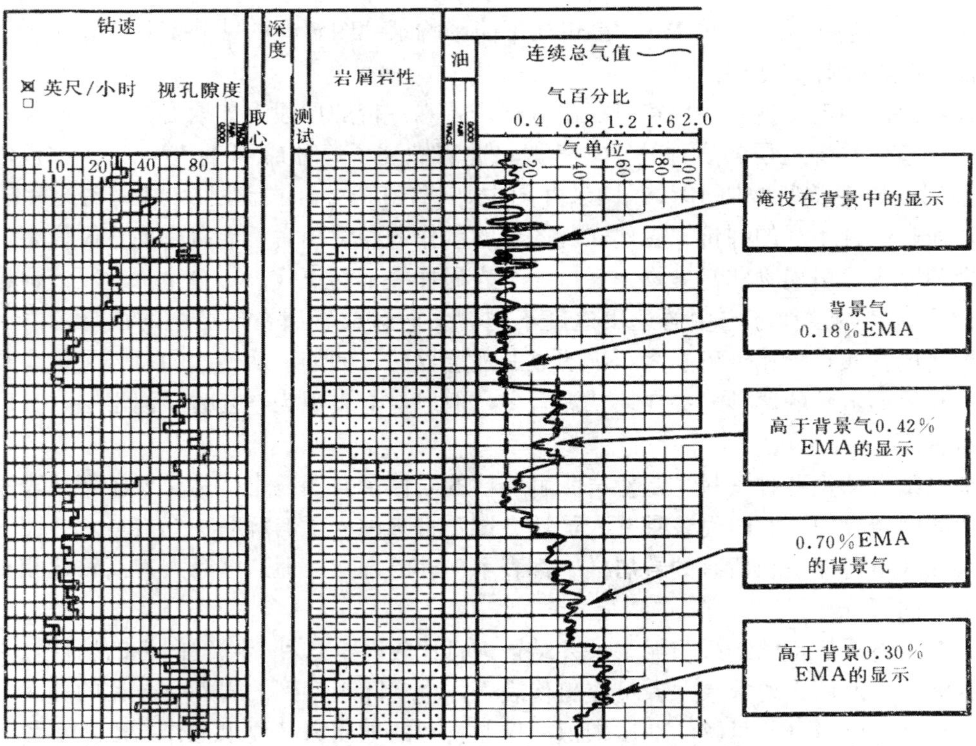

图 55.8 泥浆录井总气显示

即使是根据钻井层段已经可靠地确定了的气显示，也可能会由于显示质量指标而被搞错。影响气显示大小的因素包括：钻井过程中被冲刷的岩石圆柱体的体积，它受钻头直径的控制钻速；和释放气在泥浆中的稀释程度（即岩石被切削时泥浆通过井底的流速）的控制。因此可以预料，在钻速较高，或井眼直径较大，或泥浆流速降低时，气显示会增大（图55.9）。

有一种简单的方法可去掉这些因素的影响，即通过气显示大小的规范化将其校正到标准的或“正常”的钻井条件：

$$G_{pn}=G_{poB}\left(\frac{q_{oB}}{q_n}\right)\left[\frac{\pi\left(\frac{d_n}{2}\right)^2}{\pi\left(\frac{d_{oB}}{2}\right)^2}\right]\frac{R_n}{R_{oB}} \tag{4}$$

式中 G_{poB}——所观测到的总气量，%；

G_{pn}——规范后的总气量，%；

q_{oB}——所观测的泥浆流速，米^3／秒；

q_n——“正常”泥浆流速，米^3／秒；

d_{oB}——所观测的钻头直径，米；

d_n——“正常”钻头直径，米；

R_{oB}——所观测的钻速，米／秒；

R_n——“正常”钻速，米／秒。

一旦选定了一种“正常”条件，可将方程简化为：

$$G_{pn}=G_{poB}\left(\frac{q_{oB}}{0.050}\right)\left[\frac{\pi\left(\frac{0.251}{2}\right)^2}{\pi\left(\frac{d_{oB}}{2}\right)^2}\right]\frac{0.010}{R_{oB}}$$

和

$$G_{pn}=\frac{0.0126G_{poB}q_{oB}}{(d_{oB})^2R_{oB}} \tag{5}$$

式中 q_n——0.050 米^3／秒（793 加仑／分）；

d_n——0.251 米（9.875 英寸）；

R_n——0.010 米／秒（118 英尺／小时）。

对于用不同程序钻井的井间气显示的对比，规范化处理非常有用。但是应该记住，规范化处理不能去掉流入和污染气的影响，也不能考虑气体捕集器效率随周围条件的变化。

最后还要记住，钻井产生的气是在井底由于对岩石的破碎而释放的气，是破碎时岩石孔隙空间中流体成分的代表。还要记住生产井中的油气是流出来的，而不是“挖掘”出来的。岩石中有流体存在并不一定就意味着这些流体可以从岩石中产出来。通过比较泥浆和岩屑的总气分析结果与色谱分析结果，可以对含烃地层的可产性提供有用线索。

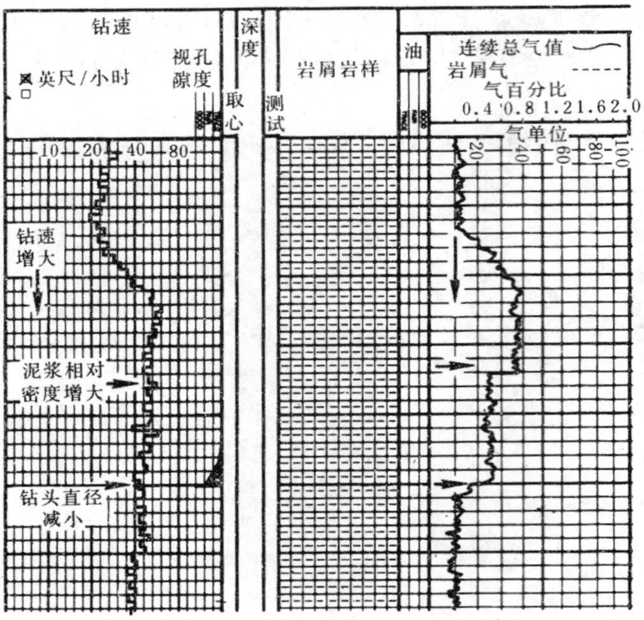

图 55.9　总气量随钻井参数的变化

从岩屑混合器试验的总气值是流体可动性的良好指示。随着破碎的岩屑被携带到地面，地层静水压力被释放，气的释放和膨胀应岩屑进行了有效冲刷，在岩屑表面只留下少量的残余流体。当观察到岩屑总气值比泥浆池总气量高时，这就表明冲刷受到了阻碍。对此有一种明显的解释，就是岩石缺乏足够高的渗透率，不允许气体的膨胀和冲刷。但是，低重度残余油或焦油也有类似的影响，也可能阻碍气的释放和逃逸。岩屑的岩性观察、荧光观察和溶解试验都能提供决断性的证据（图 55.10）。例如，岩屑中很强的胶结作用或含泥质就表示是渗透性低，而黑色或暗色油斑和荧光，且溶解缓慢或不溶解将会表示更可能为重油。

流动性的另一种极端情况是地层的渗透性很好，还在地层钻穿之前就已被泥浆滤液有效冲刷。还出到地面后，泥浆和岩屑中都不再含有烃类。实际上，由于这类地层常常是未固结的，可能看不到岩屑，岩屑在上返过程中就已分裂了。

在这种情况下，首先观察到钻速大大加快，当过了滞后时间后，出现“负”的气显示，总气值下降到最初背景值以下。除砂器流出物或泥浆取样进行测试，可能发现松散砂粒增多，负的气显示只能证明渗透性极好。仅仅由于这一原因，在进行电阻率测井后，也应对该层段进行仔细分析。从泥浆录井上得不到地层流体含量的任何证据。

最有潜力的储层位于两种极端情况之间：产生（1）正的气显示和（2）正的岩屑混合气值，取决于渗透率和油的重度。油斑的颜色和荧光及溶解试验结果是油类型的指示。但再次指出，岩石中有烃类存在，甚至岩石孔隙性和渗透率，这些并不是岩石有烃产能的结论性证据。

4. 色谱结果解释

烃类色谱分析常是搞清储层产能的有用指导。重要的不是任何一种烷烃的实际量，而是整个储层流体中轻质和重质特征组分的相对量。这种组分特征一般可以从泥浆录井本身识别出来。计算并作出各种烃组分的比值（如 C_2/C_1、C_3/C_1 等）图会对认识这种特征有所帮助。这种气比值图常常能产生明显的“特征”或“事件”，而这从色谱本身并不总是一眼就能看得出来的。但是对这种图的解释应遵循同样的逻辑程序。

大多数油气烃类有一个类似的有机来源，并通过一个类似的温度压力控制的物理化学过

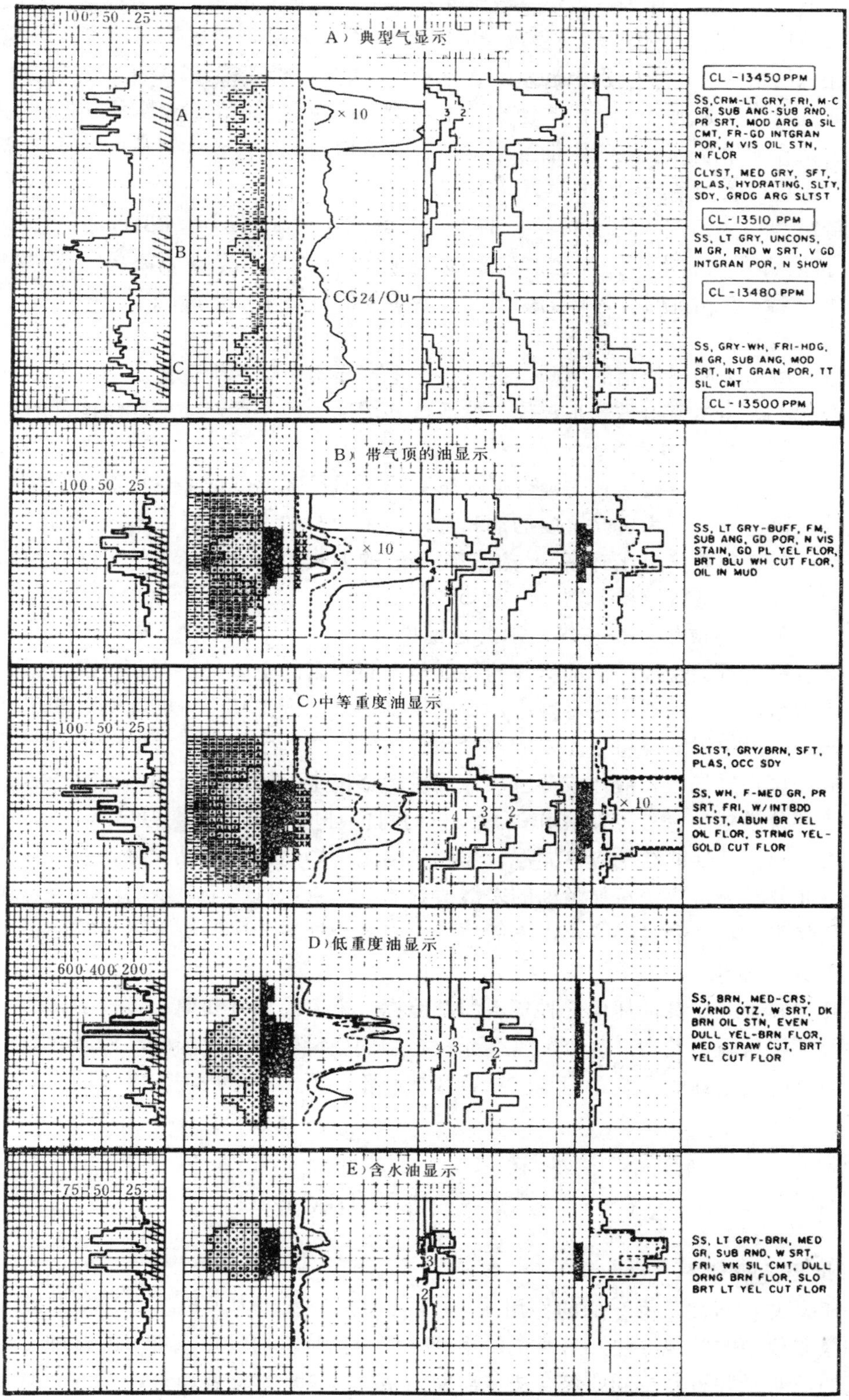

图 55.10　根据泥浆录井资料确定储层

程成熟形成。由于这一原因，虽然油气聚集在组成上有很大的不同，但根据存在的烃类组分的类型和含量，互相之间一般仍表现出一种系列关系。因此，尽管两种重度均为 30°API 的原油在总的组成上可能差别极大，但在互相类似的组分关系上将含有某些类似的组分。因为石油的成熟作用是通过复杂的支链分子不断“裂解”为更简单的直链分子不断进行的，这些重要的关系在从甲烷到乙烷的石油气中就很容易看出来。因此，通过研究这些气体的色谱分析结果，常可以大致估计油藏的类型和质量。

在低温浅埋的情况下，有机碎屑的生物降解和催化降解可形成少量的甲烷和 CO_2。虽然 CO_2 将溶解到孔隙水中并与之一起运移，但甲烷会在多孔层段以游离气或水中溶解气的方式聚集起来。在钻井时，这样的层段会产生重要的气显示，但除个别情况外，一般只能生产出有溶解气的水。

所以，有一个相当通用的原则，即如果一个气显示甲烷为唯一重要的组分，则不可能有商业性产能，因而不值得进一步评价。然而例外情况也确实存在，如北海南部的非伴生气气样，产出气中甲烷占 94%以上。

在更高温度下，有机质首先聚合形成干酪根，然后随温度增加发生氢化和裂解，形成沥青。焦油，再逐步演化为更高重度的油和气。伴生的石油气是这种裂解过程的间断，随着裂解的继续，轻气与重气之比升高，与液态烃变轻的方式相似。在烃类从生油岩到储集岩的运移过程中，气体和液体继续分馏。

该过程的最终成果反映在气显示的色谱中。一个产生气层段的显示将主要是甲烷和乙烷，只有少量更重的烷烃。产油层段的特征是含有丰富的更重烃，尤其是丙烷。丙烷和丁烷的比例逐步增加，反映油的重度减小。在低重度油中，丙烷和丁烷的比例可能超过乙烷。但所有的产烃层段中甲烷都将是主要的烷烃。总气值中甲烷至少占一半的层段，一般含有很重的残余油，更轻的气体和液体成分已从液层段运移出来，留下不可动、不可产的液态烃。

色谱评价的这些一般原则在作油藏评价时可能证明是有用的，但显然不应该孤立使用。关于油重度和流动性的结论应该同混合器测试结果、岩屑检验结果、荧光和溶解试验结果进行比较。此外，评价应该从显示前的基线值开始，一直通过整个显示层段。考虑到钻井、搬运、样品采集中本身的各种变化，不能从一个岩样气样或一次分析中得出结论。

5. 常规泥浆录井

常规泥浆录井比其他任何一种资料源都能提供更多的钻井和地层评价资料。由于测量技术和井眼环境所限，其中许多资料易受无法控制的变量的影响，因此，对录井的定量评价不可能有简单的结论性的原则。但是，结合区域经验，可以使常规泥浆录井成为一种最有力的勘探工具。

六、石油工程服务

1. 地压评价

泥浆录井在石油工程方面的作用从 60 年代引入一些压力评价技术开始发展。这些技术已成为录井仪中的常规方法，有时也使用录井仪中已装备的设备或资料。这种资料的解释也需采用与泥浆录井解释相同的综合法，需使用钻井资料和地质资料进行评价。但与泥浆录井评价不同，压力评价技术能够提供如压力和孔隙度这类地层参数可靠的定量估计[10]。

钻入超压地层会使许多基本的地层-钻井关系发生变化。这种变化在均匀岩性地层中一般是一种与力的深度有关的渐变趋势反常。在正常压力的粘土岩中，压实作用是随深度均匀增大的。相对于上覆地层来说，超压地层可能是压实不足的。在正常压力的粘土岩中，孔隙度和含水量是随深度均匀减少的，而失水减慢的超压地层，将表现反常的趋势，即含水量和孔隙度增加。与流体运动有关的其他因素，如离子含量、烃类饱和度等，在超压地层中也是很不相同的。井底部差是钻井泥浆静水压力与井底尚未钻入地层孔隙中的流体压力之差。由于钻井泥浆的密度一般大于地层流体的密度，因而这个压差将为正值，并随深度而增大。而在超压地层中，地层孔隙压力异常高，因而井底压差将减小，甚至变成负值。

因此，反应这些因素的任何可测量参数，都可用来解释地层压力的变化，并最终对地层孔隙压力作出评价和定量估算。

气体分析　地层流体涌入到井眼中的原因有多种，部分原因（并非全部）是由于欠平衡条件造成的，这种条件或者是暂时的或者是永久的[12]。如果在欠平衡条件，则流体从地层流向井眼将是一种自然的趋势。如果地层的孔隙度和渗透率都很高，就会有大量流体流入，并会发生井涌。这种井涌一般显示为井下地层流体的涌入，泥浆从井眼中排出地面。如果井涌继续，就可能会导致井喷。监视泥浆池液面，报告任何没预料到的或无法解释的泥浆池液面变化，这是录井地质师的责任。造成井涌的大量流体流入一般不太可能错误地解释为气显示。事实上，如果井眼是满的，可以在地面发生井涌之前很久就能根据泥浆池液面的升高而认识到井涌可能发生。

然而，如果确实发生了由微小的暂时性欠平衡引起的少量侵入，而由于渗透率不足未能形成持续的井涌，则必须对此作出正确解释。

当存在一个足以引起井涌的欠平衡，而由于渗透率太低不能维持大量流体侵入时，会造成一种稳定的流体“供应”。如果这少量流体是来自一套已经钻开的独立地层，则是可以觉察出来的，因为即使在循环而不是在钻井时仍然可以维持一个最小的气体背景值。如果确实出现这种情况，录井地质师应在泥浆录井图上作上记号，表明这一持续存在的循环气。

如果流体供应来自目前正在钻进的地层，那么随着地层越来越多的面积暴露到井眼中，流量就会越来越大。如果出现这种情况，循环时泥浆气将保持为稳定的低值，但随钻井的继续气量会稳定升高。相对于泥浆气而言，岩屑气肯定会很高，因为仅仅是缺乏渗透性，才使流体供应没有发展成井涌。在基本上没有渗透性的岩石（如粘土岩或页岩）中，甚至连少量的供应也不会发生。岩石中的流体压力将由于原已存在的微裂缝和裂理的开启而接近井筒。结果造成岩石垮塌到井筒中，并伴随有少量的气。在这种情况下，当有循环而不在钻井时，会出现很小的气体背景，且会有坍塌物返到地面。

循环时的井底压力要高于泥浆静止时的压力。这是由于循环时的环空压力损失所引起的。因此，由于循环停止而产生的欠平衡，也可能引起流体进入、坍塌，甚至井涌。此外，由于钻杆向上运动时的抽吸效应（如接单根时），压力还会进一步降低。“抽吸”的字面意思是将一个与满井眼钻具从井眼中向上抽提，就象注射器中的柱塞一样，会诱使流体流向井筒。但钻杆移动产生的抽吸不是这样。当钻杆向上抽时，高粘性的胶质泥浆试图同钻杆一起向上移动，因而减小了作用在井壁上的有效静水压力。压力降低的多少是上拉速度、泥浆流变性及环空直径的函数。还有一点很重要，就是压力降低不只发生在钻头之下，也发生在裸露井眼的所有点上。

停钻气或接单根气是由于关泵或钻杆运动引起的瞬时欠平衡产生的一种气显示。可以根据循环恢复后在滞后时间期间或其稍后出现的孤立气显示的外观识别出这种气。这种气实际上还是来自地层中，虽然不要画在泥浆录井图上，其大小应写入录井报告中，因为它表示地层具渗透性和含有流体。当出现接单根气时，录井地质师也应检查出口管线的泥浆样，看与气一起产出的是石油还是盐水。当出现接单根气时，应向钻井监督报告，监督可能决定增加泥浆密度来应付显示的欠平衡。

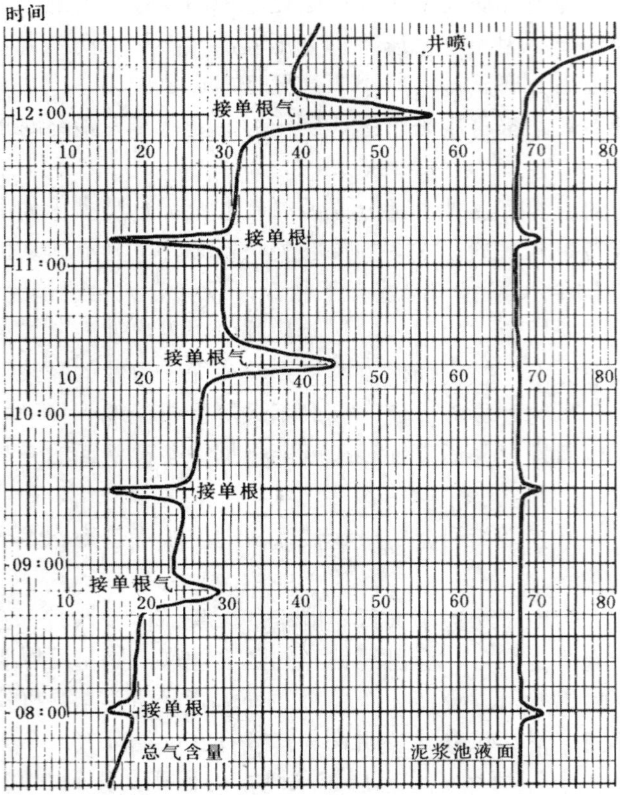

图 55.11　显示欠平衡条件的接单根气

有一点必须记住，由于抽吸作用，整个井筒都将是欠平衡的。接单根气可能不是来源于井底，而是来自上面的某个层段。事实上，一次接单根可能造成两次，甚至多次接单根气。因此，录井地质师准确地确定出滞后时间和环空速度是非常重要的，这样才能将接单根气确定到产生气的地层，并标注在泥浆录井图上。

欠平衡钻高渗地层，可能会很危险，因为可能导致井涌的发生。即便没有立即发生井涌，随着更多地层被钻开，液体进入量增多，危险情况仍很明显，并伴有逐渐增大的接单根气（图 55.11）。录井地质师应报告这种情况并在泥浆录井图上注明。如果泥浆密度的增加减轻或者消除了这种影响，这也应该在泥浆录井图上注明，作为气量随后减小的解释。

图 55.12 表示各种不同压力差对气显示大小的影响。图中表示钻过一套类似地层的两口井的总气曲线。两口井的资料已规范化，减去了井眼直径、钻速、泥浆泵排量和地面抽汲效率的影响。A 井的泥浆密度保持恒定，而 B 井的泥浆密度控制在维持一个稳定的正压差（过平衡）。

在地层的上段，两条气体曲线相似，规范化气体曲线几乎恰好重合。在地层的下段，两条曲线逐步分开，其值有所减小，但即使在规范化曲线上仍很明显。我们认为这是由于钻穿了进入超压层段的过渡带引起的。

在 A 井，由于维持稳定的泥浆密度，使过平衡逐步减小，最终出现欠平衡，或者说负压差在增大。接单根气出现并随井深加大而增大。此外，从欠平衡的井壁进入井筒的气使背景气含量升高。但由于这些气不是新切开地层的产物，所以在规范化计算时不能考虑。

在 B 井，由于通过增加泥浆密度来维持一个稳定的过平衡，因而没有出现背景气量的增加，也没出现接单根气。实际上，如果哪个层段表现出很好的渗透性，则由于过平衡，可能将会冲离井筒，从而会使观测总气值减小。

通过仔细观察这种现象，可以得到相当准确的差压录井（从而获得孔隙压力）。这方面的信息应结合将在下节介绍的其他技术一起应用。

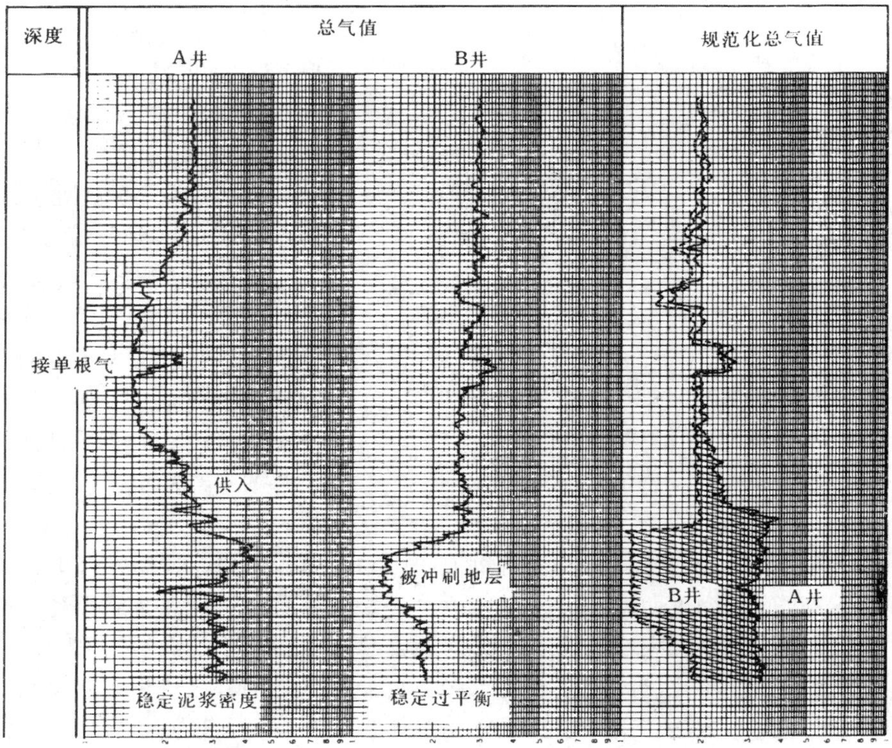

图 55.12　规范化总气曲线

岩屑评价　在正常的泥浆录井作业中，岩屑经筛析分选出一定的粒度，被假定为钻井岩屑的代表。大团块是来自井壁的坍塌，对绘制岩性录井剖面不起任何作用。

在进行超压评价时，这类坍塌物就会有很大作用。岩样中有坍塌物存在，表明井壁是不稳定的。最显著,常常也是最主要的是粘土、页岩或钙质岩石的坍塌物。然而，煤也可成为坍塌物，因而解释时不应包括煤坍塌物。总岩样中坍塌物的多少表示井壁不稳定的程度，粗粗地看一下穿过振动筛的岩屑，就可以对总岩样中坍塌物的量和大小给出合理的估计。

坍塌物是由于欠平衡钻井和应力释放产生的。钻杆对井壁的磨擦也会产生坍塌物，但由于这种坍塌物颗粒较小，一般不能从岩屑中分辨出来。

如果孔隙压力高于井筒的静水压力，静水压差会使孔隙流体流向井筒。在非渗透性地层，在井壁附近形成的压力梯度可能会很大，足以克服岩石的抗拉强度，如果是这样，岩石会因拉张而破碎，形成坍塌物。

地壳的所有部位都有应力，其大小随度、面积、岩性、历史等变化。在地下钻井时释放了部分应力，但不是在垂直面的应力。相对于部分应力的井眼几何形状使应力进一步集中。如果泥浆柱不能有效地支撑井壁，就会因（1）垂向应力的挤压，（2）水平应力的拉张，或二者的共同作用而垮塌。

钻井过程中形成了一些微裂隙和裂缝，这些裂缝就成了应力集中区和可能最先发生破裂的点。因此有时观察到，在短时间内井眼的某部分发生大量坍塌，而随后又变得稳定。这是因为井筒-地层界面附近的损坏带已经垮塌掉。暴露的地层凝结更紧，没有应力集中，所以能吸收额外的能量而不发生破裂。

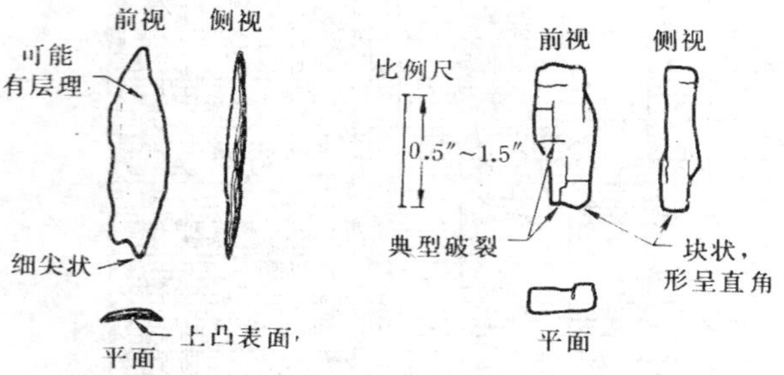

图 55.13　由欠平衡和应力释放产生的坍塌物

a—由欠平衡条件产生的典型页岩坍塌物；

b—由应力释放产生的典型泥岩坍塌物

由欠平衡钻井产生的坍塌物通常呈长条钻齿状、凹状和纤细状（图55.13a）。而由应力释放产生的坍塌物一般更呈块状，其大小也相差很大，主要取决于地层特征。图55.13b表示这类坍塌物的形状。

要记住的是，如果坍塌物是粘土，可能与泥浆发生反应而失去其特征形状，所以根据易反应的粘土作解释就需特别小心。如果要进行压力评价服务，应在泥浆录井图或附加资料录井图上经常报道坍塌物的多少和特征。

页岩总密度　确定页岩密度可能很有价值，因为它可提供页岩压实情况的信息。在正常条件下，页岩密度应随深度而增加。任何偏离这种稳定趋势都可能意味着有超压存在。总密度变化的大小受超压类型和大小的影响。这时通常总密度会减小，而有时则会保持稳定或继续增大，但增大的速度将比已经建立起的总趋势要低。有几种方法可用于测量页岩总密度。

相对密度计法：本方法使用一个可重复测量体积的容器，通过测量岩样置换流体产生的重量变化来确定页岩密度。本方法在井场实际应用时多半采用泥浆天平。

先放足量的岩屑到量杯中，加上盖后使天平指示8.34磅/加仑（即淡水的密度）。然后将量杯装满水再称重，得到一个新读数 W_2。应用下面这个方程计算页岩密度：

$$\gamma_s = \frac{8.34}{16.68 - W_2} \tag{6}$$

式中　γ_s——岩样的相对密度；

W_2——岩样和水的“泥浆相对密度”，单位磅/加仑。

水银泵法：测量已知重量岩样的总体积。先用准确的化学天平称量出待分析岩样的总重量。然后由Kobe系统（原理是Boyle定律）在大约24磅/英寸^{2}的压力（在相连的压力表上显示）下，用高压水银泵测量所选岩屑的总体积。水银用于将岩屑周围的空气挤走，但又不与岩样接触。

由于这种仪器准确性高，分析岩样量大（约25克，相当于2000颗页岩岩屑），所以结果一致性很好。因为这种方法准确，操作也方便，只要可能应使用这种方法。但是，为了获得最好的结果，必须非常小心且一致地进行岩样处理。

浮力法：这种方法是将岩样在空气和已知密度的液体中进行称量。这实际上是相对密度计法的改型。从理论上讲，如果使用了准确的实验室天平，这是一种精度更高的方法。而实际上由于液体的密度将随周围温度而变化，所以是很不准确的一种方法。

密度比较法：其中最简单的是“浮沉法”。将泥岩岩屑浸入不同密度的液体混合物中，根据岩屑和液体的相对密度，岩屑可能浮上来，也可能沉下去。这种方法花钱少，操作快，但精度较差，因为可应用液体的密度可能很大（约为 0.1～0.05 克／厘米^3，且容易受标定液的污染）。

密度梯度法：该方法采用了一个密度随深度均匀变化的液体柱。这种液体柱由一种轻液体（neothane）和一种重液体四溴乙烷（telrabromoethane）部分混合而成，并有已知密度的小珠悬浮其中。作出一条密度与深度的标定曲线，页岩岩屑浸泡到液体柱中，将会下沉到其密度与液体密度相等的液面。记录深度，从标定曲线上读出页岩的密度。

两种重液法（密度比较法和密度样度法）虽然操作迅速简单，但只能确定单颗岩屑的密度，所以必须特别谨慎，确保岩屑是真正的井底岩屑。为了避免得出异常结果，对每个井段的岩屑应进行几次测量。应选择 6 至 8 颗具代表性的岩屑，去掉那些可能圈闭空气和水，从而会造成低视密度的粉末和裂片。此外，使用的液体有种难闻的味，有些对身体还是有害的。每次混合时都应检查毒性标鉴，最好是在烟雾罩或有蒸汽抽汲系统的地方使用这类液体。

经常观察到页岩密度可能减小了 0.5 克／厘米^3 甚至更多。如果这种减小是发生在一大套深度段，计算出的上覆压力梯度可能相反。低密度带也可能是因为岩性特征的变化，而可裂性、塑性、碳酸盐含量、颜色变化和其他差别影响不明显。水基泥浆岩屑的密度测量结果通常太低，只不过是由于粘土吸附特性的关系。同样，电缆测井也可能提供错误的指示，特别是地层密度测井可能受不规则井眼的影响，水化带以外的浅部结果读不出来。由于读出的结果太低，使计算的孔隙度相当高。水化粘土也强烈地影响到声波测井，产生很高的传播时间和很高的孔隙度，而密度却太低。

若使用的是水基泥浆，通过这些测井方法能成功地得到密度值，但也应谨慎从事，避免因上述原因出错。

从用低反应泥浆如油基泥浆和钾基泥浆钻的井中可以获得最好的密度结果。由于粘土仍保持其原来的状态，实际岩屑密度和测井密度都应很准确。

应该仔细观察由于孔隙度减小或钙化作用引起的超出正常变化趋势的密度增加，因为这类地层可能形成超压之上的盖层。菱铁矿的沉淀或较高的铁含量将造成粘土和页岩中异常高的总密度。同时也认为，在某些井中由于泥岩中有菱铁矿，会掩盖因孔隙度增加而引起的密度减小。通过对粘土仔细的显微镜观察，表明有极细粒的菱铁矿存在，通过红－褐的颜色膜可以发现较高的铁含量。如果有重金属存在，不能用页岩密度进行孔隙度压力解释。但由于页岩密度在超压评价中主要用于定性评价，所以其他超压指示的作用仍保持不变。

密度的任何减小（若粘土特征不变）都可认为是一个压力过渡带。

正常的总密度由于在直角坐标中相当分散，因而难以确认一条趋势线。半对数坐标可以明显减小这种分散性，但正常总密度的范围（约 1.6～2.7 克／厘米^3）会造成更失真的趋势线，难于识别其偏离情况（图 55.14）。

页岩指数　吸附性固体和溶液间要发生离子交换反应，束缚在固体表面的离子会释放到溶液中，而溶液中的其他离子又会束缚到固体表面。离子的交换可以是正离子（阳离子）的交换，也可以是负离子（阴离子）的交换，但不能正负离子同时交换。离子交换反应中固体成分的反应性受其比表面（每单位体积的表面积）和离子交换处（表面上可能束缚有离子的点）的表面密度的控制。反应性表示为阴离子和阴离子的交换能力，单位为（适当离子）的毫当量／100 克（固体成分）。

不同类型的粘土具有不同的离子交换能力，因此有不同的吸附能力。富含蒙脱石的粘土随温度增大和离子交换增强而经受成岩作用变成伊利石。成岩作用继续，必然有水从粘土中排出。如果没有钾交换阳离子，蒙脱石粘土就会失水而不会转化为伊利石。因此，如果这种粘土用水基泥浆钻井，粘土会立即重新水化，引起严重的钻井问题。

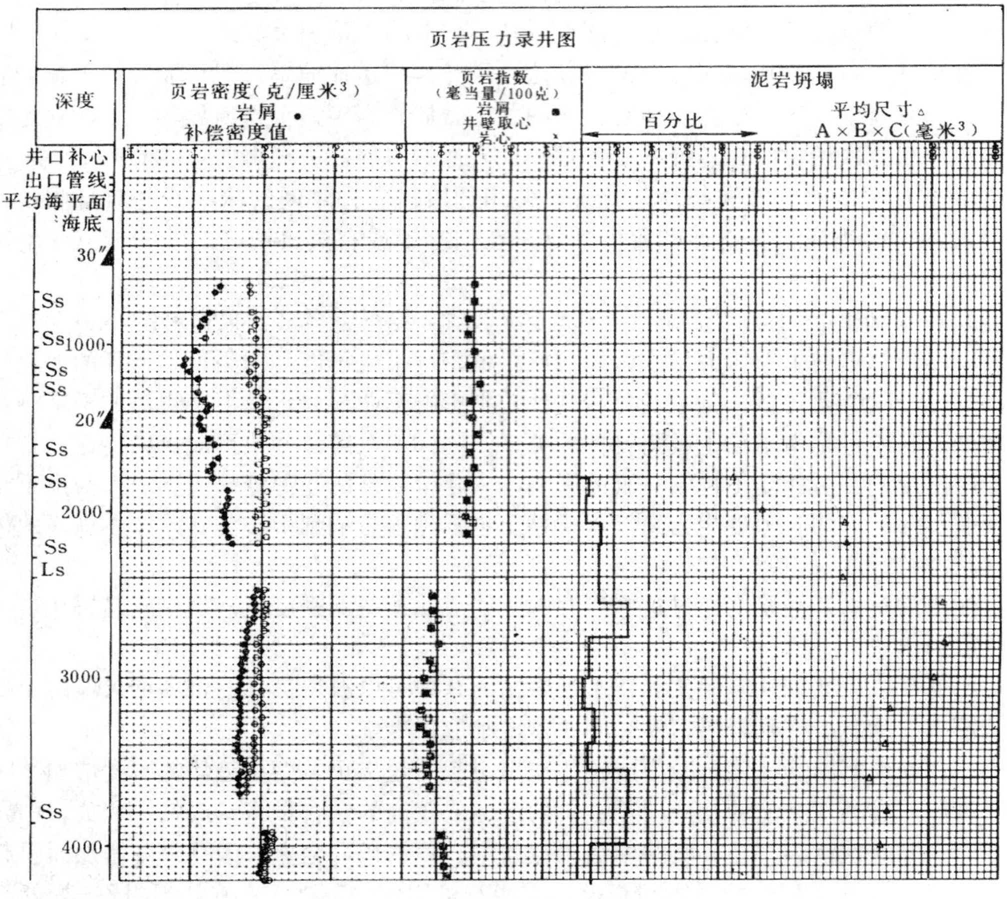

图 55.14　页岩资料录井图

页岩指数是粘土离子交换能力（CEC）的量度。当温度升高（深度加大）从富含蒙脱石类的粘土转化成富含伊利石的粘土时，离子交换能力将减弱。纯蒙脱石粘土的离子交换能力大约为 100 毫当量／100 克。纯伊利石不具膨胀特征，但其离子交换能力一般在 10～40 毫当量／100 克。高岭石的离子交换能力约为 10 毫当量／100 克。在大多数常见的粘土类型中，只有蒙脱石类（包括蒙脱石）是亲水的。因此，含有蒙脱石的粘土层都亲水，亲水的程度与蒙脱石的含量成正比，这也可以从页岩指数的比例变化表现出来。应该注意的是，井场测定的页岩指数不能得出与实际化学离子交换能力相对应的值。这是由于岩样不纯，方法有缺陷，实验有误差，以及滴定用的亚基蓝染料分子很大，因而不能被吸附到层内的离子点等原因造成的。

如果粘土是钙质的，还需进行碳酸盐测定，可根据下式对页岩指数进行碳酸盐含量校正：

$$F_{sht}=\frac{100}{100-C_{carb}}\times F_{sha} \tag{7}$$

式中 F_{sht}——真页岩指数，毫当量／100 克；

F_{sha}——视页岩指数，毫当量／100 克；

C_{carb}——碳酸盐含量，%。

例如，有一套钙质粘土的碳酸盐含量为 37%，视页岩指数为 16，

$$F_{sht}=\frac{100}{100-37}(16)=25\text{毫当量／100克}$$

从理论上讲，页岩指数应该表明形成视超压的主要机理是蒙脱石脱水还是压实不均衡。由压实不均衡形成的超压表现出超压带相对更浅部的正常压力地层是不成熟的，这就意味着由于脱水不足限制了成岩作用，从而使超压带内的粘土含有很大比例的蒙脱石。因此页岩指数向下减小，直到超压带的顶部，在超压带内又增高，然后又随孔隙压力梯度的下降而减小（图 55.15）。如果超压带内页岩指数呈总体增高趋势，则表明压实不均衡在形成超压时起了一定作用。

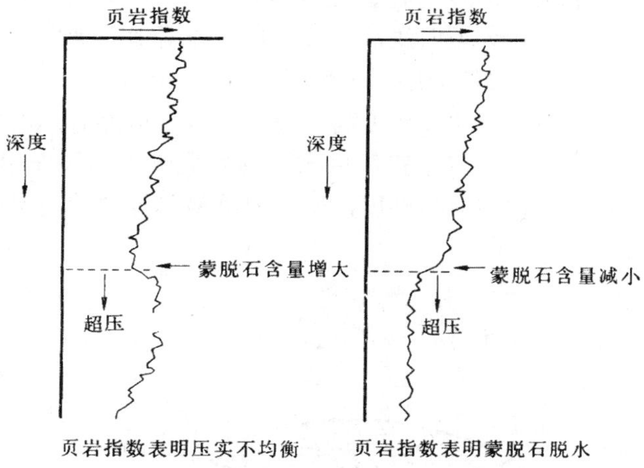

图 55.15　页岩指数响应

但是，如果超压带是由于蒙脱石脱水而形成的，则会观察到进入超压带后蒙脱石的含量会明显降低。因此超压带中含有更少的蒙脱石，蒙脱石已经转化成了伊利石，转化过程中向孔隙空间释放的水不能足够快地逃逸出去，从而使孔隙压力升高，因此超压带页岩指数减小(图 55.15)。

页岩指数不能作为一个地压标志，上述的不同响应也不具有确定性，在使用页岩指数得出解释之前，必须从其他信息发现超压。由蒙脱石脱水和压实不均衡造成的超压可能不会使页岩指数发生变化。此外，如果超压是由其他过程引起的（如水热增压作用，圈闭的孔隙流体被加热，但不能膨胀，因此这与基质成分无关），根据页岩指数随深度的变化可能就反映不出来。

过去，多数人都认为超压带的页岩指数应增大，因此可以作为一种标志。但对各种超压

形成机理的重新评价表明，情况并非一定如此。不过页岩指数应该能判别压实不均衡和蒙脱石脱水这两种形成超压的主要机理。

出口管线温度 地温梯度即地下温度随深度增大的速度，可由下式计算出来：

$$g_G = \frac{T_2 - T_1}{D_2 - D_1}(100) \tag{8}$$

式中 g_G——地温梯度，℃／100米；

T_1——深度为 D_1（米）时的温度；

T_2——深度为 D_2（米）时的温度。

对于任何一个给定地区，地温梯度一般被认为是恒定的。虽然正常压力地层的平均地温梯度可能是恒定的，但超压地层表现出异常高的地温梯度[13]。

因为从地核辐射到地表的热流是稳定的，所以穿过任何深度增量段的总热流是一定的。但一个深度增量段内的温度差取决于岩石的热导率。由于在任何特定地区来自地表的热流一般也是恒定的，穿过不同深度各地层的热流量应是均衡的。热导率较低的地层（主要由较高的孔隙度造成）温度变化速度可能较高，相反，热导率较高的地层（即低孔隙地层），地温梯度较低。水和烃类向浅部运移，也可能对地温梯度影响。孔隙流体通过地层运移时，会改变地层的温度，最终让热圈闭在地层中。Fowler[14]引用了中东、加拿大和美国的一些油田实例，说明油田地温梯度高，表明在深部可能有热液聚集。其机理也可能与蒙脱石的脱水有关，因为从粘土层中排出巨大量的水促进了运移作用。已发现，“死”盆地（即无生油岩盆地）表现出正常的地温梯度，所以根据最初探井的地温梯度，可以知道整个地区的潜力。

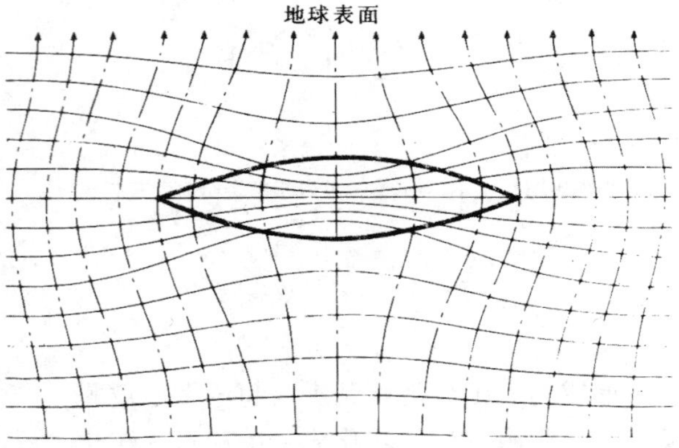

图 55.16 绝热超压带周围热流线的变形

由于绝热带地温梯度较高，所以等温线更密。在超压带的上下，等温线因补偿而变稀，表现为较低的地温梯度（图 55.16）。高热导层（如砂岩层和某些灰岩层）的情况正好与此相反。

由于水的热导率大约是大多数岩石基质的1／3～1／6，所以可观察到热导率直接与地层的压实程度相联系。超压页岩高于正常的含水量，降低了热导率。因此，超压带的顶部以地温梯度迅速增大为标志。出口管线中泥浆的温度可能反映出地温，所以记录出口管线温度是一种确定地温梯度的实用方法，但要考虑泵速、滞后时间、环境温度、岩性及因泥浆混合和化学处理引起的温度变化。在季节温差较大的地区，可能观察到出口管线温度相差很大。甚至日温度变化也可使钻井时的出口管线温度产生10℃的变化。

在钻达超压带之前，先要遇到一个温度过渡带，由于等温线的变形，地温梯度将减小。实际上，这种影响也反映在出口管线温度梯度上，甚至反映在出口管线温度的下降幅度上。

接着由于钻到了超压带，出口管线温度大幅度升高（图 55.17）。

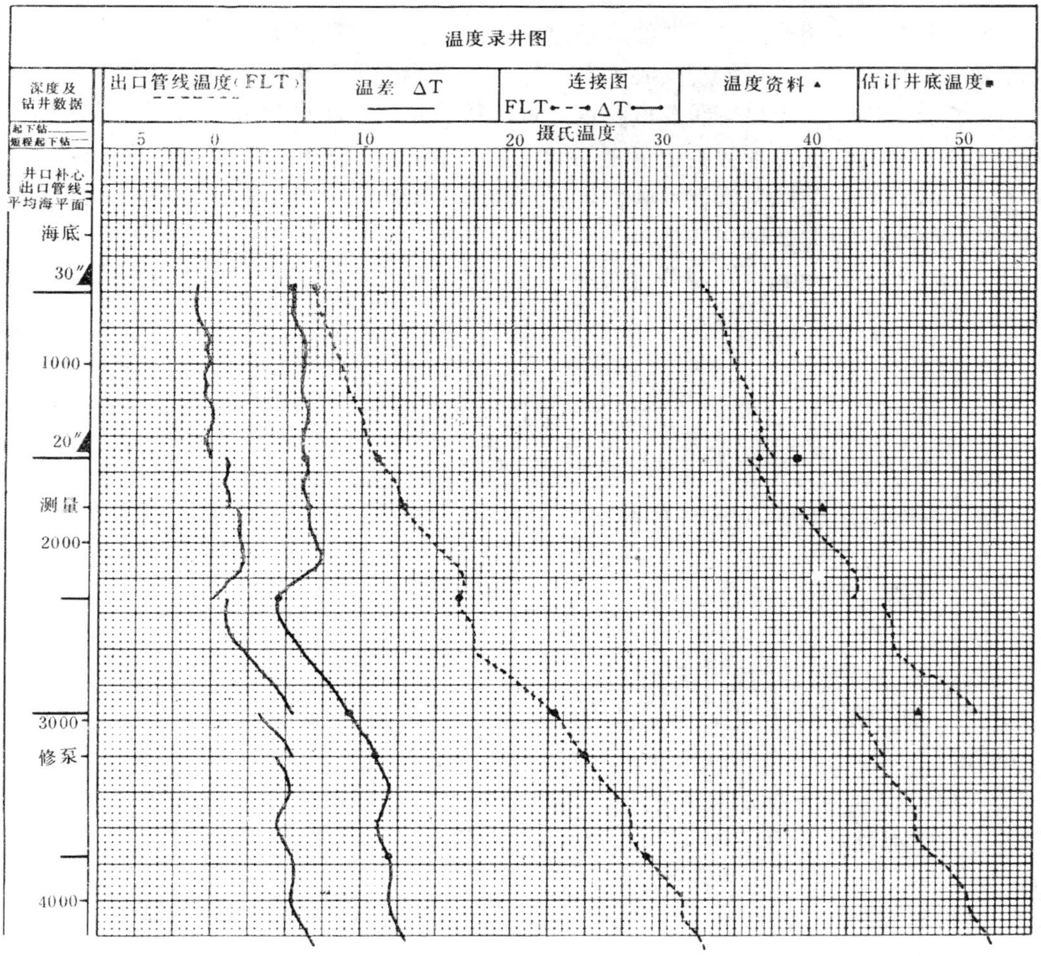

图 55.17　出口管线温度录井图

如果将经滞后校正的温度差作图，那么应用在出口管线和泥浆池都装有传感器的一种双温度探测系统，就可以有效地去除地面的影响。除非观察到更频繁的温度变化，以 30 英尺间隔的作图一般就足够了，但若采用 10 英尺间隔的作图点，可以获得更准确的资料，使解释具有更高的分辨力。同时还需注意循环情况，加泥浆、加水及其他重要事件。

我们发现，当更换钻头，或短期起下钻或停钻时，作出的温度曲线是断开的，泥浆系统需要一定循环时间重建温度平衡。重建温度平衡的速度可能具重要意义，因为一个更快的重建可能表示地温梯度增大。影响重建温度平衡速度的钻井因素包括泥浆总量。根据井眼大小，将活动泥浆体积减到最低，有助于减小起下钻后需用于重新建立平衡的时间。在不同的套管深度图上的曲线也出现中断，并与井径变化相对应。裸眼井中较高的环空速度降低了来自裸露地层的热量，而隔水管中较低的环空速度使损失到海水中去的热量增加。但这些因素都只能使测量温度发生变化。温度变化的速度应该是保持不变的。因为可以根据温度梯度而不是温度大小进行压力预测，所以可以分析两个中断之间的每一个深度段确定梯度趋势。不考虑绝对温度的大小，将中断的温度线首尾相连，重新画成一条光滑曲线，这也是有帮助的。还发现，有时无需将各段首尾相连作成平滑曲线，只将首尾相连得出一条大致趋势线也是有用的。作出首尾相连的光滑曲线只不过是从图上去掉分散点的一种作图方法。

在钻温超压带之前，可能观察到因等温线变形引起的地温梯度减小，也就是说，以预先发生超压警报。因此，出口管线温度梯度降低，接着钻到超压过渡带后温度又迅速升高，就是警告，必须对其他钻井参数给予更密切的注意，以便肯定是否有超压。然而，同其他压力评价方法一样，出口管线温度仅反映假定岩石类型不变时一个变化的物理量，因而必须密切注意岩性的变化，以避免错误的指示。

钻井模式 Bingham[16] 提供了钻速、钻压、转速、钻头直径之间的关系，一般形式为:

$$\frac{R}{N}=K_D\left(\frac{W}{d_b}\right)^d \tag{9}$$

式中 R——钻速，英尺／分；

N——转速，转／分；

d_b——钻头直径，英尺；

W——钻压，磅；

K_D——基质强度常数（无量纲）；

d——地层“可钻性”指数（无量纲）。

Jorden 和 Shirley[17] 在求解方程中的 d 时，加进了一些常量，从而可直接用油田惯用的单位，也可以在更方便的适用范围内求出 d 指数。然而最重要的是，他们取 K_D 等于 1，这样就不再需要推导基质强度的经验常数，而使 d 指数是受岩性决定:

$$d=\frac{\log\left(\frac{R}{60N}\right)}{\log\left(\frac{12W}{10^6 d_b}\right)} \tag{10}$$

式中 d——钻井指数（无量纲）；

R——钻速，英尺／小时；

N——转速，转／分；

W——钻压，磅；

d_b——钻头直径，英寸。

在某种一定的岩性中，d 指数将随深度、压实程度、底部压差的增大而增大。当钻到超压带时，压实程度和压差将降低，因而 d 指数也减小（图 55.18）。

压差取决于泥浆密度以及地区孔隙压力。因此，泥浆密度的变化会造成 d 指数预料外的变化。

Rehm 和 McClendon[18] 提出了一个“泥浆重量校正”钻井指数公式:

$$d_{xc}=\frac{\log\left(\frac{R}{60N}\right)}{\log\left(\frac{12W}{10^{3}d_{b}}\right)}\left(\frac{g_{nfb}}{\rho_{ec}}\right) \tag{11}$$

式中　d_{xc}——校正的 d 指数（无量纲）；

R——钻速，英尺／小时；

N——转速，转／分；

d_b——钻头直径，英寸；

g_{nfb}——正常地层平衡梯度，磅／加仑；

ρ_{ec}——有效循环密度，磅／加仑；

W——钻压，1800 磅。

用国际单位时：

$$d_{xc}=\frac{\log\left(\frac{R}{18.29N}\right)}{\log\left(\frac{W}{14.88d_{b}}\right)}\left(\frac{g_{nfb}}{\rho_{ec}}\right) \tag{12}$$

式中 R 单位为米／小时，N 为转／分，W 为吨（1000 公斤），d_b 为厘米，g_{nfb} 和 ρ_{ec} 为克／厘米^3。

这种校正是据经验推导出的，但已广泛应用，并取得极大成功。已经证明，使用实际泥浆密度，而不使用有效循环密度（ECD）对于获得一般的准确性要求是可以接受的。但如果有 ECD 数据，还是应该使用 ECD。

在基本形式的方程中，d 指数没考虑的因素包括钻井水力学参数、牙轮效率和基质强度。

由于大井眼中不能有效地净化井眼，软地层中喷射对钻进起主要作用，所以在这两种情况下钻井水力学参数就非常重要。

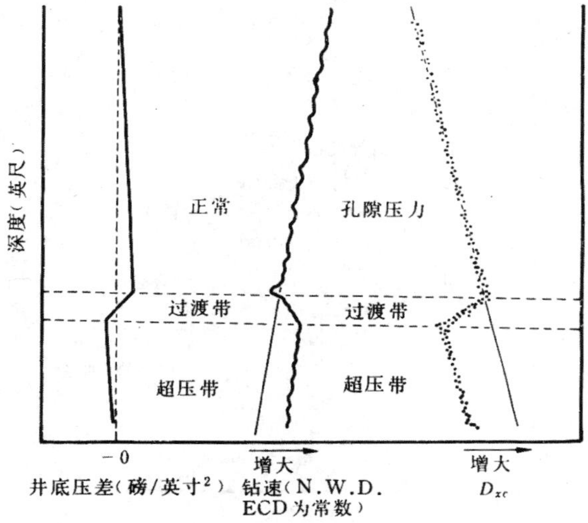

图 55.18　钻速对超压的响应

基质强度控制着 d 指数随深度变化的大小和变化的速度。

牙轮效率从两方面影响 d 指数：(1) 牙轮磨损使 d 指数逐渐增大（即钻速减小）；(2) 钻头类型的变化可能使 d 指数发生变化，尤其是当钻头类型发生根本性变化时（例如从铣齿钻头到镶硬合金齿的牙轮钻头，或金刚石钻头）。

如果压差变大，使用 d 指数的简单比率校正将不能消除钻速的影响。

此外，W / d_b、转速 N、压差、g_{nfb} / ρ_{ec}、钻速之间的关系比所用的 d 指数公式更复杂。虽然在一定的正常工作范围中公式很适用，但这些参数中任何一个发生变化（如下套管后井径发生变化）都会使 d 指数趋势发生偏移。

如果相对于深度把 d 指数绘在半对数坐标上，则在整个正常静水压力地层井段 d 指数将表现为近似线性的增长趋势。当钻遇地层流体压力异常高的超压带时，d 指数值将位于这一正常趋势的大小与地层孔隙压力异常有关，关系为：

$$\frac{p_{pa}}{p_{pn}} = \frac{d_{xcn}}{d_{xco}} \tag{13}$$

式中 p_{pa}——目的深度的实际孔隙压力，单位磅／英寸^2，或地层平衡梯度，磅／加仑当量泥浆密度（EMD）；

p_{pn}——正常孔隙压力，单位磅／英寸^2，地层平衡梯度，磅／加仑（EMD）；

d_{xco}——目的深度观察到的校正 d 指数；

d_{xcn}——目的深度根据正常趋势估计的校正 d 指数。

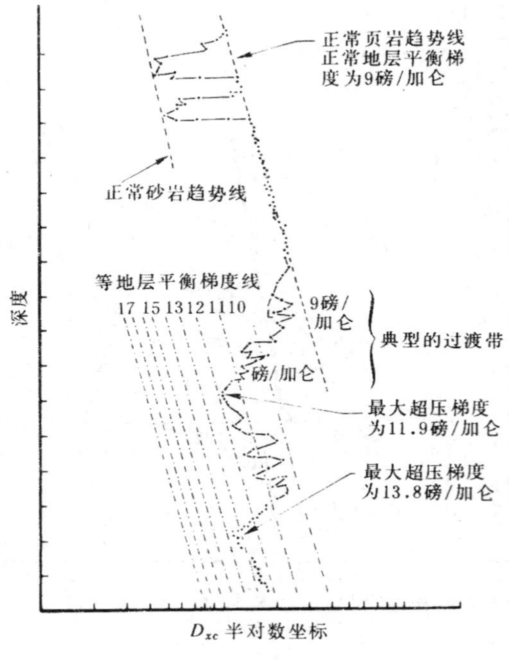

图 55.19 地层孔隙压力梯度与 d_{xc} 的关系图实例

利用这个关系，就可以从 d 指数计算孔隙压力或地层平衡梯度（当量泥浆密度与平衡孔隙压力）。另外，还可利用这种关系作成一张图版，当与 d 指数图叠加后直接读出地层平衡梯度（图 55.19）。

可以根据司钻的资料，使用简单的计算器或手工作图进行趋势识别而计算出钻井指数。然而，如果资料采集系统直接将钻压、转速、泥浆密度资料提供给录井仪，使用微机自动地读取这些感应器，并进行计算、打印或绘制出结果，则资料质量将会大为提高。所以在已知有超压问题的地区（如美国墨西哥湾沿岸浅海）和风险高、危险大的探区（如北海），已经使用了安装有计算机的泥浆录井仪提供压力评价服务。图 55.20 表示一种计算机化录井仪的设备构成。除提供孔隙压力外，这种录井仪一般还提供压力录井，包括裂缝压力、载荷压力及井涌容许限度的辅助计算（图 55.21）。

2. 岩石物理测量

泥浆录井资料　如上所述，泥浆录井资料实际上是定性的，不可能用常规泥浆录井方法定量确定孔隙度、渗透率、烃类饱和度等参数的大小。但泥浆录井仪可以提供专门的设备和服务，可以进行更定量化的评价。

例如，虽然泥浆录井气分析不是产出气成分的真正代表，但试井采出流体的气分析就可能真正代表气体的组成。利用常规气体分析仪和色谱，可以获得采出天然气的定量分析。对

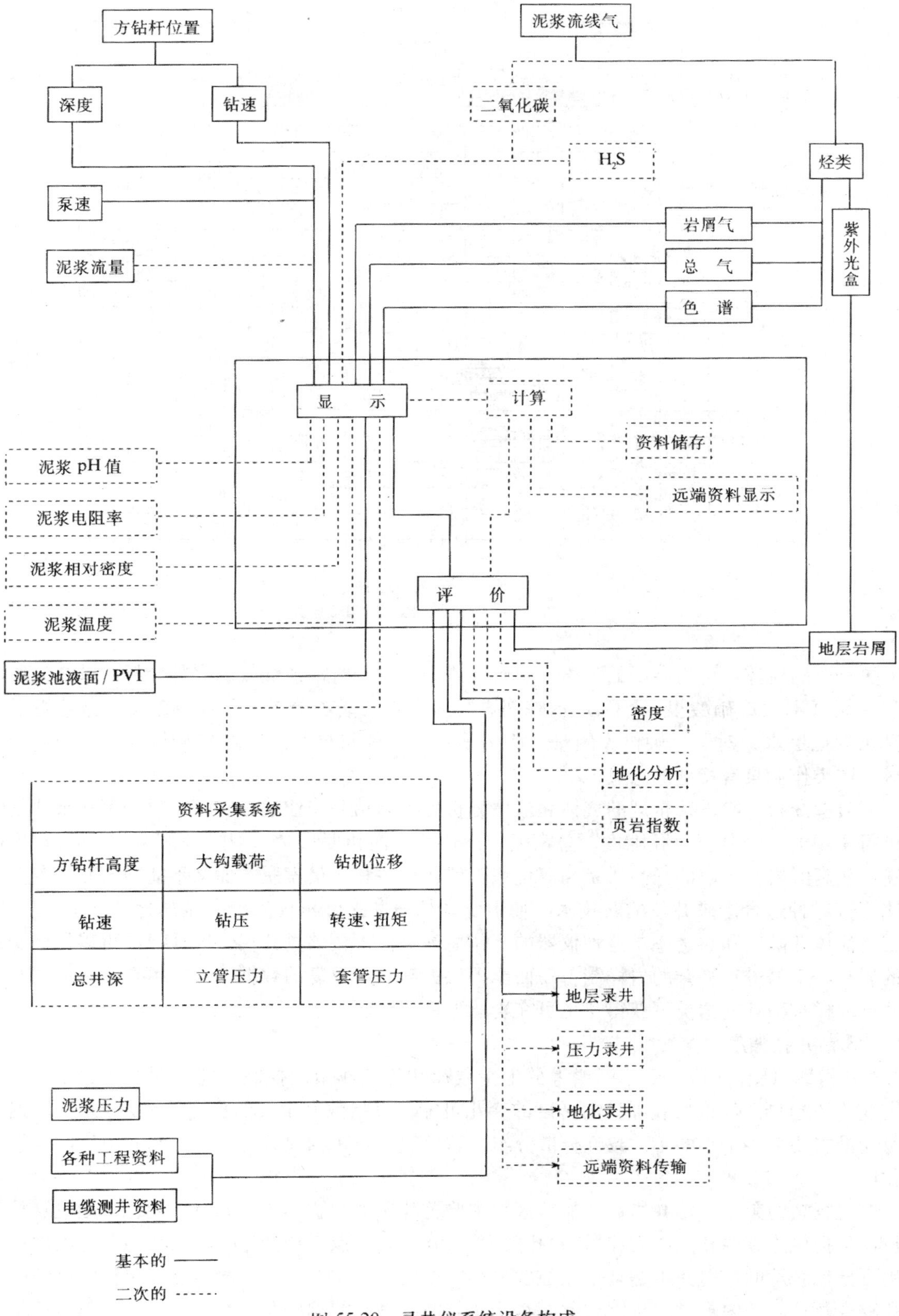

图 55.20 录井仪系统设备构成

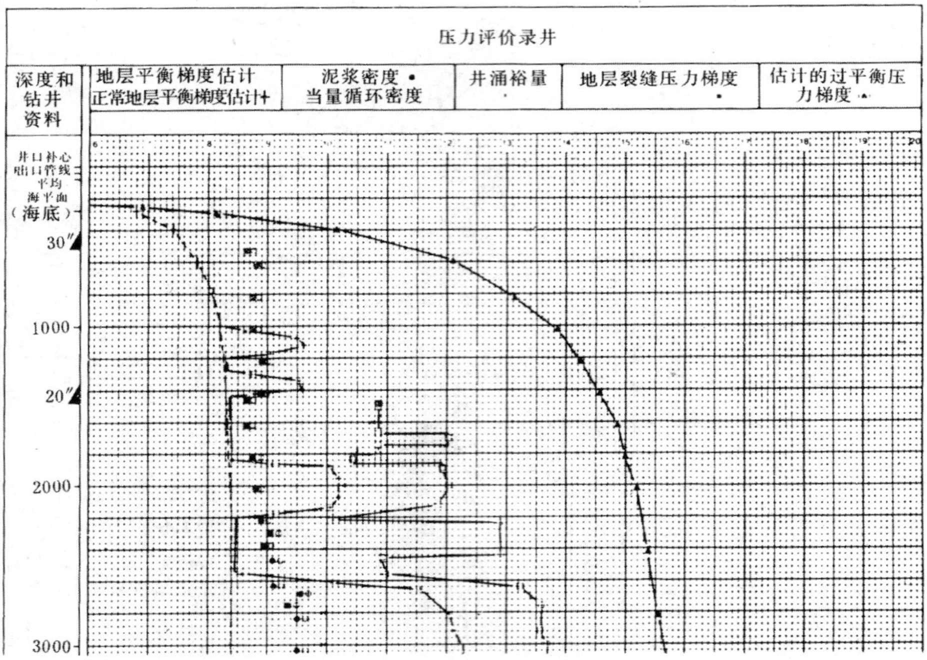

图 55.21　地层压力录井

于更复杂的流体，可用专门的色谱、热解仪或分析仪进行油或酸气的完整分析。录井仪还可利用氚（^{3}H）或硝酸根（NO_3^-）示踪剂进行采出水的离子分析，从而判断是泥浆滤液还是真正的地层水。对于后勤供应困难、距离遥远，不能将样品迅速送到分析实验室的偏远地区，这类作业具有特别的意义。

岩心分析　除进行常规的气体和液体分析外，当钻井作业远离实验室时，可在录井仪中进行常规的岩心分析（孔隙度、总密度、渗透率、饱和度）[19]。井场岩心分析具有评价迅速。从新鲜岩心上取的样品质量高等优点，但在设备和人员素质方面又不能同岩心实验室相比。有一种适合于录井仪的新技术，使用脉冲核磁共振分析仪来确定流体含量、总孔隙度、游离流体孔隙度和渗透率。这种仪器的工作原理类似于核器测井仪（NML），可以用极少量的岩样，不需进行复杂的岩样制备，而能提供准确和可重复的数据。岩样可在不造成岩心或井壁取样被破坏的情况下获得，也可在岩屑上进行试验。

3.钻井孔隙度

d 指数（图 55.19）受不断增大的上覆载荷和压实作用的控制，随井深的增加呈一种稳定变化的趋势。但地层孔隙压力梯度的变化可能使 *d* 指数发生大的稳定偏移。*d* 指数数据也可能沿主要趋势呈小的不一致性分散分布，这反映岩石矿物成分、内聚性和孔隙度的连续变化。

更复杂的第二代钻井指数，能够区别主要孔隙压力和微小的岩石特征变化。通过这种分析，可提供连续的孔隙压力和“钻井孔隙度”录井。有一点需特别记住，虽然钻井孔隙度也是用百分比表示的，但并不是真正孔隙度大小的量度。它主要是一个岩石强度指标，反映的是孔隙度及粒间的内聚性。正因如此，其响应与声波测井的响应非常类似，两种资料对比得相当好（图 55.22）。

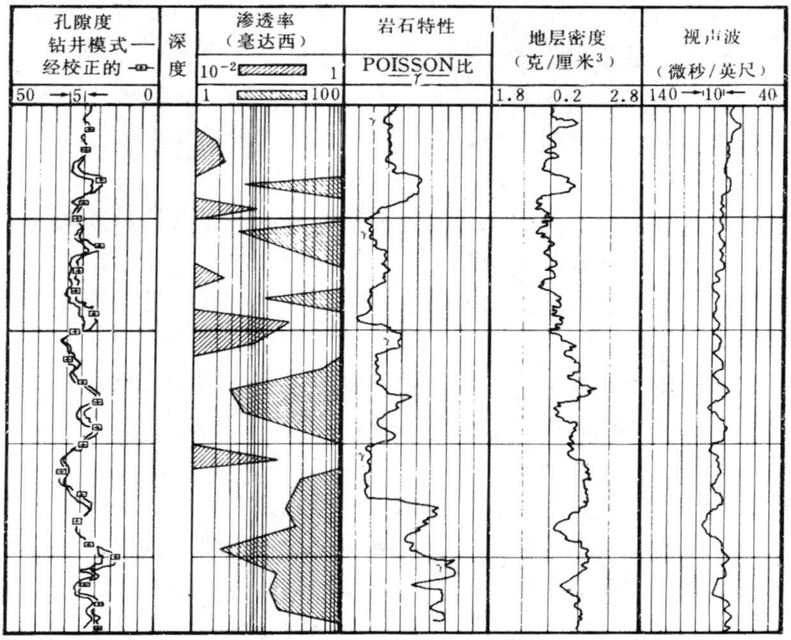

图 55.22　钻井孔隙度录井

同 d 指数不同，第二代钻井指数需要复杂的处理和迭代，只限于在装备有计算机的录井仪中使用。还有一点与 d 指数不同，即没有广泛发表且被使用的一种单一的方法。虽然以类似的钻井响应模型为基础，但所有的泥浆录井承包商常使用他们自己高度保密的独特的数学方法，提供钻井孔隙度录井。虽然这从商业角度讲是可以理解的，但这样作使使用者只能根据自己的经验和有限的公开成果来判断这种特殊录井的价值和可靠性。我们希望，随着这项服务的日渐成熟，将会有更多的出版成果和关于方法的广泛讨论。

七、钻井工程服务

泥浆录井为钻井工程师提供两种级别的服务——数据采集和资料分析。

1.数据采集

安装在录井仪中的自动数据采集系统，可以监视安装在设备、出口管线、泥浆池、泵等之上的感应器，还可对数据进行简单计算（如计算总深度和钻速，累加泥浆池液量，将目前泥浆量与高低警戒位置进行比较），结果显示在钻机不同位置的电视监视器上，也可记录在打印机上或磁带上。通过专门架设的线路或卫星网，可将数据传输到遥远的地方，从而可能从一个中央控制室监控几台钻机。

泥浆录井服务公司引入这种设备，目的是作为一种能比常规钻机设备更可靠和更迅速地获得钻井和泥浆资料的方法。虽然这些资料最初是由压力评价分析所要求的，但数据采集系统提供了又一重要功能，即通过向钻井工程师提供准确、及时的钻井信息来进行钻机监控服务。数据采集系统虽然远离井台，却能提供每英尺钻井过程和动态的完整记录，或者记录在纸上或磁带上。

自那时起，好多常规钻井设备的制造商都改造了他们的生产线，包括进了类似的无需人操作或叫“独立运行”的数据采集系统。虽然这使作业者有了选择何种服务的灵活性（即最适合于地质师的泥浆录井服务和最适合于工程师的数据采集服务），但确还有一些缺点。

数据采集系统的可靠性主要受传感器工作情况的控制，在钻机苛刻的环境下，尤其需要给予注意。独立数据采集系统的成功与否，完全取决于对钻井人员的训练和动员，或者是否有生产厂家的服务人员。

泥浆录井仪总是有人值班的，无论何时都有经过培训的人员对数据采集系统及其传感器进行标定和维护。由于这些人员本身就在井场，是从事泥浆录井工作的一分子，所以不需要在数据采集硬件的成本之外再增加额外的成本，就能使可靠性进一步提高。

2.数据分析

除简单的数据采集外，泥浆录井服务还可以提供进行钻井资料分析的计算机、软件及井场专业人员。这类服务的理想程度取决于钻井作业的难度和成本、井场是否有石油公司的专业人员以及井场与勘探总部的通讯情况。

例如，在国内一个已经建成油田上用相当完善的钻井程序钻加密井，井场监督又有丰富的经验，与总部也保持着密切的联系，在这种情况下就只要求数据采集作为一种监视优化和安全钻井程序和手段。而另一方面，在海上钻野猫井时，如果在井场有专家，能进行数据分析，那么就会有相当高的成本效益[20]。若因此能使钻井效率提高、停钻时间减少，哪怕只节约了一天的钻机时，所节约的费用也是以支付整口井的数据分析服务的费用。

数据分析服务包括：(1) 钻头最佳化——选择钻头类型和作业参数，使钻头钻速和钻头寿命最佳化；(2) 钻头经济效益——每单位进尺的成本和各种类型钻头之间的平衡成本计算；(3) 钻井水力学[21]——优化钻杆、喷嘴和环空水力学参数；(4) 定向分析——确定斜井的轨迹、井底的位置及交会点；(5) 起下钻监测——计算钻杆重量、抽汲压力及起下钻充填要求，监视泥浆池液面变化及超载提升（井眼的摩擦阻力）；(6) 套管计算——套管柱组合、水泥量计算和配制要求，监测驱替情况；(7) 压力控制——计算为安全钻井所要求的泥浆相对密度、体积和压力[10]；(8) 后勤保障——钻井物资的使用和库存控制，设备维护程序，井史数据库及报告的产生。

八、泥浆录井服务的选择

泥浆录井承包商一般提供三个层次的常规服务：(1) 常规泥浆录井；(2) 泥浆录井和数据采集；(3) 泥浆录井和数据分析（包括压力评价）。对于最基本一级的泥浆录井，可能只有一个人 24 小时在岗；对于更复杂的服务和数据采集，通常要求两个地质师工作 12 小时一班。而作资料分析的服务，每班都要有两个人，一个地质师和一个工程师。

如果钻井规划需要，可另外增加一些设备，如传感器、特殊气体检测器、热解分析仪，或更大型的计算机等，并增加专业人员，加强上述三项服务。

现在至少已有两家泥浆录井承包商开始提供第四级的服务，即将泥浆录井、数据分析与随钻测量服务结合起来。

泥浆录井仪所收集的信息，只有很少是从其他来源不能得到的。例如，独立的设备可监测气体、泥浆和钻井参数，钻井人员可以捞取岩样，孔隙度可以从电缆测井资料获得，油公司的地质师和工程师可进行地质评价和钻井资料分析等。那么为什么泥浆录井会成为这样一种被广泛使用的服务方式呢?

泥浆录井服务的优点在于，所有这些资料都来自同一来源，即来自位于井场，并由经过专门培训、专司此职的人员操纵的泥浆录井仪。因此可以比其他任何来源更可靠、更迅速，常常也更经济地获得各种数据。

因而，在选择泥浆录井承包商时，需进行可靠性和速度两方面的考察。设备的设计和维护必须能在苛刻的井场环境下提供可靠而又安全的作业。井场人员必经过培训，懂得如何操作和维护设备及排除故障，知道输出结果的意义。承包商必须保证有足够的服务人员和备用设备，以便当设备出现重大失灵时，能及时进行修理或更换。录井人员必须经过地质和工程基础知识的培训，并具有实际钻井作业的经验，要对地层剖面、钻井程序及某口井和某个操作者的操作程序有透彻的了解。

一旦选定了承包商，经济就成了选择何种级别服务的主要考虑因素。对于按日计算的钻井工程，时间就是金钱。任何加速钻井过程、减少停钻时间或者促进决策过程的录井服务，都可以降低成本。即使是按进尺计算的钻井，人员和通讯等也是造成费用增大的因素，通过提高钻井效率可以降低这类费用。对于区域探井，最好采取“万无一失”的方针，尽可能早地得到资料，以防万一后来得不到这些资料。例如，钻井的同时就从泥浆录井仪中获得孔隙度数据，这就可以防止以后因井眼报废或地层损害不能进行电缆测井而得不到数据的情况。

费用节约的多少可由用于计算每英尺钻井成本的同种方法进行计算。计算公式最简单的形式为:

$$C_d = \frac{C_{be} + C_r t_l}{D_t} \tag{14}$$

式中 C_d——钻井成本，美元/米;

C_r——钻机成本，美元/天;

C_{be}——钻头和其他消耗品成本，美元;

t_l——占用时间，天;

D_t——总井深，米。

为使服务和产品最佳化，上式可扩展为:

$$C_d = [(C_{F1} + C_{F2} + \cdots C_{Fn}) + (C_{dr1} + C_{dr2} \cdots C_{drn}) \times (t_r + t_t + t_o + t_e + t_d)] \div D_t \tag{15}$$

和

$$C_d \times D_t = \sum(C_F)_n + \sum(C_{dr})_n \times \sum(t)_n \tag{16}$$

式中 C_F——固定费用项目或进尺服务收费标准，美元;

C_{dr}——每天服务所需的租金、工资等，美元;

t_r——钻进时间，天;

t_t——起下钻时间，天;

t_o——待钻时间（扩眼、调整、井控等），天；

t_e——评价时间（测井、测试、取心等），天；

t_d——停钻时间（故障、气候、决策等），天。

利用这个公式，就能计算出要补偿一项成本的增加，另一项成本必须降低多少。

例如，考虑采用了优化钻井作业，保守地假设；区域统计表明，通过改进泥浆录井仪，包括了资料采集设备，总体上钻速没有提高，但完成这口井少用了一个钻头。因此这口井的费用为：

$$(C_d \times D_t)' = [\sum(C_F)_n - \Delta C_{Fb1}] + [\sum(C_{dr})_n + \Delta C_{xr}][\sum(t_l)_n - \Delta t_{t1}] \tag{17}$$

式中 ΔC_{Fb1}——节约一个钻头的费用，美元；

ΔC_{xr}——泥浆录井的额外费用，美元/天；

$(t_l)_n$——占用总时间，天；

Δt_{t1}——节省一次起下钻的时间，天；

$(C_d \times D_t)'$——一口井成本，美元。

从成本效率看（也就是说，增加这项服务要节省出这项服务的费用，甚或更多），井的总成本必须保持不变或减少。

$$\Delta(C_d \times D_t) = (C_d \times D_t)' - (C_d \times D_t) \leqslant 0 \tag{18}$$

$$\Delta(C_d \times D_t) = -\Delta C_{Fb1} - [\sum(C_{dr})_n \times \Delta t_{t1}] + \Delta C_{xr} \times [\sum(t_l)_n - \Delta t_{t1}] \tag{19}$$

和

$$\Delta C_{xr} \leqslant \frac{\Delta C_{Fb1} + [\sum(C_{dr})_n + \Delta t_{t1}]}{[\sum(t_l)_n - \Delta t_{t1}]} \tag{20}$$

如果这项评价是实际的，也就是说额外设备每天的费用实际上少于评价计算的结果，则对某口井来说，录井服务就是有成本效益的。此时，可用下列合理数字代入方程：

陆上	海上
ΔC_{Fb1} = 1000 美元	ΔC_{Fb1} = 1000 美元
$\sum(C_{dr})_n$ = 6000 美元/天	$\sum(C_{dr})_n$ = 19000 美元/天
Δt_{t1} = 12 小时 = 0.5 天	Δt_{t1} = 12 小时 = 0.5 天
$\sum(\Delta t_l)_n$ = 30 天	$\sum(\Delta t_l)_n$ = 35 天

对陆上，我们得到：

$$\Delta C_{xr} \leqslant \frac{1000+(6000)(0.5)}{(30-0.5)} = 135.59\text{美元/天}$$

也就是说，如果泥浆录井费用每天没有增加 135 元以上，引入额外的设备将使井的总成本降低。

对海上，我们得到:

$$\Delta C_{xr} \leqslant \frac{1000+(19000)(0.5)}{(35-0.5)} = 304.35\text{美元/天}$$

利用上述数字，现在假设，除节约了一个钻头外，还使整个钻井时间节约了 5%。如果 $t_r=21$ 天，节约的钻进时间为 $21\times0.5\%=1.05$ 天，那么对陆上:

$$\Delta C_{xr} \leqslant \frac{1000+[6000(0.5+1.05)]}{(30-0.5-1.05)} = 362.04\text{美元/天}$$

对海上:

$$\Delta C_{xr} \leqslant \frac{1000+[19000(0.5+1.05)]}{(35-0.5-1.05)} = 910.31\text{美元/天}$$

这些成本论证或成本节约，仅考虑了标准泥浆录井之外数据采集的额外费用，也只包括了钻井优化带来的益处。根据区域钻井统计资料研究，还可以把改善钻机和泥浆监控和井控所节约的其它成本定量化。

这种成本效益分析是全面分析钻井成本减少的一种值得应用的方法。在勘探成本很高的海上，采用先进的评价和监视所节约的费用是很明显的。但正如上面的例子所证明的，这类技术对于成本相对较低的陆上开发钻井也同样可以取得成功，特别是在发生超压或井眼不规则问题的地区更是如此。

九、泥浆录井服务的标准及现状

“泥浆录井”这个词覆盖的服务范围和服务质量相当广。但遗憾的是，尤其是在美国，整个录井界都处于最低水平。资深名大的承包商的现场雇员一般都忌讳“泥浆录井员”这个称谓，而更愿根据其学历使用“录井地质师”或“录井工程师”的头衔。这类公司使用了各种各样的设备和技术，从而使他们的雇员成为井场受教育最好、训练最有素的服务人员。

1980 年，专业测井分析家协会（SPWLA）成立了一个油气井测井标准委员会，该委员会由服务公司和勘探公司两方面的人员组成。该委员会已经作出了很大努力，试图建立能代表石油工业最高水平的标准和现状[22,23]。我向该委员会及其成员在这方面所作的努力及对我完成本章的帮助，表示感谢。

符 号 说 明

C_{be}——钻头及其他消耗品费用，美元；

C_{carb}——碳酸盐含量，%；

C_d——钻井成本，美元／米；

C_{dr}——按日计算服务的租金、工费等，美元；

C_F——固定计费或按进尺计算的费用，美元；

C_r——钻机费用，美元／日；

d——地层“可钻性”指数（无量纲）；

d_b——钻头直径，英尺或英寸；

d_n——“正常”钻头直径，米；

d_{oB}——观察钻头直径，米；

d_{xc}——经校正的 d 指数（无量纲）；

d_{xcn}——按正常趋势线确定的、经过校正的目的深度的预计 d 指数；

d_{xco}——目的深度经过校正的实测 d 指数；

F_{sha}——视页岩指数；

F_{sht}——真页岩指数；

G_{pn}——规范化总气值（%）；

G_{poB}——观测总气值（%）；

g_G——地温梯度，℃／100米；

g_{nfb}——正常地层平衡梯度，磅／加仑；

K_D——基质强度常量（无量纲）；

N——转速，转／分；

P_{pa}——目的深度的实际孔隙压力，磅／英寸^2，或地层平衡梯度，磅／加仑当量泥浆密度（EMD）；

p_{pn}——正常孔隙压力，磅／英寸^2，或地层平衡梯度，磅／加仑（EMD）；

q_n——“正常”泥浆流量，米^3／秒；

q_{oB}——观测的泥浆流量，米^3／秒；

q_p——泵排量，米^3／秒；

R——钻速，英尺／分；

R_n——“正常”钻速，米／秒；

R_{oB}——观测钻速，米／秒；

t_d——停钻时间（包括待钻、气候、作决策等原因），天；

t_e——评价时间，（测井、测试、取心），天；

t_l——滞后时间，秒；

$(t_l)_n$——占用总时间，天；

t_o——待钻时间（扩眼、井控等），天；

t_r——钻进时间，天；

t_t——起下钻时间，天；

V_{an}——环空体积，米^3／米；

V_n——井眼容量，米^3／米；

V_p——钻杆容积和替置量，米^3／米；

V_{an}——环空速度，米／秒；

W——钻压，磅；

$(C_d \times D_t)'$——井成本，美元；

ΔC_{Fb1}——节约一个钻头省下的成本，美元；

ΔC_{xr}——泥浆录井的额外费用，美元／天；

Δt_{t1}——少一次起下钻节约的时间，天；

ρ_{ec}——有效循环密度，磅／加仑。

参 考 文 献

1. “Field Geologists Training Guide.” Exploration Logging Inc., Sacramento, CA (Jan. 1979).
2. “Mud Logging: Principles and Interpretation,” Exploration Logging Inc., Sacramento, CA (Aug.1979).
3. “Formation Evaluation—Part 1: Geological Procedures,” Exploration Logging Inc., Sacramento, CA (Feb.1981).
4. Hopkins, E.A.: “Factors Affecting Cuttings Removal During Rotary Drilling,” *J. Pet. Tech.* (June 1967) 807–14; *Trans.*, AIME. **240.**
5. Sifferman, T.R. *et, al.*: “Drill Gutting Transport in Full Scale Vertical Annuli,” *J. Pet. Tech.* (Nov. 1974) 1295–1302.
6. Low, J.W.: “Examination of Well Cuttings,” *Quarterly of the Colorado School of Mines* (1951) **46.** No.4,1–48.

7. Maher, J.C.: *Guide book VIII: Logging Drill Guttings*, Oklahoma Geological Survey, Norman (1959).
8. McNeal. R.P.: "Lithologic Analysis of Sedimentary Rocks," *Bull.*, AAPG (April 1959) **43,** No. 4. 854–79.
9. Clementz, D.M., Demaison, G.J., and Daly, A.R.: "Wellsite Geochemistry by Programmed Pyrolysis," paper OTC 3410 presented at the 1979 Offshore Technology Conference, Houston, April 30–May 3.
10. "Theory and Evaluation of Formation Pressures: The Pressure Log Reference Manual," Exploration Logging Inc., Sacramento, CA (Sept. 1981).
11. Hottman, C.E. and Johnson, R.K.: "Estimation of Formation Pressures from Log–Derived Shale Properties," *J. Pet. Tech.* (June 1965) 717–22: *Trans.*, AIME. **234.**
12. Goldsmith, R.G.: "Why Gas–Gut Mud is Not Always a Serious Problem," *World Oil* (Oct. 1972) **175,** No.5,51–54,101.
13. Dowdle, W.L. and Cobb, W.M.: "Static Formation Temperature From Well Logs," *J. Pet. Tech.* (Nov.1975) 1326–30.
14. Fowler, P.T.: "Telling Live Basins from Dead Ones by Temperature," *World Oil* (May 1980)**190,** No.6,107–22.
15. Lewis, C.R. and Rose, S.C.: "A Theory Relating High Temperature and Overpressures," *J. Pet. Tech.* (Jan. 1970) 11–16.
16. Bingham, M.G.:*A New Approach to Interpreting Rock Drillability*, Petroleum Publishing Co., Tulsa (1965).
17. Jorden, J.R. and Shirley, O.J.: "Application of Drilling Performance Data to Overpressure Detection," *J. Pet. Tech.* (Nov. 1966) 1387–94.
18. Rehm, B. and McClendon, R.: "Measurement of Formation Pressure From Drilling Data," *Drilling*, Reprint Series, SPE, Dallas (1973) **6a**, 49–60.
19. Anderson, G.: *Coring and Core Analysis Handbook*, Petroleum Publishing Co., Tulsa (1975).
20. Bellotti, P. and Giacca, D.: "Pressure Evaluation Improves Drilling Programs," *Oil and Gas J.* (Sept. 11, 1978) 76–85.
21. " Drilling Hydraulics Manual," Exploration Logging Inc., Sacramento, CA (July 1983) **8,**1–8;**9,**1–10;**10,**1–7;**D,**1–4.
22. "SPWLA Standard No. 1: Standard Hydrocarbon Well Log Form," SPWLA, Houston (June 1981).
23. "SPWLA Standard No. 2: Hydrocarbon Well Log Calibration Standards," SPWLA, Houston (June 1981).

第五十六章 其 它 测 井

Richard M. Bateman, Vizilog Inc.[1]　　　　朱桂清 译

一、引　　言

通常有许多测井未被划入电、核或声测井之列。本章将讨论这些测井中最重要的。其中包括：(1) 随钻测量 (MWD)；(2) 方向测量；(3) 地层倾角测井；(4) 井径测量；(5) 套管监测测井。石油工程师有时要用到所有这些测井资料。这里将按所列的次序讨论这些测井方法，次序的排列只是为了讨论方便，而与测井方法的重要性无关。

二、随 钻 测 量

随钻测量 (MWD) 在现代作业中起着越来越重要的作用。它使作业者几乎能立即得到所钻井眼的几何形状与所穿过地层的特性这两方面的信息。若没有 MWD 资料，就必须在钻井后进行常规测井（如方向测量及其它测井）获得这些资料。特别有利的是，在钻定向井或关注超压地层时可以使用 MWD。

有了 MWD，就可实时提供这些信息，司钻就可以采取适当的措施，如改变钻压，增加泥浆相对密度，或在钻达目的层时起钻进行常规测井。

目前，有许多不同的 MWD 测量系统投入商业应用。不过，它们具有共同的特性：(1) 一个井下传感器短节；(2) 一个电源；(3) 一个遥测系统；(4) 地面设备。井下传感器短节可能含有能测量扭矩、钻压、井眼压力、井眼温度、钻具面角、地层的天然放射性、地层的声波传播时间、地层电阻率、井斜角与井眼方位角（相对于地理坐标）的仪器。可由地面电源、井下涡轮马达或井下电池给传感器及遥测系统提供电，在用地面电源供电的情况下，需要在地面与井下传感器之间实现电连接，这就需要使用特殊的钻杆或电缆。用井下涡轮马达时，循环泥浆自身能驱动 MWD 钻铤中的发电机。在使用电池的情况下，不需要特殊的电缆或额外的泥浆泵，但 MWD 系统受所用电池受命的限制。一旦电池没电了，就不能再继续测量，并且必须收回 MWD 短节并换上新的电池。

最常用的遥测系统是编码泥浆压力脉冲遥测系统。将特定传感器的输出信号从模拟信号转换为数字形式，并将它们以一系列压力脉冲方式进行编码，在地面探测这些压力脉冲并解码。压力脉冲可以是正压或是负压异常。由一个释放阀使泥浆循环路径“短路”，或由一个阻流阀“阻塞”该路径，就可分别产生正压及负压异常。

然而，编码泥浆压力脉冲并非是唯一可用于遥测系统的数据传输方法。在使用的或正在实验的其它方法包括：(1) 电磁 e 模式（电流）或 h 模式（磁场）；(2) 通过直井中的钻杆或油管传送声波，或通过大地传送地震波的声波遥测方法；(3) 硬电缆系统；(4) 带有自增

[1] 1962年版本章定名为《杂项测井》，作者是A. J. Pearson。

能中继器的系统；(5) 组合各种传输方法的混合系统[1]。

地面设备包括一个泥浆脉冲（或其它参数，取决于所用的遥测系统）解码器，以及信号处理硬件与软件，这些硬件与软件能提供钻井工程师所需的数据。可以在钻台上或在较远的井场以可见显示的形式输出，或作为记录参数的硬拷贝表格或曲线形式输出。数据还可以记录在磁带上供以后使用。

在多数系统中，数据向地面的传输是选择性的。例如，井斜与方位的测量要求暂停钻井作业并且钻杆要静止一小段时间。然后在“缓冲器”中累积读数，只有在泥浆循环开始后才能向地面传输数据。

图 56.1 显示了 MWD 井下组件以及泥浆脉冲发送器、涡轮发电机及传感器短节。

图 56.2 为 MWD 系统的数据传输简图。通常将每个测量值即“字”作为一帧数据的一部分传输，数据帧由一个同步字和 15 个测量字组成。某些测量值在每一帧数据里传输超过一次。目前的遥测系统能在约 1 或 2 分钟内传输一个完整的数据帧。实际采样率（单位深度段上的测量次数）反比于钻速（深度单位／时间单位）[2]。

图 56.3 显示了完整的 MWD 测井系统简图，它包括地面与井下传感器、遥测系统、地面硬件与软件（用于数据的计算机处理），以及以曲线形式显示的最终成果图[3]。

图 56.4 显示了一 MWD 测井图，图上显示有自然伽马、短电位电阻率、环空温度、井下钻压、地面钻压和计算的方向数据（井斜与方位）。

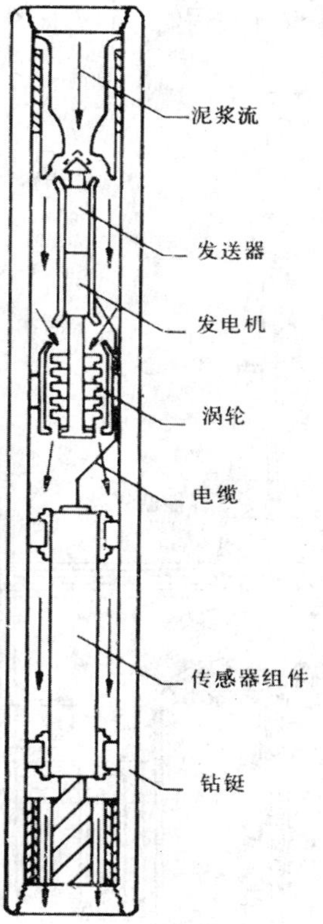

图 56.1 典型的 MWD 井下组件

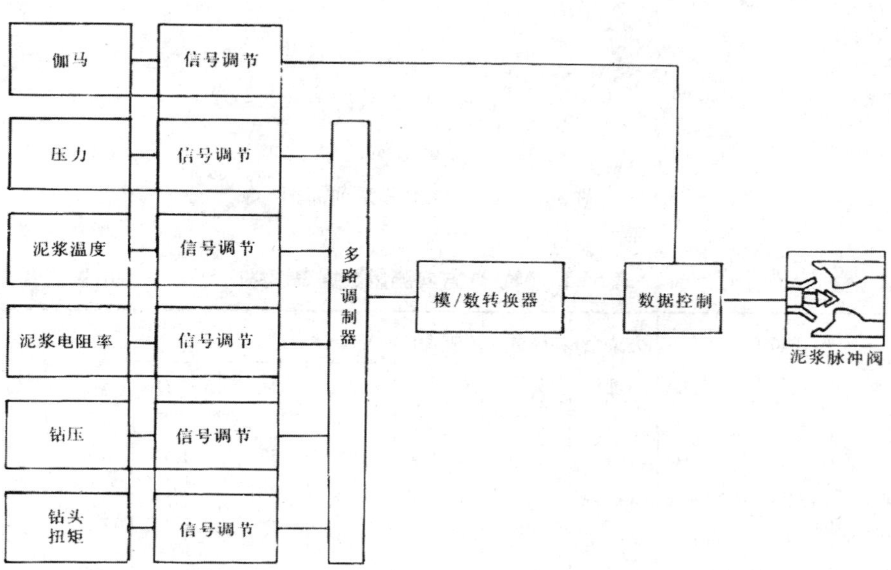

图 56.2 MWD 数据传输简图

图 56.5 绘出了由 MWD 资料计算的方向曲线与同一口井中多点测量曲线的对比情况。表 56.1 给出了对应于图 56.5 所示平面图的方向测量数据。

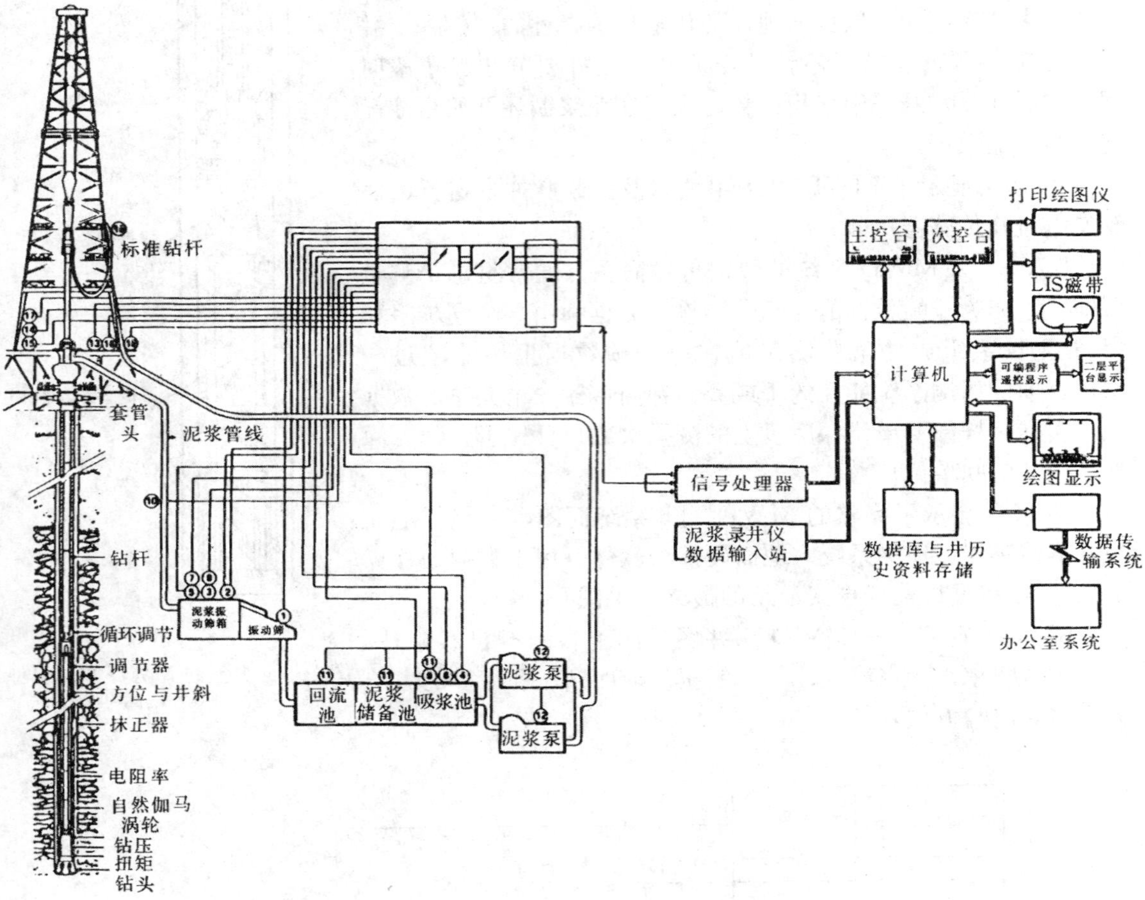

图 56.3　MWD 测井系列简图

表 56.1　MWD 方向测量数据表读数　　分析(置信度＝99.0%)

测量号码	深度	路径长度(英尺)	倾角(度)	方位角(度)	狗腿数／英尺	垂直深度(英尺)	位置 北	位置 东	误差范围 垂直	误差范围 长轴	误差范围 短轴	误差范围 轴线
88	5425.0	30.0	37.80	41.80	2.34	5180.4	696	559	1.3	10.0	9.5	343
89	5457.5	32.5	37.67	43.50	3.22	5206.1	710	573	1.3	10.0	9.5	344
90	5478.0	20.5	36.53	43.50	5.52	5222.5	719	581	1.3	10.0	9.6	344
91	5509.0	31.0	35.73	44.00	2.75	5247.5	732	594	1.3	10.0	9.6	345

续表

测量号码	深度	路径长度（英尺）	倾角（度）	方位角（度）	狗腿数／英尺	垂直深度（英尺）	位置		误差范围			
							北	东	垂直	长轴	短轴	轴线
92	5540.0	31.0	35.72	41.80	4.14	5272.7	746	606	1.3	10.0	9.6	346
93	5571.0	31.0	35.08	42.40	2.33	5298.0	759	618	1.3	10.1	9.6	347
94	5589.0	18.0	35.08	42.40	0.00	5312.7	767	625	1.3	10.1	9.6	347
95	5605.0	16.0	34.35	42.80	4.79	5325.8	773	631	1.3	10.1	9.6	347
96	5631.0	26.0	33.90	43.30	2.03	5347.4	784	641	1.3	10.1	9.6	348
97	5695.0	64.0	32.17	46.30	3.72	5401.0	809	666	1.4	10.1	9.6	351
98	5735.0	40.0	31.28	47.40	2.64	5435.0	823	681	1.4	10.1	9.7	352
99	5756.0	21.0	30.97	46.60	2.47	5453.0	831	689	1.4	10.1	9.7	353
100	5821.0	65.0	28.87	45.10	3.43	5509.3	853	712	1.4	10.1	9.7	356
101	5852.0	31.0	27.88	47.20	4.52	5536.6	863	723	1.4	10.1	9.7	357
102	5949.0	97.0	26.52	45.40	1.64	5622.9	894	755	1.4	10.2	9.8	3
103	6032.7	83.7	24.65	46.10	2.26	5698.4	919	781	1.5	10.2	9.8	6
104	6090.0	57.3	23.63	48.90	2.67	5750.7	935	798	1.5	10.2	9.8	8
105	6117.0	27.0	22.80	47.00	4.15	5775.5	942	806	1.5	10.2	9.8	8
106	6150.2	33.2	22.45	46.10	1.48	5806.1	951	815	1.5	10.2	9.8	9
107	6216.2	66.0	21.27	46.80	1.83	5867.4	968	833	1.5	10.2	9.8	10
108	6241.8	25.6	20.93	46.00	1.71	5891.2	974	840	1.5	10.2	9.8	10
109	6272.0	30.2	19.68	48.20	4.85	5919.6	981	848	1.5	10.3	9.8	11
110	6302.0	30.0	19.78	44.80	3.84	5947.8	988	855	1.5	10.3	9.8	11
111	6337.0	35.0	19.30	46.10	1.85	5980.8	997	863	1.5	10.3	9.8	11
112	6402.0	65.0	18.28	41.80	2.64	6042.3	1012	878	1.5	10.3	9.8	12
113	6455.8	53.8	17.17	49.50	4.82	6093.6	1023	889	1.5	10.3	9.8	13
114	6553.3	97.5	15.87	50.10	1.34	6187.0	1041	911	1.5	10.3	9.8	14
115	66003	47.0	14.92	59.50	5.67	6232.3	1048	921	1.5	10.3	9.8	14
116	6678.3	78.0	14.62	47.20	4.03	6307.8	1060	937	1.5	10.3	9.8	15
117	6708.3	30.0	14.78	53.50	5.35	6336.8	1065	942	1.5	10.3	9.8	15
118	6740.3	32.0	14.32	55.90	2.38	6367.8	1069	949	1.5	10.3	9.9	15
119	6771.3	31.0	13.85	59.50	3.20	6397.8	1073	955	1.5	10.3	9.9	15
120	6838.3	67.0	13.18	57.90	1.14	6463.0	1082	969	1.5	10.4	9.9	16
121	6893.9	55.6	12.63	57.60	0.99	6517.2	1088	979	1.5	10.4	9.9	16
122	6926.7	32.8	12.87	63.30	3.90	6549.2	1092	986	1.5	10.4	9.9	16
123	6989.4	62.7	12.55	67.80	1.66	6610.3	1097	998	1.6	10.4	9.9	16
124	7020.0	30.6	12.58	66.30	1.06	6640.2	1100	1004	1.6	10.4	9.9	16
125	7054.0	34.0	12.60	65.70	0.35	6673.4	1103	1011	1.6	10.4	9.9	16
126	7084.4	30.4	12.40	67.10	1.18	6703.1	1106	1017	1.6	10.4	9.9	16

续表

测量号码	深度	路径长度(英尺)	倾角(度)	方位角(度)	狗腿数/英尺	垂直深度(英尺)	位置		误差范围			
							北	东	垂直	长轴	短轴	轴线
127	7114.2	29.8	11.50	66.90	3.02	6732.2	1108	1023	1.6	10.4	9.9	16
128	7153.9	39.7	10.90	66.90	1.51	6771.1	1111	1030	1.6	10.4	9.9	16
129	7184.8	30.9	10.00	68.60	3.08	6801.5	1113	1035	1.6	10.4	9.9	16
130	7240.1	55.3	7.90	68.90	3.80	6856.2	1116	1043	1.6	10.4	9.9	16
131	7272.7	32.6	7.40	63.00	2.85	6888.5	1118	1047	1.6	10.4	9.9	16
132	7285.8	13.1	7.00	66.90	4.81	6901.5	1119	1048	1.6	10.4	9.9	16
133	7316.9	31.1	7.40	58.70	3.54	6932.3	1121	1052	1.6	10.4	9.9	16
134	7346.0	29.1	5.90	58.40	5.15	6961.2	1122	1055	1.6	10.4	9.9	16

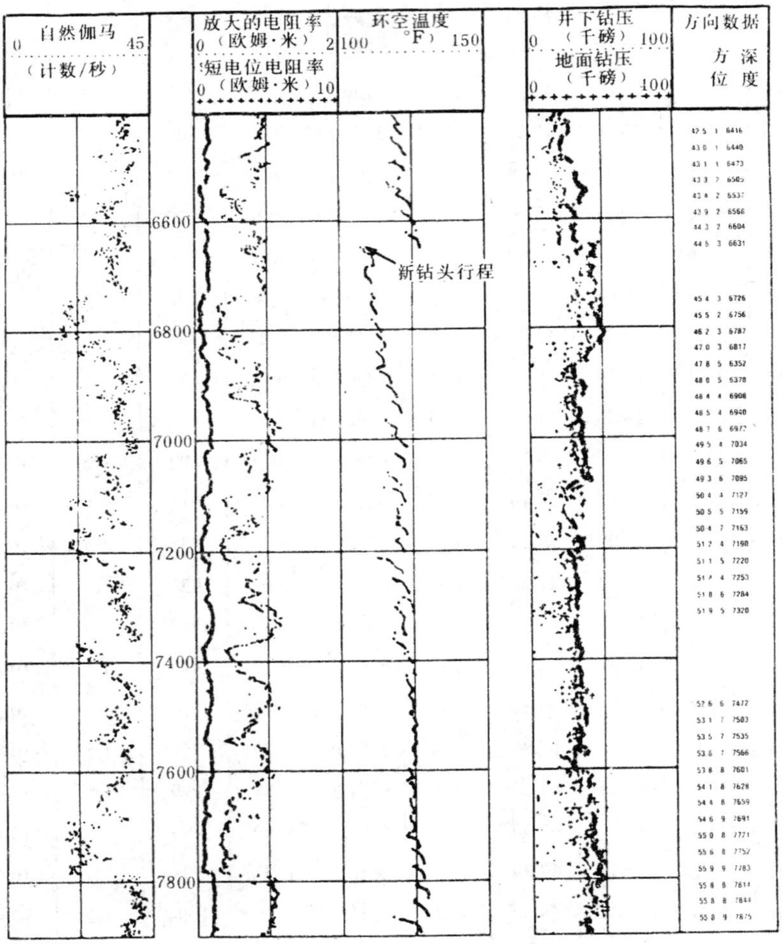

图 56.4 MWD 旋转钻井测井图

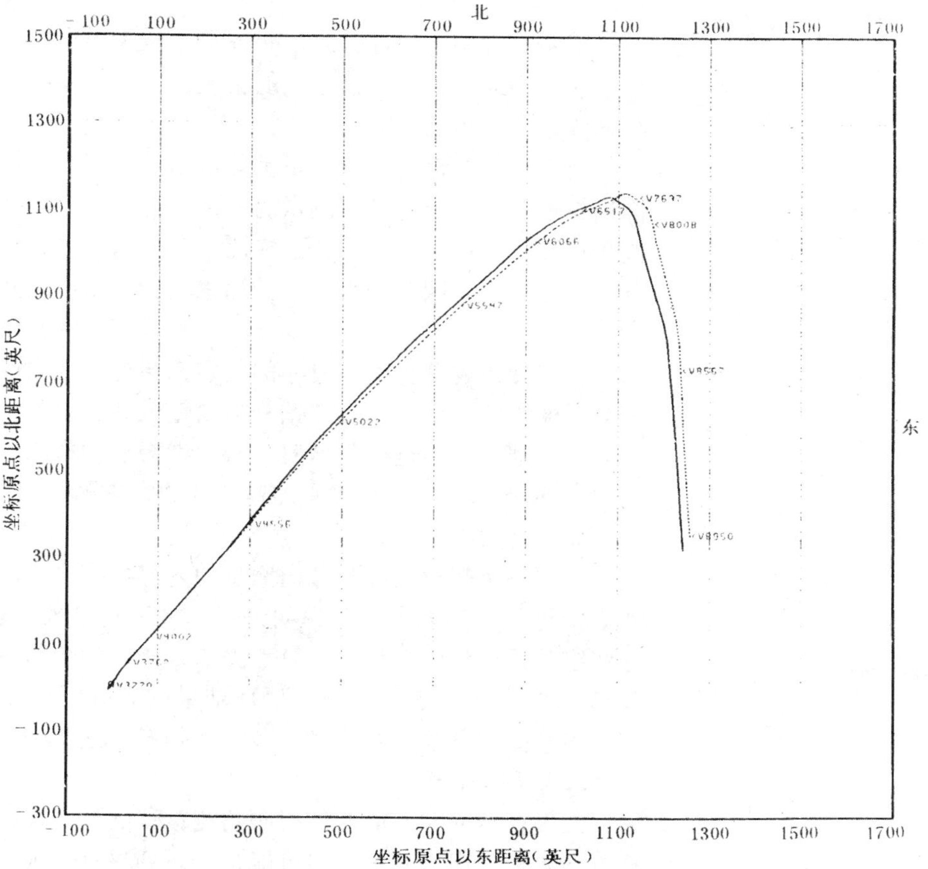

图 56.5　MWD 方向测量与多点方向测量的对比

1—实线,MWD 方向数据(取自 4517 英尺); 2—虚线,多点测量数据

三、方 向 测 量

方向测量[4,5]用于确定相对于井口地面位置的井眼轨迹位置。这种信息用于：(1) 在法律上证明井底位置处于合法的地面产权之下；(2) 确定斜井的井底位置；(3) 确定井眼的曲率半径，由于曲率半径会影响到下套管或仪器的能力；(4) 当用地层海拔高度绘制构造图时，区分测量深度与真正的垂直深度 (TVD)。

1. 可用的仪器

方向测量的两种基本类型是连续测量与点测。点测可以是单点或多点测量。单点与多点指的是记录的点数。单点测量通常是在钻井作业期间按一定的深度或时间间隔记录的。将这些单点记录累积起来用于绘制井眼轨迹。多点测量是在完钻后按一定的深度间隔进行的。连续测量是在钻完一段井眼后进行的，在选定的间隔上做连续记录。尽管连续、多点及单点测量仪器都不相同，但在选择测量方法时必须考虑另一种仪器分类方法。

在金属套管内进行的测量不能使用磁罗盘测量方向。当需要在套管内进行测量时，通常应用陀螺仪。在进行测量之前必须在地面将这些陀螺仪排成一行。同样，作为测后检查的一部分，应检验其线性排列情况。

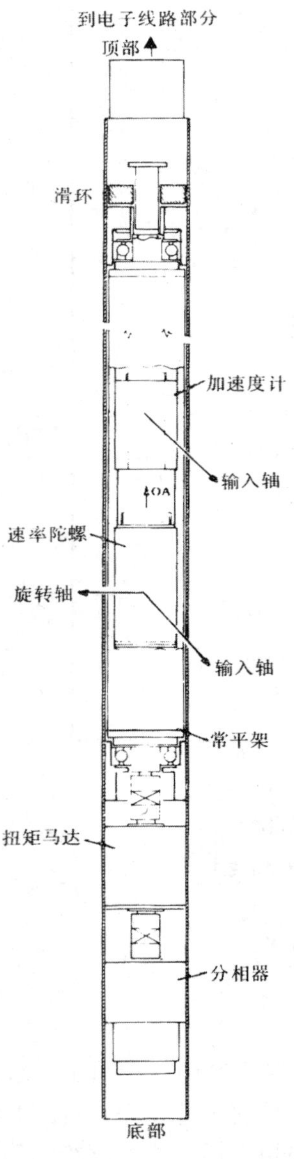

图 56.6 Eastman 公司造斜探寻者 1 号陀螺测量仪

裸眼井方向测量通常应用磁罗盘方位来确定井眼方向，这要求输入磁北极与真北极之间的偏差。所有仪器都使用钟摆系统来确定井斜角。

所有连续的地层倾角测量都能给出方向测量数据。这种方向测量可以作为地层倾角测量的一部分，而在不需要得到地层倾角的井段上也可以作一种独立测量。目前，这种仪器在套管井中无法工作，因此必须使这种测量与套管底部已知的坐标相关。

任何使用磁罗盘确定方向的仪器都会受到井内或靠近井眼的金属的影响。在通过废弃钻杆造斜钻成的裸眼井中或在靠近套管井的裸眼井中进行测量时，必须考虑这种影响。

图 56.6 示出了一种带有加速度计的陀螺测量仪。

2. 法定要求

美国每个州对“合法”方向测量的内容都有自己的规定。这些规定可能包括以下一些说明：(1) 井下传感器的长度；(2) 这些组件是否居中；(3) 计算点测的方法；(4) 监督或检验这些结果的人员的专业水平；(5) 结果的文件记录、显示及分配。当选择服务公司及测量类型时必须考虑这些标准。

3.结果的计算

在进行定向钻井或有地层倾角测量仪的任何地区，都可进行方向测量。现场测井资料可能是一系列显示井眼方向与倾角的点测读数，或是一条连续曲线。计算的结果包括显示井眼垂直投影的定向井井眼平面图。还有其它图，可显示井眼在垂直平面上通过地面井口位置的投影。还有一个表格，显示井眼坐标及井斜角。

计算方法 有许多有关方向测量的计算方法[6]。大多数公司都从以下五种基本方法中选用一种。

(1) 正切法。这种方法应用每段轨迹（读数或测点之间的长度）底部的倾角和方位。该方法是最常用且最不精确的方法。产生的误差随着倾角及轨迹长度的增加而增加。建议不采用这种方法。

(2) 平衡正切法。这种方法使用每段轨迹顶部和底部的倾角和方位，以便在切线方向上平衡该段轨迹上的两组测量。这种方法比正切法精确，但仍对轨迹长度较敏感。

(3) 角平均法。这种方法应用每段轨迹顶部与底部的倾角与方位角的简单数学平均值，通过正切法进行计算。这种方法比正切法精确，但仍很简单，可在现场进行手工计算。每段轨迹长度应尽量短些。

(4) 曲率半径法。这种方法应用每段轨迹顶部与底部的倾角和方位角，得出代表曲线轨迹的空间曲线。这条空间曲线通过该段轨迹的顶部与底部测得的角度。一般认为这种方法最精确，但它仍对轨迹长度较敏感。

(5) Mercury 方法。这种方法由美国政府在内华达 Mercury 试验场所采用。它是正切及平衡正切法的组合。用正切法来处理由测量仪器的长度所限定的那一部分轨迹长度，其余部分用平衡正切法处理。

所有这些方法对轨迹长度即测点之间的距离要求都很严格。随着轨迹长度的增加，各种方法的不精确性及相互间的偏差也随之增加。随着轨迹长度的减小，这些方法变得更为精确。当轨迹长度非常短时（10 英尺或更小），各方法之间的类别很小。由于这一原因，从连续测量仪器（如地层倾角仪器）测量计算的方向可能比点测仪器测量计算的方向更为精确。虽然可以将数据累计起来，并以 50 英尺深度间隔造表列出数据，但地层倾角仪器测量的计算间隔通常为 1 或 2 英尺。

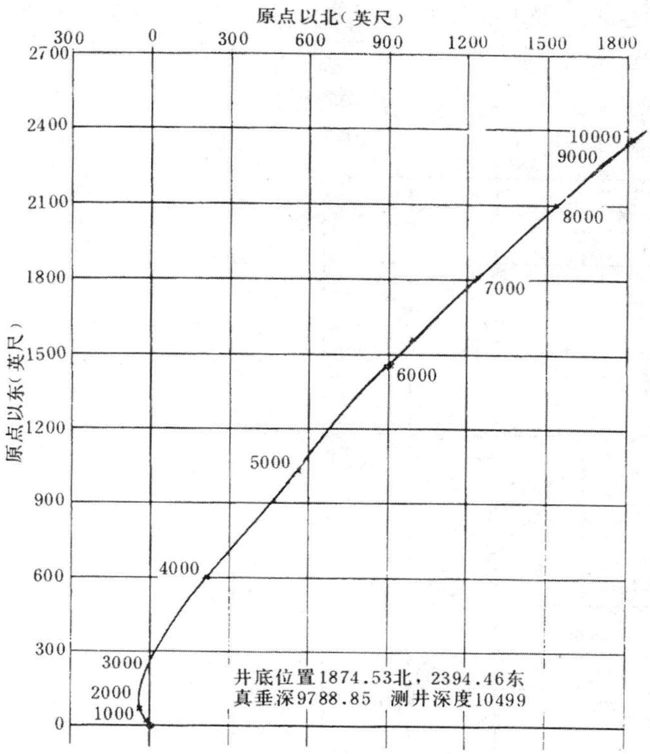

图 56.7A 方向测量平面图

显示 方向数据通常以井眼示意图及表格形式显示出来。井眼示意图包括两个要素。

(1) 平面图。这是井眼轨迹在水平面上的垂直投影。这种投影显示井眼与地面位置间的距离。井眼轨迹标有测量深度。

(2) 垂直剖面。有两种垂直剖面。第一种是井眼在垂直平面上通过地面井口位置并按不同的方位角校准的投影。第二种是深度相对于定向井闭合距作图，闭合距是井眼与地面井口位置间的水平距离。数据表显示出测量深度、垂直深度、井眼方位、倾角、x 与 y 轴距离及闭合距。

现场实测 图 56.7 给出了几种

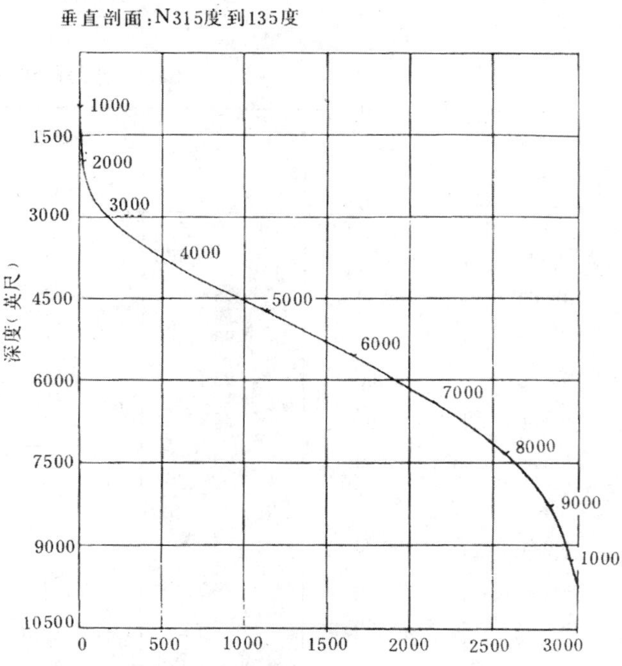

图 56.7B 方向测量垂直剖面

方向测量计算结果的显示。包括：（A）平面图；（B）垂直剖面图；（C）深度与闭合距图。在表 56.2 中还给出了方向测量数据。

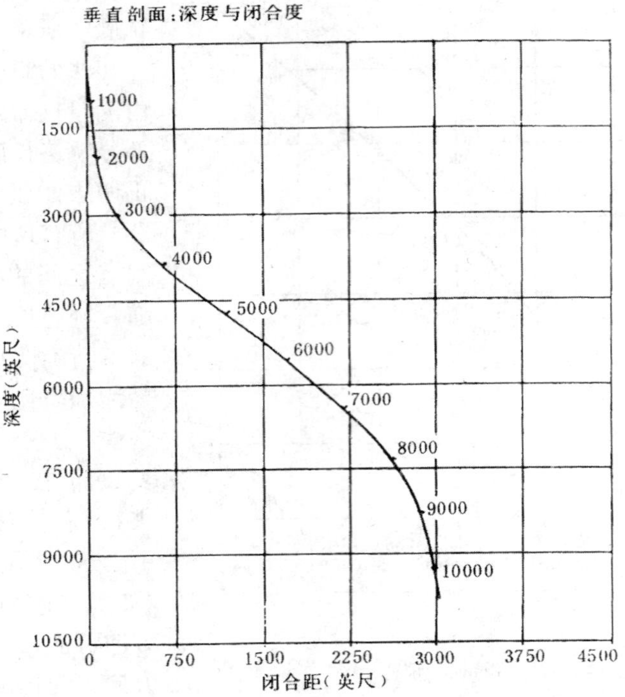

图 56.7C　方向测量深度与闭合距

表 56.2　方向测量数据表[1]

测量深度（英尺）	垂直深度（英尺）	井眼方向	井斜角（度）	偏北	偏东	闭合距
50.00	50.00	95	0.04	−0.00	0.02	0.02
100.00	100.00	95	0.08	−0.01	0.07	0.07
150.00	150.00	95	0.11	−0.01	0.15	0.15
200.00	200.00	95	0.15	−0.02	0.26	0.26
250.00	250.00	95	0.19	−0.04	0.41	0.41
300.00	300.00	95	0.23	−0.05	0.59	0.59
350.00	350.00	95	0.26	−0.07	0.81	0.81
400.00	400.00	95	0.30	−0.09	1.05	1.06
450.00	450.00	95	0.34	−0.12	1.33	1.34
500.00	500.00	95	0.38	−0.14	1.64	1.65
550.00	550.00	95	0.41	−0.17	1.99	1.99

续表

测量深度（英尺）	垂直深度（英尺）	井眼方向	井斜角（度）	偏北	偏东	闭合距
600.00	599.99	95	0.45	−0.21	2.36	2.37
650.00	649.99	95	0.49	−0.24	2.77	2.78
700.00	699.99	95	0.53	−0.28	3.22	3.23
750.00	749.99	95	0.57	−0.32	3.69	3.71
800.00	799.99	95	0.60	−0.37	4.20	4.22
850.00	849.98	95	0.64	−0.41	4.74	4.76
900.00	899.98	95	0.68	−0.47	5.32	5.34
950.00	949.98	95	0.72	−0.52	5.92	5.95
1000.00	999.97	95	0.75	−0.57	6.56	6.59
1050.00	1049.97	95	0.79	−0.63	7.23	7.26
1100.00	1099.96	95	0.83	−0.69	7.94	7.97
1150.00	1149.96	95	0.87	−0.76	8.68	8.71
1200.00	1199.95	95	0.90	−0.83	9.45	9.48
1250.00	1249.94	95	0.94	−0.90	10.25	10.29
1300.00	1299.94	95	0.98	−0.97	11.09	11.13
1350.00	1349.93	95	1.02	−1.05	11.96	12.00
1400.00	1399.92	95	1.06	−1.12	12.86	12.91
1450.00	1449.91	95	1.09	−1.21	13.79	13.84
1500.00	1499.90	95	1.13	−1.29	14.76	14.82
1550.00	1549.89	95	1.17	−1.38	15.76	15.82
1600.00	1599.88	95	1.21	−1.47	16.79	16.86
1650.00	1649.87	95	1.24	−1.56	17.86	17.93
1700.00	1699.86	95	1.28	−1.66	18.96	19.03
1750.00	1749.84	95	1.32	−1.76	20.09	20.16
1800.00	1799.83	95	1.36	−1.86	21.25	21.33
1850.00	1849.82	95	1.40	−1.96	22.45	22.53
1900.00	1899.80	95	1.43	−2.07	23.68	23.77
1950.00	1949.79	95	1.47	−2.18	24.94	25.03
2000.00	1999.77	95	1.51	−2.30	26.23	26.33
2050.00	2049.75	95	1.55	−2.41	27.56	27.67
2100.00	2099.73	95	1.58	−2.53	28.92	29.03
2150.00	2149.71	95	1.62	−2.65	30.32	30.43
2200.00	2199.69	95	1.66	−2.78	31.74	31.86

续表

测量深度（英尺）	垂直深度（英尺）	井眼方向	井斜角（度）	偏北	偏东	闭合距
2250.00	2249.67	95	1.70	−2.90	33.20	33.33
2300.00	2299.65	95	1.73	−3.04	34.69	34.82
2350.00	2349.62	95	1.77	−3.17	36.22	36.35
2400.00	2399.60	95	1.81	−3.30	37.77	37.92
2450.00	2449.57	95	1.85	−3.44	39.36	39.51
2500.00	2499.55	95	1.89	−3.59	40.99	41.14
2550.00	2549.52	95	1.92	−3.73	42.64	42.80
2600.00	2599.49	95	1.96	−3.88	44.33	44.50
2650.00	2649.46	95	2.00	−4.03	46.05	46.23
2700.00	2699.43	95	2.04	−4.18	47.80	47.99
2750.00	2749.40	95	2.07	−4.34	49.59	49.78
2800.00	2799.37	95	2.11	−4.50	51.41	51.60
2850.00	2849.33	95	2.15	−4.66	53.26	53.46
2900.00	2899.29	95	2.19	−4.82	55.14	55.36
2950.00	2949.26	95	2.22	−4.99	57.06	57.28
3000.00	2999.22	95	2.26	−5.16	59.01	59.24
3050.00	3049.18	95	2.30	−5.34	60.99	61.23

①从补心算起（RKB）＝15 英尺，从平均海平面算起（MSL）＝0 英尺，磁偏角为北西 0 度。

四、地层倾角测井

1.前言

进行地层倾角测井的目的是根据井眼测量确定地层倾斜的方向与角度。显然，这种资料在研究构造与地层问题时非常重要[7]。

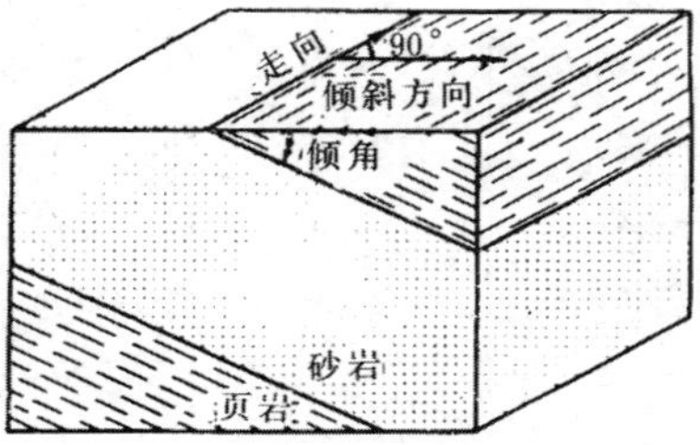

图 56.8　倾角、走向与倾斜方位示意图

如图 56.8 所示，地层倾角是水平面与地层层理面间的夹角。地层的走向是这两个平面相交形成的水平线的方向。虽然走向是常用的地质术语（尤其是在地面地质学中），但在讨论地层倾角测量时应用“倾斜方位”更方便。倾斜方位垂直于走向。本节用倾斜方位代替走向。

地层倾角仪器自成一类。地层倾角测井技术，目的及解释方法完全不同于其它测井。地层倾角测井的目的是测量地层倾角。为此，仪器必须同时连续完成两项不同的工作：第一，它必须确定自身的空间位置，通常是相对于磁北极与垂直方向的位置。第二，它必须探测地层的层理面。

目前所有的地层倾角仪器都以相同的方式来完成这项工作。测斜仪部分提供连续的倾斜测量，即倾角大小及方向，和仪器电极相对于井眼方向或磁北极的方位（少数专门用于远离磁北极地区的仪器应用名义上相对其北的陀螺测量方位）。同时，用一压力推靠臂仪电极系贴靠井壁。这些电极响应电阻率的变化，而张开的推靠臂可进行井径记录。

通常有四个极板，它们是一样的。极板的安装使得它们位于垂直于仪器轴的平面上。当至少有三个极板探测到异常时，这些偏移加上井径读数可识别假设是位于同一平面上（地层沉积面）的三个点。然后用这种识别方法指示垂直与真北方向，给出地层的真倾角。

尽管使用的仪器是测井行业中最复杂的，但用地层倾角仪器记录准确的数据基本上是一种简单的机械过程。解释这种数据主要靠计算机技术。

可用的仪器　所有大的服务公司都应用四臂地层倾角仪器。图 56.9 示出了典型的四臂地层倾角仪的机械部分，包括四个极板、电极和可见到的井径测量组件。大部分仪器可在直径为 6～16 英寸的井中使用，工作压力为 20000 磅／英寸^2，工作温度为 350 °F。不同的仪器通过应用不同的井斜与方位测量方法来对付小斜度与大斜度井眼。图 56.10 显示了一条监测测井曲线与一条计算机处理的曲线。

刻度　地层倾角仪基本上是一种按机械方式工作的仪器，其刻度也是机械的。在一特殊的测试架上调节倾斜测量部分使其能给出正确读数。要特别注意确保仪器垂直时倾斜测量传感器的读数为零，在每次测量前后都要检测倾斜测量仪。检测时首先将仪器垂直悬挂在钻台上，然后用手转动仪器使其至少转一周。

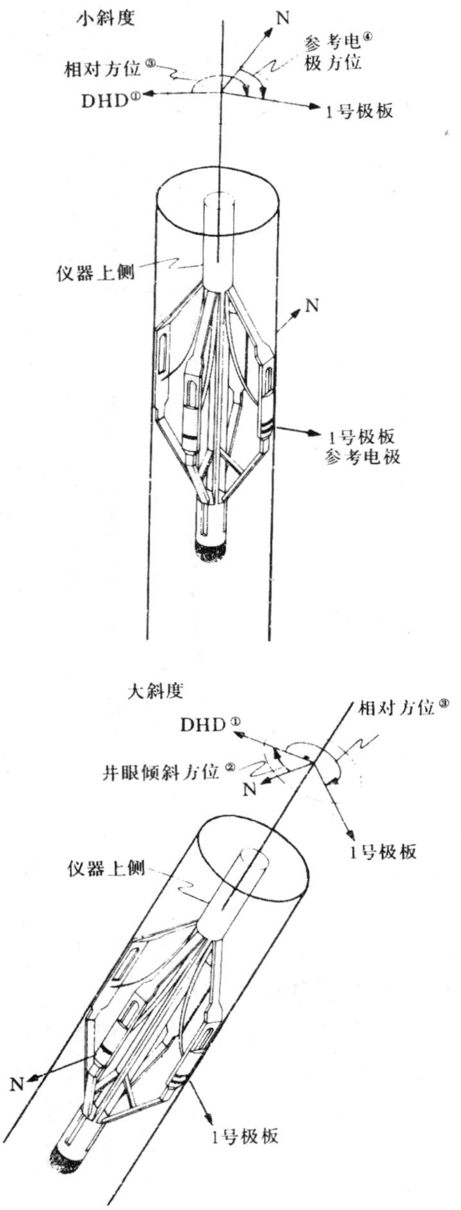

图 56.9　四臂地层倾角仪

①DHD—井眼倾斜方向（从仪器中心到上侧）；
②井眼方位角—从磁北极到 DHD 的顺时针角度；
③相对方位—从 DHD 到参考电极的顺时针角度；
④参考电极的方位—从磁北极到参考电极的顺时针角度

像通常一样，用直径已知的刻度架检验井径仪。四臂地层倾角仪用相对的一对极板记录井径曲线，各个极板可以独立变动并处于同一平面上。最后，通过依次使电极短路来检测电极的灵敏性，这还可检测电极系的连线是否正确。

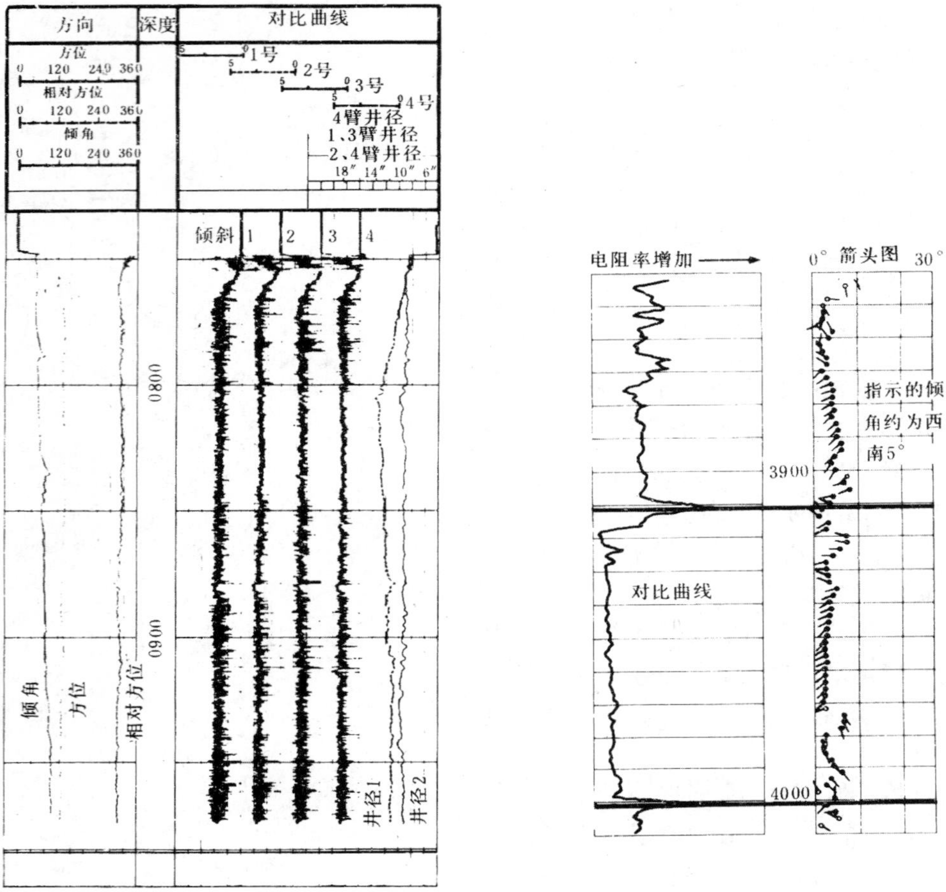

图 56.10 地层倾角监测曲线与计算机计算的曲线

油基泥浆 在油基泥浆中使用地层倾角仪时，有一个特殊的问题。由于油基泥浆不导电，不能把电极与地层相连通，所以有必要使用一种特殊的刮刀形电极。这些刮刀切入地层，与地层中的水相接触。用这种方法获得数据的质量不如常规地层倾角仪器在水基泥浆中所测数据的质量。原因是刮刀沿井壁滑动时产生的大量噪音会影响电阻率记录。刮刀与地层的接触越好，电阻率测量值的质量越好。通过做到以下比较重要的两点可改善这种接触。

(1) 确保刀片要锋利。使用新刀片是确保刮刀锋利的最好方法。新刮刀很少存在电绝缘问题。

(2) 让测井公司组装并调节其地层倾角仪以便使用最大的臂压。这会迫使刮刀电极进入地层。可用不同的弹簧机械装置或通过液压推靠臂施加更大的极板压力进行这种调节。其中任何一种方法对获得良好的电阻率数据都非常重要。

由于很少使用油基泥浆地层倾角仪，所以要特别关照测井公司做好准备工作。同时给他们提出所有的具体要求和规定。

当记录测井曲线时，应记住最终的数据质量只相当于常规倾角仪的 10%～20%。因此，建议在关键层段要考虑多次重复测量。这种数据只能用于解决一般的构造问题，因此对页岩层要特别注意。尽管在较小的细节上电阻率曲线可能不存在相似性，但所有的电阻率曲线应具有良好的特征。一条变化缓慢或平滑的曲线常说明刮刀电极出现了故障。这些方向曲线与普通地层倾角仪的相同，因此相同的注释适用于这两者。

2. 计算的地层倾角曲线

地层倾角测量[8]的计算需要复杂的软件及大型计算机。这项任务要求对电阻率曲线在地层界面处记录到的异常作相关对比，并确定每条曲线相对其它曲线在井眼方向上的位移。完成这一步后，任何两对位移都是以确定一个平面。在记录有三条电阻率曲线的地方，如用大多数现代地层倾角仪（现在已使用 4、6 及 8 极板仪器）那样，可选择多对位移，因此可确定多个视层理面。用倾角程序中的解释逻辑来正确地选择最有可能的层理面。一条电阻率曲线与另一条的相关对比是一种更机械性的工作，解释人员通过选择如图 56.11 所示的三个参数（窗长、搜索角与步长）来控制这种对比。将一条曲线上的一小段曲线与另一条曲线上由搜索角确定的深度段按每个单独步长作相关对比。在每一步长上对相关函数进行评价。

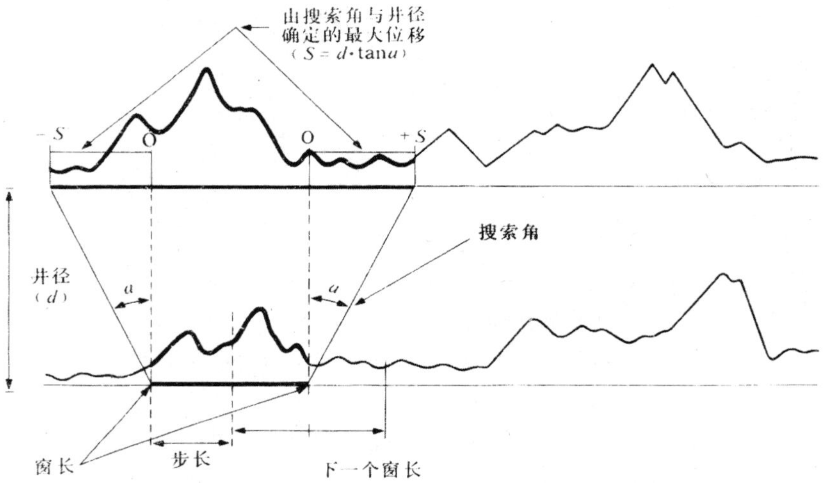

图 56.11 地层倾角计算术语“窗长”、“步长”与“搜索角”

当在每一步上确定了对比函数值后，可以制作一个相关图，并进行搜索以得到最大值。该最大值显示用这一窗长在第一条曲线上确定的曲线段相对于第二条曲线上相似段的位移。用相同的窗长继续与其它曲线作对比，然后再用下一个窗长，照此继续对比。

确定了井中任意点上的平面后，还必须计算其相对于垂向与地理北极的方位。这需要知道仪器在井中的位置、井眼本身的倾角与方位。可从仪器的方向测量部分得到这些数据。

计算的倾角测井曲线与记录的一样，很难进行质量评价，因此在地层倾角测井质量控制中应包括计算曲线的质量评价。若有计算机测井设备可以利用，那么可以在现场得到计算的倾角测井曲线。如果要在计算中心处理，常常要等几天甚至几周才能得到结果。

使用计算的测井曲线时，会碰到两种明显不同的问题：用记录数据未发现的问题以及与计算有关的问题。计算的地层倾角曲线应能模拟真实的地质情况。若未做到这一点，则要进行研究。若问题出在计算过程中，通常通过重新计算来解决。即使问题出在测井值上，测井公司的计算机专家也常能通过特殊处理来解决。

3. 地层倾角与方向数据的应用

地层倾角模式　在完成地层倾角测井与计算后，必须按照已知的地质与岩石物理事实对结果加以解释。通常，地层倾角解释结果用来寻找总的构造特征，确定小的地层特征以及真垂直与真地层厚度。

"箭头"或"蝌蚪"图是显示计算地层倾角结果最常用的方法。将一系列特殊的特征作为深度的函数绘成图形，其原点代表地层倾角的大小，一短线代表倾斜方位，如图 56.12a 所示。为了参考对比，在图上将指向井口的方向作为北，短线从其基线始的顺时针方向即为倾斜方位角。当与各种模式一起观察时，可根据大的地质构造或沉积细节来解释这些倾角矢量即"蝌蚪图"，如图 56.12b 所示。

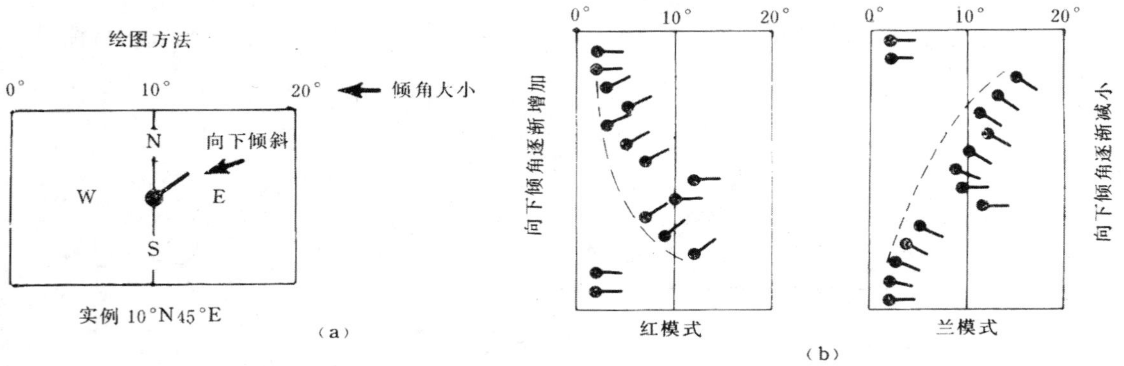

图 56.12　地层倾角测井结果解释规则

(a)绘制地层倾角的方法和(b)地层倾角模式

这些模式与其它信息一起用于断层及地层解释

图 56.13 显示三种常见的构造：褶皱构造（背斜）、不整合与正断层。图 56.14 显示三种常见的沉积特征：河道冲淤沉积、页岩覆盖的砂坝与水流层理。

有可能出现其它一些复杂的模式，如与下列因素有关的模式：(1) 层段缺失与重复（图 56.15A）；(2) 陆相沉积地层（图 56.15B）；(3) 陆棚三角洲地层（图 56.15C）；(4) 陆棚潮汐／波浪为主的地层（图 56.15D 和 E）；(5) 陆棚斜坡与深海沉积环境（图 56.15F）。另外，还用其它形式表示倾角数据（如极坐标与立体图和方位频率图），以便得到良好的效率。

就油藏工程师而言，地层倾角数据的一种主要应用是计算油藏体积，计算体积时需要知道真垂直厚度测量值（TVT）。对于地质学家，则直接关心另一个相关测量值即真地层厚度（TST）[9~13]。

在井是垂直的且层理为水平的这种简单情况下，可在相邻井的测井曲线之间直接进行对比。将储层厚度（直接从测井资料获得）乘以储层面积（由其它手段确定）即可计算出储层体积。

然而，这种简单情况是非常罕见的。这是由于：(1) 大多数储层是作为某种事件的结果而存在的，意指至少在储层边缘存在某种地层倾斜；(2) 大多数井在某种程度上有意或无意地要偏离垂直方向。只要地层倾角与井的倾斜不超过几度，就足以将其近似为这种简单的垂

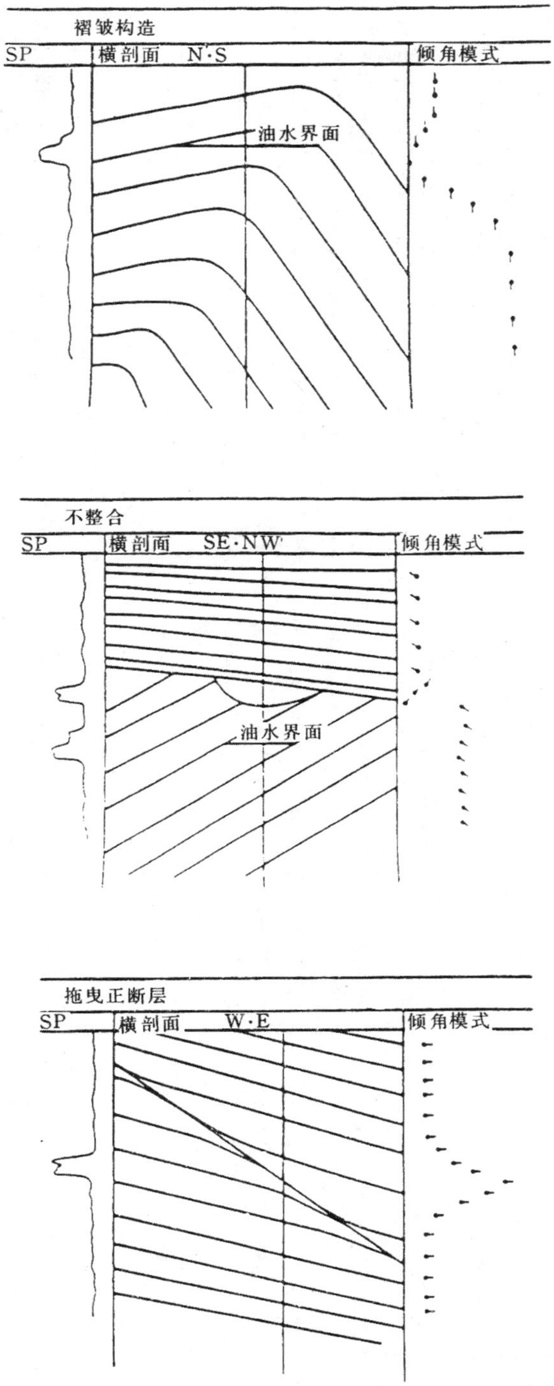

图 56.13 常见的地质构造与对应的倾角模式

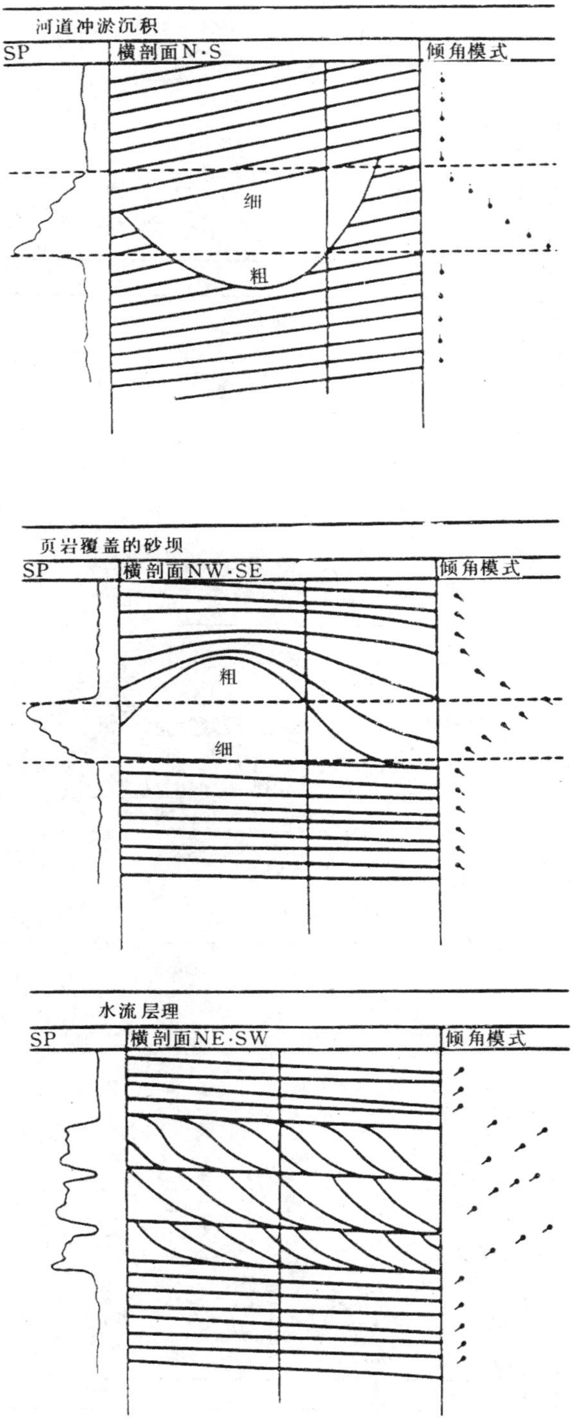

图 56.14 沉积特征的倾角模式

直-水平情况，而无需做校正。但当地层倾角与井的倾斜角超过大约 10 度时，则需做校正，由于在不同的井中在测井曲线上测得的视地层厚度比真地层厚度大的量不同。这就增加

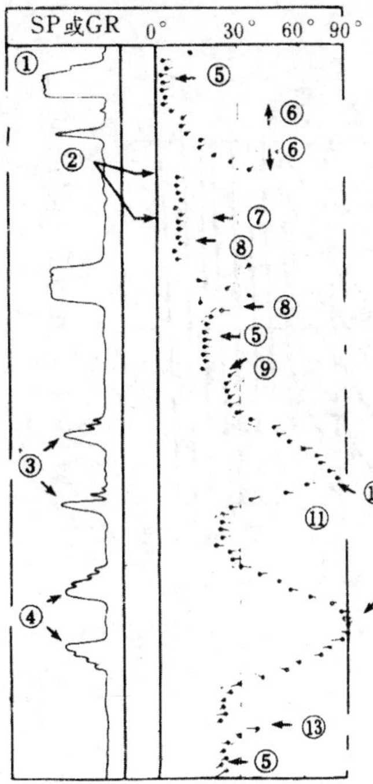

图 56.15A　地层缺失与重复

①—生长断层下降侧的倾角对着上升断块；晚成断层下降侧的倾角指向下降断块；②—缺失层（输入）；③—重复“正常产状”；④—“镜像”重复；⑤—构造倾角；⑥—>200：生长断层，50～200：或是生长断层或是晚成断层，<50：晚成断层或小的生长断层；⑦—中世纪断层，无变化；⑧—角度不整合；⑨—沉积后降起阶段结束；⑩—逆断层或冲断层；⑪—断层在倾斜方向上的倒转；⑫—反转断层；⑬—小间断或不整合

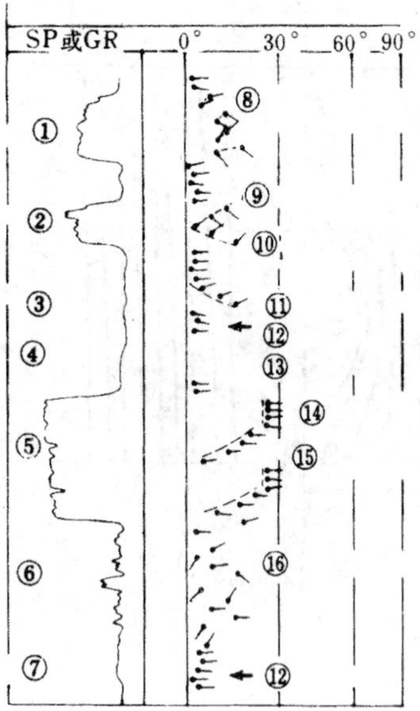

图 56.15B　地层解释：陆相环境

①—点砂坝（水流向东）；②—充砂河道；③—充有粘土层的河道；④—沼泽；⑤—风成的；⑥—洪积平原；⑦—上三角洲平原；⑧—兰模式，沿水流方向倾斜≤60°；⑨—兰模式，沿水流方向倾斜；⑩—红模式，倾角指向轴向并与走向垂直；⑪—红模式，倾角指向各道；⑫—构造倾角；⑬—盲区；⑭—位于兰模式上方的绿模式；⑮—倾角方向通常与主风流方向相同；⑯—“钉袋”形

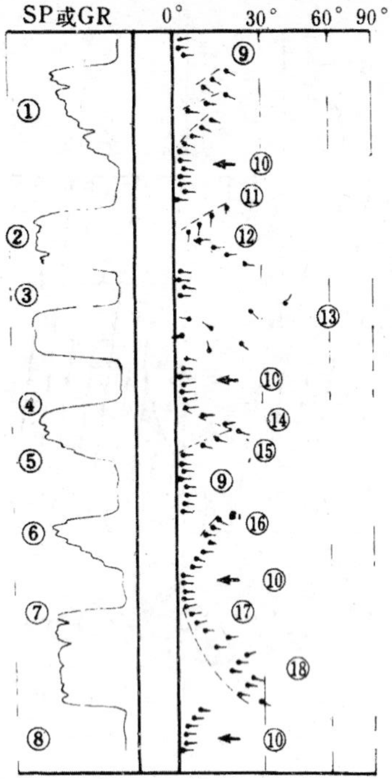

图 56.15C　地层解释：陆棚、三角洲为主

①—分流河口砂坝；②—分流河道；③—再造分流河道或河口砂坝；④—位于分流河口砂坝之上的冲刷水道；⑤—冲刷河道的延伸区域通常是有限的；⑥—决口扇；⑦—在砂岩沉积期间由于下伏淤泥的压实形成的类似于河道的砂岩；⑧—在其它环境下也会沉积这种砂岩；⑨—兰模式，倾角方向指示沉积物运移方向；⑩—构造倾角；⑪—兰模式，倾角方向指示水流方向；⑫—红模式，倾角指向轴向并垂直于河道的走向；⑬—不规则倾角；⑭—红与兰模式，倾角方向相同；⑮—红模式，倾角指向河道轴向；⑯—兰模式，倾角方向即为水流方向；⑰—红模式，倾角指向下凸砂层轴线并与其走向垂直；⑱—砂层以下的电阻率曲线会出现向下电阻率梯度降低现象

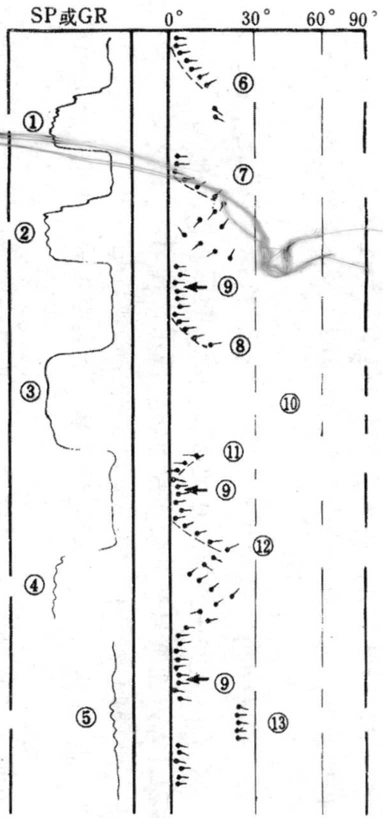

图 56.15D　地层解释：陆棚、潮波为主

①—破波点砂坝；②—滩脊；③—礁；④—蛹粒砂坝；⑤—海滩岩；⑥—红模式，倾角指向泥岩尖灭并垂直于砂坝的走向；⑦—红模式，倾角指向泥岩尖灭并垂直于滩脊的走向；⑧—红模式，倾角指向尖灭方向并与礁的走向垂直；⑨—构造倾角；⑩—礁内盲区；⑪—由压实产生的兰模式，倾角指向礁中心；⑫—红模式，倾角指向尖灭并与砂坝走向垂直；⑬—平行交错层，倾角指向海

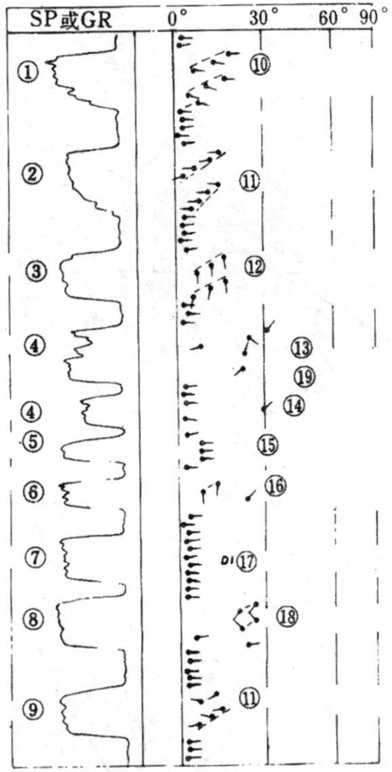

图 56.15E　地层解释：陆棚、潮波为主

①—退潮三角洲；②—洪积三角洲；③—沿岸流砂波；④—滨面砂；⑤—海滩砂；⑥—浪痕；⑦—滩肩脊砂；⑧—砂丘；⑨—滑落面砂；⑩—兰模式，倾角指向海（沉积期间）；⑪—兰模式，倾角指向陆地；⑫—兰模式，倾角指向海岸线（沉积期间）；⑬—不规则倾角；⑭—向海倾斜的低角度交错层；⑮—向海倾斜的平行交错层；⑯—兰模式，倾角指向海滩走向；⑰—倾角反映了构造倾角；⑱—花彩层状交错层理；⑲—盲区

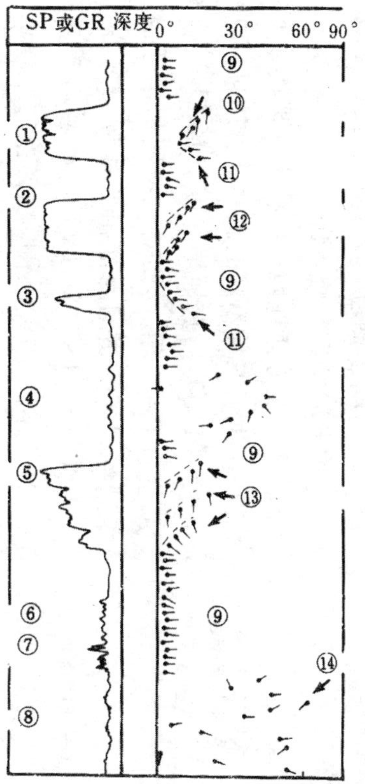

图 56.15F　陆棚斜坡与深海环境

①—海底补给水道；②—海底补给水道（靠近轴）；③—海底补给水道（靠近边缘）；④—岩屑流；⑤—海底陆源沉积扇（中间扇）；⑥—海底陆源沉积扇（外层扇）；⑦—寻找低阻产层的好位置；⑧—上部斜坡沉积；⑨—构造倾角；⑩—兰模式，说明沿河道向下流动的水流方向为南南西；⑪—红模式，倾角指向河道轴并与河道走向垂直；⑫—水流方向（南南西）；⑬—水流方向；⑭—沉积后的变形

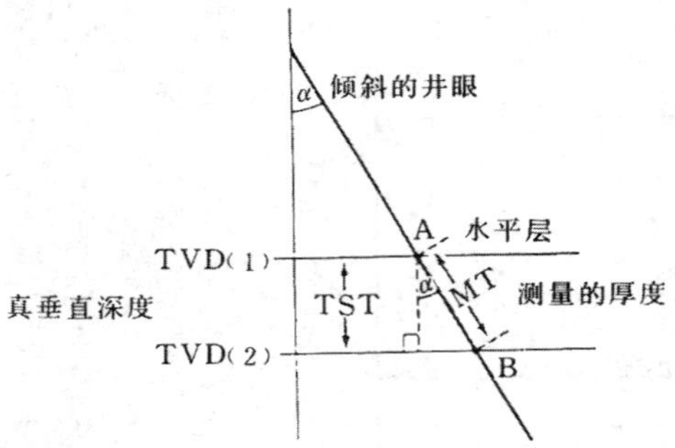

图 56.16　计算真垂直深度的原理图

了井间测井曲线对比的难度。同样，若井偏离垂直方向并且地层具有较大的倾角，那么视地层厚度不同于储层体积计算所需的真地层厚度，因此必须进行校正。

为了能方便地做这些校正，现代数据处理方法提供了三种不同的测井计算结果：真垂直深度（TVD）、真地层厚度（TST）与真垂直厚度（TVT）图。要对这些图作出适当解释需十分小心，并且可能相当困难。

TVD、TST 和 TVT 图的共同原理　图 56.16 到图 56.18 显示厚度转换的原理。不作任何改动重新绘制测井仪器记录的地层参数，但要改变其深度以便适应各自的目的。应将这些深度视为上覆地层厚度的总和。

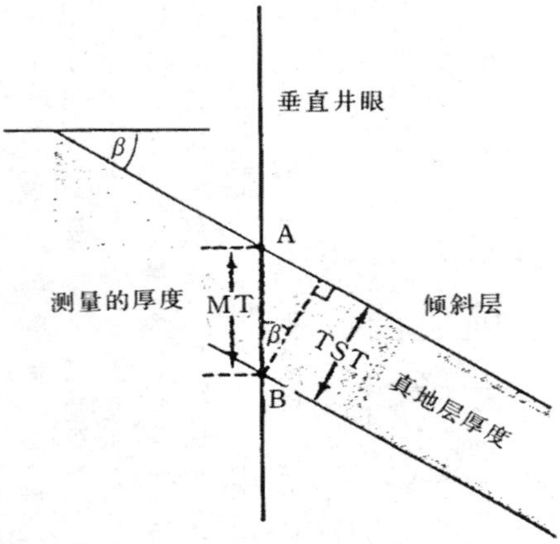

图 56.17　计算真地层厚度的原理图

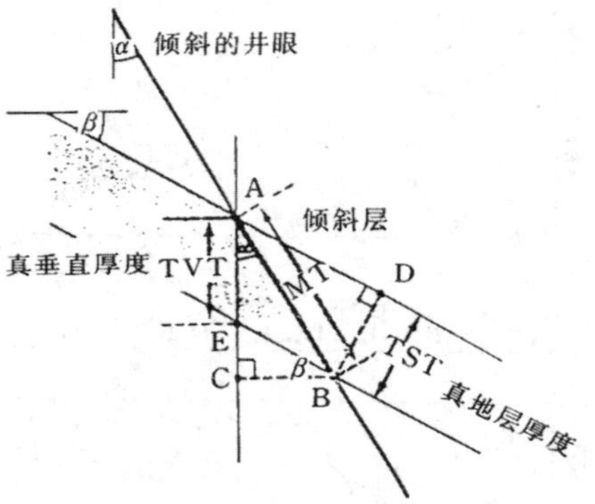

图 56.18　计算真垂直厚度原理图

有两种计算改动的深度的方法：①共地面点法，它假设井眼是从相同的地面点或地层顶部开钻的，但具有不同的路径。②共地下点法，它假设从实际井眼轨迹上的某一点（如地层顶部或地层倾角发生变化的那一点）所钻的井眼或是垂直的或是垂直于地层倾斜方向。在该共地下点处可以任意地重新设置深度。在这种方法中，将深度设置为零，这样只表示从共点向下计算的厚度。

(1) TVD 图。该图忽略了地层倾角，只对井斜角进行校正。这样，假设地层倾角为零，那么它将地层表示为好像是在垂直井中一样。在地层倾角较小的定向钻井地区，可将这种图用于井间对比及储层体积计算。通常只在共地面点方法中使用这种图。

(2) TST 图。该图考虑了地层倾角，并需要知道真实的井眼轨迹是否垂直。它将地层表示为好像井垂直钻过地层。若倾角发生变化，则假设它是一个大小相等、倾斜方向相反的变化。

若只有一个倾角，那么该图表示的测井曲线是在假设所钻的井在同一位置上垂直于那个倾角方向时获得的。若倾角多了一个，则这种解释将变得更复杂。在每一倾角变化处，有些地层在柱状图上必定会或者消失，或者变薄，或者变厚，甚或自身重复。

(3) TVT 图。该图与 TST 密切相关，因而同时考虑小井斜与地层倾角。它显示地层厚度就像井垂直穿过倾斜层所形成的厚度。显然，在垂直井中的 TVT 将会与原始测井曲线一样。TVT 可用于根据倾斜井中的测井曲线计算储层体积。

(4) 特殊情况的简化。假设井是垂直的，且地层是水平的，那么，所有这三种变换后的测井曲线都会与原始曲线相同，这种处理就是浪费计算机时间。若井是倾斜的，地层是水平的，那么 TST 和 TVT 与 TVD 相同，只用 TVD 图就足够了。若井是垂直的，地层是倾斜的，则用 TVD 与 TVT 图会浪费计算机时间，但 TST 图对井间对比可能很有用。若所钻的井垂直于地层倾角方向（在坚硬岩石中常常是这种情况），用 TST 会浪费计算机时间，需要用 TVT 进行储层参数计算。若倾斜明显，可能要用 TVD 图。

(5) 算法。在所发表的文献中全面地概括了用于计算 TVD、TST 和 TVT 的算法[14]。应谨慎地用计算机来进行这些运算，许多程序语言在角度超过 90° 的三角函数的处理上是不同的。另外还要小心对待精度问题。处理深度数据时，要重复地累加深度增量，在一口普通的井中要进行多达 10^4 或更多次加法。这样每个增量的精度必须至少为 $1/10^6$ 或更高。根据所用的计算机（16 位、32 位等），这些算法的程序应要求适当的精度。

总之，所有三种图形的功能都很有价值。但若使用时不够小心，尤其是在计算绝对深度时，所有这三种图形法都会导致错误结果。

1) 若地层具有明显的倾角，那么 TVD 方法算出的地层厚度与绝对深度都不正确。

2) TST 始终能给出正确的地层厚度。应在共地下点方法中使用这种图形。若存在多次倾角变化，则应在每一倾角变化处重新设置地下点并绘制独立的通过每一倾斜段的图形。若程序许可，可自动重新设置地下点。否则靠手工来完成这一工作。

3) TVD 可能给出比测量厚度大的视厚度。当地层在其垂直范围内被不整合或断层截断时，这种厚度可能是假的。对每一倾角变化，应象 TST 一样，用其地下点法对不同的层段分别使用 TVT 图。

五、井 径 测 量

1. 前言

井径测井测量井眼的直径。开发的第一批井径测井是为了确定硝化甘油爆炸处理后井眼的直径。这些早期的测井曲线表明井眼尺寸变化较大，即便在未被炸过的层段也是如此。这说明需要有整个井眼的井径测井曲线。

2. 记录方法

目前在用的井径仪有几种。一种由三或四个弹簧驱动臂组成，臂与井壁接触。将仪器下到总深度（TD）处，靠机械或电动方法将臂打开。推动臂的弹簧张力使仪器在井内居中。随着井径的变化，臂可张大或收小。臂的这种运动被传递到一个变阻器上，电路电阻的变化正比于井径。在地面靠测量该电阻上的电压降来记录井径。

另一种仪器使用三个柔软的弹簧，弹簧与井壁接触。弹簧被连到一个柱塞上，弹簧随井径的变化而张开或收缩，柱塞则上下移动。柱塞穿过两个线圈，当交流电通过一个线圈时，在另一线圈上产生一个电动势（EMF）。产生电动势的大小是柱塞位置的函数，并正比于井径。可调节上面两种仪器中的任何一种，使它们记录井眼面积而不是井径。若用井径测井确定井眼体积，则应以线性刻度记录面积。若用井径测井确定井眼形状，则应以线性刻度记录井径。

第三种是微井径仪，这种井径仪与微电测井仪一起讨论。这种仪器应用两个极板而不是臂或柔性弹簧。利用极板的运动确定井径，靠弹簧使极板贴靠井壁。

3. 典型的井眼几何形状

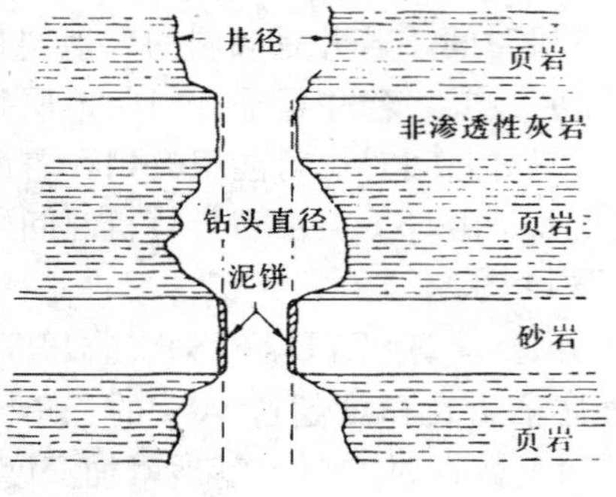

图 56.19　典型的井眼

图 56.19 为典型的井眼示意图。如图所示，有些地层严重垮塌，造成井眼扩大。其它地层未垮塌，由于泥饼的存在，实际上井眼尺寸有可能小于钻头尺寸。尽管图 56.19 中未予说明，但有些地层可能膨胀，造成井眼尺寸减小。

地层垮塌的主要原因是钻井液的作用；钻头及钻杆的作用也有影响。大部分钻井泥浆主要由水组成，水对页岩的化学作用（页岩水化）造成页岩破裂并脱落到井中。这种脱落的多少及速率取决于泥浆及页岩的性质。其它页岩（膨胀页岩）膨胀而不破裂。

若用淡水泥浆钻一个盐岩层，盐将被溶解直至泥浆达到盐饱和为止。钻井液并不与石灰岩、白云岩及砂岩这类地层发生作用。然而，若地层是渗透性的，将会形成泥饼，如图 56.19 所示。泥饼快速形成。泥饼的特征（密度与厚度）随钻井所用泥浆而变化。当然，泥饼的厚度受循环期间钻井液冲蚀的限制。

在某些地区，用水钻上部井段。若遇到弱胶结砂岩，砂岩有可能垮塌。

钻头的作用可能并不太重要。但若薄砂层被已垮塌的页岩层所包围，则在起下钻期间钻头有可能敲掉部分砂岩台肩。

钻杆对井壁的作用即使在砂岩及石灰岩地层中也会造成某种井眼扩大。通常，这种扩大并非大得足以能明显地影响井眼体积，但这有可能造成钻杆的压差卡钻，而不得不进行打捞作业。钻杆对地层的磨损会使井眼变成非圆柱形的，在这种情况下，四臂井径会显示井眼的长轴与短轴。

4. 井径测井曲线的解释与应用

常按 1 英寸等于 100 英尺到 5 英寸等于 100 英尺的垂直刻度记录井径曲线。而水平刻度要选择得能显示井径的详细图形，通常为 1 英寸等于 4 英寸。由于刻度的差别，很容易从井径曲线上得出产生了大量洞穴的印象。而当以相同的水平与垂直刻度绘图时，显然，正常井眼相当规则。当使用井径曲线时应记住这一点。

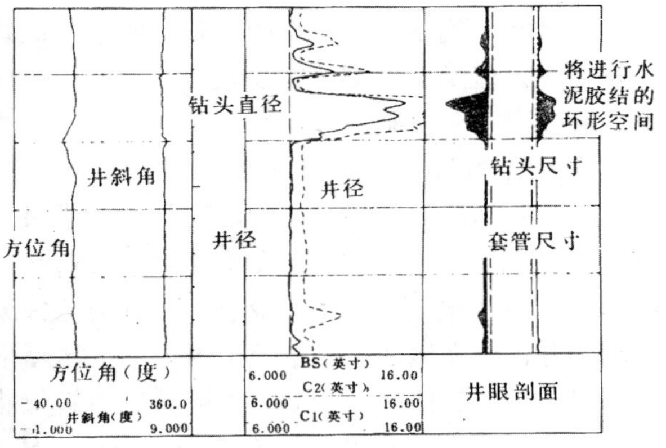

图 56.20　井眼几何形状曲线

井径曲线的主要应用有：①计算井眼体积以确定为充填一段井眼所需要的水泥量；②精确地确定井径，用于其它测井资料解释;③通过了解泥饼的存在确定渗透层位。井径曲线的其它应用包括确定套管扶正器及封隔器的坐封位置，以便进行裸眼井中途测试。

井径曲线也可与井斜与方位测量一起使用。在这种情况下，曲线被用作井眼几何形状指示曲线。

图 56.20 是使用标准三道显示的井眼几何曲线实例。第一道显示井眼方向，两条独立正交的井径读数用标准刻度记录在第二道上。第三道也有井径曲线，但其灵敏度有所下降。井径曲线与钻头尺寸间的阴影使得这种可见显示得到加强。这种可见显示与钻头尺寸及将下套管的尺寸结合在一起，可以一目了然地得出一个井眼形状的清晰印象。在深度道内，沿第一道的边缘记录有总的井眼体积，在第二道的边缘显示有水泥体积（总井眼体积与将下套管体积之差)。

六、套管监测测井

1. 前言

完井管柱机械状态的监测是生产测井的一个重要方面。许多生产（或注入）问题可追溯到完井管柱的机械损伤或腐蚀。有许多套管监测方法可以利用，包括:①多臂井径测井资料,②电位测井资料,③电磁监测仪器,④井下电视。在所有这些方法中，多数测量已发生腐蚀的范围。只有电位测井可指示正在发生腐蚀的位置。除井径测井外，所有仪器都要求在测量前起出油管。由于大多数仪器设计用于监测套管而不是油管，所有仪器都是大直径的。

2. 用于油管与套管监测的井径测井

可用不同排列的井径仪机械装置测量套管或油管柱的内部形状。图 56.21 显示了三种仪器。表 56.3 列出了各种可用的尺寸、各自探测器的数目及适用的套管尺寸。

表 56.3　油管与套管剖面井径仪

油管剖面井径仪的尺寸

仪器直径 (英寸)	探测器数	外径 (英寸)
1 1/2	20	2
1 1/2	20	2 1/16
1 3/4	26	2 3/8
2 3/16	32	2 7/8
2 11/16	44	3 1/2
3 1/32	44	4

套管剖面井径仪

仪器直径 (英寸)	探测器数	外径 (英寸)
3 3/8	40	4 1/2～6
5 3/8	64	6 5/8～7 5/8
7 1/4	64	8 5/8～9

续表

仪器直径 (英寸)	探测器数	外径 (英寸)
7 3/4	64	9 5/8
8 1/4	64	10 3/4
9 9/16	64	11 3/4
11 5/16	64	13 3/8
13 5/8	64	16
17 5/8	64	20

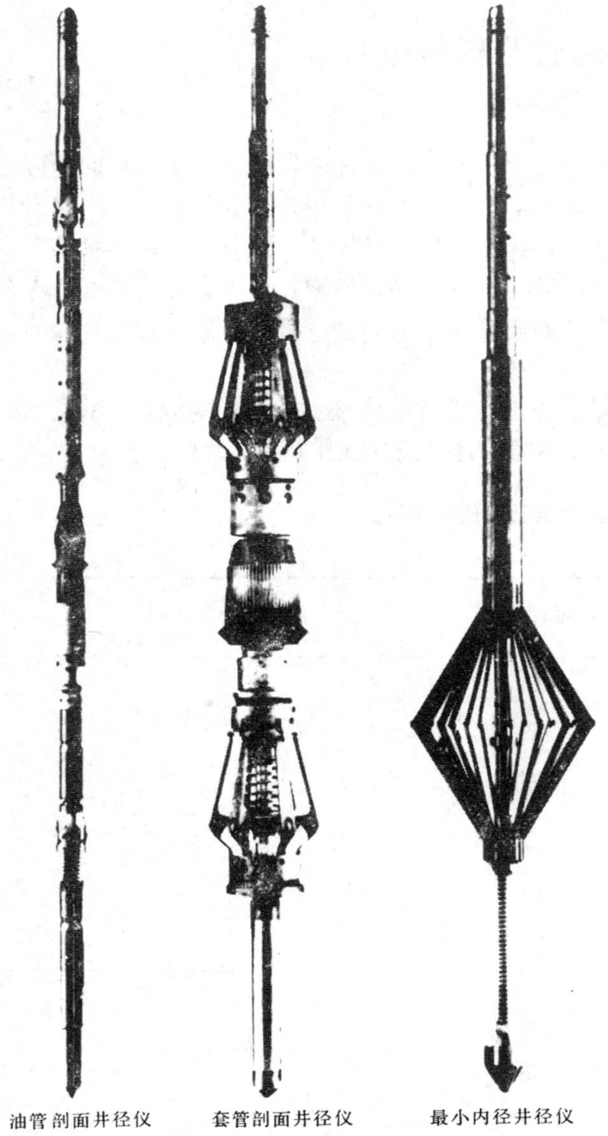

图 56.21　套管与油管剖面井径仪

油管剖面井径仪　油管剖面井径仪能确定磨损与腐蚀的范围，并探测油管柱上的孔洞—所有这些都在一次下井过程中完成。每种尺寸井径仪上的多个探测器可确保能探测到油管壁上非常小的不规则性。

在抽油井中，可由一个人来完成油管井径测量，不需要起油管作业队在场。可以编制一个“起管单”，显示井中每节油管管壁缺失的最大百分比。在起出油管之前，可提供一个重新排列油管柱的程序。通过把局部损伤的油管排在靠近地面的井段，并弃掉薄壁油管，可大大延长油管柱的有效寿命，并减少抽油井中起油管的费用。在自喷或气举井中，使用油管剖面井径仪是一种经济方法，可用来定期检测油管的腐蚀损坏情况，监测加防腐剂的有效性，或在修井时检测和起出各节损坏的油管。

裂缝探测器　它是一种可与油管剖面井径仪组合应用的辅助性仪器。这种仪器的功能非常类似于磁接箍探测器，设计用来探测并测量油管上剖面仪难以定位的垂直裂缝或极细的裂纹。在实际应用中，裂缝探测器用于沿油管下测，而剖面井径仪用于沿油管上测。这可以在一次下井过程中全面监测油管壁厚与裂缝。

套管剖面井径仪　套管剖面井径

仪可用于测量外径为 4 $^1/_2$ 到 20 英寸的套管。在通过套管柱进行了长时间钻井作业的井中，这种仪器尤为有用。当确定是否能安全地悬挂衬管，或是否需要整套生产套管柱时，套管磨损情况的确定非常重要。在生产井中，套管剖面井径仪能确定需要修补作业的蚀洞或腐蚀井段。当废弃油井时，这种仪器也很有价值，由于它能在将套管起出之前确定其质量。

套管最小内径井径仪　最小内径井径仪能通过并精确地测量标称内径达 13 $^3/_8$ 英寸套管内的小至 3 $^1/_8$ 英寸的限制。在确定挤扁或变形套管的位置，识别套管重量变化井段、或探测套管断开位置时，该测井方法尤其有用。

图 56.22 给出了这些测井实例。

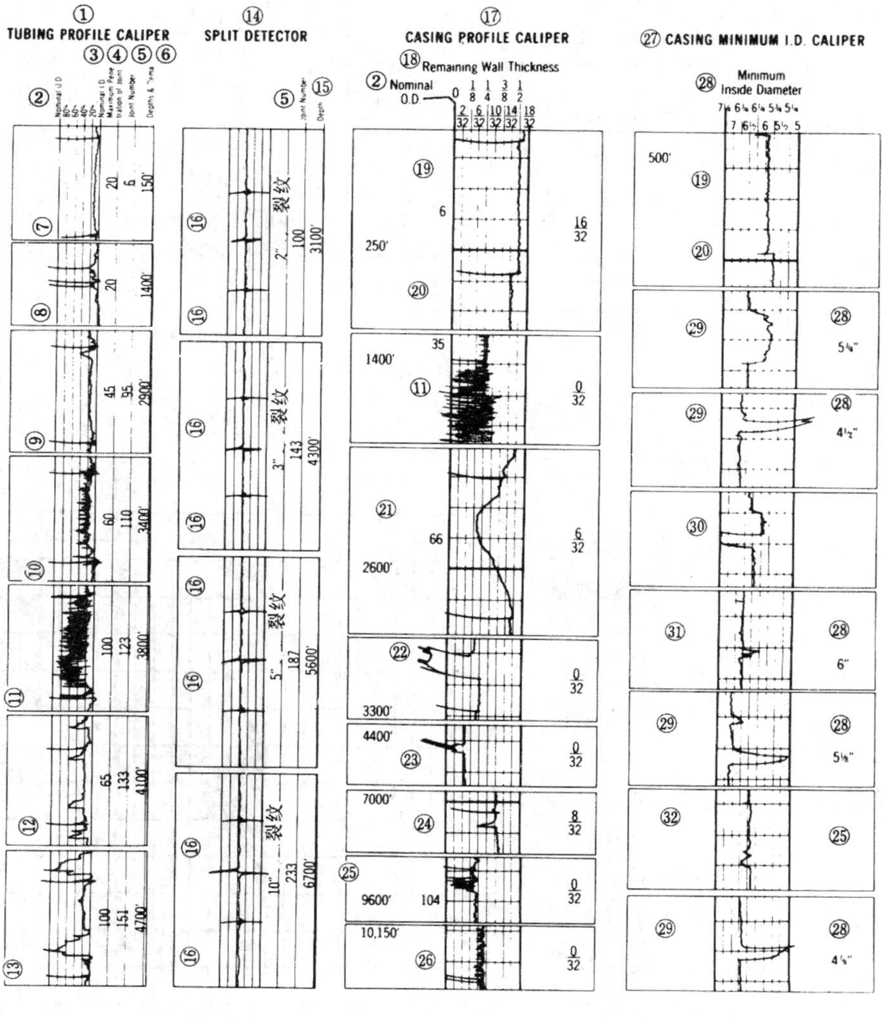

图 56.22　油管与套管剖面测井

①—油管剖面井径仪；②—标称外径；③—标称内径；④—接头的最大贯入深度；⑤—油管序号；⑥—深度与附注；7—正常的油管；⑧—气举阀；⑨—事故损伤；⑩—中等蚀痕；⑪—孔洞与严重蚀痕；⑫—抽油杆擦伤；⑬—在底部深擦伤处管裂；⑭—裂缝探测器；⑮—深度；⑯—接箍；⑰—套管剖面井径仪；⑱—剩余管壁厚度；⑲—正常的套管；⑳—套管重量变化；㉑—钻杆磨损；㉒—套管破裂；㉓—套管断开；㉔—事故损伤；㉕—射孔段；㉖—割缝衬管上割缝被扩大；㉗—套管最小内径井径仪；㉘—最小内径；㉙—套管挤扁；㉚—在接箍处套管断开；㉛—套管限制；㉜—射孔内径扩大

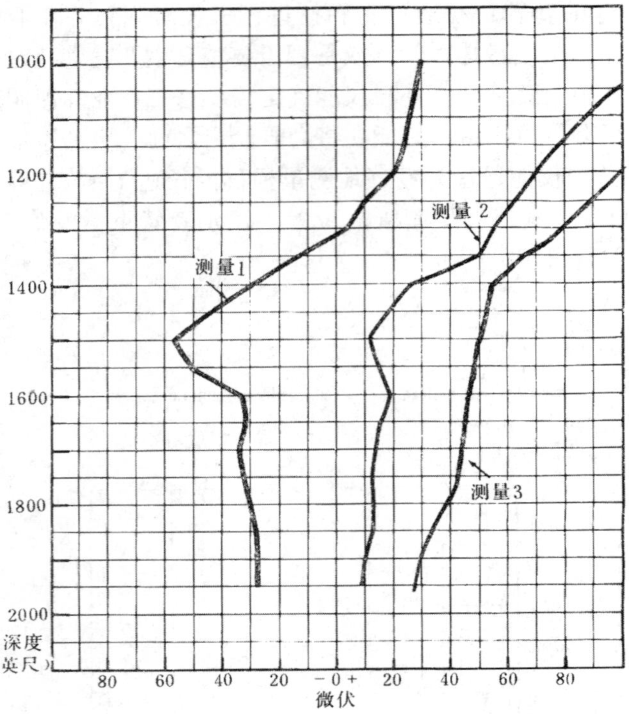

图 56.23 套管电位剖面

3. 电位测井

电位测井确定流入或流出套管的电化学电流。这不仅能指示正发生腐蚀的位置及失铁量，而且能指示阴极保护的有效部位。根据按固定间隔在整个套管柱上所做的电位测量，可用数学方法导出套管内外电流的大小与方向。为了从这种测量中得到可靠的结果，井眼流体必须为电绝缘体（即井中必须是空的或充有油或气）。泥浆或水溶液会提供“短路”，从而使测量无效。曲线本身是探测到的小化学电位对深度的记录。图 56.23 示出了三种不同的测量记录。每次测量时加到套管上的阴极保护的程度不同。

图 56.24 与图 56.25 给出了有与无阴极保护时测得的套管电位剖面测井资料的解释。注意，在图 56.25 中应用了适当的阴极保护措施后，金属损失量已减少到零。

4.电磁仪器

最常用的套管腐蚀监测仪器是电磁型的。它又分为两种：一种是测量套管剩余金属厚度[15]；另一种是探测套管内壁或外壁的缺陷[16]。尽管通常一起使用这两种仪器，但这里将分别讨论这些仪器。

电磁厚度仪器　有各种商标（如 Schlumberger 公司的 ETT，Dresser 公司的磁测井，与 McCullough 公司的电子套管井径测井）的电磁厚度仪器可以使用。它们的工作方式类似于裸眼井中的感应仪器。每种仪器由一个发射线圈与一个接收线圈组成。由发射线圈发送交流电，产生一个交变磁场，磁场与套管和接收线圈相互作用（见图 56.26）。线圈距约是套管直径的三倍，以确保接收线圈探测到的磁力线是那些通过套管的磁力线。

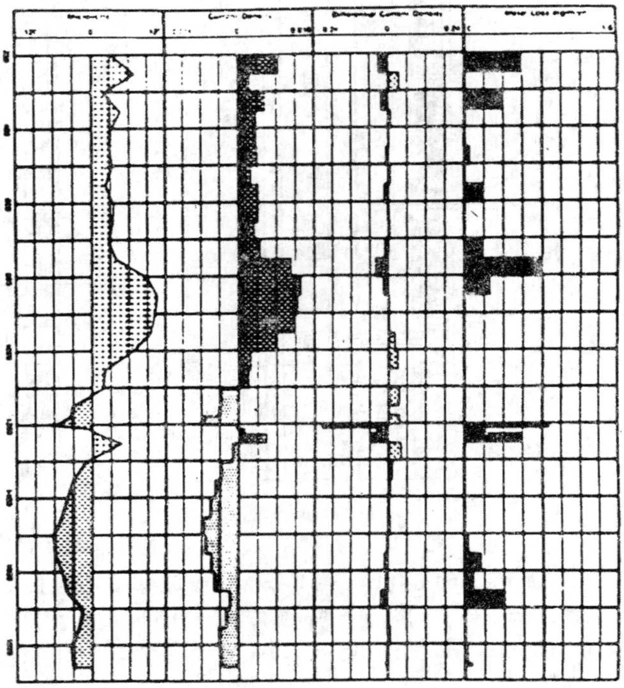

图 56.24 套管电位剖面分析——无阴极保护

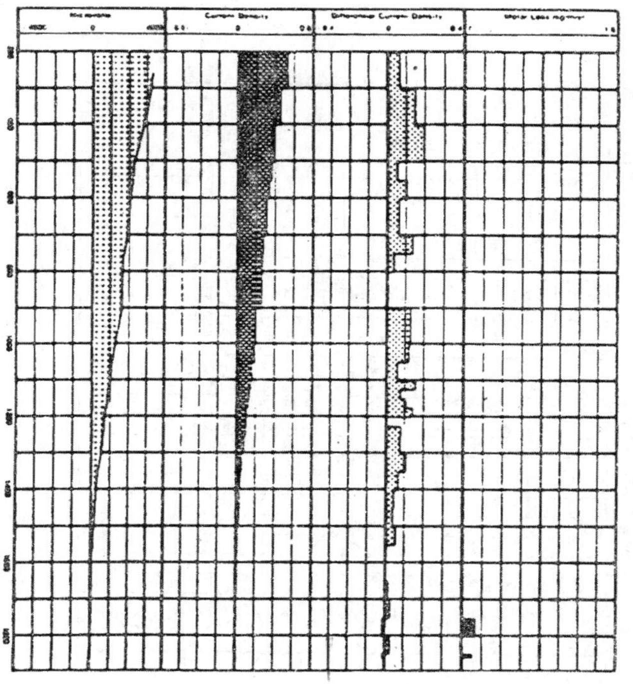

图 56.25　套管电位剖面——有阴极保护

在接收线圈中感生的信号与发射信号的相位不同。通常，该相位差受套管壁厚度的控制。因此，原始测量值是以度表示的相位滞后，而测井曲线是以度来刻度。图 56.27 显示严重腐蚀套管中的 ETT 测井图。注意，厚度增加对应于相位角的增加，反之亦然。这种测井的某些显示给出用实际管子的厚度重新刻度的测井曲线。这要求操作者按井中套管的类型给出一些刻度读数。常常可以在相邻管段间观察到相当大的厚度差，这可能是由多种变量造成的，如套管接头内径，每英尺的重量，所用钢材的相对磁导率等。

由于磁力线垂直通过套管壁，所以 ETT 型仪器善于寻找管子上的垂直裂缝。但它不能很好地确定水平的环形异常。

涡流与磁通量泄漏测量仪器（套管分析测井）　另一种密切相关的测量应用一种略微不同的方法，并构成了套管分析测井（PAL）的基础[16]。在套管分析仪器中对以下两种电磁测量比较感兴趣，即磁通量泄漏及涡流失真测量[17]。

(1) 磁通量泄漏测量。若将磁铁的两极放在钢板附近，磁通量则会穿过钢板（图 56.28）。只要钢板无裂纹，磁力线就会平行于其表面。然而，在金属表面或其内部有洞穴存在的地方，均匀的磁通分布方式将会失真。在异常处磁力线会离开金属表面，这就是磁通量泄漏效应。磁通失真的程度与缺损的大小有关。若使线圈以恒定的速度沿磁通方向平行于金属板移动，那么当线圈通过磁通量泄漏的地方时，在线圈中将感生电压，异常越大，通量泄漏越多，因此电压也越大，不论洞穴的位置如何，在金属板的两面都会发生磁通量失真现象。因此只需使线圈沿金属板的一个表面移动，就会全面地测量金属板的缺损情况。由于线圈必须通过通量变化处才能产生电压，因此当它平行移过未受损坏钢板的表面时，没有信号产生。

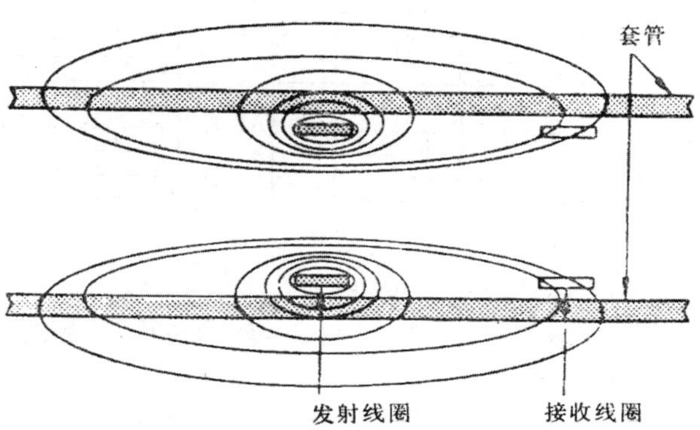

图 56.26　电磁厚度仪器

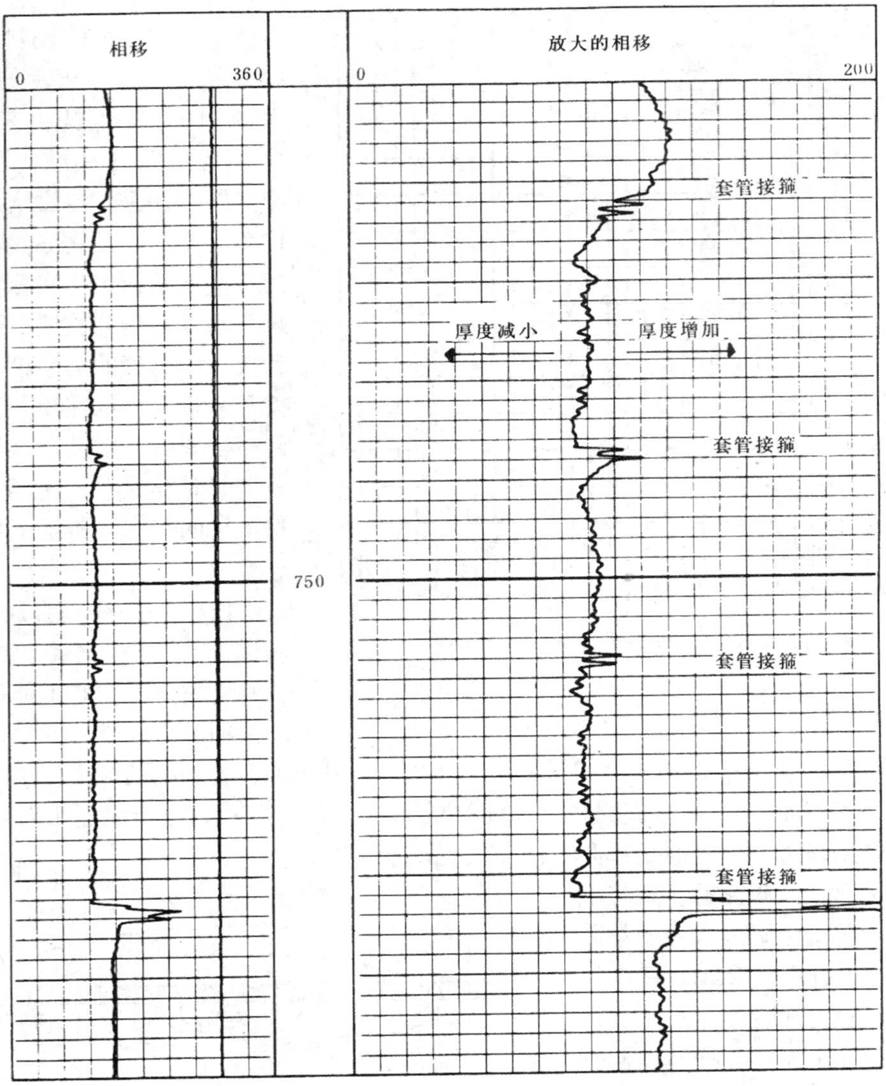

图 56.27　电磁厚度测井

涡流　当较高频率的交流电流过钢板附近的线圈时，产生的磁场会在钢板内感生出涡流(图 56.29)。这些涡流又产生一试图抵消原始磁场的磁场，总磁场是这两个磁场的矢量和。在位于磁场中的探测（接收）线圈内会产生一测量电压。在频率相当高时，涡流的产生是一种近表面效应。因此，若线圈附近的钢板表面受到损坏，涡流的幅度会降低，结果总磁场得到增强。这将使探测线圈中的电压发生变化。在远离线圈的表面上钢板内的裂纹将探测不到，钢板内的洞穴也不会影响涡流，这取决于它离表面的距离。

仪器原理　测量探头由一个两端带有电磁铁极片的铁心及 12 个在极片间排成两组的探

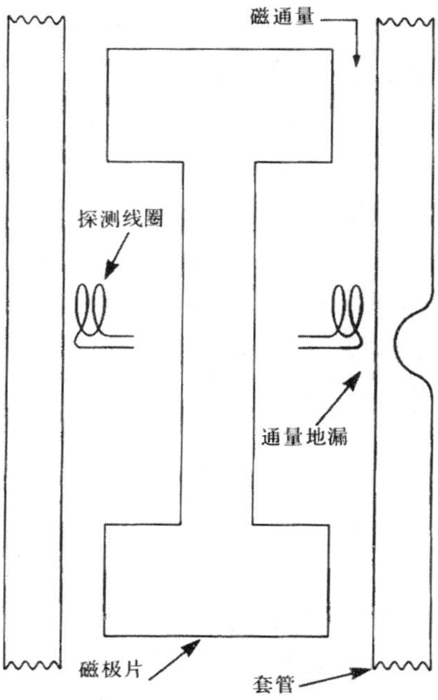

图 56.28　磁通量泄漏原理

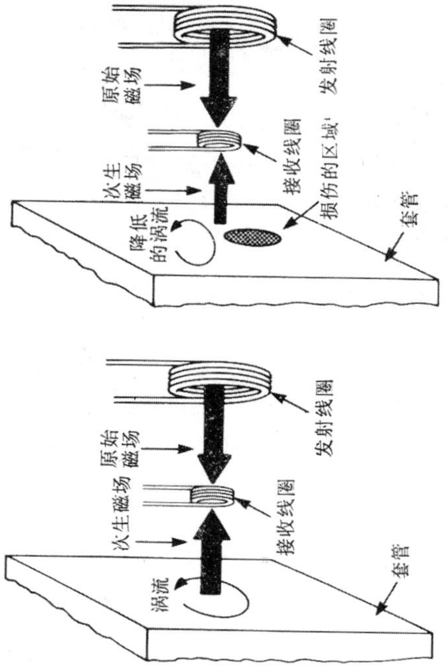

图 56.29　涡流测量原理

测器极板组成（图 56.30）。两级极板在径向上相互错开，以确保能覆盖套管的整个内表面。每个极板含有一个发射线圈（测量涡流用）及两个缠绕方向相反的探测线圈（用于测量通量泄漏及涡流）。由于两个探测线圈缠绕方向相反，因而对于这两种测量，只要不存在异常，电压就为零，但当这两个线圈下面套管的质量不同时，将会有信号产生。对这两种测量可以使用相同的探测线圈，是因为包含两个不同的频率。涡流测量使用 2 千赫兹的频率，探测深度约为 1 毫米。将探测极板装在弹簧上，保持它们与套管接触，并使探测仪器居中。有各种尺寸的极片可供利用，可根据套管内径选择极片大小，以便优化测量通量泄漏的信号强度。

每一组极板进行六次通量泄漏与涡流失真测量，把其中最大的信号传送到地面设备。记录来自两组极板的四个信号即涡流与通量泄漏数据。

通量泄漏数据符合套管内任何地方的异常，而涡流失真仅在套管内壁产生。测量的标准显示如图 56.31 所示，这两组极板的数据显示在第二和第三道。第一道给出了增强后的数据，使异常更明显。

解释　这些测量通常只适用于定性解释。这是由于在探测线圈中产生的电压不仅与套管上裂纹的尺寸有关，而且还与套管的磁导率、测井速度及缺损的突变性有关。因此，这种测量主要用于确定套管上较小缺损的存在，如蚀痕与孔眼。不可能探测到如壁厚逐渐减小这样的缺损现象。为了完整地描述套管的状态，还应使用电磁测厚仪来测量套管壁厚度，因为套管分析仪在不存在套管及套管完好（除接箍处外）这两种极端情况下都将给出零信号。

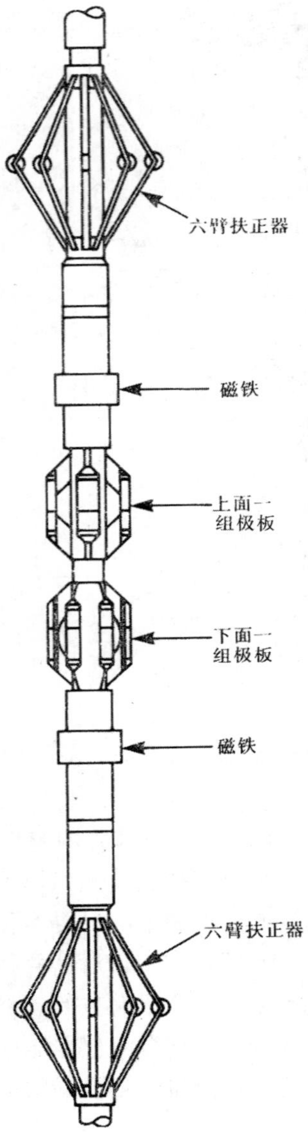

图 56.30　套管分析仪

记录两组数据，一组受出现在套管任何地方的缺损的影响，另一组则受出现在内表面上的缺损的影响。因此，在假设套管内部无缺损的情况下，通过检查测井曲线可以判断是内壁还是外壁受到损坏。虽然在缺损处套管两侧的磁通量均向外突出，但裂痕一侧的突出更严重，因此对于通量泄漏测量来讲，在内表面上可以探测到比外表面上更小的缺损。由于两组极板是交互排列的，因而可以测量套管的整个内表面。但存在一个与套管直径有关的缺损尺寸，在小于该尺寸时，只有一组极板能探测到裂纹，在大于该尺寸时，两组极板均能探测到裂纹。

涡流测量不可能探测到直径小于约 0.39 英寸的裂纹，而通量泄漏测量的极限更小（0.25 英寸）。这意味着，若存在直径小于 3／8 英寸的异常，则无法确定它是在内表面上还是在外表面上。如果在涡流测量上观察到偏移，而在通量测量上无偏移，则假设内壁上的缺损深度小于 1 毫米，也常可以忽略。此外，在通量泄漏测量读数上还可观察到并非由套管损坏引起的，而是由套管上存在的局部磁化作用造成的异常。这就是为什么在新套管中要进行套管分析仪参考测量的一个原因，这样就可以用时间推移方法确定套管损坏情况。

图 56.32 中的实例包含有几个射孔段（798～805 米、807～819 米及 821～830 米），并清楚地显示了损坏和未损坏的套管。通过射孔段时，通量泄漏测量（整个套管管壁）有明显的响应，而涡流曲线响应较小。这很可能是由于孔眼直径相当接近涡流测量的探测极限。在上面的层段仪器响应更低，说明在套管两侧存在一定程度的腐蚀，但很可能不太严重。在所有曲线上较大的偏移是由套管接箍造成的。

5. 套管接箍定位测井

接箍定位器用于确定套管接箍位置，通常与另一种套管服务项目（如核测井或射孔枪）一起使用。也许它的最常见的应用是精确地确定射孔点。为此，在下套管之后接箍定位器与核测井（自然伽马或中子测井）一起测量。这种测量可精确地确定核测井曲线上套管接箍的位置。通过对比核测井曲线与裸眼井测井曲线，可以精确地确定套管接箍在裸眼井测井曲线上的位置。然后将接箍定位器与射孔枪一起下井。确定靠近要射孔的井段的接箍位置，用套管接箍作为参考点进行目的层射孔作业。用接箍定位器所确定的射孔段与目的层的偏差可能只有几英寸。

目前使用的接箍定位器有多种。其中某些接箍定位器灵敏，足以测量套管中老射孔段的位置。接箍定位器还可用于确定裸眼井中套管鞋的位置。

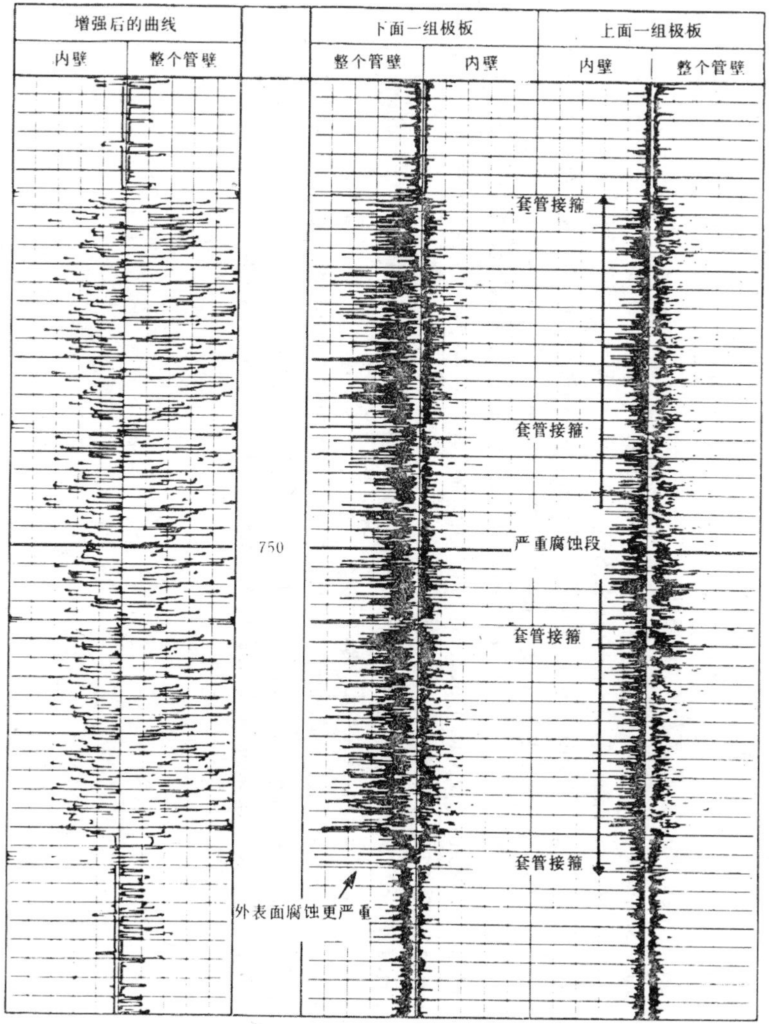

图 56.31　严重腐蚀套管的套管分析测井

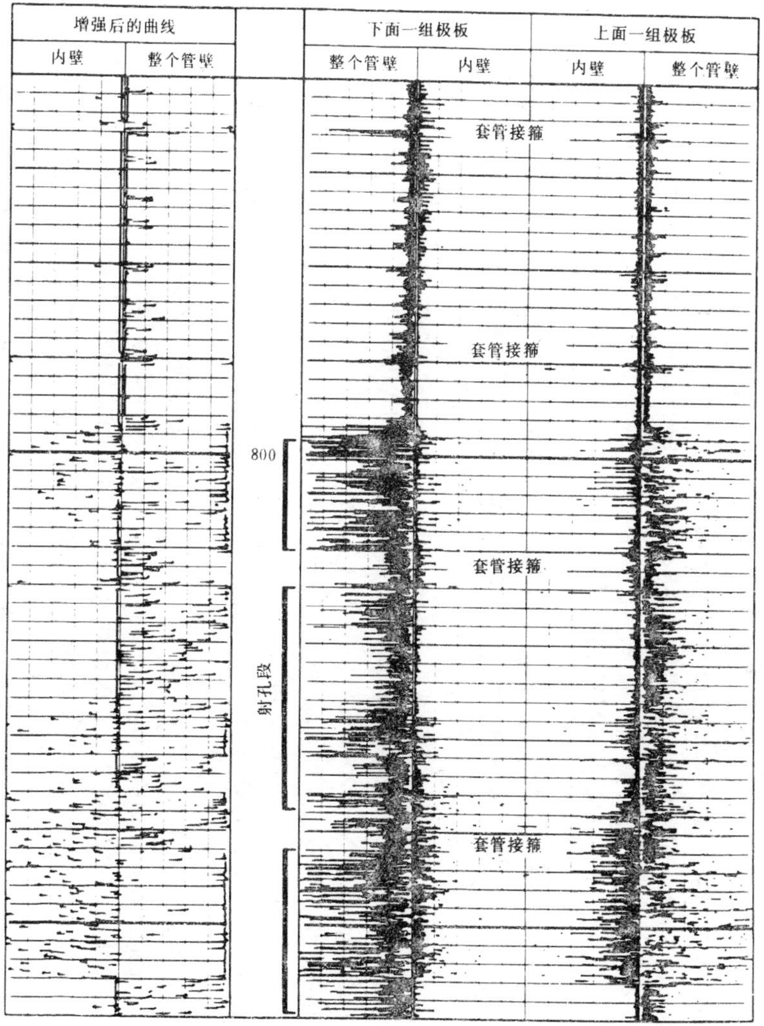

图 56.32　一段射孔套管的钻杆分析测井

参 考 文 献

1.Kamp, A.W.: "Downhole Telemetry From the User's Point of View," *J. Pet. Tech.*(Oct. 1983) 1792–96.

2.Grosso, D. S., Raynal, J.C., and Radar, D.: "Report on MWD Experimental Downhole Sensors," *J. Pet. Tech.* (May 1983)899–904.

3." Measurements While Drilling (M.W.D.) Technical Specifications," Schlumberger Well Services, Houston.

4.Hodgson, H. and Vernado, S.G.: " Computerized Well Planning for Directional Wells," paper SPE 12071 presented at the 1983 SPE Annual Technical Conference and Exhibition, San Francisco, Oct. 3–6.

5.Scott, A. C. and Wright, J.W.: " A New Generation Directional Survey System Using Continuous Gyrocompassing Techniques," paper SPE 11169 presented at the 1982 SPE Annual Technical Conference and Exhibition, New Orleans, Sept. 29–Oct.2.

6.Walstrom, J.E., Harvey, R.P., and Eddy, H.D.: "A Comparison of Various Directional Survey Methods and an Approach to Model Error Analysis," *J. Pet. Tech.* (Aug. 1972)935–43.

7."Dipmeter Interpretation–Volume I–Fundamentals," Schlumberger Ltd., New York City (1981) 8, 10, 53.

8.Bateman, R.M. and Konen, C.E.: "The Log Analyst and the Programmable Pocket Calculator–Part III–Dipmeter Computation," *The Log Analyst* (Jan.–Feb. 1978)**19,** No.1,3–11.

9.Bateman, R.M. and Hepp, V.R.: " Application of True Vertical Depth, True Stratigraphic Thickness and True Vertical Thickness Log Displays," paper presented at the 1981 SPWLA Annual Logging Symposium.

10.Pennbaker, P.E.: "Vertical Net Sandstone Determination for Isopach Mapping of Hydrocarbon Reservoirs," *Bull.*, AAPG (Aug. 1972) **53,**No.8, 1520–29.

11.Hepp, V.R.: " Vertical Net Sandstone Determination for Isopach Mapping of Hydrocarbon Reservoirs–Discussion," *Bull.*, AAPG (1973) **57,**1784–87.

12.Holt, O.R., Schoonovers, L.G., and Wichmann, P.A.: "True Vertical Depth, True Vertical Thickness, and True Stratigraphic Thickness Logs," *Trans.*, SPWLA Logging Symposium (1977) paper Y.

13.Peveraro, R.: " Vertical Depth Correction Methods for Deviation Survey and Well Log Interpretation," *Trans.*, SPWLA European Symposium, London (1979) paper P.

14.Bateman, R.M. and Konen, C.E.: "The Log Analyst and the Programmable Pocket Calculator–Part VI–Finding True Stratigraphic Thickness and True Vertical Thickness of Dipping Beds Cut by Directional Wells," *The Log Analyst* (March–April 1979).

15.Cuthbert, J.F. and Johnson, W.M.Jr.,"New Casing Inspection Log,"paper SPE 5090 presented at the 1974 SPE Annual Meeting, Houston, Oct.6–9.

16.Illiyan, I.S., Cotton, W.J.Jr., and Brown, G.A.: "Test Results of a Corrosion Logging Technique Using Electromagnetic Thickness and Pipe Analysis Logging Tools," *J. Pet. Tech.* (April 1983) 801–08.

17."Well Evaluation Development–Continental Europe," Schlumberger Ltd., New York City(1982).

第五十七章　石油和天然气租约

Joe B.Clarke Jr.，Vermilion Oil and Gas Corp.[1]　　于福忠　译

一、土地所有者的权益

1.财产

一切财产可分为两类：不动产和动产。土地和附属于土地的财产是不动产；除了不动产外，各种财产都是动产。地下原始蕴藏的石油和天然气是土地的一部分，因而是不动产。若把石油和天然气采出地表，使其转化为另一种形式的财产，它们就变为动产。

财产所有权是占有和使用财产的权利，它具有排他性。不具所有权的土地是不存在的。谁是合法的所有者，有时可能不易确定，但所有权是存在的。土地所有者的权利范围可能不尽相同。绝对所有权（absolute ownership）是一种高级形式的所有权，他方不得介入。绝对所有者在大多数情况下指的是世袭所有者（fee owner），而绝对所有权就是世袭所有权。另一种所有权是互约所有权（qualified ownership），这是一种与地方平等共享的所有权。例如，双方共同拥有一片土地，双方中的任何一方都有享用这片土地的一定权利，但每一方的权利都受另一方权利的制约。此外，还有一种有限所有权（limited ownership）。这是一种限制用途的所有权。例如，世袭所有者把土地出租一年，供他方放牧使用，于是就提供了有限所有权。

绝对所有者（即世袭所有者）有占有权，即对一宗财产的实际占有。但是，有时占有财产的一方并非是该财产的所有者。占有无疑表明掌握财产，但占有并不意味着拥有所有权。

世袭所有者拥有表面土地和地下的矿产。但是表面土地所有者无权租让地下石油、天然气或其他矿产。然而，矿产所有者的权利往往受到表面土地所有者权利的制约。矿产所有者有权出租矿产。矿区土地权益所有者有权征收矿区使用费，或按一定比例对所获产量进行分成。但是他们无权租让矿产，也无权收取矿产租让定金（bonuses）或租金（rentals）。

地下原始油气的所有权　油气藏中的石油和天然气在采出之前其所有权的性质如何，对此历来有不同的见解和理论，其中有两种主要观点：一种是绝对所有权的论点，另一种是非所有权的论点。根据绝对所有权的理论，地下石油和天然气是土地的一部分，因此对土地拥有绝对所有权，也就是对地下原始油气拥有绝对所有权。依照这种观点，如果油气泄流到绝对所有者的土地界限之外，绝对所有者就失去了拥有这些油气的权利。非所有权理论要求人们承认石油和天然气是一种有移动特性的矿产。绝对所有权只有在自己土地上进行钻井的独占权，以便把石油和天然气转化为可占有的财产。只有把石油和天然气转化为实际占有的财产，才能获得对石油和天然气的绝对所有权。

各个州的法规不论是依据哪种理论制定的，所有法院都承认地下原始蕴藏的石油和天然气是矿产，是土地的一部分。当石油和天然气转化为实际占有的财产后，它们就变成动产。

---

[1] 本作者也是1962年版本章的作者。

土地所有者为了把石油和天然气转化为实际占有的财产，有权在自己的土地范围内钻井。对于从相邻地域泄流过来的石油和天然气，不承担任何责任。土地所有者的这些权利和责任可以转让给他人。

2.油气俘获惯例（rule of capture）

所有权理论认为在一定条件下石油和天然气具有移动的特性。如果土地所有者以合法的方式从自己土地上的井中开采石油和天然气，那么对于从别处泄流到自己井中的石油或天然气不承担任何责任。人们公认这种责任是不可能确定的。因此，这种对泄流不承担责任的做法被称为"俘获惯例"。如果土地所有者的地下油气因移动而被相邻地域的井取走，那么这一损失是无法得到补偿的，同时也不能阻止相邻地域的作业者停止作业。因此土地所有者必须以最妥善的办法来保护自己地下的油气。简单说来，他们必须不失时机地尽快在自己的土地上钻井或委托承租者钻井，以避免更多的损失。为此目的而钻井被称为"补偿钻井惯例"(offset drilling rule)。然而，近来资源保护立法日益增多，对于这种补偿钻井有了许多新的规定，改变了以往的做法。许多州对于井的间距密度、井的产量配额，以及联营等方面都作出一系列新的规定。由于有了这些规定，土地所有者因油气被他人抽取而蒙受的损失可以合理地减轻。其办法不是在自己土地上钻补偿井，而是采取其他措施。这样就可避免不必要地钻井。

3.矿产权益与土地权益的分离

使矿产权益与土地权益分离有几种方式，其中最普通的一种就是通过订立契约来转让土地本身。在契约中规定土地转让者保持全部或部分矿产权益，或者把矿产划在转让的土地之外，另作处理。此外，也可以通过转让全部或部分矿产本身来实现矿产与土地权益的分离。石油和天然气作为矿产可以与土地权益分离，这是所有司法机构公认的。

在租约或转让契约中如果使用"矿产"这一专门用语，就表明其中包括石油和天然气，无需另外说明。如果转让某种特定的矿产，并且在契约中没有加写"以及其他矿产"的字句，则表明所转让的只限于特定的那种矿产。在某些地区可以签订"石油和天然气"租约，而在另外一些地区可以签订"石油、天然气及其他矿产"的租约。

为了勘探和开发矿产，矿产所有者必要时有权使用表面土地，但必须满足表面土地所有者的一定的权利要求。在发生地产抵押的情况下，如果地产抵押契约是在矿产权与表面土地权分离之后开始生效的，那么，一旦地产抵押丧失赎回权，矿产权益不受此影响。

非产业主占有（adverse possession）　非产业主占有指的是对不动产的一种占有方式。这种占有是公开的、有形的、连续的而且是独占的。在各个州的法规中，对于通过非产主占有而获得产权的方式作了明确规定。如果这种占有延续的时间和占有的方式符合法律规定，其结果是取消原所有者的产权，而将新的产权授予非产业主占有者。如果矿产权与表面土地权没有分离，那么对表面土地的非产业主占有也意味着对矿产实现了非产业主占有。如果在矿产权与表面土地权分离之后才发生非产业主占有，则对表面土地的非产业主占有并不能获得矿产权。产权审查人员必须依据所在州的法规来审查非产业主占有权的确立是否有根据。在审查时必须考察一系列与此有关的重要事项，如：占用年限、围栏的建造与维修、房屋及附属建造物的修建与使用、水井钻掘、牲畜放牧、树木砍伐、作物种植，以及纳税情况等。

财产分割（partition）　财产分割指的是把若干人共同拥有的不动产在他们之间进行产权分割，使每一方获得各自单独的一份。分割后共同所有权不复存在，同时确立每个所有者对自己所得份额的所有权。财产分割可以是自愿的，也可能是非自愿的。后者可称为强制性分割或法律裁定分割。财产分割可以采取分割实物的方式，也可以将财产变卖，然后分配所得收入。一般说来，分割实物是最合理的分割方法，但是如果这种方法行不通或无法做到公平合理，那么就可采取变卖财产分割所得收入的办法。

如果油气矿产权属于若干人集体共同所有，但在租让时，共同所有者中只有一部分人参与租让，在这种情况下承租者就会遇到一些麻烦问题。对于这些问题，必须根据适用的法律并按照问题的性质逐一加以解决。如果在油气租约生效之后发生地产分割，这一分割并不扩大承租者的责任工作量。在这种情况下，如果已完成的井位于地产分割后的某一地块内，承租者没有义务钻补偿井来防止地下油气泄流到其他地块去。

侵权（trespass）　未经准许擅入或擅用他人的表面土地或地下矿产均属侵权行为。土地所有者或矿产承租者有权对侵权者要求赔偿。在确定赔偿损失的标准时，首先要确定侵权者是有意侵权还是非有意侵权。在发生油气生产侵权时，如果侵权者不是有意的，赔偿损失的标准是：采出的油气的价值扣除合理的生产费用❶；如果侵权行为是故意的，赔偿的标准是：采出的全部油气的价值。

未经准许擅自钻入他人的地层是一种侵权行为。例如，承租者在其承租合同范围内的土地上钻井，如果承租者允许或有意让井身偏离垂线，从而钻入不属于自己承租范围内的地层，承租者对此要承担侵权责任。在发生这类侵权问题时，法院可以下令对井进行测量，以确定是否构成侵权行为。如果是生产井，赔偿的标准是产出的油气的价值；如果是口干井，侵权者要承担破坏土地矿产价值的责任。对此也要赔偿土地所有者的损失。

绝对所有权对土地和矿产有绝对控制的权利，其中包括有权租让石油和天然气矿产，有权在自己土地上进行勘探作业，有权委托他人利用自己的土地进行这类活动。由此可见，未经准许而进行勘探作业就侵害了土地所有者的权利，对此要承担侵权责任。若发生这种侵权事件，也必须赔偿损失。其理由是，这种勘探作业可能会使这块土地在油气矿产租赁市场上减低或丧失竞争力，或减少这块土地本身的租赁价值。

相关权利（correlative rights）　尽管有“俘获惯例”，但是对于相关权利，人们不仅在口头上和书面上大加谈论，而且还有一定的立法。同处在一个油气藏上面的土地所有者，他们开采油气的权利受到彼此相互责任的制约。不损害油气藏，保护油气藏的能量，这是他们必须共同承担的责任。他们各自开采油气的比例份额必须适当。总之，他们必须遵守这样的准则：即在利用自己土地的时候不得侵害他人的财产。有些州广泛地实行能源保护法，这些州也通过立法来保证相关权利得以维护。

二、石油和天然气租让

1. 背景

在石油界，有关石油和天然气租让合同事宜，使用很多印制现成的合同文件。石油和天然气合同的演变是一个缓慢的发展过程。与石油界早年间的租让合同相比，当今采用的合同文件在形式上要繁冗得多。在以往的经历中有不少痛苦的经验教训。随着石油工业的发展，不可避免地发生许多争讼，法院对此类争讼事件作出过不少裁决。鉴于此，从早期以来对石油和天然气租让合同不断地加以修改和补充，以使其逐步臻于完善。

---

❶即允许侵权者回收其合理的生产费用——译者注。

法院了解石油和天然气具有移动的特性，他们认为石油和天然气租让的主要目的是开发这些资源。如果石油和天然气租让合同在这方面没有明确的条款规定，法律就会要求承租者对所承租的土地负有勘探和开发的责任。

石油和天然气租让就是权利的转让，也是出租者与承租者之间的一种合同。由于石油和天然气租让合同是转让不动产的产权，因此必需有符合“欺诈处理法”(Statute of Frauds)的书面文件。在租让合同中应包括：参与租让合同各方的名称、所租让财产的详细说明以及各方一致同意的条款，合同中有这些内容就可以了。承租人不一定非要在合同上签署才能使其具有合法效力，也不一定非要证人不可。只是在合同文件的记录方面必须有双方的认可，但这不影响双方间租让合同的有效性。合同文件记录对于文件的合法性不是非有不可的，但是有了它就能够保护承租人，避免出现正面买主 (bona fide purchasers)。

2. 出租者 (Lessor)

拥有矿产权且能亲自与他方订立租让合同并能履行合法的石油或天然气租让合同的一方称为出租者。石油或天然气租让若来自未成年人或精神病患者，通常要由其监护人代为履行，并需由法院加以指导和批准。在某些州，通过法律程序未成年人也有资格参与租让，因此直接与未成年人也可以签订租让合同。未成年人所履行的租让合同在其达到法定选举年令时可以取消。合同履行者若在尔后被判定为精神病患者，则合同可以取消。

土地所有者通常留有遗嘱。在其遗嘱中指明将其某种不动产遗留给其子女作为终身财产；或在遗嘱中规定其遗孀有用益权 (usufrust)。其遗孀可称为终身受益人或用益权享有人。其子女称为剩余财产继承人或名义所有者 (naked owners)。无论是终身受益人或剩余财产继承人，任何一方若未得到另一方的同意均无权单独租让财产。双方必须共同参与履行石油或天然气租约，该租约方能生效。在石油或天然气租约中，对于出租者在租让定全、延期租金和矿区使用费方面所享有的权利必须有明确的规定，这点是很重要的。通常，租让定金和延期租金应该支付给终身受益人，而矿区使用费支付给剩余财产继承人。

如果一个土地所有者与他方共同享有土地使用权，当他想要租让石油或天然气矿产权时，只要石油或天然气租约与先前已有的土地使用权不发生冲突，他就可以签订这项石油或天然气租约。这里举一个最普通的例子：一个土地所有者先前将表面土地出租供放牧使用，后来在某个日期又签订了一项石油或天然气合同。石油或天然气承租人有权进入合同中规定的表面土地以履行其合同中规定的权利，对此不得阻拦。但与此同时，如果放牧承租人的权利因此而受到损害，石油或天然气承租者也要对此承担责任。通常，石油或天然气承租者在开始作业之前，必须与表面土地承租人达成双方一致的协议。

遗产管理人是受权对遗产行使管理权的人，他是由法院委任的。遗嘱执行人是由遗嘱人或立遗嘱的一方指定执行遗嘱的人。受托管理人是受委托为他方掌管财产的人。这三种人均有权实行石油或天然气租让，但必须是根据遗嘱规定、法院裁定或法定条款所授予的这种专门权力。委托书是一种文件，由授予者颁发给其代理人。授予人一旦死亡，委托书即告失效。

若为已婚者，通常的情况是，即便在没有妻子参与的情况下，丈夫也有权租让产权。但是根据家宅土地法的规定，若以家宅土地作为抵押而形成的一切契约，通常要由夫妻双方共同签署。如果妻子拥有个人私房财产，通常她有权实行租让。若为夫妻双方共有的财产，在没有妻子参与的情况下，丈夫可能有权或无权将其租让。不过，大多数承租者都坚持要求夫妻双方共同参与。

共有者在没有另一共同承租人同意的情况下能否实行租让，对此各个州的法律规定不尽相同。在大多数州，只有租约涉及签约的共同承租者一方的权益时，这种租约方能生效。两个或两个以上的承租者，若在产权没有分割的同一块土地上拥有各自的承租合同，他们就被称为共同承租者（cotenants）。共同承租者的每一方都有权在其承租土地的任何地方进行钻井。但是，若钻井取得成功，必须向另外共同承租者说明其扣除生产成本后的产量份额。

3. 酬金、日期、说明和递交

一项有效的石油或天然气租约通常要求一笔酬金，一种名义现金支付或其他方式的报酬均可。如果租约没有注明日期，这对于租约的实施和递交会产生影响。如果租让的土地能够经验证是相当可靠的，那么就不一定需要对该土地作精确地说明。石油和天然气租让也如同其他财产转让一样，要求有递交和接受程序。出租者必须毫不含糊地使租约文件具有法律效力。

授权条款　在石油或天然气租让合同中，开宗明义第一部分就是授权条款，这也是整个合同中最重要的部分。这一部分非常明确而概括地规定了承租者的权利。租让合同中其余的具体细则，不论是修改或是增补，都必须依据这一部分的规定。

授权的目的是开发矿产，因此承租者必须有为达此目的所必不可少的专有权。这包括修建矿场，建造储罐，以及安装与作业有关的一切设备。在承租的土地上，承租者有权修建道路、铺设管线和开挖沟渠，并对这些设施加以维修和使用。除非发生下述情况，即表面土地被过度利用、作业马虎草率，或违背合同中明确规定的条款，否则承租者对因作业而造成的后果不承担责任。根据租让合同的要求，承租者应该在实际可能的限度内使承租地区的表面土地恢复到原来状态。

除了承租者所需利用的土地外，土地所有者有权利用表面土地。为了出租者的利益，承租者有责任保护余下的表面土地。对于在地面储存的液体，承租者必须妥善地加以管理。若发生泄漏以及危害相邻的表面土地，承租者对由此而造成的损害必须承担责任。

期限条款　在这一条款中对租让合同的期限作出规定，例如通常在租约中有如下表述："本租约自生效之日起为××年，这一期限为初始期限（primary term）；若有石油或天然气产出，此后随着石油或天然气生产再延续××年"。这一条款确定了承租者权益可持续的最终期限。租约可能很快就终止，例如承租者若未能支付延期租金，就会出现这种情况。在承租的土地上产出石油或天然气之前，租约的初始期限对租约的有效期加以限定。初始期限是租约谈判中必须磋商的项目之一，初始期限最常见的是3～5年，一般不容易得到初始期限超过5年的租让合同。在热门地区，初始期限通常为3年或少于3年。

若要使租约在初始期限终结后继续延长，必须在承租的土地上有石油或天然气产出才可以。但也有一些例外情况，这在后面介绍。在初始期限内，有可能在承租的地区发现石油或天然气。然而除非在租约中有专门的条款规定，否则这一情况本身并不能自动使租约在期满后继续有效。这种情况尤其适用于石油租让合同。如果是天然气租约，在租约中往往规定，若由于尚没有输气管线或还没找到天然气市场等原因，承租者无法销售其产出的天然气，在这种情况下，虽然初始期限已满，但租约可以延长。若租约中有此规定，这指的就是天然气关井条款（Shut−in gas clause）。根据这一条款的规定，通常要按年度支付一笔钱，其数额相当于出租者通常得到的延期租金。

在期限条款中，"产出量"（produced）这一用语的涵义是"有收益的产出量"（produced in paying quantities）。多大的产出量才算作有收益的产出量，这是一个颇有争议的问题。一般说来，一项租约若获得下述产量水平，就被认为是有收益产量的租约：若初始期限已满，但在承租的土地上获得了足以盈利的产量，即便利润不多，但扣除作业费用（不论是钻井费用或是完井费用）后仍有盈余。

在初始期限满期后，通常必须在已获得产量的情况下才能使租约延长。尽管通常是这样，但仍有其他一些方法可以使租约在初始期限满期后继续有效。例如，虽然初始期限已满或者已经超过，但在此期间承租者孜孜不倦地进行作业，而且可望发现并采出石油或天然气，在这种情况下租约往往可以继续有效。大多数租约中规定，若出现上述情况，租约的有效期可以不定限地延长一段时间，但其前提条件是：从初始阶段期满终止作业之日起，到下一阶段重新开始作业之日止，这一间隔时间不得超过60天，或许是90天。重新开始作业的内容可能包括：对已放弃的生产井再做工作，或对一口干井再深入细致地查明情况，也可能在承租地区的其他地方再钻一口新井。

钻井和延期租金条款　钻井和延期租金条款简单说来是这样规定的："在规定日期或在该日期之前，承租者必须在承租的土地上开始钻井；若不按期开始钻井，必须按照每英亩若干美元计算向出租者支付延期租金。支付延期租金的英亩数以承租者继续保留的土地亩数（可能全部保留也可能保留一部分）来计算。支付延期租金可使承租者的权利在其保留的尚未钻井的地块上继续有效，其有效期从规定之日起为1年。如果既不开始钻井，也不支付延期租金，则初始阶段期满后租约即告终止。"如果承租者在初始阶段不开始钻井，可以用支付延期租金的办法使租约在初始阶段满期后再连续延长12个月。每支付一次年度延期租金可延长12个月。钻井和延期租金有两种方式：一种称作"或此或彼"条款（"or clause"），另一种称作"除非"条款（"unless clause"）。

早期的石油或天然气租约通常规定开始钻井的日期，但后来在这方面逐渐有些改变，也就是承租者可以用按年度支付所谓延期租金的办法来推迟开始钻井的时间。根据"或此或彼"条款的规定，承租者有责任按规定时间开始钻井，或者推迟钻井而支付延期租金，同时也考虑到承租者有权在任何时候放弃租约。在这几方面可由承租者选择。后来对租约又进一步加以修改，于是有了"除非"的规定，即如果在规定日期之内没开始钻井（通常为自租约生效之日起1年内），除非承租者在这一规定日期之前已支付延期租金，否则租约即告终止。

不论采取哪种方式，承租者有权在规定时间内开始钻井，或用支付延期租金的办法推迟钻井，也可以不支付延期租金而终止租约。目前几乎所有的租约都采用"除非"这种方式。

按照"除非"条款的规定，承租者没有义务必须按时开始钻井或必须支付延期租金。正因为如此，通常的做法是，为了获得租约，必须支付一笔数额可观的酬金（consideration）。这笔酬金被称为"租约定金"（bonus）。定金的数额可以由签约双方商定，但通常要多于延期租金。定金通常也象延期租金那样，可以使租约的有效期在初始阶段期满后再延长1年。定金必须在签约时由双方商定。定金的多少不等，从每英亩1000美元至数千美元。这取决于很多因素，诸如：承租地区的大小、矿区使用费的多少、预计的石油或天然气的储量、可资利用的地质和地球物理数据的质量和数量等。

大多数的租约都规定作业开始时间，但是，除非有专门规定，对实际钻井的开始时间无须加以规定。为实际钻井而做的准备工作应该充分，其中包括：修建道路、矿场准备、安设井架以及其他等。这些作业必须不间断地、积极和认真地加以完成。

如果在租约的最初期限内钻了一口干井，其后果因各个租约的规定不同而有所差异。但大多数租约均规定，如果在最初期限内，在租赁区钻了一口干井，要想保持租约继续有效，必须着手进行另外的作业，或者按照租约的规定重新支付延期租金。

如果租约采用"除非"方式的期限条款，承租者没有支付延期租金的义务，因此对于不支付延期租金没有任何责任。如果没有另外专门规定，要使租约继续保持有效，必须支付全部延期租金。大多数的租约规定，承租人在初始阶段期满后可以放弃一部分承租的面积，对余下继续保留的部分要支付延期租金。在多数州，延期租金的数额不是经谈判商定的，这点与租约定金不同。通常，延期租金定为每年每英亩，美元。有些地区的做法与此不同，如在路易斯安那州的南部。这里把延期租金和定金视为同等重要，因此要通过谈判加以商定。惯常的做法是，延期租金和租约定金均按英亩计算，前者相当于后者的三分之一或二分之一。

根据租约的规定，延期租金可以在规定的日期或规定日期之前支付。可以直接支付给出租者，也可支付给出租者指定的信贷银行。在大多数情况下，承租者应该在租约期满前3～6周内偿清延期租金，以便使承租者及时得到出租者存款银行开出的收据，以资证明延期租金已存入出租者的账户。此外，租约还包括有按比例减少权益的条款、根据这一条款，承租者可以减少延期租金和矿区使用费的数额。在这种情况下，出租者就不拥有充分的权益。

矿区使用费条款　关于承租者如何支付矿区使用费，简单说来有如下一些规定：1）就生产原油和液态烃而言，矿区使用费为总产量的1／8；2）就生产天然气而言，矿区使用费也是总产量的1／8。如果承租者在承租土地以外的地区利用所产天然气进行经营活动，矿区使用费为井口市场价的1／8；如果承租者销售天然气，矿区使用费为销售所得收入的1／8，售价仍为井口交货价；3）如果承租者利用所产天然气加工生产汽油，矿区使用费为井口市场价的1／8。

最普通的矿区使用费的费率是1／8。经验表明在勘探程度较低的地区，按这一比例份额向出租者支付矿区使用费是最适宜的。然而从目前的趋势来看，往往很难得到矿区使用费仅为1／8的租约。此外，矿区使用费也要通过谈判来商定，这大体上与定金和延期租金的谈判相同。目前在某些地区，矿区使用费的费率较普遍的是1／8或超过1／8。

在执行租约过程中，如果找到石油或天然气并且开始生产，那么就要向出租者支付矿区使用费，这是出租者的权益。这种矿区使用费与所谓的"重叠矿区使用费"（overriding royalty)、"预付矿区使用费"（advance royalty）和"最低矿区使用费"（minimum royalty）不是一回事。重叠矿区使用费是承租者从自己的经营权益中（即扣除1／8矿区使用费后余下的7／8部分中）分出一部分作为增加的矿区使用费。预付矿区使用费是可以从尔后发生的矿区使用费中扣除的矿区使用费。最低矿区使用费是生产开始后，承租者同意向出租者支付的一笔固定报酬，这笔矿区使用费可以与出租者的总产量分成份额相等或不相等。

若未能支付矿区使用费，这本身并不能使租约自行终止。如果在相当的时间内未能支付矿区使用费，可能要通过法院诉讼程序来取消租约。支付矿区使用费的时间稍有拖延（可能几个月）是难免的，因为石油或天然气的买主要判明石油或天然气的产权性质，同时在所有享受产量分成者之间还要就分配协议问题进行磋商。

如果生产石油，可以用石油向出租者支付，也可以用管道把矿区使用费那一部分石油支付给出租者的贷方。上述支付方法称为实物支付。此外，也可以根据矿区使用费那部分石油的价值，用货币来支付。如果实行分配协议（division order——指石油矿区的全部所有者与购买该矿区石油的公司之间的一种合同关系——译注），出租者就失去了获得实物矿区使用费的权利。矿区使用费是根据总产量的分成份额来计算的，而不是净产量的分成分额。这也就是说，矿区使用费不承担生产成本。然而出租者必须按一定的比例份额支付运输费和总的生产税金。

凝析油是伴随天然气产出的液体，但是它在地层中原本是气相的。套管头气是从油井中产出的天然气。气井产出的天然气应该与套管头天然气加以区别。制订规章的机构用气油比对其加以确定。如果凝析油和其他液态烃是在承租的矿区分离出来的，也要按照石油的标准支付矿区使用费。天然气的矿区使用费总是用货币而不是用实物来支付的，而且要承担运输费用。承租者如果将天然气售出或在承租的矿区以外地区加以利用，那么就要支付矿区使用费。如果承租者利用天然气作为气举采油的手段，或者为了维持地层压力而将其回注到油层中去，在这种情况下就不需向出租者支付矿区使用费。

在富气储量丰富的地区，建立汽油加工厂可能是个好办法。在这种情况下，承租者通常要与加工厂订立供气合同，这样就可以把气井所产的全部天然气输往加工厂提炼成液态烃。独立所有的加工厂可以从提炼出的液态烃中按其价格保留一定的数量作为加工费，其余的液态烃和全部残余气按其价格归承租者所有。然后承租者根据承租合同的规定向出租人支付矿区使用费。如果承租者在加工厂拥有股份，那么根据合同条款的规定，承租者应该按照提炼出的全部液态烃和残余气的价值减去实际的工厂加工作业费来支付矿区使用费。

联营条款（the pooling chause）　联营是在下述情况下产生的：承租者经过评价后认为采用联合开发的方法是有利的或是必要的，因为这样做有利于合理地开发承租的地区，也便于开展作业，从而能够更好地保护石油或天然气资源。在这种情况下，就可以根据承租者的选择，授权给承租者组织联合开发。联营的方式是把本租约所包括的土地或矿产权益，或者是上述两者中的一部分与毗连的其他土地、租约或矿产权益联合起来组成一个联营单位。联营条款还规定："为石油生产而联合起来的单元不得超过 40 英亩；为天然气生产而联合起来的单元不得超过××亩。一口天然气井所包括的亩数多少不等，根据当地的惯例可以从 160 英亩到 640 英亩。

联营（pooling）这一专门用语指的是把较小的地块合并在一起，以便构成一个可以钻一口井的单元。在这方面，应该采用有适当联营条款的租让合同。在某些只开采石油的地区，或在那些必须实行合并和综合经营的州，获取这种联营权利可能没什么重要意义了。联营权利是与开发活动联系在一起的，经营权益所有者对这种联合负有责任。

承租者必须尽心尽力地执行租约所授予的联合经营权。如果承租者宣布将若干地块合并成一个开发单元，并根据租约对此作好安排，这一做法可能会有利于开发和资源保护。对于要宣布加以合并的单元，应该谨慎行事，必须使其与所掌握的地下矿场地质数据和地震数据能够很好地吻合一致。有时会出现这样一种情况：承租者宣布合并的单元在形状上是很少见的。可以明显地看出，这样做的目的是为了在租约期满后能够使租约继续有效；或者所宣布的单元中有若干亩地块很可能没有开采希望；或者所宣布的单元与所掌握的地质控制面积不一致。如果是这样，就可能受到出租者的责难。

如果在租约中有联营条款，那么租约的其他条款就要适当地加以修改。关于租约的期限条款就可能这样规定："本租约自生效之日起有效期为××年，这一阶段称为初始期；不论在本地块上或在与本地块合并为一整体的其他地块上，或其中任何部分，若在此期间有石油或天然气产出，则在初始阶段期满后，租约可再延长一段时间，其长短视生产情况而定。"如果把若干地块合并在一起，不论在哪钻井或从哪口井进行开采，其作业量就构成参与合并的每个地块的作业量。

杂项条款（miscellaneous clauses）　为了出租者或承租者的利益，在租约中还有不少杂项条款。例如，在承租的土地上，承租者在选定井位方面就受到一定限制。按条款规定，在距离任何房屋或谷仓200英尺以内的地方不得设置井位。承租者若铺设管道，其埋设深度必须保证不影响耕犁土地和作物种植。作业往往会使林木和生长中的农作物遭到损害。哪怕损害仅限于此，可能也会要求承租者赔偿损失。

在租约中往往还有一段被称为"土地统包"条款（Mother Hubbard Clause）的规定。出租者通常必须把其拥有的与出租土地相连的小面积条块土地都包括到租约中去，但由于种种原因，在租约中描述出租土地的状况时，这些小条块土地可能被遗漏，在租约中没有专门说明土地统包条款的目的就是要把这些小条块土地都包括到租约中去。土地统包条款并不要求把大面积土地都包括进去，只是把相连的面积只有几亩的小块土地包括进去。此外，为了在承租地区作业的需要，承租者有权免费使用在承租土地上产出的油、气和水。承租者有权在租约终止后适当的时间内从承租的地区拆除机械和设备。

根据租约的条款规定，各方的权益均可全部或部分转让。在承租者获得确证的转让文件的正式副本之前，土地所有权的改变不会给承租者增加任何负担。有许多租约最终要把部分权益转让出去，因此为了保护承租者的利益，防止承租者的不公正的受让人在地租支付中的违约行为，在租约中要有条款对此作出规定。根据该项条款规定，在万一发生不公正转让的情况下，承租者保留权益的那项租约不会因受让人在地租支付上的违约行为而受到影响，因为有条款规定使违约不发生作用。

根据"保证条款"（warranty clause）的规定，出租者保证并同意保护承租土地的权利。如果这种全面保证的条款受到破坏未能履行，承租者可以收回为租约而支付的酬金并附加利息，而且还要回收为保护占有权而发生的一切费用。对于先前为出租者提供的抵押、税金或因承租矿区而扣压的一切，承租者有权要求以支付的方式回收。此外，对于因承租而支付的租金和矿区使用费，也要归还承租者。

不言而喻的要求　租让的根本目的在于确保获得生产，牢记这一点是很重要的。有很多租约很少提到用什么方式进行钻井，哪怕是一口井。也很少谈到关于井的密度，或者钻开发井的间距。出租者和承租者在这些方面缺少具体的协议，这是有意如此的。因为对于当前所有油气藏的性质和特点了解得太少。承租者的义务就是在相同或类似形势下一个普通精明作业者的义务，既要考虑到自身的利益，又要顾及出租者的利益。作为一个谨慎行事的作业者，只有在发现石油或天然气之后，才能承担起开发承租矿区的责任，并且在租约有效期内把作业继续进行下去。

三、土地所有者实施的转让

转让权　绝对所有者可以按照他所认为合宜的方式来处理其土地，或是处理全部土地，或是处理部分土地。他可以转让其表面土地而保留地下矿产，也可以转让地下矿产而保留表面土地。他可以出售全部矿产权益，或出售已分割的一部分，或未分割的矿产权益。他可以出售全部或部分矿产收益权。他可以引起附属权益，并将它转让给他方，就如同签订租约的做法那样。

矿产契约和权益　矿产契约就是把地下原始蕴藏的矿产，或者说把获得这些矿产的权利通过契约进行转让。矿产所有者有权在土地上进行活动，从事石油和天然气的勘探和开采。如果矿产权在转让时受某种租约的限制，则受让人须在该租约终止后才能行使权利。矿产所

有者有权签订租约，也有权收取租约定金。如果根据租约规定，必须支付地租和矿区使用费，矿产所有者有权收取地租并分享矿区使用费。矿产权益的产生往往是通过无条件的转让或保留权益。不过，许多矿产转让有确定的年限，或者规定一个具体的初始期限，如果发现了石油或天然气，再根据生产情况延长转让期限。

矿区使用费契约和权益 矿区使用费是一定比例的产量分成。就石油和天然气租约而言，矿区使用费指的是：根据租约规定，如果承租者在承租的土地上获得了石油或天然气产量，矿产所有者有权享有一定比例的产量分成。分成比例通常为总产量的 1／8。当然，若经双方协商同意，分成的比例也可能不是 1／8。矿区使用费还可以是一种权益。不论在签订租约之前或之后，通过转让或保留都可以产生这种权益。享有矿区使用费的权利是就产量而言的一种或有权（contigent），它本身并不具有矿产权或矿产权益。矿区使用费的所有者不能收取租约定金和延期租金。矿区使用费权益是一种按总产量，而不是按净产量计算的权益，而且不承担成本费用。矿区使用费权益和矿产都可以按照一定酬金进行转让。可以规定具体的转让年限，或者规定具体的初始阶段期限，倘若此期间有了石油或天然气生产，再按生产情况延长转让时间。

如果是转让矿区使用费权益，这通常指的是按土地亩数计算的矿区使用费，同时也指的是部分权益。例如，如果一个土地所有者将其 80 英亩土地的矿区使用费（按总产的 1／8 计算）卖掉一半，则受让人就是买到了 40 英亩土地的矿区使用费权益。如果矿区使用费权益的购买者从同一土地所有者那里购买到其 1／8 矿区使用费中的 1／8 权益，则购买者就有权得到总产量的 1／64，或者说拥有 10 英亩土地的矿区使用费权益。

四、承租者实施的转让

转让权 承租者是租约权利的拥有者，其权益通常为总产量的 7／8。但是实际上往往可能比这一数量少得多，这要依矿区使用费的总数多少而定。这一权益称作“经营权益”(working interest)。承租人可以转让其权益，或全部转让或转让一部分；或转让租约中未分配的部分，或未分配部分中的一部分，承租人有权转让重叠矿区使用费、产量支付和未分配的权益，或者把承租土地的某一部分的整个权益转让出去。

转让和分租 转让是转让人将其租约中的整个权益或部分权益转让给他人。分租(sublease) 是部分转让的一种方式。在分租这种方式中，就其对分租的财产所起的作用而言，分租出让者保留租约中一定的权益。转让经营权益但规定保留重叠矿区使用费的契约是一种分租契约而不是转让契约，根据租约，承租者所承担的义务被称作誓言 (covenants)。在承租者和出租者之间有一种合同关系，这种关系称作合同当事人关系。承租人有权将承租的财产转让给第三方。租约中的誓言也要被第三方所接受，而且誓言与转让土地是一致的。在真实转让的情况下，通常要解除承租者对出租者承担的义务。在分租的情况下，承租者对出租者仍有义务，因为他们之间有当事人合同关系。

重叠矿区使用费 重叠矿区使用费权益是从经营权益中划出的一部分权益。重叠矿区使用费权益不负担开发或生产费用，因此它是另一种形式的矿区使用费。重叠矿区使用费通常是在分租中产生的，但也有可能由转让产生。重叠矿区使用费无论如何都不会影响向出租者支付一般矿区使用费的权益。重叠矿区使用费的所有者通常不能要求承租者维持租约继续有效，也不能要求承租者钻井或开发矿区，只有当生产出石油或天然气时，有权参与产量分

成。

产品支付　石油支付（称为产品支付可能更确切些）通常是从经营权益中划分出来的，而且不承担生产费用，在这点上与重叠矿区使用费有相似之处。但重叠矿区使用费与产品支付有不同之处，这表现在前者可一直持续到租约的全部有效期，而后者在支付一笔款项之后即告终止，这笔支付的款项是根据规定的百分比由经营权益中拨出的。实际上，产品支付的数额可大可小，在经营权益中所占的百分比也可不尽相同。

有时，在租约谈判中涉及产品支付问题。对于一项租约，某家公司可能愿意支付每英亩不超过100美元的定金，但与此同时对于产品支付可能愿意按每英亩200美元支付。这笔钱是由7／8的经营权益中的1／16拨出。对于土地所有者来说，产品支付往往能显示出其优点，借助这种方法可以达成交易而不致失掉机会。

产品支付这种方式在规模较大的生产性财产租约中得到广泛的采用。在购买一项生产性资产时，怎样使受让人花费最少的现金支出，而又使出让人得到以现金支付的全部购买价格，而且按照资本收益税的税率进行纳税，这项工作通常是按照“ABC”的交易方法来完成的。“A”代表资产的出售者和所有者；“B”代表资产的购买者；“C”代表产量支付的购买者，他有或可以得到所要求的现金的大部分。例如，“A”拥有一项生产性资产，想要以100万美元的价格出售。“B”想要购买这项资产，但是他只有20万美元用来购买这项资产。“A”可以将这项资产转让给“B”，收取20万美元，但保留下80万美元的产品支付并加上从85%的产量中应支付的利息。然后，“A”可以将保留下来的产品支付部分以80万美元现金的价格出售给“C”。参与交易的各方都能在允许的范围内得到最大限度的纳税利益。

五、联合经营

近年来，对于地下的石油和天然气，人们的目标一直是要得到最大的最终采收率。在石油和天然气工业的初期，人们钻了许多不必要的井，其实，只需要其中一部分就可以获得最大限度的有效采收率。后来，对井的产量有了一定的限制，对井距也作出规定，随后又对钻井单元和小块地域合并开发也作出规定。当人们从整个油藏着眼来考虑开发问题的时候，小规模地合作开发的优越性就更加充分地显示出来。对一个油藏采用联合经营的办法，不论就合作开发来说，还是就维持油藏压力或二次采油来说，都需要了解地下烃类物质的性质，也要承认所有者的相关权利。在矿区使用费和经营权益所有者之间应该通过合同协议公平地分配收入，这样作是最适宜的。

油气藏的联合经营应该与合并开发加以区别，后者是把小块地域结合在一起构成一个钻井单元，或者是为了符合井距规定的要求。“合营”（unitization）这一专有名称通常与联合经营（unit operation）可相互通用。因此合营指的是，根据合营合同条款的规定，由一个联合经营的作业者经营整个油气藏或其中的大部分。联合经营可以分两类，这取决于所采取的方式。

自愿结合的联合经营　不管一项资产或租约的界限如何，如果该油气藏权益的所有者一致同意把整个油气藏或其大部分组合成一个统一的联合经营单位，那么就可以组成一个自愿结合的联合经营。制订一个为各方都能接受的联合经营协议是一项重要的工作。在这方面要有两份合同：一份是经营者合同，另一份是矿区使用费所有者合同。有时把这两项合同称为联合经营合同（unit contract）。在油气藏的经营方面和钻补充井方面涉及许多问题。就钻补充井来说，最好在经营权益所有者之间，通过订立单独的合同来解决钻补充井的问题。矿区使用费联合经营协议必须对出租人权益的合并作出明确的规定。若没有这种权威性协议，出租人可能会要求对他们的地块进行钻井，以防止本地块的油气被相邻地块的井抽走或被单独地开发。在制订自愿联合经营协议时，必须充分了解资源保护法规。自愿联合经营协议中可能规定，合同协议要在有关的管理机构批准之后方能生效。

强制的联合经营 强制联合经营是根据有关法规由管理机构下达指令来实施的。早期的法律规定，如果在一个需要联合经营的地区，由若干承租者请求行使管辖权的管理机构发布相应的指令，那么就可以这样做。承担者的所有权需要占多大的百分比才能这样做，各个州的法律规定不尽相同。就一项联合经营计划来说，首先必须在大多数承租者和矿区使用费所有者之间制订一项协议。对此需要作大量的工作，还需要花费一定的时间。经营权益所有者为此要多次召开会议，各种委员会还要作许多调研工作。协议最终签订时，经营权益所有者和矿区使用费权益所有者要在协议上签署。专门的通知书发送给有关各方之后，要向管理机构提出申请，并举行听证会。在发布适当的指令后，在经营权益所有者之间要进行会计调整。被委任的联合经营者对于该区域的作业要提出设想。

六、使井得以钻成

矿区租赁式购买 对石油和天然气矿区采取租赁式购买有多种原因。通常矿区并没有显示出存在有可以钻井的远景地带，因此矿区租赁就其性质而言是一种探测性的。如果人们认为某一沉积盆地可能有油气积聚，或是原有探井的延伸部分，那么对这样的矿区就可以租赁购买。承租者可能安排地震作业，以求在大面积的租赁地区内找到可以钻井的构造。然而，地质资料的所有者或尚未租赁的远景地带的所有者可能握有充分的地下资料和（或）地震资料，这些资料足以证明可以钻一口井。在这种情况下，获得矿区租赁就有非常明确的目标，也就是很快就可以钻井。基于这样一些考虑，在租约谈判中租金的多少或初始期限的长短都是次要的问题。然后就要雇请土地经营商或租赁经纪人，由他们来考察法院书记员所保存的有关土地的档案记录，以便确定租赁区域内所有土地的地表所有权和矿产所有权，其中包括县乡的道路、州和联邦所有的公路、河流、学校土地、运河以及其他等。此后，就矿产租赁事宜进行谈判并取得租凭权。

钻井资金 在筹措钻井所需资金方面，国际大石油公司没有什么实际困难。大部分所需资金可以从赢利收入中提取，小部分可以通过贷款获得。然而，独立石油公司从历史上看一直短缺钻井现金。“独立”（independent）石油公司是小公司，或者是只从事石油和天然气勘探的合伙者，或者是个体经营者。这也就是说，独立石油公司不经营石油运输和炼制，也不经营石油产品的销售。在美国，已钻完的全部井中有近 85%的井是独立石油公司钻的。美国有数以千计的小石油公司和个体经营者完全从事石油和天然气勘探。

近年来，有限合伙公司一直是独立石油公司的风险资金的主要来源。投资者购买钻井资金的若干单位，从而成为有限的合伙人。经验丰富和善于经营的独立石油公司成为经常性的合伙人。钻井风险资金的另一个重要来源是公共事业公司和最终用户，如象化学公司等。一个典型的独立石油公司每年用于钻井的花费可能达 500～1500 万美元，在这些资金中几乎没有资金是属于独立石油公司自己的。有些资金来自投资者，有些资金来自个人，这些人通过购买方式参与到钻井经营中来。不论资金来源如何，独立石油公司总是按照三／四原则把钻井经营权益分让出一部分，这也就是说，参与的一方或购买经营权益者支付三分之一的钻井成本，而享有四分之一的权益。这种分摊成本和分享权益的做法有多种多样的方式，但大体说来在独立石油公司和投资者之间通常采用上述三／四的原则。

远景地带来源 国际大石油公司拥有庞大的专业技术人员队伍，其中包括地质工作者、地震工作者、古生物工作者，以及从事勘探和开发的其他专业技术人员。国际大石油公司对于不属于他们自己开创的远景地带很少参与钻井作业。而大多数独立石油公司不开创自己的远景地带，因此必须从地质勘探公司或开创地质远景地带的公司那里购买矿区。地质勘探公司、土地经营公司以及能够开创远景地带并能购买这些地带矿区租约的公司在一定程度上有条件出让他们的矿区，与独立石油公司合伙经营。通常，名义重叠矿区使用费可以在租赁期保留下来，有时可以把干股经营权益保持到下生产套管时。在这种情况下，很难获得四分之一的干股经营权益，因为负责这项经营的独立石油公司必须自己来计划让出多少权益，例如可能让出二分之一，同时在安排这项经营中必须留有余地，以使有关各方都能获得一定的经济利益。

档案汇编和权利审查 有关土地的档案汇编可以定购，其范围至少应包括拟钻井的地块和替补地块，也可以包括整个远景矿区。与土地有关的全部准确的公开记录文献从土地获得专有权之日起直到最近通常都收进汇编中。在石油和天然气事务方面，有资格的律师要查阅档案汇编并且就审查权利记录情况提出书面报告。通常在权利记录方面有许多含糊不清的问题。这些不足之处的大部分可以由土地经营者或权利事务承办者采取适当的补救办法加以解决。一旦有了补救资料，就能够得到补充的权利报告。但是，很难做到每项要求都得到满足，承租人可能必须放弃这样一些不能实现的遗留下的要求，并且承担起着手钻井的经营风险。

充分保障权益的钻井 如果承租人要能控制全部远景区的整个面积，那的确是件幸运的事。只要按照相应规章的要求办事，承租人就可随意钻井了。如果钻井结果得到的是口生产井，那么承租人就会控制整个油（气）藏，而且可以假定承租地区油（气）藏的范围在一定程度上正如承租人所预料的那样。然而事实上这种情况是罕见的。如果承租人计划钻一口井，并且发现并非已全部控制了远景区的面积，那么在这种情况下还要做大量工作。

联合作业协议 就一般情况而言，在一个远景区域如果某一承租人想要钻一口井，那么在这一地区至少还要有另外一些租约。这些租约属于另外一个或几个竞争者，他们也想钻井并获得生产利益。既然在这同一远景区的几个承租人都想从生产中得到好处，那么公平合理的做法似乎应该是每一方都为钻井支付相应比例的费用，或者说按适当比例分摊成本。

不过，这样一种情况并不常见，即两个或更多的承租人拥有相同的数据资料，或以相同的方法对数据资料作出解释。某一承租者可能什么工作也不做而将其承租的面积转让出去，或者与他人合伙共同钻井。这样就必须与其他承租者打交道，以使这口井得以钻成并确定各方在这一钻井活动中的权益。其他承租者可能没有充足的信息资料，因此无法证明他们参加钻井是否有利。所以要想钻井的一方可能会意识到最好使相邻的其他承租人也能得到信息资料。地震资料以及其他能说明这一远景区域的资料都会耗费相当一笔投资，因此其他承租人可能愿意花钱买这些资料，或者用他们承租区域的类似资料进行交换，也可能就某种形式的协议与掌握资料的承租人进行谈判。如果所有承租人最终一致同意采取联合钻井，他们就要以合同方式把共同合作拥有的区域确定下来。这样就达成了一项联合作业协议。根据各方在合同区域总面积中所占有的地表面积数量来确定参与协议各方的权益。联合作业协议中要规定各参与方的权益、指定作业者、规定花费限度、明确作业义务、规定第一口井和其后钻井的有关事项、确定未同意的作业项目的处理原则（指参与协议各方中，个别参与者拒绝参加某项作业——译注），以及其他事宜。参与协议的各方就某些项目的作业费用取得一致意见，因此在联合作业协议中要附上会计程序。

对于勘探作业来说，联合作业协议是非常有用的，尤其是在各方承租土地面积较小，或者需要共同分担耗资颇大的勘探钻井风险的情况下更需要采取联合作业的方式。合同区域的面积从实际情况来说可大可小，但就从事勘探而言，合同区域的面积通常为640英亩左右到数千英亩。有时开发钻井作业也采取联合作业协议这种办法。如果一口井在完井后被证明是生产井，按照有关管理机构的指令，在一个单位区域或合并区域往往采取联合开发的方式。

现金支持 有这样一种情况，某一承租人发现采取下述方式进行钻井是必要的：即相邻的承租人可能不愿意出让其承租的面积，也不想参与合作，但却有可能提供现金支援。在这种情况下，该承租人可以根据承租面积减少的原则，并在能得到不参与合作的相邻承租人现金支持的情况下进行钻井。最普通的现金支持方式是干井支持。现金支持的数额通常按每英尺进尺来计算，同时还要根据参与者在油（气）藏范围内所占面积，并扣除不参与该井的承租人所占的面积以及其他方面来加以确定。这种方式之所以称之为干井支持，是因为如果完井后证明是一口产油（气）井，则不提供支持费用。这种做法的指导思想是，提供支持的承租人对于钻一口十之八九可能是干井的井，愿意给予现金支持，是因为这口井虽然可能是干井，但至少对于评价这一远景区的各个承租区块是有一定作用的。如果这口井完井后是一口产油（气）井（这种情况是不大可能出现的），那么可以认为井的所有者已得到充足的报偿，因此没必要从后援承租人那里争取现金支持了。干井支持的另一种形式是井底支持。按照这种方式，只要钻井达到规定的深度，不管结果是不是产油（气）井，都要支付一定的支持费用。这两种现金支持方法均很少采用。

出让 把经营权益连同钻一口井的义务一同转给他方称为出让（farmout）。出让的方式不等，可以通过谈判商定。出让协议中可以规定在出让方所拥有的承租地块上钻一口井，或选择钻一口井。井深和钻井位置由双方协商共同确定。根据出让协议条款的规定，在井完成之后承租人将租约中的一部分土地转让或分租出去，并保留一项权益，通常为重叠矿区使用费。重叠矿区使用费的数额因地区不同而有很大的差异，而且要取决于一系列因素，其中包括：可以利用的地质和地球物理资料、经营权益的多少、接近获得产量的程度、该地区以往的生产状况、开采方面的问题、适宜的市场，预期的油（气）藏大小、出让的英亩数，以及井的成本等。

接受出让的作业者将要指靠纯收入权益来回收成本。从销售产品而获得的总收入中扣除矿区使用费、重叠矿区使用费，以及承租方面的其他费用，就可确定纯收入权益。就出让这种方式而言，适宜的纯收入权益因地区情况不同而有很大差异：在俄克拉何马州的一个合营区域，该收益若低于81.25%，就会被认为是不可取的；在北达科他州，若钻一口初探井，该收益不能低于75%；在路易斯安那州，该地区风险较小，成功率较高，该收益不得低于68%。

在生产前景条件很好的地区，出让的做法更为复杂。出让的一方往往在出让时要求保留一部分经营权益。典型的出让做法可能是这样的：例如出让2000英亩面积，出让方与受让方按四六比例分成，受让方必须钻一口免费井（“free well”——钻井费用完全由受让方承担直到产品进入储罐——译注），钻井深度须达到12000英尺。受让方通常同意单独承担钻井费用及风险，完成12000英尺深的试验井，从而取得2000英亩地块上60%的未分配的权益。如果打出的井是一口产油井，出让方则享有对该井和产量的40%权益。为了充分得到税收扣除的好处，通常要等到作业者（即受让者）回收钻井成本之后再进行权益分配。受让方从生产井的产品销售所得中获取收入，但销售所得收入要扣除掉一切矿区使用费，其中包括重叠矿区使用费。此后，出让地块上的作业就要根据联合作业协议的条款规定来进行了。

这种出让的做法五花八门不胜枚举。比如，免费井只限于到井口阶段为止，不包括产品进入储罐。这也就是说，作业者要负担全部完井费用直到井口设备，而在装设储罐和处理设备方面，要按照60／40比例与出让方分摊。另一种做法是免费井要钻到目的层。这就是说，作业者必须以单独承担钻井成本和风险的代价把井钻到目的层，并且要完成电测井、取心和测试作业。这些要求的目的是为了确定该井是否有生产的可能性。如果一旦决定要进行完井，作业者对于下生产套管和安设井下生产设备要承担一部分成本费用，其承担的比例通过谈判商定；其余部分由出让方承担。各种分享权益的做法可以通过谈判商定。通常的做法有四分之一比例和三分之一比例。还有其他一些做法允许作业者先回收完井成本，然后出让方再享有分成权利。在部分或全部有生产收入期间，出让方可能保留重叠矿区使用费；也可能在有生产收入期间，出让方愿意用重叠矿区使用费交换经营权益。

干股权益（carried interest）　干股权益合同是经营权益共有者之间的一种合同方式。根据这种合同方式，某一方愿意为他方提供全部或部分开发资金或作业费用，尔后，如果有了生产，提供资金者将从享有经营权益者那里回收预先提供的资金。预先提供资金的一方称为权益转入方（the carring party），预收资金的这一方称为权益转出方（the carried party）。

干股通常是与出让连带产生的。干股合同不仅可以适用于第一口井，也可用于其后的钻井。出让方可以把一部分经营权益让给作业者，其条件是作业者必须为第一口井的钻井和井下设备提供全部资金，有时还可能要为新增的开发井提供资金。受让者必须指靠获得生产。有一定比例的产量份额归出让者所有，由此可回收应由出让者承担的那一部分成本费用。干股是净收入份额，而不是总产量份额。

纯利润权益（net-profit interest）　纯利润权益是对总产量的权益，它是按照油气资产经营所获的纯利润来计算的。纯利润权益也是由经营权益产生的，在这点上类似于重叠矿区使用费。从纯利润权益所得收入中可以扣除一定的开发和作业费用，这在纯利润合同中要加以规定。纯利润权益要按照收入的比例份额承担上述费用。对纯利润权益所有者的要求与对经营权益所有者的要求不同，前者不必支付或预付开发或作业费用，对这样一些费用也不承担义务。如果在油气资产经营中没获得纯利润，纯利润权益所有者也就没有收入，对于损失也不需向作业者承担责任。纯利润权益可以被看作是非经营权益，它与重叠矿区使用费相类似。纯利润权益合同主要在出让中得到采用。这种方式看上去可能是公平的，但实际上很少采用。

七、开发中的租让问题

在出租的土地上若发现了石油或天然气，并且突然间有了矿区使用费带来的现金流动，往往会使出租者非常高兴甚至大喜过望。在开发阶段初期的一些问题，诸如利用地表土地建造储罐、铺设集输管线、安装处理设备以及修筑道路等很快就能得到解决。过了一段时间之后又会出现一些新的问题，这些问题是微妙而复杂的。一些出租者力求得到最大限度的矿区使用费收入，因此他们要求教于石油咨询公司和石油及天然气事务方面的律师。由于他们这样做，于是就产生了另外的对尚未开发的地块进行开发或放弃的合法要求。尽管开发既可能是横向的也可能是纵向的，但出租人对开发的要求通常只是在横向上得到法院的认可。

最近有一个比较复杂的问题是关于矿区使用费条款和市场价格的关系。典型的租约把出租人的矿区使用费按市场价格的一部分来计算。如果承租人发现了天然气并且为销售天然气而签订了长期合同，那么天然气的市场价格与天然气的合同价格几乎是相同的。然而近年来天然气的价格猛涨。对承租人来说，与天然气购买者在价格方面要受合同的约束；同时承租人还要处理出租人提出的使天然气价格与市场保持一致的要求。在这个问题上，各个州的法院在处理上不尽相同。美国 1978 年的天然气政策法案对各类天然气的价格上限作了规定，如果出租人就矿区使用费那部分天然气的市场价格问题进行诉讼，这一法案在维护出租人方面可能有一定作用。就承租人来说，则似乎愿意签订短期的天然气合同，对于价格问题应该作出要不断进行协商的规定，对于天然气矿区使用费条款应加以修订，规定“可按受的价格”而不是市场价格，或者规定用实物支付天然气的矿区使用费等。在需求量下降时期，不论承租人在签订这类天然气合同的谈判中是否能取得成功，这个问题仍然需要加以考虑。同样，可以预料得到，出租人及其律师对于天然气矿区使用费在合同中的惯常措词是不会同意在形式上作任何改变的。关于这个问题的解决下面还要谈到。

八、税　　收

石油和天然气的所得税问题是一个高度专业化的领域。由于税法日益复杂，加之赋税对于从事任何工商事业活动是否能取得满意的效果都有很实际的影响，因此，任何作业者哪怕是小公司也必须要寻求权威性的税务咨询。对纳税计划的重要性无论给予如何高的估计都不会过分的。从纳税角度来看，如果对一项钻井经营或财产销售安排组织不当，其后果是极其严重的。规模较大的机构和大石油公司都设有税务部门。税务部门是由精于各种税务的专家组成的。独立石油公司和小的机构必须有提供连续服务的税务顾问。

简而言之，全部收入减去免税的例外就是总收入（gross income）。总收入减去应扣除的部分就是应纳税收入。对不同的个人和法人团体来说，税率也是不同的，这也如同长期资本收益率一样。享受税收优惠的项目有以下这样一些扣除如：资本收益的例外部分、折耗、加速折旧，以及在生产性地块上的无形钻井成本的超出部分。所有这些项目都是纳税最低的。资本支出与消耗性费用不同，是不能立即扣除的，必须通过折旧和折耗加以回收。某些费用支出如加速折旧是在销售产品时回收的，也就是要按照普通税率纳税的。经营中所利用的有形资产的成本可以得到一定的税款减除。这种税款减除直接从应纳税款中减掉，但不是扣除。

资本支出还包括购买矿产租约的定金费用、井和租赁的设备以及地质和地球物理勘探费用。可减税的费用项目包括管理费用、租约的地租、放弃的租约、大部分无形钻井成本，以及没能导致租赁成功的地质和地球物理勘探费用。

私人投资者通过有限的合伙关系把大量资金投入石油和天然气勘探活动，对此还应进一步加以评述。私人投资者以往一直在三个主要方面来利用税收条款即：无形钻井成本、开发成本和资本收益。

折耗（depletion）　一个有生产能力的油气藏，其产量和地下油气的价值要逐渐地减少。以前实行的折耗法是规定了由于矿产因开采而减少回收资本的一种办法。纳税人有两种选择：一种是成本折耗，另一种是百分比折耗。若按照成本折耗办法，纳税人从石油或天然气生产和销售所得收入中扣除每年折耗的基本摊销额。若按照百分比折耗办法，则规定一个百分数，每年从该油气田的总收入中扣除规定的百分数，但扣除额不得超过该油气田纯收入的50%，也不得超过所有资产纯收入的65%。美国在1975年通过了一项税收减免法案。该法案实际上废止了百分比折耗（除了某些例外）。但独立生产者和矿区使用费所有者在符合规定的产量范围内仍享有一定的百分比折耗优惠（不过生产性资产的转让不在此例）。在1984年，这一百分比为最初日产1000桶原油或600万立方英尺天然气的15%。

无形钻井成本和开发成本　拥有作业权的纳税　可以把无形成本加以资本化，也可以当成作业费用处理。如果纳税人选择资本化的处理办法，则无形钻井成本可以在5年内通过折旧加以回收，并且可享受税收抵免。但是资本化的成本并不是税收优惠项目。由于资本化的成本并没带来实际的税收好处，因此大多数纳税人愿意把无形成本当作费用来处理。

在一口探井的成本中，无形钻井成本可能占到80%～90%，余下的部分是具有残值的有形的设备成本。由于投资者能够得到如此之大的扣除，所以通过有限的合伙经营，钻井资金就能取得巨大成功，看出这一点是不足为怪的。

资本收益　根据法律规定，在一定的占有期之后，一项资本性资产的销售将使纳税人得到很大的减税好处，最大减税率可达销售利润的20%。租约的销售（生产性的或非生产性的）也同样可以得到资本收益减税的好处。把资本性资产在将来出售就可以得到优惠的税收处理，这是有吸引力的事情。正是这一吸引力一直推动着投资者从事石油和天然气勘探的投资活动。

九、近 海 租 赁

归属权　在15和16世纪的时候，有些探险者宣称某些大片水域、整个海湾、海洋区域归其所有。不过早期的这些归属要求实际上是并未生效的。国际法对于国家主权所辖水域的范围一直悬而未决。根据1945年美国总统的公告，美国认为外大陆架是美国国家拥有的领域，其自然资源归国家所有。1953年通过的水下土地法案确定了联邦对美国边界向海大陆架海底自然资源的主权和控制权。

生产和租让历史　1974年路易斯安那州通过租让率先开始了墨西哥湾的商业性石油生产。根据外大陆架土地法，1954年在联邦所属的地域开始钻井。自1956年以来，在外大陆架地区（包括大西洋和太平洋近海大陆架、墨西哥湾和阿拉斯加地区，总面积超过10亿英亩）共产出约60亿桶原油和550000亿立方英尺天然气。租让活动进展得非常缓慢。多年来直到70年代初期，美国陆上不乏丰富的石油和天然气资源，世界石油市场也充满石油和天然气。这种状况阻碍了高成本的近海租让勘探活动的开展。随着油气勘探活动的深入加强，人们尽力组织安排租让出售活动，但遇到了来自环境集团的巨大阻力。有关部门要对环境作出评价，州和地方当局也要进行评价，还有其他等事宜，这种评价活动有时要用三年多时间。美国内政部近来采取步骤要加快租让出售的活动。按照预定的日期，计划在整个1987年把几乎整个大陆架全部提供租让。

租让程序　内务部长拟订了一项为期5年的租让计划。在拟订计划的准备阶段，内务部

长征询并考虑了各个有关方面的意见，有来自各有关州和地方当局的意见，有工业部门和联邦办事机构的意见和包括一般公众在内的所有有关方面的意见。计划草案拟订之后需要一段时间来听取州长和其他各方面的反应，然后在《联邦政府纪事》(Federal Register) 上公布。公布之后还需要一定时间再听取各有关方面的反应，然后呈交总统和国会审批。联邦土地管理局局长根据批准的计划发出提名要求，并在必要时与州长们协商。然后把初步选定的供出租的区块拟定一个名单。在初步选定的区块中土地管理局局长还可以增删。通常一个选定的区块不得超过 5760 英亩。经内务部长批准后，计划的出售公告就将在《联邦政府纪事》上公布。各有关州的州长和地方政府仍有机会对此发表意见。内务部长作出最终决定并将出售公告在《联邦政府纪事》上发表。自发表之日起 30 天后开始出售。对于提供租赁的区块，采取密封招标竞争的方式。租赁书只发给有资格的投标者。租赁的初始阶段为期 5 年。如果区块所在处的水深异常大，或者自然条件恶劣，从而会妨碍勘探和开发，在这种情况下租期还可延长。必须按年度预先支付地租，以保证在没有获得产量的情况下维持租约继续有效。矿区使用费出价不等，最低限度为 1／8。墨西哥湾地区所有租约的矿区使用费平均高于 1／8。

获得租赁权之后，承租者力求得到各种必要的许可证。承租者或者称为作业者通常要在承租区块钻一口或数口井以确定是否有油气存在。如果发现石油或天然气，按照惯常的做法作业者要放弃勘探井，并不打算完井或进行生产。勘探井通常用来获取潜在油气集聚的资料。通常利用生产平台来钻开发井或生产井。

海洋租让的经济影响　内务部长曾宣称，美国尚未探明的石油资源中有 85%位于国家所有的地域中，其中有 2／3 位于近海。未来勘探和开发这些储量对于美国的经济确实有着重大的意义。进行这样一些勘探和开发所需的资金数额是巨大惊人的。不过只要想一想不久前的情况：外大陆架已产出约 60 亿桶原油和 550000 亿立方英尺天然气，那么对于租让、勘探和开发外大陆架的油气资源所显示出的与日俱增的重大意义，可能就不会有什么疑虑了。

参 考 文 献

Hardy, George W.III: *Louisiana Petroleum Land Operations*, Inst.for Energy Development Inc., Oklahoma City (1980).

Kuntz, Eugene: *Kuntz Oil and Gas*, W.H.Anderson Co., Cincinnati, OH (1960).

Mosburg, Lewis G.Jr.: *Petroleum Land Practices*, IED Exploration Inc., Tulsa (1978).

Mosburg, Lewis G.Jr.: *Basics of Structuring Exploration Deals*, IED Exploration Inc., Tulsa (1979).

"Outer Continental Shelf Mineral Leasing and Rights-of-Way Granting Programs," *Circular* No.2446.U.S.Dept. of the Interior, Bureau of Land Management (1979).

Prentice-Hall Federal Tax Handbook, Prentice-Hall Inc., Englewood Cliffs. NJ (1986).

Woodard, Robert G.: *Basic Land Management*, Inst. for Energy Development Inc., Oklahoma City (1982).